第二届低渗与非常规油气储层改造及增产稳产新技术研讨会论文集

本书编委会◎编

中国石化出版社
·北京·

图书在版编目(CIP)数据

第二届低渗与非常规油气储层改造及增产稳产新技术研讨会论文集 / 本书编委会编. -- 北京 : 中国石化出版社, 2024. 11. -- ISBN 978-7-5114-7742-2

Ⅰ. P618. 130. 2-53

中国国家版本馆 CIP 数据核字第 202461UK76 号

中国石化出版社出版发行

地址:北京市东城区安定门外大街 58 号
邮编:100011 电话:(010)57512500
发行部电话:(010)57512575
http://www. sinopec-press. com
E-mail:press@ sinopec. com
北京艾普海德印刷有限公司印刷
全国各地新华书店经销

*

880 毫米×1230 毫米 16 开本 56 印张 1693 千字
2024 年 11 月第 1 版　2024 年 11 月第 1 次印刷
定价:698. 00 元

《第二届低渗与非常规油气储层改造及增产稳产新技术研讨会论文集》

编　委　会

前　言

在全球能源结构深刻调整与国家能源安全战略日益凸显的当下，低渗与非常规油气资源的有效勘探与开发，不仅关乎国家能源供应的稳定与安全，更是推动能源行业转型升级、实现高质量发展的重要驱动力。储层改造及增产稳产技术是低渗与非常规油气资源实现规模效益开发的技术利器，也是确保高质量发展的重要支点。新一轮科技革命和产业变革突飞猛进，能源格局深度调整，全球普遍进入低渗与非常规油气、难动用储量开发时代，油气行业面临的发展机遇与风险挑战前所未有。北美率先通过水平井多段多簇压裂技术的大规模应用，引发了页岩油气革命性突破，许多传统的勘探禁区不断被点亮，已成为石油勘探开发领域实现低成本战略、提高单井产量、有效动用低品位储量的关键核心技术。

纵观世界能源格局，我国油气安全的地位更加凸显，保障压力进一步加大，党和国家号召我们要加大油气增储上产及勘探开发力度。“十三五”以来，科技工作者和工程技术人员，针对油气勘探开发中存在的致密油气藏/页岩油气单井产量低、难动用储量动用率低、综合成本高等关键难题，以提高低渗和非常规油气田单井产量、最终采收率、探明率和经济有效性为目标，积极跟踪行业技术发展前沿，持续加大科技攻关力度，运用多学科交叉融合，深化储层改造机理、压裂新材料、工具及压裂工艺研究，形成了页岩油气体积压裂、薄互层多层细分压裂、煤岩气极限压裂、深层碳酸盐岩储层酸压和干热岩体积压裂等技术，有力支撑了低渗与非常规油气藏的规模有效开发，未来低渗与非常规油气藏仍是我国油气勘探开发的主要领域，储层改造和增产稳产技术将继续发挥不可替代的作用，如何打造具有中国特色且适应不同储层特点的低成本高效智能压裂新技术、新工艺、新装备，是我们需要思考和攻关的现实问题。

为深入贯彻落实党的二十大关于“深入推进能源革命”“加大油气资源勘探开发和增储上产力度”和习近平总书记关于发展新质生产力的决策部署，进一步解决低渗和非常规资源在勘探开发过程中面临的资源分布预测困难和可动用储量开发成本高等瓶颈问题，全面助力我国陆相低渗及非常规油气资源的高效利用，四川省石油学会、新疆石油学会、山东石油学会、辽宁省石油石化学会、甘肃省石油学会、中国石油学会海洋石油分会、天津市石油学会以“推进低渗及非常规油气储层改造及增产稳产新技术交流和提升，助力我国低渗及非常规油气资源高效开发”为主题，组织召开“第二届低渗与非常规油气储层改造及增产稳产新技术研讨会”。

本次大会的论文征集得到了中国石油、中国石化、中国海油、延长石油、大专院校及科研院所等相关单位和领导的大力支持，共征集论文200余篇。这些论文涵盖主要内容包括：低渗与非常规油气藏开发储层改造技术、增产稳产技术、提高采收率技术，以及国内外油气田开发新技术、新方法、新材料等，一定程度上反映了我国低渗与非常规油气开发领域近年来取得的新理论、新方法、新技术、新工艺及新装备等创新成果，具有较高的学术与应用价值。

会议论文是一笔宝贵的精神财富，需要广泛交流、传承与推广，大会主办方特组织专家组认真筛选出优秀论文130篇集册成集并公开出版发行。在本届会议组织和书稿梳理、编辑出版过程中，得到广大科技工作者、专家和教授的积极参与，在此深表感谢。期望论文集的出版能够惠及更多同行科技工作者和社会相关人士，并在我国低渗与非常规油气开发提质增效进程中发挥更好作用。

由于时间紧迫，编者水平有限，书中难免有不足之处，敬请读者批评指正。

本书编委会

2024年11月

目　录

基于集成学习的致密气压后产能预测及可解释性研究

刘轩宇[1,2]　易发新[1]　刘福建[2]　徐良伟[2]　郭向磊[2]　房　超[2]

（1. 中国石油集团长城钻探工程有限公司；2. 中国石油集团长城钻探工程有限公司压裂公司）

摘　要　基于数据驱动的建模方法已经在致密气藏开发中得到了初步的应用，体现了其在压后产能预测方面独特的优势。但所建立的预测模型大多是“黑盒子”模型，即输入一组相关参数值能够获得产能的预测值，却不能解释模型内部的预测机制，从而降低了模型的可信度与实用性。针对“黑盒子”机器学习模型效果不佳、可信度不高的问题，本文开展了融合集成学习和可解释性方法的数据驱动的“黑盒子”预测模型的研究。结果表明：(1)本文基于集成学习的致密气压后产能预测模型的拟合优度为0.923，较最优的个体机器学习模型提高了26.09%，使用Stacking集成模型更准确地预测水平井压后产能，并有效地改善了个体机器学习模型的预测偏差；(2)形成了对“黑盒子”集成学习的产能预测模型的可解释性方法，表明压后产能的影响因素重要性依次为储层物性、可受人为影响的施工参数、岩石力学，并与机理驱动的数值模型的正交试验结果可相互验证，提高了集成学习产能预测模型可信度。

本文从机理数值模型、数据驱动模型两个角度探究了各类因素对压后产能的影响程度，且影响程度可相互验证。本文的研究成果和结论为致密气藏压裂施工方案设计、压裂技术迭代提供了理论和方法依据。

关键词　致密砂岩气藏；集成学习；产能预测；可解释性；Stacking

1　前言

作为人工智能核心的机器学习是可使计算机具有智能的根本途径，机器学习算法因其具备强大的数据适应性，正逐渐成为油气大数据分析利用中的重要工具。

基于数据驱动的建模方法已经在致密气藏开发中得到了初步的应用，体现了其在压后产能预测方面独特的优势。但所建立的预测模型大多是“黑盒子”模型，即输入一组相关参数值能够获得产能的预测值，却不能解释模型内部的预测机制，从而降低了模型的可信度与实用性。

本文以鄂尔多斯盆地某区块的致密砂岩为对象，构建具有可解释性的集成学习模型，探究致密气藏压后产能与储层物性、施工参数等作用之间的关系，同时将其结果与同类因素下机理驱动的裂缝扩展-产能预测耦合模型得出的结果进行对比，探究各参数的实际物理意义，进一步验证模型的合理性及可解释性，为致密气藏压裂增产提供理论和技术支撑，为研究区块的水力压裂决策与评价提供科学依据。

2　集成学习模型框架构建

2.1　算法原理

集成学习是指将多个个体学习器进行集成，利用不同的学习策略构建出优于单个学习器的集成学习器，来降低集成后模型的错误率。假定各个学习器的错误率是相互独立的，那么整合后的学习器的错误率 P 可以表示为：

$$P=\sum_{k=0}^{[Y/2]}\binom{T}{k}(1-\varepsilon)^{k}\varepsilon^{1-k}\leqslant\exp\left(-\frac{1}{2}T(1-2\varepsilon)^{2}\right)\tag{1}$$

式中，T 为单个学习器的数量；ε 为错误率。

基学习器是由一个单一的机器学习算法对原始数据集进行训练而得到的，随后元学习器主要从由多个基学习器“生成”的新的数据集合中得到的输入特征。训练基学习器和元学习器所用的机器学习算法不同，则会直接影响Stacking集成学习模型的泛化性能(图1)。

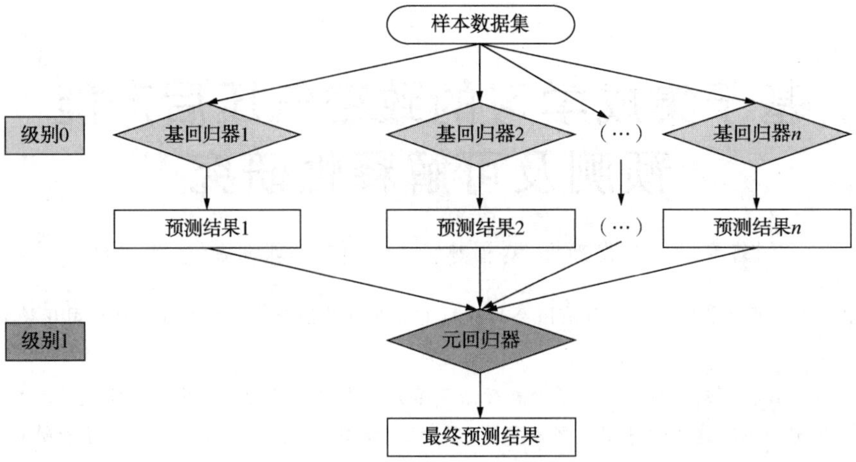

图 1　stacking 算法示意图

2.2　学习器优选

2.2.1　基学习器优选

为使 stacking 集成模型取得更好的泛化性能，则需基学习器种类多样且泛化能力强。因此本文选取并评价了 4 类不同算法原则的 9 种机器学习算法。下面将开展基学习器的性能对比及关联度分析。

（1）学习器性能对比分析

本文选取了并行式集成学习、串行式集成学习、神经网络、SVR 四类个体机器学习模型在后续所用的数据库上进行训练预测，并对比分析了个体机器学习模型的性能，如表 1 所示。

表 1　压后产能模型误差对比

算法	RMSE	MAE	MAPE	R^2
Bagging	84.404	65.167	23.2	0.576
Random forest	85.343	66.013	23.2	0.558
AdaBoost	86.703	72.756	24.9	0.542
GBRT	77.191	56.602	21.50	0.646
XGBoost	68.548	47.339	17.0	0.732
LightBGM	76.369	55.806	19.7	0.675
BP 神经网络	149.407	115.495	34.0	0.434
GRNN	182.473	151.546	52.8	0.258
SVR	182.521	150.227	53.8	0.239

从图 2 至图 4 可以看出，XGBoost 的性能最佳，其 RMSE 为 68.548，MAE 为 47.339，MAPE 为 17.0%，R^2 为 0.732。与属于串行式集成学习的 AdaBoost、GBRT、LightBGM 相比，XGBoost 的拟合优度 R^2 分别提高了 30%、11.7%、7.8%。

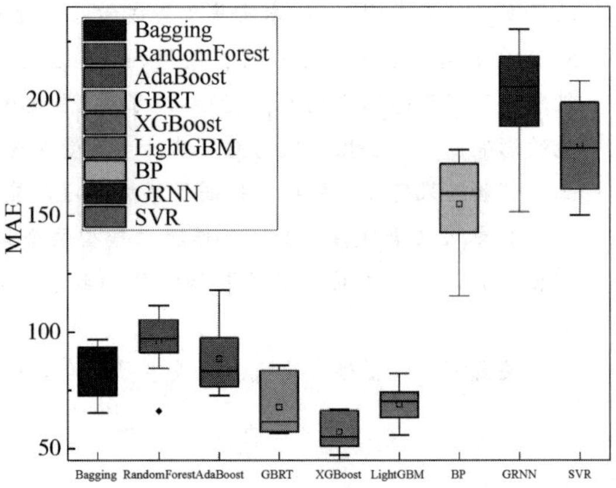

图 2　各算法的 MAE 对比箱型图

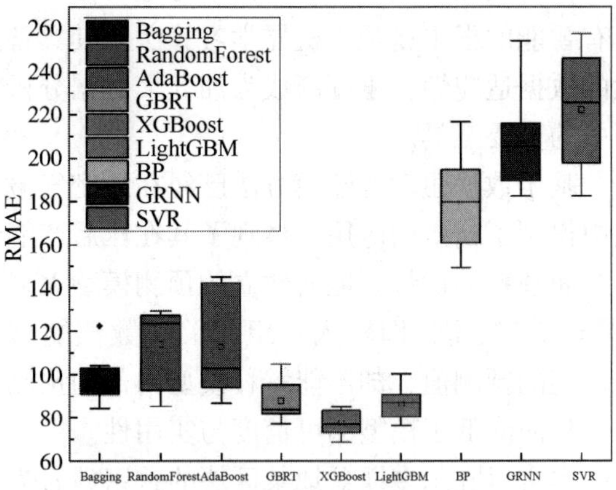

图 3　各算法的 RMSE 对比箱型图

在并行式集成学习、串行式集成学习、神经网络和 SVR 这四类个体机器学习模型中，串行式集成学习模型的 MAE 和 RMSE 最低，表明它的预测误差平均幅度较小，能够有效地对压后产能进行预测。

（2）学习器关联度分析

Stacking 框架的优势在于融合了多种预测算法，使得每个算法都能够从不同的空间和结构观

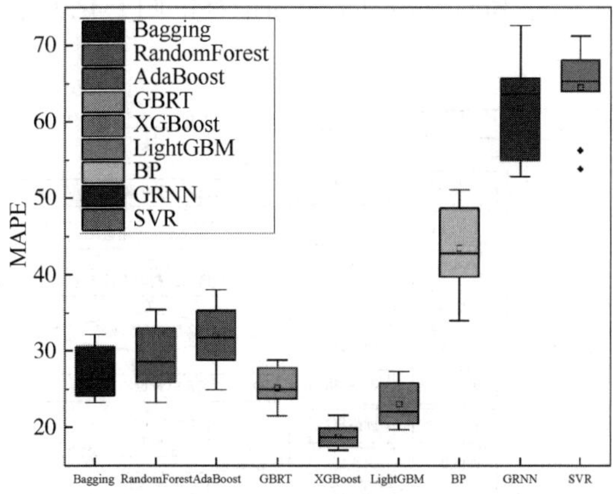

图 4　各算法的 MAPE 对比箱型图

测数据，从而有效地分析数据。因此，在选择基学习器时，除了选取具有良好表现的算法外，还应尽量添加不同类型的预测算法。本文将每个基学习器在水平井压后产能预测中产生的预测误差分布进行对比，使用二维向量的 Pearson 相关系数作为相关性指标。

图 5 表明并行式集成学习模型、串行式集成学习模型以及神经网络模型之间的误差相关性通常较高。这是因为各个算法都具有较强的学习能力，在训练过程中会存在一定的内在误差。根据上述结果，本文计划选择 XGBoost、LightGBM、Randomforest、Bagging、BP、SVR 等算法作为基模型。

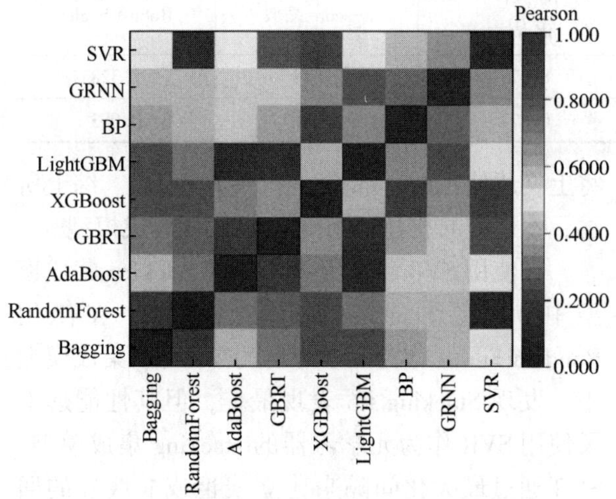

图 5　基学习器算法关联度热度图

2.2.2　元学习器选择

对于 Meta-learner 的选取，目前并没有一个统一的选取准则，多采用线性或 logistic 回归方法，但元学习器对集成模型泛化能力也有明显影响，因此本文对 SVR 和 Random Forest 这 2 个回归算法进行性能对比，并根据其性能来确定最佳元回归器。

2.3　基于 PSO 的 stacking 预测模型

本文选取的 stacking 集成模型中含有多个机器学习算法，在训练学习过程中将花费更多的时间，且容易陷入局部最优，因此将粒子群算法融合进 stacking 集成模型，优化 stacking 集成模型运行逻辑。因此依据粒子群算法、stacking 算法等，搭建致密气压后产能预测模型框架，其计算流程图如图 6。

3　致密气压后产能预测研究

3.1　数据与来源

本文以 200 口已进行压裂的水平井为样本，其特征包括含储层物性、岩石力学、地质力学、压裂工艺、试气数据等特征，见表 2。

表 2　影响特征统计表

储层物性	孔隙度
	含水饱和度
	泥质含量
	渗透率
岩石力学	弹性模量
	泊松比
	抗张强度
地质力学	最小水平主应力
	最大水平主应力
	垂向应力
压裂工艺	排量
	总液量
	总砂量
	用液强度
	加砂强度
	水平段长度
	砂体钻遇率
	簇数
	返排率
	前置液比例
	平均砂比

3.2　数据预处理

对本文所用样本采用五种方法进行预处理，并以散度衡量归一化效果。Kullback - Leibler (KL) 散度与 Jensen-Shannon (JS) 散度是衡量两种概率分布接近程度的重要指标。

从图 7 中可知，Robust Scaler 可消除异常值对特征的影响，提高机器学习算法准确度，因此本文选择 Robust Scaler 作为最终的归一化方案。

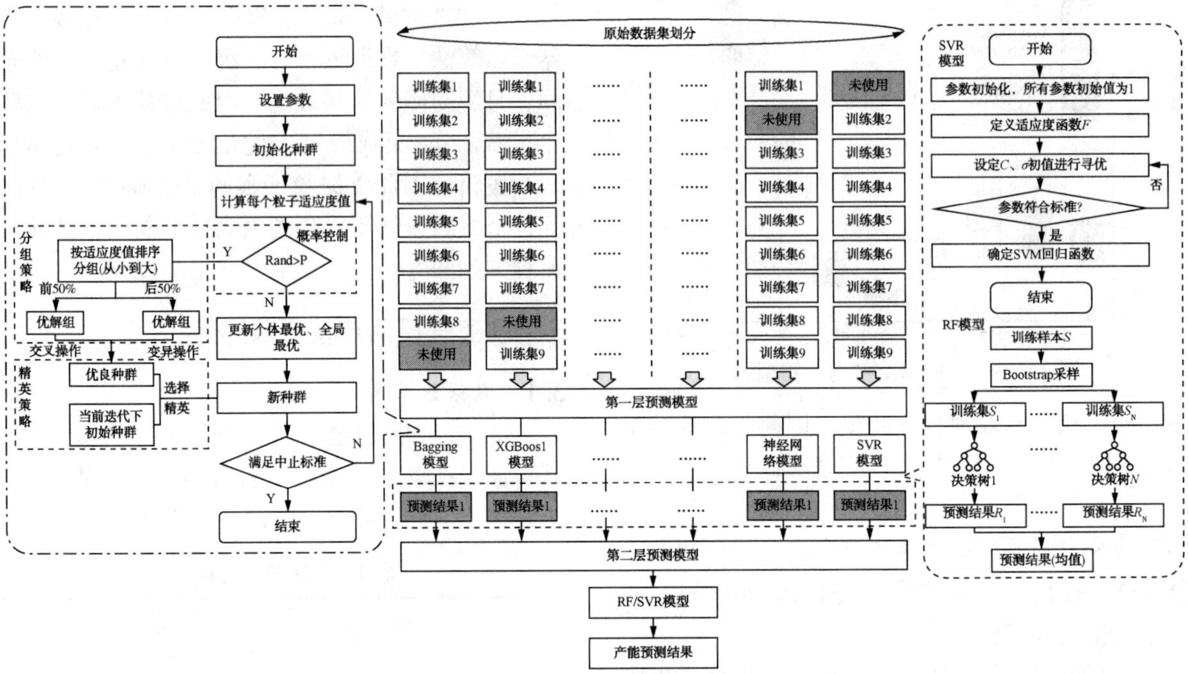

图 6　stacking 模型计算流程图

$$KL(m||n)=\sum_{i=1}^{k} m(x_i)\ln\frac{m(x_i)}{n(x_i)} \tag{2}$$

$$JS(m||n)=\frac{1}{2}KL\left(m(x)\,||\,\frac{m(x)+n(x)}{2}\right)+\frac{1}{2}KL\left(n(x)\,||\,\frac{m(x)+n(x)}{2}\right) \tag{3}$$

表 3　不同预处理方法下的 KL 散度、JS 散度对比表

方法	最值归一化方法	绝对值最大标准化方法	中值归一化方法	z-score 缩放	Robust Scaler
KL 散度	9.654	9.487	8.477	2.318	1.328
JS 散度	0.471	0.481	0.227	0.146	0.083

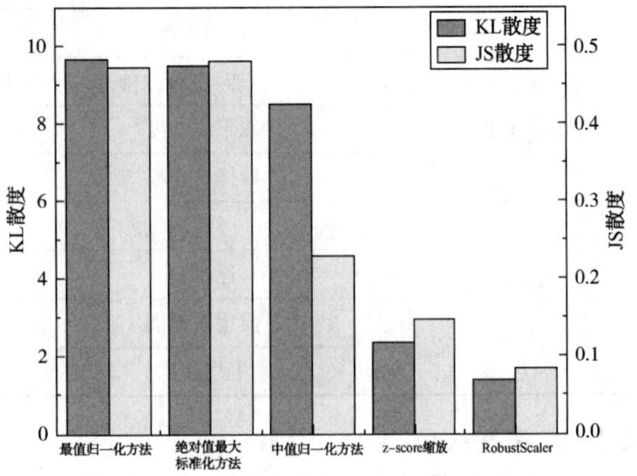

图 7　不同数据处理方式下的 JS 散度、KL 散度对比图

3.3　stacking 集成模型精度评价结果

为了进一步探究基学习器对 Stacking 集成模型泛化能力的影响程度，额外设计了一组实验，将上文所使用的全部算法作为基学习器。综上所述，本研究共构建了 10 个 stacking 集成模型。

在使用 SVR 作为元学习器的 stacking 集成模型中，发现 Stacking #3 表现最佳；在使用 Random Forest 作为元学习器的 stacking 集成模型中，发现 Stacking #6 表现最佳，但其性能远不及使用 SVR 作为元学习器的 stacking 集成模型。SVR 通过最大化间隔来建立线性或非线性的回归模型，在处理非线性问题和带有少量噪声的数据集时表现良好，并且具有较好的泛化能力。而 Random Forest 通过随机抽样和特征选择构建决策树，在处理高维数据和大规模数据集时通常表现出色，并且对于缺失数据和噪声具有一定的鲁棒性。然而，在作为元学习器时，其所面对的样本集特征为基学习器的预测值，并非高维数据，因此 Random Forest 作为元学习器的性能不如SVR。

表 4 不同元回归器和基回归器构成的 stacking 集成模型精度/误差评价结果

基学习器组合	元学习器	集成学习回归模型	MAE	RMSE	MAPE	R^2
Bagging + LightGBM + BP 神经网络+SVR	SVR	Stacking #1	47.339	76.781	16.987	0.736
Random Forest+XGBoost+BP 神经网络+SVR	SVR	Stacking #2	44.809	67.388	15.694	0.83
Bagging+XGBoost+BP 神经网络+SVR	SVR	Stacking #3	38.06	64.613	15.132	0.923
Random Forest+LightGBM+BP 神经网络+SVR	SVR	Stacking #4	53.117	76.571	19.701	0.701
Bagging + LightGBM + BP 神经网络+SVR	Random Forest	Stacking #5	55.256	76.369	19.614	0.695
Random Forest+XGBoost+BP 神经网络+SVR	Random Forest	Stacking #6	46.442	68.548	16.341	0.759
Bagging+XGBoost+BP 神经网络+SVR	Random Forest	Stacking #7	52.793	76.781	19.748	0.702
Random Forest+LightGBM+BP 神经网络+SVR	Random Forest	Stacking #8	56.602	77.191	21.435	0.654
Bagging + Random Forest + AdaBoost + GBRT+XGBoost+LightBGM+BP 神经网络+GRNN+SVR	SVR	Stacking #9	44.425	64.703	15.538	0.889
Bagging + Random Forest + AdaBoost + GBRT+XGBoost+LightBGM+BP 神经网络+GRNN+SVR	Random Forest	Stacking #10	45.521	68.091	15.914	0.794

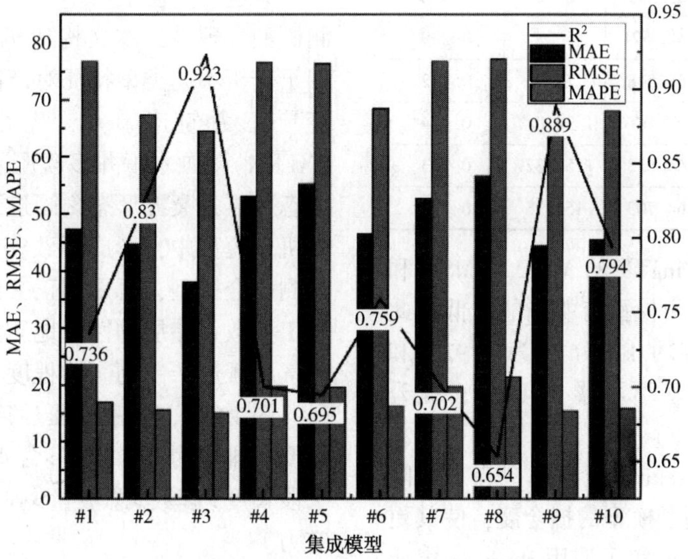

图 8 不同组合方式的集成模型性能对比图

在基学习器选择所有算法的 stacking 集成模型上，研究结果表明其性能不如有针对性选取基学习器的 stacking 集成模型。以 Stacking #9 为例，其表现指标包括 MAE 为 44.425，RMSE 为 64.703，MAPE 为 15.538%，R^2 为 0.889，不如 Stacking #3。这种差异的产生是因为在选择性能不佳的同类型算法原则的基学习器时，其预测值会对最终预测结果的误差产生较大的影响。

3.4 比较集成模型与个体模型的精度

为了进一步分析 stacking 集成模型与个体机器学习模型的性能比较，本文将对比 stacking#3 和 stacking#9 两种集成模型与个体机器学习模型之间的精度/误差，并将结果呈现在图9和表5中。

这两种集成模型都采用了SVR作为元学习器，其中stacking#3是针对性选取基学习器，而stacking#9包含了本文涉及的所有基学习器。在致密气压后产能预测方面，这两种集成模型相较于个体机器学习模型表现出了显著的提高。

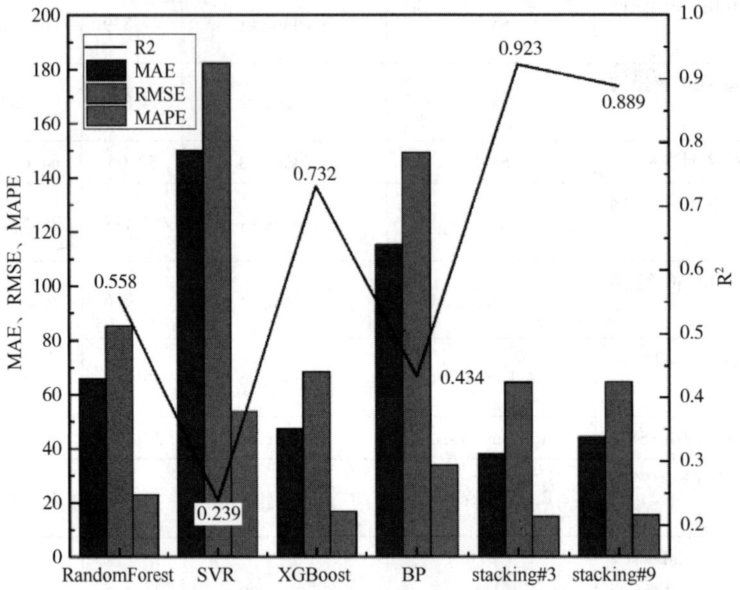

图9　集成模型与个体模型性能对比图

表5　Stacking集成模型与参与集成的个体机器学习模型的精度/误差对比

回归模型	*MAE*	*RMSE*	*MAPE*	R^2
Random Forest	66. 013	85. 343	23. 2	0. 558
SVR	150. 227	182. 521	53. 8	0. 239
XGBoost	47. 339	68. 548	17. 0	0. 732
BP神经网络	115. 495	149. 407	34. 0	0. 434
Stacking#3	38. 06	64. 613	15. 132	0. 923
Stacking#9	44. 425	64. 703	15. 538	0. 889

stacking#3和stacking#9的MAE、RMSE和MAPE都比个体机器学习模型有明显的降低。此外，这两种集成模型的R^2分别为0.923和0.889，相较于最优的基学习器XGBoost，提升了26.09%和21.44%。

上述结果表明，stacking集成模型有效地降低了模型的偏差，提高了模型的拟合度，使其更接近真实值。这进一步证实了使用stacking集成模型可以获得更好的预测性能，并为致密气压后产能预测提供了有力支持。

从图中可以清楚地看出，stacking#3和stacking#9在测试集上的预测值更接近于y=x的拟合直线，而个体机器学习模型的拟合直线明显偏离于y=x。这表明Stacking集成模型可以有效地修正个体机器学习模型导致的预测偏差。

4　可解释性研究

4.1　基于物理条件约束的压后产能预测模型

为进一步验证数据驱动的致密气压后产能预测模型合理性，本文构建机理驱动的预测模型，用于分析不同类型特征对产能的影响权重，以裂缝形态为勾连节点，先用扩展有限元方法(XFEM)刻画水平井多簇压裂时的非理想化裂缝形态，再将裂缝形态刻画进致密气压后产能预测的机理模型中，形成了致密气藏裂缝扩展-产能预测耦合模型，再采用正交试验方法研究了压裂施工参数、储层物性、地质力学、岩石力学对致密气藏压后产能的影响程度。

图13中，致密气压后产能预测的影响因素重要性排序为：渗透率>含水饱和度>孔隙度>水平段长度>簇数>总液量>弹性模量>最小水平地应力。

如图14，可明显看出储层参数对致密气压后产能呈线性变化，其中含水饱和度可影响水平井最大产能，即储层品质决定着产能上限。储层的最小水平地应力及弹性模量与致密气压后产能为负相关变化，表明在既定条件下，最小水平地应力及弹性模量对裂缝扩展可能有抑制作用，进而减小了改造面积，从而使压后产能降低。

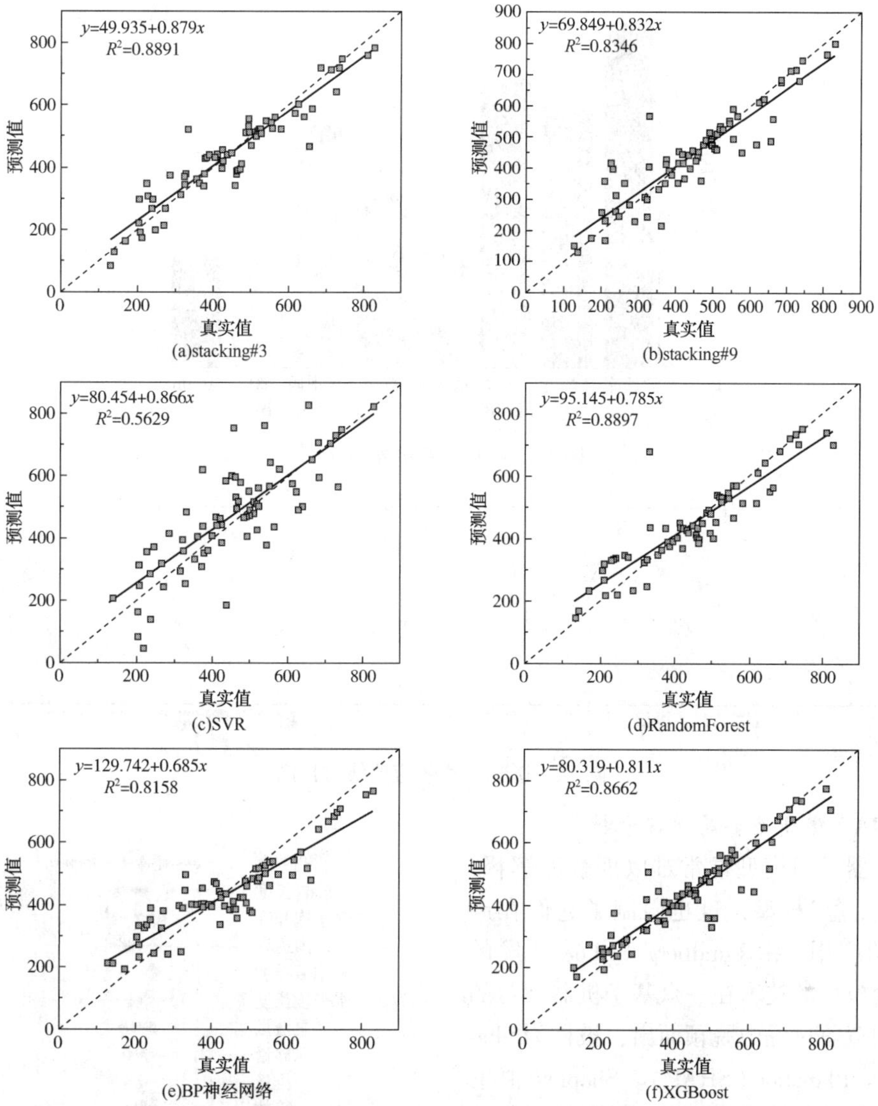

图 10　个体学习器与集成学习模型真实值与预测值对比图

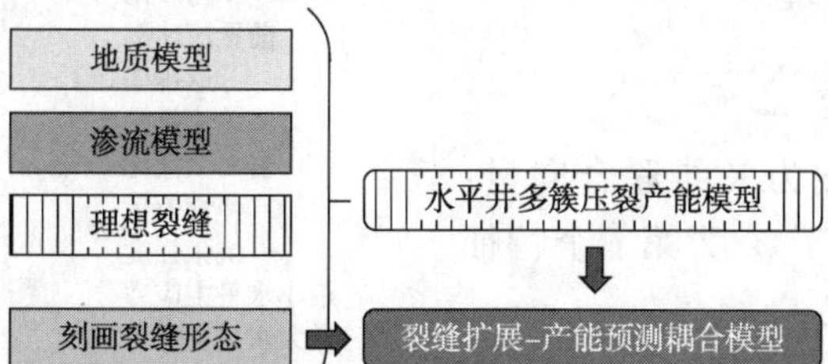

图 11　水平井裂缝扩展-产能预测耦合模型示意图

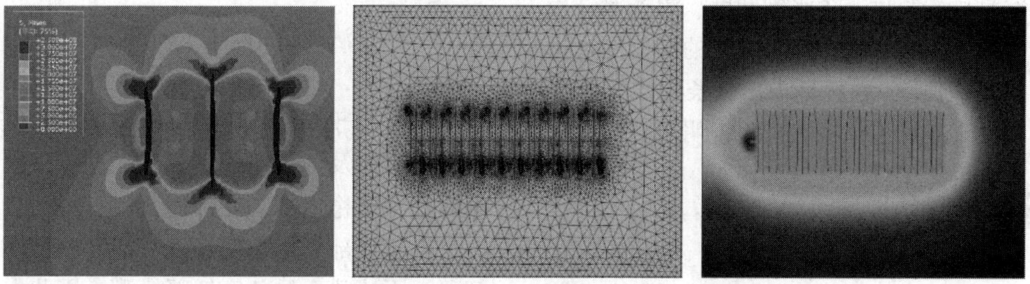

图 12　致密气裂缝扩展-产能预测耦合模型图

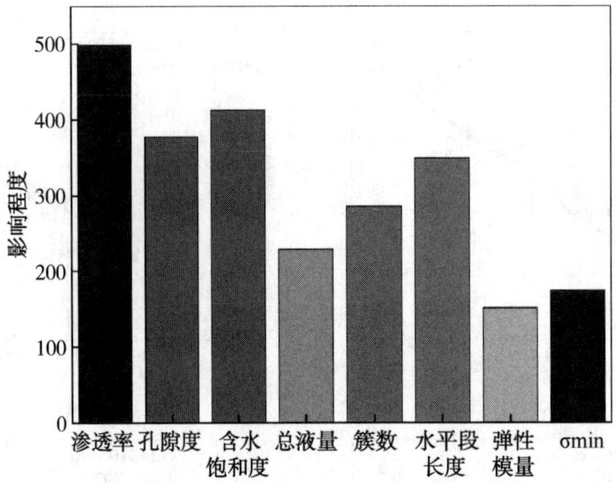

图 13　影响因素极差对比图

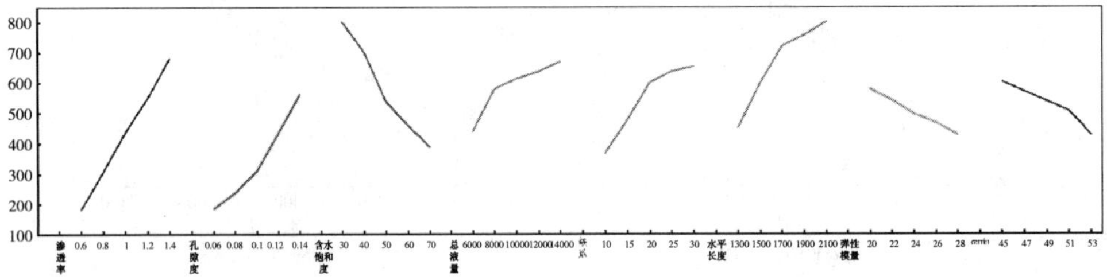

图 14　影响因素效应曲线对比图

4.2　基于 SHAP 模型的全局解释分析

复杂的机器学习模型常常难以理解和解释，因此被视为“黑盒”模型，这也限制了它们在产能预测方面的应用。由 Lundberg 和 Lee 开发的一种解释黑盒模型的技术在一众基于机器学习的可解释方法的竞争过程中脱颖而出，被称为 Shapley Additiveex Planation（SHAP）。Shapley 值的单位与预测的储层物性参数相同，各特征对预测任务中的模型的贡献可表示为：

$$f(x)=g(z')=\varphi_0+\sum_{v=1}^{K}\varphi_v z' \tag{4}$$

式中，g 为解释模型；z' 为 K 维联合向量；φ_0 为平均预测值，即基线值；φ_v 为第 v 个特征的贡献（即特征的 Shapley 值）。

在模型的全局解释层面上，从图 15 中可以观察到孔隙度是对于预测产能最为重要的特征变量，其次是砂岩长度、含水饱和度、渗透率、用液强度以及水平段长度。这些特征的均值尽量远离中间的基准值 0，并且呈现出较长的水平延伸和拖尾现象。这些特征的表现也说明了它们在预测模型中的高重要性。

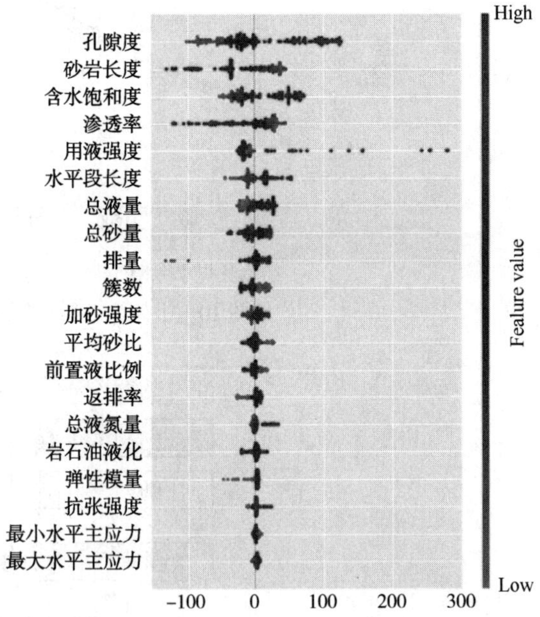

图 15　SHAP 全局解释图

4.3　基于 LIME 的模型全局解释分析

由 Marco et al. 在 2016 年提出，LIME 是一种不需要对模式自身进行依赖性的局部黑盒子模式的解析方法。LIME 是一种常用的局部替换模型实施方法，用于识别解释模型判别规则。这种方法只适用于单个实例的局部代理模型进行训练，没有涉及到整体代理模型的训练。解释模型倾向于寻求稳定性、局部逼真的解释。

由于局部解释模型每次只能对一个样本进行解释，无法从全局角度解释模型，因此本文采用了一种LIME全局解释算法流程图，依次抽取测试集中的全部样本，对每一个样本，使用可解释性算法对其进行拟合，在局部范围内对其进行解释，并确定线性模型中的20个特征的权重，采用累积积分法对，根据权重的绝对值，对20种特征进行了排序。

LIME得出的全局特征重要性如图16所示，该图解释了stacking集成模型对于产能的预测结果。LIME得出的全局特征重要性中，孔隙度对产能具有主要影响，其次是砂岩长度、含水饱和度、渗透率等特征。然而，LIME全局解释采用权重绝对值进行排序，无法分析特征对产能的影响趋势。例如，孔隙度对产能具有正向影响，而簇数可能会降低产能。

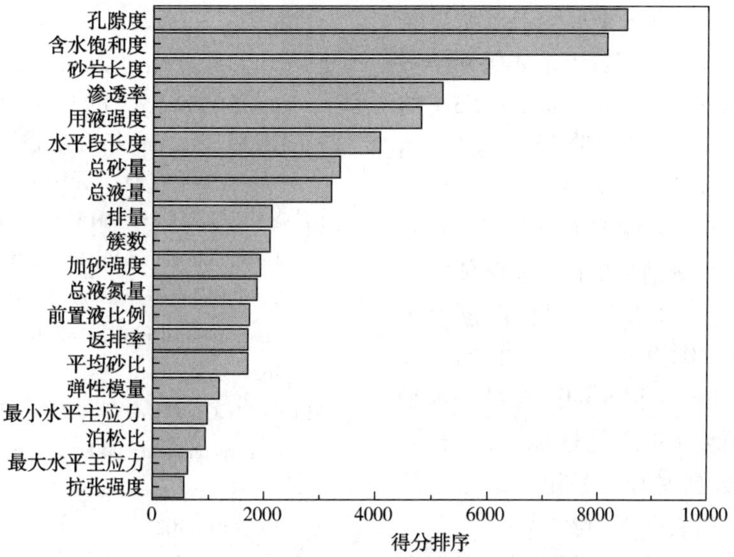

图16 特征在LIME全局算法得分排序图

4.4 预测模型可解释性验证

为了进一步验证stacking集成模型的可解释性，本文将上文中建立的机理模型，即致密气藏裂缝扩展-产能预测耦合模型，进行正交试验后获得的影响因素的重要性排序，与stacking集成模型通过LIME和SHAP方法得到的全局可解释性的影响因素重要性排序进行对比，探讨stacking集成模型在致密气压后产能预测中的可靠性和可信度。

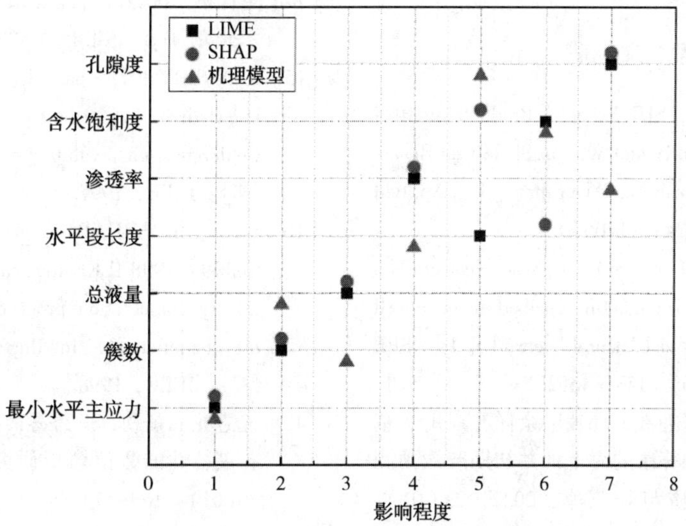

图17 机理模型与LIME、SHAP的影响因素排序对比图

从图18中可以观察到，影响苏××区块分段压裂水平井产能的主要因素是储层物性，其次是

可受人为影响的水平段长度，将机理模型正交试验结果与 stacking 集成模型的解释结果进行对比验证，发现机理模型和 stacking 集成模型之间的特征重要性排序除储层物性之外，基本保持一致。

5 结论

（1）搭建一种 PSO-Stacking 的致密气压后产能预测框架，表面 Stacking 集成学习模型显著提升了产能预测的准确性。相较于个体机器学习模型，Stacking 集成模型（如 Stacking #3）的 MAE、RMSE 和 MAPE 均显著降低，其 R^2 达 0.923，比最佳个体学习器 XGBoost 高出 26.09%。这表明多算法集成能有效减少误差，提升模型拟合度，使预测结果更接近实际值。

（2）SVR 作为元学习器在非线性问题上表现优异。在使用 SVR 作为元学习器的 Stacking 集成模型中（如 Stacking#3 和 Stacking#9），模型展现出更好的预测能力和泛化性能。这表明，SVR 在处理含噪声数据时较为稳定，适用于致密砂岩气水平井多簇压裂产能预测。

（3）分析了致密气压后产能预测模型的可解释性，分别机理驱动、数据驱动的预测模型角度明确了影响苏 xx 区块分段压裂水平井产能的主要因素是储层物性，其次是可受人为影响的水平段长度，将机理模型正交试验结果与 stacking 集成模型的解释结果进行对比验证，发现机理模型和 stacking 集成模型之间的特征重要性排序除储层物性之外，基本保持一致。

参 考 文 献

[1] WANG T, WANG Q, SHI J, et al. Productivity Prediction of Fractured Horizontal Well in Shale Gas Reservoirs with Machine Learning Algorithms [J]. Applied Sciences, 2021, 11(24): 12064.

[2] YANG R, QIN X, LIU W, et al. A physics-constrained data-driven workflow for predicting Coalbed methane well production using artificial neural network [J]. SPE Journal, 2022, 27(03): 1531-1552.

[3] 董银涛，宋来明，张迎春，邱凌，余洋，卢川．基于物理约束数据挖掘算法的海上油井初期产能预测方法[J]．油气地质与采收率，2022，29(01)：137-144.

[4] 周济民，张海晨，王沫然．基于物理经验模型约束的机器学习方法在页岩油产量预测中的应用[J]．应用数学和力学，2021，42(09)：881-890.

[5] NEJAD A M, SHELUDKO S, SHELLEY R F, et al. A case history: Evaluating well completions in the Eagle Ford Shale using a data - driven approach: SPE Hydraulic Fracturing Technology Conference [C]: OnePetro, 2015.

[6] 盖建．基于自动机器学习的采油井压裂效果预测方法[J]．油气地质与采收率，2023，30(01)：161-170.

[7] 周志华．机器学习[M]．清华大学出版社，2016.

[8] WOLPERT D H. Stacked generalization[J]. Neural networks, 1992, 5(2): 241-259.

[9] 王梦阳．Stacking 架构与迁移学习在传染病预测模型中的应用研究[D]．天津医科大学，2020.

[10] YANG J, HE S, ZHANG Z, et al. NegStacking: Drug-Target Interaction Prediction Based on Ensemble Learning and Logistic Regression[J]. IEEE/ACM Transactions on Computational Biology and Bioinformatics, 2020, 18(6): 2624-2634.

[11] CHEN C, ZHAO W, PANG T, et al. Virtual metrology of semiconductor PVD process based on combination of tree-based ensemble model[J]. Isa Transactions, 2020, 103: 192-202.

[12] ZHONG J, SUN Y, PENG W, et al. XGBFEMF: an XGBoost - based framework for essential protein prediction[J]. IEEE transactions on nanobioscience, 2018, 17(3): 243-250.

[13] WANG J, LI P, RAN R, et al. A short-term photovoltaic power prediction model based on the gradient boost decision tree [J]. Applied Sciences, 2018, 8(5): 689.

[14] 史佳琪．区域综合能源系统供需预测及优化运行技术研究[D]．华北电力大学(北京)，2019.

[15] KENNEDY J. The particle swarm: social adaptation of knowledge: Proceedings of 1997 IEEE International Conference on Evolutionary Computation (ICEC' 97) [C]: IEEE, 1997.

[16] SHI Y, EBERHART R. A modified particle swarm optimizer: 1998 IEEE international conference on evolutionary computation proceedings. IEEE world congress on computational intelligence (Cat. No. 98TH8360) [C]: IEEE, 1998.

[17] 连志龙，张劲，王秀喜，吴恒安，薛炳．水力压裂扩展特性的数值模拟研究[J]．岩土力学，2009，30(01)：169-174.

[18] AMIRI S S, MOTTAHEDI S, LEE E R, et al. Peeking inside the black-box: Explainable machine learning applied to household transportation energy con-

sumption[J]. Computers, Environment and Urban Systems, 2021, 88: 101647.

[19] LUNDBERG S M, LEE S. A unified approach to interpreting model predictions[J]. Advances in neural information processing systems, 2017, 30.

[20] ANTWARG L, MILLER R M, SHAPIRA B, et al. Explaining anomalies detected by autoencoders using Shapley Additive Explanations[J]. Expert systems with applications, 2021, 186: 115736.

[21] ZHANG Y, SONG K, SUN Y, et al. "Why Should You Trust My Explanation?" Understanding Uncertainty in LIME Explanations [J]. arXiv preprint arXiv: 1904.12991, 2019.

[22] ALVAREZ-MELIS D, JAAKKOLA T S. On the robustness of interpretability methods[J]. arXiv preprint arXiv: 1806.08049, 2018.

[23] 李宪文，王历历，王文雄，等. 基于小井眼完井的压裂关键技术创新与高效开发实践——以苏里格气田致密气藏为例[J]. 天然气工业，2022，42(09)：76-83.

基于停泵压力的压裂效果分析
——以威远页岩气田某平台为例

杨 凉 李彦超 杨亚东 邹龙庆 王一萱 蒋 豪

（中国石油集团川庆钻探工程有限公司页岩气勘探开发项目经理部）

摘 要 水平井钻完井和体积压裂工艺是实现页岩气规模化商业开采的关键，而压后裂缝形态参数的准确评价是评估压裂改造效果、优化后续压裂工艺、计算最终可采储量的重要基础。相关研究工作证实，基于停泵压力曲线的水击效应，可以高效、准确地反演出水力裂缝的长度、高度、开启孔簇等参数。利用相关成果对威远页岩气田实施压裂工艺2.0技术的W1H和W2H平台共11口井的各段裂缝特征参数进行反演计算，得到W1H平台单段裂缝半长106~160m，W2H平台单段裂缝半长108~145m，均满足压裂设计目标。应用随机森林算法，评判了8类设计因素和工程因素对水力裂缝半长的重要程度。结果表明，排量、用液强度对裂缝半长有较为显著的正相关关系，段长、射孔数有明显的负相关关系，暂堵转向压力也存在着正相关影响。相关工作为下步威远页岩气田压裂施工参数优化调整和经济效益开发提供了有力支撑。

关键词 页岩气；压裂；停泵压力；水击反演；随机森林

页岩气作为一种十分重要的非常规油气资源，因其具备丰富的储量，广泛的分布及长期稳定的产量周期而不断受到人们的关注，其已成为国家的重要战略资源，并为常规油气资源提供有力补充。我国页岩气资源储量丰富，具备广阔的市场潜力和显著的经济价值，得益于水平井钻完井和体积压裂改造技术，目前已实现页岩气的规模化商业开采。中国石油集团川庆钻探工程公司页岩气勘探开发项目经理部风险合作开发的四川盆地南部页岩气，历经多期构造，普遍具有水平应力差高、非均质性强、储层岩性复杂等特点。为了实现页岩气储层的充分破碎和有效支撑，形成了"主缝换缝网+暂堵换排量+粉砂换陶粒"为核心的新一代页岩缝控压裂技术，有效提升单井EUR，降低套变率和压裂综合成本。针对压后水力裂缝形态的评价，是评估压裂工艺2.0在威远页岩气田改造效果，优化后续威远东部地区压裂工艺参数，计算平台最终可采储量的重要前提。目前，对水力裂缝的监测手段主要有微地震监测、广域电磁和分布式光纤测试等直接监测技术，但这类裂缝监测方法成本高、施工复杂。常见的裂缝参数间接评估方法如净压力-G函数分析、注入压降测试和压降/压恢试井分析等，存在适应性不够强、难以反演单段裂缝形态、评价周期较长等不足。利用压后停泵压力水击曲线来诊断裂缝形态，具备操作简单、成本低、时效性强等特点，近年来被广泛使用。

本文基于高精度压力监测仪监测的压裂停泵压力的水击效应曲线，反演计算了威远页岩气田W1H平台和W2H平台共计11口井的各段水力裂缝特征参数，并应用随机森林算法，探究了簇数、段长、射孔数等设计因素和排量、用液强度、加砂强度、陶粒占比、转向压力等工程因素对水击反演裂缝长度的影响关系。为下步威远页岩气田压裂施工参数调整优化和开发效益提升提供了理论依据和技术支撑。

1 压裂停泵压力反演数学模型建立

压裂停泵期间形成的水锤由振幅、周期、衰减率和持续时间组成，总体呈现为一条周期性震荡曲线，振幅随时间逐渐减小。对井筒最末段、射孔摩阻以及压裂缝内液体质量守恒关系发现，裂缝半长增大使裂缝内滤失面积增大，井筒内压力向地层释放，停泵压力下降速度加快。裂缝高度增大越容易随压力发生变化，裂缝的弹性储容能力好，流体充放损耗能量小，压力下降速度减缓。基于上述原理，通过水击效应与井筒、裂缝网络、储层之间的相应关系，可以简易有效地反演压后裂缝形态，为压裂诊断提供依据。

1.1 数学模型建立

压力在井筒液体内传递可由液体的连续性方

程和运动方程进行描述：

连续性方程：

$$\frac{\partial H}{\partial t}-\frac{Q}{A}\sin\theta+\frac{a^2}{gA}\frac{\partial Q}{\partial x}=0 \tag{1}$$

运动方程：

$$\frac{\partial Q}{\partial t}+gA\frac{\partial H}{\partial x}+\frac{fQ|Q|}{2DA}=0 \tag{2}$$

式中，H 为井筒内水头；Q 为井筒内流量；A 为井筒截面积；θ 为井筒与水平方向夹角；f 为井筒沿程摩阻系数；D 为井筒直径；a 为井筒内压力传播速度，可由下式进行计算：

$$a=\sqrt{\frac{K/\rho}{1+\left[\left(\frac{K}{E}\right)\left(\frac{D}{e}\right)\right]c}} \tag{3}$$

式中，K 为流体体积模量；ρ 为流体密度；E 为井筒管道杨氏模量；e 为井筒管道壁厚；c 为与流体和管道性质有关的参数。

1.2 初始条件

在压裂开始停泵时，认为井筒内的流体流动为稳态的管流状态，井筒内各处流量相同。此外，在初始时刻，井口处的水头已知，井筒内各处的水头分布可根据井筒沿程摩阻计算，具体可采用 Darcy-Weisbach 公式进行计算。综合可得到压裂停泵压力演化的初始条件，由下式进行表述：

$$Q_i^0=Q_0 \tag{4}$$

$$H_1^0=H_0 \tag{5}$$

$$\Delta H=f\frac{\Delta LQ^2}{2gDA^2} \tag{6}$$

式中，Q_0 为初始时刻井筒内的流量；H_0 为初始时刻井口处的水头；ΔH 为井筒段上的水头损失，其计算主要取决于井筒沿程摩阻系数的取值。目前，对于井筒内清水摩阻系数，已有较为成熟的计算公式：

$$\frac{1}{\sqrt{f'}}=-2\log\left[\frac{\varepsilon}{3.7065D}-\frac{5.0452}{\mathrm{Re}}\log\left(\frac{1}{2.8257}\left(\frac{\varepsilon}{D}\right)^{1.1098}+\frac{5.8506}{Re^{0.8981}}\right)\right] \tag{7}$$

式中，f'为井筒内清水摩阻系数；ε 为井筒的粗糙度；Re 为井筒内流体流动的雷诺数。

为表征压裂液在井筒内的沿程摩阻损失，通过引入降阻比来修正压裂液的沿程摩阻系数：

$$f=f'\sigma \tag{8}$$

式中，σ 为降阻比，其数值的准确确定对于井筒内流体准确初始水头分布至关重要。

1.3 边界条件

在压裂停泵过程中，边界条件主要分为两类。一类是井口处的流量边界，另一类是井底水力压裂缝边界。

(1) 井口流量边界

为避免突然停泵对设备和井筒造成伤害，在压裂停泵时通常井口以阶梯式降排量的方式进行停泵，因此，在压裂停泵过程中，井口处的排量是会随时间发生变化：

$$Q_1^t=Q(t) \tag{9}$$

式中，$Q(t)$为随时间变化的井口泵注排量

(2) 水力压裂缝处引起的压降

井筒内停泵压力传递到井底处时，压力波会通过射孔处进入压裂缝内，当压力波通过射孔处时，由于孔径的急剧缩小和射孔孔眼粗糙度高，会引起额外的流体压力损失。另外，流体在压裂缝内，由于裂缝内压力通常高于地层流体压力，裂缝内流体会在压差的作用下进入到地层，产生流体的滤失，从而引起井筒内压力的下降。

因此，针对井底处的压力传递关系，建立水力压裂缝处的边界条件模型。对于某一压裂段裂缝，认为其只与井筒最末端节点压力存在相互作用。对于每一段，分出多簇裂缝，每簇裂缝有多个射孔，每簇裂缝会从多个射孔进液。对于一簇压裂缝，认为只有一条主缝，但流体会从多个射孔进液。

根据上述过程的描述，综合射孔摩阻压力损失和压裂缝内流体质量守恒关系，可以得到井底水力压裂缝的边界条件如下：

$$P_w-P_f=\frac{8\rho Q^2}{\pi^2 N_p{}^2 d^4 C_D^2} \tag{10}$$

$$2N_f h_f l_f\frac{\mathrm{d}w_f}{\mathrm{d}t}=Q-Q_{leak} \tag{11}$$

式中，P_w 为井底流压；P_f 为裂缝内压力；ρ 为流体密度；Q 为流体流量；N_p 为有效开启射孔数；d 为射孔孔径；C_D 为流量系数；N_f 为有效开启裂缝簇数；h_f 为压裂缝高度；l_f 为压裂缝半长；w_f 为压裂缝开度；Q_{leak}为压裂缝内液体滤失流量。

水力压裂缝开度 w_f 可通过下述公式与裂缝内流体压力及裂缝高度进行联系：

$$w_f=\frac{2(P_f-\sigma_{min})h_f(1-\nu)}{\pi G\alpha_s} \tag{12}$$

式中，σ_{min}为最小水平主应力；v为地层岩石的泊松比；G为地层岩石的剪切模量。

裂缝内流体滤失量可由下述公式进行计算：

$$Q_{leak}=\frac{2N_f h_f l_f C_L}{\sqrt{t_f}} \tag{13}$$

分段多簇水力压裂缝边界条件示意图见图1。

由于流体运动的复杂性，理论分析得到的停泵压力微分方程无法求其解析解。优选高效准确的特征线法计算偏微分方程。将考虑管道摩阻的停泵压力偏微分方程沿其特征线变换为全微分方程，再近似的变成差分方程，并进行数值计算和编制模拟软件。

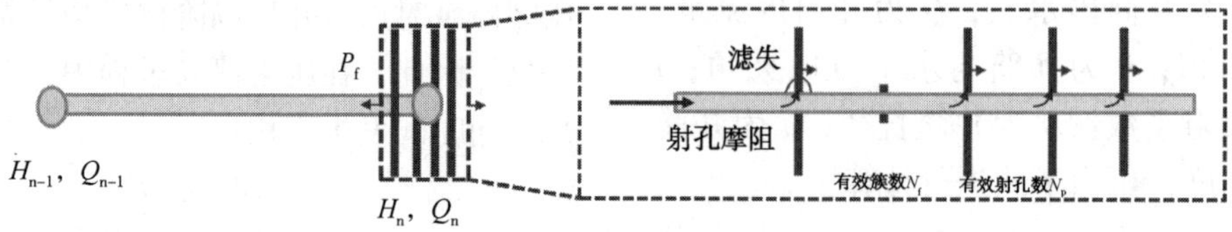

图1　分段多簇水力压裂缝边界条件示意图

2　平台压裂参数

2.1　平台地质参数

W1H 平台部署 7 口井，平均水平段长 2184m，平均龙一 11 段长 2078m，水平段埋深 2971~3354m，地层压力系数约 1.76，1 小层平均厚度为 3.1m(表1)。

表1　W1H 平台、W2H 平台储层特征

平台号	水平段长/m	地层压力系数	厚度/m	TOC/%	孔隙度/%	总含气量/(m^3/t)
W1H	2184	1.76	3.1	3.9	6.7	6.0
W2H	2350	1.95	4.3	5.0	6.5	6.8

W2H 平台部署 4 口井，平均水平段长 2350m，平均龙一 11 段长 2326m，水平段埋深 3583~3634m，地层压力系数约 1.95，1 小层厚度为 4.3m(表2)。

表2　W1H 平台、W2H 平台地层应力特征

平台	水平最小主应力/MPa	水平最大主应力/MPa	杨氏模量/GPa	泊松比	脆性指数/%
W1H	76.0	89	41.16	0.25	68.6
W2H	85.9	99	30.89	0.20	65.0

2.2　平台分段分簇

W1H 平台和 W1H 平台均采用压裂工艺 2.0 技术，按照主体段长 90m、射 9 簇设计，部分井开展短段长、少簇对比设计(表3、表4)。

表3　W1H 平台分段分簇统计表

井号	水平段长/m	压裂总段长/m	段数	主段长/m	平均段长/m	总簇数/单段簇数
W1H-10	2250	2206	27	82~94	88	171/3、4、5、9
W1H-11	2230	2117	24	80~100	88	215/7，9
W1H-12	2220	2118	27	56~92	78	165/3、4、5、9
W1H-13	2190	2148	24	83~95	90	216/9
W1H-14	2180	8	23	82~100	89	203/9
W1H-15	2100	2095	30	65~77	70	270/9
W1H-16	2120	2064	29	65~82	71	265/9、10
合计/平均	15290/2184	14796/2113	184/26		82	

表 4 W2H 平台分段分簇统计表

井号	水平段长/m	压裂总段长/m	段数	主段长/m	平均段长/m	总簇数/单段簇数
W2H-1	2390	2347	29	80-98	80.9	233/7、9
W2H-2	2370	2318	33	64-76	70.2	226/7
W2H-3	2390	2317	26	85-97	89.1	234/9
W2H-4	2250	2192	24	87-95	91.3	216/9
合计/平均	9400/2350	9174/2294	112/28		82.9	

2.3 平台施工参数

W1H 平台排量在 11~14m^3/min，用液强度 20~28m^3/m，加砂强度 2.0~2.8t/m。W2H 平台排量在 11~12m^3/min，用液强度 21~26m^3/m，加砂强度 2.2~2.7t/m。两个平台支撑剂材料主体均选择 100 目粉砂+40/70 目陶粒的支撑剂组合，簇间暂堵选择合适密度的暂堵球+暂堵剂的复合暂堵组合。

3 压后裂缝水击反演与影响因素分析

3.1 水击反演结果

W1H(a)W2H(b)单段压裂停泵裂缝参数解释拟合结果图见图 2。

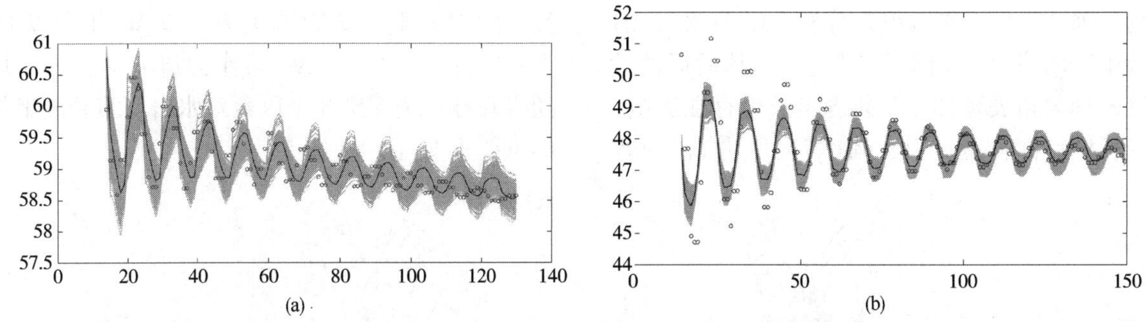

图 2 W1H(a)W2H(b)单段压裂停泵裂缝参数解释拟合结果图

在本文中，对 W1H 平台 10~16 井，W2H 平台 1~4 井全部段进行了水击反演。受现实施工条件和压裂停泵裂缝参数解释软件的限制，现场施工曲线未显示明显水击效应和软件拟合效果较差的数据点将被剔除，剩余的反演结果如表 5 所示。

表 5 W1H 平台和 W2H 平台水击裂缝反演结果表

井号	W1H-10	W1H-11	W1H-12	W1H-13	W1H-14	W1H-15	W1H-16
平均裂缝半长/m	133.97	128.57	124.12	134.97	130.32	124.74	136.82
标准偏差	12.25	7.91	10.98	12.90	13.84	6.25	13.19

井号	W2H-1	W2H-2	W2H-3	W2H-4
平均裂缝半长/m	126.36	126.56	125.85	128.60
标准偏差	8.34	12.28	11.95	7.65

从反演结果中可以看出，W1H 平台的裂缝半长在 106~160m，平均单井裂缝半长 127.07m，W2H 平台裂缝半长在 108~145m，平均单井裂缝半长 130.38m，该结果符合压裂设计预期效果。W2H 平台各口井的平均裂缝半长相差较小，W2H-2 井的平均半缝长最长。W1H 平台中，W1H-10/13/16 平均半缝长处于较高水平，不同井间裂缝半长存在较大差异。可见，不同平台因为地质因素的差距存在不同。而在同平台不同井，同井不同段，分簇、排量、用液、加砂、暂堵等因素，也影响着水力裂缝的长度。因此，有必要以各井不同段为研究对象，厘清在威远区块地质背景下，各施工参数对水力裂缝半长的重要程度，为下步优化提供支撑依据(图 3)。

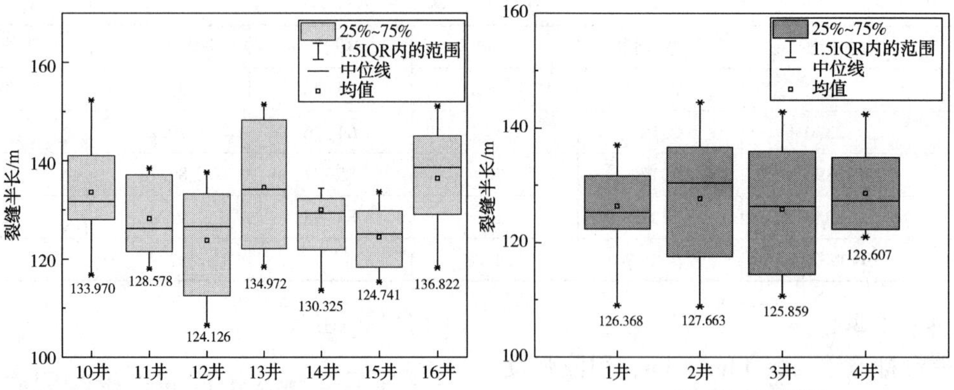

(a)W2H　(b)反演裂缝半长箱体图

图 3　W1H(a)W2H(b)反演裂缝半长箱体图

3.2　影响因素选定

在影响水力裂缝半长的因素中，可大致分为地质因素、设计因素和工程因素三类。同一平台受测井工作的限制，地质参数均采用某一口井的数据，因此不作为影响因素分析。W1H 和 W2H 平台中，均使用了簇间暂堵工艺。暂堵后促进了裂缝的均匀拓展延伸，对裂缝半长也存在影响，选择暂堵后同排量压力涨幅(转向压力)作为暂堵效果的评价标准，列为工程因素之一。综上，选择设计因素中的段长、簇数、孔数，工程因素中的排量、用液强度、加砂强度、陶粒比例、转向压力作为影响因素，进一步探究各因素对水击反演的裂缝半长的影响关系。以 W1H 和 W2H 平台共计 11 口井、296 段作为研究对象，应用随机森林算法评价 8 个因素对水击反演裂缝半长的重要程度(图 4、图 5)。

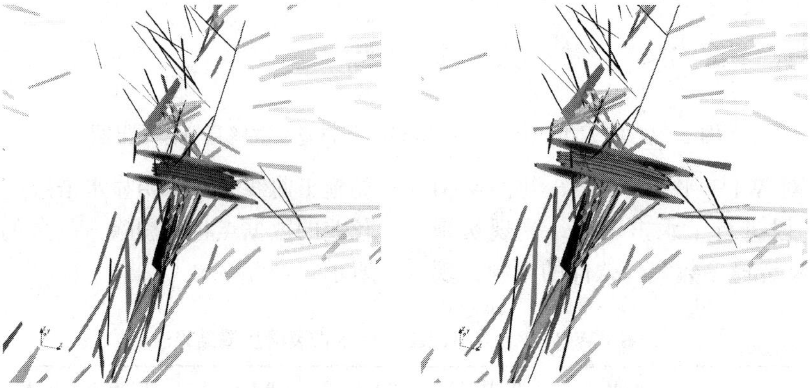

(a)　(b)

图 4　数值模拟的暂堵前(a)和暂堵后(a)的单段裂缝形态图

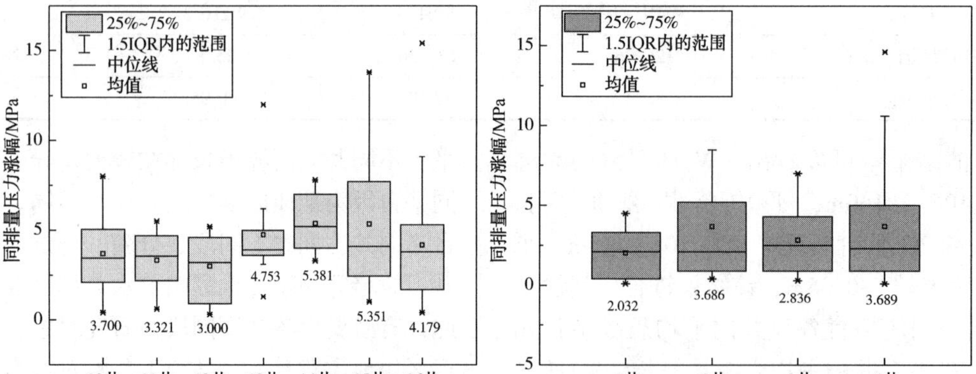

(a)　(b)

图 5　W1H 平台(a)W2H(b)平台各井暂堵后同排量压力涨幅统计图

3.3 随机森林算法评判因素重要程度

随机森林(RF)，作为一种基于统计学习理论的机器学习方法，通过采用bootstrap重抽样技术从原始数据集中抽取多个子样本。该方法对于每一个bootsrap样本构建决策树模型，并组合多个决策树预测结果，通过投票的方式来确定最终的预测输出(图6)。

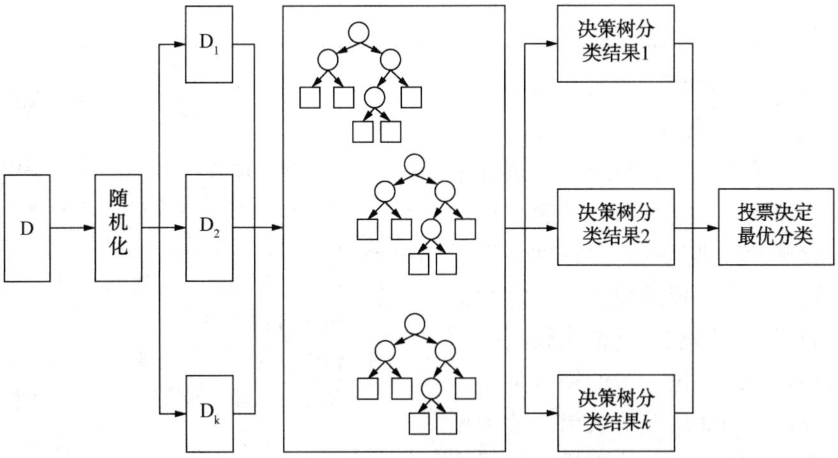

图6　RF示意图

随机森林(RF)通过创建多个不同的训练集来增强各个分类模型之间的差异性，进而提升了整体模型在未知数据上的预测能力。在进行了k轮的训练之后，获得了一系列的分类模型，记作$\{h_1(X), h_2(X), \cdots, h_k(X)\}$。利用这些模型构建一个多分类系统，该系统采用多数投票的原则来确定最终的分类结果，最终分类决策可以描述为：

$$H(x) = \arg\max_{Y} \sum_{i=1}^{k} I(h_i(x) = Y) \tag{14}$$

式中，$H(x)$表示组合分类模型，h_i是单个决策树分类模型，Y表示输出变量(或称目标变量)，$I(h_i(x) = Y)$为示性函数。

随机森林(RF)具有很高的预测准确率，并可在训练完成后获得各个变量对预测结果影响的重要程度。为减少训练计算量、提高计算精度，在进行RF训练前，首先对RF对应的叶子节点数与决策树的数量加以择优选取，以均方误差(MSE)作为评价标准，绘制以决策树数为自变量，叶子节点为敏感性的误差评价图(图7)。

根据均方误差估计图，优选叶子节点数为20，决策树数为200。应用随机森林算法，得到8个因素对水击反演裂缝半长的重要程度(表6)。

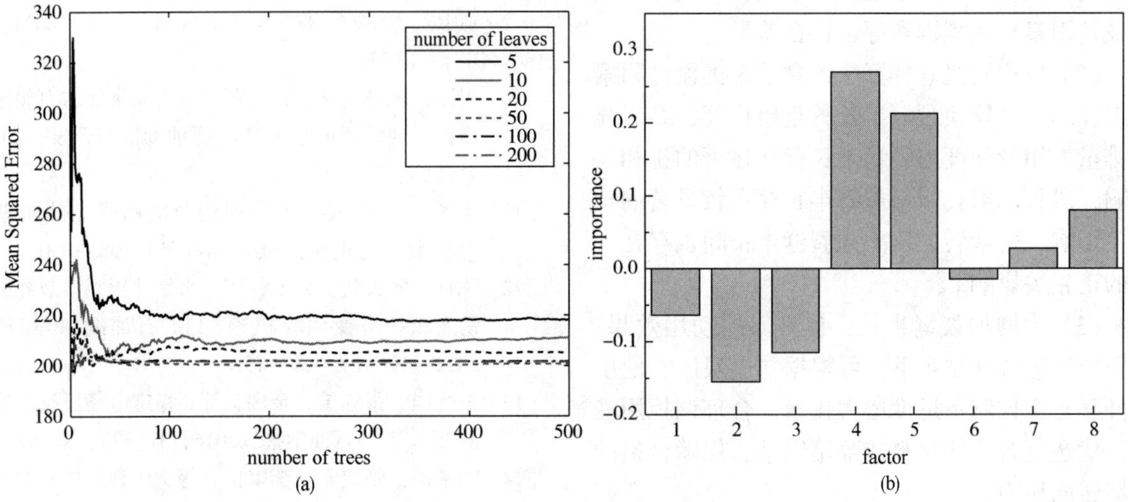

图7　RF示意图优化叶子点数和决策树数的均方差估计图(a)
基于随机森林的8个因素对反演裂缝半长的重要程度(b)

表6 基于随机森林计算的不同因素对反演裂缝半长的重要程度

序号	名称	重要程度	因素分类	序号	名称	重要程度	因素分类
1	射孔簇数	-0.0636	设计因素	5	用液强度	0.2130	工程因素
2	段长	-0.1547	设计因素	6	加砂强度	-0.0144	工程因素
3	射孔孔数	-0.1152	设计因素	7	陶粒占比	0.0278	工程因素
4	排量	0.2694	工程因素	8	转向压力	0.0799	工程因素

根据结果可知，射孔簇数、段长、射孔孔数与水击反演的裂缝半长呈较为明显的负相关影响，即簇数越多、段长越长、孔数越多，裂缝半长会更短。排量和用液强度与反演的裂缝半长呈现较好的正相关影响，且排量的重要程度大于用液强度。同时，转向压力与反演裂缝半长之间也存在着不可忽视的正相关影响，这说明较高的同排量压力涨幅意味着裂缝更进一步的拓展延伸。

因此，为实现良好的储层改造效果，达到预期的设计目标，应当保障合理的施工排量和用液强度。当段长较长时，优选复合暂堵工艺，保障投放暂堵材料后达到一定的暂堵转向压力，促使裂缝拓展延伸。

4 结论与建议

本文基于停泵水击效应，以编制的软件反演计算了威远页岩气田2个平台共11口井各段的裂缝半长参数，并应用随机森林算法评价了8个设计因素和工程因素对反演裂缝半长的重要程度，具体结论与建议如下：

(1) W1H平台的裂缝半长在106~160m，W2H平台裂缝半长为108~145m，水击反演得到的水力裂缝半长符合压裂设计预期效果，不同平台间因地质因素的差距存在不同，不同井之间因设计因素、工程因素等也存在差异。

(2) 应用随机森林算法评判了8类设计因素和工程因素对反演裂缝半长的重要程度，结果显示排量、用液强度与裂缝半长存在显著的正相关影响，段长、射孔数与裂缝半长存在较显著的负相关影响，暂堵转向压力同裂缝半长间也存在一定的正相关影响。

(3) 为增加裂缝半长，提升储层动用效果，在压裂工艺2.0技术下，可根据井口限压、地层条件、套变控制下适度增大排量，合理调控用液量，优选复合暂堵材料或暂堵绳结，保障合格的暂堵转向压力。

参 考 文 献

[1] 张金川，徐波，聂海宽，等．中国页岩气资源勘探潜力[J]．天然气工业，2008(06)：136-140.

[2] 董大忠，王玉满，李新景，等．中国页岩气勘探开发新突破及发展前景思考[J]．天然气工业，2016，36(01)：19-32.

[3] 郭建春，赵志红，路千里，等．深层页岩缝网压裂关键力学理论研究进展[J]．天然气工业，2021，41(01)：102-117.

[4] 杨光，田伟志，吕江，等．威远构造W202区块龙马溪组龙_1~1亚段页岩气储集层岩石学特征[J]．特种油气藏，2021，28(02)：34-40.

[5] 何骁，吴建发，雍锐，等．四川盆地长宁——威远区块海相页岩气田成藏条件及勘探开发关键技术[J]．石油学报，2021，42(02)：259-272.

[6] 李庆辉，李少轩，刘伟洲．深层页岩气储层岩石力学特性及对压裂改造的影响[J]．特种油气藏，2021，28(03)：130-138.

[7] 吴奇，胥云，王晓泉，等．非常规油气藏体积改造技术——内涵、优化设计与实现[J]．石油勘探与开发，2012，39(03)：352-358.

[8] 李彦超，王一萱，张庆，等．体积压裂工艺2.0技术与实践-以威远页岩气为例[Z]．中国广西南宁，2023.

[9] 肖剑锋，何怀银，李彦超，等．四川盆地威远页岩气田缝控压裂关键技术[J]．天然气工业，2023，43(07)：63-71.

[10] 侯冰，陈勉，李志猛，等．页岩储集层水力裂缝网络扩展规模评价方法[J]．石油勘探与开发，2014，41(06)：763-768.

[11] 何继善．广域电磁法理论及应用研究的新进展[J]．物探与化探，2020，44(05)：985-990.

[12] 陈铭，郭天魁，胥云，等．水平井压裂多裂缝扩展诱发光纤应变演化机理[J]．石油勘探与开发，2022，49(01)：183-193.

[13] 王爱国，张胜传，余洲，等．稳定电场压裂裂缝监测技术[J]．石油学报，2016，37(S2)：87-92.

[14] 刘秉谦，张遂安，李宗田，等．压裂新技术在非常规油气开发中的应用[J]．非常规油气，2015，2(02)：78-86.

[15] 刘书杰，蔡久杰，王飞，等．改进压裂压降曲线分析方法在海上低渗气田的应用[J]．断块油气田，2015，22(3)：5.

[16] Hossain S，Dehghanpour H，Ezulike O，et al. Port-Opening Falloff Test：A Complementary Test to Diagnostic Fracture Injection Test[J]. SPE Journal，2022，27(06)：3363-3383.

[17] 张烈辉，崔乾晨，谢军，等．页岩气藏压裂水平井线性耦合渗流模型研究[J]．西南石油大学学报(自然科学版)，2019，41(06)：1-12.

[18] Yang R，Huang Z，Li G，et al. A semianalytical approach to model two-phase flowback of shale-gas wells with complex-fracture-network geometries[J]. SPE Journal，2017，22(06)：1808-1833.

[19] Sahai V，Jackson G，Lawal H，et al. A quantitative approach to analyze fracture-area loss in shale gas wells during field development and restimulation [J]. SPE Reservoir Evaluation & Engineering，2015，18(03)：346-355.

[20] 丘阳，胡晓东，周福建，等．压裂井口停泵水击响应特征影响因素研究[J]．水动力学研究与进展(A辑)，2023，38(6)：965-973.

[21] 王晓强，赵立安，王志愿，等．基于水锤效应与倒谱变换的停泵压力分析方法[J]．油气藏评价与开发，2023，13(1)：108-116.

[22] 赵玉龙，崔乾晨，高上钧，等．基于停泵压降数据的页岩气井单段裂缝参数反演——以长宁 N209 井区页岩气井为例[J]．深圳大学学报(理工版)，2024，41(1)：22-32.

[23] 曾波，周峰，阳星，等．基于停泵压力数据的压裂效果评价方法[J]．油气井测试，2023，32(1)：8-15.

[24] 赵立安，王志愿，修春红，等．利用压裂施工停泵压力数据计算裂缝高度[J]．非常规油气，2022(005)：9.

[25] 方匡南，吴见彬，朱建平，等．随机森林方法研究综述[J]．统计与信息论坛，2011，26(3)：7.

准噶尔盆地多层系储层水力压裂非均匀裂缝支撑压力动态分析

王飞文　李佳琦　陈　锐　何纳言　刘宇昕

(新疆油田分公司采油工艺研究院)

摘　要　随着准噶尔盆地石油天然气勘探开发迈入深层非常规领域，储层普遍含有多个储层，为降低开发成本，分压合采成为了多层系油藏重要的开发方法。目前，多层系储层压裂后压力动态分析的研究较少，由于支撑剂在非常规储层压裂水力裂缝中运移困难，导致沿水力裂缝的导流能力分布不均匀，增加了储层压力动态分析的复杂性。为解决这一难题，基于三线性流动模型、Duhamel 定理和压力叠加原理，本文提出了一种多层系储层中裂缝导流能力变化的水力压裂井的全解析试井模型。开展了裂缝半长、裂缝导流能力、窜流系数和储集系数等关键参数对压力和压力导数的敏感性分析，并在准噶尔盆地某四层压裂井进行了验证，证明了该模型的实用性，可为多层系储层水力压裂非均匀裂缝支撑压力动态分析提供一定指导意义。

关键词　分压合采；多层系储层；三线性流动模型；压力动态分析

1　引言

为满足日益增长的能源需求，石油勘探方向已转向深层非常规领域。近年来，新疆油田公司在准噶尔盆地玛湖、沙湾等区域深层致密储层相继取得了勘探突破，部分深层致密储层已实现开发生产。由于深层致密储层含有多套油层，单层开发钻井投资成本巨大，通过对多层系油藏采用合采方式开发，可大幅减少钻井数量。考虑到深层储层渗透率极低，需对多层系储层开展分层压裂，以提高油井的产量。多位学者已提出考虑不同情况的非压裂多层系储层压力动态分析模型，但未考虑压裂工况。游媛等人建立了多层耦合渗流数学模型，在对模型求解的基础上分析了多层合采过程中的井底压力和分层产量的主要影响因素及其作用机理。陈伟等人提出了一种多层油藏合采压力动态分析模型，该模型适用于任意类型的井与外边界条件，各层物性、介质可以不同，同时压力响应计算方法较为简单。Manrique 和 Poe 结合生产数据，提出了一种动态分析方法，实现了对多层系储层中的多裂缝井进行评价和优化。

新疆油田多层系非常规储层埋深超 4000m，该区域多层系储层水力压裂井的压力动态分析更复杂，支撑剂在压裂过程中产生的水力裂缝中运移困难，易在井筒附近堆积，在水力裂缝远端支撑不充分。导致投产后远端裂缝宽度迅速减小，导流能力急剧下降。郭晶晶等考虑了压裂改造区域与原始储层区域的渗透性差异以及应力敏感效应的影响，建立了复合致密油藏压裂井不稳定试井模型。王慧萍等人考虑了压裂缝间的相互干扰作用，采用有限差分方法耦合地层与裂缝渗流方程，建立压裂井邻井干扰试井模型。本文研究了某多层系储层有限导流垂直裂缝井的压力动态。结合现场资料，基于 Lee 和 Brockenbrough 提出的经典三线性渗流模型，建立了一种多层系储层中裂缝导流能力变化的水力压裂井的全解析试井模型，对裂缝半长、裂缝导流能力、窜流系数、储集系数等关键参数进行了敏感性分析，并在准噶尔盆地某四层压裂井进行了验证。

2　模型建立

2.1　物理模型

建立模型如图 1(a)所示，多层系储层包含 m 个油层，各油层均开展了水力压裂。每层均质且各向同性，含有黏度 μ 的单相微可压缩流体。初始地层压力为 p_i，则第 n 层的孔隙度、渗透率、厚度、压缩系数、井筒储集系数、表皮系数和产量分别为：ϕ_n、k_n、h_n、c_t、C_n、S_n 和 q_n。各层之间采用夹层分隔，互不连通。同时提出了以下基本假设：

(a) 由于深层储层渗透率极低，为了提高计算效率，采用三线性流动模型来表示有限导流能力压裂井的流动特性。

(b) 水力裂缝沿井筒对称，渗透率 k_{fn}，裂缝高度 h_{fn}，裂缝半长 x_{fn}，裂缝宽度 w_{fn}，裂缝远端无流动。

(c) 由于支撑剂运移困难，沿水力裂缝的裂缝导流能力通常是不均匀的。考虑使用二维裂缝导流能力(即 F_{cD1} 和 F_{cD2})来表征支撑充分和支撑不充分裂缝段，如图 1(b)所示。

(d) 流体符合达西流动，忽略重力和毛细力。

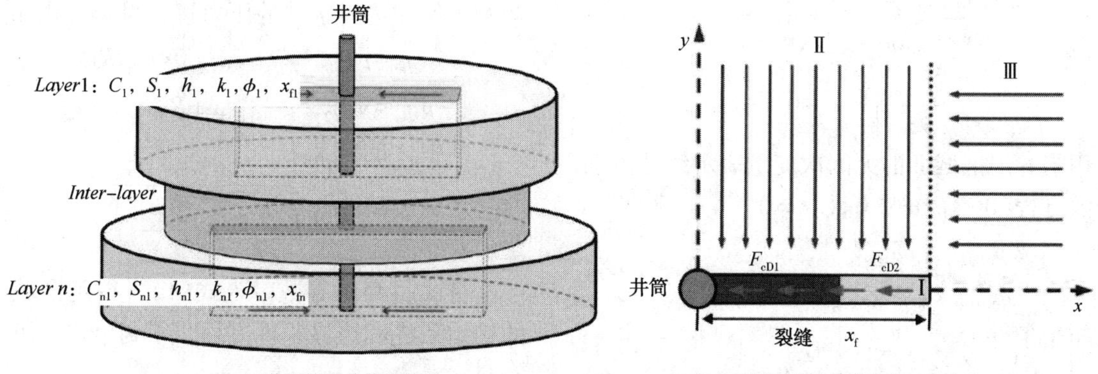

图 1　具有不同裂缝导流能力的分层压裂井示意图

2.2　数学模型

根据 Lee 和 Brockenbrough 的研究，只考虑第 n 层的一个象限。进一步将压裂后的储层划分为Ⅰ、Ⅱ和Ⅲ区。区域Ⅰ为水力裂缝，流动以径向流为主，由于裂缝导流能力的变化，区域Ⅰ包含了两个线性流动区域，如图 1b 所示。如果将裂缝视为流动通道，则区域Ⅱ的流动近似为 y 方向流动，并向区域Ⅰ供应。区域Ⅲ的流动近似为短时间的 x 方向流动，并向区域Ⅱ供应。该流动特性的可视化对于流体在伪径向流动之前的流动是合理的。

线性流动的扩散方程用第 n 层区域Ⅰ的无因次变量表示，由于水力裂缝体积很小，忽略裂缝内的流体可压缩性。

表 1　无量纲变量与函数定义

无量纲变量	函数定义	无量纲变量	函数定义
无因次压力	$p_{Dn}=\dfrac{\overline{kh}(p_i-p_n)}{1.842\cdot Q\mu B}$	无因次时间	$t_D=\dfrac{3.6\times10^{-3}\overline{kh}\cdot t}{\varphi h\mu c_t\,\overline{x}_f^2}$
无因次产量	$q_{Dn}=\dfrac{q_n}{Q}$	无因次裂缝长度	$\alpha_n=\dfrac{x_{fn}}{\overline{x}_f}$
无因次窜流系数	$\lambda n=\dfrac{(kh)_n}{\overline{kh}}$	无因次储集系数	$\omega_n=\dfrac{(\varphi h)_n}{\overline{\varphi h}}$
无因次井筒储集系数	$C_D=\dfrac{C}{2\pi\,\overline{\varphi h}c_t\,\overline{x}_f^2}$	无因次裂缝导流能力	$F_{cDn}=\dfrac{k_{fn}w_{fn}}{k_n x_{fn}}$
无因次坐标	$x_D=\dfrac{x}{\overline{x}_f}$，$y_D=\dfrac{y}{\overline{x}_f}$	无因次支撑裂缝长度	$R_{Dn}=\dfrac{x_{pfn}}{\overline{x}_f}$
$\overline{kh}=\sum_{n=1}^{m}(kh)_n$，$\overline{\varphi h}=\sum_{n=1}^{m}(\varphi h)_n$，$\overline{x_f}=\sum_{n=1}^{m}(x_f)_n$			

$$For\ 0<x_D<R_{Dn},\ \frac{\partial^2\bar{p}_{1Dn1}}{\partial x_D^2}+\frac{2}{\alpha_n F_{cDn1}}\frac{\partial\bar{p}_{2Dn}}{\partial y_D}\bigg|_{y_D}=0$$

$$For\ R_{Dn}<x_D<\alpha_n,\ \frac{\partial^2\bar{p}_{1Dn2}}{\partial x_D^2}+\frac{2}{\alpha_n F_{cDn2}}\frac{\partial\bar{p}_{2Dn}}{\partial y_D}\bigg|_{y_D}=0 \quad (1)$$

初始条件为：

$$\bar{p}_{1Dn1}(s\to\infty)=\bar{p}_{2Dn2}(s\to\infty)=0 \quad (2)$$

边界条件为：

$$\frac{\partial\bar{p}_{1Dn1}}{\partial x_D}\bigg|_{x_D=0}=-\frac{\pi}{sF_{cDn1}\alpha_n\lambda_n} \quad (3)$$

$$\frac{\partial\bar{p}_{1Dn1}}{\partial x_D}\bigg|_{x_D=\alpha_n}=0 \quad (4)$$

用第 n 层区域Ⅱ的无因次变量表示线性流动的扩散方程（$0<x_D<\alpha_n$，$0<y_D<\infty$）

$$\frac{\partial^2\bar{p}_{1Dn2}}{\partial x_D^2}+\frac{1}{\alpha_n}\frac{\partial\bar{p}_{3Dn}}{\partial x_D}\bigg|_{x_D=\alpha_n}=\frac{\omega_n}{\lambda_n}s\bar{p}_{2Dn} \quad (5)$$

初始条件为：

$$\bar{p}_{2Dn2}(s\to\infty)=0 \quad (6)$$

边界条件为：

$$\bar{p}_{1Dn1}=\bar{p}_{2Dn},\ (0<x_D<R_{Dn},\ y_D=0)$$
$$\bar{p}_{1Dn2}=\bar{p}_{2Dn},\ (R_{Dn}<x_D<\alpha_n,\ y_D=0) \quad (7)$$

$$\bar{p}_{2Dn}(y_D=\infty) \quad (8)$$

用第 n 层区域Ⅲ的无因次变量表示线性流动的扩散方程

$$\frac{\partial^2\bar{p}_{3Dn}}{\partial x_D^2}=\frac{\omega_n}{\lambda_n}s\bar{p}_{3Dn} \quad (9)$$

初始条件为：

$$\bar{p}_{3Dn}(s\to\infty)=0 \quad (10)$$

边界条件为：

$$\bar{p}_{3Dn}=\bar{p}_{2Dn},\ (x_D=\alpha_n) \quad (11)$$

$$\bar{p}_{3Dn}(x_D=\infty)=0 \quad (12)$$

方程中的无量纲定义如表 1 所示，即式(1)至式(12)

从区域Ⅲ开始求解方程组，用初始条件和边界条件得到压力解

$$\bar{p}_{3Dn}=\bar{p}_{2Dn}\cdot e^{\sqrt{\frac{\omega_n}{\lambda_n}s}\cdot(\alpha_n-x_D)} \quad (13)$$

将式(13)的导数代入式(5)，得到区域Ⅱ的初始条件和边界条件的压力解，得到公式如下

$$\bar{p}_{2Dn}=\bar{p}_{1Dn1}\cdot e^{-A\cdot y_D},\ (0<x_D<R_{Dn})$$
$$\bar{p}_{2Dn}=\bar{p}_{1Dn2}\cdot e^{-A\cdot y_D},\ (R_{Dn}<x_D<\alpha_n) \quad (14)$$

其中 A 的定义为

$$A=\sqrt{\sqrt{\frac{\omega_n}{\lambda_n}s}/\alpha_n+\frac{\omega_n}{\lambda_n}s} \quad (15)$$

将式(14)的导数带入式(1)，得到区域Ⅰ中的初始条件和边界条件方程，得到公式如下

$$\begin{aligned}&C_1B_1-C_2B_2=-\frac{\pi}{sF_{cDn1}\alpha_n\lambda_n}\\&C_1e^{B_1R_{Dn}}+C_2e^{-B_1R_{Dn}}=D_1e^{B_2R_{Dn}}+D_2e^{-B_2R_{Dn}}\\&F_{cDn1}(C_1B_1e^{B_1R_{Dn}}-C_2B_1e^{-B_1R_{Dn}})\\&=F_{cDn2}(D_1B_2e^{B_2R_{Dn}}-D_2B_2e^{-B_2R_{Dn}})\\&D_1B_2e^{B_2\alpha_n}-D_2B_2e^{-B_2\alpha_n}=0\end{aligned} \quad (16)$$

其中 B_1 和 B_2 的定义为

$$B_1=\sqrt{\frac{2A}{\alpha_nF_{cDn1}}},\ B_2=\sqrt{\frac{2A}{\alpha_nF_{cDn2}}} \quad (17)$$

式(16)的矩阵形式如下

$$\begin{vmatrix}B_1 & -B_1 & 0 & 0\\ e^{B_1R_{Dn}} & e^{-B_1R_{Dn}} & -e^{B_2R_{Dn}} & -e^{-B_2R_{Dn}}\\ F_{cDn1}B_1e^{B_1R_{Dn}} & -F_{cDn1}B_1e^{-B_1R_{Dn}} & -F_{cDn2}B_2e^{B_2R_{Dn}} & F_{cDn2}B_2e^{-B_2R_{Dn}}\\ 0 & 0 & B_2e^{B_2\alpha_n} & -B_2e^{-B_2\alpha_n}\end{vmatrix}\cdot\begin{vmatrix}C_1\\C_2\\D_1\\D_2\end{vmatrix}=\begin{vmatrix}-\pi/sF_{cDn1}\alpha_n\lambda_n\\0\\0\\0\end{vmatrix} \quad (18)$$

通过求解式(18)可以得到 C_1、C_2、D_1、D_2 的值。压强 p_{1Dn1} 可以表示为

$$\bar{p}_{1Dn1}=C_1+C_2 \quad (19)$$

如果考虑井筒储集效应和表皮效应，根据 Duhamel 理论和压力叠加原理，得到式(20)

$$\bar{q}_{Dn}=\frac{1+C_{Dn}s^2\bar{p}_{1Dn1}+C_{Dn}s\frac{s_n}{\lambda_n}}{s\bar{p}_{1Dn1}+\frac{s_n}{\lambda_n}}\bar{p}_{wfD} \quad (20)$$

最后，得到流量 $\sum_{n=1}^{m}\bar{q}_{Dn}=1/s$ 时的井底压力为

$$\bar{p}_{wfD}=\frac{1}{s}\left(\sum_{n=1}^{m}\frac{1+C_{Dn}s^2\bar{p}_{1Dn1}+C_{Dn}s\frac{s_n}{\lambda_n}}{s\bar{p}_{1Dn1}+\frac{s_n}{\lambda_n}}\right)^{-1} \quad (21)$$

采用 Stehfest 数值反演方法获得 p_{wfD}，其中井筒储集系数为 $C_D=\sum_{n=1}^{m}C_{Dn}$。

3 结果与讨论

3.1 模型验证

当 $m=1$（即 $\lambda=1$，$\omega=1$，$\alpha=1$），$F_{cDn1}=F_{cDn2}$时，模型可简化为 Lee 和 brockenbrough 提出的三线性流动模型。对比两种模型在不同无因次裂缝导流能力（$F_{cD}=5$、30、100、500）下的压力和压力导数计算结果，如图 2 所示，模型的计算结果与三线性流动模型的计算结果吻合较好，验证了模型的正确性。

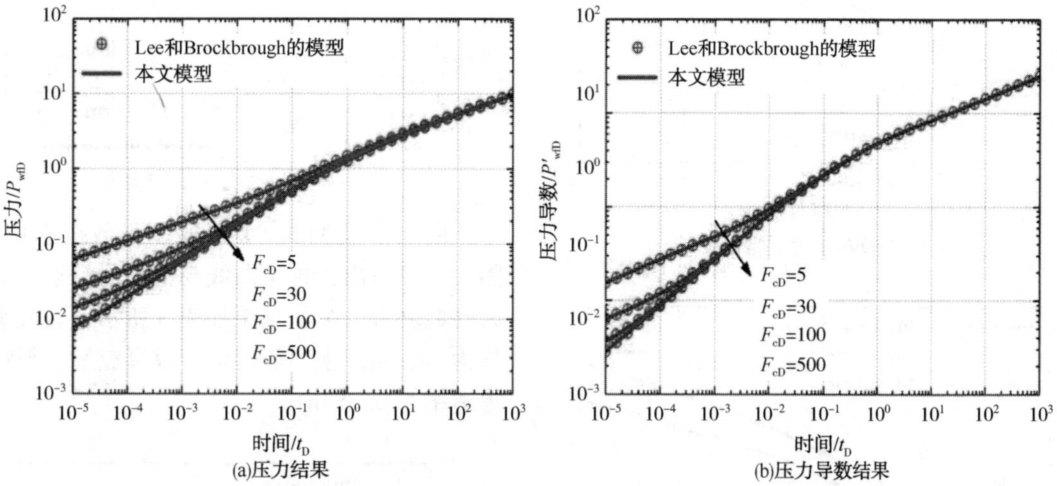

图 2 不同无量纲裂缝导流能力下，本文模型与 Lee 和 Brockenbrough 模型进行比较

3.2 敏感性分析

以两层储层为例，对关键参数进行敏感性分析，主要包括窜流系数、储集系数、裂缝半长（$r_n=x_{fn}/x_{f1}$）、裂缝导流能力等。

3.2.1 窜流系数

研究了窜流系数对压力导数的影响，如图 3 所示。虽然窜流系数对单层产量贡献有明显的影响，但随着 λ_1 和 λ_2 差值的增大，可以发现压力导数略有增大；由于窜流系数的变化，非均质性越强，压力导数的增加越大。

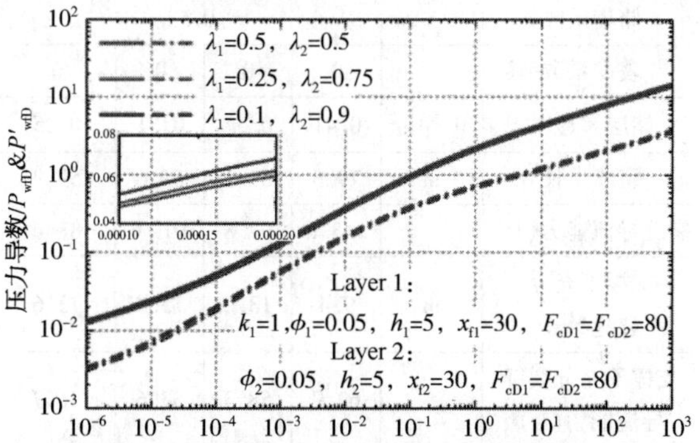

图 3 窜流系数对压力导数的影响

3.2.2 储集系数

研究了储集系数对压力导数的影响，如图 4 所示。随着 ω_1 和 ω_2 差值的增大，可以发现压力导数略有增大；储集系数变化导致的非均质性越强，压力导数的增加越大。

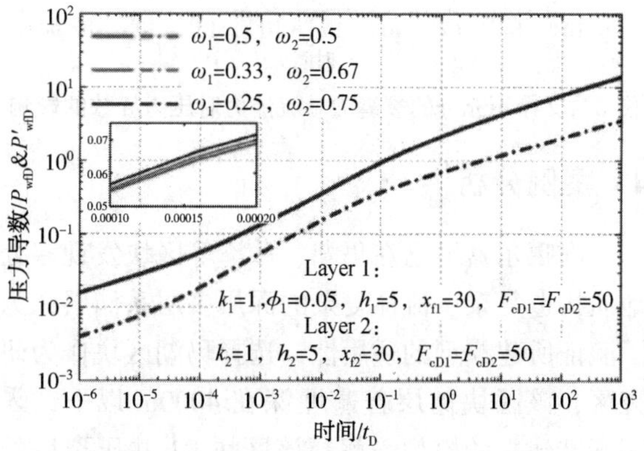

图 4 储集系数对压力导数的影响

3.2.3 裂缝半长

研究了三种不同裂缝半长（$r_2=1$，$r_2=10$，$r_2=30$）对压力导数的影响，如图 5 所示。裂缝半长影响双线性和线性流的持续时间，双线性流和线性流的持续时间随着裂缝半长的增大而延长。

3.2.4 远端裂缝导流能力

研究了三种不同的远端裂缝导流能力（$F_{cD2}=160$，$F_{cD2}=60$，$F_{cD2}=10$）对压力导数的影响，如图 6 所示。远端裂缝导流能力影响双线性流的持续时间，在较低的远端裂缝导流能力下，双线性流将持续更长时间。随着远端裂缝导流能力的降低，压力导数增大，线性流后远端裂缝导流能力对压力倒数影响较小。

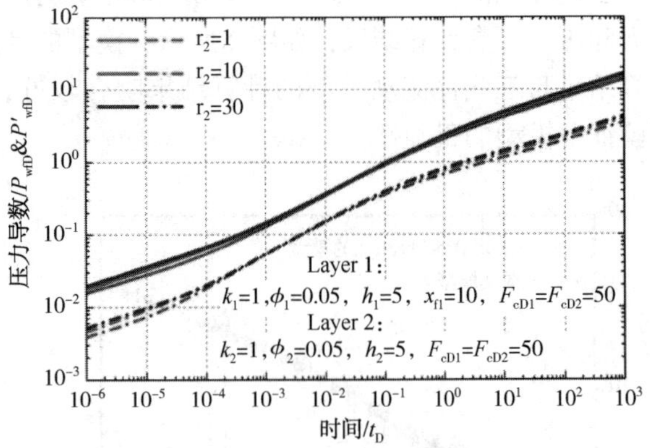

图 5　裂缝半长对压力导数的影响

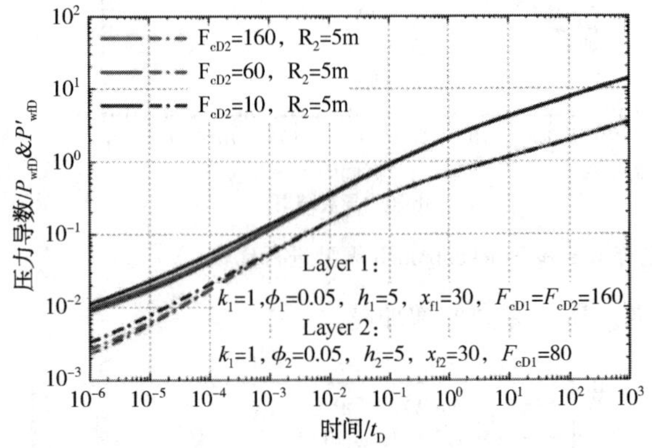

图 6　支撑不充分的裂缝的导流能力对压力导数的影响

4　案例分析

准噶尔盆地已在玛湖、沙湾等区块发现多处地质构造复杂、流体复杂的深层多层系储层，为了验证所建模型的适用性，选择玛湖区块作为研究区，该区块储层普遍埋深在 4000m 以下，采用本文建立的模型来解释该区块 P1 井压裂后的压力数据。

如图 7 所示，P1 井共 4 个油层，经过两次水力压裂施工，第一级压裂井段为 4056～4059m 和 4066.5～4068.5m，第二级压裂井段为 4082～4085m 和 4087～4090m，该井产量为 17.0m^3/d，油层基本参数见表 2。

表 2　储层与 P1 井参数

参数	单位	第一层	第二层	第三层	第四层
油黏度	cP	1.2	1.2	1.2	1.2
储层厚度	m	3	2	3	3
压缩系数	MPa^{-1}	0.001	0.001	0.001	0.001
储层孔隙度	%	7.2	7.2	7.2	7.2
体积系数		1.128	1.128	1.128	1.128

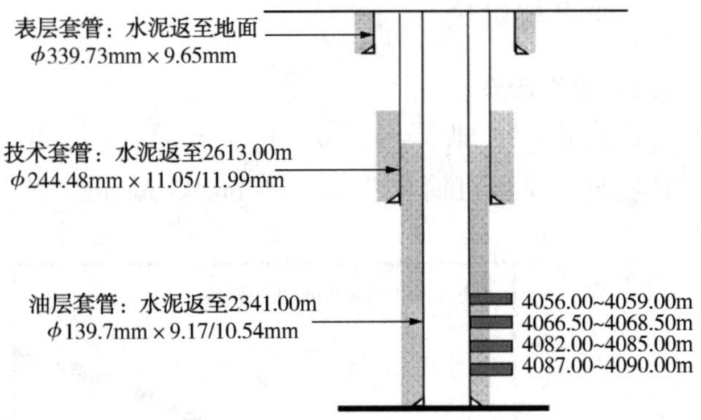

图 7　P1 井井身结构图

应用该模型对 P1 井的压力数据进行分析，图 8 可以看出，理论曲线与记录的动态压力和压力导数吻合。分析结果如表 3 所示，裂缝平均半长为 68.1m，水力压裂增产效果较好，平均储层渗透率为 0.35mD。

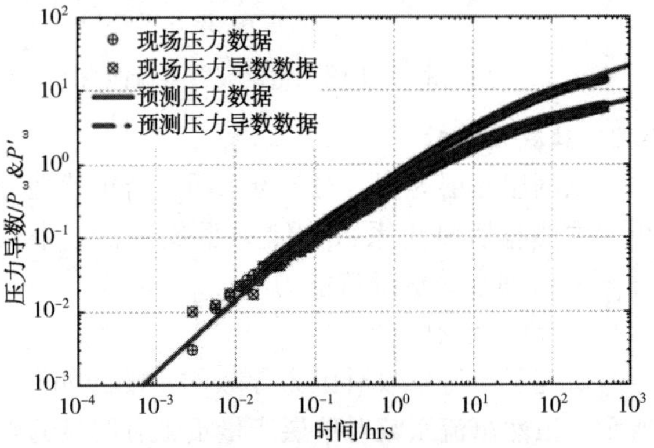

图 8　模型在新疆油田试井解释中的应用

表 3　P1 井解释结果

参数	单位	第一层	第二层	第三层	第四层
储集系数	m/MPa	0.53			
表皮系数		0	0	0	0
储层渗透率	$10^{-3}\mu m^2$	0.41	0.37	0.31	0.25
裂缝半长	m	79.6	69.3	63.6	59.9
裂缝导流能力(D)		113.6	97.8	101.6	88.6
支撑不充分裂缝半长	m	9.4	13.2	15.0	13.6
支撑不充分裂缝导流能力(D)		62.9	58.3	52.6	46.7

5　结论

在深层多层系储层水力压裂作业过程中，支撑剂通常在水力裂缝内运移困难，导致裂缝远端裂缝导流能力下降。为了得到适合的生产动态分析方法来解决压裂后储层遇到的试井问题，本研究提出了一种全解析试井模型，结论如下：

（1）提出了一种多层系储层中裂缝导流能力变化的水力压裂井的试井模型。该模型是完全解析性的，宜用于解决深层储层的试井问题。

（2）多层系储层之间非均质性会导致压力和压力导数增加，非均质性越强，压力和压力导数的增加幅度越大。

（3）远端裂缝导流能力影响双线性流的持续时间，在较低的远端裂缝导流能力下，双线性流将持续更长时间；随着远端裂缝导流能力的降低，压力和压力导数增大，线性流后远端裂缝导流能力对压力和压力倒数影响较小。

（4）在新疆油田准噶尔盆地对多层系储层分层压裂效果进行了分析，验证了该模型对深层分层压裂井储层参数的分析是可靠的。

参 考 文 献

[1] 贾承造．中国石油工业上游前景与未来理论技术五大挑战[J]．石油学报，2024，45(01)：1-14.

[2] 贾承造，王祖纲，姜林，等．中国油气勘探开发成就与未来潜力：深层、深水与非常规油气——专访中国科学院院士、石油地质与构造地质学家贾承造[J]．世界石油工业，2023，30(03)：1-8.

[3] 窦立荣，温志新，王建君，等．2021年世界油气勘探形势分析与思考[J]．石油勘探与开发，2022，49(05)：1033-1044.

[4] 邹才能，林敏捷，马锋，等．碳中和目标下中国天然气工业进展、挑战及对策[J]．石油勘探与开发，2024，51(02)：418-435.

[5] 刘洪涛，刘举，刘会锋，等．塔里木盆地超深层油气藏试油与储层改造技术进展及发展方向[J]．天然气工业，2020，40(11)：76-88.

[6] 刘锋报，孙金声，王建华．国内外深井超深井钻井液技术现状及发展趋势[J]．新疆石油天然气，2023，19(02)：34-39.

[7] Luo L，Cheng S，Lee J. Characterization of Refracture Orientation in Poorly Propped Fractured Wells by Pressure Transient Analysis：Model，Pitfall，and Application. J. Nat. Gas Sci. Eng. 2020，79，103332.

[8] Wei C，Cheng S，She J，et al. Numerical Study on the Heat Transfer Behavior in Naturally Fractured Reservoirs and Applications for Reservoir Characterization and Geothermal Energy Development. J. Pet. Sci. Eng. 2021，202，108560.

[9] Wei C，Liu Y，Deng Y，et al. Temperature Transient Analysis of Naturally Fractured Geothermal Reservoirs. SPE J. 2022，1-23.

[10] Xiong W，Zhao YL，Qin，JH，et al. Phase Equilibrium Modeling for Confined Fluids in Nanopores Using an Association Equation of State. J. Supercrit. Fluids 2021，169，105118.

[11] 孙靖，尤新才，薛晶晶，等．准噶尔盆地深层-超深层碎屑岩致密气储层特征及其控制因素[J]．石油与天然气地质，2024，45(04)：1046-1063.

[12] 张磊，魏小松，唐勇，等．准噶尔盆地玛湖凹陷中部地区多层系油气成藏条件及勘探前景[J]．石油学报，2024，45(05)：771-786+816.

[13] 唐勇，胡素云，龚德瑜，等．准噶尔盆地中央坳陷西部下二叠统风城组天然气勘探潜力与重点领域[J]．石油勘探与开发，2024，51(03)：490-500+512.

[14] 陈思芮，鲜本忠，纪友亮，等．埋藏过程对深层—超深层碎屑岩成岩作用及优质储层发育的影响——以准噶尔盆地南缘下白垩统清水河组为例[J]．石油勘探与开发，2024，51(02)：323-336.

[15] 宋永，唐勇，何文军，等．准噶尔盆地油气勘探新领域、新类型及勘探潜力[J]．石油学报，2024，45(01)：52-68.

[16] 刘国勇，宋永，毛新军，等．准噶尔盆地高效勘探主要策略与方向[J]．中国石油勘探，2024，29(01)：47-64.

[17] 文贤利，孔明炜，罗垚，等．准噶尔盆地南缘高温高压高闭合应力致密储层改造技术研究及应用[J]．新疆石油天然气，2021，17(04)：15-20.

[18] 高敏，段蕾，史文洋，等．多层非均匀径向复合储层压力动态特征[J]．非常规油气，2020，7(06)：41-48.

[19] 张先敏，吴浩宇，冯其红，等．多层合采煤层气井动态响应特征[J]．中国石油大学学报(自然科学版)，2020，44(06)：88-96.

[20] Larsen，L. Wells Producing Commingled Zones with Unequal Initial Pressures and Reservoir Properties. SPE 56th Annual Fall Technical Conference and Exhibition，SPE-10325-MS，San Antonio，Texas，U. S. A.，October 5-7，1981.

[21] Shi W，Cheng S，Meng L，et al. Pressure Transient Behavior of Layered Commingled Reservoir with Vertical Inhomogeneous Closed Boundary. J. Pet. Sci. Eng. 2020，189，106995.

[22] 游媛，段永刚，方全堂，等．油藏多层合采动态特征分析[J]．石油天然气学报，2013，35(01)：121-125+177.

[23] 陈伟，张晓玲，庄建山，等．多层油藏合采压力动

态分析通用数学模型[J]. 油气井测试，2004，(05)：1-3+105.

[24] Manrique JF, Poe B D. A Unique Methodology for Evaluation of Multi - Fractured Wells in Stacked - Pay Reservoirs Using Commingled Production and Rate Transient Analysis. SPE AnnualTechnical Conference and Exhibition, SPE - 110576 - MS, Anaheim, California, U. S. A., 2007.

[25] 郭晶晶，徐耀宏，杜佳，等. 复合致密油藏变导流能力压裂井不稳定压力动态分析[J]. 水动力学研究与进展A辑，2023，38(04)：612-620.

[26] 王慧萍，吴嘉鑫，王锋，等. 考虑缝间流量不对称的裂缝井干扰试井分析方法[J]. 科学技术与工程，2021，21(02)：529-537.

[27] Lee ST, Brockenbrough JR. A New Approximate Analytic Solution for Finite - Conductivity Vertical Fractures. *SPE Form. Eval.* 1986, 1, 75-88.

[28] Cinco - Ley, H. Pressure Transient Analysis of Wells With Finite Conductivity Vertical Fractures in Double Porosity Reservoirs. *SPE Annual Technical Conference and Exhibition*, *SPE - 110576 - MS*, Houston, TX, U. S. A., October 2-5, 1988.

[29] Wei C, Cheng S, Wang Y, et al. Practical Pressure-Transient Analysis Solutions for a Well Intercepted by Finite Conductivity Vertical Fracture in Naturally Fractured Reservoirs. *J. Pet. Sci. Eng.* 2021, 204, 108768.

[30] Van Everdingen, A. F. The Skin Effect and Its Influence on the Productive Capacity of a Well. *J. Pet. Technol.* 1953, 5, 171-176.

[31] Stehfest, H. Algorithm 368: Numerical Inversion of Laplace Transforms [D5]. *Commun. ACM* 1970, 13, 47-49.

苏里格致密气藏低产低压井提高采收率技术研究及应用

曲成永　王泽生　吴则鑫　李　爽　李玉城　林　赫

（中石油长城钻探工程公司地质研究院）

摘　要　苏里格气田属于典型致密砂岩气藏，储层非均质性强，井间差异大。苏X区块目前处于开发中后期，主产区井网比较完善，但层内-层间-井间储量动用极不均衡，剩余气分布复杂化、零散化，同时区域内低产低压井逐年增多，如何充分利用老井立体挖潜剩余气，提高气藏采收率是迫切需要解决的开发难题。本文基于老区丰富的地震、地质、裂缝监测、尤其是动态资料等，以测井二次解释为基础，运用单砂体刻画技术，精细地质建模-数值模拟一体化剩余气描述技术，明确剩余气三维空间分布规律，在单井采用降低废弃压力、针对性排采措施、重复压裂及调层等手段实现单井EUR的最大提升；在井间采用侧钻井、侧钻水平井和立体水平井井网加密等方式实现井间剩余储量的极限动用。在研究区预测可提升采收率6.0%，有效弥补了产量递减，保障区块了平稳开发，也为同类气藏采收率的提升提供了思路和借鉴。

关键词　致密气藏；低产低压井；剩余气；侧钻；采收率

研究区块位于苏里格气田北部，采用直井、水平井混合井网开发，随着开采年限的增长，

产能接替区的地质条件逐年变差，区块稳产难度增大，主产区老井的潜力挖潜对于气藏的稳产意义重大。主产区强非均质性储层经过压裂改造、井间干扰及后期产水等综合开采因素的影响后，横向、纵向上均有一定的难动用储量尚未采出，且常规挖潜措施动用难度大。如何充分利用主产区低产低压气井提高气藏储量动用程度和最终采收率，是气田持续稳产的重点研究方向。

1　老区储量动用情况

老区主力储集层二叠系盒8段、山1段为冲积背景下的三角洲沉积体系，受南北向展布的砂体控制，河道内部结构复杂，隔夹层发育，含气砂岩主要为辫状河河道沙坝、边滩砂体。储集层具有低孔、低渗、低丰度、厚度小、非均质性强的特征，是典型的致密砂岩气储集层。

区域累计投产气井1442口，动用地质储量602.3×$10^8$$m^3$；累计产气将近300×$10^8$$m^3$，地质储量采出程度29.1%，预测气藏采收率47.3%，目前已进入开发后期，产量递减严重。

2　老区老井潜力分析

2.1　低产低压井潜力

按照划分标准，统计研究区低产低压井732口，其中长关井290口，80%以上的井目前套压低于1.5MPa，最高开井时率低于76%；低产井482口，平均单井累产气2414.6×$10^4$$m^3$，平均套压2.83MPa，220口未达到经济极限产量(表1)。

表1　苏里格气田低产井、长停井划分标准

类别	井型	分类标准
低产井	直井	正常生产时月平均日产量低于0.10×$10^4$$m^3$
	水平井/侧钻水平井	正常生产时月平均日产量低于0.5×$10^4$$m^3$
长停井		未计划关井情况下连续6个月无产量的井。

针对储层发育良好，但非正常生产的井，采用数值模拟方法计算单井EUR，对于前期生产正常的低产井和长停井采用递减预测方法计算EUR，同时利用数模方法进行验证，计算单井控制范围内的剩余气，未动用有效储层可采储量利用类比进行估算。在单控储量及EUR计算不落实的情况下，综合目前的日产量和套压制定潜力评价标准，分析老井潜力(图1、表2)。

通过生产动态特征分析，结合地质条件及生产现状，按照潜力大小等级对目前低产井和长停井分成4类，其中Ⅰ类169口，潜力最高，单井剩余可采储量超过500×$10^4$$m^3$；Ⅱ类91口，Ⅲ类140口，单井潜力相对较低；Ⅳ类372口，单井剩余可采储量低于100×$10^4$$m^3$(没有挖潜价值)。

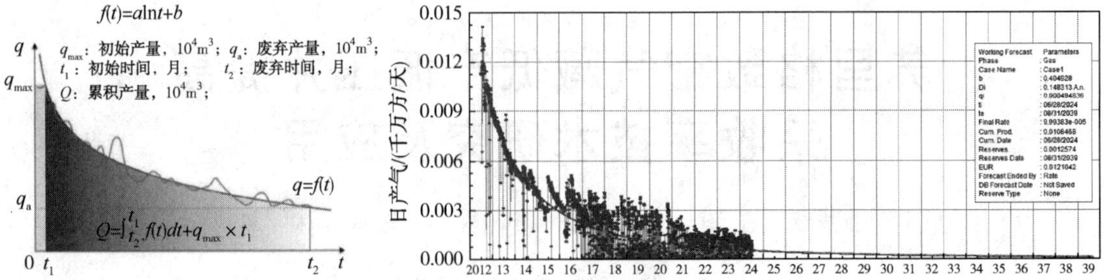

图 1　产量递减法预测单井 EUR 数学原理及预测实例

表 2　停产(低产)气井潜力分类评价标准

类型	潜力分类	直井			水平井		
		剩余气/10^4m^3	目前日产/(10^4m^3/d)	目前套压/MPa	剩余气/10^4m^3	目前日产/(10^4m^3/d)	目前套压/MPa
低产井	Ⅰ	>500	>0.15	>3	>600	>0.4	>3.5
	Ⅱ	300~500	0.1~0.15	2.0~3.0	400~600	0.25~0.4	2.5~3.5
	Ⅲ	100~300	0.05~0.1	1.0~2.0	100~400	0.1~0.25	1.5~2.5
	Ⅳ	<100	<0.05	<1.0	<100	<0.1	<1.5
停产井	Ⅰ	>500	>0.15	>3	>600	>0.4	>3.5
	Ⅱ	300~500	0.1~0.15	2.0~3.0	400~600	0.25~0.4	2.5~3.5
	Ⅲ	100~300	0.05~0.1	1.0~2.0	100~400	0.1~0.25	1.5~2.5
	Ⅳ	<100	<0.05	<1.0	<100	<0.1	<1.5

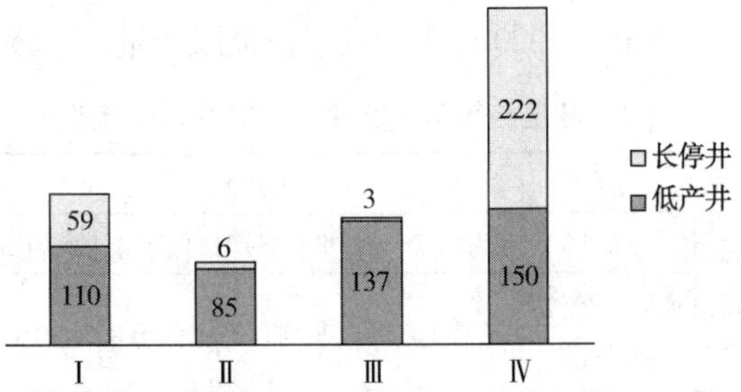

图 2　低产与长停井潜力分类统计柱状图

2.2　老区剩余气潜力

深入研究剩余气分布规律，落实老区剩余潜力，是提高气藏采收率技术的研究基础。目前，国内外研究剩余气的方法主要有沉积微相研究法、细分小层储量评价法、动态监测法、采出量估算法、建模数值模拟方法，本文采用建模-数模一体化方法，在单砂体刻画目标地质体的基础上，结合动态分析，进行剩余气数值模拟研究，落实剩余分布规律。

(1) 剩余气分布规律研究

利用沉积旋回、层序地层学对比法统层对比，结合测井曲线形态及多参数特征值等指标，进行测井精细解释，建立“河道”的测井识别标志；基于地震波形指示反演技术、频谱衰减含气性检测技术，应用储层构型技术，三维地质建模技术，刻画单砂体三维分布。解剖结果表明，单砂体以叠加式和切割式为主，孤立砂体较少，储层发育规模较小，宽厚比多在 50~200 之间。垂直河道储层发育规模多在 2 个井距以内，沿河道方向连续性好，可达 3km。

天然气富集于物性较好的砂体高构造部位，经过十多年的开采后，剩余气分布模式归纳为三种类型：井间未动用型、层内未动用型和层间未动用型。

① 井间未控制型：有效砂体规模小，横向连通性差，孤立砂体较多。开发井网由 600×1200m 调整为 600×600m 后，储量动用程度大幅提升，不过无法充分控制含气砂体。井网未控制型储量占总剩余储量的 12%~15%，是剩余气分布的主要潜力区。

② 层内未动用型：由于气藏复合砂体内部不连通、存在多个“阻滞带”，垂直河道方向展布，间距 80~110m。运用探边测试等资料认为气井在砂体范围内存在流动边界，进而说明“阻滞带”影响着复合砂体渗流能力、直井供气范围及储量动用情况，形成层内剩余气。层内非均质型储量占总剩余储量的 8%~10%，井间加密侧

钻井或侧钻水平井多段压裂可有效克服阻滞带的影响，实现动用。

③ 层间未动用型：气藏纵向上发育多套气层，但彼此不连通，其物性、含气性层间均表现出较强的非均质性。物性差、厚度薄的气层，受开发早期分层压裂技术限制，压裂改造不完善进而形成剩余气；若气井开发多个气层，但气层间的非均质性及压差也会造成此类气层采出程度低而形成剩余气。统计单井钻遇有效砂体的个数及厚度、物性等参数，筛选出射孔不完善和采出程度低的气层，结合宽厚比及长宽比等参数，这类储量占剩余储量23%，是目前层间调整、侧钻水平井挖潜的重点目标。

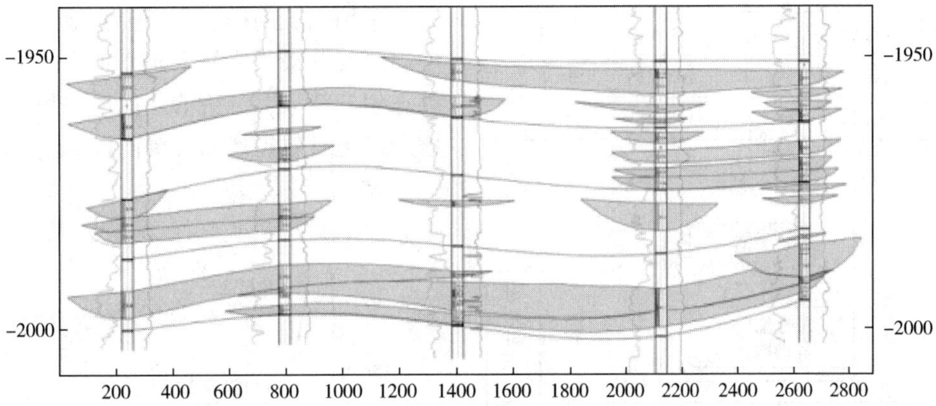

图3　单砂体展布方式示意图

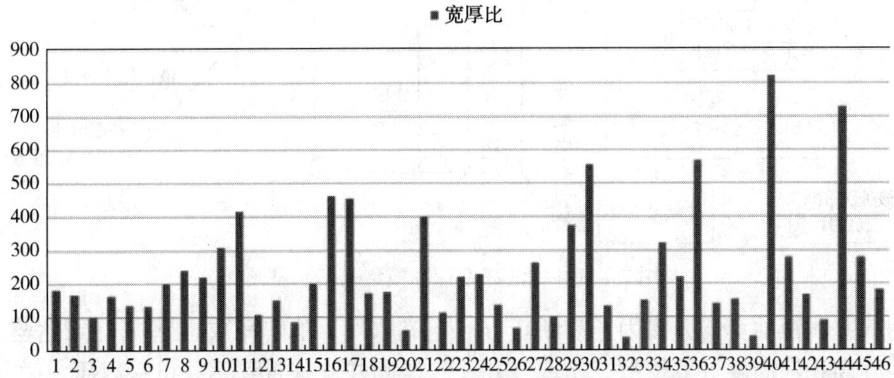

图4　储层宽厚比柱状图

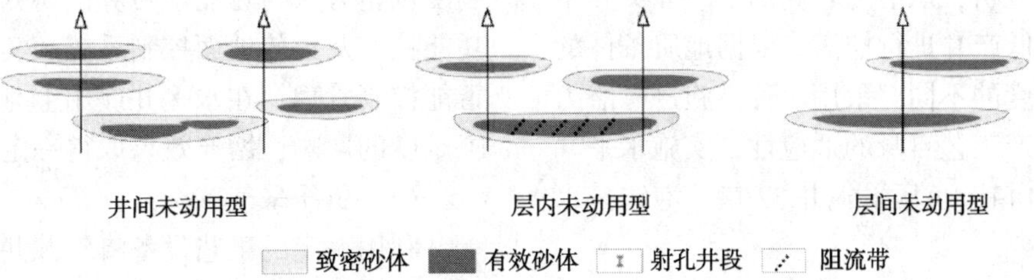

图5　不同类型剩余气模式示意图

在地质模型的基础上，建立高精度数值模型，明确研究区当前含气饱和度及储量丰度分布状况。剩余气主要分布在井间和部分井未动用区域，原始储量占优势层位各小层剩余气较富集。平面上，含气饱和度整体上比原始有一定程度的减小，中间采出程度高的区域降低程度显著。

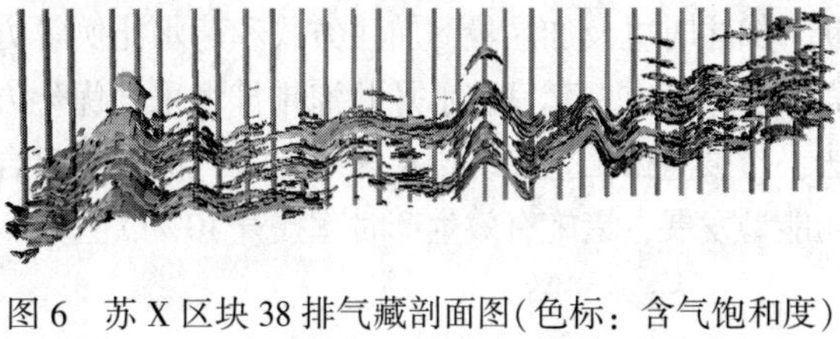
图6　苏X区块38排气藏剖面图(色标：含气饱和度)

（2）剩余储量评价

通过已完钻井动储量及累产气预测，落实储量动用情况，储量动用率 74.5%，剩余未动用储量 153.8 亿方。

表 3　研究区未动用地质储量数据统计表

动用层位	动用面积/km^2	动用储量/10^8m^3	未动用面积/km^2	未动用储量/10^8m^3
盒 8(1、2、3)	103.58	107.6	135.24	68.9
盒 8(4、5、6)	201.88	350	63.41	28.1
山 1(7、8、9)	176.67	144.7	143.21	56.8
合计	391.21	602.3	198.65	153.8

3　提高采收率技术对策

依据特定的地质条件，遵循剩余储量最大化动用的原则，在剩余储量评价、老井潜力分析的基础上，按照由点到面再到体的对策实施顺序，先后开展原井措施增产、原井横向侧钻及纵向调层对策研究，提高气藏采收率。

3.1　*原井措施增产*

采用人工助排、降低废弃地层压力提产是开展提高气藏采收率技术研究工作的第一步。结合动态生产特征，分析清楚低产井积液情况是利用增产措施有效提产的必要前提。

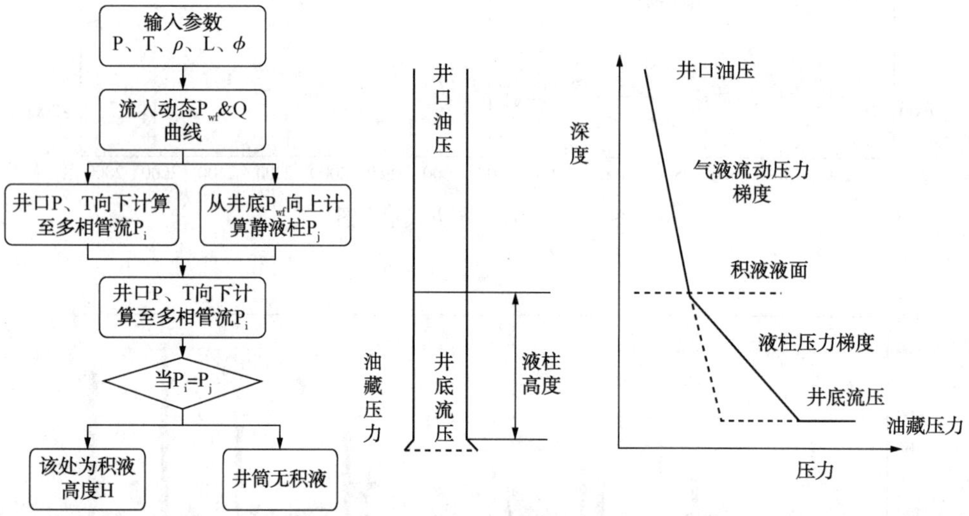

图 7　气井积液高度计算模型求解示意图

本文采用气井积液油套压差多因子诊断新方法，建立气井井筒积液高度计算模型，实现气井积液定量分析。

依据潜力分析，从潜力较高的Ⅰ、Ⅱ类井中筛选出 150 口低产井进行挖潜。根据地质条件的差异和积液程度的不同，采用 3 种措施进行潜力挖潜。结合增产工艺自身的适应性，实施水平井柱塞气举井 50 口，负压采气井 32 口，泡沫排水采气井 78 口。

（1）泡沫排水采气

根据以往直井泡沫排水采气经验，从积液判断、加注时机及加注量、加注方式和药水比例等方面入手，形成一套完整水平井泡排排水采气优化方法，打破泡排工艺传统排水采气方式，泡排向复合功能型发展，措施有效生产时率提升 10%以上。

（2）柱塞气举

开发利用智能柱塞软件和控制系统，以磁感应原理为基础完成柱塞井口到达监测总成研制，监测柱塞是否到达井口；以压力微升范围、载荷系数、柱塞速度、柱塞到达为参数完成柱塞气举制度调整方法与智能学习算法研究，配套系列多功能柱塞及远传地面控制系统，实现气井无人化智能控制管理，在水平井应用上克服造斜段对施工难度的影响，增产效果取得一定突破。

（3）负压采气

利用一定的工艺设备将气井井口的压力由大于或等于大气压降为负压，增加井底和井口的压力差提高井筒流体流速，改善气井排液效果。在负压采气设备可满足现场需求的情况下，根据气液比与增产气量关系图与措施前油压与增产气量关系图，可基本确定影响负压采气效果的主控因素为气液比。

经过措施评价，150 口井累计增产气量 13.5 $\times10^8m^3$，对老区采收率提高幅度达到 1.8%。

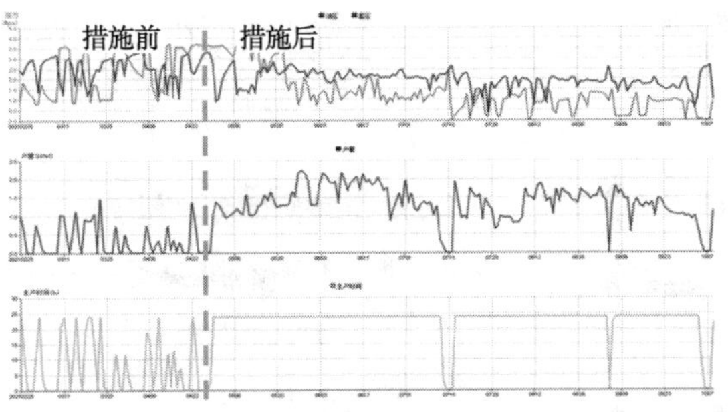

图 8　典型井：苏 X-86-15H 井生产曲线

3.2　老井侧钻

对于井间剩余储量较高的区域，根据储层发育特征，采用两种侧钻方式进行剩余气挖潜。

（1）侧钻井剩余气挖潜

① 加密井距优化

选取苏 X 区块 30 排以北的主产区作为侧钻直井试验研究区，运用经济极限井距法、合理采气速度法、数值模拟法、动态分析法及加三分差法，对合理井距进行研究。综合考虑工区经济效益、储量动用程度及采气速度，认为工区的合理井距为 600m～800m。实际实施时优先在储层有效厚度大、含气饱和度高的区域部署新井，垂直于河道方向可适当缩小井距。

② 加密井平面位置

苏里格气田储层为辫状河沉积，有效储层主要是高能水道心滩和高能水道底部粗砂岩，呈近南北向条带状分布，砂体的摆动性强，气层的平面分布受沉积作用的控制明显。各小层砂体在各个时期的厚度变化很大，沉积微相也极不相同。工区两侧河道砂体发育，尤其是盒 8 下期，辫状河砂体在此处连片叠置，形成一个面积大、厚度厚的辫状河砂体发育区。

结合原 600m×1200m 菱形井网，加密井部署在原井网中间，与原井网形成相互交叉的菱形井网，井排间井点交叉分布，既即能满足砂体分布特征，又可以钻遇两列井之间宽度较窄的条带状砂体，提高砂体钻遇率，确保气井生产效果。

③ 加密井实施效果

目前在苏 X 区块累计完成 66 口直井的侧钻加密。加密后新井生产效果好，Ⅰ+Ⅱ类气井比例达到 85.7%，加密井井口压力及日产气变化规律与原基础井基本一致，单井各项指标达到骨架井开发指标。预测最终累产气 $6.68\times10^8m^3$，对整个研究区采收率提高幅度 0.9%。

单井效果最好的是苏 X-20-74 井，投产初期测试静压 26.5 兆帕，压力降幅只有 7.1%；初期日产气均为 $1.65\times10^4m^3/d$，预测最终累产气 $1966\times10^8m^3$。从物性参数上看，加密井动用厚度较基础井多 1.1m，是影响最终累产气的主要因素。

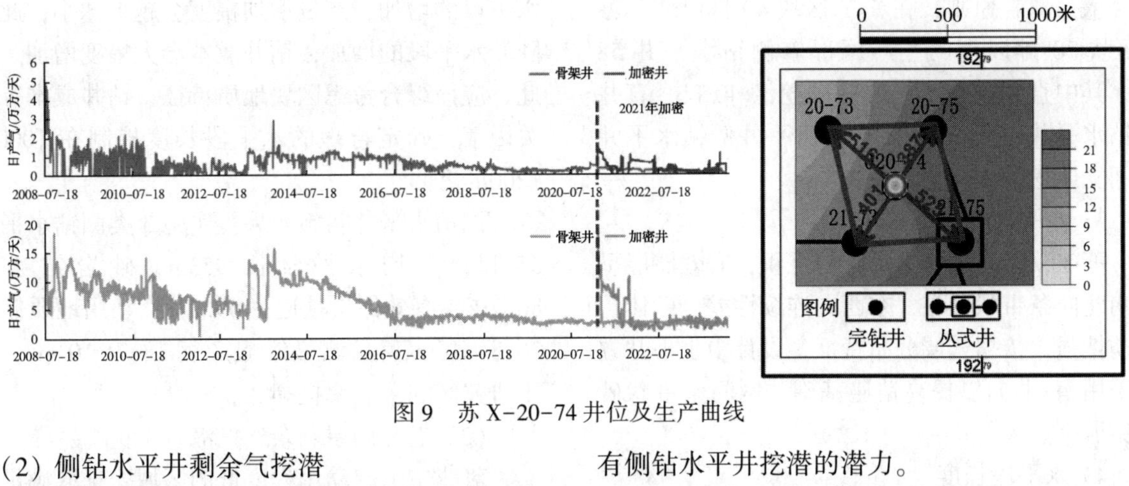

图 9　苏 X-20-74 井位及生产曲线

（2）侧钻水平井剩余气挖潜

1）部署原则：①利用井为低产低压井、工程事故井或问题井，目前维护性措施无效。②开窗点以上固井质量合格。③平面上，有效气层发育，厚度大于 8m，且分布稳定。④纵向上，有效气层连续发育，主要含气层段泥岩夹层厚度小于 2m，横向展布稳定。⑤剩余气储量较大，具有侧钻水平井挖潜的潜力。

2）部署模式

针对区块不同的地质特征和井位条件，持续优化侧钻水平井部署模式，侧钻类型从直定向井侧钻、拓展到水平井侧钻，从井间拓展到层间的立体挖潜模式。

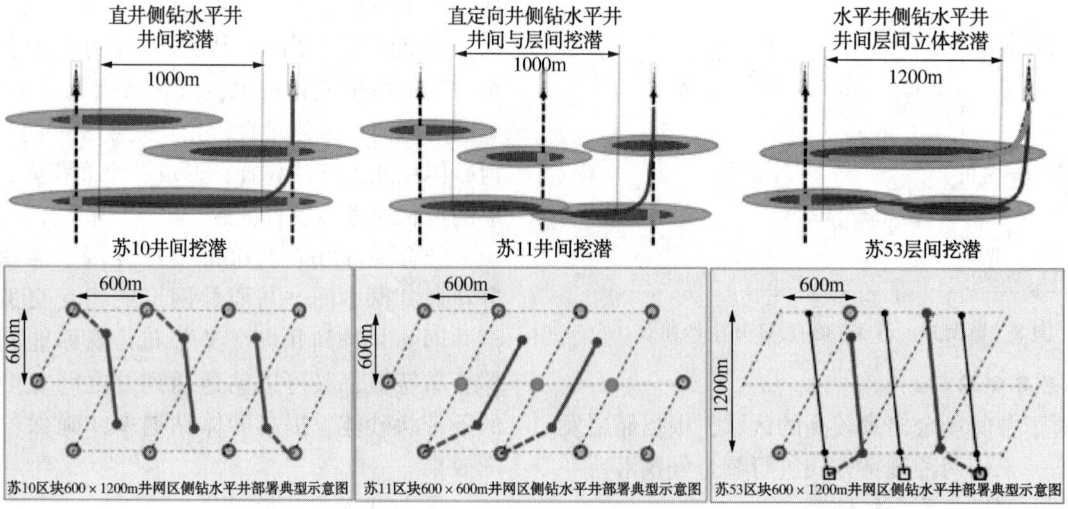

图 10　不同类型剩余气模式示意图

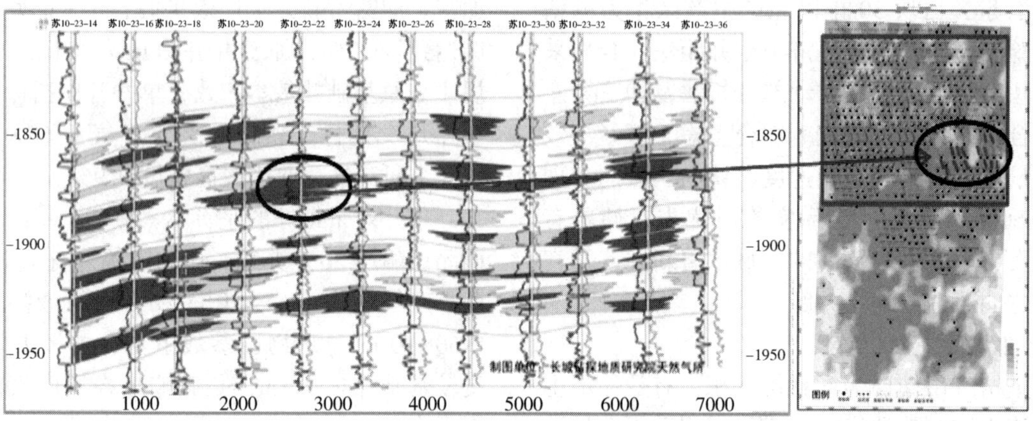

图 11　井间加密部署区气层分布图

依据部署原则，在苏 Y 区块 40 排以北、苏 Z 区块 70 排以南的主产区部署侧钻水平井 58 口，其中直井侧钻水平井井间挖潜 40 口，直井侧钻水平井层间挖潜 12 口，水平井侧钻水平井层间立体挖潜 6 口。

3）水平段方位

苏 Y、苏 Z 区块为辫状河沉积，有效储层呈近南北向条带状分布，东西向连续性差，砂体的摆动性强。依据气层分布特征，设计中水平井方位采用南-北向以提高钻遇基础井网间条带状砂体钻遇率。

4）水平段长度

对于含气面积大、连通性好的砂体，随着水平井长度的增加，增大了井筒与气层的接触面积，从而增大了气井的泄气体积。理论认为，水平段越长，产量也就越高。然而在实际生产中，由于受地质条件和钻井等一系列因素的影响，水平井产量与水平段的长度并非呈线性关系，随着水平段的增加，产量增加幅度会越来越小；此外随着水平段的增加，钻井成本会大幅度增加。因此，应该综合考虑区块地质特征、钻井成本等相关因素，确定合理的水平段长度控制在 1000～1200m 之间。

侧钻水平井实施效果：实施 3 类侧钻水平井 55 口，平均水平段长 953m，砂岩钻遇率 86.7%，有效储层钻遇率 59.2%，动用地质储量 $26.8\times10^8m^3$，预测最终累产气 $18.7\times10^8m^3$，对于研究区的采收率提高 2.5%。

（3）老井调层剩余气挖潜

对非主力层动用程度低的区域，选取满足条件的老井进行调层挖潜，纵向上提高未动用储量采出程度。

1）选井条件：①目前无措施增产潜能的直井；②新调气层厚度达到 3m 以上的、且含气饱和度>45%、且有效砂体展布广，远离水层；③新调层位电阻率大于 20Ω · m，不含可动水

(或低于5%)(电阻率<20Ω·m时需对储层是否受泥浆渗透影响论证)；④新调层需与临井对应层对比，避免孤立砂体并确保井距在500m以上；⑤新、老层之间泥岩隔层须在10m以上，并确保气层段固井质量合格；⑥预测累产气超过经济极限产量，单井大于$300\times10^4m^3$。

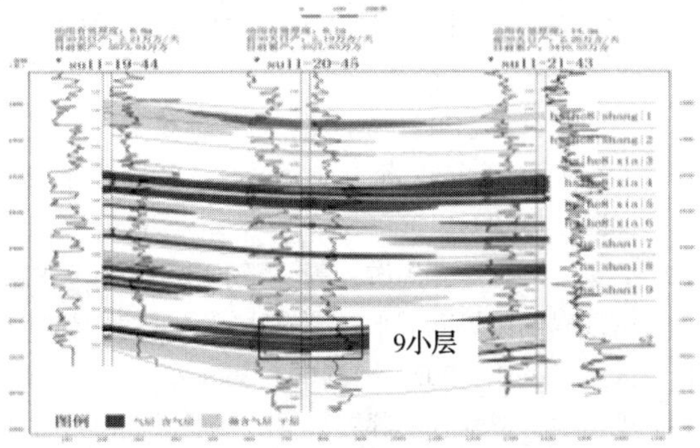

图12　目标区典型井气藏剖面图

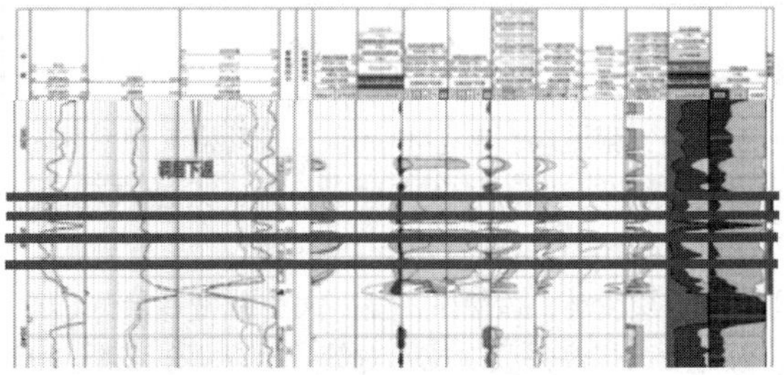

图13　目标区典型井综合解释测井图

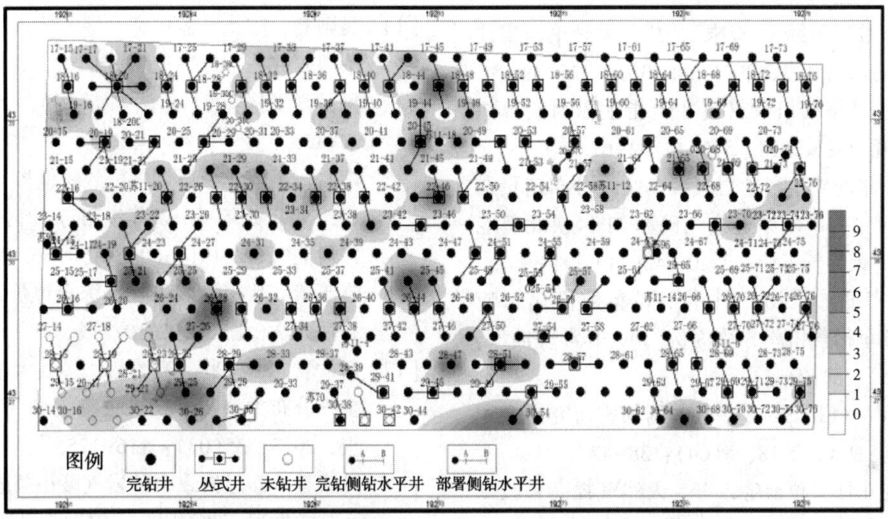

图14　研究区块北部主产区域9小层有效储层等厚图

2）实施情况：依据选井条件筛选出47口老井，成功实施41口，措施成功率达到87.2%，其中调至主力气层8口，调至非主力气层33口；累计动用69个小层，气层242.5m、含气层100.6m；单井平均气层5.9m，含气层2.5m。

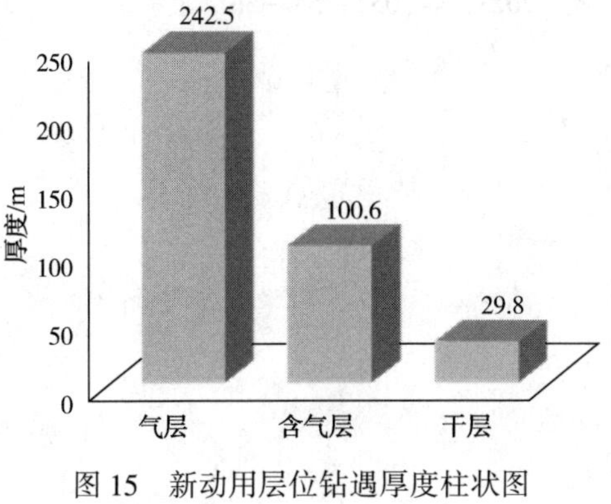

图15　新动用层位钻遇厚度柱状图

3）实施效果

截止目前，调层井初期平均日产$1.14\times10^4m^3/d$，套压16.37兆帕，目前日产$0.88\times10^4m^3/d$，措施增产$398.96\times10^4m^3$，效果明显；动用地质储量$11.9\times10^8m^3$，预测最终累产气$6.2\times10^8m^3$，通过未动用区的储量动用，提高研究区采收率0.8%。

4　结论

（1）达到经济废气的利用井剩余潜力较小，措施增产对采收率的提高效率较低，却是开展高效挖潜对策的先行环节。

（2）气田剩余气挖潜开发调整时，局部主力层发育集中的区域可以发挥侧钻水平井储层动用程度高的优势，而其他区域则采取加密直井开发，能有效挖潜致密低渗气藏井间剩余气、提高储量动用程度，侧钻加密效果较好。

（3）苏X区块直井加密、侧钻水平井优化部署挖潜井间剩余气的成功经验对苏里格气田其他他区块的增储挖潜工作具有指导及借鉴意义。

表 4　目前调层井应用情况统计表

井数	动用层数	动用储量/$10^8 m^3$	初期套压/MPa	初期日产/($10^4 m^3$/d)	目前累产/$10^4 m^3$	EUR(万方)
41	69	9.8	16.37	1.14	399	1518

参 考 文 献

[1] 王继平，张城玮，李建阳，等．苏里格气田致密砂岩气藏开发认识与稳产建议[J]．天然气工业，2021，41(02)：100-110.

[2] 冀光，贾爱林，孟德伟，等．大型致密砂岩气田有效开发与提高采收率技术对策——以鄂尔多斯盆地苏里格气田为例[J]．石油勘探与开发，2019，46(03)：602-612.

[3] 马新华．非常规天然气“极限动用”开发理论与实践[J]．石油勘探与开发，2021，48(02)：326-336.

[4] 吴则鑫．苏里格气田致密气井产能主控因素分析[J]．非常规油气，2018，5(05)：62-67.

[5] 祝金利．强非均质致密砂岩气藏剩余气分布定量描述与挖潜对策——以苏里格气田苏 11 区块北部老区为例[J]．天然气工业，2020，40(11)：89-95.

[6] 李爽．致密低渗气田侧钻水平井参数优化与应用——以苏里格气田苏 S 块为例[J]．非常规油气，2017，4(05)：51-56.

[7] 李爽．苏里格气田 SS-2 井区井网加密研究与应用[J]．非常规油气，2018，5(04)：38-42.

[8] 马新华，何东博，位云生，等．天然气提高采收率理论基础、技术方法与发展方向[J]．天然气工业，2023，43(01)：1-12.

[9]王颖．苏里格气田苏 X 区块北部剩余气分布及挖潜对策[J]．天然气勘探与开发，2020，43(03)：64-71.

[10] 段志强，李进步，白玉奇，等．辫状河储层构型表征及对含气饱和度空间分布的控制——以苏里格气田 SX 密井网区为例[J]．大庆石油地质与开发，2020，39(05)：1-9.

[11] 王丽琼，王志恒，马羽龙，等．苏里格气田老井侧钻水平井开发技术与应用[J]．新疆石油地质，2022，43(03)：368-377.

[12] 吴正，江乾锋，周游，等．鄂尔多斯盆地苏里格致密砂岩气田提高采收率关键技术及攻关方向[J]．天然气工业，2023，43(06)：66-75.

[13] 王国亭，贾爱林，郭智，等．苏里格气田致密气开发井网效果评价与调整对策[J]．天然气工业，2023，43(08)：66-79.

[14] 吴则鑫，陈诗，孟庆宽，等．致密气藏的气层解释下限研究——以苏里格气田 X 区块为例[J]．重庆科技学院学报(自然科学版)，2019，21(01)：12-15.

[15] 李爽，于博，靳辉，等．致密低渗气藏储量分类及稳产对策研究——以苏里格苏 X 区块为例[J]．非常规油气，2019，6(06)：50-55.

[16] 赵芙蕾．致密气藏采收率综合评价方法[D]．中国石油大学(北京)，2019.

[17] 何发岐，王国壮，高青松，等．大牛地致密气田剩余气分布类型及提高采收率技术[J]．中国海上油气，2023，35(03)：116-125.

[18] 叶成林．苏里格致密砂岩气藏小井眼侧钻水平井配套技术发展与展望[J]．中国石油勘探，2023，28(02)：133-143.

[19] 史云清，致密低渗气田提高采收率技术．北京市，中国石油化工股份有限公司石油勘探开发研究院，2015-05-18.

[20] 石耀东，王丽琼，臧苡澄，等．苏里格气田致密砂岩气藏剩余气分布特征及其挖潜[J]．新疆石油地质，2023，44(05)：554-561.

巨厚砂砾岩储层 x 型水力裂缝形成机理的数值模拟研究

张子麟[1] 王艳平[1] 周广清[2] 陈 磊[1] 王小山[2] 李连崇[3]

(1. 中国石油化工股份有限公司胜利油田分公司石油工程技术研究院；
2. 中国石油化工股份有限公司胜利油田分公司油气勘探管理中心；
3. 东北大学资源与土木工程学院)

摘 要 渤海湾盆地广泛发育致密砂砾岩储层。它们大多巨厚，依靠水力压裂处理进行商业开采。为了研究砂砾岩储层中水力裂缝的扩展规律，首先对渤海湾盆地砂砾岩储层的地质特征进行了研究，包括储层的垂向分布特征和岩性的非均质性。在此基础上，对 y 区块进行了水力压裂改造，并利用微地震系统对压裂过程进行了监测。结果表明，储层中形成的水力裂缝多为 X 型裂缝。本研究中 X 型水力裂缝的成因主要是由于(Ⅰ)储层的非均质性和(Ⅱ)两条同向延伸的闭合水力裂缝的应力阴影效应，这一点得到了后续数值模拟和相关研究的详细证实。研究结果可以为深部厚层砂砾岩储层的裂缝扩展机理和压裂设计提供一定参考。

关键词 砂砾岩；水力裂缝；X 型；储层非均质性；裂缝复杂性

1 引言

砂砾岩通常由砂岩和砾石组成。作为沉积碎屑岩，砂砾岩储层表现出矿物成分复杂、

岩性高度可变、孔隙连通性差、储层非均质性严重等独特特征，与常规砂岩储层明显不同。由于致密砂砾岩储层具有低渗透率或超低渗透率的特点，为了实现商业采油，迫切需要水力压裂处理进行现场应用。因此，弄清这些储层的压裂行为是相当重要的。事实上，由于独特的储层特征，砂砾岩储层水力裂缝的扩展行为与其他储层有很大不同。砂砾岩岩心的压裂模式已经在实验室试验和数值模拟中进行了详细的研究，但大多集中在砾石的影响上。他们认为，砂砾岩岩心中的水力裂缝在与砾石相交时可以终止、穿透、偏转甚至被吸引，如图 1 和图 2 所示，这极大地使砂砾岩中的压裂过程复杂化。这些已有的研究阐明了砂砾岩岩心的复杂压裂模式，为相关研究提供了有益的参考。

图 1 Li 等人的数值研究中水力裂缝与砾石相交的四种模式

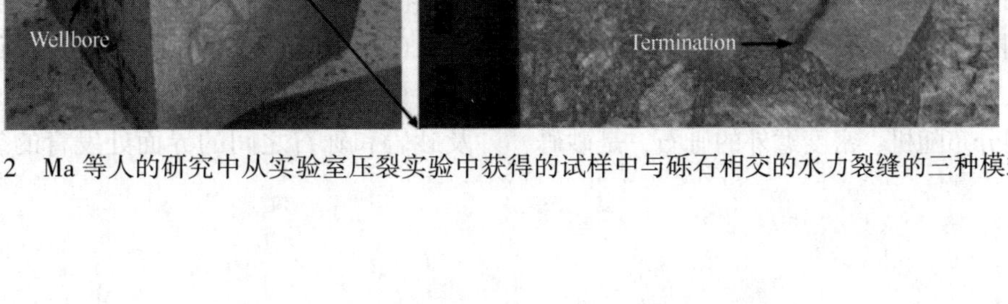

图 2 Ma 等人的研究中从实验室压裂实验中获得的试样中与砾石相交的水力裂缝的三种模式

然而，实验室压裂实验并不能总是准确地反映现场的实际情况。目标的尺寸尺度，从普通实验室实验的几厘米到现场几百米甚至几公里，都会对最终的结果产生很大的影响。例如，在实验室实验中，仅仅通过目视观察裂缝在 2.0cm 大小的砾石周围扩展，就相当容易确认一条偏转的水力裂缝，但是，由于存在明显的尺寸差异，现场长度为 150m 的水力裂缝即使在尺寸为 50.0cm 的砾石周围也不会有太大的影响。砾石对现场储层压裂行为的影响可能与实验室实验中的储层压裂行为不同。因此，现场形成的水力裂缝与实验室实验中的水力裂缝或普通砂岩储层中的水力裂缝是否一致？这值得进一步深入研究。

为研究砂砾岩储层的压裂行为，以渤海湾盆地某生产区块为例进行了研究，该区块具有大量的巨厚砂砾岩储层。本文首先介绍了储层地质特征，然后在微震系统监测下进行了现场压裂处理。令人惊讶的是，发现储层水力裂缝呈 X 型。这种不常见的裂缝形态立刻引起了人们对进一步相关研究的好奇，包括这条 X 型裂缝(X 型水力裂缝)形成的内在原因，然后进行数值模拟，详细分析其形成原因。最后，讨论了 X 型裂缝的复杂性，并与页岩储层中的复杂裂缝进行了比较，说明了 X 型裂缝尚未澄清的奥秘。本文有望通过对 X 型裂缝的研究，揭示致密砂砾岩储层水力裂缝的扩展行为，填补巨厚砂砾岩储层现场压裂行为研究的空白。

2 渤海湾盆地砂砾岩储层地质特征

2.1 储层垂向分布特征

渤海湾盆地砂砾岩储层厚度一般为几百米。根据泥岩夹层的发育情况，可将这些储层分为两类：巨厚层储层和薄层储层。如图 3 所示，薄层储层中含有一些泥岩层，这些泥岩层可以有效地阻止水力裂缝的垂直延伸，许多分段交替出现，表现出较高的储层最小主应力；而巨大的厚层储层所含泥岩层数较少，在垂向跨度上表现出相对均匀的岩性。图 3(a)中案例 1 的下部厚度为 136m，这就是为什么它们被描述为巨厚的原因。需要注意的是，厚层储层和薄层储层通常都发育在同一地层中。巨厚储层在渤海湾盆地更为发育，因此成为砂砾岩储层的主体。

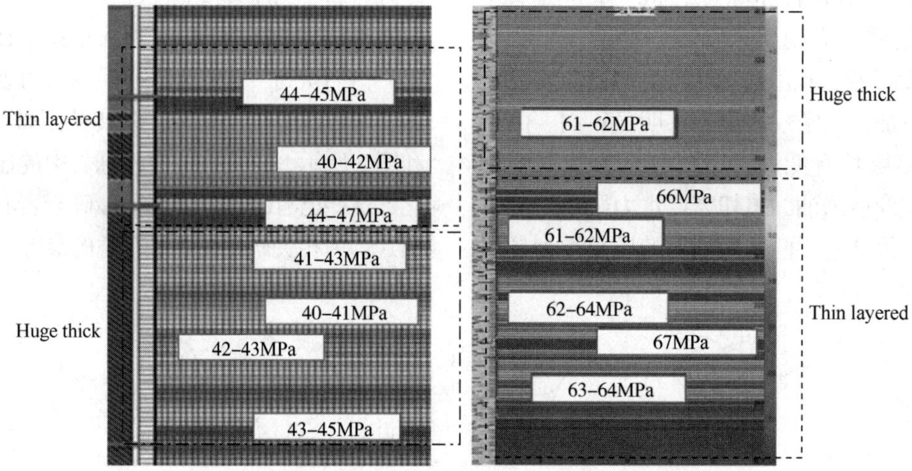

(a)案例 I　　(b)案例 II

图 3　渤海湾盆地砂砾岩储层最小主应力分布

2.2 储层非均质岩性

严重的储层非均质性是区分砂砾岩与其他储层的最重要特征之一。对渤海湾盆地 y 区块深部砂砾岩岩心进行了详细研究。如图 4 所示，这些砂砾岩岩心在以下三种岩性上与其他岩心不同：

(Ⅰ) 如图 4a、b 所示，砂砾岩中含有形状多样(准椭圆形、不规则多边形、平面图)、三维尺寸范围广、空间分布随机、密度意外的砾石，是砂砾岩最奇特的岩性。砾石一般与砂岩在刚度和强度上具有完全不同的岩性，大大加剧了储层的非均质性。在水力压裂处理过程中，砾石可以改变水力裂缝原有的扩展方向，如图 1 和图 2 所示，作用于裂缝孔径，与一般均质储层存在较大差异。

(Ⅱ) 如图 4c、d、e 所示，砂砾岩储层可发育大量天然弱面，包括砂岩和砾石中的裂缝，以及砂岩和砾石之间的界面处发育的裂缝。需要注意的是，砂砾岩储层通常发育更大密度的弱界面；这主要是由成岩阶段界面处强烈的地应力集中形成的。

（Ⅲ）如图 4f、g、h 所示，部分砾石界面非常脆弱，在钻井和人工作业的干扰下，会诱发样品中的砾石剥落，这些脆弱的界面容易诱发水力裂缝偏转，增加压裂过程中的压裂液损失。然而，并不是所有的界面都像上面所说的那么弱。即使在锤击下，一些砾石也能稳定地嵌在样品中，这表明砾石界面虽然比砂岩弱，但强度不同。

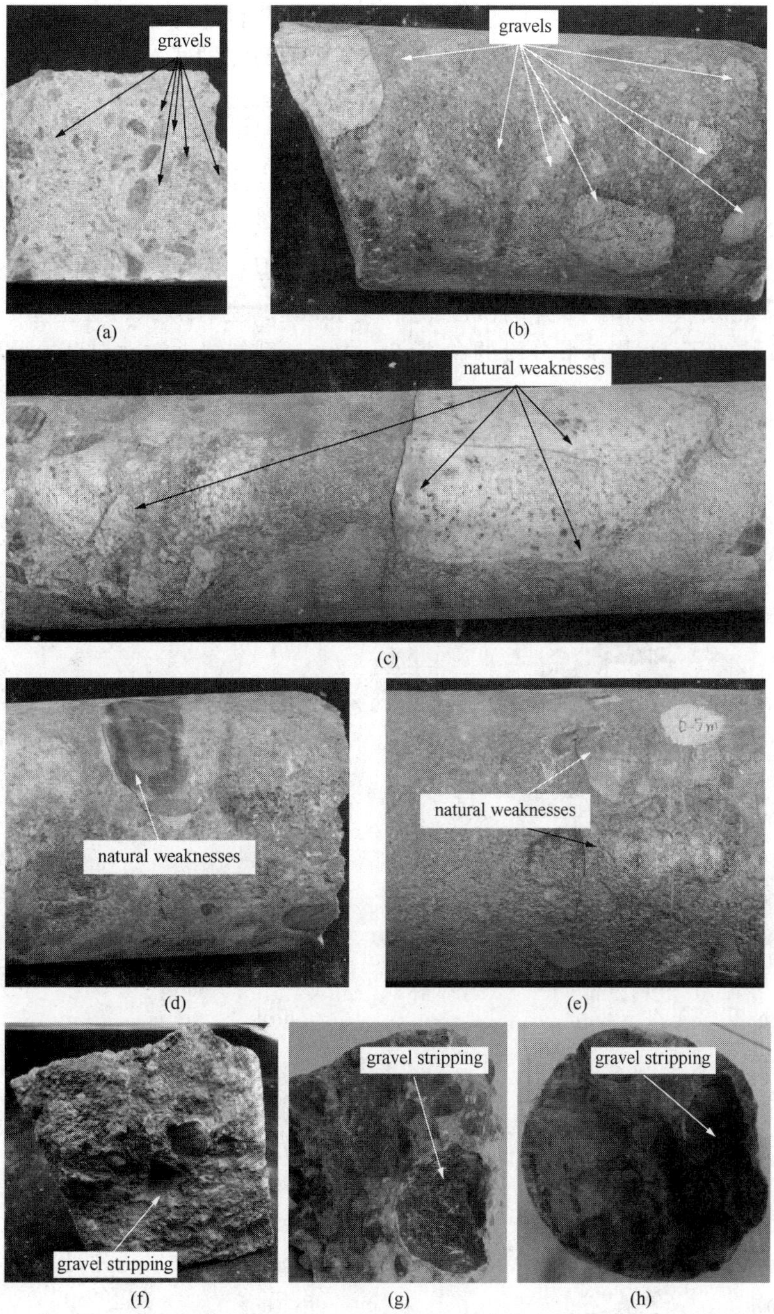

图 4　从 y 区块中获得的砂砾岩岩心

砾石和薄弱环节，特别是界面，共同增加了储层的非均质性，使其与其他储层的非均质性有很大区别。因此，可以肯定的是，砂砾岩储层的压裂行为也不同于其他储层，应进一步深入研究。

3　现场实测的 X 型扩展压裂裂缝

2018 年 7~8 月，对 y 区块目标储层进行了水力压裂处理，并在微震系统的地面监测下进行了整个压裂过程。以下部分选择 11 号井进行详细研究。11 号井进行压裂切割的储层段共 5 段，深度从 3738m 到 4076m，跨度超过 300m，形成巨大的厚储层。层段Ⅰ最深，

也是最先处理的。然后区间Ⅱ、Ⅲ、Ⅳ依次处理，区间Ⅴ最后处理。

微地震测量因其在水力裂缝空间定位方面的优越性能，在大型水力压裂项目中已越来越普遍。该方法基于接收和处理与岩石破坏（如水力压裂）相关的地下活动中产生的传播弹性波。为了获得砂岩、页岩储层施工中大多数压裂设计人员至今不知道的砂砾岩储层压裂信息，提前建立了 50 多个地面监测站，并成功开展了监测工作。

一旦压裂处理完成，就挑出 11 井的微震数据进行分析。图 5 描绘了 11 井 5 个分段的微震事件，其中(a)收集了所有微震事件，(b)-(f)分别显示了区间Ⅰ至Ⅴ的微震事件。图中的每个蓝点代表一个与某些压裂引起的岩石破坏有关的事件。红色虚线是人为绘制的，用来描绘水力裂缝的几何形状。令我们惊讶的是，这些层段的水力裂缝在水平剖面上大多呈“X”型，除了层段Ⅳ显示单条裂缝，这可能源于裂缝扩展的尺度缺陷。X 型裂缝的每侧扩展成两条主分支，与其他储层的裂缝扩展方式有很大不同。为了避免这种偶然性，随后对其他一些井的微震资料进行了分析，也观察到了类似的现象。图 6 为 13 井压裂相关的微震事件。13 井有 3 个层段。Ⅰ段和Ⅲ段发育 X 型裂缝，Ⅱ段一条侧裂缝分叉成 3 条分支。但总的来说，一侧的两条主分支是压裂水力裂缝的主导方式，在这些巨大的厚砾岩储层中，X 型裂缝占水力裂缝的大部分。显然，这些 X 型裂缝的形成并非偶然。

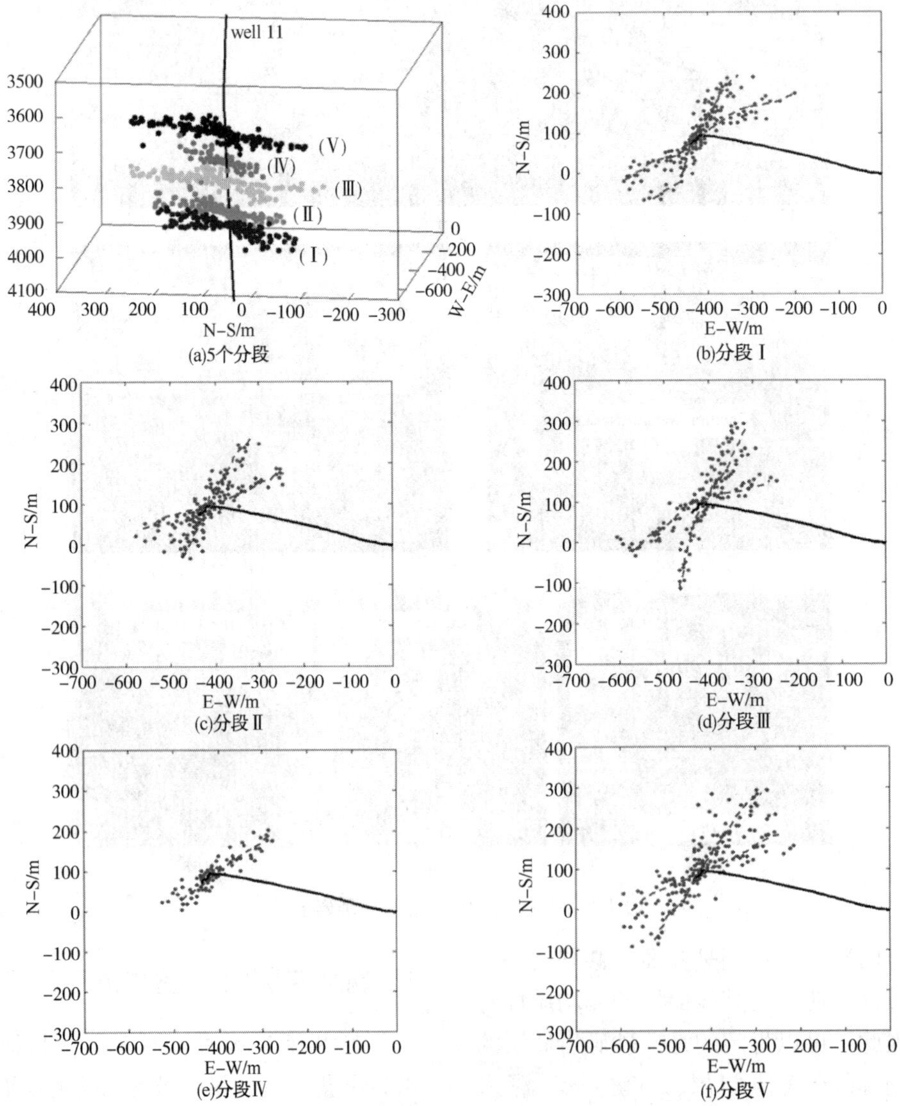

图 5　展示 11 号井水力压裂形状的微震事件

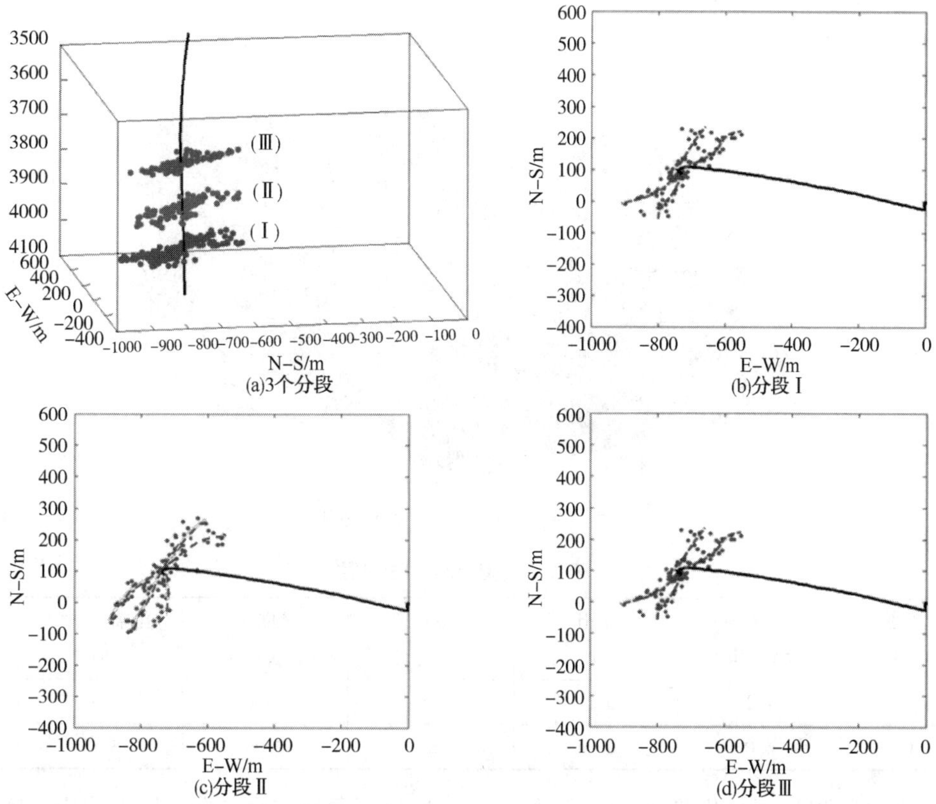

图 6 展示 13 号井水力压裂形状的微震事件

4 X 型水力裂缝的形成原因分析

在 y 区块巨厚砂砾岩储层中发现的 X 型裂缝与其他裂缝有很大的不同，这引起了人们对进一步研究的极大兴趣。这些裂缝有许多未知之处，其形成原因可能是人们关注的焦点。这些 X 型裂缝是如何形成的值得详细研究。

本文认为，这些 X 型裂缝的形成主要归因于以下原因：(1)储层非均质性；(Ⅱ)两条紧密的水力裂缝在一个方向上延伸的应力阴影效应。这两个原因被认为以不同的方式主要控制 X 型裂缝的形成，这将在下面的章节中详细讨论。

4.1 可能原因之一：储层非均质性影响

X 型裂缝为某种复杂裂缝。在均质储层中，由于水力裂缝很难分叉，所以很少会形成大规模的复杂水力裂缝，但在非均质储层中，接近弱介质时，裂缝分叉要容易得多。砂砾岩储层的非均质岩性已在 2.2 节中进行了详细描述，在本节中，储层非均质性对 X 型裂缝地层的影响将得到清晰的阐明。然而，要找出一个人类无法接近的地下活动对应问题的解决方案并非易事。处理这一任务的最佳方法是重现压裂过程，但除了数值模拟之外，目前还没有其他可行的方法在考虑之中。同样，用数值代码来表示实际的水力压裂过程也不容易，要考虑到与水力压裂有关的所有必要因素，特别是包括储层非均质性。

为了初步解决这一难题，应用 RFPA(岩石破坏过程分析)数值程序研究了储层非均质性对 X 型裂缝形成的影响。RFPA 是一种模拟岩石等准脆性材料破坏过程的数值程序。在 RFPA 中，采用有限元法对基本应力和流体流动进行分析。关于 RFPA 和所采用的改进流动-应力-损伤模型的更多细节可参考前人的研究。

选取 11 井Ⅲ段为目标，建立数值模型进行分析。该层段厚度为 92.0m。中心区总地应力为 σ_x(80.0MPa)、σ_y(71.0)和 σ_z(89.0MPa)，中心区初始孔隙水压力为 39.8MPa。数值模型模拟了 500m×250×150m 的储层，如图 7 所示。分段Ⅲ被两个隔层夹在中间，这两个隔层旨在减少边界效应。为表示砂砾岩储层的高非均质性，将所有模型元素的均质性指数 m 设为 2.0。其他材料力学参数如表 1 所示。模型中心预设一个空心圆柱体作为竖井，用于泵送压裂液。模拟压裂液黏度为 50mPa·s，泵送排量为 10.0m^3/min，泵送时间为 60min。

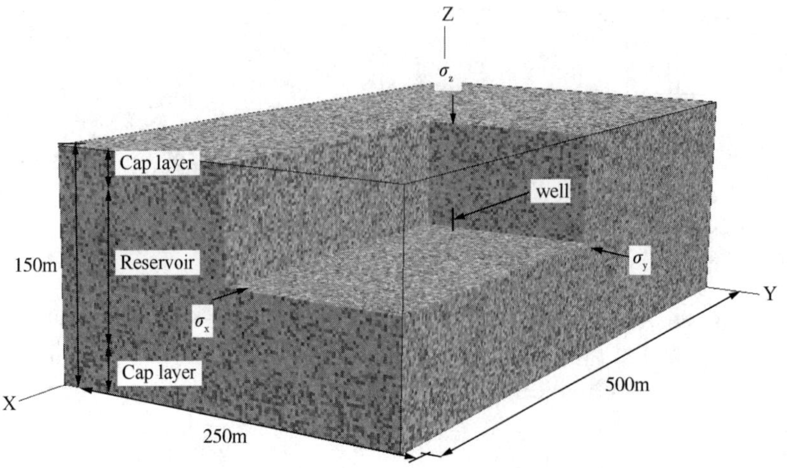

图 7　分段 3 的水力压裂数值模型

表 1　模型材料力学参数

材料	杨氏模量 (E_0)/GPa	轴向抗拉强度 (σ_{t0})/MPa	泊松比/ μ	内摩擦角 (φ)/(°)	密度 ρ/ (kg/m^3)	孔隙度 (φ)/ %	渗透率 (k)/ m^2
油层	36.0	4.3	0.21	35	2300	6.84	6.3×10^{-17}
隔层	30.0	6.0	0.24	33	2300	3.85	1.2×10^{-17}

数值模拟的压裂过程如图 8 所示，其中 a、c、e、g 为水力裂缝孔径，b、d、f、h 分别为压裂 10min、20min、40min、60min 时的声发射事件。由于水平段的裂缝几何形状是关注的重点，因此选择模型中切入区间中心的水平切片作为裂缝视图。从图中可以看出，水力裂缝最初在井壁形成 4 个分支，然后随着压裂液泵扩散。值得注意的是，同一方向的两条分支在压裂初期(0~20min)有相互远离的趋势，在压裂后期(40~60min)它们不相容的趋势开始减缓。很明显，在数值模型中已经形成了 X 型裂缝。虽然模拟的 X 型裂缝的几何形状与我们现场监测的并不完全相同，但可以合理地说，数值模型已经成功地再现了 X 型裂缝的形成。

储层非均质性是激发 X 型裂缝的必要岩性特征，但不是充分条件。许多因素被证明可以有效地影响压裂行为。地应力被广泛证明是控制水力裂缝扩展行为最有效的因素，其中水平应力各向异性是影响裂缝复杂性最重要的因素。为了量化应力各向异性的大小，本文采用无量纲变量 k_s，定义为：

$$k_s=\frac{\sigma_H-\sigma_h}{\sigma_h} \tag{3}$$

式中，k_s 为差应力系数，σ_H 和 σ_h 分别为最大和最小水平主应力，单位为 MPa。为了初步探讨不同地应力各向异性下非均质砂砾岩储层的压裂行为，在图 9 所示模型的基础上建立了另外 3 个案例，其中差应力系数 k_s 为 0.29。通过代入最大水平主应力 σ_H 的值，分别将三种情况下的差应力系数 k_s 设为 0.13、0.48 和 0.65。四种情况下压裂 60 分钟后形成的水力裂缝几何形态如图 9 所示。观察到的裂缝几何形状彼此差异很大。与上文提到的图 9b 所示的情况相比，图 9a 所示各向异性较小的情况会产生蜘蛛状裂缝，它比 X 型裂缝复杂得多，由于严重依赖地应力各向同性，因此不容易形成。随着模型中应力各向异性的增大，水力裂缝的受刺激面积减小，当应力各向异性真的很大时，可以形成简单裂缝，如图 9d 所示。因此，尽管储层非均质性被认为是 X 型裂缝形成的必要岩性特征，但在适当地应力场的储层中进行压裂处理同样重要。

4.2　可能原因之二：应力阴影效应

两条闭合水力裂缝在一个方向上的应力阴影效应是诱导巨大厚砂砾岩储层 X 型裂缝形成的另一个主要原因。当一条水力裂缝在内部流体压力下打开时，它对围岩产生应力场，因此应力场中的其他裂缝将在其应力作用下表现。这通常被称为“应力阴影效应”。

当多条水力裂缝一起扩展时，由于其他裂缝的应力阴影效应，内部裂缝总是受到抑制，特别是在裂缝共用同一口井供液的情况下，因为这些裂缝也可以竞争流体分配。图10展示了一些关于各向异性应力系统下多水力裂缝扩展的研究。从图12中可以看出，无论在模型中启动3条还是5条水力裂缝，内部的1条或3条裂缝与外部的2条裂缝相比，长度相当有限。由此可见，2条裂缝是在多条闭合裂缝同时扩展过程中，尤其是共享同一流体供应时，产生有效水力裂缝尺寸的最合理裂缝数。因此，非均质砂砾岩储层水力裂缝单侧2支是多裂缝中最稳定的数量，X型裂缝满足了这一规律。

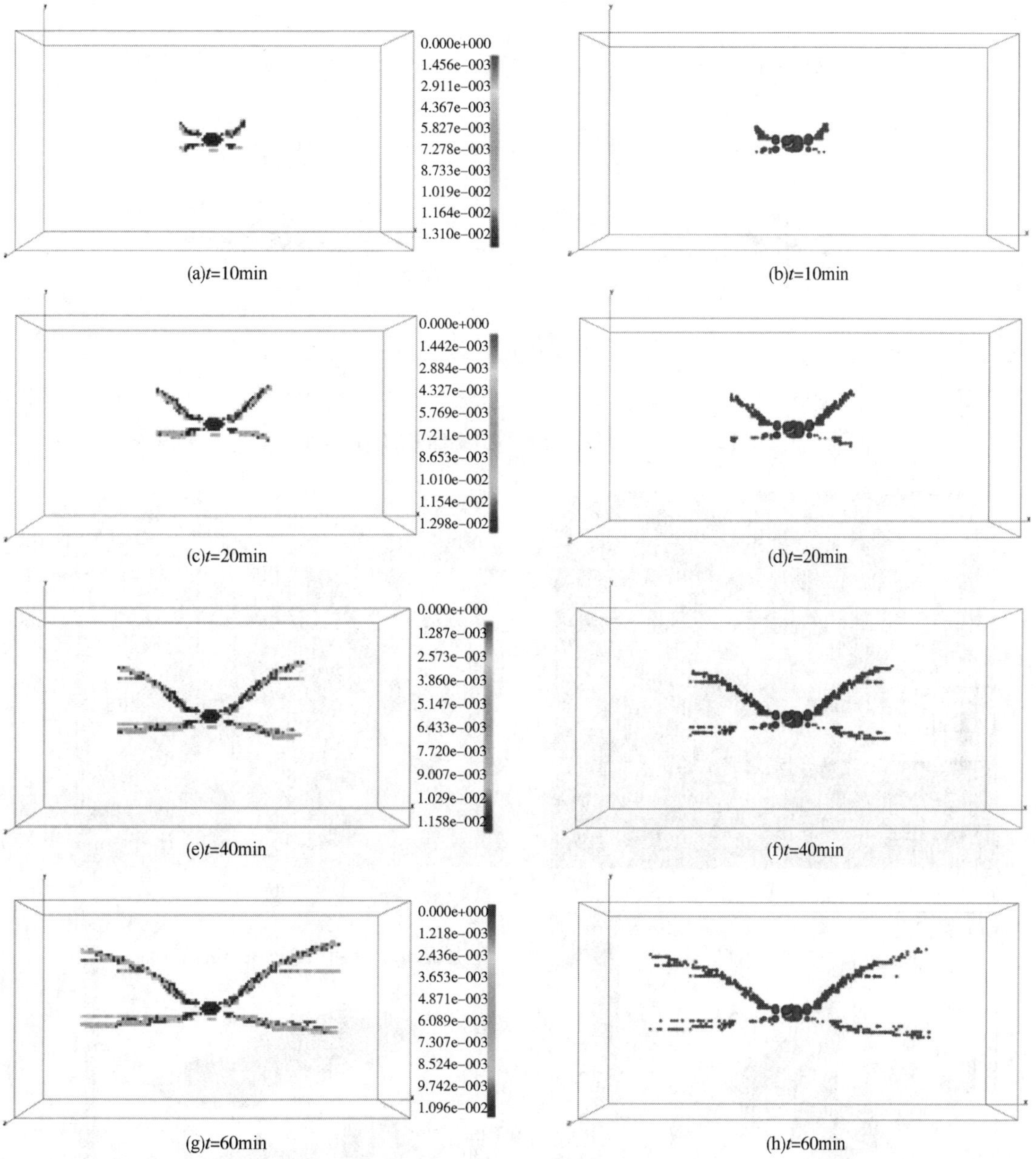

图8 数值计算得出的分段3的水力压裂过程

此外，室内实验和数值模拟都表明，当两条闭合的水力裂缝同时扩展时，一条裂缝会在另一条裂缝的应力阴影下扩展，并趋于排斥另一条裂缝，导致两条裂缝向外弯曲，如图11所示。同时，水力裂缝距离越近，斥力作用越严重。砂砾岩储层的水力裂缝起始于井眼，裂缝距离较近。因此，可以得出结论，砂砾岩储层中一侧的两个分支会严重相互排斥，从而导致X型裂缝而不是H型裂缝。

在图9所示的数值模型中选取单元应力进行进一步研究。为了揭示模型应力场的演化，对压裂过程中模型y轴方向上的有效应力σ'_y进行了

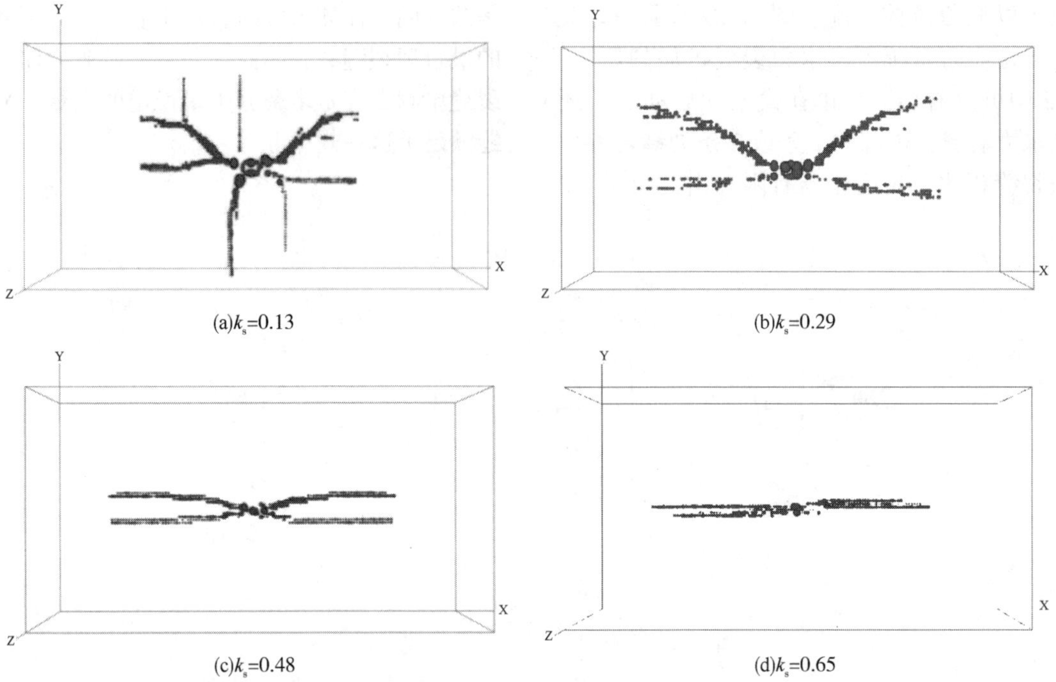

(a)k_s=0.13　(b)k_s=0.29

(c)k_s=0.48　(d)k_s=0.65

图 9　不同应力各向异性数值案例中的 AE 事件

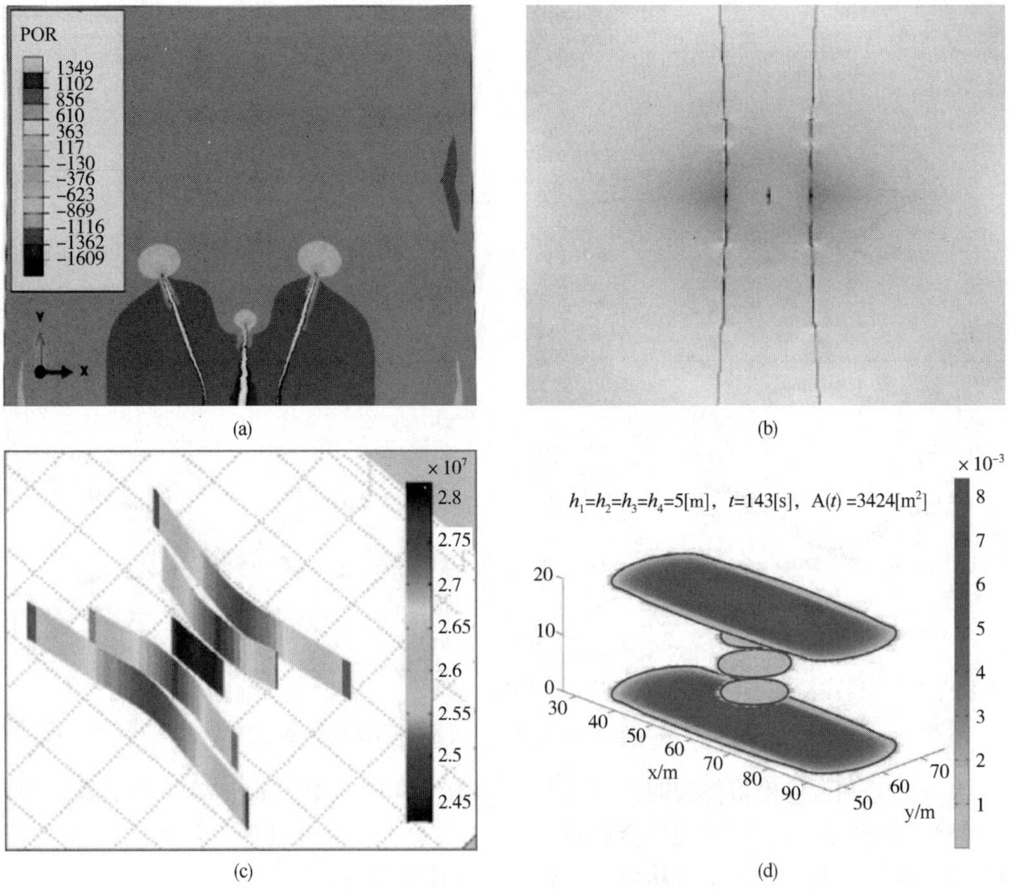

(a)　(b)

(c)　(d)

图 10　应力阴影下的多水力裂缝扩展

分析。选取平行于 y 轴的随机直线 A−A′上的单元进行详细研究，如图 12 所示。压裂前，模型边界处的有效应力为 31.2MPa（总应力 71.0MPa 减去孔隙压力 39.8MPa）。但由于材料的非均质性，元件沿 A-A′方向的原始应力并不一致，在施加的原始应力(31.2MPa)上出现了一定的波动。随着时间的推移，水力裂缝开始萌生并向前扩展。当压裂时间 t 达到 20min 时，右侧裂缝分支逐渐靠近 A-A′。从图中可以看出几乎所有沿着 A-A′的单元应力 σ'_y 都增加了，在两个裂缝尖端的正前方有两个应力峰，说明在裂缝尖端附近应力变化剧烈。在最终压裂时间($t=60$min)，右侧裂缝分支已经穿过 A-A′一段时间。从图中可以看出，沿着 A-A′的单元应力 σ'_y 已经完全降低到原来的水平以下。靠近裂缝尖端的单元应力低于原始水平，靠近边界处的单元应力接近原始水平，这表明，诱导应力 σ'_y 与元件和两个分支之间的距离相关。事实上，靠近水力裂缝的模型主应力发生了变化，完全不在之前的方向上。此外，应力场中部分区域的主应力方向也发生了变化。许多压力性骨折甚至可以逆转。可以肯定的是，应力阴影效应确实能够影响水力裂缝的扩展行为。

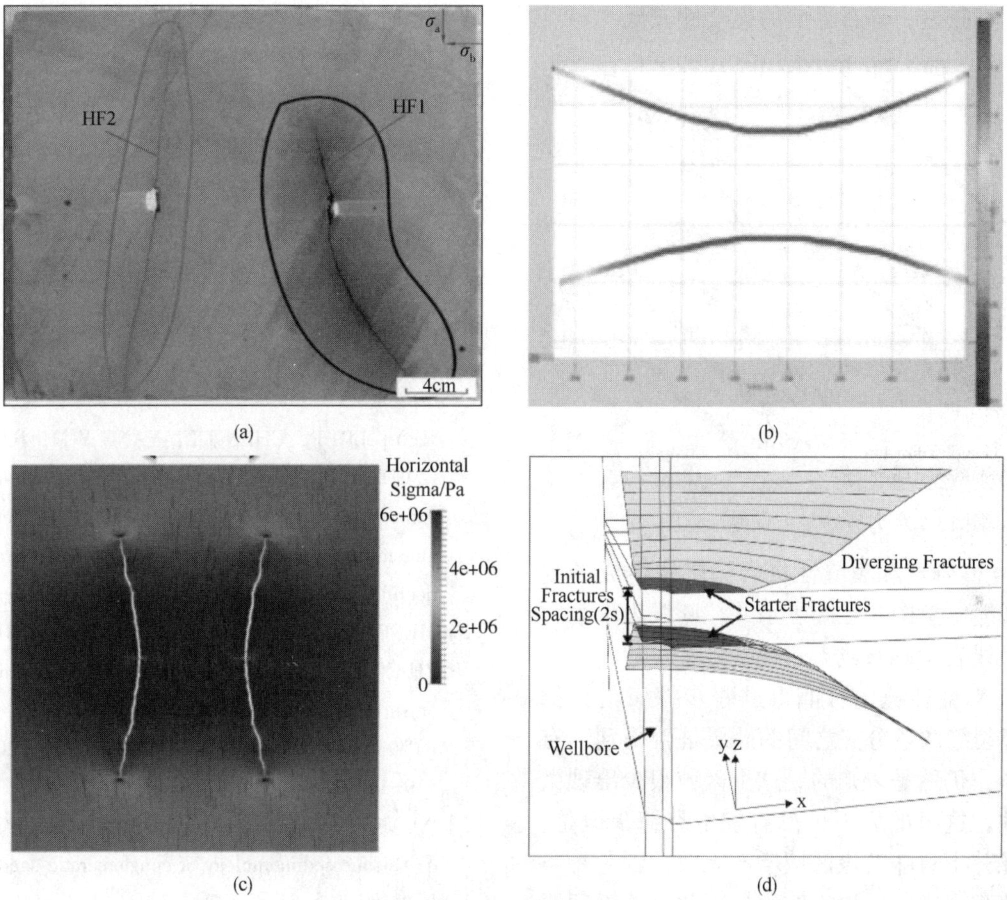

图 11　应力阴影下的两条水力裂缝扩展

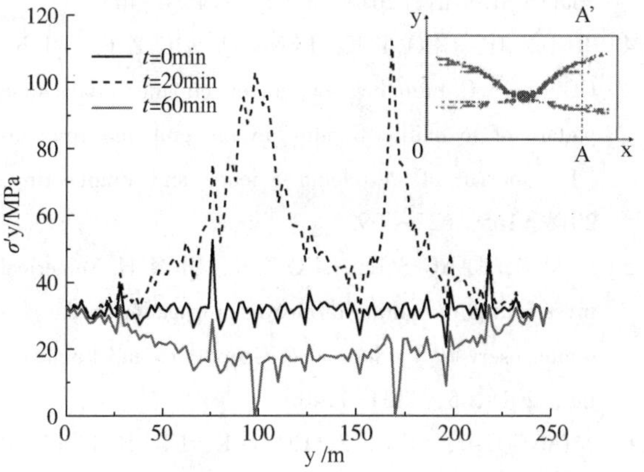

图 12　不同压裂时间模型中沿 A-A′的有效应力

5　关于 X 型裂缝复杂性的讨论

由于致密储层超低孔渗条件较差，迫切需要水力压裂创造大体积的增产储层。为了使改造后的储层体积最大化，不仅要求水力裂缝长度更大，而且要求水力裂缝远离主裂缝进行平面拉伸。事实上，更大的增产体积总是依赖于各种复杂的水力裂缝，这是在北美页岩气经济开发中应用的增产储层体积(SRV)方法的关键概念。

在 Fisher 等之前的工作基础上，Warpinski 等在对非常规储层压裂处理进行研究时，将水力裂缝的复杂性分为 4 个级别，如图 13 所示，其中简单裂缝、复杂裂缝、带裂缝开度的复杂裂缝和复杂裂缝网络的复杂性依次越来越大。巨厚砂砾岩储层中 X 型裂缝的复杂性被认为超过了含裂隙的复杂裂缝，但可能不如一些天然裂缝高度发育的页岩储层中形成的复杂裂缝网络，如图 14 的示意图所示。实际上，X 型裂缝可以评价为多分支裂缝，还没有达到裂缝网络的复杂性。造成这一差距的原因可能是与一些具有多套天然裂缝的页岩储层相比，巨厚砂砾岩储层的天然裂缝发育程度较差，砾石界面的连续性较低。

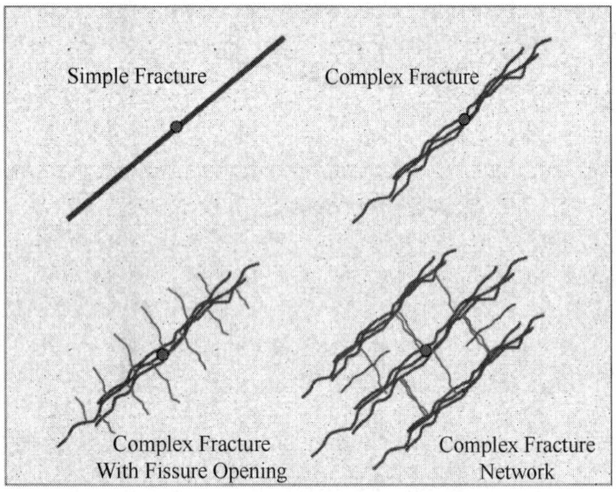

图 13　水力裂缝复杂程度示意图

图 14 砂砾岩和裂缝性页岩储层中生成的复杂水力裂缝示意图。红圈表示井，蓝线表示水力裂缝，黑线表示砾石或天然裂缝

关于 X 型裂缝仍有值得进一步探索的，例如：X 型裂缝两条分支之间的储层是否得到了有效的增产，仍然是未知的。这个区域很少出现微地震事件，这里的岩石也没有发生裂缝。但是，这种情况并不意味着该区域增产无效，因为每条水力裂缝都有实际的增产体积。因此，关键问题在于两条分支的增产体积能否覆盖它们之间的区域。这个问题比较复杂，值得未来进一步研究。

6　结论

为研究致密砂砾岩储层水力裂缝的扩展行为，以渤海湾盆地某区块为研究对象。首先对储层地质特征进行了研究。然后进行现场压裂处理，应用微震监测系统捕捉压裂事件。在获得水力裂缝几何形状后，对裂缝的内在原因和裂缝复杂性进行了详细的研究。所得结论如下：

（1）渤海湾盆地巨厚砂砾岩储层由形状多样、大小范围广、空间分布随机、密度意外的砾石组成。砂砾岩储层中可发育大量的天然弱点，包括各种强度的砾石界面。这些独特的岩性极大地加剧了储层的非均质性。

（2）通过微震监测系统发现 y 区块 11 井储层现场水力裂缝呈 X 型，与其他储层存在较大差异。其他井的微震资料进一步证实了 X 型裂缝的形成，说明 X 型裂缝的形成并非偶然。

（3）X 型裂缝的形成原因主要归结于（Ⅰ）储层非均质性和（Ⅱ）两条紧密水力裂缝在一个方向上延伸的应力阴影效应，这一点通过数值模拟和相关研究得到了详细的证实。

（4）评价 X 型裂缝为多分支裂缝。其复杂性被认为不如部分页岩储层中形成的复杂裂缝网络。造成这种差距的原因被认为是与一些具有多套天然裂缝的页岩储层相比，巨厚砂砾岩储层的天然裂缝发育程度较差，砾石界面连续性较低。

（5）关于 X 型裂缝两条分支之间的储层是否得到了有效的开启等，仍值得进一步的研究。

参　考　文　献

[1] JU Y, LIU P, CHEN J L, YANG Y M, RANJITH P G. CDEM-based analysis of the 3D initiation and propagation of hydrofracturing cracks in heterogeneous glutenites[J]. Journal of Natural Gas Science and Engineering, 2016, 35: 614-623.

[2] MENG Q M, ZHANG S C, GUO X M, CHEN X H, ZHANG Y. A primary investigation on propagation mechanism for hydraulic fractures in Glutenite formation [J]. Journal of Oil and Gas Technology, 2010, 32: 119-123.

[3] YUAN Y, ZHANG J L, LI C L, MENG N N, LI Y. Seismic sedimentology of conglomeratic sandbodies in lower third member of Shahejie Formation (Palaeogene) in Shengtuo area, East China[J]. Journal of Central South University, 2014, 21(12): 4630-4639.

[4] RUI Z H, GUO T K, FENG Q, QU Z Q, QI N, GONG F C. Influence of gravel on the propagation pattern of hydraulic fracture in the glutenite reservoir [J]. Journal of Petroleum Science and Engineering, 2018, 165, 627-639.

[5] LI M Z, TANG S K, GUO T K, QI M H. Numerical investigation of hydraulic fracture propagation in the glutenite reservoir[J]. Journal of Geophysics and Engineering, 2018, 5, 1131-1140.

[6] ZHANG G D, SUN S S, CHAO K, NIU R B, LIU B J, LI Y, WANG F. Investigation of the nucleation,

propagation and coalescence of hydraulic fractures in glutenite reservoirs using a coupled fluid flow-DEM approach [J]. Powder Technology, 2019, 354: 301-313.

[7] ZHAO Z H, GUO J C, MA S. The experimental investigation of hydraulic fracture propagation characteristics in glutenite formation[J]. Advances in Materials Science and Engineering, 2015, ID 521480.

[8] LI Z C, LI L C, ZHANG Z L, LI M, ZHANG L Y, HUANG B, TANG C A. The fracturing behavior of tight glutenites subjected to hydraulic pressure [J]. Processes, 2018, 6, 96.

[9] MU W Q, LI L C, YANG T H, YU G F, HAN Y C. Numerical investigation on grouting mechanism with slurry-rock coupling and shear displacement in single rough fracture. Bulletin of Engineering Geology and the Environment, 2019, 78(8), 6159-6177.

[10] CHEN B B, XU B, LI B, KONG M W, WANG W B, CHEN H S. Understanding the performance of hydraulically fractured wells in the laumontite-rich tight glutenite formation [J]. Journal of Petroleum Science and Engineering, 185, 106600.

[11] Li L C, MENG Q M, WANG S Y, LI G, TANG C A. A numerical investigation of the hydraulic fracturing behaviour of conglomerate in Glutenite formation [J]. Acta Geotechnica, 2013, 8: 597-618.

[12] MA X F, ZOU Y S, LI N, CHEN M, ZHANG Y N, LIU Z Z. Experimental study on the mechanism of hydraulic fracture growth in a glutenite reservoir [J]. Journal of Structural Geology, 2017, 97: 37-47.

[13] WANG H, LI M, SHANG X F. Current developments on micro-seismic data processing [J]. 2016, 32: 521-537.

[14] MAITY D, CIEZOBKA J. Using microseismic frequency-magnitude distributions from hydraulic fracturing as an incremental tool for fracture completion diagnostics [J]. Journal of Petroleum Science and Engineering, 2019, 176: 1135-1151.

[15] TANG C A. Numerical simulation of progressive rock failure and associated seismicity. International Journal of Rock Mechanics and Mining Science, 1997, 34 (2): 249-261.

[16] LI L C, TANG C A, LI G, WNAG S Y, LIANG Z Z, ZHANG Y B. Numerical simulation of 3D hydraulic fracturing based on an improved flow-stress-damage model and a parallel FEM technique. Rock Mechanics and Rock Engineering, 2012, 45(5), 801-818.

[17] REN L, LIN R, ZHAO J Z, YANG K W, HU Y Q, WANG X J. Simultaneous hydraulic fracturing of ultra-low permeability sandstone reservoirs in China: Mechanism and its field test[J]. Journal of Central South University, 2015, 22: 1427-1436.

[18] ZHOU Z, YANG H, WANG X C, ZHANG Q F. Fractured rock mass hydraulic fracturing under hydrodynamic and hydrostatic pressure joint action [J]. Journal of Central South University, 2016, 23: 2695-2704.

[19] LI Z C, LI L C, LI M, ZHANG L Y, ZHANG Z L, HUANG B, TANG C A. Numerical investigation on the propagation behavior of hydraulic fractures in shale reservoir based on the DIP technique[J]. Journal of Petroleum Science and Engineering, 2017, 154: 302-314.

[20] LIN H, DENG J G, LIU W, XIE T, XU J, LIU H L. Numerical simulation of hydraulic fracture propagation in weakly consolidated sandstone reservoirs [J]. Journal of Central South University, 2018, 25: 2944-2952.

[21] ZHAO Y, HE P F, ZHANG Y F, WANG C L. A new criterion for a toughness-dominated hydraulic fracture crossing a natural frictional interface [J]. Rock Mechanics and Rock Engineering, 2019, 52: 2617-2629.

[22] MU W Q, LI L C, YANG T H, YAO L J, WANG S X. Numerical calculation and multi-factor analysis of slurry diffusion in inclined geological fracture [J]. Hydrogeology Journal2020, https://doi.org/10.1007/s10040-019-02103-y.

[23] REN J J, GAO Y Y, ZHENG Q, GUO P, WANG D L. Pressure transient analysis of a finite-conductivity multiple fractured horizontal well in linear composite gas reservoirs[J]. Journal of Central South University, 2020, 27: 780-796.

[24] BEUGELSDIJK L J L, PATER C J D, SATO K. Experimental hydraulic fracture propagation in a multi-fractured medium[C]. SPE 59419, 2000.

[25] KRESSE O, WENG X W, GU H R, WU R T. Numerical modeling of hydraulic fractures interaction in complex naturally fractured formations[J]. Rock Mechanics and Rock Engineering, 2013, 46 (3): 555-568.

[26] ZHNAG Y F, ZHAO Y, YANG H Q, WANG C L. A semianalytical solution for a griffith crack nonuniformly pressurized by internal fluid[J]. Rock Mechanics and Rock Engineering, 2020, 53, 2439-2460.

[27] HADDAD M, SEPEHRNOORI K. XFEM-Based CZM

for the simulation of 3D multiple - cluster hydraulic fracturing in quasi - brittle shale formations [J] . Rock Mechanics and Rock Engineering, 2016, 49, 4731-4748.

[28] LI W, LI L C, TANG C A. Numerical simulation research on mechanism of induced stress perturbation between parallel fractures in horizontal wells [J]. Natural gas geoscience, 2016, 11: 2043-2053.

[29] PEIRCE A P, BUNGER A P. Interference fracturing: nonuniform distributions of perforation clusters that promote simultaneous growth of multiple hydraulic fractures [J] . SPE Journal, 2015, 20 (02): 384 - 395.

[30] RAHMAN M M, HOSSAIN M M, CROSBY D G, RAHMAN M K, RAHMAN S S. Analytical, numerical and experimental investigations of transverse fracture propagation from horizontal wells [j]. Journal of Petroleum Science and Engineering, 2002, 35 (3): 127-150.

[31] ZHOU D W, ZHANG G Q, LIU Z B, DONG H R. Influences of pore - pressure field on multi - fracture propagation during the multi-stage cluster fracturing of tight sandstone [J] . Acta Petrolei Sinica, 2017, 7: 106-115.

[32] BRYANT E C, HWANG J, SHARMA M M. Arbitrary fracture propagation in heterogeneous poroelastic formations using a finite volume-based cohesive zone model [C]. SPE 173374-MS, 2015.

[33] WARPINSKI N R, BRANAGAN P T. Altered-stress fracturing [J] . Journal of Petroleum Technology, 1989, 41(09): 990-997.

[34] BUNGER A P. Parameters affecting the interaction among closely spaced hydraulic fractures [J]. SPE Journal, 2012, 17: 292-306.

[35] MAYERHOFER M J, LOLON E P, WARPINSKI N R, CIPOLLA C L, WALSER D, RIGHTMIRE C M. What is stimulated reservoir volume? [C] . SPE 119890, 2008.

[36] FISHER M K, WRIGHT C A, DAVIDSON B M, GOODWIN A K, FIELDER E O, BUCKLER W S, STEINSBERGER N P. Integrating fracture mapping technologies to optimize stimulations in the Barnett shale [C]. SPE 77411, 2002.

[37] WARPINSKI N R, MAYERHOFER M J, VINCENT M C, CIPOLLA C L, LOLON E P. Stimulating unconventional reservoirs: maximizing network growth while optimizing fracture conductivity [C] . SPE 114173, 2008.

二氧化碳前置压裂技术在玛湖深层砾岩油藏中的应用

吴 虎 周培尧 陈小璐 张羽鹏

（新疆油田公司采油工艺研究院）

摘 要 新疆油田玛湖凹陷JL2井区乌尔禾组油藏主要为受断裂控制的构造油藏，属低孔、特低渗的砂砾岩储层，储层改造面临地层流体渗流阻力大、原油黏度高影响产量、裂缝复杂程度低等问题。针对本区块油藏地质特征及改造难点，基于数模、物模研究，在未动用区新投1口水平井JLHW2xx井开展二氧化碳前置压裂技术探索试验，采用“先造缝、后注入二氧化碳”的模式有效提升波及范围。JLHW2xx在储层物性略差、原油黏度高的情况下，压后压力保持程度高、稳产时间长、增油效果好，证明了二氧化碳前置压裂技术在该区的适用性。

关键词 低孔特低渗；深层砾岩；二氧化碳前置压裂

新疆油田玛湖深层砾岩油藏JL2井区主力开发层系为P_3w段属低孔、特低渗砾岩Ⅰ类储层，纵向上分布三套层系，其中P_3w_2段为含砾砂岩储层，采用固井桥塞+射孔联作分段压裂工艺，该层的部分区域原油性质属中等偏稠，采用常规水平井体积压裂工艺增产效果不佳。

通过学习借鉴国内外先进技术及储层改造经验，二氧化碳前置压裂技术是解决以上问题的有效技术手段，该技术能有效降低原油黏度、增加地层能量，可以实现对储层的高效开发，具有较高的经济效益和应用价值。

1 二氧化碳前置压裂技术

1.1 技术原理

二氧化碳前置压裂技术的原理是利用液态CO_2自身易破岩、高造缝的能力先进行前置纯液态CO_2压裂，有效开启微裂缝，增加人工裂缝的扩展方位和复杂程度，而后配合水基携砂液压裂进一步延伸及有效支撑裂缝，实现储层的增能增产。

该技术适用于：地层压力系数低、能量不足、常规压裂返排率低的低压敏感性气藏；常规水驱见效差的油藏，单井采收率低，剩余油多，能量补充方向不是受效方向；初期产量高、递减快、地层能量补充困难，需改善注采关系的储层；原油黏度较高，常规压裂增产效果较差的储层等。

1.2 增产机理

二氧化碳压裂技术充分利用二氧化碳的物理化学特性，具有水基压裂无法达到的技术优势，其增产机理如下：

（1）抑制黏土膨胀，降低储层伤害：当液态CO_2与地层水接触，饱和CO_2的水pH值降低至4.5以下时，生成弱酸性碳酸，能抑制黏土膨胀，从根本上避免了水锁效应和岩石润湿性反转等危害的发生，有效保护储层不受损害。

（2）沟通储层，容易形成缝网：液态CO_2具有超强的扩散和渗透能力，能够渗入较小的孔隙和微裂缝中，有利于微裂缝网络的形成；由于CO_2的溶蚀作用，能够减小地层岩石的强度，从而降低地层破裂压力，有利于压开地层，形成复杂缝网。由于CO_2超临界状态下的表面张力为零，容易进入微裂缝、天然裂缝和天然弱面，进一步提高裂缝网络的复杂程度，最大限度地沟通储层，从而提高产量。

（3）增加地层能量，提高返排率：储层中CO_2过饱和时，可以有效改变毛细管参数，有利于压后返排。在储层条件下，液态CO_2在地层中汽化膨胀，从而提升地层能量，实现压裂液的快速返排，缩短投产周期。同时在生产过程中，储层的压力降低，溶解在原油中的CO_2释放，产生溶解气驱，从而提高储层原油的采收程度（见图1）。

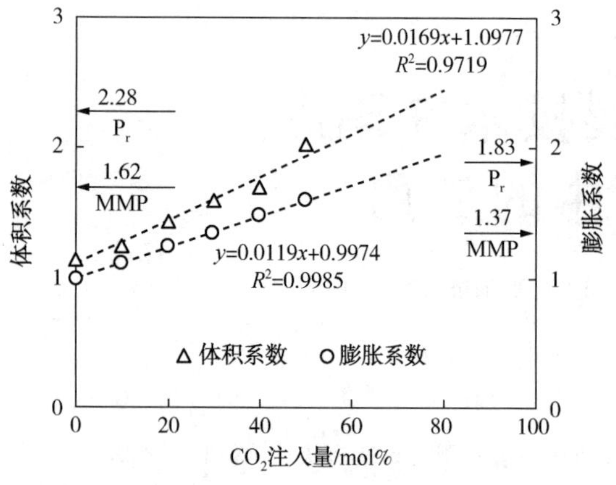

图 1　CO_2 注入量 VS 体积系数 VS 膨胀系数

(4) 提高原油流动性，利于开采：在储层条件下，液态 CO_2 会汽化并溶解于地下原油中，降低原油黏度(见图 2)，改善油水流度比，提高油相渗透率，从而提高原油流动性，提高驱油效率，利于开采。JL2 井区 P_3w_2 段西北部高粘区原油黏度为 500～1000mPa・s，具备实施先决条件。

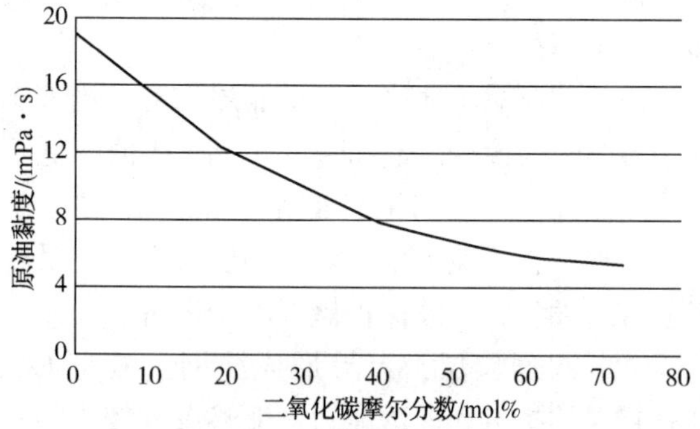

图 2　CO_2 降粘实验数据

(5) 萃取原油轻质组分：在焖井过程中，CO_2 可以抽提原油中的部分轻质组分，并在生产过程中将抽提的原油轻质组分携带到井底，从而提高油气产量。

(6) 微孔隙原油置换：CO_2 在地层条件下转化为超临界态，具有超低界面张力，可进入微孔隙。与油水渗吸相比，CO_2 可动用小于 1μm 孔隙中的原油；实验中对于 0.08～1μm 孔隙中的原油有明显动用效果(见图 3)。JL2 井区 P_3w 段毛管半径 0.18～0.58μm，采用 CO_2 前置可提升油藏微观动用程度。

通过上述增产机理的研究，表明二氧化碳前置压裂技术具有良好的提产效果，主要存在低伤害、沟通储层、增能、降粘、萃取以及动用小孔原油等多方面增产机理，能够满足玛湖地区深层砾岩原油提产提采的技术需求。

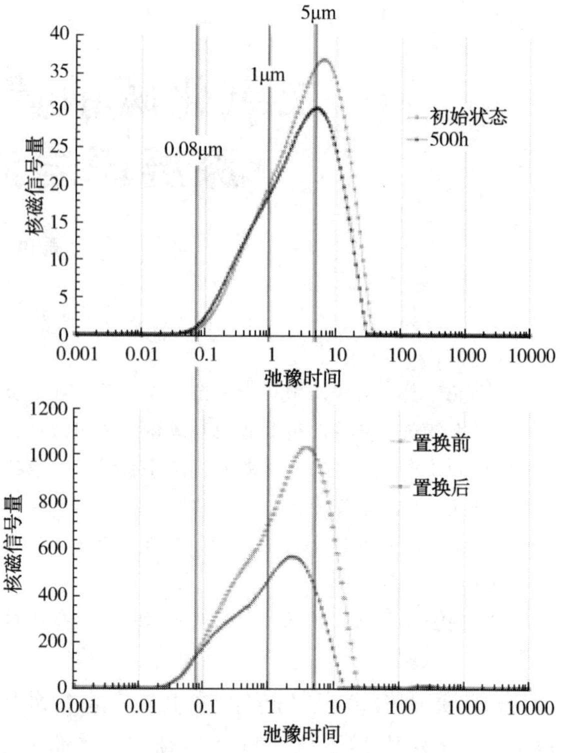

图 3　油水渗吸实验和 CO_2 原油置换实验对比

2　JL2 井区 P_3w_2 段二氧化碳前置压裂研究及应用

2.1　压裂数值模拟研究

基于有限元方法，建立流-固-损伤耦合的 JL2 砾岩 CO_2 压裂裂缝扩展模型，对砾岩进行平滑去噪、阈值分割，获得真实砾岩物理模型如图 4 所示，研究不同应力差、排量等参数对 CO_2 压裂裂缝扩展的影响。

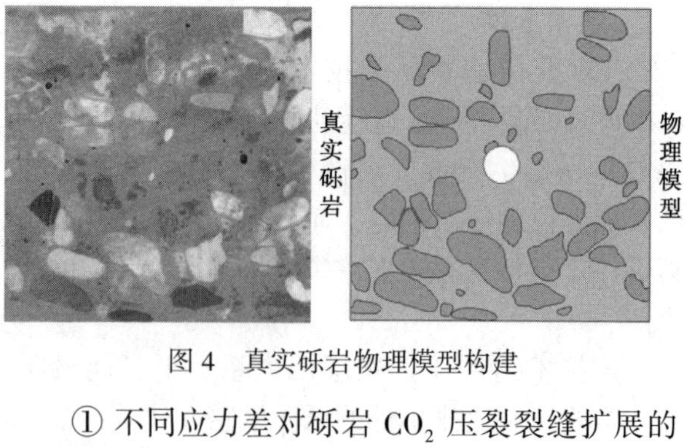

图 4　真实砾岩物理模型构建

① 不同应力差对砾岩 CO_2 压裂裂缝扩展的影响

基于上述模型，水平应力差较小时在井筒附近产生的裂缝形态更加复杂，且产生更多绕砾裂缝，而高水平应力差下裂缝较平直，穿砾裂缝更发育，见图 5。

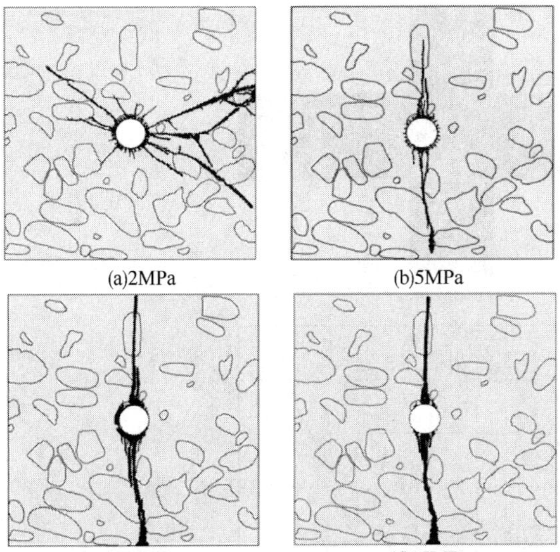

(a)2MPa (b)5MPa (c)10MPa (d)15MPa

图5　不同水平应力差下裂缝形态

② 不同排量对砾岩 CO_2 压裂裂缝扩展的影响

基于上述模型，排量较小时，裂缝整体长度和宽度较小，随着排量增大，裂缝长度和宽度明显增加，产生了更多的穿砾裂缝和绕砾裂缝，裂缝形态更复杂，见图6。

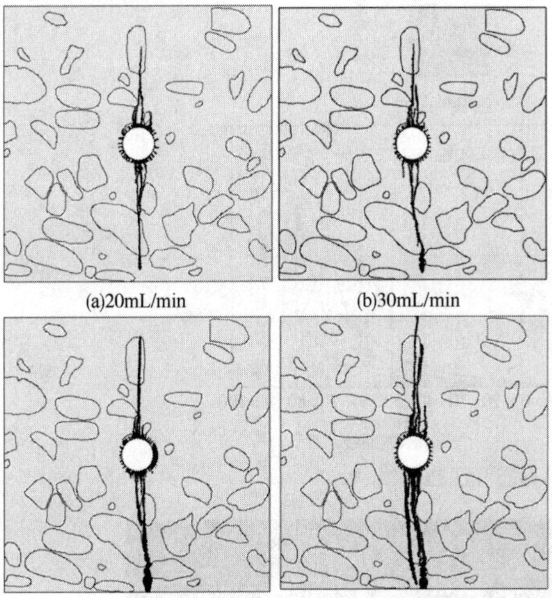

(a)20mL/min (b)30mL/min (c)40mL/min (d)50mL/min

图6　不同排量下裂缝形态(应力差 10MPa)

综上数模研究，JL2 砾岩在较高水平应力差、较大排量施工条件下，会产生较多的穿砾、绕砾裂缝，整体裂缝形态较为复杂。

2.2　压裂物理模拟研究

通过采用力学性质与 JL2 砾岩油藏相近的物模样品，其为水泥和砾石胶结的人工砾岩，在岩样中心钻孔，粘入钢管作为流体注入通道，模拟压裂过程，研究不同应力差、排量等参数对 CO_2 压裂裂缝扩展的影响。

① 不同应力差对砾岩 CO_2 压裂裂缝扩展的影响

实验结果表明，在低水平应力差条件下，裂缝在遇到砾石时容易发生偏转和分叉，从而形成复杂的网络结构。随着水平应力差的增大，断裂的传播方式主要是穿透砾石，从而形成较为简单的形态，见图7，反映出裂缝扩展由“砾石主导”向“应力主导”的转变，与2.1 数值模拟较为一致。

② 不同排量对砾岩 CO_2 压裂裂缝扩展的影响

实验结果表明，在 10mL/min 的低注入排量下，裂缝在井底起裂后向远离井筒的方向扩展，主要沿砾石边缘扩展；当注入速度为 30mL/min 和 50mL/min 时，裂缝形态类似，首先产生主裂缝，裂缝在扩展过程中分叉形成分支裂缝，即在采用较大排量时，裂缝与砾石的相互作用形式主要是穿砾和绕砾，此外遇到砾石后还会出现偏转，见图8，反映出提高注入排量，裂缝形态趋于复杂，裂缝的扩展模式从以绕砾为主变为既绕砾又穿砾的特征，与2.1 数值模拟较为一致。

2.3　现场应用及效果

2023 年在 JL2 井区 P_3w_2 段西北部高粘区实施了1口 JLHW2xx 井，共压裂 28 段(段内2簇，段/簇间距 63m/31m)，通过模拟在本井高粘段不同 CO_2 注入量条件下的改造体积及生产效果，见图9、图10，同时测算了不同 CO_2 注入量的净收益，见图11，综合考虑增产效果和施工成本，最终推荐单段 CO_2 注入量 200~250t。

在本井高粘段(第1~20段，400~1000mPa·s)共注入液态二氧化碳 5004 吨，平均单段 250t，采用先造缝、后注入 CO_2 压裂的模式提升波及范围，见图12；注碳后各段(第1~20段)平均施工压力高于常规改造段(第21~28段)，亦从侧面反映了注入液态 CO_2 可有效提高了裂缝网络复杂程度，见图13。

JLHW2xx 井压后与邻井对比，井口压力提高 71%(7MPa↑12MPa)，产量提升 50%(18t/d↑27t/d)，见图14。取样结果显示：CO_2 降粘效果显著，先后2次井口取样检测，原油黏度分别为 91.2mPa·s、354.1mPa·s，较邻井 215 井原油黏度(962mPa.s)平均降低 77%，见图15。

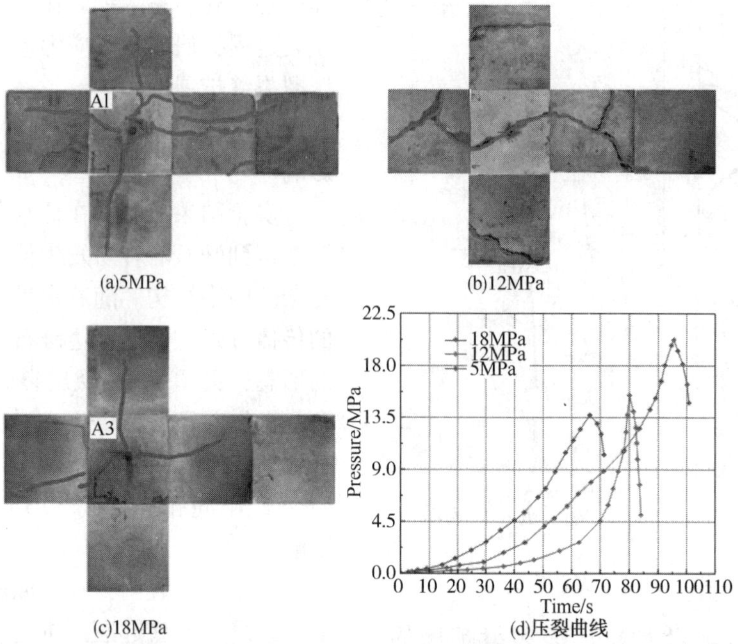

图 7　不同应力差下的裂缝形态和压裂曲线

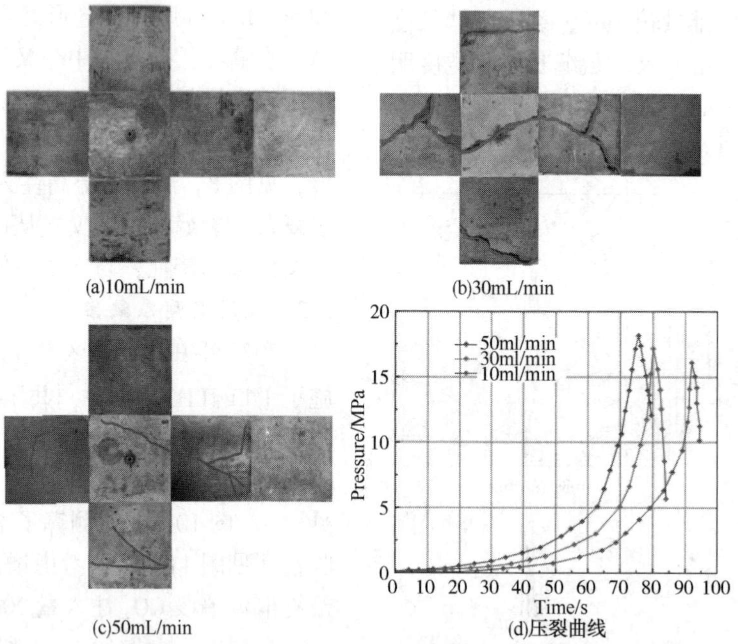

图 8　不同排量下的裂缝形态和压裂曲线

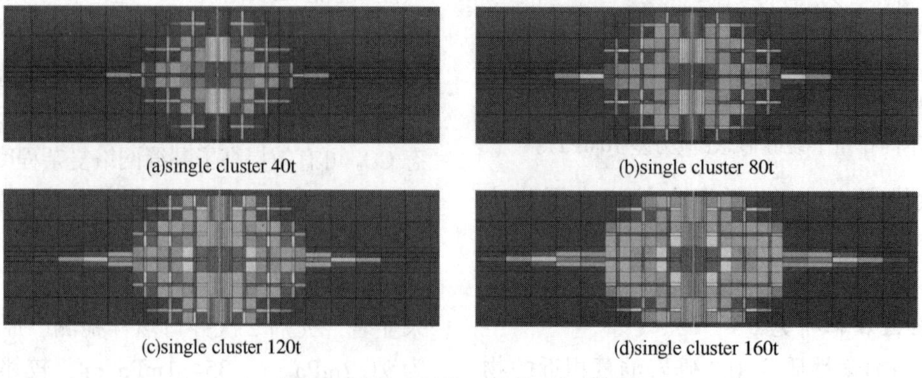

图 9　不同 CO_2 注入量的 SRV 模拟

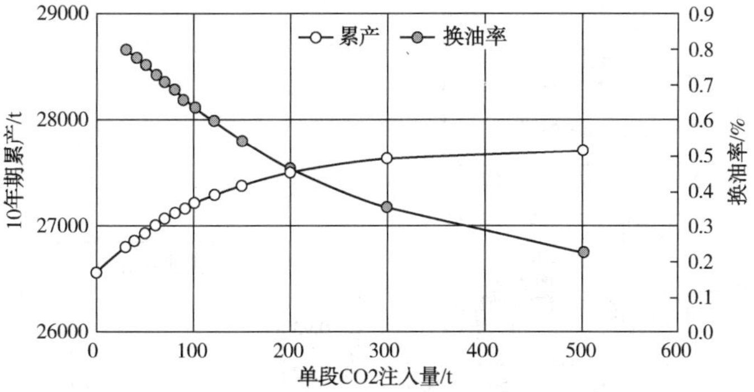

图 10　不同 CO_2 注入量的预测生产效果

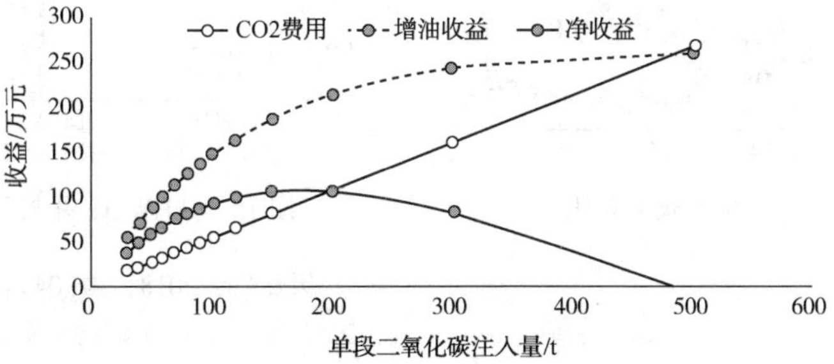

图 11　不同 CO_2 注入量经济效益

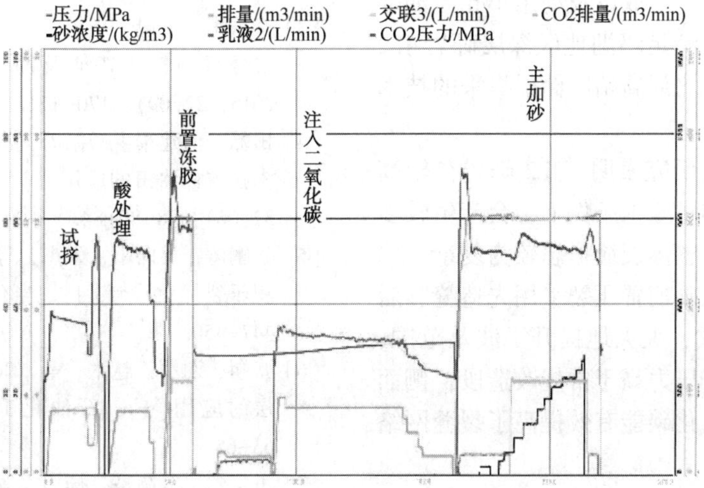

图 12　JLHW2xx 井二氧化碳前置压裂典型施工曲线

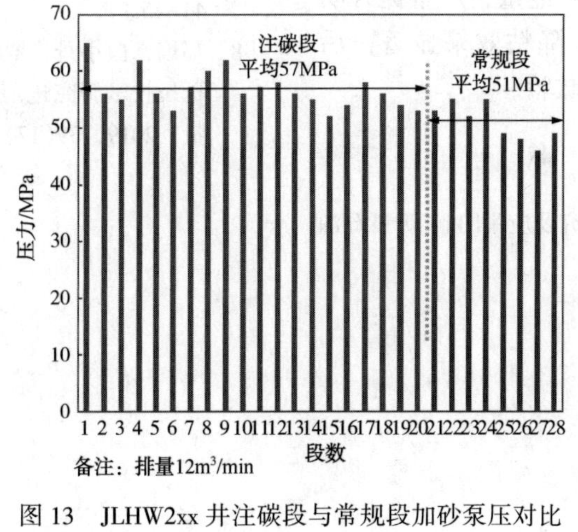

图 13　JLHW2xx 井注碳段与常规段加砂泵压对比

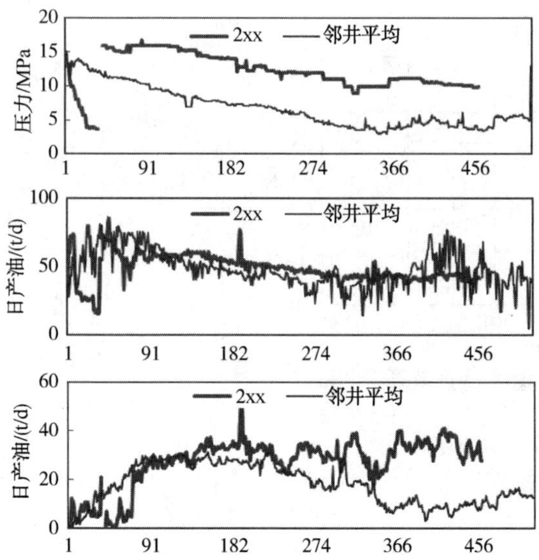

图 14　JLHW2xx 井与邻井生产效果对比

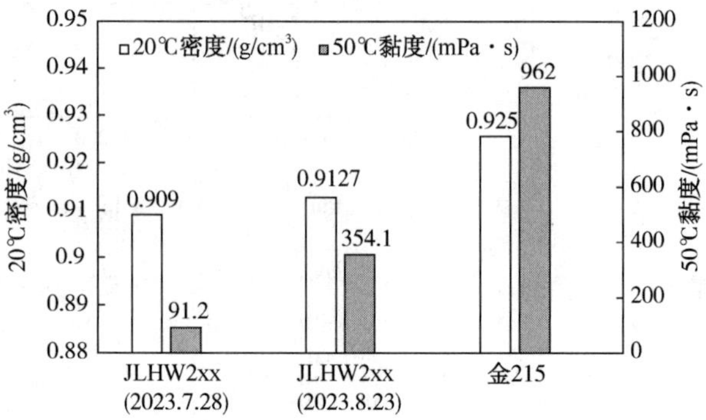

图 15　JLHW2xx 井与邻井井口取样对比

3　结论

（1）二氧化碳前置压裂技术具有低伤害、沟通储层、增能、降粘、萃取以及动用小孔原油等多方面增产机理，可满足玛湖地区深层砾岩 JL2 井区乌尔禾组二段西北部高粘区储层提采的技术需求。

（2）数模、物模研究表明，JL2 砾岩在较高水平应力差、较大排量施工条件下，会产生较多的穿砾、绕砾裂缝，整体裂缝形态较为复杂。

（3）现场二氧化碳前置压裂采用先造缝、后注入 CO_2 压裂的模式，大大地提升了波及范围，注碳后各段平均施工压力高于常规改造段，侧面反映了注入液态二氧化碳能有效提高了裂缝网络复杂程度。

（4）JLHW2xx 压后与邻井对比，稳压能力较同层邻井强，有效提升地层能量，产量提升明显，同时取样结果显示 CO_2 降粘效果显著，后期建议在该区可进一步扩大试验。

参 考 文 献

[1] 贾海正．控缝高压裂技术研究及应用[J]．新疆石油天然气，2018，14(04)：71-74.

[2] 马军，王丽峰，鱼文军，等．金龙 2 井区无隔层控底水压裂技术的研究与应用[J]．新疆石油天然气，2020，16(03)：56-61.

[3] 李秀彬，王晨，周勇，等．准噶尔盆地金龙 2 井区二叠系油气藏特征及勘探方向[J]．勘探开发，2015，22(09)：170-171.

[4] 田磊，何建军，杨振周，等．二氧化碳蓄能压裂技术在吉林油田的应用[J]．钻井液与完井液，2015，32(06)：78-80+84.

[5] 王鹏涛，吴向阳，朱杰，等．二氧化碳前置蓄能体积压裂优化设计[J]．当代化工，2021，50(02)：447-450.

[6] 张朔，谢军，赵勖，等．CO_2 增能压裂在低渗透储层的应用[J]．石油化工应用，2021，40(01)：63-65.

[7] 王翠翠，宣高亮，杨旭，等．前置二氧化碳压裂技术在吉林油田的应用[J]．石油知识，2021(01)：44-45.

[8] 郑焰，白小丹，罗于建，等．非常规油气二氧化碳压裂技术研究进展[J]．中国石油和化工标准与质量，2019，39(17)：221-224+226.

致密砂岩气藏加密井压裂参数优化研究

方燕俊　罗　懿　朱新春

（中国石化华北油气分公司石油工程技术研究院）

摘　要　针对致密砂岩气藏压力衰竭后加密井裂缝预测难度大、压后产能低、产能主控因素不明确等问题，本文以东胜气田58井区为研究对象，基于往年加密井数据分析明确加密井产能的主控因素，利用有限元、三维建模、数值模拟、神经网络等技术方法建立典型井组四维地质力学模型进行典型加密井压裂模拟以及压裂参数优化研究，明确加密井应力场分布特征及裂缝扩展规律，得出加密井合理的压裂参数及产能界限。研究表明：加密井周围储层压力场和应力场大小较基础井网下降，应力场的方向也发生改变，导致加密井模拟裂缝缝长更大，裂缝扩展方向发生改变，产量和可采储量小于基础井网；地层能量大小是加密井产能的主控因素，测井全烃显示及加砂强度与加密井产能也明显正相关，并且加密井压裂有效缝长存在最大可动用界限。该研究为国内外致密气藏加密井的高效压裂开发提供了借鉴。

关键词　致密砂岩气藏；加密井；裂缝扩展；产能主控因素；压力衰竭

随着国内天然气资源开发利用的深入，低渗气藏已成为我国重要的天然气资源储层类致密气藏是我国重要的非常规气藏类型，主要分布于鄂尔多斯、四川、松辽、塔里木等沉积盆地，资源总量及开发潜力巨大。从2001年进行致密气藏开发探索，我国进行致密气藏开发已有20余年，苏里格、大牛地、东胜等致密气田已经进入加密调整开发阶段，但目前基于考虑压力衰竭的四维地质力学模型进行致密砂岩气藏加密井压裂开发分析的研究较少，对于致密砂岩气藏加密井产能的主控因素仍不明确。

本文以东胜气田58井区为研究对象，基于测井数据、地震数据、生产数据等通过神经网络、有限元、余弦相似度等技术方法建立典型井组四维地质力学模型，并在此基础上进行加密井压裂模拟。同时基于往年加密井数据分析影响加密井产能的主控因素，结合四维地质力学模型开展加密井压裂参数优化研究，明确了加密井压裂参数及产能界限。该研究为东胜气田加密井下步高效压裂开发提供了完整的研究体系。

1　锦58井区加密井产能主控因素分析

东胜气田构造位置位于鄂尔多斯盆地北缘伊陕斜坡和伊盟隆起结合部，主力井区锦58井区在东胜气田中部。锦58井区主力开发层系为下石盒子组盒1气藏、盒2+3气藏，其中盒1段地层埋深为2900~3300m，平均埋深为3100m，储层厚度为10~30m；盒2+3段地层埋深为2600~3200m，平均埋深为3000m，储层厚度为6~20m。

目前锦58井区总投产井数为348口，井距1000m左右，平均油压为1.8MPa，套压为4.0MPa，平均单井产气量为$0.9\times10^4m^3/d$，液气比为$3.2m^3/10^4m^3$。2022年该井区进入加密调整阶段，压裂试工过程中压力波及邻井、产能不达预期等问题突出。

1.1　加密井地质显示及压裂施工参数与产能相关性分析

2023年加密井平均压裂液用量$7455m^3$，平均支撑剂用量$772m^3$，平均加砂强度$0.74m^3/m$，2022年加密井平均压裂液用量$7467m^3$，平均支撑剂用量$757m^3$，平均加砂强度$0.86m^3/m$，整体压裂规模小于2022年同层加密井，生产效果较2022年同层加密井差。

将加密井地质显示及压裂施工参数与日产气量进行相关性分析，结果表明：日产气量与压裂液用量、支撑剂用量、单段压裂液用量、单段支撑剂用量均没有明显线性相关性，加砂强度、平均全烃显示与日产气量存在明显的线性相关，随着加砂强度、平均全烃显示增加，日产气量增加，如图1(c)(f)所示。

2.2　加密井生产压力及压裂施工压力与产能相关性分析

2023年锦58井区加密井平均施工压力35.2MPa，停泵压力14.1MPa，试气稳定套压

10.1MPa，生产初期稳定产气量 $2.5\times10^4m^3/d$，压裂施工压力及生产压力均小于邻井及2022年加密井(表1)。

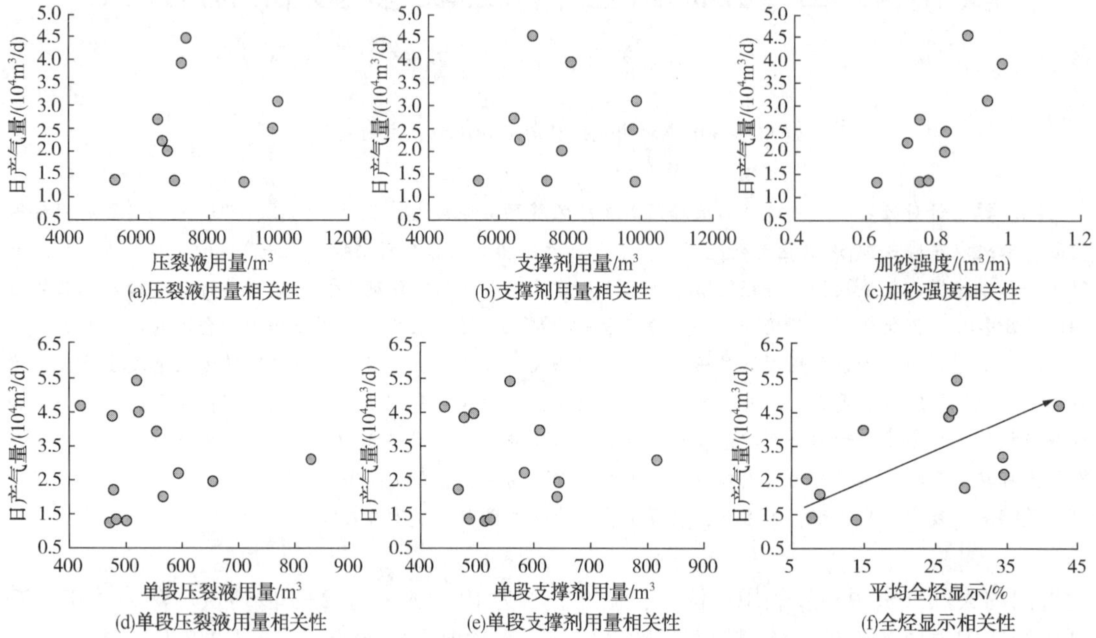

图1 近两年加密井地质显示及压裂施工参数与生产初期稳定产气量相关性散点图

表1 加密井生产压力及压裂施工压力与产能对比表

井号	平均施工压力/MPa	停泵压力/MPa	试气稳定套压/MPa	稳定产气量/($10^4m^3/d$)
2023年加密井	35.2	14.1	10.1	2.5
同层邻井	37.2	14.3	19.1	4.2
2022年加密井	35.2	16.9	12.5	4.0

试气稳定套压与生产初期稳定产气量有明显相关性，表现为套压越高，产气量越大，试气稳定套压即生产井试气充分释放产能的稳定套压，在缺乏地层压力测试的情况下能最大程度反映地层能量的大小，因此结果表明压后产能受地层压力影响，试气稳定套压还与施工压力、停泵压力有一定相关性，表现为套压越低，施工压力和停泵压力也较低，表明地层压力下降还会引起地层应力下降。

将近两年加密井单井试气稳定套压与试气稳定日产气量、自喷期排液量做相关性分析，发现生产初期套压与日产气量线性相关性强，相关系数达82%(图2)，分析认为地层能量大小是加密井产能的主要影响因素，同时自喷期排液量与试气稳定套压相关性强，表现为随套压的增加，自喷期排液量明显增大(图3)，表明地层能量大小是地层排液能力的主要影响因素，地层压力衰竭后，排液能力也会下降。

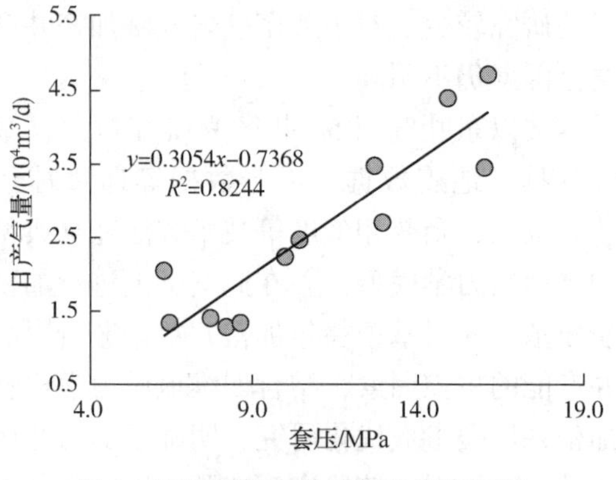

图2 近两年加密井试气稳定套压与生产初期稳定产气量相关性散点图

将近两年加密井地质显示、压裂等8项参数采用excel中CORREL函数进行皮尔逊相关性分析，发现仅试气稳定套压、平均全烃显示、加砂强度与加密井产能存在相关性，相关性系数分别为0.67、0.63、0.46，这表明相关性程度：生产初期套压>平均全烃显示>加砂强度，与前文分析一致。

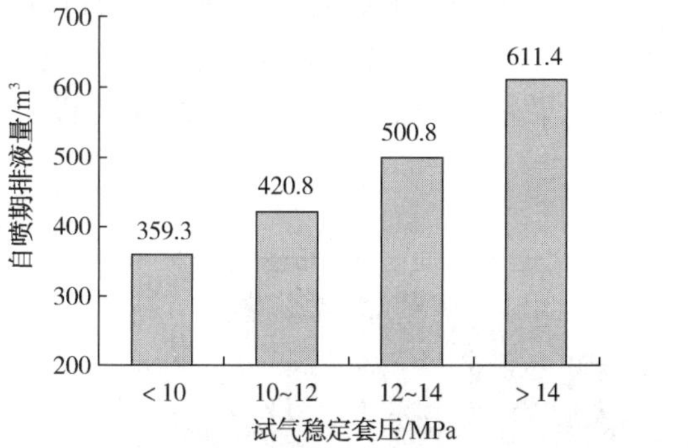

图 3　近两年加密井试气稳定套压与自喷期排液量相关性柱状图

2　锦 58 井区典型井组应力分布特征及压裂参数优化研究

本文基于产能主控因素分析结果，开展数值模拟深入研究。建立锦 58 井区典型井组四维地质力学模型，明显目前加密井地应力分布特征以及裂缝扩展规律，并以产能最大化为目标开展锦 58 井区加密井压裂参数优化研究，明确加密井改造思路及合理压裂参数。

2.1　锦 58 井区典型井组四维地质力学模型建立

本文通过补全地震数据、岩石力学参数动静转换、三维岩石力学建模、历史拟合、四维应力场计算以及模拟验证建立了对实际数据最大化应用、准确可靠且模拟精度高的四维地质力学模型，为后续压裂参数优化研究、产能及可采储量预测奠定了坚实的基础。

首先对锦 58 井区缺失横波数据的井分别通过经验公式法以及拟合关系式法进行预测，优选预测精度更高的拟合关系式法进行预测，预测精度达 90%以上。

通过岩石力学参数实验数据及测井数据建立动静态转换相关性关系式，并引入相关因子进行参数校正，消除岩性的影响。

提取均方根振幅、方差体、混沌体、蚂蚁体、波阻抗、瞬时频率、曲率等 18 种地震属性体，针对不同的地震属性，进行力学参数相关性反演分析。神经网络技术整合波阻抗、均方根振幅、瞬时频率、方差体、孔隙度等多个属性，以单井岩石力学参数为硬约束，建立本工区杨氏模量及泊松比神经网络岩石力学参数体，最终预测结果与实钻岩石力学参数符合率在 90%以上。

脆性指数由于前期对地质力学参数杨氏模量、泊松比计算验证可靠性高，本文选取(1)式进行计算。

$$B=(E_n+v_n)/2 \tag{1}$$

式中，E_n、v_n 为归一化后的杨氏模量和泊松比。

对建立的三维岩石力学模型进行粗化，建立流体模型并采用枚举法进行初始化，同时考虑历史拟合需要对老井进行产量劈分问题，对于传统 KH 方法未考虑到工程参数问题，选用充分考虑地质工程参数的余弦相似度方法进行锦 58 井区产量劈分，产量劈分误差在 10%以内。对锦 58 井区典型井组生产井进行历史拟合，产气、产水、压力拟合精度均在 90%以上，如图 4 所示。

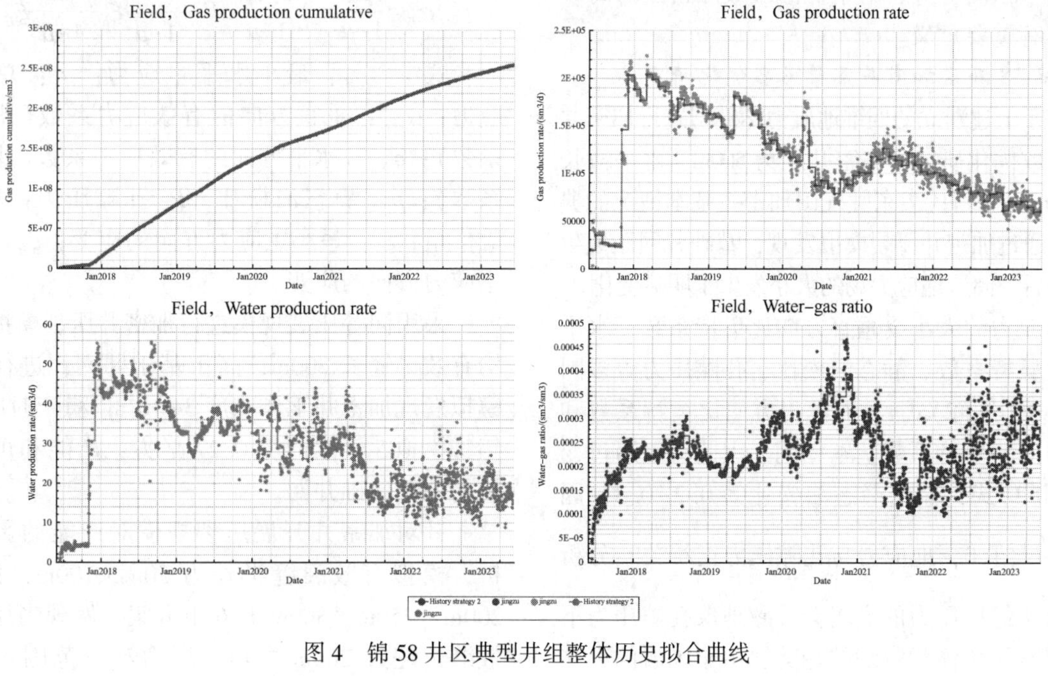

图 4　锦 58 井区典型井组整体历史拟合曲线

最后采用有限元方法建立基于压力衰竭的四维地质力学模型，模型表明典型井组地层压力下降 10～15MPa，对应地层压力下降 8～10MPa。然后基于四维地质力学模型开展加密井 B 的压裂模拟，将模拟结果与微地震监测及常规压裂方案模拟结果进行对比，发现基于四维地质力学的模拟结果精度远高于常规压裂方案设计，达 95%以上。

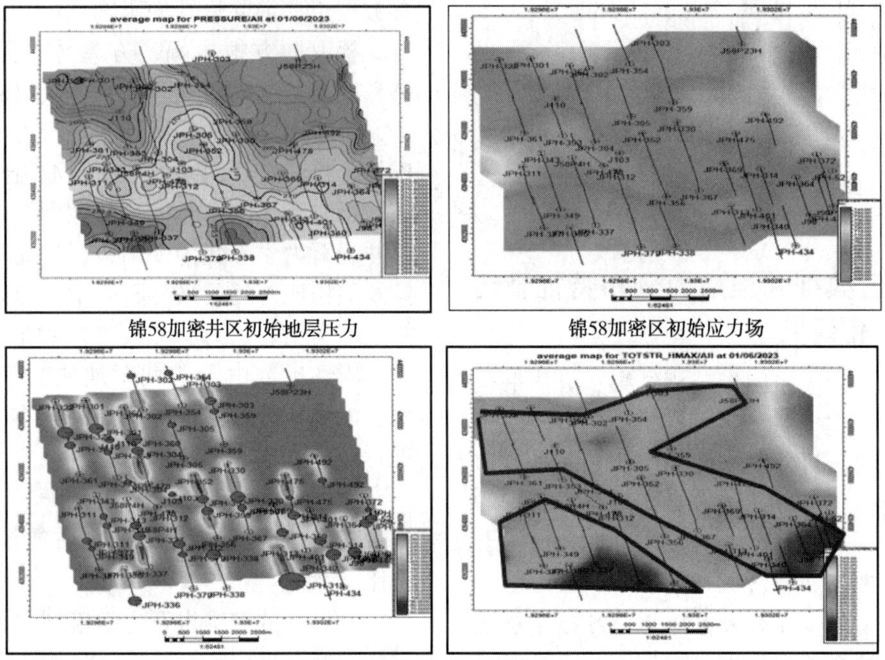

图 5　锦 58 井压力场及应力场分布

通过建立岩石力学模型以及模拟验证，得到了准确可靠的四维岩石力学模型，通过压裂模拟及数值模拟手段，可以进行加密区的老井压后效果评估、重复压裂设计、合理生产制度制定、可采储量预测以及新井最优压裂方案设计、产能及可采储量预测等等，对于低渗气藏加密区的高效开发具有重要意义。

2.2　锦 58 井区加密井压裂参数优化研究

基于上述建立的四维地质力学模型进行加密井压裂参数优化研究，加密井距为 500m，水平段长度 1200m，为可代表东胜气田加密井基本情况的典型井。通过加密井压裂模拟发现，基础井网压裂生产 5 年后，储层地应力场的大小发生了明显变化。

地应力的大小受垂直方向比奥特系数、水平方向比奥特系数、静态泊松比、孔隙压力等多因素的影响(见(2)式)，而垂直方向比奥特系数和水平方向比奥特系数基本相同，因此可以通过变换得到(3)式，储层静态泊松比为 0.2-0.3，因此$\frac{1-2\mu}{1-\mu}$大于 0，地应力与孔隙压力正相关。分析认为由于储层压力的衰竭会导致地层孔隙压力下降储层有发生体积收缩的趋势，由于围岩的存在产层的横向变形受到限制体积收缩的趋势转化为应力减小，最终结果是导致地应力减小。

$$\sigma_h=\frac{\mu}{1-\mu}\sigma_v-\frac{\mu}{1-\mu}\alpha_{\text{vem}}P_p+\alpha_{har}P_p+\frac{E}{1-\mu^2}\xi_h+\frac{\mu E}{1-\mu^2}\xi_H \tag{2}$$

$$\sigma_h=\frac{\mu}{1-\mu}\sigma_v+\frac{1-2\mu}{1-\mu}\alpha P_p+\frac{E}{1-\mu^2}\xi_h+\frac{\mu E}{1-\mu^2}\xi_H \tag{3}$$

式中，σ_h：最小水平主应力；σ_v：总垂直应力；α_{vem}：垂直方向的有效应力系数(比奥特系数)；α_{har}：水平方向的有效应力系数(比奥特系数)；μ：静态泊松比；P_p 孔隙压力；E：杨氏模量；ξ_h：最小主应力方向的应变；ξ_H：最大主应力方向的应变。

采用同等压裂规模进行加密井压裂模拟，平均有效半缝长 200m，高于基础井网，进行生产模拟发现加密井工作制度 $3\times10^4m^3$ 稳产时间 1.2 年，模拟 5 年累产气 0.27 亿方，产能和可采储量均低于基础井网。

针对加密井开展压裂规模对产能的影响分析，模拟有效裂缝半长为 50m、100m、150m、200m、250m、300m 共 6 组方案，发现当压裂有效缝长超过 200m 之后，压力波及范围不再变化，加密井可动用区不再增加(图6)。从生产制度3万方稳产时间来看，有效裂缝半长越大，稳产时间越长，稳产时间介于0.8~1.8年，当压裂有效半缝长大于200m时，稳产时间基本不再增加，拐点在150~200m之间。从5年累产气量来看，有效裂缝半长越大，5年累产气量越大，累产气量介于(0.18~0.38)$\times10^8m^3$之间，当压裂有效半缝长大于200m时，累产气量基本不再增加，拐点在150~200m之间。

在上述分析基础上，本文对高缝长(200m)、大间距(80m)和低缝长(100m)、小间距(40m)两种方案加密井压裂和生产模拟，发现缩小缝间距后，加密井缝控区域平均地层压力下降更快(图7)，缝间距40m时，生产制度$3\times10^4m^3$稳产期2.2年，5年累产气量$0.44\times10^8m^3$，缝间距80m时，生产制度3万方稳产期1.8年，5年累产气量$0.38\times10^8m^3$，缝间距40m产能和可采储量较缝间距80m高。

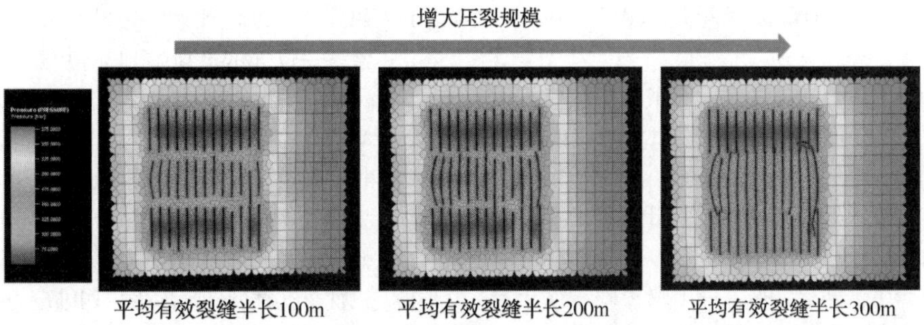

图6　加密井不同压裂规模压力场分布图

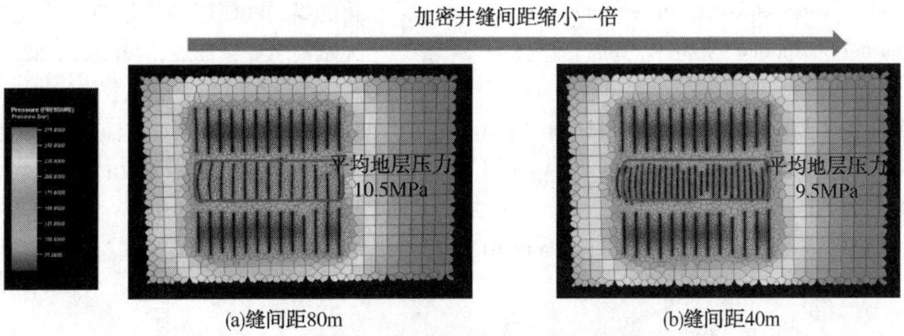

图7　加密井不同缝间距压力场分布图

3　现场应用评价

基于研究成果对X11井进行了压裂方案优化，X11井目的层盒1-2+3层，水平段长度734m，平均全烃显示26.2%，同层位邻井Y10水平段长度882m，平均全烃显示39.4%，地质钻遇较好，X11采用密切割多簇压裂思路，设计压裂缝间距由目前缝间距(60~80m)下降至40m，加砂强度由目前加砂强度(0.7~0.8m^3/m)上升至0.4m^3/m，压后产气量9.7$\times10^4m^3/d$，压后生产效果高于同层邻井和其余2023年加密井(表2)。

表2　X11井生产效果评价表

井号	平均全烃/%	缝间距/%	加砂强度/(m^3/m)	稳定产气量/($10^4m^3/d$)
X11	26.2	40	1.2	9.7
同层邻井	39.4	110	0.4	5.0
2023年加密井	8-42	60-80	0.7-0.8	1.0-5.0

4　结论

(1) 随着基础井网的生产，加密井周围压力场和应力场大小逐渐下降，导致加密井模拟裂缝缝长更大，裂缝扩展方向发生改变，并且产量和可采储量小于基础井网；

（2）地层能量大小是加密井产能的主控因素，此外全烃显示和加砂强度与加密井产能也有一定正相关性，影响程度：生产初期套压>平均全烃显示>加砂强度。

（3）X11井现场试验表明，缩小人工裂缝间距，增加加砂强度有利于提高近井地带改造程度，有效提高加密井产能。

参 考 文 献

[1] 孙龙德，邹才能，贾爱林，等．中国致密油气发展特征与方向[J]．石油勘探与开发，2019，46(6)：1015-1026.

[2] 何江川，余浩杰，何光怀，等．鄂尔多斯盆地长庆气区天然气开发前景[J]．天然气工业，2021，41(8)：23-33.

[3] 马新华．非常规天然气“极限动用”开发理论与实践[J]．石油勘探与开发，2021，48(2)：326-336.

[4] 贾爱林，位云生，郭智，等．中国致密砂岩气开发现状与前景展望[J]．天然气工业，2022，42(1)：83-92.

[5] Biot M A. General Theory of Three-Dimensional Consolidation[J]. Journal of Applied Physics，1941，12(2)：155-164.

[6] Biot M A. Theory of Elasticity and Consolidation for a Porous Anisotropic Solid [J]. Journal of Applied Physics，1955，26(2)：182-185.

[7] Gassmann F. Elastic waves through a packing of spheres [J]. Geophysics，1951，16(4)：673-685.

[8] Chin L Y，Raghavan R，Thomas L K，et al. Fully Coupled Geomechanics and Fluid - Flow Analysis of Wells With Stress - Dependent Permeability [J]. Spe Journal，2000，5：32-45.

[9] Yin S，Dusseault M B，Rothenburg L，et al. Multiphase poroelastic modeling in semi - space for deformable reservoirs [J]. Journal of Petroleum Science and Engineering，2009，64(1-4)：45-54.

[10] 张占杨．鄂尔多斯盆地北缘下石盒子组气水分布特征及控制因素[J]．天然气技术与经济，2021，15(03)：1-7.

[11] 路建欣．致密气藏气井提产后动态变化及影响因素——以鄂尔多斯盆地东胜气田锦58井区为例[J]．天然气技术与经济，2022，16(03)：39-43+50.

[12] 杨军伟，贾善坡，付晓飞，等．异常高压枯竭气藏型储气库地质体四维地质力学分析——以西南X储气库为例[J]．岩石力学与工程学报．

[13] 王忱．气藏型储气库盖层四维应力场演化特征研究[D]．东北石油大学．

[14] 刘英君，朱海燕，唐煊赫，等．基于地质工程一体化的煤层气储层四维地应力演化模型及规律[J]．天然气工业，2022，42(02)：82-92.

[15] 张铭海，雷征东，姜乐，等．致密砂岩油藏水平井重复压裂优化——以长庆油田元284区块为例[J]．石油钻采工艺，2023，45(01)：2023. 01. 013.

[16] 肖佳林，游园，朱海燕，等．重庆涪陵国家级页岩气示范区开发调整井压裂工艺关键技术[J]．天然气工业，2022，42(11)：58-65.

海相页岩油藏水平井试采分析与产能预测

——以加拿大 X 区块都沃内组页岩油为例

田鸿照　杨先范　胡庆贺　宋立新　徐传龙　吴则鑫

（中国石油集团长城钻探工程公司地质研究院）

摘　要　西加拿大盆地都沃内组(Duvernay)页岩油储量规模巨大，主要采用水平井体积压裂开发，但不同区域单井产能存在较大差异。X 区块位于该盆地的热点开发区，在对区块的油藏地质和试采特征进行分析的基础上，总结了地质—工程因素对页岩油藏开发效果的影响规律，预测了老井和新井的产能。结果表明，该区块页岩油藏构造平缓、沉积分布稳定、脆性矿物含量高、烃源岩成熟度高、储层物性好，适宜规模钻探水平井体积压裂开发；压后焖井时间 3 个月以上、限压控产排采有利于保持较长的自喷期和较高的累产油、并延缓脱气时间，工程因素对水平井产能影响更大，长水平段、多段簇、大砂强度有利于获得更高的 EUR；设置新钻水平井水平段长 3000m、体积压裂段间距 60m、簇间距 10m、加砂强度 2.0t/m 的钻井及压裂参数下，预测新井 EUR 较老井增加 2～3 倍。研究成果为区块下一步规模开发指明了方向，对中国石油公司开发国内外海相页岩油藏也具有很好的借鉴意义。

关键词　页岩油藏；水平井体积压裂；试采分析；影响因素；产能预测

21 世纪以来，随着全球油气资源需求的持续增长，全球非常规油气勘探开发不断取得重大突破，其中北美的西加拿大盆地是页岩油开发的热点区域，面积为 140 万平方公里，壳牌、中石油、Murphy、Encana 等国际大型油公司均在该盆地投入巨大。都沃内组(Duvernay)页岩为一套最大海侵期的富沥青质暗色页岩，是西加盆地页岩油勘探开发的主力目标之一，分布面积达 13 万平方公里，也是阿尔伯塔盆地大多数油藏的烃源岩，X 区块即位于西加拿大沉积盆地阿尔伯塔次盆西部边缘。

2010 年，X 区块钻探了第一口发现井，该井井深 5080m，水平段长度 1725m，由于工程问题，仅完成了 6 级压裂，测试日产油 25.75m^3/d，日产气 5.66×10^4m^3/d。截止 2021 年底，共完钻 11 口水平井，平均井深 4900m，水平段长 1845m，先后有 9 口水平井投入试采，最高初期日产油达到 112.9m^3/d。本文基于 X 区块油藏地质特征和水平井试采资料，分析了海相页岩油藏水平井生产工作制度、试采特征、产量影响因素，并预测了老井和新井产能，特别是对该区块水平井的生产制度和体积压裂工艺参数开展的大量摸索与试验，不仅对该区块下一步应用新的钻完井和水平井体积压裂技术进行规模开发提供了重要参考，对中国石油公司开发国内外海相页岩油藏也具有很好的借鉴意义。

1　油藏地质特征

1.1　沉积分布稳定、适宜钻探水平井

北美西加拿大盆地都沃内组页岩形成于晚泥盆世弗拉阶(Fransni)。在广阔的海洋环境中，都沃内页岩沉积并填充了整个盆地，与其同一时代的勒杜克(Leduc)生物礁在其周围缓慢聚集形成。根据区域沉积背景资料及岩心资料确定本区都沃内页岩沉积环境为浅海沉积。X 区块都沃内组含油面积为 85.12km^2，总体为一单斜构造(图 1)，自西南向北东方向抬升，地层倾角 0.4～0.67°，储层埋深为 2800～2930m，厚度为 16～23m，断层不发育，有利于规模钻探水平井。

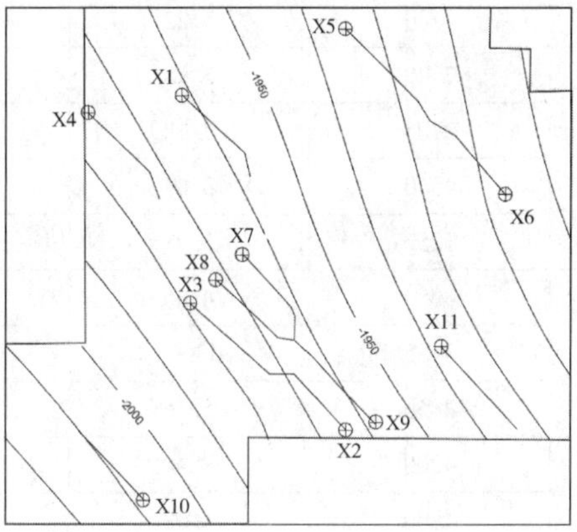

图 1　X 区块都沃内层顶面构造图

1.2 脆性矿物含量高、地层可压性好

岩性矿物成分以石英为主，方解石、黏土矿物次之(表1)，并含有少量长石、黄铁矿，其中，方解石含量平均为24.3%，脆性矿物含量一般大于69%。依据北美页岩油气开发经验，当脆性矿物指数高于40%可认为岩石是脆性的，高岩石脆性是保持复杂裂缝导流能力的关键，脆性指数越高，压裂形成的裂缝网络越复杂，越易产生剪切破坏，同时该区的水平应力差小(2~5MPa)，压裂易形成网状缝，因此区块适合水平井体积压裂作业。

表1　X衍射矿物含量统计表

井号	石英/%	长石/%	方解石/%	总泥质含量/%	TOC/%	其他/%
X1	55.8	3	21.1	18	3.7	2.3
X3	49.3	1.1	26.6	20.9	4.7	2.3
X10	44.1	2.5	29.4	18.9	3.3	1.8
X11	45.2	4.2	20	27.6	4.3	3.1
平均	48.6	2.7	24.3	21.4	4.0	2.4

1.3 烃源岩成熟度高、流体性质好

烃源岩有机质丰度高，TOC一般在3~5%、平均为4.1%，位于中部的X3井区TOC含量最高(平均4.7%)，西南部的X10井区TOC含量偏低(3.3%)；以Ⅰ型、Ⅱ型干酪根为主，具有高氢低氧含量特征(表2)，生烃潜力大。有机质成熟度Ro在1.0~1.6之间，属于高成熟阶段。其中，X3井2834m测试地层压力42.29MPa，压力系数1.53，为异常高压，有利于单井油气高产；井下取样PVT分析地层原油密度0.802g/cm^3，黏度2.34mPa·s，溶解气油比270m^3/m^3，体积系数1.094，压缩系数4.3×10^{-6} kPa^{-1}，饱和压力25.96MPa，属于黑油和挥发油过渡带油藏，具有埋藏深，压力高、气油比高等特点。

表2　烃源岩岩石热解分析数据表

井号	深度/m	TOC/%	S1/(mg/g)	S2/(mg/g)	HI	OI
X1	3150	3.27	2.77	4.48	137	11
	3800	3.47	2.48	5.4	155	10
	4460	4.47	4.07	7.57	169	34
	4675	3.67	3.72	5.76	157	17
X3	3000	3.81	11.09	4.14	108	8
	3050	5.23	25.87	4.43	84	8
	3200	4.96	26.85	4.08	82	11
	3800	4.17	10.86	4.56	109	6
	4400	4.94	24.3	4.79	97	8
	4700	5.22	16.5	5.66	108	9
X10	2900	3.98	5.35	3.13	79	17
	3705	3.18	4.85	2.59	81	21
	4580	3.04	6.56	2.6	85	17
	3250	2.98	4.86	3.52	118	16
X11	3050	4.66	7.24	6.97	150	9
	3485	3.6	5.72	5.02	139	8
	3850	5.16	9.43	6.88	133	6
	4200	4.4	9.66	7.95	181	10
	4600	4.08	5.6	5.22	128	9
	4850	4.01	6.24	5.67	141	9

1.4 储集空间以有机质孔为主，储层物性较好

孔隙度和渗透率是决定页岩储层质量关键参数之一。都沃内页岩储集空间类型以有机质孔为主，同时还包含粒间孔、粒内孔等类型，孔隙直径在50到500纳米，最大可达900纳米。根据39块岩心分析数据(图2、图3)，储层孔隙度主要分布范围为5%~7%、平均孔隙度6.25%，为优质页岩储层；渗透率主要分布范围为0.0003~0.0005mD、平均渗透率0.00042mD，含油饱和度80%左右。

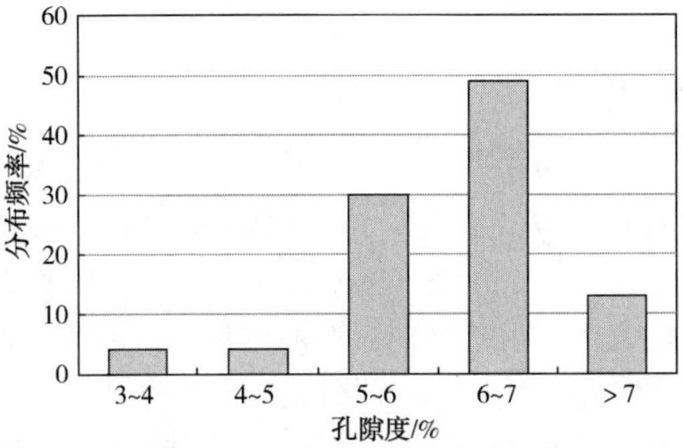

图2 岩心分析孔隙度分布直方图

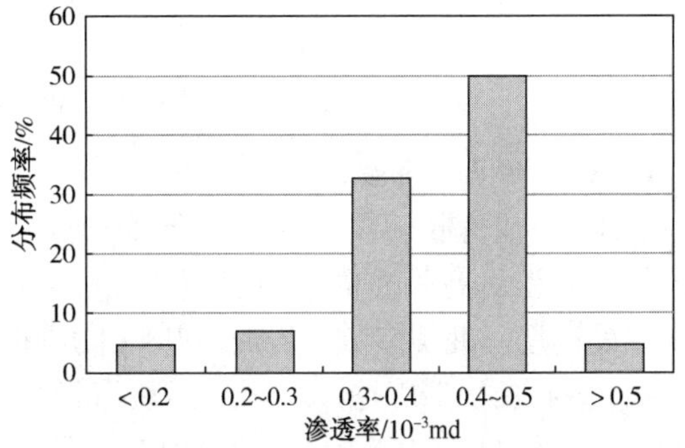

图3 岩心分析渗透率分布直方图

2 试采特征分析

2.1 延长焖井时间、含水率降低

焖井时间延长有利于快速见油、延缓原油脱气时间。一方面充分利用渗吸采油提高原油采收率机理，在毛管压力、化学势及渗透压的作用下，裂缝附近的含油饱和度逐渐恢复，基质中含水饱和度逐渐升高，基质内大量原油被置换到裂缝中，开井后排液期较短，快速见油。根据11口井的试油资料(图4)，焖井时间与油井初期含水相关性高，焖井期延长3个月后，油井初期含水率由80%降至20%，说明焖井时间延长有利于液油的充分置换。

另一方面充分发挥压裂蓄能的作用，该区原油类型处于黑油-挥发油过渡带，当地层压力低于饱和压力时原油脱气严重，降低了油相相对渗透率、增加了原油黏度，进而导致采收率降低。通过延长焖井时间，可在高压下增加压裂液进入岩块的深度，提高波及体积，使高压流体传递到更远的地层，改善了较远处压力水平，进一步减缓原油脱气的时间。统计工区目前试采时间较长的9口水平井返排率仅为2.3~9.8%、平均6.52%，说明压裂液已深入裂缝深部；稳定生产阶段的气油比为156~257m^3/m^3、平均227m^3/m^3，典型井X3井气油比主要分布在100~200m^3/m^3，平均145m^3/m^3(图5)，说明地层压力仍在饱和压力之上。

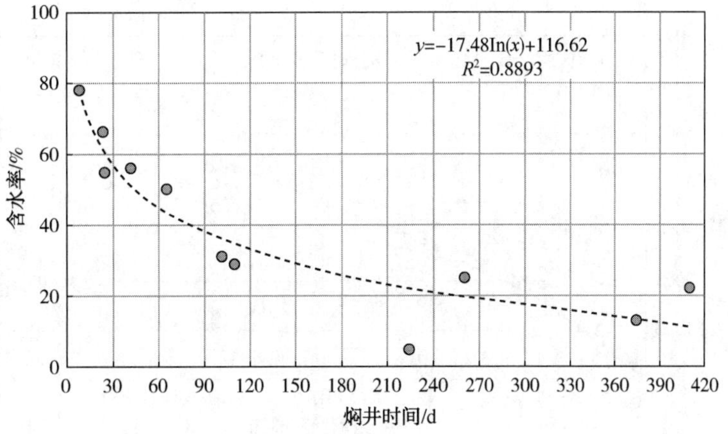

图4 含水率与焖井时间关系曲线

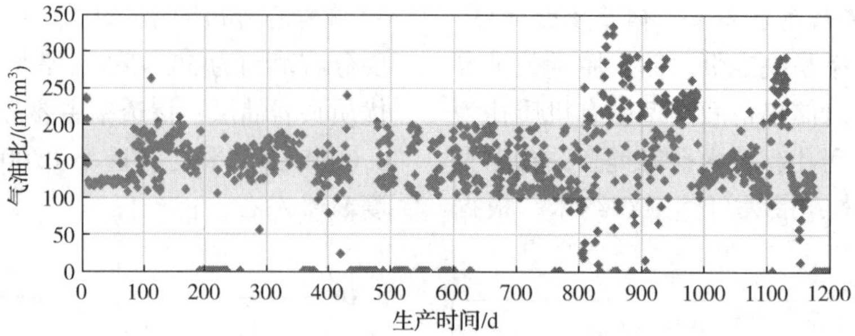

图5　X3井气油比随时间变化曲线

2.2　限压控产排采、自喷期长

“初期高产快速收回投资，还是合理控制采油速度最终获得更高采油量”一直是非常规油气业内争论的问题。北美多数页岩油田基本采用快速收回投资的方式组织生产，但X区块资源丰度较低，初期控制一定产量，让地层保有充足的能量，尽可能延长相对高产的生产周期，努力提高单井采出量。9口试采井通过采用1.58~2.38mm油嘴限压控产方案，减缓地层能量下降幅度，防止原油快速脱气，自喷期延长至1年左右(表3)，平均单井累产油8272m³，综合含水8.88%，X区块与邻近的其他三家公司典型井对比表明，虽然初期日产油较低，但油井自喷期累产油高(图6)。当井口油压下降到3MPa以下时，及时实施转抽，有利于发挥水平井生产能力，并有一定的稳产期，从而获得更高的EUR和经济效益。

表3　水平井自喷期生产数据统计表

序号	井号	自喷天数/d	累产油/m³	累产水/m³	累产气/10⁴m³	综合含水/%	综合气油比/(m³/m³
1	X1	329	7398	710	78.32	8.76	105.86
2	X2	400	8756	1282	124.50	12.77	142.18
3	X3	443	10917	569	172.37	4.95	157.89
4	X4	296	8429	162	91.34	1.89	108.36
5	X5	342	8760	197	93.71	2.20	106.97
6	X6	415	9217	248	99.54	2.62	107.99
7	X7	261	6488	750	84.48	10.36	130.21
8	X8	322	8074	1734	121.92	17.68	151.00
9	X9	347	6413	1598	97.91	19.95	152.67
平均		351	8272	806	104.90	8.88	126.81

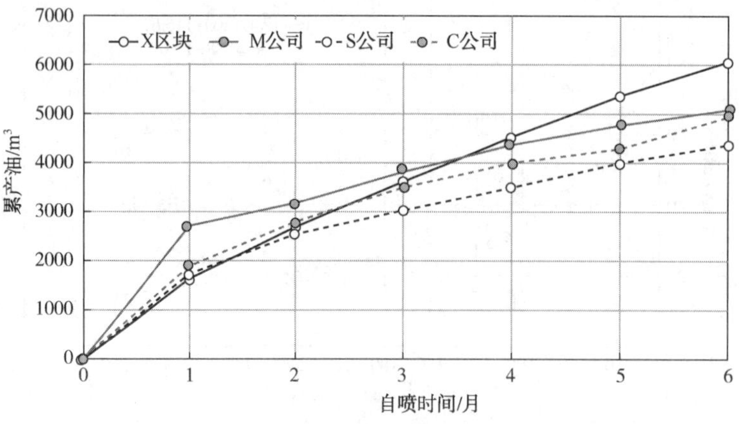

图6　各公司典型井自喷期累产油对比图

2.3 初期产量高、递减快

国内外研究结果表明，页岩油气水平井体积压裂基质—人工裂缝渗流一般包括 3 个阶段：早期线性流、中期“缝控”单元流动、后期“基缝”单元流动，这就导致初期产量高、产量递减快、后期长期低产的生产特征。统计 9 口水平井试采初期最高日产油 112.9 ~ 56.1m³/d、平均 74.3m³/d，根据前三年产油量数据，第二年递减率为 26%~56.8%、平均 49.4%，第三年递减率为 12.1%~31.4%、平均 20.9%(图 7)。

以 X3 井为例，该井位于区块中部，储层厚度 19.3m，TOC 为 3.81% ~ 5.23%，S_1 实测 10.86~26.85mg/g，Ro 实测 1.26%~2.57%，压力系数 1.53，钻探水平段长度 1896m，体积压裂 19 段、59 簇，簇间距 30m，累积砂量 1890.4t，总液量 15049m³。焖井 100 天后采用 5.56mm 油嘴放喷，最高日产油 112.9m³/d，随后采用 1.98~2.38mm 油嘴试采(图 8)，期间油井套压与日产油量相关性好。第一至第三年产油量分别为 8773、3790、2599m³，递减率分别 56.8%和 31.4%，第三年开始长期保持低产。

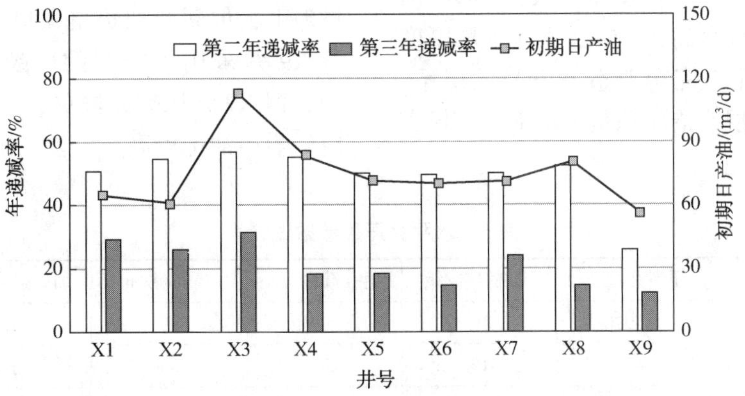

图 7　水平井年递减率和初期日产油曲线

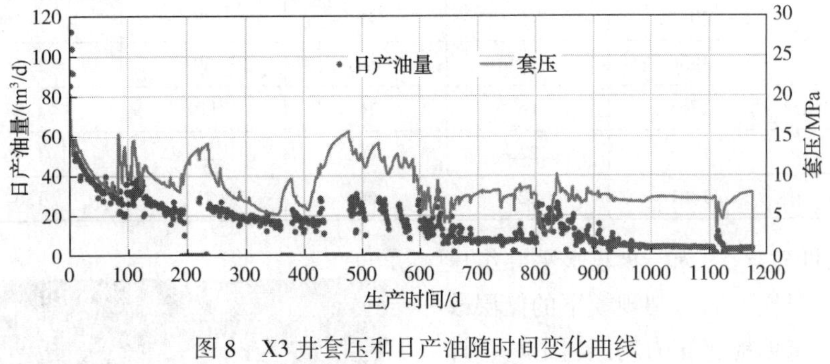

图 8　X3 井套压和日产油随时间变化曲线

3 产量影响因素分析

3.1 地质因素

储层厚度是形成充足有机质和储集空间的基础。都沃内页岩虽名为页岩，实为富含碳酸盐岩矿物的地层，在钻井及压裂指标相差不大的情况下，即使泥质含量偏低，但只要储层厚度较大和烃源岩成熟度较高，此时单井产量就更高(表 4)。如泥质含量 X1 井低于 X3 井(X1 井 18%，X3 井 20.9%)，但烃源岩热解参数 X3 井明显好于 X1 井(TOC：X1 井 3.7%、X3 井 4.7%，S1+S2：X1 井 9.06mg/g，X3 井 24.06mg/g)，油层厚度 X3 井较 X1 井高出 1.4m，前三年累产油也多出 3546m³。总体来看，区块中部烃源岩热解参数指标高、储层厚度较大，是优先部署区域，在压裂方式、压裂参数相近的情况下，该因素起主导作用。

表 4　水平井前三年累产油量统计表

井号	油层厚度/m	水平段长/m	累产油/m³	每米累产油/(m³/m)
X1	17.2	1894	11616	6.13
X2	19.8	1774	13317	7.51
X3	18.6	1896	15162	8.00

续表

井号	油层厚度/m	水平段长/m	累产油/m^3	每米累产油/(m^3/m)
X4	17.5	1871	12075	6.45
X5	16.3	2076	11269	5.43
X6	18.2	1836	13090	7.13
X7	18.2	1849	11922	6.45
X8	18.5	1837	13066	7.11
X9	19.8	1900	14553	7.66
平均	18.2	1881	12897	6.87

监测资料显示目前压裂规模下压裂缝高为12m左右，由于该区储层厚度总体较薄(都沃内优质页岩区储层厚度最高达45m，本区平均厚度约20m)，纵向上足以完全改造开发目的层系，因此，提高平面储层改造面积是区块下一步提高单井产量的主要措施。

3.2 工程因素

2010~2016年当地钻完井技术正值摸索期，各油公司在水平段长、压裂方式、加砂强度等指标参数无统一标准。在借鉴邻区经验的基础上，结合各井实际，X区块采取了套管射孔桥塞多级分段压裂、投球多级分段压裂等压裂方式，同时在压裂级数、射孔簇数、簇间距等参数上也开展了试验研究。对比单井产油量(表4)和压裂工艺参数(表5)，长水平段、桥塞多级分段压裂、多簇数和较大的加砂强度有利于早期获得更高的产量，如相同压裂级数的X4~X7井，其中X6井射孔簇数最多64簇、簇间距30m，虽然加砂强度略低，但累产油仍是4口井中最高的；如X8和X9井采用了相同的压裂级数、簇数、簇间距，但X9井压裂井段更长、加砂强度更大，相应的累产油也更高。

表5 水平井压裂参数统计表

井号	水平段长/m	压裂井段/m	压裂级数/级	射孔簇数/簇	簇间距/m	加砂强度/(t/m)	压裂方式
X1	1894	1791	19	54	30	1.32	桥塞分段
X2	1774	1872	19	56	30	1.28	桥塞分段
X3	1896	1807	19	59	30	1.25	桥塞分段
X4	1871	1849	16	16	110	1.69	投球分段
X5	2076	2057	16	16	120	1.26	投球分段
X6	1836	1836	16	64	30	1.14	投球分段
X7	1849	1765	16	16	110	1.28	投球分段
X8	1837	1787	22	66	25	1.46	桥塞分段
X9	1900	1861	22	66	25	1.64	桥塞分段

应用CMG软件建立X7和X8双水平井组压裂数值模拟模型，对比不同压裂规模下的储层改造情况，根据生产末期地层压力场图(图9)，计算X8井动用储量为$31.8\times10^4m^3$，而X7井动用储量为$24.2\times10^4m^3$、主要表现在缝间动用不充分，进一步证实了加大压裂规模对提高储层改造体积的重要性。

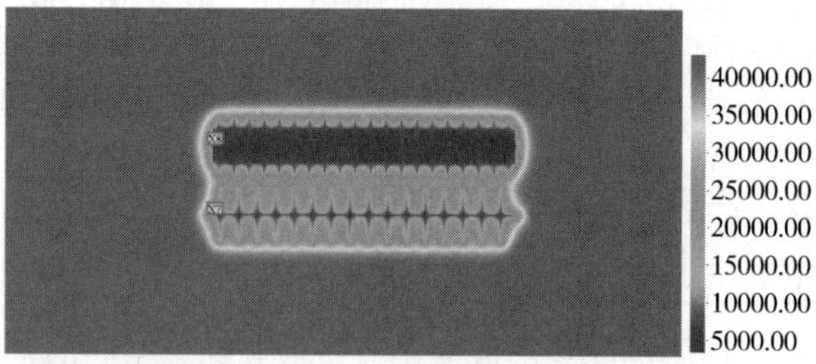

图9 X7和X8井组模型生产末期地层压力场图(单位：kPa)

4 产能预测

4.1 老井产能预测

应用Topaze现代生产动态分析软件建立了9口水平井均质油藏、水平井体积压裂、矩形不渗透边界模型，通过拟合水平井的产量、压力等历史数据，反演得到表皮系数为-7.7~-8.9、平均-8.6，裂缝半长为151~181m、平均166m，地层有效渗透率0.00011~0.00079mD、平均0.00040mD，预测EUR为23975~41463m^3，平均30424m^3。根据预测结果对比(表6)，更长的水平段、更多的压裂段数、更小的簇间距、更多的砂量，意味着的更高的EUR。

表6　水平井生产动态拟合参数统计表

井号	表皮系数	裂缝半长/m	渗透率/mD	2021年底累产油/m^3	预测EUR/m^3
X1	-8.8	163	0.00019	14483	30707
X2	-8.7	166	0.00030	16200	23975
X3	-8.9	151	0.00079	18124	30294
X4	-8.6	179	0.00021	16378	31479
X5	-7.7	157	0.00058	14264	24579
X6	-8.9	173	0.00063	15739	26995
X7	-8.1	165	0.00038	13817	27016
X8	-8.8	157	0.00042	16073	37305
X9	-8.5	181	0.00011	17552	41463
平均	-8.6	166	0.00040	15848	30424

4.2　新井产能预测

随着水平井钻井技术和体积压裂的技术进步，都沃内项目区的完钻井水平段长度大幅提高，由2011年1400m增至2021年3500m，增幅2倍之多，同时段间距、分簇数及加砂强度等指标均有了显著提高。因此，该区下一批水平井计划通过大幅延长水平段，缩短压裂段间距，增加段内簇数，提高加砂强度，以实现单井产量的大幅提升。

综合考虑区块地质特点、钻完井及压裂技术成熟度、经济效益等指标，采用的水平井水平段长3000m、体积压裂参数为段间距60m、簇间距10m、加砂强度2.0t/m。应用区块中部储层物性参数，建立了压裂水平井组数值模拟模型，从模型输出的生产末期压力场图看(图10)，对比X7、X8井组压裂工艺参数下的储层改造体积，新的压裂工艺参数下储层改造体积更大；从EUR预测结果看(表7)，本区块新井与邻近区块采用新压裂工艺的典型井相差不大，但较本区老井增加2~3倍，增产效果非常明显。

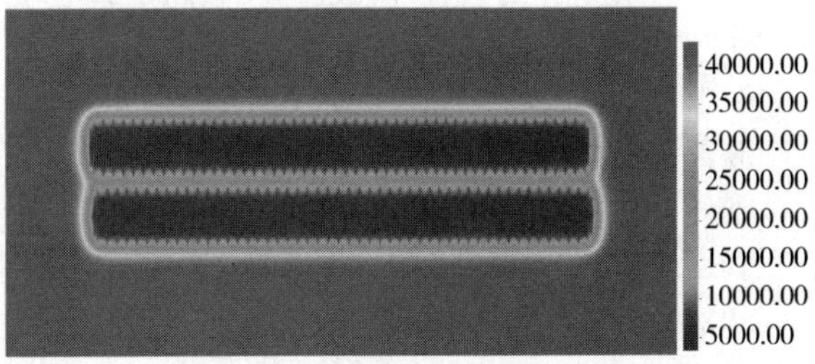

图10　典型井组模型生产末期地层压力场图(单位：kPa)

表7　典型水平井产量预测对比表

公司/区块	水平段长度/m	油层厚度/m	段间距/m	簇间距/m	3年内实际累产油/m^3	预测EUR/m^3
M公司典型井	2821	31	60	15	42504	97814
S公司典型井	2531	23	70	15	36400	75489
X区块老井	1881	18	—	—	12897	30424
X区块新井	3000	20	60	10	38393(预测)	85247

5　结论

(1) 区块都沃内组页岩油藏构造平缓、沉积厚度分布稳定、脆性矿物含量高、烃源岩成熟度高、储层物性好，适宜规模钻探水平井进行体积压裂开发。

(2) 压后焖井时间3个月以上、限压控产排采有利于保持较长的自喷期和较高的累产油、并有利于延缓脱气时间，试采期间初期产量高、产量递减快、后期长期低产的特征明显。

(3) 储层厚度和烃源岩成熟度对单井产量影响大，区块中部是优先部署区域；但工程因素对水平井产能影响更大，长水平段、多段簇、大砂强度有利于获得更高的EUR。

(4) 综合考虑区块地质特点、钻完井及压裂技术成熟度、经济效益等指标，设置本区下步规模开发的水平井水平段长3000m、体积压裂段间距60m、簇间距10m、加砂强度2.0t/m，数值模拟预测新井压裂改造体积较老井更大，EUR较老井增加2~3倍。

参考文献

[1] 周庆凡．世界页岩气和致密油技术可采资源量分布[J]．石油与天然气地质，2017，35(5)：828-830.

[2] 刘新，安飞，肖璇．加拿大致密油资源潜力和勘探开发现状[J]．大庆石油地质与开发，2018，37(6)：169-174.

[3] SOEDE R D J. The successful development of gas and oil resources from shales in north America[J]. Journal of Petroleum Science and Engineering，2018，163(4)：399-420.

[4] 黎茂稳，马晓潇，蒋启贵，等．北美海相页岩油形成条件、富集特征与启示[J]．油气地质与采收率，2019，26(1)：13-28.

[5] 张奥博，汤达祯，陶树，等．中美典型含油气页岩地质特征及开发现状[J]．油气地质与采收率，2019，26(1)：37-45.

[6] 贾成业，贾爱林，何东博，等．页岩气水平井产量影响因素分析[J]．天然气工业，2017，37(4)：80-87.

[7] 陈志明，陈昊枢，廖新维，等．基于试井分析的新疆吉尔萨尔页岩油藏人工缝网参数反演研究[J]．石油科学通报，2019，4(3)：263-270.

[8] 侯冰，常智，武安安，等．吉木萨尔凹陷页岩油密切割压裂多簇裂缝竞争扩展模拟[J]．石油学报，2022，43(1)：75-89.

[9] 张相春，杨亚静，刘军龙，等．页岩油藏开发合理焖井时间数值模拟[J]．西安石油大学学报(自然科学版)，2021，36(3)：71-76.

[10] 盛湘，张烨．国外页岩油开发技术进展及其启示[J]．石油地质与工程，2015，29(6)：80-83.

[11] 陈志明，赵鹏飞，曹耐，等．页岩油藏压裂水平井压-闷-采参数优化研究[J]．石油钻探技术，2022，50(2)：30-37.

[12] 万晓龙，张原立，樊建明，等．鄂尔多斯盆地长7页岩油藏水平井生产制度[J]．新疆石油地质，2022，43(3)：329-333.

[13] 陈劲松，曹建志，韩洪宝，等．页岩油气井常用产量预测模型适应性分析[J]．非常规油气，2019，6(3)：48-57.

[14] FILIER L S. Production forecasting in ultra-low permeability reservoirs[C]. Houston：Ryder Seott Reserves Conference，2015.

[15] 章敬．非常规油藏地质工程一体化效益开发实践[J]．断块油气田，2021，28(2)：151-155.

[16] 刘博，徐刚，纪拥军，等．页岩油水平井体积压裂及微地震监测技术实践[J]．岩性油气藏，2020，32(6)：172-180.

[17] 苏皓，雷征东，张获秾，等．致密油藏体积压裂水平井参数优化研究[J]．岩性油气藏，2018，30(4)：140-148.

[18] 蒋廷学，王海涛．中国石化页岩油水平井分段压裂技术现状与发展建议[J]．石油钻探技术，2021，49(4)：14-21.

[19] 孙翰文，费繁旭，高阳，等．吉木萨尔陆相页岩水平井压裂后产量影响因素分析[J]．特种油气藏，2020，27(2)：108-114.

[20] 李国欣，罗凯，石德勤．页岩油气成功开发的关键技术、先进理念与重要启示[J]．石油勘探与开发，2022，47(4)：739-749.

[21] 陈浩，张超，徐程浩，等．基于支持向量机的致密油藏水平井体积压裂初期产能预测[J]．中国海上油气，2022，34(1)：102-109.

[22] 陈依伟，周玉辉，梁成钢，等．页岩油水平井产量变化定量表征模型[J]．西南石油大学学报(自然科学版)，2021，43(5)：97-102.

致密气-煤层气合采压裂模拟及主控因素分析

张　浩　白玉湖　房茂军　徐兵祥　李　娜

（中海油研究总院有限责任公司）

摘　要　致密气与煤层气两气合采工艺是增加低品位致密气储量动用和产量提升的有效开发方式，但目前尚处于起步阶段，两气合采水力压裂开发效果以及各种参数对压裂的影响程度尚不明确。本文结合神府气区已开发两气合采井数据，对其压裂效果和主控影响因素进行了研究，通过相同参数对比、皮尔逊相关性分析等方法，明确了影响两气合采井产能的主控地质及工程因素，发现了致密气层的压裂开发效果相较煤层对两气合采井的压后产能有更明显影响；结合压裂数值模拟方法，对比分析了压后高产井和低产井的裂缝形态，得到了层系分布结构是影响两气合采井压裂效果和压后产能的重要因素。本研究对两气合采井的压裂开发有一定的指导意义。

关键词　两气合采；水力压裂；压裂数值模拟；相关性分析；主控因素分析

1　引言

随着致密气藏勘探开发的深入，产气能力逐渐衰竭，大量井靠单采致密气无法维持其经济产量，同时致密气资源常和煤层气资源共生，利用同一气井将致密气和煤层气共同开发称为两气合采，该方法能够显著增加致密气储量动用，提升低品位致密气藏的产量。

水力压裂是实现两气合采的重要开发工艺，但两气合采水力压裂较常致密气压裂更为复杂，也存在着更大的风险与不确定性，国内外学者对两气合采的可行性和压后层间干扰等问题进行过一系列研究，并在鄂尔多斯盆地进行了初步开发实践。数值模拟是研究水力压裂的有效手段，从早期的KGD模型和PKN模型开始，已经发展出有限元模型(FEM)，边界元模型(BEM)，和离散元模型(DEM)等类，为了模拟水力裂缝在复杂地层中的扩展，学者们研发了三维和拟三维裂缝数值模型，以及裂缝网络模型等，为两气合采的压裂研究提供了有力支持。

但目前国内外对两气合采的研究与现场应用尚处于起步阶段，对影响水力压裂效果的的主控因素及其影响程度尚不明确，致密气与煤层气对产能贡献程度仍缺乏清晰认识。基于以上问题，本文结合神府气区已开发两气合采井的现场数据，对包括储层物性、地质结构、压裂施工、压后产能等参数进行了全面整理与统计，利用数据分析方法和数值模拟相结合，进行了两气合采井压裂效果评价和主控影响因素的分析。

2　两气合采井压裂地质主控影响因素分析

目前神府气区已压裂投产的两气合采井为64口，根据压后稳产气量将其分为高产井(大于1万方/天)、低产井(小于0.4万方/天)，以及中产井(0.4万方/天至1万方/天)，各类型井数量及占比如图1所示，两气合采井压后产能存在着较大差异性，压后高产井有19口，占总井数的30%，而压后低产井为23口，占总井数的36%，压后低产井占比较高，说明压裂总体效果还存在较大提升空间。

统计致密气层及煤层地质结构参数与压后产量的关系如图2所示，其中的致密气砂岩层厚度指致密气水力压裂波及到的全部砂岩层总厚度。由图可知，致密气层厚度与压后产量呈明显正相关性，而煤层厚度与压后产量相关性则不明显，说明致密气层厚度为影响压裂开发效果的主控地质因素，压后高产井的致密气层厚度界限为4m。此外，致密气砂岩层厚度与压后产气量呈明显负相关，也是影响压裂效果的主控地质因素，说明砂岩层厚度越厚，水力裂缝沟通的无效层段越多，作用在有效层段的压裂液就越少，越不利于压后高产，高产井的砂岩层总厚度界限为25m，两气合采压裂致密气应首选气层厚度大于4m且总砂岩厚度小于25m的层段。

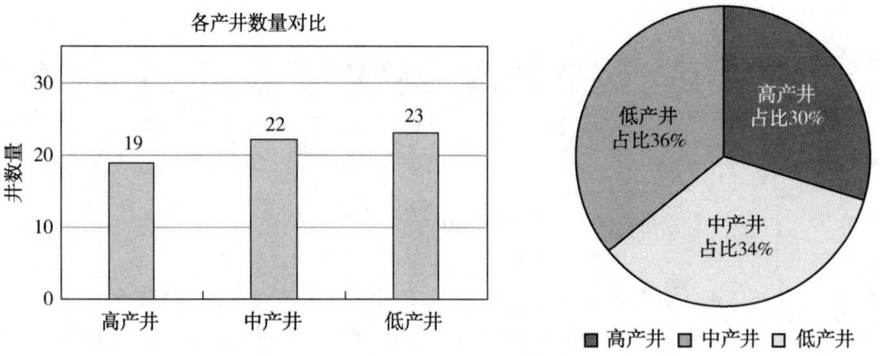

图 1　两气合采各产量井数量分布及占比

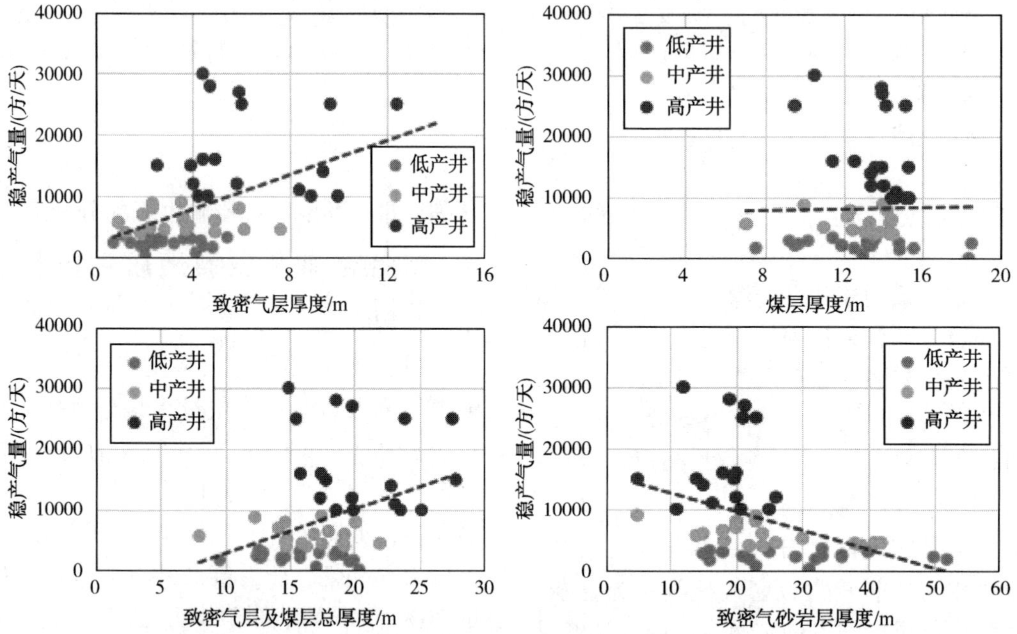

图 2　两气合采井地质结构相关参数与压后产气量的关系图

对两气合采井储层物性参数与压后产气量关系进行统计，并根据基础物性参数，分别定义致密气层及煤层的地层特征参数，该参数反映储层产气潜力，如公式(1)~(2)所示：

$$F_g = h_g \cdot k_g \cdot \phi_g \cdot S_g \tag{1}$$

式中，F_g 为致密气地层特征参数；h_g 为致密气层厚度；k_g 为致密气层渗透率；ϕ_g 为致密气层孔隙度；k_g 为致密气层含气饱和度。

$$F_c = h_c \cdot g_c \tag{2}$$

式中，F_c 为煤层地层特征参数；h_c 为煤层厚度；g_c 为煤层含气量。

各物性参数与压后产气量关系分布结果如图 3 所示，致密气层与煤层基础物性参数与压后产量关系均不明显，但致密气层地层特征参数与压后产量呈较为明显的正相关，说明致密气层的产气潜力是影响压后产能的主控地质因素，煤层地层特征参数与压后产量存在一定正相关性，但不明显。

3　两气合采井压裂工程主控影响因素分析

对两气合采井压裂工程参数与压后产气量关系进行统计，并根据基础压裂参数，分别定义致密气层和煤层的米入井液量以及综合压裂指数，米入井液量是单位气层厚度下的入井液量，反映水力压裂对有效储层的改造程度，综合压裂指数反映考虑储层产气能力的综合压裂改造效果，如公式(3)至公式(6)所示：

$$q_g = Q_g / H_g \tag{3}$$

式中，q_g，Q_g 为代表致密气层米入井液量和总入井液量；H_g 为致密气层砂岩层厚度 .

$$q_c = Q_c / h_c \tag{4}$$

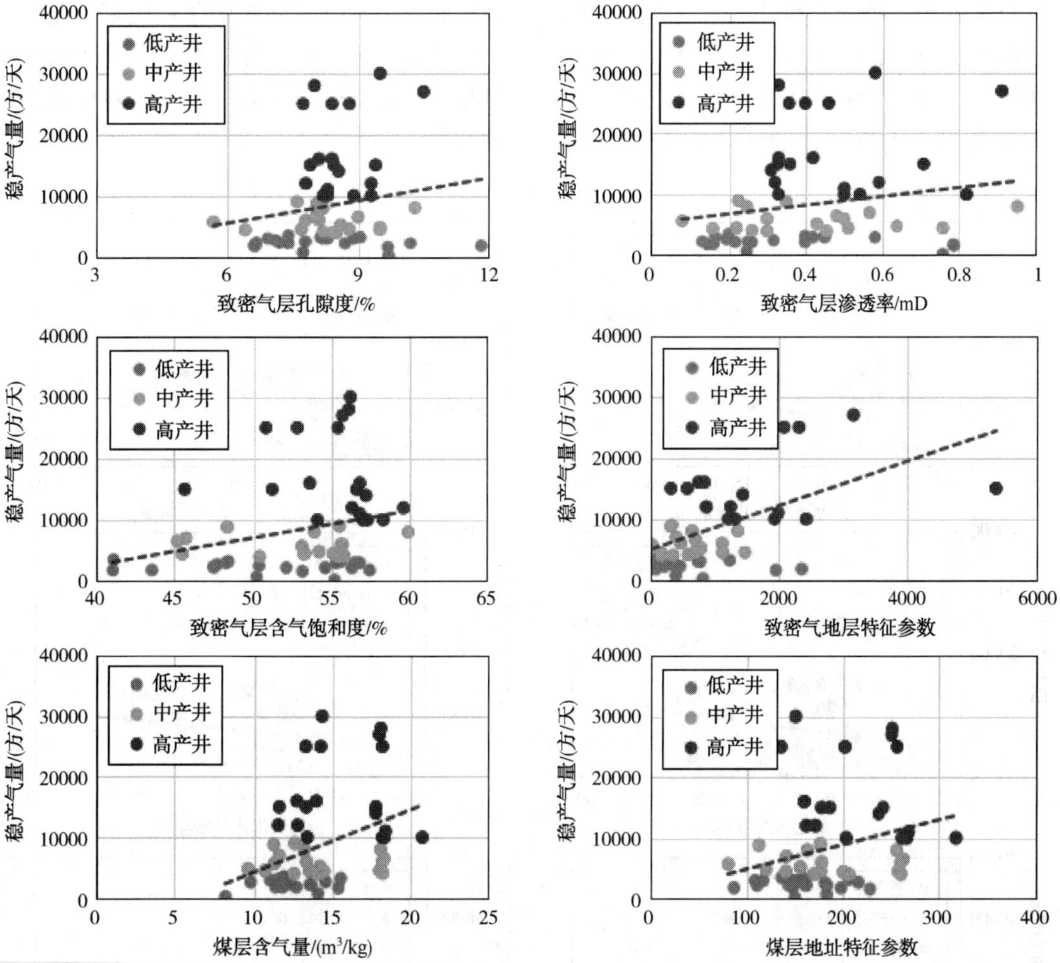

图 3 两气合采井储层物性参数与压后产气量的关系图

式中，q_c，Q_c 为代表煤层米入井液量和总入井液量；h_c 为煤层厚度。

$$\psi_g = F_g \cdot q_g \tag{5}$$

式中，ψ_g 为致密气层综合压裂指数。

$$\psi_c = F_c \cdot q_c \tag{6}$$

式中，ψ_c 为煤层综合压裂指数。

压裂工程参数与产气量关系统计结果如图 4 所示，致密气层入井液量与压后产量相关性不明显，但致密气层米入井液量与压后产量存在明显相关性，是主控工程因素，说明致密气层有效层段内入井液量越大则压裂效果越好，压后产量越高，致密气层综合压裂指数同样与压后产量存在明显相关性，说明产气潜力大压裂效果越好的层段产气量越高，而煤层相关压裂工程参数与压后产量相关性则不明显。

综合以上分析，两气合采井致密气层对压后产量的影响相较于煤层更为明显，影响两气合采井压裂效果的主控地质因素包括致密气层厚度、致密气砂岩层厚度和致密气地层特征参数、而主控工程因素包括致密气层米入井液量，致密气综合压裂指数。煤层的地质及压裂工程参数对压后产量有一定影响但不明显。

4 两气合采井各参数与压后产能相关性量化分析

采用皮尔逊相关性系数法对两气合采井各地质及工程参数与压后产能的相关性展开量化分析。皮尔逊相关性系数介于-1 与 1 之间，值越接近 1 则两个参数正相关性越强，越接近于-1 则负相关性越强，其计算公式如下：

$$r = \frac{\sum_{i=1}^{n}(X_i - \overline{X})(Y_i - \overline{Y})}{\sqrt{\sum_{i=1}^{n}(X_i - \overline{X})^2}\sqrt{\sum_{i=1}^{n}(X_i - \overline{X})^2}} \tag{7}$$

式中，r 为皮尔逊相关性系数；X，Y 为比较的样本，$\overline{X}$，$\overline{Y}$ 为样本的平均数；n 为样本个数。

两气合采井各参数与压后产气量的皮尔逊相关性系数如图5所示，其中致密气层厚度、致密气米入井液量，致密气综合压裂指数的皮尔逊相关性系数均达到0.5以上，表明较强的正相关性，而致密气砂岩层厚度则有最强的负相关性，均为影响压裂开发效果的主控因素，与上一节研究结果相印证。而煤层参数相关性则较弱，皮尔逊相关性系数普遍在0.3以下，对压裂产能的影响有限。

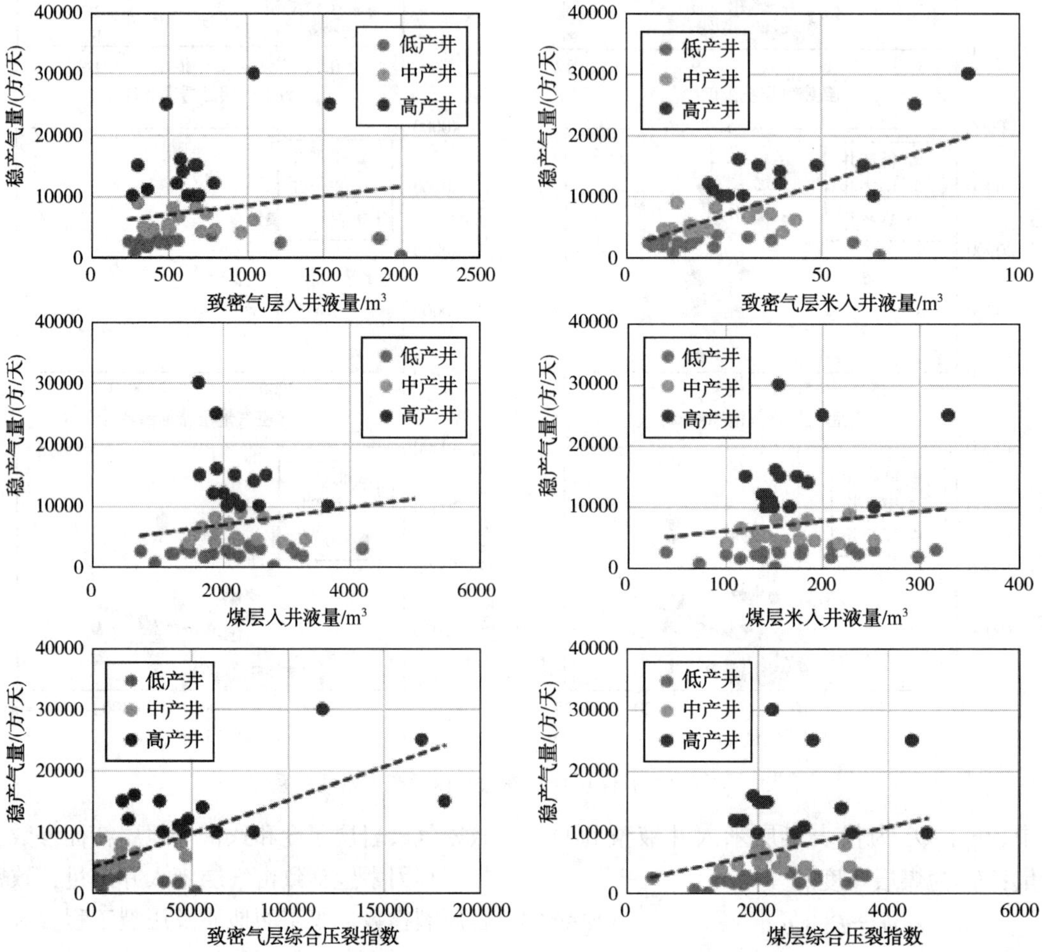

图4　两气合采井压裂工程参数与压后产气量的关系图

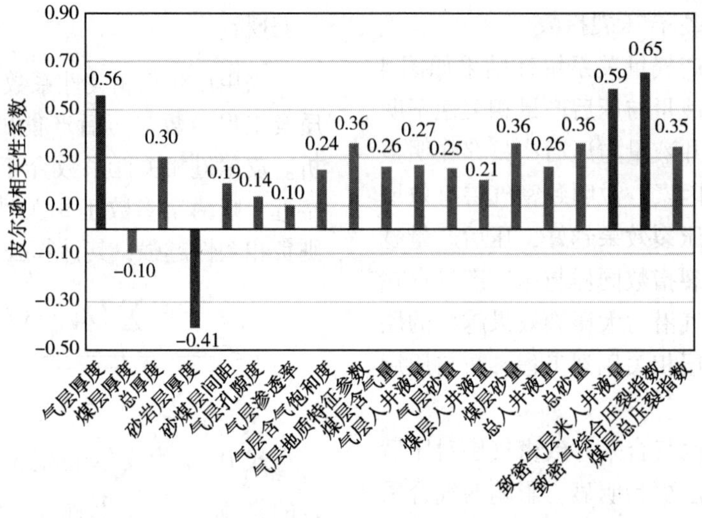

图5　两气合采井各参数与压后产量皮尔逊相关性系数

神府区块两气合采井的煤层主要为8+9#煤层，而致密气层位分布在太1、太2、本1、及其他层段，致密气层段与煤层距离存在较大差异，对致密气层与煤层间距离压后产量的相关性进行定量分析，结果如图6所示，大部分高产井的致密气层与煤层距离较近，集中在0~10m的范围内，而致密气层与煤层较远的井则低产井的比例更高，表明致密气与煤层距离较近的地质分布情况更利于实现高产。其原因可能是，煤层为烃源岩，距离煤层更近的致密气层运移距离较近，可以得到更多的天然气资源储集；同时距离煤层较近的致密气层会受到煤层压裂的波及，易于形成联通缝，复杂缝，裂缝改造效果更好。

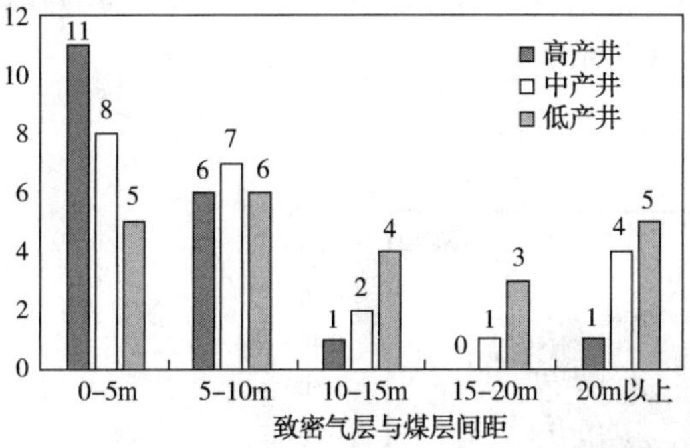

图6 两气合采井致密气层段分布与压后产量关系

5 两气合采高产井与低产井水力压裂数值模拟

采用平面三维裂缝模型(PL3D)进行两气合采水力压裂模拟，该模型可实现裂缝三维扩展模拟，PL3D模型主要基于物质平衡方程和裂缝弹性方程的耦合，裂缝扩展采用有限元方法求解，其中物质平衡方程为：

$$
\begin{cases}
\dfrac{\partial p}{\partial x}+\left[k\left(2+\dfrac{1}{n}\right)\dfrac{2(n+1)}{n}\right]^{1/n}\left(\dfrac{|q|}{w^2}\right)^{n-1}\dfrac{q_x}{w^3}=0 \\
\dfrac{\partial p}{\partial y}+\left[k\left(2+\dfrac{1}{n}\right)\dfrac{2(n+1)}{n}\right]^{1/n}\left(\dfrac{|q|}{w^2}\right)^{n-1}\dfrac{q_y}{w^3}=\rho_f g_y
\end{cases}
\tag{8}
$$

式中，p为缝内流体压力；q为注入流量，q_x，q_y为流量沿x和y方向的分量；k和n为液体流变参数；w为裂缝宽度；g_y为重力加速度；ρ_f为液体密度。

为了求解物质平衡方程，需要首先得到缝宽w，根据地质力学理论，缝宽受流体压力和水平主应力的共同影响，因此可以通过求解裂缝弹性方程得到：

$$
p-\sigma_0=\frac{G}{4\pi(1-v)}\iint\left(\frac{\partial}{\partial y'}\left(\frac{1}{R}\right)\frac{\partial w}{\partial y'}+\frac{\partial}{\partial x'}\left(\frac{1}{R}\right)\frac{\partial w}{\partial x'}\right)\mathrm{d}x'\mathrm{d}y'
\tag{9}
$$

式中，σ_0为水平应力；v为泊松比；G为剪切模量；R为压力施加点(x, y)和作用点(x', y')之间的距离。

选择神府气区两口典型井，两口井的测井解释曲线图版如图7所示，相关地质及压裂工程参数如表1及表2所示。其中A井为高产井，压后稳产气量为30000方/天；B井为低产井，压后稳产气量为3200方/天。

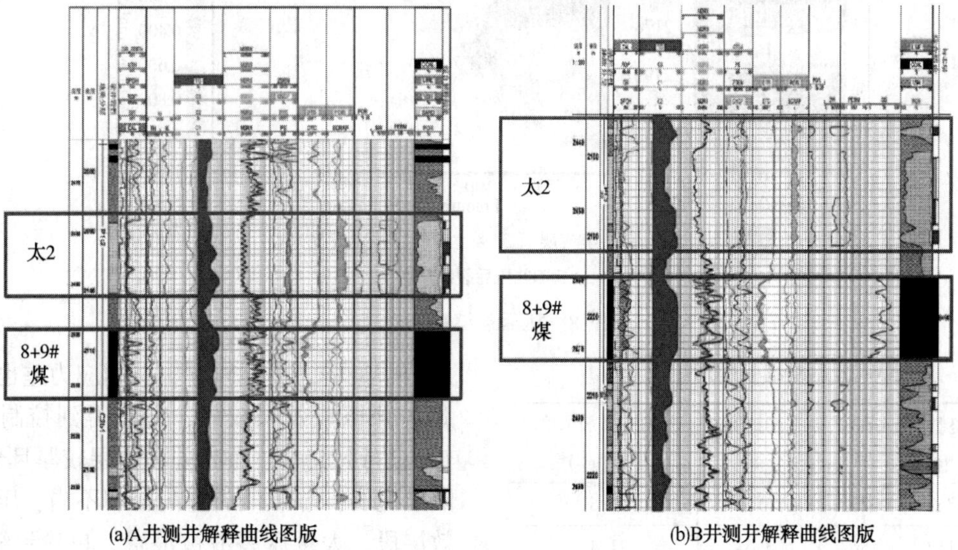

(a)A井测井解释曲线图版　　(b)B井测井解释曲线图版

图7 测井解释曲线图版

表 1 储层地质参数

井名	气层厚度/m	煤层厚度/m	砂岩层厚度/m	气层孔隙度/%	气层渗透率/mD	气层含气饱和度/%	煤层含气量/(m^3/kg)	气层地层特征参数	煤层地层特征参数
高产 A 井	4.40	10.51	12	9.50	0.58	56.2	14.35	1362.51	150.81
低产 B 井	3.50	10.18	24	6.93	0.17	48.2	11.48	149.09	116.85

表 2 压裂工程参数

井名	气层入井液量/m^3	气层米入井液量/(m^3/m)	煤层入井液量/m^3	煤层米入井液量/(m^3/m)	气层综合压裂指数	煤层综合压裂指数
高产 A 井	445.0	37.08	1635.90	155.61	50412.16	2232.18
低产 B 井	420.7	10.02	2578.50	253.34	1493.52	2908.49

该两口井储层均为泥岩、砂岩、煤层等叠置构造，生产层段均位于太 2 及本 1 段。对比两口井压裂主控地质因素，A 井孔渗饱等物性参数优于 B 井，这使得 A 井致密气地层特征参数高于 B 井；对比两口井压裂主控工程因素，由于 A 井砂岩层总厚度比 B 井更薄，致密气层米入井液量为 B 井 3 倍，气层综合压裂指数也远高于 B 井，以上均表明 A 井有着更高的产气潜力。利用以上数据，结合 PL3D 模型进行水力压裂模拟，得到裂缝形态如图 8 所示，压后裂缝参数如表 3 所示。

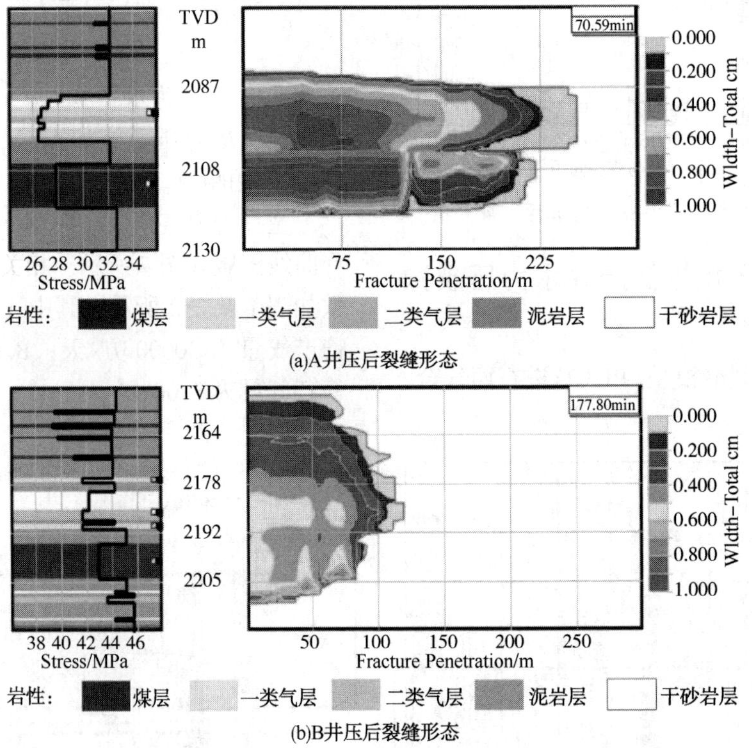

图 8 压后裂缝形态对比

表 3 压后裂缝参数对比

井名	缝长/m	缝高/m	平均缝宽/mm	平均支撑剂浓度/(kg/m^2)
高产 A 井	253	23	8.5	7.6
低产 B 井	112	56	3.8	1.4

根据模拟结果对比分析，A 井砂岩层段较薄且分布集中，隔层较厚，层间应力差也较大，因此 A 井压裂效果较好，缝高得到控制，缝长也较长达到 253m；而 B 井砂岩层较厚且分布离散，隔层脆弱，导致压后缝高控制不当，压开大量无效层段，大量压裂液被浪费，也导致缝长过短，仅有 112m；其次，缝高过大也导致支撑剂沉降

严重，生产层段的缝宽和支撑剂浓度均低于A井。综上所述，A井和B井的产量差异主要原因是储层物性和地质结构差异导致的压后裂缝形态差异，进而影响了压后产量。

6 结论

本文以神府气区为例，采用数据分析和数值模拟方法相结合对两气合采井压裂开发效果和主控影响因素进行分析，对压后高产井和低产井进行了对比，从压裂角度分析了低产原因，研究得到结论如下：

（1）两气合采井致密气层的储层物性和开发效果相较于煤层对压后产气量有更显著的影响，高产井的致密气层厚度界限值为4m。

（2）影响两气合采井压裂效果的主控地质因素包括致密气层厚度、致密气砂岩层厚度、致密气地层特征参数，主控工程因素包括致密气米入井液量、致密气综合压裂指数。

（3）两气合采井中致密气层与煤层分布较近的情况更利于实现高产，但砂岩层过厚且分布离散易导致压裂缝高失控和缝长不足，造成压后低产。

参 考 文 献

[1] 徐兵祥，et al. 致密气-煤层气合采可行性分析及优选方法．天然气技术与经济，2021.

[2] 徐兵祥，et al. 煤层气-致密气合采层间干扰特征及选层建议．中国煤层气，2019. 16(1)：p. 3-7.

[3] 冯毅，et al.，临兴地区砂岩与页岩两层合采效果试验探究．非常规油气，2017. 4(2)：p. 73-77.

[4] Zheltov，A. J. W. P. C.，3. Formation of Vertical Fractures by Means of Highly Viscous Liquid. 1955.

[5] Perkins，T. K. and L. R. J. J. o. P. T. Kern，Widths of Hydraulic Fractures. 1961. 13(09)：p. 937-949.

[6] Gordeliy，E.，A. J. C. M. i. A. M. Peirce，and Engineering，Coupling schemes for modeling hydraulic fracture propagation using the XFEM. 2013. 253：p. 305-322.

[7] Lin，R.，et al.，Cluster spacing optimization of multi-stage fracturing in horizontal shale gas wells based on stimulated reservoir volume evaluation. 2017. 10(2)：p. 1-15.

[8] García，X.，et al. Revisiting Vertical Hydraulic Fracture Propagation Through Layered Formations-A Numerical Evaluation. in 47th U. S. Rock Mechanics/Geomechanics Symposium. 2013.

[9] Palmer，I. D. and H. R. Craig. Modeling of Asymmetric Vertical Growth in Elongated Hydraulic Fractures and Application to First MWX Stimulation. in SPE Unconventional Gas Recovery Symposium. 1984.

[10] Weng，X.，et al.，Applying complex fracture model and integrated workflow in unconventional reservoirs. 2014. 1：p. 1.

[11] Du，X.，et al.，Numerical Investigation for Three-Dimensional Multiscale Fracture Networks Based on a Coupled Hybrid Model. 2021. 14(19)：p. 6354.

[12] 李克智．鄂尔多斯盆地大牛地气田致密砂岩气藏水平井压裂“甜点”识别方法．大庆石油地质与开发，2022. 41(6).

[13] Chen，B.，et al.，A review of hydraulic fracturing simulation. 2021：p. 1-58.

[14] Clifton，R. and A. Abou-Sayed. On the computation of the three-dimensional geometry of hydraulic fractures. in Symposium on low permeability gas reservoirs. 1979. OnePetro.

海上低渗油藏反向自驱替增效压裂技术研究与应用

宣 涛 钱继贺 张 亮 段宝江 段长江

(中海油能源发展股份有限公司工程技术分公司)

摘 要 WZ油田是海上一个砂体展布复杂、薄互层发育的常规低渗断块油田，经过弹性驱动开发、加密调整加注水、加密调整加精细注水3个阶段8年的开发，面临的突出问题是受储层物性差、薄互层层间矛盾突出等影响，导致注水井注入压力高、采出井井底压力不断下降或注入无效水循环，注采矛盾突出，低产低效井和关停井占比不断上升，大量层间上低渗特低渗与平面未波及区储层未动用，在采出程度还较低(17.37%)的情况下，油田已进入中高含水阶段，严重影响WZ油田有效开发。本文分析海上低渗前期传统压裂效果，在认识海上陆上对低渗开发要求差异性的基础上，结合区块特点，深入解析反向自驱替增效压裂机理，制定有效工艺对策，实现海上先导试验井高产稳产，单井日产油量100方稳产一年，单井累产油5.7万m^3，增油5.1万，提高采收率13.1%，后续开展不同海域区块扩大试验井、推广试验井共5口井自驱替增效压裂，5口低效井均达到设计预期效果，验证技术普适性。矿产试验表明，反向自驱替增效压裂技术既可以有效解决低渗薄互层动用程度差的问题，又可以解决低渗储层能量供给不足问题，为海上低渗油田井增效提产提供一种新型复合储层改造措施。

关键词 自驱替；增效改造；压裂；低渗；海上

1 引言

WZ油田位于南海北部的北部湾海域，距离广西北海市84km，所在海域水深约37.0m，构造位于南海北部湾盆地涠西南凹陷东南斜坡上，为始新世末期形成的复杂断块构造，纵向上发育三套含油层位，流一段、流二段和流三段，流二段是主力油层，进一步细分为流二段Ⅰ、流二段Ⅱa、b、c油组。沉积类型主要为自西南物源的细粒三角洲前缘沉积亚相，以水下分流河道、河口坝微相为主，平面呈多条河道叠置发育特征，砂体展布复杂，储层厚度9.2~80.1m，平均35.4m，单砂体厚度较薄，分布范围为1.0~5.0m；储层物性总体上是中-低孔、低渗~特低渗为主，平均渗透率1.7~47mD；毛管压力曲线特征(图1)体现了近物源沉积的典型特征，同一种储层吼道集中度低，分布范围广。原油性质好，具有四低两高的特征，密度中等偏低(0.831~0.878g/cm^3)，黏度低，含硫量低，胶质、沥青质含量低(0.08%~5.83%，0.52%~4.33%)；含蜡量高(7.70%~22.60%)，倾点高(倾点30~39℃)。2015年~2018年WZ油田建设投产，分批逐年上产，采用衰竭开发，适时密调整加注水开发策略，经过多年生产，受物性差注水能力差，缺水欠注，纵向与平面非均质性强，层间平面矛盾突出，注采受效差，小层采出不均匀，水驱波及不均，地层压力下降快(压力系数降至0.8)，油井产量递减快，平均单井产量低(34m^3/d)，低效井和关停井占比近50%，采出程度低(17.3%)。

为了有效解决海上油井低渗层储量释放问题，前期尝试常规压裂改造方式，这种方式可以实现对低渗层的局部精准有限改造，通过在储层内建立一定尺度的人工支撑高导流裂缝，实现由储层到井筒的引流作用，在一定的压力条件下，油气向井筒的运移由径向流变为线性流，从而大幅提升油井产量。但这种方式在海上油田具有极大的局限性：一是要求地层具有较高的压力系数，一般不能低于0.7，否则地层压力太低，难以实现增产目的；二是常规压裂施工能力受限，加砂量较小，一般单段加砂量不超过40m^3，定向井全井改造不超过3段，改造范围受限，不能实现增加动用储量的目的；三是必须有连通条件较好的注水井持续补充地层能量，否则压裂后产量会快速递减，有效期短，达不到预期的增产量。据海上某典型低渗区块C油田经验，常规压裂井增产倍数可达2~6倍，但递减快，有效期仅1年左右，几乎没有稳产，措施经济效益低

(图2)。

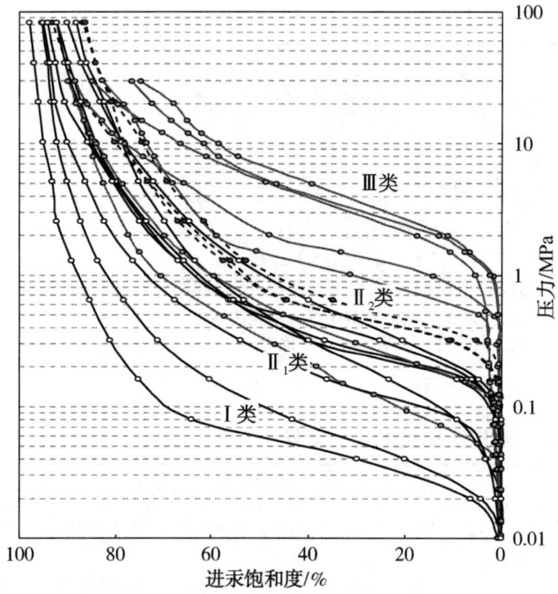

图1　流二段毛管压力曲线特征

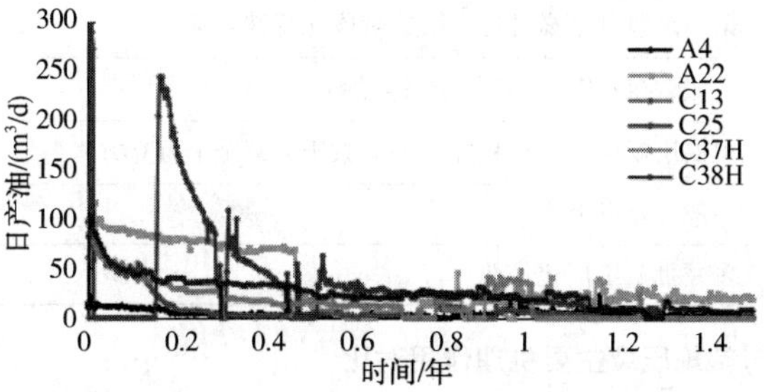

图2　海上某典型低渗C油田常规压裂井生产曲线

针对以上问题，研究形成了油井反向自驱替增效压裂技术。该技术不仅适应传统的常规压裂技术条件，尤其可以实现储层能量亏空条件下对低渗储层充分改造，并实现对全套地层的能量快速补充，减轻已动用亏空层与新动用低渗层的生产干扰，整体改善油井储层渗流场状况，扩大动用储量范围。油井采用反向自驱替增效压裂技术，可以在改造储层渗透性的同时提高油藏驱替能量水平，弥补注采关系不完善、注采不平衡所导致的井间矛盾，适应海上油田高产出条件下的增产稳产要求。

2　反向自驱替增效压裂机理

反向自驱替增效压裂是一种混合压裂技术，不仅解决渗流问题，还同时解决储层内驱动能量问题。这种压裂技术采用“低粘+高粘”复合压裂液体系，实行对储层的“分步式”压裂改造。第一步，实施储层基质增效改造。以大液量低黏度多功能增效压裂液为工作液，用高排量超破压方式压破地层压开人工裂缝，压裂过程中压裂液边造缝边高速滤失，滤失液携带增效剂进入储层基质储集空间，改造基质并增能蓄能，为措施后基质内流体反向自驱替奠定基础；此阶段可适当加入低砂比小粒径支撑剂段塞，一方面可起到降滤、提高缝内净压力、辅助裂缝延伸拓展的作用，同时支撑剂可以被携带到裂缝远端，实现对细小人工裂缝的支撑，改善基质渗透性。第二步，拓展并支撑高导流人工裂缝。待地层压力达到设计值以后，以高黏度主压裂工作液造拓展主压裂缝并携砂充填支撑，建立长效高导流渗流通道。此阶段可采用暂堵转向、二次加砂等工艺改善、强化主裂缝造缝效果。第三步，人造渗流场稳定与巩固。主压裂结束后立即关井焖井，持续监测观察井口压力变化，直至井口压力基本平稳，此时油井储层动用区内压力场及流体渗流趋于平衡，油藏达到一种“拟稳定”状态，具备开井放喷生产条件。第四步，开井放喷并转生产。简而言之，反向自驱替增效压裂技术是一种“复合压裂技术”，该技术将“近井改造”“基质改造”“流体改造”“增能驱替”等多种手段相结合，将低产能的低渗天然油藏改造成高产能的“人造油藏”，达到高效开发的目的，与水井端低排量压驱注水、油井端低排量补能再压裂技术存在本质区别。

与常规压裂技术相比，反向自驱替增效压裂以裂缝系统最大化和渗流场、压力场重新构建为主要目标，在压裂规模、压裂液体系、工艺机理等各方面存在较大区别(表1和表2)，集成储层造缝、基质增能、扩容提渗、渗吸置换、润湿性改变、反向自驱替、化学洗油降粘等七种机理作用，充分挖掘、发挥储层产能潜力，扩大储量动用范围和程度，从而大幅提升单井产量和油藏最终采收率。

2.1　提高人工裂缝复杂性

通过采用“前置大规模低粘驱油液+暂堵转向”等技术提高裂缝复杂性，尽可能提升施工排量，海上目前平台可升至7m^3/min，提升缝内净压力，增大低粘驱油液用液强度约600m^3/m左右，提升滤失范围，增大微裂缝改造面积，同时驱油液高强度注入地层蓄能后，高孔隙压力梯度下地应力场发生改变，最大-最小地应力差变小，更容易形成复杂微小裂缝；并采用投球缝口暂堵+暂堵剂缝内暂堵复合转向工艺，保障裂缝复杂性；采用多粒径支撑剂适当增加小粒径支撑剂用量，保障微缝有效支撑；后期采用高粘海水基胍胶压裂液，提高压裂液携砂能力，高强度加砂造高导流主缝。

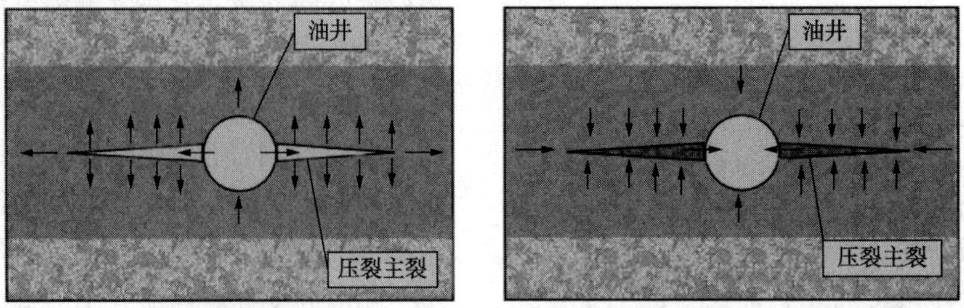

施工中：裂缝延伸+增效液渗滤，基质渗流场改善

措施后：裂缝支撑保持高导流，基质内流体被反向驱替，经裂缝到达井筒并采出

图3　反向自驱替增效改造过程示意图

表1　低渗油井反向自驱替增效压裂与常规压裂技术主要差异

项目	海上低渗储层常规压裂技术	低渗储层反向自驱替增效压裂技术
压裂液体系	以胍胶压裂液为主体的交联冻胶单一体系	“低粘滑溜水复合增效驱油压裂液+胍胶压裂液交联冻胶”复合体系
暂堵转向	利用	利用
细窄微裂缝系统	控制、尽量防止	强化、促成裂缝系统发育并尽量实现人工支撑
施工排量/(m^3/min)	中低排量，一般3~5	第一阶段尽量高排量，第二阶段无特殊要求
单层加砂量/m^3	一般<40	一般>60，视储层条件尽量多加砂
单层/单段压裂液用液量/m^3	一般<400	视储层规模和亏空程度，一般数千方甚至上万立方米
动用压裂泵台数/台	<5	一般5台以上
施工作业模式	单井作业	多井批量工厂化作业

表2　低渗油井反向自驱替增效压裂与常规压裂主要机理作用对比

项　　目	油井反向自驱替增效压裂	常规压裂
高效造缝	混合造缝，其中低粘液体注入阶段工作液强滤失、造复杂缝	高粘液体造缝，低滤失，裂缝形态简单
储层增能蓄能	低粘工作液强滤失进入基质孔隙，由于储层低渗和油气的可压缩性，可实现一定范围内储层增压、蓄能	—
基质提渗增效	基质孔隙增压到界限值可实现天然裂缝开启、孔吼扩容，形成“人造渗透率”；化学剂作用实现储层岩石润湿反转、油滴剥离、原油流动性改善，降低残余油饱和度；低渗储层毛细管作用，工作液与地层流体渗吸置换	—
反向自驱替	由于低渗，储层内形成高压影响区，开井后向井筒方向压力释放，形成“反向自驱替”	—

2.2　基质增能

所用大液量低粘工作液具有强滤失特性，考虑增效改造的过程中驱油液随着裂缝的扩展延伸向储层中渗滤，基于物质守恒原理，注入总液量是裂缝体积与渗滤体积之和，渗滤体积与裂缝接触面积、压差、储层孔渗、液体黏度相关，因此在高压差下强行渗入储层基质孔隙，迫使孔隙压力升高，见图4。通过数值模拟计算，渗流距离范围逐渐增大，裂缝延伸方向渗流距离可达200米以上，纵向渗流距离100m左右，见图5。实际案例中可快速弥补亏空井井底压力，实现快速补能，随着注入量增加，补能范围逐渐扩大，直至增能边界，压力增速放缓，见图6。

2.3　基质孔隙扩容增渗

通过室内岩心驱替实验，模拟增效改造过程中天然岩心受到的高速、高压冲刷，注入驱油液前后基质岩心孔隙结构参数的变化。在高压差注入驱油液过程中，造缝后压裂液在裂缝处储能。在较大的压差作用下，压裂液向基质岩心内发生渗流，在强冲刷作用下石骨架颗粒的支撑方式部分发生了变化，颗粒间胶结处的胶结物质在长期水洗作用下被运移至其他部位，颗粒间原本的点线接触关系逐渐转变为呈游离颗粒状态的接触方式，连通的孔隙和喉道数增加。实验结果表明：在高压差渗滤过程中，天然岩心渗透率增大，孔隙度增加，对于增效前，孔喉半径分布频率峰值出现于4～6.3μm；增效注入后，孔喉半径分布频率在6.3～10μm出现峰值，见图7，实现再造渗流场。矿场试验也证实渗透率提高。

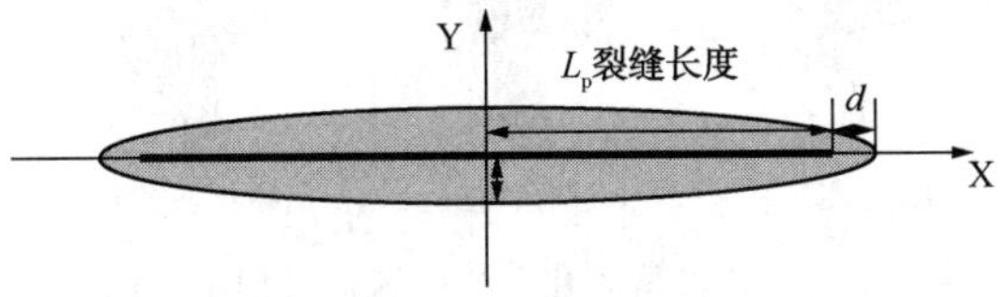

图4　裂缝的渗滤距离与裂缝半长示意图

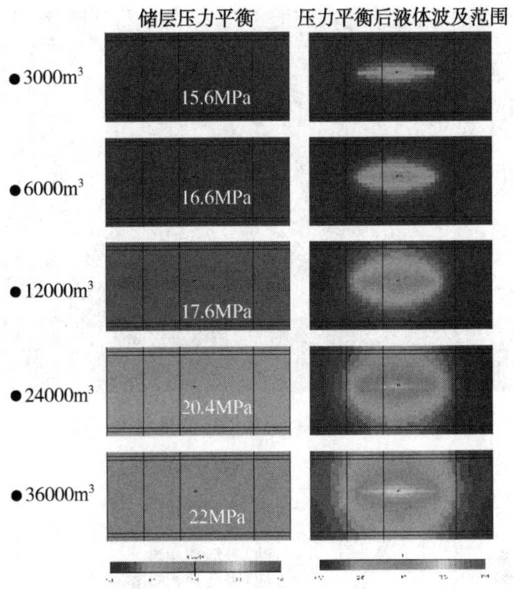

图5　不同注液量压裂波及范围

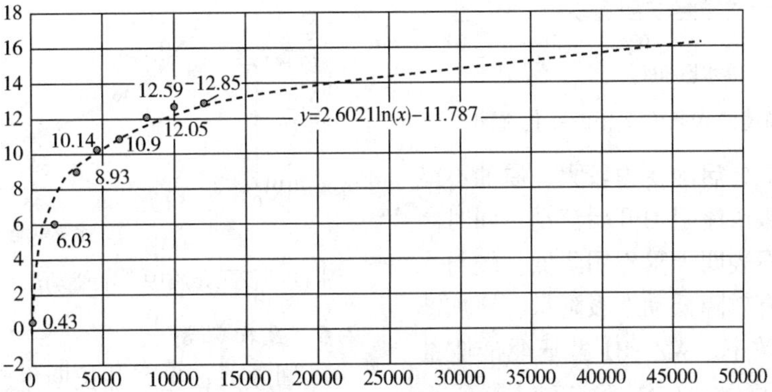

图6　实际井不同注液量停泵60分钟井口压力变化趋势

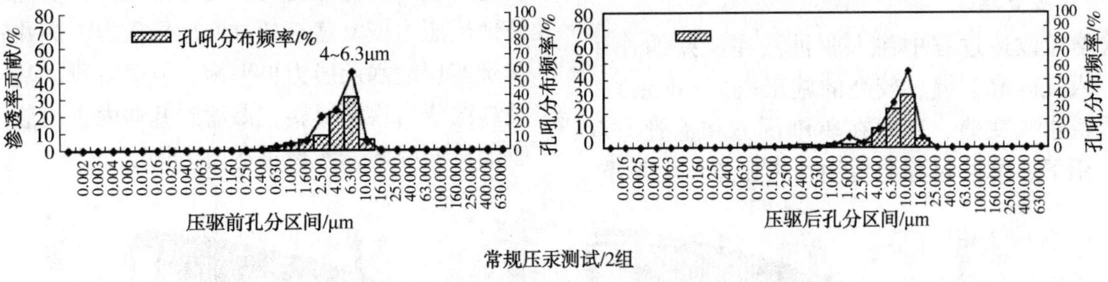

图7　在高压差渗滤过程压汞测试前后孔喉分布频率变化

2.4　改变润湿性、相渗滞后、提高洗油效率

润湿性是在油藏条件下油和水与储层岩石间的相互作用，决定着油藏流体在岩石孔道内的微观分布和原始分布状态，在油田开发中对原油的采出程度起着决定性作用。用海水与各驱油剂样品配制浓度为0.3%的驱油剂水溶液，要求驱油剂界面张力需达到10^{-3}mN/m级别，选择表面活性剂作为压裂液增能驱替后测定润湿角变小，表现亲水特性，见图8，驱油液中表面活性剂能有效改善波及范围内的油水界面张力和岩石润湿性。

驱替实验结果表明，驱油液注入过程中，随着油水界面张力值降低、亲水性变强，渗流阻力减小，油水相渗曲线逐渐向右偏移，残余油饱和度降低，提高采收率，见图9；增加注入速度，可以提高原油波及面积，放大生产压差后，能够

图 8　实验测定驱油液水溶液接触角(47°)

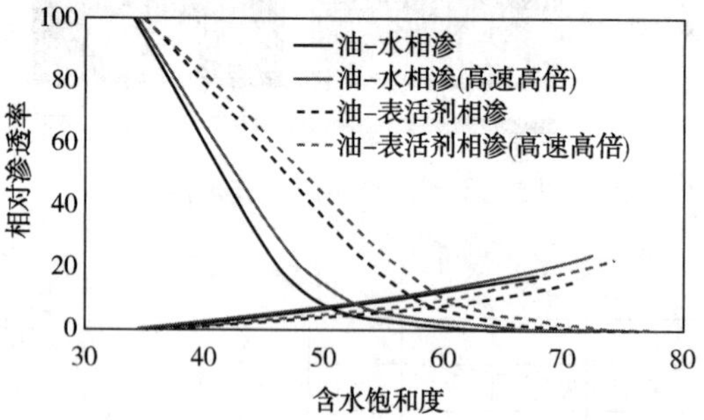

图 9　不同流体高速注入条件下相渗变化规律

使得部分渗透率较低、启动压力较大、原油不能流动的部位原油克服渗流阻力开始流动，同时高压差下驱油剂在岩石表明吸附作用降低，较与水井端注入驱油液，有效降低动态吸附量，增加波及体积，提高驱油效率。WZ-B1 井压驱液驱油试验，采出程度由水驱的 59.17% 提高至 73.5%，提高 14.33 个百分点。

2.5　渗吸置换

增效改造过程中注入驱油液在压差的作用下进入孔隙和裂缝，较高的施工压力(压差)将使喉道水膜变薄，其次在驱动压力和毛管力双重作用下，焖井过程会使油水在压差作用下重新分布，驱油液在毛管力作用下从压裂缝或大孔隙中进入基质，基质微孔中原油被吸入的驱油液驱替并置换到裂缝或大孔隙中，随着高生产压差建立，驱替至井底，渗吸作用主要发生在中孔隙和小孔隙中，渗吸的主要动力是毛细管力。

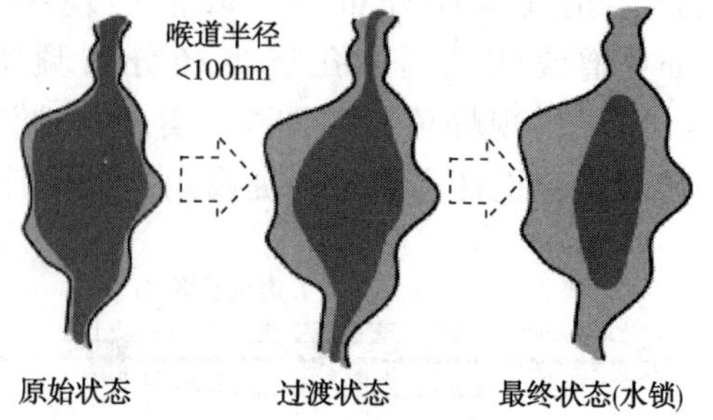

图 10　亲水基质孔隙渗吸置换过程示意图

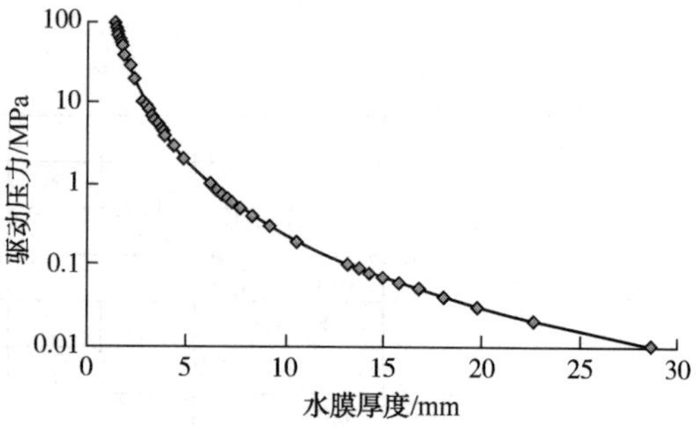

图 11　多孔介质中孔喉驱动压差与水膜厚度关系曲线

2.6　反向驱替

增效前，生产井长期生产，低渗储层近井筒附近亏空严重，短时间高效破压注入驱油液后，裂缝突破低压区，滤失补充亏空压力，实现近井筒地层压力恢复甚至超过原地层压力，焖井阶段初步实现油水及压力再平衡，放喷阶段，基质和裂缝内压力逐渐反转，渗滤到基质内驱油液反向驱油排向井筒，实现再造压力场。

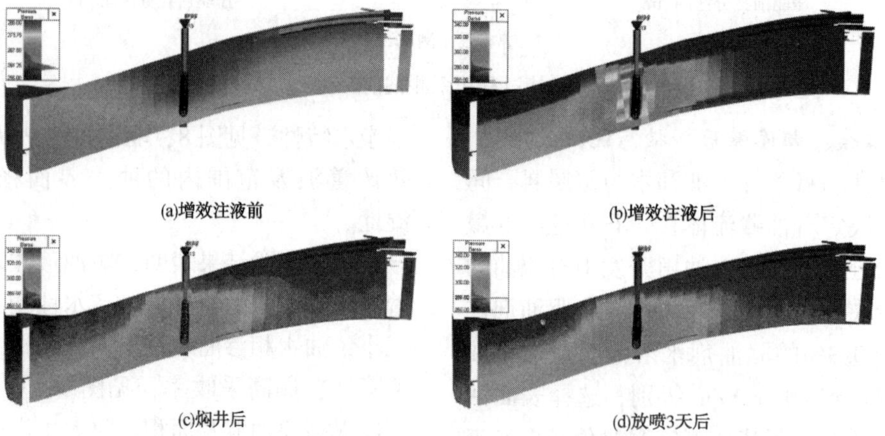

图 12　增效注入驱油液前后地层压力变化

3 反向自驱替增效改造实例

3.1 单井简况

定向井 WZ-B1 井位于 WZ 油田南部一个小断块，采用 9⅝″套管射孔完井，射孔总厚度 44.2m，该井 2018 年 3 月 29 日投产，生产层位为 L2 Ⅱ a、L2 Ⅱ b、L2 Ⅱ c 油组，射孔跨度 105.1m，储层垂厚 25.9m，单层厚度 0.99～3.2m，平均 1.8m，渗透率 0.8～80mD，平均 15.6mD，隔层厚度小 2～3m，储隔层应力差小于 4MPa，见图 13；该井投产后产量与流压下降快，注采不连通，地层压力下降快，截止 2020 年 1 月 3 日，地层压力系数 0.78，日产油仅 $18m^3/d$，无法正常生产，累采油 $3.60\times10^4m^3$，采出程度 6.2%。

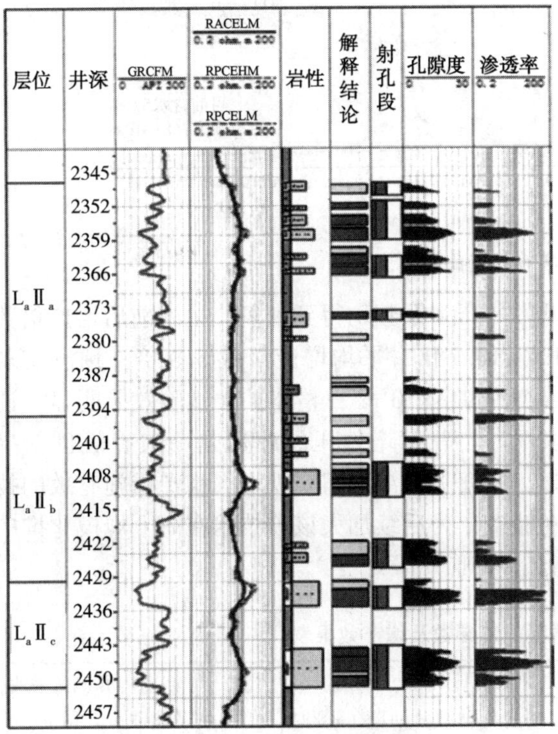

图 13 WZ-B1 井地质剖面

3.2 技术对策及工艺要点

考虑各层厚度薄，储隔层应力差小，自驱替增效改造方案采用全井段笼统改造；考虑储层渗透率极差大，且地层压力系数低，采用反向自驱替增效改造技术；考虑储层跨度大，射孔炮眼多，储层极差大，采用投球缝口暂堵+暂堵剂缝内暂堵复合转向工艺，保障纵向充分改造。

3.2.1 反向自驱替增效施工参数

采用数值模拟法模拟不同驱油液量为 $3000m^3$，$6000m^3$，$12000m^3$，$24000m^3$，$36000m^3$ 时波及体积与地层压力恢复情况，模拟结果表明，地层压力与波及范围随着注入液量增加近呈线性增加，考虑现场施工条件及压力恢复对产能贡献，优选 $12000m^3$ 为驱油液用量；考虑裂缝延伸长度是否突破亏空半径及周边断层距离，单轮次注液量 $1500～2000m^3$。

采用压裂模拟软件模拟不同胍胶液量模拟裂缝半长，不同支撑剂规模下裂缝导流能力，结合距离断层距离，考虑暂堵 3 次，优化压裂液 $905m^3$，分 3 级加砂，累计设计加砂 $100m^3$，施工排量 $6m^3/min$，裂缝半长 92m，导流能力 263mD.m，缝高实现纵向穿层。

3.2.2 暂堵转向技术

采用投球层间暂堵转向与暂堵剂层内暂堵转向技术实现裂缝复杂化。根据储层纵向油层的物性、地应力差异和射孔条件设计 3 次投球缝口暂堵，促使产生 2 条新缝，单缝延伸期间采用暂堵剂进行层内暂堵，开启缝内转向。暂堵球数量按照射孔孔眼数量 30%，投球尺寸是孔眼直径 130%～150%，设计 13～15mm 暂堵球，暂堵剂粒径 1～3mm，设计驱油液注入阶段及携砂阶段分别进行暂堵，最大程度实现驱油液阶段与携砂液阶段裂缝复杂化。

3.2.3 多粒径组合支撑

前置驱油液加入 70/140 目粉陶低砂比段塞支撑远端微裂缝，主压裂支撑剂选用 40/70 目、20/40 目陶粒支撑主裂缝与支裂缝。

3.2.4 优化压裂液体系

前置驱油液阶段采用自主研发的低黏纳滤海水基驱油体系，主压裂阶段采用纳滤海水基耐盐耐高温胍胶压裂液体系（140℃），满足工艺要求。

3.2.5 优化大通径大排量高强度压裂管柱

采用油管注入压裂，用不易解封的双卡瓦 Y441 封隔器保证大排量压驱液的顺利注入，压裂管柱组合由下至上为：剪切球座+变扣+HPL 封隔器+水力锚+安全接头+4½″Bear 油管+滑套+4½″Bear 油管+安全阀+4½″Bear 油管+双公短节+油管挂。

3.2.6 海上固定平台+移动式支持平台组合确保规模排量施工

针对需要大规模施工的压裂井，可在固定式平台甲板面积基础上增加 $1000m^2$ 左右的面积支持平台，允许 7 台 2500 型压裂泵撬及相关配套压裂设备，满足 6-8m³/min 大排量、单段百方砂的大规模压裂施工；应用连续混配方式实现单段万方以上的入井液量；采用多口井集中施工的工厂化作业模式，通过对施工流程的合理优化，有效减少支持平台占用时间，降低平均单井施工费用。

3.3 试验效果评价

2022 年 5 月 WZ-B1 井施工分压驱增效和加砂压裂两个阶段，施工排量 6-7m³/min，最高泵压 32.47MPa，入井总液量 13356.7m³，其中驱油液 12090.4m³、压裂液 1266.3m³，入井总砂 175.4m³，单级最大砂量 62.1m³，创造了当时海上定向井压裂施工排量、入井总液量和单级加砂量记录。

反向自驱替增效改造后计算地层压力恢复至 19.84MPa，折算地层压力系数 0.928；水击波监测与净压力拟合显示压裂缝高实现穿层效果，措施后初期日产液 128.0m³，为措施前的 5.9 倍，日产油 122m³，为措施前的 6.5 倍；截止目前该井累计压后产油 5.7×10⁴m³，增油 5.1 万，提高采收率 13.1%，停产 1 年多井实现高产稳产，见图 13。该井试验成功验证了反向自驱替增效改造技术在机理理论与工艺方法的相适应，为海上常规低渗油田提采提供借鉴。

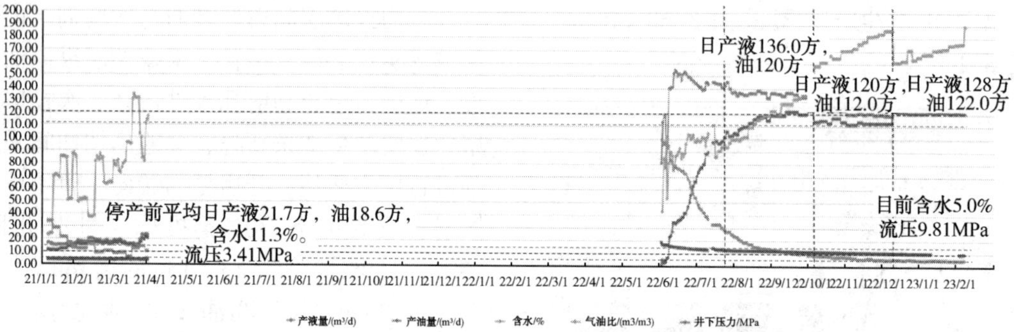

图 14　WZ-B1 井反向自驱替增效改造前后生产曲线

4　推广应用

2023 年 4 月开始进行反向自驱替增效压裂扩大试验，在 WZ 油田选出与 WZ-B1 井在注采不连通、采出程度低、地层压力系数低等方面类似 3 口低效井，同时推广至渤海、东海低渗低效井，累计前置注入驱油液 4.6 万方，措施后 4 口低效井压力系数均得到恢复，措施前后增产倍数 1.7~10.7 倍，平均增产倍数 5.8 倍，预测实现累增油 9.3×10⁴m³，整体扩大试验效果明显。证实反向自驱替增效压裂改造是一项有效创新措施，是海上低渗油田实现增产稳产措施有效的技术储备，为后续加大该项技术在海上规模化推广奠定基础。

表 3　反向自驱替增效压裂扩大试验施工参数及增产效果表

序号	井号	措施类别	分层数/层	驱油液量/m³	携砂液/m³	加砂量/m³	措施前日产油量/(m³/d)	措施后产油量/(m³/d)	增产倍数	目前累增油	预测累增油/10⁴m³
1	WZ-B1	增效压裂	下层	15366.5	990.2	141.9	15	78	5.2	1.35	2.63
			上层	6940.5	676.6	89.1					
2	WZ-B2	增效压裂	上层	839.5		0.5	11	64	5.8	0.75	1.79
3	WZ-B3	增效压裂	上层	9172.2	460.1	82.7	37	63	1.7	0.66	1.78
4	BH-B1	增效压裂	下层	6006	762	71	5.6	60	10.7	0.34	3.19
			上层	7904	53	53					
合计				46228.7	2941.9	438.2					

5　结论

（1）海上油田井距较大，低渗油田存在注采连通性差，地层压力下降快，层间平面动用率致采出程度低是海上低渗油田无法长效动用主要问题，常规压裂实践证实无法有效解决海上对低渗措施井高产稳产需求。

(2) 反向自驱替增效压裂采用陆地非常规技术思路应用至海上常规低渗油田，增效压裂集成7大作用机理能够重构海上常规低渗油田的裂缝场、渗流场、压力场，有效解决低渗油田动用范围小，稳产能力弱，海上经济性差的问题。

(3) 针对低渗油井跨度大、薄互层发育等特点，结合增效改造技术需求，形成了“前置大液量驱油液+常规压裂+暂堵转向+多粒径组合支撑+大排量”主体工艺技术，事实证明该套方案与海上施工条件配合度高，与机理适应性好。

(4) 反向自驱替增效改造工艺在南海西部、渤海、东海不同海域不同低渗区块，先后经过先导试验、扩大试验应用6井次，均获得成功，拉开了海上低渗油田规模化增效改造实现规模动用开发的序幕。

参考文献

[1] 杨勇，王建，卜亚辉，等．胜利油田压驱开发技术实践与认识[J]. 油气地质与采收率，2023，30(3)：88-92.

[2] 蔡新明，黄艳梅，金忠康，等．江苏油田复杂断块低渗透油藏压驱研究与实践[J]. 复杂油气藏，2023，16(3)：343-346.

[3] 许冬进，吴应松，熊奇，等．低渗透油藏压驱技术现状及发展趋势[J]. 断块油气藏，2023，37(1)：153-158.

[4] 郭建设，周福建，胡晓玲，等．三塘湖盆地致密油水平井增能压裂力学机理[J]. 断块油气田，2021，28(1)：57-62.

[5] 白晓虎，齐银，何善斌，等．致密储层水平井压裂-补能-驱油一体化重复改造技术[J]. 断块油气田，2021，28(1)：63-67.

[6] 王静，蒋明，向洪，等．鄯善油田三类油层压驱新工艺的研究与应用[J]. 石油工业技术监督，2020，36(12)：7-9.

[7] 张翼飞，孙强，于春磊．低渗透油藏压驱裂缝展布特征及影响因素[J]. 大庆石油地质与开发，2024，38(8)：112-117.

[8] 黄婷，苏良银，达引朋，等．超低渗透油藏水平井储能压裂机理研究与现场试验[J]. 石油钻探技术，2020，48(1)：81-84.

[9] 张矿生，唐梅荣，陶亮，等．庆城油田页岩油水平井压增渗一体化体积压裂技术[J]. 石油钻探技术，2022，50.

[10] 达引朋，薛小佳，刘明，等．超低渗油田蓄能重复压裂增能机理[J]. 科学技术与工程，2021，21(33)：14139-14146.

[11] 王凤娇，徐贺，刘义坤，杜庆龙，张栋．压驱技术高压降吸附提高采收率机理[J]. 石油学报，2024，45(2)：403-411[J]. 中国海上油气，1995，9(1)：2-6.

[12] 王凤娇，孟详昊，刘义坤，徐贺，胡超洋．致密储层压驱焖井阶段渗吸机理分子模拟研究．力学学报，2024，56(5)：1-11.

[13] 张涛，李宪鹏．非常规致密油储层压裂增能一体化技术分析[J]. 中外能源 .2024. 29(1)：71-76.(2)：9-15.

苏北盆地页岩油水平井大规模体积压裂技术

范江涛　刘　音　刘　琨　佟继波

（中国石油集团渤海钻探工程有限公司井下技术服务分公司）

摘　要　苏北盆地海安凹陷阜二段页岩油资源丰富、勘探潜力巨大，属于典型的低孔低渗致密油藏，为了实现水平井产能和效益的突破，对该区块一口评价井进行了大规模体积压裂。围绕“扩大体积压裂、促进密切割”目标，研究了储层物性，优化了压裂施工参数，创新形成了“前置 CO_2 增能降黏+多簇限流+变黏滑溜水压裂液体系+大液量+纳米乳液驱油剂+动态暂堵”为核心的大规模体积压裂技术。现场累计施工13段，排量达到 $18m^3/min$，单层最大注入液量 $7477m^3$，单层最大加砂强度5.01t/m，总计注入液量 $65000m^3$，总计加砂量3043t。裂缝监测表明各层压裂液波及范围较大，造缝效果较好，表明该技术可以充分改造目标储层，增大储层改造面积。

关键词　苏北盆地；页岩油；大规模体积压裂；水平井；变黏滑溜水

美国页岩油气革命的成功改变了世界能源格局。随着油气资源勘探开发技术的发展，中国油气开发对象也由传统高渗透储层转向低渗、超低渗致密非常规储层，该类储层埋藏更深、压力和温度更高、物性也较差，其动用难度也更高。因此，大规模体积压裂成为非常规油气储层实现有效动用和规模化效益开发的关键技术。截止2022年底，我国在鄂尔多斯盆地、准噶尔盆地、松辽盆地、渤海湾盆地、三塘湖盆地等多个盆地的陆相页岩油勘探开发取得突破性进展。与美国海相页岩油相比，中国陆相泥页岩沉积相变化快、储层非均质性强、成岩作用弱且黏土矿物含量高，热演化程度低，页岩油油质重、黏度大、流动性较差。目前，主要采用水平井体积压裂策略对该类储层进行体积改造，形成复杂网缝，提高裂缝导流能力，单井EUR大幅提高。

苏北盆地近古系阜宁组二段发育多套烃源岩，油气资源丰富，页岩油总量超过 1940×10^4t。目前，在高邮凹陷许X38、花X28和金湖凹陷天X96，以及溱潼凹陷QY2HF、海安凹陷曲塘次凹QZX1、J19等多井阜二段泥页岩储层中获得工业油流，预示着苏北盆地拥有巨大的页岩油气勘探潜力。针对溱潼凹陷阜二段页岩油地质特征，姚红生等人提出定向井加拟水平井压裂开发模式，采用“规模注液蓄能量+限流射孔促均衡+调节排量稳缝网+三级支撑保充填+全电泵连续施工”压裂工艺，实施两口井均获成功，但是改造规模较小。针对海安凹陷阜二段页岩油储层特征，王红科和陈挺等人采用体积压裂策略，按照“主攻甜点，肥瘦兼顾”的思路对储层进行压裂改造，现场施工排量 $4\sim8m^3/min$，加砂量80~140t，改造强度较低。海安凹陷曲塘次凹阜二段泥页岩厚度大，演化成熟度高，有机质丰富，并且脆性矿物含量高，易于压裂改造，勘探开发潜力巨大，但是存在储层改造规模小、强度低等缺点，未能实现页岩油规模效益开发。为了实现海安凹陷曲塘次凹阜二段页岩油水平井产能和效益突破，本文研究了该区块储层特征，并以此为依据开展了压裂施工参数和工艺优化，创新形成了“前置 CO_2 增能降黏+多簇限流+变黏滑溜水压裂液体系+大液量+纳米乳液驱油剂+绳结暂堵”为核心的大规模体积压裂技术，充分改造了目标储层，达到了造复杂网缝的目的，为曲塘次凹下一步勘探开发提供指导。

1　储层特征及选井依据

根据苏北盆地海安凹陷曲塘次凹的地质特征和J1901井及邻井的录、测井评价解释结果，选择了合适的目标储层，并确定了目标储层的物性、岩性、脆性等参数，为下一步压裂施工方案的优化奠定了基础。

1.1　地质概况

苏北盆地海安凹陷曲塘次凹面积约为 $430km^2$，位于江苏省海安县境内，自晚白垩世以来形成的箕状断陷，具有“北断南超、北陡南缓、北深南浅”等特征。曲塘次凹内部发育北西向、北东向和近东西向3组断裂，自下而上发育泰州组、阜宁组、戴南组和三垛组等4套地层，主要形成泰二段、阜二段和阜四段等3套烃源层。阜二段泥页岩储层埋深范围广，约2500~4500m，厚度约为100~400m，有机碳平均质量分数为1.19%。上、中亚段处于低熟-早熟期，生烃率分别为16.21%、25.93%；下亚段处于成熟期，生烃率高达53.26%，属于优质烃源岩。曲塘次凹阜二段泥页岩一般由方解石、石英、白云石、长石、黄铁矿和黏土矿物组成，脆性矿物含量高于58%，岩石可压裂性好。目前，在阜二段层系中的数十口井已经发现油气显示并获得工业油流，该层系是苏北盆地页岩油勘探重点储层。

1.2 选井依据

J1901井位于苏北盆地海安凹陷曲塘次凹北斜坡的构造部位，依据邻井(J19、QZX1、J204等井)阜二段录井、测井及试油评价结果，优选阜二段Ⅰ亚段中上部作为水平井箱体。本井完钻井深4810m，人工井底4777m，设计目的箱体位置A靶点深度3900m，B靶点深度4770m，水平段长870m，如图1所示。

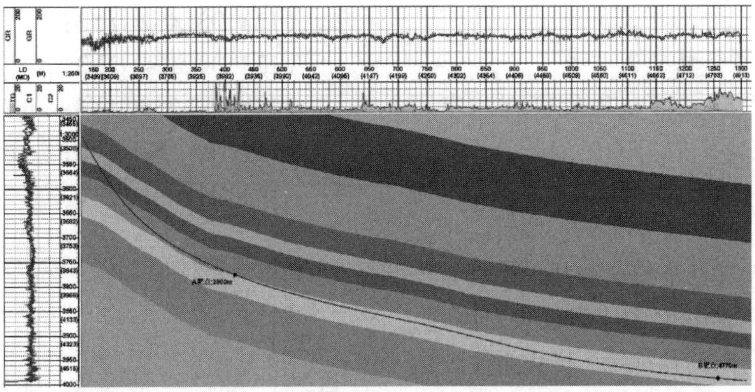

图1 J1901井完钻轨迹分析图

本井从3482m进入阜二段地层，利用特征明显的自然伽马、电阻率曲线分析标志层，如表1所示。在阜二段见到良好的录井和气测显示，其中根据岩屑录井资料阜二段见荧光-油迹显示，显示级别7~9级，定量荧光7.2~10.6级；油迹显示482m/11层，荧光显示707m/11层。本井进入阜二段，特别是进入Ⅱ-6至井底气测异常显示较好；阜二段气测在3835~4129m突然升高，全烃最高达到31.12%，组分齐全。测井解释共计1328.0m/17层，其中页岩油层849.5m/7层，页岩差油层419.5m/9层，干层59.0m/1层。

表1 J1901井水平段小层分层数据表

层位	小层	实钻(斜深)				
		顶深/m	底深/m	厚度/m	垂深/m	垂厚/m
阜二段	Ⅴ亚段	3482.0	3541.3	59.3	3529.6	53.9
	Ⅳ亚段	3541.3	3571.8	30.5	3556.7	27.1
	Ⅲ亚段	3571.8	3624.6	52.7	3603.0	46.3
	Ⅱ亚段	3624.6	4810.0	1185.4	3992.9	389.9

根据J1901井及邻井研究成果，阜二段主要岩石类型有泥页岩、含灰泥页岩、灰质泥页岩、含云泥页岩、云质泥页岩等，整体为深湖—半深湖环境下沉积的一套过渡型岩类，纵向上具有4分性，顶部Ⅴ亚段为灰黑色泥岩，Ⅳ亚段为含灰及灰质泥页岩，Ⅲ亚段与Ⅱ亚段为含云泥页岩，Ⅱ亚段为含云及云质泥页岩互层，下部Ⅰ亚段为云质泥页岩。阜二段烃源岩发育，源岩品质整体较好，成熟度高，处于大量生油阶段。

1.3 储层特征

阜二段拟测试目的层平均泥质含量30%，方解石含量15%，砂质含量26%，白云石含量为29%，脆性相对指数较高，可压性强；试油层段储层物性较差，平均孔隙度5.8%，少量微裂缝发育，总体属于裂缝-孔隙型页岩油藏。J1901井的压裂层段Ⅱ亚段属于中等偏弱水敏，压裂液需要适当考虑防膨效果。

利用力学参数计算模型，对储层力学参数进行计算，并对储层力学性质分段，水平段泊松比0.243~0.294，杨氏模量37.531~46.065GPa，最小水平主应力在65~72MPa，水平应力差在

10.8~12.4MPa，破裂压力为 64.8~78.1MPa，储层矿物脆性指数平均 65.3%，声波脆性指数 52.0%，可压裂指数较高，工程品质较好。

2 压裂施工参数优化

为充分了解曲塘次凹北斜坡页岩油产能情况，提高增产效果，根据 J1901 井测录井资料解释成果，以提高油藏地质、工程认识和压裂改造的针对性、成效性为基础的切入点和出发点。围绕“扩大改造体积、促进密切割”为目标，采用“密切割、大液量、高加砂、降滤增黏提净压、限流耦合暂堵促多缝均衡扩展”思路，力争产能和效益突破。

2.1 裂缝扩展模拟及产能预测

基于 Petrel 平台建立区块地质模型，应用 Kinetix 模拟预测裂缝扩展结果。如图 2 所示，模拟结果显示，J1901 井裂缝长度主体区间为 150~350m，裂缝高度主体区间为 25~50m，人造裂缝相对简单，尤其是趾端部分基本形成简单长缝，没有达到造复杂缝网的压裂效果。因此，需要系统性强化转向压裂和排量、优化泵注改造设计。拟合递减规律，基于 Intersect 模拟器预测 J1901 井初期日产油 40~50t，前三年累积产量 18000t，EUR 23000t。

2.2 施工参数优化

选取 J1901 井一个压裂段，针对排量、砂量、液量、缝间距和单段簇数开展五因素四水平(L16(4)5)正交实验共有 16 组，如表 2 所示。分别为：

(1) D1L1S1G1N1(排量 14m³/min+砂量 180t+液量 4000m³+缝间距 6m+段内 4 簇)；
(2) D1L2S2G2N2；
(3) D1L3S3G3N3；
(4) D1L4S4G4N4；
(5) D2L1S2G3N4；
(6) D2L2S1G4N3；
(7) D2L3S4G1N2；
(8) D2L4S3G2N1；
(9) D3L1S3G4N2；
(10) D3L2S4G3N1；
(11) D3L3S1G2N4；
(12) D3L4S2G1N3；
(13) D4L1S4G2N3；
(14) D4L2S3G1N4；
(15) D4L3S2G4N1；
(16) D4L4S1G3N2。

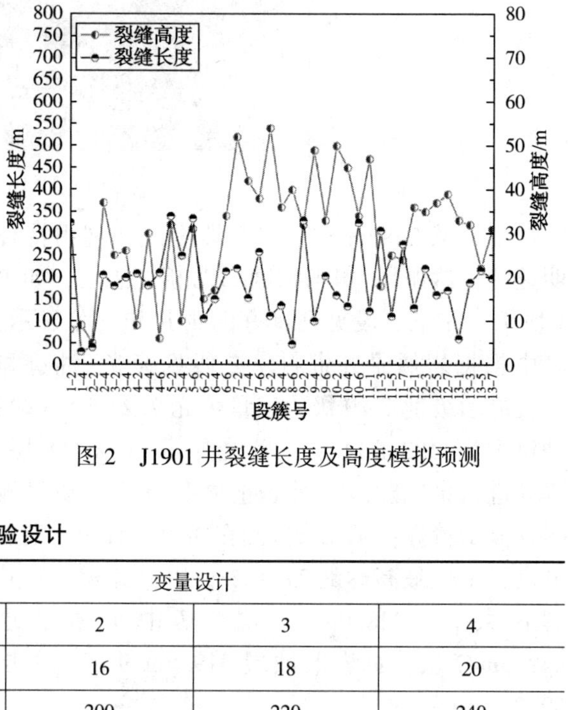

图 2 J1901 井裂缝长度及高度模拟预测

表 2 正交实验设计

变量名称	变化间距	变量设计			
		1	2	3	4
排量($m^3 \cdot min^{-1}$)D	2	14	16	18	20
砂量(t)S	20	180	200	220	240
液量(m^3)L	400	4000	4400	4800	5200
缝间距(m)G	3	6	9	12	15
段内簇数 N	1	4	5	6	7

正交实验结果如图 3 所示，统计每套方案下裂缝宽度及裂缝总面积，得出最优施工参数。最终，确定施工排量为 16~18m³/min；施工液量为 4400~4800m³；施工砂量为 220~240t；缝间距为 6~9m；段内簇数为 6~7 簇。

3 压裂材料研究

根据 J1901 井的储层特征以及压裂施工参数优化结果，研选一体化变黏压裂液体系，采用多种粒径的支撑剂组合，提高裂缝导流能力，层间选用暂堵材料，充分提高裂缝复杂程度。

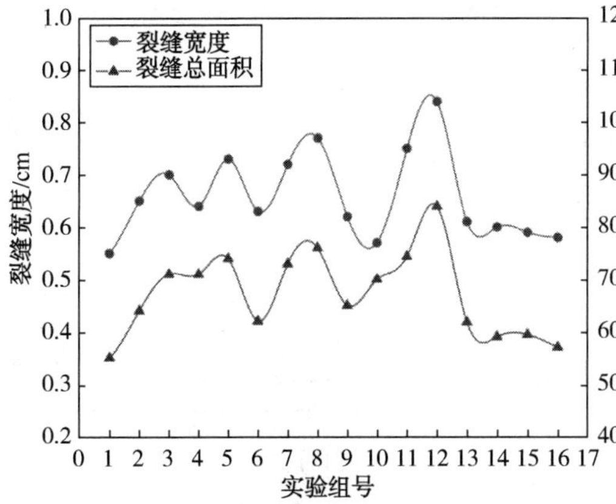

图 3　正交实验结果

3.1　一体化变黏压裂液

针对大排量施工管路摩阻和炮眼摩阻增加，施工压力升高的特点，研选增黏效果好、防膨效果好、地层配伍性好、速溶、低摩阻的一体化变黏压裂液体系。最终确定压裂液体系配方如下：(1)低-中黏滑溜水配方：0.1%~0.2%减阻剂+0.2%防膨剂+0.02%杀菌剂+0.2%驱油剂；(2)高黏滑溜水配方：0.3%减阻剂+0.2%防膨剂+0.02%杀菌剂+0.2%驱油剂+150ppm 过硫酸铵。

本文采用疏水缔合型改性聚丙烯酰胺类减阻剂。在低浓度溶液中，聚丙烯酰胺自身的亲水基团在水中舒展，可作为低黏滑溜水压裂液；随着溶液浓度的增加，其分子链上携带的疏水基团会发生分子间缔合，形成超分子网状结构，溶液黏度大幅升高，可作为中-高黏滑溜水压裂液。减阻剂溶液的黏度根据质量浓度的变化如图 4 所示。减阻剂浓度为 0.10%时，液体黏度为 4.8mPa·s，可以作为低黏滑溜水；减阻剂浓度为 0.20%时，液体黏度为 14.2mPa·s，可以作为中黏滑溜水压裂液；当减阻剂浓度为 0.30%时，液体黏度为 25.6mPa·s，可作为高黏滑溜水；质量浓度进一步升高时，可以形成交联液基液，加入合适的交联剂即可形成冻胶。

分别配制质量分数为 0.10%、0.20% 和 0.30%的低、中、高黏溶液，使用管路摩阻仪测试其降阻率(图 5)。测试结果表明，该减阻剂溶解速度非常快，三种溶液均可在 20s 内减阻率达到 70%以上，高黏溶液减阻效果最好，减阻率最高达到 78.2%，剪切 10min 后，减阻率仍然能保持原水平的 95%以上。

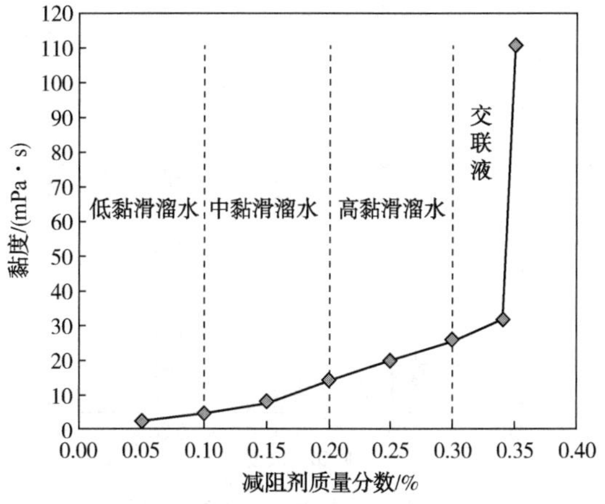

图 4　压裂液黏度变化曲线

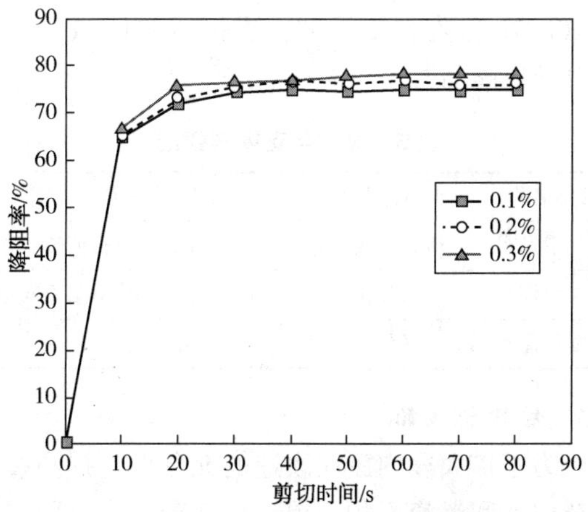

图 5　降阻剂减阻效果测试

储层中等偏强水敏性，侵泡实验表明初期无分散运移，但长时间浸泡后岩样出现泥化特征。黏土矿物以伊利石为主，越往底部伊利石含量越高。当防膨剂使用浓度为 0.2%时，防膨率可以达到 65.3%，满足压裂施要求(图 6)。另外，优选了杀菌剂、驱油剂等其他添加剂形成一体化变黏压裂液配方。实验表明，低浓度破胶剂(0.01%过硫酸铵)可以使高黏压裂液完全破胶(黏度<5mPa·s)，固相残渣<3.6mg/L，破胶液与地层水之间配伍性良好，表明高黏滑溜水体系破胶后对储层伤害小。

3.2　支撑剂比例

以实现导流能力为目标，采用三级支撑，支撑剂使用 100/200 目石英砂+70/140 目石英砂+40/70 目石英砂+40/70 陶粒组合，支撑剂比例分别为 1∶4∶2∶3。

初期连续段塞注入 100/200 目石英砂、70/140 目石英砂降低滤失，支撑微细裂缝；中期低-中砂比段塞式注入 40/70 目石英砂支撑剂，

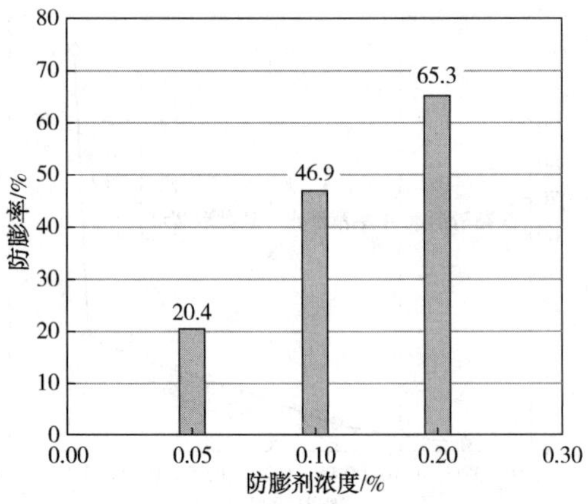

图 6 防膨剂浓度与防膨率的关系

支撑裂缝中前段区域；后期中-高砂比长段塞注入 40//70 目陶粒支撑剂，支撑近井区域，提高缝口导流能力。

表 3 液体与支撑剂匹配

液体名称	作用	支撑剂
低黏滑溜水	激活天然微裂缝	100/200 目石英砂
中黏滑溜水	打开分支缝	70/140 目、40/70 目石英砂
高黏滑溜水	支撑高导流主缝	40/70 目陶粒

3.3 暂堵剂性能

为了扩大段内簇间改造的充分性，提高裂缝复杂程度和泄流面积，提高单井产量，大段多簇压裂段进行暂堵。本井选用温敏性暂堵转向材料，采用温控基团、羟基定向分子设计，具有溶解时间可控、强度高、适应性强、清洁无伤害等优点。采用大(4~20 目)、小(20~140 目)不同粒径颗粒组合：①大颗粒间的摩擦力更强，形成的架桥结构更为稳定。②不规则中、小颗粒暂堵剂实现二次架桥及有效填充，封堵效果更好。可溶暂堵颗粒的适用温度范围大(120~150℃)，采用人工模拟裂缝(1mm)评价暂堵剂的暂堵性能，承压强度可达到 40MPa 以上(图 7)。

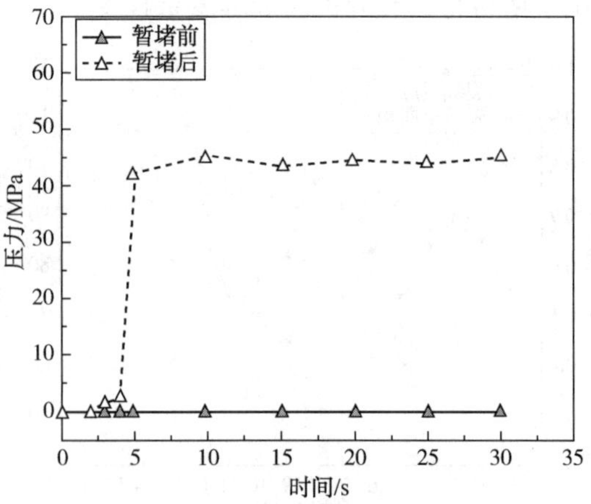

图 7 颗粒暂堵剂承压能力实验

4 现场实验及效果

根据以上研究成果，在浙江油田 J1901 井展开大规模体积压裂现场试验，采用广域电磁监测压裂效果，初步试油结果表明达到了充分改造目标储层的目的。

4.1 现场实验

以优化的施工参数为依据，采用桥射联作、光套管压裂工艺，运用“前置 CO_2 增能降黏、密切割、大液量、高加砂、堵促多缝均衡扩展”的策略，全程采用低摩阻、低伤害一体化变黏滑溜水体系，铺展 4 种支撑剂增强裂缝导流能力，施工期间，应用动态暂堵技术，提高裂缝复杂程度和泄流面积，达到充分改造储层的目的。完成该井 13 段压裂施工(图 8)，施工排量 $18m^3/min$，最高施工压力 108MPa，总注入液量约 $65000m^3$，总加砂 3043t，注入 $CO_2$2600t(单段 200t)，单段最大注入液量 $7477m^3$，单段最大加砂强度 5.01t/m，创下页岩油水平井体积压裂多项纪录。施工结束后闷井 15d，充分促进油水渗吸置换。

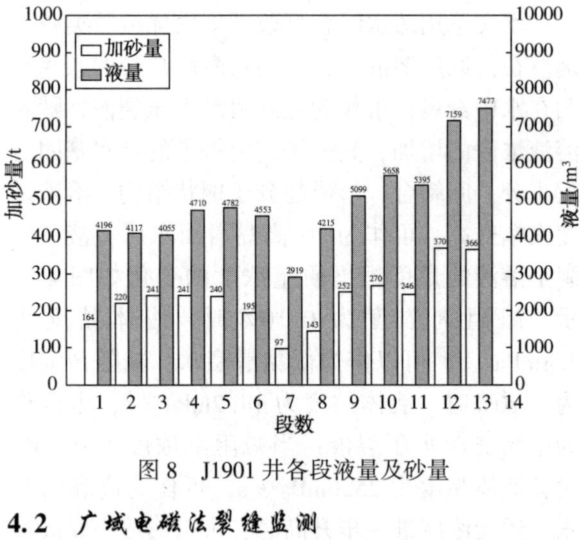

图 8 J1901 井各段液量及砂量

4.2 广域电磁法裂缝监测

广域电磁法可以在地面监测压裂液进入地层引起的电性变化，从而推断压裂液的波及范围。本井采用广域电磁法监测压裂施工效果，实时监测裂缝形态，分析暂堵效果，及时调整压裂方案。本井第 2 至 6 段、第 8 段采用暂堵转向，暂堵后压力上涨 3~5MPa，第 3 段典型的压裂施工图如图 9 所示。电磁监测结果分析(图 10)：地层破裂后，西侧产生 3 处突进点，东侧产生 4 处突进点。暂堵前波及主要发生在西侧 1、3、6 簇及东侧 1、2、3~4、5 簇附近。暂堵后原裂缝仍为主要进液通道，西侧 4 簇和东侧 2~3、4~5 簇附近开启新裂缝，进液速度加快。第 3 段压裂液波及总长度 374m，其中西侧最大波及长度 180m，东侧最大波及长度 194m。压裂液沿井筒方向波及宽度 67m(4573~4640m)，超出底部射孔簇 9m，超出顶部射孔簇 10m。压裂液波及总面积 18299m^2，其中西侧波及面积 8969m^2，东侧波及面积 9330m^2。

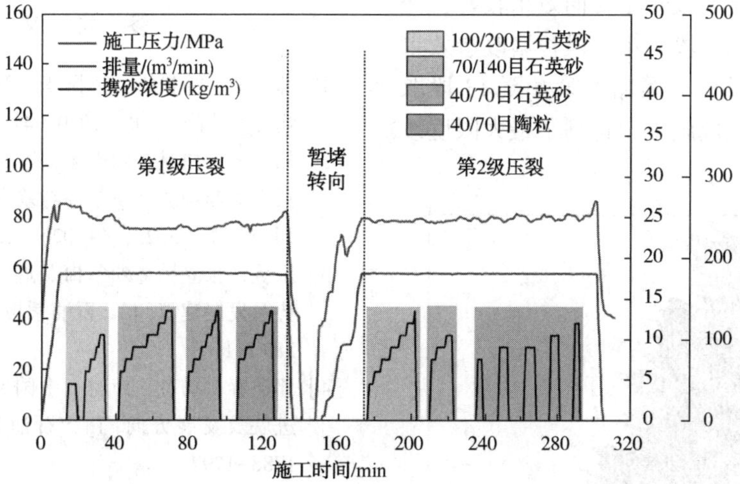

图 9　J1901 第 3 段压裂施工图

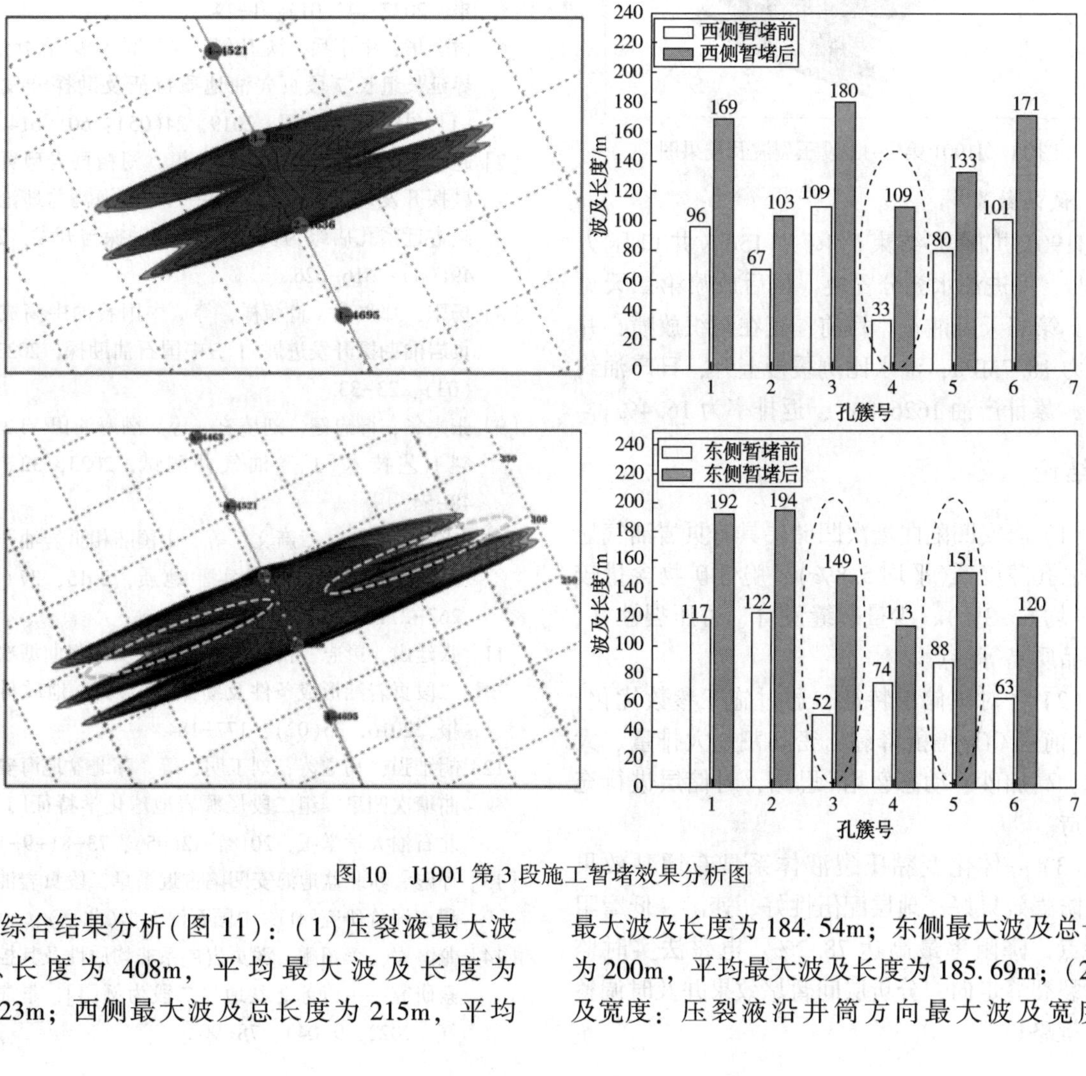

图 10　J1901 第 3 段施工暂堵效果分析图

综合结果分析(图 11)：(1)压裂液最大波及总长度为 408m，平均最大波及长度为 370.23m；西侧最大波及总长度为 215m，平均最大波及长度为 184.54m；东侧最大波及总长度为 200m，平均最大波及长度为 185.69m；(2)波及宽度：压裂液沿井筒方向最大波及宽度为

118m，平均波及宽度为77m；(3)压裂液最大波及总面积为32487m²，平均波及总面积为21500m²；西侧最大波及总面积为17346m²，平均波及总面积为10718.46m²；东侧最大波及总面积为16153m²，平均波及总面积为10781.46m²。第2至5段暂堵转向效果较好，随着压裂施工进行，第6段、第8段暂堵改造效果明显下降，及时调整压裂策略，第9至13段取消暂堵，最终顺利完成施工，达到了最大限度改造储层的目的。

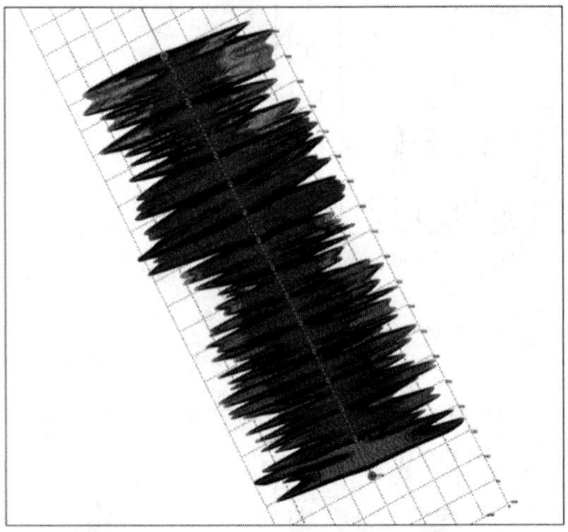

图11　J1901第1-13段压裂波及成果图

4.3　试油效果

J1901井施工结束后闷井15d，井口压力35MPa，促进油水充分置换，压后放喷第二天见油膜，第三天见油花。目前，正在组织放喷，井口压力18.7MPa，油水比例缓慢上升，日产油约36m³，累计产油1626.8m³，返排率为16.4%。

5　结论

(1) 海安凹陷曲塘次凹储层具有页岩油气显示好、孔隙度低(平均5.8%)、脆性矿物含量较高(平均65.3%)、少量裂缝发育、可压裂性好、工程品质高等特点。

(2) 针对该储层特征，通过施工参数优化，确定“前置CO_2增能降黏、密切割、大排量、大液量、高加砂、动态暂堵”思路，对储层进行充分改造。

(3) 一体化变黏压裂液体系具有增黏效果好、防膨效果好、地层配伍性好、速溶、低摩阻等特点，降阻率最高达78.2%。电磁法实时监测压裂裂缝走向，分析层间暂堵效果并及时调整施工策略。

(4) 创新形成“前置CO_2增能降黏+多簇限流+变黏滑溜水压裂液体系+大液量+纳米乳液驱油剂+动态暂堵”为核心的大规模体积压裂技术，成功应用于J1901井，初步试油结果符合施工预期目标。

参考文献

[1] 邹才能，潘松圻，荆振华，等．页岩油气革命及影响[J]．石油学报，2020，41(01)：1-12.

[2] 胡素云，白斌，陶士振，等．中国陆相中高成熟度页岩油非均质地质条件与差异富集特征[J]．石油勘探与开发，2022，49(02)：224-237.

[3] 张抗，张立勤，刘冬梅．近年中国油气勘探开发形势及发展建议[J]．石油学报，2022，43(01)：15-28+111.

[4] 郭建春，马莅，卢聪．中国致密油藏压裂驱油技术进展及发展方向[J]．石油学报，2022，43(12)：1788-1797.

[5] 何文渊，蒙启安，冯子辉，等．松辽盆地古龙页岩油原位成藏理论认识及勘探开发实践[J]．石油学报，2022，43(01)：1-14.

[6] 付金华，牛小兵，淡卫东，等．鄂尔多斯盆地中生界延长组长7段页岩油地质特征及勘探开发进展[J]．中国石油勘探，2019，24(05)：601-614.

[7] 赵贤正，周立宏，蒲秀刚，等．湖相页岩型页岩油勘探开发理论技术与实践——以渤海湾盆地沧东凹陷古近系孔店组为例[J]．石油勘探与开发，2022，49(03)：616-626.

[8] 杨阳，郑兴范，肖毓祥，等．中国石油中高成熟度页岩油勘探开发进展[J]．中国石油勘探，2023，28(03)：23-33.

[9] 张兴华，谭忠健，刘境玄，等．渤海油田YL2井压裂工艺技术[J]．油气井测试，2023，32(03)：48-54.

[10] 盛湘，陈祥，章新文，等．中国陆相页岩油开发前景与挑战[J]．石油实验地质，2015，37(03)：267-271.

[11] 张廷山，彭志，祝海华，等．海安凹陷曲塘次凹阜二段页岩油形成条件及勘探潜力[J]．地质科技情报，2016，35(02)：177-184.

[12] 胡维强，马立涛，刘玉明，等．苏北盆地海安凹陷曲塘次凹阜宁组二段烃源岩地球化学特征[J]．东北石油大学学报，2018，42(05)：73-81+9-10.

[13] 孙彪．苏北盆地海安凹陷古近系阜二段页岩油地质甜点评价研究[D]．中国石油大学(北京)，2023.

[14] 龙海岑，李绍鹏．泥页岩层系非均质性及其控制因素研究——以苏北盆地阜二段为例[J]．非常规油气，2022，9(04)：78-90.

[15] 姚红生，云露，昝灵，等．苏北盆地溱潼凹陷阜二段断块型页岩油定向井开发模式及实践[J]．油气藏评价与开发，2023，13(02)：141-151.
[16] 王红科，刘音，靳剑霞，等．苏北盆地页岩油体积压裂技术研究与应用[J]．石油化工应用，2021，40(04)：55-59.
[17] 陈挺，邹清腾，卢伟，等．海安凹陷阜二段致密油藏体积压裂技术[J]．石油钻采工艺，2018，40(03)：375-380.
[18] 刘世丽，段宏亮，章亚，等．苏北盆地阜二段陆相页岩油气勘探潜力分析[J]．海洋石油，2014，34(03)：27-33.
[19] 何继善．广域电磁法理论及应用研究的新进展[J]．物探与化探，2020，44(05)：985-990.

柴达木盆地西部坳陷古近系页岩油可压性评价及应用

万有余　林　海　郭得龙　江昊焱　何　平　马　彬

（中国石油青海油田分公司油气工艺研究院）

摘　要　页岩储层基质渗透率极低，需要通过体积压裂形成复杂裂缝网络以形成产能，可压性指的是储层形成复杂裂缝网络的能力，有效评价储层的可压性对于优选压裂井段、预测经济效益具有重要的意义。目前国内外对页岩储层可压性的评价几乎等价于“脆性系数”，但脆性属于岩心小尺度、标量力学性质，没有方向性，不足以表征矿场尺度储层的性质，要表征矿场尺度三维空间的可压性，需要考虑储层的地应力、裂缝等性质的影响。柴达木盆地西部坳陷发育独特英雄岭页岩油，潜力巨大，是增储上产的希望所在，但储层组构力学性质多变，高频旋回地层改造难度大，为此，本研究基于研究区块精细一维地质力学评价的基础上，综合考虑了基质的脆性、地应力、天然裂隙对水力裂缝扩展的影响，储层中基质脆性越大、裂隙密度越大、水平应力差异系数越小，越容易形成复杂缝网；并建立了适用于英雄岭干柴沟页岩油的综合可压性方法，将该方法应用于CP1井，评价结果表明CP1井主要是I类储层，有利于形成复杂裂缝网络，压后微震结果显示裂缝网络相对复杂，与可压性评价结果较一致，表明了建立的综合可压性评价方法可靠。

关键词　柴达木盆地；页岩油；可压性；脆性；裂隙密度

随着世界油气需求的不断增长，以及常规油气产量的持续下降，具有较大资源潜力的页岩油成为保障我国石油供应安全的战略接替资源。页岩油储层由于其非均质性强、低孔低渗、油流阻力大等特征，其特殊性给勘探开发都带来了巨大挑战。与常规储层压裂不同，页岩油储层的压裂要求形成“弥散式体积裂缝网络(体积压裂)。这取决于页岩油储层所能形成复杂裂缝网络的能力以及压裂施工等参数。可压性指的是储层形成复杂裂缝网络的能力，并非所有的页岩油储层都能通过大规模的体积压裂实现覆盖范围广的体积压裂改造，可压性评价是页岩油储层工程甜点表征的重要参数，而有效评价储层的可压性对于压裂参数优选、以及优选压裂井段、预测经济效益具有重要的意义。

目前国内外对页岩储层可压性的评价几乎等价于“脆性系数”，主要通过岩心的脆性矿物比例、泊松比和弹性模量、抗拉强度与抗压强度之比等方法来评价页岩储层的成缝能力。但实际上脆性并不等同于成缝能力，脆性属于岩心小尺度、标量力学性质，没有方向性，不足以表征矿场尺度储层的性质，要表征矿场尺度三维空间的可压性，需要考虑储层的地应力、天然裂缝发育状况及各向异性等性质影响，这些参数共同决定了储层是否具备实施体积改造的条件。

柴达木盆地西部坳陷古近系下干柴沟组上段(E_3^2)发育独特英雄岭页岩油，潜力巨大，是增储上产的希望所在，但储层组构力学性质多变，高频旋回地层改造难度大，需要开展储层可压性评价研究。为此本研究针对英雄岭页岩油储层，基于高脆性矿物及储层层理发育的特点，基于研究区块精细一维地质力学评价的基础上，综合考虑了基质的脆性、地应力、天然裂隙对水力裂缝扩展的影响，并建立了适用于英雄岭干柴沟页岩油的综合可压性方法，并将该方法应用于CP1井，取得了较好的应用效果。

1　影响页岩可压性的脆性分析

页岩的脆塑性是影响页岩成缝能力的重要因素，一直以来也是储层评价研究的重点。通过全岩矿物成分分析，表明页岩储层中矿物组分主要有石英、方解石、长石、白云石、黏土等矿物。储层中黏土矿物成分较高时，岩石的塑性较强，塑性储层并不是一个好的储层，因为会自动地将天然裂缝以及水力压裂人工裂缝慢慢愈合。当石英、长石、方解石等脆性矿物居多时，页岩的脆性会增强，容易进行水力压裂形成人工诱导裂缝网络。

目前脆性的评价方法较多。较常用的方法主要有两种，一种是基于矿物组分(石英、长石、碳酸盐岩等)含量的计算方法，可通过矿物组分测井求取；另外一种是通过岩石的力学参数的计算方法，即采用岩石的泊松比和杨氏模量计算，其中，静态的泊松比和杨氏模量可通过岩心测试所得，然后利用静态的模量和泊松比对声波测井获得的动态模量和泊松比进行校正，计算得到测井的静态泊松比和杨氏模量。

随着对可压性认识的不断深入，以矿物组分为主的脆性评价方法也在不断的发展和丰富。Jarvie 等认为石英为脆性矿物，通过石英含量占矿物成分的质量百分比建立了脆性公式，以表征岩石的脆性；Wang 和 Gale 通过研究，得出白云石含量对岩石的脆性起到正向作用，将石英和白云石共同定义为脆性矿物；Matthews 等对北美典型的页岩开发区块进行了总结评价，认为碳酸盐相对黏土来说更脆，应属于脆性矿物范畴，李矩源等也认为碳酸盐岩含量是影响脆性的重要因素之一，定义石英和碳酸盐矿物为脆性矿物，并以此来表征矿物脆性；Jin 等通过研究，确定了云母、石英、方解石、长石和白云石均可以增加岩石的脆性，定义了脆性指数。表 1 是用脆性矿物来定义脆性的四种常见方法。

表 1　非常规页岩储层脆性矿物组成评价方法

序号	页岩脆性(B)计算公式	物理含义
(1)	$B_1=\frac{w_{石英}}{w_{总}}\times100\%$	脆性为石英占总矿物组分的比例
(2)	$B_4=\frac{w_{石英}+w_{长石}+w_{云母}+w_{碳酸盐矿物}}{w_{总}}\times100\%$	脆性为石英、长石、云母、碳酸盐矿物之和和总矿物组分的比例
(3)	$B_3=\frac{w_{石英}+w_{碳酸盐矿物}}{w_{总}}\times100\%$	脆性为石英和碳酸盐矿物之和和总矿物组分的比例
(4)	$B_2=\frac{w_{石英}+w_{白云石}}{w_{总}}\times100\%$	脆性为石英和白云石长石矿物之和和总矿物组分的比例

英雄岭凹陷古近系下干柴沟组上段($E_3{}^2$)页岩储层岩石矿物组分复杂，图 1 是 c2-4 井 X 衍射矿物含量图，由图可以看出，矿物主要包括石英、长石、方解石、白云石、黏土等。岩性总体上混积特征明显，以碳酸盐矿物为主，划分为灰云质页岩和黏土质页岩两类岩性。岩石矿物学分析以石英、白云石等为主的脆性矿物含量占比达60%~90%。从矿物成分三相图中可得出(图 2)：灰云质页岩占比较高，其次为黏土质页岩，碎屑岩占比最少，同时，页岩沉积构造特征明显，层理较为发育，大概 3000~5000 条/m。由于灰云质页岩含有大量的碳酸盐成分，是影响储层脆性的重要影响因素，与黏土质页岩具有较大差异性。为此本研究主要采用石英和碳酸盐矿物之和在总矿物组分中的占比比例来确定脆性。

脆性评价另一常用的方法是基于岩石力学参数来表征脆性。研究和实践表明，杨氏模量越大、泊松比越小，所对应岩石的脆性越强，越容易在压裂施工时形成比较复杂的人工裂缝。Rickman 等在文中介绍了岩石物理性质在压裂改造设计优化中的应用，根据岩石力学参数中的杨氏模量和泊松比的大小，建立了分别取 0.5 的权值来计算脆性指数的方法，计算公式如式(1)~式(3)：

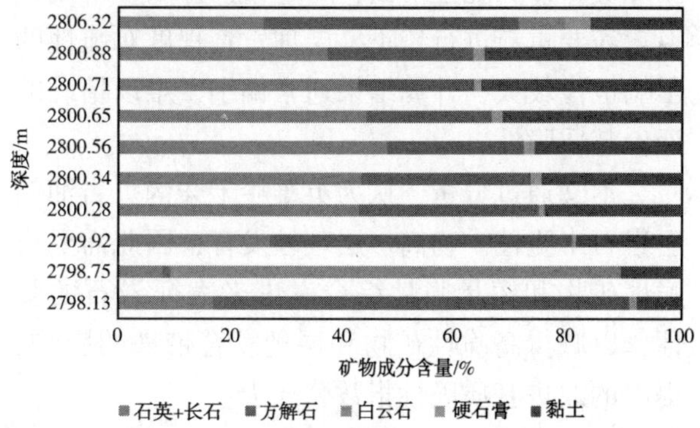

图 1　C2-4 井 X 衍射矿物含量图

$$E_{brit}=\frac{(E-10)}{80-10}\times100 \tag{1}$$

$$v_{brit}=\frac{(0.4-v)}{0.4-0.15}\times100 \tag{2}$$

$$BI=0.5E_{brit}+0.5v_{brit} \tag{3}$$

式中，E_{brit}为岩石归一化的静态杨氏模量，单

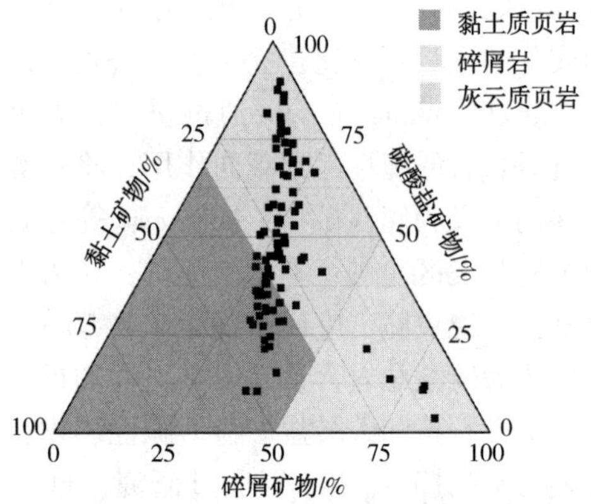

图2 C2-4井取心段矿物组成

位 GPa；v_{brit}为归一化的泊松比。当脆性指数 BI>40 时，岩石是脆性的；BI>60 时，岩石脆性很强。

Rickman 对北美 Barnett 页岩效果进行总结分析，在 2008 年建立脆性指数 B5。Goodway 等人在 2010 年建立了岩石力学参数(弹性模量和泊松比)表征脆性公式 B6，将他们转化为拉梅系数 λ 及剪切模量 μ。Guo 等人在 2013 年提出可以利用岩石力学参数(杨氏模量、泊松比)表征页岩脆性的物理模型，该脆性指数为 B7。刘致水等人在 2015 年利用测井和地震得到储层杨氏模量和泊松比，构建了评价储集层脆性的脆性因子，通过总结岩石力学参数表述岩石脆性后，提出了一种基于归一化的岩石脆性公式 B8。

表2 非常规页岩储层脆性常用弹性参数评价方法

序号	页岩脆性(B)计算公式	参数含义
(1)	$B_5=\frac{E_{BI}+v_{BI}}{2}$	E_{BI}为正归一化的弹性模量，v_{BI}为反归一化的泊松比
(2)	$B_6=\frac{\lambda}{\lambda+2\mu}$	λ 为拉梅系数，μ 为剪切模量
(3)	$B_7=\frac{E}{v}$	E 为弹性模量，v 为泊松比
(4)	$B_8=\frac{E_{BI}}{v_{BI}}$	E_{BI}为正归一化的弹性模量，v_{BI}为反归一化的泊松比

虽然矿物组分法和弹性模量法都能够定量的表征和评价岩石脆性特征，但都存在缺陷，矿物组分法仅仅依靠脆性矿物的比例来表征脆性，其精确性不够；弹性模量法受到取样点的约束，其标定的数据连续性不够，同时，通常要用纵横波测井资料计算脆性剖面，对于钻探井眼不规则等因素需要重新进行校正，层理发育程度对脆性的影响也比较大，计算结果通常偏小，难以精确的评价基质脆性。

本文通过分析，认为英雄岭干柴沟页岩油储层岩石中脆性矿物高、层理较发育，因此需要将脆性矿物和模量脆性综合考虑来表征岩石的脆性，以减少高脆性矿物和层理发育带来的影响，提出的改进基质脆性指数公式为：

$$E_{Brit}=(E_j-10)/(60-10)\times100 \quad (4)$$

$$\mu_{Brit}=(\mu_j-0.4)/(0.1-0.4)\times100 \quad (5)$$

$$B_{Brit}=0.5E_{Brit}+0.5\mu_{Brit} \quad (6)$$

$$K=(W_{石英}+W_{碳酸盐岩})/W_{总} \quad (7)$$

$$BI=(B_{Brit}+K)/2 \quad (8)$$

式中，B_{Brit}为模量脆性指数,%；E_j 为弹性模量，GPa；μ_j 为泊松比；E_{Brit}为通过杨氏模量计算的脆性指数；μ_{Brit}为通过泊松比所计算的脆性指数。K 为矿物脆性指数,%；W 为各种矿物成分的百分含量,%；BI 为基质脆性指数,%。

将阵列声波测井得到的波速数据以及密度测井资料来计算储层的动态岩石力学参数，再通过实验室得到的动、静态参数转换关系式得到储层的静态弹性模量和泊松比，将杨氏模量和泊松比归一化后利用式(4)~式(8)得到储层全井段的脆性指数，计算结果如图3所示。结果表明干柴沟页岩油储层脆性指数主要分布在40%~70%之间，平均为54.7%，整体脆性指数较高，高于行业压裂标准(>40%)，分类标准如表3所示，具有高弹性模量、低泊松比的特点。Yang 等通过数值模拟分析表明随着杨氏模量的增加，压裂形成的裂缝网络越复杂，改造的储层体积越大，由此可知岩石的脆性对储层的裂缝形成能力有重要影响。

表3 柴达木盆地英雄岭页岩油脆性评价分类

基质脆性	评价分类	描述
≤40	Ⅲ类	难以形成裂缝网络
40~60	Ⅱ类	能够形成复杂缝
≥60	Ⅰ类	易形成复杂缝

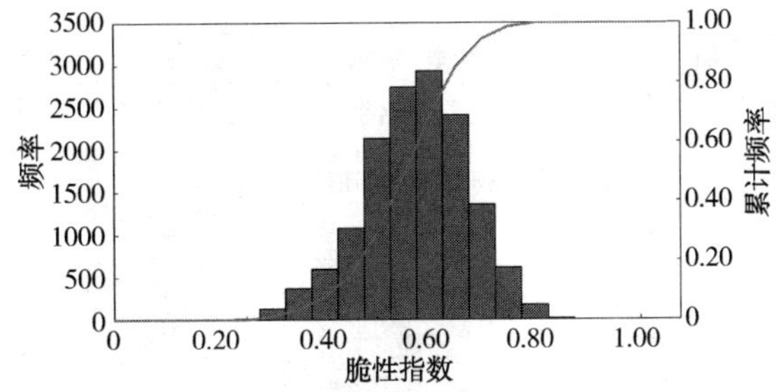

图 3　研究区典型井脆性指数分布直方图

2　水平主应力差对可压性影响

在压裂过程中，人工裂缝总是垂直于最小主应力，沿着最大应力的方向延伸。为了压裂时能够产生更多人工裂缝，形成复杂的裂缝网络系统，最大限度地沟通天然裂缝，地层中的最大与最小水平主应力的差值越小越好。

在某一确定的地层，评价地应力参数对人工裂缝形态造成的影响，第一选择参数是水平应力差异系数，用该系数来评价压裂改造时形成复杂缝网的能力：

$$K_{\mathrm{h}}=\frac{\sigma_{\mathrm{H}}-\sigma_{\mathrm{h}}}{\sigma_{\mathrm{h}}} \tag{9}$$

式中，K_{h} 水平应力差异系数，无量纲；σ_{H} 为最大水平主应力，MPa；σ_{h} 为最小水平主应力，MPa。

水平应力差异系数是指最大水平主应力和最小水平主应力之差值与最小水平主应力之间的比值。研究结果表明：水平应力差异系数大于 0.3 时，很难形成复杂人工裂缝；水平应力差异系数在 0.2~0.3 时，能够形成复杂的人工裂缝；水平应力差异系数为 0~0.2 时，易形成比较复杂的人工裂缝(表 4)。

表 4　英雄岭页岩油水平应力差异指数评价分类

水平应力差异指数	评价分类	描　述
>0.3	Ⅲ类	难以形成裂缝网络
0.2~0.3	Ⅱ类	能够形成复杂缝
0~0.2	Ⅰ类	易形成复杂缝

为了确定储层的地应力，利用声发射凯泽效应在室内测试地应力对岩心进行单轴加载。记录加载过程中的声发射事件，通过声发射事件突变点求出相应的应力值，即地层历史所承受的最大载荷。根据 0°、45°、90°3 个水平方向求取岩心，利用水平方向上不同角度的应力值通过地应力转换公式得到水平方向最大、最小主应力，基于弹性力学原理，主应力计算表达式为：

$$\sigma_H=\frac{\sigma_{0^\circ}+\sigma_{90^\circ}}{2}+\frac{\sigma_{0^\circ}-\sigma_{90^\circ}}{2}(1+\tan^2 2\theta)^{1/2} \tag{10}$$

$$\sigma_h=\frac{\sigma_{0^\circ}+\sigma_{90^\circ}}{2}-\frac{\sigma_{0^\circ}-\sigma_{90^\circ}}{2}(1+\tan^2 2\theta)^{1/2} \tag{11}$$

$$\tan 2\theta=\frac{\sigma_{0^\circ}+\sigma_{90^\circ}-2\sigma_{45^\circ}}{\sigma_{0^\circ}+\sigma_{90^\circ}} \tag{12}$$

式中，σ_{0°、σ_{45°、σ_{90° 分别为实测正应力；σ_H 为最大水平主应力，MPa；σ_h 为最小水平主应力，MPa；θ 为最大水平主应力的方向。

根据岩心地应力评价结果对测井数据解释地应力结果进行校正(图 4)，准确的解释了干柴沟页岩油全井段应力值。由测井数据计算得到的地应力大小及水平应力差异系数结果显示，如图 5、图 6，储层的水平应力差集中分布在 15~25MPa 之间，水平差异系数主要分布在 0.18~0.30 之间，平均为 0.24，属于Ⅰ类和Ⅱ类储层之间，整体上应力差较大，压裂时需要提高排量、提高净压力来使改造储层更加复杂化。

3　裂隙密度对可压性的影响

天然裂隙是储层在水力压裂后能够形成复杂缝网的重要因素之一，在天然裂隙发育的储层段，岩石的破裂压力和抗张强度远远低于不含微裂隙的储层段，同时会提高储层局部渗透率，所以在压裂过程中，当储层中存在大量微裂隙时，压裂产生的诱导缝会与天然裂缝沟通，形成较大的储层改造体积，同时缝网形成能力也就越好。因此，在含裂隙的脆性储层中，需要考虑微裂隙的影响。考虑岩石裂隙有效介质理论，岩石在高频状态下有效体积模量 K 可表示为：

$$\rho_c=\frac{1}{V}\sum_{1}^{n}c_i^3 \tag{13}$$

$$h=\frac{16(1-v_0^2)}{9(1-v_0/2)} \tag{14}$$

$$\frac{K_0}{K}=1+\rho_c\frac{h}{1-2v_0}\left(1-\frac{v_0}{2}\right) \tag{15}$$

式中，ρ_c 是裂隙密度，无量纲，代表统计意义上的损伤量；c_i 是第 i 个裂隙的半径，N 是镶嵌在体积元 V 内的总裂隙数。K_0、h、v_0 分别是岩石基质的体积模量，裂隙密度参数和泊松比。表 5 是英雄岭页岩油裂隙密度评价分类标准。

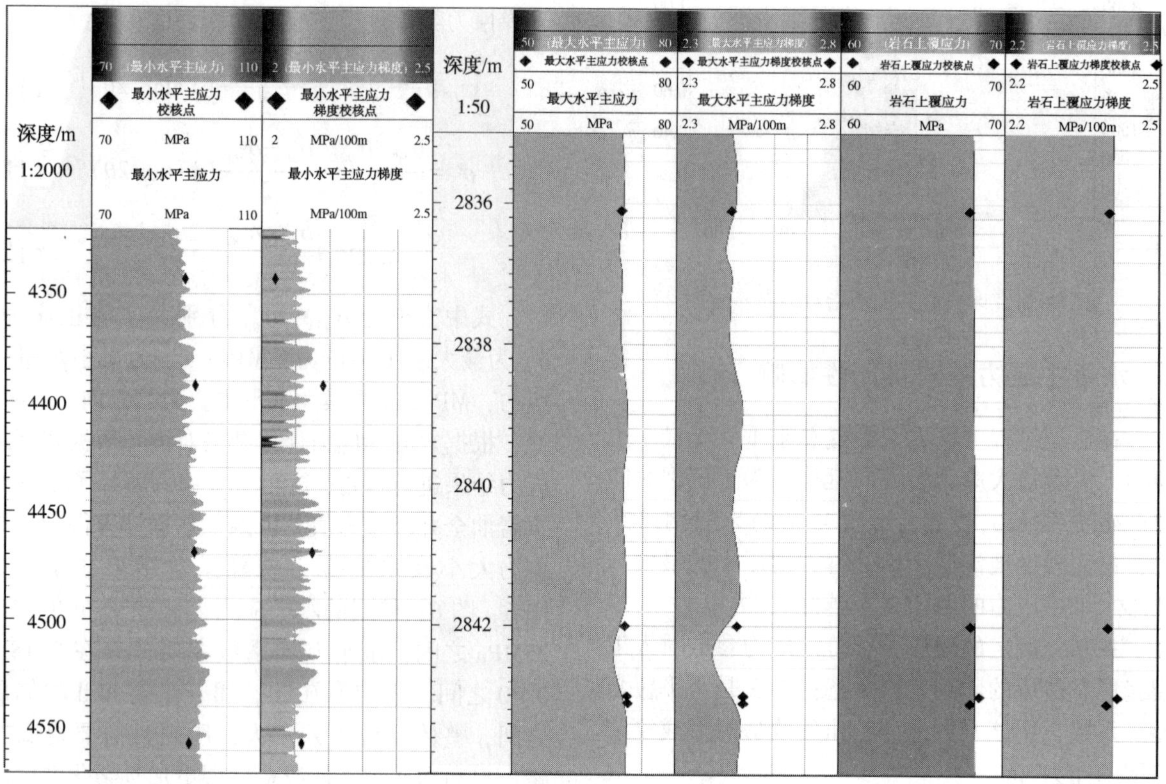

图 4　干柴沟区块典型井地应力综合曲线

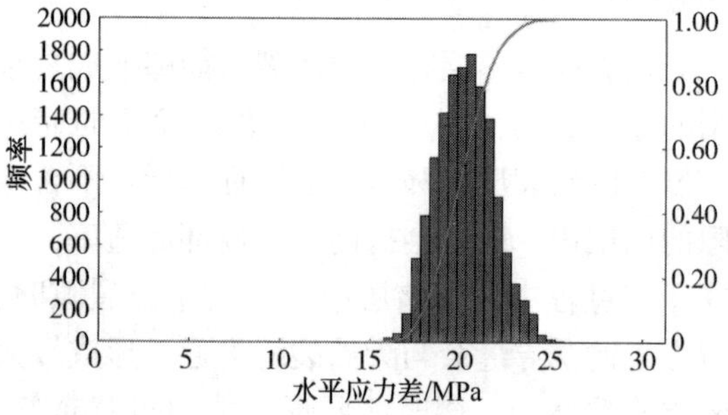

图 5　研究区典型井水平应力差分布直方图

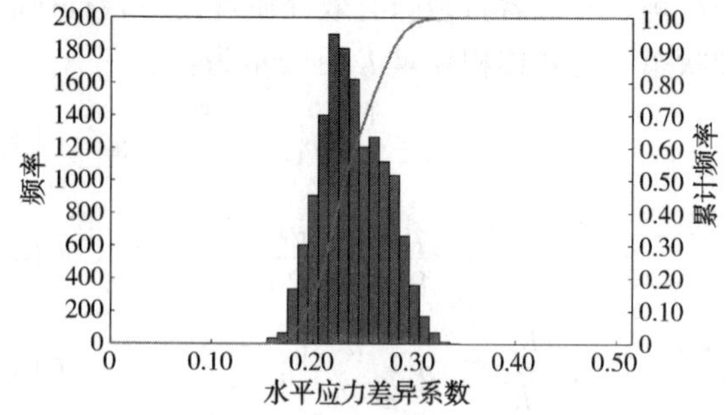

图 6　研究区典型井水平应力差异系数分布直方图

根据表达式(13)～式(15)，结合阵列声波测井数据反演获得页岩储层全井段连续的裂隙密度剖面，如图 7 所示。由测井数据计算得到储层天然裂隙密度主要分布在 0.05～0.25 之间，平均为 0.17，属于Ⅰ类和Ⅱ类储层之间，整体上微裂隙较发育。

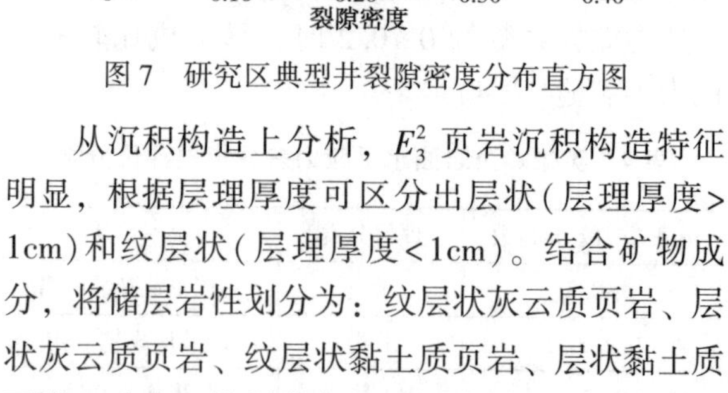

图 7　研究区典型井裂隙密度分布直方图

从沉积构造上分析，E_3^2 页岩沉积构造特征明显，根据层理厚度可区分出层状(层理厚度>1cm)和纹层状(层理厚度<1cm)。结合矿物成分，将储层岩性划分为：纹层状灰云质页岩、层状灰云质页岩、纹层状黏土质页岩、层状黏土质页岩、砂岩。纹层状灰云质页岩形成于静水条件下，微观上表现为泥岩与碎屑交叠沉积，宏观上表现为深灰色或灰色细条纹互层，岩性为灰云质泥/页岩、泥/页岩。储集空间类型以灰云岩基质微孔为主，铸体呈弥散状分布，其次为晶/粒间微溶孔，部分孔隙连通性良好，层间缝较为发育，此类储层约占 33.6%。图 8 是英雄岭凹陷

C902 区块页岩油储层纹层状灰云质页岩储层岩石学特征，表明存在大量的微裂隙。

(a)纹层状灰云质页岩　(b)纹层状灰云质页岩，荧光扫描　(c)纹层状灰云质页岩，荧光扫描
(d)纹层状灰云质页岩　(e)纹层状灰云质页岩，层间缝　(f)纹层状灰云质页岩，层间缝

图 8　英雄岭凹陷 C902 区块页岩油储层纹层状灰云质页岩储层岩石学特征

表 5　英雄岭页岩油裂隙密度评价分类

裂隙密度评价分类	评价分类	描　　述
≤0.1	Ⅲ类	难以形成裂缝网络
0.1~0.25	Ⅱ类	高净压力下能够形成较为复杂的裂缝
≥0.25	Ⅰ类	能形成充分的放射状裂缝网络

由裂隙密度的研究可知，干柴沟页岩油储层天然裂缝的发育为复杂裂缝网络的形成提供较为有利的条件。

4　综合可压性指数的提出

根据分析结果，可压性综合评价参数包括：基质脆性指数(综合考虑模量脆性和矿物脆性)、水平应力差异系数和裂隙密度，将数据归一化形成可压性指数公式(16)~式(19)。

在指标归一化计算过程中，把可压性指标分为正向和负向两种指标。正向指标为指标越大对可压性评价结果越好，如基质脆性指数、裂隙密度；而负向指标即指标值越小，对可压性越有利，如水平应力差异系数等。归一化表达式如下：

$$B_{rit}=\frac{B_j-B_{jmin}}{B_{jmax}-B_{jmin}}\times 100\% \tag{16}$$

$$\rho_a=\frac{\rho_j-\rho_{jmin}}{\rho_{jmax}-\rho_{jmin}}\times 100\% \tag{17}$$

$$K_h=\frac{K_j-K_{jmin}}{K_{jmax}-K_{jmin}}\times 100\% \tag{18}$$

式中，B_{rit}、ρ_a、K_h 分别为基质脆性指数归一化、裂隙密度指数归一化和水平应力差异系数归一化；B_j、ρ_j、K_j 分别为基质脆性测试值、裂隙密度测试值和水平应力差异系数测试值。

鉴于目前研究分析三个参数对裂缝的影响基本相当，故初步确定权重取值均为 1/3。可压性指数计算公式：

$$FI=\frac{B_{rit}+\rho_a+K_h}{3} \tag{19}$$

表 6 是英雄岭页岩油可压性评价分析的分类标准。当可压性指数 FI 值大于等于 60 时为一类储层，表明能够形成充分的放射状裂缝网络。当 FI 值处于 40 至 60 之间时，为二类储层，表示高净压下力能够形成较为复杂的裂缝网络。当 FI 值小于 40 时，为第三类储层，表明难以形成裂缝网络。

表 6　英雄岭页岩油可压性评价分类

可压性评价分析	评价分类	描述
≤0.4	Ⅲ类	难以形成裂缝网络
0.4~0.6	Ⅱ类	高净压力下能够形成较为复杂的裂缝
≥60	Ⅰ类	能形成充分的放射状裂缝网络

5　应用实例

将综合可压性指数评价方法应用于英雄岭地区的 CP1 井上。CP1 井水平井长 997m，基质脆性 0.51~0.67，水平应力差异系数 0.18~0.22，裂隙密度 0.25~0.38，综合可压性指数 0.52~0.69，整体属于Ⅰ-Ⅱ类储层，以Ⅰ类储层为主。

通过地质工程一体化甜点优选，设计及施工压裂 21 段 124 簇，施工排量 $18m^3/min$，总液量 $34677m^3$，用液强度 $34m^3/m$，总砂量 3301 方，加砂强度 $3.3m^3/m$，平均破裂压力 74.2MPa，平均砂比 22.5%。

从微地震监测事件点分布分析，事件点高度平均 55m，事件点长度平均 438m，缝带宽 132m，总事件波及体积 2322.3 万方。裂缝复杂性指数分析来看，平均裂缝复杂性指数在 0.303，裂缝网络相对复杂。与可压性评价结果较一致，表明了建立的综合可压性评价方法可靠。

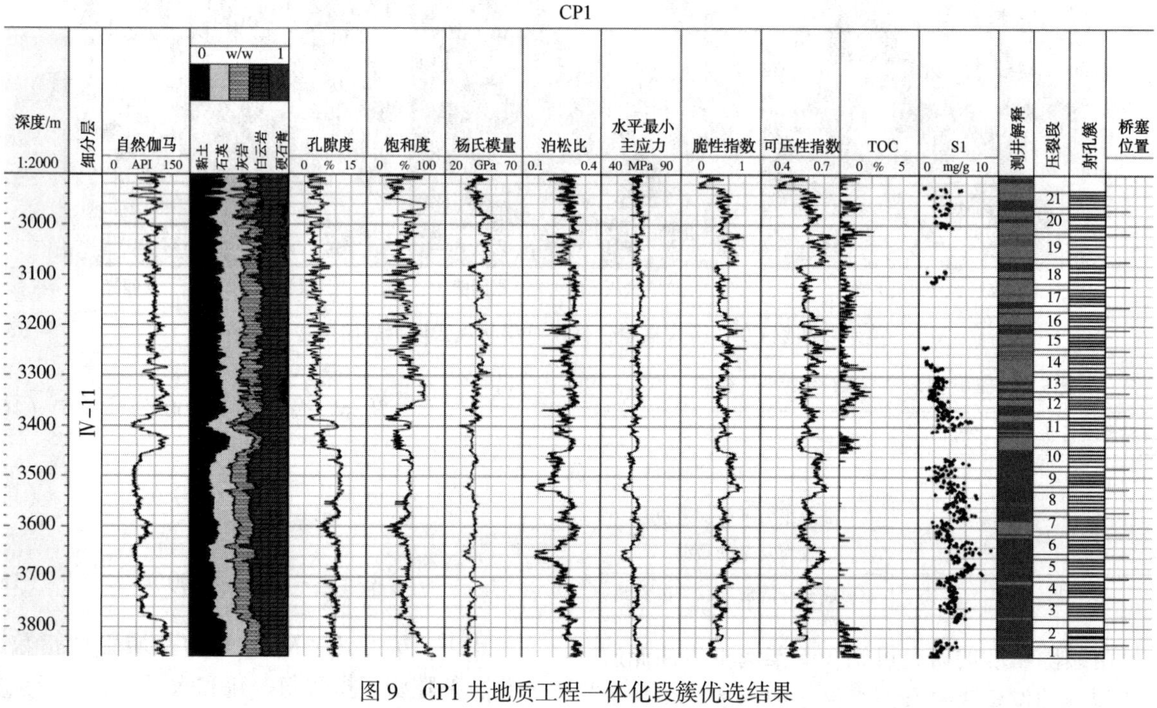

图 9　CP1 井地质工程一体化段簇优选结果

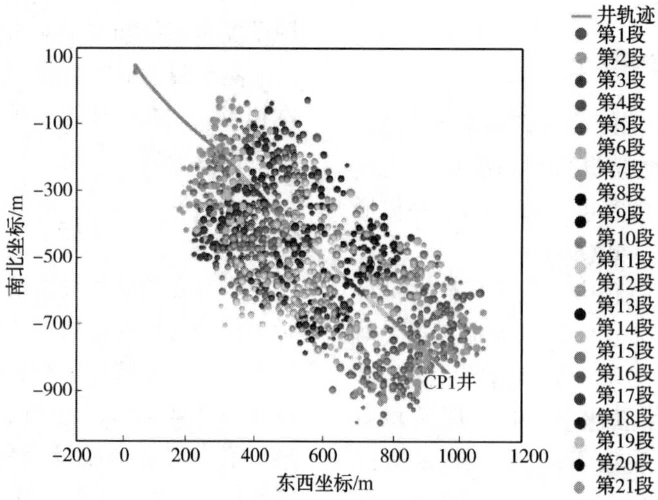

图 10　CP1 井井下微地震监测事件点分布俯视图

6 结论

（1）本文提出的综合基质脆性指数，包括了矿物含量以及层理发育等特征，综合脆性指数更适用于英雄岭干柴沟页岩油储层的脆性评价。

（2）微裂隙、层理缝的发育也是影响可压性的重要因素之一。当储层中存在大量微裂隙时，该储层形成复杂缝网的能力越强，可压性也就更好。为此在进行储层可压性评价时需要考虑微裂隙对其影响。

（3）本文综合基质脆性、微裂隙发育评价及地应力，提出了一套综合的可压性评价方法。储层中基质脆性越大、裂隙密度越大、水平应力差异系数越小，越容易形成复杂裂缝网络。

（4）将本文建立的综合可压性指数评价方法应用于英雄岭地区的 CP1 井的评价中。CP1 井的基质脆性处于 0.51～0.67 之间，脆性中等偏上。水平应力差异系数 0.18～0.22，具备形成复杂缝网的条件，裂隙密度 0.25～0.38 表明微裂隙较发育。综合可压性指数为 0.52～0.69，整体上属于Ⅰ－Ⅱ类储层，以Ⅰ类储层为主，有利于形成复杂裂缝网络。

（5）CP1 井压裂微地震监测事件点分布分散且均匀，平均裂缝复杂性指数为 0.303，裂缝网络相对复杂。与可压性评价结果较一致，表明了建立的综合可压性评价方法可靠。

参 考 文 献

[1] Cipolla C L, Warpinski N R, Mayerhofer M J, et al. The Relationship Between Fracture Complexity, Reservoir Properties, and Fracture－Treatment Design [C]//SPE 115769.

[2] 吴奇，胥云，王腾飞，等．增产改造理念的重大变革——体积改造技术概论[J]．天然气工业，2011，31(4)：7-12+16.

[3] 郭天魁，张士诚，葛洪魁．评价页岩压裂形成缝网能力的新方法[J]．岩土力学，2013，34(4)：947-54.

[4] Sondergeld CH, Newsham KE, Comisky JT, et al. Petrophysical Considerations in Evaluating and Producing Shale Gas Resources[C]// SPE 131768.

[5] Rickman R, Mullen M, Petre E, et al. A Practical Use of Shale Petrophysics for Stimulation Design Optimization: All Shale Plays Are Not Clones of the Barnett Shale[C]// SPE Annual Technical Conference & Exhibition. Society of Petroleum Engineers, 2008.

[6] LI Qinghui, Chen Mian, JIN Yan, et al. Rock Mechanical Properties of Shale Gas Reservoir and their Influences on Hydraulic Fracture [M]. IPTC: International Petroleum Technology Conference, 2013.

[7] Jahandideh A, Jafarpour B. Optimization of Hydraulic Fracturing Design Under Spatially Variable Shale Fracability [J]. Journal of Petroleum Science and Engineering, 2014, 138: 174-188.

[8] 袁俊亮，邓金根，张定宇，等．页岩气储层可压裂性评价技术[J]．石油学报，2013，34(3)：523-527.

[9] 张新华，邹筱春，赵红艳，等．利用 X 荧光元素录井资料评价页岩脆性的新方法[J]．石油钻探技术，2012，40(5)：92-95.

[10] 王鹏，纪友亮，潘仁芳，等．页岩脆性的综合评价方法——以四川盆地 W 区下志留统龙马溪组为例[J]．天然气工业，2013，33(12)：48-53.

[11] 李庆辉，陈勉，金衍，等．页岩气储层岩石力学特性及脆性评价[J]．石油钻探技术，2012，40(4)：17-22.

[12] 李庆辉，陈勉，金衍，侯冰，张保卫．页岩脆性的室内评价方法及改进[J]．岩石力学与工程学报．2012(08)：1680-5.

[13] 刁海燕．泥页岩储层岩石力学特性及脆性评价[J]．岩石学报，2013，29(9)：3300-3306.

[14] Chong K K, Grieser W V, Jaripatke O A, et al. A Completions Roadmap to Shale-Play Development: A Review of Successful Approaches toward Shale－Play Stimulation in the Last Two Decades[C]//. SPE Deep Gas Conference and Exhibition, 2010.

[15] Matthews H L, Schein G W, Malone M R. Stimulation of Gas Shales: They're All the Same? Right? [C]// SPE, 2007.

[16] Mullen M, Roundtree R, Turk G. A Composite Determination of Mechanical Rock Properties for Stimulation Design(What to Do When You Don't Have a Sonic Log)[C]// Rocky Mountain Oil & Gas Technology Symposium. 2007.

[17] Jarvie D M, Hill R J, Ruble T E, et al. Unconventional shale－gas systems: The Mississippian Barnett Shale of north-central Texas as one model for thermogenic shale-gas assessment[J]. Aapg Bulletin, 2007, 91(4): 475-499.

[18] Wang F P, Gale J F. Screening criteria for shale-gas systems. Gulf Cosst Association of Geological Societies Transactions, 2009, 59: 779-793.

[19] Xiaochun Jin, Subhash N. Shah, Jean － Claude

Roegiers, et al. Fracability Evaluation in Shale Reservoirs–An Integrated Petrophysics and Geomechanics Approach[C]//SPE 168589.

[20] Rickman R, Mullen M J, Petre J E, et al. A practical use of shale petrophysics for stimulation design optimization: all shale plays are not clones of the Barnett Shale[C]//SPE Technical Congerence and Exhibition, Society of Petroleum Engineers, Colorado USA: 2008.

[21] LIU Zhishui, SUN Zandong. New brittleness indexes and their application in shale/clay gas reservoir prediction [J]. Petroleum Exploration And Development, 2015, 42(1): 117–124.

[22] Yang Z, Wang X, Ge H, et al. Study on evaluation method of fracture forming ability of shale oil reservoirs in Fengcheng Formation, Mahu sag [J]. Journal of Petroleum Science and Engineering, Volume 215, Part A, 2022, 110576, ISSN 0920–4105.

[23] Beugelsdijk L J L, Pater C, Sato K. Experimental Hydraulic Fracture Propagation in a Multi–Fractured Medium[C]. SPE Asia Pacific Conference on Integrated Modelling for Asset Management. 2000.

[24] Ljunggren C, Chang Y, Janson T, et al. An overview of rock stress measurement methods[J]. International Journal of Rock Mechanics and Mining Sciences, 2003, 40(7–8): 975–989.

[25] 陈诚，雷征东，房茂军，等．致密砂岩储层缝网形成能力评价与极限参数压裂技术[J]．科学技术工程，2022，22(16)：6400–6407.

[26] Gale J, Reed R M, Holder J. Natural fractures in the Barnett Shale and their importance for hydraulic fracture treatments [J]. AAPG Bulletin, 2007, 91(4): 603–622.

[27] Bowker K A. Barnett Shale gas production, Fort Worth Basin: Issues and discussion [J]. Aapg Bulletin, 2007, 91(4): 523–533.

南海西部低渗油藏复合气驱技术研究

葛 嵩 于志刚 吕 赟 张德政 韩云龙

[中海石油(中国)有限公司湛江分公司]

摘 要 南海西部涠洲 12-1 油田属于低渗致密油藏，水锁水敏效应严重，常规注水开发效果不佳，需要采用非常规气驱开发方式释放油藏产能。但考虑到油田储层非均质性强，容易发生气窜等问题，为优化注气开发效果，通过研究，形成了"连续型乳液凝胶+水气交替注气"的复合气驱技术。针对目标储层的特征，开展了物理模拟实验，评价了连续凝胶、气体与储层的配伍性以及水气交替轮次、水气交替段塞对提高采收率效果影响。结果表明合成的微乳液凝胶具有优秀的耐温耐盐性能，满足渗透率在 $40\times10^{-3}\mu m^2$ 以下的低渗油藏的注入储层配伍性，封窜后封堵率均在 85% 以上。气水段塞数量越多，增压调驱效果越好，考虑现场施工难度，建议优选轮次为两轮次，气水总段塞大小为 0.2PV。

关键词 海上低渗油藏；气驱非常规开发；水气交替连续性凝胶

南海西部涠洲 12-1 油田属于低渗致密油藏，水锁水敏效应严重，常规注水开发效果不佳。该油田伴生气资源丰富，天然气驱对低黏度原油油藏有利于达到近混相、甚至混相驱替，提高原油采收率效果较好。但该油田储层非均质性强，注采井距大，受到气驱体积波及系数低和黏性指进等因素，容易导致气驱过程中容易出现过早气体突破及气窜问题。常用的延缓或治理气窜措施包括泡沫驱、强凝胶封堵等，针对已经发生严重气窜的大孔隙封堵能力较弱，且药剂受到矿化度及温度影响较大，注入性和治理难以保证。

针对以上问题，作者结合目标区块油藏特征，合成了一种耐温耐盐性能良好且初始低黏度的乳液聚合物凝胶，提出"连续型乳液凝胶+水气交替注气"的复合气驱技术。并通过开展物理模拟实验，优化了复合气驱工艺参数，评价了连续凝胶、气体与储层的配伍性以及水气交替轮次、水气交替段塞对提高采收率效果影响。

1 静态试验评价

1.1 试验器材

材料：7569 型乳液聚合物，有效含量 30%，山东诺尔生物科技有限公司；交联剂 JL-1(对苯二酚)、交联剂 JL-2(六亚甲基四胺)及除氧剂 LN(硫脲)，分析纯，辽宁泉瑞试剂有限公司；络合剂 HE-4(羟基乙叉二膦酸四钠)，分析纯，山东泰和水处理科技股份有限公司；成胶强化剂 NMWJ(纳米微胶)，分析纯，中海油湛江分公司提供；实验用水为自制矿化度模拟水，水质离子分析见表 1；实验用天然气成分见表 2，大连大特气体有限公司；实验用油为目标区块脱气原油，黏度 1.33mPa·s，中海油湛江分公司提供；实验岩心由石英砂和环氧树脂胶结而成。具体尺寸及渗透率分布见表 3。

岩心驱替实验装置及流程见图 1。

表 1 水质离子分析

总矿化度/(mg/L)	各离子浓度/(mg/L)						
	K^+/Na^+	Ca^{2+}	Mg^{2+}	CO_3^{2-}	Cl^-	SO_4^{2-}	HCO_3^-
32179	10153	366	1171	—	17639	2690	153

表 2 天然气成分表

组分	C_2	C_3	iC_4	nC_4	CO_2	iC_5	nC_5	C_{6+}	C_1	TOTAL
含量/%	11.54	6.66	0.83	1.04	3.31	0.15	0.07	0.00	76.40	100.00

表 3 岩心尺寸及渗透率分布

实验类型	尺寸	级差	渗透率/$10^{-3}\mu m^2$
封堵性能	φ2.5cm×0cm	—	10~500
耐冲刷性能		—	200
调剖性能(并联双管)	4.5cm×4.5cm×30cm	—	20、50
		—	100、500
组合封窜		—	50、500
		10	50/100/500

注：级差指高渗层渗透率与低渗层渗透率的比值。

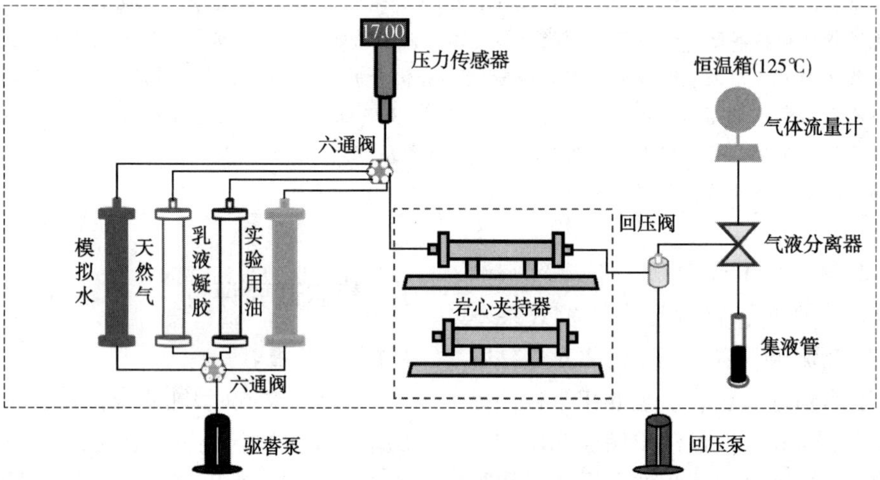

图 1 驱替实验流程图

1.2 乳液聚合物凝胶的耐温耐盐性能

采用布氏黏度计测得乳液凝胶体系溶液初始黏度为 4.3mPa·s。成胶后根据 Sydansk 凝胶代码法对凝胶成胶效果进行分级，其中 D 级强度可动凝胶黏度达 20000mPa·s 以上。不同温度下的成胶结果见图 2(a)，125℃条件下，控制氯化钙质量浓度为 366mg/L，改变模拟水中氯化钠浓度得到矿化度对成胶效果影响见图 2(b)。从图 2(a)可以看出，随着温度的升高，成胶时间缩短，成胶强度保持 I 级不变，90d 脱水率呈增大趋势，其中 130℃条件下，凝胶 90d 脱水率仍小于 8%，表明该乳液凝胶体系具有优秀的高温稳定性。从图 3(b)可以看出，随着矿化度的增大，成胶时间明显缩短，但矿化度达到 6×10^4mg/L 时，仍能保持较高的凝胶强度(H 级)及较低的脱水率(90d 脱水率为 7.6%)，表明 7569 型乳液凝胶体系具有优良的耐盐性能。

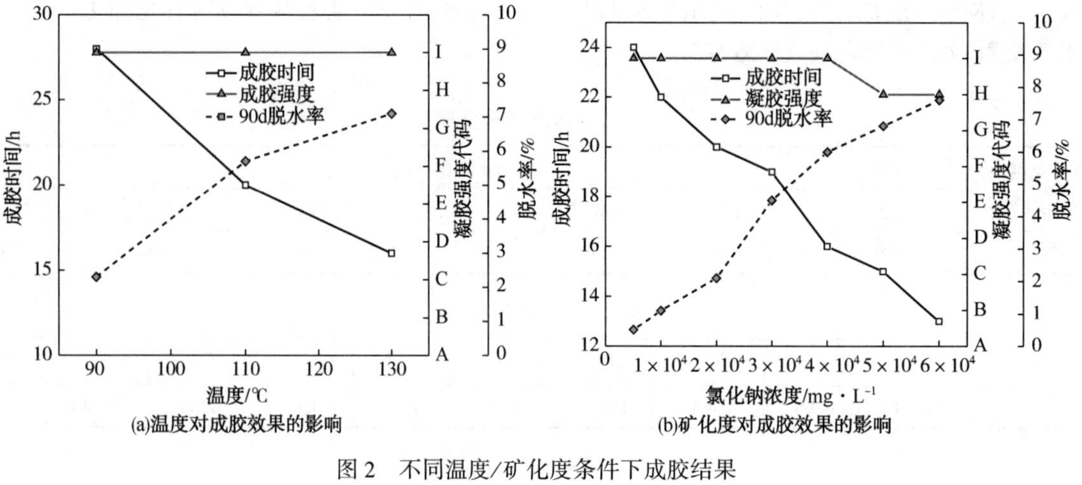

图 2 不同温度/矿化度条件下成胶结果

2 物理模拟实验评价

2.1 封堵性能试验

选择渗透率在 43.6~523.9×10^{-3}μm^2 的范围的岩心，开展了封堵性能评价。记录气驱、候凝后后续气驱的压力，对比分析封堵前后注入段压力变化，实验结果见图 3。

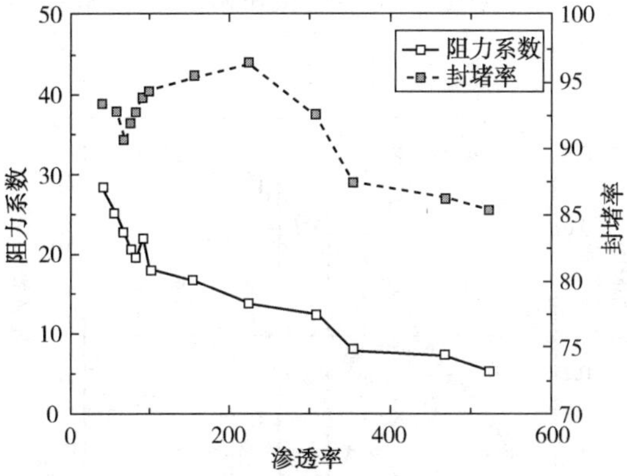

图 3 注入阻力系数和封堵率与渗透率变化关系

试验结果表明，随着渗透率的增加，7569 型乳液凝胶封堵体系的封堵率总体上呈现先小幅增加后下降的趋势，其封堵率均在 85%以上，说明其可在注入压力作用下进入多孔介质，在其中有效成胶形成网状结构并封堵强水(气)窜通道。乳液凝胶中含有的磺酸基提高了其耐温性能，交联剂六亚甲基四胺高温下分解产生的甲醛与对苯二酚发生缩合反应形成的酚醛树脂可耐受高温。此外，加入纳米微胶来填充网状结构中的空隙进一步提高了凝胶的高温稳定性。注入乳液凝胶堵剂后，其在岩心大孔隙中形成网状结构并对气窜通道进行封堵，改善了储层非均质性，迫使后续气体在注入压力作用下进入相对低渗层，可有效动用剩余油。微观机理见图 4。

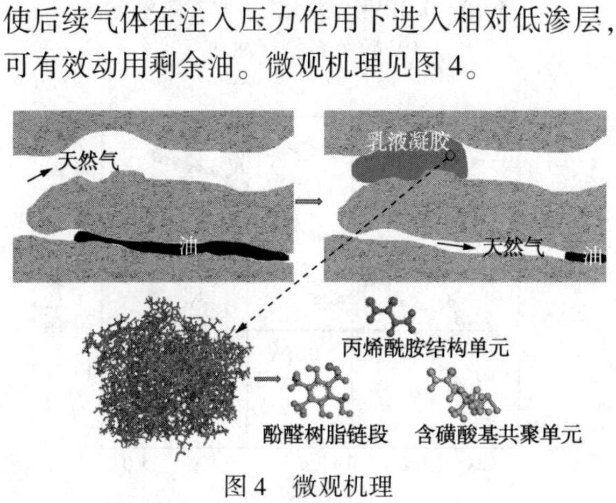

图 4 微观机理

2.2 水气交替注入性试验

选择渗透率 20~500×10^{-3}μm^2 的岩心开展了水气交替注入性试验，试验结果见图 5。试验结果表明，气水交替三组实验见气阶段驱替效率基本一致，气水交替方式相较连续气驱驱替效率增幅 9.94%，水气交替方式相较连续气驱驱替效率增幅 7.21%，说明水气交替注入具有可行性，并且相比气驱提高采收率效果更好。原因在于先注气段塞后注水段赛时，气段塞会在驱替压力下部分溶解与原油中，这就导致前期驱替效率增幅相对缓慢，但是由于气段塞的溶解，导致气体与原油流度比降低，油气界面更加稳定，舌进及粘性指进现象不突出，因此最终驱替效率升高。

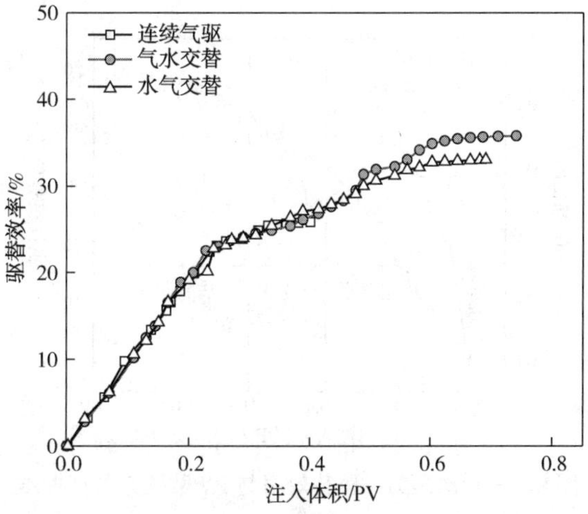

图 5 水气交替注入性试验结果

2.3 水气交替轮次对提高采收率效果试验

选择渗透率 20/50×10^{-3}μm^2 岩心进行水气交替轮次对提高采收率效果试验，试验结果见图 6~图 8。

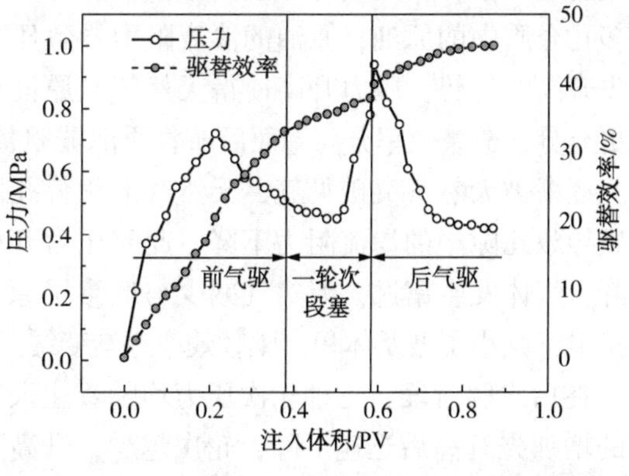

图 6 一轮次压力、驱替效率与 PV 数关系特征曲线

由图 6~图 8 可以看出，在其他参数相同的情况下，改变段塞中的轮次，能够影响最终的驱替效率，轮次越多，驱替效率越高，驱替效率增幅随着轮次的增加逐渐降低，一轮次、二轮次、三轮次时最终驱替效率依次分别为 44.66%、

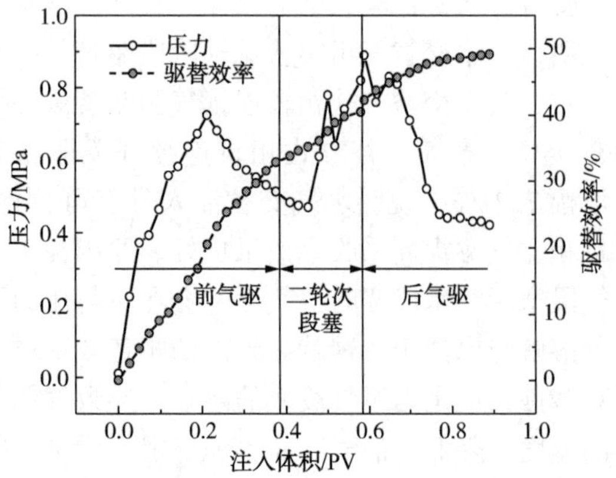

图 7　二轮次压力、驱替效率与 PV 数关系特征曲线

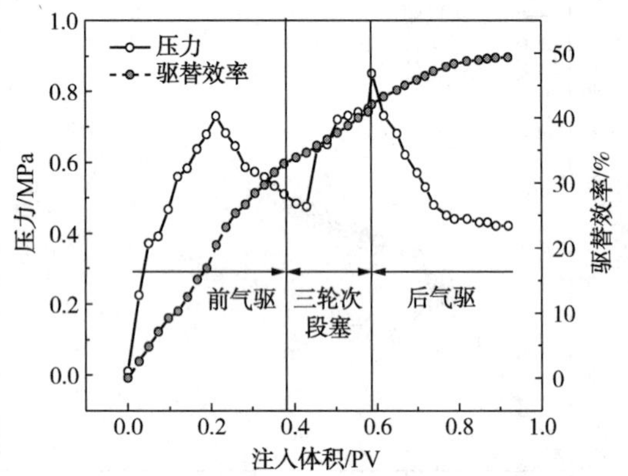

图 8　三轮次压力、驱替效率与 PV 数关系特征曲线

48.38%、48.74%。对三种轮次各个阶段依次进行分析，在前气驱阶段，三种轮次压力趋势随注入量的增加呈先增加后降低，驱替效率逐渐上升，在见气后，驱替效率增幅变缓。主要原因是在前气驱阶段，储层多孔介质中含有水和油，前期在注气的过程中，天然气与原油接触溶解膨胀，驱替多孔介质中的原油，原油的渗流阻力导致压力呈先升高的趋势，压力升高使得天然气与原油接触更充分，驱替效率升高。而后随着原油被驱替，孔隙逐渐被天然气突破见气，天然气沿优势孔隙突破导致孔隙中的渗流阻力下降，此时压力开始下降，气体发生窜逸，天然气减少与低渗层原油的接触，减小了波及体积，驱替效率逐渐变缓。

在后水驱阶段，三种轮次压力均随着注入体积的增加先升高后迅速下降，轮次越少，升高下降的幅度越高，原因分析为轮次越少，末段水段塞越大，对气窜封堵越强，初期压力增幅越明显。但是由于水段塞总量不变，因此三种轮次压力最终稳定压力相差不大。三种轮次，二轮次后气驱提高驱替效果最好，高于一轮次和三轮次。原因分析为，交替轮次越频繁会导致频繁的水堵气，气驱油，频繁的波及低渗储层，有效的封堵储层。但是如果过于频繁，末段水段塞过小，会导致压力上升不明显，在整体剩余油不充足的情况下，不能很好的波及到低渗储层。考虑到现场实施难度，建议交替伦次为 2 轮次。

2.4　水气交替段塞对提高采收率效果影响试验

选择渗透率 $20/50\times10^{-3}\ \mu m^2$ 岩心进行水气交替段塞对提高采收率效果影响试验，试验结果见图 9。

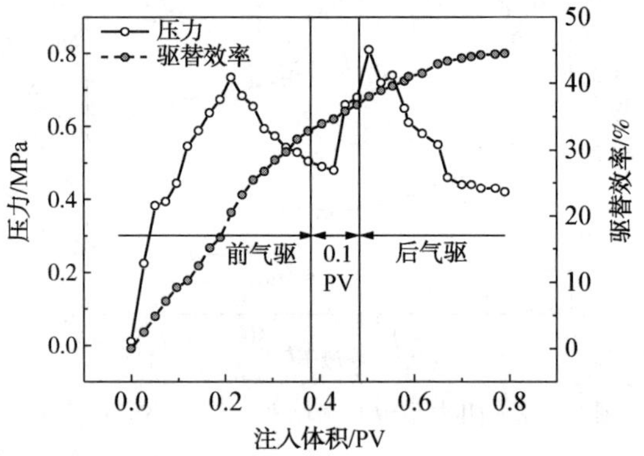

图 9　0.1PV 段塞压力、驱替效率与 PV 数关系特征曲线

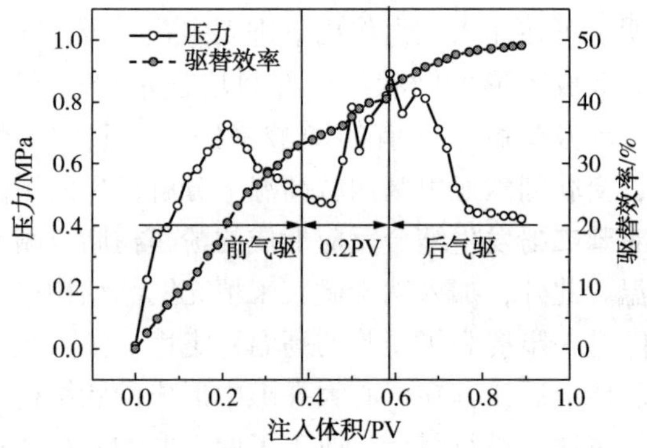

图 10　0.2PV 段塞压力、驱替效率与 PV 数关系特征曲线

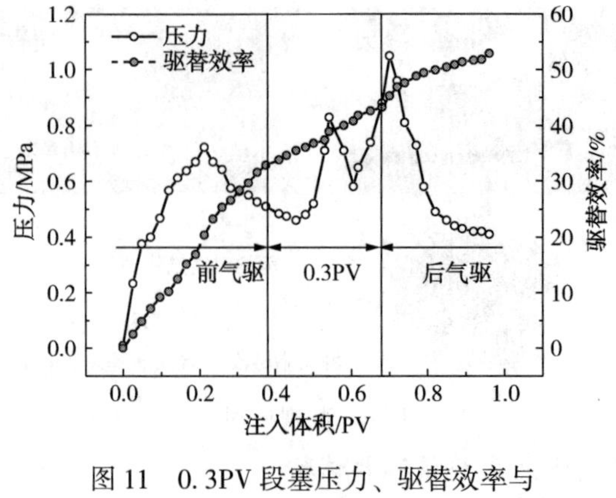

图 11　0.3PV 段塞压力、驱替效率与 PV 数关系特征曲线

由图9、图10、图11，可以看出，在其他参数相同的情况下，改变段塞大小，能够影响最终的驱替效率，段塞越大，驱替效率越高，驱替效率增幅随着段塞大小的增加逐渐下降，在段塞为0.1PV、0.2PV、0.3PV时，最终的驱替效率分别为43.74%、48.38%、51.42%。对三种不同段塞大小各个阶段分析，在段塞为0.1PV、0.2PV、0.3PV时，注段塞阶段的驱替效率增幅分别为3.96%、7.5%、10.39%。分析原因为，在注入段塞的过程中，段塞的增大，一方面增强水段塞在多孔介质中的封堵效果，水段塞对高渗层封堵时少量液体也会对储层中的低渗层进行波及提高驱油效果。另一方面，在经过水段塞的封堵后，气段塞经过大量水段塞堵塞孔隙，受到水段塞的渗流阻力，导致气体在驱替的过程中压力起升快，注入压力高，迫使部分气体向低渗层波及，提高驱替效率。并且段塞的增加也会导致气段塞的增加，天然气与地层原油会更加充分接触以及溶解膨胀，补充地层能量，改善流度比，提高驱替效率。因此段塞越大，在段塞阶段提高的驱替效率越高。在后气驱的阶段，段塞大小0.1PV、0.2PV、0.3PV情况下，驱替效率增幅分别为10.92%、15.46%、18.5%。主要原因为在后气驱的过程中段塞量增加会导致孔隙中含水率的提高，在孔隙中存在大量的地层水，渗流阻力要比气相高迫使注入压力升高，使得液流转向低渗储层，提高波及效果。因此段塞量越大，波及效果越好。考虑经济效益，建议气水总段塞大小为0.2PV。

3 结论

（1）针对涠洲12-1油田研发的连续型乳液凝胶具有优秀的耐温耐盐性能，可耐温130℃，耐盐6×10^4mg/L，成胶强度H-I级。

（2）连续型乳液凝胶封堵体系的封堵率均在85%以上，可在注入压力作用下进入多孔介质，在其中有效成胶形成网状结构并封堵强水（气）窜通道。

（3）气水交替三组实验见气阶段驱替效率基本一致，气水交替方式相较连续气驱驱替效率增幅9.94%，水气交替方式相较连续气驱驱替效率增幅7.21%，说明水气交替注入具有可行性，并且相比气驱提高采收率效果更好。

（4）其他参数相同的情况下，改变段塞中的轮次，能够影响最终的驱替效率，轮次越多，驱替效率越高考虑到现场实施难度，建议交替伦次为2轮次。

（5）水气交替段塞量越大，波及效果越好。考虑经济效益，建议气水总段塞大小为0.2PV。

参考文献

[1] 贾承造．中国石油工业上游前景与未来理论技术五大挑战[J]．石油学报，2024，45(01)：1-14.

[2] 周立明，韩征，张道勇，等．中国新增石油和天然气探明地质储量特征[J]．新疆石油地质，2022，43(01)：115-121.

[3] 赵清，郭继香，焦保雷，等．耐高温高盐弱凝胶驱油剂的开发及性能评价[J]．现代化工，2020，40(12)：137-140+146.

[4] 冯高城，胡云鹏，姚为英，等．注气驱油技术发展应用及海上油田启示[J]．西南石油大学学报(自然科学版)，2019，41(01)：147-155.

[5] 王纪伟，宋丽阳，董驰，等．凝胶体系延缓交联技术研究进展[J]．现代化工，2019，39(07)：43-47.

[6] 高弘毅，侯天江，吴应川．注天然气驱提高采收率技术研究[J]．钻采工艺，2009，32(05)：25-27+125.

[7] 刘雅婕，刘琦．CO_2驱凝胶封窜体系研究进展[J]．油气地质与采收率，2023，30(02)：122-134.

[8] 王哲，曹广胜，白玉杰，等．低渗透油藏提高采收率技术现状及展望[J]．特种油气藏，2023，30(01)：1-13.

[9] 张蒙，赵凤兰，吕广忠，等．气水交替改善CO_2驱油效果的适应界限[J]．油田化学，2020，37(02)：279-286.

[10] 张园，陈金梅，李亮，等．耐温抗盐聚合物凝胶体系研究进展[J]．现代化工，2022，42(01)：51-55+60.

[11] 何龙，谷峪，焦保雷，等．有机-无机复合交联凝胶防CO_2气窜体系评价研究[J]．现代化工，2021，41(03)：111-115+119.

[12] 廖月敏，付美龙，杨松林．耐温抗盐凝胶堵水调剖体系的研究与应用[J]．特种油气藏，2019，26(1)：158-162.

[13] 李宜强，计秉玉，李景岩，等．CDG体系的深度调剖性能研究[J]．石油与天然气化工，2005(05)：401-404+339.

[14] 马帅，王鑫，程川辉，等．涠洲A油田气窜规律室内实验研究[J]．中国石油和化工标准与质量，2022，42(24)：59-61.

[15] MORADIARAGHI A. A review of thermally stable gels for fluid diversion in petroleum production[J]. Journal

of Petroleum Science and Egineering, 2000, 26(1): 1-10.

[16] 贾虎, 蒲万芬. 有机凝胶控水及堵水技术研究[J]. 西南石油大学学报(自然科学版), 2013, 35(6): 141-152.

[17] 杨洋, 贺小萱, 时娟, 等. 高稳定性壳聚糖凝胶堵剂的制备与成胶性能评价[J]. 油田化学, 2023, 40(02): 284-290.

[18] 易飞, 陈斌, 王成胜, 等. 驱油用超高分子量聚丙烯酰胺拉伸流变性能研究[J]. 石油与天然气化工, 2021, 50(04): 86-91+108.

[19] 杨发, 吕朝贵, 李祎. 深部调剖技术研究与应用现状[J]. 石油化工应用, 2020, 39(04): 1-7.

[20] 姜维东. Ca^{2+}和 Mg^{2+}对 Cr^{3+}聚合物凝胶性能影响实验研究[J]. 石油与天然气化工, 2016, 45(02): 67-71.

长庆油田页岩油 CO_2 区域增能体积压裂技术研究与实践

陶 亮 齐 银 王德玉 陈文斌 赵国翔 刘晓庆 王泫懿

(中国石油长庆油田分公司油气工艺研究院)

摘 要 针对鄂尔多斯盆地页岩油低压储层流体流动阻力大和增能效率低等难题，提出了 CO_2 区域增能体积压裂新理念。本文首先开展了不同注入介质压裂物模实验，利用高能 CT 扫描实现了 CO_2 压裂裂缝动态扩展在线可视化监测，揭示了 CO_2 压裂裂缝扩展规律，评价形成复杂缝网可行性；其次采用油藏数值模拟方法，优化了 CO_2 注入关键参数，形成了 CO_2 区域增能体积压裂技术模式。研究表明：前置 CO_2 压裂可提高长 7 页岩油裂缝复杂程度，裂缝沿层理弱面扩展并纵向穿层形成缝网；增能理念由单井段间交替增能向平台化整体注入实现井间、段间协同一体化增能转变，优化增能模式为全井段注入，可实现缝控区域全覆盖，优化单段注入排量 4~6 方/分钟，液态 CO_2 注入量为 300 方，闷井时间为 5 天。在庆城油田开辟页岩油 CO_2 区域增能体积压裂示范平台，试验井井均压力保持程度提高 2.1 倍，单井初期产油量由 19.6 吨/天提高到 23.3 吨/天，展现出较好的提产潜力，研究成果可为其他同类型页岩油藏高效开发提供新思路。

关键词 庆城油田；页岩油；CO_2 区域增能；增能模式；闷井时间

中国页岩油资源丰富，技术可采资源量为 145×10^8t，是最具有战略性的石油接替资源，成为中国“十四五”原油增储上产的主力军，其中鄂尔多斯盆地庆城油田为我国发现的首个 10 亿吨级页岩油大油田，经过多年技术攻关，形成了水平井细分切割体积压裂主体技术，单井产量大幅度提升。然而随着产建区域扩大，储层地质特征认识逐渐加深，盆地页岩油部分区域存在砂泥薄互层交互、低压、黏度相对较高特征，现有体积压裂技术与储层匹配性面临巨大挑战，矿场微地震监测显示庆城油田页岩油体积改造裂缝总体呈现主裂缝为主、分支缝为辅的条带状缝网形态，形似“仙人掌”，同时现有滑溜水增能方式相对较单一，压裂液向多尺度微纳米孔隙扩散难度大，能量波及范围有限，导致单井产量下降快、稳产期短，亟需探索提产新方向，进一步提高单井产量。

在国家“十四五”双碳目标大背景下，近年 CO_2 因具有黏度低易注入、扩散系数高、溶解性能强、增能效果明显、节约水资源等独特优势，在各大油田广泛应用。CO_2 增产机理研究与应用在非常规页岩油气开发领域一直被广泛关注，国内外学者主要采用实验与数值模拟手段聚焦 CO_2 压裂裂缝扩展规律、CO_2 增产影响因素分析、矿场应用 3 个方面的研究。目前我国陆相页岩油前置 CO_2 体积压裂还处于矿场探索试验阶段，CO_2 注入工艺、关键施工参数、压后返排制度等方面大多依靠矿场施工能力与经验实施，缺乏相关技术支撑。因此，本文以庆城油田长 7 页岩油为研究对象，采用物模实验与数值模拟方法，评价 CO_2 在长 7 页岩油提高缝网复杂度可行性，优化形成适合目标区块 CO_2 体积压裂高效施工模式，助力 10 亿吨级页岩油庆城油田高效开发。

1 长 7 页岩油地质力学特征

鄂尔多斯盆地晚三叠世发育典型的大型内陆坳陷湖盆，庆城油田位于盆地南部，主要含油层系为延长组，自上而下划分为长 1-长 10 共 10 个含油层组，长 7 为最大湖泛期，沉积了一套广覆式富有机质泥页岩与细粒砂质沉积，自生自储、源内成藏，为典型的陆相页岩油(图 1a)。长 7 自上而下划分为长 7_1、长 7_2、长 7_3 共 3 个亚段，主要以半深湖—深湖亚相沉积为主(图 1b)。

盆地页岩储层埋深 1600~2200m，基质渗透率 0.11~0.14mD，孔隙度 6%~12%，含油饱和度 67.7%~72.4%，压力系数 0.77~0.84。通过对盆地 360 块井下岩心 232 组岩石力学参数测试实验和 80 组地应力测试实验得出，研究区块页岩油样品脆性指数主要介于 35%~45%，平均值为 43.3%，水平应力差主要介于 4MPa~6MPa，平均值为 5.1MPa。对比北美二叠盆地和国内页岩油，盆地页岩油具有岩石脆性指数低、水平应力差相对较高、地层压力系数低等特点(表 1)。

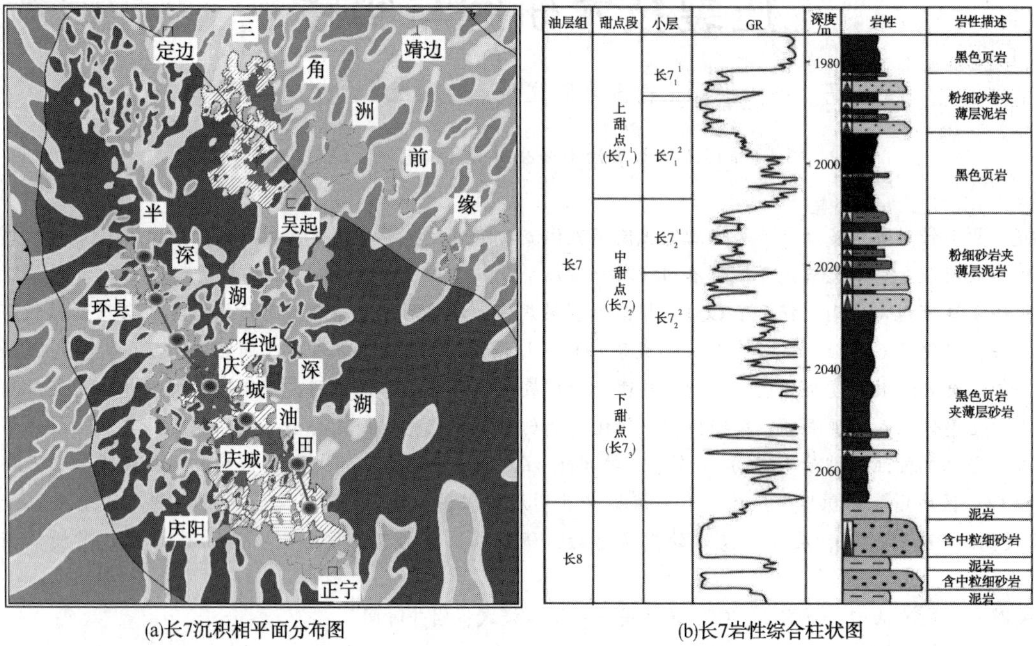

(a)长7沉积相平面分布图　(b)长7岩性综合柱状图

图 1　鄂尔多斯盆地延长组长 7 沉积相平面分布与岩性综合柱状图

表 1　鄂尔多斯盆地页岩油与国内外页岩油特征参数对比表

特征参数	鄂尔多斯盆地	国内			国外
		准噶尔芦草沟组	三塘湖条湖组	松辽白垩系	北美二叠盆地
沉积环境	湖相	湖相	湖相	湖相	浅海相
埋深/m	1600~2200	2700~3900	2000~2800	1700~2200	2134~2895
油层厚度/m	5~15	10~13	5~20	10~30	400~600
孔隙度/%	6~11	8~14.6	8~18	5~18	8~12
渗透率/mD	0.11~0.14	0.01~0.012	0.1~0.5	0.02~0.5	0.01~1.0
含油饱和度/%	67.7~72.4	78~80	55~76.5	48~55	75~88
油气比/(m^3/t)	75~122	18~22	—	—	50~140
原油黏度/mPa·s	1.2~2.4	11.7~21.5	58~83	4.0~8.0	0.15~0.53
压力系数	0.77~0.84	1.2~1.6	0.9	1.1~1.32	1.05~1.5
水平应力差/MPa	4~6	5~9	1~5	3~6	1~3
脆性指数/%	35~45	50~51	31~54	—	45~60

长 7 页岩油储层发育微纳米孔隙，以溶孔、粒间孔组合为主，面孔率低，平均 1.74%，孔隙半径主要集中在 2~8μm，喉道一般为 20~100nm。粒间孔含量相对较低，中值半径相对较小，排驱压力相对较高，两区渗流阻力相对较大(图 2、图 3)。

2　长 7 页岩油 CO_2 压裂裂缝特征

为了刻化盆地页岩油前置 CO_2 体积压裂缝网形态与扩展机制，开展不同注入介质拟三轴压裂物模实验(图 4)，获取了长 7 页岩油储层露头，加工成尺寸 50×100mm 圆柱岩样，为了模拟地层压裂过程，在岩样中心钻取直径 8mm、深度 45mm 的圆柱形孔眼，用于固结模拟井筒。根据长 7 页岩油储层实测地应力加载实验应力，并利用相似原理，由矿场施工排量计算实验注入排量，对比分析滑溜水和 CO_2 裂缝起裂与扩展规律，采

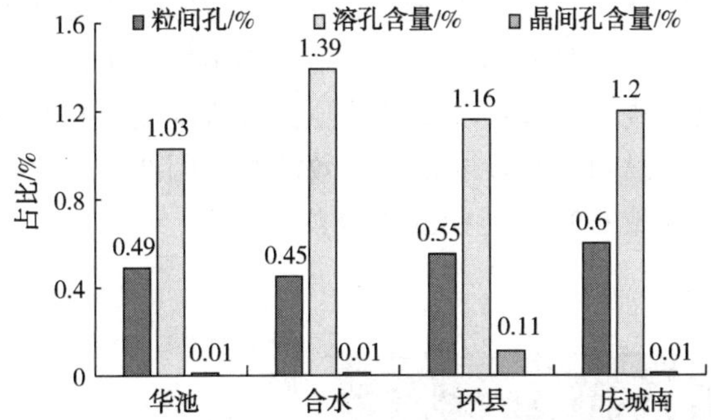

图 2　不同区带不同孔隙类型占比图

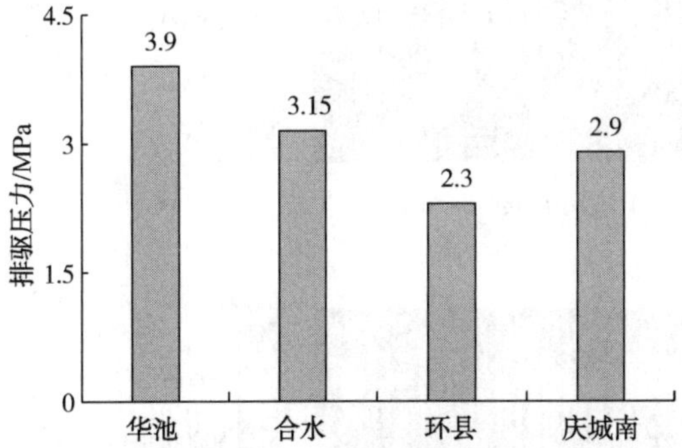

图 3　不同区带不排驱压力对比图

用高能 CT 对裂缝起裂动态监测和缝网形态精细刻化(图 4)，从图中可以看出 CO_2 压裂裂缝更复杂，沿层理弱面扩展并纵向穿层形成缝网，诱导裂缝面积和裂缝体积均较大，实验证实 CO_2 压裂可提高长 7 页岩油储层缝网复杂程度与改造体积。

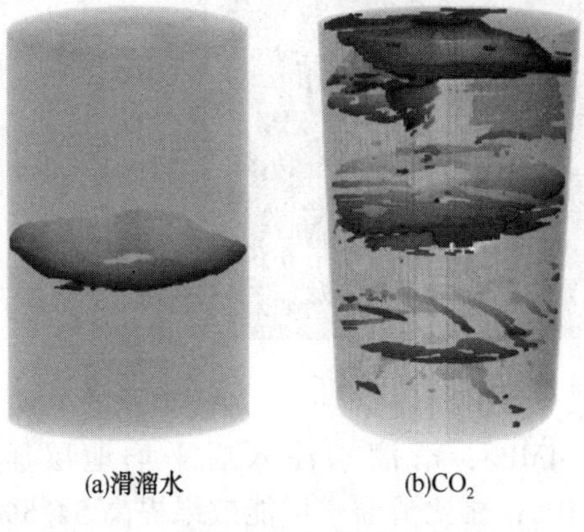

(a)滑溜水　　(b) CO_2

图 4　长 7 露头岩心不同注入介质压裂裂缝扩展实验实物图和 CT 扫描图

3　CO_2 区域增能油藏数值模拟研究

3.1　CO_2 组分模型建立

获取研究区块储层地质力学参数，油藏埋深 2000m，平均油层厚度 12m，孔隙度 8.6%，渗透率 0.12mD，原始地层压力 15.8MPa，地温梯度 2.76℃/100m，压力系数 0.81，油藏温度 60℃。采用 CMG 软件的三维三相组分模型(GEM 模块)进行数值模拟，分别为单段缝压裂增能模拟模型和全井段全生产过程模拟模型，模型的网格数量分别为 80×100×3 及 150×50×3，平面网格步长分别为 5m 和 10m，垂向上网格步长均为 4m，单段模型如图 5 所示，该模型考虑了 CO_2 随地层压力和温度变化发生相态变化气体膨胀增能驱油，反映 CO_2 在孔介质中真实流动规律，为区域增能关键参数优化提供基础依据。

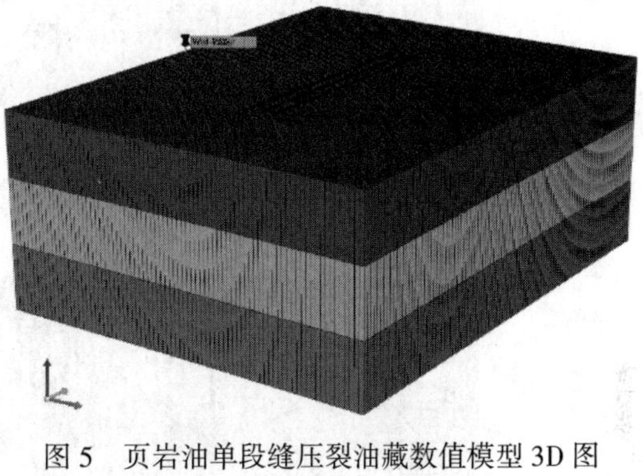

图 5　页岩油单段缝压裂油藏数值模型 3D 图

3.2　CO_2 区域增能参数优化

结合研究区块储层流体、相渗曲线、压裂改造参数、生产动态参数，开展 CO_2 增能理念、增能模式、注入排量、注入量、闷井时间等优化，形成 CO_2 区域增能体积压裂技术模式，为 CO_2 压裂方案设计优化和矿场实践提供依据。

3.2.1　CO_2 增能理念优化

基于 CO_2 组分基础模型，分别建立页岩油水平井全井段单井和平台多井油藏数值模型，水平段长为 1500m，井距 300m，设计压裂 20 段，单段 3 簇，裂缝簇间距 10m，裂缝段间距 20m，单段 CO_2 注入量 300m^3，注入排量 4m^3/min，单井总注入 6000m^3，分别得到地层压力场分布图(图 6 和图 7)。数值模拟结果显示，单井平均地层压力由 15.8MPa 提高到 23.4MPa，提升 1.4 倍，平台多井区域平均地层压力由 15.8MPa 提高到 31.5MPa，提升 2.0 倍，由此可见 CO_2 可以大幅提高地层能量，解决长 7 页岩油低压能量不足问题，同时 CO_2 区域增能可提高平台整体能量，波及范围可实现缝控区域全覆盖，优化增能理念由单井增能向平台化整体注入实现井间、段间协同一体化增能转变。

3.2.2　CO_2 增能模式优化

不同增能模式基础参数设置水平段长为

1500m，井距300m，设计压裂20段，单段3簇，裂缝簇间距10m，裂缝段间距20m，其中全井段注入模式单段 CO_2 注入量 $300m^3$，注入排量 $4m^3/min$，单井总注入 $6000m^3$，段间交替注入模式单段 CO_2 注入量 $300m^3$，注入排量 $4m^3/min$，单井总注入 $3000m^3$，得到地层压力场分布图（图8）。模拟结果显示段间交替注入波及范围5~10m，对相邻段有一定增能与驱替作用，由于储层致密，多尺度微纳孔隙扩散流动能力相对较弱，段间相邻段未得到有效波及，因此，优化目标区域 CO_2 增能模式为全井段注入。

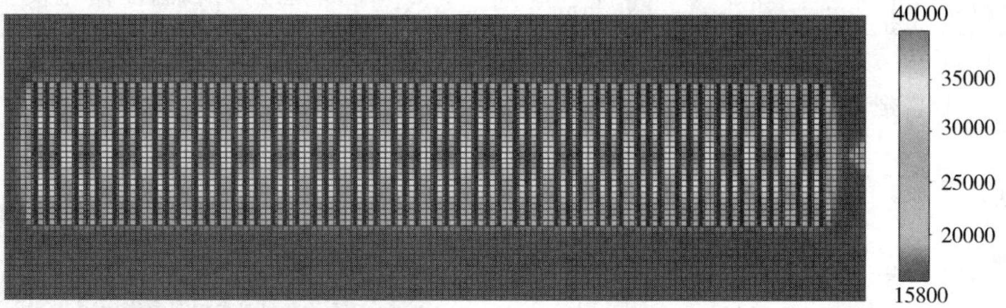

图6　单井 CO_2 注入地层压力分布场图

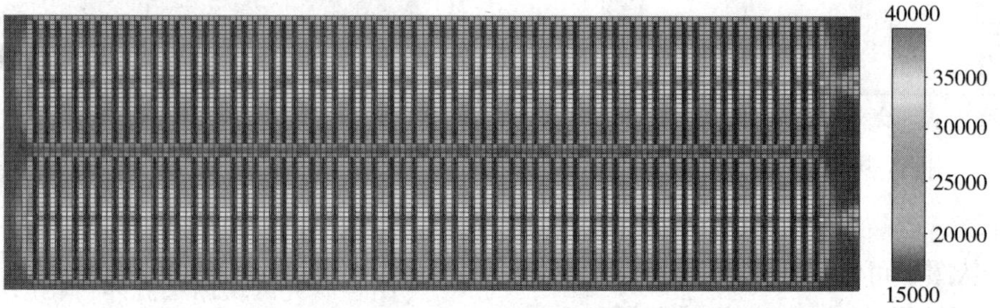

图7　平台多井区域 CO_2 注入地层压力分布场图

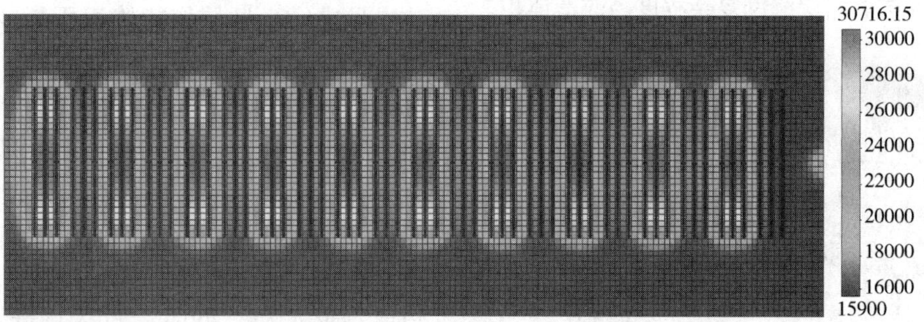

图8　段间交替注入模式地层压力分布场图

3.2.3　CO_2 增能效率对比

利用单段 CO_2 组分模型，分别注入 CO_2 与滑溜水，以动态泄流面积内地层平均压力为指标，研究不同注入流体的增能效果。单段3簇，裂缝簇间距10m，单段液态 CO_2 注入量 $300m^3$，单段滑溜水注入 $300m^3$，注入排量 $4m^3/min$，闷井30d，得到注入与闷井阶段地层压力随时间变化曲线（图9），其中注入结束阶段，CO_2 注入后平均地层压力为36.2MPa，滑溜水注入后平均地层压力为30.8MPa，相比滑溜水增能效果提高35.0%。闷井结束阶段 CO_2 注入后平均地层压力为37.4MPa，滑溜水注入后平均地层压力为29.8MPa，相比滑溜水增能效果提高54.3%，闷井过程中注入流体向地层扩散，CO_2 相态变化气体膨胀能够使地层平均压力进一步提升，而滑溜水难以维持增能效果，地层平均压力呈现下降趋势。

为进一步评价不同注入介质增能效果，得到缝控区域不同位置地层压力分布图（图10），对比分析 CO_2 与滑溜水的增能效果，在近裂缝区域内，由于 CO_2 相态变化导致体积膨胀，CO_2 增能效果较滑溜水提高3%~25%，CO_2 较滑溜水能显著提高基质内压力，在距离裂缝 50m 范围内的基质区域压力提高 12%～33%。

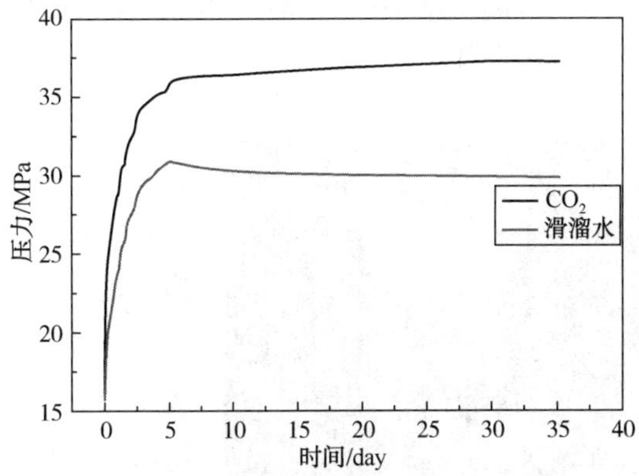

图 9　注入与闷井过程中地层压力变化图

3.2.4　CO_2 注入量与排量优化

数值模型设置液态 CO_2 注入量分别为 100～400m^3，单段 3 簇，注入排量为 4m^3/min，得到不同注入量下地层压力变化场图（图 11），能量波及范围与注入量成正相关，进一步通过模型获取不同注入量下能量动态波及面积和横向波及距离（图 12），随 CO_2 注入增加，能量波及面积和地层压力逐渐增加，在 200～300m^3 时，提升幅度显著增加，当超过 300 方后，继续提高注入量能量波及面积提升幅度减小，因此优化注入量为 300m^3。

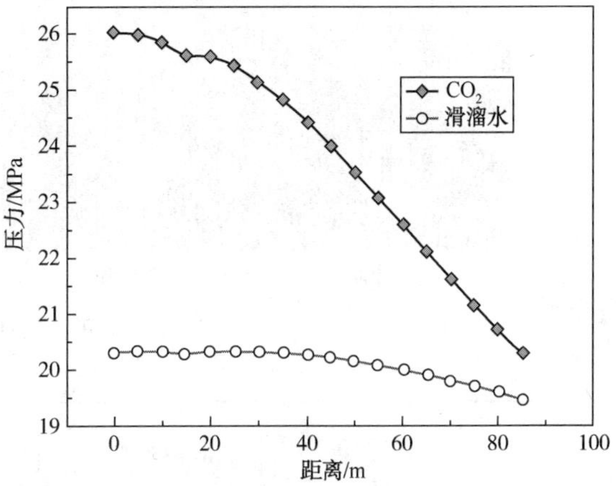

图 10　闷井结束后地层压力随距离变化图

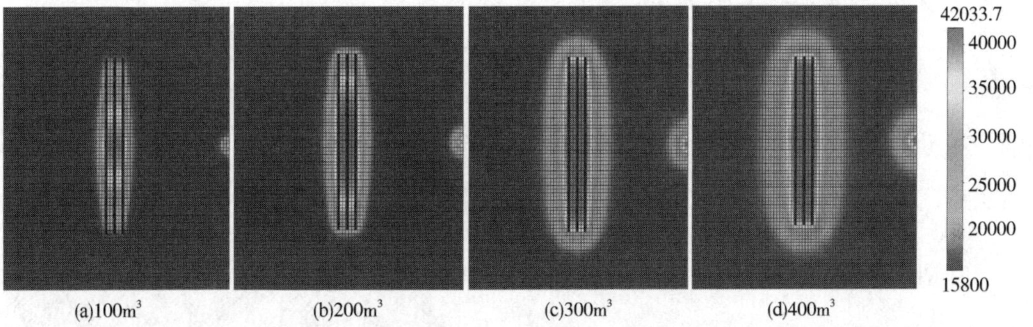

图 11　不同 CO_2 注入量下地层压力变化图

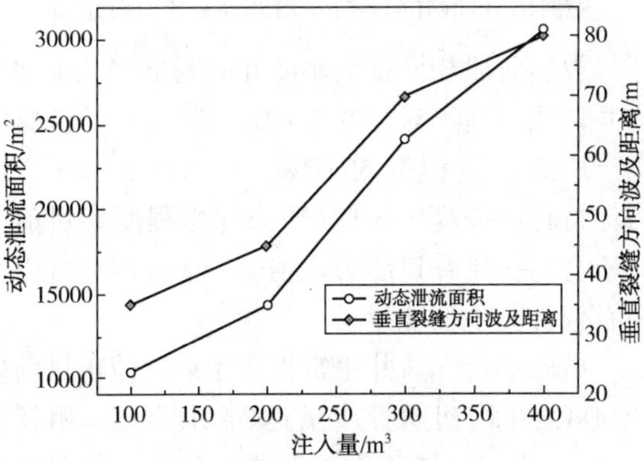

图 12　不同 CO_2 注入量对应能量波及面积、垂直裂缝方向距离图

在注入量优化的基础之上，数值模型设置液态 CO_2 注入排量为 2～8m^3/min，单段 3 簇，注入量为 300m^3，得到不同注入排量下地层压力变化场图（图 13），能量波及范围与注入排量呈正相关，进一步通过模型获取不同注入排量下地层压力随时间变化图（图 14），CO_2 注入排量越高，在相同时间内注入量越多，压力上升幅度越快，有利于 CO_2 快速向储层小孔隙扩散，提高波及范围，增能效果主要体现在注入前期，在注入后期，压力逐渐趋于平稳，压力上升幅度减小，优化注入排量为 4～6m^3/min。

3.2.5　CO_2 注入闷井时间优化

压后返排是衔接压裂与生产的重要环节，闷井时间直接影响能量波及范围与有效利用率，闷井过程是流体与基质孔隙压力平衡从而提高地层能量过程，数值模型设置闷井时间分别为 0～30d，单段 3 簇，注入量为 300m^3。得到不同闷井时间下近裂缝区域地层压力变化曲线图

(图 15)，分为簇间区域、缝控区域、和基质区域，其中随着闷井时间的增加，簇间压力呈现快速递减的趋势，压力储层深部扩散，最终达到平衡。闷井时间为 5 天时，缝控区域内压力较高，且相邻基质区域内增压效果好，结合段间波及范围和协同作用，闷井 5 天时为合理闷井时间，其动态泄流面积内地层压力 37.4MPa，是初始地层压力的 2.38 倍。

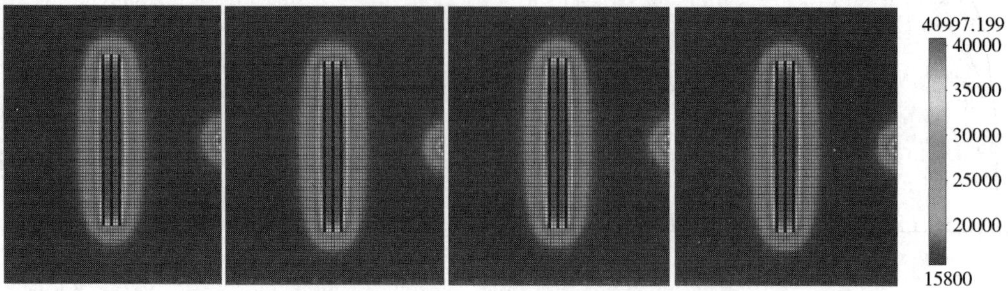

(a)2方/分钟　(b)4方/分钟　(c)6方/分钟　(d)8方/分钟

图 13　不同 CO_2 注入排量下地层压力变化图

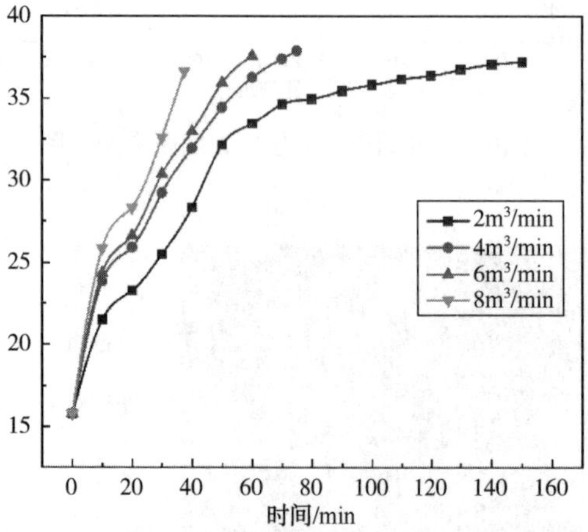

图 14　不同注入排量下地层压力随时间变化图

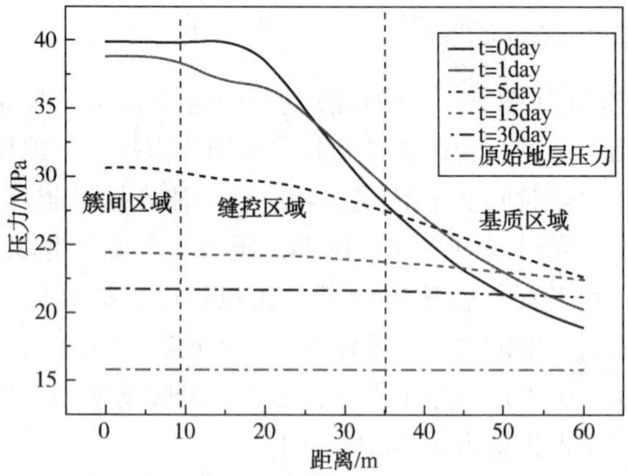

图 15　不同闷井时间下近裂缝区域地层压力变化曲线图

4　典型示范平台应用

庆城油田合水-庆城南能量整体偏低，地层原油黏度相对较高，2022 年在前期单井试验基础上，开展 CO_2 区域增能体积压裂试验，探索提产新方向，平台试验 3 口井，施工排量 $4m^3/min$，累计注碳 1.06×10^4t。压裂阶段，对比相邻平台压裂 115 段停泵压力(图 16)，试验井井均停泵压力由 13.7↑15.5MPa，提高 1.8MPa，表明 CO_2 压裂可提高缝内净压力，进一步提高缝网复杂程度。

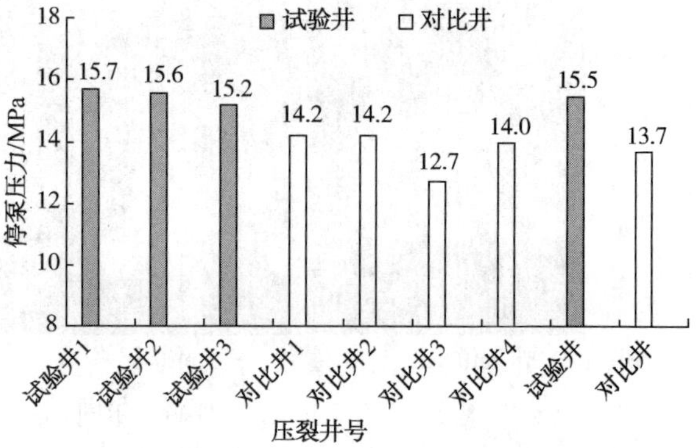

图 16　试验井与相邻平台井停泵压力对比图

放喷阶段相同排液制度和时间下，试验井井均井口压力高于对比井 2.6MPa(图 17)，试验井生产压力保持程度 55.1%，对比井 38.0%，压力保持程度提高 1.5 倍(压力保持程度为目前井口压力与初始井口压力比值)，说明 CO_2 可以快速有效补充地层能量。

试验平台 3 口井正常投产生产，截止目前生产 90d，井均初期日产量达到 21.6t/d，相邻平台井 16.8t/d，提高 4.8t。进一步对比典型井在储层特征相近，压裂改造规模一致情况下百米油层日产油变化规律(图 18)，试验井百米日产油 1.5t/d，对比井百米日产油 1.0t/d，矿场实践证实 CO_2 区域增能体积压裂试验显示较好的单井提产潜力。

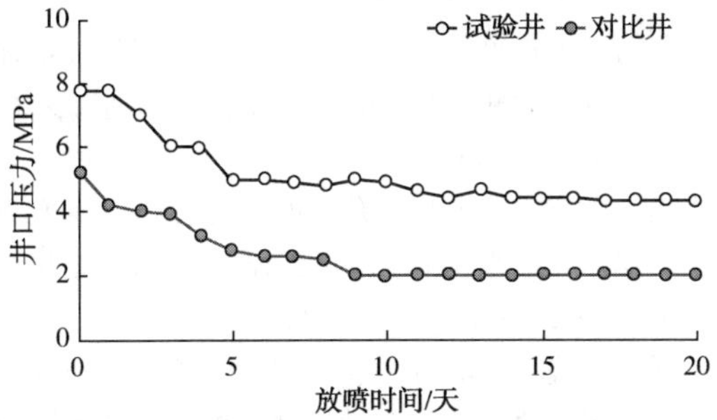

图 17 试验井与相邻平台井放喷井段井口压力对比图

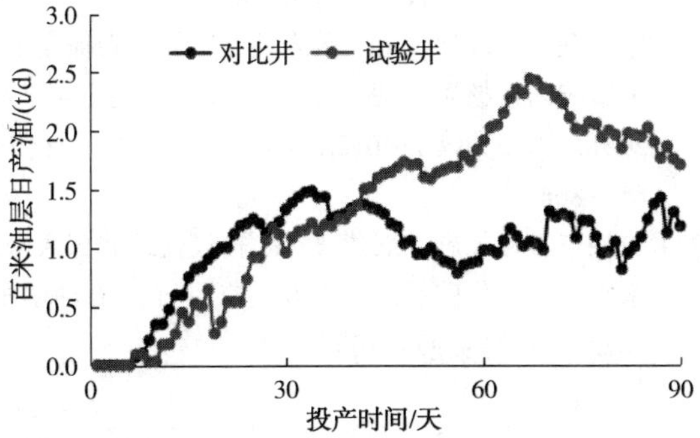

图 18 典型试验井与相邻平台井百米油层日产油对比图

5 结论

（1）基于 CO_2 压裂物模实验和高能 CT 扫描证实长 7 页岩油前置 CO_2 压裂可形成复杂缝网，裂缝沿层理弱面扩展并纵向穿层形成缝网。

（2）油藏数值模拟结果表明：区域增能理念由单井段间交替增能向平台化整体注入实现井间、段间协同一体化增能转变，优化增能模式为全井段注入，可实现缝控区域全覆盖，优化单段注入排量为 4～6m^3/min，液态 CO_2 注入量为 300m^3，闷井时间为 5d。

（3）研究成果应用于庆城油田页岩油示范区，矿场证实 CO_2 区域增能体积压裂试验井井均压力保持程度提高 2.1 倍，单井初期产油量由 19.6t/d 提高到 23.3t/d，展现出较好的提产潜力，为加快庆城油田高效开发和探索提产新方向提供科学依据。

参 考 文 献

[1] 焦方正，邹才能，杨智．陆相源内石油聚集地质理论认识及勘探开发实践[J]．石油勘探与开发，2020，47(6)：1-12.

[2] 雷群，胥云，才博，等．页岩油气水平井压裂技术进展与展望[J]．石油勘探与开发，2022，49(1)：1-8.

[3] 付锁堂，姚泾利，李士祥，等．鄂尔多斯盆地中生界延长组陆相页岩油富集特征与资源潜力[J]．石油实验地质，2020，42(5)：699-710.

[4] 付金华，李士祥，牛小兵，等．鄂尔多斯盆地三叠系长 7 段页岩油地质特征与勘探实践[J]．石油勘探与开发，2020，47(5)：870-883.

[5] Fu S，Yu J，Zhang K，et al. Investigation of Multistage Hydraulic Fracture Optimization Design Methods in Horizontal Shale Oil Wells in the Ordos Basin[J]．Geofluids，2020，65，1-7.

[6] Zhang K，Zhuang X，Tang M，et al. Integrated Optimisation of Fracturing Design to Fully Unlock the Chang 7 Tight Oil Production Potential in Ordos Basin. Asia Pacific Unconventional Resources Technology Conference，Brisbane，Australia，18 - 19 November 2019. SPE-198315-MS.

[7] Bai X，Zhang K，Tang M，et al. Development and Application of Cyclic Stress Fracturing for Tight Oil Reservoir in Ordos Basin[C]. Abu Dhabi International Petroleum Exhibition & Conference. 2019.

[8] 慕立俊，赵振峰，李宪文，等．鄂尔多斯盆地页岩油水平井细切割体积压裂技术[J]．石油与天然气地质，2019，40(3)：626-635.

[9] 吴顺林，刘汉斌，李宪文，等．鄂尔多斯盆地致密油水平井细分切割缝控压裂试验与应用[J]．钻采工艺，2020，43(3)：53-55.

[10] 胥云，雷群，陈铭，等．体积改造技术理论研究进展与发展方向[J]．石油勘探与开发，2018，45(05)：874-887.

[11] 李士祥，牛小兵，柳广弟，等．鄂尔多斯盆地延长组长 7 段页岩油形成富集机理[J]．石油与天然气地质，2020，41(4)：719-729.

[12] 付金华，郭雯，李士祥，等．鄂尔多斯盆地长 7 段多类型页岩油特征及勘探潜力[J]．天然气地球科学，2021，32(12)：719-729.

[13] 李树同，李士祥，刘江艳，等．鄂尔多斯盆地长 7 段纯泥页岩型页岩油研究中的若干问题与思考[J]．天然气地球科学，2021，32(12)：1785-1796.

[14] 刘博，徐刚，纪拥军，等．页岩油水平井体积压裂及微地震监测技术实践[J]．岩性油气藏，2020，32(6)：172-180.

[15] 焦方正．鄂尔多斯盆地页岩油缝网波及研究及其在体积开发中的应用[J]．石油与天然气地质，2021，42(5)：1181-1187.

[16] 张矿生，唐梅荣，杜现飞，等．鄂尔多斯盆地页岩油水平井体积压裂改造策略思考[J]．天然气地球科学，2021，32(12)：1859-1866.

[17] Tao L, Zhao Y, Wang Y, et al. Experimental study on hydration mechanism of shale in the Sichuan Basin, China. 55th U. S. Rock Mechanics/Geomechanics Symposium, 20-23 June 2021. ARMA-1159.

[18] Tao L, Guo J, Halifu M, et al. A New Mixed Wettability Evaluation Method for Organic-Rich Shales. SPE Asia Pacific Oil & Gas Conference and Exhibition, 17-19 November, 2020. SPE-202466.

[19] 郭建春，陶亮，陈迟，等．川南龙马溪组页岩储层水相渗吸规律[J]．计算物理，2021，38(5)：565-572.

[20] 袁士义，马德胜，李军诗，等．二氧化碳捕集、驱油与埋存产业化进展及前景展望[J]．石油勘探与开发，2022，49(4)：828-834.

[21] 戴厚良，孙义脑，刘吉臻，等．碳中和目标下我国能源发展战略思考[J]．石油科技论坛，2022，41(1)：1-8.

[22] 袁士义，王强，李军诗，等．提高采收率技术创新支撑我国原油产量长期稳产[J]．石油科技论坛，2021，40(3)：24-32.

[23] 刘合，陶嘉平，孟诗炜，等．页岩油藏 CO_2 提高采收率技术现状及展望[J]．中国石油勘探，2022，27(1)：127-134.

[24] 黄兴，李响，张益，等．页岩油储集层二氧化碳吞吐纳米孔隙原油微观动用特征[J]．石油勘探与开发，2022，49(3)：557-563.

[25] 黄兴，倪军，李响，等．页岩油储集层二氧化碳吞吐纳米孔隙原油微观动用特征致密油藏不同微观孔隙结构储层 CO_2 驱动用特征及影响因素[J]．石油学报，2020，41(7)：853-864.

[26] 伦增珉，吕成远，等．页岩油注二氧化碳提高采收率影响因素核磁共振实验[J]．石油勘探与开发，2021，48(3)：603-612. 石油学报，2020，41(7)：853-864.

[27] 史晓东，孙灵辉，展建飞等．松辽盆地北部致密油水平井二氧化碳吞吐技术及其应用[J]．石油学报，2022，43(7)：998-1006.

强非均质性致密气藏新部署井合理配产方法

王　颖

（中石油长城钻探工程有限公司地质研究院）

摘　要　苏里格气田是长庆油田乃至我国最大的天然气田，资源丰富、勘探开发潜力巨大，其储层发育受沉积与成岩作用双重控制，且经历长期压实作用及构造运动，造成储层连续性差、非均质性强。不同类型的储层物性、含气性差异大，钻遇不同类型储层的气井产能差异更大，增加了气井合理配产的难度。同时对于新部署井，由于缺少测试和生产数据，利用传统方法难以准确预测合理产量。针对上述难题，本文通过建立不同类型储层叠加时的气井无阻流量计算方法，利用不稳定产量分析法确定气井合理配产系数，形成了适用于强非均质性致密砂岩气藏新部署井的合理配产新方法。结果表明：①不同类型储层叠加时的气井无阻流量计算方法，较常规一点法考虑的因素更全面，修正系数取值更为准确；②在新部署气井无法获得生产资料的情况下，利用不同类型储层厚度占比与无阻流量关系图版，可预测新部署井的无阻流量；③采用不稳定产量分析法，即可快速计算出气井合理配产系数；④新方法计算的部署井无阻流量、合理配产误差范围均在5.0%以内，为新井部署、产能建设和地面配套工程提供重要依据。

关键词　强非均质；致密气藏；新部署气井；无阻流量；合理配产

致密气是我国重要的天然气资源类型，地质资源量超过$25\times10^{12}m^3$。是常规天然气资源量的45%~50%。尤其在鄂尔多斯盆地东部、四川盆地川中和川西地区等领域致密气实现规模化开发，年产量规模突破$300\times10^8m^3$，强力支撑我国天然气发展。致密砂岩储层受到沉积、岩溶、构造等多种作用的影响，形成规模不等的残余原生粒间孔、粒间溶孔、胶结物内溶孔及高岭石晶间孔，因而储层类型多样，非均质性极强。并且国内新发现的致密气藏以深层、超深层气藏为主，钻井投资高，新井部署难度大、风险高。不同类型的储层纵向相互叠置、横向连续性差、形成了不同类型的储集体，导致储集体的物性差异大，进而造成气井产能差异大，气井合理配产难度大。传统的气井合理配产方法主要针对已完钻投产的气井，通过录取气井测试、生产等资料，确定气井合理配产。而对于新部署气井的合理配产预测，由于没有测试和生产资料，传统一点法难以适用。因此有必要建立适用于强非均质性致密气藏新部署气井的合理配产方法。

鄂尔多斯盆地大型河流-三角洲砂体是成藏的主要储集体，最为典型的是鄂尔多斯盆地苏里格气田的山西组山1段-石盒子组盒8段。储层发育受沉积与岩溶作用双重控制，且经历多期构造运动，储层纵向上相互叠置。储层岩性以中粗粒石英砂岩和岩屑石英砂岩为主；砂岩物性变化大，孔隙度一般为4%~10%，渗透率为0.01~1.0mD，总体表现为低孔隙度、低渗透率的特征，储层纵横向非均质性强。故苏里格气田山1段-盒8段储层可作为强非均质性致密砂岩气藏的典型。本文以苏里格气田苏X区块山1段-盒8段储层为例，针对该气藏具有多种储集体类型的特点，基于已有气井的地质及动态资料，在无法获取新部署气井任何动态资料的情况下，形成一套适合致密气藏新部署气井的无阻流量预测、合理产量计算的方法，从而指导新井的科学配产。

1　致密气储层分类标准

结合储层岩石学和图像分析资料，根据储层的沉积微相、岩石类型、泥质含量、孔隙度、渗透率、含气饱和度、有效厚度、气井无阻流量等特征，将储层划分为Ⅰ、Ⅱ、Ⅲ类储层，其中Ⅰ类储层和Ⅱ类储层属于相对优质储层(表1)。

Ⅰ类储层的砂体类型以多层多边式或多层式的叠置砂体为主，多为心滩或边滩微相沉积。该类储层主要分布在砂体的下部或中部，岩石类型为块状的中粗粒岩屑石英砂岩和中粗粒岩屑砂岩，孔隙类型为颗粒溶蚀孔隙及自生粘土矿物晶间孔隙，粗大的管状孔喉所占比例大，孤立的孔喉比例小。储层的试气无阻流量大于 $10\times10^4m^3/d$，动态储量大于等于 $3500\times10^4m^3$，储量易动用。

表1　苏里格气田典型区块盒8–山1段储层分类评价标准

储层分类	沉积微相	岩石类型	泥质含量/%	渗透率/mD	孔隙度/%	含气饱和度/%	有效厚度/m	试气无阻流量/($10^4m^3/d$)	动态储量/10^4m^3
Ⅰ类	心滩、边滩	中粗粒岩屑砂岩、中粗粒岩屑石英砂岩	<15	>1	>12	>60	>10	>10	≥3500
Ⅱ类				0.1~1.0	5~12	50~60		4~10	1500~3500
Ⅲ类	平流水道、决口扇等	细粒岩屑砂岩	>15	0.01~0.1	5~10	35~50	2~10	1~4	≤1500

Ⅱ类储层的砂体类型主要为多层多边式、多层式或孤立式的叠置砂体，储层分布在心滩或边滩砂体的中部或下部，岩石类型为块状中粗粒岩屑石英砂岩或岩屑砂岩，孔隙类型主要为颗粒溶蚀孔隙和自生粘土矿物晶间孔隙，粗大的管状孔喉所占比例较大。该类储层的试气无阻流量介于 $4\sim10\times10^4m^3/d$ 之间，动态储量介于 $1500\sim3500\times10^4m^3$ 之间，储层可动用。

Ⅲ类储层的砂体类型以侧向斜列式或指状交叉式的叠置砂体，储层大多分布在平流水道、决口扇砂体的上部或底部，岩石类型为细粒岩屑砂岩，孔隙类型主要为自生粘土矿物晶间孔隙，溶蚀孔隙含量较低，细小的孤立状孔喉所占比例大。储层的试气无阻流量介于 $1\sim4\times10^4m^3/d$ 之间，动态储量小于 $1500\times10^4m^3$，储量难动用。

2　强非均质致密砂岩气藏配产方法

2.1　不同类型储层叠加时的气井产能计算方法

气井一点法产能试井操作简单方便、测试时间短，在气田产能评价中得到广泛的应用。但对于致密砂岩气藏，气体在储层中渗流发生了改变，产能方程已由常规气井的二项式变为三项式。本文结合致密气藏气井产能方程，建立了更适合致密气藏气井的一点法公式，如下所述。

$$\bar{p}^2-p_w^2=C+Aq_{sc}+Bq_{sc}^2 \tag{1}$$

$$A=\frac{1.291\times10^{-3}T_f\bar{\mu}\bar{Z}}{Kh}\left(\ln\frac{r_e}{r_w}-\frac{3}{4}+S\right) \tag{2}$$

$$B=\frac{2.828\times10^{-21}\beta\gamma_g\bar{Z}T_f}{rh^2} \tag{3}$$

$$C=\lambda\bar{p}\left(\frac{4}{3}r_e-2r_w\right) \tag{4}$$

当 $p_w=0.101MPa$ 时，取 $\bar{p}^2-(0.101)^2\approx\bar{p}^2$，整理可得：

$$p_D=(1-\alpha-\beta)+\alpha\left(\frac{q_{sc}}{q_{AOF}}\right)+\beta\left(\frac{q_{sc}}{q_{AOF}}\right)^2 \tag{5}$$

其中

$$p_D=\frac{\bar{P}^2-P_w^2}{\bar{p}^2} \tag{6}$$

$$\alpha=\frac{Aq_{AOF}}{C+Aq_{AOF}+Bq_{AOF}^2} \tag{7}$$

$$\beta=\frac{Bq_{AOF}}{C+Aq_{AOF}+Bq_{AOF}^2} \tag{8}$$

对式(5)求解，得

$$q_{AOF}=\frac{2\beta}{\sqrt{\alpha^2+4\beta(p_D-(1-\alpha-\beta))}-\alpha}q_{sc} \tag{9}$$

式中，q_{AOF}为气井无阻流量，$10^4m^3/d$；α、β为修正系数，无量纲；q_{sc}为气井标准状况下产气量，$10^4m^3/d$；$\bar{p}$为地层压力，MPa；p_w为井底流压，MPa；A为达西流系数，$MPa^2/(10^4m^3\cdot d^{-1})$；$B$为非达西流系数，$MPa^2/(10^4m^3\cdot d^{-1})^2$；$C$为产能方程系数，MPa；$\bar{\mu}$为地层天然气黏度，mPa·s；$\bar{Z}$为地层天然气偏差系数，无量纲；$T_f$为地层温度，K；$K$为渗透率，mD；$h$为储层有效厚度，m；$\gamma_g$为天然气相对密度，无量纲；$\lambda$为启动压力梯度，MPa/m；$r_e$为气井供给半径，m；$r_w$为井筒半径，m；$S$为表皮系数，无量纲。

目前苏X区块已有13口气井建立产能方程，根据其A、B、C、q_{AOF}值，分别代入公式(7)、公式(8)，即可求得每口井的α、β值(表2)。如表2所示，13口气井中，有8口井钻遇的储层以Ⅰ类储层为主，其α算术平均值(α_1)为0.69、β算术平均值(β_1)为0.016；有3口井(S31-40、S26-32、S26-48)钻遇的储层以Ⅱ类储层为主，其α算术平均值(α_2)为0.85、β算术平均值(β_2)为0.009；13口井中还有2口井(S31-22、S30-28)钻遇的储层为Ⅲ类储层，其α值(α_3)、β值(β_3)就取该井的α值(0.92)、β值(0.006)。

表 2　一、二、三类储层的 α、β 系数取值依据表

井号	储层分类	A	B	C	q_{AOF}/ $10^4m^3/d$	α	β	一、二、三类储层分别的α算数平均值	一、二、三类储层分别的β算数平均值
S22-30	一类储层	44.53	1.20	108.5	12.34	0.65	0.018	0.69	0.016
S22-46	一类储层	56.97	1.19	158.2	10.65	0.67	0.014		
S25-45	一类储层	49.69	1.21	144.1	11.43	0.65	0.016		
S25-39	一类储层	60.54	1.19	94.4	10.60	0.74	0.015		
S26-42	一类储层	45.56	1.21	96.9	11.92	0.67	0.018		
S26-38	一类储层	50.88	1.19	94.4	11.92	0.70	0.016		
S21-41	一类储层	55.66	1.20	96.9	10.48	0.72	0.015		
S25-43	一类储层	56.93	1.19	97.3	10.33	0.72	0.015		
S31-40	二类储层	127.04	1.17	71.5	5.67	0.87	0.008	0.85	0.009
S26-32	二类储层	117.67	1.18	72.7	6.59	0.86	0.009		
S26-48	二类储层	93.63	1.19	85.0	7.38	0.82	0.010		
S31-22	三类储层	169	1.14	36.9	3.99	0.92	0.006	0.92	0.006
S30-28	三类储层	177	1.16	43.2	3.93	0.92	0.006		

将各类储层对应的 α_1、β_1、α_2、β_2、α_3、β_3 代入公式(9)，可分别求得Ⅰ、Ⅱ、Ⅲ类储层的无阻流量 q_{AOF1}、q_{AOF2}、q_{AOF3} 表达式。在钻井过程中，气井通常会钻遇不同类型的储层，气井的无阻流量源于不同类型储层的无阻流量之和(图1)，因此将 q_{AOF1}、q_{AOF2}、q_{AOF3} 相加，即可得到气井无阻流量计算新公式：

$$q_{AOF}=q_{AOF1}+q_{AOF2}+q_{AOF3}$$
$$=\frac{0.032\,q_1}{\sqrt{0.67+0.064\left(\frac{p_1^2-P_{w1}^2}{p_1^2}\right)}-0.69}+\frac{0.018\,q_2}{\sqrt{0.72+0.036\left(\frac{p_2^2-P_{w2}^2}{p_2^2}\right)}-0.85}+\frac{0.012\,q_3}{\sqrt{0.84+0.024\left(\frac{p_3^2-P_{w3}^2}{p_3^2}\right)}-0.92} \tag{10}$$

式中，q_{AOF1}、q_{AOF2}、q_{AOF3} 分别为Ⅰ、Ⅱ、Ⅲ类储层的无阻流量，$10^4m^3/d$；q_1、q_2、q_3 为Ⅰ、Ⅱ、Ⅲ类储层的测试产量，$10^4m^3/d$；p_1、p_2、p_3 为Ⅰ、Ⅱ、Ⅲ类储层的地层压力，MPa；p_{w1}、p_{w2}、p_{w3} 为Ⅰ、Ⅱ、Ⅲ类储层的井底流压，MPa。

2.2　气井无阻流量与不同储层厚度占比关系

通过气井不同储层段的生产测井分析，获得了不同类型储层的测试产量、地层压力和井底流压等参数(图1)。将上述参数代入公式(10)，即可求得该井的无阻流量。对于河流-三角洲相储层的气井而言，不同气井钻遇储层总厚度和不同类型储层厚度所占比例均存在差异；依据储层分类标准，可以划分单井储层类型，从而得到气井钻遇各类储层的厚度及其占比。因此，基于已开展生产测井的气井静动态资料，建立不同类型储层厚度占比与气井无阻流量的关系图版(见图2)。

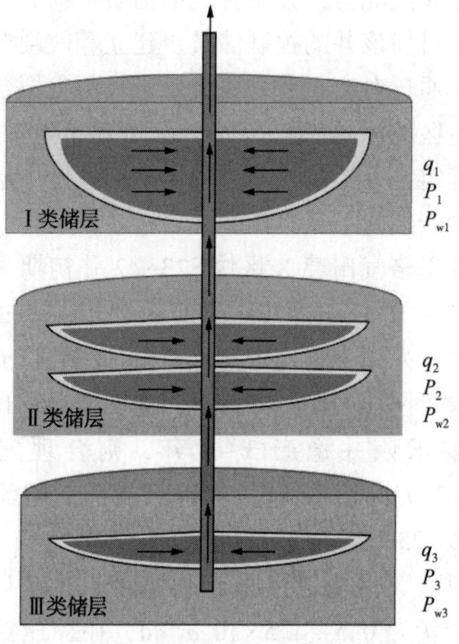

图1　不同类型储层产能贡献示意图

2.3　利用不稳定分析法确定气井合理配产比例

根据压裂气井投产即产量递减的特点，不稳定产量分析法通过对气井产量、压力数据的拟

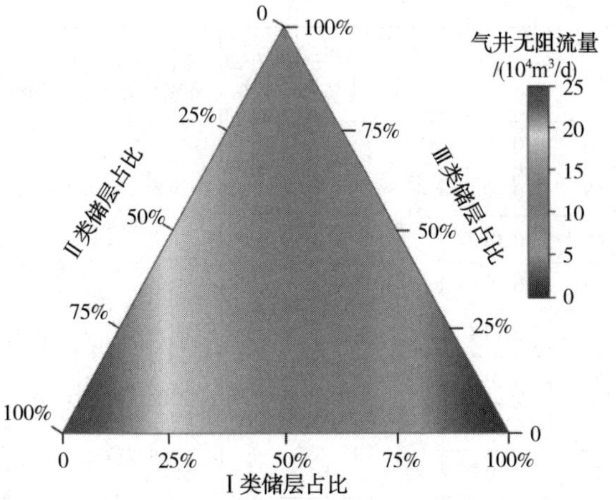

图 2　气井储层中不同类型储层厚度占比与气井无阻流量关系图版

合，评价气井稳产期的累计产量，根据稳产期的累计产量和稳产 3 年的要求，反算 3 年稳产期内的产气量作为合理产量。

根据致密气井生产历史资料，采用 RTA 软件计算改造区的渗透率、裂缝半长和导流能力，未改造区的渗透率等参数，建立压后裂缝解析模型，对压力和产量数据进行历史拟合和趋势预测。根据变流压条件下的规整化压力曲线判断该井所处的流动阶段，选取线性流结束点，即规整化压力曲线中，斜率为 1/2 的特征曲线的结束点，计算出基质渗透率、裂缝半长、SRV 面积和裂缝导流能力，并结合流动物质平衡曲线初步计算出目前该井的控制储量。建立等效裂缝解析模型，通过对产量和井底流压进行历史拟合，校正改造区的渗透率、裂缝半长和裂缝导流能力，最终确定该井控制储量、稳产期的累计产量，再根据稳产期要求反算配产。

苏里格气田苏 X 区块 S23-42 井初期无阻流量 $15.6\times10^4 m^3/d$，按照配产 $3.1\times10^4 m^3/d$ 控压生产时，采用不稳定产量分析法预测井口流压降至外输管网压力时的累计产气量为 $0.66\times10^8 m^3$，如果要求该井稳产 3～4 年，则合理配产为 $(2.6\sim3.9)\times10^4 m^3/d$，合理产量为无阻流量的 16.7%～25.0%。

对苏 X 区块进行回压法产能试井 57 口井的初期产量为 $0.5\sim4.5\times10^4 m^3/d$，在控压控产情况下，获取生产数据后进行不稳定产量分析，预测气井在配产下稳产期内的累计产气量，再依据稳产 3 年的要求，反算稳产期的合理配产和配产系数(见图 4)。

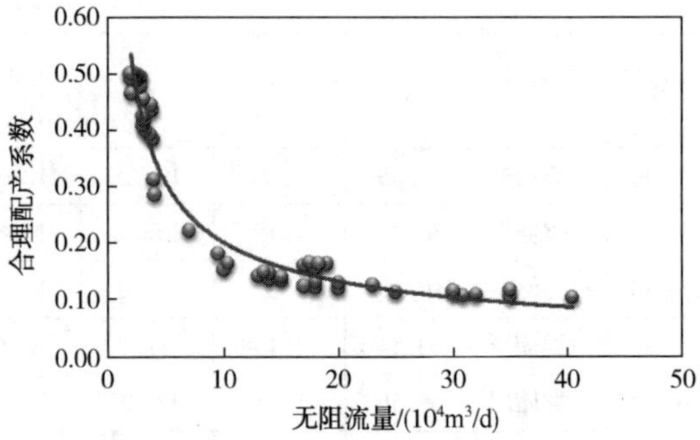

图 3　无阻流量与合理配产系数的关系（采气指示曲线法）

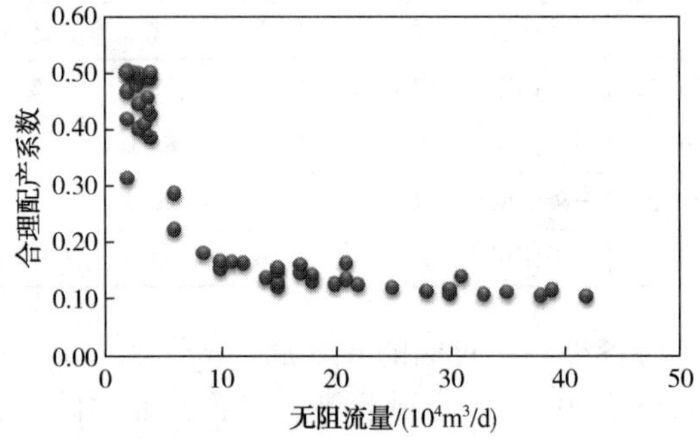

图 4　无阻流量与合理配产系数的关系（不稳定产量分析法）

对于完成试井的致密气井准确评价产能后，均可参考合理配产系数(见表 3)进行配产采气，在生产过程中通过分析气井的产能递减规律，对配产进行动态调整。根据不稳定产量分析法取得的合理配产系数，指导了该区块 590 多口井次的配产，95%致密气井的稳产期达到了 3 年，同区相同产能致密气井可采储量的差异小于 10%。

表 3　无阻流量与配产系数及配产的关系

无阻流量/$10^4 m^3/d$	配产系数	配产/$10^4 m^3/d$
$q_{AOF}<2$	1/2	<1.0
$2\leq q_{AOF}<4$	1/2～1/3	1.0～1.3
$4\leq q_{AOF}<6$	1/3～1/4	1.3～1.5
$6\leq q_{AOF}<8$	1/4～1/5	1.5～1.6
$8\leq q_{AOF}<10$	1/5～1/6	1.6～1.7
$q_{AOF}>10$	1/6	>1.7

3　应用实例

在苏里格气田苏 X 区块对新部署的 5 口气井，应用上述方法确定气井合理配产。以新部署 S55-16 井为例，具体应用过程如下：

1）根据无阻流量计算新公式(10)，求得已实施生产测井的气井无阻流量，建立气井储层中不同类型储层厚度占比与气井无阻流量的关系图版（图2）。

2）根据S55-16井地质模型储层剖面（图5），统计该井设计轨迹钻遇Ⅰ、Ⅱ、Ⅲ类储层厚度占比分别为48%、32%、20%。

3）通过关系图版（图2），计算出S55-16井的无阻流量为$3.0\times10^4m^3/d$。

4）按照致密气井合理配产比例40%，求得该井的合理产量为$1.2\times10^4m^3/d$（表4）；按照年生产时间330天计算，预测稳产期的累计产量为$1188\times10^4m^3/a$。

采用新方法预测了苏X区块5口新部署井的无阻流量和合理产量，并对比分析实际测试、生产结果（见表5），新方法计算误差范围均在5.0%以内，证实了该方法的可靠性。

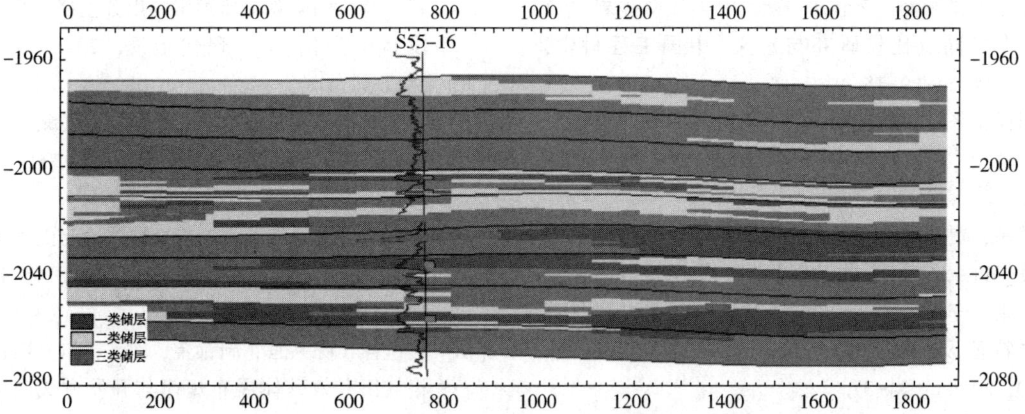

图5　S55-16井钻遇不同储层剖面图

表4　S55-16井合理配产预测表

储集体厚度占比			无阻流量/$10^4m^3/d$	合理配产比例	气井合理产量/$10^4m^3/d$
一类	二类	三类			
45%	30%	25%	3.0	40%	1.2

表5　新方法预测气井无阻流量、合理配产于实际情况对比分析表

井号	无阻流量/$10^4m^3/d$			合理配产/$10^4m^3/d$		
	实际测试	新方法预测	误差	实际生产	新方法预测	误差
S55-16	3.1	3.0	-3.12%	1.19	1.20	0.84%
S44-33C	10.5	10.0	-4.76%	1.62	1.70	4.94%
S46-52C	6.2	6.0	-3.23%	1.49	1.50	0.67%
S11-17C	11.5	11.0	-4.35%	1.89	1.80	-4.76%
S50-44C	6.8	6.5	-4.41%	1.53	1.50	1.96%
平均			3.97%			2.63%

4　结论

1）建立了不同类型储层叠加时的气井无阻流量计算方法，较传统“一点法”考虑的因素更全面，修正系数取值更准确、计算结果更可靠。

2）在缺少新部署井生产动态资料的情况下，根据气井不同类型储层厚度占比与无阻流量关系图版，即可预测气井无阻流量；同时，采用不稳定产量分析法建立气井不同无阻流量与配产系数关系，实现对气井合理配产比例的快速确定，从而可得到新部署气井的合理配产规模。

3）新方法计算预测的新部署气井无阻流量、合理配产，实践结果表明其误差绝对值范围均在5.0%以内，较为准确、可靠，为新井部署、采气和地面等配套工程提供重要依据。

参　考　文　献

[1] 魏国齐，李君，佘源琦，等. 中国大型气田的分布规律及下一步勘探方向[J]. 天然气工业，2018，38(4)：12-25.

[2] 李剑，曾旭，田继先，等. 中国陆上大气田成藏主控因素及勘探方向[J]. 中国石油勘探，2021，26(6)：1-20.
[3] 蔡勋育，刘金连，张宇，等. 中国石化“十三五”油气勘探进展与“十四五”前景展望[J]. 中国石油勘探，2021，26(1)：31-42.
[4] 杨华，付金华，刘新社，等. 苏里格大型致密砂岩气藏形成条件及勘探技术. 石油学报，2012，33(增刊1)：27-36.
[5] 童晓光，郭彬程，李建忠，等. 中美致密砂岩气成藏分布异同点比较研究与意义. 中国工程科学，2012，14(6)：9-15.
[6] 张明禄，张歧，赵正军，等. 靖边气田气井产能方程的建立[J]. 天然气工业，2006，26(9)：112-114.
[7] 孙赞东，贾承造，李相方，等. 非常规油气勘探与开发[M]. 北京：石油工业出版社，2011：72-76.
[8] 陈小娟，李天太，姚瑞峰. 苏里格气田盒8段气藏储层特征及气井分类评价[J]. 石油化工应用，2010，29(4)：34-37.
[9] 成志刚，宋子齐，景成，等. 苏里格东区致密气储层成岩储集相分类及特征[J]. 断块油气田，2012，19(5)：577-582.
[10] 陈元千. 确定气井绝对无阻流量的简单方法[J]. 天然气工业，1987，7(1)：59-63.
[11] 李安琪. 气井“单点法”试井的影响因素研究[J]. 油气井测试，2005，14(1)：124.
[12] 胥洪成，陈建军，万玉金，等. 一点法产能方程在气藏开发中的应用[J]. 石油天然气学报，2007，29(3)：454-456.
[13] 谢兴礼，朱玉新，冀光，等. 气藏产能评价方法及其应用[J]. 天然气地球科学，2004，15(3)：276-279.
[14] 钟家峻，唐海，吕栋梁，等. 苏里格气田水平井一点法产能公式研究[J]. 岩性油气藏，2013，25(2)：107-111.
[15] 梁彬，李闽，曾繁华. 致密气藏产能分析方法研究[J]. 断块油气田，2005，12(1)：30-33.
[16] 蔡磊，贾爱林，唐俊伟. 苏里格气田气井合理配产方法研究[J]. 油气井测试，2007，16(4)：25-28.
[17] 高博禹，戚斌. 实验室模拟采气指示曲线法确定气井合理产量[J]. 成都理工学院学报，2001，28(2)：170-182.
[18] 任大忠，孙卫，卢涛，等. 致密砂岩气藏可动流体赋存特征的微观地质因素：以苏里格气田东部盒8段储层为例[J]. 现代地质，2015，06：1409-1417.
[19] 方全堂，陈伟，段永刚. 致密低渗气藏气井动态分析方法[J]. 天然气勘探与开发，2009，32(4)：40-43.
[20] 黄发海. 低渗透气田气井分类评价与配产研究[J]. 长江大学学报(自然科学版)，2014，11(31)：139-141.
[21] 费世祥，陈兴官，靳锁宝，等. 鄂尔多斯盆地苏里格气田有效砂体展布规律与开发方式研究——以苏东南区为例[J]. 天然气勘探与开发，2018，41(4)：55-61.
[22] 杨智超，侯泽富，王佚，等. 四川盆地复杂地表高精度建模技术及其应用[J]. 天然气勘探与开，2019，42(4)：75-82.
[23] 叶超，邓攀，贺瑞萱，等. 致密砂岩储层物性下限的确定——以鄂尔多斯盆地陇东地区山1段为例[J]. 天然气勘探与开发，2019，42(3)：32-37.
[24] 李明，李飞，杨宗恒，等. 基于地震沉积学原理的河道砂体精细刻画——以四川盆地龙岗地区沙溪庙组致密气藏为例[J]. 天然气勘探与开发，2019，42(2)：76-83.
[25] 傅诚德，胡文瑞，李文阳，等. 鄂尔多斯深盆气研究[M]. 北京：石油工业出版社，2001.

复杂井网下水平井连续油管细分切割分段压裂技术研究

郭丁菲　哈长鸣　张文昌　李玉印　张　伟　余训兵　王　硕

（辽河油田采油工艺研究院）

摘　要　本文旨在探讨连续油管细分切割分段压裂技术在复杂井网长期注水开发中的技术研究与应用效果。随着油田进入中后期开采阶段，注水开发带来的原生孔隙结构发生改变、储层形成优势流动通道等问题日益凸显。本文基于压裂地质一体化设计理念，精确划分甜点区；采用连续油管细分切割分段压裂工艺，开展精细化设计；配套示踪剂、产液剖面测试等检测技术，科学评估施工效果，创新性提出了砂岩储层复杂井网下长期注水开发导致的水淹对油井产能负面影响的解决方法。该方法现场获得成功应用并取得良好效果，对同类型储层压裂改造具有重要的借鉴意义。

关键词　避水压裂；连续油管；分段压裂；现场应用

随着砂岩油藏勘探开采进入中后期，注水开发成为维持油田产量的重要手段，国内外老油田如美国东德克萨斯、普鲁德霍湾油田、我国大庆、胜利、大港等油田都已步入高含水开发的后期。然而，长期注水开发往往导致地层压力分布不均，地层流体、黏土颗粒被冲刷转移，原生孔隙结构遭受破坏，储层物性发生改变，储层中形成优势渗流通道，甚至出现水淹现象，导致采油井见水快、含水高，剩余油气采收率难以提高等难题。在我国辽河油田的外围区块 TB1 块，作为一处历经近三十载注水开发的老区，长期属于低速低效开发状态，面临资源潜力挖掘与经济效益优化的双重挑战。为突破此瓶颈，提升区块整体采收率，采取一系列增产强化策略，其中压裂技术被视为关键手段之一。然而，TB1 块注采井网布局紧凑、前期注采比高，直井、水平井压裂施工投产后高产水、高含水率问题突出，井间干扰显著，严重制约了传统增产措施的有效性。具体而言，传统压裂方法难以在避免过度水侵的同时，实现目标储层的有效改造，从而限制了增产潜力的充分释放。

鉴于此，辽河油田在 TB1 块利用连续油管细分切割分段压裂技术，旨在通过精准控制压裂液注入与裂缝扩展方向，实现避水压裂，有效缓解井间干扰，提高油气采收率。该技术融合了连续油管作业的灵活性、水力喷射压裂的精准性以及环空加砂压裂的高效率，为复杂地质环境下的油田增产改造提供了新的技术路径。

本文旨在通过分析桥塞分段压裂及连续油管拖动压裂在 TB1 块的应用实例，评价两种工艺的该块的适用性，为类似地质条件下的老油田增产改造提供了宝贵的实践经验。

1　研究区概况

TB1 块油藏埋深 860-1090m，依据地质特征与沉积序列，自上而下划分为Ⅰ、Ⅱ、Ⅲ、Ⅳ四个油组。以砂砾岩为主，储层为中孔、中低渗储层，根据油藏描述及储层表征，储层存在显著的层间、层内非均质性，渗透率级差为 8~743 倍不等，其中，Ⅲ、Ⅳ油组为储量大、物性好、砂体发育连片、连通性较好，而Ⅰ、Ⅱ油储层发育不连片、物性差。2000 年后区块逐步转为一套层系注水开发，注采井距缩小为 110~156m，纵向注水井段跨度为 160m，受层间干扰影响，纵向水驱动用程度下降，小井距方向含水上升较快。目前油井以低液关井为主、水井以注不进关井为主，整体而言，主体区域的开发效果优于边部区域。为应对这些挑战，油田采用了包括压裂、酸化在内的多种增产措施

为加速区块边部开发进程，实施了水平井钻探及水力压裂技术。受裂缝扩展效应影响，邻近直井观测到显著的动态流体响应差异，产液量、含水量明显增加。以 TB-13 井为例，该井于

2023 年 9. 16-9. 20 完成可溶桥塞分段压裂施工，相邻 50m 以内有 3 口注水井，100m 以内有 6 口注水井。其邻井在 TB-13 施工前后均有不同程度压力和日产量变化，以邻井包 37-24 为例，压力由实施前的 0. 4MPa 升高至 1. 5MPa，实施前产液量为 $4m^3/d$，产油量为 $1.5m^3/d$，含水率为 62. 5%；施工后产液量升高至 $24.2m^3/d$，含水率升高至为 88%，产油量为 $2.9m^3/d$，但日产油量仅维持 50 天。截至到 2024 年 5 月 29 日，相较于同区块其他水平井仅 80 天的自喷时间，TB-13 井自喷时间长达 190 天，且含水率较高，累积产液量 $5886.8m^3$，累积产油量仅为 313. 1 吨。虽然本井已采用了充足的避射、控制规模措施，但是对水井的注水方向把握不清以及桥塞分段压裂时裂缝走向的不确定性(表 1)，经过对比分析，认为该井第四、五段直接连通了邻井注水井。根据微地震资料显示，邻井老裂缝重新开启，局部裂缝缝长失控。

表 1　TB-13 井微地震参数统计表

压裂段号	西翼长/m	东翼长/m	缝长/m	缝宽/m	缝高/m	裂缝网络走向(北东)	微地震事件数目/个	SRV/(万方)	液量/m^3	砂量/m^3
stage1	150	142	292	77	49	80	35	64	2012	126
stage2	86	119	205	65	40	83	19	45	1324	87
stage3	132	144	276	75	38	76	29	61	1425	94
stage4	163	127	289	85	46	84	48	89	1987	127
stage5	132	160	292	88	41	79	48	81	2248	140
stage6	104	134	238	74	40	77	34	59	1757	111
stage7	112	100	212	79	35	79	38	64	1214	76

2　储层改造对策

2.1　压裂原则

鉴于区块内注采井网分布复杂，且非均质性强，避水井压裂策略成为了此次作业的核心考量。基于压裂地质一体化设计思路，遵循“精细划分、精准开发、科学评价”的原则，综合测井、录井数据划分甜点区，Ⅰ类甜点区综合品质好，Ⅱ类甜点区次之，Ⅲ类区储层品质差。总体改造策略明确为“避水井、避已压裂井”，具体设计原则如下：

(1) 优先改造Ⅰ类甜点区：针对资源富集、潜力巨大的区域，实施重点改造，通过提液提砂技术最大化采收率。

(2) 适度改造Ⅱ类甜点区：针对资源基础良好、开发条件复杂的区域，采取灵活多样的改造策略，通过精细压裂等技术手段，逐步提升采收率，以避免对周边临井造成不利影响。

(3) Ⅲ类区保持原状：对于资源潜力有限或地质条件复杂的区域，暂不进行改造，以节约资源并降低风险。

(4) 限制近水井区域改造规模：所有接近水井的区域，无论其甜点级别如何，均需严格限制压裂作业的规模和范围，确保作业安全，防止发生水窜。

(5) 精确避开水井对应点：在压裂设计中，特别注明需避开水井对应点前后至少 10 米的范围，确保压裂裂缝不会直接接触及或影响水井结构，维护地下水安全。

2.2　压裂工艺

本文以最大化单井产量为目标，选择水平井细分切割体积改造路线，实施多段压裂，遵循上述压裂原则，优化改造规模、液砂比、支撑剂组合比例、压裂液体系、施工砂比等关键参数，采取细分切割+体积压裂措施，最大限度地增加储层平面上的接触面积。

然而，目前已经在 TB1 块应用的水平井可溶桥塞分段压裂技术主要问题包括但不局限于簇间流体注入量与支撑剂分布分布不均等，难于保证能够进行精确的裂缝控制。相比之下，连续油管压裂工艺展现出了显著的技术优势(如表 2)，可确保对储层甜点位置的精准定位与高效改造，通过灵活的工艺调整实现支撑剂与压裂液的精准注入，提高单孔排量以促进裂缝的充分扩展与有效沟通。此外，连续油管压裂还能减少地面作业设备与井下工具的移动需求，简化了施工流程，有效降低作业风险与成本。

表 2　分段压裂工艺对比

对比项	连续油管底封拖动分段压裂	水平井可溶桥塞分段压裂
施工段数	无限级	无限级
井筒要求	全通径、不需要钻磨桥塞	全通径，坐封有效期短
施工方式	一趟管柱，逐级上返	重复起下连续油管进行射孔、压裂
排量/水马力	较小的排量和水马力，约桥塞分段 1/2	较大的排量和水马力
单孔排量	>0.6m³/min	>0.25m³/min
压不开	上提一小段可继续射孔压裂	需重新选段、下入新桥塞和二次射孔
应急预案	砂卡：直接循环，快速清砂 打捞：直接使用连续油管打捞	砂卡/打捞：需要额外动用连续油管冲砂，打捞
压后放喷排采	可直接放喷、下泵生产	存在桥塞溶解不彻底的风险
人工裂缝形态	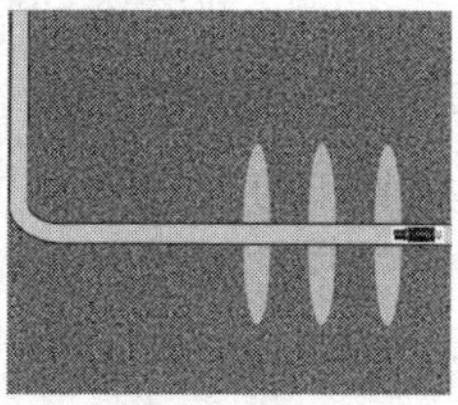 每个射孔点得到充分改造	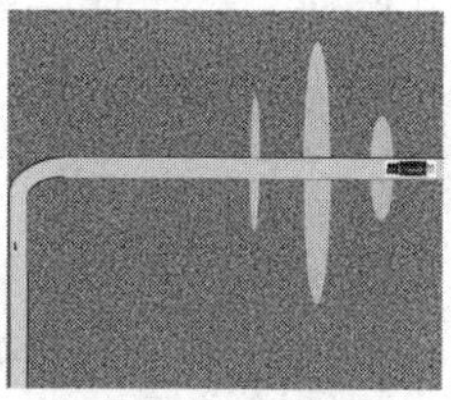 每个射孔点难以保证充分改造
作业时间	连续作业，可进行长时间作业	单段时间短，但起下钻作业程序复杂
压裂风险	砂堵风险略高，但处理较简单，卡管风险高	砂堵风险低，无卡管风险

2.3　压裂规模设计

在深入研究井网井距配置与地质条件对裂缝扩展效果及产能贡献的基础上，本文利用软件模拟半缝长 60~140m 范围内年累计产量的变化趋势(图 1)，结果显示：当半裂缝≥110m 后年累计产量呈现出明显的平台效应，因此依据 110m 半缝长设计单井加砂规模，旨在实现经济效益与产能潜力之间的最优平衡。

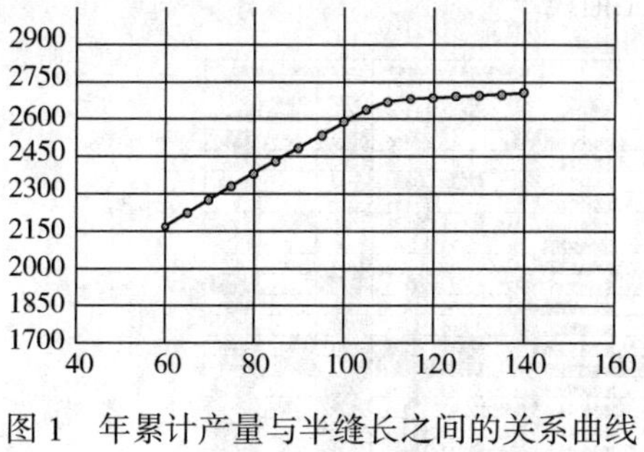

图 1　年累计产量与半缝长之间的关系曲线

针对不同甜点段的地质特性，本文遵循“优质储层多加砂”的精细化设计理念，对各甜点段的加砂规模进行了差异化设计：Ⅰ类甜点区优化半缝长 110m，段间距 15m 左右，单段液量 420m³左右，单段砂量 38m³左右；Ⅱ类甜点区为避开水井位置，各段规模差异化较大。优选 40/70 目石英砂于 20/40 目石英砂(比例为 3∶7)的支撑剂组合，满足支撑缝长和导流能力的需求。优化射孔采用 6 个喷嘴，优化射孔排量为 0.6m³/min 满足射孔及压裂需求。

在 TB1 块应用连续油管细分切割分段压裂技术的水平井 2 井次，具体施工规模见表 3。从表中可以看出，这 2 口水平井压裂分段数较多，相较于 2 口采用水平井可溶桥塞分段压裂技术的水平井，整体上分层较细，单段规模较小，旨在控制裂缝延伸，实现避水精准压裂。

表 3　实验井与对比井压裂参数统计表

井号	改造段长/m	段数	油层占比	压裂液/m³	支撑剂/m³	压裂暂堵球/个	最大施工排量/(m³/min)	液体强度/(m³/m)	加砂强度/(t/m)	备注
TB-02	608	36	0.70	14628	1002	0	4.8	24.1	1.6	连续油管
TB-03	631.5	34	0.46	14016	967	0	4.8	22.2	1.5	连续油管
TB-13	576.25	7	0.50	11967	761	142	14	20.8	1.3	可溶桥塞分段
TB-14	562	7	0.59	12787	778	144	14	22.8	1.4	可溶桥塞分段

3 压裂效果评估

3.1 现场施工

TB-02 及 TB-03 井，从 9 月 30 日开始到 10 月 15 日压裂施工结束，共 16 天完成 70 段压裂改造，平均单段施工 2.5h，节省了施工时间，提高了施工效率。

连续油管细分切割分段压裂 2 井次累计加砂 1968m^3，累计加液 28644m^3。施工时：油管排量 0.7~0.3m^3/min，套管排量 3.6~4.8m^3/min，压裂施工曲线整体呈现“平稳型”和“下降稳定型”。

（1）射孔阶段：施工压力在 65~50MPa 范围内，部分层段的施工曲线存在明显的破裂特征（如图 2）。

（2）前置液阶段：排量逐渐提高，在前置液阶段加入 2~4 个段塞，砂比 4~7%，油套环空最高施工压力 55MPa，油管最高压力为 63MPa，施工曲线存在明显的上升后逐渐下降，判断地层压开（如图 2）。

（3）携砂液及顶替液阶段：排量保持不变，砂比 14~29%逐渐增加，油套环空最高施工压力 30MPa，油管最高压力为 49MPa，施工压力曲线较为平稳。

本次施工连续 70 段设计施工符合率 100%。连续油管细分切割分段压裂，在施工过程中通过油套环空作为注入通道，降低了施工压力。

3.2 效果分析

（1）产液剖面

产液剖面测试结果如图 3，对比分析结果显示，在采用连续油管细分切割分段压裂技术后，水平井的有效簇率相较于传统方法展现出显著提升，各簇贡献率差距相对较小，反映出压裂效果更为均匀，产水与产油贡献率一致性好。TB1 块 4 口井的产液剖面测试结果见表 4。

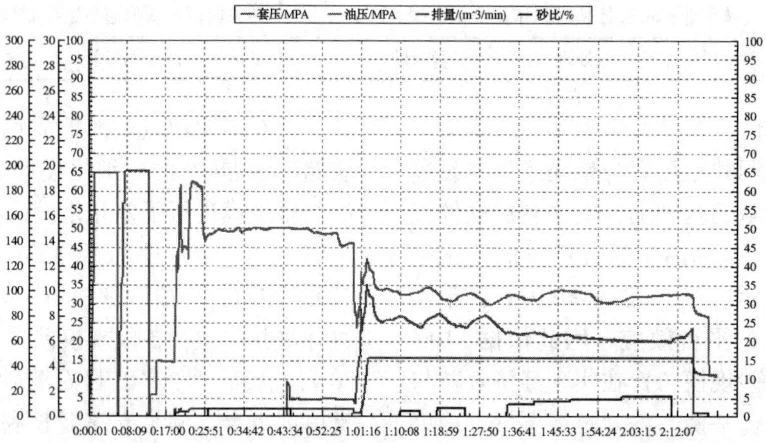

图 2 TB-02 井第二段施工曲线

			常规仪器产液剖面3mm油嘴			光纤产液剖面3mm油嘴		
压裂层段	喷砂位置/m	射孔方式	分段产水量m^3/d	分段产油量m^3/d	分段产液量m^3/d	分段产水量m^3/d	分段产油量m^3/d	分段产液量m^3/d
S1	1793	连续油管射孔	0	0	0	0	0	0
S2	1767	连续油管射孔	0.47	0	0.47	0.21	0.02	0.23
S3	1749	连续油管射孔	0.58	0	0.58	0.35	0.03	0.38
S4	1732	连续油管射孔	0	0	0	0.23	0	0.23
S5	1714	连续油管射孔	[illegible]	0.25	[illegible]	[illegible]	0.07	[illegible]
S6	1698	连续油管射孔	0.24	0.15	0.39	0.25	0	0.25
S7	1681	连续油管射孔	0.58	0	0.58	0.23	0.01	0.24
S8	1665	连续油管射孔	[illegible]	0	0.95	0.21	0	0.21
S9	1643	连续油管射孔	0.36	0	0.36	0.24	0.01	0.25
S10	1625	连续油管射孔	0	0	0	0.39	0.02	0.41
S11	1610	连续油管射孔	0	0	0	0.47	0	0.47
S12	1590	连续油管射孔	0.45	0	0.45	0.35	0.03	0.38
S13	1576	连续油管射孔	0.56	0	0.56	0.34	0.05	0.39
S14	1556	连续油管射孔	0.46	0	0.46	0.41	0.02	0.43
S15	1541	连续油管射孔	0.44	0.32	0.76	[illegible]	0.58	[illegible]
S16	1524	连续油管射孔	0.29	0.15	0.44	0.42	0.66	[illegible]
S17	1510	连续油管射孔	0.3	0.26	0.56	0.41	0.84	[illegible]
S18	1490	连续油管射孔	[illegible]	0.35	[illegible]	[illegible]	0.83	[illegible]
S19	1473	连续油管射孔	[illegible]	0.41	[illegible]	[illegible]	0.88	[illegible]
S20	1456	连续油管射孔	[illegible]	0.54	[illegible]	[illegible]	0.92	[illegible]
S21	1441	连续油管射孔	[illegible]	0.46	[illegible]	0.35	0.89	[illegible]
S22	1428	连续油管射孔	[illegible]	0.65	[illegible]	[illegible]	0.92	[illegible]
S23	1411	连续油管射孔	[illegible]	0.72	[illegible]	0.35	0.96	[illegible]
S24	1396	连续油管射孔	0.69	0.82	1	0.21	0.78	[illegible]
S25	1373	连续油管射孔	0.36	0.32	0.68	0.24	0.34	0.58
S26	1352	连续油管射孔	0.53	0.34	0.87	0.28	0.32	0.6
S27	1332	连续油管射孔	0.38	0.27	0.65	0.23	0.34	0.57
S28	1319	连续油管射孔	0.33	0.25	0.58	0.27	0.31	0.58
S29	1295	连续油管射孔	0.59	0.39	0.98	0.25	0.34	0.59
S30	1276	连续油管射孔	[illegible]	0.42	[illegible]	0.32	0.35	0.67
S31	1253	连续油管射孔	[illegible]	0.35	[illegible]	0.29	0.31	0.6
S32	1232	连续油管射孔	0.57	0.29	0.86	0.27	0.29	0.56
S33	1205	连续油管射孔	0.48	0.21	0.69	0.21	0.23	0.44
S34	1185	连续油管射孔	0.32	0.13	0.45	0.18	0.22	0.4

(a)TB-03井产液剖面测试

			仪器产液剖面8mm油嘴生产			光纤产液剖面5mm油嘴生产		
压裂层段	喷砂位置/m	射孔方式	分段产水量m^3/d	分段产油量m^3/d	分段产液量m^3/d	分段产水量m^3/d	分段产油量m^3/d	分段产液量m^3/d
S1	1754	连续油管射孔	1.06	0	1.06	0.88	0	0.88
S2	1740	连续油管射孔	0.64	0	0.64	0.6	0	0.6
S3	1725	连续油管射孔	0.97	0.32	1.29	0.42	0	0.42
S4	1697	连续油管射孔	0.26	0	0.26	0.1	0	0.1
S5	1681	连续油管射孔	0.45	0.08	0.53	0.2	0.2	0.4
S6	1662	连续油管射孔	0	0	0	0.32	0	0.32
S7	1648	连续油管射孔	0.25	0	0.25	0.27	0	0.27
S8	1636	连续油管射孔	0.73	0	0.73	1.31	0	1.31
S9	1617	连续油管射孔	0.85	0	0.85	0.94	0	0.94
S10	1603	连续油管射孔	0.95	0.06	1.01	0.91	0	0.91
S11	1590	连续油管射孔	1.25	0.39	1.64	0.84	0.1	0.94
S12	1578	连续油管射孔	1.45	0.48	1.93	0.82	0.19	1.01
S13	1560	连续油管射孔	0.56	0	0.56	1.2	0	1.2
S14	1544	连续油管射孔	0.65	0	0.65	1.3	0	1.3
S15	1522	连续油管射孔	1.01	0	1.01	1.4	0	1.4
S16	1505	连续油管射孔	1.05	0.12	1.17	1.28	0	1.28
S17	1490	连续油管射孔	1.68	0.38	2.06	0.98	0.19	1.17
S18	1471	连续油管射孔	0.59	0.16	0.75	0.17	0.1	0.27
S19	1449	连续油管射孔	0.45	0	0.45	0.79	0	0.79
S20	1433	连续油管射孔	0.63	0	0.63	0.81	0	0.81
S21	1420	连续油管射孔	0.78	0	0.78	0.88	0.2	1.08
S22	1402	连续油管射孔	0.69	0.17	0.86	0.4	0.29	0.69
S23	1380	连续油管射孔	0.85	0	0.85	0.91	0.29	1.2
S24	1364	连续油管射孔	1.05	0.28	1.33	0.81	0	0.81
S25	1346	连续油管射孔	0.64	0.14	0.78	0.26	0	0.26
S26	1330	连续油管射孔	0.52	0	0.52	0.53	0	0.53
S27	1312	连续油管射孔	0.65	0	0.65	0.82	0	0.82
S28	1298	连续油管射孔	0.37	0	0.37	0.75	0	0.75
S29	1285	连续油管射孔	0.47	0	0.47	0.26	0	0.26
S30	1268	连续油管射孔	0.25	0	0.25	0.39	0.29	0.68
S31	1254	连续油管射孔	0.35	0	0.35	0.3	0.23	0.53
S32	1240	连续油管射孔	0	0	0	0.1	0.19	0.29
S33	1222	连续油管射孔	0.24	0	0.24	0.23	0	0.23
S34	1200	连续油管射孔	0.89	0	0.89	0.9	0	0.9
S35	1185	连续油管射孔	0.87	0.19	1.06	0.74	0.24	0.98
S36	1171	连续油管射孔	0.48	0.28	0.76	0.2	0.19	0.39

(b)TB-02井产液剖面测试

图 3 产液剖面测试结果

表 4　TB1 块 4 口井产液剖面测试结果

井号	有效簇率	
	常规/%	光纤/%
TB-02	94.4	97
TB-03	88.2	98
TB-13	75	65.8
TB-14	—	86.2

（2）示踪剂

本文利用示踪剂累计量测试对 TB1 块 4 口井进行了对比分析，如图 4，于 2023 年 12 月 28 日完成其全部监测周期，并确认示踪剂损耗殆尽，对比分析结果显示：TB-02、TB-03 井出水、出油均一性指数高；两种工艺平均出水均一性分别为 56.5%、24.5%、，平均出油均一性分别为 72.8%、48.6%；对比两种增产改造工艺，连续油管压裂技术在出油与出水均一性上展现出更高的均一程度。

（3）产量分析

TB-02 自喷期 78 天，累产液 1372.5t，累产油 443t，期间最高日产油达到 12.98t，自喷期平均含水率 67.7%；TB-03 自喷期 80 天，累产液 2044.3t，累产油 610t，期间最高日产油达到 9.9t，自喷期平均含水率 70.2%。进一步将这两口井的表现置于整个区块水平井的背景下考量，区块水平井平均自喷期 53 天，平均单井累产液 1480t，平均单井累产油 331.8t，连续油管细分切割分段压裂井超过了区块的平均水平，呈现出延长自喷期、提升产量、控制含水率的效果。

截至目前，TB1 块的 4 口井的生产情况具体数据如图 5、表 5。分析结果显示，TB-02 及 TB-03 在平均日产油量及累产油量方面，均显著优于两口选定的可对比井；进一步，通过累产油量与含水率的对比研究，我们得出了与目标井生产效果相一致的结论，说明采用连续油管拖动压裂技术施工的井的生产效果明显好于水平井分段压裂井。

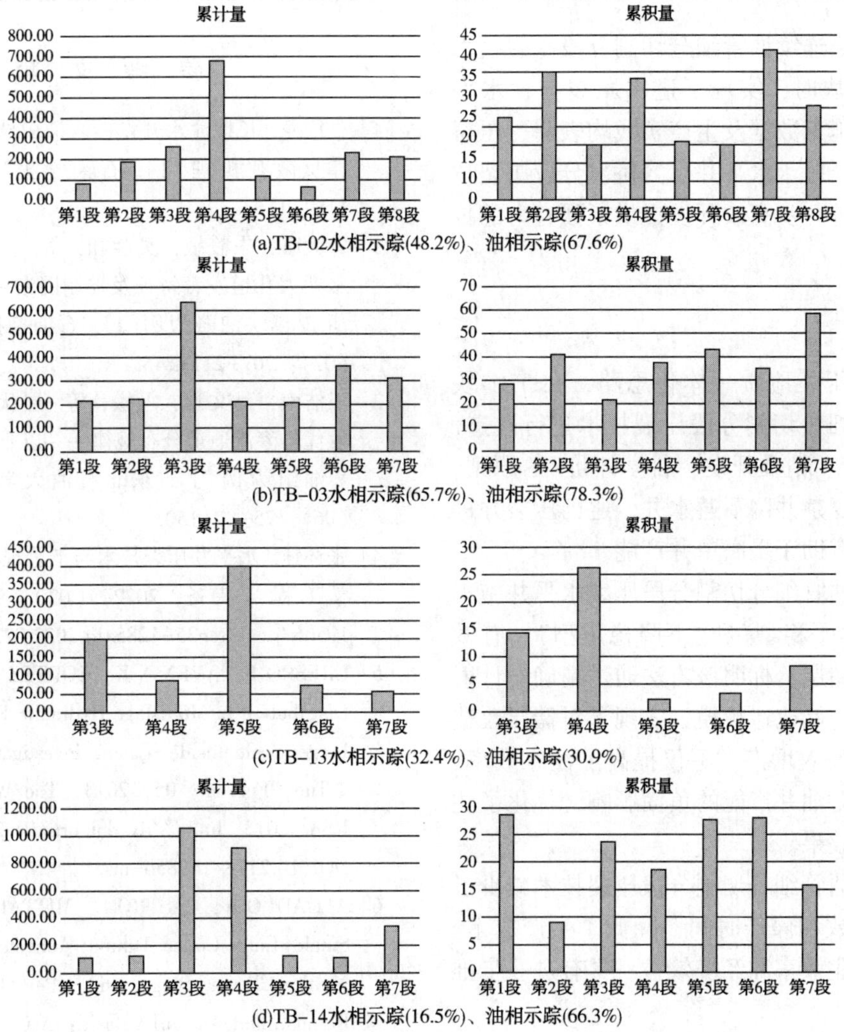

图 4　TB1 块 4 口井示踪剂测试结果

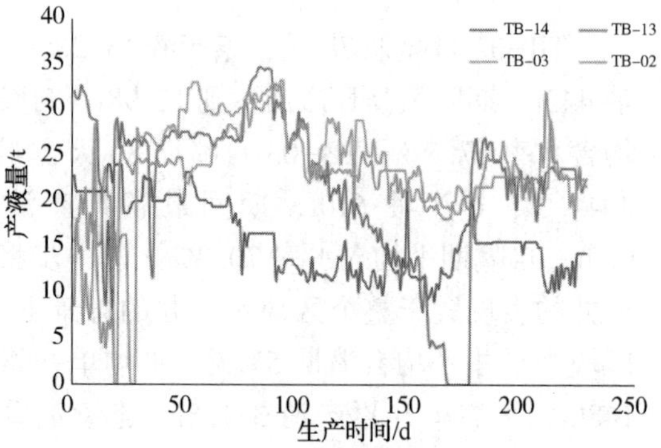

(a)产液量曲线

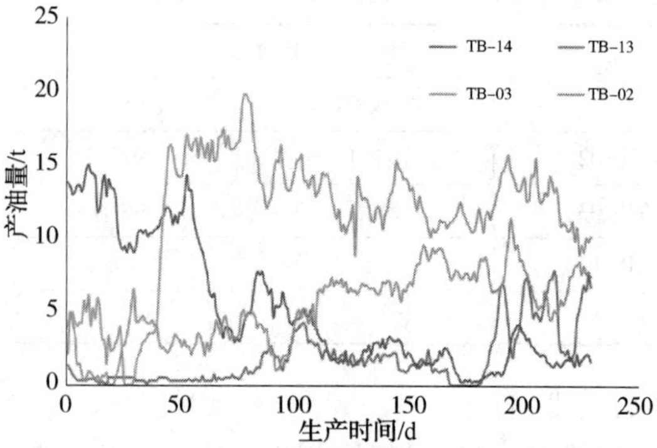

(b)产油量曲线

图5 TB1块4口井产量变化曲线

表5 TB1块4口井生产情况

井号	生产方式	平均日产液/t	平均日产油/t	含水率/%	累液/t	累油/t	采液强度/(t/m)
TB-02	机采	23.0	5.29	77.1	5212.4	1195.0	0.039
TB-03	机采	24.7	11.75	52.4	5538.4	2637.0	0.042
TB-13	机采	22.4	1.86	91.7	5030.3	417.6	0.038
TB-14	机采	15.9	5.17	67.5	3637.1	1181.0	0.021

综上所述，连续油管细分切割分段压裂技术在应用于TB1块时，实现了避水压裂与含水率控制的目的，施工数据及生产实践均表明，压裂增产效果明显，好于水平井可溶桥塞分段压裂技术，为区块的进一步高效开发提供了强有力的技术支持。

4 结论

（1）基于压裂地质一体化思路，在TB1块采用连续油管细分切割分段压裂技术进行改造，遵循“精细划分、精准开发、科学评价”的原则，有效实现了在复杂井网下避水井、避已压裂井进行储层改造，有助于提高单井产能。

（2）连续油管细分切割分段压裂水平井施工曲线整体呈现“平稳型”和“下降稳定型”，有效改造区块边部储层，标明该方法通过精确设计射孔点以及严格控制改造规模，实现了对储层改造的精准调控与高效增产，不仅提高了注水效率，还减少了水淹对油井产能的负面影响，优化了注水开发的整体效果。

（3）连续油管细分切割分段压裂技术减少了起下钻作业次数和停产时间，降低了生产成本，同时提高了作业效率和经济效益，具有进一步推广和应用价值。

参考文献

[1] 杜庆龙. 长期注水开发砂岩油田储层渗透率变化规律及微观机理[J]. 石油学报，2016，37(09)：1159-1164.

[2] 钟大康，朱筱敏，吴胜和，等. 注水开发油藏高含水期大孔道发育特征及控制因素——以胡状集油田胡12断块油藏为例[J]. 石油勘探与开发，2007，(02)：207-211+245.

[3] 王浩南，吕文雅，冯敏，等. 层状砂岩油藏协同开发优势渗流通道分布规律——以非洲M盆地P油田Y油组为例[J]. 东北石油大学学报，2022，46(06)：75-87+150.

[4] 张怀钰. 水平井压裂技术与工艺现状及发展[J]. 化学工程与装备，2022，(02)：94+91. DOI：10.19566/j.cnki.cn35-1285/tq.2022.02.026.

[5] CRESPO F，AVEN N K，CORTEZ J，et al. Proppant Distribution in Multistage Hydraulic Fractured Wells：A Large-Scale Inside-Casing Investigation[C/OL]//Day 2 Tue，February 05，2013，The Woodlands，Texas，USA. 2013. http://dx.doi.org/10.2118/163856-ms. DOI:10.2118/163856-ms.

[6] ALGADI O A，CASTRO L，MITTAL R. Comparison of Single-Entry Coiled Tubing-Activated Frac Sleeves vs. Multi-Cluster Plug-and-Perf Completion in the Permian and Anadarko Basin：A Case Study[C/OL]//Day 2 Tue，September 29，2015，Houston，Texas，

USA. 2015. http://dx.doi.org/10.2118/174943-ms. DOI:10.2118/174943-ms.
[7] 田守嶒，李根生，黄中伟，等. 连续油管水力喷射压裂技术[J]. 天然气工业，2008，(08)：61-63+141.
[8] CASTRO L A，JOHNSON C C，THACKER C W. Targeted Annular Hydraulic Fracturing Using CT-Enabled Frac Sleeves：A Case History from Montana's Bakken Formation[C/OL]//Day 2 Tue，October 01，2013，New Orleans，Louisiana，USA. 2013. http://dx.doi.org/10.2118/166511-ms. DOI:10.2118/166511-ms.
[9] 王金友，许国文，李琳，等. 连续油管拖动底封水力喷射环空加砂分段压裂技术[J]. 石油矿场机械，2016，45(05)：69-72.

页岩气四维气藏平台在威远区块实践与应用

李俊翔　杨亚东　李洁辛　王一萱　周　昕　钱　超

(中国石油川庆钻探工程有限公司页岩气勘探开发项目经理部)

摘　要　地质工程一体化是实现非常规页岩气规模效益开发的关键技术，前期技术实施主要依托斯伦贝谢、哈里伯顿等国外公司一体化软件，但面临软件二次开发难度大、不同公司软件存在数据壁垒、建模模型预测精度低等问题。因此，提出建立具有自主知识产权的页岩气四维气藏平台，以地质-工程数据库和地质工程一体化技术为依托，建立三维精细地质模型、三维多簇暂堵压裂裂缝动态扩展模型、基于连续介质和嵌入式裂缝网络的页岩气藏多尺度流动模型，实现页岩气藏开发全过程可视化，打造"透明"页岩气藏，对于非常规页岩气高效开发数智化转型具有重要意义。目前页岩气四维气藏平台在威远区块推广应用至 W47、52 等 10 个威远页岩气生产平台，共计 62 口井，助力天然裂缝预测精度提升 15%，辅助压裂设计优化，推动压裂设计与施工符合率提升达 95%以上，提升气井动态预测符合率达 90%，有效指导了威远页岩气高效勘探开发。

关键词　页岩气藏；数字管理；三维可视化；一体化平台；裂缝扩展；地质建模

1　引言

美国非常规油气勘探开发得益于一体化技术规模化的发展应用，成本比早期降低了 50%以上，长水平井压裂、加密布井、一体化工厂化运作已成常态，低油价下抗风险能力显著增强。地质工程一体化的思路是解决复杂低品位油气藏经济有效开发的必由之路，是提高产能、降低成本的有效方法。2012 年 Gapta 等采用地质工程一体化研究方法。综合考虑储层、地质力学、天然裂缝等因素，研究了多井组水力压裂后三维地应力场的变化。2013 年 Cohen 等利用一体化研究方法对 Marcellus 的支撑剂、液量、排量、泵序等压裂施工参数进行了优化。2015 年，吴奇等在中国首先提出了"品质三角形"，以及基于此提出的针对中国南方海相页岩气开发的地质工程一体化实施技术路线，图 1。2017 年以来，谢军等在四川盆地涪陵页岩气田提出应用地质工程一体化思路或方法，实现了页岩油气等低品质资源的规模效益开发。本文针对威远区块页岩气开发面临的挑战，引入地质工程一体化理念，利用三维地质建模、三维多簇裂缝扩展模拟和数值模拟一体化研究，打造"透明"页岩气藏，实现页岩气高效立体开发。

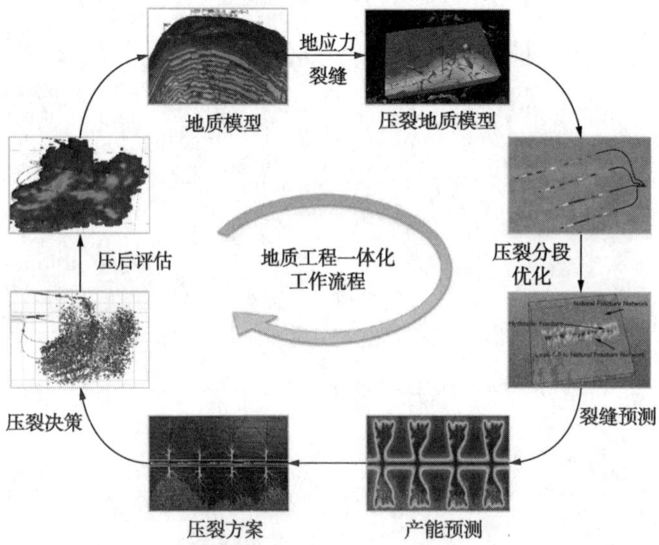

图 1　页岩气地质工程一体化工作流程

威远国家级页岩气开发示范区，按照“勘探开发一体化、地质工程一体化、经济技术一体化”的三个一体化模式，特别是深化地质工程一体化研究，不断总结经验和分析不足，形成了一套页岩气藏高效开发技术。通过系统梳理页岩气各专业流程，系统总结了页岩气地质工程一体化研究内容，见图2，厘清了目前页岩气开发中地质工程一体化多学科融合及管理上存在的不足与挑战，并提出建立了页岩气四维气藏平台，推动地质工程一体化的研究，实现页岩气高效开发，为进一步提升威远页岩效益提供了有力支撑。

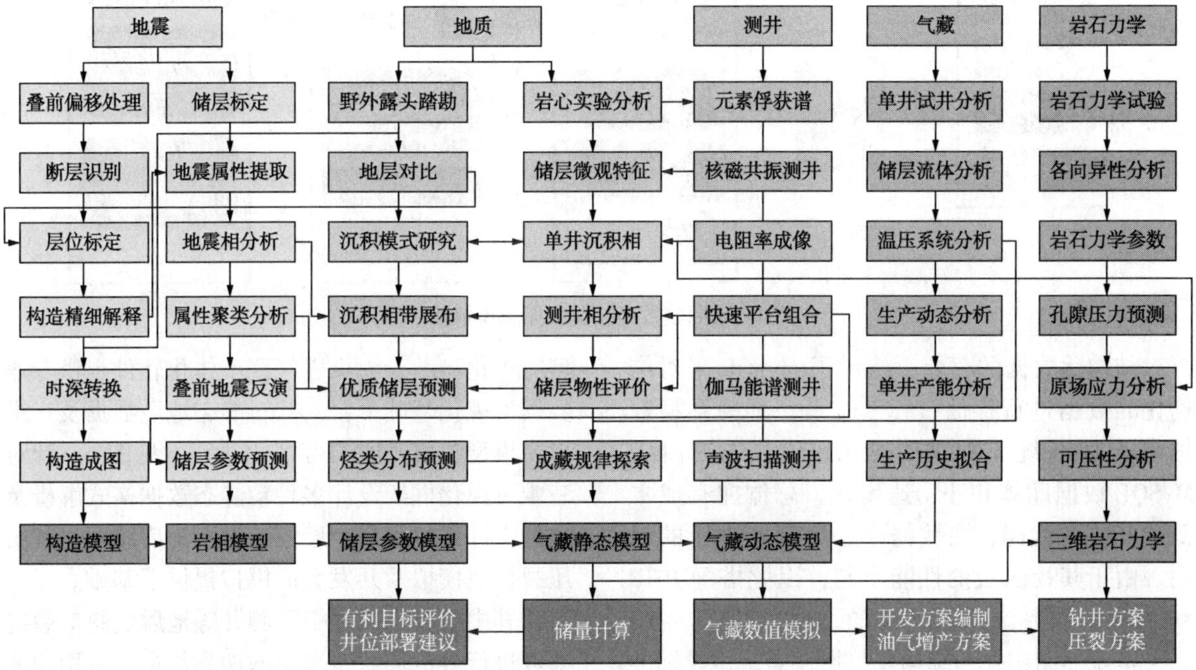

图2　页岩气地质工程一体化研究流程

2　页岩气四维气藏一体化平台搭建

围绕页岩气地质工程一体化模式搭建各项专业模块，开发形成了一套集地质工程数据分析、三维地质建模、三维裂缝扩展预测、全生命周期气井产能预测与评价于一体的页岩气四维气藏一体化软件，实现地质工程数据、地质精细建模、裂缝扩展动态、气井生产动态等多环节数据可视化，实现页岩气藏四维气藏可视化。

2.1　地质工程数据分析模块

截止目前为止，不少油气公司在勘探、开发、生产和运输的过程中，获取大量有价值的数据，有的数据甚至持续搜集了几十年。但是，大量的数据分布在一个个专业部门中，且多数仅仅使用Office文档的形式储存，形成了一个又一个的“信息孤岛”，数据的关联性不能有很好的体现，为后续的数据分析和挖掘带来了极大的不便。目前，美国已经有领先的油矿公司在页岩项目开发中搭建大数据平台作为后续数据挖掘和分析的凭依，并且获得良好的效果。因此，搭建页岩气地质工程大数据管理平台就显得尤为重要。

建立地质工程大数据管理平台由文件管理子系统和数据管理子系统组成，分别管理非结构化的数据(以文档、表格、PDF、图片等文件)和结构化的数据(Excel、Word等文件)，实现非结构化数据的分布式存储，同时选用了基于分布式文件系统HDFS(Hadoop Distributed File System)对非结构化的文件数据进行存储，见图3。

HDFS被设计成适合运行在通用硬件(commodity hardware)上的分布式文件系统。它和现有的分布式文件系统有很多共同点。但同时，它和其他的分布式文件系统的区别也是很明显的。HDFS是一个高度容错性的系统，适合部署在廉价的机器上。HDFS能提供高吞吐量的数据访问，非常适合大规模数据集上的应用。HDFS放宽了一部分POSIX约束，来实现流式读取文件系统数据的目的。HDFS在最开始是作为Apache Nutch搜索引擎项目的基础架构而开发的。HDFS是Apache Hadoop Core项目的一部分。

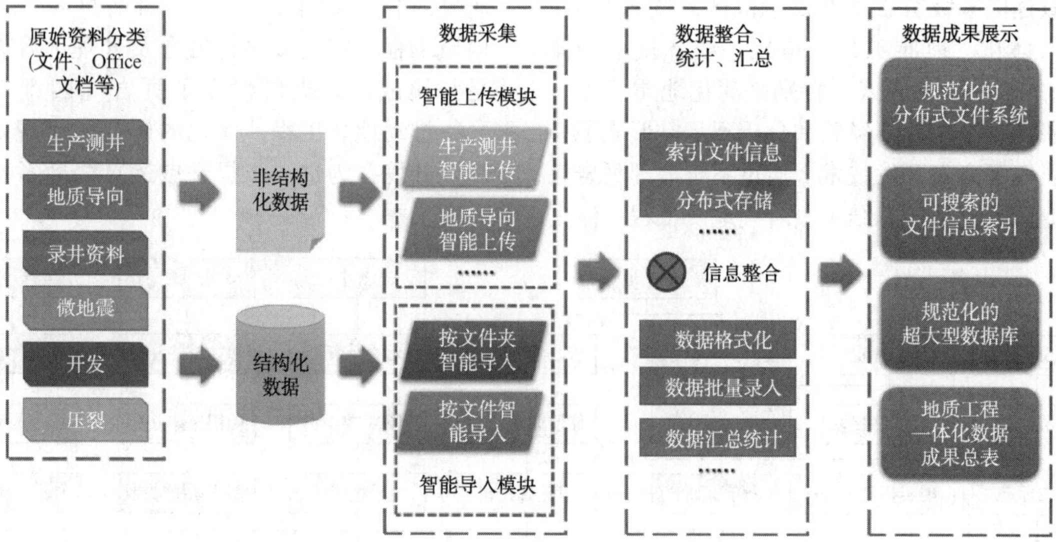

图 3　不同簇数压裂裂缝面积模拟结果

结构化数据的存储，选用了 MySQL 来对结构化的数据进行存储。MySQL 是一种关系型数据库管理系统，由瑞 MySQL AB 开发。由于 MySQL 数据库体积小、速度快、总体拥有成本低、开放源代码，在数据库领域有着广泛的应用。由于其社区版的性能卓越，因此搭配 PHP 和 Apache 服务器可组成良好的开发环境。

基于非结构化与结构化数据存储，建设标准化数据库，各专业基础数据可进行统一管理，各专业软件数据之间可进行流通及调用。管理数据类型共 10 类，超过 33 项具体数据；处理数据文件 17 类，共 26 种具体文件格式。实现包括物探、测井、地质、压裂、开发等基础静态、动态等数据存储。

2.2　三维精细地质建模模块

为实现页岩气藏地质静态数据及三维地质模型一体化显示，为页岩气藏一体化软件提供专业数据可视化基础平台，针对静态地质数据及三维地质模型建模开展了可视化研究，见图 4。针对三维可视化框架设计多种动静态数据格式解析及数据文件接口等多个层面信息，为后续页岩气藏压裂扩展模拟及开发数值模拟提供了基础。

其中重点采用地震、测井等地质资料对裂缝参数进行分析。对于采集的地震数据，采用构造平滑-混沌体-倾角偏差-蚂蚁追踪的方法对小尺度断层和大尺度裂缝进行有效识别。地震数据处理结果如下图所示。根据蚂蚁体追踪结果分析裂缝发育特征，可以看出研究区以近 SN 向、NNE 向以及近 EW 向小断层和大尺度裂缝为主，见图 5，裂缝长度从几米到几百米不等，裂缝倾角以低角度为主，通过实钻井导向可验证蚂蚁体追踪结果的可靠性。

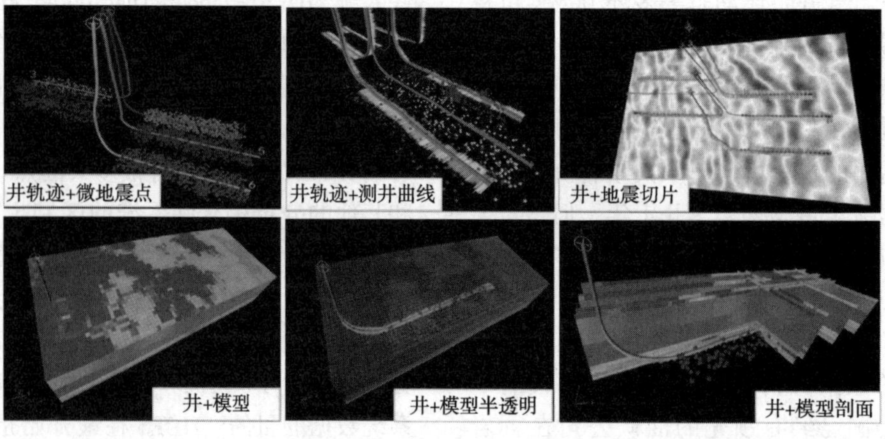

图 4　三维精细地质建模模块

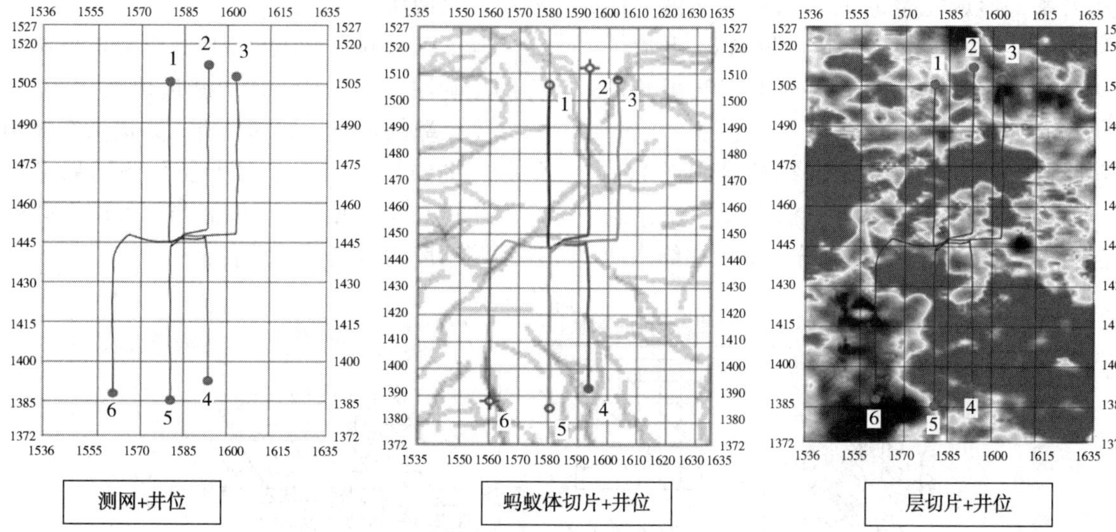

图 5　蚂蚁体切片及层切片图

2.2.2　三维多裂缝暂堵压裂模拟模块

基于前文建立的三维地质精细模块，搭建多裂缝暂堵压裂模拟模块，依据经典射孔磨蚀实验数据，得到的射孔磨蚀模型进行裂缝扩展过程射孔磨蚀动态定量表征，并耦合于平面三维多簇裂缝扩展模型，实现三维多簇裂缝扩展过程射孔磨蚀动态分析、裂缝扩展动态精细刻画。以此模块为基础，使用 MATLAB 编程，并基于 GUI 实现了用户方便操作的界面，开展了水平井分段多簇压裂过程支撑剂展布、射孔磨蚀、射孔暂堵数值模拟研究，研究了支撑剂分布、射孔磨蚀规律和暂堵压裂过程暂堵球设计(堵球数量、注入时机)方法，对国内非常规储层压裂设计具有应用和推广价值。

整体模块考虑层理缝高扩展影响、水平井筒流动、孔眼磨蚀、缝尖断裂、缝内流动、流体滤失、段内暂堵等，实现了井筒流动+多簇裂缝扩展的全耦合。同时提出平面三维多裂缝扩展模型高效算法，较前期隐式解法提高 30 倍。开展实际压裂井进行模拟，与实际井压裂结果相比，模型压裂缝网预测与实际监测平均符合率>90%，见表 1。

表 1　威远页岩气田 W34-6 井裂缝模拟与实际监测符合率表

W34-6 井														
井段	参数	监测/m	模拟/m	符合率	井段	参数	监测/m	模拟/m	符合率	井段	参数	监测/m	模拟/m	符合率
第 1 段	缝长	380	385	98.7%	第 10 段	缝长	380	356	93.7%	第 19 段	缝长	370	340	91.9%
	缝高	30	33	90.9%		缝高	40	45	88.9%		缝高	40	44	90.9%
第 2 段	缝长	330	366	90.2%	第 11 段	缝长	340	365	93.2%	第 20 段	缝长	300	344	87.2%
	缝高	40	37	92.5%		缝高	40	38	95%		缝高	40	43	93%
第 3 段	缝长	350	362	96.7%	第 12 段	缝长	400	372	93%	第 21 段	缝长	360	340	94.4%
	缝高	40	43	93%		缝高	50	43	86%		缝高	40	43	93%
第 4 段	缝长	340	357	95.2%	第 13 段	缝长	390	375	96.2%	第 22 段	缝长	330	354	93.2%
	缝高	40	44	90.9%		缝高	40	44	90.9%		缝高	40	36	90%

2.2.3　气藏动态开发模块

采用改进的 EDFM 实现页岩气压裂后缝网表征，针对页岩气藏的多尺度孔缝特征，结合嵌入式离散裂缝模型，建立了基岩-微裂缝-水力裂缝耦合数值模拟方法；然后结合储层应力敏感研究实验结果，考虑应力敏感及页岩气藏特殊流动机理(吸附解吸、分子扩散、Knudsen 扩散和相态变化)和水力裂缝两侧位移间断及其内部支撑剂作用，建立了多相多组分渗流模型和储层变形力学模型，见图 6；最后，给出模型参数之间的本构关系，形成完整的页岩气藏流固耦合模型，实现多尺度裂缝缝内流体流动模拟。开展了生产动态预测与评估研究，形成整体气藏开发模块。

软件会自行计算双对数曲线拟合图、Blasingame曲线拟合图、压力历史拟合图、流量历史拟合图等，同时将拟合结果分别显示在绘图曲线中，以便切换观看。

验证气藏开发模块的生产数据分析方法及软件的正确性及适用性，选取威远地区26口井页岩气生产数据进行了解释分析，并提供产能预测结果，提供EUR参数，其产能预测结果平均符合率超过92%，见图7、图8与国外同类软件对比预测精度明显提升，见表3。

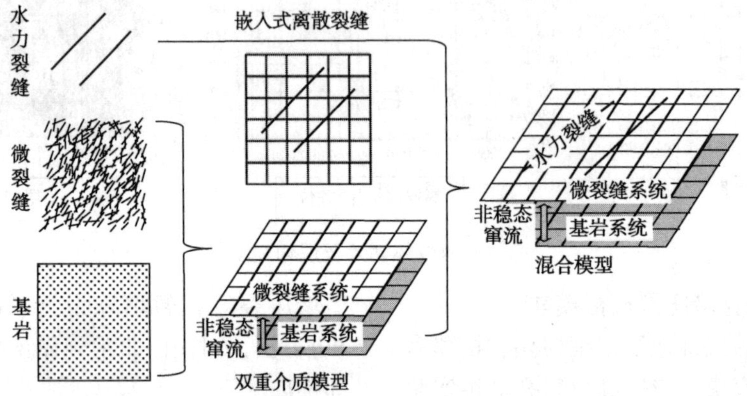

图6　基岩-微裂缝-水力裂缝耦合模拟方法示意图

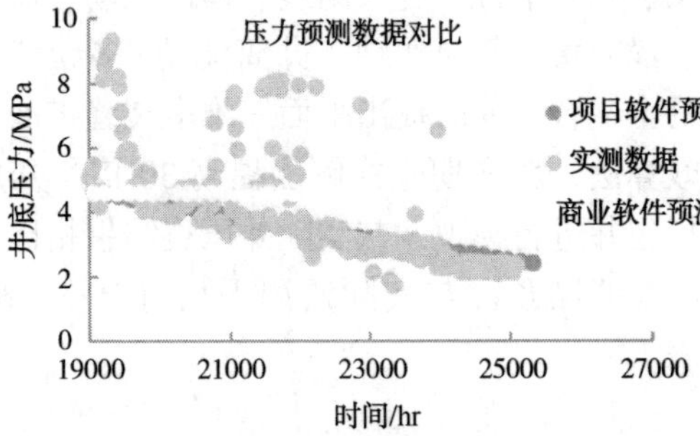

图7　压力预测数据对比图

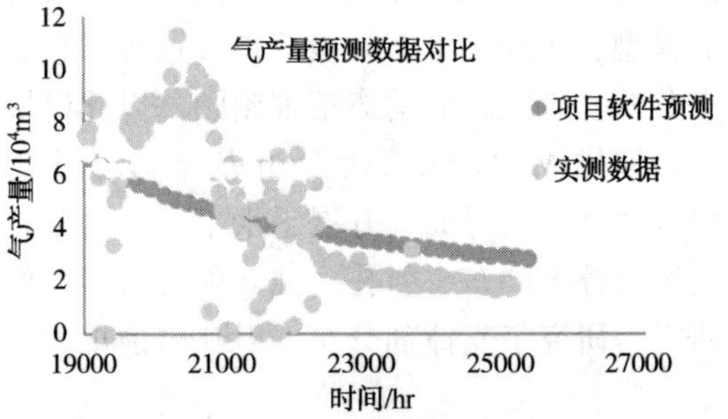

图8　气产量预测数据对比图

表3　四维气藏软件与国外软件精度对比表

项目	国外软件	四维气藏软件
平均裂缝半长/m	41.08	43.01
平均地层渗透率/md	0.024	0.023
改造区域面积/m^2	346910	364630
气藏总储量/($\times 108m^3$)	1.98	2.05
压力预测平均误差	17.5%	11.6%
气产量预测平均误差	43.3%	1.4%
平均裂缝半长/m	41.08	43.01

2.3　四维气藏可视化

研究四维气藏成果展示设计的具体需求和体系结构，基于软件工程的理念，考虑软件平台的高效性、安全性、可维护性等，开展四维气藏成果展示设计平台架构设计，形成一套地质工程一体化可视化架构设计方案。建立一套可视化软件，软件集成数据管理(工区管理、数据交换、数据管理、表格显示、数据计算等)、二维图形可视化(图层管理、图形编辑、视图操作、图形属性、统计图、井筒图等)、三维可视化和软件配置等模块。软件基于微软Windows系统平台，采用Visual Studio(MFC)开发环境，使用BCGControlBar、STL(C++11)、BOOST、Direct2D、OpenSceneGraph等C++开发库，平台具有标准Windows应用程序界面，见图9。

可视化界面采用Windows平台的标准界面。软件使用MFC作为开发底层，使用BCGControlBar作为界面开发库，使用OGRE作为三维可视化开发库，均包含相关DLL文件即可运行，不需要依赖其他平台。

软件依赖微软MFC运行库开发界面，MFC(Microsoft Foundation Classes)类库(class libraries)，以C++类的形式封装了Windows的API，并且包

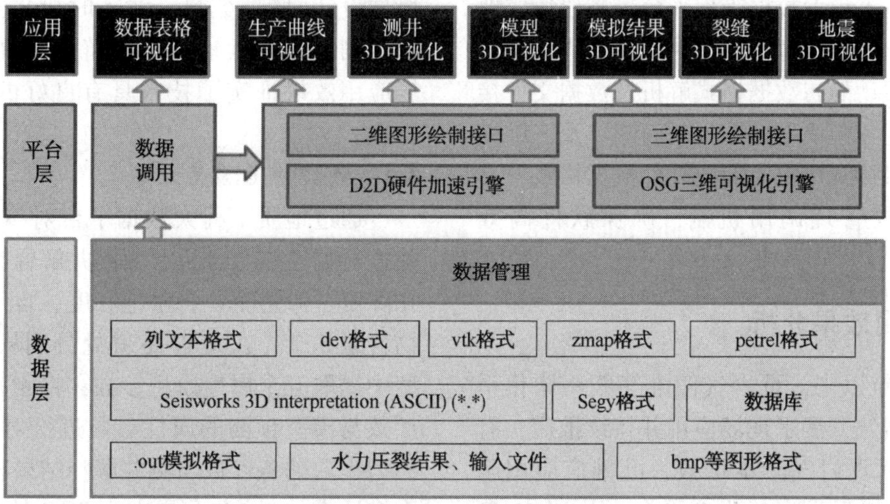

图 9　四维气藏可一体化平台架构图

含一个应用程序框架，以减少应用程序开发人员的工作量。其中包含大量 Windows 句柄封装类和很多 Windows 的内建控件和组件的封装类。

MFC 是 WinAPI 与 C++的结合。API，即微软提供的 Windows 下应用程序的编程语言接口，是一种软件编程的规范，但不是一种程序开发语言本身，可以允许用户使用各种各样的第三方的编程语言来进行对 Windows 下应用程序的开发，使这些被开发出来的应用程序能在 Windows 下运行，比如 VB、VC++、Java、Delhpi。编程语言函数本质上全部源于 API，因此用它们开发出来的应用程序都能采用 Windows 的消息机制和绘图，遵守 Windows 作为一个操作系统的内部实现。MFC 是微软对 API 函数的专用 C++封装，这种结合让用户使用微软的专业 C++SDK 来进行 Windows 下应用程序的开发变得容易，因为 MFC 是对 API 的封装，微软做了大量的工作，隐藏了好多程序开发人员在 Windows 下编制软件时的大量细节，如应用程序实现消息的处理、设备环境绘图。

MFC 不只是一个功能单纯的界面开发系统，它提供的类绝大部分用来进行界面开发，关联一个窗口的动作，但它提供的类中有好多类不与一个窗口关联，即类的作用不是一个界面类，不实现对一个窗口对象的控制(如创建、销毁)，而是一些在 Windows(用 MFC 编写的程序绝大部分都在 Windows 中运行)中实现内部处理的类，如数据库的管理类等。

BCGControlBar (Business Components Gallery ControlBar)是一个 MFC 扩展库，允许您创建具有完全自定义选项(功能区、可自定义工具栏、菜单等)和一组丰富的专业设计的 Microsoft Office 和 Microsoft Visual Studio 类应用程序 GUI 控件，例如图表、日历、网格、编辑器、甘特图等。BCGControlBar 库拥有 500 多个经过彻底设计、测试和完整记录的 MFC 扩展类，见图 10。

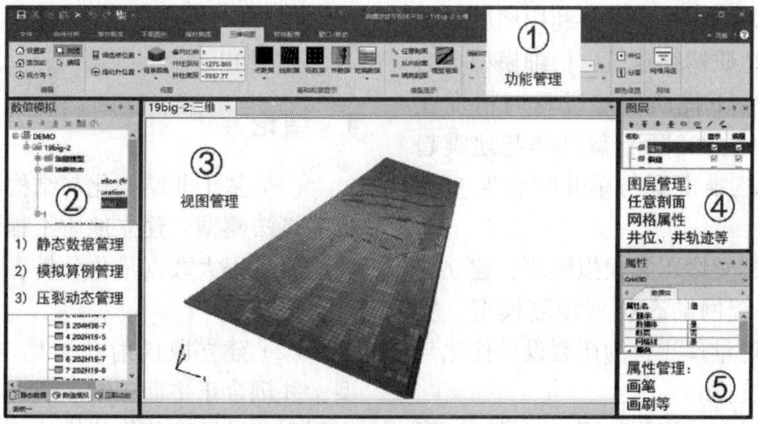

图 10　四维气藏可一体化平台界面

基于地质工程大数据管理平台，搭建集成地震、测井、压裂及数值模拟成果展示模块，完成多种页岩气藏动静态数据格式解析及数据文件接口设计，实现各模块平面图、剖面图、及三维模型可视化。对接常用主流商业软件数据格式，具备高效的数据管理调用机制，确保软件高效运行。

3 现场应用效果分析

自 2020 年以来，页岩气四维气藏一体化平台在威远页岩气开展了现场应用并持续推广，有力支撑了威远页岩气降本增效，已推广应用至 W47 等 10 个威远页岩气生产平台，共计 62 口井，完善了现有压裂缝网预测与暂堵压裂过程暂堵球设计(堵球数量、注入时机)方法，现场裂缝预测结果与微地震解释符合率高达 92%。现场应用效果证实了技术具有良好的适应性和可行性。

3.1 W47 平台应用效果

通过地质工程大数据平台对 W47 平台 8 口井进行物性参数分析，其测井解释参数中包括有孔隙度、渗透率、含水饱和度、含气量和脆性矿物含量 5 个，在 W47-6 井处分别从 W47 平台模型中提取五个属性模型参数，将测井解释的属性参数与模型预测的属性参数进行对比。经分析，模型提取的各参数与测井解释结果相关系数最小为渗透率的 0.937，最大为 TOC 的 0.984，均大于 0.9，见图 11。

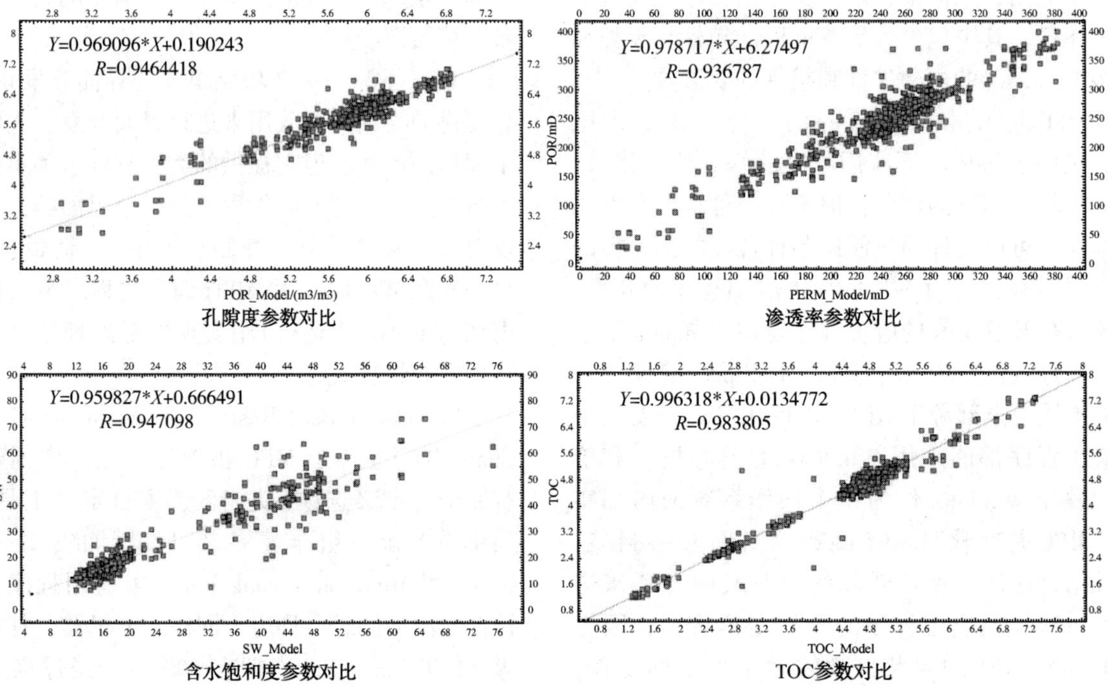

图 11 地质工程数据分析图

基于地震、测井和实钻数据，利用地质建模模块开展精细三维地质精细建模；精细模型平面精度 8m * 8m，龙一 1 优质储层段垂向精度在 0.5m 左右，网格总量 800 万；属性体与地震趋势体一致性较好，三维模型与单井吻合度 90% 以上，见图 12。

利用三维多裂缝暂堵压裂模拟模块，建立了 W47 平台页岩压裂缝网动态扩展预测模型，实现了缝网关键参数定量预测，为压裂设计优化与决策技术提供技术支撑。

基于精细地质模型与压裂缝网扩展模型，开展 W47 平台 W47-10、47-11 井单井 EUR、产能预测拟合，单井 EUR 分别为 1.37 亿及 1.12 亿方，见图 14。

4 结论

(1) 基于非结构化与结构化数据存储、人工智能算法模型，建立地质工程数据分析模块，实现地质工程大数据量化分析，对地质工程数据进行预测。

(2) 建立段内射孔暂堵与射孔磨蚀计算模型，并耦合于平面三维多裂缝扩展模型，形成了压裂裂缝扩展数值模拟模块，实现多簇裂缝竞争扩展、加砂运移、射孔磨蚀、段内暂堵和层理影

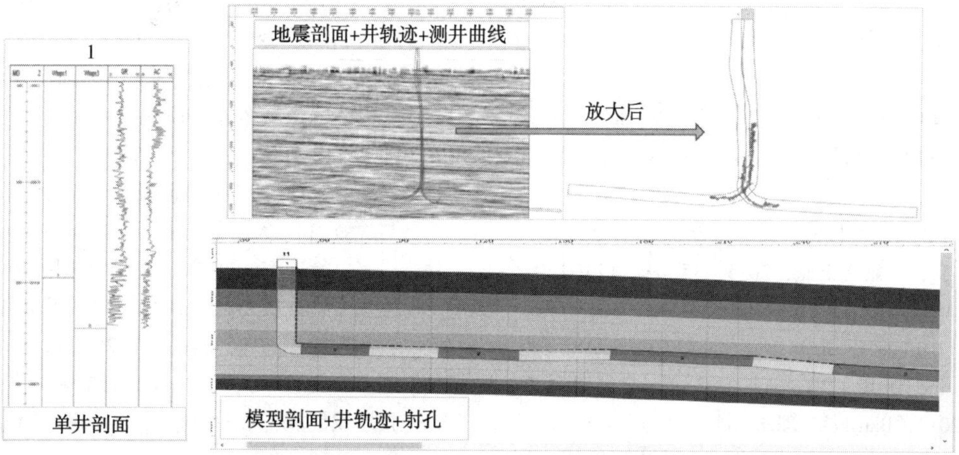

图 12　W47 平台三维地质建模成果图

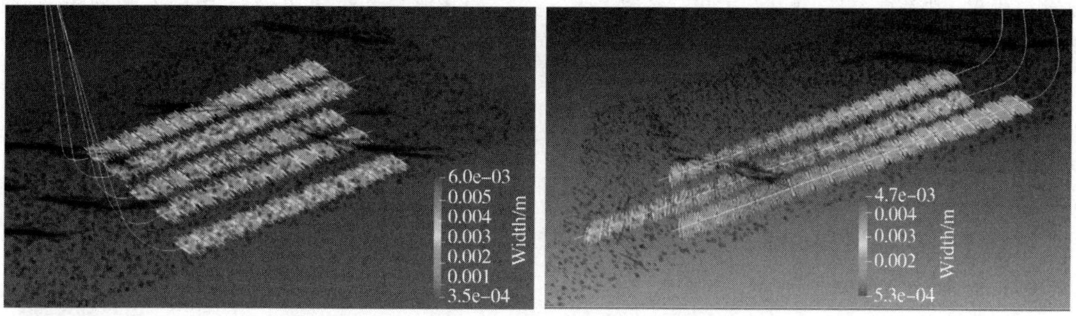

图 13　W47 平台三维多簇裂缝扩展模拟图

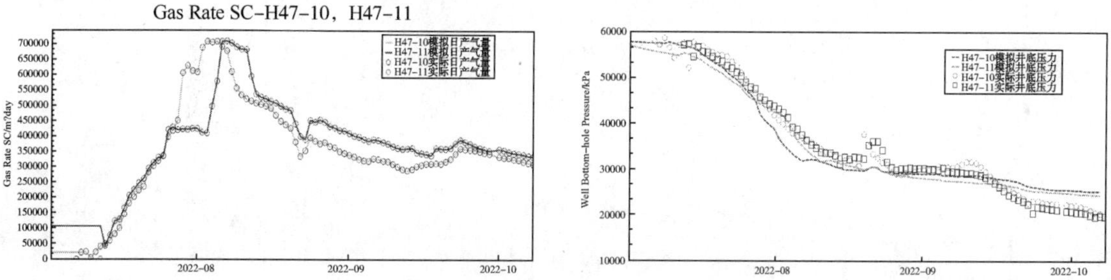

图 14　W47 平台 W47-10、11 井产量拟合图

响的裂缝扩展数值模拟。

（3）基于嵌入式离散裂缝模型有限体积数值求解，建立气藏动态开发模块，实现多尺度裂缝缝内流体流动模拟。

（4）页岩气藏一体化平台推广应用 W47 等 10 个威远页岩气生产平台，共计 62 口井，助力天然裂缝预测精度提升 15%，辅助压裂设计优化，推动设计与施工符合率达 95%以上，提升气井动态预测符合率达 90%。，有力支撑了威远页岩气经济效益开发。

参 考 文 献

[1] 何骁，吴建发，雍锐，等. 四川盆地长宁—威远区块海相页岩气田成藏条件及勘探开发关键技术. 石油学报[J]，2021，42(2)：259-272.

[2] 邹才能，赵群，丛连铸，等. 中国页岩气开发进展、潜力及前景[J]. 天然气工业，2021，41(1)：1-14.

[3] ZHAO Xingang，KANG Jiaoli，LAN Bei. Focus on the develop-ment of shale gas in China-based on SWOT analysis[J]. Renew-able and Sustainable Energy Reviews，2013，21：603-613.

[4] VON BERTALANFFY L，SUTHERLAND J W. General systemstheory：Foundations，developments，applications[J]. IEEE Trans-actions on Systems，Man，and Cybernetics，1974，SMC-4(6)：592.

[5] 吴奇，梁兴，鲜成钢，等. 地质—工程一体化高效开发中国南方海相页岩气[J]. 中国石油勘探，2015，20(4)：1-23.

[6] 胡文瑞. 地质工程一体化是实现复杂油气藏效益勘探开发的必由之路[J]. 中国石油勘探, 2017, 22(1): 1-5.

[7] 邹才能, 陶士振, 白斌, 等. 论非常规油气与常规油气的区别和联系[J]. 中国石油勘探, 2015, 20(1): 1-16.

[8] 王书彦, 李瑞, 王世谦. 页岩气勘探开发基本特征与程序[J]. 天然气工业, 2015, 35(6): 124-130.

[9] SONI T M. LPG-based fracturing: An alternate fracturing tech - nique in shale reservoirs [C]//IADC/SPE Asia Pacific Drilling Technology Conference, 25 - 27 August 2014, Bangkok, Thailand

[10] 曾涛. 新贝克休斯数字化与纵向一体化发展战略研究[J]. 国际石油经济, 2017, 25(9): 7-13.

[11] 雍锐, 常程, 张德良, 等. 地质—工程—经济一体化页岩气水平井井距优化——以国家级页岩气开发示范区宁 209 井区为例[J]. 天然气工业, 2020, 40(7): 42-48.

[12] 梁兴, 王高成, 张介辉, 等. 昭通国家级示范区页岩气一体化高效开发模式及实践启示[J]. 中国石油勘探, 2017, 22(1): 29-37.

[13] 谢军, 长宁—威远国家级页岩气示范区建设实践与成效[J]. 天然气工业, 2018, 38(2): 1-7.

[14] 梁兴, 徐进宾, 刘成, 等. 昭通国家级页岩气示范区水平井地质工程一体化导向技术应用[J]. 中国石油勘探, 2019, 24(2): 226-232.

[15] 刘合, 孟思炜, 苏健, 等. 对中国页岩气压裂工程技术发展和工程管理的思考与建议[J]. 天然气工业, 2019, 39(4): 1-7.

[16] 李国欣, 朱如凯. 中国石油非常规油气发展现状、挑战与关注问题[J]. 中国石油勘探, 2020, 25(2): 1-13.

套变复杂井分段工具研发及应用

桑 宇 喻成刚 何 玨 李 明 刘 辉

（中国石油西南油气田分公司工程技术研究院）

摘 要 页岩气可采资源量排名前3的国家分别是美国、中国和阿根廷，可采资源量分别为$32.87\times10^{12}m^3$、$31.57\times10^{12}m^3$和$22.70\times10^{12}m^3$。我国川南深层页岩气可采资源量约$10\times10^{12}m^3$，占全国页岩气可采资源量的31.68%，居全国第一。中国石油西南油气田分公司在川南深层页岩气的勘探开发已取得突破性进展，为我国实现天然气增储上产、能源提供了重要支撑。但是在大规模勘探开发过程中，套管变形（简称“套变”）问题频频发生，导致常规尺寸桥塞不能下放到位，无法有效分段，后续不能进行正常压裂施工，严重影响了单井产气量和预期采收率（EUR），已成为制约页岩气规模效益开发的瓶颈技术难题。为此，探索和试验了一种全新的小直径桥塞技术，作为应对套变的创新解决方案。现场试验结果表明：小直径桥塞可有效应对深层页岩气水平井套变问题，相比常规“大段合压+暂堵分段”笼统压裂套变解决工艺，地质工程条件预测EUR与实测EUR对比，小直径桥塞压裂相对笼统压裂EUR提高10%以上，具有更加广泛的经济和社会意义。

关键词 深层页岩气井；分段压裂；套管变形；小直径桥塞；高膨胀比桥塞

近年来，非常规油气藏开发逐渐引起了人们的重视，其中深层页岩气的开发已取得明显突破。

页岩储层物性差，孔隙度小，渗透率极低。根据美国主要产气页岩储层岩心分析，其总孔隙度分布在2.0%～14.00%，平均为4.22%～6.51%；渗透率一般小于$0.13\times10^{-3}\mu m^2$，平均喉道半径不到0.005μm。与美国相比，我国川南页岩气孔隙度、渗透率等储层关键参数相当。页岩气的特征决定了必须采用压裂改造才能获得工业产能，国内外均采用水平井分段压裂开发页岩气藏。为了提高改造效果，扩大页岩储层改造体积，页岩气现场多采用电缆泵送桥塞分簇射孔分段压裂工艺。

川南深层页岩气储层埋深大，地应力场复杂，应力差大，在套管完井后和分段压裂施工过程中，井下时常出现套变问题，给电缆泵送桥塞施工带来极大安全隐患，降低了施工时效，影响整体施工进度。随着研究的深入，套变机理逐渐得到清晰地认识，防治措施得到不断完善，使得深层页岩气水平井的套变发生率得到一定控制，但是套变仍然无法消除。因此，探寻深层页岩气水平井套变后的有效改造工艺显得尤为重要。

本文意在探索一种全新的桥塞工具技术，研发小直径高膨胀比的全金属可溶桥塞作为分段压裂工具，用于应对深层页岩气井井下严重套变问题，并分析其经济和社会价值。

1 国内外页岩气井套变情况及应对措施

1.1 国内外页岩气井套变情况

全球页岩气资源主要分布在北美、南美、中东等地区，其中页岩气技术可采资源量排名前3的国家分别是美国、中国和阿根廷。北美地区作为全球主要的页岩气生产地区，因地处平原地带，地质和地应力条件优越，在页岩气开发过程中套变问题较少。比如美国Pennsylvania州和Marcellus区域的几万口页岩气井中，套变率仅有6%。加拿大页岩气井Duvernay区块，套变率也仅有8.8%。南美地区页岩气资源主要分布在阿根廷、巴西等地。阿根廷的页岩气储量丰富，境内的巴塔哥尼亚地区Vaca Muerta页岩区块是全球第四大页岩油气资源区，但是在开采过程中面临较为严重的井下套管变形问题。Vaca Muerta区块1200多口页岩气井中，套变率为25%。中东地区沙特阿拉伯页岩气年产量约$30\times10^9m^3$，在开发过程中同样面临井下套管变形问题。沙特最大的页岩气区块Ghawar和Jafurah年压裂井数约200口，井下套管变形率高达30%。

我国川南深层页岩气可采资源量约$10\times10^{12}m^3$，居全国第一，但在开发过程中套管变形问题突出。目前将川南深层页岩气井套变分为三类：A类井(最小内径>85mm)、B类井(54mm<最小内径<85mm)和C类井(最小内径<54mm)。据统计，川南页岩气区块已完成压裂井227口，出现不同程度套管变形问题总井数高达90口，套变率高达39.6%。根据通井及多臂井径仪测井结果，川南23口暂未压裂深层页岩气井中，C类井19口。

表1　川南深层页岩气区块部分套变情况

综合评判套变类型	序号	井号	最上部变形位置井深/m	最上部变形位置井斜/(°)	最上部变形点最小内径/mm
A	1	L-1	3627.4	24.6	104.36
	2	L-2	4067.15	88.74	112.30
	3	L-3	4146.36	85.43	98.91
B	1	L-4	4198.4	84.81	96.35
	2	Y-1	4429.4	84.35	59.01
	3	L-5	4138.51	84.4	89.49
C	1	L-6	3867	85.18	54
	2	L-7	3835	82.08	54
	3	Y-2	4341.5	88.4	54

1.2　页岩气井套变应对措施

现阶段国内外针对井下套变主要有三种措施，包括多段合并笼统压裂、暂堵分段压裂和桥塞分段压裂。

1.2.1　多段合并笼统压裂

套变段以下分段工具无法下入，不能正常分段，采用多段合并的方式一次性压裂。由于地面设施提供的压裂能量、套管抗压能力有限，采用多段合并压裂不能充分打开地层裂缝，严重影响体积压裂效果，降低单井EUR。

1.2.2　暂堵分段压裂

通过向已压裂段内投入高砂浓度或大粒径支撑剂、暂堵球、暂堵绳结等，对套变段以下已压裂的炮眼实行暂时封堵，迫使压裂液流入未压裂炮眼，达到分段压裂的目的。暂堵分段技术已通过现场试验验证其可行性，但封堵效果、承压能力不稳定，作用机理仍需开展进一步研究。

1.2.3　桥塞分段工具技术现状

国内外现有最小直径85mm的可溶桥塞，能够解决川南深层页岩气井A类套变井。此外，常规的过油管桥塞封堵工艺也能满足小直径工具封堵大内径环空的要求，但在实际施工过程中形成的水泥塞时有开裂、开缝的现象，稳定性和可靠性较差，也曾经发生过水泥长时间不凝结，封堵作业完全失败的情况。

从全球范围看，多段合并笼统压裂、暂堵分段压裂效果不理想，桥塞分段压裂仍为应对井下套管变形的最主要方式。但受限于桥塞的尺寸，目前仅能解决A类套变。因此，亟需开展更小直径的桥塞工具研发，实现更小尺寸变形套管的分段。

2　小直径高膨胀比全金属可溶桥塞研发设计

2.1　工具设计面临的难题

套变发生后，井筒通过性降低，要求桥塞初始外径小，才能通过套变点，顺利下放到指定坐封位置；为了保证分段质量，坐封位置选择未发生套变的正常井段，要求桥塞膨胀坐封后外径较大，以确保桥塞在未套变段锚定、密封的可靠性。目前可溶桥塞的膨胀率不足，是导致桥塞工具初始外径不能进一步缩小的主要原因。

2.1.1　超大环空密封难题

据调研、有限元分析和现场应用，采用橡胶密封材料最大膨胀比约40%，即针对川南深层页岩气井内径为114.3mm的套管，可溶橡胶最小外径为81.64mm。采用可溶金属密封材料最大膨胀比约35%，即针对内径为114.3mm的套管，可溶金属最小外径为84.67mm，且超过膨胀极限之后均易发生断裂失效，无法应对现场B类和C类套变需求。

2.1.2　超大环空锚定难题

在超大环空情况下，采用单锥体结构配合整体式锚定，锥体角度过大易导致卡瓦发生断裂失效，锥体角度过小无法与套管内壁形成有效锚定。按照60mm外径的桥塞锚定114.3mm内径的套管计算，单锥体极限膨胀尺寸高达110mm，卡瓦极易发生断裂失效(图1)。

2.2　工具设计

工具研发的主要思路是提高桥塞的膨胀率，从而缩小桥塞初始直径，同时保证坐封后密封、锚定效果。为此，优选了高延展性、高强度可溶金属材料，研发设计了螺旋密封环结构、分瓣式锚定卡瓦结构和双极锥体中心管结构，配合防提前坐封结构设计，防止桥塞通过套变段遇阻时提前坐封。研制出最小直径60mm的小直径高膨胀

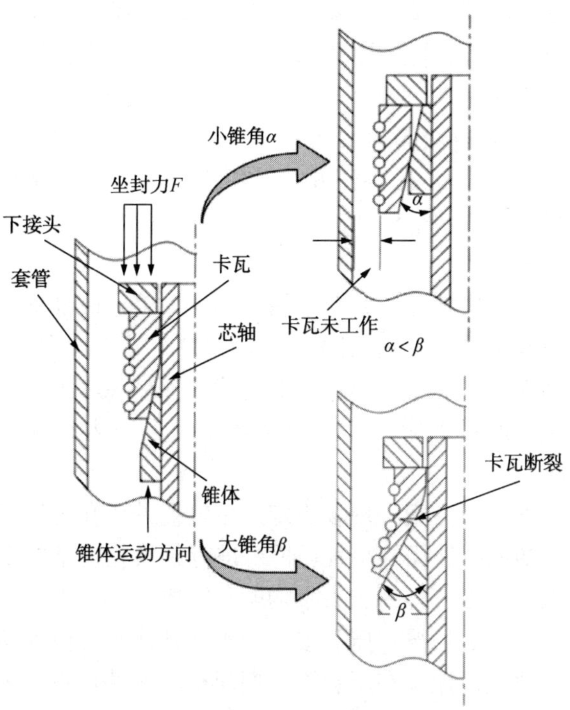

图 1　单锥体卡瓦锚定示意图

比全金属可溶桥塞，并形成 60~79mm 小直径桥塞系列工具，进一步解决套变井分段难题。

螺旋密封环+分瓣式锚定卡瓦结构。常规可溶桥塞采用整体式筒状金属密封环和整体式卡瓦，膨胀过大会造成结构断裂，锚定密封失效。小直径桥塞创造性地采用了“螺旋式”可溶金属密封环和分瓣式锚定卡瓦结构，实现桥塞本体直径 60mm 可膨胀至 114.3mm 以上，膨胀率高达 90%，解决了常规筒状锚定密封结构膨胀断裂难题。

双极锥体中心管。双极锥体中心管采用递进式切入设计，一级锥体完全切入后膨胀率可达 52%，二级锥体完全切入后膨胀率可达 90% 以上，解决了单锥体结构膨胀体积不足的难题，满足了小直径条件下超大环空锚定要求。

防提前坐封结构设计。采用部件尺寸差异化和底部丢手杆设计，形成了多重防提前坐封机构。优化关键部件最大外径尺寸，保证确保桥塞下放过程中卡瓦、密封部件免受碰撞，确保桥塞整体结构稳定。将桥塞通过套变点产生的碰撞冲击力有效传递至适配工具，实现了对卡瓦、密封件等关键部件的有效保护(图 2，图 3)。

优选金属材料。优选了锥体、卡瓦用高强度可溶金属材料，以及密封用高延展可溶金属材料，保证桥塞与套管内壁之间有效锚定和密封。与常规可溶桥塞采用的金属材料相比，小直径桥塞采用的金属材料在抗拉强度和屈服强度方面有所提升，在延伸率方面有明显提升(表 2)。

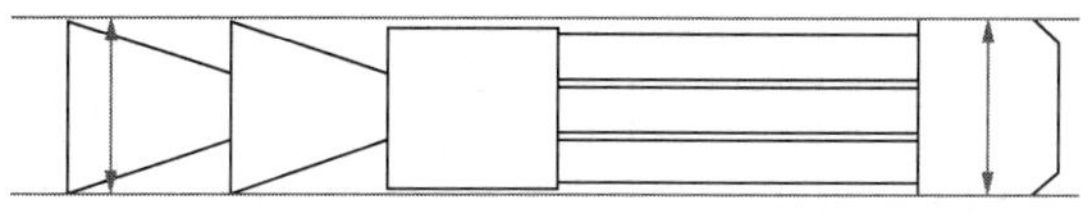

图 2　部件尺寸差异化

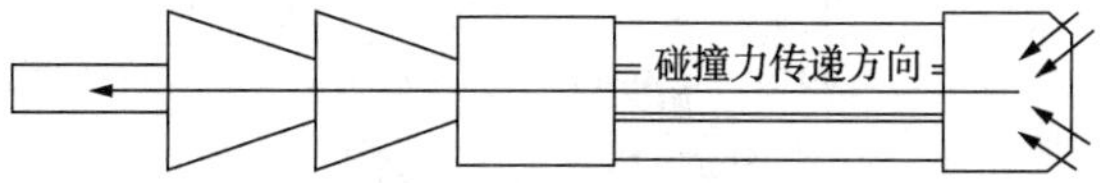

图 3　底部丢手杆设计

表 2　金属材料参数对比

类别	高延展可溶金属材料	高强度可溶金属材料	
	延伸率/%	抗拉强度/MPa	屈服强度/MPa
常规可溶桥塞金属	12	250	180
小直径桥塞金属	34	300	250

2.3　小直径全金属可溶桥塞室内试验

2.3.1　试验条件

为了尽量准确测试小直径桥塞在现场应用的适用性、可靠性等各项性能指标，室内试验时要求尽量准确模拟川南深层页岩气井下真实条件。川南深层页岩气井下作业条件见表 3。

表 3　川南深层页岩气井下作业条件

地层温度/℃	施工液体氯根离子浓度/ppm	井深/m	套管尺寸	单段压裂时长/h
80~150	500~50000	5000~6000	5.5″，26.8ppf，Q125	3~4

2.3.2　丢手试验

本试验将桥塞与专用坐封工具连接，在 114.3mm 内径套管内进行打压丢手测试，以检验小桥塞与专用坐封工具的匹配性(图 4)。试验结果显示，桥塞在坐封力 14t、行程 200mm 时正常丢手，试验成功。

2.3.2　承压试验

本试验在小直径桥塞坐封后，通过打压稳压测试，检测桥塞的承压性能。试验结果显示，对桥塞加压 50MPa，稳压 24h，压降为 4.7MPa，试验成功(图 5)。

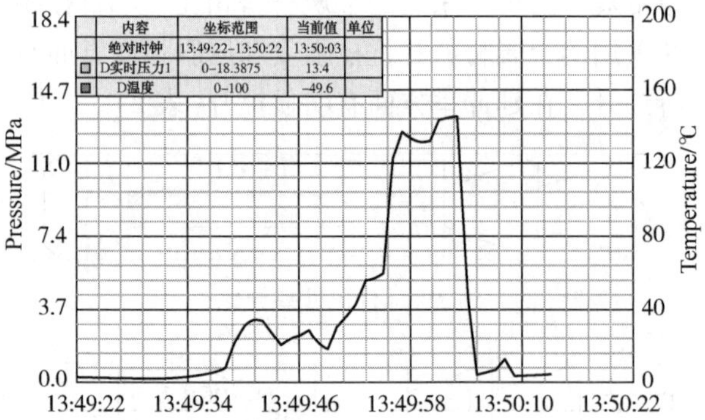

图 4　桥塞丢手坐封力

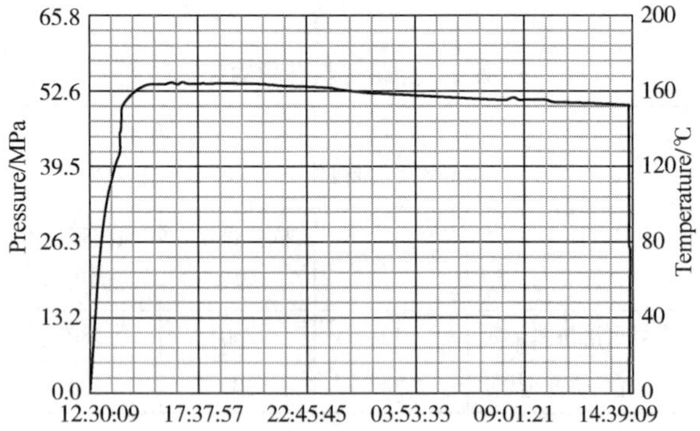

图 5　桥塞 24 小时承压曲线

2.3.3　溶解试验

本试验用以验证桥塞承压后在特定液体环境中的溶解性能。试验显示，在氯根离子浓度 10000mg/L、温度 90℃条件下，小直径桥塞 5 天内几乎完全溶解，剩余残留物重量 103g(图 6)。

图 6　小直径桥塞溶解残留

3　现场应用情况及应用实例

截止目前 60~79mm 小直径桥塞工具系列在川南深层页岩气现场已应用超过 100 套，验证工具设计成熟，满足压裂施工工艺要求，后期连续油管验证小直径桥塞井下完全溶解，实现了快速投产目标，成为通径 65~85mm 套变井分段的唯一手段。

3.1　Z-1 井应用实例

基本情况：完钻井深 5750m，地层温度 124℃，井斜 89.98°，套管内径 114.3mm、钢级 140V。

套变情况：前期采用 103mm、98mm、88mm 桥塞工具，分别在同一位置 3472m 处三次遇租，判断该井套管变形；后期连续油管带 86mm 磨鞋顺利通过遇阻位置，判断最小变形段内径介于 86~88mm 之间。

分段方案：现场决定采用电缆带射孔管串下入 70mm 外径的小直径桥塞进行分段。桥塞的下入、泵送、坐封、丢手均顺利完成。

压裂情况：压裂参数与本井其他施工段保持一致，微地震在压裂施工期间检测事件点在施工段响应正常，验证小直径桥塞井下分段效果明显，满足现场压裂施工技术要求。

3.2　Y-3 井应用实例

基本情况：完钻井深 5884.76m，地层温度 148.2℃，井斜 93.58°，套管内径 114.3mm、钢级 140V。

套变情况：前期经多臂井径仪检测套管最大变形点深度 4328.15m，套管内径 85.65mm；后期连续油管带 78mm 磨鞋可正常通过套变点，判断最小变形段套管内径介于 78~85.65mm 之间。

分段方案：现场决定采用电缆带射孔管串下入 60mm 外径的小直径桥塞将剩余 13 段(长度共计 817m)分三段进行合压压裂。

压裂情况：微地震在压裂施工期间检测事件点在施工段响应正常，验证小直径桥塞井下分段效果明显，满足现场压裂施工技术要求。

4　结论及未来展望

相较于常规可溶桥塞，小直径高膨胀比全金属可溶桥塞采用更高延展性的可溶金属材料，研发设计螺旋密封环结构、分瓣式锚定卡瓦结构和双极锥体中心管结构，极大提高了桥塞膨胀率，使桥塞坐封前直径缩小至 60mm，显著提高了井筒变形段的通过能力。研发形成的 60~79mm 小直径桥塞工具系列能够有效应对深层页岩气 A 类套变以及大部分 B 类套变井现场作业，保障现场压裂施工的顺利开展。相比常规“大段合压+暂堵分段”笼统压裂套变解决工艺，地质工程条件预测 EUR 与实测 EUR 对比，小直径桥塞压裂相对笼统压裂 EUR 提高 10%以上，在深层页岩气区块后续具有广泛的应用前景。

参 考 文 献

[1] 蒋裕强，董大忠，漆麟，等. 页岩气储层的基本特征及其评价[J]. 天然气工业，2010，30(10)：7-12.

[2] 宋毅，曾波，桑宇，等. 页岩气水平井套管变形段分段压裂工艺研究及现场试验.

[3] 李陪，曾波，杨登波，等. 川南页岩气套管变形井桥塞射孔联作技术，1004-4388，(2023)03-0037-06.

[4] 李早元，柳洪华，郭小阳，等. 套管表面润湿性对固井界面胶结强度的影响[J]. 油田化学，2016，33(1)：20-24.

海上油田水平井均衡采油技术研究与应用

赵景辉　余　潞　孙雨亭　郑灵芸　丁德吉

（中海油能源发展股份有限公司工程技术分公司）

摘　要　针对海上油田水平井高含水现状，在地震、测井、地质、开发资料分析的基础上，提出了一种采用识别曲线判别、动态分析、数值模拟、渗流模型计算等综合评判技术，实现对水平井出水点的定位的方法。同时研发了一种液控均衡采油工艺，利用堵水工艺管柱完成水平井出水点的封堵，利用液控控水平井采油工艺管柱实现水平井液控分段采油，从而实现均衡采油的目的。通过在X1井现场实施表明，通过堵水+均衡采油工艺后，X1井的综合含水率由措施前的98.1%降低至措施后的87.3%，生产压差由0.55MPa上升至2.01MPa，储层动用程度显著改善，原油含水率明显降低。利用水平井均衡采油，降低了原油含水率，同时降低了产液量，地面处理压力明显降低，提高油井产能，改善油田最终开发效果。

关键词　水平井；均衡采油；出水点；提高采收率

水平井是通过扩大油层泄油面积提高油井产量、提高油田开发效益的一项技术，适用于油田开发的全过程。在开发初期，水平井具有产能高、建产快、回收快的优势；在油田进入开发中后期，直井挖潜效益差的情况下，因水平井具有泄油面积大、生产压差小的特点，具有能够抑制含水上升、提高油井产能、提高采收率、节约钻井投资等优势，为已经开发油田提供一种经济有效的挖潜途径和手段。在有底水和气顶的油藏中，水平井能够降低水和气的锥进速度，延长无水采油期，合理利用油藏的能量，提高油井的产量和采收率。常见的完井方式包括裸眼完井、套管射孔完井、衬管射孔完井、衬管射孔完井及ECP完井等。针对水平井在开发过程中过度产水的问题，国内外关于水平井控水的方法大致分为机械防水和化学法防水。机械方法主要依靠适用机械封隔工具封堵出水点或进行层位封隔，常见的化学堵水剂包括凝胶、聚合物及膨胀剂、吸水膨胀高分子化合物、微基质水泥以及HWSO系列堵水剂。

在套管射孔完井中，因套管射孔完井井筒稳定性好，化学方法和机械方法均可应用，当出水点在水平井趾端时，机械或化学方法均可单独使用；当出水点靠近跟端或在水平井段时，则需使用封隔工具进行层位封隔及目标层封堵。相比与常规完井方式，流入控制装置（ICD）能够显著改善水平井流入剖面，使得油藏下部水脊前缘均衡推进，底水突破时间有效延长，无水累计采油量有效增加，同时允许水平井在较大生产压差下生产。

水平井见水后，ICD抑制作用有限。在ICD技术基础上，国外研究出对不利流体具有智能选择和抑制功能的自动流入控制装置（AICD），胡文丽等利用数值模拟对某油井采用AICD控水完井，取得较好的降水增油效果，阎洪涛等通过研究获得了自动流入控水工艺（AICD）和连续封隔体控水工艺，并在南海东西部和渤海油田成功应用40余口井，取得了较好增油降水效果，为海上油田水平井开发提供了重要技术支持和使之成为未来的发展方向。袁辉等通过数值模拟、生产动态分析等确定油井产出剖面，在产层建立2个ACP段塞，将产层分为3段，措施后初期日增油98.2m^3/d，为后续海上水平井控水研究提供了支持。

分层采油作为控水措施的后续技术支撑，国外分层采油以流入控制技术、智能完井技术为代表，国内分层采油技术的发展历经自喷分层配产、机械井找堵水、可调层配产、智能分层采油的历程，目前大多数水平井未采取堵水措施，且仍以笼统采油为主，如何将分层采油与精细分层注水有机结合，形成井组与区块整体挖潜开发新模式，为高含水老油田持续稳产提供有效技术支持仍待研究。

渤海油田先后采用了变密度筛管、ICD（Inflow controldevice）等控水技术，但措施效果整体呈现控水成本高、有效期短、成功率低的特点，总体控水效果不显著。对水平井问题分析，主要原因在于缺乏对水平井出水规律、特征和影响因素的认识与研究，缺乏科学、合理的控水手段。

渤海 A 油田位于渤海西部海域，主要为岩性构造油藏和层状构造油藏，孔隙度 29.3～32.7%，渗透率 1500～8300mD，属于高孔高渗油藏。该油田平面上储层物性差异大、非均质性较强，边底水发育，以底水油藏为主。油田主要采用单砂体水平井开发，具有初期产能高、几乎没有无水采油期、投产后含水率上升快、产量递减快等特点，油田综合含水率高达 95.7%，属于渤海典型的高含水油田。产出液高含水既影响产量，又加重了平台处理负担。因此亟需开发一种水平井均衡采油技术方案，实现水平井均衡采油，降低采出液含水率，提高最终原油采收率。

本文以渤海 A 油田 X1 井为例，针对水平井高含水和开采动用不均的问题，开展水平井均衡采油技术研究及现场应用，最终形成渤海 A 油田底水油藏水平井智能分段开采提高采收率技术体系。

1 水平井出水机理研究

水平井是通过扩大油层泄油面积提高油井产量、提高油田开发效益的一项技术，适用于油田开发的全过程。对于底水油藏开发，相较于直井，水平井可以增大井筒与油藏的接触面积、扩大渗流面积、减小生产压差，起到一定的压锥效果。对于底水油藏水平井产能评价，国内外学者主要通过解析方法得到产能预测方式和数值模拟方法对水平井产能进行预测。以解析方法对海上油田水平井产能预测为例，在开发初期，假设该水平井在油层中央，水平井油层垂向为上封闭边界，水平方向油藏为无限大边界，水平渗透率和垂直渗透率不同。在考虑井筒储集效应、表皮效应后，定义无因次采油指数如下：

$$J_{\mathrm{D}}=\frac{q}{(p_{\mathrm{i}}-p_{\mathrm{wf}})}\frac{1.842\times10^{-3}\mu B}{K_{\mathrm{h}}h\sqrt{K_{\mathrm{h}}/K_{\mathrm{v}}}}=\frac{1}{p_{\mathrm{WDS}}} \tag{1}$$

式中：q 为产油量，m^3；p_{i} 为原始地层压力，MPa；p_{i} 为原始地层压力，MPa；p_{wf} 为井底流动压力，MPa；K_{h} 为水平方向渗透率，mD；K_{v} 为垂直方向渗透率，mD；μ 为地层原油黏度，MPa·s；h 为油层厚度，m；p_{WDS} 为考虑井储效应、表皮效应后井底无量纲压力；B 为原油体积系数。

利用上述公式形成理论图版，能够对水平井生产进行指导。有学者参照程林松、袁迎中等提出的底水油藏水平井产能预测公式对底水油藏水平井产能及影响因素进行分析，探究影响底水油藏水平井产能影响因素。程林松利用镜像反映和势叠加原理，对顶为封闭边界的底水油藏中一口水平井的稳定渗流进行研究，得到水平井产能公式如下：

$$Q=\frac{542.59\sqrt{k_{\mathrm{h}}k_{\mathrm{v}}}L\Delta P/(\mu_{\mathrm{o}}B_{\mathrm{o}})}{\ln\frac{4\beta h}{\pi r_{\mathrm{w}}}+\ln\tan\frac{\pi z_{\mathrm{w}}}{2h}} \tag{2}$$

式中，z_{w} 为水平井距离油水界面的距离，m。

袁迎中基于稳定条件下，上下边界封闭的无限大油藏的井壁压力的解，推导出底水油藏水平井三维稳态产能公式。

$$Q=\frac{542.59\sqrt{k_{\mathrm{h}}k_{\mathrm{v}}}L\Delta p/(\mu_{\mathrm{o}}B_{\mathrm{o}})}{\ln\left[\frac{4\beta h}{\pi r_{\mathrm{w}}}\cot\frac{\pi(h-z_{\mathrm{w}})}{2h}\right]-\frac{2z_{\mathrm{w}}}{L}\beta} \tag{3}$$

结果表明，水平段长度、油层厚度、水平渗透率、垂向渗透率、井筒半径对产量贡献为正相关，水平井距离油水界面越远，产量越低。

在开发进入中后期，底水锥进会极大影响水平井最终采收率，在非均质、多油层油藏，由于层间矛盾突出，更会加剧底水锥进，导致水平井生产优势无法得到充分发挥。在渤海油田开发过程中，水平井以其独特的开发优势，应用规模不断扩大，水平井数量和产量占比均超过 40%，但在开发过程中水平井含水率上升问题却日益凸显，已成为渤海 A 油田低产低效井和关停井的首因，水平井稳油控水迫在眉睫。

2 渤海 A 油田 X1 井出水特性分析

渤海 A 油田 X1 井 2020 年投产，投产初期日产液 $625\mathrm{m}^3/\mathrm{d}$，含水 93%。通过提频、扩油嘴提高产液量，日产液最高达 $2700\mathrm{m}^3/\mathrm{d}$，含水达到 98%，期间流压基本保持稳定。油井含水率过高导致井口平台负担大，2022 年 4 月，油井由于含水率过高，停产。

结合 X1 井开发现状，利用地震、测井、地质、开发资料分析，X1 井受夹层影响，趾端下方发育夹层，属于局部水淹。以测井解释为例，如图 1 所示，实钻水平段长度 470.0m，油层段长度 443.9m，油层钻遇率 94%；水平段最低点距油水界面13.6m；电阻率4~7Ω·m，自然伽马50~70API，气测全量3000~6000ppm，荧光含砾细砂岩，荧光直照暗黄色，荧光面积20~30%。测井响应显示，跟端受临井生产影响，水淹程度高，同时电阻较低，符合水淹特征。中间段电阻较高，综合落淤层展布和探边测井资料，中间层未被水淹；趾端电阻普遍小于4.5Ω，目前生产压差下很难动用，水淹程度较低。

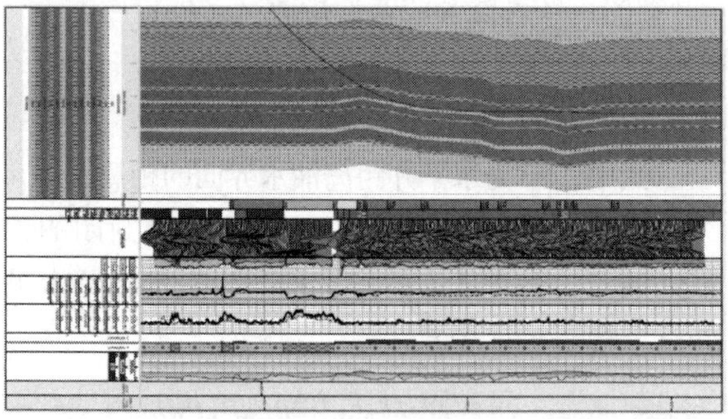

图1 渤海A油田X1井测井解释

通过采用识别曲线判别、动态分析、数值模拟、渗流模型计算等方法综合评判，X1井产水主要是因为水平段跟端水淹，产水量大，但是趾部储量动用程度差。根据X1井水平段动用情况，以非渗、低渗层为界，将水平段分为三段。其中跟端第一段为主要见水段关闭产液，采用中间的第二段和趾部的第三段生产。最终X1井方案设计该水平井分3段开采，关闭主要见水段第一段，生产第二段和趾部的第三段。预计可提高采出程度约2.61个百分点。

3 液控均衡采油工艺管柱研究

在油藏分析的基础上，对油藏出水点进行准确的分析，通过液控均衡采油工艺管柱完成出水点的封堵和分段采油。液控均衡采油工艺主要由两部分组成，水平井堵水工艺和液控控水平井采油工艺。前者完成水平井出水点的封堵，后者实现水平井液控分段采油，实现均衡采油。

3.1 水平井堵水工艺

（1）管柱组成

如图2所示，水平井堵水工艺工艺管柱主要由油管、安全接头，定位头、泄油阀、K344封隔器、注入阀等组成。K344封隔器用于封隔封堵层段，保障ACP（管外化学封隔器Annulus chemical packer）注入到预定位置，注入阀实现ACP的注入。定位头实现管柱的定位，管柱下到定位位置后，通过定位头与防砂封隔器配合，实现管柱的定位，通过上提管柱，确定最终注入阀位置，利用定位头定位的方式，减少整体管柱配长误差。安全接头用于在管柱与卡后能有实现有效的脱手，便于后续打捞。该工艺具有工艺简单、作业方便的特点，利用一趟管柱，实现了多个层段的ACP注入，同时可以对封堵段进行验封等技术特点。

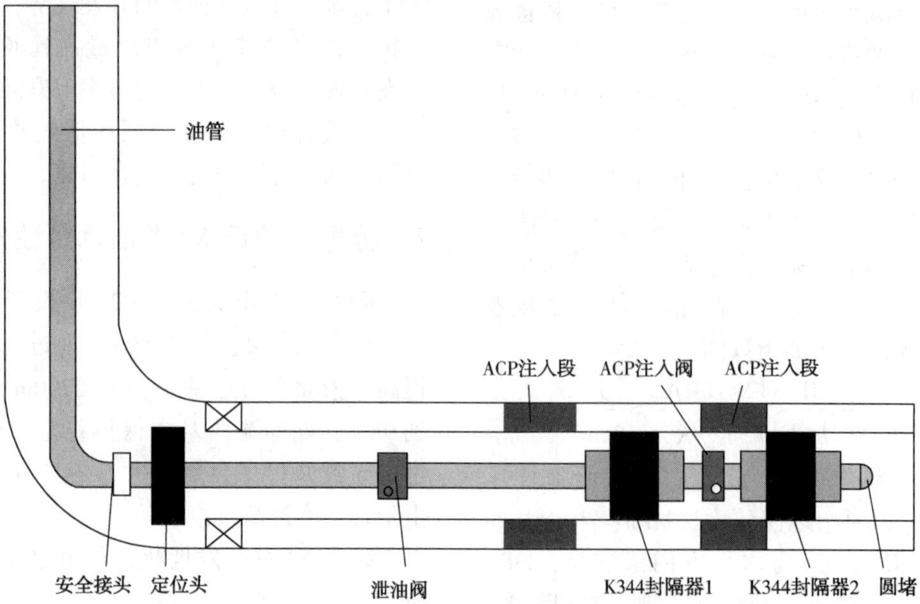

图2 堵水工艺管柱

（2）工艺原理及特点

首先将注入管柱下入到目标位置；通过油管内打压，当管柱内外压差达到0.5MPa时，K344封隔器开始坐封，实现注入阀和上下套管环空的封隔；压力继续上升，压差达到1.5~2MPa，注入阀实现开启，可以进行对目标层段的ACP注入；完成当前层段的注入，中心管泄压，K344封隔器解封，上提管柱进行ACP侯凝；侯凝完成后，管柱下入到注入层段，通过油管打压进行验封，验证ACP封堵功能，此时完成了一个层段的注入。上提管柱进行下一层段的注入作业。通过该流程，利用一趟管柱实现了多个层段的ACP注入。依靠管柱上定位旁通进行校深，误差小，为定位旁通到位后管柱上提伸缩量，药剂注入阀上部具有双封隔器，药剂绕流回油管通道堵死，堵塞风险降低。

(3) 工艺参数

适合套管尺寸：139.7mm；工具最大外径：114mm；耐温：150℃；耐压差：35MPa；注入排量：5m³/h ~ 25m³/h；ACP单位承压强度2.0MPa/m。

3.2 液控水平井采油工艺

(1) 管柱组成

液控水平井采油管柱，主要由多档位液控阀、投球滑套、示踪剂短节、Y341过管线封隔器、过液控管线定位密封、安全接头、2.313滑套、Y接头和潜油电泵等组成，如图3所示。

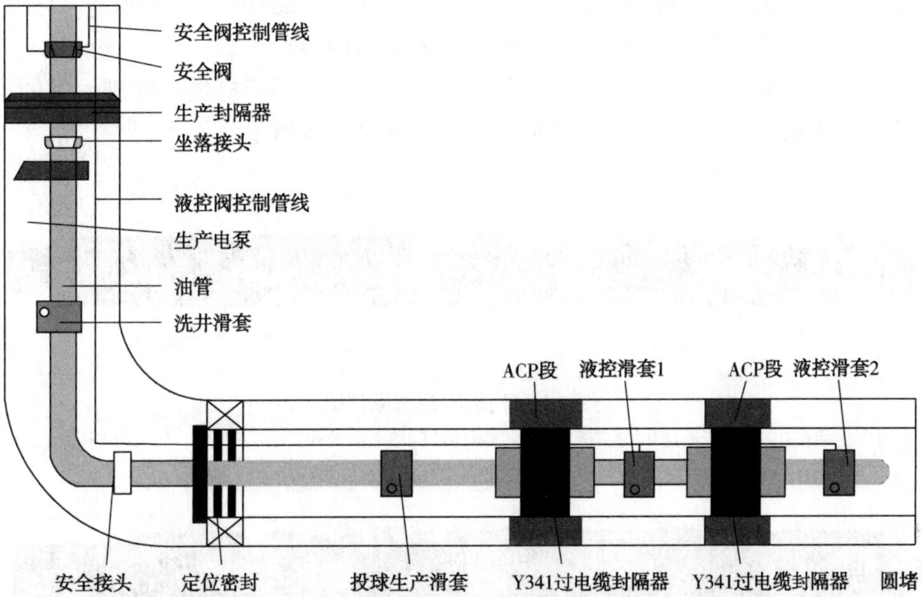

图3　液控水平井采油工艺管柱

管柱设计中，初期由于第一层段高含水，暂不开采，采用投球滑套形式，后期开发时，通过投球打开该层位。2，3层位分别下入液控阀及示踪剂短节。液控阀通过液控管线进行控制，实现层位的开关及配产量的调节，通过地面采集示踪剂监测，对产出液进行产量劈分及含水率测试。Y341过管线封隔器坐封位置位于ACP注入段，实现井下水平段的分段。利用液控水平井均衡采油管柱实现了高含水段的封堵，实现了均衡开采，有利于提高产出井的最终采收率。

(2) 工艺原理

生产管柱一趟管柱下入，到位后通过油管打压分别坐封Y341过管线封隔器和过电缆封隔器；钢丝作业，打开滑套，启动潜油电泵进行生产；通过液控管线实现生成层段的开关控制，实现对目标层段的控水；每个示踪剂短节安装一种油溶性、一种水溶性示踪剂产品，生产过程中通过示踪剂测试，认识各段油、水贡献，指导层位开关；若后期恢复第一段生产，则关闭潜油电泵，钢丝作业捞出生产堵塞器，投球打开1#投球滑套，投入生产堵塞器，启动潜油电泵进行生产。

(3) 工艺特点

1) 水平井均衡采油工艺管柱利用一趟管柱、实现了水平段的分段开采，通过液控阀实现分层段的开关控制；

2) 利用示踪剂短节，配合地面测试，实现水平井生产过程的含水监测，认识各段油、水贡献，指导层位开关

3) 井下工具全部为机械控制活液压控制，耐温性能优，可靠性高。

(4) 工艺参数

适合防砂尺寸：120.75mm；最大外径：

116mm；耐温：150℃；耐压差：35MPa；单井日产量：<2000m³/d。

4 关键工具设计

4.1 多档位液控阀

由地面液压控制的井下多档位阀，具有多个开度，实现不同开度的采油工具。

（1）结构组成及特点

多档位液控阀结构如图4所示，主要由上接头、中心管、活塞、导向定位槽、导向销钉、油嘴、下接头、液压通道等组成。活塞与中心管连接固定，中心管设置有开孔油嘴。动作时，液压油通过液压通道1进入液压腔，推动活塞带动中心管向上移动，导向定位槽在沿导向销钉运动，中心管发生旋转，从而实现换向。上提到位后，液压通道2打压，推动活塞向下移动，导向定位槽与导向销钉配合，实现中心管的定位。中心管在轴向上下移动一次，实现一次整体换档工作。

多档位液控阀主要有以下特点：

1）工具采用纯机械结构，油嘴换档靠液压驱动完成，动作稳定、可靠；

2）导向槽与定位槽集成一体化，结构简单，换向可靠；

3）采用旋转换挡设计，可实现4开度调节；

（2）技术参数

工具长度：1410mm；外径：114mm；内部过流通道44mm；中心管推动压力：3MPa；最大工作压力：60MPa；工作温度：150℃。

4.2 注入阀

注入阀用于提供液体进入目的层段的通道。结构如图5所示。

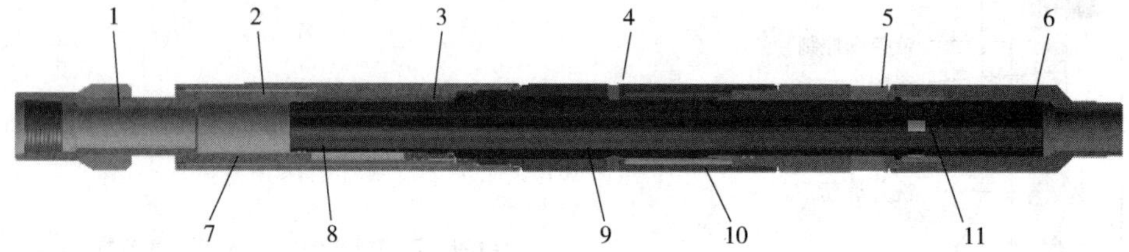

图4 多档位液控阀原理图

1—上接头；2—液压通道2；3—活塞；4—导向销钉；5—出液孔；6—下接头；7—液压通道1；8—中心管；9—导向定位槽；10—中心筒；11—中心管油嘴

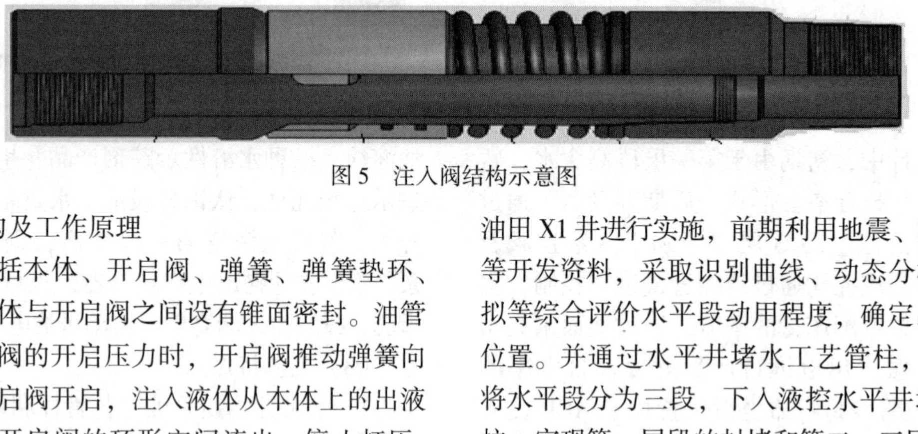

图5 注入阀结构示意图

1）结构及工作原理

主要包括本体、开启阀、弹簧、弹簧垫环、下接头，本体与开启阀之间设有锥面密封。油管打压至开启阀的开启压力时，开启阀推动弹簧向右移动，开启阀开启，注入液体从本体上的出液孔经本体与开启阀的环形空间流出，停止打压，开启阀在弹簧的弹力下自行关闭。

2）技术参数

总长：570mm；最大外径：114mm；最小内径：62mm；密封等级：35MPa；开启压力：1.6~2.0MPa。

5 水平井均衡采油现场应用效果分析

2022年12月，水平井均衡采油技术在渤海A油田X1井进行实施，前期利用地震、测井、地质等开发资料，采取识别曲线、动态分析、数值模拟等综合评价水平段动用程度，确定出水及封堵位置。并通过水平井堵水工艺管柱，注入ACP，将水平段分为三段，下入液控水平井均衡采油管柱，实现第一层段的封堵和第二、三层段的开采。

X1井生产动态曲线如图6所示。现场应用结果表明，X1井在水平井均衡采油工艺实施前，产液2855m³/d，含水率高达98.1%。工艺实施后，分别对二段和三段进行分层开采，两层产液量为417m³/d，含水率降低至87.3%，生产压差由0.55MPa上升至2.01MPa，储层动用程度显著改善。矿场实践证明，水平井均衡采油技术有效的实现了出水点识别、堵水、分段开采，为油田水平井堵水、控水、分段开发提供了有效的手段。同时降低了产液量，地面处理压力明显降低，提高油井产能，改善油田开发效果，提高油田最终采收率。

表 1　X1 井作业前后生产数据对比表

井号	作业前				作业后			
	产液/(m^3/d)	产油/(m^3/d)	含水/%	生产压差/MPa	产液/(m^3/d)	产油/(m^3/d)	含水/%	生产压差/MPa
X1	2855	54.2	98.1%	0.55	417	52.96	87.3%	2.01

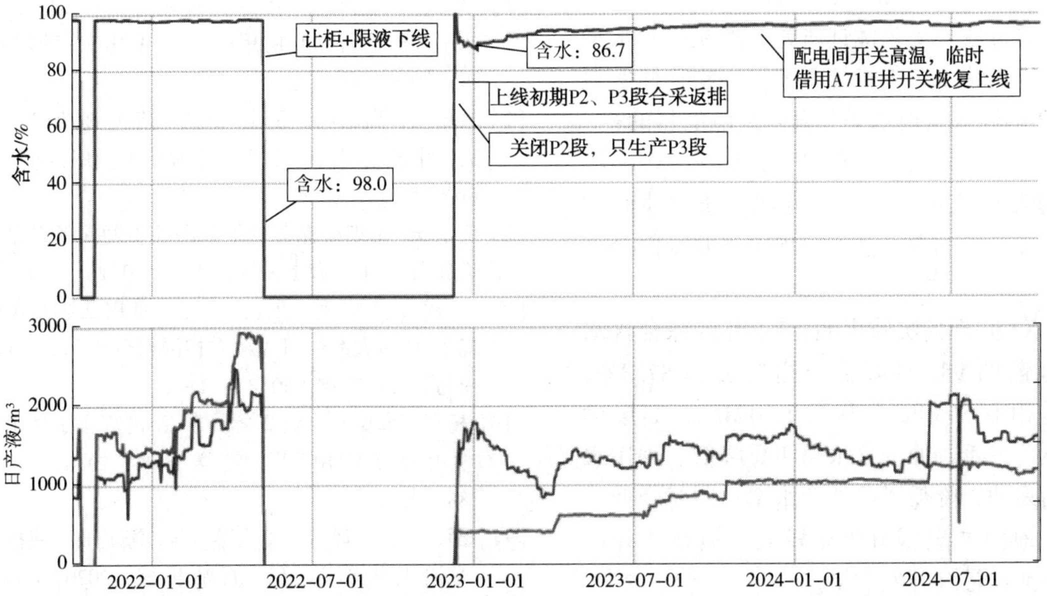

图 6　X1 井生产动态曲线

渤海油田目前共有水平采油井 1208 口，数量总体占比 40.7%，且随着新井投入，水平井占比还会提高。目前水平井开发产能占比达 41%，基本采用笼统采油方式，维系好水平采油井对海上油田产能释放，对于增储上产具有重要意义。目前水平井均衡采油技术在渤海油田现场前期应用 5 井次，应用数据如表 2 所示。含水最大降幅 22%，平均采出液含水降幅 11.7%。累计降水 78.4 万方，累增油 1500 余方，极大缓解了平台水处理压力，为水平井稳油控水开辟了一条崭新的道路。水平井均衡采油技术将成为水平油井稳油控水的主要手段，预计将减少水处理 500 万方以上，间接增油 50 万方以上，预计经济效益达到亿元以上。

表 2　渤海油田水平井均衡采油技术应用效果统计表

井号	作业前			作业后			含水下降幅值/%	累降水/(10^4m^3)
	产液/(m^3/d)	产油/(m^3/d)	含水/%	产液/(m^3/d)	产油/(m^3/d(	含水，%		
X1	2855	54.2	98.1%	417	52.96	87.3%	10.8%	49.6
X2	1470	39.7	97.3%	225	56	75.1%	22.2%	12.1
X3	1717	68.6	96.0%	1541	96.9	93.7%	—	2.4
B1	2700	28	98.3%	355.3	38.9	93.1%	5.2%	12.1
B2	990	33.9	96.6%	532	39.9	92.5%	4.1%	2.2

6　结论及建议

业内首创水平井分舱控水工艺技术，极具推广应用价值。以渤海 A 高含水油藏为研究对象，形成了一套水平井出水识别方法，通过堵水、液控分采等工艺，实现了水平井均衡采油，最终形成了一套适合渤海 A 油田水平井的大排量液控智能分采工艺，通过液控阀可以实现两层产量调控，通过示踪剂实现生产过程中的含水监测，实现高含水井的稳油控水生产。通过研究得出结论有以下几方面：

（1）在地震、测井、地质、开发资料分析的基础上，提出了一种采用识别曲线判别、动态分析、数值模拟、渗流模型计算等综合评判技术；

（2）通过注入工艺优选研究，形成一套水平井拖动式定点堵水工艺管柱方案，一趟管柱实现多段 ACP 的注入实现水平井管外封隔的目的；

（3）通过分采工艺优选研究，形成一套一趟管柱 Y 管液控控水工艺管柱方案，通过地面实现不同层段调控和含水监测实现水平井管内分采的目的；

（4）X1 井现场实施表明，X1 井的综合含水率由措施前的 98.1%降低至措施后的 87.3%，生产压差由 0.55MPa 上升至 2.01MPa，储层动用程度显著改善，原油含水率明显降低。利用水平井均衡采油，降低了原油含水率，同时降低了产液量，地面处理压力明显降低，提高油井产能，改善油田最终开发效果。

参 考 文 献

[1] 孙藏军，康凯，别旭伟，等. 渤海海域曹妃甸 6-4 油田原油物性差异分布特征及地质成因分析[J]，中国海上油气 2022，34(01)，66-73.

[2] 汪巍，侯东梅，马佳国，等. 海上油田高弯度曲流河储层构型表征———以渤海曹妃甸 11-1 油田主力砂体 Lm 943 为例[J]. 中国海上油气，2016，28(4)：55-62.

[3] 李龙，张新涛，张震，等. 渤海海域渤中西洼断裂控藏作用定量分析———以曹妃甸 12-6 油田为例[J]. 油气地质与采收率，2018，25(3)：20-28.

[4] 龙明，何新荣，王美楠，等. 渤海底水油藏水平井合理生产能力研究[J]. 天然气与石油，2018，36(4)：79-85.

[5] 李进，龚宁，徐刚，等. 渤海油田水平井出水规律特征及影响因素[J]. 断块油气田，2019，26(1)：80-83.

[6] 张继伟，王春林，荣新明. 曹妃甸 11-2 油田高含水水平井酸化研究与应用[J]. 石油化工高等学校学报，2018，31(6)：95-100.

[7] 吴振华，高德利，丁生. ICD 在曹妃甸油田水平井完井中的适用性研究[J]. 石油化工应用，2012，31(6)：5-9.

[8] 薛永安. 精细勘探背景下渤海油田勘探新思路与新进展[J]. 中国海上油气，2017，29(2)：1-8.

[9] 吴小红，王清斌，张友，等. 沙垒田凸起东段曹妃甸 11 构造大型油田成藏主控因素分析[J]. 石油地质与工程，2016，30(4)：1-4.

[10] 杨喜，卓振州，史富全，等. 渤海高含水油田高效完井技术应用[J]. 海洋石油，2016，36(3)：88-92.

[11] 薛德栋，张凤辉，王立苹，等. 海上油田液控智能采油工艺研究[J]. 石油机械，2020，48(4)：56-61.

[12] 谭绍栩，宋昱东，王宝军，等. 渤海油田智能注水完井技术研究与应用[J]. 石油机械，2019，47(4)：63-68.

[13] 杨喜，卓振州，史富全，等. 渤海高含水油田高效完井技术应用[J]. 海洋石油，2016，36(3)：88-92.

[14] 周焱斌，许亚南，杨磊，等. 高含水期油田的注采关系调整和挖潜开采研究[J]. 天然气与石油，2017，35(6)：59-65.

四川盆地震旦系灯影组深层碳酸盐岩气藏深度酸压技术优化与实践

李　松[1,2]　刘　飞[1,2]　陈伟华[1]　方鸿铭[3]　王周炀[1]　何婷婷[1]

(1. 中国石油西南油气田分公司工程技术研究院；2. 国家能源高含硫气藏开采研发中心)

摘　要　四川盆地震旦系气藏以高石梯-磨溪构造灯四段为主要产层，灯四段白云岩广泛发育，其储集空间类型主要包括角砾间溶孔和大规模溶孔溶洞。整体物性特征表现为低孔隙度与低渗透率，平均孔隙度为3.21%，平均渗透率为2.19mD。随着对磨溪构造的深入开发，前期确定的储层改造工艺需进一步依据该构造的储层特征进行优化。为了有效支撑储层改造工艺的优化，我们开展了大尺寸真三轴室内酸压实验，对储层改造工艺进行了模拟试验，并探讨了工艺参数的优化方向，提出了相应的优化方案并实施了现场试验。研究结果表明，常规胍胶压裂液的破裂压力比酸液的破裂压力高出40%，因此磨溪构造不适宜采用水力压裂方式进行储层改造。对比胶凝酸与转向酸两种酸液，胶凝酸在降低破坏强度和地层抗拉强度方面效果更为显著，且压裂后形成的裂缝形态较为复杂，改造效果更佳。针对不同储层发育情况，我们分别进行了胶凝酸酸压及自生酸前置液+胶凝酸酸压工艺的试验。交替注入工艺实验结果显示，自生酸前置液+胶凝酸工艺相较于自生酸前置液+转向酸工艺，更加适合磨溪构造储层。在后期磨溪构造主体工艺中，将采用胶凝酸酸压工艺，而对于储层发育情况较差的井，则可采用自生酸前置液+胶凝酸酸压工艺的方案，以实现长缝增产，提高改造体积，从而显著提升磨溪构造灯四气藏单井产量，为高石梯-磨溪构造灯四气藏上产提供了技术支撑。

关键词　震旦系；碳酸盐岩；深度酸压；大物模实验；胶凝酸

安岳气田震旦系灯影组气藏位于四川盆地中部，为特大型碳酸盐岩气藏，储量规模超过$1\times10^{12}m^3$。气藏埋藏深度超过5000m，储层以中、小型溶洞为主力储集空间，其次为粒间溶孔，连通性差，裂缝发育，非均质性较强，属于低孔(平均孔隙度3.78%)、低渗(平均渗透率0.57mD)、高温(平均温度153.55℃)、常压(平均地层压力系数1.10)、中含硫化氢、二氧化碳(平均硫化氢含量$16.65g/m^3$、二氧化碳含量$114.05g/m^3$)气藏。其中高石梯构造依靠自主创新，目前在高石1井区已经形成了大斜度井/水平井精准分段酸压改造技术，即针对不同储层发育情况，采用胶凝酸/转向酸酸压工艺、自生酸前置液+胶凝酸/转向酸酸压工艺，改造后井均日产量25万立方米。而磨溪22井区储层物性与高石1井区存在较大的差异，磨溪22井区能否进行有效的储层改造是关乎着整个安岳气田实现快速上产和产能接替的关键。因此，笔者开展了一系列的储层改造模拟及室内评价实验，对前期形成的储层改造工艺进行了再评价，并探索了磨溪22井区储层改造模式及参数优化的新方法，优选形成了适用于磨溪22井区的储层改造工艺，并在磨溪22井区典型井进行应用，取得了显著的改造效果。该改造模式优化方法为实现安岳气田高石梯-磨溪构造整体快速上产提供了技术支撑，为四川盆地中部安岳气田震旦系台内低渗气藏的有效动用提供了一定的借鉴。

1　储层地质特征

1.1　储层物性特征

据安岳气田高石梯-磨溪构造灯四段岩心样品实测物性资料统计。储层段1013个岩心小柱塞样品孔隙度主要集中分布在2%~5%之间，最大孔隙度17.84%，平均孔隙度为3.87%(图1a)。储层段95个岩心全直径样品孔隙度主要集中分布在2%~5%之间(图1b)，最大孔隙度10.71%，平均孔隙度为3.97%。据储层段955个岩心小柱塞样品渗透率资料统计，渗透率主要分布在0.0001mD~1mD之间，最大渗透率91mD，平均值为0.51mD。储层岩心全直径样品水平方向渗透率主要分布在0.01mD~1mD之间，最大渗透率7.82mD，平均值为2.89mD(图2b)。

高石梯-磨溪区块的岩心样品整体显示高石梯区块与磨溪区块的孔渗差异不大。

根据现场试验井的情况来看，据 2017~2020 年现场试验典型井可以看出，高石梯构造共 21 口井中，14 口井发生井漏，1 口井出现放空的钻井显示，漏失井占比 66.7%，最高钻井漏失量为 4761.8m^3；磨溪构造共 23 口井中，7 口井发生井漏，未出现放空的钻井显示，漏失井占比 30.4%，最高钻井漏失量为 85.8m^3(图 3)。在现场试验井的钻井显示中还发现，磨溪构造的气测异常显示较为频繁(如图 4b)，而高石梯构造多为气侵及井漏显示(图 4a)，表明了高石梯区块现场试验井的大尺度裂缝、溶洞较磨溪区块更为发育，这是通过柱塞岩心实验无法体现的。

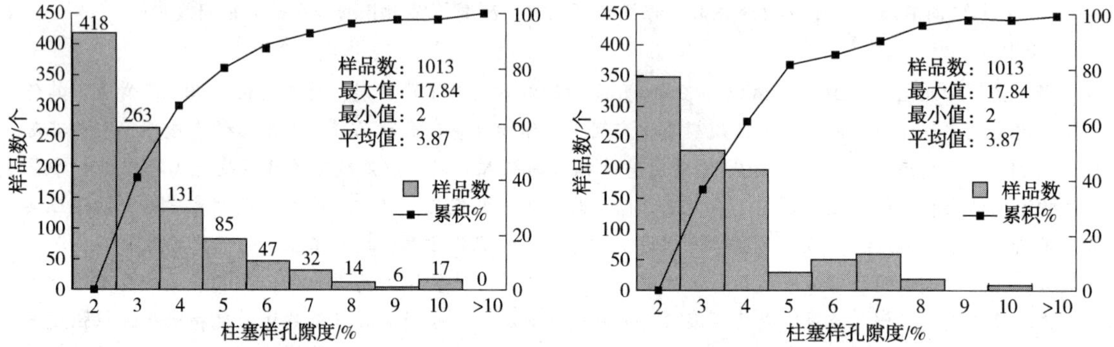

(a)柱塞样　(b)全直径

图 1　高石梯-磨溪构造灯四段储层孔隙度分布直方图

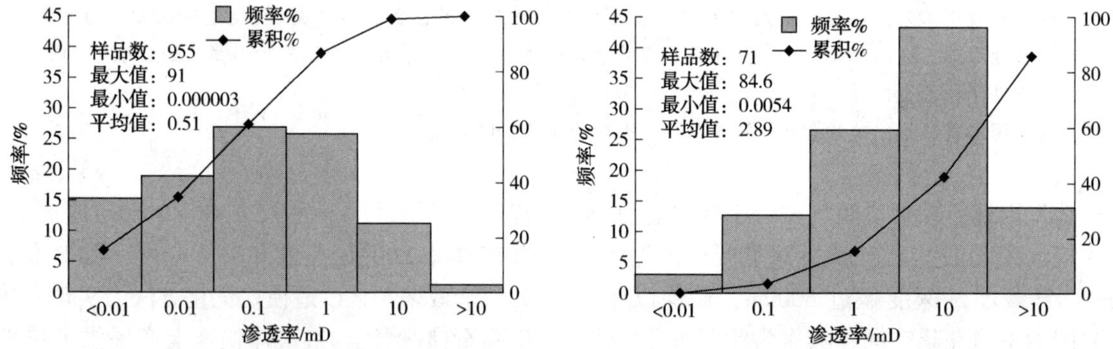

(a)柱塞样　(b)全直径（水平）

图 2　高石梯-磨溪构造灯四段渗透率分布直方图

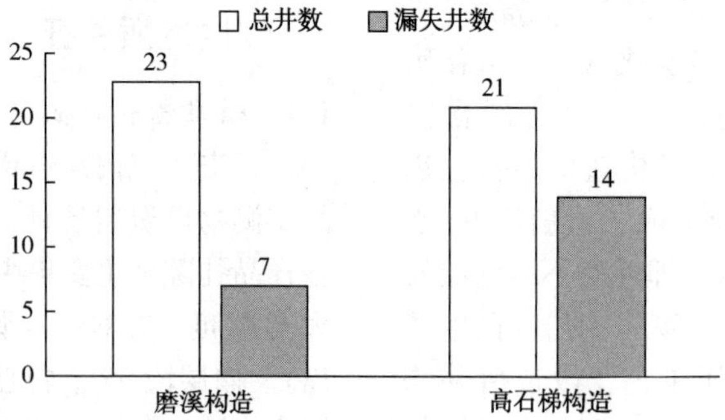

图 3　高石梯-磨溪构造现场试验井井漏显示统计图

1.2　储层岩石力学及地应力特征

据安岳气田磨溪构造灯四段前期探井岩心力学实验分析。各井岩心强度参数和变形特征相似，岩石力学参数范围：弹性模量为 7.0~10×10^4MPa；泊松比为 0.27~0.29，如表 1 所示。按照弹性力学参数的岩心分类方法岩心总体属于硬岩，岩石的高强度容易导致较高的施工泵压和高破裂压力梯度，同时高弹性模量意味着在改造时的水力/酸蚀裂缝会较窄，进而裂缝导流能力。因此，在施工工艺优化中改造液体体系的降破能力、黏度是需要着重考虑的问题。

通过地应力学实验分析，如表2所示，磨溪构造三向主应力分布规律为：$\sigma_H > \sigma_v > \sigma_h$，最小水平主应力梯度平均为0.0214MPa/m，地层处于垂向居中应力状态。为物模实验的三向应力设置提供了参考。

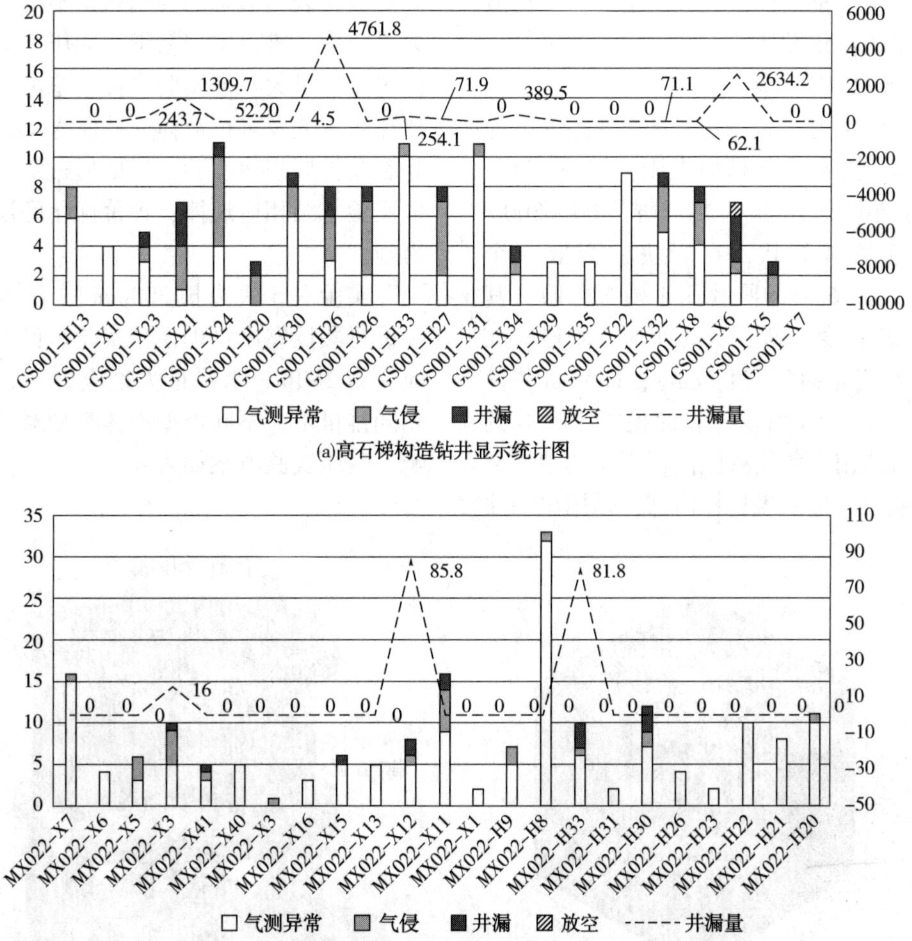

(a)高石梯构造钻井显示统计图

(b)磨溪构造钻井显示统计图

图4 高石梯-磨溪构造现场试验井钻井显示统计图

表1 震旦系磨溪构造储层岩石力学实验结果表

井号	层位	深度/m	密度/(g/cm³)	平均实验结果		
				抗压强度/MPa	弹性模量/(×10⁴MPa)	泊松比
MX-1井	灯四	5158.66~5158.82	2.746	690.139	7.415	0.279
		5104.67~5104.88	2.784	617.736	8.338	0.283
MX-2井	灯四	5137.81~5137.99	2.800	610.674	10.55	0.292

表2 震旦系磨溪构造储层地应力实验结果表

井号	层位	井深/m	三向主应力/MPa			三向主应力梯度/(MPa/100m)		
			水平最大	水平最小	垂向	水平最大	水平最小	垂向
MX-1井	灯四	5159.03~5159.22	231.5	109.2	141.9	0.0449	0.0212	0.0275
		5104.48~5104.67	168.6	108.9	142.1	0.0330	0.0213	0.0278
MX-2井	灯四	5137.13~5139.29	172.3	112.1	143.8	0.0335	0.0218	0.0280
平均测试结果			190.8	110.1	142.6	0.0371	0.0214	0.0278

2 储层改造技术优化

室内采用了大型物理模拟实验的方式，开展了储层改造技术实验模拟研究，以指导磨溪构造储层改造技术的优化设计。

2.1 大物模实验模拟技术

大型真三轴水力压裂物理模拟实验(以下简称大物模实验)技术采取相似准则为设计依据，采集磨溪构造灯影组露头加工成 300×300×300(mm)的正方体岩块，在岩块上套取一个 φ20mm，深度为 16cm 的圆孔用于模拟井眼，其中 12cm 为井筒长度，剩下 3cm 作为裸眼段。在裸眼段中填入填充物(长度 3cm)，最后将井筒放入井眼内，如图 5a 所示。以此模拟水平井的裸眼完井，再使用交替注液隔离器真实模拟压裂流程，将酸液定排量注入岩样内部，采用单一注入或交替注入，实现酸化压裂室内模拟实验，实验装置如图 5b 所示。

针对磨溪构造酸化压裂实施过程中，酸液性质对酸压裂缝形态的控制认识不清，酸液降破能力不明确，难以实现精细化酸压方案设计及液体优选。通过大物模实验模拟，笔者设计了单一液体注入工艺及多种液体交替注入工艺的人工裂缝起裂及扩展规律实验，以期通过室内酸压物理模拟实验总结相应规律，评价优化磨溪构造的工艺措施。

实验对 5 块边长 300mm 立方体碳酸盐岩露头进行酸压室内物理模拟实验。设置水平最小地应力为 2MPa，水平最大地应力为 30MPa，考虑相同排量下，不同类型液体类型对实验结果的影响。酸压实验方案如表 3。

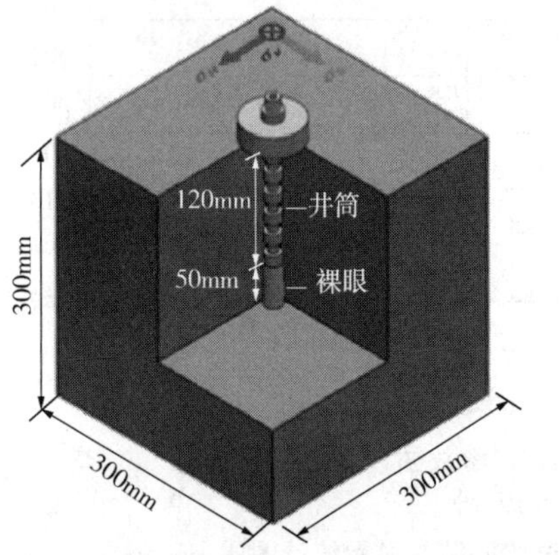

(a)震旦系露头试样示意图

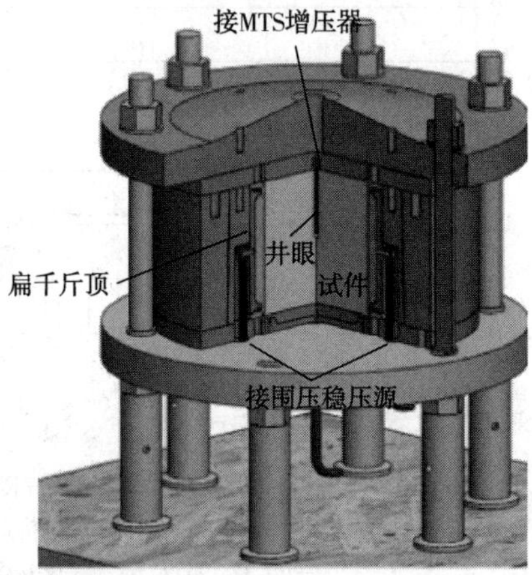

(b)真三轴水力压裂模拟实验架

图 5 大物模实验装置

表 3 大物模实验方案

序号	液体	地应力 $\sigma_H/\sigma_h/\sigma_v$/MPa	排量/(mL/min)	岩样类型
1	压裂液	30/2/22	10	灯四段露头
2	胶凝酸	30/2/22	10	灯四段露头
3	转向酸	30/2/22	10	灯四段露头
4	自生酸前置液+胶凝酸	30/2/22	10	灯四段露头
5	自生酸前置液+转向酸	30/2/22	10	灯四段露头

实验采用目前在高石梯构造广泛使用的自生酸(配方：0.5%稠化剂+0.5%氯化钾+1.0%助排剂+10%自生酸+1.0%粘土稳定剂)、胶凝酸(配方：20%盐酸+0.5%胶凝剂+1%缓蚀剂+1%助排剂+1%铁离子铁稳剂+1%黏稳剂)和转向酸(配方：20%盐酸+5%转向剂+1%铁离子稳定剂+1%缓蚀剂)作为酸化压裂液体体系，同时采用了胍胶压裂液体系(配方：0.5%胍胶+0.5%氯化钾+1.0%助排剂+2.0%粘土稳定剂+0.025%pH 调节剂+0.5%交联剂+0.05%破胶剂)验证压裂液对灯四储层改造的适应性。为了更清晰地示踪裂缝的最终形态压裂液中混入红色岩石染料或绿色荧

光粉。酸化压裂完毕后，将试件取下，用电力破岩机沿压裂裂缝将试件物理法破开，从而观察裂缝的形态。

（1）压裂液压裂物理模拟

采用压裂液进行水力压裂测试，试样由于距井筒约 1cm 处存在天然裂缝，注入中压裂裂缝沟通并开启天然裂缝，扩展至试样边界[如图 6(b)]；同时存在未完全开启天然裂缝，该天然裂缝与酸压裂缝存在夹角，在压裂液作用下，裂缝开启天然裂缝而未发生穿过，说明碳酸盐岩天然裂缝胶结强度高，不易完全开启。打开裂缝面后观察试样在压裂裂缝壁面上颜色反应明显，压裂裂缝呈垂直缝，沿最大水平主应力延伸。

(a)实验前露头试样示意图　　(b)实验后露头试样图

图 6　压裂液压裂实验前后对比及裂缝展布形态图

通过压裂曲线进行分析，注入时长为 34 分钟，压裂液注入岩体后，压力迅速升高至破裂压力 21.05MPa，裂缝从裸眼段起裂，而后只发生一次压力波动，判断为二次不完全开启的天然裂缝，而后在水力作用下，致其开裂，贯穿岩体，泵注曲线如图 7 所示。

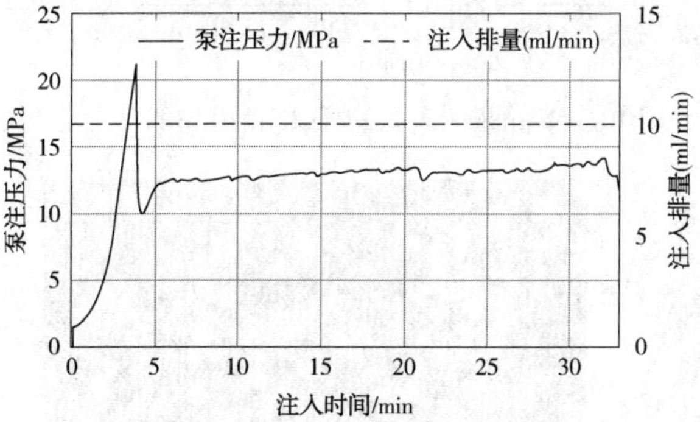

图 7　压裂液水力压裂物理模拟泵压曲线

（2）胶凝酸酸压物理模拟

采用胶凝酸进行酸压测试，从压前、压后形态对比图(图 8a，图 8b)上可以看出，在岩体内垂直缝下端距井筒约 5cm 处存在天然裂缝，在酸压裂缝生长过程中，沟通并开启天然裂缝，溶蚀天然裂缝附近岩体及内部填充物，后胶凝酸转注入天然裂缝内，使其作为二次裂缝继续生长，开度逐渐增大，并且继续向岩体表面延伸，当天然裂缝被完全打开时，胶凝酸贯穿整个岩体，在岩体表面泄露至外边界，压力发生降落，压裂过程结束。压后露头形态显示(图 8c)裂缝从裸眼段起裂，呈垂直缝，沿着最大水平主应力方向延伸，裂缝面表面凹凸不平，表明酸液流经裂缝表面时发生较大程度的溶蚀作用，在酸液溶蚀的化学作用及注入压力的力学作用下，裂缝继续延伸至岩体表面，结束测试。

对胶凝酸酸压后试样进行 3D 扫描，真实还原裂缝扩展形态(图 9)，直观地观察到裂缝面在岩体中的相对位置以及其表面刻蚀情况。由于岩体中存在天然裂缝，酸压裂缝扩展过程中沟通天然裂缝，使主裂缝转入二次裂缝中进行继续生长，促使改造体积增大。

同时主裂缝裸眼段附近存在明显褶皱，表明胶凝酸酸压时，由于其较高的黏度，在憋压过程中，岩体发生非平面断裂(即酸压裂缝受岩体非均质性影响，发生微转向)，而酸液的黏度可以使其缓慢流入转向裂缝中，刻蚀效果明显。

通过酸压曲线进行分析，注入时长为 29 分钟，酸液进入岩体后，压力缓慢上升后遇阻由破裂压力 14.96MPa 压开岩体，曲线后期压降缓降段表明天然裂缝壁面上酸液的渗流及溶蚀的发生，泵注曲线如图 10 所示。

(3) 转向酸酸压物理模拟

采用转向酸进行酸压测试，从压前、压后形态对比图(图 11a，图 11b)上可以看出，在酸压过程中酸液向上运移至表面之后突破岩体，酸液压力被释放。压后露头形态显示(图 11c)，在这过程中，近井区域形成溶蚀带，溶蚀带并未向远端扩展，在天然裂缝影响下，酸液沿天然裂缝扩展，产生井筒附近的主裂缝面。主裂缝面扩展距离短，沿天然裂缝在近井筒区域向上运移，产生较为对称的与井筒成 15°角的双翼酸压裂缝压裂液流至表面后，沿岩体表面突破，结束测试。

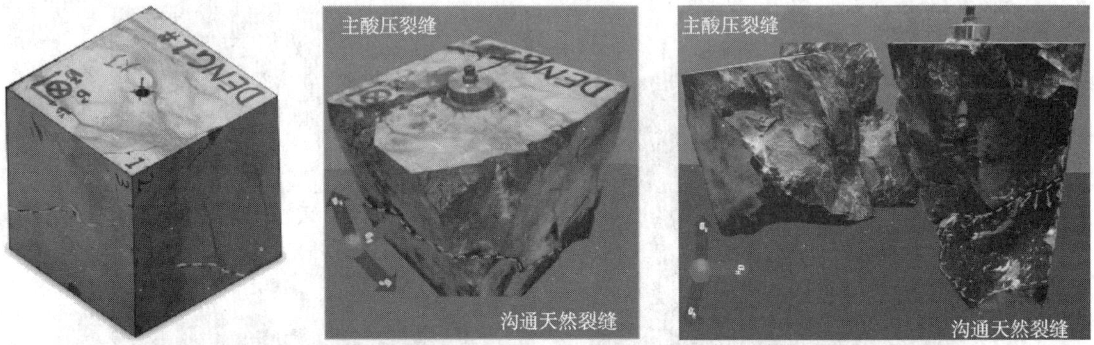

(a)实验前露头试样示意图　(b)实验后露头试样图　(c)胶凝酸酸压裂缝形态展布图

图 8　胶凝酸酸压实验前后对比及裂缝形态展布图

图 9　胶凝酸酸压试样 3-D 扫描示意图

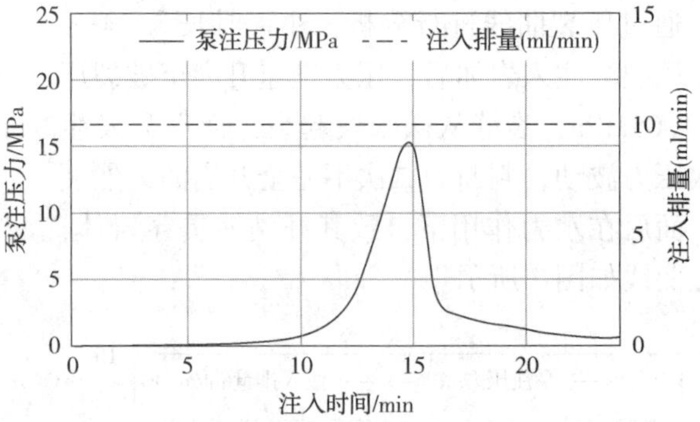

图 10　胶凝酸酸化压裂物理模拟泵压曲线

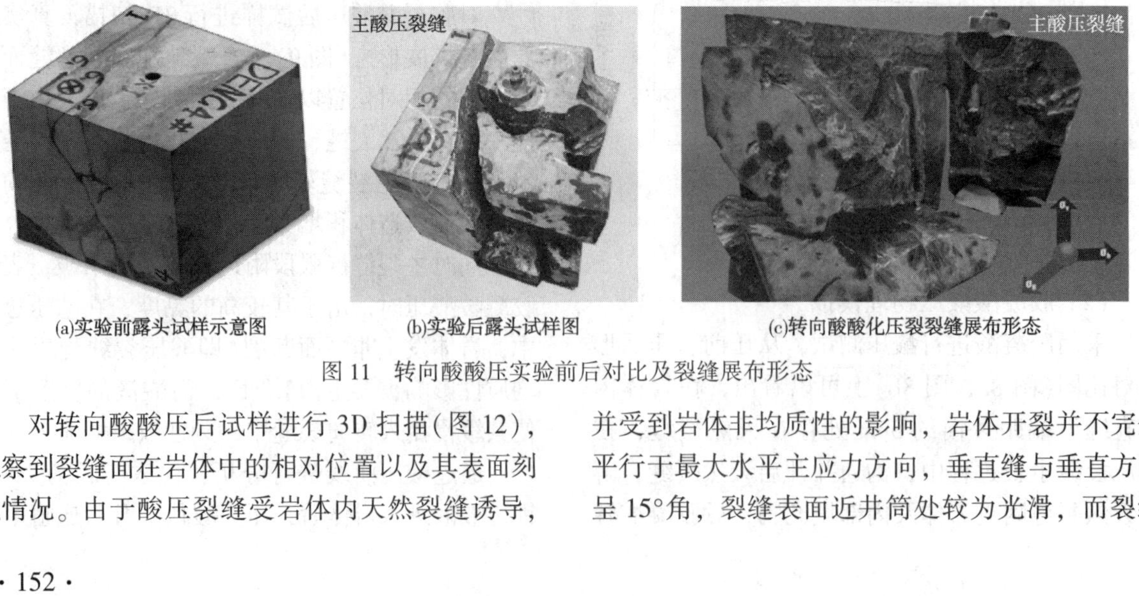

(a)实验前露头试样示意图　(b)实验后露头试样图　(c)转向酸酸化压裂裂缝展布形态

图 11　转向酸酸压实验前后对比及裂缝展布形态

对转向酸酸压后试样进行 3D 扫描(图 12)，观察到裂缝面在岩体中的相对位置以及其表面刻蚀情况。由于酸压裂缝受岩体内天然裂缝诱导，并受到岩体非均质性的影响，岩体开裂并不完全平行于最大水平主应力方向，垂直缝与垂直方向呈 15°角，裂缝表面近井筒处较为光滑，而裂缝远端开始产生褶皱，转向酸溶蚀表面后产生凸凹不平的溶蚀表面。

通过酸压曲线进行分析，注入时长近 12 分钟，酸液进入岩体后，压力缓慢上升后遇阻由破裂压力 15.54MPa 压开岩体，酸压时间短，裂缝并未延伸至较远的位置，泵压曲线反映为单峰，表明岩体仅发生过一次显著破裂，泵注曲线如图 13 所示。

（4）自生酸前置液+胶凝酸/转向酸酸压物理模拟

采用自生酸前置液前置液+胶凝酸进行酸压测试。实验前将绿色荧光示踪剂加入自生酸前置液中，并将自生酸前置液注入岩体中，井底逐渐憋压后岩体破裂，整体裂缝形态呈单翼缝，裂缝表面形成凹凸不平的酸蚀痕迹，并有明显的蚯蚓洞现象，随着胶凝酸的继续注入，推动自生酸继续向前推进，由壁面显示可知，自生酸与胶凝酸具有互溶现象，裂缝壁面颜色反应红绿相间。单翼裂缝的另一侧，主要为胶凝酸推动的自生酸，黏度高且力学性质明显，将另一侧岩体压开，但并没有明显的蚯蚓洞行为(图 14a)。

采用自生酸前置液前置液+转向酸进行酸压测试。同样将绿色荧光示踪剂加入自生酸前置液中，自生酸前置液注入井筒后，在井底逐渐憋压，导致岩体破裂，裂缝形态呈双翼缝，裂缝表面形成凹凸不平的酸蚀痕迹。后经转注转向酸，转向酸与自生酸黏度接近，由壁面显示可知，自生酸与转向酸具有互溶现象，裂缝壁面颜色反应红绿相间。主裂缝继续扩展至天然裂缝后形成 T 形裂缝(图 14b)。

图 12　转向酸酸压试样 3-D 扫描示意图

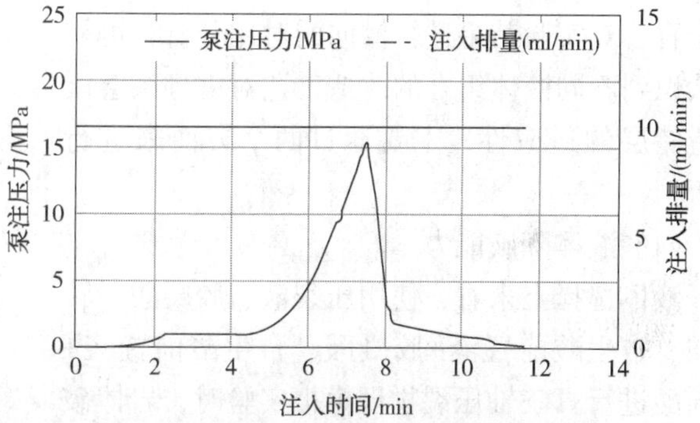

图 13　转向酸酸化压裂物理模拟泵压曲线

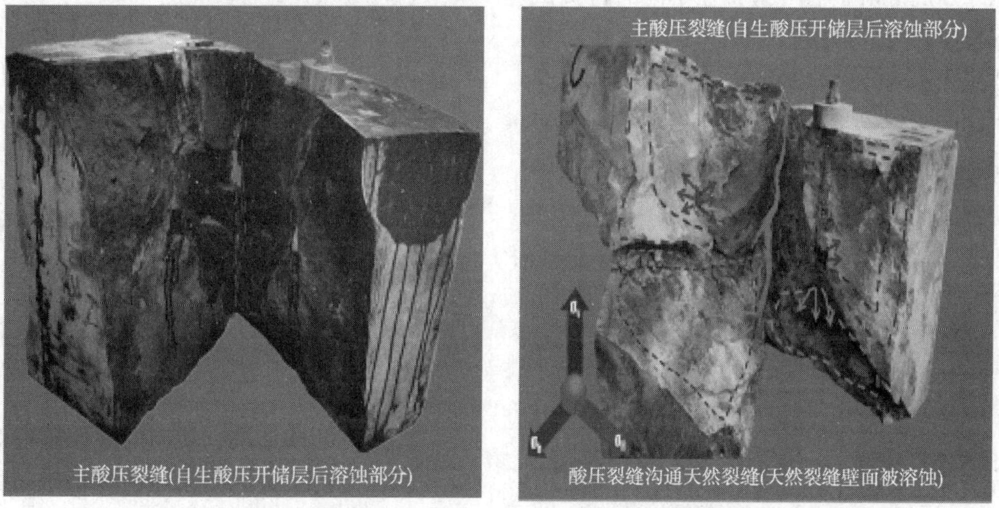

(a)自生酸+胶凝酸压后裂缝空间展布图

(b)自生酸+转向酸压后裂缝空间展布图

图 14　自生酸前置液与胶凝酸/转向酸酸压实验结果图

通过酸压曲线进行分析，自生酸+胶凝酸酸压测试(图15a)0~a段为自生酸注入段，a点转注胶凝酸后岩体发生破裂，破裂压力为14.32MPa，后持续憋压破裂，c~d、e~f段为液体补充段。整体分析在实验中由于胶凝酸的黏度较大，滤失不明显，受天然裂缝干扰较小，可出现明显的主裂缝形态。

而自生酸+转向酸测试过程(如图15b)，0~a段为自生酸注入段，a点开始注入转向酸，b~c、e~f、g~h段为液体补充段，c~d区间压力波动较大，转向酸黏度较小，不断滤失进入岩体天然裂缝及小规模孔洞，在d点才观察到明显的岩体破裂，破裂压力为30.28MPa，同时压破储层后，由于转向酸转向作用，f点后酸压曲线依然呈多峰态分布。

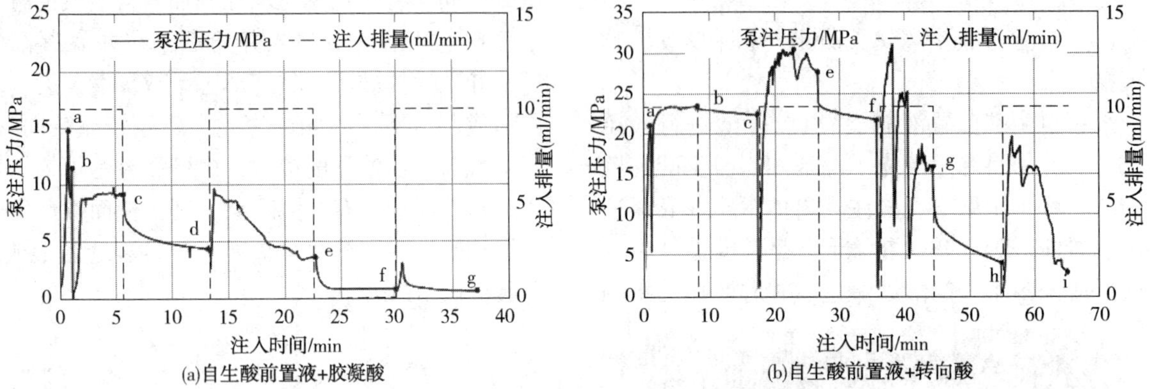

图15　自生酸前置液+胶凝酸/转向酸酸压物理模拟泵压曲线

2.2　实验分析

根据上文所述的不同改造工艺的物模实验现场来看，对实验结果进行横向的对比分析，可初步认识到不同液体组合的改造工艺对震旦系磨溪构造储层的适应性，主要通过两个方面来进行分析：

(1) 液体降破能力

液体选择上来看，使用压裂液、胶凝酸、转向酸、自生酸前置液+胶凝酸、自生酸前置液+转向酸进行真三轴压裂物理模拟实验时，岩体破裂压力分别为21.05MPa，14.96MPa、15.54MPa、14.32MPa、30.28MPa(图16)，在不同的露头试样在进行自生酸前置液+胶凝酸/转向酸的实验中，破裂压力分别为14.32MPa、30.28MPa，存在天然岩体的天然裂缝发育程度不一将影响破裂压力的问题，而对比其他液体的破裂压力，整体上自生酸前置液+胶凝酸/转向酸破裂压力高于胶凝酸、转向酸单一注入时的破裂压力，实验结论符合自生酸本身酸蚀能力弱于胶凝酸/转向酸的性质。

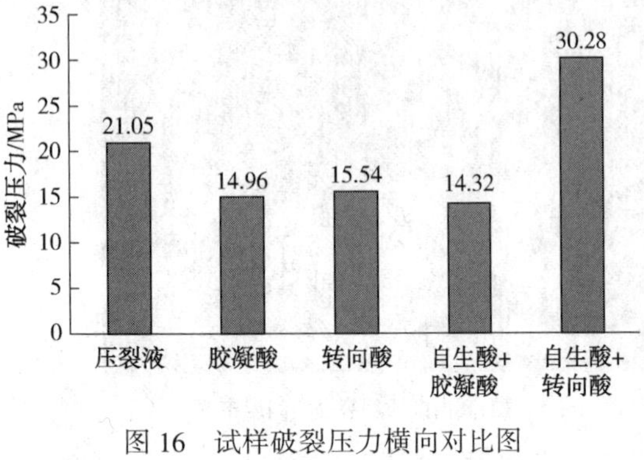

图16　试样破裂压力横向对比图

从压裂液与酸液对比角度来分析，实验结果表明，常规胍胶压裂液破裂压力较酸化压裂，破裂压力高出40%。此外，胍胶压裂液由于其本身并不具备酸蚀能力，当人工裂缝遇到胶结强度较高的天然裂缝时，开启天然裂缝的能力较弱，但酸压裂缝扩展遇到天然裂缝时，将其开启的可能性高于水力压裂，因此酸化压裂较水力压裂更适用于碳酸盐岩储层改造。

从单一酸液体系对比角度来分析，酸压对降破能力突出，适用于高破裂压力碳酸盐岩储层改造。对比胶凝酸及转向酸两种酸液，胶凝酸降破、降地层抗拉强度的效果更佳。

(2) 酸压裂缝形态分析

从胶凝酸、转向酸两种液体体系的酸压裂缝形态对比角度来分析，针对实验结果(图17)，胶凝酸作为改造液体，压裂后的裂缝形态较为复杂，形成了包含两条裂缝的沟通裂缝体，改造效果较好。

对于灯四段储层，转向酸酸压改造效果较胶凝酸差，分析主要原因为转向酸初始黏度较胶凝酸低，其增黏机制是通过pH值的调控来实现的，但由于岩体酸蚀难度较高，且天然裂缝及天然溶洞发育程度低，转向酸增黏所需时间较长。胶凝酸以其较高的初始黏度，所表现出的力学特征较为明显，即主裂缝扩展行为明显，而转向酸初始黏度低，力学致裂能力较差，所以主裂缝扩展范围小。

(3) 不同注入工艺分析

从单一酸液注入与前置液交替注入对比角度来分析，对于一般的碳酸盐岩储层来讲，前置液交替注入工艺可以在注入前期降低储层的温度，降低滤失，从而提高主体酸液体系的作用距离，酸蚀裂缝更长，能够沟通远井地带的天然缝洞体。通过自生酸+胶凝酸酸压物模实验表明，较致密、高破裂压力储层更适合自生酸配合力学性能较强的胶凝酸进行储层改造；通过自生酸+转向酸酸压物模实验表明，自生酸酸蚀后，天然缝洞系统空间体积变大，注入转向酸后，由于转向酸初始黏度较低，酸液滤失量显著增大，导致转向酸酸液效率下降，不利于储层酸化压裂改造施工的进行。

因而根据实验评价，采用单一酸液体系注入效果更佳，而对于基质型，基本不发育天然缝洞的储层，需造长缝使用交替注入工艺的情况，采用自生酸前置液+胶凝酸工艺较自生酸前置液+转向酸工艺对磨溪构造储层更为适宜。

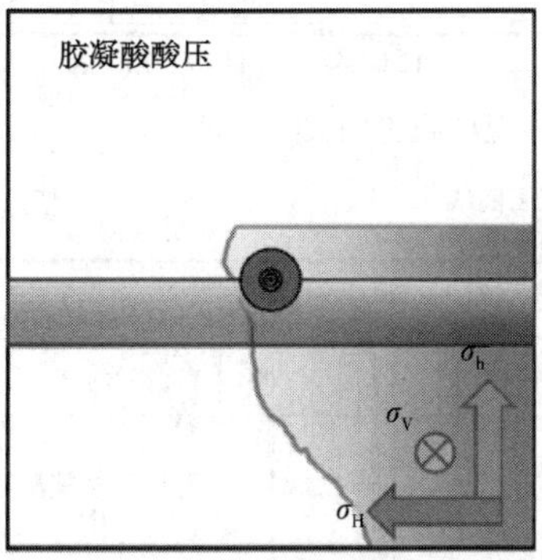

(a)胶凝酸酸压裂缝形态

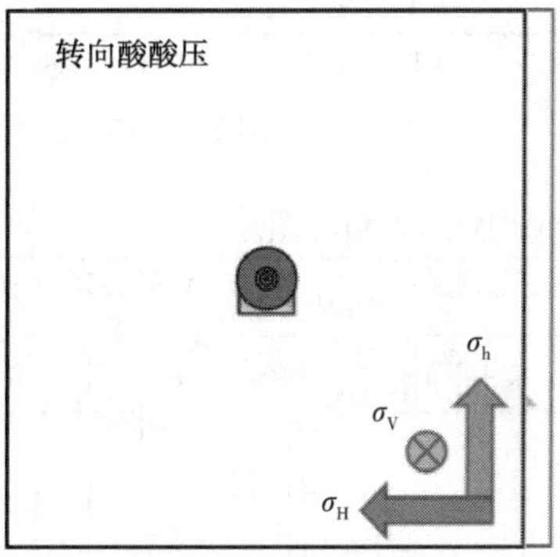

(b)转向酸酸压裂缝形态

图 17　胶凝酸/转向酸酸压裂缝形态对比图

3　矿场试验

由于磨溪构造灯影组储层存在较强的非均质性，不仅是孔隙度、渗透率存在差异，天然裂缝发育特征在复杂的地质背景下亦存在较大差异。因此在压前方案设计环节就需要对储层的地质发育情况进行一定的评估，再结合室内物理模拟的结果优选针对性的改造工艺。结果表明：与室内物理模拟实验得到的结论较为一致。

3.1　胶凝酸酸压工艺

MX022-H23 井灯四段储层测井解释共解释 7 套储层，其中 5 套气层，2 套差气层，储层段长 474.5m，其中发育Ⅱ类储层(12%>孔隙度≥6%)共 9.8m，平均孔隙度 6.9%，Ⅲ类储层(孔隙度<6%)共 464.7m，平均孔隙度 3.2%，成像测井显示储层溶蚀孔洞、裂缝发育情况较好。

依据前期室内实验评价的经验，采用对该类储层适应性较好的胶凝酸裸眼封隔器分段酸压工艺。酸压规模为 1400m^3 胶凝酸。从施工曲线(图 18)可以分析得知，采用胶凝酸酸压的方式进行改造，在施工前期成功的压开了储层，并通过胶凝酸黏度较高的特性，在施工曲线中反映出明显的主裂缝扩展行为，同时还出现了较多的天然裂缝开启显示，效果较为理想，改造后获气 106.21×$10^4m^3/d$。

3.2　自生酸前置液+胶凝酸酸压工艺

MX022-H21 井灯四段储层测井解释共解释 14 套储层，其中 8 套气层，6 套差气层，储层段长 665.3m，其中发育Ⅱ类储层(12%>孔隙度≥6%)共 15.1m，平均孔隙度 7.1%，Ⅲ类储层(孔隙度<6%)共 650.2m，平均孔隙度 3.5%，其中Ⅰ类储层最高孔隙度达 13.2%，Ⅱ类储层最高孔隙度达 8.8%，成像测井显示储层溶蚀孔洞、裂缝发育情况一般，储层较为致密。

依据前期室内实验评价的经验，采用自生酸+胶凝酸裸眼封隔器分段酸压工艺进行对比现场试验。酸压规模为 400m^3 自生酸、1080m^3 胶凝酸。从施工曲线(图 19)可以分析得知，在施工前期及整个过程中，虽然储层缝洞发育较差，初期未出现沟通天然裂缝显示，后随即提高排量见明显压开主缝及沟通天然缝洞系统的显示，整个储层改造效果较好，改造后获气 55.29×$10^4m^3/d$。

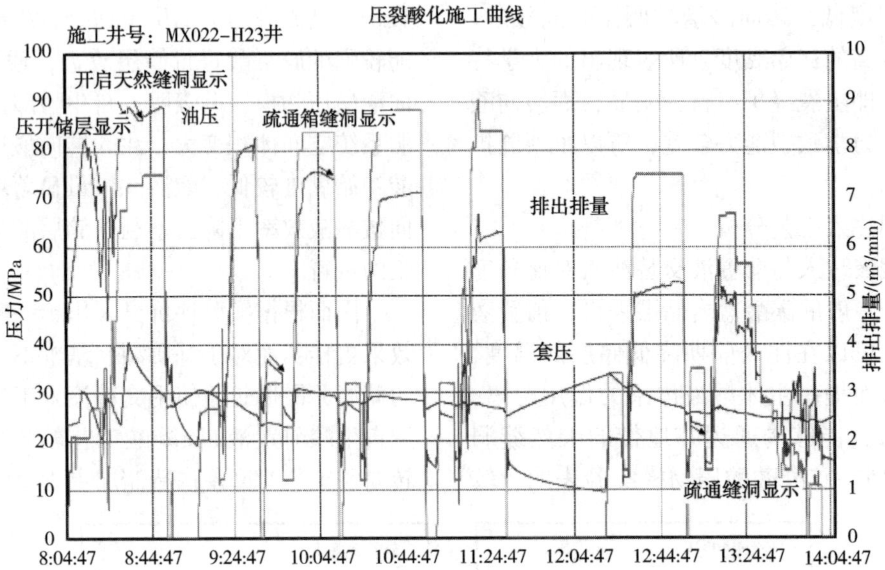

图 18　MX022-H23 井现场施工曲线

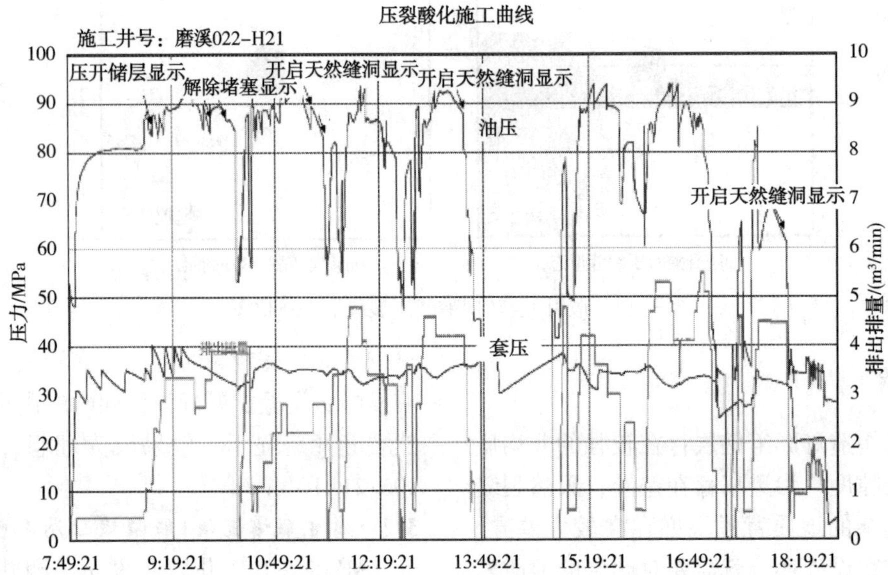

图 19　MX022-H21 井现场施工曲线

4　结论

（1）高石梯-磨溪构造的岩心样品整体显示高石梯区块与磨溪区块的孔渗差异不大，但现场试验井显示高石梯构造大尺度裂缝、溶洞较磨溪构造更为发育；同时磨溪构造储层岩心高强度、高弹性模量的力学特征更需要在施工工艺优化中着重考虑改造液体体系的降破能力及黏度。

（2）单一液体体系注入工艺实验表明，常规胍胶压裂液破裂压力较酸液破裂压力高出 40%，磨溪构造不适宜采用水力压裂方式进行储层改造；对比胶凝酸及转向酸两种酸液，胶凝酸降破、降地层抗拉强度的效果更佳，压裂后的裂缝形态较为复杂，改造效果更好；交替注入工艺实验表明，采用自生酸前置液+胶凝酸工艺较自生酸前置液+转向酸工艺对磨溪构造储层更为适宜。

（3）针对不同的储层发育情况，分别试验了胶凝酸酸压及自生酸前置液+胶凝酸酸压工艺，现场试验效果较好。综合室内实验与矿场试验，推荐后期磨溪构造主体工艺采用胶凝酸酸压工艺，而对于储层发育情况较差的井，可采用自生酸前置液+胶凝酸的工艺实现造长缝，增大改造体积。

参 考 文 献

[1] 谢军. 安岳特大型气田高效开发关键技术创新与实践[J]. 天然气工业，2020，40(1)：1-10.

[2] 马新华，杨雨，文龙，等. 四川盆地海相碳酸盐岩

大中型气田分布规律及勘探方向[J]. 石油勘探与开发，2019，46(01)：4-16.
[3] 杨跃明，杨雨，杨光，等. 安岳气田震旦系、寒武系气藏成藏条件及勘探开发关键技术[J]. 石油学报，2019，40(4).
[4] 姚根顺，郝毅，周进高，等. 四川盆地震旦系灯影组储层储集空间的形成与演化[J]. 天然气工业，2014，034(003)：31-37.
[5] 杨威，魏国齐，赵蓉蓉，等. 四川盆地震旦系灯影组岩溶储层特征及展布[J]. 天然气工业，2014，034(003)：55-60.
[6] 苟波，马辉运，刘壮，等. 非均质碳酸盐岩油气藏酸压数值模拟研究进展与展望[J]. 天然气工业，2019(6).
[7] 韩慧芬. 四川盆地上震旦统灯四段气藏提高单井产量的技术措施[J]. 天然气工业(8)：48-55.
[8] 朱讯，徐伟，李菡韵，等. 四川盆地高石梯—磨溪区块灯四段沉积相变对岩溶储层发育影响[J]. 天然气勘探与开发，41(03)：55-61.
[9] 曾义金，周俊，王海涛，等. 深层页岩真三轴变排量水力压裂物理模拟研究[J]. 岩石力学与工程学报，2019，38(9)：1758-1766.
[10] 张文杰，周创兵，李俊平，等. 裂隙岩体渗流特性物模试验研究进展[J]. 岩土力学，2005，26(9).
[11] Bing，Hou，et al. Investigation on acid fracturing treatment in limestone formation based on true tri-axial experiment[J]. Fuel，2019.
[12] 刘友权，王琳，熊颖，吴文刚，张永国. 高温碳酸盐岩自生酸酸液体系研究[J]. 石油与天然气化工(4)：367-369.
[13] 李林地，张士诚，张劲，等. 缝洞型碳酸盐岩储层水力裂缝扩展机理[J]. 石油学报(4)：100-103.
[14] 刘顺，何衡，赵倩云，等. 水力裂缝与天然裂缝交错延伸规律[J]. 石油学报.
[15] 李沁，伊向艺，卢渊，等. 高黏度酸液在人工裂缝中流态规律研究[J]. 石油与天然气化工，2012(05)：63-66+91-92.
[16] 李春月，王洋，邓鹏，等. 胶凝酸对顺北区块奥陶系碳酸盐岩力学特性的影响[J]. 新疆石油地质，2018(06).
[17] 薛衡，黄祖熹，赵立强，等. 碳酸盐岩水平井酸化模式及工艺参数优化研究[J]. 油气藏评价与开发，2018(3).
[18] 夏宏泉，张元泽，陈平，等. 碳酸盐岩地层破裂压力的测井预测研究 Log Prediction of Carbonate Formation Breakdown Pressure[J]. 天然气工业，2004，024(008)：32-35.

碳酸盐岩强水侵气井动态特征及排水采气对策

张 李 李 璐 薛陶峰 范竞仁

(川庆钻探工程有限公司地质勘探开发研究院)

摘　要　对于裂缝-孔隙型储层，裂缝是主要的渗流通道，也是产水的流动通道，气井一旦见水，渗流通道逐渐被水相占据，气井产能急剧下降，带水生产能力也逐渐减弱，最后将直接导致气井水淹，而排水采气的及时介入，能有效延长气井带水生产能力，延长气井的生命周期，提高气井开发效果。本文通过水侵流动实验明确碳酸盐岩裂缝是主要的渗流通道，并通过Y-1井的实际生产动态证实裂缝展布直接决定水侵形式和方向，再结合Y-1井的水侵模式和水侵类型，根据气井不同生产阶段的携液能力制定排水采气方案，对此类水侵井具有很好的参考价值。

关键词　碳酸盐岩；边水气藏；水侵类型；排水采气方案；速度管柱；泡排

1　前言

Y-1井位于典型的碳酸盐岩边水气田之上，距离气田边部相对较近，该井投产一年后就有地层水产出，且短短几个月时间产水量大幅度上升，水气比由无水采气期的0.6$m^3/10^3m^3$快速增加到1.0$m^3/10^3m^3$以上，最高达到约4.0$m^3/10^3m^3$。气井进入气水同产阶段后，降产控水效果甚微。当地层压力进一步降低，且气量不足以将水携带到地面时，水将滞留在井底形成积液，最终导致水淹停产。当井底流动压力足够将水举升到地面时，由于水逐渐占据了储层渗流通道，将剩余气体封闭在储层内，也将导致气井产量大幅度降低。本文详细分析了Y-1井的水侵动态特征，以及根据不同的生产阶段选择排水采气工艺，为此类产水气藏的开采提供了技术参考。

2　水侵规律分析

2.1　水侵流动实验

在CT扫描的基础上，利用有限元的方法对三维数字岩心样品进行流动模拟，可计算得到沿岩心不同方向的渗透率及压力分布和流线分布情况。针对具有连续裂缝的样品进行流动计算，样品基质渗透率为0.08mD、裂缝渗透率为89.36mD。首先将裂缝与基质进行分离(图1)。

根据三维数字岩心进行流动能力的模拟计算，结果表明(图2~图3)：裂缝是渗流的主要通道，水侵一般沿着裂缝首先侵入，形成不同的水侵流线，对气藏开发影响较大。

2.2　水侵动态特征

Y-1井投产一年后开始产地层水，产水量持续增加至300方/天左右，产气量也由最初的110万方/天快速下降，目前以3万方/天间歇生产(图4)。

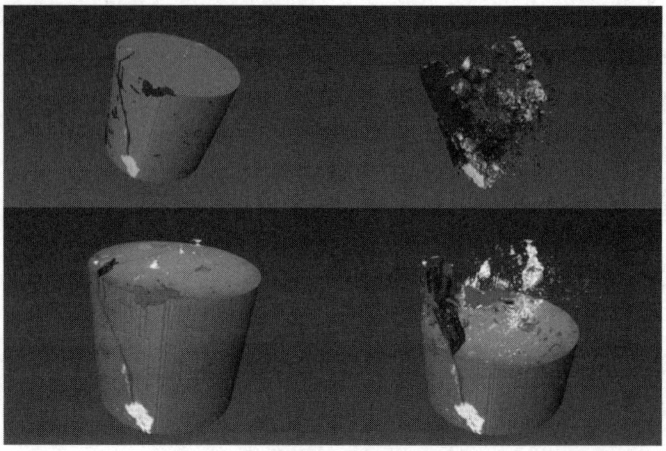

图1　样品裂缝与基质分离模拟图

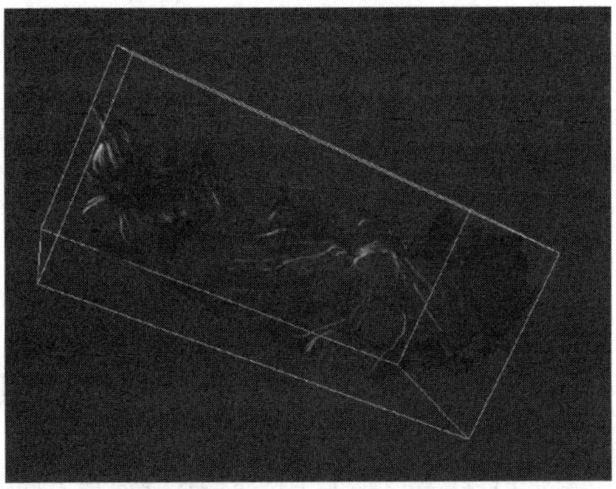
图 2　样品裂缝中的流线分布图

图 3　样品基质向裂缝供液的流线分布图

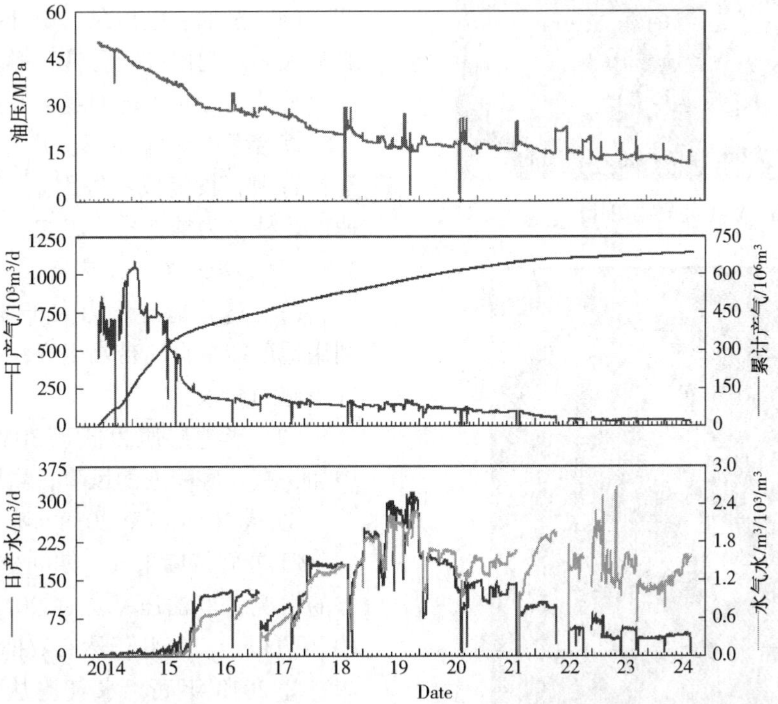

图 4　Y-1 井生产曲线

从水质分析资料来看，投产初期产出水中 Cl^- 离子含量较低，出水后随着水气比上升，产出水中离子含量快速上升(图 5)，说明此时产出水非原地层中层间水，而是外部边水侵入气藏。

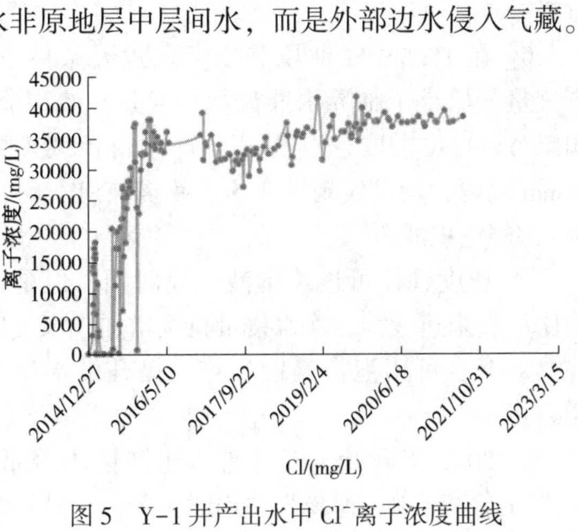

图 5　Y-1 井产出水中 Cl^- 离子浓度曲线

Y-1 井储层为裂缝-孔隙型，裂缝相对于基质具有明显的渗流优势，所以裂缝展布直接决定水侵形式和方向，这在水侵流动实验中得到验证。该井位于断裂带附近，裂缝发育，连通性好，且断层向南延伸至水体范围内，水侵发生后，地层水沿着裂缝快速到达井底，表现出边水水侵的特征。

2.3　水侵类型

目前国内学者将气藏的水侵模式归纳为水锥型水侵、纵窜型水侵、横侵型水侵和纵窜横侵型水侵 4 种类型。Y-1 井属于纵窜横侵型水侵，理由如下：①Y-1 井裂缝发育，裂缝产状以斜交缝为主(图 6)，为水体沿直接窜入井筒提供了流动通道。②Y-1 井附近大小断层交错，且该井位于较好的礁体之上，整体具有较好的储渗性，边水主要沿高渗带侵入；③气藏边部与水体沟通，气井开井生产形成压降漏斗，边水沿断裂条带或高渗带裂缝快速突进，形成水窜(图7)。

图6　Y-1井岩心图片

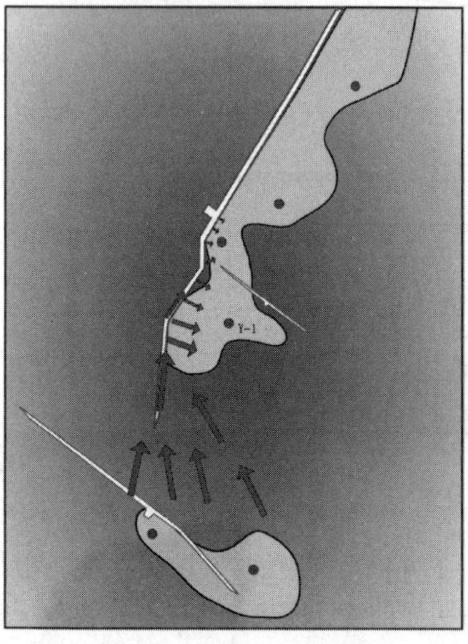

图7　Y-1井水侵模式图

根据分析：Y-1井出水时间与水气比呈二项式或者指数式变化(图8)，这是水体沿高导裂缝窜入的典型特征，水侵类型为裂缝水窜型。

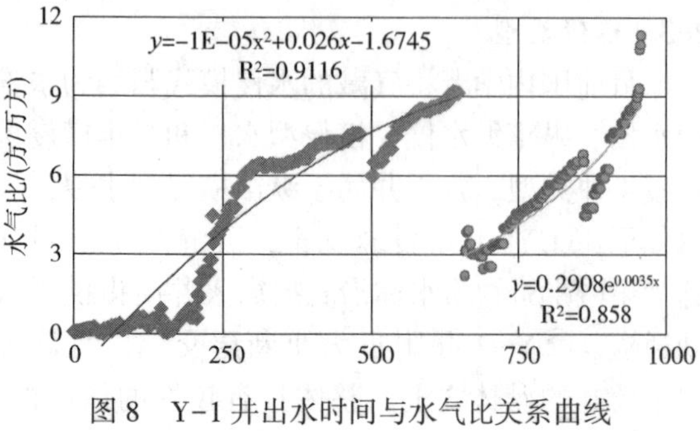

图8　Y-1井出水时间与水气比关系曲线

3　排水采气工艺优选

3.1　工艺适应性分析

结合Y-1井气藏特征及气井管柱结构，该井排采工艺存在以下几方面的限制：

(1) 泡沫排水：存在永久封隔器，环空无法加注；管柱内存在缩径，井口投棒易卡。

(2) 气举：现有井身结构无气举循环通道，需重新建立循环通道，前期工作量大。

(3) 柱塞：管柱内部多个位置存在变径，井下柱塞无法正常运行。

(4) 机抽、电潜泵、螺杆泵：腐蚀流体环境影响大，需起出井内管柱、操作难度大且破坏井筒完整性，井场供电问题，井型影响。

综合考虑流体环境、井身结构、操作难度、运行管理和投资成本等因素，优选气举、泡排、速度管柱作为推荐排采工艺。

3.2　排水采气工艺方案

(1) 气井地层压力大于30MPa时，完全能利用地层能量自喷带水生产，不需要人工排水采气措施的介入；

(2) 当地层压力低于30MPa时，水量继续增加，有井底积液的风险，需要排水采气介入：

① 从2016年至2018年，在水气比0.5-1-5方/千方间持续采气，期间虽有日产水量超200方的情况，但油压基本在20MPa以上，产气量10万方以上，气井仍然有效携液；

② 2018年底，水气比从1.5方/千方增加时，同等油压和产气量下，井筒举升压差增加4MPa，高气液比下，即使气井正常携液，但地层能量消耗更快，极大影响气井后续有效携液能力及连续生产时间，此时为排水采气最佳的介入时机；

③ 在18.5MPa油压和10万方/天条件下，产气量开始小于临界携液流量，气井开始积液，如果Y-1井采取速度管柱，管柱内径调整到76mm以内，均可实现气井的连续携液(图9~图10)，避免积液；

④ 速度管柱可连续携液一段时间，但是排采比一直未达平衡，净水侵量持续增加，水气比持续上升，可用泡排辅助生产，提升带水生产能力；

⑤ 2022年开始，气井带水生产能力降低，应进行连续气举，保障气井连续生产，否则该井

将逐渐水淹停产。

工艺推荐：前期速度管柱可以排出积液时，首选速度管柱；其次，泡排辅助生产，提升产量；带水生产能力下降时，连续气举(图 11)。

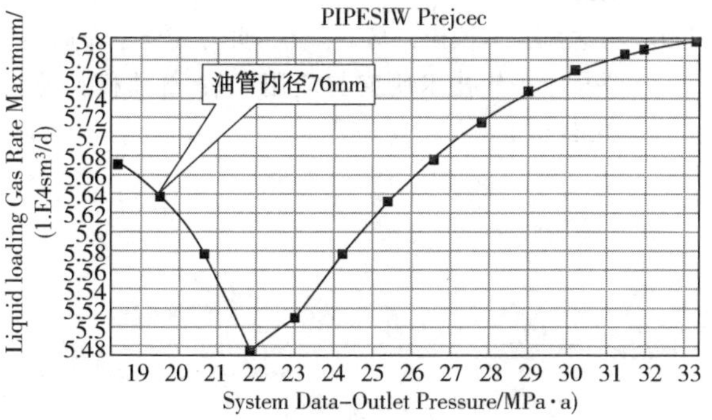

图 9　最大临界携液量与出口压力关系图

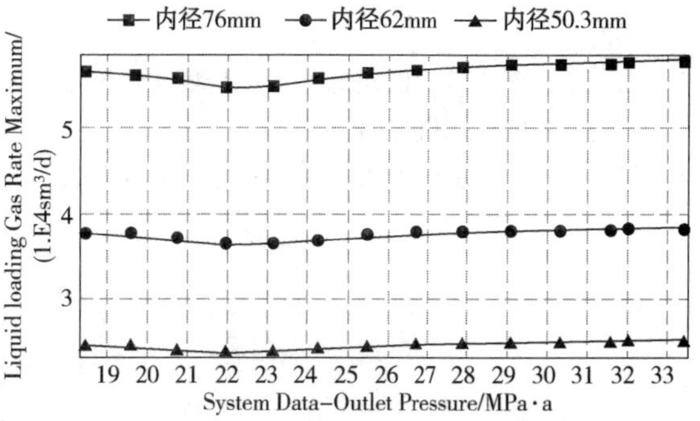

图 10　不同油管内径下临界携液量与压力关系

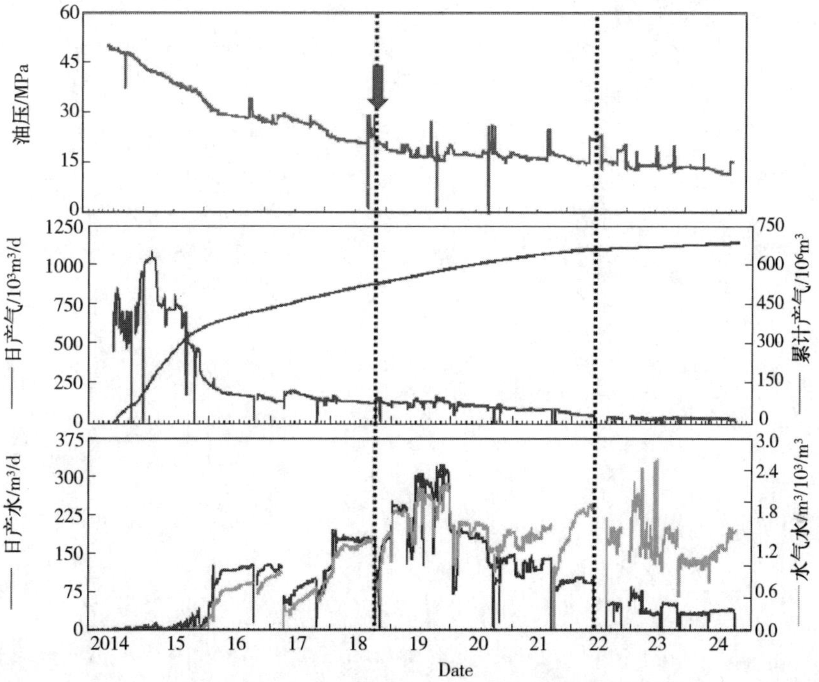

图 11　Y-1 井排水采气工艺优化结果图

4　结论

(1) 根据三维数字岩心进行流动能力的模拟计算，结果表明：裂缝是渗流的主要通道，水侵一般沿着裂缝首先侵入，形成不同的水侵流线，对气藏开发影响较大。

(2) Y-1 井储层为裂缝-孔隙型，裂缝相对于基质具有明显的渗流优势，所以裂缝展布直接决定水侵形式和方向，Y-1 井水侵模式为纵窜横侵型，水侵类型为裂缝水窜型。

(3) Y-1 井排水采气工艺推荐：前期速度管柱可以排出积液时，首选速度管柱；其次，泡排辅助生产，提升产量；带水生产能力下降时，连续气举。

参 考 文 献

[1] 包强，冷有恒，张李，等. 扬古伊气田 J3k-o 超高压湿气气藏特征及开发策略[J]. 天然气工业，2011，31(3)：56-58.

[2] 刘华勋，任东，高树生，等. 边、底水气藏水侵机理与开发对策[J]. 天然气工业，2015，35(2)：47-53.

[3] 李凤颖，伊向艺，卢渊，等. 异常高压有水气藏水侵特征[J]. 特种油气藏，2011，18(5)：89-92.

[4] 冯曦，钟兵，杨学锋，等. 有效治理气藏开发过程中水侵影响的问题及认识[J]. 天然气工业，2015，35(2)：35-40.

[5] 陈涛涛，贾爱林，何东博，等. 川中地区须家河组致密砂岩气藏气水分布规律[J]. 地质科技情报，

2014，33(4)：66-70.
[6] 马群，徐鹏海，蒋国军，等. 超深高温高压气井排水采气技术研究及应用[J]. 天然气与石油. 2023(02).
[7] 陈小刚，李晓玲，侯建炜，等. 天然气开采中排水采气技术的应用研究[J]. 能源与节能. 2024(10).
[8] 张阳. 产水气井积液规律及气举排水采气工艺方案[J]. 石化技术. 2024(03).
[9] 全生命周期气举排水采气技术[J]. 石油科技论坛. 2022(03).
[10] 方志刚，王振松，马斌，等. 页岩气全生命周期气举排水采气技术研究与应用[J]. 石油科技论坛. 2022(02).

深层页岩储层转向压裂用暂堵材料研究及应用

陈 挺[1] 徐昊垠[1] 张 源[2] 张 磊[3] 于相东[4] 李国良[4]

(1. 中石油渤海钻探工程有限公司工程技术研究院；2. 中石油西南油气田开发事业部长宁联合项目部；3. 中石油渤海钻探工程有限公司井下技服分公司；4. 中石油渤海钻探工程有限公司油气合作开发分公司)

摘 要 国内页岩气的开发逐步转向深层、超深层储层，对暂堵材料的耐温性能、耐压差性能提出了更高的要求。研发了一种耐高温、耐大压差、易降解的暂堵材料。实验结果表明：在聚丙烯酰胺分子链中引入刚性基团N-乙烯基吡咯烷酮和多元丙烯酸酯，当摩尔比 NVP∶DPHA∶AM=1∶1∶100 时，产物具备良好的吸水膨胀性能和降解性能。耐温达到150℃，耐压差达到40MPa，降解时间<8.5h。现场试验结果表明，采取复合暂堵的方式能够提高施工压力3.5-5.6MPa，提高了人工裂缝的复杂程度。

关键词 深层；页岩储层；暂堵；耐温；耐压；可降解

我国埋深介于3000~6000m的页岩气地质资源量和可采资源量分别为 $115.72\times10^{12}m^3$ 和 $20.93\times10^{12}m^3$，其中规模性的深层页岩气(埋深>3500m)主要分布于四川盆地及其周缘地区，是深层页岩气勘探重要的现实领域。相比中深层页岩气，深层页岩气具有埋深大、温度高、压力高、地应力与地应力差大的特点，严重影响了人工缝网的复杂程度。为实现深层页岩气的效益开发，暂堵转向压裂技术日益受到人们的重视。该技术是通过在压裂施工过程中加入暂堵材料，达到缝口暂堵转向和缝端暂堵转向的目的，从而保证各簇水力裂缝有效伸展、提高裂缝复杂程度。

常见的暂堵材料包括暂堵纤维+暂堵颗粒、凝胶体系、聚乳酸、聚酯、丙烯酰胺和丙烯酸共聚物等。凝胶体系需要有单独的泵注设备，聚乳酸材料成本较高、降解时间长，页岩气现场应用较少。目前现场应用效果较好的方法是同时加入暂堵球和暂堵剂，通过复合暂堵来提高优势通道的封堵率。该类暂堵材料以丙烯酰胺和丙烯酸作为单体、用酯类作为交联剂，通过水溶液聚合反应制备得到，具备良好吸水膨胀性的同时，还具有较高的耐压差强度、耐高温性能和良好的降解性能。为进一步提高材料性能，可以引入N-乙烯基吡咯烷酮提高材料的刚性、引入2-丙烯酰胺基-2-甲基丙磺酸提高材料的耐盐性能。通过向反应体系中加入5%的膨润土能够提高材料的吸水膨胀倍数，采用海藻酸钠作为辅助材料、用氯化钙对聚丙烯酰胺暂堵剂进行表面改性可以提高承压性能和吸水膨胀性。

本文在溶液聚合反应过程中引入刚性单体N-乙烯基吡咯烷酮，采用聚二季戊四醇六丙烯酸酯(DPHA)作为交联剂，形成多支化刚性大分子链，提高暂堵材料的耐温承压性能，同时还具备良好的降解性能。

1 实验部分

1.1 试剂与仪器

丙烯酰胺(AM)、N-乙烯基吡咯烷酮(NVP)、聚二季戊四醇六丙烯酸酯(DPHA)、1,6-己二醇、过硫酸铵，均为分析纯。去离子水，自制。

CP214电子天平；XDDC-0510N数显智能恒温水浴锅；SC-25A恒温油浴锅；9003A电热恒温鼓风干燥箱；螺杆挤出机；注塑机。

1.2 产物制备方法

采用水溶液聚合法，将丙烯酰胺、N-乙烯基吡咯烷酮和聚二季戊四醇六丙烯酸酯加入盛有去离子水的三口烧瓶中，三者质量比为100∶5∶1.5，搅拌形成均一稳定混合液。混合液中三种反应物总质量占比为40%，通氮气除氧1h。停止通氮气，加热至反应容器中液体温度达到60℃后，加入催化剂过硫酸铵引发聚合反应，过硫酸铵的质量占三种反应物总质量的2%。反应3h后，加入扩链剂1,6-己二醇，扩链剂的质量占三种反应物总质量的2.5%。继续反应1h后，得到无色透明状凝胶。

出料进行真空干燥，得到暂堵材料母料，通过螺杆挤出机加热熔融并挤出，用造粒机切割造粒，成型为粒径 3～5mm 的暂堵剂颗粒，经粉碎、筛分得到 4～140 目粉末或者用注塑机加工成 5～26mm 的暂堵球。由产物制备得到的各种暂堵材料如图 1 所示。

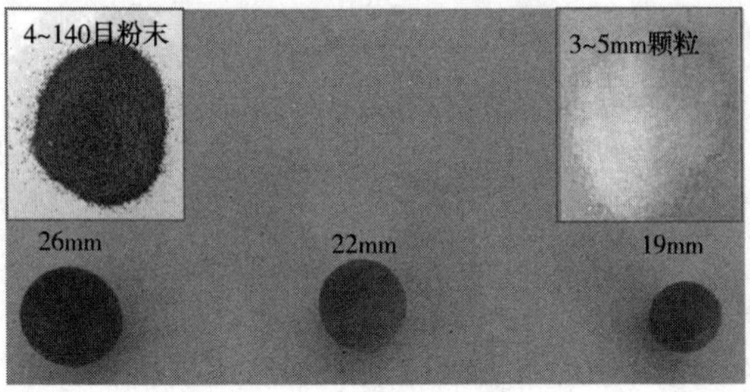

图 1　暂堵材料

1.3　产物性能评价方法

1.3.1　膨胀性能

将不同合成条件的暂堵剂产品溶解于室温下的去离子水中，充分吸水膨胀 2h，测定其膨胀倍数。

1.3.2　降解时间

将不同合成条件的暂堵剂产品溶解于室温下的去离子水中，充分吸水膨胀，然后将其放入装有去离子水的试剂瓶中，密封后置于 90℃ 的恒温箱中，当其降解率超过 95% 时，记录降解时间。

1.3.3　承压强度评价

在不同温度条件下，将直径 19mm、22mm 和 26mm 的暂堵球分别座封于直径 16mm、19mm 和 23mm 的球座上，所加压力为 10MPa、20MPa、30MPa、40MPa、50MPa，每个压力保持 0.5h。通过观察其变形和破碎现象，来证明其承压能力。

1.3.4　封堵能力评价

采用驱替实验研究暂堵剂的封堵性能，驱替实验在 90℃ 下进行，暂堵剂分为 4～140 目粉末和 3～5mm 颗粒，考察 3～5mm 暂堵颗粒的封堵性能、3～5mm 颗粒和 4～140 目粉末混合物的封堵性能，混合物中颗粒与粉末的质量比为 1∶1。填砂模型的内直径为 2.5cm、长度为 50cm。用粒径为 60～80 目的陶粒填制填砂模型，填制压力为 10MPa。以 $1mL \cdot min^{-1}$ 的流速向填砂模型注入去离子水，直到注入压力趋于平稳。将暂堵颗粒及两者混合物按照质量比 35% 分别溶解于去离子水中，溶解完全后立即向填砂模型中注入，注入压力恒定后换去离子水注入，记录注入压力。

1.3.5　暂堵球耐温性能评价

量取 500mL 去离子水，放入陈化罐中；称量 1 个暂堵球质量，计为 m_1，放入陈化罐中，密封。将陈化罐放入指定温度的油浴锅中，4h 后取出暂堵球，清水冲洗干净后用 55℃ 烘箱烘干至质量不再变化，质量记为 m_2。计算暂堵球在不同温度下的质量变化率，a。

$$a = \frac{m_1 - m_2}{m_1} \times 100\%$$

1.3.6　暂堵球降解时间评价

量取 500mL 去离子水，放入陈化罐中，再放入 1 个暂堵球。密封后将陈化罐放入指定温度的油浴锅中，待暂堵球降解超过 95% 记录时间，即为降解时间。

2　结果与讨论

以产物膨胀倍数和降解时间为指标，采用单因素法对产物的合成条件进行优化，考察了 NVP 加量、DPHA 加量对膨胀倍数和降解时间的影响。

2.1　合成条件优化

2.1.1　NVP 加量

研究了 NVP 与 AM 比例对产物膨胀倍数和降解时间的影响，如图 2 所示。由图可知，随着 NVP 含量的增大，产物的膨胀倍数和降解时间呈增大趋势。当 NVP∶AM＝0.01 时，继续增大 NVP 含量，膨胀倍数增加幅度变化不大，降解时间持续增大。NVP 为刚性单体，随着其含量的增大，目标产物形成更为立体的网络空间，其内部可以容纳更多的水分子，表现为随着 NVP 含量的增加，膨胀倍数呈明显增大趋势。增加至一定程度，内部网络空间有限，可容纳的水分子的数量有限，因此表现为膨胀倍数增大不明显。NVP 含量的增大，提高了目标产物的耐温性能，因此降解时间延长。综合考虑产物的膨胀倍数和降解时间，选择 NVP∶AM＝0.01。

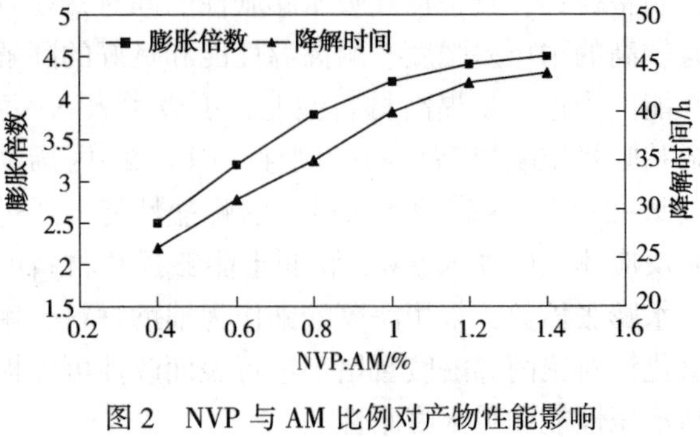

图 2　NVP 与 AM 比例对产物性能影响

2.1.2 DPHA 加量

固定 NVP：AM = 0.01，考察交联剂 DPHA 与 AM 比例对产物膨胀性能和降解时间的影响，如图 3 所示。由图可知，产物的膨胀倍数和降解时间随 DPHA 的增加先增大后减小。DPHA 分子中含有多个不饱和双键，可以连接丙烯酰胺、NVP 形成多支化结构的大分子，进一步提升目标产物的大分子的交联密度和强度。当 DPHA：AM>0.01 时，膨胀倍数和降解时间下降。这是由于立体网络结构内分子进一步交联，减小了容纳水分子的空间，同时交联点的增多降低了分子链的长度，从而减小了降解时间。综合考虑产物的膨胀倍数和降解时间，选择 DPHA：AM = 0.01。

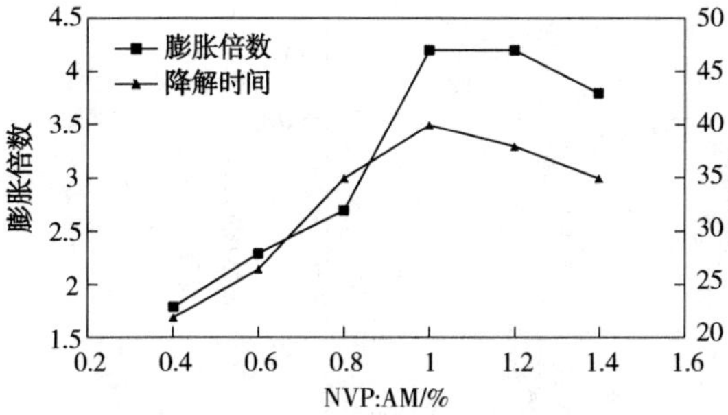

图 3　DPHA 与 AM 比例对产物性能影响

2.2 暂堵性能评价

2.2.1 暂堵球承压能力评价

考察了不同直径暂堵球的承压能力，如表 1 所示。由表 1 可知，当压差≤30MPa 时，3 种直径的暂堵球均未发生变形。当压差达到 40MPa 时，直径 19mm 的暂堵球未发生形变；其余 2 种暂堵球外形完整，仅有极少量破碎。当压差达到 50MPa 时，3 种暂堵球均发生明显变形，并伴有少量破碎现象发生。由此可知，暂堵球耐压差达到 40MPa，能够满足现场施工要求。

表 1　暂堵球承压能力测试

压差/MPa	暂堵球直径/mm		
	19	22	26
10	未变形	未变形	未变形
20	未变形	未变形	未变形
30	未变形	未变形	未变形
40	未变形	完整，极少量破碎	完整，极少量破碎
50	变形，少量破碎	变形，少量破碎	变形，少量破碎

2.2.2 暂堵剂封堵性能评价

考察了 3～5mm 暂堵颗粒的封堵性能、3～5mm 颗粒和 4～140 目粉末混合物的封堵性能，如图 4 所示。由图可知，在注入过程中，暂堵颗粒、暂堵颗粒/粉末混合物的注入压力均先上升，平稳一段时间后下降。暂堵混合物的最高压力达到 15.9MPa，高于暂堵颗粒单独暂堵时的 13.6MPa，这是由于两种不同尺寸的暂堵材料吸水膨胀后形成的“泥饼”更为致密。两者的注入压力稳定时间基本一致。实验结果表明，暂堵材料具有较高的封堵效率。在天然裂缝段或断层段，可采用混合封堵的方式对不同尺寸的裂缝进行封堵。

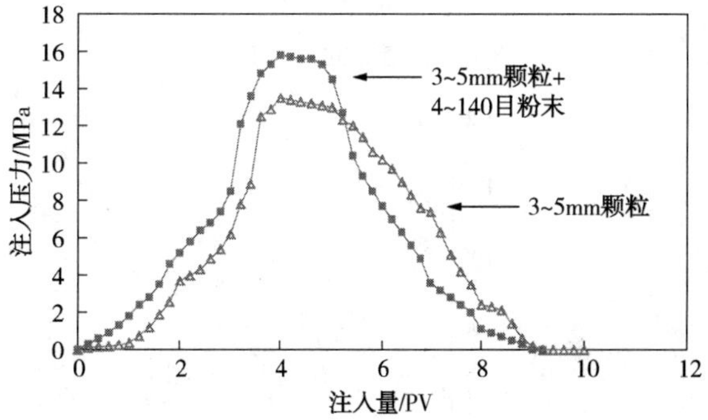

图 4　暂堵剂的封堵性能

2.2.3 耐温性能

考察了暂堵球的耐温性能，如图 5 所示。暂堵球的质量变化率随着实验温度的升高而逐渐增大，当温度超过 130℃后，由于大分子键的断裂，质量变化率明显增大，当温度达到 180℃时，经过 4h 的老化，暂堵球的质量变化率达到 9.1%。深层页岩气井井底温度 140～150℃，暂堵施工是在压裂施工进行至 1/2 或 1/3 时进行，经过压裂液冷却地层，井底温度会有大幅度的下降。以质量变化率不超过 5%为标准，暂堵球耐温达到 150℃，能够满足现场施工要求。

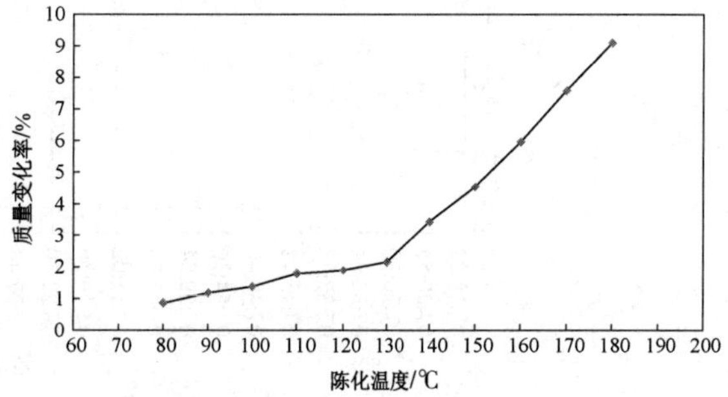

图 5　暂堵球的耐温性能

2.2.4 降解时间

考察了暂堵球在不同温度下降解率达到 95%的时间，如图 6 所示。由图可知，随着温度的升高，降解时间减少，80℃条件下的降解时间为45h，120℃条件下的降解时间为8.5h。暂堵球降解后残渣量极少，对地层无污染，不影响人工裂缝导流能力。

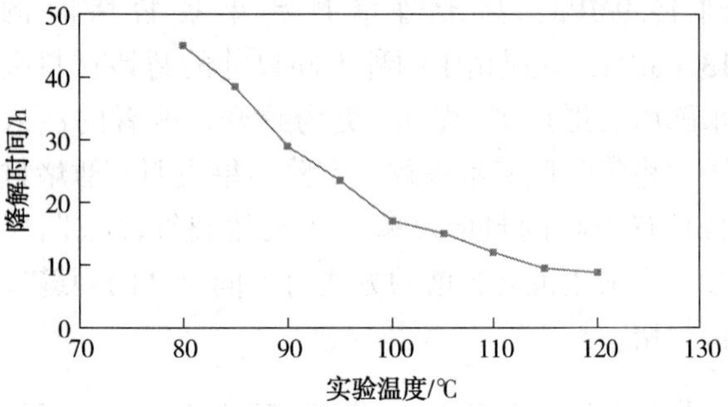

图6 暂堵球的降解时间

2.3 现场应用情况

暂堵材料在L218井进行了现场试验。该井完钻井深6290m，B点垂深4207.78m，完钻层位龙马溪组，采用139.7mm套管完井，水平段长1800m。完成24段压裂施工，共进行了23段暂堵施工，包括12段一次暂堵和11段二次暂堵，施工曲线如图7所示。共加入22mm暂堵球389颗，3~5mm颗粒暂堵颗粒2400kg，4~140目粉末暂堵粉末200kg，暂堵粉末与暂堵颗粒复合使用，用于天然裂缝段的封堵。一次暂堵平均升压4.5MPa，二次暂堵平均升压3.5~5.6MPa。测试日产气量达到$8.6293\times10^4m^3/d$，优于邻井试气效果。

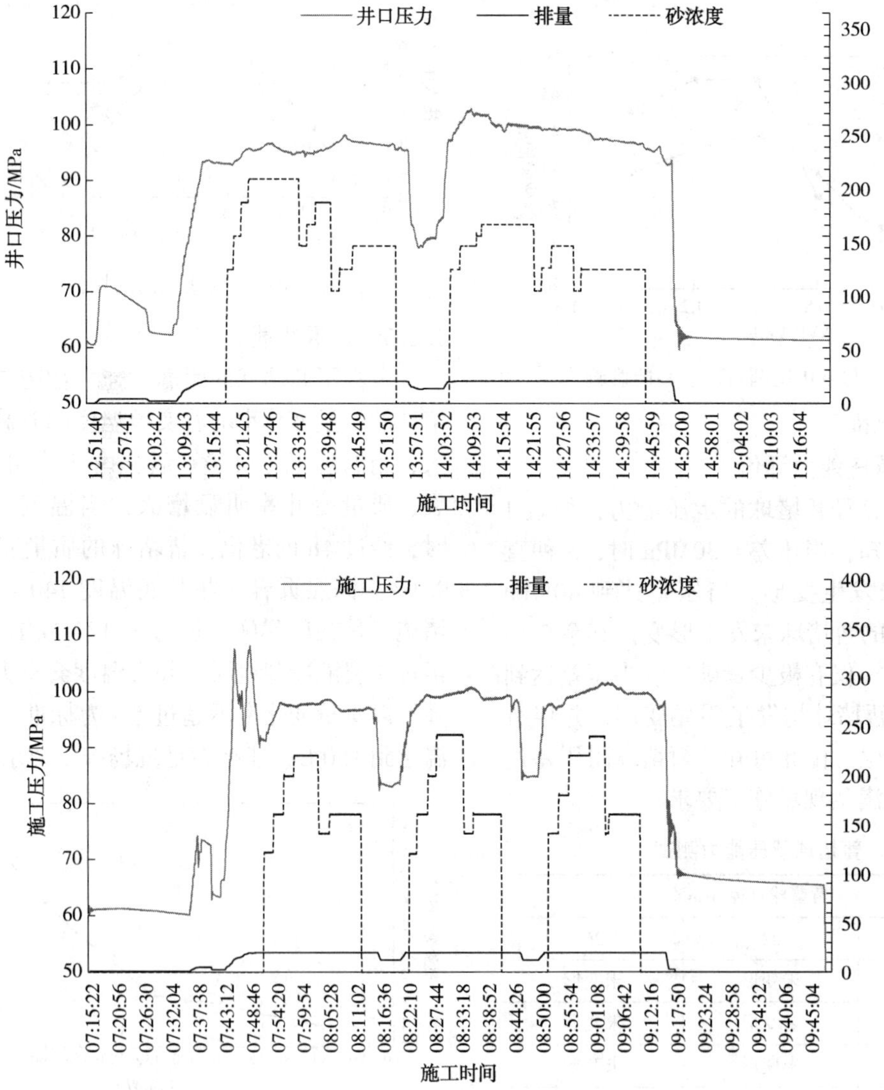

图7 L218井的暂堵压裂施工曲线

3 结论

（1）在聚丙烯酰胺分子中引入刚性NVP分子、以多元丙烯酸酯作为交联剂，增大了产物的立体网络结构空间，提高了产物的吸水膨胀性能。当摩尔比NVP∶DPHA∶AM=1∶1∶100

时，产物的吸水膨胀性能和降解性能最好。

(2) 将产物制备成直径 19mm、22mm 和 26mm 的暂堵球，耐压达到 40MPa，耐温达到 150℃，降解时间在 120℃下为 8.5h。将产物制备成直径 3~5mm 颗粒和 4~140 目粉末，两者混合物的溶液的封堵压力达到 15.9MPa。

(3) 现场试验时，采取暂堵球+暂堵颗粒的复合暂堵方式，天然裂缝段加入粉末暂堵剂对裂缝进一步封堵。一次暂堵和二次暂堵的升压效果明显，起到了良好的暂堵转向效果，提升了试气效果。

参考文献

[1] 张金川，陶佳，李振，等. 中国深层页岩气资源前景和勘探潜力[J]. 天然气工业，2021，41(1)：15-28.

[2] 何骁，陈更生，吴建发，等. 四川盆地南部地区深层页岩气勘探开发新进展与挑战[J]. 天然气工业，2022，42(8)：24-34.

[3] 郭彤楼，熊亮，雷炜，等. 四川盆地南部威荣、永川地区深层页岩气勘探开发进展、挑战与思考[J]. 天然气工业，2022，42(8)：45-59.

[4] 郭建春，赵峰，詹立，等. 四川盆地页岩气储层暂堵转向压裂技术进展及发展建议[J]. 石油钻探技术，2023，51(4)：170-183.

[5] 蒋廷学，王海涛，赵金洲，等. 深层页岩气水平井多级双暂堵压裂关键工艺优化[J]. 天然气工业，2023，43(11)：100-108.

[6] 刘彝，杨辉，吴佐浩. 强变形暂堵转向压裂技术研究及应用[J]. 钻井液与完井液，2022，39(1)：114-120.

[7] 李伟，肖阳，陈明鑫，等. 深井转向压裂暂堵剂研究及应用[J]. 特种油气藏，2022，29(1)：154-159.

[8] 薛世杰，程兴生，李永平，等. 一种复合暂堵剂在重复压裂中的应用[J]. 钻采工艺，2018，41(3)：96-98.

[9] 张雄，李沁，方裕燕等. 高温稠化联结暂堵剂室内实验研究[J]. 钻采工艺，2020，43(6)：94-96.

[10] 刘伟，朱方辉，于淑珍，等. 温度增强型高弹性液体胶塞暂堵剂研发及应用[J]. 钻井液与完井液，2019，36(6)：782-788.

[11] 张照阳，陈越美，鲍晋，等. 页岩气藏压裂暂堵超分子凝胶体系研究[J]. 钻井液与完井液，2022，39(6)：767-775.

[12] 黄朵，王金玉，郑存川. 聚乳酸颗粒暂堵剂的降解规律及性能[J]. 应用化工，2022，51(11)：3240-3244，3250.

[13] 盛志民，陈胜安，杨春曦，等. 新型易降解可调节暂堵剂研究与应用[J]. 当代化工，2023，52(2)：447-451.

[14] 曾斌，徐太平，周京伟，等. 全可溶高强度暂堵剂的研制及应用[J]. 当代化工，2021，50(1)：109-112.

[15] 杨杰，李进，杨东，等. 一种耐高温暂堵剂的合成与性能评价[J]. 应用化工，2021，50(1)：132-136.

[16] 常冬梅，胡朗，齐赫东，等. 水膨性暂堵剂的制备及表征[J]. 应用化工，2018，47(1)：36-39.

[17] 蒋炜，张公社，柯文丽，等. 页岩气井暂堵转向重复压裂堵剂实验评价[J]. 当代化工，2019，48(1)：32-35.

[18] 徐洋，何旺，左振君，等. 新型暂堵酸化用自降解暂堵剂的制备及现场应用[J]. 合成化学，2022，30(2)：98-106.

[19] 赵振峰，叶亮，李明瑞，等. 酸压用自降解颗粒暂堵剂的制备与性能评价[J]. 合成化学，2022，30(3)：167-174.

[20] 吴文川，于小荣，王涛，等. 酸压用微膨胀可降解凝胶暂堵剂的研制与应用[J]. 油田化学，2023，40(1)：44-50.

[21] 覃孝平，吴均，李翠霞，等. 压裂用水溶性暂堵剂的合成及性能[J]. 石油化工，2020，49(9)：898-904.

[22] 李翠霞，覃孝平，张琰，等. 水溶性 AM-AA-NVP-AMPS-PDE 暂堵剂的合成与性能[J]. 化学研究与应用，2020，32(10)：1884-1890.

[23] 常冬梅，齐赫东，郭丽梅. 储层改造可降解暂堵剂的制备及表征[J]. 精细化工，2018，35(10)：1745-1750.

[24] 白雪，张定军，陈玉娴，等. 聚丙烯酰胺基暂堵剂的表面改性及应用研究[J]. 应用化工，2018，47(6)：1140-1144.

海上油田页岩油储层压裂液研究与突破

宋爱莉　周际永　丁秋炜　陈维余　金　鑫

（中海油能源发展股份有限公司工程技术分公司）

摘　要　本文针对涠西南凹陷页岩油X探井的压裂开发，开展适应的压裂液体系研究与评价。室内通过对稠化剂、交联剂以及不同的辅助助剂的浓度及复配性能研究，研发了耐温130℃的"海龙"系列产品-Ocerac海水基瓜胶压裂液体系，该体系的各项指标符合行业标准要求，应用于X探井的页岩油开发压裂工艺中，现场表现了良好性能。该井在连续混配变粘混合压裂工艺中创造了海上压裂最高施工排量($7m^3/min$)的记录；同时作为第一口海上油田页岩油开发井，喜获商业油流，日产原油$20m^3$、天然气$1589m^3$且产能稳定，海上油田页岩油压裂开发技术尝试获得成功。

关键词　页岩油；压裂；压裂液；海水基；瓜胶

页岩油富含有机质页岩层系内的粉细砂岩、碳酸盐岩等储集层单层厚度不大于5m，累积厚度占页岩层系总厚度比例小于30%；是高含有机质的烃源岩在演化的各阶段所形成的；具有自生、自储、自保的特点。页岩油气藏一般孔隙度在4%～6%，储层渗透率在0.01～0.00001mD。据美国东部早期页岩油（气）藏开发数据统计，40%的井初期裸眼测试无工业油（气）流，55%页岩油（气）井初始无阻流量没有工业价值，页岩油含油饱和度高但渗流能力弱，要实现有效开发动用，需采用特殊工艺人建工立高渗透率场，压裂改造工艺技术是获得工业石油产量的较好措施。

海上油田的开发，不断探索低渗透储层甚至是非常规油气储层。涠西南凹陷页岩油可动资源量合计8.19亿吨，是海上油田上产的重要接替资源。X探井位于涠洲西南凹陷北部湾盆地，该区域内油页岩潜力资源量达0.3亿吨，其中某层序油页岩段厚度大、连片分布，储量可观。该区域油页岩实验孔隙度4.7%，渗透率0.036mD，地层压力系数为1.04～1.1；属于低孔特低渗储层，物性较差，存在压裂改造的必要性。为了勘探该区域页岩油储量，决策对该井进行压裂投产测试。X探井油页岩段温度为130℃左右，储层温度较高。首次选择南海海水配制压裂液，采用连续混配工艺，对压裂液体系性能要求高。

1　压裂液体系优化方向

压裂液作为压裂工艺实施的"血液"，其性能决定了压裂施工的成败，具有重要地位。根据海水水质情况、作业条件、以及工程需要，本井采用自研的"海龙"系列产品-Ocerac海水基压裂液体系。根据X探井情况，表1列出了压裂液体系优化的原则：耐温130℃、低残渣、低伤害的延迟交联体系。同时对于页岩油低渗透储层，保证压裂液充分破胶，提高压后液体返排性能。

表1　压裂液优选原则

序号	该井特点	原则
1	井底储层温度高130℃，液体在井筒内时间长	加入温度稳定剂，提高压裂液耐温性能；破胶剂阶梯加入，保证压裂液携砂和压后破胶；提高体系基液PH值，延迟交联时间
2	孔隙度为4.7%，渗透率为0.036mD	超低渗透率，优化压裂液体系减少残渣含量，减少滤失，降低储层伤害
3	地层压力系数：1.04～1.1	优选助排剂及破胶剂，提高压后液体返排性能
4	储层为页岩油储层	尽量选择基液黏度低，交联强度高的体系
5	海上平台作业，空间受限	优选工艺简单、性能稳定的压裂液体系

2　压裂液体系配方优化

2.1　体系主剂的选择

压裂液体系的主剂包括稠化剂、交联剂、破胶剂等。稠化剂的种类和类型决定了压裂液的基液黏度、交联冻胶的耐温耐剪切等性能。稠化剂选择瓜胶，材料来源广泛，性能稳定；交联剂选择常用的硼、锆交联剂；破胶剂现场多数选择APS，主要有粉剂和胶囊两种形式，室内选择粉剂开展实验。

2.1.1 稠化剂选择

Ocerac海水基压裂液体系稠化剂选择瓜胶。压裂液破胶残渣是储层伤害的一个方面。残渣主要来源为瓜胶内的水不溶物。室内通过对瓜胶水不溶物含量测试，确定体系的稠化剂。

表2 稠化剂水不溶物测定

样品代号	HPG 水不溶物/%	CMHPG 水不溶物/%
1#	8.3	3.8
2#	7.8	2.5
3#	8.5	2.3
4#	—	2.9

表中数据显示：3#样品CMHPG水不溶物含量相对较低，理论上CMHPG的耐盐性能也好一些。因此选择其作为Ocerac海水基压裂液体系的稠化剂。同时，对3#稠化剂进行溶胀实验分析，用以配套现场连续配液工艺的要求。工艺要求稠化剂达到快速溶胀增粘的效果，具体数据见表3。

表3 稠化剂溶胀时间测定

时间/min	5	10	15	20	30
黏度/mPa·s	55.1	58.2	65.1	69.0	69.3

表中数据表明：稠化剂5min时黏度已经达到20min黏度的80%以上，说明稠化剂达到了快速溶胀增粘的要求，符合连续配液工艺要求。

页岩油储层压裂，工艺上需要压裂页岩中的砂岩条带，同时需要沟通页岩层系的微裂缝，这样就需要不同阶段采用不同黏度的液体体系。根据工程需要，采用低浓度稠化剂配制减阻基液。下表测试了不同稠化剂用量对应的不同液体的黏度，便于工艺上选择不同比例的稠化剂浓度进行配液。现场施工采用0.5%CMHPG作为冻胶压裂液体系的浓度。

表4 不同浓度稠化剂的黏度数据

瓜胶浓度/%	0.15	0.20	0.25	0.30	0.35	0.40	0.50	0.55
基液黏度/mPa·s	4.5	11.4	18.6	27.3	33.0	44.1	69.3	88.2

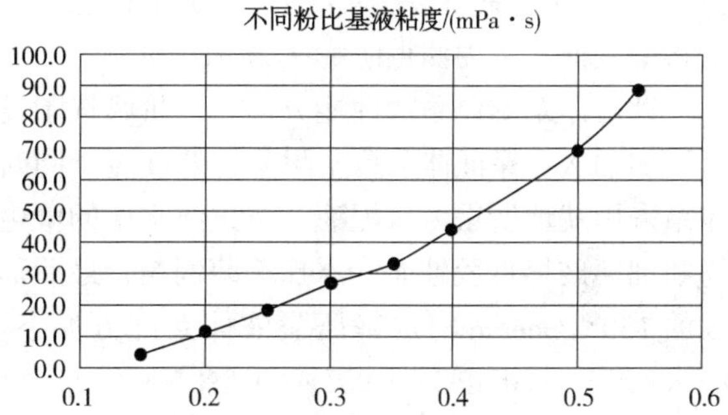

图1 不同浓度稠化剂的黏度图

2.1.2 交联剂选择

根据X探井的温度和深度，Ocerac海水基压裂液体系选择两种交联剂与3#稠化剂配合使用。实验中测定交联时间、交联强度以及交联剂使用浓度。通过大量实验确定压裂液冻胶体系为：0.5%CMHPG+0.5%交联剂A+0.1%交联剂B；交联状态及流变性能如图2所示。

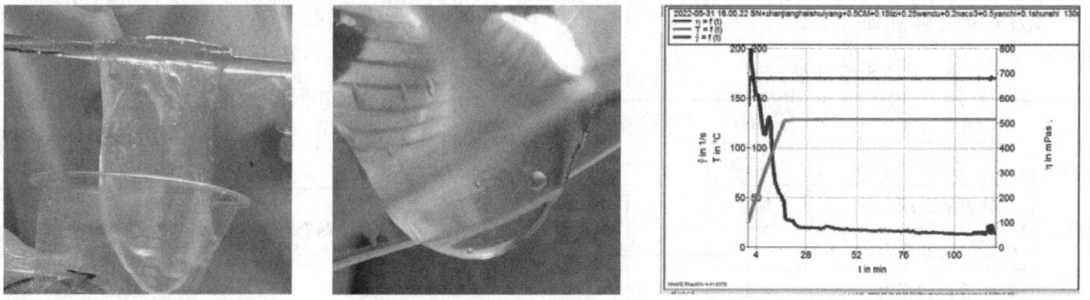

图2 体系交联性能

实验表明：交联冻胶的挑挂时间180~210s，满足行业标准120℃~180℃的储层温度，挑挂时间在60s~300s的要求。体系在130℃，$170S^{-1}$条件下，流变剪切实验表观黏度从800mPa·s左右开始降低，约35min后表观黏度相对平稳，直至实验结束表观黏度保持在62.0mPa·s左右。体系的性能符合行业标准要求和现场工艺的需求。

2.1.3 破胶剂浓度选择

针对Ocerac海水基压裂液冻胶体系（0.5%CMHPG+0.5%交联剂A+0.1%交联剂B），采用APS粉剂开展室内实验，130℃、0.1%的加量条件下，1h后破胶液基液黏度为2.4mPa·s。

表5 破胶实验数据

时间	0.05%破胶剂	0.1%破胶剂	0.15%破胶剂
30min	部分破胶	大部分	6.8
60min	部分破胶	2.4	0.7
90min	部分破胶	0.8	0.7
120min	大部分破胶	0.8	0.7

2.2 复合添加剂的选择

该体系复合添加剂(代号为F)包括：黏土稳定剂、破乳剂和助排剂。

分析X探井的同层位岩心数据，综合考虑防止粘土膨胀及微粒运移的特点，选择长效粘土稳定剂(KCl与聚季铵盐复配)，压裂液性能中以防膨率表征。室内测得防膨率为91.2%。

针对体系耐温耐盐性能方面，评价筛选了复合添加剂N，保证体系高温耐剪切的性能；同时体系采用就地所得海水配液，防止海水中的微生物和细菌破坏瓜胶性能，添加杀菌剂M，最后形成的130℃ Ocerac海水基压裂液体系配方如下：海水+0.5%CMHPG+0.9%F+0.8%N+0.1%M+0.2%PH值调节剂+0.5%交联剂A+0.1%交联剂B(0.1%APS)。

2.3 体系的综合性能评价

2.3.1 静态滤失实验

表6 体系静态滤失实验数据

项目	指标	体系检测值
滤失系数，$m/min^{1/2}$	$\leq 1.0\times10^{-3}$	0.82×10^{-3}
滤失速率，m/min	$\leq 1.5\times10^{-4}$	1.47×10^{-3}

2.3.2 破胶液性能测试

表7 破胶液性能测试

项目		指标	体系检测结果
破胶性能	破胶时间/min	≤720	60
	破胶液黏度/mPa·s	≤5.0	2.4
	破胶液表面张力，mN/m	≤28.0	24.85
	破胶液界面张力，mN/m	≤2.0	1.05
残渣含量，mg/L		≤600	348

2.3.3 破乳实验

选择与X探井相似的原油与破胶液按3:1、3:2、1:1高速搅拌混合乳化，在95℃恒温条件下静止1小时后，破乳率达100%，体系具有良好的破乳性能，如图3和图4所示。

图3 破乳实验分析

图4 携砂性能实验分析

2.3.4 携砂性能实验

Ocerac海水基压裂液体系冻胶与支撑剂均匀混合，放置90℃烘箱内观察砂子沉降情况。30%砂比条件下1.5h内沉降小于10%，携砂性能良好，满足X探井现场施工工艺砂比设计要求。

2.3.5 岩心伤害实验

根据行业标准，采用Ocerac海水基压裂液滤液进行人造岩心伤害率测定。先采用标准盐水正向驱替岩心，然后反向驱替压裂液滤液静态伤害2h后，再正向驱替标准盐水测试渗透率，计算后最终岩心伤害率为17.8%，如图5、表8所示。

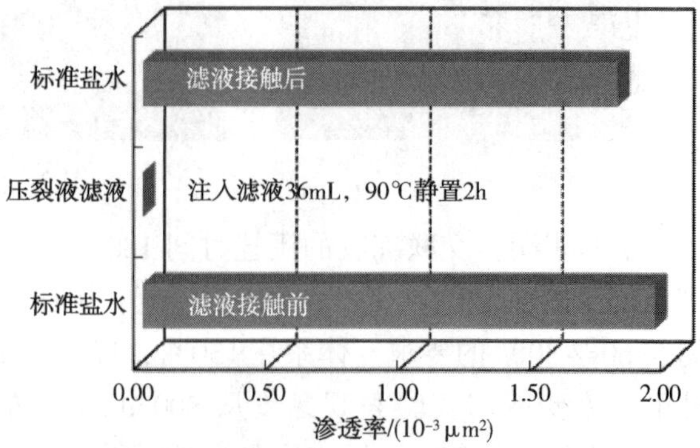

图5 压裂液岩心伤害对比分析

表 8　岩心伤害数据分析

气测渗透率/mD	长度/cm	直径/cm	接触压裂液前渗透率 K_1/mD	接触压裂液后渗透率 K_2/mD	渗透率伤害率 D_k/%
10.0	2.50	2.50	1.93	1.59	17.8

将实验结果与压裂液通用技术条件指标进行对比，最终测试结果见表 9。

3　体系的现场应用

3.1　施工规模

X 探井于 2022 年 7 月 1 日开展压裂作业。采用活性水 56m³进行了小压测试，求取地层延伸压力、地层闭合压力、管柱摩阻等资料，调整主压裂施工方案。主压裂施工泵注压裂液 641m³，施工排量 6~7m³/min，加入支撑剂 44.9m³(图 6)。

首次针对海上页岩油储层开展个性化的压裂施工工艺，采取冻胶造主缝、低粘基液沟通页岩微缝和冻胶携砂充填主裂缝的技术对策，创新大排量连续混配变粘混合压裂工艺，为页岩油大规模压裂开发建立了技术引领和工艺现场实施的样板。

表 9　压裂液性能评价结果

序号	检测项目	行业标准要求指标	体系检测结果
1	基液黏度/mPa·s	30~120	69.3
2	pH	—	9.0
3	交联时间/s	60~300	125
4	耐温耐剪切性能/mPa·s	≥50	62
5	静态滤失	滤失系数 m/$\sqrt{min}$，≤1.0×10⁻³	0.82
6	破胶性能	破胶液表观黏度/mPa·s，≤5	2.4
		表面张力，mN/m；≤28	24.85
		残渣含量，mg/L；≤600	348
		破乳率,%；≥95	100
7	防膨率/%	—	92.1
8	岩心伤害率/%	—	17.8

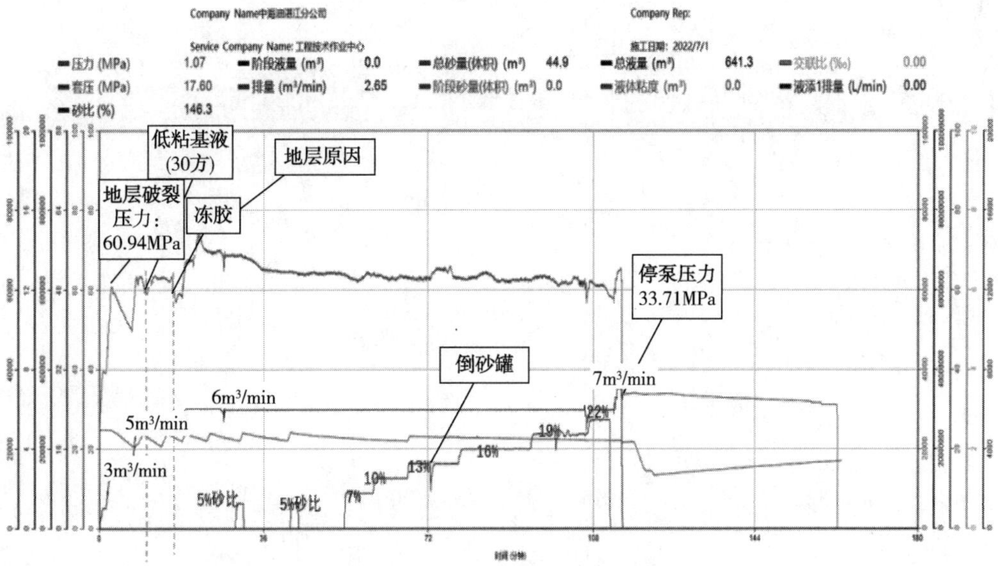

图 6　X 探井主压曲线

3.2　应用效果

7 月 2 日凌晨 2：00 点开井返排放喷，初始压力 4528psi，至下午 17：20 返出见油。7 月 3 日 6：30 嘴前压力 13000psi，取样油稠无明水，累计排液 98.72m³，折算日产液 30.24m³、气 1152m³；7 月 4 日 13：30 取油样，90℃水浴破乳，目测含油 80%；7 月 5 日 7：00，测试日产液 40m^3，含油 80%，日产气 1520m^3。截止关井时统计，日产原油 20m^3、天然气 1589m^{3}且产能稳定。据该探井测算，涠西南凹陷页岩油资源量达 8.19 亿吨，该页岩油井的压裂成功展现了良好的勘探开发前景。

4 结论

(1) 确定 Ocerac 海水基压裂液体系配方：海水+0.5%CMHPG+0.9%F+0.8%N+0.1%M+0.2%PH 值调节剂+0.5%交联剂 A+0.1%交联剂 B。体系技术指标符合行业标准要求，性能满足海上油田施工工艺，海上油田页岩油储层压裂首次应用取得成功；

(2) 海上油田首次开展页岩油储层压裂开发，X 探井采用连续混配变粘混合压裂工艺，施工排量达到 6~7m^3/min，创新海上油田压裂施工排量最高记录；

(3) 页岩油储层压裂首次实施现场取得成功；依据产量预测开发该井成为具有商业油流的第一井；创造了海上油田页岩油开发的突破性纪录，得到行业内外的一致认可。

参 考 文 献

[1] 周庆凡. 页岩油气资源评价基本问题的讨论[J]. 石油与天然气地质，2022，43(01)：26-33.

[2] 徐兵祥，白玉湖，陈岭，等. 美国 Eagle Ford 页岩油气产量递减规律新认识[J]. 中国煤炭地质，2021，33(12)：15-19.

[3] 林娜. 油田压裂技术和压裂液的优化选择[J]. 化学工程与装备，2022(06)：47-48. 2022. 06. 095.

[4] 王所良，陈迎花，许伟星. 耐高温海水基植物胶压裂液性能研究[J]. 长江大学学报(自科版)，2018，15(11)：56-59+7. 2018. 11. 012.

[5] 李林，乌永兵，王矿琰，等. 检测羟丙基瓜尔胶水不溶物的影响因素[J]. 辽宁化工，2015，44(02)：207-208+216. 2015. 02. 072.

[6] 田跃儒，张双双，宋爱莉. 一种耐盐速溶海水基压裂液体系的研发及评价[J]. 江汉大学学报(自然科学版)，2021，49(05)：65-72. 2021. 05. 010.

[7] 楼甘亮，赵杏媛，王经科. 油气层中粘土矿物的伤害及防膨胀剂研究[J]. 天然气工业，1989(01)：29-34+8.

[8] 郑新权，何春明，杨能宇，等. 非常规油气藏体积压裂 2.0 工艺及发展建议[J]. 石油科技论坛，2022，41(03)：1-9.

四川盆地威远页岩气田 压裂人工缝网定量化预测与认识

黎 菁 何 嘉 李 立 王 强 曹 雯 龚 鑫

(中国石油川庆钻探工程有限公司地质勘探开发研究院)

摘 要 根据测录井资料、地震资料、岩心分析资料、压裂资料、勘探开发效果，基于三维地质建模对威远页岩气田龙马溪组优质页岩储层精细评价，形成优质页岩储层精细评价技术；通过地震资料的精细解释、构造精校、精细速度场的建立，对天然裂缝进行定量预测，结合大量页岩气开发井压后综合评价，总结压裂人工缝网形态与静态地质参数、地应力的耦合性，形成人工缝网预测技术；最终基于三维建模的优质页岩储层精细评价技术、人工缝网预测技术、气藏动态储量评价技术，通过对静态资源量网格化、人工缝网预测定量化、油藏开发可视化为一体的剩余资源量展布特征精细描述，形成一套适用于威远的页岩气人工缝网预测定量化评价技术体系。研究成果为下阶段四川盆地威远页岩气田龙马溪组及相似地区页岩气的勘探及高效开发、下部剩余资源量挖潜具有理论指导意义。

关键词 威远页岩气田；三维地质力学模型；天然裂缝定量预测；压裂人工缝网形态

1 引言

威远-长宁国家级页岩气示范区于2012年设立，2014年开始全面实施示范区产能建设，截止2021年底已建成年产能80亿方，累产气已经超过250亿方。目前焦石坝及北美典型页岩气田采收率为30%~50%，对比井控采收率，以压裂星型缝网做预测，人工缝网有效支撑缝高15~20m，威远区块300、400m井间距的井控采收率均低于长宁、焦石坝区块。如何提高采收率来延长稳产时间或者完成新的上产任务已经迫在眉睫。

随着中国页岩气探勘开发的逐步展开，针对页岩气这种特殊的非常规油气资源，水平井相比直井，能使更多的生产区域和井筒接触并和裂缝相交，改善储层连通状况和获得更大的生产区域进而提高单井井口产能。需要对威远气田页岩气核心建产区龙马溪组优质页岩的资源量和资源动用状况进行全新的评估，分析区块地质条件，对页岩气藏压裂人工缝网的预测及刻画，对不同生产动态特征的页岩气井进行精细评价，形成不同特征的生产模型，精细评价动态地质最终可采资源量，制定针对性挖潜方案，对于气田稳产、提高开发效益有重要意义。

2 区域地质背景

龙马溪组底部龙一$_1$亚段(TOC>1.0%)自上而下细分为龙一$_1^4$、龙一$_1^3$、龙一$_1^2$、龙一$_1^1$共4个小层，龙一$_1$段~五峰组厚度分布在35~50m之间，1~3小层整体远离剥蚀区有增厚趋势。根据龙马溪组页岩气评价井钻探成果，将龙马溪组Ⅰ+Ⅱ类储层划分为具开采价值的优质页岩，据威远页岩气田W207-WH18-1-WH10-2连井剖面(图1)对比分析表明：Ⅰ+Ⅱ类储层分布在龙马溪组底部，厚度30~39m，自西向东变厚。龙一$_1^1$小层页岩储层品质较好，基本均为Ⅰ类储层，纵向展布较稳定，自西向东厚3.7~6.3m(图1)；龙一$_1^2$小层页岩主要以Ⅱ类储层为主；龙一$_1^3$小层储层纵向变化较大，主要发育Ⅰ类和Ⅱ类储层，至WH10-2井Ⅰ类储层变薄，Ⅰ类储层自西向东厚4.7~0.9m；龙一$_1^4$小层储层纵向变化同样较大，主要发育Ⅱ类储层，至WH10-2井Ⅰ类储层变厚，达9.6m。

3 压裂人工缝网预测技术

储层改造效果如何评价、水力裂缝如何展布、水力裂缝和天然裂缝如何相互作用等问题是地质研究和工程作业都非常关注的问题。基于Petrel软件平台的压裂增产设计模块，Mangrove的UFM(Unconventional Fracture Model)非常规裂缝模型，无缝对接三维综合地学模型所提供的构造、属性、天然裂缝系统和应力分布数据，对裂

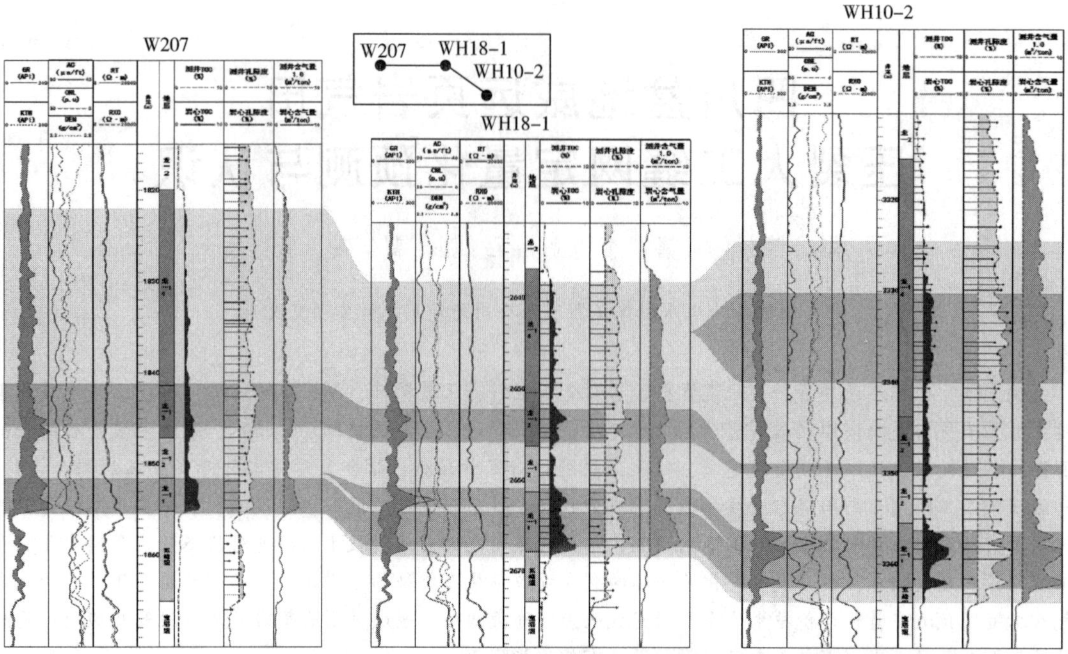

图 1　W207—WH18-1—WH10-2 井五峰组-龙一$_1$亚段Ⅰ+Ⅱ类储层连井图

缝监测数据和压裂泵注数据进行历史拟合，考虑储层非均质性和应力各向异性模拟水力裂缝与天然裂缝的相互作用、水力裂缝之间的相互影响(应力阴影效应)和压裂缝网展布形态以及支撑剂有效支撑范围和裂缝导流能力。依托三维地学模型，精细模拟了从水力压裂裂缝扩展的整个过程，定量化研究地层应力状态、天然裂缝、储层物性参数对页岩压裂施工的影响。

3.1　三维地质力学模型建立

为了能够揭示地质力学参数及原场应力在横向及垂向上的变化规律，我们通过三维地质力学分析，来详细描述地质力学参数及原场应力在空间上的非均质性，进一步验证斯伦贝谢三维地质力学工作流程及技术在页岩气储层中的适用性，并且为钻井优化、压裂设计以及压后评估提供可靠的力学模型。根据三维地质模型建立三维有限元网格；利用地震反演结果及一维地质力学研究成果确定三维地质力学参数，包括杨氏模量、泊松比等；确定三维孔隙压力体；利用斯伦贝谢三维地质力学软件 VISAGE 确定原场应力，包括最小水平主应力、最大水平主应力及上覆岩层压力。

由于工区范围大，井数多，难以采用有限元方法计算地应力，因此首先基于一维地质力学建模计算的地质模型工区范围内共 52 口水平井的岩石力学参数(静态杨氏模量、泊松比、抗张强度、抗拉强度等)和地应力参数(上覆应力、孔隙压力、水平最大主应力、水平最小主应力)，采用井间插值法得到整个工区的的三维岩石力学模型和地应力分布。如表 1、图 2 所示，全区杨氏模量在 26~53GPa 之间，平均 39.29GPa；泊松比 0.16~0.32，平均 0.24。龙一$_1^1$和五峰组地层杨氏模量最大，龙一^{2}亚段泊松比最大，其余层接近。

表 1　各层岩石力学参数统计

地层名称	厚度/m	杨氏模量/Gpa	泊松比	水平最大主应力/MPa	水平最小主应力/MPa
龙一$_2$亚段	168.4	26.5~53/37.21	0.18~0.32/0.27	68~94/80.31	50~80/68.81
龙一$_1^4$小层	13.58	26~53/40	0.16~0.3/0.23	64~94/77.35	52~81/65.08
龙一$_1^3$小层	6.0	28~52.5/38.79	0.17~0.27/0.23	66~92/77.37	53~80/65.46
龙一$_1^2$小层	5.0	29~53/40.3	0.16~0.28/0.22	64~95/78.66	53~79/65.1
龙一$_1^1$小层	7.8	32~53/42.17	0.16~0.27/0.23	64~97/77.83	50~82/65.02
五峰组	4.3	32.5~48/42.18	0.16~0.27/0.22	68~96/80.4	53~82/67.56

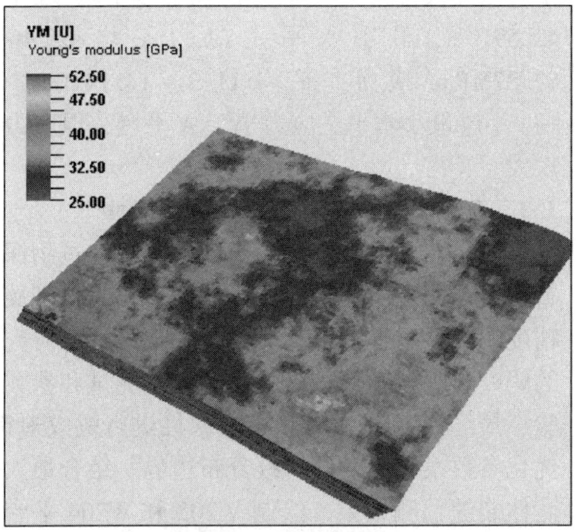

(a)全区杨氏模量模型

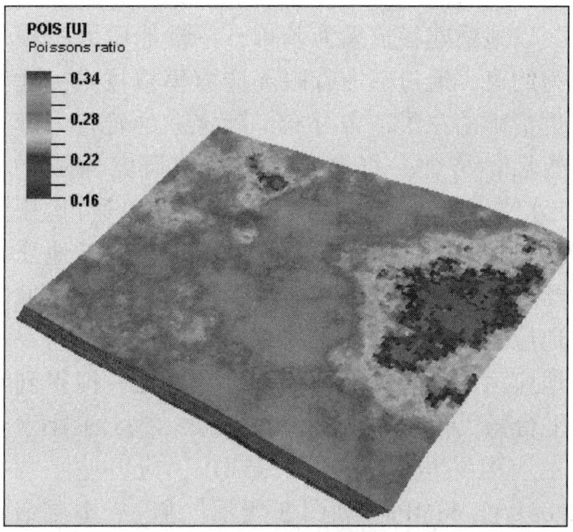

(b)全区泊松比模型

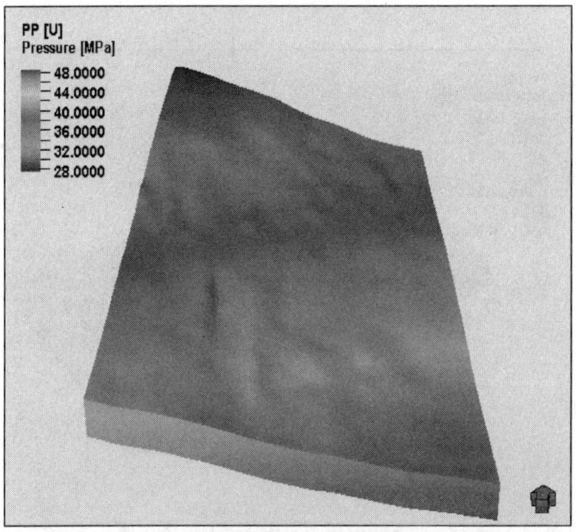

(c)全区孔隙压力模型

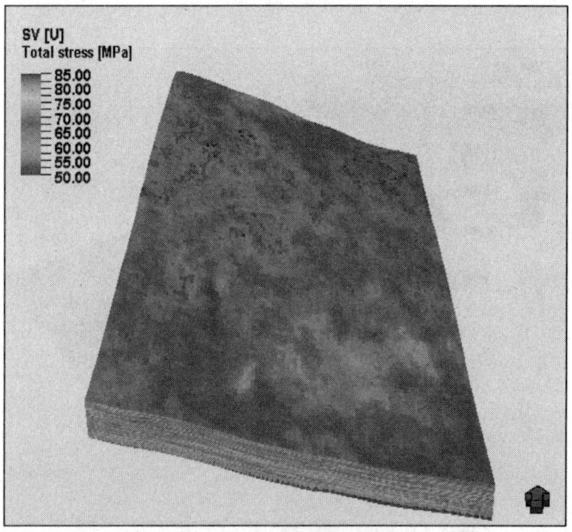

(d)全区上覆压力模型

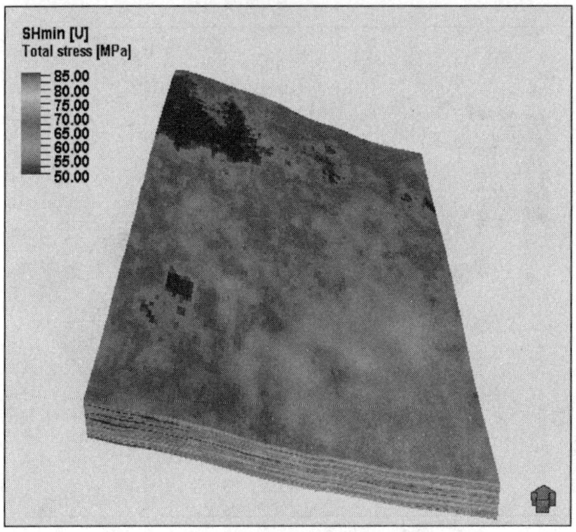

(e)全区水平最小主应力模型

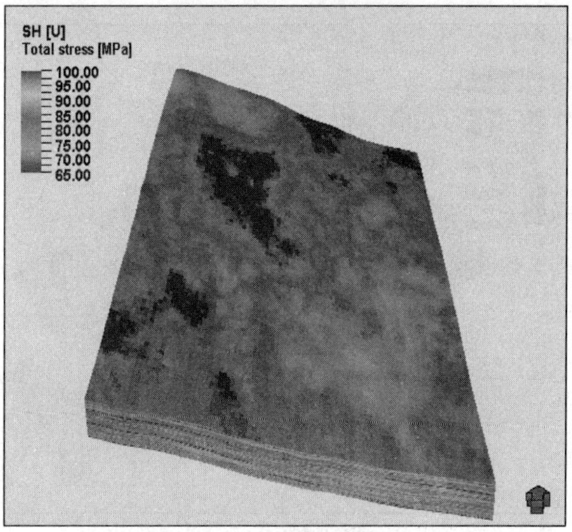

(f)全区水平最大主应力模型

图 2　研究区地应力参数模型图

选择 W204 井区 A 平台和 W202 井区 B 平台，以地质建模成果为基础，一维地质力学模型为约束，通过三维有限元应力模拟技术，建立更精确的三维应力分布。确定三维岩石力学参数后，结合一维地质力学模型研究的成果(如水平地应力梯度，水平地应力方向等)运用 VISAGE 进行原场地应力的分析。类似于地质力学参数，合理原场地应力的原则是在三维原场地应力中沿井轨抽取的地应力剖面需要与一维地应力剖面大体匹配。基于有限元模拟得到 A 平台杨氏模量平均 38.12~41.65GPa，最小水平主应力平均 67.04~68.35MPa，应力差平均 12.05~12.68MPa，如图 3 所示。龙一$_{1}^{1}$小层最小水平主应力 68.24MPa，应力差 12.6MPa。基于有限元模拟得到 B 平台杨氏模量平均 38.42~42.59GPa，最小水平主应力平均 65.46~67.87MPa，应力差平均 11.3~14.14MPa。龙一$_{1}^{1}$小层最小水平主应力小于 A 平台，但应力差较大。

3.2 天然裂缝发育对裂缝扩展的影响

通过建立的精细平台速度场，将经过物探资料处理预测技术的时间域蚂蚁体转化为深度域高精度蚂蚁体追踪三维体。为了寻找最适合研究区的蚂蚁追踪技术，进行大量的流程测试和参数试验，最终确定应用 likelihood 属性进行蚂蚁追踪，优化参数设置为初始蚂蚁分布边界。结合最大似然体裂缝预测结果，绘制 W202 和 W204 平台主天然裂缝带分布图，如图 4 所示。

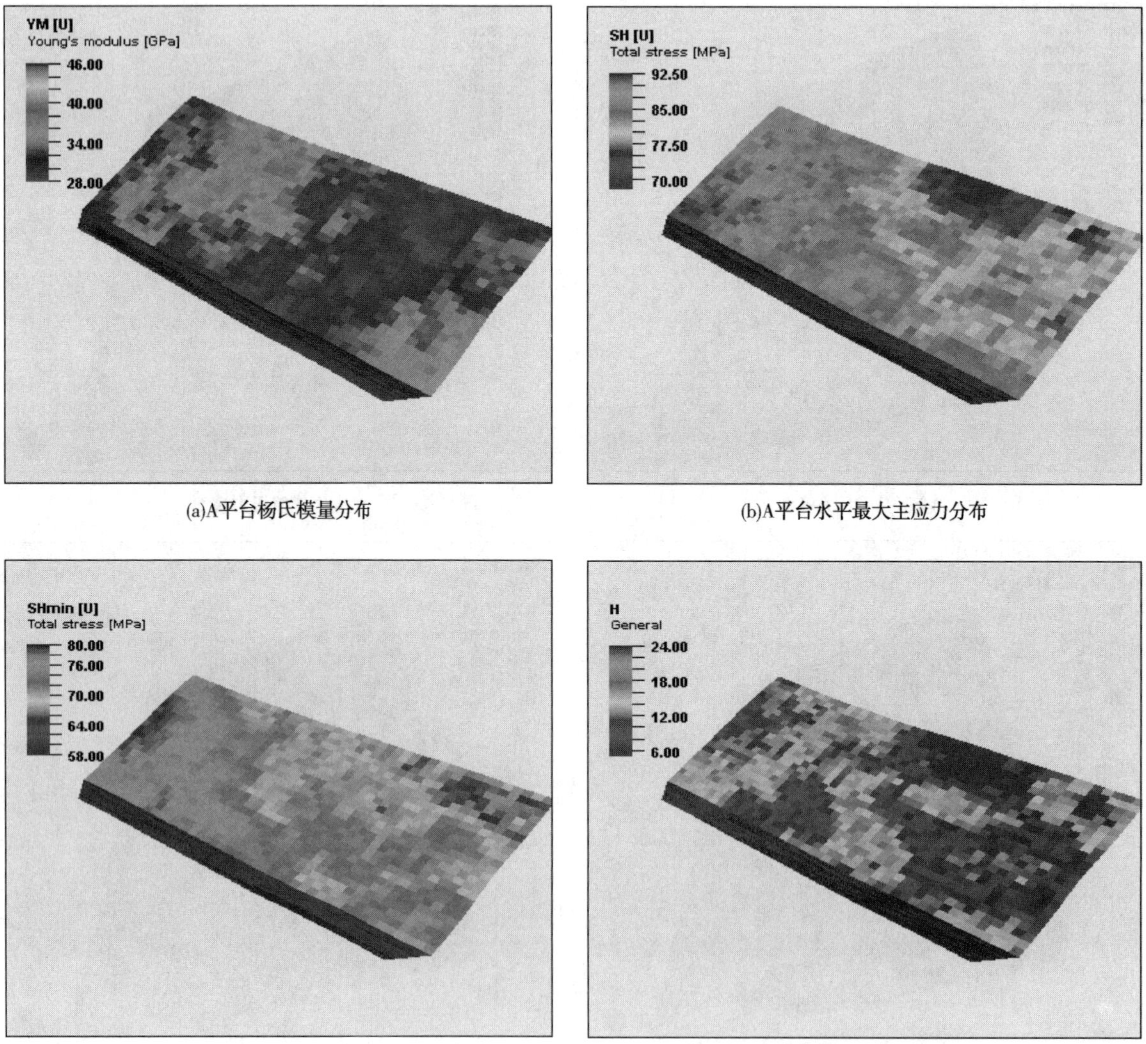

(a)A平台杨氏模量分布

(b)A平台水平最大主应力分布

(c)A平台水平最小主应力分布

(d)A平台水平应力差分布

图 3　W204 井区 A 平台地应力参数模型图

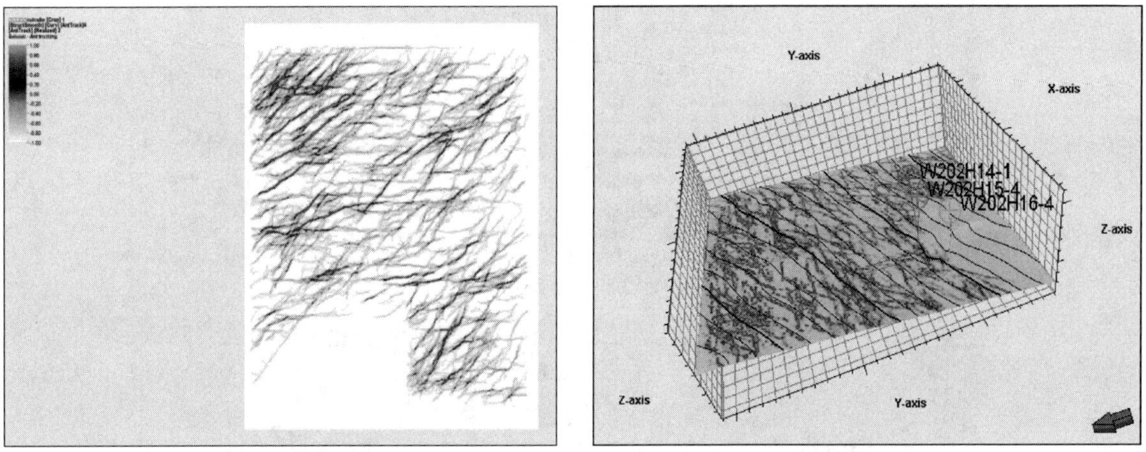

(a)研究区蚂蚁体裂缝预测图　　(b)天然裂缝带分布图

图 4　研究区蚂蚁体裂缝预测与天然裂缝分布图

表 2　储层岩性参数及应力状态

弹性模量/GPa	泊松比	渗透率/mD	孔隙度/%	抗张强度/MPa
40	0.23	300	2	8
水平最小主应力/MPa	水平最大主应力/MPa	垂向应力/MPa	地层压力/MPa	密度/(g/cm^3)
50	62	60	25	2.6

天然裂缝是结构弱面，当压裂缝与天然裂缝相交时，压裂缝将受天然裂缝影响。井周天然裂缝的方位、长度、密度和储层水平主应力差是影响压裂缝复杂程度及压裂后效果的的重要因素。本项目利用敏感度分析方法研究不同特征天然裂缝对压裂缝复杂程度的影响，压裂后压裂缝复杂程度 K 定义为：

$$K=\frac{W/L}{\Delta L/L}=W/\Delta L$$

其中，W 为单段压裂缝缝宽，m；L 为单段压裂缝缝长，m；ΔL 为单段改造段长，m。

针对压裂缝复杂程度 K 的影响因素开展多参数敏感度分析，参数包括天然裂缝方位与最大主应力夹角 α(°)，天然裂缝长度 L(m)，天然裂缝间距 D(m)及水平主应力差 $\Delta\sigma$(MPa)。设置天然裂缝长度 L 为 15m，天然裂缝间距 D 为 30m，水平主应力差 $\Delta\sigma$ 为 12MPa，改变天然裂缝方位与最大主应力夹角 α 为 30°、45°、60°、75°和 90°，分别计算各 α 条件下压裂缝复杂程度 K，见图 5(a)～图 5(e)。由图可知，当 α 小于 90°时，压裂缝以撑开天然裂缝继续扩展为主，随 α 增大，压裂缝在 Y 方向上的波及范围呈增大趋势，根据压裂缝复杂程度 K 的定义，K 与 α 呈正相关关系。当 α 为 90°时，出现部分压裂缝贯穿天然裂缝后继续延伸。设置天然裂缝长度 L 为 15m，天然裂缝方位与最大主应力夹角 α 为 75°，水平主应力差 $\Delta\sigma$ 为 12MP，改变天然裂缝间距 D 为 0.1m、0.5m、1m、5m 和 15m，分别计算各 D 条件下压裂缝复杂程度 K。

天然裂缝长度和方位夹角与影响缝网复杂程度 K 呈显著正相关，且相关性较高，相关系数 0.85 以上；间距、水平主应力差与影响缝网复杂程度 K 呈负相关，且与水平主应力差相关性高达 0.93。通过对天然裂缝长度、方位夹角、间距、水平主应力差这四项参数进行拟合，建立 K 的预测公式：

$$K=0.014*\alpha+0.1*L-0.009*\Delta\sigma-0.039*D-0.396 \quad (1)$$

见图 6，预测压裂复杂程度与模拟复杂程度相关性较高。

3.3　典型平台压裂人工缝网预测效果

采用压裂缝模拟方法计算 B-6 井压裂缝形态特征，图 7(a)。该井缝长分布区间 190m～356m，平均 279m，支撑缝长平均 259m，支撑缝长与水力缝长之间差异在 7.6%左右，裂缝面积 0.594km^2。B-7 井全井最大井深 5025m，设计压裂段长 1970m，设计压裂 31 段，第 1 段段长 48m，主体段(剩余 30 段)段长 61～69m，平均段长 64.1m，采用可溶性桥塞作为分段工具、采用滑溜水为主、弱凝胶/线性胶为辅两种液体体系，其中弱凝胶用于前期造缝、增加缝宽，保证施工成功，支撑剂采用 100 目石英砂+40/70 目

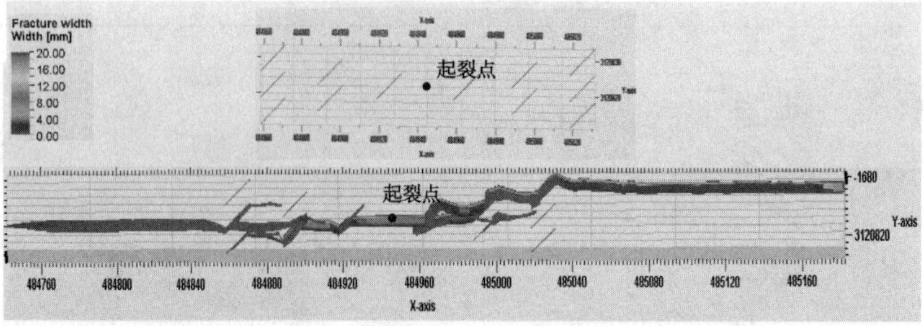

(a)α为30° 时，K=0.65

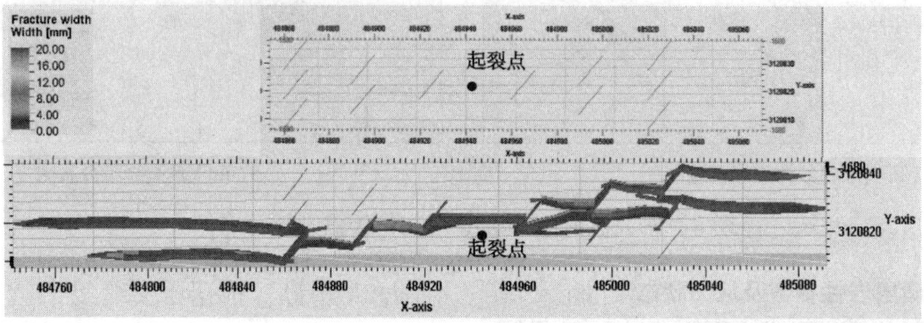

(b)α为45° 时，K=1.09

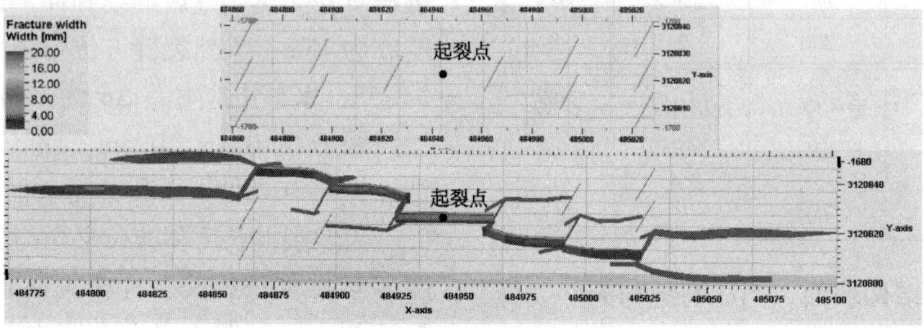

(c)α为60° 时，K=1.47

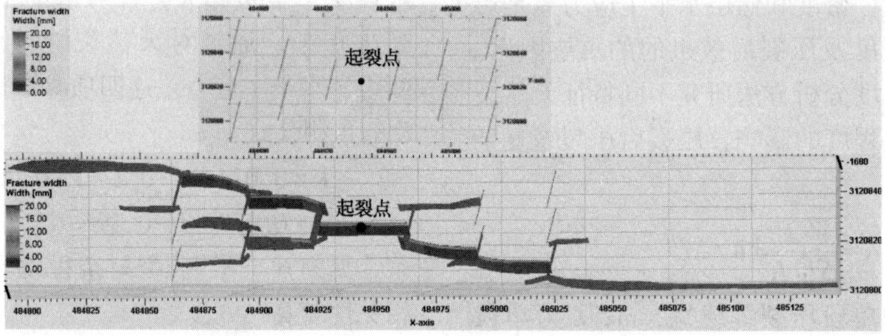

(d)α为75° 时，K=1.52

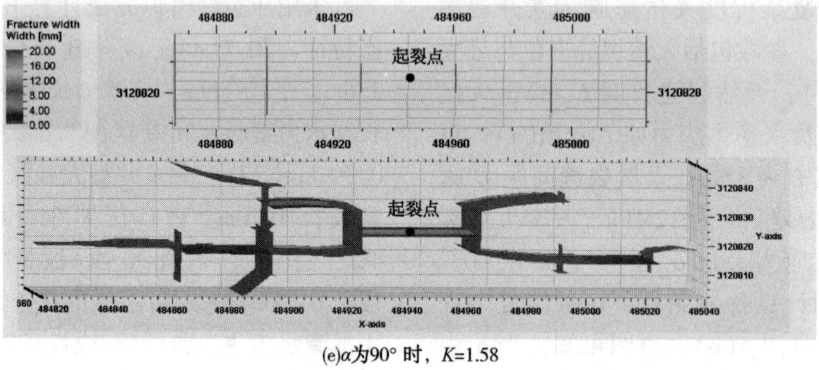

(e)α为90° 时，K=1.58

图 5 各 α 条件下压裂缝复杂程度 K

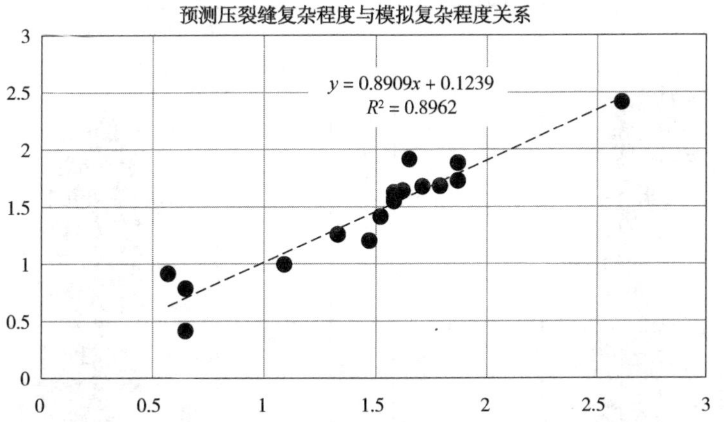

图6 预测压裂复杂程度与模拟复杂程度关系图

陶粒组合。主体施工排量施工排量为 10～12m³/min，采用连续+段塞式加砂方式，主体单段施工液量 1730～1800m³、砂量 97～103t。本井主体分 3 簇射孔，孔密 16 孔/m，每簇射孔段长 1～1.5m，单段总孔数 48 孔，第 1 段射 2 簇。利用 UFM 裂缝模拟器，以 B-7 井实际压裂数据和裂缝监测数据开展压裂模拟，如图 7(b)所示，裂缝形态分布与微地震有很好的匹配性，通过模拟得到 B-7 井支撑剂、裂缝宽度、裂缝导流能力分布，如图 7(c)、图 7(e)、图 7(g)所示。该井压裂模拟结果表明，水力缝长分布 197m～441m，平均 341m，支撑缝长平均 315m，支撑缝长与水力缝长之间差异在 7.4%左右裂缝面积 0.719km²。

A-2 井全井最大井深 4545m，水平段长 1640m，设计压裂 17 段，主体段长 90～96m，平均段长 91.8m，采用可溶桥塞作为分段工具、滑溜水+线性胶体系、100 目石英砂+40/70 目陶粒，设计施工排量 12～14m³/min，保证单孔进液量为 0.21～0.32m³/min。簇间距主要受段长和射孔位置控制，本井簇间距一般在 6.5～12.5m 之间。第 2、7～10、16～17 段每段 8 簇，单簇长度 0.45m，每段总孔数 56 孔；第 1、3～6、11～15 每段 7 簇，单簇长度 0.5m，每段总孔数 56 孔，主体单段液量 2300-2580m³，支撑剂量 230～280t。利用 UFM 裂缝模拟器，以 A-2 井实际压裂数据和裂缝监测数据开展压裂模拟，通过模拟得到 A-2 井支撑剂、裂缝宽度、流体压力分布，图 7(d)、图 7(f)、图 7(h)所示。该井压裂模拟结果表明，水力缝长分布 172～237m，平均 211m，支撑缝长平均 209m，支撑缝长与水力缝长之间差异在 2.7% 左右，裂缝面积 0.53km²。

3.4 不同平台人工裂缝对比

B 平台井应力差更大(13.5～15MPa)，而 A 平台井多采用单段多簇压裂，簇间距更小，因此 A 平台水力裂缝缝长(平均 244m)小于 B 平台井(315m)，但 A 平台人工裂缝更加复杂。如图 8 所示，A 平台井距(260～270m)相比于 B 平台(300m)更小，压窜段相对较多。

4 结论

(1) 通过地震资料的精细解释、构造精校、精细速度场的建立，对天然裂缝进行了定量预测，确定应用 likelihood 属性进行蚂蚁追踪，在蚂蚁体裂缝解释中有明显断层或是裂缝系统的位置，将裂缝以属性形式输入地质模型，对水平井轨迹的裂缝发育和分布进行预测，对压裂施工特别是分段压裂起到了良好的指导作用。

(2) 基于有限元模拟得到试验平台 W202 井区 B 平台杨氏模量平均 38.42～42.59GPa，最小水平主应力平均 65.46～67.87MPa，应力差平均 11.3～14.14MPa，龙一$_1^1$小层最小水平主应力小于威 204 井区 A 平台，但应力差较大。试验平台 W204 井区 A 平台杨氏模量平均 38.12～41.65GPa，最小水平主应力平均 67.04～68.35MPa，应力差平均 12.05～12.68MPa，龙一$_1^1$小层最小水平主应力 68.24MPa，应力差 12.6MPa。

(3) 对天然裂缝进行了定量预测，结合页岩气开发井压后综合评价，总结压裂人工缝网形态与静态地质参数、地应力的耦合性，建立了的在应力场影响下突出构造断裂影响的星型人工缝网模型，形成人工缝网预测技术，人工缝网预测符合度高于 80%。

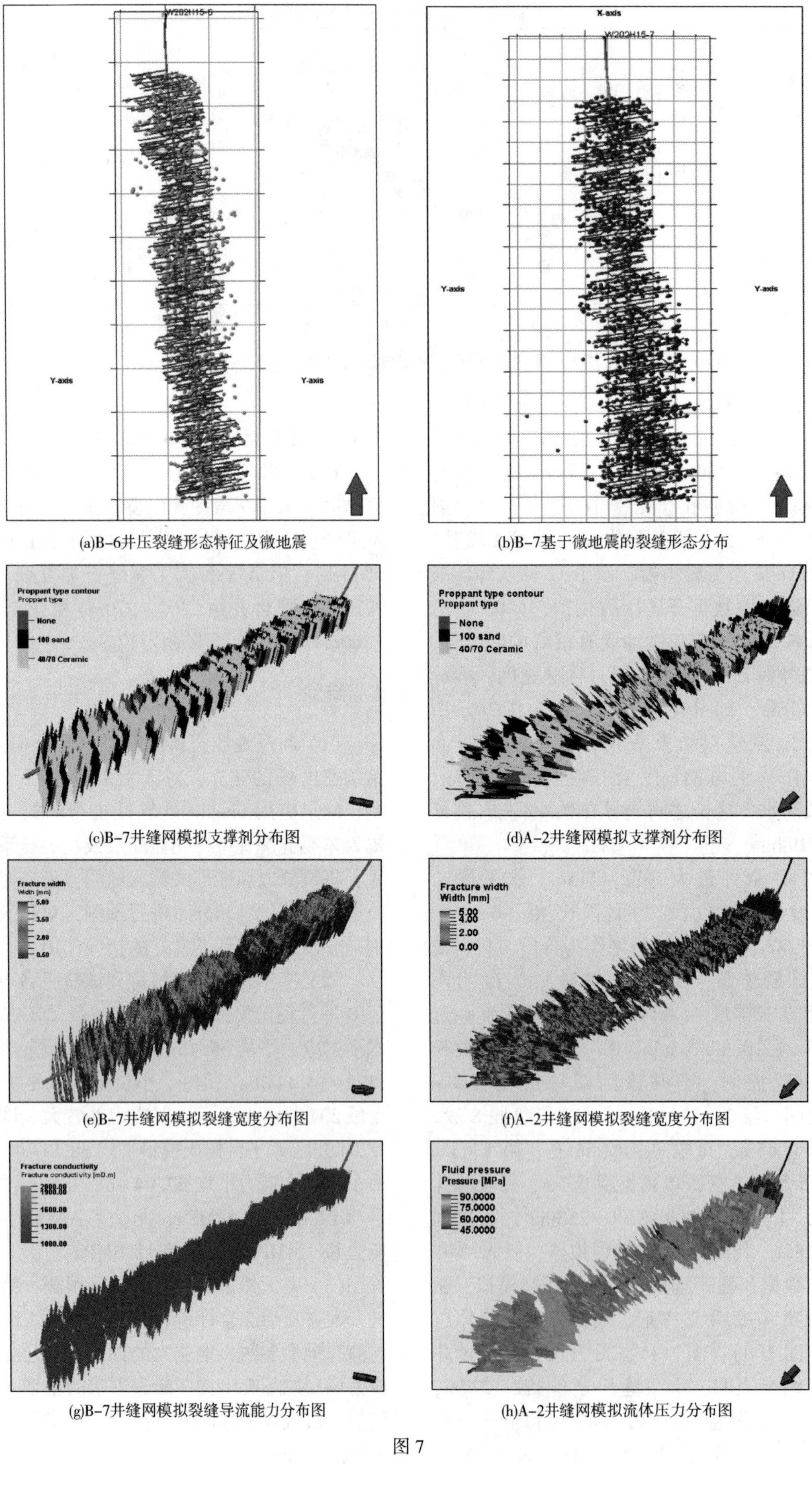

(a)B-6井压裂缝形态特征及微地震

(b)B-7基于微地震的裂缝形态分布

(c)B-7井缝网模拟支撑剂分布图

(d)A-2井缝网模拟支撑剂分布图

(e)B-7井缝网模拟裂缝宽度分布图

(f)A-2井缝网模拟裂缝宽度分布图

(g)B-7井缝网模拟裂缝导流能力分布图

(h)A-2井缝网模拟流体压力分布图

图 7

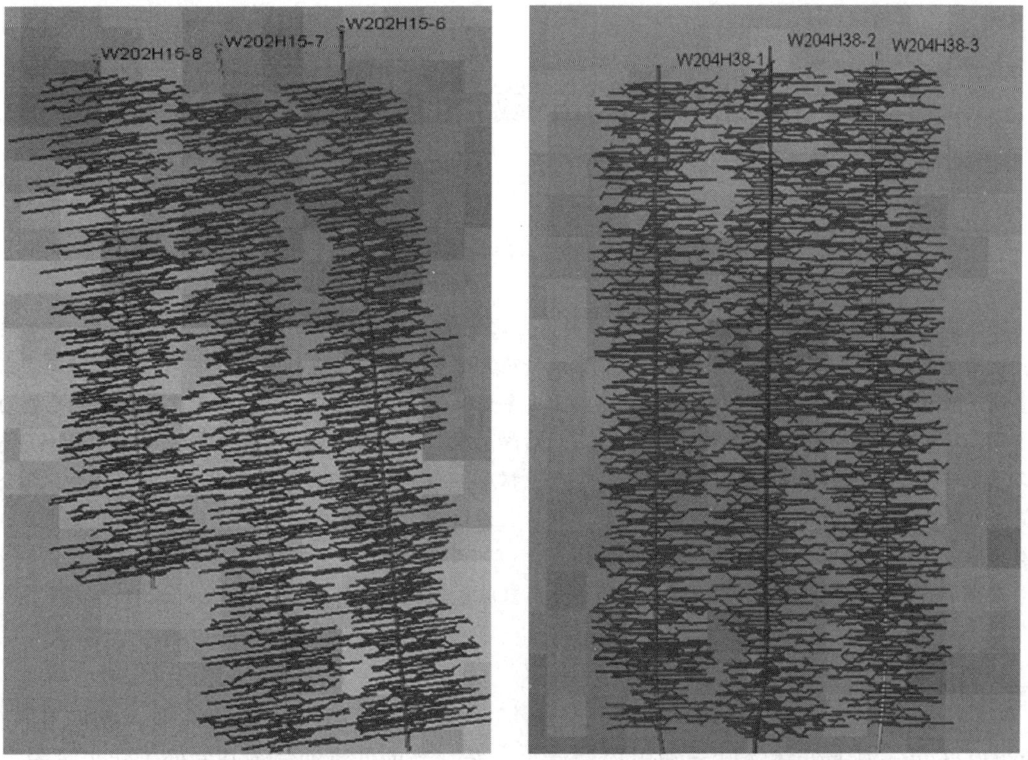

(a) W202井区B平台　　(b)W204井区A平台

图 8　W202 井区 B 平台和 W204 井区 A 平台平台人工裂缝形态

参 考 文 献

[1] 赵海军，马凤山，刘港，等. 不同尺度岩体结构面对页岩气储层水力压裂裂缝扩展的影响[J]. 工程地质学报，2016，24(05)：992-1007.

[2] 衡帅，杨春和，郭印同，等. 层理对页岩水力裂缝扩展的影响研究[J]. 岩石力学与工程学报，2015，34(02)：228-237.

[3] 周彤，王海波，李凤霞，等. 层理发育的页岩气储集层压裂裂缝扩展模拟[J]. 石油勘探与开发，2020，47(05)：1039-1051.

[4] 付世豪，侯冰，夏阳，等. 多岩性组合层状储层一体化压裂裂缝扩展试验研究[J/OL]. 煤炭学报：1-8[2021-05-11].

[5] 蒋廷学，周健，张旭，等. 深层页岩气井裂缝扩展及导流特性研究及展望[J]. 中国科学：物理学力学天文学，2017，47(11)：33-40.

[6] 沈永星，冯增朝，周动，等. 天然裂缝对页岩储层水力裂缝扩展影响数值模拟研究[J/OL]. 煤炭科学技术：1-8[2021-05-11].

[7] 张广清，周大伟，窦金明，等. 天然裂缝群与地应力差作用下水力裂缝扩展试验[J]. 中国石油大学学报(自然科学版)，2019，43(05)：157-162.

[8] 潘林华，张烨，陆朝晖，等. 页岩储层复杂裂缝扩展研究[J]. 断块油气田，2016，23(01)：90-94.

[9] 李志超. 低渗储层水力裂缝扩展特征的数值模拟研究[D]. 大连理工大学，2019.

[10] 刘金龙. 基于 ABAQUS 平台的水力压裂裂缝扩展模拟研究[D]. 西安石油大学，2020.

南海东部低渗油藏压裂实践及认识

王 挺[1] 张庆华[2] 段 铮[3]

[中海石油(中国)有限公司深圳分公司]

摘 要 随着勘探逐渐走向中深层，低渗储量占比逐年上升。珠江口盆地古近系储层油气储量规模大，是南海东部未来增储上产的关键接替区。常规措施无法对低渗储层进行有效开发，为此针对南海东部低渗储层实施了水力压裂实践，取得认识如下：古近系储层低渗，实施水力压裂作业是释放储层产能的主要手段。从工艺方式可行性、压后井筒完整性、压后增油量、工期费用等方面对比二次加砂、分层压裂2种工艺方案，优选推荐分层压裂工艺，提高压裂改造程度，总加砂量90方。采用海水配制压裂液，配合连续混配装置，理论上可以实现压裂液的不限规模供应，为后续的大规模压裂施工提供了保证。近年来，海水基压裂液体系在海上压裂作业中得到推广应用。

关键词 南海东部古近系；分层压裂；海水基压裂液；压裂设计

1 前言

截至2023年，海上低渗透砂岩油田探明储量6亿吨(68%储量渗透率低于20mD)，动用比例51%。近年来，随着勘探逐渐走向中深层，南海东部低渗储量占比逐年上升，低渗储层有效动用是未来增储上产的关键支撑。Y油田历经二十年的试验性开发阶段、前期攻关研究阶段以及低渗示范区开发阶段，已经成为南海东部第一个整装开发低渗示范田。

2 Y油田油藏地质概况和开发难点

Y油田位于珠江口盆地珠Ⅰ坳陷陆丰凹陷，距香港南东约216km，油田所在海域水深约145m，设计24个井槽；目前探明901.93万吨(1098.57万方)；控制205.11万吨(249.83万方)。孔隙度10.9%~12.4%，渗透率4.6~7.7mD，属于低孔、低渗储层。压力系数1.003~1.018，地温梯度：3.50℃/100m，预测地层温度151~155℃，属于正常温压系统。原油性质较好，轻质(地面原油密度0.821~0.865t/m^3)，低黏度(地层原油黏度0.408~1.920mPa·s)，天然气组分以甲烷为主(76%)，属于湿气，二氧化碳0.24%，不含硫化氢。

古近系储层砂体较发育，但因目前南海东部钻遇古近系储层井数少，区域砂体展布不确定。储层岩性比较单一，以细-中粒长石石英砂岩为主，其次是粗-中粒长石岩屑石英砂岩及细-中粒石英砂岩。储集空间为孔隙型，主要孔隙类型为粒间孔，其次是粒间溶孔。

Y油田储层非均质性强，纵向孔渗关系复杂，当前低渗油气藏开发处于起步阶段，在地质油藏认识、开发模式优化、工程配套实施等方面还未形成体系，部分井投产后产量远低于ODP预期，认识渗透率低于探井DST返排认识渗透率水平。目前低渗开发主要面临如下挑战：

以Y油田X井为例，该井压裂改造存在如下难点：

① 海上低渗开发经济门槛高

② 海上压裂作业条件苛刻

③ 地层能量补充规模化应用经验少

④ 强非均质性，难确定储层甜点

⑤ 规模小、分布零散，储量丰度低

针对以上难题，根据压裂目标井的特点，从工艺设计、压裂管柱设计、泵注程序等方面进行了优化，保证了南海东部1口生产井压裂作业的顺利实施。

3 方案设计

3.1 裂缝参数优化

在工艺参数设计方面，目前常采用的工作流程为：(1)运用Eclipse等油藏软件，模拟储层物性条件下不同支撑裂缝半长、不同导流能力条件下的压后日产油量与累产油量，对比其变化趋势，寻找增量拐点，确定最优的支撑裂缝半长与导流能力；(2)利用Fracpro等压裂模拟软件，模拟不同加砂量、不同排量下的裂缝参数，与油藏优化结果进行匹配。同时结合平台条件，确定最终的加砂量与施工排量。

Y 油田 X 井于 2022 年 2 月完钻，油层有效厚度 74.8m，射孔段位于古近系 W 组的 WC530-WC540（4340～44380m），射孔总厚 40m/MD，33.2m/TVD，有效厚度 30m，最大水平主应力方位为北西-南东向，N135°E 左右。X 井目标储层属于低孔、低渗储层，利用软件模拟不同裂缝长度及裂缝导流能力对产能的影响，通过模拟发现，当裂缝半长、导流能力超过一定值后，累计产量增幅逐渐变小，考虑到经济性和安全性，优化最优裂缝缝长 120m，最优裂缝导流能力 30D·cm。

3.2 压裂液优选

古近系储层温度高，A 井储层温度达到 157℃。为满足高温下的携砂性能，压裂作业时需应用高温压裂液体系。受海上平台作业载体储液能力、淡水运输、海况等的限制，区别于陆地油气田压裂中淡水资源准备的便利性，海上压裂在水资源利用方面具有得天独厚的条件。采用海水配制压裂液，配合连续混配装置，理论上可以实现压裂液的不限规模供应，为后续的大规模压裂施工提供了保证。近年来，海水基压裂液体系在海上压裂作业中得到推广应用。

针对 X 井目标储层高温、低渗储层特征，通过对高温海水基压裂液耐温、破胶、防膨等性能评价，形成的海水基压裂液满足 X 井压裂需求。本井储层温度 151～155℃，并结合本井储层特点，优选高温海水基压裂液。

海水基压裂液有如下优势：

① 海水直接配制，消除了淡水运输、储存对压裂规模、成本等的影响；

② 海水中含有大量的钠、钾离子，具有高防膨率，减少防膨剂的额外加入；

③ 采用有机复合交联剂，达到耐高温和延迟交联的目的；

④ 优选高效破乳剂，防止返排过程中压裂液与原油乳化；

⑤ 海水基压裂液易破胶，破胶液黏度小，有利于压裂液返排和储层保护；

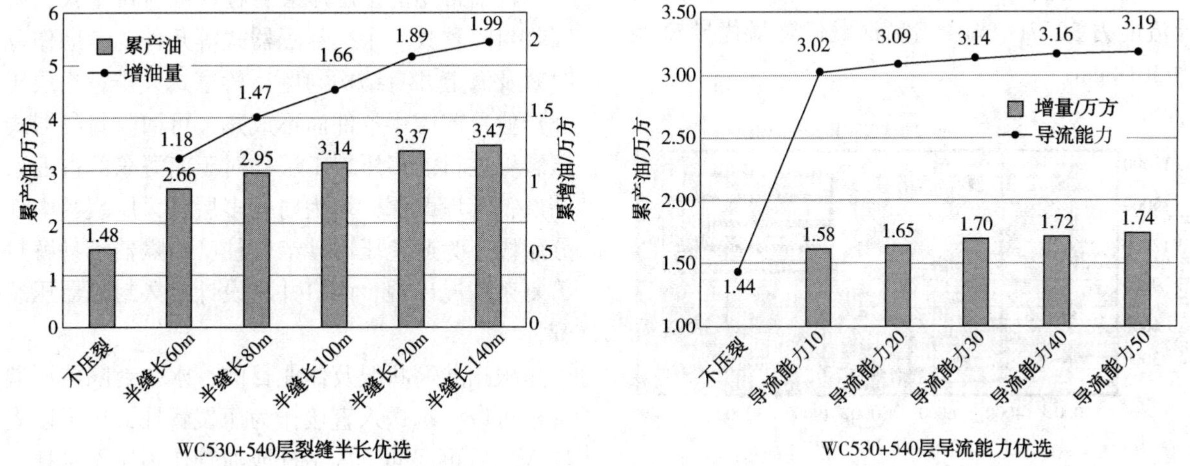

图 1　Y 油田 X 井裂缝参数优选

表 1　海水基压裂液综合性能参数

<table>
<tr><th>序号</th><th colspan="2">项目</th><th>行标要求</th><th>检测结果</th></tr>
<tr><td>1</td><td colspan="2">基液黏度/mPa·s</td><td>≤120</td><td>78</td></tr>
<tr><td>2</td><td colspan="2">交联时间/s</td><td>60～300</td><td>90～180</td></tr>
<tr><td>3</td><td colspan="2">耐温耐剪切能力/mPa·s</td><td>≥50</td><td>113.2（155℃）</td></tr>
<tr><td rowspan="4">4</td><td rowspan="4">破胶性能</td><td>破胶时间/min</td><td>≤720</td><td>≤120（可调）</td></tr>
<tr><td>破胶液黏度/mPa·s</td><td>≤5</td><td>≤5</td></tr>
<tr><td>表面张力/（mN/m）</td><td>≤32</td><td>26.6</td></tr>
<tr><td>破胶液与煤油的界面张力/（mN/m）</td><td>≤3</td><td>1.1</td></tr>
<tr><td>5</td><td colspan="2">残渣含量/（mg/L）</td><td>≤600</td><td>403</td></tr>
</table>

续表

序号	项目	行标要求	检测结果
6	粘土防膨率/%	—	93
7	岩心伤害率/%	≤30	14.14~17.63
8	与原油破乳率/%	≥95	100
9	与地层水配伍性	无沉淀、无絮凝	无絮凝或沉淀

3.3 支撑剂优选

支撑剂优选原则：

① 支撑剂粒径不大于射孔孔径的1/6(10mm射孔孔径，小于1.667mm)；

② 支撑剂粒径不大于裂缝动态缝宽的1/3(动态缝宽1cm，小于3.33mm)；

③ 在满足油藏对裂缝导流能力前提下，低渗油藏增加裂缝长度比继续增加裂缝导流能力对增产更有效，主加砂选用高强度30/50目支撑剂，段塞采用40~70目支撑剂。

结合支撑剂粒径优选原则，裂缝参数模拟结果及油藏优化最优裂缝导流能力，优化段塞采用40~70目陶粒，主压裂采用30~50目陶粒。结合裂缝参数模拟结果，40/70目+30/50目陶粒导流能力39.7D.cm，满足油藏优化最优导流能力30D.cm。

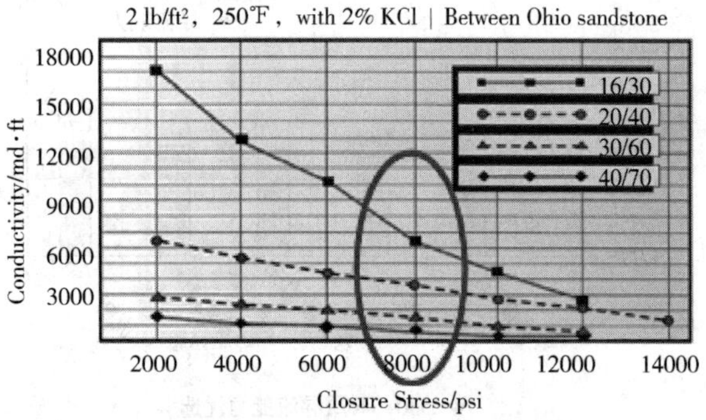

图2 支撑剂优选数值模拟

3.4 射孔优选

补射孔井段优选工程原则：

① 小井段射孔，控制裂缝在高度上过度延伸；

② 射孔段优选储层有效厚度大、物性相对较好井段；

③ 结合裂缝参数模拟结果。

分层压裂方案中下部层位需要增加射孔单独压裂，射孔位置的选择基于地质甜点和工程甜点的综合评价：

地质品质评价参数：

① 有效孔隙度>10%；

② 泥质含量<35%；

③ 含水饱和度<65%。

工程品质评价参数：

① 最小水平主应力梯度<14kPa/m；

② 可压性指数>65%。

综合品质评价结果显示储层下部是双甜点层位，需充分改造，优选射孔位置：

表2 射孔位置优选

深度/m	簇长/m	相位/°	孔密/(孔/m)	总孔数
4398~4402	4	60	16	64

3.5 压裂管柱设计

目前常用的多层压裂管柱一般有桥塞式、可回收封隔器式、永久封隔器式等几种。考虑作业时效及海上井身结构问题，桥塞式大排量逐层压裂作业目前应用条件尚不成熟，可回收封隔器式压裂管柱目前多压裂1层；对于南海东部古近系储层，其埋藏深，均为射孔多层且只压裂其中部分层段，为避免压后砂卡管柱、封隔器不易解封等复杂情况出现，两口井均设计永久封隔器压裂管柱。

根据井筒状况及作业目的，永久封隔器压裂管柱可以一趟送入直接作为压裂管柱，也可以先送入，后再回插下入钻杆或油管作为压裂管柱。

悬挂封隔器位置确定原则：

1）确保施工安全前提下尽量调整悬挂封隔器位置向下坐封，减少对上部WC520储层后续动用影响；

2）悬挂封隔器坐封位置充分考虑固井质量；

3）悬挂封隔器坐封位置避开套管接箍位置。

实现分压两个射孔段：浮鞋+承压短节+隔离封隔器+压差滑套+4½″油管短节+隔离封隔器+投球滑套+4½″油管+悬挂封隔器+锚定密封+反循环阀+4½″油管短接+4″钻杆+5⅞″钻杆+5⅞″加重钻杆(2柱)。

考虑本井储层埋藏深，施工压力高，设计压

裂管柱为：$5\frac{7}{8}''$钻杆+4″钻杆+压裂滑套+$4\frac{1}{2}''$油管，设计限压 67MPa，试压 72MPa。根据施工压力情况，第 2 段施工时限压允许范围内尽可能提高施工排量。考虑本井需下泵生产，建议采用“防喷器+测试树”，作业工序简单，缩短作业时间，压裂作业自喷返排结束后，直接换生产管柱。

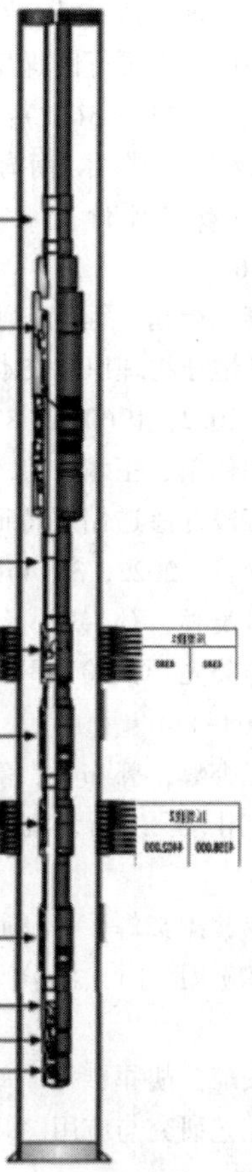

图 3　分层压裂管柱图

3.6　压裂作业

小压测试：按泵注程序对第一段进行小型压裂测试，求取地层参数。

主压裂泵注：

（1）配制压裂液；

（2）按主压裂照泵注程序进行第一段加砂压裂(施工限压 67MPa)；

（3）第一段加砂完成后停泵测压降 1~2h，之后关闭 3#主阀，通过 2#阀进行泄压；

（4）压裂设备维保，配制压裂液，准备上段支撑剂；

（5）准备工作完成后，从投球处①投球，打开 4#阀，投球，关闭 4#阀；启泵打背压，开 3#阀，低排量(<0.5m^3/min)送球开滑套；打开投球滑套按照泵注程序进行第二段加砂压裂(施工限压 67MPa)；

（6）施工结束，关井 2h 后打开 2#阀，按照返排制度进行放喷。

压后返排：

（1）压后排液的原则是在保证地层不出砂的情况下，采取快速返排的方式排液，并准确计量排出液量；

（2）压后关井 2h 后，开井进行自喷排液，通过油嘴管汇控制压力在闭合压力以上(预计地面压力约 24.5MPa)；

（3）结合小型压裂求取的井口闭合压力，当井口压力小于闭合压力后(一般为 2~3MPa)逐步加大油嘴加速返排；

（4）裂缝闭合后，如不出砂，可参照压力变化情况，通过调整油嘴控制放喷排液。如放喷过程中地面出砂量较大，则调小油嘴；

（5）返排见油花后，转入生产流程继续进行返排；

（6）如压裂后地层无法自喷返排，则尽快下入电泵进行生产返排作业。

注：返排过程中记录井口压力、流量、返排液量，以及返排液黏度、pH 值、氯根等数据。

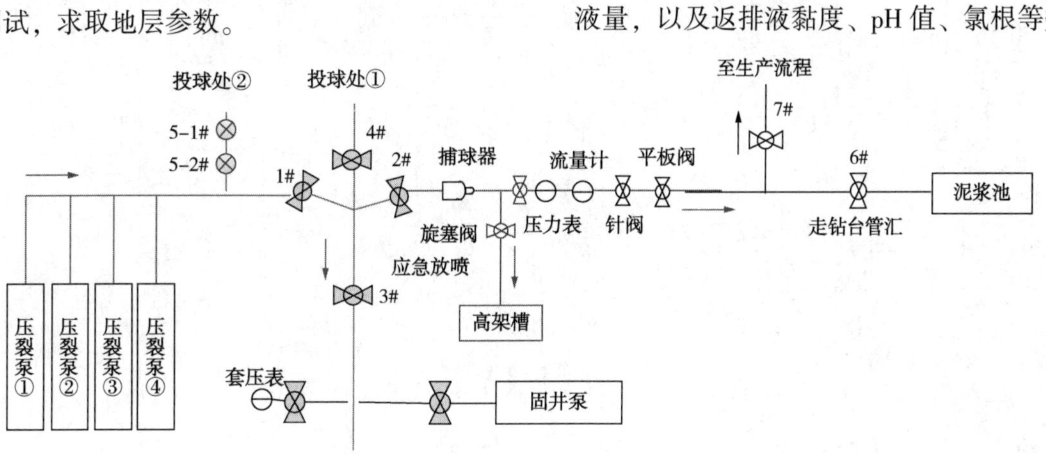

图 4　压裂返排示意图

3.7 产能预测

A 井目前射孔有效垂厚 30m，考虑 15MPa，自然产能 30m^3/d，稳定产能 10m^3/d；分段压裂 W 层，按地质-工艺结合后裂缝参数，数值模拟预测结果显示初期产能 75m^3/d，前 3 年累产 3.53 万方，前 3 年累增油 2.05 万方。

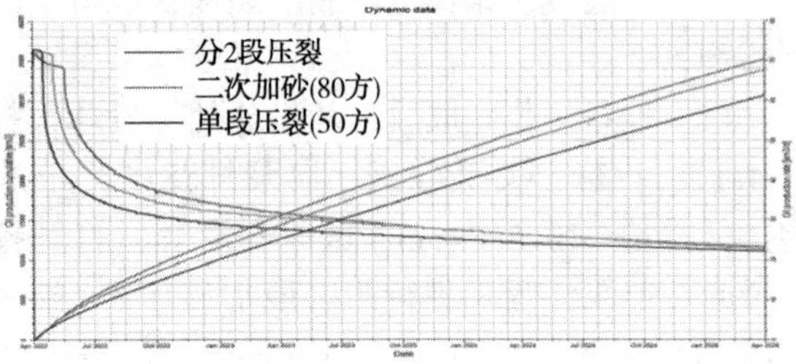

图 5　单井日产和累产对比图

4　结论

对南海东部 A 井进行了压裂设计实践，取得了一些认识：

（1）结合储层天然裂缝发育情况、储层岩石力学参数、岩石脆性特征、砂体厚度、储层物性等分析，开展储层可压性分析，优选压裂层位。从工艺方式可行性、压后井筒完整性、压后增油量、工期费用等方面对比二次加砂、分层压裂 2 种工艺方案，优选推荐分层压裂工艺，提高压裂改造程度，总加砂量 90 方。

（2）古近系储层低渗，实施水力压裂作业是释放储层产能的主要手段，通过裂缝参数优选、压裂液优选、支撑剂优选、射孔优选、压裂管柱设计等作业流程可以实现对目标储层的有效开发。

（3）鉴于 A 井压裂目标储层厚度大，已射孔井段长达 40m，储层埋藏深，施工压力高，基于目前对压裂用优类钻杆在各种工况下校核，设计限压 67MPa，此时预测排量 3.8m^3/min。考虑目标储层厚度较大，为彻底改造储层，设计二次加砂工艺或分层压裂工艺，提高总体加砂规模。

参 考 文 献

[1] 臧晓琳，朱泽栋，张雪峰，等. 南海东部 X-5 井古近系低渗储层压裂可行性研究[J]. 中国石油和化工标准与质量，2023，43(21)：136-138.

[2]阎兴涛，陈磊，王勋绍. 南海东部特低渗油田压裂改造实践与效果评价[J]. 中外能源，2024，29(02)：58-62.

[3] 董政，李黎，徐超，等. 南海珠江口盆地 A 油田低渗灰岩甜点地球物理识别技术与应用[J]. 工程地球物理学报，2022，19(06)：819-828.

[4] 潘石坚，刘伟新，王华，等. 南海珠江口盆地 Y 油田文昌组五段低渗透储层特征及物性控制因素[J]. 海洋地质前言，2022，38(4)：71-79.

[5] 徐文江，肖茂林，孙兴旺，等. 海上低渗透油田水平井多级压裂先导试验[J]. 中国海上油气，2017，(29)06，108-114.

[6] 鲍文辉，王杏尊，郭布民，等. 高温海水基压裂液研究及应用[J]，断块油气田，2017，24(3)：434-436.

[7] 李梦，陈磊，鲍文辉，等. 速溶海水基压裂液在渤海油田的应用[J]，海洋石油，2022，42(1)：45-48.

[8] 宋爱莉，安琦，胡军，等. 海上油田大规模压裂连续配液新工艺研究与应用[J]. 石化技术，2018，25(1)：57-58.

[9] 王绪性，郭布民，徐延涛，等. 海上过筛管压裂工艺研究及应用[J]；钻采工艺，2022，45(2)：56-60.

爆燃压裂增产技术在南海东部 W 油田文昌组的应用研究

杨 光 张庆华 段 铮

[中海石油(中国)有限公司深圳分公司]

摘 要 针对南海东部 W 油田文昌组井较深，储层物性差，常规开采产能低；油水间井距大，注水受效难度大等问题，通过数值模拟等方法，开展了近井地带爆燃压力技术研究；模拟了不同火药量下的裂缝长度、增产情况等；同时对套管安全性进行了验证；精心设计爆燃压裂施工设计以及作业程序。对 W 油田首口调整井 A7 实施了爆燃压裂工艺。矿场试验表明，爆燃压裂技术能有效降低表皮系数，改善低渗油藏储层物性，对初期产能具有正向作用，调整井 A7 措施后初期返排比采油指数较未实施压裂的邻井初期 PI 明显提升，提高了文昌组特低渗-低渗油藏产能及储量动用率。爆燃压裂技术在南海东部 W 油田低渗储层文昌组的成功应用为海上及陆上类似低渗油田提高初期产能有着重大的借鉴意义。

关键词 文昌组；低渗储层；爆燃压裂；数值模拟；比采油指数

南海东部 W 油田在是南海东部首个规模化注水开发低渗油田，开发层系包括珠江组、文昌组；其中文昌组为陆相辫状河三角洲沉积，储层主体为低孔、特低渗~低渗，弱边水油藏，注水开发。文昌组初期投产(注)井数 3 口，1 口水井，2 口油井，但油水储层物性差，油井投产时未实施储层改造措施，投产后产能并不理想；同时由于井网不完善，油水间距大，注水受效难度大，油井后期面临关停的风险。因此对 W 油田文昌组实施了调整，部署了调整方案。为了提高产能，结合文昌组低孔、特低渗~低渗的储层特点和爆燃压裂的适用条件，以及爆燃压裂能形成多条不受地应力影响的径向裂缝，改善渗透通道，从而达到油气水井增产增注的目的的原理，对 W 油田文昌组第一口调整井实施了爆燃压裂工艺，以期为后续调整井及类型油田提供提高产能的思路和方向。

1 油井基本情况及开发难点

南海东部 W 油田区域上位于中国南海珠江盆地，油田所在海域水深约 145.0m。纵向上发育珠江组、文昌组两个含油层系；主力油层文昌组井深 3536.0~4272.0m，为辫状河三角洲前缘和滨浅湖沉积，储层不仅横向上变化较大，纵向上不同段储层发育和品质均有差别，文三、文四段储层进行了旋转井壁取心，岩心分析孔隙度 12.6%~13.7%，空气渗透率 0.2mD~0.445mD，文五段进行了常规钻井取心，岩心分析储层孔隙度 10.2% ~ 13.7%、空气渗透率 0.2mD ~ 87.4mD，为低渗~特低渗储层。文昌组为常温常压系统，弱边水驱油藏，注水开发。

W 油田文昌组 2022 年投产 3 口开发井(1 注 2 采)，A4/A5/A6 实施后储层认识不及预期，开发效果不及预期(见表 1)，ODP 井网(定向井、注采井距 500m)不适应有效开发需求，注水受效难度大，产量递减快，自然递减率 30.16%。2023 年 3 月完成综合调整方案研究，2023 年 8 月投产 A7。

针对文昌组储层物性差、储层非均质性强、产能低，有效开发难度大的问题，对 A7 井采用与 1d 井类似的后效射孔及爆燃压裂方式完井，即在深穿透射孔基础上，进行爆燃压裂措施。

表 1 W 油田文昌组初期产能对比参数表

参数	1d 井 DST 测试	ODP 设计值	A4 井钻后	A5 井钻后	A6 井钻后
生产油组(合采)	WC520、C530-WC540	WC430、C510、WC520、WC530-C540	WC430、WC510、WC520、WC530-WC540	WC530-WC540	WC430、WC510、WC520、WC530-WC540

续表

参数		1d 井 DST 测试	ODP 设计值	A4 井钻后	A5 井钻后	A6 井钻后
射孔段	平均孔隙度/%	12.4	12.4	11.5	11.1	11.3
	平均渗透率/mD	25	25	9.9	6.5	6.9
	有效垂厚/m	51.6	73.3	77.6	30	51.5
产能	初期生产压差/MPa	9.46	10	19.1	7.1	15.8
	日产油/方	211(测试 1 天)	250	120(返排)	15(返排) 4(投产 3 个月)	60(返排) 29(投产 3 个月)
	比采油指数 (m^3/)(d·MPa·m))	0.432	0.346	0.081	0.070(返排) 0.014(投产 3 个月)	0.074(返排) 0.036(投产 3 个月)

2 爆燃压裂技术

爆燃压裂技术，是利用特制的火药制成爆燃压裂管串在油气水井的目的层段高速燃烧，产生高温、高压气体对地层进行压裂，形成多条不受地应力影响的径向裂缝，清除油气层污染及堵塞物，有效地降低表皮系数，从而达到油气水井增产增注的目的。

2.1 爆燃压裂增产机理

爆燃压裂技术压裂的过程是一种剧烈的化学反应过程，在 1~3 秒内就能完成。所以不同于水力压裂，也不同于井筒爆炸高能气体压裂 HEGF（在几微秒内完）。因此能在地层中持续形成多条随机裂缝而又不伤害井筒或套管(图 1、图 2)。

图 1　爆燃压裂水泥打靶照片

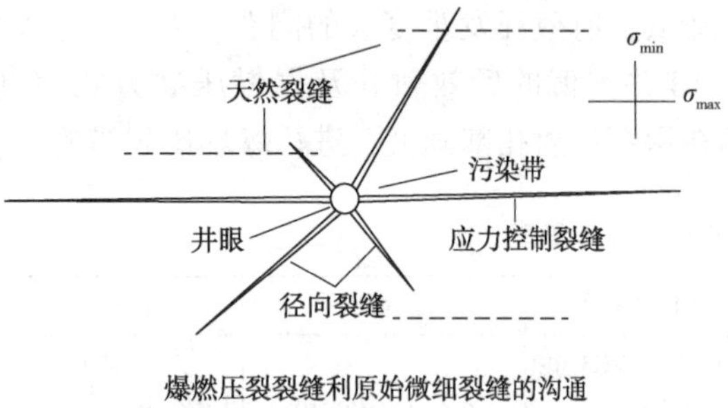

图 2　爆燃压裂裂缝和原始微相裂缝的沟通

2.2 爆燃压裂适用条件

爆燃压裂层应具备一定的物质基础、供给能力和能量基础，宜满足以下条件：

a）油层孔隙度大于 10%。

b）压裂层段含水饱和度不高于 50%。

c）油层岩心空气渗透率大于 5mD。

d）地层压力系数大于 0.7。

A7 井爆燃层位储层物性：孔隙度 11.8%，含水饱和度 42.8%、渗透率 7.8mD、泥质含量 6.1%、地层压力系数 1.003~1.018、原始地层压力 39.26MPa。据此分析判断，A7 井爆燃压裂 WC530、WC540 层段地质属性完全满足各项地质条件。

W 油田的埋藏深、物性差，尤其是低孔隙度、低渗透率等特性，泥饼在油层所在井段形成差，即使在做好油层保护的前提下，也无法完全阻碍泥浆滤液在近井壁地层的扩散，造成近井壁地层渗透性变得更差，阻碍油藏中油气向井筒渗流，当然这也是低渗油层的特性。

虽然采用了目前效果最好的硬地层自清洁深穿透射孔（穿深 1.386m），但可能仍不足以穿透井筒附近半径几米左右的过渡带。

大药量电缆爆燃压裂产生的造缝作用，在射孔通道末端生成的长度 5 米左右的裂缝，可能穿越由于低渗造成的宽过渡带，沟通了油层和井筒，进而形成了有效泄油通道。

2.3 爆燃压裂管串及作业特点

1）电缆爆燃压裂：作业周期短，一趟施工作业只需要 6~8 小时，作业甲方需准备的设备少，一般井口就可以满足施工需求，可以适当增加药量，作业效果明显；但其受井斜限制较大，一般情况下井斜小于 45°才可以施工，会产生少量井下落物，井筒内无其他工具，且需要井底有

20m 以上口袋(图 3)。

2）油传爆燃压裂：施工作业安全性高，施工不受井斜限制，可用于水平井等各种井况的作业，施工后井内无残留；但其施工作业周期长，一趟作业需 24~40 小时，由于是作业管柱导致施工药量受限，需钻井队配合下钻及各种配套施工工具(图 4)。

3 爆燃压裂工艺及施工设计

A7 井为定向井，WC510、WC520、WC530、WC550 四个层位。根据地层最终实测数据，爆燃层位为 WC530 和 WC540。由于最大井斜 41.77°，射孔层段：4177.3~4381.5m(MD)，4 段完井，射孔总斜厚 115m(垂厚 90.7m)，有效垂厚 55.1m，平均渗透率 11.3mD。WC530-540 分两趟爆燃压裂，总火药用量 85kg(1d 井 103kg)，设计裂缝 4 条，平均缝长 5.5m。

3.1 数值模拟结果

第一层：WC540 层位

针对 WC540 层位爆燃压裂的数值模拟结果可知，在 45kg 火药条件下，峰值压力为 80.98MPa，裂缝长度为 5.19m，增产倍比为 1.70 倍(图 5)。

第二层：WC530 层位

针对 WC530 层位爆燃压裂的数值模拟结果可知，在 40kg 火药条件下，峰值压力 96.04MPa，裂缝长度为 5.36m，增产倍比为 1.72 倍(图 6)。

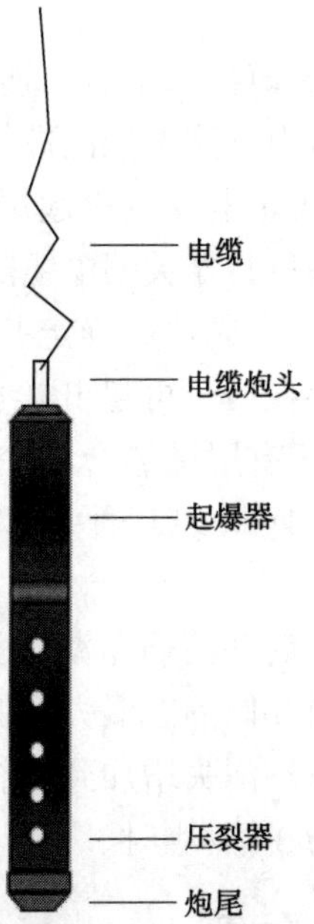

图 3 电缆传输爆燃压裂管串示意图

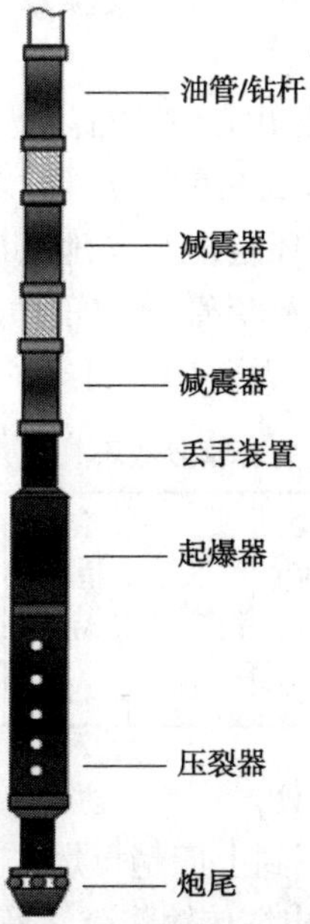

图 4 油管传输爆燃压裂管串示意图

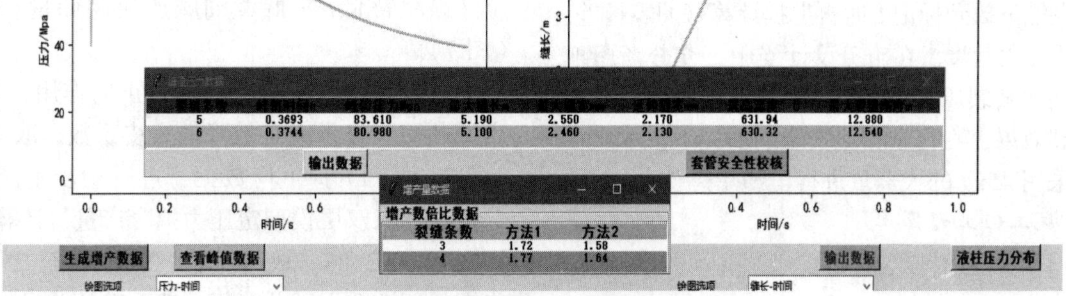

图 5 WC540 层位爆燃压裂数值模拟结果

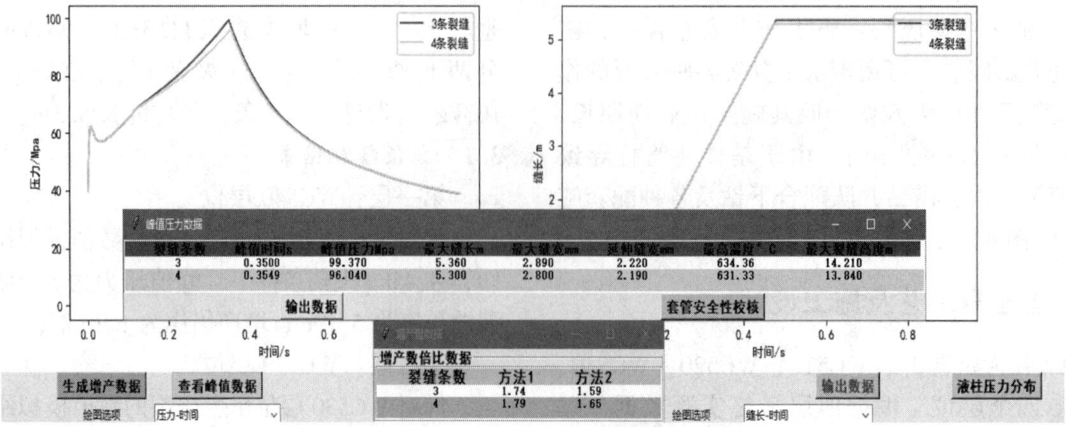

图 6　WC530 层位爆燃压裂数值模拟结果

3.2　套管安全性验证

A7 井固井质量良好，套管安全取决于爆破压差大小：$\Delta P=P_{爆}-P_{破}$

本井设计爆燃峰压 101.08MPa，破裂压力梯度 0.019MPa/m，计算 ΔP 最大为：26.4MPa。

式中，ΔP 为套管环空压力与地层破裂压力之差，MPa；$P_{爆}$ 为进入套管环空的气流压力，MPa；$P_{破}$ 为地层破裂压力，MPa。

表 2　A7 井套管参数表

井号	套管钢级	套管外径/mm	套管壁厚/mm	火药量/kg	套管抗压/MPa	爆燃峰值压力/MPa
A7H	L80	177.8	10.36	45	48.4	101.08

3.3　爆燃压裂施工设计

采用电缆传输由下到上四趟爆燃作业，设计为一趟电缆校深+四趟电缆传输作业。采用供电面板直接通过电缆供电给点火头雷管，雷管引爆导爆索起爆药柱。首先下一趟校深仪器(GR+CCL)，根据原始地层 GR 及套管同位素进行校深，确定好爆燃位置后在电缆及滚筒上做标记，地面测量校深工具零长和爆燃药柱零长并计算两个零长差，然后电缆下放到标记处时再上提计算好的零长差，到位后点火起爆。在施工设计当中，充分考虑地层物性和破裂压力，为使爆燃作业得到较为显著的压裂效果，在保证作业安全的前提下，本次在海上采用 45kg 的大药量进行电缆爆燃作业。

3.4　施工作业程序

1）电缆爆燃压裂作业前必须先通井、刮管、洗井作业；

2）井队在井口安装好电缆放喷装置；

3）GR+CCL 进行校深；

4）校深完后在电缆上做好 4 趟爆燃的位置标记；

5）拆掉校深工具，连接爆燃压裂药柱按照设计位置由下到上依次进行 4 趟爆燃作业；

6）防止电缆点火起爆时上窜打扭，位置确认调整好后打压关闭电缆防喷盒盘根；

7）点火成功后确定井口无异常，测试无有害气体存在后，再起出电缆；

8）所有层爆燃合格完成后，为确保井下落物进入井底口袋，通井后移交井口进行下一步作业。

射孔后井筒静态漏失为 7 桶/小时，爆燃压裂作业前井筒静态漏失降低为 0，两趟爆燃压裂施工后静态漏失增加到 9 桶/小时，10 小时后漏失降低为 3 桶/小时。

4　实施效果

A7 井实施并首次实现初期日产油 30m^3 向 80m^{3}的突破，超过设计的 60m^3，效果显著。措施后 A7 初期返排比采油指数 0.2m^3/(d·MPa·m)，较邻井 A4/5/6 井初期 PI 提升明显，同时提高了文昌组特低渗-低渗油藏产能及储量动用率(图 7)。

爆燃压裂对初期产能具有正向作用，A7 生产试井初步显示能有效降低表皮系数。取 A7 井 8 月 9 日至 17 日生产数据，进行初步生产试井分析。选取双层模型定压力拟合产量，计算爆燃压裂表皮-2.88。取 A7 井 8 月 19 日至 25 日大修期间压恢数据试井分析。选取等效单层裂缝模型，计算有效渗透率 3.8mD，表皮系数-0.37(图 8，图 9)。

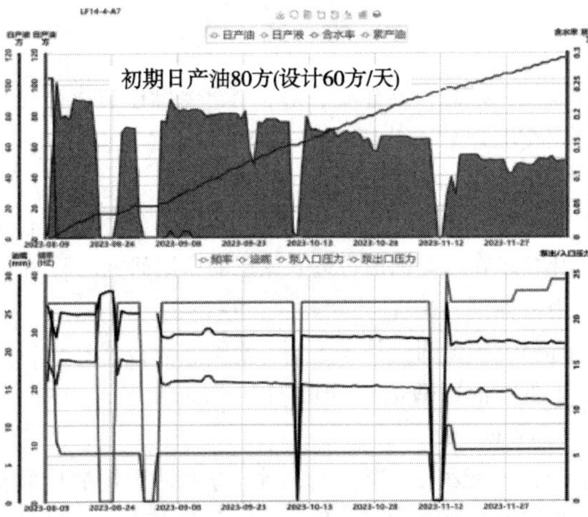

图 7　A7 井实施效果图

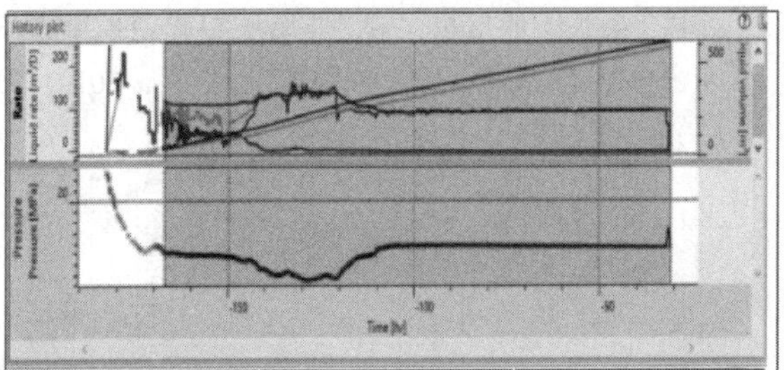

	参数	数值
层1	渗透率	4.3mD
	表皮系数	3.2
层2	渗透率	5.4mD
	表皮系数	−2.88
	穿透深度	5.5m

图 8　A7 生产试井拟合结果

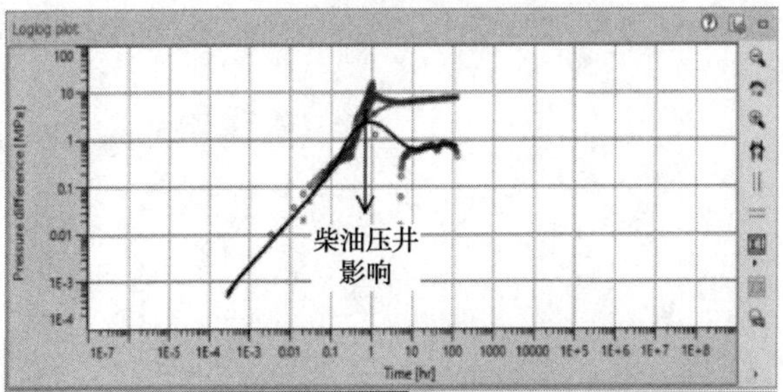

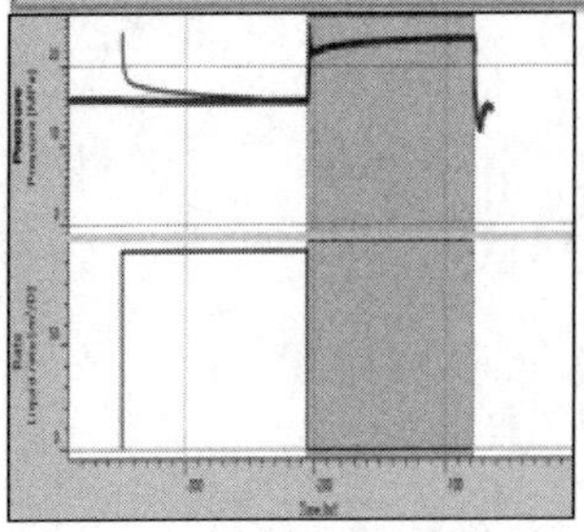

参数	数值
渗透率	3.8mD
总表皮系数	−0.37
裂缝半长	5.5m

图 9　A7 大修关停压恢试井拟合结果

对标初步认为爆燃压裂增产倍比主要集中在 1~2 倍：

1）公式法：爆燃压裂油井计算产能模型及等效表皮增产模型，A7 井爆燃压裂后增产倍数约 1.3~1.84 倍。

2）类比法：对标原层位实施爆燃压裂的 6 井，火药密度 20kg/11m，采液指数提高约 2 倍。

3）统计法：长庆、阿曼、大庆油田 21 口井（不包括原产量为 0 的井），措施后产量通常是措施前的 1~3 倍（图 10~图 12）。

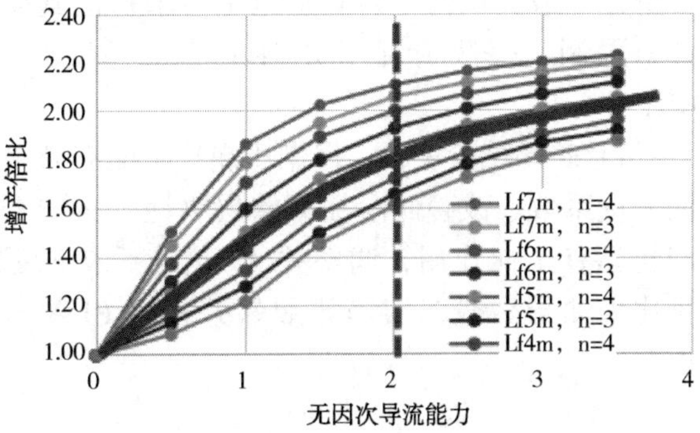

图 10　爆燃压裂增产倍数曲线图版

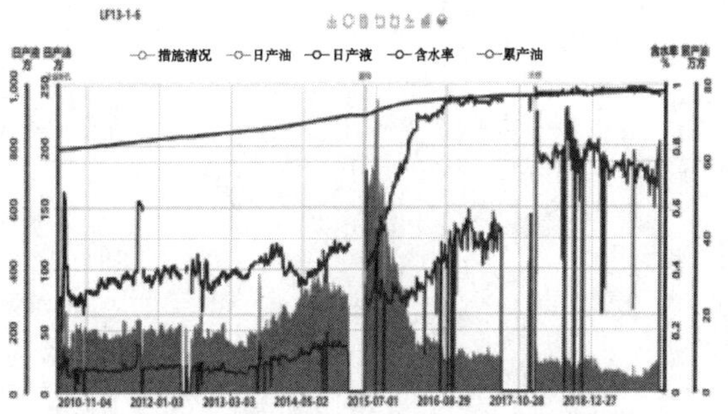

图 11　6 井爆燃压裂前后生产动态

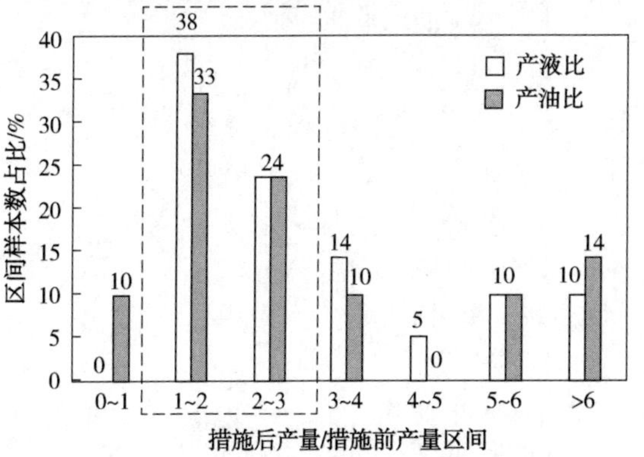

图 12　实际爆燃压裂增产倍数调研统计

5　结论

1）爆燃压裂适用于碳酸岩、砂岩、灰岩等脆性岩石；对地层进行压裂，形成多条不受地应力影响的径向裂缝，清除油气层污染及堵塞物，有效地降低表皮系数，从而达到油气水井增产增注的目的。

2）爆燃压裂层应具备一定的物质基础、供给能力和能量基础，宜满足以下条件：油层孔隙度大于10%；压裂层段含水饱和度不高于50%；油层岩心空气渗透率大于5mD；地层压力系数大于0.7。

3）电缆爆燃压裂作业周期短，需准备的设备少，一般井口就可以满足施工需求；但其受井斜限制，一般情况下井斜小于45°才可以施工。

4）矿场试验表明，爆燃压裂技术能有效降低表皮系数，改善低渗油藏储层物性，对初期产能具有正向作用，调整井A7措施后初期返排比采油指数较未实施压裂邻井初期PI明显提升。

参 考 文 献

[1] 易飞，孙林，高建崇，等，等. 爆燃压裂火药参数正交综合平衡分析[J]. 中国海上油气，2020，32(2)：106-111+180.

[2] 邹信波，孙林，匡腊梅，等，等. 爆燃压裂联合酸化技术在陆丰油田古近系储层的应用研究[J]. 中国海上油气，2021，33(4)：129-134.

[3] 孙林，宋爱莉，易飞，等. 爆压酸化技术在中国海上低渗油田适应性分析[J]. 钻采工艺，2016，39(1)：60-62.

[4] 孙林，杨万有，李旭光，等. 海上油田爆燃压裂技术研究与现场试验[J]. 石油钻探技术，2019，47(5)：91-96.

[5] 孙林，黄波，熊培祺，等. 爆燃压裂起裂模型常见问题分析与修正[J]. 中国海上油气，2019，31(1)：133-138.

苏里格致密气老区剩余气挖潜技术对策研究与应用

——以苏 a、苏 b、苏 c 区块为例

王 琦[1] 唐钦锡[1] 孙华富[1] 易建华[2] 董文浩[1] 陈晓鹏[1]

（1. 中国石油长城钻探苏里格气田分公司；2. 中国石油长城钻探地质研究院）

摘 要 鄂尔多斯盆地苏里格气田苏 a、苏 b、苏 c 区块经过近 20 年的开发，Ⅰ类地质储量已动用 84.1%~93.2%，采出程度 27.5~47.5%，Ⅱ类地质储量已动用 37.3%~51.1%，采出程度 6.1%~18.3%，Ⅰ、Ⅱ类地质储量总体采出程度相对较低，各区块仍然有 10.2%~20.2%剩余经济可采储量，为了持续稳产，并不断提高老区采收率，基于前人在苏里格研究成果，结合本区开发实际，通过气井生产动态、数值模拟及深入地质分析明确本区 4 种剩余气分布模式。在弄清各区块剩余气分布模式的基础上，明确了调层、侧钻水平井和侧钻井 3 种剩余气挖潜方式和选层选井标准。通过配套了老井调层配套技术工艺，优化了侧钻水平井从部署到排采地质工程一体化系列技术措施，开展了调层、侧钻水平井和侧钻井挖潜开发剩余气实践 199 井次，老区剩余气挖潜累计增产天然气 $20.49\times10^8m^3$，提升区域采收率 17.1%，其中侧钻水平井累计增产天然气 $17.05\times10^8m^3$，效果最佳。

关键词 剩余气；挖潜；技术对策；侧钻水平井；苏里格

鄂尔多斯盆地苏里格气田是中国首个天然气探明储量超万亿立方米的大气田。苏 a、苏 b、苏 c 区块位于该气田的西北部，区域构造属于鄂尔多斯盆地伊陕斜坡北部中带，区块综合含气丰度 $1.29\times10^8m^3/km^2$，整体采用一套开发层系，苏 a 采用 600m×1200m 平行四边形井网、苏 b 采用 600m×600m 菱形井网，苏 c 采用 600m×1200m 水平井网开发。自 2006 年陆续开发至今累计采出天然气 450 多亿方，为人民生活和工业生产提供了源源不断的能源供给。区块开发至今，Ⅰ+Ⅱ类地质储量总体采出程度相对较低，剩余经济可采储量较大。

为此开展区块老区剩余气分布模式、剩余气挖潜技术对策研究，针对不同剩余气分布模式和气藏规模，制定了相关技术对策，开展了应用实践，取得了较好开发效果，为提高气田采收率和持续稳产提供了强有力的技术支撑。

1 研究区概况

研究区上古生界地层自下而上发育石炭系本溪组，二叠系太原组、山西组、石盒子组和石千峰组，开发目的层为上古生界二叠系石盒子组盒 8 段 4、5、6 小层和山西组山 1 段 7、8、9 小层，气藏埋藏中深 3209.0~3350m。区域构造整体为一个东北向西南倾伏的单斜，地层倾角小于 1°，局部微构造发育，区内有 3 组近东西走向走滑断层横穿整个工区，沟通目的层至近地表地层，对气藏聚集具有一定的破坏作用。区块目的层有效储层为河道亚相心滩和边滩沉积，岩性为中-粗岩屑砂岩、石英砂岩，单井平均有效储层厚度 16.8m，有效储层平均孔隙度 9.0%，平均渗透率 0.80mD，气藏分布受生烃强度、沉积储层岩性物性、盖层及局部微构造条件多重控制，属于无固定边底水、受局部微构造控制的低孔、特低渗致密岩性气藏。

2 剩余气分布模式

基于前人在苏里格研究成果，结合本区开发实际，通过气井生产动态、数值模拟及深入地质分析明确本区 4 种剩余气分布模式(图 1)。

2.1 井网未控制剩余气

研究区井网主要部署在优势河道条带上，条带以外井控程度低。前人所建立的储层地质知识库表明：单砂体宽度为 600~1200m，有效单砂体(心滩、点坝)宽度一般为 450~550m，目前井网导致认识受限，通过不断外扩评价证实，优势条带间井网未控制区存在由于洪水期水流漫溢到主河道以外冲刷古地形地势低洼区域形成的支流

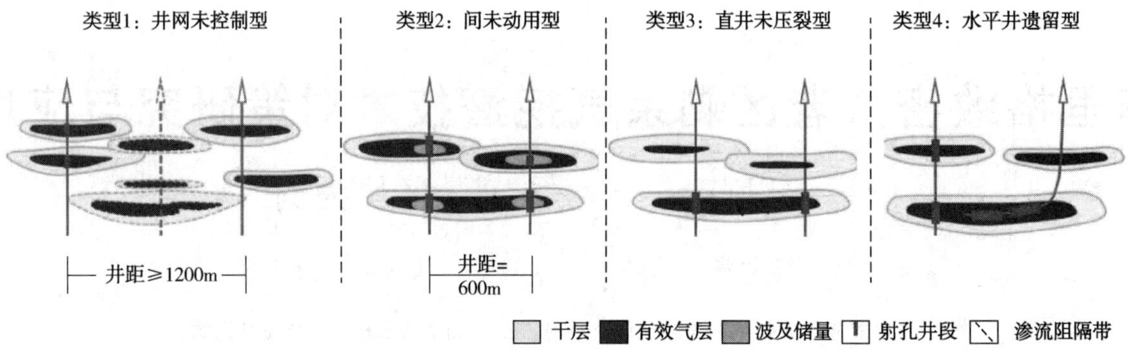

图 1 剩余气分布模式图

河道沉积，在支流河道储层内形成井网未控制剩余。

2.2 井间未动用剩余气

多期垂向、侧向加积的河流相储层在纵向和横向上均表现为强非均质性，储层岩性、物性变化快，探边测试等资料表明气井在砂体范围内存在流动边界，复合砂体气藏内部不连通，存在多个渗流阻滞(流)带，影响叠置砂体渗流能力，造成井间滞留形成井间剩余气；且苏里格气田合理井网为 500m×650m，而本区泄气半径为 93.8m~585.4m，平均泄气半径 253.5m，目前井网井距开发存在未泄气井间剩余气。

2.3 直井未压裂剩余气

研究区主要生产层段为盒 8 段 4、5、6 小层和山 1 段 7、8、9 小层，纵向跨度近 60m。直井开发一般平均射开其中 2~3 个最优单层，合计厚度小于 9m，考虑储层渗流和泄压，一般采用邻井错层射开方式，即使压裂能穿透上侧 5m 泥岩夹层，但相隔较远距离的未压裂层动用困难，部分压裂未波及气层形成剩余气。

2.4 水平井遗留剩余气

苏 c 区块有效储层厚度大，采用水平井开发，水平段轨迹一般分布在气层较为集中的 5、6、7 小层，箱体厚度 8~10m。压裂模拟显示裂缝高度可达到 2 倍厚度的储层内，但由于泥岩隔夹层的广泛发育，其抗拉强度是砂岩的 3~6 倍，压裂缝高很难达到 30m 以外储层，水平段压裂改造体积以外区域气层未动用，形成水平井遗留剩余气。

3 剩余气挖潜技术对策

3.1 区块剩余气分布

基于完钻井信息，运用储层构型技术，按照“垂向分期、侧向划界”的划分原则描述单砂体，运用沉积规律指导砂体连通关系，落实单期河道平面展布特征，精细刻画储层，砂体呈现纵向多期叠置、侧向快速变化、平面叠加连片分布特征(图 2)，接触关系以叠加型和切割型为主，孤立砂体较少，在构型认识的基础上开展储层精细建模，精细描述了储层和气层空间展布(图 3)，并利用数值模拟技术刻画了剩余气在三维空间的展布(图 4)。

苏 a 区块剩余气主要分布在 600m×1200m 井网的井间未动用区域及井控程度低井区(图 5. a)，苏 b 区块剩余气主要分布在 600m×600m 井网的井间未动用区域和气井控制程度较低的中部井区(图 5. b)，苏 c 区块剩余气主要分布在水平井部署区的非主力层位和部署区周边井区(图 5. c)，各区块直井开发区均存在未压裂剩余气分布。

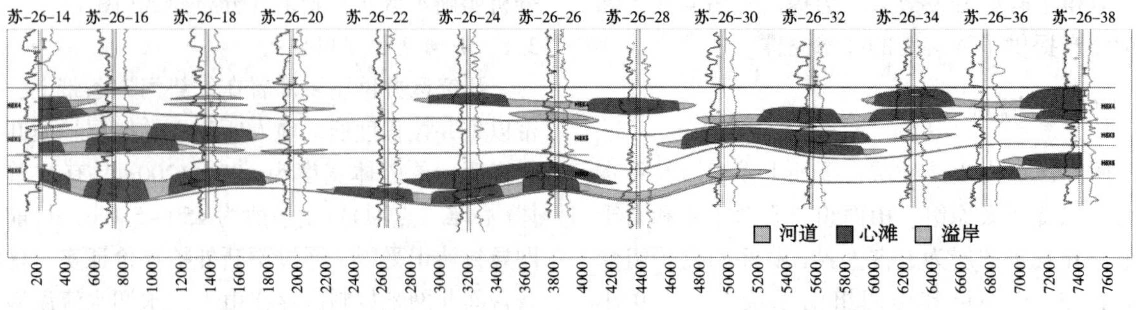

图 2 连井砂体构型剖面

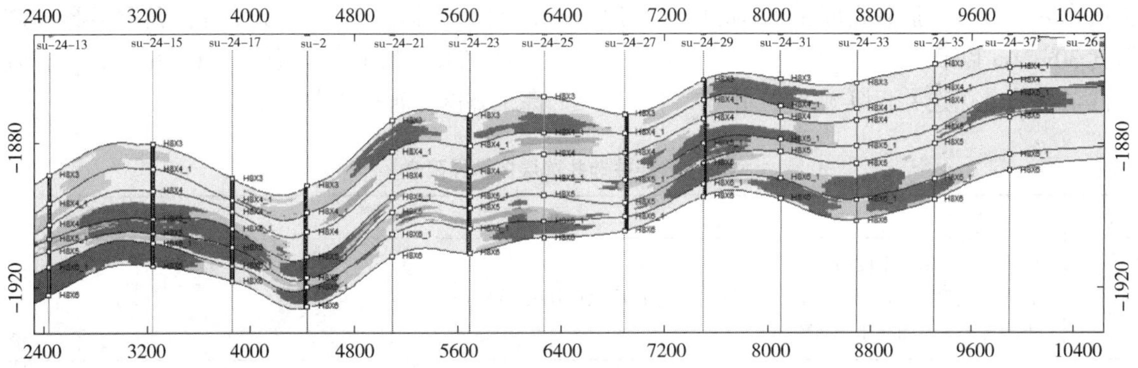

图3 储层建模连井剖面

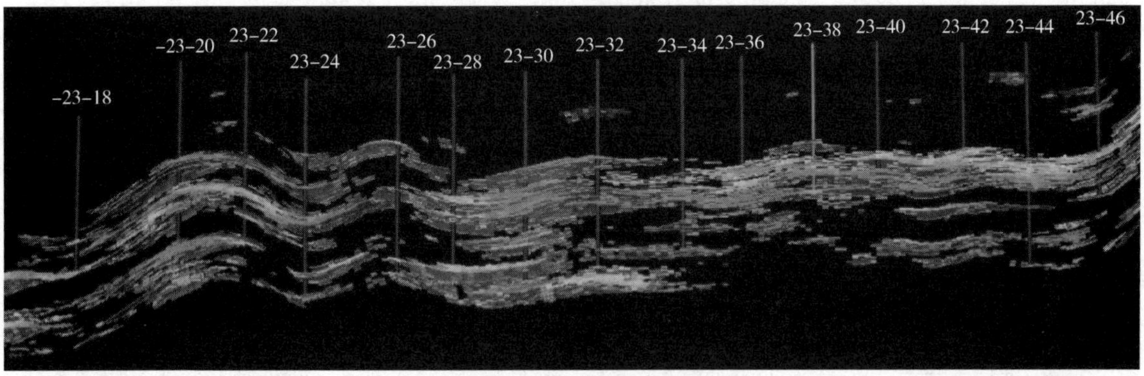

图4 剩余气模型表征

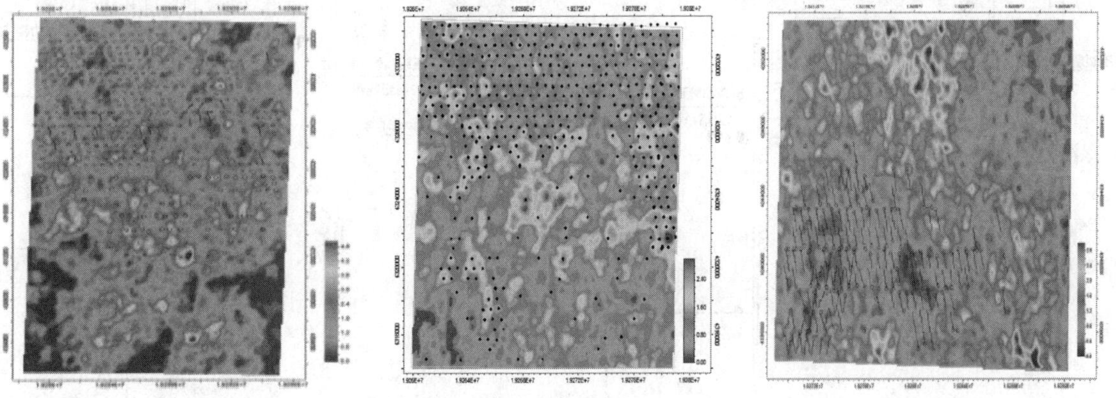

(a)苏a北区　(b)苏b北区　(c)苏c南区

图5 剩余气分布丰度平面图

3.2 剩余气挖潜技术对策与开发效果

针对不同的剩余气分布模式，通过理论研究与实践相结合，形成了包括老井调层、老井侧钻、侧钻水平井、侧钻定向井的选井、选层标准及地质工程一体化全流程技术工艺对策。

3.2.1 老井调层

在600m×600m井网完善区，针对层间由于非均质性和直井未压裂动用不完善区剩余气，优先采用老井调层方式挖潜，利用“气藏+井筒”结合的方式选井，“测井+地质”选层，综合考虑调层井气层厚度、电性特征、经济极限产量、与邻井距离及与老层之间的隔层厚度，确立调层井选井选层技术界限(表1)。

在工艺技术方面，研制了上返、下返、中返管柱组合(图6)，实现封下采上、封上采下和封上下采中间的调层需要，解决了早期不能封上下采中间的调层需要。

为了控制调层井压裂改造体积，避免裂缝在纵向上过度延伸，降低沟通低压储层风险，通过压裂模拟(图7)显示控制排量能够有效控制缝内净压力，控制规模能够有效控制改造体积，考虑到调层厚度(多为2~10m)，确定初始排量控制在 3.0m^3/min 以下，加砂强度 5.97t/m 以下，用液强度 30m^3/m 以下。

截至目前，优选并已实施调层井 55 口，见效 32 口，措施有效率 58.2%，调层后累计产气 3.32 亿方，目前井均增产气 63.6 万方，有效提高了井网完善区采收率。

表 1 调层井选井选层技术界限表

项目	技术界限
选井	平面小层剩余气丰度高； 停产或正常生产日产平均小于 0.1 万方，生产层无重复压裂潜力； 井筒无套变及固井质量问题。
选层	新调气层厚度达到>3m 以上的、气测值>10%、有效砂体展布广，远离水层；气层厚度<3m 时需谨慎实施；新调层位电阻率大于 20Ω·m，不含可动水(或低于 5%)(电阻率<20Ω·m 时需对储层是否受泥浆渗透影响论证)； 新调层预测累产气大于 230 万方，超过经济极限产量； 新调层需与邻井对应层可对比，避免孤立砂体并确保井距在 500m 以上； 新、老层之间泥岩隔层须保持 10m 以上，并确保气层段固井质量合格。

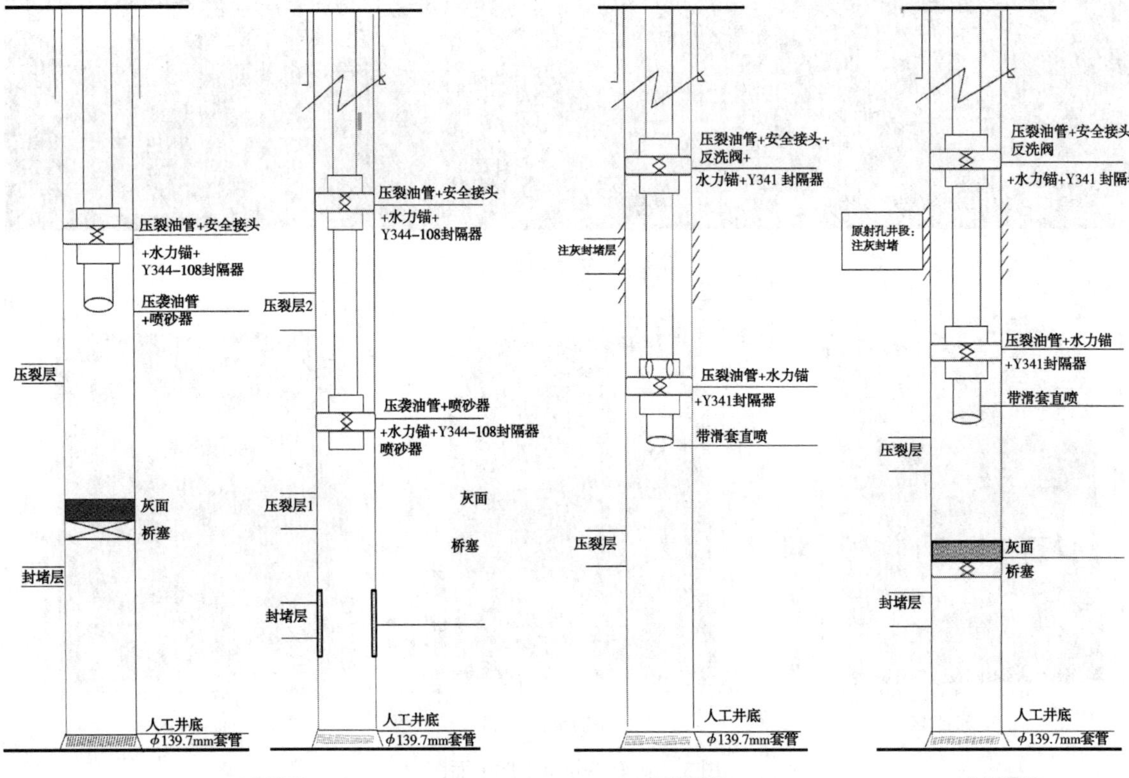

图 6 调层管柱示意图

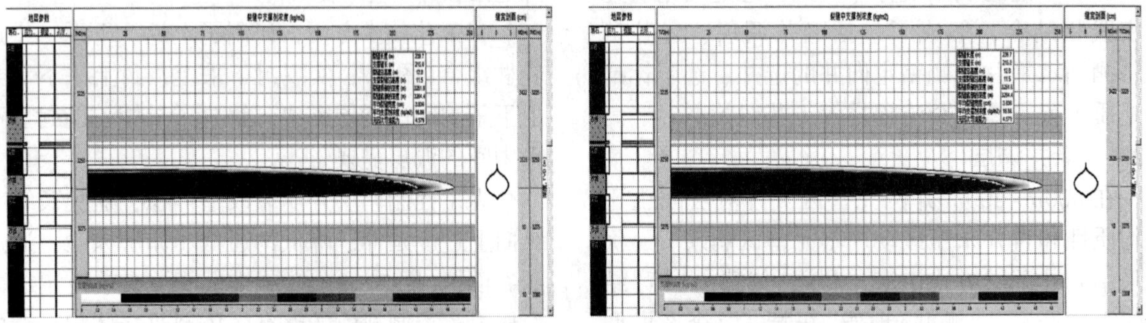

图 7 初始排量和压裂规模模拟图

3.2.2 侧钻水平井

在井网未控制区、水平井遗留区及井间未动用区，井控制程度低，在剩余储量规模大的区域优先采用侧钻水平井挖潜。基于有利相带、沉积储层、气层厚度、气层动用程度、单控储量、产量水平等指标确立了侧钻水平井和侧钻井选井选层技术界限(表 2)。

结合各区块的剩余气分布区域及模式，苏 a 区块在 600m×1200m 井网长轴方向井间未控制区域沿北偏西方向部署侧钻水平井(图 8)，苏 b 区块在 600m×600m 井网井间剩余气区域沿北偏东方向部署侧钻水平井，苏 c 区块在 600×1200m 井网层间未动用区域与原水平井方向一致部署侧钻水平井，充分挖掘各种井网条件下井间、层间及井网为控制区剩余气，研究区共部署侧钻水平井 215 口。

表 2　侧钻水平井选井选层技术界限表

项目	技术界限
选井	有利沉积相带，砂体平面和纵向连续性好，气层厚度大，储量动用程度低，剩余气富集区域； 井间剩余气富集，预测单井控制储量大于 $0.6\times10^8m^3$； 气井停产或正常生产日平均产量 $0.1\times104m^3$
选层	剩余气纵向集中发育，气层厚度大，平面展布落实； 水平井遗留区需与原动用层段保持 10m 以上稳定发育隔层； 目的层产能落实，同富集条带生产效果好； 稳定分布的薄层，需具备物质基础，厚度相对较大的低饱和度层； 直井难于动用的薄互层； 部署侧钻水平井 EUR 大于 $3200\times10^4m^3$

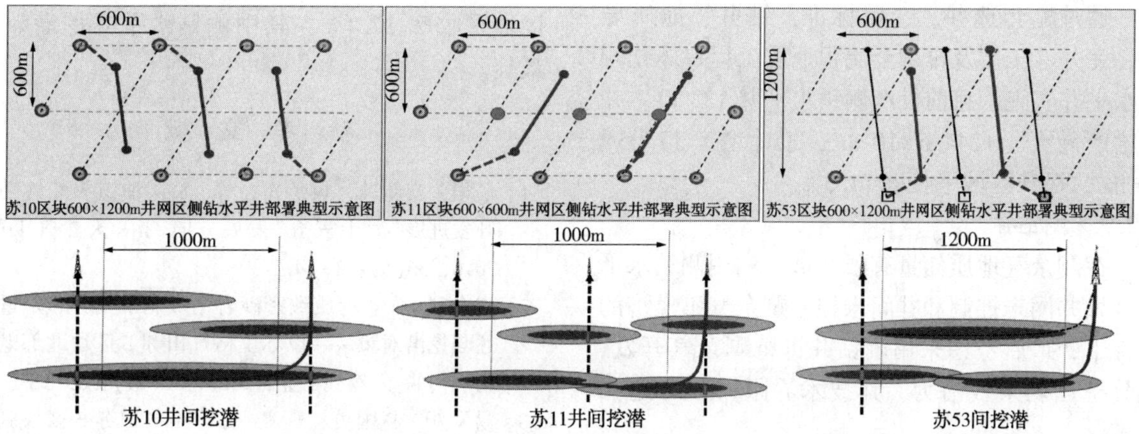

图 8　各区块层间及井间挖潜侧钻水平井部署方式

砂岩和有效储层钻遇率是侧钻水平井开发效果的物质基础保障。通过钻前多井精确对比、结合地震微伏构造表征落实靶点深度，实钻过程中盒 7 底、盒 8 上底、盒 8 下底、山 1 底多级标志层控制，旋回对比实调整入靶点深度，水平段钻进过程中随钻 GR 旋回形态、气测值对比，结合元素录井判断钻头在储层中位置，地质与工程相结合，实时调整轨迹，目前完钻侧钻水平井平均砂岩钻遇率 90.24%，平均有效储层钻遇率 55.49%。

为了充分实现老区剩余气高效动用，并兼顾穿层动用和预防压窜沟通低压区，经过压裂人工裂缝模拟，并结合压裂曲线与邻井压力波动监测，优化了各种剩余气模式下的储层改造规模(表 3)。

表 3　剩余气储层改造规模优化结果表

剩余气分布类型	井距/m	缝高与缝长优化原则	优化结果
井网未完善	1200	大排量穿层、造长缝	半缝长>250m
井间未控制	600	大排量穿层、短缝长防窜	常规段半缝长 180~200m 风险段半缝长 120~150m
直井未压裂	600	控排量防穿、短缝长防窜	常规段半缝长 180~200m，风险段半缝长 120~150m
水平井遗留	600	控排量防穿、短缝长防窜	常规段半缝长 180~200m，风险段半缝长 120~150m

在低压区，针对压裂后地层水及压裂液返排难且时间长的问题，通过优化支撑剂组合(40/70 目+20/40 目)，增加支撑缝长，同时采用纳米增效剂(表 4)，通过改变储层润湿性，减小界面张力，解除有机无机堵塞，提高目的层渗透率，降低储层伤害，并综合实施液氮伴注增能助排措施，平均返排率从常规的 41%提高到 51%，有效助力了快速返排和建产。

表 4　助排剂参数对比

序号	项目名称	常规助排剂	纳米增效剂
1	粒径中值/nm	800	14
2	初始表面张力/(mN/m)	25.5	27.4
3	抵抗岩石表面吸附能力(7PV 后的表面张力 mN/m)	52.6	27.8
4	助排效果(1h 排液量，g)	80	120
5	接触角变化	31.0→33.0	31.6→59.6
6	毛细管压力 Pc(MPa)(假设 r=130nm)	—	0.21

通过配套选井、选层标准，钻井、地质导向、完井、压裂及排采全流程地质工程一体化侧钻水平井实施，目前投产侧钻水平井 137 口，井均增产天然气 1244.5×10^4m^3，累计增产 17.05×10^8m^3，提升区域采收率 14.3%。

3.2.3　侧钻井

在剩余气地质储量有限区域，利用侧钻水平井开发井网未控制和井间未控制剩余气不经济的条件下，最后考虑采用侧钻井进行剩余气开发，充分挖掘剩余气潜力，其技术界限(表 5)适当放宽。

表 5　侧钻井选井技术界限表

项目	技术界限
选井	侧钻井目的层平面位置位于有利沉积相带，产能落实，有效储层厚度大于 9m，天然气剩余储量大于 0.32×10^8m^3； 停产井或正常生产日平均产量 0.1×10^4m^3，无重复压裂和调层潜力； 利用井侧钻点固井质量合格

目前已优选实施侧钻井 7 口，投产初期平均套压 11.9MPa，初期平均日产 1.11×10^4m^3，目前累计增产 1218×10^4m^3，达到了预期效果。

4　结论

(1) 基于研究区不同井网类型，结合目前开发实践，利用精细沉积砂体刻画，数值模拟及地质综合分析等手段，明确了研究区剩余气 4 种分布模式，为下一步挖潜奠定了基础。

(2) 开展了基于砂体构型、建模、数模和生产动态分析的剩余气分布研究，落实了各区块剩余气分布位置和模式；并确定了老井调层、侧钻水平井和侧钻井 3 种挖潜方式，考虑储层及剩余气分布规模、井筒质量、空间有效利用、经济性及预期开发效果等指标建立了各种挖潜方式的选井、选层技术界限，进一步明确了挖潜技术对策。

(3) 配套并优化老井调层相关技术工艺，提升了调层效率；针对各区块井间、层间剩余气分布模式，开展了侧钻水平井差异化、精准化部署，并通过配套、优化和实施地质工程一体化全流程技术措施，增产天然气 17.05×10^8m^3，提升区域采收率 14.3%。

(4) 通过老井调层、侧钻水平井及侧钻井挖潜，研究区累计增产天然气 20.49×10^8m^3，提升区域采收率 17.1%，其中侧钻水平井挖潜效果最佳。

参考文献

[1] 杨华，刘新社，黄道军，等. 长庆油田天然气勘探开发进展与“十三五”发展方向[J]. 天然气工业，2016，36(5)：1-14.

[2] 祝金利. 强非均质致密砂岩气藏剩余气分布定量描述与挖潜对策——以苏里格气田苏 b 区块北部老区为例[J]. 天然气工业，2020，40(11)：89-95.

[3] 易发新，赵国英，李爽. 苏里格气田苏 S 区块剩余气及挖潜对策研究[C]，第二届中国天然气开发技术年会论文集. 2023：8. DOI：10. 26914.

[4] 张吉，侯科锋，李浮萍，等. 基于储层地质知识库约束的致密砂岩气藏储量评价：以鄂尔多斯盆地苏里格气田苏 14 区块为例. 天然气地球科学，2017，28(9)：1322-1329.

[5] 马志欣，吴正，李进步，等. 河流相致密砂岩气藏剩余气精细表征及挖潜对策——以苏里格气田中区 SSF 井区为例[J]. 天然气工业，2023，43(8)：55-65.

[6] 李跃刚，徐文，肖峰，等. 基于动态特征的开发井网优化：以苏里格致密强非均质砂岩气田为例. 天然气工业，2014，34(11)：56-61.

[7] 郭智，贾爱林，冀光，等. 致密砂岩气田储量分类及井网加密调整方法：以苏里格气田为例. 石油学报< 2017，38(11)：1299-1309.

[8] 谢锦阳，侯冰，何明舫，刘欣佳. 苏里格砂泥薄互储层缝控压裂造缝机制及穿层判别准则[J]. 石油勘探与开发，2024，51(5)：1-10.

[9] 唐勇，王国勇，李志龙，等. 苏 c 区块裸眼水平井段内多裂缝体积压裂实践与认识[J]. 石油钻采工艺，2013，35(1)：63-67.

[10] 徐良伟. 低孔低渗砂岩储层强水锁伤害消减技术[J]. 广州化工，2023，51(05)：191-193.

[11] 刘乃震，何凯，叶成林. 地质工程一体化在苏里格致密气藏开发中的应用[J]. 中国石油勘探，2017，22(01)：53-60.

鄂尔多斯盆地煤砂合层压裂工艺研究

寇春松[1] 郭布民[1] 安 琦[2] 陈 玲[1] 王 达[1] 曲喜墨[1] 曹金豪[1]

（1. 中海油田服务股份有限公司；2. 中联煤层气有限责任公司）

摘 要 针对深部煤层气与致密气多层合压时各储层改造需求的差异性、砂液量及排量的特殊性、工艺的不确定性等问题，通过现场施工数据、理论计算、数值模拟等方式，计算煤层、临煤砂岩层在不同排量、射孔参数下的进液分布及工艺参数优化，建立煤系地层与相邻砂岩层合压的工艺参数计算模型。结果表明：鄂尔多斯盆地东缘深煤层裂缝延伸压力高于临煤致密气层；在排量 $14\sim20m^3/min$ 的模拟计算条件下，致密气存在射孔孔数上限，不同射孔数量分布、施工排量影响各层进液速率，决定裂缝规模。通过射孔分配，选择合试的时机投球暂堵，可有效控制各层位进液速率及进液量，优化压裂缝长，避免出现改造程度失控的情况。研究结果为鄂尔多斯盆地的煤层气、致密气资源高效开采提供了设计理论依据。

关键词 煤砂合压；煤层气；均匀改造；缝口暂堵；延伸压力

1 引言

临兴-神府区块地处鄂尔多斯盆地伊陕斜坡东北部，该地区具有较大煤层气、致密气资源潜力，是我国首个千亿方深煤层气田。该区块深煤层吸附气含气量高，游离气含量低，开采产气速率慢，成本高且回本周期长。煤层厚度薄，其上下层位多为含气较多的砂岩层，为了降低开发成本，提高气井采气效率，有必要采取多层联合压裂措施提高初期采气效率，维持后期稳定产气效果。煤层具有水平地应力差小、低弹性模量、高泊松比和高动态滤失的特点，裂缝沿着层面、割理面和节理面扩展，形成的裂缝短宽且形状不规则。致密气层水平地应力差大、高弹性模量、低泊松比，滤失量较低，裂缝以双翼缝为主。深煤层以大排量、大液量造复杂裂缝，致密气多采用较低排量、适中规模造长缝。二者储层地质条件差异大，储层改造工艺差异明显，两种不同造缝理念对储层合压工艺提出挑战。时贤等基于多层压裂流量动态分配思想，考虑缝间应力干扰、射孔和摩阻压降损耗、滤失等影响建立多簇裂缝同步扩展数学模型，指出簇间距越近，则整个缝簇系统受到应力干扰影响越明显，而加大压裂液黏度可以明显改变缝宽，一定程度上抵消应力干扰影响。Wang 等考虑孔眼磨蚀、分级转向作用，提出了非均匀射孔及段内分流设计方法。王波等通过室内实验测量煤层顶底板地应力，建立多层有限元反演模型，进行煤层地应力反演计算，对不同类型地层合压的可行性进行分析。对于射孔、液量分配的计算，以往的研究大多是基于同一储层来探究射孔对裂缝高度以及裂缝形态的影响。对于深煤层、致密气合层压裂的研究，多为水平应力下可压性的评价。目前对于两气合采的施工设计多以现场经验为主，采取高排量、大砂量、中间暂堵的形式改造储层。由于目前并没有明确的设计理念指导施工，不合理的施工参数将导致致密气、深煤层过分改造或改造差的情况。

本文通过理论分析、公式推导及模拟、现场数据验证支持的方式，建立两气合采过程中施工总排量、射孔数量分配、排量分配之间的关系式，以此为基础对两气合采井工艺进行改进，并选取鄂尔多斯盆地东缘 2 口不同工艺井进行对比分析，为此类两气合采井施工设计提供了方法。

2 地层进液分布

深煤层、致密气由于其地质结构、储层物性等方面存在的明显差异，距离较近的两个储层在延伸压力上存在差别。通过小压数据、施工停泵曲线能有效获得储层延伸压力，延伸压力反应了储层的进液能力，施工过程中各压力的关系：

$$P_s=P_{fg}+P_{fs}+P_{fy}+P_y-P_w \quad (1)$$

式中，P_s为施工压力，MPa；P_{fg}为管柱摩阻，MPa；P_{fs}为孔眼摩阻，MPa；P_{fy}为裂缝沿程摩阻，MPa；P_y为延伸压力，MPa；P_w为净液柱压力，MPa。

对于小压测试井，可使用小压数据中的阶梯

升数据计算延伸压力。对于已压裂施工未测小压数据的层位，可用瞬时停泵压力值代替延伸压力。当停泵的瞬间，可认为井筒内流体停止流动，所有摩阻消失，停泵的瞬间施工压力变化为：

$$P_h = P_y - P_w \tag{2}$$

式中，P_h为地面瞬时停泵压力，MPa。

煤层和临煤致密气层位距离较近，可认为施工中井底压力相同，有如下关系式。

$$P_e = P_{yz} + P_{fyz} + P_{fsz} = P_{ym} + P_{fym} + P_{fsm} \tag{3}$$

式中，P_e为井底压力，MPa。P_{yz}、P_{ym}为致密气延伸压力、深煤层延伸压力，MPa；P_{fyz}、P_{fym}为致密气沿程摩阻、深煤层沿程摩阻，MPa；P_{fsz}、P_{fsm}为致密气射孔摩阻、深煤层射孔摩阻，MPa。

2.1 储层延伸压力分析

压裂小压测试的主要目的是获取地层物性参数，为主压裂提供可靠的依据。8 可通过小压数8据分析深煤层、致密气的延伸压力，得到该片区储层的平均延伸压力。

采用小体积，不加砂，以不同的阶梯排量注入与正式压裂相同的压裂液，当压力稳定后再改换下一个排量，当达到设计排量后阶梯降排量。以神府区块 CH-A 井为例。A 井采用外径 139.7mm，壁厚 12.7mm，抗内压 111.2MPa 套管固井完井，套管头抗内压为 105MPa，根据 1.25 的管柱安全作业系数，套管承受内压最高为 84.0MPa，井口限压 89MPa，井口设备选择 105MPa 井口。小压泵注程序见表 1，施工排量 $20m^3/min$。

表 1 CH-A 井小压程序

阶梯升阶段		阶梯降阶段	
排量/(m^3/min)	阶段时间/min	排量/(m^3/min)	阶段时间/min
4	2	20	2
5	1	18	0.3
7	1	16	0.3
11	1	14	0.3
14	1	12	0.3
17	1	8	0.3
20	2	5	0.3

小压数据分为阶梯升、阶梯降阶段，阶梯升用于计算延伸压力，阶梯降计算得到孔眼摩阻+近井摩阻。对小压数据进行处理，减去不同排量下的管柱摩阻，得到井底小压数据，对 CH-A 井的井底小压数据进行计算，见图 1～3、表 2 所示，延伸压力 38.5MPa 较该片区其他深煤层低。

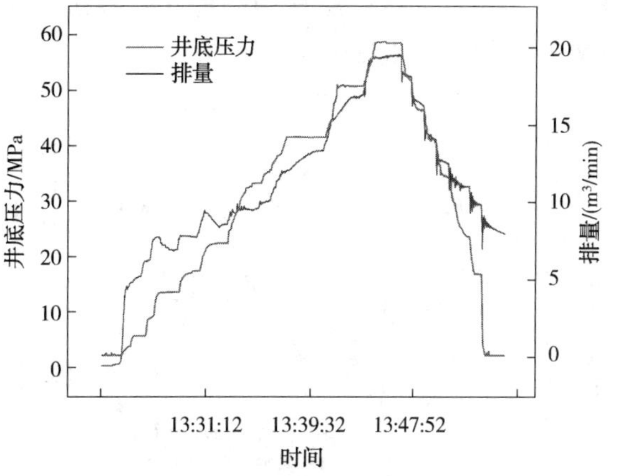

图 1 CH-A 阶梯升、阶梯降数据

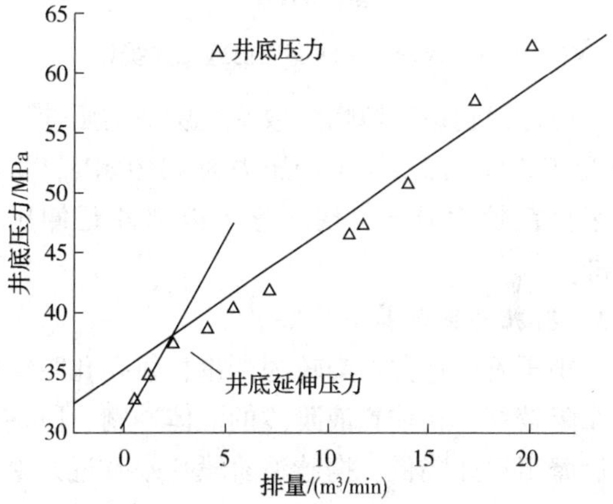

图 2 CH-A 阶梯升数据分析延伸压力

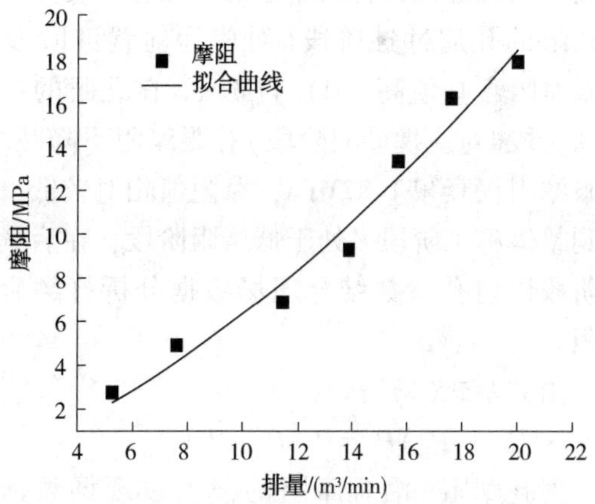

图 3 CH-A 阶梯降数据分析摩阻

表 2 井底小压数据分析结果

井底小压数据分析	
延伸压力/MPa	38.5
井眼摩阻+近井摩阻/MPa	$f_p = 0.27 * Q^{1.39}$

注：f_p为井眼摩阻+近井摩阻；Q为总排量。

对于已施工井，可采用井底瞬时停泵压力作为储层延伸压力，收集该片区单压致密气井、深煤层井的施工数据，得到两个储层的延伸压力均值，用于该片区域储层压裂与优化，各统计 15 井数据，统计结果见图 4。

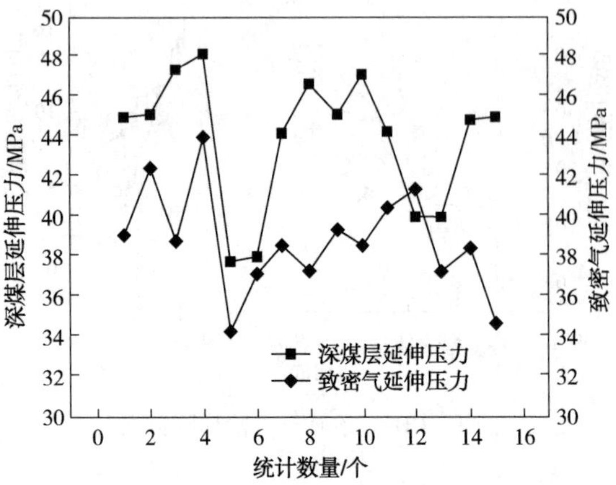

图 4　致密气、深煤层已施工井统计

统计得到该区域临煤致密气层平均延伸压力为 38.7MPa，深煤层延伸压力为 43.9MPa，不同片区存在较大差异，现场施工以邻井延伸压力为准。

2.2　射孔摩阻计算

小压阶段近井污染较为严重，射孔孔眼粗糙且摩阻较高，在前置液阶段的液体冲刷、段塞打磨后摩阻迅速降低，携砂液阶段孔眼及近井摩阻较低。王治国等基于数值模拟方法研究了孔眼摩阻变化动态过程，孔眼摩阻的衰减主要发生在射孔孔眼的孔肩冲蚀阶段(对应为前置液阶段)。孔眼摩阻衰减值高达 11.47MPa。在孔眼的扩径冲蚀阶段(对应携砂液阶段)孔眼摩阻下降减缓，孔眼摩阻仅衰减 1.87MPa，摩阻值相对较低。考虑到整体施工阶段多处于低摩阻阶段，在后续模拟阶段以射孔参数结合现场数据分析打磨后的摩阻。

由关系式(1)得到：

$$P_{fs}+P_{fy}=P_s-P_{fg}-P_y+P_w \quad (4)$$

射孔摩阻+沿程摩阻的值通过现场数据得出，以 CH-A 井第 1 段施工为例，射孔参数见表 3，射孔摩阻+沿程摩阻曲线见图 5：

表 3　射孔参数统计

簇号	孔径/cm	枪型	弹型	孔密	射孔数	相位
簇 5	1.1	89	D-2EH	10	6	60°
簇 4	1.1				6	
簇 3	1.1				6	
簇 2	1.1				6	
簇 1	1.1				6	

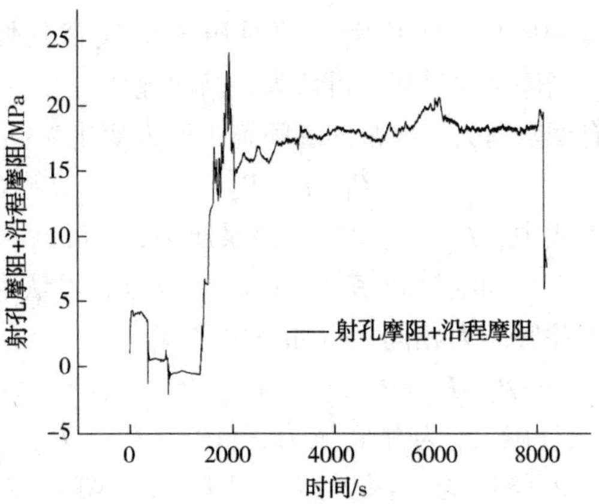

图 5　射孔摩阻+沿程摩阻分曲线

对施工数据进行分析，射孔摩阻+沿程摩阻在 17.0MPa 左右，在模拟计算过程中可将该值等效为模拟射孔摩阻。

2.3　进液分布计算

目前深煤层压裂方向为大排量、大砂量，模拟计算排量参考现场，优选 14~20m³/min 排量。

本文旨在探索致密气、深煤层合压中液量的分配原则，在明确延伸压力、施工排量的前提下，通过改变射孔数量或缝口暂堵的形式，明确分配液量，目前，孔眼摩阻多采用传统的计算公式：

$$P_{fs}=2.2326\times10^{-10}\frac{Q^2\rho}{n^2d^4C^2} \quad (5)$$

式中，C 为流量系数，无因次；d 为孔眼直径，m；P_{fs} 孔眼摩阻，MPa；Q 为压裂液注入排量，m³/min；n 为总射孔数；ρ 为压裂液混合密度，kg/m。

由 CH-A 井得到等效射孔摩阻为 17MPa，带入关系式(5)可得到流量系数 $C=0.63$，对于合层压裂井，相同井底压力下，符合以下公式：

$$P_e=P_{fsz}+P_{yz}=2.2326\times10^{-10}\frac{{Q_z}^2\rho}{n_z^2d^4C^2}+P_{yz}$$

$$P_e=P_{fsm}+P_{ym}=2.2326\times10^{-10}\frac{{Q_m}^2\rho}{n_m^2d^4C^2}+P_{ym}$$

$$Q=Q_z+Q_m \quad (6)$$

式中，P_{fsz} 为致密气射孔摩阻，MPa；P_{yz} 为致密气延伸摩阻，MPa；P_{fsm} 为深煤层射孔摩阻，MPa；P_{ym} 为深煤层延伸摩阻，MPa；Q_z 为致密气排量，m³/min；Q_m 为深煤层排量，m³/min；Q 为总排量，m³/min；n_z 为致密气射孔数量，个；n_m为深煤层射孔数量，个。

上述关系式中，射孔数量、孔径、密度可设定，延伸压力、流量系数通过已施工井得到，通过上式计算可得到各层流量分配，关系式为：

当致密气射孔数≠深煤层射孔数时：

$$Q_z=\frac{\frac{2aQ}{n_m^2}-\sqrt[2]{\left(\frac{2aQ}{n_m^2}\right)^2-4\times\left(\frac{a}{n_m^2}-\frac{a}{n_n^2}\right)\times\left(\frac{aQ^2}{n_m^2}+P_c\right)}}{2\left(\frac{a}{n_m^2}-\frac{a}{n_n^2}\right)} \quad (7)$$

$$a=2.2326\times10^{-10}\frac{\rho}{d^4C^2}$$

$$P_c=P_{ym}-P_{yz}$$

式中，P_c为致密气与深煤层延伸压力压差，MPa。

当致密气射孔数=深煤层射孔数时：

$$Q_z=\frac{aQ^2+P_c\times n_z^2}{2aQ} \quad (8)$$

求出致密气排量后，可得到深煤层排量：

$$Q_m=Q-Q_z$$

3 工艺设计优化

3.1 数值模拟优化规模

3.1.1 几何模型建立

对进液分布进行模拟，观察各层的进液速率。以5½in×7.74mm P110套管为研究对象，建立射孔孔数为66孔的几何模型及计算域，建立几何模型如图6(a)所示。几何模型设计总长为500mm。采用ANSYS Meshing软件划分四面体网格。

实际孔密多在10~16孔/m，考虑到模型尺寸及计算速度，同时为避免边界效应，进行了计算结果与模型长度、孔密大小无关的验证计算，结果显示孔密对模拟结果影响较弱，计算结果与模型长度无关。

由现场数据优化模拟射孔长度，使得模型摩阻与现场一致。现场30个孔眼施工射孔摩阻为17.0MPa，拟合模型孔眼直径为11mm，深度为320mm。网格具有758755个节点和3483581个单元，最终网格划分结果如图6(b)所示。

3.1.2 基本假设及边界条件

根据现场施工数据可设定入口排量、泵压和地层压力。根据入口排量和套管的过流面积可计算得到入口速度，因此计算模型的入口边界条件设定为“速度入口”，根据延伸压力得到出口压力，出口边界条件设定为“压力出口”。

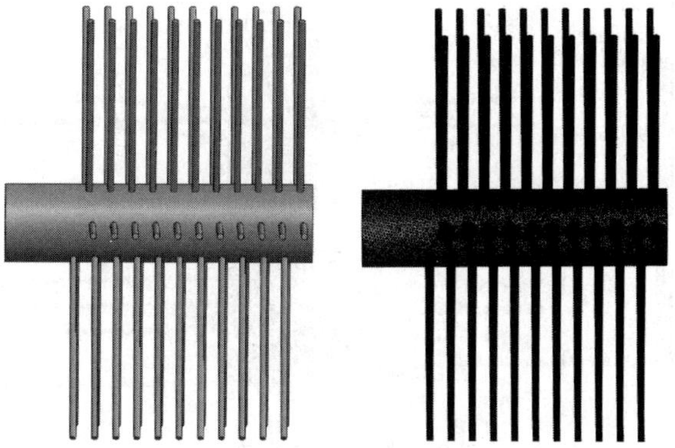

(a)几何模型示意图　　(b)网格划分示意图

图6　计算射孔长度模型示意图

计算工况如见表4：

表4　计算条件及介质参数

参数	数值
套管入口速度	19.3~27.5m/s(14~20m³/min)
致密气射孔出口压力	38.7MPa
深煤层射孔出口压力	43.9MPa
压裂液密度	1.01g/cm³
使用总孔数	130孔
压裂液表观黏度	18mPa·s

3.1.3 模拟计算

数值模拟计算不同排量、射孔数量下流量的分配，以公式进行验证。以致密气+深煤层各30孔、致密气10孔+深煤层30孔为例，排量20m³/min，模型上部为致密气，下部为深煤层，模拟结果见图7~8、表5，数值模拟与公式计算误差在8%以内。示意图采用流速模拟方式，颜色由蓝至红表示流速逐步加大。

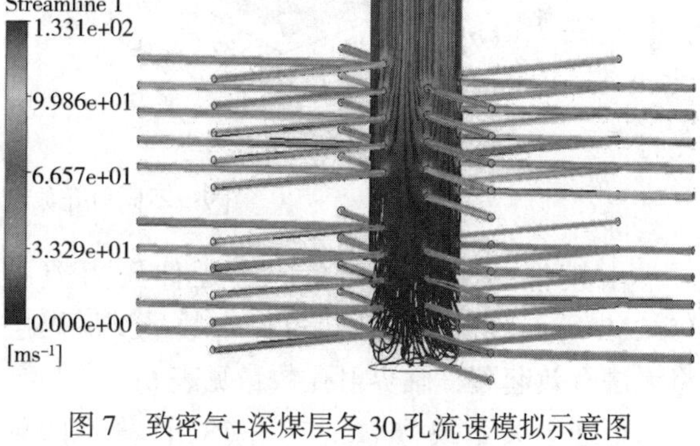

图7　致密气+深煤层各30孔流速模拟示意图

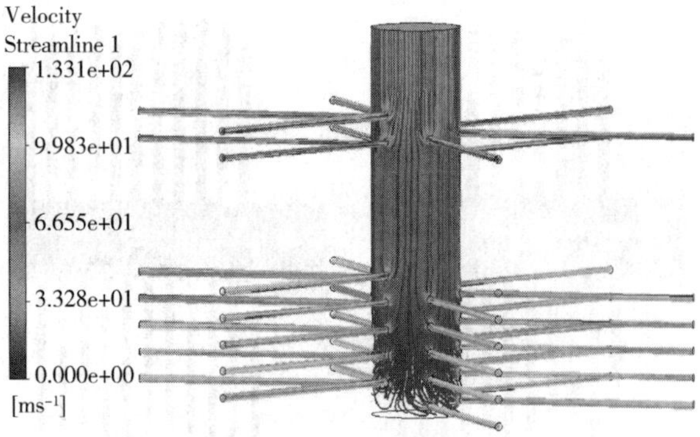

图 8　致密气 10 孔模拟+
深煤层 30 孔流速模拟示意图

表 5　模拟计算结果表

射孔数/个		致密气单孔平均流速/(m/s)	致密气模拟排量/(m^3/min)	公式(7)、(8)计算排量/(m^3/min)
致密气	深煤层			
30	30	74.2	12.7	13.0
10	30	101.8	5.8	5.9

对排量范围 14 ~ 20m^3/min，单层射孔数 5~65 孔进行计算，得到深煤层、致密气在不同射孔数量、总排量下，各层排量的分配，见图 9。

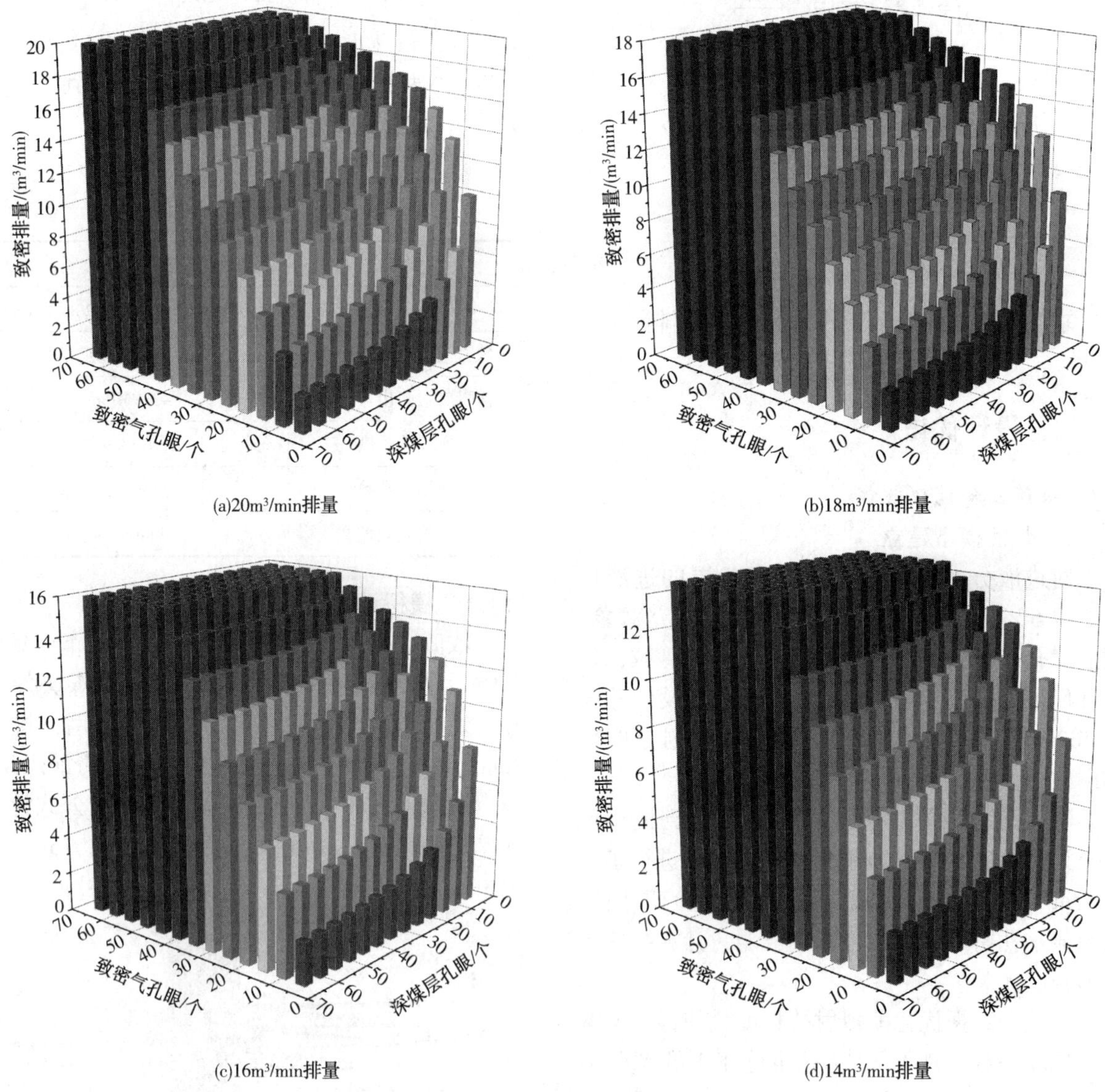

(a)20m^3/min排量　(b)18m^3/min排量　(c)16m^3/min排量　(d)14m^3/min排量

图 9　不同射孔数量下各层位排量结果统计图

由模拟结果得出，在一定延伸压力差下(5.2MPa)，致密气孔数超过一定数量，深煤层将无法有效起裂，临界射孔数量见表 6。

可通过关系式(6)、(7)、(8)计算不同延伸压力压差下，不同射孔数量对致密气与深煤层排量的影响，并得到致密气最大允许射孔数量。

3.2　规模控制工艺

通过 FracproPT 对致密气、深煤层进行模拟，优化施工工艺，采用射孔分配、投球暂堵等控制各层位压裂规模，设计液量 2600m^3，总排量 20m^3/min，加砂规模 370m^3，深煤层在致密气层上部，各储层厚度 10m，泥质夹层层厚 10m，射孔数量如表 7 所示，通过上文模拟结果确定各层位排量数据。

表 6　致密气临界射孔数量

排量/(m^3/min)	最大射孔数量/个	该射孔数下致密气排量/(m^3/min)
20	50	18.3
18	45	16.5
16	40	14.7
14	35	12.8

表 7　规模设定表

参数	致密气	深煤层
孔眼直井	11mm	11mm
示例 1 射孔数	15 个	65 个
示例 1 排量	6.3m^3/min	13.7m^3/min
示例 2 射孔数	35 个	65 个
示例 2 排量	16.6m^3/min	3.4m^3/min

深煤层为体积缝网，根据现场监测数据，将缝网等效模拟为双翼缝，以便和致密气模拟结果进行对比。对两个示例进行模拟，示例 1 全程笼统压裂，示例 2 分别模拟笼统压裂、暂堵压裂两种工艺，见图 10~12。可观察到图 11 致密气模拟中未采用投球暂堵，缝长 335.1m 严重失控，深煤层缝长及铺砂浓度较低，储层改造效果不佳，需要采用暂堵工艺约束致密气缝长，加大深煤层改造体积。根据排量数据，在总液量 960m^3 时采用投球暂堵，封堵致密气层，此时致密气进液量为 800m^3，储层改造良好，见图 12。

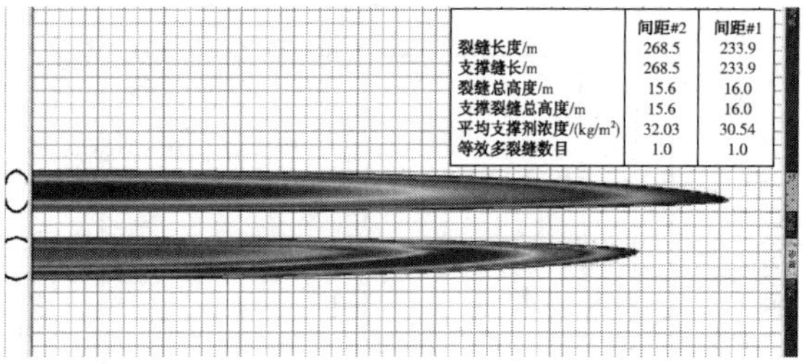

图 10　示例 1 缝长模拟示意图

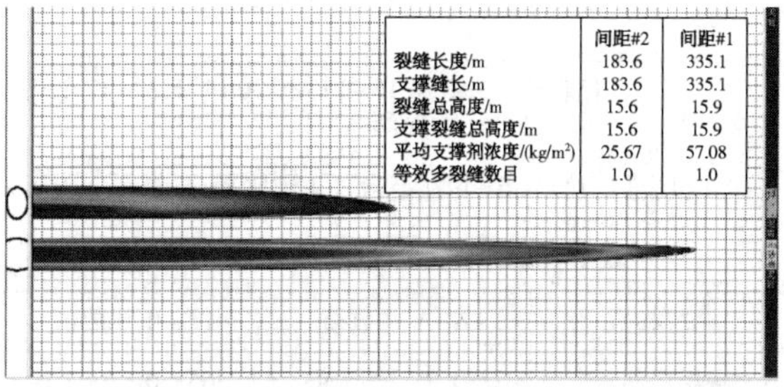

图 11　示例 2 无暂堵缝长模拟示意图

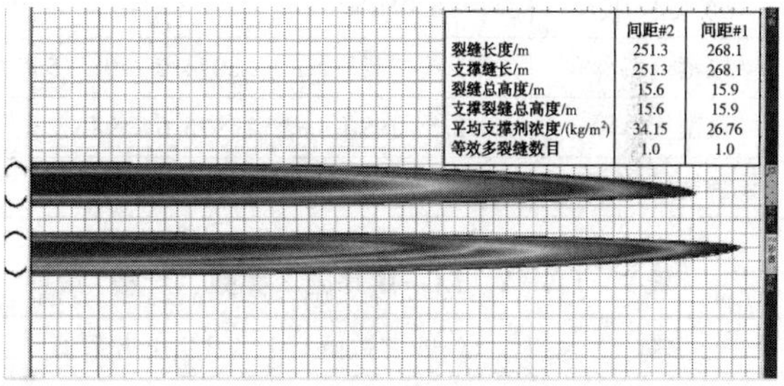

图 12　示例 2 暂堵缝长模拟示意图

4　现场施工效果分析

按照以上方法确定的液量分配验证鄂尔多斯盆地东缘伊陕斜坡带的 LG-A、LG-B 井施工数据，施工曲线仅展示施工压力及排量，如图 13~14 所示。两井为同一井台定向井，均钻遇本溪组深煤层、致密气，两层位相邻，深煤层位于致密气上部。LG-A 井采用分压工艺，LG-B 井采用合压+绳结暂堵工艺，储层信息见表 8~9。

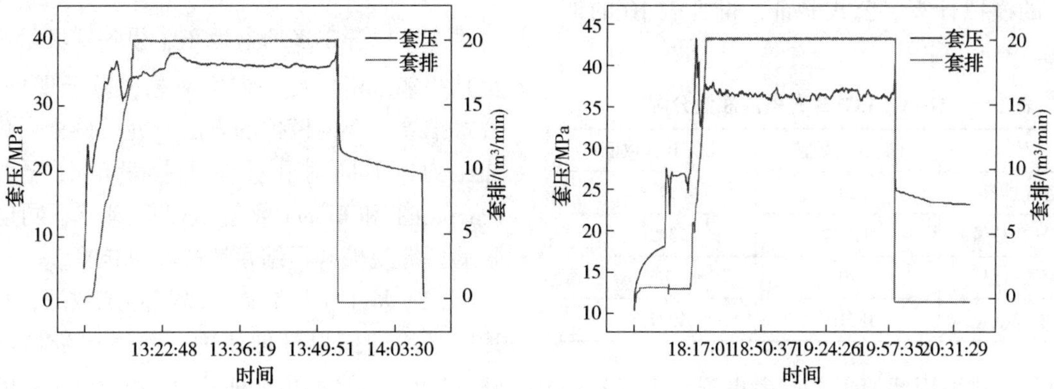

(a)致密气施工曲线　(b)深煤层施工曲线

图 13　LG-A 井两层分压施工曲线

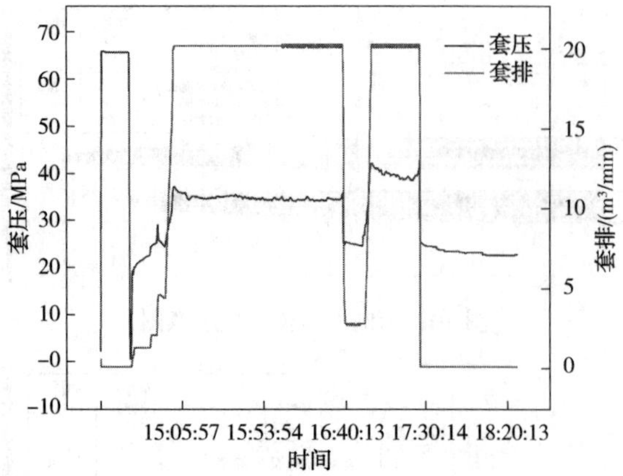

图 14　LG-B 井两层合压+暂堵施工曲线

表 8　LG-A、LG-B 井储层参数

储层参数	LG-A 井数值	LG-B 井数值
深煤层斜深	2280. 7~2295. 9m	2053. 0~2067. 0
深煤层垂深	1952. 6~1966. 0m	1954. 3~1968. 0m
煤层延伸压力	46. 0MPa	—
致密气斜深	2303. 6~2323. 3m	2074. 0~2085. 5m
致密气垂深	1972. 8~1990. 4m	1975. 0~1986. 2m
致密气延伸压力	44. 0MPa	—

表 9　LG-A、LG-B 井施工参数、产量

参数	LG-A 井数值	LG-B 井数值
煤层射孔数	48	64
致密气射孔数	32	48
压裂液密度	1. 01g/cm^3	1. 01g/cm^3
压裂液表观黏度	18mPa · s	18mPa · s
加砂量	100+360	460
总净液量	710. 4+1881. 1	2570. 5
排量	20	20
峰值日产量	12000m^3	29000m^3

对 LG-A、LG-B 井现场数据进行模拟计算，分析合压暂堵、特定射孔工艺下，液量的分配，由前文的模拟计算、公式验证，得到表 10 的液量分配。

表 10　LG-A、LG-B 井各层液量分配

参数	LG-A 井数值	LG-B 井数值
致密气排量	20	12. 3
致密气净液量	710. 4	1342. 9
深煤层排量	20	7. 7
深煤层净液量	1881. 1	1227. 6

LG-B 井采用暂堵工艺，考虑到致密气延伸压力较低，射孔段流速快于深煤层，设定投绳结后致密气全部被暂堵。由 LG-A、LG-B 井排量、液量分配，进行数值模拟，结果见图 15~16。

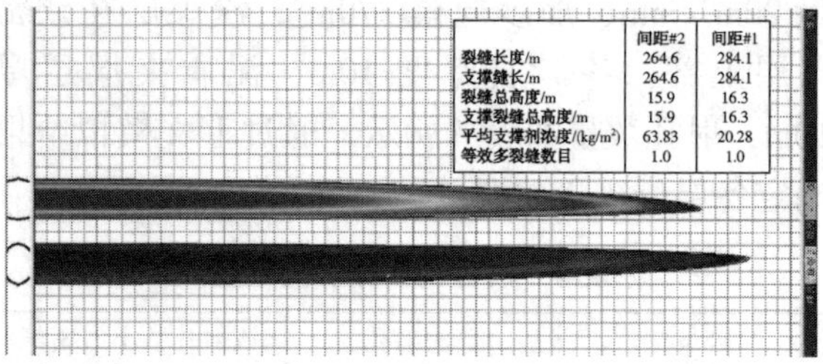

图 15　LG-A 井缝长模拟示意图

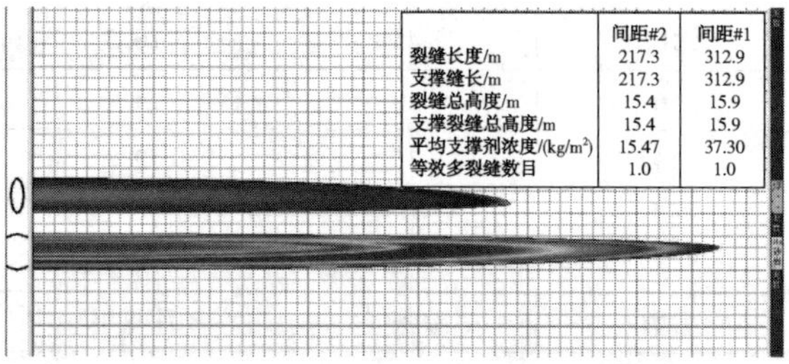

图 16　LG-B 井缝长模拟示意图

致密砂岩气藏为源外成藏，致密砂岩气为游离气，改造规模直接影响产气速率，综合考虑经济性、可控面积、采气速率，致密气缝长一般控制在 200~300m 内，缝长不宜过长。鄂尔多斯东缘深煤层气多为吸附气，游离气相对致密气较少，在投产初期产气贡献度较低。

由模拟结果可得到 LG-B 井致密气缝长、铺砂浓度参数高于 LG-A 井，与实际峰值产气效果相符，LG-B 井峰值产气量高于 LG-A 井。LG-B 井深煤层缝长、铺砂浓度参数远低于 LG-A 井，考虑到深煤层为缝网裂缝，铺砂浓度被分摊至各分支缝，过低的铺砂浓度将影响深煤层吸附气的产出，LG-B 井排采后期产气能力将降低。

5　结论

本文以鄂尔多斯盆地东缘伊陕斜坡带深煤层及其相邻致密气层为研究对象，基于现场数据、公式推导、数值模拟的方法研究了两个层位的延伸压力、不同射孔数量下排量的分配。通过 FracproPT 和 Fluent 数值模拟得到了不同射孔孔眼的裂缝规模和绳结暂堵的时机选择。

(1) 基于小压数据及现场施工数据，得到该片区平均的储层延伸压力。深煤层延伸压力为 43. 9MPa，延伸压力梯度为 22. 75MPa/1000m，致密气延伸压力为 38. 7MPa，延伸压力梯度为

19.85MPa/1000m。深煤层裂缝延伸压力高于致密气。

（2）在排量 14～20m³/min、18mPa·s 中粘滑溜水的模拟条件下对射孔孔数的影响进行模拟，通过公式推导、fluent 模拟，结果表示不同射孔分布、施工排量影响各层进液速率，决定裂缝规模。

（3）基于鄂尔多斯盆地东缘深煤层、致密气储层特征，可通过射孔分配，选择合试的时机投球暂堵（缝口暂堵），可控制各层位进液速率及进液量，优化压裂缝长，避免出现改造程度失控的情况。该计算方法可为多层合压施工提供理论支持。

参考文献

[1] 孟尚志，李勇，王建中，等. 煤系“三气”单井筒合采可行性分析——基于现场试验井的讨论[J]. 煤炭学报，2018，43(01)：168-174.

[2] 郭绪杰，支东明，毛新军，等. 准噶尔盆地煤岩气的勘探发现及意义[J]. 中国石油勘探，2021，26(6)：38-49.

[3] 米立军，朱光辉. 鄂尔多斯盆地东北缘临兴—神府致密气田成藏地质特征及勘探突破[J]. 中国石油勘探，2021，26(3)：53-67.

[4] 王波，吴鹏，赵刚，等. 临兴区块煤系地层多层合压可行性研究[J]. 煤炭工程，2022，54(06)：151-157.

[5] 徐刚，马瑞峰，田俊伟. 煤层水力压裂增透范围理论分析与试验研究[J]. 煤炭工程，2014，46(06)：88-90+95.

[6] 侯冰，陈勉，程万，等. 页岩气储层变排量压裂的造缝机制[J]. 岩土工程学报，2014，36(11)：2149-2152.

[7] 刘玉章，付海峰，丁云宏，等. 层间应力差对水力裂缝扩展影响的大尺度实验模拟与分析[J]. 石油钻采工艺，2014，36(4)：88-92.

[8] ZHOU J，CHEN M，JIN Y，et al. Analysis of fracture propagation behavior and fracture geometry using a tri-axial fracturing system in naturally fractured reservoirs[J]. International Journal of Rock Mechanics and Mining Sciences，2008，45(7)：1143-1152. 1

[9] 杨帆，李斌，，王昆剑，等. 深部煤层气水平井大规模极限体积压裂技术——以鄂尔多斯盆地东缘临兴区块为例[J]. 石油勘探与发，2024，51(02)：389-398.

[10] 徐凤银，闫霞，李曙光，等. 鄂尔多斯盆地东缘深部(层)煤层气勘探开发理论技术难点与对策[J]. 煤田地质与勘探，2023，51(01)：115-130.

[11] 朱光辉，李本亮，李忠城，等. 鄂尔多斯盆地东缘非常规天然气勘探实践及发展方向——以临兴-神府气田为例[J]. 中国海上油气，2022，34(04)：16-29+261.

[12] 时贤，程远方，常鑫，等. 页岩气水平井段内多簇裂缝同步扩展模型建立与应用[J]. 石油钻采工艺，2018，40(2)：247-252.

[13] WANG Y P，GUO T K，CHEN M，et al. Numerical study on simultaneous propagation of multiple fractures：A method to design nonuniform perforation and in-stage diversion[J]. SPE Journal. 2023，28(5)：2514-2533.

[14] 李扬，邓金根，刘伟，等. 水平井分段多簇限流压裂数值模拟[J]. 断块油气田，2017，24(1)：69-73.

[15] 陈琦，黄志强，凌兴杰，等. 考虑射孔摩阻的水平井段内多裂缝流量均衡分配规律研究[J]. 断块油气田，2024，31(3)：453-458.

[16] 焦子曦，杨洋. 水平井分段多簇压裂模拟分析[J]. 石油天然气学报，2021，43(3)：221-231.

[17] 熊先钺，曹代勇，方惠军，等. 煤层气井小型压裂测试资料处理方法及应用[J]. 内蒙古石油化工，2014，40(01)：1-4.

[18] 王治国，阳光，翁定为，等. 压裂过程射孔孔眼冲蚀动态演化过程数值模拟[J]. 工程热物理学报，2024，45(04)：1031-1037.

[19] EL-Rabaa A M，Shah S N，Lord D L. New perforationpressure loss correlation Forlimited entry fracturing treatments[C]SPE54533，1999.

[20] 张彦杰，王永清，章双龙. 限流压裂过程中射孔孔眼摩阻变化研究[J]. 石化技术，2015，22(01)：120-121.

[21] 安琦，杨帆，杨睿月，等. 鄂尔多斯盆地神府区块深部煤层气体积压裂实践与认识[J]. 煤炭学报，2024，49(05)：2376-2393.

博孜 X 区块提高单井产量技术措施

邹国庆　汪　鑫　李兴亭　朱绕云　张　涛　吕宁博

（中国石油塔里木油田分公司）

摘　要　塔里木油田博孜 X 区块白垩系为超深裂缝性致密砂岩储层，天然裂缝发育，非均质性强，自然产能低，笼统改造纵向厚储层动用不充分，产能释放不彻底。针对于该气藏厚度大且中间有明显隔层的井可实施分层压裂，以提高纵向改造程度。通过完井永久封隔器与多个可回收式封隔器组合，配合暂堵转向分层，实现了“机械+暂堵”多分层压裂工艺。本文从配备超高压井口、降沿程摩阻、细分层、选择改造液体类型组合、优化改造液体规模和施工参数、使用组合支撑剂等方面，介绍了博孜 X 区块立体改造技术，有效提高单井产能的措施，并列举了两口已经实施的井，提产效果显著，为巨厚致密裂缝砂岩储层高效开发提供了技术支撑。

关键词　裂缝性气藏；致密砂岩；分层压裂；立体改造；组合支撑剂；暂堵

博孜 X 区块位于塔里木盆地库车坳陷克拉苏构造带拜城断裂带博孜段，也是目前塔里木油田油气生产的主力区块之一，目的层包括白垩系巴什基奇克组和巴西改组两套储层。该区块开发难点如下：(1)储层为常温高压超深裂缝性致密砂岩储层，具有基质低孔(3.5%～10.0%)、低渗(0.01～0.5mD)、天然裂缝发育(0.15～0.9 条/m)、储层厚度大(145～200m)，气藏中深 7240m、地层压力系数 1.72、平均地层温度 130℃等特征。(2)单井自然产量低，需要改造提高单井产量。(3)全井地层压力系数复杂，采用五开井身结构，目的层套管尺寸为 5½″或 5″，分层改造数量受到限制，储层改造不彻底。(4)改造施工压力高，施工排量受限。(5)地层温度高，常规酸液有效作用距离短。针对这些问题，从勘探获得工业油气流突破后，先后探索了酸化压裂、笼统暂堵加砂压裂、“机械封隔器+暂堵”分层加砂压裂，目前形成了“多机械封隔器+暂堵”细分层组合“酸压+加砂压裂”立体改造技术，同时结合改造液体类型优选、改造液体规模和施工参数优化、组合支撑剂的使用等方面，最终实现了博孜 X 区块厚储层高效动用，实现了高产目标。

1　博孜 X 区块储层改造难点

1.1　施工压力高

博孜 X 区块主力储层埋藏深，完井管柱长，施工摩阻大，加之地层岩性致密，破裂压力及延伸压力高，施工泵压高(表 1)，安全施工压力空间受限，排量提升困难，改造难度大。

表 1　博孜 X 区块部分井改造施工数据表

序号	井号	改造段深度/m	层位	排量/(m^3/min)	沿程摩阻/MPa	停泵压降/MPa	延伸压力梯度/(MPa/m)
1	博孜 X	7320～7390	K_1bs	4	28.5	99.0↓88.8	0.022
2	博孜 X01	7228～7354	K_1bs	6.2	39.8	76.2↓73.2	0.02
3	博孜 X02	7159～7329	K_1bs+K_1bx	5.4	49.5	90.1↓93.4	0.022
4	BZX-3	7202～7327	K_1bs	5.64	32.3	94.6↓84.2	0.023
5	BZX-5	7090.5～7254.0	K_1bs	5.99	37.6	75.4↓70.8	0.021
6	BZX-1	7246.5～7345.5	K_1bs	5.39	37.5	92.7↓74.4	0.023
7	BZX-2	7189.0～7370.5	K_1bs	6.12	52.4	76.0↓59.1	0.02
8	BZX-7	7155.0～7352.5m	K_1bs	5.2	34.7	76.0↓59.1	0.23

备注：K_1bs 为白垩系巴什基奇克组，K_1bx 为白垩系巴西盖组

1.2 近井地带污染程度高

博孜 X 区块井段在钻井过程中为了保持井壁稳定性，使用的泥浆密度通常比平衡地层压力要高出较多，有些井漏失量较多(表 2)，漏失的井浆与堵漏材料在近井地带形成致密的封堵层，严重影响储层与井筒的连通性，需要通过酸化解堵措施恢复气井产能。

1.3 常规酸液有效作用距离短

博孜 X 区块气藏地层温度较高，一般为 121–139℃(表 2)，高温下酸岩反应过快，酸压改造难以获得足够长度的酸蚀缝长。

表 2　博孜 X 区块部分井地层压力、温度、泥浆密度及漏失统计数据表

序号	井号	改造段深度/m	层位	地层压力系数	地层温度/℃	目的层泥浆密度/(g/cm^3)	漏失泥浆量/m^3
1	博孜 X	7320~7390	K_1bs	1.76	138.7	1.85~1.82	0
2	博孜 X01	7228~7354	K_1bs	1.76	136.3	1.9	0
3	博孜 X02	7159~7329	K_1bs+K_1bx	1.69~1.71	135.8	1.97	158.9
4	BZX-3	7202~7327	K_1bs	1.52	136.1	1.78~1.87	0
5	BZX-5	7090.5~7254.0	K_1bs	1.48	127.2	1.60~1.70	0
6	BZX-1	7246.5~7345.5	K_1bs	1.58	136.2	1.60~1.70	0
7	BZX-2	7189.0~7370.5	K_1bs	1.58	136.2	1.66~1.7	127.1
8	BZX-7	7155.0~7352.5	K_1bs	1.48	121.1	1.60~1.70	0

2 主要技术对策

针对高压超深裂缝性致密厚砂岩储层，分别从配备超高压井口、降沿程摩阻、细分层、优选改造液体类型组合、优化改造液体规模和施工参数、使用组合支撑剂等方面入手，立体改造，实现博孜 X 区块厚储层高效动用，以达到高产目标。

2.1 配备超高压井口

压裂施工时，井周岩石受力状态复杂，通常包含液柱压力、地应力、岩石介质孔隙压力、压裂液滤失所引起的附加应力、压裂液与岩石的温度差异引起的温度应力等方面，表 2 中例举的部分井裂缝延伸压力梯度为 0.020~0.023MPa/m，井深超过了 7000m，改造液体未加重时，正常压裂情况下井口施工压力超过了 105MPa，因此优选 140MPa 井口采气树及配套施工设备，井口最高控制施工压力可达 125MPa，在此限压条件下，通过优化排量参数，多数井可以压开储层，对储层实现压裂改造。

2.2 降低沿程摩阻

由于储层埋藏深，降低沿程摩阻的有效措施之一是优选大通径管柱结构，由 Φ114.3mm+Φ88.9mm+Φ73.2mm 等不同内径的油管组合成的完井–改造一体化管柱结构，可以有效降低沿程摩阻(图 1)，同时高压气井完井时还配备了井下安全阀、完井封隔器、可回收式分层封隔器，所用的油管抗压必须满足井口限压 125MPa 的施工要求，为减少管柱在高温高压下伸缩变形带来的安全隐患，分层封隔器之间增加伸缩管，分层封隔器之间配备的是全通径的压裂滑套(图 2)。

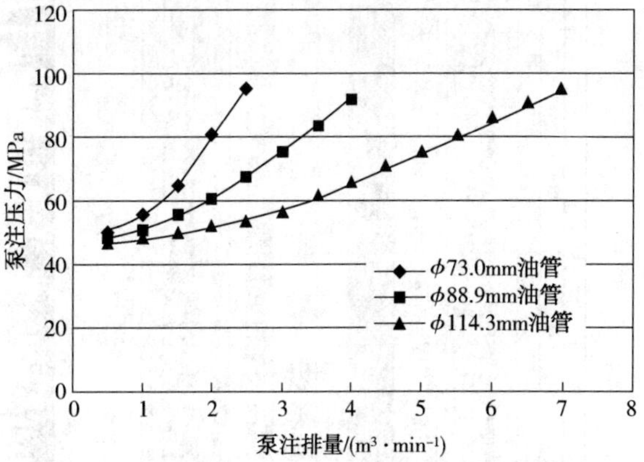

图 1　不同尺寸油管的排量与泵压关系图

2.3 精细分层改造

由于储层厚度大，当裂缝较发育或者不发育时，优选机械分层加砂压裂工艺，可以结合暂堵进一步细分层进行改造。图 3 是一口机械分 3 层改造井的分层方案，其中第二改造段改造段跨度

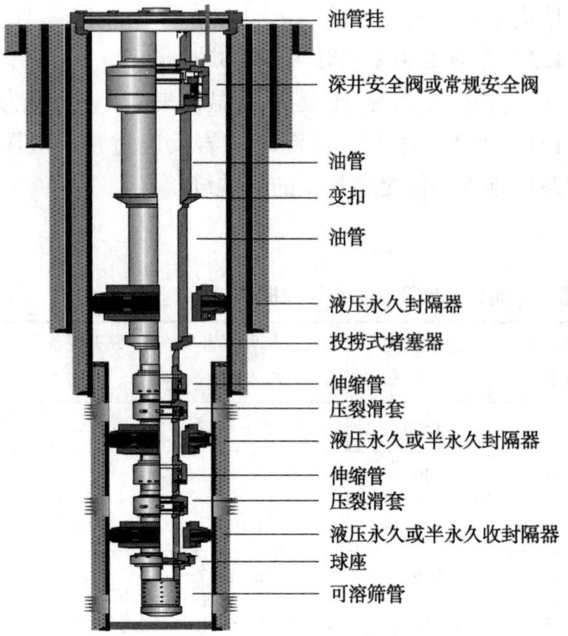

图2　高压气井完井管柱示意图

80m，跨度较大，为提高纵向上改造程度，采用暂堵加砂压裂改造工艺。目前广泛使用的桥塞分层工艺，在高压气井中使用井控风险大，而且井深，电缆、桥塞承压高，施工风险大，不适合应用。

2.4　改造液体组合

改造液体的选用要结合储层温度、特征以及前期加砂压裂的改造经验，选用了常规盐酸、自生盐酸+自生土酸结合使用沟通近、远井天然裂缝并溶解裂缝中的填充物，再利用压裂液基液低砂比段塞打磨和激活天然裂缝，最后采用冻胶压裂液造长缝和携砂，形成了一种立体改造方式。

自生酸相较于常规盐酸而言，可通过化学反应在地层温度下逐渐生成盐酸和氢氟酸，具有酸岩反应速率低、腐蚀速率低和作用距离远等优点，更好满足裂缝深度刻蚀的改造需求。

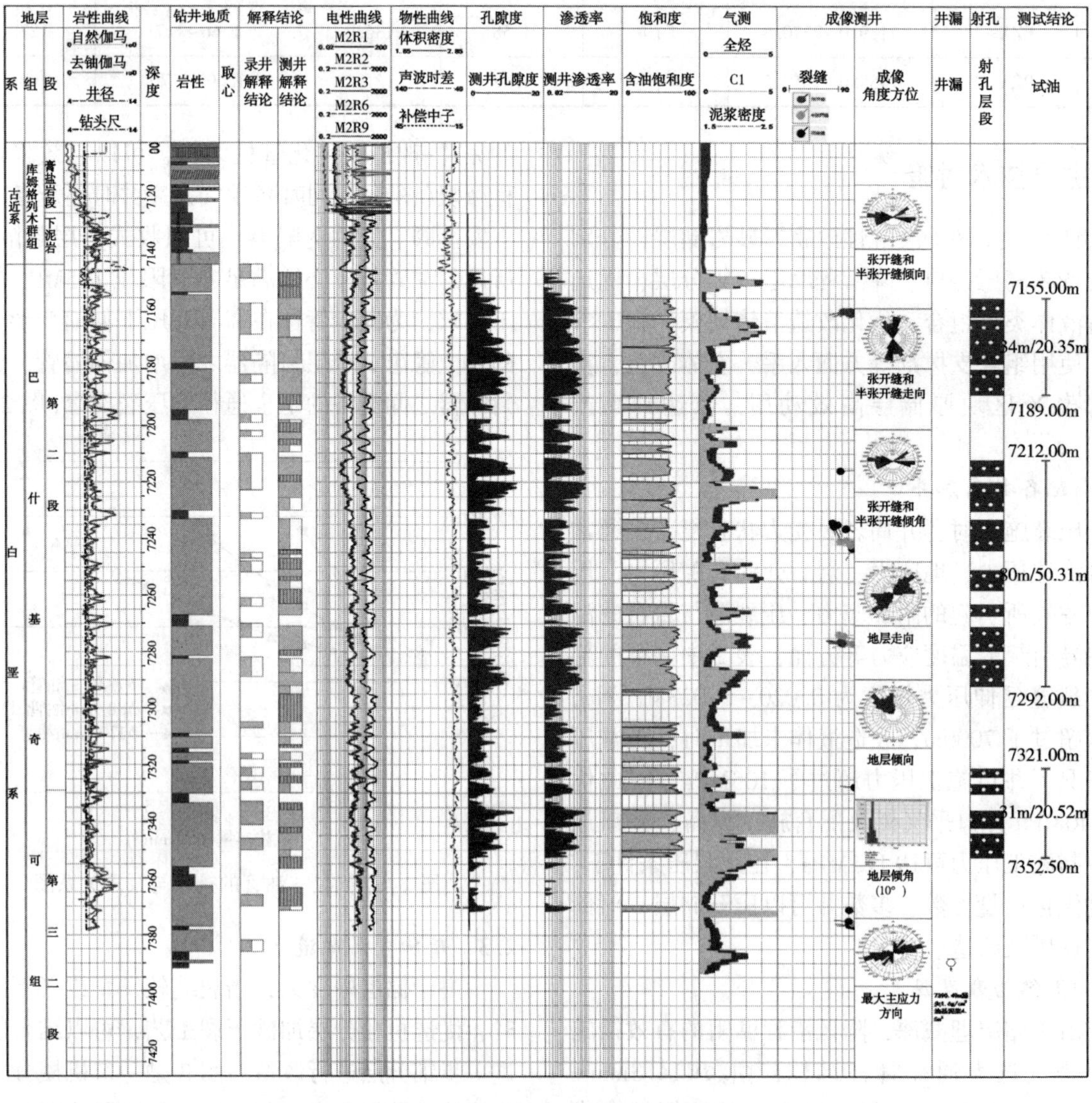

图3　分3层改造井分层方案示意图

2.4 改造液体组合

改造液体的选用要结合储层温度、特征以及前期加砂压裂的改造经验，选用了常规盐酸、自生盐酸+自生土酸结合使用沟通近、远井天然裂缝并溶解裂缝中的填充物，再利用压裂液基液低砂比段塞打磨和激活天然裂缝，最后采用冻胶压裂液造长缝和携砂，形成了一种立体改造方式。

自生酸相较于常规盐酸而言，可通过化学反应在地层温度下逐渐生成盐酸和氢氟酸，具有酸岩反应速率低、腐蚀速率低和作用距离远等优点，可更好满足裂缝深度刻蚀的改造需求。

自生酸主要由 A 剂(多聚醛类有机物)与 B 剂(无机铵盐)两部分组成。A、B 剂在混合前，其自身不显酸性，低温(小于 50℃)混合时酸液初始浓度低(小于 5%)、生酸速度慢，当升温至 70~150℃时，A 剂逐渐释放出醛类物质与 B 剂反应，生成一定浓度的盐酸和六次甲基四胺。其化学反应过程如下：

$$4NH_4Cl+6HCHO \rightleftharpoons (CH_2)_6N_4+4HCl+6H_2O$$

由于酸压作业中前期大量压裂液的注入，使得近井地带温度较低，而裂缝中远端则维持了较高温度。自生酸在低温下不活跃，在近井地带的酸活性损耗小，当其进入远井地带时，受地温的热传递效应而不断升温，酸液初始浓度与产酸速率逐渐增大，进而对裂缝中远端岩石进行有效刻蚀，从而提高裂缝中远端导流能力，实现深穿透改造。

2.5 优化改造液体规模和施工参数

高压超深井改造过程中施工压力高，排量受到限制，提升难度高。通过摸索，在提高改造用液强度和用砂强度后，改造比较充分，单井无阻流量也明显提升(表 3)。

表 3 博孜 X 区块部分井改造参数统计数据表

井号	完井方式	生产层段/跨度/m	打开程度/%	改造规模/m^3	加砂量/m^3	最大施工排量/(m^3/min)	用液强度/(m^3/m)	用砂强度/(m^3/m)	改造后无阻流量/(10^4m^3/d)
BZX	笼统	7320-7390/70	100	882	48.8	4	12.6	0.7	144
BZX01	笼统	7228-7354/126	46.8	1488	74	6.2	11.8	0.6	55
BZX02	双封+暂堵	7425-7448/23	43.5	640	9.5	5.4	10.8	0.4	48
		7159-7329/170	36.5	1450	64.2				
BZX-3	双封+暂堵	7252.3-7327/74.7	51.2	1497	81	5.6	21.5	1.1	92
		7202-7230/28	94.6	712	31.8				
BZX-5	双封+暂堵	7195-7254/59	77.1	869.5	36.6	6.0	15.8	0.9	52.4
		7090.5-7174/83.5	61.7	1388.7	96				
BZX-1	双封	7294.5-7345.5/51	67.6	1105	45.2	5.4	23.9	1	132.8
		7246.5-7278.5/32	64.1	881.5	34.2				
BZX-2	双封+暂堵	7293.5-7370.5/77	48.7	1895.9	69.1	6.1	19.6	0.9	220.3
		7189-7275.5/86.5	63.6	1323.6	79.4				

2.6 使用组合支撑剂

博孜 X 区块气藏主要的储集体和渗流通道依赖于裂缝系统，裂缝系统的发育程度对单井产量起到决定性作用。然而，在加砂压裂改造过程中，裂缝系统越发育，泵注过程中液体的滤失越大。在排量受限的情况下，容易造成砂堵风险。采用在前置液中加入 212~106μm 的小粒径陶粒支撑剂，一方面小粒径支撑剂进入裂缝时可以打磨缝口，减少孔眼摩阻；另一方面，小粒径支撑剂进入微小裂缝系统，降低液体滤失系数，提高造主缝能力，裂缝闭合后小粒径支撑剂又起到支撑微裂缝作用。考虑裂缝系统与支撑剂的匹配情况，选用中等粒径陶粒支撑剂 425~212μm 和小粒径陶粒支撑剂 212~106μm 的组合工艺，并在缝口铺设 600~300μm 中等粒径可固化陶粒支撑剂，用于防砂、防止支撑剂回流和提高裂缝的导流能力。

3 现场应用

博孜 X-1 井，采用完井封隔器和可回收式封隔器组合的双封隔器分层压裂改造—投产一体化完井管柱，上、下两层跨度分别为 32m、51m，未进行暂堵转向，分别采用笼统加砂压裂改造工艺，形成高导流能力人工裂缝，增大储层泄流面积，来提高单井产量。

泵注液体包括前置盐酸、自生盐酸+自生土酸组合，解除钻完井过程中近井筒污染堵塞、溶蚀裂缝近端到远端的胶结和充填物，再使用压裂液激活近井天然裂缝，最后使用冻胶压裂液造长缝。支撑剂采用 70/140 目粉陶打磨并支撑微裂缝，以 40/70 目高强度支撑剂为主支撑主裂缝，30/50 目覆膜陶粒以尾追方式加入，提高近井筒导流能力，抑制支撑剂返吐和地层出砂。

下改造段注入压裂总液量 $1105m^3$，其中常规盐酸 $40m^3$，自生盐酸 $200m^3$，自生土酸 $90m^3$，压裂液 $650m^3$；总砂量 $45.2m^3$，最高砂浓度 $310kg/m^3$。上改造段注入总液量 $882m^3$，其中自生盐酸 $160m^3$，自生土酸 $70m^3$，压裂液 $534m^3$；总砂量 $34.2m^3$，最高砂浓度 $325kg/m^3$。改造后无阻流量 $133\times10^4m^3/d$，改造后提产效果非常明显。

博孜 X-2 井，采用完井封隔器和可回收式封隔器组合的双封隔器分层压裂改造—投产一体化完井管柱，上、下两层跨度分别为 86.5m、77m，分别采用了机械分层和暂堵转向精细加砂压裂改造工艺，形成高导流能力人工裂缝，增大储层泄流面积，来提高单井产量。

泵注液体包括前置盐酸+土酸组合、自生盐酸+自生土酸组合，解除钻完井过程中近井筒污染堵塞、溶蚀裂缝近端到远端的胶结和充填物，再使用压裂液激活近井天然裂缝，最后使用冻胶压裂液造长缝。支撑剂采用 70/140 目粉陶打磨并支撑微裂缝，以 40/70 目高强度支撑剂为主支撑主裂缝，30/50 目覆膜陶粒以尾追方式加入，提高近井筒导流能力，抑制支撑剂返吐和地层出砂。

下改造段注入压裂总液量 $1105m^3$，其中常规盐酸 $80m^3$，常规土酸 $80m^3$，自生盐酸 $400m^3$，自生土酸 $200m^3$，压裂液 $1086m^3$；总砂量 $69.1m^3$，最高砂浓度 $365kg/m^3$。上改造段注入总液量 $1324m^3$，其中自生盐酸 $180m^3$，自生土酸 $100m^3$，压裂液 $1044m^3$；总砂量 $79.4m^3$，最高砂浓度 $365kg/m^3$。改造后无阻流量 $220\times10^4m^3/d$，改造后提产效果更加明显。

4 结论和认识

1）博孜 X 区块储层为常温高压超深裂缝性致密砂岩厚储层，形成了完井封隔器和可回收式封隔器组合的封隔器分层压裂改造，还可以与暂堵分层改造相结合，可以有效提高单井产量。

2）博孜 X 区块发育天然裂缝，采用常规酸与自生酸组合，配合常规冻胶压裂液造长缝，可以形成立体缝网，扩大有效渗流面积，有助于提高单井产量。

3）提高用液强度和用砂强度，可以进一步提高单井产量。

4）使用不同粒径的组合支撑剂，全面支撑微缝、人工主缝和缝口，既利于加砂压裂施工安全，又能提高裂缝导流能力，还可以抑制支撑剂返吐和地层出砂。

参 考 文 献

[1] 张荣虎，刘春，杨海军，等. 库车坳陷白垩系超深层储集层特征与勘探潜力[J]. 新疆石油地质，2016，37(4)：423-429.

[2] 雷刚林，谢会文，张敬洲，等. 库车坳陷克拉苏构造带构造特征及天然气勘探[J]. 石油与天然气地质，2007，28(6)：816-820，835.

[3] 杜金虎，王招明，胡素云，等. 库车前陆冲断带深层大气区形成条件与地质特征[J]. 石油勘探与开发，2012，39(4)：385-393.

[4] 李素珍，曾思云，邓效国，等. 福山复杂断块油气藏大型压裂工艺技术[J]. 油气井测试，2019，28(1)：60-66.

[5] ALEKSEENKO O P，POTAPENKO D I，CHERNY S G，et al. 3D modeling of fracture initiation from perforated nonce-mented wellbore[J]. SPE Journal，2013，18(3)：589-600.

[6] 邵华华，冯浦涌，荣新明，等. 中、高孔渗油井钻完井液漏失 伤害处理方法[J]. 海洋石油，2016，36(3)：61-66.

[7] 张智勇，丁云宏，赵常青，等. 胶凝酸反应 动力学试验研究[J]. 石油与天然气化工，2005，34(5)：394-396.

[8] 邵俊杰. 塔河油田多级交替注入酸压工艺研究[D]. 北 京：中国石油大学(北京)，2017.

海上低渗透储层地层测试与储层微改造评价

雷国文[1]　关利军[1]　王　勇[2]

[1. 中海石油(中国)有限公司深圳分公司；2. 中海油能源发展股份有限公司工程技术深圳分公司]

摘　要　地层测试技术是采集地层压力和评价地层流动性最有效的方法，是勘探阶段获得井下真实地层压力和流体信息的唯一手段。近年来随着海上油气勘探走向深海、深层，该技术有了新的应用特点。在系统梳理该技术近年在南海东部油气勘探中的使用情况后，发现地层测试可清晰映射海上油气勘探特点及低渗油气勘探时所面临的诸多挑战，提出新环境下地层测试的应用除依托设备迭代进步，更需客观认识地层特点和技术能力边界，调整预期、总结经验、优化应用。文章最后提出地层测试技术在储层微改造的两项尝试和攻关方向：微压裂及微酸化。

关键词　地层测试；深层；超深层；低渗透储层；南海东部；微压裂；微酸化

1　引言

海上是我国重要的石油天然气生产基地和勘探领域。近年来，海上深层/超深层不断有亿吨级规模油气田发现，已然成为海上油气增储重点。其中，关键、核心的勘探技术和高端装备的应用是推动深层/超深层油气勘探进步的重要组成。随着海上油气勘探从中深层走向深层/超深层，勘探难度成倍增加，带来了诸多新的挑战。在新情势下，勘探技术的应用发生了变化，有了新的特点。

地层测试技术是通过地层测试仪器获取地层压力、流度(k/μ)、井下流体性质和采集流体样品的技术。因其数据可靠，采集成本有优势，被广泛应用于海上油气探井的数据采集，已成为海上油气勘探关键技术之一。随着地层测试在深层/超深层探井中的使用次数增加，该技术的应用显现出了新的特征，需要对此进行总结和分析。该技术在新地层、新储层类型的适用性发生了变化，现有技术水平条件下的应用需要进行优化。应用挑战和经验也为地层测试技术和装备的潜在迭代更新提供了正向指引。

本文首先以近三年南海东部油气探井地层测试数据为基础，系统总结了地层测试技术在南海东部的应用效果和特点。在此基础上，梳理了低渗透储层进行地层测试时的挑战和经验。最后提出了针对深层/超深层储层微改造的思考和见解，为该技术接下来的有效利用和发展提出了建议和攻关方向。

2　地层测试技术应用概况

2.1　勘探走向深部

前人研究表明在孔隙结构复杂、岩性复杂地层，孔隙度与渗透率相关性差，通过测井解释孔隙度进而求取渗透率的方法应用效果不佳。而地层测试测采集的测压流度能直接反映地层条件下不同孔隙结构储层的渗透性，被广泛应用于油气勘探的储层评价。统计并分析该类资料可探究油气勘探活动的特征和趋势。换言之，地层测压成果数据可作为反映海上油气勘探活动的标志物。

图 1 统计了近三年南海东部所有测压成果数据，包括各深度段的测压数量分布情况、成功采集地层压力的比例和成功采集地层流度的比例。可以看出，3500 米以下测压点数量占比超过 55%，其中 3500~4000 米占比最高，达 34.2%，4000 米以下测试点数量占比超过 20%，反映出深层/超深层已经成为南海东部近年来主要勘探目的层。同时，图 1 证实随着储层埋深增加，勘探难度同步增加，数据采集成功率随着深度的增加出现明显降低，在超 4500 米储层，流度采集成功率仅有 35.3%，地层压力采集成功率不足 6%。与传统中浅层勘探领域的珠江组和珠海组地层差异巨大，中浅层地层测试获取地层压力和流度的成功率则分别高达 70%和 80%。

2.2　深部低渗储层占比显著增加

统计地层流度成果，可以看出储层埋深越大，渗透性越差(图 2)。其中，4000 米深度为一重要分界线，4000 米以下储层平均流度小于 1mD/cP，远低于中浅层流度，反映出上覆地层在埋深增加下对地层渗透率的非线性压实作用。

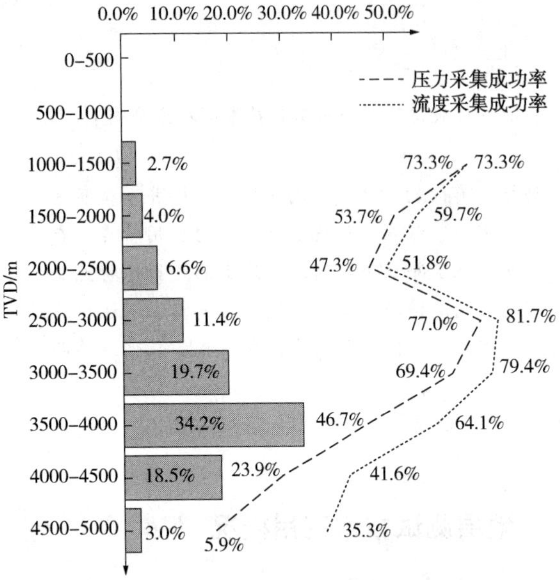

图 1　南海东部近三年地层测压纵向分布及数据采集成功率情况

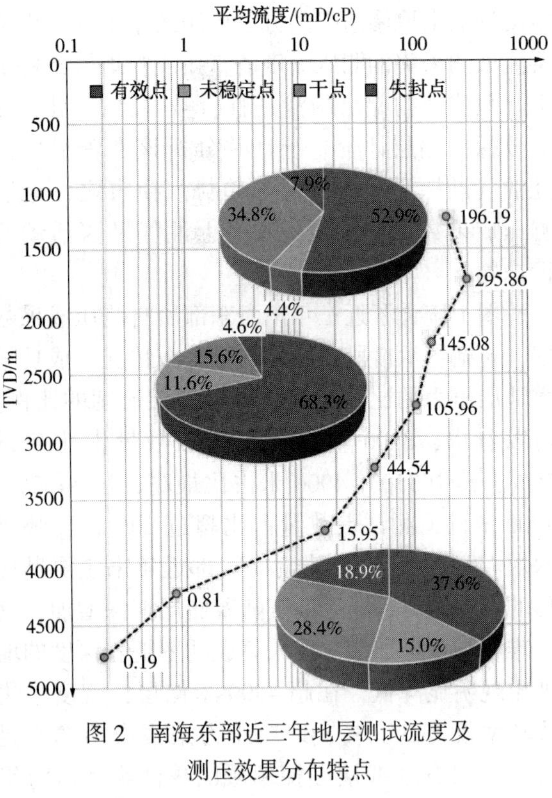

图 2　南海东部近三年地层测试流度及测压效果分布特点

低渗储层占比增加带来的一大挑战就是资料采集难度加大。在 4000 米以下储层有近一半测压点无法获得地层流度信息，表现为干点和失封点。通常，失封点被认为是地层测试时仪器胶皮和地层无法形成有效密闭空间，因胶皮破损导致。但大量的事后胶皮封闭性验证和地面检查证明胶皮并未损坏，真正原因可能是由井壁不规则和泥饼质量差导致，而储层渗透性低是影响泥饼质量差的关键因素。另一方面，深度增加后采集地层压力的难度也在增加，仅有约 1/3 的测压点能采集到原状地层压力。叠加深层/超深层普遍发育薄砂层、砂泥互层，导致在大多数新勘探井难以通过压力点回归出流体梯度，间接促使储层流体识别依赖于泵抽取样。

通常选择含油气的深度点，或有录测显示、但流体性质不明的深度点进行泵抽。相较于测压作业，使用地层测试仪器进行泵抽取样作业费用更高，仅在重要目的层进行泵抽取样。因此统计该类数据更能反映勘探活动的特点。图 3 为近年来的泵抽取样点流度分布情况，显示有超过一半取样点分布在流度低于 10mD/cP 的储层，其中 27%小于 1mD/cP，而大于 100mD/cP 中高渗泵抽点比例仅占 11.5%。由此可见，泵抽取样亦证实南海东部油气勘探进入了以低渗透层为重要目的层的阶段。

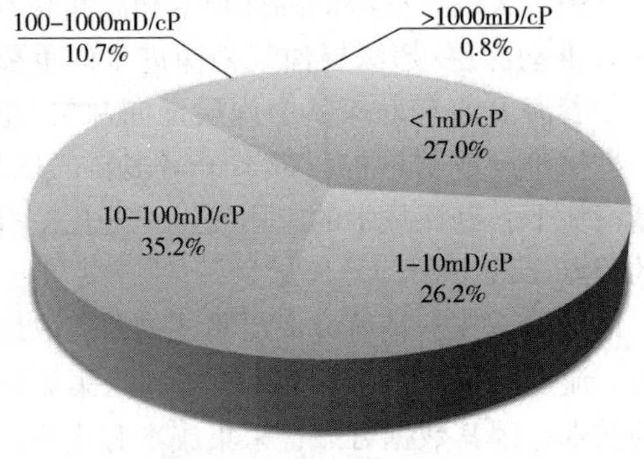

图 3　南海东部近三年地层测试泵抽取样点流度分布

传统上，使用地层测试器进行泵抽的主要目的是获取高品质的地层流体样品，用于流体 PVT 和水离子特征等化验分析，取样过程中的流体分析模块除辅以分析流体性质，重点用于监测泵抽过程中样品的纯度。但是，随着勘探进入以低孔渗为主的深层/超深层后，地层流体分布和特征变得复杂，传统的测录井手段难以准确识别出地层流体类型和性质，使用地层测试仪进行井下流体识别反而成为流体判断的关键技术。图 4 展示了南海东部近三年各深度段泵抽点的关键参数，用于表征地层泵抽取样难易程度。整体上，各点平均泵抽时间超过 2.5 小时，在 2500 米以下储层，泵抽时间出现随深度加大、时间越长的特点，平均泵抽时间从2.6小时增加到4.5小时❶。统计同时显示随着埋深加大同一深度段各泵抽点的取样时间分异变大，表明埋深加大后地层非均质性变强，深部地层整体致密但仍然存在储层甜点。这一现象也客观反映出储层埋深加大后寻找渗透率甜点成了深层/超深层勘探重要目标。

南海东部4500米以上地层累计泵抽体积整体上超过20升，在深度上呈现中间大两头小的特点，中间段2000~4000米储层平均泵抽体积介于60至90升。两方面原因决定了泵抽体积的多寡：其一，泵抽取样的作业目标差异，获取高品质样品和证实流体类型对流体样品体积要求不同；其二，取决于地层地层流体采集难度，泥浆污染侵入深浅和地层渗透性好坏决定了时间窗口内地层流体的取样量。造成浅部和深部储层泵抽体积较小的原因存在差异，浅部储层泵抽体积小的原因较为复杂，地层疏松、污染侵入浅、深水井储层物性差异大等原因均会造成泵抽取样累计抽吸体积相对较小；而深部储层（>4000米）泵抽体积小的原因主要是因为地层渗透性差、泵速低，采集高品质样品时间长，泵抽转而用于证实储层流体类型（油、气、水层），一旦确定地层流体突破并识别出油气藏类型即结束作业。此外，浅层（<2000米）和深层（>4000米）泵抽速度均呈断崖式下降，造成这一现象的原因不尽相同，浅部储层岩石胶结差，大压差泵抽易出砂进而导致作业中断，通常采用限（泵）速控压（差）的方法来完成取样。而大于4000米储层的泵抽点，受限于储层渗透性差，地层无法充分供给流体，只能被动维持低泵速作业。而在位于中部埋深的泵抽点，因储层岩石胶结好、渗透性好（见图2），往往能获得较高的泵抽速度，例如深度介于2000~2500米的泵抽点平均泵抽速度达到12.5cm^3/sec，已接近大多常用测压取样仪器能达到的最高泵速。

综合而言，随着勘探走向深层/超深层，储层渗流能力明显降低，地层测试作业难度增大，现有的地层测试仪器在低渗透储层采集地层压力、流度和地层流体均存在诸多挑战。尤其是，勘探目标进入深层/超深层后储层性质和流体类型变得复杂，难以通过泵抽时间、泵抽体积和泵抽速度等单一因素判断钻井泥浆侵入深浅和地层渗透性好坏，需综合考虑作业目标、作业难度和过程特点等多因素才能形成客观评价。同时，泵抽取样在低渗透储层评价中判断流体类型和性质的重要性愈发凸显。

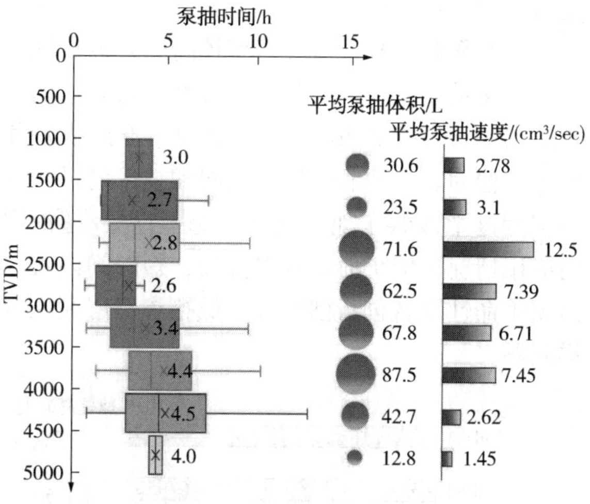

图4　南海东部近三年
地层测试泵抽取样关键参数深度垂向分布

3　地层测试在低渗透储层应用改进

新形势下，海上低渗透储层油气勘探难度增加，现有技术存在瓶颈是客观事实，如何解决这一难题，除使用先进的仪器设备，更需合理的设计方案和优化应用策略。

3.1　技术进步推动地层测试发展

近十年来，各大油服务公司在地层测试技术上主要有两大发展：一是随钻地层测试仪器的开发；二是开发针对低渗透储层测压取样技术及配套。低渗透底层测试，一是发展了各种新型的探针技术，推出了做功更强的大压差泵组模块；另一方面，对元件和传感器进行了升级迭代，以应对深层/超深层环境下的高温高压挑战。以探针技术为例，SLB、贝克休斯和中海油服都相继推出了各自的大过流面积探针，用于应对低渗透储层泵抽时地层供给率低的难题。大过流面积探针的使用整体上提高了泵抽取样的速度，提升了近一倍泵抽取样效率。图5统计了各流度区间探针的使用情况和泵速提高幅度，几乎所有<1mD/cP泵抽点使用大过流面积探针，在流度介于1~100mD/cP的勘探主力层的使用比例也超过65%。大过流面积的使用一方面促进地层测试目标层的储层渗透率下限的进一步降低，解放了大

❶　大于4500米储层泵抽点因地层致密无法取得高品质样品，在实现地层流体突破证实流体类型或性质后提早结束泵抽。

量低渗透储层的评价，另一方面也显著带动作业效率的大幅提高，例如，在<1mD/cP 泵抽点使用大过流面积探针的效率较使用小过流面积探针提高了 363%。

需要强调的是，在渗透率较高的泵抽点标准探针仍是重要选项，限制高孔渗测试点泵速的主要原因来自于诸如防出砂压差控制、泵组做功能力等其他因素，而非探针。仪器和技术的进步在一定程度上改善了地层测试在海上深层/超深层的应用情况，但仍面临众多挑战，短时间内难以出现革命性设备创新彻底解决低孔渗储层测压取样问题。

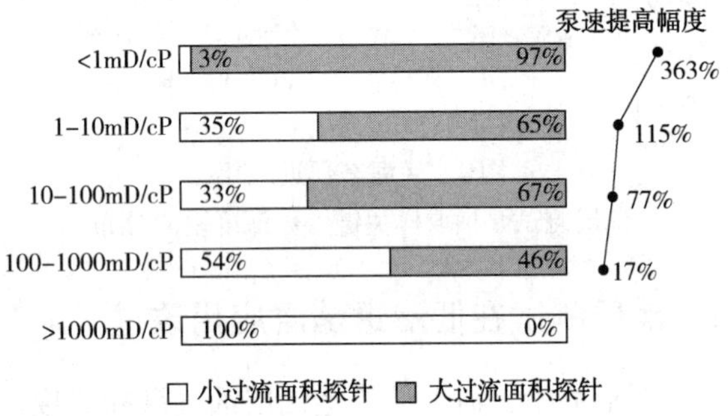

图 5　南海东部近三年
地层测试各流度区间探针使用分布

3.2　优化方案设计及经验汲取

技术的落脚点在于应用，在无法实现技术和装备突破时，合理的策略和成功经验亦能改善技术的应用效果，提高勘探带效果。图 6 展示了南海东部近三年所有流度小于 1mD/cP 低渗透泵抽取样点的泵抽流度、泵速、流体类型和累计泵抽体积四类信息。总结和分析在该类储层的应用情况，我们可总结出：

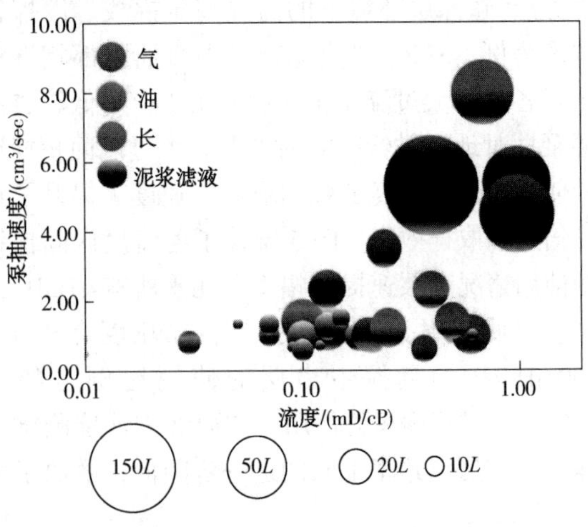

图 6　南海东部近三年低渗透泵
抽点取样特征参数分布

1）整体上，泵抽速度 1cc/sec 是泵抽取样作业下限泵速，启泵后未能达到该泵速通常会及时中断，挪动探针位置尝试寻找渗透性更好的泵抽点。

2）流度和泵速相关性上总体趋势是流度越大泵速越高，原因是测压时泵速是流度计算的输入参数。但是，也存在流度增大泵速反而减小的例子，原因之一是低渗透储层的测压流度不能真实表征地层流度，如受泥饼质量和钻井破碎带的影响造成测压流度与真实地层流动性间失真。

3）流度 0.3mD/cP 是进行泵抽流体识别的决策关键门槛，当流度大于 0.3mD/cP 时均可通过泵抽取样证实地层流体性质，流度低于该门槛的泵抽点现有技术存在很大比例无法证实流体性质，仅有极少案例中实现地层流体突破，最小流度分别为 0.03mD/cP(气)和 0.13mD/cP(油)。

4）当地层流体为气时，累计泵抽体积整体小于地层流体为油或水的泵抽点(图 6 中右下角红色圆圈)，这与气体黏度低，泵抽时容易实现流体突破的普遍认识一致。

5）大多数实现地层流体突破的泵抽点的累计泵抽体积大于 20 升，反之，未获流体突破的泵抽点泵抽体积通常小于 20 升，20 升泵抽量是一个判断地层流体突破是否发生突破的关键节点，这一经验对元件失效和强噪音泵抽点辅助判断尤为重要。

6）在低泵速、地层流体含量低情况下，用于流体识别的各元器件(传感器)敏感性存在差异，作业过程中需区分真实地层流体信号和噪音的差异。图 7 展示了某低渗泵抽点在泵速 1.2cc/sec 情况下，流体黏度、密度、电阻率和荧光响应存在时间错开现象，其中流体密度(红色)和电阻率(黑色)在延迟约 50 分钟后方捕捉到流体黏度和荧光响应相同的含油信号。

总结并归纳深层/超深层低孔渗储层地层测试的作业经验有助于深化技术应用、合理设计方案、优化采集流程，但仍无法改变单一因素对此类储层地层测试存在较大差异的影响，这给方案优化带来极大不确定性。

3.3　改善地层测试应用的客观环境

除使用先进仪器并优化应用流程外，改善地层测试应用的客观环境也是海上深层/超深层低渗地层测试取得良好应用的关键因素。通常，勘探向深层/超深层低渗透储层发展后，钻井泥浆比重会随着钻遇深度的加大而提高，以维持井壁

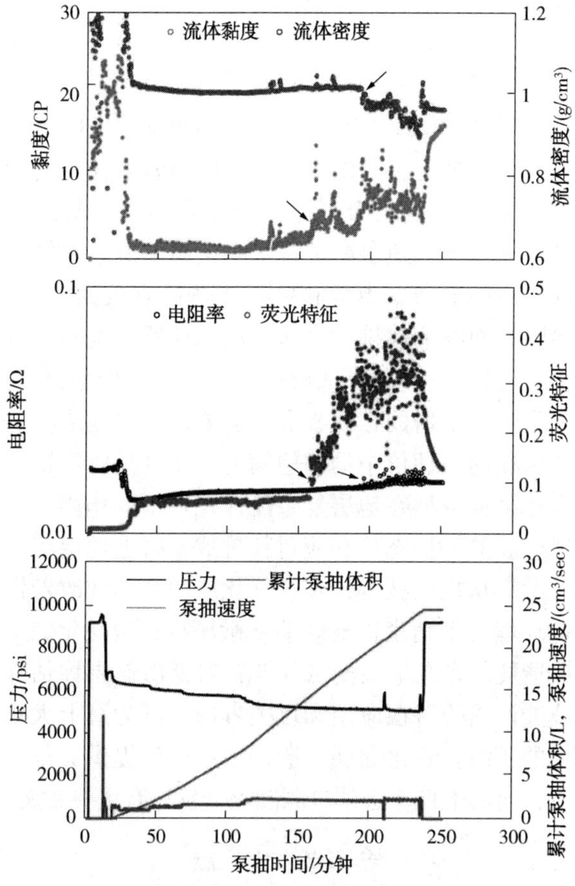

图 7　某低渗透泵抽取样点作业过程参数

稳定性，降低可能钻遇高压层的溢流风险。但这也客观上也造成地层测试作业环境恶化，高泥浆比重和井深增加必然导致井筒泥浆压力与地层压力的巨大差异，不利于仪器座封，降低了泵组的做功能力，影响泵速。图 8 统计了各深度段的平均泥浆比重分布和泥浆超压情况，3000 米以下泥浆比重普遍调高至 1.3g/cc 以上，且随着深度增加而加大，泥浆超压普遍大于 9MPa(1300psi)。泥浆比重增加一方面加大了泥浆侵入深度，导致实现地层流体突破的时间增加；另一方面不利于有效的泥饼形成，影响座封效果，造成失封点数量增加。由此，泥浆与地层测试仪器和作业工艺的耦合与开发新的仪器、优化作业方案同样重要。

4　地层测试储层微改造应用

相较于陆地大规律水平井压裂及酸化的成熟应用，海上作业面临设备规模限制和成本高的双挑战，直接借用陆地压裂和酸化技术风险过高，而基于地层测试的储层微改造技术或可成为海上大规模储层改造的“探路先锋”，为后期大型改造提供关键信息和设计参数。

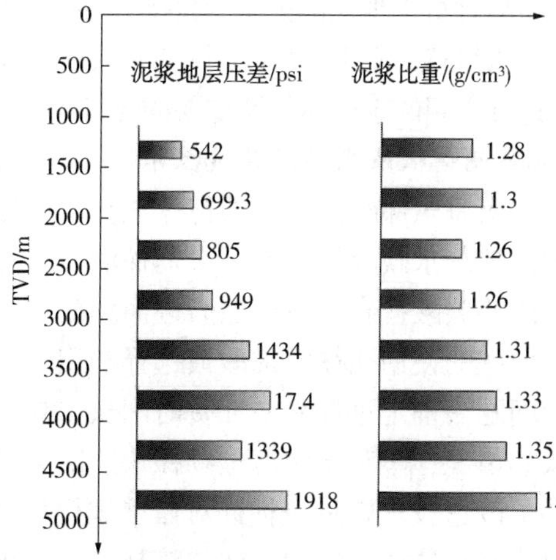

图 8　南海东部近三年泥浆比重及泥浆地层压差垂直分布情况

4.1　地层测试微压裂储层改造技术

地层测试微压裂储层改造技术是一种结合了地层测试和压裂技术的综合性油气勘探与开发手段。该技术是采用通过电缆地层测试器往地层泵入钻井液(或仪器自带的压裂液)从而挤破地层的方式获取地质力学信息，为建立全井段地质力学模型、优化压裂施工方案提供关键数据。图 9 示意地层测试微压裂过程：首先通过电缆携带含双封隔器模块的地层测试仪器入井，双封隔器膨胀后在两胶皮间形成一封闭空间；接着使用地层测试器本身的泵模块和流线系统将钻井液(或仪器自带的压裂液)快速挤入双封空间，迫使地层破裂产生微小裂缝，从而采集到地层破裂压力、最小主应力、应力方向、地层压力等数据。采集数据与其他资料结合，用于判断地层可压性、建立精准地质力学模型、为大规模压裂方案优化与设计提供可靠的依据。

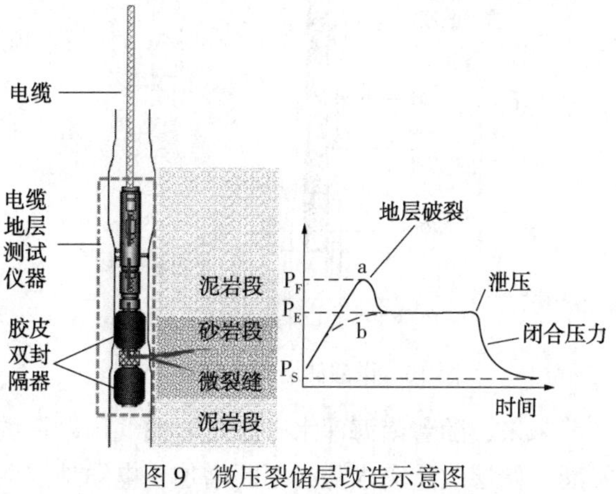

图 9　微压裂储层改造示意图

电缆地层测试微压裂储层改造技术是一种高效、精准的油气勘探与开发手段，与常规测压取样作业协同性好。地层测试微压裂技术对指导海上低渗储层压裂施工设计，实现储层的有效改造作用明显，具有广阔的应用前景和重要的经济价值。

4.2 地层测试微酸化储层改造技术

近期南海东部勘探发现的抱球虫灰质储层揭示了国内超深水碳酸盐岩的巨大勘探潜力。酸化能有效改善碳酸盐岩的渗流能力进而释放更高的产能。但酸的使用往往面临酸液选择和用酸参数确定的问题，确定过程往往耗费时间长，同时受限于取芯情况，不利于对海上勘探快速决策。微酸化储层改造技术则是一种针对储层进行化学处理，以改善储层渗透性的方法，该技术通过地层测试仪器实现储层微酸化改造，获得原地用酸效果，为储层酸化改造和酸化产能释放提供重要依据。图 10 为微酸化储层改造示意图，通过电缆地层测试仪器样桶携带不同酸液（体系或配方）入井，使用单探针在不同深度点分别挤入不同/相同酸液，静置一段时间后再使用地层测试仪器的泵抽取样功能对各深度点进行反向泵抽，获取地层渗透性、流度和产量等参数。挤酸和泵抽反排过程中可实时监控注入过程中的压力和排量等参数，观测酸于地层反应过程和酸化后的动态改造效果，为后续大规模酸化提供可靠依据，优化酸化方案，从而提高大规模酸化改造效果。

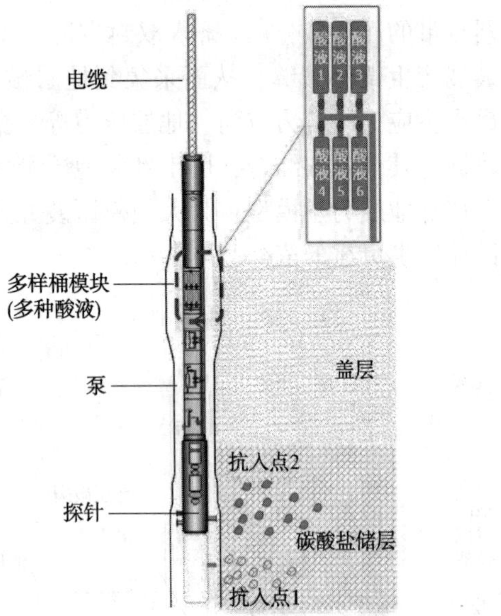

图 10　微酸储层改造示意图

未来，随着南海深水碳酸盐岩油气田勘探的发展，储层改造需求势必不断增加，电缆地层测试技术与微酸化储层改造技术的结合应用具有时效好、精准控制、原地观察和费用低的特点，具有广阔的前景。

5　总结

通过对南海东部近三年地层测试技术应用情况的统计分析，可以清晰映射出南海东部油气勘探向深层/超深层及低渗透储层发展的态势。新勘探态势下，地层测试技术仍是当前海上油气勘探采集地层动态参数和井下流体最有效的方法，但同时面临诸多挑战。地层测试仪器和技术的进步一定程度上改善了资料录取效果，但无法改变采集难度倍增的客观事实，需要调整对地层测试技术在储层评价中的期望阈值，尤其是要重视并发挥泵抽取样在地层复杂流体识别中的作用。为适应新的勘探态势和应对新挑战，海上地层测试技术需从推动技术进步、优化应用方案和改善作业环境三个角度进行攻关。微压裂和微酸化储层改造技术是在地层测试仪器针对低渗储层评估和改造评估的潜在应用和攻关方向，可为海上大规模的压裂和酸化储层改造评估和设计提供关键信息，对海上低渗透油气藏勘探开发具有重要意义。

参考文献

[1] 谢玉洪，高阳东. 中国海油近期国内勘探进展与勘探方向[J]. 中国石油勘探，2020，25(1)：20-30.

[2] 谢玉洪. 中国海油“十三五”油气勘探重大成果与“十四五”前景展望. 中国石油勘探 26. 1(2021)：43-54.

[3] 徐长贵，高阳东，刘军，等. 南海东部富砂砾型大中型油气田发现与启示——以珠江口盆地惠州 26 洼古近系恩平组为例. 石油勘探与开发. 2024 年 1 期：14-27.

[4] 胡小强，丁娱娇，于之深，等. 低孔隙度低渗透率复杂断块油气田储层有效性评价方法[J]. 测井技术，2016，40(5)：549-555.

[5] 谢然红，肖立志，张建民，等. 低渗透储层特征与测井评价方法[J]. 中国石油大学学报(自然科学版)，2006，30(1)：47-51，55.

[6] 澎拜新闻. 我国首次在超深水碳酸盐岩领域取得重大突破. https://www.thepaper.cn/newsDetail_forward_28703841.

[7] 中海油官网. 中国海油宣布超深水天然气勘探再获重大突破. https://www.cnoocltd.com/art/2024/9/10/art_32081_15346391.html

[8] 中国日报网. 中国海油宣布超深水天然气勘探再获重大突破. https://cn.chinadaily.com.cn/a/202409/11/WS66e15a14a310a792b3abba45.html.

连续油管分段压裂技术在大港低渗透储层的应用

姜晓波[1]　曲庆利[1]　杨　丽[2]　罗　洪[1]　陆　辉[1]　张洪虎[3]

（1. 中国石油大港油田石油工程研究院；2. 中国石油渤海钻探泥浆公司；3. 中国石油渤海钻探第一钻井分公司）

摘　要　随着大港油田低孔渗油气藏等非常规油气藏勘探开发规模增加，连续油管分段压裂技术成为储层压裂改造的一种高效手段。大港油田实施的连续油管分段压裂技术包括了连续油管穿电缆多簇射孔分段压裂技术、连续油管免钻全通径固井滑套分段压裂技术和连续油管喷砂射孔分段压裂技术。本文对三种连续油管分段压裂工艺进行了技术对比分析。三种连续油管分段压裂技术在油田现场进行了成功应用，储层改造效果明显，提高了油藏采收率，为国内低孔渗油气藏开发提供新手段和技术借鉴。

关键词　连续油管；分段压裂；储层改造；应用

1　前言

大港油田属于复杂断块油气田，随着勘探开发活动的不断深入，低渗透储层开发成为油田增储上产的重要保障。这些油气藏储层区域分布广且不连续，埋深跨度大，储层砂泥岩呈不等厚互层，且薄油层占有较大比例，在完井过程当中需要采用压裂措施改造。储层分段压裂改造技术是低孔低渗透油气藏开发的重要增产措施之一，目前大港油田针对不同储层特点应用了多种分段压裂改造技术。其中连续油管分段压裂改造技术在储层改造中进行了广泛的应用，取得了较好的效果。

2　连续油管分段压裂技术

大港油田应用的连续油管分段压裂技术包括了连续油管穿电缆多簇射孔分段压裂、连续油管免钻全通径固井滑套分段压和连续油管喷砂射孔分段压裂。通过在油田现场的应用，各种连续油管分段压裂技术都有各自的优缺点，见表1。鉴于不同连续油管分段压裂技术的优缺点和局限性，同时考虑后期措施改造可能性，针对各油井自身的特点，可优选出最优的分段压裂技术对目标油井进行储层改造。

表1　不同连续油管分段压裂技术对比

工艺技术	技术对比					
连续油管穿电缆多簇射孔分段压裂	工序复杂	下入过程存在不确定因素	起裂点准确	满足大规模压裂，无级数限制	不通径	施工效率与经济性在压裂级数4~5级长水平段水平井、大斜度井中最优
连续油管免钻全通径固井滑套分段压裂	工序简单	下入过程存在不确定因素	起裂点准确	满足大规模压裂，无级数限制	全通径	适用具有一定厚度薄油层的长水平段水平井、大斜度井
连续油管喷砂射孔分段压裂	工序简单	下入过程存在不确定因素	起裂点准确	不满足大规模压裂，无级数限制	全通径	适用极小薄层、薄互层长水平段水平井、大斜度井

3　工艺原理和技术特点

3.1　连续油管穿电缆多簇射孔分段压裂

3.1.1　工艺原理

应用于套管固井完井的井，采用连续油管穿电缆输送桥塞和射孔枪，到达目的层桥塞封堵已施工层射孔后逐层压裂。压裂完成排液后，下磨铣工具钻磨掉井内所有桥塞，实现全通径进行生产。

3.1.2　技术特点

可实现无限极压裂；套管作为压裂管柱，可减少摩阻，降低地面施工压力，可以实现大排量压裂。但也存在以下不足：工具串多次下井，施工周期长，作业效率低；需要钻塞；容易砂堵；射孔优化较难，多簇压裂，能量分散，减低压裂规模；存在桥塞坐封工具火药推力不足的问题(图1)。

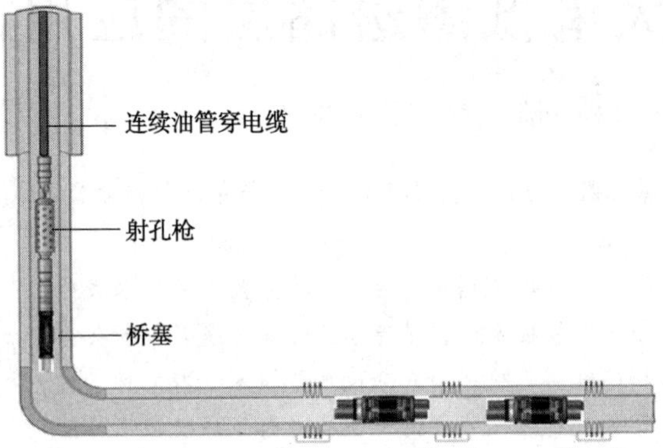

图1　连续油管穿电缆多簇射孔分段压裂示意图

3.2　连续油管免钻全通径固井滑套分段压裂

3.2.1　工艺原理

在完井套管柱中预置有全通径固井压裂滑套，固井完成后通过连续油管下入带有可连续重复坐封的封隔器打压坐封，自下而上逐级打开压裂滑套，实现对预定储层进行压裂改造。

3.2.2　技术特点

固井、压裂一体化管柱，不需额外射孔；可实现一趟管柱无限级压裂；一旦砂堵可迅速冲砂解堵；可进行井下压力监测；压后全通径，不需要钻塞。滑套与泄压孔之间距离太小，封隔器坐封位置要求精度高(图2)。

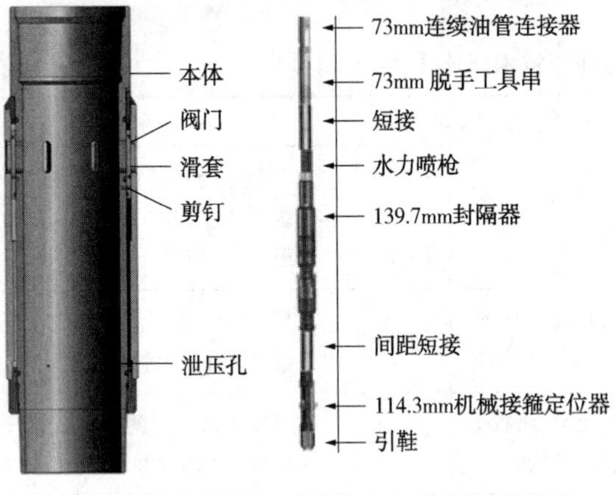

图2　压裂滑套及打开滑套工具串结构示意图

3.3　连续油管喷砂射孔分段压裂

3.3.1　工艺原理

下套管固井，通过连续油管下入带有可连续重复坐封的封隔器打压坐封，自下而上逐级喷砂射孔，实现对预定储层的压裂改造。

2.3.2　技术特点

可实现无限级压裂；可进行井下压力监测；压后全通径，不需要钻塞。井下工具串定位校深易受井筒通井刮削质量影响(图3)。

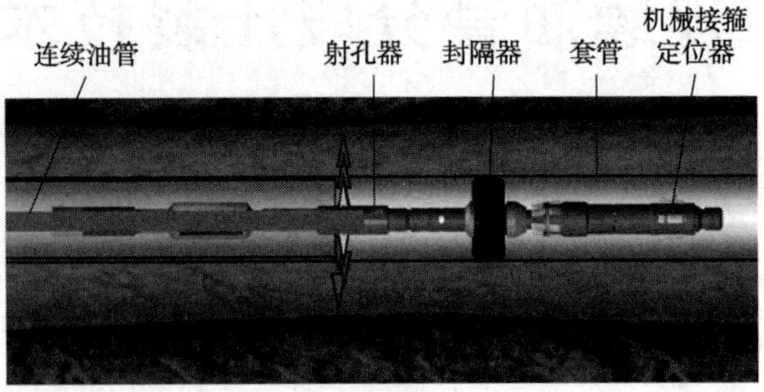

图3　分段压裂示意图

4　现场应用

4.1　连续油管穿电缆多簇射孔分段压裂技术现场应用

4.1.1　X5-23-1L井基本情况

X5-23-1L井主要含油目的层为K1段ZV下油组，油藏埋深3620~4100m。油组砂泥岩呈不等厚互层，泥岩隔层单层厚度为5~10m，为主要的隔夹层，但在断块内分布并不稳定。孔隙度9.81%，渗透率0.79×10^{-3} μm^2，属于低孔、低渗储层。该井实际钻遇枣V下油组，3737.3~4283.9m，跨度546.6m，油层249.2米。

4.1.2　工艺优选及现场施工

该井储层地质改造要求见表2，分五段压裂，共计射孔厚度183.9m，下入射孔枪15次，点火32次。

表2　X5-23-1L井储层改造数据表

压裂层段	射孔厚度/m	孔隙度/%	渗透率/(10^{-3}μm^2)
1	37.3	11.2~12.3	10.91~14.19
2	37.9	9.93~12.13	5.75~13.93
3	56.5	8.37~10.94	3.19~9.34
4	18.4	2.68~9.88	0.1~5.57
5	33.8	3.69~9.55	0.1~3.1
总合计	射孔厚度 183.9m/22层	—	—

由于该井最大井斜为72.25°，各压裂层段均需要下多趟枪进行射孔，常规工艺无法满足施工及后期措施需求，经优选确定采用连续油管穿电缆多簇射孔分段压裂技术，该工艺技术在连续油管内穿电缆，充分利用连续油管的优势，既具备可钻桥塞射孔分段压裂工艺技术特点，又解决

了在大井斜段射孔枪在不带桥塞情况下不能重复多次下入问题。

该井现场施工过程如下：

（1）井筒准备。配接 5½in 完井管柱并依次入井，到位后，循环泥浆，固井，候凝，通井刮削，并在桥塞坐封位置刮削干净，以保证桥塞的坐封效果。

（2）第一段射孔及压裂。采用普通油管射孔，射孔完成后取出射孔枪，进行第一段压裂。

（3）第二至五段射孔及压裂。在第一段压裂完成后，连接射孔枪及桥塞，利用穿电缆的连续油管下入桥塞坐封、射孔联作工具串，通过工具串上的磁定位工具校深，在预定位置通过点火实现桥塞坐封和丢手，对桥塞试压，接着上提射孔枪至设计位置，完成射孔。起出工具串，再次下入射孔枪，完成该段其余射孔层的射孔。最后，起出工具串，进行压裂施工。

其他各层用同样的方式，依次下入桥塞、射孔、压裂。

（4）钻塞。所有层段压裂完后，利用连续油管装置下入钻磨管柱带压将桥塞钻除，保证井筒内清洁，实现井筒全通径。现场钻塞排量为 400～450L/min，压力为 37MPa，出口压力为 11MPa，钻塞过程较为顺利，每个桥塞所用时间大约 20min。

4.1.3 生产效果分析

X5-23-1L 井自 2014 年 6 月 20 投产后至 2015 年 5 月 4 日自喷，初期日均产油量为 36t/d。实现自喷 319 天，自喷周期远远长于邻井的 12 天，后期自喷产量维持在 9t/d 左右。采用抽油井泵采油后生产至今，产量维持在 14.5t/d。从下图可看出，储层压裂改造效果较好(图 4)。

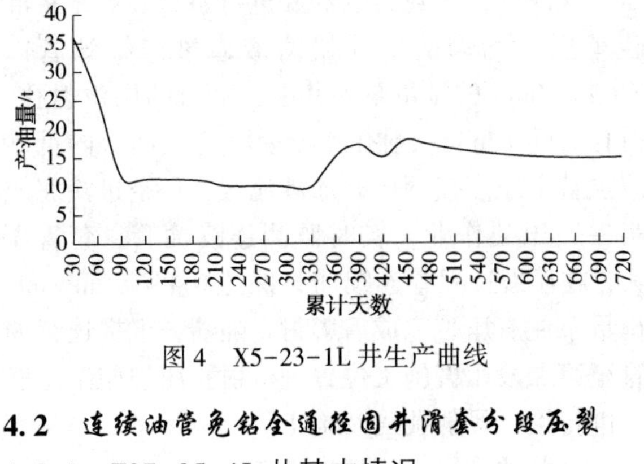

图 4 X5-23-1L 井生产曲线

4.2 连续油管免钻全通径固井滑套分段压裂

4.2.1 F27-35-1L 井基本情况

F27-35-1L 井目的层 S3-2，属复杂断块油气田，表现为低孔低渗，孔隙度 10.75%，渗透率 $10.20\times10^{-3}\mu m^2$，储层跨度大，目的层平均跨度 400m 以上，且不连续。该井完钻井深 4396m，垂深 3705.3m，水平位移 1061.61m，最大井斜 83.6°，油层跨度 415.83m；目的层 S3-2，孔隙度 9.01%，渗透率 $5.06\times10^{-3}\mu m^2$。该井储层属低孔低渗，储层跨度大，且不连续，同时井深、井斜大，这些都加大了施工难度。

4.2.2 工艺优选及现场施工

根据测井解释，优选油底 4305.93m 至油顶 3890.10m 间较好的 8 段油层进行压裂改造。依据 F27-35-1L 井储层特点及施工难点，为满足开发需求及为后期修井创造有利条件，对 S3-2 储层优选采用连续油管免钻全通径固井滑套分段压裂完井。F27-35-1L 压裂套管选用钢级 P110 5½″套管。与套管一起下入的各压裂滑套打开压力设定压差 15MPa。完井管柱：Φ139.7mm 浮鞋+Φ139.7mm 套管+Φ139.7mm 浮箍+Φ139.7mm 短套+Φ139.7mm 浮箍+Φ139.7mm 套管串+Φ139.7mm 压差滑套 1（带定位短节）+Φ139.7mm 套管串+Φ139.7mm 压差滑套 2(带定位短节)+……+Φ139.7mm 压差滑套 8(带定位短节)+Φ139.7mm 套管串至井口，完井管柱图如图 5 所示。

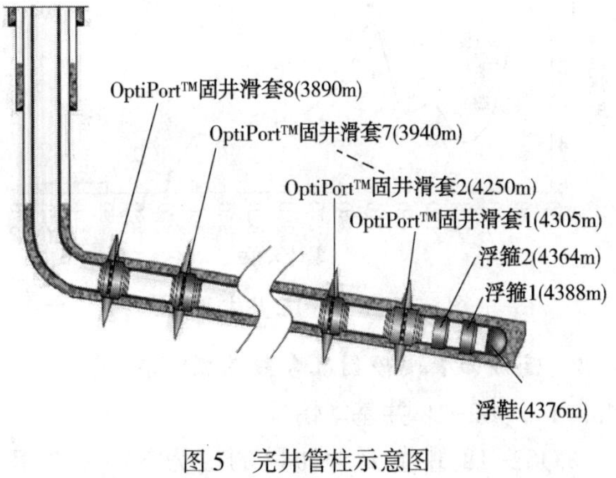

图 5 完井管柱示意图

该井现场施工过程如下：

（1）井筒准备。配接 5½in 完井管柱并依次入井，到位后，循环泥浆，固井，候凝，通井刮削洗井。

（2）打开第一级滑套进行第一段压裂施工。通过 2in 连续油管下入操作工具串，操作工具串连接顺序为：连续油管连接器+紧急脱手+短节+水力喷枪+封隔器+间距短节+机械接箍定位器+导引鞋。下放过程中通过机械接箍定位器对操作工具串位置进行较深，并在探底后与之前通井探底数据进行对比确认深度及连续油管误差。在探底之后上提过程中定位所有压差滑套接箍深度。将操作工具串定位在第一级滑套位置，连续油管下压坐封封隔器。继续升压打开第一级滑套，油套环空加砂进行第一级压裂。

(3) 打开以后各级滑套及压裂施工。第一级压裂施工结束后，在封隔器上下压差不大于15MPa的情况下上提连续油管解封封隔器。并在第二级压差滑套定位短节处定位，下压连续油管坐封封隔器。继续升压打开第二级滑套，油套环空加砂进行第二级压裂。并按照解封封隔器、定位、坐封封隔器、打开压差滑套、环空加砂压裂的顺序完成以后各级现场施工。

该井共计泵入压裂液2414.25m^3，压裂支撑剂194.62m^3，压裂过程中施工排量控制在5~6m^3/min之间，最大排量5.7m^3/min，施工过程顺利。

4.2.3 生产效果分析

F27-35-1L井4mm油嘴自喷投产，初期日均产油15t/d。该井自投产保持了151天自喷，之后连续正常生产，目前累积产油2616t，压裂施工有效改造了储层，取得较好效果(图6)。

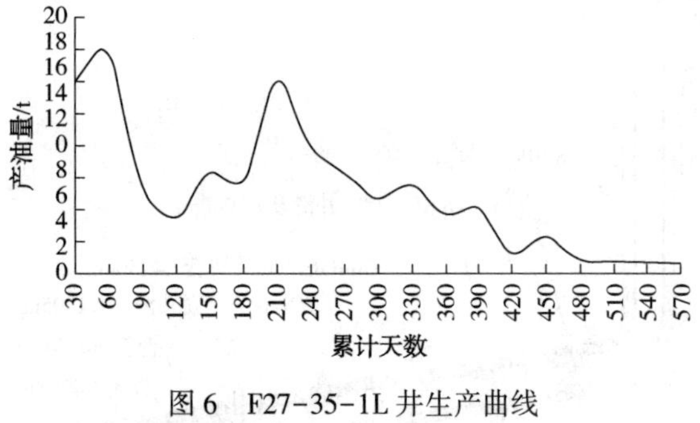

图6 F27-35-1L井生产曲线

4.3 连续油管喷砂射孔分段压裂

4.3.1 Q62-18井基本情况

Q62-18井主要含油目的层为S3-2油组，油藏埋深3082~3174m。本井S3油组砂泥岩呈不等厚互层，油层单层厚度0.8~4.4m，泥岩隔层单层厚度为1.3~9.5m，为主要的隔夹层。孔隙度3.29~13.06%，渗透率0.10-20.04×10^{-3} μm^2，属于低孔、低渗储层。

4.3.2 工艺优选及现场施工

该井储层地质改造要求见表3，分三段压裂，共计射孔厚度14.3m。S3油组砂泥岩互层之中油层单层厚度较薄，射孔数量无需太多，但需保证射孔压裂位置准确，本井不需要大规模压裂，因此采用连续油管喷砂射孔分段压裂工艺(图7)。

表3 Q62-18井储层改造数据表

压裂层段	射孔厚度/m	孔隙度/%	渗透率/($10^{-3}\mu m^2$)
1	4.5	3.29~5.97	0.10~0.57
2	5.4	3.56~13.06	0.1~20.04
3	4.4	7.27	1.52
总合计	射孔厚度14.3m/5层	—	—

图7 压裂工具实物图

该井现场施工过程如下：

(1) 井筒准备。配接5½in完井管柱并依次入井，到位后，循环泥浆，固井，候凝，通井刮削。

(2) 射孔及压裂施工。通过连续油管将工具管串下入井中，工具管串的连接顺序为接头+液压丢手+扶正器+球座+喷枪+平衡阀+封隔器+机械定位器+导引头。通过完井管柱中的短套管校准射孔深度，坐封封隔器并进行验封。泵车将混砂车搅拌均匀的射孔研磨液通过连续油管以0.65m^3/min的排量泵入井中，对目的层位射孔，射孔时间14min。射孔完成后将连续油管内携砂液顶替干净。按照压裂加砂流程，环空进液完成第一层压裂作业，实时监测连续油管、套管压力，在压裂过程中连续油管保持0.1~0.2m^3/min排量泵注。压裂完成后解封封隔器，上提连续油管至第二段压裂施工位置进行射孔压裂施工。然后进行第三段射孔压裂施工。

该井共计泵入压裂液553.1m^3，压裂支撑剂43.1m^3，压裂过程中油套环空施工排量为5~

6m³/min，环空施工压力为38～60MPa，压裂施工过程顺利。

4.3.3　生产效果分析

Q62-18井2016年1月1日采用抽油井泵投产，目前日产油9.86t/d，累积产油1323t,，压裂施工有效改造了储层，取得较好效果(图8)。

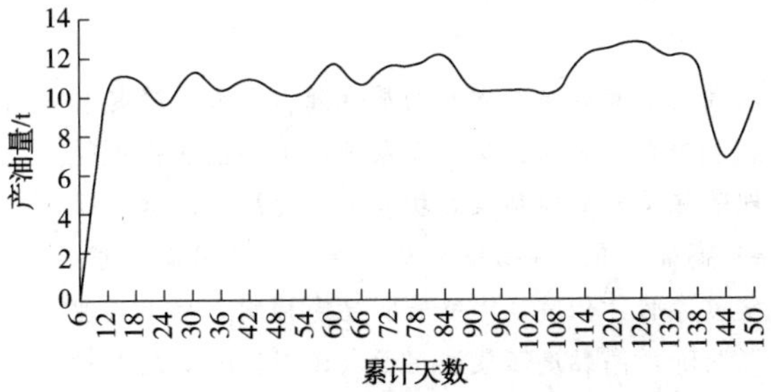

图8　Q62-18井生产曲线

五　结论与认识

（1）连续油管分段压裂技术在大港油田低渗低孔储层改造方面是一种高效的手段，具有广阔的应用前景。

（2）连续油管穿电缆多簇射孔分段压裂技术施工效率与经济性在压裂级数4~5级长水平段水平井、大斜度井中最优，压裂级数过多时工具反复起下影响作业效率，后期作业需钻塞。

（3）连续油管免钻全通径固井滑套分段压裂技术适用具有一定厚度薄油层的长水平段水平井、大斜度井，压后全通径，打开滑套管柱对封隔器坐封位置要求精度高。

（4）连续油管喷砂射孔分段压裂技术适用极小薄层、薄互层长水平段水平井、大斜度井，其不满足大规模压裂需求。

参　考　文　献

[1] 万仁薄. 水平井开采技术[M]. 北京：石油工业出版社，1995：1-10.

[2] 于永，杨彪，杜宝坛，等. 水力喷砂射孔在油气田开发中的应用[J]. 特种油气藏，2002，9(4)：56-58.

[3] 刘威，何青，张永春，等. 可钻桥塞水平井分段压裂工艺在致密低渗气田的应用[J]. 断块油气田，2014，21(3)：394-397.

[4] 李梅，刘志斌，路辉，等. 连续管无限极滑套分段压裂技术在苏里格的应用[J]. 石油机械，2015，43(2)：40-43.

层理页岩油储层裂缝扩展机理及工艺对策

杜浩然　金智荣　黄　越

（中国石化江苏油田分公司石油工程技术研究院）

摘　要　本文以苏北阜二段页岩油为研究对象，针对层理页岩油储层纵向非均质性强，水力裂缝起裂与扩展机理不明的问题，采用水力压裂物模实验相结合数模相结合的方法，探究了层理密度、层理强度等层理特性，压裂液黏度、泵注排量、等因素工程参数对层理陆相页岩油储层裂缝扩展形态的影响规律。通过物模试验发现：水力裂缝易于从高强度层进入低强度层；高粘压裂液+高排量有利造主缝及纵向穿层。从数模结果来看：高密度层理开启可以增加改造体积的裂缝复杂性，但缝高、缝长明显受抑制。对于层理异常发育的压裂层段，需要降低簇数、提高排量、增加前置液阶段高黏度压裂液用量及比例，降低层理对缝高扩展的限制。对于层理发育一般的压裂段，对于层理不发育、开启难的压裂层段，则是以提高裂缝复杂性、增加裂缝面积为压裂目标，需要增加簇数、提高排量、采用低黏度压裂液。

关键词　页岩；层理；水力压裂；裂缝扩展规律；物模实验；工艺对策

（1）区块概况

苏北盆地上白垩统第三系分布广，地层完整，泥页岩发育良好，厚度大，有机质丰富，演化程度高，具备页岩油气成藏的地质条件，尤其是纵向上主要发育的阜二段（E1f2），含有机质的泥页岩，生烃层厚度较大，页岩发育，开发潜力巨大。近期沙垛1井、溱页1井、花页1井在阜二段泥页岩裂缝、微孔隙和泥页岩夹层中获得了工业油流，实现了苏北陆相层系非常规油气勘探的突破，表明苏北盆地阜二段具有较有利的页岩油发育条件。江苏油田正按照“立体开发、评建一体、试验先行、效益开发”的思路，加快推进花庄页岩油示范区建设步伐。

（2）生产需求

由于页岩储层致密性强，渗透率极低，难以开采，为了实施增产，必须对其储层进行压裂改造。不同于常规储层，页岩储层中发育大量的非连续面如天然裂缝、层理面和断层等，使其具有显著的结构各向异性，对水力压裂裂缝扩展产生影响。因此，研究与揭示水力压裂裂缝在层理页岩中的形成机制、缝网展布模式、地应力和岩体性质等因素的影响，对于水力压裂开采设计、储层改造和提高油气资源的采收率十分重要。苏北地区页岩油储层纵向非均质性强，层间岩性差异大，层理发育，导致水力裂缝类型、尺度多样，复杂多尺度裂缝识别和定量表征困难。

从国内主要页岩油可压性评价来看，层理/纹层对改造效果有重要影响。华东秦潼凹陷实践认为：页岩油有利储集空间为层理缝和微裂缝，且层理/纹层发育段水平向渗透率是垂向的3.9~990倍；胜利济阳凹陷页岩油实践认为：灰质纹层与泥质纹层高频互层构成了的层偶结构和良好的源储配置关系；新疆吉木萨尔页岩油实践认为层理缝密度是构造缝的3~7倍，且富含油段和油浸段大多位于层理缝发育地方。从高邮凹陷页岩油压裂实践得出：①层理密度更高的井/段，微地震时间波及区域的长宽比更低；②层理发育井/段，产油贡献率高，花2侧HF井层理缝发育段产油贡献率是其他段的1.6倍；③层理越发育，裂缝复杂度更高。

综上，层理/纹层是富油储集空间，是优势渗流通道，是复杂缝基础，是基质泄油条件，是水驱油、水换油效率的重要影响因数。地质要找层理密度高的地方，工程要利用好层理，压好层理。

（3）国内外研究现状

目前，研究页岩中复杂裂缝网络的扩展机制，已成为非常规油气开发领域的重要课题。近年来，国内外学者针对页岩储集层水力裂缝扩展进行了大量的理论研究，建立能够模拟多裂缝扩展的压裂模型，包括线网模型、离散裂缝网络模型和非常规裂缝模型，以及其他基于有限元法、边界元法、扩展有限元法、离散元法和相场法的模型。水力裂缝遇到层理面后可能产生贯穿、转向、终止或阶梯式延伸等结果，从而导致最终裂缝网络形态的不确定性。因此，多数数值模型无法体现出层理发育的页岩储集层与裂缝性储集层水力裂缝扩展的本质区别。现场井下取心资料显示，页岩储集层普遍发育高度密集的层理裂缝(每米数条至数百条)，这种强各向异性特征给裂缝扩展模拟带来巨大挑战。利用有限元的黏聚单元分析天然裂缝弱面对压裂裂缝扩展的影响，计算精度高，但当天然裂缝密度预设过高时，会导致计算稳定性、收敛性变差。对于弱面发育的页岩岩体，其岩体介质更趋近于不连续介质的离散体。离散元法作为一种不连续介质数值模拟方法，在处理岩土裂缝等不连续介质大变形问题(如高度复杂的裂缝网络)时具有较大优势。Zhao 等应用二维颗粒离散元法模拟水力裂缝与天然裂缝的作用行为，模型通过弱化颗粒间粘结强度来模拟天然裂缝。Zangeneh 等应用二维离散元法模拟水力裂缝网络，模型中地层被多组节理所分割，节理之间为可变形的岩块。

Nagel 等应用三维离散元法研究了裂缝性储集层中水力裂缝类型及影响因素。但上述模型并没有考虑层理缝。Zou 等建立了三维离散元裂缝网络模型，探讨了工程尺度下层理缝对页岩储集层水力裂缝扩展的影响，但是没有考虑储集层纵向应力非均匀性对水力裂缝扩展形态的影响。

(4) 技术思路

本文首先针对苏北地区页岩油储层纵向非均质性强，层间岩性差异大，层理发育，导致水力裂缝类型、尺度多样，复杂多尺度裂缝识别和定量表征困难。开展复杂地质条件下水力裂缝扩展物理模拟试验，考虑层间不同岩性强度差异、层理胶结强度、排量、黏度等因素，有效识别不同类型水力裂缝，定量评价多尺度裂缝纵向扩展和横向波及范围，揭示复杂地质条件下的水力裂缝扩展规律；其次建立层理页岩水力压裂数值模型，探究真实尺度下的页岩油层理裂缝模型，探究不同层理特征下不同工艺参数下的层理裂缝扩展形态，结合物模拟实验结果，层理页岩油储层体积改造工艺优化设计。

1 压裂物模实验

1.1 资料收集

(1) 岩石力学资料

收集了花页 1 井阜二段井下岩心的岩石力学数据，如表 1 所示，岩石力学参数在纵向上变化范围较大，表现出较强的非均质性，大致可划分为高、中、低三种强度类型。高强度层(S7，S14)的抗压强度为 221.5~257.5MPa，弹性模量为 23.2~23.3GPa；中等强度层(S1，S9，S11，S16)的抗压强度为 154.1~170.3MPa，弹性模量为 14.4~15.4GPa；低强度层(S3，S5)的抗压强度为 107.6 ~ 113.2MPa，弹性模量为 8.9 ~ 9.8GPa。高、中、低三类储层在力学参数上具有显著的差异性。

表 1　花页 1 井阜二段岩石力学参数测试结果

序号	岩心编号	深度/m	层位	围压/MPa	泊松比	杨氏模量/MPa	抗压强度/MPa
1	S1	3462.40	页 1-2	31	0.182	14553.0	170.3
2	S3	3468.51	页 1-2	31	0.191	9772.9	107.6
3	S5	3475.39	页 1-2	31	0.188	8918.9	113.2
4	S11	356.80	页 3	32	0.209	14732.8	157.6
5	S9	3588.51	页 3	32	0.175	14901.2	155.7
6	S7	3592.25	页 3	32	0.142	23316.9	221.5
7	S14	3663.19	页 4-5	32	0.204	23267.2	257.5
8	S17	3684.12	页 4-5	33	0.211	14407.5	134.1
9	S16	3684.41	页 4-5	33	0.147	15356.2	154.1
平均					0.183	15469.6	163.5

(2) 压裂施工资料

收集了现场压裂施工参数，现场资料表明(表2)，储层的埋深范围在 3528.00~3830.00m，压裂施工排量为 16~18m^3/min，压裂液黏度为 9~12mPa·s，垂向、水平最大和水平最小主应力分别为 83、76、64MPa。

表 2　现场压裂施工参数汇总

现场参数		数值
储层埋深/m		3528~3830
地应力	垂向主应力/MPa	83
	水平最大主应力/MPa	76
	水平最小主应力/MPa	64
施工排量/(m^3/min)		16~18
压裂液黏度/(mPa·s)		9~12

(3) 室内压裂物模试验参数

根据相似理论，室内试验中无量纲数的取值要与现场压裂尽可能保持一致，才能使得室内试验结果对现场压裂有指导意义。室内试验的参数可利用现场施工参数结合以上四个无量纲数计算得到(表 3)。

$$N_t = \frac{tQ_0}{R_w^3},\ N_\sigma = \frac{\sigma_0}{E'},\ N_\mu = \frac{E'R_w^3}{\mu' Q_0},\ N_k = \frac{K_{IC}}{\sqrt{R_w E'}} \quad (1)$$

表 3　室内压裂物模试验参考取值

参数	现场	室内模型试验
时间 t/min	90~120	10
井筒半径 r_w/mm	57.50	12.5

续表

参数	现场	室内模型试验
排量 i/(ml/min)	16000000	30~60
弹性模量 E/GPa	10~25	10~20
断裂韧性 K_{IC}/(MPa·$m^{1/2}$)	0.5~1	0.2~0.5
黏度 μ/(mPa·s)	9~12	9~12
地应力 σ_c/MPa	83-76-64	43-36-24

1.2　实验方案制定

考虑了不同强度岩性互层、层间胶结强度差异、排量、黏度等因素，制定了详细的压裂物模试验方案。如表 4 所示，共设置 9 组试验方案，其中 1~6 组方案，在保持三向地应力、排量、黏度不变的条件下，设置了高、中、低不同强度组合：中-高-中-高-中、中-低-中-低-中、中-高-中-低-中、低-高-中-高-低、高-低-中-低-高，要分析不同强度地层组合下水力裂缝的扩展规律，方案 7~9 中试样的互层设置相同，主要研究排量、黏度等参数对水力裂缝扩展的影响。

表 4　考虑复杂地质条件的压裂物模试验方案汇总

序号	三向地应力/MPa			排量/(mL/min)	黏度/(mPa·s)	互层组合设置 高、中、低三个强度等级	层间胶结强度
	垂向	水平最大	水平最小				
1	43	36	24	30	低黏 0.08%	5 层(中-高-中-高-中)	弱胶结
2						5 层(中-低-中-低-中)	
3						5 层(中-高-中-低-中)	
4						5 层(低-高-中-高-低)	
5						5 层(高-低-中-低-高)	
6				60	高黏 0.30%	5 层(高-低-中-低-高)	
7				30	低黏 0.08%	7 层(各层均为中等强度)	强胶结
8							弱胶结
9				60	高黏 0.30%		弱胶结

1.3　复杂裂缝形态定量评价方法

对于复杂形态的水力裂缝，根据裂缝类型进行等级划分：将垂直于井筒方向起裂并扩展的裂缝定义为水力主裂缝，水力主裂缝在扩展的过程中首先沟通并开启的紧邻的层理缝，定义为一级层理分支缝，后续开启的层理定义为二级层理分支分，后续依次类推(图 1)。

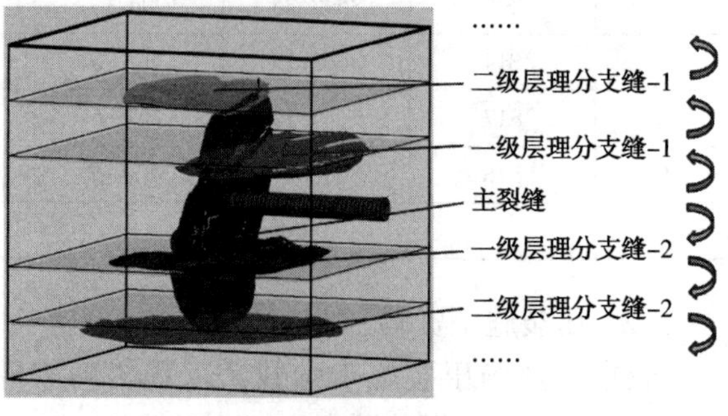

图 1　复杂裂缝等级划分

进一步，围绕多尺度水力裂缝的定量表征，设置一系列统计参数，具体包括：

（1）主裂缝的长度、宽度、面积。

（2）层理裂缝的数量、长度、宽度、面积。

（3）裂缝面积比：主裂缝的面积与所有水平层理裂缝总面积之比。

$$S_A = \frac{S_{主}}{\sum S_{层理}} \tag{2}$$

（4）裂缝体密度：水力裂缝总面积与压裂试样体积之比。

$$S_V = \frac{\sum S_f}{V} \tag{3}$$

（5）裂缝开度：将水力裂缝形态等效为一个理想的椭圆形裂缝，在缝内流体净压力（p_{net}）的作用下，椭圆形裂缝的中心位置处的裂缝开度，可由下式计算。

$$w_{max} = \frac{2p_{net}n(1-v^2)}{E} \tag{4}$$

其中，w_{max}为椭圆形裂缝中心位置处的裂缝开度，mm；p_{net}为缝内净压力，缝内压力减去垂直于裂缝的远场地应力，MPa；n为椭圆形裂缝短轴方向的长度，m；ν为岩石泊松比，无量纲；E为岩石弹性模量，GPa。实际计算取值：p_{net}为垂直于井筒的主裂缝，缝内净压力取25MPa；层理分支缝，缝内压力取6MPa；n为根据试验的实测值；ν为岩石泊松比，取0.15；E为岩石弹性模量，取25GPa。

1.4 实验结果

从实验岩裂缝形态来看，各个试样均形成了主裂缝和多个层理面，裂缝样呈现“丰字形”形态，CT扫描识别到两种类型、三种缝宽的裂缝。主裂缝宽度平均0.55mm，是一级层理缝宽度的3~5倍，二级层理缝的4~8倍。从裂缝特征来看：物模试验预设层理密度12~15条/米，主缝面积与层理缝面积比0.38~0.78（图2，图3）。

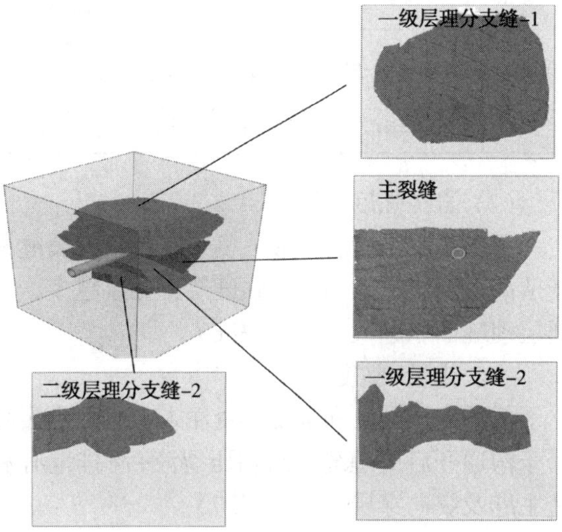

图2　水力裂缝三维重构

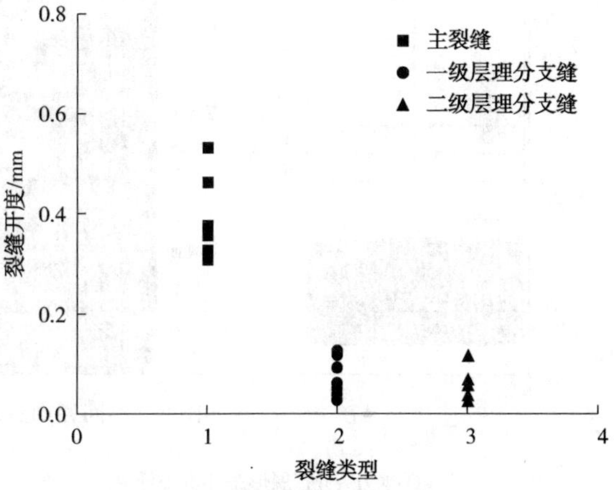

图3　裂缝开度统计

（1）界面胶结强度

界面弱胶结压裂后易于形成主裂缝和多个层理缝相互沟通的复杂水力裂缝形态；界面强胶结试样主要形成水力主裂缝，穿切层理，裂缝整体形态相对简单（图4，表5）。

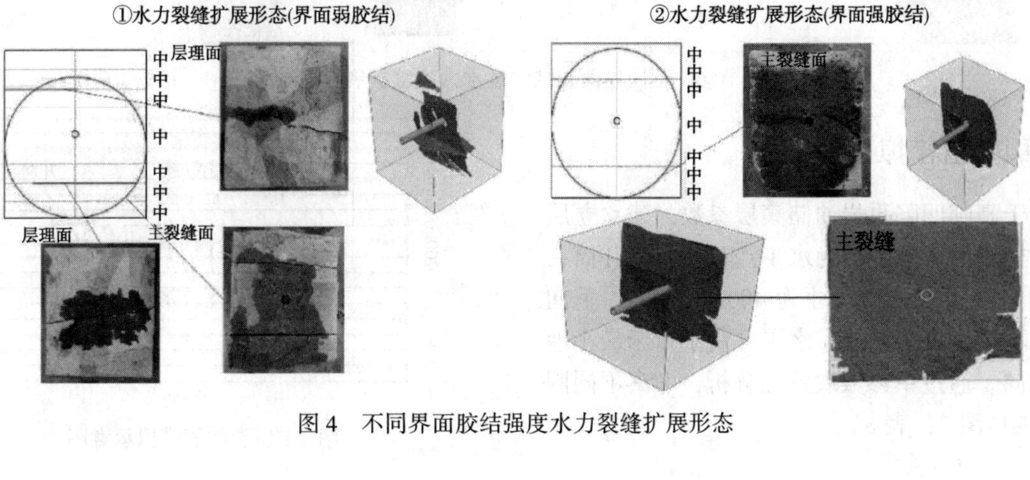

图4　不同界面胶结强度水力裂缝扩展形态

表 5　不同式样裂缝类型统计

编号	互层组合	裂缝类型
式样 8-1	中-中-中-中-中-中-中	主裂缝-1 二级层理缝-2
式样 9-1	中-中-中-中-中-中-中	主裂缝-1

（2）岩性强度差异

界面弱胶结有利于形成复杂缝；水力裂缝易于从高强度层进入相对低强度层；穿层越多，沟通层理缝面积越大(图 5，表 6)。

（3）排量-黏度

低黏度压裂液和常规排量注入，水力主裂缝易于沟通开启层理缝；高粘压裂液+高排量有利造主缝及纵向穿层(图 6，表 7)。

表 6　不同式样裂缝类型统计

编号	互层组合	裂缝类型	层理缝面积/mm^2
式样 3-1	中-高-中-低-中	主裂缝-1 一级层理缝-2 二级层理缝-1	68815
式样 5-2	高-低-中-低-高	主裂缝-1 一级层理缝-2	101512

表 7　不同式样裂缝类型统计

编号	互层组合	裂缝类型	层理缝面积/mm^2
式样 5-2	高-低-中-低-高	主裂缝-1 一级层理缝-2	101512
式样 6-1	高-低-中-低-高	主裂缝-1 一级层理缝-2 二级层理缝-1	13454

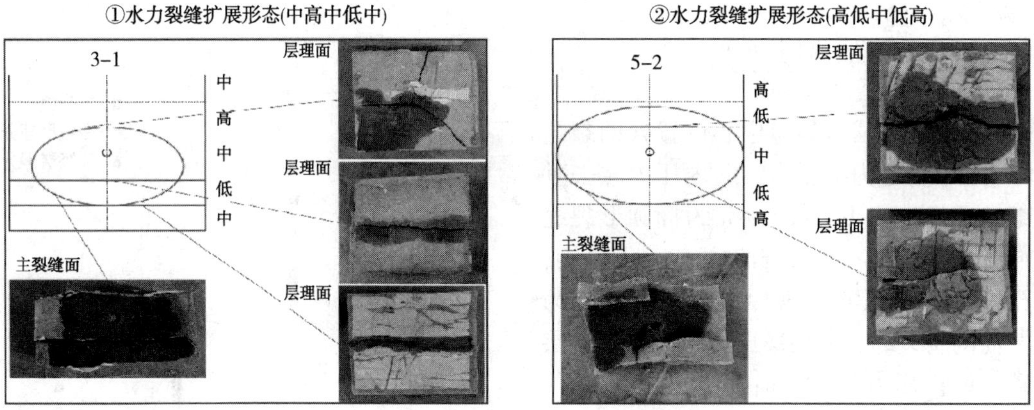

图 5　不同界面胶结强度水力裂缝扩展形态

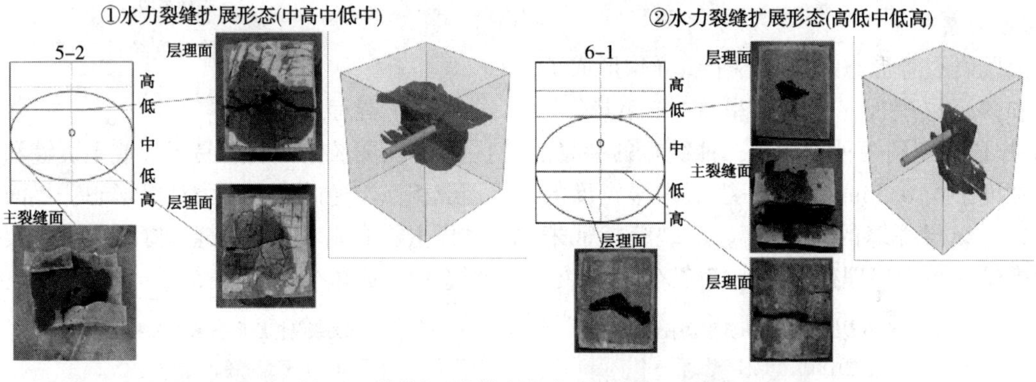

图 6　不同界面胶结强度水力裂缝扩展形态

2　压裂数值模拟

基于高邮凹陷页岩油储集层参数，建立立层状地层模型，考虑地层为水平产状。水平井筒在模型中心穿行，模型尺寸为 400m×200m，垂向上分布不同密度层理面，水平井筒平行于最小地应力方向。通过单参数敏感性分析，考察不同因素的影响(图 7，表 8)。

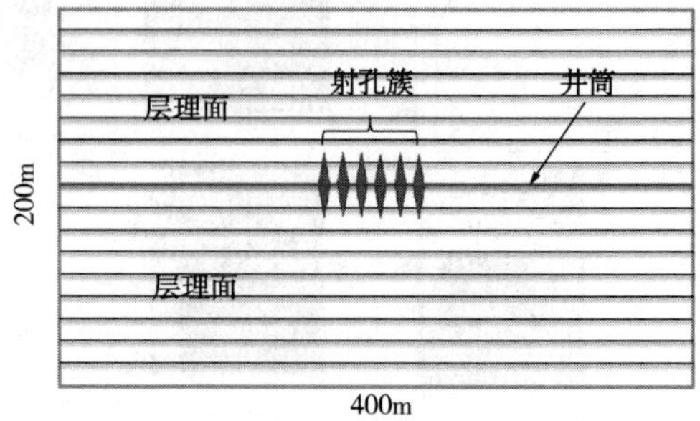

图 7　压裂数值模拟示意图

表 8　压裂模拟主要输入参数

参数类型	参数	数值
页岩/层理	密度	2500kg/m³
	弹性模量	15GPa
	泊松比	0.2
	渗透率	0.01md
	抗拉强度	10MPa/1~10MPa
	剪切强度	30MPa/5~30MPa
	内摩擦角	40°/5°~40°
应力状态	水平最大主应力	60MPa
	水平最小主应力	48~60MPa
	孔隙压力	38MPa

(1) 层理密度

模拟条件：最小水平主应力为60MPa，施工排量18m³/min，压裂液黏度20cp，液量2000m³，砂量100m³，分别设置5、10、20、50条/米四种层理密度，得到其裂缝形态(图8)。

由模拟结果可知，层理密度越高，裂缝纵向扩展越困难，缝高受限，缝长更长；层理密度越高，突破的层理数量增多，层理缝面积增大，层理开启效率反而上升(表9)。

(2) 层理强度

模拟条件：在层理密度为20条/100m基础上，施工排量18m³/min，压裂液黏度20cp，液量2000m³，砂量100m³，分别设置低、中、高、超高四种层理强度，得到其裂缝形态(图9)。

由模拟结果可知，层理强度越高，反应弱面岩石强度与页岩基质差异性越小，有利于裂缝纵向穿过层理；反而层理强度越低，携砂液进入层理缝时，会造成层理弱面形成优势通道，缝长增加(表10)。

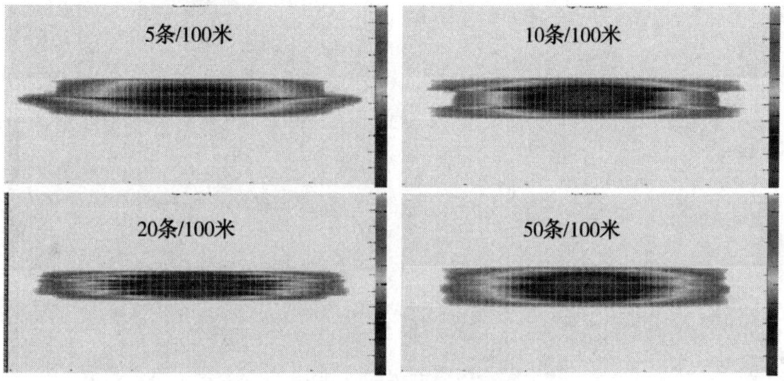

图 8　不同层理密度水力裂缝形态

表 9　不同层理密度下模拟裂缝参数

簇密度条/100m	半缝长/m	缝高/m	总裂缝面积/m²	层理缝面积/m²	层理开启效率/%	突破层理面数量
5	376	42	28800	3169	11.0	1
10	352	40	26368	5967	22.6	2
20	348	36	20480	6654	32.5	6
50	312	40	28512	10645	37.3	10

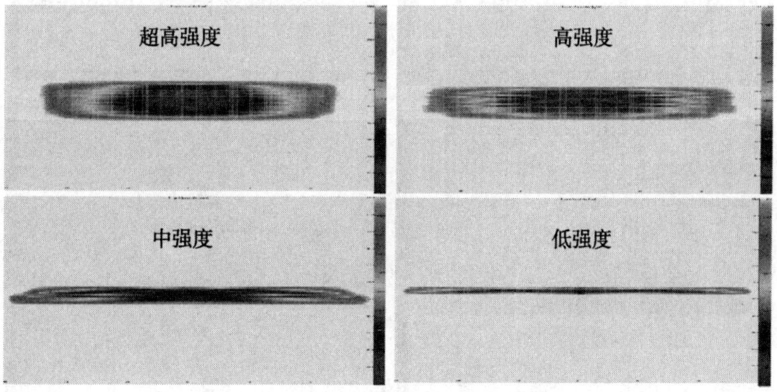

图 9　不同层理强度水力裂缝形态

表 10　不同层理强度下模拟裂缝参数

层理强度	半缝长/m	缝高/m	总裂缝面积/m²	层理缝面积/m²	层理开启效率/%	突破层理面数量
超高	320	42	25024	3081	12.3	10
高	352	32	21486	2486	11.6	8
中	368	18	13248	1470	11.1	3
低	384	8	5120	669	13.1	1

(3) 层理厚度

模拟条件：在层理密度为 20 条/100m、层理强度高强度基础上，施工排量 18m³/min，压裂液黏度 20cp，液量 2000m³，砂量 100m³，分别设置 0.5、1、1.5、2.0m 四种层理厚度，得到其裂缝形态(图 10)。

由模拟结果可知，不同层理厚度对裂缝形态，铺砂状态影响不大，不排除是模型精度的问题(表 11)。(模型网格为 1m×1m)

(4) 施工排量

模拟条件：在层理密度为 20 条/100m、层理强度高强度、层理厚度 2m 基础上，压裂液黏度 20cp，液量 2000m³，砂量 100m³，分别设置 12、14、16、18m³/min 四种施工排量，得到其裂缝缝宽(图 11)。

由模拟结果可知，施工排量越高，水力穿层效果越明显，裂缝动态造缝宽更大，且层理面缝宽明显大于页岩基质缝宽，排量越大两者越大小越接近(表 12)。(排量越大，改造越均匀)

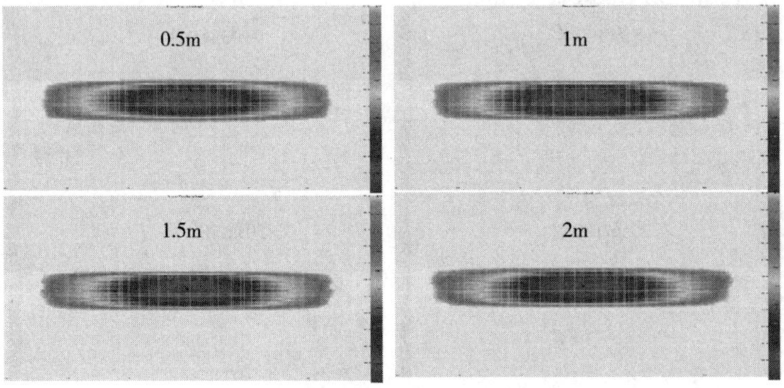

图 10　不同层理厚度水力裂缝形态

表 11　不同层理厚度下模拟裂缝参数

层理厚度/m	半缝长/m	缝高/m	总裂缝面积/m²	层理缝面积/m²	层理开启效率/%	突破层理面数量
0.5	316	46	25856	3217	12.4	8
1	324	42	25376	3118	12.3	8
1.5	324	42	26084	3134	12.0	8
2.0	324	42	25024	3081	12.3	8

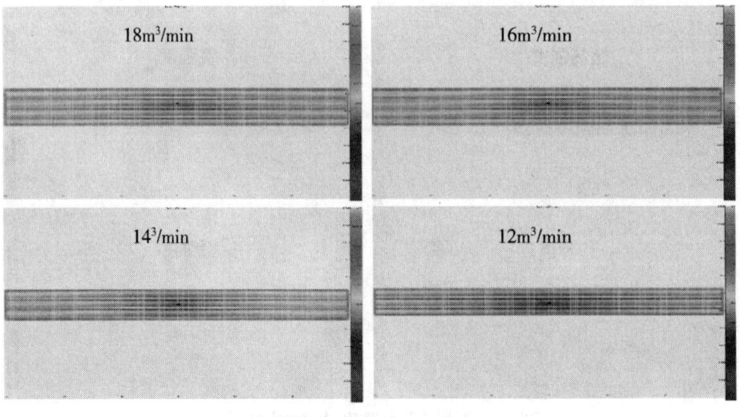

图 11　不同施工排量水力裂缝缝宽

表 12　不同施工排量模拟裂缝参数

施工排量/(m^3/min)	缝高/m	页岩基质缝宽/cm	层理面缝宽/mm	缝宽差/mm	突破层理面数量
18	36	21.6	28.5	6.9	10
16	34	18.5	26.4	7.9	8
14	32	15.4	24.8	9.4	6
12	28	12.3	22.4	10.1	4

（5）压裂液黏度

模拟条件：在层理密度为 20 条/100m、层理强度高强度、层理厚度 2m 基础上，施工排量 18m^3/min，液量 2000m^3，砂量 100m^3，分别设置 10、20、50cp 四种压裂黏度，模拟压裂液分布特征(图 12)。

由模拟结果可知，压裂黏度越高，穿层理缝效果越好，体现在缝高扩展上，但从压裂液黏度越高，裂缝形态以主裂缝为主，不利于造复杂缝，施工过程中采用变黏度可以获得更大的改造范围及裂缝复杂度。

（6）簇密度

模拟条件：在层理密度为 20 条/100m、层理强度高强度、层理厚度 2m 基础上，施工排量 18m^3/min，液量 2000m^3，砂量 100m^3，分别设置 5、10 簇/50m 两种射孔参数，单段 60 孔，模拟压裂液分布特征(图 13)。

由模拟结果可知，簇密度越大，裂缝形态的缝长缝高相应减少，但由于布缝密度提升，总裂缝和层理缝面积反而变大，在形成复杂缝网的同时，沟通了更多的层理缝，在不过分最求超大体积改造需求时，可以提升布缝密度(表 13)。

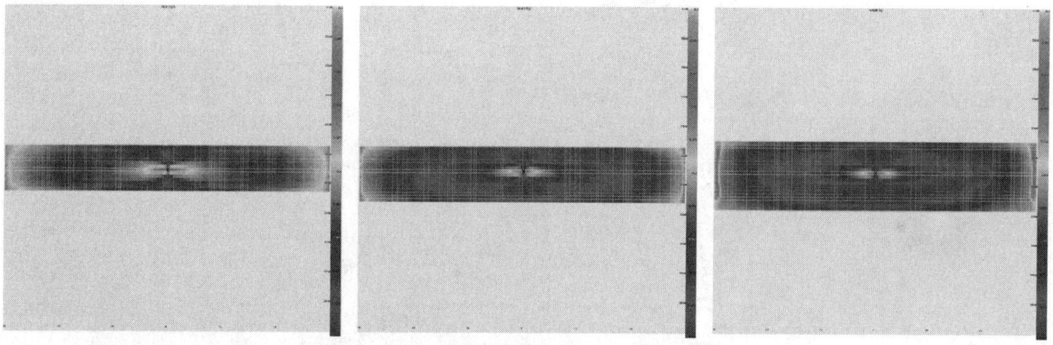

图 12　不同压裂液黏度在地层中分布模拟

图 13　不同簇密度裂缝模拟图

表 13　不同簇密度模拟裂缝参数

簇密度簇/50m	半缝长/m	缝高/m	总裂缝面积/m^2	层理缝裂缝面积/m^2	层理开启效率/%	突破层理面数量
5	220	30	43200	4950	11.5	4
10	150	24	65280	7290	11.2	8

3 结论及建议

（1）通过物模试验发现：水力裂缝易于从高强度层进入低强度层；层间强度差异较大时，很难从低强度层进入高强度层；低黏度压裂液和常规排量注入，水力主裂缝易于沟通开启层理缝；高粘压裂液+高排量有利造主缝及纵向穿层。

（2）对于层理异常发育的压裂层段，需要降低簇数、提高排量、增加前置液阶段高黏度压裂液用量及比例，降低层理对缝高扩展的限制，从而提高裂缝纵向延伸高度、增大储集层改造体积。

（3）对于层理发育一般的压裂段，对于层理不发育、开启难的压裂层段，则是以提高裂缝复杂性、增加裂缝面积为压裂目标，需要增加簇数、提高排量、降低压裂液黏度（采用低黏度滑溜水）。通过数值模拟研究发现：影响层理性页岩裂缝形态扩展因素包括层理特征（层理密度、强度），工艺参数（压裂液黏度、泵注排量、射孔簇密度）

（4）高密度层理开启可以增加改造体积的裂缝复杂性，但缝高、缝长明显受抑制；层理强度对裂缝纵向扩展影响较大，低强度层理开启，使得人工裂缝转向水平扩展，缝高扩展受限。

大排量、高黏度，都有利于裂缝穿层理缝。排量越大，缝宽越大，层理缝和基质缝缝宽差异小，支撑剂铺置更充分、改造更均匀；黏度越高，缝高越大，但裂缝欠复杂。

气井泡排措施效果影响因素分析及增产预测模型建立

张哲伦　赵　益　赵　翔　陈　灿　刘　川

（中石油西南油气田分公司勘探开发研究院）

摘　要　常规气井开发后期普遍存在地层能量下降、含水过高等问题，带液困难导致的气井关停或产能下降是开发后期影响气井开发效果的主要因素，现有的增产预测方法均存在不同程度的局限性，难以准确模拟开发后期多因素综合影响下的气井生产变化。本文在气井泡排措施有效期研究的基础上，以措施后3年的增产倍比作为气井措施效果评价及预测的评价指标，结合单因素分析与灰色关联度分析方法，开展泡排措施效果主控因素分析，认为措施井储层有效厚度、采出程度、产层中深和措施时地层压力是影响措施效果的主要因素；在措施影响因素评价成果的基础上，建立基于随机森林法及多层感知器神经网络学习方法融合的多输出递归预测模型，能够准确预测气井泡排措施增产潜力，预测总体误差范围在5~10%以内，为后续措施井优选及措施潜力预测分析提供有力保障。

关键词　气井；排水采气；措施增产效果；影响因素；产量预测

气井开发进入中后期，通常伴随着气水同产、产量递减加剧等问题。2023年四川盆地老气田共实施挖潜工作井400余口，增产天然气超10亿方，其中排水采气增产气量达8亿方以上，占总体增产量的76%，工艺实施规模大，涵盖范围广，是针对产水气井的主要措施增产手段。综合当前气藏的开发技术水平，如何针对具有措施潜力的低效气井，充分挖掘气井剩余潜力，对于改善气藏开发效果，提高整体采收率有着重要意义。

现有的措施增产预测方法均存在不同程度的局限性，难以准确模拟开发后期多因素综合影响下的气井生产变化，其中常规的气藏工程预测方法多基于系统的简化与假设，难以考虑生产后期复杂系统综合影响下的气井生产变化情况，而数值模拟法可对复杂系统综合作用下的气井开展不同生产条件的模拟预测，但流程复杂，耗时长，难以在措施实施前批量快速有效地预测措施效果。因此，有必要结合数据驱动算法与气藏工程方法，综合地下—井筒—地面条件，探索建立基于数据驱动的气井措施生产预测模型。本次研究基于四川盆地3000余井次的历史措施数据，措施数据量大，气井静、动态资料丰富，为探索气藏工程与数据分析方法结合的气井措施后生产情况预测模型提供了丰富的资料基础，能够有效指导后续挖潜措施选择与增产效果预测，降低措施挖潜风险，提高措施挖潜效益，为老气田科学高效开发提供技术支撑。

1　评价参数确定

（1）措施增产倍比计算

用于表征气井措施后生产情况变化的参数较多，气井措施前后油套压差、产气、产水、递减率等参数均可一定程度体现措施对该井生产的影响，为便于分析，本次研究采用无量纲参数“气井增产倍比”作为评价气井措施效果的具体参数，其计算方法为(图1)：

$$n=\frac{Qt'}{\sum_{t}^{t'}D(t)\,q_t}=\frac{\text{措施后实际累产}}{\text{原地建立预测累产}}$$

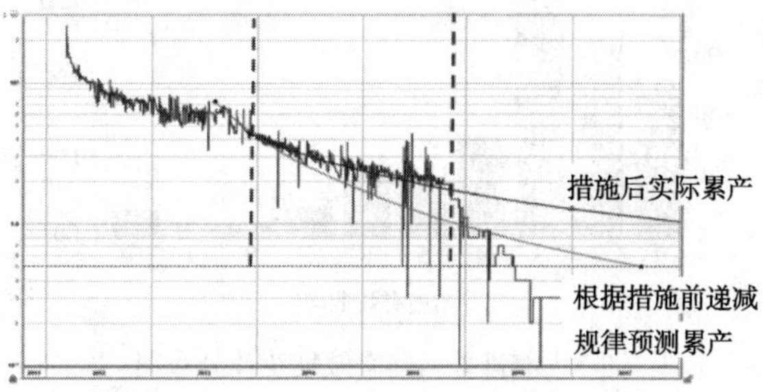

图1　气井增产倍比计算方法示意图

（2）措施有效期判断

由于气井措施后效果有所不同，气井增产倍

比为随时间变化的变量，因此需要开展气井措施有效期统计，确定评价周期。

以白浅53井为例，该井于2013年12月开展泡排，措施初期效果较好，油套压差由措施前的0.4MPa降至0.26MPa，增产倍比达到1.76；随着时间推移，该井油套压差再次出现增大趋势，同期增产倍比有所下降，增产气量曲线出现拐点，2015年6月该井增产倍比将至1以下，2016年2月因带液困难关井。将该井增产倍比降至1的时间节点作为该井措施有效期评价期限，认为白浅53井泡排措施有效期为1.5年(表1，图2)。

表1　白浅53井措施后各项参数变化情况统计

措施 时间	产气/ (万方/天)	产水/ (方/天)	累产气/ (亿方)	累产水/ (万方)	递减率/ (%/年)	油套压差/ MPa	增产倍比
措施后1个月	0.42	2.3	0.08701	0.1254	35.44	0.24	1.76
措施后3个月	0.32	0.3	0.0892	0.1298	42.92	0.26	1.30
措施后6个月	0.31	0.26	0.0921	0.1347	41.28	0.15	1.46
措施后1年	0.28	0.22	0.0971	0.1437	28.46	0.21	1.14
措施后2年	0.11	0.17	0.1045	0.1548	22.15	0.32	0.49
措施后3年	0	0	0.1062	0.1548	43.32	0.73	—

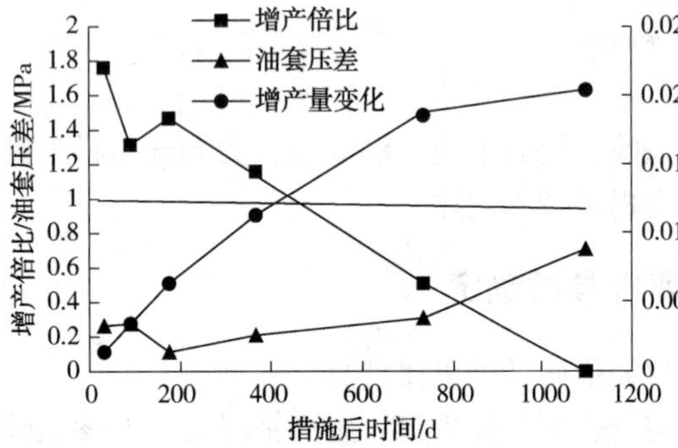

图2　白浅53井措施后各项指标随时间变化情况

根据本轮计算统计结果，泡排措施井措施有效期分布在1~9年，其中63.4%的气井，其措施有效期分布在2~4年，因此可将本次研究的气井措施评价周期定为3年，以气井措施后3年的增产倍比对气井措施效果开展评价及预测(图3)。

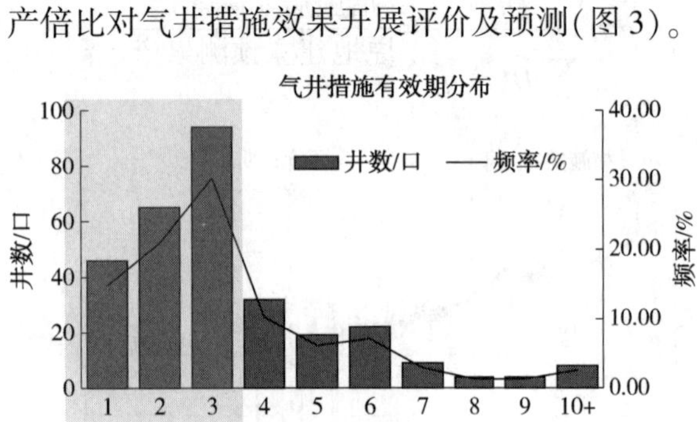

图3　泡排井措施有效期统计分布图

2　单因素分析法研究影响因素的关联性

确定泡排措施效果的主要影响因素为地质因素、生产因素与工程因素，本文首先采用单因素相关分析方法评价气井增产倍比与各因素间的关系曲线，定量分析各影响因素与增产倍比的相关性，得到泡排措施效果的主要影响因素。

为使对比量化指标(斜率)具有可比性，需要对各原始参数采取量纲消除处理，合并各个参数的数量级，采用公式(1)将各影响因素进行归一化处理，归一化后的各影响因素与增产倍比间的相关系数不变，曲线斜率的大小反映了影响因素与增产倍比间的联系。

$$X_{ij'}=\frac{X_{ij}-X_{j\min}}{X_{j\max}-X_{j\min}} \tag{1}$$

图4~图10为各影响因素与增产倍比的相关性分析模板，曲线斜率绝对值的大小，反映了各无因次影响参数与措施增产倍比间的相关性大小。

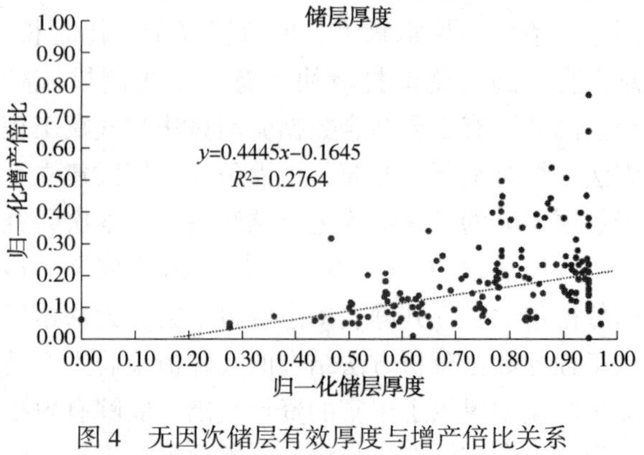

图4　无因次储层有效厚度与增产倍比关系

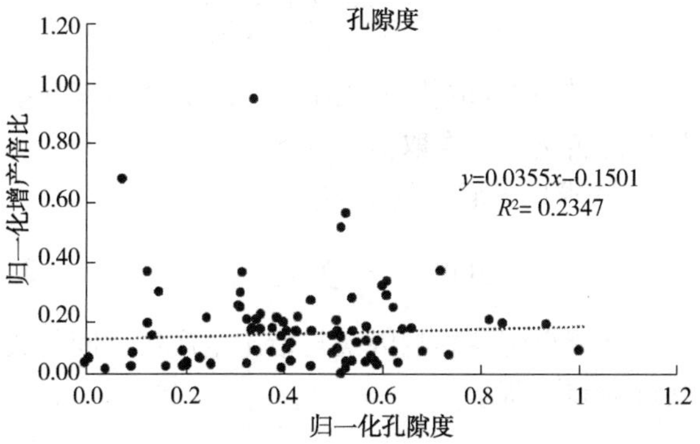

图 5　无因次孔隙度与增产倍比关系

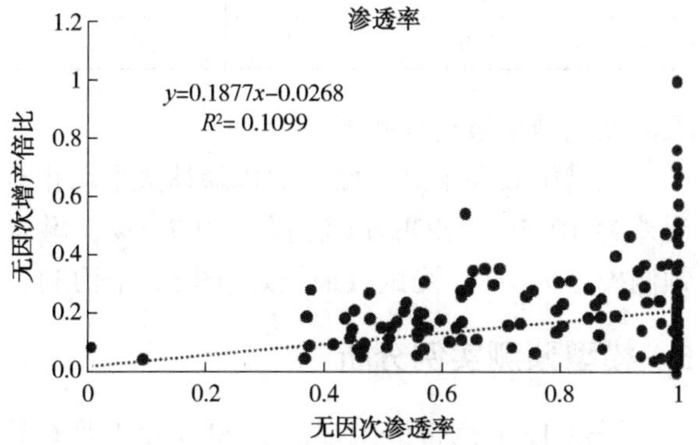

图 6　无因次渗透率与增产倍比关系

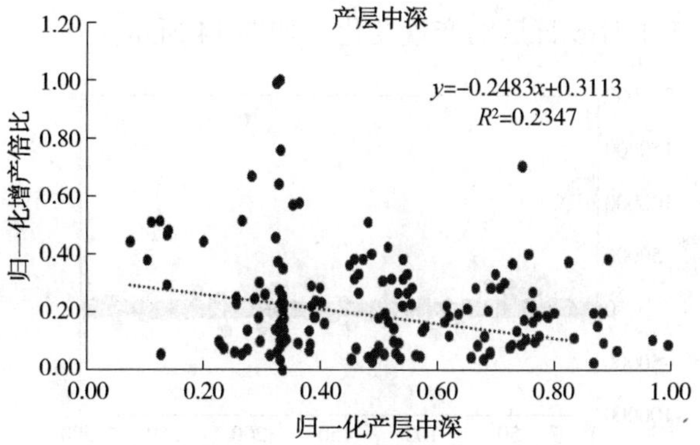

图 7　无因次产层中深与增产倍比关系

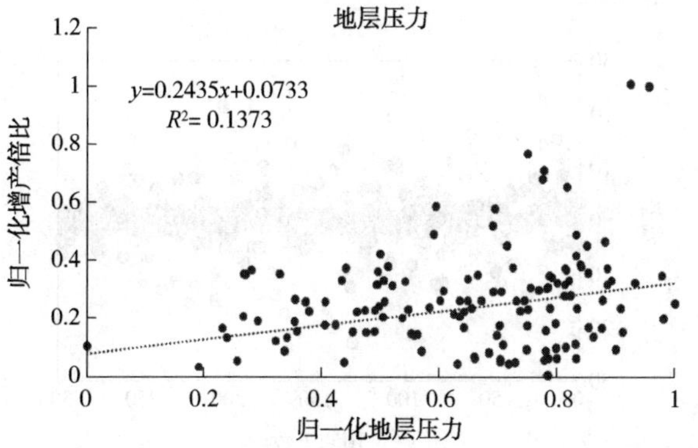

图 8　无因次地层压力与增产倍比关系

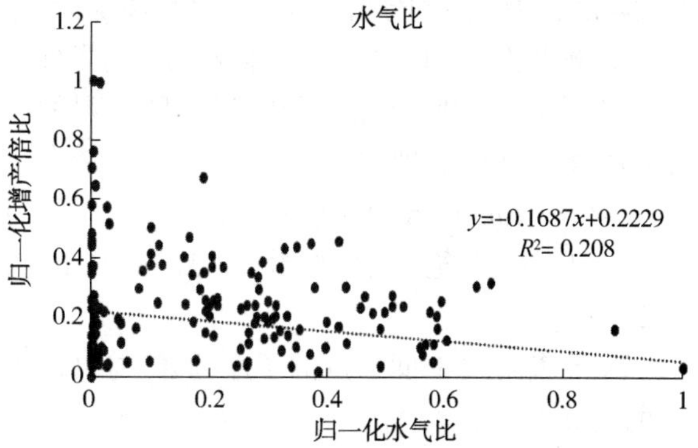

图 9　无因次水气比与增产倍比关系

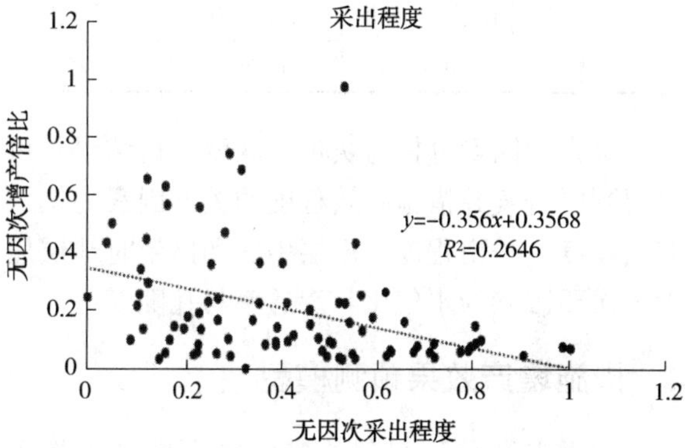

图 10　无因次采出程度与增产倍比关系

表 2　无因次影响因素与增产倍比关系统计表

斜率排序	影响因素	关系式	斜率绝对值
1	储层有效厚度	$Y=0.4445x-0.1645$	0.4445
2	采出程度	$Y=-0.356x+0.3568$	0.356
3	产层中深	$Y=-0.2483x+0.3113$	0.2483
4	地层压力	$Y=0.2435+0.0733$	0.2435
5	渗透率	$Y=0.1877x+0.0268$	0.1877
6	水气比	$Y=-0.1687x+0.2229$	0.1687
7	孔隙度	$Y=0.0355x+0.1501$	0.0355

从表 2 中可以看出，气井措施增产倍比与储层有效厚度、措施时的地层压力、渗透率与孔隙度呈正相关关系，与措施时气井采出程度、产层中深和水气比呈负相关关系。由相关曲线的斜率绝对值可以得到，措施井储层有效厚度、气井采出程度与产层中深是影响泡排措施增产效果的关键因素。

3　灰色关联法研究影响因素的关联性

为进一步深入分析气井静、动态参数对措施增产效果的影响，研究引入灰色关联分析法对措施效果影响因素进行分析。关联度分析时首先给出数据参考序列，然后计算子序列与参考序列间的关联度，最后得到分析结果，其计算步骤如下：

① 根据公式(1)，计算各参数无量纲指标；

② 计算各时间节点上子序列与母序列的差值绝对值 $\Delta o_i(t_j)$，即

$$\Delta o_i(t_j) = |X_o(t_j) - X_i(t_j)| \quad (2)$$

③ 取差值绝对值的最小 Δmin 与最大值 Δmax；

④ 计算在各时间节点的子序列 X_i 与母序列 X_o 的关联系数 $L_{oi}(t_j)$

$$L_{oi}(t_j) = \frac{\Delta\min + \rho\Delta\max}{\Delta o_i(t_j) + \rho\Delta\max} \quad (3)$$

式(3)中 ρ 取值范围为 0~1，结合措施井参数分析实例，本次取值为 0.5。

⑤ 求取关联度的平均数

$$\gamma(o_i) = \frac{1}{n}\sum_{j=1}^{n} L_{oi}(t_j) \quad (3)$$

计算得到各影响因素与措施增产倍比间的关联度如表 3 所示。

表 3　泡排井措施有效期统计分布图

影响因素	储层有效厚度	地层压力	采出程度	水气比	渗透率	孔隙度	产层中深
关联度	0.769	0.760	0.755	0.750	0.710	0.691	0.612

综合单因素分析与灰色关联度分析结果，可以得到影响气井措施有效程度的关键因素为储层有效厚度、采出程度、产层中深和措施时地层压力，次要因素为水气比、渗透率与孔隙度。

4　措施增产效果预测模型

根据上文分析得到的措施增产效果主控因素，建立基于随机森林法及多层感知器神经网络学习方法融合的多输出递归预测模型，明确每口气井每个时间点前后的动态参数变化利用最新一天的预测结果滚动预测下一天。

在措施效果预测方面，随机森林法平均相对误差为 10.5%，XGboost 法误差为 7.5%，融合预测模型为 7%，测试效果较好(图 11~图 13)。

5　模型预测实例分析

平落 12 井因带液困难，于 2014 年 1 月 6 日开展泡排措施，在预测模型中输入该井基础静态参数与泡排措施前的生产数据，预测该井 2014 年 1 月 6 日后的产量变化，如图 14 所示。

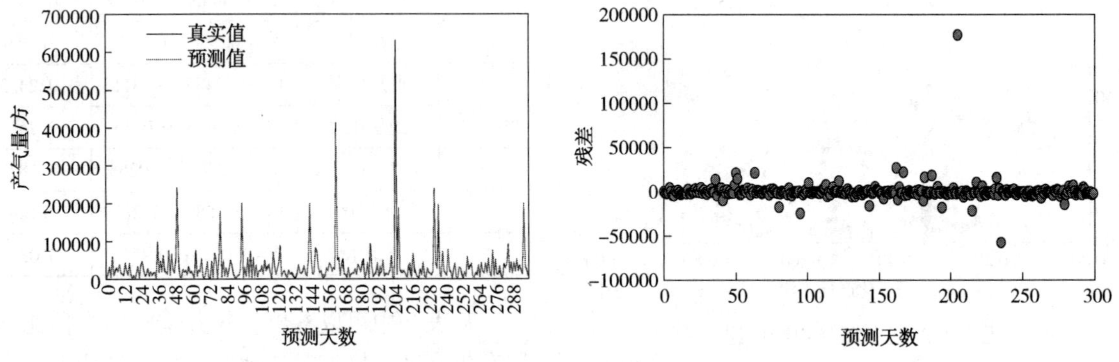

图 11　随机森林法计算结果拟合对比图

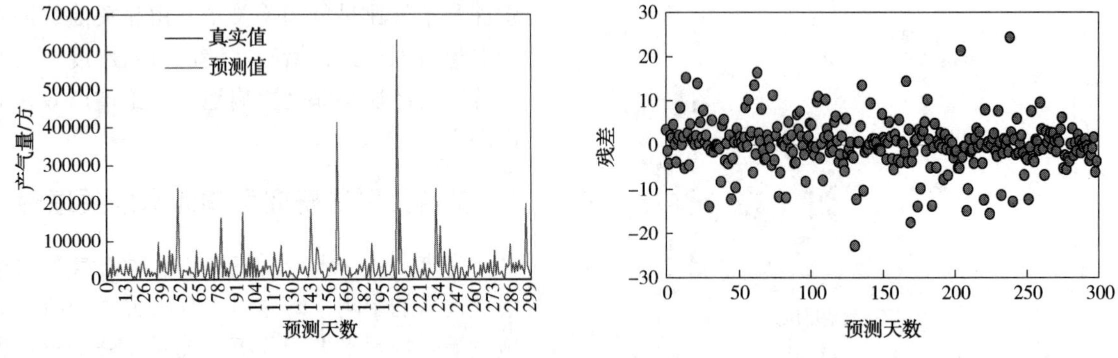

图 12　XGboost 法计算结果拟合对比图

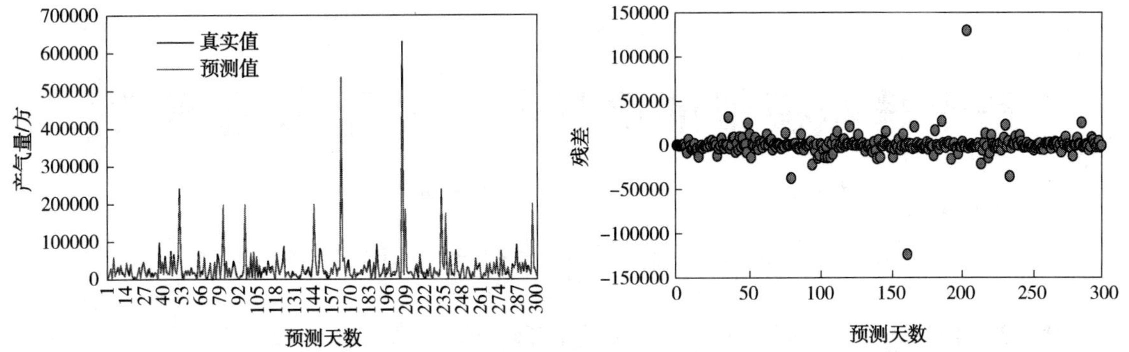

图 13　融合模型计算结果拟合对比图

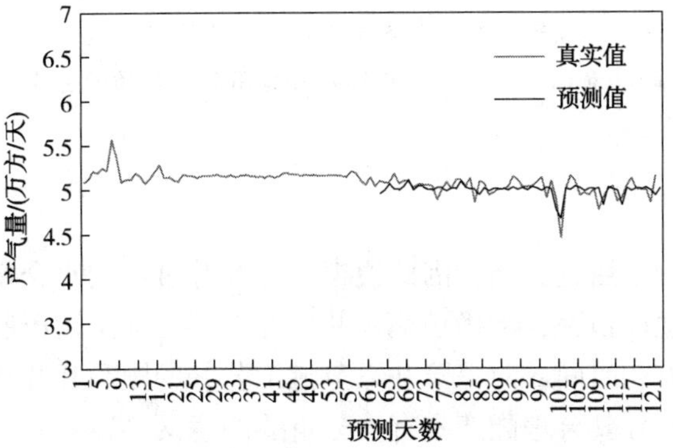

图 14　平落 12 井措施后产量拟合图

根据模型预测，该井措施后预测产量与实际生产点吻合率平均为 94.7%，预测效果准确率高。

6　结论

以气井各项静动态参数与措施增产倍比的相关性为分析指标，利用单因素与灰色关联度分析法，识别出影响气井措施效果的主控因素为储层有效厚度、采出程度、产层中深和措施时地层压力，次要因素为水气比、渗透率与孔隙度；在措施主控因素分析的基础上建立基于随机森林法及多层感知器神经网络学习方法融合的多输出递归预测模型，预测总体误差范围在 5%～10%，为后续措施井优选及措施潜力预测分析提供有力保障。

参　考　文　献

[1] 丁万贵，刘世界，董建宏，等. 鄂尔多斯盆地临兴致密气田低效井措施优选方法. [J]. 天然气勘探与开发，2020，43(2)：88-94.

[2] 宫贵胜. 低产低效井综合治理技术研究. [D]. 大庆：东北石油大学，2006.

[3] 薛江龙，周志军，辛林鹏. 灰色关联度进行低产低效井影响因素分析及措施效果增油量预测模型建立. [J]. 数学的实践与认识，2016，46(18)：115-121.

[4] 董旭，韩亮，张宝权，等. L 区块低产低效井治理对策研究. [J]. 非常规油气，2016，3(4)：79-84.

[5] 肖武，韩丹，刘志斌，等. 基于分数阶微分模拟模型的油田措施增产预测. [J]. 科学技术与工程，2020，20(16)：6444-6451

[6] 杨元明，李治平，赖枫鹏，等. 油井增产措施效果预测方法研究. [J]. 科学技术与工程，2013，13(20)：5928-5930.

[7] 陈依，杨冰，朱英杰，等. 基于遗传算法优化的随机森林泡沫排水采气剂量预测. [J]. 化学工程与装备，2023，(5)：59-61.

[8] 郭金海，朱军亮，杨雪，等. 低渗透油井产能预测的灰建模. [J]. 控制与决策，2019，34(11)：2498-2504.

[9] Guo C H，Xu J C，Wei M Z，et al. Experimental studyand numerical simulation of hydraulic fracturing tight sandstone reservoirs[J]. Fuel，2015，159(11)：334-344.

[10] 林德纯. 灰色系统在预测递减阶段气井产量中的应用[J]. 重庆科技学院学报：自然科学版，2011，13(4)：56-58.

[11] 彭珏. 低渗透油藏多因素产能预测模型. [J]. 重庆科技学院学报：自然科学版，2013，15(3)：61-65.

[12] 李智溢. 基于计算智能的油水井措施方案优化模型及算法研究. [D]. 大庆：东北石油大学，2023.

[13] 马海燕. 油井增产措施效果评价体系的研究[D]. 东营：中国石油大学(华东)，2017.

[14] Feng G Y，Han J X. The Oilfield Production Prediction Model Based on Principal Component Analysis and Least Squares Support Vector Machine. [J]. Computer Knowledge and Technology，2015，11(31)：144-147.

[15] Qiao Y，Peng J，Ge L，et al. Application of PSO LS-SVM forecasting model in oil and gas production forecast[C]//2017 IEEE 16th International Conference on Cognitive Informatics & Cognitive Computing(ICCI * CC). IEEE，2017：470-474.

基于瞬态模拟的高压气井井下节流研究

杜安琪[1] 董宗豪[1] 周 玮[1] 叶长青[1] 罗程程[2]

(1. 西南油气田公司工程技术研究院；2. 西南石油大学油气藏地质及开发工程国家重点实验室)

摘 要 本研究针对超高压气井的井下节流技术进行优化设计，旨在防止水合物生成并保障气井的安全生产。采用多相流瞬态模拟软件，模拟了不同节流嘴径与开井产量条件下井筒内的压力、温度变化及产气量分布。研究发现，较小的节流嘴径能够快速建立有效节流压差，缩短高压持续时间，但配产产量较低；较大节流嘴径则在长期生产中展现出更高的产量稳定性。此外，合理控制开井产量可以减少水合物生成的风险。模拟结果与现场数据吻合较好，验证了本研究模型的准确性与实用性。本研究为超高压气井的开井设计和生产管理提供了理论依据，具有重要的应用价值。

关键词 高压井；井下节流；瞬态模拟；井口压力

井下节流技术作为一种高效节能、经济适用的水合物防治技术，从上世纪80年代至今，在国内各大气田广泛应用。井下节流工艺是将专用设备置于生产油管柱的适当位置，实现井筒降压，从而使地面生产管线在较低压力下运行。利用气井地层热量，补偿节流降压后的温降，能有效防止气井生产过程中井筒及地面管线中水合物的形成。与传统地面节流相比，该工艺具有优势：降低地面管线运行压力；降低地面投资成本；防止水合物形成；提高开井时率。高压气井井口压力高，地面节流工艺复杂，即使采取地面保温措施，节流过程中仍会因温度骤降而极易生成水合物，造成地面节流阀或管线堵塞，严重影响气井安全生产。因此，井下节流技术成为解决超高压气井水合物问题的有效手段。

然而，在高压井井下节流工艺实施过程中，气井的顺利开井是井下节流发挥作用的前提，由于开井初期井口压力高，在通过井下节流使井口压力降至输压的开井过程中，若建立有效节流压差的时间过长，仍然会造成水合物生成堵塞管道，无法开井的问题。井下节流气井建立有效节流压差的时间由配产和开井产量决定，在开井产量一定的情况下，配产越高，井下节流器嘴径越大，建立有效节流压差的时间就越长，开井越困难，但配产太低又无法满足气藏开发需求。由于开井产量受限于地面通过能力，因此气井顺利开井的主要矛盾即为地面通过能力和配产之间的矛盾，且随着井下节流技术的不断发展，应用的压力范围不断拓宽，气井井口压力越高，两者之间的矛盾越突出。因此模拟气井开井过程的水合物生成情况，准确预测开井后井口压力降至输压所需的时间，对保障井下节流工艺井的顺利开井和指导其合理配产具有十分重要的意义。

OLGA软件是一款多相流瞬态模拟的标准工具，能够准确模拟超高压气井节流前后的生产动态，提供精确的多相流瞬态数值计算，预测井口参数在开井过程中的动态变化，同时解决单相气体井下节流参数模型不适用于产水气藏问题。本文通过基于OLGA瞬态模拟的高压气井井下节流设计，深入探讨了气嘴直径、开井产量、井口压力和温度变化等因素对高压气井生产过程的影响。研究结果不仅为井下节流工艺的参数优化提供了理论支持，也为实际生产中的应用提供了重要参考。

1 基于OLGA软件的井下节流参数设计

1.1 气井现场数据分析

本次研究的气井位于磨溪构造南部，预测地层压力79.60MPa，是一口典型的超高压气井。测试稳定油压50.87MPa，测试产气量116.31×$10^4m^3/d$，无阻流量255.54×$10^4m^3/d$，根据测试数据得到该井产能方程：

$$q=30.55(p_R^2-p_{wf}^2)^{0.7975}$$

式中，p_R、p_{wf}分别为地层压力和井底流压，psi；q为日产气量，scf/d。

该气井采出的天然气主要组分见表1。可以看出，其主要成分是轻质烷烃类。通过PVTsim软件生成的天然气相态如图1所示。相态图中横纵坐标分别为温度(℃)和压力(Bara)，由于甲烷占比超过93%，相态变化在-90℃～-74℃左右发生。表明在气井生产过程中，气相占主导地位。图2为利用PVTsim软件生成的该井水合物生成曲线。图中曲线呈非线性上升趋势，随着温度升高，气体中水合物生成所需的压力显著增加。在低温(0℃-10℃)和较低压力下水合物易生成，而在高温(>20℃)时需要较高压力才能生成水合物。表明在生产过程中需要重点关注低温条件下的水合物生成风险。

表1　某高压含硫气井天然气组分

天然气组分	含量/%
CH_4	93.689
C_2H_6	0.343
C_3H_8	0.007
CO_2	5.614
N_2	0.117
He	0.006
H_2	0.002
H_2S	0.159

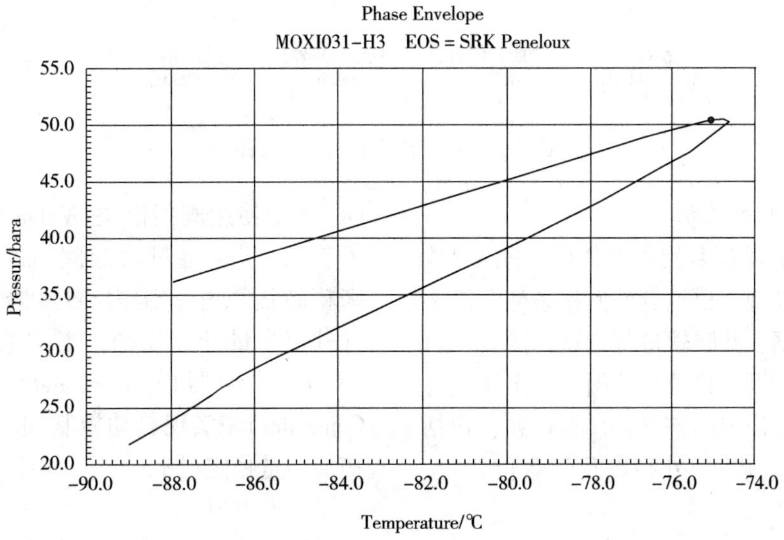

图1　该气井采出天然气相态图

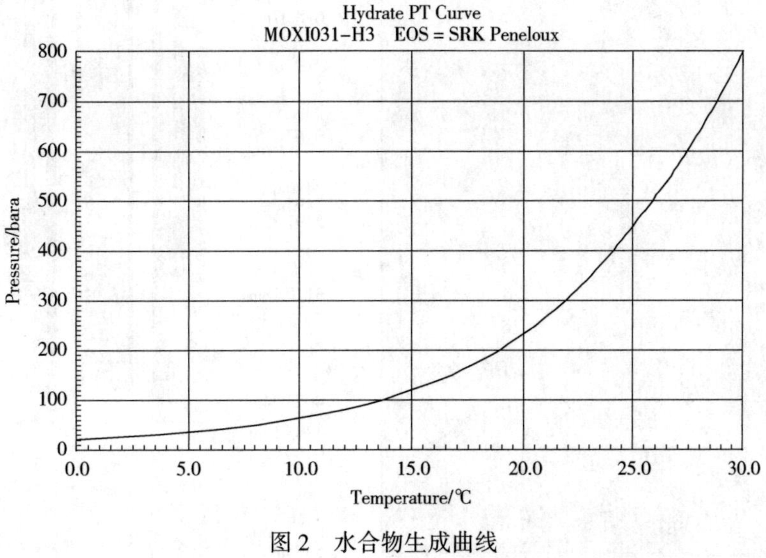

图2　水合物生成曲线

该气井为水平井，如图3所示，射孔改造共5段。该井测深(MD)为5600m，实际垂深(TVD)为4302m。生产套管深度4345.15m，内径7in，裸眼完井段长度为1254.85m，直径149.2mm，油管下深4075.34m，内径3.5in。该井为高压气井，为有效减轻地面设备的压力负荷，防止水合物堵塞，提高气井生产安全性，投产时采用了井下节流工艺。

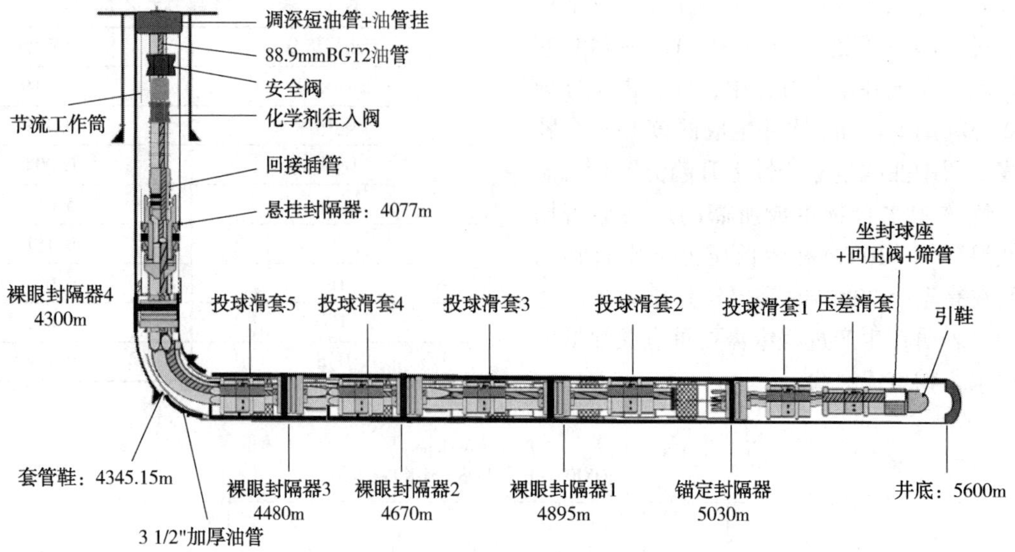

图 3　气井完井井下工具布置图

1.2　OLGA 瞬态模拟流程

本文利用商业瞬态多相流模拟器 OLGA™ 构建井下节流气井模型。根据软件操作条件，需要气井的油套管数据、井眼轨迹等信息。图 4(左)显示了基于勘测数据的井眼轨迹图，而图 4(右)给出了 OLGA 软件设定的该气井详细信息，包括油管/套管的深度、内径/外径以及气藏位置等。OLGA 中使用阀门模块(Valve Module)来模拟井下节流工艺，通过设定阀门的开度与流动特性来精确计算井下压力/温度降和流量。为模拟气井定产量开井投产，本文通过 OLGA 软件中的 PID 控制器(Proportional - Integral - Derivative Controller)来实现自动控制阀门开度，保持开井初期产量稳定(图 5)。

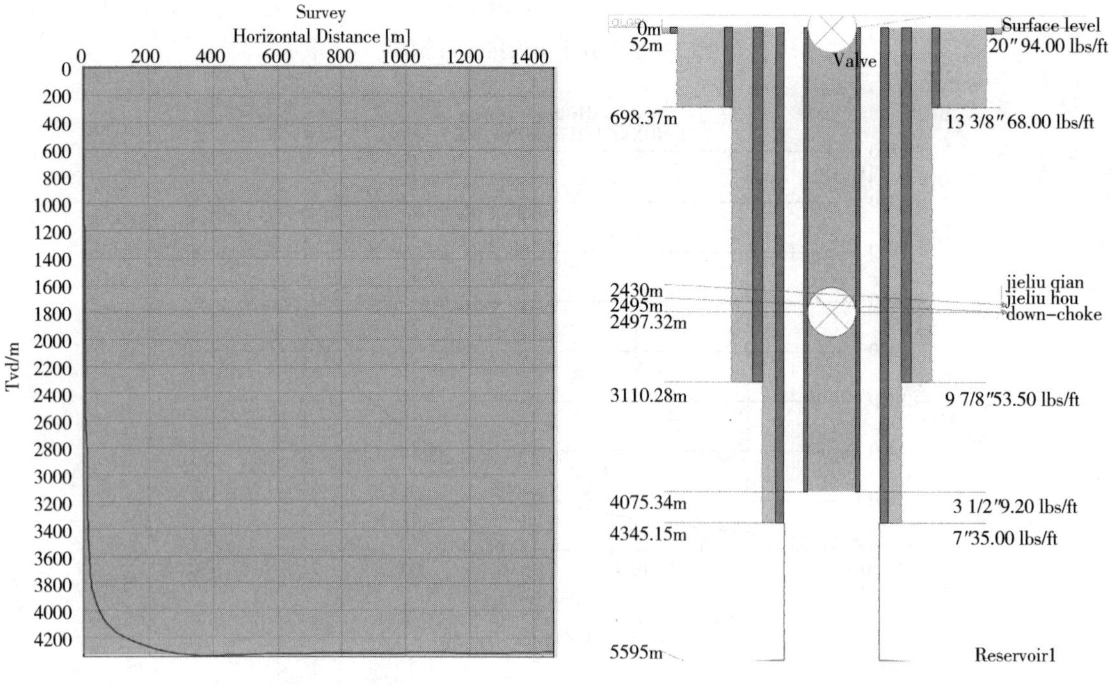

(a)井眼轨迹勘测数据　　(b)井筒几何结构

图 4　气井井眼轨迹及井身结构

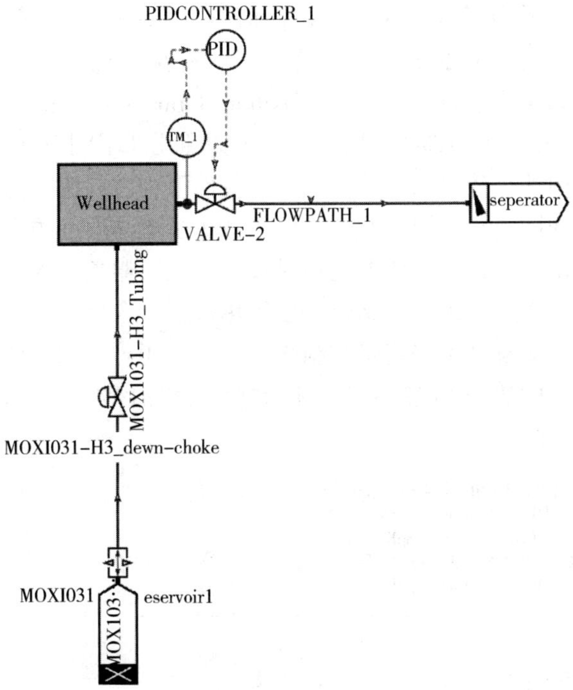

图5 OLGA 动态模型示意图

应用 OLGA 软件进行井下节流参数设计的基本流程：首先，根据公式计算出节流器的最小下入深度，确保其符合设计要求；接下来，在 OLGA 软件中对计算得出的下入深度，针对不同节流嘴径进行模拟分析。通过结合临界流动理论、产气量配比、水合物形成温度差（DTHYD）以及油管内压力差（DPHYD），最终确定最优的节流嘴径和节流器下入深度；最后，利用 OLGA 软件在上述确定的节流嘴径和下入深度下，进行不同开井产量的模拟计算。通过分析井口压力、温度、产气量及水合物过冷度随时间的变化，优化开井产量，以确保高压气井的安全投产。

2 模拟结果讨论与分析

2.1 井下节流气嘴直径影响分析

图6展示了不同节流孔径设计条件下（4.3mm、4.8mm、5.4mm、6.5mm）沿井筒压力的分布情况。可以看出，在节流前井筒部分，压力呈现出较为平缓的下降趋势，这是由于流体在沿井筒流动过程中，受重力与摩擦力影响而逐步损失能量。然而，接近井下节流处，各压力曲线均出现了显著的压降，主要由焦耳-汤姆逊效应以及流体的膨胀效应所致。不同节流孔径的设计对压力的影响十分显著，其中较小孔径设计（如4.3mm）引发了更大的压降，表明其对流体流动阻力更大，导致流体能量迅速耗散。而较大孔径设计（如6.5mm）压降较小，显示其能够在节流过程中减少流动阻力并维持较高的流体压力。

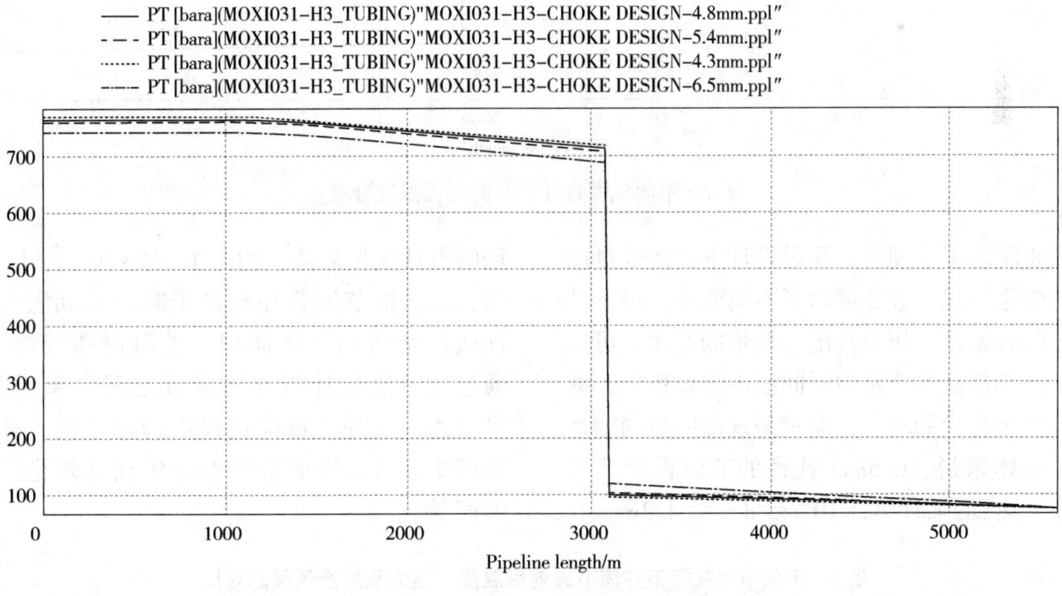

图6 不同气嘴直径下井筒沿程压力分布

图7展示了不同节流嘴径下井筒沿程温度分布情况，可以明显观察到，在节流前井筒部分，温度基本保持在110°C以上，表明此段流体处于相对高温、稳定状态。然而，接近节流处，所有曲线均表现出显著的温度突降，这是由于流体经过节流器时发生了快速降压，导致温度急剧下降。如前所述，不同孔径的节流设计导致了压降幅度的差异，从而影响温度的变化趋势。较小的

节流孔径(如4.3mm)显著增加了流动阻力，导致了更大的压降。根据热力学第二定律，当流体通过较大压降时，其势能转化为内能，温度显著降低。因此，较小孔径的节流设计引发了更剧烈的温度下降，反映了流体能量更大的损失以及流动的不稳定性。此外，较小孔径还会导致流体的膨胀速率加剧，进一步加大温度的下降幅度。相比之下，较大的节流孔径(如6.5mm)由于流动阻力较小，压降相对较低，导致温度下降较为平缓。较大的孔径设计在减小压降的同时，维持了更高的流体温度，从而减少了能量损失，也增强了流动的稳定性。值得注意的是，尽管节流后的温度下降显著，但所有温度曲线仍然高于水合物生成温度(Hydrate formation temperature，HYDTM)。这一现象可以部分归因于井筒内地层传热的影响。在深井条件下，井筒流体与周围高温地层之间的热传导减缓了流体温度的降低，保持了流体温度相对较高，从而避免了水合物生成。因此，结合地层传热效应，合理的井下节流设计不仅能够控制流体温度，还可以利用地层的热量传递效应，有效降低水合物形成的风险。

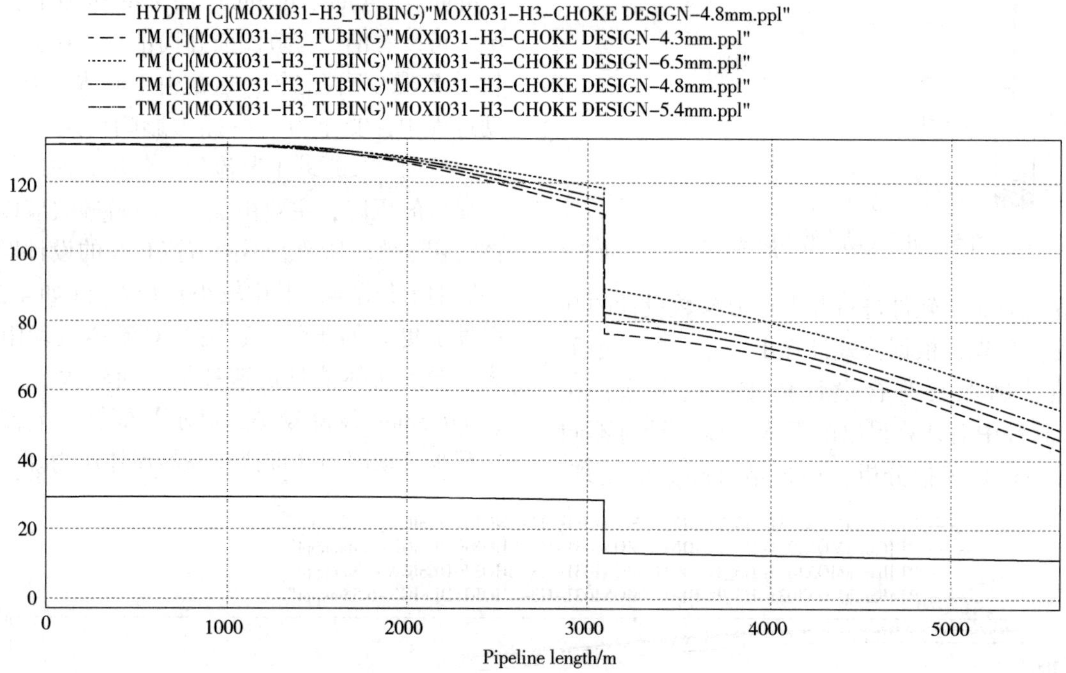

图7　不同气嘴直径下井筒沿程温度分布

图8展示了不同节流孔径设计下日产气量随时间的变化情况。表2展示了不同节流孔径下井筒节流前后温度、压力及配产气量的对比。可以看出，产气量在整个模拟时间段内保持稳定，并且随着节流孔径的增大，流量呈现出明显的增加趋势。具体来说，6.5mm孔径的节流设计产气量最高，达到约$41.02\times10^4m^3/d$，而4.3mm孔径的设计流量最低，约为$17.49\times10^4m^3/d$。这表明，较大的节流孔径有助于减小流动阻力，增加通过管道的气体体积，进而提高气体流量。通过对节流设计与气体流量之间关系的分析，可以为井气井产量优化提供理论依据，确保在生产中通过合理的节流设计实现高效稳定的气体产量。

表2　不同节流孔径下井筒节流前后温度、压力及配产气量的对比

气嘴直径/mm	节流前温度/℃	节流后温度/℃	节流前压力/MPa	节流后压力/MPa	节流前后压力比	配产气量/($10^4m^3/d$)
4.3	111.4	76.7	71.9	9.37	0.13	17.49
4.8	113.7	80.1	71.5	9.71	0.135	21.96
5.4	115.4	83.1	70.9	10.1	0.142	26.88
6.5	118.6	95.8	69	11.8	0.171	41.02

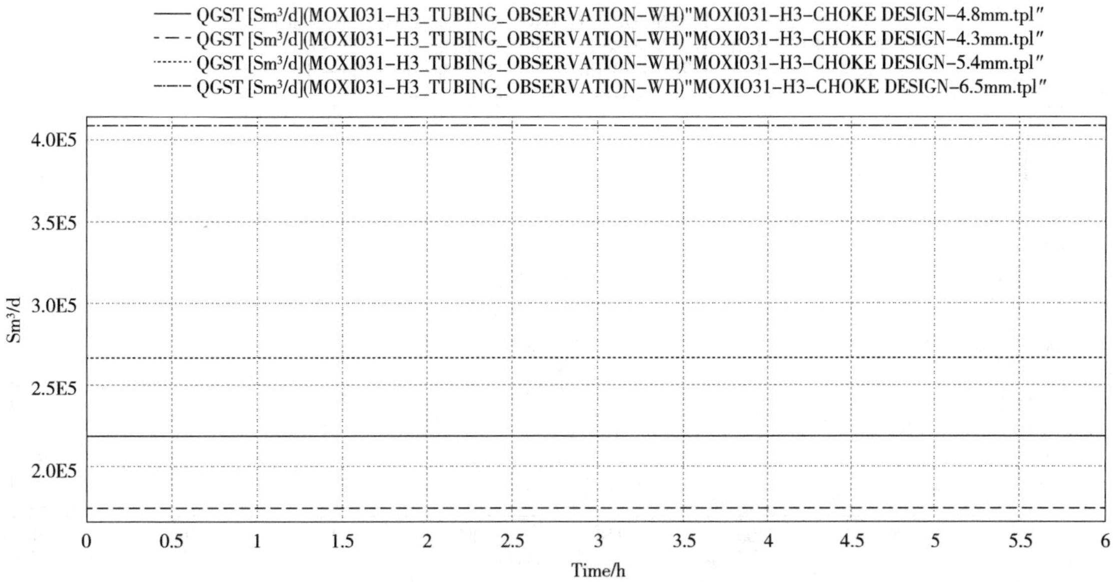

图 8　不同气嘴直径下井口日产气量的变化

2.2　开井投产瞬态模拟分析

井下节流工艺实施过程中，气井的顺利开井是井下节流发挥作用的前提，由于开井初期井口压力高，在通过井下节流使井口压力降至输压的开井过程中，若建立有效节流压差的时间过长，仍然会造成水合物生成堵塞管道，无法开井的问题。井下节流气井建立有效节流压差的时间由配产和开井产量决定，在开井产量一定的情况下，配产越高，井下节流器嘴径越大，建立有效节流压差的时间就越长，开井越困难，但配产太低又无法满足气藏开发需求。由于开井产量受限于地面通过能力，因此高压气井能否顺利开井的主要矛盾即为地面通过能力和配产之间的矛盾。因此模拟气井开井过程的水合物生成情况，准确预测开井后井口压力降至输压所需的时间，对保障井下节流工艺高压井的顺利开井和指导其合理配产具有十分重要的意义。

图 9 和图 10 分别展示了在 4.8mm 和 5.4mm 井下节流嘴径条件下，不同开井产量下井口压力随时间的变化趋势。表 3 进一步详细列出了两种气嘴直径在不同开井产量下，井口压力降至输送压力所需的时间以及平输压后的稳定产量。可以看到，气嘴直径与开井产量对井口压力降低速度及稳定产量的显著影响。在 4.8mm 气嘴条件下，随着开井产量的增加，井口压力降至输送压力的时间显著缩短，尤其在高产量（$50\times10^4m^3/d$）条件下，降压时间仅为 26min。这表明较小气嘴直径有助于快速建立节流压差，缩短开井过程中的高压持续时间。然而，其平输压后的稳定产量较低，为 $23\times10^4m^3/d$。相比之下，5.4mm 气嘴虽然在初期降压过程中，井口压力降低相对较慢（例如，在 $30\times10^4m^3/d$ 产量条件下降压时间为 227min），但其平输压后的稳定产量较高，达到了 $28\times10^4m^3/d$。这表明，较大直径的节流嘴在长期生产中具备更高的流体通过能力，适合需要较高持续产量的气井生产需求。

综上，气嘴直径的选择和开井产量的确定需要在降压速度与配产气量之间权衡。较小气嘴直径适合快速开井，尤其在需要迅速降低井口压力、避免水合物形成的场景中表现优越；而较大气嘴直径则在长期稳定生产中具备优势，适合追求较高持续产量的应用场景。因此，在实际操作中，依据具体的生产目标和井口压力控制需求，合理选择气嘴直径和开井产量，能够实现快速开井与高效稳定生产的平衡。

表 3　不同气嘴直径不同开井产量下井口油压平输压时间

气嘴直径/mm	4.8			5.4		
开井产量（$10^4m^3/d$）	30	40	50	30	40	50
井口平输压时间/min	74	32	26	227	48	28

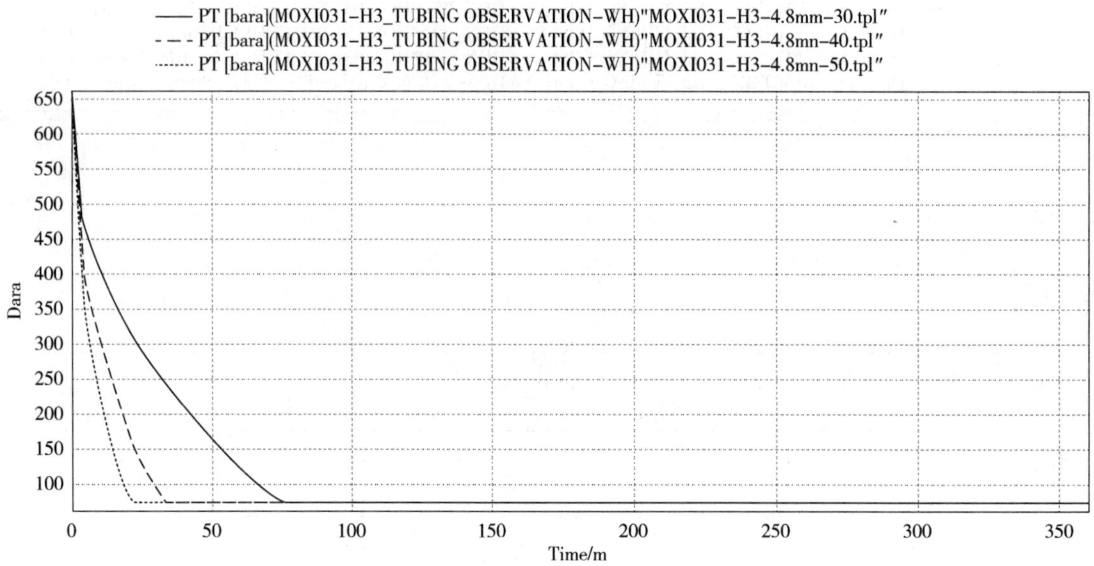

图 9　不同开井产量下井口压力的变化曲线(4. 8mm)

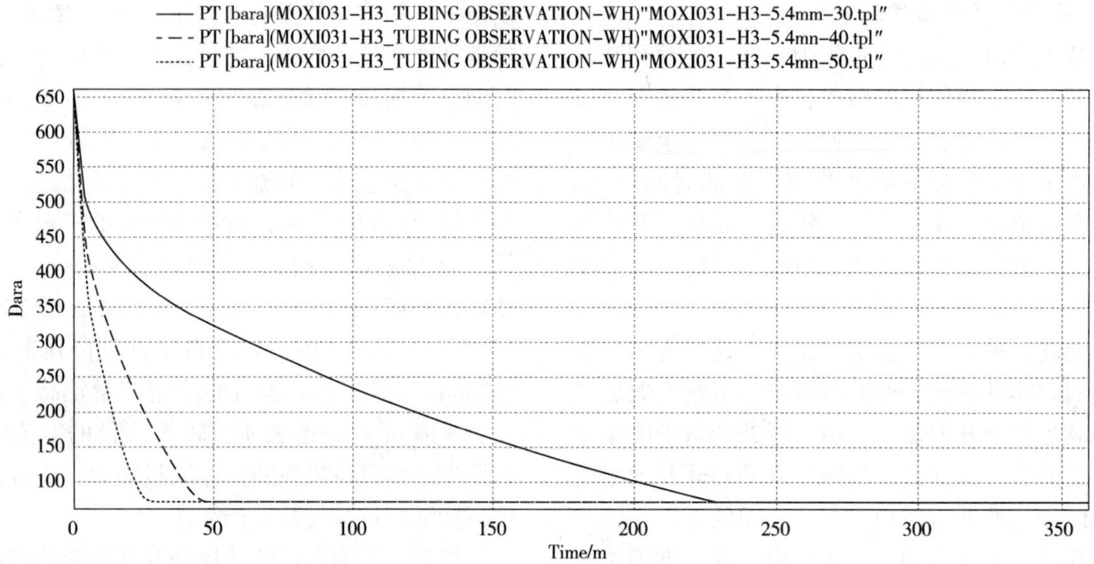

图 10　不同开井产量下井口压力的变化曲线(5. 4mm)

图 11 和图 12 分别展示了井下节流阀孔径为 4. 8mm 和 5. 4mm 时，在不同井口产量条件下，井口温度随开井时间的变化曲线。在开井初期，井口温度出现先降后升的现象。这种温度下降的主要原因可以归因于流体从井底到井口过程中，受压差和气体膨胀效应的影响。井口打开时，井筒内压力骤降，气体迅速膨胀。在此过程中，气体的膨胀效应会吸收周围的热量，导致井口温度短暂下降。这种现象在流速较大的高产量条件下尤为显著，因为高产量下流体的动能转化和气体膨胀效应更加剧烈。随后，摩擦生热效应逐渐显现，尤其是在井筒内壁与流体之间的热传导和流体剪切摩擦作用下，温度逐步回升。当系统趋于稳定后，井口温度最终达到平衡，并在某一恒定温度范围内波动。

通过对比分析不同节流阀孔径(4. 8mm 与 5. 4mm)下井口温度的变化规律，可以发现节流阀孔径对温度变化过程有显著影响。较小的节流阀孔径(如 4. 8mm)导致井筒内的压差增大，气体膨胀效应更为剧烈，导致井口温度在初期下降的幅度较大，且温度回升速度较快。这是因为小孔径节流导致更强的节流效应，流体通过节流阀时的能量损失和压差波动更加明显，从而产生显著的温度波动。相比之下，较大的节流阀孔径

(如5.4mm)减弱了这一效应。由于压差较小，流体膨胀效应减弱，初期温度下降幅度相对较小，温度的回升过程也更为平稳。这表明，较大孔径的节流阀有助于减小井口温度的波动，使得井筒内的热力学过程更加平缓。此外，井口开井产量的大小对温度变化过程也具有重要影响。在高产量条件下，流体在井筒内的流速增加，摩擦生热效应显著增强，导致温度回升更快，最终达到的稳定温度也较高。相反，在低产量条件下，流体的流动速度较慢，摩擦生热较少，井口温度的回升过程较为缓慢，稳定温度也相对较低。

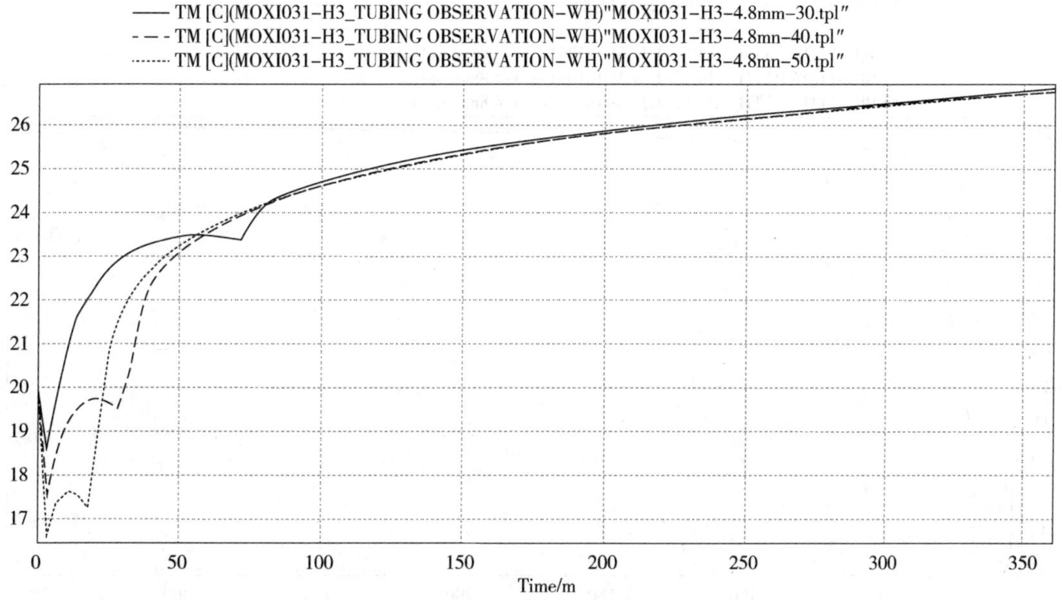

图11　不同开井产量下井口温度的变化曲线(4.8mm)

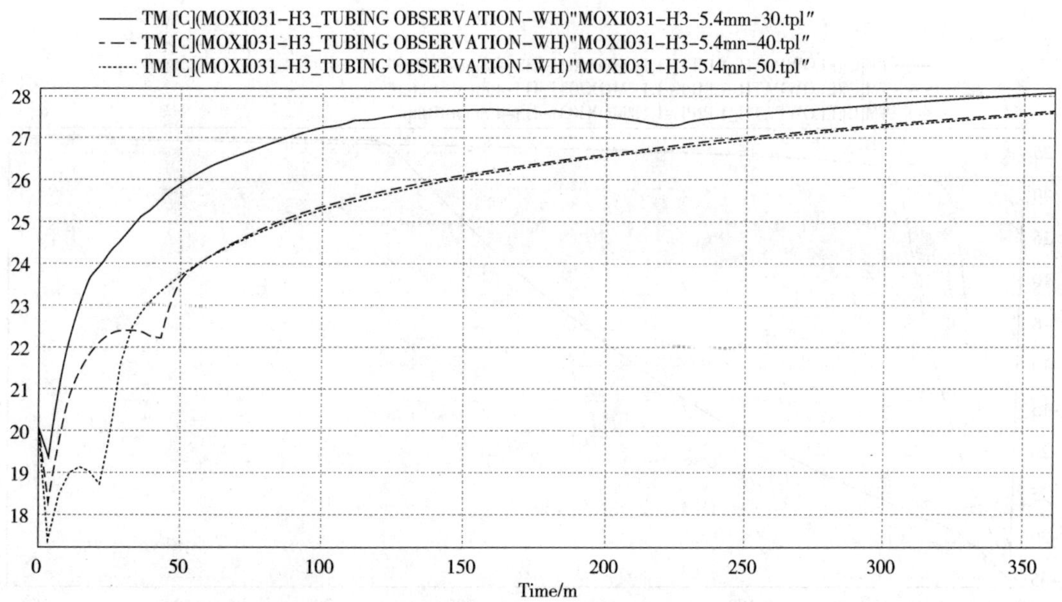

图12　不同开井产量下井口温度的变化曲线(5.4mm)

图13和图14分别展示了井下节流阀孔径为4.8mm和5.4mm时，在不同井口产量条件下，井口节流阀阀后温度的变化曲线。开井初期，随着井口压力的迅速下降，气体经过井口节流阀时发生膨胀，伴随膨胀冷却效应，导致阀后温度迅速下降。这种温度的急剧下降与气体流速和压差的增加密切相关，气体膨胀越剧烈，温度下降幅度越大。该现象在较小开井产量(30万方/天)条件下尤为明显，初期温度迅速降至接近-35℃，远低于图2中所计算的水合物形成温度，有冰堵

风险。随后，井口压力逐渐稳定，摩擦生热效应逐渐占主导作用，温度逐步恢复并最终趋于稳定。

值得注意的是，开井产量越小，温度的回升速度越慢。由于气体流速较低，摩擦生热效应较弱，导致温度的恢复时间延长。同时，当气体经过井口节流阀时，由于压力骤降，气体会迅速膨胀，膨胀过程中会吸收周围的热量，导致温度急剧下降。在较小开井产量时，虽然气体流速较低，但膨胀过程的相对效果更为显著，气体吸收更多热量，使得温度下降幅度更大，温度更低。这意味着较小产量下，气体需要更长时间来弥补膨胀冷却所带来的温度损失。

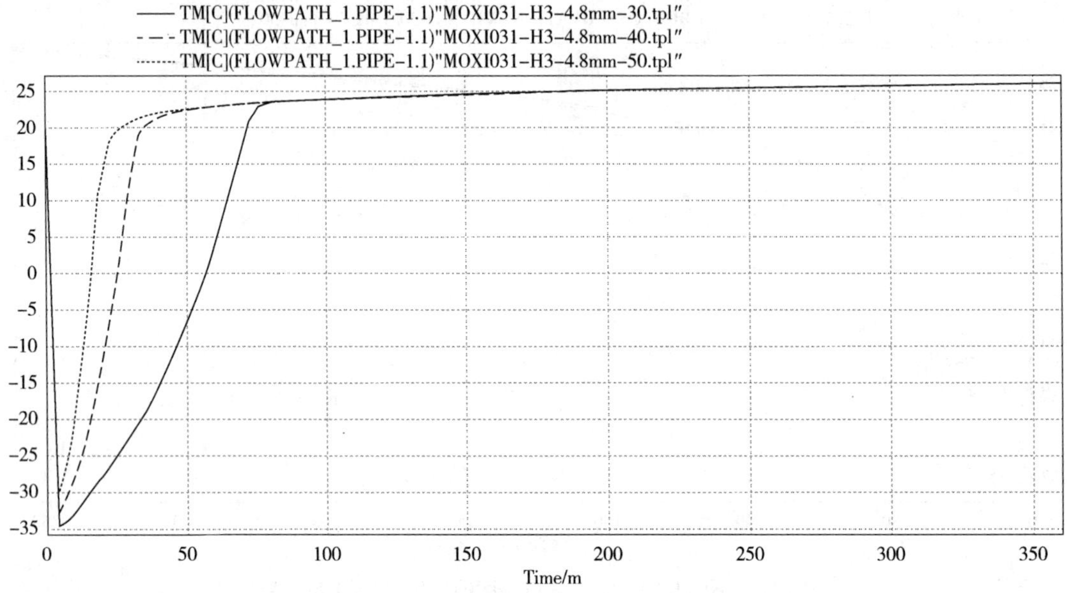

图 13　不同开井产量下阀后温度的变化曲线(4.8mm)

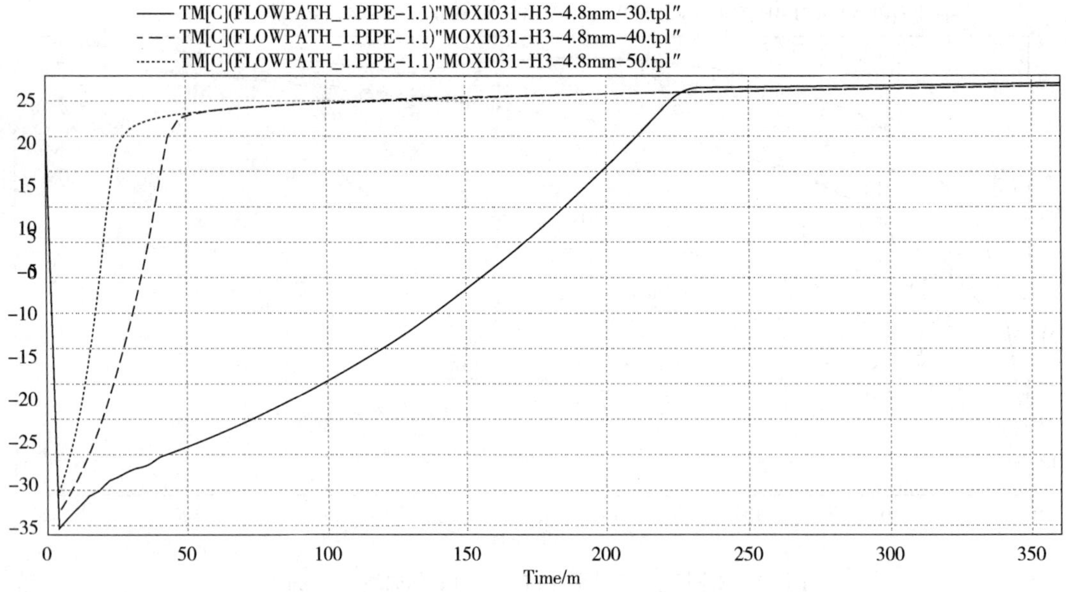

图 14　不同开井产量下阀后温度的变化曲线(5.4mm)

3　现场应用实例分析

基于以上分析，本文研究目标井在投产初期下入嘴径为 4.8mm 的节流器，开井前油压 65.3MPa，输压 6.2MPa，计划以产量 $50\times10^4m^3/d$ 开井投产。开井后，随着气体流量的增加和节流效应的影响，井口的油压迅速下降。在开井后的 30min 内，油压由 65.3MPa 快速下降至 7.4MPa，平输压过程完成（图 15）。在达到稳定产气状态后，产量保持在 $22\times10^4m^3/d$ 左右，这一过程中的油压与输压逐渐趋于稳定，表明井筒内的热力学状态和流体流动已基本达到动态平衡。结合实际操作条件，产气量的下降和稳定表明初期的井口压力波动逐渐减弱，气体流速和热传递过程也趋于稳定。这一现象与本文中模拟得到的结果具有高度一致性。根据模拟结果，开井 26min 后，井口压力趋于平稳，稳定产气量为$23\times10^4m^3/d$（表 2、表 3），与现场实测数据对比，符合率较高，模拟与实际数据误差在合理范围内。这表明本文所采用的模拟方法能够较为准确地预测井口压力变化和气体产量，并且能够有效应用于实际现场。

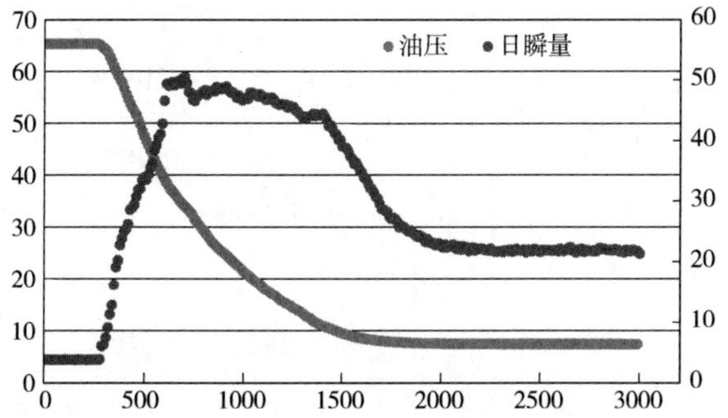

图 15　目标井开井过程中井口压力和日产气量的变化曲线

4　结论

本文通过基于 OLGA 瞬态模拟的高压气井井下节流设计，深入探讨了气嘴直径、开井产量、井口压力和温度变化等因素对高压气井生产过程的影响。研究结果不仅为井下节流工艺的参数优化提供了理论支持，也为实际生产中的应用提供了重要参考。以下为本研究的主要结论：

（1）本文通过不同气嘴直径和开井产量的组合，系统研究了气井开井过程中的压力和温度变化。研究表明，较小气嘴能够快速建立节流压差，缩短高压阶段，适合需要快速开井且避免水合物形成的工况；较大气嘴适合长期生产中高产量的需求。

（2）研究揭示了不同气嘴直径下的井口压力变化规律。较小直径气嘴有助于快速降低井口压力，而较大直径气嘴则有利于在长期生产中保持较高的气体产量。

（3）井口温度的变化过程与气嘴直径和产量密切相关。气体经过节流阀时，由于膨胀效应导致温度急剧下降，特别是在较小产量下，温度下降幅度更大。通过合理的节流设计和地层热量的有效利用，可以确保温度维持在水合物生成温度之上，降低了井筒内水合物形成的风险。

（4）本文通过 OLGA 软件模拟的气井开井过程与实际现场数据的对比表明，模拟结果能够较为准确地预测井口压力和气体产量。特别是在开井初期，模拟结果与实际油压和产量的符合率较高，误差在合理范围内，验证了模型的准确性和可靠性。

参　考　文　献

［1］余朝毅李川东雷振中周朝定李志敏．井下节流工艺技术在气田开发中的应用［J］．钻采工艺，2003（S1）：69-73.

［2］雷群．井下节流技术在长庆气田的应用［J］．天然气工业，2003（01）：81-83.

［3］吴革生王效明韩东徐勇．井下节流技术在长庆气田试验研究及应用［J］．天然气工业，2005（04）：65-67.

［4］韩丹岫，李相方，侯光东．苏里格气田井下节流技术［J］．天然气工业，2007（12）：116-118.

［5］马占林，汝新英．井下节流防治气井水合物技术研究与应用［J］．大庆石油地质与开发，2008（04）：86-89.

［6］朱达江，林元华，朱红钧，等．利用井下节流技术防止水合物形成［J］．断块油气田，2010，17（04）：477-479.

［7］周兴付，杨功田，李春，等．高压气井井下节流工艺设计方法研究［J］．钻采工艺，2007（01）：57-59.

［8］宋中华，张士诚，王腾飞，等．塔里木油田高压气井井下节流防治水合物技术［J］．石油钻探技术，2014，42（02）：91-96.

［9］许永权．徐深气田井下节流技术研究［D］．浙江大学，2014.

［10］余江，赵松，何明，等．川中磨溪气田嘉二气藏高压井下节流工艺现场试验效果跟踪［J］．钻采工艺，2006（03）：58-59.

［11］于洋，王威林，彭杨，等．超高压气井井下节流技术应用和设计方法［J］．天然气与石油，2020，38（06）：80-85.

［12］周兴付，杨功田，李春，等．基于耦合模型的高压气井井下节流工艺设计方法研究［J］．海洋石油，2007（02）：74-78.

［13］易俊，张宝，薛旭周，等．高温高压凝析气井井下节流工艺优化设计［J］．长江大学学报（自然科学

版)，2019，16(07)：45-49.

[14] 王国栋，王春升，张明，等．基于 OLGA 瞬态模拟的凝析气管道积液影响因素分析[J]．油气田地面工程，2017，36(04)：14-17.

[15] 魏文倩，孙宝江，王粤，等．基于 OLGA 的深水混输管道及井筒水合物风险分析[J]．油气储运，2016，35(04)：356-362.

[16] 宫磊磊，袁朝晖．基于 OLGA 的井下节流工艺在高压气井中的应用[J]．石油石化节能，2022，12(02)：17-19.

[17] 陈从磊，李长河．杭锦旗气田集输工艺优化研究[J]．石油化工高等学校学报，2017，30(03)：72-77.

[18] 唐俊伟马新华焦创赟范丽宏．气井产能测试新方法——回压等时试井[J]．天然气地球科学，2004(05)：540-544.

G 函数分析在油井压驱渗滤和裂缝评价中的应用研究

钱继贺　宣　涛　朱亚军　王一超　石雪峰

（中海油能源发展股份有限公司）

摘　要　海上低渗油田采油井压驱技术采用“低粘工作液造复杂缝并增能+高粘工作液携砂造主缝”的复合改造工艺模式，全程采用大规模、大排量注入，第一阶段大液量低粘工作液注入对储层改造裂缝复杂性起到关键作用，可通过多轮次注入停泵压降的泵注测试分析方法可实时评价裂缝复杂化的变化。研究结果揭示，前期阶段大规模、大排量的低粘工作液注入可在脆性砂岩储层中诱发次级裂缝系统，地层的滤失系数逐渐扩大，基质渗透率逐渐提高，实现裂缝场与渗流场再改造以及压力场再提高。其次在油井压驱作业低粘工作液施工过程中采用低砂比、段塞式泵注小粒径支撑剂的策略，既能充填支撑改造所形成的次级裂缝，增强裂缝系统导流能力，又能有效降低后续主加砂压裂作业中前期改造后高滤失下的砂堵风险。该方法证实油井压驱技术实现海上低渗储层基质改造，达到少井高产要求，经过先导试验井、扩大试验井、全面推广 3 个阶段，实现 6 口井 2 年累增油 13.9 万吨，预计合计 23.3 万吨。

关键词　水力压裂；压驱；次级裂缝；渗滤特性；泵注测试分析

压驱技术是近几年发展起来的一种低渗油田储层改造及提高采收率技术，其主要原理是采用添加了一定浓度驱油用化学剂的低黏度水基工作液，以水力压裂的方式打开地层形成裂缝，将大量化学剂沿裂缝输送至储层深部，一方面迅速补充地层能量，另一方面最大限度地增加化学剂与地层的接触面积，缩短化学剂运移距离，减少吸附损失，从而改善驱油效果。目前形成的施工方式可分为两种：一种是从注水井端高压注入化学剂，施工结束后裂缝逐渐闭合，注入端恢复正常注水，该方式又被称为“压驱注水”；另一种是从采油井端高压注入，施工后后裂缝也逐渐闭合，焖井一段时间后开井生产，同时对应的注水井恢复正常注水，这种方式又被称为“采油井压驱”或“压驱采油”。矿场试验证明，后一种方式的应用效果优于前一种。

当前，海上低渗油田主要应用采油井压驱技术。截至 2023 年底，我国南海西部成功实施了三个批次的采油井压驱技术试验，措施后产能显著提升。为了大幅提高产能和最终采收率，海上低渗油田采油井压驱强化了技术实施过程中的人工造缝作用和对压裂裂缝的有效支撑，通常采取低粘工作液与高粘工作液相复合的技术模式，除了在前期低粘工作液阶段实施段塞式小量加砂，还在后期以高粘工作液强化压裂的主缝改造拓展，并进行高砂比加砂，以实现对主裂缝的高效充填和充分支撑，确保主裂缝对井筒控制范围内储层的高效长效沟通，提升储层的产能释放能力，并大幅延长措施有效期。

通过对比三个批次采油井压驱与同区块其他采油井常规压裂的压力响应，研究发现压驱井后期的主加砂压裂施工曲线波动幅度明显增大，尤其在携砂液的中后期阶段。2023 年南海西部第三批试验中同一断块的相邻两口油井分别实施了压驱和常规压裂，主加砂阶段在相同的施工排量及压裂液类型条件下，压驱井 A2 井后期出现近井脱砂现象，而常规压裂井 A1 井顺利完成设计砂量，未出现压力波动和近井脱砂。

针对此现象，本研究采用严谨的泵注测试分析方法，全面探讨了采油井压驱过程中低粘工作液施工阶段的地层渗滤特征的变化。研究结果显示，大规模、高排量的低粘工作液泵注在高脆性砂岩储层中形成较多的次级裂缝空间，对地层渗滤特性产生显著影响，进而影响后续的高粘工作液主加砂压裂作业。此项研究不仅加深了对海上低渗油井大规模压驱机理的认识，还为压驱技术主加砂阶段工艺参数优化设计提供了理论支持。

1 泵注测试分析方法

泵注测试作为评估地层特性的关键环节，其核心在于利用高排量泵注技术注入对地层损害最小的牛顿流体，从而获取一系列压裂设计的核心参数，包括但不限于裂缝延伸压力、裂缝闭合压力以及滤失模式与参数等。该测试的分析过程细分为闭合前与闭合后两个阶段。在闭合前分析中，通过精确测定瞬时停泵压力(ISIP)可获取裂缝延伸压力的数据。进一步地，借助 G-function、Log-log 及 Square root 等曲线的综合分析，能够精准判定裂缝闭合点，并据此推导出裂缝闭合压力。同时，对 G-function 与 Log-log 曲线的深入解析，还有助于确定地层的滤失模式及相关参数。值得一提的是，G-function 在分析过程中还兼具计算裂缝系统渗透率的功能，为全面理解地层滤失特性提供了有力的数据支持。

在采油井压驱技术中，前期阶段所采用的液体为近似活性水的低粘工作液。以南海西部的压驱实践为例，该低粘工作液是通过在纳滤海水中添加粘土稳定剂、纳米渗析剂及降阻剂等配置而成。这种工作液不仅具有对储层伤害小、近似牛顿流体的特性，还拥有高降阻率，完全符合泵注测试的液体标准。在实际采油井压驱作业中，施工以限压条件下可达的最高排量为标准，且每段液量控制在约 1000m^3 左右，从而确保对储层改造效果进行准确评估与数据收集。本文采用 G-function 函数作为主要分析工具，辅以 log-log 曲线，对压驱作业低粘工作液施工过程中的地层滤失特性进行了系统性的阶段性评估。研究的核心目标在于获取地层滤失的关键参数，包括滤失模式、滤失参数以及通过 G-function 计算得出的渗透率。通过这些数据的深入分析，本文旨在全面理解压驱作业对地层滤失特性的影响及其对后续加砂压裂的影响。

裂缝滤失是压裂设计和执行过程中需要重点诊断的机制，因为它对这两个方面有着显著影响。滤失模式主要可分为三类：常规滤失(normal)、压力控制下加速滤失(PDL)、以及储集缓滤失(Variable Storage)。这些模式在 G-function 曲线上呈现出显著的特征，为准确识别和分析地层滤失行为提供了重要的依据，见图 1~图 3。通过深入研究这些滤失模式在 G-function 曲线上的表现，可以更加深入地理解地层的滤失特性，为压驱作业的工艺优化和地层评价提供有力的理论支撑。

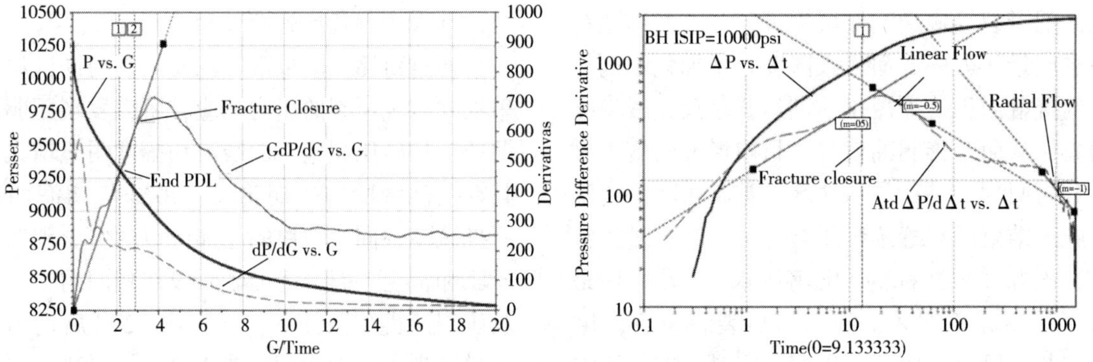

图 1　PDL 滤失模式在 G-function(左)、Log-log(右)曲线上的特征(R. D. Barree)

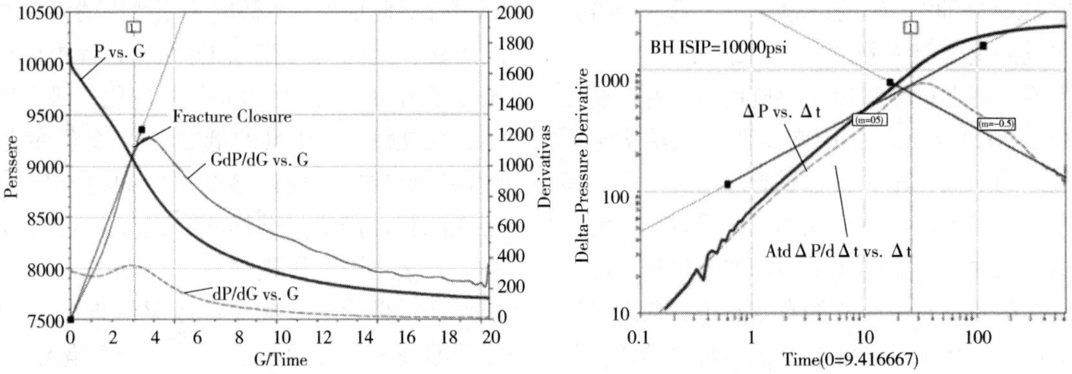

图 2　Variable Storage 滤失模式在 G-function 曲线上的特征(R. D. Barree)

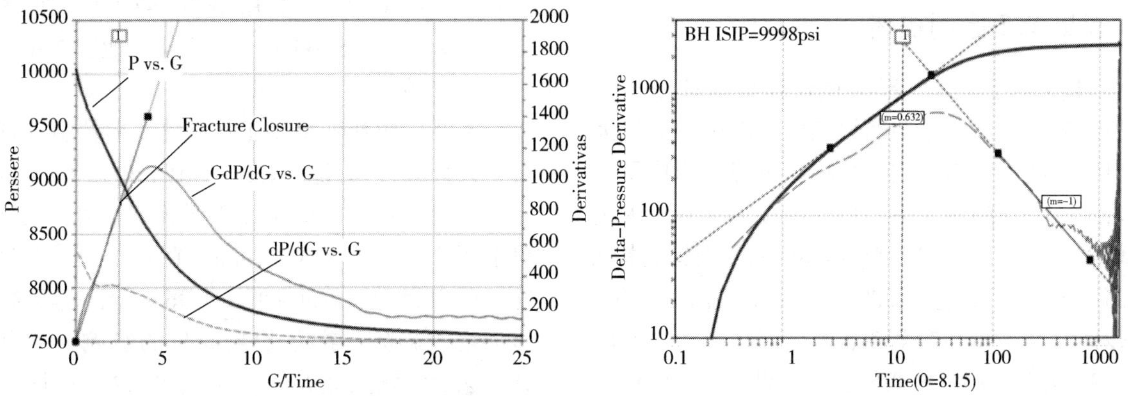

图 3　Normal 滤失模式在 G-function 曲线上的特征(R. D. Barree)

常规滤失模式(normal)即储层基质滤失，天然裂缝、剪切缝等次级裂缝对滤失影响较小可以忽略不计，通常在中高脆性、天然裂缝发育的储层中常规滤失模式(normal)很少见，基本以压力控制下加速滤失(PDL)、以及储集缓滤失(Variable Storage)为主，本文以这两种滤失模式的分析为主。当次级裂缝开启时，基质漏失率和系数将不再适用于描述流体效率、前置液用量比例或预测脱砂风险。PDL 指次级裂缝滤失速度大于主缝，存在局部高漏失时，可能导致携砂液脱水，进而完全丧失支撑剂的流动性。这种情况将引发裂缝流动区域的堵塞、通道化流动的形成、施工压力的增加，以及近井区域的快速脱砂。值得注意的是，PDL 即压力控制滤失指的是净压力与复合储层流动能力之间的变化关系，而非传统意义上的漏失率与诱导压力差之间的变化。储集缓滤失(Variable Storage)模式与 PDL 相反，次级裂缝的滤失小于主缝滤失，停泵后，由于主缝渗滤更快，储集在次级裂缝的液体将反哺主缝，造成裂缝滤失变缓。滤失分析旨在确定天然裂缝的存在程度、剪切裂缝的发育程度，以及包括天然裂缝、剪切裂缝等次级裂缝开启压力(CFOP)的具体数值。CFOP 指的是在次级裂缝开始发生漏失时的压力与闭合压力的差值。

滤失参数分析主要借助 G-function，见图 4，在次级裂缝闭合前后，可根据压力梯度(dp)与 G-time 梯度(dG)之比来估算滤失参数。滤失参数即 $\ln(C_p/C_o)$，C_p/C_o 由式(1)计算：

$$C_p/C_o=(dP/dG)_{p>pfo}/(dP/dG)_{p<pfo} \qquad (1)$$

式中，$(dp/dG)_{p>pfo}$-次级裂缝闭合前，G-function 函数井底压力与 G-time 曲线斜率；$(dp/dG)_{p<pfo}$-次级裂缝闭合后，G-function 函数井底压力与 G-time 曲线斜率

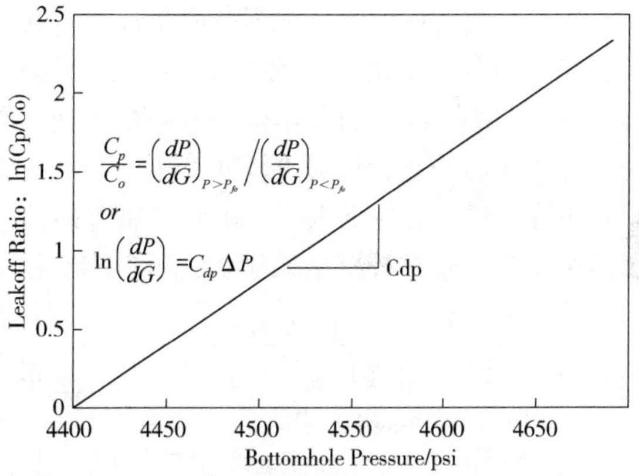

图 4　滤失参数与井底压力关系曲线

以 $\ln(C_p/C_o)$ 与 dP 的关系进行绘制，直线的斜率给出了与压力相关的滤失系数(C_{dp})。使用分析辅助线来分析斜率，并将分析辅助线置于直线区域上，见图 5。结果将显示系数和相关的次级裂缝开启压力。正斜率表示 PDL 滤失，并将分析获取 PDL 滤失系数。负斜率则表明存在储集缓滤失(Variable Storage)，并将分析获取 Variable Storage 滤失系数。

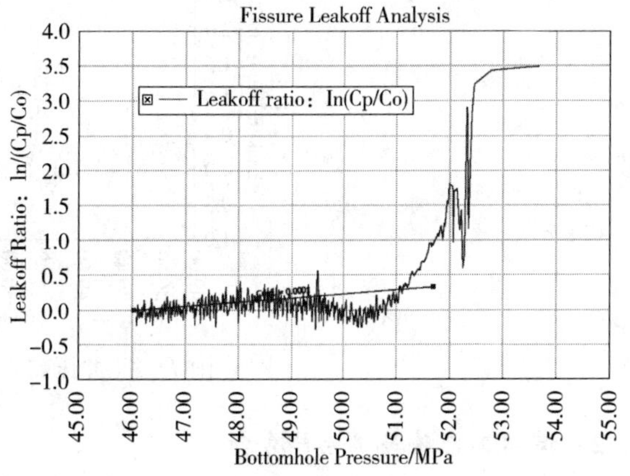

图 5　滤失参数分析曲线

2 现场施工案例描述

A1 井位于南海西部某在长期继承性断裂活动的影响下形成的复杂断块油田。其中，断层大多向北倾斜，自南向北呈阶梯状下降，形成了多米诺式条带状断块构造。目的层段为扇三角洲沉积环境，平均渗透率达到 13.4mD，整体以中低渗储层为主。目的层段的薄互层交互特征显著，单砂体厚度介于 0.5 至 8.3 米之间。

A1 井完钻井深 4256m、完钻垂深 2805m，目的产层斜深 3958m、垂深 2617m。最大井斜 47.41°/932.94m，以 9⅝″套管+7″套管完井。完井时，未考虑压裂作业，采用 60°相位螺旋射孔，射孔孔密 40 孔/米，根据井筒条件、射孔条件、隔层条件，同时考虑砂堵等复杂井况的处理，采用"封隔器+投球滑套"一趟两层分压管柱。考虑压后作业，设计 9⅝″套管内下入 L-80 4½″油管，7″尾管内下入 L-80 3½″油管回接分层压裂工具，管柱校核结果显示，压裂施工作业井口限压 50MPa。下层斜跨 47.9m，垂厚约 30m，设计泵注 3700m^3压驱液补充地层能量，然后进行加砂压裂。

本井压驱作业低粘工作液施工阶段分 4 段进行，共计泵注液量 3713m^3，施工排量 6m^3/min。后期进行高粘工作液主加砂压裂施工时，由于井口限压，施工排量 4m^3/min，在砂比 38%时发生井口压力突升，降低砂比至 36%砂比仍未减缓压力增长趋势，排除砂浆摩阻的影响，判断近井砂浆运移通道受阻，立即停砂，总计加砂 49.8m^3，顶替 17m^3时井口压力超过压裂泵超压保护设定值，超压停泵，欠顶替 13m^3。

3 施工曲线压降分析

3.1 压前小压测试曲线压降分析

分析结果显示（图 6），措施前地层呈 variable storage 滤失模式，Fissure Leakoff 分析结果显示 Transverse storage coefficient 等于 0.0001（1/KPa）。

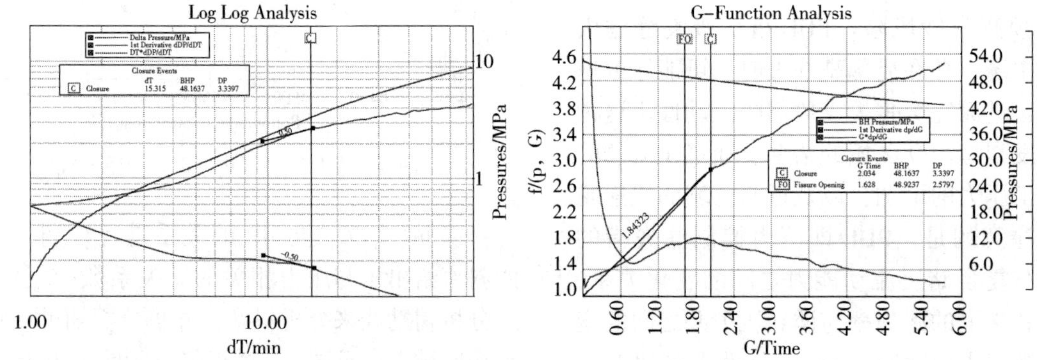

图 6 A1 井压前测试 G-function（左）和 log-log（右）分析曲线

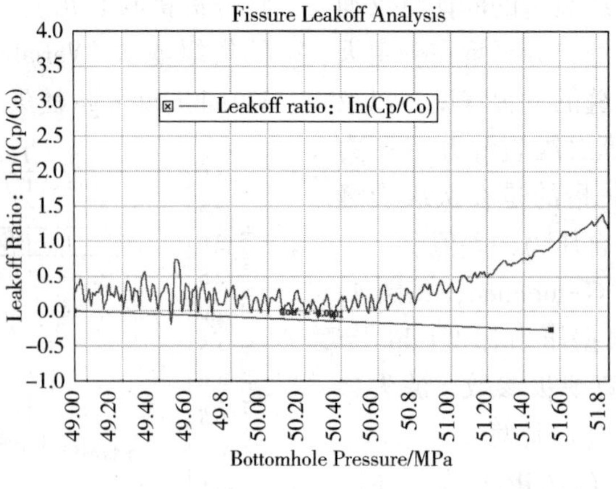

图 7 A1 井压前测试 fissure leakoff 分析曲线

3.2 低粘工作液施工压降分析

对 A1 井压驱作业低粘工作液施工的 4 段作业过程进行了详尽的压降分析，旨在评估大规模压驱作业对地层渗滤特性的影响。分析结果显示

（图 8，图 9），在第一段高排量泵注后，地层的滤失模式由 variable storage 模式转变为近似的基质滤失模式。随着后续三段高排量泵注的进行，地层的滤失模式逐渐展现出 PDL 特征，且 PDL 系数从第二段的 0. 0001（1/KPa）逐步上升至第四段的 0. 00067（1/KPa）。这些观察结果表明，大排量的低粘工作液泵注作业有效地改善了储层的渗滤能力，从而验证了采油井压驱在提升地层渗流特性方面的有效性，证明压驱作业大规模、大排量的低粘工作液高压注入在脆性砂岩储层深部形成了较多的次级裂缝。

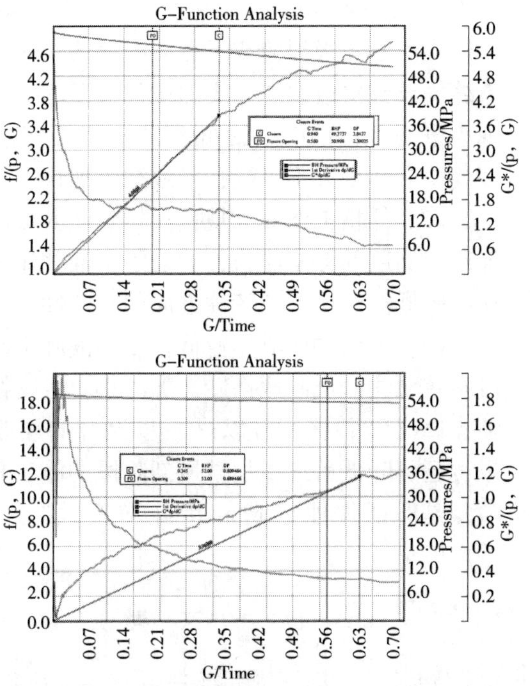

图 8　A1 井四段低粘工作液施工 G-function 分析曲线（第一段左上，第二段右上，第三段左下，第四段右下）

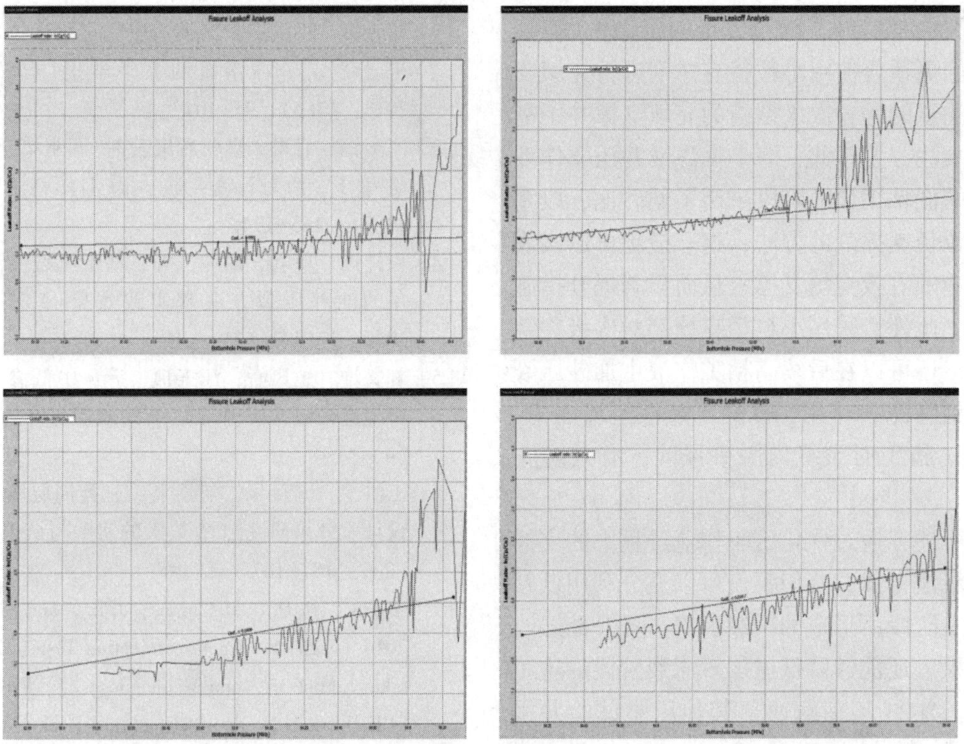

图 9　A1 井四段低粘工作液施工 fissure leakoff 分析曲线（第一段左上，第二段右上，第三段左下，第四段右下）

根据 G-function 渗透率计算公式对 A2 井压前测试、四段低粘工作液施工的 G-function 渗透率分别进行计算，结果显示 A2 井压前测试 G-function 渗透率为 1.76mD，四段低粘工作液施工的 G-function 渗透率分别为 2.22mD、5.36mD、6.85mD、4.69mD，整体呈上升趋势，且均明显高于压前测试的 G-function 渗透率。进一步佐证压驱低粘工作液阶段大排量大规模高压注入在脆性砂岩储层中形成较多的次级微裂缝，改善了储层的渗流能力。

$$k=\frac{0.0086*u*\sqrt{0.01P_z}}{\phi*Ct*(Gc*E*r_p/0.038)\hat{}1.96} \quad (2)$$

式中，K 为有效渗透率，mD；U 为测试液黏度，cp；P_z 为净压力，psi；ϕ 为孔隙度；Ct 为岩石压缩率，1/psi；E 为静态杨氏模量，MMpsi；r_p 为滤失缝高与动态缝高的比值。

当前陆上压驱作业主要采用净液注入，基本不涉及加砂环节，这种方式往往导致所形成的次级裂缝无法得到充分的充填支撑。在措施后生产过程中，地层压力系数逐渐下降，储层中这些次级微裂缝将会逐渐闭合，从而削弱了其对增措施产效果的贡献。因此，如何有效利用压驱作业所形成的次级裂缝，成为提升压驱改造增产效果的关键方向之一。

次级裂缝具有缝宽较窄、走向复杂的特点，这使得它们更适合使用小粒径支撑剂进行充填支撑。值得注意的是，次级裂缝的充填支撑并不需要高砂比泵注。鉴于此，海上低渗油井压驱作业在于前期的低粘工作液阶段采用了低砂比、段塞式加入小粒径支撑剂的方法，这一措施可以实现对次级裂缝的有效充填支撑，从而显著提升措施增产效果。此外，采用小粒径支撑剂对次级裂缝进行充填，还可以在后续高粘工作液主加砂压裂过程中起到降滤失作用，提高压裂液造缝能力，降低高砂比施工时裂缝内脱砂风险，有效防止砂堵。

综上所述，通过优化压驱作业过程中的支撑剂参数和泵注方式，我们不仅可以充分利用低粘工作液施工阶段所形成的次级裂缝，提升储层改造增产效果，还能够降低主加砂压裂阶段的施工作业风险。2023 年南海西部其他压驱试验井采取这种措施，全部实现了作业一次成功，投产后措施增产效果均达到设计预期。

4 结论

（1）利用压前泵注测试（DFIT）分析方法，是对压驱过程中地层的滤失特性进行分析的有效手段，同时也具有现场实时分析判断的操作性。

（2）地层的滤失模式一般分为三类，即基质滤失、Variable storage、PDL。Variable storage 滤失模式由于次级裂缝或天然裂缝的滤失速度小于主缝，导致次级裂缝储集的压裂液反哺主缝，表现为缓滤失；PDL 与之相反，次级裂缝或天然裂缝滤失速度大于主缝，导致滤失加快。

（3）低粘工作液大规模大排量注入可以有效地改善储层的渗滤能力，验证了采油井压驱技术在改善低渗储层渗流特性方面的有效性。

（4）采油井压驱作业低粘工作液施工时采用段塞式泵注、低砂比携砂，加入小粒径支撑剂充填支撑次级裂缝，可以进一步提升储层改造效果，还可降低后续主加砂压裂阶段的施工砂堵风险，是保证作业成功和措施增产效果的有效手段。

参 考 文 献

[1] 马玉娟，大庆长垣油田三类油层压裂驱油提高采收率技术及其应用[J]. 大庆石油地质与开发，2021，40(2)：103-109.

[2] 何金钢，王洪卫. 三类油层压裂驱油技术设计及效果研究[J]. 西南石油大学学报(自然科学版)，2018，40(5)：95-104.

[3] 何金钢，袁琳. 聚驱后聚表剂"调驱堵压"调整技术研究[J]. 西南石油大学学报(自然科学版)，2021，43(3)：165-174.

[4] 卢祥国，曹豹，谢坤，等. 基于压裂液滤失驱油作用的油井压裂方法基实践效果[J]. 油田化学，2020，37(4)：635-641.

[5] 刘义坤，王凤娇，汪玉梅，等. 中低渗透储集层压驱提高采收率机理[J]. 石油勘探与开发，2022，49(4)：1-8.

[6] 王洪卫，闫百泉，刘长宝. 三类油层压裂驱油技术设计及效果研究[J]. 数学的实践与认识，2018，48(24)：157-167.

[7] Barree, R. D., Miskimins, J. L., and Gilbert, J. V. 2014. Diagnostic Fracture Injection Tests: Common Mistakes, Misfires, and Misdiagnoses[J]. Presented at the SPE Western North American and Rocky Mountain Joint Regional Meeting, Denver 17-18 April. SPE-169539-MS. https://doi.org/10.2118/169539-MS.

[8] Barree, R. D., Barree, V. L., and Craig, D. P. 2007. Holistic Fracture Diagnostics[J]. SPE -107877-MS.

[9] Barree, R. D. and Miskimins, J. L. 2016. Physical Explanation of Non - linear Derivatives in Diagnostic Fracture Injection Test Analysis. Presented at the SPE Hydraulic Fracturing Technology Conference, The woodlands, Texas, USA, 9 - 11 February. SPE - 179134-MS. https://doi.org/10.2118/179134-MS.

[10] Jennifer L. Miskimins, Editor-in-chief. Hydraulic Fracturing: Fundamentals and Advancements [Z]. 2019: 490-520.

[11] Barree, R. D. and Mukherjee, H. 1996. Determination of pressure Dependent Leakoff and its Effect on Fracture Geometry. Presented at the SPE Annual Technical Conference and Exhibition, Denver, 6-9 October. SPE-36424-MS. https://doi.org/10.2118/36424-MS.

[12] Barree, R. D. and Conway, M. W. 2001. Proppant Holdup, Bridging, and Screenout Behavior in Naturally Fractured Reservoirs. Presented at the SPE Production and Operation Symposium, Oklahoma City, Oklahoma, USA, 24-27 March. SPE-67298-MS.

苏北页岩油高强度压裂增产措施研究

魏玉华[1]　邸士莹[1,2]　蔡履忠[3]　马　收[1]　程时清[2]　史文洋[4]

[1. 中国石化华东石油工程公司华美孚泰公司；2. 中国石油大学(北京)石油工程教育部重点实验室；
3. 中国石化华东石油工程公司；4. 常州大学石油与天然气工程学院]

摘　要　页岩油藏结构复杂、储层普遍具有特低渗低孔的特征，基质内流体向裂缝供液能力不佳，水平井分段多簇压裂技术成为广泛应用的压裂技术。为了优化压裂设计，提高增产措施效果，分析XRD资料明确储层岩石矿物成分与含量，开展小直径真三轴实验，得到岩石力学参数及应力-应变测试曲线，分析岩石力学特性。分析电镜扫描资料及薄片观察图片，确定储层微观结构，开展渗吸实验及核磁共振实验，根据T_2谱曲线分析储层岩石孔径分布特征。建立物理模型和数值模拟，开展高强度压裂后裂缝扩展形态研究及产能评价分析。研究结果表明，苏北页岩脆性矿物含量高，平行层理的渗透率明显高于垂直层理渗透率，应力应变测试曲线显示平行层理方向脆性强，垂直层理页岩破裂形态多样，裂缝多为Y型裂缝。储层微观结构主要是以粒间孔为主，微裂缝主要是层理缝为主。核磁共振实验得到的T_2谱曲线显示储层岩心含有小孔隙、中孔隙、天然微裂缝。数值模拟结果表明，模拟高强度压裂后，水平井附近储层含油饱和度场、压力场发生明显变化，这说明高强度压裂后井筒附近裂缝的复杂性提高了，形成了复杂的缝网，为页岩油的储集提供了充足的空间，返排后原油被源源不断地采出。

关键词　苏北页岩油藏；矿物组分；岩石力学参数；微观结构；孔径分布；渗吸作用；高强度压裂

中国陆相页岩油资源量近346×10^8t，页岩油资源丰富，勘探潜力巨大，是我国石油增储上产重要的战略性接替资源。而页岩储层普遍具有低孔、特低渗的特征，给页岩油的勘探开发带来了很大的困难，需要经过大规模压裂才能够获得工业产能。页岩成藏机理复杂、连通性差，储层基质内流体向裂缝供液能力差，常规油藏的压裂方法已不再适用。科研人员开展了大量研究，水平井分段多簇压裂技术成为广泛应用的压裂技术。其中为了达到有效支撑裂缝条件，同时形成复杂裂缝，以提高注入量带动携砂量的增加是常用的压裂施工方式。因此，大排量、大液量施工是改善压裂效果急需的方法之一。大量的压裂液进入裂缝、孔隙，形成压力差，促使裂缝不断扩展，压裂液与储层的接触范围增加，由于储层孔渗普遍偏很低，大部分压裂液遗留在储层中，压裂液的注入量与返排量相差很大。储层孔隙和天然微裂缝的发育增加了页岩油储集空间，决定了储存流体的质量，同时也是页岩油运移和渗流的优势通道。因此，储层微观结构是能否获得高产及稳产的关键控制因素。明确储层中孔隙和天然微裂缝分布特征，有助于优化压裂方案，降低压裂难度，促进压裂裂缝的生成和延展。分析储层的岩石组分可以提高储层的可压性评价效果，这对储层的工程甜点评价有重要的意义。页岩孔径大部分是纳米尺度的小孔，压裂液进入储层后易发生大规模渗吸作用，提高压裂强度会增加渗吸作用。

以上方法在层理页岩中应用较少，本文充分利用页岩油藏孔隙、天然微裂缝发育的特性，采用高压裂强度的压裂工艺，进一步增加裂缝的复杂性，扩大泄油面积，更大范围的沟通和开启孔隙、天然微裂缝，形成缝网系统，达到提高单井产量的效果。研究成果为优化压裂设计提供理论支持，对于提高层状页岩油压裂改造效果具有重要意义。

1　矿物组分及岩石力学

苏北页岩典型区块埋深3556m~4002m，厚度为150m~400m，有效孔隙度5%，水平渗透率最高$0.106\times10^{-3}\mu m^2$，压力系数1.3~1.5。矿场实践与室内实验发现，页岩储层中发育天然裂缝、层理等弱面。

测取储层岩石矿物成分与含量及力学参数，开展评价储层岩石的可压性，为分析储层压裂难易程度与压裂后裂缝变化形态提供依据，是压裂改造优化设计的一项重点工作。

1.1 矿物组分及物性特征

研究结果表明，目标区块页岩脆性矿物由石英、长石、方解石、白云石组成，脆性矿物含量变化范围大，且自上而下逐渐增加，图1是典型井全岩矿物组成分布图。

由图1a可知，该区①~⑨层脆性矿物含量10.0~76.6%，平均43.69%，①-④层脆性矿物含量平均48.86%。由图1b可知，粘土矿物以伊蒙混层和伊利石为主，含量为28.25~56.80%，其次为绿泥石，含量为0.78~4.36%。

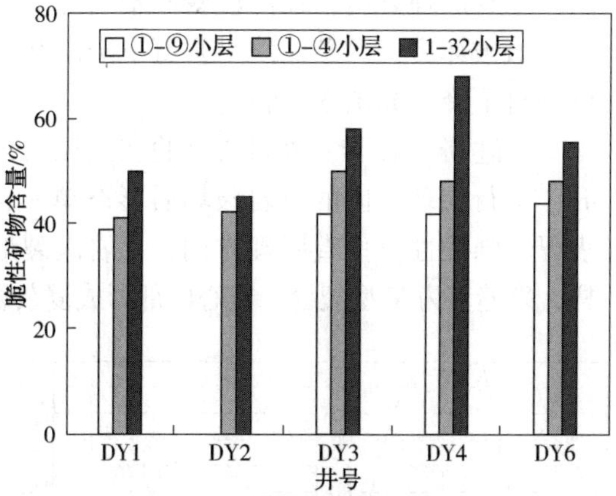

(a)脆性矿物含量分布

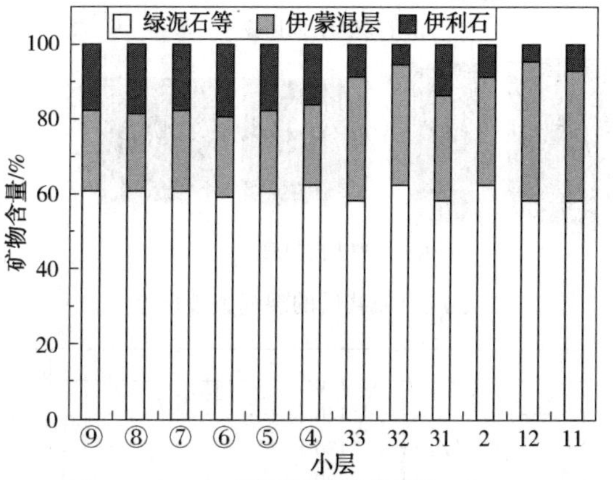

(b)黏土矿物含量分布

图1 典型井全岩矿物组成分布图

1.2 岩石力学特征

岩石力学参数包括储层的杨氏模量、泊松比等，这些参数决定了压裂过程中是否易形成裂缝，以及裂缝的形状和尺寸。

钻取4块平行储层层理、垂直储层层理的圆柱体岩心试样（后面简称为平行层理和垂直层理），用于开展渗透率测试及岩石力学测试，岩心试样大小为5cm×2.5cm。对2块岩心开展平行层理、垂直层理渗透率测试，见表1。由表1可知，平行层理岩心渗透率明显高于垂直层理岩心渗透率。

表1 岩心基本信息表

岩心编号	直径/cm	长度/cm	测试压力/kPa	孔隙体积/cc	孔隙度/%	渗透率/($10^{-3}\mu m^2$)
平行层理	2.504	4.97	168.2	1.776341	7.2579	0.0018794
垂直层理	2.508	4.931	166.2	2.236766	9.1821	0.000890329

岩心试样在外力作用下，会产生纵向位移和横向位移，通过测量岩石试样在轴向压力和横向压力作用下的纵向和横向的变形量，可以计算弹性模量和泊松比。对另外2块岩心试样开展小尺寸真三轴压缩条件下的岩石力学参数测试，并得到应力-应变测试曲线，表2是岩石力学参数表。

表2 岩石力学测试数据表

项目	平行层理岩心	垂直层理岩心
围压/MPa	22	22
长度/mm	49.39	49.96
直径/mm	24.91	25.1
荷载/N)	127210	83052
差应力/MPa	261	167.8

续表

项目	平行层理岩心	垂直层理岩心
弹性模量/Gpa	31.28	18.85
泊松比	0.2	0.13

大量研究证明，当页岩弹性模量应大于24GPa，泊松比应小于0.25，有利于压裂后形成复杂缝网。由表2可知，该岩心平行层理岩心与垂直层理岩心的弹性模量平均值均不超过24GPa，泊松比均不超过0.25。表明页岩的弹性模量较低，这不利于形成网状裂缝，提高压裂强度能够促进裂缝网络的形成。

图2是岩心应力加载后的裂缝破裂形态，由图2a可知，平行层理岩心小尺寸真三轴测试后，页岩破坏后形态单一；垂直层理岩心，开展小尺

寸真三轴测试后，页岩破裂形态多样，裂缝多为Y型裂缝，且裂缝多相互贯通，见图2b。

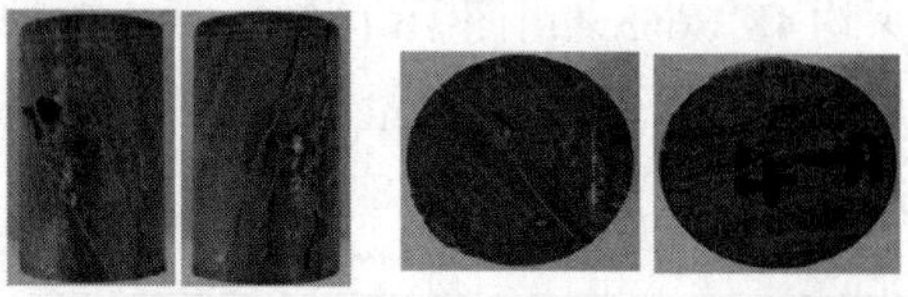

(a)平行层理方向加载

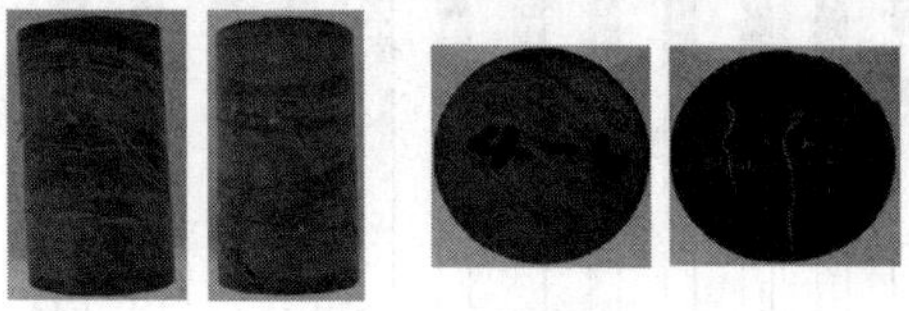

(b)垂直层理方向加载

图2 岩心应力加载后的裂缝破裂形态

应力-应变曲线反应了页岩力学性能及破裂裂缝特征，图3是典型井岩心试样应力-应变曲线。图3a是平行层理岩心的应力-应变曲线，由图可知径向应变和轴向应变曲线达到峰值后，先垂直下降后继续垂直下降，这说明页岩脆性较高。垂直层理方向，径向应变和轴向应变曲线达到峰值破坏后，两条曲线呈垂直下降后又上升然后垂直下降，如图3b所示。

上述研究表明，该岩心试验在围压为22MPa时，平行层理方向的页岩破坏后形态单一，页岩表现较强脆性。垂直层理方向，页岩破裂形态多样，裂缝多为Y型裂缝，岩心内部形成复杂裂缝。

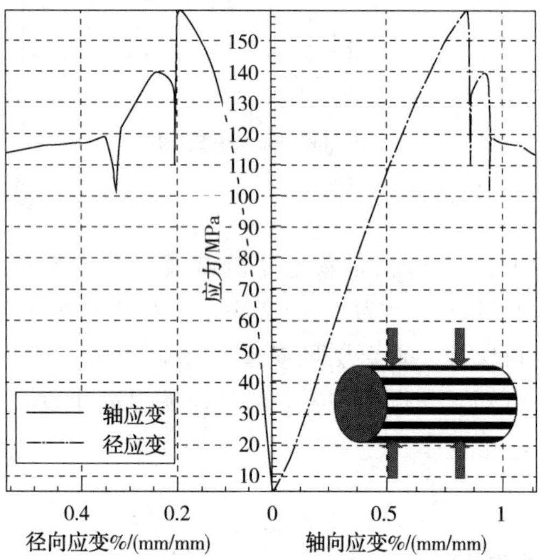

(a)平行层理方向

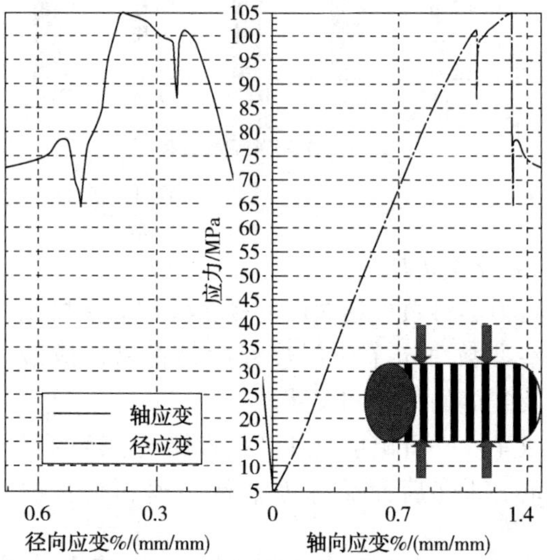

(b)垂直层理方向

图3 岩心应力-应变曲线

2 页岩储层结构

2.1 微观结构

图4是苏北盆地典型页岩水平井岩心电镜扫描图形，由图可知该区块储层微观结构主要是以粒间孔为主，其次为有机质孔等。图5是典型井岩心的薄片观察图形，由图可知该区块储层含有大量的天然微裂缝，主要是层理缝、构造缝。

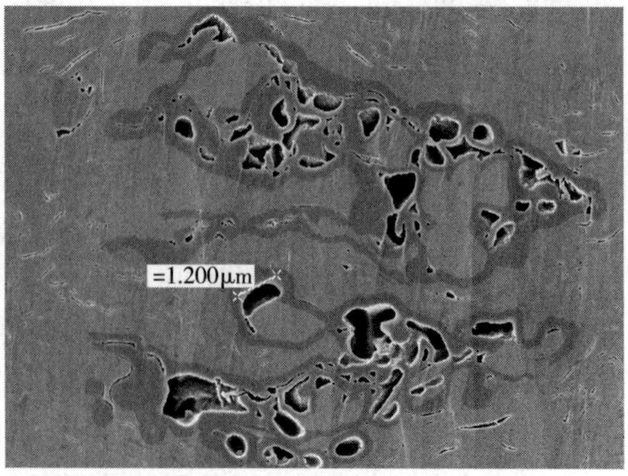

(a)粒间孔

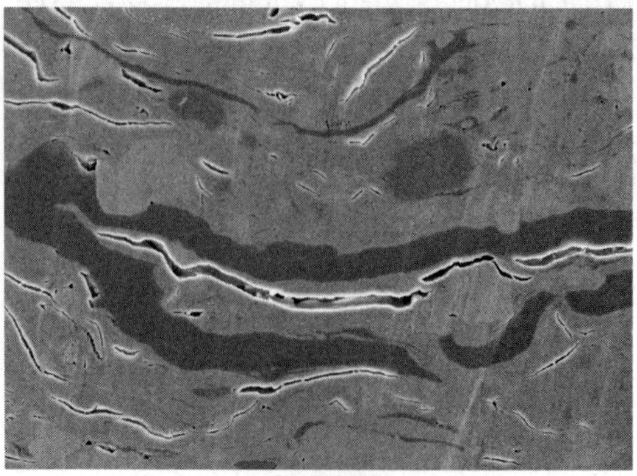

(b)有机质孔

图4 电镜扫描图像

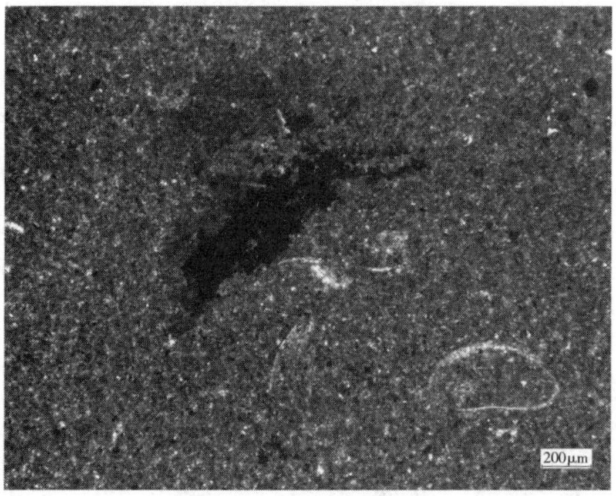

(a)层理裂缝

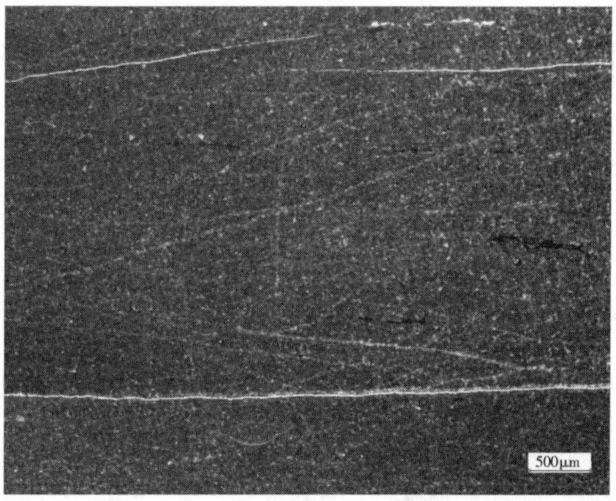

(b)构造缝

图 5　薄片实验图像

2.2　孔径分布

明确了岩心的储层微观结构，需要进一步了解孔径分布特点，为评估储层的可压裂性提供依据。开展渗吸及核磁共振实验，分析储层孔径分布特点。将渗吸 72 小时的岩心进行核磁共振实验，得到核磁共振 T_2 谱曲线。T_2 谱曲线可以表征储层岩石的孔隙结构，反映不同尺寸的孔隙分布情况。较短的 T_2 值对应小孔隙和束缚水，较长的 T_2 值对应大孔隙和游离水。岩心核磁 T_2 谱曲线为压裂设计提供了关键的储层物性数据，可以帮助优化压裂工艺，提高油气产量。

2.2.1　渗吸实验

在温度为 25℃，压裂为 1.01MPa 条件下，在地层水环境下（地层水为 $CaCl_2$ 型、pH 值为 6.2、总矿化度为 49779mg），将饱和油的岩心放入渗吸实验装置内，观查和记录渗吸实验的动态过程，见图 6a、见图 6a。渗吸 72 小时后，包裹岩心至严密状态，开展核磁共振实验，如图 6c、图 6d 所示。

(a)侧面观察

(b)俯视图

(c)渗吸前

(d)渗吸后

图 6　岩心渗吸实物图

2.2.2　核磁共振实验

大量研究表明，根据 T_2 谱峰个数，可将页岩划分为单峰型、双峰型和多峰型。单峰型页岩，孔隙比较集中，非均质性较弱。双峰型页岩又分为左高型和右高型，左高型页岩小孔隙占比较高；右高型页岩大孔隙占比较高。多峰型页岩分为基质型和裂缝型，裂缝型压裂后增产措施效果明显。

对两块岩心开展核磁共振实验，图 7 是 T_2 谱特征曲线。由图可知，平行层理岩心和垂直层理岩心均属于多峰型，且孔隙结构含有小孔隙、中孔隙、天然微细裂缝。页岩流体赋存空间主要以小孔隙为主，其次是中孔，这种孔隙更有利于发生渗吸置换。

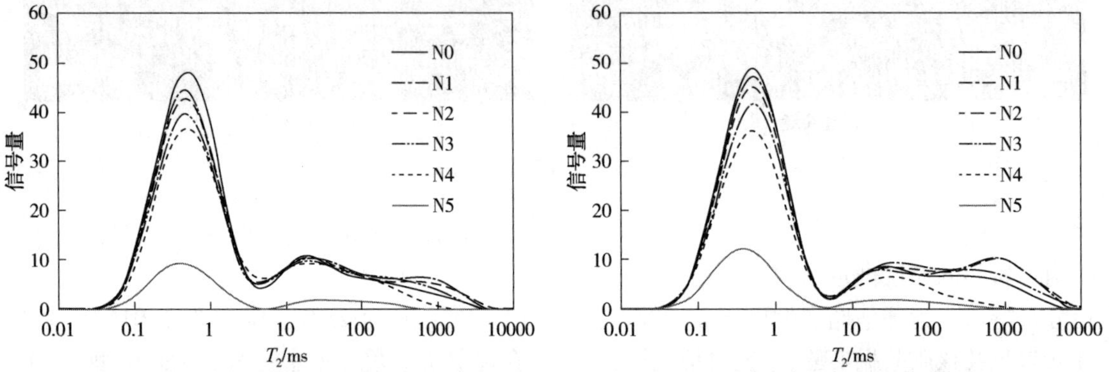

(a)水平方向渗吸后的核磁实验　(b)垂向岩心渗吸后的核磁实验

图 7　核磁共振 T_2 谱峰数曲线

3　页岩高强度压裂设计

3.1　原理分析

上述研究表明该区块岩石脆性含量高，平行层理岩心的杨氏模量、泊松比均大于垂直层理方向的岩心，应力-应变测试曲线的径向应变和轴向曲线先垂直下降后继续垂直下降，说明页岩脆性较高，压裂后易于形成裂缝。电镜扫描及薄片观察表明该储层岩石微观结构主要是粒间孔及层理缝，渗吸及核磁实验表明了压裂液先充满了小孔隙，后进入中孔和微裂缝，说明岩石里面含有大量的小孔。

苏北盆地压裂的难点是如何充分将储层岩石孔隙及微裂缝连接起来，形成有效的通道，便于页岩油的开采。而高强度压裂能够在储层中形成压力差，促使压裂裂缝形成。压裂裂缝沟通微裂缝、中孔以及小孔隙，生成大规模的裂缝网络，有效释放页岩油。

采用高强度压裂是一种复杂的工艺，可以创建更长、更宽的裂缝，增加渗透通道，大幅提升页岩油流动速率。假设天然微裂缝发生扩展，油、水两相流动且等温，考虑地层岩石及流体的可压缩性，建立压裂后油水两相连续性方程。对于压裂过程油水两相渗流，注入压裂液和原油产出导致储层含水及含油饱和度是动态变化的，则油相及水相的连续方程表示为

$$\frac{\partial[\phi(p_o)\rho_o(p_o)s_o]}{\partial t}+\nabla\cdot\left[\rho_o(p_o)\cdot\left(-\frac{kk_{ro}(s_o)}{\mu_o}\nabla p_o\right)\right]=q_o \tag{1}$$

$$\frac{\partial[\phi(p_w)\rho_w(p_w)s_w]}{\partial t}+\nabla\cdot\left[\rho_w(p_w)\cdot\left(-\frac{kk_{rw}(s_w)}{\mu_w}\nabla p_w\right)\right]=q_w \tag{2}$$

$$S_o+S_w=1 \tag{3}$$

式中，P_o为油相压力，MPa；P_w为水相压力，MPa；ρ_o为油层条件下的原油密度，10^3kg/m^3；ρ_w为油层条件下地层水密度，10^3kg/m^3；kk_{ro}为油相对渗透率，10^{-3} μm^2；kk_{rw}为水相对渗透率，10^{-3}μm^2；μ_o为原油黏度，cp；q_o为产液量，m^3；q_w为注入量，m^3；S_o为含油饱和度，%；S_w为含水饱和度，%。

$$\rho_o=\rho_{o,0}\exp[-c_o(p_o-p_{o,0})] \tag{4}$$

$$\rho_w=\rho_{w,0}\exp[-c_w(p_w-p_{w,0})] \tag{5}$$

$$\phi=\phi_0\exp[-c_r(p-p_0)] \tag{6}$$

式中，$P_{o,0}$为油相初始压力，MPa；$P_{w,0}$为水相初始压力，MPa；$\rho_{o,0}$为油层条件下原油初始密度，10^3kg/m^3；$\rho_{w,0}$为油层条件下地层水初始密度，10^3kg/m^3；ϕ 为油层条件下孔隙度，无量纲；ϕ_o为地层条件下孔隙度，无量纲；C_o为原油压缩系数，MPa^{-1}；C_r为岩石压缩系数，MPa^{-1}；

C_w为地层水压缩系数，MPa^{-1}；P_o为原始地层压力，MPa；P为地层压力，MPa。

基于商业软件平台，考虑导流能力变化，进行数值模拟计算。不需要对网格进行加密，可以建立三维、倾斜嵌入式裂缝，模拟大规模复杂缝网具有很强的优势。

3.2 压裂模拟分析

为了探讨高强度压裂的可行性，基于上述研究，结合苏北盆地典型区块物性特点、监测数据及地质参数，优选各项参数，开展数值模拟研究，表3是数值模拟参数表。

表3 数值模拟参数表

参数		取值
模型尺寸	模型尺寸/m	1000＊800
	网格尺寸/m	50：50：3
储层参数	油层中部深度/m	3800
	油层厚度/m	150-200
	基质渗透率/($10^{-3}m^2$)	0.28
	地层最小水平应力/MPa	67.1
	压力梯度(MPa/100m)	1.2
	岩石压缩系数/MPa^{-1}	1.4254×10^{-3}
	综合压缩系数/MPa^{-1}	0.4×10^{-3}
原油体积系数	油的黏度/(mPa·s)	5.155
	原油密度/(g/cm^3)	0.7895
	含油饱和度/%	0.203
井参数	水平井长度/m	1210
	裂缝宽度/m	0.003
	裂缝条数/条	80
	裂缝长度/m	100-200

3.2.1 高强度页岩压裂裂缝形态表征

为了形成有效缝网且增大储层有效沟通面积，需要对压裂液排量参数进行优化设计。开展常规强度压裂和高强度压裂2种制度模拟计算，分析高强度压裂后缝网形态表征，图8是2种强度下裂缝裂缝扩展形态模拟结果图。

由图8a可知，常规强度压裂裂缝起裂后倾向于优先开启近井筒区域的少量的层理天然裂缝。由图8b可知，高强度压裂易在近井地带和裂缝憋起高压，近井地带裂缝起裂，更多储层破裂，压裂裂缝会沟通分布于远井筒区域的弱层理或闭合的天然微裂缝，形成复杂分支缝。

图9是裂缝三维网格展布和支撑剂分布，其中绿色是无支撑裂缝，红色是70/140石英砂紫色是40/70石英砂，黄色是30/60陶粒。由图9b可知，高强度压裂后，靠近井筒附近的裂缝网络更加复杂，井底附近的流体流动能力增强，支撑剂运移也比较顺畅，能够运移到裂缝尖端。

3.2.2 高强度页岩压裂产能评价

分析储层含油饱和度场及压力场的变化能够有效判断压裂效果及储层压裂后生产能力。考虑常规强度和高强度压裂，模拟储层含油饱和度场的变化，见图10。由图可知，高强度压裂模拟后，水平井附近储层含油饱和度场发生明显变化。这说明高强度压裂后，储层形成复杂裂缝网络，提高了储层渗透率，增加了流体的流动能力，扩大了压裂液的接触范围，促使更多孔隙里面的原油参与了渗吸置换，地层原油被源源不断地采出，促使储层含油饱和度场发生改变。

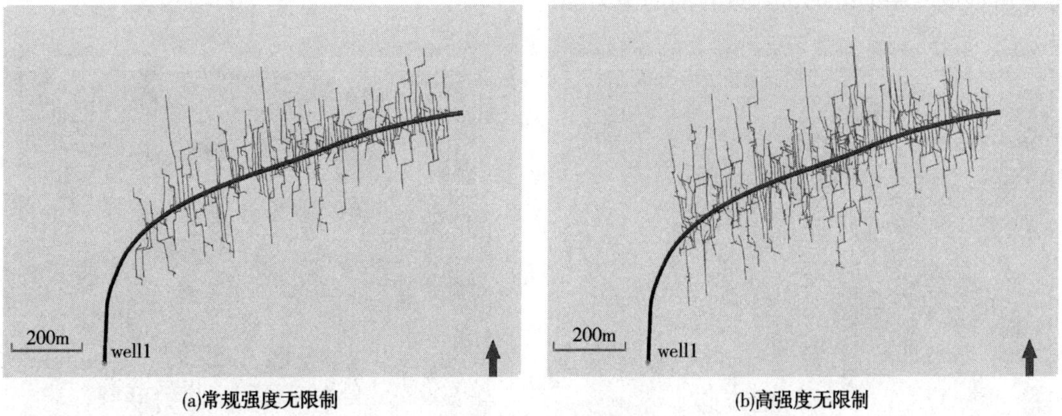

(a)常规强度无限制　　(b)高强度无限制

图8 考虑不同强度下三种裂缝裂缝扩展形态

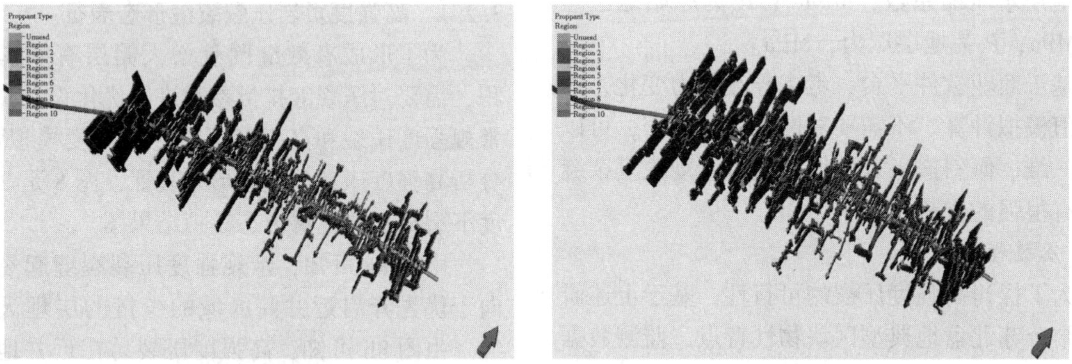

(a)低强度无限制　　(b)高强度无限制

图 9　模拟三维高强度压裂裂缝扩展形态及支撑剂分布特征

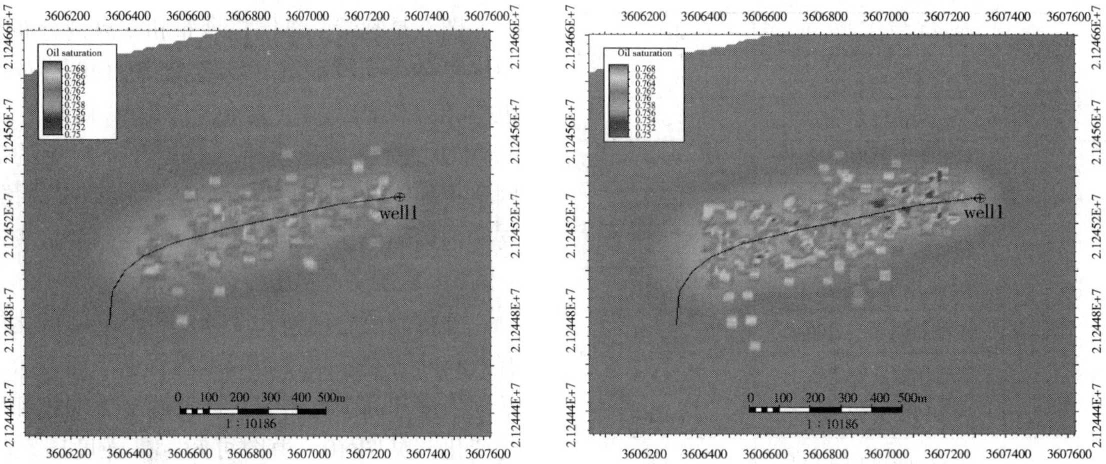

(a)低强度无限制　　(b)高强度无限制

图 10　不同强度压裂含油饱和度场变化图

考虑常规强度和高强度压裂，模拟储层压力场的变化，见图 11。由图 11 可知，高强度压裂模拟后，水平井附近储层压力场发生改变。这说明高强度压裂后，提高了井筒附近裂缝的复杂性，压裂后形成复杂的缝网，为页岩油的储集提供了良好的空间，返排后更多原油被采出，地层压力大幅度降低(如图 11b 所示)。但压力仍然保持较高水平，说明该井地层能量充足，仍可保持一段时间的稳产。

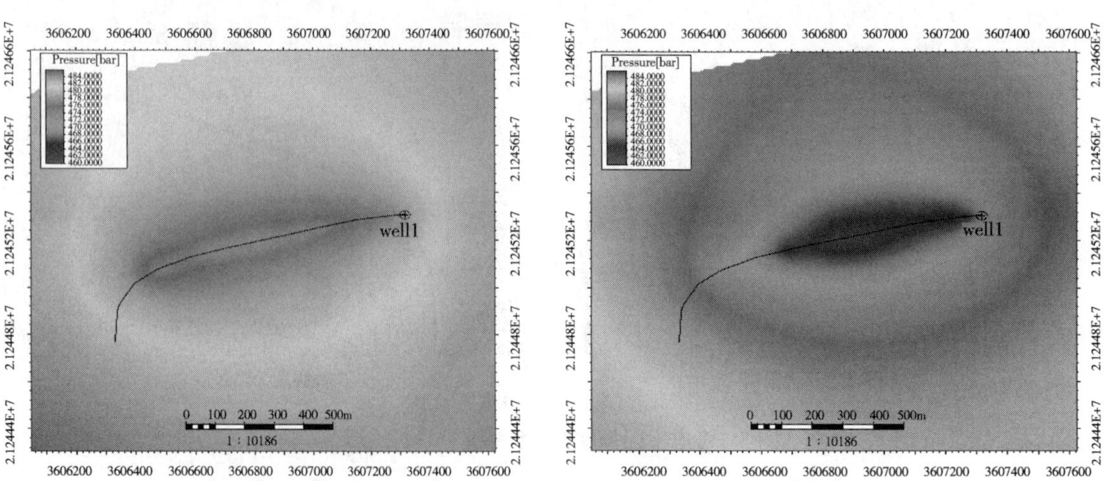

(a)低强度无限制　　(b)高强度无限制

图 11　不同强度压裂压力场变化图

4 结论

(1) 苏北页岩脆性矿物主要为石英、长石、方解石等，脆性矿物含量高且变化范围大，且自上而下逐渐增加；粘土矿物以伊蒙混层和伊利石为主，其次为绿泥石。岩石力学实验表明，当围压为22MPa时，平行层理岩心表现较强脆性。垂直层理方向岩心，加载后裂缝多为Y型裂缝，岩心内部形成复杂缝网。

(2) 苏北页岩储层微观结构主要包含孔隙和微裂缝，孔隙以粒间孔为主，微裂缝是以层理缝为主。岩心核磁共振 T_2 谱特征曲线表明岩心孔隙结构含有小孔隙、中大孔隙、天然微裂缝。页岩流体赋存空间主要以小孔隙为主，其次是中大孔，这种孔隙更有利于发生渗吸置换。

(3) 高强度压裂进行数值模拟时，压裂裂缝会沟通分布于远井筒区域的弱层理或闭合的天然微裂缝，形成复杂裂缝网络。在水平井附近储层含油饱和度场、压力场发生明显变化。这说明高强度压裂后，提高了井筒附近裂缝的复杂性，压裂后形成复杂的缝网，为页岩油的储集提供了良好的空间，返排后原油被源源不断地采出。

参 考 文 献

[1] 孙龙德，刘合，朱如凯，等．中国页岩油革命值得关注的十个问题[J]．石油学报，2023，44(12)：2007-2019.

[2] 邹才能，朱如凯，董大忠，等．页岩油气科技进步、发展战略及政策建议[J]．石油学报，2022，43(12)：1675-1686.

[3] 孙焕泉，王海涛，杨勇，等．陆相断陷湖盆页岩油开发技术迭代与发展方向[J/OL]．石油勘探与开发，1-13[2024-07-24].

[4] 金之钧，朱如凯，梁新平，等．当前陆相页岩油勘探开发值得关注的几个问题[J]．石油勘探与开发，2021，48(6)：1276-1287.

[5] 杜金虎，胡素云，庞正炼，等．中国陆相页岩油类型、潜力及前景[J]．中国石油勘探，2019，24(5)：560-568.

[6] 高玉巧，花彩霞，蔡潇，等．苏北盆地溱潼凹陷阜宁组二段页岩油储层裂缝形成机制及对烃类赋存的影响[J/OL]．地学前缘，1-12[2024-07-31].

[7] 袁丽娜，王广涛，王成旺，等．层理对侏罗系油藏水力裂缝扩展形态影响研究[J/OL]．油气藏评价与开发：1-14[2024-06-12].

[8] 郭彤楼，熊亮，雷炜，赵勇，庞河清．四川盆地南部威荣、永川地区深层页岩气勘探开发进展、挑战与思考[J]．天然气工业，2022，42(08)：45-59.

[9] 胡东风，魏志红，李宇平，刘珠江，袁桃，刘晓晶．四川盆地东南部地区复杂构造带深层页岩气勘探进展与突破[J]．天然气工业，2022，42(08)：35-44.

[10] 侯雅儒．水平井段内多簇压裂裂缝起裂与扩展规律研究[D]．中国石油大学(北京)，2017.

[11] 李平，樊平天，郝世彦，等．大液量大排量低砂比滑溜水分段压裂工艺应用实践[J]．石油钻采工艺，2019，41(04)：534-540.

[12] 郑有成，范宇，雍锐，等．页岩气密切割分段+高强度加砂压裂新工艺[J]．天然气工业，2019，39(10)：76-81.

[13] 张路锋，周福建，张士诚，等．基于压力脉冲法的储层基质压裂液伤害评价[J]．油气地质与采收率，2018，025(003)：89-94.

[14] 李春颖，张志全，林飞，等．压裂液在页岩储层中的滞留与吸收初步探索[J]．科技通报，2016(8期)：31-35.

[15] 马俯波，周正武，王延忠，等．页岩储层中黏土对压裂液吸收能力的影响及其因素分析[J]．科学技术与工程，2016，16(012)：260-263，273.

[16] 杜晓宇，金之钧，曾联波，等．鄂尔多斯盆地陇东地区长7页岩油储层天然裂缝发育特征与控制因素[J]．地球科学，2023，48(7)：2589-2600.

[17] ZENGLB，LYU WY，LIJ，et al. Naturalfractures and their influence on shale gas enrichment in Sichuan Basin，China[J]. Journal of Natural Gas Science and Engineering，2016，30：1-9.

[18] 熊健，吴俊，刘向君，等．陆相页岩储层地质力学特性及对压裂效果的影响[J]．西南石油大学学报(自然科学版)，2023，45(05)：69-80.

[19] 闫怀荣，蒲三龙，魏江伟，等．姬塬油田高强度压裂改造工艺技术研究[J]．石油化工应用，2017，36(04)：84-88.

[20] 叶亮，李宪文，马新星，等．不同脆性致密砂岩裂缝扩展规律实验研究[J/OL]．石油钻采工艺，1-10[2024-10-05].

[21] 李庆辉，李少轩，刘伟洲．深层页岩气储层岩石力学特性及对压裂改造的影响[J]．特种油气藏，2021，28(03)：130-138.

[22] 邸士莹．致密油藏注水裂缝扩展机理及有效开发方式研究[D]．中国石油大学(北京)，2023.

[23] 冯雪磊，马凤山，赵海军，等．断层影响下的页岩气储层水力压裂模拟研究[J]．工程地质学报，2021，29(03)：751-763.

[24] 张磊，张义平，陈奕羲，等．压裂裂缝对页岩储层压力影响模拟研究[J]．煤炭技术，2017，36(06)：69-71.

深层特低渗油藏有效补能方式研究

阴艳芳　赵志彬　海东明　邱　林　付　强

(中国石油辽河油田分公司开发事业部)

摘　要　地层能量补充方式是制定油田开发技术政策的一项重要内容，有效能量补能方式是实现油田高效开发的保障。储层改造技术的升级完善实现了特低渗油藏储量的有效动用，由于特低渗油藏具有岩性致密、孔喉细微、非均质性强、难以建立有效驱替的特点，有效补能方式研究至关重要。本文以辽河油区S区块超深层薄互层特低渗油藏为研究对象，采用室内实验、数值模拟、矿场试验等方法分析了储层特征，开展了注水、注气能量补充可行性研究，优化了气驱井网参数和注采参数，创建了超深层薄互层状特低渗油藏“直井+分层分质体积压裂+注气补能”开发新模式。矿场实践表明，注气补能初见成效，先导试验区全面注气后日产油从64吨最高升至105吨，预测采收率提高三十二个百分点，实现了特低渗油藏高效开发，具有重要的推广价值。

关键词　深层；特低渗油藏；能量补充；开发技术；应用研究

随着油田开发理论发展和技术进步，以低渗油藏为主的低品位储量成为增储建产的开发主体。深层低渗油藏由于资源品质更差，投资成本更高，传统“直井压裂投产+注水补充能量”开发模式难以实现有效开发，如何“建立有效驱替、提高油藏采收率”是油田科研生产的难点和热点。

S区块是辽河油田近年来储量规模最大的深层低渗油藏，具有储层敏感性强、层多层薄、地层倾角大、高温高压等特殊性，利用岩心室内实验、矿场试注试验对比分析了注水、注气补能的可行性，确定了注气开发方式。同时，建立数值模型，优化气驱井网参数和注采参数，为特低渗油藏有效补充地层能量提供借鉴和参考。

1　油藏地质概况

S区块位于辽河坳陷西部凹陷中南段，主力含油目的层为E_3s_{13}，细分为E_3s_{13}Ⅰ、E_3s_{13}Ⅱ、E_3s_{13}Ⅲ、E_3s_{13}Ⅳ、E_3s_{13}Ⅴ五个砂层组。构造形态为受断层控制的箕状构造，油藏埋深3100~4150m。地层倾角10°~45°。沉积体系为三角洲前缘沉积，有利相带为水下分支河道。岩性主要为细砂岩、粉砂岩、泥质粉砂岩，储层物性差，有效孔隙度平均12.7%，渗透率平均1.62mD。以原生粒间孔为主，孔大吼小、配位数低、喉道不均匀，平均孔喉比5.23，平均配位数0.65，喉道均质系数0.16。

油层分布受沉积、砂体及构造控制，油藏类型为构造岩性油藏。平面上东部油层分布主要受造控制，油层厚度较大；向西主要受到沉积、砂体控制，向北、向西油层减薄至尖灭。纵向上油层主要分布在E_3s_{13}Ⅲ和E_3s_{13}Ⅳ砂层组。油层分散且薄，单层厚度0.6~5.2m，平均2.7m。

油藏高温高压，地层温度96.95~129.37℃，地层压力32.58~44.67MPa。油品为常规轻质油，20℃原油密度0.8630~0.8765g/cm^3，50℃原油黏度9.78~13.62mPa·s。

2　开发难点

一是油井自然产量低，有效压裂方式不配套。油井基本无自然产能，7口探评井试油初期平均日产油1.28t/d，一个月后均低产关井。受储层物性、油层发育状况等因素影响，压裂后产量存在较大差异，最高69.6t/d，最低只有5t/d。亟需探索与储层发育特征相匹配的有效压裂方式。

二是储层敏感性强，入井流体易对储层造成伤害。三口取芯井X衍射全岩分析，储层黏土矿物含量平均6.9%，主要以伊蒙混层和伊利石为主，相对含量分别为46~72%和11%~28%。在钻完井、储层改造及补能过程中与压裂液、注入水等外来流体接触，易发生水敏和速敏，严重伤害储层。

三是天然能量不足，有效补能方式不明确。

区块边底水不活跃，天然能量评价属于不足，预测衰竭式开发采收率7.5%。岩心实验评价注水启动压力梯度高、驱油效率低，同时由于区块埋藏深、储层强水敏，注水开发难以建立有效驱替系统。

3 补能方式研究

3.1 注水补能

特低渗油藏开发实践表明：实施规模注水开发难度较大。本次研究主要论证S区块注水开发不可行性。

一是储层水敏程度为中等偏强，注水开发需防膨处理。阳膨法测得水敏程度为中等偏强，膨胀率11.5%~17.3%，渗透率伤害率62.3%以上，盐敏临界矿化度为7000mg/L，注水开发应严格控制注入水水质，并进行全过程防膨，处理费用较高。

二是启动压力梯度较高，油层渗流阻力较大。岩心实测注水启动压力梯度高达1.49MPa/m，远高于辽河注水低渗油藏平均启动压力梯度1.0MPa/m。同时，相渗曲线测定油水两相区较窄(24.5%~35.3%)，说明油层渗流能力弱，注水开发难以建立有效驱替系统。

三是注水驱替压力高，驱油效率相对较低。水驱油效率实验显示，在6-8MPa高驱替压差和5PV以上注入倍数条件下，最终水驱油效率可达47%~48%(见表1)，油藏矿场注水无法达到注入条件。当注入量0.5~1.0PV时驱油效率只有35%~40%，相对较低。

表1 S128井水驱油效率测定结果表

样号	取心深度/m	层位	孔隙度/%	渗透率/mD	束缚水饱和度/%	残余油饱和度/%	驱油效率/%	驱替压力/MPa
9	3736.79	E_3s_{13}Ⅲ	11.5	1.82	33.1	35.3	47.2	7.80
9-1	3741.49	E_3s_{13}Ⅲ	13.9	1.92	35.1	33.6	48.1	6.18

四是矿场试注证实注水压力高，达不到配注要求。选择S246井开展试注，初期日注水30m^3/d，注入压力17.0MPa，10天后因注入压力高转间歇注，平均日注水12.4m^3/d，注入压力12.0~17.0MPa。换高压泵复注后仍达不到配注，日注水14.1m^3/d，注入压力20.0~25.0MPa，33天后停注，累注水1459m^3。室内实验和矿场试验均表明区块不适合注水开发，亟待寻求更有效的补充能量方式。

3.2 注气补能

注气开发具有注入能力高、储层伤害小、波及体积大，驱油效率高等技术优势，本次研究综合室内实验、数值模拟、现场试注等多方法论证S区块注气开发可行性。

一是岩性油藏、断层遮挡，封闭性好，适合注气开发。S区块为构造岩性油藏，储层被夹在洼陷区厚层泥岩中，东部和南部被遮挡型断层夹持，西部和北部油藏边界为岩性尖灭，形成岩性、物性遮挡。开发目的层上部全区发育稳定的泥岩段，E_3S_{13}Ⅲ与E_3S_{13}Ⅳ砂组之间也发育有稳定的泥岩隔层区。因此，油藏受岩性封挡、断层遮挡、盖层密封等综合效应，封闭性较好，适合注气开发。

二是油层发育相对集中、地层倾角大，有利于注气开发。主要目的层E_3S_{13}Ⅲ与E_3S_{13}Ⅳ砂组油层发育较为集中，平均有效厚度在10~20m左右。地层倾角为10°~45°，顶部注气可发挥重力稳定驱替作用，减缓气窜、提高气驱波及体积，进一步提高采收率。

三是室内实验评价注气开发可有效提高油藏采收率。不同气体介质的长岩心驱替实验表明，在油藏高温高压条件下，更有利于发挥气驱混相、溶胀、降粘、降低界面张力等驱油作用机理。气驱相对水驱易于进入微小孔缝，提高波及体积，注气启动压力梯度低于注水16倍左右。不同注气介质均可提高驱油效率，二氧化碳驱油效率最高，81.3%，天然气驱次之，70.1%，空气驱和氮气驱分别为60.4%、54.9%。细管实验测定在地层条件下各种气体的最小混相压力(见表2)，注入二氧化碳可以实现混相，注入天然气可以实现近混相驱。

表2 注入不同气体与原油最小混相压力统计表

注入介质	氮气	空气	二氧化碳	天然气
最小混相压力/MPa	62.1	60.8	31.8	46.2

四是矿场试验证实注气有效改善了特低渗储

层注入能力。受气源限制，初期选择2个相邻井组开展注氮气试验。如S38-34井组初期日注氮气为$2.9\times10^4m^3$，注气压力22.0MPa，最高日注提高到$5.9\times10^4m^3$，注气压力升至26.0MPa。对比注气、注水试验效果，储层吸气能力强，视吸气指数为$0.125m^3/(d\cdot MPa\cdot m)$，注氮气视吸气指数是吸水指数的4.3倍。

4 气驱优化设计

4.1 井网参数优化

参考区块油藏参数和压裂改造规模，建立理想地质模型，利用Eclipse数值模拟软件，优化井型、井网、井距参数。

4.1.1 开发井型设计

对比直井与水平井适用的地质条件，S区块油层平面叠加连片、横向变化快，纵向层多层薄、发育分散，适合采用直井开发提高储量控制程度。采用经济学中的盈亏平衡分析方法，确定直井不同油价下经济极限产量。模拟计算\$30/桶、\$40/桶、\$50/桶、\$60/桶、\$70油价下的有效厚度经济界限，在\$50/桶阶梯油价下，直井部署的有效厚度经济界限14.2m，确定直井在有效厚度大于15.0m范围内部署。

4.1.2 井网井距设计

S区块油井需压裂投产，井网井距的部署必须做到井网系统、注采系统与压裂缝系统的最佳配置，S30-28井微地震监测裂缝方位为北偏西41°，裂缝长200m，二翼裂缝长度不对称，西北70m，东南130m。综合考虑构造倾向(地层倾角大>10°)、压裂缝方向、物源方向、油层连通状况等因素，设计矩形井网。矩形短边方向为井距方向，与构造线走向一致且横切物源，矩形长边方向为排距方向，与构造倾向、物源方向基本一致，对角线方向与主裂缝方向接近。

利用数值模型对井距进行优化，在相同排距300m条件下分别设计150、180、210、240、270、300m井距，预测结果表明随井距的缩小采出程度不断增大，当井距小于210m后采出程度变化幅度减小(见图1)，确定合理井距为210m。在合理井距下进一步优化排距，分别设计340、380、420、460、500、540m排距，预测结果表明随排距的缩小采出程度不断增大，当排距小于420m后采出程度上升幅度减小，因此采用210m×420m矩形井网形式。

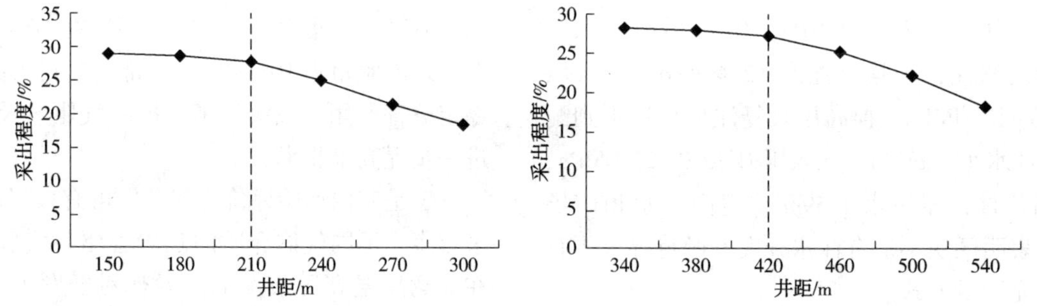

图1 数模预测不同井距、不同排距下采出程度变化曲线

4.2 注气参数优化

4.2.1 注入时机

细管实验模拟不同压力下的气驱开发效果，证实随着压力下降，相同注入倍数条件下，驱油效率随之降低。换言之，保持越高的地层压力，注入气与原油相似相溶的效果越好，气体突破的越晚，效果越好。因此确定注入时机为同步注气。

4.2.2 注采比确定

数模分别计算注采比为0.8∶1、1∶1、1.1∶1、1.2∶1条件下采出程度(表3)，在注采比为1∶1-1.1∶1条件下采出程度最高，20.4%以上。在进行注入量设计时，考虑受注气建站周期等因素影响，注气可能相对滞后，因此设计以采定注，初期注采比1.1∶1，后期生产气油比上升，保压维持注采平衡，注采比为1∶1。

表3 不同注采比采出程度数模预测结果表

注采比	0.8∶1	1∶1	1.1∶1	1.2∶1	1.5∶1
采出程度/%	19.13	20.41	20.54	20.35	16.94

4.2.3 注气方式优化

一是物模测定高注低采有利于发挥重力稳定驱作用。根据S区块油藏倾角情况，设置0°、

7°、15°、-7°及-15°五种不同倾角(倾角为负数代表注入端高部位)开展长岩心注气驱油实验，实验结果表明，从低注高采到高注低采，驱油效率逐渐增大(见图2)。高部位注气由于重力作用气体在高部位聚集，有益于加强重力排驱的作用，注气后岩心相比于低部位注气没有明显的剩余油界面。同时，高注低采延长了见气时间，减缓气窜，驱油效率相对较高。

二是数模优化构造高部位注气方式效果最佳。分别设计了面积反五点注气、面积反九点注气、线性高部位注气及线性低部位注气四种注采井网形式，数模计算结果表明，采用线性高部位注气的井网形式获得采出程度最高(见图3)。

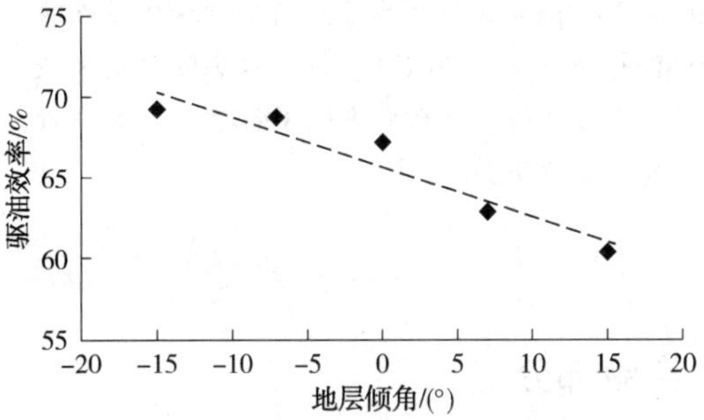

图2 不同地层倾角长岩心注气驱油实验测定结果图

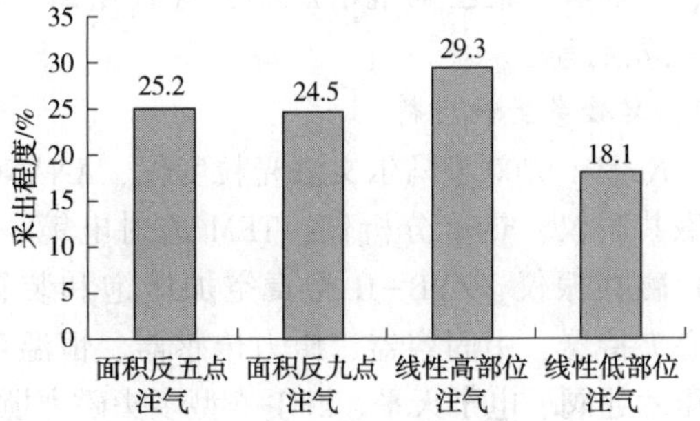

图3 不同注采井网形式数模机理模型计算结果柱状图

对于S区块E_3s_{13}段而言，注入二氧化碳驱油效率高，选定顶部连续稳定注二氧化碳混相驱开发。

5 应用效果

优先在S区块东部S128井区开展二氧化碳驱补能先导试验，共有采油井33口，注气井11口，日注碳200吨，注气后日产油从64吨最高升至105吨，采油速度从0.7%升至1.1%，目前日产油保持在86吨，综合含水31.7%，阶段累注碳7.9万吨，阶段产油6.1万吨，阶段换油率1.3。

6 结论与建议

1）对于深层特低渗油藏，注二氧化碳补能效果最优，是当前注气补能的主要方式。

2）低渗油藏已经成为当前和未来油田产能建设的主要对象，应从油藏高效开发角度，地质-油藏-工程一体化攻关，深入研究多元化补能方式，提高油藏采收率。

参 考 文 献

[1] 胡文瑞. 中国低渗透油气的现状与未来[J]. 中国工程科学，2009，11(8)：29-36.

[2] 胡文瑞，张世富，杨承宗，等. 安塞特低渗透油田开发实践[J]. 西安石油学院学报(自然科学版)，1994，9(1)：16-20.

[3] 孙明亮. 低渗透储层伤害原因分析及治理对策[J]. 化学工程与装备，2019，19(9)：65-66.

[4] 王高峰，宋新民，马德胜，等. 油藏气驱开发规律研究[J]. 科学技术与工程，2013，13(2)：460-463.

[5] 袁士义，王强. 中国油田开发主体技术新进展与展望[J]. 石油勘探与开发，2018，45(4)：657-668.

[6] 王记俊，郭平，杨依依. 低渗薄层油藏压裂开发技术经济界限[J]. 油气藏评价与开发，2013，3(4)：35-40.

[7] 戚涛，吕栋梁，李标，等. 四点井网含水率与采出程度关系的确定[J]. 断块油气田，2014，21(2)：208-212.

海上低渗油田新型水基低阻纳米微球调驱技术研究与应用

郤婧文　徐国瑞　刘丰钢　丁廷稷　冯　轩　王晓龙

（中海油田服务股份有限公司）

摘　要　针对渤海油田非均质性逐渐增强、注入水沿高渗层突破日益加剧，常规油基微球颗粒调驱体系在部分区块存在注入性不佳、升压过高过快、对中低渗透层伤害明显等问题，开展了新型水基低阻纳米微球调驱技术研究，通过水分散聚合法制备了新型水基低阻纳米微球并进行室内评价和现场试验。结果表明，新型水基低阻纳米微球粒径分布均匀，中值粒径619nm，具备良好的分散性、热稳定性、注入性和封堵性，可以有效封堵储层深部喉道，使得喉道半径降低46.9%。3000ppm新型水基低阻纳米微球体系在渗透率为2000mD时最终采收率为82.1%，优于渗透率为3000mD时的采收率76.0%。新型水基低阻纳米微球调驱技术在渤海油田7个井组成功应用，井组施工顺利，油井受效良好，含水率降低3%~22%，累计增油超过4.4万方，提高采收率效果明显，在海上油田具备良好的应用前景。

关键词　渤海油田；注入性；调驱；封堵性；采收率

随着海上油田开发时间逐渐延长，渤海油田受储层非均质性强、原油黏度高、大井距开发、多层合采合注等因素影响，水驱开发矛盾日益突出，注入水低效或无效循环现象日趋严重，治理难度逐渐加大。

聚合物微球等颗粒类体系调驱技术作为提高采收率技术之一近年来已在海上油田大规模应用，但目前较常见的反相乳液聚合制备的油基聚合物微球在部分区块存在着在低渗储层条件下注入性不佳的问题，易与地层流体发生乳化反应，注入压力高、注入困难，进而影响施工进度和措施效果。

针对此类问题，本文研发了新型水基低阻纳米微球调驱技术，该技术核心产品新型水基低阻纳米微球为水分散聚合法制备得到。与常规油基聚合物微球调驱技术相比，该技术不易出现破乳困难，可有效降低流程处理终端的难度和压力，适用于各类因储层渗透率低或储层流体敏感性强等因素引起的常规油基微球措施注入困难的油田，具有注入性好、封堵性佳、环境友好、施工简便等显著优点，可实现深部运移封堵，促使液流转向，进而增油降水，提高采收率效果明显，在海上油田具备良好的应用前景。

1　实验部分

1.1　实验药剂

丙烯酰胺、甲基丙烯酰氧乙基三甲基氯化铵、丙烯酸、聚乙烯吡咯烷酮、氢氧化钠、V-50引发剂等。

1.2　实验装置和材料

Nicolet 6700型马尔文激光粒度仪、ANANCE核磁共振仪、热重分析仪、TEM透射电镜、纽迈核磁共振仪、ZYB-II型真空加压饱和装置、岩心夹持器、中间容器、压力传感器、恒温箱、高压六通阀、电子天平、2HJ-6型多头磁力搅拌器、量筒、烧杯、水浴锅、烧瓶等。

1.3　实验内容

1.3.1　新型水基低阻纳米微球的制备

采用分散聚合方法，利用丙烯酰胺单体和功能单体在引发剂引发作用下，通过静电作用以及疏水缔合作用等超分子作用，聚合形成水基超分子微球。以聚乙烯吡咯烷酮为稳定剂，在硫酸铵水溶液中进行丙烯酰胺、甲基丙烯酰氧乙基三甲基氯化铵和丙烯酸水分散共聚。该方法与反相乳液聚合相比既降低了合成复杂繁琐程度、又可获得较高产率，还可以降低环境污染。

新型水基低阻纳米微球合成示意图如图1所示。

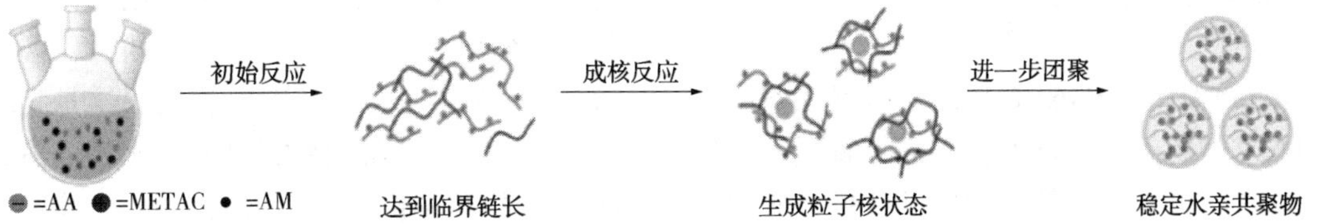

图 1　新型水基低阻纳米微球合成示意图

制备步骤：

（1）配制硫酸铵水溶液，超声使硫酸铵在去离子水中充分溶解。

（2）在冰水浴中，加入一定质量分数的共聚单体丙烯酰胺、甲基丙烯酰氧乙基三甲基氯化铵、丙烯酸和分散剂聚乙烯吡咯烷酮，并以一定转速充分搅拌至均相，滴加氢氧化钠调节 pH。

（3）随后通氮气排氧，加入一定质量引发剂，开始升温 50℃反应 5h 得到新型水基低阻纳米微球。

1.3.2　新型水基低阻纳米微球微观形貌

使用透射电镜测定新型水基低阻纳米微球形貌，观察蒸馏水条件下和盐水条件下水基自聚集颗粒表观形貌结构特征，新型水基低阻纳米微球 TEM 形貌如图 2 所示。

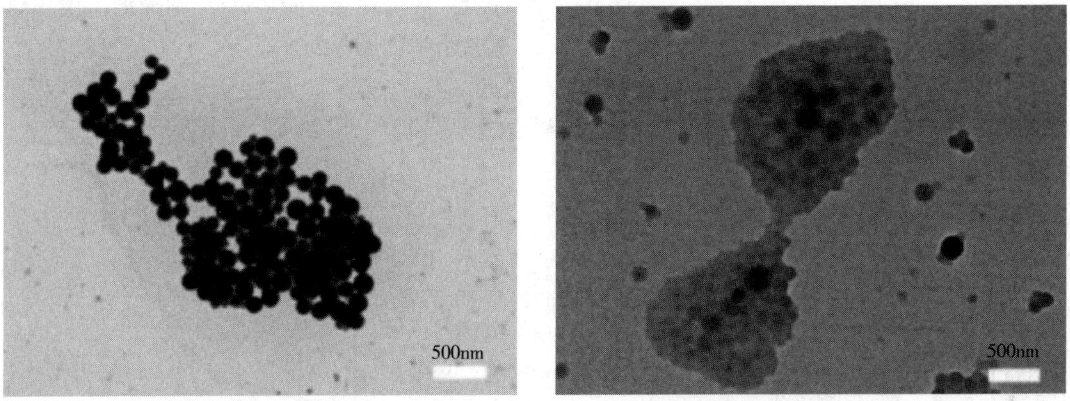

(a)微球在去离子水中的TEM　　(b)微球在盐水中的TEM

图 2　新型水基低阻纳米微球 TEM 图

由图 2 可知，新型水基低阻纳米微球在蒸馏水下颗粒分明，处于分散状态；而在盐水中微球由于静电作用等超分子作用下，产生了球与球之间的缔合。由于多元体系的水基自聚集颗粒中包含着正负单体，由于盐小分子的进入，破坏了内部的静电平衡，导致自聚集颗粒外部正负离子开始产生静电作用，自聚集颗粒开始缔合。

其中，在蒸馏水条件下颗粒分散性比较好是由分散聚合的成核机理决定的，成核过程主要发生在聚合早期，时间较短；当引发剂分解产生自由基后引发单体反应，先生成低聚物，当低聚物分子量达到一定值后则从溶液中沉淀出来，通过分子链间相互缠绕，并且吸附稳定剂而稳定分散在溶液中形成，继续产生的自由基被低聚物捕捉后则成核过程结束，进入核增长阶段后不会有新核生成，因此得到颗粒尺寸分布比较均匀。

1.3.3　新型水基低阻纳米微球粒径分布

将制备的新型水基低阻纳米微球配制为 3000ppm 溶液，用马尔文激光粒度仪测量其粒径分布如图 3 所示。

由图 3 可知，新型水基低阻纳米微球平均粒径为 0.619μm(619nm)，且粒径分布较为均匀。

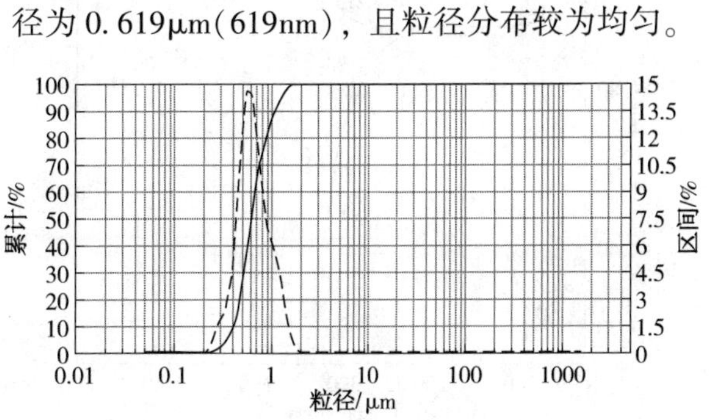

图 3　新型水基低阻纳米微球粒径分布图

1.3.4 新型水基低阻纳米微球核磁共振氢谱表征

使用500MHz ANANCE核磁共振仪在室温下对新型水基低阻纳米微球的结构进行表征，结果如图4所示。其中，内标为四甲基硅烷，所用溶剂为氘代水，测试样品浓度为5mg/mL。

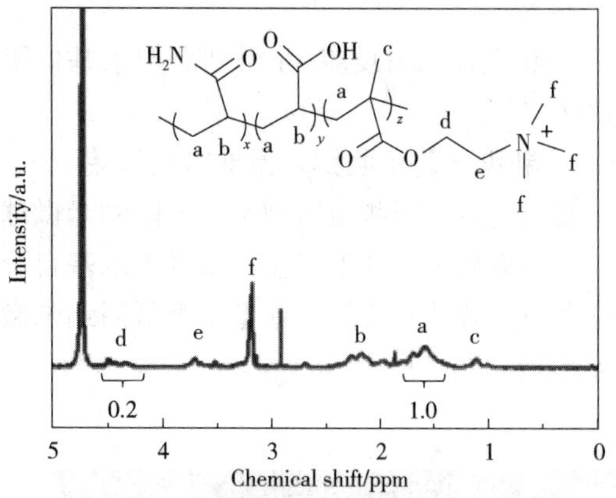

图4 新型水基低阻纳米微球的核磁分析谱图

由图4分析可知，新型水基低阻纳米微球(AM：METAC：：AA)在进料中的单体比为64：18：18。通过计算单体的a甲基峰(CH_2)和METAC上的甲基峰d($-CH_2-N$)的共振峰，可以计算出新型水基低阻纳米微球的组成比(AM和AA)与METAC的摩尔比约为80/20，这一理论结果与用量比接近。这表明该核磁共振氢谱在分散聚合中成功合成，且AM的转化率略低于MATEC和AA。

1.3.5 新型水基低阻纳米微球热重分析

取适量干燥的样品粉末，测其在0~600℃内的热稳定性。测试过程中需要N_2环境，温度区间25-600℃，升温速率为10℃/min，热重分析图如图5所示。

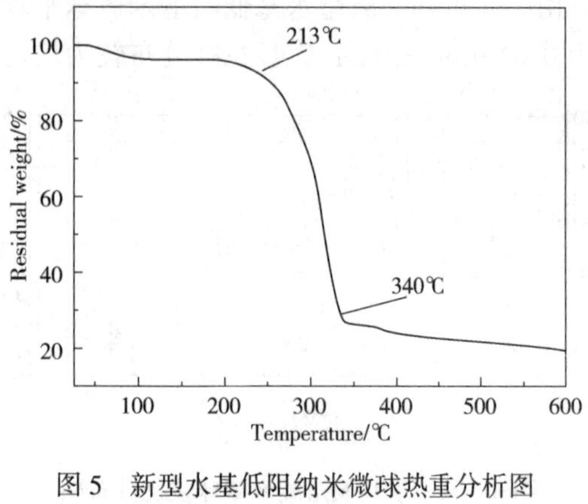

图5 新型水基低阻纳米微球热重分析图

由图5可知，新型水基低阻纳米微球热失重曲线可分解为三个阶段。第一个阶段：温度区间为30-213℃，失重率为9%左右，这是物理失水过程，可归因于聚合物微球强亲水性的酰胺基和磺酸基团吸附水的挥发所致。第二个阶段，温度区间为213-340℃，其中起始分解温度为213℃，这可归因于丙烯酰胺类聚合物分子链中的侧基如酰胺基和磺酸基的消除反应。第三个阶段，温度区间为340-470℃，这可归因于聚合物主链的分解与断裂，分析表明新型水基低阻纳米微球的热稳定性较好。

1.3.6 新型水基低阻纳米微球注入性及封堵性评价

采用水测渗透率1000mD的岩心和油田水样进行新型水基低阻纳米微球注入性及封堵性实验评价，注入速度1mL/min，调控剂浓度3000ppm。实验结果如图6所示。

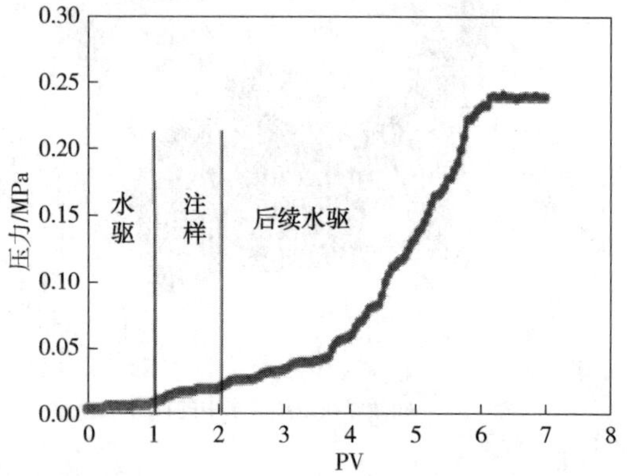

图6 新型水基低阻纳米微球注入性及封堵性结果

由图6可知，新型水基低阻纳米微球体系的阻力系数为2.14，表明新型水基低阻纳米微球的注入性良好；残余阻力系数达到22.6，表明新型水基低阻纳米微球的封堵性能良好。

1.3.7 新型水基低阻纳米微球微观提高采收率机理研究

使用浓度为3000ppm的新型水基低阻纳米微球溶液，在岩心含油饱和度为60%和80%时对渗透率为2000mD和3000mD岩心进行驱替，将不同情况下岩心进行和T2图谱绘制，结果如图7所示。

由图7分析可得，新型水基低阻纳米微球对渗透率有选择性，当渗透率为2000mD时最终采收率为82.1%优于渗透率为3000mD时的采收率76.0%，在注入微球的最后，2000mD岩心的T2

谱信号强度峰值能达到450，而3000mD的信号强度峰值仅有350左右；在合适的渗透率条件下，其对岩心的封堵性能最优。由T2图谱对比可以得出，在低渗透率岩心中，微球更易进入小孔隙中驱油。

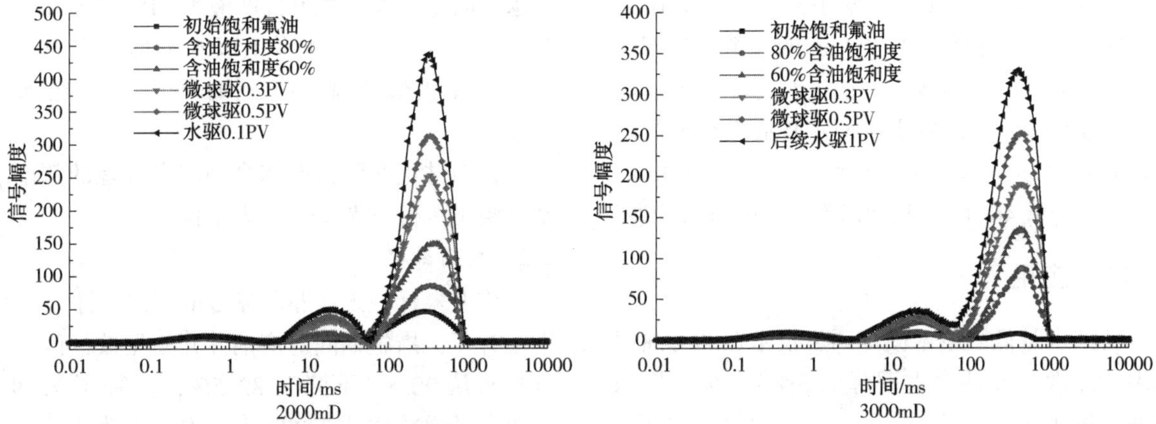

图7　不同渗透率水驱至60%含油饱和度岩心核磁共振T2谱

含油饱和度对不同渗透率岩心采收率影响结果如表1所示。

表1　含油饱和度对不同渗透率岩心采收率影响结果

序号	渗透率/mD	微球浓度/ppm	含油饱和度/%	最终采收率/%
1	2000	3000	90	85.3
2	2000	3000	60	82.1
3	2000	3000	30	76.0
4	3000	3000	90	77.4
5	3000	3000	60	75.9
6	3000	3000	30	73.9

由表1分析可得，在岩心渗透率和新型水基低阻纳米微球浓度一定的条件下，随着含油饱和度降低，最终采收率也逐渐降低，但是降低趋势先变缓后增强，渗透率为2000mD的岩心表现更为明显，最终采收率由85.3%降为76%；渗透率3000mD的岩心，最终采收率由77.4%降为73.9%；不同渗透率岩心，在含油饱和度较大时，最终采收率差距较大；但低含油饱和度情况下，二者差距变小，当含油饱和度为90%时，二者最终采收率差值为9.3%，当含油饱和度为30%时，二者之间的差值降为2.1%。

1.3.8　新型水基低阻纳米微球微观封堵评价

采用扫描电子显微镜观测注入3000ppm新型水基低阻纳米微球前后微观岩心孔喉形貌结果如图8所示。

(未注入微球岩心孔喉)　(注入微球岩心孔喉)

图8　新型水基低阻纳米微球在岩心孔喉封堵形貌

由图8可知，未注入新型水基低阻纳米微球前，岩心孔隙尺寸范围大约在86.27μm~432.2μm之间。注入微球后，由于微球在岩心内部的吸附和滞留导致岩心孔隙尺寸变小约为53.18μm~132.5μm，对于孔径小于100μm的孔隙，微球可以起到非常好的封堵效果。通过对比注入前后的岩心孔隙尺寸，可以看出新型水基低阻纳米微球可以有效封堵喉道，从246.3μm变为115.4μm，喉道半径降低46.9%，从而起到较好的封堵效果。

2 矿场应用

新型水基低阻纳米微球调驱技术在渤海油田应用7井次，油井含水率降低3%~22%，累积增油超过4.4万方。

以渤海油田A区块M井组为例，总结应用效果。

2.1 方案设计

渤海油田A区块平均渗透率809mD，多方向发育优势通道，措施前综合含水90.8%。井组产液、含水平面差异大，井组日产液为418.73m^3/d，日产油为79.47m^3/d，纵向上吸水不均，主力吸水层位存在无效水循环，同时平面上存在水窜问题。

针对井组实际情况综合确定出合理的新型水基低阻纳米微球调驱工艺方案设计。

2.2 应用效果

作业累计注入调驱段塞34092m^3，注入过程平稳升压，措施期间对应油井开始见效，区块综合含水从90.8%下降至82.5%，下降了7.5%，区块累计递减增油23372方。中心受效井最高日净增油52.25方，最高含水下降21.61%，有效期超12个月。

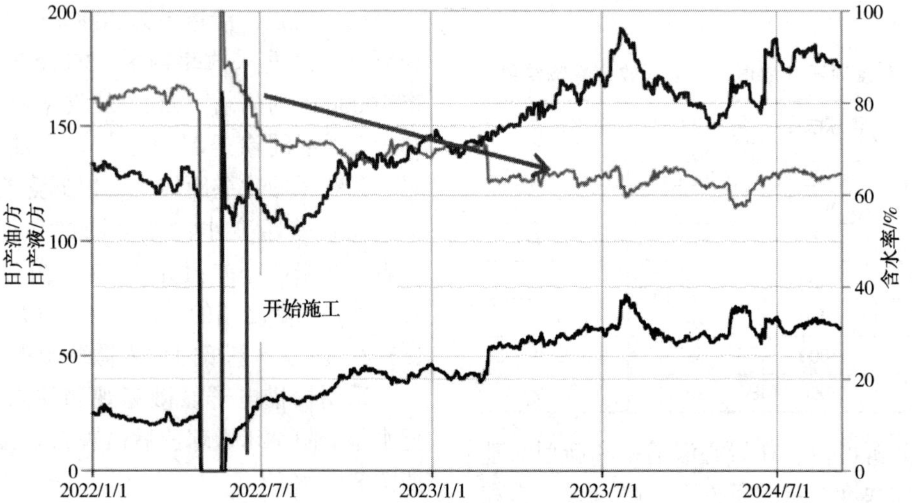

图9 M井组受效井生产曲线

3 结论

（1）采用分散聚合方法通过静电作用以及疏水缔合作用等超分子作用聚合形成新型水基低阻纳米微球。与反相乳液聚合相比，该方法既降低了合成复杂繁琐程度、又可获得较高产率，并克服了常规油基体系应用过程中出现的注入压力高、注入困难以及中低渗透层伤害等问题。

（2）新型水基低阻纳米微球粒径分布均匀，中值粒径619nm，具备良好的分散性、热稳定性、注入性和封堵性，可以有效封堵储层深部喉道，使得喉道半径降低46.9%。3000ppm新型水基低阻纳米微球体系在渗透率为2000mD时最终采收率为82.1%。

（3）新型水基低阻纳米微球调驱技术在渤海油田7个井组成功应用，井组施工顺利，油井受效良好，含水率降低3%~22%，累计增油超过4.4万方，提高采收率效果明显，在海上油田具备较好的应用前景。

参考文献

［1］刘义刚，夏欢，代磊阳等．分散型调驱体系与储层渗透率适应性——以渤海B油田为例［J］．大庆石油地质与开发，2021，40(04)：107-118.

［2］梁丹，吕鑫，蒋珊珊等．渤海油田分级组合深部调剖技术［J］．石油钻探技术，2015，43（02）：104-109.

［3］Yang H，Kang W，Wu H，et al. Stability，rheological

property and oil-displacement mechanism of a dispersed low-elastic microsphere system for enhanced oil recovery [J]. RSC Advances, 2017, 7: 8118-8130.

[4] Yang H, Kang W, Yu Y, et al. A new approach to evaluate the particle growth and sedimentation of dispersed polymer microsphere profile control system based on multiple light scattering [J]. Powder Technology, 2017, 315: 477-485.

[5] 路建萍，沈燕宾，王佳等．纳米微球技术在油田领域的研究进展及应用[J]．应用化工，2020，49(03)：768-772.

[6] 卢祥国，曹豹，谢坤，等. 非均质油藏聚合物驱提高采收率机理再认识[J]．石油勘探与开发，2021，48(01)：148-155.

[7] 刘义刚，李先杰，代磊阳等．不同粒径聚合物微球深部运移和封堵特性对比[J]．油田化学，2021，38(03)：440-445.

[8] 毛伟，贾红兵，杜朋举．核磁共振技术在油水两相渗流特征研究中的应用[J]．特种油气藏，2011，18(06)：103-105.

[9] 邓淋升，周宏伟，薛东杰等．基于NMR的煤体孔隙结构表征及气液两相渗流研究[J]．煤炭学报，2019，44(S1)：133-141.

[10] 张超谟，陈振标，张占松等．基于核磁共振T2谱分布的储层岩石孔隙分形结构研究[J]．石油天然气学报，2007，(04)：80-86.

[11] 罗少成，成志刚，林伟川等．基于核磁共振测井的致密砂岩储层孔喉空间有效性定量评价[J]．油气地质与采收率，2015，22(03)：16-21.

[12] 张超谟，陈振标，张占松等．基于核磁共振T2谱分布的储层岩石孔隙分形结构研究[J]．石油天然气学报，2007，(04)：80-86.

[13] 周科平，李杰林，许玉娟等．基于核磁共振技术的岩石孔隙结构特征测定[J]．中南大学学报(自然科学版)，2012，43(12)：4796-4800.

[14] 李志愿，崔云江，关叶钦等．基于孔径分布和T2谱的低孔渗储层渗透率确定方法[J]．中国石油大学学报(自然科学版)，2018，42(04)：34-40.

[15] 杨发荣，吴国铭，李熙喆等．孔洞型碳酸盐岩T2谱分维值与微观结构参数关系探究[J]．科学技术与工程，2016，16(19)：45-51.

海上低渗气藏复合固体酸完井技术应用

陈虹宇　冯永玖　李小凡　简家斌　胡忠太

[中海石油(中国)有限公司上海分公司]

摘　要　东海砂岩储层钻完井过程存在固化水暂堵液降解不充分堵塞炮眼，泥浆滤饼固相堵塞等问题，影响储层产能的有效释放，常采用酸化解堵技术释放产能，但传统液体酸海上作业应用受限，运输与作业成本高，为此，在适度改造储层物性和解除特低渗储层伤害的基础上，根据恢复近井地带的渗流能力，保证新井产能的有效释放的思路，给出了自生固体酸解除储层浅表污染堵塞的方法，形成了适用于东海低渗储层的解除井筒及近井地带污染的固体酸完井技术。K气田B1井作为东海首口实施固体酸完井酸化的超深大位移井，酸化投产效果显著，无阻流量27万方/天，是邻井同层系未采用固体酸酸化措施井的2倍，现场试验结果表明，固体酸完井技术以低成本方式实现对井筒及近井筒储层进行处理，有效释放产能，能满足有效、快速、低成本的一体化完井措施解除储层浅表污染堵塞的需求。

关键词　复合固体酸；低渗气藏；近井地带解堵；产能释放

1　固体酸完井技术

随着油气勘探开发技术的不断进步，低孔低渗砂岩油气藏正在成为世界油气储量增长和能源接替的重要区域，低孔低渗气田的主要产能释放措施是酸化和压裂，海上油气田受作业成本、安全要求等因素制约，储层改造措施技术有限。常规无机酸存在与储层岩石或堵塞物反应过快，需专门泵注罐管设备，材料受控或受限，施工HSE危险性大，综合成本高的问题；一般有机酸，成本高，应对井下或地面情况的变化的空间小，使用海上平台现有设备的可靠性低；普通固体酸(陆上油气田使用)，反应生成物海上现场无法处理，排海不达标；单体固体酸酸性，酸性较强，但无法处理多种难容固相，而且在井底或储层时间长，高温下易导致二次污染；相关学者及科研工作者提出了复合固体酸的概念，自生固体酸常温下主剂为无腐蚀性固体颗粒，升温(90℃)反应产生H^+生成酸液；这种在地层中原地生成的酸液体系，对固相颗粒、油基泥浆、固化水等均有较好溶蚀/溶解作用；可以降低酸液与地层可溶性矿物的反应速度，延长酸液在地层中的作用距离，而且可以避免酸液流经金属管线时对管线及设备造成的腐蚀，用淡水/海水均可配制，现场配制、施工方便。

1.1　复合固体酸反应机理

复合固体酸的作用主剂主要包括：螯合剂A、自生酸B、自生酸C。(复合固体酸反应机理见式1、2、3)首先螯合剂A将地层中的不溶于酸固相颗粒转和矿物质转化酸溶物；自生酸B在高温下和激发剂的情况下释放出氢离子，与地层中的碳酸盐类堵塞物、钡的络合物、泥垢发生反应，消除污染。最后自生酸C中的转化剂将地层中的不溶于酸固相颗粒转和矿物质转化可溶物，自生酸C中清洗剂将可溶物清洗溶解。

$$BaSO_4+\text{螯合剂A}\xrightarrow{\text{转化}}\text{钡的络合物}+SO_4^{2-} \quad (1)$$

$$[R_1-OOR_2H]+H_2O\xleftrightarrow{\text{受热}}R_1-OH+H^++R_2OO^- \quad (2)$$

$$2H^++CaCO_3\longrightarrow H_2O+CO_2\uparrow+Ca^{3+} \quad (3)$$

1.2　固体酸技术优势：

复合固体酸体系具有材料不受控受限，方便储存、运输、使用，现场施工HSE安全性高；利用海洋平台现有泥浆、固井泵、罐、配液和管汇系统，对其无腐蚀；配制后地面可停留时间长，对罐体损伤小；泵注后在井下时间窗口宽，对井下工具腐蚀小；配制简便，可用海水进行现场配制；返排残液经平台简易处理后，可排海，对动植物无伤害；在完井期间将酸注入射孔孔眼及近井筒附近，降低近井筒表皮系数，提高日产量等系列优点，如表1所示。

表 1　固体酸与常规酸洗技术对比

对比	常规酸化/酸洗（含常规固体酸）	复合固体酸酸化
工艺原理	即刻成酸	依靠储层温度和激发剂诱发生酸
酸化性能	井下反应速度快，控制难度大，难以实现深穿透	井下缓慢生酸、释放速度慢，酸液储层穿透深
施工条件	需要专门的酸化泵、酸罐等	利用现有泥浆罐、泥浆泵、管汇等设备设施施工
储存与运输	储存、运输和使用需要专门报备，手续复杂，成本高	无需报备，普通材料储存、运输和使用和处理
返排对比	需要提前配置大量中和剂	返排液 pH6-7，减少中和处理难度
风险	常规固体酸类以硝酸盐酸或聚甲醛为主，井下生酸速度快，缓蚀效果难以控制或生成物无法现场处理，原材料为受控化学品	低强度酸为主，生酸速度慢，缓蚀效果可控，为不受管控化学品

2　复合固体酸性能评价

2.1　生酸能力评价

在高温反应釜中放一定量的自生酸与微过量的碳酸钙，反应开始后每隔 2 分钟用热绝缘容器取 1ml 反应后的自生酸液。接着用 0.02mol/L 的 EDTA 标准滴定液进行滴定，然后根据公式换算钙离子的浓度，进而等效换算成当量盐酸浓度。

$$C_{Ca^{2+}}=\frac{C_{EDTA}\times V_{EDTA}}{V_{取样}}$$

如图 1、2 所示，中横坐标为时间/min，主要纵坐标是温度/℃，次纵坐标为释放当量盐酸浓度/%，阶段性释放当量盐酸浓度/‰，收集气体总体积/L，如图 3 所示。

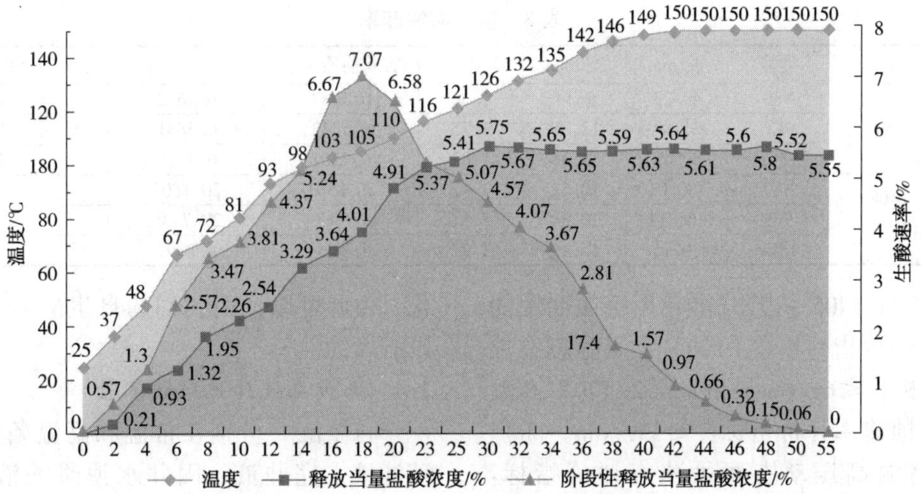

图 1　150℃条件下 10%浓度生酸评价实验数据

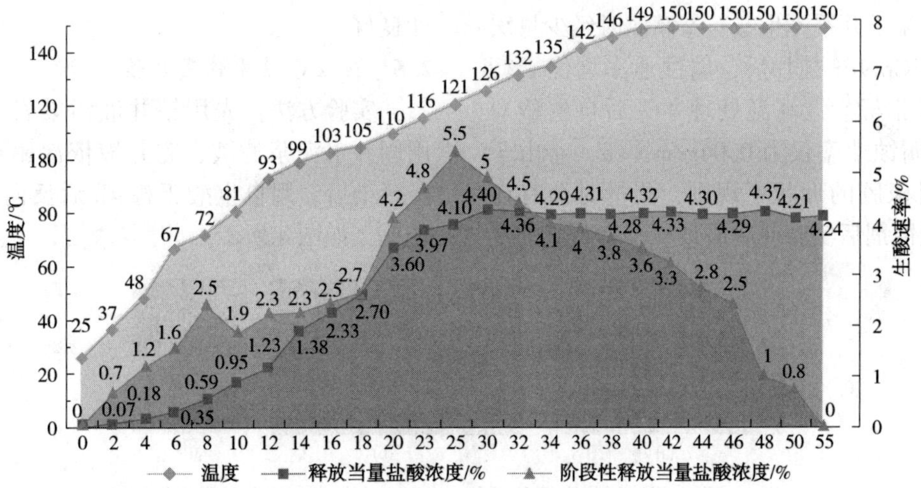

图 2　150℃条件下 20%浓度生酸评价实验数据

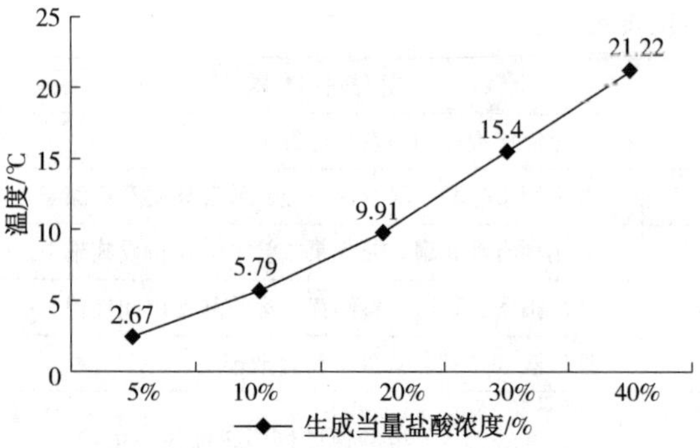

图 3 150℃生酸实验数据曲线图

实验结果表明：(1)自生酸在常温和低温下几乎不生酸；(2)随着温度的不断升高，生酸速率也逐渐增加，一段时间后，酸活性变弱，最后终止生酸；(3)生酸浓度与自生酸主剂的加量大致成线性相关；(4)10%自生酸完全反应后释放当量盐酸浓度约为 6%；(5)20%自生酸完全反应后释放当量盐酸浓度约为 10%。

2.2 溶蚀性能评价

在相同温度下条件下，随着自生酸浓度的增加对岩屑和滤饼的溶蚀效果并没有呈线性增加。综合实验结果和使用成本两方面考虑：建议使用 15%自生酸，如表 2 所示。

表 2 150℃/4h 自生酸溶蚀率

类型	岩屑溶蚀率/%	泥浆滤饼溶蚀率/%
10%固体酸	12. 14	37. 74
10%固体酸	10. 00	33. 90
10%固体酸	10. 26	40. 1
20%固体酸	14. 41	38. 59
20%固体酸	10. 17	34. 75
20%固体酸	13. 68	53. 12

2.3 酸液腐蚀性评价

选取 N80 钢片、13Cr 挂片，在常温、90℃ 4h、130℃ 4h 下进行高温高压腐蚀挂片实验，实验结果如表 3 所示。

表 3 钢片腐蚀速率

药剂	类型	长/mm	宽/mm	高/mm	实验前质量/g	实验后质量/g	腐蚀速率 g/(m^2 · h)
固体酸(常温/4h)	N80	49. 23	9. 34	2. 36	6. 5687	6. 5673	0. 26
	9Cr	31. 04	12. 88	1. 75	6. 5843	6. 5831	0. 15
	13Cr	30. 18	15. 18	1. 83	6. 4501	6. 4499	0. 05
固体酸+0. 3%缓蚀剂(150℃/4h)	N80	100. 01	10. 12	11. 2	20. 8581	20. 1802	3. 25
	9Cr	100. 14	10. 14	5. 51	20. 9185	20. 7436	2. 35
	13Cr	30. 15	15. 19	1. 22	4. 2420	4. 2399	2. 04

依据 SY/T 5405—1996《酸化用缓蚀剂性能试验方法及评价指标》：(1)90℃常压静态腐蚀速率评价指标：≤6g/(m^2 · h)。(2)120℃高温高压动态腐蚀速率评价指标：≤35g/(m^2 · h)。(3)140℃高温高压动态腐蚀速率评价指标：≤45g/(m^2 · h)，可得到如下结论：①自生酸 C 在常温下几乎不腐蚀 N80 钢片和 13Cr 挂片，说明自生酸常温下几乎不生酸。②高温时经少量缓蚀剂处理 13Cr/9Cr 挂片后，腐蚀速率均优于行业标准一级指标。③高温处理 4 天后自生酸对 9Cr 挂片的腐蚀速率仅为 0. 04g/m^2 · h。④由于收到的密封橡胶的形状不规则，测量时会有误差，加入缓蚀剂后实验前后质量并没有明显的变化，由此可以说明我们的自生酸 C 对密封橡胶没有腐蚀性。

2.4 与储层流体配伍性实验

自生酸 C 分别在常温和高温条件下与钻井液滤液、完井液、固井水泥浆滤液、固化水、东海油气井水样、油样 1∶1 混合 4h，无沉淀、无酸渣，可以确认自生酸体系在井下配伍性良好。

2.5 岩芯渗透率恢复实验

实验方法：先用钻井液污染岩芯 2h，然后用固井水泥浆滤液、完井液依次驱替 1h，岩心经污染后，用自生酸驱替 4h 后反向测其岩心渗透率，如图 4 所示。

(a) (b) (c)

图 4 非常规储层伤害评价系统(a)岩心夹持器(b)岩心照片(c)

表 4　岩心物模实验结果

编号岩芯	液体入口压力/MPa	液体出口压力/MPa	液体黏度/MPa·s	岩心长度/cm	岩心直径/cm	时间/s	体积/cm^3	渗透率/mD	备注
标准岩心1	0.53	0.102	1.5	4.057	2.53	300	5.0	56.6	基础液测
	1.1	0.102	1.5	4.057	2.53	300	3.0	11.1	伤害后液测
	0.54	0.102	1.5	4.057	2.53	300	7.5	69.0	解堵后液测
标准岩芯2	0.293	0.102	1.5	5.964	2.54	300	2.5	46.8	基础液测
	0.515	0.102	1.5	5.964	2.54	300	1.3	18.8	伤害后液测
	0.401	0.102	1.5	5.964	2.54	300	3.0	59.8	解堵后液测
中渗岩心3		0.102	0.018	5.839	2.59	300		12.3	基础气测
	0.285	0.102	1.5	5.839	2.59	300	0.4	13.0	基础液测
	2.61	0.102	1.5	5.839	2.59	300	1.6	6.1	伤害后液测
	0.852	0.102	1.5	5.839	2.59	300	4.9	19.4	解堵后液测
中渗岩心4		0.102	0.018	5.967	2.53	300		11.9	基础气测
	0.291	0.102	1.5	5.967	2.53	300	1.0	15.8	基础液测
	3.143	0.102	1.5	5.967	2.53	300	2.8	5.5	伤害后液测
	0.942	0.102	1.5	5.967	2.53	300	2.7	19.0	解堵后液测
低渗岩心5	0.22	0.102	0.018	5.551	2.528	60	24	0.061	基础气测
	0.40	0.102	0.018	5.551	2.528	60	21	0.031	伤害后气测
	0.24	0.102	0.018	5.551	2.528	60	27	0.064	解堵后气测

实验结果显示：

经自生酸 C 处理几块污染的岩心后，其岩心的渗透率均得到恢复。两块标准岩心 1 和 2 渗透率恢复率分别为 121% 和 127%；现场取样井两块中渗岩心 3 和 4 渗透率恢复率分别为 149% 和 120%；现场取样井低渗岩心无法液测其渗透率，气测其岩心渗透率恢复率为 105%。

3　固体酸完井设计

3.1　自生酸用量的确定

K 气田 B1 井目的储层渗透率范围在 $1\sim10\times10^{-3}\mu m^2$之间，且含水饱和度较高(>30%)，外来流体侵入风险较大大；目的储层压力系数低，P3 地层压力 34.19MPa，地层压力系数 0.89，地层温度 142℃；P5 地层压力 33.33MPa，地层压力系数 0.84，地层温度 146℃，钻完井过程的污染伤害风险大；且 B1 井斜深 7435m、井斜 69.57°、温度高(146℃)，$2\frac{7}{8}''+3\frac{1}{2}''$油管合采管柱完井，管径小、深度大，不具备后期生产管柱压裂施工条件；两层合采，连续油管不能下入，无法实施选层酸化解堵措施对于后期增产措施选择困难；为实现低渗储层产能高效释放，钻完井过程中应采取一切必要的措施，保护油气层，减轻污染，表皮系数小于 5，如图 5 所示。

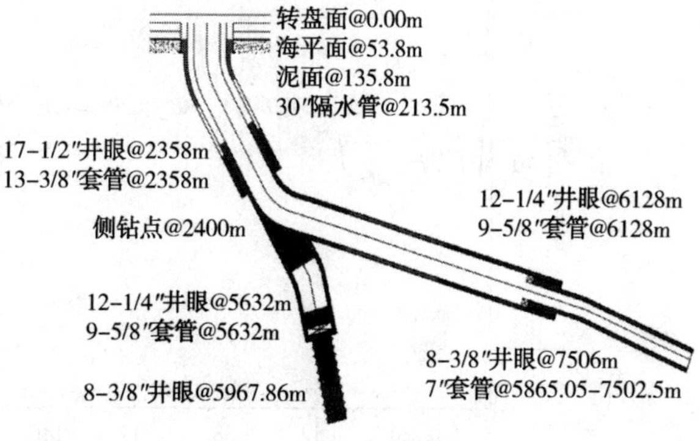

图 5　B1 井井身结构

依据哈利伯顿公司经验方法，炮眼清洗取 20gal/ft 需 10 方，考虑地层压力系数低会有部分液体漏失，所以按 10 方配液，如表 5 所示。

表5 酸化用量推荐表

预期目标	gal/ft	bbl/m	m^3/m	预期表皮
井筒清洗/近井连通性	10~25	0.8~2	0.12~0.32	5~0
近井增产	25~50	2~4	0.32~0.64	0~-2
中等规模	50~150	4~12	0.64~1.9	-2~-3
深度基质酸化	150~500	12~40	1.9~6.4	-3~-5

3.2 工艺设计

(1) 工艺类：笼统酸化解堵。

(2) 药剂名称：自生酸、顶替液。

(3) 注入方式：油管正替

(4) 施工压力：<5.5MPa

(5) 施工排量：小于、等于 0.3m^3/min

(6) 施工水马力：HHP=22.6×5.5×0.3=37.29hhp

(7) 液量设计：如图6、表6所示。

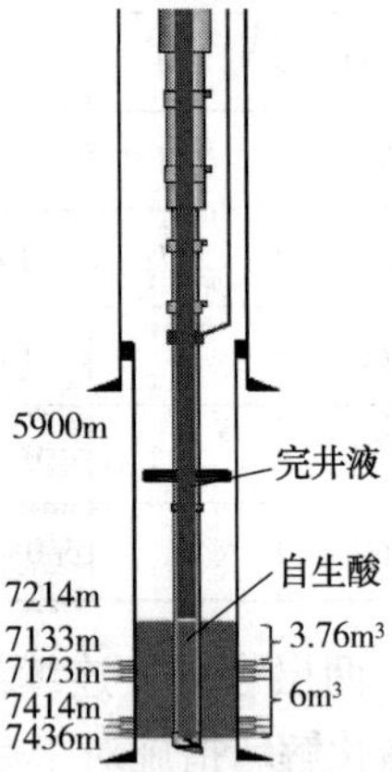

图6 自生酸用量说明图

表6 自生酸配制配置量

序号	工作液类型	液量/m^3	总液量/m^3
1	自生酸	10	40
2	顶替液(清水/过滤海水/完井液)	30	

4 应用效果

K气田B1井进行了固体酸完井技术试验，自2022年5月21日投产，日产气10.4万方，油压19.2MPa，日产水平超过设计要求，如图7所示。

与邻井相比，B2井为1口长位移、大斜度井，最大井斜达70°，完井采用一套层系套管内射孔完井，距B1井300m，均开发P3b层，该井未采用固体酸酸化措施，两口井产能情况对比如表7所示，估算B1井无阻流量为27万方/天，是B2井的2倍，B1井为东海首次在超深、大位移井完井酸化作业成功，酸化投产效果显著。

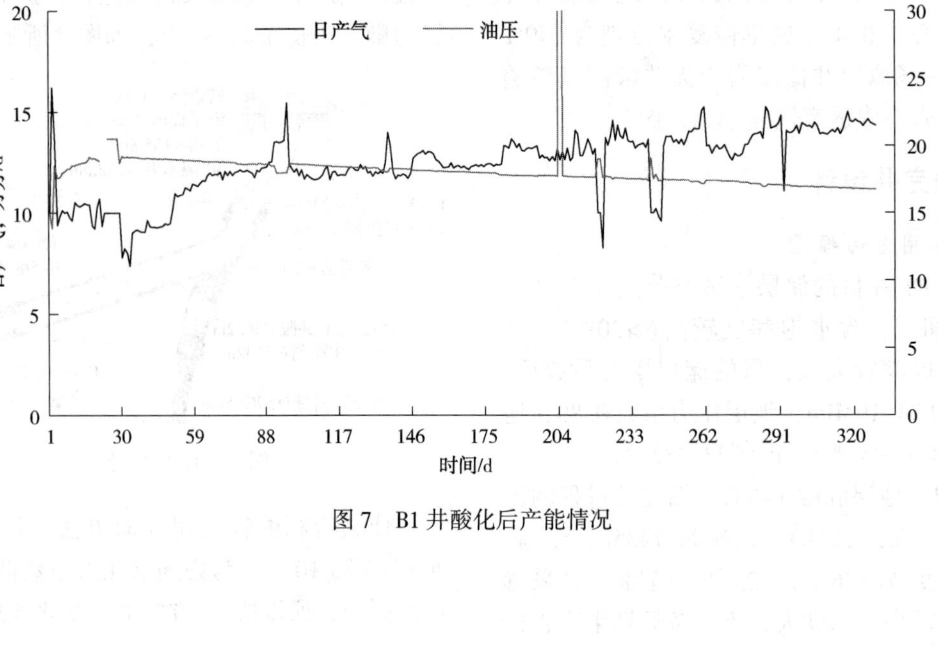

图7 B1井酸化后产能情况

表 7　B1 井与 B2 产能情况对比表

井号	层位	射孔厚度/m	渗透率/mD	储层压力/MPa	井口油压/MPa	井底流压/MPa	生产压差/MPa	日产气/万方	采气指数/万(方/MPa)	一点法无阻流量/万方
B1	P_3b	12.2	10.52	41.38	15.10	26.62	14.76	12.1	0.82	18.75
				41.38	11.52	23.04	18.34	20	1.09	26.65
				41.38	15.50	27.02	14.36	15.9	1.11	22.74
B2	P_3b	14	12.42	41.38	13.48	18.98	22.40	10	0.44	12.90
				41.38	13.48	24.50	16.88		0.59	14.58
				41.38	13.48	29.90	11.38		0.88	17.75

5　结论与建议

（1）该井针对钻完井外来流体侵入而导致的固相堵塞、液锁伤害问题，优选复合固体酸酸化解堵工艺，实施成功并解除近井地带污染，是完井增产一体化工艺的一种创新，意义很大，今后可加大推广应用力度。

（2）现场实践表明，优选的自生酸体系对于东海低渗储层具有良好的改造作用，自生酸的成功应用也必将为同类型低渗储层的有效动用提供重要参考和借鉴，应继续总结固体酸酸化解堵技术成果，从邻井对比、历史完井对比等多方面全面分析，深化成果和亮点提升。

（3）进一步深化完井酸化解堵技术的研究工作，如与地层的匹配性、配方及施工方式优化、裸眼水平井应用等，扩展应用范围；根据不同储层性质特征，研究解堵酸化、压裂改造增产等多种增产工艺的适用性，匹配完善完井阶段产能释放手段。

参　考　文　献

[1] 张崇，任冠龙，靳书凯，等. 海上低孔低渗气田抗高温完井产能释放液的研究[J]. 钻井液与完井液，2018，35(6)：126-130.

[2] 李辰，李晓锋，陈刚，等. 低孔低渗气田抗高温完井产能释放液的研究[J]. 当代化工，2019(12)：4.

[3] 张峰超. 海上油田油井酸化自生酸体系研究[D]. 西南石油大学，2019.

[4] 彭勇. 海上低渗气藏储层分析和改造技术研究[J]. 中国石油和化工标准与质量，2024(7).

[5] 杨军征，王北芳，王满学，等. 乍得砂岩油藏固体酸酸化解堵配方优化[J]. 石油钻采工艺，2014，000(002)：96-100.

[6] 王丽伟，石阳，高莹，等. 我国油气藏增产酸液体系的发展历程及进展[J]. 河南化工，2019，36(7)：3-6.

[7] 李小刚，秦杨，朱静怡，等. 自生酸酸液体系研究进展及展望[J]. 特种油气藏，2022，29(6)：1-10.

[8] 杜连龙，陈光峰，周道禧. 自生酸酸化解堵技术在海上低孔渗探井测试作业中的应用探索[J]. 中国石油和化工标准与质量，2022(004)：042.

[9] SY/T 5405—1996，酸化用缓蚀剂性能试验方法及评价指标[S].

志丹烟雾峁地区长 6、长 7 页岩油叠合区产能异常原因分析及优化措施

王 欣[1] 张云逸[2] 杨国栋[3] 周礼键[3] 李斯嘉[1]

(1. 中国石油集团川庆钻探工程有限公司地质勘探开发研究院；2. 中国石油集团川庆钻探工程有限公司长庆井下公司；3. 四川恒溢石油技术服务有限公司)

摘 要 陕西省陇东地区、陕北地区长 7、长 8 页岩油开发效果近年来开发效果较好，但部分区域长 7 页岩油水平井收到上部长 4+5，长 6 开发层系的影响，储层改造及生产效果较差。本次研究以志丹烟雾峁地区长 6、长 7 叠合区水平井储层改造后含水率较高，井间压力范围差异较大，井间干扰严重等异常现象开展地质工程一体化分析，认为研究区断层及裂缝发育，同时井组注采关系不均衡，部分区域超采、超注现象严重；超注区上部长 6 注水延断层、裂缝窜入长 7 小层；同时研究区长 64 隔层、长 71-长 72 隔层厚度均不大，储隔层应力差较小，裂缝缝高易失控导致长 7 水平井与邻井压窜。针对以上问题开展长 6、长 7 叠合区开展地质工程一体化储层改造措施优化研究，采用水平井总体控制规模，长 711、长 712 小层差异化设计，规避注水井及高含水区，电潜泵排液等综合治理措施，实现了长 6、长 7 叠合区复杂水平井压裂后见油投产。

关键词 页岩油；志丹烟雾峁；储层改造；叠合区

1 简介

烟雾峁区块位于志丹县西南吴堡乡境内，处于长庆华池油田和南梁西-吴堡作业区之间。该研究区面积 47km²，主力层位为长 4+5、长 6，采用 480×150 菱形反九点注水开发；钻至长 7_1 油水井 429 口。该区块长 7 层从 2002 年开始探井试油，试油 8 口，试油层位为长 7_1层，达到工业油流的常规井有 3 口井，最高日产油 8.92t/d。正 512 页探平 1 井日产油 27t，含水 35%。

长 7 油层组划分为长 7_1、长 7_2、长 7_3三个亚组，长 7_1细分为长 7_{11}和长 7_{11}两个小层。烟雾峁区长 7 发育 2~3 套油层，长 7_2层发育薄层砂体，连续性较差，区内仅零星分布，页岩油类型为Ⅱ类。长 7_{11} 和长 7_{12}层为页岩油类型为Ⅰ类(图 1)，为页岩油水平井主要开发层位。

页岩油类型	Ⅰ类(多期叠置砂岩发育型)	Ⅱ类(页岩夹薄砂岩型)	Ⅲ类(纯页岩型)
岩性组合	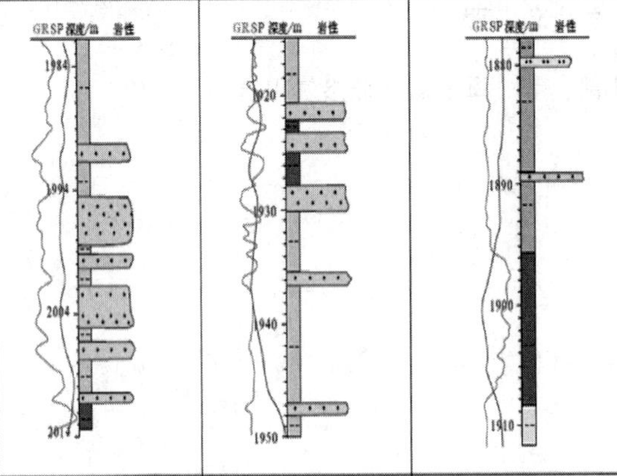		
砂地比/%	15~30	5~15	<5
单砂体厚度/m	3~5	2~3	<2
勘探层次	规模勘探开发	风险勘探目标	原位改质目标

图 1 延长组页岩油类型及特征(据长庆油田)

2 水平井部署及钻遇情况

志丹烟雾峁区块共部署水平井平台3个，共24口井进行长7页岩油整体开发，部署层位为长71、长72小层。前期认为长711小层与长712小层之间隔夹层分布较为稳定，厚度约10m，可以作为两套开发层系进行开发(表1)，在部署过程中采用长7_{11}小层、长7_{12}小层交错布井方式，部署情况(图2)。水平井水平段900~1300m，平均水平段长1162.20，油层钻遇率平均76.0%。

表1 志丹烟雾峁地区水平井部署参数

区域	区块	平台	井数	水平段长/m	油层钻遇率/%	层位及井数		水平段长	分层井距	合层井距
						长711	长712			
志丹	烟雾峁	4268	7	1077	76.3	3	4	958~1224m	330~400m	160~230m
		5810	4	922	77	1	3	581~1233m	330~400m	350m
		正513	1	1282	75.5	8	5	904~1707m	350~400m	180~210m

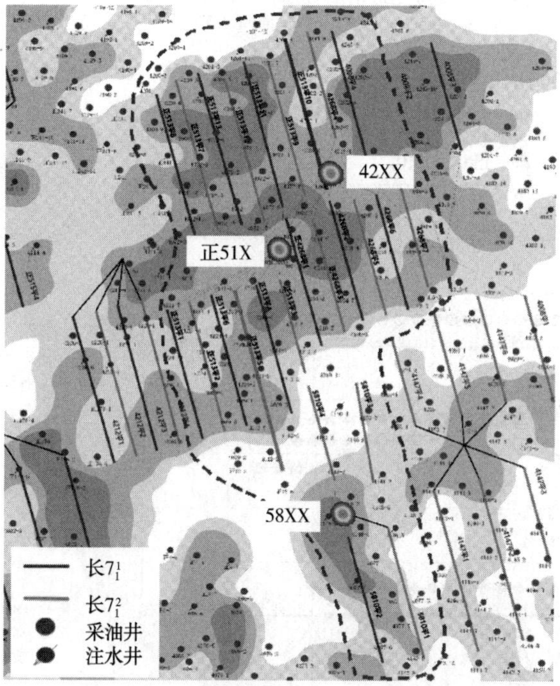

图2 志丹烟雾峁地区页岩油水平井部署平面图

3 初期压裂改造参数及异常情况

根据前期方案设计及初步地质认识对志丹烟雾峁地区部分水平井进行提前改造：设计依据根据志丹区块水平段井距小、周边老井多、储隔层应力差小的基本特征，考虑主要的储层改造及开发风险风险有：①水平井井间压窜风险较大。②叠合区开发沟通上部储层的风险较大。

针对上述风险，结合邻区、本区施工经验，采用以下思路对研究区压裂方案针对性优化：①充分考虑长711/长712隔层遮挡作用，结合部署井井距，进一步优化设计裂缝半长及压裂改造规模，防止沟通风险。②优化布缝位置：避开周围老井+进一步控制施工规模，防止施工井与老井控制区域沟通。③优选连续油管底封拖动分段压裂工艺，确保甜点位置精准定点、充分改造的前提下避免压窜。④根据平台特征，差异性优化单段设计改造参数及规模。加强压裂过程中老井压力监测，实时调整单井压裂设计。

在第一批改造井中，选取58XX平台4口井，42XX平台4口井，正5XX平台2口井。根据水平井轨迹、邻井排采情况采用连续油管压裂工艺为主、桥塞压裂工艺为辅进行储层改造。其中桥塞连作平均段长71.4m，单段平均3.4簇，排量8~12m^3/min，平均加砂强度2.62t/m，平均进液强度17m^3/m。

进行第一轮储层改造后，研究区出现异常情况，与前期地质认识差别较大，包括：

① 58XX平台4口井呈现出初期供液充足，日产液量大，高含水特征，含水率均在90%以上，与前期地质认识不符(图3)；②42XX平台平台压裂4口井，初期压降下降快，冲砂后无自喷能力(图4)；③正5XX平1井第一段产纯水封堵后第二段改造含水饱和度较高，日产液量12.2m^3，返排率95%，氯根47142mg/L(图5)。

4 异常情况原因分析及调整措施

采用地质工程一体化手段分析异常情况原因：

① 构造上，通过进一步地层对比，正5XX平台南部存在一条断层，通过井分层建立三维模型，断层断距约30m，为正断层。邻区裂缝方位统计结果显示，高导缝以高角度为主，裂缝走向较为一致，为近东西向，裂缝密度较高，约0.5条/m(图6)。

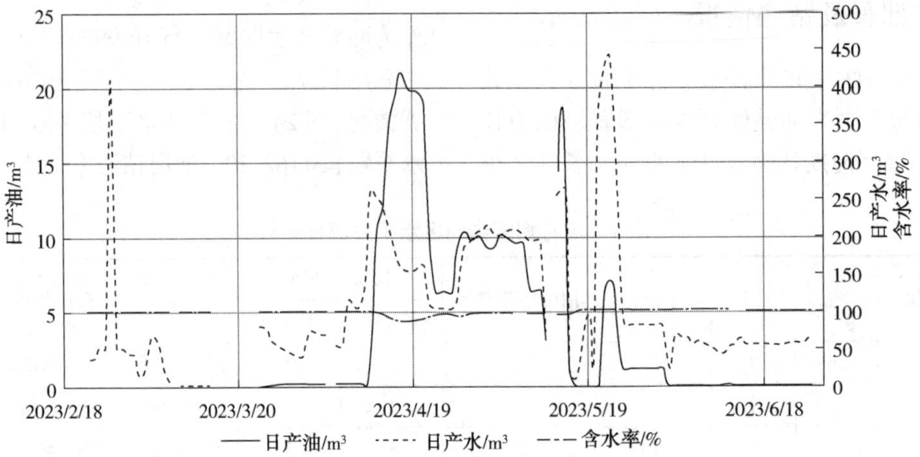

图 3　58XX 平 3 井日产曲线，含水率接近 100%

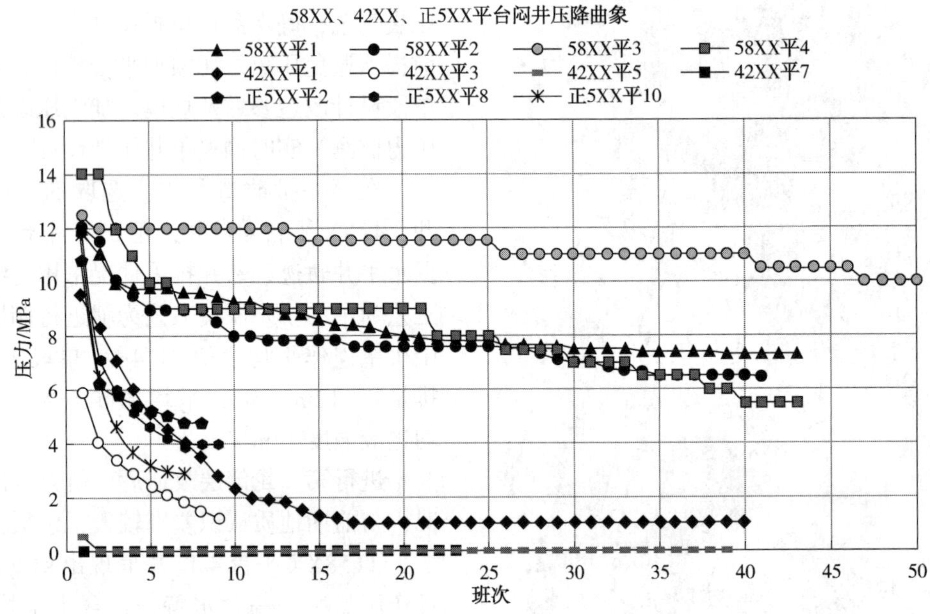

图 4　志丹烟雾峁地区页岩油闷井压降曲线

图 5　正 5XX 平 1 井第一段(左)、第二段(右)返出液取样照片

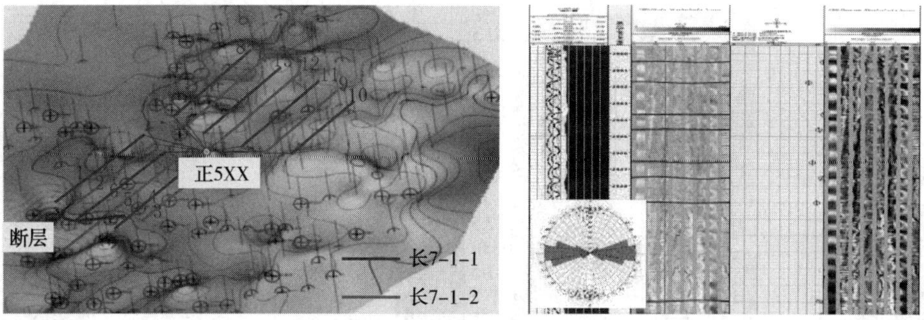

图 6　志丹烟雾峁地区长 71 顶面构造图(左)，长 71 水平井电成像解释裂缝图(右)

② 油水分布及注采关系分析：正 5XX 平台附近 4 口试油直井，日产油 0.5~2.15t/d，平均 1.17t/d；含水 20%~40%，平均 29.5%，地层原始含油性较好。结合注采关系分析，由于研究区长 4+5、长 6 投产较早，正 5XX 平台周围存在大量长 6 采油井及注水井。从采油量及注水量上看，研究区局部超注、超采现象严重。正 5XX 平 1 井、正 5XX 平 2 井邻井长 6 注水量显著大于长 6 采油量(图 7 左，表 2)。结合平台南部存在断层，整体发育裂缝的特征，认为长 6 注水井可能通过层内运移后在裂缝、断层处进入长 7 地层。通过 41XX-1 井长 6 注水井添加示踪剂，在 58XX 平 4 井长 71 水平井监测证实该观点(图 7 右)。同时 42XX 平台北部采油井较多，但注水井均分布在采油井边缘，存在局部超采现象，引起长 71 小层压力偏低，导致 42XX 平台北部井闷井压降较快。

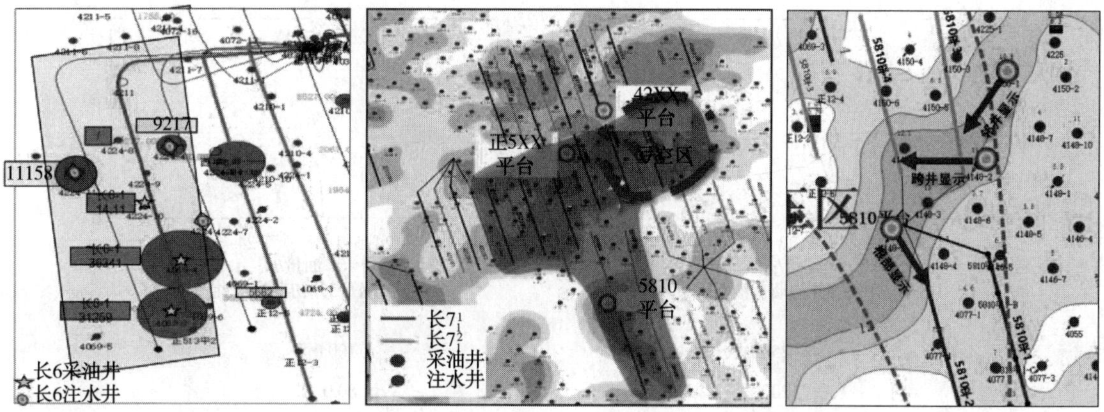

图 7　志丹烟雾峁地区注采关系不平衡导致注入水延裂缝窜入

表 2　志丹烟雾峁地区正 5XX 平 1 井、正 5XX 平 2 井邻井注采量统计表

井型	井号	层位	产液量(方)	目前情况
采油井	4224-4	长 6	9217.0	压裂前停采
采油井	4224-11	长 6	11153.0	压裂前停采
采油井	4224	长 6	5000(估算)	
井型	井号	层位	注水量(方)	
注入井	4069-2	长 6	31258.9	202207 停注
注入井	4069-4	长 6	36340.6	202208 停注
注入井	4224-10	长 6	14.1	2016 年停注

③ 前期认为长 71、长 72 可以作为两套开发层系部署，根据测井曲线对研究区砂岩、泥岩进行重新解释后，实际泥岩厚度较薄，难以起到垂向分隔作用(图 8)，不能作为一套开发层系进行开发。同时研究区高角度裂缝发育，研究区砂泥岩应力差较小，裂缝缝高较易失控，

对策措施：

复杂叠合区层距和井距均比较小，层间影响和井间干扰大，压窜风险高，优选连续油管底封拖动压裂工艺，在避水压裂、规模控制的前提下保证平台整体改造“定点布缝、精准控缝、充分改造”。

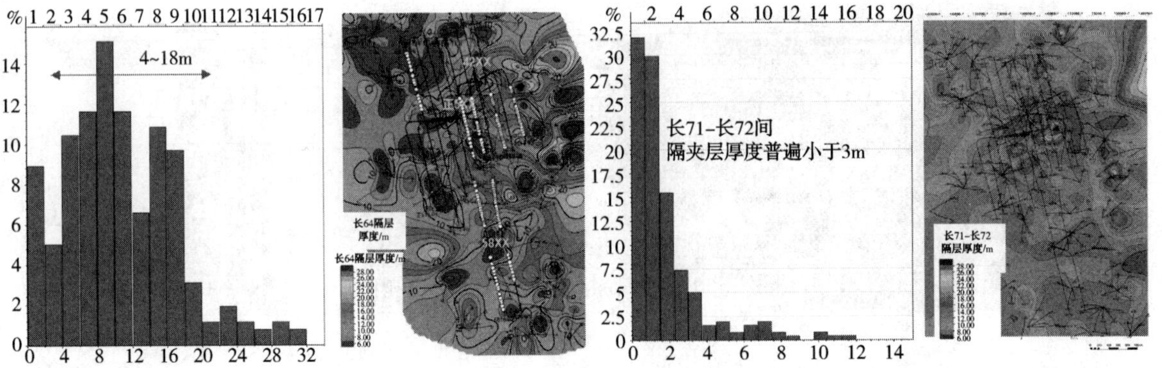

图 8　志丹烟雾峁地区长 64 底部隔层(左)、长 71-长 72 隔层(右)厚度平面图

志丹烟雾峁地区复杂叠合区改造方案优化(正 5XX 平台南区、北区)：①长 711 层控缝高，避免沟通高含水区；②长 712 层适当增大规模，尽量沟通有利产油区，根据邻井地质认识，部分非储层段采用大排量方式沟通邻近储层，提高储层动用效果；③优选射孔段簇，改造井段避开疑似高含水区；④控制规模，避免沟通开采长 71 层邻采油井以及较近长 6 注水井。⑤针对叠合区高含水、部分水来源于上部注入的现状，采用电潜泵抽吸排液，提高油井产能，加快通过天然裂缝窜入的自由水排出。

5　实施效果评价及结论

根据前期地质认识对正 5XX 平台叠合区进行储层改造。排采初期总体呈现日产水量大，含水率高特征，平台南区日产油 29.9 方，最高单井日产油 21.3 方，产油量变化较大，南区整体排采综合含水率 96.7%(图 9)。

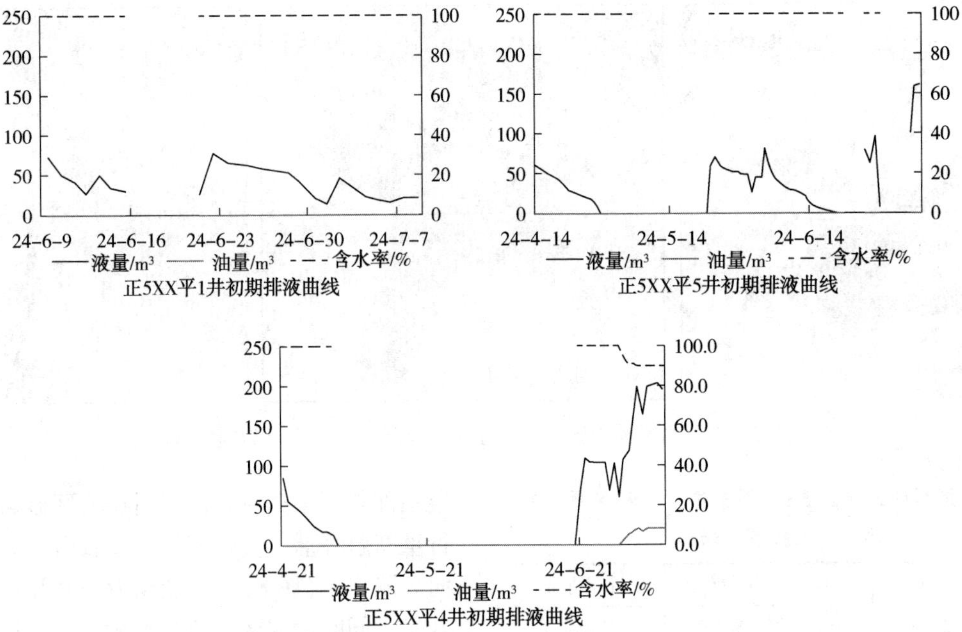

图 9　采用压裂工艺优化及综合措施治理后，叠合区长 7_1 水平井初期排液曲线

根据初期排液情况，认为叠合区整体受上部层系注水影响，自由水含量较高。南区正 5XX 平 1 井、正 5XX 平 2 井、正 5XX 平 5 井、正 5XX 平 6 井下电潜泵强排，井均 10~15 天，返排率 11.3%~21.8%见油，且含水率逐渐下降见表 3。

根据志丹烟雾峁地区长 6、长 7 叠合区储层改造前后设计思路变化及储层改造效果对比，认为：①该地区异常情况复杂，按原方案改造后出现见水快，压力差异大，与前期地质认识差异较大。②长 6、长 7 叠合区由于上部层系注采关系不匹配，部分井区均在超注、超采现象，长 6 注采井通过天然裂缝，断层，对长 7 储层内油水分布、压力分布造成较大影响。③采用总体控制规模，长711、长712小层差异化设计，规避注水井及高含水区，电潜泵排液等综合治理措施，在志丹烟雾峁地区长6、长7叠合区实现了有效储层改造，为陕北页岩油叠合区开发提供了一定的借鉴作用。

表3　采用压裂工艺优化及综合措施治理后，叠合区长7_1水平井排采数据统计表

	日产水/m^3	日产油/m^3	累计产水/m^3	累计产油/m^3	当前含水率/%	当前返排率/%
正5XX平1井	124.7	20.1	2247.9	85.4	86.12	21.4
正5XX平2井	124.6	22.1	1843	102.8	84.94	11.1
正5XX平5井	133	20.3	4234	148.7	86.76	20.7
正5XX平6井	145.3	21.9	3041.2	201	86.90	29.5

参考文献

[1] 焦方正．陆相低压页岩油体积开发理论技术及实践——以鄂尔多斯盆地长7段页岩油为例[J]．天然气地球科学，2021，32(6)：836-844.

[2] 李潮流，王长胜，张文静，等. 陆相湖盆夹层型页岩油甜点分级测井评价方法研究：以鄂尔多斯盆地陕北吴起地区延长组长7段为例[J]．中国石油勘探，2024，29(4)：156-165.

[3] 丁国生，唐立根，丁一宸等．中国水层CO_2地质封存技术攻关方向[J]．天然气工业，2024，44(4)：39-45.

[4] 付金华，李士祥，牛小兵，等．鄂尔多斯盆地三叠系长7段页岩油地质特征与勘探实践[J]．石油勘探与开发，2020，47(5)：870-883.

[5] 李宪文，张矿生，樊凤玲，等．鄂尔多斯盆地低压致密油层体积压裂探索研究及试验[J]．石油天然气学报，2013，35(3)：142-147.

[6] 张矿生，慕立俊，陆红军，等. 鄂尔多斯盆地页岩油水力压裂试验场建设概述及实践认识[J/OL]．钻采工艺．

[7] 慕立俊，拜杰，齐银，等．庆城夹层型页岩油地质工程一体化压裂技术[J]．石油钻探技术，2023，51(5)：33-41.

[8] 慕立俊，赵振峰，李宪文，等．鄂尔多斯盆地页岩油水平井细切割体积压裂技术[J].

[9] 石道涵，张矿生，唐梅荣，等．长庆油田页岩油水平井体积压裂技术发展与应用[J]．石油科技论坛，2022，41(3)：10-17.

苏北盆地海安凹陷阜二段页岩油增能体积压裂技术探索与实践

陈　钊　龚舒婷　赖建林　李明明　葛婧楠　江　铭

（中国石油浙江油田公司）

摘　要　苏北盆地海安凹陷曲塘次凹阜二段烃源品质整体较好，成熟度高，且处于大量生油阶段，但储层黏土含量较高(36%)、偏强水敏作用、发育层理及微裂缝等多因素叠加造成压裂改造难度大。因此，亟需建立针对海安凹陷阜二段页岩储层的压裂改造技术体系，实现勘探突破。通过回顾海安凹陷前期压裂工艺历程，明确了该区域储层压裂改造所面临的难点，并针对性的提出“造好缝、促复杂、增能量、强置换”的压裂改造理念，建立“前置液态 CO_2+多簇限流+三级支撑+变黏液体+大液量+驱油剂”的压裂技术。通过在水平井J1901应用试验获得31.6t/d的稳定测试产量，实现了曲塘次凹阜二段页岩油的重大突破。最后针对压裂井提出“一段一策”的暂堵参数优化和开展液态 CO_2 在不同注入时机下效果对比的建议。

关键词　苏北盆地；阜二段；多簇限流；前置液态 CO_2；体积压裂

近年来，中国陆相页岩油勘探开发取得重要进展，是继页岩气之后的又一热点资源，全国各大油田均已将页岩油作为未来资源接替的重点，长庆、新疆、大庆、大港等油田正在建设近800万吨的产能规模，已建成近300万吨规模。大庆油田古龙坳陷泥页岩型页岩油取得30万吨日产量突破，打破了页岩油新类型资源的认识。苏北盆地华东局、江苏油田均取得较大进展，溱潼凹陷风险探井SD1井3mm油嘴最高产量49t/d，已连续自喷生产390多天，累产页岩油1.1万吨；QY1HF井在阜二段试获日产油55t；金湖凹陷BG1-1HF井阜二段日产油22.03t；YC1井阜二段日产油36.83m³。可见，页岩油有望成为重要的能源衔接纽带，高效勘探开发页岩油是缓解我国能源紧缺局势、改善能源结构有效的方式之一。

苏北盆地古近系为陆相泥页岩沉积，主要发育阜二段、泰二段和阜四段三套富有机质泥页岩，其中曲塘次凹的阜二段泥页岩厚度大，有机质丰度高，各类微孔隙、微裂缝发育，形成的网状储集体系为油气赋存与流动提供了空间，具备形成致密油气的物质基础和储集条件。本文以海安凹陷曲塘次凹阜二段页岩油为研究对象，梳理了该区块从直井到大斜度井的探索历程，总体认为区域地质条件复杂，压裂工艺适应性和针对性有待提升。本文通过分析压裂改造难点，采用地质工程一体化压裂技术思路，从压裂参数优化、入井材料优选、提高采收率等方面开展工作，最终实现水平井产量突破。

1　苏北盆地阜二段页岩油地质特征

苏北盆地构造带位于下扬子陆块东段，为前寒武纪古老克拉通基础上发育的一个中小型含油气叠合盆地，白垩纪末由挤压型转为拉张型，导致大范围差异沉降，成为中国东南部最大的中新生代沉陷区(图1)。该区古近纪以来东西向地壳呈跷板式升降，中部地层保全，凹陷较深，油气地质基础条件优劣依次为高邮、溱潼、金湖-海安，白驹、洪泽凹陷，总体呈“皮厚肉薄”特征。本文的研究区海安凹陷位于苏北盆地东台坳陷的东南部，为半深湖-深湖沉积，主要形成泥页岩、含灰泥页岩、灰质泥页岩、含云泥页岩、云质泥页岩等过渡型岩类，纵向上识别出4套有效烃源岩段(图2)，顶部Ⅴ亚段为灰黑色泥岩，Ⅳ亚段为含灰及灰质泥页岩，Ⅲ亚段与Ⅱ亚段为含云泥页岩，Ⅱ亚段为含云及云质泥页岩互层，下部Ⅰ亚段为云质泥页岩。主要的烃源岩储层阜二段厚度为280~310m，分布面积3200km²，是区内页岩油勘探开发的甜点层位。

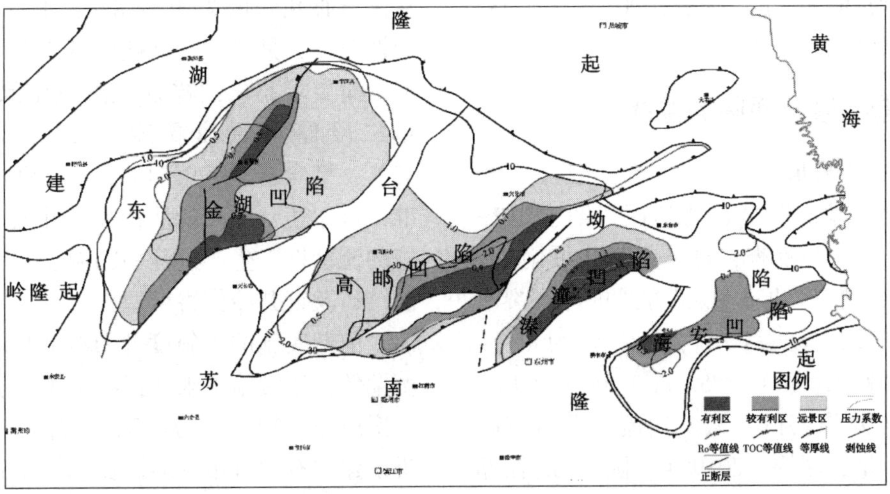

图 1　苏北盆地东台坳陷阜二段页岩油有利区分布图

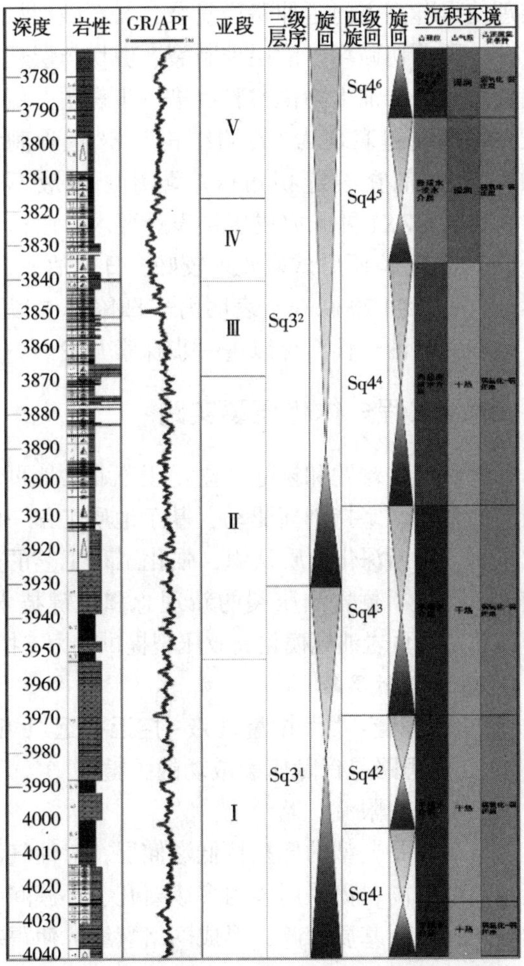

图 2　海安凹陷阜二段页岩地层旋回特征与箱体划分综合图

与海安凹陷相邻的溱潼、高邮凹陷的 SD1、HY1HF、HY1 等页岩油井相继也在阜二段获得高产油流，预示着盆地内存在巨大的油气勘探开发潜力。对比溱潼、高邮、海安三个凹陷阜二段储层发现多项关键参数体现出相似性或一致性，但在储层岩性、地应力特征等方面有一定差异，主要表现为以下几个方面。

① 岩性特征：岩性特征基本相似，主要为灰云质页岩，具有混合沉积特征。其中溱潼、海安凹陷黏土含量为 36%，较高邮凹陷高约 6%；高邮、溱潼凹陷硅质含量为 43%，较海安凹陷高约 8%；高邮、海安凹陷钙质含量为 23%，较溱潼凹陷高约 3%。

② 有机地球化学特征：有机质类型均以Ⅱ型为主，部分Ⅰ型，热演化程度适中，处于生油高峰期，*Ro* 值为 0.9%~1.15%。*TOC* 值整体偏低，溱潼凹陷为 0.5%~2.4%，高邮凹陷为 0.11%~3.96%，海安凹陷为 0.5%~3.2%。

③ 储集层特征：储层物性总体相当，其中溱潼凹陷主要以介孔为主，发育少量宏孔，孔隙度均值相对最高，约 4.07%，渗透率值为 0.005~2.89mD；高邮凹陷以无机质孔为主，主要发育晶(粒)内(间)孔和溶孔，局部可见有机孔，孔隙度均值次之，约 3.8%；海安凹陷储集空间多样，以矿物基质孔为主，有机质孔不发育，孔隙度均值最低，约 3.75%，渗透率值为 0.1~0.8mD。

④ 可压性特征：溱潼凹陷最小水平主应力为 54~77MPa，平均 67.1MPa；最大水平主应力 58~82MPa，平均 72.4MPa，两向水平应力差为 5.3MPa，杨氏模量大于 30GPa、泊松比小于 0.3，有利于压裂改造。海安凹陷最小水平主应力均值为 77.2MPa，最大水平主应力均值为 100.5MPa，水平应力差偏大，均值为 23.4MPa，

杨氏模量平均 30.4GPa，泊松比平均为 0.28，压裂形成复杂缝网难度较大。

2 储层改造探索及面临的挑战

2.1 储层改造工艺探索

苏北盆地曲塘次凹页岩油勘探初期(2017-2018 年)，开展老井复查，对早期直井采用“桥塞封隔+封隔器滑套+油管注入”方式进行压裂改造以评价阜二段含油气潜力，施工排量为 4.5~5.5m^3/min，液量为 1000~1500m^3，砂量为 40~60m^3，期间各井均获得中低产油流，但由于改造规模小，产量递减快。2019 年，随着“缝控储量”理念的提出，采用“缝网并重、以网为主、体积动用”压裂改造思路，通过滑溜水+冻胶+线性胶组合的方式进行加砂，大斜度井 QZX1 设计单段液量 1600~1800m^3，单段砂量大于 70m^3，施工排量 8~10m^3/min，该井的试油效果明确了阜二段的规模储量。2023 年，开始水平井勘探，储层改造思路转变为“控近扩远，体积改造”，规模参数进一步放大，发展配套前置液态 CO_2、变黏滑溜水、加密切割、限流射孔、暂堵转向等关键技术，形成页岩油压裂主体工艺，在 J1901 井应用取得重大突破，苏北盆地曲塘次凹迈进页岩油战略发展阶段。

2.2 压裂面临的挑战

（1）黏土含量偏高、水平层理缝发育。曲塘次凹阜二段属于黏土含量偏高、水平层理缝发育型的泥页岩储层，其中层理缝主要为黏土质与长英质层间缝、其次为黏土质与碳酸盐质层间缝，岩心观察纹层为 500~1900 条/m，镜下 0.5~0.7 万条/m。该类型储层易受层理影响，在低施工限压和低施工排量下纵向无法突破层理限制、缝长方向无法突破天然裂缝限制，压裂裂缝扩不高、扩不远，从而影响改造裂缝网络尺寸。

（2）储层天然裂隙发育。白云岩型储集层是阜二段重要的储集层类型之一，发育微孔隙、微裂缝、次生溶蚀孔等，以白云石晶间孔为主，裂缝较发育，尤其是高角度裂缝。其中Ⅰ-Ⅱ亚段中部纹层状页岩裂缝发育，主要为水平及高角度构造缝，岩心观察最高可达到 170 条/米。压裂改造时易沟通微裂隙、天然裂缝，加快液体滤失，导致压裂缝内过早堆砂，造成加砂困难或砂堵，改造体积极其有限。

（3）甜点物性较差、原油黏度偏高。阜二段实测岩心孔隙度为 4%~8%，平均 4.8%，且连通性较差，是典型的低孔特低渗储层，对油气渗流距离要求高。油样物性测试结果表明 50℃下阜二段储层原油黏度为 63.25mm^2/s，凝点 37℃，蜡含量为 29.51%，高于高凝油 10%标准，近似达到了高凝油特征，井温条件下具有较好的流动性，生产过程中粘温变化明显，易在井筒结蜡及近井冷伤害堵塞。

前期实施的大斜度井 QZX1 井因套管抗压强度偏低，压裂施工限压仅在 72MPa，前三段实施五次压裂，均表现为施工压力高，加砂难度大，难以建立有效排量，对砂比非常敏感。深入分析认为储层脆性指数较低，泥质含量偏高，裂缝扩展净压力高，造成施工压力偏高，同时发育的纹层理使得缝高方向延伸路径复杂，岩石破裂特征复杂，即剪切破坏、沿层理断裂、剪切与层理共同作用。页岩油大物模实验也进一步表明，层理发育岩样裂缝表现为“砖墙结构”或“鱼骨刺结构”，支撑剂在裂缝拐角区域堆砌，过液不过砂。尽管 QZX1 井未完成压裂设计要求，改造段长仅 100m，但压后试采效果较好，日产油 8.1t，累计自喷产油 2069.6t，表明海安凹陷阜二段具有较好的含油气性，可以进一步探索开发。

3 地质工程一体化压裂实践

针对这些难题和挑战，立足于苏北盆地页岩油储层特点，坚持创新驱动，基于地质工程一体化平台，不断深化地质认识，强化工程工艺的适应性，形成了页岩油压裂的新理念和关键技术，为苏北盆地页岩油规模化高效压裂提供有力支撑。

3.1 压裂设计思路

3.1.1 造好缝：“大排量注液+控近扩远”的改造思路是保障压裂成功的关键

（1）多簇限流

阜二段是典型的低孔特低渗储层，对油气渗流距离要求高，需采用段内多簇射孔、小簇间距的方式将储层基质打碎，形成网络裂缝，使得基质中的油气向裂缝的流动距离缩短。采用油藏数值模拟方法优化单段簇数，模拟研究显示，当单段簇数超过 8 簇，簇间、段间应力干扰增强，裂缝扩展不均衡程度增加，有效改造面积降低(图 3)。因此，推荐簇间距 6~10m，单段簇数不超过 8 簇。为保障孔簇开启效率，采用限流压裂思路，建议单孔进液流量 0.45~0.50m^3/min。

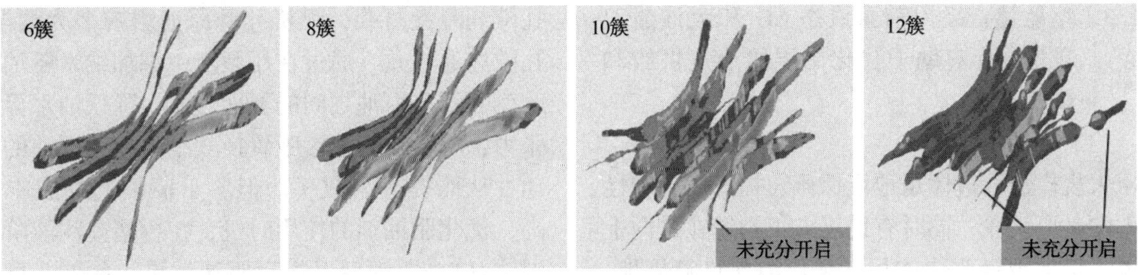

图 3 不同簇数下裂缝扩展图

(2) 三级裂缝支撑

苏北盆地页岩油储层裂隙发育，为满足不同尺度裂缝导流能力需求，采用(100/200 目+70/140 目)石英砂+40/70 目石英砂+40/70 目陶粒三级裂缝支撑模式。其中 100/200 目石英砂、70/140 目石英砂降低滤失，提高微尺度裂缝支撑效率，提高裂缝运移距离；40/70 目石英砂支撑剂，支撑裂缝中前段区域。初期连续段塞注入 100/200 目石英砂、70/140 目石英砂降低滤失，提高微尺度裂缝支撑效率，提高支撑剂运移距离；中期低-中砂比段塞式注入 40/70 目石英砂支撑剂，支撑裂缝中前段区域；后期中-高砂比长段塞注入 40/70 目陶粒支撑剂，支撑剂近井区域，提高缝口导流能力。同时采用纳米变黏滑溜水实现低剪切速率弹性携砂，降低滑溜水压裂施工携砂阶段对高排量的要求，增强支撑剂在缝内的有效铺置和高效支撑(图 4)。

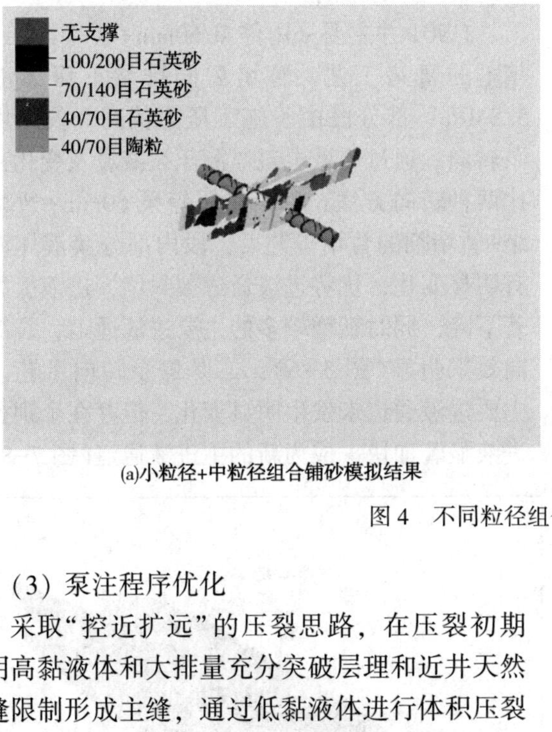

(a)小粒径+中粒径组合铺砂模拟结果

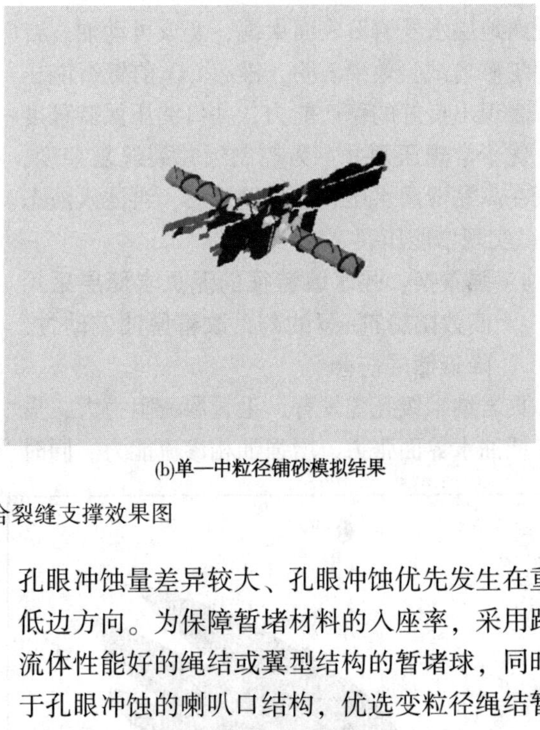

(b)单一中粒径铺砂模拟结果

图 4 不同粒径组合裂缝支撑效果图

(3) 泵注程序优化

采取“控近扩远”的压裂思路，在压裂初期使用高黏液体和大排量充分突破层理和近井天然裂缝限制形成主缝，通过低黏液体进行体积压裂形成复杂缝网，实现改造体积的最大化。从前期压裂期间地层对砂浓度敏感性来看，建议采用阶梯式提升砂浓度，最高砂浓不超过 150kg/m^3，100/200 目和 70/140 目石英砂采用连续加砂，40/70 目支撑剂采用小段塞式泵注方式，同时配合大排量(18m^3/min)以提升支撑剂运移效率。

3.1.2 促复杂：精准的簇间停泵暂堵转向是保障改造体积和裂缝复杂性的核心

矿场鹰眼监测孔眼冲蚀特征，显示不同相位孔眼冲蚀量差异较大、孔眼冲蚀优先发生在重力低边方向。为保障暂堵材料的入座率，采用跟随流体性能好的绳结或翼型结构的暂堵球，同时鉴于孔眼冲蚀的喇叭口结构，优选变粒径绳结暂堵球，配合不同目数的暂堵颗粒组合，实现差异化暂堵。此外，宜采用停泵 60min 配合暂堵转向有助于精准封堵优势吸液孔簇，因为较长时间的停泵可以使得起裂或支撑效果不理想的裂缝逐渐闭合，再通过投暂堵绳结精准封堵原吸液能力较强的裂缝，二次起泵使得改造效果不佳的裂缝重新张开，进而达到有效均衡改造和提升裂缝网络复杂度的目的。

3.1.3 增能量：采用前置液态 CO_2 和大液量双重增能，有助于强化储层的油气供给和降低递减

（1）大规模注液

大规模注入液体是地层保压、提升压后弹性产率的必要手段，同时有助于人工裂缝在横向上拓展，增加裂缝改造体积，延长油井自喷周期，实现以液换油的目的。软件模拟及数据反演显示，加大用液规模可以提升裂缝改造体积，提高加砂规模有助于提高支撑缝长，是提高压裂效果的根本。矿场试验结果进一步验证压裂改造规模是影响单井产能的主要工程参数，施工规模增大有利于增大改造体积，且压后效果越好。

（2）前置液态 CO_2

液态 CO_2 与原油混合后相互溶解，可以消除界面张力，萃取和汽化原油中轻质烃，显著降低原油黏度。也能使得原油体积大幅度膨胀，增加地层弹性能量。同时液态 CO_2 有利于膨胀后的原油脱离地层水及岩石表面束缚，变成可动油。吉木萨尔矿场试验效果表明，液态 CO_2 前置蓄能压裂井表现出良好的稳产能力，井口油压保持程度显著优于常规压裂井。为控制近井裂缝复杂度，建议在高黏滑溜水压裂造主缝之后，再注入液态 CO_2 以实现增能压裂。

3.1.4 强置换：强水敏特征的泥页岩储层采用高效防膨剂+驱油剂，改善原油流动性、降低储层伤害

页岩纳米级孔隙发育，毛管渗流阻力大，需要降低油水界面张力，增强油相渗流能力。同时孔隙润湿性复杂，无机孔受原油影响多为油湿，孔隙连通性差。通过在压裂液中添加纳米驱油剂改变岩石与原油之间的界面性质，降低油水界面张力，增强页岩油渗吸置换效果，改善原油的流动性从而提高采收率。但鉴于驱油剂的成本较高，优化驱油剂的使用时机，在暂堵前注液阶段混注 0.2%驱油剂以提高驱油效果。此外，阜二段储层偏强水敏特征，浸泡实验显示初期无分散运移，但长时间浸泡后岩样出现泥化特征，建议在压裂液中添加防膨剂。

3.2 压裂实施及效果分析

3.2.1 压裂施工情况

J1901 井水平段长 870m，平均单段长度 58m，总簇数 94 簇，平均簇间距 8.3m。每段前置 200t 液态 CO_2，施工排量 $18m^3/min$，注入总液量 $65260m^3$，注入总砂量 3042.5t，最高砂浓度 $150kg/m^3$。

3.2.2 暂堵效果分析

J1901 井主要采用停泵 60min+暂堵绳结+暂堵剂的暂堵工艺，暂堵后同排量下压力涨幅 5.8MPa；部分段由于施工压力偏高，仅采用停泵转向。通过广域电磁监测压裂液波及变化来对比两种转向方法，一是采用停泵 60min+暂堵绳结+暂堵剂的暂堵工艺后，段内部分簇液体波及有明显变化，优势进液通道被封堵，进液能力显著下降，同时新增较多的主要进液通道，裂缝转向效果明显（图 5-6）；二是停泵转向工艺，原主要进液通道未发生明显变化，但存在个别孔簇进液显著加快，成为新的主进液通道（图 7-8）。

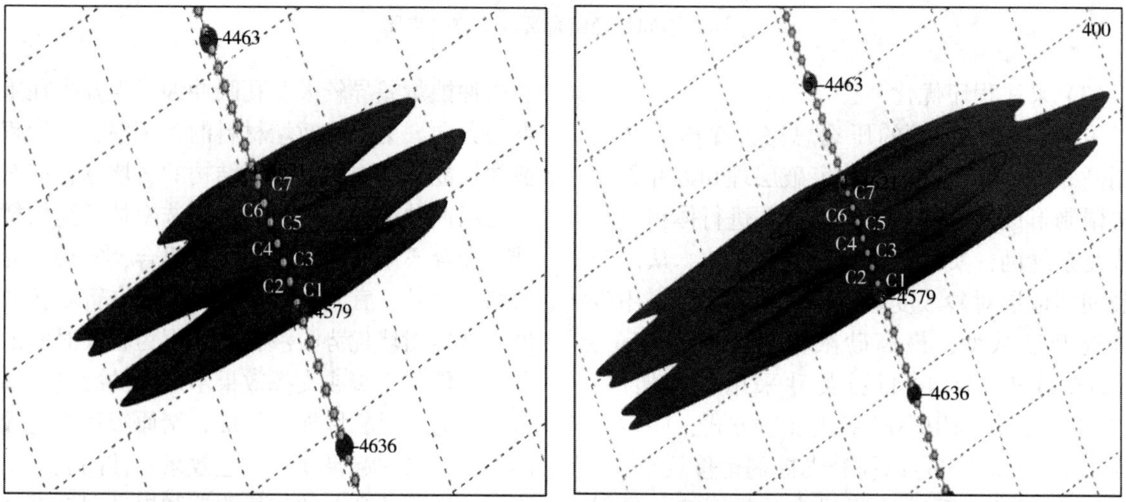

图 5 第 4 段暂堵前后井筒两侧压裂液波及情况对比图

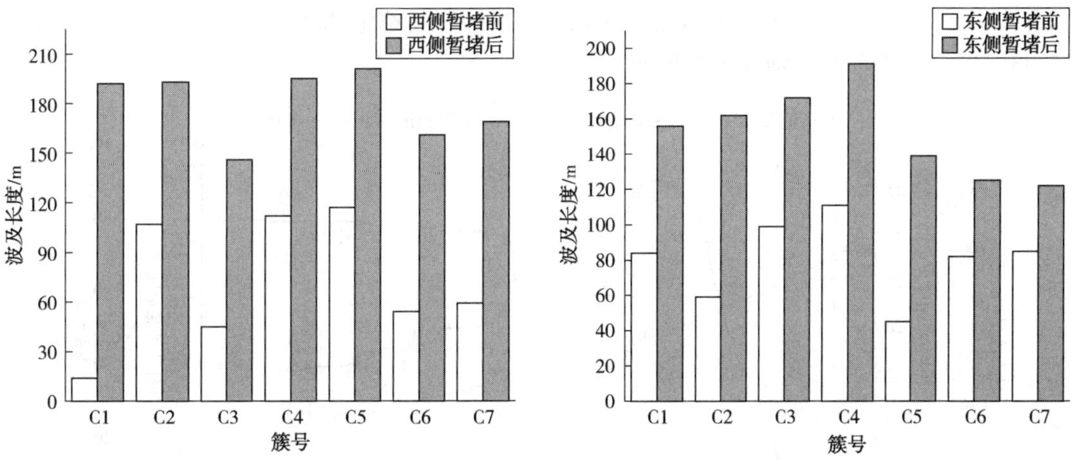

图 6　第 4 段暂堵前后井筒两侧压裂液波及长度变化对比图

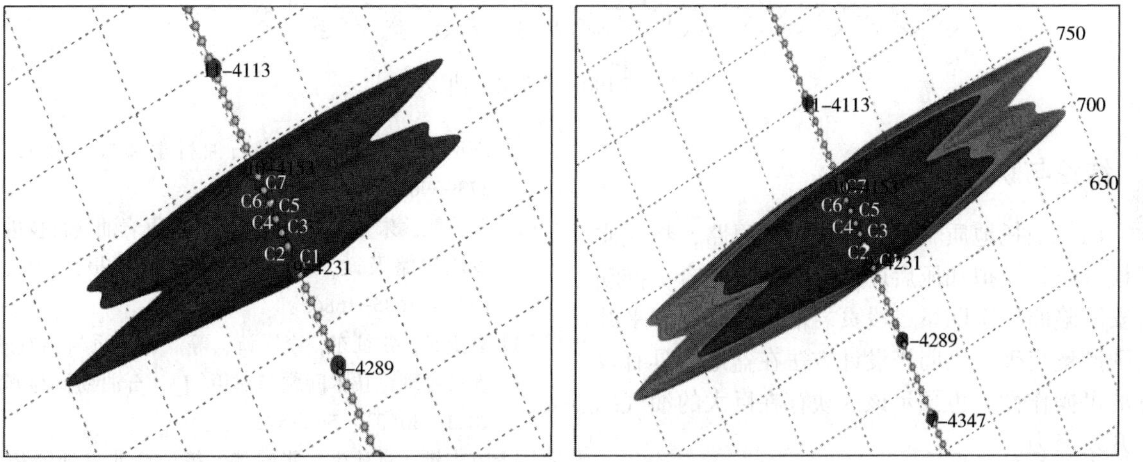

图 7　第 10 段两次停泵后井筒两侧压裂液波及情况对比图

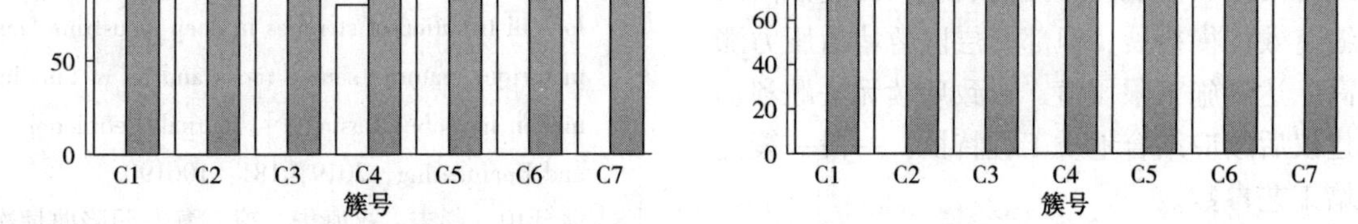

图 8　第 10 段两次停泵后井筒两侧压裂液波及长度变化对比图

3.2.3　压裂效果

压裂全程采用广域电磁法压裂监测技术来实时监测裂缝中液体波及情况。压裂液最大波及总长度为 408m，平均最大波及长度为 370.23m；压裂液最大波及总面积为 32487m^2，平均波及总面积为 21500m^2；压裂液沿井筒方向最大波及宽度为 118m，平均波及宽度为 77m。

J1901 井采用 3.5mm 油嘴返排，获得稳定测试产量 31.8t/d，145 天累计生产 2600t（图 9）；采用油水两相生产数据分析计算得到 SRV 区域平均渗透率 10.53md，裂缝长度 115.46m，动态储量 27.83×10^4m^3，为苏北盆地海安凹陷页岩油勘探开发奠定基础。

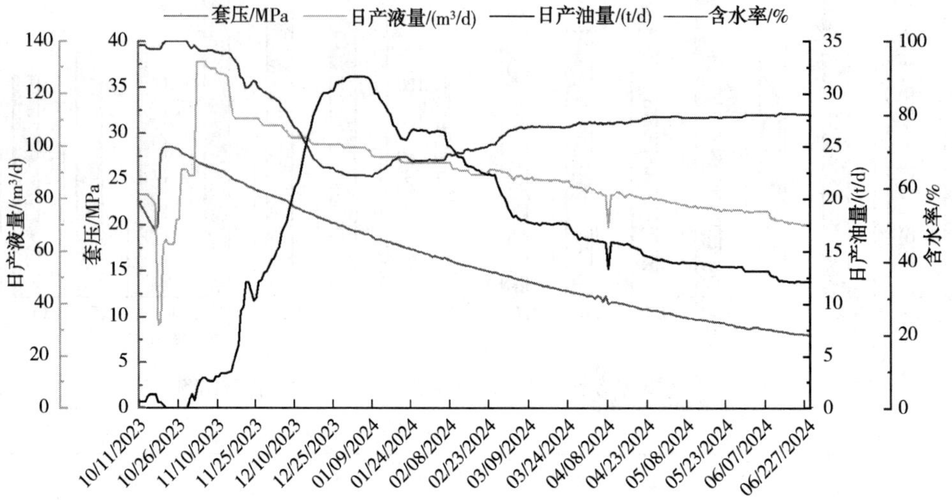

图9 吉 1901 井排采油曲线

4 结论与认识

(1) 依托地质工程一体化设计思路，将地质建模、压裂模拟和压后评估技术有效结合，推动海安凹陷曲塘次凹阜二段页岩油从直井到水平井实现产量突破，表明该设计方法在盆地内具有较好的可操作性，也预示该区块存在巨大的油气勘探开发潜力。

(2) 针对苏北盆地阜二段页岩油储层黏土含量高、层理与微裂缝发育、原油流动性差等问题，提出了"造好缝、促复杂、增能量、强置换"的压裂改造理念，建立"前置液态 CO_2+多簇限流+三级支撑+变黏液体+大液量+驱油剂"的压裂技术，提升了储层改造效果、支撑效果和原油流动效果。

(3) 停泵 60min+暂堵绳结+暂堵剂的暂堵工艺可以封堵原吸液能力较强的裂缝，促进井筒两翼裂缝有效均衡扩展，但部分层段暂堵后压力涨幅过高，达到施工限压值，导致后续无法顺利加砂，建议后续应结合地质工程特征，一段一策优化暂堵工艺参数。

(4) J1901 井各段均注入相同规模液态 CO_2，无法对比作用效果，建议后续压裂井开展液态 CO_2 不同注入时机、不同注入量的效果对比试验，并通过示踪剂或压后测产剖进行效果评价。

参 考 文 献

[1] 赵文智，朱如凯，刘伟，等．中国陆相页岩油勘探理论与技术进展[J]．石油科学通报，2023，04：373-390.

[2] 邹才能，朱如凯，董大忠，等．页岩油气科技进步、发展战略及政策建议[J]．石油学报，2022，43(15)：1675-1686.

[3] 袁士义，雷征东，李军诗，等．古龙页岩油有效开发关键理论技术问题与对策[J]．石油勘探与开发，2023，50(3)：562-572.

[4] 方志雄，肖秋生，张殿伟，等．苏北盆地陆相"断块型"页岩油地质特征及勘探实践[J]．石油与天然气地质，2023，44(6)：1468-1478.

[5] 胡维强，马立涛，刘玉明，等．苏北盆地海安凹陷曲塘次凹阜宁组二段烃源岩地球化学特征[J]．东北石油大学学报，2018，5(42)：73-81.

[6] 孙雅雄，邱旭明，段宏亮，等．苏北盆地构造演化对阜二段页岩油富集成藏的控制作用初探[J]．地质论评，2024，增刊1(70)：283-284.

[7] CHENG Qingsong，ZHANG Min，LI Hongbo. Anomalous distribution of steranes in deep lacustrine facies low maturity- maturity source rocks and oil of Funding Formation in Subei Basin[J]. Journal Petroleum Science and Engineering，2019，181：106190.

[8] 张廷山，彭志，祝海华，等．海安凹陷曲塘次凹阜二段页岩油形成条件及勘探潜力[J]．地质科技情报，2016，2(35)：177-184.

[9] 雷群，杨立峰，段瑶瑶，等．常规油气"缝控储量"改造优化设计技术[J]．石油勘探与开发，2018，45(4)：719-726.

[10] 刘合，孟思炜，王素玲，等．古龙页岩力学特征与裂缝扩展机理[J]．石油与天然气地质，2023，44

(4)：820-828.
[11] 周小金，雍锐，范宇，等．天然裂缝对页岩气水平井压裂的影响及工艺调整[J]．中国石油勘探，2020，25(6)：94-104.
[12] 刘小欢，刘环宇，马红星，等．深部结蜡页岩油水平井涂层与电加热清防蜡技术[J/OL]．石油钻采工艺，2024.
[13] 吴奇，胥云，张守良，等．非常规油气藏体积改造技术核心理论与优化设计关键[J]．石油学报，2014，35(4)：1-9.
[14] 车飞翔，樊婷婷，薛波，等．石英砂陶粒组合支撑剂导流能力影响因素[J]．断块油气田，2022，29(1)：134-138.
[15] 祁生金，蒋建方，姜杰，等．多级组合加砂工艺主缝内支撑剂铺置规律[J]．油气井测试，2023，32(4)：1-9.
[16] 张潦源，曲占庆，吕明锟，等．不同支撑剂组合对复杂裂缝支撑效果的影响[J]．断块油气田，2021，28(2)：278-283.
[17] 刘汉斌，柏浩，唐梅荣，等．纳米变黏滑溜水黏弹携砂机理与渗吸性能[J]．钻井液与完井液，2022，39(5)：638-645.
[18] 胥云，雷群，陈铭，等．体积改造技术理论研究进展与发展方向[J]．石油勘探与开发，2018，45(5)：874-887.
[19] 蒋廷学，卞晓冰，孙川翔，等．深层页岩气地质工程一体化体积压裂关键技术及应用[J]．地球科学，2023，48(1)：1-13.
[20] 张矿生，慕立俊，陆红军，等．鄂尔多斯盆地页岩油水力压裂试验场建设概述及实践认识[J/OL]．钻采工艺，2024，47(3)：7-18.
[21] 鲁斌昌，刘蕊，胡广文，等．二氧化碳前置蓄能压裂在中深层低渗稠油中的应用[J]．钻采工艺，2023，46(5)：178-182.
[22] 姚红生，宋宗旭，唐建信，等．苏北盆地溱潼凹陷页岩油SD1井万吨级CO2压吞矿场试验及效果评价[J]．西安石油大学学报(自然科学版)，2023，38(5)：50-57.
[23] 李鸿儒，卢祥国，王晓燕，等．纳米驱油剂提高原油采收率效果及作用机理分析[J]．油田化学，2023，40(2)：305-311.
[24] 刘佳幸，胡晓蝶，田辉，等．玛湖致密油藏压裂驱油剂性能评价与应用[J]．化学工程，2023，51(5)：13-19.

脉冲注水提高采收率井筒应力分析研究

孟 勇 张广中 王 聪 罗 杨 刘晋伟 王 鹏

(中国石油化工股份有限公司胜利油田分公司石油工程技术研究院)

摘 要 为了进一步提高油气增产效果，研究提出了脉冲注水提高采收率技术，通过多重循环的高压脉冲注水，可以有效改变地层压力场，提升油藏产油潜能。但是周期性的高压脉冲载荷也为井筒安全生产带来了极大的挑战。本文主要分析了不同脉冲注入条件下套管-水泥环-地层系统的应力状态变化，建立了套管-水泥环-地层系统的组合有限元模型，考虑不同注水压力和脉冲频率，模拟套管和水泥层的瞬态应力变化。结果表明：随着注水频率的增大，套管和水泥环的应力有所下降，套管和水泥环的应力与注水压力基本成正比。

关键词 脉冲；采收率；应力；载荷；有限元

脉冲注水是针对砂岩油藏提高采收率技术的一种特殊措施，由于地面注水压力的脉冲变化，地层压力表现出升高和降低的趋势，通过调节注水压力和脉冲频率，经历多重循环，最终可以对不同的地层造成可观的增渗效果，达到提升油藏供油潜能、提高最终采收率的目的。随着周期注水技术的发展，人们开始考虑在实时变化内压条件下套管-水泥环-地层组合体的力学响应问题。前期研究表明在较高套管内压循环载荷条件下，经过一定数量轮次的加载/卸载循环后，水泥环在卸载过程中容易发生密封失效，套管内压循环载荷越大，水泥环密封失效所需的循环轮次越少。同时套管-水泥环界面在周期载荷作用下径向压应力收到残余应变的影响而降低，甚至会产生径向拉应力和界面微环隙，最终导致水泥环密封失效。新一代高压脉冲注水装置的注水压力能够达到30MPa，目前尚未有研究针对装置的结构瞬态响应进行分析，因此本文通过数值模拟分析了不同注水压力和脉冲频率条件下套管-水泥环-地层组合系统的应力变化，可以为高压脉冲注水装置的现场应用提供一定的参考。

1 模型建立

针对如图1所示完井后的套管-水泥环-地层组合系统示意图，对应的力学简化模型示意图如图2所示。其中套管-水泥环接触面称为第一界面，水泥环-地层接触面称为第二界面，系统同时受套管注水内压和周围非均匀地应力的作用。在弹性理论中，可以将该力学模型分为3组受力模型的叠加：含中心孔的无限远地层+水泥环+套管环。脉冲注水压力随时间变化的曲线如图2所示，在套管-水泥环-地层组合系统的瞬态应力分析中，我们也将施加类似形式的周期脉冲激励。

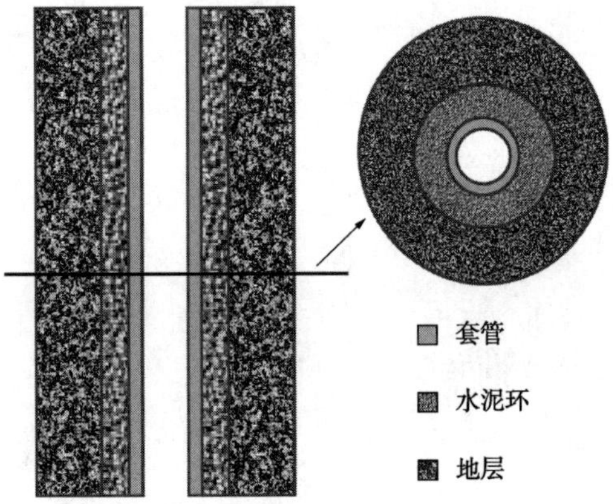

图1 套管-水泥环-地层示意图

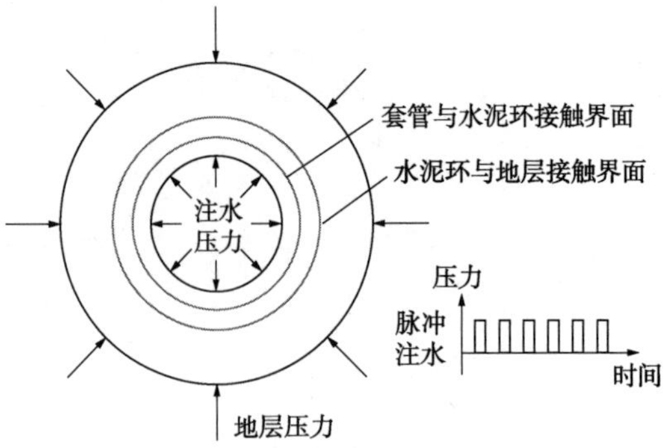

图2 简化力学模型和脉冲注水压力

高压脉冲注水装置可根据储层物性差别设置不同脉冲注水压力和频率，因此需要选择多种工况进行仿真模拟。研究中主要考虑了不同注水压力和不同脉冲频率两种工况。考虑不同注水压力的情况中注水压力分别为 10MPa、20MPa 和 30MPa，注水周期为 10s，即注水频率为 0.1Hz，此时应力随时间的变化曲线如图 3(a)所示。考虑不同脉冲注水频率时，选择 0.05Hz，0.1Hz 和 0.2Hz 三种情况，注水压力统一为 30MPa，如下图 3(b)所示。数值仿真中将针对上述六种工况分别进行瞬态分析，研究在不同脉冲注水压力和频率作用下套管和水泥环的应力响应和位移响应。

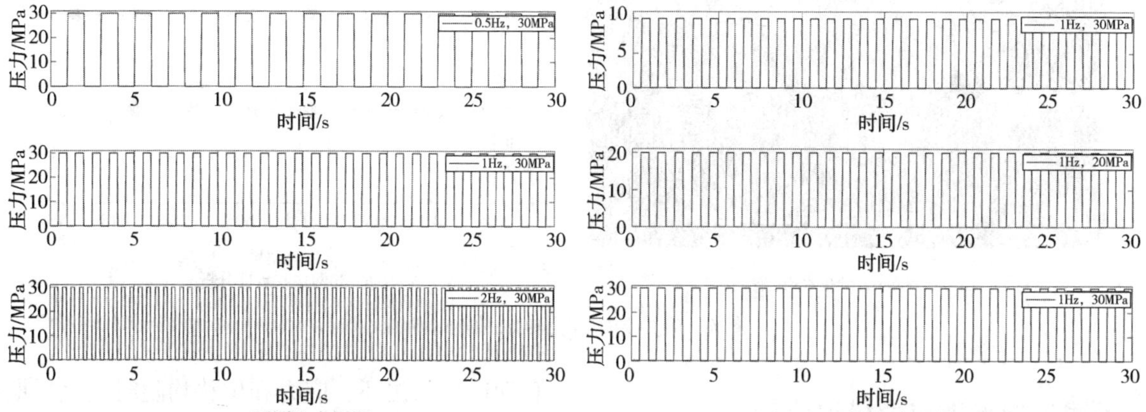

(a)不同注水周期　　(b)不同注水压力

图 3　周期脉冲注水压力随时间的变化曲线

2　有限元模型及网格收敛性分析

通过仿真软件 APDL 建立套管-水泥环-地层的有限元模型，有限元建模中二维模型采用 PLANE182 单元网络划分类型四边形映射网络。首先对模型进行网格划分，将二维模型分割为四边形几何形状，在此基础上，可以使用映射网络划分控制，将二维模型划分为规则的四边形网络，四边形单元相比于其他形状的单元有更高的积分精度和精确度。为保证计算结果的准确性，通过细化网络的方式确定结果是否达到收敛解，最终确定模型共有 29280 个节点，9960 个四边形网络单元。对结构所承受的载荷、边界和接触条件，通过接触对设置套管和水泥以及水泥和地层接触面的接触参数，摩擦系数为 0.2，法向惩罚刚度因子为 0.1，并设置刚度矩阵为非对称阵。模型划分后的网络如图 4 所示。固井结构各部分材料参数见表 1，使用表 1 材料参数进行仿真分析。

表 1　材料的参数

结构	内径/mm	外径/mm	弹性模量/Gpa	泊松比
套管	62.13	69.85	210	0.3
水泥环	69.85	122.95	10	0.226
地层(岩石)	122.95	349.25	0.05032	0.05

基于对地层-水泥环-套管组合体在体积压裂中的应力状态分析，有如下假设：

(1) 套管、水泥环、岩石都为均匀的各向同性弹性材料；

图 4　套管-水泥环-岩石模型网络

(2) 整个受力过程组合体内部各层接触界面位移连续，无相对滑动；

(3) 水泥环完整性无缺陷，泥饼已经清除且泥饼的影响可忽略；

(4) 地应力分布均匀；

(5) 模拟过程不考虑套管压力波动和水泥环的硬化、收缩。如图 5 所示为内压为 30MPa 静压时的应力分布云图和网格收敛性分析结构。从图 5a 中可以看出，应力主要集中在固井附近的区域，在远离固井的区域(3 倍直径)，这时候内压的影响已经可以忽略，因此选取的地层范围完全满足计算需要。从图 5b 中的收敛性分析可以看出，当网格数量超过 8000 个时，计算出的应力已经基本不发生变化，说明有限元的求解结果已经收敛，符合计算要求。

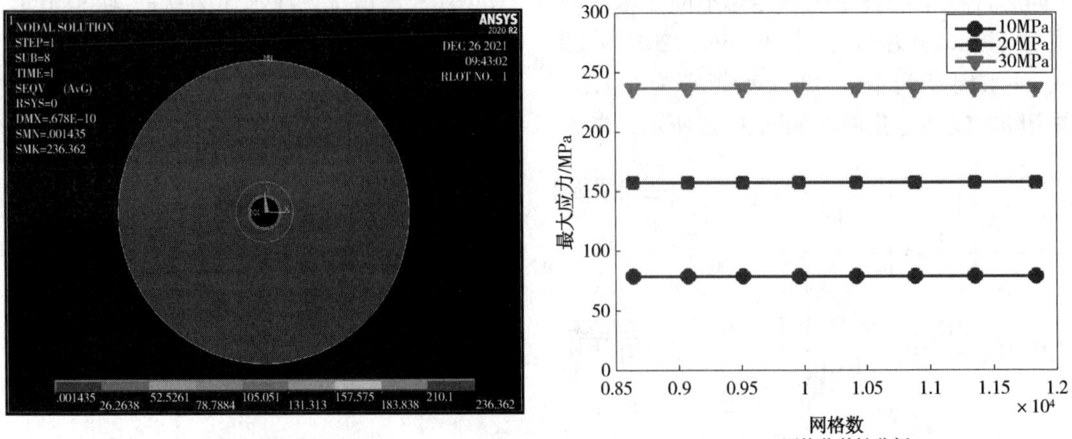

(a)应力分布云图　　(b)网格收敛性分析

图 5　应力分布和网格收敛性分析

3　不同工况参数应力模拟分析

首先研究不同脉冲注水频率对套管-水泥环-地层应力的影响。在套管内部施加不同的注水压力，通过瞬态分析获取套管和水泥环应力变化和位移变化情况。当注水频率为 0.05Hz，注水压力为 30MPa 时，套管和水泥环应力变化和位移变化分别如图 6(a-d)所示，其中红色线标注的是套管的应力和位移，蓝色线表示的是水泥环的应力和位移变化。从图中可以看出，无论是套管还是水泥环，应力和位移均随时间呈周期性变化，受到的应力先增大后减小。套管受到的最大应力为 240MPa 左右，水泥环受到的最大应力为 5MPa 左右；因为距离脉冲源不同距离处所受到的应力不同，所以套管受到的应力比水泥环大得多。套管的最大位移量为 0.07mm 左右，水泥环的最大位移量为 0.055mm 左右，可以看出套管发生的最大位移比水泥环大，但两者位移变化量相差很小。

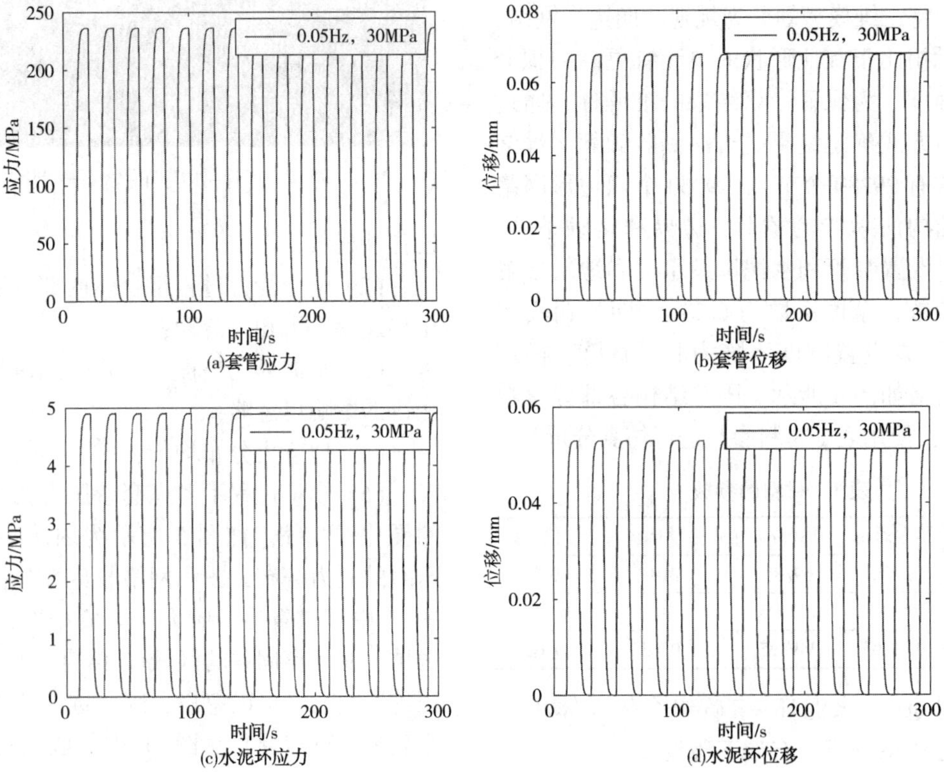

(a)套管应力　　(b)套管位移

(c)水泥环应力　　(d)水泥环位移

图 6　施加 0.05Hz、30MPa 注水时套管和水泥环的应力响应和位移响应

当高压脉冲注水装置的注水频率为 0.1Hz，注水压力为 30MPa 时，套管和水泥环应力和位移随时间的变化曲线如图 7 所示。对比图 6 和图 7 中的曲线，不仅可以看出应力响应和位移响应的周期发生了改变，应力和位移的幅值也发生了变化，套管受到的最大应力为 240MPa 左右，水泥环受到的最大应力为 5.5MPa 左右；套管发生的最大位移量约为 0.07mm，水泥环发生的最大位移量约为 0.05mm。

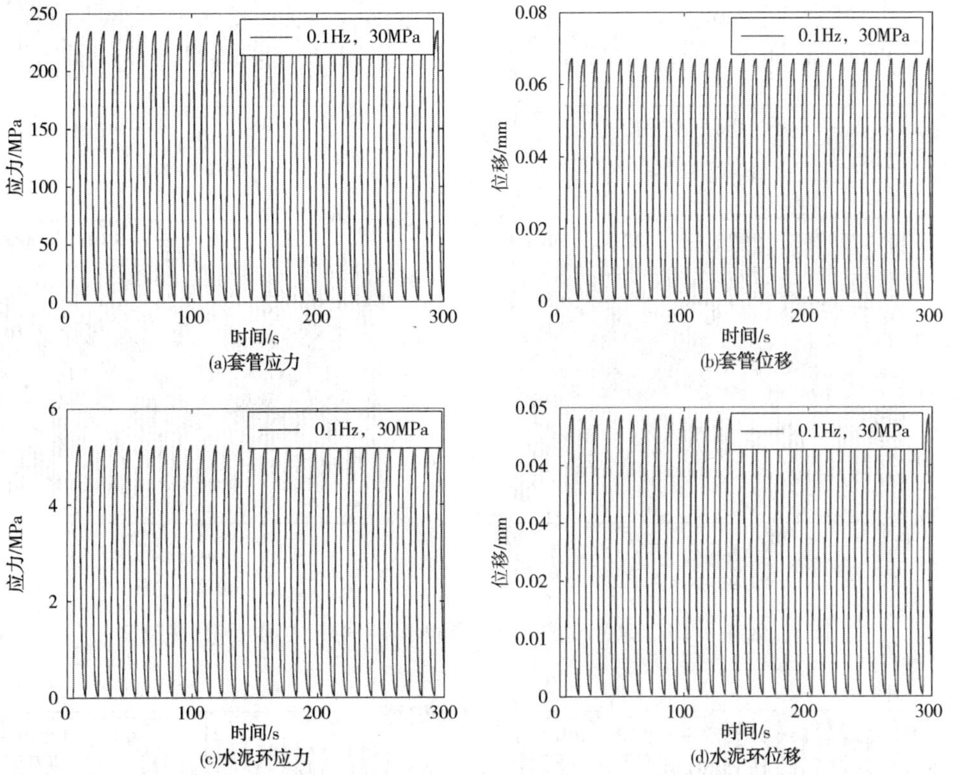

图 7　施加 0.1Hz、30MPa 注水时套管和水泥环的应力响应和位移响应

考虑 0.2Hz、30MPa 工况下套管水泥环受力情况和位移情况如图 8 所示。图 8(a)和(b)分别给出了套管应力随时间的变化曲线和位移随时间变化的曲线，图 8(c)和(d)分别给出了水泥环应力随时间的变化曲线和位移随时间变化的曲线。从图中可以看出，套管受到的最大应力为 220MPa 左右，水泥环受到的最大应力为 4.8MPa 左右；套管发生的最大位移为 0.06mm 左右，水泥环发生的最大位移为 0.045mm 左右；与 0.1Hz、30MPa 工况相比，套管和水泥环所受到的最大应力减小了 9%。

如图 9 所示为施加 0.1Hz、30MPa 注水时套管和水泥环的应力响应和位移响应，0.1Hz、10MPa 工况下套管水泥环受力情况和位移情况，四张图为频率为 1Hz、10MPa 工况下，套管和水泥环所受应力随时间的变化曲线和位移随时间变化的曲线。可以得出应力和位移随时间大体呈正弦函数变化；可以看出套管和水泥环受到的应力比在 30MPa 工况下小很多，套管受到的最大应力约为 80MPa，水泥环受到的最大应力约为 1.75MPa。可以看出套管发生的最大位移为 0.025mm，水泥环发生的最大位移为 0.0155mm，两者相差很小。相比 30MPa 下的位移，10MPa 的位移量缩小了将近三倍，说明作用在套管水泥环上的应力越大，发生的位移越大。

最后我们计算了注水频率为 0.1Hz，注水压力为 20MPa 时套管水泥环应力和位移瞬态变化曲线，如图 10 所示。根据图中的数据可以看出，套管和水泥环所受到的应力比 0.1Hz、10MPa 的工况下增加了一倍多，说明作用在套管水泥环上的载荷大小与它们受到的应力大小成比例。可以看出套管的最大位移约为 0.05mm，水泥环的最大位移约为 0.033mm，两者位移相差很小，因为套管距离脉冲源更近，所以套管受到的应力更大，发生的位移变化量也更大。

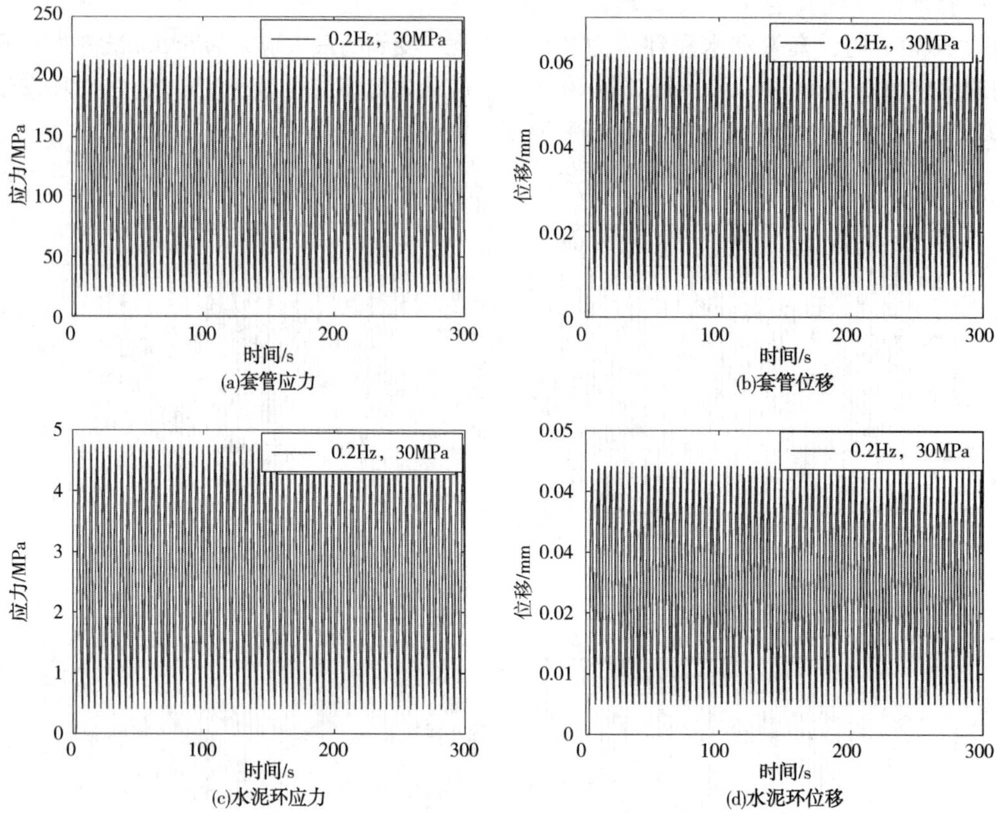

图 8　施加 0.2Hz、30MPa 注水时套管和水泥环的应力响应和位移响应

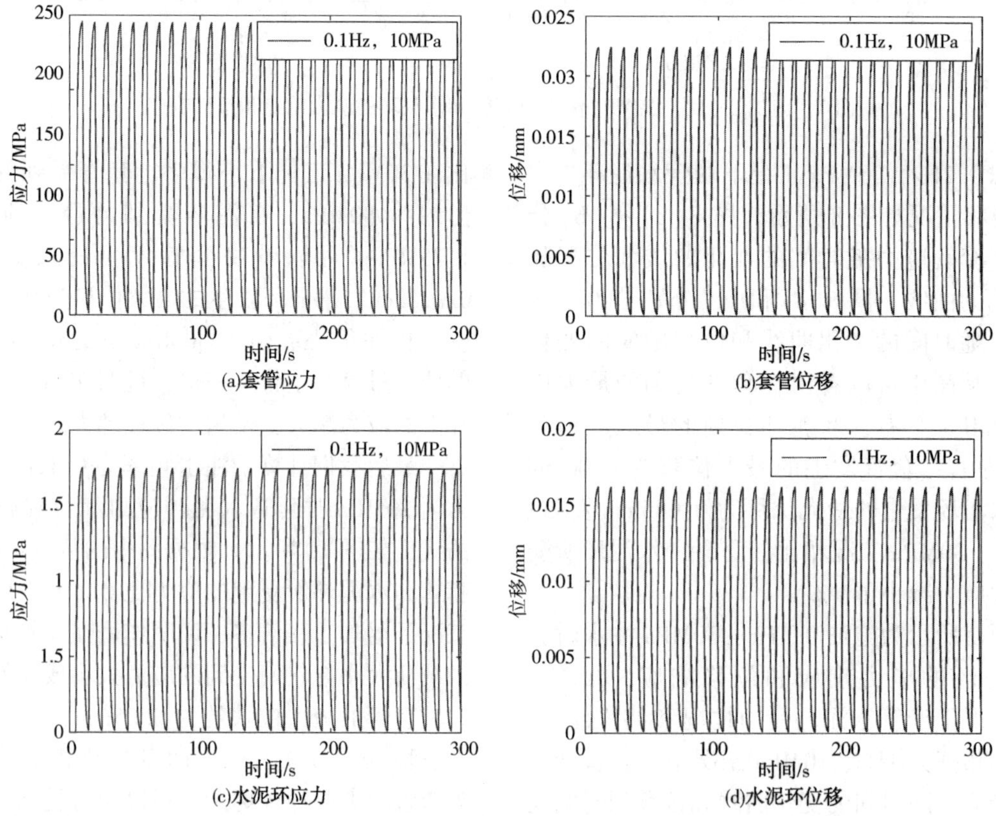

图 9　施加 0.1Hz、10MPa 注水时套管和水泥环的应力响应和位移响应

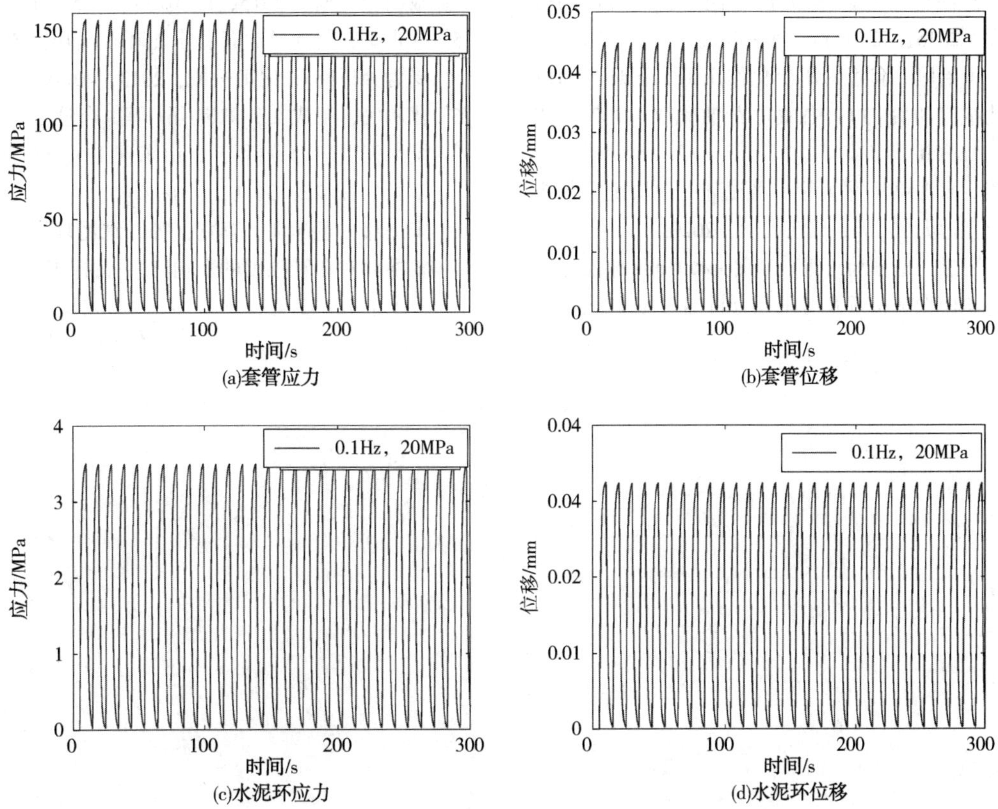

图 10　施加 0.1Hz、20MPa 注水时套管和水泥环的应力响应和位移响应

不同工况下套管水泥环最大应力和套管水泥环最大位移分别如表 2 和表 3 所示。从计算结果中可以看出，随着注水频率的增大，套管和水泥环的应力有所下降，从 0.05Hz 升到 0.2Hz 时，套管的应力下降了约 10%，水泥环的应力下降了约 14.6%。套管和水泥环的应力与注水压力基本成正比。

表 2　不同工况下套管水泥环最大应力(MPa)

工况	套管	水泥环
0.05Hz、30MPa	239.72	5.56
0.1Hz、10MPa	78.32	1.75
0.1Hz、20MPa	156.48	3.50
0.1Hz、30MPa	234.72	5.26
0.2Hz、30MPa	214.14	4.75

表 3　不同工况下套管水泥环最大位移(mm)

工况	套管	水泥环
0.05Hz、30MPa	0.068	0.049
0.1Hz、10MPa	0.023	0.016
0.1Hz、20MPa	0.045	0.033
0.1Hz、30MPa	0.067	0.049
0.2Hz、30MPa	0.064	0.044

由表 2 表 3 可以得出，随着内载荷的增大，套管和水泥环所受的应力和位移也都越来越大。套管和水泥环所受应力和位移随内载荷近似呈线性增大。

4　结论与认识

本文主要研究了套管-水泥环-地层组合结构在周期脉冲注水作用下的瞬态分析，考虑不同的工况，包括为 0.1Hz 10MPa、0.1Hz 20MPa、0.1Hz 30MPa 工况下应力随时间的变化曲线，以及 0.05Hz 30MPa、0.1Hz 30MPa、0.2Hz 30MPa 不同工况的脉冲激励下，套管和水泥环的应力、变形响应。研究表明：随着注水频率的增大，套管和水泥环的应力有所下降，从 0.05Hz 升到 0.2Hz 时，套管的应力下降了约 10%，水泥环的应力下降了约 14.6%。套管和水泥环的应力与注水压力基本成正比，随着内载荷的增大，套管和水泥环所受的应力和位移也都越来越大，套管和水泥环所受应力和位移随内载荷近似呈线性增大。

参考文献

[1] 初纬，沈吉云，杨云飞，等．连续变化内压下套

管-水泥环-围岩组合体微环隙计算[J]. 石油勘探与开发, 2015, 42(03): 379-385.
[2] 沈炜, 王治国. 套管内压变化作用下水泥环界面胶结劣化试验研究[J]. 内蒙古石油化工, 2021, 47(06): 16-20.
[3] 曲路路. 高温高压井套管—水泥环—地层组合体应力变化规律研究[D]. 长江大学, 2020.
[4] 袁军, 冯进, 刘华为, 等. 套管-水泥环-地层完备系统力学模型解析解及有限元分析[J]. 长江大学学报(自科版), 2015, 12(01): 52-56+5.
[5] 杜永军, 苗春环. 套管水泥环在高压注水条件下的受力分析[J]. 化工机械, 2013, 40(04): 449-451.
[6] 曹利民, 王成文, 刘宝山, 等. 套管-水泥-地层系统水泥层应力分析[J]. 山东理工大学学报(自然科学版), 2022, 36(01): 1-7.
[7] 宋烨炜, 董泽训, 李宽, 等. 水泥环参数和套管形状参数对套管强度的影响[J]. 钻探工程, 2021, 48(02): 70-77.

松辽盆地青山口组页岩油储层压裂改造技术研究与实践

刘银仓　肖　兵　庄立朋

(中石化中原石油工程有限公司)

摘　要　该论文通过对松辽盆地北部青山口组页岩油储层压裂改造技术研究和成功实践，形成了一套适用于该地区页岩油储层压裂改造技术，该技术为国内页岩油储层压裂改造提供技术借鉴，文中对该地区页岩油储层特征和可压性进行分析；根据可压性评价结果针对性提出压裂改造措施，研制了酸性低伤害混合压裂液技术体系；通过优化压裂施工参数，形成了“多粒径支撑剂组合+纤维加砂+混合压裂液交替变排量注入”的高导流体积缝网压裂工艺；利用前置液态二氧化碳增能和优化返排制度来提高压后返排率技术，实现了页岩油储层高导流体积缝网压裂改造的目的。该技术在松辽盆地北部压裂3口井(21层段)，压后均达到工业油流，实现了国内陆相页岩油勘探开发重大突破，具有显著的经济和社会效益。

关键词　松辽盆地；页岩油；压裂；高导流；体积缝网

1　前言

页岩油是以孔隙、裂缝等为主要储集空间，特低孔、低渗、自生自储连续型油藏。

中国页岩(致密)油可采储量44.1亿吨，占石油资源量的10%左右，主要分布在松辽、渤海湾、鄂尔多斯、四川盆地等。其中松辽盆地可采资源量15.7亿吨(EIA，2013)，占中国资源量的36%，是我国今后生物能源的主要开发方向。

大庆油田对松辽盆地页岩油进行过多年探索，没有实质性突破，在储层压裂改造方面存在诸多难题：(1)对目的层可压性评价分析研究较少；(2)储层黏土矿物含量很高，容易受压裂液伤害；(3)地层塑性，支撑剂嵌入程度高、加砂难度大；(4)水平应力差大及自然裂缝欠发育，难以形成非常规页岩油气体积压裂的缝网体系。针对上述存在的的问题对页岩油储层压裂改造技术进行系列研究，经现场应用实践，基本形成松辽盆地北部页岩油储层压裂改造技术，为该区块页岩油勘探开发提供了示范技术。

2　松辽盆地北部青山口组页岩油储层可压性评价

2.1　地质概况

松辽盆地是晚中生代裂谷盆地，面积为$26\times10^4km^2$，是目前世界上已发现的油气资源极为丰富的陆相沉积盆地。石青山口组(页岩油)为陆相碎屑夹油页岩建造。生油层是嫩江和青山口组，虽然有机质丰度也较好，但成熟度较低，主体凹陷区仅为0.7%~0.8%，刚刚进入成熟阶段。青山口组是主要生油层，有机质丰度好，成熟度高，凹陷主体区Ro为1.0%~2.0%，青山口组一段成熟度高，是页岩油勘探的重点层系。

青山口组青一段暗色泥岩石英等陆源碎屑平均含量为38%；碳酸盐沉积为11.1%；黏土矿物含量为41%，以蒙脱石、伊利石、伊/蒙混层为主；石英等脆性矿物含量41%~50%，天然裂缝欠发育，为纯基质型泥页岩，青一段钻井泥浆密度$1.2g/cm^3$，根据测井资料计算地层压力系数1.1左右，常压地层。

2.2　青山口组储层可压性分析

一般认为页岩储层脆性特征指数≥40%以上易形成复杂体积裂缝，脆性指数越高越易形成复杂体积裂缝，天然裂缝被水力压裂拓宽是取得复杂体积裂缝关键。

2.2.1　岩石脆性分析

岩石脆性指数表现岩石发生破裂前瞬态快慢变化(难易)程度，一般脆性指数相对高的储层对水力压裂可以迅速形成复杂的体积裂缝；脆性指数较低的储层则容易形成两翼裂缝，岩石的脆性指数是储层压裂裂缝形状关键参数。

常见的石英、方解石、碳酸盐岩和粘土矿物，其中石英的脆性指数最高，碳酸盐岩、方解石脆性指数为一般，粘土脆性指数最低。

从X衍射全岩分析得到：青山口组松页油1、2井的石英含量36%~38%，黏土矿物含量35%~40%。松页油1井和2井的岩石矿物脆性指数大约41%~52%之间，平均为46.5%。

2.2.2 岩石应力参数

岩石应力参数泊松比高低反映了储层岩石在外力作用下抗破裂能力，弹性模量越高，泊松比越低的储层，越易形成复杂缝网。

通过偶极声波测井数据分析松页油1井青一段：泊松比为0.33~0.34，杨氏模量为2.26~2.57Mpsi，脆性指数为39.08%，破裂压力为57.17~59.47MPa，孔隙压力系数为1.1，最大水平主应力47.1MPa、最小主应力40.0MPa，最大与最小应力差7.1MPa，应力系数差异在0.16~0.18之间，低于20%。在常规压裂液的基础上、采用独特的泵注程序和压裂纤维（聚团复合材料），使普通的支撑剂颗粒固结成团，团与团之间实现厘米级的大通道，从而在裂缝内形成高导流能力的通道，比常规压裂要高出10~100倍。

通过偶极声波测井松页油2井青一段：泊松比为0.33~0.37，杨氏模量为1.92~2.46Mpsi，脆性指数为29.70%~35.46%，破裂压力为47.39~54.44MPa，孔隙压力系数为1.0~1.1，最小水平主应力为35.32~36.52MPa，水平最大主应力43.7MPa水平应力差在6.5~8MPa之间，应力差异系数在0.16~0.2之间，低于20%，松页油1、2井具有形成两翼对称缝的可能性。

2.2.3 可压性分析

通过以上综合分析，青山口组页岩储层黏土含量偏高，岩石脆性指数在40%~50%之间，地层偏塑性；在岩石力学分析方面，泊松比大（0.33~0.37，均大于0.25），杨氏模量小（15.2~17.7Gpa，均小于20.7Gpa），最大水平应力与最小水平应力差值较大（在8~10MPa），应力差异系数低于20%；易形成水平缝。根据网络裂缝形成条件中各参数指标可以看出，形成复杂体积缝网的可压性一般。

3 酸基混合压裂液体系技术研究

3.1 储层敏感性实验分析

取青一段岩心做“五敏实验”测试，为确定压裂液类型指明方向。五敏实验（表1）表明：松辽盆地北部青山口组青一段页岩油储层岩心水敏、速敏和盐敏中偏弱，酸敏偏弱，碱敏偏强。

表1 页岩油储层岩心五敏实验结果表

项目	检测结果	结论
水敏性	Iw%=43.5	中等偏弱
速敏性	DKI%=46	中等偏弱
盐敏性	CO%=38.5	中等偏弱
酸敏性	IB%=17.4	偏弱
碱敏性	Ia%=68.3	偏强

3.2 酸基混合压裂液技术

通过岩心五敏实验数据分析，压裂液应选酸性基压裂液体系，其压裂液的性能要满足利于缝网形成，与储层流体配伍性好，低黏度弹性好，降阻率性能好，低残渣、返排率高等。

3.2.1 酸基低伤害压裂液技术配方组成

为此在考虑压裂液性能要求的情况下，借鉴美国30多年页岩油气压裂实践经验，选择了滑溜水和酸性交联液混合压裂液体系。

低黏酸性交联液体系组成：0.35%CMHPG+0.50%高温黏土稳定剂+0.3%助排剂+0.10%杀菌剂+0.1%破乳剂+0.60%pH调节剂+0.55%酸性交联剂+破胶剂。

滑溜水体系组成：降阻剂0.08%+0.50%高温黏土稳定剂+0.3%助排剂。

3.2.2 低伤害压裂液性能参数（表2、表3）

表2 酸基低伤害压裂液各项性能指标

序号	项目	实验条件	性能数据
1	基液黏度	在30℃水浴中恒温3.5h，用六速旋转黏度计测定	51MPa·s
2	基液pH值	pH试纸常温下测得	4~6
3	交联时间	交联挑挂试验	55s
4	流变性	在105℃、170s^{-1}下连续剪切100min	170MPa·s

续表

序号	项目	实验条件	性能数据
5	破胶性能检测	密闭容器置于105℃烘箱中加热，100min后取出冷却至室温，冻胶破胶彻底，毛细管黏度计测	黏度1.72MPa·s表面张力27.8mN/m、界面张力1.43mN/m
6	携砂性能检测	加热至120℃，在量筒中分别静置沉降240min、180min、80min	20%砂比静置4h不沉淀
7	残渣含量测定	取100mL上述破胶液放入离心机内，在4000r/min情况下离心40min。在温度100℃条件下烘干至恒重	平均173mg/L
8	防膨率	105℃下岩心膨胀率	87.4%

表3　滑溜水体系性能指标

序号	测试项目	实验条件	测试数据
1	基液黏度	在30℃水浴中恒温4h，用六速旋转黏度计测试	3MPa·s
2	基液pH值	pH试纸常温下测得	6~7
3	表面张力	表界面张力仪，常温	24.8mN/m
4	界面张力	表界面张力仪，常温	1.83mN/m
5	防膨率	105℃下岩心膨胀率	89.6%
6	减阻率	常温，减阻仪	73.6%

4　高导流复杂缝网压裂工艺技术研究

为了形成复杂裂缝体系，在“大液量、大砂量、大排量、多粒径”的体积压裂理念中，优化采用滑溜水+冻胶液混合压裂液体系和变排量施工技术，促使裂缝复杂网络化。但如何形成高导流裂缝，需要优化支撑剂最大限度的增加缝宽，研究可降解纤维加砂工艺。

4.1　不同支撑剂导流能力研究

运用软件模拟40/70目的石英砂、覆膜石英砂与陶粒在相同条件下裂缝的导流能力，模拟结果见表4。

表4　40/70目导流能力对比表

闭合压力/MPa	40/70目导流能力/(mD·m)		
	石英砂	覆膜石英砂	陶粒
30	93.45	153.25.	200.07
40	71.78	124.50	161.80
50	50.23	98.23	126.52
60	28.56	71.06	98.34
70	15.58	51.37	72.46
80	7.12	31.25	58.75

相同粒径下，陶粒的导流能力大于覆膜石英砂和石英砂，覆膜石英砂的导流能力又大于石英砂，在闭合压力达到50MPa时，石英砂破损率高连通储层的油气运移通道能力差，由于松辽盆地北部页岩油储层闭合压力约45MPa，所以优选覆膜砂或陶粒为该储层的支撑剂。

4.2　支撑剂粒径组合对导流能力的影响

运用Meyer软件进行模拟在不同闭合压力条件下，支撑剂的粒径组合对导流能力的影响，得到(表5)模拟计算结果。

随压力增加，30/50目单一粒径导流能力下降速度高于组合粒径的支撑剂。，但是增加的幅度不同。在较低闭合压力(50MPa以下)条件下，40/70目(占比80%)+30/50目(占比20%)的导流能力比40/70目的导流能力有较大幅度的提高，继续增加30/50目的比例到40%，导流能力增加幅度很小，再继续增加30/50目的比例到80%，其导流能力相比20/40目的比例为40%的导流能力增加较大。

考虑到松辽盆地北部页岩油储层闭合应力在40~50MPa，优选最佳支撑剂组合为100目支撑剂为段塞+40/70目(80%)+30/50目(20%)为支撑裂缝。

表 5　30/50 目+20/40 目不同组合的导流能力

闭合压力/MPa	导流能力/(mD·m)					
	40/70 目 100%	40/70 目 80%+30/50 目 20%	40/70 目 60%+30/50 目 40%	40/70 目 40%+30/50 目 60%	40/70 目 20%+30/50 目 80%	30/50 目 100%
30	159.34	193.80	206.06	218.02	247.56	279.16
40	123.23	161.83	182.58	196.90	217.16	247.78
50	84.90	126.84	143.54	159.67	186.67	212.78
60	62.32	93.74	113.66	127.68	157.45	179.89
70	45.87	68.32	85.70	99.87	124.68	143.45
80	31.34	43.67	51.67	63.89	81.09	92.70

4.3　多粒径加砂模式研究

高导流复杂缝网以设计采用“分支缝网+高导流主裂缝”组合压裂方式，以进一步增大致密油泄油体积，提高压后产能。依次加入 100 目支撑剂段塞+40/70 目树脂覆膜石英砂+30/50 目树脂覆膜石英砂，利用 100 粉陶段塞，40/70 目树脂覆膜石英砂及 30/50 目树脂覆膜石英砂支撑剂组合多尺度支撑工艺实现“分支缝网+高导流主裂缝”。

采用多粒径支撑剂，起到对多级裂缝封堵、降滤和支撑作用。小粒径有利于提高小微裂缝向远井纵深支撑。随闭合压力的提高，小粒径支与大粒径支撑剂导流能力的差异变小，可获得比大粒径支撑剂更大的导流能力。

值得指出的是，在 40/70 目阶段前，加入 70/140 目的小粒径支撑剂段塞，封堵微裂缝，降低压裂液滤失，便于扩展主裂缝，增加改造体积；每次小粒径段塞进入地层后，施工压力均有明显程度的上升，缝内净压力提高迫使天然裂缝张开，可形成新裂缝或裂缝转向，对于形成复杂体积裂缝有重要作用。

4.4　纤维加砂工艺技术

由于压裂施工过程中的支撑剂沉降和压裂施工后裂缝闭合时的支撑剂嵌入问题都会导致裂缝导流能力的急剧下降，从而严重影响储层改造效果，造成压后产量降低。针对此类问题，采取大排量、大液量的施工模式和压裂液体系的优选是比较有效的办法，但是这两种方法无法解决支撑剂在裂缝中的沉降和不能均匀铺置的问题，为此采取了压裂施工过程中添加纤维的手段。纤维加砂工艺技术是在压裂液中加入优选纤维，该技术中加入的纤维能够降低支撑剂沉降速度，提高砂比，提高裂缝有效铺置长度和浓度，降低由于闭合压力造成支撑剂破碎、嵌入等对裂缝导流能力带来的伤害。针对松辽盆地页岩油储层特征，对纤维加量、加入方式优化。

① 纤维加量优化

纤维对于纤维脉冲加砂压裂至关重要，加入纤维后，增强了支撑剂柱的稳定性，不加纤维的支撑剂柱在闭合压力的作用下，变形严重，使得支撑裂缝内的通道减小，导流能力降低。根据室内试验选择铺砂浓度为 $5kg/m^2$ 来研究不同纤维加入比例对纤维脉冲加砂压裂裂缝导流能力的影响，如图 1 所示。

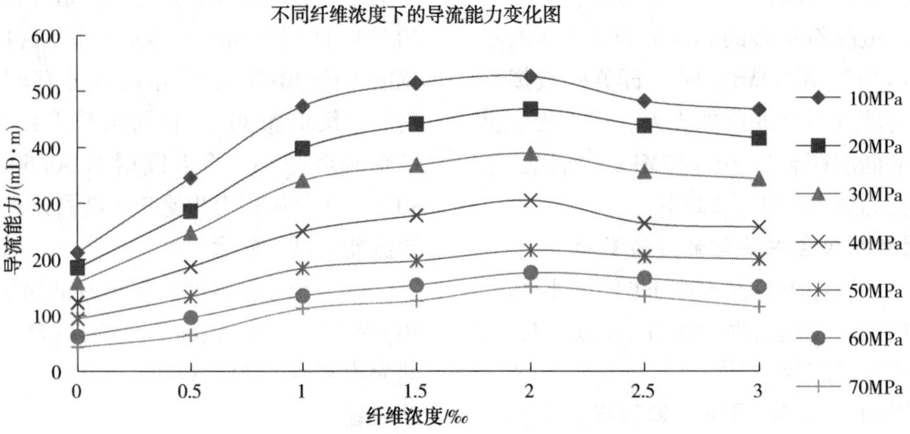

图 1　不同纤维浓度下的导流能力图

从上图可以看出随着纤维比例的增加，裂缝导流能力增大。加入纤维后，支撑剂柱的稳定性强，支撑剂柱的变形小，承受闭合压力的影响的能力增强，从而裂缝内通道减小幅度降低，故导流能力增大。但随着纤维加入比例的增大，裂缝导流能力的增幅减小。考虑经济效益，加入适量纤维即可。继续增大纤维加入比例，对导流能力的变化影响不大。不同的纤维浓度对导流能力影响程度不一样，纤维有一个最佳浓度。针对松辽盆地页岩油储层闭合压力 40～50MPa 下，最佳的纤维浓度为 1‰～2‰左右。

② 脉冲间隔时间优化

采用不连续加砂技术，支撑剂铺置后形成点或不连续的小面积支撑，形成开放通道，大幅提高了导流能力。

从相关试验可以看出支撑剂脉冲的注入时间对砂堤形态的影响较大，随着支撑剂脉冲的注入时间减小。砂堤趋于平缓。分别测量 6 个支撑剂脉冲注入时间下形成的支撑剂铺置的通道率，结果如图 2 所示。

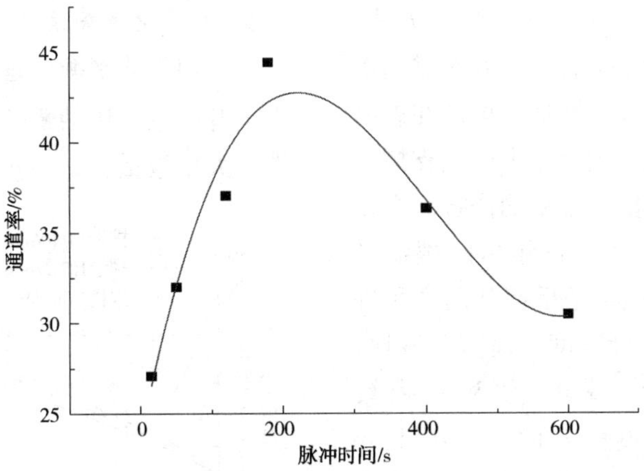

图 2　脉冲时间与通道率关系图

根据上述结果，结合压裂设备的能力，当纤维脉冲间隔为 1.5～2.5min 时能达到理想的铺砂浓度剖面。

4.5　滑溜水和冻胶暂堵构建复杂微缝网技术

缝网形态和人工裂缝缝长受压裂液黏度的影响很大，滑溜水穿透小微裂隙能力强，而高黏液进入小微裂缝困难。因此，充分利用好不同黏度压裂液的优点，采用低黏滑溜水+高黏冻胶液混合压裂液进行变黏度注入，从而实现缝复杂裂缝连通效果，达到最大限度形成复杂裂缝改造体积。

页岩油储层层理发育，液体滤失大，在滑溜水加砂阶段交替注入 2～3 次高黏冻胶液携砂段塞(图 3)，起到暂堵转向作用，提高裂缝净压力，并利用“黏滞指进”效应，后一级滑溜水快速呈指状继续延伸小微裂缝，再通过高黏冻胶使主裂缝继续前推。多级循环注入，实现复杂裂缝。

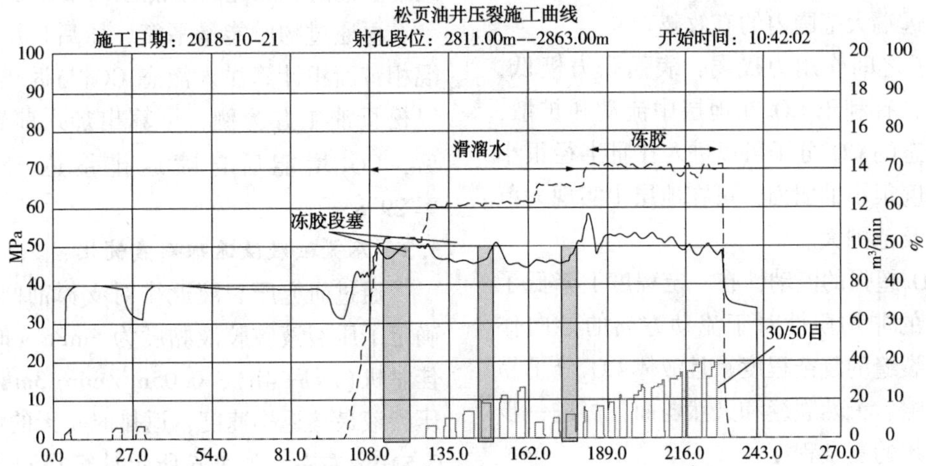

图 3　高黏胶砂段塞曲线图

4.6 变排量打造体积缝网技术

为了提高压裂液的效率、构筑体积缝网、增大裂缝复杂程度，页岩油气施工现场一般采用大排量（12～14m^3/min）进行压裂。当排量处于变化状态的时候，施工净压力不断升高，人工缝更容易和天然缝或层理发生沟通。采用4-6-8-10-12-13-14m^3/min提排量的方式，缝宽增大，易于加砂，增加了缝网复杂程度和裂缝的改造体积。

4.7 纤维加砂建立高导流主缝分支缝技术

在高砂比加砂阶段，采用脉冲式注入方式，加入0.1%～0.2%的可降解纤维，避免支撑剂沉降导致的裂缝导流能力下降，增加支撑剂在裂缝内的填充宽度，并降低由于闭合压力造成支撑剂破碎、嵌入等对裂缝导流能力带来的伤害。在闭合压力为40～50MPa时，加入纤维后的裂缝导流能力提高40%～60%。施工中后期利用高黏冻胶增加主缝和分支缝的裂缝宽度，提高砂液比，40/70目树脂覆膜石英砂支撑分支缝和主裂缝，尾追30/50目树脂覆膜石英砂，在缝口形成高导流主裂缝，形成多尺度的"分支缝网+高导流主裂缝"的缝网体系。

5 提高返排率压裂技术研究

5.1 前置液态CO_2压裂增注技术研究

针对青山组页岩油储层压力系数低，破胶液返排困难，压裂前注入液态的CO_2，补充地层能量和提高压裂液返排能力，减少压裂液在储层的时间，减少对地层的伤害。另外CO_2在一定的排量条件下便可维持在中、远井地带破岩所需的净压力，实现远端大范围内的有效破岩。

CO_2分子之间作用力极弱，表面张力极低，流动性极强，有利于CO_2在地层中流动和扩散，且超临界状态的CO_2分子可以进入孔吼半径很小的孔隙和开度很小的弱面，可在地层中实现大范围穿透，波及范围大。

液体CO_2超强的流动性在一定程度上降低了应力、物性的非均质性对于流动方向的导向作用，增加了裂缝的复杂程度，且液体CO_2分子易于进入微孔隙、天然裂缝和天然弱面，可进一步增加裂缝系统的复杂程度。

超临界CO_2超高的净压力保留容易克服岩石内聚力，形成复杂的剪切裂缝网络，形成深度剪切位移，依靠糙面支撑和岩屑支撑，即使在高闭合应力条件下依然可保持较高的导流能力。

CO_2射流效应可改变岩石微观结构，冲刷或溶蚀填充在孔隙空间内的黏土、有机质等，且形成的微酸性环境可以抑制黏土矿物膨胀，同时低温冷却效应也能降低岩石的破裂压力。

CO_2与原油有很好的互溶性，能显著降低原油黏度，可降低到原黏度的1/10左右。原油初始黏度越高，降低后的黏度差越大，黏度降低后原油流动能力增大，提高原油产量。

5.2 二氧化碳加注量优化

利用物质平衡原理计算CO_2用液量与地层压力上升关系，用油藏数值模拟方法，计算二氧化碳最大用液量，如图4所示。

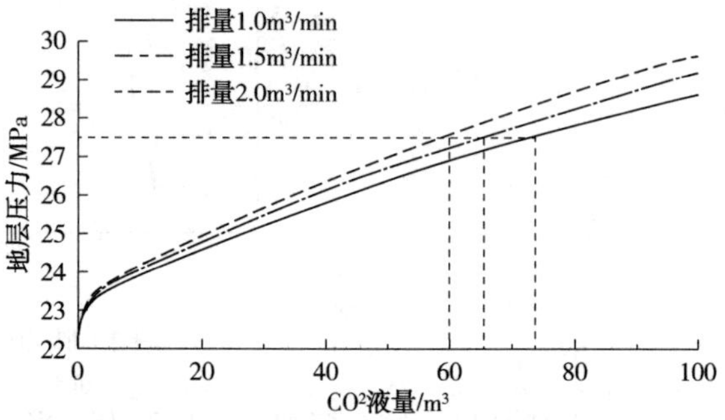

图4 二氧化碳注入量与地层压力的关系

随着前置液态二氧化碳注入量的增加，地层压力也不断上升，当达到CO_2与原油混和相压力时，为最优二氧化碳注入量。从上图也可以看到，在注入排量在1～2m^3/min，在松页油井地层二氧化碳与原油的混相压力27.9MPa，优化得到前置液态二氧化碳增能注入量在65～75m^3。

再通过物质能量平衡、压后地层压力变化、混相带面积计算注入液态CO_2与返排量的关系。以松页油1井为例，可算出加入前置液态CO_2后，CO_2增能后自喷返排量达550m^3（返排率29.8%）。

5.3 压裂破胶液返排制度优化

通过研究压裂液返排对支撑剂回流的影响，确定了压裂液破胶液黏度为5mPa.s时为返排最佳时机（压后4h），0.05m^3/min（3m^3/h）为初期压裂液最佳返排速度，返排时每天的压降控制在0.5MPa左右。如表6所示计算得到不同井口压力下的放喷制度。

表 6　返排制度优化表

工作制度	压力/MPa	排量/(m^3/min)	备注
2mm 油嘴	>20	≤0.05	初期
3mm 油嘴	10~20	0.05-0.1	中期
4mm 油嘴	5~10		
5-8mm 油嘴	2~5	0.1-0.15	后期
敞放	<2		

6　压裂施工参数优化

针对松页油井黏土矿物含量高、地层偏塑性、加砂难、缝宽小等特点，应用压裂软件模拟水力裂缝最优改造体积及裂缝导流能力，通过参数优化与压裂设计模拟结对比，综合优选合适的规模、排量、砂比等参数。

6.1　压裂施工排量优化

在施工规模、砂比等其他条件不变的情况下，模拟了不同排量条件下改造体积的变化(图 5)，选择最优的排量。计算结果表明，排量 8.0~12.0m^3/min 随着增加，改造体积增加较为迅速，但当排量超过 12.0m^3/min 后，随排量增加，改造体积的趋于稳定，增加很小。结合现场施工管柱摩阻，故选择 12.0~14.0m^3/min 为优选的排量。

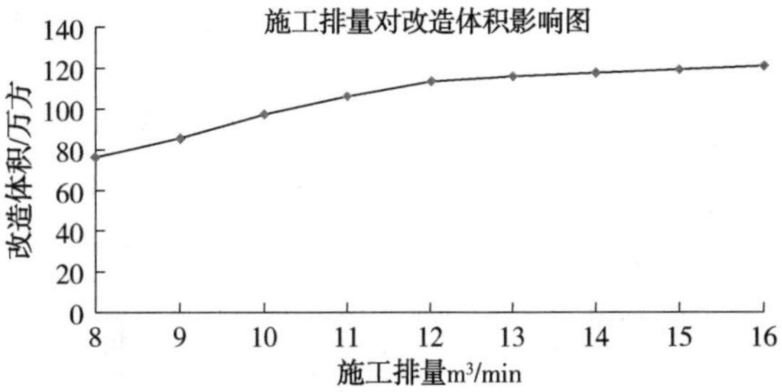

图 5　排量与改造体积的关系曲线图

6.2　压裂加砂规模优化

应用压裂软件模拟了不同施工规模分别为 1200m^3 总液量+60m^3 砂量、1400m^3 总液量+70m^3 砂量、1600m^3 总液量+80m^3 砂量、1800m^3 总液量+90m^3 砂量时支撑半缝长的变化，如表 7 所示，模拟的裂缝剖面如图 6-9 所示。随着加施工规模的增加，支撑半缝长不断增加，但增加的趋势逐渐减缓。根据压裂优化半缝长 240m，因此合理的施工规模为：总液量 1600m^3+砂量 80m^3。

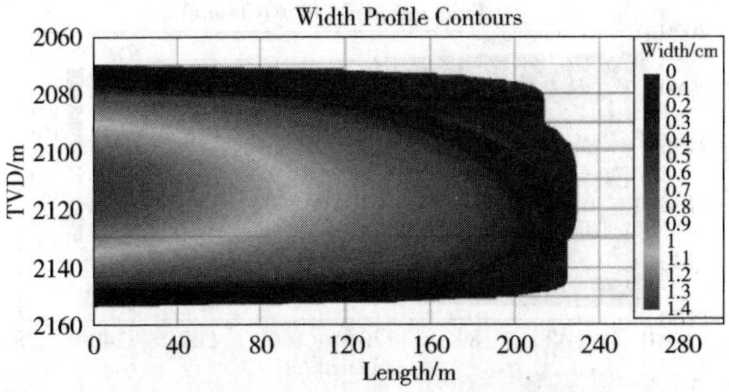

图 6　1200m^3 总液量+60m^3 砂量裂缝形态

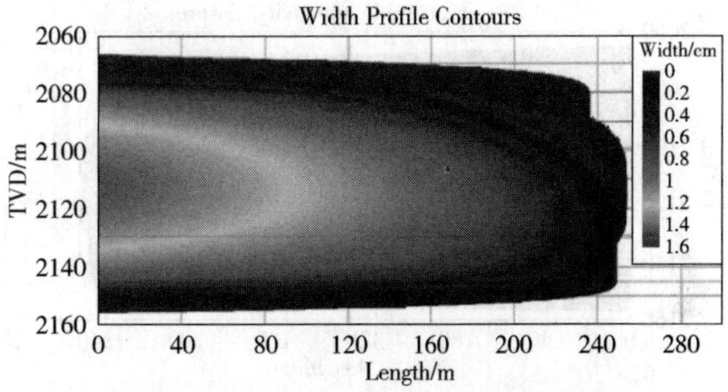

图 7　1400m^3 总液量+70m^3 砂量裂缝形态

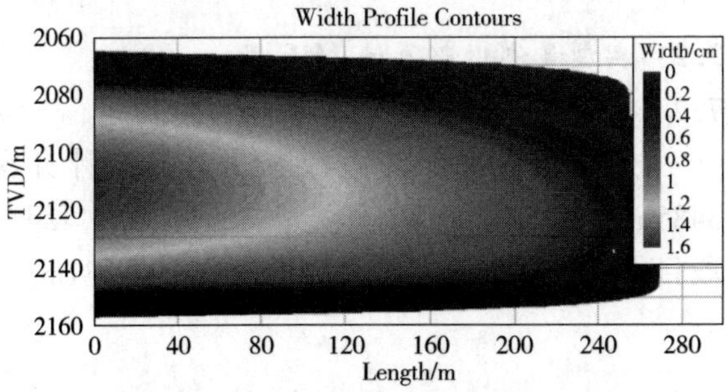

图 8　1600m^3 总液量+80m^3 砂量裂缝形态

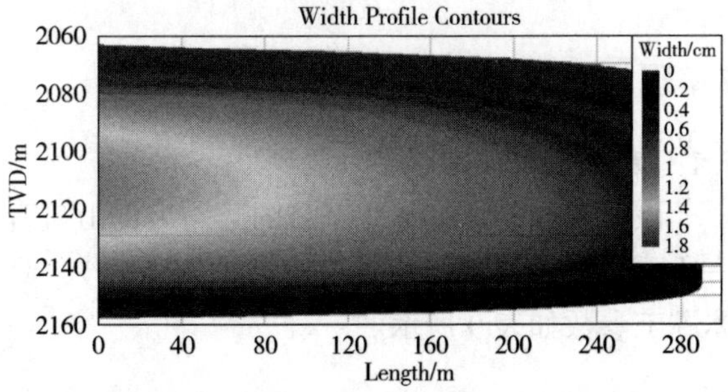

图 9　1800m^3 总液量+90m^3 砂量裂缝形态

表 7　裂缝几何尺寸与规模的关系变化表

序号	总液量+砂量/m^3	动态半缝长/m	支撑半缝长/m	动态缝高/m	支撑缝高/m	平均缝宽/cm	改造体积×$10^4 m^3$
1	1200+60	233.9	126.2	52.2	49.3	0.76	91.3
2	1400+70	248.4	218.7	67.4	53.1	0.77	100.8
3	1600+80	263.3	241.0	61.4	57.9	0.82	111.5
4	1800+90	284.9	263.7	65.2	61.6	0.83	120.4

6.3 平均砂比优化

应用压裂软件模拟了平均砂比对裂缝导流能力的影响，计算结果见表 8 所示，模拟剖面如图 10~13 所示。从表 8 中分析，随着施工砂比增大，裂缝导流能力随之提高，根据裂缝优化结果最佳裂缝导流能力为 20D/cm，因此选用 14%左右的平均砂比能达到上述导流能力，这一砂比在现场施工中得以实现的。

表 8 裂缝参数与平均砂比的关系变化表

序号	平均砂比	压开半缝长/m	支撑半缝长/m	平均缝宽/cm	铺置浓度/(kg/m²)	导流能力/mD · m
1	10.3%	154.8	226.5	0.740	1.91	74.6
2	12.5%	151.5	231.8	0.785	2.95	119.9
3	14.2%	149.2	238.0	0.827	3.69	198.3
4	16.9%	146.5	246.5	0.865	4.45	262.3

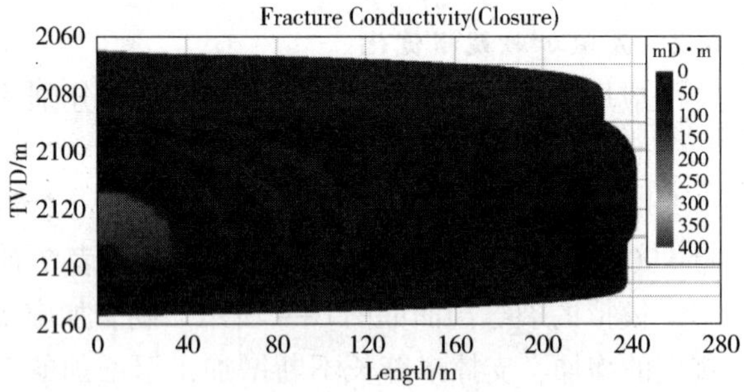

图 10 平均砂比 10.3%导流能力剖面图

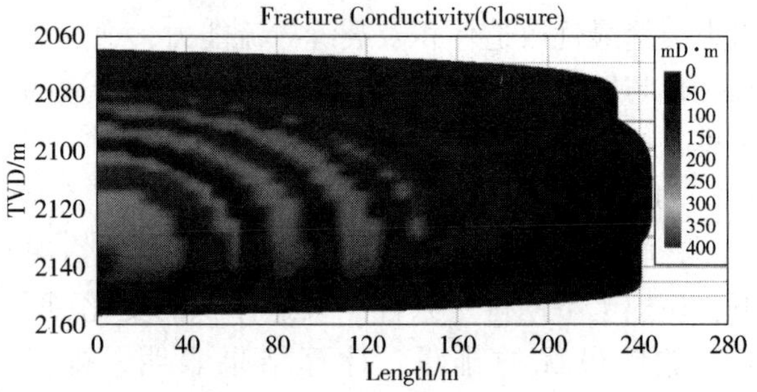

图 11 平均砂比 12.5%导流能力剖面图

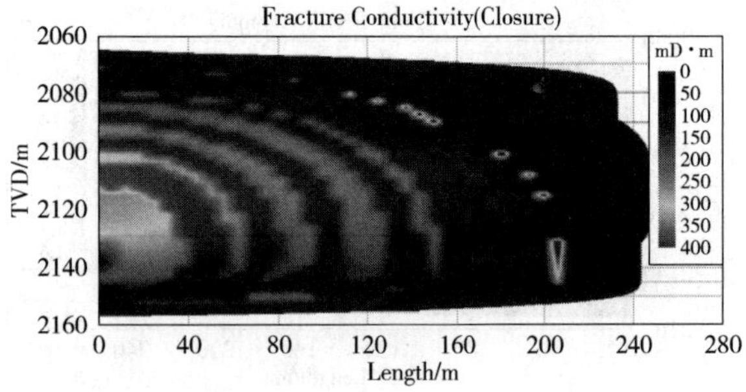

图 12 平均砂比 14.2%导流能力剖面图

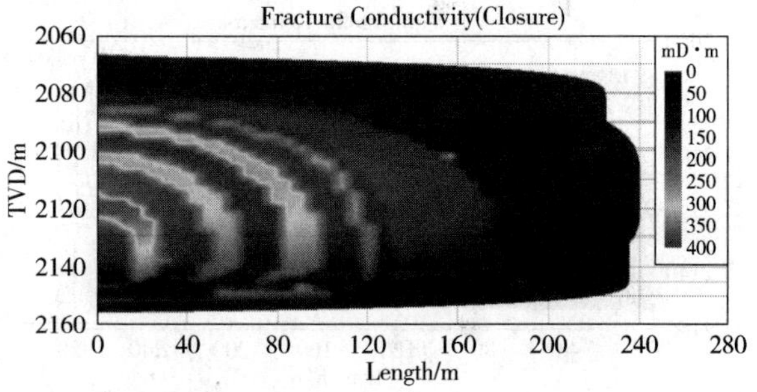

图 13 平均砂比 16.9%导流能力剖面图

7 现场施工案例

7.1 应用案例情况

该技术在松辽盆地北部目的层均为青山口青一段页岩油储层现场应用 3 口井次(21 段)，具体施工参数如表 9 所示。

7.2 典型案例：松页油 1HF 井

7.2.1 松页油 1HF 井基本数据

松页油 1HF 井为直改水平井，设计井深 3485m，完钻井深 3486m，完钻层位青山口组一段目的层是青山口组一段，水平段长度 831m。

表 9 松辽盆地页岩油井现场应用压裂井统计

井号	段数	排量/(m^3/min)	液量/m^3	砂量/m^3	液态 CO_2/t	纤维/kg	日产油量/m^3	测试求产方式
松页油 1HF 井	10	10~14.5	17099	721	600	2320	10.68	抽汲
松页油 2HF 井	10	10~14.4	15963	713	600	2220	14.37	敞放自喷
松页油 3 井	1	10~14.4	2150	126	100	420	—	抽汲
小计	21	—	35212	1560	1300	4960	25.05	—

7.2.2 储层特征及可压性分析

粘土含量偏高，泊松比大，应力差值较大（8MPa），应力差异系数<20%，天然裂缝少，不利于形成复杂缝网，形成体积缝网压裂的可压性一般。

7.2.3 松页油1HF井施工情况

设计施工排量为10~14m³/min，实际排量为10~14.2m³/min。设计压裂液量16090m³，支撑剂量700m³，液态二氧化碳600t，纤维2300kg。实际压裂液入井液量17099m³；支撑剂总量721.0m³；液态二氧化碳600t；聚酯纤维320kg，各项施工参数达到或超过了设计指标，如图14~15所示。

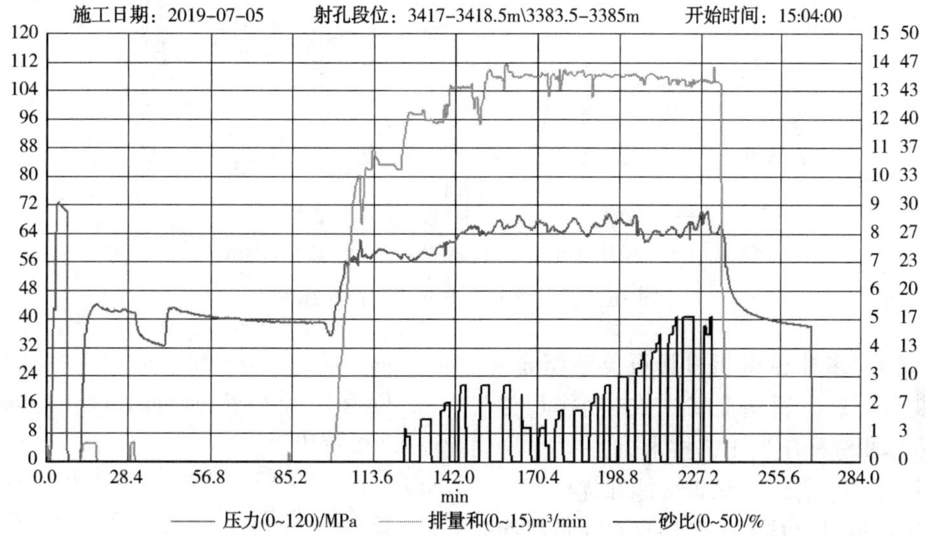

图14 松页油1HF井第一段压裂施工曲线图

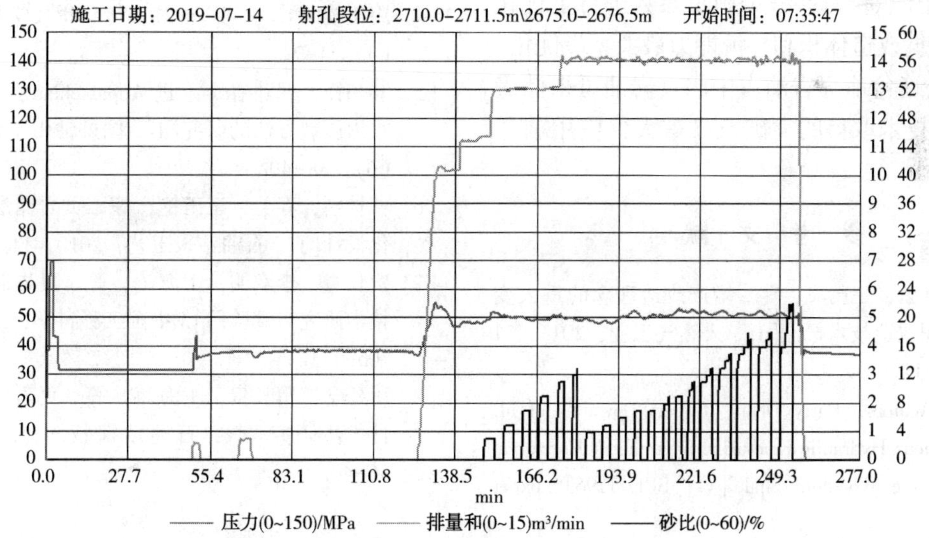

图13 松页油1HF井第十段压裂施工曲线

7.2.4 产量情况

初期用Φ1~16mm油嘴套管放喷，自喷求产得到日产油14.37m³、日产液3.11m³、含少量气，压裂效果显着，如图16所示。

8 结论及认识

通过对松辽盆地北部页岩油储层特征和可压性进行分析，创新性的形成了一套适合松辽盆地页岩油储层的“前置液态CO_2+滑溜水+冻胶液+可降解纤维+多粒径树脂覆膜石英砂+暂堵交替注入+变排量注入”高导流体积缝网复合压裂技术。

（1）地层碱敏和低孔低渗的特征，研选了酸基混合压裂液技术体系，该体系适合松辽盆地北部青一段页岩油储层压裂改造用工作液。

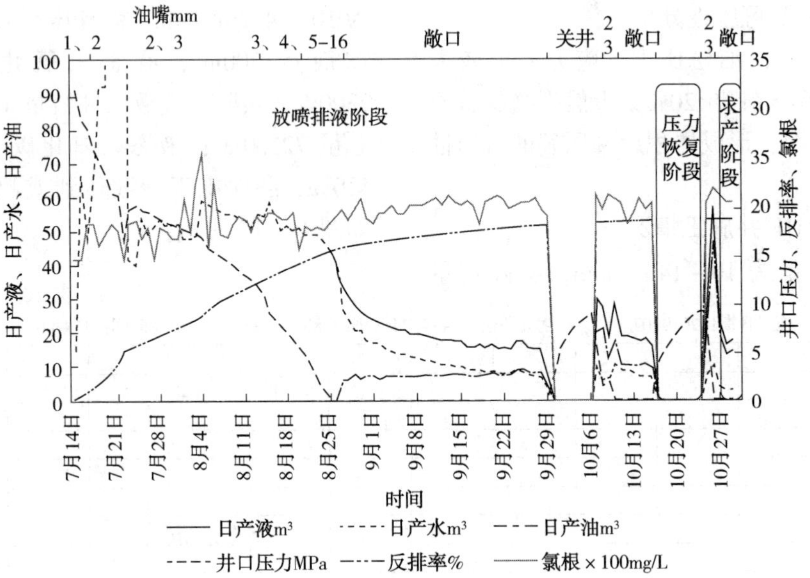

图 16　松页油 1HF 井压后生产曲线图

(2) 形成了"多粒径树脂覆膜石英砂组合+纤维加砂+混合压裂液暂堵交替注入+变排量注入"的高导流体积缝网压裂工艺技术。

(3) 利用前置液态二氧化碳增能和优化返排制度来提高压后返排率技术，可提高自喷返排率8%以上。

(4) 利用软件对裂缝和施工参数进行了优化设计，使裂缝改造体积和导流能力最大、最优化。

(5) 松辽盆地页岩油占中国页岩油可采储量的1/3，该技术取得的突破意义重大，应用前景广阔。

参 考 文 献

[1] 吴奇，胥云，王腾飞，等. 增产改造理念的重大变革—体积改造技术概论[J]. 天然气工业，2011，31(4)：7-12.

[2] George Waters, Barry Dean, Robert Downie, et al. Simultaneous Hydraulic Fracturing of Adjacent Horizontal Wells in the Woodford Shale [C]. SPE 119635. paper presented at the SPE Hydraulic Fracturing Technology Conference, the Woodlands, Texas, USA, 19-21 January 2009.

[3] 陈作，王振铎，曾华国. 水平井分段压裂工艺技术现状及展望[J]. 天然气工业，2007，27(9)：78-80.

[4] 黄朝阳，孙国辉，胡小琴. 缝网压裂液体系现场应用比较[J]. 承德石油高等专科学校学报，2012，14(3)：4-7.

[5] 邹一锋，郭建春. 改进 Appalachian 盆地 Utica 页岩水力压裂方法的研究[J]. 国外油田工程，2010，26(6)：38-40.

[6] 杜林麟，春兰，王玉艳，等. 页岩储层水力压裂优化设计[J]. 石油钻采工艺，2010，32：130-132.

[7] 贾长贵，李双明，王海涛，等. 页岩储层网络压裂技术研究与试验[J]. 中国工程科学，2012，14(6)：106-111.

[8] 蒋廷学，贾长贵，王海涛，等. 页岩气网络压裂设计方法研究[J]. 石油钻探技术，2011，39(3)：36-40.

渤海裂缝性低渗凝析气藏产能计算方程

魏 舒 吕 征 王 迪 王美楠 敖 璐

[中海石油(中国)有限公司天津分公司]

摘 要 渤海裂缝性低渗气藏地质储量丰富、单井产能高，是渤海上产的主要潜力方向，目前常采用理论二项式法预测气井产能，受裂缝发育、低渗透应力敏感等多因素影响，适应性较差。裂缝性储层的气体渗流速度远大于孔隙性储层，紊流效应更加明显。综合考虑裂缝紊流效应、低渗应力敏感、反凝析等因素影响，建立裂缝性低渗凝析气藏产能计算方程，预测精度达到92%。研究表明：紊流效应使气藏产能变大，而应力敏感、反凝析使气藏产能变小，通过实际数据验证，新方程对于渤海裂缝性低渗凝析气藏开发具有指导意义。

关键词 裂缝；紊流效应；低渗透；应力敏感；反凝析

1 前言

渤海裂缝性低渗透凝析气藏拥有丰富的探明储量，该类气藏尚处于开发初期，由于其孔喉小、物性差、裂缝发育、渗透率低，开发难度较大。不同于陆地油田，海上油气管网等工程设施是限制气井产能释放的主要因素，需准确评价气井产能，合理预测气田产量，为油气管网输送能力的设计提供可靠依据。低渗气藏区别于常规气藏，主要在于高速非达西渗流，导致产能的准确预测难度大。目前常采用理论二项式法预测气井产能，国内外学者进行了大量研究，Fatt 等提出应力敏感的概念，有效解释了渗透率随上覆岩石压力的增加而降低的现象。Geertsma 研究了平行毛管中存在的紊流效应。陈元千根据气井二项式方程，利用单点稳定流测试数据，计算气井绝对无阻流量。孙来喜等开展应力敏感实验，建立了考虑应力敏感效应的气藏渗流模型。李晓平等考虑应力敏感、地层伤害等建立了低渗气藏水平井产能方程。张芨强等通过回归理论与实际非达西紊流系数的关系，建立了裂缝性气藏的二项式修正方法。上述研究主要以单因素或双因素为主，考虑多因素的气井产能计算方程较少。渤海 B 气藏为裂缝性低渗透凝析气藏，主要层位为太古界潜山，低孔特低渗，且异常高压，受裂缝发育、低渗透应力敏感等多因素影响，气井产能预测难度较大。本文综合考虑裂缝紊流效应、低渗应力敏感、反凝析、气水两项流等因素影响，开展裂缝性低渗凝析气藏产能计算方程推导及应用，为渤海裂缝性低渗凝析气藏开发提供技术支撑。

2 裂缝性低渗透凝析气藏渗流特征

2.1 低渗透应力敏感性

储层的应力敏感性是低渗透气藏开发生产过程中的主要特征，随着气藏开采的进行，天然气不断被猜出，地层压力逐渐降低，储层有效应力逐渐增加，岩石发生弹塑性形变，压缩储层孔隙空间，储层渗透率出现不可逆的降低。储层渗透率与地层压力之间存在负指数函数变化关系。地层压力较高时，拟压力与压力为线性关系，储层渗透率与拟压力同样存在负指数函数变化关系。

$$K=K_i \cdot e^{-\alpha_\varphi(\varphi_e-\varphi)} \tag{1}$$

式中，K 为储层渗透率，$10^{-3}\,\mu m^2$；K_i 为原始条件下渗透率，$10^{-3}\,\mu m^2$；α_φ 为拟压力对应的应力敏感系数，MPa^{-1}；φ 为拟压力，$MPa^2/(mPa \cdot s)$；φ_e 为原始条件下拟压力，$MPa^2/(mPa \cdot s)$。

2.2 反凝析现象

凝析气藏开发过程中，当井底压力低于气藏露点压力时，凝析液将在井筒周围区域聚积，随着凝析油饱和度的增加，气相相对渗透率降低，产能大幅度下降。可将凝析油堆积对气相渗流的影响近似理解为反凝析现象造成了近井地带的污染，使得有效生产压差降低，产能大幅度下降。因此，反凝析现象的影响可用表皮因子来体现，产生的附加压力降为：

$$\Delta P=\frac{10^4 Q_{SC}\mu_g}{345.6\pi Kh}\cdot 2S \tag{2}$$

式中，ΔP 为附加压力降，MPa；Q_{sc} 为气井地面标况下的产量，$10^4\,m^3/d$；μ_g 为气体黏度，mPa·s；h 为储层厚度，m；S 为表皮系数，无量纲。

2.3 气体高速非达西渗流特征

气藏中气体流速较高，特别是近井地带的流速大，易形成紊流影响带，表现出高速非达西渗流特征，采用 Forcheimer 气体运动方程表示。

$$\frac{dP}{dr}=\frac{\mu_g}{K}\cdot V+\beta\cdot\rho_g\cdot V^2 \tag{3}$$

式中，P 为地层压力，Pa；r 为径向半径，m；V 为渗流速度，m/s；β 为紊流系数，m^{-1}；ρ_g 为气体密度，kg/m^3。

式(3)在传统达西公式的基础上，增加一个附加修正项，采用紊流系数表征近井地带紊流效应造成的压力损失，通常采用如下经验公式计算紊流系数。

$$\beta=\frac{\mu_g\cdot h\cdot r_w}{2.212\times10^{-14}\cdot K\cdot\gamma_g}\cdot D \tag{4}$$

式中，r_w 为井筒半径，m；γ_g 为气体相对密度，无量纲；D 为非达西流动常数，$(10^4m^3/d)^{-1}$。

2.4 裂缝强紊流效应

裂缝性储层内气体的渗流速度远大于基质孔隙内的渗流速度，近井地带表现出强紊流效应，基质的紊流系数计算方法适用性较差。可对基质的非达西渗流系数 D 进行修正，得到裂缝性储层的修正非达西渗流系数。

$$D'=-3.51\times10^{-7}\cdot\ln D-6.055\times10^{-7} \tag{5}$$

式中，D' 为修正非达西流动常数，$(10^4m^3/d)^{-1}$。

2.5 气水两相流动

低渗气藏部分气井为提高产能，常采取酸化措施，但酸化后残酸返排不彻底，将导致气井产水，即排出残酸，气体单相流动将变为气水两相流动，井筒附近气相渗透率降低，进而影响油气产量，气水两相渗流的气相渗透率为：

$$K_g=K\cdot K_{rg} \tag{6}$$

式中，K_g 为气相渗透率，$10^{-3}\mu m^2$；K_{rg} 为气体相对渗透率，无量纲。

3 裂缝性低渗透凝析气藏产能计算方程推导

考虑气体高速非达西渗流特征，在 Forcheimer 气体运动方程基础上，综合引入裂缝紊流效应、低渗应力敏感、反凝析现象和气水两项流动等因素对气体产能的影响，进行裂缝性低渗透凝析气藏产能计算方程推导。

根据拟压力和渗流速度的定义，并将变量由国际单位制调整为常用单位制，式(2)可变换为：

$$\frac{d\varphi}{dr}=8.64\times10^{-3}\cdot\frac{1}{K}\cdot\frac{P_{sc}\cdot T}{\pi rh\cdot T_{sc}}Q_{sc}+7.465\times10^{-5}\cdot\frac{\beta\cdot Z_{sc}\cdot\rho_{sc}\cdot P_{sc}\cdot T}{r^2h^2\cdot T_{sc}\cdot\mu_g}Q_{sc}^2 \tag{7}$$

式中，φ 为拟压力，$MPa^2/(mPa\cdot s)$；P_{sc} 为地面标状下的压力，MPa；T 为气层温度，K；T_{sc} 为地面标况下的温度，K；ρ_{sc} 为地面标况下的气体密度，kg/m^3；μ_g 为气体黏度，mPa·s；Q_{sc} 为气井地面标况下的产量，$10^4m^3/d$。

引入低渗应力敏感、气水两项流动影响，将式(1)、式(4)、式(6)代入式(7)，可得：

$$K_{rg}\cdot e^{-\alpha_\varphi(\varphi_e-\varphi)}d\varphi=8.64\times10^{-3}\cdot\frac{P_{sc}T}{\pi hT_{sc}K_i}\frac{dr}{r}Q_{sc}+\frac{3.375\times10^7\cdot Dr_wZ_{sc}\rho_{sc}P_{sc}T}{hK_i\gamma_gT_{sc}}\cdot\frac{dr}{r^2}Q_{sc}^2 \tag{8}$$

引入裂缝强紊流效应的影响，将式(5)代入式(8)，可得：

$$K_{rg}\cdot e^{-\alpha_\varphi(\varphi_e-\varphi)}d\varphi=8.64\times10^{-3}\cdot\frac{P_{sc}T}{\pi hT_{sc}K_i}\frac{dr}{r}Q_{sc}+\frac{6\times10^6\cdot e^{-2.85\times10^6D'}r_wZ_{sc}\rho_{sc}P_{sc}T}{hK_i\gamma_gT_{sc}}\cdot\frac{dr}{r^2}Q_{sc}^2 \tag{9}$$

将式(9)积分可得：

$$K_{rg}\frac{1-e^{-\alpha_\varphi(\varphi_e-\varphi)}}{\alpha_\varphi}=8.64\times10^{-3}\cdot\frac{P_{sc}T}{\pi hT_{sc}K_i}\ln\frac{r_e}{r_w}Q_{sc}+\frac{6\times10^6\cdot e^{-2.85\times10^6D'}r_wZ_{sc}\rho_{sc}P_{sc}T}{hK_i\gamma_gT_{sc}}\cdot\left(\frac{1}{r_w}-\frac{1}{r_e}\right)Q_{sc}^2 \tag{10}$$

将拟压力转化为地层压力，同时引入反凝析现象带来的附加压力降，式(10)简化为：

$$K_{rg}\cdot\frac{1-e^{-\alpha[P_e-(P-\Delta P)]}}{\alpha_\varphi}=A\cdot Q_{sc}+B\cdot Q^{sc} \tag{11}$$

$$A=8.64\times10^{-3}\cdot\frac{P_{sc}\cdot T}{\pi h\cdot T_{sc}\cdot K_i}\ln\frac{r_e}{r_w} \tag{12}$$

$$B=\frac{6\times10^6\cdot e^{-2.85\times10^6D'}r_wZ_{sc}\rho_{sc}P_{sc}T}{hK_i\gamma_gT_{sc}}\cdot\left(\frac{1}{r_w}-\frac{1}{r_e}\right) \tag{13}$$

式(11)为综合考虑裂缝紊流效应、低渗应力敏感、反凝析现象和气水两项流动等因素影响的裂缝性低渗透凝析气藏产能计算方程。

4 敏感性分析

4.1 低渗透应力敏感性的影响

计算了不同低渗透应力敏感系数下的气井流入动态曲线，如图1所示。从图中可以看出，随着应力敏感系数的增加，低渗透气藏的应力敏感效应逐渐增强，气井流入动态曲线逐渐向左偏移，气井产能逐渐降低。应力敏感系数由 $0.01MPa^{-1}$增加至$0.1MPa^{-1}$，气井最大产能(即绝对无阻流量)由 $82\times10^4m^3/d$ 降低至 $42\times10^4m^3/d$，下降48.8%，低渗气藏应力敏感性对产能影响较大，不可忽略。

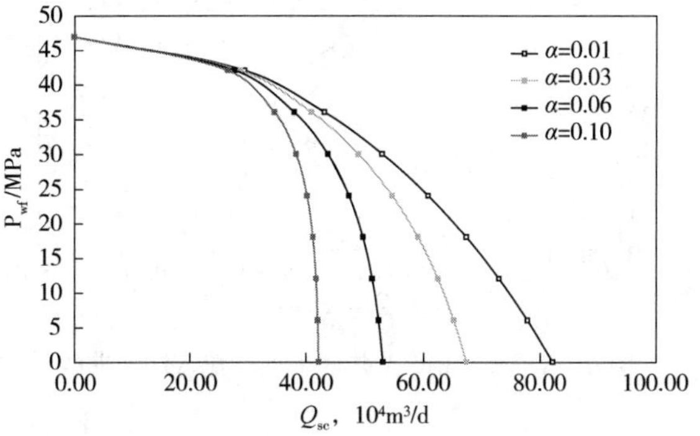

图1 不同低渗透应力敏感系数的气井流入动态曲线

4.2 裂缝强紊流效应的影响

计算了不同裂缝强紊流效应对气井流入动态曲线的影响，如图2所示。从图中可以看出，随着裂缝裂缝强紊流效应的减弱，气井流入动态曲线逐渐向左偏移，气井产能逐渐降低。裂缝修正非达西流动常数由 $2.0\times10^{-6}(10^4m^3/d)^{-1}$降低为$1.0\times10^{-6}(10^4m^3/d)^{-1}$，气井最大产能(即绝对无阻流量)由 $89\times10^4m^3/d$ 降低至 $21\times10^4m^3/d$，下降76.4%，裂缝的强紊流效应对气井产量的影响较大，且随着生产压差的增加，影响更明显，裂缝性低渗透气藏的开发需注意对于生产压差控制，以减小紊流效应变弱带来的产能损耗。

4.3 反凝析现象的影响

反凝析现象造成的近井地带污染由表皮因子表征。计算了不同表皮因子对应的气井流入动态曲线，如图3所示。从图中可以看出，表皮系数越大，说明凝析气藏的反凝析现象越明显，气井流入动态曲线逐渐向左偏移，气井产能逐渐降低。表皮系数由 0增加至50，气井最大产能(即绝对无阻流量)由 $82\times10^4m^3/d$ 降低至 $49\times10^4m^3/d$，下降40.2%。反凝析现象使得近井地带孔隙空间被析出的凝析油堵塞，增大了渗流阻力，增加了井筒附近的压力损失，且随时间的增长，压力损失逐渐加大。反凝析现象会降低凝析气的采收率，凝析气藏生产过程中需控制凝析油的析出。

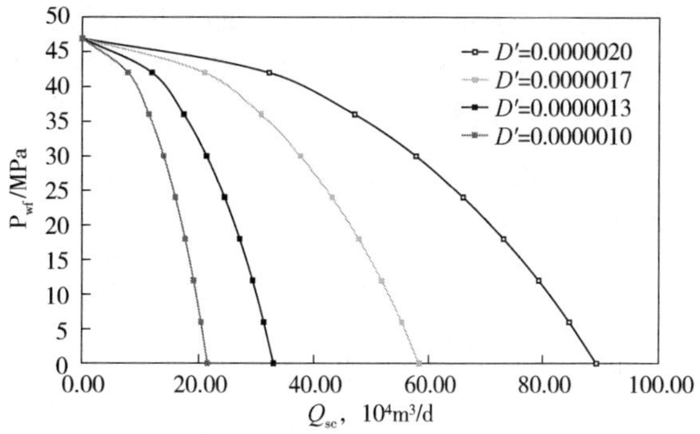

图2 不同裂缝修正非达西流动常数对应的气井流入动态曲线

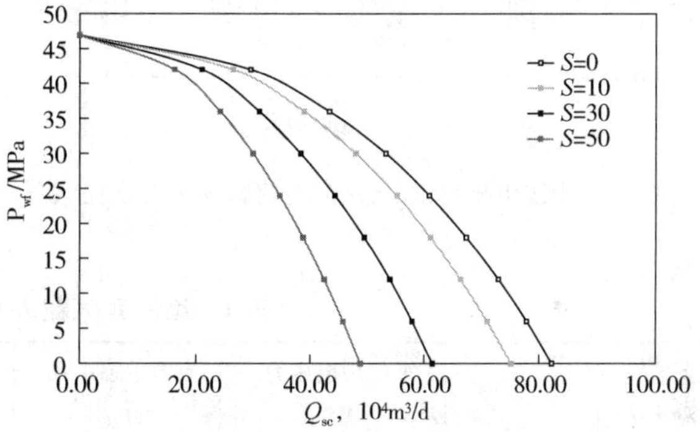

图3 不同表皮因子对应的气井流入动态曲线

4.4 气水两相流动的影响

低渗气藏为提高气井产能，常采取酸化措施，措施后排残酸将导致气井产水，出现气水两相流动，影响油气产量。计算了不同裂缝强紊流效应对气井流入动态曲线的影响，如图4所示。从图中可以看出，随着含水率的增加，气井流入动态曲线逐渐向左偏移，气井产能逐渐降低。当含水率由0升至60%时，气井的绝对无阻流量可由 $82\times10^4m^3/d$ 下降至 $30\times10^4m^3/d$，下降63.4%。气井采取增产措施时，要注意提高措施成效，减少残酸反排不彻底的情况发生。

对上述四个影响因素对气井产能的影响率进行分析，绘制产能影响率占比柱状图，如图5所示。分析表明，上述四个影响因素的影响大小顺序依次为裂缝强紊流效应(D')、气水两相流动

(f_w)、低渗透应力敏感性(α)、反凝析现象(S)。裂缝的强紊流效应和措施后的残酸反排对气井生产影响较大，应重点考虑。

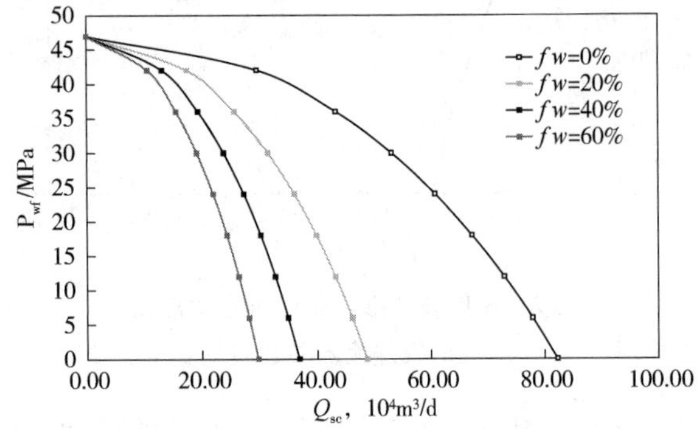

图 4　不同含水条件下的气井产能曲线

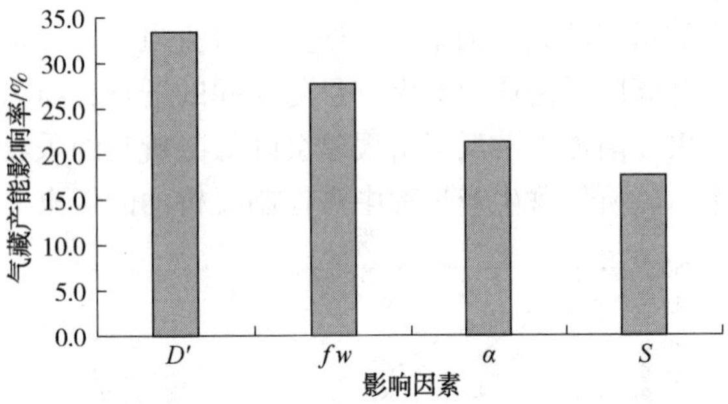

图 5　不同影响因素对气井产能的影响率占比柱状图

5　实例应用

基于本文建立的裂缝性低渗透凝析气藏产能计算方程，对渤海 B 气藏 A 井区进行产能预测。B 气藏 A 井区的探井 S1 井 DST 测试资料如下：原始地层压力为 46.927MPa，气层厚度为 61m，地层温度 407.25K，储层渗透率 $10\times10^{-3}\ \mu m^2$，井筒半径为 0.1m，供给半径 500m，气体压缩系数为 1.241，气体相对密度为 0.769，气体黏度为 0.087mPa · s，应力敏感系数为 $0.01MPa^{-1}$，裂缝修正非达西流动常数为 $2.0\times10^{-6}(10^4m^3/d)^{-1}$。该井区采气井产能预测结果见表 1，气井流入动态曲线如图 6 所示。

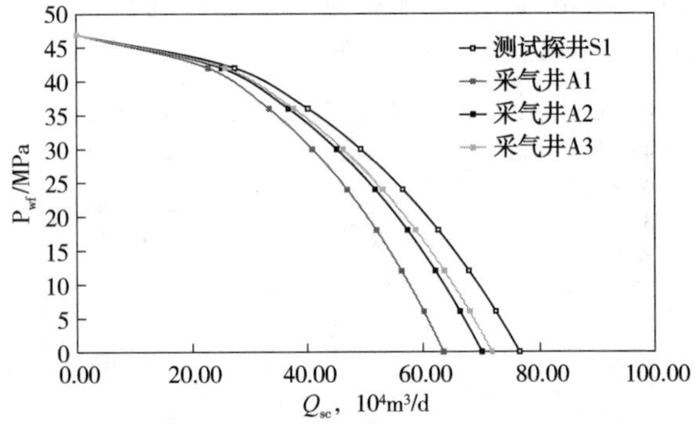

图 6　渤海 B 气藏 A 井区采气井流入动态曲线

表 1　渤海 B 气藏 A 井区采气井产能预测结果表

采气井号	井类别	原始地层压力/MPa	应力敏感系数/MPa^{-1}	修正非达西流动常数/$(10^4m^3/d)^{-1}$	厚度/m	渗透率/$10^{-3}um^2$	绝对无阻流量/$10^4m^3/d$
S1	测试探井	46.927	0.01	2.0×10^{-6}	61	10	76
A1	采气井	46.927	0.01	2.0×10^{-6}	47	9	64
A2	采气井	46.927	0.01	2.0×10^{-6}	43	11	70
A3	采气井	46.927	0.01	2.0×10^{-6}	51	10	72

预测探井 S1 井测试层段的最大生产能力(绝对无阻流量)为 $76\times10^4m^3/d$。投产后，该井区 3 口井实际无阻流量为 $64\sim76\times10^4m^3/d$，平均为 $70\times10^4m^3/d$，预测精度为 92%。表明本文建立的气井产能方程在渤海裂缝性低渗透凝析气藏有很好的适用性，可为该类气藏的产能预测提供依据。

6　结论

(1) 综合考虑裂缝紊流效应、低渗应力敏感、反凝析等因素影响，建立裂缝性低渗凝析气藏产能计算方程。

(2) 裂缝的紊流效应使气藏产能变大，而低渗透应力敏感性、反凝析现象及气水两相流动的因素，均使气藏产能变小。

(3) 影响因素的影响大小顺序依次为裂缝强紊流效应(D')、气水两相流动(f_w)、低渗透应力敏感性(α)、反凝析现象(S)，裂缝的强紊流效应的减弱和措施后的残酸反排对气井生产影响较大，应重点考虑。

(4) 基于本文建立的裂缝性低渗透凝析气藏产能计算方程，对渤海 B 气藏 A 井区进行产能预测，预测精度为 92%，新方法有很好的适用性，可为该类气藏的产能预测提供依据。

参 考 文 献

[1] 李道品．低渗透砂岩油田开发[M]．石油工业出版社，1997.

[2] 闵琪，金贵孝，荣春龙．低渗透油气田研究与实践[M]．石油工业出版社，1998.

[3] 程林松．高等渗流力学[M]．石油工业出版社，2011.

[4] 郑荣臣，王昔彬，刘传喜．致密低渗气藏储集层应力敏感性试验[J]新疆石油地质，2006.27(3)：3.

[5] 阮敏．压敏效应对低渗透油田开发的影响[J]．西安石油学院学报(自然科学版)，2001(04)：40-45.

[6] 李元生，李相方，藤赛男，等．低渗透气藏产水气井两相产能方程研究[J]．特种油气藏，2014，21(04)：97-100.

[7] 张小龙，李晓平，曹丽娜，等．考虑压敏效应的气井产能预测新方法[J]．海洋石油，2013，33(01)：69-72.

[8] 董文秀，王家航，郑欣，等．异常高压定容气藏生产特征及开采措施探讨——以东海X气井为例[J]．海洋石油，2022，42(3)：36-40.

[9] 陈元千，董宁宇．确定高速速度系数β的方法及其相关经验公式[J]．断块油气田，1998(06)：20-26.

[10] 张楠，鲜波，陈亮，等．非达西渗流效应对低渗透气藏直井产能的影响[J]．成都理工大学学报(自然科学版)，2012，39(04)：438-442.

[11] 陈元千，王鑫，常宝华．评价异常高压高产气井产能的新方法[J]．中国海上油气．2022，34(06)：93-100.

[12] 刘进博，朱志勇，洪将领，等．基于生产资料特征分析的气井分类方法[J]．石油钻采工艺，2021，43(4)：510-517.

[13] 邓勇，马成，孙宝，罗从勇．基于生产数据分析的气井产能动态评价方法[J]．油气井测试，2022，31(2)：74-78.

[14] Fatt，I.，and Davis，D. H. “Reuction in Permeability with Overburden Pressure”，Journal of Petroleum Technology，(December 1952)，P16

[15] Geertsma，J. Estimating the Coefficient of Inertial Resistance in Fluid Flow Through Porous Media[J]. SPE 4706，1974

[16] 陈元千．确定气井绝对无阻流量的简单方法[J]．天然气工业，1987(01)：1-5.

[17] 孙来喜，李成勇，李成，等．低渗透气藏应力敏感与气井产量分析[J]．天然气工业，2009(4)：3.

[18] 李晓平，胡勇．天然裂缝性气藏水平井试井典型曲线计算方法[J]．西南石油学院学报，2003，25(004)：27-29.

[19] 张芨强，李晓平．非达西渗流对低渗透气藏气水同产水平井产能的影响[J]．岩性油气藏，2014，26(6)：120-125.

[20] 康凯，赵林，罗宪波，等．裂缝性潜山气藏产能评价新方法及其应用[J]．中国海上油气，2021，33(3)：7.

[21] 洪舒娜，秦峰，陈斯宇，等．海上生产气井动态产能评价新方法[J]．非常规油气．2021，8(6)：60-67.

[22] 谭先红，梁斌，王帅，等．一种低渗储层凝析气藏气井产能评价方法研究[J]．油气藏评价与开发．2021，11(5)：724-729.

立体排水在厚储层边底水气藏中的研究及应用

易　俊[1]　张　宝[1]　司　想[1]　景宏涛[1]　孔嫦娥[1]　王春雷[2]

（1. 中国石油塔里木油田分公司油气工艺研究院；2. 中国石油塔里木油田分公司迪那采油气管理区）

摘　要　随着塔里木油田库车山前开发的不断深入，气井见水问题日益突出。目前，见水气井主要采用笼统排水方式进行排水采气，但针对库车山前水体能量强、压力高，笼统排水会加剧排水井水侵速度，形成单井“水封气”现象。为提高见水气藏采收率，挖潜排水井“水封”造成的剩余富集气，开展见水气井立体排水探索性研究及试验。通过补孔打开剩余气富集区、优化管柱设计、调整排水方式，实现单井排水与增气“一井两用”。现场应用表明，迪那A井成功实现立体排水工艺，效果显著，平稳生产超400天，累增气$8786\times10^4m^3$，累排水25610t。该研究不仅延长了见水气井的生命周期，更为其他深层、超深层气田见水气井挖潜剩余气，提高采收率提供了有利借鉴。

关键词　见水气井；剩余气挖潜；立体排水；管柱优化；排水方式；超深层气田

随着开发的不断深入，塔里木油田库车山前气井见水问题日益突出，开发效果逐渐变差。目前，见水气藏主要采用边部强排水、腰部控水、高部带水的生产原则，针对见水气井主要采用笼统排水方式进行排水采气。而迪那、克深等区块储层巨厚，高角度裂缝发育、储层非均质性强，加之前期避水的认识，造成储层下部剩余气富集，由于刚性水体能量大、压力高，采用常规笼统排水，“水封”造成的剩余气难以采出，严重影响气田采收率。对此，塔里木油田通过开展精细化排水攻关研究，提出了在厚储层边底水气藏开展立体排水的探索试验，初步取得了较好的应用效果。

1　立体排水可行性研究

1.1　研究背景

塔里木油田库车山前气藏见水问题日益突出，开发效果逐渐变差，严重影响气田稳产。据统计，截至2023年12月，库车山前主力气田见水气井105口，日产水8073t，见水气井开井70口，开井率66.67%。由于克深2、迪那2等区块边底水能量较强，为抑制水体向气藏高部位水窜速度，针对水淹前缘井，主要采用强排水。

对于排水井而言，由于克深、迪那区块储层巨厚，加之前期避水改造的认识，下部储层段未打开，存在剩余气，见图1、图2。由于储层连通性较好，且地层水为刚性水体，若单井采用笼统强排水，会在井周形成压降漏斗，加剧单井水淹速度，见图2、图3。导致局部剩余气无法采出，影响气藏整体采收率。

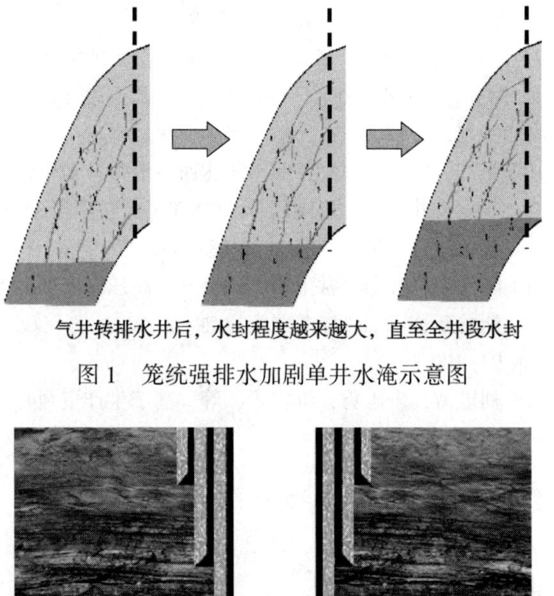

图1　笼统强排水加剧单井水淹示意图

图2　边水沿裂缝(优势通道)上窜导致的剩余气富集区示意图

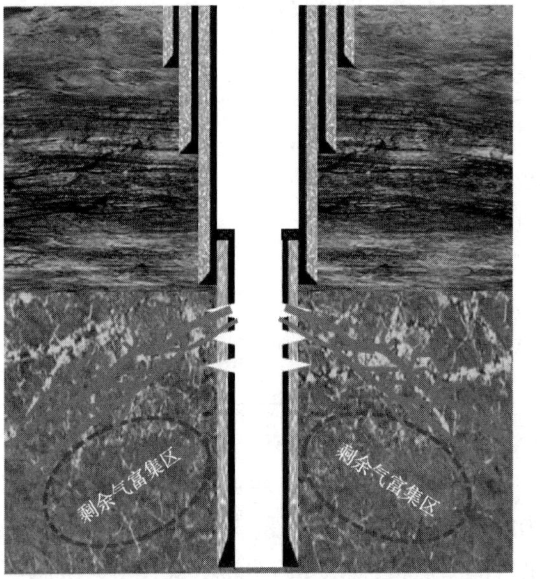

图 3　底水沿高角度裂缝(优势通道)上窜导致的剩余气富集区示意图

1.2　地质气藏可行性分析

针对图 2 所示的边水沿裂缝(优势通道)上窜导致的剩余气富集，可通过修井作业对下部未打开层段进行补孔，下入分层开采管柱，采用下部产气段和上部排水段分采的方式进行生产，见图 4。避免了笼统生产造成的刚性水体封住产气段导致“水封气”。

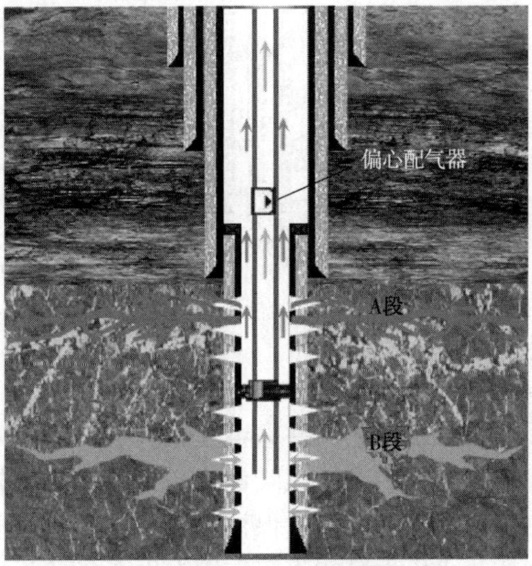

图 4　边水立体排水挖潜示意图

针对图 3 所示的底水沿高角度裂缝(优势通道)上窜导致的剩余气富集，通过修井作业对下部未打开层段补孔，下入分层开采管柱，对下部层段进行强排水，随着排水的进行，高角度裂缝的水由于重力分异作用下移，实现“水退气出”，见图 5。然后通过分采管柱开采剩余气。

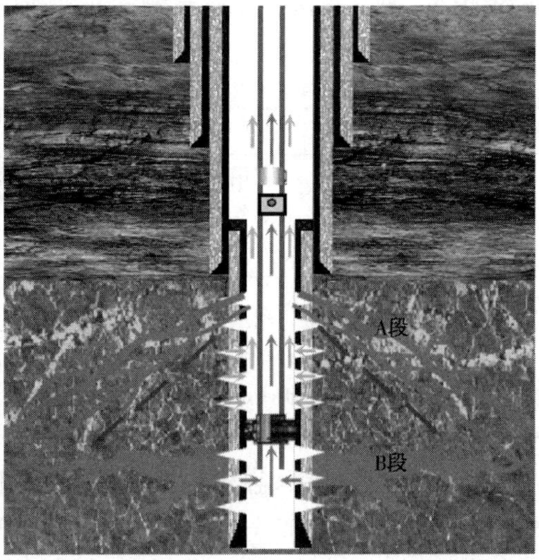

图 5　高角度裂缝水淹挖潜示意图

通过地质潜力分析，采用立体排水可有效挖潜剩余气，有效提高单井及气藏采收率。

1.3　工程可行性分析

要实现立体排水，需要优化管柱设计，设计两套管柱结构方案：方案 1 为单管单封管柱结构，即利用油管和油套环空分别进行排水或采气，该种管柱结构简单、施工方便、作业费用低，缺点是生产套管直接接触井内流体，生产过程中可能存在套管腐蚀问题；方案 2 为同心双管双封管柱结构，即利用小油管和油油环空进行排水或采气，该种管柱能够较好保护套管，缺点是管柱结构复杂、涉及工具多，并需配套同心双管双四通分层排采井口，工艺复杂，不利于后期修井作业。施工要求高，难度大、费用高。考虑工艺可行、安全可控、经济适用等方面因素(表 1)，推荐采用方案 1 单管单封管柱结构。

针对方案 1 管柱结构，由于油套环空也作为生产通道，生产套管会接触地层流体介质腐蚀，故需考虑井完整性的影响，同时要考虑井筒结垢、出砂的影响及防治措施。

2　应用案例及效果(以迪那 2 气田某井为例)

2.1　迪那 2 气田基本概况

迪那气田位于塔里木盆地东秋里塔格构造带迪那 2 号构造的西端，主力含气层系为古近系苏维依组(苏一段、苏二段、苏三段)和库姆格列木群组(库一段、库二段)，储层厚度超 300m，经历了十多年的开发，目前水侵严重，北部边水呈非均匀侵入轴部气区，东部水侵已推进至中高部位，西部水侵相对缓慢。

表 1　管柱结构方案优选表

序号	方案	优点	缺点	作业费用/万元	优选结果
1	单油管单封隔器管柱结构	利用油管和油套环空排水或采气，管柱结构简单，施工方便，作业费用低	生产套管直接接触井内流体，生产过程中可能存在套管腐蚀问题	250	推荐
2	同心双管双封隔器管柱结构	利用小油管和油油环空进行排水或采气，能够有效保护生产套管	管柱结构复杂、涉及工具多，并需配套同心双管双四通分层排采井口，工艺复杂，不利于后期修井作业。施工要求高，难度大、费用高	830	不推荐

迪那 A 井是塔里木盆地东秋里塔格构造带迪那 2 号构造的西端的一口开发井，2007 年 5 月 29 日开钻，11 月 13 日完钻，设计井深 5390m，套管射孔完井，实际井深 5269m，完钻层位白垩系，目前人工井底为 5110m。测井解释古近系气层 116.7m/20 层、差气层 22.2m/9 层，平均孔隙度 9.7%，平均含气饱和度 70%。

2008 年 1 月 8 日对迪那 A 井古近系苏一段至库三段 4857.00～5245.00m(132.3m/25 层)射孔后酸化，通过 8mm 油嘴放喷求产，油压 62.44MPa，日产气 51.69 × 10^4 m^3，日产油 52.28m^3，试油结论为凝析气层。储层中深 5051m，原始地层压力 106.63MPa，地层温度 138.51℃，压力系数为 2.12。目前地层压力为 70.87MPa，压力系数为 1.43。产出流体组分中天然气主要以甲烷为主，含有少量 CO_2，不含 H_2S；原油密度 0.8g/cm^3，黏度 0.83～0.98mPa·s，含蜡量 5.9～12.3%，含少量胶质和沥青质。

该井于 2021 年 10 月 14 日生产见水，油压 29.5MPa，套压 8.04MPa，含水率 69.83%，日产气量 24 × 10^4 m^3，日产水量 49t，日产油量 21.17t。带水生产至 2022 年 7 月 19 日后关井，关井前油压 27.8MPa，套压 1.92MPa，含水率 91.12%，日产气量 8×$10^4$$m^3$，日产水量 75t，日产油量 7.4t。带水生产期间，本井日产水量由 49t 升高至 104t，日产气量由 24×$10^4$$m^3$降低至 8.5×$10^4$$m^3$，单井产能降低幅度大。通过分层产液剖面测试，本井苏一至苏三段(自上而下)整体水淹，但纵向水侵程度及流动能力存在差异，苏三段水气比明显低于苏一段，分析认为苏三段虽然是低渗、低水淹层段，但仍然具备一定的剩余气挖潜潜力。

2.2　立体排水管柱设计

设计单管单封管柱结构，封隔器坐封于 5017.51m，将主产水段(苏一段、苏二段)和剩余气潜力层段(苏三段)分隔，见图 6。从而实现油管采气，油套环空排水的立体排水工艺。

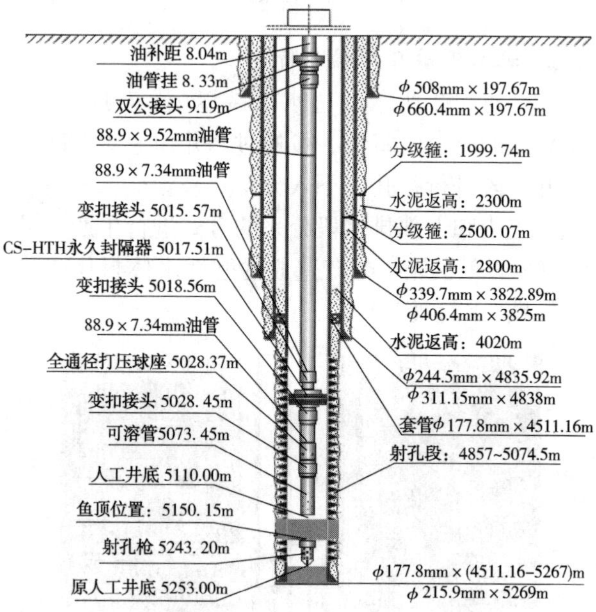

图 6　迪那 A 井立体排水工艺井身结构图

2.3　井完整性评价

立体排水工艺的井完整性评价主要是针对生产套管的套损和腐蚀风险评价。采用油套环空排水，生产套管失去环空保护液支撑，膏盐岩层段的高压盐水压力可能直接作用在生产套管上，存在一定的套损、套变风险；另一方面，生产套管直接接触到井流物(含 CO_2)，可能导致套管腐蚀穿孔，压力将会窜至下一级环空，存在环空异常带压风险。

结合单井资料可知，本井膏盐岩层发育在 3697.5～4547m，由 9⅝″技术套管和 7″生产套管双层套管封固，且水泥固井质量整体为中–好，

膏盐岩层段的高压盐水压力将直接作用在 9⅝″技术套管上。因此，生产套管套损、套变风险较小。

另外，通过电磁探伤工程测井结果可知，本井 7″套管本体主要以轻度腐蚀为主，未见明显变形、穿孔。通过 60 臂井径测井结果可知，在生产套管 5109.10m 测得最大内径 159.56mm，在生产套管 4975.85m 测得最大内径 157.34mm（标准内径为 152.5mm）。采用立体排水工艺后，利用油套环空排水，环空为含 CO_2 腐蚀介质的地层水，结合不同温度 CO_2 分压下碳钢腐蚀速率计算（N80 套管在 90℃ 井段最大腐蚀速率达 0.2225mm/a，V140 套管在 100℃ 井段最大腐蚀速率达 0.0973mm/a）。如表 2 所示，5 年后最薄弱点生产套管剩余抗外挤、抗内压强度分别为 29.7MPa、45.6MPa，发生腐蚀穿孔的风险较小。

表 2　生产套管剩余壁厚及强度计算结果

<table>
<tr><th rowspan="2">生产时间</th><th colspan="2">φ177.80×9.50mm
N80 套管（下深 4511.2m）</th><th rowspan="2">外抗挤强度/MPa</th><th rowspan="2">抗内压强度/MPa</th><th colspan="2">φ177.80×12.65mm
V140 套管（下深 5267m）</th><th rowspan="2">外抗挤强度/MPa</th><th rowspan="2">抗内压强度/MPa</th></tr>
<tr><th>测井壁厚减薄/mm</th><th>剩余壁厚/mm</th><th>测井壁厚减薄/mm</th><th>剩余壁厚/mm</th></tr>
<tr><td>1 年</td><td rowspan="3">0</td><td>9.28</td><td>38.1</td><td>50.4</td><td rowspan="3">3.53
（对应套管位置 5109.1m 温度 136℃）</td><td>9.00</td><td>43.9</td><td>85.5</td></tr>
<tr><td>5 年</td><td>8.39</td><td>29.7</td><td>45.6</td><td>8.60</td><td>39.2</td><td>81.7</td></tr>
<tr><td>10 年</td><td>7.28</td><td>21.2</td><td>39.5</td><td>8.12</td><td>33.6</td><td>77.1</td></tr>
</table>

2.4　出砂、结垢预测及防治

立体排水工艺的井筒流动性保障主要考虑井筒结垢和地层出砂方面问题。

通过软件模拟储层至井口温压条件下的结垢情况，结果表明在近井储层带和井筒底部存在结垢现象（$CaCO_3$ 和 $CaSO_4$），且结垢量与温度成正相关，与压力成负相关（表 3），即在同一压力条件下，随着温度的增加，结垢量也随之增加，即在同一温度条件下，随着压力的增加，结垢量随之减小。

针对该井后期生产过程中存在的结垢堵塞风险，油田目前已形成成熟的中性解堵液解堵技术，针对现场垢样溶垢率较高（80%），对油管及地面管线腐蚀率较低，若生产过程中存在结垢，可采用中性解堵液溶垢，恢复生产通道。

表 3　迪那 A 井结垢量预测表

压力/MPa	不同温度下的结垢量（mg/L）				
	138℃	110℃	90℃	70℃	50℃
125	0	0	0	0	0
100	0	0	0	0	0
80	60.2	25	8	0	0
60	121	86	64	33	0
40	160	128	115	82	38
20	192	164	135	125	107

利用软件进行出砂预测，结果表明封隔器上部主产水段中 4867~4882m 井段最易出砂，临界出砂生产压差为 7.4MPa；封隔器下部剩余气潜力层段中 5056.5~5074.5m 井段最易出砂，临界出砂生产压差为 5.5MPa；生产过程中存在较大出砂风险。

因此，在生产过程中制定以下出砂防控措施：一是通过控制生产压差，减缓储层出砂；二是在井口配套除砂器监测出砂情况；三是若封隔器下部储层出砂导致井筒堵塞，采用连续油管作业疏通井筒措施，若是封隔器上部储层出砂导致环空堵塞，采用放大生产制度冲砂或动管柱修井措施。

2.5　现场应用

迪那 A 井于 2023 年 5 月 23 日开展立体排水工艺现场应用，5 月下旬至 8 月上旬，采用油管采气，8 月中旬至 12 月，采用油管和环空同时生产。截至 2024 年 8 月下旬，累计开井生产 428 天，目前油压 24.1MPa，套压 1.83MPa，累产气 $8786\times10^4m^3$，累排水 25610t，生产平稳，效果显著(图 7)。

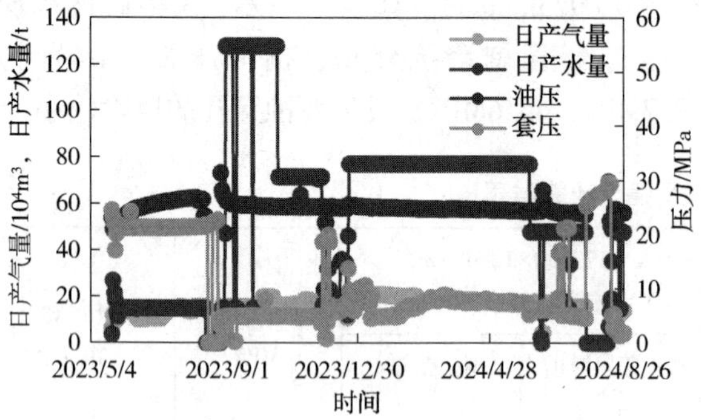

图 7　迪那 A 井生产曲线

3　结论

(1) 气井见水不代表储层全层段高含水，低渗、低水淹层水封气仍可有效动用，具备储层纵向上剩余气挖潜条件。

(2) 利用单油管单封隔器管柱进行立体排水需要考虑井完整性和井筒流动性保障问题。在井完整性方面需要对生产套管套损、套变风险进行评估；在井筒流动方面需要对井筒结垢和地层出砂方面进行评估并制定防控措施。

(3) 立体排水工艺是通过管柱结构设计将见水气井主产水层段和剩余气潜力层段进行分隔开采。现场应用表明，该种工艺有利于储层纵向上剩余气挖潜，能够有效提高单井产能，对同类深层、超深层气田见水气井综合治理提供有利借鉴。

参 考 文 献

[1] 张睿，孙兵，秦凌嵩等．气井见水后产能评价研究进展[J]．断块油气田，2018，25(01)：62-65.

[2] 汪周华，王子敦，郭平等．地层压力和产水对低渗透气藏气井产能的影响[J]．地质科技情报，2016(04).

[3] 蒋光迹．普光气田边底水气井动态特征及治水对策研究[J]．石油化工应用，2019，38(05)：68-73.

[4] 李文魁，周广厚，毕国强，等．涩北气田排水采气优选模式[J]．天然气工业，2009(09).

[5] 谌治君，童凯，周禄凯．塔河油田九区奥陶系凝析气藏差异化排水采气技术[J]．西部探矿工程，2020，32(12)：56-58+65.

[6] 杨光．低压低产气井排水采气工艺技术[J]．化学工程与装备，2022.

[7] 彭鑫岭，张世民，张雪松等．普光气田气井投产层段优化方法及效果[J]．天然气工业，2011，31(05)：61-63+119.

[8] 王小鲁，许正豪，李江涛等．水驱多层砂岩气藏射孔层位优化的实用方法[J]．天然气工业，2004(04).

[9] 冷冰．火驱同心双管分层注气管柱研制及试验[J]．特种油气藏，2020，27(04)：149-155.

[10] 薛承文，麻慧博，高涵等．牙哈高压凝析气田同心油管分层注气工艺[J]．天然气工业，2016，36(04)：48-54.

[11] 丁晓芳，张一羽，刘海涛等．双管分层注水工艺技术的研究与应用[J]．石油机械，2009，37(10)：50-51+98.

[12] 郑有成，张果，游晓波等．油气井完整性与完整性管理[J]．钻采工艺，2008(05)：6-9+164.

[13] 于水杰，崔卫华，刘洪彬等．油气井全生命周期完整性管理规范研究[J]．钻采工艺，2020.

[14] Adam T Bourgoyne，Stuart L. Scott，James B. Regg. Sustained Casing Pressure in Offshore Producing Wells. OTC 11029.

[15] 赵鹏．塔里木高压气井异常环空压力及安全生产方法研究[D]．西安石油大学，2013.

[16] 彭建云，周理志，阮洋等．克拉 2 气田高压气井风险评估[J]．天然气工业，2008(10).

[17] A. R. Hasan，B. Izgec，C. S. Kabir．Sustaining Production by Managing Annular - Pressure Buildup. SPE 120778.

[18] Hamdi Daghmouni，Magdy EI Manci. Well Integrity Management System(WIMS) Development. SPE 137966.

[19] 董长银，陈新安，阿雪庆等．产水气井井筒携砂机制及携砂能力评价试验与应用[J]．中国石油大学学报(自然科学版)，2014，38(06)：90-96.

[20] 王婧，王修武，汪潇等．油气井携砂研究现状综述[J]．产业与科技论坛，2011.

基于鄂东区块深层煤层气的产能主控影响因素分析及产能数据预测方法研究

唐 鹏 李 娜 李新泽 刘 佳 孙立春 冯汝勇

[中海石油(中国)有限公司北京研究中心]

摘 要 由于深煤层与传统浅煤层之间的差异，基于浅煤层数据建立的产能影响因素和产能预测方法研究不完全适用于深煤层。本文基于统计学方法和人工智能方法对鄂尔多斯东部某区块深煤层气井的产能影响因素和产能预测进行研究，通过理论认识结合相关性分析方法对煤层气井的地质、工程参数对产能的影响因素进行分析，确定了各类参数与产能之间的关系。基于认识到的关系进行产能预测研究，利用三种人工智能方法进行深煤层产能数据预测，并通过精细化深煤层气井的产能类别，利用机器学习方法进行建模，较为准确的学习到了煤层气产能影响因素与产能间潜在的非线性关系，并实现了煤层气井产能数据的预测。

关键词 深煤层；产能预测；煤层气产能；神经网络

1 引言

煤层气的产能是反映气井生产能力的重要参数，在煤层气开发过程中，储层产能评价不仅能够用于评价气井的生产潜力，也能为煤层气开发规划方案调整和实施增产措施提供依据。目前，煤层气井的产能影响因素主要可以分为三大类，分别是地质因素、工程因素和排采因素。吕玉民等研究了埋深、煤厚、含气量、孔隙度和渗透率、压裂效果对气井早期产能的影响。张建博等研究认为影响煤层气高产能力的因素主要有煤层厚度、含气程度、解吸条件、渗透率、水文地质条件及工艺技术条件。Wu 等研究认为煤厚、煤阶、含气量、地应力、储层压力、水动力条件、渗透率、压裂效果、气井施工质量等是影响煤层气的产能因素。郭盛强从构造部位、地下水动力条件、含气饱和度、临储压力比、压裂效果与地应力及排采方式等方面分析影响成庄区块煤层气井产能的主控因素。但是，目前煤层气产能数据分析与预测的研究成果大都集中于浅层煤层气区域，深煤层的储层物性，含气性，压裂方式及开采方式等各方面差异较大，这些参数对产能的影响程度较中浅层煤层气有所变化。此外，煤层气的产能数据预测一直是煤层气开发过程中的重要一环，目前人工智能方法作为新兴的产能数据预测方法，通过数据驱动人工智能模型自学习，能够取得较高的预测准确度，受到越来越多的研究者的青睐。徐慧利用改进粒子群算法预测了煤层气井的单井日均产气量。邓睿利用 ARIMA 方法和 LSTM 方法预测了煤层气井的单井累产气量。朱庆忠利用随机森林方法建立了煤层气井产产能预测模型，并进行了煤层气产气剖面的预测。

因此，本文利用统计学方法分析了深煤层气井的产能主控影响因素，基于人工智能算法分别建立了多层感知机模型，支持向量机模型和随机森林模型进行深煤层产能数据预测研究，并根据实际结果对预测方法进行优化。

2 煤层气产能主控影响因素优选

深煤层的实际产能受地质、工程参数等多种数据影响，数据量庞杂，首先通过皮尔逊系数法进行相关系数的运算，筛选影响深煤层气井产能的主要影响参数，计算公式如式(1)所示：

$$r=\frac{\sum_{i=1}^{n}(x_i-\bar{X})(x_i-\bar{Y})}{\sqrt{\sum_{i=1}^{n}(x_i-\bar{X})^2}\sqrt{\sum_{i=}^{n}(x_i-\bar{Y})^2}} \tag{1}$$

式中，x_i 为深煤层井产能影响参数的实际值，$\bar{X}$，$\bar{Y}$分别为深煤层井产能影响参数平均值和峰值产气的平均值，n 为参数的实际数量，r 表示影响参数的相关系数。

选取鄂尔多斯盆地东北部某区块 29 口生产

稳定的深层煤层气井作为研究对象，选用峰值90天产气量作为深煤层气井单井产能表征参数，根据皮尔逊相关系数法计算的相关系数确定影响深煤层气井产能的主要地质、工程参数，结果如图1所示，图中横轴和纵轴分别代表对应参数之间进行相关系数运算，格中数值表示对应参数间的相关系数，蓝色表示参数间为正相关，红色表示参数间为负相关，颜色越深代表相关系数的绝对值越大，即相关性越强。将热力图数据按相关性大小整理成如表1所示，由表中相关系数可以看出，各类参数对煤层气产能的影响有正有负。

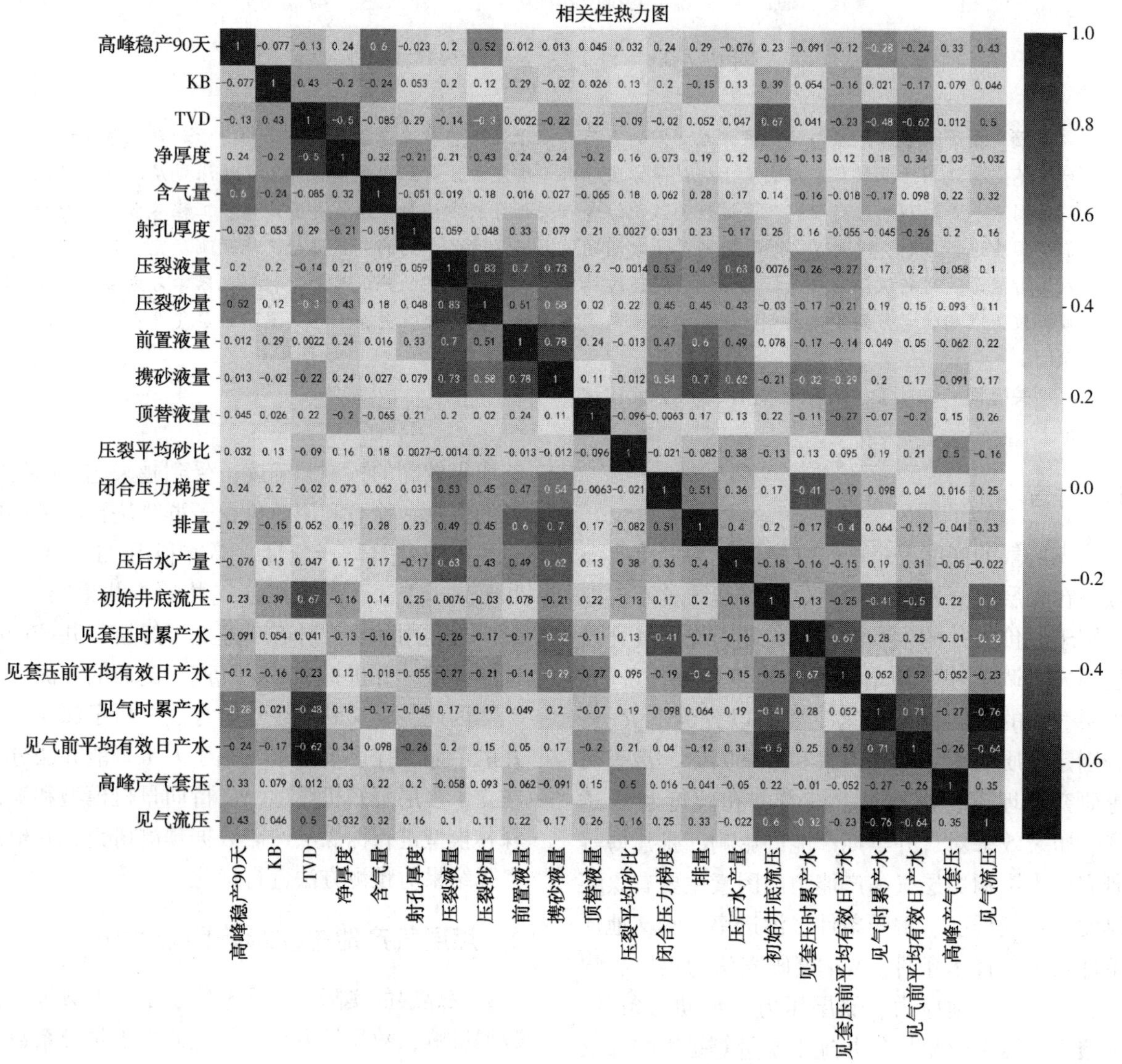

图1　工程参数、排采参数与产能的散点图

表1　各参数与产能的相关因子

参数类别	参数名称	相关系数	参数类别	参数名称	相关系数
地质	含气量	0.601667562	工程	压裂平均砂比	0.03204
工程	压裂砂量	0.518686072	工程	射孔厚度	0.023
工程	排量	0.289999837	工程	携砂液量	0.01315
地质	净厚度	0.243223619	工程	前置液量	0.01249
工程	压裂液量	0.200631887	地质	KB	−0.0769
工程	顶替液量	0.045115276	地质	TVD	−0.1298

其中，地质参数中，含气量和煤层净厚度表现为正相关，KB 和 TVD 表现为负相关，其他参数影响较小；射孔参数对产能影响较小；压裂参数中，压裂砂量、排量和压裂液量表现为正相关，其他影响较小。

根据深煤层气井产能主控影响因素分析的结果，开展基于机器学习方法的煤层气井产能数据预测研究。

3 基于机器学习的深煤层气井产能分类与预测

构建神经网络、支持向量机和随机森林分类模型，设计模型超参数，将煤层气井地质和工程参数作为模型输入，生产井的产能类型作为模型输出，利用 22 口生产井进行煤层气井的产能分类模型的训练，7 口井作为测试集，进行模型评价。

多层感知机也叫前馈神经网络和 BP 神经网络，模型结构如图 2 所示。

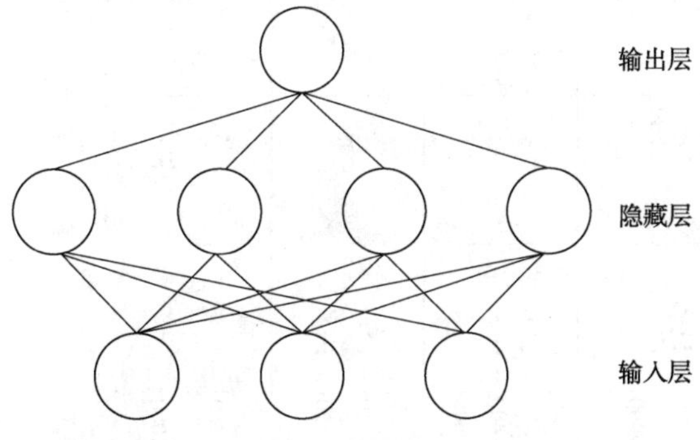

图 2　多层感知机

单隐藏层的多层感知机数学模型可以表示为式(2)：

$$\hat{y}=\phi(W \cdot x+B) \tag{2}$$

其中，x 是神经网络模型的输入，W 和 B 是神经网络模型的权重和偏差，ϕ 是激活函数，常见的激活函数有 Sigmoid 函数、ReLU 函数和 Tanh 函数等，$\hat{y}$ 是神经网络模型的预测输出数据集。

支持向量机是在特征空间中找到一个超平面，将不同类别的样本分开，并使得离超平面最近的样本点到超平面的距离最大化。这些距离超平面最近的样本点被称为支持向量，它们决定了超平面的位置和方向，原理如图 3 所示。假设样本集如式(3)所示，当样本集线性可分时，利用最大间隔式(4)所示的间隔带进行超平面的划分，划分后，每个样本对对应一个支持向量，满足式(5)。

$$D=\{(x_1,\ y_1),\ (x_2,\ y_2),\ \cdots,\ (x_3,\ y_3)\},\quad y_{\mathrm{m}}\in\{-1,\ +1\} \tag{3}$$

$$\gamma=\frac{2}{\|\omega\|} \tag{4}$$

$$\begin{cases} w^T x_i+b \geqslant y_{\mathrm{m}},\ y_{\mathrm{m}}=+1 \\ w^T x_i+b \leqslant y_{\mathrm{m}},\ y_{\mathrm{m}}=-1 \end{cases} \tag{5}$$

随机森林(Random Forest，RF)是集成学习的一种，属于集成算法中的袋装法，通过同时建立多个不同的弱学习器，对这些弱学习器结果分析得出结论。随机森林主要采用了随机采样法，它的基本思路是：分别训练多棵决策树，每棵决策树使用随机采样法，随机采用 K 个训练集合内的数据进行训练，在最终结果的确定时，需要所有决策树的结果并根据比重确定最终结论。

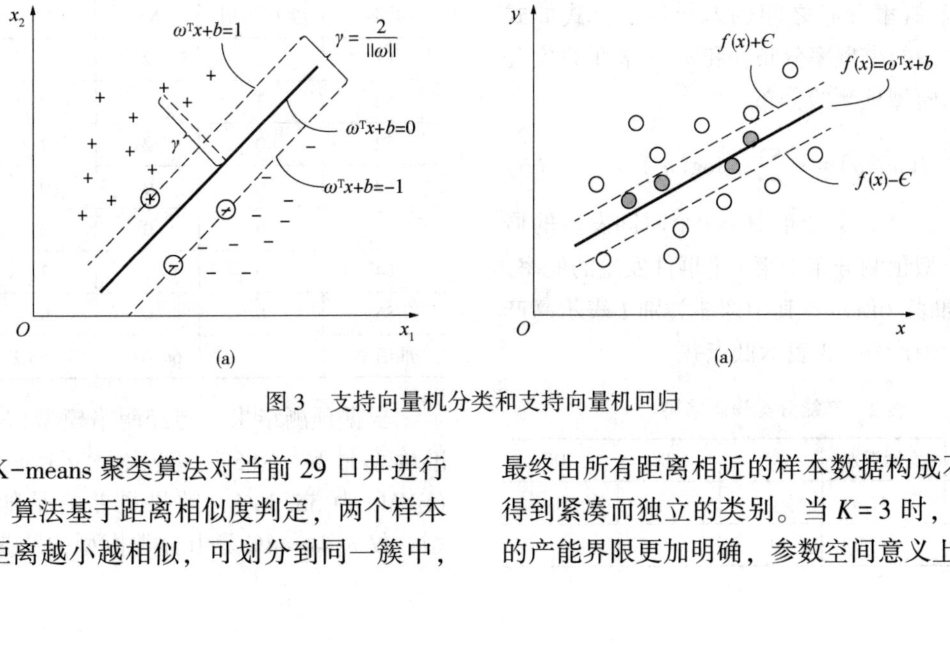

图 3　支持向量机分类和支持向量机回归

利用 K-means 聚类算法对当前 29 口井进行聚类分析，算法基于距离相似度判定，两个样本数据之间距离越小越相似，可划分到同一簇中，最终由所有距离相近的样本数据构成不同的簇，得到紧凑而独立的类别。当 $K=3$ 时，煤层气井的产能界限更加明确，参数空间意义上更加具有代表性，结果如图 4 所示。根据聚类分析结果，可以按高、中、低三类将煤层气井进行划分，其中，高产井界限为峰值产气大于 6000m³/d，低产井为小于 3000m³/d，中产井介于二者之间，根据划分结果，目前共有 6 口高产井，9 口中产井和 14 口低产井。

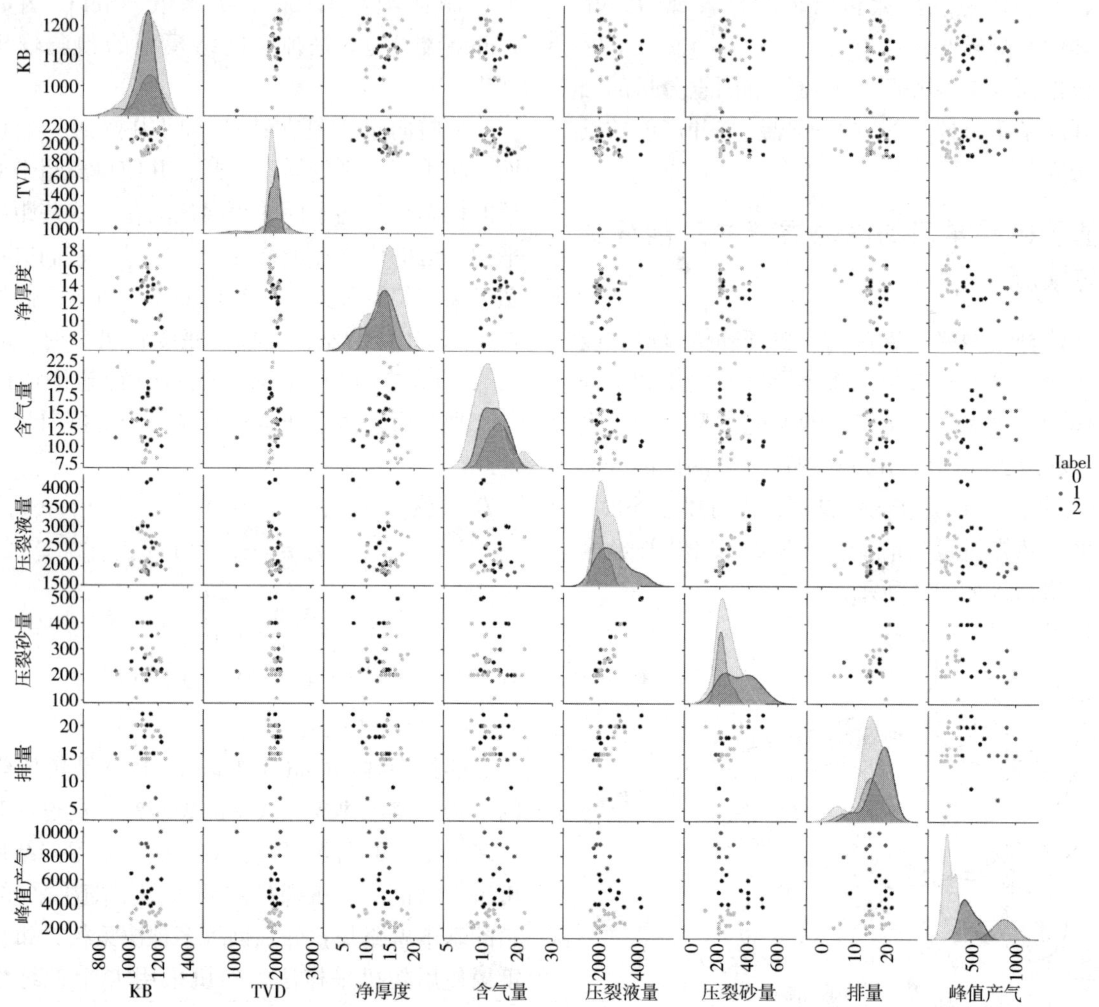

图 4　聚类分析结果

其中，采用交叉熵作为模型的损失函数，用来衡量两个概率分布之间的差异性，公式如式(6)所示，设两个概率分布 p 和 q，p 表示真实分布，q 表示模型预测的分布。

$$H(p,\ q) = -\sum_{i=1}^{n} p_i \log(q_i) \tag{6}$$

其中，p_i是真实分布中第 i 个时间发生的概率，q_i是模型预测分布中第 i 个事件发生的概率。

结果如表 2 所示，其中产能类别 1 表示高产井，2 表示中产井，3 表示低产井。

表 2　产能分类预测结果

井名	实际类别	NN	SVM	RF
S1	1	1	1	0
S2	1	1	1	1

续表

井名	实际类别	NN	SVM	RF
F1	2	2	1	1
S3	2	0	0	0
F2	0	2	2	2
F3	0	0	0	0
S4	0	0	0	0
F4	0	2	2	1
S5	0	0	0	0
准确率		66.67%	55.56%	44.44%

根据预测结果，神经网络模型(NN)的预测准确率最高为 66%，其次是支持向量机模型(SVM)为 55.56%，效果最差的是随机森林模型，仅为 44.44%。由分类模型的结果，在后续

的分类研究中，采用多层感知机进行建模，效果最好。

2.1 煤层气井产能数据预测

在分类预测的同时，同样利用三种模型进行煤层气井峰值产气值的预测研究，将煤层气井峰值产气作为模型输出，地质参数和工程参数作为模型输入，22 口井作为模型训练集，7 口井作为模型测试集，采用均方差作为损失函数，计算如式(7)所示。

$$Loss_A = \frac{1}{m}\sum_{j=1}^{m}(y_j - \hat{y}_j)^2 \tag{7}$$

其中，m 为测试集测试天数，y_j 为第 j 口井的预测峰值产气最大值和最小值，$\hat{y}_j$ 为第 j 口井的实际峰值产气最大值和最小值。

利用 R^2 分数作为模型评估参数，计算公式如式(8)所示。

$$R^2 = 1 - \frac{\sum_{i=1}^{n}(y_j - \hat{y}_j)^2}{\sum_{i=1}^{n}(y_j - \bar{y})^2} \in [0, 1] \tag{8}$$

其中，$\bar{y}$ 表示真实值的平均值。

利用三种方法进行建模，训练和测试，结果如表 3 所示。

表 3　峰值产气范围值预测结果

井名	实际值	SVM	RF	NN
S1	9000	6355.911	6500.000	7664.842
S2	8700	7018.348	5000.000	8185.315
F1	5000	6635.191	6500.000	7950.720
S3	3241	3413.974	2066.000	4041.489
F2	2700	4947.432	4000.000	4209.359
F3	2400	4540.522	3800.000	3996.933
S4	2250	4266.488	2210.000	3590.215
F4	2153	5335.988	4000.000	3624.438
S5	2053	990.533	2066.000	1168.844
R^2		0.404	0.513	0.667

根据预测结果可以发现，在深煤层气井的峰值产气预测中，神经网络模型的预测效果依旧是最好的，而随机森林其次，支持向量机的综合准确度较好。但是综合三种模型的决定系数可以发现，模型的预测准确性并不高，三种模型的决定系数均不超过 0.7。深煤层的低中高产井的产能关系潜藏于地质和工程参数中，采用小参数模型并不能很好的表征这一复杂的非线性关系，大参数模型则需要极高的算力成本，没有实用性。基于上述认识，提出新的煤层气产能数据预测研究方法。

4　精细化机器学习模型的煤层气井产能数据预测

根据深煤层气井的产能特征，将深煤层气井的生产模式划分为低、中、高三种模式，利用对应生产类型的数据训练模型后，再进行精细化预测。即给定煤层气井的地质、工程参数，首先通过模型预测该井的产能类型(高、中、低)，再根据预测类型将地质、工程参数输入到对应产能类型的峰值产气模型中训练预测单井的峰值产气值，通过精细化模型预测不同产能模式下的产能数据，以期提高模型的预测精确度。同时，将排采过程中的压力输入到对应类别的产气特征曲线模型中训练，预测单井的典型生产特征曲线。

在按照对应类别划分后，分别构建高、中、低产三种类型的神经网络模型，模型超参数组合如表 4 所示，利用网格搜索法进行超参数组合优选，分别训练 5 口高产井，7 口中产井和 11 口低产井，并分别预测 1 口高产井，2 口中产井和 3 口低产井的峰值产气值。

最终高、中、低产模型的预测结果如表 5 所示，统计中高产模型的预测准确度和低产井模型的 R^2 分数，结果如表 6 所示。

表 4　峰值产气预测模型超参数及取值范围

超参数/Hyper parameter	取值范围/Range
学习率/Learn rate	[1e-3, 1e-4]
并行批量数/Batch size	[4, 16, 32, 128, 256]
隐藏层数/Hidden layer	[1, 2, 3]
线性单元数/MLP Units	[4, 8, 16, 32, 64, 128]

表 5　中高产井模型预测评价

井名	实际	NN	精确度
S6	7800	8017.19	0.97215
F1	5000.00	5397.94	0.92041
S3	3241.00	3285.11	0.98639

表 6　低产井模型预测评价

井名	实际	NN
S7	1900	1665.8279
F5	2200	2237.1039
S5	2000	2015.1858
R^2	0.9982	

由预测结果可知，高产井的预测准确度能够达到97.3%，两口中产井的峰值预测准确度平均为95.3%，低产井的决定系数为0.9982。根据评价指标，三类峰值产气模型都能够准确的学习到地质和工程参数与产能之间的关系，通过输入煤层气井产能主控影响因素能够很好的表征出三类煤层气井的产能数据。

5 结论

本文通过统计学方法和人工智能方法进行了鄂尔多斯盆地东部某区块深煤层产能影响因素的分析和产能数据预测的研究，得出以下结论及认识：

（1）通过深煤层气井产能影响因素分析可知，地质参数中，含气量、煤层厚度与深煤层气井产能为正相关关系，是产能的主控地质参数；工程参数中，压裂砂量和压裂液量以及排量与深煤层气井产能为正相关关系，是产能的主控工程参数；其余参数对产能的影响不如上述参数明显。

（2）通过精细化人工智能模型的预测方式，能够较好的帮助模型学习到煤层气井的地质、工程参数与产能间的复杂非线性关系，并且较为精确的表征这一关系。

参 考 文 献

[1] 吕玉民，汤达祯，许浩，等．沁南盆地樊庄煤层气田早期生产特征及主控因素[J]．煤炭学报，2012，37(S2)：401-406.

[2] 张建博，王红岩，邢厚松．煤层气高产富集主控因素及预测方法[J]．油气井测试，2000，(04)：62-65+91.

[3] Xiuping W U，Xuehai F U，Ye H E．Permeability prediction of calbed-methane reservoirs in Panzhuang [J]．Journal of Heilongjiang Institute of Science and Technology，2006.

[4] 郭盛强．成庄区块煤层气井产气特征及控制因素研究[J]．煤炭科学技术，2013，41(12)：100-104.

[5] 孟庆春，左银卿，魏强，等．沁水煤层气田樊庄区块产能影响因素分析[J]．中国煤层气，2010，7(06)：10-14+23.

[6] 倪小明，苏现波，王庆伟，等．恩村井田煤层气垂直井产能地质主控因素分析[J]．煤矿安全，2009，40(07)：79-82.

[7] 孙仁远，姚世峰，梅永贵，等．煤层气压裂水平井产能影响因素[J]．新疆石油地质，2019，40(05)：575-578.

[8] 潘建旭，王延斌，倪小明，等．资源条件与煤层气垂直井产能关系——以沁水盆地南部樊庄与潘庄区块为例[J]．煤田地质与勘探，2011，39(04)：24-27.

[9] 彭龙仕，乔兰，龚敏，等．煤层气井多层合采产能影响因素[J]．煤炭学报，2014，39(10)：2060-2067.

[10] 林文姬．韩城地区煤层气藏开发动态及产能响应[D]．中国地质大学(北京)，2014.

[11] 曹海霄．沁水盆地樊庄区块煤层气藏产能评价[D]．中国石油大学(华东)，2017.

[12] 李亚林．基于机器学习方法研究煤层气单井产量主控因素及产量预测[D]．中国石油大学(北京)，2017.

[13] 常会珍，郝春生，张蒙，等．寺河井田煤层气产能分布特征及影响因素分析[J]．煤炭科学技术，2019，47(06)：171-177.

[14] 刘奇广．煤层气井生产参数内在关系挖掘[D]．中国石油大学(北京)，2021.

[15] 闵超，代博仁，石咏衡，等．基于聚类匹配的煤层气压裂效果主控因素识别[J]．特种油气藏，2022，29(04)：135-141.

[16] 闵超，张馨慧，杨兆中，等．基于CBFS-CV算法的煤层气井压裂效果主控因素识别[J]．油气地质与采收率，2022，29(01)：168-174.

[17] 孔祥伟，谢昕，王存武，等．基于灰色关联方法的深层煤层气井压后产能影响地质工程因素评价[J]．油气藏评价与开发，2023，13(04)：433-440.

[18] 张健，汪志明，王开龙．煤层几何参数和渗透率对水平井开采煤层气的影响[J]．石油钻探技术，2009，37(04)：80-83.

[19] 徐兵祥，李相方，胡小虎，等．煤层气典型曲线产能预测方法[J]．中国矿业大学学报，2011，40(05)：743-747.

[20] 吴晓东，史进，安永生，等．煤层气田开发数值模拟研究[J]．油气井测试，2012，21(02)：1-3.

[21] 姚帅，吴财芳，李腾．潘庄区块煤层气井层间干扰数值模拟研究[J]．煤炭工程，2014，46(03)：80-83.

[22] 徐慧．粒子群优化算法改进及其在煤层气产能预测中的应用研究[D]．中国矿业大学，2013.

[23] 邓睿．基于机器学习的SD气田储量和产量预测算法研究[D]．成都理工大学，2019.

[24] 朱庆忠，胡秋嘉，杜海为，等．基于随机森林算法的煤层气直井产气量模型[J]．煤炭学报，2020，45(08)：2846-2855.

缝内暂堵压裂裂缝扩展数值模拟研究

李　群　郑彬涛　高恒超　张　震　张雪松

（中国石化胜利油田分公司石油工程技术研究院）

摘　要　缝内暂堵压裂技术通过形成更加复杂的裂缝网络来提高改造体积，显著增强储层改造效果，有效开发非常规油气资源。然而，目前对缝内暂堵压裂裂缝扩展机理的认识尚不清楚，难以确定影响裂缝形态的主控因素。此外，暂堵压裂缺乏实用的数值模拟方法，难以为现场方案设计提供指导。利用有限元内聚力方法，该方法全局嵌入内聚力单元，建立数值模型来研究暂堵压裂裂缝的扩展规律。研究结果表明：当压裂液的泵注速度和黏度较高时，压裂液在裂缝中产生的压力升高，导致天然裂缝性储层中产生更多的分支裂缝，增加了裂缝的复杂性。水平应力差的增大会减小偏转裂缝的最大偏转距离，减少天然裂缝开启的数量，缩短偏转裂缝的长度。天然裂缝抗拉强度的降低导致更多的天然裂缝在过程中被开启，从而导致裂缝长度的增加和裂缝网格复杂程度的提高。

关键词　暂堵压裂；粘结单元；有限元方法；压裂裂缝扩展；数值模拟

1　引言

油气资源是现代社会进步的重要物质基础，是工业经济运行的"血液"。它在保障国家能源安全、满足生产生活需求、实现经济社会高质量发展等方面发挥着不可替代的作用。随着勘探的不断深入，非常规油气资源的地位越来越重要。这类油气资源储层一般具有低孔、低渗的特点。水力压裂技术是开采这些油气资源的方法之一。然而，常规的水力压裂技术通常会在非常规油气藏中产生单一的、简单的裂缝，导致储层改造效果不理想，达不到生产要求。通过理论研究和现场实践证明，暂堵压裂技术能够显著增强储层改造效果，大幅度提高产能。其中缝内暂堵压裂技术存在以下特点：(1)暂堵位置发生在预压裂缝内部；(2)压裂液的导流作用不明显，主要作用是增强初始裂缝区域的复杂程度。该技术通过促进形成更复杂的裂缝网络，增加了改造体积，显著提高了整体储层改造效果。缝内暂堵压裂技术在现场实际应用中取得了良好的效果。但对暂堵压裂裂缝扩展的潜在机制的研究仍然有限，学者们研究集中在通过实验分析地应力差、岩石性质、压裂液性能等多种因素对裂缝扩展的影响规律和影响程度。由于暂堵压裂工艺的特殊性，通过物理模拟难以准确模拟现场实际情况，得到的研究成果往往不能满足工程实际需求。因此，一些学者通过数值模拟方法探究了暂堵裂缝和压裂裂缝在裂缝内的扩展规律。在研究水力裂缝扩展规律时采用了常规实验技术(如真三轴断裂扩展实验)多尺度数值模拟方法可为研究缝内暂堵压裂裂缝扩展规律提供参考，但考虑天然裂缝存在的情况下，暂堵压裂裂缝的扩展规律研究尚未见报道。这使得影响裂缝内暂堵压裂裂缝形态的主控因素难以确定。

为了解决上述问题，本文提出了一种用于研究暂堵压裂过程中裂缝扩展的二维流固耦合模型。该模型采用有限元内聚力方法建立，研究了天然裂缝性储层中与暂堵压裂相关的裂缝扩展规律，分析了地质因素和施工因素对裂缝扩展的影响，本文的研究结果为暂堵压裂技术在非常规储层中的有效应用提供了有价值的参考。

2　暂堵压裂裂缝扩展数值模拟方法

2.1　模型建立

2.1.1　模型假设

由于裂缝内暂堵压裂过程的复杂性，提出以下假设以简化计算和分析：

（1）岩石的变形是弹性的、各向同性的、均匀的。

（2）压裂过程中没有考虑支撑剂的影响；

（3）假设暂堵剂的运移和架桥封堵过程遵守相应的原则，从而达到一个最优的效果。

（4）裂缝内流体为不可压缩牛顿流体；

（5）忽略温度场对压裂过程的影响。

2.1.2　流体流动方程

假设流体不可压缩且为牛顿流体，所以裂缝内流体切向流动方程为

$$q_{\mathrm{f}}=-\frac{w^3}{12\mu}\nabla p_{\mathrm{f}} \tag{1}$$

式中，q_{f} 为缝内流体切向速度，$m^2 \cdot s^{-1}$；μ 为黏度，Pa·s；p_{f} 为缝内流体压力，Pa；w 为裂缝宽度，m。

根据质量守恒，流体总体积保持不变，需要考虑流体滤失的体积，流体体积守恒方程如下：

$$\nabla q_{\mathrm{f}}-\frac{\partial w}{\partial t}+q_{\mathrm{b}}+q_{\mathrm{t}}=0 \tag{2}$$

式中，q_{b} 为裂缝上表面流体渗流速度，$m^2 \cdot s^{-1}$；q_{t} 为裂缝下表面流体渗流速度，$m^2 \cdot s^{-1}$。

2.1.3　岩石基质变形方程

假设岩石基质为均质且各向同性，岩体介质变形平衡方程为：

$$\int_V (\bar{\sigma} - p_{\mathrm{w}} I)\delta\varepsilon dV = \int_S t \cdot \delta v dS + \int_V f \cdot \delta v dV \tag{3}$$

式中，$\delta\varepsilon$ 为虚应变速度矩阵，s^{-1}；t 为单位面积上的面力向量，$N \cdot m^{-2}$；δv 为虚速度矩阵，$m \cdot s^{-1}$；f 为单位体积体力向量，$N \cdot m^{-3}$；$\bar{\sigma}$ 为有效应力矩阵，Pa；I 为单位矩阵，无因次。

2.1.4　内聚力模型

在 ABAQUS 中使用内聚区模型模拟水力压裂过程如图 1 所示，压裂液流体压力会在裂缝面上转变为动力，使裂缝向外张开与向前扩展，由于假设缝内流体不可压缩且流动连续，那么可以将流体流动简化为沿裂缝扩展方向的切向流与垂直于裂缝面方向的法向流。

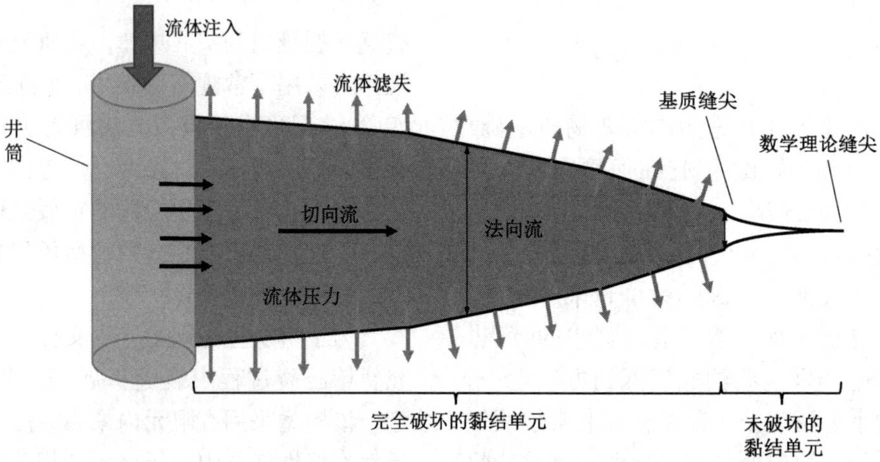

图 1　内聚力模型裂缝扩展示意图

内聚力模型使用牵引-分离定律来描述裂缝起裂和扩展，可以描述裂缝断裂面处的裂缝初始载荷，初始损伤和损伤演化。

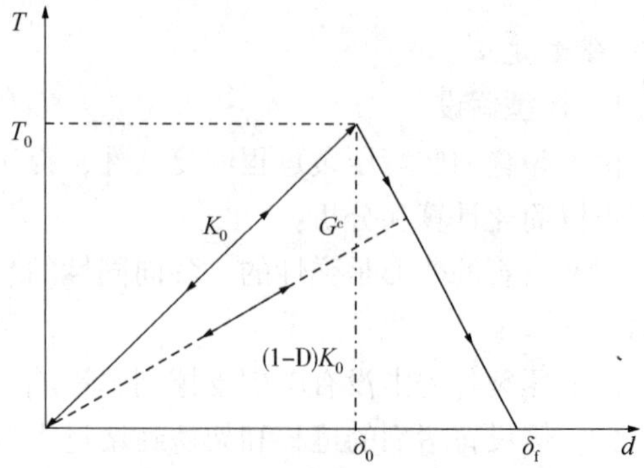

图 2　损伤演化示意图

损伤演化是指损伤参数随着材料受到加载而逐渐增加的过程。在材料受到加载时，损伤参数会根据内聚力模型中的损伤演化规律进行更新，从而反映材料的断裂过程和强度变化。当应力或应变符合裂缝起裂标准时，裂缝开始扩展，最大主应力准则由公式(4)表示：

$$f=\frac{\sigma_{\max}}{\sigma_{\max}^{\mathrm{a}}} \tag{4}$$

其中，f 为最大主应力系数，无因次。$\sigma_{\max}$ 为最大主应力，MPa；$\sigma_{\max}^{\mathrm{a}}$ 为最大允许主应力，MPa。

牵引-分离定律中的损伤与应力(法向和剪切)之间的关系由公式(5)、公式(6)表示：

$$t_{\mathrm{n}}=\begin{cases}(1-D)\bar{t}_{\mathrm{n}}, & \bar{t}_{\mathrm{n}}\geqslant 0\\ \bar{t}_{\mathrm{n}}, & \bar{t}_{\mathrm{n}}<0\end{cases} \tag{5}$$

$$\overline{t_s}=(1-D)\overline{t_s}$$
$$\overline{t_t}=(1-D)\overline{t_t} \tag{6}$$

其中，D 为损伤因子，无因次。t_n 为牵引分离行为中无损坏应力分量，MPa；$\overline{t_n}$、$\overline{t_s}$、$\overline{t_t}$为法向应力和两个剪应力方向；

在模拟开始时不会发生损坏($D=0$)，并且内聚力单元也满足在纯压缩应力下没有损坏的条件。当 $D=1$ 时，黏性单元在所有积分点处完全损伤，这表示单元的承载能力降为 0。损伤变量 D 的演变由公式(7)表示：

$$D=\frac{\delta_n^f(\delta_n^{max}-\delta_n^0)}{\delta_n^{max}(\delta_n^f-\delta_n^0)} \tag{7}$$

其中，δ_n^0 为损伤前初始量，m；δ_n^{max} 为加载时的最大位移，m；δ_n^f 为全损伤位移，m。

2.2 暂堵压裂裂缝扩展模拟方法

2.2.1 暂堵体模拟方法

本文模拟暂堵体的方法是通过改变暂堵段内流体的等效黏度，增大流体在此处的渗流阻力。流体在暂堵体中的渗流满足达西定律，在裂缝中切向流可用润滑方程表示，使润滑方程的传导项与达西方程的扩散项相等可得式(8)：

$$-q/\frac{\partial p}{\partial x}=\frac{w^3}{12\mu^*}=\frac{k_mA}{u_m} \tag{8}$$

其中，μ^*为流体等效黏度，Pa·s；A 为裂缝横截面积，m^2；u_m 为流体实际黏度，Pa·s；k_m 为暂堵体渗透率，μm^2；w 为初始裂缝缝宽，m；

在二维平面的情况下，不考虑缝高的影响，因此假定裂缝高度为单位长度时，裂缝横截面积在数值上等于裂缝宽度，式(9)可变形为：

$$\mu^*=\frac{w^3u_m}{12k_mA} \tag{9}$$

由式(12)可以看出裂缝初始宽度和流体实际黏度一定的情况下，改变暂堵段处流体的等效黏度μ^*，暂堵体的渗透率也随之改变，因此通过改变等效黏度的方式可以模拟暂堵体的封堵效果。在该方法中不考虑暂堵段的性质随裂缝宽度的增大而变化。

2.2.4 模型验证

为了保证模拟方法在后续缝内暂堵压裂裂缝扩展规律研究中的准确性，根据姜浒等通过真三轴水力压裂实验装置得出的试验结果为基础，基于全局嵌入内聚力单元的方法建立裂缝扩展数值模型，模拟相同条件下的裂缝扩展。模型参数如表 1 所示。

表 1 压裂裂缝扩展模型验证参数

输入参数	数值
水平应力差/MPa	5
杨氏模量/GPa	8.402
泊松比/无因次	0.23
抗拉强度/MPa	2.59
射孔方位角/°	60
孔隙度/%	1.85
黏度/(mPa·s)	73

模拟结果如图 3 所示，图 3(b)为室内实验结果，从图中可以看出试件形成了双翼转向裂缝，但是岩样尺寸的限制及岩石非均质性等问题使两条转向裂缝并非严格对称，选取右侧的转向裂缝与数值模拟结果对比发现，数值模拟的裂缝扩展路径与文献中物理实验的结果裂缝扩展规律基本吻合，说明采用全局嵌入内聚力单元的方法可以用于模拟裂缝扩展。

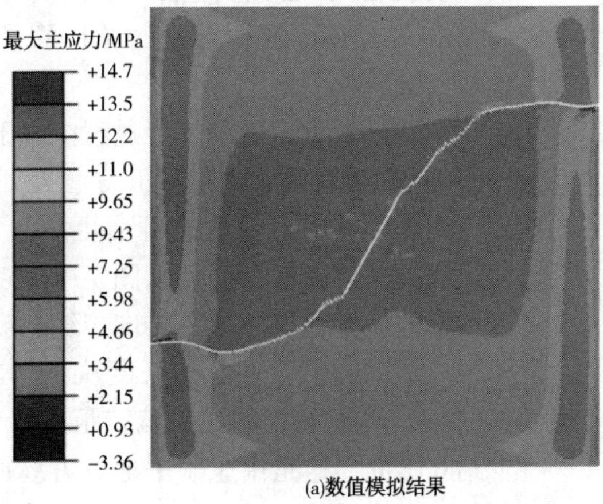

(a)数值模拟结果

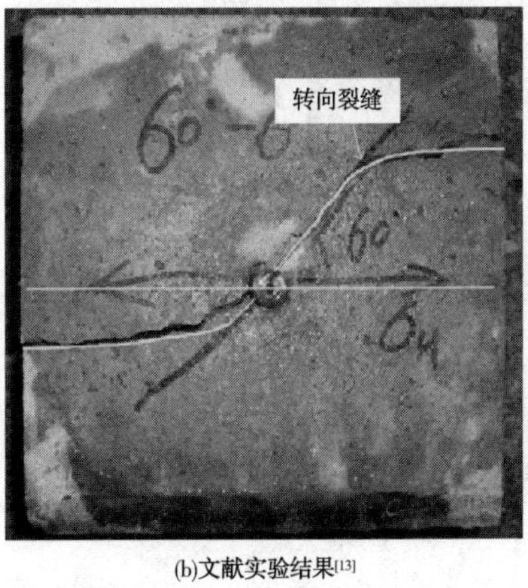

(b)文献实验结果[13]

图 3 物理实验结果与数值模拟结果对比

2.2.4 模型建立与参数配置

沿用上一节的模拟方法建立模型，模型边界设置为零位移自由度，孔压保持恒定。图4(模型中输入的主要参数基于中国塔里木油田某页岩储层)为缝内暂堵压裂裂缝扩展的模型，其中最大偏转距离定义为与水力裂缝的最大偏离距离。建立了二维流固耦合数值模型，如图5所示，其中模型尺寸为50m×50m，中心线表示预设的水力裂缝。水力裂缝沿最大水平主应力方向排列，裂缝上方设有密集充填的封堵单元。一条长10m的天然裂缝与水力裂缝相交。模型的边界位移设置为零，初始孔压边界条件也为零。储层被假定为均质且各向同性，而压裂液被视为不可压缩的牛顿流体。此外，还考虑了裂缝表面的流体损失。

表3 缝内暂堵压裂裂缝扩展模型参数设置

参数类别	参数名称	数值
储层地质参数	杨氏模量/GPa	30
	泊松比/无因次	0.15
	渗透率/($10^{-3}\mu m^2$)	0.1
	孔隙比/%	10
	孔隙压力/MPa	40
	水平最小地应力/MPa	60
	水平最大地应力/MPa	68
内聚力单元属性	天然裂缝抗拉强度/MPa	4
	水力裂缝抗拉强度/MPa	9
	裂缝滤失系数/($m^2 \cdot Pa^{-1} \cdot s^{-1}$)	1×10^{-14}
工程参数	压裂液黏度/(mPa·s)	20
	注入速度/($m^2 \cdot s^{-1}$)	0.005

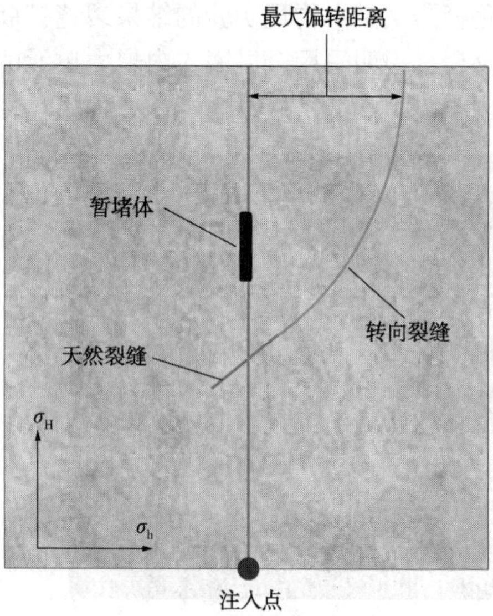

图4 缝内暂堵压裂裂缝扩展示意图

(a)嵌入内聚力单元的基质单元

(b)嵌入内聚力单元的预置裂缝

图5 全局嵌入内聚力单元的缝内暂堵压裂模型网格划分图

3 结果与讨论

3.1 水平地应力差对裂缝扩展的影响

改变水平地应力差，选取6MPa、8MPa、10MPa和12MPa进行缝内暂堵压裂裂缝扩展的模拟，结果如图6、7所示。

图6显示水力裂缝扩展过程中由于暂堵体的作用无法向前延伸，缝内压力增大开启天然裂缝，转向裂缝扩展过程中开启更多的天然裂缝，使裂缝的复杂程度变高。从图7中可以看出，随着水平地应力差的增大，转向裂缝长度和最大偏转距离逐渐降低，裂缝的长度从36.75m减少到28.89m，转向裂缝的最大偏转距离从20.12m减少到6.18m。这是由于水平地应力差越大，裂缝向垂直于水平最大主应力方向扩展的阻力越大，

裂缝越快发生转向，水力裂缝倾向于直接穿过天然裂缝，裂缝的最大偏转距离越短，长度也越短。

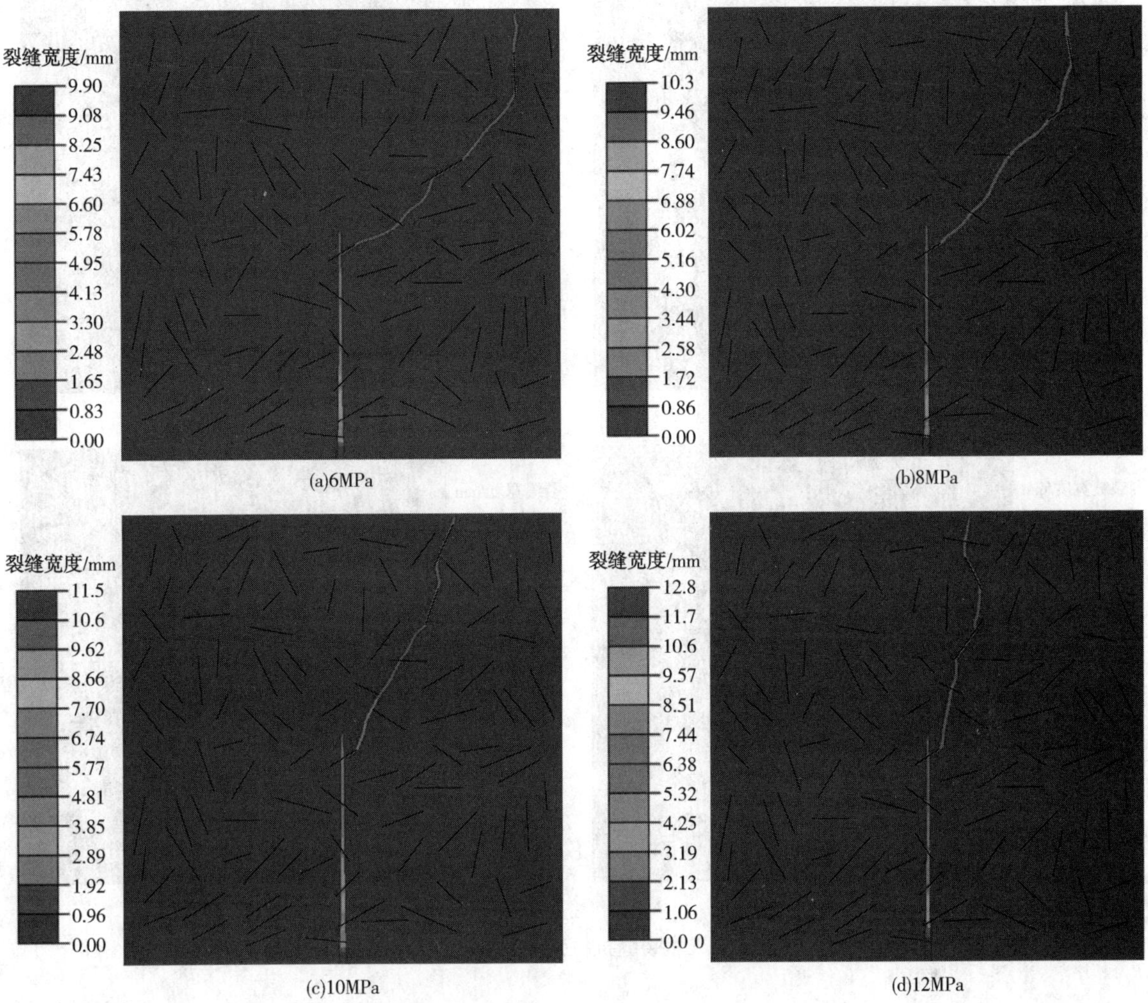

图 6 不同水平地应力差的裂缝扩展形态模拟

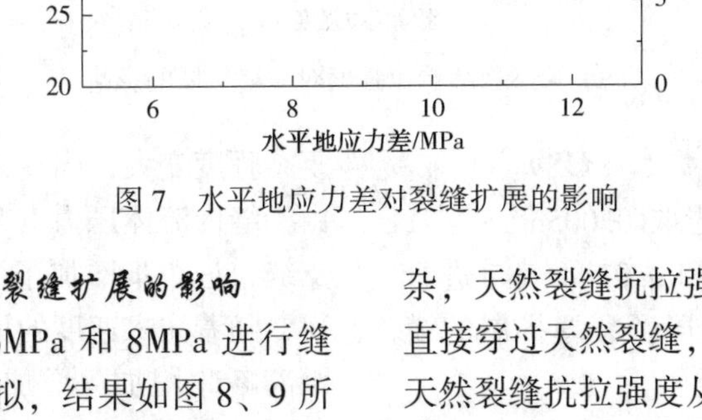

图 7 水平地应力差对裂缝扩展的影响

3.2 天然裂缝抗拉强度对裂缝扩展的影响

选取 2MPa、4MPa、6MPa 和 8MPa 进行缝内暂堵压裂裂缝扩展的模拟，结果如图 8、9 所示。从图中可以看出天然裂缝抗拉强度较低时，水力裂缝更容易激活天然裂缝，使裂缝形态更复杂，天然裂缝抗拉强度较高时，水力裂缝倾向于直接穿过天然裂缝，裂缝扩展形态比较简单，当天然裂缝抗拉强度从 2MPa 增加到 8MPa 时，水力裂缝沟通的天然裂缝减少，转向裂缝长度从 43. 35m 减少到 30. 52m。

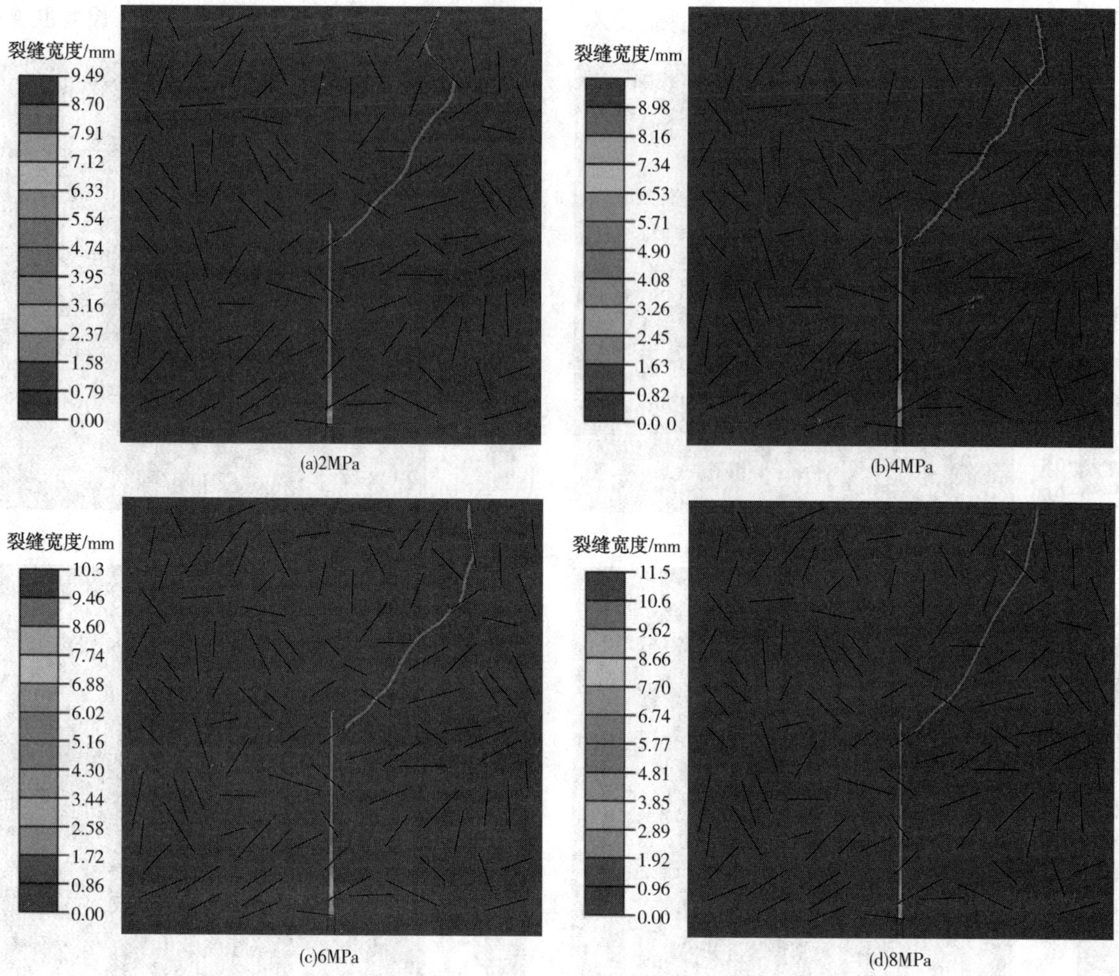

图 8　不同天然裂缝抗拉强度裂缝扩展形态模拟

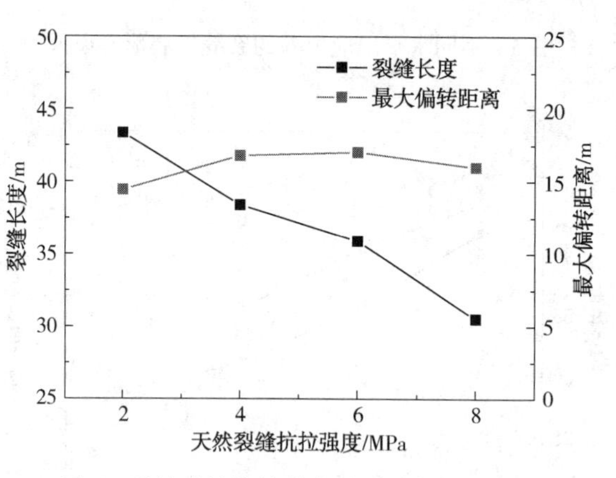

图 9　天然裂缝抗拉强度对裂缝扩展的影响

3.3　压裂液注入速度对裂缝扩展的影响

通过改变注入速度，选取 $0.005m^2 \cdot s^{-1}$、$0.01m^2 \cdot s^{-1}$、$0.015m^2 \cdot s^{-1}$和 $0.02m^2 \cdot s^{-1}$进行天然裂缝发育储层缝内暂堵压裂裂缝扩展的模拟，结果如图 10 所示。

从图 10 中可以看出，随着注入速度的增加，裂缝扩展过程中沟通了更多的天然裂缝，裂缝的复杂程度变大，当注入速度达到 $0.02m^2 \cdot s^{-1}$时，由于缝内流体压力上升较快，因此开启了两条分支缝，进一步增加了裂缝的复杂程度。由图 11 得，随着注入速度的增加，转向裂缝的最大偏转距离略微增加，增加了 3.27m，裂缝的长度从 35.51m 增加到 58.81m。

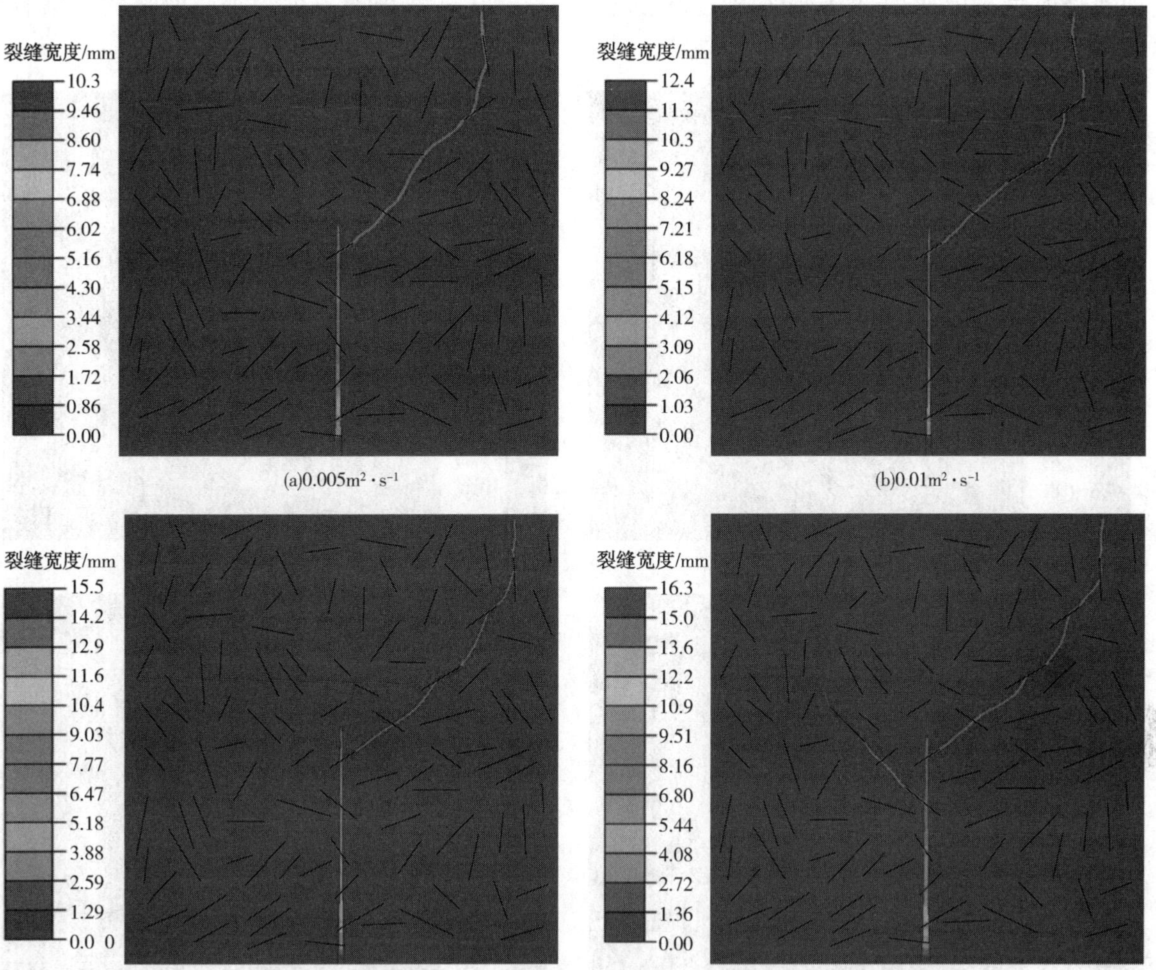

(a)$0.005m^2\cdot s^{-1}$　(b)$0.01m^2\cdot s^{-1}$　(c)$0.015m^2\cdot s^{-1}$　(d)$0.02m^2\cdot s^{-1}$

图 10　不同注入速度裂缝扩展形态模拟

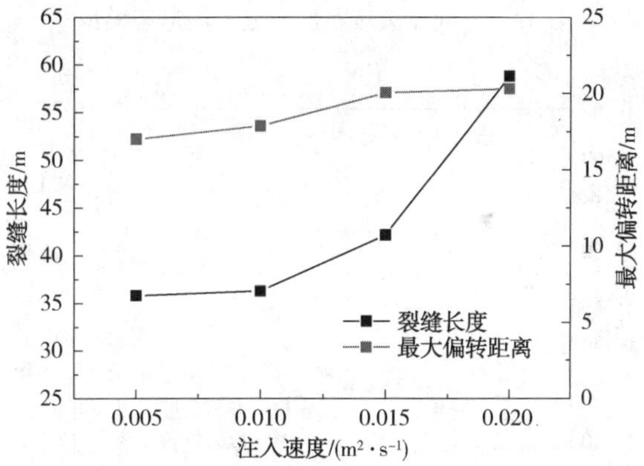

图 11　注入速度对裂缝扩展的影响

3.4　压裂液黏度对裂缝扩展的影响

选取 10mPa · s、30mPa · s、50mPa · s 和 100mPa · s 进行缝内暂堵压裂裂缝扩展的模拟，结果如图 12 所示。当黏度从 10mPa · s 增加到 100mPa · s 时，裂缝的宽度逐渐增加，当黏度达到 100mPa · s 时，缝内暂堵压裂产生了两条分支缝。这是由于压裂液黏度较高时，压裂液的滤失减少且流动速度慢，缝内流体压力增加较快，促使水力裂缝开启多条分支缝，如图 12(d)。

从图 13 中可以看出，当裂缝扩展到模型边界时，随着压裂液黏度的增加转向裂缝的最大偏转距离略微增加后稳定，增加了为 3.54m，转向裂缝的总长度从 31.87m 增加到 50.22m，这是由于黏度较大时，产生了多条分支缝，这导致转向裂缝总长度增加，裂缝的复杂程度增加。

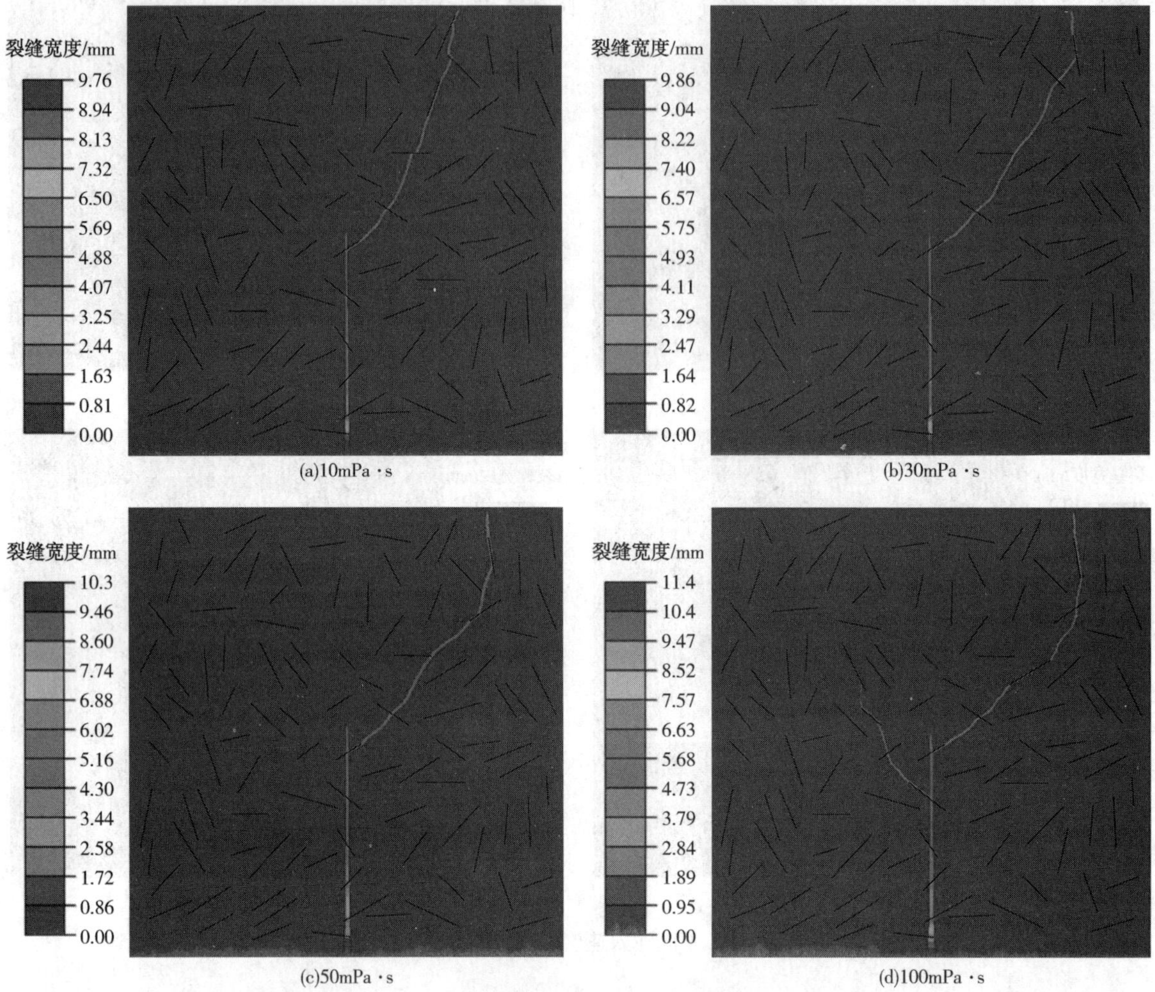

图 12　不同压裂液黏度裂缝扩展形态模拟

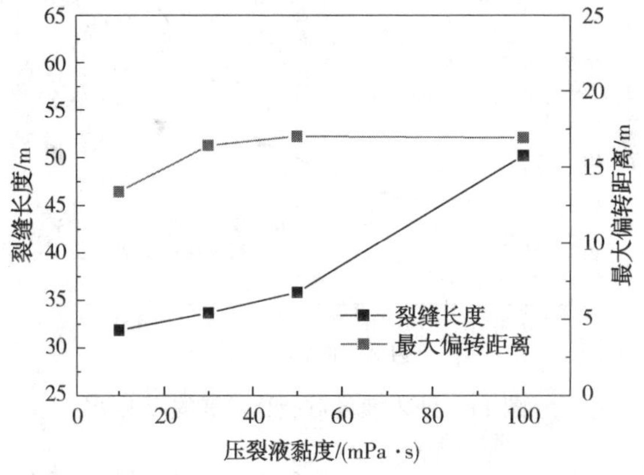

图 13　压裂液黏度对裂缝扩展的影响

3.5　暂堵时机对裂缝扩展的影响

改变暂堵体的位置，设定水力裂缝扩展到模型中心线的 1/3、1/2 和 2/3 处被封堵，模拟压裂施工裂缝扩展至前段、中段和后段三个阶段并探究在天然裂缝发育储层内进行缝内暂堵压裂裂缝的扩展规律，结果如图 14 所示。

在本模型中，初始水力裂缝延伸到模型的 1/3 处暂堵转向的裂缝总长度为 62.43m，而初始水力裂缝延伸到模型的2/3处暂堵转向的裂缝总长度为53.34m。因此在天然裂缝发育储层中，裂缝在水平最大主应力方向延伸距离相同的情况下，暂堵时机越早，转向裂缝沟通的天然裂缝越多，裂缝总长度越长。

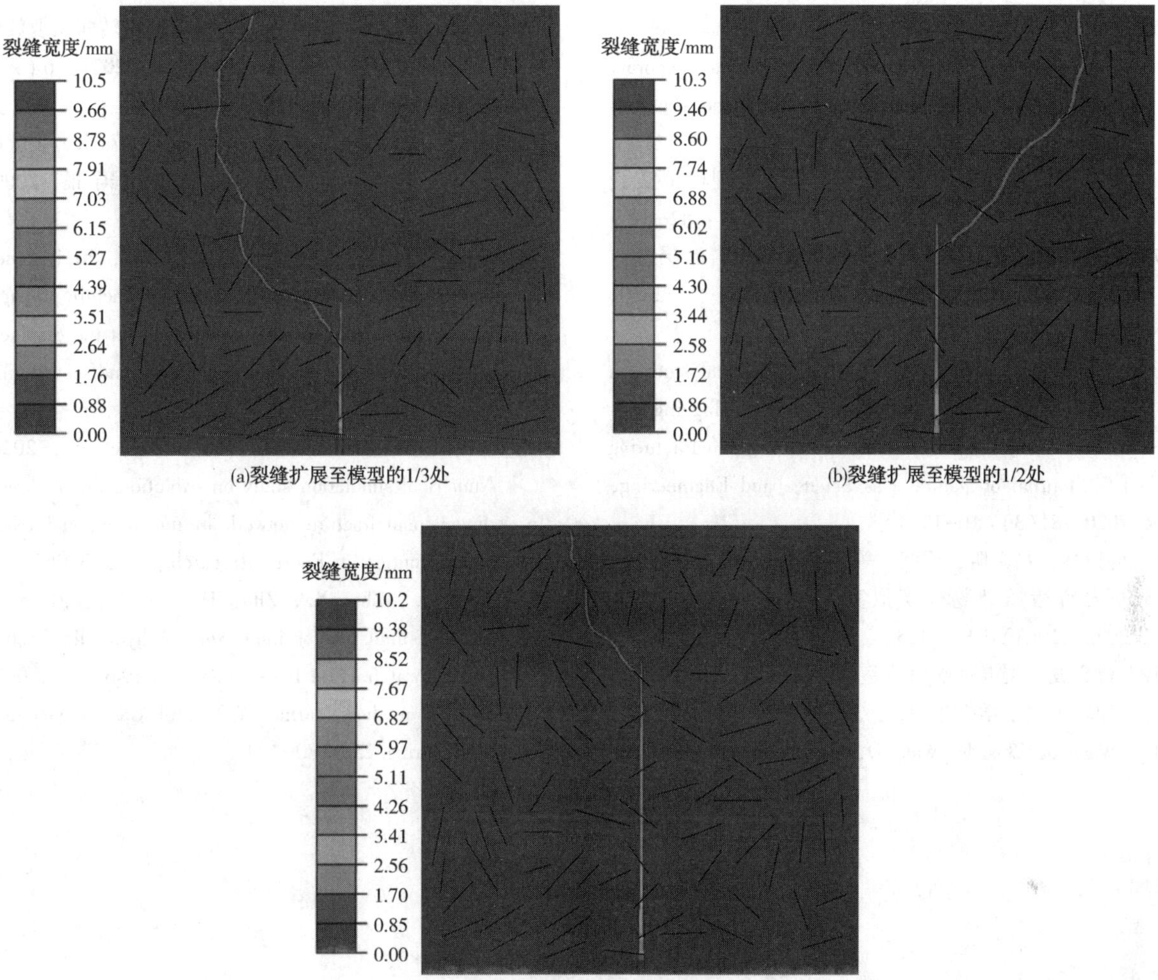

(a)裂缝扩展至模型的1/3处

(b)裂缝扩展至模型的1/2处

(c)裂缝扩展至模型的2/3处

图14 不同暂堵时机裂缝扩展形态模拟

4 结论

（1）随着水平应力差的增大，转向裂缝沿最小水平主应力方向扩展的阻力逐渐增大。这种阻力导致最大偏转距离逐渐减小，使得在储层内部激活天然裂缝的难度增大。因此，裂缝长度逐渐减小。

（2）天然裂缝的抗拉强度增大时，其抗张性增强。这种阻力导致较少的天然裂缝在扩展过程中被连通，最终导致裂缝长度减小。

（3）排量和黏度的增加有助于提高裂缝内的净压力。这种增强的压力，在暂堵和压裂过程中，有利于形成多分支裂缝。这反过来又使得更多数量的天然裂缝得以沟通，导致偏转裂缝总长度逐渐增加。

（4）在暂堵压裂过程中，暂堵时机对决定裂缝的扩展起着至关重要的作用。在该模型中，当裂缝在最大水平主应力方向的延伸距离保持不变时，暂堵时机越早，被偏转裂缝沟通的天然裂缝数量越多，导致裂缝总长度的增加。

参 考 文 献

[1] 谢朝阳，尚立涛，唐鹏飞，等．大规模缝内转向压裂技术研究与试验[J]．大庆石油地质与开发，2016，35(2)：66-69.

[2] Gomaa A M, Spurr N, Pirogov A, et al. Combining soluble particle diverter with specially engineered proppant to enhance fracture complexity and post-fracture conductivity[C]. SPE181486, 2016.

[3] 谢新秋，邹鸿江，武龙，等．暂堵压裂在低渗透油

田的研究与应用[J]. 钻采工艺，2017，40(3)：65-67+11.

[4] 李朝. 缝内多级暂堵压裂工艺技术在油田的应用[J]. 化学工程与装备，2022，311(12)：118-120.

[5] He CM, Shi SZ, Zhong KW, et al. Performance evaluation of water soluble diverter agent and its temporary plugging effect in refracturing[J]. Earth and Environmental Science. 2018, 188(1): 12-17.

[6] 曲宝龙. 真三轴岩心暂堵转向压裂物理模拟实验[J]. 大庆石油地质与开发，2019，38(4)：82-89.

[7] 李春月，房好青，牟建业，等. 碳酸盐岩储层缝内暂堵转向压裂实验研究[J]. 石油钻探技术，2020，48(2)：88-92.

[8] Yuan L, Zhou F, Li B, et al. Experimental study on the effect of fracture surface morphology on plugging efficiency during temporary plugging and divertingfracturing [J]. Journal of Natural Gas Science and Engineering, 2020, 81(3): 10-13.

[9] 杨恒林，吕嘉昕，谭鹏，等. 基于三维扫描技术的页岩暂堵压裂物理模拟实验[J]. 断块油气田，2022，29(1)：118-123.

[10] 曹金波. 裂缝远端暂堵室内实验评价[J]. 江汉石油职工大学学报，2022，35(2)：68-70.

[11] Wang B, Zhou F, Wang D, et al. Numerical simulation on near - wellbore temporary plugging and diverting during refracturing using XFEM - Based CZM [J]. Journal of Natural Gas Science and Engineering, 2018, 55(2): 368-381.

[12] 王博，刘雄飞，胡佳，等. 缝内暂堵转向压裂数值模拟方法[J]. 石油科学通报，2021，6(2)：262-271.

[13] 姜浒，陈勉，张广清，等. 定向射孔对水力裂缝起裂与延伸的影响[J]. 岩石力学与工程学报，2009，28(7)：1322-1326.

[14] Cong, Z., Li, Y., Liu, Y., et al., 2021. A new method for calculating the direction of fracture propagation by stress numerical search based on the displacement discontinuity method. Computers andGeotechnics. 140, 104482.

[15] Chen, X., Huang, Y., Li, Y., et al., 2024. Numerical simulation study on evolution law of three-dimensional fracture network in unconventional reservoirs. Frontiers in Energy Research. 11, 1337069.

[16] Guo, J., Zhao. X., Zhu, H., et al., 2015. Numerical simulation of interaction of hydraulic fracture and natural fracture based on the cohesive zone finite element method. Journal of Natural Gas Science and Engineering. 25, 180-188.

密切割压裂技术在苏里格致密砂岩水平井的应用

王红科　靳剑霞　徐昊垠　卢　伟　陈　挺

（中国石油集团渤海钻探工程有限公司工程技术研究院）

摘　要　本文针对苏里格致密砂岩水平井储层改造技术需求，开展了“可溶桥塞+多簇射孔+裂缝暂堵”密切割多段分簇压裂技术研究，对水平井分段、施工排量优化、射孔和施工规模、暂堵材料、压裂液体系、支撑剂、液氮用量和压裂工具等进行优化和优选，形成了苏里格致密气水平井密切割压裂改造技术。通过暂堵转向实现压开多条新裂缝的目的，增加了压裂改造体积。现场施工顺利，微地震裂缝监测表明，SRV为448.8×10^4m^3，压后无阻流量达到为87.2162×$10^4m^3/d$，取得了较好的增产效果。

关键词　致密砂岩；密切割；多段分簇；暂堵转向

1　前言

苏里格气田主力层石盒子组盒8段为辫状河三角洲沉积，单砂体规模小，储层非均质性强，连通性差，单井控制储量小。孔隙度5～10%，渗透率0.01～0.1mD，地层压力系数0.75～0.90，储量丰度平均仅为1.10×$10^8m^3/km^2$，属于典型的低孔、低渗、低丰都、低压致密砂岩气田。纵向上虽然普遍发育多套含气层系，但是砂层厚度相对较小(5～12m，平均8m)，多薄层发育，直井压后产量低(平均产气<1×$10^4m^3/d$)。近年来，为提高苏里格气田开发效果，在借鉴页岩油气井体积压裂技术基础上，针对苏里格气田储层非均质性强的特征，将人工裂缝的长度、间距、缝高与储层的物性、应力、储量相结合，以“接触面积最大、渗流距离最短、累积产量最高”为目标，形成了以“可溶桥塞+多簇射孔+裂缝暂堵”为核心的苏里格致密气水平井适度密切割压裂改造技术。

2　密切割压裂工艺优化研究

2.1　水平井分段优化

将物性、岩性相近的储层分在一段内，可溶桥塞位于物性较差的泥质砂岩段或电性较差的井段，优选低伽玛值、低自然电位、高含气等物性好的位置作为射孔位置。以苏X井为例，测井曲线如图1所示，水平段共钻遇砂体830m，压裂分7段：①4160～4200m、②3865～3952m、③3760～3865m、④3650～3760m、⑤3550～3650m、⑥3430～3550m、⑦3360～3380.0m。根据储层情况，工程与地质结合调整；优选物性好的位置作为压裂起裂点。可溶桥塞位置分别位于：3406.0m、3553.0m、3655.0m、3760.0m、3870.0m和3969.0m。

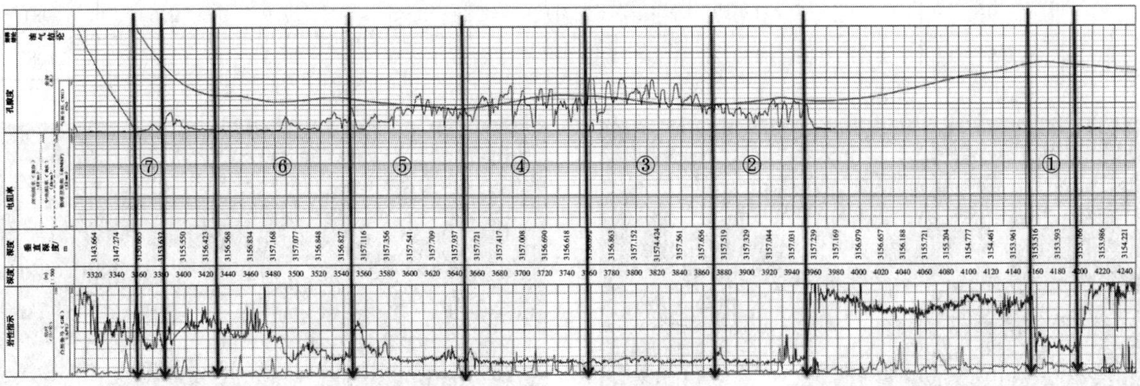

图1　苏X井测井曲线

2.2 施工排量优化

苏X井采用D114.3mm×7.37mm套管完井，钢级P110，抗内压强度为85.6MPa，套管限压为68.48MPa，对不同排量不同破裂压力梯度下施工压力进行了预测，结果如表1所示。由表1可知，该井施工排量最大可满足9.0m³/min，考虑第1段和7段施工风险大，优化设计排量为8.0m³/min，其他段施工排量优化为9.0m³/min。

表1 不同排量不同破裂压力梯度下施工压力预测表

破裂压力/MPa	破裂梯度 MPa/m	6.0 m³/min	7.0 m³/min	8.0 m³/min	9.0 m³/min	10.0 m³/min
50.4	0.016	35.4	40.2	47.3	53.6	59.9
53.6	0.017	38.6	43.3	50.4	56.7	63.0
56.7	0.018	41.7	46.5	53.6	59.9	66.6
59.9	0.019	44.9	49.6	56.7	63.0	69.3
63.0	0.020	48.0	52.8	59.9	66.2	72.5
	摩阻 MPa	16.5	21.3	28.4	34.7	41.0

2.3 射孔和规模优化

根据水平井压裂地质分类，对于物性较好的储层(第2、3、4和5段)，采取加密集中布缝、提高改造高强度压裂提产改造思路，射孔定为3簇；对于物性较差储层(第6段)，采取甜点优选布缝、适度改造规模、追求压裂效益指标改造思路，射孔定为2簇。在不同簇数、不同改造规模下，我们对裂缝进行了模拟和产能预测分析，结果如图2-图9及表2所示。

由图2-图9及表2可知，对于第2、3、4和5段：在9m³/min、3簇射孔、50m³支撑剂条件下，压后SRV为27.9×10⁴m³，模拟年产气为981×10⁴m³；在9m³/min、3簇射孔、60m³支撑剂条件下，压后SRV增加为29.3×10⁴m³，模拟年产气增加为1097×10⁴m³，因此第2、3、4和5段优化为9m³/min、3簇射孔、60m³支撑剂。对于第6段：在9m³/min、2簇射孔、50m³支撑剂条件下，压后SRV为25.6×10⁴m³，模拟年产气为902×10⁴m³；在9m³/min、3簇射孔、60m³支撑剂条件下，压后SRV为26.2×10⁴m³，模拟年产气为916×10⁴m³，SRV和年产气变化不大，综合考虑经济效益，对于第6段优化为9m³/min、2簇射孔、50m³支撑剂。

表2 不同射孔簇数和压裂规模下压后效果模拟

簇数	排量/(m³/min)	规模/m³	长轴/m	射孔处最大缝宽/cm	缝高/m	SRV 10⁴m³	日产 10⁴m³	一年累产 10⁴m³
2	9	50	166.5	3.13	38.5	25.6	2.47	902
	9	60	173.5	3.17	39.3	26.8	2.51	916
3	9	50	134.7	2.71	33.5	27.9	2.69	981
	9	60	140.2	2.72	33.8	29.3	2.98	1087

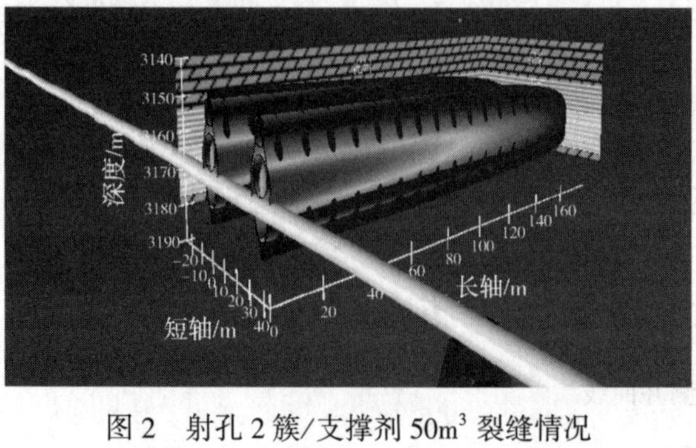

图2 射孔2簇/支撑剂50m³裂缝情况

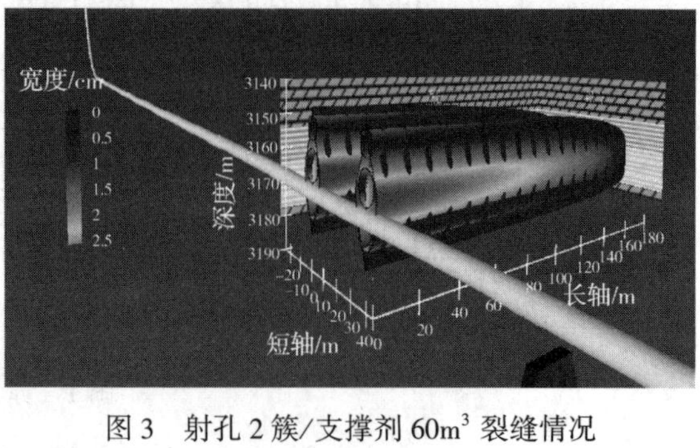

图3 射孔2簇/支撑剂60m³裂缝情况

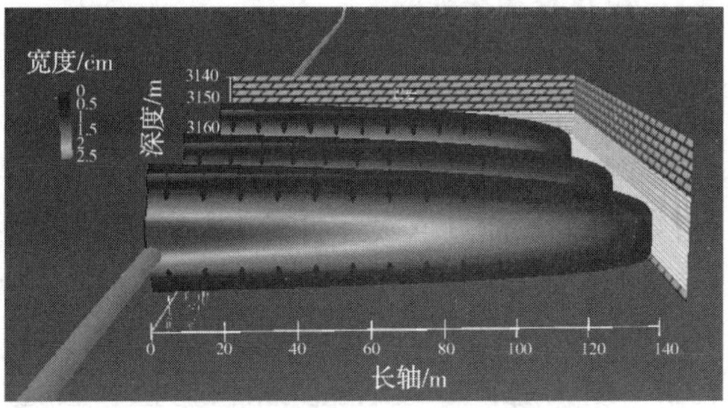

图 4　射孔 3 簇/支撑剂 $50m^3$ 裂缝情况

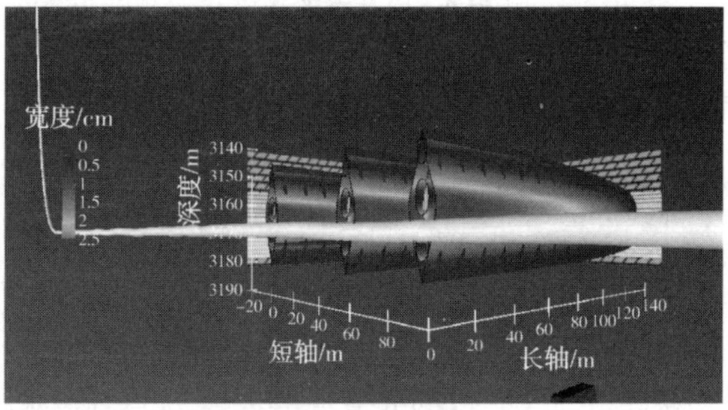

图 5　射孔 3 簇/支撑剂 $60m^3$ 裂缝情况

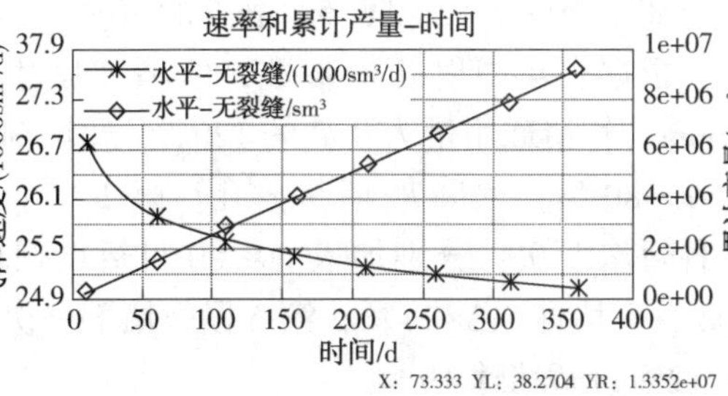

图 6　射孔 2 簇/支撑剂 $50m^3$ 产能预测

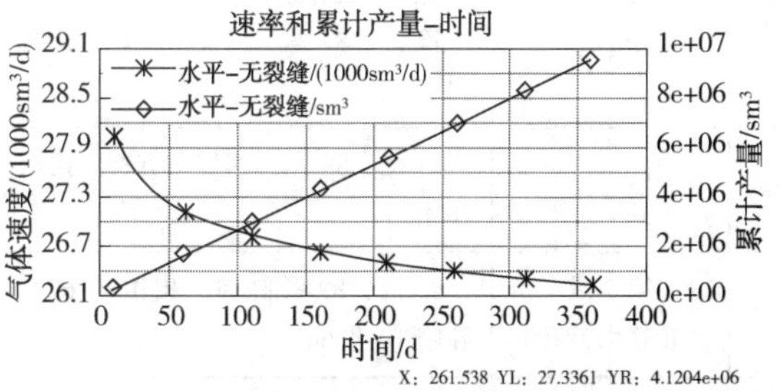

图 7　射孔 2 簇/支撑剂 $60m^3$ 产能预测

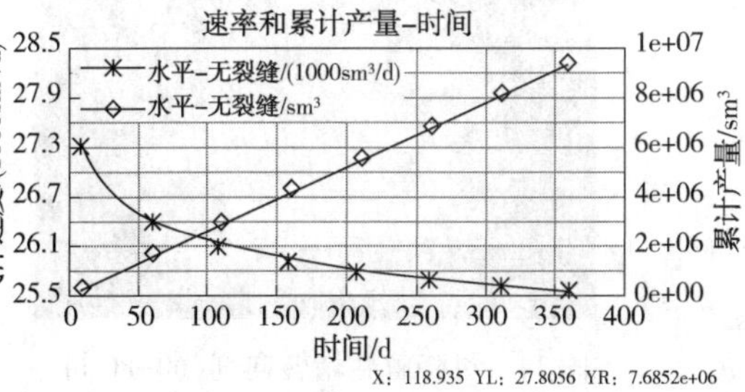

图 8　射孔 2 簇/支撑剂 $50m^3$ 产能预测

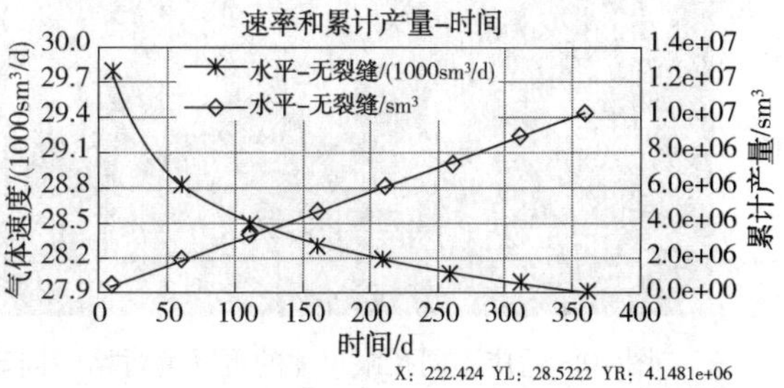

图 9　射孔 2 簇/支撑剂 $60m^3$ 产能预测

射孔位置选择遵循以下原则：脆性矿物含量相对高部位、破裂压力差异较小且低地应力部位、测井解释孔隙度较高、录井气测显示好和固井质量好位置。根据限流压裂原理，以 $0.3m^3/min$ 左右单孔进液为基准，同时考虑孔眼摩阻与孔数的关系，优化结果如下：第 1 段采用连油射孔，选择 GR 值较低的层段射孔，射孔 3m，孔密 16 孔/m，单段总孔数 48 孔；根据各段地质情况，对横向均质性较好的段(第 2 段至第 6 段)采用电缆传输多簇射孔方式，选择 GR 值相近的点进行射孔，保证各射孔点均匀进液并形成多裂缝网络，其中第 2 段至第 5 段每段射孔 3 簇，每簇射孔 1m，簇间距 30-40m，孔密 10 孔/m，单段总孔数 30 孔；第 6 段射孔 2 簇，每簇射孔段长 1m，孔密 16 孔/m，单段总孔数 32 孔；第七段采用多簇连续射孔，选择 GR 值较低的层段射孔施工，射孔长度 3m，孔密 10 孔/m，单段总孔数 30 孔，结果如表 3 和表 4 所示。

表 3　射孔位置

序号	段数	设计位置/m
1	第 1 段	①4172.0~4175.0；3m
2	第 2 段	①3946.0~3947.0，1m；②3912.0~3913.0，1m；③3879.0~3880.0，1.0m
3	第 3 段	①3849~3850；1m；②3815~3816；1m；③3775~3776，1.0m
4	第 4 段	①3740~3741，1m；②3700~3701，1m；③3665~3666，1.0m
5	第 5 段	①3630~3631，1m；②3595~3596，1m；③3565~3566，1.0m
6	第 6 段	①3531.0~3532.0，1m；②3494~3495，1m
7	第 7 段	①3379.0~3382.0，3m

表 4　射孔参数表

序号	段数	射孔参数
1	第 1 段	73 枪、89 弹、相位角 60°、孔密 10 孔/m
2	第 2 段	73 枪、89 弹、相位角 60°、孔密 10 孔/m
3	第 3 段	73 枪、89 弹、相位角 60°、孔密 10 孔/m
4	第 4 段	73 枪、89 弹、相位角 60°、孔密 10 孔/m
5	第 5 段	73 枪、89 弹、相位角 60°、孔密 10 孔/m
6	第 6 段	73 枪、89 弹、相位角 60°、孔密 16 孔/m
7	第 7 段（套管内射孔）	80 枪、89 锐健弹、相位角 60°、孔密 10 孔/m

2.4　暂堵材料优选

由于储层的非均质性、三向应力、簇间破裂压力差异等因素，压裂裂缝优先在应力最小、最容易起裂的储层产生。为了实现段内多簇由暂堵材料选择储层甜点依次开启多条主裂缝；在主裂缝延伸过程中，通过暂堵材料来提高缝内净压力，产生分支裂缝；主裂缝和分枝裂缝在延伸过程中不断沟通，形成纵横交错的树枝状裂缝系统，需要在压裂过程中加入暂堵剂，提高储层有效改造范围和动用程度，增加储层整体改造效果，如图 10-图 12 和表 5、表 6 所示。

根据表 4 中射孔枪参数，暂堵球尺寸采用 15mm，暂堵球用量为孔数的 120%，暂堵剂粒径为 60-80 目，用量为 4~5kg/孔。第 2、3、4、5 段各暂堵两次，分别加入 60-80 目暂堵剂(75×2)kg+暂堵球(12×2)颗，第 6 段暂堵剂一次，加入 125kg+暂堵球 19 颗。

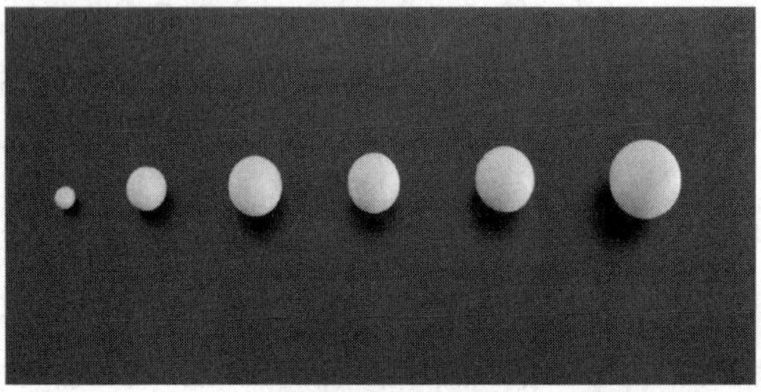

图 10　适应不同孔眼尺寸的可降解暂堵转向球

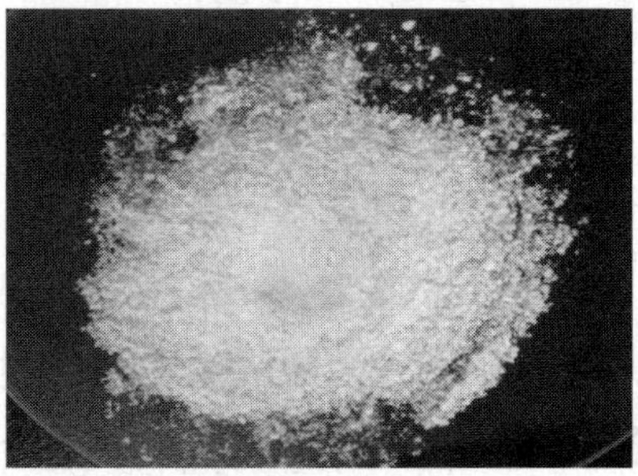

图 11　可降解暂堵转向剂(60-80 目)

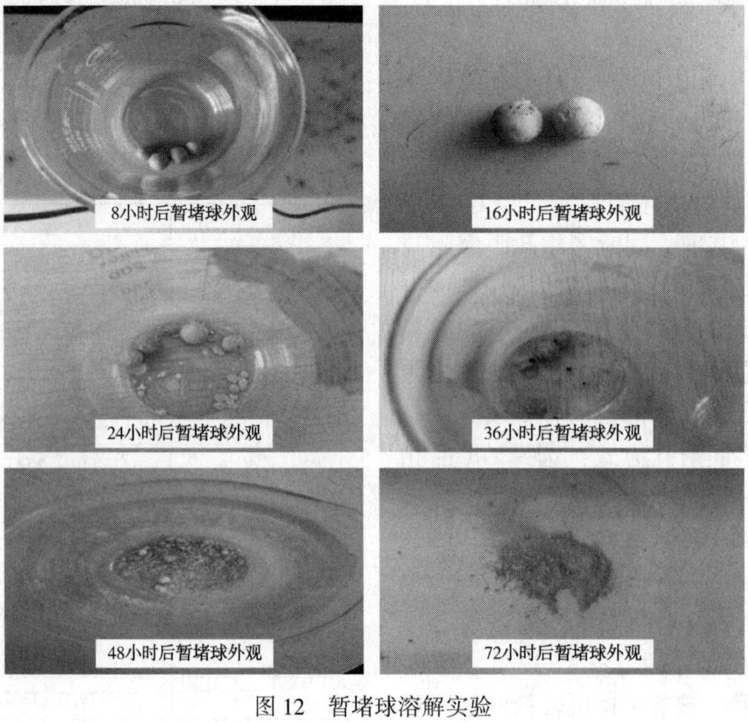

图 12　暂堵球溶解实验

表5 暂堵球性能

尺寸/mm	5~20
耐压/MPa	>35
耐温：≤160℃	≤160℃
溶解时间，h(可调)	≤8(可调)
密度/(g/cm³)	1.23~1.79
降解程度	完全溶解

表6 暂堵剂性能

适用温度/℃	90~160
密度/(g/cm³)	1.2~1.7
封堵强度/MPa	>40MPa
降解时间/h	可控
降解程度/%	>99

2.5 压裂液体系优选

苏里格地层温度梯度3.06℃/100m，折算地层温度约100℃，按照SY/T 5107—2016《水基压裂液性能评价方法》标准里对压裂液性能的要求，压裂液优选携砂性能好、低伤害乳液型生物胶压裂液体系。该体系与水发生强烈缔合作用，从而快速形成具有携砂能力的网状结构黏弹性流体，靠粘弹性携砂把支撑剂带人裂缝。破胶后，其螺旋形分子结构会分解成为小分子结构，返排到地面．其性能如图13-图15所示。由图中可以看出，生物胶压裂液具有较好的耐温耐剪切性能和悬砂性能，能够满足施工要求。

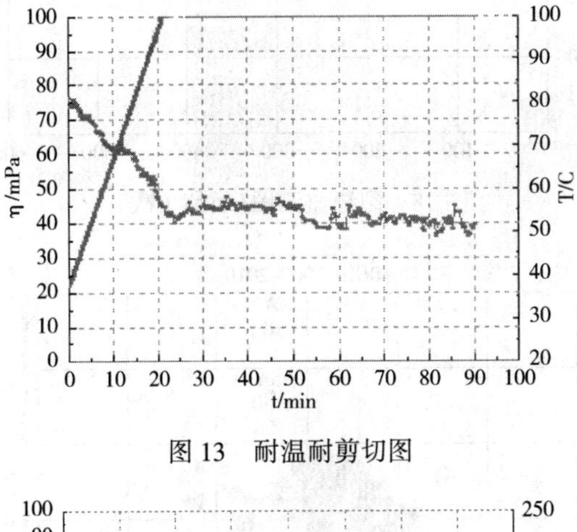

图13 耐温耐剪切图

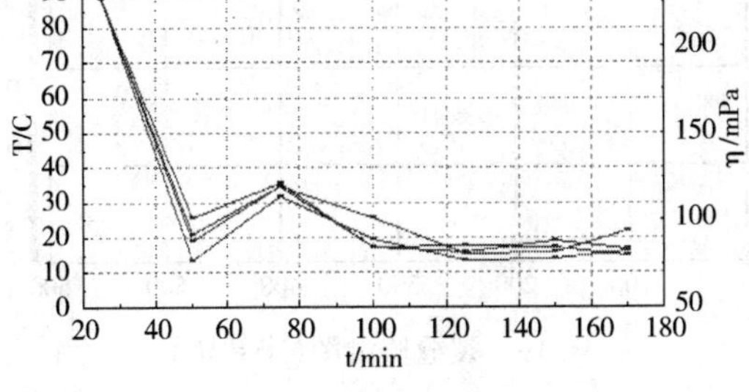

图14 变剪切图

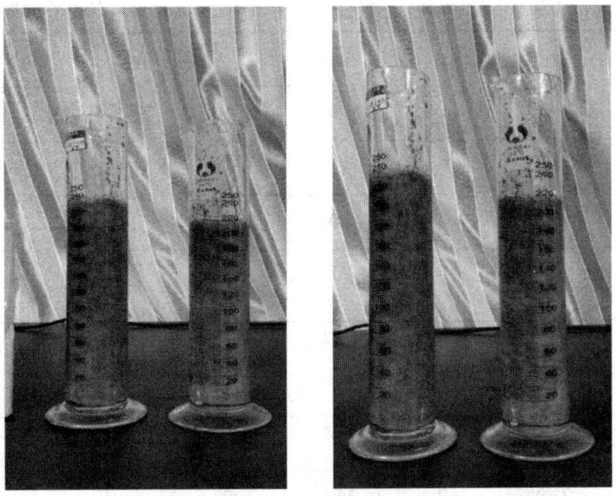

图15 悬砂效果图(左图：悬砂初始；右图：悬砂2h后)

2.6 支撑剂优选

根据本井地层闭合压力预测，支撑剂选择中密度高强度支撑剂。为了保证在裂缝闭合条件下，有良好的渗流通道，采用20/40目粒径支撑剂。

2.7 液氮用量优化

由于本井施工时间长，注入液量大，为了实现快速排液，采取第1段、第6段、第7段全程伴注液氮方式，液氮伴注排量为150L/min。

2.8 压裂工具优选

水平井分段方式采用“泵送桥塞+多簇射孔联作”分段压裂方式，采用可溶桥塞对各段进行封隔。优选压裂工具如图16和表7所示。

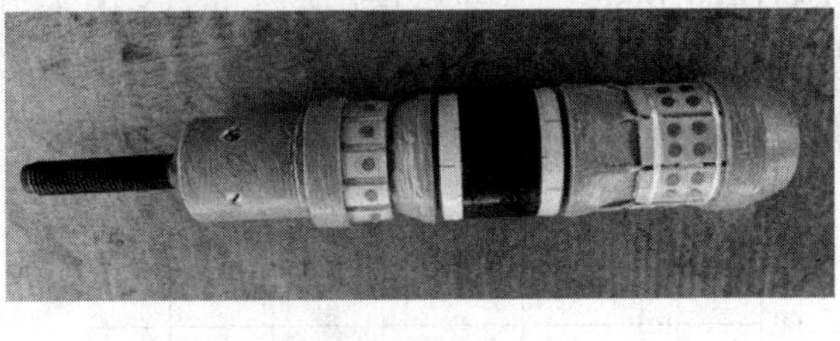

图16 可溶桥塞外观

3 现场试验情况

3.1 施工过程

2021年3月，苏X井共完成7段压裂施工，入地液量为4270.2m³、砂量455m³，液氮16m³，加入暂堵球115个，暂堵剂725kg，前置液比例平均为37.59%，砂比平均为21.34%，施工顺利，按设计完成加砂，具体如表8所示。

表 7 压裂工具性能指标

桥塞	外径/mm	内径/mm	额定工作压力/MPa	工作稳定/℃	压裂球外径/mm
	89	32	70	90-110	50.8
座封工具	型号	丢手方式	溶解介质	温度环境	最大座封力 t
	Baker 10#	剪钉	2.5% KCl 溶液	90~110	20

表 8 施工情况

层号	前置液/m^3	携砂液/m^3	顶替液/m^3	施工排量/(m^3/min)	支撑剂量/m^3	前置液比例/%	平均含砂浓度/%	液氮/m^3	液氮排量/(L/min)
第 1 段	82	137	43.6	8	30	37.44	21.2	4	150
第 2 段	162	269	208	9	60	37.59	21.9	/	/
第 3 段	160	269	204	9	60	37.30	21.9	/	/
第 4 段	160	269	199.5	9	60	37.30	21.9	/	/
第 5 段	166	271	195.5	8	60	37.99	21.8	/	/
第 6 段	137	225	114.6	9	50	37.85	21.8	8	150
第 7 段	80	133	30	8	30	37.56	21.8	4	150

3.2 暂堵效果分析

采用微地震对苏 X 井整个施工过程进行监测，共获得 SRV 为 448.8×$10^4$$m^3$，结果如表 9 和图 17-图 19 所示。图 17 为暂堵 2 次裂缝扩展情况，其中蓝色为第 1 次暂堵前，绿色为第 1 次暂堵后，红色为第 2 次暂堵后；图 17 为暂堵 1 次裂缝扩展情况，其中绿色为暂堵前，红色为暂堵后；图 18 为未暂堵裂缝扩展情况。由表中可以看出，两次暂堵 SRV 平均为 80.4×$10^4$$m^3$，是一次暂堵的 146%，是未暂堵(平均 36.1×$10^4$$m^3$)的 223%，暂堵剂的加入对于扩大压裂改造体积具有重要作用。

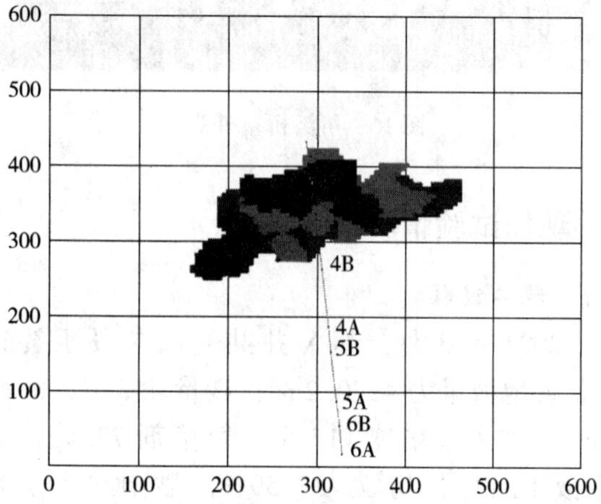

图 17 裂缝监测图(暂堵 2 次)

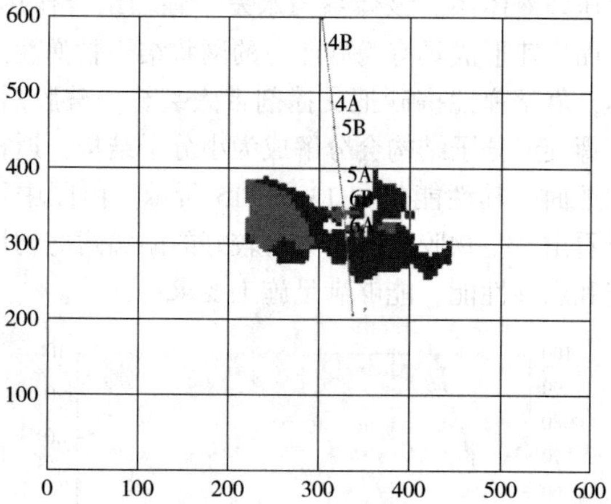

图 18 裂缝监测图(暂堵 1 次)

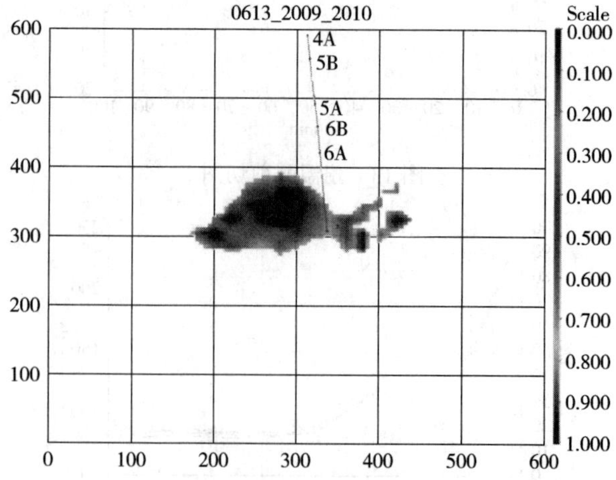

图 19 裂缝监测图(未暂堵)

表9 微地震监测裂缝参数表

段号	缝长/m	半缝长/m	缝高/m	缝网最大宽度/m	方位/(°)	裂缝体积(SRV)(10^4m^3)
1	220	西 120 东 100	20	120	37	40.3
2	220	西 108 东 115	30	160	37	68.0
3	320	西 155 西 176	30	140	69	91.5
4	220	西 138 东 75	40	170	66	87.5
5	380	西 165 东 225	20	170	75	74.7
6	240	西 124 东 115	30	130	109	54.9
7	260	西 155 东 105	20	120	83	31.9

3.3 压后效果

该井开井后放喷排液 3.5 小时后点火成功；初期一次放喷累计出液 1703.9m^3，返排率 40.92%，火焰高度 12～15m。经测试求产，计算地层压力系数 0.91，无阻流量为 87.2162×$10^4m^3/d$，取得了较好的压裂效果。

4 结论

（1）针对苏里格致密砂岩水平井储层改造技术需求，开展了“可溶桥塞+多簇射孔+裂缝暂堵”密切割多段分簇压裂技术研究，通过对水平井分段、施工排量优化、射孔和施工规模、暂堵材料、压裂液体系、支撑剂、液氮用量和压裂工具进行优化和优选，形成了苏里格致密气水平井密切割压裂改造技术。

（2）现场施工顺利，根据微地震裂缝监测结果，SRV 为 448.8×10^4m^3，压裂施工过程中加入的裂缝暂堵球和暂堵剂，通过暂堵转向实现压开多条新裂缝的目的，增加了改造体积，压后无阻流量达到为 87.2162×$10^4m^3/d$，取得了较好的增产效果。

参 考 文 献

[1] 唐俊伟，贾爱林，何东博，等．苏里格低渗强非均质性气田开发技术对策探讨[J]．石油勘探与开发，2006，33(1)：107-110.

[2] 邓建华，王玉善，邢芳，等．苏里格气田苏 76 区块水平井优化部署与地质导向[J]．录井工程，2013，24(3)：40-43.

[3] 王泽明，段传丽，鄂尔多斯盆地苏里格气田苏 20 区块气层分布特征及分类评价[J]．石油天然气学报，2009，31(5)：186-189.

[4] 邢景宝．大牛地气田水平井分段压裂技术研究与应用[J]．钻采工艺，2011，34(2)：25-28.

[5] 殷桂琴，张翔，唐梅荣，等．致密砂岩油藏多缝压裂工艺优化与现场应用[J]．钻采工艺，2017，40(6)：113-116

[6] 吴顺林，刘汉斌，李宪文，等．鄂尔多斯盆地致密油水平井细分切割缝控压裂试验与应用[J]．钻采工艺，2020，43(3)：53-63.

深层页岩气水平井套变成因分析及防控对策研究

周　杨　曾番惠　卢亚亚　冯占勋　滕先林

（中国石油长城钻探工程有限公司地质研究院）

摘　要　近年来威远页岩气开发受水平井压裂套变影响，丢段、合压等现象频发，制约气井产量，亟需开展套变风险预测及防治，以提高开发效果。通过对长城威远深层页岩气建产区的套变点进行整理，应用钻井、测井、录井、地震解释资料，对套变井井筒及周边的天然裂缝、应力差异、岩性变化、弹性属性变化、套变空间位置、井间压裂影响等方面开展分析，应用数据统计方法，威远区块页岩气水平井套变地质影响因素主要为裂缝发育和岩性异常。通过开展天然裂缝活动性评价、细化层间岩性差异设计、升级地质-工程一体化压裂设计，降低套变风险。

关键词　页岩气；水平井；压裂；套变；裂缝；小层界面

北美“页岩气革命”的成功，深刻改变了世界天然气供给格局。中国作为北美之外最大的页岩气生产国，通过10余年勘探开发攻关，以四川盆地及其邻区为重点，实现了海相页岩气资源的有效开发。2020年实现页岩气产量200亿方，其中，中石油在蜀南长宁、威远、昭通等区块实现页岩气产量116亿方。长城钻探公司自2014年参与威远区块页岩气开发以来，形成了相对完整的水平井钻井和压裂技术体系，但也伴随着页岩气水平井套管变形频发的问题，直接影响了气井开发效果。截至2022年，长城威远风险合作区共完成压裂施工197口。其中，严重套变井共35口，丢段近7000m，累计影响EUR4.2亿方。轻微套变井共36口，暂堵合压近30000m，累计影响EUR2.16亿方。针对页岩气水平井压裂过程中出现的套管变形问题，许多学者开展了不同方面的研究。童享茂等开展基于“广义剪切活动准则”这一构造地质和地质力学的基础理论，明确了套变机理为流体压力传递到断-裂面上诱发地层滑移并作用到套管上使其变形的结果。张平等基于套管内抗压交变试验/MIT24井径测井的地面模拟实验等物理和数值模拟实验，表明断层和大裂缝发生剪切滑移是导致页岩气水平井套变的主要原因，通过采取措施降低活动性可达到预防套变目的。在借鉴前人研究成果基础上，从地质-工程一体化角度出发，开展目前长城威远区块主要建产区的套变地质因素分析，探索套变防控对策，降低套变风险。

1　套变特点

威204井区作为长城公司主要产建区，目的层龙马溪组埋深超过3500m，储层非均质性强、地应力变化大，目前完成施工的63口井中，累计有17口井发生25处套变。应用多臂井径测井解释成果，分析压裂过程中套管发生剪切变形（图1），激活井间天然裂缝，诱导地层发生剪切滑移是造成套变的主要成因。本文综合地震、钻井、录井和测井资料，通过对裂缝、岩性、狗腿度等地质工程参数分析，确定深层页岩气井区套变主控因素。

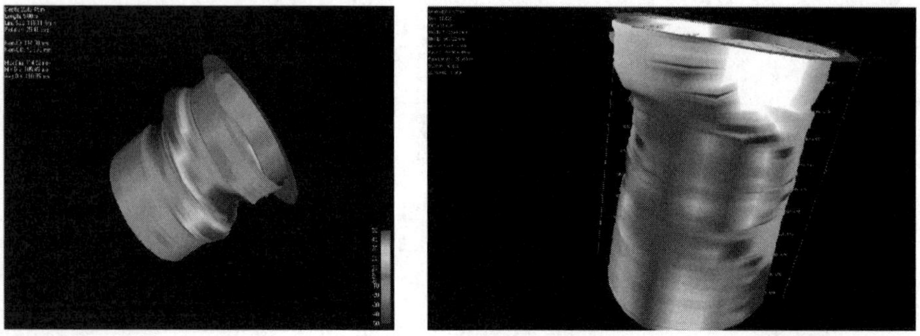

图1　水平井多臂井径测井成果图

1.1 套变位置与天然裂缝关系

天然裂缝既是油气资源良好的储渗空间，又是影响水力压裂扩展的重要因素。天然裂缝是结构弱面，压裂过程中压裂液可能与天然裂缝沟通并沿天然裂缝扩展，发生压裂事件异位聚集，造成聚集段的地层活动，引发套变。因此，研究天然裂缝对压裂套变的影响，具有重要意义。

根据井区曲率体、蚂蚁体成果进行分析(图2)，25 处套变位置中有 15 处与天然裂缝发育相关，占比 60%，套变位置与天然裂缝发育位置相关性较高。为了进一步明确天然裂缝与套变的关系，重点分析了天然裂缝与井筒的接触关系，其中套变位置附近的天然裂缝与井筒呈斜交关系。

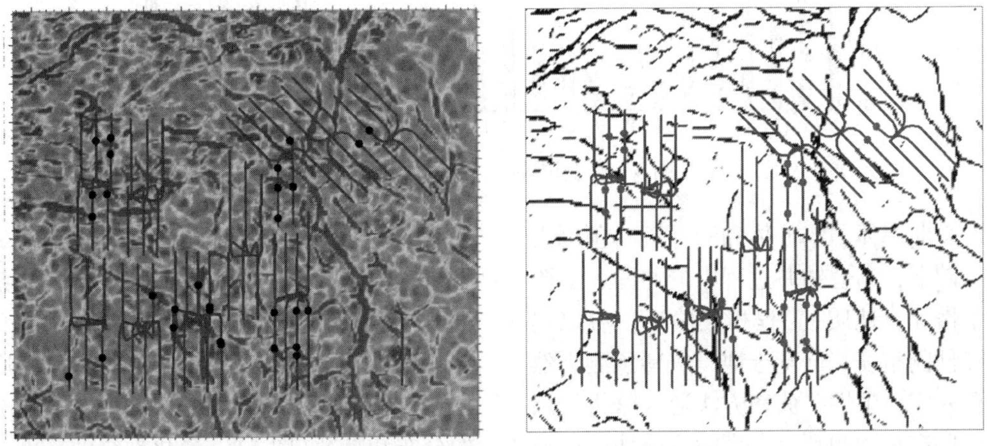

图 2　威远井区曲率体、蚂蚁体图

1.2 套变位置与层界面关系

页岩储层具有较强的非均质性，纵向上根据岩性差异可划分多个小层，岩性差异导致各小层可压性各有不同，导致压裂过程中易发生套变。本次研究对深层页岩气井区完钻井钻遇小层情况进行复核，分析套变位置的钻遇小层情况，25 处套变点中有 7 处套变点与岩性差异相关(图3)，其中层界面2处，层内岩性差异5处。套变位置与岩性差异位置具有一定相关性。

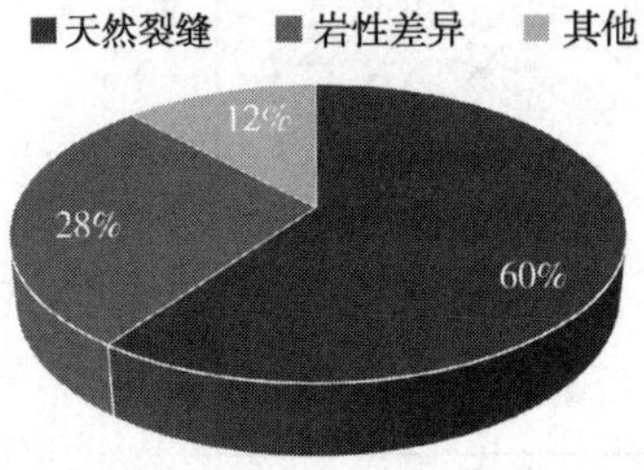

图 3　套变情况统计饼状图

1.3 套变位置与井筒质量分析

套变与井筒质量关系的分析主要针对套变位置狗腿度和固井质量两个因素。25 处套变位置的狗腿度平均为 1.6°/30m，其中 2 口井的套变位置狗腿度大于 3°/30m，其余 23 口井的套变位置狗腿度均小于 3°/30m，占比 92%(图 4)。固井质量分析结果显示，24 处固井质量为优，占比 96%。套变与固井质量和狗腿度的相关性极小。

1.4 套变点发生位置分析

通过对深层页岩气井区套变点的统计分析，套变点与目标压裂段距离为 73m～1116m，平均 409m，其中 88%的套变点与目标压裂段的距离大于 100m，套变点多远离目标压裂段。同时对套变点距入靶点距离进行统计分析，套变点距入靶点距离平均为 459m，距 A 点距离 100m 以内套变点占比 40%，800m 以内套变点占比 76%。综合分析认为，套变受压裂累积效应影响，多发生于压裂的中后段。

2 套变防控对策

套变成因分析和主控因素研究的目的是预防和降低页岩气井套变的影响，针对页岩气水平井套变主要为天然裂缝在压裂过程中受压裂液注入引起地层滑移造成套管剪切破坏，套变预防主要研究方向天然裂缝预测和在压裂过程中的裂缝活动性评价。

2.1 天然裂缝预测

研究和生产实践表明，天然裂缝对井位部署、钻井、压裂等多个环节均存在不同程度的影响，进而影响气井压裂改造效果和产能。因此，天然裂缝分布规律、天然裂缝产状的定量表征等研究工作是压裂方案科学设计的基础，亟需开展天然裂缝分布研究。

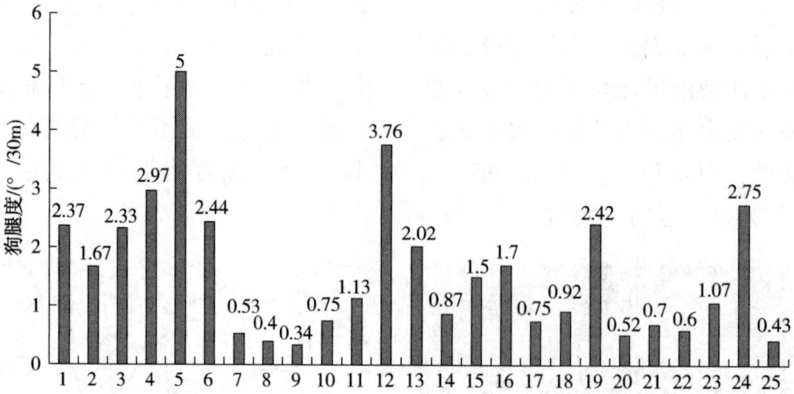

图 4　套变位置狗腿度大小柱状图

基于地震曲率体、蚂蚁体和测井资料预测天然裂缝的基础上，结合钻井过程中的井漏、溢流等工程复杂情况，地质-工程相互验证，可以提高天然裂缝预测精度。但基于地震资料预测天然裂缝还存在一定局限性，曲率方法通过分析地层界面的几何形态来预测裂缝发育的可能性，而蚂蚁体则是基于地震属性分析来识别裂缝发育区域。这两种方法都能提供裂缝发育的初步信息，但可能无法精确量化裂缝的具体参数。针对深层页岩气井区，应用 GR Structure 断裂体系成像与油藏连通性分析系统，在应用地震资料预测天然裂缝基础上，完成了沿时间(深度)切片进行网格化重构追踪，能够在三维空间中逐层分析裂缝的分布和特征(图 5)，量化裂缝的长度、方位等关键参数，对开展裂缝精细评价和压裂优化设计起到了关键作用。

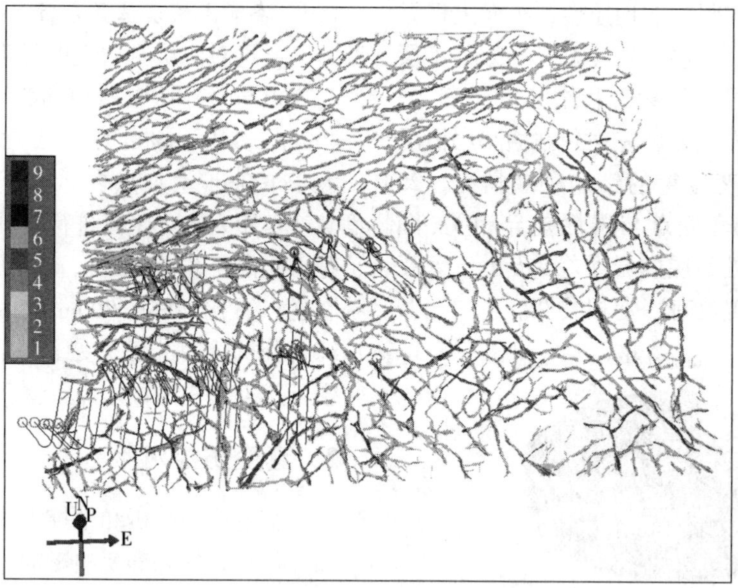

图 5　深层页岩气井区天然裂缝预测图

2.2　天然裂缝活动性预测

由于天然裂缝活化引发的套变主要是天然裂缝在压裂过程中由于压裂液的注入激活天然裂缝引起地层滑移。基于莫尔-库伦准则，剪切变形而活化的裂缝满足：$CFF=\tau-\mu\sigma'n>0$，或者裂缝的滑移趋势 $Ts>\mu$；τ 为裂缝剪切应力，$\sigma'n$ 为裂缝面的有效正应力，μ 为裂缝磨擦系数。基于研究区内实际压裂平台的测井力学数据均值计算得到的结果，当孔隙压力增量 ΔP 增加到 22MPa 时裂缝发生剪切滑移，同样的力学参数当裂缝倾角达 80°以上时，裂缝发生剪切滑移。天然裂缝随着孔隙压力及倾角的增大，裂缝滑移趋势增强，有利于裂缝活化。形成了区域内天然裂缝滑移风险趋势图(图 6)，当天然裂缝与井筒夹角呈

50°~70°以及110°~130°时易发生剪切变形发生套变。在压裂设计过程中重点针对滑移风险高的裂缝开展加大段长、增加簇数等方案进行套变预防，提高了压裂设计的针对性，在预防套变的同时保障改造效果。

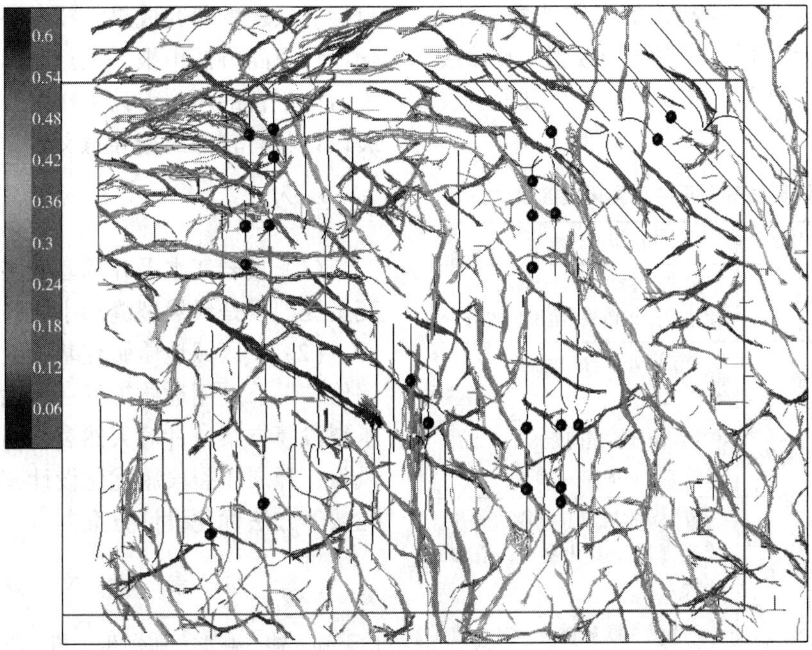

图6　天然裂缝滑移风险趋势图

2.3　小层界面套变预防

小层界面位置的套变主要是受不同层位岩性和力学属性差异，在压裂过程中容易破碎的页岩储层相对于不易破碎的页岩储层更有易于能量释放，造成套变。研究过程中，应用随钻测井伽玛数据、元素录井数据和测井数据对小层界面进行识别。

针对水平段内不同小层界面因岩性差异引发套变的情况，在压裂设计过程中根据不同异常段长和差异类型制定8项方案(表1)。段长较长的采用单独分段、避射界面、定向射孔等组合设计，段长较短的设计桥塞位置或者舍弃。

表1　岩性界面差异化设计方案

序号	类别	异常段长/m	差异类型	处理方式	舍弃段长/m
1	小层界面（1小层与五峰组、2小层界面）	<40		前置桥塞避射	20（桥塞前后避射累计20m）
2		≥40	垂向距1小层≤1m	定向射孔 前后避射小层界面10m~15m	20~30
3			垂向距1小层>1m	五峰组舍弃	≥40
4				2小时定向射孔 前后避射小层界面10m~15m	20~30
5	1小层内（岩性差异）	<40	前后可分段	放置桥塞避射	20（桥塞前后避射累计20m）
6			前后不可分段	舍弃	<40
7		≥40	段前后曲线差异大，段内曲线相对均质	单独分段，均质段射孔。避射岩性界面10m~15m	20~30
8			曲线复杂	舍弃	≥40

2.4 地质工程一体化优化设计

基于精细的储层评价成果，形成以“长段多簇”为主体思路的5个差异化的压裂段簇设计优化方案(表2)。通过构建精细的三维地质模型，结合不同压裂泵注参数，开展压裂模拟，预测裂缝展布形态和气井产能，确定最优的压裂段簇设计方案。

表2 长城威远区块页岩气水平井差异化段簇设计方案

序号	差异化压裂段	压裂设计方案
1	断层发育段	射孔簇避射断层20m以上，视情况增加段长，6/8簇设计
2	已证实裂缝	8簇设计，与相邻已生产平台交叉布孔
3	高滑移风险裂缝段	8簇设计，簇间距8m~12m，段长加大至80m~110m
4	岩性异常套变风险段	岩性异常段单独分段，射孔簇避开岩性变化界面，增加孔数
5	邻井改造不充分对应段	6簇或4簇数设计，段长适当缩短

3 应用情况效果

压裂设计过程中，遵循5个差异化的压裂段簇设计优化方案，压裂设计符合率100%。压裂施工过程中地质、压裂专家组全程驻井跟踪、联合会诊，利用实时的压裂施工曲线、泵送射孔施工参数以及邻井压力变化等资料，第一时间分析诊断施工异常情况并提出优化调整方案，最大程度控制套变发生几率。

2023年，共完成4个平台20口井的压裂施工，设计264段，通过天然裂缝、断层、岩性界面等套变风险段的优化设计，均未发生套变，实现全年“0”套变、“0”合压、“0”丢段。通过细化风险分级和差异化设计，在控制套变风险的同时提高了风险段的改造强度，加砂强度、用液强度同比提升21.1%、16.7%。单井平均测试产量达20.3万方/天，顺利完成2023年15亿方产量目标。最新的研究成果、技术手段和压裂地质优化设计思路方法申报一项行业标准，可有效应用于后续平台的压裂设计工作中，对同类区块的压裂设计具有较强的指导意义。

4 结论

(1)页岩气水平井的套变多为剪切变形，套变主控因素是天然裂缝和小层界面。

(2)在区域地质研究基础上，综合邻井压裂评价结果，应用地质工程一体化模拟方法，制定压裂段簇方案，针对天然裂缝和小层界面等套变风险，开展压裂段簇优化设计，结合控规模、调孔数等方法优化设计方案。

参 考 文 献

[1] 邹才能，赵群，张国生，等．能源革命：从化石能源到新能源[J]．天然气工业，2016，36(1)：1-10.

[2] 贾承造．论非常规油气藏对经典石油天然气地质学理论的突破及意义[J]．石油勘探与开发，2017，44(1)：1-11.

[3] 邹才能．非常规油气地质学[M]．北京：地质出版社，2014.

[4] 邹才能，赵群，丛连铸，等，中国页岩气开发进展、潜力及前景[J]．天然气工业，2021，41(1)：1-14.

[5] 童享茂，张平，张宏祥，等．页岩气水平井开发套管变形的地质力学机理及其防治对策[J]．天然气工业，2021，41(1)：189-197.

[6] 张平，何昀宾，刘子平，等．页岩气水平井套管的剪压变形实验与套变预防实践[J]．天然气工业，2021，41(1)：84-91.

顺北超深高温储层酸压自生酸酸蚀裂缝导流能力规律

张　楠[1,2]　辛顺源[1,2]　蔡计光[1,2]　牟建业[3]　蒲宏远[3]　张士诚[3]　马新仿[3]

[1. 中国石化西北油田分公司石油工程技术研究院；2. 中国石油化工集团公司碳酸盐岩缝洞型油藏提高采收率重点实验室；3. 中国石油大学(北京)石油工程学院]

摘　要　顺北深层高温碳酸盐岩储层酸压改造常用自生酸提高酸液作用距离，但目前对自生酸酸蚀裂缝导流能力规律还未进行过系统研究，针对该问题，本文通过一系列自生酸驱替和导流能力测试实验，研究了主裂缝和次级裂缝两种类型的导流能力规律，并基于实验结果建立了自生酸导流能力计算模型。研究表明：自生酸驱替后主裂缝和次级裂缝表面分别形成粗糙颗粒点和溶蚀沟槽；主裂缝岩溶量大于次级裂缝，且两者均随时间呈线性上升趋势；次级裂缝由于表面存在沟槽，相同酸岩接触时间下导流能力高于主裂缝；主裂缝和次级裂缝导流能力随接触时间增加而上升，当接触时间在70min以上时，主裂缝导流能力无明显增幅；自生酸主裂缝及次级裂缝导流能力在相同接触时间下均略低于胶凝酸，明显高于交联酸。本文为顺北油田酸压工艺设计、参数优化提供了指导依据。

关键词　碳酸盐岩储层；酸压；自生酸；酸蚀裂缝导流能力；导流能力模型

压裂酸化是塔里木盆地顺北油田碳酸盐岩储层的主要增产改造措施之一。顺北储层超深、高温，酸压过程中，酸岩反应速度快、酸液穿透距离不足是目前顺北超深井酸压面临的主要难点之一。自生酸是一种在地面温度条件下呈中性或弱酸性，而在高地层温度下由母体溶液逐步释放氢离子，酸浓度逐渐升高的酸液体系。由于以上特点，自生酸不仅能对油套管起到良好的缓蚀作用，而且能在裂缝内就地生酸，达到提高酸液作用距离及酸蚀裂缝深部导流能力的效果，在中高温碳酸盐岩储层酸压改造中与常规酸液体系相比具有明显优势，同时对顺北油田超深井酸压有着良好的适用性。

酸蚀裂缝导流能力是评价碳酸盐岩储层酸压改造效果的重要技术指标之一，国内外对此进行了广泛地研究。文献[8]~[13]通过实验方法考察温度、酸液滤失及闭合应力等储层地质因素和排量、酸压工艺等工程因素对酸蚀裂缝导流能力的影响，对酸蚀裂缝导流能力数学模型展开研究。调研发现，目前自生酸酸蚀裂缝导流能力在以下几个方面有待深入研究：(1)顺北160℃以上高温、高闭合应力储层酸蚀裂缝导流能力变化规律，(2)自生酸与常规酸酸蚀裂缝导流能力间的对比，(3)自生酸对不同类型裂缝(主裂缝、次级裂缝)的导流能力变化规律，(4)自生酸导流能力计算模型。据此，本文在考虑顺北实际地层温度、合理选择主次裂缝实验缝宽、结合现场典型酸岩接触时间的基础之上，对顺北现场酸压施工所采用的自生酸进行了一系列酸液驱替及导流能力测试实验，对自生酸驱替后主裂缝及次级裂缝岩板表面形态进行了分析，深入考察了自生酸在顺北实际地层温度下形成的主酸蚀裂缝及次级酸蚀裂缝导流能力的变化规律，并和交联酸、胶凝酸等常规酸液的导流能力测试结果进行了对比，为顺北油田现场酸压施工设计与工艺优化提供了指导依据。

1　自生酸导流能力实验方案设计

1.1　实验设备

本研究采用两套实验平台：(1)高温酸液驱替平台(酸液驱替)，主要由驱替泵、哈式合金导流室及中间容器、恒温箱等部分组成，实验环境温度最高可加热至200℃；(2)FCES-100导流仪(导流能力测试)，主要由导流室、闭合应力加载系统、测试流量计量系统等部分组成，最大测试闭合应力可加载至100MPa。

1.2　实验条件的确定

(1) 实验裂缝类型

由于顺北储层天然裂缝发育，酸压过程中将会形成两种类型的裂缝：①从井底开始延伸、开度较大的主酸蚀裂缝；②主裂缝延伸过程中因酸液向天然裂缝中滤失而形成的一系列小开度次级酸蚀裂缝。本研究通过改变实验缝宽及裂缝入口处酸浓度对主裂缝和次级裂缝进行模拟。

(2) 实验缝宽

以顺北A井周储集体复杂裂缝扩展数值模拟结果中典型的主裂缝与次级裂缝宽度作为实验缝宽选取依据，确定实验中主裂缝宽度为6mm，次级裂缝宽度为0.9mm。

(3) 实验温度

实验温度为实际地层温度(160℃)。

(4) 次级裂缝入口处酸浓度

天然裂缝分布的不确定性与随机性强，主裂缝与天然裂缝相交的位置与次级裂缝入口处酸浓度难以预测。实验中将次级裂缝入口处酸浓度设置为主裂缝入口处的1/2。

(5) 酸岩接触时间

采用现场酸压施工的典型酸岩接触时间，实验中酸岩接触时间确定为20min~90min。

1.3 自生酸酸液体系

49.25% A剂 ZX-368+49.25% B剂 ZX-339+0.5% ZX-09+0.5% ZX-10+0.5% ZX-11。以上原料按比例加入烧杯搅拌10min并加热后得到自生酸。通过向A剂、B剂混合液中加入蒸馏水调整酸液浓度。

1.4 实验方法

本实验共分为两部分：(1)自生酸酸液驱替实验：将两块来自顺北现场碳酸盐岩露头的标准API导流岩板装入高温酸液驱替平台的哈式合金导流室内，调整岩板间距离至预定实验缝宽，将导流室及装有自生酸的中间容器置于平台恒温箱内，加热至实际地层温度后恒温3h，使酸液被充分加热，恒速驱替酸液至预设酸岩接触时间；(2)导流能力测试实验：将自生酸驱替后的岩板装入FCES-100导流仪的导流室内，加载闭合应力至预设值，测定不同闭合应力下自生酸酸蚀裂缝导流能力的变化规律。

2 自生酸主裂缝酸蚀导流能力变化规律

(1) 自生酸主裂缝表面刻蚀形态

主裂缝经自生酸驱替后的裂缝表面刻蚀形态如图1、2所示，从图1、2中可以看出，经过自生酸驱替后，刻蚀表面较粗糙，形成了大量密集的颗粒点，且随着酸岩接触时间从20min增加到60min，岩溶量上升，岩板表面的粗糙程度明显增加，对应的导流能力明显增加。

图1 自生酸驱替20min后主裂缝表面形态

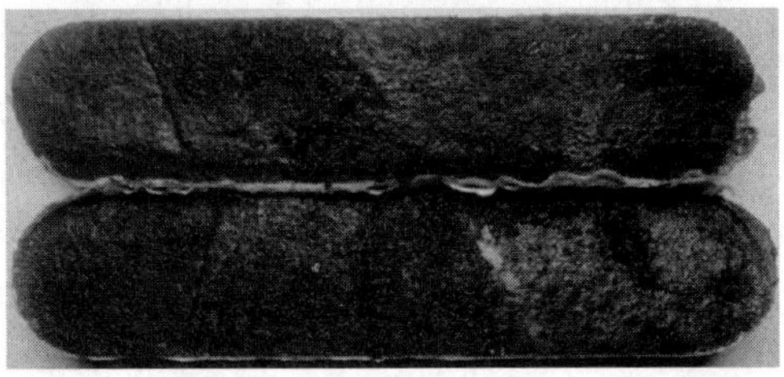

图2 自生酸驱替60min后主裂缝表面形态

(2) 主裂缝岩溶量变化规律

自生酸驱替后主裂缝的岩溶量随酸岩接触时间变化规律如图3所示，主裂缝的岩溶量随驱替时间增加而上升，且呈近似线性趋势，随着驱替时间从20min增到90min，主裂缝的岩溶量从16.4g上升至62.3g。

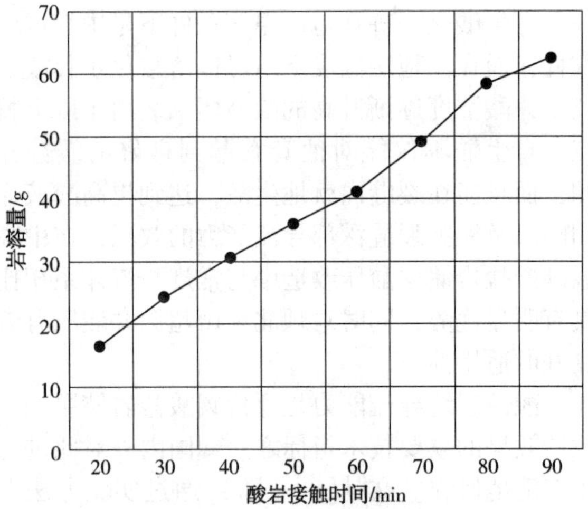

图3 自生酸驱替后主裂缝岩溶量曲线

(3) 主裂缝导流能力变化规律

主裂缝经自生酸驱替后导流能力的测试结果如图4所示，自生酸驱替后主裂缝导流能力较高，导流能力随酸岩接触时间增加大致呈现上升趋势，当酸岩接触时间高于70min后，导流能力随时间增加不明显，因为当岩溶量达到一定程度后，过高的岩溶量并不能相应地增加酸蚀表面粗糙度，该规律为自生酸酸压施工中设计酸液用量提供依据：裂缝中部酸岩接触时间应达到60min以上，保证酸蚀裂缝有较高的导流能力。有效闭合应力对酸蚀裂缝导流能力影响较大，主裂缝导流能力随闭合应力下降较快，低闭合应力(20MPa)下最高导流能力达到500D·cm，高闭合应力(80MPa)下最高导流能力下降至10D·cm，顺北储层典型有效闭合应力(60MPa)下主裂缝导流能力可达38D·cm。在半对数坐标中，导流能力与闭合应力呈近似直线关系，为建立导流能力计算模型提供了依据。

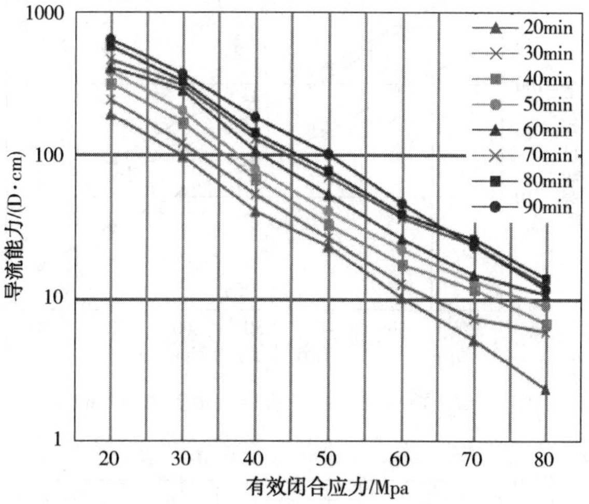

图4 自生酸不同接触时间下主裂缝导流能力

3 自生酸次级裂缝酸蚀导流能力变化规律

(1) 自生酸次级裂缝表面刻蚀形态

自生酸驱替60min后主裂缝与次级裂缝表面刻蚀形态对比如图5和图6所示，主、次级裂缝表面刻蚀形态存在明显差异：主裂缝表面刻蚀形态呈密集点状，次级裂缝表面出现了明显的溶蚀沟槽(红圈位置)。产生这种现象的原因跟裂缝宽度有关：主裂缝宽度大，酸液驱替过程中整个岩板表面都能与酸液发生接触，各处均能得到溶蚀；次级裂缝宽度较小，酸液在裂缝内溶蚀存在一定竞争，初始岩板表面为平面，酸溶后各处宽度发生差异，宽的部位与更多酸液接触，溶蚀量更多，从而在次级裂缝表面形成沟槽。

(2) 自生酸次级裂缝岩溶量变化规律

自生酸次级裂缝岩溶量如图7所示，岩溶量随酸岩接触时间增加大体呈现线性上升的趋势。由于次级裂缝驱替中采用的酸浓度低于主裂缝，次级裂缝岩溶量小于主裂缝岩溶量。酸岩接触时间从20min上升到80min，次级裂缝的岩溶量从13.2g上升到48.8g。

图5 自生酸主裂缝驱替60min后表面形态

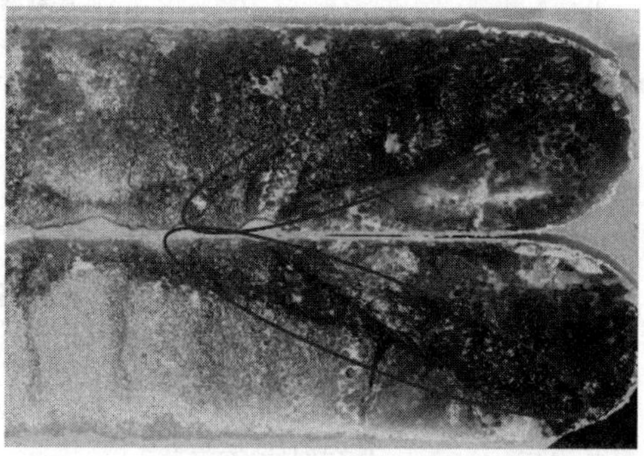

图6 自生酸次级裂缝驱替60min后表面形态

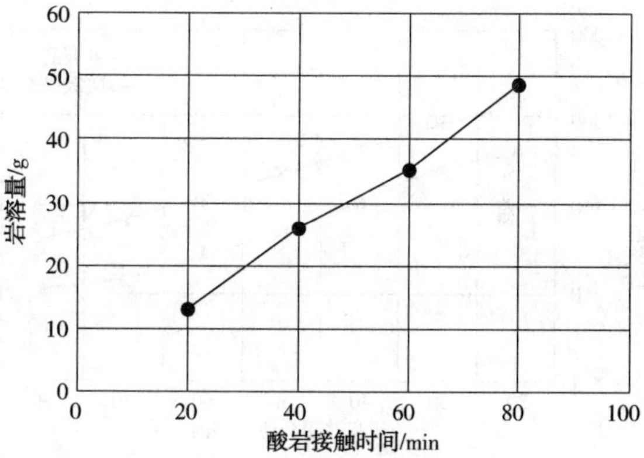

图7 自生酸驱替后次级裂缝岩溶量

(3) 自生酸次级裂缝导流能力变化规律

自生酸次级裂缝与主裂缝导流能力对比如图8至图11所示，在相同的驱替时间下，虽然次级裂缝岩溶量更低，但其具有更高的导流能力，20min驱替时间下，次级裂缝导流能力比主裂缝导流能力高近一个数量级，其他酸岩接触时间时间下，次级裂缝导流能力比主裂缝高3-5倍，这是由酸蚀裂缝表面形态决定的，次级裂缝表面由于酸液溶蚀竞争形成沟槽，沟槽在闭合应力作用下不会闭合，对导流能力贡献显著，因此次级裂缝导流能力更高。

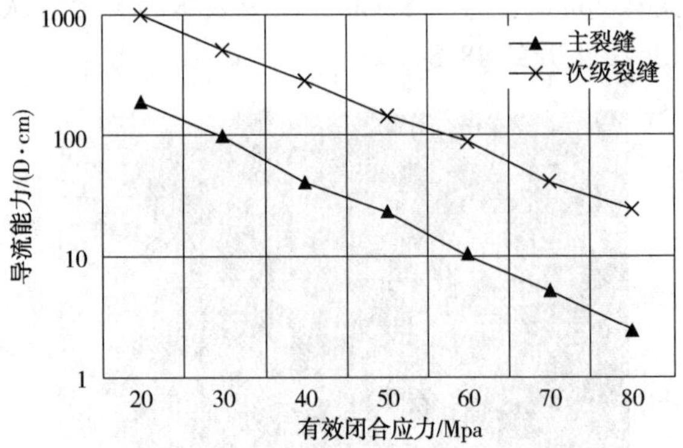

图 8　驱替 20min 后主裂缝与次级裂缝导流能力

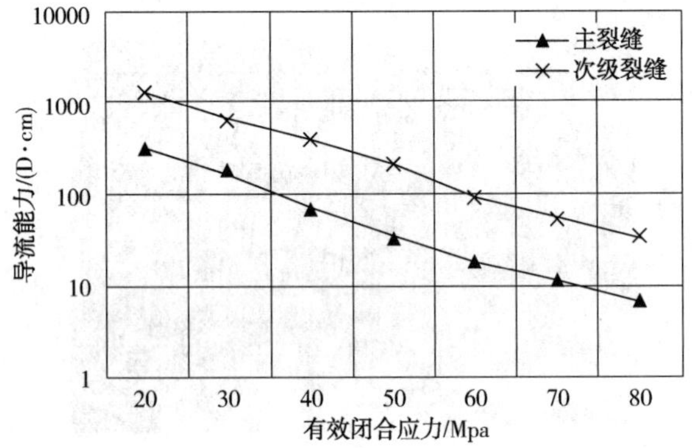

图 9　驱替 40min 后主裂缝与次级裂缝导流能力

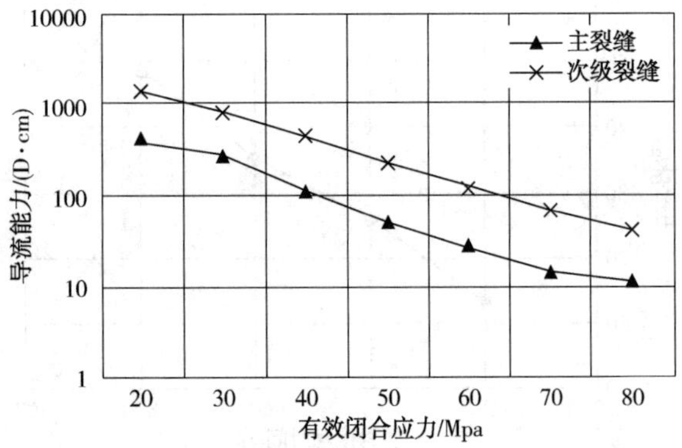

图 10　驱替 60min 后主裂缝与次级裂缝导流能力

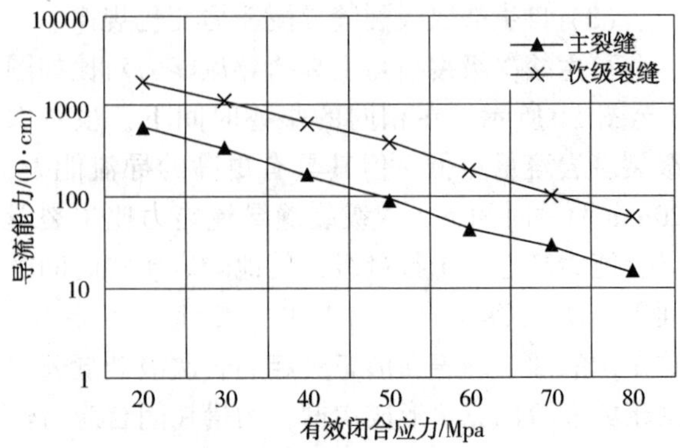

图 11　驱替 80min 后主裂缝与次级裂缝导流能力

4　自生酸与常规酸液体系导流能力对比

为评价自生酸酸蚀裂缝导流能力的强弱，与常规酸体系(胶凝酸、交联酸)进行对比，自生酸与交联酸、胶凝酸在 60min 驱替时间下导流能力对比如图 12 和图 13 所示，对于主裂缝，自生酸形成的导流能力略低于胶凝酸，明显高于交联酸；对于次级裂缝，自生酸导流能力低于胶凝酸、高于交联酸，但差距较小。

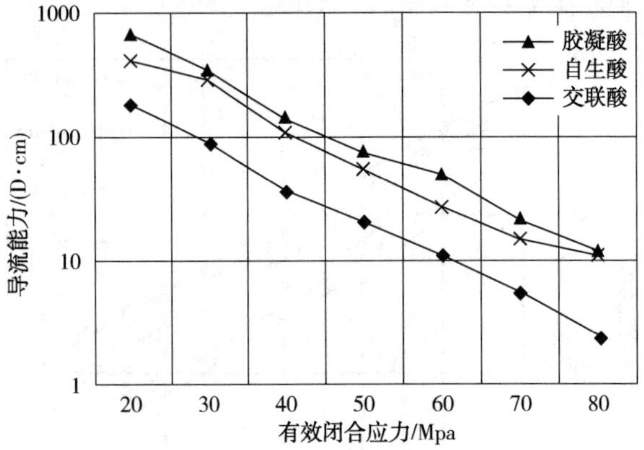

图 12　三种酸驱替后主裂缝导流能力(60min)

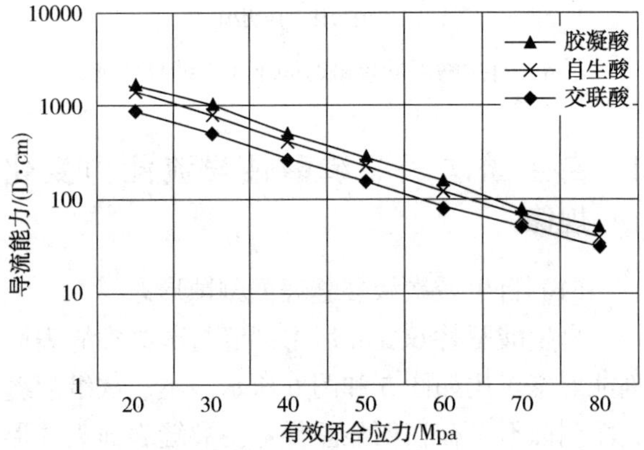

图 13　三种酸驱替后次级裂缝导流能力(60min)

5　自生酸酸蚀裂缝导流能力模型

酸蚀裂缝表面形态复杂，不仅凹凸分布随机性强，且裂缝表面还会在闭合应力作用下产生形变，理论计算酸蚀裂缝裂缝导流能力非常困难。Nierode 和 Kruk 通过分析大量实验数据规律建立了导流能力计算经验公式，即 N－K 模型。该模型理论依据为：酸蚀裂缝导流能力和闭合应力半对数坐标下呈直线关系，故可用指数函数表征导流能力随闭合应力的变化规律，粗糙裂缝表面的导流能力借用平板流导流能力公式 $k_f w = w3/12$

的形式，可将导流能力计算公式表示为：

$$k_f w=(k_f w)_0 e^{-c\sigma_c} \tag{1}$$

$$(k_f w)_0=a w_i^b \tag{2}$$

$$w_i=\frac{\Delta m}{\rho A} \tag{3}$$

式中，$k_f w$ 为酸蚀裂缝导流能力，D·cm；$(k_f w)_0$为闭合应力为0时的导流能力D·cm；a，b，c为常数，c表示闭合应力对导流能力的影响；w_i为岩溶量对应的宽度，cm；Δm 为岩溶量，g；ρ 为岩石密度，g/cm^3；A 为裂缝表面积，cm^2；σ_c为闭合应力，MPa。

将式(2)带入(1)中：

$$k_f w=a w_i^b e^{-c\sigma_c} \tag{4}$$

式(4)中系数 a、b、c 通过实验数据回归得到。

对式(1)、(2)两边分别取对数得到：

$$\ln(k_f w)=\ln[(k_f w)_0]-c\sigma_c \tag{5}$$

$$\ln[(k_f w)_0]=\ln a+b\ln w_i \tag{6}$$

基于式(5)、(6)，结合前面的实验数据绘制如图 14、15 所示，通过斜率和截距来获得 a、b、c。最终得到自生酸主裂缝导流能力经验公式为：$k_f w=5250 w_i^{0.898} e^{-0.656\sigma_c}$；自生酸次级裂缝导流能力经验公式为：$k_f w=9967 w_i^{0.445} e^{-0.605\sigma_c}$。

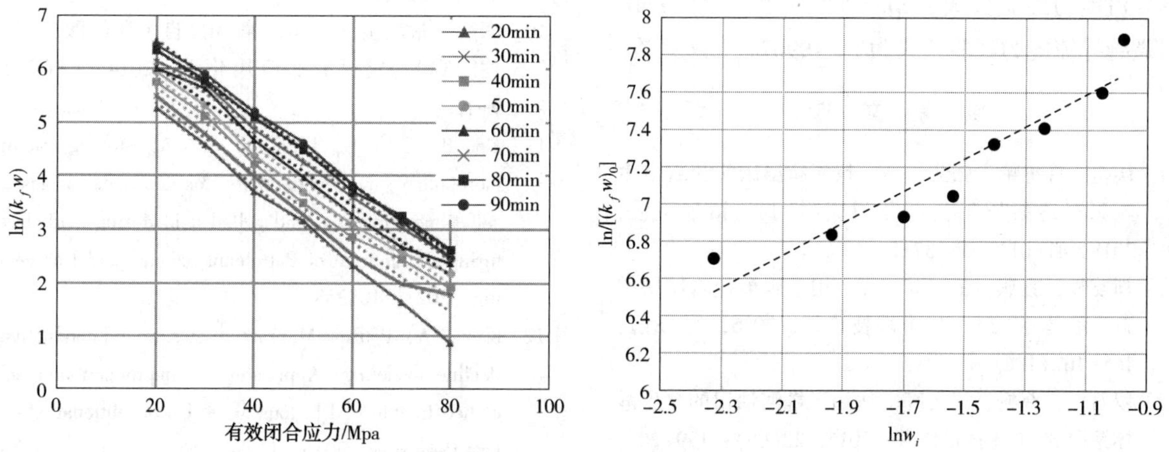

图 14　自生酸主裂缝导流能力经验公式拟合结果

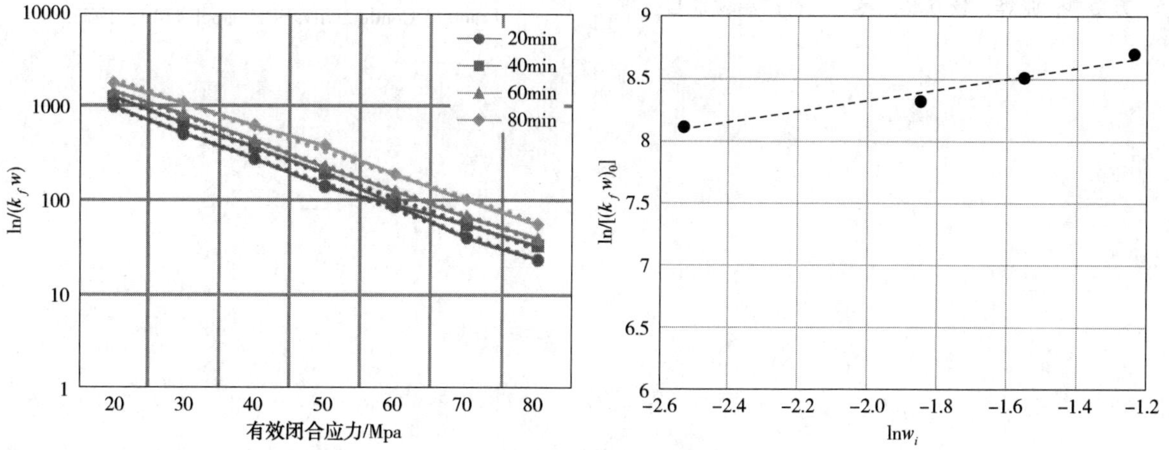

图 15　自生酸次级裂缝导流能力经验公式拟合结果

6　结论

本文针对顺北深层高温储层酸压自生酸酸蚀裂缝导流能力规律进行了研究，设计了自生酸导流能力实验方案，进行了一系列酸液驱替、导流能力测试，通过分析实验结果及建立导流能力模型，得到以下认识：

(1) 自生酸驱替后，主裂缝与次级裂缝表面刻蚀形态差异明显，主裂缝表面刻蚀形态呈现密集点状，次级裂缝表面产生了明显的溶蚀沟槽。

(2) 自生酸主裂缝与次级裂缝岩溶量均随酸岩接触时间大致呈现线性上升趋势，由于次级裂缝中酸浓度更低，次级裂缝的岩溶量小于主裂缝。

(3) 酸蚀裂缝导流能力随酸岩接触时间上升而增加，当酸岩接触时间高于70min时，导流能力随时间增加无明显增幅。

(4) 相同酸岩接触时间下，次级裂缝岩溶量低于主裂缝，但其导流能力高于主裂缝，因为次级裂缝表面形成了沟槽，而沟槽对裂缝导流能力贡献大。

(5) 自生酸主裂缝与次级裂缝导流能力在相同酸岩接触时间下略低于胶凝酸，高于交联酸。

(6) 建立了自生酸导流能力计算模型，主裂缝导流能力经验公式为$k_f w=5250w_i^{0.898}e^{-0.656\sigma_c}$；次级裂缝导流能力经验公式为$k_f w=9967w_i^{0.445}e^{-0.605\sigma_c}$。

参考文献

[1] 侯帆，许艳艳，张艾，等. 超深高温碳酸盐岩自生酸深穿透酸压工艺研究与应用[J]. 钻采工艺，2018，41(01)：35-37+3.

[2] 刘友权，张燕，王道成，等. 用于碳酸盐岩储层的自生酸体系[J]. 石油科技论坛，2015，34(S1)：165-167+196.

[3] 罗君兰，曹畅，胡文庭. 适用于塔河油田的自生酸体系研究[J]. 石化技术，2015，22(09)：199+207.

[4] 杨荣. 高温碳酸盐岩储层酸化稠化自生酸液体系研究[D]. 西南石油大学，2015.

[5] 方裕燕，张烨，杨方政，等. 一种高温就地自生酸酸液体系的性能评价[J]. 油田化学，2014，31(02)：191-194+198.

[6] 叶鉴文，杨静，耿少阳，等. 一种新型自生酸压裂液的研发和评价[J]. 石油化工应用，2019，38(09)：8-13.

[7] 郭静，李力，彭辉. 川东石炭系影响白云岩酸蚀裂缝导流能力因素的试验研究[J]. 钻采工艺，2003(03)：45-47+3.

[8] 李年银，赵立强，张倩，等. 酸压过程中酸蚀裂缝导流能力研究[J]. 钻采工艺，2008(06)：59-62+168.

[9] 刘友权，王琳，熊颖，等. 高温碳酸盐岩自生酸酸液体系研究[J]. 石油与天然气化工，2011，40(04)：367-369+325.

[10] 李靓，张汝生，李萍，等. RD自生酸的酸压工艺性能实验研究[J]. 应用化工，2014，43(01)：9-12.

[11] Gou B，Guan C，Li X，et al. Acid-etching fracture morphology and conductivity for alternate stages of self-generating acid and gelled acid during acid-fracturing[J]. Journal of Petroleum Science and Engineering，2021：108358

[12] Kamali A，Pournik M. Fracture closure and conductivity decline modeling-Application in unpropped and acid etched fractures[J]. Journal of Unconventional Oil & Gas Resources，2016，14：44-55.

[13] Nierode D. E. and Kruk K. F. An Evaluation of Acid Fluid Loss Additives，Retarded Acids，and Acidized Fracture Conductivity. SPE paper 4549，1973.

电驱压裂技术在川渝地区的优化与应用

余家同 苗洪海 槐巧双 林春来

（渤海钻探井下技术服务分公司）

摘 要 传统柴驱压裂设备因存在占用面积大、固定成本高、连续施工受限、环境污染大等问题，已难以满足川渝地区工厂化压裂施工需求。近年来随着工厂化压裂和体积压裂2.0工艺在川渝地区的广泛应用，电驱压裂技术已成为川渝地区开发非常规油气藏的主要手段。本文针对驱压裂设备在川渝地区压裂施工的设备选型、电网供电优化、柴电混驱设备配置、施工评价、停电应急方案等方面进行优化与应用。并着重分析了，电驱+柴驱压裂设备在泸203H66平台的应用，相较于柴驱压裂作业性能更强，减少碳排量1605.9×10^3t，节省燃料费用190.71万元。基于泸203H66平台电驱压裂的有效实施，可为川渝地区电驱压裂技术的应用提供有效借鉴。

关键词 川渝地区；非常规油气藏；电驱压裂技术；电网供电；停电应急方案

川渝地区页岩气、致密气等非常规油气藏资源丰富，随着非常规油气藏开发技术不断更新迭代，压裂酸化施工规模越来越大，对压裂设备的施工要求也随之更高。传统柴驱压裂设备在经济环保、施工性能等方面的弊端被放大，难以满足对非常规油气藏的压裂酸化施工。电驱压裂设备技术在非常规油气藏的勘探开发中被大力应用，电驱压裂已成为当前开发川渝地区非常规油气藏的主要设备研究方向。目前，电驱压裂设备技术已在全国多个油田区块规模应用，具有施工效率高、节能减排等优势。2015年J. M. Oehring对移动式涡轮发动机发电机组在西弗吉尼亚州的页岩地层部署进行研究，该电驱压裂设备技术减少了加油流量、加油成本、排放和噪音，得出电驱压裂是以更环保的方式进行油井增产的结论。2023年李来鸿等对胜利油田义193-X28井电驱压裂施工项目进行分析、研究，对油田电驱压裂所需供电质量提出相关施工建议；2023年武志学等总结长庆油田陇东页岩油区块成套电驱压裂设备实验，应用结果表明电驱压裂设备具有单机效率高、污染低的施工特点。

本文分析了电驱压裂设备技术在川渝地区应用中存在的问题，从设备选型、供电方案、设备配置方案等方面制定针对性解决方案，并在泸203H66平台成功运用，有效提高该平台压裂酸化施工经济效益与施工质量。

1 柴驱压裂设备使用困境

传统柴驱压裂设备在施工性能、经济效益、安全环保等方面已不能满足川渝地区的压裂酸化施工，严重制约当前川渝地区非常规油气藏的开发进度，主要表现在以下几个方面：

（1）道路和井场受限。川渝地区页岩气、致密气产区的地貌以丘陵、浅丘为主，道路险峻，压裂泵车的行驶存在非常大的交通安全隐患。井场的布井多为“小井场大井丛”开发模式，储层改造规模大，设备设施数量多，现场空间不足以规划出安全施工距离，存在很大的安全隐患。

（2）设备固定成本高。传统压裂设备多为带有车辆底盘的压裂泵车，一个平台施工周期多为2~3个月，导致压裂泵车的底盘长期闲置，沉没成本巨大。且车辆底盘需要定期保养维护，无形中增加了设备成本。

（3）连续施工受限。柴驱压裂设备会产生巨大的噪声污染，压裂作业时噪声测量值最大值为109.3dB（噪音标准限值85dB），严重超过规定噪声标准，遭到井场周围居民的大量投诉，无法实现24小时连续压裂酸化作业，严重影响施工效率。

（4）尾气污染严重。每台2500型柴驱压裂泵车在施工压力90-105MPa下，每方砂液量会大约消耗7.9L柴油。若每段泵注砂液量为2500m^3，年施工量400段，则消耗0号柴油663.6×10^4t，将会向大气排放二氧化硫 85.96t，烟尘颗粒 57.29t，氮氧化物 67.18t。

2 电驱压裂设备配置技术优化

电驱压裂设备在动力源上放弃以柴油为动力燃料的驱动模式，改为使用电能驱动压裂设备，对供电要求高。川渝两省作为水资源大省，水利发电量大，电网架设密集，这为电驱压裂设备提供了先天条件，使得电驱压裂设备更适用于当前川渝地区的压裂酸化施工，并获得非常高的适用性。但是，由于川渝地区井场布置密集，电驱压裂施工受到同一作业区域多个压裂平台的影响，往往不能满足全电驱设备压裂施工。因此，需要对电驱压裂设备技术进行优化，以适配川渝地区压裂酸化施工需求。

2.1 电驱压裂设备选型

电驱压裂设备已在川渝地区规模化应用，该地区内施工排量在 14~18min/m³，页岩气施工限压 120MPa，平均作业压力 100MPa；致密气施工限压 90MPa，平均作业压力 70MPa。页岩气、致密气的开发区域都处于丘陵、浅丘地貌，综合考虑井场周围区域电网分布及负载能力，压裂施工选用电驱压裂设备型号为：JRYLQ95-5000D 压裂泵撬+JRHSQ20D 混砂撬+GYQ160D 供液撬+CBQ24-2 仪表撬组合；电驱压裂辅助设备型号为：35kV 移动变电站+变频器撬+变电整流撬，电驱设备配置参数如表 1 所示。

表 1 电驱设备主要配置参数

设备名称	占地面积/m²	质量/t	施工噪音/dB	电机功率/kW	主要参数
JR5000D 压裂泵撬	18.75	30.5	<80	3350	最大排量：2.06m³/min(97.7MPa) 2.54m³/min(79.1MPa) 最大理论压力：137.9MPa(4.5 寸柱塞) 111.7MPa(5 寸柱塞) 最大输出功率：3，675kW
JRHSQ20D 混砂撬	23.64	23.6	<75	380(吸入泵) 450(排出泵)	最大排量：20m³/min 最大排出压力：0.6MPa 支撑剂添加能力：300~10000kg/min
GYQ160D 供液撬	15.36	12.6	<65	550	最大排量：20m³/min
CBQ24-2 仪表撬	20.60	6.0	<10		可对 24 台压裂设备、2 台混砂设备进行控制
35kV 移动变电站	27.00	36.0	<50		可输出 3 路 10kV 电路至 3 台变频器撬
变频器撬	19.14	25.0	<50		可输出 3 路 3300V 电路，控制 3 台 JR5000 型电撬
变电整流撬	18.27	24.0	<50		可输出 220V、380V、1600V 直流电路，控制压裂辅助设备

2.2 高压电网供电方案优化

电驱压裂施工适合在电网资源丰富的区域，在页岩气、致密气平台使用电驱压裂设备施工准备前，应向供电公司递交用电申请等相关手续，申请 35kV 的输电线路。电驱压裂设备作业时，需求电量是由作业压力和施工排量决定，根据经验公式可求得需求电量。供电系统电容量需考虑供电余量 10%，电驱压裂设备用电功率如表 2 所示。

表 2 电驱压裂设备用电功率

开发类型	施工限压/MPa	平均工作压力/MPa	平均单段液量/m³	单日施工段数	施工排量/(m³/min)	用电功率/kV·A
页岩气	120	100	2700	4	14	31000
					15	33000
					16	35500
致密气	90	70	1600	3	14	23000
					15	25000
					16	26600

设备所需电网功率计算：

$$w_f = Q \times P_{max} \times 16.67 \tag{1}$$

$$w_{act} = w_f + w_s \tag{2}$$

$$W_{tol} = \frac{W_{act}}{\cos\varphi} \tag{3}$$

式中，w_f 为主压设备用电功率，kW；Q 为施工排量，m^3/min；P_{max} 为施工限压，MPa；w_{act} 为压裂设备需求有效功率，kW；w_s 为辅助压裂设备用电功率(电驱混砂撬、电驱供液撬、电驱仪表撬、电驱砂罔等)，kW；$\cos\varphi$ 为功率因数，因素值 0.91～0.95；w_{tol} 为供电系统总电容量，kW。

单台 35kV 移动变电站电功率为 16000kV · A，若整套电驱压裂设备所需电功率大于 16000kV · A，则需要配套 2 台 35kV 移动变电站。35kV 网电线路通过独立分线箱与 2 个 35kV 移动变电站相连接，输出 3 路 10kV 施工用电线，可与 3 台变频器撬连接，或者 2 台变频器撬和 1 台变电整流撬连接。变频器撬输出 3 路 3300V 交流电线路，1 台变频器撬可带动 3 台 JR5000D 电驱压裂泵撬；变电整流撬可输出 220V、380V、1600V 三种直流电线路，220V 为预留线路，可连接相关施工辅助设备，380V 连接仪表撬和电供液泵，1600V 连接电驱混砂撬，如图 1 所示。

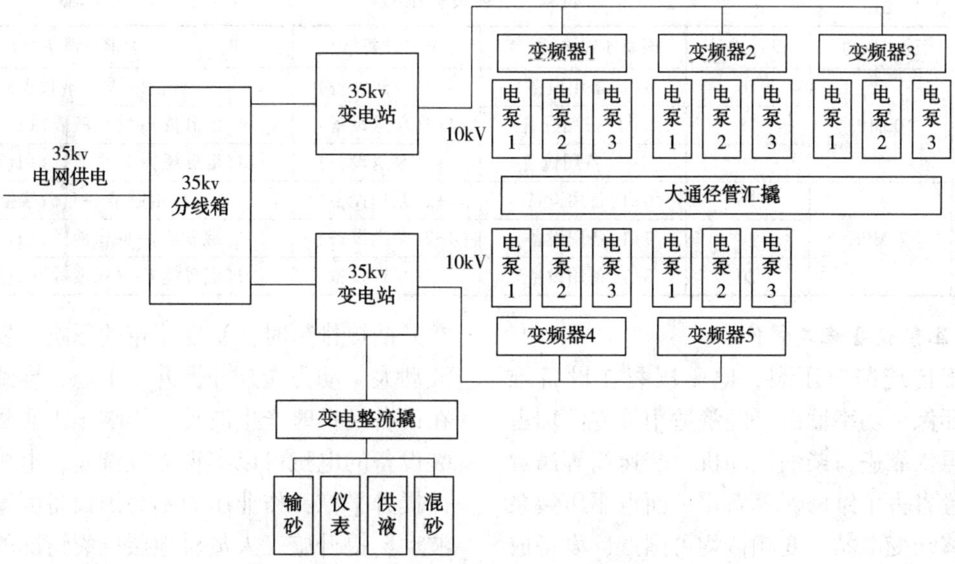

图 1　电网电路设备连接线路图

2.3　电驱+柴驱设备配置方案

国家电网实际供电量由于季节原因会有很大波动，处于夏、冬两季时，若同一供电区域内有两支以上压裂队使用电驱压裂设备进行施工，电网负载大，电力保障将出现安全隐患。只使用电驱压裂撬进行压裂作业，35kV 移动变电站的处理能力不能小于电驱压裂用电功率，需要考虑 35kV 移动变电站、变频器撬与用电功率的适配问题，否则会大大提高设备成本。

为保证压裂施工的安全进行，同时从经济适用的角度出发，优选柴电混驱压裂设备配置，柴驱压裂设备进行施工排量补充。

2.3.1　主压设备最优排量

页岩气、致密气现场施工时，电驱压裂主压设备选用 JR5000D 电驱压裂泵撬，柴驱压裂设备选用市场覆盖率最高的 2000 型与 2500 型压裂泵车(撬)。压裂主压设备单机配置最优排量，需要考虑设备在合理的泵冲范围内，同时还需要考虑压裂设备在突发情况下提档恢复排量的承载能力，在平均作业压力内三种型号压裂设备进行最优排量对比，如表 3 所示。

2.3.2　压裂配套设备配置方案

川渝地区压裂施工限压在 90MPa 以上，2000 型柴驱压裂泵车的施工性能相较与 2500 型柴驱压裂泵车(撬)和 JR5000D 电驱压裂泵撬相差很大，故不采用 2000 型柴驱压裂泵车(撬)进行主压施工。2000 型柴驱压裂泵车符合“拉链式”作业时的泵送设备性能要求，且不会性能过剩。可在一口井进行主压时，对另一口井进行泵送桥塞作业，进行“拉链式”作业。根据设计排量，压裂设备配置如表 4 所示。

在该配置下，可保障电力供应不足时，柴驱

压裂设备能参与压裂施工当中。或者在停电状态下，柴驱压裂设备能迅速启动，并将井筒内的砂液完全顶替进地层之中，防止井下复杂事故的发生。

表 3　压裂设备最优排量

开发类型	平均作业压力/MPa	设备型号	最优排量 m^3/min
页岩气	100	2000 型柴驱压裂泵车(撬)	0(2000 型压裂车泵头不具备超高压下的工作能力)
		2500 型柴驱压裂泵车(撬)	0.9
		JR5000D 电驱压裂泵撬	1.4
致密气	70	2000 型柴驱压裂泵车(撬)	0.9
		2500 型柴驱压裂泵车(撬)	1.1
		JR5000D 电驱压裂泵(撬)	2.0

表 4　压裂设备配置

开发类型	施工压力	设计排量	电驱压裂泵撬/台	柴驱设备/台	压裂辅助设备/台
页岩气	100MPa	16	9+1(备用设备)	4+3(泵送设备)	1(混砂撬)+1(仪表撬)
		18	10+1(备用设备)	4+3(泵送设备)	1(混砂撬)+1(供液撬)+1(仪表撬)
		20	11+1(备用设备)	6+3(泵送设备)	1(混砂撬)+1(供液撬)+1(仪表撬)
致密气	70MPa	16	6+1(备用设备)	4+2(泵送设备)	1(混砂撬)+1(仪表撬)
		18	7+1(备用设备)	4+2(泵送设备)	1(混砂撬)+1(供液撬)+1(仪表撬)
		20	8+1(备用设备)	4+2(泵送设备)	1(混砂撬)+1(供液撬)+1(仪表撬)

2.4　电驱压裂设备施工评价

相较于传统柴驱压裂，电驱压裂在设备维护、安全环保、功率输出、经济适用等方面均占优势，不再依靠进口柴油发动机、变速箱等昂贵易损件，且省去了维修保养费用。而电驱压裂泵的电机、移动变电站、变频撬均可国产，设备成本大幅降低 20%。

以川渝地区页岩气、致密气为例，压裂泵车在升挡提排量时，受变速箱的影响，发动机转速波动大，动力端泵冲提升不平稳，导致作业压力在设备换挡时产生波动，影响施工质量。电驱压裂设备的电机可以实现无极调速，电机转速、泵冲提升平稳，作业压力不会因设备因素产生额外波动，提升施工人员对地层压裂情况的判断，减少井下事故复杂的发生(图 2)。

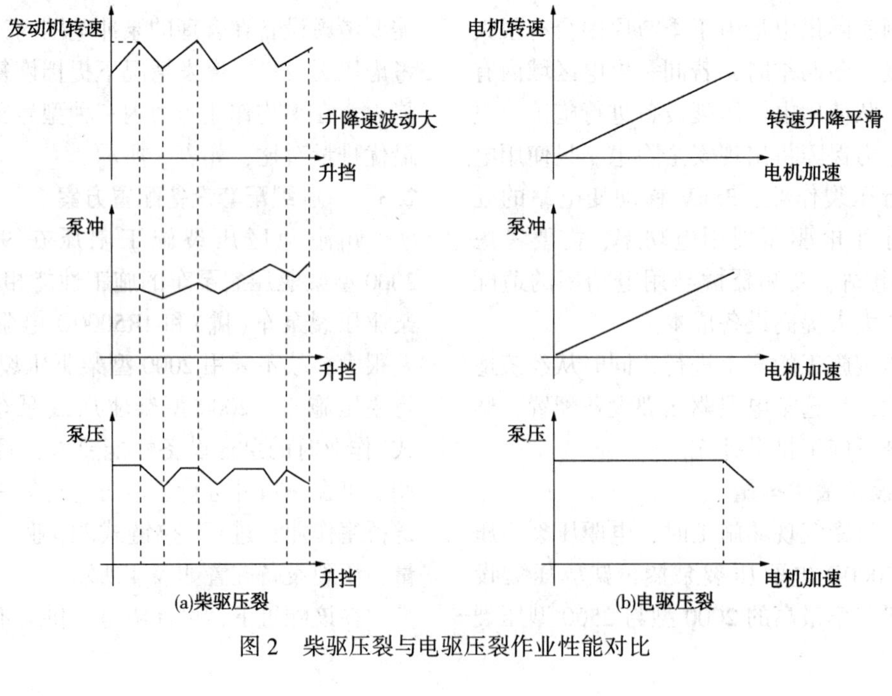

图 2　柴驱压裂与电驱压裂作业性能对比

2.5 电驱压裂设备停电应急方案

停电状态下电驱压裂设备无法运行，为保障压裂酸化施工的正常进行，需要根据现场实际情况制定停电应急方案，防止施工事故复杂的发生。电驱压裂施工通常采用3种应急方案保障突发情况下的正常运行，停电应急处置流程图如图3所示：

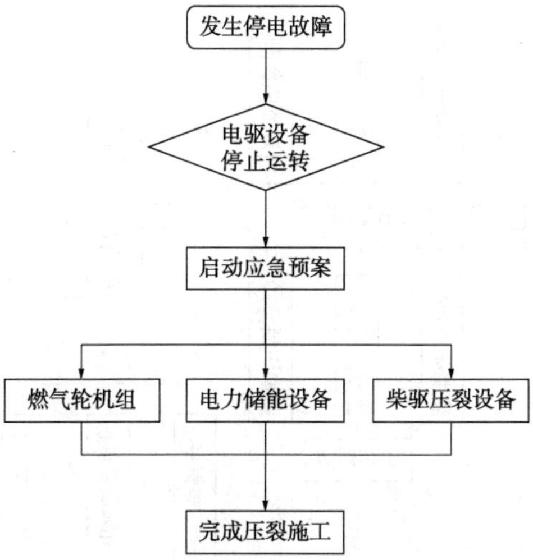

图3 停电应急处置流程图

(1) 施工现场可配置大功率燃气轮机组，在停电状态下马上启动为电驱压裂设备供给电流，保障压裂施工正常进行。得益于北美天然气价格低廉，该应急方案已在北美电驱压裂施工中作为主力供电设施使用。

(2) 施工现场可配置工业电力储能设备，在施工等停期间对储能设备进行充电，在停电状态下可供给电驱压裂设备稳定电流。但受限于施工成本，工业电力储能设备无法在施工现场大规模配置。因此在停电状态下，该应急方案无法长时间保障压裂施工的正常运行。

(3) 施工现场采用电驱+柴驱压裂设备配置方案，在停电及其他异常状况下，启动柴驱压裂设备进行压裂施工，最大限度保障了施工的正常进行，当前川渝页岩气压裂现场大多使用该应急方案。

3 施工现场设备配置与应用

使用川渝地区电驱压裂设备技术配置优化方案在泸203H66平台进行现场应用，并对现场使用情况进行详细记录，分析对比柴电混驱(混电)压裂模式与传统柴驱压裂模式的优劣情况。

3.1 压裂施工概况

泸203H66平台开发资源类型为页岩气，使用"工厂化"+"拉链式"压裂模式，采用体积压裂2.0工艺，施工限压120MPa，设计排量16~18m^3/min。

3.2 压裂设备配置

泸203H66平台优选电驱+柴驱压裂设备配置方案，12台5000型电驱压裂泵撬、6台2500柴驱压裂泵车、100桶柴驱混砂车、柴驱供液撬、电驱混砂撬和电驱供液撬参与施工。100桶柴驱混砂车、柴驱供液撬为应急压裂设备，只在停电状态下参与施工。

电驱混砂撬和电驱供液撬同时供液，减阻剂由电驱混砂撬按施工指挥进行精细控制添加，实现低黏滑溜水、中黏滑溜水、高黏滑溜水的快速切换；支撑剂的添加由电驱混砂撬和立式连续输砂装置完成，最大砂流量为5m^3/min，连续输砂装置中有4个仓储间，可分别添加30m^3不同型号的支撑剂，通过控制阀门实现切换不同型号支撑剂。当施工排量在10m^3/min以内时，可启用纯电驱压裂设备；当施工排量大于10m^3/min时，则需要启用柴驱压裂设备，采用柴电混驱(混电)压裂模式。

泸203H66平台采用"工厂化"+"拉链式"施工模式，将需要施工的每口井分为主压管线流程和泵送桥塞管线流程连接起来，相互连通，通过分流阀撬和旋塞阀进行独立的主压作业和泵送桥塞作业，实现"拉链式"压裂施工。泵送桥塞作业由独立的3台2000型柴驱压裂设备连接在泵送管线流程上进行施工，不参与主压作业。压裂设备井场摆放及注入流程配置如图4所示。

3.3 压裂施工应用

泸203H66平台进行电驱压裂作业，使用成熟的柴电混驱压裂设备配置方案共施工3口井，完成储层改造71段，每日压裂施工3段，累计加砂9132.61t，泵注总液量101464.5m^3，施工用电量2073079kW·h。按照常规燃油设备在泸州页岩气区块施工的泵注耗油比计算，减少柴油消耗505×10^3t(601177.16L)，减少碳排量1605.9×10^3t，节省燃料费用190.71万元，如表5所示。

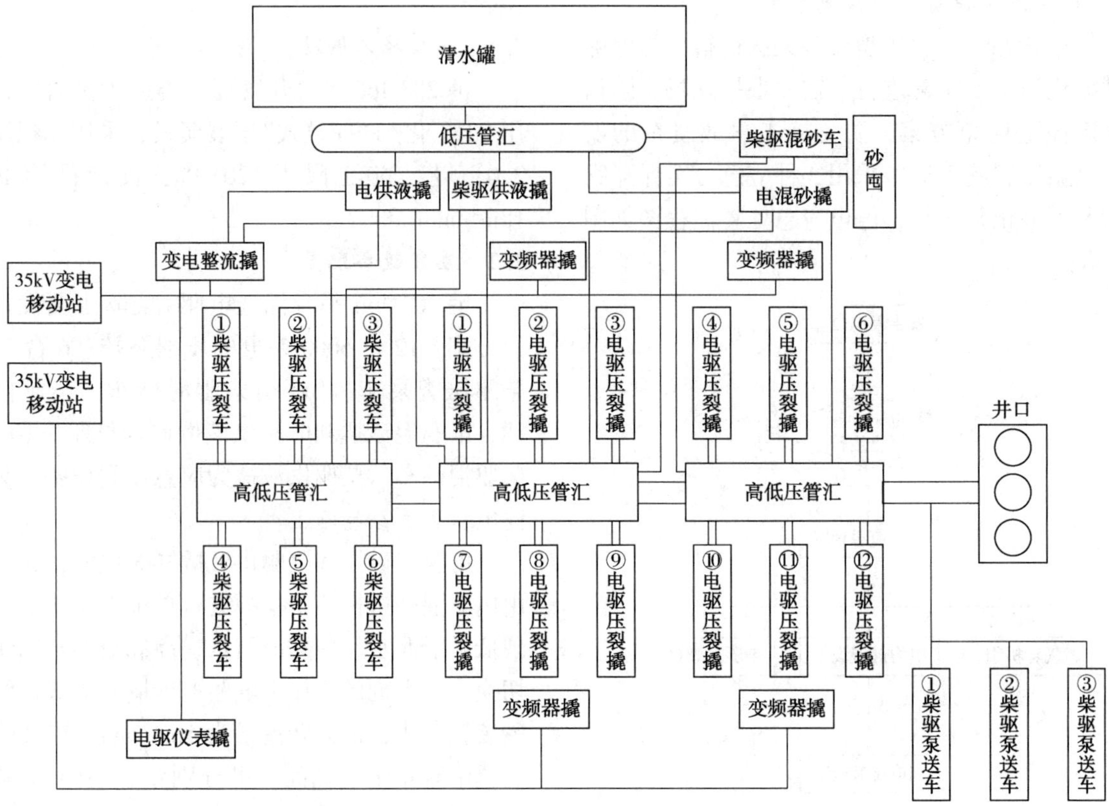

图 4　泸 203H66 平台电驱+柴驱混动压裂设备井场摆放及注入流程配置

表 5　泸 203H66 平台施工参数统计表

井号	段数	总砂量/t	总液量/m^3	耗电量/kW·h	减少碳排放/10^3t	节省费用/万元
1 井	20	2512. 73	31047. 36	634293. 56	491. 4	58. 36
2 井	24	2798. 88	34147. 96	697642. 82	540. 55	64. 19
3 井	27	3821. 00	36269. 18	741142. 62	573. 95	68. 16
合计	71	9132. 61	101464. 5	2073079	1605. 9	190. 71

4　结论及建议

（1）电驱压裂设备施工性能稳定，拥有连续施工能力，且使用区域电网供电，碳排放量几乎为零，更加经济环保。在泸 203H66 平台应用电驱压裂设备，减少柴油消耗 505×10^3t（601177. 16L），减少碳排量 1605.9×10^3t，节省燃料费用 190. 71 万元。

（2）当前川渝地区压裂施工设备优选方案为电驱+柴驱混驱压裂设备配置，以提升停电状态下的应急处置能力，减少井下事故复杂的发生。平均施工压力为 100MPa，排量 16～20m^3/min，柴驱+电驱主压裂设备配置为 9～11 台 5000 型电驱压裂泵撬+4～6 台 2500 型柴驱压裂设备+3 台 2000 型柴驱压裂设备；平均施工压力为 70MPa，排量 16～20m^3/min，柴驱+电驱主压裂设备配置为 6～8 台 5000 型电驱压裂泵撬+4 台 2500 型柴驱压裂设备+3 台 2000 型柴驱压裂设备；配备电驱混砂撬、电驱仪表撬、及其他辅助压裂设备。

（3）可在油气资源丰富的地区提前统筹部署大容量变电站，提升向同一作业区域多个施工平台电驱压裂设备的供电能力，实现全电驱钻井、压裂施工。并且鉴于川渝地区丰富的气藏资源，建议引进大功率燃气轮机组作为主要供电方案，以提升电驱压裂设备的施工稳定性。

参　考　文　献

[1] 曹学军，王明贵，康杰，等 . 四川盆地威荣区块深层页岩气水平井压裂改造工艺[J]. 天然气工业，2019，39(7)：81-87.

[2] 郑新权，何春明，杨能宇等 . 非常规油气藏体积压裂 2. 0 工艺及发展建议[J]. 石油科技论坛，2022，

41(03)：1-9.

[3] 荆波，邹兵．页岩油(气)井电驱压裂短时大功率负荷供电技术研究与实践[C]//中国机电一体化技术应用协会．第七届全国石油和化工电气设计与应用论文大赛入选论文集．中国石化胜利油田分公司;，2024：6. DOI：10.26914/c.cnkihy.2024.006087.

[4] 林蕾．电驱压裂泵在页岩气开发中的优势分析[J]. 设备管理与维修，2020，(15)：31-32.

[5] Oehring，J. M. "Electric Powered Hydraulic Fracturing." Paper presented at the SPE/CSUR Unconventional Resources Conference，Calgary，Alberta，Canada，October 2015. doi：https：//doi.org/10.2118/175965-MS.

[6] 李来鸿，王雅欣，张黎明，等．油田电驱压裂技术研究与应用[J]. 装备机械，2023，(02)：28-34.

[7] 武志学，王彦伟，杨成．成套电驱压裂设备在长庆油田页岩油压裂改造中的应用[J]. 石油地质与工程，2023，37(03)：111-114.

[8] 王庆群．利用电力开展页岩气压裂规模应用的分析及建议[J]. 石油机械，2018，46(7)：89-93.

[9] 童征，展恩强，刘颖，等．国内电驱压裂经济性和制约因素分析[J]. 国际石油经济，2020，28(7)：53-62.

[10] 李阳，陈立荣，张晖等．四川页岩气钻井及压裂作业边界噪声调查与分析[J]. 油气田环境保护，2020，30(04)：12-16+74.

[11] 徐强．页岩气开发中电动泵压裂技术应用的效益分析[J]. 江汉石油职工大学学报，2023，36(04)：100-102.

[12] 彭俊威，周青，戴启平，等．国内大型压裂装备发展现状及分析[J]. 石油机械，2016，44(5)：82-86.

[13] 应采．杰瑞股份发布全球首个电驱压裂成套装备及页岩气开发解决方案[J]. 英才，2019(6)：84-85.

[14] 刘文宝，姚孔，王元忠．电驱压裂装备整体供电技术方案分析及应用[J]. 机械研究与应用，2020，33(03)：210-213+216.

[15] 闫育东，杜焰，孙建平．长庆区域电驱压裂装备配套技术研究及应用[J]. 钻采工艺，2023，46(01)：57-63.

[16] 张斌，李磊，邱勇潮，等．电驱压裂设备在页岩气储层改造中的应用[J]. 天然气工业，2020，40(05)：50-57.

[17] 田雨，谢梅英．新型大功率电动压裂泵组的研制[J]. 石油机械，2017，45(4)：94-97.

水平井分段复合解堵工艺技术试验

王德盛[1] 尹 华[1] 何建中[1] 张宏梅[1]

（中油辽河油田公司）

摘 要 高升油田L家区块水平井完井多采用筛管完井方式，在生产过程中筛管外近井地带易污染堵塞，造成部分油井产量降低，为了解决这一问题，进行了水平井分段复合解堵工艺技术的试验，取得较好效果，解除了水平井管外堵塞，提高了油井产量，是一种较为有效的水平井解堵工艺。

关键词 水平井；筛管完井；堵塞；射流；解堵；均匀布酸

近年来，随着水平井钻完井及随钻测井工艺技术的发展，水平井筛管完井工艺成熟：多采用顶部套管分级固井、水平段筛管的完井方式。由于高升油田L家区块水平井完井主要采用筛管完井方式，井段长达300m以上，筛管外近井地带污染堵塞后，无法实现常规机械分层酸化，长井段均匀布酸难度大，无法建立有效的污染物返排通道，制约水平井产能的发挥。基于以上存在的问题开展水平井分段复合解堵技术的试验。

1 主要污染因素

1.1 结垢堵塞

L家区块原油中含有一定量的天然表面活性剂，如：沥青质、胶质、石蜡、石油酸皂等。这些蜡质、胶质、沥青质等析出产生的有机垢，吸附在防砂管壁阻挡油流，而且沥青质原油对Fe^{2+}、Fe^{3+}非常敏感，油井作业时各种下井工具中的铁锈沉入井底，也会产生不溶性胶体沉积，堵塞地层。同时注水开发的储层，通常由于不配伍的水混合或者是破坏了产出水的离子平衡而形成沉淀物。不同类型的水型相遇，或金属离子与注入水中的SO_4^{2-}、HCO_3^-离子相遇便产生$CaCO_3$、$CaSO_4$盐等。这几种盐的溶解度都很小，久而久之，便产生沉淀，粘附在储层孔隙或油套管壁上，形成垢。

1.2 外来流体堵塞储层

水平井在钻井过程中，由于钻井液的滤失，井壁会形成一层滤饼。对于筛管完井的裸眼水平井段，生产时随着地层中流体进入井筒，经长时间的冲洗和浸泡，滤饼会随之脱落，从而形成筛管外堵塞。除了自然发生运移的颗粒如粘土或微粒外，在常规作业如注入地层水、完井、修井增产措施等中常向地层引入外来颗粒还可能引起筛管内堵塞。

2 水平井分段复合堵技术原理

水平井分段复合解堵技术原理是在底部盲管射孔，建立筛管内外循环通道，通过高压水流、酸液和氮气泡沫混排，对水平井段筛管表面及筛管与地层之间环空进行冲刷、酸化，将筛管外堵塞物、泥浆、泥粉砂以及重油混合物洗出地面，从而达到均匀改善近井地带渗透性的目的（图1）。改进后的分段高压脉冲水射流工艺通过水嘴喷射，能够实现酸液的均匀分布，使水平段油层和被堵塞的防砂筛管全水平段立体受效；通过与氮气泡沫混排工艺相配合，能够使混合液通过底部泥饼清洗器彻底排出，降低因残酸不能完全排出对筛管造成腐蚀损坏的风险。

2.1 水力喷嘴的优化选择

喷嘴是流体射流的发生元件，它的功能不但是把高压泵或增压器提供的静压转化为流体的动压，而且应保证水射流具有优良的流动特性与动力特性，其次，喷嘴又是清洗除垢的执行元件，其传输功率会影响清洗效果，因此喷嘴在解堵过程中的作用至关重要。

针对流线型（图2）和等变速型喷嘴（图3），建立了粒子和水射流在喷嘴中的加速模型、压降模型以及能量转换效率数学模型，通过数值模拟分析了不同喷嘴对粒子水射流加速能力的影响，对喷嘴的流道类型及尺寸进行了优化，依据优化结果对研制的喷嘴进行了破岩试验和流场仿真。分析结果表明：流线型喷嘴喷射更集中，喷射力更强。

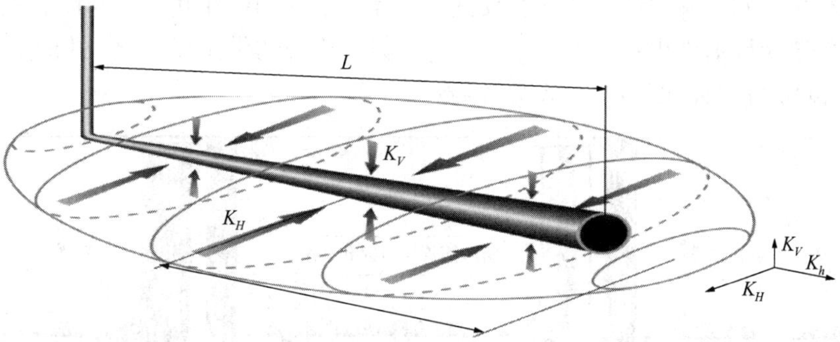

图1　水平井分段复合解堵技术原理

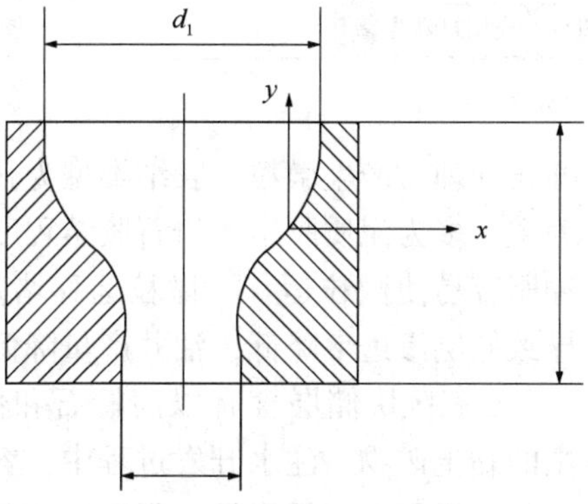

图2　流线型喷嘴

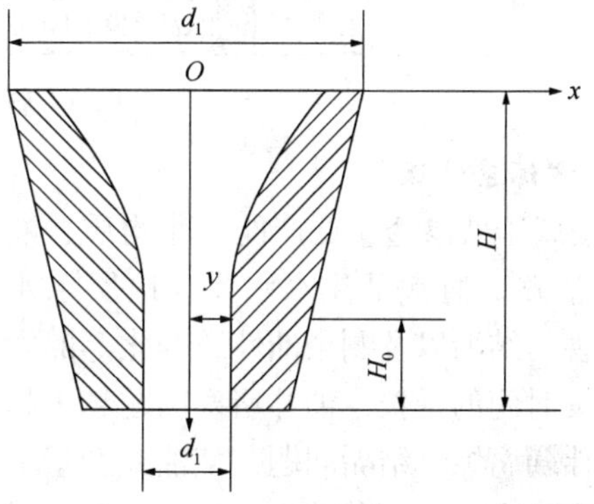

图3　等变速型喷嘴

2.2　管柱结构设计

整个射流工艺采用内外管柱结构：外部管柱由转换装置、高压水射流装置和水平井清洗转换器组成。转换装置可实现液流转向，高压水射流装置可形成多点径向高压水射流，水平井清洗转换器插入水平井泥饼清洗器内，形成正反洗井通道；内部管柱由高压冲管、转换调节器组成。反洗井液流通过转换装置进入内外管环空，经过高压水射流解堵装置形成多点高压脉冲水射流冲击筛管内壁，然后穿过筛管、筛管与泥饼环空，将泥饼冲散，伴随着泥浆一块通过水平井泥饼清洗器和内冲管，经过底部通道排出，最后被油管带出地面(图4)。

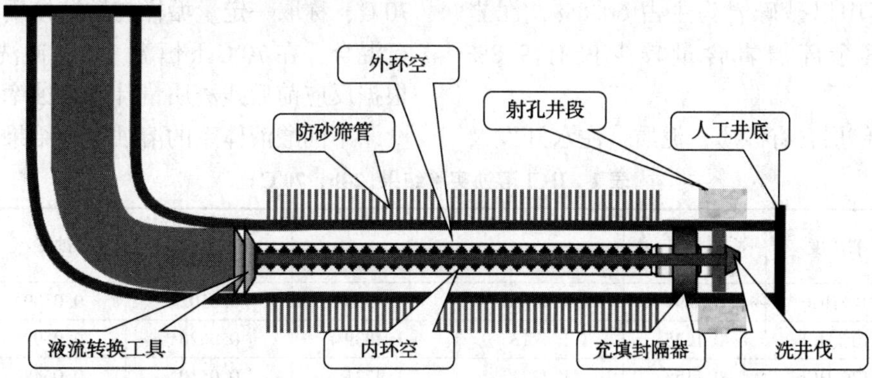

图4　管柱示意图

2.3　主要施工工序

在工艺参数优化基础上进行施工工艺设计主要包括：

(1) 在底部盲管射孔，建立筛管内外循环通道；

(2) 下入射流解堵一体化工具，完成水射流解堵管柱与充填封隔器对接；

(3) 通过高压射流多次的脉冲酸洗；

(4) 将近井地带影响油层动用的泥浆、泥饼和细砂用氮气泡沫助排工艺高效返排出来；

(5) 上提管柱关闭水平井泥饼清洗器，反洗井，将管柱内的泥浆及碎屑洗出；

(6) 起出射流解堵一体化管柱，充填封隔器、洗井阀留在井内，为以后洗井和砾石充填提筛管内外的供循环通道(图5)。

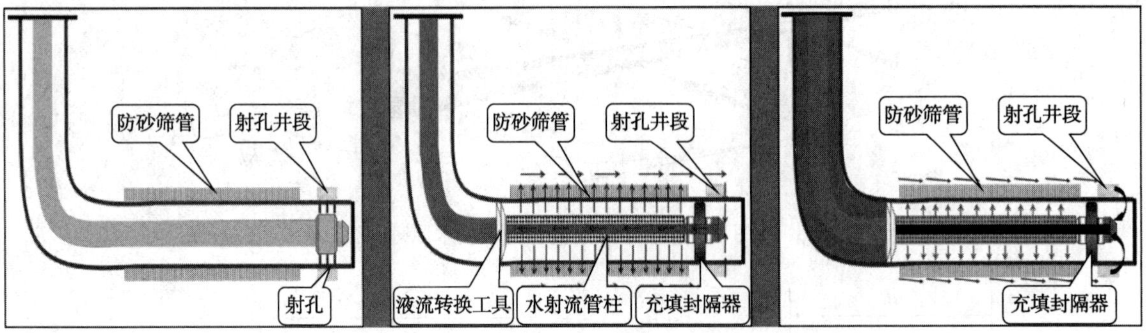

图5 施工工序示意图

2.4 酸液配方体系优选

L家区块属于低渗透、低产能、非均质、断块底水稀油油藏。通常是注水水质、地层水水质、措施伤害、结垢以及剩余油性质变化等的影响，随着开发时间的延长，油井堵塞问题越来越突出，同时伴随腐蚀、结垢问题，使油井产量下降，稳产难度越来越大。随着注水开发时间的增长，储层物性、岩石孔隙结构等的变化及措施量的增加，油层的损害越来越复杂。根据储层堵塞的原因，优选出适合L家区块的解堵剂配方体系。

2.4.1 储层敏感性伤害机理分析

莲花油层岩石类型混杂，有细—小砾岩、砂砾岩、砾状砂岩、不等粒砂岩、中砂岩、细砂岩、粉砂岩、泥质粉砂岩、油页岩、泥岩、灰岩和白云岩。其中以砂砾岩为主占60.8%，泥岩占28.3%，其余碎屑岩含量较少仅有9.8%左右。

L家区块储层含有砂质、泥质，注水开发及酸化处理易产生微粒。胶结类型为孔隙—接触式为主，多为泥质胶结。岩石胶结程度较差，注水冲刷容易使微粒运移。微粒运移堵塞储层孔道，导致储层渗透率降低，油井产量降低。

L家区块储层含有以高岭石和伊/蒙混层为主的黏土矿物，注水开发过程中，容易引起黏土膨胀、运移。储层开发过程中应该避免黏土膨胀和微粒运移对储层造成的伤害。

2.4.2 主体酸的优选

针对L家区块储层物性及垢样成分，筛选出适合的酸液体系，这主要体现在主体酸的组成和浓度。下面以HCl、HF、HBF_4及其复配分别进行室内溶蚀实验，来进行针对主体酸的优选。

选取L家区块井底垢样，考察垢样在不同浓度酸液的溶蚀率。实验温度设为油藏温度70℃，称取一定量垢样与酸液按质量比1∶20进行混合，在70℃下恒温24h，冲洗过滤干燥后，根据反应前后残渣质量计算溶蚀率。

不同酸液体系的溶蚀实验结果见表1-表3。

表1 HCl溶蚀实验结果(24h，70℃)

酸液编号	酸浓度	垢样质量/g	滤纸质量/g	烘干后总质量/g	烘干后垢样剩余质量/g	溶蚀量/g	溶蚀率/%
1	8%HCl	0.0891	1.4051	1.4553	0.0502	0.0389	44.69
2	10%HCl	0.1225	1.4213	1.4839	0.0626	0.0599	52.86
3	12%HCl	0.1158	1.4221	1.4731	0.0510	0.0648	55.98

表2 HCL+HF溶蚀实验结果(24h，70℃)

酸液编号	酸浓度	垢样质量/g	滤纸质量/g	烘干后总质量/g	烘干后垢样剩余质量/g	溶蚀量/g	溶蚀率/%
1	8%HCl+10%HF	0.0948	1.4152	1.4652	0.0500	0.0448	47.28
2	10%HCl+6%HF	0.1265	1.4063	1.4645	0.0582	0.0683	53.98
3	12%HCl+5%HF	0.1059	1.4205	1.4626	0.0421	0.0638	60.23

表 3　HCL+HBF_4溶蚀实验结果(24h，70℃)

酸液编号	酸浓度	垢样质量/g	滤纸质量/g	烘干后总质量/g	烘干后垢样剩余质量/g	溶蚀量/g	溶蚀率/%
1	8%HCl+10%HBF_4	0.0948	1.4152	1.4657	0.0505	0.0443	46.72
2	10%HCl+6%HBF_4	0.1265	1.4063	1.4653	0.0590	0.0675	53.36
3	12%HCl+5%HBF_4	0.1059	1.4205	1.4656	0.0451	0.0608	57.38

从表 1 到表 3 中可知混合酸比单一酸的溶蚀效果好，混合酸溶蚀率随着复合酸浓度增大而增大，对比可看出氢氟酸与盐酸复配体系比氟硼酸与盐酸复配体系溶蚀率高一些。因此采用建议用12%盐酸+5%氢氟酸体系，降低酸化成本；若出砂严重，建议使用 12%盐酸+5%氟硼酸体系，且氟硼酸的浓度应不低于5%。

2.4.3　主体酸液效果评价

利用岩芯，在模拟地层条件下，模拟解堵实验，评价解堵效果，同时为调整优化配方及施工参数的确定提供依据。

岩芯渗透率计算公式如(1)：

$$K=\frac{Q\mu L}{A\Delta P} \tag{1}$$

式中，K 为渗透率，m^2；Q 为流体流量，m^3/s；ΔP 为岩心的注入压力，Pa；μ 为流体黏度，Pa·s；L 为岩心的长度，m；A 为岩心截面积，m^2。

分别对人造岩芯和天然岩芯进行了模拟堵塞、解堵实验，评价酸液的解堵效果。

如表 4、表 5 所示看出堵塞率均在 60%以上时，选择的酸液体系对人造与天然岩芯的解堵率都达到了 90%以上，再次堵塞率都达到了 50%以下，说明氢氟酸与盐酸复配体系对储层堵塞物及矿物的溶蚀会提高储层的渗透率，同时对天然岩心有一定的溶蚀作用，可以增大岩心的孔道，使岩心的渗透率提高，从而达到解堵的目的。

表 4　人造岩芯模拟解堵实验

人造岩心编号	水测原始渗透率/($10^{-3}um^2$)	堵塞后渗透率/($10^{-3}um^2$)	堵塞率/%	解堵后渗透率/($10^{-3}um^2$)	再次堵塞后的渗透率/($10^{-3}um^2$)	解堵率/%	再次堵塞率/%
1	609.32	160.25	73.70	574.51	309.42	92.25	46.14
2	540.63	180.25	66.66	550.23	290.36	102.66	47.23

表 5　天然岩芯模拟解堵实验

天然岩心编号	水测原始渗透率/($10^{-3}um^2$)	堵塞后渗透率/($10^{-3}um^2$)	堵塞率/%	解堵后渗透率/($10^{-3}um^2$)	再次堵塞后的渗透率/($10^{-3}um^2$)	解堵率/%	再次堵塞率/%
1	105.32	36.98	64.89	110.34	60.36	107.35	45.30
2	120.98	45.29	62.56	118.69	63.36	96.97	46.62

3　现场应用情况

3.1　施工井简况

L＊＊＊＊井位于高升油田莲花油层，2014年投产，水平段长 344.59m，筛管完井。2014年投产初期日产油 11.8t，措前日产油 0.3t。分析认为：该井投产初期产能较好，随着生产时间延长后生产潜力未完全发挥；水平段完井筛管外存在储层碎屑颗粒、死油、泥浆污染，制约该井潜能发挥；若使用常规酸化解堵工艺技术进行解堵，井段较长，常规机械分段酸化解堵难度较大，施工风险高因此决定采用水平井分段复合解堵工艺技术，恢复油井产能(图 6)。

3.2　施工工艺

为保障清洗后污染物顺利返排地面，在靠近脚尖处盲管段实施下相位 180°射孔，建立返排通道。对完井筛管段自下而上分段连续实施 9 段分段酸化，共计使用解堵液 273m^3。11 段管外分段清洗，共计清洗 200m^3，其中返出泥浆约

$10m^3$，返出残酸、污水约 $50m^3$。泡沫混排，共计使用污水 $75m^3$，其中返出泥浆约 $5m^3$，返出污水约 $65m^3$，注入氮气 $3600m^3$。从现场洗井液中发现大量泥浆及少量原油(图 7)。

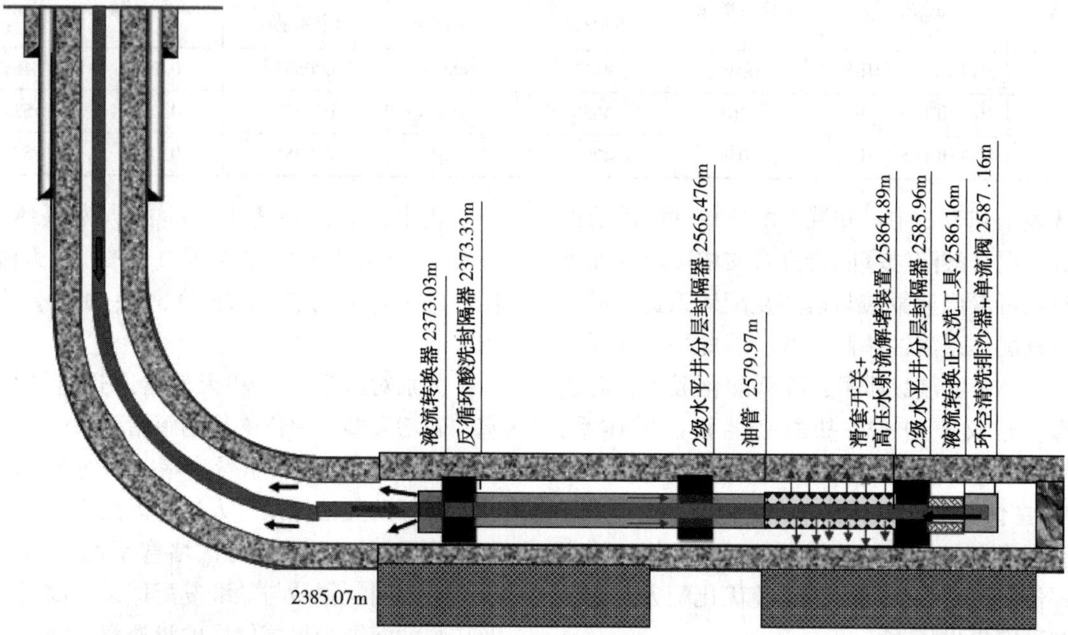

图 6　L＊＊＊＊井解堵管柱示意图

图 7　L＊＊＊＊井清洗混排返排出污染物

3.3　应用效果

2020 年 9 月，水平井分段复合解堵工艺技术在高升油田 L 家区块试验 1 井次，日产液由措前 1. 5t 提高到 10. 8t，日产油由措前 0. 3t 提高到 2. 9t，截止 2022 年 10 月，有效生产 724 天，累增油 1884. 1t，取得较好的措施效果(图 8)。

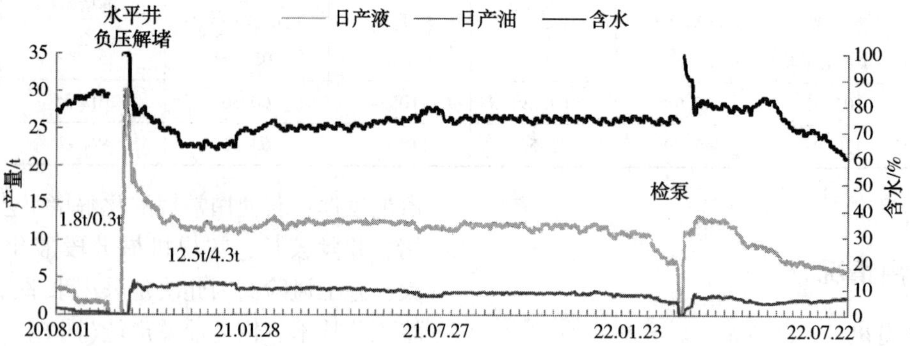

图 8　L＊＊＊＊井生产曲线

4. 结论

(1) 高升油田 L 家区块水平井完井方式主要为筛管完井，滤砂管与井壁之间残留泥浆和油泥砂、原油中胶质和沥青质堵塞滤砂管是水平井的主要堵塞类型。水平井分段复合解堵工艺技术可在水平段实现全井段均匀布酸，释放低产段产能，有效解除防砂筛管及近井地带污染。

(2) 高压脉冲射流对地层多次脉冲冲洗和氮气泡沫共同作用，将近井地带溶蚀的泥饼、泥浆和粉砂与油混合物以及残酸形成泡沫返排出地面，避免了对油层造成二次污染。

（3）通过现场应用表明，水平井分段复合解堵工艺技术解决了水平井大井段筛管完井的解堵施工难题，其对应性强，解堵效果好，是一种较为有效的水平井增产措施。

参 考 文 献

[1] 李国永，叶盛军，裴素安等．声波振荡解堵技术在高尚堡浅层油藏水平井中的应用[J]．特种油气藏，2011，18(2)：123-125.

[2] 黄中伟，李根生，罗洪斌，等．水平井防砂管内旋转射流冲砂解堵机理与试验[J]．石油钻采工艺，2008，30(3)：93-96.

[3] 王洪伦，龚烈航，武光华．前混合磨料高压水射流切割喷嘴的数值模拟[J]．解放军理工大学学报(自然科学版)，2007，8(4)：387-390.

超深碳酸盐岩油藏机采井全井筒防砂技术

张　宝[1,2,3,4]　何剑锋[1,2,3,4]　黄　锟[1,2,3,4]　严华荣[1,2,3,4]　王　师[1,2,3,4]　邹皓东[1,2,3,4]

（1. 中国石油天然气集团有限公司超深层复杂油气藏勘探开发技术研发中心；
2. 新疆维吾尔自治区超深层复杂油气藏勘探开发工程研究中心；
3. 新疆超深油气重点实验室 4. 塔里木油田公司）

摘　要　塔里木油田台盆区机抽井超600口，平均泵挂深度接近3000m，部分井泵挂深度超3500m，油井出砂是导致塔里木油田台盆区机采井频繁卡泵、检泵检抽周期短的重要原因，带来叶轮堵塞、吸入口堵塞、卡泵、防砂管堵塞等一系列问题，导致机采井作业频次高、运行费用高，给超深油井效益举升带来困难，当前塔里木油田已形成井筒防沉砂及泵上防沉砂两类全井筒立体防砂工艺。井筒防沉砂方面，形成了丢手悬挂防砂工艺和新型悬挂防沉砂工艺，具有过液、滤砂和储砂等多种功能，实现防砂又能沉砂，避免产层砂埋的同时大幅减低了低压、易漏地层冲捞砂作业难度。泵上防沉砂方面，研发了机采井泵上防沉砂工艺并配套形成多级防砂工艺，有效解决正常或非正常停泵后砂粒沉积在机采泵上部造成沉砂卡泵的问题。通过试验电泵镀钨试验、长柱塞防砂泵、液力反馈泵、防落物抽油泵，有效提升抽油泵防砂性能，大幅延长了频繁卡泵油井检泵周期。全井筒立体防砂工艺不仅对于塔里木油田台盆区深井超深井高效开发具有重大意义，而且对国内外深井超深井防砂工艺技术也具有积极促进作用，具有显著经济效益和社会效益。下步将继续开展稠油沥青质、结垢配套防堵塞技术研究。

关键词　多级防砂；泵上沉砂；深抽；机抽井；塔里木油田

1　引言

油气井出砂的概念为生产过程中的油井和气井，在地质条件、开采方式以及施工作业等多种相关因素共同作用下使井筒周围岩石产生结构破坏，使地层游离砂和剥离骨架的砂粒在产出流体的冲刷作用下被携带到井筒或地面，对油气的开采产生诸多负面作用的现象。出砂可能导致油井卡泵、砂埋油层等事故而频繁作业，油井免修期大幅降低，严重时出砂还会使得地层坍塌，导致套管损坏、油井报废。塔里木油田台盆区机抽井超600口，平均泵挂深度接近3000m，部分井泵挂深度超3500m，这些井因出砂带来的叶轮堵塞、吸入口堵塞、卡泵、防砂管堵塞等一系列问题，导致机采井作业频次高、运行费用高，其中在塔中、英买力和哈拉哈塘等超深碳酸盐岩油藏，出砂导致频繁作业现象尤其明显，如2012年哈拉哈塘油田电泵井检泵周期98天，抽油机井202天，均远低于行业标准及油田平均水平，出砂已严重影响超深油井效益举升，如图1～图4所示。

图1　电泵叶轮砂堵、砂卡

图2　电泵吸入口砂堵

图 3　抽油泵砂堵、砂卡

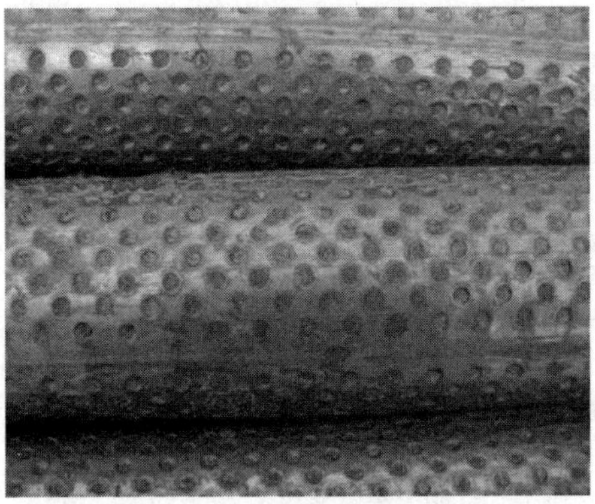

图 4　防砂管砂堵

2　常规防砂工艺

塔里木油田潜油电泵、抽油泵常规使用单级防砂管柱(图 5)，通过在抽油泵、电泵管柱下悬挂防砂管达到防砂目的，前期主要使用割缝筛管、绕丝筛管，防砂粒径以 0.1～0.15mm 为主，后期主要多层滤网复合筛管、金属泡沫立体防砂管，防砂粒径增加 0.03mm、0.05mm 两类，如图 6～图 8 所示。

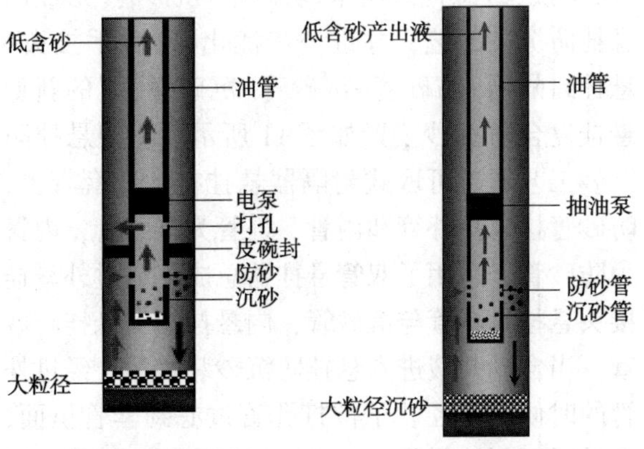

图 5　电泵及抽油泵单级防砂工艺管柱示意图

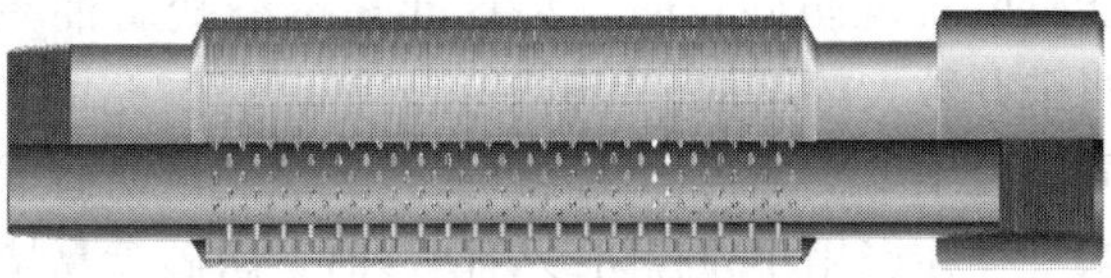

图 6　金属绕丝防砂管

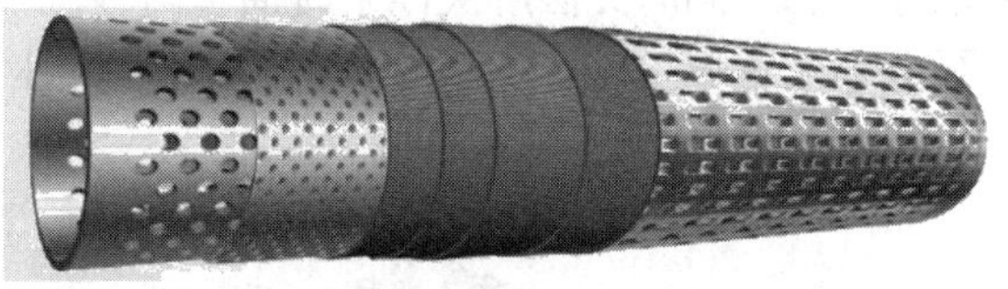

图 7　精密微孔复合防砂管

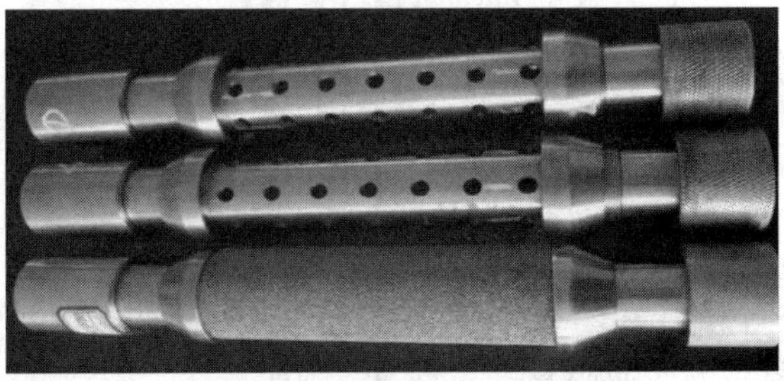

图 8　金属泡沫立体防砂管

因不同区块出砂情况差异较大，对防砂需求也各不相同。前期探索并试验了多种防砂工艺，通过现场试验情况发现仍存在许多不足之处。常规绕丝筛管防砂效果差且强度不够；直焊缝筛管所受正应力与合成应力比较大，筛管容易爆裂；现有冲孔钢带的厚度不够，拉伸载荷较低，冲孔钢带的布孔方式对外护套及筛管整体抗压性能影响较大。常规割缝筛管能够防止井壁垮塌，但后期一般无法起出，极大地增加了开发后期侧钻、加深等进攻型措施的作业难度及施工费用。现有井筒防砂工艺能够延长检泵检抽周期，但被防砂管挡在管外的砂子沉降在井筒内造成产层被埋，后期作业需进行冲捞砂作业，对于低压易漏地层冲捞砂工作量、冲捞砂难度巨大，甚至导致油井报废。部分机采井生产过程中因正常或非正常停电后产出液中砂子沉降到泵上，轻则导致电泵、抽油泵启停频繁，重则导致砂卡起抽困难，甚至无法起泵而检泵检抽作业，严重影响生产时率，大幅增加生产成本。针对塔里木油田油井出砂的特殊性和复杂性，亟需开展防砂工艺及配套措施攻关研究，解决沉砂卡泵、砂埋产层等突出问题，确保机采井高效平稳生产。

3　全井筒防砂技术

在以砂岩为主要开采层位时，单层防砂工艺

能较好实现防砂目的，2008年后碳酸盐岩油藏机采井数大幅增加，因碳酸盐岩油藏缝洞充填物质粒径不一，使得单级防砂工艺无法满足防砂需求，存在选用小粒径防砂管防砂时，防砂管易堵塞，选择大粒径防砂管时细砂、岩屑易进入泵筒卡泵等问题，同时无法解决停泵时油管内砂沉积至泵上导致卡泵、固定凡尔被埋等问题。另外，碳酸盐岩油藏机采井存在井深(超6000m)、漏失严重、井底沉砂作业冲砂困难等问题，这也带来了管内沉砂技术配套的需求。塔里木油田通过技术攻关配套，形成“防-沉-排”(防砂技术、沉砂技术、排砂技术)一体的深抽机采井全井筒防砂技术(图9)，有效保障了深抽机采井的安全平稳运行。

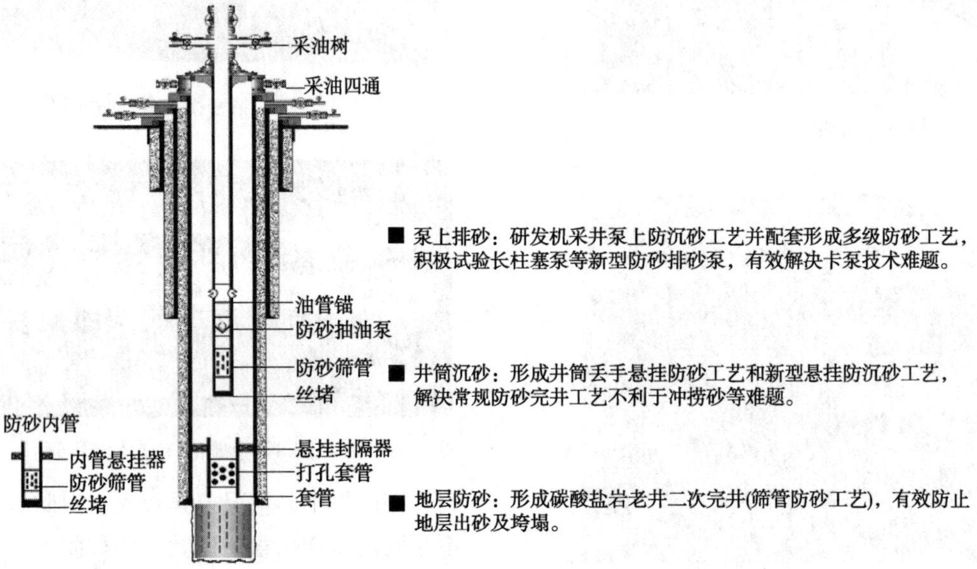

图9　机采井全井筒防砂技术示意图

3.1　二次完井地层防砂工艺

出砂防治措施的选择直接影响油田的经济效益，合适的防砂方式对产能和防砂效果都有显著的提升。裸眼完井具有流动面积大、流动阻力小的特征，塔里木油田大多数碳酸盐岩为了提高产能，开发前期大多数井采用这这种完井方式，而对于超深层碳酸盐岩油气藏随着产层深度增加具有更高的温压系统，在后期生产作业过程会面临更大的井壁失稳和出砂等风险。综合碳酸盐岩油藏完井方式及出砂特征，创新设计了“大通径悬挂封隔器+套管+筛管+圆头盲堵”二次完井防砂方法，实现裸眼出砂井的二次支撑完井，形成了老井筛管二次防砂完井工艺(图10)，有效降低了井壁垮塌和出砂现象。同时针对出细砂油井研发了精密冲缝防砂筛管先期地层防砂工艺，利用精密冲缝防砂筛管防砂精度高、可靠性强等优势，从源头减少砂粒进入井筒。针对碳酸盐岩油井生产后期压力衰竭后出现井壁失稳的问题，同时，考虑了碳酸盐岩油藏开发后期侧钻、加深等进攻型措施需求，研发出了可钻性强的铝合金筛管。该研究成果在东河塘油田、哈拉哈塘油田应用效果显著，降低了油井出砂、井壁垮塌风险，检泵检抽周期大幅提升。解决碳酸盐岩裸眼井在生产后期因压力衰竭出现井壁垮塌、砂埋产层问题，降低后期冲砂费用及机采工艺砂卡风险，现场应用超60井次，短周期井平均检泵周期延长超200天。

3.2　悬挂防砂、沉砂工艺

为进一步实现源头防砂，改善井筒内过液效果，结合管外防砂、管内沉砂的理念，设计了由“丢手接头+悬挂封隔器+防砂管+沉砂管”形成的悬挂防沉砂工艺，并进一步优化出“丢手接头+悬挂封隔器+防砂管+沉砂管+沉砂套管”的新型悬挂复合防沉砂装置如图11所示。新型悬挂防沉砂工艺通过可取式封隔器悬挂在生产套管上，防砂管柱包括外管和内管，外管为沉砂管，内管为防砂管，采用了双管悬挂器总成，通过外悬挂接头悬挂打孔管与沉砂管，内悬挂接头悬挂防砂管。当含砂井液进入悬挂防沉砂装置后，经过外管的时候大粒径砂子被打孔管过滤到套管里面，细砂通过割缝管的时候被过滤沉降至沉砂管，实现过液、滤砂和储砂的多种功能，既能防砂又能沉砂。在后续作业时，整套工具提出井筒，大量沉积的细砂同时被提出，避免了细砂在井筒的沉积而造成砂埋产层。

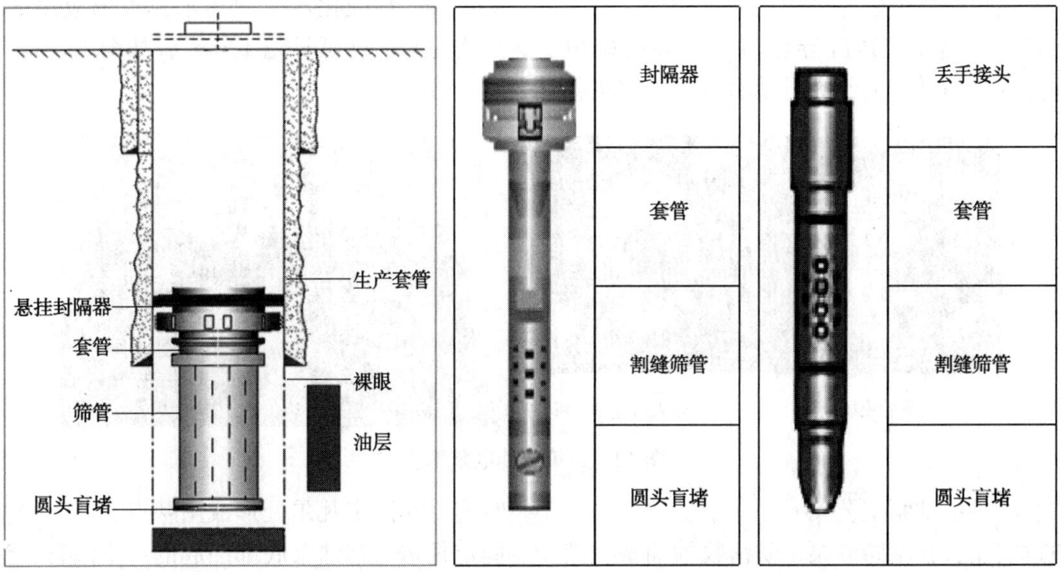

图 10　碳酸盐岩油藏二次完井工艺示意图

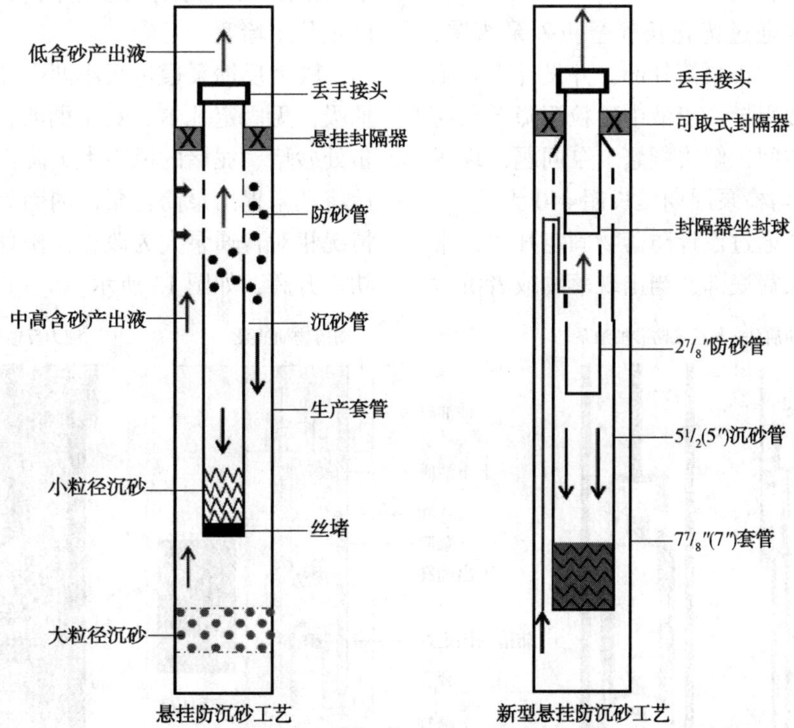

图 11　悬挂防砂、沉砂工艺示意图

通过逐步完善并形成既能“防”又能“沉”的新型防沉砂工艺，初步解决低压、易漏、出砂油井防砂和冲捞砂困难难题。现场应用超过 100 井次，平均检泵周期延长超 400 天。丢手悬挂防砂工艺解决了割缝衬管、砾石充填常规防砂完井工艺后期无法捞出、不利于侧钻、加深等措施难题。

3.3　防砂抽油泵工艺

随着油田开发力度的加大，抽油泵过早失效已成为制约油田正常生产的主要矛盾之一。抽油泵在井液含砂较多的油井中工作时，其泵筒、柱塞、阀副磨损严重，砂卡抽油泵事故经常发生，严重影响抽油泵的使用寿命和油井的正常生产。塔里木油田针对含砂油井，创新设计出镀钨防砂电泵并应用特种抽油泵，实际应用过程中均能有效提升高含砂油井检泵周期。

（1）镀钨防砂电泵

创新设计出宽流道叶导轮镀钨防砂耐硫电泵，并优选高耐磨材料作为滑动磨擦副。解决普通电泵叶导轮流道小、排砂能力差、泥砂易堵塞流道等技术难题，排泥砂性能大幅提高，满足 8 ×10^{4}ppm 高硫化氢工况需求，现场应用 3 井次，平均检泵周期延长超 170 天，如图 12 所示。

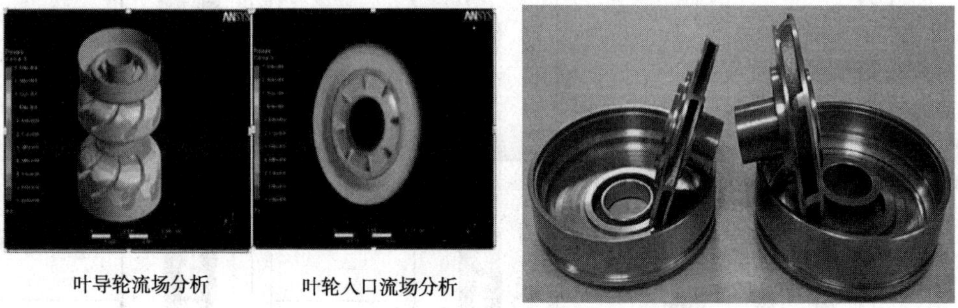

图 12　耐钨防砂电泵工艺

（2）特种抽油泵工艺

通过实用长柱塞防砂泵、防落物抽油泵、液力反馈抽稠泵等特种抽油泵，进一步延长检泵检抽周期。

长柱塞防砂泵通过优化长柱塞防砂泵阀罩，保证柱塞阀罩始终位于泵筒外部，并设计带外倒角扶正压帽，有效引导产出液中砂粒沉降至泵筒和外管环形沉砂空间，解决频繁卡泵问题，现场应用 18 井次，平均检泵周期延长超 440 天。

防落物抽油泵通过设计防落物固定凡尔，常规固定凡尔位于泵筒底部，当出现落物或者沉砂时容易在固定凡尔处形成堵塞点，防落物抽油泵固定凡尔为抽油泵底部凸起的一个圆管，液体从侧面出固定凡尔，落物或者沉砂下落时会落入防落物固定凡尔周围沉砂空间(1.5L)，从而避免固定凡尔堵塞。

液力反馈泵通过大小两个柱塞的体积差进行抽吸，无固定凡尔，对于稠油、出泥质井固定凡尔处砂堵、泥堵的风险大大降低，出现卡泵情况后将柱塞提出泵筒，泵筒内因无固定凡尔，流动情况相对普通泵大为改善，洗井后恢复挂抽的成功率升高，如图 13 所示。

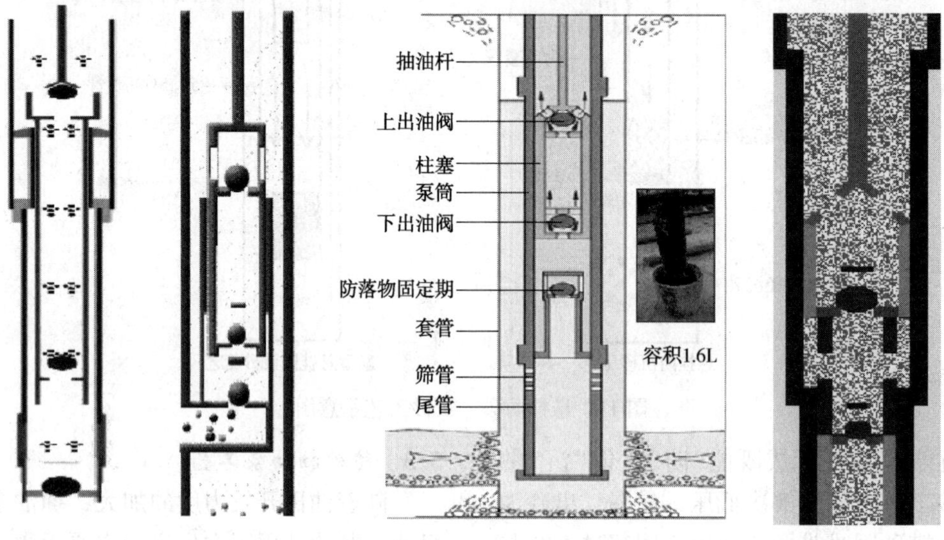

图 13　特种抽油泵工艺示意图

3.4　泵上防沉砂工艺

针对出细砂油井防砂筛管无法阻挡全部细小砂粒，部分细砂会进入生产管柱油流通道，现有防砂工艺及防砂泵很少在泵上开展研究工作的现状，塔里木通过机采井泵上防沉砂工艺有效解决了停抽时沉砂卡泵技术难题，研发了机采井泵上防沉砂工艺并配套形成多级防砂工艺。

在抽油泵正常工作时，油液会裹挟着小于防砂管防砂粒径的砂粒向上输送至井筒外，当抽油泵停抽时，生产管柱内悬浮的砂粒会逐步沉积在柱塞上，在下次启动抽油泵柱塞上行时，导致抽油泵卡泵故障。抽油机井泵上防沉砂装置，通过在泵上的抽油杆和油管之间加上一个防砂伞，使抽油杆和防砂伞之间形成一个动密封。抽油泵工作时抽油杆及柱塞上下往复运动将井筒含有砂粒的液体举升，经柱塞上的游动凡尔、沉砂筒衬管的环空侧孔，到达油管，返出地面。停泵时井液中砂粒在自重作用下下沉，被防砂伞阻挡，只能沿防砂伞沉降至沉砂筒内，避免砂粒进入泵筒，造成砂卡。

在潜油电泵生产井中，当电泵正常工作时，油液会裹挟着砂粒向上输送至电泵井外；但是，当电泵停止工作时，生产管柱内的油液就会发生回流，由于油液中含有砂粒，砂粒会逐渐沉积在潜油电泵的单流阀的阀芯与阀座之间的间隙内，导致潜油电泵的单流阀的阀芯卡死，从而使该潜油电泵生产井无法再次正常开启使用。电潜泵井用沉砂管，由外管、内管、下接头、油管接头、堵头组成。内管设置在外管内，外管上端连通油管接头。内管、外管下端共同与下接头连接，下接头内通路与内管管内导通，与外管管内隔离，在内管上端口处塞有堵头，内管、堵头和外管内壁间形成环形空腔，该空腔为沉砂腔。沉砂腔能够用于承接油液中下沉的砂粒，接头上还具有进油孔以 保证从潜油电泵输送的油液能够进入潜油电泵用沉砂管并向上输送，当潜油电泵停止输送油液时，回流的油液首先在环形腔内进行沉砂，从而能够防止油液中的砂粒沉积在潜油电泵的单流阀的阀芯与阀座之间的间隙内，导致潜油电泵的单流阀的阀芯卡死。对于出砂严重井可以在管柱中配置多个沉砂管，防止因出砂量大沉砂管被灌满；对于大尺寸套管井也可以加工大尺寸沉砂管，通过扩大沉砂空间来保证防砂效果，如图 14 所示。

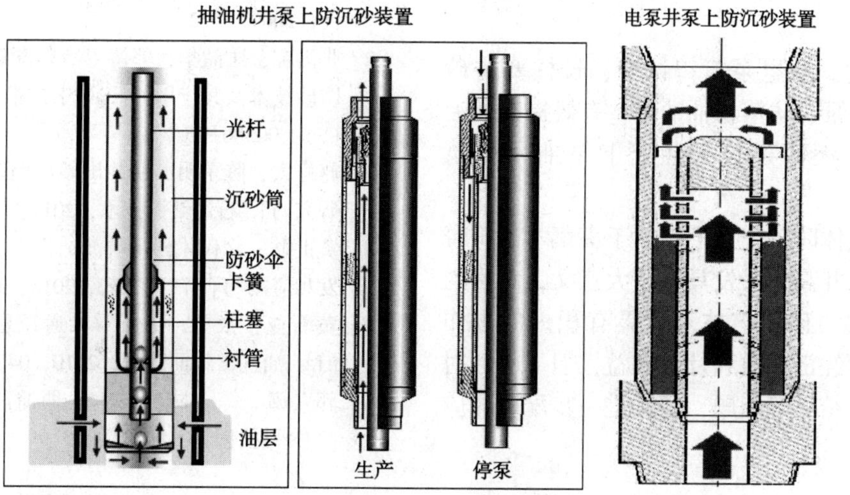

图 14　泵上防沉砂工艺示意图

4　新的挑战

塔里木油田目前各油田正开展注天然气、氮气、减氧空气、二氧化碳多元气驱，给注气受效井机采配套技术带来出砂以外新的挑战。注气抽提效果带来的稠油沥青质，将导致电泵吸入口、防砂管堵塞(图 15)，常规机采及防砂工艺无法应对该工况，注气受效后的高气液比、高井口油套压也对泵效及井口安全带来挑战，需要加大深抽潜油螺杆泵等技术试验，来应对井况变化带来的需求。注水、注气吞吐井同时还面临结垢问题，导致抽油泵二次挂抽成功率低，影响注水、注气吞吐效果，下步需考虑防垢涂层、陶瓷泵等措施，来满足结垢工况需求。

5　结论

塔里木油田通过形成全井筒立体防砂工艺，基本满足深抽井防砂需求，在平均泵挂深度超过 2500m，部分井超过 3500m 的工况下，抽油机井检泵周期持续保持在 850 天以上，电泵井检泵周期持续保持在 1100 天以上。

(1) 井筒防沉砂方面，形成了丢手悬挂防砂工艺和新型悬挂防沉砂工艺，实现过液、滤砂和储砂等多种功能，既能防砂又能沉砂，避免产层砂埋的同时大幅减低了低压、易漏地层冲捞砂作业难度。

(a)电泵吸入口堵塞　(b)防砂管堵塞

(c)注水管柱内结垢　(d)注气管柱内结垢

图 15　注气提采带来的稠油沥青质及结垢问题

（2）泵上防沉砂方面，研发了机采井泵上防沉砂工艺并配套形成多级防砂工艺，有效解决正常或非正常停泵后砂粒沉积在机采泵上部造成沉砂卡泵的问题。

（3）通过试验电泵镀钨试验、长柱塞防砂泵、液力反馈泵、防落物抽油泵，有效提升抽油泵防砂性能，大幅延长了频繁卡泵油井检泵周期。

全井筒立体防砂工艺不仅对于塔里木油田台盆区深井超深井高效开发具有重大意义，对国内外深井超深井防砂工艺技术也具有积极促进作用，具有显著经济效益和社会效益，但下步针对稠油沥青质、结垢等问题，还需进一步配套相应技术。

参 考 文 献

[1] 董长银．油气井防砂技术[M]．北京：中国石化出版社，2009：1-2.

[2] 张洪宝，匡韶华，郭涛等．超深碳酸盐岩油井复合防砂技术及其应用[J]．科学技术与工程，2020，20(2)：00580-05.

[3] 赵修太，陈东明．油井出砂后期多级防砂技术级数研究[J]．石油钻探技术，2011，01.020.

[4] 黄世财，徐代才，崔航波．丢手悬挂防砂技术的研发和应用[J]．钻采工艺，2016，39(07)：151.

[5] 黄新业，张勇，张茹．大通径悬挂综合防砂管柱[J]．油气田地面工程，2010，04，057.

[6] 郭立娜．综合防砂技术在稠油油田的研究与应用[J]．科技创新，2013(08).

致密砂岩气藏厚砂薄储控缝高压裂工艺对策研究

付 颖 杨南鹏 蒲雅男 李军龙 旷正超 刘 帆

(川庆钻探工程有限公司苏里格项目经理部)

摘 要 苏里格气田厚砂薄储型井在压裂施工过程中缝高控制难度大，易沟通纵向上含水饱和度较高的砂体，抑制裂缝沿缝长延伸，减少支撑剂在储层分布浓度，而使无效改造体积增大。针对厚砂薄储，需要控制裂缝扩展高度，减少裂缝穿越砂体的高度。施工参数的选择直接影响储层压裂改造效果。为此，采用数值模拟方法和现场实例分析方法研究施工参数对缝高的影响规律。研究表明，施工排量、压裂液粘度可以降低裂缝扩展高度。压裂液排量越大，裂缝面上产生的应力越强，从而导致裂缝在垂向上的扩展速度越快，裂缝的缝高和缝宽也就越大。压裂液黏度对裂缝缝高影响较小。减小压裂液排量是厚砂薄储控缝高的重要手段。苏59区块的两口直井的效果进行了有力的验证。研究结果为厚砂薄储型气藏压裂改造实现裂缝高度有效控制提供重要的理论支撑和实践指导。

关键词 厚砂薄储；缝高；改造体积；方案优化

1 引言

中国致密砂岩气年产量约占天然气总产量的25%，致密砂岩气藏的有效开发将对我国调整能源消费结构具有重大推动意义。苏里格气田作为我国重要的天然气生产基地之一，储层特征复杂多样(非均质性强、渗透率低、孔隙度低)，压裂改造是“增储上产”的重要手段。

研究裂缝扩展是储层改造主要研究内容，裂缝形态是评价裂缝扩展的重要因素。地质因素和施工因素是裂缝扩展的两大类影响因素。致密砂岩气藏由于非均质性存在砂泥互层、薄差储层、后砂薄储等特点，裂缝高度控制难度大，其又影响储层改造效果。前人进行了大量的物理模拟试验研究和数值模拟研究。

M. B. Smith 等人将影响裂缝高度的因素分为可控因素和不可控因素。Simonson 等人发表了力学控制裂缝增长的观点，当裂缝增长进入高应力地层时对裂缝有控制作用，也就是说地层应力大小是影响裂缝垂向延伸的重要因素。Biot 等人从理论上分析和实践调查分析了层间岩石力学性质差异(弹性模量和泊松比)等对缝高延伸的影响，提出了裂缝穿过层间界面的机理，给出了其界面力学性质应满足的理论关系和力学准则。Teufel 等人对低渗透油藏层状岩体进行水力压裂实验研究，室内水力压裂实验表明，至少有两个地质条件能够抑制水力裂缝在层状岩石内的垂直生长，这两个条件为地层应力差和裂缝上下末稍阻抗值，其中，第二个条件更加重要。苟贵明通过软件模拟和实验研究，证实薄层压裂缝高的主要影响因素为粘度和排量。王贤君等运用了人工隔层技术对海拉尔油田的布达特群储层进行水力压裂，有效地解决了该区块储隔层应力差比较小的问题。赵运祥等通过深入研究水力压裂施工工艺，运用数值模拟进行模拟计算，组合使用携带液和转向剂对裂缝垂向扩展的控制效果。张倩等主要研究了酸水力压裂裂缝缝高在垂向扩展上的行为，并建立模型，得到了判别水力压裂裂缝缝高扩展控制的方法，为现场的酸水力压裂技术提供了参考。景东阳等、吴锐等、王瀚基于ABAQUS有限元计算平台建立了三维层状介质压裂缝高模型，研究发现影响裂缝高度扩展的最重要因素是储层应力差，其次是杨氏模量和泊松比；陈锐通过建立拟三维裂缝扩伸模型，不断对影响裂缝扩展的因素和手段进行模拟，探讨裂缝扩展规律。

众多学者通过室内试验、有限元方法、数值模拟等方法研究了应力差、杨氏模量差、储隔层界面性质等地质因素和施工排量、压裂液黏度等工程因素对水力压裂过程中裂缝垂向扩展的影响规律，取得了相应的研究成果。苏里格地区厚砂薄储型气藏分布广泛，在压裂施工过程中面临着裂缝高度控制难度大，易沟通含水饱和度较高砂体、抑制裂缝沿缝长延伸、减少支撑剂在储层分布浓度而导致无效改造体积增大等挑战。针对苏里格致密砂岩气藏厚砂薄储控缝高研究较少，同时模拟实验参考现场资料较少，缝高延伸规律还需要进一步研究。

采用 ABAQUS 有限元模拟软件，以苏 59 区块的地质基础参数和施工参数建立典型的厚砂薄储模型，研究施工参数压裂液排量和粘度对缝高的延伸与裂缝形态规律。并选取区块两口典型井不同施工方案的压裂效果作为验证。研究结果可为苏里格气田及类似地质条件下的厚砂薄储型气藏压裂改造实现裂缝高度有效控制提供重要的理论支撑和实践指导。

2 苏里格风险合作区厚砂薄储基本情况

苏里格风险合作区致密气含量丰富，储层层位于地下 3000～3500m，储层平均孔隙度为 8%～10%，平均渗透率为 5mD，含水饱和度约为 50%。由于储层埋深较深，地层垂向应力大于水平用力，压裂形成垂直缝。主要产层在山 1、盒 8，砂体厚度 3～20m，储层厚度 2.2～7.3m，有效储层厚度占比 25%～90%，其中大部分有效储层占比为 25%～50%。这类储层，在压裂施工过程中缝高控制难度大，对储层改造效果影响大。

储层改造形成的垂直裂缝的理想状态是在气层内延伸，即裂缝高度等于储层厚度(图 1-a)，如所示。当储层上下的砂体富含水时，裂缝在缝高方向上的过度延伸，则会沟通含水砂体，导致气井出水，产量递减快(图 1-b)。相同施工规模下，裂缝在缝高方向上的过度延伸，一方面使缝长不足，从而导致生产供给不足，影响压裂效果；另一方面使动态缝宽变小，可能产生砂堵。当裂缝在缝高方向上的过度延伸，尤其是储层下部砂体延伸时，由于重力作用支撑剂向下沉降。大部分支撑剂将分布在下部砂体内，而只有少量分布在储层，将会大幅降低压裂效果(图 1-c)。

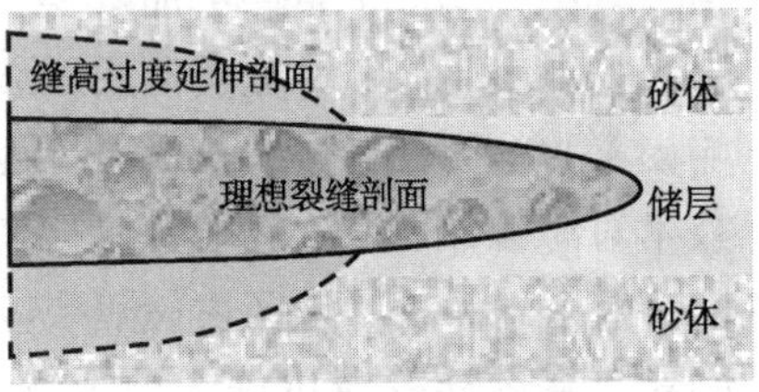

(a)不同裂缝高度延伸示意图

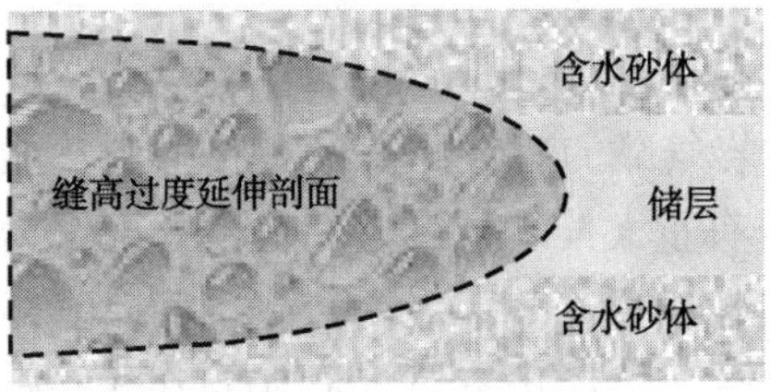

(b)裂缝在含水砂体内的过度延伸

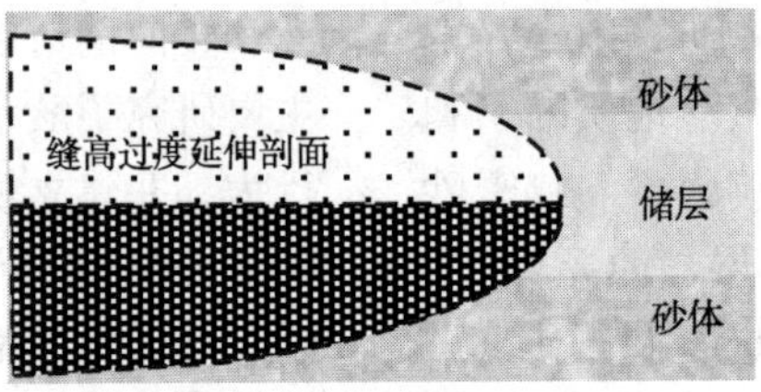

(c)裂缝在缝高方向上的过度延伸时支撑剂在裂缝中分布

图 1

3 施工因素对缝高控制影响

施工因素是裂缝扩展行为的重要影响因素，在压裂过程中认为可操作性强，因此研究施工因素对裂缝缝高的影响对于优化水力压裂施工参数实现厚砂薄储缝高控制具有重要意义。

3.1 模型的建立

采用 Abaqus 中模拟水力压裂过程，在裂缝起始准则上使用最大名义应力准则；cohesive 单元的法向位移模拟裂缝面的扩展，在损伤演化准则上主要使用基于能量 BK(Benzeggagh-Kenane)混合模式。建立一个尺寸为长 200m、宽 10m、高 30m 的模型，如图 2 所示，井筒垂直于储层和隔层，砂体厚度为 10m，储层厚度为 5m，储层位于砂体中间，上下隔层厚度各为 10m，射孔位置在储层中央，由于储隔层界面胶结完好，所以只在射孔面上插入 Cohesive 单元。选取对称模型，这样在计算中可以只取模型一侧进行模拟，在能够保证计算精度的情况下大大提升计算速度。在水力压裂过程中，裂缝会随着 Cohesive 单元界面扩展，最后通过分析 Cohesive 单元的节点位移，就可以得到裂缝的几何形态。

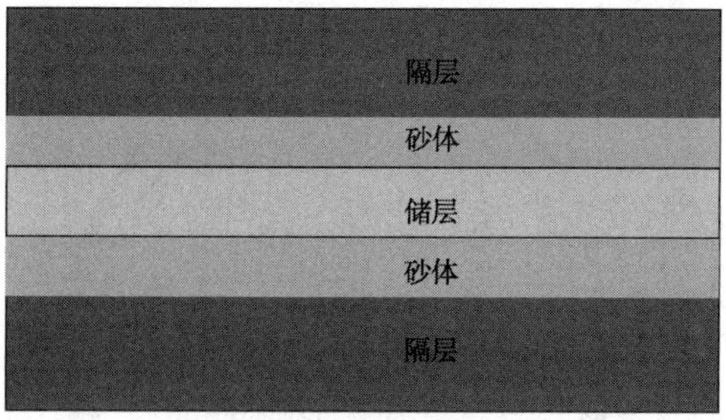

图 2　模型示意图

结合苏 59 区块的地质资料和施工参数，最终确定模型所需的的参数见表 1，主要包括岩石力学、地应力、压裂液黏度、压裂液排量等参数。

表 1　水力压裂三维模型基本参数

参数	储层	隔层
弹性模量/GPa	37.2	56.7
泊松比	0.2	0.26
孔隙度	0.07	0.05
渗透率/mD	0.5	0.0001
初始孔隙度	0.1	0.1
抗拉强度/MPa	3	8
地应力/MPa	58、69、75	62、73、76
压裂液黏度(mPa·s)	6	
压裂液排/(m^3/min)	8	
孔隙压力/MPa	20	

3.2　模拟结果分析

3.2.1　排量对裂缝扩展过程的影响

计算压裂液排量值分别为 4、6、8、10、12m^3/min 时，裂缝高度随时间变化值，获得在不同压裂液排量下，裂缝高度随着时间的变化曲线图，如图 3 所示。

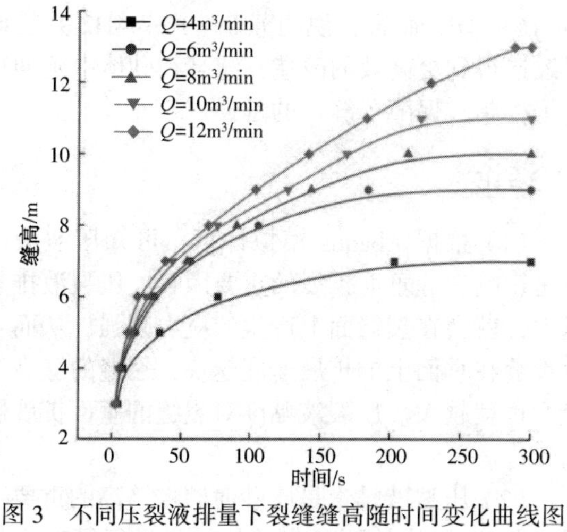

图 3　不同压裂液排量下裂缝缝高随时间变化曲线图

从图 3 可知，压裂液排量对于裂缝缝高影响明显。从曲线斜率来看，每条曲线的斜率随着时间越来越小，裂缝缝高的增加速度越来越慢，最后几乎不变。当压裂液排量越来越大时，压裂液在裂缝面上造成的压力越大，所以裂缝在缝宽和缝高方向都越来越大。在注液 100s 时，压裂液排量越来越大，即注液量越来越大时，裂缝缝高逐渐增大。当压裂液排量为 4m^3/min 时，裂缝高度最小，为 7m，不同压裂液排量下，裂缝高度到达 7m 时和裂缝到达最大高度所用时间如表 2所示。

表 2　裂缝高度分别到达 7m 和裂缝到达最大高度时所用的时间表

压裂液排量/(m^3/min)	裂缝到达最大高度的时间/s	缝高到达 7m 的时间/s
4	143.5	143.5
6	183.6	56.62
8	212.4	54.27
10	221.6	47.13
12	288.2	38.31

由表 3 可知，当压裂液排量值分别为：4、6、8、10、12m^3/min 时，裂缝到达最大高度时所用时间越来越长。裂缝高度到达 7m 时所用的时间越来越短，这是因为随着排量越来越大，压裂液在裂缝面上产生的应力越来越大，裂缝高度越来越容易延展，所以裂缝高度到达 7m 时所用的时间越来越少。

3.2.2　排量对裂缝扩展结果的影响

在水力压裂设计过程中，地层的地质参数难以改变，因此优化水力压裂设计方案必须从人工可控的角度出发，压裂液排量作为最直观的可控因素之一，对裂缝扩展具有巨大的影响。在保持其他参数不变的情况下，令压裂液排量值分别为：4、6、8、10、12m^3/min，开展数值模拟对比研究。计算结果如图 4 所示。

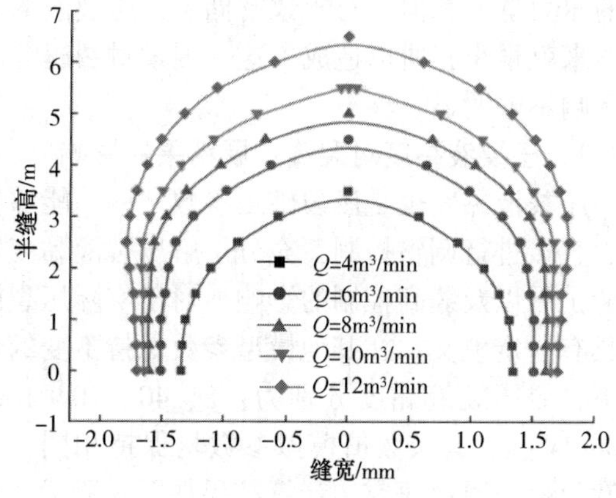

图 4　不同压裂液排量下垂向裂缝几何形态示意图

从图4中可以看出，裂缝都发生了穿层现象；在注液时间相同的情况下，裂缝的高度随着压裂液排量增大而增高，缝宽也随着排量增大而不断变大。这是因为随着排量的增大，井底压力也会急剧增大，从而在裂缝上下表面形成更大的压力，使裂缝在垂向上扩展，同时缝宽也不断增大。这是因为当压裂液排量越大的情况下，在相同的时间内，压裂液对裂缝面上造成的压力也就越大，因此裂缝的宽度和高度都会随着压裂液排量增大而增大。

3.3.1　压裂液黏度对裂缝扩展过程的影响

从裂缝高度随时间变化的角度来看，令压裂液黏度分别为8、40、70、100、130mPa·s时，即在不同压裂液黏度下，裂缝高度随着时间的变化曲线图，如图5所示。

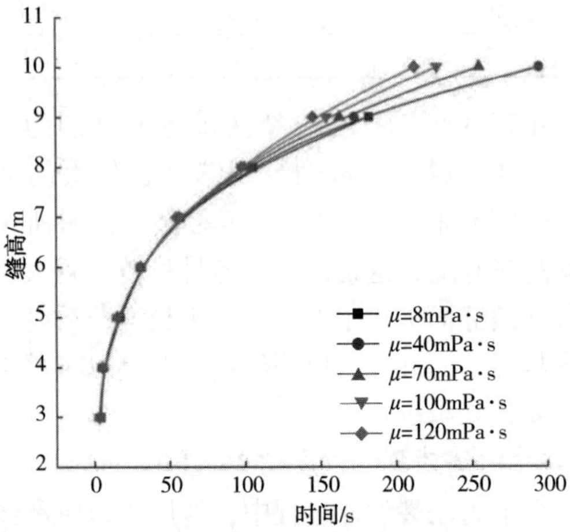

图5　不同压裂液黏度下裂缝缝高随时间变化曲线图

由图5可知，压裂液黏度总体上对裂缝缝高的影响有限，当压裂液黏度分别为40、70、100、130mPa·s时，裂缝缝高随着黏度增大而越快到达裂缝最大高度，这是因为压裂液黏度越大，压裂液滤失量就越小，压裂液在裂缝面上造成的压力越大。但是对于致密储层，压裂液的滤失本来就很小，所以造成了这一因素对裂缝缝高的影响不够明显。

3.3.2　压裂液黏度对裂缝扩展结果的影响

压裂液黏度也是压裂施工参数之一，能够在地表直接进行调整控制，充分了解压裂液黏度对裂缝扩展以及缝高控制的影响，对于实际压裂施工具有一定意义。在其他模型参数保持不变的情况下，令压裂液黏度分别为：8、40、70、100、130mPa·s，其余数值模拟参数均保持相同，开展数值模拟对比研究，计算结果如图6所示。

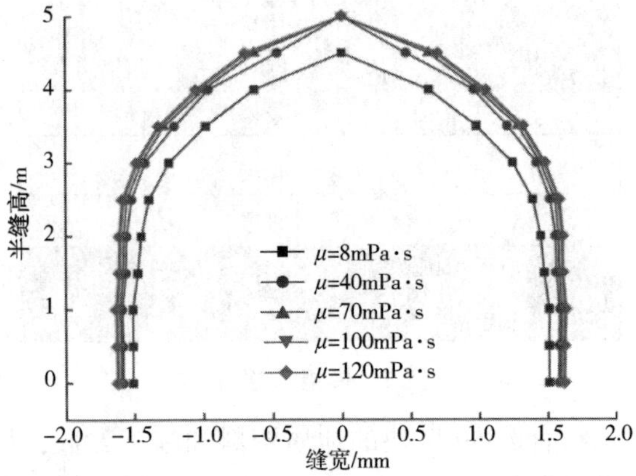

图6　不同压裂液黏度下垂向裂缝几何形态示意图

图6是不同压裂液粘度下垂向裂缝几何形态示意图，图6中展示了5种压裂液黏度情况下，裂缝延伸扩展行为以及裂缝几何形态。当压裂液黏度分别为：8、40、70、100、130mPa·s时，随着压裂液黏度不断增大，裂缝的缝高和缝宽缓慢增大。当压裂液黏度从8mPa·s变为40mPa·s时，裂缝缝高增大了1m，这是因为随着压裂液黏度的增加，压裂液的滤失量会减小，导致压裂液作用在裂缝面上压力增大，从而使裂缝在垂向上扩展，但是随着压裂液黏度继续增大，裂缝高度不再发生变化，这是因为在致密薄互层中压裂液滤失量本来就小，因压裂液黏度增加而减少压裂液的滤失，这样的效果并不明显。

4　实例验证

苏59-A、苏59-B两口直井参数见表3，地质情况类似，都为厚砂体，薄储层，两井储层厚度相当。苏59-16-44H2采用小排量压裂，测试无阻流量是苏59-16-44H2的2倍左右。相对苏59-16-44H2而言，说明苏59-16-44H2井的储层改造得到更高效的改造，缝高在砂体中延伸得到了控制，保障了缝长的延伸。

5　结论

（1）根据Abaqus模拟计算，可知压裂液排量是影响裂缝垂面扩展的重要因素，压裂液排量越大，就会在裂缝面上产生的应力越强，从而导致裂缝在垂面上的扩展速度越快，裂缝的缝高和缝宽也就越大。压裂液黏度对裂缝的垂面扩展影响较小。

（2）压裂液排量是厚砂薄储控缝高的重要手段。苏59区块的两口直井的效果进行了有力的验证。

表 3　苏 59-20-43、苏 59-16-44H2 施工情况

井号	层位	构造位置	施工工艺	地质参数		工程参数										无阻流量/($10^4m^2/d$)
				砂体厚度/m	储层厚度/m	孔隙度/%	渗透率/md	含水饱和度/%	施工排量/(m^3/min)	施工压力MPa	入地砂量/(m^3)	入地液量/m^3	液砂比	储层加砂强度/(m^3/m)	停泵压力MPa	
苏59-A	山 1	高点	一封两压	4	3	8.1	0.11	52.6	2.4	63~68	15	112.9	7.52	5.0	—	23.41
	盒 8			10	6	4.2	0.04	59.6	2.4	47~55	25	178.9	7.15	4.2	26.9	
苏59-B	山 1	高点	桥塞分段	9	4	4	0.02	72	6-8	42~45	35	323.1	9.2	8.7	—	11.95
	盒 8			19	4.5	7.8	0.1	51.8	7.5	39~44	45	329.3	7.3	10	36.3	

(3) 针对厚砂薄储，只是依靠压裂液排量和压裂液黏度来控制缝高的方法是不可行的，也可以辅加其他控缝高的手段如人工隔层技术，达到将裂缝控制在储层内的目的。

参 考 文 献

[1] M. B. Smith, A. B. Bale. Layered Modulus Effects on Fracture Propagation, Proppant Placement, and Fracture Modeling. SPE 71654-MS, 2001.

[2] Simonson, E. R. Containment of Massive Hydraulic Fractures. SPE6089-PA, 1978

[3] Biot, M. A., Fracture Penetration Through an Interface. SPE10372-PA, 1983.

[4] Teufel, Lawrence W., Clark. Hydraulic Fracture Propagation in Layered Rock: Experimental Studies of Fracture Containment. SPE 9878-PA, 1984.

[5] 苟贵明，胡仁权．缝高控制与薄层压裂[J]．油气井测试，2004，05：48-51+107-108.

[6] 王贤君，肖丹凤，尚立涛，等．薄差储层压裂改造技术在海拉尔油田的应用[J]．石油地质与工程，2015，29(5)：107-109.

[7] 赵运祥，郭大立，王理国，等．基于煤层压裂压力的裂缝形态分析新方法[J]．煤炭技术，2018，37(10)：181-184.

[8] 张倩，李年银，李长燕，等．中国海相碳酸盐岩储层酸化压裂改造技术现状及发展趋势[J]．特种油气藏，2020，27(2)：1-7.

[9] 景东阳，李治平，赵晓红，等．致密薄互层水力压裂裂缝垂面扩展施工因素数值模拟[J]．科学技术与工程，2023，23(14)：5988-5994.

[10] 吴锐，邓金根，蔚宝华，等．临兴区块石盒子组致密砂岩气储层压裂缝高控制数值模拟研究[J]．煤炭学报，2017，42(9)：2393-2401.

[11] 王瀚．水力压裂垂直裂缝形态及缝高控制数值模拟研究[D]．合肥：中国科学技术大学，2013.

[12] 陈锐．控缝高水力压裂人工隔层厚度优化设计方法研究[D]．成都：西南石油大学，2006.

渤海某潜山裂缝性油藏稳油控水技术研究与实践

杨 彬 李彦来 李 想 郭秩瑛 袁 勋

[中海石油(中国)有限公司 天津分公司]

摘 要 裂缝性潜山油藏渗流特征复杂，实际开发过程中油水井水窜严重，并且有效控水难度大，需要在高含水期及时开展调剖调驱作业封堵裂缝水窜通道，改变水流方向。本文针对渤海潜山裂缝性油藏调剖过程中出现窜流、封堵强度不足的问题，提出了通过微胶颗粒和提高聚合物相对分子质量来优化调剖体系，并开展了相关实验研究。结果表明：提高聚合物相对分子质量，凝胶体系成胶强度可提升 10.91%~16.93%，优化后的体系对裂缝具有良好的滞留能力和抗冲刷能力，可为现场应用提供技术支持。

关键词 潜山裂缝；调剖；窜流；微胶颗粒；海上油田

1 油田概况

渤海 J 油田裂缝性潜山油藏的主力产层是太古宇变质岩潜山，是目前国内海上最大的在生产潜山油藏，探明原油储量大，储层为为块状弱底水双重介质油藏，岩性以浅灰色片麻岩及形成的碎裂为主。该油藏于 2009 年 12 月投产，经过 14 年开发历程(图 1)，主体区目前采出程度超过 25%，含水率 62%，取得了较好的开发效果。但目前油藏进入开发中后期，生产矛盾愈发突出。裂缝性潜山油藏储层非均质性强，随着注水开发的不断深入，注入水通过裂缝快速水窜，导致油井含水上升速度快，同时长期不稳定注水导致油藏注采不平衡，地层能量不足，已出现原油脱气、液量下降的情况，亟需提高注采比补充地层压力。针对上述问题，目前渤海潜山油藏已陆续开展调剖堵水作业，并取得了一定的增油效果，验证了现有凝胶体系的适应性。

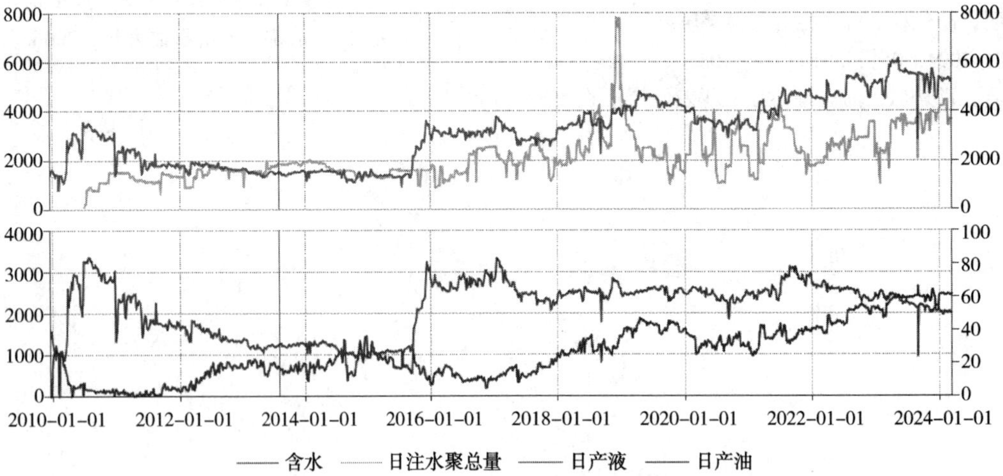

图 1 J 油田生产曲线

但在调剖调驱实施过程中，部分井组出现以下问题：(1)由于大裂缝发育，储层导流能力较高，药剂在裂缝中的流动阻力小，导致窜流严重，甚至从油井端产出。(2)药剂沿高角度裂缝封堵，由于重力影响，在裂缝壁面处容易出现封堵薄弱点，耐冲刷性差，导致后期注入水再次发生水窜，调剖有效期短。

为此，本文基于现有体系的不足，综合成本和现场施工考虑，一方面，通过注入微胶颗粒，改变储层孔隙结构，使流体在裂缝中的管流转变为大孔道中的渗流，增大后续流体的渗流阻力。另一方面，通过优选聚合物主剂，增加流动阻力，提升体系成胶强度，减少窜流，增强体系耐冲刷性，取得较好效果。

2 实验部分

2.1 实验方法

2.1.1 微胶颗粒制备

（1）制备方法

将一定质量的单体AM，加入适量的去离子水，在低速下搅拌至完全溶解，再加入交联剂MBA，调节pH值为7，持续通入氮气半小时，加入引发剂，由APS-$NaHSO_3$氧化还原体系引发聚合，恒温反应6h，得到初期合成产物，然后通过剪切、洗涤、干燥、粉碎、研磨筛分等工艺处理，最终得到不同粒径的微胶颗粒。

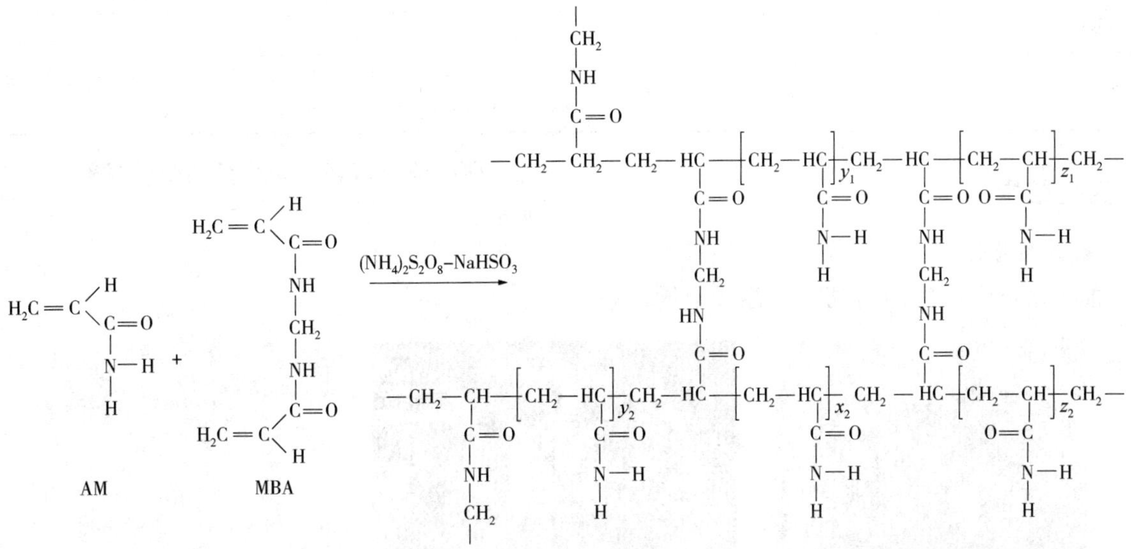

图2 AM与MBA聚合反应式

（2）微胶颗粒评价方法

用模拟水将制备的不同粒径的微胶颗粒配制成一定浓度的水溶液，放入90℃的恒温烘箱中，每隔一段时间取出部分溶液，测试微胶颗粒的粒径，并计算膨胀倍数。

2.2.2 凝胶体系优化评价

（1）聚合物优化

实验包括3种不同类型聚合物溶解性、黏浓曲线、抗剪切性，评价方法参考中国海洋石油总公司标准《海上油田驱油用聚丙烯酰胺类聚合物的性能指标和评价方法》。

（2）成胶性能评价

按照浓度配比，评价不同配方下体系的成胶时间及成胶强度。

2.2.3 微胶颗粒+凝胶复合体系封堵性能评价

① 将岩心烘干、称重、测量外观尺寸、抽真空、饱和地层水，得到初始岩心的基质孔隙度；

② 水驱至压力稳定，得到基质渗透率；

③ 根据实验需要将某一岩心平分成两段，分别记录外观尺寸，造缝，通过充填1mm厚度的钢板，实现对1mm宽度裂缝的模拟，饱和地层水；

④ 向岩心中注入地层水，水驱至压力稳定，根据达西公式得到裂缝岩心的渗透率；

⑤ 按照表2注入方案，向岩心中注入堵剂体系，并记录流量和压力，计算阻力系数；

⑥ 将注入堵剂的岩心放置在90℃烘箱内候凝成胶；

⑦ 用地层水驱替，直至压力稳定，测定封堵率；

⑧ 继续水驱至末端流出第一滴液体，此时的注入压力为突破压力，继续水驱，进行耐冲刷实验。如表1、表2所示。

表1 裂缝岩心参数

岩心编号	裂缝宽度/mm	长度/cm	直径/cm	孔隙体积/(cm^3)
1#	1	6.92	3.79	20.10
2#	1	6.86	3.80	20.23

续表

岩心编号	裂缝宽度/mm	长度/cm	直径/cm	孔隙体积/(cm^3)
3#	1	6.89	3.80	20.07
4#	1	6.88	3.78	20.02

表 2 实验方案

方案编号	岩心编号	体系注入量 PV	后续水驱 PV	体系组成
方案一	1#	1.0	4.0	4000mg/L 聚合物 I+3500mg/L 交联剂+3000mg/L 交联助剂
方案二	2#	1.0	4.0	4000mg/L 聚合物 III+3500mg/L 交联剂+3000mg/L 交联助剂
方案二	3#	1.0	4.0	2000mg/L 微胶颗粒
方案三	4#	1.0	4.0	4000mg/L 聚合物 III+4000mg/L 交联剂+3000mg/L 交联助剂+2000mg/L 微胶颗粒

3 实验结果

3.1 微胶颗粒评价

通过对合成产物的剪切、洗涤、干燥、粉碎、研磨筛分得到不同粒径的微胶颗粒，如图 3 所示。

合成后产物　　干燥后产物　　研磨筛分后产物

图 3 不同工艺处理阶段的产物

(1) 吸水膨胀性能

为保证现场施工安全及封堵性，要求对微胶的膨胀性能和热稳定性具有较高的要求，通过筛选得到适用于现场的微胶体系。

吸水膨胀性能主要是指颗粒吸水后的体积膨胀倍数，利用激光粒度仪对不同微胶颗粒的粒径随吸水时间变化情况进行测试，计算体积膨胀倍数，实验结果如图 4、表 3 所示。

表 3 微胶颗粒吸水膨胀倍数对比表

微胶类型	初始粒径/um	48h 吸水膨胀倍数
WJ1	40.94	14.6
WJ2	15.56	21.5
WJ3	13.97	25.6
WJ4	90.45	15.6
WJ5	60.75	20.3
WJ6	23.21	22.4

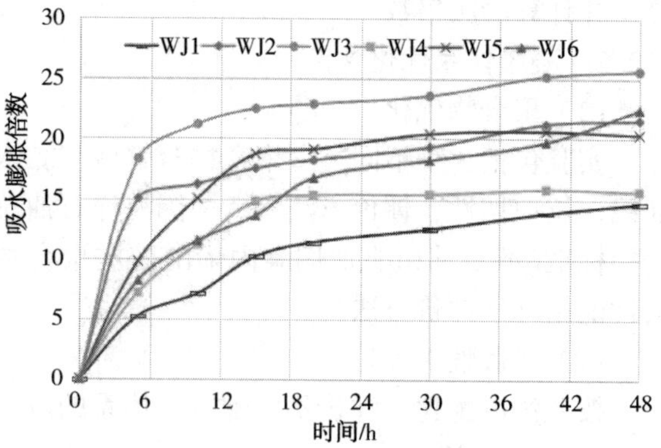

图 4 不同类型微胶颗粒吸水膨胀倍数随时间变化关系曲线

由实验可知：在 90℃下，在与水接触的初始阶段，微胶颗粒的膨胀速度较快，后期吸水膨胀速度相对减缓；6 种微胶颗粒吸水膨胀倍数在 14.6~25.6 倍。

（2）热稳定性

将配制好的微胶溶液置于90℃烘箱中连续加热，考察加热时间对微胶颗粒的影响，实验结果如图5所示。

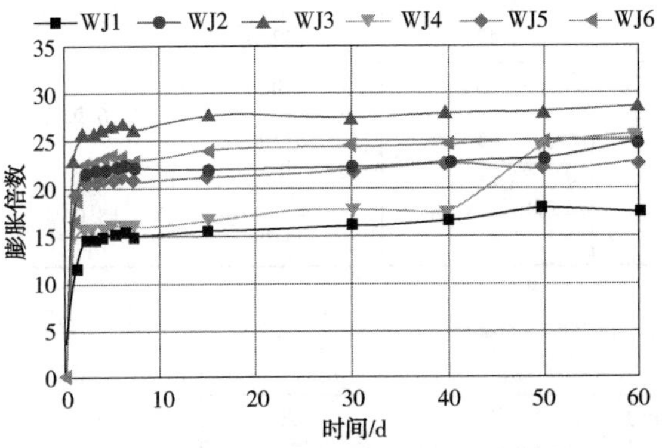

图5 微胶颗粒的膨胀倍数随时间变化曲线

由图5可知：老化初期，微胶颗粒的膨胀倍数逐渐增加，当颗粒的膨胀性能达到最大后膨胀倍数即进入平稳状态，其中微胶颗粒WJ4老化过程中发生颗粒聚集成团现象，导致膨胀倍数突增。随着老化时间的延长，微胶颗粒的膨胀倍数基本保持平稳，说明在90℃下微胶颗粒能比较稳定存在于地层空隙中。

考虑J油田注水井为优质筛管完井，筛缝尺寸120um。优选微胶颗粒WJ5，初始粒径60.75um，满足现场过筛网注入需求，吸水后膨胀大于20倍满足封堵需求。

3.2 凝胶体系优化

通过优选聚合物，来提高初始黏度，从而增大流体的流动阻力，降低凝胶体系窜流，提高体系耐冲刷性。基于此对聚合物的溶解、抗剪切、凝胶体系的成胶及封堵性能进行评价。

3.2.1 聚合物优化

（1）溶解性能评价

通过实验评价不同相对分子质量的聚合物性能：包括聚合物初始黏度、溶解时间及黏浓关系，实验结果如图3、图4、图5、图6所示。

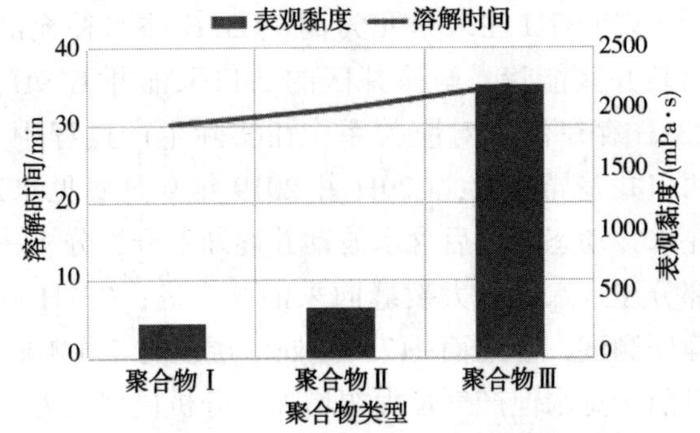

图6 三种聚合物表观黏度及溶解时间曲线

由图5、图6可知：不同类型聚合物，虽然相对分子质量不同，但溶解时间都在30~35min；聚合物的表观黏度随着相对分子质量的增加而增加，当相对分子质量为2400万时，初始黏度可达2200mPa·s。

（2）抗剪切性能评价

对不同类型的聚合物溶液，用Waring搅拌器在I挡下搅拌20s，测试搅拌前后的黏度，计算黏度保留率，其结果如表4所示。

表4 剪切前后聚合物表观黏度变化表

聚合物类型	剪切前黏度/mPa·s	剪切后黏度/mPa·s	黏度保留率/%
聚合物Ⅰ	279	209	74.91
聚合物Ⅱ	410	308	75.12
聚合物Ⅲ	2200	1705	77.50

由表4可知，三种聚合物剪切前后黏度保留率均大于行业要求的50%，最低74.91%，最高可达77.50%，表明随着相对分子质量的提高，聚合物的抗剪切性能并未收到影响。

通过上述实验可知，随着相对分子质量的增加，聚合物的溶解时间由30min增加到35min，满足现场配液要求。同时相比于低相对分子质量的聚合物，初始黏度大大增加，稀释后黏度保留率高且抗剪切能力强。综上，为保证聚合物在地层中具有较好的滞留能力，优选聚合物Ⅲ，初始黏度大，在地层中流动阻力大。

3.2.2 体系成胶性能评价

针对优选出的聚合物Ⅲ与原聚合物（聚合物Ⅰ）分别加入酚醛交联剂和交联助剂配制成不同的凝胶体系，置于90℃条件下，进行成胶性能对比，结果如表5所示。

由实验结果可知：相同体系下，随着聚合物相对分子质量增大，体系的成胶时间变短，成胶强度增强。与聚合物I凝胶体系相比，聚合物III凝胶体系成胶强度提升10.91%~16.93%。

3.3 微胶颗粒+凝胶复合体系封堵对比

根据静态实验评价结果，利用人造裂缝岩心按照表1注入方案，注入不同体系药剂1.0PV，置于90℃条件下侯凝4d后，后续以相同排量继续水驱4PV，观察并记录注入压力，根据前后注入压力对比不同方案封堵情况，结果如图7、表6所示。

表 5　聚合物Ⅰ与聚合物Ⅲ凝胶体系成胶性能参数对比

聚合物类型	聚合物/(mg/L)	酚醛交联剂/(mg/L)	交联助剂/(mg/L)	成胶时间/h	成胶黏度/mPa·s	成胶强度提升幅度
聚合物Ⅰ	5000	4000	3000	48	66000	10.91%
聚合物Ⅲ	5000	4000	3000	42	73200	
聚合物Ⅰ	4000	3500	3000	50	44900	16.93%
聚合物Ⅲ	4000	3500	3000	46	52500	
聚合物Ⅰ	3000	3000	2500	50	36600	15.03%
聚合物Ⅲ	3000	3000	2500	46	42100	

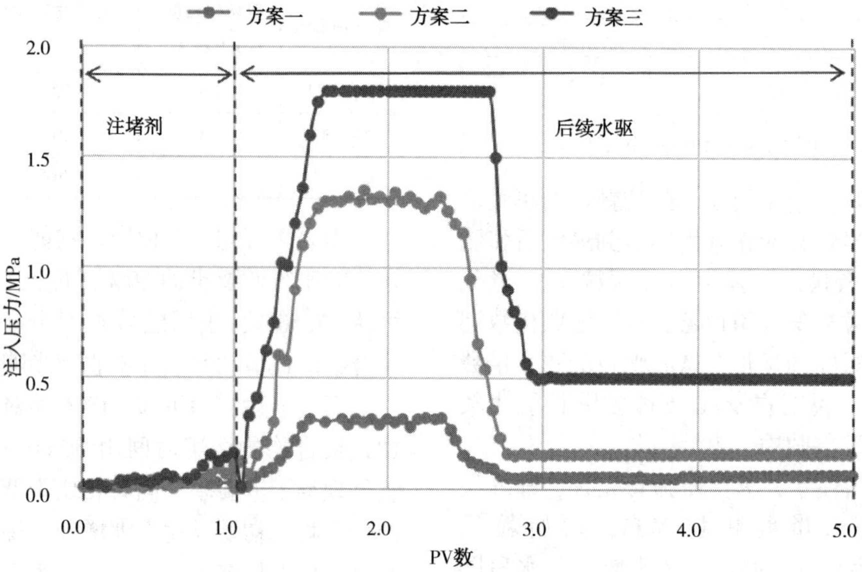

图 7　不同注入方案注入曲线

表 6　不同注入方案封堵效果对比

方案编号	初始水驱压力/MPa	初始水测渗透率/mD	注堵剂阻力系数	突破压力/MPa	突破压力梯度/(MPa/m)	封堵率/%	残余阻力系数
方案一	0.00042	1486.2	54.76	0.315	4.55	99.35	157.14
方案二	0.00043	1387.19	162.79	1.340	19.53	99.72	372.09
方案三	0.0004	1560.5	397.50	1.800	26.16	99.92	1257.50

由实验结果可知：当裂缝宽度为 1mm 时，原聚合物Ⅰ凝胶体系(方案一)、聚合物Ⅲ凝胶体系(方案二)、聚合物Ⅲ+微胶复合体系(方案三)注入阻力系数分别为 54.76、162.79、397.50。相比方案一，方案二和方案三的注入阻力系数分别增加 2.97 倍和 7.26 倍。

后续水驱 4PV 后，原聚合物Ⅰ凝胶体系(方案一)、聚合物Ⅲ凝胶体系(方案二)、聚合物Ⅲ+微胶复合体系(方案三)残余阻力系数分别为 157.14、372.09、1257.50。相比方案一，方案二和方案三的残余阻力系数分别增加 2.36 倍和 8.00 倍。聚合物Ⅲ凝胶体系和聚合物Ⅲ+微胶复合体系的耐冲刷性得到提升。

3　矿场应用

以 C32H 注采单元为例，C32H 注水补充潜山某井区能量，与该井区的 2 口采油井 C29H、C31H 存在注采对应关系，在实际生产过程中，两口井差异较大，C29H 井 2019 年 9 月底见水，注水井动态调整后含水波动并逐渐上升，分析一部分注入水沿着大裂缝向采油井突进；C31H 井静压测试，基准面-1750m 处地层压力 7.1MPa，目前未见水但产气量大幅增加，分析局部压力水平偏低出现脱气问题。2023 年针对潜山 C32H 井进行调剖调驱，改善吸水剖面，封堵大裂缝水窜通道，增加微裂缝、基质储量动用程度，降低含水上升速度，提高原油采收率。井组受效油井主要有 2 口：C29H、C31H，目前 C29H 井日产液 240m³/d，日产油 62m³/d，含水 74%；C31H 井日产液 229m³/d，日产油 228m³/d，含水 0.4%。

调剖作业分 5 个段塞注入，施工工期 1 个月，累计注入药剂溶液 7130 方。施工前测试视吸水指数 339.39，施工后视吸水指数 100.23，下降 70.4%(图 8)；施工前测试充满度 93.06%，施工后测试充满度 90.7%(图 9)。调剖起到了流场调控的作用：调剖前注水优势渗流方向 C29H 井含水呈上升态势，C31H 井能量补充不足，液量递减明显；调剖后 C29H 方向的优势渗流通道得到封堵，该井含水上升趋势得到抑制，液流转向后 C31H 井受效明显，能量补充后通过提液进一步加强了调剖效果(图 10)。

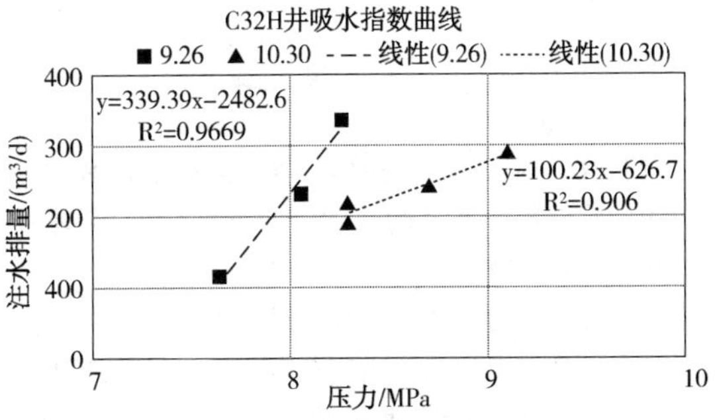

图 8　C32H 井吸水指数曲线

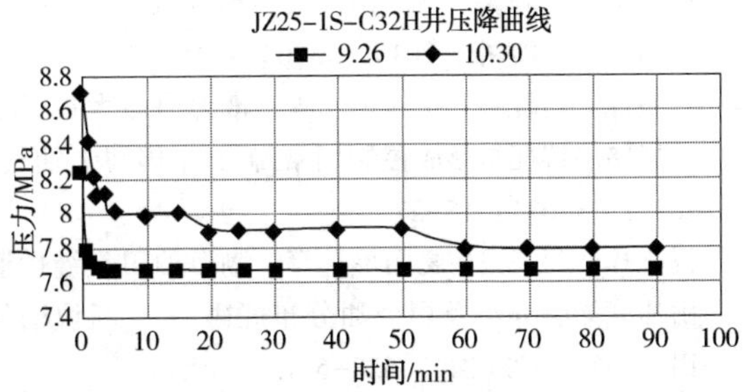

图 9　C32H 井压降曲线

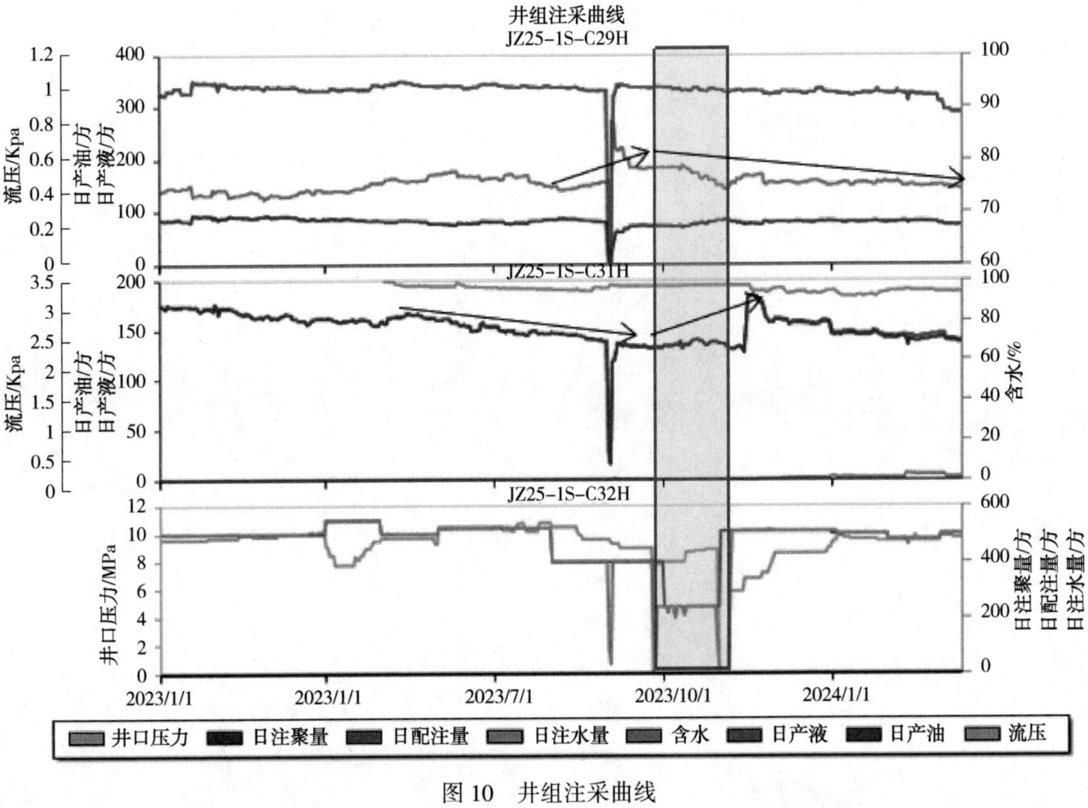

图 10　井组注采曲线

4　结论

(1) 通过室内制备了满足现场要求的微胶颗粒，初始粒径 60.75um，吸水后膨胀倍数大于 20。

(2) 通过优选高相对分子质量聚合物，可大大提高体系的初始粘度，成胶强度可提升 10.91%~16.93%。

(3) 通过提高聚合物相对分子质量和复合微胶颗粒体系均可提升体系的注入阻力系数和残余阻力系数，从而提升体系在裂缝中的滞留能力和抗冲刷能力。

参 考 文 献

[1] 祝晓林，刘宗宾，葛丽珍，等．渤海油田裂缝性潜山油藏储层分类及剩余油分布规律[J]．断块油气田，2022，172(04)：527-531.

[2] 高坤顺，叶涛，孙哲，等．渤海海域 JZ25-1S 太古宇潜山储层特征及其油气产能差异控制因素[J]．吉林大学学报（地球科学版），2020，50（03）：694-704.

[3] 邓运华．渤海大中型潜山油气田形成机理与勘探实践[J]．石油学报，2015，36(03)：253-261.

[4] 杜晓峰，刘晓健，张新涛，等．渤海海域太古界变质岩储层特征与形成控制因素[J]．中国海上油气，2021，33(03)：15-27.

[5] 祝晓林，刘宗宾，葛丽珍，等．渤海油田裂缝性潜山油藏储层分类及剩余油分布规律[J]．断块油气田，2022，172(04)：527-531.

[6] 郑浩，王月杰．渤海潜山裂缝性油藏高效开发策略研究[J]．油气藏评价与开发，2017，7(04)：16-21.

[7] 房娜，姜光宏，程奇，等．裂缝性油藏不同见水模式下的注水优化[J]．断块油气田，2020，161(05)：633-637.

[8] 全洪慧，朱玉双，张章．裂缝性低渗透油藏合理注水开发对策研究[J]．地下水，2018，191(02)：90-92+124.

[9] 苏彦春，朱志强．裂缝性潜山油藏渗流特征及不稳定注水策略—以渤海锦州 25-1 南油田潜山油藏为例[J]．中国海上油气，2019，31(06)：78-85.

[10] 贾磊．低渗-特低渗裂缝性油藏堵水调剖技术[J]．石化技术，2019，26(09)：7.

[11] 祝晓林，刘宗宾，葛丽珍，等．渤海油田裂缝性潜山油藏储层分类及剩余油分布规律[J]．断块油气田，2022，172(04)：527-531.

[12] 郑旭，孟祥海，代磊阳，等．裂缝型油藏三维堵水剂研发及应用[J]．当代化工，2021，302(03)：639-643.

低饱和度油藏水平井低成本体积压裂技术
——以柴达木盆地风西致密油为例

郭得龙[1]　熊廷松[1]　杨启云[1]　马　彬[1]　李显明[2]　高雪江[3]

（1. 青海油田油气工艺研究院，2. 青海油田勘探开发研究院，3. 青海油田采油四厂）

摘　要　柴达木盆地风西致密油为低饱和度油藏，2022 年前水平井体积压裂后长期含水高于 90%，严重制约该区块勘探开发。通过开展地质工程一体化工作，精准确定了最有利的地质工程双甜点有利层位、有利区代。针对风西致密油“低含油饱和度、上下水层发育、原始地层能量足、两相应力差偏高”的特征，采用“适液多砂”思路兼顾改造体积与见油时间，利用“初期低排量高黏+后期大排量低黏”工艺技术控缝高造长缝，并设置了关键改造参数框架，完善配套低成本手段，形成了风西致密油低成本体积压裂技术。实施后，2023 年风西低饱和度单井日产油达到 13.1 吨/日，压裂成本下降 20%，标志着风西低饱和度致密油压裂已经迈向了效益开发之路。实践表明，在低饱和度油藏找高饱和度油层，在混积岩中找藻灰云岩，并精准压裂，可以实现高产稳产。

关键词　风西致密油；地质工程甜点；低含油饱和度；水平井体积压裂技术；低成本压裂配套技术

1　引言

柴达木盆地风西区块勘探始于上世纪 50 年代，经历了浅层到深层、碎屑岩到碳酸盐岩、构造到岩性、常规到非常规的发展历程。2018 年不断探索风西地区混积型低孔、低-特低渗储层研究，寻求该类储层有效动用方法，钻探 FP1 井，按照“水平井+体积压裂”模式，在 2964.5m-3830.0m（N_{21}-Ⅲ-3）井段试油，压裂后放喷获产油 9.24m^3/d，后期试采压力产量稳定，实现了风西地区储量有效动用。风西致密油叠合含油面积近百平方公里，地质储量近一亿吨，展现出巨大的规模开发潜力。由于地质条件的复杂性和储层特性的各异性，油气勘探和开发工作一度陷入困境。随后开展的第一批开展先导试验井，3 口井试验后单井含水 90%以上，日产油 5 方左右，单井估算最终可采储量较低，投资成本居高不下。2022 年开始，通过深入研究地质条件，结合不同层位储层特征，开展多组岩石力学实验，精准确定了最有利的地质工程双甜点有利层位、有利区代，为风西致密油挣脱低饱和度油藏难以效益开发的束缚奠定了坚实的基础。结合风西致密油储层实际情况，采用“适液多砂”思路兼顾改造体积与见油时间，固化用液强度、加砂强度等压裂关键参数，形成了风西致密油体积压裂技术模板。

2　风西低成本体积压裂技术

2.1　甜点识别技术

风西致密油主要分布于下油砂山组（N_{21}）、上干柴沟组（N_1）地层，为湖平面周期性频繁升降背景下的浅-半深湖亚相沉积。风西 N_{21} 储层岩石类型主要为灰云岩，包括块状与纹层状两种结构，其次为藻灰岩。藻灰岩以团块结构为主，也可见叠层结构。灰云岩可发育块状沉积构造，也可在水体相对较深地区与灰质泥岩互层沉积，形成水平层理。经过测井和试油试采评价发现，N_{21}-Ⅲ-3、N_{21}-Ⅳ-5、N_{21}-Ⅴ-5 为主要目的层，其中 N_{21}-Ⅳ-5 储层岩性主要为藻灰岩，N_{21}-Ⅲ-3、N_{21}-Ⅴ-5 储层岩性主要为纹层灰云岩。

通过对风西致密油 4 口取心井（FX101、FX 102、FX 103、F5）396 块岩心 X 衍射全岩分析数据分析表明，灰云岩储层占 84%，多混杂陆源碎屑，少部分白云石含量较高（大于 50%），岩性较纯，薄片上常见分散状黄铁矿；藻灰岩储层占 16%，包括藻叠层灰岩和藻团块灰岩，两者矿物成分差别不大，方解石和白云石两者含量也没有明显优势，陆源碎屑含量相对较少。风西地区碎屑岩中的填隙物含量高，整体物性差，难以形成有效储层。

藻灰岩以溶蚀孔+晶间孔为主，大孔径可达 25μm，受胶结作用影响，大孔隙通常被硬石膏、方解石充填，局部发育裂缝(图1)。灰云岩以晶间孔为主，局部发育溶蚀微孔可改善储集性能(图2)。

图1　F6井3049.25m藻灰岩岩心

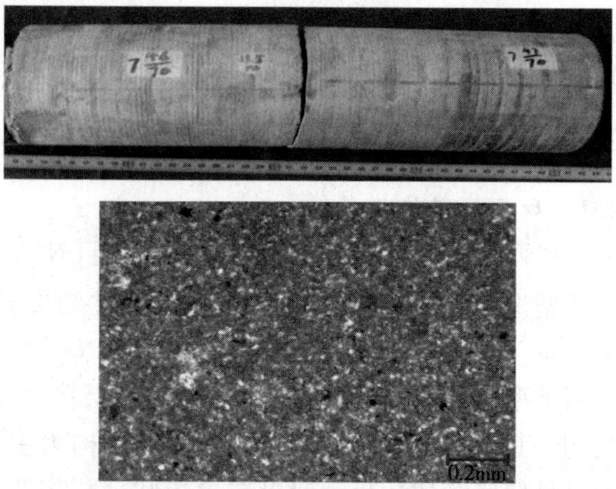

图2　FX103井3308.59m，灰云岩岩心

藻灰岩孔隙度平均值8.2%，渗透率值集中在0.01~10mD；灰云岩孔隙度平均值7.1%，渗透率平均值0.01~0.1mD。三维孔隙模型表明藻灰岩微米级别孔隙度优于灰云岩，纳米级别孔喉半径在20~800nm之间，平均孔喉半径为224.4nm，灰云岩纳米级别孔喉半径在20~300nm，平均孔喉半径为86.3nm；纳米级别孔隙连通性相对较差。

风西致密油岩心含油级别不高，藻灰岩、纹层灰岩含油性比灰云岩好。密闭取心表明三种岩相均有不同级别的含油饱和率，整体峰值在30~50%。岩心碳酸盐岩总长89.67m，含油岩心38.10m，含油岩心占比42.5%。藻灰岩更加容易充注，饱和度及相关性优于灰云岩。

风西区块三轴测试实验，藻灰岩弹性模量平均为41.37GPa，泊松比平均为0.28，脆性指数41.29%。纹层状灰云岩弹性模量平均为33.69GPa，泊松比平均为0.24，脆性指数39.86%。

开展了藻灰岩、纹层状灰云岩两种岩性裂缝形态对比实验(图3)。藻灰岩实验两向应力差为12MPa，排量为10mL/min，液体类型为胍胶压裂液。根据岩心观察，6#岩心结构弱面比较发育，岩石脆性较高，形成的裂缝复杂程度高。纹层状灰云岩实验两向应力差为12MPa，排量为30mL/min，液体类型为胍胶压裂液。即使是排量更大，但压裂过程中沿层理面开启，裂缝形态单一。

综合储集性、含油性、可压性特征分析判断藻灰岩是更好的地质工程甜点。

2.2　缝网控制技术

从压裂试验时的泵注压力曲线可以看出，藻灰岩岩心破裂后，压力迅速降落，后期延伸压力很低，说明藻灰岩岩心破裂后压裂更加彻底，脆性更强；藻灰岩局部结构弱面多，形成裂缝以张性缝为主，且缝宽较大，压裂过程中可应用滑溜水体系，起到开启弱面、沟通溶孔作用，增加裂缝复杂程度。纹层状灰云岩破裂后，裂缝沿层理面扩展。为克服这种劣势，压裂过程中可采用复合压裂液体系，先以高黏液体突破层理，增加穿层概率，后采用滑溜水携砂，沟通微裂隙，提高储层改造体积。

但部分纹层灰云岩储层上下15m水层发育，还不能在纵向上过度扩展，采用“初期低排量(8~10方/分钟)高黏液体+后期大排量(13~15方/分钟)低黏液体”工艺技术控缝高造长缝。微地震监测发现FP3全程排量16m^3/min，压后平均波及高度48.3m，压后含水82%，日产油10.3方/日。而FP7先高黏小排量10m^3/min，再低黏大排量15m^3/min，压后平均波及高度30.4m，生产含水最低，排液5天后含水就稳定在48%~53%，日产油达到22.6~25.3方/日，该井打破了含水率下限记录。

2.3　适液增砂技术

风西致密油试采主要表现出高含水特征，首年平均含水80%~95%。综合地质、测井、物探研究成果，建立三维地质模型，以地质模型物性参数为基础，开展裂缝扩展数值模拟研究。通过模型优化，用液强度17~20m^3/m，加砂强度1.6~1.8m^3/m，排量12~15m^3/min。

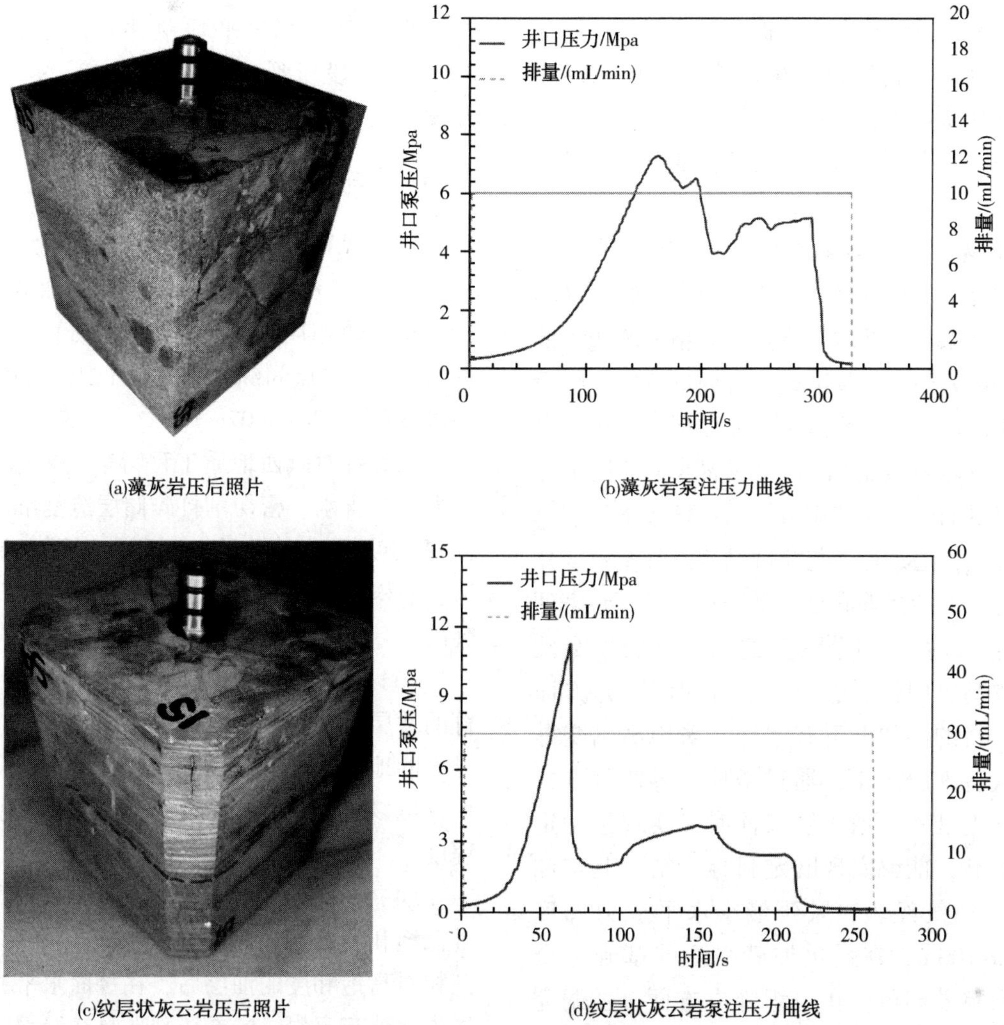

(a)藻灰岩压后照片

(b)藻灰岩泵注压力曲线

(c)纹层状灰云岩压后照片

(d)纹层状灰云岩泵注压力曲线

图 3　不同岩性下的物模实验

风西地层压力系数 1.4，属高压系统，生产产液稳产周期长。鉴于试验降低用液强度，尝试“少液多砂”工艺，FXIH2-3 和 FXIH1-5 井用液强度下降至 13m^3/m，相比用液强度 17m^3/m 的 FXIH2-5 井初期快速见油，但存在压力下降快、稳产累产变差的问题。为实现长期稳产，需要满足形成复杂缝网的要求的同时，不追求蓄能，在保证加砂强度 1.6~1.8m^3/m 的前提下，控制用液强度在 16~20m^3/m 范围。

2.4　多簇均匀启裂技术

针对多簇裂缝“不均匀开启、不均匀扩展”的难题，从段簇优化、射孔方式、暂堵等方面入手解决问题。地质工程品质接近的储层划分在一段内，段内控制簇数，簇间地质、工程参数相近，4 簇的段内应力差控制在 1MPa 以内，5 簇以上配合暂堵转向，段内应力差可控制在 3MPa 以内。采用“极限限流+出层段定向射孔”方式，优化单段孔数≤32 孔，使孔眼磨阻大于射孔簇间应力差，压裂过程各孔眼和各射孔簇均匀进液。为提高段内多簇裂缝开启率，采用绳结暂堵球进行簇间暂堵；两向应力差大，采用暂堵颗粒进行缝内暂堵。通过光纤与微地震监测发现，暂堵后能够有效提升簇开启率，并且形成更为复杂的缝网系统。

以 FP6 为例，平均每段射孔 5.2 簇，压裂施工暂堵后平均启裂 4.8 条裂缝，开启率 92.3%。“段内少簇+簇间应力差小+极限限流+暂堵”均匀起裂技术可进一步推广。

2.5　高应力控液返排技术

返排原则坚持“最大化裂缝有效时间，避免支撑剂回流”为原则，建立安全排液图版，建议控压排采理念，风西致密油孔隙压力高，闷井过程中裂缝系统压力往往高于或者接近闭合应力，建议前期严格控制油嘴。放喷初期实现控液保压须采用较小工作制度(2~2.5mm 油嘴)，实现井口高压状态下长时间生产是提高自喷期采出程度关键。同时返排初期控压生产能够防止地层吐砂，保持井筒畅通。若初期采用较大工作制度提高阶段采油速度，不利于自喷期长期稳产和最终累产。

2.6 低成本压裂配套技术

压裂降本从技术降本、组织降本、管理降本等方面开展工作。技术降本主要有精准改造和低成本材料两方面。在精准改造方面进行差异化设计，强化地质工程认识后舍弃非储层段；针对风西致密油低饱和度的特点，“适液多砂”技术在实现造缝目的的同时控制成本。在低成本压裂材料应用方面，通过论证与实践结合发现全程变黏滑溜水与石英砂能够满足改造需求。风西致密油层理发育，以往采用总液量的10%冻胶来突破层理，提高纵向控制能力，通过加深测井方面的认识，目的层的上下有水层，采用高黏变黏滑溜水代替冻胶施工，通过微地震等监测方式验证纵向上既不沟通水层又同时又实现了一定的层理突破，能够实现既定目标。结合北美和国内页岩油气经验，风西最小水平应力梯度2.06MPa/100m，在强化加砂强度的基础上全程使用石英砂即可。在组织降本方面，强调完善配套设施，配套供电系统，电驱压裂，蓄水与集中连续输水系统保障平稳供水，工厂化压裂施工实现稳定低成本高效施工。在管理降本方面，强化市场化运作，通过倒逼测算，确定经济技术指标，采用市场化模式优选承包商，通过资源集约管理、技术集成应用，降本增效。2023年风西致密油将围绕“效益建产”主题，精细刻画天然裂缝，差异化改造Ⅰ、Ⅱ类储层，推广电驱压裂，强化拉链压裂组织运行管理，单段压裂成本较2021年下降20%，综合含水下降11，推进效益开发。

3 技术实施后效果

2023年针对风西致密油“低含油饱和度、原始地层能量足、两相应力差偏高”的特征，采用“适当排量、适液多砂”思路兼顾改造体积与见油时间，“缩减单段簇数+暂堵转向+极限射孔”提升段簇动用率，形成复杂缝网，逐步完善形成风西致密油低成本体积压裂技术，增油效果提升40%，平均单井日产油达到13.1吨/日，单段压裂成本下降20%，实现水平井开发提质增效。

4 结论与建议

(1) 风西致密油具有“一低、两高、一大、一薄”的工程地质特征，即含油饱和度低(45%)，两相应力差高(13.6MPa)，压力系数高(1.3)，甜点间纵向跨度大(210-230m)，单层厚度薄(2.38-4.07m)。

(2) 针对风西地质工程特征，采用“控排适液多砂降含水、密切割打碎储层造复杂、交错布缝+拉链压裂立体改造、双甜点识别，差异化改造”体积压裂工艺，助力了风西致密油效益突破。

(3) 通过物模实验推测，结构均匀，层理发育的地层压裂易沿层理扩展；结构不均，粒径差异大的地层易于形成复杂缝网；对于新开发的区块，可以简单初步判断施工难易、裂缝复杂程度。

(4) 在低饱和度区块里找高饱和度层位是实现低饱和度效益开发的关键一招。在纵向上寻找到相对高饱和度的油层后，在平面水平井眼混积岩中找藻灰云岩，精准压裂造复杂缝网。

参考文献

[1] 杜金虎，刘合，马德胜，等. 试论中国陆相致密油有效开发技术[J]. 石油勘探与开发，2014，41(2)：198-205.

[2] 李国欣，覃建华，鲜成钢，等. 致密砾岩油田高效开发理论认识、关键技术与实践：以准噶尔盆地玛湖油田为例[J]. 石油勘探与开发，2020，47(6)：1185-1197.

[3] 刘惠民. 济阳坳陷页岩油勘探实践与前景展望[J]. 中国石油勘探，2022，27(1)：73-87.

[4] 李国欣，雷征东，董伟宏，等. 中国石油非常规油气开发进展、挑战与展望[J]. 中国石油勘探，2022，27(1)：1-11.

[5] 崔俊，毛建英，陈登钱，等. 柴达木盆地西部地区古近系湖相碳酸盐岩储层特征[J]. 岩性油气藏，2022，34(02)：45-53.

[6] 任翔. 柴达木盆地大风山西部地区下油砂山组藻灰岩储层分类评价[J]. 内江科技，2021，42(06)：61-62+5.

[7] 陈琰，夏晓敏，赵健，等．柴达木盆地西部地区新近系藻灰岩沉积特征及形成机制[J]．沉积学报，2022，40(05)：1323-1334.
[8] 张勤学，杨乾政，张霞，等．大风山风西构造下油砂山组藻灰岩储层分析[J]．新疆地质，2014，32(04)：505-508.
[9] 史亚红，陈文安，李纲，等．风西混积碳酸盐岩储层测井流体识别及定量评价[J]．石油地质与工程，2023，37(05)：10-16.
[10] 陈文安，李纲，郭正权，等．风西湖相复杂混积岩储层矿物组分及孔隙度计算方法[J]．测井技术，2022，46(01)：52-57.
[11] 李国欣．柴达木盆地英雄岭页岩油富集机制与可动用性研究[D]．中国石油大学(北京)，2023.

基于 DAS 监测的暂堵压裂工艺有效性评价及建议

杨　海[1]　马政嘉[2]　伍　洲[1]　雷　梦[1]　熊雨然[1]

(1. 中国石油集团川庆钻探工程有限公司；2. 中国石油集团东方地球物理勘探有限责任公司西南物探分公司)

摘　要　针对水平井暂堵压裂工艺在低渗及非常规油气储层改造中的适应性和有效性问题，采用分布式声波传感技术(DAS)对暂堵工艺的实施效果进行了监测和评价。分析表明，研究范围内暂堵工艺的有效率仅为25.9%，储层的非均质性导致射孔簇初始开启状态具有不确定性，是暂堵工艺失效的主要原因。优质射孔簇可能在暂堵过程中被过早屏蔽，部分射孔簇则始终占据主导地位，且施工压力的变化无法直接反映暂堵效果是否达到预期。因此，仅根据压力变化评估暂堵效果和调整暂堵参数存在局限性，在射孔簇开启与暂堵效果的控制上仍有较大优化空间。为解决上述问题，提出了“自然限流+人工暂堵”复合分流压裂技术。该方法通过控制射孔簇的开启数量，使其按照预设顺序分批起裂，从而提升暂堵压裂效果。复合分流压裂结合了自然限流和人工暂堵的优势，根据储层应力特征，既保留了部分射孔簇的自然进液能力和开启效率，又通过人工暂堵进一步控制射孔簇开启状态，避免优质射孔簇过早屏蔽，确保更多射孔簇参与贡献。该技术为低渗及非常规油气储层改造提供了新的思路，有望提升暂堵压裂工艺有效性，从而更有效地开发低渗透和非常规油气资源。

关键词　复合分流压裂；先簇后段；射孔策略；限流压裂；暂堵压裂；分布式光纤；道法自然

水平井多簇分段压裂技术为页岩油气和致密砂岩油气等非常规油气资源的储量提升和产能增加提供了有力支持。从页岩气储层压裂工艺的参数变化来看，单段长度由原来的约60m增长到90m左右，每段射孔簇数也从3~4簇增加到8~10簇。然而，各井之间的段间距和簇间距差异不大，工艺参数并未充分体现储层非均质性的差别。随着射孔簇数量的增加，射孔簇难以同时起裂。为提升单段内射孔簇的裂缝起裂效率，现场通常采用暂堵措施，试图屏蔽已开启的射孔簇，并推动未开启的射孔簇起裂延伸。为提高暂堵压裂工艺有效性，国内外学者开展了相关室内实验和数值模拟分析，为暂堵工艺的有效实施提供了有益参考。随着分布式光纤声波传感技术(DAS)在储层改造领域的应用，DAS分析结果发现对于多簇而言，现有暂堵措施的有效性低于预期，大部分射孔簇仍未获得有效改造。因此，如何寻找储层改造工程效果、效率和效益之间的平衡点是助推低渗及非常规油气储层大规模高效开发的技术关键。

本文在论述现有工艺存在不足的基础上提出相应的技术对策，以期最大程度提升射孔簇裂缝起裂效率，丰富水平井多簇分段压裂工艺技术。

1　有效射孔簇被过早屏蔽

随着段长和射孔簇数的增加，现场多依赖暂堵工艺提升射孔簇的起裂效率。暂堵工艺的基本原理是采用暂堵球、暂堵剂或混合支撑剂等材料封堵最先起裂的射孔簇，提升井底压力，迫使压裂液分流到未起裂的射孔簇，促使其起裂，进而实现所有射孔簇的充分改造。然而，暂堵时机、材料及用量的选择是目前暂堵工艺面临的主要难点，现场操作过程容易出现有效射孔簇被过早屏蔽、射孔簇封堵失败、目标射孔簇未被开启等未达预期的情况。

暂堵时机是决定多簇分段压裂工艺成功实施的关键。目前大多数压裂设计1~2次暂堵，并根据泵注过程的施工压力响应决定是否暂堵或调整次数及用量。当施工压力波动异常或施工压力接近施工限压3~5MPa时，通常不开展暂堵作业以避免造成砂堵等井下复杂情况，或采用停泵转向手段保障压裂作业顺利进行。当施工压力正常时，暂堵时机的选择通常是由本段压裂液设计总量决定。

目前暂堵时机的设计并不是根据储层非均质性，特别是力学非均质性，更少考虑实时压力响应所代表的裂缝扩展情况，而极大程度依据泵注液量。通常而言，若压裂设计暂堵 1 次，则将泵注液量达到本段设计总量的 50%~60%时作为暂堵时机；若压裂设计暂堵 2 次，则将注液量达到本段设计总量的 40%和 70%时分别作为第一次和第二次暂堵时机。

当改造段力学性质差异较小，特别是破裂压力差异不明显时，将泵注液量作为暂堵时机的主要依据会导致有效射孔簇在尚未得到充分改造时被提前过早屏蔽，降低其改造程度。如图 1 所示，该井分为 9 簇射孔，DAS 监测数据显示压裂初期各簇已经均匀进液，在第一个携砂液泵注阶段后期，结合压力响应分析认为此时在第 6~9 簇裂缝内发生了支撑剂堆积，导致第 6~9 簇射孔产生限流效应，施工压力上涨，其中第 6 簇和第 7 簇限流较强，第 8 簇和第 9 簇限流较弱。由于施工压力整体而言未出现较大波动，随后按照压裂设计在泵注液量达到 40%时进行了第一次暂堵作业。第一次暂堵后第 6~9 簇仍有进液显示，但整体限流效应增强，进液量持续降低，泵注液量达到 65%时进行量第二次暂堵，此时第 6 簇和第 7 簇进液通道被暂时封堵，但在施工后期恢复了一定的进液量。

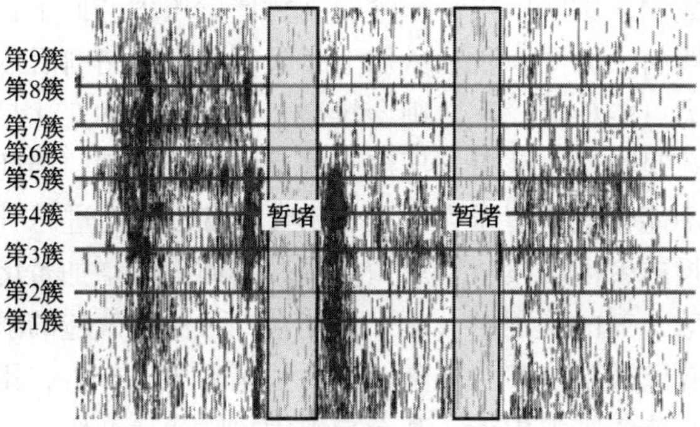

图 1　9 簇暂堵 DAS 数据

本段 DAS 监测结果说明，以泵注液量作为暂堵时机开展的两次暂堵作业并未提升射孔簇的改造效果，反而过早限制了第 6~9 簇的进一步改造，也没有封堵本段与其他层段的窜流通道。因此，对于射孔簇在前期已实现均匀进液的情况，应该考虑暂堵作业的适应性，避免因过早屏蔽了有效射孔簇而降低改造效果。此时，可考虑通过提升排量和液体黏度保障缝内净压力，提升支撑剂运移距离。

2　优势射孔簇始终占主导

暂堵措施的理想效果是屏蔽已完成改造的射孔簇，提升未获充分改造的射孔簇，激活未起裂的射孔簇。暂堵材料类型及其用量是保障暂堵作业效果的重要参数。现场通常使用暂堵球+暂堵剂进行暂堵作业，暂堵球用于封堵孔眼，暂堵剂用于封堵压裂裂缝。暂堵材料选择的难点来源于两个方面，一是难以准确评估需要封堵的射孔数量，二是难以获取磨蚀后孔眼的形态。

如图 2 所示，当压裂初期各个射孔簇已经出现非均匀进液时，尤其是少数射孔簇成为进液优势通道时，容易出现暂堵以后这些优势射孔簇始终是进液主要通道，反而弱进液通道被屏蔽。如图 3 所示，暂堵前第 2 簇和第 6 簇形成了优势进液通道，进液优势显著，采用 19mm 暂堵球和 50Kg 暂堵剂进行暂堵作业，暂堵压力上涨 5MPa，但 DAS 监测发现第 2 簇和第 6 簇并未获得有效限流，且在整个压裂作业过程均保持最强进液优势，而第 4 簇和第 7 簇却始终维处于未激活和弱激活状态。

图 2　7 簇暂堵 DAS 数据

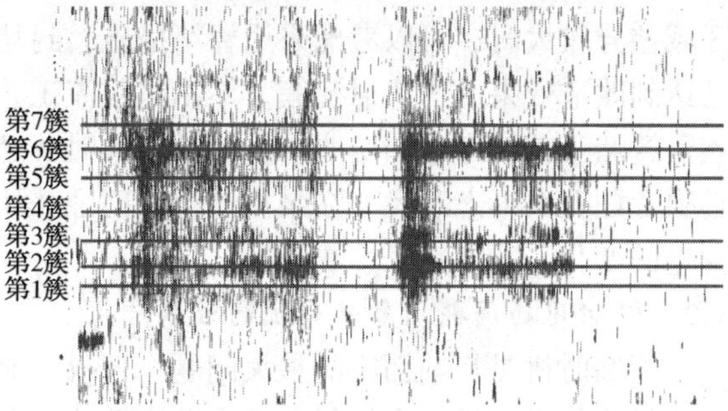

图 3　多簇压裂 DAS 监测结果

初步分析认为，当存在优势射孔簇时，特别是优势射孔簇数较少时，磨蚀作用会改变孔眼形态，快速扩大孔径，导致孔眼摩阻降低，缝内净压力增加，优势射孔簇获得充分改造，但暂堵屏蔽难度增加。就已有的资料分析来看，形成明显优势射孔簇时，对应的施工压力相对较为平稳。现场缺少实时评价手段时，可参考施工压力评估各射孔簇进液和改造程度，若出现明显优势射孔簇时，则需要加大暂堵球直径和数量同时增加暂堵剂用量，还可利用支撑剂在优势通道的堆积提升优势通道封堵效果，促进暂堵分流，即在暂堵前增加40/70目支撑剂携砂液浓度和体积或者采用多粒径支撑剂混合暂堵，也可根据情况降低排量辅助支撑剂沉降的同时降低优势射孔簇缝内净压力。

3 面临的主要问题

3.1 用不用的问题：暂堵工艺适应性评价

任何工艺技术都需满足其适用条件和范围才能确保该技术达到最佳效果。暂堵工艺技术无疑为储层增产改造提供了有效的技术手段，但应该充分评价该技术的适用条件和范围，不能忽视储层非均质特征而无限制使用暂堵工艺。因此，评价暂堵工艺对储层的适应性是目前水平井多簇分段压裂技术有效性面临的关键问题。

“段长长、簇数多”的分段分簇特征促使暂堵工艺规模化应用，说明段长、簇数以及射孔数量是决定是否采用暂堵工艺的重要因素。如前所述，对于各簇均匀进液的情况，暂堵工艺的实施会过早对有效射孔簇进行限流或者封堵，反而降低了压裂改造效果。因此，应该充分认识储层非均质特征，根据储层破裂压力差异决定是否采用暂堵工艺。当改造区破裂压力区域差异较小时，可以采用差异化布孔，利用孔眼摩阻实现压裂液分流，促使射孔簇一次性全部起裂；当破裂压力区域差异较大时，可以考虑采用暂堵措施，封堵已达到改造效果的优势射孔簇。不论是限流工艺还是暂堵工艺在考虑储层非均质特征的同时，还必须考虑孔眼形态和尺寸在泵注过程因磨蚀作用发生的变化。

3.2 何时用的问题：暂堵时机的选择

暂堵时机是目前面临的最大问题。仅仅以泵注液量为依据会导致有效射孔簇未获充分改造时就被限流甚至屏蔽，虽然现场可借助分布式光纤传感技术、微地震监测技术、声波监测技术、电磁监测技术获得压裂液分流情况和裂缝展布形态，但不论是何种监测手段都存在监测结果滞后，不能满足实时、精确地监测射孔簇开启及裂缝扩展情况，难以获得最佳暂堵时机。因此，现有的暂堵压裂设计方法对射孔簇的流量分配存在不确定性，难以在压裂设计阶段对暂堵时机进行优化。

3.3 怎么用的问题：暂堵材料和用量优化

射孔簇开启状态不明和射孔孔眼形态与直径的不确定性是导致暂堵材料和用量优化困难的根本原因。DOS监测结果说明暂堵后施工压力的涨幅不代表暂堵目的的达成，如图4所示，第1~3簇进液能力明显低于第4~7簇，使用暂堵球剂后部分暂堵材料进入第1~3簇后导致被完全屏蔽，也就是说前期进液能力弱的射孔簇更容易被屏蔽，而导致有效射孔数降低，孔眼摩阻增加，施工压力上涨。

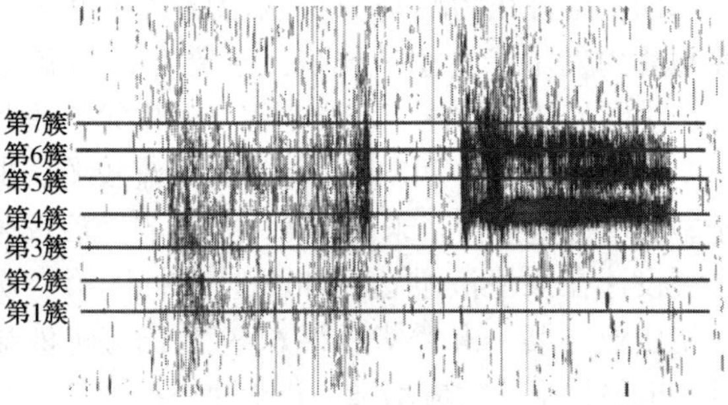

图4 暂堵优势通道失效

由于暂堵前后开启孔眼数量和位置不同，孔眼摩阻和沿程摩阻存在差异，若暂堵前开启的孔数少于暂堵后或者压窜，则暂堵后压力会低于暂堵前，如图5所示，加上摩阻等因素暂堵前后压力可能相近，反之则会较高。暂堵压力的变化是孔眼数量、摩阻、压窜等因素的综合体现，因此不能仅凭暂堵压力不足3MPa或5MPa而进行补投或者因前段暂堵压力涨幅较小而随意增加暂堵球、剂的使用量，否则可能会导致需要改造的射孔簇被限流甚至屏蔽，往往暂堵后压力异常，压裂施工被迫中断，甚至导致因放喷而堵塞管线。

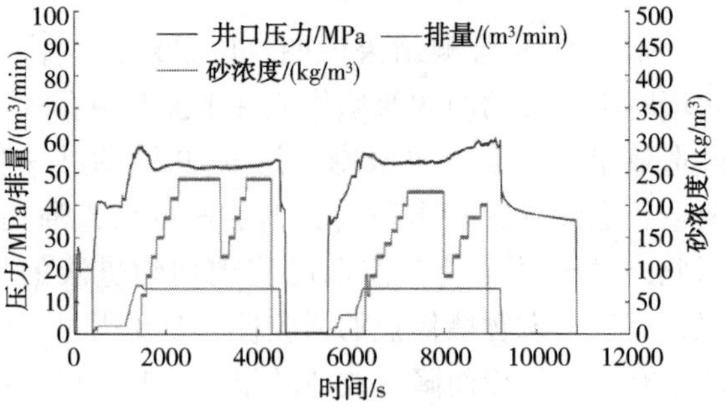

图5 压裂施工曲线

另外，如图6所示，不论是传统的限流压裂还是暂堵压裂都存在因孔眼磨蚀导致压裂液分流失败或者分流时效不足的情况。由于各区域储层非均质特征差异较大，目前通常基于本井区的暂堵作业效果逐步总结出适用于本井区的暂堵材料投放经验，试错成本较高，且可靠性不足。通过井下电视获得的孔眼形态变化，深入研究地质参数-工程参数-孔眼磨蚀程度三者的关系是优化暂堵材料和用量的重要前提。

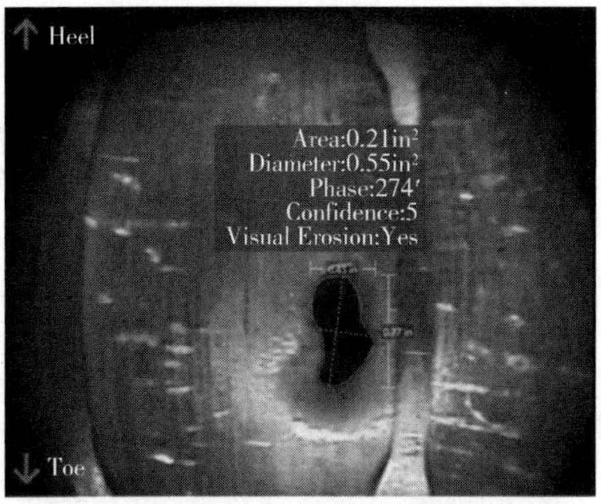

图 6　孔眼磨蚀图

因此，暂堵压裂工艺的成功实施需要在充分认识储层非均质特征的基础上，结合能够实时准确反映射孔簇开启状态和裂缝展布形态的监测技术，以及对孔眼磨蚀规律有深刻的认识，才能提升现有暂堵压裂作业的有效性。

4 “自然限流+人工暂堵”复合分流压裂技术

如前所述，暂堵工艺面临的三大问题的根源在于射孔簇的起裂数量存在不确定性，也就是说现有工艺不能约束射孔簇的起裂。为此，提出了根据储层非均质性，采用“自然限流+人工暂堵”的复合分流压裂技术对策。裂缝一旦起裂延伸就会形成优势通道，当遇到高应力储层或因天然裂缝而发生转向导致缝内摩阻增加时，维持裂缝延伸的能量降低，裂缝继续延伸困难，此时会发生自然限流现象。除此以外，本文将只通过调整压裂参数而不添加暂堵材料降低压裂延伸能力的方法均称为自然限流，包括调整射孔策略、施工排量、携砂液以及停泵等措施。

复合分流压裂技术是利用孔眼摩阻扩大簇间缝内压力差异完成第一次分流，保障射孔簇分批起裂，再对先起裂的射孔簇进行封堵完成第二次分流的压裂技术，实现射孔簇起裂数量可控。

5 结论及建议

(1) 暂堵压裂工艺面临“用不用?”，“何时用?”，“怎么用?”三大问题。分别对应了暂堵压裂工艺的适应性，暂堵时机的选择和暂堵材料及用量的优化。问题的根源在于目前对射孔簇的起裂数量不可控，射孔簇的起裂状态存在不确定性，导致现有暂堵工艺的针对性和作业效果有待提升。

(2) 压裂过程射孔孔眼的磨蚀是导致暂堵失败或者暂堵时效较短的主要原因。仅根据泵注液量确定暂堵时机会导致有效射孔簇过早被限流或者屏蔽，降低储层改造效果；而仅依据经验选择暂堵材料和投放量并不能有效封堵优势射孔簇，相反可能会限制整个压裂段的有效改造；仅凭暂堵压力的涨幅不足以评价暂堵效果，可能会因暂堵过量而导致压裂作业被迫中止，甚至因防喷堵塞管线。

(3) 射孔簇在前期已实现均匀进液时，可考虑通过提升排量和液体黏度保障缝内净压力，提升支撑剂运移距离。另外，若出现明显优势射孔簇时，则需要加大暂堵球直径和数量同时增加暂堵剂用量，同时在暂堵前增加 40/70 目支撑剂携砂液浓度和体积或者采用多粒径支撑剂混合暂堵，也可根据情况降低排量辅助支撑剂沉降，利用支撑剂的堆积效应提升限流效应，促进压裂液分流。

(4) 提出“自然限流+人工暂堵”复合分流压裂技术对改造段进行两次分流，确保各射孔簇分批起裂，实现射孔簇的起裂数量可控。同时，配置能够准确监测射孔簇的开启和裂缝延伸状态的评价技术是提升暂堵作业效果的有效途径。

参　考　文　献

[1] 周福建，袁立山，刘雄飞，等. 暂堵转向压裂关键技术与进展[J]. 石油科学通报，2022，7(3)：365-381.

[2] 唐煊赫，朱海燕，车明光，等. 裂缝性页岩暂堵压裂复杂裂缝扩展模型与暂堵时机[J]. 石油勘探与开发，2023，50(1)：139-151.

[3] 陈浩，高超，蔡灿，等. 水平井投球暂堵压裂炮眼封堵的有效性及影响因素研究[J]. 钻采工艺，2023，46(1)：78-84.

[4] 周朗，林然，周小金，等. 页岩气水平井段内多簇缝口暂堵转向压裂数值模拟[J]. 钻采工艺，2023，46(4)：82-87.

[5] 王博，刘雄飞，胡佳，等. 缝内暂堵转向压裂数值模拟方法[J]. 石油科学通报，2021，6(2)：262-271.

[6] Molenaar M M, Hill D, Webster P, et al. First

Downhole Application of Distributed Acoustic Sensing for Hydraulic - Fracturing Monitoring and Diagnostics [J]. SPE Drilling & Completion, 2012, 27 (1): 32-38.

[7] Sookprasong P A, Gill C C, Hurt R S. Lessons Learned from DAS and DTS in MultiCluster, MultiStage Horizontal Well Fracturing: Interpretation of Hydraulic Fracture Initiation and Propagation through Diagnostics [C]// IADC/SPE Asia Pacific Drilling Technology Conference. Bangkok, Thailand: 2014.

[8] Sookprasong P A, Hurt R S, Gill C C, et al. Fiber Optic DAS and DTS in Multicluster, Multistage Horizontal Well Fracturing: Interpreting Hydraulic Fracture Initiation and Propagation Through Diagnostics[C]//SPE Annual Technical Conference and Exhibition. Amsterdam, The Netherlands: 2014.

[9] Barree R D. Potential issues with extreme limited entry in horizontal wells [C]//Unconventional Resources Technology Conference. 2020.

[10] Roberts G, Saha S, Waldheim J. An Expanded Study of Proppant Distribution Trends from a Database of Eroded Perforation Images [C]// SPE International Hydraulic Fracturing Technology Conference & Exhibition. Muscat, Oman: 2022.

中国海上低渗特低渗探井测试增产思考与实践

关利军　何泽俊

（中海石油中国有限公司深圳分公司）

摘　要　中国海上低渗特低渗油气资源量巨大，已成为现阶段海上油气田勘探开发的主战场，但由于低渗储层物性差、以及海上作业因受到空间狭窄诸多环境因素限制，导致海上深层低渗储层经济产能释放率总体偏低，严重制约了低渗特低渗领域油气田勘探开发生产。近年来通过自主研发及科技创新攻关，形成了以“虎鲸”热举高效排液技术、薄互层多段压裂技术、勘探水平井储层保护裸眼测试作业模式为主一系列海上低渗特低渗探井测试增产关键技术，实现了海上低渗探井测试产能释放的阶段突破，推动了海上低渗特低渗领域的油气勘探。

关键词　低渗特低渗；探井测试；人工举升；压裂；水平井；储层保护

中国海上低渗特低渗油气资源量巨大。据统计，目前已发现的海上低渗油气资源量原油超10亿吨，天然气超13000亿方。随着勘探开发进程的不断深入，低渗特低渗已成为中国海上油气田的主战场，但截止2022年底，海上深层低渗储层经济产能释放率总体偏低30%～40%，低渗特低渗探井测试的产能释放是制约勘探评价的关键问题。海上作业因受到诸多环境因素影响，低渗探井产能释放的技术手段有限，许多陆地油田成熟的工艺技术无法直接应用于海上。在“十二五”至“十四五”期间，针对海上低渗特低渗油气藏在产能释放方面的关键难题，通过研究与实践形成了一系列海上低渗特低渗探井测试增产关键技术，有效的解决了低渗特低渗储层产能释放难题，极大的推动了海上低渗特低渗领域的油气勘探开发生产。

1　海上低渗探井测试的探索阶段与主要挑战

中国海上低渗探井测试经历了漫长而曲折的探索历程，总体可以分为三个阶段，阶段一：“十二五”期间探索裸眼测试阶段，当时海上低渗储层的地质认识与测试工艺均处于起步阶段，地质和工程上的复杂情况频发，主要问题有泄流面积不够、甜点钻遇率不高和储层保护不到位；阶段二：实施海上压裂，由于海上作业空间受限，单次压裂改造规模小、成本高，海上探井压裂成功率低<20%，主要问题有储层压裂认识不够，体积改造不彻底，压后串层且普遍出水；阶段三：“十四五”中期，创新技术与作业模式，实施以“虎鲸”热举高效排液技术、薄互层多段压裂技术、勘探水平井储层保护裸眼测试作业模式为主的产能释放技术，取得了海上低渗产能释放的阶段性突破。

相比常规中高渗储层，低渗特低渗储层受岩性复杂、物性差和流体性质普遍较差等因素的影响，加之面积有限的海上平台与几十到上千米深的海水，海上低渗特低渗油气藏在产能释放方面至少面临三大挑战：(1)随着勘探层位的加深，大部分探井测试无法自然流动，传统的测试排液技术无法解决深层低渗特低渗储层排液问题；受限于物性差、产量低、原油凝固点高等因素，原油无法从井底到达地面，影响实际产能获取；(2)钻井船场地空间受限，平台基础设施以及返排设备占地面积大，海上难以摆放多台体积庞大的压裂泵设备，无法实施大规模体积压裂（图1）；(3)低渗储层普遍存在较强的敏感性，海上作业井控风险高，出于安全考虑钻完井液密度普遍较大，对低渗储层的侵入污染突出，严重影响水平井裸眼测试的产能。

1.1　挑战1：深层低渗高凝油藏测试举升困难

近年来，中国海上勘探多领域获得突破，其中富烃洼陷古近系是目前最为重要的勘探层系。古近系深层低渗油气藏的具有孔隙结构复杂、储层物性差、储层产量低、原油凝固点高等特点。以南海东部珠江口盆地为例，深层古近系探井海水深度范围85m～500m，井深3200m～4600m，地层温度130℃～173℃，孔隙度8%～16.7%，渗透率 0.1mD～25mD，原油密度 0.82g/cm^3～0.88g/cm^3，原油凝固点 27℃～39℃（图 2）。地层埋藏深加上原油密度和凝固点较高，原油在井筒内流动时的因粘度高产生的摩阻大，尤其是经过海底泥面低温井段时庞大的海水体对井筒吸热效果明显，原油更加难以流动，导致原油无法完全从井底到达地面，而现有的人工举升排液技术均不适用于深层低渗储层，无法获取真实的地层产能。如表 1 所示，目前海上常用的人工举升排液技术主要有连续油管氮气气举排液、电潜泵排液、螺杆泵排液及射流泵排液等。螺杆泵排液技术由于扬程受限，无法达到深层储层所需的生产压差；电潜泵排液技术主要用于高产井，且在半潜式钻井平台施工有诸多不便；氮气气举排液和传统射流泵排液技术可以形成大的生产压差，但这两项技术均存在降温效应，导致高凝固点原油凝固沾附在钻管内壁难以排出；因此，排液困难导致的产能释放不足已经成为制约古近系勘探的关键难题。通过对深层低渗井地质特点和测试难题进行剖析，解决深层低渗高凝油藏测试举升难题需要面对 3 个方面的挑战：

图 1　海上平台作业环境

（1）深层低渗储层井深大、物性差，排液技术需要同时满足高扬程和大压差的需求；

（2）深层原油普遍凝固点较高，排液技术要保障原油从井筒到地面全过程的流动性；

（3）排液技术采用高温海水作为造负压及携出地层流体的介质，要确保地面油水混合液分离和计量的准确性。

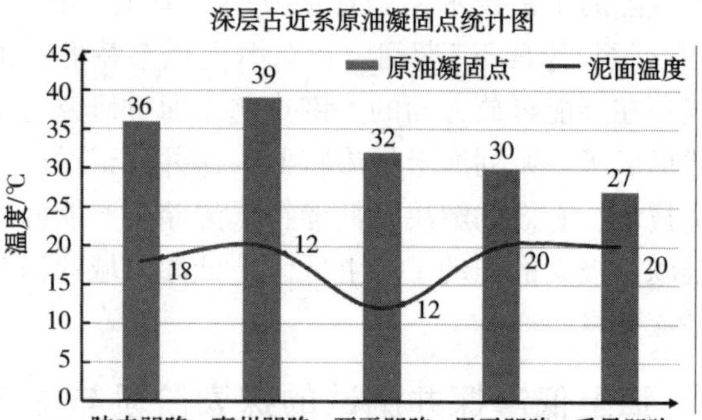

图 2　南海东部珠江口盆地各主要凹陷深层古近系原油凝固点与泥面温度统计图

表 1　海上现有的人工举升排液技术优缺点对比表

举升方式	优势	缺点	备注
螺杆泵	具备加热功能	4000m 左右井深，极低孔渗条件下容易造成干磨现象，以至于损坏泵筒橡胶结构，达不到理想举升效果	半潜式及自升式均可应用
	理论下深 1600m/实际最大下深 1200m		通过小油管下入转子
氮气气举	氮气性质稳定，不影响井流物成分分析	无法实现加热且有氮气膨胀吸热效应	温度场是最大的短板
	可将下深极限内液柱全部举空，实现较大的生产压差	氮气在凝固点校高井况下具有一定的抽汲效应	

续表

举升方式	优势	缺点	备注
电潜泵	可实现深井的举升和加热功能	下入工艺复杂，电加热系统需要管柱外缠绕加热电缆	在测试作业中应用较少
		对最低排量有限制，同样存在干磨风险，损坏泵体结构	
传统射流泵	结构简单，便于维护及故障判断	无法与 APR 工具配合	无法判断井流物液性
	调整参数方便	无法加热，喷嘴堵概率较高	通常采用海水做动力液
	始终有流体通过，不存在干磨导致泵体损坏风险	泵芯起下不易控制，故障处理较为困难	液体携液能力优于氮气

1.2 挑战 2：海上压裂诸多受限，单次压裂改造规模小、成功率低

陆地油田经过 40 年左右的压裂实践，经历了常规压裂-大型压裂-水平井多段压裂-体积压裂的发展历程，依靠压裂酸化技术成功提高了低渗油田单井产量和采收率，具备经济开发小于 0.3mD 储量的能力。对于海上油田压裂技术而言，起步相对较晚，受限平台及甲板承重等，规模比陆地偏小，海上单井产量要求高，低渗的油气层没有明确的压裂指南和规范，压前的预测和压后的评估没有有效的技术手段。“十二五”、“十三五”期间海上低渗致密储层压裂实践整体表现为储层改造施工难度大，储层改造产能低，易出水，无法达到海上经济开发产能需求。海上低渗油气田开发的特殊性决定“少井高产”是海洋油气开发的必然选择，现阶段海上压裂面临 2 个方面的主要挑战：

（1）海上空间有限，总泵数和马力受限，交通条件、物资存放、混配、补给受限，平台日费高，节奏紧凑，准备窗口小，诸多限制导致“百砂千液”都难以实现；

（2）压裂选层难度大，在海上压裂施工受限的条件下，国内外尚无可信度高的储层可压性评价手段，并且各个海域不同区块可压的储层类型差异较大，缺乏统一标准。

1.3 挑战 3：海上水平井地质导向难，裸眼测试储层保护难

在深层低渗特低渗储层勘探阶段，由于地层物性差、岩石强度大，射孔穿深有限。直井与小斜度定向井往往难以获得申报储量所需的测试产能，勘探阶段为了解放储量，同样需要钻水平井或大斜度井以增大泄流面积。由于海上物探作业采集地层资料时隔着庞大的海水水体，干扰因素多，尤其深层超深层地震资料分辨率低，对于水平井地质导向而言精度远远不足。并且，海上钻井成本高，井网稀疏，井距较大，依靠邻井资料约束实施水平井地质导向难度仍然巨大。深层低渗储层岩性复杂，粘土矿物成分等敏感性矿物含量较高，外来侵入液体若处理不当极易发生水敏、水锁等现象进一步降低渗透率，加之孔喉窄小，极易被外来固相颗粒堵塞。减弱钻完井液污染效应的常规做法通常依靠降低钻完井液比重来减少侵入深度，再通过射孔措施穿透污染带，形成和地层的有效沟通。海上深层地层的绝对地层压力高，井控风险高，为确保钻完井安全，工作液密度普遍较大，在水平井裸眼测试时高比重的钻完井液更需要针对性的储层保护技术研究。海上水平井产能释放主要面对 2 个方面的挑战：

（1）深层水平井地质导向难度大，有效储层的钻遇率直接决定水平井的产能，而地震资料和邻井资料对水平井导向的指导意义有限；

（2）低渗特低渗储层的敏感性强，钻完井液的侵入污染突出，严重影响水平井裸眼测试的产能。

2 海上低渗储层产能释放技术创新与实践

近年来，通过产能释放作业技术的自主研发与科研攻关，针对上述海上低渗探井测试的主要难题进行理论研究和实践互相结合，形成了以“虎鲸”热举高效排液技术、薄互层多段压裂技术、勘探水平井储层保护裸眼测试作业模式为主的产能释放技术，取得了一定成效和阶段性的突破。

2.1 “虎鲸”热举高效排液技术

针对深层低渗高凝油藏测试举升困难的挑战，中国海油自主研发了“虎鲸”热举高效排液

技术(图3)。该技术主要包括四个部分：井下内环空举升、动力液注入、多级油水分离计量和急速加温。主要工作流程是地面极速加温后的热动力液经过连续油管到达工作筒，经过泵芯后以伯努利效应在喷嘴出口产生高负压，吸入地层流体。地层流体和动力液在井下混合后从测试管柱内部返至地面，经过多级油水分离计量系统进行油水分离，分离出的水再次加热后作为动力液注入井下。

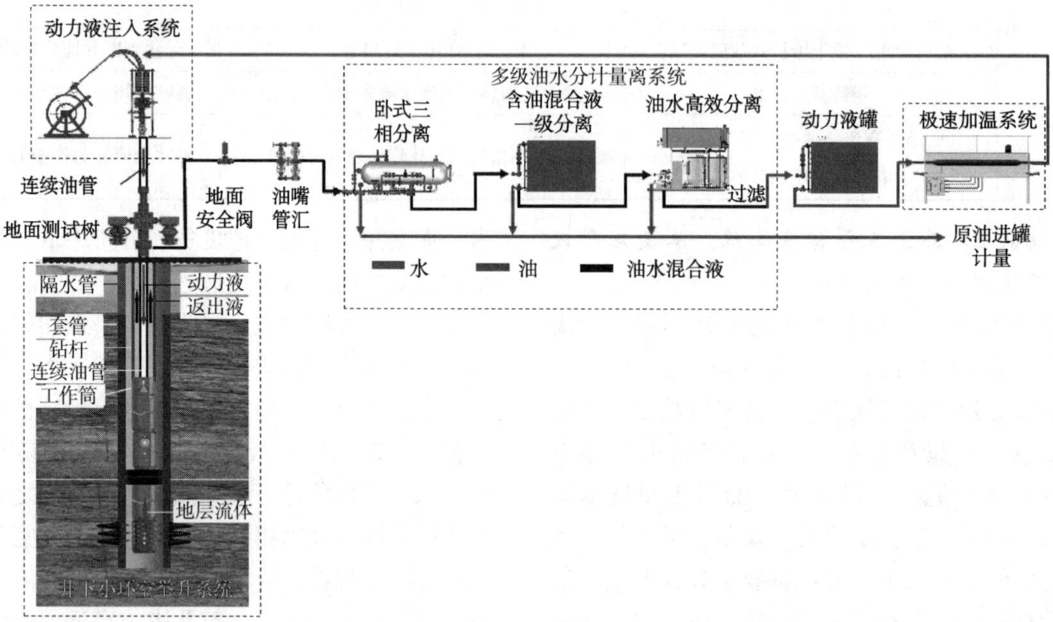

图3 “虎鲸”热举高效排液技术工艺流程示意图

“虎鲸”热举高效排液技术的核心是实现井下内环空举升，主要设备包括工作筒和泵芯两个核心部件(图4)，通过理论分析和多次现场试验论证，优化了工作筒倒角，规避了锥度自锁风险。泵芯参数进行多次优化，能够适应不同井况且能保证密封面完整，可多次使用。工作筒随测试管柱下入，泵芯由连续油管送入，地面经连续油管泵注热动力液从泵芯喷嘴高速喷出，通过伯努利效应形成高负压，吸入地层流体，动力液与地层流体在泵芯喉管混合，流出泵芯后从钻杆与连续油管环空返至地面。

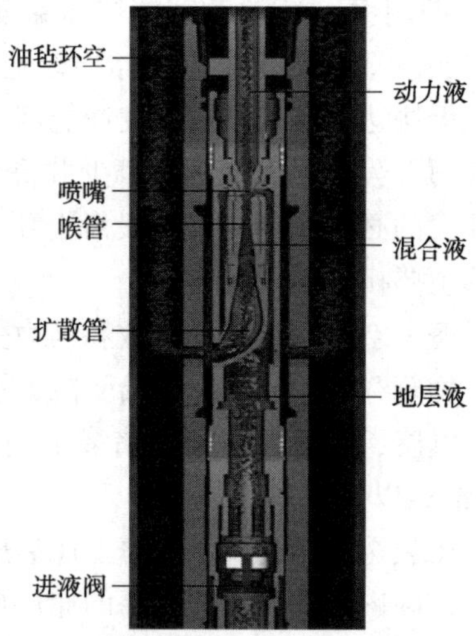

图4 “虎鲸”井下工作筒流动示意图

“虎鲸”热举高效排液新技术已在中国海上多个油田成功应用，目前中海油深圳分公司低渗油井测试全部应用虎鲸热举高效排液技术。该技术适用于深层低孔渗、高凝原油的工况，作业履历已涵盖半潜/自升、直井/斜井及深水井。在测试井中均取得了显著的增产效果，测试过程中达到了所需生产压差，且表现出良好的排液能力。生产压差对地面泵注压力极为敏感，随着地面排量、泵压的提高，井下出现相应的流动压差；在稳定的地面泵压和动力液排量下，井下压力同样保持稳定，可通过调节地面泵压方便快捷地调整井下压力。其中A井测试同时采用氮气气举排液技术和“虎鲸”热举高效排液技术进行对比(图5)：连续油管氮气气举时生产压差大，返出液温度29.7℃，井口仅见天然气、未见原油，天然气日产量为0.83×10^4 m^3/d；“虎鲸”热举时生产压差小，井口45℃，产出稳定，原油日产量增至18.7m^3/d，天然气日产量增至3.07×10^4 m^3/d，增产和加温效果显著。

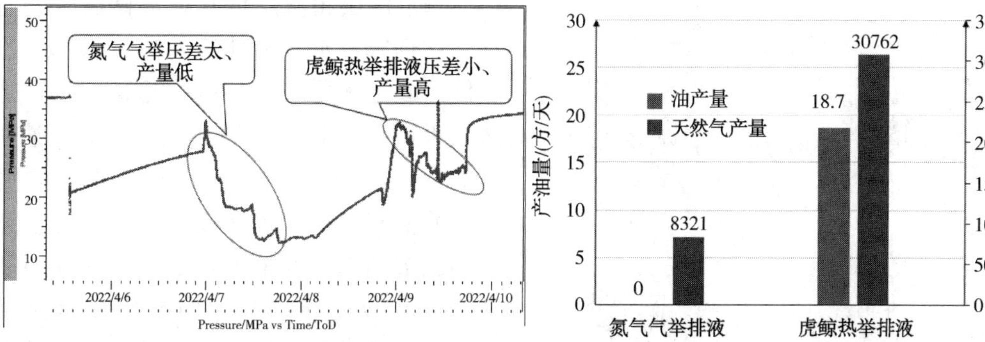

图5 A井使用氮气气举与虎鲸热举井下压差曲线与产量对比图

2.2 海上薄互层多段压裂技术

针对南海西部油田珠江口盆地古近系流三段埋深超过3500m，储层压力系数高、压裂阻力大，压实效果强、孔渗差。储层砂泥岩薄互层发育，砂层仅0.5m～3m厚，纵向非均质性强，泄流面积不足，互层不沟通稳产差，且砂层间的泥岩隔层分布广泛，由于泥岩隔层天然的塑性特征，成为压裂改造薄砂条过程中的一道道屏障，严重影响压裂改造效果，传统压裂工艺地质成功率很低。由于海上压裂受限，常规压裂模型分析认为压裂改造后产能仅有16～21m^3/d，无法达到储量申报门槛。

根据单段压裂满足产能要求风险大、薄互层发育的特点，创新提出探索海上低孔渗薄互油气层产能释放新方法，即“以薄砂层聚集段为单元、直井多段压裂联合排采”测试思路。首先，统筹分析了储层的电性、声学、力学、矿物组成等各方面资料，耦合地质和力学甜点形成“地质-工程”超甜点压裂选层技术确定压裂目标段（图6），且增加压裂段数提高压裂规模和薄互层改造缝高，带动更多砂条流动。针对裂缝穿层的需要，创新提出了薄互层限流射孔改造工艺，摒弃之前压裂笼统射孔思路，大幅降低射孔数量，进而迫使各个射孔位置均能得到有效起裂。采用高低粘三段式逆混合泵注程序，开缝、造缝、填缝各有针对，搭建双孔渗流通道。创新性采用一趟双层压裂测试管柱（图7），优选海水条件下的可溶球滑套工艺，实现了压裂不溶、返排溶解的双层隔离工艺。

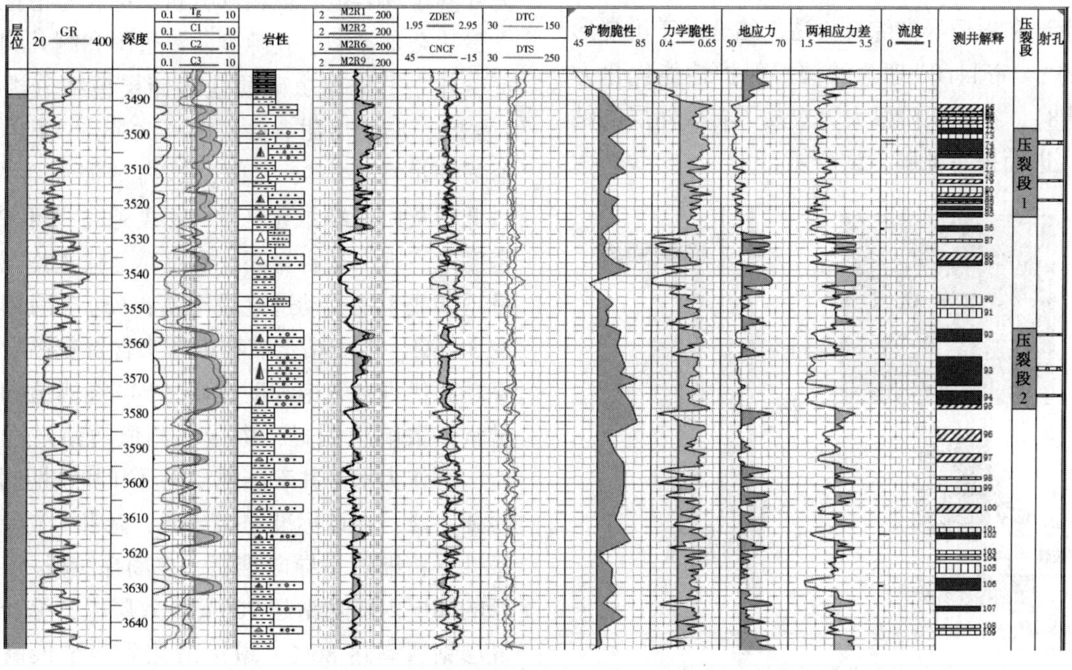

图6 B井薄砂层聚集单元压裂方案

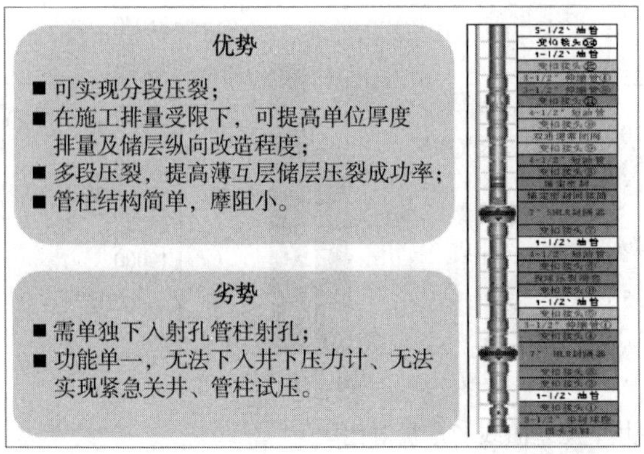

图 7　海上直井多段压裂联合排采测试管柱结构示意图

该技术在 B 井中应用，采用逆混合三段式泵注程序，高低粘度液体立体造缝，压裂排量 6～7m^3/min，实现海上压裂规模提升至液量 1514 方、砂 105 方，压裂测试获高产油气流。测试累计排液 275.46 方，其中油 78.19 方、压裂液 196.55 方，返排率 13.0%；实测排液 120 方/天(其中油 60 方/天)，产气 29563 方/天，井口压力 11.314MPa；相较于传统海上压裂测试作业，作业成本基本持平，提质增效显著。

2.3　海上勘探水平井裸眼测试作业模式

海上作业的特点对水平井裸眼测试作业模式提出了更高的要求。围绕产能释放，通过地质工程一体化的充分融合，建立了储层精细刻画的井轨迹设计和地质导向综合方法，结合基于可变形液滴的“屏帘封闭”理念的储层保护性能优化方法(图 8)，在勘探阶段大大提高了有效储层的钻遇率，进而提高裸眼测试产能。

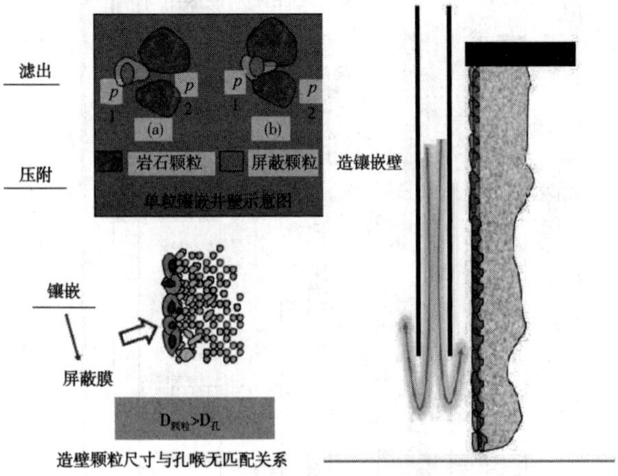

图 8　基于可变形液滴的屏帘封闭造壁储层保护方法示意图

海上深层超深层低孔低渗储层普遍存在水锁潜在伤害。水基钻井液的滤液为水相，易引起储层黏土水化膨胀、微粒运移，进而造成水敏伤害，且引起水锁伤害。对比下，油基钻井液的滤液为油相，由于低渗透油气藏通常亲水，滤液有效避免了水锁和水敏伤害。通过提切剂调节油基钻井液的低剪切速率粘度，平衡油基钻井液在储层孔隙中封堵和返排突破压力，使少量进入储层孔隙的油基钻井液更易返排。采用尺寸、形状和物理强度方面与目标储层孔隙尺寸高度相匹配的封堵材料，确保封堵颗粒能够有效地镶嵌在孔隙之上而不是简单地堵塞孔隙，通过这种屏帘“镶嵌”式方法实现对储层物性的保护，其核心遵循“封而不堵，保而不伤”的保护原则，在不影响储层渗透性的前提下防止外来流体的侵入。

C 井位于南海超深水区，水深超过 1600m，钻探揭示该地区珠江组五段发育规模抱球虫灰岩气藏。由于该类储层高孔低渗的特殊性，30 多次电缆测压没有一个点有流度，采集的 100 多颗岩样测试渗透率均小于 1 毫达西。该超深水天然气目标评价的关键因素就是产能。通过系统分析，创新抱球虫碳酸盐岩甜点储层精细评价与地质导向综合技术。根据该构造抱球虫灰岩的岩心薄片鉴定和岩电特征精细分析，综合考虑抱球虫含量、杂基类型、孔隙度、渗透率和测井响应特征，建立了抱球虫碳酸盐岩储层精细分类标准(表 2)，归纳出甜点储层的 4 大特点：(1)伽马值需满足在 64－95 之间，过高则泥质含量高，过低则灰质胶结致密；(2)密度通常低于 2.15，密度过高则杂基含量高，密度越低代表抱球虫含量越高或生物扰动遗迹越丰富；(3)电阻率通常在 3～6Ω，由于粘土矿物束缚水含量较高，电阻率越高代表含气饱和度越高；(4)气测值和气测异常倍数响应明显，由于气测值随钻过程中滞后，可作为水平井着陆地质循环和随钻期间判断验证手段。在该标准的指导下，克服了复杂地层条件下精细随钻导向难题，在勘探阶段不足 1m 厚的储层内成功钻超 700m 有效层段，综合高含气层钻遇率达 86%，最终酸化后测试最高日产 36 万方，稳定日产 21 万方。

表 2 C 井区构造抱球虫碳酸盐岩储层精细分类标准表

类别	抱球虫含量/%	孔隙度/%	渗透率/mD	岩性定名	测井响应
Ⅰ类	48~60	33.1~35.4	0.4~0.7	泥晶有孔虫灰岩	GR：64-79 DEN：2.12-2.23 RT：4.7-7.3
Ⅱ-1 类	38~48	30.2~37.7	0.3~0.9	有孔虫质含泥粉砂岩 (陆源碎屑主要为砂质)	GR：72-95 DEN：2.01-2.26 RT：4.8-9.2
Ⅱ-2 类	26~38	12.7~29.7	0.02~0.8	有孔虫质泥质/含泥粉砂岩 (陆源碎屑主要为泥质)	GR：80-106 DEN：2.16-2.31 RT：2.5-4.3
Ⅲ类	<26	6.4-11.3	0.01-0.05	亮晶有孔虫灰岩	GR：42-62 DEN：2.32-2.55 RT：5.6-8.5

3 结论

针对海上特殊作业环境及不同类型低渗特低渗储层产能释放存在问题，通过一系列新技术研发及作业模式创新，初步形成了一套针对海上探井低渗产能释放的技术方法：

(1) 自主研发的“虎鲸”热举高效排液新技术，克服现有气举、电潜泵等举升技术在深层低渗、高凝原油能力不足的问题，现场实践应用表明，极大了提升测试产能；

(2) 以薄砂层聚集段为单元、直井多段压裂联合排采的海上薄互层多段压裂技术，实现低渗薄互层产能释放，日产油 60 万方，产气 2.6 万方，为海上低渗储层压裂探索了新的道路；

(3) 创新提出海上勘探水平井裸眼测试作业模式。通过精细化的储层保护和增加泄流面积及酸化改造的方式，实现了抱球虫灰岩气层产能的释放，最高日产 36 万方，稳定日产 21 万方，为低渗领域探井产能释放提供了解决方案。

参 考 文 献

[1] 何理鹏，汪芯，李重逢等．南海 A 油田古近系低孔低渗储层录井评价方法研究[J]．录井工程，2022，33(04)：69-74.

[2] 曹英权，熊亭，袁胜斌等．特色录井技术在低孔渗储层解释评价中的应用——以陆丰凹陷古近系为例[J]．录井工程，2022，33(02)：52-57.

[3] 焦鹏，郭建华，张向涛等．陆丰地区古近系恩平组沉积演化特征及沉积模式[J]．中国石油大学学报(自然科学版)，2017，41(05)：9-19.

[4] 葛家旺，朱筱敏，张向涛等．珠江口盆地陆丰凹陷文昌组构造-沉积演化模式[J]．中国矿业大学学报，2018，47(02)：308-322.

[5] 彭光荣．珠江口盆地(东部)2023 年重点研究领域及勘探方向

[6] 米立军．认识创新推动南海东部海域油气勘探不断取得突破——南海东部海域近年主要勘探进展回顾[J]．中国海上油气，2018，01.001.

[7] 王圣涛，龙安杰，申超等．连续油管气举排液技术在泰国 A 区块的应用[J]．内蒙古石油化工，2022，48(11)：66-69.

[8] 张其松，张麦云，谷爱民．连续油管膜制氮气气举排采工艺技术在 D1HF 井的应用[J]．内蒙古石油化工，2016，42(03)：100-102.

[9] 牛彩云，甘庆明，郑天厚等．宽幅电潜泵举升工艺在致密油水平井应用分析[J]．石油矿场机械，2021，50(03)：69-74.

[10] 于法浩，喻小刚，黄荣贵等．渤海稠油冷采井电潜泵精细化设计方法及延寿对策研究[J]．广东石油化工学院学报，2023，33(03)：41-45.

[11] 温志平，李纪智，夏竹君等．海上螺杆泵测试技术及应用[J]．化学工程与装备，2021(03)：116-117.

[12] 吴怀志，管虹翔，何保生等．大排量螺杆泵技术在海上稠油油田的应用[J]．科学技术与工程，2013，13(05)：1289-1292.

[13] 尚宝兵，吴华晓，李俊飞等．渤海 Q 油田低产井反循环射流泵举升技术[J]．油气井测试，2019，28(06)：44-48.

[14] 李军．负压射流返排技术在注水井中的应用研究[J]．石化技术，2023，30(04)：119-121.

基于有限元模拟的速度管柱防砂工艺研究

钱　坤[1,2]　孙延安[1,2]　张芮豪[1,2]　卢成国[1,2]　李　强[1,2]

(1. 多资源协同陆相页岩油绿色开采全国重点实验室；
2. 大庆油田有限责任公司采油工艺研究院)

摘　要　压裂施工后井筒内会残留支撑剂，当支撑剂过多时造成砂埋，导致生产管柱无法下入，严重影响油气井的正常生产，所以拟开展基于有限元模拟的速度管柱防砂工艺研究，对冲砂管柱结构进行优化，设计脉冲冲砂管柱，并通过有限元方法分析脉冲参数对冲砂效果的影响。同时分析速度管柱自喷时砂粒运移规律。研究结果表明：在相同的注入速度下相比于常规注入，脉冲注入能够大幅度降低冲砂结束时间。不同参数对冲砂效果的影响均呈波动性变化，当冲砂口尺寸为20mm，合理冲砂液粘度为35mPa·s时冲砂结束时间最短。泵注速度对冲砂结束时间影响较大，且冲砂结束时间基本随着泵注速度的增加而降低，其中最短冲砂时间为5s。此外，脉冲法冲砂的冲砂结束时间与脉冲频率之间并无明显规律。

关键词　有限元；速度管柱；脉冲；冲砂；参数优化

1　引言

非常规油气藏的开发越来越受到人们的重视，由于非常规油气藏的低孔低渗特征，因此非常规油气藏的开发往往采用大规模体积压裂，而压裂返排阶段由于压裂液已经破胶，压裂液黏度降低，对支撑剂的携带能力下降，随着压裂返排液的产出，进入到井筒内的支撑剂在重力的作用下无法随返排液产出，逐渐在井筒内沉积，当井筒内残留的支撑剂达到一定量时会产生砂堵，造成生产管柱无法下入，严重影响了油气井的正常生产。

产生砂堵之后往往采用下油管注水循环的方式将残留的支撑剂携带出来，在冲砂管柱末端设计有带笔尖的冲砂口，用以改变冲砂口处压力，增强冲砂效果。目前针对压裂后冲砂管柱的研究较少，张康卫提出了氮气泡沫冲砂技术；张好林等人通过模拟优化了冲砂流体注入速度；夏健等人采用连续油管技术用于带压井的冲砂作业；万里平等人通过数值模拟的方法对冲砂洗井泡沫携砂规律进行了研究；笔者对常用的冲砂管柱进行了改进，设计了脉冲冲砂管柱，可大大增加冲砂效果，减少冲砂液用量，并通过有限元模拟分析支撑剂和冲砂液性质对冲砂效果的影响，优化脉冲冲砂波形结构，对压裂工艺的广泛应用及节能减排具有重要意义。

2　理论部分

2.1　脉冲法冲砂管柱设计

“笔尖”冲砂口是冲砂管柱的核心部件，主要是通过增加出口端压力，达到强化冲砂效果的目的，常用的冲砂口结构简单，即在末端增加一长为60cm，粗口端与冲砂油管相连，粗口端尺寸与冲砂油管尺寸相同，细口尺寸为30mm～50mm左右，具体如图1所示：

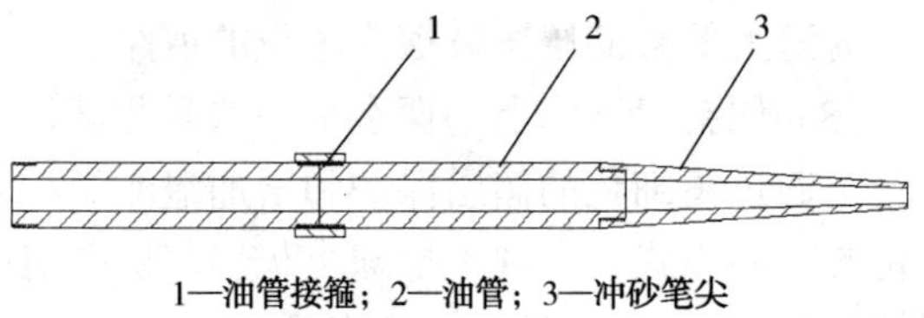

1—油管接箍；2—油管；3—冲砂笔尖

图1　常规冲砂管柱

由于常规冲砂管柱均为生产管柱或者压裂管柱改装，并非针对冲砂特制，因此常规冲砂管柱在冲砂过程中具有以下问题：

(1) 由于泵注速度恒定，常规冲砂口对井筒内冲砂效果较差，井筒内部分位置无法波及，且冲砂消耗的冲砂液量较多；

(2) 泵注液体在注入泵口压力降低时沿着注入端返出，容易造成作业事故；

(3) 常规的冲砂油管一般为生产油管或者压裂油管，该类型油管采用外接箍连接，当注入端冲砂压力降低时，井筒内已经携带起的支撑剂会在重力的作用下再次沉降，沉降至外接箍位置时则容易造成二次砂卡。

针对常规冲砂管柱的缺点，现对冲砂管柱进行了如下改进：

(1) 采用脉冲注入的方式降低冲砂液使用量，提高冲砂液在井筒内波及范围；

(2) 在管柱内加入回流抑制阀，回流抑制阀可下入到“笔尖”冲砂口前端，与冲砂口一体化，简化管柱结构；

(3) 为防止二次砂卡，改冲砂油管接箍连接方式为内螺纹连接，如图2所示。

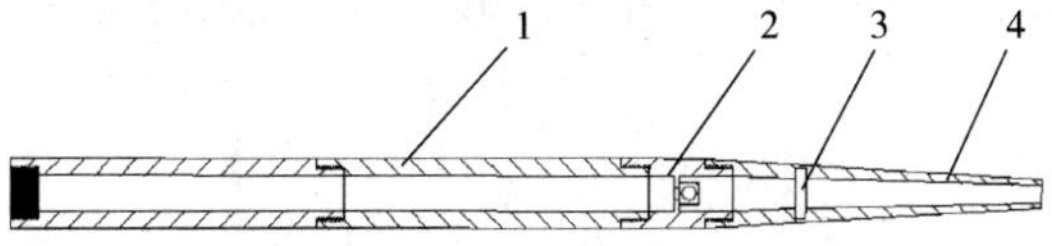

1—内螺纹冲砂油管；2—单流阀；
3—脉冲发生器；4—冲砂笔尖

图2 改进后的脉冲冲砂管柱

改进后的冲砂管柱可采用脉冲注入的方式注入，能够大幅度提高冲砂效率，为分析脉冲冲砂管柱对冲砂效率的影响，本文将对冲砂影响因素及脉冲参数对冲砂效果的影响做进一步的研究。

2.2 井筒内冲砂模型的建立

井筒内支撑剂主要受重力、浮力、流体的拖拽力影响，因此井筒内冲砂模型可从上述几方面建立。

(1) 流体对支撑剂粒子拖拽力

在研究流体对砂粒粒子拖拽力之前需要分析冲砂过程中井筒内流体的流态及流动规律，本文通过研究流体的流动模型和粒子的受力运动模型，建立了流体-粒子多物理场耦合模型。

① 流体的湍流流动

冲砂过程中井筒内流体一般为湍流流动，流体的流动过程可由下式表示：

$$\frac{\partial(\rho k)}{\partial t}+\frac{\partial(\rho k u_i)}{\partial x_i}=\frac{\partial}{\partial x_j}\left[\left(\mu+\frac{\mu_t}{\sigma_\varepsilon}\right)\frac{\partial k}{\partial x_i}\right]+G_k-\rho\varepsilon \quad (1)$$

$$\frac{\partial(\rho k)}{\partial t}+\frac{\partial(\rho\varepsilon u_i)}{\partial x_i}=\frac{\partial}{\partial x_j}\left[\left(\mu+\frac{\mu_t}{\sigma_\varepsilon}\right)\frac{\partial\varepsilon}{\partial x_j}\right]+\frac{G_{l\varepsilon}}{k}G_k-C_{2\varepsilon}\rho\frac{\varepsilon^2}{k} \quad (2)$$

$$\rho\nabla\cdot(u)=0 \quad (3)$$

② 流体对支撑剂粒子的携带力

$$F_D=\frac{1}{\tau_p}m_p(u'-v) \quad (4)$$

其中
$$\tau_p=\frac{\rho_p d_p{}^2}{18\mu} \quad (5)$$

(2) 支撑剂粒子间碰撞力

$$m_{p1}v_1+m_{p2}v_2=m_{p1}v'_1+m_{p2}v'_1 \quad (6)$$

(3) 支撑剂所受的重力和浮力

$$F_g=\frac{\pi d_p^3}{6}g\frac{\rho_p-\rho}{\rho_p} \quad (7)$$

$$F_G=M_p g \quad (8)$$

(4) 初始条件

流体的初始条件

$$p_i=p+p_h \quad (9)$$

$$p_h=\rho gh \quad (10)$$

粒子的初始条件

$$q=q_0 \quad (11)$$

$$v=v_0 \quad (12)$$

(5) 边界条件

裂缝壁面处的流体

$$u_1=0 \quad (13)$$

根据井筒内冲砂模型结合现场实际数据开展井筒内砂粒流动特征的模拟，分析井筒内流体和砂粒的流动运移特征，考虑到模型涉及液固耦合，采用二维模型进行模拟。

2.3 几何模型的建立及网格划分

现场实际冲砂注入参数及油管、套管尺寸范围如表1所示，根据表1中基础数据，建立了井筒内冲砂模拟的几何模型。

表1 模拟用基础数据

序号	项目	参数	序号	项目	参数
1	套管直径/mm	70~150	5	砂粒直径/(10^{-6}m)	380
2	油管直径/mm	62	6	砂粒密度/(kg/m^3)	2200
3	冲砂口直径/mm	5~50	7	排出端压力/MPa	10
4	注入流速/(m^3/h)	40~200	8	冲砂液粘度/mPa·s	0.5~50

根据如表所示的井筒数据，建立了几何模型并进行了网格划分，如图3所示，其中为清晰描述井筒内冲砂情况，设定总高度为0.7m、距底部0.5m处为初始砂粒释放段，上部0.2m为冲砂段。

图 3　建立的几何模型及网格划分结果

3　结果分析

3.1　砂埋后冲砂管环形空间内流体和砂粒的运动特征

根据所建立的模型开展井筒内流体流动特征的模拟，设定入口流速为 40m³/h，出口压力为 10MPa，注入流体为粘度 0.5mPa·s，模拟得到不同时刻井筒内流体流速、压力分布如图 4 所示：

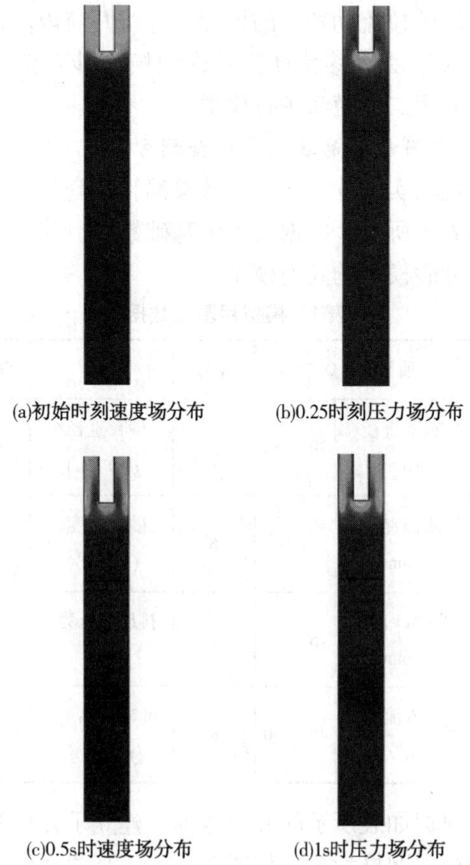

(a)初始时刻速度场分布　(b)0.25时刻压力场分布

(c)0.5s时速度场分布　(d)1s时压力场分布

图 4　井筒内流速变化云图

可以看出，初始时刻入口及其与出口连接处流速变化相对较大，但受总体注入流速的影响，管柱内流速较低，此时压力并未波及到砂粒释放段，因此在初始注入与砂粒流出存在一段的启动时间，流体在该时间段内建立起合适的压力场。当井筒内压力场建立起来之后，砂粒受井筒内流场的影响由初始砂粒释放位置向出口运移，压力场进一步扩散，底部的高压区减少，当砂粒完全冲出后井筒内速度场再次稳定。

模拟井筒内砂粒受流体拖拽力的影响由初始时刻的砂粒释放位置向出口运移，设定砂粒密度 2200kg/m³、砂粒直径为 40 目，砂粒在井筒底部到距底部 0.2m 处随机分布，砂粒总数 200 个，模拟得到不同时刻井筒内砂粒分布如图 5 所示：

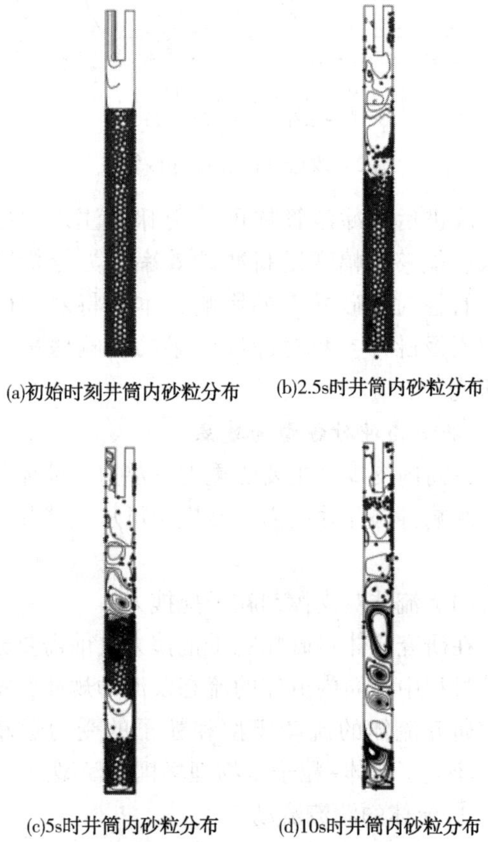

(a)初始时刻井筒内砂粒分布　(b)2.5s时井筒内砂粒分布

(c)5s时井筒内砂粒分布　(d)10s时井筒内砂粒分布

图 5　不同时刻井筒内砂粒分布

可以看出，与井筒内压力传递过程相同，从初始时刻到砂粒向出口运移存在一个启动时间，建立起稳定的压力系统之后，井筒内砂粒受流体携带逐渐向出口运移。从砂粒开始运移到全部运移完毕井筒内残留砂粒数量与冲砂时间先呈线性减少后砂粒数量减少程度减慢，最后井筒内砂粒全部随流体流出。

3.2　冲砂效果影响因素研究

在以恒定流速注入时，在一定时间段内井筒残留的砂粒随时间呈线性变化，因此注入流速和压力将对线性段斜率造成较大的影响，而在相同的注入速度下，冲砂口直径、套管直径对井筒内流场和压力场有较大的影响，另外由于砂粒的拖拽力受流体黏度的影响，因此本节将对冲砂口直径、冲砂液黏度、泵注速度和套管尺寸对冲砂效果的影响，优化冲砂注入参数。

增加冲砂口出口端压力可以增强冲砂效果，而在泵注速度恒定的条件下，适当的缩小冲砂口直径可改善冲砂效果。为优化冲砂口直径，设定砂粒直径为 40 目、砂粒数量为 2000 个、密度为 2200kg/m^3、模拟泵注流量为 40m^3/h，出口压力为 10MPa，注入流体黏度 0.5mPa · s，冲砂口直径范围在 5mm~50mm 时井筒内残留砂粒数量随冲砂时间的变化关系如图 6 所示。

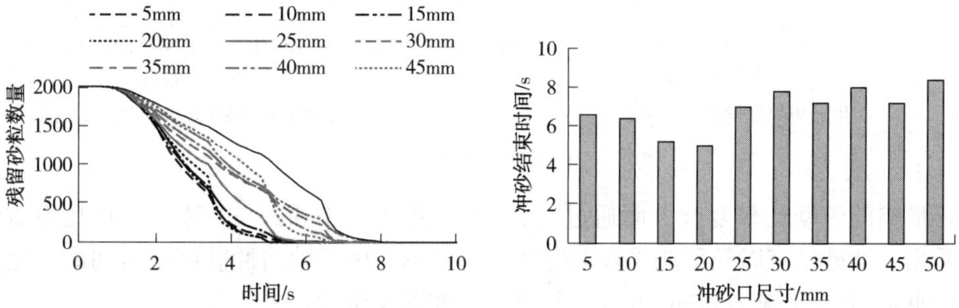

(a)井筒内残留砂粒数量随冲砂时间的变化　(b)冲砂口尺寸与冲砂结束时间变化

图 6　冲砂口尺寸对冲砂效果影响

可以看出，冲砂口尺寸对冲砂效果有较大的影响，当冲砂口直径在 5mm~20mm 之间时，随着冲砂口直径的增加冲砂结束时间逐渐降低，在当前条件下，最佳冲砂口尺寸为 20mm；而当冲砂口直径达到 25mm 以上时，冲砂结束时间波动性增加，分析认为当冲砂口尺寸增加到一定程度时，井筒内砂粒受湍流的影响，粒子与粒子，流体与粒子之间相互影响导致冲砂结束时间增加。

流体对井筒内粒子的携带力受冲砂液粘度的影响，因此冲砂液粘度也会对冲砂效果有较大的影响。设定砂粒直径为 40 目、密度为 2200kg/m^3、模拟泵注流量为流量 40m^3/h，出口压力为 10MPa，冲砂口直径为 20mm，模拟注入流体黏度为 5mPa · s~50mPa · s 时井筒内残留砂粒数量随冲砂时间的变化关系如图 7 所示。

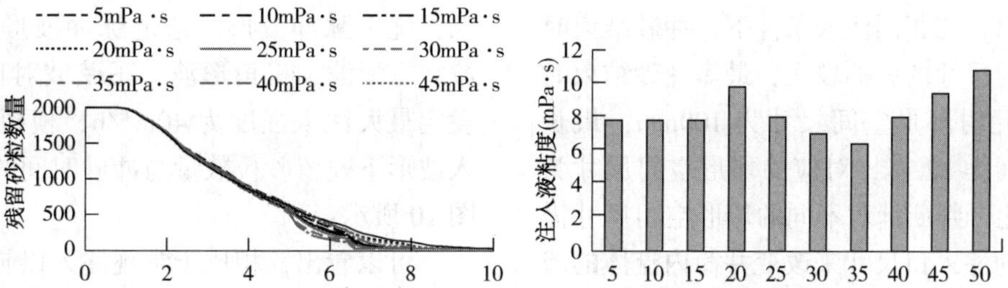

(a)井筒内残留砂粒数量随冲砂时间的变化　(b)注入流体粘度与冲砂结束时间的变化

图 7　冲砂液黏度对冲砂效果的影响

可以看出，随着注入流体黏度的增加冲砂结束时间先稳定在呈现“V”型波动，即先增加再降低后又增加，当注入黏度达到 35mPa · s 时冲砂结束时间最少。分析认为冲砂结束时间出现波动式变化的原因是注入液的黏度除了对砂粒拖拽力有较大影响之外还会影响井筒内流场，因此过高的黏度会降低管道内流体的湍流流速，当流速较低时流体会砂粒的拖拽力降低从而增加冲砂结束时间。

泵注速度会影响井筒内湍流流场和压力分布，因此必然会影响冲砂效果，模拟泵注流量分别为 40m^3/h、80m^3/h、120m^3/h、160m^3/h、200m^3/h、240m^3/h、280m^3/h、320m^3/h 时冲砂口直径对冲砂效果的影响，模拟得到不同泵注速度下井筒内残留砂粒数量随冲砂时间的变化关系如图 8 所示。

根据模拟结果可以看出泵注速度对冲砂结束时间影响较大，且冲砂结束时间基本随着泵注速度的增加而降低，其中最短冲砂时间为 5s，泵注速度为 320m^3/h 和 160m^3/h，分析认为冲砂口和井筒冲砂结构复杂导致冲砂结束时间曲线呈现波动趋势，因此可通过脉冲或者优化冲砂口与套管尺寸的关系，使其在较小的注入流量下快速的排出。

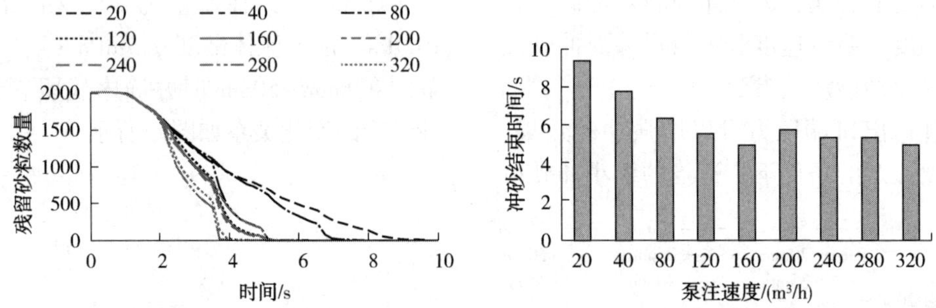

(a)井筒内残留砂粒数量随冲砂时间的变化　(b)泵注速度与冲砂结束时间之间的变化

图 8　泵注速度对冲砂效果的影响

考虑到环形空间流动比较复杂，而通过 3.3 中模拟可以看出，冲砂结束时间可能受环形空间尺寸影响，因此在注入流速为 $40m^3/h$、冲砂液粘度为 0.5mPa·s、冲砂口直径为 20mm 时模拟环形空间尺寸与冲砂结束时间的变化，模拟结构如图 9 所示：

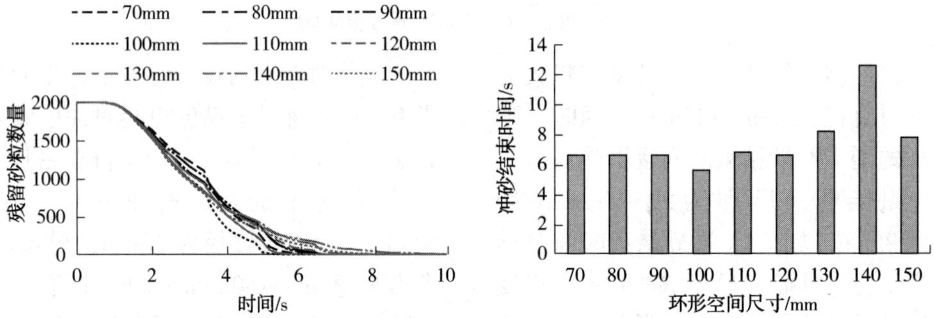

(a)井筒内残留砂粒数量随冲砂时间的变化　(b)环形空间与冲砂结束时间之间的变化

图 9　环形空间尺寸对冲砂效果的影响

可以看出，在相同注入条件下，冲砂结束时间受环形空间尺寸的影响较大，最短冲砂结束时间为 5.6s，此时环形空间尺寸为 100mm，最长冲砂结束时间为 12.6s，对应的环形空间尺寸为 140mm，因此可判断针对不同的环形空间尺寸需要配合适当的注入口尺寸来改变井筒内流体的流场，进而减少冲砂结束时间。

3.3　脉冲法冲砂参数优化

根据 1.1 中设计的脉冲冲砂管柱可实现脉冲注入，但脉冲波形、脉冲强度、脉冲频率等对冲砂效果的影响还需要进一步研究，本节通过模拟分析不同脉冲参数对冲砂效果的影响，优化脉冲参数。

3.4　脉冲波形对冲砂效果的影响

为了优化脉冲参数，首先笔者针对几种常用的脉冲波形进行了分析，在注入端通过脉冲注入的方式分析冲砂结束时间与脉冲波形之间的关系，优选脉冲波形，选定脉冲波形分别为锯齿波、方形波、三角形波、正弦波对比常规注入，设定最大注入强度为 $40m^3/h$，模拟得到不同注入波形下残留砂粒数量与冲砂时间的变化关系如图 10 所示：

可以看出，相比于常规注入以脉冲注入的方式注入冲砂液，在相同的注入最高注入速度下部分波形能够大幅度降低冲砂结束时间，因此脉冲法冲砂具有一定的可行性。

3.5　脉冲频率对冲砂效果的影响

虽然脉冲法冲砂具有一定的可行性，但脉冲频率对冲砂效果有怎样的影响，本节模拟不同脉冲波形下，脉冲频率分别为 5 次/s、10 次/s、15 次/s、20 次/s、25 次/s、30 次/s 时井筒内残留砂粒数量与冲砂时间的变化关系，分析脉冲频率对冲砂效果的影响。模拟得到不同波形下脉冲频率与残留砂粒数量的变化如图 11、表 2 所示：

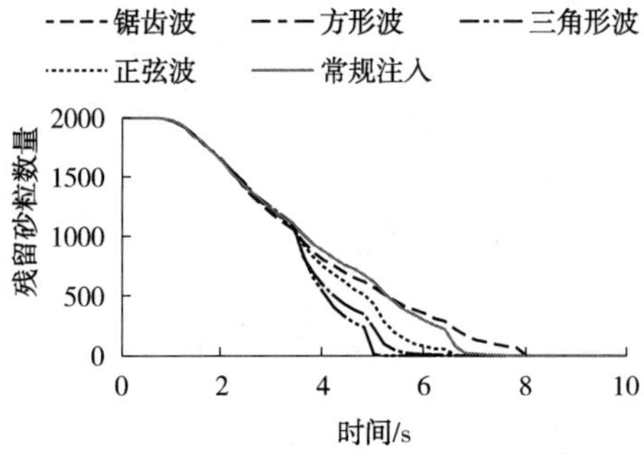

(a)井筒内残留砂粒数量随冲砂时间的变化

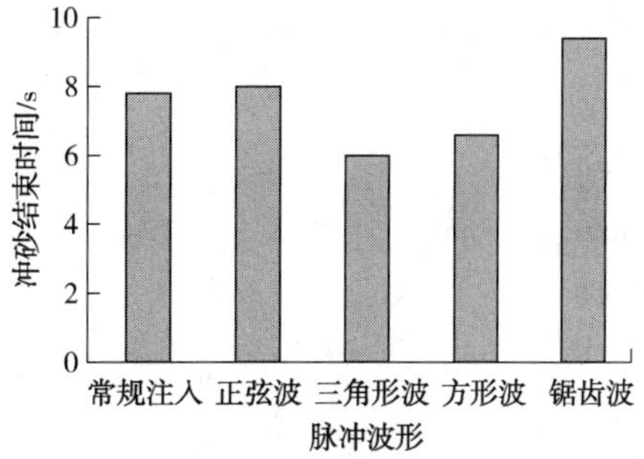

(b)脉冲波形与冲砂结束时间之间的变化

图 10　脉冲波形对冲砂效果的影响

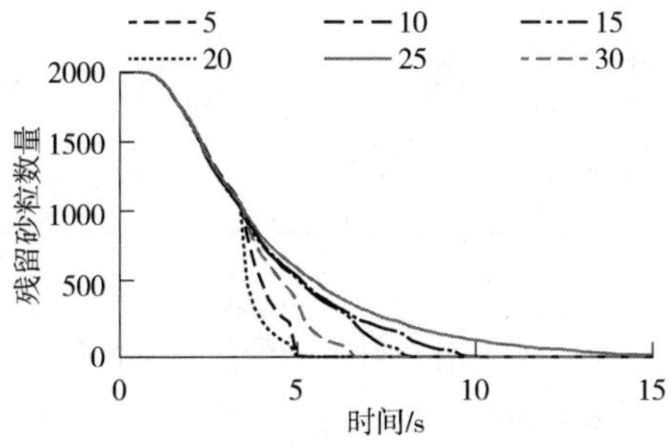

(a)三角形波不同频率下冲砂效果图

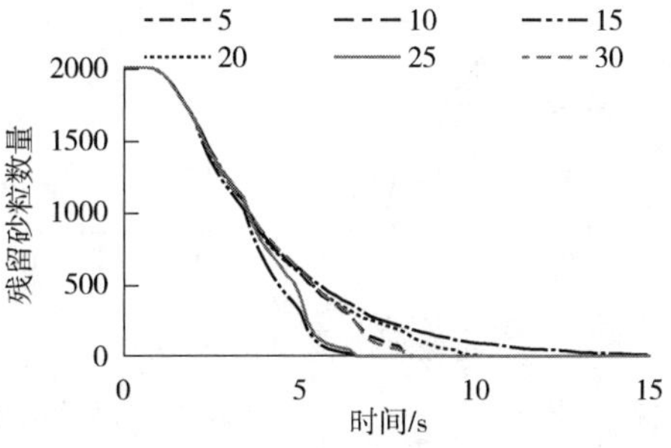

(b)锯齿波不同频率下冲砂效果

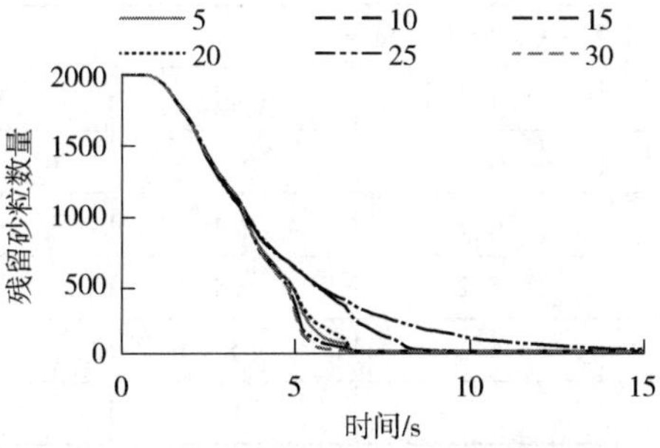

(a)正弦波不同频率下冲砂效果图

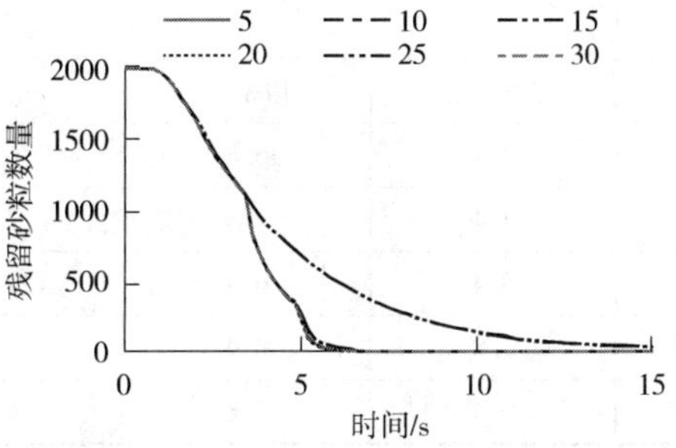

(d)方形波不同频率下冲砂效果

图 11　脉冲频率对冲砂效果的影响

表 2　不同脉冲频率下的冲砂结束时间

脉冲波形	不同脉冲频率下冲砂结束时间					
波形	5 次/s	10 次/s	15 次/s	20 次/s	25 次/s	30 次/s
三角形波	6	10.8	8.2	5.2	15	6.6
锯齿波	9.4	15	6.6	10.8	6.6	8.2
方形波	6.6	6.4	15	6.4	15	6.4
正弦波	8	9.4	7.2	7.6	15	6.4

可以看出，脉冲法冲砂的冲砂结束时间与脉冲频率之间并无明显规律，且部分脉冲频率的冲砂结束时间与常规恒速注入相比明显偏高，分析认为冲砂过程当中井筒内流场复杂，而伴随着脉冲注入井筒内流场和压力场则更加复杂，据此可判断针对不同注入参数，不同油管、套管尺寸以及冲砂管柱结构，最短的脉冲时间需要进行针对性的优化。

3.6　脉冲强度对冲砂效果的影响

根据 3.3 中模拟结果，泵注速度对冲砂效果影响较大，因此本节选择脉冲频率为 5 次/s，最大注入强度分别为 $20m^3/h$、$40m^3/h$、$80m^3/h$、$120m^3/h$、$160m^3/h$、$200m^3/h$ 的条件下，模拟得到残留砂粒数量与脉冲时间的变化关系如图 12、表 3 所示。

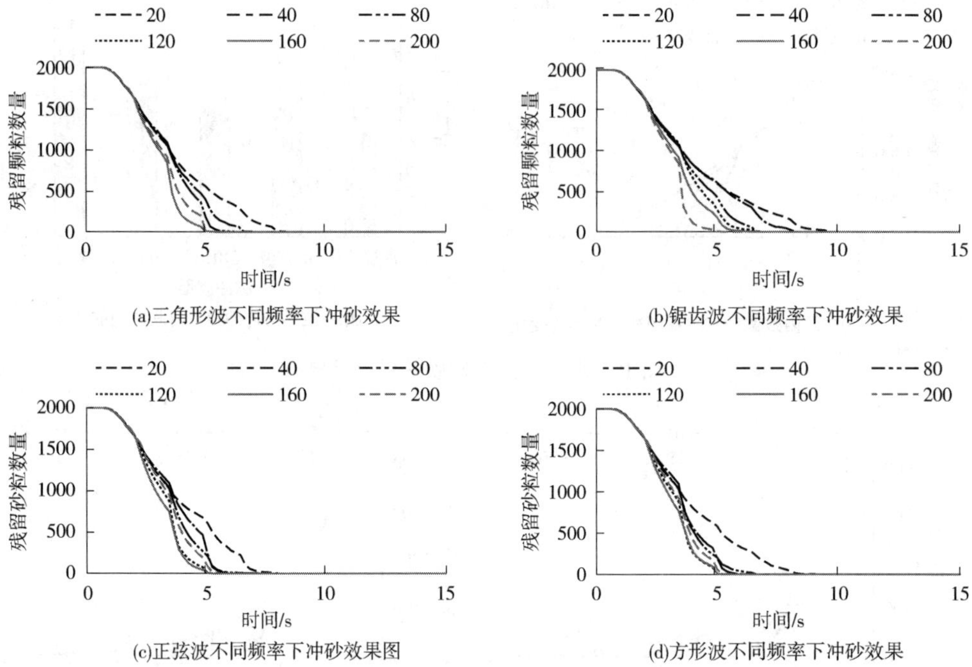

(a)三角形波不同频率下冲砂效果

(b)锯齿波不同频率下冲砂效果

(c)正弦波不同频率下冲砂效果图

(d)方形波不同频率下冲砂效果

图 12　脉冲强度对冲砂效果的影响

表 3　不同脉冲强度下脉冲结束时间

	不同脉冲强度下冲砂结束时间					
波形	$20m^3/h$	$40m^3/h$	$80m^3/h$	$120m^3/h$	$160m^3/h$	$200m^3/h$
三角形波	8.4	6.8	6.2	5.2	6.4	5.8
锯齿波	9.4	8	7.2	6.4	6.4	5.8
方形波	9.4	6.4	7.2	5.2	5.4	6
正弦波	7.8	6.4	7	5.2	5	5.8
常规	9.4	7.8	6.4	5.6	5	5.8

总体来看，随着注入强度的增加，冲砂结束时间呈下降的趋势，但针对不同的波形、频率还需要结合冲砂管和套管套管尺寸做针对性优化。

4　结论

（1）从初始时刻到砂粒向出口运移存在一个启动时间，建立起稳定的压力系统之后，井筒内砂粒受流体携带逐渐向出口运移。从砂粒开始运移到全部运移完毕井筒内残留砂粒数量与冲砂时间先呈线性减少后砂粒数量减少程度减慢，最后井筒内砂粒全部随流体流出。

（2）井筒内流场受井筒内流体以及管柱结构影响，由于冲砂管柱内流动状态复杂，因此不同注入参数对冲砂效果的影响均呈波动性变化，模拟得到最佳冲砂口尺寸为 20mm，合理冲砂液粘度为 35mPa·s；另外冲砂结束时间受套管尺寸的影响较大，针对不同的套管尺寸需要配合适当的注入口尺寸来改变井筒内流体的流场，进而减少冲砂结束时间。

（3）冲砂结束时间基本随着泵注速度的增加而降低，且泵注速度为 $320m^3/d$ 和 $160m^3/d$ 时其冲砂时间均为 5s，因此可通过脉冲或者优化冲砂口与套管尺寸的关系，使其在较小的注入流量下快速的排出。

（4）相比于常规注入以脉冲注入的方式注入冲砂液，在相同的注入最高注入速度下部分波形能够大幅度降低冲砂结束时间，因此脉冲法冲砂具有一定的可行性。但脉冲法冲砂的冲砂结束时间与脉冲频率之间并无明显规律，且随着注入强度的增加，冲砂结束时间呈下降的趋势，也就是说可以通过增加脉冲注入强度来进一步的降低冲砂结束时间，但对不同的波形、频率还需要结合冲砂管和套管套管尺寸做进针对性优化。

符号注释

C_2——湍流常数；

$C_{1\varepsilon}$——湍流常数；

d_P——支撑剂粒子直径，m；

F_D——流体对支撑剂粒子的携带力，N；

F_g——支撑剂所受浮力，N；

F_G——支撑剂所受重力，N；

g——重力加速度，m^2/s；

G_k——平均速度的梯度湍流动能；

h——井筒高度位置，m.

m_P——支撑剂粒子质量，kg；

m_{p1}、m_{p2}——支撑剂粒子质量，kg；

n——支撑剂碰撞次数；

p_I——井筒内流体压力，Pa；

p_i——压裂返排液的重力作用造成的压力，Pa；

T——温度，K；

t——无因次时间；

u——井筒内压裂返排液流动速度，m/s；

u_1——壁面位置处压裂返排液流速，m/s；

v——支撑剂粒子流速，m/s；

v_1、v_2——支撑剂粒子相互碰撞前流速，m/s；

v'_1、v'_2——支撑剂粒子相互碰撞后流速，m/s；

v_c——支撑剂粒子碰撞到裂缝壁面前流速，m/s；

ρ——压裂返排液密度，kg/m^3；

μ——压裂返排液黏度，Pa·s；

ρ_p——支撑剂密度，kg/m^3；

ε——湍流耗散率；

k——湍动能；

μ_t——湍流粘性系数，Pa·s；

τ_p——支撑剂粒子速度相应时间，m/s。

参考文献

[1] 周小金，张帅，段希宇．长宁地区页岩气井出砂原因分析初探[J]．钻采工艺，2018，41(4)：63-65+9.

[2] 吴延泽，李根生，黄中伟，等．水平井段高压水射流冲砂洗井数值模拟研究[J]．石油钻采工艺，2009，31(6)：104-106+109.

[3] 陈若铭，张昕，袁鑫伟，等．深井冲砂技术在塔里木盆地应用分析[J]．石油矿场机械，2016，45(11)：54-59.

[4] 陆明，郑银强，王平，等．负压清砂井下工艺管柱的研究与应用[J]．油气井测试，2015，24(1)：57-59+77-78.

[5] LU Ming，ZHENG Yinqiang，WANG Ping，etc. Study on Down-Hole pipe string for sand cleaning by negative pressure and its application[J]. Well Testing，2015，24(1)：57-59+77-78.

[6] 李大建，曾亚勤，何森，等．低压地层水平井冲砂工艺创新设计[J]．石油天然气学报，2014，36(10)：166-169+10.

[7] 吴剑，王良，王静，等．连续负压冲砂工艺管柱研究及应用[J]．石油矿场机械，2014，43(8)：88-92.

[8] 张康卫，李宾飞，袁龙，等．低压漏失井氮气泡沫连续冲砂技术[J]．石油学报，2016，37(2)：122-130.

[9] 张好林，李根生，黄中伟，等．水平井冲砂洗井流体流速研究[J]．科学技术与工程，2014，14(12)：177-181.

[10] 夏健，杨春林，卫俊杰，等．连续油管带压冲砂洗井技术在注水井中的应用[J]．石油钻采工艺，2013，35(6)：105-108.

[11] 万里平，何保生，唐洪明，等．冲砂洗井泡沫携砂规律数值模拟研究[J]．西南石油大学学报(自然科学版)，2013，35(4)：101-106.

[12] 李宾飞，李松岩，李兆敏，等．水平井泡沫流体冲砂技术研究及应用[J]．石油钻采工艺，2010，32(3)：99-102.

[13] HU J H，ZHAO J Z，LI YM. A proppant mechanical model in postfrac flowback treatment[J]. Journal of Natural Gas Science and Engineering，2014，20：23-26.

[14] JACOBS T. Improving shale production through flowback analysis[J]. Journal of Petroleum Technology，2015，67(12)：37-42.

[15] LIU Y，LIU D Q，GE H K et al. Experimental Investigation on the effects of flow resistance on the fracturing fluids imbibition into gas shale [R] . SPE 181825，2016.

胜坨油田双低潜力层带压驱技术应用研究

白凤坤　严　科　郭振海　许建华　周国莹　逯洪忠

（中国石化股份胜利油田分公司 胜利采油厂）

摘　要　本文以胜坨油田双低潜力层带为研究对象，全面开展了双低潜力层带精细地质研究，明确了双低潜力层带的成因类型、储量规模、储层展布规律及非均质特征；系统开展了双低潜力层带压驱提高采收率机理研究，明确了压驱注水后油藏注水、产液能力提升机理、水驱波及系数扩大机理、驱油效率提升机理；在此基础上开展了双低潜力层带压驱注水矿场实践，根据不同储层及开发差异，以大幅提高水驱采收率为目标，对压驱注水方案进行了优化设计；通过跟踪研究不同类型潜力层带压驱注水动态响应规律及压驱效果，明确了压驱过程压力传导规律、压力损耗规律、介质运移规律及介质击穿规律，建立了以多井组协同压驱、径向钻辅助压驱、压驱液流转向、压驱注采调控为核心的压驱过程流场调控技术，形成了适配不同类型潜力层带的五种压驱应用模式，包括浊积砂体两步法压驱模式、砂砾岩整体压驱扩波及模式、外前缘整体压驱+液流转向模式、非主力砂体高压耦合注水模式、欠完善井网正反向一体化压驱模式。本文研究成果形成了胜坨油田双低潜力层带压驱增能调流场技术，实现了潜力层带地层能量的有效回升以及水驱开发效果的显著改善，对于实现老油田特高含水后期产液结构优化及高质量发展具有重要意义。

关键词　胜坨油田；潜力层带；压驱增能；调流场；采收率

胜坨油田是胜利油田最早投入开发的大型整装油田，是胜利油田整装水驱油藏的代表，目前采出程度 40.2%，综合含水 96.7%。纵向上有明化镇组-沙四段 7 套含油气层段、26 个砂层组、93 个小层，主力含油气层段为东营组、沙一段、沙二段和沙三段等，储层非均质性严重，原油偏稠，属多层整装砂岩油田。

1　研究目的及意义

胜坨油田处于特高含水开发后期，纵向非均质差异大是油田开发的主要矛盾。受储层非均质性及开发动态差异影响，纵向上、平面上仍存在低含水、低能量的潜力层和潜力区带，共有四种类型的潜力层带（表 1），主要特征表现为中渗透、低采出程度、低含水、低能量。

通过胜坨油田潜力层带精细地质研究，明确分类潜力层带的成因类型、分布规律、非均质性等，指导编制不同类型潜力层带压驱增能实施方案，探索形成不同类型潜力层带地层能量回升机理研究、压驱过程压力传导与介质运移规律研究、不同类型潜力层带流场调整扩波及技术研究，实现潜力层带注水能力和地层能量的快速提升，改善水驱开发效果。

表 1　胜坨油田双低潜力层带的四种类型

油积砂体	砂砾岩体	三角洲外前缘砂体	河流-三角洲非主力砂体	
储层物性	10%<φ<20% 50mD<K<100mD	10%<φ<15% 10mD<K<20mD	10%<φ<25% 50mD<K<200mD	18%<φ<28% 100mD<K<500mD
采出程度	<15%	<10%	10-25%	20-30%
含水级别	<60%	<70%	70-85%	80-92%
地层能量	Pi=0.6 动液面 1500~2000m	Pi=0.45 动液面 1800~2500m	Pi=0.5 动液面 1300~1800m	Pi=0.7 动液面 1200~1600m

2　压驱增能调流场技术研究

2.1　潜力层带压驱提高采收率机理

（1）注水能力提升机理

随着压力的升高基质孔喉半径、孔隙度、渗透率均有所增大，储层的渗流能力整体增强。研究发现，渗透率在 5.27md 下，净水平压力由 30MPa 下降到 6MPa，平均孔喉半径由 0.484μm 增加到 0.535μm，孔隙度由 18.0% 增加到 18.5%。其中渗透率增加 14%~22%，平均孔喉半径增加 10%~11%，孔隙度增加 0.4%~0.9%。

压驱状态下，水井端超油层破裂压力注水，储层产生复杂缝网，注水能力大幅增加。注入压力与流量呈现非线性关系，吸水指数随注入压力提高大幅增加。注入速度越大，压驱缝网改造区范围越大，改造区宽长比越小，形态越狭长。

（2）产液能力提升机理

压驱状态下，油井端地层压力显著提升，井底流压及生产压差同步提升(图 1)。油藏工程方法计算表明，油井产液量随生产压差增大能够显著提升。压驱实践表明，低渗油藏压驱后油井产液能力能够提升 1.7 倍。

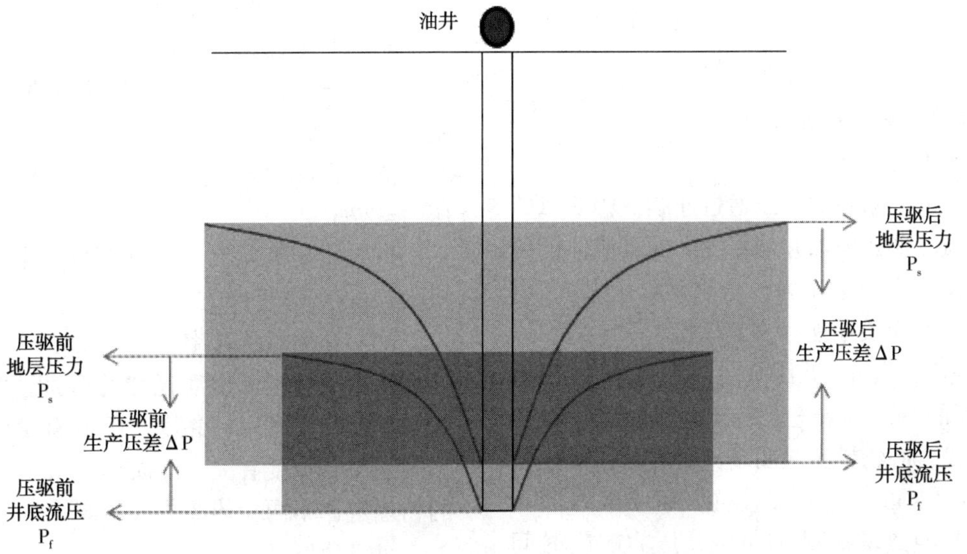

图 1　压驱状态下井底压力变化示意图

（3）驱油效率提升机理

井间压力场的交变，主要是由于压驱注采耦合不见面的工作制度打破了井间“固化”流场，注入水波及区扩大。均衡流场是由固定的注采主流线，转变为注采过程“近似径向渗流”的理想流线状态，非主流线剩余油得到动用。

压驱物模结果表明，与常规水驱相比，在高压差下增加了新的渗流通道，扩大了宏观波及体积，常规水驱和压驱波及体积分别是 0.73、0.86，驱油效率分别是 0.53、0.64，波及体积和驱油效率均有所增加(图 2)。提高驱替压力梯度，可以动用更小级别孔喉的剩余油，提高驱油效率。通过岩心核磁共振实验发现，驱替压力梯度升高到 1.0MPa/m，可以动用孔喉半径更小的剩余油，孔喉动用半径下限变小，驱油效率提高。

（4）波及系数提升机理

常规水驱状态下，油水井间存在不流动区域，波及系数受限。压驱状态下，压驱改造区驱替压头前移，高驱替压力区域面积从 26%扩大到 56%，可以有效动用井间滞留区，提高水驱波及系数(图 3~4)。

数值模拟表明，通过压驱构建全域高压能量场，形成水井微裂缝带向油井端线性渗流模式，打破传统连续注采“源汇”径向渗流模式，井间波及系数大幅提升。

图 2　常规水驱和压驱波及体积和驱油效率对比

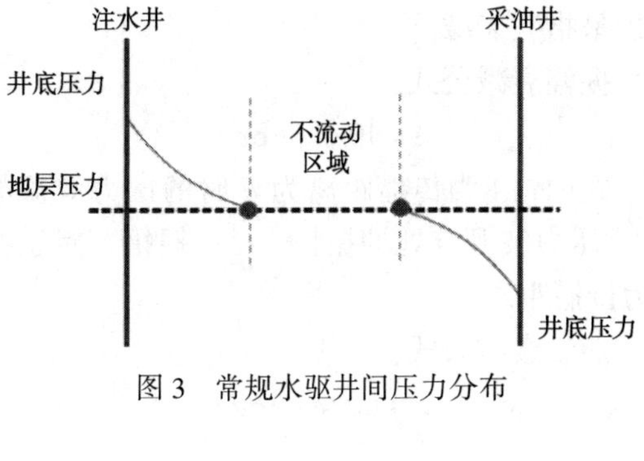

图 3　常规水驱井间压力分布

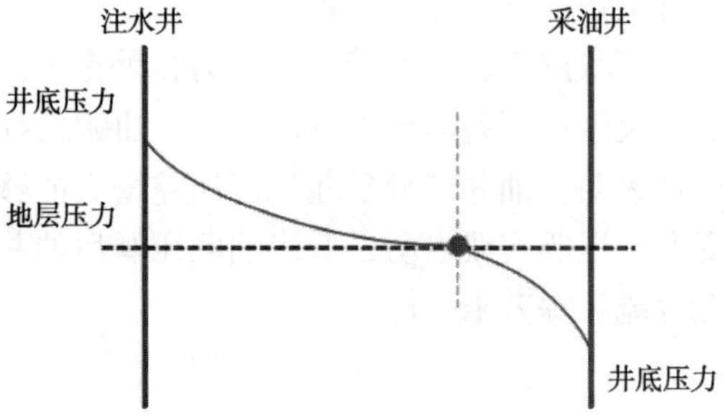

图 4　压驱井间压力分布

2.2　压力传导与介质运移规律

(1) 压力传导速率

压驱形成的水井端高压通过连续液相质点的碰撞，以纵波形式向油井端传导。油藏流体的压力是指的介质之间的压力，从物理学定义而言，压力不能脱离物质单独存在，“压力传导必须以介质为载体”，因此“见压一定见质”，“见压不见质”里面的“质”需要进行特指为“油+水”。

研究长岩心物模实验明晰压力传播规律，岩心长 80cm，Kair = 3.2md，设置 10 个压力监测点，距水井距离增加到 75.4cm，压力响应时间增加至 1000s。实验表明：水驱油过程中，随水井距离的增加，压力响应时间急剧增加。压力传导速度受油水饱和度的影响，水相传播速度大于油相，油相饱和度越低，同一位置处的压力响应越快。压力传导速度与储层流体容变弹性模量及密度有关，理论计算难度大。

矿场监测计算方法：

压力传导速度 = 油水井井距/压力传导时间 = 油水井井距/(油井井底压力发生明显改变时间-压驱开始时间)，以 T142-83 井区为例试算：

压力传导速度 = 290m/576 小时 = 0.5m/小时 = 24m/d

(2) 压力损耗速率

压力波传导的是能量，压力波传导过程会与介质中的微观结构相互作用，通过摩擦、散射、吸收等机制耗散能量，压力及能量随传导距离的增加呈指数衰减。

振幅衰减公式：

$$A = A0 \times e\hat{}(-\alpha d)$$

式中，A 为传播距离为 d 时的压力波振幅；$A0$ 为压力波源点处的振幅；α 为振幅衰减系数；d 为传播距离。

能量衰减公式：

$$E = E0 \times e\hat{}(-\beta d)$$

式中，E 为传播距离为 d 时的压力波能量；$E0$ 为压力波源点处的能量；

β 为能量衰减系数；d 为传播距离。

以压驱井区为例，首段压驱注入压力 45.4MPa，累注 3 万方，折算井底压力 75.4MPa，对应油井首段压驱射孔后平均压力 25MPa，折算井底压力 55MPa。

矿场监测计算方法：

压力衰减速率 = (水井压力-油井压力)/井距 = 0.05MPa/m

能量损耗率 = (水井压力-油井压力)/水井压力 = 27%

百米能量损耗率 = 压力衰减速率×100/水井压力×100% = 6.8%

(3) 介质运移速率

压驱过程中，介质运移符合达西渗流规律，渗流速度与渗透率、黏度、压力梯度有关，真实速度还与孔隙度有关，介质运移与压力传导遵循的物理定律不同，传播方式不同。

渗流速度：

$$V = -\frac{k}{\mu} \nabla p$$

真实速度：

$$v = \frac{V}{\phi}$$

k 为储层渗透率；μ 为流体黏度；∇p 为压力梯度；ϕ 为储层孔隙度。

按照 k = 10mD、ϕ = 0.15 储层，45MPa 驱替压差，300m 井距参数测算，注入水运移真实速度为 0.87m/d，如形成达西级裂缝，真实速度可达 87m/d，中高渗油藏示踪剂平均运移速度 10~15m/d。

(4) 介质击穿规律

基于矿场压驱实施案例，总结了四种见效模式：见压不见质、见压少量短期见质、见压长期见质、压力暴力击穿。根据矿场统计及数模结果，证明实际油藏流体是油水气三相混合零散、不均匀分布。计算和模拟了典型断块油藏条件下井底流压(表 2)，井筒附近 125m 内已脱气出现三相渗流，油水相流动阻力加大，反映了“见压不见质”的矿场现象。出现三相流条件与流体组分、地层压力、注采连通毛管数密切相关，即相同油藏压力下不同油藏流动规律不同，相同油藏压力变化规律下流体流动规律不同。

表 2　断块油藏典型油藏条件下井底流压计算表

油藏中深	目前压力系数	目前压力	油藏厚度	饱和压力	日液	动液面	下泵	沉没度	井底流压	压差
m	—	MPa	m	MPa	t/d	m	mm	m	MPa	MPa
2059	0.7	14.4	13.8	10	33	925	57	300-500	8.6	5.82

多相流的流动较为复杂，各相流动能力受各相压缩性、相饱和度、毛管力、黏滞力等因素影响，还受储层非均质性影响，最终流动速度受流动阻力与动力的合力决定。在一个注采压差产生后，由于气相阻力<水相<油相，因此部分气体随着压力提高溶解在油内，部分气体会穿过油相提前来到井口，水相也会超过一部分油相接近或者到达井口，反应了“见压不见质”、“见压不见油”矿场现象。对于无自由气、低泵效油井，油相或水相到达油井端后仅体现井口液量小范围上升，套压不会升高(针对见液不见压现象)。当油井端压力很小、亏空较大时，注入端压驱后在高压差作用下，注入井压驱水直线流入油井导致暴力击穿。

介质击穿是压驱过程中微裂缝沿优势方向形成扩展，导致渗透率大幅增加，注入水沿微裂缝单向水窜的现象。介质击穿方向主要受主应力方向控制，同时受物源方向、构造低部位、亏空大方向影响。胜坨油田中低渗油藏统计，压驱介质击穿主要发生在主应力方向及物源方向，占比 70.8%，介质击穿发生时间主要集中 40 天以内，占比 74%。压驱介质击穿导致波及系数大幅下降，但不同于中高渗油藏的极端耗水层带，介质击穿在实施关井阻断介质运移后，80%的油井含水能够在 69 天内恢复至压驱前水平，产能增加，能量回升。

2.3　压驱增能政策界限及流场调控研究

(1) 压力传导规律及注采参数设计

胜坨深水浊积砂体共投入开发 5 个单元，总储量 399 万吨，采出程度 13.9%。该沉积相油藏储层物性差、渗透率较低、非均质性较强，水驱难注入，油藏低液低能。以坨 149 为典型模型明确了滑塌浊积油藏压驱过程中压力传导规律，受该沉积相储层特点影响(井间储层物性变化快、非均值强)，压力及介质在全区传导范围有限，注入井附近憋压现象严重，压驱注入量有效率较低。压驱后压力集中在注水井中心部位，部分剩余油受物性突变，被压缩滞留在低渗带不能流动。

为明晰压驱对油井附近产生的有效注水，根据压驱后压力上升程度分四个区域研究平均压力随时间变化。跟踪发现，四个区域内压力变化幅度较大，坨 149 研究区域平均压力 46MPa，高压区平均压力 63MPa，油水井间环形带平均压力 28.3MPa，油井附近环形带平均压力 19.8MPa，但是油井有效受效区平均地层压力仅 23.05MPa，因此油井压驱后液量上升幅度有限。压驱前后井筒附近饱和度未发生明显变化，但环形带内部分区域剩余油呈现富集，受流动阻力影响未流入井底。

基于坨 149 地区压驱分析，明晰了滑塌浊积沉积相压驱注入量有效率，为下步滑塌浊积沉积相油藏压驱注入量设计提供设计依据，确定完成了滑塌浊积沉积体系压驱技术政策界限优化：

一是压驱注入有效率 31%；

二是压驱合理注入量为 1.2pi 注入量/有效率；

三是非物源方向改造方式优化：沿储层变厚、孔渗优势方向径向射孔；

四是压驱后开发方式：耦合压驱；

五是耦合压驱周期：3～4 年，压力降至 1.0～1.1pi；

六是开井顺序：垂直物源方向先开井、顺物源方向后开井。

(2) 压驱过程流场调控技术研究

胜坨地区三角洲外前缘储层岩性以粉细砂岩为主，渗透率 $50-200\times10^{-3}um^2$ 属于中渗透油藏，储量规模 378 万吨，该类型油藏井网相对完善，但储层物性差、层薄等原因导致注水能力低、地层能量差、水驱不均衡现象严重，该类型油藏研究的重点在于如何在压驱过程中进行流场调控，实现均衡补能。

以胜坨油田二区沙二 9 单元为例，综合考虑储层非均质性、井网布局、剩余油潜力分布状况，建立了多井组压驱顺序优化技术政策：

一是耦合式压驱效果较好；

二是合理压力保持水平为1.1pi；

三是边缘压驱井注入量外溢率23.8%，但外溢率与井组亏空、水井外缘砂体厚度有关，具体区块根据实际情况上下浮动；

四是边缘井组压驱后油井开开顺序按照水驱流线由弱到强的异步开井顺序；

五是多井组共用压驱井，在压驱补能后建议按照“先边后角，先弱再强”的流场调控顺序协同增效。

3 矿场应用及效果

3.1 不同类型潜力层带压驱应用效果

2022年以来，胜坨油田双低潜力层带共实施压驱井组36个(表3)，累注水131万方，油井见效率81.8%，累增油4.64万吨，压驱增能调流场技术已成为改善中低渗油藏开发效果的主导技术。

表3 不同类型潜力层带压驱实施效果统计表

潜力层带类型	实施井组		累注水（万方）	日增油 吨		累增油（万吨）	平均单井组累增油（吨）	油井见效率%
	井组个数	地质储量（万吨）		初期	目前			
三角洲外前缘	9	261	25.4	13.6	12.4	1.2466	1163	84.6
砂砾岩体	6	321	31	48.3	9.1	1.4227	2371	74.2
浊积砂体	8	232	41	43.6	38.5	1.3713	1714	88.9
扇三角洲	3	106	7.16	9.9	1.5	0.2209	736	82.4
非主力潜力层带	8	195	17	7.2	7.5	0.1512	439	77.8
其他	2	88	9	7.5	5.4	0.2306	1153	66.7
合计	36	1203	131	130.1	74.4	4.6433	1290	81.8

3.2 结论与认识

一是压驱增能调流场技术是中低渗油藏改善开发效果的主导技术；

二是压驱注水能够大幅提高注水产液能力，扩大水驱波及，提高驱油效率，是中低渗油藏大幅提高采收率的有效途径；

三是深化中低渗油藏储层非均质性及剩余油分布规律认识，重建油藏认识体系，是高质量实施压驱增能调流场的地质前提；

四是明确压驱过程压力传导与介质运移规律的差异和相关性，是优化压驱方案设计的基础；

五是压驱过程流场调控技术的集成应用是提高压驱见效率，提升整体压驱效果的重要保障。

参 考 文 献

[1] 杨勇，胡罡，田选华．水驱油藏剩余油再富集成藏机理．油气地质与采收率，2015，22(04)：79-86.

[2] 杜玉山，杨勇，郭迎春，等．低渗透油藏地层压力保持水平对油水渗流特征的影响[J]．油气地质与采收率，2015，22(3)：72-76.

[3] 姜瑞忠，卫喜辉，王世朝，等．考虑毛管滞后的周期注水作用机理数值模拟[J]．油气地质与采收率，2013，20(4).

[4] 戴胜群，付波，洪秀娥，等．油藏综合相渗曲线拟合方法[J]．油气藏评价与开发，2011，1(3)：1-4.

[5] 沈平平．驱替实验计算相对渗透率方法综述[J]．石油勘探与开发，1982，(3)：76-83.

[6] 束青林，郭迎春，孙志刚，等．特低渗透油藏渗流机理研究及应用[J]．油气地质与采收率，2016，23(5)：58-64.

[7] 孙志刚，马炳杰，李奋，等．低渗透储层流体非线性渗流机理及特征分析[J]．西南石油大学学报，2019，41(2)：109-116.

低渗致密砂岩气储层地质工程一体化研究

——以川西北梓潼地区沙溪庙组一段为例

刘　敏[1]　关　旭[1]　王自剑[1]　王海霞[1]　刘章昊[1]　方鸿铭[2]

(1. 中国石油西南油气田公司勘探开发研究院；2. 中国石油西南油气田公司工程技术研究院)

摘　要　本文基于地质工程一体化理念，以地质综合研究为基础，以满足工程需求和实现效益开发为目的，以工程地质力学理论为桥梁，构建了地质工程一体化评价思路。对梓潼地区WQ4等井开展了地质工程一体化评价工作，实现了梓潼地区沙溪庙组一段致密砂岩气藏勘探的重大突破，WQ4井经分段加砂压裂改造，测试获得了气88.30万方/天，无阻流量207.47万方/天的高产工业气流，证实了地质工程一体化评价是致密砂岩气藏勘探开发的重要技术对策，丰富了非常规致密砂岩气藏的勘探开发理论体系。

关键词　梓潼地区；侏罗系沙溪庙组；致密砂岩气藏；地质工程一体化；双甜点

四川盆地作为一个超级富气盆地，石油与天然气资源丰富，油气产层多，已发现31个油气层系，赋存多种类型的油气资源，包括常规天然气和非常规油气两大类油气资源。其中非常规油气包括致密砂岩气、致密油、页岩气、页岩油、火山岩气和煤层气等多种类型资源。侏罗系沙溪庙组作为四川盆地陆相致密油气层系，已成为了盆地陆相非常规油气勘探开发的核心领域。近年来，侏罗系沙溪庙组砂岩气藏勘探开发取得重大新进展，仅在中石油探区川中天府气田已申报探明储量超2000亿余方，建成致密气年产能30亿方以上，进一步证实了四川盆地侏罗系沙溪庙组致密砂岩气藏良好的勘探开发潜力。近期，侏罗系沙溪庙组致密气勘探开发由川中核心建产区向外围的川中东部和川西北、川西南拓展滚动勘探。川西北部梓潼地区靠近上三叠统须家河组生烃中心，被认为具备千亿方资源规模，潜力大，已获得工业气井9口，申报探明储量48亿余方，是加快评价的重点区带。前期参照川中沙溪庙组砂岩气藏的成熟勘探开发部署模式，针对川西北部梓潼地区致密砂岩气藏采用老井上试和部署新井相结合的方式评价沙一段优质砂组，但单井测试产量低，产能建设效果不及预期，勘探开发效益仍处于较低水平。目前，梓潼地区沙溪庙组致密砂岩气藏(下文简称沙一段气藏)开展了地质综合研究、地震储层反演、测井评价、钻完井及储层改造等研究，但是各研究模块相互独立，地质工程一体化研究不足，导致地质和工程“双甜点”认识不充分，且难以明确致密砂岩气藏井高产的地质模式和主控因素。因此，在前面研究的基础上，亟需加强地质工程一体化评价研究，进一步指导钻完井及储层改造，并为后续加快部署和优化设计，寻求高效经济勘探开发奠定基础。

本文针对梓潼地区沙一段气藏开展了地质工程一体化评价研究，构建了相应的研究思路，并以沙一段气藏典型钻井地质建模为抓手，充分运用地质录井、测井、地震资料，建立地质工程“双甜点”模型，以期为后期的压裂改造分段优选，用液用砂强度提供指导。研究结果可为今后四川盆地侏罗系致密砂岩气藏勘探开发提供技术和理论指导。

1　地质工程一体化评价思路

近年来，针对川西北部梓潼地区侏罗系沙溪庙组致密砂岩气藏不同地质甜点已实施多口井，但与天府气田沙二气藏相比，普遍单井测试产量低，井间产量差异大，产能建设不及预期。研究认为影响气井高产的主要因素是地质和工程一体化结合不足，因此以地质综合研究为基础，以满足工程需求和实现效益开发为目的，以工程地质力学为理论桥梁，构建了致密砂岩气藏地质工程一体化评价思路。具体的评价思路如下(图1)：

1.1　地质工程综合评价研究建立地质模型

通过钻、录、测、地震、地质、工程实验等资料，开展富气储层地质工程综合评价，明确储层储集性、含气性、可动性、脆性等地质特征和水平应力、应力差、孔隙压力等工程力学特征，构建一体化的地质力学模型。

1.2 一体化钻完井方案设计

根据邻井或导眼井地质工程特征，选取“黄金”靶体进行一体化钻完井方案设计，获取最优的水平井眼轨迹和完井措施，提高优质储层钻遇率和固井质量，以期实现钻好井、固好井，并为压好井奠定基础。

1.3 一体化压裂方案设计

建立井区一体化三位地质模型以及三维地质力学模型，精准刻画“甜点”空间展布，开展一体化施工方案压裂设计。通过匹配页岩油储层特征的缝网几何形态，设计能够实现缝网几何形态的最优压裂工程参数。

本次建模方法是：测井储层甜点识别+高精度地震反演数据体约束+储层地质统计学模拟，精准刻画河道砂体在三维空间分布规律。

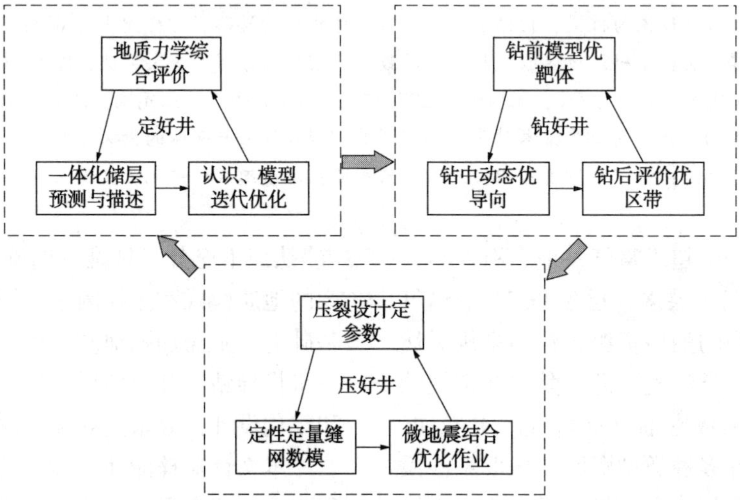

图1　地质工程一体化研究思路图

2　地质工程一体化评价实践

依循评价思路，分步骤开展一体化研究实践。

2.1 地质工程一体化综合评价

梓潼气田侏罗系沙溪庙组一段为北物源控制的浅水三角洲沉积体系，水下分流河道为有利微相，规模砂体发育。砂体储集岩主要为长石岩屑砂岩，岩屑含量相对较高，近40%，长石含量较低，部分砂体浊沸石和钙质含量高，而金秋、简阳区块沙一段以岩屑长石砂岩为主，浊沸石和钙质含量低。储集空间主要为残余粒间孔，次为粒间溶孔，见少量粒内溶孔，喉道以缩颈喉道和片状喉道为主，喉道更狭小，以中-细喉、中-差分选孔隙结构为特征。梓潼气田沙一段孔隙度7.0%~11.4%，渗透率0.006~5.16mD，中值孔喉半径在0.06~0.20μm之间，平均为0.11μm，孔渗条件较简阳和金秋更差，属典型的致密砂岩储层(表1)。

表1　川中-川西地区沙溪庙组一段致密砂岩储层地质特征评价参数表

气藏	盐亭区块	简阳区块	金秋区块	中江高庙气田	梓潼气田
构造特征	斜坡带			龙泉山东坡	斜坡带局部构造
层位	沙一^{1}亚段	沙一^{1}亚段	沙二^{1}亚段	沙一亚段	沙一^{1}亚段
组分%	$Q_{36}F_{38}R_{26}$		$Q_{43}F_{30}R_{27}$	$Q_{35}F_{36}R_{29}$	$Q_{36}F_{24}R_{40}$
埋深/m	-2300~-2900		-1300~-2200	-2600~-3100	-3100~-3600
沉积体系	三角洲前缘中-远端		三角洲前缘、河流	三角洲前缘	三角洲前缘
河宽/km	0.4~4.6	0.4~6.3	0.3~4.8	0.35~1.61	0.2~2

续表

气藏	盐亭区块	简阳区块	金秋区块	中江高庙气田	梓潼气田
砂厚/m	8~35	20~58	10~40	23~39.4	12~37
储厚/m	6.3~32.4	5.5~47	9.3~38.4	16.4~32.5	6~26.5
孔隙度/%	9.8%~11.2%，中值10.5%	9%~13%，中值11.4%	9%~15%，中值11.9%	7.84%~14.5%，中值9.2%	7.8%~11.4%，中值8.47%
渗透率/mD	0.1~10，中值1.17	0.1~1，中值0.521	0.1~100，中值1.3	0.05~0.64，中值0.22	0.006~5.16，中值0.298
孔喉半径/μm	0.01~0.14，平均0.07	0.18~5.25，平均1.61			0.06~0.17，平均0.11

梓潼气田沙一段测井解释含水饱和度介于24.4%~49.6%，平均41.1%，含水饱和度较高。压力系数主要在0.88~2.09之间，属常压-超高压气藏，平面非均质性强。

以录井溢漏复杂临界当量密度及实测地层压力为刻度，运用等效深度法、Eaton等方法，建立适合研究层系孔隙压力评价模型。依据岩石力学实验成果及测井数据标定，建立杨氏模量、泊松比动静态转换模型。评价结果显示梓潼气田沙一段砂岩杨氏模量介于35.2~47.8GPa，泊松比为0.22~0.30，小层力学性质差异较大，整体呈现出脆性与天府气田金秋区块沙二、简阳区块沙一相当，但抗压强度更大的特征。通过交叉偶极地应力方向分析，区域最大主应力方向主要为近东西向，约95°左右。平均最大水平主应力82.3Mpa，平均最小水平主应力67.5MPa，较金秋沙二、简阳沙一高31.6%~38.9%，平均水平应力差为11.8MPa。应力场垂向应力居中，易形成垂直缝。

2.2 工程需求下的精细地质建模

梓潼气田沙溪庙组一段致密砂岩气藏在“定井、钻井、完井”工程中存在一定的难点，首先是处于复杂河道区(叠置河道、窄河道)，平面上砂体非均质性强，水平段钻揭多个滩体，滩体之间多发育致密夹层，导致钻遇储层变薄变差，优质储层钻遇率偏低；其次是地震体速度存在局部异常，地层倾角较地震预测变化更快，地震倾角误差影响轨迹决策，水平井轨迹位置难以精确把控；最后是河道末端、致密带封堵或是断裂破坏导致油气充注程度不高或逸散，含气性及压力系数平面非均质性强；可以看出，这些难点主要集中在优质储层的三维空间刻画和精细构造解释方面。

实现地质工程一体化研究的具体手段主要为地质建模与数值模拟。前期的地质建模与数值模拟一般为不同团队并行研究，多数地质模型未考虑工程需求，难以达成一体化研究的效果。在引入一体化研究理念下，通过共享模型，多期迭代，来为“强非均质性、低品位气藏”资源的经济高效开发难题破解奠定基础。

具体对策包括：(1)依据井震标定明确砂体地震响应特征，结合随钻跟踪过程中的叠前叠后敏感属性分析落实砂体定性预测敏感属性，通过已钻井吻合度分析确定物性定性预测敏感属性；(2)基于测井数据建立“岩性-物性-含气性”岩石物理量版；(3)在岩性预测的基础上，利用地震叠前弹性参数反演预测沙溪庙组砂岩储层孔隙度，进一步计算储层厚度；(4)在岩石物理建模和测井评价的基础上，利用迭代后叠前反演定性半定量预测含气性(图2)。

梓潼气田沙一段致密砂岩气藏通过多轮地质评价、地震正反演迭代，已基本确定了砂体、储层、含气性等参数的地质地震敏感响应属性。如P-G相移属性表征河道边界，叠前弹性参数反演成果确定砂体及储层展布规律，叠前P+G属性定性预测储层含气性，在此基础上输入测井解释成果，通过深度学习，计算得到含气性反演体。上述预测方法及其成果经实钻井和验证井的验证，孔隙度预测最大误差小于1%，储层厚度预测误差小于2m，吻合率达85%以上(图3)，表明该套预测方法能够精细表征梓潼气田沙一段的致密砂岩储层空间展布特征，为地质工程一体化研究奠定基础。

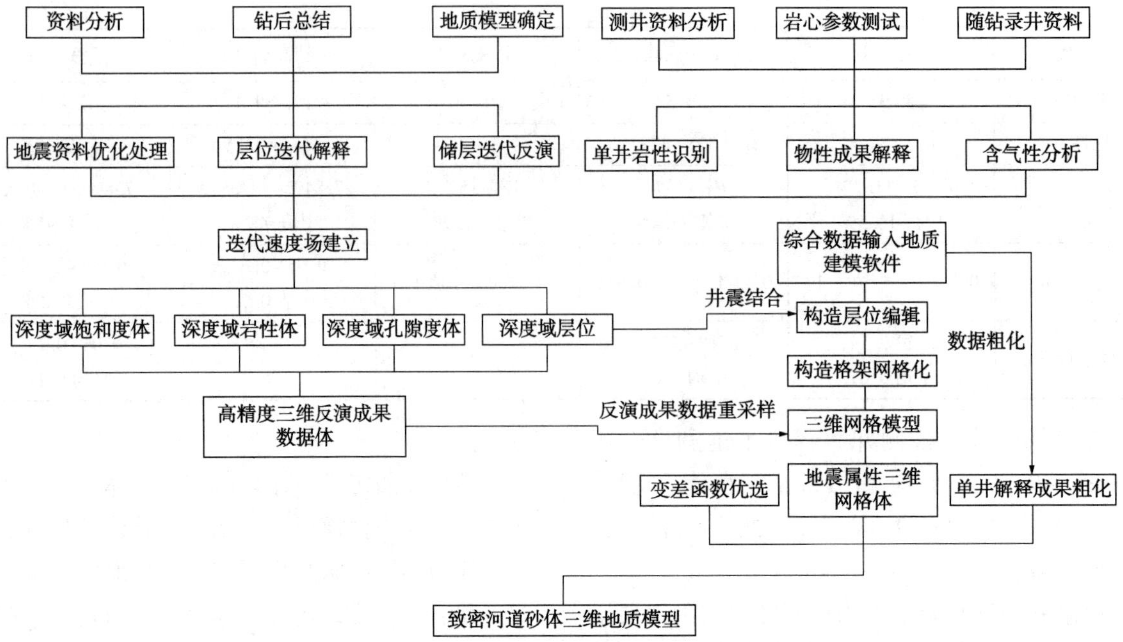

图 2　一体化地质模型建立流程图

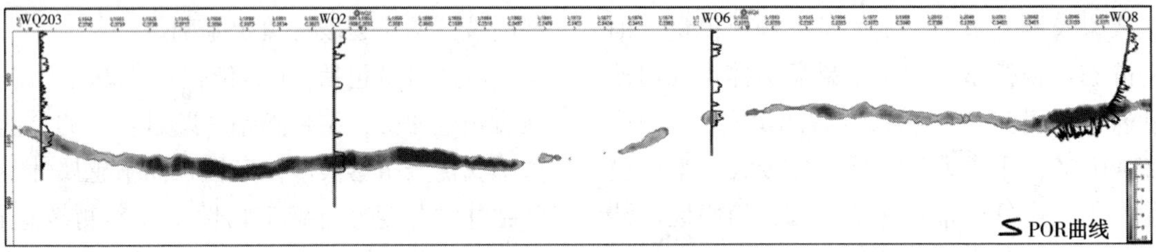

图 3　梓潼气田孔隙度预测剖面

2.3　一体化钻完井设计及动态调整

经由多轮迭代和精细地质、地震预测，确定最优靶体和水平段轨迹。以 WQ8 井为例，该井参考 WQ203 导眼井井震标定设计，WQ203 导眼井实钻砂体厚度 33.8m，上部气测显示较差的致密砂体垂约 9.5m，中上部优质储层垂厚 7m，可设计为箱体。WQ8 井沙一段底部预测砂体垂厚 35m，以见良好气测显示井深作为箱体顶部，设计箱体垂厚 10m。实钻上部致密砂体垂厚约 5.5m，钻遇 2 套含泥质细砂岩和 3 套灰质细砂岩(岩屑滴酸起泡)，表明砂组内部夹层较发育。钻井中井轨迹根据随钻曲线和储层情况实时调整，井底钻遇垂厚 6.5m 高咖玛灰色泥岩，根据优质砂组标定结果结合录井资料，判断深偏剖面优质砂顶标定位置存在误差，经速度场迭代重新标定后，灰色泥岩段垂向位置位于敏感属性相位，已钻砂体垂厚 23.3m，因此判断已钻穿砂组，提前完钻。WQ8 井设计水平段长 800m 实钻水平段长 672m，气显示活跃，钻遇砂岩 788m，测井解释储厚 575m，优质储层发育在砂体上部，储层钻遇率 90%(图 4)。水平井轨迹平滑，各层套管按设计要求下到指定层位和位置，固井质量较好。

2.4　一体化压裂方案设计

在一体化三维地质模型，包括构造模型，岩性模型，属性模型，天然裂缝模型等基础上，通过数模构建了三维地质力学模型。以 WQ8 井为例，河道砂体厚度 22~25m 之间，河道砂体横向展布稳定。河道砂体孔隙度平均 7%~11%、含气饱和度平均 62%、渗透率平均 0.62mD，水平段物性和含气性整体较好，最优物性段分布于水平段上部 4~6m。力学模型平剖面上，杨氏模量平均值 45.8GPa、泊松比平均值 0.22，水平段最小主应力平均值 69.9MPa，水平应力差平均 11.6Mpa。岩石力学参数表现为河道砂脆性较高，地应力分布存在一定非均质性，河道砂体段与上覆致密层存在 10~12MPa 应力差，河道之外应力整体较高，对水力缝高延伸具备有效隔挡作用；水平段夹层的灰质砂岩应力偏高，施工过程中须注意灰质砂岩的应力隔层(图5)。

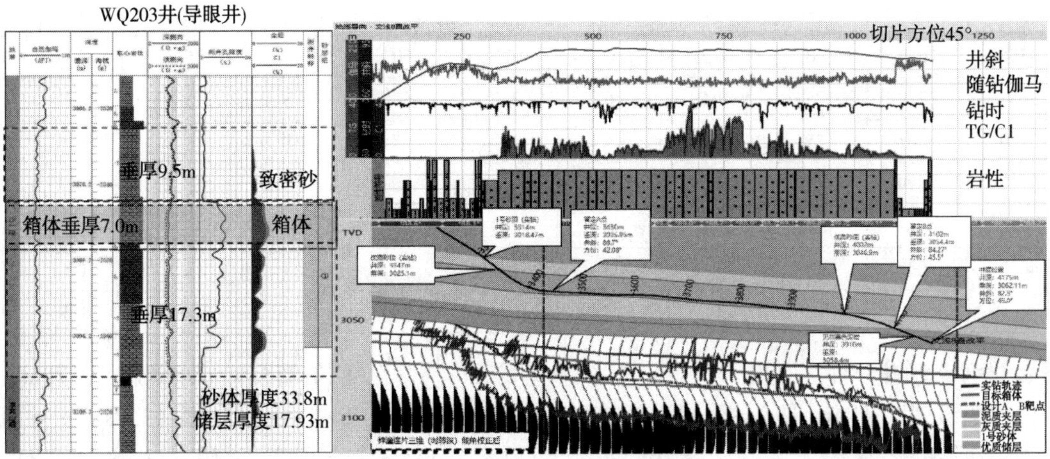

图4　WQ8井地质导向恢复模型

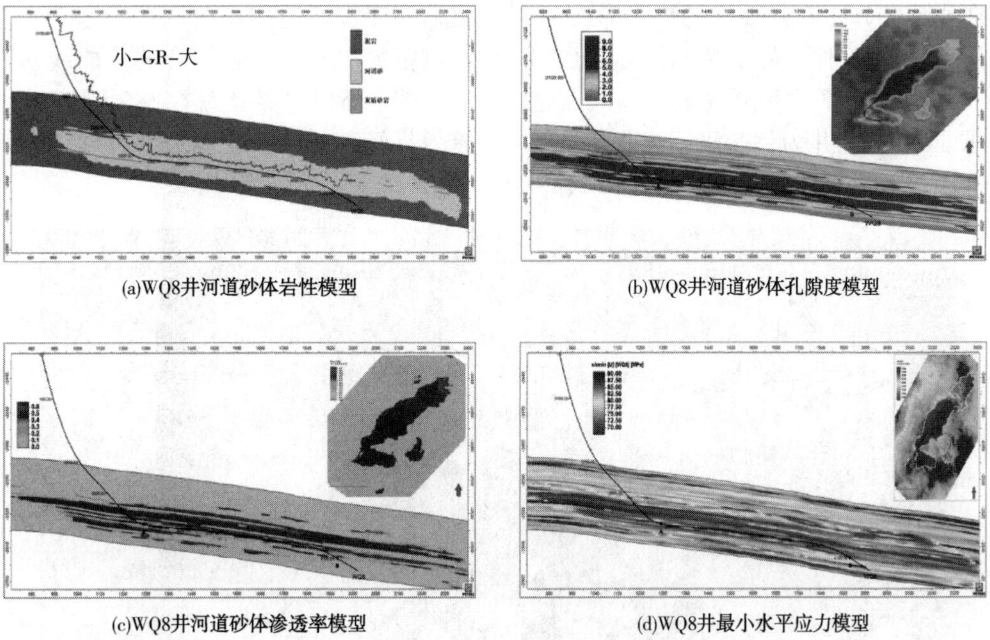

(a)WQ8井河道砂体岩性模型

(b)WQ8井河道砂体孔隙度模型

(c)WQ8井河道砂体渗透率模型

(d)WQ8井最小水平应力模型

图5　WQ8井一体化三维地质及力学模型

在精细构建地质模型和岩石力学、地应力模型的基础上，以“精准化分段，差异化压裂设计”为原则，充分结合沙溪庙组物性及含气显示，最终划分确定改造段为：3344～4099m，跨度755m，改造段长663m，共分8段，单段段长75～100m，采用“段内多簇+高强度连续加砂+变粘滑溜水”的多缝压裂工艺。段内选择储层物性好，泥质含量较低的位置射孔，主体簇间距12～14m，缝间距8.5～9.9m。第1段位于河道砂下部，设计采用定向射孔工艺，第2～8段位于河道砂中下部，设计采用螺旋射孔工艺。综合考虑井轨迹与最优箱体边界距离以及平均气测显示，设计单簇用液量200～240m^3。设计平均加砂强度4.25t/m，平均用液强度15.67m^3/m(表2)。

表2　WQ8井一体化压裂方案设计参数表

段次	段顶/m	段底/m	段长/m	显示/%	簇数	单簇用液量	单簇加砂量	加砂强度/(t/m)	用液强度/(m^3/m)	总砂量/t	液量/m^3
8	3344	3424	80	6.85	6	220	60	4.5	17.3	360	1320
7	3435	3511	76	11.27	6	230	65	4.7	18.2	390	1380

续表

段次	段顶/m	段底/m	段长/m	显示/%	簇数	单簇用液量	单簇加砂量	加砂强度/(t/m)	用液强度/(m^3/m)	总砂量/t	液量/m^3
6	3556	3646	90	6.35	6	220	60	4	15.3	360	1320
5	3654	3729	75	19.01	6	240	65	4.8	18.4	390	1440
4	3729	3804	75	21	6	230	65	4.8	18.4	390	1380
3	3812	3899	87	10.93	5	230	65	3.4	13.2	325	1150
2	3912	4012	100	5.32	6	200	50	3	12.6	300	1200
1	4019	4099	80	4.82	6	200	50	3.4	13.5	300	1200
合计			663					4.25	15.67	2815	10390

2.5 一体化研究跟踪评价

通过地质-工程一体化研究，后期压裂施工高效完成“一段一策”压裂方案，压裂设计符合率达100%。梓潼气田5口“密切割”多缝压裂井，施工曲线无陡升陡降，整体平稳下降(56~65MPa)，裂缝正常延伸，施工顺利，各井加砂完成率96%~100%，平均加砂完成率99%，达到设计要求。以WQ4井为例，压后改造效果评价显示全井段改造相对充分，全井段缝长218~278m，平均缝长253.05m，缝高29.79m，支撑半缝长121.08m，支撑缝高13.71m，导流能力46.41mD.m。多缝压裂施工井平均SRV达到1040m^3，裂缝沟通区域广、改造范围大。微地震监测证实裂缝控制范围达到68%以上，平均控制范围72%，通过拟合施工曲线从而得到人工裂缝形态以双翼缝为主，各簇均有效开启，改造效果好，有效沟通了河道砂体，实现有效动用储层(图5)。

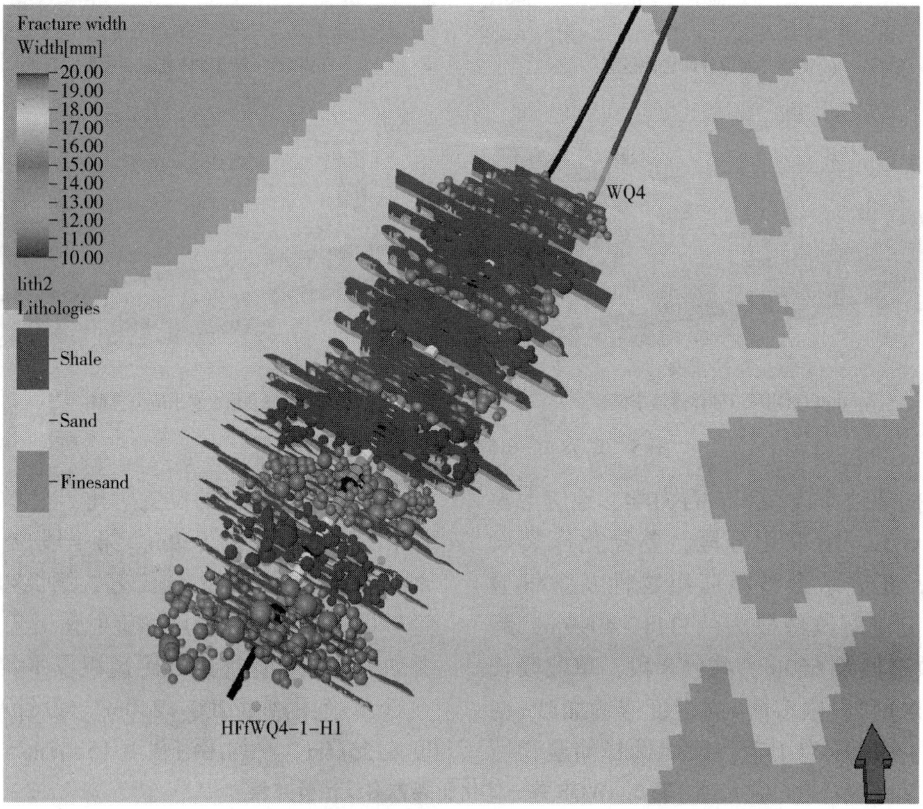

图5　WQ4井水力缝+微地震+叠合河道平面图

目前，WQ4测试获得了日产天然气88.30万方，无阻流量207.47万方/天的高产工业气流，估算EUR1.21亿方，取得梓潼气田沙溪庙组一段致密砂岩气藏的勘探重大突破，不仅证实了梓潼地区沙溪庙组致密砂岩气藏的勘探开发潜力，也表明了地质工程一体化评价是致密砂岩气藏勘探开发的重要技术对策，推进了非常规致密砂岩气藏的勘探开发理论体系建设。

3 结论与建议

（1）梓潼气田沙一段气藏孔渗条件较简阳和金秋区块更差，优质储层非均质性强，属典型的致密砂岩储层。力学性质方面，整体呈现出脆性与天府气田金秋区块沙二、简阳区块沙一相当，但抗压强度更大、应力场垂向应力居中的特征。

（2）地质和工程系统化结合不足影响致密砂岩气藏的经济高效勘探开发，根据地质工程一体化理念，构建了地质工程一体化评价思路，以获取最优的水平井眼轨迹和完井措施，提高优质储层钻遇率。

（3）以梓潼气田沙溪庙组一段致密砂岩气藏为例，开展地质-工程一体化研究实践，通过综合地质评价，地震迭代预测攻关，建立包括构造、岩性、物性、含气性等精细地质模型，在此基础上构建切合地质条件的地质力学模型，为钻完井、压裂改造的分簇分段、射孔工艺、用砂用液强度等提供依据。

（4）实践结果表明，开展地质-工程一体化研究的 WQ4 等井，压裂改造效果好，压裂设计符合率达 100%，有效沟通了河道砂体，实现储层有效动用，获得了高产工业气流。

参考文献

[1] 杨光，李国辉，李楠，等．四川盆地多层系油气成藏特征与富集规律［J］．天然气工业，2016，36（11）：1-11.

[2] 李国辉，苑保国，朱华，等．四川盆地超级富气成因探讨［J］．天然气工业，2022，42(5)：1-10.

[3] 张道伟，杨雨．四川盆地陆相致密砂岩气勘探潜力与发展方向[J]．天然气工业，2022，42(1)：1-11.

[4] 杨雨，谢继容，曹正林等．四川盆地天府气田沙溪庙组大型致密砂岩气藏形成条件及勘探开发关键技术[J]．石油学报，2023，44(6)：917-932.

[5] 杨跃明，王小娟，陈双玲，等．四川盆地中部地区侏罗系沙溪庙组沉积体系演化及砂体发育特征[J]．天然气工业，2022，42(1)：12-24.

[6] 王小娟，洪海涛，吴长江，等．四川盆地川中地区侏罗系沙溪庙组致密砂岩储层特征及成因．吉林大学学报(地球科学版)，2022，52(4)：1037-1051.

[7] 肖尧，王锦西，肖柏夷，等．四川盆地天府含气区侏罗系沙溪庙组一段致密砂岩储层特征及主控因素[J]．天然气地球科学，2023，34(11)：1916-1926.

[8] 关旭，李建海，唐青松，等．川中地区金秋气田侏罗系沙一段有利含气区预测[J/OL]．大庆石油地质与开发，1-11[2024-10-10].

[9] 章雄，李玉雯，关旭，等．基于岩性数据重构的叠前快速反演技术研究及应用[J/OL]．石油地球物理勘探，1-14[2024-10-10].

[10] 王跃祥，夏小勇，吴燕辉，等．川中-川西地区沙溪庙组致密气藏地层压力研究[J]．石油物探，2023，62(04)：721-730+740.

[11] 卫弘媛，谢然红，王跃祥，等．四川盆地沙溪庙组致密砂岩储层孔隙结构与分类[J]．东北石油大学学报，2023，47(03)：34-43+88+7-8.

[12] 唐波涛，曾冀，陈伟华，等．川中秋林地区致密砂岩水平井多簇射孔优化设计方法及应用效果[J]．油气藏评价与开发，2022，12(02)：337-344.

[13] 范宇，汤继周，陈伟华，等．河道致密砂岩螺旋射孔完井压裂优化设计[J]．测井技术，2021，45(06)：646-656.

[14] 路智勇，刘莉，姜宇玲，等．涪陵气田立体开发地质工程一体化实践［J］．中国石油勘探，2024，29(3)：10-20.

[15] 林永茂，雷炜，缪尉杰．深层致密气地质工程一体化实践：以川西须家河组为例［J］．中国石油勘探，2024，29(3)：21-30.

高温高压气井中性除垢解堵液研究及应用

吴红军[1,2,3,4] 孙 涛[1,2,3,4] 张 宝[1,2,3,4] 曹立虎[1,2,3,4] 杨 奕[1,2,3,4] 吴俊义[1,2,3,4] 杨小英[1,2,3,4]

(1. 中国石油塔里木油田公司；2. 中国石油天然气集团有限公司超深层复杂油气藏勘探开发技术研发中心；3. 新疆维吾尔自治区超深层复杂油气藏勘探开发工程研究中心；4. 新疆超深油气重点实验室)

摘 要 针对塔里木克深气田气井的复合无机垢堵问题，通过室内研究，创新提出“螯合+阻垢+增渗”协同溶垢理念，形成了以螯合主剂、增效剂、渗透剂为主要成分的中性解堵体系，180℃、反应6h条件下对于分析纯碳酸钙粉和现场垢样溶垢率分别达到80.6%和76.6%，对于超级13Cr腐蚀速率0.49g/(m^2·h)，具有高溶蚀性、强渗透性、低腐蚀性的优点。现场试验井解堵后，油压由29MPa提升至51MPa，日产气由$11.8\times10^4m^3$提升至$28.3\times10^4m^3$，可有效解决井筒的垢堵问题，疏通气体的流通通道，增加气井产量。

关键词 高温高压；气井；无机垢；中性解堵液；解堵

克深、迪那区块是塔里木油田重要的产气区块，具有埋深超深5000～8000m、压力超高115～123MPa、温度超高140～180℃、高盐10～20×10^4mg/L等特点，2015年起，气井生产过程中易堵塞，出现油压波动、产量骤降、管柱失效等问题，截至2023年底堵塞井比例超过50%，气井堵塞问题对西气东输平稳供气造成巨大挑战。通过对现场井筒堵塞物进行定量分析，结果表明：堵塞物以复合无机垢为主，主要为碳酸钙（含量约为40%～60%）、硫酸钙（含量约为40%～50%），并含有少量的硫酸钡，见图1。

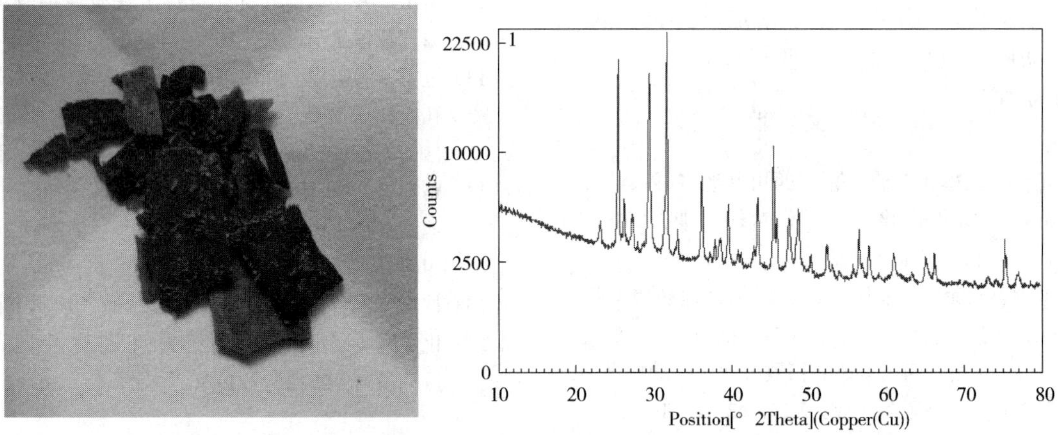

图1 井筒堵塞物样品和XRD分析结果

早期气井井筒解堵技术采用连续油管疏通、放喷解堵等物理解堵技术，这些工艺存在作业周期长、成本高、无法解除近井储层堵塞等不足。因此2018年试验酸化除垢解堵技术，除垢效果较好，堵塞问题得到缓解。目前塔里木现场主要采用土酸进行解堵，但存在两项不足，一是气井储层温度可达180℃，酸液对油管管材腐蚀速率较大，多次酸化作业对油套管腐蚀伤害难以控制；二是对于堵塞物为硫酸钡等难酸溶垢为主的情况，土酸难以溶解，影响除垢效果。为此需要研发出一种除垢性能优良、腐蚀性较小的螯合类中性解堵剂产品，实现高温下管柱低腐蚀和难酸溶垢除垢的目的。

1 实验部分

1.1 材料和仪器

碳酸钙、硫酸钙、硫酸钡、乙二胺四乙酸二钠（EDTA）、二乙烯三胺五乙酸（DTPA）、次氮基三乙酸(NTA)、草酸等，分析纯，天津市科密欧化学试剂有限公司；现场垢样取自某井下井筒5000m处，其中碳酸钙/硫酸钙/硫酸钡含量占80%，其他组分为泥沙等杂质。

量筒：Quintix © Pro系列精密分析天平，赛多利斯(Sartorius)仪器有限公司；HH-WO-5L恒温水油浴锅，巩义市予华仪器有限责任公司；101-OAB型电热鼓风干燥箱，天津市泰斯特仪器有限公司；容积500ml高温高压实验室反应釜，威海汇鑫化工机械有限公司；定量滤纸。

1.2 实验方法

参照行业标准Q/SY TZ 0084—2023《除垢解堵液技术要求及评价方法》进行除垢实验。将碳酸钙、硫酸钙、硫酸钡、现场垢样等垢样在105℃下烘干至恒重，称取1g垢样，加入配制好的50mL解堵剂溶液中，置于设定温度下的恒温箱中，并开始计时，当达到规定的时间，降温，过滤、烘干，并对剩余的垢样进行称重，溶垢率的计算公式为：

$$溶后率=\frac{m_0-m_1}{m_0}\times100\% \quad (1)$$

式中，m_0为反应前垢样的质量；m_1为反应后剩余垢样的质量。

将解堵液作为腐蚀介质，参照SY/T 5404《酸化用缓蚀剂性能试验方法及评价指标》进行解堵液的静态腐蚀性能评价。

2 结果与讨论

由于现场垢样的复杂性，单一螯合原理较难起到很好的除垢效果，本研究创新了“螯合+阻垢+增渗”协同溶垢理念，加入增效剂提高了解堵剂的溶垢分散效果，加入渗透剂来提高解堵剂对于致密垢样的渗透能力。对解堵剂配方进行复配优化起到增强螯合剂与垢物间的反应活性，三者协同溶垢，溶垢率和溶垢速率得到明显提升。

2.1 除垢主剂优选

目前对于非酸性除垢主要采用螯合原理，利用螯合剂与钙钡等二价离子形成更加稳定的可溶螯合物的方式实现溶垢，因此螯合剂是除垢液的最关键成分。实验条件固定溶垢对象为分析纯碳酸钙粉末，实验温度为90℃，实验时间为6h，静态原位溶垢。实验考察了不同螯合剂对分析纯碳酸钙粉末溶垢率的影响，结果见图2、图3，对碳酸钙的溶垢率大小依次为：D-5>DTPA>EDTA>EDDS>NTA，D-5螯合除垢性能最优。其中D-5为对螯合剂DTPA引入额外羧基等给电子基团，通过分子模拟计算D-5具备相比DPTA更低的金属离子结合能，见表1，具有理论更高的金属离子螯合能力。对不同螯合剂加量下的溶蚀率进行对比，在2%~5%加量下，随着浓度的增加溶蚀率呈上升趋势，继续增大加量，对于EDTA，溶垢率出现一定的下降，对于DTPA和D-5虽有一定的增长，但增长趋势不明显，经济效益不高，对比最终结果，D-5的溶蚀率最优，其加量应控制在4%~6%。

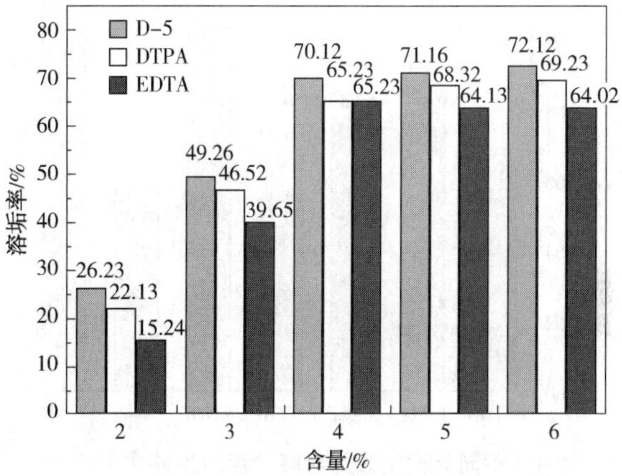

图2 不同螯合剂的性能对比结果

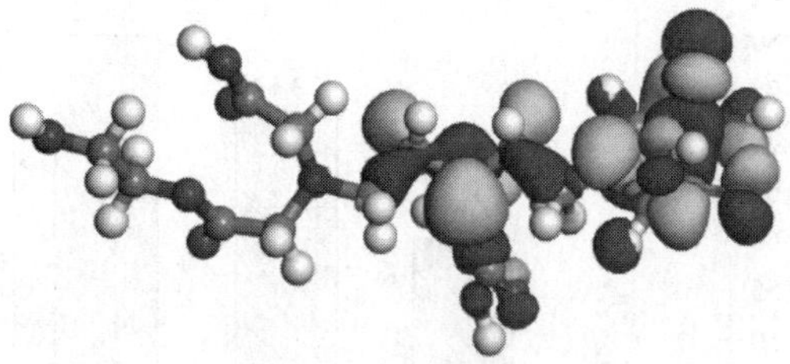

图3 D-5螯合剂分子结构图

表1 不同螯合剂与金属结合能

分子结构	钙离子/(kJ/mol)	锶离子/(kJ/mol)	钡离子/(kJ/mol)
D-5	-85.12	-84.95	-85.72
DTPA	-82.276	-81.402	-82.955
EDTA	-77.292	-77.634	-77.843

2.2 增效剂优选

增效剂设计原则是以阻垢为主，其主要的作用机理是络合增溶、晶格畸变、静电斥力作用等，阻垢剂能够改变已经形成的垢样晶体的表面晶型，阻碍晶体的进一步增长聚结，其次阻垢剂也可与金属离子形成稳定螯合物，提高难溶垢样的溶解分散能力。实验考察了不同类型的阻垢剂并对其加量进行了优化。如图 4 所示，不同类型增效剂对碳酸钙的溶垢率影响较大，一般阻垢剂剂的种类多为聚合羧酸类，或聚合氨基羧酸，其中以 1-P 的效果最好。考察了不同增效剂加量对溶蚀率的影响，见图 5，得到的最佳使用范围为 2~3%，继续增大加量，由于阻垢剂的溶限效应，可能会在垢样表面成膜。虽然能够抑制晶体的继续增长，但同时也会抑制垢样的溶解，使得解堵液的溶垢作用减弱。

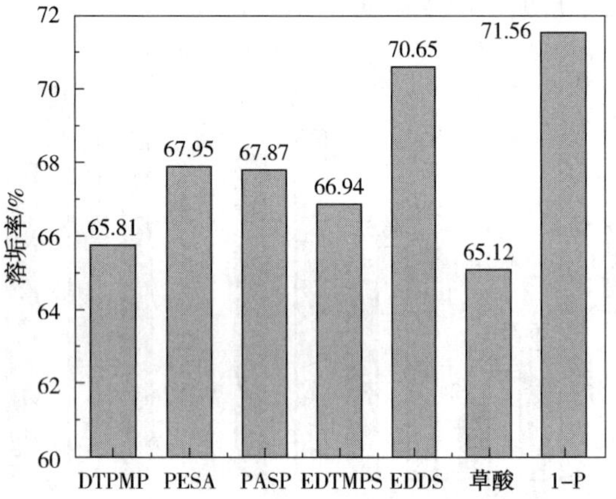

图 4　不同类型增效剂对解堵液溶垢能力的影响

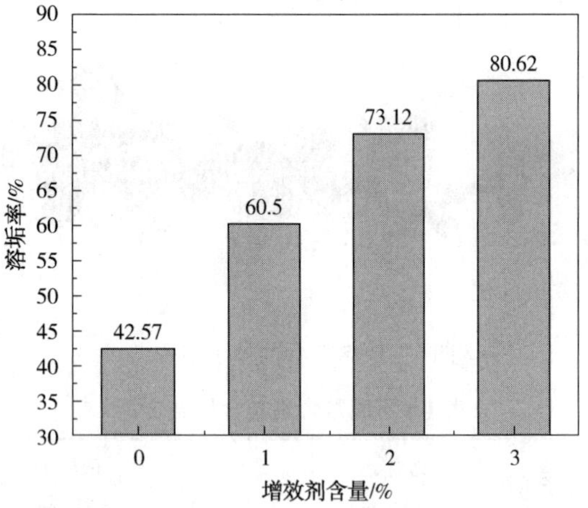

图 5　不同增效剂加量对解堵液溶垢能力的影响

2.3　增渗剂优选

渗透剂一般为表面活性剂类，由于其具有固定的亲水亲基团，容易分散或溶于水，具有优良的渗透、乳化和润湿性能，能够明显降低垢样表面的表面张力，使得解堵液成分更容易进入垢样内部，从而加快垢样的溶解，实验对比了不同的表面活性剂对解堵液性能的影响，采用现场垢样进行实验，反应温度 90℃，反应时间 7h。实验对比了几种表面活性剂与解堵液的配伍性，由于渗透剂主要成分为表面活性剂，容易出现盐析效应，导致在水溶液中配伍性较差，容易析出或使溶蚀浑浊，起不到很好的渗透效果，其中以 AES 的配伍性较好。考察了不同渗透剂加量对解堵液溶垢性能的影响，得出分散剂的加量在 0.025% 时，增溶效果最为明显，增大分散剂的加量，会影响各种剂之间的配伍性，对解堵液的除垢性能起到一定的反作用。对比了加入渗透剂后不同时间下溶垢率的变化规律，见图 6，加入渗透剂后，相同反应时间，加入渗透剂的溶垢率大于不加渗透剂的溶垢率，进一步体现了渗透剂的渗透增效作用。

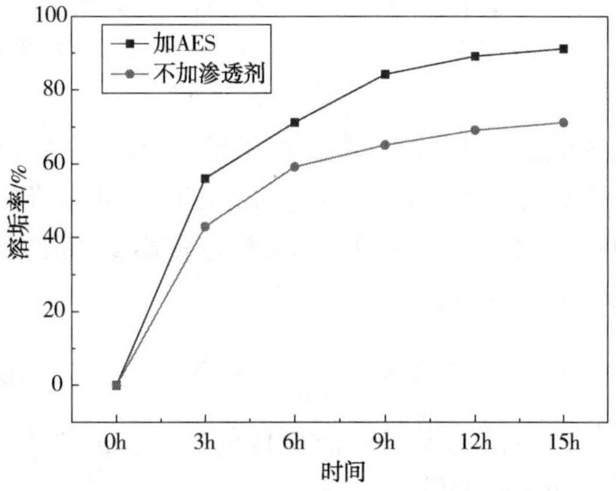

图 6　渗透剂存在对解堵液溶垢能力影响

2.4　pH 值影响

采用 pH 调节剂对解堵液的 pH 进行调节，一般情况下，对于螯合体系，pH 越高，作用效果越明显，但高 pH 值的解堵液在实际应用过程中对施工人员的健康安全也有较大不利影响，同时在高 pH 条件下垢样中铁的氧化物较难去除，长期将高 pH 的液体注入地层，也会对地层产生一定敏感性伤害。开展不同 pH 条件下解堵液除垢性能评价对比，实验结果如图 7 所示，在碱性和偏中性条件下对于不同垢样的溶垢率差异不大，适用范围较广，表明该解堵液体系在中性条件下仍具备较好的溶垢性能。

2.5　反应温度影响

温度是影响溶垢率的因素之一，解堵液除垢率一般随温度的增大而增大，在 90~200℃，增长速率逐渐缓慢，主要是由于温度对垢样溶解度及螯合剂络合常数两者的影响程度是有限的，当温度增加到特定值，溶解度变化趋势缓慢，该解堵液具备较宽的温度使用范围，并且耐温性较好，如图 8 所示。

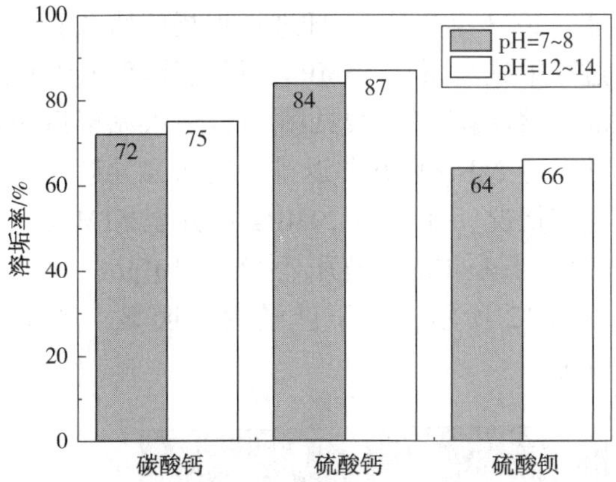

图 7　不同 pH 对解堵液溶垢能力的影响

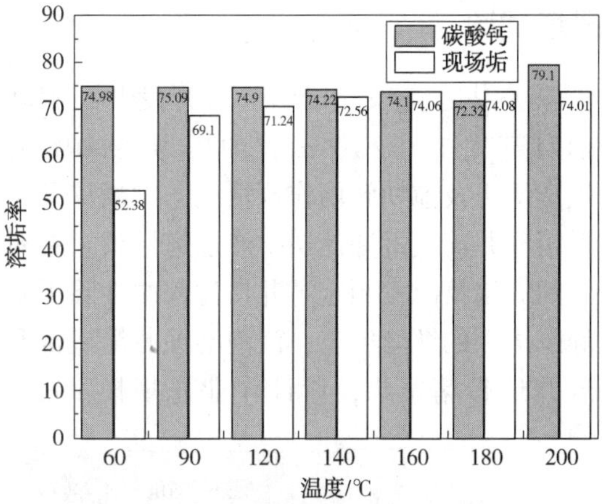

图 8　温度对解堵液溶垢能力的影响

2.6　综合评价

（1）溶垢能力

通过优化形成了螯合剂主剂、增效剂、渗透剂为主要配方的中性解堵体系，180℃下反应 6h 条件下对于分析纯碳酸钙粉末的溶垢率可达到 80.6%，对现场垢样的溶垢率可达到 76.6%，反应效果见图 9，可以满足现场需求。

（2）腐蚀速率评价

中性解堵液对于酸性解堵液具有低腐蚀性的特点，实验通过腐蚀挂片法进行静态腐蚀速率的测定，结果如表 2 所示，180℃腐蚀速率 0.49g/(m^2·h)，相对于酸化条件下，腐蚀速率明显减小，从微观腐蚀形貌图中未观察到明显的点蚀和其他腐蚀情况，表明解堵液具有低腐蚀性的特点。

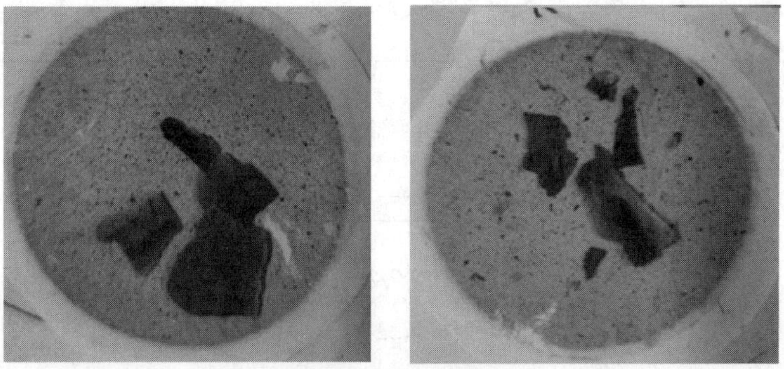

图 9　反应前后垢样状态变化

表 2　高温条件下腐蚀速率测定结果

温度	材质	反应前质量/g	反应后质量/g	质量损失/g	腐蚀速率 g/(m^2·h)	平均腐蚀速率 g/(m^2·h)
180℃	超级 13Cr	11.0118	11.0109	0.0009	0.1641	0.49
		10.9926	10.9878	0.0048	0.8765	
		10.9688	10.9664	0.0024	0.4405	
		10.6910	10.6872	0.0038	0.6994	
		10.6872	10.6834	0.0038	0.6997	

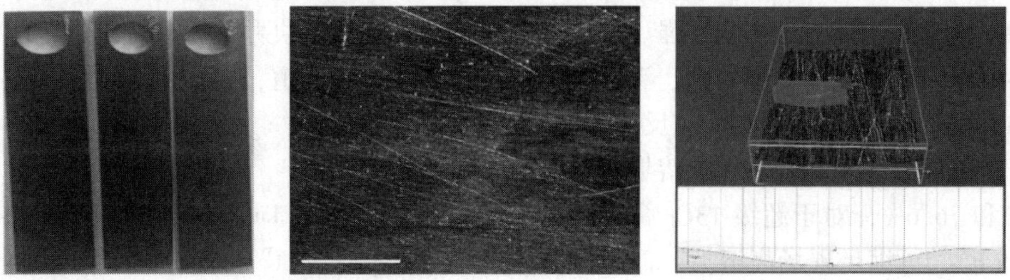

图 10　180℃下超级 13Cr 宏观腐蚀形貌图

3 现场试验

克深X井是克深气田的一口开发井，解堵作业前日产气 $11.8\times10^4m^3$，油压为29.0MPa，结合生产历史及前期解堵作业情况，判断该井是由结垢堵塞井筒或近井储层生产通道导致。针对试验井的垢堵情况，制定了井口注入中性除垢解堵液静态溶垢的解堵工艺，浸泡溶蚀井筒底部和产层近井地带堵塞物，设计作业总规模 $90m^3$，其中 $10m^3$ 前置液，$70m^3$ 中性解堵液，$10m^3$ 顶替液。2023年7月24日进行现场解堵试验，实施过程中最大泵压55MPa，最大注液排量 $1.5m^3/min$，解堵施工曲线见图11，注入完毕后关井闷井反应24h，后开井返排。克深X井解堵后测试生产情况，油压由29MPa提升至51MPa，日产气由 $11.8\times10^4m^3$ 提升至 $28.3\times10^4m^3$，生产曲线如图12所示，油压产量提升明显，解堵效果明显。

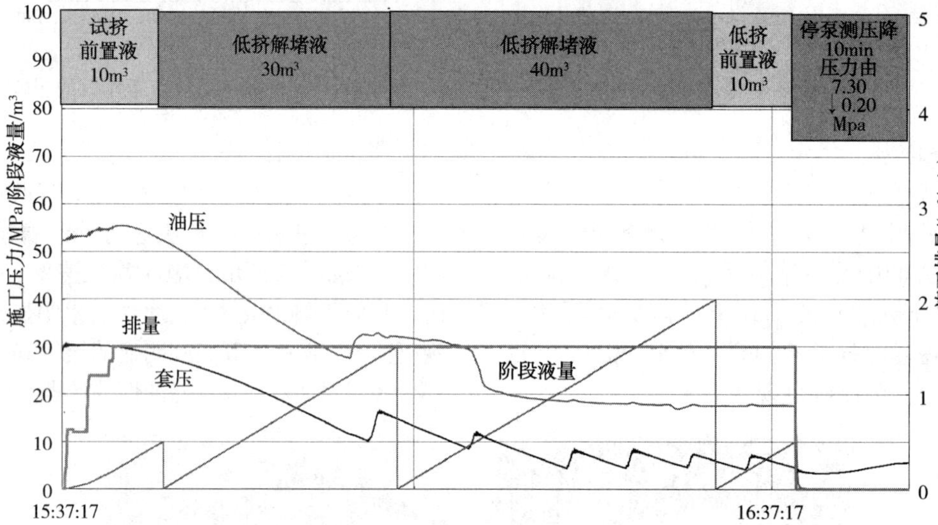

图11 克深X井井筒解堵施工曲线图

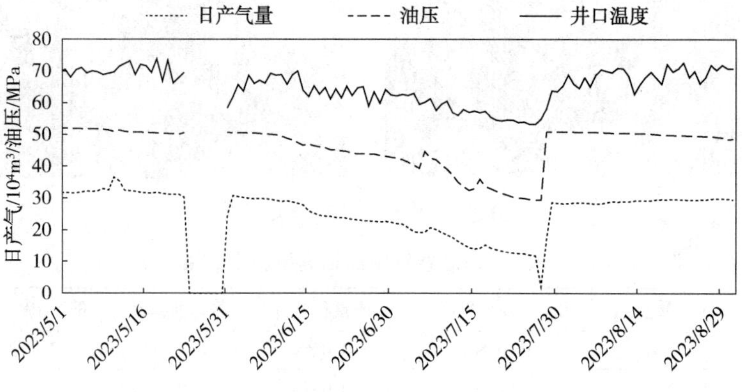

图12 克深X井生产曲线图

4 结论

（1）对螯合剂DPTA引入额外羧基等给电子基团，得到D-5螯合剂，可以进一步降低金属离子结合能，螯合除垢能力进一步加强。

（2）形成了以螯合主剂、增效剂、渗透剂为主要成分的中性解堵剂配方，180℃、反应6h条件下对于分析纯碳酸钙粉和现场垢样溶垢率分别达到80.6%和76.6%，对于超级13Cr腐蚀速率 $0.49g/(m^2\cdot h)$，可满足现场高溶垢、低腐蚀解堵施工需求。

（3）通过现场试验验证，针对存在无机垢堵的井，采用中性解堵液及相关配套工艺进行解堵，可有效解决井筒及近井地层的垢堵问题，疏通气体流动通道，实现增产的效果。

参 考 文 献

[1] Wu Hongjun, Liu Ju, Wang Xi, et al. Research and Application of Wellbore Fixed - point Acidification Unnlocking Technology for Hingh Temperature and High

Pressure Gas Wells[C]. IPTC2020.

[2] Wu Hongjun, Huang Kun, Liu Ju, et al. Research and Application of Compound Plugging Removal Technology in HTHP Condensate Gas Well[C]. IPTC2021.

[3] 江同文，孟祥娟，黄锟，等．克深2气田井筒堵塞机理及解堵工艺[J]. 石油钻采工艺，2020，42(05)：657-661.

[4] 曹立虎，江同文，潘昭才，等．塔里木盆地库车山前超深气井砂垢堵塞成因及靶向解除技术[J]. 天然气工业，2024，44(08)：85-94.

[5] 沈建新，刘建仪，刘举，等．迪那2气藏凝析水结垢规律实验研究[J]. 中国海上油气，2022，34(01)：94-101.

[6] 孙涛，张宝，黄龙藏，等．库车山前高温高压气井结垢预测和解堵规模优化研究[C]//中国石油学会天然气专业委员会．第33届全国天然气学术年会(2023)论文集(04钻采工程). 中国石油塔里木油田分公司油气工程研究院，2023：9.

[7] 张宝，匡韶华，魏军会等．连续油管解堵技术在克深区块超深高压气井中的应用[J]. 油气井测试，2017，26(06)：41-43+75.

[8] 何银达，张玫浩，秦德友等．连续油管冲砂解堵工艺在超高压深井中的应用[J]. 钻采工艺，2018，41(02)：119-121.

[9] 吴红军，刘举，王茜等．库车山前高温高压气井井筒酸化解堵技术研究与应用[C]//中国石油学会天然气专业委员会．第31届全国天然气学术年会(2019)论文集(04采气工程).

[10] 景宏涛，张宝，曾努等．迪那2气田高压气井井筒堵塞治理技术研究与应用[J]. 天然气技术与经济，2018，12(03)：28-30+82.

低渗油气藏动态诊断技术研究及实践

宋刚祥

[中海石油(中国)有限公司上海分公司]

摘　要　海上油气田全面探测油气藏边界较困难，成本高，难以直接获得生产井距油气藏边界距离或油气井的泄流面积等参数，为后续调整挖潜带来困难。通过基于 Blasingame 变产量气井拟稳态流动方程与气井生产数据，建立无需关井压力测试的油气藏边界探测方法，实现气井动储量及产能实时评价。该方法可有效克服短时地层测试流动或关井时间不足的问题。针对低渗气藏测试经常出现压力不稳定、恢复缓慢导致测试解释及产能求取受阻的问题，通过改进现有测试方法，提出快速产能测试方法，主要包括短时不关井等时试井、简化的修正等时试井测试方法。改进的方法能将测试时间进一步缩短，适宜在低渗致密储层开展产能测试。在等时试井的基础上，以井筒储集效应作用时间作为等时流动时间来进一步缩短测试时间。采用简化的修正等时试井方法应用于海上 E 低渗气藏，实践证实能规避产能方程负斜率风险，不进行延续期的测试，从而缩短测试时间。这些技术成果解决了低渗气藏产能测试难题，为同类低渗致密气藏产能测试评价提供重要的借鉴及技术支撑。

关键词　产能测试；低渗气藏；修正等时试井；井储效应；等时流动时间；评价

东海盆地具有储层非均质性强，断层、水体发育特征。低渗-致密气资源储量较大，低渗致密气产量的比重逐年攀升。由于地质油藏条件复杂，地层流体性质多样化，导致在进行回压试井时，产能分析过程中经常遇到各类问题，例如低渗气层开井生产时产量流压难以达到稳定，关井后难以恢复至地层压力。为解决岩性、构造-岩性油气藏生产井距油气藏边界距离或油气井的泄流面积评价问题，提出了 Blasingame 变产量气井拟稳态流动方程，直接基于气井生产数据进行油气藏探边，进而评价气井动用储量及稳定产能成为现实。该方法可有效克服短时地层测试流动或关井时间不足的问题。

通过气井产能评价方法综合分析，在利用井口压力考虑节流状态确定井底流压的基础上，运用气井的生产数据对单井产能进行评价，并据此计算地层压力、建立产能方程。研究表明：在气井渗流达到拟稳态的条件下，可以用常规的压力平方二项式方程来求取低渗气藏的产能方程和无阻流量。对于低渗气藏，由于地层渗透率低，压力向外波及速度慢，测试很难达到稳定条件，一般不建议采用回压试井方法，国内外低渗气藏产能测试多选择不稳定的修正等时试井测试方法，李跃刚等人通过将修正等时试井技术应用于长庆低渗气田，通过不断实践，其理论、测试工艺、资料分析都得到了进一步的发展和完善，同时拓宽了修正等时试井资料的应用范围。

目前油气井测试采用较多的产能试井方法为回压试井，即连续以若干个不同的工作制度生产，每个工作制度均要求产量及井底流压稳定。测量并记录每个产量及相应的稳定井底流压，并测得气藏静止地层压力。

但是即使采用修正等时试井，绝大多数低渗气藏的延续生产稳定点测试也很难获取。对于海上气藏来讲，测试较陆上有很大特殊性，如测试时间短、测试不便以及现场存储或排放气体的条件要求和限制等。针对海上深层储层低渗近致密特点，亟待发展短期无稳定点的产能测试评价方法。

1　基于 RTA 的油气藏边界探测技术

定产量气井拟稳态流动方程(气井弹性二相法的理论依据)，变产量、变流压油井拟稳态流动方程以及变产量、变流压气井拟稳态流动方程，且随井下固定压力计的日益普及(可实时监测井底流压)，不需要稳定井口产量，直接基于日常生产数据即可实现油气藏探边测试的目的。以下重点讨论基于变产量、变流压气井拟稳态流动方程求取气井稳定产能和气藏储量的问题。

Blasingame 变产量、变流压气井拟稳态流动方程为：

$$\frac{\overline{m}(p_i)-\overline{m}(p_{wf})}{q_{g(t)}}=9.21\times10^3\frac{\mu_{gi}B_{gi}}{k_gh}\ln\left(\frac{4A}{C_Ae^{\gamma}r_{wa}^{1}}\right)+\left(\frac{1}{Gc_{gi}}\right)t_{a,mb} \quad (1)$$

式中，$\overline{m}(p_i)$为原始地层压力下天然气规整化拟压力，MPa；$\overline{m}(p_{wf})$为井底流压下天然气规整化拟压力，MPa；$q_{g(t)}$为日产气量，$10^4m^3/d$；μ_{gi}为原始地层压力下天然气黏度，mPa·s；B_{gi}为原始地层压力下天然气体积系数，m^3/m^3；K_g为气相有效渗透率，mD；A为泄气面积，m^2；G为天然气储量，10^4m^3；C_{gi}为原始地层压力下天然气压缩系数，MPa^{-1}；$t_{a,mb}$为规整化物质平衡拟时间，d。

上述公式主要基于2点等效处理：①采用天然气规整化拟压力$\overline{m}(p)$替代真实压力p，$\overline{m}(p)$可理解为天然气的等效液体变流压压力，目的是消除天然气性质变化对压力的影响，$\overline{m}(p)$在公式中定义为：

$$\overline{m}(p)=\frac{\mu_{gi}Z_i}{p_i}\int_0^p\left(\frac{p}{\mu_gZ}\right)dp \quad (2)$$

式中，Z_i为原始地层压力下天然气偏差因子；μ_g为天然气黏度，mPa·s；Z为天然气偏差因子。

② 采用规整化物质平衡拟时间$t_{a,mb}$替代真实时间t，可理解为等效定产量液体时间，目的是同时消除天然气性质变化和产量变化对时间的影响，Agarwal得出的$t_{a,mb}$拟压力形式为：

$$t_{a,mb}=\frac{G\mu_{gi}c_{gi}Z_i}{2p_iq_{g(t)}}[m(p_i)-m(p)] \quad (3)$$

式中，$m(p_i)$为原始地层压力下天然气拟压力，$MPa^2/(mPa\cdot s)$；$m(p)$为平均地层压力下天然气拟压力，$MPa^2/(mPa\cdot s)$。

联立式(11)，可将拟压力转化为规整化拟压力，然后整理得到气井采气指数表达式：

$$\frac{q_{g(t)}}{\overline{m}(p)-\overline{m}(p_{wf})}=\frac{1}{b_{pss}} \quad (4)$$

其中：$b_{pss}=9.21\times10^3\frac{\mu_{gi}B_{gi}}{k_gh}\ln\left(\frac{4A}{C_AE^{\gamma}r_{wa}^2}\right)$ (5)

公式4表明，变产量、变流压气井采气指数与定产量油井采油指数在方程形式也是相同的，若b_{pss}也接近常数，则可说明，即使在变产量、变流压情况下，在拟稳态流动过程中，气井的采气指数也接近常数。

经规整化拟压力处理，气井b_{pss}表达式中流体参数已转化为原始压力下的常数，主要变量是流量变表皮系数。基于气井多流量系统试井资料，得到非达西流动系数D为$4.97\times10^{-3}(d/10^4m^3)\sim^{1.01}\times10^{-1}(d/10^4m^3)$。采用陈元千等《确定气井湍流系数和湍流表皮系数的新方法》一文提供的方法，各参数取常见典型值时（$\gamma_g=0.7$；$K_g=5mD$；$\mu_g=0.025mPa\cdot s$；$r_w=0.07m$；$h=10m$），计算D为$3.00\times10^{-2}(d/10^4m^3)$，以日产气量增大或降低$10.0(10^4m^3/d)$计，表皮系数增大或降低0.3。可见，流量变表皮的影响较小，b_{pss}假设为常数通常是合理的。

在b_{pss}接近常数的情况下，变产量、变流压气井稳定产能和气藏储量的求取，首先想到油井探边测试中数据处理方法，基于公式1.1，作$[\overline{m}(p_i)-\overline{m}(p_{wf})]/q_{g(t)}\sim t_{a,mb}$的关系曲线，利用直线斜率$m$求取气藏储量$G$，直线截距$b_{pss}$求取稳定采气指数$J_g$。观察公式1.3可知，$t_{a,mb}$表达式中包含了气藏储量$G$和平均地层压力$p$两个未知量，难以直接求解。对$t_{a,mb}$的通常求解方法，在艾哈迈德所著《现代油藏工程》一书449页~452页有专门说明，也是基于b_{pss}为常数的假设，不但需要进行多次迭代，而且每次迭代都需要进行$[\overline{m}(p_i)-\overline{m}(p_{wf})]/q_{g(t)}\sim t_{a,mb}$的线性回归，过程较为繁琐。故提出一种不需计算$t_{a,mb}$，直接且简单的方法。

2 快速产能测试方法

快速产能测试方法，主要包括短时不关井等时试井、简化的修正等时试井测试方法。

2.1 短时不关井等时试井

在油气井测试中，等时试井，需要多次关井，在操作程序上较回压试井麻烦，且测试时间相对较长。在等时试井的基础上，对测试时间进一步优化，剔除等时试井中关井阶段，以井筒储集效应作为等时流动时间来进一步缩短测试时间，如图1所示。

通过理论推导证明测试方法的可行性：

利用变产量试井方法，分别给出各产量下拟压力降变化公式：

$$\psi_R-\psi_{wf1}=M\cdot\lg(N\cdot t_p)\cdot q_1+M\cdot0.8686\times D\times(q_1)^2 \quad (6)$$

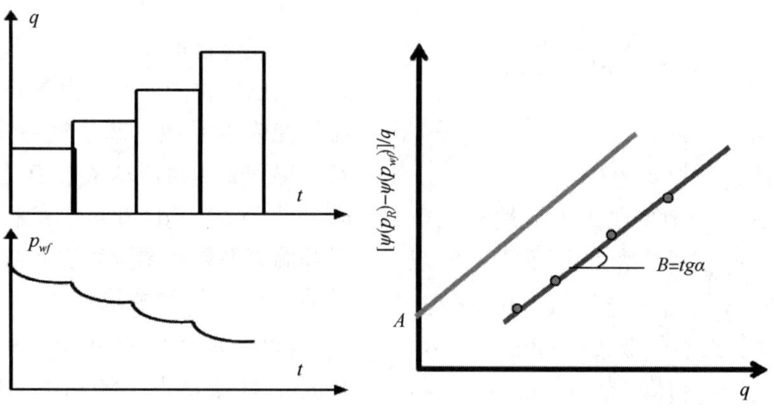

图 1　短时不关井等时试井示意图

$$\psi_R-\psi_{wf2}=M\lg2\times q_1+M\lg(N\times t_p)\times q_2+0.8686DM(q_2)^2 \qquad (7)$$

$$\psi_R-\psi_{wf3}=Mq_1\lg\frac{3}{2}Mq_2\lg1+M\lg(N\times t_p)\times q_3+0.8686DM(q_3)^2 \qquad (8)$$

$$\psi_R-\psi_{wf34}=Mq_1\lg\frac{4}{3}Mq_2\lg1+M\lg2\times q_3+M\lg(N\times t_p)\times q_4+0.8686DM(q_2)^2 \qquad (9)$$

其中 $M=\dfrac{42.42\times10^3p_{sc}\overline{T}}{khT_{sc}}$　$N=\dfrac{8.091\times10^{-3}k}{\phi\mu_gC_tr_w^2}$，为系数，单位无量纲；$\psi$ 拟压力，单位 MPa；q 产量，单位 m^3/d；

从以上 4 式可以看出，将 q_2、q_3、q_4 与 q_1、建立特定关系，联立 M、N 表达式，经过迭代计算得到：$q_2=1.5q_1$，$q_3=3q_1$，$q_4=6q_1$，将上述关系代入式得到：

$$\psi_R-\psi_{wf2}=Mq_2(\lg(N\times t_p)+0.2)+0.8686DM(q_2)^2 \qquad (10)$$

$$\psi_R-\psi_{wf3}=Mq_3(\lg(N\times t_p)+0.2)+0.8686DM(q_3)^2 \qquad (11)$$

$$\psi_R-\psi_{wf4}=Mq_4(\lg(N\times t_p)+0.2)+0.8686DM(q_4)^2 \qquad (12)$$

可以看出(q_2，$\psi_R-\psi_{wf2}$)(q_3，$\psi_R-\psi_{wf3}$)(q_4，$\psi_R-\psi_{wf4}$)之间满足同一线性关系，即产能方程系数 $A=M(\lg(N\times t_p)+0.2)$，$B=0.8686DM$，该系数对应于拟压力二项式产能方程(13)中的 A_1、B_1系数。

$$\psi(p_r)-\psi(p_{wf})=A_1Q+B_1q^2 \qquad (13)$$

短时不关井等时试井测试流程：用若干个满足一定关系的产量，并且生产相同的时间进行试井测试。

上述产能方程系数求取过程：

(1) 产能方程系数 B 的确定，利用四开三关不稳定测试资料，进行线性拟合，求取产能方程系数 B。

(2) 估算边界距离，计算得到测试达到稳定的时间，结合 $A(t)\sim\log t$ 关系，确定达到稳定时的产能方程系数 A；此外，依据现场测试判别气井达到稳定流动状态的经验性方法，同样可以确定达到稳定流动的时间。

改进的短时不关井等时试井比简化的等时试井测试时间进一步缩短，适宜在低渗致密储层开展产能测试。

2.2　简化的修正等时试井

所谓修正等时试井，即用 3～4 个不同的产量生产相同的时间；在每一产量生产后均关井相同的时间(无需恢复到气层静压)；最后再以某一定产量生产一段较长的时间，直至井底流压达到稳定。在回压试井过程中，需要不同油嘴生产时井底流压达到稳定，而在低渗气藏中，达到井底流压稳定需要耗费较长的时间，甚至无法达到稳定。修正等时试井仅要求最后一个油嘴生产时井底流压达到稳定，因此大大缩短了测试时间，尤其适用于低渗气藏气井产能评价。

针对海上深层储层低渗近致密特点，通过在修正等时试井基础上进行改进，发展了短期无稳定点的产能测试评价方法，即修正等时试井简化方法。简化的修正等时试井仅进行等时阶段的不稳定测试(图 2)，而不进行延续期的测试，从而缩短测试时间。

对于无限大均质气藏，其压力降落形式公式为

$$\psi_R-\psi_{wf}=Aq_g+Bq_g^2 \qquad (14)$$

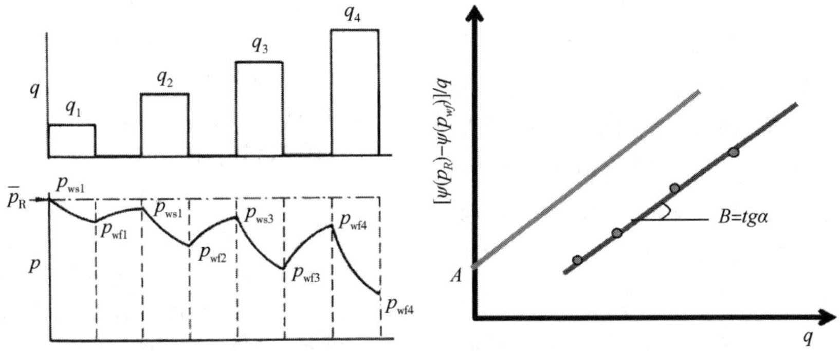

图 2　简化的修正等时试井产量及压力变化示意图

其中 $A=\dfrac{42.42Tp_{sc}\left(\lg\dfrac{8.085kt}{\phi\mu C_t r_w^B}+\dfrac{S}{2.302}\right)}{kh}$，$B=\dfrac{42.42Tp_{sc}}{kh}\times 0.87D$

从式中可以看出，对地层参数及流体性质确定的情况下，产能方程系数 A 仅与 $\lg t$ 有关，利用上述公式计算出来的 $A(t)$ 与 $\lg t$ 绘图，存在良好的线性关系，因此对于修正等时试井利用延时开井稳定测试点确定稳定产能方程系数 A，可以在给定供气半径 r_e 的条件下，计算到达边界所需的测试时间 t_e，利用 $A(t)$ 与 $\lg t$ 关系，确定达到边界时的稳定产能方程系数 A。

产能方程系数求取过程：

(1) 产能方程系数 B 的确定，利用四开三关不稳定测试资料，进行线性拟合，求取产能方程系数 B。

(2) 估算边界距离，利用式(10)计算得到测试达到稳定的时间，结合 $A(t)\sim\lg t$ 关系，确定达到稳定时的产能方程系数 A。

$$t_s=\frac{\phi\mu C_t r_e^2}{14.4k} \tag{15}$$

利用获得产能方程系数，进而建立气井的产能方程，确定气井绝对无阻流量。

3　应用情况

为提高修正等时试井在海上低渗气藏应用的成功率，对修正等时试井中无阻流量的适用范围，设计试井参数结合矿场实例进行了研究。以东海 E 低渗气藏为例，E3 井 2017 年生产低渗气藏 H3 层，产层渗透率 5mD，通过采用简化的修正等时试井产能测试方法，设计合理的测试工作制度，避免因储层物性差，导致短时间内无法使各工作制度下的生产达到稳定的问题发生。现场进行四开三关不稳定测试(表 2)，通过测试资料建立产能方程，规避了二项式产能方程斜率为负的风险，为 E3 井获得了相对准确的产能，通过二项式产能方程计算无阻流量为 $21\times10^4m^3/d$。

表 2　E3 井修正等时试井产能测试数据

开关井顺序	开关井时间/h	关井井底压力/MPa	开井井底压力/MPa	产气量/($10^4m^3/d$)
初始关井		33.2		
开井 1	6		31.96	2.3
关井 1	6	33.17		
开井 2	6		29.3	6.2
关井 2	6	33		
开井 3	6		26.7	10
关井 3	6	32.8		
开井 4	30		23.8	14.1

通过统计分析海上气田、苏里格、大牛地、长庆、榆林、松南等国内 13 个气田 40 口修正等时试井实施成功井的无阻流量，其中 38 口井修正等时试井实施成功，无阻流量均小于 $100\times10^4m^3/d$；2 口井修正等时试井测试异常，无阻流量大于 $100\times10^4m^3/d$。因此建议实施修正等时试井的无阻流量范围为小于 $100\times10^4m^3/d$。通过实例研究，进一步验证表 1 结果的准确性(低渗储层

在不同供给半径下无阻流量范围为小于 100×10^4 m^3/d)。

对比海上历次修正等时试井中测试产量、测试时的生产压差、相邻油嘴的流压级差、以及无阻流量等参数可以看到：在出现负斜率的井次中，生产压差均小于 1MPa，相邻油嘴的流压极差均小于 1MPa，无阻流量均大于 $200\times10^4m^3/d$，各油嘴测试产量与无阻流量的比值均小于 15%；而测试成功的 E3 井中，生产压差均大于 1MPa，相邻油嘴的流压极差均大于 1MPa，计算无阻流量为 $21\times10^4m^3/d$，各油嘴测试产量与无阻流量的比值均大于 15%。同时在确定最小油嘴产量时，为保证非达西项计算准确，最小油嘴的产量需在非达西效应显著的流量的范围内，尽可能的选择较大的产量。

4 结论

(1) 短时不关井等时试井在等时试井的基础上，对测试时间进一步优化，剔除等时试井中关井阶段，可以进一步缩短测试时间。该方法的成功应用对后续类似低渗气藏(对渗透率低于 10mD 的气藏普遍适用)产能测试提供了有效的指导手段。

(2) 改进的短时不关井等时试井比简化的等时试井测试时间进一步缩短，适宜在低渗致密储层开展产能测试。

(3) 采用简化的修正等时试井方法，能规避产能方程负斜率风险，不进行延续期的测试，从而缩短测试时间。该方法可以满足复杂低渗气藏的产能测试需求。

参 考 文 献

[1] 王颖．一种利用生产数据评价苏里格低渗气井产能的新方法[J]．非常规油气，2020，7(4)：85-90.

[2] 杨敏，李明，陈宝新等，异常高压水驱气藏产能评价及预测方法[J]．油气井测试，2019，28(5)：63-65.

[3] 杨柳，袁辉，杨志兴等，东方气田产能测试数据应用新方法研究[J]．科学技术与工程，2013，13(13)：3701-3703.

[4] 李浩，周伟，汪来潮等，南海深水高产气井测试分析及产能评价技术[J]．科学技术与工程，2019，19(33)：140-141.

[5] 李跃刚，范继武，唐乐平，等．修正等时试井技术在长庆气田的应用与发展 [J]．天然气工业，2002，22(6)：68-71.

[6] 朱文娟．修正等时试井在西湖凹陷低渗储层中的应用[J]．油气井测试，2017，26(5)：28-30.

[7] Larsen L，Hovdan M. Analyzing well test data from linear reservoirs by conventional methods. SPE16777，1987.

[8] 朱文娟，宋刚祥，严申斌等，多层合采的油气同采井测试压力异常分析[J]．油气井测试，2016，25(4)：22-25.

[9] 刘琦，孙雷，罗平亚，等．苏里格西区含水气藏合理产能评价方法研究[J]．西南石油大学学报：自然科学版，2013，35(3)：131-137.

[10] 谢兴礼，朱玉新，冀光，等．气藏产能评价方法及其应用[J]．天然气地球科学，2004，15(3)：276-279.

[11] 周长静，郝瑞芬，肖元相等，致密砂岩气藏多层压裂改造多层产能测试评价研究[J]．油气井测试，2016，25(2)：1-4.

[12] 邱先强，李治平，刘银山，等．致密气藏水平井产量预测及影响因素分析[J]．西南石油大学学报：自然科学版，2013，35(2)：141-145.

[13] 赵钊，李治平，赖枫鹏，等．致密气压裂水平生产异常井的产能测试影响因素分析[J]．油气井测试，2016，25(1)：28-29.

古龙页岩油智能压裂优化设计技术

袁　文[1,2,3]　殷世潭[4]　程金星[1,2,3]　范克明[1,2,3]

（1. 大庆油田有限责任公司采油工艺研究院；2. 黑龙江省油气藏增产增注重点实验室；
3. 多资源协同陆相页岩油绿色开采全国重点实验室；4. 东北石油大学陆相页岩油气藏及高效开发教育部重点实验室）

摘　要　2020年古龙页岩油在古页油平1井取得突破后，进入到勘探开发阶段。2021年至2024年，古龙页岩油产能整体水平逐年翻倍，从1.51万吨到39万吨，展现了良好的开发形势，预计至2025年，设计开发井达到330口以上。产能水平的快速增长需要新井不断投入生产，在此过程中，每口井均需要精准的地质工程一体化的压裂改造，保证纳米级油藏条件下的油气高效渗流，是决定油井能否高产的关键因素，为此，高质量、高水平的压裂施工设计成为重中之重，是决定古龙页岩油良好开发形势的关键因素。

关键词　古龙页岩油；页岩油压裂；智能优化设计；地质工程一体化；油井产能

1　技术背景及难题：

按照古龙页岩油“1、3、5”开发目标，即产能水平2025年达到100万吨，2030年达到300万吨，2035年达到500万吨，每年完钻新井的数量大幅度增加，与此同时，油井压裂施工设计任务量也在增加。传统的施工设计任务全部由技术人员人工完成，从落实地质方案、钻井设计、地质工程甜点匹配段簇划分、确定射孔段序、标准段簇间距、计算压裂施工规模，确定工序表，单套设计累计需要2天时间完成，为满足古龙页岩油开发形势需要，技术人员基于python程序语言，设计了一种智能压裂优化设计软件，能够实现将施工设计中的地质甜点与工程参数自动匹配划分、标注射孔位置、段序、簇间距，提升设计完成效率4倍以上，准确率达到99%以上，满足现场快节凑的生产需求，设计完成水平得到进一步增强，如图1所示。

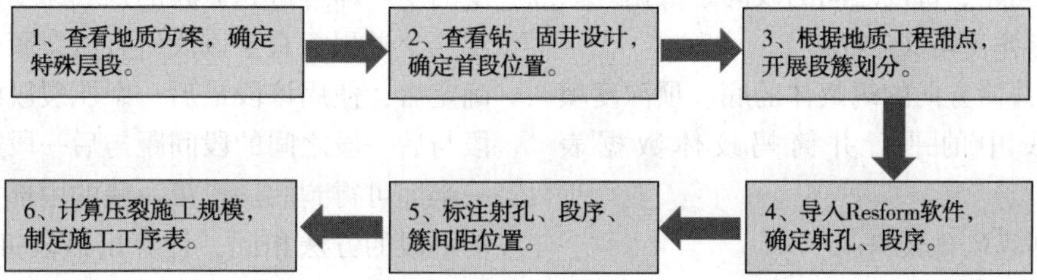

图1　古龙页岩油压裂施工设计任务流程

2　技术介绍

2.1　工作原理

首先将施工设计中的测井数据(核磁大孔、脆性指数、破裂压力)按照最大最小归一化算法形成综合评价指数，同时将段簇数据、蚂蚁体数据、套管接箍数据进行预处理，形成智能优化设计程序能够识别的数据格式，利用智能算法，将综合评价指数与施工设计参数(段间距、簇间距)进行自动匹配划分，同时标注具体位置，完成施工设计中第3步、第5步的工作内容如图2所示，处理完成后，自动形成并输出蚂蚁体与压裂段位置关系图、段簇组合划分图、射孔位置与压裂段序位置标注图。

2.2　详细介绍

2.2.1　数据的预处理：

2.2.1.1　测井数据：

将油井测井曲线中的32ms核磁大孔、脆性指数、破裂压力以及对应的井深数据导出到Excel中，利用归一化公式对这三列数据进行处理，将其归一化到(0~1)的区间内以便进行下一步的操作，其中对32ms核磁大孔、脆性指数这种越大越好的参数使用最小-最大归一化法，然后将归一化后的的这三列参数乘以对应的权重并相加，其中 32ms 核磁大孔的权重为 0.7、脆性指数的权重为 0.2、破裂压力的权重为 0.1，最终得到压裂综合评价指数，并将井深和对应的压裂综合评价指数放入到 input. xlsx 中的测井数据表单中。

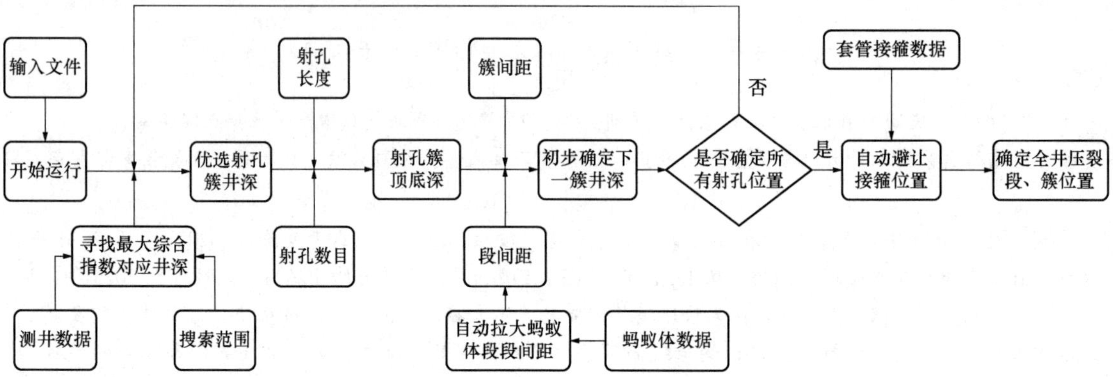

图 2　智能压裂优化设计核心算法流程

最小-最大归一化算法：

$$X' = (X - X\min) / (X\max - X\min)$$

X'为归一化后的数据；X 为原始数据。$X\min$ 为原始数据中的最小值。$X\max$ 为原始数据中的最大值。

2.2.1.2　压裂段簇数据

首先根据该井的水平段压裂改造长度除以 45m 得到该井大概的压裂段数，然后在 input. xlsx 中的段簇数据表单中填写该井大概的压裂段数、每段的压裂簇数、每簇的射孔数以及每簇之间的簇间距、每段之间的段间距数据。

2.2.1.3　平行井筒蚂蚁体数据

将平行于井筒方向的蚂蚁体的底、顶深度填写进 input. xlsx 中的平行井筒蚂蚁体数据表单中。

2.2.1.4　全部蚂蚁体数据

将该井所有蚂蚁体的底、顶深度填写进 input. xlsx 中的全部蚂蚁体数据表单中。

2.2.1.6　套管接箍数据

将该井所有套管的开始深度填入 input. xlsx 中的接箍数据表单中。

2.2.2　智能算法设计

程序会自动的从开始井深处依次向上进行压裂的每一段、每一簇射孔点位的选取。首先以开始井深作为该井第一段第一簇的中部井深，然后在其上部(搜索范围/2)处至其下部(搜索范围/2)处的范围内进行搜索，寻找最大压裂综合评价指数所对应的井深，该井深即为程序选定的第一段第一簇的中部井深，然后利用该簇对应的射孔数乘以射孔长度从而计算出该簇的长度，将该簇的中部井深减去该簇长度的一半即可得到该簇的顶深，将该簇的中部井深加上该簇长度的一半即可得到该簇的底深，然后将该簇的顶深减去该簇和下一簇之间的簇间距与下一簇长度的一半即可得到下一簇的中部井深，其中下一簇的长度是使用下一簇的射孔数乘以射孔长度所得到的，在获得下一簇的中部井深后，在改井深上下各(搜索范围/2)的范围内进行搜索，寻找最大压裂综合评价指数所对应的井深，该井深即为该簇的中部井深，然后将该簇中部井深减去、加上该簇长度的一半即可得到该簇的顶底深度，之后继续重复这个过程，直至该段所有压裂簇的顶底深度均确定后，使用该段最后一个压裂簇的顶深减去该段与后一段之间的段间距与后一段第一簇长度的一半即可得到后一段第一簇的中部井深，之后与前一段的方法相同，计算出该段每簇的顶底深，不断重复该过程，直至确定出全井所有压裂段、簇的顶底深。在这个过程中，程序会利用之前输入的平行井筒蚂蚁体的顶底深数据与每段的顶底深数据进行判断，若该压裂段与平行井筒的蚂蚁体相交，则该压裂段前后的段间距将自动增加 20%，以防止压窜。

2.2.3　智能输出

2.2.3.1　自动避让套管接箍

根据 input. xlsx 中每一根套管的开始深度减去、加上 0.5m 即可得到每个接箍的顶底深数据，根据该数据结合上一步得到的每簇的顶底深数据，程序能够自动判定压裂簇是否位于接箍范围内，若位于接箍范围内，则能够自动调整压裂簇位置，若压裂簇离接箍顶部较近则将压裂簇向上移出接箍范围，若离接箍底部较近则向下移出接箍范围。

2.2.3.2　自动显示压裂段与蚂蚁体之间的相对位置关系图

根据上一步得到的各个压裂段的顶、底深数据与该井所有蚂蚁体的顶底深数据进行绘图，如图所示，其中左侧红色矩形为蚂蚁体，右侧蓝色矩形为压裂段，并且各个压裂段及蚂蚁体的顶底深均标注在图上，该图能直观反映出压裂段与蚂蚁体之间的位置关系，从而为下一步的压裂段簇设计提供灵感，如图 3 所示，可人为的更改 input.xlsx 里段簇数据中某簇的簇间距与某段的段间距，从而实现蚂蚁体段的单独改造。

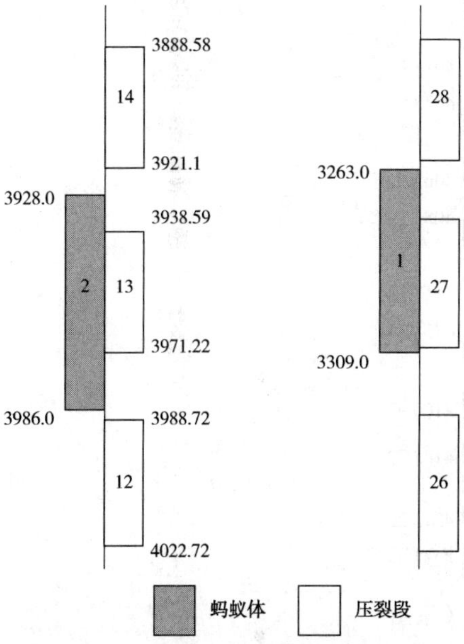

图 3　压裂段与蚂蚁体相对位置图

2.2.3.3　自动绘制压裂段簇组合图

使用 resform 软件导出该井的测井曲线图，在图中任选两个点，分别为 A 点和 B 点，记录下 A 点和 B 点的井深 HA 和 HB 然后利用画图工具得到 A、B 两点在图片中像素坐标的 Y 值，记为 YA 和 YB，将这四个点的数据填入程序的对应位置处，对于井深 H 和图片像素坐标 Y 之间存在如下转换关系 $Y=(H-L)/K$，其中 $K=(HB-HA)/(YB-YA)$，$L=HA-YA\times K$，根据该转换关系，即可将每段、簇的顶底深转换成图片中的像素坐标 Y，即可确定各段以及各簇在该测井曲线图上的位置，然后在对应的位置处绘制红色直线、蓝色虚线、簇间距以及段序号，最终形成施工段簇组合图。

3　应用效果

目前，智能压裂设计优化技术已全面应用于古龙页岩油的施工设计中，2024 年累计应用 50 部以上压裂设计方案的制定，单部设计方案节省时间 75%以上，极大的提高了工作效率。

3.1　施工设计射孔位置选取更准确、更高效

以 2000m 水平段长度为例，全井约划分 45 段 177 簇，加之蚂蚁体、夹层段等特殊层段调整及射孔位置避让接箍等工作，传统人工段簇划分需要 4.5h。应用智能压裂设计优化技术，只需将地质工程参数进行预处理，输入程序后，即可一键完成段簇划分并生成段簇数据表，整个过程仅需半小时，如图 5、图 6 所示。

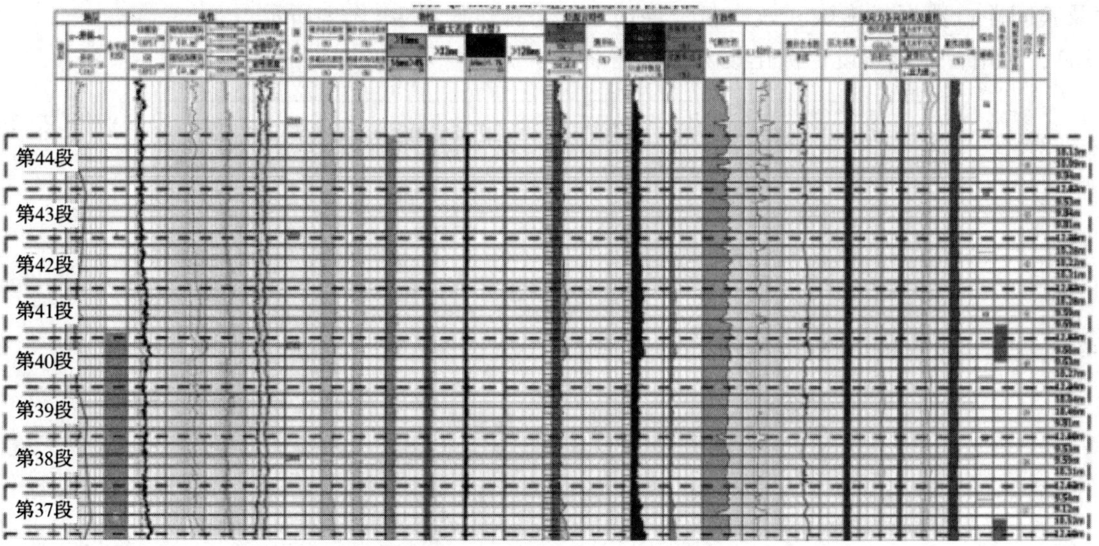

图 4　段簇组合自动划分与段序、射孔位置标注图

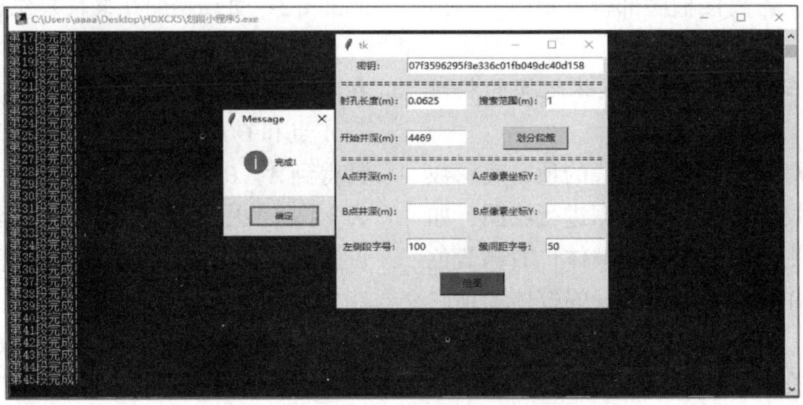

图 5　段簇组合自动划分运行程序界面

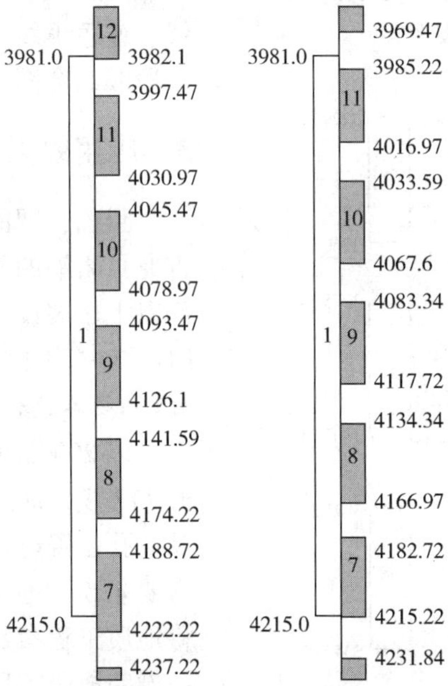

图 6　蚂蚁体与压裂段相对位置关系图

3.2　施工设计段簇标注更加准确高效

传统段簇标注，需人工标注射孔位置、压裂段序及簇间距，数据量庞大，效率低，耗时长（约 2h），应用智能压裂设计优化技术，只需将深度坐标转换为像素坐标后，即可一键出图并完成标注，减少人为错误，提升效率，耗时约 5 分钟，如图 7、图 8 所示。

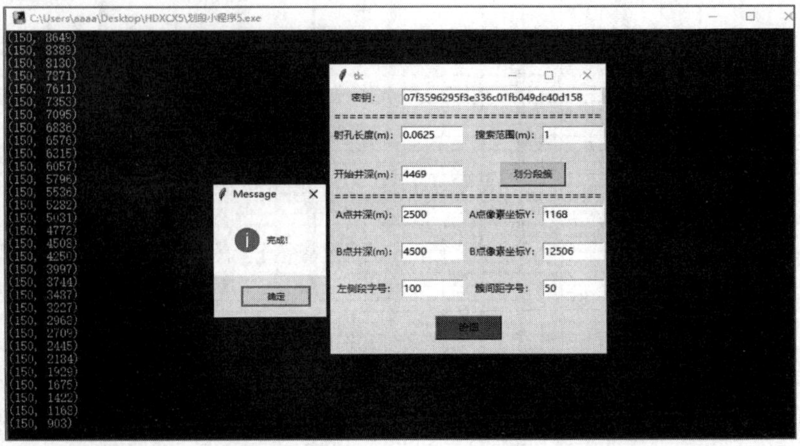

图 7　段簇标注运行程序界面

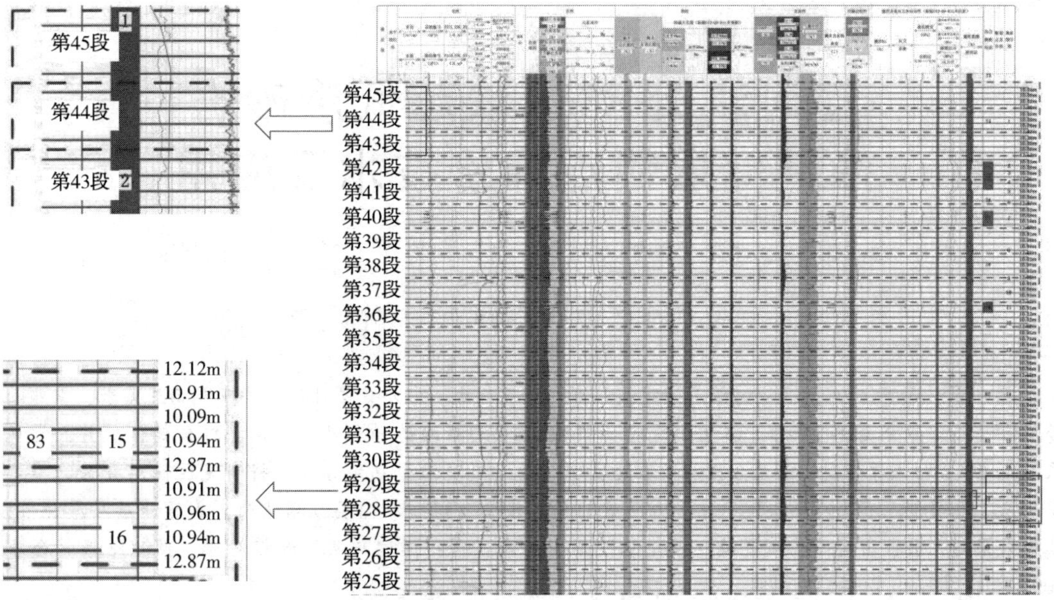

图 8　段簇智能自动标注输出图

辽河油田 S358 块超低渗砂岩油藏储层甜点评价技术及应用

蔡　超　徐大光　罗鹏飞　傅　巍　郝博洋　李　敏　宋新利

（中油辽河油田公司勘探开发研究院）

摘　要　辽河油田 S358 块特低渗油藏储层开发难度较大，储层分类评价方法不能满足需求，需建立一套低渗储层定量分类评价标准。本文以辽河油田 S358 块超低渗透砂岩油藏为例，综合铸体薄片、常规压汞、微米 CT 扫描等资料，利用分型维数理论实现储层宏微观结合定量分类，将研究区储层分为三类：Ⅰ类储层、Ⅱ类储层和Ⅲ类储层。通过水力压裂的物理模拟和沉积相储层预测认为，Ⅰ类储层层厚脆性强，压裂效果好，Ⅱ、Ⅲ类储层压裂缝延展受限明显，效果一般；通过与实际资料对比，预测结果符合率达 90%以上，提高了储层预测精度。

关键词　低渗油藏；储层评价；高效开发

1　引言

辽河油田 S358 块低渗储层岩性复杂，物性差，为特低渗油藏，目前 S358 块应用 J 函数法对储层进行分类评价，仍为定性半定量评价，不能满足高效开发的需求，需建立一套低渗储层定量分类评价标准。

本文综合利用铸体薄片、常规压汞、微米 CT 扫描等资料提取地质参数，进行井下水力压裂物理模拟实验，利用分形理论进行储层分类，并分析不同储层的压裂效果；利用目标概率反演，预测压裂油层分布规律，建立多参数、宏微观相结合的储层评价技术。

2　建立宏微观相结合的储层定量分类评价标准

2.1　储层孔隙特征

本区发育砾岩类和砂岩类两种储层。通过岩心观察、铸体薄片鉴定，储集空间以孔隙为主，所占比例为 92.8%，少量裂缝，所占比例仅为 7.2%。砾岩类的储集空间类型主要有粒间孔、溶蚀孔及微裂缝、溶蚀缝；砂岩类储集空间类型主要以原生粒间孔（图 1）、溶蚀孔为主（图 2）。

储层孔隙结构以低孔、特低渗、细-微细喉不均匀型为主。砂砾岩孔喉半径主要集中于 0.025～0.4μm。砂岩孔喉半径主要集中于 0.16～1μm。平均孔隙度 12.6%，平均渗透率 2.01mD。

图 1　原生粒间孔
（S1 井，2214.68m，粗砂岩）

图 2　溶蚀孔
（S1 井，2221.14m，砂砾岩）

2.2　储层孔隙结构的分形维数表征

孔隙和喉道是组成岩石孔隙结构的基本单元。储层岩石的孔隙与喉道的空间分布可用分形几何学进行表征。分形维数是介于 2 和 3 之间的分数，分形维数越小，孔喉表面越光滑，均质性较强，岩石的储集性能越好。

目前主要通过分析岩石样品的压汞资料来得到孔隙结构的分形维数。采用汞饱和度法计算 S358 块 6 口取心井 151 块样品分形维数，利用线性回归方法获取分型维数取值，定量表征储层孔隙结构复杂程度(图 3)。

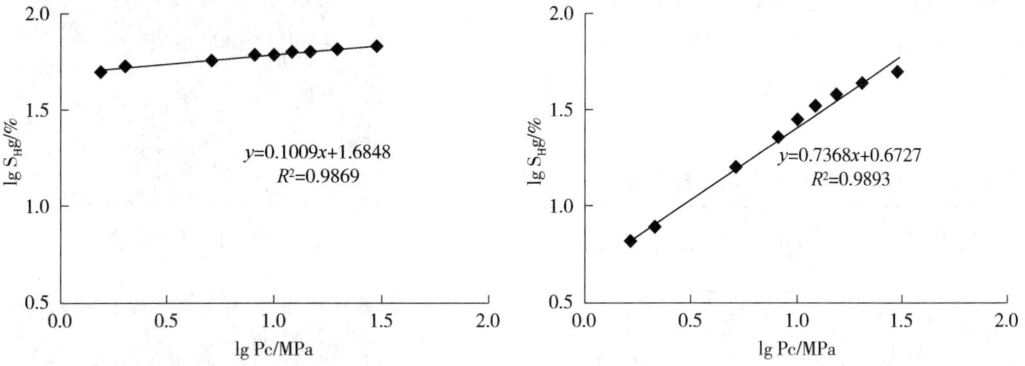

图 3　基于汞饱和度计算的分形特征典型回归曲线

2.3　储层分类标准的建立

物性、电性与岩石含油性及产能之间具有不可分割的联系，建立多参数、宏微观相结合的储层分类图版，将分形维数应用于研究区 7 口井 58 块样品的储层分类与评价中，建立了分形维数与电性的关系，实现复杂储层的定量分类与评价(表 1)。

表 1　辽河油田 S358 块储层定量分类评价标准

分类	岩性	物性参数		电性特征		孔喉特征参数			分形维数
		Φ(%)	K(mD)	RTΩ · m	ACμs/ft	排驱压力/MPa	半径均值/μm	分选系数 Sp	
Ⅰ	砾岩、砂砾岩	≥10	≥1	>70	>238	0.04~ 0.1	1.8~9.65	0.38~2.3	2.07~2.2
Ⅱ	中细砂岩、粉砂	7~10	0.5~1	>55	>223	0.08~0.21	0.61~1.79	1.98~5.92	2.2~2.5
Ⅲ	粉砂岩	< 7	< 1	>24	>208	0.14~0.22	0.6~0.91	3.58~6.06	2.5~2.79

Ⅰ类：主要岩性为砾岩、砂砾岩，测井电阻率>70Ω · m，声波时差>238μs/ft，采油强度>2t/(d · m)，储层孔隙结构分形维数小，平均为 2.13。储层孔隙类型以完整粒间孔、残余粒间孔和粒间溶孔为主，喉道多为孔隙的缩小部分，孔喉连通性好，渗流能力强，多属于小孔细喉特细喉型。储层物性好，平均孔隙度大于 15%，平均渗透率大于 2mD，属于中低孔、低渗的优质储层。

Ⅱ类：主要岩性为中细砂岩、粉砂，测井电阻率>55Ω · m，声波时差>223μs/ft，采油强度在 1-2t/(d · m)，储层孔隙结构分形维数较小，平均为 2.35。储层孔隙类型以残余粒间孔和粒间溶孔为主，喉道多为颗粒间可变断面的收缩部分，孔喉连通性及渗流能力中等，孔隙结构较复杂，多属于小孔特细微细喉性。该类储层物性中等，平均孔隙度在 13%~15%之间，平均渗透率在 0.5~2mD 之间，属于低孔低-特低渗的中等储层。

Ⅲ类：主要岩性为粉砂岩，测井电阻率>24Ω · m，声波时差>208μs/ft，采油强度<1t/(d · m)，储层孔隙结构分形维数中等，平均为 2.6。储层孔隙类型以粒间溶孔和粒内溶孔为主，喉道多呈片状或弯片状，孔喉连通性及渗流能力较差，孔隙结构复杂，多属于小孔细喉或极细喉型。该类储层物性较差，平均孔隙度在 10%~13%之间，平均渗透率在 10~13mD 之间，属于低孔低-特低渗的劣质储层。

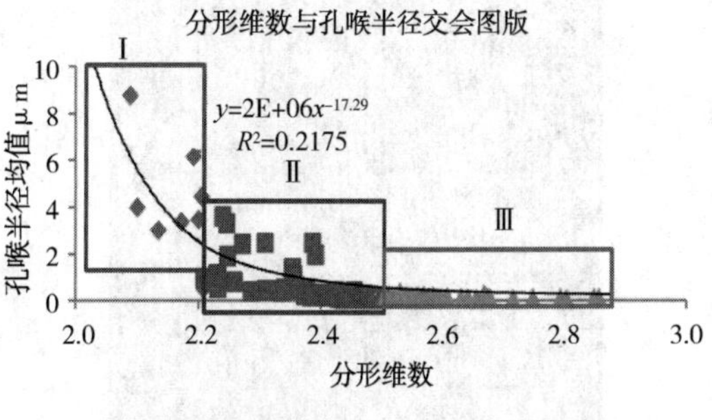

图 4　分形维数与孔喉半径交会图版

3 基于储层分类的压裂模拟

3.1 静态岩石力学参数

辽河油田 S358 块储层的岩石力学参数利用声波测试及岩样试验结果确定。储层岩石力学性质整体具有低泊松比、高杨氏模量、高脆性特征(表2)。

表2 辽河油田 S358 块不同岩性特征表

岩性	杨氏模量	泊松比	脆性指数
	10^3MPa		%
砾岩	24~40	0.11~0.24	10~70
砂砾岩	25~42	0.12~0.24	10~70
砂岩	25~47	0.1~0.22	10~75
泥质粉砂岩	27~38	0.15~0.22	10~60
泥岩	12~31	0.27~0.28	10~50

3.2 水力压裂物理模拟

采取三种类型储层的岩芯样品，在标准的静态岩石力学条件下，进行大规模水力压裂的物理模拟实验。对于各储层岩性样品的水力压裂效果，采用以下两种参考量进行表征：裂缝面粗糙度、穿砾数量。

Ⅰ类储层砂砾岩断开截面比较粗糙，砾石直径存在差异，但层厚并且脆性强，穿砾率达到46.86%，压裂缝网较好，被贯穿砾石用绿色标注，未被贯穿砾石用红色标注(图5)。Ⅱ类储层砂岩中发育有多个不稳定层状泥岩夹层，压裂缝延展较受限，压裂液仅能穿透部分砂体或某一砂体的局部(图6)。Ⅲ类储层渗透率极低，部分储层纹层较发育，岩性复杂且变化较快，压裂缝延展受限明显，红色线表示水力裂缝在纹层较多储层中的扩展路径(图7)。

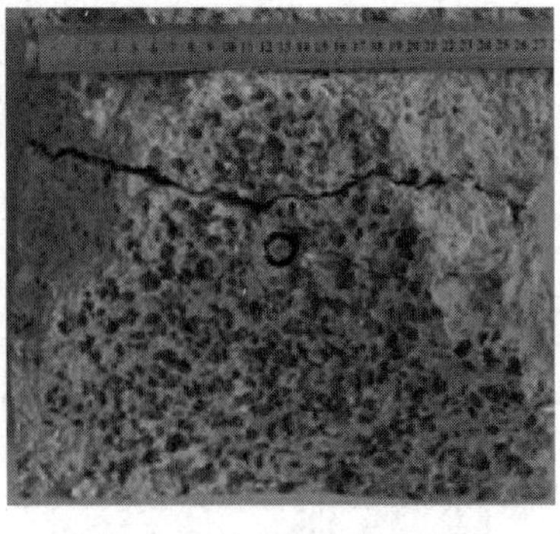

图5 砂砾岩缝面穿砾情况

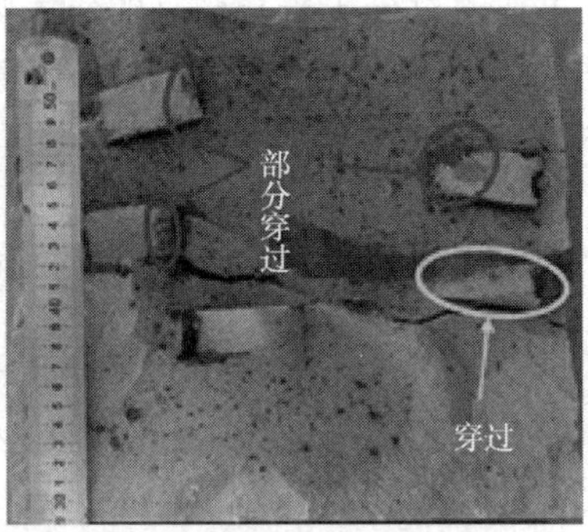

图6 中细砂岩水力裂缝面

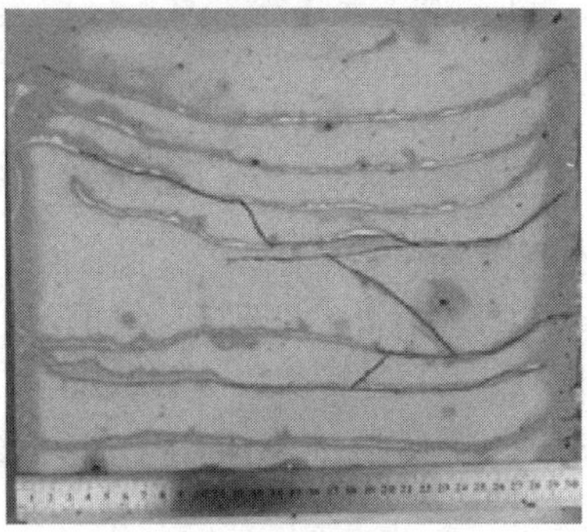

图7 致密储层水力压裂结果

4 结合沉积相的储层预测

辽河油田 S358 块沉积相复杂，适合使用“地震波形特征指示反演技术”确定沉积相，同时以地震波形特征为约束，结合直井测井解释结论，利用波形相似性和空间距离两个因素对储层进行预测。

辽河油田 S358 块Ⅰ、Ⅱ组储层均有发育，连续性好，目标概率反演剖面显示储层中部较好，向南北边部减薄，分别与沉积相和油层分布对应，预测结果更符合地质认识，提高了储层预测精度。统计全区 23 口直井、5 口水平井储层段预测结果，符合率达 90%以上(图8)。

5 结论

(1) 利用宏微观相结合的储层定量分类方法将研究区储层分为三类：Ⅰ类储层主要为砂砾岩，储层孔隙结构分形维数较小，孔隙类型以粒间孔、溶蚀孔为主，连通较好；Ⅱ类储层主要为中、细砂岩，储层孔隙结构分形维数中等，孔隙类型以原生粒间孔为主，连通性较差；Ⅲ类储层主要为粉砂岩，储层孔隙结构分形维数较大，孔隙类型以粒内溶孔为主，连通性差。

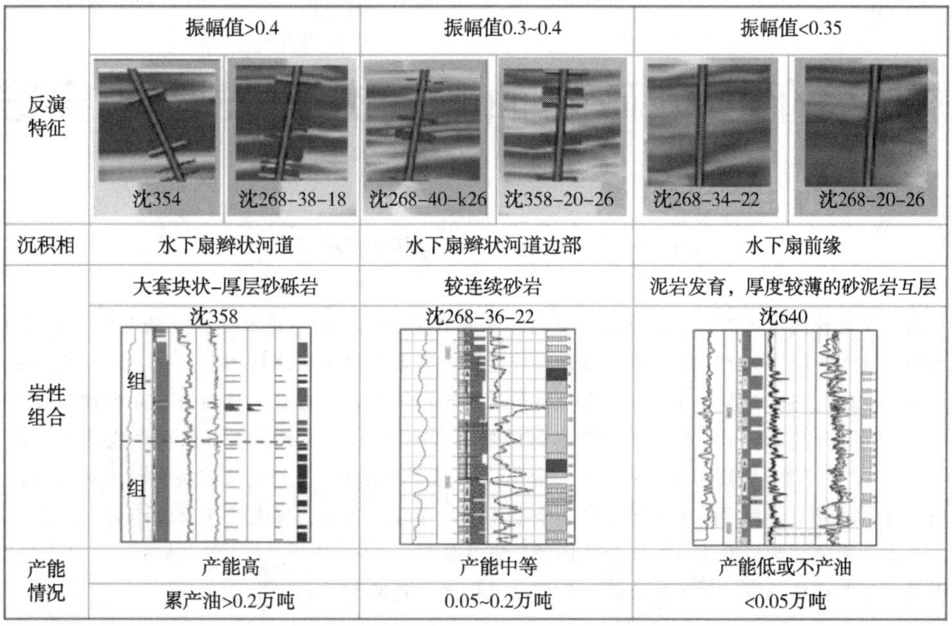

图 8　辽河油田 S358 块有利储层特征-反演特征-产能特征匹配关系

（2）水力压裂的物理模拟和沉积相储层预测结果表明，Ⅰ类储层层厚脆性强，压裂缝网复杂，Ⅱ、Ⅲ类储层发育不稳定泥岩夹层及纹层，压裂缝延展受限明显。辽河油田 S358 块全区钻孔的预测结果符合率达 90%以上，预测结果更贴近地质实际，提高了储层预测精度。

参考文献

[1] 耿斌，胡心红．孔隙结构研究在低渗透储层有效评价中的应用[J]．断块油气田，2011，18(2)：187-790.

[2] 杨庆红，谭吕，蔡建超，等．储层岩石孔隙的分形结构研究和应用[J]．天然气工业，2000，22(2)：67-70.

[3] 王允诚．油气储层评价[M]．北京：石油工业出版社，1999. 75-81.

[4] 王振奇，张昌民，侯国伟，等．安鹏深层系扇三角洲低渗致密砂岩储层综合评价[J]．江汉石油学院学报，2002，24(3)：1-6.

[5] 魏虎．低渗致密砂岩气藏储层微观结构及对产能影响分析[D]．西安：西北大学，2011.

[6] Wang Y, Karaoulanis F. Impacts on SRV Region in Low-Permeability Formations Due Stressse Around a Hydraulic Fracture[C]// SPE Asia Pacific Hydraulic Fracturing Conference. 2016.

[7] Wang J, Zheng X, Wang Z, et al. Application of Injection Well Fracturing in Extra Low-Permeability Oilfields [C]// SPE Asia Pacific Hydraulic Fracturing Conference. 2016.

[8] Zhang K, Tang M, Yong S S, et al. Evaluation of Stage Contribution and Interwell Connectivity During Initial Flowback and Oil Production in a Tight Oil Horizontal Stimulation Using Tracer Technology[C]// SPE Asia Pacific Hydraulic Fracturing Conference. 2016.

深层特低渗砂砾岩油藏有效开发技术实践

董 良

（中国石油 辽河油田公司 勘探开发研究院）

摘 要 深层特低渗油藏具有资源品质更差、单井产量更低、投资成本更高、储量损失更多等特点，有效开发面临技术和经济双重挑战。本文以渤海湾盆地大民屯凹陷S区块沙四段为例，历经勘探发现、评价探索、开发试验、整体开发阶段，基于体积压裂改造可行性评价，形成了精细储层分类评价技术、水平井缝网匹配优化设计技术、水平井分段分簇体积压裂技术和直平/平平组合压驱注水补能技术为核心的技术体系，建立了“水平井+分段分质体积压裂+压驱注水补能”开发模式。通过上述关键技术的集成应用，大幅度提高了S区块储量动用率和单井产量，高峰期年产油量3.1万吨，探索了压驱注水补能方式，实现的经济有效开发，为陆相特低渗油藏高效开发提供了有益借鉴。

关键词 深层；特低渗；砂砾岩油藏；开发技术；开发效果

“十三五”以来，中石油原油探明储量仍然保持高位增长，但储量品位逐年变差，主要以特低渗、超低渗、非常规探明储量为主，占比达到了75%以上。随着油气勘探开发理论发展与技术进步，近年来大庆松辽盆地外围、长庆鄂尔多斯盆地三叠系等实现了特低渗油藏勘探开发的重大突破。国内特低渗油藏开发实践表明：水平井和体积压裂是成功开发油藏的关键技术，但是采用天然能量-弹性驱开发，产量快速递减，水平井投产第一年日产水平降到初期的30%~60%。如何优化井位部署、有效补充地层能量，研究深层低渗油藏高效开发新模式迫在眉睫。

本文以辽河油田S区块为研究对象，从特低渗砂砾岩油藏体积压裂可行性评价、精细储层分类评价、水平井缝网匹配优化设计、水平井分段分簇体积压裂、压驱注水补能等方面总结开发技术体系和实践应用效果，为同类型油藏高效开发提供借鉴和参考。

1 地质特征

S区块位于大民屯凹陷西部陡坡带中部平安堡—安福屯构造带，主要开发目的层为沙四下亚段（E_2s_{42}）油藏埋深2830~3476m。断裂系统简单，共发育三条断层，圈闭封闭性好。沉积体系为近岸水下扇，平面划分两个扇体，纵向多期叠置。砂体发育受沉积控制，主体部位叠加厚度大，由主体部位向两边逐渐减薄，横向变化快。储层岩性复杂，以砂砾岩为主，物性差，为特低孔、特低渗储层。平均孔隙度9.9%，渗透率1.1~1.3mD。储集空间类型主要有粒间孔、溶蚀孔及极少量溶蚀缝。孔喉特征以特低孔超低渗微细喉道为主。油层分布受岩性、物性控制，一般砂砾岩、砂岩分布区域油层发育、物性相对较好，油层厚度一般20~70m，试油试采证实无边底水、夹层水，油藏类型为岩性油藏。油品为高凝油，20℃原油密度0.8587g/cm^3，100℃时原油粘度6.44~14.01mPa·s，平均含腊量为36%，凝固点47℃。正常温度压力系统，地层温度95.04~122.11℃，地层压力27.14~36.25MPa，压力系数1.04。

2 开发历程

S区块沙四段砂砾岩体油藏经历了勘探发现、评价探索、开发部署3个阶段。在2011~2014年开展地震资料的采集、处理攻关基础上，2015年部署探井6口，沙四段压裂试油均获得较高工业油流。其中S351井日产油23.3m^3，S358井日产油14.1m^3。同年开展评价探索，实施两口评价井，进一步摸清了油层分布及产能状况，上报探明石油地质储量。2016年编制开发部署方案，结合Ⅰ、Ⅱ类油层和隔夹层的发育状况，平面分区、纵向分层，设计交错叠置水平井立体开发，部署水平井16口，完钻投产12口。

3 体积压裂可行性评价

体积压裂技术是低渗油藏实现有效开发的关

键技术之一，前人对低渗油藏体积压裂已进行了大量研究，通过体积压裂实现对储层三维方面的全面改造，既能大幅度提高单井产量，还能最大限度提高储层动用率和油藏采收率。

3.1 天然裂缝发育情况

通过取芯井岩心观察、铸体薄片鉴定可以得出，宏观构造裂缝不发育，局部井段砂砾岩储层中不同程度地发育少量微裂缝。沈358块S_4段发育砾岩类和砂岩类两种储层，储集空间以孔隙为主，少量裂缝。砾岩类的储集空间类型主要有粒间孔、溶蚀孔及少量微裂缝、溶蚀缝(图1、图2)；砂岩类储集空间类型主要以粒间孔、溶蚀孔为主，见少量粒间溶孔。在体积改造中，少量微裂缝、溶蚀缝的存在能够增加形成复杂裂缝网络的可能性，从而极大地增大改造体积。

图1　微裂缝(S358-34-18井，3029.51m，中-粗砂岩)

图2　溶蚀缝(S268井，3446.52m，砂砾岩)

3.2 储层石英含量

研究及开发实践表明：黏土矿物含量高的塑性地层不易形成复杂缝网，富含石英或者碳酸盐岩等脆性矿物的储层有利于产生复杂缝网。据薄片鉴定资料统计，S区块S_4段储层岩性整体以粗碎屑岩为主，砾岩类和砂岩类占比分别为30.8%，57.6%。砾岩类储层X-衍射全岩分析，石英40.8%~68.4%，平均52.2%；砂岩类储层X-衍射全岩分析，石英34.5%~76.1%，平均60.2%。储层岩石具有一定的脆性，压裂改造时在破裂压力作用下易形成裂缝。

3.3 岩石力学特征

岩石力学参数在确定压裂施工压力、控制压裂裂缝几何形状方面起重要作用。通过大型缝网压裂机等岩石力学参数测定系统，开展特低渗油藏岩石力学参数测试，从动态弹性模量、断裂韧性等参数测试结果，S区块S_4段岩石动态力学参数非均质性强，主要受储层中砾岩粒径大小不均一、空间分布差异的影响。脆性指数平均60%，动态弹性模量平均23.9GPa，动态泊松比平均0.23，抗拉强度平均4.4(表1)，实施体积压裂破裂压力相对较低、易破碎、形成复杂缝网能力强、缝宽和逢高较大。

表1　岩石力学参数测试结果表

区块名称	层位	三轴抗压强度/MPa	脆性指数/%	动态泊松比	动态弹性模量/GPa	抗拉强度/MPa	断裂韧性/$MPa\cdot m^{1/2}$
S区块	S_4	120~180	10~75	0.12~0.35	8.8~51.9	2.1~7.1	0.3~0.6

4 主体开发技术

4.1 精细储层分类评价技术

针对块状特低渗砂砾岩油藏，引入分形维数，综合储层岩性、物性、电性、微观孔喉特征、采油强度等参数开展储层分类评价，建立分类评价标准(表2)，落实建产有利目标。明确Ⅰ、Ⅱ类储层为有效建产甜点，分析岩石物理特征与地震属性的相关性，建立不同地震属性特征与储层含油性、产能匹配关系，形成三种“储层特征-地震响应特征-产能特征”模式，预测有效储层的展布规律，预测符合率85%以上。

表 2　S 区块储层分类评价标准

分类	岩性	物性参数		电性特征		孔喉特征参数			分形维数	采油强度 t/(d·m)
		Φ/%	K/mD	RT/Ω·m	AC/μs/ft	排驱压力/MPa	半径均值/μm	分选系数/Sp		
Ⅰ	细砂岩	≥15	≥2	>70	>238	0.04～0.1	1.8～9.65	0.38～2.3	2.07<D<2.2	>2
Ⅱ	凝灰质粉细砂岩	13～15	0.5～2	>55	>223	0.08～0.21	0.61～1.79	1.98～5.92	2.2<D<2.5	1～2
Ⅲ	粉砂岩	10～13	0.1～0.5	>24	>208	0.14～0.22	0.6～0.91	3.58～6.06	2.5<D<2.79	0～1

4.2　水平井缝网匹配优化设计技术

考虑纵向油层少、厚度集中，平面叠加连片分布范围较小，确定采用水平井井型，针对Ⅰ、Ⅱ类储层分层部署。基于水平井分段体积压裂改造，按照“井控储量向缝控储量、线性流向复杂缝网渗流”两个转变的思路，最大限度提高储量动用率。

4.2.1　油藏数值模型的建立

参考实际储层参数、岩石力学参数建立机理模型，优化油藏工程关键参数设计。

① 网格划分：采用角点网格，建立 82×179×9 的网格系统，平面平均网格尺寸 20m，纵向上变深部。裂缝利用局部网格加密的方式处理，裂缝方向 NE75°左右，裂缝半长为 110m，带宽 50m，裂缝导流能力为 $200\times10^{-3}\mu m^2\cdot m$。

② 静态地质模型的建立：平均孔隙度为 9.8%，平均渗透率为 $1.3\times10-3\mu m^2$。初始油层压力为 29.5MPa，原始含油饱和度为 0.58，油气水三相。

③ 流体模型的建立：建立流体模型完成对 S 区块储层、流体物性等的准确描述。

④ 生产动态模型的建立：建立生产动态模型模拟整个区块的生产开发历程。模拟计算从 2015 年 11 月份开始，以一年为一个时间步长。利用 Eclipse 软件对模型进行数值模拟，并对其计算结果进行比较分析。

4.2.2　油藏工程关键参数优化

4.2.2.1　水平井长度优化

考虑水平井段长度分别为 200m、300m、400m、500m、600m、700m、800m、900m、1000m 建立相关模型，开展数值模拟研究，对比分析不同水平井段长度时累积产油量变化规律(图 3)，可以看出随着水平井长度的增加，累积产油量先增加后变缓，结合经济评价结果，确定最优水平井长度为 800m，但在现场实际操作过程中，可根据实际情况适当的调整。

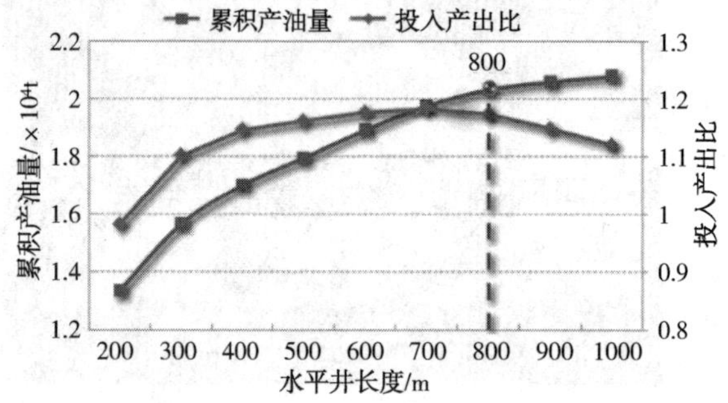

图 3　不同水平井段长度数值模拟计算结果

4.2.2.2　水平井纵向位置优化

采用经济合理的水平井段，改变水平井距油层顶部距离，分别考虑距油层顶部 3m、8m、13m、18m、23m、28m、33m 建立相关模型，开展数值模拟研究。对比分析数值模拟研究结果，水平井纵向上位于油层中部时单井累积产油量最高，其主要原因在于对于没有底水的油藏，水平井越靠近顶部泄油面积越小，产能越低。

4.2.2.3　井排方向与人工裂缝夹角优化

利用 Eclipse 的 NWM 模块建立 1 注 4 采机理模型，半缝长 110m，带宽 50m，裂缝密度 10 条/10^4m^2。分别对注水井排与裂缝成 0°、15°、30°、45°、60°、75°、90°进行模拟研究，模拟计算结果表明，含水率在裂缝方位 0°时最低，含水率接近 50%，同时累积产油量达到了最高值(图 4)，在裂缝方位 45°时，油井表现含水率高，采出程度偏低，分析认为主要是裂缝方位指向注水井，导致部分油井过早水淹，同时水驱波及面积减小导致采出程度偏低，井排方向与人工压裂缝方位(最大主应力方向)平行时压裂效果最好。

4.3　水平井分段分簇体积压裂技术

针对储层高温、低孔特低渗、强水敏、强水锁、高凝油特征，在降低胍胶用量的基础上，优化添加剂类型，制定易返排、防水锁型压裂液体

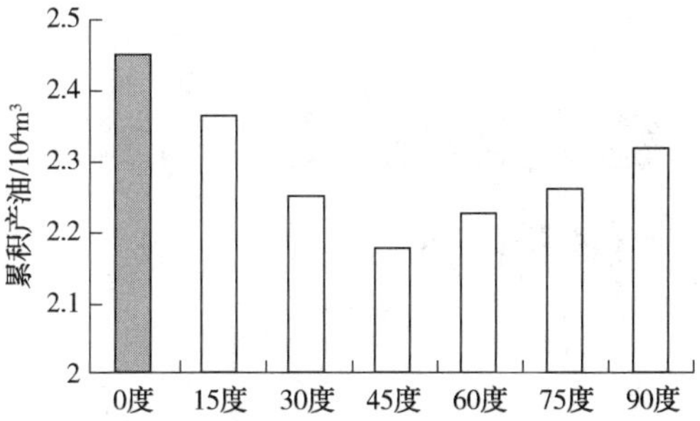

图4 井排与裂缝呈不同夹角时累积产油量变化图

系，即0.4%高温胍胶体系(0.3%助排剂+0.2%防水锁剂+1-2%防膨剂)。体积压裂设计思路由增大裂缝接触面积向细分切割精准改造发展，发挥优质储层增产潜力。在水平段Ⅰ、Ⅱ类储层有效建产甜点精准识别基础上，结合层内夹层岩性和厚度、与周边老井生产层平面和垂向距离、甜点段有效厚度和跨度、岩石力学参数等，优化段簇间距设计，段间距控制在100m以内，簇间距控制在35m以内。

4.4 压驱注水补能技术

深层特低渗油藏孔喉细小，毛细管压力强，注水开发渗流阻力极大，常规注水开发无法实现有效驱替。压驱注水补能技术通过利用大排量、高压泵注设备，以接近或超过地层破裂压力的泵注压力，短期内快速注水，为井组对应油井提供能量。利用已建立的数值模型机理模型，对注水量进行优化，设计压驱注水时间为分别为10、30、50d，日注水量分别为100、200、300、400、500、600、700m^3/d，正交试验设计对比方案，研究不同注入速度和累计注水量条件下的井组综合含水、日产油、累产油的变化规律。从模拟结果可以看出，整体上注水量越大，累产油量越高，随着日注水量增大，累产油量增幅变小，综合含水上升越快。考虑油水井均曾压裂改造，确定压驱日注水量控制在200m^3/d以内，累注水量$1.5\times10^4m^3$左右。

5 应用效果

沈358块$S_{4下}$段选择Ⅰ、Ⅱ类储层实施水平井12口，水平段长度218~886m，平均526m。实施分段体积压裂4-11段，平均6段，每段2-6簇，簇长度1.0~2.5m，簇间距17.5~28.5m，压裂液强度13.0~28.9m^3/m、加砂强度0.5~1.1m^3/m，平均单井日产油16.9t，目前平均单井累产油1.26×10^4t。

选择剩余油富集、压力水平低、井况完好、固井质量合格的2个井组实施压驱，单井注水量$1.4\times10^4m^3$左右，对应5口水平井见效，高峰期日增油11.6t，目前日增油4.3t，含水上升3-5个百分点，动液面最高上升619m，阶段累增油971t，解决深层特低渗油藏注不进、采不出、驱不动的问题。

6 结论与认识

(1) 体积压裂技术是深层特低渗油藏实现有效开发的关键技术，要从天然裂缝发育情况、储层岩石的脆性、岩石力学特征综合体积压裂的可行性，优化设计压裂液体系和体积压裂方式，形成复杂缝网能力强、缝宽和逢高较大。

(2) 特低渗油藏水平井压裂投产的同时，要配套注水、注气等补能方式。对于低渗油藏而言，压驱注水有效解决了注不进、采不出、驱不动的问题。

参考文献

[1] 贾承造. 全国油气勘探开发形势与发展前景[J]. 中国石油石化, 2020, 24(20): 14-17.

[2] 许杰, 窦蓬, 林海, 等. 渤中凹陷西南环深层探井钻井难点与技术对策[J]. 石油钻采工艺, 2021, 43(2): 177-183.

[3] 阎存章, 李鹭光, 王炳芳, 等. 北美地区页岩气勘探开发新进展[M]. 北京: 石油工业出版社, 2009.

[4] 雷群, 胥云, 蒋廷学, 等. 用于提高低-特低渗透油气藏改造效果的缝网压裂技术[J]. 石油学报, 2009, 30(2): 237-241.

[5] 吴忠宝, 李莉, 阎逸群. 超低渗油藏体积压裂与渗析采油开发新模式[J]. 断块油气田, 2019, 26(4): 491-494.

[6] 闫子旺, 张红玲, 周晓峰, 等. 超低渗透油藏核磁共振可动流体研究——以鄂尔多斯盆地西南部长8储层为例[J]. 陕西科技大学学报(自然科学版), 2015, 33(5): 105-109.

[7] 许建国, 赵晨旭, 等. 地质工程一体化新内涵在低渗透油田的时间—以新立油田为例[J]. 中国石油勘探, 2018, 23(2): 37-42.

[8] 高青松. 大牛地气田致密砂岩气藏水锁伤害特征分析[J]. 科学技术与工程, 2018, 18(17): 156-162.

[9] 樊超, 李三山, 李璐, 等. 低渗透油藏压驱注水开发技术研究[J]. 石油化工应用, 2022, 41(1): 37-40.

低渗透油藏 CO_2 驱缝网匹配及注采井网参数优化研究

洪迎河[1] 孙风景[1] 余 帆[1]

（中国石油西南油气田公司工程技术研究院）

摘 要 H3 油藏具有渗透率低、层间非均质性强和单井产量低等特点，衰竭开发过程产量递减快，采收率低，注水补充开发能力有限。注 CO_2 提高采收率和 CO_2 地质埋存结合是 H3 油藏实现经济和社会效益的重要举措。但由于低渗油藏往往压裂投产，人工裂缝和注 CO_2 驱之间的关系认识不清，因此，开展 CO_2 驱与缝网匹配关系以及注采井网参数优化研究对 CO_2 驱提高采收率的影响具有重要意义。本文通过数值模拟方法，开展了不同井型 CO_2 注采特征研究，优化了目标区块 CO_2 驱压裂缝网和注采井网井型，获得合理的水力压裂参数与井网参数配置。研究结果显示：(1)压裂参数优化结果表明，极限宽短缝高导流能力下，CO_2 驱见气时间较晚，产油量较高；等长裂缝端部裂缝产量随裂缝变长，先增大后减小，120m 达到最大；不同裂缝形态，采用“端部控缝长，中部长缝保产能”分段式布缝，纺锤形裂缝三段式布缝方式端部、第二段、中部裂缝半长分别为 80m、100m、160m。(2)压裂直井选用五点井网效果最佳，井距越大，采出程度越低，在最优井距 400m，最优排距 200m 时，采出程度最高达 44%。(3)水平井采用五点井网三段式裂缝技术模式，在最优井距 400m，最优排距 150m 时，采出程度最高。

关键词 低渗油藏；CO_2 驱；缝网匹配；井网参数；数值模拟

H3 油藏为低渗透砂岩油藏，我国低渗砂岩油气资源十分丰富，且动用储量相对较少，广泛分布于鄂尔多斯盆地、松辽盆地和准噶尔盆地等地方，具有很大的开发潜力和开采前景。预计 2030 年，我国低渗透砂岩油藏的陆上原油产量分别为 7500 万吨，约占中国陆上原油产量的 50%。低渗砂岩油藏虽然储量丰富，但由于其独特的沉积特征和成藏特征，在致密储层的基础上，还具有物性差、岩性复杂等特点，开发相对来说比较困难。致密基质降低了注水能力和注水可行性，且注水开发其易窜易水淹的渗流特征，导致动用难度大，经济效益差，常用的注水开发方式已不适应于这类油田的生产制度要求，因此亟需改进注水的开发方式或者寻找其他有效的提高采油率的方法。

在我国，投入开发的低渗透油气藏多采用常规的注水开发，部分油田也应用较为广泛的气驱采油，注气是低渗透油藏开发的一个有前景的选择。大量的现场经验以及室内实验研究结果表明，对于低渗油藏，CO_2 驱能够高效提高原油采收率。CO_2 与烃类气体相比，更容易与地层原油相互溶解，并可以减小地层原油黏度，使原油体积膨胀，萃取原油中的轻质成分，与其他气体相比，CO_2 与地层原油更容易实现多级接触混相驱。对低渗油藏进行合理水力压裂很有必要，人工裂缝和注 CO_2 驱之间的关系认识不清，因此，开展 CO_2 驱与缝网匹配关系以及注采井网参数对 CO_2 驱提高采收率的影响具有重要意义。

目前国内外针对低渗透、致密和页岩储层注气驱的研究较多，但是针对注气条件下储层改造工艺措施的详细论证资料较少，大多是前期衰竭开发，后期直接转注入气体吞吐研究。本文以 H3 低渗油藏为研究对象，通过数值模拟方法，在注采井网条件下保证一定量的注入压力，开展目标区块 CO_2 驱压裂缝网和不同井型注采井网参数适配压裂技术研究，获得目标区块合理注气参数，从而达到提高采收率的目的，为低渗油藏现场开发提供借鉴意义。

1 H3 油藏 CO_2 驱水平井压裂参数优化

1.1 油藏三维地质建模方法与过程

根据目标油藏的地质静态资料，严格按照综合测井资料和单井小层详细数据表中提供的数据作为建模依据，选用 Petrel2020 版本软件构建该区块的地质模型，并采用储层定量化研究中最为常用的随机建模技术确立油藏的储层参数地质模型。具体而言，油藏三维地质模型的建立分两步完成：(1)用构造数据建立三维构造模型；(2)在构造模型的基础上，应用随机建模技术建立各储层参数三维地质模型。鉴于储层随机建模的方法较多，各种方法的算法、原理、模拟及应用条件不尽相同，储层参数模型的建立以平面等值线图的数字化结果作为约束条件，以数据包中所给测井资料作为依据，从储层的孔隙度、渗透率到含油饱和度，逐个建立储层物性参数的三维分布模型。

目标油藏为砂岩油藏，采用相控精细化建模思路。综合利用地质和测井资料建立构造模型；用地质研究的沉积相图采用确定性建模的方法建立储层参数微相模型；按相控建模的思路，优选变差函数模型，一序贯高斯模拟方法对研究储层参数进行模拟，建立储层参数模型，如图 1 所示。

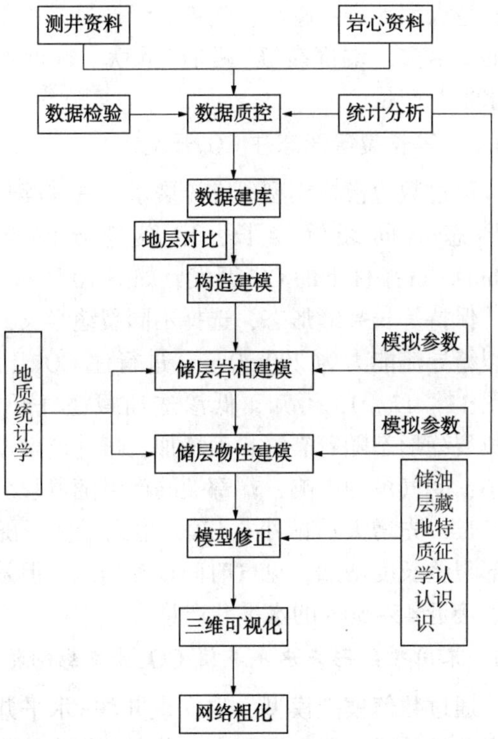

图 1　三维地质建模的工作流程

1.2　模型参数设置

建立水平井不同压裂技术模式(矩形、纺锤形、三角形、哑铃形)数值模拟模型，以井组单元为研究对象，其中网格数量为 41×76×4，网格大小为 10m×10m×2m，基质渗透率为 0.25mD，裂缝导流能力 200mD · m，井距 400m，排距 150m，油藏压力 17.2MPa，基于以上模型参数，进行裂缝渗流特征分析和裂缝贡献度分析，进行合理裂缝分布形式、裂缝长度、裂缝间距以及裂缝导流能力参数优化，如表 1 所示。

表 1　模型参数

参数	取值
网格数量(I×J×K)	41×76×4
网格大小(I，J，K)，m	10×10×2
孔隙度,%	8
基质渗透率，mD	0.25
裂缝导流能力，mD · m	200
水平井水平段长，m	400
水平井井距，m	400，600，800
井网部署方式	五点井网，矩形井网，反 9 点井网
裂缝半长，m	80，100，120，140，160，180
裂缝形态	矩形、纺锤形、三角形、哑铃形
注气速度，m^3/d	3500
原始地层压力，MPa	17.2

1.3　宽短缝-高导流能力水平井注 CO_2 开发影响特征

通过数值模拟模型，建立直井注-水平井采五点井网单元，研究压裂水平井在极限条件宽短缝 80m、长缝 180m，裂缝导流能力 400mD · m 条件下的注 CO_2 开发影响特征，如图 2 所示。

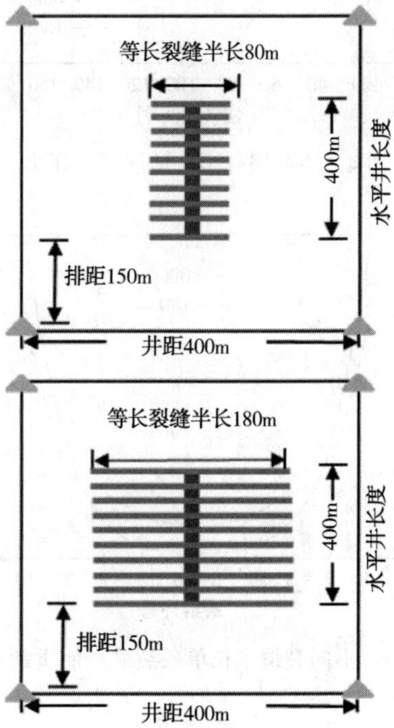

图 2　极限条件裂缝分布示意图

保持等长裂缝形态，选择 80m、180m 极限条件裂缝半长，选取裂缝高导流能力进行研究，得到结果如图 3、4、5 所示，特低渗透油藏在极限宽短缝高导流能力下，能够保持较晚的见气时间和较高的产油量；见气前长缝高导流裂缝模式产油量较高，但其地层压力提升水平较低，而宽短缝由于见气时间晚，生产气油比上升慢，中部裂缝产能贡献率更高，且能够较好的补充地层能量，如表 2 所示。

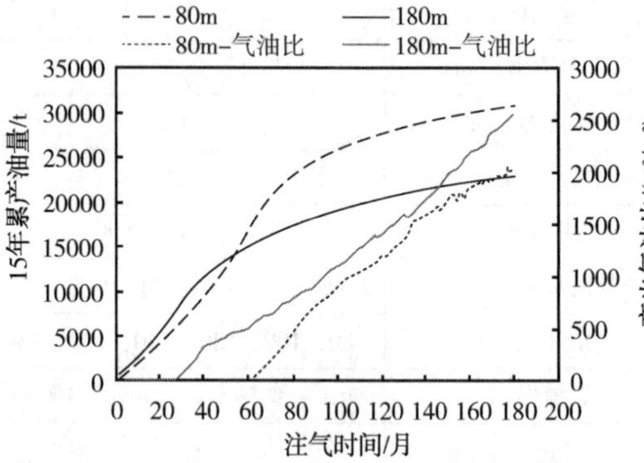

图 3　不同裂缝半长 15 年累产油量

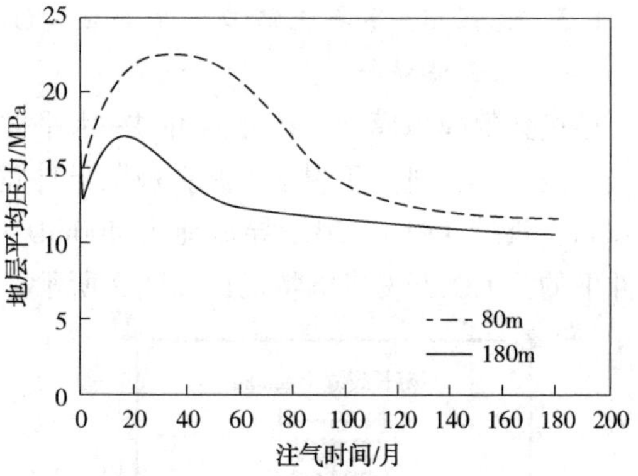

图 4　不同裂缝半长地层平均压力

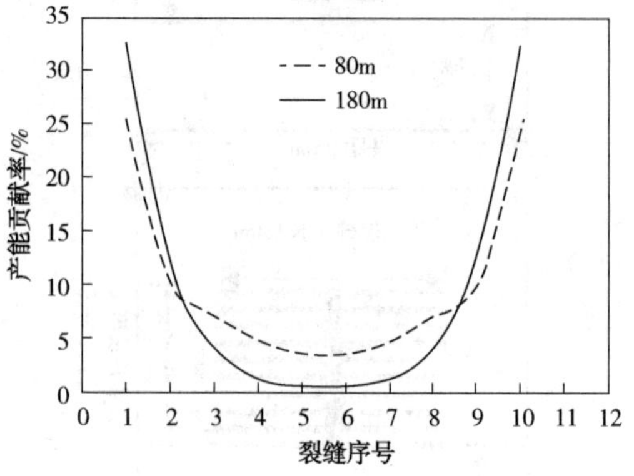

图 5　不同裂缝半长单条裂缝产能贡献率

表 2　极限条件不同裂缝半长采出程度及见气时间表

裂缝半长/m	采出程度/%	见气时间/月
80	37.5	58
180	29.6	26

1.4　等长裂缝形态水平井注 CO_2 开发影响特征

通过数值模拟模型，建立直井注-水平井采五点井网单元，研究压裂水平井在等长裂缝形态不同裂缝半长，定裂缝导流能力 200mD · m 条件下的注 CO_2 开发影响特征。

1.4.1　等长裂缝形态衰竭开发

通过数值模拟模型研究压裂水平井在等长裂缝形态不同裂缝半长，定裂缝导流能力 200mD · m 条件下的衰竭开发，明确目标特低渗油藏压裂水平井极限最小裂缝半长>120m，如图 6 所示。

保持等长裂缝形态，选择不同裂缝半长，选取裂缝导流能力为 200mD · m 进行衰竭开发，由图 7、8、9 可知，低渗透油藏衰竭开发，裂缝半长越大累计产量越高；端部裂缝产量是中部裂缝的 2 倍多，端部裂缝(两端)贡献了接近 40%的水平井产量。

1.4.2　等长裂缝形态注 CO_2 开发

通过数值模拟模型研究压裂水平井在等长裂缝形态不同裂缝半长，定裂缝导流能力 200mD · m 条件下的 CO_2 开发，如图 10 所示。

保持等长裂缝形态，选择不同裂缝半长，选取裂缝导流能力为 200mD · m 进行注 CO_2 开发，由图 11、12、13 可知，低渗透油藏注气开发，等长裂缝形态随着裂缝长度增加，累计产量逐渐变小；受气窜的影响，端部裂缝产量随着裂缝长度变长，先增大后减小，120m 达到最大；随着端部裂缝长度增加，见气时间逐渐缩短，但是贡献了接近 45~50%的水平井产量。

1.5　不同裂缝形态水平井注 CO_2 开发影响特征

通过数值模拟模型，建立直井注-水平井采五点井网单元，研究压裂水平井在不同裂缝形态不同裂缝半长，定裂缝导流能力 200mD · m 条件下的注 CO_2 开发影响特征。

1.5.1　不同裂缝形态注 CO_2 开发

通过数值模拟模型研究压裂水平井在不同裂缝形态(矩形、纺锤形、三角形、哑铃形)不同裂缝半长，定裂缝导流能力 200mD · m，恒速 3500m³/d 注入 15 年条件下注 CO_2 开发，如图 14 所示。

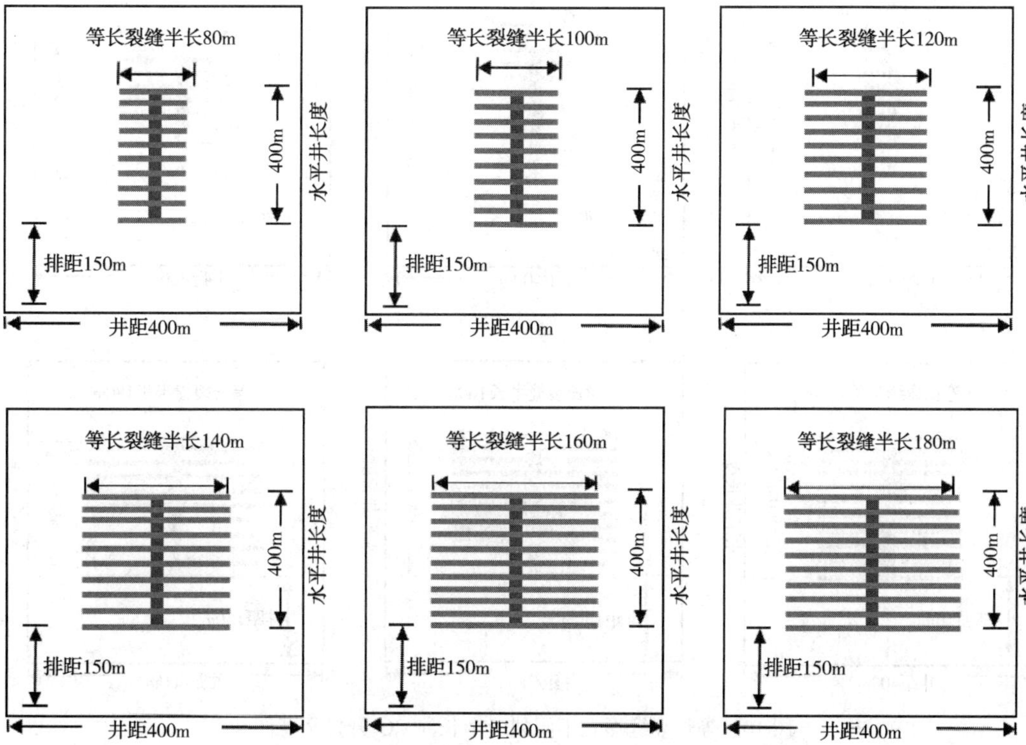

图 6　等长裂缝形态不同裂缝半长衰竭开发示意图

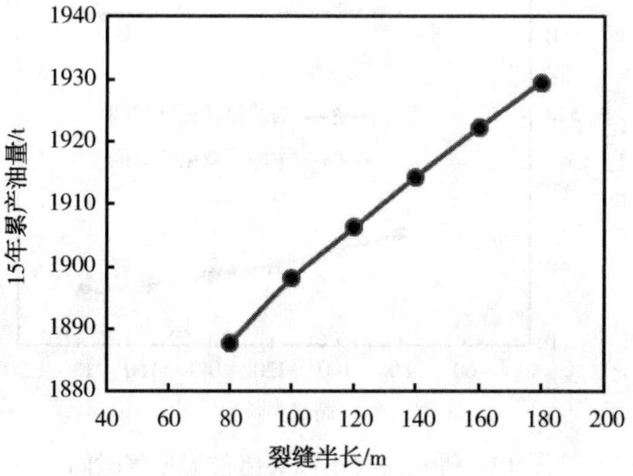

图 7　等长裂缝不同裂缝半长 15 年累产油量

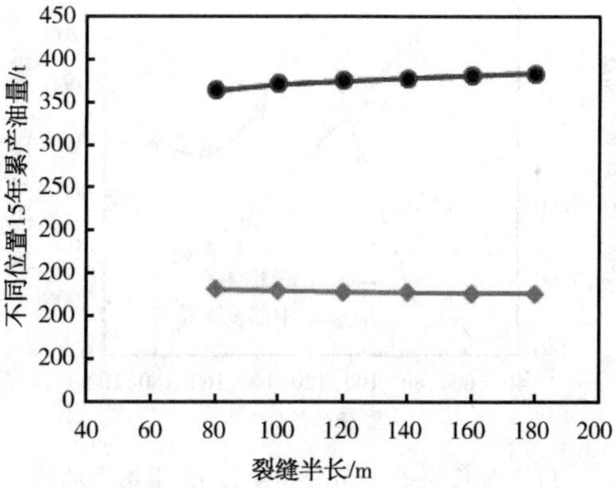

图 8　等长裂缝端、中部裂缝 15 年累产油量

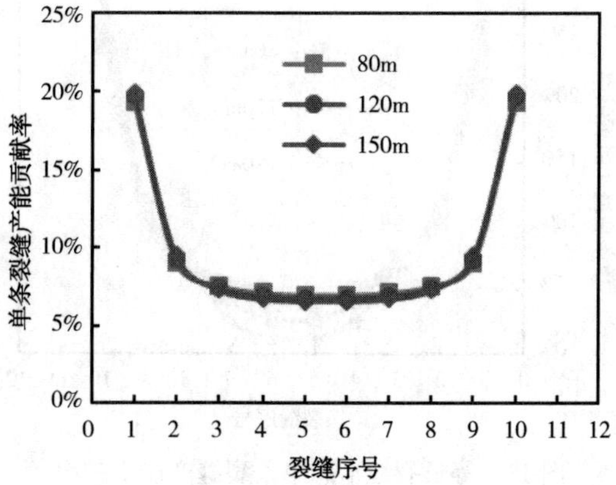

图 9　等长裂缝单条裂缝产能贡献率

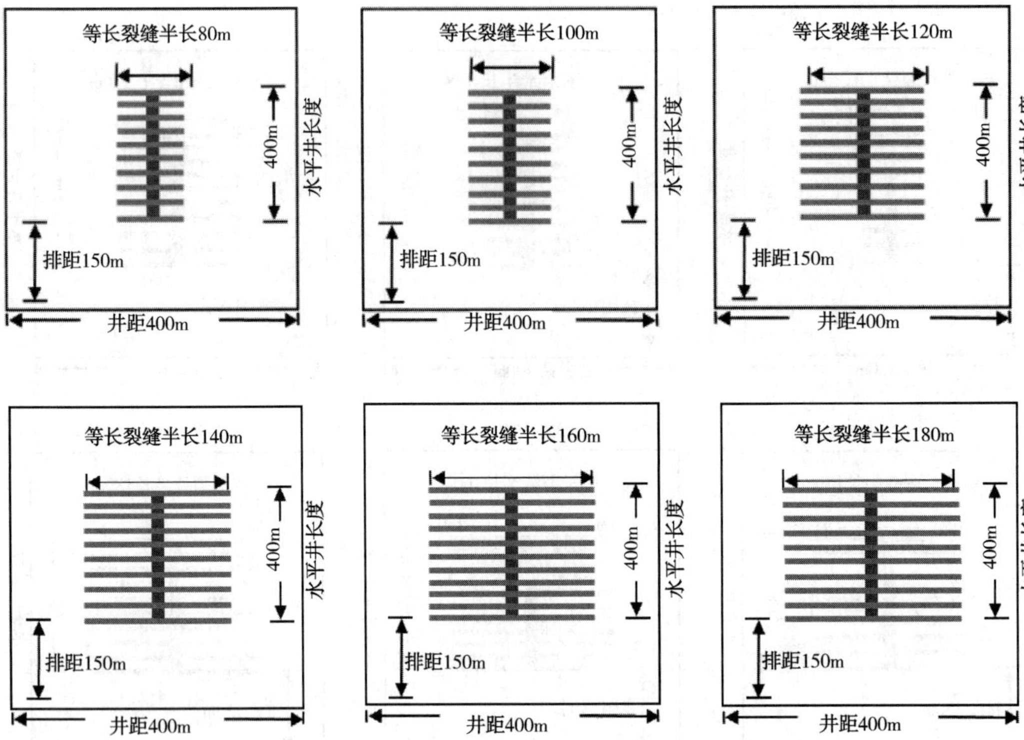

图 10　等长裂缝形态不同裂缝半长注 CO_2开发示意图

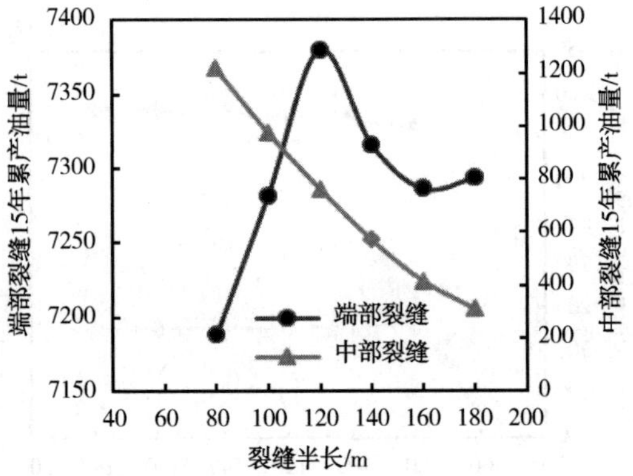

图 11　等长裂缝不同裂缝半长 15 年累产油量

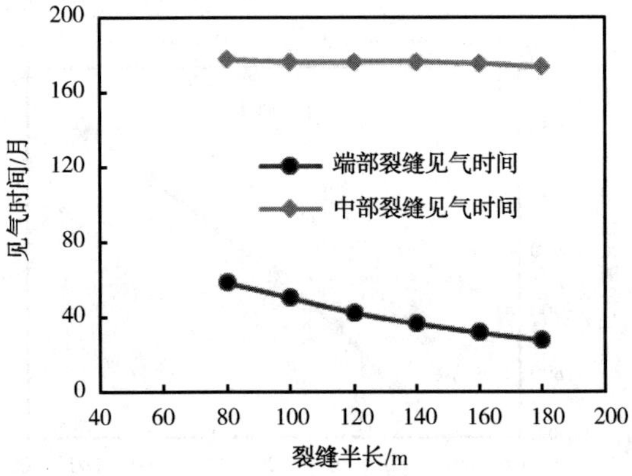

图 12　等长裂缝不同裂缝位置见气时间

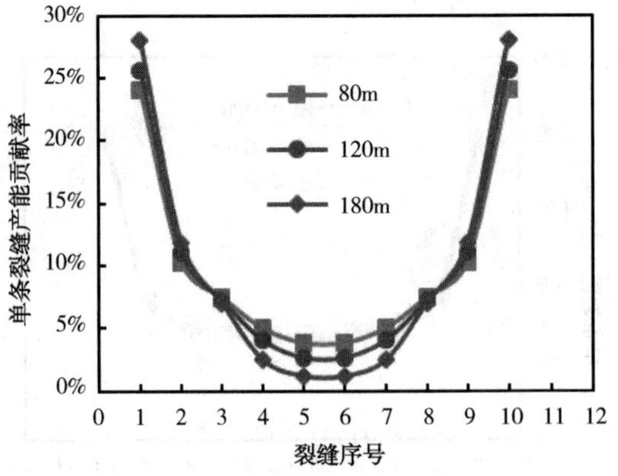

图 13　等长裂缝形态单条裂缝产能贡献率

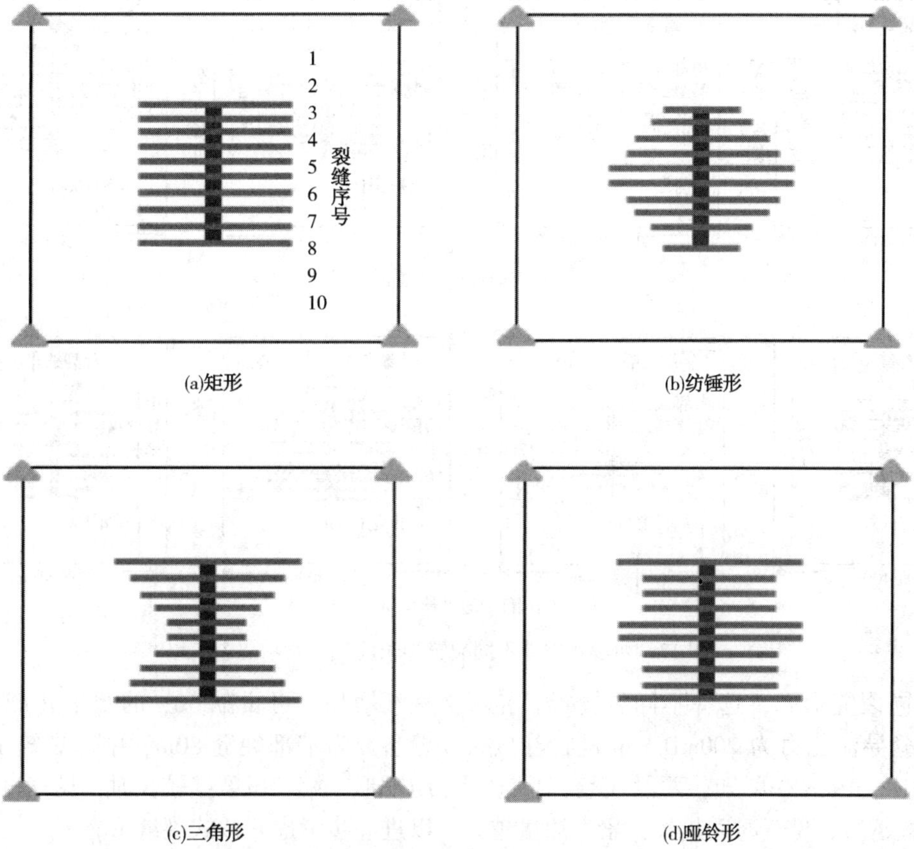

图 14　不同裂缝形态不同裂缝半长注气开发示意图

保持相同裂缝半长范围，选择不同裂缝形态，选取裂缝导流能力为 200mD · m 进行注气开发，由图 15 和图 16 可知，端部裂缝越长，越早见气，产量降低，因此纺锤形裂缝形态产量达到最大；端部控缝长时，见气时间晚，中间裂缝产能越大，整体产油量越高；明确裂缝分布模式思路为“端部控缝长，中部长缝保产能”分段式布缝

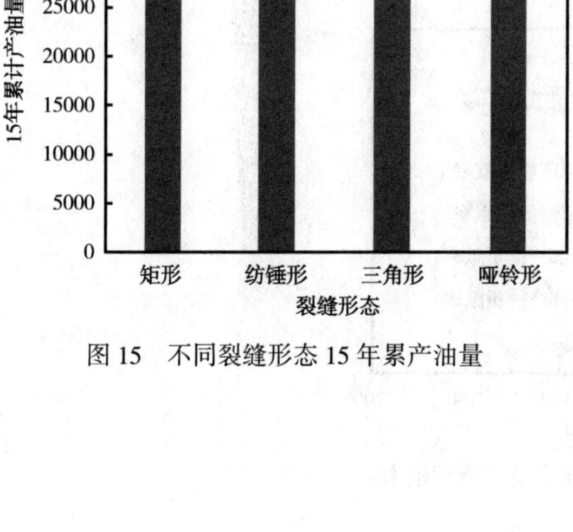

图 15　不同裂缝形态 15 年累产油量

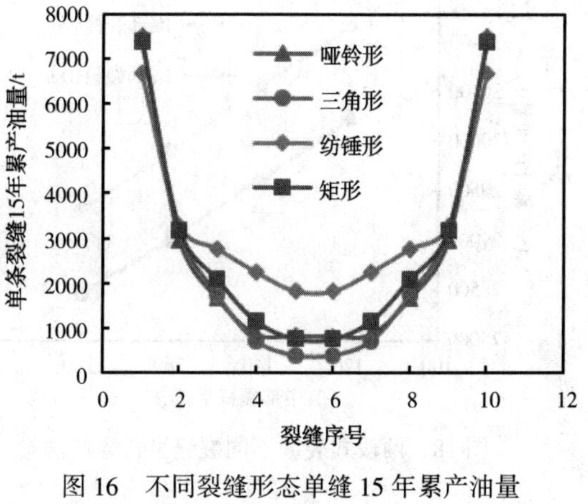

图 16　不同裂缝形态单缝 15 年累产油量

1.5.2　两段式裂缝形态注 CO_2 开发

结合宽缝和纺锤形裂缝形态优势，基于延缓气窜对策对纺锤形缝网进行演变，提出两段式“端部控缝长，中部最大化”裂缝形态，研究该种裂缝形态不同裂缝半长，定裂缝导流能力 200mD · m，恒速 3500m^3/d 注入 15 年条件下的注 CO_2 开发，如图 17 所示。

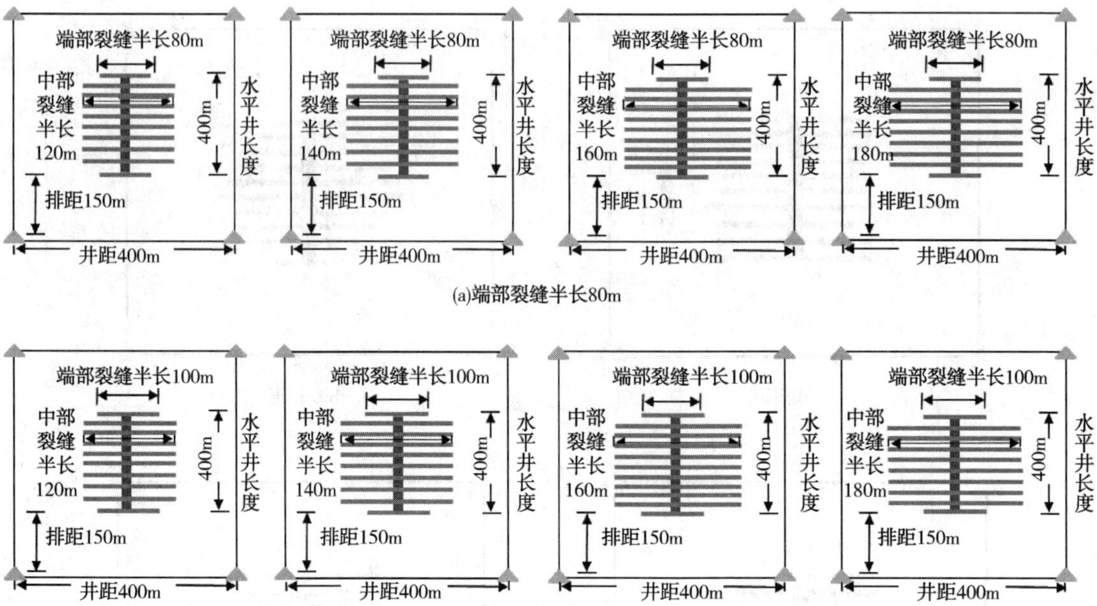

(a)端部裂缝半长80m

(b)端部裂缝半长100m

图 17　两段式裂缝不同裂缝半长注气开发示意图

保持相同裂缝形态，选择不同裂缝半长范围，选取裂缝导流能力为 200mD · m 进行注气开发，由图 18、19、20 可知，两段式裂缝形态下，端部裂缝越短，见气时间越长，累产油量越高；端部裂缝产能贡献率随着中部裂缝长度变长逐渐增加，可贡献 50% 的水平井产量，最优裂缝参数为端部裂缝 80m，中部裂缝 120m；对比纺锤形，第二段裂缝较长时，见气过早，因此可以进一步考虑三段式裂缝形态。

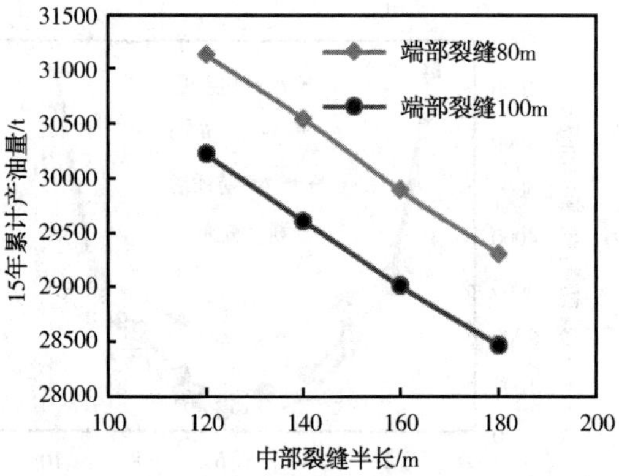

图 18　两段式裂缝不同裂缝半长累产油量

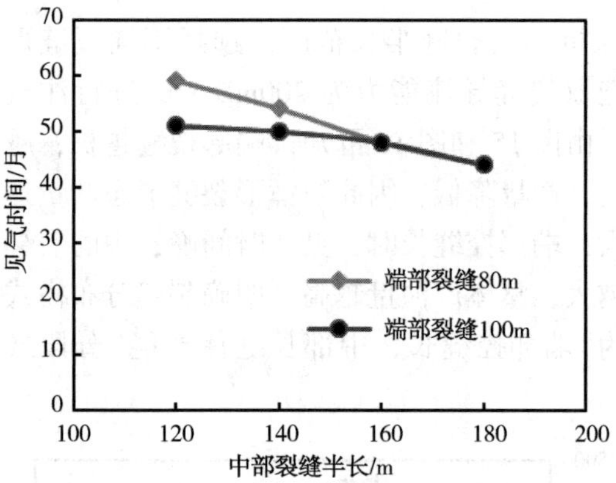

图 19　两段式裂缝不同裂缝半长见气时间

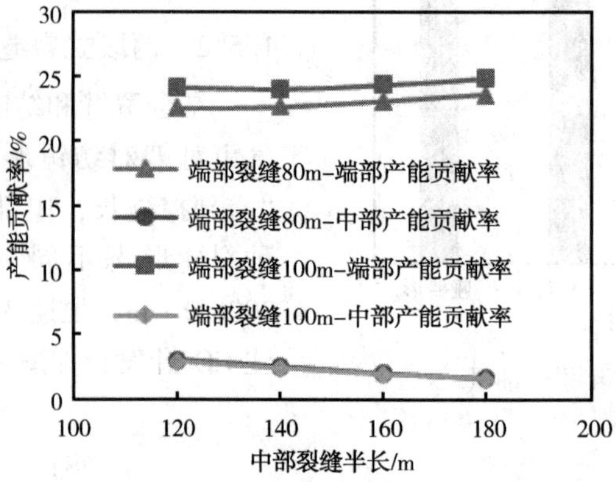

图 20　两段式裂缝不同裂缝半长产能贡献率

1.5.3 三段式裂缝形态注 CO_2 开发

进一步提出三段式"端部控缝长，中部最大化"裂缝形态，研究不同裂缝半长，定裂缝导流能力能力 200mD · m，恒速 $3500m^3/d$ 注入 15 年条件下的注 CO_2 开发，如图 21 所示。

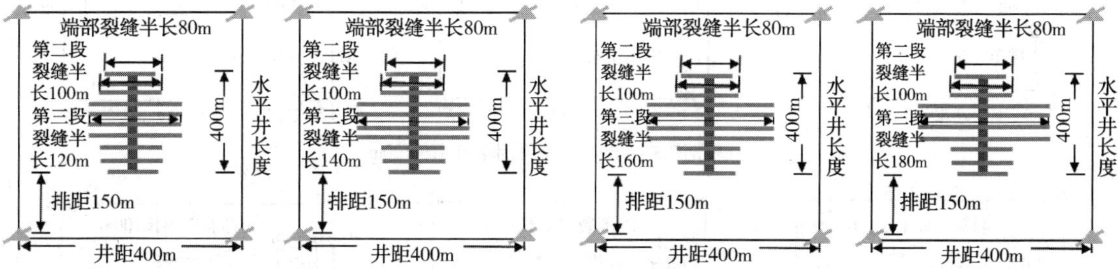

图 21 三段式裂缝形态不同裂缝半长注气开发示意图

保持相同裂缝形态，选择不同裂缝半长范围，选取裂缝导流能力为 200mD · m 进行注气开发渗流机理研究，由图 22、23、24 可知，三段式裂缝形态控制前两段裂缝半长，中部裂缝半长超过 160m 时产量提升幅度迅速缩小；端、中部裂缝累产油量随裂缝半长增加变化不大，但总产量与两段式相反，随中部裂缝增长而变大；明确三段式裂缝形态增产思路为"端部、第一段控制缝长，中部裂缝最大化"提高产量。

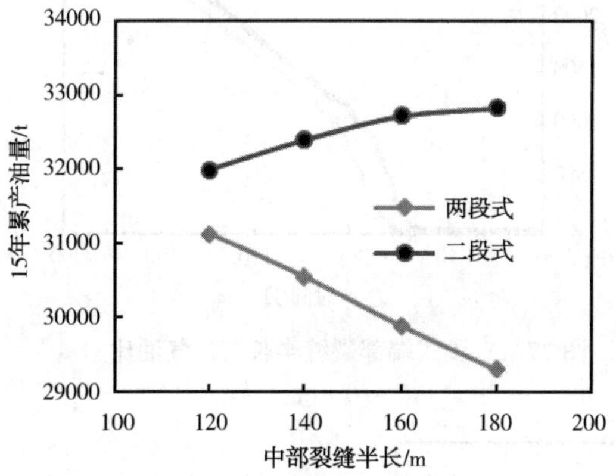

图 22 三段式不同裂缝半长 15 年累产油量

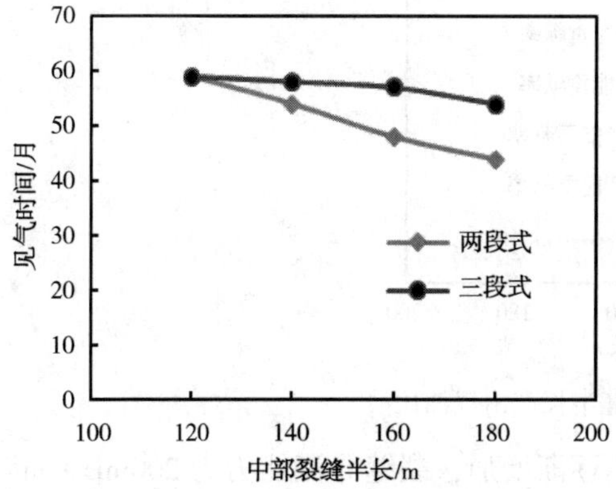

图 23 三段式裂缝不同裂缝半长见气时间

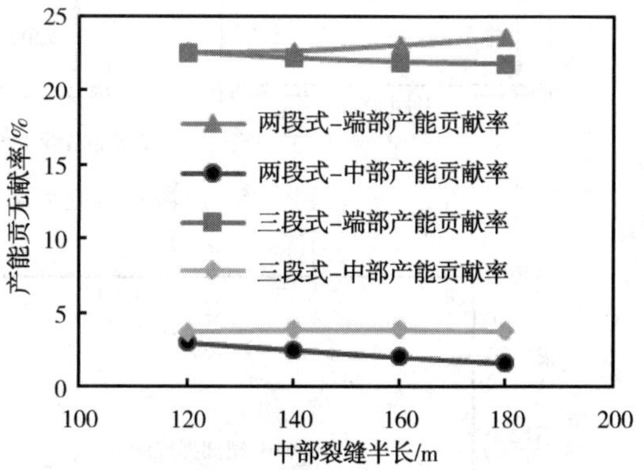

图 24 三段式裂缝形态单条裂缝产能贡献率

保持相同裂缝形态，对比不同端部裂缝半长，中部裂缝半长逐渐增加注气开发渗流机理，裂缝导流能力为 200mD · m，示意图如图 25 所示：

由图 25 可知，三段式裂缝形态端部裂缝 80m 时，随不同中部裂缝半长增加，第二段裂缝半长为 100m 的 15 年累产油量均优于 120m 的累产油量，因此确定最优第二段裂缝半长为 100m。三段式裂缝形态，端部裂缝越短，见气时间越长，累产油量越高；端部裂缝越短，产能贡献率越高，仅端部裂缝就可贡献 50% 的水平井产量；对比不同端部裂缝半长产油规律可知，三段式布缝方式可确定为端部、第二段、中部裂缝半长分别为 80m、100m、160m，该模式下可有利延缓气窜，达到最佳产量。如图 26、27、28 所示。

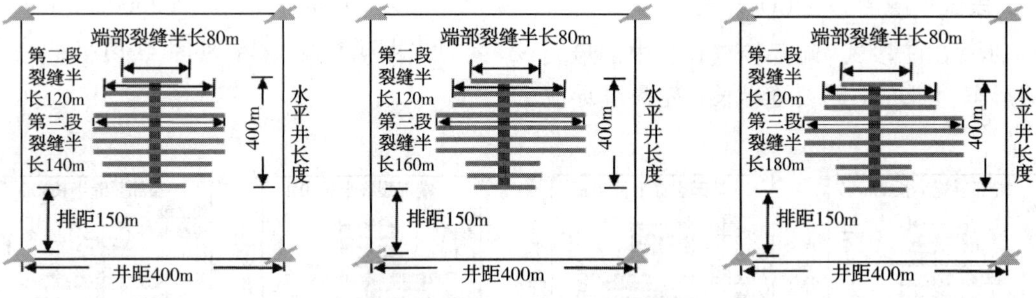

(a)端部裂缝半长80m，次端部裂缝半长120m

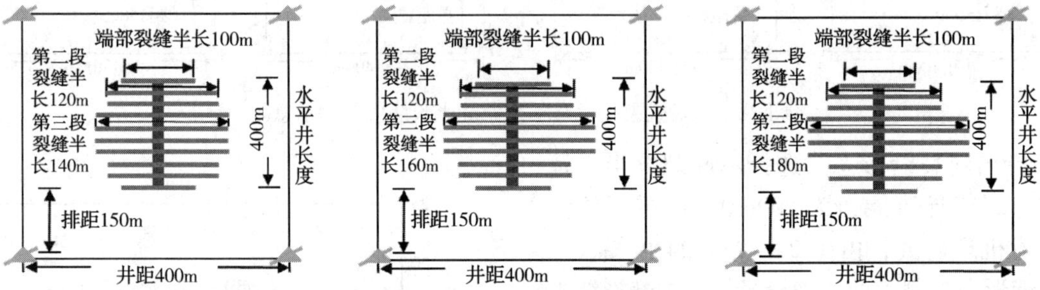

(b)端部裂缝半长100m，次端部裂缝半长120m

图 25　三段式裂缝形态不同端部裂缝半长注气开发示意图

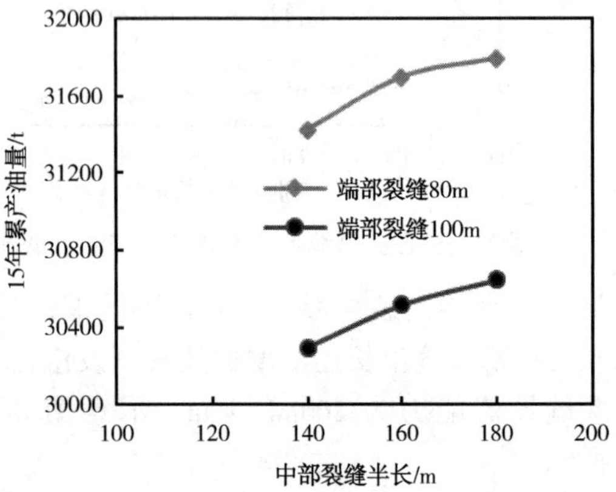

图 26　三段式裂缝半长 15 年累产油量

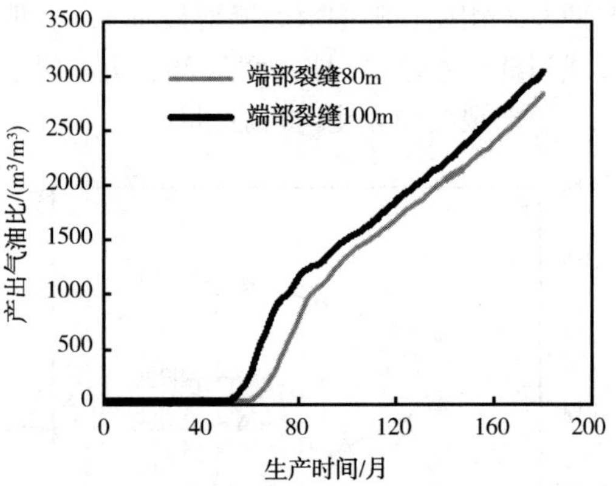

图 27　三段式端部裂缝半长产出气油比

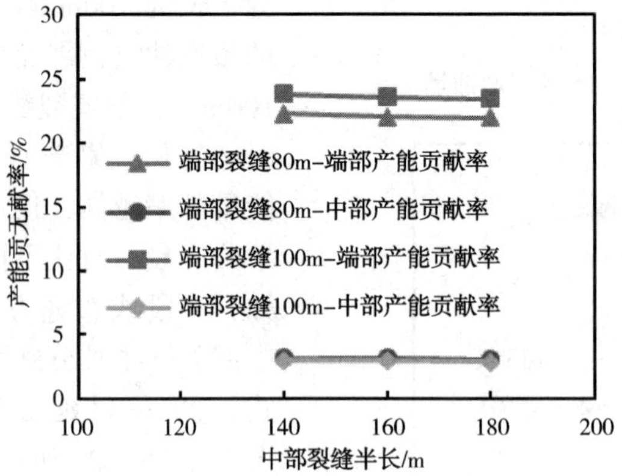

图 28　三段式裂缝不同端部裂缝半长产出气油比

1.5.4　两段式、三段式裂缝形态气窜、产油对比

保持相同裂缝参数，即端部裂缝 80m，中部裂缝逐渐增加，裂缝导流能力为 200mD · m，对比两段式与三段式裂缝形态气窜和产油规律，示意图如图 29 所示：

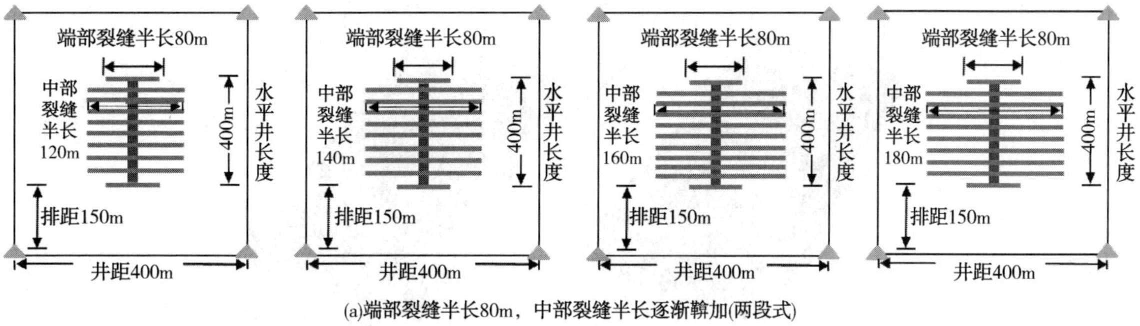

(a)端部裂缝半长80m，中部裂缝半长逐渐鞥加(两段式)

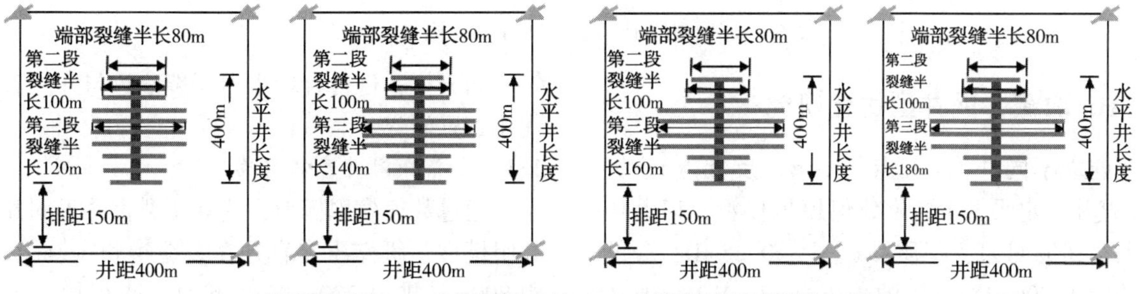

(b)端部裂缝半长80m，次端部裂缝半长100m，中部裂缝半长逐渐增加(三段式)

图 29　两段式、三段式裂缝形态不同端部裂缝半长示意图

如图 30、31、32 所示，两、三段式裂缝形态下，两种裂缝形态累产油随中部裂缝增长呈现相反的趋势，这是由于三段式第二段裂缝较短且固定，见气时间晚，产量会随中部裂缝增长而增大。对比两种裂缝形态，中部裂缝长度增加，“三段式”水平井产量呈现增加的趋势中部裂缝长度增加对“三段式”水平井见气时间影响较小，证明注入气有效波及了注气井间“死油区”综合考虑见气时间和裂缝产能贡献率，三段式裂缝形态对延缓气窜和增产具有更好的效果，因此选择三段式布缝方式，如图 33 所示。

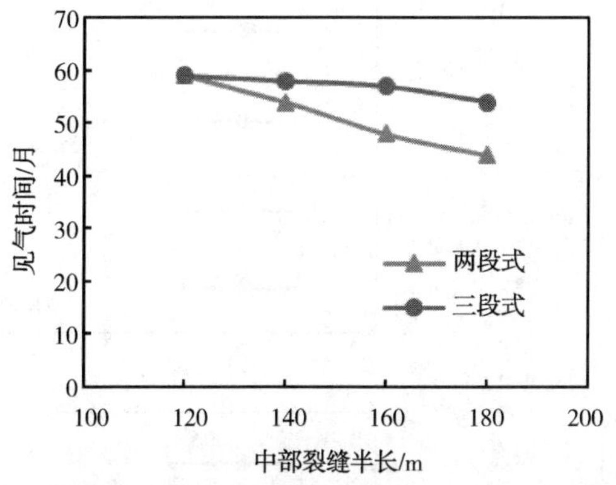

图 31　不同裂缝下不同裂缝半长见气时间

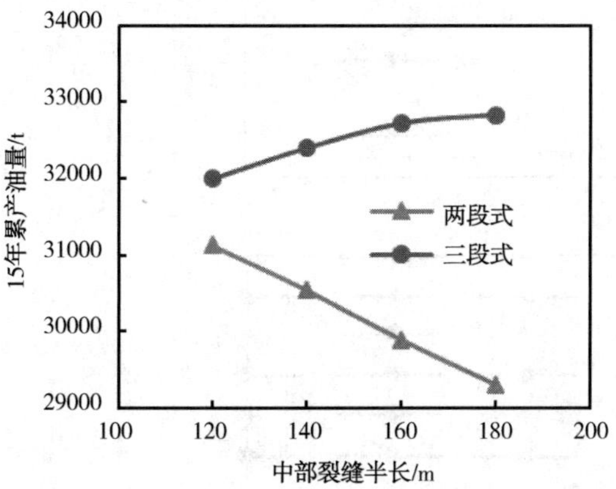

图 30　不同裂缝不同裂缝半长 15 年累产油量

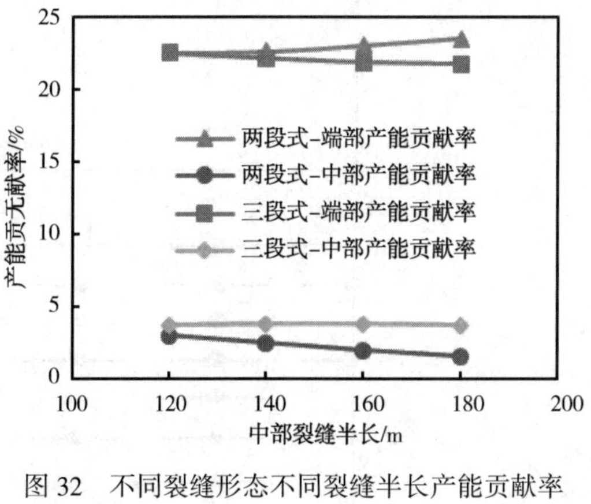

图 32　不同裂缝形态不同裂缝半长产能贡献率

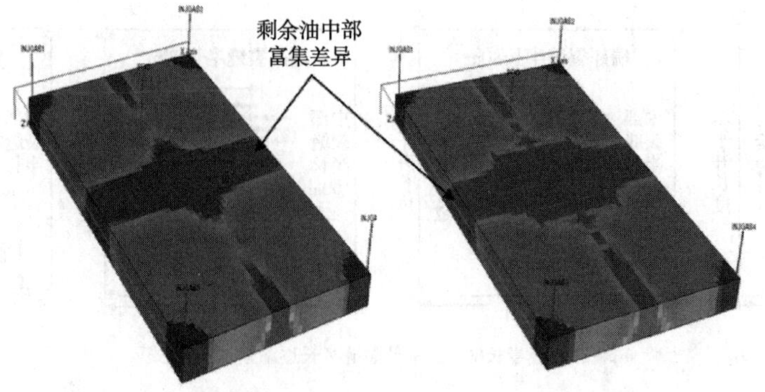

(a)三段式压裂方式含油饱和度分布　　(b)两段式压裂方式含油饱和度分布

图 33　不同裂缝形态注气 15 年含油饱和度分布

2　H3 油藏井网井型优化研究

建立不同井网(五点、矩形、反九点)、井型(直井、水平井)组分数值模拟模型，以井组单元为研究对象，基质渗透率为 0.25mD，裂缝导流能力 200mD · m，油藏压力 17.2MPa，基于以上模型参数，进行不同井网产能特征分析、见气时间分析，进行合理水力压裂参数与井网参数优化配置研究。

2.1　直井井网对产能影响

通过数值模拟模型，建立压裂直井不同井网井组模型，研究压裂直井在裂缝半长 160m，井距 800m、排距 200m 条件下的产能规律，示意图如图 34 所示：

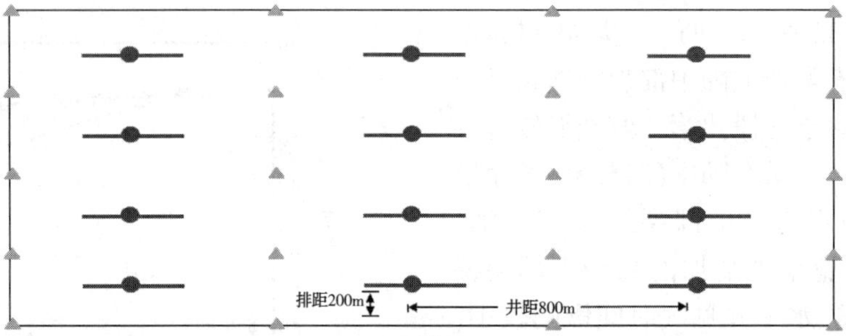

(a)五点井网

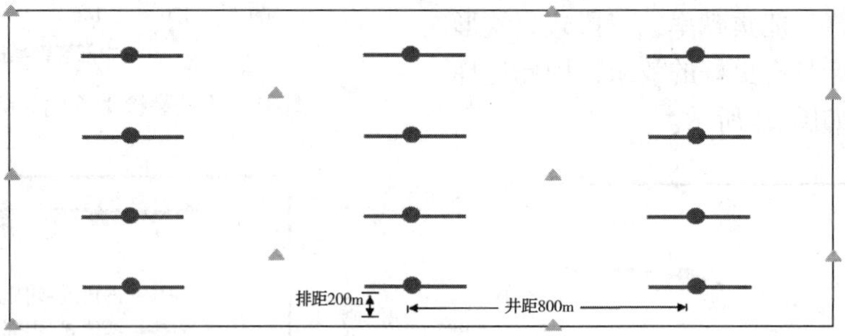

(b)矩形井网

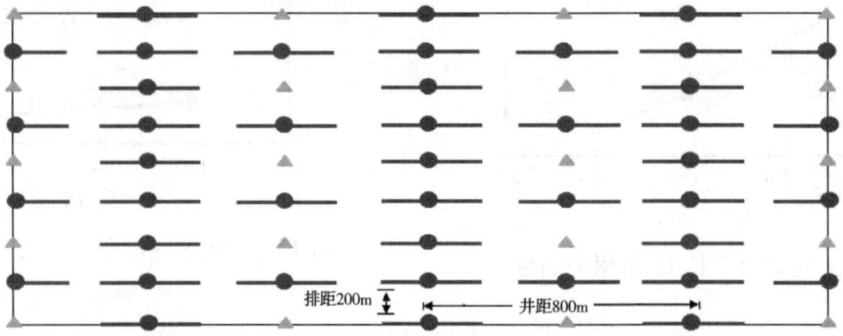

(c)反九点井网

图 34　压裂直井不同井网示意图

如图 35、36、37 所示，压裂直井在相同井距、排距下，五点井网采出程度最高，地层压力提升水平最高；反九点井网见气时间最早，五点井网与矩形井网见气时间相差不大，明确注气直井压裂五点法井网形式开发效果最好，采出程度最高，矩形井网次之；综合考虑采出程度和见气时间可知压裂直井以五点井网为主。

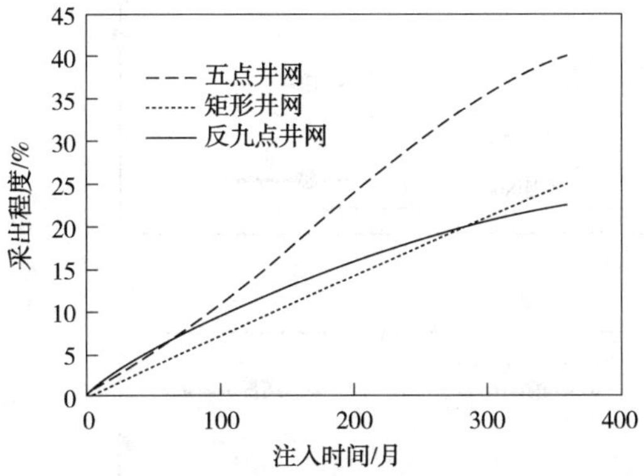

图 35　不同井网采出程度

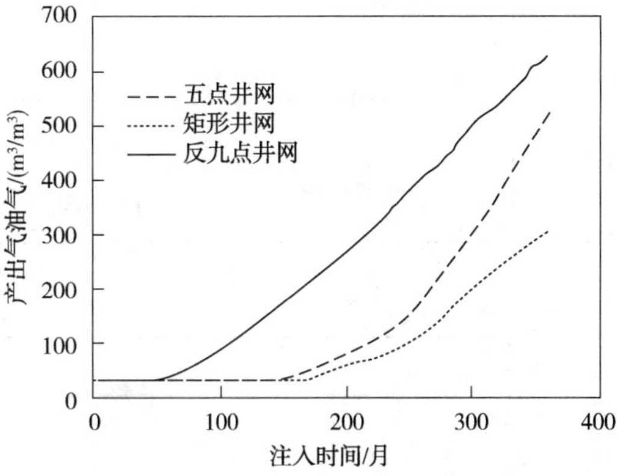

图 36　不同井网产出气油比

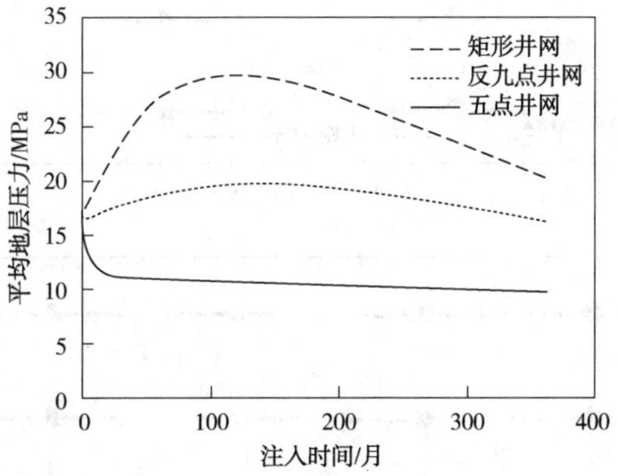

图 27　不同井网平均地层压力

2.2　直井井距对产能影响

通过数值模拟模型，建立压裂直井不同井距、排距井组模型，研究压裂直井在裂缝半长 160m，导流能力 200mD · m，排距 200m，五点井网条件下的产能规律，示意图如图 38 所示：

如图 39、40、41 所示，在最优五点井网条件下，井距越大，采出程度越低，400m 井距采出程度最高达 44%；井距越大，见气时间越晚，平均地层压力提升水平越高，但因井距过大，裂缝处见气时间较长，产能贡献较低，因此综合采出程度和产能得出最优井距为 400m。

2.3　水平井井网对产能影响

通过数值模拟模型，建立压裂水平井不同井网(五点、矩形)井组模型，研究压裂水平井在两段式、三段式裂缝技术模式，其中两段式端部裂缝长度 80m，中部裂缝长度 120m，三段式端部裂缝 80m、第二段裂缝长度 100m、中部裂缝长度 160m，井距 400m、排距 200m 条件下的产能规律，示意图如图 42 所示：

如图 43 和图 44 所示，相同单井注气量下，三段式裂缝技术模式在累产量、见气时间和地层压力提升水平上均优于两段式；三段式裂缝技术模式与五点法井网匹配性较好，优于矩形井网，能够获得较高累产油。

2.4　水平井排距对产能影响

通过数值模拟模型，建立压裂水平井矩形井网不同井距、排距井组模型，研究压裂水平井在三段式裂缝技术模式，矩形井网条件下的产能规律，示意图如图 45 所示：

如图 46、47、48 所示，三段式裂缝技术模式矩形井网条件下，井距越大，采出程度越低，见气时间越长；矩形井网平均地层压力很难提升，随生产开始持续下降，400m 井距地层压力下降较为缓慢且出现压力抬升段，可维持原始地层压力，因此矩形井网下最优井距为 400m，如图 49 所示。

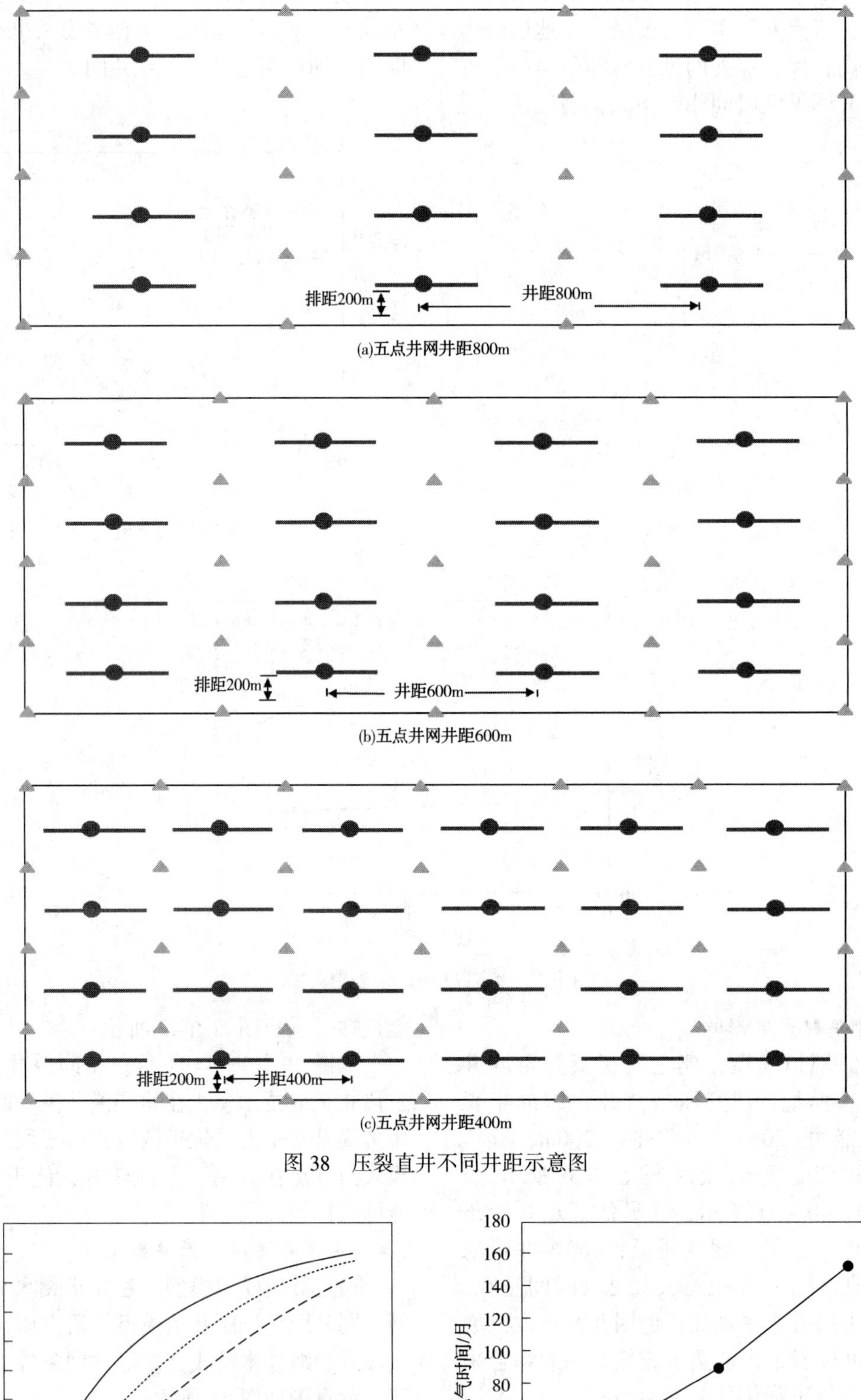

图 38　压裂直井不同井距示意图

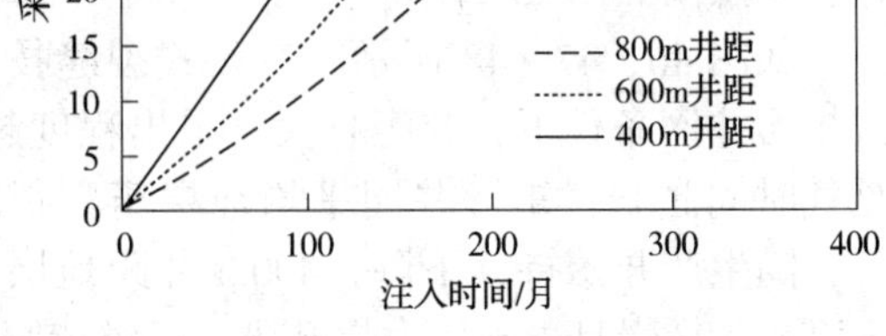

图 39　不同井距采出程度

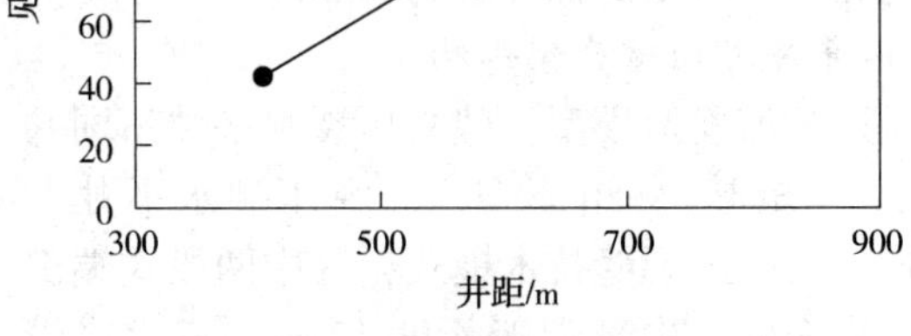

图 40　不同井距见气时间

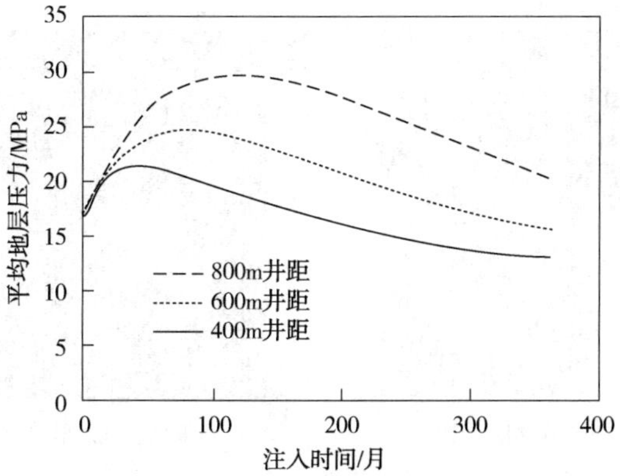

图 41　不同井距平均地层压力

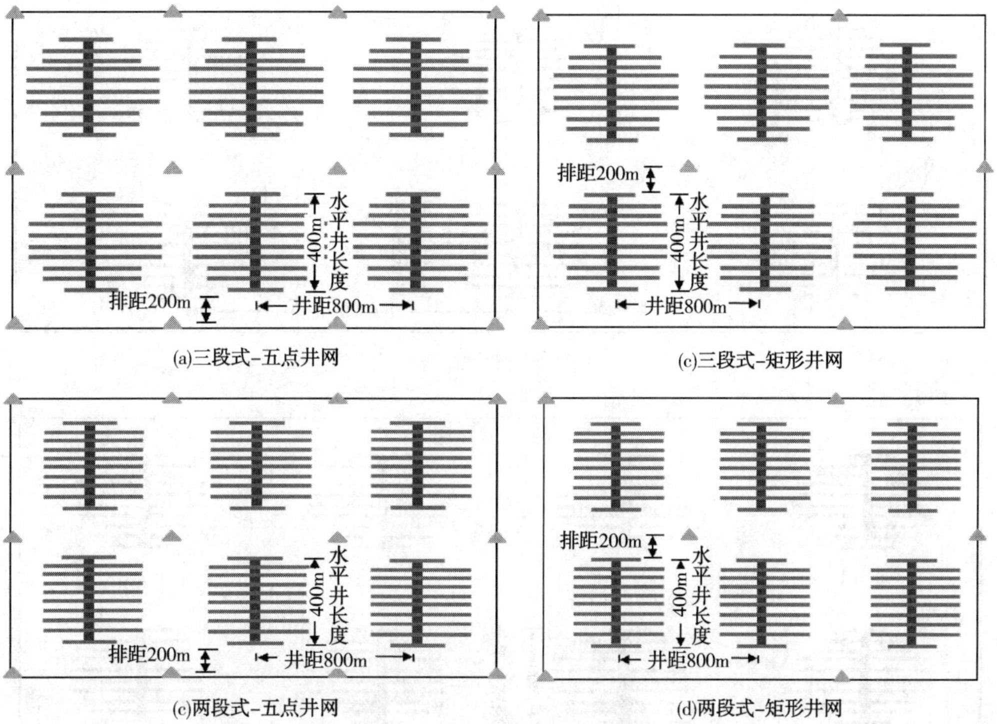

图 42　压裂水平井不同井网示意图

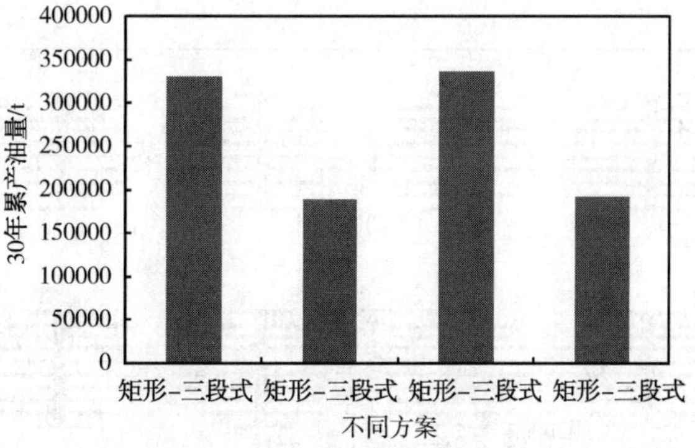

图 43　不同方案 30 年累产油量

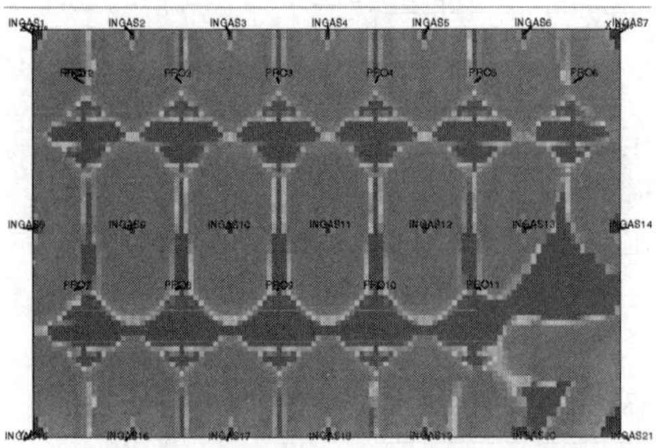

(a)三段式五点井网注气30年含油饱和度

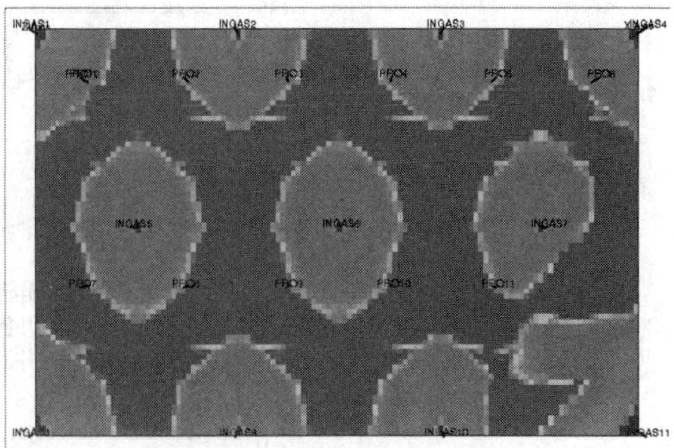

(b)两段式矩形井网注气30年含油饱和度

图 44　不同压裂技术模式不同井网含油饱和度图

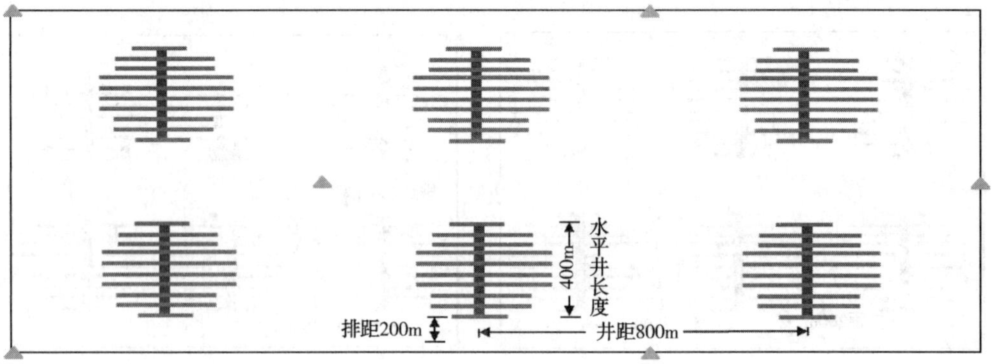

(a)矩形井网井距800m

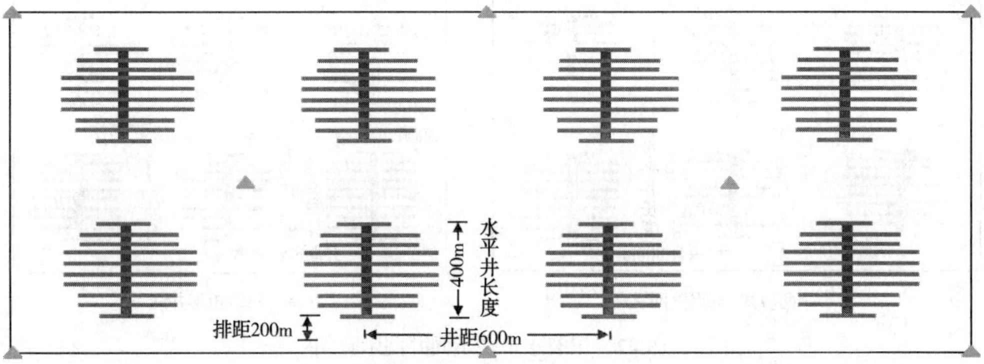

(b)矩形井网井距600m

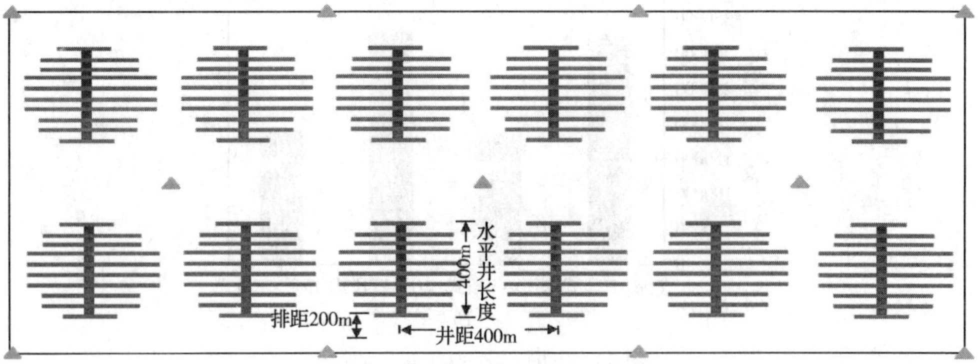

(c)矩形井网井距400m

图 45　压裂水平井矩形井网不同井距示意图

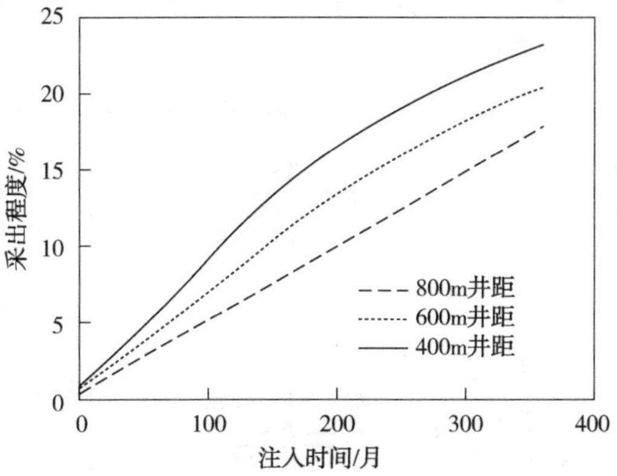

图 46　不同井距采出程度

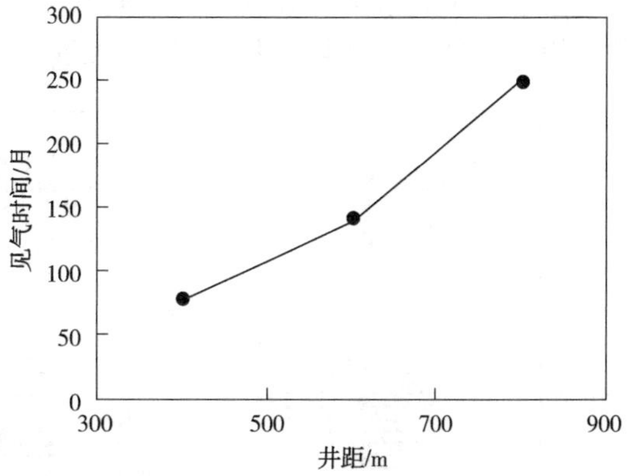

图 47　不同井距见气时间

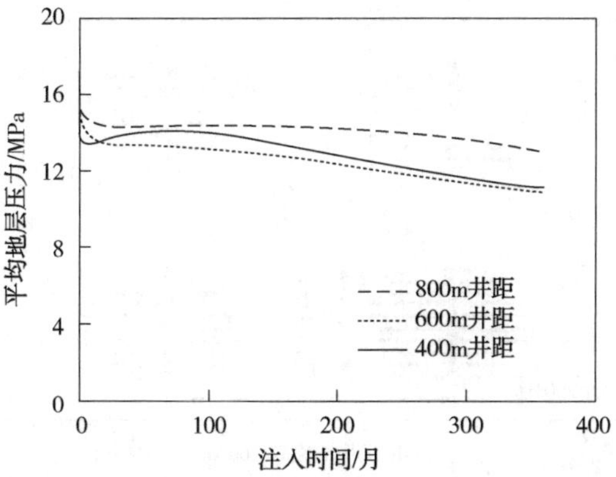

图 48　不同井距平均地层压力

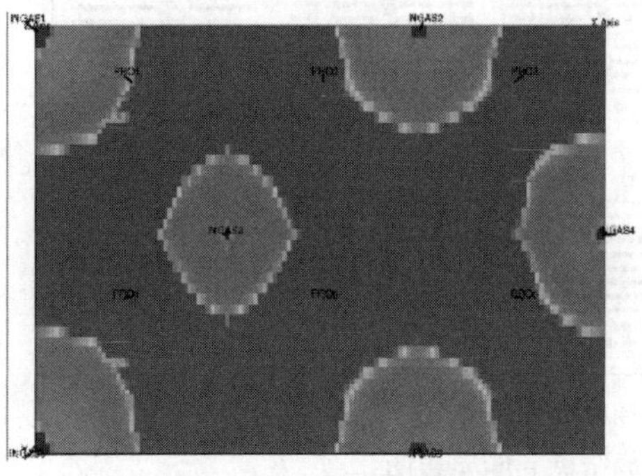

(a)矩形井网800m井距

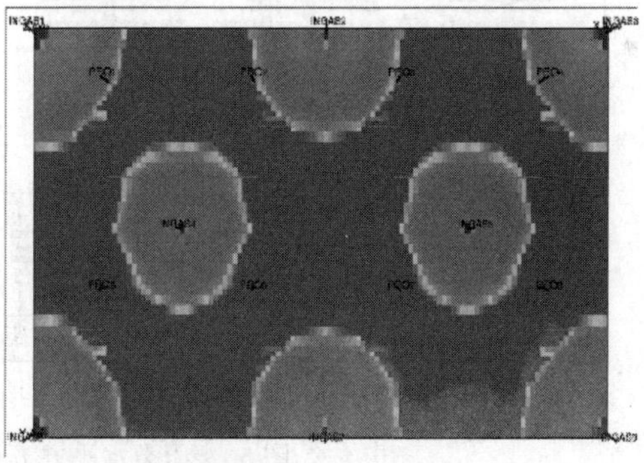

(b)矩形井网600m井距

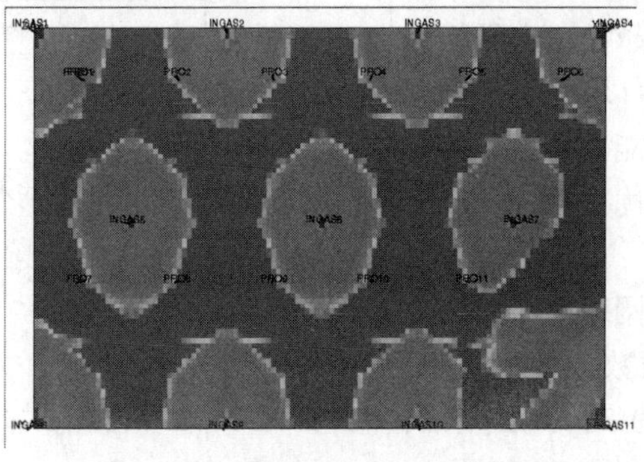

(c)矩形井网400m井距

图 49　矩形井网不同井距含油饱和度

进一步建立压裂水平井五点井网不同井距、排距井组模型，研究压裂水平井在三段式裂缝技术模式，五点井网条件下的产能规律，示意图如图 50 所示：

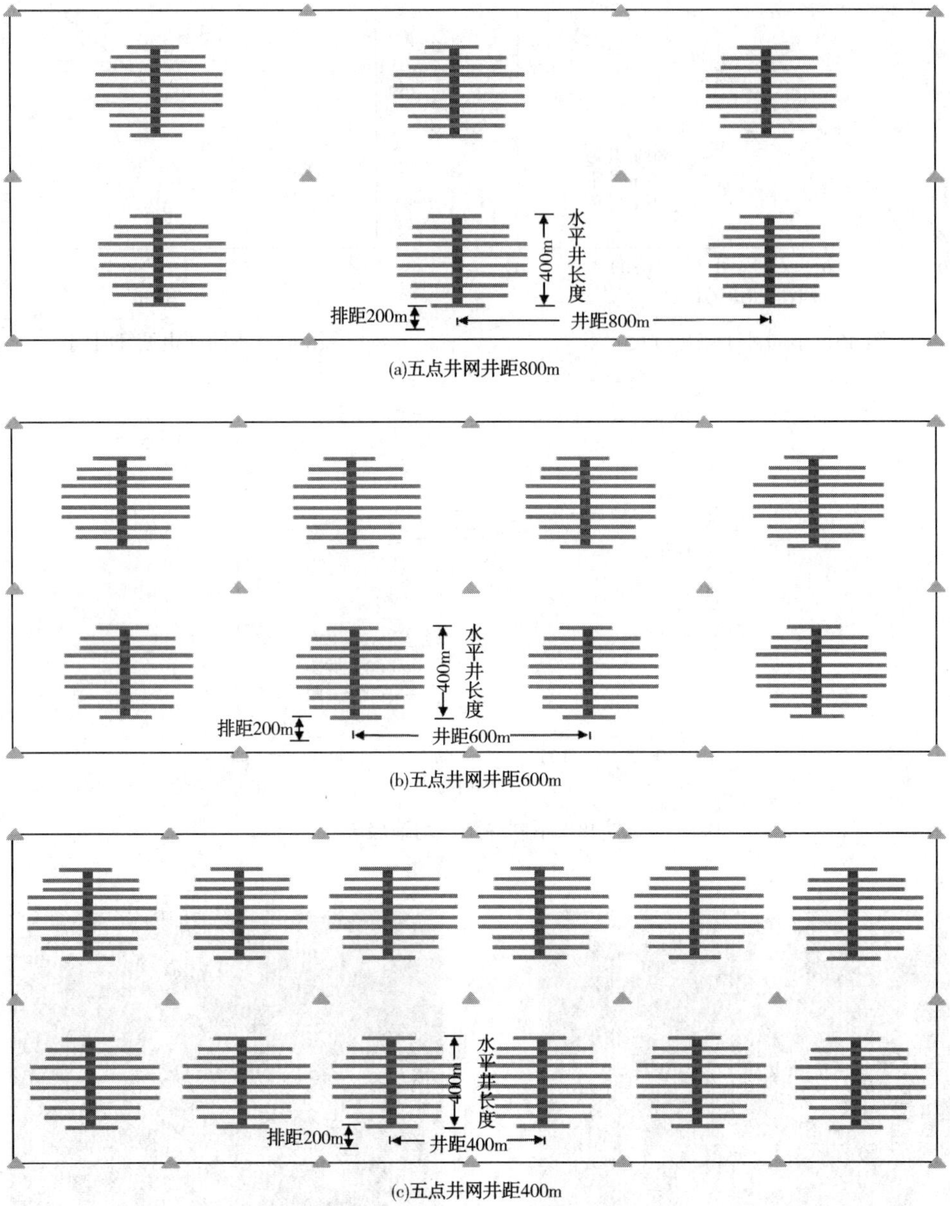

图 50　压裂水平井五点井网不同井距示意图

三段式裂缝技术模式五点井网条件下，井距越大，采出程度越低，见气时间越长；由平均地层压力图可看出，400m 井距时可以达到与 800m 井距相近的压力提升水平，且还能保持更高的采出程度，因此在五点井网下，最优井距为 400m，如图 51、52、53、54 所示。

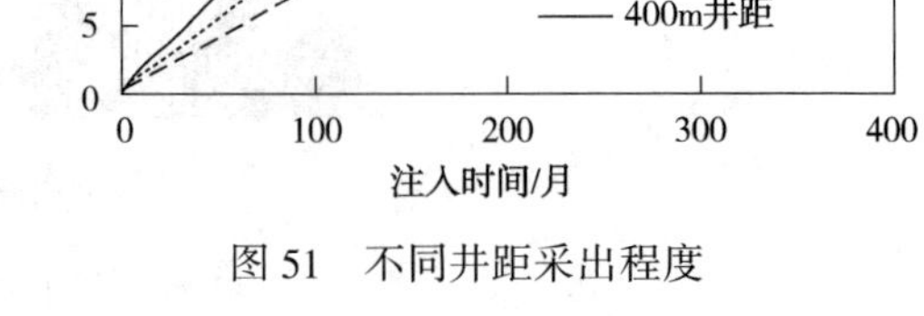

图 51　不同井距采出程度

在前期优化出的最优五点井网基础上，结合注伴生气后产能分析，采用油藏数值模拟方法，对比井距 400m 下，不同排距的 30 年累产油，从而得出最优排距为 150m，如图 55 和图 56 所示。

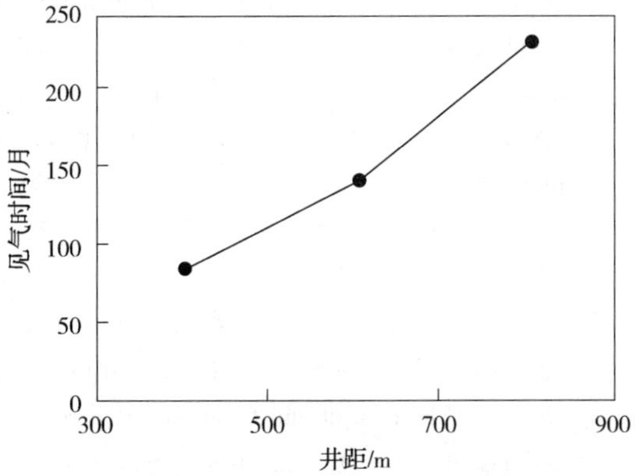

图 52　不同井距见气时间

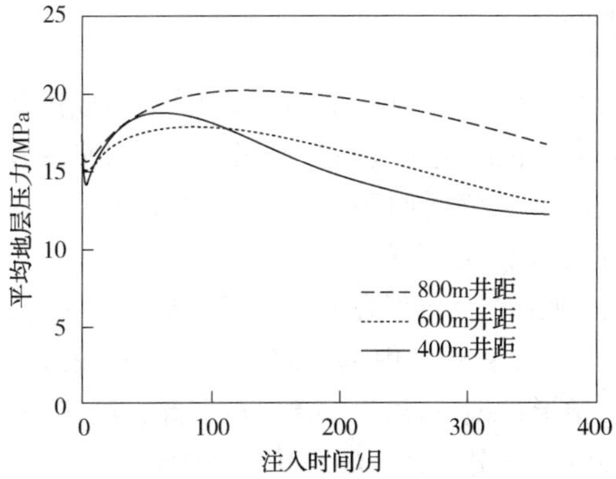

图 53　不同井距平均地层压力

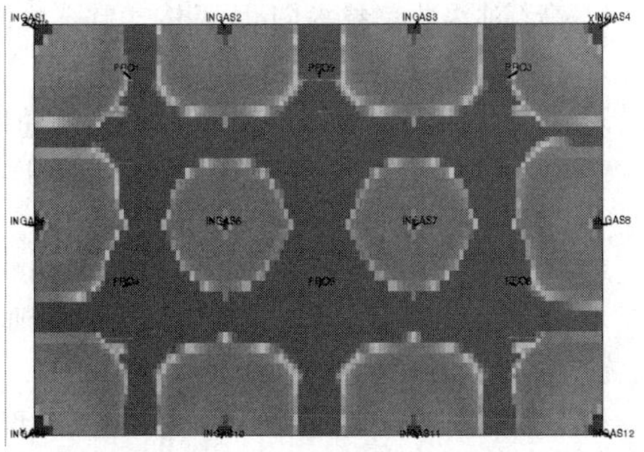

(a)五点井网800m井距

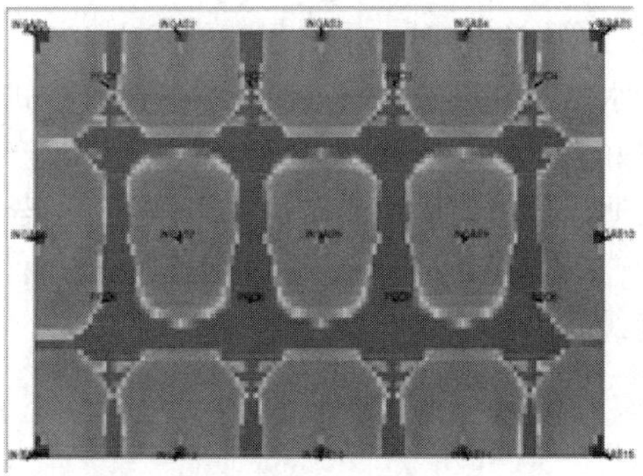

(b)五点井网600m井距

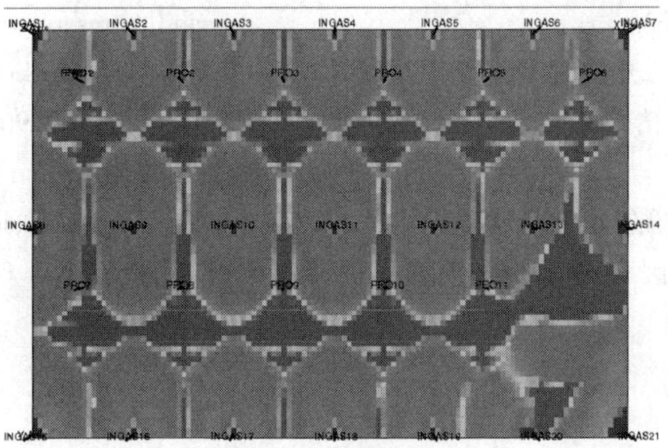

(c)五点井网400m井距

图 54　五点法井网不同井距含油饱和度

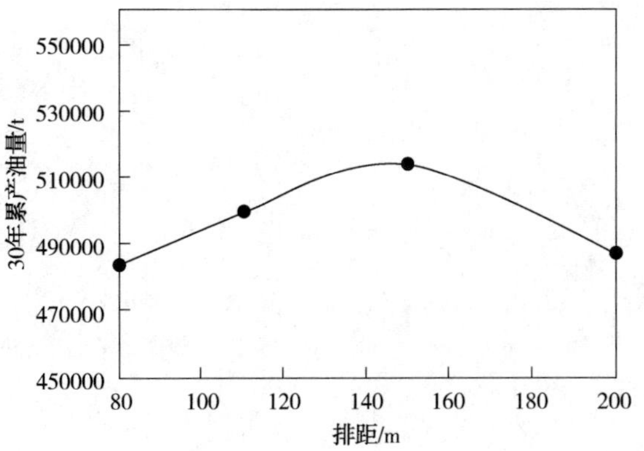

图 55　三段式水平井不同排距累产油量

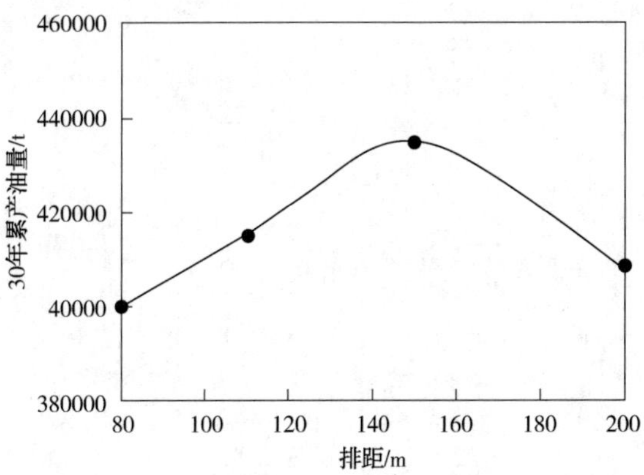

图 56　定向井不同排距累产油量

3 结论

（1）目标区块 CO2 驱水平井压裂参数优化结果表明，极限宽短缝高导流能力下，水平井能保持较晚的见气时间和较高的产油量；裂缝变长，等长裂缝端部裂缝产量先增大后减小，120m 达到最大，端部裂缝贡献了接近 45~50%；采用“端部控缝长，中部长缝保产能”分段式布缝，纺锤形裂缝三段式布缝方式端部、第二段、中部裂缝半长分别为 80m、100m、160m。

（2）目标区块 CO2 驱井网井型优化结果表明，压裂直井相同井距、排距五点井网最优，井距 400m，排距 200m 时，采出程度最高达 44%；

（3）水平井五点法井网三段式裂缝技术模式匹配性较好，优于矩形井网，能够获得较高累产油，在前期优化出的最优五点井网基础上，结合产能分析，最优井距 400m，最优排距为 150m，采出程度最高。

参 考 文 献

[1] 李姝，黄学斌，肖玉茹等．渤海湾盆地济阳坳陷中深层低渗砂砾岩油藏控制储量升级标准[J]. 石油实验地质，2021，43(01)：184-192.

[2] 窦宏恩，马世英．巴肯致密油藏开发对我国开发超低渗透油藏的启示[J]. 石油钻采工艺，2012，34(02)：120-124.

[3] 肖萌，袁选俊，吴松涛等．准噶尔盆地玛湖凹陷百口泉组砾岩储层特征及其主控因素[J]. 地学前缘，2019，26(01)：212-224.

[4] Guo X, L I. Theoretical understandings, key technologies and practices of tight conglomerate oilfield efficient development: A case study of the Mahu oilfield, Junggar Basin, NW China[J]. Petroleum Exploration and Development, 2020, 47(6): 1275-1290.

[5] 朱越．砂砾岩油藏储层沉积相特征研究[J]. 中国化工贸易，2017，9(9)：256.

[6] 计秉玉．国内外油田提高采收率技术进展与展望[J]. 石油与天然气地质，2012，33(01)：111-117.

[7] Hu W R. The present and future of low permeability oil and gas in China[J]. Engineering Sciences, 2009, 11(8): 29-37.

[8] 李士伦，侯大力，孙雷．因地制宜发展中国注气提高石油采收率技术[J]. 天然气与石油，2013，31(01)：44-47.

[9] 刘建升，彭彩珍，王小东等．某低渗透油藏注空气开发可行性分析[J]. 吐哈油气，2011，16(04)：385-388.

[10] 贾凯锋，计董超，高金栋等．低渗透油藏 CO_2 驱油提高原油采收率研究现状[J]. 非常规油气，2019，6(01)：107-114.

[11] 夏惠芬，徐勇．低渗透油藏 CO_2 驱油机理及应用现状研究[J]. 当代化工，2017，46(03)：471-474.

[12] Yang Y. Immiscible CO_2 flooding efficiency in low-permeability reservoirs: an experimental investigation of residual oil distribution[J]. Frontiers in Earth Science, 2021, (9): 693960.

[13] Li Y. Progress and prospect of CO_2, flooding enhanced oilrecovery technology in low permeability reservoirs[J]. Oil andGas Geology and oil Recovery 2020, 27(1): 1-10.

海上油田过筛管压裂技术改进与创新
——以 JX 油田为例

陈勇军　李　想　李恩林　高　尚

[中海石油(中国)有限公司天津分公司]

摘　要　本文聚焦海上油田过筛管压裂技术，以 JX 油田应用为例展开研究。随着海上油田开发，储层出现问题促使过筛管压裂技术发展，但该技术存在裂缝扩展规律不明、增产效果差异大、工艺复杂工期长、防砂效果不佳等局限。研究中，通过分析施工数据与实验，明确不同油田裂缝闭合滤失模式，为优化提供依据；探究增产机理涵盖改善油流通道等方面；防砂技术创新是关键，研发低温高强度覆膜陶粒，联合诱导脱砂化学防砂及机械防砂三种工艺，大幅延长防砂有效期。同时，优化压裂液体系，创新研发多点有机交联剂，提升携砂和防滤失性能且降低残渣伤害；研发适用于特定筛管的高回弹封隔器和水力喷射分段压裂技术，增强分层压裂效果。JX 油田 A16 井应用时，依据地质油藏情况设计施工，改进多项工艺并转变防砂方式，施工后日产液、日产油显著提高，含水降低。综合研究成果，对技术有更深入认识，提出优化选层、调整工艺参数和改进防砂设计等建议，为海上油田过筛管压裂技术的持续发展提供重要参考。

关键词　过筛管压裂；裂缝扩展；增产机理；防砂技术

1　引言

渤海油田以中高孔渗疏松砂岩油藏为主，完井过程中需下筛管防砂。随着开发的推进，储层出现了非均质和深部堵塞等问题，特别是注聚油田后期部分油井产液能力严重下降，常规解堵措施已无法有效解决这些问题。因此过筛管压裂技术应运而生，旨在解除深部污染，挖掘层间、层内剩余油。2018—2020 年辽东作业公司针对部分问题井开展了 18 口过筛管压裂工艺试验，取得增产效果，压后平均增液倍比 3.2、增油倍比 2.1，但存在裂缝复杂、含水上升、出砂以及施工工期长、费用高等工艺瓶颈。

2　过筛管压裂技术现状及存在问题

过筛管压裂技术通过油管传输水力喷砂射孔射开筛管，随后进行加砂压裂，采用高粘海水基瓜胶连续混配压裂工艺，压后利用填砂封隔实现分层压裂，通过高砂比制造高导流能力的短宽缝，并在压后加入覆膜陶粒进行欠顶替化学防砂（图 1）。

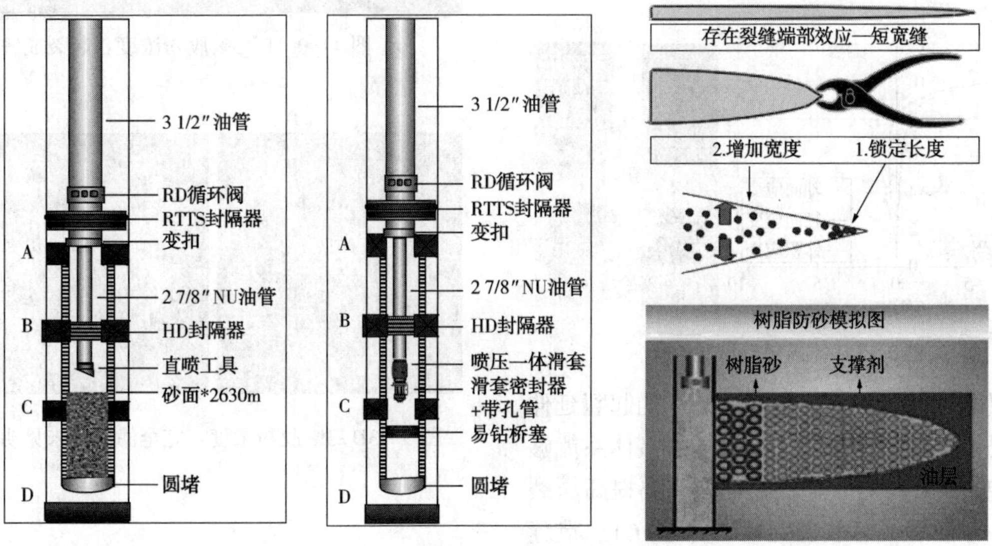

图 1　海上过筛管压裂基本原理

过筛管压裂压后初期增产效果显著，但存在四个关键问题。

2.1 裂缝扩展规律不明

疏松砂岩的特殊性质导致其压裂裂缝扩展规律难以掌握，影响了技术的精确应用和效果评估。

2.2 增产效果不均衡

部分油井出现增液不增油的现象，表明增产效果在不同油井之间存在较大差异，未能达到预期的增产目标。

2.3 工艺复杂且工期长

压裂工艺涉及多个环节，操作繁琐，导致施工工期较长，增加了作业成本和时间成本。

2.4 防砂有效期短

前期过筛管压裂后防砂有效期平均仅为 76 天，无法满足长期稳定生产的需求，影响了油井的生产效率和经济效益。

3 过筛管压裂研究与改进

3.1 裂缝扩展规律认识

渤海典型疏砂岩储层表现为三类储层特征(表 1)，储层总体岩石强度低，未固结疏松砂岩无明显单轴抗压强度，弱固结疏松砂塑性明显但存在剪切破坏，弱固结-中等固结砂岩先压实后膨胀，存在剪切裂缝(图 2、图 3)。

表 1 LD 油田岩石固结强度分级

油田	井名	井段深度/m	孔隙度/%	渗透率/mD	弹性模量/GPa	泊松比	UCS/MPa	岩石固结强度分级
LD	A21S1	1659	30.5	2509.3	0.014	0.386	0.79	低
SZ	K4	1696	26.4	1374	0.285	0.335	2.7	中
JX	A16	1466	31.2	506.5	0.99	0.367	4.23	
JZ	3E3-4	2083	27.8	292.6	1.438	0.292	12.51	高

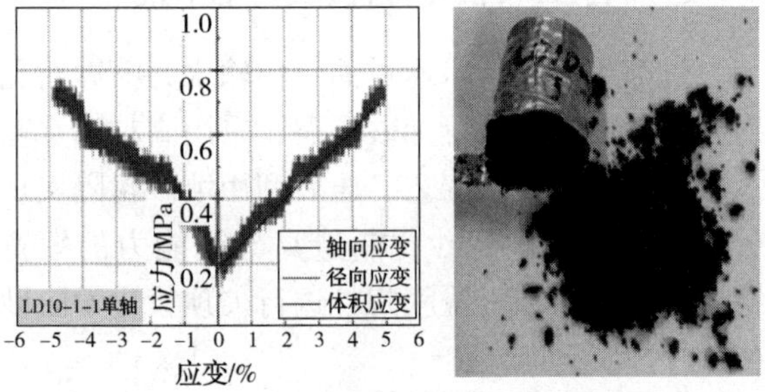

图 2 LD 油田单轴试验

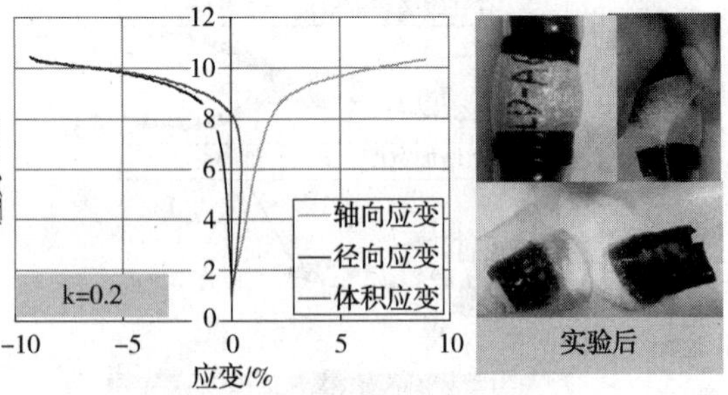

图 3 LD 油田单轴试验

储层物性与压裂液造壁性对裂缝的起裂延伸至关重要，中低渗储层使用常规压裂液体系能够形成拉伸裂缝(图 4)，而高渗储层需要提高压裂液造壁性才能形成有效裂缝(图 5、图 6)。造缝难易程度与胶结程度呈正相关。

图 4 0.1D-3‰胶粉浓度：起裂成缝

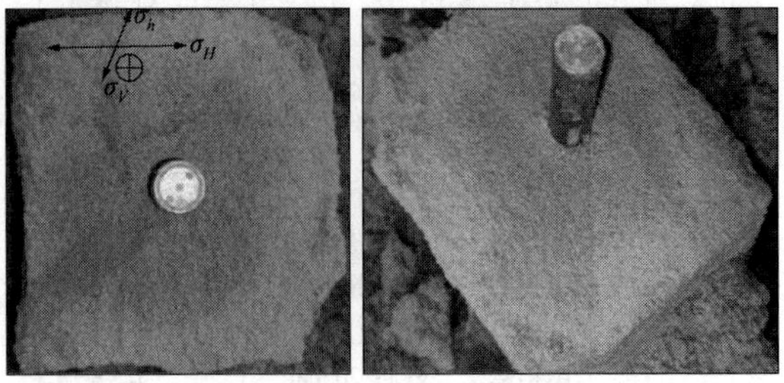

图 5 3D-3‰胶粉浓度：完全滤失，未见明显裂缝

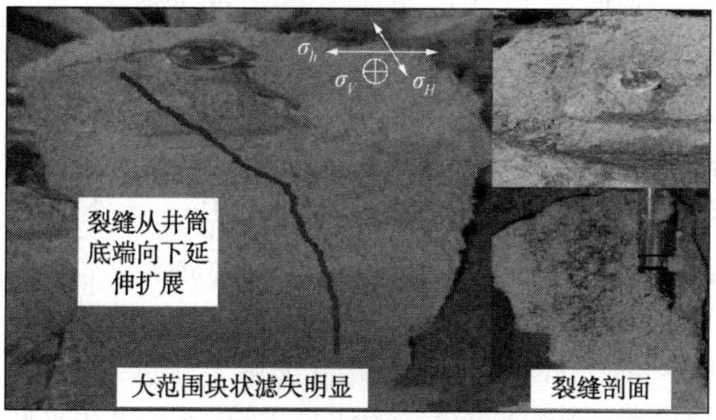

图 6　3D-5‰胶粉浓度：起裂成缝

通过对现场施工数据的详细分析以及相关实验研究，明确了不同油田压后裂缝闭合过程的滤失模式(图 7、图 8)。例如，SZ36-1 油田主要表现为 PDL 滤失（存在微裂缝），而 JZ9－3、LD10-1、JX1-1 等油田则以 Storage 滤失(缝高衰退)为主。这一认识为优化压裂设计和施工提供了重要依据。

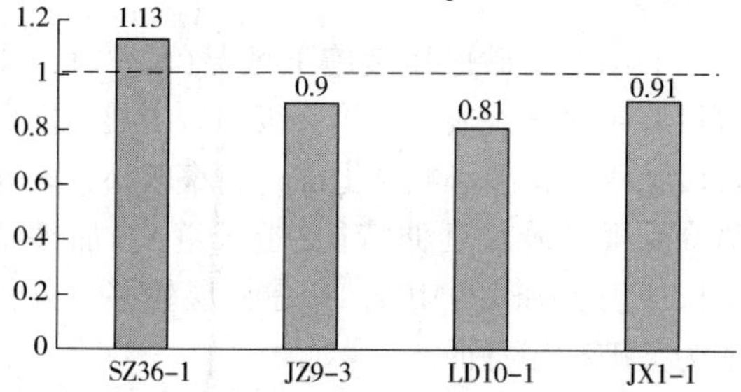

图 7　不同油田压后裂缝闭合过程的滤失模式

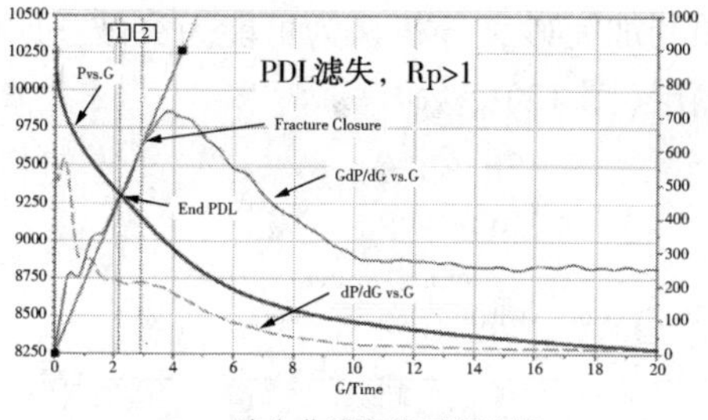

Rp，滤失曲线包络面积比值

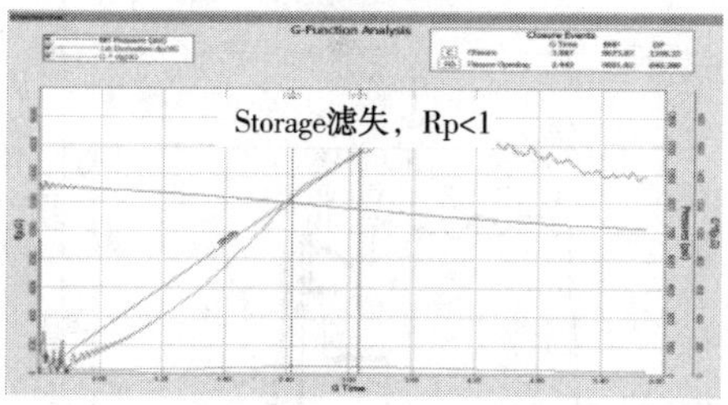

图 8　不同油田滤失模式

3.2　增产机理研究

研究发现疏松砂岩老井压裂后可有效裂缝，其增产机理主要包括以下几个方面：①增加剩余油的动用，通过裂缝改善油流通道，使原本难以开采的剩余油得以被采出；②改造差储层，均衡纵向动用程度，提高了储层整体的开采效率；③裂缝突破污染带，解堵增产，有效解决了深部堵塞问题，提高了油井的产液能力。

3.3　防砂技术创新

研发了低温高强度覆膜陶粒，并结合诱导脱砂化学防砂工艺以及筛管补贴、小筛管充填、预充填筛管三种机械防砂工艺。这些创新技术成功解决了压后长效防砂问题，显著延长了防砂有效期，提高了油井的生产稳定性。

3.4　压裂液体系优化

创新研发了低稠化剂浓度下的多点有机交联剂，提高了交联效率。该体系在 3.5‰的稠化剂浓度下即可达到常规 5‰浓度体系的高携砂、低滤失性能，同时采用氧化剂 + 生物酶组合破胶工艺，有效降低了体系残渣含量，减少了对储层的伤害。

3.5　关键工具研发

研发了适用于 5.5″筛管的高回弹封隔器(K344)和水力喷射分段压裂技术。高回弹封隔器通过优化胶筒结构，提高了封隔器的回弹率，实现了筛管内一趟多层分层压裂；水力喷射分段压裂技术解决了疏松砂岩水平井无法采用机械封隔实现分段的问题，提高了分层压裂的效果和效率。

4　应用情况

2024 年分别在 SZ、JX、LD 三个油田各试验 1 口井，以 JX 油田为例。

4.1　地质油藏概况

A16 井为 JX 油田 5 井北块一口定向井(图 9)，射开层位为东二段Ⅴ油组、东二段Ⅵ油组、东三段Ⅰ油组、东三段Ⅱ油组，分四段防砂，有效厚度 91.4m，套管射孔完井，采用绕丝筛管+砾石充填防砂，平均渗透率 1952mD，地下原油粘度 85mPa. s。结合油井生产历史及产液剖面测试结果分析，A16 井东三Ⅰ、Ⅱ油组(第 3、4 防砂段)产液能力偏低，全井目前的采液指数 8.2m^3/d/MPa，采液强度 0.9m^3/d/m，远低于 5 井北定向井平均采液指数(16.6m^3/d/MPa)和平均采液强度(1.5m^3/d/m)，且周边注采井网相对完善，地层能量有效补充(图 10)。结合 JX1-1 油田常规措施情况及历史过筛管压裂效果，建议对该井东三段Ⅰ、Ⅱ油组(第三、四防砂段)进行压裂解堵引效。

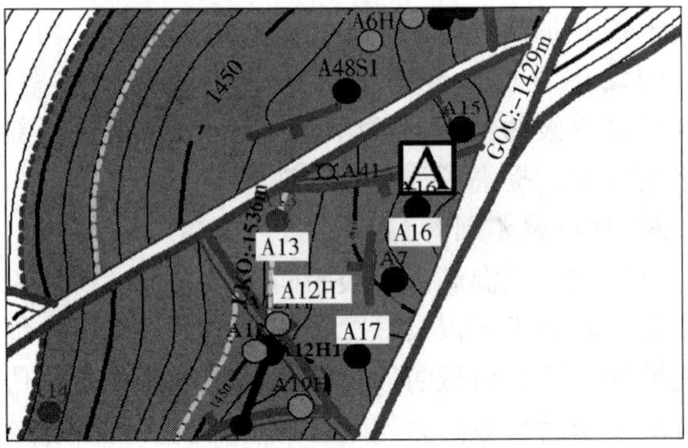

图 9　A16 井井位图

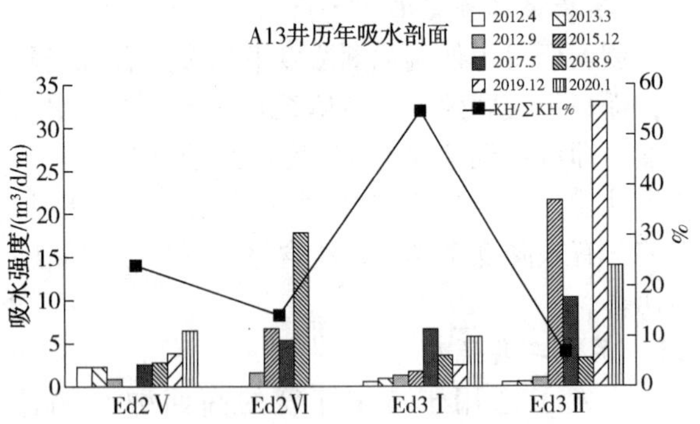

图 10　周边井历年吸水情况

4.2　施工设计情况

结合 A16 井储层特性及以往压裂认识，第三防砂段：由于储层砂体厚、垂向跨度大，采用多簇射孔、二级加砂压裂工艺与大排量施工，促进纵向充分改造与支撑。第四防砂段：上部隔层较薄，通过小压冻胶测试验证隔层遮挡能力。由于储层分为上下两个砂体，采用两簇射孔、二级加砂压裂工艺促进两个砂体均得到有效改造，同时适当控制排量避免缝高突破隔层过度延伸。

在施工过程中，进行了多方面的工艺改进。施工排量和单层砂量提高，射孔簇数量增加，采用了低滤失低伤害压裂液体系，应用了控水支撑剂和示踪覆膜陶粒。这些改进措施有助于更有效地造缝，提高纵向各小层的动用程度，控制压后含水，并能够监测不同层段的产出贡献。

防砂方式从化学防砂转变为机械防砂，经过现场验证，这种改进能够显著延长防砂有效期，解决了增产有效期短的问题，同时避免了化学防砂对生产压差的限制。

采用批量作业、一趟管柱拖动分层压裂工艺，极大地提高了作业效率，降低了作业成本，缩短了施工周期。

参考本井区正常井采液强度及本井生产状况，压裂解堵后预测初期日产液 240m^3/d，预测含水 80%，日产油 48m^3/d，增油 25m^3/d。预计作业后累产油 6.43×10^4m^3，累增油 3.49×10^4m^3。

4.3　施工情况

（1）第四防砂段压裂施工概况（图 11），小压阶段有明显破裂显示，第一级加砂压裂：携砂液阶段，压力持续小幅度上涨，斜率较小，表现为缝高受限，缝长延伸特征（造长缝），加砂最后阶段压力突降 1.9MPa，考虑夹层较多，分析可能为突破夹层特征。

第二级加砂压裂：前置液有破裂显示（↓1.5MPa），35% 砂比阶段，压力突降 2.5MPa，随后顺利加完砂，分析认为可能为突破三四防砂段间隔层（图 12）。

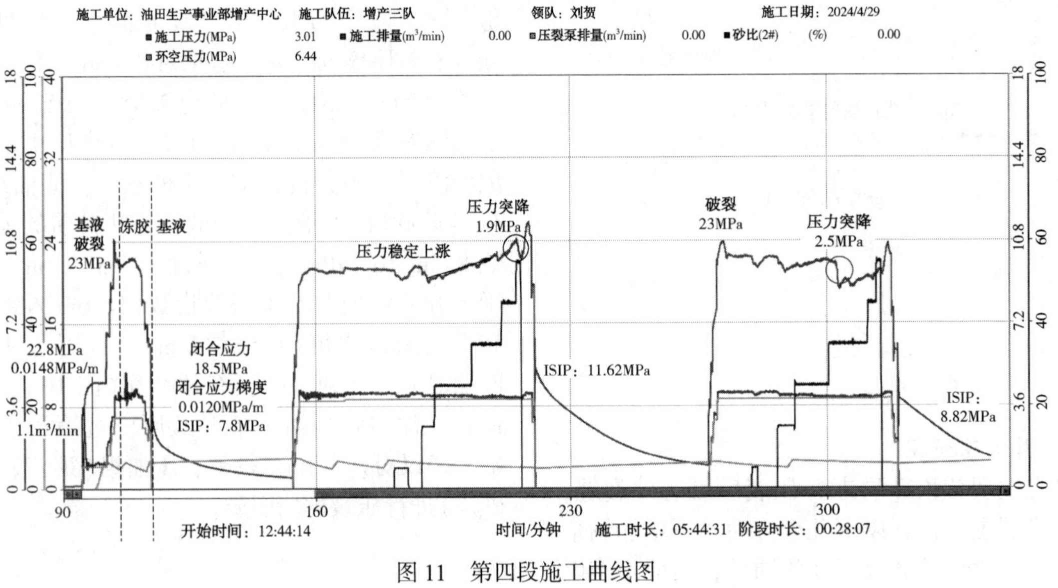

图 11　第四段施工曲线图

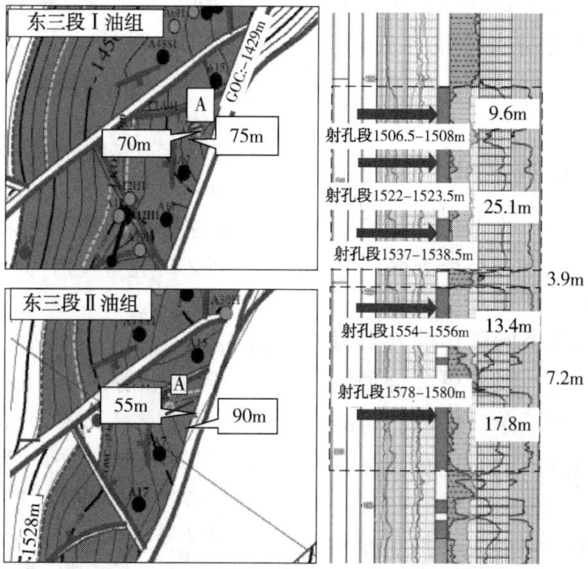

图12　第四防砂段示意图

（2）第三防砂段压裂施工概况小压阶段有压开显示，两级加砂前置液阶段都有明显破裂显示，射孔簇多，层多，压开多条裂缝；两级压裂过程，加砂压力相对平稳，造缝较好；小压阶段有沟通微裂缝显示，且液体效率极低，分析可能往第四防砂段漏液，现场提高了前置液占比，第一级加砂未发现异常，第二级按设计泵注施工（图13）。

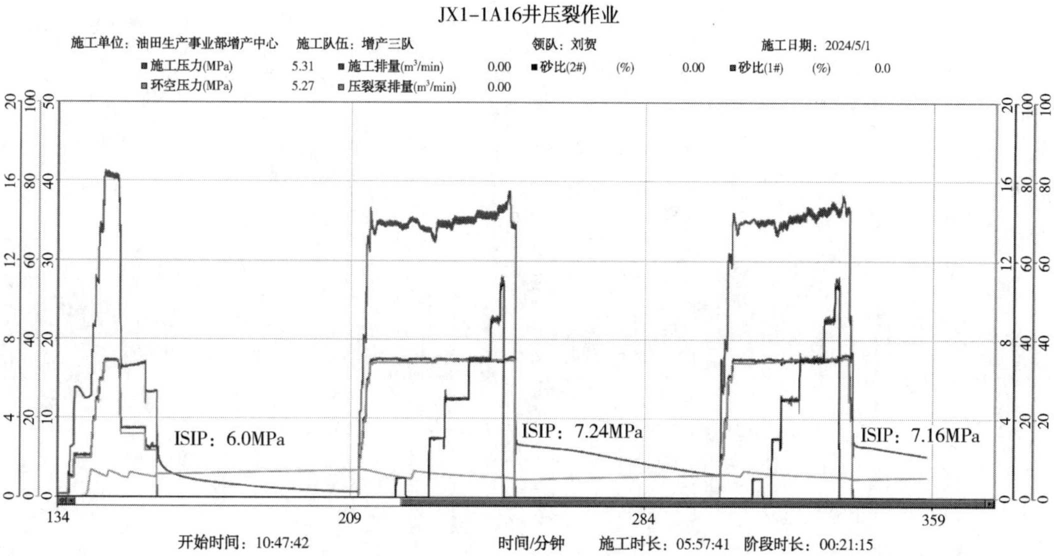

图13　第三段施工曲线图

4.4　压后效果分析

A16井措施前日产液63$m^{3/d}$，日产油10.9$m^{3/d}$，含水83%，泵吸入口流压1.9MPa。措施后稳定日产液290m^3/d，日产油76.5m^3/d，含水73.71%，泵吸入口7.28MPa，措施日增油65.6m^3/d，且有后续提液潜力，效果良好。

5　认识及建议

2024年辽东作业公司共计实施了3口过筛管压裂井对过筛管压裂技术有了更深入的认识与理解。

5.1　认识

油田储层岩石胶结较好，物性好，容易造缝，但滤失也较大。这要求在继续采用多簇射孔、大排量、大砂量施工的同时，进一步优化工艺参数，尽量避免双混砂等问题，以提高压裂效果和效率。

支撑剂返吐严重，过顶替无法解决，但目前

未发现对现场有严重影响。这需要进一步深入分析原因，在工艺设计过程中充分考虑这一问题，以确保长期生产的稳定性。

5.2 建议

（1）优化选层。综合考虑储层特性、油井生产历史以及周边井的情况，选择与主力层一起压裂或采用低渗造长缝思路，提高突破聚堵区或污染带的能力，以提高压裂效果和油井产量。

（2）工艺参数调整。根据不同油田的岩石特性和生产情况，适当提高粉比，设置更多合理的砂比阶梯，优化射孔簇数。对于单一砂体，可减少射孔簇数量，保证充分造缝，同时优化泵注程序，提高施工效率和效果。

（3）防砂设计改进。进一步深入分析支撑剂返吐的原因，从防砂材料选择、施工工艺设计等方面进行改进，确保防砂效果的长期性和稳定性，减少支撑剂返吐对生产的潜在影响。

参 考 文 献

[1] 王绪性，郭布民，徐延涛等．海上过筛管压裂工艺研究及应用[J]．钻采工艺，2022，45（02）：56-60.

[2] 杨子，刘国振，王万鹏．过筛管压裂增产防砂技术在海上油田的应用[J]．辽宁化工，2021，50（04）：569-571.

[3] 陈勇军，郑旭，郭秩瑛等．过筛管压裂技术在海上油田的应用[J]．石化技术，2019，26（09）：3-4.

[4] 张云驰，刘鹏，崔国亮等．筛管内射孔压裂一体化工艺研究与应用[J]．机械工程师，2024，（02）：144-146.

[5] 高尚，邹剑，兰夕堂，张丽平等．渤海疏松砂岩储层固结支撑剂失效返吐敏感性实验研究[J]．精细与专用化学品，2023，31（10）：23-28.

[6] 薛世峰，逄铭玉等．砂岩储层射孔压实带孔隙度与渗透率损伤研究[J]．岩石力学，2016，36（6）：1526-1535.

[7] 张卫东，杨志成，魏亚蒙．疏松砂岩水力压裂裂缝形态研究综述[J]．力学与实践，2014.36（4），396-402.

致密砂岩 C 气藏 H 井区开发效果评价

姜　健　王宇斯

（中国石油辽河油田分公司）

摘　要　我国的低渗透油气资源十分丰富，据中石油勘探开发研究院初步估算，我国致密气的有利勘探面积达到了 $32\times10^4km^2$，其中技术可采资源量为 $9\sim13\times10^{12}m^3$，其占我国天然气技术可采储量的 20%左右，其分布盆地主要集中在鄂尔多斯盆地、渤海湾、塔里木盆地和四川盆地等。

利用 RTA 软件分别进行了 FetKovich、Palacio-Blasingame、Agarwal 一 Gardner 和 NPI 方法的单井动态储量拟合，得到了研究区单井动态储量。通过动态储量动用评价发现，高产气井的动态储量采出程度较高，但相比低产井潜力较大；低产井动态储量较小，后期挖潜潜力较小。

结合气藏产气量、气藏压力和单井动态储量动用三个方面的分析，认为 C 气藏产量递减过快，井网不完善，储层连通性差，单井挖潜潜力低，存在大量剩余气无法动用，目前开发效果不是很好。

迄今为止，本文研究区 18 井区计算区域面积 $20.73km^2$，主要目的层位于 H 组 X 层，天然气储量为 $12.09\times10^8m^3$，目前产出气量为 $1.8\times10^8m^3$，没有井网形式，采出程度为 15%。储层还存在大量剩余气有待开发。

关键词　致密砂岩气藏；开发效果评价；产量递减法；挖潜潜力；流动物质平衡法

1　研究区产量分析

研究区位于 C 气藏构造外围，共有生产井 12 口，研究区从 2012 年 3 月开井进行生产，历经上产、递减维持稳产三个阶段。研究区 2013 年开始上产，产气量最高达到 $1.8\times10^4m^3/d$，7 个月后产量迅速递减 30%，3 年后产量递减 76%，4.5 年后产量递减 90%，此时研究区产气量只有 $1.5\sim3.2\times10^4m^3/d$，如图 1 所示。

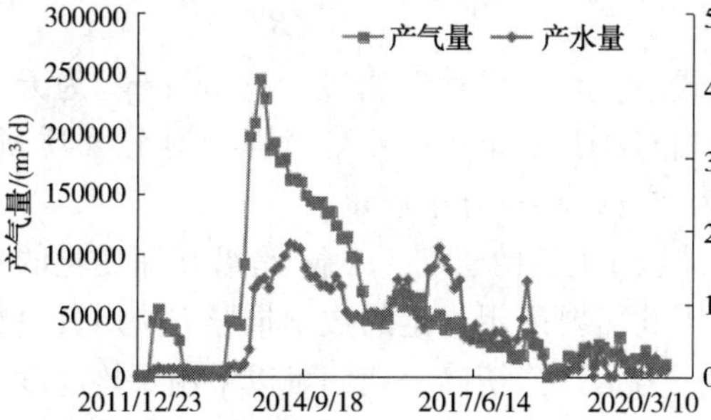

图 1　研究区日产气、日产水图

研究区内共有高产井两口，开井产气量超过 $7\times10^4m^3/d$，经过 4 年的递减期，单井产气量降低到 $5\times10^3m^3/d$ 左右单井初期产气量虽然很高，但是受低渗透储层单井范围内渗流能力较弱，晚期产量很少。（产水分析：总产水量的描述，包括数值，和趋势；单井看看分类），如图 2~图 6 所示。

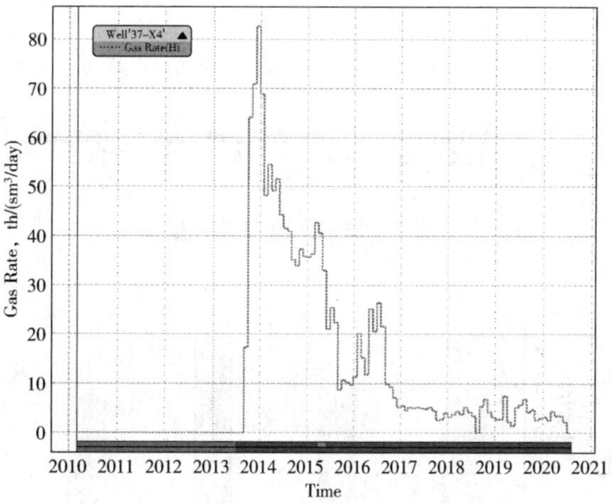

图 2　37-X4 单井产气量

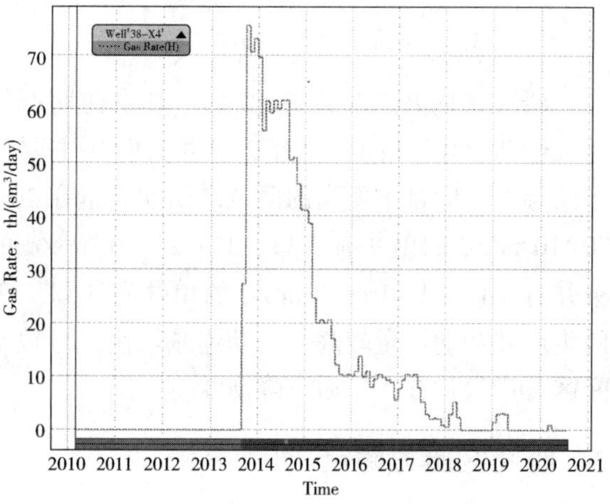

图 3　38-X4 单井产气量

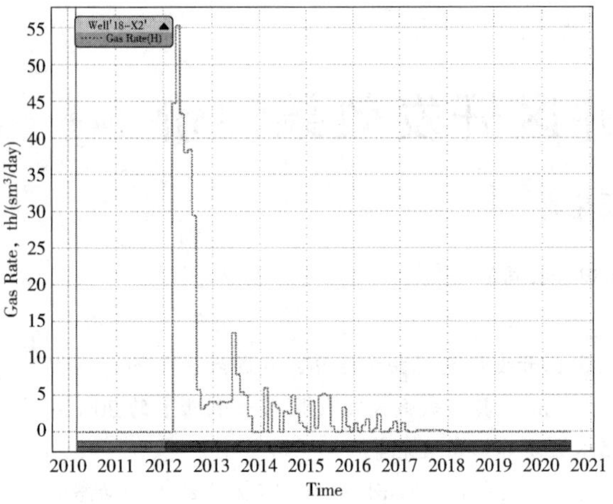

图 4　18-X2 单井产气量

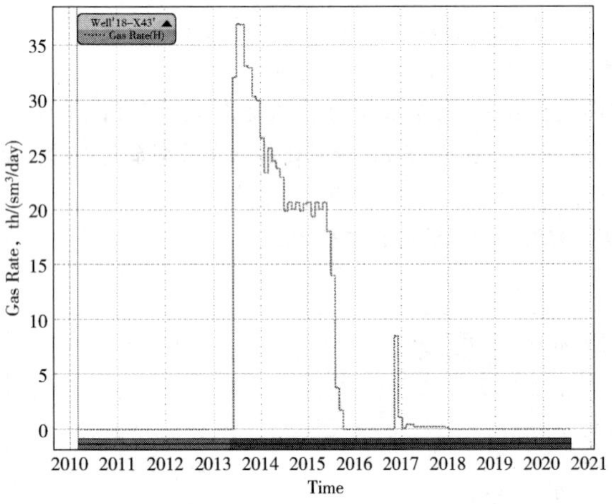

图 5　18-X3 单井产气量

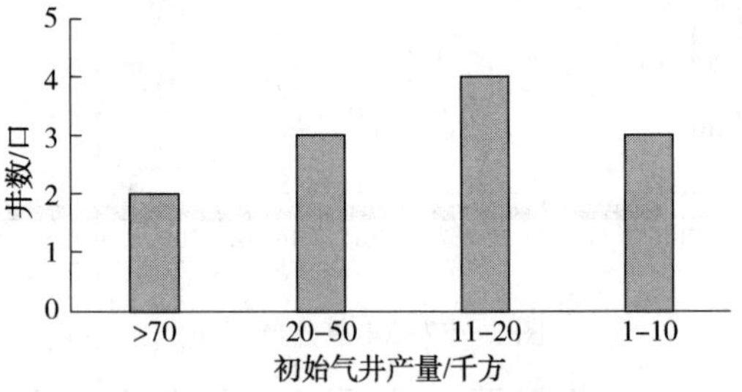

图 6　研究区内单井初期产量分布

研究区内共有生产井 12 口，其中初期产气量大于 $70\times10^3m^3/d$，只有 2 口井，射孔主要位于储层下部储量丰度高的区域。初期气量在 $20\sim50\times10^3m^3/d$ 的单井有 3 口，$11\sim20\times10^3m^3/d$ 的单井有 4 口，$1\sim10\times10^3m^3/d$ 的单井有 3 口。工区生产井初期产量较高，后期递减很快，导致研究区总产气量在 4 年后下降 90%。

2　研究区压力确定

地层压力对整个气藏的开发十分重要，可以较为直观的反应出气藏能量的大小，因此能掌握气藏的地层压力变化情况，对于气藏的产能研究、动储量评价以及开发方案调整和开发潜力等都具有重要意义。

2.1　研究区气井井底流压计算方法

2.1.1　井底静压计算方法

气井静压是指当气井停井或停产后，井底压力达到稳定时的压力值。此时井底气体不流动，则压力梯度方程中摩阻项和动能项均可忽略，则直井静气柱总压力梯度即为气体重力压力梯度，即

$$\frac{dp}{dH}=\rho g=\frac{28.97\gamma_g p}{RTZ} \tag{1}$$

天然气体密度计算公式为

$$\rho=\frac{M_g}{ZRT} \tag{2}$$

天然气相对密度为同一温度、压力下，天然气密度与空气密度之比

$$\rho_g=\frac{\rho_g}{\rho_{air}}=\frac{M_g}{28.96} \tag{3}$$

由式(2)和式(3)可得出，天然气的密度计算公式

$$\rho_g=\frac{M_{air}\gamma_g P}{ZRT}=3.419\times10^3\ \frac{\gamma_g P}{ZT} \tag{4}$$

再将气体密度公式(4)带入式(1)中得

$$\frac{dp}{dz}=\frac{28.97\gamma_g Pg}{ZRT} \tag{5}$$

将(5)积分可得

$$\int_{p_{wh}}^{p_{ws}}\frac{1}{p}dp=\int_0^H\frac{28.97\gamma_g g}{ZRT}dz \tag{6}$$

式中，ρ_g 为天然气密度，g/cm^3；γ_g 为天然气的相对密度；M_g 为天然气视相对分子质量；M_{air} 为空气视相对分子质量。

式(6)中，由于 T，p，Z 是沿井深变化的参数，因此需要采用一定的数学推导方法对其进行求解。为了计算精确，我们可以采用平均温度和平均偏差系数计算法，对 C 气藏井底压力采取将井深分为多段进行计算，同时考虑井筒温度 T 沿井深 H 呈线性分布，逐段计算各气井井段的平均温度，将上一节点的 p_{ws} 值作为下一节点的 p_{wh} 值，进行分段迭代求解。将压力梯度方程写成管长增量形式为：

$$\Delta z_i=\Delta p/\left(\frac{dp}{dz}\right)_i \tag{7}$$

采用迭代法对式(7)进行求解，则可获得气井的静压。

2.1.2 单相气井井底流压计算方法

在单相气体井筒压降方程中，动能压力梯度一般较小，可以忽略，则单相流垂直气井的压力梯度方程为

$$\frac{dp}{dz}=\rho g+f\frac{\rho v^2}{2D} \tag{8}$$

任意流动状态下的气体流速可表示为

$$v=v_{sc}B_g=\frac{q_{sc}B_g}{A}=5.084\times10^{-9}\frac{q_{sc}TZ}{pD^2} \tag{9}$$

将密度公式(4)和气体流速公式(9)带入(8)可得

$$\frac{dp}{dz}=\frac{0.03418\gamma_g p}{TZ}+1.32\times10^{-18}\frac{f}{D}\cdot\frac{0.03418\gamma_g p}{TZ}\left(\frac{TZq_{sc}}{pD^2}\right)^2 \tag{10}$$

对式(10)分离变量并积分得

$$\int_{p_{wh}}^{p_{wf}}\frac{1}{p}\cdot\frac{1}{1+1.32\times10^{-18}f\cdot(TZq_{sc})^2(p^2D^5)}dp=\int_0^H\frac{0.03418\gamma_g}{TZ}dz \tag{11}$$

式中，p_{wf}为井底流压 MPa；q_{sc}为标准状态下气井产气量，m^3/d。

则井底流压计算公式为

$$p_{wf}=\sqrt{p_{wh}{}^2e^{2s}+\frac{1.32\times10^{-18}f\cdot(TZq_{sc})}{D^5}2(e^{2s}-1)} \tag{12}$$

$$s=\frac{0.03418\gamma_g H}{TZ} \tag{13}$$

仍采用迭代法对式进行求解，基本计算步骤和计算井底静压计算相同。

2.1.3 气液两相管流压力计算

1965年，Hagedorn 和 Brown 对于气液两相管流的压力进行计算，在单相流体能量守恒的基础上建立了气液两相压力梯度模型。

$$\frac{dp}{dz}=\rho_m g+f_m\frac{G_m^2}{2dA^2\rho_m} \tag{14}$$

其中

$$\rho_m=\rho_l H_l+\rho_g(1-H_l) \tag{15}$$

$$G_m=G_g+G_l=A(v_{sl}\rho_l+v_{sg}\rho_g) \tag{16}$$

式中，ρ_l、ρ_g为气相、液相密度，kg/m^3；g为重力加速度常数，m/s^2；A为管子流通截面积，m^2；d为管子内径，m；G_m为气液混合物质量流量，kg/s；G_g、G_l为相、液相质量流量，kg/s；v_{sg}、v_{sl}为气相、液相表观流速，m/s。

两相摩阻系数f_m可采用Jain公式计算：

$$\frac{1}{\sqrt{f_m}}=1.14-2\lg\left(\frac{e}{D}+\frac{21.25}{R_{em}^{0.9}}\right) \tag{17}$$

两相雷诺数R_{em}可由下式确定：

$$R_{em}=\frac{\rho_{ns}v_m D}{\mu_m}=\frac{\rho_{ns}v_m D}{\mu_l^{H_l}\mu_g^{(1-H_l)}} \tag{18}$$

式中，μ_g、μ_l、μ_m为气相、液相、气液混合物黏度，mPa·m；v_m为混合物流速，$v_m=v_{sl}+v_{sg}$，m/s；ρ_{ns}为无滑脱混合物密度，kg/m^3；λ_l为无滑脱持液率，$\lambda_l=v_{sl}/v_m$。

通过计算流动条件下的4个无因次量：液相速度数(19)、气相速度数(20)、液相黏度数(21)、管径数(22)，结合相应图版再通过计算流动条件下的4个无因次量就可以获得对应的持液率H_l值。

$$N_{lv}=v_{sl}\left(\frac{\rho_l}{g\sigma}\right)^{1/4} \tag{19}$$

$$N_{gv}=v_{sg}\left(\frac{\rho_l}{g\sigma}\right)^{1/4} \tag{20}$$

$$N_l=\mu_l\left(\frac{g}{\rho_l\sigma^3}\right)^{1/4} \tag{21}$$

$$N_D=D\left(\frac{\rho_l g}{\sigma}\right)^{1/2} \tag{22}$$

式中，σ为气液表面张力，N。

1985年，Mukherjee 和 Brill 在 Beggs 的研究基础上，提出了更为适用的流型判别准则、持液率及摩阻系数经验公式。MB 模型压力梯度方程为：

$$\frac{dp}{dH}=\frac{\rho_m g\sin\theta+\frac{f_m\rho_m v_m^2}{2d}}{1-\rho_m v_m v_{sg}/p} \tag{23}$$

式(23)中各参数符号意义及单位同前。如果θ取90°时，则可用于直井计算。由于用途不同，M-B持液率计算公式也不同(式22)，包括水平和上升流计算公式、分离流计算公式、其他流型计算公式。具体回归系数见表1。

$$H_l=\exp\left[(c_1+c_2\sin\theta+c_3\sin^2\theta+c_4N_l^2)\frac{N_{gv}^{c5}}{N_{lv}^{c6}}\right] \tag{24}$$

表 1 M-B 持液率公式回归系数表

流向		上升流和水平流	下降流	
流型		所有	分离流	其他
系数值	C_1	-0.380113	-1.33082	-0.516644
	C_2	0.129875	4.808139	0.789805
	C_3	-0.119788	4.171584	0.551627
	C_4	2.343227	56.262268	15.519214
	C_5	0.4775686	0.079951	0.371771
	C_6	0.288657	0.504887	0.393952

对于气井，MB 两相摩阻系数考虑了流型变化，因此在计算时需要进行流型判别，其判别式如下：

$$N_{gvsm}=10^{1.401-2.694N_l+0.521N_{lv}^{0.329}} \tag{25}$$

如果 $N_{gv}\geqslant N_{gvsm}$，则为环雾流，否则为泡状流或段塞流。

(1) 对于泡状流或段塞流，两相摩阻系数f_m用无滑脱摩阻系数f_{ns}计算。公式为：

$$\frac{1}{\sqrt{f_m}}=1.14-2\lg\left(\frac{e}{D}+\frac{21.25}{R_{em}^{0.9}}\right) \tag{26}$$

其中，无滑脱雷诺数、无滑脱混合物密度、无滑脱混合物黏度、无滑脱持液率分别为：

$$Re_{ns}=\frac{v_m\rho_{ns}d}{\mu_{ns}} \tag{27}$$

$$\rho_{ns}=\lambda_l\rho_l+(1-\lambda_l)\rho_g \tag{28}$$

$$\mu_{ns}=\lambda_l\mu_l+(1-\lambda_l)\mu_g \tag{29}$$

$$\lambda_l=\frac{v_{sl}}{v_m} \tag{30}$$

(2) 对于环雾流，其两相摩阻系数f_m考虑为相持液率和无滑脱摩阻系数的函数，确定步骤如下：①计算相对持液率：$H_R=\lambda_l/H_l$。②根据H_R，见表 2 确定摩阻系数比f_R。③按 Jain 公式计算f_{ns}。④$f_m=f_R\cdot f_{ns}$。

表 2 f_R与H_R对应关系表

H_R	0.1	0.2	0.3	0.4	0.5	0.7	1	10
f_R	1	0.98	1.2	1.25	1.3	1.25	1	1

HB 和 MB 方程均是从两相管流基本方程演变而来的。

$$\frac{dp}{dz}=\rho_m g\sin\theta+f_m\frac{\rho_{fr}v_m^2}{2d}+\rho v_m\frac{dv_m}{dz} \tag{31}$$

HB 和 MB 方程与基本方程的求解过程相同。由于压力梯度方程的右边函数包含了流体物性、运动参数及其有关的无因次变量，无法求其解析解。因此，按压力进行迭代，将压力梯度方程(26)写成管长增量的形式为：

$$\Delta z_i=\Delta p/\left(\frac{\mathrm{d}p}{\mathrm{d}z}\right)_i \tag{32}$$

2.1.4 研究区地层压力计算方法

流动物质平衡法由 L. Matter 于 1998 年提出。根据渗流力学原理，封闭气藏气井相对稳定地以一定产量生产一定时间后，压力波将传到地层外边界，并且气体流动较快进入拟稳定阶段，在不同时间对应的压降漏斗曲线之间彼此平行，即在同一个时间段内地层压力的下降与井底流压下降值几乎是相等的。

因此当气井以稳定的产量生产时，井底流压与地层压力之间存在稳定的转换关系，于是 L. Matter 提出利用视井底流压 pwf/Zwf 代替广义物质平衡式$\frac{p_R}{Z_R}=\frac{p_i}{Z_i}\left(1-\frac{G_p}{G}\right)=A+BG_p$中的视地层压力$p_R/Z_R$，即流动物质平衡公式为：

$$p_{wf}/Z_{wf}=a+bG_p \tag{33}$$

式(28)中的井底流压p_{wf}根据井口压力、产量等动态数据采用管流公式计算得到。由于地层压力与井底流压的下降值相同，所以$p_{wf}/Z_{wf}\sim G_p$曲线与$p_{wf}/Z_{wf}\sim G_p$曲线为两条截距不同而斜率相同的平行直线，即视地层压力与累积产量间的关系式为：

$$p_R/Z_R=\frac{p_i}{Z_i}+bG_p \tag{34}$$

式(34)中右边所有参数均已知，每个G_p对应着一个p_R/Z_R值。由于偏差系数Z_R是地层压力p_R的函数，需要采用试算法求取地层压力，如图 7、图 8 所示。

3 研究区压力计算

采用流动物质平衡法计算 C 气藏目前地层压力，并与原始地层压力对比，分析各井地层压力下降程度，计算结果如表 3 所示。

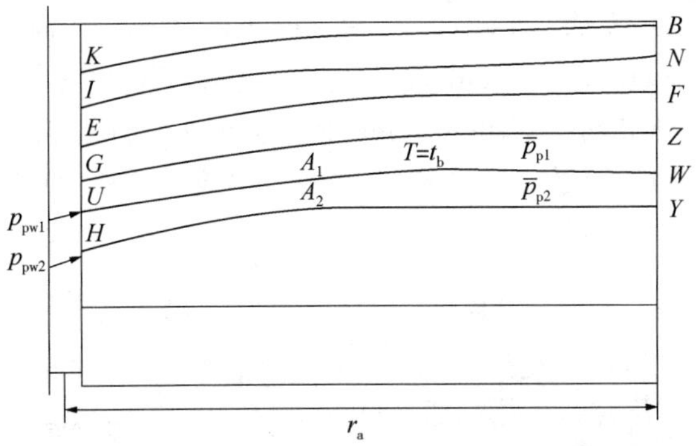

图 7　气井拟稳压时压降漏斗曲线图

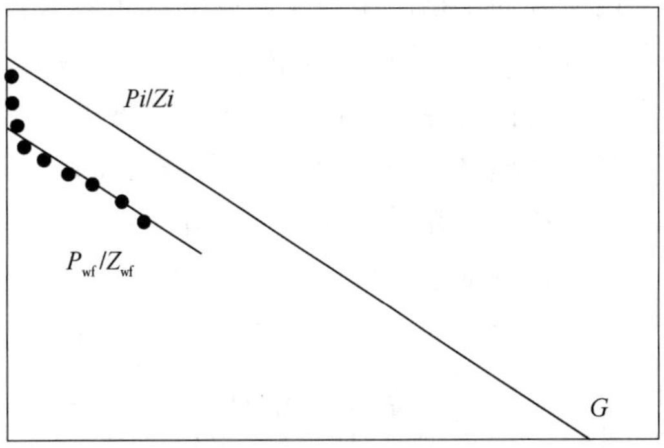

图 8　流动物质平衡法计算地层压力示意图

表 3　C 气藏单井地层压力计算统计表

井号	产层中深/m	原始地层压力/MPa	目前地层压力/MPa	Δp/MPa	下降幅度/%
17-X1	2194	22.65	12.98	9.67	42.69
18-X2	2196	28.85	18.07	10.78	37.37
18-X3	2258	27.35	17.59	9.76	35.69
37-X2	2158	30.28	17.87	12.41	40.98
37-X4	2160	23.54	15.58	7.96	33.81
38-X1	2159	28.56	16.78	11.78	41.25
38-X4	2146	28.35	20.36	7.99	28.18
43-X1	2167	24.65	14.58	10.07	40.85
43-X3	2240	31.02	22.01	9.01	29.05
42-X3	2039	24.38	12.73	11.65	47.79
48-X2	2250	29.87	18.56	11.31	37.86
49-X2	2150	29.76	13.98	15.78	53.02

从表中我们可以看出 C 气藏原始地层压力范围在 22.65~31.02MPa 之间，平均为 27.44MPa，目前地层压力范围在 12.98~22.01MPa 之间，平均为 16.76MPa，压力下降幅度范围 28.18%~53.02%之间，平均为 39.05%，下降幅度较大。说明 C 气藏储层连通性普遍较差，单井控制范围小。

3.1　研究区废弃压力

气藏废弃时的压力，成为该气藏的废弃压力。但废弃压力又是由多种因素共同决定的，包括当时的气价、经济技术条件和政策等。气藏生产导致地层压力的降低，井口流压和油压都随之降低，当井口压力小于外输管线的压力和大气压时，就必须废弃不能再进行生产。矿场上一般以下述经验公式确定气藏的废弃压力：

$$p_{abn}=0.15p_w \tag{35}$$

式中，p_{abn} 为气藏废弃压力，MPa；p_w 为气藏深度处的净水压力，MPa。

根据 C 气藏的埋深，气藏埋存深处的水柱压力为 18.57MPa，根据公式计算出气藏废弃压力为 2.78MPa。

对于产水气藏，废弃压力可以用下式近似计算：

$$p_{abn}=p_t+\rho_m gD \tag{36}$$

式中，p_t 为气井最小井口(油管)压力，MPa；p_t 为气井最小井口(油管)压力，MPa；ρ_m 为气水混合密度，g/cm^3；D 为气藏埋藏深度，km。

考虑天然气销售价格进而确定单井最低产气量为 800m^3/d，结合气井最小井口油压和气水混合密度确定出 C 气藏最终废弃压力在 3.69MPa。

3.2　研究区单井动态储量的评价

物质平衡法是建立在质量守恒定律基础上，可以分析储层的开发动态、开采机理、可采储量、原始地质储量等。物质平衡法的应用非常广泛，且其结果的符合率可达 90%以上。

由于物质平衡法避开了储层的容积参数，如果资料取得不准，将会造成较大的误差，所以在取准资料方面应注意保证所测压力的准确性。

基于物质平衡考虑异常高压气藏，将岩石和原生水的压缩性在异常高压气藏开采中影响考虑为变量来计算动态储量；

其基本公式为

$$\frac{P}{Z}=\frac{P_i}{Z_i}\left(\frac{1-G_p/G}{1-C_e\Delta p}\right) \tag{37}$$

其中：

$$C_e=\frac{C_wS_{wi}+C_f}{S_{gi}} \tag{38}$$

$$C_f=(0.00882D-2.5)\times10^{-4} \tag{39}$$

式中，P_i，P 为初始地层压力、生产某段时间后的地层压力，MPa；Z_i，Z 为初始条件下气体的偏差系数，P 对应的气体偏差系数；C_e 为束缚水和岩石孔隙体积的有效压缩系数，1/MPa；C_w 为水的压缩系数；S_{wi} 为初始含水饱和度；C_f 为岩石有效压缩系数，1/MPa；D 为气藏埋深，m；G_p 为累计产出量，10^8m^3；G 为气藏动态储量，10^8m^3。

利用 R. T. A 软件，分别进行 FetKovich 产量递减法、Palacio - Blasingame 产量递减法、Agarwal 一 Gardner 产量递减法、NPI 图版法、FMB 法、Wattenbarger 产量递减法，计算天然气动态储量。其中在软件中，给定的参数如图 9、图 10 所示。

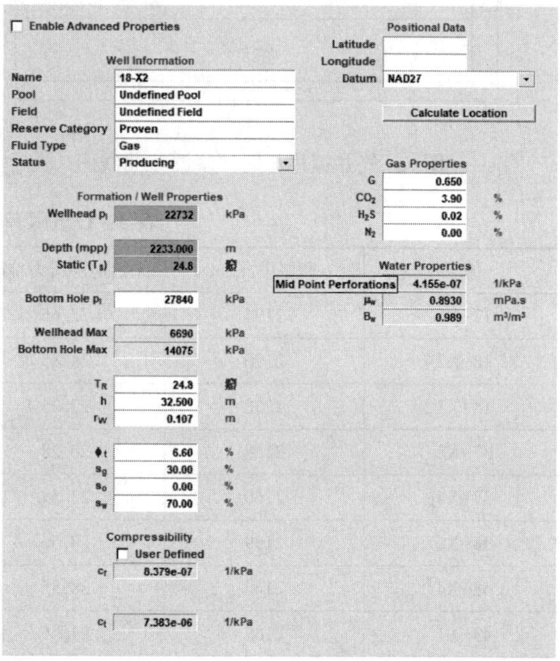

图 9　18-X2 井的流体参数设置

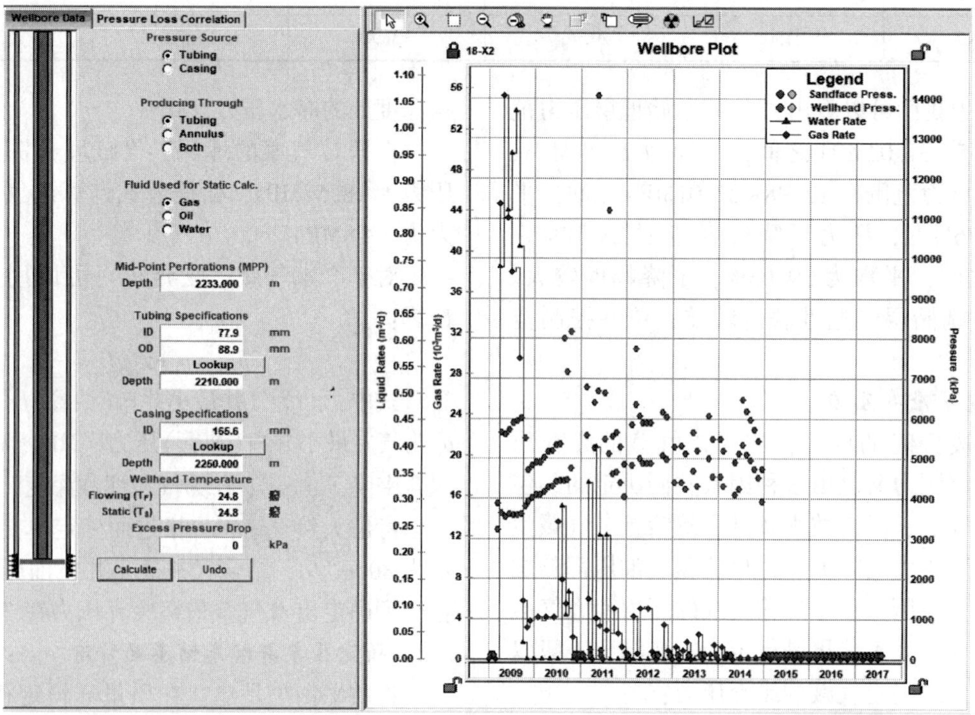

图 10　18-X2 井的井筒参数设置

Fetkovich 递减曲线的局限性在于典型曲线的瞬变部分需在恒定的井底压力、渗透率和表皮系数都为常数的条件下生产。若存在多次关井以及变井底压力和进行酸化压裂时，不能用具典型图版分析。

通过数据统计分析，其中 FetKovich 产量递减法和 FMB 法计算的控制储量与其他四种误差较大，故采用 Palacio－Blasingame 产量递减法、Agarwal 一 Gardner 产量递减法、NPI 产量递减法和 Wattenbarger 产量递减法等 4 种现代递减方法进行拟合。

3.3 Palacio–Blasingame 产量递减法

Meunier(1987)提出用规整拟压力和拟时间来进行气井的试井分析，应用该方法的好处是拟压力具有压力的量纲，所有液体试井分析公式都可应用于气井试井分析。如图 11 所示。

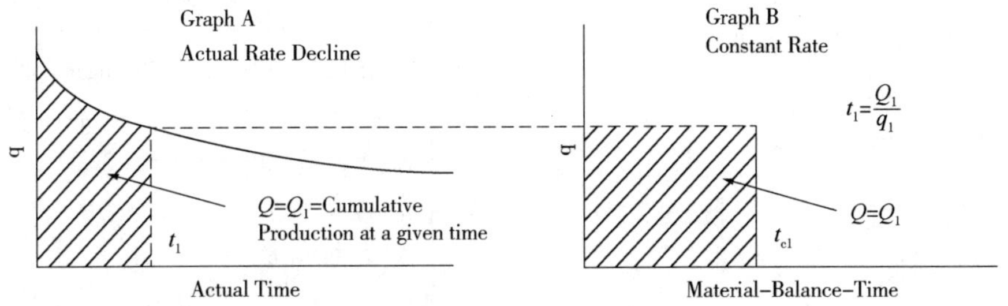

图 11　变产量生产与定产量生产之间的等效关系示意图

重整流量：

$$PI(t)=\frac{q(t)}{p_i-p_{wf(t)}} \tag{40}$$

重整流量积分：

$$\begin{aligned} PI.\,INt_e &= \frac{1}{t_e}\int_0^{t_e} PI(\tau)\,d\tau \\ &= \frac{1}{t_e}\int_0^{t_e}\frac{q(\tau)}{p_i-p_{wf}(\tau)}d\tau \end{aligned} \tag{41}$$

重整流量积分导数：

$$PI.\,INt.\,Derivative=\frac{\partial(PI.\,INt_e)}{\partial\ln(t_e)} \tag{42}$$

如图 12 所示，若将定压生产的产量解 qD 与定产生产的压力解的倒数 $1/pD$ 绘制在一张图上，在不稳定流动阶段两条曲线基本重合，在边界控制流阶段两条曲线分开。Blasingame(1993)应用无因次物质平衡时间 t_{cD} 替换无因次时间 t_D 重新绘制上述曲线，结果表明上述两条曲线完全重合。也就是说，物质平衡时间 t_{cD} 的引入使得变产量解可以等效成定产量解，Blasingame 方法既适用于变井底流压情况也适用于变产量情况。

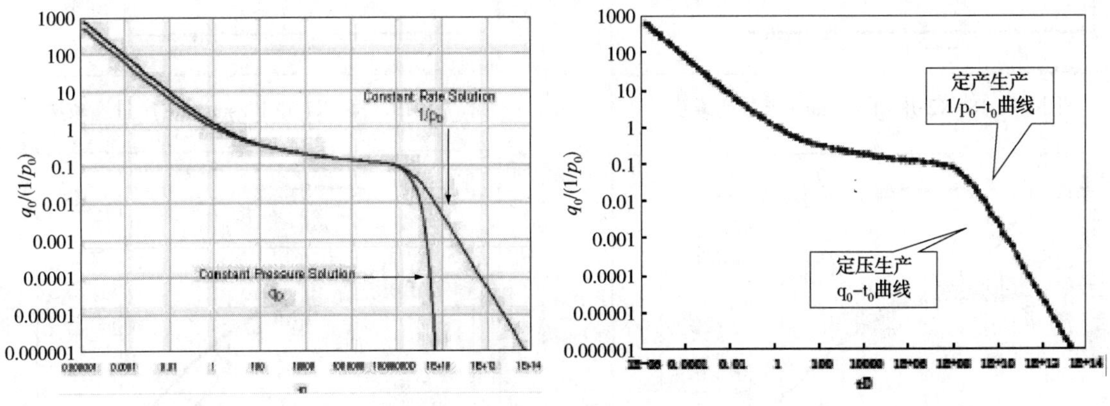

图 12　物质平衡时间处理变井底流压、变产量示意图

Blasingame 产量递减分析中，随物质平衡变化的时间曲线进行图版拟合。如图 13。

因此，进行 Blasingame 产量递减法单井拟合，拟合情况如图 14~图 25 所示。

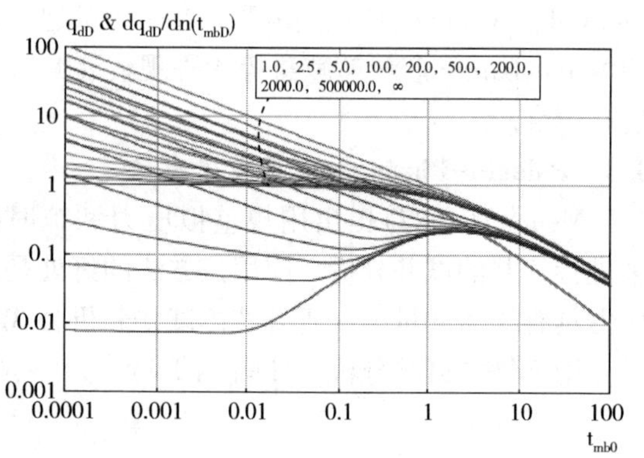

图 13　Blasingame 累计产量联合图版

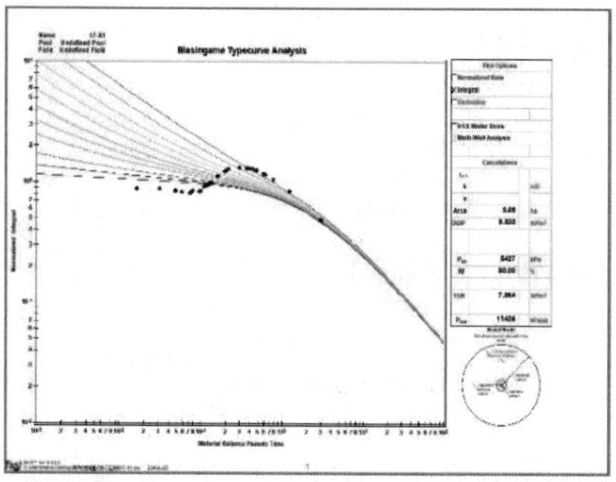

图 14　17-X1 井 Blasingame 产量递减法

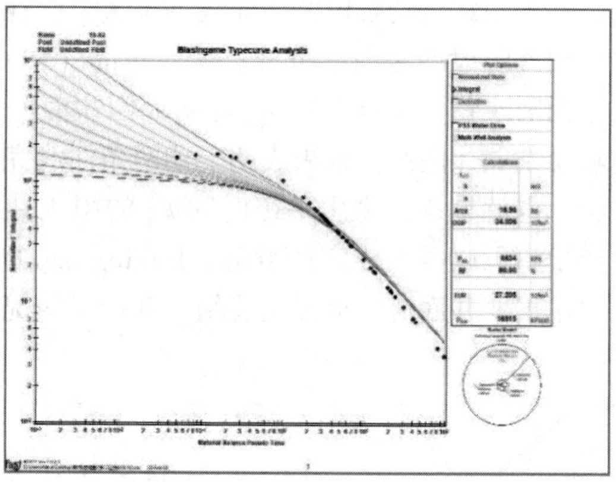

图 15　18-X2 井 Blasingame 产量递减法

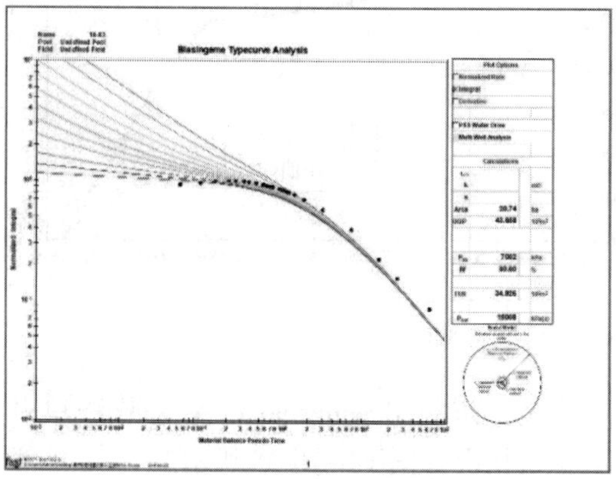

图 16　18-X3 井 Blasingame 产量递减法

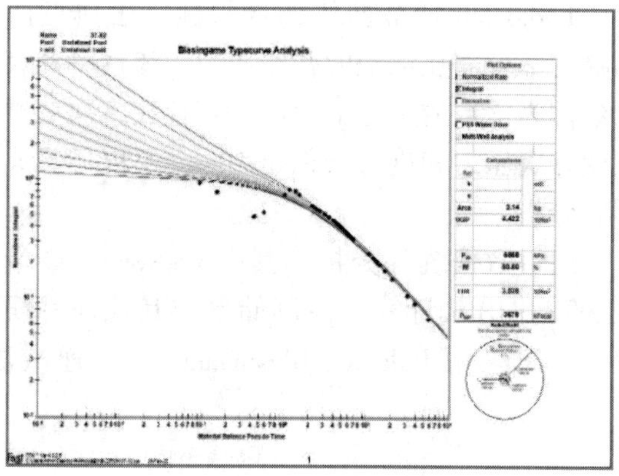

图 17　37-X2 井 Blasingame 产量递减法

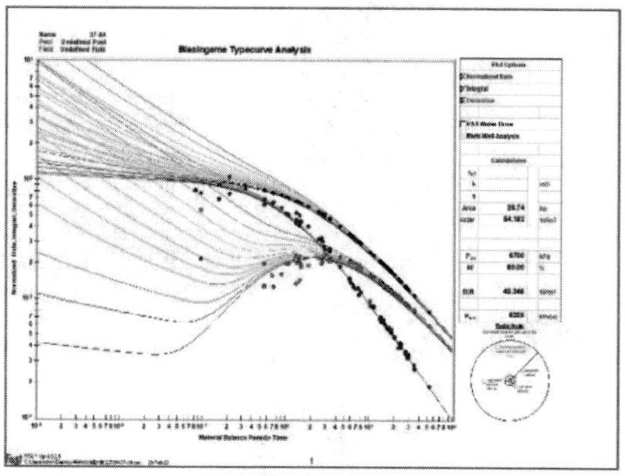

图 18　37-X4 井 Blasingame 产量递减法

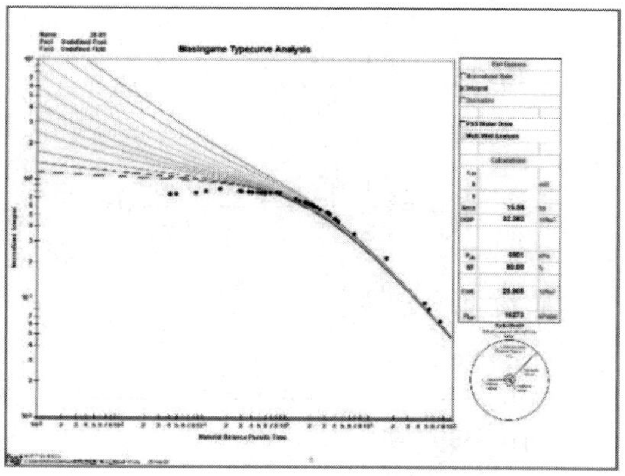

图 19　38-X1 井 Blasingame 产量递减法

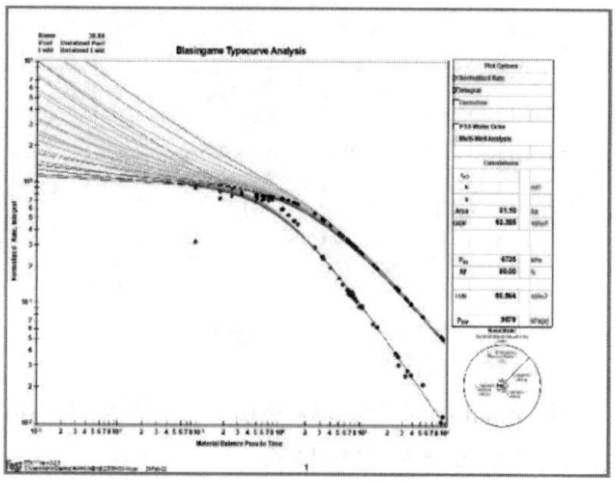

图 20　38-X4 井 Blasingame 产量递减法

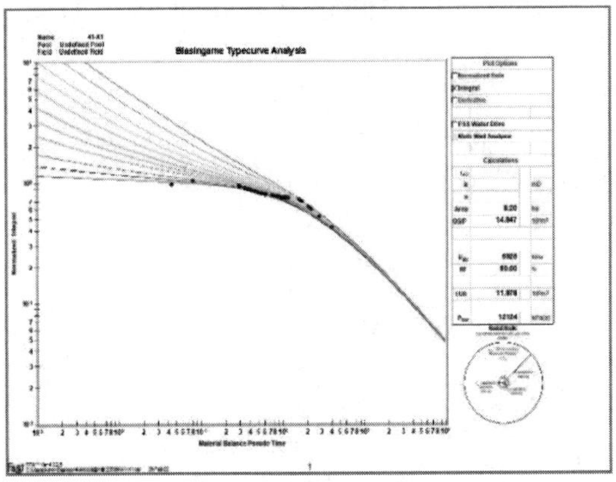

图 21　43-X1 井 Blasingame 产量递减法

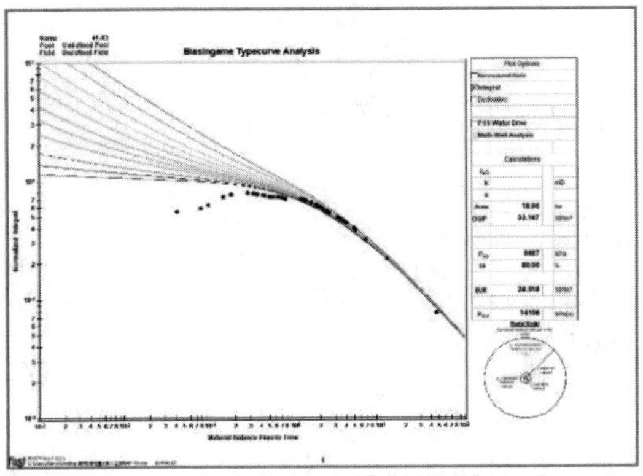

图 22　43-X3 井 Blasingame 产量递减法

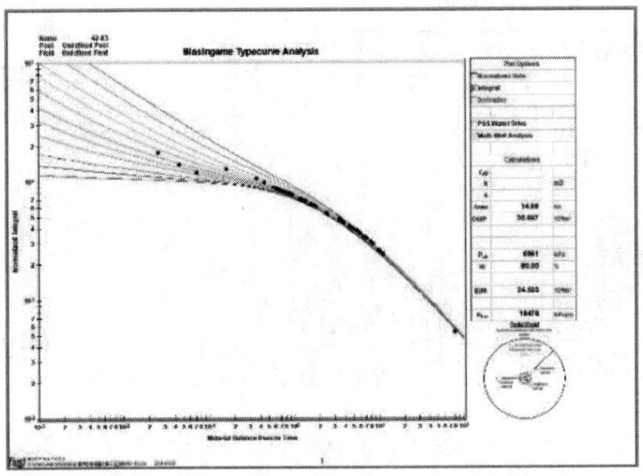

图 23　42-X3 井 Blasingame 产量递减法

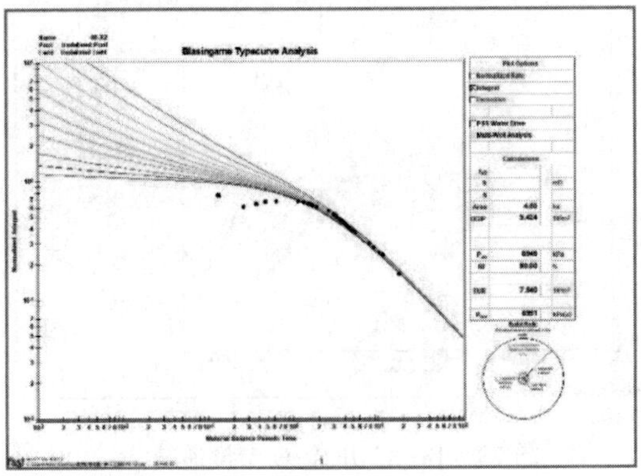

图 24　48-X2 井 Blasingame 产量递减法

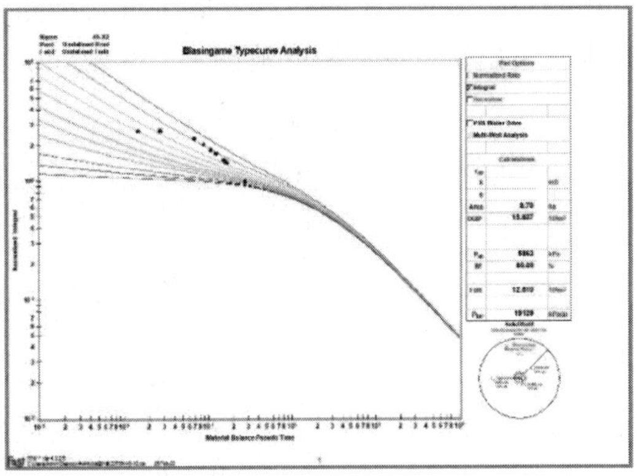

图 25　49-X2 井 Blasingame 产量递减法

用 Blasingame 产量递减法计算出每口井的控制储量，具体数据如表 4 所示。

表 4　每口井控制储量

序号	井名	控制储量/$10^6 m^3$
1	17-X1	9. 83
2	18-X2	34. 01
3	18-X3	43. 66
4	37-X2	4. 42
5	37-X4	54. 18
6	38-X1	32. 38
7	38-X4	63. 21
8	43-X1	14. 85
9	43-X3	33. 15
10	42-X3	30. 67
11	48-X2	9. 42
12	49-X2	15. 64
合计		345. 42

Blasingame 产量递减分析中，存在三种类型的产量随物质平衡变化的时间曲线进行图版拟合。计算出天然气控制储量，为 345. 42×$10^6 m^3$。

3.4　Agarwal—Gardner 产量递减法

A-G 递减曲线典型图版与 Blasingame 典型图版的适用条件和计算功能相同。其局限性在于参数对数据质量要求高，当实际生产数据比较分散时会使导数曲线失去分析的意义。

为了提高分析结果的可靠性，Agarwal 建立了产量规整化压力导数倒数形式 1/DER，即

$$\frac{1}{DER}=\frac{1}{\left(\dfrac{\partial \dfrac{\Delta P\mathrm{p}}{q}}{\dfrac{q}{\partial \ln(t_{ca})}}\right)} \tag{43}$$

1999 年，Agarwal 进一步发展了现代产量递减技术，给出了具有有限导流能力、无限导流能力的气井产量—时间递减标准曲线，如图 26 所示。

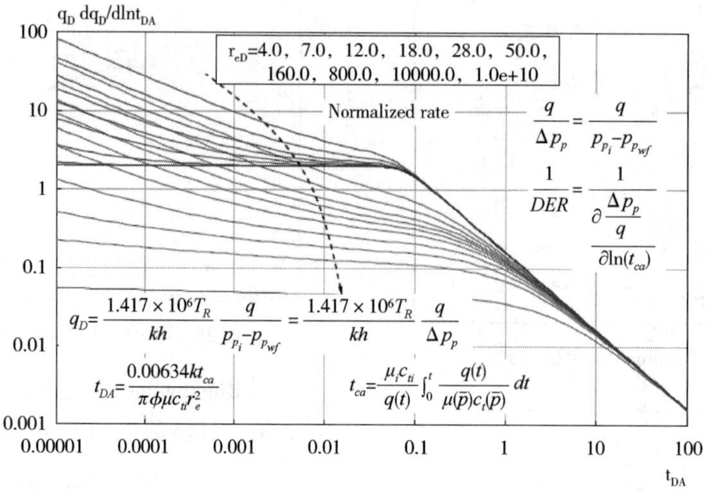

图 26　Agarwal-Gardner 典型版

解释参数：

$$q_{\mathrm{Dd}}=\frac{q}{\Delta p_{\mathrm{p}}}\left(\frac{1.417E6\times T}{kh}\right)\left(\ln\left(\frac{r_{\mathrm{e}}}{r_{\mathrm{wa}}}\right)_{\mathrm{match}}-\frac{1}{2}\right) \tag{44}$$

$$k=\left(\frac{q/\Delta p_{\mathrm{p}}}{q_{\mathrm{Dd}}}\right)_{\mathrm{mach}}\left(\frac{1.417E6T}{h}\right)b_{\mathrm{Dpss}} \tag{45}$$

$$t_{\mathrm{Dd}}=\frac{0.006328kt_{\mathrm{ca}}}{\frac{1}{2}\varphi\mu_{\mathrm{i}}c_{\mathrm{ti}}r_{\mathrm{wa}}{}^{2}\left(\left(\frac{r_{\mathrm{e}}}{r_{\mathrm{wa}}}\right)^{2}_{\mathrm{match}}-1\right)\left(\ln\left(\frac{r_{\mathrm{e}}}{r_{\mathrm{wa}}}\right)_{\mathrm{match}}-\frac{1}{2}\right)} \tag{46}$$

$$r_{\mathrm{wa}}=\sqrt{\left(\frac{t_{\mathrm{ca}}}{t_{\mathrm{Dd}}}\right)_{\mathrm{mach}}\frac{0.006328k}{\varphi\mu_{\mathrm{i}}c_{\mathrm{ti}}\frac{1}{2}\left(\left(\frac{r_{\mathrm{e}}}{r_{\mathrm{wa}}}\right)^{2}-1\right)\left(\ln\left(\frac{r_{\mathrm{e}}}{r_{\mathrm{wa}}}\right)_{\mathrm{match}}-\frac{1}{2}\right)}} \tag{47}$$

$$s=\ln\left(\frac{r_{\mathrm{w}}}{r_{\mathrm{wa}}}\right) \tag{48}$$

$$G_{\mathrm{i}}=\frac{2_{\mathrm{pi}}}{\left(\frac{t_{\mathrm{Dd}}}{t_{\mathrm{ca}}}\right)(Z\mu c_{\mathrm{t}})i\left(\frac{q_{\mathrm{Dd}}}{(q/\Delta p_{\mathrm{p}})}\right)}=\frac{2_{\mathrm{pi}}}{(Z\mu C_{\mathrm{t}})i}\left[\frac{t_{\mathrm{ca}}}{t_{\mathrm{Dd}}}\right]\left[\frac{q/\Delta p_{\mathrm{p}}}{q_{\mathrm{Dd}}}\right] \tag{49}$$

因此，进行 Agarwal-Gardner 产量递减法单井拟合，拟合情况如图 27～图 38 所示。

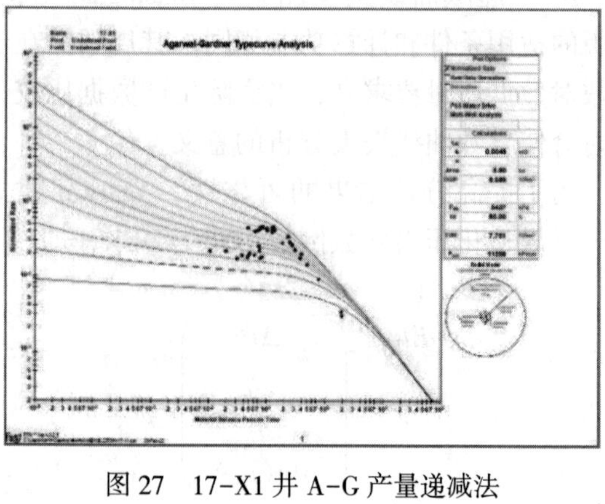

图 27　17-X1 井 A-G 产量递减法

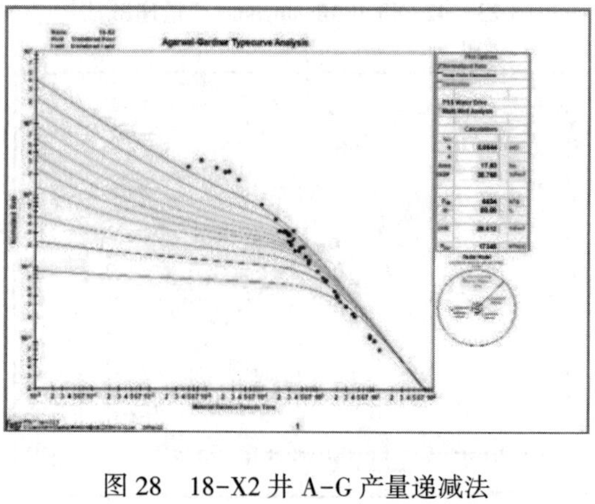

图 28　18-X2 井 A-G 产量递减法

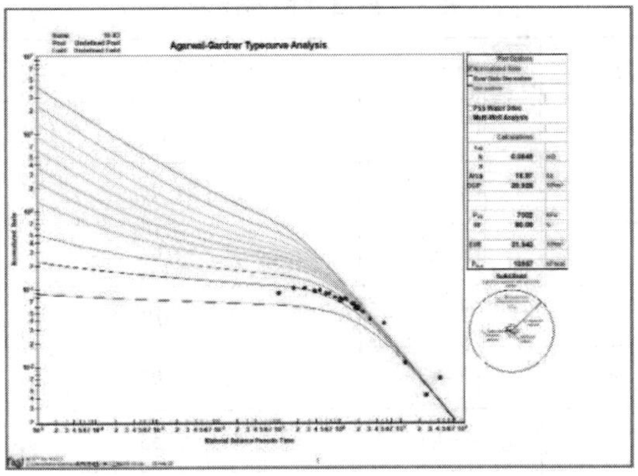

图 29　18-X3 井 A-G 产量递减法

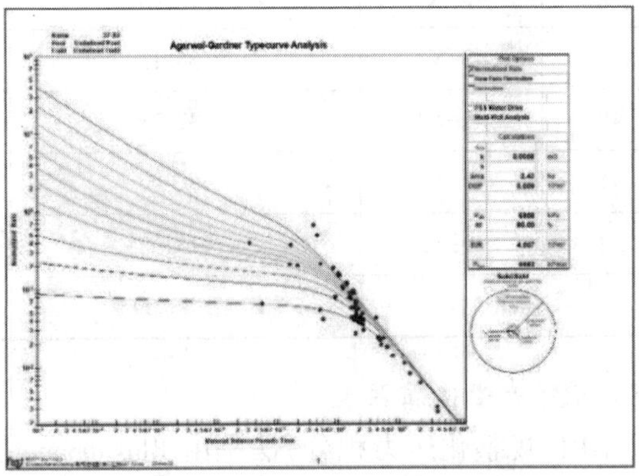

图 30　37-X2 井 A-G 产量递减法

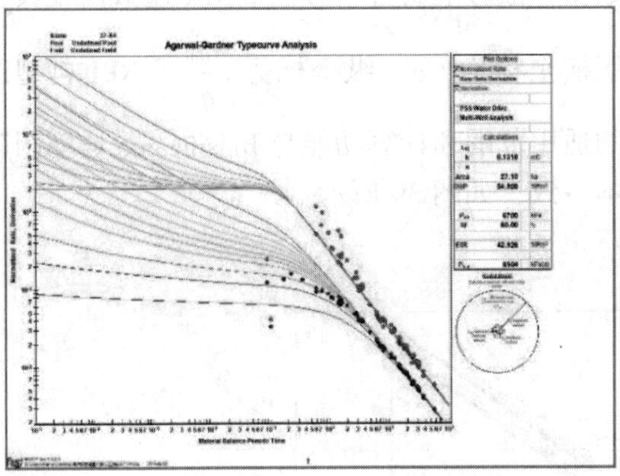

图 31　37-X4 井 A-G 产量递减法

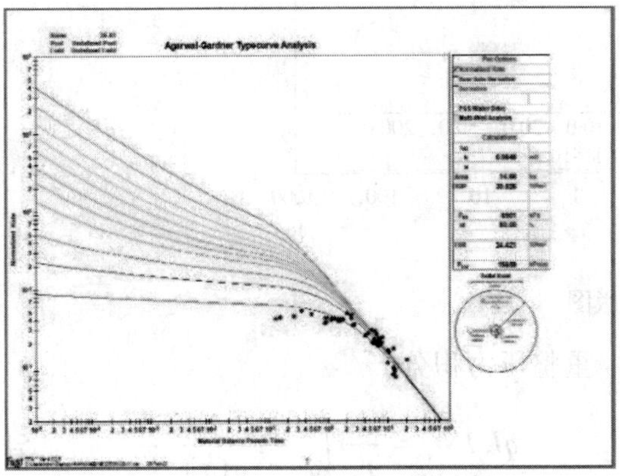

图 32　38-X1 井 A-G 产量递减法

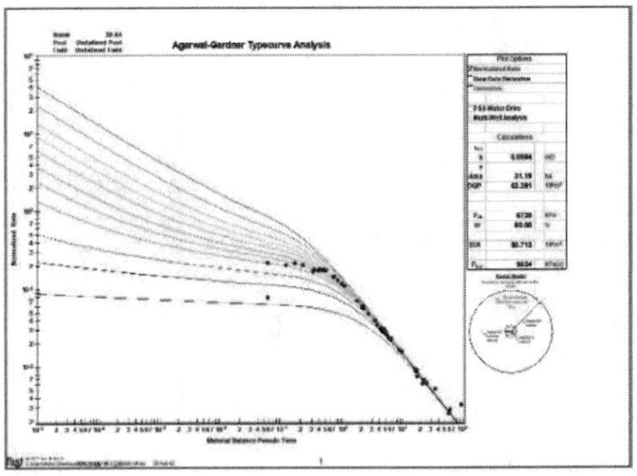

图 33　38-X4 井 A-G 产量递减法

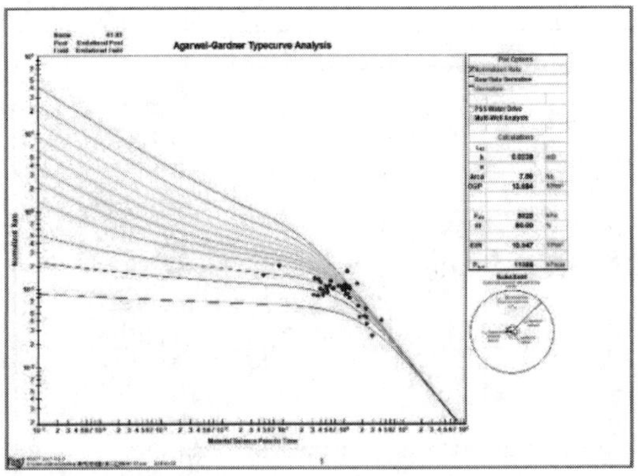

图 34　43-X1 井 A-G 产量递减法

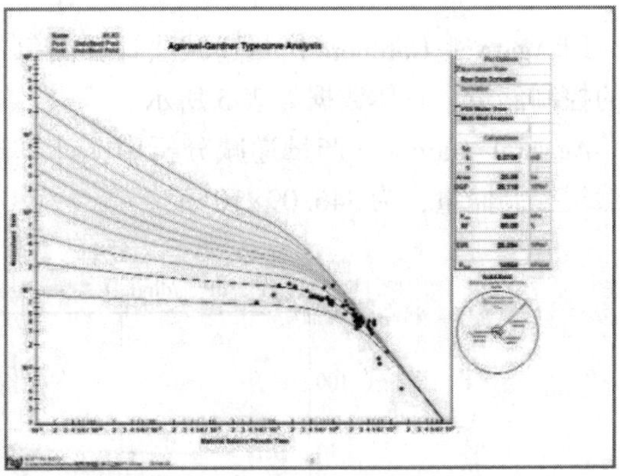

图 35　43-X3 井 A-G 产量递减法

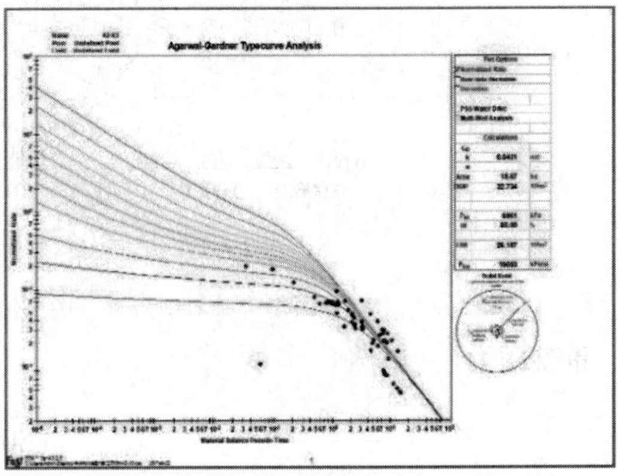

图 36　42-X3 井 A-G 产量递减法

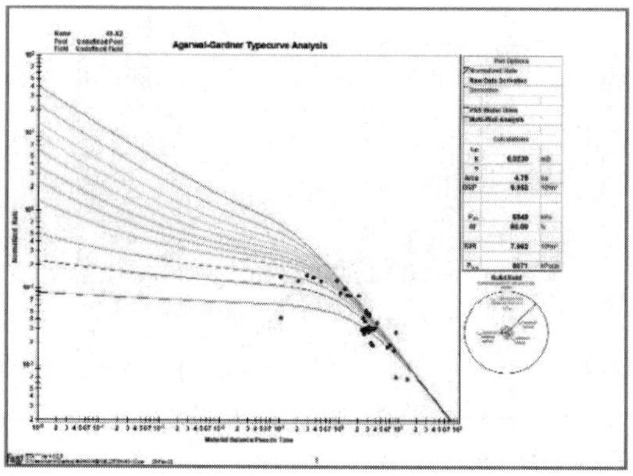

图 37 48-X2 井 A-G 产量递减法

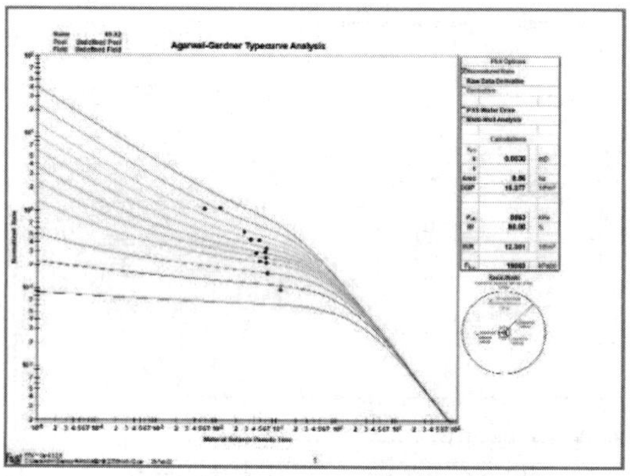

图 38 49-X2 井 A-G 产量递减法

用 Agarwal-Gardnere 产量递减法计算出每口井的控制储量，具体数据如表 5 所示。

Agarwal-Gardnere 产量递减分析中，计算出天然气控制储量，为 346.09×10^{6}m^3。

表 5 每口井控制储量

序号	井名	控制储量/10^{6}m^3
1	17-X1	9.69
2	18-X2	35.77
3	18-X3	39.93
4	37-X2	5.01
5	37-X4	54.91
6	38-X1	30.53
7	38-X4	63.39
8	43-X1	13.68
9	43-X3	35.12
10	42-X3	32.73
11	48-X2	9.95
12	49-X2	15.38
合计		346.09

3.5 NPI 产量递减法

NPI(规整化压力积分)法是由 Blasingame 提出的，目的是通过积分建立一种比较可靠的、不受数据分散影响的分析方法。NPI 递减曲线典型图版横坐标为 tca，纵坐标为$\frac{\Delta p_p}{q}$。NPI 典型图版的适用范围和计算功能与 Blasingame 典型图版基本一致，如图 39 所示。

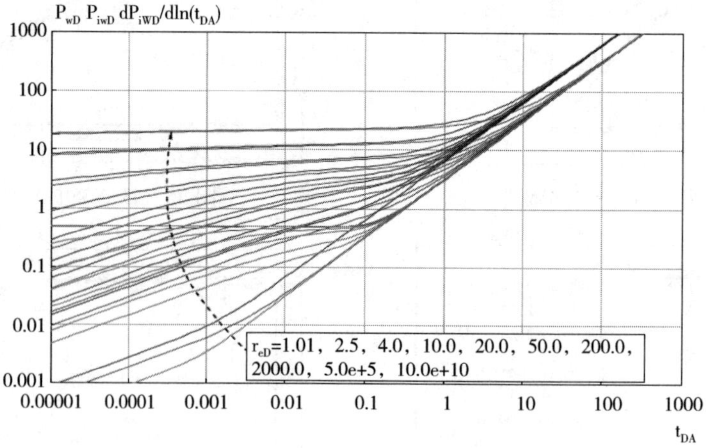

图 39 NPI 典型版图

重整压力：

$$\frac{p_i - p_{wf(t)}}{q(t)} \tag{50}$$

重整压力积分：

$$qI.INt_e = \frac{1}{t_e}\int_0^{t_e}\frac{p_i - p_{wf}(\tau)}{q(\tau)} \tag{51}$$

重整流量积分导数：

$$qI.INt.Derivative=\frac{\partial(qI.INt_{e})}{\partial\ln(t_{e})}\qquad(52)$$

因此，进行 NPI 产量递减法单井拟合，拟合情况如图 40~图 51 所示。

用 Blasingame 产量递减法计算出每口井的控制储量，具体数据如表 6。

NPI 产量递减分析中，计算出天然气控制储量，总计为 336.05×$10^6$$m^3$。

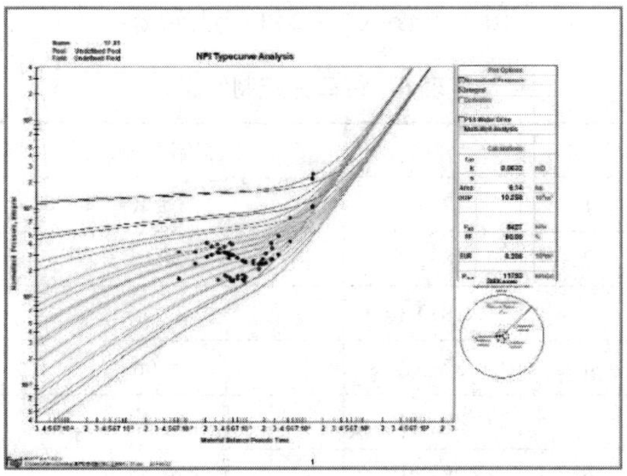

图 40　17-X1 井 NPI 产量递减法

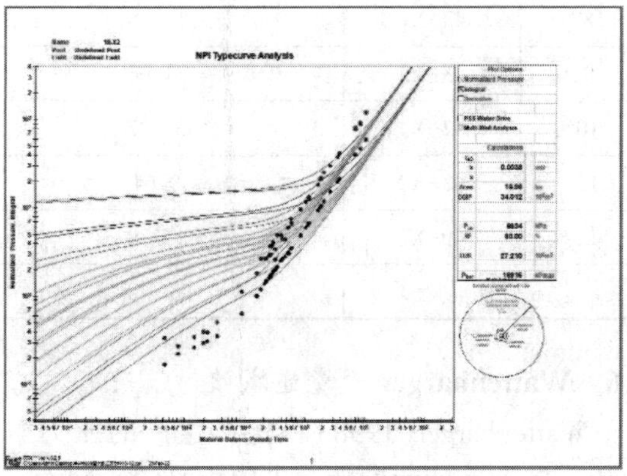

图 41　18-X2 井 NPI 产量递减法

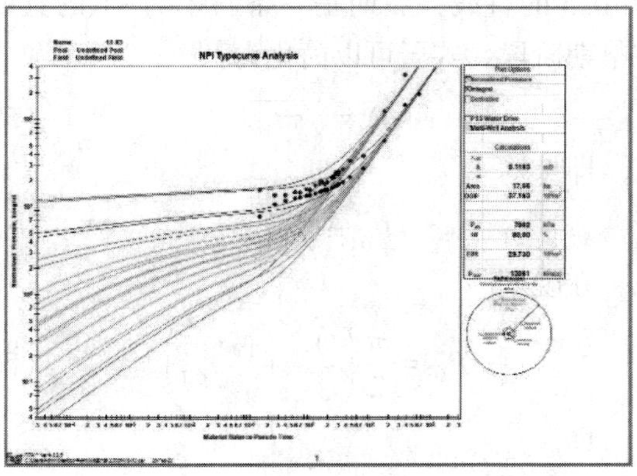

图 42　18-X3 井 NPI 产量递减法

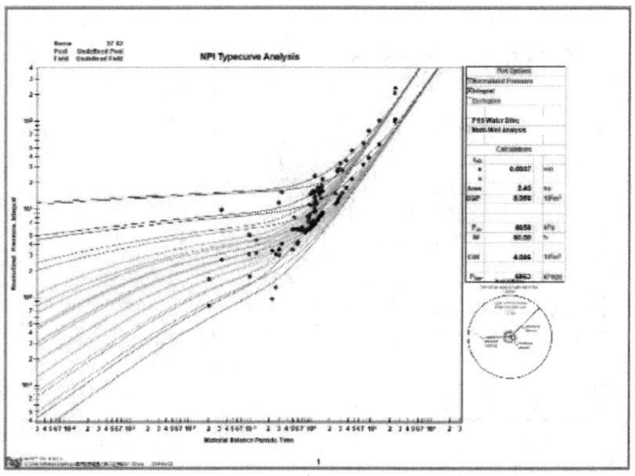

图 43　37-X2 井 NPI 产量递减法

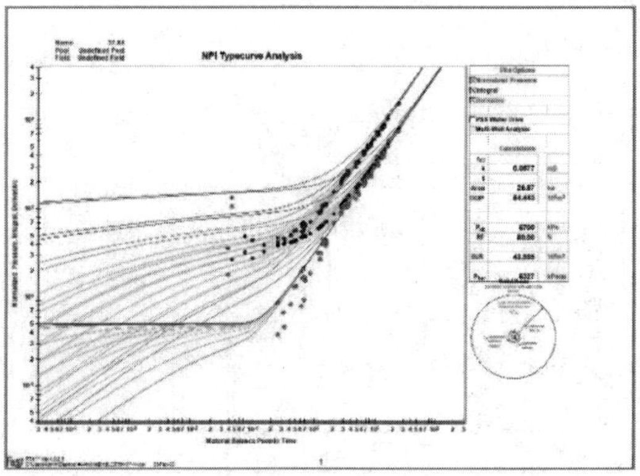

图 44　37-X4 井 NPI 产量递减法

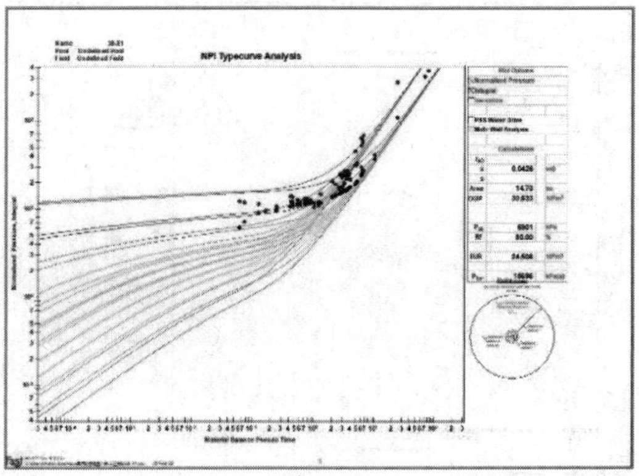

图 45　38-X1 井 NPI 产量递减法

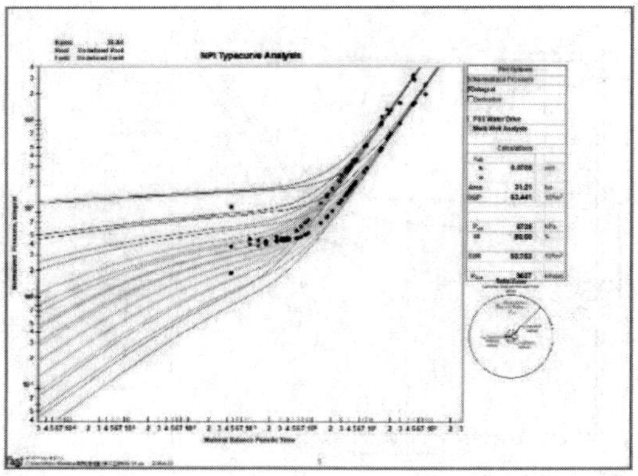

图 46　38-X4 井 NPI 产量递减法

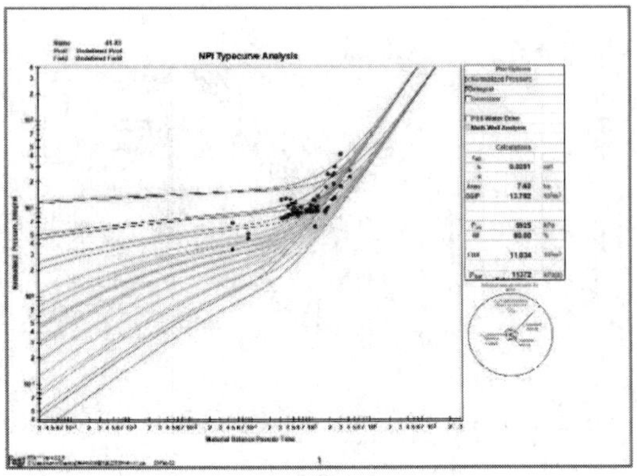

图 47　43-X1 井 NPI 产量递减法

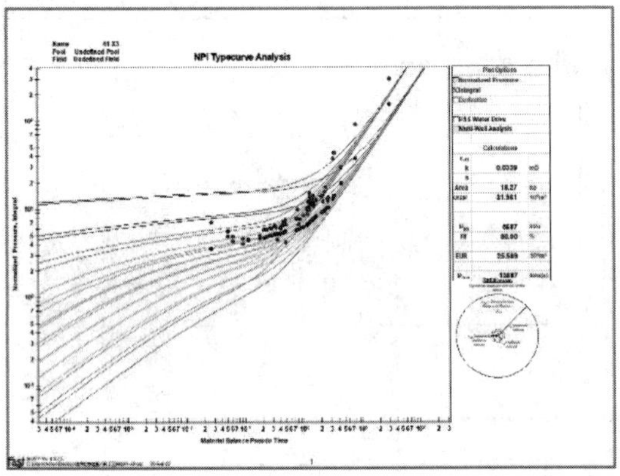

图 48　43-X3 井 NPI 产量递减法

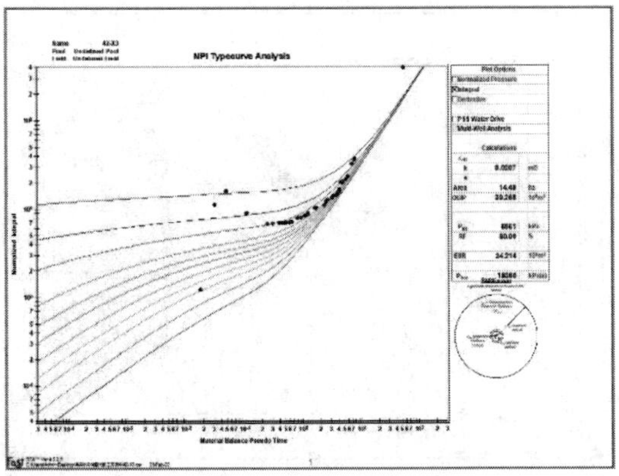

图 49　42-X3 井 NPI 产量递减法

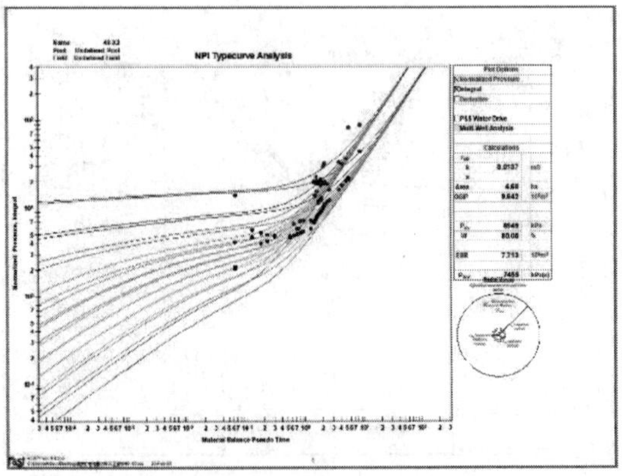

图 50　48-X2 井 NPI 产量递减法

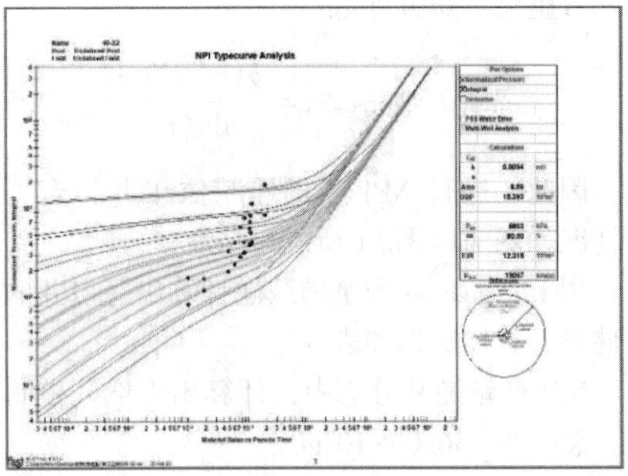

图 51　49-X2 井 NPI 产量递减法

表 6　每口井控制储量

序号	井名	控制储量/$10^9 m^3$
1	17-X1	10.26
2	18-X2	34.01
3	18-X3	37.16
4	37-X2	5.06
5	37-X4	54.44
6	38-X1	30.63
7	38-X4	63.44
8	43-X1	13.79
9	43-X3	31.96
10	42-X3	30.27
11	48-X2	9.64
12	49-X2	15.39
合计		336.05

3.6 Wattenbarger 产量递减法

Wattenbarger(1998)将定产生产的压力解的倒数、压力导数的倒数与无因次时间绘制在一张图上，早期线性流不稳定流动阶段是一条斜率为-0.5 的直线，后期是一条斜率为-1 的直线。在早期阶段，式子可以简化为：

$$P_{\mathrm{d}}=\sqrt{\pi t_{\mathrm{Dxf}}} \tag{53}$$

即

$$P_{\mathrm{Dd}}=\sqrt{\pi t_{\mathrm{Dd}}} \tag{54}$$

在晚期

$$P_{\mathrm{Dd}}=\frac{\pi}{2}\left(\frac{y_{\mathrm{e}}}{3x_{\mathrm{f}}}+\frac{x_{\mathrm{f}}}{y_{\mathrm{e}}}t_{\mathrm{Dxf}}\right) \tag{55}$$

即

$$P_{\mathrm{Dd}}=\frac{\pi}{2}\left(\frac{1}{3}+t_{\mathrm{Dd}}\right) \tag{56}$$

因此，进行 Wattenbarger 产量递减法单井拟合，拟合情况如图 52~图 63 所示。

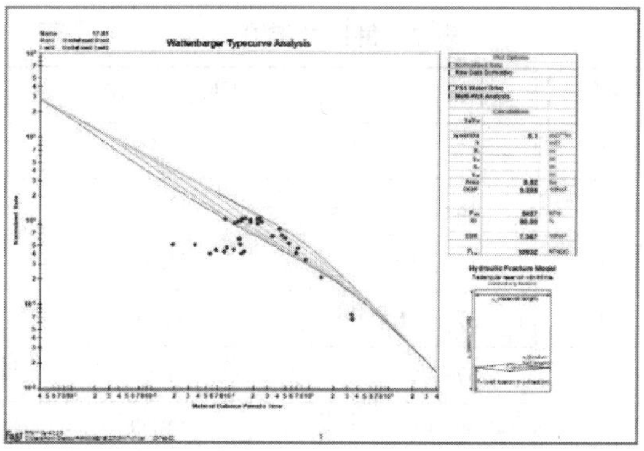

图 52　17-X1 井 Wattenbarger 产量递减法

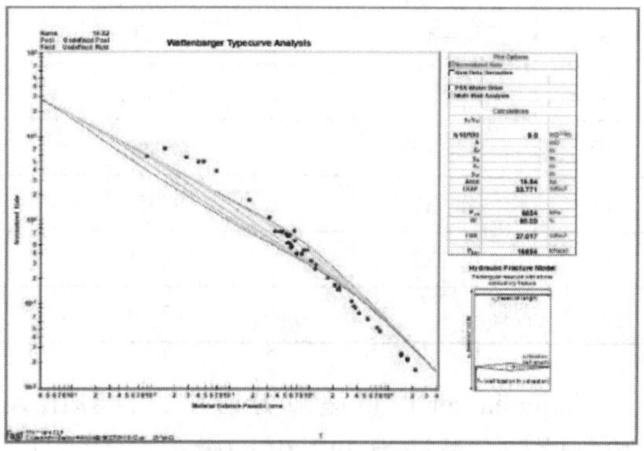

图 53　18-X2 井 Wattenbarger 产量递减法

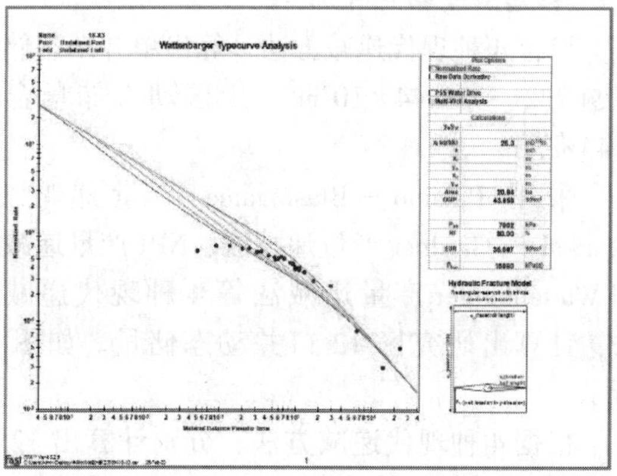

图 54　18-X3 井 Wattenbarger 产量递减法

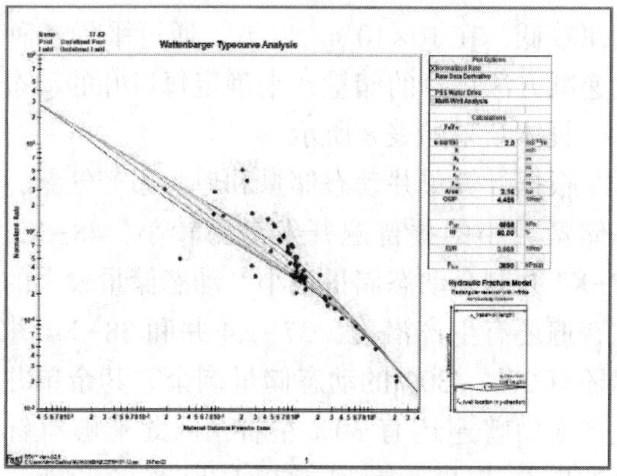

图 55　37-X2 井 Wattenbarger 产量递减法

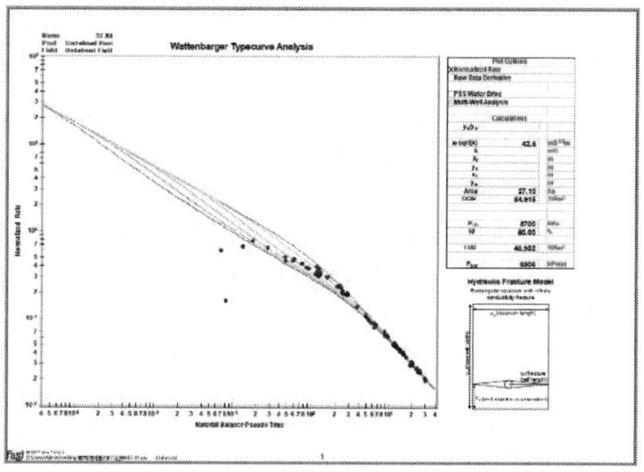

图 56　37-X4 井 Wattenbarger 产量递减法

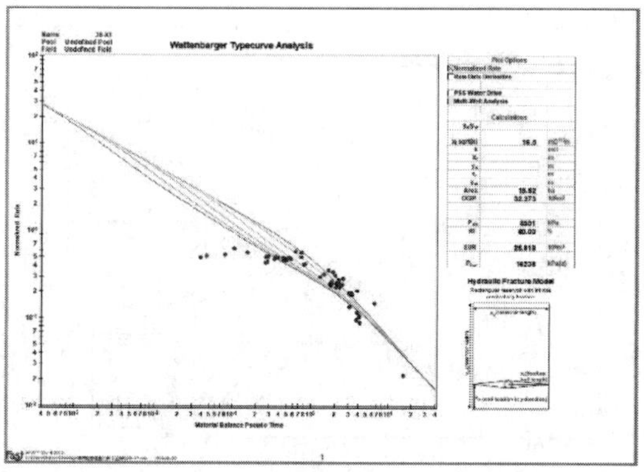

图 57　38-X1 井 Wattenbarger 产量递减法

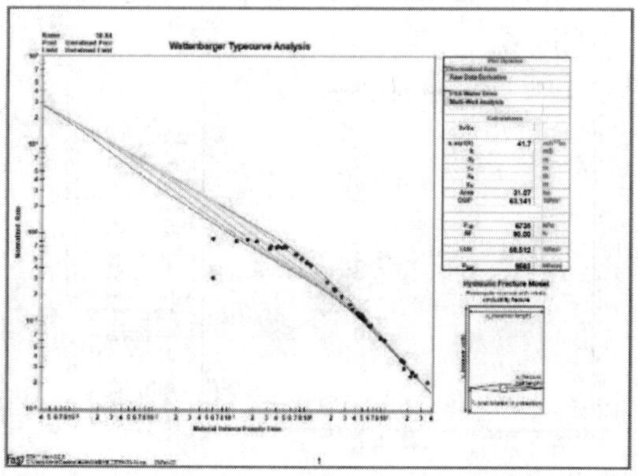

图 58　38-X4 井 Wattenbarger 产量递减法

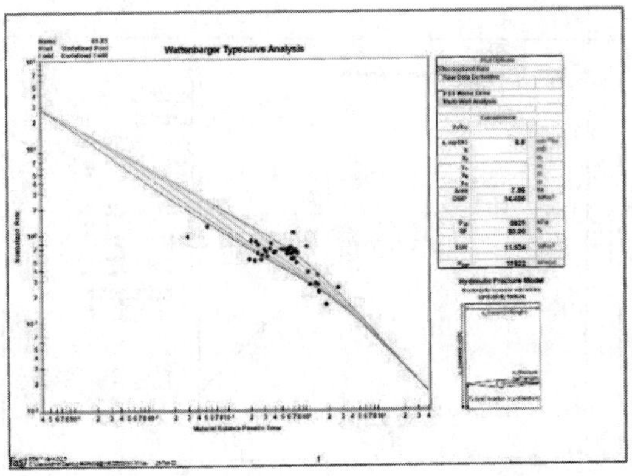

图 59　4X1 井 Wattenbarger 产量递减法

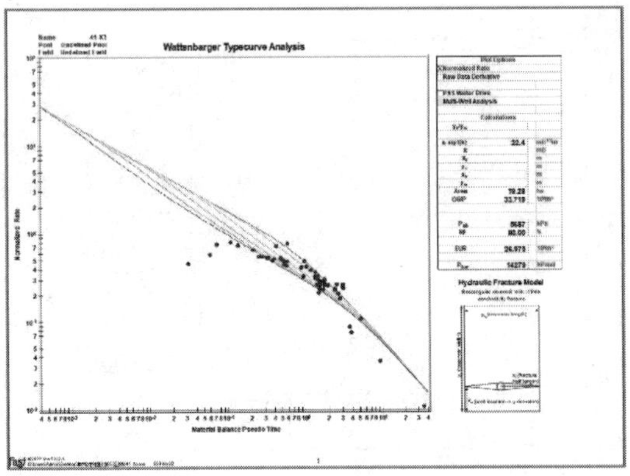

图 60　4X3 井 Wattenbarger 产量递减法

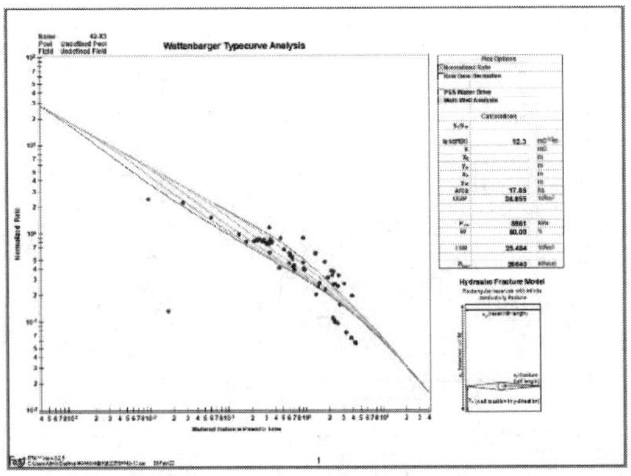

图 61　42-X3 井 Wattenbarger 产量递减法

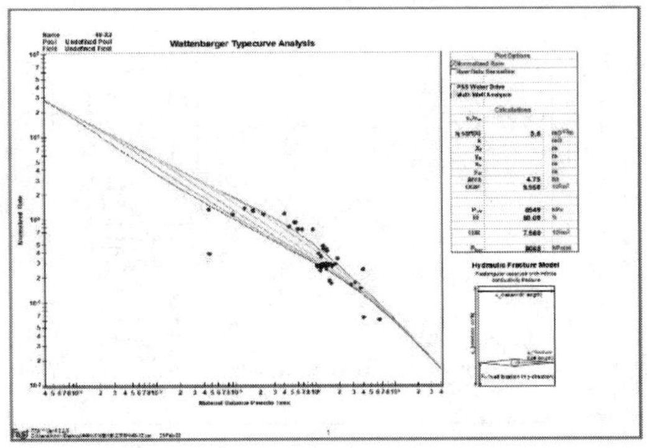

图 62　48-X2 井 Wattenbarger 产量递减法

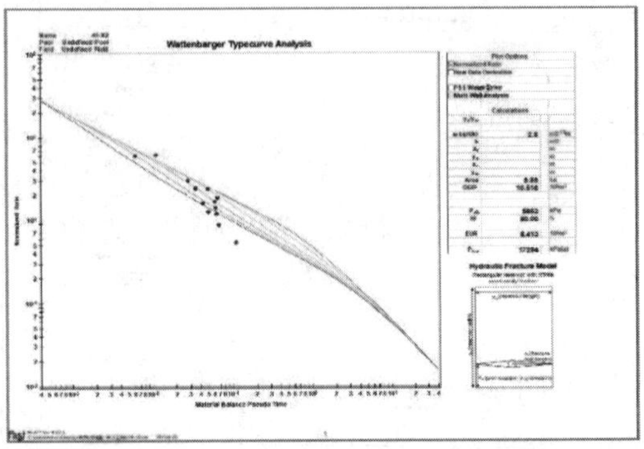

图 63　49-X2 井 Wattenbarger 产量递减法

用 Wattenbarger 产量递减法计算出每口井的控制储量，具体数据如表 7 所示。

表 7　每口井控制储量

序号	井名	控制储量/10^6m^3
1	17-X1	9.21
2	18-X2	33.77
3	18-X3	43.86
4	37-X2	4.46
5	37-X4	54.92
6	38-X1	32.27
7	38-X4	63.14
8	43-X1	14.41
9	43-X3	33.72
10	42-X3	36.83
11	48-X2	9.95
12	49-X2	10.52
合计		347.06

Wattenbarger 产量递减分析中，计算出天然气控制储量，总计为 $347.06\times10^6m^3$。

3.7　动态储量动用评价

综合 4 种现代递减方法计算出单井动态储量范围 $9.21\sim63.44\times10^6m^3$，工区动态储量合计 3.43 亿方。

采用 Palacio - Blasingame 产量递减法、Agarwal 一 Gardner 产量递减法、NPI 产量递减法和 Wattenbarger 产量递减法等 4 种现代递减方法，计算出研究区 12 口井动态储量。如图 64 所示。

根据 4 种现代递减方法，分别计算出 12 口井的动态储量，其中 37-X4、38-X4 动储较高，均在 $50\times10^6m^3$ 以上。而 37-X2、17-X1、48-X2 动储较低，在 $10\times10^6m^3$ 以下。通过平均 4 种现代递减方法计算的储量，来确定每口井的动态储量，具体结果如表 8 所示。

根据计算单井动态储量和单井累产气量，动态储量较小的井普遍开发潜力较小，48-X2 和 37-X2 井剩余动态储量很小；动态储量较大的单井普遍还有生产潜力，37-X4 井和 38-X4 井普遍还有 20%~30%的动态储量剩余。其余单井的生产潜力普遍还有 30%左右，因此能够有针对性的提高老井产量也能提高研究区产能，如图 65所示。

表 8　每口井的动态储量

井名	动态储量/10^6m^3	井名	动态储量/10^6m^3
17-X1	9.75	38-X4	63.30
18-X2	34.39	43-X1	14.18
18-X3	41.15	43-X3	33.49
37-X2	4.74	42-X3	32.63
37-X4	54.61	48-X2	9.74
38-X1	31.45	49-X2	14.23
合计	343.66		

4　结束语

（1）研究区共有生产井 12 口，峰值产量达到 $25\times10^4m^3/d$，单井初期递减较快，7 个月后产量递减 30%，目前产气量只有 $3\times10^3m^3/d$。研究区平均气水比 1.15×10^{-4}，产水量较低。

（2）利用流动物质平衡法计算了 C 气藏 18 井区单井目前地层压力，通过与原始地层压力对比，压力下降幅度 28.18%~53.02%之间，平均为 39.05%，下降幅度较大。

（3）利用 RTA 软件分别进行了 FetKovich、Palacio-Blasingame、Agarwal 一 Gardner 和 NPI 方法的单井动态储量拟合，得到了研究区单井动态储量。通过动态储量动用评价发现，高产气井的动态储量采出程度较高，但相比低产井潜力较大；低产井动态储量较小，后期挖潜潜力较小。

（4）结合气藏产气量、气藏压力和单井动态储量动用三个方面的分析，认为 C 气藏产量递减过快，井网不完善，储层连通性差，单井挖潜潜力低，存在大量剩余气无法动用，目前开发效果不是很好。

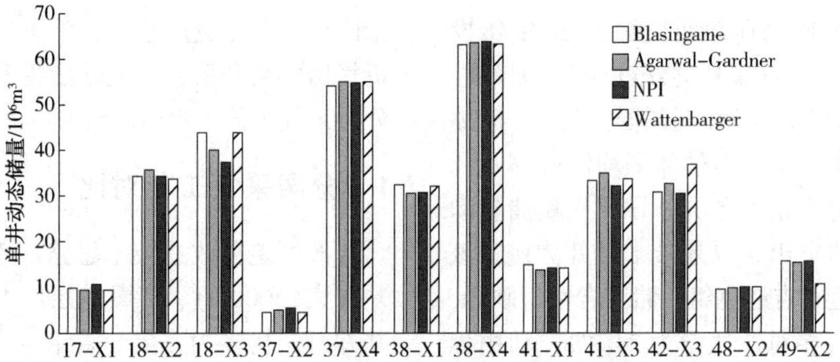

图 64　四种方法单井动态储量对比图

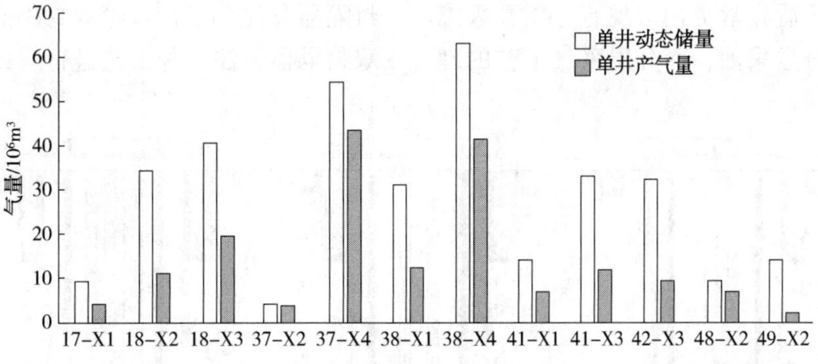

图 65　单井动态储量和采出气量柱状图

参　考　文　献

[1] 黄全华，郭平，李骞．气井动态储量方法研究[J]．重庆科技学院学报(自然科学版)，2008(06)：34-36.

[2] 黄全华，王富平，堪燕．低渗气藏产水气井产能评价[J]．大庆石油地质与开发，2010，29(5)：71-76.

[3] 罗瑞兰，雷群，范继武，刘剑飞．低渗透致密气藏压裂气井动态储量预测新方法——以苏里格气田为例[J]．天然气工业，2010，30(07)：28-31+128.

[4] 何华坤．高温高压气井完井管柱设计研究[D]．西南石油大学，2016.

[5] Mattar L，McNeil R. 1998. The flowing gas material balance[J]. Journal of Canadian Petroleum Technology，37(2)：52-55.

牙哈凝析气田同心双管分层采气应用研究

王春雷[1]　郭　越[2]　赵　鹏[1]　朱良根[1]　何川江[1]　向文刚[1]　刘瑞平[1]
胡云龙[1]　郭嘉兴[1]　吴镇江[3]

(1. 中石油塔里木油田分公司迪那采油气管理区；2. 中石油塔里木油田分公司勘探开发研究院；
3. 中石油塔里木油田分公司勘探事业部)

摘　要　塔里木油田牙哈高压凝析气藏一直采用笼统采气的开发模式，由于同一采气层的上下砂体物性存在很大差异，导致层间矛盾异常突出，气藏储量动用不均匀。为了最大限度的提升单井产能，开展分层采气工艺研究极为重要。根据牙哈凝析气田老井井筒条件和采气需求，优选同心双管分层采气工艺，从专用井口设计、工具优选改进、关键参数优化等方面入手逐一解决施工难点，最终完成同心双管分层采气在牙哈1号井的顺利施工，实现了该井精准分层采气，储层动用差异得以显著降低，并形成一套复杂可靠的完井工艺方法，为塔里木油田高效开发在分层采气工艺方面做了扎实的技术储备，适合大面积推广。

关键词　牙哈高压凝析气田；储层动用差异；分层采气；同心双管；完井工艺

塔里木油田牙哈高压凝析气藏自2001年投入循环注气开发，一直采用笼统注干气的模式；原采气工艺管柱采用单油管单封隔器，上、下砂体合并笼统采气，由于上、下砂体平均渗透率及孔隙度等物性参数存在很大差异，导致气藏储量动用不均，开采矛盾突出。以牙哈1号井为例，该井主力产层为新近系吉迪克组，储层岩性为砂岩，上砂体为低渗层，相对产气量为24.2%，动用程度差；下砂体为高渗层，相对产气量为75.8%，动用明显，层间矛盾异常突出。现有分层开采工艺绝大部分用于分层采油，而分层采气工艺的理论研究与实际应用较少，为了更好地细分牙哈凝析气田层系开采，最大限度提升单井产能，开展分层采气工艺工程应用研究就显得极为重要。

1　分层采气工艺对比

按照老井改造技术思路，考虑牙哈凝析气田井深大(5000m)、气藏地层压力高(45MPa)，老井井身结构多为三层套管结构，7″生产套管单层封固段较长，且存在大段空套管段。对单油管双封隔器分注、平行双管双封隔器分注、同心双管双封隔器分注三种工艺进行对比分析(图1)：

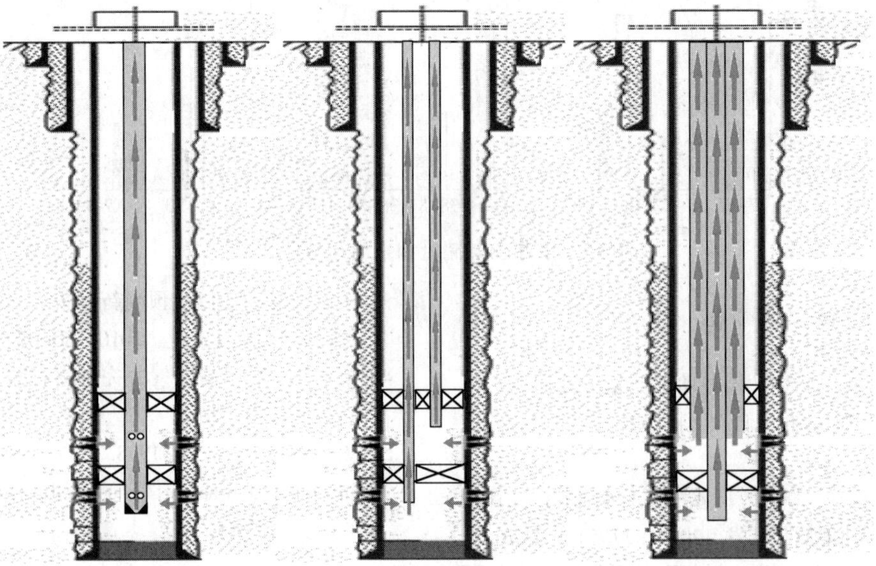

图1　分注工艺1、工艺2、工艺3示意图

工艺(1)单油管双封隔器分采：生产管柱主要由封隔器+配产器+封隔器+配产器+座封开关组成，该工艺管柱结构虽然简单，但受到配产器限制，每次调节上、下层气量或井下气嘴刺坏均需进行绳缆投捞作业，操作繁琐、风险较高，可靠性不强，不能长期稳定采气。

工艺(2)平行双管双封隔器分采：该工艺对封隔器要求较高，一个封隔器穿两根管柱，现有国内封隔器难以达到相关要求，此外，下入采气管柱时需要平行双管错开节箍同时交替下入，作业难度大，一旦发生溢流等井控突发事件，封井器无法关井，井控风险高。

工艺(3)同心双管双封隔器分采：该工艺可通过封隔器将上下产层隔开实现双管采气，并在地面通过油嘴调节气量，更适用于牙哈气田老井井筒条件，本文就该工艺工程应用问题展开研究。

2 同心双管分层采气工作原理、完井思路与难点

2.1 同心双管分层采气工作原理

同心双管分层采气管柱结构包括：同心外管(Φ114.3mm 油管)、同心内管(Φ73.03mm 油管)、上封隔器、下封隔器等(图 2)，该管柱结构可通过内管对下砂体采气，内外双管环空对上砂体采气，上下砂体通过下封隔器隔开，外管与套管环空通过上封隔器隔开，最终实现上、下砂体机械硬分隔，形成各自独立的采气通道，上、下砂体采气量在地面通过油嘴进行调节。

2.2 同心双管分层采气完井工艺思路与难点

同心双管分层采气最终选择牙哈 1 号井开展先导性试验，该井的完井工艺思路为：先座封下、上两层永久式封隔器并丢手，再回插外、内双层气密封扣油管的方式，下入同心双管采气管柱；双采油四通内的上、下两个油管悬挂器，分别对内、外层油管实施独立悬挂，在内管、内外管环空各自形成独立的采气通道，实现上、下砂体分层采气的目的。

该工艺存在诸多难点：(1)国内现有高压分层采气专用井口装置并未考虑如何设计各密封部位均能够验封以确保施工质量；(2)下部内管封隔器作为该完井工艺最先下入的工具，座封于上、下砂体之间，其座封位置上下均连通地层，该封隔器座封丢手后如何验封以保证封隔器座封合格；(3)整个外层管串如何实现全通径，从而不影响内层油管下入；(4)上、下封隔器丢手后如何实现与油管的密封；(5)管柱上端是油管挂，下端是已丢手并座封好的封隔器，两端均为死点，如何配置管柱并精准回插是难题。以上这些难点任何一方面出现问题都可能无法对上、下两层及各自独立的采气通道实现有效封隔，从而导致分层采气工艺失败。

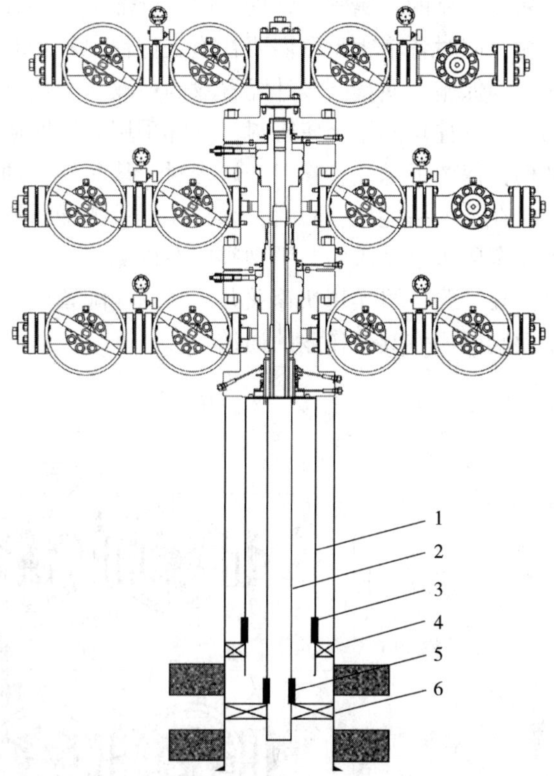

图 2 同心双管分层采气示意图
1—外层油管；2—内层油管；3—密封插管；
4—上部外管封隔器；5—密封插管；
6—下部内管封隔器

3 分层采气工艺难点应对措施

3.1 同心双管分层采气专用井口设计研发

现有的适用于高压分层采气井口(带金属密封)为一体化四通结构，为了便于完井，将上、下两个采油四通合成一体制作，便于油管下入，但是却牺牲了下油管挂应有的上部密封，这就使得下油管挂座挂以后其所带的金属密封、橡胶密封无法验封，一旦该密封存在问题，就会造成采出气体外窜到环空，出现安全隐患。其他双油管挂分体四通多采用橡胶密封结构，长期使用会老化失效，不适用于高压采气。

因此在设计专用井口时，要确保各个密封均

要采用可靠的金属密封结构，避免全部采用橡胶密封，同时各个密封点需要在施工过程中进行验封，确保施工质量。设计配置双四通双油管挂结构，油管挂均采用金属密封，外部采用分体四通结构，保留下部油管挂上金属密封，从而使得油管挂在下入后能就行验封；采出流程一侧配置液动安全阀和手动阀门，手动阀门在内侧，液动安全阀在外侧，可实现快速关井，另一侧配置两个手动阀门用作其他作业的通道。

井口由专用采气树，上、下采油四通，及分别座于上、下采油四通内的特制油管悬挂器组成，上、下油管悬挂器可分别悬挂内、外两层油管。采油树及上、下四通分别通过法兰用双头螺栓连接，上、下采油四通之间通过一道钢圈主密封实现密封，下采油四通通过2道P密封和1道金属密封实现密封；油管挂座于采油四通内，油管挂上、下两端均设置2道O形圈及1道金属密封，座封完毕后通过试压孔检验密封可靠性(图3)。

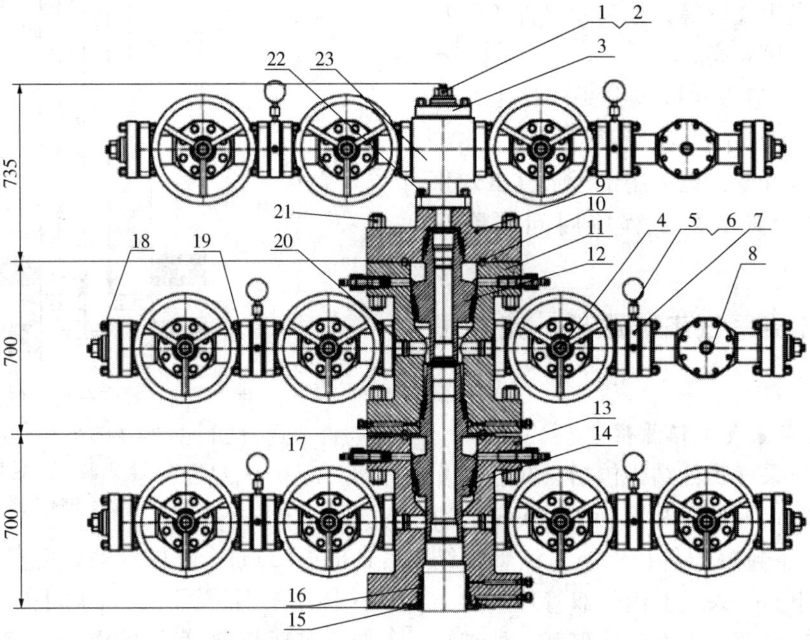

图3 分层采气井口总装图

1—堵头；2—接头；3—丝扣法兰；4—手动平板阀；5—压力表；6—截止阀；7—仪表法兰；8—液动安全阀；9—上法兰；10—密封垫环；11—上油管四通；12—内层油管悬挂器；13—下油管四通；14—外层油管悬挂器；15—套管金属密封；16—套管橡胶密封；17—注脂单流阀；18—双头螺栓；19—双头螺栓；20—密封垫环；21—双头螺栓；22—栽丝螺栓；23—小四通

3.2 优化工具配置实现验封下部封隔器

牙哈1号井上砂体射孔段4953.5~4963m，下砂体射孔段4975~4984m，下部内层油管封隔器作为该完井工艺最先下入的工具，座封于上、下砂体之间(4970m)后再丢手，因其座封位置上下均连通产层，采用常规球座打压座封的方式无法实现封隔器验封。因此，将常规球座优化替换为POP阀，作为座封、验封工具，打压座封封隔器丢手后，暂不打掉POP阀，既可以保证管柱密封性，又便于后期对回插内管进行验封；然后下入验封管柱，利用下部封隔器与上砂体射孔段底界仅有的7m空间，顺利对该封隔器进行验封。

3.3 优化工具配置实现外层管柱全通径

为实现内层油管的顺利下入，整个外层管柱工具串需要保持全通径，最易产生挂卡的位置为油管挂和封隔器。因此在设计油管挂时，悬挂外层油管的油管挂采用公扣作为提升扣，其内壁不再设置母扣，以保证油管挂内壁光滑，在下入内层油管时不会挂卡。针对液压封隔器座封球座位置缩径问题，优选可取式专用液压丢手送入工具(图4)，该工具自带球座，投球座封后，可丢手取出送入工具，球座、钢球全部随送入工具起出井口，既不会造成井下落物，影响后期回插内层油管，又可以实现上部外管封隔器全通径(外径149.23mm、内径101.6mm)，有

利于内层 Φ73.03mm 油管顺利下入。

3.4 优选密封插管实现封隔器与回插油管的密封

油管与封隔器之间优选插入式锚定密封插管(图 5)进行连接，密封形式为金属密封，避免使用橡胶密封和伸缩管，减小高压气体窜漏的可能性。首先下入外层 Φ114.3mm 油管至封隔器以上，先反替环空保护液，再回插管柱并座挂，通过环空打压验封。

下入内层 Φ73.03mm 油管，反替环空保护液后回插管柱(图 6)至下部内管封隔器，管柱内打压对回插部位验封，合格后加压击落 POP 阀，打通生产通道，将油管挂回座到上部采油四通内。永久式封隔器配合锚定密封插管既保证了管柱密封性，又避免了在采气过程中产生管柱蠕变、缩短造成失封的问题。

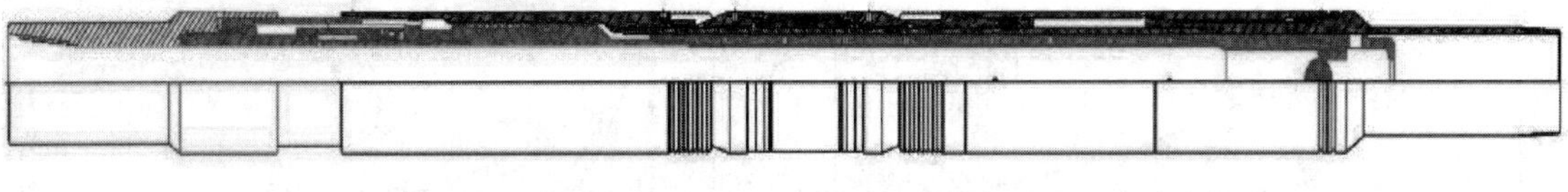

图 4　上部外管封隔器带座封工具下入状态(红色部分为可取式座封工具)

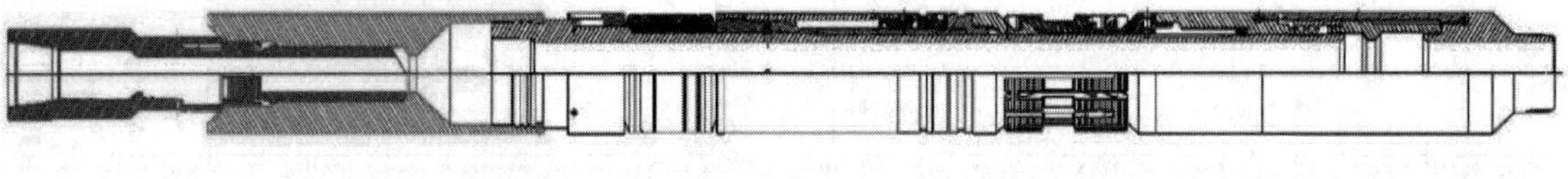

图 5　下部内管封隔器锚定密封插管(红色部分)、密封延伸筒(粉色部分)插入状态

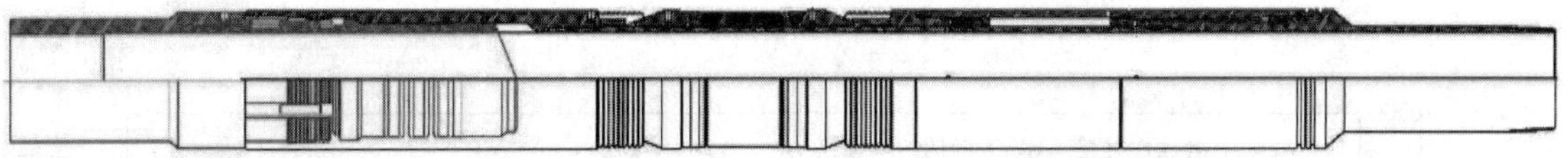

图 6　上部外管封隔器锚定密封插管(红色部分)插入状态

3.5 优化管柱配置

根据牙哈 1 号井预测最大关井压力 29.2MPa、地层压力 41.23MPa。设计管柱配置为外管 114.3×8.56mm S13Cr110 油管 4953m，内管 73.02×5.51mm S13Cr110 油管 4975m，并进行管柱力学校核(图 7、图 8)，从校核结果来看，该管柱配置符合开、关井工况下的三轴安全系数为 1.500、轴向抗拉安全系数为 1.600 的要求，可满足 1 号井正常生产要求。其中内管(73.02×5.51mm)配置封隔器承受向上最大拉力 9.6t，外管(114.3×8.56mm)配置封隔器承受向上最大拉力 20t。在现场施工时，需精细管理、仔细校对管柱长度，避免理论计算与现场丈量出现误差；同时，需配置多支长短不一的调整短节，便于调节管柱长度，实现在管柱上、下两端均为死点的情况下精准回插。

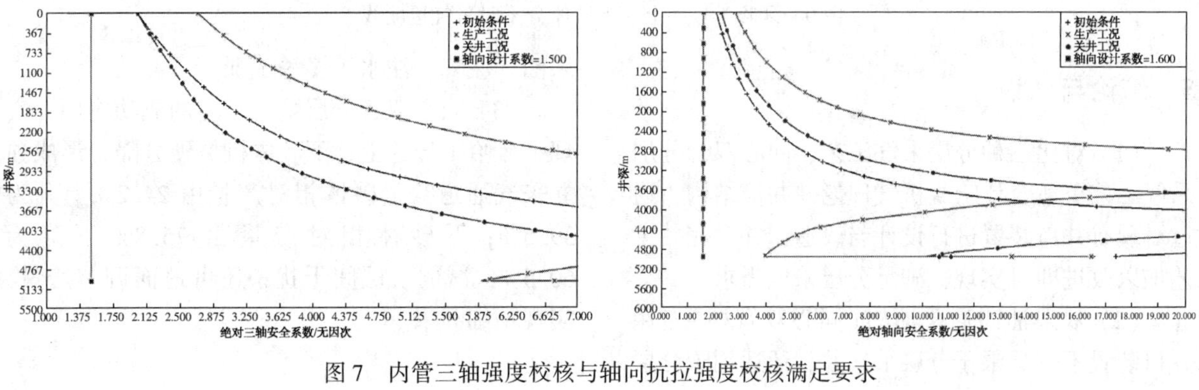

图 7　内管三轴强度校核与轴向抗拉强度校核满足要求

4 效果评价

牙哈 1 号井在顺利实施同心双管分层采气完井工艺后开井生产，在相同生产制度下，上砂体平均产气量 16211m^3/d，平均产油量 5.9t/d，相对产量 39.5%，下砂体平均产气量 24789m^3/d，平均产油量 10.4t/d，相对产量 60.5%，上、下砂体相对产量比例 2∶3，较作业前笼统开采时上、下砂体相对吸气量比例 2∶6，储层动用差异得以显著降低。通过精准分层采气后，经数值模拟分析，提高牙哈 23 吉迪克组气藏凝析油采收率 1.6%，累计可多采出凝析油 5.4 万吨。推广应用该项技术，继续扩大牙哈分层精细采气范围，可实现气田凝析油采收率提高 4 个百分点，增加可采储量 80 万吨(图 9、图 10)。

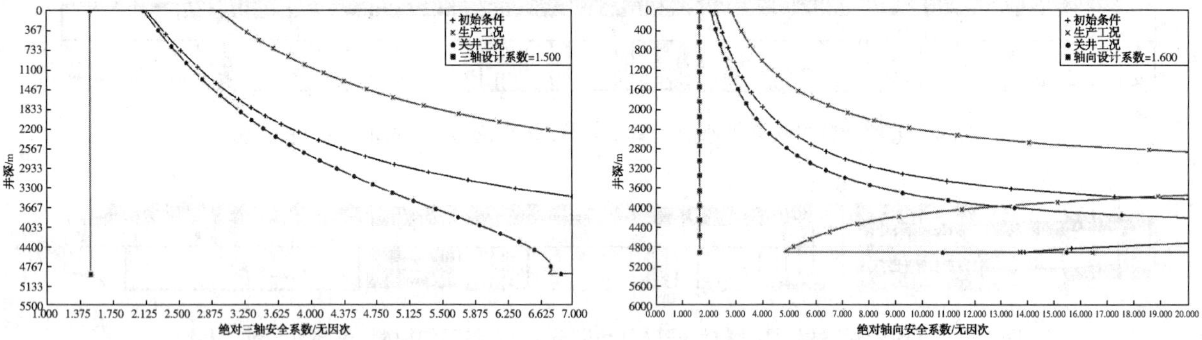

图 8　外管三轴强度校核与轴向抗拉强度校核满足要求

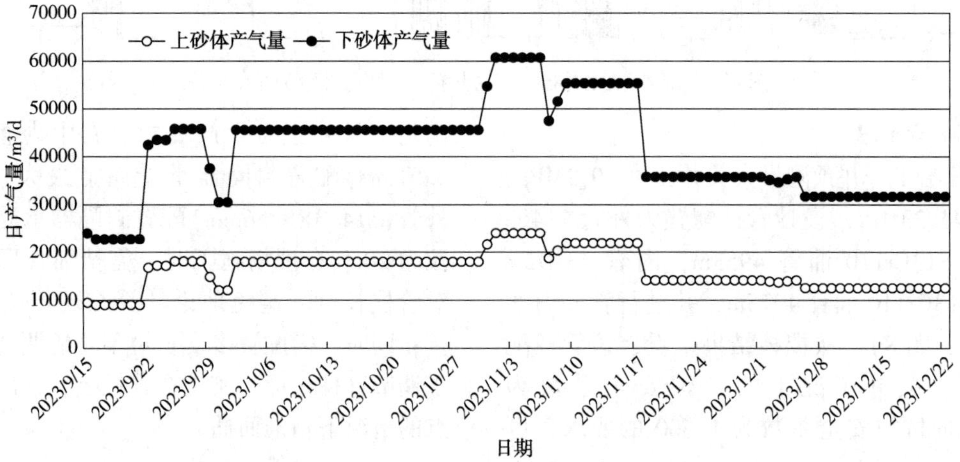

图 9　牙哈 1 号井上、下砂体分采时采气量曲线

5 结论与认识

(1) 对比三种分层采气工艺，同心双管分层采气工艺更适合牙哈凝析气田老井井筒结构，通过对现有井口装置进行设计与改造，并对完井工艺加以改进即可实现，满足分层采气需求。

(2) 双采油四通采油树(同心双管柱)专用井口装置不仅局限于分层采气井，还适用于分层采油、注气、注水等多种工况。

(3) 同心双管分层采气工艺的成功应用，实现了牙哈 1 号井上、下砂体机械硬分隔，形成独立采气通道，上砂体相对产量由 24.2%上升为 39.5%；下砂体相对产量由 75.8% 下降为 60.5%，减弱了层间干扰；还可地面调节产量，实现精细开采。

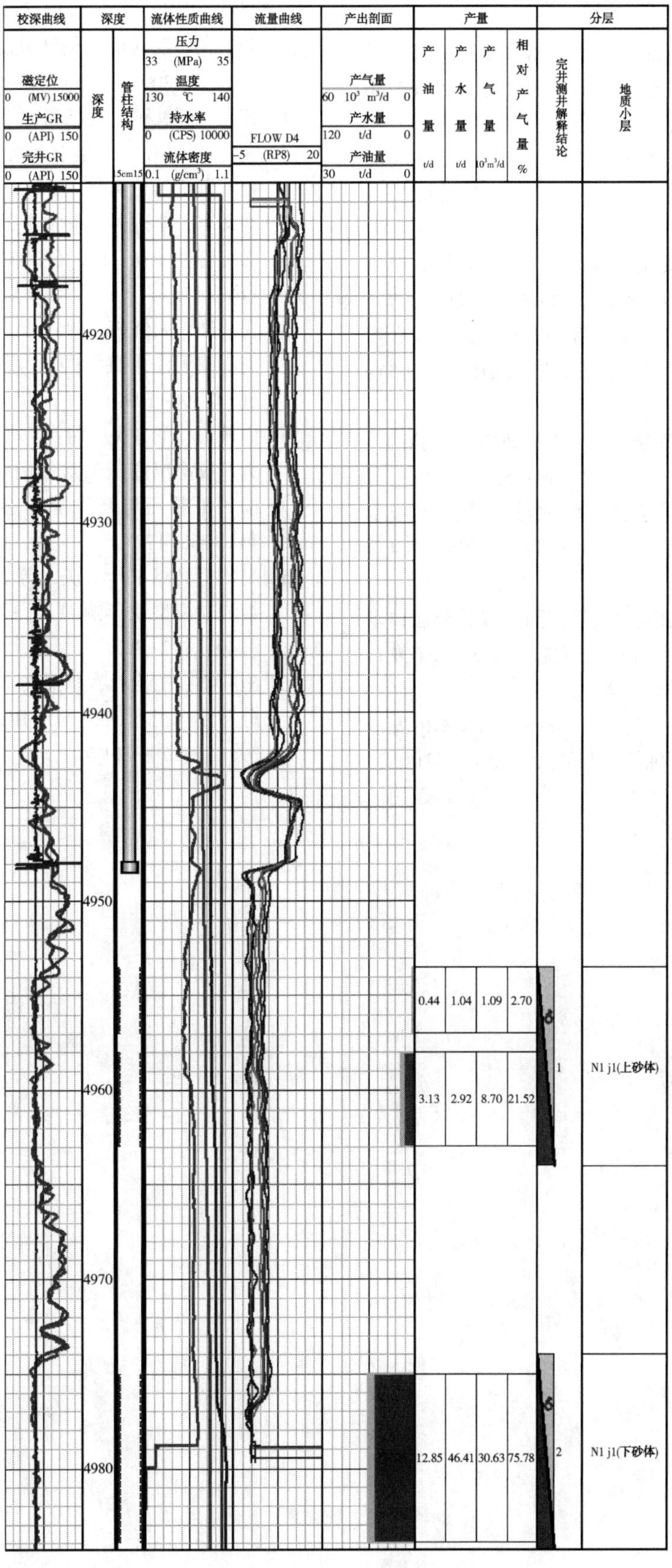

图 10　牙哈 1 号井上、下砂体合采时产气剖面

参 考 文 献

[1] 薛承文，麻慧博，高涵，等．牙哈高压凝析气田同心油管分层注气工艺[J]．天然气工业，2016，36(04)：48-54.

[2] 汪天游，李进秀，冯胜利，等．分层开采工艺在涩北气田的应用[J]．天然气工业，2009，29(07)：79-81+141.

[3] 景宏涛，王海坤，张宝，等．探析同心双管分层注气技术的应用[J]．石化技术，2016，23(09)：77.

[4] 周理志，韩国锋，王发清，等．同心分层注入水嘴尺寸确定方法[J]．石油钻采工艺，2015，37(05)：95-99.

[5] 冷冰．火驱同心双管分层注气管柱研制及试验[J]．特种油气藏，2020，27(04)：149-155.

[6] 许吉瑞，张洪良，吴学安，等．分层采气工艺技术在涩北气田的应用[J]．天然气工业，2008，(04)：93-95+146-147.

[7] 乔志学，赵留阳，孔宪永，等．同心双管分注技术研究与应用[J]．石油石化节能，2022，12(02)：38-40+11-12.

[8] 刘合，郑立臣，杨清海，等．分层采油技术的发展历程和展望[J]．石油勘探与开发，2020，47(05)：1027-1038.

[9] 佘梅卿，申秀丽，视道钧，等．分层采油技术的研究与应用[J]．石油机械，1995，(12)：43-49.

[10] 刘玉文．辽河油田稠油分层采油技术[J]．石油钻采工艺，2003，(S1)：85-86.

[11] 韩立，郑礼鹏，刘昱瑭，等．同心双管分注工艺研究与应用[C]//．第十六届宁夏青年科学家论坛石化专题论坛论文集．，2020：157-159.

[12] 刘文东，李进秀，王常青．双管分层采气工艺技术的可行性分析[J]．石油矿场机械，2004，(S1)：114-117.

[13] 任从坤，宋辉辉，魏新晨，等．海上油田大斜度井同心双管注水技术[J]．石油钻采工艺，2019，41(01)：96-100.

[14] 申德勇，刘冬炎，付晶，等．同心双管分注技术在大芦家高温高压油藏中的应用与评价[C]//．2017油气田勘探与开发国际会议(IFEDC 2017)论文集．1766-1773.

[15] 吴晗，吴晓东，王庆，等．同心双管分注 CO_2 井筒流动模型及影响因素[J]．石油学报，2011，32(04)：722-727.

[16] 施明华，王艳珍，李宝林，等．海上油田同心双管分层注水工艺研究与应用[J]．石油机械，2011，39(05)：70-71+74.

青西高应力页岩工程甜点评价方法研究

王浩帆　杨洪锐　钦　伟

（玉门油田分公司采油工艺研究院）

摘　要　随着玉门油田本部油井的产量日渐减少，非常规油藏的开发是未来工作的重心之一。青西页岩油是玉门本部最有望形成规模储量的接替领域，而柳页1H井承担着深化页岩油地质工程认识的任务，深入评价目标储层地质力学特征及压裂改造工艺适应性，对后续水页岩油储层开发技术制定及压裂工艺优化有着重要意义。本文通过分析青西区域前期压裂井地质资料及施工情况，对青西页岩油储层的可压性进行分类评价，建立青西页岩油储层工程甜点判别标准，为下步柳页1H井的压裂试油方案提供技术保障。

关键词　高应力；页岩油；岩石力学；可压性；工程甜点

1　青西页岩油区域前期改造情况

截止目前青西油田共实施压裂11井/15层，其中8井次改造层位与柳页1H井页1、页3、页5段同层位，单层平均加砂15m³，平均砂比8%，12层施工压力>95MPa，且压后仅4口井获得增产，如表1所示。

表1　青西区块压裂施工情况统计

井号	压裂层段/m	裂缝发育情况	排量/（m³/min）	砂量/m³	最高砂比/%	平均砂比/%	最高泵压/MPa	停泵压力/MPa	延伸梯度/（MPa/m）	累增油/t
青2-22	4450~4486	斜交缝发育	2.89	2	7	5.9	88.28	砂堵	砂堵	
青2-25	4118~4233.5	高角度缝发育	4.17	1.53	8.0	4.0	95.7	76.7	0.029	
窿21	4899.4~4927.8	页理缝发育	2.1	—	—	—	114.3	107.3	0.032	
柳12	4278.5~4306.8	页理+斜交缝	2.5	2	11.2	6.7	104.4	86.52	0.030	977
鸭西平1	4955.0~4976.5	页理+斜交缝	2.37	14	10.1	4.2	116.8	108.2	0.034	
	4897~4899	页理+斜交缝	3.8	14.6	14	10.4	117.5	106.94	0.032	
	4643~4647	页理+斜交缝	6.3	50.1	25.3	15.2	99.7	89.3	0.029	3481
青1-16	4395.6~4404.6	—	0.5	—	—	—	119.67	—	>0.037	
	4372.7~4379.6		1.0	—	—	—	119.3	105.82	0.034	
窿17	4594~5068.6	页理缝发育	7.1	33.1	20.0	9.2	97.2	87.0	0.029	
柳9	4338~4381	页理缝发育	4.5	1.01	9	6.0	98	91	0.031	
青2-40	4273~4323	页理缝发育	7.0	42.52	14.1	9.5	117.6	86.7	0.030	99
青2-73	4725~4777	高角度缝发育	8.2	39.3	15	10.3	90.1	53.0	0.021	615
窿北1	4583.4~4614.9	高角度缝发育	6.4	21.3	19.4	10.8	76.9	56.1	0.022	

2　前期压裂施工分析与认识

通过对青西区块前期11口压裂井的改造情况进行分析，取得以下认识：

（1）青西储层弹性模量30420~73240MPa，泊松比0.32~0.47，抗压强度308~539MPa，裂缝延伸压力梯度0.029~0.034MPa/m，整体施工压力高，同时受强挤压构造影响，整体表现为地层应力高，岩石偏硬破裂难度大；部分井页理+斜交缝发育，裂缝形态复杂，导致液体效率降低，裂缝宽度窄，致使破裂、延伸及加砂难度均较大，如表2所示。

表2 青西2口井三轴压缩实验结果

井号	岩性	深度/m	密度/(g/cm³)	实验条件		实验结果		
				围压/MPa	孔压/MPa	杨氏模量/MPa	泊松比	抗压强度/MPa
柳北2井	灰色细砾岩	4233.61~4239.65	2.69	122.770	552.3	30420	0.47	308.7
柳北2井	灰色细砾岩	4233.61~4239.65	2.72	122.770	552.3	36480	0.42	324.7
柳6井	深灰色白云质泥岩	4300.01	2.72	124.770	561.3	60550	0.28	轴压到极限未出抗压强度
柳6井	深灰色白云质泥岩	4300.01	2.74	124.770	561.3	73240	0.32	539.7

(2) 青西油田储层属于致密储层，储层孔隙度为0.2%~4.9%，基质渗透率0.017~1.3md，流体渗流阻力大，流体渗流速度慢，裂缝为油气主要渗流通道，受地质条件影响，低排量下施工压力高且两向应力差大，形成复杂人工裂缝网络难度大，天然裂缝发育情况对压后增产有着决定性影响。

(3) 青西页岩储层这样低孔低渗的特征，决定其必须开展大规模水力压裂改造才能获取经济产能。因此工程甜点和可压性的评价是页岩油气勘探开发的重要评价指标。

3 青西页岩油柳页1H井可压性评价

从实现储层有效压开角度考虑，构建以最小水平主应力梯度、脆性指数、抗压强度以及天然裂缝发育情况为主要参数的可压性价方法。

3.1 最小水平主应力梯度

地应力可以分解成三个轴向应力，即垂直方向的力是上覆岩层压力，水平面上的两个轴向应力分为最大水平主应力、最小水平主应力。由于裂缝扩展方向仅受应力条件的控制，不管介质如何不均匀，最终裂缝扩展方向都是沿着最大水平主应力方向，裂缝面垂直于最小水平主应力方向。因此，最小水平主应力是非常规储层压裂设计、压裂缝高控制和压裂后效果评价的重要基础数据。

黄荣樽提出了地应力的计算公式：

$$\sigma_H=\left(\frac{\mu}{1-\mu}+\alpha\right)\times(\sigma_v-aP_p)+aP_p \tag{1}$$

$$\sigma_h=\left(\frac{\mu}{1-\mu}+\beta\right)\times(\sigma_v-aP_p)+aP_p \tag{2}$$

式中，σ_H、σ_h为最大、最小水平主应力，MPa；μ为泊松比，无量纲；α、β为水平构造应力系数，无量纲；σ_v为垂向应力，MPa；a为Biot弹性系数，无量纲；P_p为孔隙压力，MPa。

上式中的水平构造应力系数α和β在不同区域不同储层条件下都是不一样的，结合前期青西油田小压测试及施工情况，利用柳页1H井岩石三轴压缩变形全应力应变实验测得的实际岩石力学弹性参数(表3)对计算出的数据进行校正，最终得到适用于青西深层页岩油储层的水平构造应力系数α和β分别为1.90、0.791。

表3 柳页1H井5块岩心三轴压缩变形全应力应变实验结果

序号	井深/m	岩芯编号	长度/mm	直径/mm	重量/g	密度/(g/cm³)	围压/MPa	抗压强度/MPa	弹性模量/GPa	泊松比	岩性
1	4488.36	10~23	50.07	25.19	60.79	2.44	45.0	253.709	29.395	0.432	深灰色荧光含灰泥岩
2	4488.96	10~36	49.81	25.14	63.14	2.55	45.0	343.606	43.705	0.323	深灰色荧光含灰泥岩
3	4664.12	14~16	49.48	25.24	65.50	2.65	46.6	433.827	42.050	0.417	深灰色荧光含灰泥岩
4	4741.34	19~83	50.11	25.03	63.79	2.59	47.4	719.872	60.352	0.361	深灰色含灰泥岩
5	4808.73	24~55	50.10	25.11	62.81	2.53	48.1	409.457	59.808	0.282	深灰色油斑含砾泥岩

由于柳页1H井取心段均在4400m以下，埋深大，深度对最小水平主应力的影响较大，因此这里选择最小水平主应力梯度作为可压性指数来参与评价，能够有效消除深度带来的影响。

3.2 脆性指数

岩石脆性越强，在水力压裂过程中越易形成诱导裂缝，有利于油气的开采。以下通过两个方面解释脆性对可压性的影响并分别评价柳页 1H 井脆性指数：

① 岩石脆性大小可以通过杨氏模量和泊松比两个弹性参数表征。杨氏模量反映了页岩被压裂后保持裂缝的能力，泊松比反映了页岩在压力下破裂的能力。杨氏模量越高、泊松比越低，脆性越强。

Rickman 等提出了根据杨氏模量和泊松比量化表征岩石储层的脆性指数的公式：

$$Brit=(E_B+V_B)/2 \quad (3)$$

$$E_B=(E_c-1)/(8-1)\times100 \quad (4)$$

$$V_B=(V_c-0.4)/(0.15-0.4)\times100 \quad (5)$$

式中，E_B为静态杨氏模量，10GPa；V_B为静态泊松比，无量纲；E_c和 V_c为归一化之后的杨氏模量和泊松比，无量纲；*Brit* 为脆性指数，无量纲。

基于该公式评价得出的脆性指数数值越高，相应的储层越趋于硬脆，实施压裂后形成的裂缝越复杂。

根据以上公式对柳页 1H 井页 2 至页 6 段的脆性指数进行计算，得到各段脆性指数均值（表 4）。

表 4　柳页 1H 井页 2 至页 6 段脆性指数均值

类型	页 2	页 3	页 4	页 5	页 6
深度	4151~4301	4301~4453	4453~4670	4670~4948	4948~5226
脆性指数均值	0.521	0.531	0.486	0.516	0.506

② 脆性矿物含量同样是影响基质孔隙和微裂缝发育程度的重要因素，脆性矿物含量越高，岩石脆性越强。目前评价岩石岩性对可压性影响的方法主要是通过分析作为脆性矿物的石英的相对含量来评价岩石脆性。

Jarvie 等提出了利用脆性矿物含量占总矿物含量百分比的方式，表征岩石储层脆性指数的方法：

$$Brit=\frac{(\text{石英}+\text{长石}+\text{碳酸盐})}{(\text{石英}+\text{长石}+\text{碳酸盐}+\text{黏土})} \quad (6)$$

式中，*Brit* 为脆性指数，无量纲。

石英、长石含量的增加提高了岩石脆性，而碳酸盐矿物含量增加有利于后期改造，富含石英或者碳酸盐岩等脆性矿物的储层有利于产生复杂缝网，而黏土矿物含量高，不容易压裂改造，填充进去的石英砂或者陶粒很难起到支撑人工裂缝的作用，反而会镶嵌在储层中，如图 1 所示。

根据以上公式，对柳页 1H 井页 2 至页 6 段的脆性指数进行计算，得到各段的脆性指数均值（表 5）：

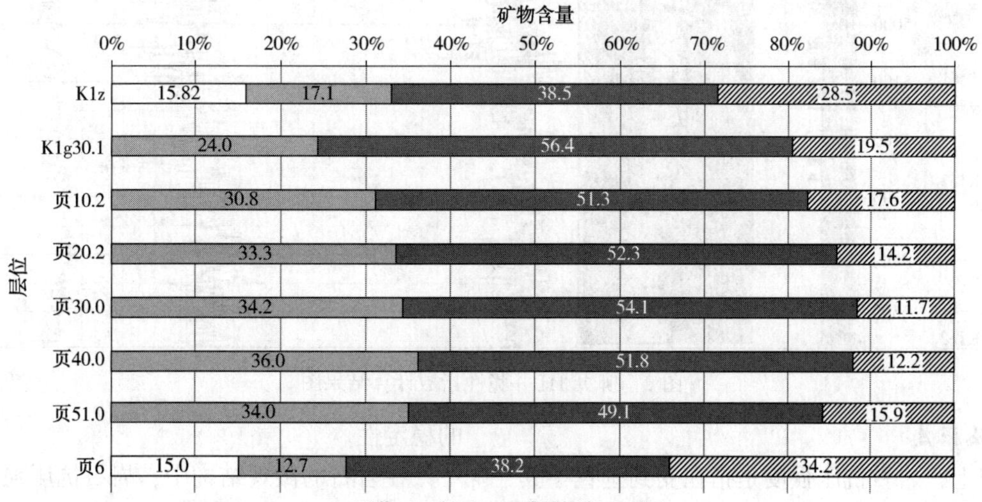

图 1　柳页 1H 井矿物含量分层统计图

表 5　柳页 1H 井页 2 至页 6 段脆性指数均值

类型	页 2	页 3	页 4	页 5	页 6
深度	4151~4301	4301~4453	4453~4670	4670~4948	4948~5226
脆性指数均值	0.564	0.581	0.530	0.542	0.557

结果表明：矿物组分法计算的脆性指数值要略大于岩石力学法计算的脆性指数，这是因为柳页 1H 井 K1g 段的通过录井解释得到脆性矿物含量高达 72%~95%，且每米变化幅度小，而通过测井解释获得的岩石力学参数具有连续变化福大较大的现象存在，因此采用人为赋予权重的方法，形成适用于柳页 1H 井的脆性指数计算公式：

$$Brit_{综合}=0.4\times 岩石力学脆性+0.6\times 矿物组分脆性 \quad (7)$$

利用上述公式计算柳页 1H 井页 2 至页 6 段综合脆性指数(图 2)，结果表明页 2 段的脆性指数普遍大于 0.53，页 3、页 4 段的脆性指数普遍大于 0.45，页 5、页 6 段的脆性指数普遍小于 0.45。

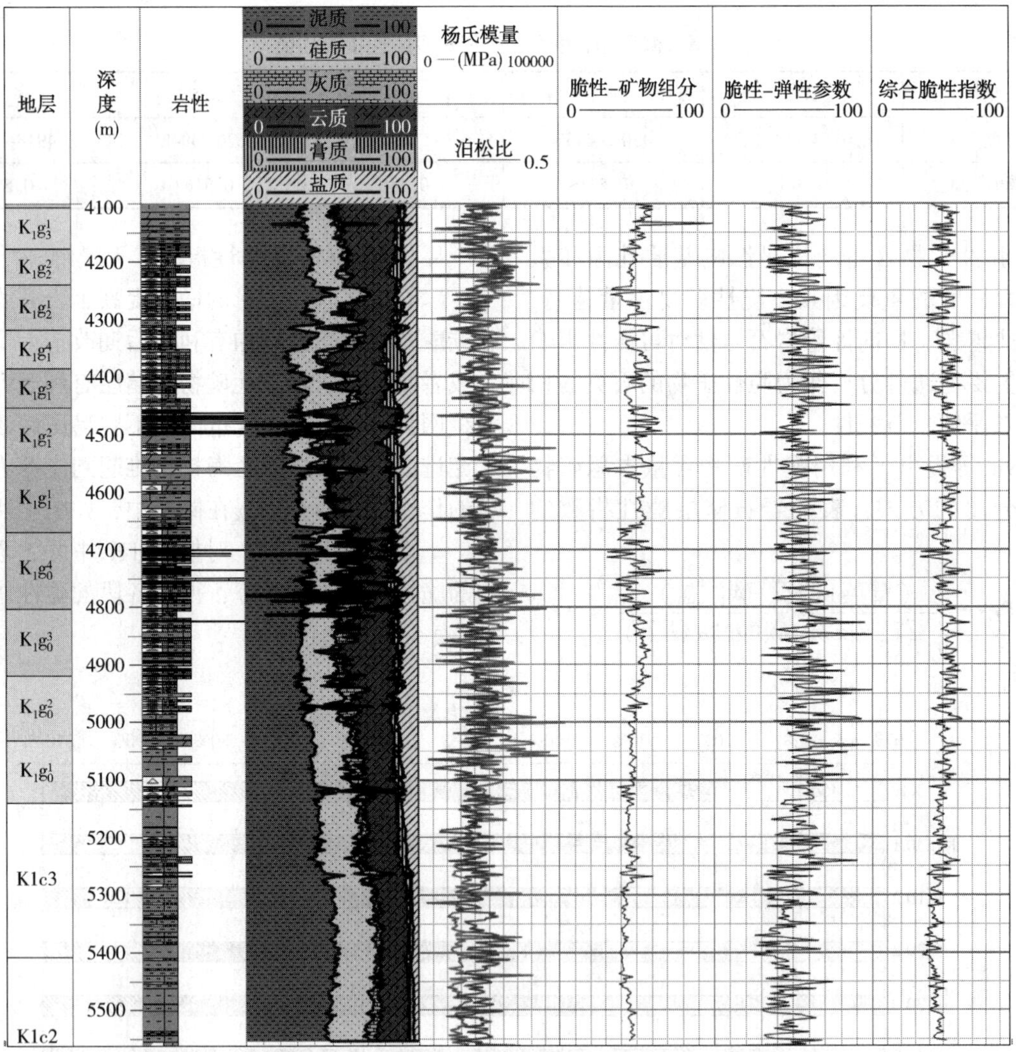

图 2　柳页 1H 井脆性指数计算结果图

3.3　抗压强度

宏观上，岩石抗压强度是指在受到垂直于其表面的压力时所能承受的最大应力。岩石抗压强度是岩石的一种基本力学性质，它直接影响岩石的稳定性。

在岩石的微观结构中，岩石抗压强度与岩石内部的颗粒间的相互作用有关。岩石是由颗粒、胶结物和孔隙等组成的复杂体系，颗粒间的解除和胶结物的强度是决定岩石抗压强度的关键因素。当外界施加压力时，岩石内部的颗粒间会发生位移和变形，颗粒间的接触面积减小，从而增加了颗粒间的应力集中，导致岩石产生破坏。

岩石的抗压强度能够通过以下公式进行计算：

$$\sigma_c = 0.0045 \times E_d(1 - V_{sh}) + 0.008 \times E_d \times V_{sh} \quad (8)$$

式中，σ_c为岩石抗压强度，MPa；E_d为杨氏模量，10GPa；V_{sh}为岩石泥质含量，无因次。

上式中的泥质含量能够通过自然伽马测井数据进行计算：

$$I_{GR} = \frac{(GR - GR_{min})}{(GR_{max} - GR_{min})} \quad (9)$$

$$V_{sh} = \frac{(2^{GCUR \times I_{GR}} - 1)}{(2^{GCUR} - 1)} \quad (10)$$

式中，I_{GR}为自然伽马相对值，也称泥质含量指数，无量纲；GR、GR_{min}、GR_{max}分别表示目的层、纯砂岩层、纯泥岩层的自然伽马测井读数值；V_{sh}为地层泥质含量；$GCUR$为希尔奇指数，与地层时代有关，新地层取3.7，老地层取2。

岩石的抗压强度也可以通过实验测试来确定。常用的实验方法有单轴压缩试验和三轴压缩试验。在单轴压缩试验中，岩石样品被放置在压力机中，然后施加垂直于样品轴向的压力，直到样品发生破坏。而在三轴压缩试验中，岩石样品被放置在三轴应力试验机中，同时施加垂直于样品轴向的压力和两个水平方向的压力，以模拟实际工程中的应力状态。通过实验测试，可以得到岩石的抗压强度。

利用三轴压缩机(图3)，对柳页1H井的岩心(图4)进行三轴压缩实验，根据实验结果(表6)对上述抗压强度公式进行校正，形成适用于青西油田储层的抗压强度计算公式，并计算柳页1H井页2至页6段的抗压强度。

图3　岩石三轴压缩试验机

图4　柳页1H井岩心

表6　柳页1H井5块岩心三轴压缩实验结果

序号	井深/m	岩芯编号	长度/mm	直径/mm	重量/g	密度/(g/cm³)	围压/MPa	破裂压力/MPa	弹性模量/GPa	泊松比	抗压强度/MPa
1	4488.36	10~23	50.07	25.19	60.79	2.44	45.0	253.709	29.395	0.432	301.3
2	4488.96	10~36	49.81	25.14	63.14	2.55	45.0	343.606	43.705	0.323	325.8
3	4664.12	14~16	49.48	25.24	65.50	2.65	46.6	433.827	42.050	0.417	375.5
4	4741.34	19~83	50.11	25.03	63.79	2.59	47.4	719.872	60.352	0.361	414.5
5	4808.73	24~55	50.10	25.11	62.81	2.53	48.1	409.457	59.808	0.282	388.1

利用原公式计算5块岩心所处深度的抗压强度分别为：199.7MPa、216.0MPa、248.9MPa、274.8MPa、257.3MPa。

根据实验结果校正后的抗压强度计算公式：

$$\sigma_{青西} = 0.663 \times \sigma_c \quad (11)$$

结果表明：通过实验获得的抗压强度略大于公式计算出的抗压强度。柳页1H井页2至页6段的抗压强度呈现“上大下小”的趋势(图5)。

3.4　可压性指数

引入层次分析法，量化表征最小水平主应力梯度、脆性指数和抗压强度对可压性指数的影响程度，结合区块前期施工井情况统计分析，给出三个参数的权重(表7)，建立可压性评价指数。

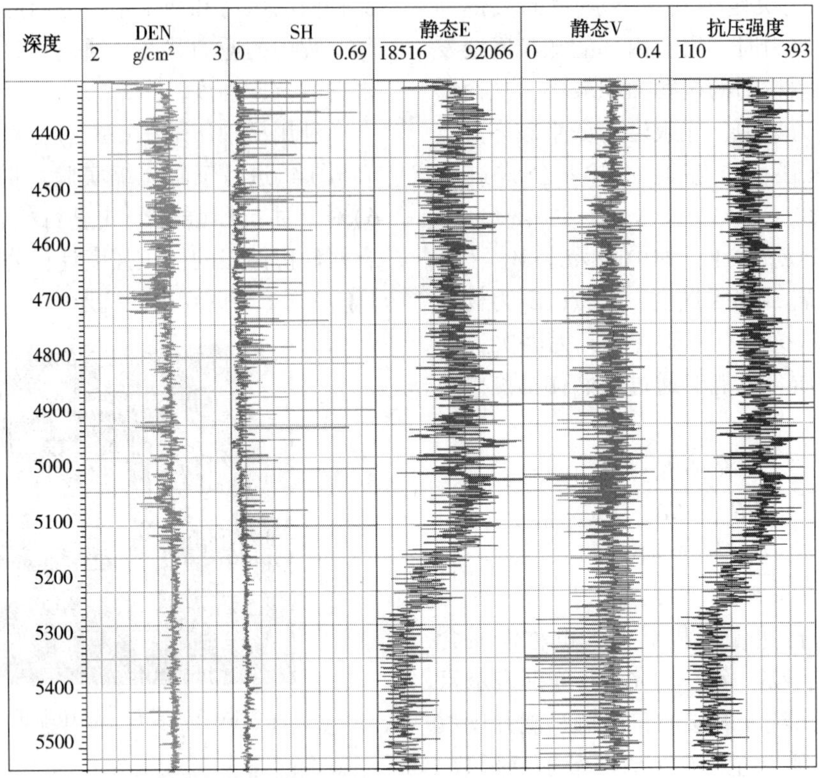

图5 柳页1H井抗压强度计算结果

$$Frac = S_1W_1 + S_2W_2 + S_3W_3 = \sum_{i=1}^{3} S_iW_i (i = 1, 2, 3) \quad (12)$$

$$W_1 = \frac{\sigma_{MAX}-\sigma}{\sigma_{MAX}-\sigma_{\min}} \quad (13)$$

$$W_2 = \frac{B_{MAX}-B}{B_{MAX}-B_{\min}} \quad (14)$$

$$W_3 = \frac{UCS_{MAX}-UCS}{UCS_{MAX}-UCS_{\min}} \quad (15)$$

式中，Frac为可压性指数；$S_1 \sim S_3$为各参数的权重，$W_1 \sim W_3$为最小主应力梯度、脆性指数和抗压强度的归一化指数。

表7 层次分析可压性指数权重结果

项目	最小主应力梯度	脆性指数	抗压强度
最小主应力梯度	1	3	4
脆性指数	0.33	1	1.33
抗压强度	0.25	0.75	1
权重	56.4	24.7	18.9

将以上权重结果代入可压性指数公式：

$$Frac = 56.4\%W_1 + 24.7\%W_2 + 18.9\%W_3 \quad (16)$$

根据上式计算柳页1H井页2至页5段的可压性指数结果(图6)。

4 天然裂缝发育情况

调研国内其他油田深层页岩油储层改造情况，发现对于深层页岩油目前高效开发区都处于裂缝发育区，如果目标储层的裂缝和层理缝均不发育，则多表现出施工压力高，排量受限，停泵压力高的特征，对于块状裂缝不发育的泥灰岩储层，也存在压不开的风险。因此天然裂缝发育的储层作为页岩油储层甜点，已成国内深层页岩的改造共识。

由于青西油田埋深大(>4500m)、构造应力异常偏高(构造应力系数0.4~0.75)，杨氏模量高(>45000MPa)，压裂时地层破裂难度大，因此对青西页岩油储层天然裂缝发育情况的分析和研究是工程甜点评价的一项重要内容。

通过分析青西区块前期改造井的施工情况，发现天然裂缝发育井，施工压力低、压后增产效果好；天然裂缝欠发育或不发育井(图7)，存在施工压力较高或在限压下地层不吸液的问题。

基于摩尔库伦破裂准则，利用成像测井资料开展区域天然裂缝特征及开启条件研究，区域天然裂缝发育程度、强度、产状区域差异性较大。柳103、柳9井多发育中、高角度天然裂缝；柳6、柳10井以层理缝为主，优势走向均为北西向，如图8、图9所示。

裂缝开启分析认为，倾角>30°走向与最大主应力方向夹角<40°的天然裂缝容易被水力裂缝沟通、激活，而页理缝、低角度缝开启延伸所需净压力高。

根据成像测井提取的裂缝情况，页2~页5段中有4段发育中高角度(倾角大于30°)的天然裂缝，其余井段都是角度较低的层理或裂缝，其中中高角度的裂缝分布在井段4460~4560m、4750~4950m、5000~5080m和5300~5400m。

天然裂缝临界开启压力分析表明：4460~4560m、4750~4950m和5300~5400m井段的裂缝较容易开启；5000~5080m井段的裂缝不易开启。

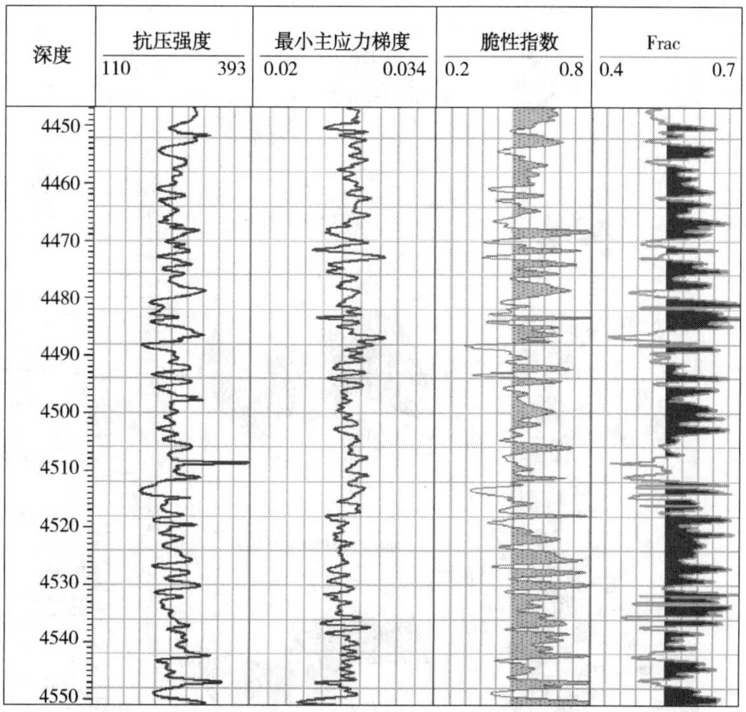

图6　可压性指数计算结果

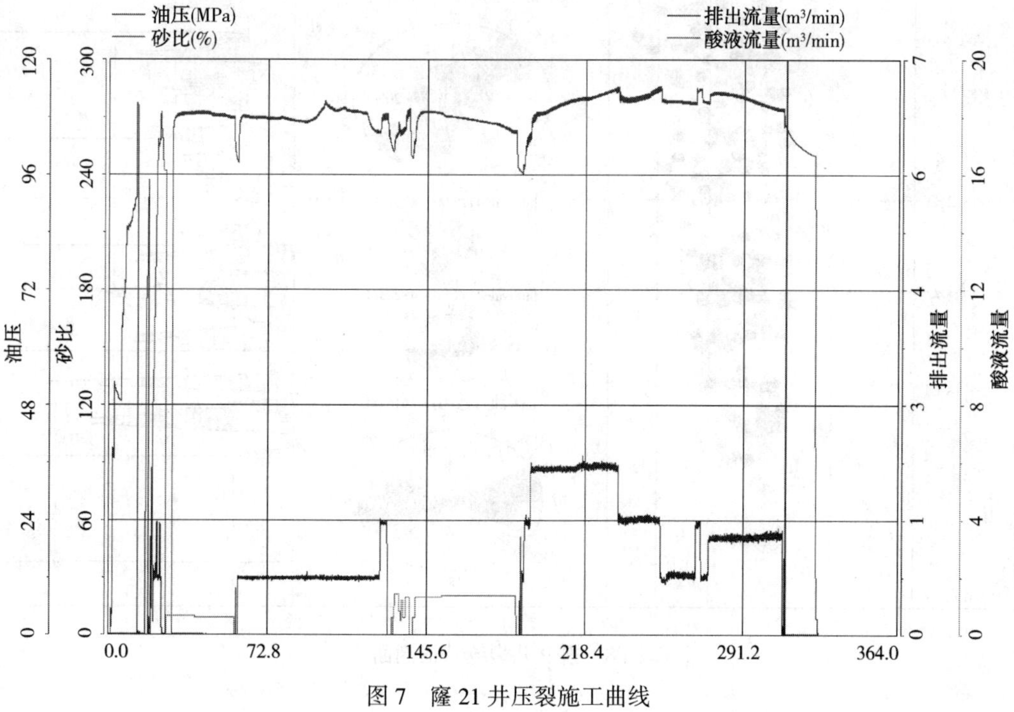

图7　窿21井压裂施工曲线

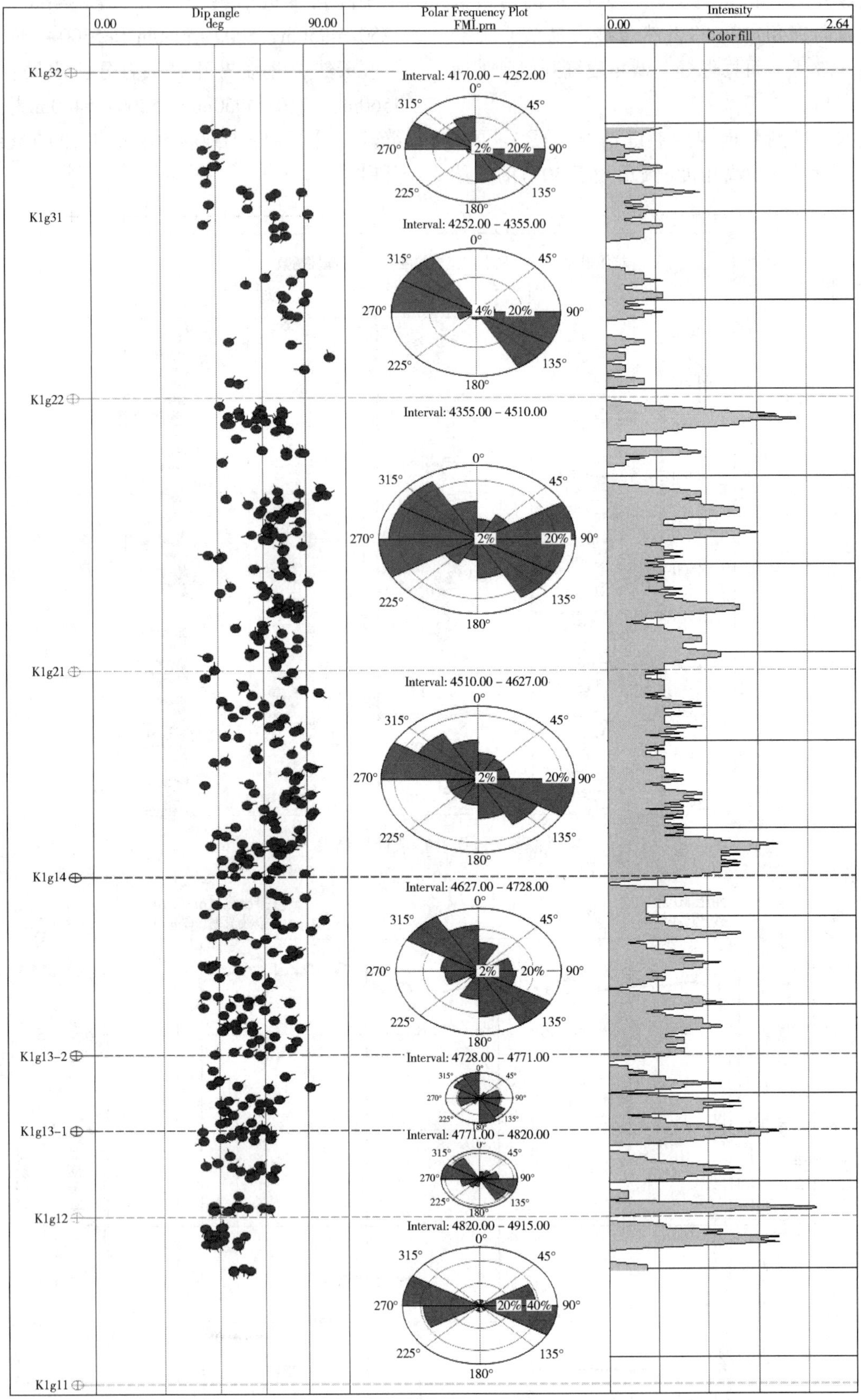

图 8　柳 9 井裂缝特征剖面

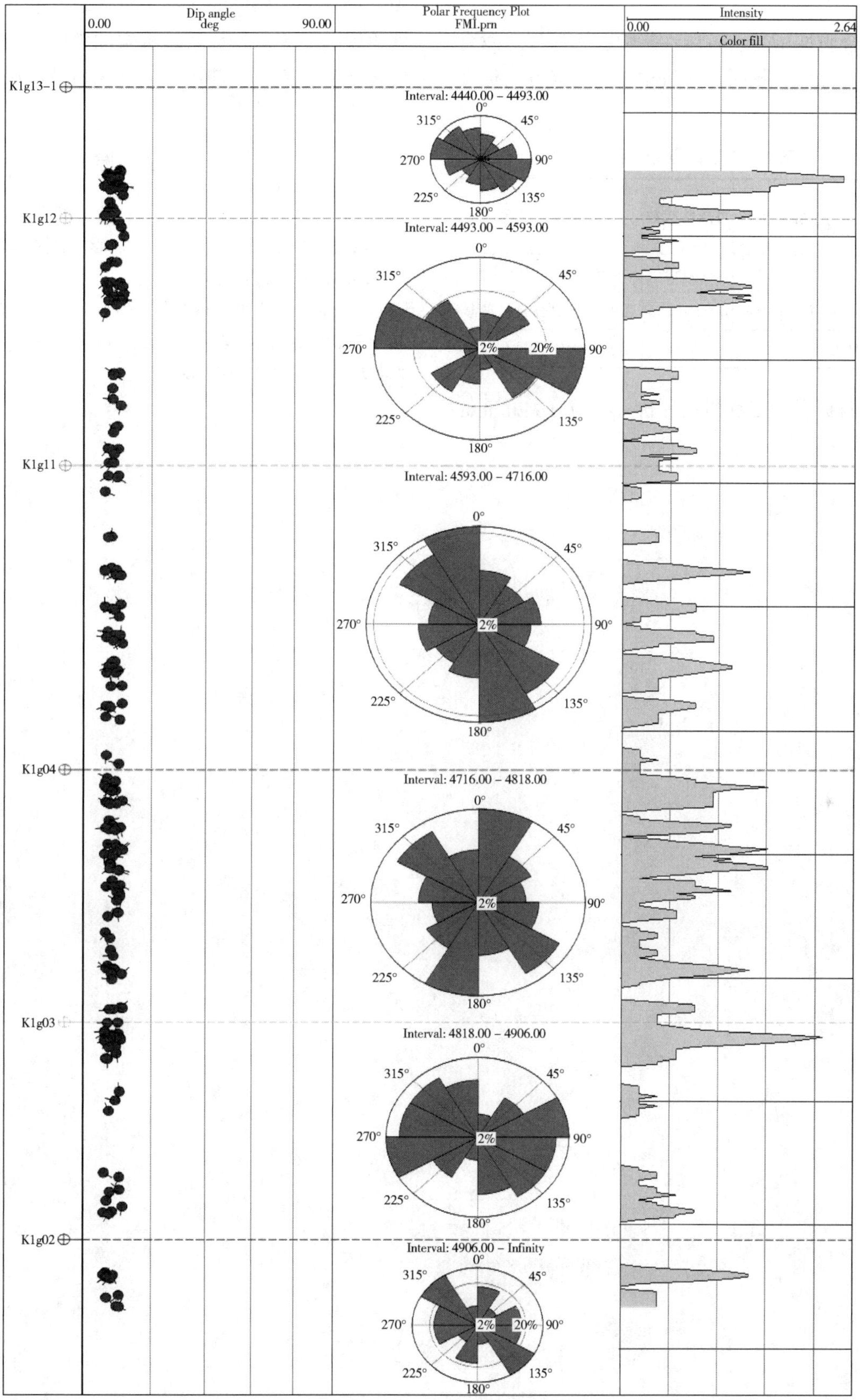

图 9　柳 10 井裂缝特征剖面

5 结论与认识

综合脆性指数、可压性指数、天然裂缝发育情况作为主要工程甜点评价参数，建立分类标准如下(表8)：

表8 工程甜点分类标准

编号	工程甜点分类	脆性指数	可压性指数	裂缝发育情况
1	Ⅰ类	>0.6	>0.52	溶孔、天然裂缝发育
2	Ⅱ类	0.5~0.6	0.52~0.55	溶孔、天然裂缝欠发育
3	Ⅲ类	<0.5	<0.55	溶孔、天然裂缝不发育

青西页岩油工程甜点评价方法与分类标准的建立，不仅能够让相关科研人员能够更清楚的认识青西页岩油储层的特征，有针对性的开展相关评价实验，更能指导后续页岩油储层压裂方案的优化方向，为玉门油田在非常规领域储层改造技术的进步奠定基础。

参 考 文 献

[1] 史璨，林伯韬，谢勃勃，等．基于双甜点的页岩储层可压性评价方法[J]．深圳大学学报(理工版)，2024，41(02)：183-191.

[2] 冯昕媛，张成娟，谢贵琪，等．柴达木盆地页岩油工程甜点评价技术与应用[J]．天然气与石油，2023，41(05)：63-69.

陆相页岩油气高效体积压裂储层改造技术研究

吴 超 苏 婵 沈 浮 黄培新

(兴隆台采油厂工艺研究所)

摘 要 随着全球能源消耗需求的增加，页岩油已成为全球在解决能源危机的重点发展对象。但是，页岩油气开发尚处于起步阶段，大部分区块储隔层间应力差小，纵向上应力遮挡弱，在压裂过程中人工裂缝易于过度扩展，大排量条件下易于缝高失控，产生层间干扰及支撑剂铺置问题，影响改造效果及造成材料浪费，限制了页岩油快速上产的推进工作。虽然现场实践已取得较大成功，但是页岩油气开发的相关理论研究还有待深入和完善。针对这些理论难题，常规产能预测模型和裂缝处理方法仍存在诸多不足，加强适用于页岩油气产能预测数值模拟的理论和方法研究十分必要。

关键词 压裂；页岩油气；数值模拟

1 研究背景

陆相页岩油是深埋300m以上镜质体反射率大于0.5%的陆相富有机质页岩系液态烃和多种有机质的总称，是重要的烃源岩油气类型。根据富有机质页岩系受成熟度控制的生排油演化模式，将陆相页岩油划分为中-高成熟度和中-低成熟度两种类型。中国陆相页岩系发育淡水、咸水湖相优质烃源岩，并发育碎屑岩、碳酸盐岩、杂砾岩、凝灰岩、页岩等多种储层类型，在烃源岩内部或附近形成了多个连续分布的“甜段”和“甜区”，资源规模较大。富有机质页岩样品实验分析表明，波浪状层理和水平状层理的页岩样品具有良好的储集条件，页岩的水平渗透率是其垂向渗透率的数十至数百倍，有利于页岩油在烃源岩中的横向运移和聚集。经评价，中、高成熟度页岩油地质资源量约100亿吨，可通过水平钻井和体积压裂进行有效开发，将是近年来石油勘探的一个实用领域。中、低成熟度页岩油资源潜力巨大，技术可采资源量达70~900亿吨，是石油工业的战略性替代资源。然而，这类页岩油的经济发展需要就地转化技术的突破。陆相页岩油是中国陆相石油勘探由“外源”向“内源”转变的必然选择。突破“甜区”评价与优化、水平井体积压裂、原位转化技术与装备等核心技术，是经济实现陆相页岩油规模化开发的关键。

页岩气特指赋存于富含有机质的页岩储层中的天然气。美国是页岩气开发最成功的国家，经过三十多年的发展，已形成一系列成熟的现场工艺和技术，率先实现了页岩气藏大规模商业化开发。据EIA公布的数据，美国2012年页岩气产量占全国天然气产量的40%。中国通过借鉴美国成功开发的经验，经过先导实验区块十多年的持续攻关和探索，初步实现了目的层3500m以浅的三维地震勘探和微地震监测、水平井钻完井、大型体积压裂、“工厂化”生产模式等页岩气关键勘探开发技术。至2015年，中国页岩气累积产量突破了$60\times10^8m^3$，成为了继美国和加拿大之后第三个实现页岩气工业化生产的国家。

随着全球能源消耗需求的增加，页岩油已成为全球在解决能源危机的重点发展对象。但是，页岩油气开发尚处于起步阶段，大部分区块储隔层间应力差小，纵向上应力遮挡弱，在压裂过程中人工裂缝易于过度扩展，大排量条件下易于缝高失控，产生层间干扰及支撑剂铺置问题，影响改造效果及造成材料浪费，限制了页岩油快速上产的推进工作。

虽然现场实践已取得较大成功，但是页岩油气开发的相关理论研究还有待深入和完善。对于页岩气来说，页岩气在赋存方式、物性特征、流动机制和开发模式等各方面均存在较大差异。页岩气赋存形式多样，包括游离气和吸附气，吸附气占比20%~85%，对于产能的贡献不容忽视。页岩储层渗透率低，孔喉结构复杂，纳米级孔隙发育，且孔隙尺寸跨度大，孔隙中气体流动机制多样，达西定律已不足以描述其多尺度渗流规律。页岩储层必须借助水平井和体积压裂技术才能实现经济有效开发，而页岩自身天然裂缝和层理发育，体积压裂后易形成复杂裂缝网络，并且网络裂缝形态受地质和工程多重因素影响，其扩展规律十分复杂。此外，网络裂缝的形成进一步增加了储层孔隙介质的复杂性。复杂性体现在两个方面：一是加大了渗流机理表征的难度。裂缝加大了流动通道跨度，进一步增加了多尺度渗流机制的耦合的困难。二是加大了裂缝形态表征的难度。水力裂缝系统是页岩油气的主要流动通道，精细刻画复杂缝网特征是准确预测产能的必要条件，而不规则缝网形态极大增加了裂缝刻画的难度。针对这些理论难题，常规产能预测模型和裂缝处理方法仍存在诸多不足，加强适用于页岩油气产能预测数值模拟的理论和方法研究十分必要。

2 国内外研究进展

2.1 页岩储层主要特征

2.1.1 岩石矿物特征

通常页岩矿物成分主要包括石英、方解石、黏土矿物(伊利石、蒙脱石、高岭石)及少量的长石、云母、白云石、黄铁矿、磷灰石等矿物。我国页岩脆性矿物含量达到40%以上；碳酸盐含量较少，黏土矿物含量和硅质矿物含量较多。以四川盆地为例，五峰组-龙马溪组页岩矿物成分以石英和黏土矿物为主，其中石英含量为31.9%~69.9%，平均为44.7%；黏土矿物含量为15.4%~53.2%，平均为32.6%；碳酸盐矿物含量为5.4%~19.2%，平均为10.5%。如果页岩中天然裂缝发育并且被大量硅质、方解石充填时更易于增产改造；反之，高黏土含量，或缺少硅质夹层或碳酸盐的页岩，不易造缝。脆性矿物含量和黏土含量很大程度上决定了页岩储层的商业开发价值。一般而言，当脆性矿物含量高于40%，黏土矿物含量低于40%时，利于水力压裂造缝。

2.1.2 物性特征

页岩储层非常致密，其孔隙远远小于常规砂岩储层孔隙，以纳米级孔径为主，孔隙度和渗透率极低。页岩孔径主要集中于几纳米至几百纳米之间，我国四川盆地成熟页岩孔径约为100nm；鄂尔多斯盆地延长组页岩渗透率为(0.012~0.653)×10^{-3}μm^2，孔隙度为0.4%~1.5%；四川盆地威远地区筇竹寺组孔隙度平均在3.02%左右。

2.2 页岩储层压裂工艺技术研究

水平井钻井技术、水平井分段压裂技术和微地震监测技术是页岩气成功开发的关键技术。21世纪初，这三大技术逐渐成熟的应用于现场，国外学者开始提出改造体积的概念(SRV)，即水力压裂形成的复杂裂缝网络在储层中波及的体积。大量的学者基于改造体积的概念，开展了压裂水平井裂缝扩展规律、水平井施工参数优化、裂缝和井间距等参数优化、产能预测等一系列的研究工作。

2010年，陈作等首次在国内提出体积压裂这一名词，是指在水力压裂过程中，天然裂缝不断扩张和脆性岩石产生剪切滑移，形成天然裂缝与人工裂缝相互交错的裂缝网络，增加改造体积，提高初始产量和最终采收率。

与常规压裂形成单一主缝不同，非常规储层开发采用的体积压裂技术通过在储层中形成人工裂缝，并通过裂缝内流体压力的提高，憋开储层之后形成一级又一级的次生缝，使得人工裂缝沟通储层天然裂缝、层理，形成复杂的裂缝网络，实现在三维方向改造储层体积，大大提高单井产量和最终采收率，如图1所示。

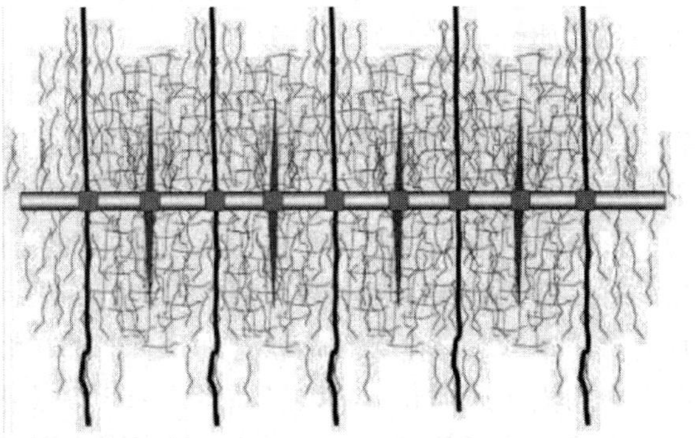

图1 体积压裂树状裂缝扩展形态

目前，主要体积压裂工艺技术分为以下四种：

(1) 水平井封隔器分段压裂技术

水平井分段压裂技术因封隔方式不同可进一步细分，包括多级滑套封隔器、膨胀式封隔器、水力喷射自封隔。多级滑套封隔器原理与直井投球压差式封隔器相同，施工时间短、成本低，但工艺工程复杂、风险大，适用于套管完井；膨胀式封隔器遇水或遇油气后可膨胀橡胶快速膨胀，胶筒膨胀后能适应不规则井壁，紧密接触实现密封，该技术可靠性高、成本低、作业风险低，能满足裸眼完井封隔要求；水力喷射分段压裂采用水动力封隔，是一种集压裂、射孔、封隔于一体的新增产技术，封隔精准、可靠性高、使用范围广。

（2）水平井分段多簇压裂技术

水平井分段多簇压裂核心技术包括水平井套管完井、分段多簇射孔技术、快速可钻取式桥塞和滑溜水多段压裂。水平井分段多簇压裂技术一般将水平井分为 8～15 段，每段长约为 100～150m，每段射孔 4～6 簇，簇间距 20～30m，充分利用簇间多裂缝间的干扰，增加压后裂缝的复杂程度，更大范围的改造储层，大幅度提高水平井产量。水平井分段多簇压裂技术射孔坐封桥塞联作，能降低成本，节约时间，增产效果明显。

（3）多井同步压裂技术

同步压裂是指采用多套车组同时对两口井或更多井进行分段多簇压裂，利用邻井间的应力干扰，增强缝网复杂程度。多井同步压裂技术大大增加了裂缝与储层的接触面积和波及体积，有利于提高产量和最终采收率。如图 2 所示。近年来，多井同步压裂技术在 Fort Worth 盆地 Barnett 页岩气和 Acoma 盆地 Woodford 页岩气开发中成功应用，并获得理想的效果。

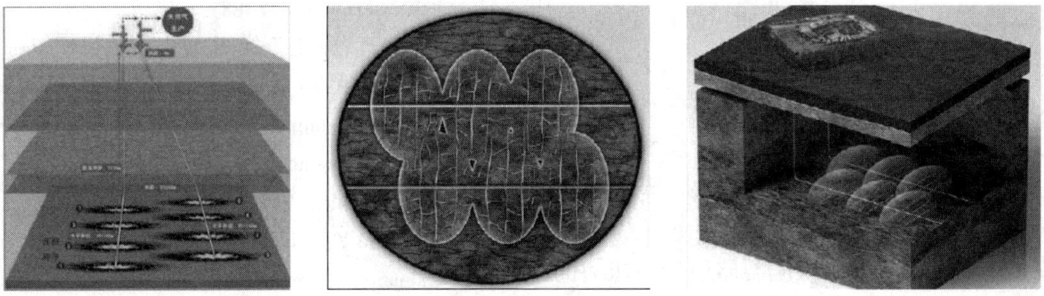

图 2　水平井同步压裂技术示意图

（4）重复压裂技术

重复压裂技术是指当页岩油气井初始压裂改造已经无效或现有支撑剂充填层导流能力失效，导致产量大幅下降时重新压裂增产的工艺技术。页岩油气井初始压裂生产一段时间后，井筒周围地应力场发生变化，采用暂堵剂在原有缝网中产生暂时桥堵，在局部造成压差，从而引起裂缝转向，对未改造过区域进行压裂，使页岩油气井产能恢复到初始状态甚至更高。因此，重复压裂技术不是新的压裂技术，关键在于候选井的选择。

根据不同区块的提取特征，选用不同的体积压裂方法。例如：ZHAO Xianzheng 等通过对渤海湾盆地页岩油的成藏条件进行研究，脆性矿物达到 70%以上且埋深在 2800～4200m，平均含油饱和度为 50%，甜点面积为 260km^2，采用水平井体积压裂技术开发，产量颇丰；LIU Weibin 等对渤海湾盆地富有机质页岩进行分析，并对盐间超压裂缝的形成机制进行分析演化，认为超压裂缝作为页岩油气的储集空间运移路径具有双重作用，具有多个尺度的裂缝系统，极大的改善了储层质量，影响水力裂缝的延伸和形态，形成复杂、高渗透的体积裂缝网络，改善水力压裂效果，提高页岩油气的产能；ZENG Yijin 等对四川盆地东南部深层页岩储层进行研究，认为区块存在压裂拉力和扩展压力高、裂缝导流低、体积裂缝形成困难等问题，提出了新型复合压裂模式（预处理酸+胶凝液+滑水+胶凝液）及其防护技术；Xie Jun 根据川南龙马溪地区的复杂条件提出了地质综合评价、开发优化、水平井快速优势钻井、水平井体积压裂、井区组团作业和工厂化作业、高效清洁开采等六大关键技术；路向伟等对 A83C7 区块页岩储层采取向地层注入能量并且水平井重复压裂的模式进行开发，大大提高了采收率；张矿生等根据鄂尔多斯盆地的页岩油区块为异常低压油藏的特性，采用精确确定“甜点”区进行开发；Li Jijun 以松辽盆地北部青山口组和沾化凹陷沙河街组三段为研究对象，通对地质进行测定，建立了确定页岩油潜力的绝对和相对含油量指标评价标准；建立了页岩油含量与有机质类型的对应关系；通过对页岩样品的裂缝、孔隙发育、矿物和岩性组合的研究，确定了页岩裂缝、孔隙的形成机制，为水力压裂改造提供技术支撑；Jun Chaowang 通过对裂缝系统进行分析，提高了吉木萨尔页岩油体积压裂的导流能力，揭示了微裂缝导电性在很大程度上受断裂面粗糙度的影响，注入支撑剂可以显著提高粗裂缝的导流能力且当裂缝面积为40%时，裂缝的导电性最好；刘博等通过准格尔盆地吉木萨尔区块微地震监测实践，认为断层和天然裂缝带对微地震事件属性特征有影响，同时事件属性特征也能表征断层和天然裂缝的发育程度；付永强等通过分析川南地区页岩气压裂技术进展和应用成效，总结了现有技术的局限性以及川南地区压裂技术难点，提出需要针对不同埋深的页岩储层地质特征开展针对性的压裂技术理论总结。

2.3 页岩储层压裂数值模拟研究

针对页岩油气开发过程中的理论难题，常采用数值模拟方法开展研究，例如：Chen Peng 分析页岩气井增产后的储层体积(SRV)在水平井周围形成的复杂裂缝网络，考虑气体解吸和多尺度流动效应，提出裂缝区双孔隙连续介质和未裂缝区单孔隙介质的复合模型，并利用拉普拉斯变换、源函数理论、格林公式和边界元理论，理论计算具有任意裂缝区的体积压裂储层瞬态压力的半解析解，再采用 Stehfest 数值反演方法，求解体积压裂水平井在真实空间中的瞬态压力和生产动态，对比分析相关参数对体积压裂水平井性能的影响，促进非常规储层的开发；Zhang Fengshou 以长庆油田油藏建立 XLE 完井三维现场尺度压裂模型，分析总结射孔摩擦是影响射孔簇效率的关键因素，显著影响水力压裂的增产效果；Shikha Sharma 在生物化学方面解释了页岩油的高效开发，通过生物地球化学工具控制油气产量的有机质(OM)的数量变化，最终控制油气质量和类型的有机质质量变化，预测页岩的压裂潜力，并通过控制压裂液注入页岩储层后产生的水-岩-微生物相互作用提高页岩油气的生产效率；Arvind 基于双重孔隙连续介质模型，提出体积压裂模拟方法 VFMA(Volumetric Fracture Modeling Approach)，VFMA 方法基于微地震监测结果，将裂缝简化为微地震事件约束的平面缝，裂缝可与井筒存在一定角度，设置裂缝中心为高导流区域，裂缝周围为水力压裂诱导改造区域，最外围为未改造区域，各区域导流能力依次减弱。VFMA 方法结合微地震监测结果，对页岩储层改造区域的表征更接近实际情况，不足之处在于平面缝表征改造区域仍过于简化，与实际的复杂裂缝网络存在较大差异；Cipolla 从微地震监测到数值模拟进行了进一步论述，采用局部网格加密处理水力裂缝，加密网格采用自动化划分技术，极大提高了处理水力裂缝的效率，相比于简化的正交缝网，结合微地震监测数据的方法增强了裂缝表征的可靠性，根据微地震监测点的分布，将不同区域的裂缝分别表征为平面裂缝和正交缝网，区分近井区域和远井区域裂缝导流能力的差异。

参 考 文 献

[1] Suyun H, Wenzhi Z, Lianhua H, *et al*. Development potential and technical strategy of continental shale oil in China[J]. Petroleum Exploration and Development, 2020, 47(4): 877-887.

[2] 周祥. 页岩储层体积压裂产能数值模拟研究[D]. 中国石油大学(北京), 2016.

[3] Sarda S, Jeannin L, Bourbiaux B. Hydraulic characterization of fractured reservoirs: simulation on discrete fracture models. SPE 66398, 2001.

[4] Li Y, He Y, Xiao J, *et al*. Optimal selection and effect evaluation of re - fracturing intervals in shale gas horizontal wells[J]. Natural Gas Industry B, 2019, 6(1): 79-85.

[5] Noorishad J., Mehran M. An upstream finite-element method for solution of transient transport equation in fractured porous media[J]. Water Resources Research, 1982, 18(3): 588-596.

[6] Baca R. G., Arnett R. C., Langford D. W. Modeling fluid flow in fractured porous rock masses by finite element techniques[J]. International Journal of Numerical Methods in Fluids, 1984, 4(4): 337-348.

[7] 董大忠，邹才能，李建忠，等. 页岩气资源潜力与勘探开发前景. 地质通报[J]. 2011, 30(2~3): 324-335.

[8] 谢川. 页岩气井产能评价及数值模拟研究[D]. 西南石油大学, 2015.

[9] 陈作，王振铎，曾华国. 水平井分段压裂工艺技术现状及展望[J]. 天然气工业, 2007, 27(9): 78-80.

[10] 黄荣燕. 岩层性质对体积压裂裂缝垂向扩展的影响[D]. 中国石油大学(北京), 2020.

[11] 薛承瑾. 页岩气压裂技术现状及发展建议[J]. 石油钻探技术, 2011, 39(3): 24-29.

[12] Xinhua M, Jun X. The progress and prospects of shale gas exploration and development in southern Sichuan Basin, SW China[J]. Petroleum Exploration and Development, 2018, 45(1): 172-182.

[13] George W, Barry D, and Robert D. Simultaneous hydraulic fracturing of adjacent horizontal wells in the Woodford Shale. SPE 119635, 2009.

[14] 唐颖，张金川，张琴，等．页岩气井水力压裂技术及其应用分析[J]．天然气工业，2010，30(10)：33-38.

[15] Zhao X, Zhou L, Pu X, *et al.* Geological characteristics of shale rock system and shale oil exploration breakthrough in a lacustrine basin: A case study from the Paleogene 1st sub-member of Kong 2 Member in Cangdong sag, Bohai Bay Basin, China [J]. Petroleum Exploration and Development, 2018, 45(3): 377-388.

[16] Weibin L, Xingui Z, Xingyou X U, *et al.* Formation of inter - salt overpressure fractures and their significances to shale oil and gas: A case study of the third member of Paleogene Shahejie Formation in Dongpu sag, Bohai Bay Basin[J]. Petroleum Exploration and Development, 2020, 47(3): 560-571.

[17] Zeng Y, Chen Z, Bian X. Breakthrough in staged fracturing technology for deep shale gas reservoirs in SE Sichuan Basin and its implications[J]. Natural Gas Industry B, 2016, 3(1): 45-51.

[18] Xie J. Rapid shale gas development accelerated by the progress in key technologies: A case study of the Changning-Weiyuan National Shale Gas Demonstration Zone[J]. Natural Gas Industry B, 2018, 5(4): 283-292.

[19] 路向伟，王力，郑奎，等．X油田A83C7页岩油储层高效开发技术评价与分析[J]．化学工程与装备，2021，(10)：95-97.

[20] 张矿生，唐梅荣，杜现飞，等．鄂尔多斯盆地页岩油水平井体积压裂改造策略思考[J]．天然气地球科学，2021，32(12)：1859-1866.

[21] Jijun L, Weiming W, Qun C, *et al.* Impact of hydrocarbon expulsion efficiency of continental shale upon shale oil accumulations in eastern China[J]. Marine and Petroleum Geology, 2015, 59: 467-479.

[22] Wang J, Wang L, Li J, *et al.* An experimental study on multiscale conductivity of shale fracturing [C]. Journal of Physics: Conference Series. IOP Publishing, 2022, 2399(1): 012023.

[23] 刘博，徐刚，纪拥军，等．页岩油水平井体积压裂及微地震监测技术实践[J]．岩性油气藏，2020，32(6)：172-180.

[24] 付永强，杨学锋，周朗，等．川南页岩气体积压裂技术发展与应用[J]．石油科技论坛，2022，41(3)：18-25.

[25] Chen P, Jiang S, Chen Y, *et al.* Pressure response and production performance of volumetric fracturing horizontal well in shale gas reservoir based on boundary element method [J]. Engineering Analysis with Boundary Elements, 2018, 87: 66-77.

[26] Zhang F, Wang X, Tang M, *et al.* Numerical investigation on hydraulic fracturing of extreme limited entry perforating in plug-and-perforation completion of shale oil reservoir in Changqing oilfield, China[J]. Rock Mechanics and Rock Engineering, 2021, 54: 2925-2941.

[27] Sharma S, Agrawal V, Akondi R N. Role of biogeochemistry in efficient shale oil and gas production[J]. Fuel, 2020, 259: 116207.

[28] Arvind, Franz D., Martin C, et al. Volumetric fracture modeling approach (VFMA) ncorporating microseismic data in the simulation of shale gas reservoirs. SPE 134683, 2010.

[29] Cipolla C. L., Williams M. J, Fitzpatrick L., et al. Seismic-to-simulation for unconventional reservoir development. SPE 146876, 2011.

[30] Cipolla C. L., Williams M. J., Weng X., et al. Hydraulic fracture monitoring to reservoitsimulation: maximizing value. SPE 133877-MS, 2010.

低渗透油藏纳米驱油剂吞吐增能提产技术及应用

徐岩光　王伟琳　王冰冰　王秀亮　李　莉

（中石化胜利油田分公司东胜公司）

摘　要　胜利油田特低渗透油藏具有低孔低渗、驱油效率低、非均质性强等显著特点，随着开采的进行，低产低液矛盾日渐突出，常规增产方式已无法高效解决开发矛盾，针对低渗油藏渗透率低、孔喉尺寸小、油水渗流能力差等问题，研发的小分子、超低界面张力、高洗油效率的渗吸驱油剂能够有效提高驱替效率，成为低渗油藏有效开发方式之一，提高低渗油藏的驱替效率。

关键词　低渗透；小分子；低界面张力；高效洗油

胜利油田低渗透油藏资源丰富，总探明储量约12亿吨，占胜利总储量资源的22%，开发潜力巨大。随着中、高渗透率主力油藏进入中后期开发阶段，开发低渗透油藏对持续稳产具有重要意义。低渗油藏在常规注水开发过程中存在“注不进”“采不出”的问题，目前以高效压裂、精细注水、科学布井为主要开采技术，部分区块采出程度较低、产量递减快，因此低渗油藏开发亟需寻求化学驱提高采收率的方法和技术。

1　低渗油藏开发难点及解决方法

胜利低渗油藏注水开发矛盾主要有：(1)地层渗透率低、孔隙小，导致注水困难、注入压力高、采收率低；(2)驱油效率低，常规表面活性剂类渗吸剂在高温高盐储层的适应性差；(3)裂缝发育，地层非均质性强，易在裂缝“窜流”，难以到达基质。

目前低渗透油藏降压增注的主要措施有压裂、酸化、化学解堵和活性水增注等。压裂是低渗透油藏增产的普遍措施，有效的造缝可以缩短注采井距，改善注采井间连通性，明显提高单井产量或者注入量，但是由于低渗透油藏非均质性强，压裂裂缝方向不易控制导致加剧了非均质性，使得注入水易发生突进导致水窜，出现动用不均匀等问题出现，压裂有效期也随着油层物性差异而长短不一。酸化或者化学解堵可以有效处理近井地带堵塞，可以作为辅助的增产措施，对于油水井间连通性好，对于近井堵塞严重的井效果较好，但是无法处理油层深部。活性水增注是伴随着注水进行，处理半径较大，可以有效降低注入压力和残余油饱和度，但对于本身难以注入的水井增注效果不明显。

低渗透油藏降压增注技术是近几年国内外重点发展的技术领域之一。从技术体系看，目前国内外对于化学解堵增注技术主要从以下几个方面研究和攻关：

（1）深层酸化技术及低伤害酸化技术：解除低渗透储层深部固相堵塞以及基质酸化；

（2）解除有机堵塞降压增注技术：采用表面活性剂对有机堵塞通过剥离、洗油等方式清除；

（3）改变润湿性降压增注技术：通过纳米颗粒改变近井地带润湿性。

针对低渗油藏渗透率低、孔喉尺寸小、油水渗流能力差等问题，渗吸驱油技术成为低渗油藏有效开发方式之一，利用水相润湿产生的毛管力以及重力作用，产生流体自发渗吸，排驱微孔喉中原油，提高低渗油藏的驱替效率。

2　纳米渗吸原理

2.1　纳米渗吸剂优势

目前常用渗吸剂为表面活性剂产品，在高温高盐条件下易生产沉淀。纳米渗吸剂材料具有尺寸小、耐温抗盐性好等特点，应用于低渗油藏作为纳米渗吸剂具有独特技术优势。针对储层孔喉细小，注采困难，纳米渗吸剂具有尺寸小(<100nm)，易深入油藏基质的优势；常规表面活性剂储层适应性差，而纳米基材经过表面修饰，改善了界面活性和润湿调控性，具有渗吸排驱性能，耐温抗盐性更强。针对地层非均质强，易发生“窜流”问题，纳米吸附和堆积对流体有增黏作用，降低“指进”。

2.2 纳米渗吸剂机理

纳米渗吸剂增产机理是利用低渗透油藏孔喉小、毛管自吸作用强的特征，通过注入渗吸体系，增强大小孔隙间油水置换，降低小孔隙残余油饱和度。低渗透储层单纯水驱无法提供有效的渗吸驱替动力，基质中存在大量无法流动的剩余油，将剩余油渗吸置换到油流通道是提高采收率的关键。

机理一：改变润湿性

纳米颗粒在孔喉表面吸附，改变润湿性，利用毛管力驱替原油，如图 1 所示。

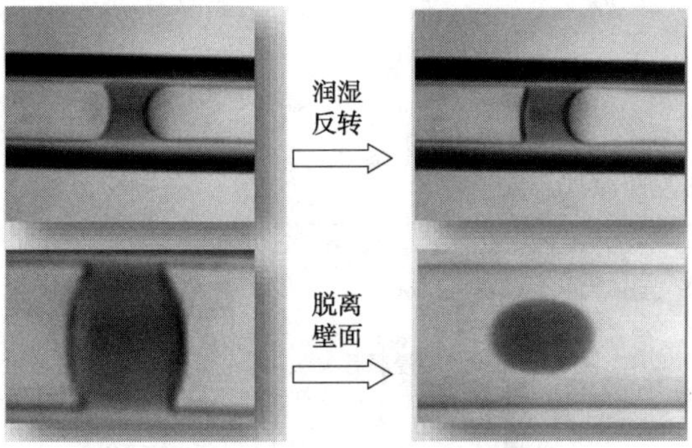

润湿角：油湿→中性润湿→水湿

图 1　润湿改变示意图

机理二：形成结构分离压

在布朗运动和静电排斥力共同作用下，分散在水中的纳米颗粒可在三相界面处形成楔形膜并逐渐向前推进，产生分离压力，进而剥离原油，如图 2 所示。

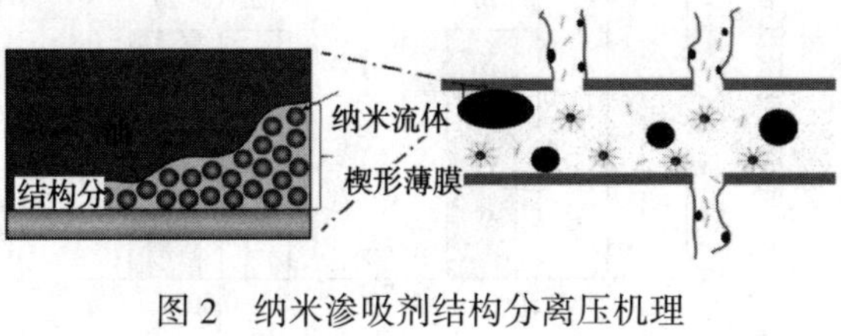

图 2　纳米渗吸剂结构分离压机理

机理三：降低黏附功

纳米颗粒具有较低的界面张力，可以降低原油黏附功，有利于原油从岩心基质析出。

2.3 影响渗吸驱油效率的油藏因素

（1）边界条件影响

渗吸驱油效率受接触面积影响。接触面积越大，驱油效率越高。在低渗油藏中，微裂缝比较发育，裂缝与基质接触面积较大，有利于渗吸驱油。

（2）渗透率影响

随着渗透率的降低，岩石孔喉半径减小，毛管力增大，渗吸采收率增大。对于特低渗岩心中毛管力不足以克服黏滞力，随着渗透率的增加，能被毛管力启动的微细孔道数量增加，最终采收率增大。

（3）润湿性影响

当接触角小于 90°或岩石处于水湿状态时才会发生明显的渗吸，且亲水性越强，渗吸效率越高，主要是岩石表面亲水时毛管力为动力，对于油湿的岩石，需要通过添加纳米颗粒、表面活性剂等改变润湿性。

（4）油藏温度影响

油藏温度越高，渗吸采收率越高，当温度升高时，原油黏度呈指数降低，黏滞力减小，油滴更易析出。

（5）原油黏度的影响

原油黏度越大，渗吸采收率越低。当原油黏度增大时，油相黏滞力快速增加，在毛管力不变的条件下，渗吸效果变差。

3 纳米渗吸剂研制及评价

3.1 研制了高接枝率纳米渗吸排驱剂

表面改性包括物理改性和化学改性方法，纳米材料比表面积大，表面能高，易聚集，通过表面改性、接枝活性基团，可以改善其分散性能，并使其渗吸驱油的功能，达到增加表面性能、改善颗粒分散性、提高颗粒表面活性、改善颗粒间的相容性目的。

基于化学表面修饰技术，对强亲水纳米颗粒表面进行改性，嫁接高活性功能团，通过空间位阻和静电排斥作用达到分散稳定的目的，使其具有渗吸排油功能，反应后改性接枝产率超 90%，如图 3 所示。

3.2 建立了纳米渗吸评价方法及技术要求

（1）界面张力、润湿性测试

油水界面张力降低，渗吸速率增加，渗吸采收率增加。合理的界面张力范围为 0.01mN・m^{-1}至 0.1mN・m^{-1}。岩心润湿性为中等水湿~强水湿时，渗吸效果好。

（2）渗吸效率测试-静态渗吸排油实验

渗吸采收率及速度，随岩心渗透率的降低而降低。设计了高压渗吸反应釜，相比低压，高压条件下渗吸采收率提高 7%~10%，渗吸速率提高 1~2 倍。

（3）粒径测试-动静态光散射仪

当激光穿过纳米溶液，散射光强波动随时间

变化，利用 Stokes-Einstein 方程，计算得出分子流体力学尺寸大小。

（4）纳米渗吸剂技术要求

制订了纳米渗吸剂技术要求，控制产品质量，该标准于 2023 年 10 月发布，为产品大规模推广应用提供技术保障。

3.3 纳米渗吸剂性能评价

（1）润湿性

驱油剂在固体表面润湿性是影响渗吸驱油效率的关键因素之一，研制的纳米渗吸剂具有良好的润湿调控能力，接触角变化幅度大（>90°），润湿反转性能较强，如图 4、表 1 所示。

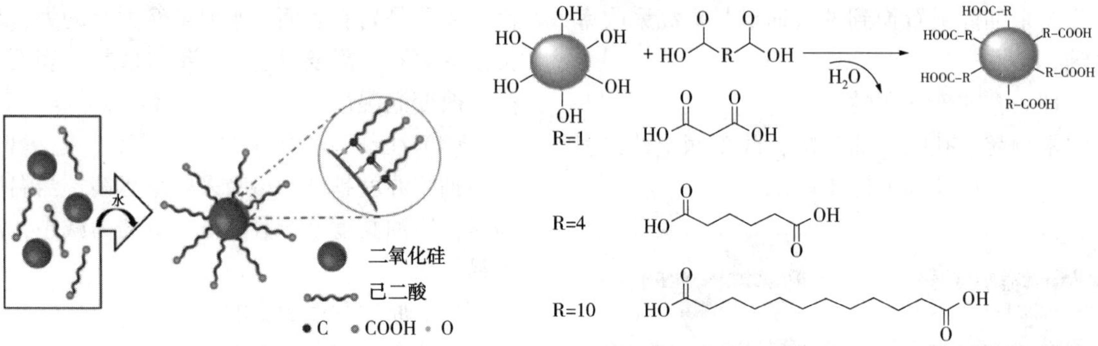

图 3　表面化学修饰改性原理

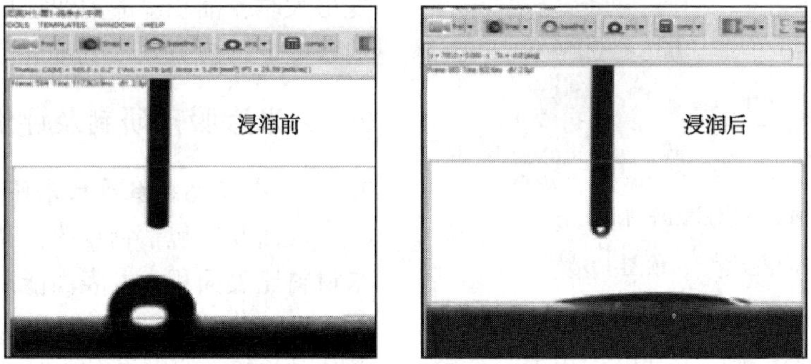

图 4　水湿接触角变化量

表 1　水湿接触角变化量数据表

样品编号	θ0	θ1	Δθ
8-14	101.5	6.6	94.9
2-2#	107.1	94.3	12.8
10-1#	98.8	26.1	72.7
10-2#	107.0	18.6	88.4
10-4#	110.5	94.4	16.1

（2）毛管自吸高度

毛管自吸高度是表征渗吸驱油剂在毛管力作用下自吸排油性能的重要指标之一。毛管自吸高度越高，渗吸驱油性能越强，研制的纳米渗吸剂毛管自吸高度达到 21mm，具有良好稳定性，满足指标要求，如图 5、图 6 所示。

（3）洗油性能

洗油性能是在无外界驱替动力条件下渗吸剂剥离原油的能力。良好的洗油率有利于渗吸驱油提高采收率，研制的纳米渗吸剂洗油率远高于标准要求的 40%，如图 7、图 8、表 2 所示。

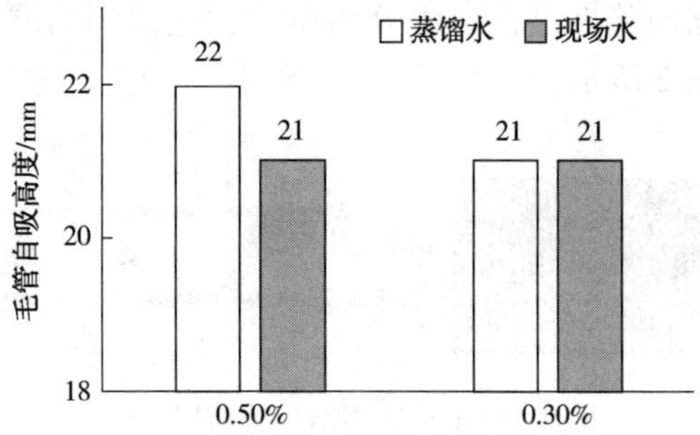

图 5　毛管自吸高度数据

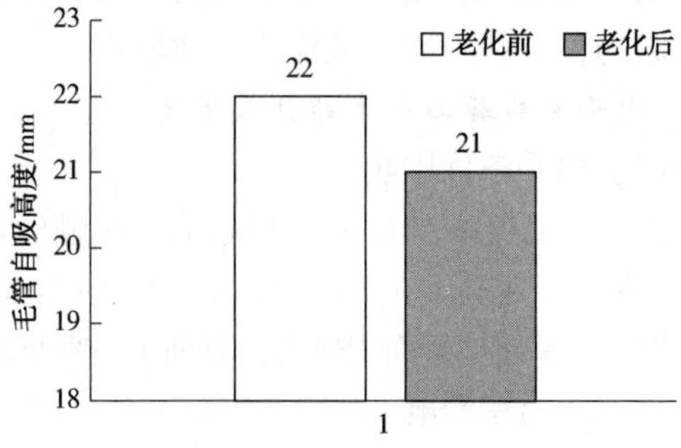

图 6　热老化前后毛管自吸高度

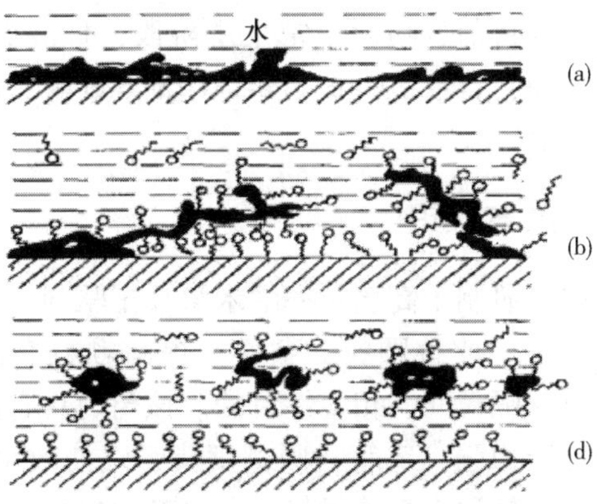

图 7 渗吸剂提高洗油效率示意图

图 8 渗吸剂洗油性能评价实验

表 2 渗吸剂洗油性能评价结果

渗吸剂编号	浓度/%	洗油率/%
8-14#	0.5	54.5
2-2#	0.5	41.8
10-1#	0.5	39.1
10-2#	0.5	43.2
10-4#	0.5	50.0

(4) 静态渗吸排油率

静态渗吸排油实验能够综合表征多种因素(温度、流体性质、渗透率、润湿性等)对渗吸驱油的影响。渗吸排油效率越高，驱油效率越高，研制的纳米渗吸剂渗吸排油率为 27% 高于标准要求的 20%，如图 9、图 10 所示。

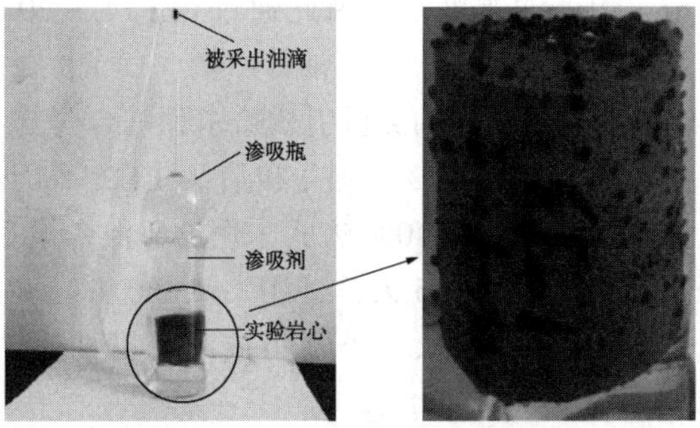

图 9 渗吸剂静态排油实验

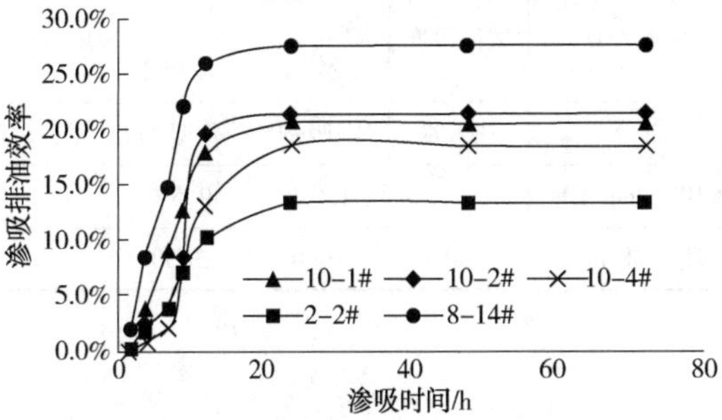

图 10 渗吸剂静态排油效果

4 纳米渗吸工艺设计优化及现场应用

4.1 不同储层适配油藏

建立了适配不同油藏类型的三种渗吸模式，通过不同渗吸剂性能实现降阻增效、扩喉增渗、促吸增能，如表 3 所示。

表 3 不同油藏类型渗吸模式

序号	油藏类型	存在问题	解决思路	渗吸剂选型	渗吸剂性能
1	一般低渗透	界面张力高，贾敏效应突出	降低界面张力，克服贾敏效应	YZT(减阻型渗吸剂)	界面张力由 0.8mN/m 下降至 0.026mN/m
2	特低渗透	孔喉半径小，边界层突出	荷叶效应剥离边界层	纳米渗吸剂(驱泄型渗吸剂)	边界层厚度下降 50%
3	低连通砂体	无能量补充，采收率受渗吸作用影响	实现润湿反转，促进储层自发渗吸	YZT+YYC(促吸型渗吸剂)	180s 内润湿角减小 45°

4.2 实施井例

樊 142-A 井位于樊 142 块，构造呈南高北低、为被断层复杂化的北倾单斜构造，局部发育小的低洼；属于滨浅湖滩坝砂沉积，滩坝共生。主要含油层系为沙四上纯下次亚段 1、2 砂组，埋深 2800~3200m，为高温、异常高压、低孔特低渗透油藏。

樊 142-A 井与注入井 F142-B 连通(注采对应率 100%)，压裂投产沙四纯上 1 砂组和 2 砂组，油层有效厚度 10.7m。

F142-B 井实施 2 轮压驱和 1 轮注气，累注水 2.6 万方，累注气 0.88 万吨，F142-A 有动态响应，但增油幅度小，因此通过在 F142-20 井实施渗吸增能引效，提高油井产量。

针对 F142-A 的渗析引效需求，综合考虑单井累计亏空量(1.13 万吨)和后续 CO2 不能特点，设计段塞尺寸 4000 方，采用压驱注入设备，限压不限排，注入 5 天，日注入量 800 方，注入后关井，焖井 52 天，小油嘴放喷，机抽生产，如表 4 所示。

表 4 不同油藏类型渗吸模式

段塞类型	试注段塞	渗吸段塞		顶替段塞
		段塞 1	段塞 2	
组分	注入水	渗吸剂	渗吸剂	注入水
浓度/(mg/L)		1.0%	0.5%	
注入量/m^3	60	1000	3000	40

该井目前放喷后正常生产阶段，日液 2.9t，日油 2.3t，含水 20.4%，累计增油 600 吨，渗吸效果明显。

5 结论与认识

(1) 研制了高接枝率纳米渗吸排驱剂，增加表面性能、改善颗粒分散性、提高颗粒表面活性、改善颗粒间的相容性目的。该药剂具有润湿性调控能力强、毛管自吸高度高、洗油效率高、静态渗吸排油率高等优势，可以有效提高洗油效率，提高低渗透油藏产能。

(2) 在胜利油田低渗透区块实施了 5 口井后，取得了良好的增产效果，表明纳米渗吸驱油剂吞吐增能技术是低渗透油藏增产补能的有效手段，可在胜利油田其他区块进行推广应用。

页岩油水平井精细酸化解堵作业技术研究与应用

陈小顺[1,2]　任　勇[1,2]　杨义兴[1,2]　王尚卫[1,2]　罗有刚[1,2]　张耀辉[3]　王官瑾[4]

（1. 长庆油田油气工艺研究院；2. 低渗透油气田勘探开发国家工程实验室；
3. 长庆油田页岩油开发分公司；4. 长庆油田第二采油厂）

摘　要　近年来，页岩油已成为长庆油田主要开发方向，开发规模不断扩大。由于长庆页岩油储层具有渗透率低、渗流阻力大、连通性差等特点，水平井大规模体积压裂改造技术是实现页岩油有效开发的主要技术手段，随着水平井应用规模的不断增加和储层改造规模的不断加大，水平井的出砂结垢问题逐渐突显，垢依附于砂子表面形成砂垢胶结块，造成近井地层液流通道堵塞，严重影响油井正常生产。针对近井地层结垢堵塞的问题，前期研发并推广应用了多级滑套不动管柱分段酸化工艺，有效恢复了油井产能。但是，多级滑套不动管柱分段酸化工艺使用的工具随着酸化段数的增加，存在工具数量增多、通过能力变差、作业成本增高等问题，一趟钻难以满足长水平井的精准酸化解堵的需求。针对以上问题，以“精准酸化、安全作业、降低成本”为目标，研发了适用于页岩油长水平井精细分段酸化的工具，并依托新型工具形成拖动式多级滑套精细酸化工艺，开展了页岩油水平井精细酸化解堵作业技术现场试验，油井产能恢复效果显著。

关键词　页岩油；结垢堵塞；长水平井；精准酸化；精细酸化解堵作业技术

页岩油水平井是长庆油田二次加快发展的重要支撑，随着钻井技术的不断发展升级，水平段长不断增长，长水平井井数量逐年增加，储层压裂改造段数不断增多。2020 年以来，随着页岩油产建规模的不断扩大，逐渐暴露出一些产能不达标的问题，尤其是在井筒处理中发现页岩油水平井普遍存在吐砂及严重结垢的现象，制约了油井产能的充分发挥。2021 年以来，为解决近井地层结垢堵塞问题，先后开展了笼统酸化解堵、分段酸化解堵等技术现场试验，并推广应用了多级滑套不动管柱分段酸化工艺，有效恢复了油井产能。但是，现场试验表明，常规多级滑套分段酸化工具单趟管柱最大安全作业能力为 5 段，超过 5 段则存在酸化管柱脱落的风险，一趟钻难以满足长水平井的精准酸化解堵的需求。为此，进一步研发了适用于页岩油长水平井精细分段酸化的工具，开展了页岩油水平井精细酸化解堵作业技术现场试验，取得了较好的效果。

1　页岩油水平井结垢分析

通过跟踪统计 2021—2024 年的页岩油水平井冲砂返出物情况，历年开发水平井均存在砂垢胶结现象。随着投产时间的增加，砂垢胶结块的尺寸增大、致密性增强，且结垢产物的含量明显增多。从砂垢胶结块样品的 XRD 分析结果来看：生产时间在两年以内的井结垢成分以 $FeCO_3$ 为主，生产时间在三年及以上的井结垢成分以 $CaCO_3$ 为主。总体来说，结垢产物主要成分为 $FeCO_3$、$CaCO_3$ 等，如图 1、图 2 所示。

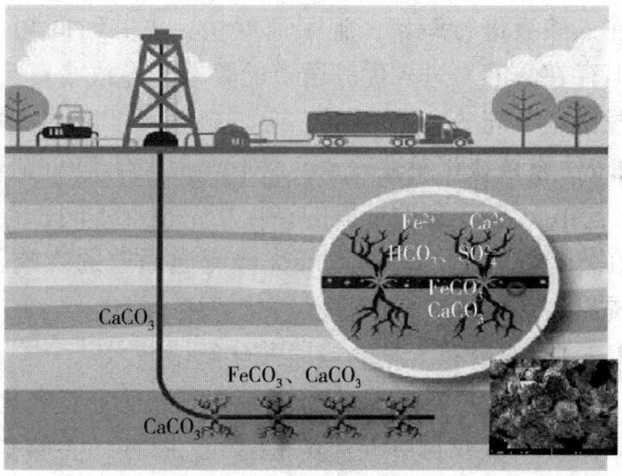

图 1　页岩油水平井垢型分布示意图

结合压裂用水、配液和施工周期等因素分析，推测砂垢胶结块主要为地层溶蚀产物。油井生产初期，储层填隙物中 $FeCO_3$ 的含量较高，可达到 2%，$FeCO_3$ 在地层液体中的溶解与析出处于动态平衡，但该可逆反应对 pH 值、温度敏感，进入近井地层的弱酸性流体使储层中的 $FeCO_3$ 溶解增加，游离的 Fe^{2+} 增多，这些 Fe^{2+} 随着地层流体进入井筒，进入井筒后温度和 PH 值发生改变，$FeCO_3$ 快速析出沉积。当油井生产时间达到三年及以上后，随着地层能量降低地层压力下降，加之地层水中 Ca^{2+}、HCO_3^- 含量高，$CaCO_3$ 析出量随油井生产时间的加长而增加，逐渐成为砂垢胶结的主导因素。

$$FeCO_3+H^+ \xleftrightarrow{K_f} HCO_3^-+Fe^{2+} \tag{1}$$

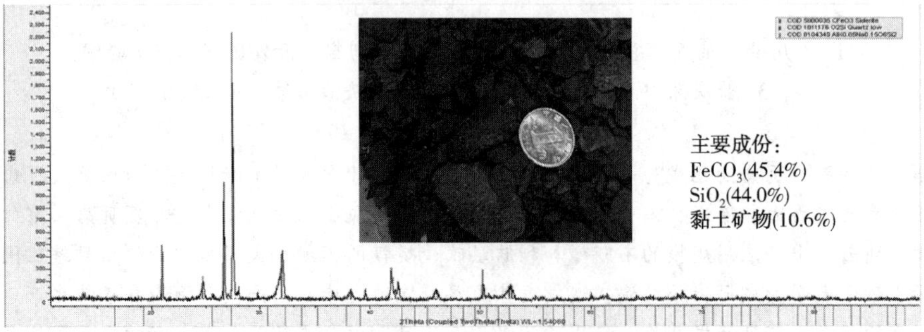

图 2　投产两年水平井冲砂返出垢块 XRD 分析结果

2　常规酸化解堵作业技术

针对近井地层结垢堵塞的问题，结合砂垢胶结块样品的 XRD 分析结果，为解除近井地层堵塞，先后开展了笼统酸化、双封单卡拖动分段酸化、多级滑套不动管柱分段酸化等解堵措施，油井产能得到有效恢复。

2.1　笼统酸化解堵技术

笼统酸化解堵技术工艺简单，井筒冲砂除垢完成后，直接将“工具油管+斜尖”上提至水平井入窗点附近，关闭套管闸门，由工具油管向井内注入酸液进行解堵，施工速度快，占井时间短。但存在酸液易进入优势通道的弊端，导致堵塞孔段解堵不充分。

2.2　分段酸化解堵技术

由于各压裂改造段的结垢堵塞情况不同，存在优势流通通道。为降低优势流通通道的影响，提升解堵效果，实施分段酸化解堵。

2.2.1　双封单卡拖动分段酸化解堵技术

为实现机动、灵活的双封单卡拖动分段酸化解堵，借鉴双封单卡重复压裂工艺管柱，去掉安全接头、水力锚等辅助工具，形成的管柱组合主体为(由下向上)：单流阀+K344 封隔器+节流喷酸器+工具油管+K344 封隔器+工具油管至井口，封隔器的最大外径为 110mm 或 112mm，具有较好的通过性，可多次重复坐封解封，降低了拖动卡阻风险，同时管柱整体费用较低。

2.2.2　多级滑套不动管柱分段酸化解堵技术

由于双封单卡拖动分段酸化每完成一段酸化作业需要关井反应，等停时间较长。为进一步提高施工效率，研发了滑套节流喷酸器，形成的管柱组合主体为(由下向上)：单流阀+节流喷酸器+1 号滑套座+K344 封隔器+1 号滑套节流喷酸器+工具油管+2 号滑套座+K344 封隔器+2 号滑套节流喷酸器+……+工具油管+K344 封隔器+水力锚+工具油管+液压安全接头+工具油管至井口。该工艺技术可实现任意卡距分段酸化，段数可根据需要进行调节，但为了管柱安全一般控制在六段以内。

3　精细分段酸化解堵技术

现场应用结果表明，多级滑套不动管柱分段酸化解堵技术一趟管柱安全作业能力在六段以内，酸化超过五段则作业管柱脱落的风险大幅增加。针对部分水平段长、压裂改造段数多的水平井，需要进一步增加作业段数，实现精准解堵复产的新需求，创新提出了“拖动+不动”的集成思路，研发了可复位喷酸封隔一体化工具、耐酸可溶球等关键工具，形成了精细酸化解堵作业技术，如表 1 所示。

表 1　2022 年长庆页岩油水平井多级滑套不动管柱分段酸化作业管柱脱落统计表

酸化段数	井数	作业管柱脱落井占比
5 段及 5 段以内	34	5.88%
6 段	5	60%

3.1　关键配套工具

为实现酸化工具的重复利用，研发了可复位喷酸封隔一体化酸化工具，将滑套节流喷酸器、封隔器、滑套座三者功能集中于一个工具之上。新型酸化工具内部设有复位装置，憋压时滑套移位，喷酸通道打开，泄压后滑套复位，喷酸通道打关闭，集成“喷酸+封隔+重复利用”功能于一体。并研发了两种配套的酸化球：一种是轻质球，酸化后可通过反洗返至地面，恢复油管液流通道；另一种是耐酸可溶球，通过喷涂耐酸涂层及可溶球在滑套座上承压后力学性质上的差异，可溶球受压力挤压产生裂缝后与酸液接触开始溶解，酸化后球体溶解，恢复油管液流通道，如图 3~图 5 所示。

图 3　可复位喷酸封隔一体化酸化工具

图 4　轻质球

图 5　耐酸可溶球

3.2　工作原理

依托可复位喷酸封隔一体化酸化工具，形成的管柱组合主体为(由下向上)：单流阀+节流喷酸器+1 号可复位喷酸封隔一体化酸化工具+工具油管+2 号可复位喷酸封隔一体化酸化工具+……+工具油管+K344 封隔器+水力锚+工具油管+液压安全接头+工具油管至井口。酸化钻下入作业目标段后，逐级投酸化球开启喷酸通道的同时封隔器坐封，封隔目标段实施酸化作业，停泵泄压后喷酸通道关闭。关井反应后，酸化球或溶解或反循环洗井时返至地面。反循环洗井后，拖动作业管柱至下一酸化目标段，再逐级投球酸化，关井反应。作业管柱可多次拖动，直至完成所有目标段的酸化，如图 6 所示。

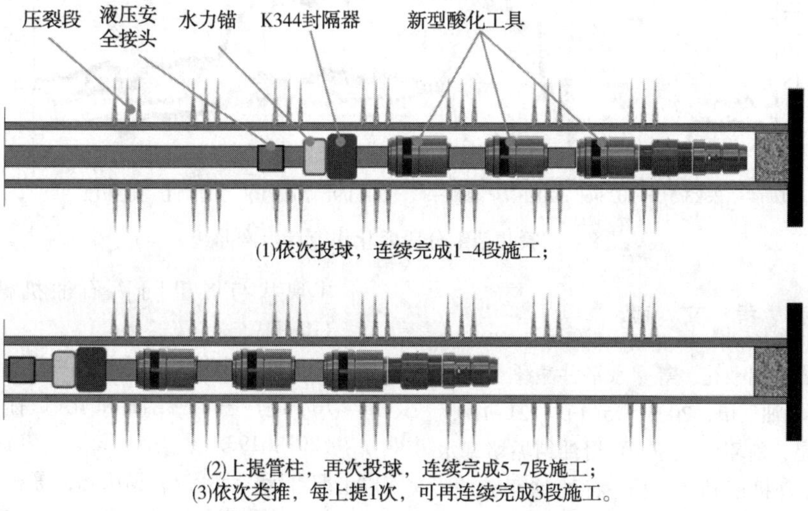

图 6　精细分段酸化解堵技术拖动酸化示意图

3.3　现场应用

精细分段酸化解堵技术已在长庆页岩油水平井应用 9 口井，作业成功率 100%，作业效率可以达到 4~5 段/天，一趟管柱可酸化 6~13 段，单井节约工具数量及成本 40%~60%，措施当年单井最高恢复产量 10t/d，为长水平段精细分段酸化作业提供了低成本高效手段，如图 7 所示。

4　结论与认识

(1) 长庆页岩油长水平井普遍存在吐砂及严重结垢的现象，制约了油井产能的充分发挥。

(2) 分段酸化解堵的产能恢效果优于笼统酸化，具有针对性强、增产效果明显等优点，但常规多级滑套分段酸化工具单趟管柱最大安全作业能力为五段，超过五段则存在酸化管柱脱落的风险，一趟钻难以满足长水平井的精准酸化解堵需求。

(3) 可复位喷酸封隔一体化酸化工具突破常规工具功能单一的设计思路，集成“喷酸+封隔+重复利用”功能于一体，一趟管柱可酸化 6~13

段，工具数量及成本 40%～60%，满足了页岩油水平井长水平段对酸化分段精细度提升的需求，可在陆上同类页岩油油藏全面推广应用，实现降本增效的目标。

图 7　现场酸化施工

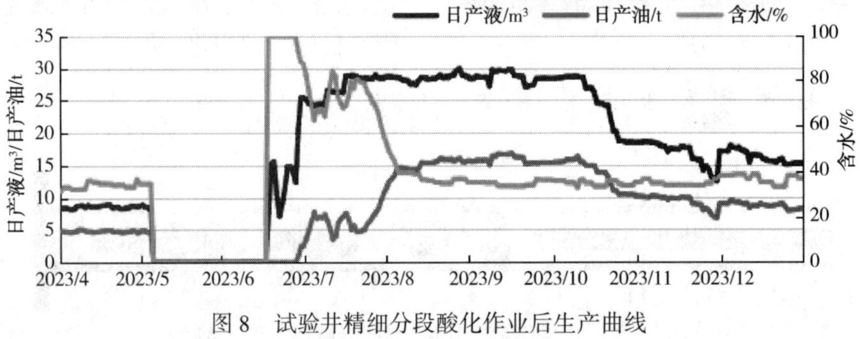

图 8　试验井精细分段酸化作业后生产曲线

参 考 文 献

[1] 郭富凤，赵立强，刘平礼，等．水平井酸化工艺技术综述[J]．断块油气田，2008，15(1)：121-124.

[2] 岳渊洲，马红星，刘环宇，等．页岩油结垢堵塞水平井解堵阻垢有机酸体系[J]．石油钻采工艺，2024：1-11.

[3] 刘巨保，黄茜，杨明，等．水平井分段压裂工具技术现状与展望[J]．石油机械，2021，49(2)：110-119.

[4] 吴华富．低渗透油层水平井分段酸化技术研究及应用[J]．中国石油和化工标准与质量，2013(20)：193.

[5] 曲占庆，于姣姣，温庆志，等．水平井分段酸化效果影响因素分析及优化[J]．石油钻探技术，2011，39(6)：67-72.

束鹿凹陷页岩油大型体积改造效果评价

甘惠娟　郑立军　唐琦玮　孙宇晗　石晓萌

（渤海钻探井下作业分公司）

摘　要　束鹿凹陷页岩油改造经历了从小规模酸化–大规模酸压–压裂改造–大规模复合体积改造四个阶段，逐渐形成以桥塞分段(分层)体积改造以及无限极滑套压裂改造工艺，指导页岩油压裂方案及工艺优化，压后效果评价是重要手段。文章通过对束鹿凹陷页岩油改造效果精细评价，结果表明：大规模水力压裂是页岩油储层高效动用的有力手段，束鹿凹陷页岩油储层非均质性强，裂缝发育情况、气测是压裂改造储层甜点选择的重要参考指标，无限极滑套压裂改造储层比传输射孔在降低施工难度和施工提速上更具有优势。

关键词　页岩油；桥塞分段(分层)体积改造；无限极滑套压裂改造；压后效果评价

全球石油工业目前正逐渐从常规油气向非常规油气转变。页岩油作为非常规油气的一种，其资源潜力巨大，被誉为世界能源的“黑金”与页岩气类似，页岩油作为一种典型的非常规油气资源，资源储量丰富，是目前加大勘探开发的主攻方向和最重要的能源接替领域。近年来，集团公司持续加大页岩油气勘探开发力度，不断取得新突破，储量和产量快速增长。“十三五”以来，页岩油累计产量757万吨，年均增速近30%。

华北油田冀中探区页岩油储层埋藏深、物性差、矿物成分复杂、非均匀质强、原油物性较差的特点。束鹿凹陷位于渤海湾盆地冀中坳陷的西南角，古近系发育厚层的富有机质湖相碳酸盐岩，在该富有机质湖相碳酸盐岩中油气显示活跃。试油数据显示，石油平均日产量达到43.64t。束鹿凹陷该湖相碳酸盐岩序列具有非常低的孔隙度及渗透率，属于页岩油气，并已经成为华北油田的重要勘探区。束鹿凹陷页岩油经过了“小规模酸化–大规模酸压–压裂改造–大规模复合体积改造”四个阶段改造模式，逐渐形成以桥塞分段(分层)体积改造工艺，主体采用水平井(大斜度井)多段、直井多层可溶桥塞分段压裂工艺，形成“酸压与加砂”相结合体积改造技术，突破束鹿页岩油油气流稳产难关，实现产量的突破。2023年，无限级滑套压裂工艺在束鹿凹陷页岩油井SY302X井成功应用，获得了4段/天的压裂施工高效新突破，提速效果明显，达到了国内压裂时效2-5段/天的先进水平。改造技术的进步提升了华北油田页岩油(致密油)储层勘探品质，低孔低渗砂岩储层借鉴致密油改造模式，高效动用储层。大型酸压体积改造施工作业成本较高、风险性大，措施改造效果的评价与措施改造的设计是同等重要的，是避免盲目压裂，提高压裂效率的有效手段。论文通过压裂施工数据分析、微地震裂缝监测和压后生产数据分析，开展压裂效果评价，为页岩油的甜点层优选、措施改造工艺的优化，实现较好的压裂改造效果，提供重要参考依据。

1　压裂施工数据评价

SY301X井采用泵送可溶桥塞分段分簇大型体积压裂改造工艺，压裂施工共7段，用液量11066.84m^3，总砂量446.29m^3，各段最高施工压力71.80~92.98MPa，最高施工排量6.97~12.18m^3/min，停泵压力41.53~78.00MPa。SY302X井应用无限级滑套压裂工艺压裂施工共26段，用液量24110.92m^3，总砂量965.60m^3，各段最高施工压力87.50~100.81MPa，最高施工排量7.17~11m^3/min，停泵压力56.38~75.42MPa。

1.1　储层岩石与酸液反应能力较差；地层对加砂较敏感

SY301X井、SY302X井均采用以滑溜水为主体的压裂液，满足免配要求且性能稳定，并满足低摩阻、低伤害、低成本、安全环保的要求，SY301X井加入酸液147.28m^3，SY302X井仅在第一段施工期间加入酸液10.26m^3。通过加酸前与酸后施工压力对比，加酸前后施工压力无明显变化，原因分析页岩与酸液反应能力较差，表明酸对页岩改造效果不理想，水力加砂压裂仍然是页岩油储层改造的首选手段。

东页 301X、302X 井整体压裂施工过程显示，该区块地层对加砂较为敏感，采用段塞式加砂，逐级缓步提高砂比，是保证单段提高加砂量的有效方法，如图 1 所示。

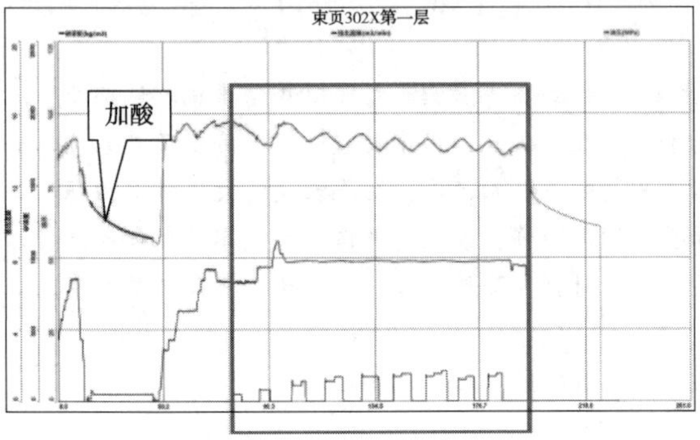

图 1 SY302X 井加酸液压裂施工曲线图

1.2 储层物性与气测关系较为密切，气测是压裂甜点优选的重要指标

SY302X 井 1-5 段(录井第一套)是改造段气测显示较差的段，从施工曲线上看，压裂最大压力施工均超过 92MPa，施工排量 7.17~9.08m^3/min，其中第一段最高施工压力达到 97.64MPa，施工难度较大，加砂困难。其 6-14 段(录井第二套)气测显示好于 1-5 段(录井第一套)，6-14 段压裂最大压力在 90.09~99.42MPa，其中 6、8、10、13 段施工排量超过 10m^3/min，施工难度较 1-5 段低。气测显示好的段，施工压力相对低，排量大；气测显示差的段，施工压力相对高，排量小。SY301X 井也具有相同特点，水平段储层物性相对直井段储层物性差，从施工过程看，改造难度也较直井段大。由此表明，储层物性与气测关系较为密切，气测是压裂甜点优选的重要指标。

1.3 致密储层改造，滑套压裂工艺相比射孔压裂改造效果更优

SY302X 井第十七段采用传输射孔压裂改造，射孔后压裂，总液量 829.37m^3，加砂 40.25m^3，排量 0~10.15m^3/min。第十八段采用滑套压裂，总液量 815.83m^3，加砂 40.19m^3，排量 0~9.38m^3/min。在压裂参数相近的条件下，第十七段施工后期及顶替压力波动较大，同时停泵压力较高，裂缝体积相对较小，分析是传输射孔，泄流通道小，孔眼摩阻大，高速剪切降低了压裂液携砂能力，因此，套管大通道沟通地层是大排量加砂，提高改造效果的必要条件，反映出滑套压裂工艺的优越性。

1.4 束鹿凹陷页岩油储层非均质性强

通过研究声波时差、孔隙度与各项压裂施工参数关系对比，相关性较差，表明储层非均质性强，如图 2、图 3 所示。

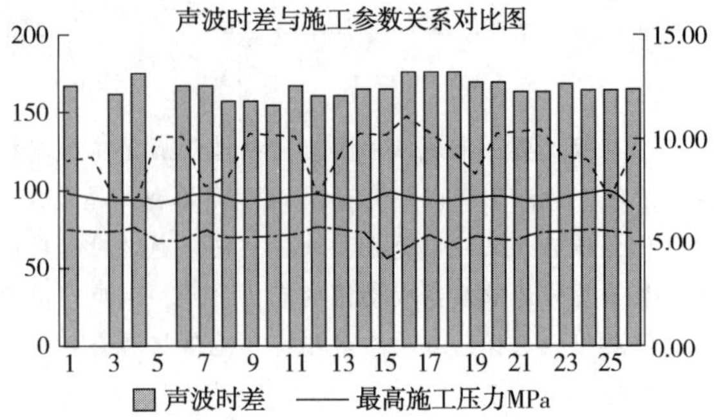

图 2 SY302X 井声波时差与施工参数关系对比图

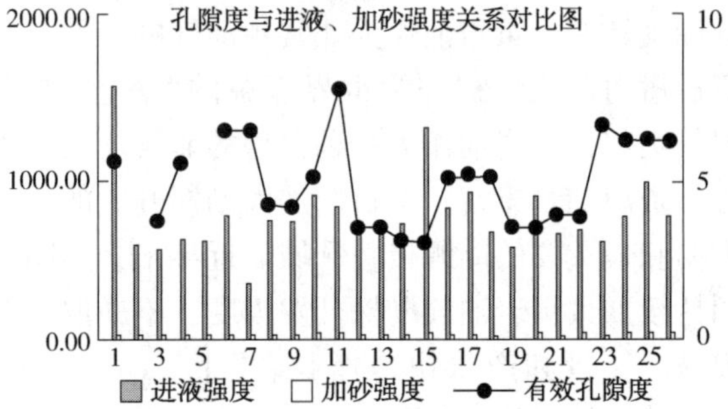

图 3 SY302X 井孔隙度与进液及加砂强度关系对比图

SY302X 井、SY301X 井压裂施工与束鹿凹陷页岩油储层改造邻井对比，SY302X 井施工规模最大、施工液量、加砂量最高)，施工压力高、停泵压力高，施工排量低于 SY1、ST1H、ST2X、ST3 井，整体表现看 SY302X 井施工难度最大。因此，在改造方案制定时，邻井改造工艺可以参考，但本井储层物性精细评价仍是改造工艺制定的重要因素，如图 4、图 5 所示。

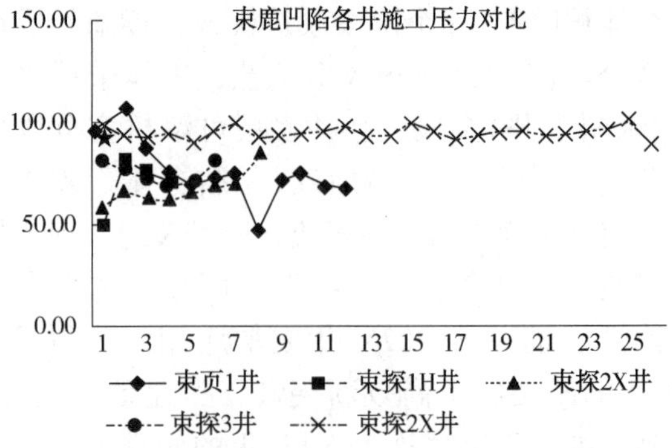

图 4 束鹿凹陷页岩油改造施工压力对比图

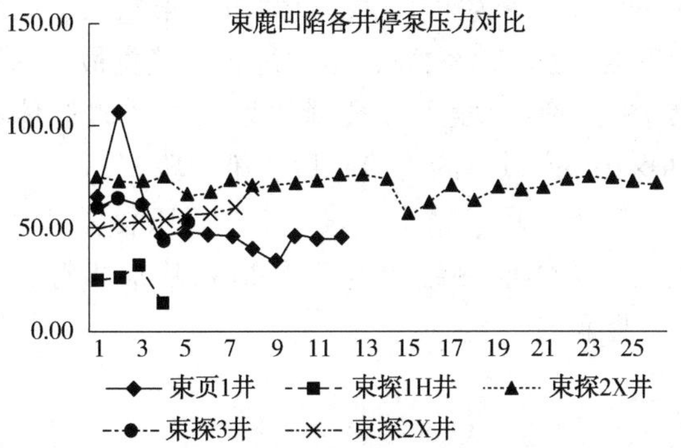

图5 束鹿凹陷页岩油改造停泵压力对比图

2 微地震裂缝监测数据评价

2.1 SY301X 井裂缝监测结果

SY301X 井共进行了七段精细压裂改造，综合各阶段监测俯视图、拟合图分析，本次压裂第一至七段微地震事件点在井轴南北两翼延展分布较为均衡，没有出现单边发育的情况。从裂缝带拟合情况分析：第一、二、三、六段北翼略好于南翼，第四、五、七段南翼略好于北翼，如图6、图7所示。

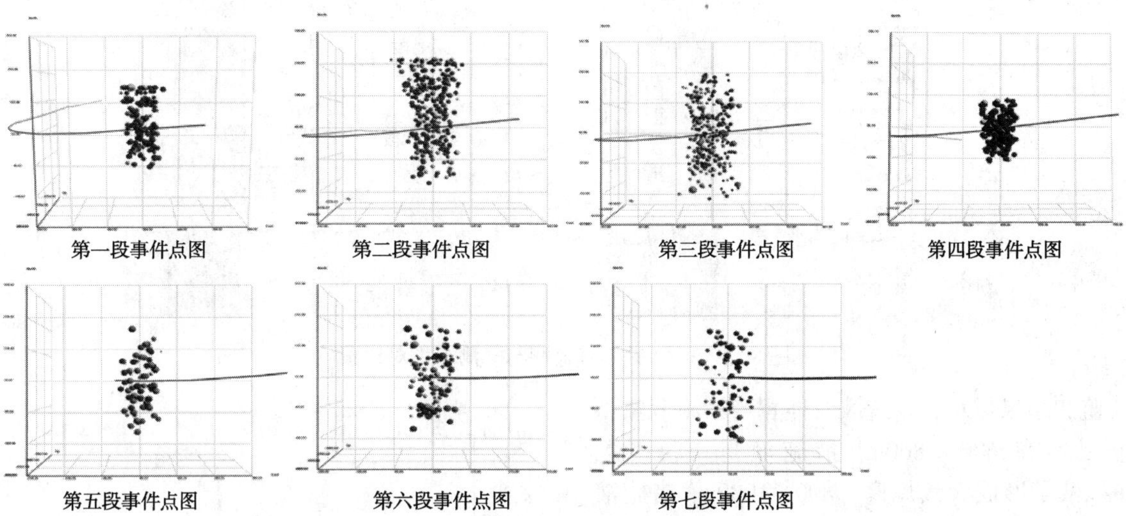

图6 SY301X 井七段裂缝监测俯视图

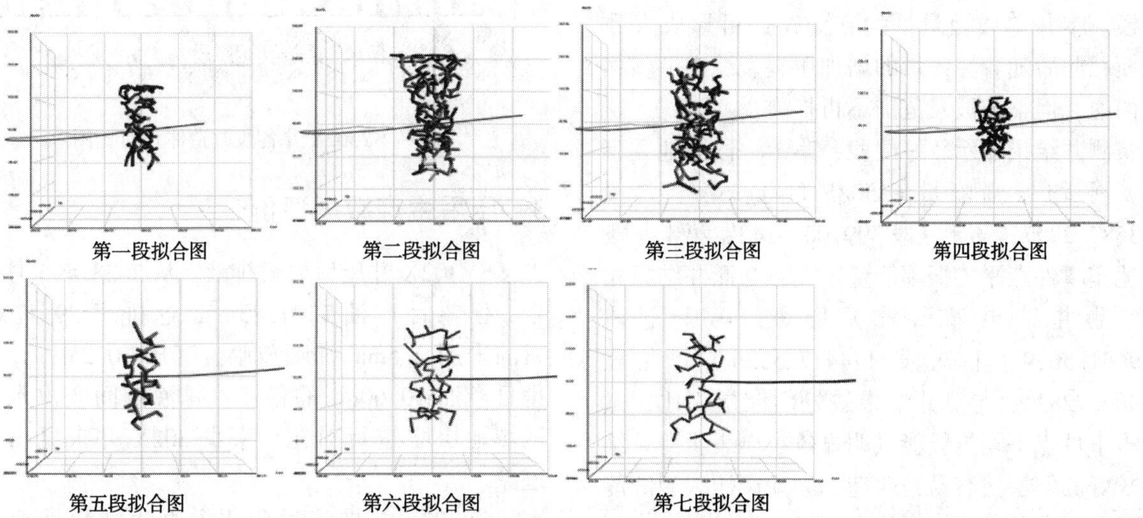

图7 SY301X 井七段裂缝监测拟合图

本次压裂各段的改造效果：第一、二、三、五段在井轴南翼近井地带改造都较为充分，第四段仅在近井地带改造，南北两翼效果相当。从微裂缝沟通发育的程度分析，第六、七段不如其余各段，也反映出这两段事件点分布范围大，密集程度相对分散，存在未充分改造的区域。

综合各阶段监测数据分析，本次压裂各段缝络长排序：第二段>第三段>第六段>第七段>第五段>第一段>第四段。

各段缝络宽排序：第七段>第六段>第一段、

第二段>第三段>第四段>第五段。

各段改造体积 SRV 排序：第七段>第六段>第三段>第二段>第五段>第一段>第四段。

从改造范围分析，第七段最大，第四段相对较小。

2.2 SY302X 井裂缝监测结果

SY302X 井共采用滑套压裂，精细分 26 段进行改造。从裂缝监测结果看，改造体积 $300\times10^3m^3$ 以上的为第十段、第六段、第八段、第二十五段、第二十六段，本井缝长、缝宽最大的为第十段，第十段压裂裂缝效果最好。改造体积 $130\times10^3m^3$ 以下的为第二段、第七段、

第十二段、第十六段，第二段压裂裂缝效果最差。整体监测结果与气测结果基本相符，如图 8所示。

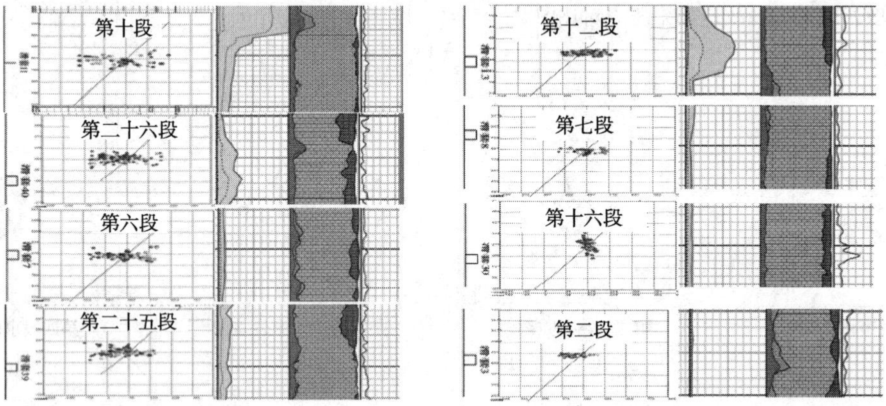

图 8　SY302X 井裂缝监测与气测结果对比图

监测结果显示，改造波及体积与措施液量不成正比。在 600～800m^3 措施液量下，平均 540m^3 液量形成大致规模；800～1000m^3 措施液量下，平均 664m^3 液量形成大致规模；大于 1000m^3 措施液量下，平均 666m^3 液量形成大致规模。本井单段液量平均在 666m^3 可形成大致规模，此后随着注入量的增加压裂裂缝进一步相互沟通，但整体波及范围不再扩展。

测井结果显示较好层段，第十一段微地震事件点平均振幅能量 625085.1141、第十二段 423587.2897、第十三段 399700.3143，第十一段微地震事件点平均振幅能量最大，与测井结果相符。测井结果显示较差层段，第十七段 219651.5619、十八段 174417.5526、十九段 91906.72821，与测井结果较好的储层相比，微地震事件点平均振幅能量明显较小。表明测井结果较好的储层更容易被改造，微地震压裂裂缝能量级别分布基本呈正态分布规律。

从改造体积看，Ⅱ级裂缝改造效果整体好于Ⅲ级裂缝。储层电阻率、孔隙度等物性参数与改造体积关联性较低差。压裂施工压力、排量等参数与改造体积关联性差。用液强度、加砂强度与改造体积关联性差。从各项数据关联性对比显示，裂缝发育程度是影响改造效果的重要因素。

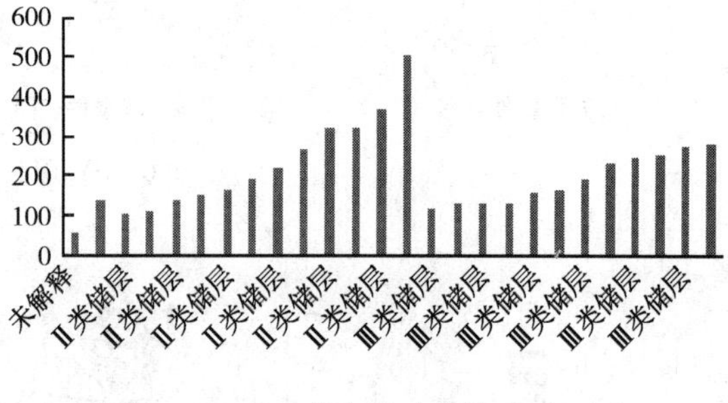

图 9　SY302X 井各段改造体积对比图

3　压后生产数据评价

SY302X 井压后放喷排液，从 2023 年 5 月至今，已累计产油 7121.83m^3，返排率 29.47%。目前采用 2.5mm 油嘴放喷，套压 10.2MPa，获得日产油 10.60m^3 的稳产。排液期间产出水与区域地层水进行对比，束页 302X 井未见出水迹象。

SY302X 井排液过程看，原油乳化情况严重，含水高(63%)，该区块后续改造过程中，

压裂配方应考虑破乳剂用量。针对本井进行破乳实验：

分别取 100ml 原油放置 5 个烧杯中，分别在 5 个烧杯中按照 0%、0.2%、0.5%、1.0%、2.0%比例加入破乳助排剂，观察破乳效果，测

量脱水量，计算脱水率；

将 100ml 未加入破乳剂的原油烧杯在水浴锅分别在 40℃、60℃、80℃、95℃恒温下加热，测量脱水量，计算脱水率。

从实验结果看，压裂设计配方，加入破乳剂 0.5%可以满足排液，如表 1 所示。

表 1　SY302X 井返排液破乳实验数据表

温度	破乳剂	脱水率			
		5min	10min	20min	30min
25℃	未加破乳剂	未脱水	未脱水	未脱水	未脱水
	0.20%	10%	40%	45%	48%
	0.50%	30%	45%	48%	50%
	1.00%	50%	50%	50%	50%
	2.00%	50%	50%	50%	50%
40℃	—	20%	25%	33%	33%
60℃	—	23%	28%	33%	33%
80℃	—	32%	35%	38%	38%
95℃	—	36%	40%	44%	44%

本井与束鹿凹陷页岩油储层改造邻井压后放喷排液情况对比：SY302X 井压力下降缓慢，进一步证实，束鹿凹陷页岩油压裂改造各井，SY302X 井储层物性相对较差的。SY302X 井压后放喷曲线显示，日产油量与邻井相比最低，如图 10、图 11 所示。

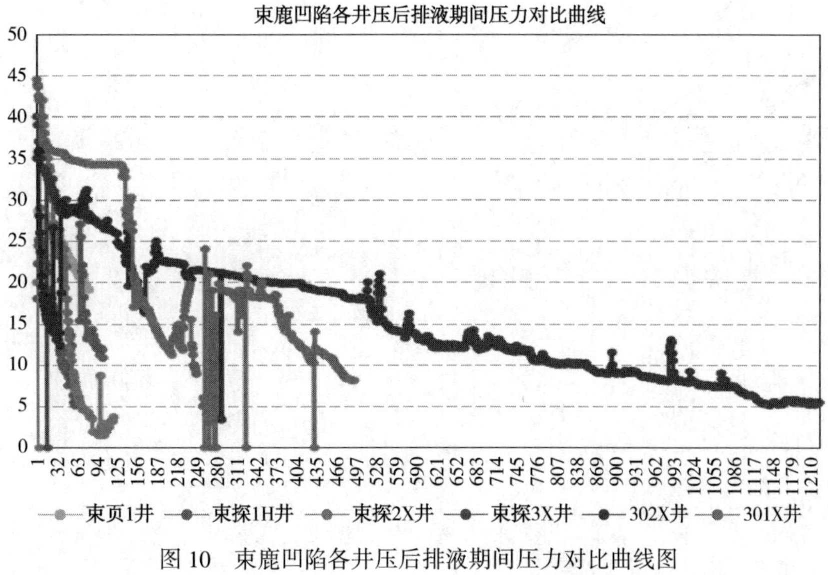

图 10　束鹿凹陷各井压后排液期间压力对比曲线图

4　结论

利用压裂施工数据、微地震裂缝监测数据和压后生产数据分析，开展压裂效果评价，得到了以下几个方面的认识：

(1) 大规模水力压裂是束鹿凹陷页岩油储层高效动用的有力手段；

(2) 裂缝发育情况、气测是压裂改造储层甜点选择的重要参考指标；

(3) 连续油管技术(通洗井、带压射孔)可大幅度提高试油及压裂改造施工效率，缩短施工周期效果明显；

(4) 无限极滑套压裂改造储层比传输射孔在降低施工难度和施工提速上更具有优势。

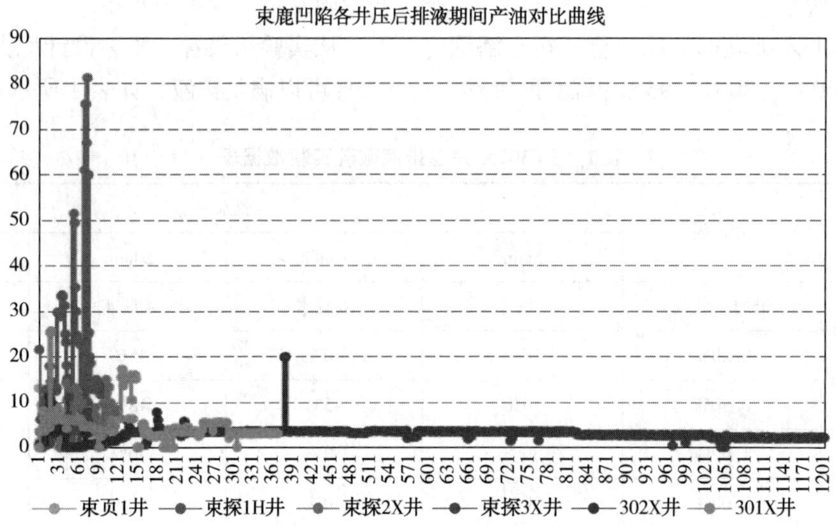

图 11　束鹿凹陷各井压后排液期间产油对比曲线图

参 考 文 献

[1] 吴刚，刘其伦，钟小军．束鹿页岩油密切割压裂技术-以 SY302X 井为例[J]．油气井测试．2023，32(5)：36-43.

[2] 祇淑华，洪晶，吕鹏，等．束鹿凹陷致密油储层可压裂性评价方法[J]．测井技术．2019，43(05)：536-541.

[3] 赵铭，王伟佳．国外页岩气井连续油管固井滑套压裂完井方式研究[J]．钻采工艺．2017，40(2)：85-63.

川西须二气藏体积压裂工艺实践与应用

张　梨　牛会娟　黄志鹏　黄　霞

（中石化西南石油工程有限公司井下作业分公司）

摘　要　川西须二气藏属典型的致密气藏，存在破裂压力高、施工压力高、施工排量提高困难、加砂难度大等难题。为此采取了前置酸降破及后效射孔降破技术、多功能复合支撑剂以及超高压施工等技术措施。现场应用表明，前置酸和后效射孔技术最高降破压可达 10MPa，多功能复合支撑剂的单段最高砂浓度达 180kg/m^3，保障了须二储量的规模开发、增储上产。

关键词　川西须二气藏；体积压裂；降破压；多功能复合支撑剂

川西须二气藏储层埋藏深，具有低孔致密、高压-异常高压特征，为裂缝-孔隙型、孔隙型有水气藏。总体上岩性致密、破裂压力及延伸压力高，施工难度大；压力窗口窄、施工排量受限，加砂敏感，为此需开展针对性工艺技术研究，促进须二气藏的规模化开发。

1　工程地质特征及勘探开发情况

1.1 工程地质特征

川西须二气藏处于四川盆地川西坳陷中北段，储层埋深超4000m，岩石组分复杂，石英含量超 50%；孔隙度低于 5%，渗透率集中在 0.04~0.1mD（平均渗透率 0.06 左右），具有低孔致密特征。

气体组份以甲烷为主，少量二氧化碳，不含硫化氢。储层地压系数大于 1.4，构造应力较强、抗拉强度较高（平均 7.3MPa）、弹性模量大（砂岩平均 41.2GPa），水平地应力差异较大差异系数达 0.45（最小水平地应力梯度 1.89~2.34MPa/100m，最大水平地应力梯度 2.59~3.81MPa/100m），具有高压-异常高压特征。

1.2　前期勘探开发情况

1988 年—2020 年，川西须二气藏经历了 4 个阶段的勘探及评价工作，测试井 50 余口，获产井超 30 口，无阻流量 0~150 万方/天，累计产气量>1 亿方井 13 口，如表 1 所示。

表 1　不同阶段测试井投产方式划分

阶段	2000 年之前 靠自然产能	2000—2012 年 小规模常规酸化压裂	2014 年 中大型压裂	2020 年 体积压裂、桥塞分段
主要投产方式	依赖大型天然裂缝，替喷测试自然产能投产，发现一批高产井。	降破措施降低施工难度，酸化解堵效果好，常规加砂压裂效果有限。	XS1 井混合水体积压裂效果好，稳定输气 6 年，目前日产 5.3 万方。	X10-2 井三层分压体积压裂，测试产量 6.45 万方/日。 XS101 井桥塞分段体积压裂，获天然气产量 8.91 万方/日

1.3　存在问题

（1）储层岩石致密、埋深大，破裂压力高，地层压开难度大。

储层最大水平地应力梯度 2.59~3.81MPa/100m，弹性模量平均 41.2GPa，泊松比平均 0.27，抗拉强度较高（平均 7.3MPa），储层致密，岩石强度高。前期须二多口井限压 95MPa 下未压开地层。

（2）储层延伸压力高，施工排量受限，加砂敏感。

X206 井须二第 2 段泵压 119.4MPa 时，排量仅 1.08m^3/min，不具备加砂条件。XS205 井第 1-5 段主体施工排量 4~5m^3/min，井口泵压多在 110MPa 以上，停泵压力高于 100MPa，反应储层延伸压力高、施工排量受限、加砂压力窗口窄。

2 主体改造技术

为充分评价须二气藏储层产能，并综合现场施工难题，逐步形成了前置降破、低中砂比连续加砂、超高压体积压裂工艺。

2.1 前置酸降破技术

针对须二气藏前期多口井未能压开的情况，考虑酸液具有较好的溶蚀作用效果。

现开展室内评价实验，优选合适的酸液类型，分析不同酸液对储层解堵、降破的影响规律，如表2所示。

表2 不同酸液对砂岩溶蚀作用的影响

盐酸浓度/%	氢氟酸浓度/%	反应时间/min	反应温度/℃	溶蚀率/%
10	0	30	90	9.58
12	0			10.15
15	0			10.03
20	0			9.86
12	1.5			18.32
12	2.0			19.47
12	3.0			21.68
12	3.5			22.04

从实验结果来看：①盐酸对砂岩储层岩屑的整体溶蚀效果较差；②综合考虑投入产出比和降低对储层的二次伤害，前置降破优化采用土酸(3%HF+12%盐酸)体系。

2.2 后效射孔降破技术

后效射孔主要通过装置在射孔弹上的后效体对射孔孔道、储层实施有效做功，炸药爆炸能量被后效装药爆炸作用进一步强化，提高射孔穿深，能有效改善近井地带储层渗透率和解除孔道周围的压实污染，在射孔孔道周边形成微裂缝，从而降低破裂压力，如图1、表3所示。

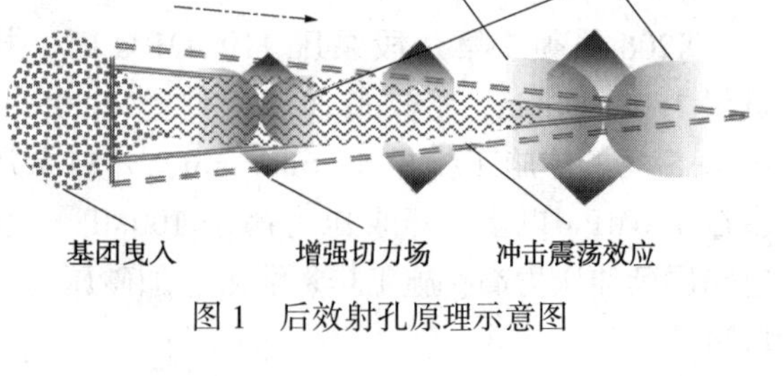

图1 后效射孔原理示意图

表3 不同射孔方式压力对比

井号	层段	射孔方式	地层开始吸液时的压力/MPa
CZ108井	第1段	后效射孔	98
	第2段	后效射孔	103
	第3段	常规射孔	115

为试验后效射孔工艺的降破效果，在川西新场须二深层气井试验了3口井，其中，在CZ108井第1、2段实施了后效射孔，根据地层开始吸液时的压力情况分析最大降破压超10MPa。

2.3 多功能复合支撑剂应用技术

多功能复合支撑剂是以优质石英砂为核心，通过二次覆膜技术造粒成型。经烘干、成型、筛分等工艺而生产形成的新型支撑剂。

针对须二储层常规陶粒加砂敏感、砂堵风险高等难题，结合室内实验研究，优选具有“自悬浮”、”自增黏”等优点的多功能复合支撑剂进行现场试验，如表4所示。

表4 不同介质不同支撑剂悬浮性能对比表

	介质	悬浮率/%
第1组	自来水+多功能复合支撑剂	48.5
第2组	滑溜水+多功能复合支撑剂	80.8
第3组	滑溜水+陶粒	0.00

由评价结果可知，①陶粒易沉降，易形成一定规模的“砂堤”，到“砂堤”增大到某一临界值时，可能发生砂堵，加砂难度大。②多功能复合支撑剂在粘性压裂液中的悬浮性更好，沉降速度更小，运移距离更远。

随着砂比的提高，支撑剂水溶液体系的黏度逐渐增加，当40/70目支撑剂砂比达到20%时，其水溶液黏度达到5.25mPa·s。因此，多功能复合支撑剂具有“自增黏”的特点，能降低支撑剂对携砂液黏度的要求。

3 应用效果分析

区块共有13口井投产，其中，10口井通过超高压体积压裂后投产，主体施工排量12~14m^3/min，泵压60.5~118MPa，未发生砂堵及其他复杂情况；平均产气量16.5×10^4m^3/d，产量有大幅提升，工业气井率80%以上。

(1) 采用土酸进行酸化预处理，结合使用后效射孔技术，降低破压主要在1.2~8.2MPa之间，其中 XS205 井第 2 段采用复合降破压最高达 19.0MPa。

（2）应用多功能复合支撑剂施工时泵压较常规支撑剂压裂泵压会降低，中低粘压裂液携砂，单段最高砂浓度可达 $180kg/m^3$，同时降低了压裂液成本。

4 结论

综合前期川西须二气藏多口井的储层条件、改造技术特点及施工情况，可以得到以下结论：

（1）第二代多功能复合支撑剂具有独特性能，能降低施工压力、降本、降风险。

（2）采用前置酸降破预处理解除近井污染；采用酸化+后效射孔降破压技术可降低破裂压力。

（3）采用 140MPa 井口保证施工排量，并在现场应用形成了“前置酸降破、低中砂比连续加砂”超高压体积压裂工艺，强有力的推动了须二储量开发。

参 考 文 献

[1] 穆海林，刘兴浩，刘江浩，等．非常规储层体积压裂技术在致密砂岩储层改造中的应用[J]．天然气勘探与开发，2014，37(2)：56-60.

[2] Jinbu L，Jianwen B，Zhu Li' an，et al. 苏里格气田致密砂岩气藏体积压裂技术与实践[J]．Natural Gas Industry，2013，33(9)：65-69.

[3] 杨刚．前置酸化压裂酸液体系实验及转向重复压裂改造技术的应用[J]．西北大学，2013.

[4] 徐新华，戴宗，朱义东，等．基于复合油藏模拟的后效射孔产能评价方法[J]．油气井测试，2023，32(2)：63-67.

[5] 杜永安，张永涛，阎兴涛，等．新型后效射孔在海上致密储层的试验研究[J]．工程爆破，2023，29(6)：142-146.

[6] 陈清，曹伟佳，田中原，等．自悬浮支撑剂覆膜材料对储层渗透率影响研究[J]．石油化工高等学校学报，2020，33(1)：6.

[7] 黄博，熊炜，马秀敏，等．新型自悬浮压裂支撑剂的应用[J]．油气藏评价与开发，2015，5(1)：4.

冷161低渗砂岩油藏组合式重复压裂技术实践及认识

周　华　孙凤艳

（辽河油田兴隆台采油厂）

摘　要　本文针对冷161中低孔特低渗砂岩油藏储层连通发育差，无注水补能、区块产量低的现状，通过优选井点层位双“甜点”，开展组合重复压裂技术集中挖潜，使区块日产油由改造前的7.8t提高至57.6t，采油速度由0.09%提高至0.34%，为低渗油藏难动用储量有效盘活提供了技术支持。

关键词　低渗；重复压裂；技术；实践

冷161块构造上位于辽河坳陷西部凹陷中段兴隆台构造带最北端，探明含油面积3.9km²，上报原油地质储量230×10⁴t。区块储层物性差，内部又被多层断层分割，孔隙度16.9%，渗透率只有$5\times10^{-3}\mu m^2$，为中孔低渗、特低落渗、特细喉油藏。区块于1998年投入试采，油井多为压裂投产，2008年开井数和产量达到峰值18口井，日产能力47t，后因无有效能量补充，产量快速下降。至2022年区块开井数仅余3口井，日产液$5m^3$，日产油仅2.5t，采油速度仅0.1%，采出程度8.2%。

1　储层改造影响因素分析

1.1　储层发育差，无有效能量补充

沙三段储层主要发育于大套灰褐色泥岩之中，沉积成因为重力流，储集层厚度变化大，分布不稳定，为凸镜状砂砾岩，岩石成份比较复杂，碳酸盐含量5.1%，泥质含量7.41%。储层横向、纵向变化大，地层连通性差。2004年曾转注水井2口，累计注水$17.92\times10^4m^3$。两口试注水井吸水剖面显示69%的水注入到干层，为无效注水，后改为天然能量开采，区块累计亏空$12.06\times10^4m^3$。

1.2　首次压裂规模小，稳产时间短

该块油井投产方式均为压裂投产。对首次压裂数据分析，平均加砂强度1～1.3m³/m，液量强度8～10m³/m，平均支撑缝长60～80m，总体改造规模较小。从压裂方式看，90%的油井采取常规笼统压裂，受非均质强影响，渗透率差较大的储层未能有效改造。单层压后初期产量较高，平均日增油能力8.6t，但稳产时间短，75%油井改造有效期不足150天。

1.3　井筒条件差，改造规模受限

区块油层埋深2520～2820m，地层破裂压力50～55MPa。因油井套管型号为Φ139.7mmN80管，抗内压强度53.3MPa，套管头抗压等级21MPa，导致大排量体积压裂改造受限。

2　组合式重复压裂技术思路

2.1　采用蓄能+重复压裂组合技术，提高储层改造稳产时间

区块试注井录取资料显示，注水压力由16MPa快速上升至30MPa，视吸水指数由5.0m³/d.MPa下降到2.9m³/d.MPa，累注$4.9\times10^4m^3$，油井未见受效，显示注采连通性差。区块边水薄弱，依靠溶解气驱油天然能量开发，随着地层压力下降，地层大幅度脱气，产量快速递减。

针对冷161块地层压力低、亏空大的问题，从储层岩性入手，寻求补能增产手段。常规蓄能压裂方式以前期本井注水蓄能为主，但周期长，对高泥质含量的井效果差。通过对该块储层分析，提出通过酸性液体蓄能补压。

2.1.1　酸压增容可行性分析

该块岩石成份比较复杂，长石与岩屑含量较高，且成份熟度低，多为岩屑质。其中碳酸盐含量5.1%，泥质含量7.41%，属高碳酸盐含量、高泥质含量的特低渗砂岩储层。借鉴碳酸盐岩储层经酸化处理后渗透率普遍会明显提高（图1），考虑储层改造时可配合采用酸性滑溜水介质进行

酸压一体化同步治理，酸蚀裂缝后再通过后期支撑剂支撑，以获得更高导流能力。

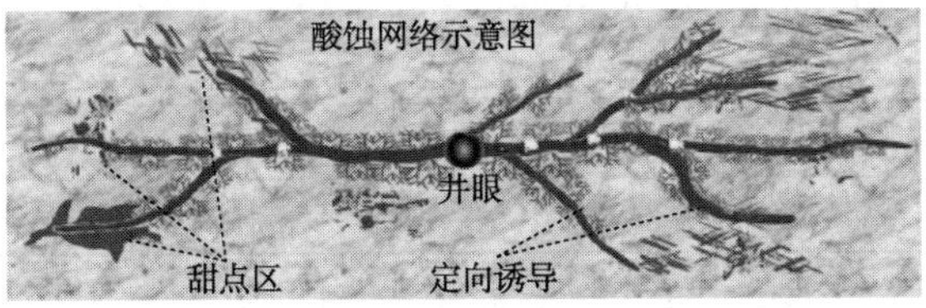

图1　酸蚀网络示意图

2.1.2　设计方案优化

设计采用先通过前置高黏滑溜水在近井地带压出主裂缝，再通过压入低浓度酸+低黏滑溜水在地层中形成酸蚀裂缝，后续通过高黏滑溜水扩展裂缝，最大限度增加酸蚀裂缝影响体积。与常规压裂液相比，水力裂缝扩展穿透酸化区时会憋压造成二次破裂，从而形成远端复杂裂缝形态，有利于远端裂缝转向，增加改造体积。最终确定该酸压体系采用“高黏滑溜水+酸性低黏滑溜水+高黏滑溜水+胶液”模式。后续利用胍胶携带支撑剂对裂缝形成有效支撑，提高压裂支撑效果。

针对该块地层能量低，无注水补能的实际，前置增加800~1000m^3滑溜水蓄能补压。在套管承压能力范围内，提高施工排量，采取变黏度液体施工增加裂缝复杂化，从而形成小型缝网+重复压裂技术序列，对首次改善不充分地层进行二次立体造缝。

2.2　采用暂堵转向+重复压裂组合，增大改造体积

冷161块S_3段储层分上中下三段，不同井的三段储层发育差别较大，自下向上逐级变差。S_3段储层砂体单砂体厚度变化大，以薄层为主，平均单砂体厚度为3.2m，单套储层发育8~10个小层。以冷162井为例，纵向上层间的突进系数11，物性稍好的层非均质性强，物性差层非均质性弱。该块具有小层多、纵向上非均质强，储层物性差的特点。

针对纵向非均质严重，小层多的低渗油井，初次压裂采用常规笼统压裂，储层无法得到充分改造动用，纵向上中低渗层剩余油相对富集。该块埋深平均在2500m以下，小层间跨度大，机械分层压裂技术受工具的可靠性限制和井段跨度影响，易卡管柱、砂堵、砂埋油层，施工难度大、风险高。结合这些特点，针对性提出暂堵转向+重复压裂组合工艺技术思路。

暂堵转向压裂工艺主要是通过封堵老缝、压裂新缝，来改善压裂效果。在压裂过程中常用暂堵球封堵炮眼，开启新的起裂点，实现纵向上提高储层动用程度。但实施过程中，受首次射孔、压裂影响，炮眼形态不规则影响，实际封堵率较低。

2.2.1　研制新型暂堵球提高炮眼封堵效率

针对跨度大的储层，创新研制出新型柔性可溶堵球，相比常规暂堵球，在单井投球数量下降30%以上的基础上，暂堵升压由3.0MPa提高至5.5MPa，封堵成功率由56%增加至95%，大幅提升了多簇压裂裂缝开启效率。

2.2.2　采用缝内缝口组合暂堵方式提高封堵率

通过在重复压裂施工过程中同时加入暂堵剂颗粒和暂堵球，来实现平面上裂缝的多级转向的同时，纵向上储层的多点起裂，实现储层改造体积的增加。压裂后暂堵剂可完全降解，降解产物为二氧化碳和水，对储层无伤害，不影响返排及后续生产。

2.3　采用区域改造+重复压裂组合技术，获得油井产能最大化

针对区块低压低渗井距小，压裂井之间易产生相互影响，采取整体压裂研究。

2.3.1　同井组油井交叉压裂

借鉴水平井体积工厂化压裂中交叉压裂理念，针对同井组油井沙三段储层，上下两套层开展交叉压裂，交叉布缝，可以有效提高裂缝长度和纵向裂缝控制体积。

2.3.2　临井组油井同层压裂

相临井组同套层开展同步压裂，对称布缝。通过控制裂缝长度，利用应力干扰，远端形成复杂裂缝，增加改造体积和缝控储量。

针对低压低渗小井距区域，整体改造，集中实施重复压裂，重构储层微型压力场，重复压裂改造由点到面的应用，提高整体改造效果，助力区块开发指标的明显改善。

3　现场试验

冷161-71-38井于2008年压裂投产，初期最高日产油8t，全井累产液1.4×10^4m^3，累产油1×10^4t，自2021年开始间开低效运行。同井组冷161-43-41井1999年压裂投产，初期最高日产油12t，2020年转捞油生产，全井累产液1.7×10^4m^3，累产油1.4×10^4t。两口井井距300m，预测地层压力系数低于0.7。2023年12月对两口井首次实施交叉蓄能酸压组合压裂试验，如表1所示。

表1 笼统压裂与重复压裂施工参数对比

井 号	首次笼统压裂规模	重复压裂规模
冷161-71-38	支撑剂45m^3/液量357m^3	酸压+滑溜水蓄能+投球暂堵；支撑剂100m^3/液量1000m^3
冷161-43-41	支撑剂31m^3/液量180m^3	酸压+滑溜水蓄能+投球暂堵；支撑剂70m^3/液量1140m^3

压后两口井初期日增油26t，大幅超出新井投产初期压裂产能。其中冷161-71-38井日产油10t以上稳定生产240天，目前仍在受效期，两口井目前日产油能力11.4t。随后对该块10口井实施该技术，阶段累计增油9853t，增气163×10^4m^3。区块日产油由改造前8t提高至47.6t，开井率由20%提升至80%，采油速度由0.09%提高至目前0.34%。

4 结论与认识

(1) 针对低压低渗小井距区域，通过“蓄、转、驱”多元组合重复压裂方式，实现由单井压裂向区块整体改造转变，通过重构储层微型压力场，实现重复压裂改造由点到面的应用，提高整体改造效果，改造效果显著。

(2) 下一步将继续探索“驱油+重复压裂”、“压驱注水+重复压裂”、“CCUS+重复压裂”等技术序列，拓展老井重复压裂应用场景，丰富重复压裂技术体系，持续提高改造效率与效益。

参 考 文 献

[1] 王晓东，赵振峰，李向平，等. 鄂尔多斯盆地致密油层混合水压裂试验[J]. 石油钻采工艺.2012，(5).

[2] 刘立峰，张士诚. 通过改变近井地应力场实现页岩储层缝网压裂[J]. 石油钻采工艺.2011，(4).

[3] 雷群，胥云，蒋廷学，等. 用于提高低特渗油气藏改造效果的缝网压裂技术[J]石油学报.2009，(2).

威远页岩气井油管堵塞原因分析及对策研究应用

张 健 陈 浩 原 开 陈 林 徐 放

（中国石油集团长城钻探工程有限公司四川页岩气项目部）

摘 要 随着页岩气井生产进入中后期，普遍面临着不同程度的油管堵塞问题。本文以威远页岩气井为研究对象，系统分析油管堵塞现状及其成因。通过对气样、水样、垢样组分及含量分析，明确堵塞物主要由井筒腐蚀产物、$CaCO_3$&$BaSO_4$结垢、支撑剂、页岩碎屑组成。在对气举解堵、连油解堵和化学解堵剂进行优化应用的基础上，提出有针对性的对策，并在现场进行了应用验证，有效解决了油管堵塞问题。研究结果对于页岩气井的稳定生产提供了理论依据和技术支撑，具有重要的工程应用价值和理论意义。

关键词 威远页岩气；油管堵塞；连油通堵；化学解堵

随着全球能源需求的不断增长，非常规油气资源成为了世界能源市场的重要组成部分。其中，页岩气的开发利用被广泛认为是改变世界能源格局的关键因素。然而，页岩气采气过程中的关键技术不断浮现，尤其是油管堵塞问题严重影响了页岩气的开采效率和经济性。为此，深入探讨页岩气井油管堵塞的成因和解决的策略，对于提高页岩气开采效率有着重要意义。

油管堵塞情况一旦发生，将直接影响气井的产量和采收率，甚至导致气井的完全停喷。此外，由于油管堵塞造成的维护成本和生产时间的损失，对企业的经济效益造成了不可忽视的影响。通过对威远页岩气井油管堵塞物进行了详细分析，明确了油管堵塞的主要成因。在此基础上，采用针对性的技术手段，对连续油管进行了解堵工具优化，并结合化学解堵剂的研究和应用，有效实施了油管堵塞治理方案。该方案在现场的应用验证表明，可以有效解决油管堵塞问题。本研究成果对于指导页岩气井稳定生产具有重要的工程应用价值，同时也为今后类似非常规油气资源开采中的问题提供参考和借鉴。

1 威远页岩气井油管堵塞现状

威远页岩气某区块平均气藏埋深3256m，平均气层温度124.5℃，投产水平井238口，采用大规模水力压裂，平均单井水平段长1597m，改造段长1424m，压裂段数20.5段，单井压裂用液量3.7万方，用砂量1700方，平均测试产量20.15万方/天。早期开发井采用大通径桥塞进行分隔压裂，后期采用可溶桥塞。气井投产后一般采用下入2⅜”油管作为生产管柱生产，通过现场钢丝通井确定堵塞位置顶部井斜在11°~38°之间。该区块发生油管堵塞停喷井数占比3%，钢丝作业遇阻井数占比11%，目前采取的解堵措施有气举解堵、连续油管通堵、和化学解堵剂解堵。

H1井和H2井由于油管腐蚀穿孔进行起油管作业，起出油管均发生不同程度堵塞现象。其中，H1井原井油管共282根，起出后第206、244、256、277、281、282根被结垢完全堵死；H2井原井油管共412根，起出后第401~405根内部有白色结晶体，最后两根油管完全堵死。通过观察堵塞物，可以判断其中含有井筒腐蚀产物、支撑剂、泥质、页岩碎屑及白色结晶物，如图1、图2所示。

2 油管堵塞原因分析

2.1 气体组分分析

气体组分检测结果显示，气体中含有二氧化碳，二氧化碳溶于水形成H_2CO_3，与油管内壁的铁发生反应，引起腐蚀，形成$FeCO_3$，二氧化碳分压越高，腐蚀越严重，越容易形成腐蚀产物造成井筒堵塞，如表1所示。化学反应式如下：

$$CO_2+H_2O+Fe=FeCO_3+H_2 \quad (1)$$

油管堵塞井实施油管清洗后，现场返排液体磁铁可吸附，表明堵塞物中含有铁离子，如图3所示。

图1 H1井油管堵塞现场照片

图2 H2井油管堵塞现场照片

表1 气体组分检测结果

组分	摩尔分数/10^{-2}
甲烷	96.57
乙烷	0.71
丙烷	0.02
氦	0.02
氢	0.04
氮	0.43
二氧化碳	2.21
一氧化碳	—
氧气	—

图3 清洗油管后返排液被磁铁吸附

2.2 水样检测分析

水样成分检测结果显示，气井产出水中含有Ca+、Mg+离子，矿化度高达12654mg/L气井生产至低压阶段时，在井底形成低压高温环境，水大量蒸发，水中的无机盐结晶、沉淀，形成固体结晶堵塞油管，如表2所示。

表2 水样成分检测结果

序号	检验项目	检验结果
1	pH值	7.0
2	$K^{+}+Na^{+}$/(mg/L)	4616.1
3	Ca^{2+}/(mg/L)	110.2
4	Mg^{2+}/(mg/L)	54.7
5	Cl^{-}/(mg/L)	6833.6

续表

序号	检验项目	检验结果
6	SO_4^{2+}/(mg/L)	245.0
7	CO_3^{2-}/(mg/L)	0.0
8	HCO_3^-/(mg/L)	794.3
9	总硬度/(mg/L)	500.5
10	总矿化度/(mg/L)	12654
11	总铁/(mg/L)	23.0
12	悬浮固体含量/(mg/L)	638

水样细菌检测结果显示，返排液中硫酸盐还原菌达到了 250~1100 个/ml，铁细菌含量达到了 250~450 个/ml。硫酸盐还原菌和铁细菌会对井筒造成腐蚀，并形成三价铁化物，如表 3 所示。

2.3 垢样检测分析

对硬块状结垢物质进行取样化验分析，垢样检测结果显示，白色晶体主要成分为 $CaCO_3$ 结晶，灰色晶体为 $BaSO_4$ 结晶，如图 4、图 5、表 4、表 5 所示。

表 3　水样细菌及总铁含量检测结果

样品序号	腐生菌 TGB/(个/ml)	硫酸盐还原菌 SRB/(个/ml)	铁细菌 FEB/(个/ml)	总铁含量/(mg/L)
1	2500	1100	250	21.2
2	450	2500	450	21.9
3	1100	250	450	17.4
4	1100	110	250	22.6
5	4500	1100	450	24.7
6	4500	250	300	29.7

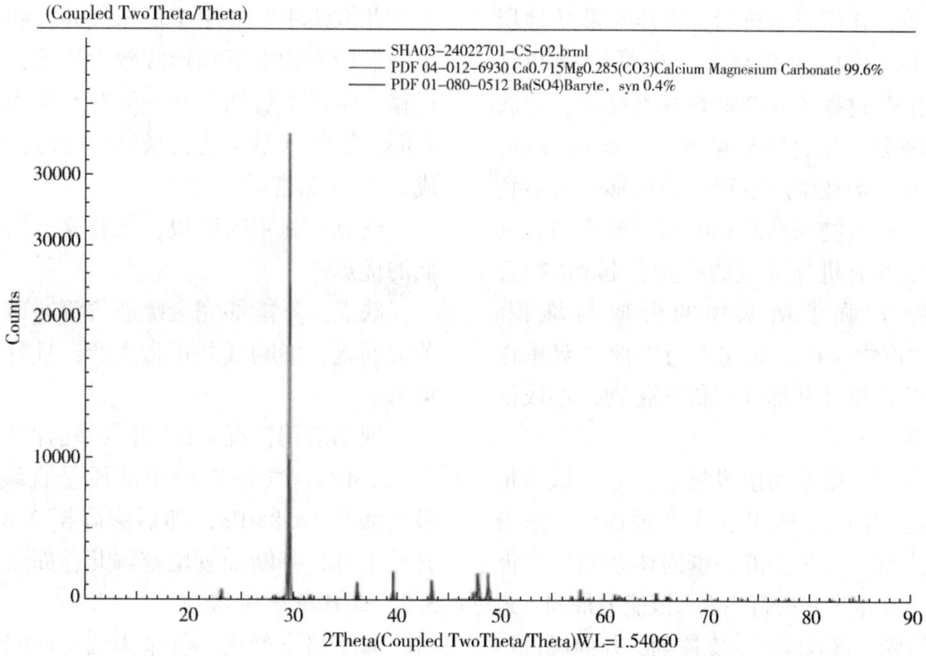

图 4　白色垢样堵塞物 XRD 分析图谱

表 4　白色垢样堵塞物匹配数据

化学式	Wt(%)
Ca0.715Mg0.285(CO_3)	99.6
Ba(SO_4)	0.4

表 5　灰色垢样堵塞物匹配数据

化学式	Wt(%)
Ba(SO_4)	94.8
Ca(CO_3)	5.2

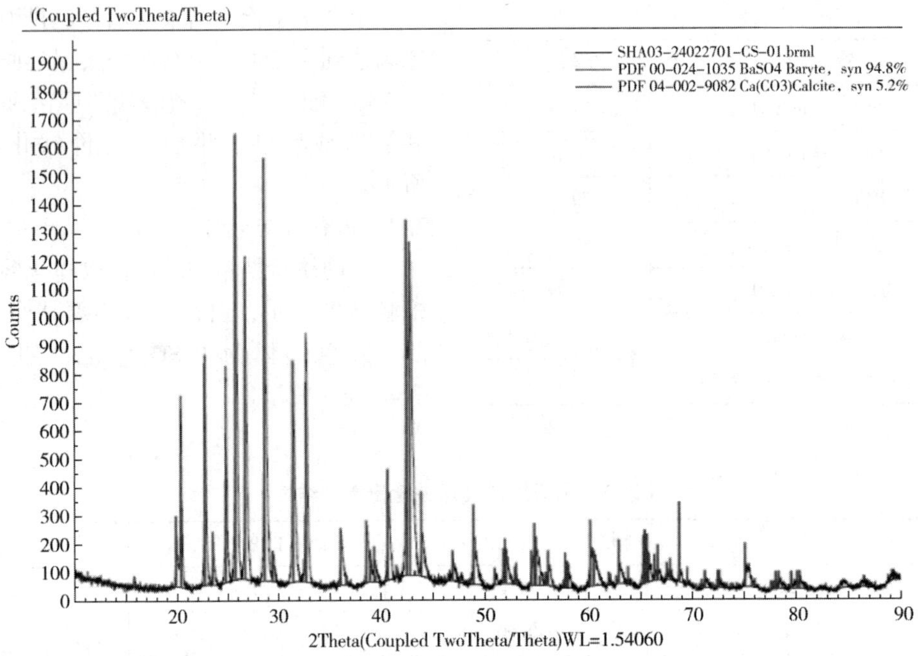

图 5　灰色垢样堵塞物 XRD 分析图谱

2.4　油管堵塞机理分析

通过对现场堵塞物观察和气样、水样、垢样检测分析，认为堵塞物的来源有 3 类。(1)来源地层自身，威远页岩区块储层中含有页岩碎屑、泥质及矿物质，在压裂返排后，被压裂液从地层中带到井筒内。(2)入井材料，在页岩气井钻井、压裂、生产过程中入井材料有支撑剂、金属可溶桥塞、高分子聚合物暂堵剂、表面活性剂、有机酸等，支撑剂在生产过程中的运移、可溶物的二次胶结、有机物在高温和细菌下的产物，其中二次胶结物和有机物反应的产物会起到“粘合剂”的作用，加强了堵塞物的形成与堆积。(3)井筒腐蚀产物，在二氧化碳与细菌的双重作用下，加快井筒腐蚀并形成三价铁化物，形成铁锈类固体杂质。

威远页岩气井堵塞物组成复杂，分析认为形成油管堵塞的原因是：气井在生产过程中，随着产量与压力降低，气井携液和携固体杂质生产能力逐渐减弱，在水平井的斜井段携液能力最弱，最易造成液体滑脱。页岩碎屑、支撑剂、井筒腐蚀产物固体杂质在运移至斜井段时沉积堆积，而低压下析出的 $CaCO_3$、$BaSO_4$结晶、泥质和有机物产物作为“粘合剂”与固体杂质一同形成了油管的堵塞。

3　对策研究与应用

3.1　气举解堵

气举设备：制氮气举车，排量 1000～1200 方/小时，最高压力 35MPa。

施工方式：关井，油管加注少量起泡剂，气举车连接油管，气举憋压至油压突降，随后气举车再连接套管进行油管外排气举。

此方法主要应用于低压气井，利用气举车憋压，在堵塞物上下端形成较大压差，推动堵塞物运移。生产中后期气井一般井底压力在 4～9MPa 之间，制氮气举车达到最高压力时，理论上可形成 5.2～6.2t 推力。

优点：施工组织快，气井复产周期短，费用低的优点。

缺点：不能够完全疏通气流通道，气井仍有节流问题，影响气井正常生产，且容易再次发生堵塞。

现场应用情况：H3 井气举前油压 0MPa，套压 2.2MPa，气举过程中油压呈直线上升趋势，最高涨至 16.8MPa，随后突降至 3.8MPa，套压开始上升，判断油管堵塞解开，如图 6 所示。

3.2　连续油管通堵

对于堵塞严重，气举无法解通的情况，现场采取了连续油管冲砂冲洗和连续油管钻磨两种方式。连续油管通堵技术是将油管和工具下放至堵塞处后，启动高压水力泵车向连续油管内注入高压液体，利用水的冲力和旋转的磨鞋进行解堵。其优点在于能够充分利用油管堵死的情况将水和杂质带出井筒，能够高效快速解决堵塞问题。缺点是费用高、会对油管造成磨损，尤其是有内涂层防腐的油管，会破坏防腐层加剧油管的腐蚀。

现场应用情况：

H4 井油管下深 3404m，堵塞物顶部位置深度 2840. 5m。第一趟使用 Φ38. 1mm 喷头，下至 2840. 5m 启泵冲洗，冲至 2843m，进尺 2. 5m，分析为堵塞段上方松软段，下方较硬冲洗困难；第二趟 Φ 下 38. 1mm 笔尖喷头，冲洗至 2848m，进尺 5m，将冲洗头顶端加工至尖头后，有一定效果；第三趟下 Φ38. 1mm 笔尖喷头，冲洗至 2848. 39m，进尺 0. 39m，新加工笔尖无直接向下水眼，冲洗效果不明显；第四趟下 Φ38. 1mm 笔尖喷头，冲洗至 3315m，进尺 467. 7m，改用单水眼向下笔尖喷头，冲洗效果明显；第五趟下 Φ43mm 磨鞋，钻磨至 3410m，检查磨鞋刀刃两侧有明显磨损，测量磨鞋本体无缩径。

H5 井油管下深 3146m，堵塞物顶部位置深度 2520m。经过 H4 井现场应用总结，使用 Φ45mm 磨鞋一趟完成解堵，该井解堵后产量恢复至 2. 2 万方/天，如图 7、图 8 所示。

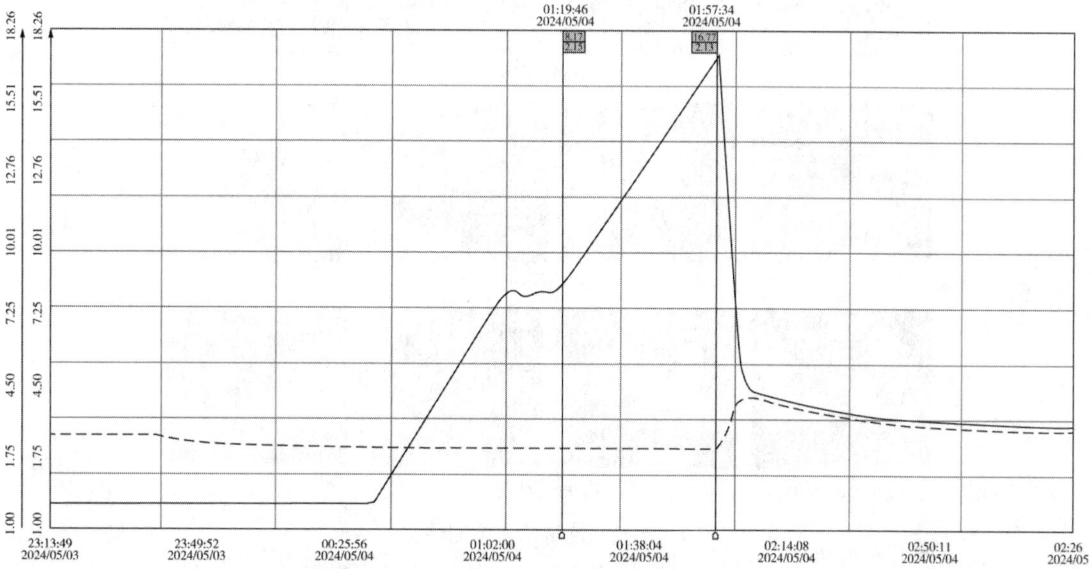

图 6　H3 井 SCADA 系统油套压曲线图

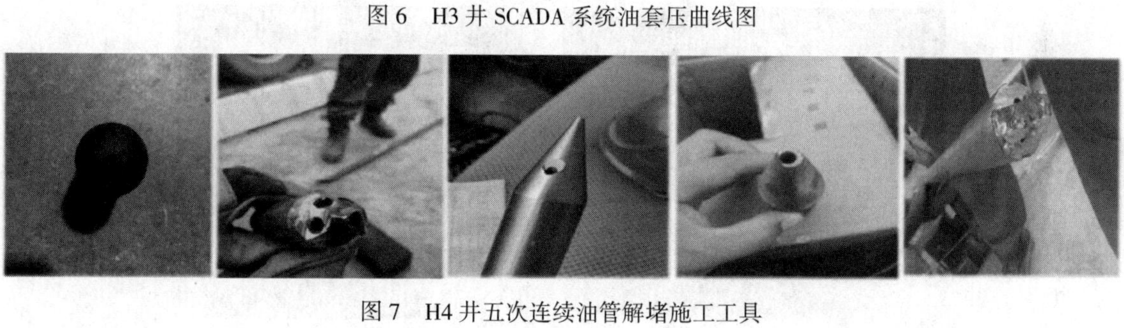

图 7　H4 井五次连续油管解堵施工工具

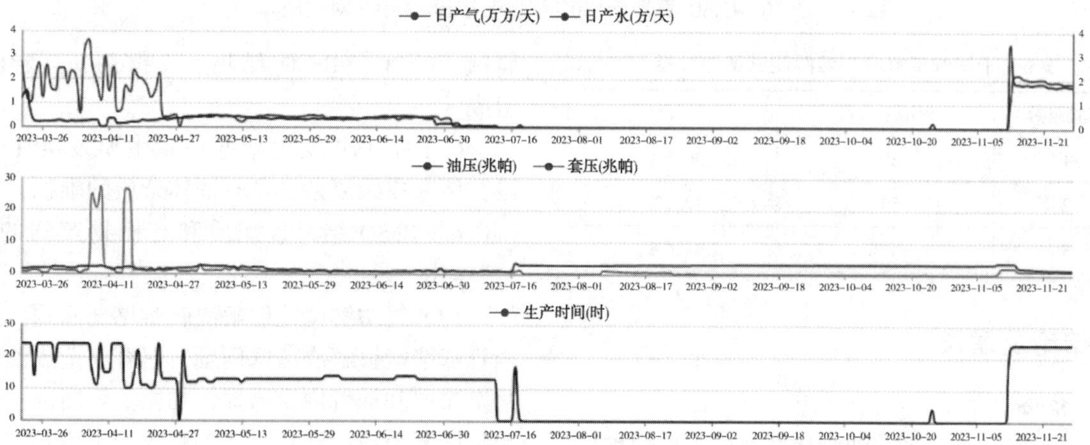

图 8　H5 井生产曲线图

3.3 化学解堵剂

针对 $CaCO_3$&$BaSO_4$结垢和有机物产物造成的堵塞问题，复配聚合物解堵剂并进行室内评价。通过在不同解堵剂浓度下的溶解测试，当药剂浓度达到 10%时，48 小时降解率能够达到 94.6%，同时使用 10%浓度的药剂对 CaSO4 石膏棒进行溶解试验，24 小时后石膏棒明显变细，确定现场加注浓度为 10%。

现场应用情况：H6 井油管下深 3673m，堵塞物顶部位置深度 3591.5m。使用连续油管+φ45mm 磨鞋工具通至 3635m，继续多次钻磨无进尺，加入解堵剂浸泡 24 小时后，钻磨一次通过，如图 9、图 10、表 6 所示。

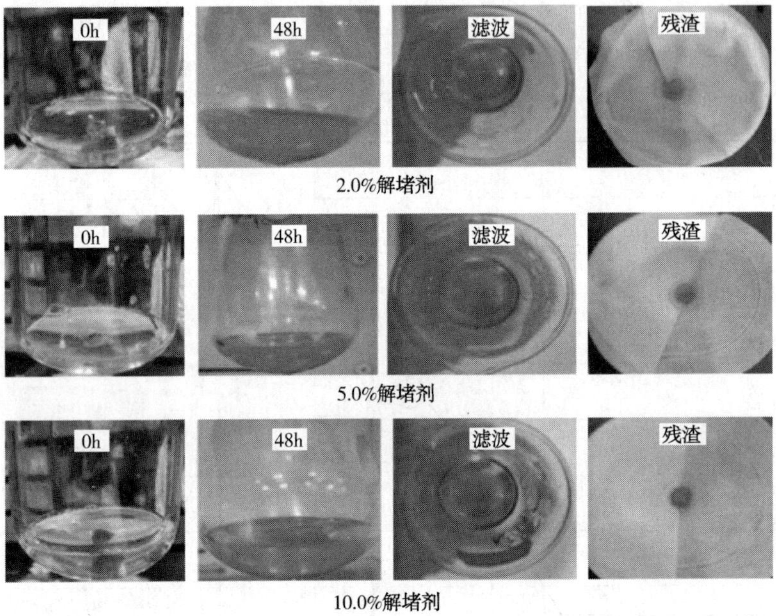

图 9　不同浓度解堵溶解测试实验

图 10　$CaSO_4$石膏棒+10%解堵剂溶解 24 小时对比图

表 6　不同浓度解堵剂溶解测试实验数据

实验组数	解堵剂浓度	降解率
1	2%	36.8%
2	5%	79.1%
3	10%	94.6%

4　结论及建议

4.1 结论

（1）威远页岩气井油管堵塞物的主要由油管腐蚀、$CaCO_3$&$BaSO_4$结垢、支撑剂、页岩碎屑组成。

（2）水平井发生堵塞位置主要发生在斜井段，堵塞成因复杂，既有固体杂质的堆积，也有 $CaCO_3$、$BaSO_4$结晶、泥质和有机物产物的“黏合”作用。

（3）气举解堵能够解决轻微堵塞问题；连续油管解堵能够解决堵塞问题，但容易造成油管内防腐涂层和油管内壁磨损，加剧油管腐蚀；化学剂解堵配合连续油管，能够解决严重堵塞问题。

4.2 建议

页岩气井筒堵塞一旦形成堵死状态，对气井产量影响大，处理难度大、成本高。建议采取预防性措施，在气井生产过程中，加注缓释杀菌剂和解堵剂。一方面防止井筒腐蚀，减少铁锈产物的形成，另一方面避免 CaCO3、$BaSO_4$结晶和有机黏合物的形成。

参考文献

[1] 黎洪珍，刘畅，梁兵，等．气井堵塞原因分析及解堵措施探讨[J]．天然气勘探与开发，2010，33(4)：45-18，94-95.

[2] 罗伟，林永茂，董海峰，等．元坝气田井筒堵塞物清除技术[J]．石油钻探技术，2018，46(5)：109-114.

[3] 胡德芬．气井油管堵塞原因分析[J]天然气勘探与开发，2006，29(1)：37-42.

[4] 张耀刚，吴新民，梁铭，等．其井井筒有机解堵工艺技术的应用[J]．天然气工业，2009，29(2)：95-97.

[5] 王智勇．高压水射流清洗技术及其在管道除垢中的应用分析[J]．石化技术，2019，26(10)：336-337.

[6] 王月，袁曦，王彦然，等．页岩气田细菌腐蚀与控制技术研究及应用[J]．石油与天然气化工，2021，51(5)：75-78.

海上油田化学驱配聚水过滤参数选型及黏度影响研究

张金鹏[2] 王继良[1] 张绪强[2] 白 俊[1] 谢祥恩[1] 孔德钰[2]

(1. 海洋油气高效开发全国重点实验室；2. 中海油能源发展股份有限公司工程技术分公司)

摘 要 在海上油田化学驱实施过程中，保障好配聚水质与聚合物溶液性质稳定是实现“注好聚”的先决条件，而满足注入压力和注入 PV 数是实现“注够聚”的重要措施。

聚合物分子链断裂、卷曲均会导致溶液黏度下降。断裂降解则具有不可逆性，会导致聚合物分子主链断裂加速聚合物溶液黏度下降，而分子链压缩卷曲则具有可逆性，其影响因素主要为矿化度。而与使用化学药剂对生产水进行调质改善聚合物溶液黏度的措施不同，水中悬浮物颗粒会与聚合物产生缠绕现象，也会使得聚合物分子链卷曲抱团，使得溶液黏度度降低。因此，对配液水中的悬浮物颗粒进行精细过滤处理(物理法)，在海上油田实际生产环节也不失为一种低成本的提高保粘率技术措施。

通过优化过滤床结构特性参数(装填高度 L/滤料粒径 d_c)，在定量去除生产水(配液水)中的悬浮物以后，可提升聚合物溶液黏度，解决海上油田聚合物溶液配制过程黏度调控问题，研究为海上平台配液水预处理工艺对化学驱聚合物溶液黏度的影响提供了实验室规模的实践依据。

关键词 配聚水；聚合物溶液黏度；悬浮物；过滤；海上平台

1 配聚水精细处理的研究意义

化学驱目前仍是海上油田提高采收率的一种重要技术手段。“十五五”期间预计在 10 个海上油田实现规模化应用，年度化学驱产量可达到 200 万 t。海上油田化学驱母液配制和混配稀释工艺已进入第三代无罐化(无罐式溶熟)智能速溶分布式配注工艺技术攻关阶段，以满足未来海上油田老平台规模化学驱实施需求和工艺装备升级迭代要求。

随着海上油田“提液稳产”需求的扩大，各种增产措施作业增幅加快，导致产出液性质发生变化，油水破乳分离难度增加，水相含油量增加。随之而来的是常规生产水处理系统对生产水中含油量和悬浮物含量的去除率下降，难以在油田提采措施实施初期(不考虑聚合物返出)稳定供给合格的配聚水，无法有效衔接化学驱提采措施实施和地面生产水达标处理全过程。结合现场实际应用情况来看，相较于传统三段式“斜板-气浮-过滤”处理工艺产出水如图 1 所示，经精细过滤除悬后的生产水所配制的聚合物溶液黏度在注聚系统各节点均有所提高。因此，通过对比分析配聚水过滤处理前后的聚合物溶液黏度变化，可探究过滤除悬预处理对聚合物溶液配制的重要意义。

1.1 配聚水中的悬浮物特征

生产水中含有少量的溶解油、乳化油、分散油和泥质、粉质悬浮固体，悬浮物颗粒会附着在油珠上，油珠也会附着在悬浮物杂质上，形成离散的聚集体，如图 2 所示。SEM 表征分析显示，固体悬浮物杂质以颗粒状和块状为主，其表面表现出黏稠性，如图 3 所示。

2 配聚水过滤除悬模拟试验

由于生产水中的这些杂质颗粒单靠自然沉降的方法很难被去除，海上油田通常采用增加过滤设备的方式，控制生产水中的固体悬浮物总量。

而要达到有效的精细过滤除悬，需要考虑多项工艺参数，包括：滤料种类 & 滤料粒径 dc、过滤器直径 D、过滤器高度 H、滤床的膨胀率 e、滤料充填高度 L、反洗强度 q、滤速 U_F，滤层水头损失 ΔH_f，滤料支撑与布水结构等。

为直观评价过滤除悬效果，通过简化工艺模拟参数条件，围绕过滤床层结构特性-L/d_c比值(滤料充填高度 L/滤料粒径 d_c)”这一核心评价参数，开展工艺模拟试验。

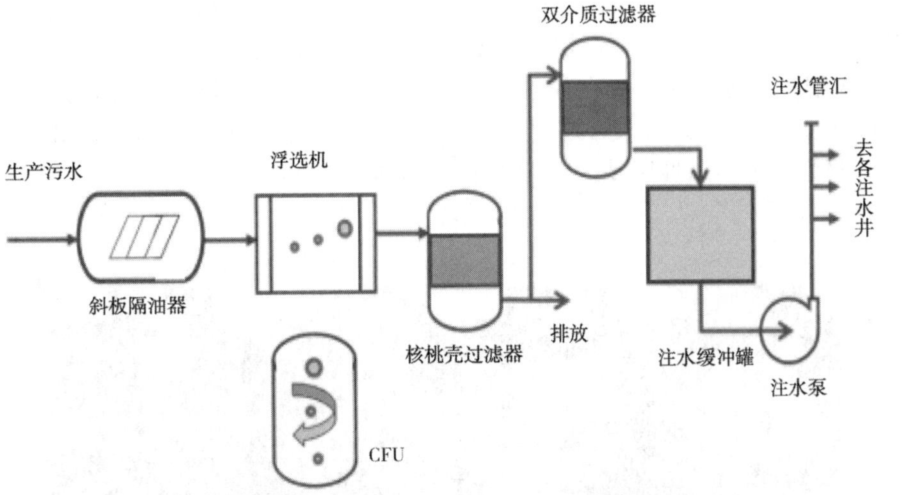

图 1　渤海地区海上平台典型“三段式”生产水处理流程示意图

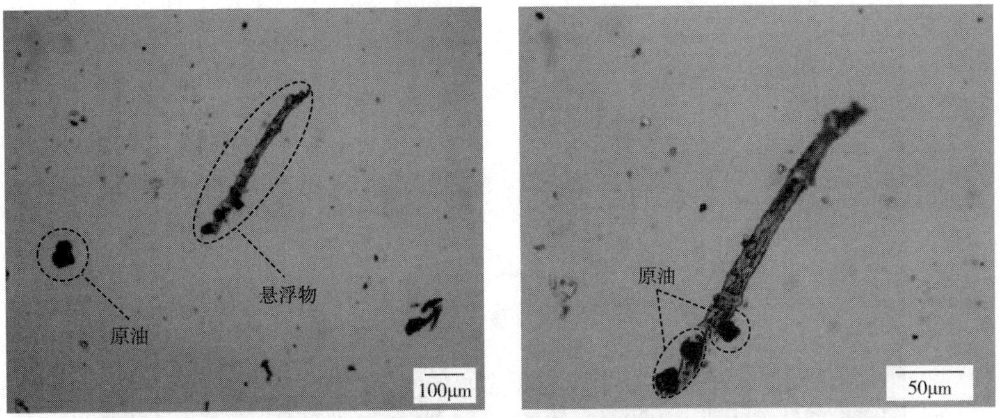

图 2　配聚水(生产水)光学显微镜视图

图 3　悬浮颗粒物扫描电镜图

文献显示，滤床太矮/滤料粒径太粗，容易造成水中悬浮物颗粒摆脱滤料拦截，穿透滤层，滤床太高/滤料颗粒太细，容易造成水中悬浮物颗粒堵塞滤床孔道，造成水头损失增大，过滤周期短。研究表面，区别于上述两种情况，L/d_c比值越高，过滤性能越佳。

（1）试验方法：试验相同材质，相同滤层高度 L，不同滤料粒径 d_c条件下的过滤出水效果。

（2）试验结论：从水质分析测试结果看，使用粒径最小的0#滤料的过滤出水水质效果最佳，如图4所示。

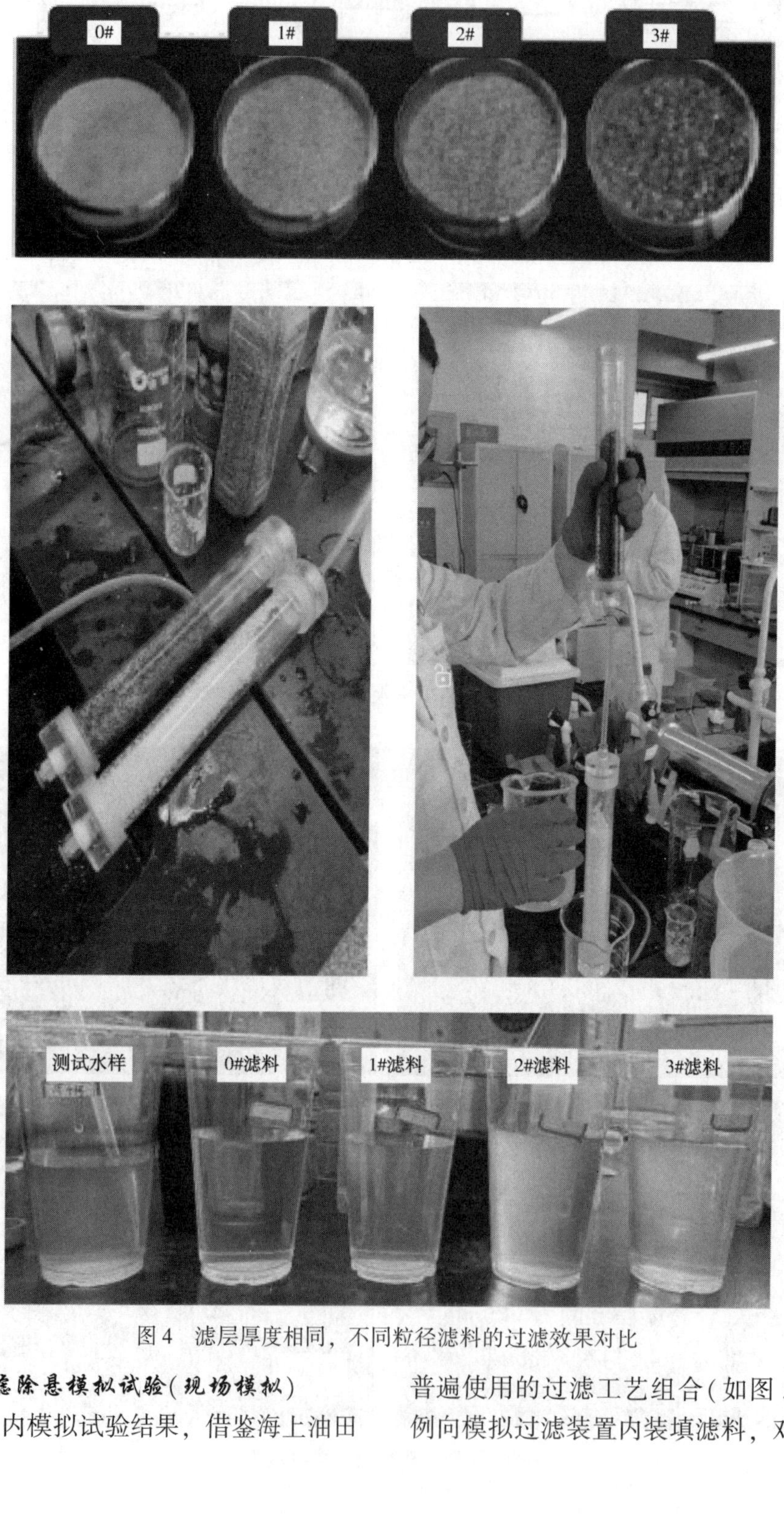

图4　滤层厚度相同，不同粒径滤料的过滤效果对比

2.1　配聚水过滤除悬模拟试验(现场模拟)

依据上述室内模拟试验结果，借鉴海上油田普遍使用的过滤工艺组合(如图5所示)，按比例向模拟过滤装置内装填滤料，对海上油田生产

水(配聚水)进行除悬效果模拟评价。开展连续运行试验，每间隔 1h 取样一次，模拟南海东部油田某平台现场双介质过滤器所采用的“无烟煤+石英砂”滤料装填组合，如图 6 所示，使用便携式水质检测仪测定模拟过滤装置进/出口悬浮物含量的变化，如图 7、图 8 所示。

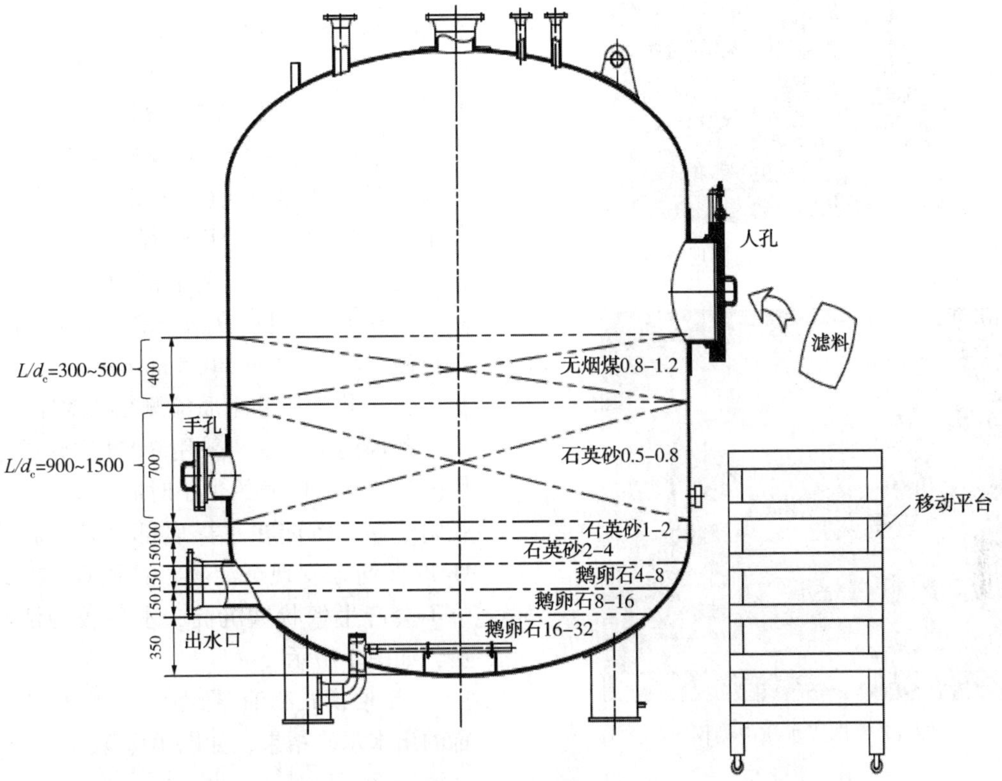

图 5　双介质过滤器滤料装填厚度和滤料粒径推荐示意图

图 6　滤料装填组合模式

2.1.1　过滤床层结构 1#试验

(1) 无烟煤滤料(L/d_c比值 = 10cm/0.5mm = 200)；

(2) 石英砂滤料(L/d_c比值 = 10cm/0.5mm = 200)；

(3) 模拟装置通量：65L/h，滤速 = 7.2m/h；

(4) 水源条件：过滤模拟装置的入水悬浮物固体含量约为 50mg/l。

备注：通水量为 65L/h，过滤模拟装置直径为 110mm，计算截面积 $= \frac{1}{4} \times \pi \times R^2$，即 0.25×3.14×0.11^2 = 0.009m^2。可推算滤速 = 0.08/

0.009 = 7.2m/h。

图 7　过滤模拟工艺装置油田现场试验

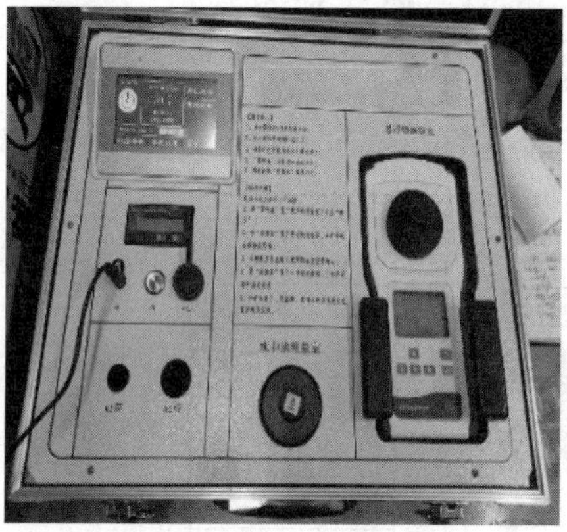

图 8　便携式水质检测仪

2.1.2　过滤床层结构 2#试验

将滤床的 L/d_c 比值提高一倍（由 200 提高到 400），采用两级过滤模拟装置串联应用模式（无烟煤：L/d_c = 20cm/0.5mm = 400，石英砂：L/d_c = 20cm/0.5mm = 400），保持滤料粒径不变，将滤料床层厚度增加 1 倍，其他参数保持不变。

2.1.3　过滤床层结构 3#试验

鉴于进一步降低无烟煤滤料粒径，在实际生产应用时将增加损耗（反洗时容易漏失），遂调整上层滤床组成，选用粒径为 0.2mm 的无机碳化硅滤料（1#滤料），将上部滤床的 L/d_c 比值提高至 1000（1#滤料：L/d_c = 20cm/0.2mm = 1000，石英砂：L/d_c = 20cm/0.5mm = 400）。

2.1.4　3 组试验的水质检测结果对比

现场测试发现，采用 3#过滤床层结构处理后的生产水，除开始半小时取样发现有少量颗粒脱附滤床，沉淀在水样底部之外，后续每间隔 1h 取样均未发现沉淀物，且放置 12h 以上，水中不会产生絮状铁沉淀，水色较为清澈，不发黄，如图 9 所示。

经“便携式测油/悬浮物检测仪”得到模拟装置的出水水质结果，如图 10、表 1 所示。

图 9　过滤模拟工艺装置出水取样效果示意图

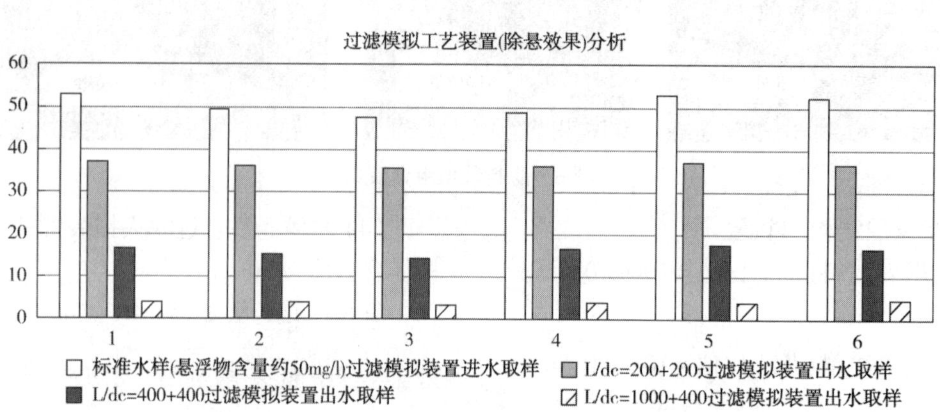

图 10　过滤模拟工艺装置出水水质检测结果对比柱状图

表 1　不同床层结构下的过滤出水水质检测结果

标准水样(悬浮物含量约 50mg/L)	L/dc = 200+200	L/dc = 400+400	L/dc = 1000+400
过滤模拟装置进水取样悬浮物含量(mg/L)	过滤模拟装置出水取样悬浮物含量(mg/L)	过滤模拟装置出水取样悬浮物含量(mg/L)	过滤模拟装置出水取样悬浮物含量(mg/L)
52.9	37.4	16.2	4
49.4	36.6	15.4	4.3
47.9	35.8	14.6	3.9
48.7	36.3	16.8	4
53	37.2	17.8	3.9
52.5	36.8	16.7	4.6

2.1.5　试验结论

过滤精度取决于滤床的 L/dc 结构形式，滤料粒径由 0.5mm 降低至 0.2mm，过滤精度显著减小，能够阻截更多细小悬浮物颗粒，使得悬浮总含量降低，而提高 L/dc 比值较容易使过滤效率达标。

3　固体悬浮物含量对配制聚合物的影响

3.1　含不同悬浮物浓度的聚合物目标液的配制

依据渤海某油田生产水水质全分析结果，如表 2 所示，通过质量浓度换算成摩尔浓度，再转化为溶剂质量，溶于去离子水，配制成模拟水(暂不含悬浮物)。

依据上文中渤海某油田生产水现场除悬试验所列悬浮物含量梯度(50mg/L&30mg/L&15mg/L)进行试验设计。为便于观察悬浮物浓度变化趋势对聚合物黏度的影响，对聚合物含量梯度范围进行放大，设计加入浓度梯度为：0、15、30、50、100、200、500mg/L。准确称量计划溶入的悬浮物量后，在搅拌条件下，将悬浮物小心加入准确称量的模拟水中，搅拌 60min，配成模拟生产水(配聚水)，然后准确称量聚合物母液，小心加入上述含悬浮物的配聚水中，搅拌 30min 以上，得到含悬浮物的聚合物目标液。

3.2　不同悬浮物浓度的聚合物目标液黏度测定

将浓度为 5000mg/L 的聚合物母液稀释成 1500、2000 和 2500mg/L 的三种浓度聚合物母液。根据最终聚合物目标液的体积以及聚合物浓度和悬浮物的浓度，计算好所需的聚合物母液的量、悬浮物的量、以及需要加入模拟水的量。

使用 BROOKFIELD DV-Ⅱ+黏度计在 60℃条件下对各目标液进行黏度测定，如表 3 所示。

表 2　渤海某油田生产水水质全分析结果

钠离子	钾离子	镁离子	钙离子	氯离子	硫酸根离子
1076.84mg/L	37.92mg/L	36.55mg/L	52.97mg/L	1051.14mg/L	57.54mg/L
碳酸盐(以 CaO 计)	重碳酸盐(以 CaO 计)	总碱度(以 CaO 计)	pH 值(25℃)	密度(20℃)	总铁
43.59mg/L	458.12mg/L	525.3mg/L	8.27	1.00152g/cm3	0.12mg/L

表 3　不同悬浮物含量下聚合物溶液的黏度数据(温度 60℃，0 号转子，6r/min)

聚合物浓度/(mg/L)	悬浮物浓度/(mg/L)						
	0	15	30	50	100	200	500
1500	10.8	11.5	11	9.8	9.6	9	8.8
2000	20.4	20.9	20.8	20.1	19.9	19.7	18.2
2500	32.5	31.1	31.6	31.6	29.9	28.8	27.4

从表 3 中的数据和图 11 可以看出，悬浮物的存在对聚合物溶液的黏度具有不利的影响，随着悬浮物含量的增大，聚合物溶液的黏度呈下降趋势，且聚合物目标液的浓度越高，受到的影响

越大。同时，科研文献显示，生产水中的悬浮物会使聚合物分子发生絮凝沉降(静电吸附和氢键吸附)，造成溶液黏度降低。因此，应尽可能除掉污水中的悬浮物。

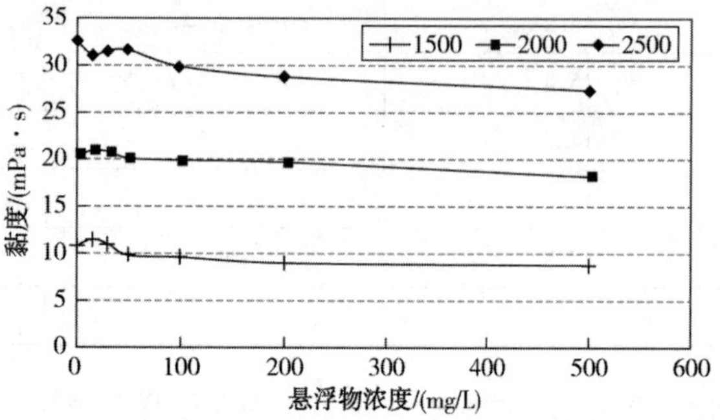

图 11　悬浮物含量对配制聚合物溶液黏度的影响

4　结论与建议

聚合物溶液的黏度受到多方面的影响，如矿化度、温度、溶解氧、细菌、含硫、含铁等。通过借鉴油水分离现场试验结果，在实验室和油田现场开展模拟测试，主要考察使用过滤法进行固体悬浮物去除的参数选型试验结果，以及使用不同含量悬浮物配聚水进行聚合物母液稀释后的黏度影响。

实验结果表明：聚合物目标液的黏度随着固悬物的含量增加，聚合物溶液黏度呈下降趋势，需要使用过滤等预处理工艺对配聚水进行达标处理，以满足油田提采措施实施初期配聚用水需求。

参　考　文　献

[1] 束宁凯．化学驱聚合物溶液配注工艺技术及矿场应用效果[J]．石油学报，2022，43(5)：669-679

[2] 冯世德．大庆油田聚合物溶液黏度控制因素研究[J]．东北石油大学，2013，：-

[3] 吴晓燕．含聚污水配制聚合物溶液的影响因素实验研究[J]．广东化工，2014，41(289)：51-53

[4] 李可．油田滤床结构过滤效能响应分析及模拟[J]．东北石油大学，2022，：-

[5] 敬晓海．适应聚合物驱的油田污水水质及其处理技术研究[J]．西南石油大学，2019，：-

深层致密砂砾岩老井体积改造工艺应用-以 S1-X3 井为例

张金航　张　迪　赵东亮

（大庆钻探工程有限公司）

摘　要　针对 S1-X3 井投产后油套压差大、产量下降快、采出程度低状况，结合储层动、静态特征，以及与措施邻井对比评价开采井段未措施及未动用井段增产潜力。综合分析表明 S1-X3 井泉头组未动用，登娄库组未压裂，增产潜力大。采用精细分层、体积压裂工艺，提高裂缝的波及体积，采用多粒径组合支撑剂，实现裂缝纵向上的有效支撑，可有利保证措施效果。

关键词　潜力分析；治理对策；效果评价

1　气井概况

S1-X3 井是位于松辽盆地东南断陷区徐家围子断陷升平构造上的一口开发井，2013 年 9 月完钻，完钻井深 2977m，本井深层自上而下依次钻遇泉头组二、一段，登娄库组，火石岭组（未穿）。目的层以登娄库组储层为主，兼顾泉头组气层。钻遇的泉头组、登娄库两套层系 25 个气层，岩性为粉砂岩，钻遇含气层厚度 84. 8m，有效厚度 45. 3m（气层 20. 3m，差气层 25. 0m）。2014 年对登楼库组 18 个层，进行射孔投产，其中气层 5 个，含气层厚度 16. 4m，有效厚度 11. 4m，差气层 7 个，含气层厚度 26. 6m，有效厚度 16. 7m，差气界限层 6 个，厚度 15. 8m。

S1-X3 井天然气甲烷平均含量 94. 8%，二氧化碳平均含量 0. 13%，不含硫化氢，为明显干气特征。历次水组分化验数据表明，氯根含量平均 888. 7mg/L，矿化度平均 4667mg/L，水型为重碳酸钠型，不产地层水，如表 1 所示。

表 1　S1-X3 井登娄库组射孔投产气层基本数据

解释序号	小层编号	井段/m	厚度/m		孔隙度/%	渗透率/mD	含水饱和度/%	测井解释结果	录井解释结果	综合解释结果
			测井厚度	有效						
92	K1d4	2677. 8~2683. 4	5. 6		8. 4	0. 07	94	差气界限	差气界限	差气界限
98	K1d3	2726. 0~2729. 2	3. 2	0. 8	8. 7	0. 23	93	差气界限	差气界限	差气层
99	K1d3	2734. 4~2738. 8	4. 4	2. 4	11. 8	4. 88	54	气层	差气层	气层
100	K1d3	2741. 4~2742. 4	1. 0	0. 6	6. 4	0. 01	63	差气层	差气层	差气层
102	K1d3	2754. 0~2761. 2	7. 2	4. 8	9. 9	2. 72	62	差气层	差气层	差气层
103	K1d3	2764. 4~2768. 0	3. 6		8. 2	0. 26	95	差气界限	差气层	差气界限
104	K1d3	2772. 0~2774. 2	2. 2		7. 7	0. 03	95	差气界限	差气层	差气界限
107	K1d3	2783. 2~2784. 0	0. 8		4. 8	0. 01	92	差气界限	差气界限	差气界限
108	K1d3	2784. 6~2788. 2	3. 6	2. 7	9. 9	0. 45	45	气层	气层	气层
110	K1d2	2804. 4~2806. 6	2. 2	1. 7	9. 6	3. 45	51	气层	差气层	气层
111	K1d2	2811. 4~2818. 2	6. 8	4. 1	9. 4	1. 01	71	差气层	差气层	差气层
112	K1d2	2827. 6~2832. 6	5. 0	4. 2	9. 6	4. 67	67	差气层	差气层	差气层
114	K1d2	2843. 4~2844. 4	1. 0		4. 6	0. 04	100	干层	干层	差气界限

续表

解释序号	小层编号	井段/m	厚度/m		孔隙度/%	渗透率/mD	含水饱和度/%	测井解释结果	录井解释结果	综合解释结果
			测井厚度	有效						
115	K1d2	2850.0~2852.6	2.6		9.8	0.19	95	差气界限	差气界限	差气界限
118	K1d2	2869.4~2872.2	2.8	2.6	11.6	0.21	52	气层	差气层	气层
119	K1d2	2876.0~2878.2	2.2	1.5	9.5	2.06	65	差气层	差气层	差气层
120	K1d2	2895.0~2898.4	3.4	2.0	12.2	4.86	53	气层	差气层	气层
121	K1d2	2901.8~2903.0	1.2	0.7	9.1	0.78	63	差气层	干层	差气层
合计			58.8	28.1						

2 潜力评价

2.1 静态资料综合分析，评价开采井段原始潜力

S1-X3 井井区三维地震 T3-1 构造图、T3-2 构造图高精度解释表明，S1-X3 井位于四级构造优势区。钻遇的泉头组、登娄库两套层系 25 个气层，登娄库组岩性为灰色粉砂岩，综合解释含气层 18 层，有效厚度 28.1m，其中气层 5 层，有效厚度 11.5m，孔隙度分布在 4.6%~12.2% 之间。泉头组岩性为灰色粉砂岩，综合解释含气层 7 层，厚度 26m，孔隙度分布在 8.3%~12.7%之间。2013 年只有登娄库组试气射孔直接投产，未压裂，泉头组未动用，措施增产潜力大，如图 2、表 2 所示。

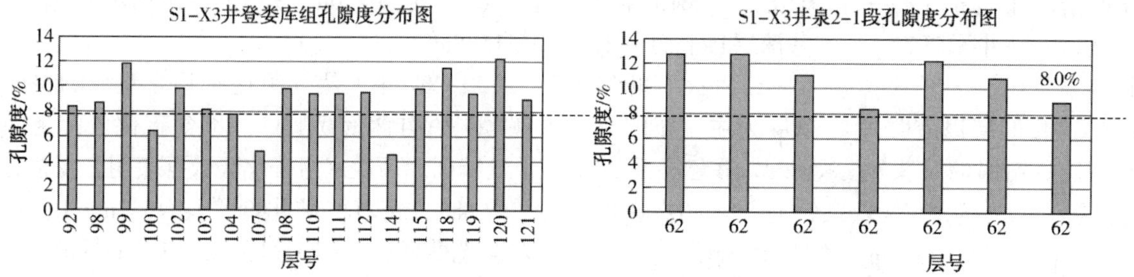

图 2 S1-X3 井登娄库小层综合指标柱状图

表 2 S1-X3 井钻遇层位统计表

层位	岩性	解释厚度/层数/m	气层厚度/层数/m	差气层厚度/层数/m	有效厚度/m	孔隙度范围/%
登娄库组	灰色粉砂岩	58.8/18	16.4/5	26.6/7	28.1	4.6~12.2
泉头组	灰色粉砂岩	26.0/7	11.0/2	15.0/5	17.2	8.3~12.7

2.2 动态资料综合分析，评价开采井段剩余潜力

S1-X3 井投产后压差大、产量下降快、采出程度低 5.7%，与同构造内未压裂邻井相比，采出程度低，稳产时间短，剩余潜力大。

S1-X3 井 2014 年 10 月 16 日投产，初期油压 5.9MPa，套压 6.0MPa，日产气 $1.8\times10^4m^3$，日产水 $1.7m^3$，生产过程中油套压差大，产量下降较快。目前油压 6.2MPa，套压 10.0MPa，日产气 $0.06\times10^4m^3$，日产水 $0.1m^3$，累计产气 $575\times10^4m^3$，累计产水 $588m^3$，采出井控储量 $1.01\times10^8m^3$ 的 5.7%。

S1-X3 井目前日产气 $0.06\times10^4m^3$，日产水 $0.1m^3$，不产地层水，与已措施邻井 S1、S1-1 井措施前生产情况对比，S1-X3 井产水量不大。两口邻井措施后产水不同程度上升，分析主要原因是措施储层存在气水同层，含水饱和度较高。而 S1-X3 井泉二段及以下储层未解释水层或气水同层，措施层段含气饱和度在 29%~55%，平均 39%，认为压裂后产水量会有所增加，但产水规模不大，如表 4 所示。

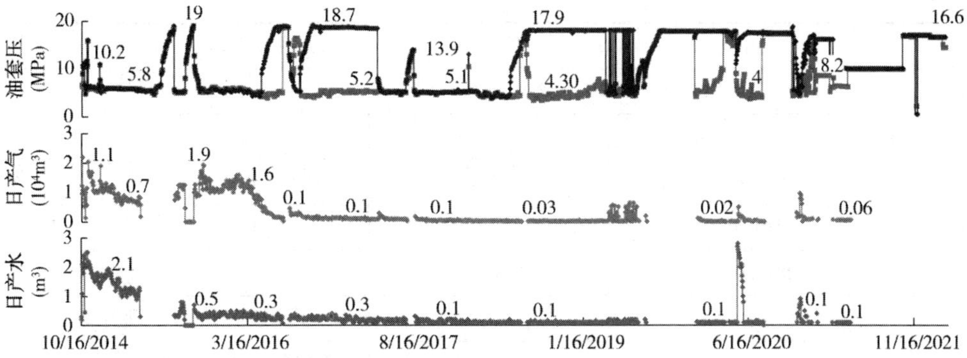

图 3　S1-X3 井生产动态图

表 3　S1-X3 井邻井生产情况表

井号	开采层位	投产时间	初期			目前(202203)			井控储量/10^8m^3	累计产气/10^8m^3
			地层压力/MPa	日产气/10^4m^3	日产水/m^3	地层压力/MPa	日产气/10^4m^3	日产水/m^3		
S1(压裂)	泉 1+登 2	199601	27.58	2.5	0.05	16	2.9	3.5	4.01	2.01
S1-1	泉 1+登 3+登 4	200810	26.47	1.6	2.5	17.1	0.15	3.5	0.90	0.31
S1-4	登 2+登 3	201411	26.27	2.0	0.17	21.34	—	—	0.51	0.12
S1-X2	泉 1+登 2+登 3+登 4	201410	23.05	2.5	0.26	17.19	0.8	0.9	1.58	0.42

表 4　S1、S1-1 井措施前后水气比变化对比表

井号	压前			压后			水气比变化	水气比增加倍数
	日产气/10^4m^3	日产水/m^3	水气比/($m^3/10^4m^3$)	日产气/10^4m^3	日产水/m^3	水气比/($m^3/10^4m^3$)		
S1	2.5	0.18	0.07	4.60	4.80	1.04	0.97	14.49
S1-1	0.6	3.70	6.17	3.60	90.00	25.00	18.83	4.05
平均	1.55	1.94	3.12	4.10	47.40	13.02	9.90	9.27

2.3　同井区邻井综合分析，综合评价开采井段未措施及未动用井段增产潜力

S1-X3 井同区块邻井 S1 井于 2000 年 11 月开展补孔压裂，措施后日产气 $4.5\times10^4m^3$，平均日增气 $2.0\times10^4m^3$，新增井控储量 $1.32\times10^8m^3$，措施后累计产气 $1.75\times10^8m^3$，总累计产气 $2.01\times10^8m^3$，目前日产量仍稳定在 $3\times10^4m^3$ 以上，实现了长期稳产，如表 5、表 6 所示。

表 5　S1 井措施效果表

井号	措施时间	压前			压后			平均日增气/10^4m^3	井控储量/10^8m^3	新增储量/10^8m^3	措施后累计产气/10^8m^3
		油压/MPa	日产气/10^4m^3	日产水/m^3	油压/MPa	日产气/10^4m^3	日产水/m^3				
S1	2000.8	9	2.5	0.18	12	4.5	4.8	2.0	3.5	1.32	1.75

表 6　S1 井 2000 年补孔压裂层基本情况

层位	井段/m	厚度/m	孔隙度/%	备注
$K_1q_1$54	2427.4~2432.4	5	13	补孔、压裂
$K_1q_1$55	2473.6~2478.8	5.2	13	补孔

续表

层位	井段/m	厚度/m	孔隙度/%	备注
K_1d_456	2515.6~2519.8	4.2	11	补孔、压裂
K_1d_381	2778.6~2785.0	6.4	12	压裂
K_1d_286	2820.6~2824.2	3.6	12	压裂
K_1d_288	2839.0~2842.8	3.8	11	补孔、压裂
K_1d_296	2878.0~2881.4	3.4	7	补孔、压裂
合计		31.6		
平均			11.3	

S1-X3井与S1井对比，均发育泉头组和登娄库组，从厚度上看，S1登娄库要优于S1-X3井，泉头组则S1-X3井相对厚一些。

孔渗条件对比表明，S1-X3井泉头组的潜力层中，与S1井54-56号层对比，70、78号层物性与S1井的54、55号层相当，厚度相当，但含气性明显好于54、55号层。其次为80、71号层。预计本井泉头组的产量高于S1井，如图4、表7所示。

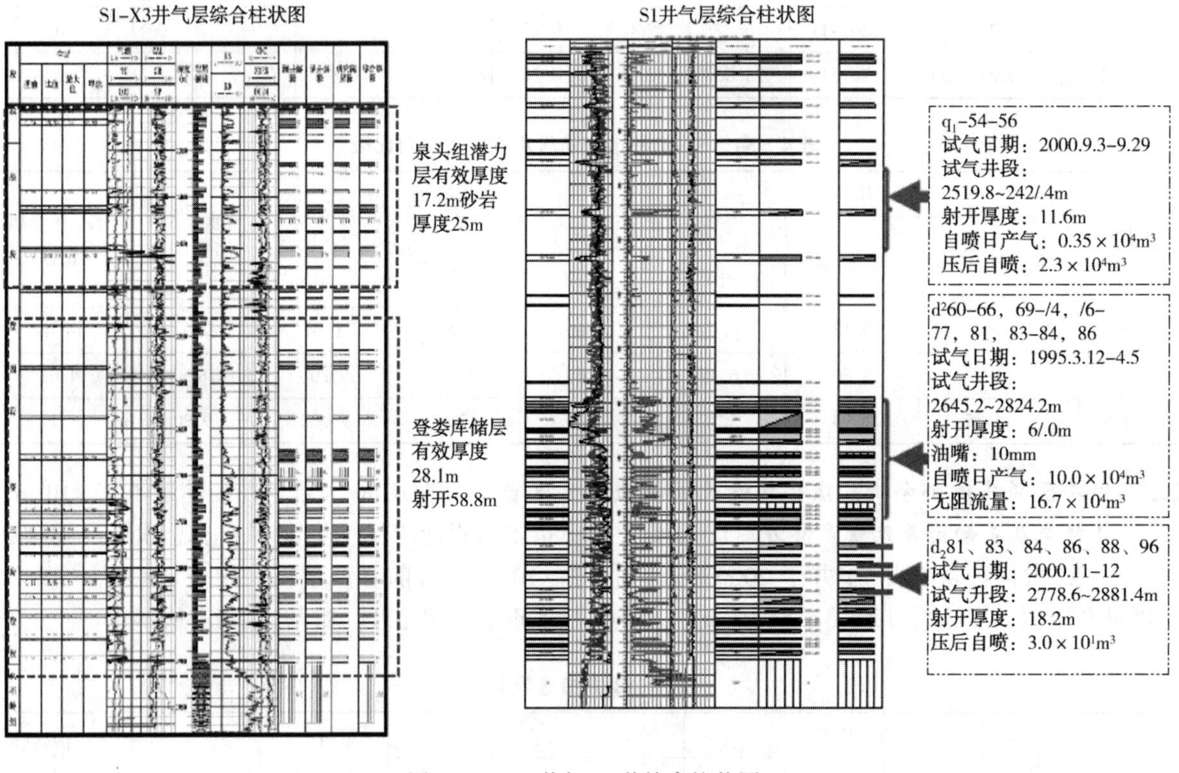

图4 S1-X3井与S1井综合柱状图

表7 S1-X3井和S1井泉头组油层对比表

井号	层位	层号	厚度/m	孔隙度/%	电阻率/(Ω·m)	中子/%	密度/(g/cm^3)	中子-密度差值(p.u.)	试气结论
S1	q1	54	5	13	95	13.5	2.39	2.26	压后：2.3万
	q1	55	5.2	13	125	11	2.43	2.33	
	q1	56	4.2	11	90	10	2.46	1.52	

续表

井号	层位	层号	厚度/m	孔隙度/%	电阻率/(Ω·m)	中子/%	密度/(g/cm^3)	中子-密度差值(p.u.)	试气结论
S1-X3	q2	62	6.4	12.7	40.20	12.0	2.45	0.12	待试
	q2	70	4	12.7	38.11	12.1	2.39	3.76	
	q2	71	1.8	11	80.48	11.7	2.44	1.17	
	q2	77	1.6	8.3	138.48	10.1	2.47	0.63	
	q1	78	7	12.4	94.10	9.1	2.41	5.67	
	q1	80	3.2	10.9	92.63	12.1	2.43	1.25	
	q1	84	2	8.8	87.10	9.9	2.47	1.01	

S1-X3井登娄库组潜力层(92-121号层)与S1井测试层相比较，99、102、108、110、112、118、120等7个小层的物性和含气性与S1井主力气层相当，但在厚度上，远小于S1井。

综合分析认为S1-X3井本井泉头组未动用，登娄库组未压裂，具备增产潜力，如图5、图6所示。

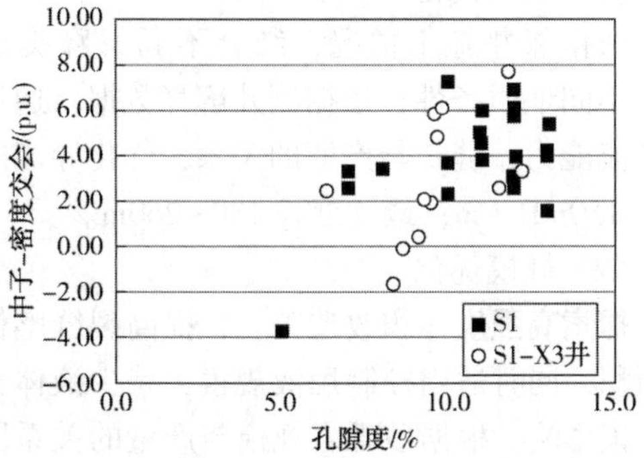

图5 登楼库组气层品质判别图版

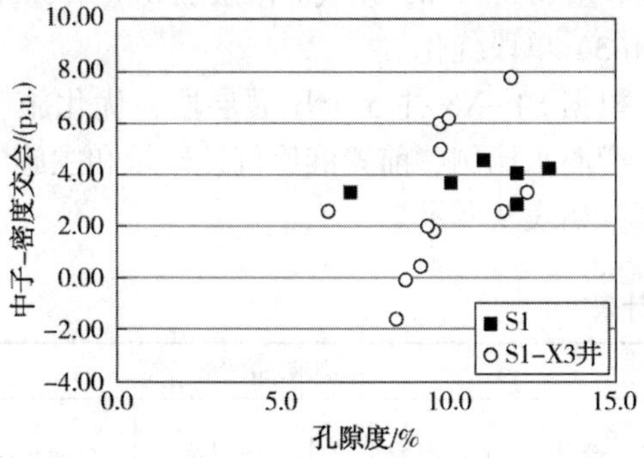

图6 登楼库气层识别图版

3 工艺优化

针对S1-X3井措施前低压、低产(600方/天)、多层的难点，结合储层特征，采用精细分层、体积压裂工艺，提高裂缝的波及体积，采用多粒径组合支撑剂，实现裂缝纵向上的有效支撑，如表8所示。

表8 低效井储层改造方案制定思路

存在问题	技术对策
薄厚不均，纵向多层发育，纵向非均质性强	纵向上精细化分层改造
储层孔渗条件差，基质自然导流能力差，常规压裂裂缝波及范围有限	大规模体积压裂，扩大裂缝波及体积，沟通远端气源
微裂缝不发育、不易形成复杂缝网	滑溜水尽可能造复杂缝，冻胶携砂，提高压后导流能力
区块气井压后普遍产水，目的层与下部气水同层纵向距离小	优化射孔位置(偏上部射孔)，控制裂缝延伸高度。

3.1 压裂方案优化

S1-X3井登娄库组潜力层(92-121号层)与S1井测试层相比较，99、102、108、110、112、118、120等7个小层的物性和含气性与S1井主力气层相当，但在厚度上，远小于S1井。

(1) 分段方案优化

根据储层隔层遮挡、气层发育等情况，对补孔泉头组62-84号层后的25个含气层，优化压裂5段，其中已射孔登娄库优化3层，补孔泉头组优化2层。

(2) 管柱优化

优化采用3½压裂完井一体化管柱，坐压5层，压后直接投产。

(3) 排量优化

按照地面施工限压70MPa，结合S10井登娄库组停泵压力梯度1.75MPa/100m，优化本井施工排量5.0~7.0m^3/min，如图7所示。

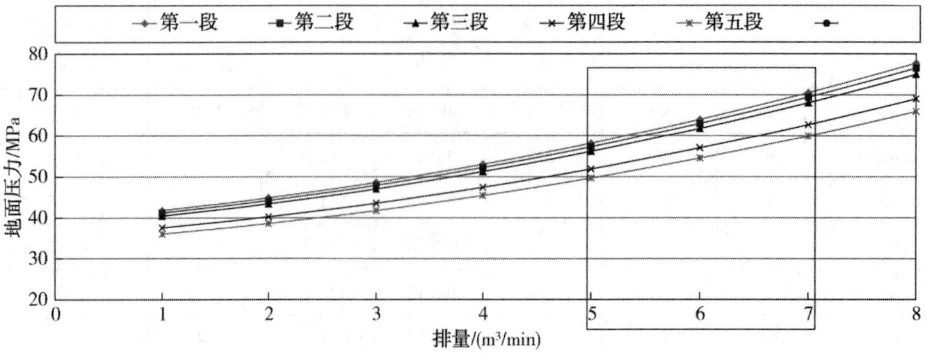

图7　S1-X3井预测地面压力

（4）压裂液优选

S1-X3井实测地层温度107.7℃/2620m，折算到气层中部温度为113.66℃/2790.4m，优选120℃压裂液体系，前置滑溜+压裂液携砂。

压裂液配方为基液：0.4%JK-1003胍胶；交联剂：10%交联剂JK-06+15%促进剂JK-07+5%黏土稳定剂JK-05，交联比50比1。

滑溜水配方：0.1%减阻剂XY-205+0.2%黏土稳定剂XY-17+0.2%助排剂XY-207。

（5）支撑剂优选

计算本井闭合应力40～53MPa，28MPa20/40目4.88kg/m² 铺置浓度下，石英砂在40MPa情况下，导流能力约为8μm²·cm，导流能力随时间延长还将进一步下降。按照S1井开采情况，预计本井的生产周期在十年以上，为保障其长期的导流能力优选陶粒作为本井的支撑剂。

（6）暂堵剂优选

暂堵球（直径15～19mm），在13mm和15mm的球座上，反复加压70～73MPa压力条件下进行了抗压测试，暂堵球无变形和破碎现象，满足封堵要求。

（7）增能助排方面

中联煤层气公司临兴区块致密气井属于低压、低渗致密气藏，地层压力系数在0.85～1.07之间，统计区块95口井气井均采用氮气伴注（4%～7%），但实现自喷产气的占13.7%，压力系数基本都在0.98以上，氮气伴注对激活压力系数0.95以下的储层难度较大。

3.2　压裂规模优化

（1）缝长优化

根据邻井施工情况，结合不同解释类型储层、不同地质条件，依据测井解释数据，通过模拟导流能力、缝长与产能的关系，优化导流能力100～150mD·m；最优缝长180～260m。

（2）规模优化

探索高强度体积改造工艺，提高裂缝整体控制面积，同时适当控制用液规模，减少液体伤害及水锁影响。根据砂砾岩规模与产量的关系图版优化加砂规模。其中气层加砂量6.0m³/m，差气层加砂量5.0m³/m，差气界限层加砂量4.0m³/m。

（3）单段优化

根据S1-X3井5个压裂层段，优化施工排量、滑溜水比例、前置液比例、砂量和主施工液量等，如表9所示。

表9　施工规模统计表

段数	施工排量/（m³/min）	支撑剂量/m³			压裂液/m³			
		70-140粉砂	40-70目69MPa陶粒	30-50目69MPa陶粒	合计	滑溜水	压裂液	总液量/m³
第一段	4.0~6.0	2	42	16	60	100	550	650
第二段	4.0~6.0	2	51	17	70	100	615	715
第三段	4.0~6.5	2	75	28	105	150	940	1090
第四段	5.0~7.0	2	56	22	80	100	645	745
第五段	5.0~7.0	2	50	18	70	100	600	700
合计		10	274	101	385	550	3350	3900

通过对目的层的应力、密度、岩性和含气性评价，按照重点层位重点改造的理念，采用层间暂堵多裂缝压裂，将7个气层15个差气层优化为5段11簇，设计液量3900m^3，设计砂量385m^3。

4 措施效果

优质高效完成5层11缝施工，取得较好的效果。14mm油嘴，测试产量5.5×10^4m^3/d，无阻流量11.1×10^4m^3/d，预计可增气3000~5000×10^4m^3，如图8所示。

5 几点认识

（1）利用静态资料分析评价开采井段原始潜力，动态资料分析评价开采井段剩余潜力，动、静结合综合评价开采井段未措施及未动用井段增产潜力，精准识别措施潜力层位；

（2）针对S1-X3井措施前低压、低产（600m^3/d）、多层的难点，结合储层特征，采用精细分层、体积压裂工艺，提高裂缝的波及体积，采用多粒径组合支撑剂，实现裂缝纵向上的有效支撑，取得较好的措施效果。

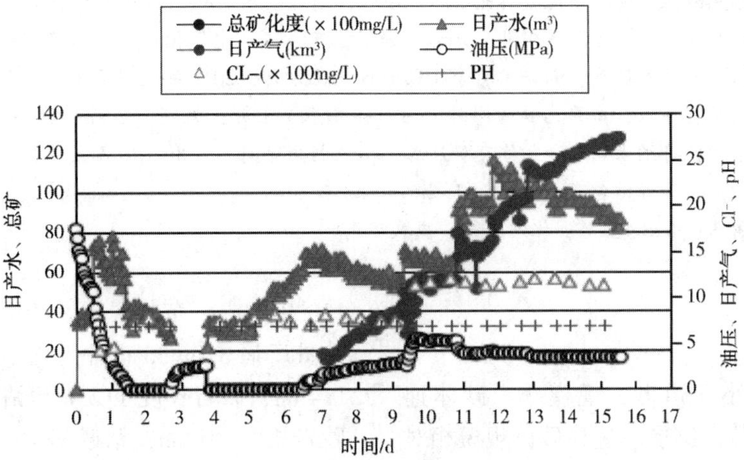

图8 S1-X3井排液求产曲线

参考文献

[1] 徐家围子地区登娄库组沉积相分析[J]. 马世忠；甘立琴；聂春林；张惠瑜；丛琳. 地质科技情报，2013(04)

[2] 松辽盆地徐家围子断陷地质特征与天然气聚集规律[D]. 任延广. 吉林大学，2004

致密油弹性开发水平井减氧空气化学降黏增产试验研究及应用

孟宝锋

（辽河油田公司勘探开发研究院）

摘 要 F 油田储层致密，渗透率仅 1.0mD，孔隙度 12.0%，属特低渗透致密储层。为探索致密油开发技术，2018 年开展了弹性开发水平井体积压裂 A 试验区，投产后初期产量低、递减大，开发效果差。开发 3 年后缺乏能量补充，部分水平井降产较快，油藏原油蜡和胶质含量较高，原油流动性差，易形成堵塞，严重影响开发效果和效益。为探索能量补充技术适应性，通过室内实验，明确减氧空气泡沫驱油机理及 2D 纳米片黑卡的驱油机理，根据试验区单井生产动态分析，建立减氧空气化学降黏增产试验选井标准，对能量补充时机、注入量、注入速度、焖井时间等参数进行优化设计，2019 年优选了 C、D 水平井开展现场试验，采用气液多次交替注入，本井见效的同时，周围临井产量上升，见到了较好的吞吐+驱替效果。室内实验及矿场试验表明，将纳米颗粒和气体交替注入，不仅利用纳米颗粒和气体各自的驱油特性，还形成了两者独特的协同效应，两者结合可以实现 1+1>2 的效果。

关键词 致密油；吞吐+驱替；化学降黏；减氧空气

1 前言

F 油层发育窄小河道砂，规模小，砂体连片、物性差，属于致密储层。选择砂体规模相对较大区域，通过甜点优选、分类动用，应用水平井开发，结合大规模体积压裂，取得了一定的开发效果。但后期缺乏能量补充，部分水平井降产较快，油藏原油蜡和胶质含量较高，原油流动性差，易形成堵塞，严重影响开发效果和效益。由于储层渗透率较低，注水补能难度较大，提高采收率技术受限，迫切需要探索新的增能降黏技术，改善致密储层开发效果。因此，通过室内实验研究，优化注入参数，开展减氧空气化学降黏试验，探索技术适应性。

2 试验区地质特征及开发情况

2.1 试验区地质特征

A 试验区位于鼻状构造西侧，发育河流-三角洲相沉积，分流河道是布井区有利微相，其中主力层 F7 小层和甜点层 F4 小层，单层砂岩及油层十分发育，多为甜点一类层，渗透率仅 1.27mD，孔隙度 11.9%。共设计水平井 16 口，水平段设计长度 896~2480m，水平井井间距 400m，动用含油面积 11.29km^2，地质储量 250.9×10^{4}t，布井区储量动用率 58.6%，初期单井日产油 8.0t。3 口井平均单井完钻水平段长度 1145m，砂岩长度 1123m，钻遇率 98.1%，含油砂岩长度 1108m，钻遇率 96.8%(图 1)。

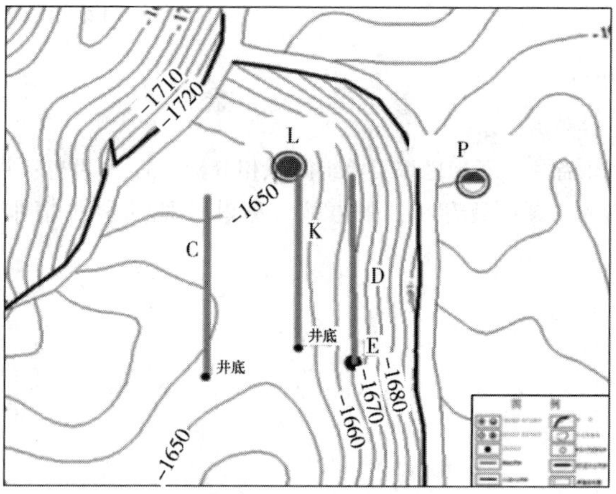

图 1 A 区块井位设计图

2.2 压裂及开发情况

区块 3 口水平井 2018 年采用体积压裂投产，平均单井压裂 20 段 54 簇，簇间距 15~30m，支撑剂 1857 方，缔合液 10770 方，砂液比 1：5.8。平均单井初期日产液 37.6t，日产油 4.3t，含水 83.2%，目前日产液 5.0t，日产油 1.6t，含水 68.9%，累积产油 1067t，返排率 42.5%。

主要认识：一是区块见油时返排率高，含水

下降慢。压裂规模相当情况下，与 E 和 F 井相比，C 井见油时返排率高，且含水一直处于较高水平。二是压裂规模大、簇间距小井开发效果相对较好。三是压裂规模大井初期递减相对较大。3 口井生产半年后产量递减幅度 53.7%，从生产曲线看，压裂规模大井，初期产量相对较高，但递减较大，后期井间产量差异变小。

3 增油机理及室内实验

从试验情况看，产液量较低，无能量补充，地层亏空严重，开发效果较差。因此，计划开展减氧空气化学降黏室内试验，为现场实施提供理论依据。

3.1 减氧空气化学降黏增油机理

（1）改善流度比，扩大波及体积，调整注入剖面

泡沫具有大幅度的降低剩余油的流度，改善流度比的作用。首先，泡沫进入高渗透大孔道，但是，随着泡沫注入量的增多，在高渗层会形成堵塞，使高渗透层的渗流阻力增大，驱动注入的流体进入中低渗透层，在高中低渗透层推进，从而调整层内和层间关系，提高油层的波及体积。根据泡沫堵大不堵小，堵水不堵油，能有效调节及平衡动态流阻，使波及平行推进，很好的提高驱油效率。

（2）遇油消泡，遇水稳定

在地层中含水较高的地方泡沫稳定性强，能够大量存在，水相渗透率降低，从而降低了水的流动性，使含水率下降；而含油饱和度相对较高，原来注入的驱替液体水不能波及到的地方，泡沫遇到油很容易破裂，从而有效扩大了波及体积，达到提高采收率的目的。

（3）气体因重力作用产生上浮，可有效动用油层顶部的剩余油

泡沫遇到含油饱和度高的区域，产生破裂分离出来大量气体，气体因重力的作用上浮至油层顶部，起到驱替低渗透的顶部油层，驱动小孔隙中的剩余油的作用。

（4）提高洗油效率

起泡剂通常是一种具有很强活性的表面活性剂，通过大幅度降低油水界面张力来改善岩石表面的润湿性，通过油水乳化、液膜置换等方式使原来剩余的原油成为可流动的油；另一方面，泡沫流动过程中产生的高压力梯度能克服毛管力阻力，把原来小孔隙中剩余油驱出；同时，由于泡沫液膜具有高剪切力，剪切作用使原来附着在岩石表面的油膜成为可流动的原油。

（5）增加弹性能量

泡沫稳定的根源在于气泡液膜的稳定程度，液体黏度增加，液膜的强度变大，在高压下的泡沫比低压状态稳定性好得多。在油层中压力比较大的条件下，泡沫的稳定程度更强，因此提高弹性能量，弹性能量转化为驱动能量，从而提高采收率。

3.2 2D 纳米片驱油剂性能及驱油机理

（1）驱油剂性能。①具有强亲油-亲水性质，随注水井注入油藏后发挥“智能找油”功能，在离散化的油水界面形成稳定的吸附层，并聚集微油滴、进入稠油内部破坏胶质、沥青质分子缠绕结构，实现油藏降黏效果。②改变岩石润湿性，降低毛管阻力，将油膜从岩石表面剥离，提高驱油效率。③实现原油降黏，增加原油的流动性。④具有非常好的柔性和润滑性，可以顺利穿过多孔介质，能够应用于低渗-特低渗油藏。⑤在高温、高盐条件下，性能更加优越，抗温 350℃、抗盐 22 万矿化度。随着矿化度高，展布、分散效果好，利于与原油作用。⑥2D 纳米片驱油剂泡沫液，具有很强泡沫壁的强度，提高泡沫稳定性，可起到暂堵裂缝的功能，同时可充分提高与岩石表面接触，提高在地层中的利用率。⑦2D 纳米片驱油剂药剂安全、稳定、无火灾爆炸风险。

（2）驱油机理。①改变润湿性：2D 纳米片驱油剂与壁面动态接触，岩石表面润湿性由油湿转变为中性润湿，剥离油片，回旋式流动易于残余油滴聚并，形成近活塞驱替。②具有柔性纳米片效应：不同于纳米颗粒/表活剂与油水界面的“点-面”接触，纳米片与油水界面“面-面”接触，增强界面作用；纳米片具有柔性，在流动中卷曲、扭转和变形，导致微观流场扰动，呈现局部涡流特征，有利于启动离散式残余油滴。③降黏机理：黑卡具有纳米级片状结构，与胶质组分的尺寸处于同一数量级；黑卡渗透进入胶质沥青质片层结构中，拆散重叠堆砌的聚集体，打破其连续状态，将原油乳化形成微/纳米级的 O/W 乳液，实现降黏。④驱油原理：开发区块多数为高含水，注入 2D 纳米片驱油剂后，原水流通道中的油被剥离并乳化，提高了原油的流动性；同

时原油汇入水流通道，渗流阻力增大，后续纳米溶液进一步扩展再次乳化，进一步增大到渗透层的流动阻力，向周边低渗透扩展，如此波及体积逐渐增大，建立新的注采受效关系。

(3) 2D 纳米片驱油剂动态性能评价。主要进行了 2D 纳米片驱油剂在一维岩心以及微观可视化模型中的提高采收率实验研究，评价了 2D 纳米片驱油剂在不同渗透率范围的提高采收率效果。数据表明，不同渗透率和黏度下，2D 纳米片驱油剂提高采收率在 11%至 18%，渗透率为 25mD 时驱替效果最好。这是因为与高渗透性岩心相比，低渗透性岩心具有更高的比表面积，因此在低渗透岩心中 2D 纳米片驱油剂与油的接触时间更长，从而从孔隙表面解吸更多的油。另外对于高黏度油，也获得了较好的剩余油采收率(16.25%)。

4 方案设计及现场实施情况

4.1 试验技术路线

一是针对蜡质胶质含量高，易发生有机堵塞问题，采用 2D 纳米黑卡降黏解堵工艺技术路线；

二是针对储层水敏，压裂液等造成伤害问题：采用减氧空气增能，解除水敏工艺技术路线；

三是针对无能量补充，产量下降快问题：采用减氧空气增能，补充地层能量工艺技术路线；

四是针对压裂裂缝窜通问题：采用氮气泡沫封堵工艺技术路线。

4.2 参数优化

主要施工参数包括：注入量设计、段塞注入、注入速度、闷井时间、注入方式

(1) 确定压缩比。根据区块、单井的温度、压力，根据公式 $P_1V_1/T_1=P_2V_2/T_2$，计算得出该井气体压缩比 λ。

(2) 注入液量设计思路。水平井水平段在油层上下遮挡层中延伸，射开簇数多，压裂段数多，动用体积大的特点，长期开发过程中，原油蜡质胶质等易形成结垢堵塞、且无能量补充，地层能量不足的问题，注入量往往比较大。

单井用液量根据油藏孔隙度、油井射开簇数、目的层厚度、平行及垂直井眼处理半径、水平及纵向上的波及系数，确定单井注入量。

单井注入量：

$$Q=\text{射开簇数}\times\pi\times a\times b\times h\times \Phi\times Es\times Ev$$

式中，a 为平行井眼处理半径，m；b 为垂直井眼处理半径，m；h 为油层厚度，m；Φ 为孔隙度,%；Es 为面积波及系数取 0.6；Ev 为纵向波及系数取 0.5。

(3) 段塞设计思路。设计分为 4 个段塞实施注入，施工现场根据压力情况，重复进行泡沫段塞和减氧空气段塞施工，实际注入量根据注入压力进行调整。

a. 预处理段塞：注入 2D 纳米黑卡解堵工作液，近井地带预处理，疏通孔隙通道，润湿、降黏。

b. 前期段塞：2D 纳米黑卡工作液+减氧空气混合泡沫液，作用：施工参数的修正。

c. 泡沫段塞：2D 纳米黑卡工作液与减氧空气混合泡沫液，作用：泡沫液均匀推进，封堵高渗透层位，驱动低渗透层位剩余油，对后续注气起到遮挡作用，避免发生气窜。

d. 减氧空气段塞：注入含氮 97%减氧空气。作用：增加地层能量，实现氮气溶油、降黏、驱油、吞吐效果。

(4) 注入方式。采用从油套环空进行段塞注入，泡沫段塞和减氧空气多段塞可多轮次施工。为避免泡沫段塞被突破，达不到整体均衡驱替降黏效果，根据施工动态相关资料、施工压力确定注入轮次。可采用连续、间歇、段塞注入方式。

(5) 注入速度。在低于破裂压力的前提下，根据施工压力及油藏特点，适当调整注入量和注入速度。设备注入单泵注入液量 $1\sim30m^3/h$ 连续可调，注气量 $600\sim900m^3/h$ 连续可调；单泵注入排量压力不小于 35MPa。

(6) 闷井时间。考虑到 2D 纳米黑卡与原油的作用时间，监测井口压力值，降到进入生产管线允许压力值。根据现场施工压力及焖井压力变化来确定开井时机。

(7) 施工工艺。施工路线分为施工准备、前期段塞阶段、泡沫段塞阶段、减氧空气段塞阶段、(泡沫段塞阶段、减氧空气段塞阶段、)关井阶段、防喷阶段，具体施工工艺见图 2。

4.3 方案设计结果

根据参数优化方法，对 C、D 井进行方案设计，具体设计结果如表 1 所示。

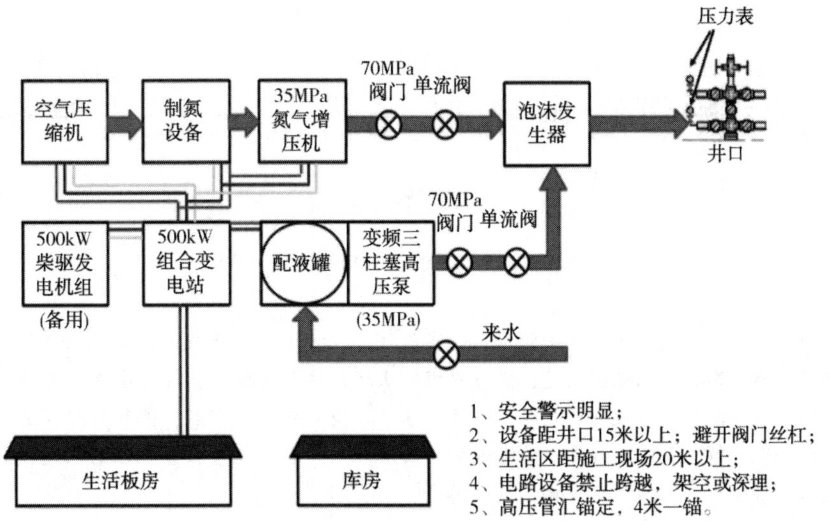

图 2　减氧空气施工工艺图

表 1　方案设计情况

序号	工作液名称	C 井					D 井					备注
		液量/m^3	化学药品用量/kg			氮气量/m^3	液量/m^3	化学药品用量/kg			氮气量(m^3)	
			发泡剂	稳定剂	2D 纳米驱油剂			发泡剂	稳定剂	2D 纳米驱油剂		
1	预处理段塞	200			10		200			10		
2	前置泡沫段塞	50	750	500	131.15	5200	50	750	500	115.65	5250	气：液=1：1
3	泡沫段塞	2573	38595	25730		267592	2263	33945	22630		237615	气：液=1：1
4	注气段塞					249742					219398	气驱
5	后置液	20					20					顶替液
合计		2843	39345	26230	141.15	522534	2533	34695	23130	125.65	462263	

4.4　现场实施情况及效果

为防止过早气窜，采取段塞式、多次交替注入方式，选井时考虑本井见效的同时，临近的连通油井要见到驱替效果。为保证安全，要求注入空气氧含量低于 3%以内，要求施工井口压力不高于 21MPa。

2 口井 2021 年 7 月 9 日吞吐施工，9 月 10 日完工，闷井 28 天，10 月 8 日开井，周边 4 口井见效。6 口井初期平均日增油 4.9t，累积增油 4527t，投入产出比 1：2.52(45 美元)。

5　结论及认识

首先通过室内实验，明确了减氧空气泡沫驱油机理及 2D 纳米片黑卡的驱油机理。其次根据试验区单井生产动态分析，建立减氧空气化学降黏增产试验选井标准，对能量补充时机、注入量、注入速度、焖井时间等参数进行优化设计。对 2 口井进行试验，周边 4 口井见效，6 口井累积增油 4527t，投入产出比 1：2.52(45 美元)，见到了较好的“吞吐+驱替”效果。室内实验及矿场试验表明，将纳米颗粒和气体交替注入，不仅利用纳米颗粒和气体各自的驱油特性，还形成了两者独特的协同效应，两者结合可以实现 1+1>2 的效果。

参 考 文 献

[1] 龚书. 吐哈温西三油藏泡沫改善空气驱提高采收率实验研究[D]. 成都理工大学, 2015.

[2] 张连壁. 滨 425 空气驱试验及效果分析[J]. 内江科技, 2011(04).

[3] 王成俊, 郑黎明, 等. 鄂尔多斯浅层特低渗油藏水驱后空气驱实验研究[J]. 石油地质与工程, 2013(06).

[4] 钱程, 张文学. 注气(氮气)驱油技术发展现状与启示.《化工管理》, 2014(29).

渗吸用表面活性剂矿场性能表征方法研究

魏晓敏

（大庆钻探工程公司井下作业工程公司）

摘　要　针对国内外筛选渗吸用表面活性剂的实验评价过程中仅考虑技术指标，且未将多指标的影响因素量化，矿场实际应用指导性差的问题，提出以模拟油藏条件为出发点，综合考虑了渗吸用表面活性剂的临界胶束浓度、抗吸附性、渗吸洗油效率、破乳率等技术型及经济型参数，并利用归一法进行了多参数的量化表征整合处理，解决了矿场条件下的渗吸用表面活性剂综合性能参数量化难的问题，为优选矿场试验综合性能较好的渗吸用表面活性剂提供了技术借鉴。

关键词　表活剂；渗吸；临界胶束浓度

1　研究现状

渗吸现象指在多孔介质两相流体驱替过程中，在没有外加压差的情况下，仅依靠两相接触面的压差(即毛管力的作用)，润湿相液体将非润湿相驱替出来。因此，渗吸具有自发性，水湿岩心自发吸水排油，油湿岩心可通过润湿性改变进行渗吸采油。

目前，致密油藏主要的开发方式为体积压裂。在水力压裂过程中形成天然裂缝与人工裂缝交错的缝网，从而增加改造体积。压裂后，裂缝成为主要的渗流通道，但基质岩石中仍存在大量无法流动的剩余油，将这部分原油渗吸置换到油流通道将大幅提高采收率。因此，提高渗吸采收率是开发致密油藏的关键技术。

国内外对渗吸用表面活性剂的影响因素分析已开展了较多的研究，形成了较为完备的性能参数实验方法。低渗透油藏渗吸机理及发展认为岩石性质、流体性质、束缚水和温度压力对渗吸方式有影响；岩心润湿性及渗吸液体系的研究认为界面张力对致密油藏渗吸采收率有影响；裂缝-孔隙模型渗吸研究认为渗吸受孔隙直径、界面张力、油水密度差以及接触角的影响。

国内外文献对于渗吸用表面活性剂的性能参数研究大都在室内开展，不同类型的表面活性剂在同一矿场条件下的优劣性如何表征并未形成统一的方法。对于矿场试验来说，除了要考虑渗吸用表面活性剂的技术性能参数，还要考虑其经济性。以模拟油藏条件为出发点，综合考虑了临界胶束浓度、抗吸附性、渗吸洗油效率、破乳率技术和经济性能参数，并利用归一法进行了多参数的量化表征，为优选矿场试验综合性能较好的渗吸用表面活性剂提供了技术借鉴。

2　实验部分

2.1　实验设备及材料

CS-501型恒温水浴，山东菏泽新世纪公司出产；JGW-360接触角测定仪，承德衡通试验仪器公司；TX500旋转界面张力仪，美国科诺；恒温干燥箱，德国BINDER；90Plus粒度分析仪，美国布鲁克海文；高温高压饱和实验装置，自制。

吉林非常规致密油地层水，矿化度6842mg/L，离子组成：Na^+ 2338mg/L、Ca^{2+} 210.42mg/L、Mg^{2+} 12.16mg/L、Cl^- 3633.63mg/L、SO_4^{2-} 256.16mg/L和HCO_3^- 336.12mg/L；岩心采用人工露头砂，渗透率0.5mD，长度约6cm，直径2.5cm；非常规储层原油和煤油配制的模拟油，密度为0.886g/cm^3，黏度为2.2mPa·s(80℃)；表面活性剂12种，均由外部厂家提供，型号分别为1#~12#。

2.2　实验方法

2.2.1　临界胶束浓度测定

将各种表面活性剂用过滤后的地层水分别配制递增浓度的稀溶液，用TX500旋转界面张力仪测其表面张力，绘制表面张力与浓度曲线，通过曲线上的拐点，确定表面活性剂后续评价的使用浓度，再根据该表面活性剂的价格确定该使用浓度下的药剂成本。一般来说矿场试验要求表面活性剂在使用浓度下的价格越低越好。

2.2.2　抗吸附性测定

分别称取相应的天然岩心粉与表面活性剂溶液，按 1∶9 至于锥形瓶中，在地层温度下震荡 24 小时后滤出表面活性剂溶液，测试界面张力，为一次吸附后性能变化。在上一步的基础上，重复两次，评价三次吸附后的界面张力与初始界面张力的比值。抗吸附性表征的是表面活性剂在储层岩石中运行距离远近的指标，抗吸附性好的表面活性剂运行距离较远，效果较好。

2.2.3　渗吸洗油效率测定

为模拟储层温度和压力下的渗吸洗油效率，采用重量法进行渗吸洗油效率的测定。将标准岩心柱烘干冷却至恒重，记录质量为 W_0；将抽真空饱和模拟油的岩样在吸满油的滤纸上面轻轻沾抚，除去表面浮油，迅速在天平不同位置上连续称量 3 次，分别记录每次的质量，3 次质量的平均值记为岩样的质量 W_1；然后将饱和油的岩样移入装有表活剂溶液的高温高压饱和实验装置中，24 小时后取出泄压，冷却至室温，取出岩心，用吸满油的滤纸在岩心表面轻轻沾抚，除去表面浮油和浮水，迅速在天平上连续称量 3 次，并记录其岩样的质量 W_2，利用质量差计算渗吸洗油效率 c。每 24 小时重复该操作步骤，绘制渗吸洗油效率与时间关系曲线，直至洗油效率不再增加为止。

$$c=\frac{(W_2-W_1)\rho_{模拟油}}{(\rho_{表活剂溶液}-\rho_{模拟油})(W_1-W_0)} \quad (1)$$

式中，C 为渗吸洗油效率，%；W_2 为饱和油的岩心在表活剂溶液中渗吸后的质量，g；W_1 为饱和油的岩心质量；W_0 为岩心的干重，g；$\rho_{模拟油}$ 为模拟油的密度，g/cm^3；$\rho_{表活剂溶液}$ 为表活剂溶液的密度，g/cm^3。

2.2.4　破乳率测定

将表活剂溶液与模拟油分别加热到地层温度，分别量取不少于 50mL 的表活剂溶液和地层原油按体积比 1∶1 混合，均质乳化机中乳化 5 分钟。将乳状液装入具塞比色管中，模拟地层温度下，分别间隔 10 分钟、20 分钟、30 分钟、1 小时、2 小时、3 小时、6 小时、12 小时和 24 小时，记录乳状液总体积，上相体积 V_1(纯油)，中相体积 V_2(乳化液)和下相体积 V_3(纯水)数据。每隔 24h 记录一次，直至上下相体积不再变化，计算乳状液析水率即为破乳率。由于乳化液滴的半径一般属于微米级，如果乳滴不破乳或者破乳效果不好，则容易堵塞岩心的喉道，导致储层流体无法排除。矿场试验所用的表面活性剂应在储层条件下具有较高的破乳率。

3　结果与分析

3.1　临界胶束浓度与矿场试验关系

如表 1 所示表面活性剂的临界胶束浓度及矿场试验单方价格可以看出，每种表面活性剂的临界胶束浓度均不一致，处于 0.1%~0.6%之间。将每种表面活性剂的原液单价与临界胶束浓度进行乘积，即可得出该表面活性剂的经济性指标。2#、3#、4#、6#、7#和 10#溶液单价均超过 100 元/m^3；11#、12#溶液单价分别为 80 元/m^{3}和 70 元/m^3；相比之下 1#、5#、8#、9#溶液单价为 51 元/m^3，在具有较好的矿场试验优势。

表 1　表面活性剂的临界胶束浓度数据表

表面活性剂型号	1#	2#	3#	4#	5#	6#	7#	8#	9#	10#	11#	12#
临界胶束浓度/%	0.3	0.4	0.4	0.5	0.3	0.3	0.1	0.2	0.2	0.6	0.5	0.2
原液单价/(万元·t^{-1})	1.7	2.5	2.5	4.5	1.7	8.3	1.0	2.5	2.5	9.0	1.6	3.5
稀溶液单价/(元/m^3)	51	100	100	225	51	250	100	51	51	150	80	70

3.2　渗吸洗油效率测定

渗吸现象在油气田的开发中是客观存在的一种现象，而且是水湿岩石不可忽视的一种驱油(气)动力。因此前人在实验室也曾作过一些渗吸模拟研究，相继产生了一些实验室测定储集岩渗吸实验的装置，其中包括：

(1) 体积法

体积法是指将饱和油的岩心放入到顶部带有刻度玻璃管的渗吸瓶中，每隔一段时间读取渗吸出来的油的体积，从而计算渗吸洗油效率，见图 1。该法适用于高孔隙度、高渗透率的岩石样品，它对于致密、孔渗性差的样品，由于岩样的总孔隙体积小，吸入的水量少，加之渗吸时间长，温度变化大而使得润湿液体的蒸发而给实验带来误差，从而使得应用受到限制。

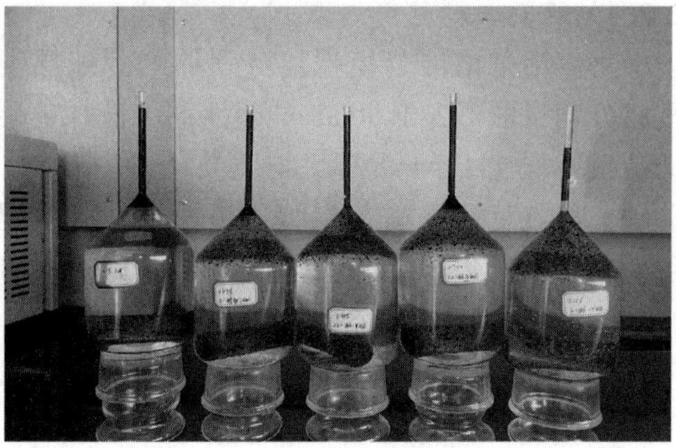

图 1　体积法渗吸洗油效率

（2）重量法

为了克服上述实验带来的误差，国内外又采用了重量法。其原理是饱和油的岩心在孔隙体积不变的情况下，自发渗吸表面活性剂溶液排油后岩心的整体质量会增加，而通过增加的这部分质量与表面活性剂、原油的密度差即可计算出渗吸洗油效率。该方法避免了体积法的读数误差大的缺点，同时还可以加温加压，模拟过程与矿场实际较为贴近，装置见图 2。

图 2　高温高压重量法渗吸洗油效率实验装置

如图 3 所示表面活性剂渗吸洗油效率可以看出，各种表面活性剂最终渗吸洗油效率处于 48.6%~66.7%之间。

3.3　破乳率测定

各种表面活性剂的破乳率测定结果如表 2 所示，除 6#、8#和 9#这 3 种表面活性剂与模拟油的乳液破乳效果较差外，其他 9 种乳液均能在 24 小时的高温下破乳。

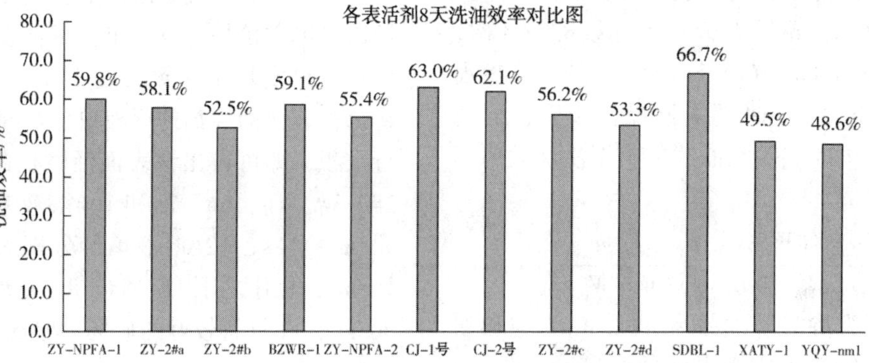

图 3　表活剂渗吸洗油效率对比图

表 2　表面活性剂破乳率结果表

表面活性剂型号		1#	2#	3#	4#	5#	6#	7#	8#	9#	10#	11#	12#
破乳时间	1h	100.0	96.7	97.3	75.0	100.0	83.3	96.7	46.7	50.0	100.0	100.0	100.0
	24h	100.0	99.2	99.2	93.3	100.0	88.3	100.0	50.0	63.3	100.0	100.0	100.0

3.4　综合结果表征

临界胶束浓度、渗吸洗油效率、抗吸附性和破乳率性能参数对表面活性剂的矿场应用效果影响较大，其中要求临界胶束浓度与表面活性剂原液单价的乘积（溶液单方价格）越小越好，渗吸洗油效率越高越好，抗吸附性越小越好，破乳率越高越好。为更好地量化表征渗吸洗油效率、破乳率和溶液单方价格指标的影响因素，定义了表面活性剂综合评价指数。该指数的计算方法为渗吸洗油效率乘以破乳率再除以溶液单方价格。该指数越高，表明该型号的表面活性剂矿场应用效果越好。如表 3 所示，不同型号表活剂的综合评价指数均不相同，其中 1#最高，6#最低。

表3 表面活性剂综合评价系数计算表

表面活性剂型号	1#	2#	3#	4#	5#	6#	7#	8#	9#	10#	11#	12#
临界胶束浓度/%	0.30	0.40	0.40	0.50	0.30	0.30	0.10	0.20	0.20	0.60	0.50	0.20
溶液单方价格/(元·m^{-3})	51.00	100.00	100.00	225.00	51.00	250.00	100.00	50.00	50.00	150.00	80.00	70.00
24h 破乳/%	100.00	99.17	99.17	93.33	100.00	88.33	100.00	50.00	63.33	100.00	100.00	100.00
洗油效率/%	59.84	58.10	52.47	59.06	55.42	63.04	62.06	56.23	53.30	66.68	49.53	48.62
综合评价指数	117.33	57.62	52.03	24.50	108.67	22.27	62.06	56.23	67.51	44.45	61.91	69.46

4 结论

(1) 从实验结果可以看出，1#表面活性剂的综合评价系数最高，具有较好的矿场试验优势。因此，可以优先选择该型号的表面活性剂进行现场应用。

(2) 通过实验室验证，该方法综合了经济指标和技术指标，并将其归一化处理，客观且综合地反应了渗吸洗油用表面活性剂的矿场应用性能。

参考文献

[1] 王小香．低渗透油藏渗吸机理及发展研究[J]．精细石油化工进展，2017，18(3)：26~29.

[2] 沈安琪．致密油藏渗吸机理研究[D]．大庆：东北石油大学，2017.

[3] 蔡建超．多孔介质自发渗吸关键问题与思考[J]．计算物理，2021，38(05)：505~512.

[4] 方齐．致密油藏逆向渗吸特征及机理研究[D]．东营：中国石油大学(华东)，2020.

淀粉接枝耐高温阻垢剂的合成

梁凌熏

（辽河油田钻采工艺研究院）

摘　要　采用自制引发剂，以淀粉为基材，丙烯酰胺（AA）、2-丙烯酰胺基-2-甲基丙磺酸（AMPS）为原料，合成出一种新型的淀粉接枝耐高温阻垢剂。通过室内实验，确定了聚合反应的最佳工艺条件：初始单体浓度为30%，m(ST)∶m(AA+AMPS)=3∶7，m(AA)∶m(AMPS)=7∶3，引发剂用量为0.1%，T=45℃，t=5h。得到单体接枝率为96.5%，转化率为97.6%的接枝共聚产物。通过红外光谱和扫描电镜对产物进行了表征和分析。

关键词　淀粉；接枝共聚；阻垢剂

随着油田产出液含水量的增加，结垢成为油田生产中不可避免的问题，为了保证油田的稳定、增产，合理有效地清除结垢，成为油田开发中迫切需要解决的问题。目前，国内外最常用的阻垢方法为使用化学阻垢剂来抑制水垢的生成，常用的化学阻垢剂主要包括无机聚磷酸盐、有机多元磷酸盐、均聚物阻垢剂、共聚物阻垢剂等。但是，由于油田水质具有高温、高硬度、高盐度等特点，这些现有的化学阻垢剂在解决油田系统的结垢问题时，往往由于稳定性不足，而不能有效地清除结垢，最终影响油水井正常工作。因此，淀粉接枝耐高温阻垢剂的研发能够有效的解决这一问题。

1　实验

1.1　原料与仪器

2-丙烯酰胺基-2-甲基丙磺酸（AMPS），工业级，江西九昌农科化工有限公司。

电热恒温水浴锅 HH·S11-2，北京长安科学仪器厂；CS12 电子恒速搅拌器，上海医械专机厂。真空泵；布式漏斗；抽滤瓶。

1.2　淀粉接枝 AA、AMPS 的合成

反应在装有搅拌的四口烧瓶中进行，淀粉在水中打浆后加入，通氮搅拌至所需温度，加入引发剂，将 AA、AMPS 单体配成一定浓度的溶液滴入，半小时滴完，开始反应，反应 4h 得到产品。

1.3　产物性质的测定

接枝效率的测定：接枝效率是指参加接枝聚合反应的单体量占单体聚合总量的百分率。接枝效率越大，说明进行接枝的单体越多，接枝效果越好。

$$GE\% = (W_g - W_d)/(W_g - W_d) \times 100\%$$

$$W_d = W_g \times M_d / M_0 \quad (1)$$

其中，W_g为抽提后接枝物的质量(g)；W_d为质量为 W_g 的接枝共聚物中淀粉的质量(g)；M_d为质量为淀粉的原始投料量(g)；M_0为淀粉和单体原始投料量之和(g)。

单体转化率的测定：单体转化率是指聚合反应的单体量占整个投入的单体总量的百分比。

$$C\% = (W - M_d)/M_s \times 100\% \quad (2)$$

其中，W 为干燥后粗产品的总质量(g)；M_s为质量为 AA 和 AMPS 原始投料量(g)。

2　结果与讨论

2.1　淀粉与单体配比的影响

从图 1 中可知，当淀粉用量增加，单体用量减少时，接枝聚合反应的接枝率、转化率也随之减少，当淀粉与单体配比为 3∶7 时，接枝率最大。这是因为单体浓度增加时，有利于单体参与接枝共聚链增长反应，但单体浓度过大时，形成的均聚物就越多，使得接枝率降低。

2.2　AA 与 AMPS 配比的影响

从图 2 中可知，聚合物的接枝效率和转化率随 AMPS 用量的增加呈先增加后减少的趋势，随着 AMPS 量的增多，庞大侧基的位阻效应和磺酸根离子的负电荷的静电相斥作用，使得自由基链终止几率减少；而当 AMPS 量过大时，体系黏度的增加使得大分子自由基和单体伸展困难，导致链增长速度下降。因此，选择 3∶7 为最佳。

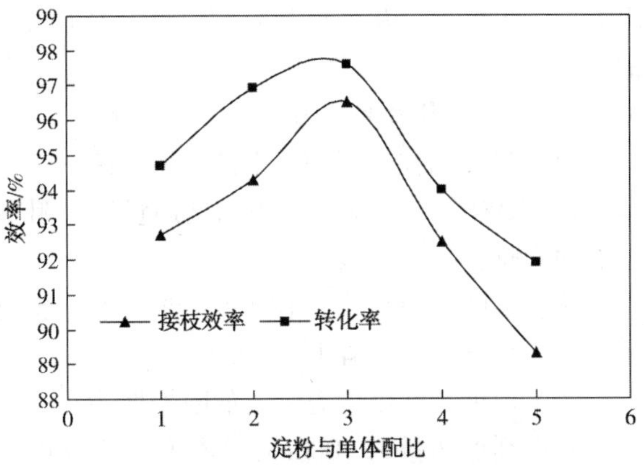

图1　淀粉与单体配比的影响

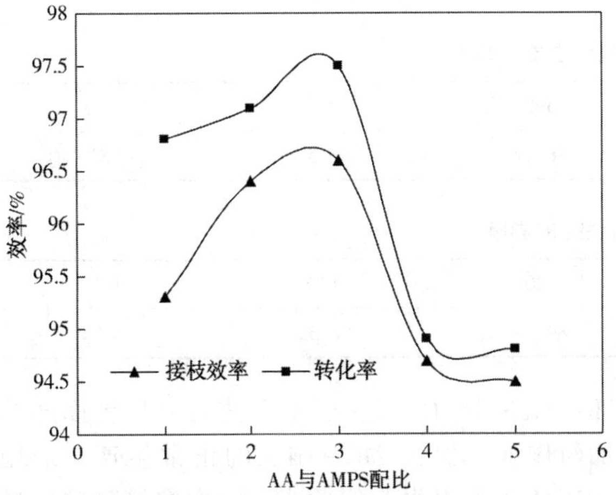

图2　AA与AMPS配比的影响

2.3　温度的影响

从图3中可知，接枝效率在反应初期随着温度升高而增大，在45℃达到最大值，继续升高温度，则各参数下降。因此选择45℃为最佳反应温度。

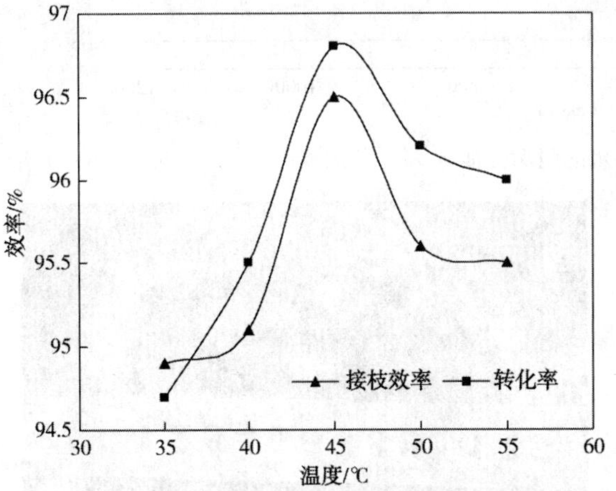

图3　温度的影响

2.4　反应时间的影响

从图4中可知，随着反应时间的延长，接枝效率和转化率逐渐增大，但5h后，变化不大，这是因为接枝聚合反应初期自由基数量较多，反应速度快，随着反应的进行，自由基数量不断减少，反应动力学速度也随之下降，因此，选择5h为最佳反应时间。

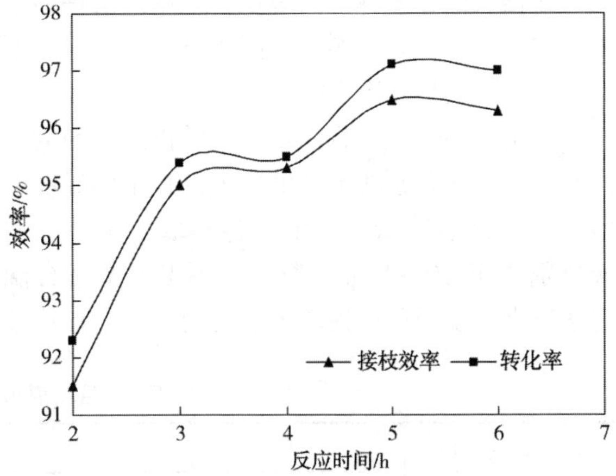

图4　反应时间的影响

2　产物结构表征

2.1　产物的提纯

将St-AA-AMPS的粗产品用预先经丙酮充分浸泡的滤纸包裹，置于索氏提取器中，以V(冰醋酸)：V(乙二醇)=4：6的混合液为熔剂，高温回流24h后，以除去均聚物，再以丙酮为溶剂继续萃取18h，所得产品置于真空干燥箱中50℃干燥至恒重，待用。

2.2　红外光谱(IR)表征

从图5中可以看出3433.95cm^{-1}为淀粉-OH的伸缩振动，波数为1662.78cm^{-1}羰基吸收峰归属于AA的特征吸收峰，波数为1159.27cm^{-1}和1082.26cm^{-1}归属于AMPS的特征吸收，其中1082.26cm^{-1}归属于磺酸基-SO_3^-中S=O伸缩振动，1159.27cm^{-1}归属于AMPS链节中C-O键伸缩振动。因此，产物的红外光谱中同时存在着各单体的特征吸收峰。

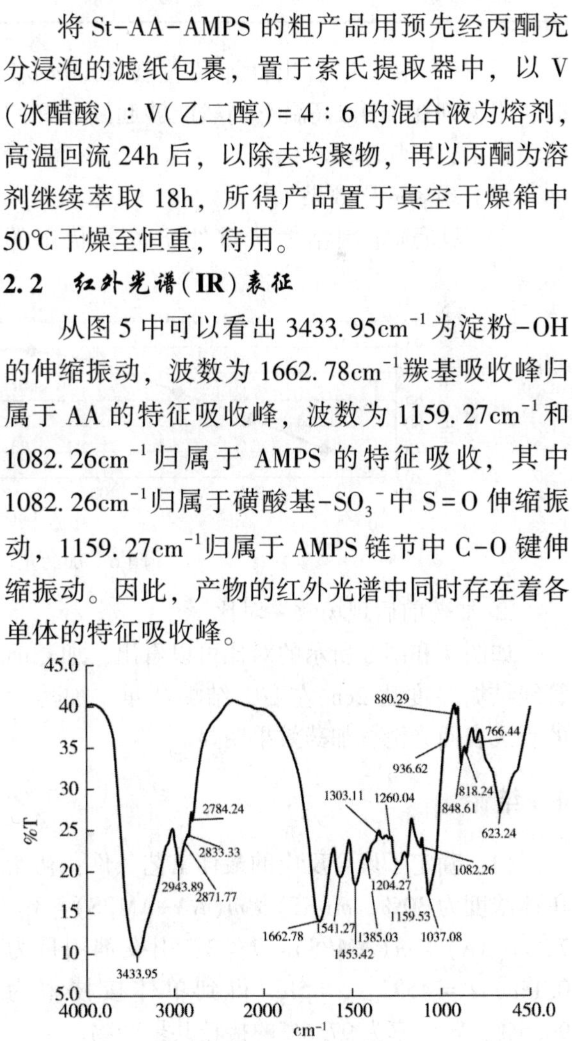

图5　红外光谱谱图

3 阻垢剂的评价

3.1 阻垢率的测定

根据石油行业标准的规定，采用滴定钙离子浓度的方法测定阻垢剂在不同用量、不同温度下对碳酸钙垢的静态阻垢率。

测定的原理是，将一定体积的投加药剂的水样与空白试液分别置于消解罐中，在不同温度下恒温放置3h，冷却后过滤，各移取一定量的滤液分别置于250mL锥形瓶中，用EDTA络合滴定法测定各水样前后钙离子浓度的变化，计算该阻垢剂的阻垢率，从而评定阻垢剂对阻$CaCO_3$垢的性能。

3.2 阻垢剂的评价结果与讨论

（1）阻垢剂在不同用量下的阻垢性能

在120℃下，考察不同阻垢剂用量对其阻垢性能的影响，结果见表1。

从表1中可以看出，在120℃温度下，加药量大于500mg/L时，阻垢率>85%。

（2）阻垢剂在不同温度下的阻垢性能

阻垢剂加药量为1000mg/L不变，考察在不同温度对其阻垢性能的影响，结果见表2。

表1 阻垢剂用量对阻垢性能的影响

加药量/(mg/L)	50	100	500	700	1000
阻垢率/%	62.64	82.61	86.44	86.59	89.39

表2 温度对阻垢性能的影响

加药温度/℃	80	100	120	140	160
阻垢率/%	97.05	89.59	89.39	86.55	85.21

从表2中可以看出，加药量在1000mg/L时，阻垢剂在160℃高温下仍然能够起到较好的防垢效果，阻垢率>85%。

（3）现场应用效果

① 现场选定因结垢严重处于关井状态的MG-HL3做为实验井，对其进行井口地面连续加药作业。保证MG-HL3的正常生产。采用MG-HL3采出水为实验水，室内实验确定现场加药量，结果见图6。

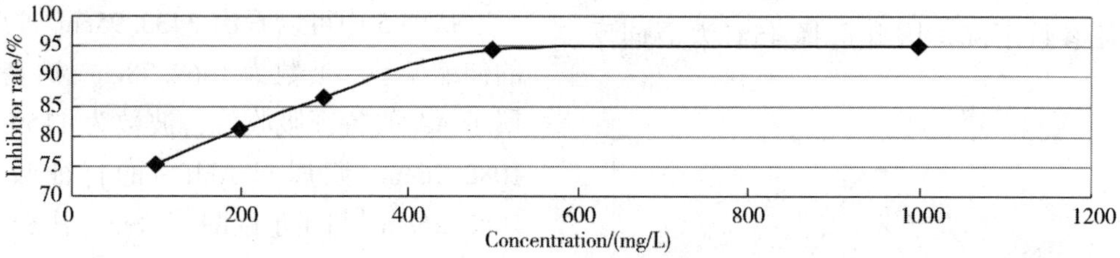

图6 加药量对现场水的阻垢性能

② 加药前后现场效果对比

如图7和图8所示的对比可以看出，加药前管线结垢厚度达2cm左右，结垢严重，加药后的管线表面光滑，加药效果明显。

图7 加药前结垢管线照片

4 结论

（1）确定了聚合反应的最佳工艺条件：初始单体浓度为30%，m(ST)：m(AA+AMPS)＝3：7，m(AA)：m(AMPS)＝7：3，引发剂用量为0.1%，T＝45℃，t＝5h。得到单体接枝率为96.5%，转化率为97.6%的接枝共聚产物。

图 8　加药后第 260 天管线照片

（2）室内试验评价表明，研制的耐高温阻垢剂在 160℃高温下仍然能够起到较好的防垢效果，达到防治油井结垢的要求，现场试验表明，加药后应用效果显著。

（3）该阻垢剂以淀粉为基材，具有环保、无毒、生产过程中无三废排放等优点，提高了使用过程中的安全系数。

参 考 文 献

[1] 万仁溥．采油工艺手册[M]．石油工业出版社，2000-08

[2] 朱义进，赵作滋，等．油井开发中结垢机理及防治技术[J]．陕西科技出版社，1995.

[3] 彭中．油井结垢机理及防治[J]．内蒙古石油化工，2009，(4).

[4] 朱志良，邓守权，倪亚明．PBTCA 及马-丙共聚物对碳酸钙垢阻垢机理的动力学研究[J]．工业水处理，2002，20(2)：20-23.

[5] 马希晨，邰玉蕾．St-DMDAAC-AM 强阳离子型天然高分子絮凝剂的合成[J]．精细石油化工，2002，19(2)：13-16.

胜利油田分层压驱注水管柱研制及应用

李永康　王　聪　刘晋伟　刘海涛　王宏万

(中国石化胜利油田分公司石油工程技术研究院)

摘　要　针对低渗透油藏“注不进、采不出”的难题，胜利油田通过不断研究、实践，迭代升级形成了“超前压驱、立体压驱、差异压驱”3类压驱注水开发模式。压驱注水管柱作为技术实施的重要载体，研究形成了“多轮次分层压驱管柱、压驱注水一体化管柱”为主的分层压驱管柱配套模式，技术指标：适用套管4½in~7in；工作压差≤50MPa；工作温度≤150℃。

截止2023年底，累计实施107井次，密封有效率92.7%；其中，多轮次分层压驱管柱现场应用62井次，最高注水压力47MPa，最高地层温度150℃，最大注入排量1800m³/d；压驱注水一体化管柱应用45井次，最高注水压力49MPa，最高地层温度148℃、最大注入排量2800m³/d。

关键词　压驱注水；分层压驱；管柱；封隔器；胜利油田

胜利油田低渗透油藏已动用地质储量9.4×10^8t，未动用储量2.1×10^8t，开发潜力大。且随着勘探技术的进步，低渗透油藏储量在探明石油地质储量中所占比例逐年增大。胜利油田低渗透油藏具有埋藏深(油藏深度大于3000m的储量占51%)、丰度低(储量丰度小于100×10^4t/km^{2}的储量占58%)、物性差(渗透率小于10mD的储量占48%)的特点，在注水开发过程中，平均单井日注水量低(注水量在20t/d以下的水井占51.1%)，平均单井日产液量少(产液量在5t/d以下的油井占51.0%)，存在“注不进、采不出”的难题。

针对该问题，2020年以来，胜利油田借鉴大庆油田大液量注水吞吐技术，通过不断研究、实践，迭代升级形成了“超前压驱、立体压驱、差异压驱”3类压驱注水开发模式。压驱注水管柱作为技术实施的重要载体，与常规注水管柱相比，要求更高：(1)高温(150℃)高压(50MPa)条件下持续可靠；2)能够满足多轮次压驱、压驱后转常规注水等需求。经过不断研究与实践，逐步形成了“多轮次分层压驱管柱、压驱注水一体化管柱”为主的分层压驱管柱配套模式。

1　管柱结构及原理

目前，胜利油田压驱注水管柱主要有以下2种(图1)：多轮次分层压驱管柱，如图1a所示，主要泄压滑套、压驱封隔器、压驱注入器，定压配水器及底筛堵等组成，用于2层~4层分层压驱；压驱注水一体化管柱，如图1b所示，主要由泄压滑套、压驱封隔器、压驱注水一体化配水器，定压配水器及底筛堵等组成，主要用于2层分层压驱、分层注水。

原理：多轮次分层压驱管柱，主要特点是以投捞密封杆，实现换层；以1a为例，管柱下井——压驱封隔器坐封——定压配水器开启，压驱下层；投入相应压驱密封杆(与压驱注入器配套)：关闭下层，打开上层；压驱上层——将密封杆捞出：关闭上层，压驱下层……进而实现多轮次分层压驱注入需求；压驱注水一体化管柱，主要特点是一趟管柱实现分层压驱、分层注水；以1b为例，管柱下井——压驱封隔器坐封——定压配水器开启，压驱下层——投球(与压驱注水一体化配水器配套)：关闭下层，打开上层——2层压驱完成后，下仪器打开压驱注水一体化配水器(关闭)，即可实现2层的常规注水。后期起管柱时，投球升压使泄压滑套打开，可实现油套连通(表1)。

表1　压驱管柱主要指标

项目	指标		
适应套管，in	4½	5½	7
分注层数	2~4		
工作温度,℃	≤150		
工作压差，MPa	≤50		
解封力，kN	100~150		
工具最大外径，mm	92	115	150

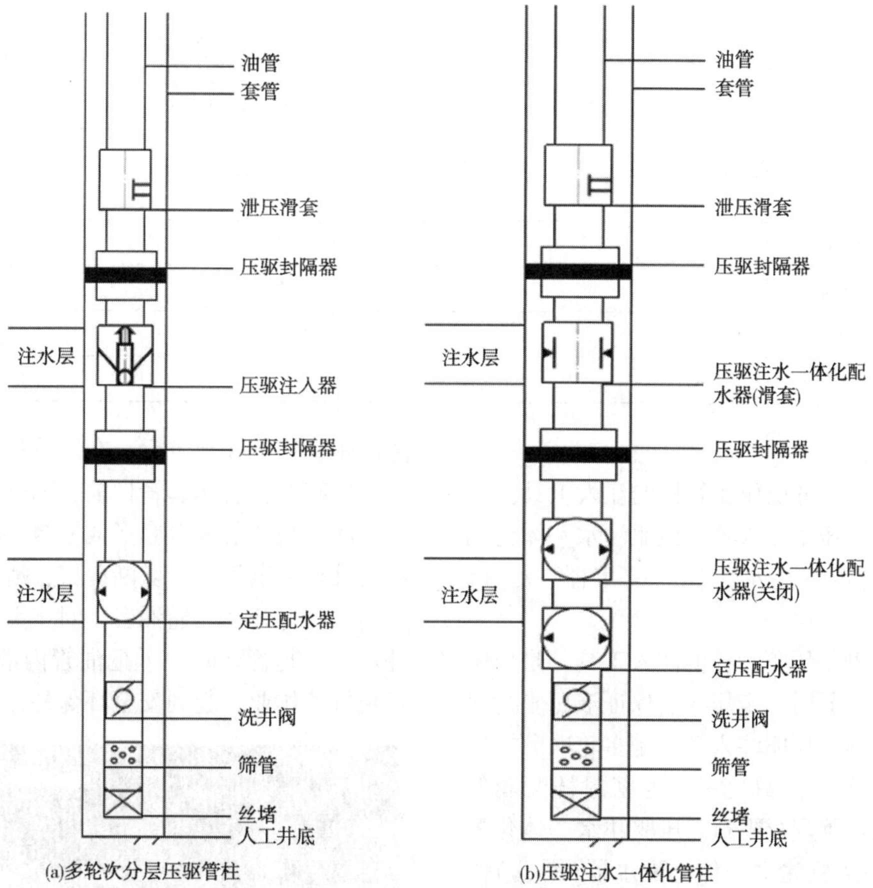

图 1　分层压驱管柱结构图

2　主要配套工具

2.1　分层工具

结合压驱注入特点，分层工具主要由 Y531 型封隔器、Y521 型封隔器及 Y541 型封隔器组成：Y531 封隔器大通道设计，保证了投捞工具通过，实现了多层分层压驱；Y521 封隔器下部卡瓦支撑，靠油管压重机械坐封，可补偿管柱伸缩，减少管柱蠕动；Y541 封隔器锚体外压控制，有效防止结垢卡管柱(图 2~图 4、表 2)。

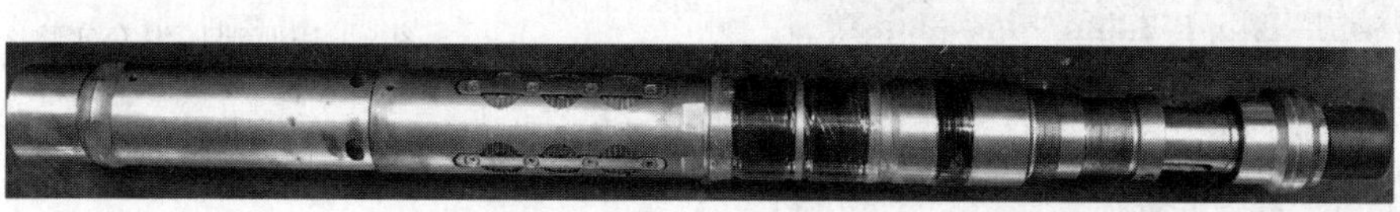

图 2　Y531 封隔器实物图

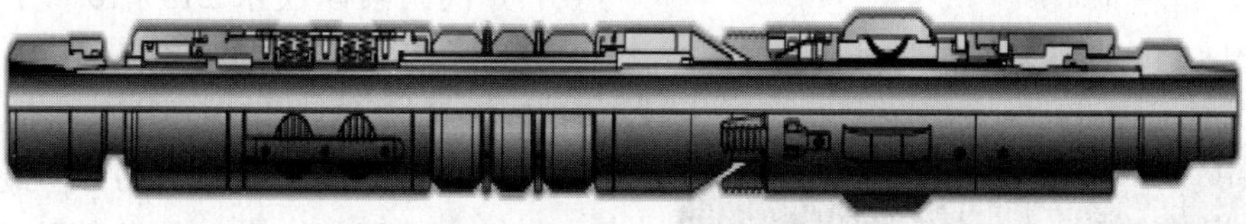

图 3　Y521 封隔器图示意图

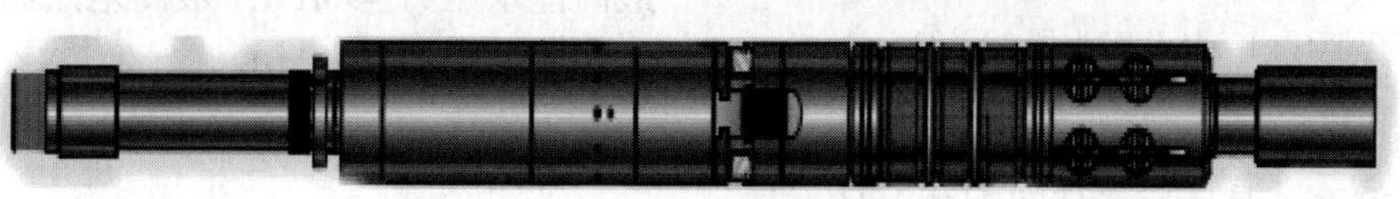

图 4　Y541 封隔器示意图

表 2　分层封隔器主要指标

项目	技术指标		
	Y531	Y541	Y521
工作压差/MPa	50	50	50
工作温度/℃	120	150	150
井斜/(°)	<50	<50	<35
坐封启动压差/MPa	7~12	10~12	—
坐封压差/MPa		25~28	—
解封力/kN		≤120	≤20
座封载荷/kN		—	120~160

2.2　注入工具

如图 1 所示，分层压驱管柱的注入工具主要有定压配水器、压驱注入器、压驱注水一体化配水器(滑套)与压驱注水一体化配水器(关闭)组成。

定压配水器是压驱管柱的注入工具，是压驱注入通道之一；同时，定压开启保证液压坐封封隔器可靠地坐封。压驱注入器，是多轮次分层压驱管柱的主要配套工具之一，与密封杆配套使用，实现注入与换层(图 5)。压驱注水一体化配水器(关闭)与压驱注水一体化配水器(滑套)配套使用，其中，前者(图 6)提供压驱后常规注水时的注入通道，压驱时，始终处于关闭状态，使配套的定压配水器提供压驱注入通道；后者(图 7)提供压驱、常规注水的共用通道，且通过投球打压，实现换层。

(a)压驱注入器

(b)密封杆

图 5　压驱注入器与密封杆

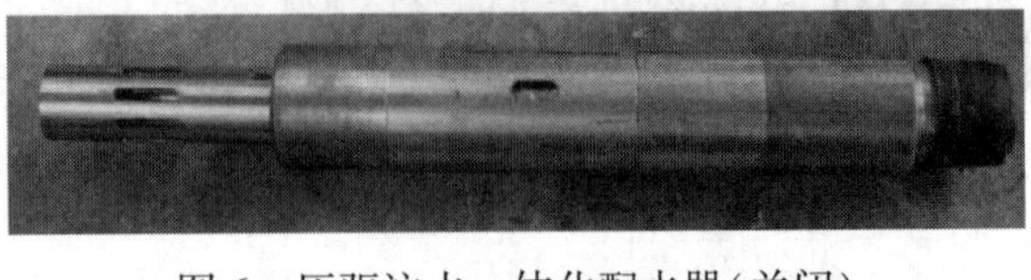

图 6　压驱注水一体化配水器(关闭)

2.3　其他

压驱泄压滑套，是压驱管柱的配套工具，是后期作业起管柱的油套连通通道。压驱泄压滑套随压驱管柱下井到位后，在油管打压及生产过程中保持密封，后期起管柱前，油管投球，等待一定时间，钢球落入滑套形成密封，油管打压，当压力升至一定值时，剪断剪钉，滑套下行，主体上出水孔打开，连通油套，对于溢流井可实现压井作业，起管柱时，可把油管内液体泄到井内，避免冒喷作业，起到安全环保的作用(图 8)。

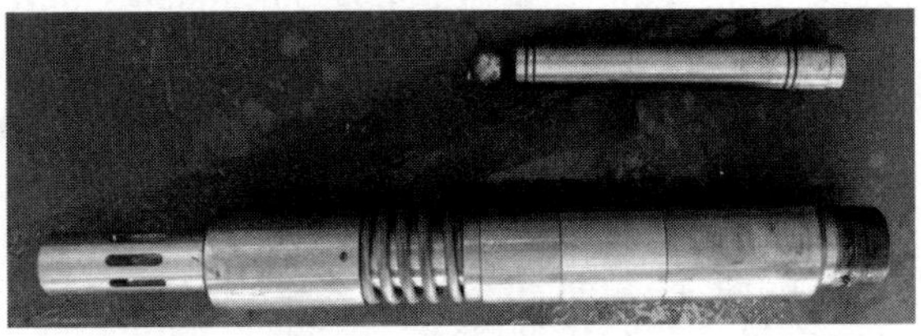

图 7　压驱注水一体化配水器(滑套)

图 8　压驱泄压滑套实物图

3　现场应用

截止 2023 年底，分层压驱管柱累计实施 107 井次，累计注水 $213\times10^4m^3$；密封有效率 92.7%，换层成功率 94.4%。其中，多轮次分层压驱管柱现场应用 62 井次，最高注水压力 47MPa，最高地层温度 150℃，最大注入排量 $1800m^3/d$；压驱注水一体化管柱应用 45 井次，最高注水压力 49MPa，最高地层温度 148℃、最大注入排量 $2800m^3/d$。

4　结论

(1) 多轮次分层压驱管柱通过投捞密封杆实

现压驱换层，可满足 2 层～4 层、4½in～7in 套管规格井的多轮次压驱注入需求；压驱注水一体化管柱，一趟管柱实现 2 层的分层压驱及后续常规注水，避免了压驱、注水转换时的占井周期长的问题。技术指标达到：工作压力：≤50MPa；工作温度：≤150℃。

（2）现有的分层压驱管柱可以满足目前油藏的压驱长效注入需求，实现了设计初衷；但压驱换层仍需人工在井口进行相应操作，同时，低渗油藏压力扩散相对较慢，对各类需管柱下仪器的测试作业提出了更大挑战。

参 考 文 献

［1］杨勇，张世明，曹小朋，等．胜利油田低渗透压驱开发技术实践与认识［J］．油气地质与采收率．2023，30(6)：61-71.

［2］曹小朋，刘海成，任允鹏，等．胜利油田低渗透油藏开发技术进展及展望［J］．油气地质与采收率．2024，31(5)：48-55.

［3］郭建春，卢聪，马莅．胜利油田低渗透油藏压驱工程方案优化及矿场应用［J］．大庆石油地质与开发，2024，43(4)：204-214.

套损水平井分段压裂工艺技术试验及评价

宋兴良[1,2]　马百涛[1,2]　张宏岩[1,2]　龚　铎[1,2]　胡明佳[1,2]　王　锐[1,2]

(1. 大庆油田有限公司采油工艺研究院；2. 黑龙江省油气藏增产增注重点实验室)

摘　要　为了解决在勘探开发过程中出现的一部分套管有漏点的套损水平井分段压裂问题，油田先后研发了双封单卡、多级暂堵、水力喷射、井筒修复、套内滑套5项压裂工艺，但针对不同套漏井况未进行评价。主要从改造针对性、固井质量、排量等技术因素、工艺成熟度对技术适应性进行了分类与评价，并根据各项压裂工艺现场试验情况及效果梳理分析各工艺的优势与不足。通过压裂工艺技术评价，为压裂工艺优选提供支持，各项压裂工艺累计现场应用23口井，整体实施顺利，对套漏井进行分段压裂改造。目前研发形成的各项套漏水平井分段压裂工艺，能够针对不同井况进行分段压裂，解决了井筒出现漏点无法压裂的问题，其中双封单卡工艺较为成熟且应用较多，井筒修复工艺适应性最好，各项工艺应继续完善与提升。

关键词　水平井；井筒；不完整；分段；压裂

水平井压裂增产改造是低渗透及致密油气藏开发的重要手段，但受其井眼轨迹特点以及部分地质因素影响，在钻完井后部分井套管即出现漏点，尤其造斜段和水平段占比更高，造成了井筒不完整。某油田在低渗透及致密油气储层勘探开发过程中，也出现了一定比例的水平井套管出现漏点或裂纹，导致无法按油藏需求实施体积压裂，一定程度上影响了勘探开发及效果评价。

国外油田对于套管油漏点水平井分段压裂工艺进行了试验，对于此类井主要采用3种工艺方式：一是采用无底部分封隔器的水力喷射油管加砂工艺。二是采用小直径的跨式双封隔器单卡目的层，采用连续油管逐层拖动式分段压裂。三是采用膨胀管补贴技术进行修复和加固后进行套管分段压裂。为了解决套漏水平井分段压裂的难题，某油田也开展了相关压裂工艺研究与应用。

1　双封单卡分段压裂工艺技术

1.1　工艺原理

双封单卡分段压裂工艺(简称“双封单卡”)管柱结构如图1所示，主要由压控油管防喷阀、安全接头、水力锚、扩张式封隔器、导压喷砂器、死堵等组成。其工艺原理为采用双封隔器单卡目的层压裂，每压裂一层段后关闭压控油管防喷阀后上提管柱至下一压裂层段，扩张式封隔器可反复坐封，从而一趟管柱实现多段压裂。工艺管柱既可与常规作业设备配合，也可与连续油管作业设备结合应用。

该工艺具有封隔器数量少、改造针对性强、安全性高的优点，可灵活选择压裂层段，对于井筒有漏点等复杂井况条件具有较好的适应性。

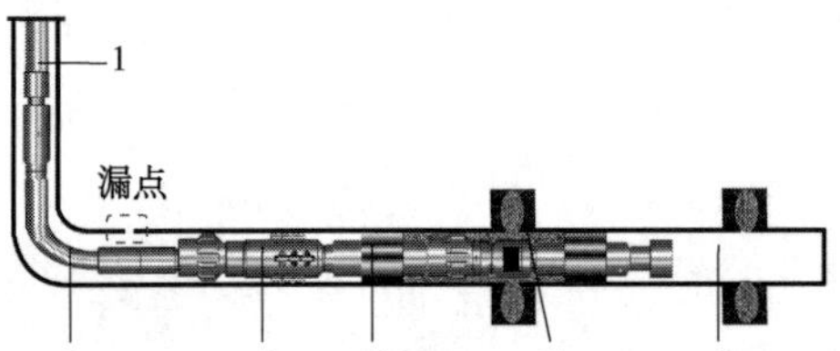

图1　双封单卡分段压裂工艺管柱结构示意图

1—压控油管防喷阀；2—安全接头；3—水力锚；4—扩张式封隔器；5—导压喷砂器；6—死堵

1.2　应用情况

双封单卡分段压裂工艺现场试验12口井，均按方案完成压裂，最大施工排量为5m^3/min，压裂后工艺管柱顺利起出。以A井为例，该井是一口开发水平井，固井质量良好，压裂投产。原压裂方案计划采用水力喷射环空加砂分段压裂9段，压裂前套管试压时无法稳压，通过验漏工艺确定1847.9~1849.8m存在漏点，无法采用环空加砂压裂方式。

为此压裂工艺变更为双封单卡分段压裂工艺，为确保改造效果，压裂段数、加砂规模、液量均按原方案实施(表1)。压裂后单井日产油量为9.8t，达到了预期改造效果。

表1 A井压裂参数设计表

序号	压裂段	压裂液/m^3	石英砂/m^3	陶粒/m^3
1	第1段	204	20	5
2	第2段	190	24	6
3	第3段	160	19	6
4	第4段	160	19	6
5	第5段	190	24	6
6	第6段	190	24	6
7	第7段	160	19	6
8	第8段	160	19	6
9	第9段	190	24	6
10	合　计	1604	192	53

2 多级暂堵压裂工艺技术

2.1 工艺原理

多级暂堵压裂工艺(简称"多级暂堵")管柱结构如图2所示，主要由安全接头、水力锚、封隔器、喷嘴、暂堵剂等组成。其工艺原理为采用单封隔器下入至漏点以下、压裂层段以上坐封，根据油藏压裂方案，通过泵入暂堵剂对已完成压裂层段的裂缝和射孔孔眼实施暂时封堵，重新在新孔眼中开启新裂缝，从而实现分段压裂。

该工艺在压裂井段无工具，具有管柱安全性高、施工效率高、改造规模大的优点。

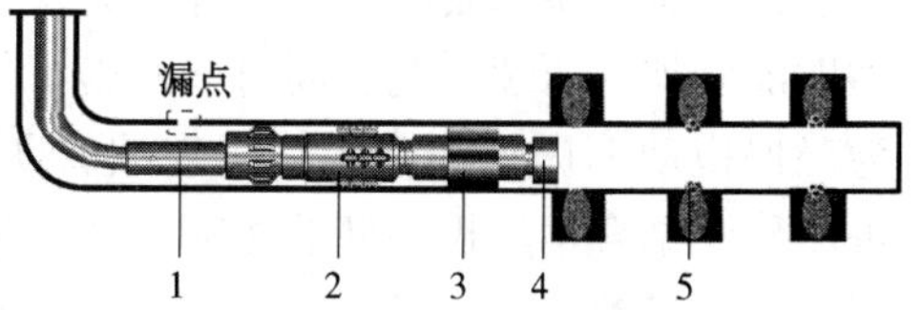

图2　多级暂堵压裂工艺管柱结构示意图

1—安全接头；2—水力锚；3—封隔器；4—喷嘴；5—暂堵剂

2.2 应用情况

多级暂堵压裂工艺现场试验3口井，3口井均固井质量差，压裂施工顺利，但其中1口井暂堵分层效果较差。以B井为例，该井是一口扶杨油层评价水平井，由于固井质量差，初次压裂时采用水力喷射环空加砂和双封单卡工艺压裂7段，均出现卡管柱现象，同时井筒出现漏点。为此重复压裂采用多级暂堵压裂工艺，通过储层应力分布、渗透率分布、自然伽马分布分析，推断该井裂缝启裂顺序，优化了暂堵剂用量及泵注参数(表2)。

全井分6段压裂，最大施工排量为6m^3/min，暂堵5次，暂堵转向压差反应范围3～16MPa，5次转向均成功，共加砂200m^3、暂堵剂750kg、液量2969m^3。重复压裂前日产液量为1.08t，日产油量为0.93t，压裂后初期日产液量为15.4t，日产油量为2.68t。

表2 B井暂堵转向剂封堵射孔用量数据表

单孔转向剂用量/kg	1次转向封堵孔数/(孔/次)	转向剂用量/(kg/次)	转向剂泵注排量/(m^3/min)	转向剂泵注质量浓度/(kg/m^3)
4～7	25～30	150～180	1～1.5	72～120

3 水力喷射油管加砂压裂工艺技术

3.1 工艺原理

水力喷射油管加砂压裂工艺(简称"水力喷射")管柱结构如图3所示，主要由安全接头、喷枪、尾管、死堵等组成。其工艺原理为压裂前首先通过喷枪泵入高速携砂液体射开套管，压裂时从油管加砂、油套环空补液，在压裂层段形成负压实现动态封隔，起裂点控制在喷射工具附近，从而实现分段压裂，环空补液时需注意控制排量和施工压力，避免油套环空液体进入漏点位置，通过逐层拖动完成全井压裂。工艺管柱也可同时连接多级喷枪，提高单趟管柱压裂段数。

该工艺井下工具数量少、外径小、无封隔器的优点，且管柱遇卡风险低。

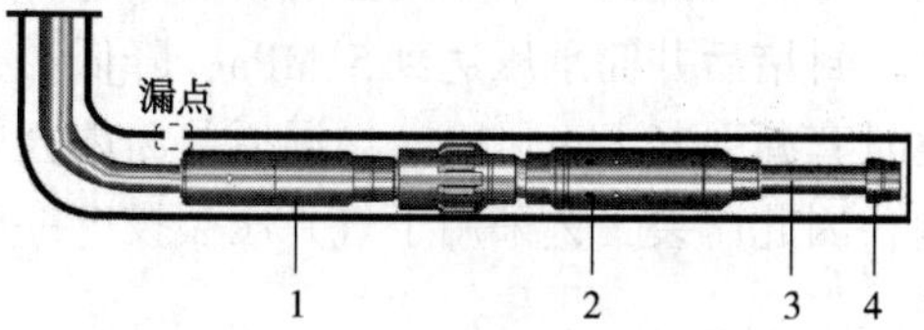

图3　水力喷射油管加砂压裂工艺管柱结构示意图

1—安全接头；2—喷枪；3—尾管；4—死堵

3.2 应用情况

水力喷射油管加砂压裂工艺现场试验4口井，压裂成功率和工艺管柱起出率均达到100%。以C井为例，该井是一口致密油储层评价井，固井质量不合格，且在套管本体上有3处疑似漏点，不具备桥塞套管压裂条件。为此采用水力喷射油管加砂压裂工艺，同时该井施工规模大，为确保拖动上提管柱时能够实现油管防喷，配套带压作业结合钢丝投堵塞器防喷工艺。考虑该井漏点，施工前通过小排量注入测试、诊断漏失速率，确定地面允许环空压力，在保证低于漏点最高承受压力条件下，实时调整控制主压裂排量，保证漏点处动态平衡，避免液体进入。

C 井全井压裂 18 段，施工排量为 3~4.5m³/min，总用液量为 9700m³，总加砂量为 810m³，压裂后根据储层条件和施工参数分析，认为有 3 个层段疑似未有效分层，压裂后初期日产油量为 17.3t，取得了较好的增油效果。

4 井筒修复压裂工艺技术

4.1 工艺原理

井筒修复压裂工艺(简称“井筒修复”)针对套管漏点可采用套管补贴方式进行补漏加固，承压需满足压裂要求。由于补贴后套管内径会局部缩小，需配套采用小直径压裂工艺进行分段压裂，国外工艺补贴后承内压可达 90MPa，抗外挤 30MPa。如漏失量较小也可采用高强度化学堵漏剂封堵，不影响井筒内通径。

该工艺实现了井筒修复再造，拓宽了压裂工艺选择范围，从油藏角度出发，能够按照预定压裂方案实施，确保改造效果。

4.2 应用情况

井筒修复压裂工艺在 1 口深层气套漏井开展现场试验。该井射孔由于套管带压，为此经过验漏显示，在 2330~2400m 之间存在漏点，漏失速度小于 10L/min。由于漏失速度较低，具备化学堵漏条件。为此该井采用高强度堵漏剂进行漏点封堵，封堵后井筒承压达到 51MPa，降低了井筒压裂时套漏引起上窜风险。堵漏后井筒内径未受影响，因此压裂工艺采用了气井压裂投产一体化管柱。

试验井全井压裂 6 段，共加入支撑剂 380m³、压裂液 8150m³，施工过程中未出现井口、技术套管压力上涨现象，压裂后平均日产气量为 $7\times10^4m^3$。

5 不动管柱套内滑套压裂工艺技术

5.1 工艺原理

不动管柱套内滑套压裂工艺(简称“套内滑套”)管柱结构如图 4 所示，主要由安全接头、水力锚、封隔器、滑套喷砂器、死堵等组成，根据预计压裂层段数量，一次下入多级封隔器，每两级封隔器单卡压裂目的层，压裂时通过投球开启滑套喷砂器进行压裂施工，压裂后起出管柱。

该工艺分段改造针对性强，改造规模大、施工效率高，气井应用时可在压裂后作为生产管柱。

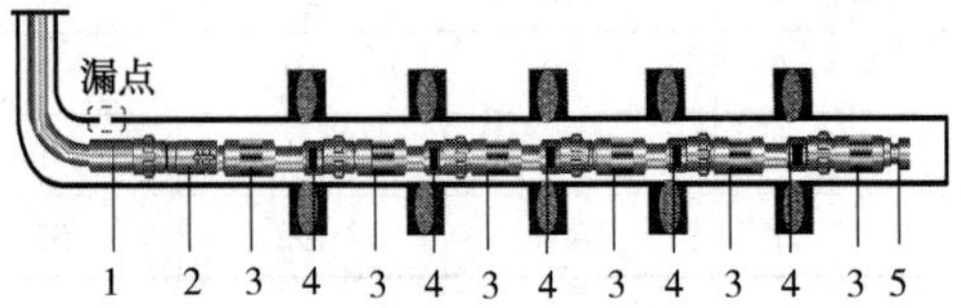

图 4 不动管柱套内滑套压裂工艺管柱结构示意图
1—安全接头；2—水力锚；
3—封隔器；4—滑套喷砂器；5—死堵

5.2 应用情况

不动管柱套内滑套压裂工艺现场试验 3 口井，分段压裂成功率达 100%，但压裂后工艺管柱均未能顺利起出，工具采用分级打捞方式取出。以 LP1 井为例，该井原压裂方案采用复合桥塞射孔联作体积压裂工艺，但该井声变检测判断在 1920~1923m 处套管有裂缝，同时在 1300~1900m 井段固井质量差。为实现漏点以下层段的有效动用，采用不动管柱套内滑套压裂工艺进行改造。

全井设计压裂 10 段 17 簇，压裂液总量为 7200m³、加砂 650m³，最高施工排量为 6m³/min，施工压力为 65MPa，各段滑套开启均有明显压力特征显示，压裂后试油为 33t/d，转交采油厂后初期产油为 14t/d，达到了预期改造效果。

6 压裂工艺技术评价

根据现场 23 口井的应用情况，从工艺特点、施工安全、改造针对性等方面对各工艺进行对比与评价(表 3)。从压裂工艺适应性整体评价认为，双封单卡工艺应用较多，井筒修复压裂工艺技术优势明显，但膨胀管外弹性密封机构和膨胀螺纹密封性能稳定性仍需进一步提高，化学药剂堵漏方式在漏失量较大井封堵承压效果较差，仍需攻关提升。

通过前期现场试验和技术对比，在套漏水平井实施分段压裂时，可根据不同井况、油藏改造需求、施工周期等多方面因素优选工艺(表 4)。

表 3　各项压裂工艺技术特点对比评价表

序号	工艺	施工排量/(m^3/min)	效率/(段/天)	工艺特点
1	双封单卡	5~6	2~3	优点：改造针对性强
				不足：施工效率相对低
2	水力喷射	3~4.5	2~3	优点：工艺管柱简单
				不足：部分层段封隔效果差
3	套内滑套	6~8	4~5	优点：改造针对性强，施工效率高
				不足：管柱起出困难
4	多级暂堵	6~8	4~5	优点：效率高、风险低
				不足：分段改造针对性有所欠缺
5	井筒修复	8~10	4~5	优点：再造新井筒，压裂工艺选择范围广
				不足：修复工艺性能指标和稳定性待进一步提高

表 4　各项压裂工艺优选表

序号	工艺要求		优选工艺
1	针对性	高	双封单卡、套内滑套、井筒修复
		低	多级暂堵、水力喷射
2	固井质量	好	双封单卡、套内滑套、井筒修复
		差	多级暂堵、水力喷射
3	排量	高	套内滑套、多级暂堵、井筒修复
		低	双封单卡、水力喷射

同时在储层适应性方面，双封单卡、套内滑套两项工艺在低渗透葡萄花储层应用成功率较高、适应性最好，在致密油气储层应用时由于施工规模大、压力高，施工效率相对较低。水力喷射、多级暂堵和井筒修复工艺对于致密油气储层则适应性较好，安全性和施工效率较高。

7　结论

（1）套漏水平井分段压裂工艺技术可对不同类型的套漏井实施压裂改造，解决井筒出现漏点无法压裂影响油气井勘探评价、开发生产的问题。

（2）各项压裂工艺的适应性评价，可为套漏水平井分段压裂工艺优选提供参考依据。

（3）各项压裂工艺仍存在一定不足，应从压裂改造针对性、施工安全性、施工效率、储层适应性等方面持续研究与完善。

（4）应加快井筒修复压裂工艺技术攻关，尽快降低工艺成本，将为套漏水平井分段压裂提供重要支持，也可拓展至重复压裂工艺领域扩大应用。

参　考　文　献

[1] 陈秀红．井筒结构不完整井压裂工艺技术研究[G]//大庆油田有限责任公司采油工程研究院．采油工程文集 2018 年第 1 辑．北京：石油工业出版社，2018：49-51.

[2] 光新军，王敏生．北美页岩油气重复压裂关键技术及建议[J]．石油钻采工艺，2019，41(2)：224-229.

[3] 张鹏．双封单卡带压拖动压裂工艺管柱研究[J]．机械工程师，2018(3)：146-148.

[4] 李琳，李清忠，张春辉，等．水平井连续油管压裂技术的应用[G]//大庆油田有限责任公司采油工程研究院．采油工程 2012 年第 4 辑．北京：石油工业出版社，2012：5-7.

[5] 姜德铭，王青川，谭金华，等．水力喷射拖动分压工艺在水平井的应用[J]．油气井测试，2012，21(6)：55-56.

[6] 李奎为，张振兴，李洪春，等．水力喷射多级压裂管柱改进及应用[J]．石油机械，2016，44(2)：93-96.

[7] 范鑫，李根生，黄中伟，等．水力喷射多级压裂中水力封隔效果的数值模拟[J]．石油机械，2015，43

(4)：82-88.
[8] 罗韵东，张全立，郭慧娟，等. 页岩气可膨胀衬管重复压裂技术现状与发展[J]. 石油矿场机械，2019，48(1)：81-85.
[9] 韩永亮，刘志斌，程智远，等. 水平井分段压裂滑套的研制与应用[J]. 石油矿场机械，2011，39(2)：64-65.
[10] 董小卫，田志华，舒博钊，等. 水平井不动管柱无限级分段重复压裂技术研究[J]. 石油矿场机械，2019，48(1)：60-63.

高温低渗油藏水驱精细调剖技术研究与应用

李　莉　刘亚洁　朱建军　卢小娟　任　浩

（中石化胜利油田分公司东胜公司）

摘　要　本文针对车40-44区块储层砂体变化快、注采方向单一、注水效果逐渐下降的问题展开了研究。经过多年注水开发后，该区块注水效果日益变差，突出的平面矛盾导致无法实现有效水驱。此外，现有堵剂体系无法满足耐温、耐盐、易注入的要求。通过数值模拟研究和窜流特征分析，重点优选耐温、耐盐、易注入的堵剂体系。系统地筛选了各种堵剂材料，并针对车40-44区块的实际情况，选择了最佳的堵剂组合。同时，优化了段塞浓度和注入半径，以确保堵剂能够在储层中均匀分布，有效阻止水的窜流现象。研究结果表明，通过优选耐温、耐盐、易注入的堵剂体系，并采取适当的堵剂组合、段塞浓度和注入半径，可以有效减少车40-44区块部分水井的窜流现象，降低注水压力，并提高采收率。数值模拟结果表明，优化后的调驱技术能够使注水效果明显改善，实现了更有效的采控效果。研究结果对于解决类似油田的注水开发问题，改善其开发效果具有重要的实际意义和推广价值。

关键词　高温低渗；驱替倍数；水淹水窜；调剖；封堵

东风港油田含油面积56.13km^2，地质储量3630.63×10^{4}t。开发单元包括车1、车40、车44、车274块等十个区块，其中主力区块为车40~44，储量1092×10^{4}t，占36%，年产量占东风港油田全年总产量的59%。车40~44块油藏温度110℃，井深2700m，平均渗透率45.7mD，为常温常压、稀油、岩性、低渗油藏。车40~44块为浊积扇沉积，多期扇体发育，砂体规模小，呈多层、薄层状，平面连通性差；各小层均有独立的油水界面，储量规模差别大。从垂向上来看，油层分布不集中，垂向上划分了26个含油小层，油层厚度在横向上变化快，油藏平面和纵向非均质性强。

车40~44区块由于储层砂体变化较快，加之经过多年注水开发，注采方向单一、流线固定，有效率低、导致注水效果日益变差，平面矛盾突出，无法实现有效水驱。车40~44块开油井100口，日液7t/d，日油1.9t/d，综合含水72.3%，其中含水超过90%的油井24口；开水井63口，单井日注12.5m^3/d，其中19口水井注水压力偏低。油水井之间形成了高渗通道，注入水无效循环，有效注水偏低，亟需采取调剖工艺技术，封堵窜流通道，提高水驱开发效果。

1　数值模拟和四象限窜流分析

1.1　油藏数值模拟明确剩余油和驱替倍数分布

通过地质研究、动态分析后，利用Eclipse对车40~44块进行了油藏数值模拟，日产油量和综合含水达到了非常理想的拟合效果，和实际生产吻合，保证了给出的剩余油分布的准确性，也为下步的潜力调整提供了依据，如图1所示。

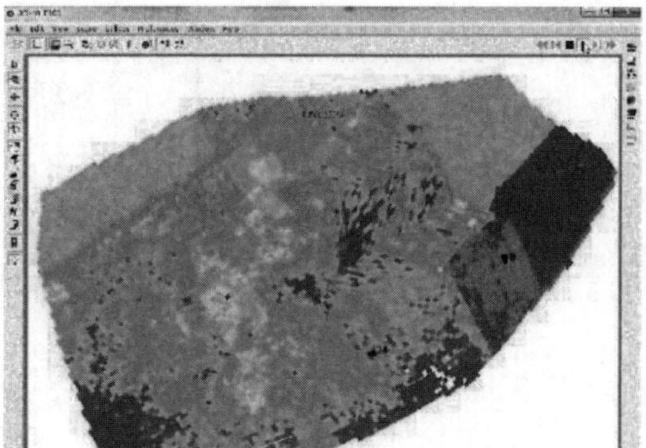

图1　$ES_3 3^4$层剩余油变化过程

通过油藏数值模拟，给出各层的驱替倍数分布，根据驱替倍数和采出程度的对应关系，下步主要潜力方向是驱替倍数小于5的区域。多口水井的注水有效率低，该层位通过测调已经无法将更多的剩余油采出，可以优选注水井组进行堵水调剖试验，如图2所示。

1.2　区块窜流特征及规律研究

区块窜流特征及规律研究，如图3所示。

根据生产数据，绘制了单井的水驱特征曲线。结合水驱特征曲线，分析车40区块75口油井生产资料，选取其中正常生产的43口油井，以单井累积产油为横坐标、含水上升速度为纵坐标作图，每个圆点代表一口井，圆的大小表示开井初期含水率。将水窜井按四象限方法进行分类，创新设计四象限窜流判断指导方法，如图4所示。

1.3 典型井组水窜分析

典型井组水窜分析，如图5所示。

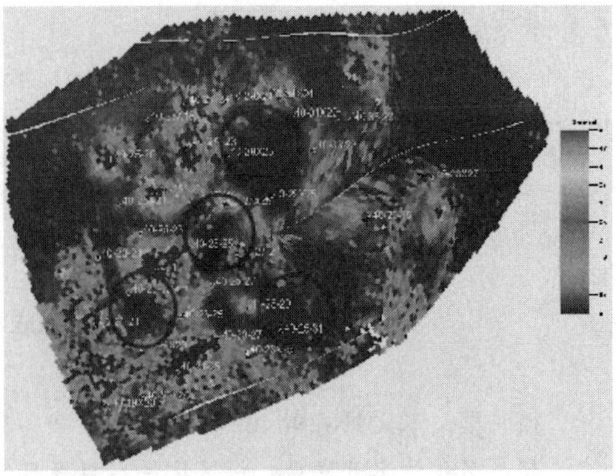

图2　$ES_3 3^4$层驱替倍数分布图

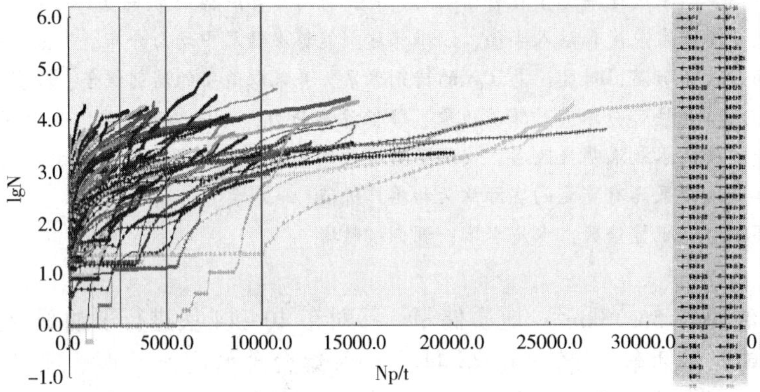

图3　车40~44区块单井水驱特征曲线

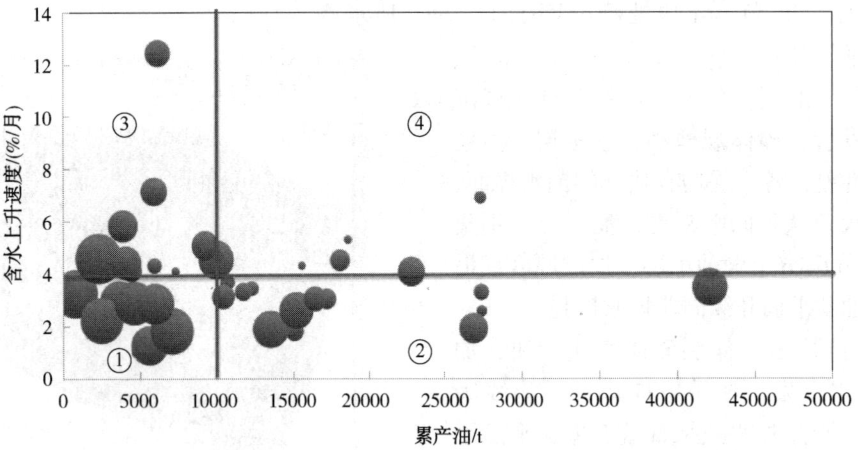

图4　区块43口油井水窜分区图

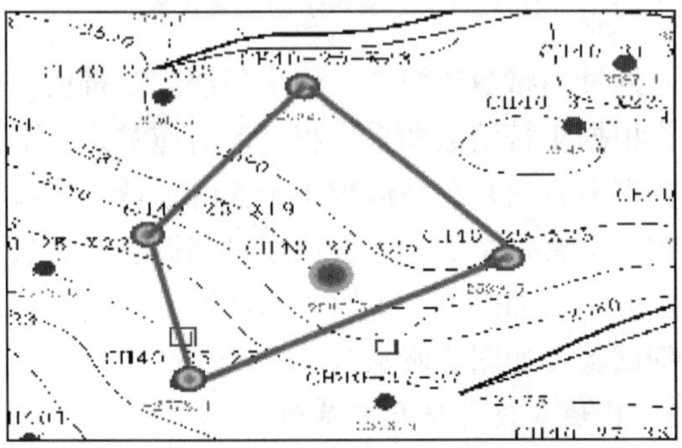

图5　A井组井网图

A井对应四口油井，储量15.85×10^4t，采出程度14.9%。该井于2007.4.26新投射孔，于2014.12.21转注。主力开采层位为S334，对应油井4口，分别为A1、A2、A3、A4，如图6~图8所示。

分别计算A1、A2、A3、A4的含水上升率，作出四口油井的累产油及含水上升速度对应象限图。显见，该井组应开展调+驱治理，如图9所示。

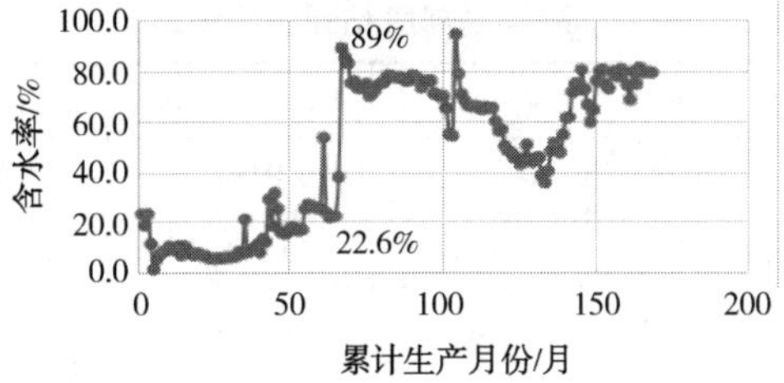

图 6　A3 井含水率变化曲线

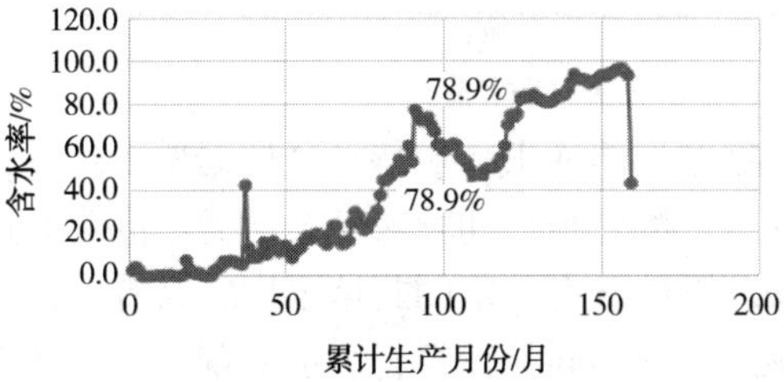

图 7　A2 井含水率变化曲线

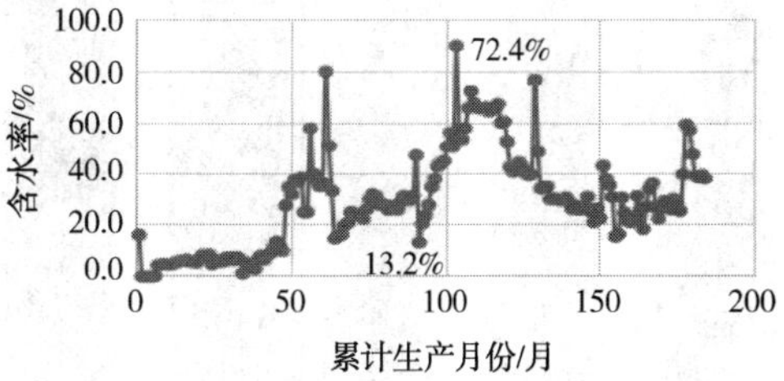

图 8　A4 井含水率变化曲线

1.4　参数优化设计

参考含水上升速度和单井累积产油指标，结合开井初期含水，将水窜井按四象限方法进行分类，根据窜流强弱程度优选堵剂、优化用量，根据累产油量优化驱油段塞及用量，如表 1 所示。

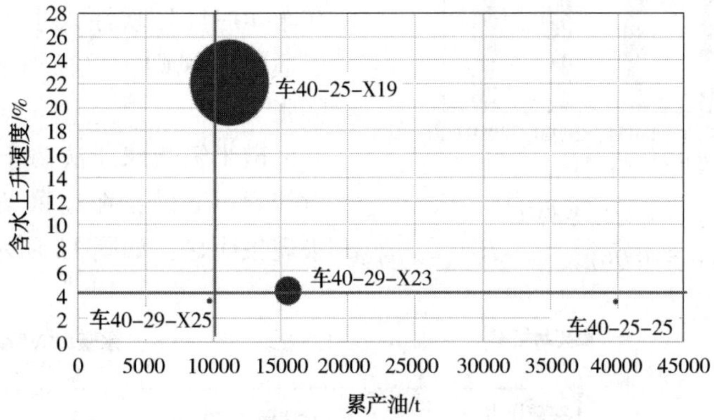

图 9　A 井组对应油井分区图

表 1　窜流井分类及对策

分类	对策
1 类：含水上升速度<4%/月，单井累积产油<10000t	注采调控为主，调剖为辅
2 类：含水上升速度<4%/月，单井累积产油>10000t	高效驱油为主，调剖为辅
3 类：含水上升速度>4%/月，单井累积产油<10000t	封窜为主，驱油为辅
4 类：含水上升速度>4%/月，单井累积产油>10000t	封窜+驱油并重

2　耐温耐盐堵剂系列研究

根据东风港油藏特征，开展了耐温冻胶体系、乳化沥青体系、聚合物微球体系、硅盐树脂体系的配方优化研究及油藏适应性评价研究。

2.1　耐温高强度冻胶体系

针对强水淹带，堵剂需求量大、封堵强度高的特点，研制耐高温冻胶体系。耐温冻胶体系由耐温改性聚合物和耐高温复合交联剂组成，聚合物为耐温改性聚合物，合成时加入 NVP 吡咯烷酮、AN 丙烯腈，AMPS 等基团，通过屏蔽作用和位阻作用，提高耐温。

在车 40 注入水（矿化度 9882mg/L）、110℃条件下，聚合物成胶后强度达到 E 级，6 个月未脱水，稳定性好。该体系具有良好的耐温抗盐性，如图 10、图 11，表 2 所示。

采用堵剂体系配方为：聚 0.6%+交 0.75%，堵剂体积：1PV；后续水驱体积：10PV。在 110℃、$3000\times10^{-3}\mu m^2$ 条件下开展了岩心注入性实验，封堵率达 99.6%，且耐冲刷能力强；各测压点压力值显示，冻胶注入过程中逐渐运移，注入性良好，如图 12、图 13 所示。

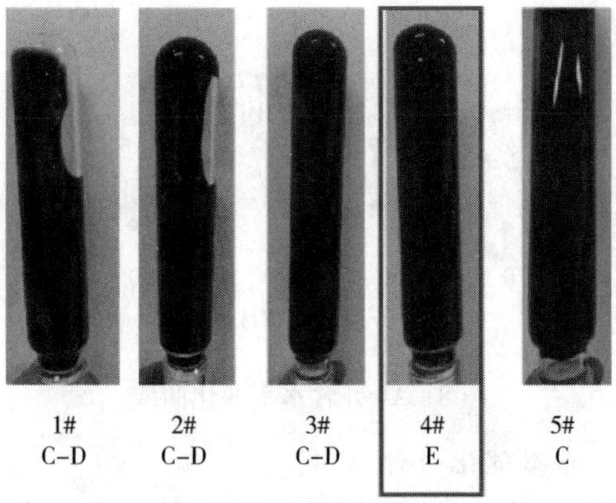

图 10　110℃耐高温冻胶的热稳定性

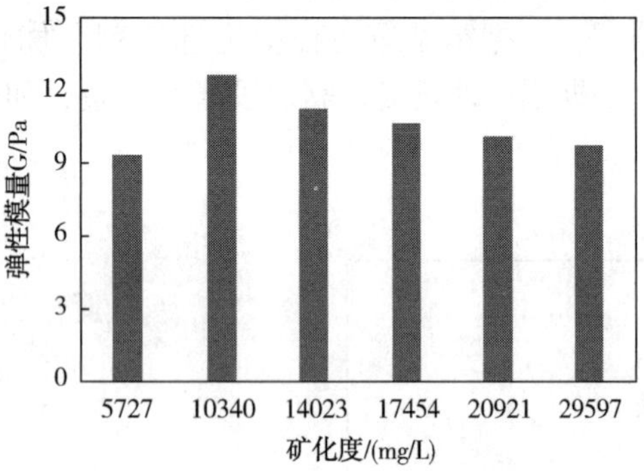

图 11　耐温冻胶不同矿化度条件下凝胶强度(0.6+0.76)

表 2　耐高温冻胶粘弹性测试结果

样品	G′ in Pa	G″ in Pa	|Eta *| in Pas	delta in °
1#	0.11	0.105	0.04829	43.69
2#	0.681	0.312	0.238	24.58
3#	1.261	0.231	0.408	10.4
4#	3.256	0.48	1.048	8.388
5#	1.629	0.523	0.544	17.79

2.2　聚合物微球体系

据东风港油田孔渗特点，依据架桥理论，初步优选了微乳聚合和乳液聚合两类产品。非连续相微球颗粒既有一定的封堵强度，又有深部运移调驱效果，不同粒径组合可以实现大、微孔喉的差异封堵，如图 14、表 3 所示。

通过显微镜观测，纳米级微球在 110℃下，在车 40-44 区块注入水中放置 10 天后，微球表层边缘不规则，粒径增大，说明已经开始水化膨胀。

微米级微球原液由于重力作用有聚并现象，搅拌后可分散；在油藏条件下放置 10 天后，膨胀现象明显，如图 15 所示。

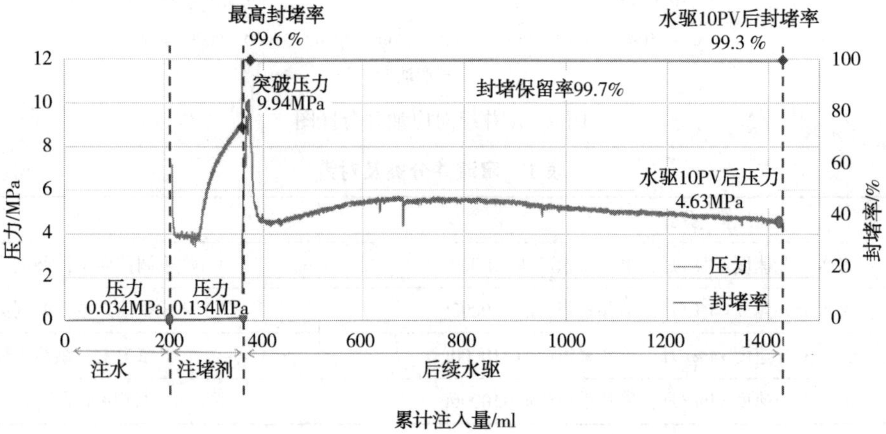

图 12　耐温冻胶注入过程中注入端压力变化曲线

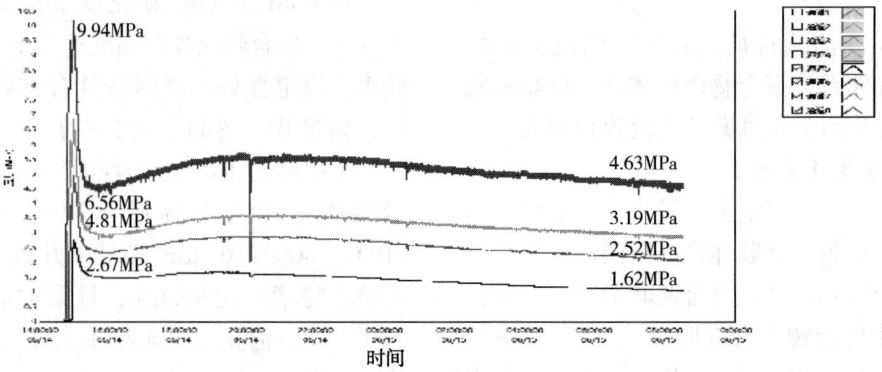

图 13　耐温冻胶注入过程中各测压点的压力变化曲线

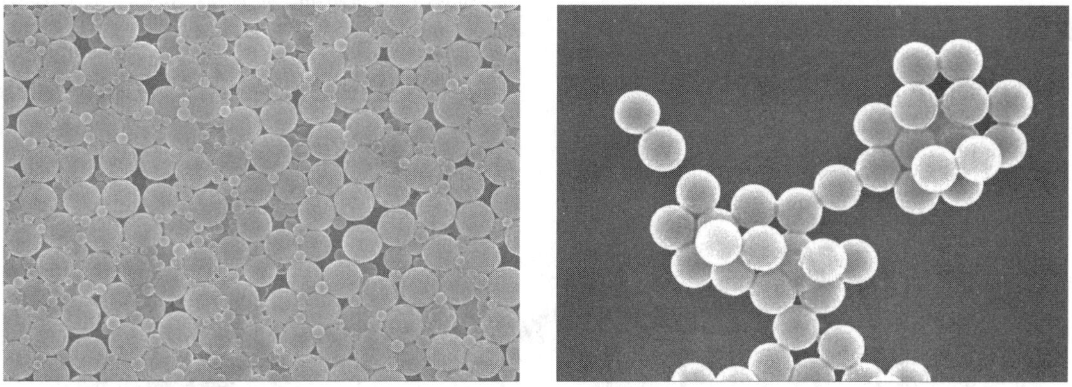

图 14　纳微米级微球电镜扫描照片

表 3　聚合物微球技术指标

序号	检测项目	微米微球技术指标
1	外观	乳白色或浅黄色乳液，久置分层，搅拌或摇动后可重新形成悬浮液
2	初始粒径，um	1~3
3	密度，g/cm^3	0.9~1.2
4	可分离物固含量,%	25±1
5	悬浮分散性	水中完全分散
6	长期耐温抗盐性，120℃，>20×10^{4}mg/L，30d	显微下观察微球形态完整,
7	7d 粒径膨胀倍数，120℃，>20×10^{4}mg/L	大于 2 倍

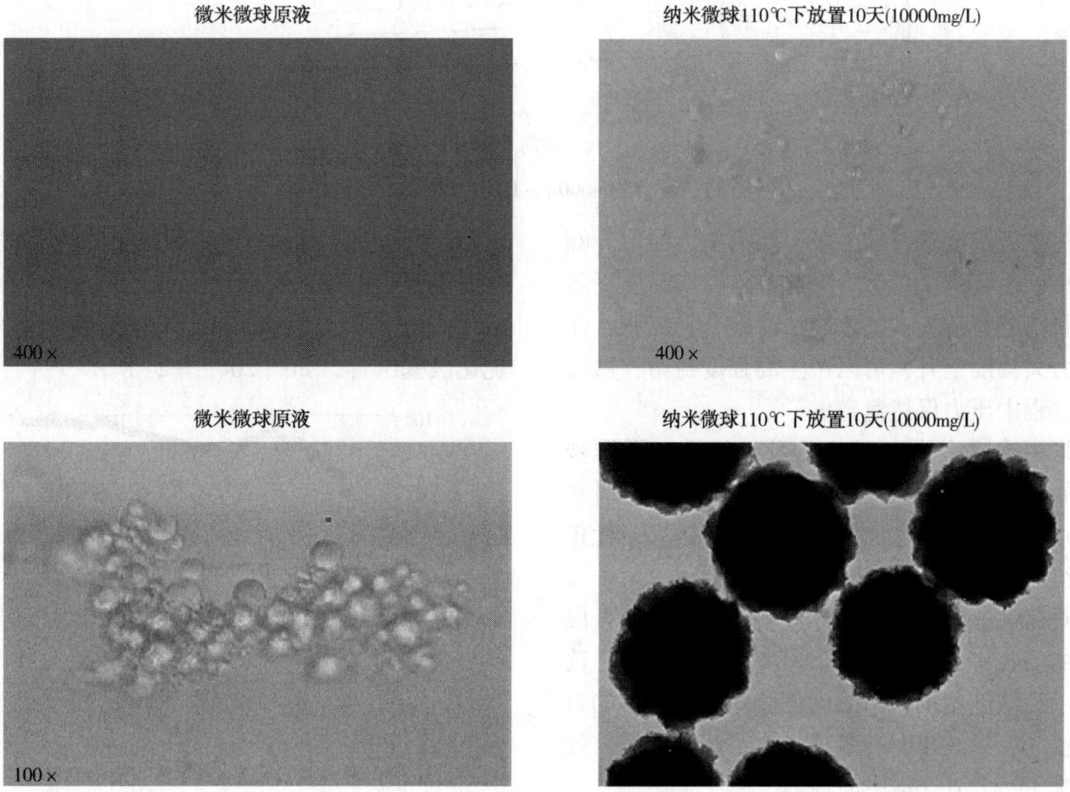

图 15　微球水化膨胀

3 堵剂体系组合注入参数优化

3.1 耐温冻胶体系段塞优化

用渗透率为500md的胶结岩心，连接流程后饱和水-饱和油-水驱至95%-注入0.2PV耐温冻胶-后续水驱，记录注入过程中的压力变化，采出端用量筒收集计算含水率，如图16、图17所示。

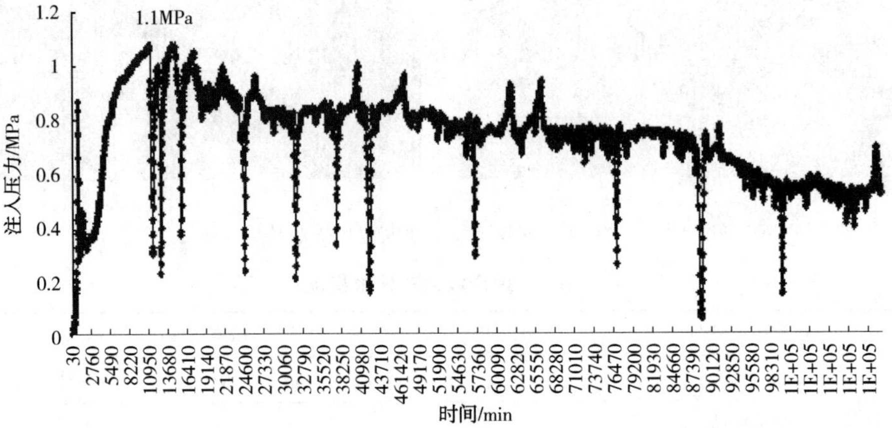

图16 聚合物5000mg/L+交联剂4000mg/L

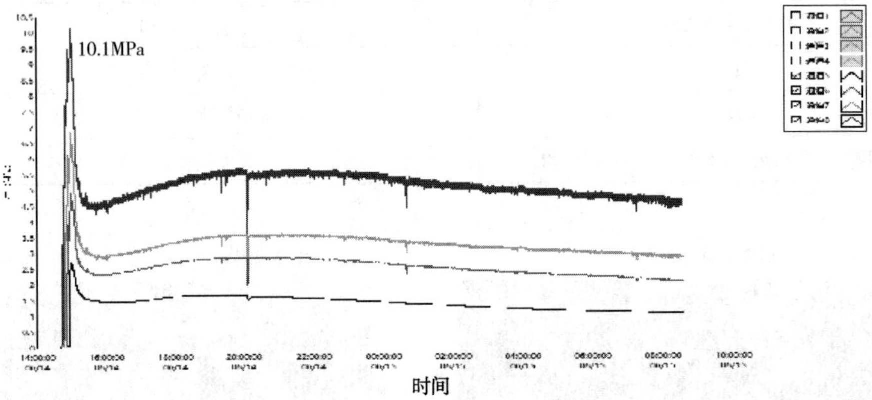

图17 聚合物6000mg/L+交联剂7600mg/L

注入低浓度聚合物冻胶，注入压力的上升幅度较小，后续水驱后呈下降趋势，说明高温下弱冻胶封堵能力较弱；注入高浓度聚合物冻胶，注入压力大幅度上升，可以产生高强度封堵，后续水驱过程中压力保持稳定。

采用渗透率为500md的胶结岩心，同样步骤开展段塞优化，对比注入0.2pv单一堵剂和0.2pv堵剂+0.2pv驱油剂提高采收率效果，优化段塞组合，如图18、图19所示。

对比注入单一高浓度冻胶和注入堵驱组合段塞后的采收率，略有差异，但考虑经济因素，选择单一高浓度堵剂；高浓度冻胶对水窜通道的封堵强度高，后续水驱有效地扩大了波及体积，效果略次于注入0.2pv驱油剂。

3.2 聚合物微球段塞优化

聚合物微球尺寸是决定封堵效果的关键因素之一，因此采用渗透率为100md的胶结岩心，开展聚合物微球段塞优化，对比注入纳米聚合物微球和纳米聚合物微球+微米聚合物微球效果，优化段塞组合，如图20、图21所示。

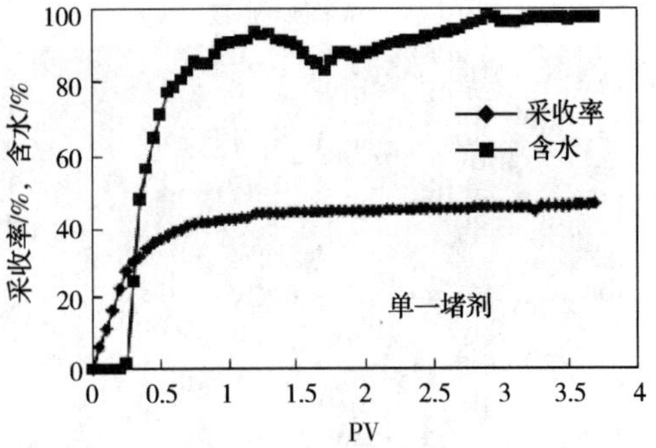

图18 聚合物6000mg/L+交联剂7600mg/L

渗透率为100md条件下，0.1%的纳米级微球封堵能力较弱，不适用；注入0.3%的纳米级微球封堵强度略有提升，继续注入微米级微球，可以产生有效封堵，因此以微米级微球为主。

采用渗透率为 100md 的胶结岩心，同样步骤开展段塞优化，对比注入 0.2pv 聚合物微球和 0.2pv 聚合物微球+0.2pv 驱油剂提高采收率效果，优化段塞组合，如图 22、图 23 所示。

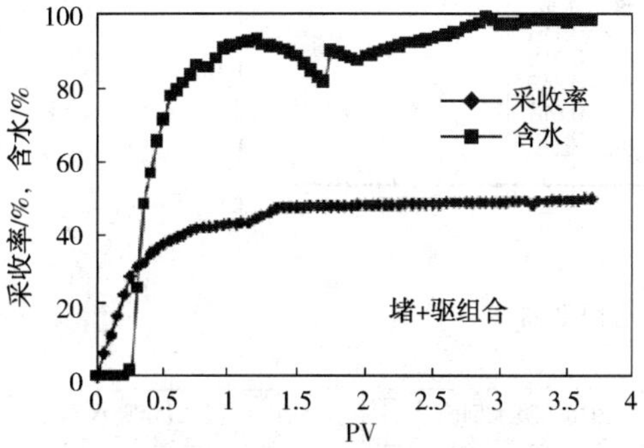

图 19　聚合物 6000mg/L+交联剂 7600mg/L+1%DPR

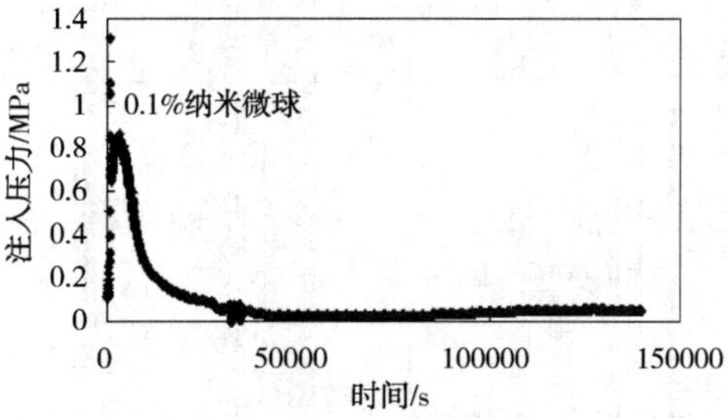

图 20　0.1%纳米微球驱替曲线

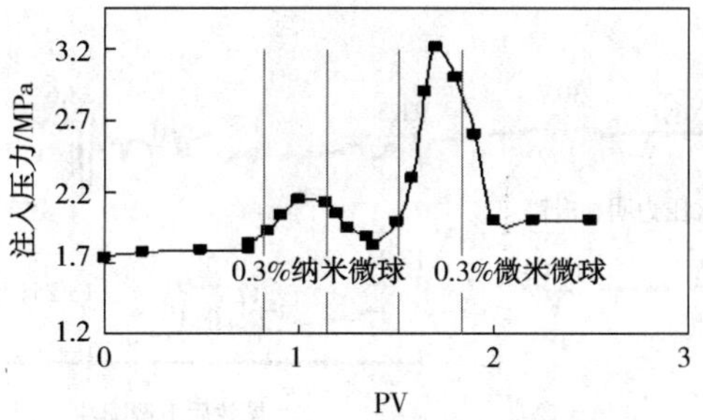

图 21　0.3%纳米+0.3%微米微球驱替曲线

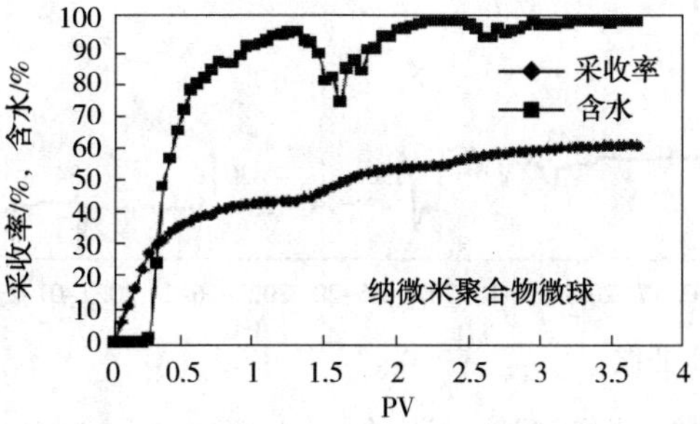

图 22　纳米微球提高采收率曲线

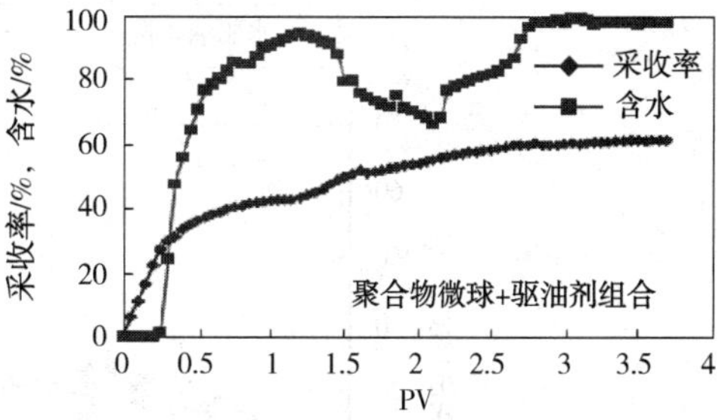

图 23　纳米微球+驱油剂提高采收率曲线

聚合物微球体系能够对中低渗岩心产生有效封堵，提高采收率幅度较大，而组合段塞效果更优；聚合物微球适用于中低渗油藏调驱，封堵强度较高，在扩大波及的基础上，后续的驱油体系有效驱动剩余油，提高采收率效果较好。

3.4　调剖半径优化

采用 500mD 胶结岩心开展了冻胶体系调剖半径物模实验。冻胶注入浓度 5000+7500mg/L；改变堵剂的注入量，0.1~0.7 倍优势通道体积。调驱半径越深，效果越好；考虑经济因素，封堵用量应达到 0.3~0.5 倍优势通道体积，如图 24 所示。

4　现场试验

4.1　A 井组现场应用效果

水井 A 井纵向层间吸水不均衡；主要吸水层为 $ES_3 3^4$(54#)，占比长期超过 80%，其他层动用较低，如图 25 所示。

水井 A 井平面驱替不均衡；A 井井组的注入水主要沿 A3、A1 井方向推进，A 井与 A3、A1 井之间的高渗区域平均渗透率分别为 620、487 毫达西。主窜流方向为 A3 井、A1 井。长期注水压力($20m^3/d$)低于 8.0MPa，注水形成高渗通道，对应油井含水快速上升，油量下降，注水有效率较低 .

2021 年 10 月 21 日 A 井提注到 60 方，初期注水压力仅 6.2MPa，后续上升至 9.0MPa，22.1.24 堵水调剖注入 SCC-1 耐温改性聚合物和 SCH-2 耐高温复合交联剂后，注水压力快速上升至 19.2MPa 并保持稳定，说明封堵剂有效阻挡了高渗通道，2022 年 10 月 14 日实注降为 $11m^3$，注入压力 4.6MPa，如图 26 所示。

A 井自 21.10.21 增注和 22.1.24 调剖以来，井组受效明显，整体日液日油均上升，受效前 22.8/5.6/75.4%，峰值日增油 3.4t，目前产能 33.6/6.9/79.5%，累增油 820t，持续见效。

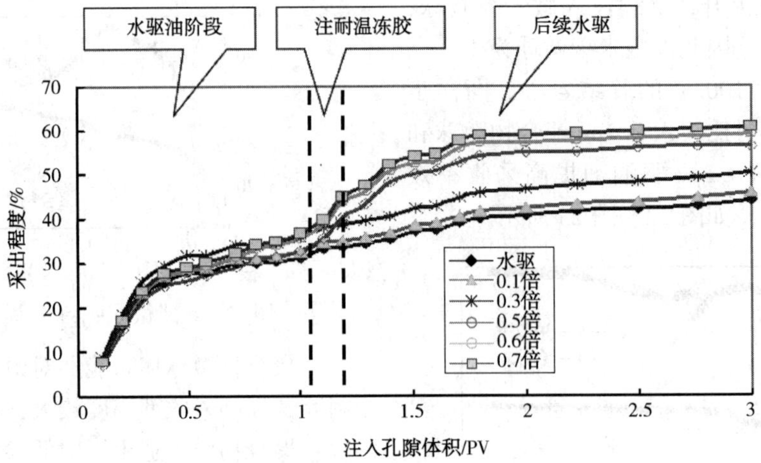

图 24　不同冻胶用量的采出程度曲线

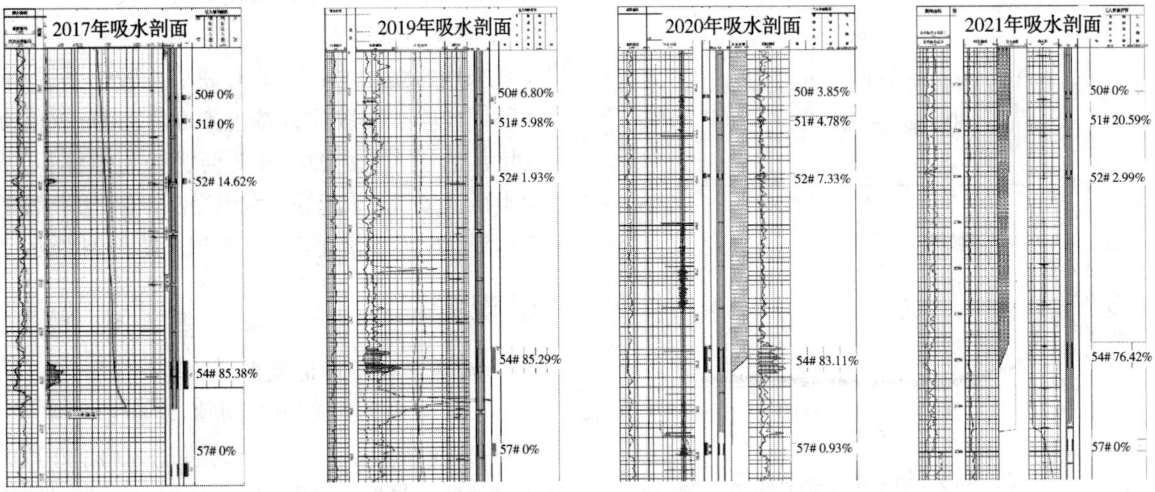

图 25　A 井吸水剖面图

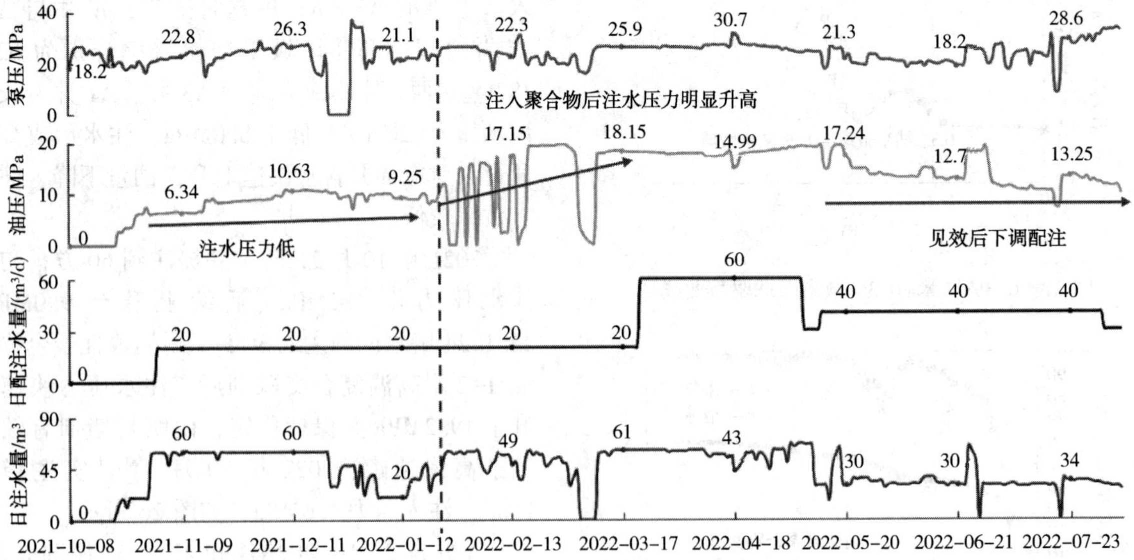

图 26　A 井日度注水曲线

4.2　B 井组现场应用效果

B 井组平面驱替不均衡，主窜流方向为 B1 和 B2。层间吸水不均匀，主要吸水层为 $ES_3 3^3$，如图 27 所示。

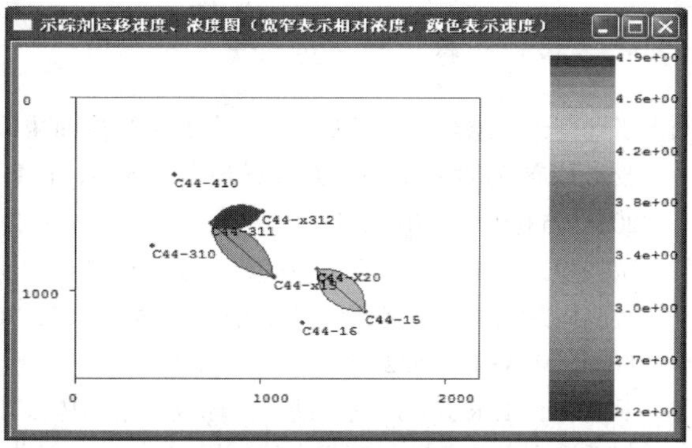

图 27　示踪剂运移速度、浓度图

主力产层 $ES_3 3^3$，既是主要的产油层、剩余油潜力层，也是目前水窜最严重的层。而 B 井组天然能量有限，欠注会导致油井产液下降，注水又导致水窜，因此，对 $ES_3 3^3$ 层的治理，必须要同时考虑补充能量驱油、抑制注入水窜，如图 28 所示。

该井于 2022 年 5 月开始调剖，微球浓度 0.3%逐渐增大至 1.0%，注入压力由 19.4MPa 上升至最高 24.1MPa，目前日增油 2t，累计增油 249t，持续见效。

截止 2023 年 5 月，车 40-44 块共计调剖 8 个井组，全部见效，累计增油 3554.3t，如表 4 所示。

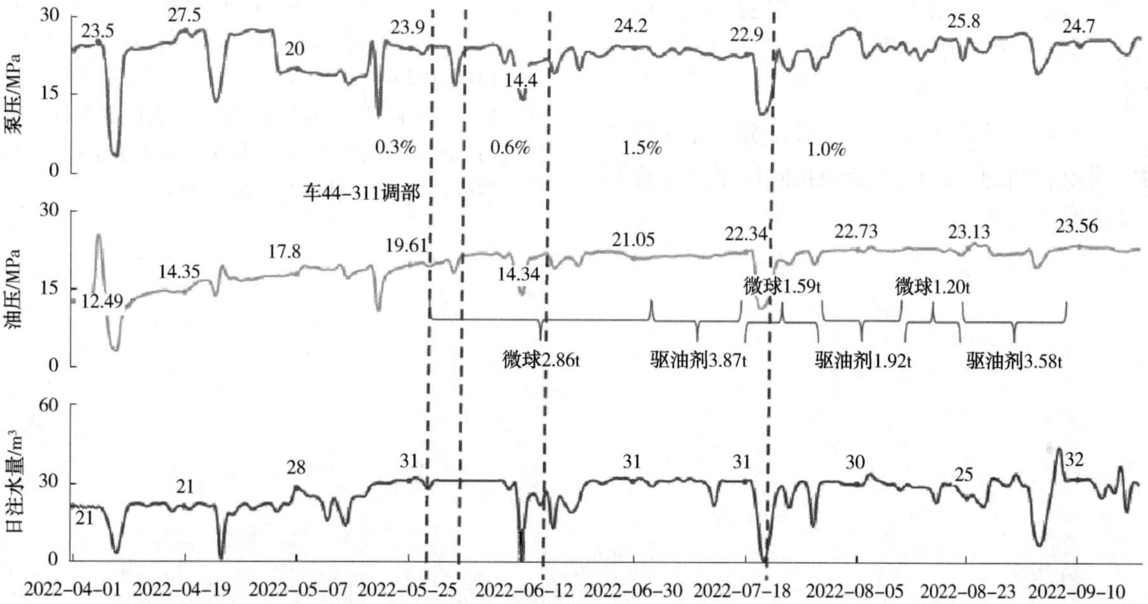

图 28　B 井日度注水曲线

表 4　调剖效果统计

调剖井组	施工日期	段赛设计	压力变化	井组增油
C1	2021-11-16	硅盐树脂体系	12MPa 上升至 22.5MPa	1409
C2	2022-1-24	耐高温冻胶体系	9MPa 上升至 19.2MPa	820
C3	2022-6-30	颗粒类调剖体系	20MPa 上升至 26MPa	449
C4	2022-6-30	颗粒类调剖体系	18.8MPa 上升至 25MPa	585
C5	2022-5-28	微球体系+纳米驱油剂	19.4MPa 上升至 24MPa	542
C6	2022-8-21	沥青体系+微观油水调控剂	22MPa 上升至 24MPa	245
C7	2023-2-10	极端水洗高强度封窜体系	7MPa 上升至 9.5MPa	215
C8	2023-4-2	极端水洗高强度封窜体系	22MPa 上升至 26MPa	61
合计				4326

5 认识与建议

结合注水调剖机理、堵剂类型以及车 40-44 块的现场试验情况，对已经进入现场的堵剂体系以及适应性进行总结，得出以下几点认识：

（1）对于已经形成水淹大孔道或裂缝性水淹水窜，对应油井含水已经进入高含水采油期，需选用高强度封窜体系，封堵后后续水驱可以有效地扩大波及体积，无需再配合驱油体系。

（2）对于基质或者孔隙堵调，对应油井处于中低含水采油期，可以选用深部堵调体系，例如微球或者多尺度冻胶分散体，根据井组水驱开发年限，可以采用多尺度架桥理论初选堵剂粒径，后续"实时检测、动态调整"。配套驱油体系，可以有效的驱动井间剩余油，进一步提高采收率。

（3）对于层间压差较大、机械分层无法解决的层间矛盾问题，建议配合酸化降压增注等提高低渗透层贡献率。

参考文献

[1] 于继良，鲍志东，李海龙，等．高温裂缝性油藏凝胶封堵剂的性能评价[J]．石油与天然气化工，2024，53(02)：107-111.

[2] 贺伟中，曲国辉，李博文，等．耐温耐盐聚合物弱凝胶体系制备及性能评价[J]．油田化学，2023，40(03)：408-413+432.

[3] 尹虎琛，王玉功，孙爽．纳米微球复合堵剂体系在超低渗水平井组深部调剖中的应用[J]．钻采工艺，2020，43(01)：123-125.

[4] 彭鹏傲，周明，古月，等．抗高温抗高盐聚酰亚胺微球的制备及驱油性能评价[J]．材料科学与工艺，2023，31(03)：41-47.

[5] 武俊文，刘斌，王海波，等．高温高盐油藏聚合物堵剂研究进展[J]．应用化工，2021，50(04)：1019-1025.

[6] 吕琦，葛际江，郭洪宾，等．高温高盐条件下调剖用酚醛冻胶的研制[J]．西安石油大学学报(自然科学版)，2023，38(02)：61-67+112.

高阻抗下井中微地震不同深度检波器信号分析

温　柔[1,2]　刘文强[1,2]　霍　勇[1,2]　郭　蓉[1,2]　李博博[1,2]　张稼良[1,2]　庞士林[1,2]

（1. 中国石油集团测井有限公司地质研究院；2. 中国石油天然气集团有限公司测井重点实验室）

摘　要　地层波阻抗差异是影响井中微地震监测资料品质的重要因素。基于斯涅耳定律和Zoeppritz方程，通过波阻抗差异性和入射角大小对微地震初至波信号特征进行研究，揭示了井中微地震资料监测过程中波阻抗差异性大小、临界角与初至波能量之间的关系，并加以正演论证，得出了波阻抗差异性大的储层，对初至波的能量和传播路径影响较大。以吉煤XX井为例，在射孔1微地震信号监测失败后，通过声波测井资料获取射孔段附近地层速度信息，分析了微地震信号缺失的原因，及时对三分量检波器深度进行调整，有效避开了因波阻抗差异大，且入射角大于临界角的情况下，部分检波器监测不到初至波的问题，检波器深度调整后，射孔2获取了较好的微地震信号。

关键词　波阻抗；初至波；井中微地震；临界角；声波测井；三分量检波器

近年来，非常规储层的勘探开发正在世界范围内蔓延，非常规油气勘探开发的重点是压裂，压裂效果的好坏直接关系到最终开发效果，为了解决压裂效果评价问题，微地震监测技术逐步得到应用与推广。井中微地震监测是通过在压裂井周围的监测井中布置多级三分量检波器、分析压裂过程中岩石破裂产生的微地震事件来监测压裂裂缝长度、宽度、高度、方位及地应力方向等信息的地球物理技术。在井中微地震实际资料运用过程中，受资料品质的影响，往往无法真实有效的评价压裂效果。本文从初至波的传播特性入手，在波阻抗差异性基础上，分析了波阻抗差异性、临界角和折射波之间的关系，并通过初至波波场正演模拟，得出了初至波的能量分布受到波阻抗差异的影响较大。最后以吉煤XX井为例，通过调整检波器深度，避开波阻抗差异大的界面，提高井中微地震资料的品质。因此，在进行井中微地震监测时，应考虑地层波阻抗差异的影响，采取适当的措施来提高监测精度和可靠性。

1　井中微地震定位误差因素分析

井中微地震定位精度的大小直接影响压裂效果评价。目前，井中微地震主要采用纵横波初至联合定位算法，该算法在速度模型基础上，利用多个检波器纵横波初至时间，再通过检波器定向原理，联合求取发震点位置，这就要求在实际监测及处理解释过程中，保证速度模型准确和初至波拾取精度的必要性。

1.1　定位方法引起的系统误差

纵横波初至联合定位算法中，主要是基于遗传算法、网络搜索算法等射线追踪的反演理论，该类算法都涉及一个目标函数及求解最优化矩阵的判断标准，其定位的精度与网格大小、迭代次数、初始位置的输入及函数判别标准有着密切的关系，无论反演的如何准确都会与实际位置存在偏差。

1.2　速度模型不准确引起的定位误差

速度模型是井中微地震资料处理的关键，贯穿三分量检波器定向及微地震事件定位全部阶段，速度模型不准确引起的定位误差主要表现为静态和动态两个方面。

（1）静态误差。首先，井中微地震速度模型通常采用声波测井资料或VSP资料、三维地震速度资料建立的水平层状均匀介质，而实际地层为各向异性介质。其次，单井声波测井资料获取的速度模型并不能代表监测区域准确的速度，从而造成因速度各向异性和速度局限性产生的定位误差。

（2）动态误差。井中微地震速度模型通过射孔/声源弹校正的速度模型是压裂施工前地层的速度。随着压裂施工的进行，已经压裂过的层位因裂缝形成而使得地层的密度、压力、孔隙度及各向异性产生一定的变化。当下一段压裂开始后，形成的微地震信号穿过上一层压裂液或裂缝区域时，会因地层岩石物理性质的改变造成传播速度的变化。而压裂前通过射孔/声源弹校正的速度模型已不再适应此时改变后的地层速度，从而导致微地震事件定位误差的产生，如图1所示。

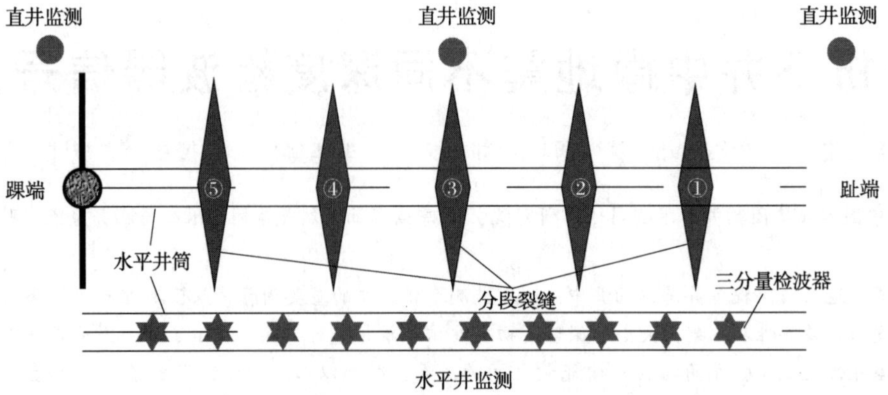

图 1　水平井分段压裂监测示意图

1.3　纵横波初至拾取不准确引起的定位误差

井中微地震定位精度与纵波、横波初至有紧密的关系，纵波和横波初至通常利用纵波和横波的能量特性、回归算法或小波技术及偏振分析进行拾取。由于微地震信号起跳复杂、波至延续性长，特别是针对储层塑性比较强、噪音比较低的资料，纵横波初至拾取的难度较大，拾取的精度偏低，而对于储层脆性比较强、信噪比较高的资料，初至波拾取精度就会高很多。

2　波阻抗差异性下微地震信号特征分析

2.1　斯涅耳(SNELL)定律

波阻抗是指地震波在介质中传播的能力，其数值等于介质密度 ρ 与波速 v 的乘积。界面两侧的波阻抗变化和波入射到波阻抗面的夹角对波的能量传播有很大影响。其中入射角 α 与折射角 β 的关系符合 SNELL 定律：

$$\frac{\sin\alpha}{\sin\beta}=\frac{v_1\rho_1}{v_2\rho_2} \tag{1}$$

假设介质 1 的波阻抗 $v_1\rho_1$，介质 2 的波阻抗为 $v_2\rho_2$，不同波阻抗差异性下，当发射点 S 发出微地震波时，在不考虑波场吸收衰减的情况下，检波器接收到波场信号特征分析如下：

（1）当介质 1 与介质 2 波阻抗相等时，入射角 α 等于折射角 β，介质 1 中入射波的能量全部传到介质 2 中。

（2）当 $v_1\rho_1<v_2\rho_2$ 时，此时入射角 α 小于折射角 β。如图 2(a) 所示，位于介质 1 中的检波器会接收到直达波和入射角小于临界角产生的反射波，位于两种介质界面附近的检波器会接收到直达波和入射角等于临界角产生的滑行折射波，位于介质 2 中的检波器只会接收到入射角小于临界角产生的折射波(透射波)或因入射角大于临界角而不产生折射波(透射波)。

（3）当 $v_1\rho_1>v_2\rho_2$ 时，此时入射角 α 大于折射角 β。如图 2(b) 所示，位于介质 1 中的检波器会接收到直达波和反射波，位于介质 2 中的检波器会接收到折射波(透射波)或因距离波阻抗界面太近而不产生折射波(透射波)，具体与两种介质波阻抗差异大小及入射角度有关。

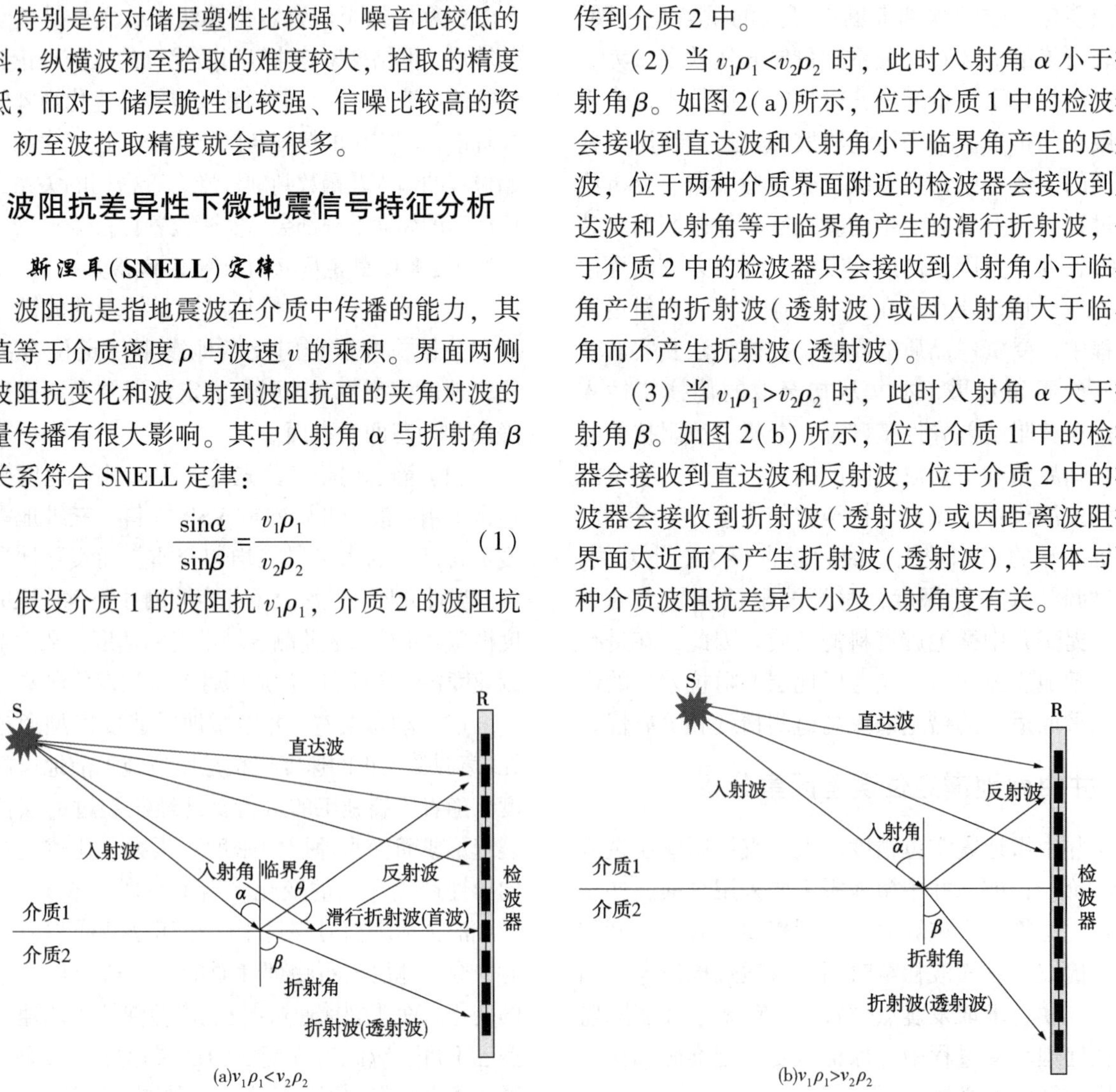

图 2　入射角与临界角、折射角关系示意图

综合以上分析，当波从波阻抗小的界面射入波阻抗大的界面，且入射角大于临界角时，处于大波阻抗储层中的检波器无法接收到直达波和折射波(透射波)。当波从波阻抗大的界面射入波阻抗小的界面，由 SNELL 定律可知，随着入射角的增大，折射角增大到一定角度不再变化，这就造成一定的监测盲区。

2.2 Zoeppritz 方程

当一个平面纵波不以为零的任意角度射入到两种不同介质的分界面时，会产生纵波折射、横波折射、纵波反射和横波反射四种波。ZOEPPRITZ 方程首次描述了纵、横波反射系数、纵、横波折射系数与密度、速度、入射角之间的关系，其方程为

$$\begin{bmatrix} -\sin\theta_1 & -\cos\varphi_1 & \sin\theta_2 & -\cos\varphi_2 \\ \cos\theta_1 & -\sin\varphi_1 & \cos\theta_2 & \sin\varphi_2 \\ \sin2\theta_1 & \dfrac{V_{P1}}{V_{S1}}\cos2\varphi_1 & \dfrac{V_{P1}V_{S2}^2\rho_2}{V_{P2}V_{S1}^2\rho_1}\sin2\theta_2 & -\dfrac{\rho_2V_{P1}}{\rho_1V_{S2}}\cos2\varphi_2 \\ -\cos2\varphi_1 & \dfrac{V_{S1}}{V_{P1}}\sin2\varphi_1 & \dfrac{\rho_2V_{P2}}{\rho_1V_{P1}}\cos2\varphi_2 & \dfrac{\rho_2V_{S2}}{\rho_1V_{P1}}\sin2\varphi_2 \end{bmatrix} \cdot \begin{bmatrix} Q_{RP} \\ Q_{RS} \\ Q_{TP} \\ Q_{TS} \end{bmatrix} = \begin{bmatrix} \sin\theta_1 \\ \cos\theta_1 \\ \sin2\theta_1 \\ \cos2\varphi_1 \end{bmatrix} \qquad (2)$$

式(2)中 θ_1、θ_2、φ_1、φ_2 分别为纵波入射角、纵波折射角、横波反射角、横波折射角,°；Q_{RP}、Q_{RS}、Q_{TP}、Q_{TS} 分别为纵波反射、横波反射、纵波折射、横波折射的振幅，dB；V_{P1}、V_{S1} 分别为上层介质的纵波速度、横波速度，m/s；V_{P2}、V_{S2}分别下层介质的纵纵波速度、横波速度，m/s；ρ_1 为上层介质的密度，g/cm^3；ρ_2 分别为下层介质的密度，g/cm^3。

如图 3(a)所示是纵波从波阻抗小的介质射入波阻抗大的介质时，反射系数和折射系数与入射角的关系曲线，从图中可以看到，随着入射角的增大，当入射角小于临界角时，反射波系数逐渐增大、折射波系数逐渐减小；当入射角与临界角相等时，此时折射波系数为零；当入射角大于临界角时，反射系数突然增大，称之为“广角反射”，并出现转换横波。

如图 3(b)所示是纵波从波阻抗大的介质射入波阻抗小的介质时，纵波反射系数和纵波折射系数与入射角的关系曲线，从图中可以看到，此时不存在临界角，随着入射角的增大，反射波系数整体呈现由大变小再增大的趋势，折射纵波系数从垂直入射到一定角度内几乎保持一个定值，当达到一定角度时，反射波系数突然增大、折射波系数突然减小。

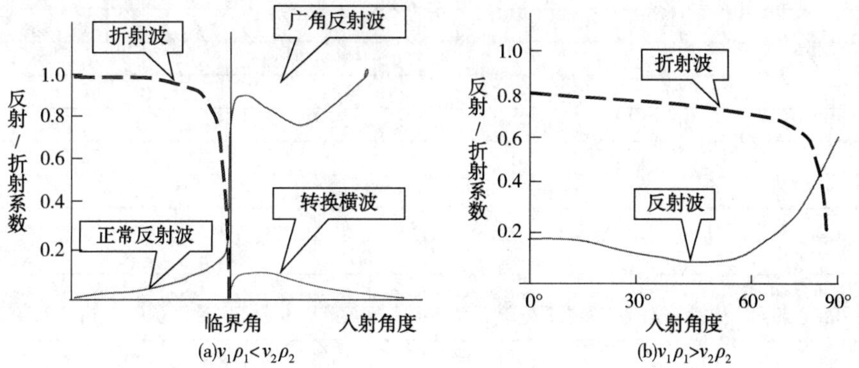

图 3 入射角与临界角、折射角关系示意图

2.3 初至波正演模拟

通过上述分析，建立简单层状介质速度模型，假设介质的密度均为 1g/cm^3，根据波阻抗计算公式，得到介质 1 的波阻抗为 2000g/cm^3 · m/s，介质 2 的波阻抗为 3464g/cm^3 · m/s，介质 3 的波阻抗为 4000g/cm^3 · m/s，各检波器偏振方向朝向震源点 S，并根据射线追踪理论对初至波传播路径和波场进行正演模拟，发现两侧介质速度差异越大，初至波斜率变化越大，入射角越大，初至波斜率变化也越大，如图 4、图 5 所示。

当震源 S 发出地震波后，初至波传播路径明显不同。(1)震源 S 与 R8~R13 号检波器在同一

介质内，初至波沿直线传播至检波器，波场能量最强；(2)震源S在介质2内，检波器R1～R7在介质1内，初至波从高波阻抗介质2射入低波阻抗介质1时，折射率约0.577，对应的折射临界角约35.27°，初至波沿旅行时最小的路径由震源传播至R1～R7号检波器，折射角随着入射角增大而增大，折射角变化较小，初至波能量无明显变化；(3)震源S在介质2内，检波器R14～R20在介质3内，初至波从低波阻抗介质2射入高波阻抗介质3时，折射率约0.866，对应的入射临界角约60.00°，初至波沿旅行时最小的路径由震源传播至R14～R20号检波器，入射角与折射角关系如表1、表2所示，R14号检波器因入射角大于临界角，没有接收到初至波信息，R15～R20号检波器入射角均小于临界角，能够接收到初至波信号，折射角随着入射角减小而减小，且随着折射角的增大，初至波能量明显变弱。

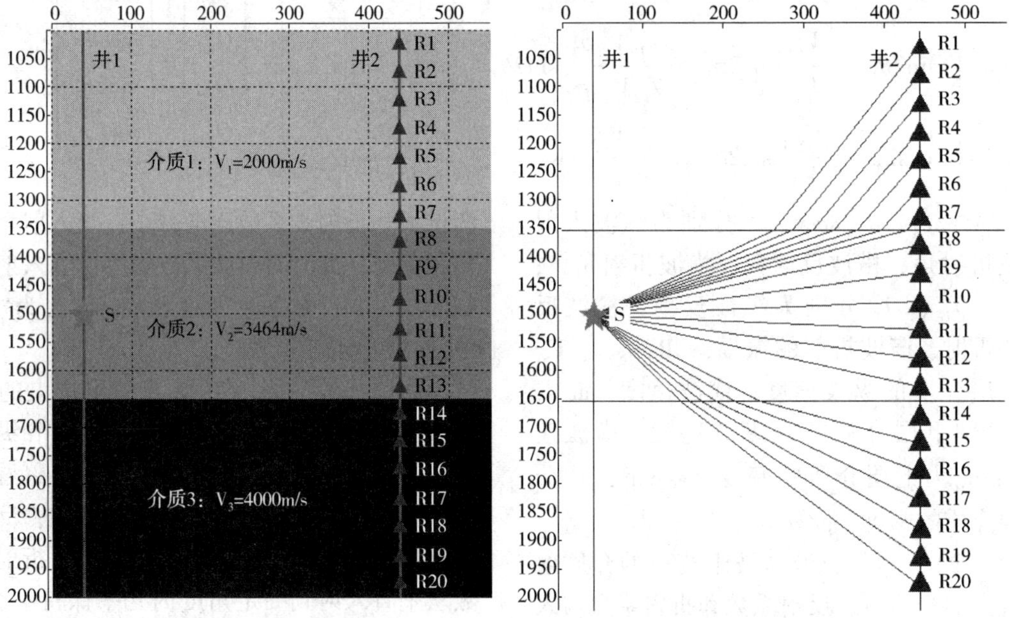

(a)水平层状介质速度模型　(b)初至波传播路径

图4　初至波射线追踪正演模拟

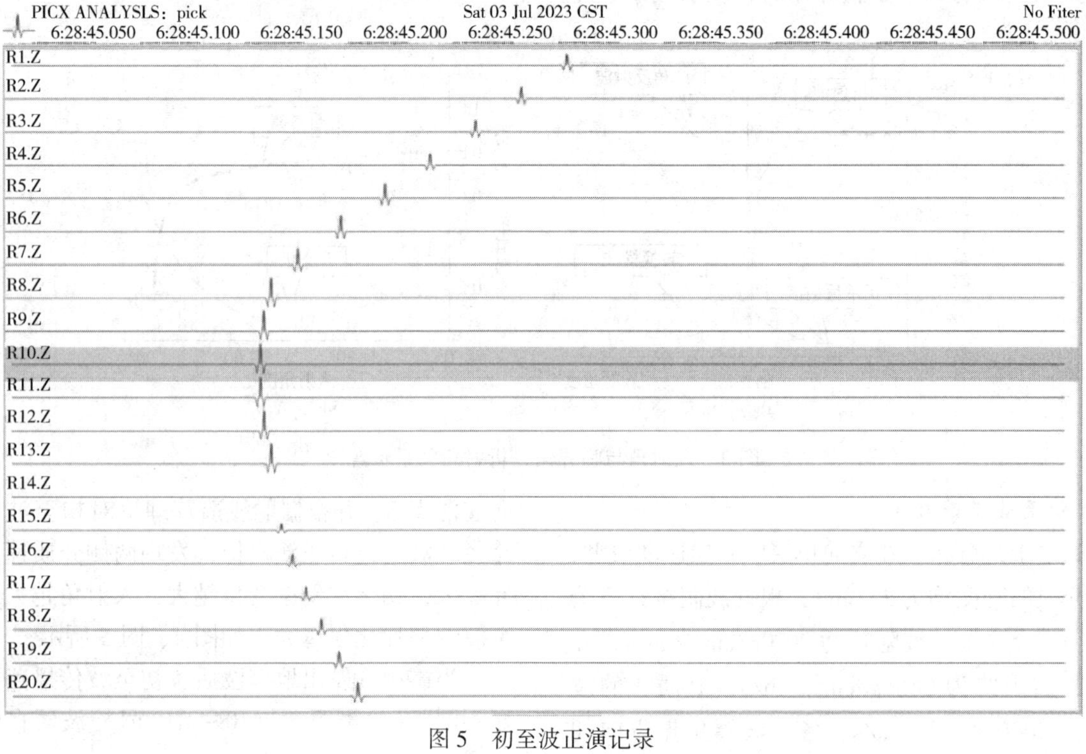

图5　初至波正演记录

表 1　波从介质 2 射入介质 1 中入射角与折射角关系

检波器	R1	R2	R3	R4	R5	R6	R7
入射角/(°)	55.78	58.37	60.75	62.95	65.29	66.85	68.59
折射角/(°)	28.9	29.52	29.93	30.93	31.20	32.11	33.59

表 2　波从介质 2 射入介质 3 中入射角与折射角关系

检波器	R14	R15	R16	R17	R18	R19	R20
入射角/(°)	/	54.65	50.52	45.73	42.06	39.1	36.37
折射角/(°)	/	69.6	62.02	55.85	50.77	46.47	42.87

3　现场资料应用

3.1　压裂段及监测段空间关系

吉煤 XX 井是某区块内一口煤层气井，主力层位为赛汉组Ⅲ+Ⅳ号煤，在测井资料上表现出“三高二低”特征，即电阻率中高值，声波时差高值，补偿中子高值，低体积密度，低自然伽马，测井响应特征明显。为研究该井压裂裂缝缝网扩展规律，提高单井产气量，采用井中微地震监测技术进行压裂裂缝有效性评价。

本次监测采用了 8 级 Maxwave 三分量检波器，按照首道最浅的排列原则进行射孔及微地震信号接收，Z 分量沿着井筒向下，X、Y 水平分量垂直与井筒，如图 6 所示按比例缩放了压裂井与监测井的空间关系。其中射孔 1 深度为 482.00m，射孔 2 深度为 436.00m，井间距 200m。

3.2　射孔信号波形分析

压裂前先进行射孔信号监测，射孔 1 采用调整前检波器深度进行接收，射孔时，射孔信号以地震波的方式传播，纵波初至分析如表 3 所示。

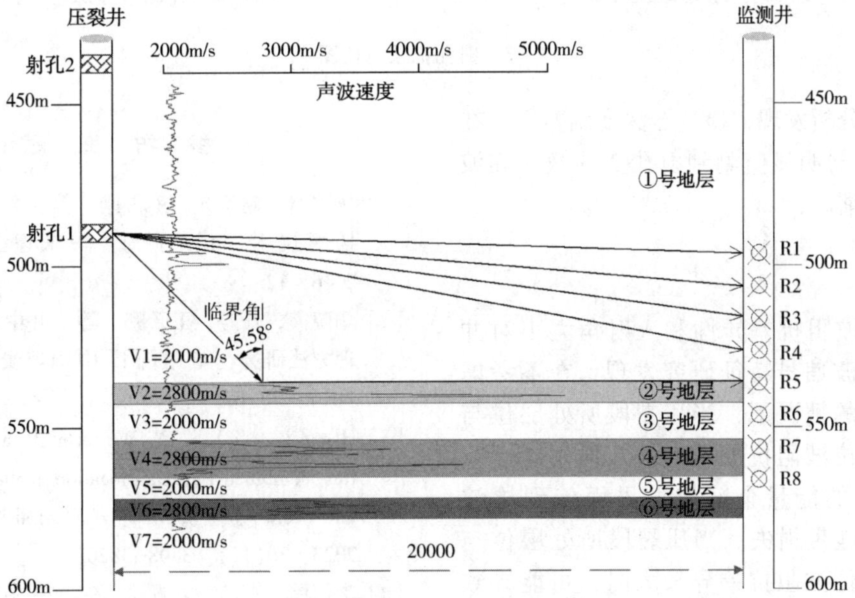

图 6　裂缝监测施工示意图

表 3　调整前后各检波器深度

射孔	检波器代号	R1	R2	R3	R4	R5	R6	R7	R8
射孔 1	调整前检波器深度/m	500.00	510.00	520.00	530.00	540.00	550.00	560.00	570.00
射孔 2	调整后检波器深度/m	470.00	480.00	490.00	500.00	510.00	520.00	530.00	540.00

如图 7(a) 所示是射孔 1 射孔时，接收到的 Z 分量波场记录。从图中可以看到，R1～R5 号检波器，纵波初至信号强，起跳明显。但由于 R6 号检波器处于③号地层内，与射孔 1 所在的

①号地层之间存在②号高速地层，该地层波阻抗大，①号地层与②号地层界面折射率约为0.7143，临界角约45.58°。当地震波传播至R6号检波器时，由于入射角远远大于临界角，形成全反射波，直达波无法传至R6号检波器，导致直达波能量衰减严重，R7~R8号检波器受②号、④号高速地层影响，直达波能量衰减更严重，因此无法进行正常定位。

现场通过声波测井资料分析发现，该井整体的地层速度大约为2000m/s，但在540.00~580.00m存在三个高速地层，高速地层最高可达近4000m/s，高速地层与低速地层波阻抗差异大，容易形成强反射波。现场及时进行调整，为有效避开波阻抗大的地层，将检波器深度整体上提30.00m，射孔2采用了调整后检波器深度进行接收，见表3。纵波初至分析如下。

如图7(b)所示是射孔2射孔时，接收到的Z分量波场记录。从图中可以看到，R1~R8号检波器，纵波初至信号强，起跳明显。R1~R8号检波器接收到的纵波初至能量表现出“浅弱深强”的趋势，符合压裂点与检波器Z分量偏振方向关系。

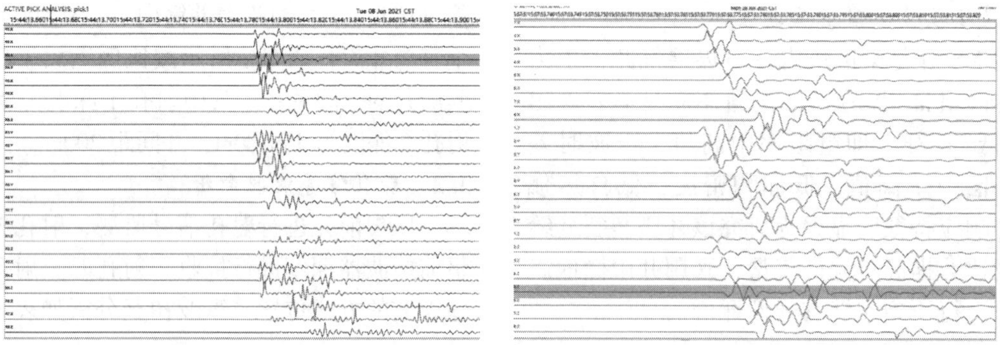

(a)射孔1微地震波形记录　　(b)射孔2微地震波形记录

图7　射孔记录对比图

通过以上分析发现，检波器深度调整后，在第6~8号检波器明显监测到射孔2的微地震波形，且波形清晰。

4　结论

（1）通过波阻抗差异性和入射角大小对井中微地震初至波信号特征研究发现，在不考虑波场吸收衰减的情况下，当压裂段所处层位与检波器所处层位波阻抗相等时，入射角等于折射角，入射波的能量全部透过界面传到检波器，初至波无能量损失。当压裂段所处层位与检波器所处层位波阻抗差异较大时，可能导致部分检波器无法接收到直达波和折射波，存在一定的监测盲区。

（2）波阻抗差异性严重井中微地震资料品质，在井中微地震监测之前，要先利用声波测井资料、VSP地震资料进行地层速度分析，若存在地层声波速度变化较大的储层，应合理安排检波器监测深度，避免出现微地震信号减弱、丢失和模糊不清的现象。

参　考　文　献

[1] 杨瑞召，赵争光，王占刚，等．页岩气开发微地震监测技术[M]．上海：华东理工大学出版社，2016，12.

[2] 颜晓霞，任婷，王云鹏，等．井中微震监测数据处理方法研究与应用[J]．中国煤炭地质，2014，26(01)：59-62.

[3] Hao Z L, Yi X S, Yi W, et al. P-and S-wave arrival time combined Bayesian location method for a microseismic event[J]. Journal Of Central South University, 2023, 30(11): 3808-3820.

[4] 李德周，李丛，袁青松．基于井中微地震快速定位监测技术的煤系页岩气水平井压裂效果评价——以南华北地区J1HF井为例[J]．地球物理学进展，2024，39(01)：207-215.

[5] 何惺华．基于三分量的微地震震源反演方法与效果[J]．石油地球物理勘探，2013，48(01)：71-76+4.

[6] 李亦佳．微震信号传播速度模型反演成像与震源定位方法研究[D]．山东大学，2022.

[7] 蒋星达．微地震速度模型和高精度定位贝叶斯反演

方法[D]. 哈尔滨工业大学，2021.
[8] 时伟，林春华，王维红，等. 双约束变换时窗统计能量比地震波初至拾取方法[J]. 物探与化探，2019，43(05)：1064-1073.
[9] 王纳申，张译丹，黄家旋，等. 用微地震技术评价姬塬油田体积压裂的效果[J]. 物探与化探，2017，41(01)：165-170.
[10] 程一鸣，李怀良，庹先国，等. 一种可靠的强噪声三分量微地震数据初至拾取方法[J]. 物探与化探，2019，43(02)：367-372.
[11] 吕世超，宋维琪，刘彦明，等. 利用偏振约束的能量比微地震自动识别方法[J]. 物探与化探，2013，37(03)：488-493.
[12] 乔汉青，刘财，葛奇鑫，等. 基于检波器间距约束的微地震初至拾取方法研究及应用[J]. 地球物理学进展，2022，37(05)：2024-2035.
[13] 杨文，刘飞，刘烽，等. 基于深度学习和无线传输的非常规页岩气压裂微地震实时自动监测[J]. 地球物理学进展，2023，38(04)：1656-1672.
[14] 赵超峰，周治岳，田建涛，等. 疏松砂岩气藏压裂井中微地震监测应用研究——以涩北气田为例[J]. 地球物理学进展，2020，35(05)：1919-1925.
[15] 许文波，王震亮，唐建云. 特低渗透油田裂缝形态监测及短宽缝压裂技术[J]. 地球物理学进展，2017，32(01)：311-318.
[16] 王升荣，孙成禹，蔡瑞乾，等. 基于法向阻抗分量的P-P波反射系数近似表达与纵横波阻抗反演[J]. 石油地球物理勘探，2023，58(04)：933-941.
[17] 楚琦琦，胡宇，林玮. 基于广义Snell定律的声超表面折射[J]. 电子器件，2021，44(02)：498-501.
[18] 鲍蕊，林玮. 基于广义斯涅尔定律的声超常反射[J]. 无损检测，2019，41(02)：21-25.
[19] 刘瑞强，陈秀艳，王礼锋. 基于斯涅耳定律精确测量水和玻璃等折射率的创新实验[J]. 中国科技信息，2016，(17)：17-18+15.
[20] 马昭军，唐建明. P-SV波反射系数计算方法综述[J]. 勘探地球物理进展，2007，(06)：433-439+407.
[21] 刘洋，魏修成. 转换型折射波传播规律及其在转换波静校正中的应用研究[J]. 中国科学(D辑：地球科学)，2008，(S1)：204-210.
[22] 刘文伍，张钊. Zoeppritz方程反射系数计算方法综述[J]. 能源与节能，2017，(12)：2-4+16.
[23] 温柔，李栋，黄科，等. 基于横波分裂的井中微地震资料三分量波场特征分析[J]. 测井技术，2023，47(03)：350-356.

非均质油藏调剖调驱参数优化设计方法

陈小凯　陈　磊　何　强　刘　强　曾双红

（辽河油田分公司钻采工艺研究院）

摘　要　在对传统调堵剂用量设计模型存在问题分析的基础上，综合考虑储层非均质性或地层裂缝导致的纵向和平面上吸水差异对调堵剂用量的影响，利用注水压力系统渗流理论方程和注水指示曲线，优化近井地带调堵半径和远井地带水窜半径，设计出更科学合理的近井地带和远井大孔道孔隙体积精细化模型。该模型现场实际应用结果表明：理论与实际基本一致，现场调堵剂用量与设计量误差在-3.6%～1.5%之间，现场施工压力与设计最大爬坡压力误差在-4.8%～6.5%之间，增产效果非常理想，为非均质油藏调剖封窜技术提供了重要的指导意义。

关键词　调堵剂；优化设计；孔隙体积；水窜通道；大孔道

调剖堵水技术是缓解油田注水开发后期水淹、水窜问题行之有效的技术手段，通过封堵水窜或高渗流通道，扩大注入水波及体积，提高驱油效率，能够最大限度的提高原油采收率。大量资料表明，油层非均质性越强的注水井，形成水驱大孔道的可能性越大，调堵效果越好。但调堵方案设计质量的优劣直接决定着调堵效果的好坏。调堵剂用量是调堵设计方案中的最重要参数之一，目前国内油田在根据地质方案做调堵设计工程方案时，调堵剂量设计方法通常采用传统的圆柱体模型，通过计算地层孔隙体积来设计调堵剂用量。大量实践结果表明，这种设计方法过于简单化、理想化，没有充分考虑影响调堵剂设计量的各种油藏地质因素，对现场指导意义不大。笔者通过对注水井近井地带和远井指进通道或高渗通道地层孔隙体积分析，建立了表征调堵剂用量与调堵半径、吸水厚度及储层物性间的数学关系模型，总结出一套科学合理的调堵剂用量计算新方法，并通过现场应用实例进行分析验证其适用性和可靠性。

1　传统调堵剂用量设计方法存在问题

调堵剂用量传统设计方法主要采用静态法，以井筒为中心，近井地带为半径的圆柱体地层孔隙体积为模型，$V=\pi h\varphi R^2$，这种设计方法将认为调堵剂填满整个近井地带半径内的孔隙体积，堵剂在整个射孔井段沿四面八方各个方向推进，事实表明，调堵剂通常情况下大部分只进入大孔道、高渗透条带，实际所需要的调堵剂用量远低于圆柱体模型所计算出的值。因此，传统的圆柱体模型计算方法太粗糙，调堵剂用量计算精度低，准确性差，与满足施工效果的实际施工用量误差非常大，造成方案设计缺乏科学性和指导性，增加了后续施工过程中方案调整的盲目性和不确定性，给现场施工人员或决策者造成极大的困惑。传统调堵剂用量设计方法具体存在以下几个方面的问题：

（1）在纵向上，未考虑射孔井段各小层的吸水差异：圆柱体地层孔隙体积模型中计算调堵剂量是将假设地层为均质体系这种理想模型，射孔井段各小层渗透率等相关系数不存在大的差异，显然与实际情况明显不符，给设计用量造成很大误差；

（2）在平面上，未考虑地层裂缝、大孔道或水窜流通道的情况，特别是对远井地带水驱前缘水流状况了解不足，对平面上水驱推进速度不同造成的各向异性考虑甚少；

（3）圆柱体模型在根据地层孔隙体积计算调堵剂用量时，没有考虑远井地带地层裂缝、大孔道或水窜流通道的孔隙体积，实际上这部分所需剂量对调堵效果的影响起到决定性作用；

（4）利用圆柱体模型计算调堵剂用量时，公式 $V=\pi h\varphi R^2$ 中调堵厚度和孔隙度相对比较固定，变量仅调堵半径 R，很显然与实际油藏调堵效果影响因素不符。在调堵剂用量设计过程中，设计人员通常根据以往施工经验或参考文献作依据，而并没有考虑目标油藏的和油水井的特点，因此，这种圆柱体模型计算调堵剂用量方法缺乏科学性和针对性。

2 近井地带孔隙体积与远井地带高渗孔道孔隙体积精细化模型

针对传统圆柱体模型存在问题，为实现调剖封窜堵剂用量的精确计算，必须考虑地层平面和纵向上的非均质性，这种非均质性直观表现在平面上水驱前缘存在方向性，在纵向上则表现出吸水剖面剖面不均，一线生产井产液剖面不均，或是生产井段井温变化幅度较大，利用井组油水井测试资料判断注水井平面和纵向上的大孔道或高渗通道，为井组平面和纵向上精细三维地质模型提供了理论依据。

在我国油田注水开发中，由于早期注水量需求不高，反九点井网 1∶3 的注采井数比开发效果挺好，因此实际应用较多，随着开发时间的延长，开发矛盾逐渐暴露，注采井网调整以增加注水井点而调整为注采井数比 1∶1 的反五点井网。无论是反九点井网还是反五点井网，以注水井为中心，在平面上可将地层划分为八个或四个驱替方向，为全面考虑各个渗流方向，提出了近井地带孔隙体积与远井地带高渗孔道孔隙体积八边型三维地质模型，见图 1。图 1 中底座代表井网控制面积，红色圆柱代表反九点井网采油井，绿色圆柱代表反九点井网注水井，蓝色代表水驱前缘推进方向，其他各小层代表吸水强度大小。

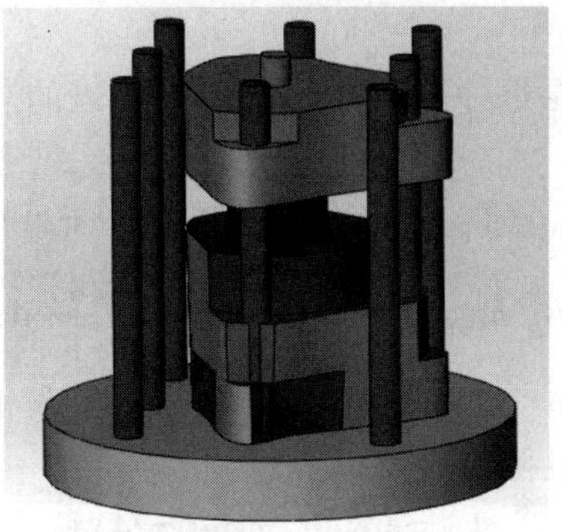

图 1 非均质油藏反九点井网水驱控制模型

该模型针对注水井受地层长期注水冲刷，近井地带孔隙大、远井地带受地层非均质性、地层裂缝或大孔道影响，存在“舌进”或“指进”特点，以井筒为中心，将地层划分为近井孔隙和远井“舌进”或“指进”孔道孔隙两部分，近井孔隙体积以正八边棱柱模型表示，远井“舌进”或“指进”孔道孔隙体积以两条双曲线指进孔道的孔隙体积叠加求得，见图 2。

由于在注水过程中，真正吸水井段的厚度并不完全是射孔厚度，因此，在计算地层近井地带孔隙体积时，应优选地层吸水井段的有效厚度，根据吸水剖面和测井解释结果，以最大相对吸水率地层为标准，其余各层有效厚度按照吸水率占最大吸水率比例计算；在计算地层远井地带高渗孔道孔隙体积时，由于吸水厚度往往变得更小，此时，地层远井地带吸水厚度应优化为强吸水厚度，根据射孔井段地层厚度与高渗透层厚度占地层厚度的百分数的乘积计算出强吸水层厚度。

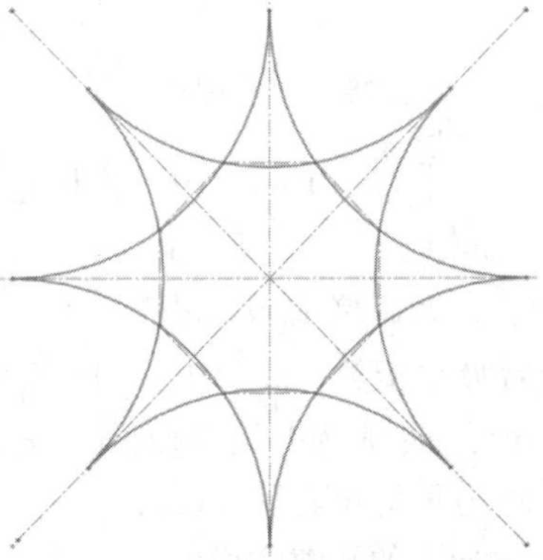

图 2 近井和远井孔隙体积精细化模型示意图

3 近井地带与远井地带高渗孔道孔隙体积精细化模型理论

3.1 近井地带与远井高渗孔道孔隙体积计算

如图 3 所示为近井和远井孔隙体积精细化模型，通过理论推导与计算，得出近井地带孔隙体积与远井地带高渗孔道孔隙两部分体积之和的精确计算公式。

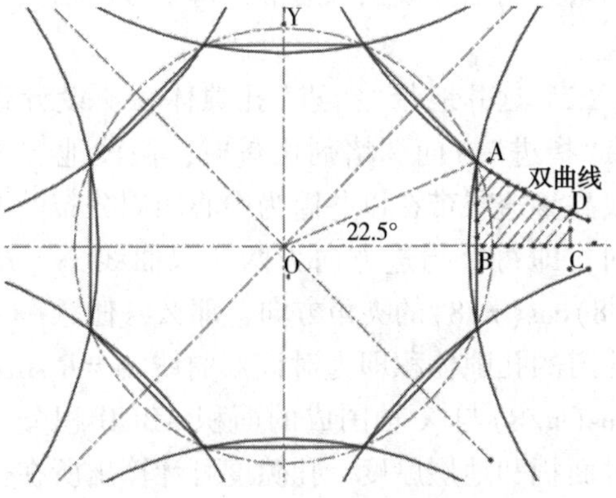

图 3 远井地带高渗孔道平面面积解析

近井地带孔隙体积：设计近井地带调堵剂用量时，纵向上可暂时不考虑地层所存在的大孔道或高渗透层带，仅考虑调堵厚度(强吸水层段或强出水层段)，平面上可将调堵区域理解为半径 R 的圆的内接正八边形，近井孔隙体积可按正多边形棱柱的孔隙体积计算。

堵水半径在调堵设计方案中是最重要参数之一，对调堵剂用量影响起到决定性的影响因素，因此，设计调堵半径必须严格根据地层注水状况来判断，一般情况下，调堵半径可根据连续径向流达西公式推导得出：

$$\frac{J}{J_0}=\frac{\ln(r_e/r_w)}{\int_{r_w}^{r_e}\left(\frac{F_{rr}}{r}\right)dr+\ln\left(\frac{r_e}{r_w}\right)} \quad (1)$$

若令 $f=\frac{J}{J_0}$，式(1)整理得：

$$R_j=\exp\left[\frac{(f-1)\ln r_e+(F_{rr}-f)\ln r_w}{F_{rr}-1}\right] \quad (2)$$

式中，J_0 为调堵前吸水指数，$m^3/MPa\cdot d$；J 为调堵后吸水指数，$m^3/MPa\cdot d$；R_j 为近井地带堵水半径，m；r_w 为井筒半径，m；r_e 为泄油半径，m；F_{rr} 为平均残余阻力系数。

单个方向上的孔隙体积为：

$$V=\frac{1}{2}\times 2R_j\sin(\pi/8)\times R_j\cos(\pi/8)\times h_{有}\times\varphi \quad (3)$$

因此，近井地带孔隙总体积为：

$$V_1=8\times\frac{1}{2}\times 2R_j\sin(\pi/8)\times R_j\cos(\pi/8)\times h_{有}\times\varphi=4R_j^2h_{有}\varphi\sin(\pi/4) \quad (4)$$

式中，V_1 代表近井地带孔隙总体积，m^3；R_j 为近井调堵半径，m；$h_{有}$ 为吸水层位的有效厚度，m；φ 为地层孔隙度,%；近井地带 8 个方向将调堵井周围分成正八边形，每个方向的夹角为 $\pi/4$。

(2) 远井地带“指进”孔隙体积：设计远井地带“指进”方向调堵剂用量时，假设地层大孔道或高渗透层带在以井筒为中心四周分布的八个方向，即每个指进方向为两条双曲线 $xy=R_j\sin(\pi/8)\cos(\pi/8)$ 的夹角方向，那么，任意一个指进孔道的孔隙体积即为对该双曲线 $xy=R_j\sin(\pi/8)\cos(\pi/8)$ 与 X 轴围成的面积 ABCD 积分，再通过面积和地层厚度、孔隙度可计算出所在方向的大孔道或高渗透层带远井地带孔隙体积。

如图 2 所示，将平面上远井地带“指进”方向的模型可以看作为以半径为 R 的圆为圆心，O 作为坐标系的原点，将相邻两条双曲线的中心对称线作为 X 轴和 Y 轴，该坐标系中的双曲线 $xy=R_j\sin(\pi/8)\cos(\pi/8)$ 将与圆 $x^2+y^2=R_j^2$ 交于 A 点；而双曲线 $xy=R_j\sin(\pi/8)\cos(\pi/8)$ 与 $x=R_j\cos(\pi/8)$，$x=X_i$ 和 X 轴围成的面积正好是指进孔道面积的 1/16，图 2 中虚线部分所示。这样 1/2 远井指进孔道方向围成的面积 ABCD 积分公式为：

$$S=\int_{R_j\cos(\pi/8)}^{R_i}\frac{R_j^2\sin(\pi/8)\cos(\pi/8)}{x}dx \quad (5)$$

因此，单个方向远井指进孔道方向围成的面积为：

$$S=2\int_{R_j\cos(\pi/8)}^{R_i}\frac{R_j^2\sin(\pi/8)\cos(\pi/8)}{x}dx \quad (6)$$

由于每个远井指进孔道方向的 R_i 可以根据该方面的水驱前缘测试等资料选择不同的半径，因此，单个方向远井指进孔道方向围成的面积为：

$$S=2\sum^{i=n}\int_{R_j\cos(\pi/8)}^{R_i}\frac{R_j^2\sin(\pi/8)\cos(\pi/8)}{x}dx \quad (7)$$

因此，n 个方向远井指进孔道方向的孔隙体积为：

$$V_2=h_{强}\times\varphi\times 2\sum^{i=n}\int_{R_j\cos(\pi/8)}^{R_i}\frac{R_j^2\sin(\pi/8)\cos(\pi/8)}{x}dx \quad (8)$$

$$h_{强}=h_{地}\times\alpha \quad (9)$$

地层近井地带和远井指进孔道的总孔隙体积为：

$$V_{总}=V_1+V_2=4R_j^2h_{有}\varphi\sin(\pi/4)+R_j^2h_{强}\varphi\sum^{i=n}\int_{R_j\cos(\pi/8)}^{R_i}\frac{\sin(\pi/4)}{x}dx \quad (10)$$

当 n 个方向的指进孔道半径 R_i 取相同值 R_y 时，总孔隙体积为：

$$V_{总}=4R_j^2h_{有}\varphi\sin(\pi/4)+R_j^2h_{强}\varphi\sin(\pi/4)\ln[R_y/R_j\cos(\pi/8)] \quad (11)$$

式中，$V_{总}$ 代表井筒附近近井和远井指进孔道的孔隙总体积，m^3；V_1 代表近井地带孔隙体积，m^3；V_2 代表远井地带孔隙体积，m^3；X_{max} 表示指进孔道方向最大调堵半径。R_j 为近井调堵半径，m；R_y、R_i 为远井指进孔道半径，m；$h_{有}$ 为吸水层位的有效厚度，m；$h_{强}$ 为远井地带强吸水厚度，m；$h_{地}$ 为注水井或注驱井射孔井段厚度，

m；α为高渗透层厚度占地层厚度的百分数,%；φ为地层孔隙度,%；n为注入水窜流通道的数量，$3 \leqslant n \leqslant 8$。

3.2 调堵剂注入压力计算

调堵剂最大注入压力与调堵剂排量和调堵剂进入地层距离深部半径有最直接的关系，通过公式可以计算出给定排量下某一时刻的注入压力。

注水井在施工作业或是正常注水生产过程中，系统压力始终处于平衡，因此，可依据渗流理论，建立调堵剖注入压力方程。将注入系统压力分为5个部分：调堵剂井口注入压力P_{wht}，MPa；井筒内调堵剂液柱压力P_{ht}，MPa，调堵剂摩擦阻力P_{ft}，MPa；地层压力P，MPa；P_1为处理带驱替压力，MPa；P_2为未处理带驱替压力，MPa。

则调堵剂注入压力为：

$$P_{wht}+P_{ht}=P_{ft}+P_1+P_2+P \tag{12}$$

其中调堵剂液柱压力为：

$$P_{ht}=\rho_t Dg/1000 \tag{13}$$

调堵剂摩擦阻力为：

$$P_{ft}=\frac{0.2f\rho_t h\nu^2}{d} \tag{14}$$

上式中，ρ_t为调堵剂密度，g/cm^3；D为井深，m；ν为调堵剂流速，m/s；d为油管直径，m；f为摩阻系数，取值与流体流态有关。

调堵剂进入地层时驱替压力P_1+P_2可用渗流公式计算，其公式为：

$$P_1=\frac{\mu_t}{2\pi\kappa h}\left[F_r\ln\frac{r}{r_w}\right]q \tag{15}$$

$$P_2=\frac{\mu_w}{2\pi\kappa h}\left[\ln\frac{r_e}{r}\right]q \tag{16}$$

其中调堵剂挤注排量q计算公式：

$$q=\frac{2\pi\kappa h(P_w-P_e)}{\mu_t\ln(r_e/r_w)} \tag{17}$$

上式中，μ_t为调堵剂黏度，mPa·s；κ为渗透率，$10^{-3}\mu m^2$；h为吸水厚度，m；F_r为调堵剂阻力系数，无量纲；r为调堵剂进入深度，m；r_w为井筒半径，m；q为挤注排量，m^3/h；μ_w为注入水黏度，mPa·s；r_e为泄油半径，m；P_w为调堵井井底压力，MPa；P_e为油层平均压力，MPa。

由于注入井在短期内地层压力不变，因此可通过注水压力系统反推求出地层压力，前人利用注水井指示曲线计算地层压力方法。注水压力系统公式为

$$P_{whw}+P_{hw}=P_{fw}+P_w+P \tag{18}$$

$$P_w=\frac{\mu_w}{2\pi\kappa h}\left[\ln\frac{r_e}{r_w}\right]\frac{Q}{t} \tag{19}$$

式中，P_{whw}为注水压力，MPa；P_{fw}为注水摩阻，MPa；P_{hw}为水液柱压力，MPa；P_w为注水时驱替压力，MPa；Q为日注水量，m^3；t为时间，h。

由于注入水黏度极低，摩阻P_{fw}可忽略不计，则地层压力为：

$$P=P_{whw}+P_{hw}-P_w \tag{20}$$

将式(12)和式(20)整理得调堵施工作业时某一时刻的注入压力公式为

$$P_{wht}=P_{ft}-P_{ht}+P_1+P_2+P_{whw}+P_{hw}-P_w \tag{21}$$

4 应用实例

近年来，辽河油田在油水井调堵或注驱井封窜施工方案设计过程中，应用该理论模型计算出调堵剂用量和最大注入压力，并通过现场实际施工数据与设计方案对比，来驱证这套理论模型的可靠性和合理性。

2021年至今，应用该模型完成注水井调堵封窜设计12口井，应用效果见表1。

表1 现场应用情况统计表

井号	设计参数					施工数据		累增油/m^3	符合率/%	
	R_j/m	R_y/m	n	V/m^3	P_{max}/MPa	V/m^3	P_{max}/MPa		药剂量	压力
坨A	5	30	6	3150	15.5	3155	14.8	1815	-0.2	4.5
坨B	4	25	5	3620	14.8	3680	13.9	1546	-1.7	6.1
坨C	6	25	7	5500	12.6	5458	13.2	2632	0.8	-4.8
高A	6	30	6	4800	15.3	4775	14.7	2105	0.5	3.9
雷A	8	30	4	3750	9.8	3725	9.6	0	0.7	2.0

续表

井号	设计参数					施工数据		累增油/m^3	符合率/%	
	R_j/m	R_y/m	n	V/m^3	P_{max}/MPa	V/m^3	P_{max}/MPa		药剂量	压力
雷 B	6	25	5	2800	11.6	2860	11.5	354	-2.1	0.9
雷 C	5	20	4	3300	16.8	3320	15.7	1620	-0.6	6.5
高 B	5	25	4	2650	14.5	2630	14.9	978	0.8	-2.8
高 C	4	25	3	3000	17.4	3100	16.6	1160	-3.3	4.6
洼 A	6	30	5	3500	14.3	3480	13.8	1452	0.6	3.5
洼 B	8	30	7	3300	16.2	3250	15.6	1630	1.5	3.7
洼 C	7	30	7	4200	12.1	4350	11.5	2785	-3.6	5.0

现场应用情况表明，现场施工药剂用量与设计量误差在-3.6%~1.5%之间，现场施工压力与设计最大爬坡压力误差在-4.8%~6.5%之间，除个别井以外，总体增油效果非常理想，说明该设计模型科学合理、计算准确，具有良好的现场指导意义。

5 结论

通过对以往调堵剂用量设计模型存在问题分析，考虑地层非均质性因素影响而导致的纵向和平面上吸水差异，结合注水压力系统渗流理论方程和注水指示曲线，通过优化近井地带调堵半径和近井地带水窜波及半径，设计出更科学合理的近井地带和远井大孔道孔隙体积精细化模型，同时，结合现场实际应用，验证了该模型可靠性和准确性，为今后调堵方案设计提供了指导和参考依据。

参 考 文 献

[1] 禹影. 聚合物驱后油层优势渗流通道识别与治理[J]. 大庆石油地质与开发，2017，36(4)：101-105.

[2] 张红玲，刘慧卿，王晗，等. 蒸汽吞吐汽窜调剖参数优化设计研究[J]. 石油学报，2007，28(2)：105-108.

[3] 王硕亮，张媛，董烈，等. 低渗油藏裂缝封堵剂用量计算[J]. 断块油气田，2013，20(3)：377-379.

[4] 余倩，王雷绪，张喜玲，等. 稠油常采区块调剖剂用量的确定[J]. 精细石油化工进展，2011，12(11)：9-11.

[5] 唐海龙. 一种矿场调剖标准用量设计新方法[J]. 中国石油和化工标准与质量，2016，36(18)：56-57.

[6] 王天慧，贾云林，吕国胜，等. QHD32-6 油田油井堵剂用量的确定[J]. 石油化工高等学校学报，2015，28(2)：58-61.

[7] 吴楠，姜玉芝，姜维东. 调剖参数优化设计理论研究[J]. 特种油气藏，2007，14(3)：91-94.

[8] 黄翔，王生奎，张凤丽. 注水井调剖注入压力预测方法[J]. 石油天然气学报：江汉石油学院学报，2006，28(5)：101-103.

长宁地区龙马溪组页岩水力压裂缝网扩展规律研究

曹　雯[1,2]　何　嘉[1,2]　罗谋兵[1]　黎　菁[1]　龚　鑫[1,2]　高　宇[1,2]　王玉霞[1,2]

（1. 中国石油川庆钻探工程有限公司地质勘探开发研究院；2. 四川恒溢石油技术服务有限公司）

摘　要　页岩储层主要通过体积压裂改造获取油气，水力压裂所形成的裂缝是影响油气井增产的主要因素，而水力压裂施工所形成的裂缝形态各异，受多种因素的影响。本文针对单簇裂缝研究应力扰动的演化规律，进而讨论多簇条件下不同施工时间及不同簇间距条件下的应力扰动特征；在单井压裂扰动应力分析的基础上，分析不同井间距条件下，井间应力变化规律及影响范围，以及不同施工方式及布缝方案下，井间地应力场对邻井裂缝扩展方式的影响。研究成果为页岩气储层的高效开发及压裂方案优化提供了理论基础与技术支持。

关键词　页岩气；水力压裂；人工缝网；压裂缝形态；压裂缝网拓展规律

水力压裂作为一种重要的增产技术，已广泛应用于页岩气等非常规油气藏的开采过程中，成为油田开发过程中不可或缺的措施和支撑高效勘探开发的核心技术。页岩储层为低渗透储层，通过水力压裂产生大量裂缝，以改造页岩储层渗透性实现增产。为研究压裂过程中井间地应力场动态演化规律，首先需研究目标工区压裂缝形态，压裂缝形态是压裂设计中需要考虑的一个重要因素，对裂缝延伸范围的正确预测可以合理选择压裂参数，并对压裂诱导应力进行准确评估。研究发现页岩储层中存在较多的天然裂缝，会影响水力压裂裂缝的扩展路径，继而对裂缝内压裂液和支撑剂的流动产生影响。针对压裂裂缝起裂和扩展过程中，水力裂缝与天然裂缝之间的非稳定性相互影响，国内外学者曾经进行过相关研究认为，水力裂缝与天然裂缝之间的逼近角和水平主应力差是影响水力裂缝走向的主要因素。因此，开展考虑天然裂缝影响下的页岩水力压裂缝网扩展规律研究对页岩气的增产开发具有重要意义。

1　勘探现状

2012年以来，长宁页岩气田先后经历先导试验评价选区、国家级页岩气示范区建设、中国石油八大压舱石稳产工程等三项重大历程。精细生产组织管理，气田产能得到有效维护；坚守安全环保底线，全面实现安全清洁化生产，产量稳居中国石油页岩气生产单位第一。

长宁背斜位于四川省南部边缘，东西长约九十余公里，南北宽约四十余公里，处于宜宾市长宁县和江安县大井镇及梅花镇境内。长宁背斜位于四川盆地的川南褶皱带与娄山断褶带的交界部位，因此形成了具多组构造形迹的复杂组合。长宁背斜北邻莲花寺老翁场构造，南接柏杨林-大寨背斜构造，西为贾村溪构造，东隔凤凰山向斜与高木顶构造相望(图1)。

由于页岩气具有低产、低效的特征，因此页岩埋藏深度是制约页岩气藏勘探开发的一个重要因素，长宁地区志留系龙马溪组埋深小于3000m的面积超过2500km^2，具有良好的勘探开发基础。

长宁地区页岩气主要勘探层位龙马溪组上部为褐灰色、深灰色灰质泥岩夹薄层深褐灰色、深灰褐色泥质灰岩；中部为黑灰色页岩、深褐灰色泥晶泥质灰岩；下部为深灰色、黑灰色、灰黑色、黑色页岩，含碳质及硅质，含碳质及黄铁矿，富含笔石。五峰组岩性为黑色灰质、硅质页岩，顶部见观音桥段灰黑色介壳灰岩，局部黄铁矿星散分布(局部富集)。

龙马溪组页岩中黏土矿物含量越低，石英、长石、方解石等脆性矿物含量越高，岩石脆性越强，在外力作用下越易形成天然裂缝和诱导裂缝，形成树状或网状结构缝，有利于页岩气开采。而高黏土矿物含量的页岩塑性强，吸收能量强，以形成平面裂缝为主，不利于页岩体积改造。长宁区块龙一$_1$亚段~五峰组脆性矿物相对较高，平均含量在70%以上，以硅质矿物为主，龙一$_1$亚段~五峰组页岩硅质含量一般在42.7%~67.6%，横向上分布稳定，从已压裂井情况分析，压裂效果较好。

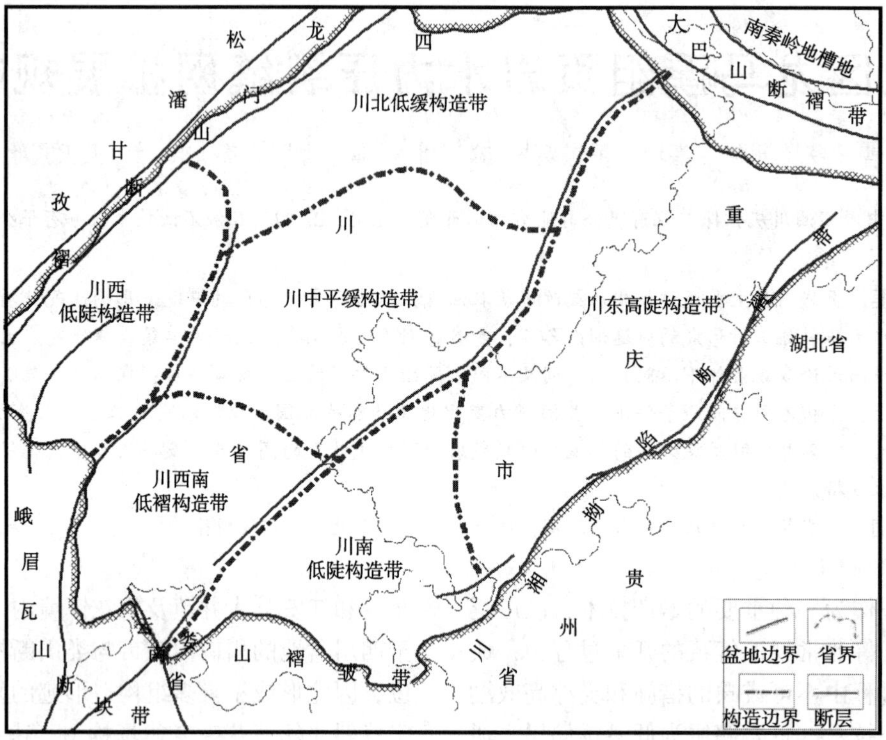

图1 四川盆地构造示意图

2 压裂缝模拟方法研究

为研究压裂过程中井间地应力场动态演化规律，首先需研究目标工区压裂缝形态。压裂缝形态是压裂设计中需要考虑的一个重要因素，对裂缝延伸范围的正确预测可以合理选择压裂参数，并对压裂诱导应力进行准确评估。水力压裂裂缝扩展是岩石力学、断裂力学、渗流力学等学科的综合运用，是孔隙压裂流体渗流与岩石变形及裂缝形态相互耦合的问题，受储层特性、压裂液流变性、岩石力学物理特性、压裂液排量、储层盖层应力差等多种因素的影响。水力压裂数值模拟相对于实验研究成本较低、效率更高，随着数值模型不断发展和计算机计算能力不断提高，数值模拟已经成为现场压裂设计的重要手段。目前水力压裂数值模拟方法主要有基于经典力学的解析模型，如 PKN、KGD 和拟三维模型，基于连续介质力学的位移不连续法(DDM)，基于非连续介质力学的离散元法(DEM)、有限元法(FEM)和扩展有限元法(XFEM)，以及非常规裂缝模型(UFM)等方法。

本文采用非常规裂缝模型描述非均匀应力场中各向异性介质条件下裂缝形态及演化特征。该模型基于位移不连续法，可以计算储层存在天然裂缝的情况下，压裂缝扩展形态及压裂产生的扰动应力场。模型依托裂缝扩展准则和压裂缝与天然裂缝相交准则共同确定裂缝扩展的方向，同时还可以利用支撑剂沉降方程模拟支撑剂在裂缝中的密度分布。因此，UFM 与常规裂缝模型相比优势明显，UFM 能够模拟天然裂缝发育地层中复杂压裂缝网络的扩展，可以解决裂缝网络中流体流动与裂缝弹性变形的完全耦合问题。并且 UFM 还考虑了压裂缝分支之间的相互作用，能够计算相邻裂缝之间的应力阴影效应。UFM 有助于更好地了解天然裂缝发育储层中压裂缝应力扰动现象，同时模型的计算结果可以通过微地震监测数据进行验证，是目前最理想的压裂缝模型之一(图2)。

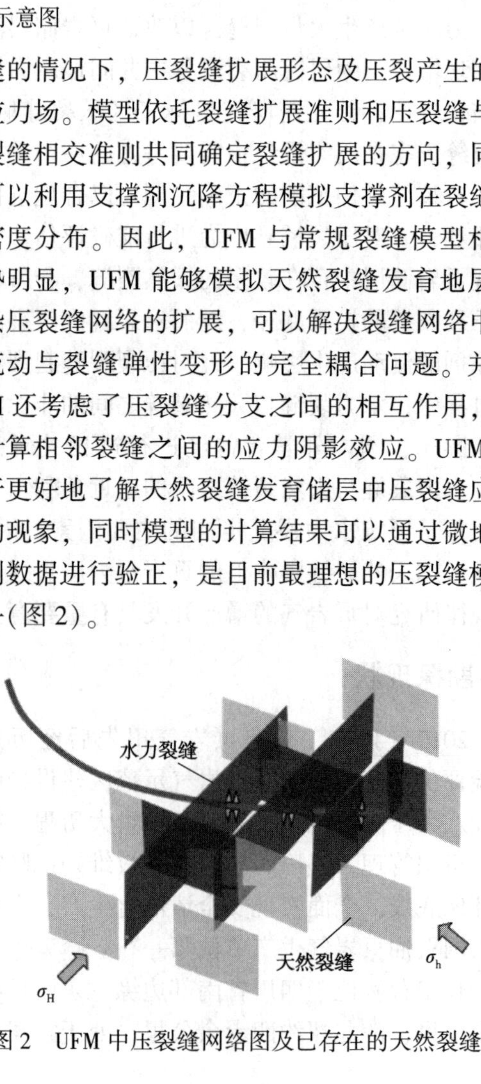

图2 UFM 中压裂缝网络图及已存在的天然裂缝

非常规裂缝模型建立了裂缝端部扩展准则，考虑了压裂液的一维流动、支撑剂的输送和裂缝宽度的弹性变形，以及相邻人工裂缝间的应力阴影；非常规模裂缝型采用三层模型模拟支撑剂输送，从下至上依次为支撑剂，混砂液和压裂液。非常规模裂缝型比线网模型提供了一种更为精确预测裂缝分布、几何形态和支撑剂分布的方法，充分考虑了储层岩石力学性质以及不规则的裂缝形态，其计算结果可以通过微地震监测进行验证。

2.1 水力压裂计算模型

非常规裂缝模型中需要求解的基本控制方程包括裂缝网络中的流体控制方程、质量守恒方程和裂缝变形方程。非常规裂缝模型中缝间流体采用 Poiseuile 法则描述：

$$\alpha_0=\frac{2K'}{\varphi(n')^{n'}}\left(\frac{4n'+2}{n'}\right)^{n'}$$

$$\varphi(n')=\frac{1}{H}\int(\frac{w(z)}{w})^{\frac{2n'+1}{n'}}dz \tag{1}$$

$$\frac{\partial p}{\partial s}=-\alpha_0\frac{1}{\overline{w}^{2n'+1}}\frac{q}{H_{fl}}\left|\frac{q}{H_{fl}}\right|^{n'-1}$$

其中 p 为缝间流体压力；q 为缝间流速；H_{fl} 为裂缝间流体高度；$w(z)$ 为裂缝宽度；n' 和 K' 为流体的幂律指数和一致性指数；s 为裂缝长度。

流体质量守恒由连续性方程(5-3-2)定义：

$$\frac{\partial p}{\partial s}+\frac{\partial(H_{fl}\overline{w})}{\partial t}+q_L=0,\quad q_L=\frac{2h_LC_L}{\sqrt{t-\tau_0(s)}},\quad t>\tau_0(s) \tag{2}$$

其中，C_L 为总滤失系数；h_L 为滤失区域高度；$\tau_0(s)$ 为流体到达裂缝面单元的时间。

裂缝宽度采用拟三维模型(P3D)平面应变问题的相关假设，利用流压相关的弹性方程求解。对于空间中一点，当其水平最小主应力为 $\sigma_h(x, y, z)$，地层压力为 p 时，其裂缝宽度可由弹性方程解析解描述，即：

$$w(x,\ y,\ z)=w(p(x,\ y),\ H,\ z) \tag{3}$$

压裂缝尖端的边界条件为：

$$\overline{w}=\frac{\pi H(p-\sigma_n)}{2E'} \tag{4}$$

$$p=\sigma_n,\quad W=0,\quad q=0 \tag{5}$$

关系式 4~式 5 描述了裂缝网络间每个迭代步中裂缝扩展、流体压力和排量之间的关系。

裂缝高度计算的基础模型建立在拟三维模型的基础上，与流体压力、原地应力场、储层厚度以及储层岩石力学参数相关，即：

$$p=p_{cp}+\rho_f g(h_{cp}-z) \tag{6}$$

其中 P_{cp} 为深度 h_{cp} 处的裂缝内表面压力；z 为裂缝埋深；ρ_f 为流体密度。裂缝上下表面的应力强度因子由裂缝内表面压力、裂缝形态及地层应力状态计算得到。裂缝高度采用拟合裂缝尖端的应力强度因子和地层断裂韧性的方式计算：

$$K_{Iu}=\sqrt{\frac{\pi h}{2}}\left[p_{cp}-\sigma_n+\rho_f g\left(h_{cp}-\frac{3}{4}h\right)\right]+\sqrt{\frac{2}{\pi h}}\sum_{i=1}^{n-1}(\sigma_{i+1}-\sigma_1)\left[\frac{h}{2}\arccos\left(\frac{h-2h_i}{h}\right)-\sqrt{h_i(h-h_i)}\right]$$

$$K_{Il}=\sqrt{\frac{\pi h}{2}}\left[p_{cp}-\sigma_n+\rho_f g\left(h_{cp}-\frac{h}{4}\right)\right]+\sqrt{\frac{2}{\pi h}}\sum_{i=1}^{n-1}(\sigma_{i+1}-\sigma_1)\left[\frac{h}{2}\arccos\left(\frac{h-2h_i}{h}\right)-\sqrt{h_i(h-h_i)}\right] \tag{7}$$

$$w(z)=\frac{4}{E'}[p_{cp}-\sigma_n+\rho_f g(h_{cp}-z)]\sqrt{z(h-z)}+\frac{4}{\pi E'}\sum_{i=1}^{n-1}(\sigma_{i+1}-\sigma_1)\left[\begin{array}{l}(h_i-z)\cosh^{-1}\dfrac{z(h-2h_i)+h_i}{h}\\+\sqrt{z(h-z)\arccos\theta\left(\dfrac{h-2h_i}{h}\right)}\end{array}\right]$$

其中 KIu 和 KIl 为裂缝上下尖端的应力强度因子，h 表征裂缝高度。

2.2 裂缝应力阴影效应

裂缝相互作用是模拟压裂施工时压裂缝在具有天然裂缝分布储层中扩展时所必须要注意的关键因素之一。这其中的相互作用既包括压裂缝与天然裂缝之间的相互作用，也包括压裂缝之间的相互作用。对压裂缝与天然裂缝相互作用机理的理解和正确建模是解释裂缝复杂性和压裂过程中观察到的微地震事件的关键，从而正确预测裂缝几何形状，进而预测油藏产量。压裂缝和天然裂缝之间的相互作用受到天然裂缝的方向和几何形状、地应力、岩石性质(例如，岩石弹性模量、抗拉强度、渗透率和孔隙度)的影响。

如果压裂缝穿过天然裂缝，压裂缝保持平面，只要流体压力随后不超过天然裂缝的开启压力，就不会产生复杂性。反之，如果压裂缝没有穿过天然裂缝，而是打开天然裂缝并沿着天然裂缝扩展，就可能形成复杂的裂缝网络。在特定的地应力、岩石和天然裂缝性质的现场条件下，确定压裂缝是否穿过天然裂缝是非常重要的。对于压裂缝和天然裂缝之间的相互作用，在非常规裂缝模型(UFM)中目前采用半解析交叉准则。该准则求解压裂缝与天然裂缝相交后，裂缝交点附近的应力场。它计算了沿天然裂缝界面的拉伸和剪切滑动区域，并通过流体侵入估算出界面内的流体压力。最后从计算的裂缝附近的应力场出发，分析了与临近压裂缝相反的裂缝一侧岩石的拉伸破坏和起裂条件。如果天然裂缝的另一侧满足起裂条件，压裂缝就能够穿过天然裂缝；否则，水里裂缝的扩展会被天然裂缝遮挡。

压裂过程中，裂缝网络的扩展模式受相邻裂缝间的力学因素相互作用影响。在一定的缝间距内一条裂缝的应力场受附近其他裂缝张开和剪切位移的干扰，一般称为应力阴影效应。应力阴影效应会改变后续射孔的原始地应力场以及改变裂缝的扩展方向。对于平行裂缝，应力阴影可以用相邻裂缝应力的叠加来表示。在非常规裂缝模型(UFM)中，裂缝之间的力学相互作用基于增强的二维位移不连续来模拟，以计算扰动应力。在二维平面应变位移不连续解中，Crouch 和 Starfield 描述了由所有裂缝单元的开口位移不连续和剪切位移不连续(D_n和 D_s)所引起的作用在一个裂缝单元上的正应力和剪应力(σ_n和 σ_s)。为了考虑裂缝高度有限造成的三维效应，Olson 在二维平面应变弹性影响系数 C^{ij}中引入了三维修正因子 A^{ij}。二维位移不连续法的修正弹性方程如下：

$$\sigma_n^i = \sum_{j=1}^{N} A^{ij} C_{nn}^{ij} D_s^j + \sum_{j=1}^{N} A^{ij} C_{nn}^{ij} D_n^j$$
$$\sigma_s^i = \sum_{j=1}^{N} A^{ij} C_{ss}^{ij} D_s^j + \sum_{j=1}^{N} A^{ij} C_{sn}^{ij} D_n^j \tag{8}$$

矩阵[C]定义了单元之间的相互作用，例如 C_{ns}^{ij}给出了单元 i 中点由于单元 j 处的剪切位移不连续而产生的法向应力，C_{nn}^{ij}给出了单元 i 中点由于单元 j 处的开口位移不连续而产生的法向应力。引入三维修正因子 A^{ij}后，便可以考虑到因为裂缝高度有限导致任何两个裂缝单元之间的相互作用随着距离的增加而衰减的三维影响。

$$A^{IJ} = 1 - \frac{d_{ij}^{\beta}}{[d_{ij}^2 + (h/\alpha)^2]^{\beta/2}} \tag{9}$$

其中 h 为裂缝高度，d_{ij}为单元 i 与单元 j 之间的距离，$\alpha = 1$，$\beta = 3.2$ 为经验推导的常数。可以看出，随着距离的增加，三维修正因子会导致任意两个裂缝单元之间相互作用的衰减。非常规裂缝模型中，在每个时间步都计算了由于应力阴影效应而产生的附加扰动应力。假设在任意时刻，裂缝宽度等于法向位移不连续面(D_n)，裂缝面剪应力为零，即 $D_n^j = w_j$，$\sigma_s^i = 0$。将这两个条件代入式 8 中，可以得到各裂缝单元上的剪切位移不连续点 D_s和法向应力 σ_n。

应力阴影扰动应力对裂缝网络扩展模式的影响是双重的。首先，在压力和宽度迭代过程中，由于应力阴影效应，通过添加额外的法向应力来修正每个裂缝单元的原始地应力。这直接影响了裂缝压力和裂缝宽度分布，从而导致裂缝扩展的变化。其次，由于包含了应力阴影扰动应力(正应力和剪应力)，传播尖端前方的局部应力场也发生了改变，这可能导致局部主应力方向偏离原地应力方向。尖端单元周围的局部应力与远场应力可表示为：

$$\begin{aligned} \sigma_{xx}^{to\tau} &= \sigma_{xx}^{\infty} + \sigma_{xx}^{tp} \\ \sigma_{yy}^{tot} &= \sigma_{yy}^{\infty} + \sigma_{yy}^{tip} \\ \sigma_{xy}^{tot} &= \sigma_{xy}^{\infty} + \sigma_{xy}^{tip} \end{aligned} \tag{10}$$

因此，将增强位移不连续法计算的每个尖端单元σ_{xxx}^{itp}、σ_{yyy}^{itp}、σ_{xy}^{itp}周围的局部应力与远场应力 σ_{xx}^{∞}、σ_{yyy}^{∞}、σ_{xy}^{∞}相结合，最后定义尖端单元周围的局部主应力和局部最大应力方向(角 α)：

$$\sigma_1 = \frac{\sigma_{xxx}^{tot} + \sigma_{yy}^{tot}}{2} + \sqrt{(\sigma_{xy}^{tot})^2 + \frac{(\sigma_{xxx}^{tot} - \sigma_{yy}^{tot})^2}{4}}$$
$$\sigma_3 = \frac{\sigma_{xxx}^{tot} + \sigma_{yy}^{tot}}{2} - \sqrt{(\sigma_{xy}^{tot})^2 + \frac{(\sigma_{xxx}^{tot} - \sigma_{yy}^{tot})^2}{4}} \tag{11}$$
$$\alpha = \frac{1}{2}\arctan\left|\frac{2\sigma_{xy}^{tot}}{\sigma_{xx}^{tot} - \sigma_{yy}^{tot}}\right|$$

2.3 微地震事件模拟方法

水力压裂过程中伴随的能量释放产生微地震事件，压裂诱导应力波及范围内的天然裂缝也可能被激活，具备产生微地震事件的可能性。为计算压裂缝及波及天然裂缝产生的微地震事件，首先将单条裂缝中心处的应力张量分解为切向分量 σ_n 和法向分量 τ，采用(σ_n，τ)定义储层内裂缝的应力状态(图3)。

当压裂缝与天然裂缝相交，且裂缝应力状态投影于库伦破坏包络线以上区域时，天然裂缝内聚力降低，可能出现天然裂缝的重激活和蠕滑现象。在此过程中，多余的弹性能将以热波和声波的形式释放，其中声波可以被监测为微地震事件。图3(b)中的应力降 $\delta\sigma$ 反映了微地震事件的震级。微地震事件的矩张量 M_{ij} 可表示为：

$$M_{ij} = \int \Delta\sigma_{ij}\, d^3r = \int S_{ij}\Delta\varepsilon_{ij}\, d^3r \qquad (12)$$

其中，其中 $\Delta\sigma_{i,j}$ 是体积 V 内发生的应力张量变化，S_{ij} 为刚度矩阵，ε_{ij} 为塑性应变。

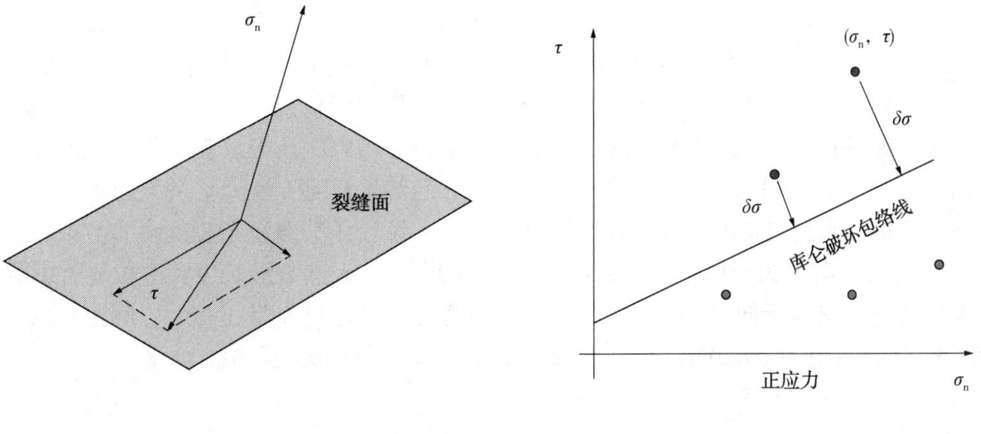

(a)裂缝中心处的应力张量分解　　(b)裂缝的应力状态描述

图3　单条裂缝应力张量分解及应力状态描述

3　压裂缝网拓展规律

天然裂缝是结构弱面，当压裂缝与天然裂缝相交时，压裂缝将受天然裂缝影响。井周天然裂缝的方位、长度、密度和储层水平主应力差是影响压裂缝复杂程度及压裂后效果的的重要因素。本项目利用敏感度分析方法研究不同特征天然裂缝对压裂缝复杂程度的影响，压裂后压裂缝复杂程度 K 定义为：

$$K = \frac{W/L}{\Delta L/L} = W/\Delta L \qquad (12)$$

其中，W 为单段压裂缝缝宽(m)；L 为单段压裂缝缝长(m)，ΔL 为单段改造段长(m)。

针对压裂缝复杂程度 K 的影响因素开展多参数敏感度分析，参数包括天然裂缝方位与最大主应力夹角 α(°)，天然裂缝长度 L(m)，天然裂缝间距 D(m)及水平主应力差 $\Delta\sigma$(MPa)，天然裂缝模型及参数定义(图4)，储层岩性参数及应力状态见表1。施工方案参考CH18井裂缝带泵注程序，压裂液采用滑溜水体系，采用70/140目石英砂与40/70目陶粒小粒径组合支撑剂，液体排量 $14m^3/min$，注入该簇液体总量 $650m^3$。

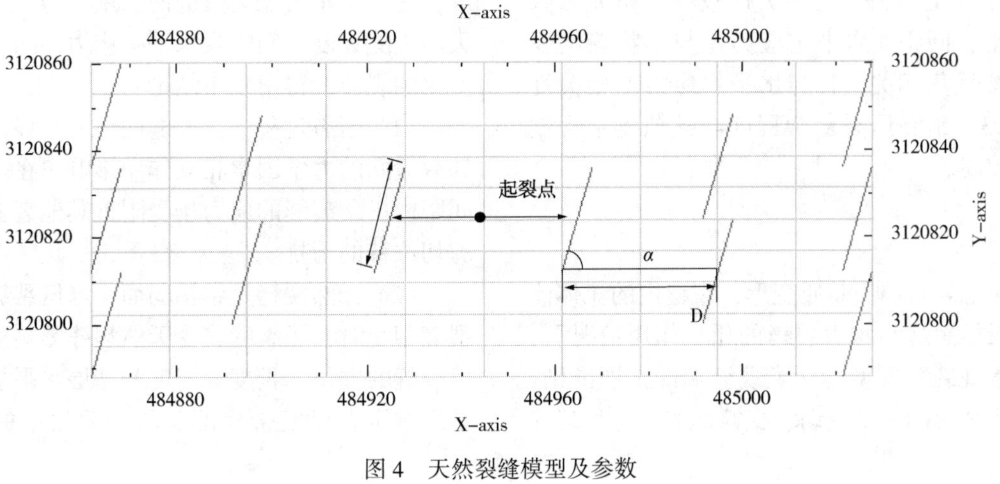

图4　天然裂缝模型及参数

表 1　储层岩性参数及应力状态

弹性模量/GPa	泊松比	渗透率/nD	孔隙度/%	抗张强度/MPa
40	0.23	300	2	8
水平最小主应力/MPa	水平最大主应力/MPa	垂向应力/MPa	地层压力/MPa	密度/(g/cm^3)
50	62	60	25	2.6

设置天然裂缝长度 L 为 15m，天然裂缝间距 D 为 30m，水平主应力差 $\Delta\sigma$ 为 12MPa，改变天然裂缝方位与最大主应力夹角 α 为不同值时，分别计算各 α 条件下压裂缝复杂程度 K，当 α 小于 90°时，压裂缝以撑开天然裂缝继续扩展为主，随 α 增大，压裂缝在 Y 方向上的波及范围呈增大趋势，根据压裂缝复杂程度 K 的定义，K 与 α 呈正相关关系。当 α 为 90°时，出现部分压裂缝贯穿天然裂缝后继续延伸。

设置天然裂缝间距 D 为 30m，水平主应力差 $\Delta\sigma$ 为 12MPa，天然裂缝方位与最大主应力夹角 α 为 75°，改变天然裂缝长度 L。分别计算各 L 条件下压裂缝复杂程度 K。在 L 取不同长度时，压裂缝仍以撑开天然裂缝后继续扩展为主；且随 L 增大，压裂缝在 Y 方向上的波及范围呈增大趋势，K 随 L 增大呈增大趋势。

统计压裂缝复杂程度多参数敏感度分析结果(图 5)，天然裂缝长度和方位显著影响缝网复杂程度 K，且与 K 呈正相关；间距、水平主应力差与 K 呈负相关(图 6)。

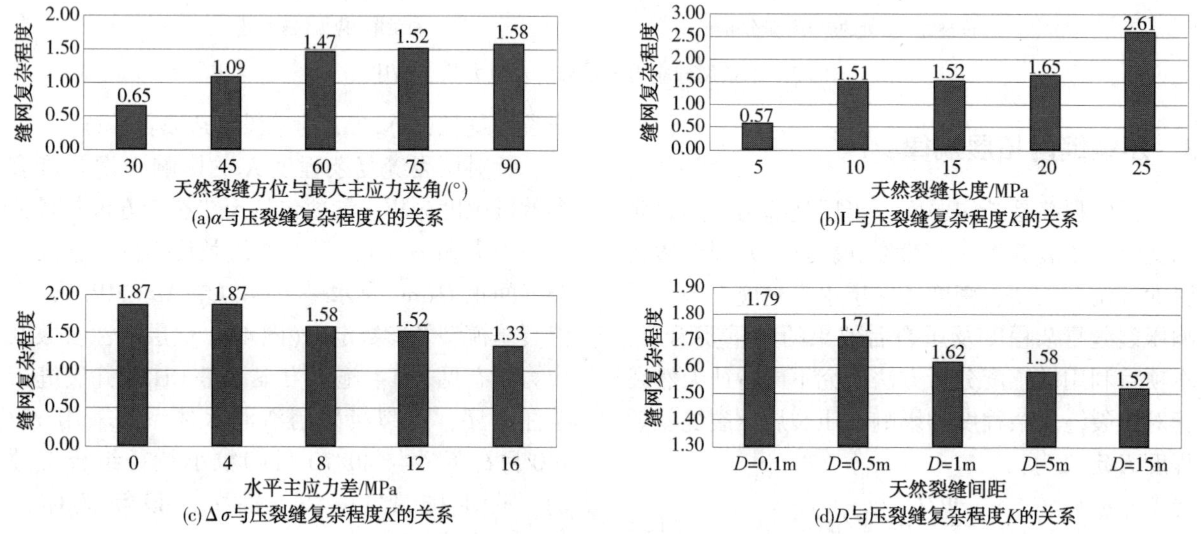

图 5　各影响因素对压裂缝复杂程度 K 的影响

天然裂缝长度和方位夹角与影响缝网复杂程度 K 呈显著正相关，且相关性较高，相关系数 0.85 以上；间距、水平主应力差与影响缝网复杂程度 K 呈负相关，且与水平主应力差相关性高达 0.93。预测压裂复杂程度与模拟复杂程度相关性较高。

4　结语

在考虑岩石储层基质变形，裂缝内的流体流动以及天然裂缝与水力裂缝的相交作用情况下，根据非常规裂缝模型建立了裂缝端部扩展准则，考虑了压裂液的一维流动、支撑剂的输送和裂缝宽度的弹性变形，以及相邻人工裂缝间的应力阴影，建立了水力压裂裂缝网扩展模型，分析不同天然裂缝长度、间距及水平主应力差的裂缝扩展变化的规律，得出以下结论：

(1) 压裂过程中，裂缝网络的扩展模式受相邻裂缝间的力学因素相互作用影响，在一定的缝间距内一条裂缝的应力场受附近其他裂缝张开和剪切位移的干扰。

(2) 天然裂缝是结构弱面，当压裂缝与天然裂缝相交时，压裂缝将受天然裂缝影响。井周天然裂缝的方位、长度、密度和储层水平主应力差是影响压裂缝复杂程度及压裂后效果的的重要因素。

(3) 压裂缝复杂程度多参数敏感度分析结果，天然裂缝长度和方位显著影响缝网复杂程度，且与缝网复杂程度与正相关；间距、水平主应力差与缝网复杂程度负相关。

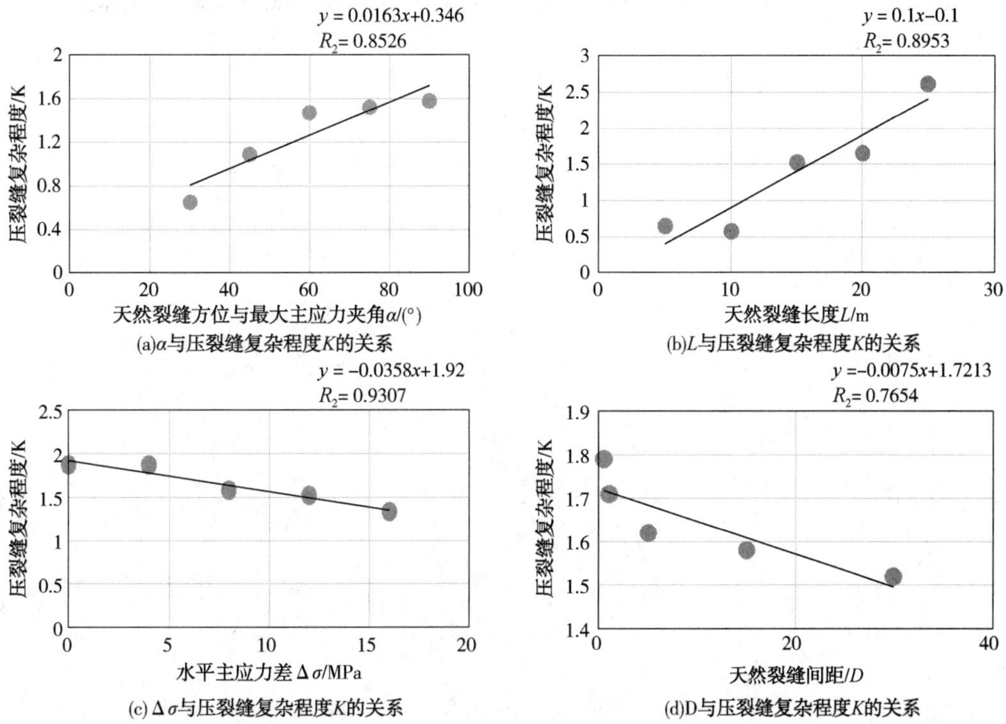

图 6　各影响因素与压裂缝复杂程度 K 的相关性图

参　考　文　献

[1] ECONOMIDES M J, Nolte K G. Reservoir stimulation [M]. 3rd. New Jersey: John Wiley Sons, Ltd, 2002.

[2] WARPINSKIN R, TEUFEL W. Influence of geologic discontinuities on hydraulic fracture propagation [J]. Jouranl of Petroleum Technology, 1987, 39 (2): 209-220.

[3] LIANG Chao, JIANG Zaixing, ZHang Chuming, et al. The shale characteristics and shale gas exploration prospects of the Lower Silurian Longmaxi shale, Sichuan Basin, South China [J]. Jouranl of Natural Gas Science and Engineering, 2014(21): 636-648.

[4] 刘顺，何衡，赵倩云，等．水力裂缝与天然裂缝交错延伸规律[J]．石油学报．2018，39(03)：320-326.

[5] Blanton T L. Propagation of hydraulically and dynamically induced fractures in naturally fractured reservoirs [J]. SPE Unconventional Gas Technology Symposium. Louisville, 1986: 1-15.

[6] 盛湘，陈祥，章新文，等．中国陆相页岩油开发前景与挑战[J]．石油实验地质，2015，37(03)：267-271.

[7] 马耕，张帆，刘晓，等．裂缝性储层中水力裂缝扩展规律的试验研究[J]．采矿与安全工程学报，2017，34(05)：993-999.

[8] 吕帅锋，王生维，刘洪太，等．煤储层天然裂隙系统对水力压裂裂缝扩展形态的影响分析[J]．煤炭学报，2020，45(07)：2590-2601.

[9] 蒋廷学，周健，张旭，等．深层页岩气井裂缝扩展及导流特性研究及展望[J]．中国科学：物理学 力学 天文学，2017，47(11)：33-40.

[10] 沈永星，冯增朝，周动，等．天然裂缝对页岩储层水力裂缝扩展影响数值模拟研究[J/OL]．煤炭科学技术：2021，11(05)：1-8.

[11] 李佳琦，王斌，李轶，等．水力裂缝扩展对天然断层活动性的影响[J]．辽宁工程技术大学学报(自然科学版)，2021，40(02)：126-133.

[12] 范濛，金衍，付卫能，等．水力裂缝扩展行为的声发射特征实验研究[J]．岩石力学与工程学报，2018，37(S2)：3834-3841.

[13] 周健，蒋廷学．四川页岩压裂裂缝扩展实验及力学特性研究[J]．中国科学：物理学 力学 天文学，2017，47(11)：153-160.

[14] 马耕，张帆，刘晓，等．天然裂缝对煤岩体水力裂缝扩展影响研究[J]．河南理工大学学报(自然科

学版)，2016，35(02)：178-182+201.
[15] 张广清，周大伟，窦金明，等．天然裂缝群与地应力差作用下水力裂缝扩展试验[J]．中国石油大学学报(自然科学版)，2019，43(05)：157-162.
[16] 周彤．层状页岩气储层水力压裂裂缝扩展规律研究[D]．中国石油大学(北京)，2017.
[17] 李志超．低渗储层水力裂缝扩展特征的数值模拟研究[D]．大连理工大学，2019.
[18] 彭瑀．非常规储层岩石粘弹性力学行为和蠕变裂缝扩展研究[D]．西南石油大学，2018.
[19] 李垚．井筒边既有裂隙尺寸对水力裂缝扩展的影响[D]．山东大学，2020.

川渝地区页岩油气井清防蜡工艺优选评价

杜国栋　韩　冬　王　璐

（大庆油田第一采油厂工艺研究所）

摘　要　某采油厂管辖的巴中达州区块是某油田加速上扬成长"第二曲线"的新引擎。但在生产过程中出现了生产井结蜡严重，造成蜡堵关井，严重影响了开发生产，针对川渝地区页岩油气井的清防蜡方式仍处于摸索学习阶段，因此本文根据川渝地区页岩油气井的生产特点、结蜡特征等方面开展清防蜡工艺适应性研究评价，致力于形成低成本高效的的适用于页岩油气井的清防蜡配套工艺体系。

关键词　川渝地区；页岩油；清防蜡；热力清蜡；机械清蜡

1　川渝地区页岩油气井结蜡情况

1.1　A井

A井：原油含蜡10.5~15.9%，原油结蜡点40℃、析蜡点26.1℃，结蜡深度0~1200m，井筒严重结蜡，2022年试采以来，共钢丝清蜡、热水洗井39次，周期7~19天。2023年12月清蜡过程中钢丝落井，多次打捞作业未成，2024年6月带压作业解堵捞鱼(表1)。

表1　A井油样品分析成果表

取样日期	取样地点	相对密度(20℃)	黏度mPa·s(40℃)	凝固点/℃	初馏点/℃	含蜡/%	含胶/%	含水/%
2021-8-1	放喷出口	0.7243	1.7	13	57	10.5	5.0	3.1
2021-8-4	放喷出口	0.7236	1.6	14	56	10.7	4.8	3
2021-8-6	放喷出口	0.7222	1.7	13	55	10.6	4.8	3.2
2021-8-13	放喷出口	0.759	1.8	12	56	11.0	5.0	3.2
2021-11-24	油罐	0.754	2.2	10	55	12	5.6	3.5
2022-3-12	缓冲罐	0.7829	2.6	11	58	15.5	6.4	3.4
2022-5-3	取样口	0.7793	2.3	15	57	15.9	6.2	3.4
2022-5-4	取样口	0.7784	2.3	15	60	15.7	6.4	3.2
2022-7-22	油出口	0.7856	1.992	9	79.5	15.9	1.2	0
2022-8-1	油出口	0.7791	1.96	4	64	15.2	0.9	0.13

1.2　B井

井底温度48℃，原油析蜡点46℃，析蜡高峰出现在21℃，井筒0~1200m均存在结蜡风险(图1、图2、表2)。

表2　B1井清蜡数据统计表

日期	井口压力/MPa	刮蜡深度/m	刮蜡次数/次	刮蜡措施	蜡态	间隔时间/天
3/1	8.67	油管头下4m	未成功	59.5、38mm刮蜡片	硬态	
3/10	5.94			热洗井		
3/12	5.05	400	1	59.5mm刮蜡器	硬态	11d
3/13	6.02	1000	1	59.5mm刮蜡器	硬态	1d
4/22	4.03	11.32	未成功	59.5mm刮蜡器	硬态	40d
5/2	4.12	283	未成功	52mm刮蜡器	硬态	10d
5/4	0.33	830	1	53mm刮蜡片	硬态	2d

续表

日期	井口压力/MPa	刮蜡深度/m	刮蜡次数/次	刮蜡措施	蜡态	间隔时间/天
5/7	5.18	1000	1	59mm 刮蜡片	硬态	3d
5/16	4.21	92	未成功	53mm 刮蜡片	硬态	9d
5/24	4.22	1280	2	53、59mm 刮蜡片	硬态	7d

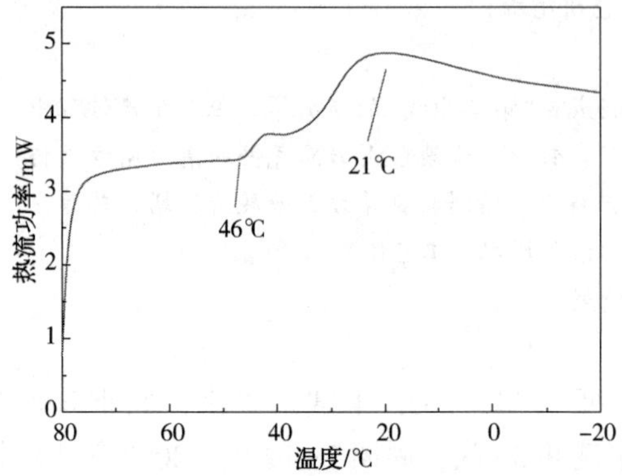

图 1　B1 井析蜡点测试

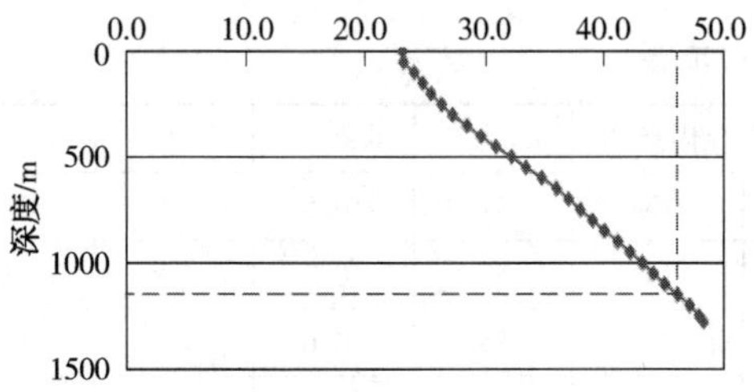

图 2　B 井试采结蜡情况

2　页岩油气井清防蜡技术现状及适应性评价

目前国内外最常用的清防蜡技术有：热力清蜡、机械刮蜡、柱塞清蜡、化学清防蜡、表面能防蜡、物理场防蜡、微生物防蜡等 7 类技术。

2.1　热力清蜡

工艺原理：热力清蜡是石油开采过程中清除井筒内蜡沉积的一种技术手段。通常是利用热容量较大、传热性能好的介质作为热载体，通过热交换将热量传递给井筒内的蜡沉积物。常见的热载体主要有热油、热水和电热等。

2.1.1　热水清蜡

(1) 技术适应性分析

技术优点：成本较低；操作流程简单，易于实施；一般不会对环境造成严重污染；清蜡效果较好。

技术缺点：

① 不适用水敏油层和泥岩油层等特殊油层；

② 超深井、结蜡深度超 600m 井，热载体会起负作用，加速结蜡析出；

③ 温度下降快：热水在井内循环时，热量散失较快，影响清蜡效果的持久性；

④ 易造成“气井积液”或气井水淹停产，降低天然气采收率，增加脱水设备和人工举升成本；

⑤ 清蜡效果有限：对于严重的结蜡情况，可能无法完全清除；

⑥ 不能 100%保证油层不受污染，可能造成反渗吸水锁效应，使气井产量迅速下降，提前进入递减期；

⑦ 需要停井操作；

⑧ 需要增建加热循环系统。

(2) 经济成本分析

热洗车组经济分析：

基础投资：高压热洗车(水)60 万元/辆；罐车 40 万元。

合计：140 万(1 热洗车+2 罐车)。

单井年运维费用：1. 洗井周期：15d，年洗井 24 次；

2. 单次洗井成本：燃油+热洗水成本 = 0.20 万元/次；

3. 不压油层洗井器：0.20 万元/套；

4. 人工/井次：20 万元/人×2/250 井次 = 0.16 万元(专职)

合计单井年维护费用 = 24×0.20+0.20+0.16×24 = 8.84 万元

寿命周期：10 年×500 次/年 = 5000 井次；

投资均摊后单井年成本：9.5 万元(基础投资/5000×24+年运维成本)。

撬装泵循环系统经济分析：

基础投资：撬装泵循环系统：250 万元

单井年运维费用：1. 洗井周期：15d，年洗井 24 次；

2. 单次洗井成本：燃油+热洗水成本 = 0.20 万元/次；

3. 人工/井：10 万元/人×1/5 口井 = 2 万元

(兼职)

合计单井年维护费用=24×0.20+0.20+2=7万元

寿命周期：10年；

投资均摊后单井年成本：12万元(平均一套装置服务5口井且是自产水循环使用)。

2.1.2 热油清蜡

(1) 技术适应性分析

技术优点：成本相对较低；操作流程相对简单；清蜡效果较好。

技术缺点：

① 超深井、结蜡深度超600m井，热载体会起负作用，加速结蜡析出；

② 易造成“气井积液”或气井水淹停产，降低天然气采收率，增加脱水设备和人工举升成本；

③ 洗井后需要压力恢复或诱喷，不成功还需要进行人工干预，增加操作成本，影响开井时率；

④ 可能对储层造成损害：如果温度控制不当或操作不规范，可能会对储层的物性产生不利影响；

⑤ 成本较高：需要消耗大量的热能和油资源；

⑥ 需要停井操作；

⑦ 潜在的安全风险：热油在操作过程中存在烫伤和火灾等安全隐患；

⑧ 环境影响：热油的使用和排放可能对环境造成一定的污染；

⑨ 热油洗井在国内应用较少，无操作规程，效果无参考；

⑩ 需要增建加热循环系统。

(2) 经济成本分析

热洗车组经济分析：

基础投资：高压热洗车(油)：200万元；合计：200万(自带10方罐)

单井年运维费用：①洗井周期：15d，年洗井24次；

② 单次洗井成本：燃油+热洗水成本=0.20万元/次；

③ 人工/井次：20万元/人×2/250井次=0.16万元(专职)

合计单井年维护费用=24×0.20+0.16×24=8.64万元

寿命周期：10年×500次/年=5000井次；

投资均摊后单井年成本：9.6万元(基础投资/5000×24+年运维成本)。

撬装泵循环系统经济分析：

基础投资：撬装泵循环系统：350万元；

单井年运维费用：①洗井周期：15d，年洗井24次；

②单次洗井成本：燃油+热洗水成本=0.20万元/次；

③人工/井：10万元/人×1/5口井=2万元(兼职)

合计单井年维护费用=24×0.20+2=6.8万元

寿命周期：10年；

投资均摊后单井年成本：13.8万元(平均一套装置服务5口井且是自产水循环使用)。

2.1.3 电热清蜡

(1) 技术适应性分析

技术优点：

①精准控温：能够精确控制加热温度，可防止温度过高或过低对井造成不利影响；

②高效清蜡：相比其他清蜡方式，电加热的能量利用率较高；

③操作简便：系统自动化程度较高，人工成本低；

④环保无污染：不会产生化学物质排放，不污染油层；

⑤持续稳定：可以实现长时间持续稳定的加热，保障清防蜡效果；

⑥不需要停井

技术缺点：

①初始投资大：安装电加热设备需要较高的前期投入；

②电力消耗：运行过程中需要消耗一定的电力，在电力供应不稳定或成本较高的地区可能存在限制；

③技术要求高：设备的安装和维护需要专业的技术人员，对技术水平有一定要求；

④对井下设备有影响：长期的电加热可能会对井下的一些电子设备或仪器产生一定的电磁干扰

(2) 经济成本分析

基础投资：加热电缆及配套设备：100万元；连续油管下入施工费：50万元；

合计：150万元

单井年运维费用：电费：21 万元；人工成本：0；

合计单井年维护费用=21 万元

寿命周期：10 年；

投资均摊后单井年成本：36 万元（基础费用/10+21），（图 3）。

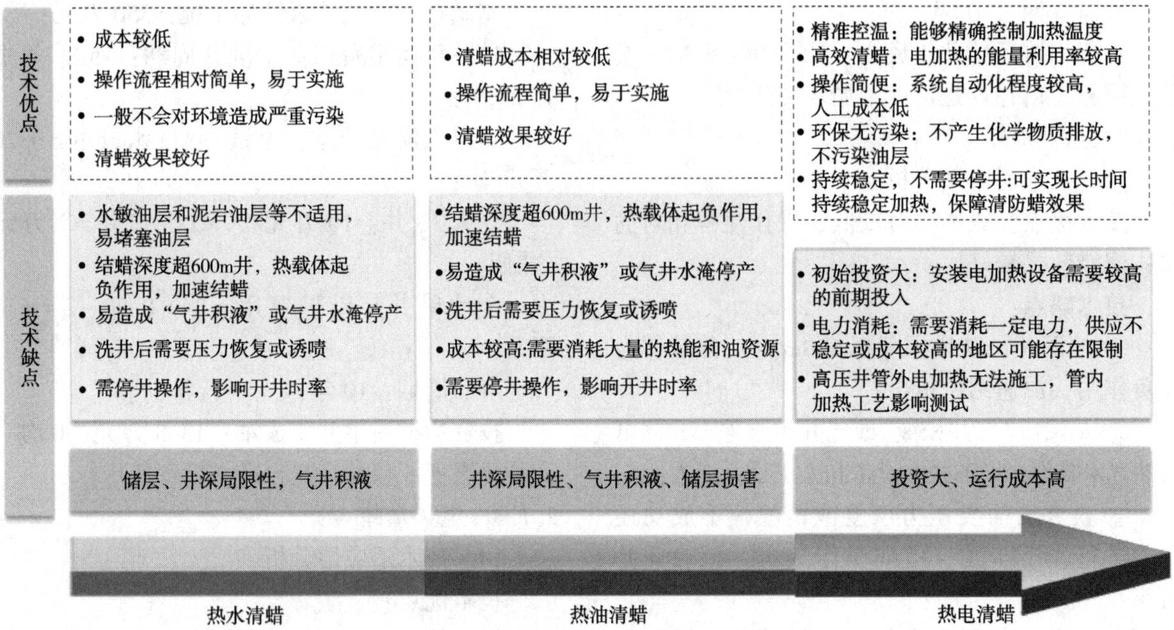

图 3　三种热载体清蜡工艺技术适应性对比

对比三种不同热载体清蜡工艺措施经济成本：

在单井年运维成本方面：撬装式热水清蜡成本最低、电加热成本最高；

在单井年总成本（均摊投资）方面：热洗车热水清蜡成本最低、电加热成本最高（表 3）。

表 3　三种热载体清蜡工艺经济成本对比表

类型		初始投资（万元）	单井年运维成本（万元）	寿命周期（年/次）	单井年总成本（万元）	单井年运维工作量（井次）	备注
热水清蜡	热洗车加热	140	8.8	5000	9.5	24	一套车组可使用 5000 次
	撬装加热	250	7	10	12	24	一套装置服务 5 口井 自产水循环使用
热油清蜡	热洗车加热	200	8.6	5000	9.6	24	一套车组可使用 5000 次
	撬装加热	350	14	10	13.8	24	一套装置服务 5 口井 自产油循环使用
电热清蜡（油管内）		150	21	10	36	日常巡检	设备及安装费 150 万元 年电费 21 万元

2.2　机械清蜡

工艺原理：利用刮蜡片、刮蜡器等刮除油管内壁上的蜡，然后靠液流、气流将蜡带回到地面，多用于自喷井和无杆泵油井中。

应用情况：大庆油田电泵井，川渝 A 井、营潜 1h 等自喷页岩油气井。

技术优点：清蜡效果相对直接和显著；即时性强；环保无污染：不会产生化学物质排放，不污染油层。

技术缺点：

① 操作过程较为复杂，需要专业的设备和操作人员；

② 清理下来的蜡容易再次聚集，造成堵塞；

③ 清蜡不及时、不规范容易造成堵塞和掉卡；

④ 清蜡作业需要关井；

⑤ 劳动强度大；

⑥ 适应性有限：有杆系统、套表、井筒结构复杂井不适用；

⑦ 可能会对油管造成一定程度的损伤，影响油管的使用寿命；

⑧ 机械清蜡设备成本较高，维护和维修费用也相对较高(图 4)。

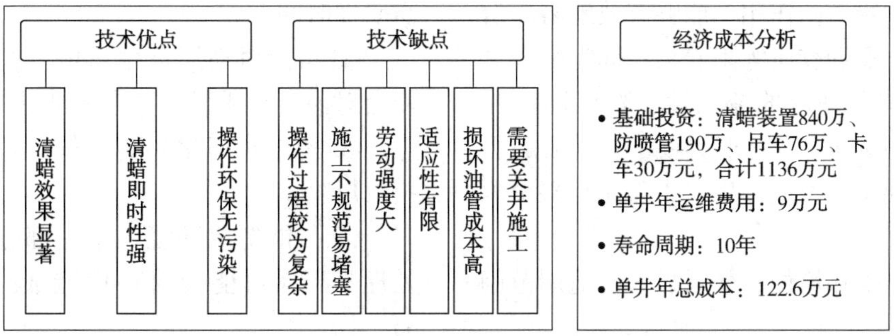

图 4　机械清蜡工艺技术经济适用性评价

2.3　气举+柱塞清蜡

工艺原理：柱塞内部中空带拉杆+外部螺纹刮刀。上行过程中，中空通道关闭作为气液密封界面；柱塞在往复运行过程中，随井筒气体的冲击推动外部螺纹刮刀旋转，切削油管内壁蜡质，疏通井筒。

应用情况：冀东油田 3 号人工岛(原油含蜡量 7.8%~24.7%，井下 800m 以上结蜡严重)，每 3~5 天钢丝清蜡；海南福山凝析油气田(井下 800m 以上严重结蜡)，采用钢丝清蜡。后续共应用气举+柱塞排液清蜡 20 口井以上，由于有气举注气压力推动，未出现井筒蜡堵。

技术优点：

① 提高举升效率：柱塞可以减少气体滑脱，使气举的能量得到更充分的利用，提高井筒内液体的举升效率；

② 清蜡效果较好：气举能增加液体流速，带动蜡向上移动，柱塞的分隔和推动作用进一步增强清蜡效果，能够更有效地清除蜡沉积；

③ 适应范围较广：对于不同深度、不同蜡沉积程度井，都有一定的适用性

技术缺点：

① 成本较高：涉及气举设备和柱塞装置的购置、安装、维护等，需要较大的资金投入；

② 操作复杂：对操作人员的技术要求较高，需要精确控制气举和柱塞的运行参数；

③ 清理下来的蜡容易再次聚集，造成设备堵塞或卡；

④ 对于蜡质较硬的井易堵卡；

⑤ 清蜡期间需关井；

⑥ 流压监测或梯度测试时，需要先打捞出柱塞承接器，再下入压力计，额外增加钢丝作业工作量；

⑦ 可能存在故障风险：设备和装置的复杂性增加了出现故障的可能性，一旦出现故障，维修难度较大(图 5)。

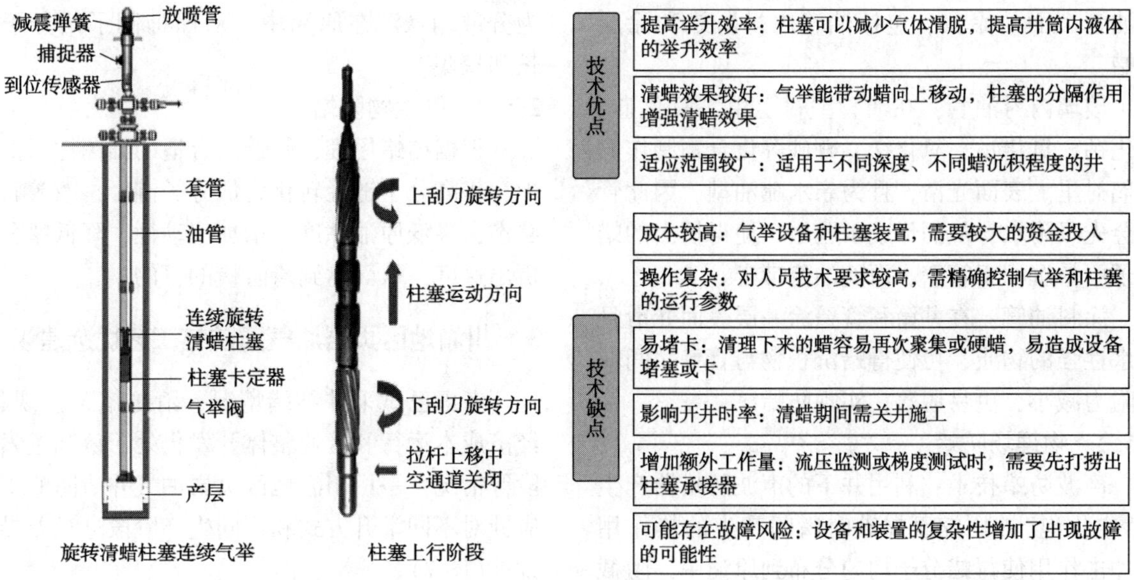

图 5　“气举+柱塞”清蜡工艺技术经济适用性评价

2.4 化学清蜡

化学药剂中含有的表面活性剂和与石蜡分子结构类似的烃化物共同作用，能够有效地溶解沉积在管壁上的石蜡和胶质等附着物；同时由于芳烃的作用，增加了油液的流动性、降低油液粘度，阻碍蜡晶的形成，达到清除蜡和防蜡的目的。在塔里木油田、长庆油田、中石化复兴页岩油均有应用。

技术优点：操作简便；效果显著；适用范围广；不用停井

技术缺点：

① 无针对川渝结蜡特点的成熟的清防蜡剂，需研发时间；

② 可能对地层产生影响：某些化学药剂可能会对油层造成损害，影响油井的产能；

③ 药剂对炼化影响未知，存在炼化因油品拒收风险；

④ 可能造成环境污染：部分化学药剂如果处理不当，可能会对环境造成一定的污染(图6)。

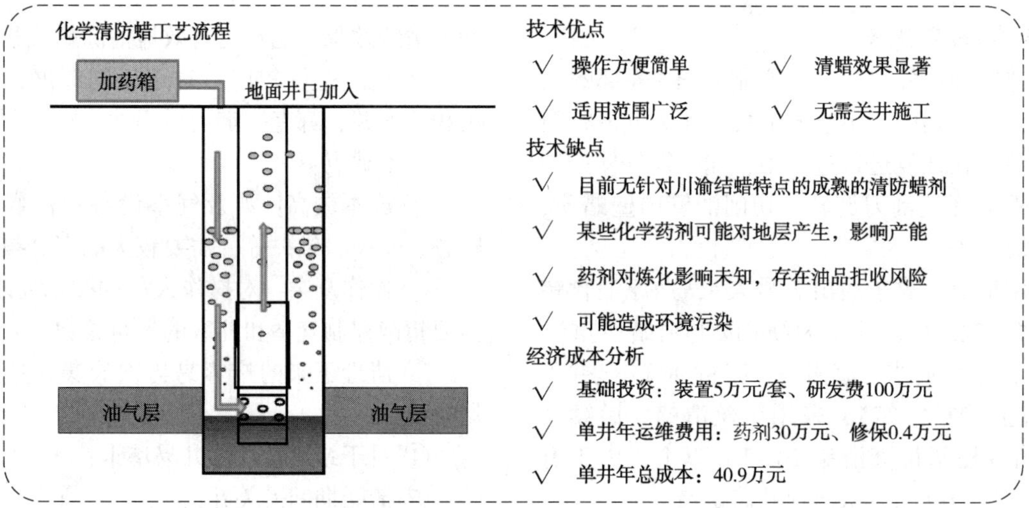

图6 化学清蜡工艺流程及技术经济适用性评价

2.5 其他清蜡工艺

2.5.1 表面能防蜡

通过改变油管表面环境来避免石蜡沉积以实现防蜡，主要从提高设备的表面光滑度或者通过改善油管表面的湿润性这两个方面，来阻止蜡晶在油管表面的聚集，包括油管内衬防蜡和涂层防蜡：

玻璃内衬油管：在油管壁衬上由二氧化硅、氧化钙、氧化钴、氧化锰、硼砂等化合物制作的玻璃衬里。表面光滑，且为亲水疏油型，因此管壁会先吸附水，从而形成水膜层，使得析出的蜡分子不易沉积于管壁，而随油流带走。

涂料油管：在井筒和管壁涂一层表面光滑且亲水性强的物质，可使得蜡沉积物与管壁之间的粘附力减小，更易脱落，实现防蜡。

2.5.2 物理场防蜡

声波防蜡技术：利用井下的声波防蜡器产生的“空化泡”被压缩至爆破时瞬间产生的热作用及冲击作用使得蜡分子均匀分布到原油中，阻截蜡分子进一步聚集长大，同时改变蜡分子结构，防止蜡分子析出的过程。

磁防蜡技术：利用磁场作用对蜡分子产生的摆动来弱化原有分子和分子团之间的聚合性，使得原本紧密结合的蜡分子发生松动，作为分散相悬浮在原油中，从而抑制了蜡分子生长和聚集。

2.5.3 微生物防蜡

根据结蜡原理，筛选出合适的细菌注入油井中，将高分子链烃转化为低分子链烃，改善石蜡状态，降低原油粘度，增加流动性，降低蜡分子析出速度，从而达到清防蜡的目的。

3 川渝地区页岩油气清防蜡工艺优选建议

考虑已试采井结蜡情况、清防蜡工艺现状、经济成本运行和区块整体开发仍处于认知摸索阶段等情况，一厂川渝地区页岩油气井清防蜡工艺应针对不同举升方式和不同生产阶段进行差异化设计(图7)。

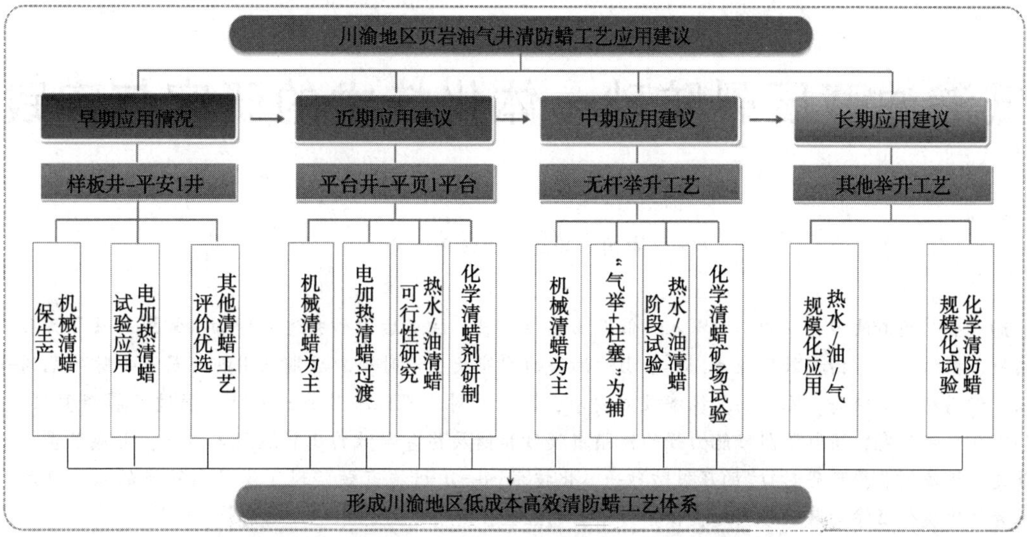

图7　川渝地区页岩油气井清防蜡工艺应用建议

4　下步攻关方向

(1) 继续进行热水/油适应性创新研究；

(2) 开展热蒸汽井下温损研究，探索“热蒸汽清防蜡+气举”复合措施可行性；

(3) 跟踪评价A井电加热实际运行效果；

(4) 加大取样化验规模，分析川渝页岩油石蜡的性质，与采研结合攻关清防蜡药剂；

(5) 做好“气举+柱塞”复合措施工艺技术储备；

(6) 寻找低成本机械清蜡设备设施。

参　考　文　献

[1] 宋君. 油井结蜡影响因素及防蜡技术研究. 当代化工，2015(1).

[2] 于锋新. 三元复合驱油井热洗时机的探讨. 内蒙古石油化工，2012(24)

[3] 高明. 油田清防蜡工艺应用及认识. 江汉石油职工大学学报，2013(2)

低渗油藏压裂防砂一体化技术的研究与实践

金兆勋　卜祥福

（中国石油辽河油田分公司）

摘　要　随着油田开发的不断深入，低渗油藏经压裂、注水后出砂井逐年增加。常规的筛管防砂、高温固砂、机械防砂等措施效果较差，严重影响油井的产能及生产时率。后期采用的地层深部防砂见到一定效果，但措施成本较高，无法满足经济效益要求，因此针对油藏低渗且易出砂特点通过开展新型阻砂剂、低伤害压裂液研究，研制了阻砂能力强的树脂覆膜砂和储层伤害率低的压裂液配方体系，形成了“远端储层改造、近端树脂覆膜砂封口”的压裂防砂一体化技术，一次措施有效实现了增产与防砂的双重作用。该技术为解决类似低渗油藏出砂问题提供了可借鉴的经验，具有较好的推广应用前景。

关键词　低渗油藏；阻砂剂；压裂液；储层改造；树脂覆膜砂；压裂防砂一体化

雷11块构造上处于辽河盆地西部凹陷中部，构造面积10.5km^2。研究目的层莲花油层油藏埋深-1800m～-2500m，石油地质储量604.2×10^{4}t，地层原油粘度13.5mPa·s，属于复杂断块低阻底水稀油油藏。储层以砂泥岩薄互层为主，油层薄且物性差，岩石主要为砂砾岩，其次为砂岩和不等粒砂岩，平均值孔隙度19.4%；平均渗透率值为125.02×10^{-3}μm^2，为中孔中低渗透率储层，油层有效厚度仅18.85m，小层平面连通状况差。

随着区块开发的不断深入，油藏经压裂、注水后出砂井逐年增加，其中有出砂史的生产井57口，占总开井数(常开井88口)的65%。出砂情况日趋复杂，出砂特征由粗粒径砂向细粒径砂转变，由出砂均匀向出砂分选性差转变，由出普通细粉砂向出泥质细粉砂转变。常规的筛管防砂、高温固砂、机械防砂等措施效果较差，严重影响油井的生产时率及产能。后期采用的地层深部防砂见到一定效果，但措施成本较高，无法满足经济效益要求，急需研究一种新的防砂稳产技术。

研究内容：

1　油井出砂机理及压裂防砂一体化技术路线

1.1　油井出砂机理

当油层被打开时，在近井地带地层应力平衡状态被破坏，当岩石颗粒承受的应力超过岩石自身的抗剪切或抗压强度，地层或者塑性变形或者发生坍塌。在地层流体产出时，地层砂就会被携带进入井底造成出砂。地层应力破坏主要是剪切破坏和拉伸破坏。一般来说，地层剪切破坏引发地层的“突发性大量出砂”，而拉伸破坏引起地层“细砂长流”。出砂使孔穴通道增大，而孔穴增大又导致流速降低，从而使出砂有“趋停”趋势。因此，拉伸破坏有“自稳性”效应。

1.2　油井压裂防砂一体化技术路线

由于低渗油藏需进行压裂改造来提高油井产能，而压裂过程中压力传导、震动等因素造成岩石骨架破坏，导致出砂加剧，造成卡泵，严重影响油井正常生产。通过开展新型阻砂剂、低伤害压裂液研究，研制出阻砂能力强的树脂覆膜砂和储层伤害率低的压裂液配方体系，采用“远端储层改造、近端树脂覆膜砂封口”的方式实施压裂防砂措施，实现储层改造与防砂措施有机结合。同时针对油层出砂特点优化施工工艺，达到有效治理油井出砂问题。相比传统的分步施工方法，该方法避免了重复作业和复杂作业带来的成本增加和效率降低问题，显著提升了油井的生产效率和经济效益。

2　压裂防砂一体化技术研究

2.1　新型阻砂剂的研制

2.1.1　阻砂剂压裂防砂技术原理

采用压裂车组在高于地层破裂压力的条件下，泵入压裂液压开地层，按不同的砂比向压开的地层挤注填充阻砂剂。在地层温度和固化剂作用下，阻砂剂发生胶结、固化，在近井地带形成挡砂屏障，因为它们具有很高的渗透率，不影响液流流入井筒。在达到防砂效果的同时，这种方法又极大地改变了地层中液体的流动方式，井底附近的液流从径向流转变成线性流，降低了流动阻力。与其它防砂方式比较，整个填砂层都是高渗透的过滤带，增加了地层液流的过滤面积，特别是对出细粉砂的油井来说，减少了过滤堵塞，能够成倍延长防砂有效期。

2.1.2 阻砂剂胶结固化原理

组成阻砂剂的材料主要有两部分：一部分是支撑剂(如石英砂、陶粒等)，另一部分为树脂(包括酚醛树脂、尿醛树脂、环氧树脂、糠醛树脂等)。阻砂剂的特性是由包覆它表面的树脂决定的，因此其胶结固化原理也就是树脂等材料的固化原理。

以热固性酚醛树脂为例，热固性酚醛树脂合成反应定性表示如下：

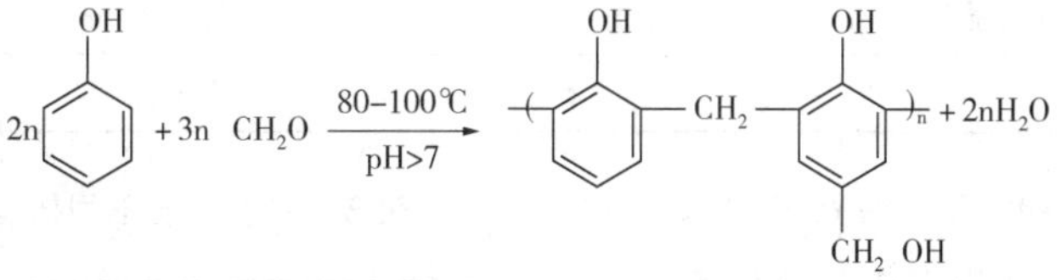

(1)

它含有可以继续反应的羟甲基活性基团—CH_2OH，可继续反应，固化为不溶不熔的三维体型结构。

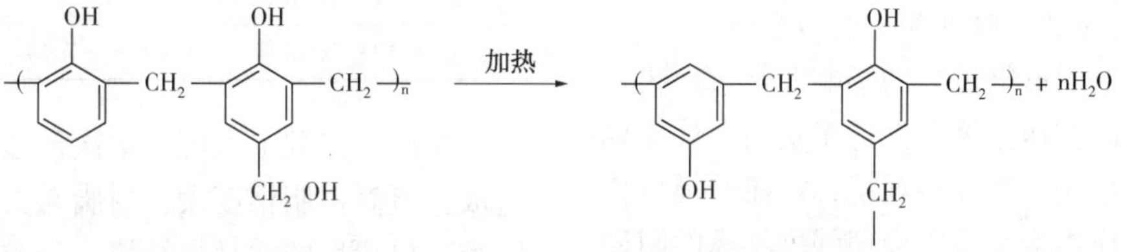

(2)

树脂固化后，将原来松散的阻砂剂彼此粘接在一起，具有很高的抗压强度，同时渗透性能好，达到防砂的目的。

(a)胶结前　　(b)胶结后

(c)新型树脂砂胶结后的岩心及孔隙照片(放大)

图1　树脂砂胶结变化图

2.1.3 新型阻砂剂的筛选与优化

2.1.3.1 支撑剂材料的筛选

支撑剂是阻砂剂内核，广泛的讲凡是有一定强度、颗粒比较均匀的材料都可以作为支撑剂的备选材料。常规树脂阻砂剂通常采用陶粒、石英砂为支撑剂材料，优点为其本身抗压强度较高。

2.1.3.2 树脂材料的筛选

树脂是包覆在支撑剂剂表面的一层或多层化学材料，一般采用的树脂包括环氧树脂、酚醛树脂、尿醛树脂、糠醇树脂等。尿醛树脂与糠醇树脂对固化剂要求比较高，在配制过程中易对环境造成污染，并与清洁携砂液配伍性较差，因此用陶粒为支撑剂材料选择酚醛树脂与环氧树脂进行包覆试验，并对所制得的相应阻砂剂做抗压强度和渗透率两项重要指标的测定(表1)。

表1 酚醛树脂砂与环氧树脂砂主要性能试验数据

	酚醛树脂砂		环氧树脂砂	
	抗压强度/MPa	渗透率/μm^2	抗压强度/MPa	渗透率/μm^2
数据	4.5	55	4.8	52

从初步试验结果看，两种树脂制得阻砂剂其主要性能指标比较接近，如果考虑价格因素，环氧树脂成本是酚醛树脂的两倍左右，因此初步确定采用酚醛树脂做支撑剂的包覆材料。

2.1.3.3 树脂含量对阻砂剂性能的影响

树脂含量对阻砂剂性能的影响非常大，决定着阻砂剂岩心的抗压强度和渗透率这两个最重要参数。由于地层是一个高压环境，液流的拖曳作用以及地层的应力变化常常会使强度不高的阻砂剂返吐，造成防砂失败。因此选用的阻砂剂固结后需要有较高的抗压强度。

以陶粒为支撑剂按5%、10%、15%、20%、25%比例分别加入含有偶联剂的树脂，制备新型树脂砂，然后干燥、压碎，再装入岩心管中压实，最后放入45℃恒温水浴中，固化48h(表2)。

表2 树脂含量与岩心抗压强度、渗透率试验数据

树脂含量/%	5	10	15	20	25
抗压强度/MPa	5.0	8.8	10.1	12.8	15.5
渗透率/μm^2	65.6	58.0	50.5	43.4	35.2

从上表可看出树脂含量越高，岩心的抗压强度越大，同时树脂含量越高，岩心渗透率越低。

2.1.3.4 单次包覆与二次包覆抗压强度对比

单次包覆试验选取的0.45~0.8mm陶粒支撑剂100g，按照10%、20%的树脂含量进行包覆，制备出多组树脂砂，并将其制成岩心，检测其抗压强度(表3)。

表3 单次包裹不同树脂含量的树脂砂抗压强度

树脂含量/%	10	20
抗压强度/MPa(样1)	7.85	10.26
抗压强度/MPa(样2)	7.63	10.47
抗压强度/MPa(样3)	7.44	10.21

在试验过程中发现，单次包覆过多的树脂会造成包覆时树脂粘度大，树脂与支撑剂混合搅拌困难，包覆后的样品易结块，分散率低、破碎筛分困难、增加加工成本的问题，因此进行了二次包覆试验。

同样选取的0.45~0.8mm陶粒支撑剂100g，按照5%、10%的树脂含量进行包覆，按照树脂浓度添加2%稀释剂，制备出树脂砂，晾晒、烘干后破碎筛分；并再次按照5%、10%的树脂含量进行二次包覆，并按照树脂浓度添加2%稀释剂，烘干，制备成树脂含量分别为10%与20%的树脂砂样品，并检验抗压强度(表4)。

表4 二次包覆不同树脂含量的树脂砂抗压强度

树脂含量/%	10	20
抗压强度/MPa(样1)	9.21	13.42
抗压强度/MPa(样2)	9.03	13.82
抗压强度/MPa(样3)	9.47	13.86

试验结果显示，二次包覆之后，树脂砂的抗压强度明显要高于单次包覆树脂砂，同时由于加入了稀释剂，以及每次包覆树脂含量较低，包覆制备相比一次添加过多树脂要简易，其中二次包覆20%树脂含量的树脂砂样品，抗压强度要好与二次包覆10%的样品。

2.1.3.5　包覆温度对抗压强度的影响

支撑剂与树脂的包覆方式可分为冷包覆和热包覆两种，冷包覆加工比较简单，包覆成本低。但冷包覆制备的树脂砂，其表面树脂包覆率较低，树脂砂分散性较差，其结果导致树脂砂的抗压强度低，渗透率也低。热包覆加工比较复杂，加工成本较高，但热包覆树脂砂表面树脂包覆率高，粉尘含量低，分散性好，树脂砂的抗压强度和渗透率较高。

热法包覆工艺，其不同的包覆温度会对树脂砂的成品质量以及成品率有较明显的影响，过高的包覆温度会造成过高的加工成本，以及树脂活性降低，固化强度降低；过低的包覆温度会造成树脂砂包覆后黏度大，筛分困难。为确定高强度树脂砂的包覆温度，进行了包覆温度试验：将支撑剂放入高温加热炉，将温度依次上升为80℃、100℃、120℃、140℃、160℃、180℃；每达到一个温度，取出一份支撑剂，制备树脂砂，并将其制备成岩心进行抗压强度检测，检测结果如表5所示：

表5　不同包覆温度下树脂砂抗压强度检测

温度/℃	80		100		120		140		160		180	
树脂含量/%	10	20	10	20	10	20	10	20	10	20	10	20
抗压强度/MPa(样1)	7.9	13.2	8.4	13.5	8.9	14.8	9.1	15.4	9.6	15.9	7.3	14.9
抗压强度/MPa(样2)	7.5	13.4	8.1	13.9	9.2	14.9	9.4	15.8	9.8	16.0	8.2	14.6
抗压强度/MPa(样3)	7.6	13.5	8.3	13.4	8.9	14.7	9.3	15.6	9.9	16.2	7.5	14.3

从试验结果可看出包覆温度控制在140℃~160℃时，效果最佳。与80℃~100℃包覆后的树脂砂抗压强度明显具有较大的区别，包覆后抗压强度具有明显的提高；当温度升至180℃后包覆效果与前两个温度相同并略有降低，且能源消耗大，因此确定包覆温度为140℃~160℃。

2.1.3.6　固化时间的确定

固化时间是树脂开始反应到反应完全所需要的时间。该指标也是通过测定阻砂剂岩心的抗压强度变化来测定(表6)。

表6　新型阻砂剂固化时间试验数据

固化时间/h	12	24	36	48	60
MPa	3	6	10	18	18

分析试验数据，当固化时间达到48h以上时，新型阻砂剂岩心抗压强度基本不变，说明新型阻砂剂的固化时间为48h。

2.1.4　新型阻砂剂室性能评价

从上面系列研究优选出新型阻砂剂以陶粒为支撑剂，采用酚醛树脂做支撑剂的包覆材料，树脂含量为20%，采用二次包覆，包覆温度为140~160℃，固化时间为48h。

通过试验，对新型阻砂剂主要性能指标进行检测得出新型阻砂剂固化后固结后抗压强度达到13MPa、耐温性达到350℃、渗透率达40μm²(表7)。

表7　新型阻砂剂物性指标

体积密度/(g/cm³)	圆度	球度	抗压强度/MPa	渗透率/μm²	耐温/℃
1.1	0.6	0.6	≤15.0	≥35.0	≤350

2.2　低伤害压裂液体系优化

树脂覆膜砂填充后，需关井固化48h以上，压裂液返排时间推迟，且地层黏土矿物多为蒙脱石，为了降低储层污染，保证措施效果，优选出低伤害压裂液配方体系(低浓度胍胶压裂液体系)，黏度60~70mPa·s，温度升高后自行破胶，破胶后粘度<5mPa·s。稳定水敏地层，防膨效果好，液体残渣含量<0.1%，焖井72小时情况下，岩心伤害率低于20%。

2.3　压裂防砂一体化技术施工工艺优化

2.3.1　增加前置液用量

由于近井地带堵塞比较严重，增加前置液用量，在造缝的同时，可以将近井污染物向深部推移、稀释、分散，并能提高树脂砂充填量，有助于改善高黏土含量地层的施工效果。

2.3.2 压裂液与阻砂剂注入排量与砂比优化

在压裂液注入过程中，采取排量阶梯式降低，每一阶段的排量都比前一阶段低，但砂比却相应提高。通过排量的逐步降低和砂比的逐步提高，实现裂缝的逐步扩展和支撑剂的逐步充填，从而形成稳定的裂缝网络。对于长井段、小层多、非均质性差的地层，可避免小层充填不饱满，提高填充质量。

2.3.3 井筒近端防砂处理

通过提高绞龙转速、降低排量等方法大幅度提高砂比，使填充砂在井筒周围近井地带迅速堆积，提高堆积浓度，造成更大的泵压，通过提高压力将近井周围的树脂砂压实、填充饱满，在井筒周围形成一层致密的砂桥屏障。这层屏障可以有效阻挡地层砂的侵入，解决地层出砂的问题，并增强井筒的稳定性。同时，这层砂桥屏障还可以作为后续生产的过滤层，进一步保护油井免受地层砂的侵害(图2、图3)。

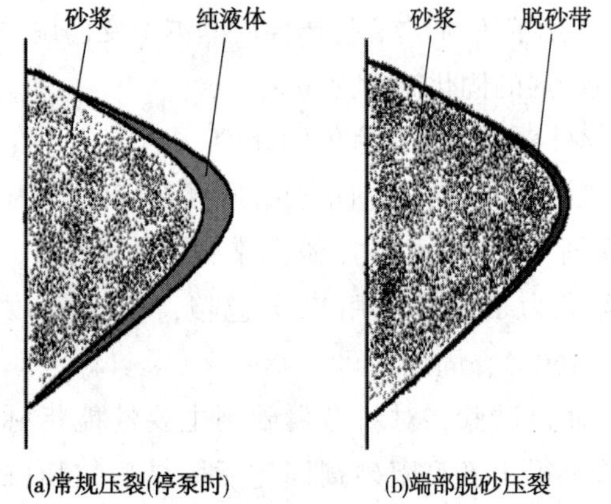

图2 端部脱砂工艺示意图

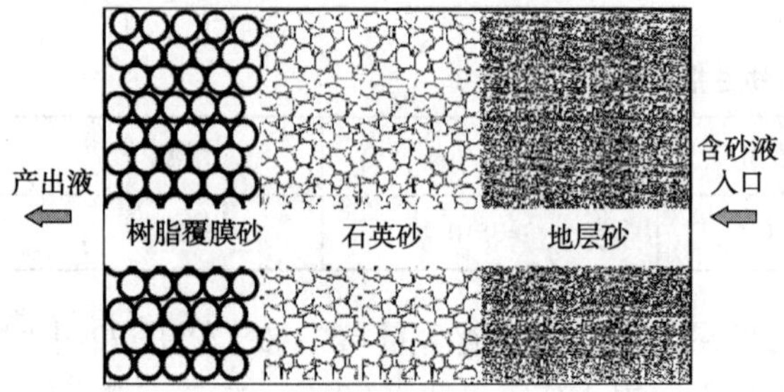

图3 端部脱砂工艺示意图

2.3.4 充填方式优化

摒弃了原有的排量分段式填充方式，采用与石英砂同排量加入树脂砂的新策略。目的在于有效防止树脂砂的指进现象，确保树脂砂能够均匀、稳定地填充到预定位置。同时，在支撑剂的转换过程中，取消了顶替步骤，以避免对填充效果的干扰。

2.3.5 多级加砂强化细分裂缝压裂

针对层数多、非均质性严重、渗透率极差大的储层，采用"多级加砂强化细分裂缝压裂+树脂覆膜陶粒充填封口"的压裂防砂工艺，有效提高储层渗流能力(图4)。

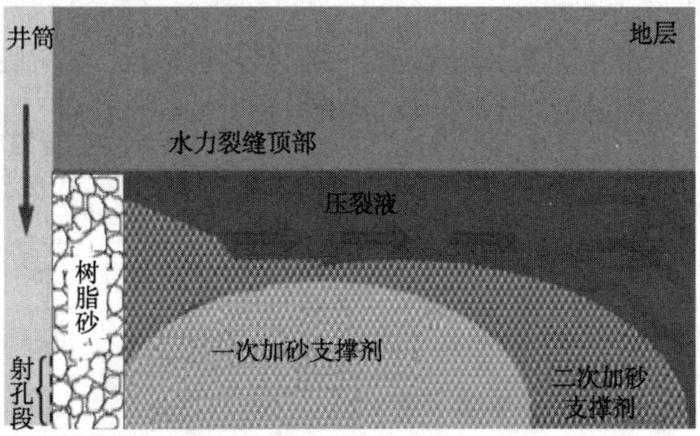

图4 多级加砂细分裂缝压裂防砂技术原理示意图

3 现场应用效果

2021年以来雷11块累计实施压裂防砂一体化技术12井次，有效减少了因出砂卡泵问题检泵，提高了油井生产时率，同时避免重复作业减少了作业费用。压裂防砂一体化技术阶段累增油4670吨，创效益756万元。

4 结论

4.1 研制出了适合低渗出砂油藏的新型阻砂剂(树脂覆膜砂)，固结后抗压强度可达到13MPa、耐温性达到350℃、渗透率达40μm^2；

4.2 优选出低伤害压裂液配方体系，闷井72小时情况下，岩心伤害率低于20%；

4.3 形成压裂防砂一体化工艺技术，通过一次管柱连续施工，以"远端储层改造、近端树脂覆膜砂封口"为技术路线，实现储层改造与防砂措施有机结合。

4.4 优化了压裂防砂施工工艺，通过增加前置液用量、压裂液与阻砂剂注入排量与砂比优化以及井筒近端防砂处理等提高填充质量，增强井筒的稳定性。

4.5 创新实施"多级加砂强化细分裂缝压裂+树脂覆膜陶粒充填封口"的压裂防砂工艺，有效提高储层渗流能力。

参 考 文 献

[1] 李凡华，等．低渗透油藏非达西渗流规律研究[J]. 油气井测试，2005，6(3).
[2] 刁俊 压裂防砂技术存在的问题与对策分析 中国石油和化工标准与质量，2017(11).
[3] 周翔宇，徐良，周毅．压裂防砂工艺技术研究与应用[J]．化工管理，2014(7).
[4] 马龙海．油井压裂防砂工艺技术研究与应用 化工工程与装备，2017(3).
[5] 吴建平，压裂防砂一体化技术研究　中国石油大学 2010(3).

速溶胍胶压裂液在吉林油田研究与推广应用

田 磊 魏 斌

（大庆钻探工程公司井下作业工程公司技术管理中心）

摘 要 速溶胍胶压裂液是通过对胍胶进行改性，以满足连续、快速配液需求而开发的一种新型压裂液体系，由于吉林油田水平井大量开发和压裂工厂化的实施，压裂改造过程中有针对性地选择压裂液成为关键。因而要求压裂液具有良好的悬砂、低浓度、低残渣、耐高温、耐剪切等特性，因此选择了速溶胍胶压裂液体系在吉林油田进行了研究推广应用。该压裂液体系适用于地层温度100℃～150℃的大型油气井以及 CO_2 增能助排压裂井，以提高返排和减少储层污染的需求。

关键词 速溶胍胶；压裂液；油溶；性能

1 速溶胍胶合成机理

对胍胶原粉进行离子和疏水改性，改变原来的分子链上毛发区与光滑区的分布，从而改变分子链在溶液中的构象，在宏观上改变了胍胶的溶解性，降低了残渣。同时对胶粉颗粒表面采用物理和化学修饰，使得粉体具有较好的流动性，并且具有延迟水化性能，使其在水中自动分散，并速溶，很好的避免配液中产生的“鱼眼”现象。在合成该类改性胍胶的工艺过程中，有必要对粉体进行多次洗涤，将粉中的大量水不溶物，盐等杂质去除掉，这对于最后成品的残渣降低起到一定的作用。

速溶胍胶分为水溶和油溶两种。其中油溶速溶胍胶压裂液是将速溶胍胶原粉与柴油按一定比例混合，配制成高浓缩液，使用时将浓缩液稀释于水中再与交联剂反应形成冻胶，其作用是增加压裂液与地层流体的配伍性，降低对储层的伤害。油溶速溶胍胶中加入柴油，使压裂液以及破胶液被柴油分子所包裹，有效地防止了粘土膨胀，抑制水敏，增加了液体与地层流体的配伍性，从而降低对地层的伤害。

2 速溶胍胶压裂液性能

2.1 溶解性

速溶胍胶压裂液稠化剂是淡黄色粉末，其特点是溶解速度快，增黏时间短，速溶胍胶稠化剂加入水中开始的黏度很小，几乎不增黏，利于胶粉在水中均匀分散，分散后，能非常迅速的增黏，15分钟就达到最大黏度（69～90mPa·s），配成的基液半透明。如图1、2所示

图1 水溶速溶胍胶基液

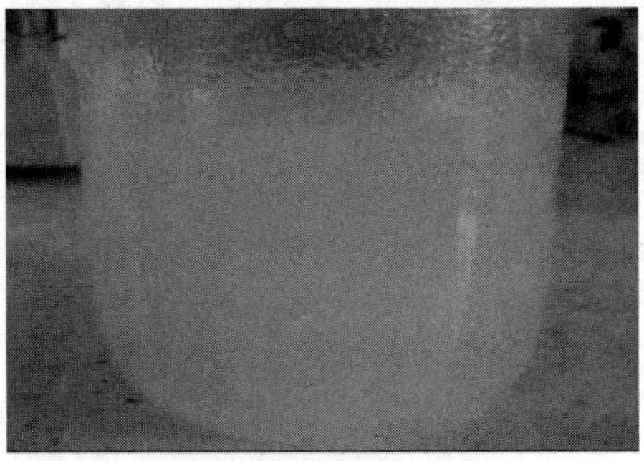

图2 油溶速溶胍胶基液

2.2 分散性

油溶速溶胍胶的分散性好坏，是衡量油溶速溶胍胶压裂液的一项关键的性能指标。

因此选择分散剂至关重要。油溶速溶胍胶有效成分为羟丙基胍胶，添加0#柴油，柴油与胍胶的质量比1∶1，柴油可以作为压裂液乳化剂，减少对地层的伤害。由于柴油与水的互溶型差造成了柴油型液体胍胶水溶性不理想，胍胶投入水中搅拌后会有少量未溶胍胶。为此加入一种分散剂加速其分散速度。一般分散剂都采用脂肪酸

类、脂肪族酰胺和酯类。经过大量的室内试验，最后筛选 ZX-50 作为油溶胍胶的分散剂。试验方法为：

准确称取 0#柴油 95g 放置于 250ml 烧杯中，再准确称取 ZX-50 分散剂 5g(±0.01g)加入到称取的 0#柴油中，搅拌均匀为止。再将已称取好的速溶增稠剂(油溶性)100g 缓慢加入到上述柴油和分散剂混合液体中，加入过程中要边加入边搅拌，防止形成局部鱼眼，加完速溶增稠剂后充分搅拌均匀。搅拌均匀后停止搅拌并同时开始记录时间，静止放置每隔 1 小时可随时目测烧杯底部是否有增稠剂沉淀产生，静止放置 4h 后如无增稠剂沉淀，证明分散效果很好，4 小时内如有增稠剂沉淀产生，记录沉淀产生的时间，即为分散时间。如图 3 所示配制好的浓缩液放置一周没有分层现象出现。如图 4 所示配制好的浓缩液出现分层现象。

图 3　油溶速溶胍胶浓缩液不分层

图 4　油溶速溶胍胶浓缩液分层

2.3　耐温耐剪切性能

水溶速溶压裂液，试验温度 130℃，剪切速率 $170S^{-1}$，剪切 2h 黏度为 127.8mPa·s，如图 5 所示。

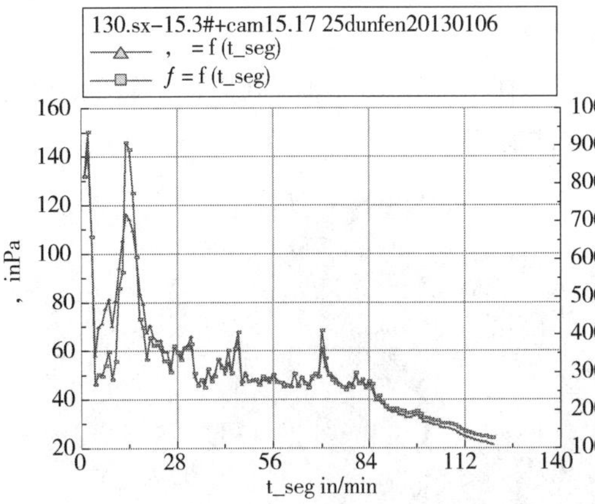

图 5　130℃水溶速溶胍胶压裂液流变曲线

水溶速溶压裂液，试验温度 150℃，剪切速率 $170S^{-1}$，剪切 1h 黏度为 119.2mPa·s，如图 6 所示。

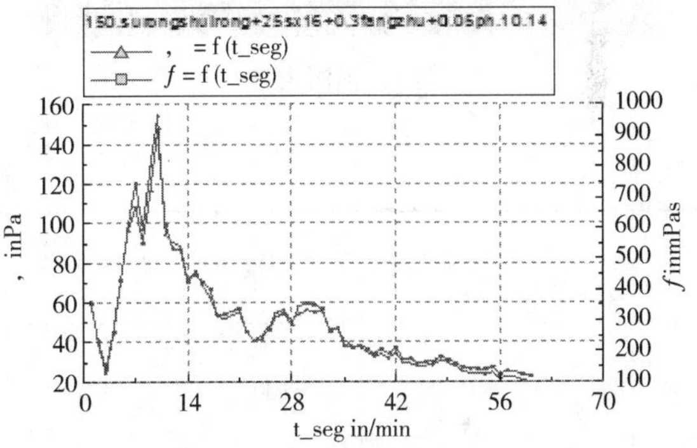

图 6　150℃水溶速溶胍胶压裂液流变曲线

130℃速溶胍胶(油溶)压裂液浓缩液稀释于水中 15min 后，黏度达到 90mPa·s，冻胶黏弹性好，130℃剪切 1h 黏度为 180.3mPa·s 如图 7 所示。

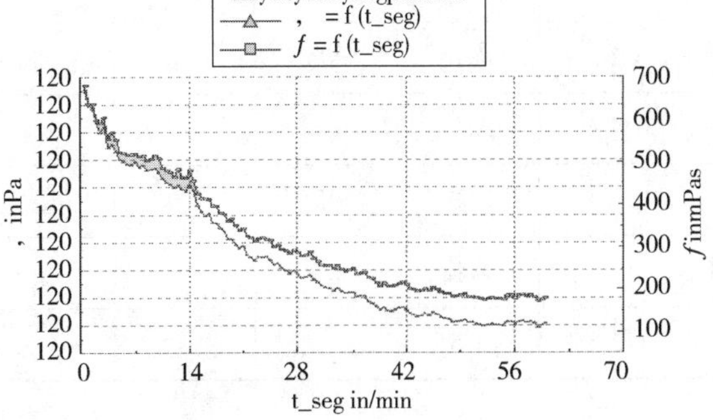

图 7　130℃油溶速溶胍胶压裂液流变曲线

2.4　悬砂性能

将速溶胍胶压裂液与 86MPa0.3~0.6 树脂砂按 100：40 的体积比混合，加入交联剂并搅拌均匀使之形成冻胶，观察支撑剂的沉降情况，如图8、9所示：

从图中可以看出，速溶胍胶压裂液具有很好的悬砂性能。

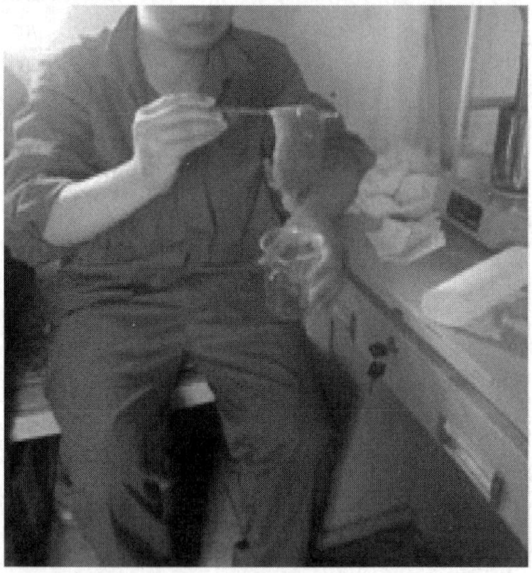

图8　油溶悬砂

图9　水溶在不同交联剂下悬砂

2.5　速溶胍胶残渣含量与破胶性能

表1是速溶胍胶在100℃和130℃两个配方体系下残渣实验数据。数据表明速溶胍胶残渣含量在所用配方体系下均不超过100mg/L。速溶胍胶的破胶时间和破胶液黏度见表2。

表1　速溶胍胶残渣含量

编号	样品/%	适用温度/℃	防膨剂/%	PH值调节剂/%	助排剂/%	交联剂/%	APS/%	残渣/(mg/L)
1	0.45	100	0.3	0.05	0.3	有机硼0.25	0.05	88
							0.1	82
2	0.5	130~150	0.3	0.04	0.3	有机硼0.4	0.05	94
							0.1	90

表2　速溶胍胶破胶实验

破胶剂加量/‰	破胶时间和破胶液粘度/mPa·s			
	10min	20min	35min	60min
0.2	冻胶	冻胶	稀胶	4.5
0.4	冻胶	冻胶	4.2	
0.6	冻胶	稀胶	3.9	
1	稀胶	3.7		
1.2	3.5			

2.6　速溶胍胶压裂液滤失性能

如表3和表4所示分别是速溶胍胶压裂液静态和动态滤失实验数据，实验数据表明速溶胍胶压裂液滤失性能满足标准要求。

表3　0.45%速溶胍胶压裂液静态滤失数据

滤失系数：	$14.96\times10^{-4}m/min^{1/2}$
初滤失量：	$1.85\times10^{-2}m^3/m^2$
滤失速率：	$2.76\times10^{-4}m/min$

表4　0.45%速溶胍胶压裂液动态滤失数据

滤失系数：	$6.85\times10^{-3}m/min^{1/2}$
滤失速度：	$4.76\times10^{-4}m/min$
初始滤失量：	$4.98\times10^{-3}m^3/m^2$

2.7　速溶胍胶压裂液伤害性能

速溶胍胶压裂液130℃配方和羟丙基压裂液130℃配方破胶液对长岭1号气田登娄库组砂岩伤害对比实验，实验数据如表5所示

表5　羟丙基与速溶胍胶压裂液伤害实验数据

岩心编号	压裂液类型	伤害前渗透率/μm^2	伤害后渗透率/μm^2	伤害率/%
T-1	速溶胍胶压裂液	0.0026	0.002	23.1
T-12	速溶胍胶压裂液	0.0078	0.0065	16.7
平均值:	速溶胍胶压裂液			19.9
T-23	羟丙基胍胶压裂液	0.0035	0.0023	34.3
T-4	羟丙基胍胶压裂液	0.0031	0.0022	29
T-15	羟丙基胍胶压裂液	0.054	0.041	24.1
平均值:	羟丙基胍胶压裂液			29.1

从表5可以看出速溶胍胶压裂液对岩心伤害率均值为19.9%，而羟丙基压裂液对岩心伤害率均值为29.1%，可见速溶胍胶压裂液对岩心的伤害要远低于羟丙基压裂液。

3　速溶胍胶压裂液现场应用

为了配制油容速溶胍胶，引入了浓缩液配制系统，如图10所示。浓缩液配制系统负责完成浓缩液的配制，以及浓缩液的计量输出。浓缩液配制系统主要包括：浓缩液配制罐、胶粉罐、高效混合装路、循环混合泵、残液泵、计量输入泵、计量罐和计量输出装置，工艺流程如图11所示。

2013年9月，采用油溶和水溶速溶胍胶压裂液体系对长深D平28井进行了压裂施工，(前2段使用的油溶压裂液，注入压裂液1844方，支撑剂132方；后9段使用的水溶压裂液，注入压裂液6700方，支撑剂621方)并取得成功，施工压力如图12所示。

图10　浓缩液配制系统

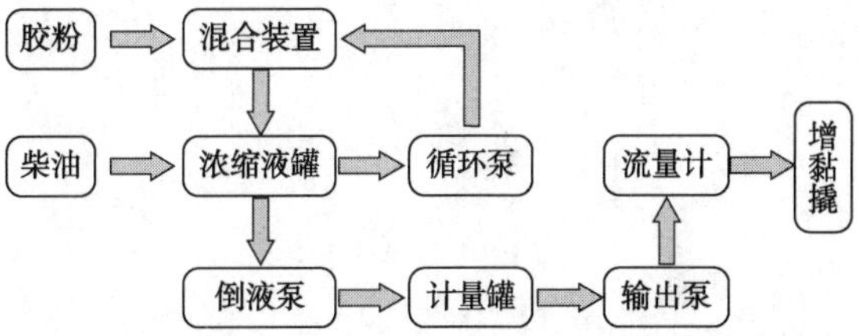

图11　浓缩液配制系统工艺流程

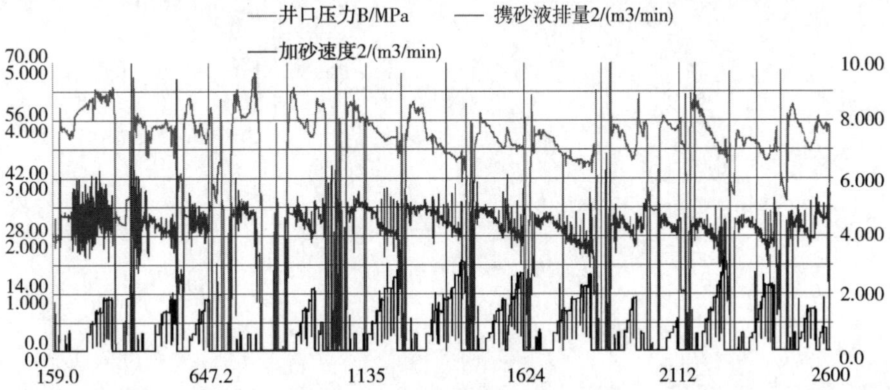

图12　DP28压力曲线

4　结论

4.1　速溶胍胶压裂液具有良好的悬砂、低浓度、低残渣、耐高温、耐剪切等特性。

4.2　现场施工的成功证明速溶胍胶压裂液满足吉林油田水平井大量开发和压裂工厂化实施的要求。

参 考 文 献

[1] 丁云宏．难动用储量开发压裂酸化技术．北京：石油工业出版社，2010.

[2] 谢朝阳，张浩，唐鹏飞．海拉尔盆地复杂岩性储层压裂增产技术[J]．大庆石油地质与开发，2006，25(5)：57-60.

[3] 杨建军，叶仲斌，张绍彬，等．新型低伤害压裂液性能评价及现场试验[J]．天然气工业，2004，24(6)：61-63.

[4] 冯志强，张晓东，任延广，等．海拉尔盆地油气成藏特征及分布规律[J]．大庆石油地质与开发，2004，23(5)：16-19.

[5] 付志国，周锡生，孙淑艳，等．大庆长垣外围低渗透油藏开发调整技术[J]．大庆石油地质与开发，2009，28(5)：134-140.

[6] 姜汉桥，王长江，郭虎，等．低渗透油藏水力压裂优化设计方法[J]．大庆石油地质与开发，2010，29(2)：92-96.

[7] 万仁蒲，等．采油技术手册(第九分册)．北京：石油工业出版社，1998.

[8] 王鸿勋．水力压裂原理[M]．北京：石油工业出版社．

[9] 吉德利 J L. 水力压裂技术新发展[M]．北京：石油工业出版社，1995.

[10] 蒋建方等．羧甲基羟丙基胍胶压裂液的高温性能评价．油田化学．第28卷第3期．

南堡凹陷地质工程一体化压裂驱油成功案例分析

姜 智 张 迪

（中国石油大庆钻探工程有限公司）

摘 要 2022年7月与冀东油田开展压驱技术服务合作，开展地质构造、油层物性、储量状况、油水分布、层系井网、开发历程、开采状况等调查分析工作，在潜力较大的高12、高65、高191X1等六个区块开展了剩余油分布研究。针对压驱的技术特点，结合冀东油田剩余油分布状况，按照单井增油量超过1200t的工作目标，制定了冀东油田压驱选井选层标准，从6个区块91口井中优选出潜力较大的高65-41、高65-53井开展压驱。2023年1月2日-12日完成了2口井的作业施工，各项技术指标满足设计要求的，实现了对储层进行驱油、补能+裂缝控砂体的立体改造。建立了集方案设计、工程施工、商务运作、效果评价为一体的综合技术服务模式，检验了压驱技术适用性。

关键词 压驱；剩余油；方案设计；数值模拟

1 压驱项目合作背景

渤海湾盆地东临胶辽隆起，西以山西台向斜为邻；南靠东濮凹陷南缘，北接燕山褶皱带。该盆地具有多旋回性、多层系和多油藏类型的特点。南堡凹陷是渤海湾盆地北部一个小型的断陷盆地，位于华北板块东北部、燕山台褶带南缘。南堡凹陷北断南超，具典型的箕状凹陷构造特征。冀东油田主要以陆上油田作业区和南堡油田作业区为主要开发区，陆上油田作业区开发高尚堡油田、老爷庙油田和柳赞油田。双方技术人员深入技术交流的基础上，将压裂驱油作为首选技术进行合作，作业区将剩余可采储量高、上产潜力大的高尚堡油田深层（高深南、高深北）部分断块作为首选合作区域，深入开展压驱方案选井选层工作，争取早日开展施工，为作业区上产提供有利支撑。

2 压裂驱油工艺机理

2.1 工艺研究背景

大庆长垣水驱三类油层地质储量18.6亿吨，具有层多、层薄、物性差、平面非均质严重等特点，采出程度为33%～42%，其中，孤立砂体、断层边部及注采不完善储层控制储量3.93亿吨，由于注采不完善，常规水驱压裂改造效果差，化学驱无法发挥作用。

2.2 压驱技术理念

用压裂方式打开地层通道（裂缝），建立裂缝与地层之间的驱替压差（15MPa以上），将大量驱油液注入地层，形成自注自采的驱替模式（压驱模式），大幅度提高采收率。

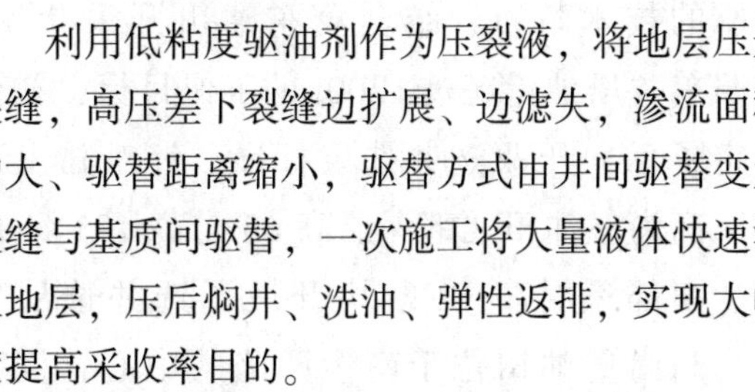

2.3 压驱工艺做法

利用低粘度驱油剂作为压裂液，将地层压开裂缝，高压差下裂缝边扩展、边滤失，渗流面积增大、驱替距离缩小，驱替方式由井间驱替变为裂缝与基质间驱替，一次施工将大量液体快速注入地层，压后焖井、洗油、弹性返排，实现大幅度提高采收率目的。

2.4 压驱工艺特点

压驱工艺具有裂缝“缓扩展、快滤失”的特征，液体滤失率达94.7%（普通压裂20.8%）；应用ABAQUS软件模拟得出，在同施工条件下，压驱工艺较常规工艺渗滤距离大幅度增加。

2.5 压驱工艺增油机理(表1)。

表1 压驱工艺增油机理

大幅度增加波及体积	压驱工艺能够建立较高驱替压差，大幅度增加波及体积
润湿性发生改变	润湿性及相渗曲线测试得出，压驱后润湿性由亲油转变为弱亲水，相渗曲线的等渗点右移，残余油饱和度降低7.5%
平均孔喉尺寸变大	电镜扫描及压汞测试得出，驱替液在高压差下向基质中渗滤后，平均孔隙半径变大，渗流阻力减小，渗流能力增加
吸附损失大幅度减小	压驱过程中驱油剂滤失距离大幅度降低(1~2m)，吸附损失可以忽略不计，驱油效率大幅度增加
可高强度补能	制作压驱增能模拟流程装置，模拟压驱施工压力条件下，不同渗透率和注入量对储能罐压力影响得出，压驱工艺可使地层压力大幅增加

2.6 压驱施工效果

2017—2021年三类油层反向压驱累计试验206口井，平均单井压后初期日增液64.5m^3，日增油7.4t，含水下降2.2%。截止到2021年12月，167口井措施仍持续有效，阶段累积增油已达53.95万吨。2016—2017年正向压驱试验开展了9口井(一厂中区西部高台子2口、五厂杏十三区7口)，仅有杏十三区2口井见效，其它水井试验效果不理想。计划2018年开始实施的七个采油厂的7个正向压驱区块试验全部暂停实施

3 压驱地质方案设计

依据大庆油田已实施井的成功经验，针对压驱的技术特点，结合冀东油田开采状况，按照单井增油量超过1200t的工作目标，初步制定了反向压驱选井选层标准。针对陆上作业区高尚堡油田北部深层高65与高191X1断块、南部深层高12断块开展了选井选层工作。高尚堡油田位于南堡凹陷的中心，发育的地层自上而下为第四系平原组(Q)，新近系明化镇组(Nm)、馆陶组(Ng)，古近系东营组(Ed)和沙河街组(Es)。沙河街组地层自上而下又可分为沙一段、沙二段和沙三段。方案研究区井网均开采Es32+3油层。深层储层沉积相(Es32+3)为陡坡带浅水型混源扇三角洲沉积，主要发育扇三角洲前缘亚相分支水道、河口坝、远砂坝。

3.1 高65断块

高65断块西北部处于区块构造高点，Ⅲ油层组从2019年开始投入开发，剩余油丰度高且分布集中，井网控制不住型剩余油富集，重点在该井区进行压驱选井工作

第一方案：①高65-41井Ⅲ油层组、高65-P6井Ⅳ油层组；②高65-46Ⅲ井油层组、高65-P6井Ⅲ油层组

第二方案：①高65-41井Ⅲ油层组、高65-8井Ⅳ油层组；②高65-46井Ⅲ油层组、高65-P6井Ⅳ油层组(图1)

3.2 高191X1断块

高191X1断块自2017年7月投入开发以来，水井注水压力高(34.3MPa)注水困难，油井呈“低产、低液面、低含水、低采出程度”特点。高65-53井于2017年7月投产，射孔厚度34.4m。投产初期压裂投产，日产液11.2t，日产油10.0t，含水10.5%。截止到2022年7月12日，日产液2.1t，日产油1.6t，含水24.9%，累积产液量4445.0t，累积产油量3591.7t。该井实施后，周围采油井G65-51、G65-52、G191X1均不同程度受效

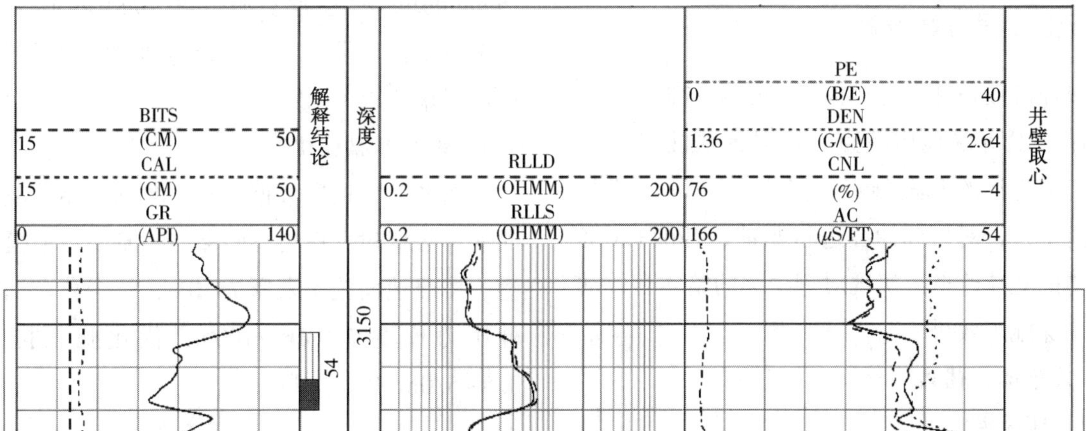

图1 高65-41第一段测井曲线图

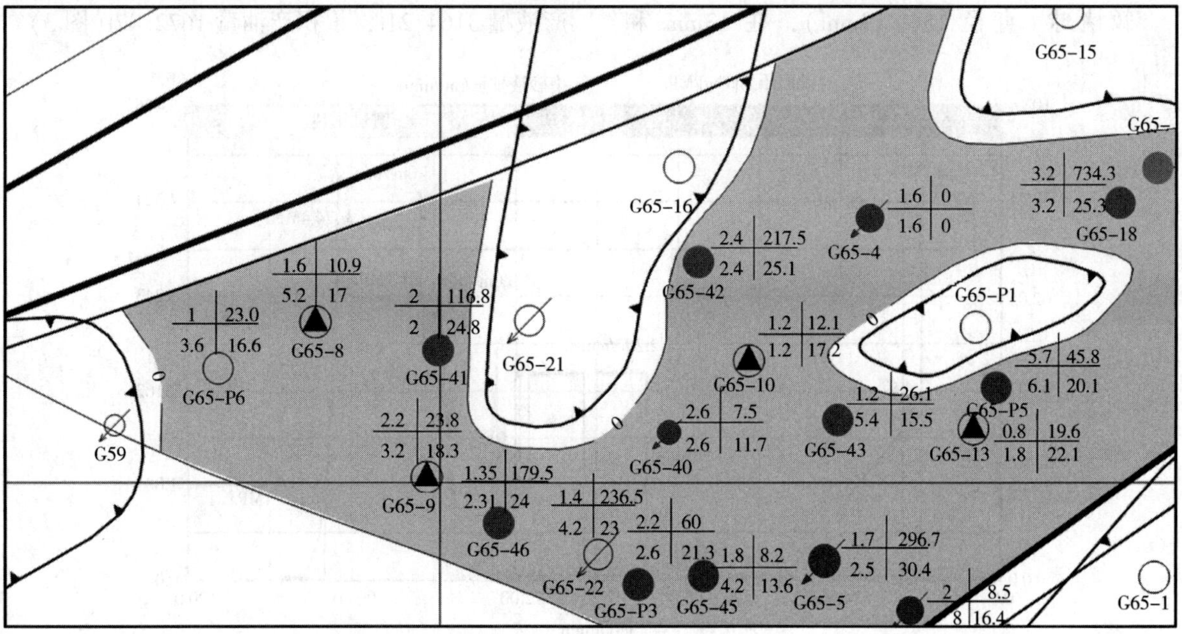

高尚堡Es32+3 Ⅲ-15小层平面图

4 压驱工程方案设计

以经济效益开发为目标，依据冀东油田沙河街组储层发育的地质特点，针对区块注采不完善、有采难注的开发难点，采用“反向压驱”复合挖潜工艺，对目标油井进行驱油、补能+裂缝控砂体的立体改造，实现对剩余油的整体有效动用，确保施工效果。

4.1 压裂体系优选

4.1.1 压驱液

按照体系黏度低、洗油效率高、与三类油层匹配性好的性能要求优选油田在用技术成熟的一元体系作为压驱液。压驱液的体系和配方根据冀东油田的岩心实际情况，进行室内评价试验后最终确定

4.1.2 支撑剂

区块地层闭合应力梯度 0.018～0.023MPa/m，预测区域井的闭合压力 55～65MPa，优选抗压 69MPa 陶粒，为了进一步提高裂缝系统整体有效支撑，优选细陶+粗陶组合支撑剂体系

4.2 工艺管柱

由于目标井为老井，已经多段射孔，优选采用直井 3 1/2 油管坐压管柱，优选应用冀东油田现用的成熟的分层压裂工具

4.3 暂堵球

暂堵球（直径 15～19mm），在 13mm 和 15mm 的球座上，反复加压 70～73MPa 压力条件下进行了抗压测试，暂堵球无变形和破碎现象，满足封堵要求

4.4 施工参数优化

参考区块地质数据、投产数据、驱油液相渗曲线等数据建立压裂渗吸裂缝—基质数值模拟模型。按照地面施工限压 75MPa，结合冀东油田延伸压力梯度 2.0MPa/100m，优化施工排量在 3.5～5.0m^3/min 之间

5 压驱效果浅析

5.1 高 65-41 井

2023 年 1 月 2-5 日施工，共压 2 段，累计注入液体 6875.84m^3，加砂 203.03m^3。

第一段（3179.6～3212.2m）：加砂排量 3.8～4.5m^3/min，压力 63.8～70.1MPa，累计注入液体 5161.48m^3（其中压裂液 1161.48m^3），加入支撑剂 151.3m^3（石英砂 60m^3，陶粒 91.3m^3）压后停泵压力 46.78MPa

第二段（3152.6～3168.0m）：施工排量 2.8～3.0m^3/min，共累计注入液体 1603.51m^3（其中压裂液 601.53m^3），加入支撑剂 51.74m^3（石英砂 20m^3，陶粒 21.74m^3），停泵压力 46.2MPa

焖井 20 天，1 月 26 日开始放喷，目前累积产液量 3164.21t，累积产油量 1672.47t（图 3）。

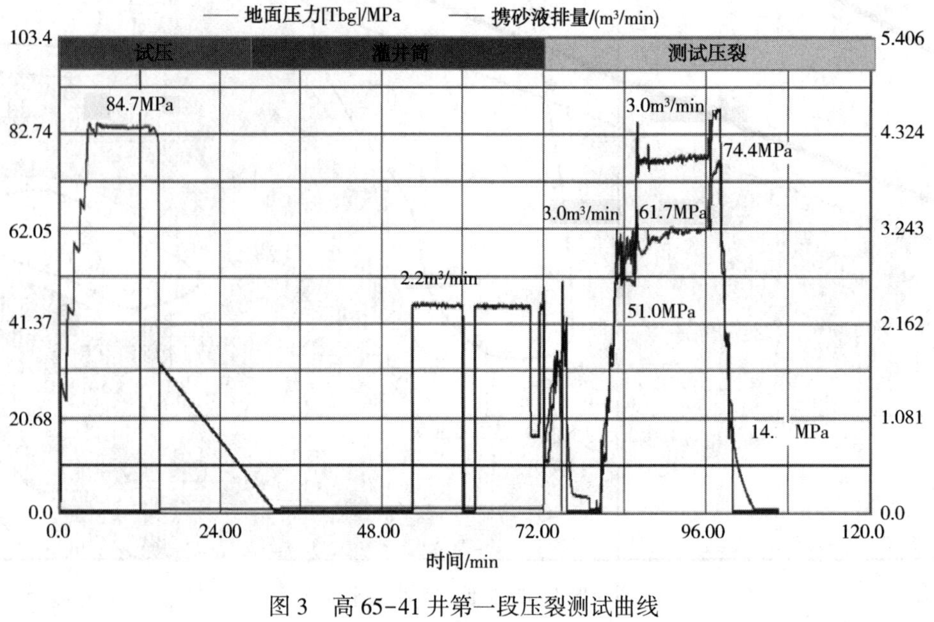

图 3 高 65-41 井第一段压裂测试曲线

5.2 高65-53井

2023年1月10-12日施工，共压3段，累计注入液体6910.33m^3，加砂211.6m^3

第一段（3774.4～3888.2m）：加砂排量3.8～4.5m^3/min，施工压力63.8-70.1MPa，累计注入液体5161.48m^3（其中压裂液1161.48m^3），加入支撑剂151.3m^3（石英砂60m^3，陶粒91.3m^3），压后停泵46.78MPa

第二段（3650.0～3665.6m）：共累计注入液体3690.24m^3（其中压裂液990.24m^3），加入支撑剂110.78m^3（石英砂44m^3，陶粒66.78m^3），停泵压力48.84MPa

第三段（3608.8～3613.6m）：施工排量1.6～3.1m^3/min，共累计注入液体1405.1m^3（其中压裂液405.1m^3），加入支撑剂49.85m^3（石英砂16m^3，陶粒33.85m^3），停泵压力50.91MPa

焖井16天，2023年1月29日放喷，目前累积产液量1622.20t，累积产油量1044.35t

结束语：综上所属，通过开展储层潜力评价，精细分析剩余油分布规律和油水井注采动态特征，明确潜力井与潜力层，针对性的进行压驱方案工程设计，合理匹配施工参数，通过地质工程一体化，实施压驱改造增油技术，在对储层进行充分改造的同时，还能扩大驱替液的波及体积，改善注采开发效果，提高采收率，实现注采不完善井区的高效动用。

参考文献

[1] 郭建春等.（2022）. 致密油藏压驱动态裂缝模型建立及应用. 石油学报翁定为等(2024).

[2] 中美页岩油气储层改造技术进展及发展方向. 石油学报.

低渗油藏 CO_2 泡沫剂的研究现状及发展前景

王其伟

（中石化胜利油田分公司勘探开发研究院）

摘　要　介绍了油田低渗油藏 CO_2 驱窜流的机理以及对提高低渗油藏采收率的影响，目前常规的防窜措施，及各类防窜措施的优缺点及使用范围及局限。CO_2 泡沫防止气窜的发展过程，用作 CO_2 泡沫剂的表面活性剂的种类及性能要求，同时介绍了国内外 CO_2 泡沫用表面活性剂的发展现状，以及用于 CO_2 泡沫的水溶性表面活性剂和溶于 CO_2 泡沫剂的种类、结构差异及研究现状，CO_2 泡沫剂结构与性能的关系，同时探讨了部分 CO_2 泡沫的性能，并探讨了 CO_2 泡沫剂在低渗油藏及中高渗油藏防窜与调驱的应用前景。

关键词　CO_2 泡沫剂；泡沫；驱油；发展前景

注 CO_2 气体提高原油采收率具有成本低廉、采收率高的特点，尽管很多气体都能提高原油驱替效率，但只有 CO_2 可以大幅度降低残余油饱和度。CO_2 驱提高采收率室内研究起始于 20 世纪 50 年代，现场试验始于上世纪 60 年代。随着 CO_2 管线的敷设，规模逐渐扩大。近年来，我国对 CO_2 驱的研究越来重视，也在一些油田开展了现场应用试验。但是，由于 CO_2 气体黏度远低于原油黏度，气体与原油的重力分异严重，导致 CO_2 绕流、指进、气窜，驱替效率较低，因此气窜是低渗油藏 CO_2 驱中亟需解决的问题。尤其是低渗油藏大多压裂投产开发，裂缝导致 CO_2 快速气窜，需研究有效的封窜手段提高 CO_2 的驱油效果。早在上个世纪五十年代，一些研究者已经认识到在气驱过程中，注入表面活性剂使其在油藏内部形成泡沫可以降低气体流度。这方面的工作最早报道于 1958 年，是由 Bond 等人完成的，同时申请了第一项泡沫驱的专利。

国外自 20 世纪 70 年代开始研究泡沫防气窜的技术，80 年代末 90 年代初先后在十多个 CO_2 驱区块开展了泡沫封窜试验。这些项目绝大部分都取得了较好的效果。现场实践证明，泡沫降低 CO_2 流度是很有效的，一般可使 CO_2 流度降低 50%以上，并改善驱替流体在非均质油藏的流动状况，控制气体指进、延迟 CO_2 的突破时间，同时具备了 CO_2 驱和泡沫驱高效的驱替效率和良好的流度控制能力。国外的研究结果表明，泡沫封窜技术的关键在于用于起泡的表面活性剂的筛选，地层条件下稳定的泡沫将产生较好的封堵效果。而 CO_2 泡沫较空气泡沫和氮气泡沫稳定性差，其主要原因是 CO_2 在水中的溶解度较高，穿透膜的能力强，CO_2 泡沫的聚并速度高于空气泡沫和氮气泡沫，从而导致 CO_2 泡沫稳定性降低。克服 CO_2 泡沫稳定性低的缺点是 CO_2 调剖的关键。

1　CO_2 驱的封窜措施及优缺点

储层的非均质性强弱是影响气窜的最主要因素。储层非均质性越严重，毛管孔道半径差异越大，气体窜流越快，且储层非均质性对气窜的影响远远大于流度比的影响。

国内外众多石油公司就如何解决气体的流度控制，展开了广泛的研究工作，并针对不同的油藏情况，提出了多种不同的方法和体系。其中有些方法已经应用于生产实践，取得了较好的效果。

目前国内外抑制气窜多采用气-水交替、泡沫调堵与凝胶封窜的方式。气-水交替注入是目前封堵气窜最常用的技术，水相和气相的交替注入调整了流体的注入剖面，扩大了 CO_2 的波及体积，从而提高了采收率。张蒙等针对低渗　特低渗油藏的气-水交替驱油实验结果表明，气-水交替驱对低渗　特低渗均质岩心具有良好的流度控制作用，可延缓 CO_2 窜逸时间；而对于非均质性岩心，渗透率级差越小、气水比越高，提高采收率效果越好。优点是成本低，易于实施。

缺点是对于裂缝及非均质严重的油藏，封堵效果差，有效期短。

聚丙烯酰胺凝胶、预交联凝胶颗粒等凝胶类CO_2封窜体系可用于裂缝和强非均质性储层的封堵，应用范围广泛且封堵效果较好。

泡沫体系是利用氮气、天然气、CO_2等气体与泡沫剂混合形成的水包气体系，因其可进行选择性封堵而得到广泛应用。1999年，美国科罗多拉州 Rangely Weber 油田采用注入聚合物冻胶-泡沫复合体系进行调剖试验，试验表明泡沫冻胶体系可以有效提高CO_2驱的波及系数，提高产油量。

提高CO_2的黏度，也可显著提高驱替效率和降低气体窜逸。Irani 等使用硅聚合物将CO_2的黏度大大增加。但是需要引入大量甲苯以增加聚合物的溶解性，最终CO_2黏度可以增加90倍。DeSimone 等研究了不需要共溶剂的CO_2直接增稠剂，发现利用5~10%氟丙烯酸聚合物可使CO_2黏度增加3~8倍。但该方式成本较高，效果较差。

2　CO_2泡沫剂的封窜机理

CO_2作为特殊的驱油剂，即具有气体驱油的优势，界面张力低，改善原油物性等优点，又有气体黏度低，易窜流等劣势。由于地层的非均质性及CO_2的流度比原油和水高，在油层内会出现CO_2气窜和黏性指进现象，影响CO_2驱提高采收率的效果。而CO_2泡沫驱油技术恰好可以改善这些不利因素，在注气过程中泡沫可对高渗透通道进行封堵，产生液流转向作用，使之后注入的流体流向剩余油富集区；同时泡沫可降低CO_2流度，减少气体指进，推迟CO_2的突破时间，从而扩大波及体积和改善气驱效率。

泡沫驱封窜技术是目前国内外提高采收率领域最热衷的一项技术，主要作用就是改变气体的流度，调整气体与被驱替介质的流度比，进而减少气体的相渗，有效延迟出口见气时间，从而提高驱油效率。

CO_2泡沫剂由于使用环境和溶剂的不同，又分为气溶性和水溶性两种，水溶性泡沫剂溶于水，成本低，封窜效果好，施工方便，但不适用于水敏及难注入油藏。

气溶性CO_2泡沫封窜，其基本原理是选择全部或部分溶于CO_2的活性剂作为泡沫剂，采用超临界CO_2携带的方式注入地层遇水生成稳定的泡沫体系，从而封堵气窜通道，扩大CO_2驱的波及体积。

以CO_2作为载体，将发泡剂携入地下，发泡剂在地层中遇水形成泡沫，起到封堵调驱的作用，将简化水溶液、CO_2交替注入的过程，并尽量避免注水管线同时接触二氧化碳及水溶液而导致的严重、快速腐蚀，国外研究也表明，干燥CO_2对钢铁管线基本无腐蚀；而对于国内大量的可供开展CO_2驱的低渗透油藏，气溶性发泡剂由于溶解于易注入的CO_2中，将解决此类油田注水溶液困难的技术问题，将在调驱应用中具有较明显的技术优势。

3　CO_2泡沫剂的种类及性能

泡沫剂的性能是泡沫驱的关键，现场应用中用作泡沫剂的表面活性剂需具有以下特征：①高效低价；② 在油藏水中稳定性好；③受油藏物性及原油影响小。

3.1　用于CO_2泡沫的水溶性表面活性剂

绝大多数起泡剂水溶性好，比如含有强吸水的乙氧基表面活性剂。在砂岩储层，由于储层表面带负电荷，为了减少起泡剂在地层中的吸附损耗，通常不使用阳离子表面活性剂。因此，阴离子、非离子、两性离子表面活性剂被广泛用于砂岩油藏。在碳酸盐岩储层，表面带有正电荷的阴离子表面活性剂不适合，而阳离子表面活性剂会取得更好的效果，两性离子表面活性剂应用时吸附量会很高。国内外对起泡剂进行了大量的研究与实践，木质素磺酸盐、α-烯烃磺酸盐、脂肪醇聚氧乙烯硫酸盐等是常用CO_2泡沫剂的活性剂。李松岩等发明了一种驱油用添加亲水型纳米颗粒的CO_2泡沫体系，主要由月桂醇聚氧乙烯聚氧丙烯醚、亲水型二氧化硅纳米颗粒、氯化钠组成。陈依彦等发明的CO_2泡沫流体，其起泡剂为甜菜碱两性表面活性剂，十二烷基二甲基苄基氯化铵等。刘合等发明了一种适用于低渗透油藏CO_2泡沫稳定剂，由改性胍胶、羟乙基纤维素、十二醇组成。高志亮发明了一种酸性 CO_2 泡沫压裂体系高效起泡剂，由碳链为 16-18 的烷基二甲基甜菜碱、烷基磺基甜菜碱、十六烷基羟丙基磺基甜菜碱和十二醇醚糖苷组成。李克智等发明了一种用于 CO_2 驱油中封堵气窜的起泡剂，由羧酸型咪唑啉两性表面活性剂、α-烯烃磺酸盐、十二烷基二甲基甜菜碱和烷基醇酰胺组成。马英等公布了一种 CO_2 驱油用泡沫剂及其制备方法，泡沫剂组成为 N-十二烷基氨基羧酸钠与双子十二烷基羧酸钠，稳泡剂为相对分子质量 200~6000 的聚乙二醇、聚乙烯醇、改性聚乙烯醇的一种或两种混合。刘新亮等合成的阴非离子型双子表面活性剂 EGEOS-3，在 CO_2 中具有较强的起泡性能。许多商业表面活性剂已被用于室内研究 CO_2 泡沫，部分在现场得到了应用，用于 CO_2 泡沫的水溶性阴离子型表面活性剂有 CD1040、AES、AOS1416、DPEDS 等；用于 CO_2 泡沫的水溶性非离子型表面活性剂有 CD1050 等；用于 CO_2 泡沫的水溶性阳离子型表面活性剂有 CPC、DPC 等；用于 CO_2 泡沫的水溶性两性离子型表面活性剂有 CAS 等；有些用于 CO_2 泡沫的水溶性表面活性剂是混合型的，如 CD1045。

3.2 可溶于 CO_2 的表面活性剂

对于低渗透和超低渗透油藏，水敏性强及可注性差的油藏，限制了常规 CO_2 泡沫技术的应用。因此提出了利用 CO_2 气溶性泡沫体系进行封窜的方法，即利用 CO_2 良好的溶剂特性，将表面活性剂溶解于超临界 CO_2 中运送到地层，与地层水接触后，就地形成 CO_2 泡沫或乳化液。

目前研究的气溶性表面活性剂包括分支状和直链烷基酚聚氧乙烯醚、碳氢基亲 CO_2 的非离子型表面活性剂等，非离子型表面活性剂在高压下能少量溶解于 CO_2 中，并具有较好的泡沫性能。表面活性剂在 CO_2 中的溶解性直接关系应用效果，溶解度过低将影响表面活性剂的携带，使其在地层中不能形成有效泡沫。一般纯表面活性剂在 CO_2 中的溶解度很低，需要利用极性较小的低分子共溶剂(如醇类混合物)增加表面活性剂在 CO_2 中的溶解度。另外，表面活性剂的抗温能力也是限制其在高温油藏条件应用的因素之一，抗温性能差，高温下不能起泡，不能起到流度控制的作用。

与水相比，CO_2 是一种非常弱的溶剂，能供选择的溶于 CO_2 的表面活性剂种类很少。研究人员发现，齐聚醋酸乙烯酯片段 OVAC 是亲二氧化碳单元，OVAC 改性的表面活性剂在二氧化碳中溶解性良好。设计二嵌段共聚物、三 嵌段共聚物表面活性剂，OVAC 嵌段部分为亲二氧化碳聚合物，EO 嵌段部分为亲水聚合物，研究证实，聚醋酸乙烯酯片段是极其亲 CO_2 的，适合引入溶于 CO_2 表面活性剂分子中。带有该官能团和常规离子头基团的离子型表面活性剂能以百分之几的质量浓度溶解在 CO_2 中。该类表面活性剂能稳定二氧化碳泡沫。因此，研究人员将更多的注意力集中在这类表面活性剂的分子设计上。另外，溶于 CO_2 型表面活性剂也必须是水溶的，以确保形成 CO_2 在水中的泡沫。

实验证实，直链的烷基聚氧乙烯醚不能溶解到 CO_2 中。烷基支链能够显著提高烃基表面活性剂在 CO_2 中的溶解性。牛保伦等在专利 CN14293334 中公开了一种可溶于 CO_2 的泡沫剂及其制备方法，其组成为烷基酚聚氧乙烯醚，并用乙醇、戊醇、氟戊醇作为增溶剂。然而，要溶解这类表面活性剂所需要的压力远高于 CO_2 驱油藏压力。尽管这些表面活性剂不包含特定的亲 CO_2 基团，如醋酸乙烯酯，但是它们具有亲 CO_2 的支链烷烃基团、醚键及聚丙二醇链段，这些基团能够使其具有溶解在 CO_2 中的性能，在油藏条件下溶解度达到 0.1%。此外，此类表面活性剂在分散时能够稳定 CO_2 与水形成的乳液或泡沫，从而控制 CO_2 流度。如果在油藏条件下，表面活性剂的浓度足够大，足以稳定 CO_2 泡沫。

3.3 耐油起泡剂

泡沫具有“遇油消泡、遇水稳定”的特性，消泡后其黏度降低，从而起到“堵水不堵油”的作用。但也正是因为泡沫的“油敏性”，使得泡沫接触油类后稳定性总是降低，具体表现为：当泡沫在地层中遇到剩余油或较大的“油墙”时，泡沫消泡，并难以再次形成泡沫，继而无法在油层深部形成有效的压力梯度。研究发现，很多泡沫在无油介质中是高效气体阻塞剂，而在残余油存在时则是非阻塞的。徐冬梅等研究了凝析油对泡沫的影响，发现加入凝析油后泡沫的起泡能力增强，但泡沫的稳定性降低。赵金省研究了原油对泡沫渗流的影响，发现原油的存在确实降低了泡沫在多孔介质中的封堵能力，且随剩余油饱和度的升高，泡沫的封堵压差逐渐降低，当含油饱和度大于 30% 时，泡沫无法形成较大压差。一般情况下，起泡剂的亲油链为正构饱和烃，且链足够长为好。亲油基团在泡沫上定向排列时亲油链之间横向引力增加，稳定性好。在亲油基选定的基础上，亲水基的亲水性越强，形成泡膜的排液速率越慢，泡沫越稳定。碳链长的起泡剂亲油性好，而碳链短的起泡剂亲水性好，因此，在筛选耐油性的起泡剂时，选用碳链适中的分子骨架或在较长的碳链上引入多种亲水基团和憎油基团，从而提高起泡剂对环境的适应性，保证地层深部的泡沫稳定性。基于从分子结构方面提高耐油性的思路，赖崇伟合成了具有抗油抗盐性能的梳状结构的表面活性剂，该表面活性剂具有类似双子表面活性剂的新型结构，其分子骨架上有多种活性基团，不但亲水亲油，同时也含有憎油憎水的含氟侧链，能调节体系黏度和液膜韧性。虽然该体系合成步骤多、最终产物结构复杂、分离提纯难度高、很难应用，但该体系的抗油抗盐能力使其具有发展潜力。美国专利公开了两性表面活性剂 AO 系列在盐水与煤油构成的混合介质中的泡沫性能数据，该数据显示，分子骨架含 C8-10 烃的 AO 表面活性剂具有较好的抗盐抗油能力，因为该类表面活性剂的含碳数比常用的表面活性剂少，碳链更短，对油相的亲和力更小，憎油能力增强，因此具有更好的抗油性能。但这种憎油能力带来的抗油稳定性只在低含油情况下具有较好的表现，当含油量高于 5%(w)时，泡沫的稳定性不好，说明从分子结构入手对耐油性能的提高有一定的限度。另一方面，泡沫溶液的表面张力是衡量泡沫稳定性的指标之一。当表面膜具有一定强度时，形成多面体的泡沫的表面张力越低，泡沫越稳定。因此，筛选表面张力与界面张力接近，或在同一数量级的起泡剂，降低铺展系数，也能降低因表面活性剂转移而导致的发泡性能损失，从而增加泡沫的耐油稳定性。Anne 等研究发现，具有耐油性能的氟表面活性剂的油水界面张力较高，而铺展系数则均为负值。

此外，不同表面活性剂的协同作用能使复配体系增效，弥补各自性能上的缺陷，复配体系性能优于单一表面活性剂。使不耐油的表面活性剂具有耐油性。一些稳定剂(如聚合物、醇或无机盐等)的加入，能增加泡沫溶液的黏度和液膜的表面强度，使液膜与表面膜附近的液体不易排出，从而延缓泡沫破裂时间，增加泡沫的稳定性。

Helber 等研究了直链烷基苯磺酸钠(LAS)、AOS 和氟化甜菜碱(FBET)的耐油稳定性，发现单独使用 AOS 时，泡沫对油敏感，油的存在使 AOS 的起泡效果和稳定性降低；而 LAS 和 FBET 对油不敏感，其中 AOS/FBET 复配体系具有更好的耐油性。

4 CO_2 泡沫在油田的应用情况

目前，现场应用的起泡剂水溶性的较多，国外以美国应用最多，国内胜利油田、大庆油田、吉林油田、中石化东北油气分公司等都有应用。从现场应用结果来看，泡沫可以有效改善气驱、延缓气窜，但需要周期性重复实施，单次措施的效果有限。

2010 年，Dow 公司和 Kinder Morgan 公司进行了 CO_2 气溶性发泡剂应用试验。试验在德克萨斯州的 Kelly-Snyder 油田进行，所用表面活性剂为 Dow Oil&Gas 公司的产品。在单井中注入二氧化碳一表面活性剂。现场试验第一阶段顺利进行，CO_2 及表面活性剂注入压力保持稳定。与注纯二氧化碳相比，注入量由 6800 桶/日降为 4600 桶/日，降低了近三分之一，表明 CO_2 泡沫流体表观粘度比纯二氧化碳流体粘度大 50%。

1979—1981 年 Doscker 等人筛选出了热稳定性好的起泡剂并应用于现场。能使渗透率降低达 95%，使注入压差提高达 3 倍。

1984 年，美国菲利普斯石油公司开发了地下聚合法，向地层中注入一定量能在地下形成凝胶的水溶液，然后注入 CO_2，在地下产生胶凝作用。它能降低水沿高渗透层流动，提高地层的波及系数，选择性地封堵层段，改善驱油效率。

1991—1994 年 Mobil 公司在 Slaughter 和 Great Aneth 油田进行了 CO_2 泡沫现场试验。采用两种不同的表面活性剂，均起到了显著的产气量下降和产油量上升的作用。

大庆油田树 96 碳-16 发生了严重的气窜，注入气推进速度为 0.98~1.48m/d，最高气油比达 218.1m^3/m^3，套管气中 CO_2 含量最高时达 89.6%，气窜后树 96 碳-16 井日产油由气窜前的 2.4t/d 降为 0.4t/d，产量下降严重。

泡沫调剖后各层相对吸气量明显改变，调剖施工前 YⅡ41 和 YⅡ42 相对吸气量分别为 20% 80%，YI6 不吸气，调剖施工后 YⅡ41、YⅡ42 相对吸气量分别减少为 5%、54%，而 YI6 层相对吸气量增加为 41%，说明泡沫起到了很好的改善吸气剖面的作用。井组平均 日产油由措施前的 13 t 上升到措施后的 1.9t，井组平均汽油比由措施前的 194.7m^3/t 下 降到措施后的 44.2m^3/t，同时调剖目标井树 96-碳 16 井产出气中 CO_2 含量和汽油比明显下降。

5 存在问题及发展前景

（1）采用 CO_2 驱的油藏多为低渗、特低渗油藏，由于注水差或无法注水开发才采取注气开采，因此在采用水溶性起泡剂进行增产时往往效果较差。

（2）泡沫剂的注入是影响其性能发挥的重要因素，可溶于 CO_2 的廉价、高效表面活性剂的研发可以解决上述问题，但活性剂溶于 CO_2 能力差，即使可以少量溶于 CO_2，但总体性能不理想。

（3）泡沫调驱是关系到 CO_2 驱成败的重要技术手段，但目前还未充分发挥其作用，需加大室内研究及现场试验。

（4）CO_2 泡沫调驱将会随着 CO_2 驱的推广应用，逐步扩大，将是 CO_2 驱不可或缺的重要组成部分。发挥越来越大的作用。

参 考 文 献

[1] 彭松水．胜利正理庄油田特低渗透油藏 CO_2 驱气窜规律研究[J]．石油天然气学报，2013，35(3)：147-149，169.

[2] 马涛，吕成远，吉树鹏等．低渗透油藏泡沫改善 CO_2 驱油效果研究[J]．陕西理工学院学报(自然科学版)，2016，32(6)：41-46.

[3] 吴铁龙．二氧化碳驱气窜因素分析与泡沫封窜效果评价[J]．内蒙古石油化工，2013，39(11)：36-39.

[4] 王璐，单永卓，刘花等．低渗透油田 CO_2 驱泡沫封窜技术研究与应用[J]．科学技术与工程，2013，(13)：17，4918-4921，167 1-1815(2013)17-4918-04.

[5] Chen Q，Gerritsen M G，Kovscek A R. Modeling Foam Dis-placement With the Local Equilibrium Approximation：Theory andExperiment Verifi cation[J]．SPE J，2010，15(1)：171-183.

[6] 张蒙，赵凤兰，吕广忠等．气水交替改善 CO_2 驱油效果的适应界限[J]．油田化学，2020，37(2)：279-286.

[7] 谢尚贤，颜五和，韩培慧．泡沫对二氧化碳驱的流度控制[J]．油田化学，1990，7(3)：289—294.

[8] IRANI C A. Solubilizing surfactants in miscible drive solvents：US4828029[P]．1989-05-09.

[9] 陈祖华，汤 勇，王海妹等．CO_2 驱开发后期防气窜综合治理方法研究[J]．岩性油气藏，2017，26(5)：102-106.

[10] 赵淑霞，杨永恒，马涛．油田用于 CO_2 起泡的表面活性剂的研究现状，，石油与天然气化工[J]，2017，66-70

[11] 李松岩，李兆敏，王继乾等．一种驱油用添加亲水型纳米颗粒的二氧化碳泡沫体系及其制备方法：105038756[P]．2015-07-08.

[12] 刘合，周万富，刘向斌等．一种适用于低渗透油藏二氧化碳泡沫稳定剂：101619210[P]．2009-08-18.

[13] 李克智，罗懿，张永刚等．一种用于 CO_2 驱油中封堵气窜的起泡剂：103881683[P]．2014-02-16.

[14] 马英，乔孟占，纪娜等．二氧化碳驱油用泡沫剂及其制备方法：104498016[P]．2014-12-17.

[15] 刘新亮，李泽勤，林琳等．阴非离子型双子表面活性剂(EGEOS-3)的二氧化碳泡沫性能研究[J]．中国石油大学胜利学院学报，2015，29(2)：12-14.

[16] TSAU J S，HELLER J P. Evaluation of surfactants for CO_2-foam mobility control[C]//SPE Permian Basin Oil and Gas Recovery Conference. Midland，TX：Society of Petroleum Engineer，1992.

[17] 杨彪，唐汝众，栾传振等．国外 CO_2 驱油防止粘

性指进和重力超覆工艺［J］. 断块油气田，2003，10(2)：64—66.

［18］孙大龙，张广东，彭旭等．CO_2 驱气溶性降混剂提高采收率机理实验［J］. 特种油气藏，2022，29(1)：134-140.

［19］李宛珊，王健，任振宇等．低渗透油藏二氧化碳气溶性泡沫控制气窜实验研究［J］. 特种油气藏，2019，26(15)：136-141.

［20］王冠华．超临界 CO_2 泡沫调驱技术研究［D］. 北京：中国石油大学(北京)，2011.

［21］牛保伦，邓瑞健，林伟民等．一种可溶于 CO_2 的泡沫剂及其制备方法：104293334［P］. 2014-5-30.

［22］徐冬梅，蒋晓敏，韩晓强等．用泡沫扫描分析仪考察泡沫剂的性能［J］. 石油化工，2010，39(11)：1285-1288.

［23］赵金省．聚驱后等流度泡沫驱油提高采收率技术研究［D］. 东营：中国石油大学(华东)，2008.

［24］赖崇伟．新型抗油、抗盐起泡剂体系的研究［D］. 成都：四川大学，2007.

［25］Millmaster Onyx Group，Inc. Foaming Agents for Use in Drilling for Oil and Gas：US，4425243［P］. 1984-01-10.

［26］冯晗．耐油起泡剂筛选及驱油性能评价［D］. 大庆：东北石油大学，2012.

［27］Anne K V，Arne S，Harald H，et al. Foam-Oil InteractionsAnalyzed by Static Foam Tests［J］. Colloids Surf，A，2005，260(2)：189-198.

［28］Helber C，Jesus M. Assessment of Foam for GOR Control to Optimize Miscible Gas Injection Recovery［C］// Society of etroleum Engineers. The 18th SPE Improved Oil Recovery Symposium，Tulsa，2012：1-13.

［29］周迅．CO_2 驱泡沫流度控制方法研究进展综述．化学工程与装备，2017，(8)：242-243.

［30］刘珂君．高温低渗油藏弱凝胶泡沫控 CO_2 气窜现场试验［J］. 化学工程与装备，2020，(4)：141-143.

苏里格气田苏 X 区块致密气藏水平井压裂参数优化研究

朱新佳　孟庆华　彭永成

（中石油长城钻探工程公司地质研究院）

摘　要　本文主要对苏里格致密气藏苏 X 区块的气藏特征进行了分析，包括储层的孔隙度、渗透率、流体特征以及地质构造特征等。同时，详细阐述了水平段储层参数综合曲线的构建方法及思路，并对不同压裂方式下水平井压裂参数进行了优化。通过对苏里格致密气藏的深入研究，为该地区的天然气开发提供了重要的理论依据和技术支持。

关键词　致密气；水平井；压裂参数；模型；分段

随着能源需求的不断增长，致密气藏的开发越来越受到关注。苏里格致密气藏作为我国重要的天然气资源之一，其储层特征和开发技术对于提高天然气产量具有重要意义。本文旨在对苏里格致密气藏的特征进行全面分析，并探讨水平井压裂参数的优化方法，以提高气藏的开发效果。

1　苏里格致密气藏特征

1.1　储层特征

苏 X 区块致密气藏储层主要为砂岩，孔隙度偏低，山 1 段孔隙度范围一般为 5.0%～12.0%，平均值达 8.0%，渗透率为 0.1～1.0×$10^{-3}\mu m^2$，平均值为 0.503×$10^{-3}\mu m^2$。盒 8 段孔隙度通常在 5 %～14.0%，平均值为 8.9%，渗透率为 0.1～1.0×$10^{-3}\mu m^2$，平均值为 0.782×$10^{-3}\mu m^2$。

1.2　流体特征

苏 X 区块盒 8 气藏天然气相对密度介于 0.5810～0.7800，平均为 0.6310，甲烷含量在 86.41%～95.78%之间，平均达 92.63%；山 1 气藏天然气相对密度 0.5950～0.7800，平均 0.6730；甲烷含量 86.80～93.36%，平均为 90.31%。凝析油含量极低。

1.3　地质构造特征

苏里格致密气藏位于鄂尔多斯盆地伊陕斜坡

美国 Eagle Ford 致密油气藏采用非均匀布段布簇，某些段采用 4 簇，某些段采用 3 簇，改造后，与均匀布段布簇的地质条件相似的邻近水平

北部，地质构造复杂，断层和裂缝发育。部分区域断层和构造形态控制天然气富集程度。

2　水平段储层参数综合曲线的构建

2.1　构建背景

目前苏 X 区块裸眼完井水平井主体采用 Φ88.9mm 裸眼封隔器分段压裂工艺，部分井实施段内多缝压裂工艺。侧钻水平井采用电缆桥塞分段暂堵转向工艺。水平井主体采用电缆桥塞分段暂堵转向工艺。但压裂水平井开发效果差异较大，究其根源，与所选井的储层基本参数密切相关。压裂效果与水平井水平段所在三维储层参数的分布及较好储层参数处压裂点的选择有密切关系。因此，拟通过构建水平段三维储层参数综合曲线来分析确定压裂点。

研究表明，以水平井段均匀布段的方式分段压裂，其结果并不是段越多效果越好，也不是每个压裂段均能达到有效增产目的。近期，人们通过生产测井技术发现，在施工规模及方式相同的情况下，每个压裂段的产量不尽相同，而且不是每个射孔簇都有产量，例如 Barnett 的一口井(图 1)，70%的产量来自于低应力段的射孔簇，而位于高应力段的 50%的射孔簇无产量。可见优化射孔簇的位置及分簇数对改善措施效果影响巨大。

井相比，每米水平段产气量增加 20%，压裂成本降低近 25%。

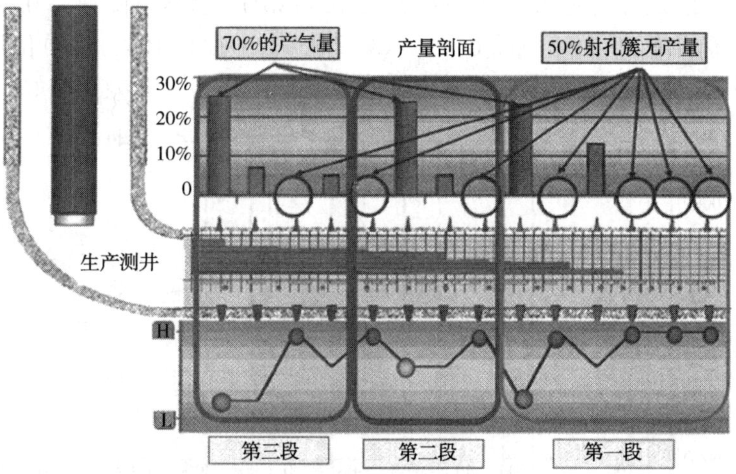

图1　压裂射孔簇产量贡献示意图

2.2　构建方法及思路

精细属性模型(范围 $X=\pm150$m、$Y=1000\sim1200$m，Z=盒8+山1)，重构水平井三维空间的单储层参数在水平段上的综合分布曲线，并通过综合储层储集性及含气性等多种信息，构建水平段储层参数综合分布曲线，以此为依据优选适宜的压裂点。将水平段储层参数综合分布曲线与水平井水平段实测测井资料进行对比，并对其压裂效果进行分析。以苏X-27井为例，构建该井水平段参数综合曲线(见图2，图3)。

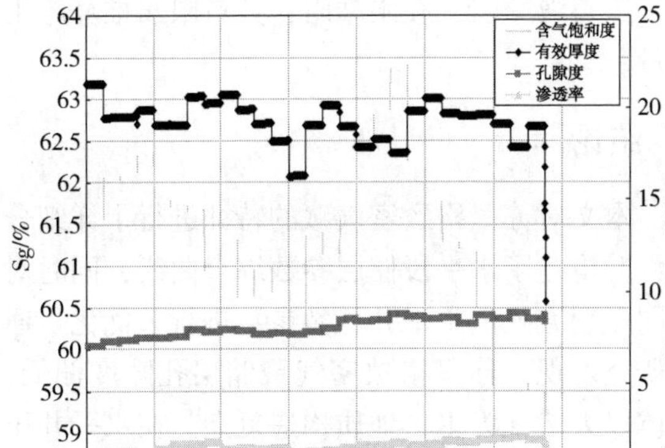

图2　苏X-27H水平段有效厚度加权重构曲线

有效厚度加权重构后HφSg与KH曲线与井控动储量呈现一定正相关规律(见图4，图5)。水平段上储量是水平井压裂效果的物质基础，储层渗流系数也是决定水平井压裂效果的重要因素，据此可作为确定压裂点的依据。

苏X-27H水平段上HφSg(储量丰度)大，该井产量大，且稳产时间长，动用的储量也就多。压裂点宜选在HφSg、KH综合曲线折线起

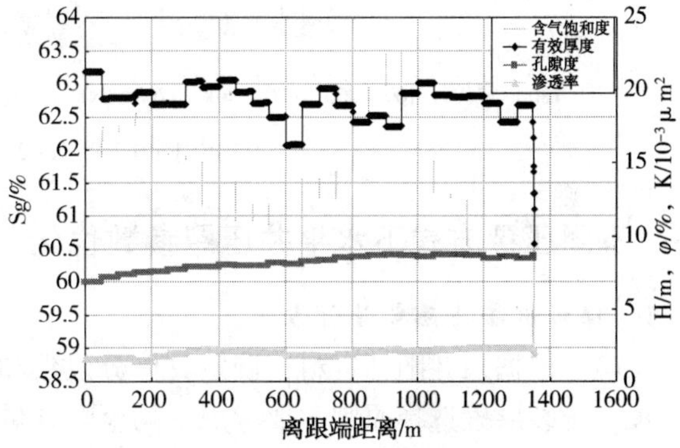

图3　苏X-27H水平段算术平均重构曲线

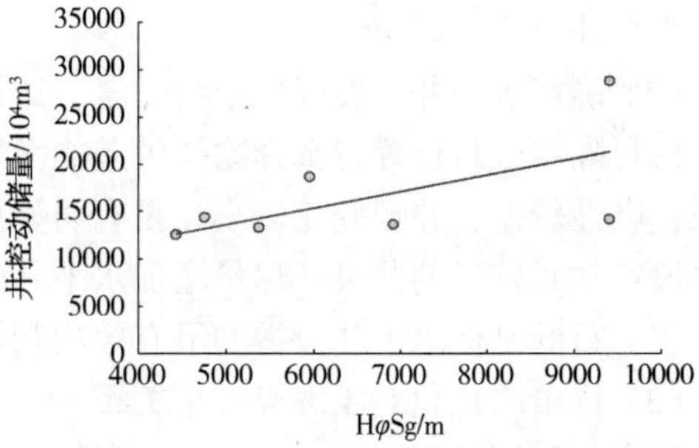

图4　井控动储量与HφSg关系图

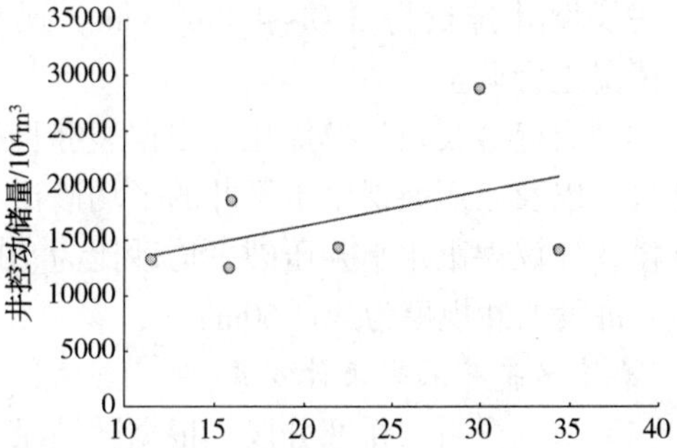

图5　井控动储量与KH关系图

伏波峰附近及陡坡处，经过标定对比，吻合度较高，有4处不吻合，符合率73.3%(见图6)。

该井投产1年，套压13.99MPa，油压3.41MPa，套压下降速率0.0245MPa/d，累计产气5977.9128×104m^3，单位压降产气量694.3×10^4m^3/MPa。生产效果较好。

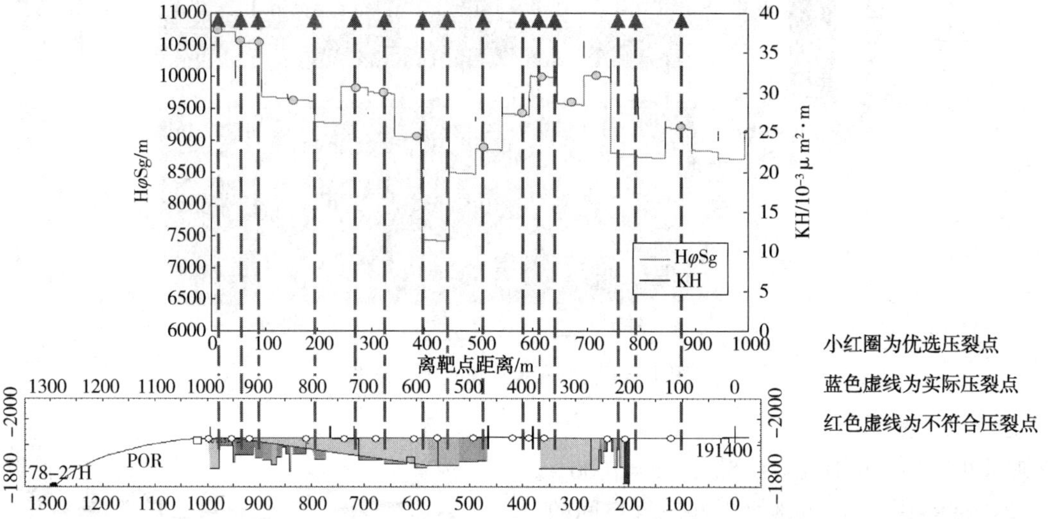

图6 苏X-27H压裂点位置选择图

3 不同压裂方式下水平井压裂参数优化

3.1 裸眼水平井压裂设计方案

(1) 根据录井随钻资料，确定具体分段数和段长。压裂层段选择原则主要考虑平均全烃含量尽可能高，原则上在2%以上的井段；压裂层段电阻率尽可能高，电阻率越高，物性越好，越有利于水平井产能发挥。

(2) 确定水平井压裂层段卡封位置，选择主要考虑封隔器坐封位置应选择物性较差的泥质砂岩段；电性较差、井径变化较小、没有明显扩径的井段；钻时较长的井段；尽量增加水平井的控制面积，目的是使水平井段得到最有效的利用。

(3) 排量的优化对压裂设计至关重要。根据工艺要求，采用油管注入方式压裂，根据该井区现场施工经验及已实施水平井分段压裂实施情况，建议设计排量为3.0~4.0m^3/min，视泵注压力情况进行调整。

(4) 裂缝缝长及规模优化：根据裂缝长度模拟结果，以及已压裂裸眼水平井的平均砂比和加砂规模，建议裸眼水平井压裂平均砂比为20%~25%，每段加砂规模为40~60m^3。

3.2 套管水平井压裂设计方案

(1) 采用全可溶桥塞分段，根据随钻录井资料、测井资料，优选含气性好，GR值低的位置射孔，结合固井资料确定桥塞位置。

(2) 根据砂体钻遇情况刻画砂体剖面图，结合录井、测井等单井资料，估算钻遇储层发育规模。

(3) 根据邻井空间位置关系，尤其是近东西向井间距离，结合砂体剖面图分析、邻井压裂和产出情况，确定本井各段施工规模。

(4) 排量优化。输入目的层段垂深，延伸压力，压裂液摩阻，孔眼摩阻，井口限压推算施工排量。

4 结论

本文对苏里格致密气藏的特征进行了详细分析，并构建了水平段储层参数综合曲线，同时对不同压裂方式下水平井压裂参数进行了优化。通过研究发现，苏里格致密气藏储层孔隙度偏低，流体以天然气为主，地质构造复杂。在水平井压裂过程中，应根据储层参数综合曲线选择适宜的压裂点，并优化压裂参数，以提高气藏的开发效果。未来，还需要进一步深入研究苏里格致密气藏的开发技术，为我国天然气资源的可持续开发提供有力支持。

参考文献

[1] 贾爱林，何东博，位云生等．未来十五年中国天然气发展趋势预测[J]．天然气地球科学，2021，32(1)：17-27.

[2] 孙龙德，邹才能，贾爱林等．中国致密油气发展特征与方向[J]．石油勘探与开发，2019，46(6)：

1015-1026.
[3] 郭建春，路千里，刘壮等．“多尺度高密度”压裂技术理念与关键技术——以川西地区致密砂岩气为例[J]．天然气工业，2023，43(02)：67-76.
[4] 古劲松．裂缝性致密砂岩气藏水力压裂参数优化研究[D]．北京：中国石油大学，2019.
[5] 曾焱，曹廷宽，高伟．致密砂岩气藏剩余气开发潜力定量评价[J]．西南石油大学学报(自然科学版).2022，44(03)：93-101.
[6] 王继平，张城玮，李建阳等．苏里格气田致密砂岩气藏开发认识与稳产建议[J]．天然气工业．2021，41(02)：100-110.
[7] 杨文博．致密砂岩气藏水平井分段压裂参数优化设计[D]．西安：西安石油大学，2019.
[8] 韩树刚，程林松，宁正福．气藏压裂水平井产能预测新方法[J]．石油大学学报(自然科学版)，2002，26(4)：36-39.

X 区块精准压裂工艺优化

刘　蕾　郑英杰　李文轩　庄　栋　任小磊　苗　鑫　李　彬

（胜利油田河口采油厂）

摘　要　X 区块位于埕南大断层由东西转为北西走向的转折处，主要含油层系为沙河街组油层，沙三段顶部为深湖相油泥岩，在该区相对较薄，下部为砂砾岩沉积，砂砾岩体厚度在 180m 左右，底层为角砾岩沉积，地层厚度 30～50m。已实施的压裂井随着生产周期的延续，在地层压力下，支撑剂破裂或嵌入造成裂缝闭合，造成产量下降，影响开发效果且主力层位基本已实施压裂，无新的主力层位补孔，因此提出通过地质再认识，挖掘层内、层段间剩余油的潜力，再通过精准压裂工艺进行深部位改造，恢复油井产能，提高低渗透油井开发效益。

关键词　低渗透；砂砾岩；支撑剂；精准压裂；转向压裂

1　区块概况

X 区块构造位置位于埕东断裂带西段、义 109 鼻状构造西侧，处于埕南大断层由东西向北西走向的转折处。该块为被埕南断层及次生断层切割的断块油藏，该块东邻埕东油田西区，南与义 108 断块相接，北靠埕 915 断块，北部构造较陡南部构造变缓，油藏埋深－2500m～－2900m 之间，构造幅度较大，地层倾角 29°，地层整体较陡（图 1）。

埕913块角砾岩现顶面构造图

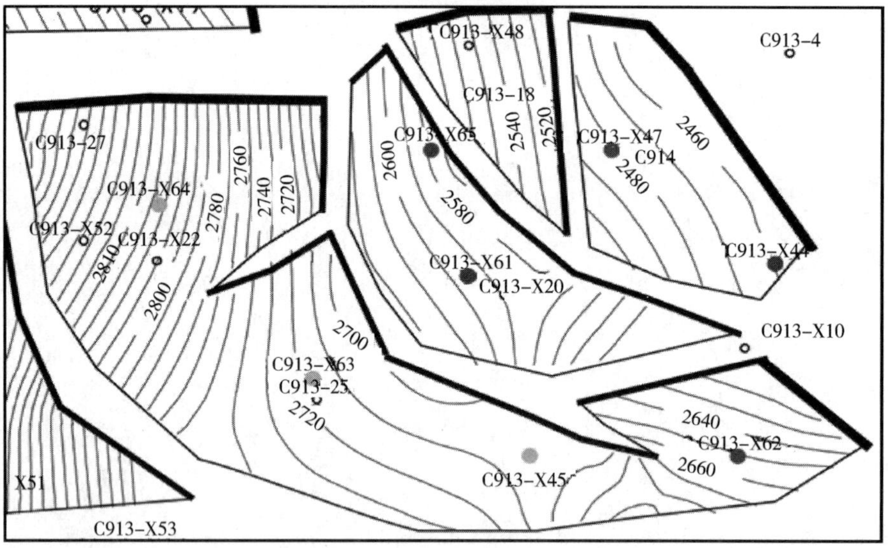

图 1　埕 913 块角砾岩现顶面构造图

X 区块含油面积 $2.7km^2$，地质储量 595 万吨，沙三段地层以多期叠加的水下扇型砂砾岩体为主，都属于低孔低渗储层。X 区块沙三段顶部为深湖相油泥岩，在该区相对较薄，下部为砂砾岩沉积，砂砾岩体厚度在 180m 左右，底层为角砾岩沉积，地层厚度 30～50m，本次研究含油层系为 Es312（图 2）。

Es312 层岩性主要为砾岩，砾石成分以灰岩为主，白云岩次之，砾石呈棱角状，砾径由十几厘米至很细颗粒均有，泥质胶结，填隙物主要为石英、绿泥石。储集空间类型多样，以溶蚀微孔为主，溶孔大小 2μm～5μm，可见 20～40μm 较大溶孔不均匀分布，其次受断裂系统影响，裂缝发育对储层具有一定的改造作用。

Es312 层孔隙度为 8.2%～14.6%，平均孔隙度 11.6%；空气渗透率 $0.2\sim5.6\times10^{-3}\,\mu m^2$，平

均渗透率 3. 5×10^{-3}μm^2，属于低孔低渗储层，但是溶孔、裂缝发育区物性较好。层内非均质性严重，据埕 913 井压汞试验资料，孔喉半径平均值 1. 789um，最大孔喉半径 9. 923um，有效孔喉半径在 9. 923～2. 5um 之间，变异系数 1. 108，均质系数 0. 176。

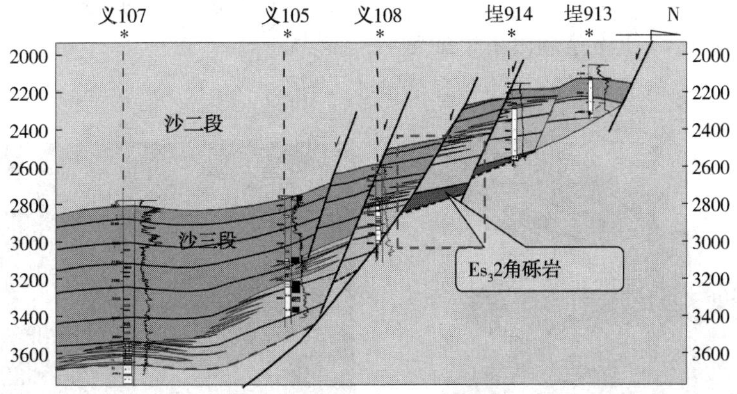

图 2　Es312 层构造图

本区储层具有非速敏，弱酸敏，弱水敏，强碱敏，中等偏弱盐敏，临界矿化度不高于 20000mg/L。地面原油密度为 0. 835g/cm^3，50℃地面原油粘度为 3. 65mPa · s，凝固点为 28℃，气油比为 87m^3/t，原油性质较好。地层水氯离子含量 3700mg/L，总矿化度 8561mg/L，水型为 $NaHCO_3$ 型。油层中深－2534. 5m，原始地层压力为 26. 04MPa，压力系数为 1. 04，地层温度 101℃，地温梯度 3. 2℃/100m，属于常温常压系统。

2　开发现状

X 区块老井压裂主要在 2014 年以前，压裂方式以笼统压裂和投球压裂为主，支撑剂为陶粒和石英砂组合。2017 年后主要为新井压裂，压裂方式为纤维伴注压裂工艺，防止压裂后返吐支撑剂，支撑剂以陶粒为主。

（1）机械分层压裂

机械分层工艺主要指采用一趟管柱、封隔器滑套分层的压裂技术，是国内 4 层以内的主体分层压裂技术。机械分层压裂管柱主要由水力锚、封隔器（常用 Y221、Y211、Y341、K344 封隔器）、滑套喷砂器等工具组成。

机械分层压裂技术优势在于不动管柱、不压井、不放喷一次施工分压 2～4 层，操作简单，节约作业时间和费用，可以实现大跨度的多层的一次施工分别压裂。

（2）投球分层压裂

投球分层压裂是将所有压裂目的的层一次射开，利用各层间破裂压力不同，首先压开破裂压力较低的层段进行加砂。然后在注顶替液时投入堵塞球，将其射孔孔眼暂时堵塞，再提高压力压开破裂压力较高的层段。也可利用各层渗透性的差异，在泵注的适当时机泵入堵球，改变液体进入产层的分配状况，在渗透性较差的层段建立起压力，直至破裂。该技术特点是井下管柱简单，施工安全，省时省力、成本低。适用于固井质量差、无法利用工具分隔的井。缺点是封堵效果、能否分开很难判断。

（3）转向压裂

转向压裂技术是通过一次或多次投送高强度水溶性多裂缝暂堵剂，形成滤饼临时封堵裂缝，提高井筒或者缝内压力，迫使层间或者层内的高应力区开启一条或多条新的裂缝，从而获得比常规压裂大的有效改造体积，（图 3）。

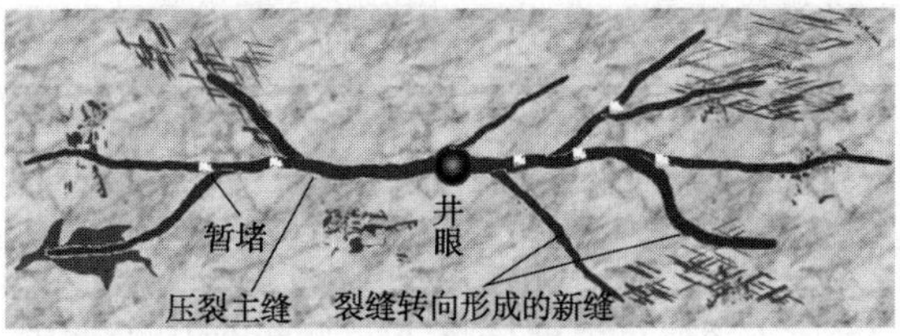

图 3　裂缝暂堵转向技术

（4）纤维防砂压裂

纤维防砂压裂是在压开裂缝后将纤维同支撑剂一起加入地层，在近井地带形成隔挡层，降低地层流体对微粒的冲刷和携带作用，从而达到增产与防砂的双重目的。这种方法在井筒附近形成纤维复合体。在套管外形成环形过滤带，类似充填筛管防砂效果（图 4）。

河口采油厂 X 区块，由于储层较浅，裂缝闭合应力小，压裂改造后容易出砂，油层出砂在油井生产过程中容易发生卡泵，检泵周期变短；再采用机械防砂工艺，则成本太高，给油田开发和管理带来了难度。

纤维伴注压裂技术可以使支撑剂由单个的颗粒状转变成束团状，成为一个有机的整体，显著提高支撑剂的耐冲刷能力，防止出砂。其次，纤维超强的悬浮携砂能力，显著降低了支撑剂沉降速度，可大幅度提高支撑剂在产层段的充填效率，并获得更长的支撑缝长，提高裂缝的导流能力。

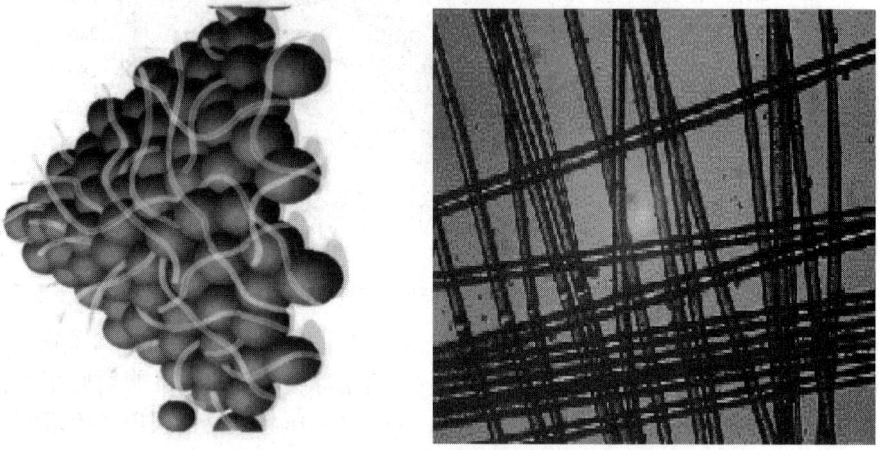

图4　纤维防砂压裂效果图

3　主要研究内容

3.1　潜力分析

3.1.1　选井选层条件确定

(1) 砂砾岩纵向厚度大，储量动用不均衡，有层内挖潜潜力

统计近年来井温资料结果表明，主动、次动层占比例仅40%，微动、不动比例高达60%。有层内挖掘剩余油的潜力(表1)。

表1　X区块2000年以来井温结果统计表

井温结果	层数	比例	射孔厚度	生产厚度	井温厚度	比例
		%	m	m	m	%
主动层	7	19.4	360	58.8	85.2	17.3
次动层	8	22.2	51	99.2	111.5	22.6
微动层	16	44.4	52	233.8	220.8	44.8
不动层	5	13.9	3	103.1	77.4	15.7
总计	36	100	466	494.9	494.9	100

(2)砂砾岩纵向厚度大，储量动用不均衡，有层段间挖潜潜力

压裂井模拟压裂逢高为50m左右，射孔厚度为10~20m，结合有效缝高及井温资料分析，压裂井段上下25m的储层虽然动用，但产能贡献要比射孔井段小很多，所以具有层段间挖潜的潜力(图5)。

(3) 角砾岩可通过压裂深部位改造，有恢复产能的潜力

埕913块角砾岩在初期投产时均采用酸化工艺改造储层，但后期能量下降块，停产井达到4口，区块采出程度仅为5.4%。通过对区块内的资料重新分析和再认识，发现区块内5口井在钻井过程中因地层压力较高所以加入了重晶石防止井喷，这说明区块原始地层能量充足，而重晶石是不溶于水和盐酸的，所以酸化对重晶石造成的污染不起作用，因此区块内的储量未有效动用，具有恢复的潜力。

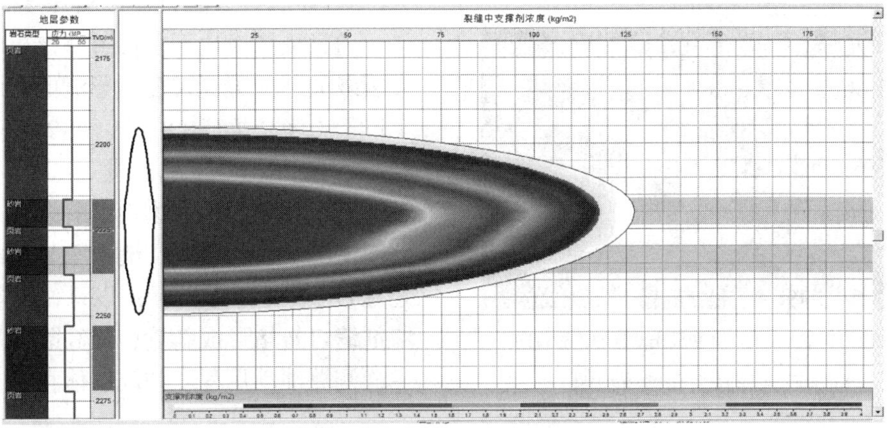

图 5　埕 913 块裂缝模拟

3.2　压裂工艺优化

对于非主动层上部层位控裂缝向下延伸，二次沉砂+纤维伴注；中部层位单压，控制缝高向上向下，填砂+卡封单压+纤维伴注；下部层位单压，控制缝高向上，卡封单压+纤维伴注；原层位同一层位重复延长缝长与裂缝转向结合，暂堵转向+纤维伴注。

3.2.1　控缝高技术

利用资料模拟缝长与缝高的关系发现，缝长增加，裂缝高度随之增加，缝高的控制对缝长有很大影响。为了保证造长缝，采用优化射孔、变排量和人工转向等控缝高工艺。

变排量施工：起裂：控排量，延伸：低排量，加砂：大排量。

转向剂遮挡：控上延：漂浮式转向剂，控下延：沉降式转向剂。

优化射孔：近高应力隔层位置，窄段射孔，优化射孔段数，变密度射孔(图 6)。

利用全三维压裂软件实施分层应力计算，模拟不同射孔方案，不同施工规模下缝高的上下扩展，利用储层自身特点优化射孔(限流压裂)及压裂方案，达到控制缝高的目的。

3.2.2　射孔优化

通过模拟可以看出，当射孔方向沿最大主应力方向时，裂缝起裂后形态较为规则，整体的泄油面积较小。而当射孔方向与最大主应力方向不一致，即错方位射孔，裂缝发生扭曲，形态更为复杂，有利于裂缝的转向，扩大泄油面积。

为了增加裂缝复杂程度，采用错角度诱导转向的定向射孔方案。即在一个油层垂向跨度内，在不同深度范围内采用与最大主应力方向不同的射孔方位，这样，就会形成交错的初始裂缝，进而发展成为复杂的裂缝网络(图 7)。

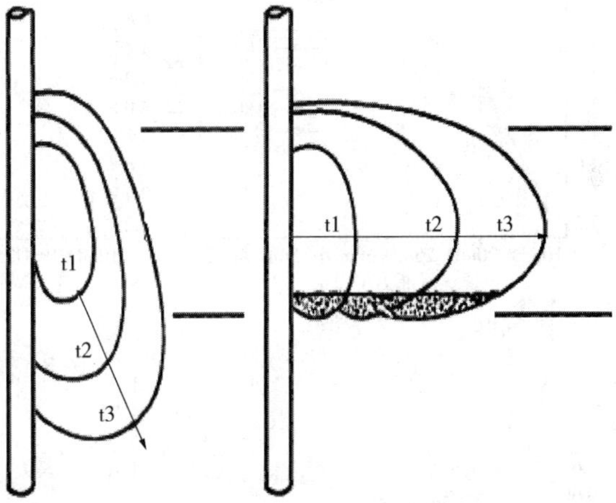

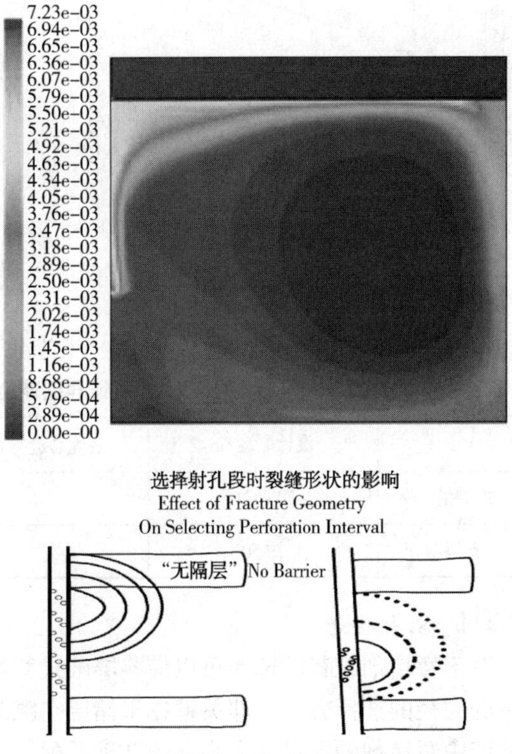

图 6　选择射孔时段时裂缝形状的影响

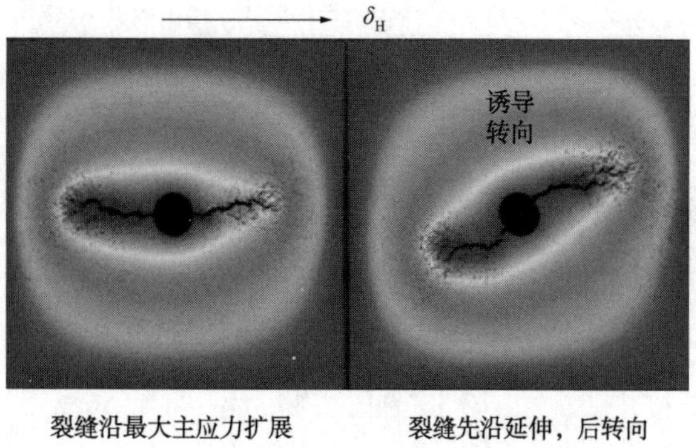

图 7　定向射孔诱导转向裂缝模拟图

3.2.3　裂缝导流能力优化及支撑剂选择

通过模拟对比不同渗透率储层的主裂缝和分支裂缝的不同裂缝长度对导流能力的影响，确定了以下参考依据(图 8、9、表 2)。

3.2.4　暂堵压裂工艺改进

针对目的层地层物性、剩余油分布、生产及井筒情况，以利用老裂缝，重复压裂改造以激活老缝+压新裂缝为目标；以纤维+多尺寸复合暂堵剂缝口暂堵形成新缝，提高裂缝复杂性，增大主缝侧翼油动用程度和改造体积。

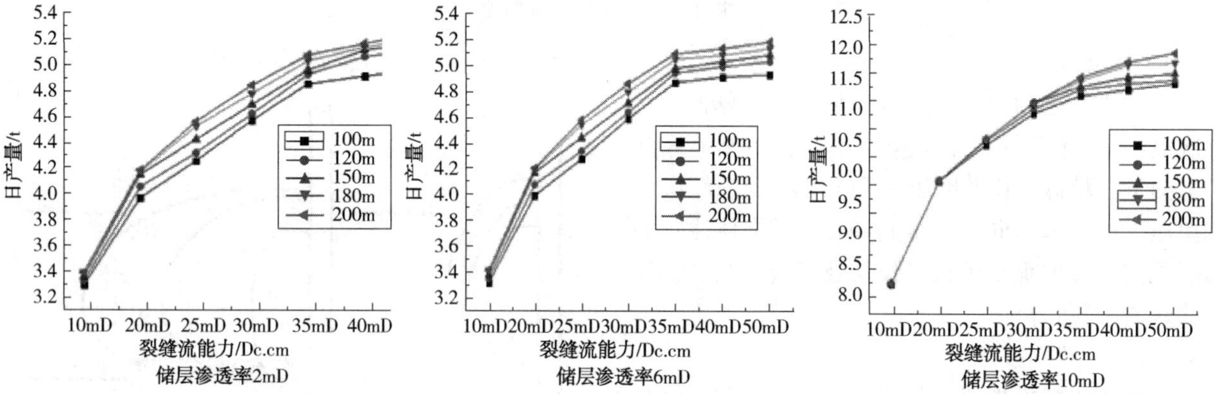

图 8　主裂缝导流能力

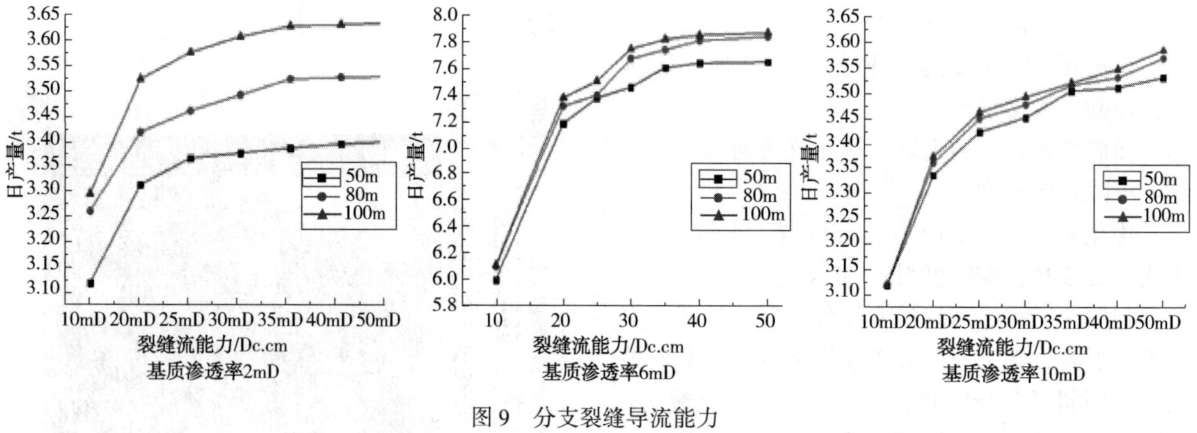

图 9　分支裂缝导流能力

表 2　裂缝导流能力优化及支撑剂选择参考依据

	设计裂缝/m	最优裂缝导流能力/($\mu m^2 \cdot cm$)	铺砂浓度/(kg/m^2)	支撑剂规格/目
主裂缝	80~120	30~40	4~7	30/60
分支裂缝	约 50	10~25	2~4	40/70

3.2.4.1　粒径优选

对于暂堵剂粒径的选择可以借鉴屏蔽式暂堵剂中的粒径的选择方法，即关键在于储层空隙与钻井液中暂堵剂颗粒尺寸大小上的合理匹配。为了减轻储层损害，暂堵剂应同时满足两个要求：(1)其颗粒必须足够大，使其不能侵入储层；(2)其颗粒又必须足够小，使形成的泥饼能有效地将滤液中的聚合物和钻屑滤除，以防止其侵入储层，就是说，暂堵剂的颗粒在一个适合的范围内。由实验结果看出，随着暂堵剂颗粒粒径增大，封堵效果增加，反应时间也增长；小颗粒为主的堵剂封堵效果较差，最大为 4MPa，不足大颗粒的一半。因此，应考虑以中颗粒为主的粒径组合体系，此时的封堵起效时间及封堵效果均较好。

将 90℃ 合成暂堵剂产品分拣出三组不同的粒径组合方式，分别以大颗粒、中颗粒、小颗粒为主，进行填砂管水驱封堵实验(图 10、表 3)。

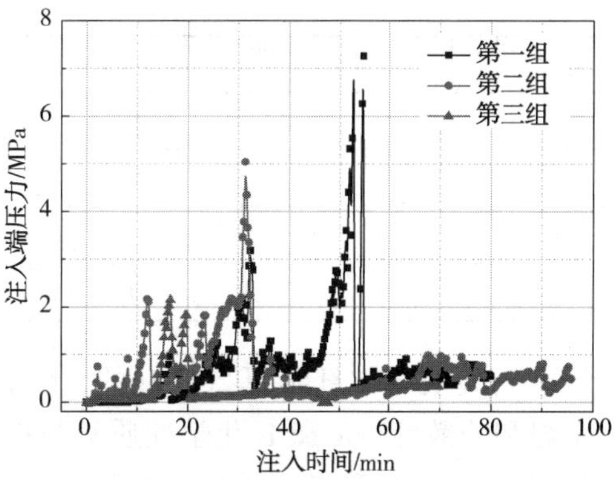

图 10　注入压力随注入时间的变化

表 3　90℃合成的产品不同粒径组合方式

序号	不同粒径所占质量分数/%					
	大颗粒	中颗粒	小颗粒	20~40 目	40~80 目	80 目以下
第一组	49	33	18	/	/	/
第二组	22	39	21	18	/	/
第三组	/	23	23	29	20	5

由实验结果看出，随着暂堵剂颗粒粒径增大，封堵效果增加，反应时间也增长；小颗粒为主的堵剂封堵效果较差，最大为 4MPa，不足大颗粒的一半。因此，应考虑以中颗粒为主的粒径组合体系，此时的封堵起效时间及封堵效果均较好。

3.2.4.2　暂堵剂用量

根据室内实验结果，可通过以下公式计算暂堵剂用量。需暂堵剂用量 6~8kg/m，并根据油层温度和射孔孔眼的多少进行增减。

$$\Delta V=\pi d^2 H/4-\pi(d-\Delta d)^2 H/4$$

$$G=(\Delta V\rho\times 30\%+\Delta V\rho)\times(1.3\sim 1.5)$$

d 为套管内径；H 为射孔或储层厚度；Δd 为滤饼厚度；G 为暂堵剂质量；ρ 暂堵剂密度。

2.2.4.3　加入时机优化

(1) 层间转向加入时机：第一段压裂结束后，小排量暂堵剂替入井筒，再以压裂液基液将暂堵剂送至第一段射孔孔眼位置，逐步提高排量，开始第二段泵注施工。

(2) 层内转向加入时机：一般在前置液阶段，根据转向需要一次或分多次加入。

3.2.5　纤维防砂压裂工艺改进

压开裂缝后将纤维同支撑剂一起加入地层，在近井地带形成隔挡层，降低地层流体对微粒的冲刷和携带作用，从而达到增产与防砂的双重目的。这种方法在井筒附近形成纤维复合体。在套管外形成环形过滤带，类似充填筛管防砂效果。

3.2.5.1　纤维材料的优选

通过调研 4 种油田用纤维，有机纤维 A 和 B，无机纤维 C 和 D(图 11，表 4)。

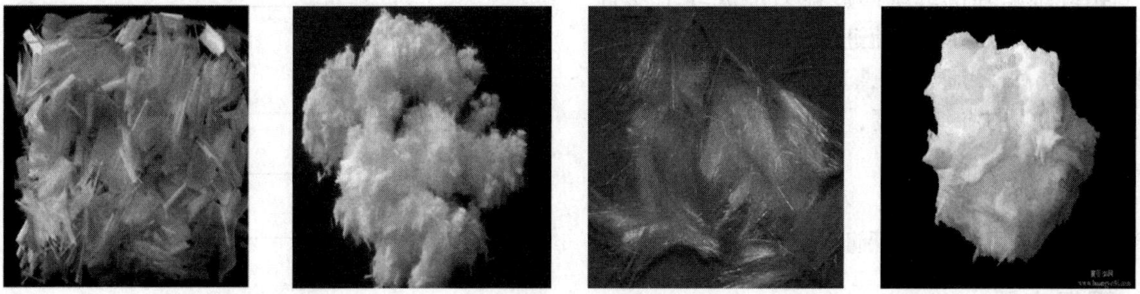

图 11　4 种油田用纤维

表 4　四种纤维特点

序号	种类	纤维名称	硬度	韧性	密度/(g/cm³)	状态
1	有机纤维	A	大	强	1.04	白色丝状
2		B	大	强	1.36	
3	无机纤维	C	中等	较强	2.5	
4		D	大	强	2.6	

纤维压裂液要求纤维具备良好的化学稳定性，耐温和分散性。A 和 B 化学性质最为稳定，但软化温度不如 C 和 D。通过耐酸、耐碱、耐盐、耐温、分散性、降解性筛选试验，选用芳纶纤维作为纤维压裂用纤维。

3.2.5.2　纤维浓度的优化

通过开展支撑剂沉降实验可以看出，压裂液中支撑剂的沉降率随纤维浓度的增加而减小，当纤维的浓度大于 0.7%后，支撑剂的沉降率趋于不变(图 12、图 13)。

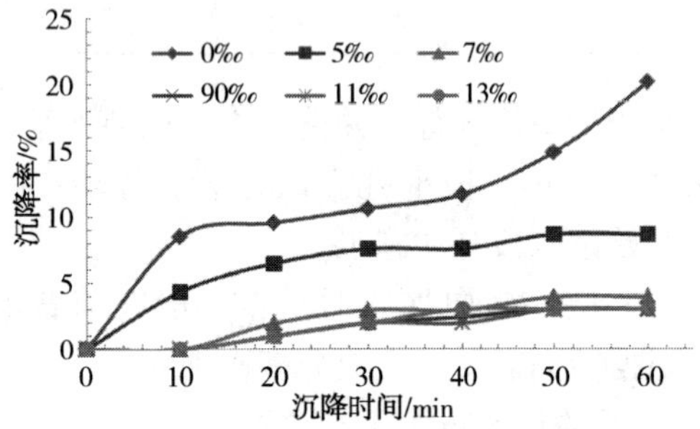

图 12　不同浓度纤维压裂液沉降时间与沉砂率的关系

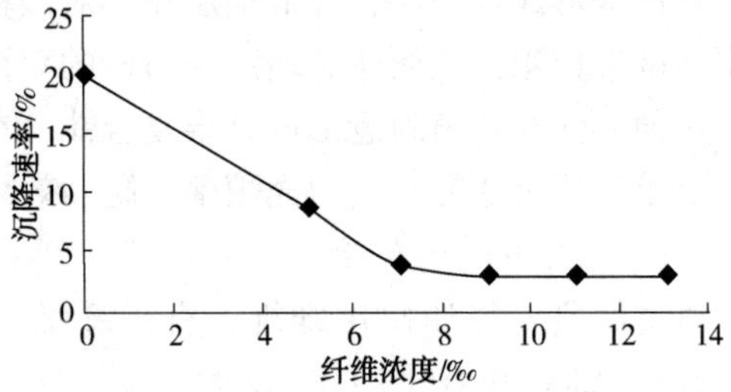

图 13　纤维浓度与沉降速率的关系

由纤维超强的缠绕固砂能力形成纤维复合体。成倍提高临界出砂流速，从根本上预防支撑剂的失稳和回流出砂，施工多数采用的是 0.7%~1.0%的纤维浓度，我厂现用 0.8%的纤维浓度。

根据前期现场试验，采用 8mm 的纤维来配套纤维防砂压裂工艺，保证防砂效果。

4　现场应用

在河口油区低渗透油藏共实施转向压裂压裂配套工艺 18 井次，成功率 100%，有效率 72%，累增油 3.81 万吨，周期日增油 81.2t。

井例：河口厂 X 井(沉砂压裂)

该井目的层为新补层位，由于该井目的层整套砂砾岩体，隔层发育不好，压裂裂缝向下延伸明显，造成低效裂缝。

采用停泵沉砂工艺和纤维压裂工艺，限制裂缝向下延伸及支撑剂沉降，保证支撑剂在新补层位的裂缝中有效铺置，提高改造效果。初期日增油 13t(图 14~图 16)。

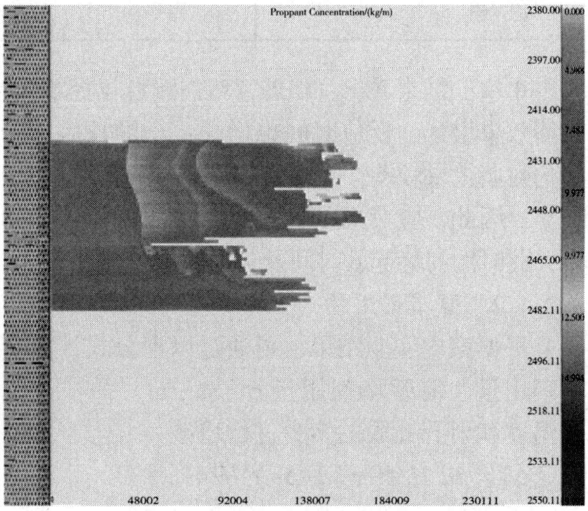

图 14　裂缝模拟

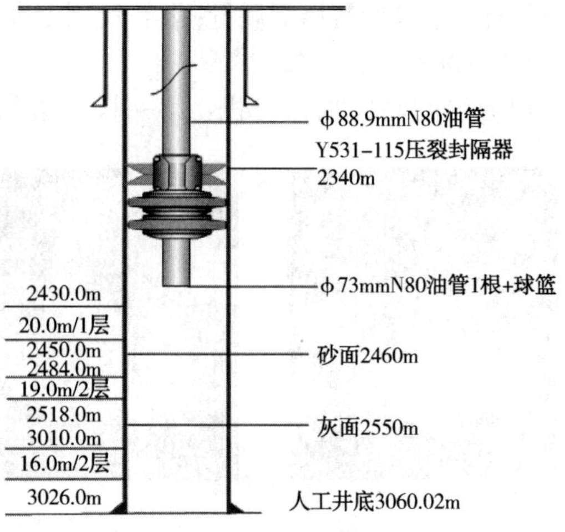

图 15　X 井压裂管柱图

典型井例：河口厂 Y 井（暂堵转向重复压裂）

该井目的层为 S3，该层位 2004 年压裂加砂 35 方，结合井温资料分析未动用部分仍有增油潜力。

采用暂堵转向压裂工艺，前置加入暂堵剂，封堵原有裂缝及启缝炮眼，重新启缝，暂堵剂加入后泵压上升 4MPa（图 17、图 18）。

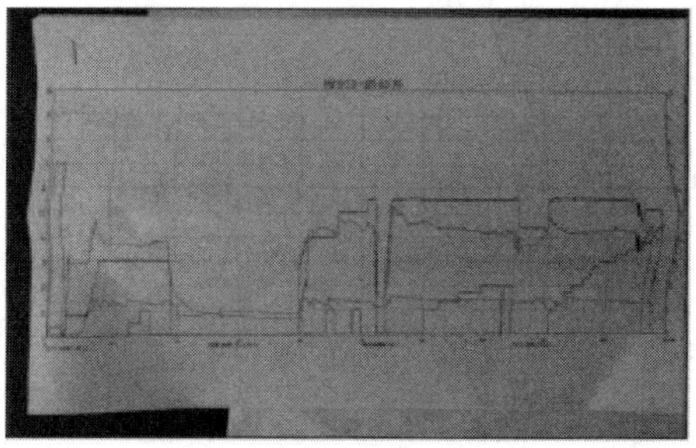

图 16　X 井压裂施工曲线

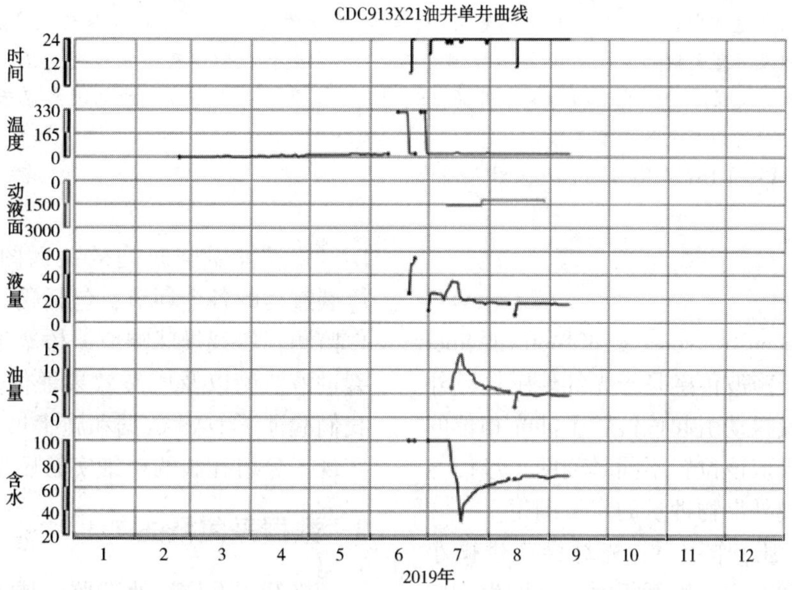

图 17　Y 井生产曲线

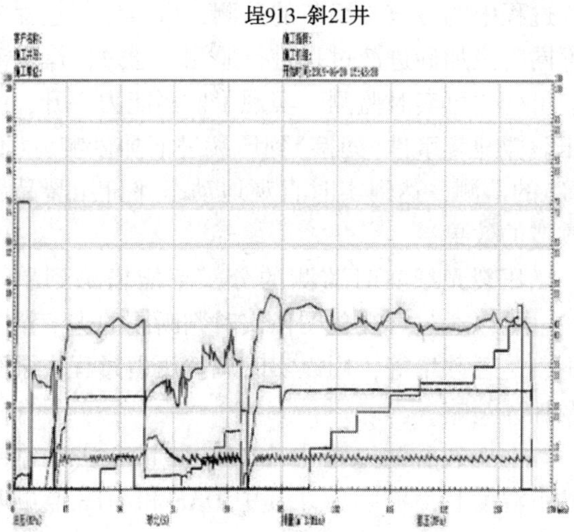

图 18　Y 井施工曲线

5　结论及认识

通过精准地质分析、精准压裂工艺优化、精准现场施工，达到提高油井产能的目的。

5.1　对 X 区块地质潜力再分析：

（1）砂砾岩纵向厚度大，储量动用不均衡，有层内挖潜潜力；

（2）砂砾岩纵向厚度大，储量动用不均衡，有层段间挖潜潜力；

（3）角砾岩可通过压裂深部位改造，有恢复产能的潜力。

5.2　对压裂工艺进行了优化：

（1）非主动层上部层位控裂缝向下延伸，二次沉砂+纤维伴注；

（2）中部层位单压，控制缝高向上向下，填砂+卡封单压+纤维伴注；

（3）下部层位单压，控制缝高向上，卡封单压+纤维伴注；

参考文献

[1] 李文洪，王吉文．分层压裂工艺技术研究．[J]．吐哈油气．2006，(11)3：158~163.

[2] 王兴文，杨建英等．堵塞球选择性分层压裂排量控制技术研究[J]．石油钻采工艺，2007，30(1)：75-76.

[3] 张绍彬，谭明文，张朝举，等．实现快速排液的纤维增强压裂工艺现场应用研究[J]．天然气工业，2005，25(11)：53-55.

光纤 DAS/DTS 监测在水平井储层改造中的应用

周　慰[1]　王　松[1,2]　安树杰[1,2]　吴俊军[1,2]　李　爽[1]

(1. 中油奥博(成都)科技有限公司；2. 中国石油集团东方地球物理公司)

摘　要　在页岩气井储层改造过程中，光纤 DAS/DTS 作业凸显，能有效贯穿压裂各个环节。1. 聆听压裂准备桥射联作过程中桥塞卡瓦坐封、桥塞丢手、射孔等动作响应；2. 监视压裂作业过程中投球坐封、各簇加砂进液以及桥塞封隔质量；3. 指导压裂制度调整、压裂规模控制以及射孔簇数优化。基于光纤的储层改造监测技术，突破了传统基于微地震事件的监测形式，实现了压裂进液响应的动态显示，是评价压裂改造效果以及产能潜力变化的重要手段。

关键词　DAS；DTS；储层改造；压裂效果评价

1　前言

Distribution acoustic sensing of optical fiber (DAS)分布式光纤声波传感是指光纤传感探测外界信号，当声音或振动引起该位置干涉光相位的线性变化，通过提取该位置不同时刻的干涉信号并解调，就可实现外界物理量的定量测量。

在地震波(声压)作用下，光纤会产生微小的应变，由于光弹效应，光纤折射率会发生相应是改变，从而引起光纤纤芯中瑞利散射干涉光信号相位的变化。通过对相位进行解调和信号处理，就可实现声波的分布式传感。DAS 的基础是 Φ-OTDR。在国际上，光纤传感数据用于监测水力压裂作业已有成效。通过 DAS/DTS 数据可以用来监测压裂效果(li et al.，2020)。又如通过应变率和累计应变图可以清楚的看到在压裂间歇期光纤从收缩状态转变为扩张状态(Ichikawa et al.，2020)。在分布式光纤传感监测技术中，将 DAS 结果与 DTS 以及微地震监测结果等其他监测成果进行比较分析，可以提高分析的准确性(Molenaar et al.，2012；Haustveit et al.，2017)。

本文重点研究了高频 DAS 数据，建立了 DAS 声波能量与时间的关系图，实现实时监测压裂过程的各个环节，包括爬行器追踪、桥射联作监测、压裂投球响应、桥塞坐封质量评估、压裂进液监测以及压裂效果评估。通过这些实验，我们验证了 DAS 数据和施工过程的高度吻合性，实现了分射孔簇的精细实时压裂监测。

2　数据采集概述

光纤同井储层改造监测技术已实现对压裂作业过程中的各核心细节的监测，可对压裂过程中不同阶段加砂进液过程进行监测，通过每簇进液能量变化可实时监测。实现了监测能力提升，由压裂微地震事件(间接)到压裂进液加砂响应(直接)的监测，达到实时直观地动态评价压裂品质改造的效果。

压裂光纤实时监测的分辨率能精确到单一簇，可以通过可视化图像实时判断簇的进液量多少、是否砂堵等，用以实时调整压裂过程中泵注及加砂策略。

在压裂监测过程中，DAS 和 DTS 实时监测井下温度和声波响应。其中 DAS 和 DTS 监测基本参数如表 1 和表 2 所示。

表 1　DAS 设备采集参数说明

DAS 仪器参数		硬件设备
本底噪音	5pε/√Hz	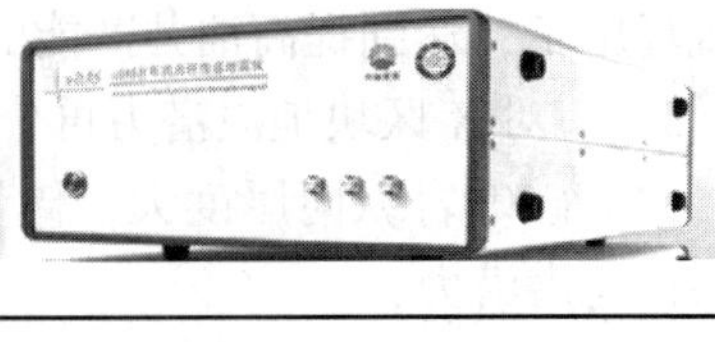
动态范围	>130dB	
最小空间采样率	0.1m	
频带宽度	1～20000Hz	

表 2　DTS 设备参数说明

DTS 仪器性能指标		显示设备
测量光纤长度	≤8000m	
测量温度范围	-40℃ ~200℃	
空间采样率	0. 25m	
温度重复性精度	+/-0. 1℃	
记录时间间隔	5 秒~60 秒	
温度分辨率	0. 01℃(观测 2400s)	
硬件指标		
仪器工作温度	-20℃ ~50℃	
仪器储存温度	-40℃ ~80℃	
光纤种类	50/125μm 多模光纤	
输入电源	AC220V 50Hz	

3　高频 DAS 可视化压裂监测

3.1　DAS 频段优选

压裂过程中 DAS 采集的频带范围是 1 ~ 2000Hz，为了确定合适的频带范围，指示井下各段簇加砂进液情况，需对压裂过程中的 DAS 能量分频对比分析，确定优势频带范围。如图 1 所示，压裂过程中的 DAS 能量做了 0 ~ 50Hz、50~100Hz、100~1000Hz 以及 1000~2000Hz 等 4 个频率范围的对比，其中白色框是对应的压裂位置，在 0~50Hz 上方存在明显的低频干扰，这是由于井口的低频 DAS 震动干扰所致，50Hz 以上的高频信号没有去除了这种低频干扰，对比 100 ~ 1000Hz 和 50 ~ 100 的频带，100 ~ 1000Hz 压裂位置的信号连续性更强，各簇进液特征更明显，对比 1000 ~ 2000Hz 和 100 ~ 1000Hz 的 DAS 能量，1000~2000Hz 的 DAS 瀑布图压裂上方的随机干扰要少，压裂位置分辨率更高，因此选择 100~1000Hz 的 DAS 数据进行加砂进液分析。

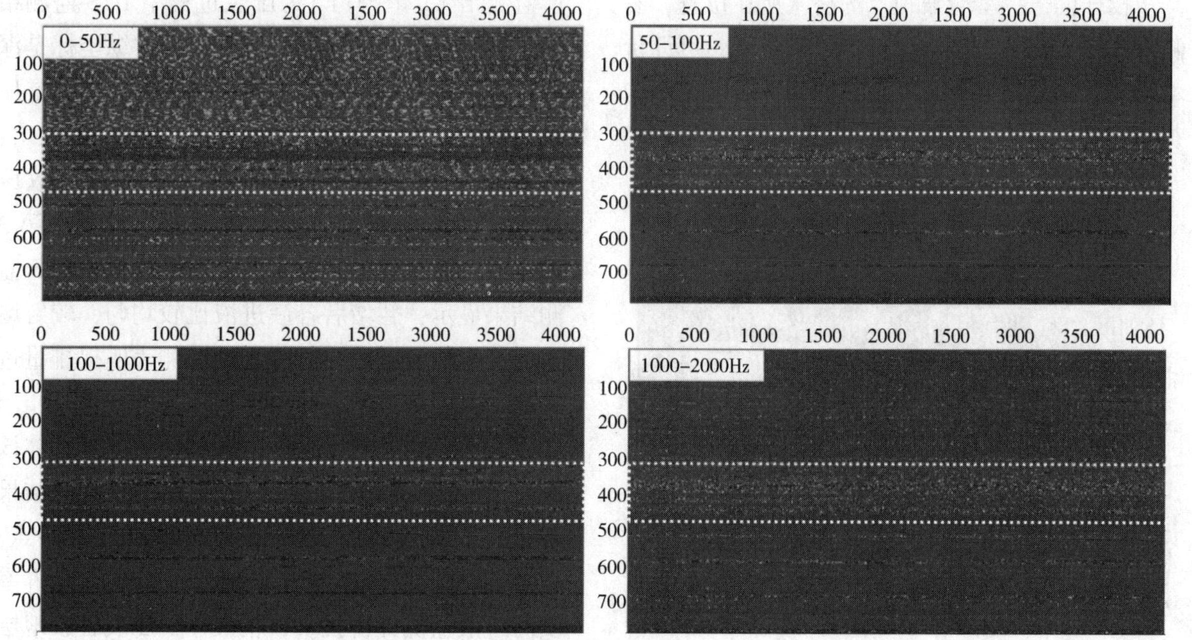

图 1　射孔位置监测

3.2 射孔信号监测

射孔枪在井下射孔过程中，光纤可同步监测射孔位置，达到射孔位置定位以及光纤深度校准的目的。如图2所示是射孔信号的监测过程，从监测结果可看出，射孔信号图呈双曲线分布，双曲线顶点对应射孔枪位置，依次读取每一枪的射孔顶点，确认射孔深度依次是3561m、3554m、3542m、3538m、3531m、3524m，簇间隔依次为：7m、8m、8m、7m、7m。第4段，每一簇的射孔设计位置依次是3327m、3319m、3310m、3301m、3294m、3387m，簇间隔依次为：8m、9m、9m、7m、7m。从簇间隔可看出，监测簇间隔同设计簇间隔基本相同，误差在1m内，说明各簇成功射孔且位置正确，光纤井下基本无冗长。

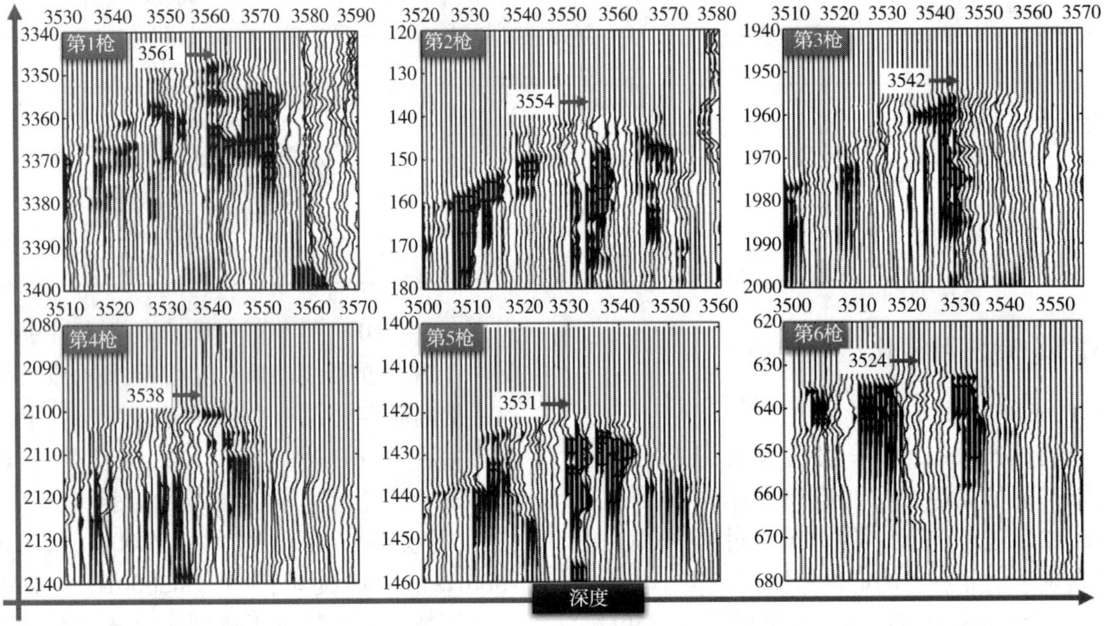

图2 射孔位置监测

3.2 桥塞坐封过程监测

投球信号的套管波顶点为桥塞所在位置，右侧管波结束位置为上一段桥塞封堵位置，可评价本段及上一段桥塞座封效果。如图3所示，图中黄色箭头位置为现场监测到的桥塞坐封信号。

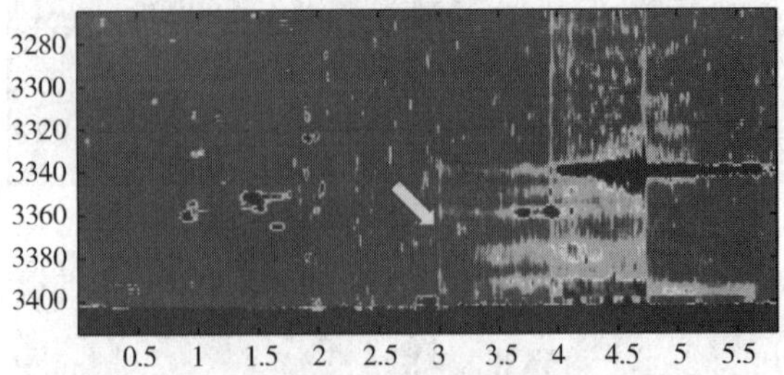

图3 桥塞坐封信号监测

3.3 DAS/DTS压裂改造效果综合评价技术

DAS和DTS数据均能有效地评价压裂改造效果。通过强DAS声波响应与DTS低温响应对照解释，相互印证和评价各簇进液情况，综合评价压裂过程中地层改造效果。

如图4所示，图4(a)为压裂过程中DAS总体监测结果，图4(b)为压裂过程中DTS监测结果，同样两幅图中横坐标均是时间，纵坐标是深度，黑色实线是压裂各簇的位置，图4(c)是压裂过程中的施工曲线。从DAS监测结果可看出：暂堵前1、2、4、5、6、8、9簇进液被有效压开，3、7簇进液没有被有效压开，暂堵后第3簇进液被有效改善，暂堵具有一定效果；DTS监测结果显示，暂堵后各簇进液比较均匀，较暂堵前各簇进液被有效改善。光纤监测表明提排量过程中，各簇进液均有效开启，地层可压性好；压裂过程中，桥塞封堵性好，无漏液情况；整体该段改造较均匀。整体过程DAS同DTS监测结果对应性较好，利用DAS的实时进液监测特点，同DTS高纵向分辨率互补配合，形成高分辨率实时进液监测评价技术，精准评价压裂各簇地层改造效果。

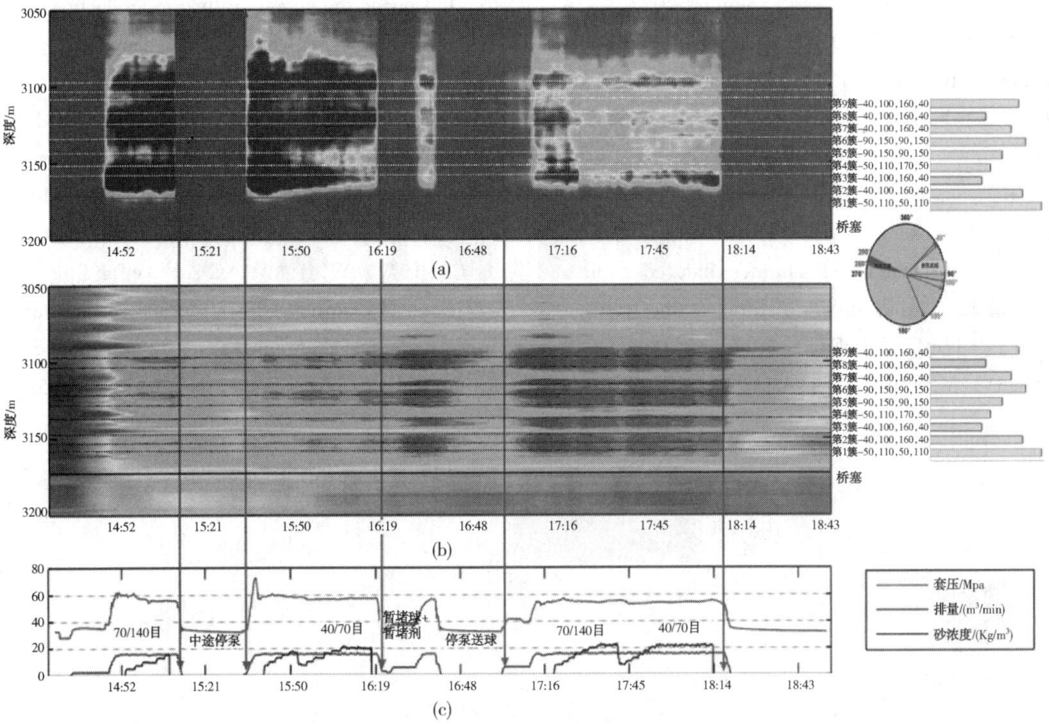

图 4　压裂过程中 DAS/DTS 进液显示各簇进液显示

(a)压裂过程中 DAS 监测结果；(b)压裂过程中 DTS 监测结果；(c)压裂施工曲线

4　结论

在储层改造中使用永置式光纤传感系统来监测油气藏改造过程，可以达到实时监控井下压裂进程的作用，进而实现指导和优化压裂作业制度的目的。利用光纤传感 DAS 监测井下声波瞬时能量的变化来指示桥射联作过程中桥塞以及投球坐封等动作；利用光纤 DAS/DTS 持续监测不同深度声波能量和温度的变化，指示增压、加砂、暂堵转向、顶替等不同压裂阶段的地层进液情况，实时评价储层压裂改造效果。基于光纤同井压裂监测技术，突破了传统基于微地震事件的监测形式，实现了压裂进液响应的动态显示，提高了监测精度，达到了实时评价压裂品质和改造效果的目的。

致谢

感谢中国石油重大工程技术现场试验项目《井下光纤智能监测技术现场试验》(编号 2020F-44)的数据和资金支持。

参　考　文　献

[1] 何治亮，聂海宽，胡东风，等．深层页岩气有效开发中的地质问题——以四川盆地及其周缘五峰组—龙马溪组为例[J]．石油学报，2020，41(4)：379-391

[2] 李彦鹏，李飞，李建国，金其虎，刘聪伟，吴俊军．DAS 技术在井中地震勘探的应用[J]．石油物探，2020，59(02)：242-249.

[3] 吴倩．基于时分复用技术的光纤分布式宽频声波传感技术研究[D]．电子科技大学，2020.

References

[4] Ge Jin，Baishali Roy. Hydraulic-fracture geometry characterization using low-frequency DAS signal[J]. Ge Jin；Baishali Roy，2017，36(12).

[5] Haustveit K，Da Hlgren K，Greenwood H，et al. New Age Fracture Mapping Diagnostic Tools-A STACK Case Study[C]//SPE，Extended Abstracts. 2017.

[6] IchikawaM，Uchida S，Katou M，et al. Case study of hydraulic fracture monitoring using multiwell integrated analysis based on low-frequency DAS data[J]. The Leading Edge，2020，39(11)：794-800.

[7] Kurosawa，I.，and M. Groot，A comparison of microseismic responseand hydraulic fracture monitoring through DAS：A case study fromMontney：Presented at GeoConvention. 2018.

[8] Li，X，Zhang J，Grubert M，et al. Distributed Acoustic and Temperature Sensing Applications for Hydraulic Fracture Diagnostics[C]//SPE Hydraulic Frac-

turing Technology Conference and Exhibition. 2020.

[9] Molenaar M M, Fidan E, D Hill. Real-Time Downhole Monitoring Of Hydraulic Fracturing Treatments Using Fibre Optic Distributed Temperature And Acoustic Sensing. 2012.

[10] Martin Karrenbach, Dan Kahn, Steve Cole, Andrew Ridge, Kevin Boone, Jamie Rich, Ken Silver, David Langton. Hydraulic - fracturing - induced strain and microseismic using in situ distributed fiber-optic sensing[J]. The Leading Edge, 2017, 36(10).

[11] MAHDAVI M, DANTKHANAVALA P P, PAUL D. Bringing the digital oil field to production operations [J]. Journal of Petroleum Technology, 2009, 61 (11): 18-20.

[12] BAKKU S, WILLS P, FEHLER M, et al. Vertical seismic profiling using distributed acoustic sensing in a hydrofrac treatment well [J]. Expanded Abstracts of 84th Annual Internat SEG Mtg, 2014: 5024-5028.

[13] CAI H W, YE Q, WANG Z Y, et al. Progress in research of distributed fiber acoustic sensing techniques [J]. Journal of Applied Sciences-Electronics and Information Engineering, 2018, 36(1): 41-58.

低渗透油藏压驱开发技术模式及关键参数优化设计研究

刘海成　王　建　贾艳平　孙成龙　陶仕玉　樊家铖

（中国石化胜利油田分公司 勘探开发研究院）

摘　要　胜利油田低渗透油藏地质储量丰富(已动用9.4亿吨)，但采出程度仅为13.3%，在提高采收率及效益动用面临：注不进能量补充难、驱不动单井产能低和波及差采收率低等难题。针对以上问题，胜利油田探索提出“压驱”开发技术。通过物模实验和数值模拟明晰“压驱”实现大幅增渗增注快速补能、油水井有效建驱机理，并创新提出了未投产新区“超前压驱”，已动用老区“差异压驱”开发技术模式。通过现场先导试验得到“压驱”开发技术可有效提高特低渗透老区采收率，并最终形成针对不同压驱开发模式的优化设计，实现波及体积最大化。

关键词　低渗透；压驱；裂缝；增注；参数；采收率

1　引言

低渗透油藏具有丰富的储量资源，受储层条件、工程技术的限制，其开发常年面临低液、低能、效益动用难度大等开发难题。其主要原因是储层孔隙小、喉道狭窄，导致注采两端渗流困难、压力传导慢、油藏供液差，油藏整体压力保持水平低，无法建立有效注采压差。压驱开发技术是将水力压裂设备与注水开发相结合，通过高压、高速注入，实现短时间内快速补充油藏能量、提高油藏压力，进而提高油井生产压差及产液、产油量。自2020年3月该技术开展矿场试验以来，截至2023年6月已累积实施500多个井组，覆盖地质储量约1.5亿吨，取得良好应用效果。水井注入能力大幅度提升，油井动液面上升、地层压力回升，产液量和产油量提高，合计累增油55.7万吨，压驱开发技术已成为低渗透油藏新的主导开发技术。

研究表明，压驱注水能大幅提升储层吸水能力，扩波及、提高驱油效率。通过物模实验发现：超破裂压力注水，储层产生微裂缝带(图1)，裂缝开度几十微米增大到几百微米，裂缝渗透率增大几十倍以上(图2)。微裂缝带的存在大大提升了储层的吸水能力，实际矿场应用中压驱注水日注入量可达600~1500方。数值模拟表明：基质区形成近线性流的流线分布，有效增大波及体积(图2)。同时，压驱微裂缝带压头前移，井间驱替压力梯度提高5~10倍，扩孔增渗减敏，驱油效率提高近10%。

(a)CT扫描　　(b)扫描电镜

图1　压驱缝网物理模拟结果

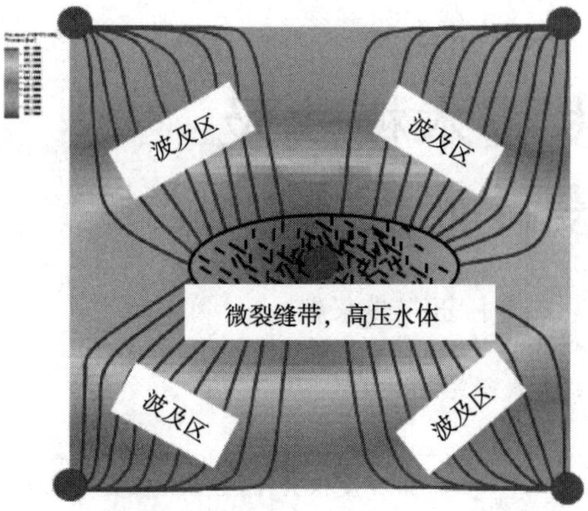

图 2　压驱流场分布示意图

基于压驱机理认识，通过探索实践，建立了压驱开发矿场应用技术模式，形成了压驱开发优化设计技术。

2　压驱开发技术模式研究

基于压驱在造缝、增渗、驱油三个方面的致效机理，压驱能够实现高速注水、快速增能，解决注不进、压力低的问题；能够实现高压建驱、稳定释能，解决递减快、产能低的问题；能够实现油藏全域高压、体积驱替，解决波及差、采收率低的问题。针对不同类型低渗透油藏开展压驱开发现场试验，探索形成了二类技术模式。

2.1　未投新区“超前压驱”技术模式

胜利油田未动用储量以深层特低渗油藏为主，储层物性差，产能低，多年未能得到有效动用，面临如何大幅提高单井产能，实现效益动用的难题。针对如上难题，提出了“超前压驱”的技术模式。通过超前注水补能，打造高压驱动系统，大幅提高生产压差，用高压换高产，解决特低渗油藏效益动用的问题。

典型应用区块厚层基山砂岩商 558 块。基山砂岩油藏埋深 3100m，储层渗透率仅 2mD，原始地层压力系数 1.0。2003 年在该类油藏常规压裂投产 6 口，产能仅 3.8t/d，初期递减达 38.6%，未能突破产能关。2007 年选取商 541-4 井开展常规注水试验，试注井半年后油压 32MPa，日注降至 13 方，后期注不进。压裂、注水试验均未成功，一直未实现有效动用。

2021 年底在商 558 井区开展压驱注水，动用地质储量 284 万吨，采用菱形反九点法井网，设计压驱井 3 口，压驱井网(图 3)。为实现效益动用，针对性采取了如下技术对策。

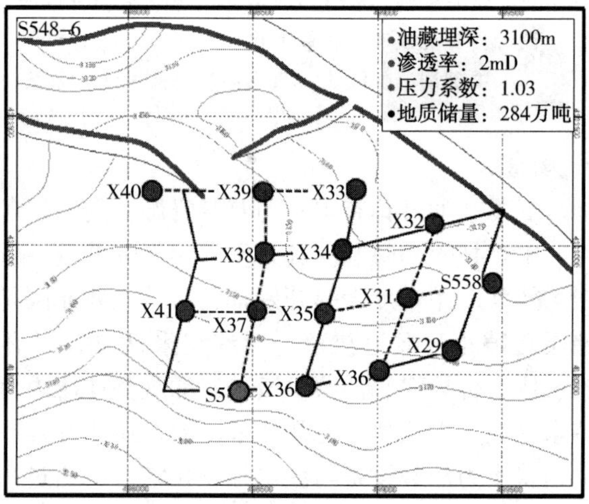

图 3　基山砂岩体商 558 井区压驱井网部署图

技术对策一：超前压驱打造高压驱动系统。在油井压裂投产前，水井超前 3~5 个月开展压驱注水，打造高压驱动体系，油藏压力系数从 1.0 提升至 1.5(图 4)。

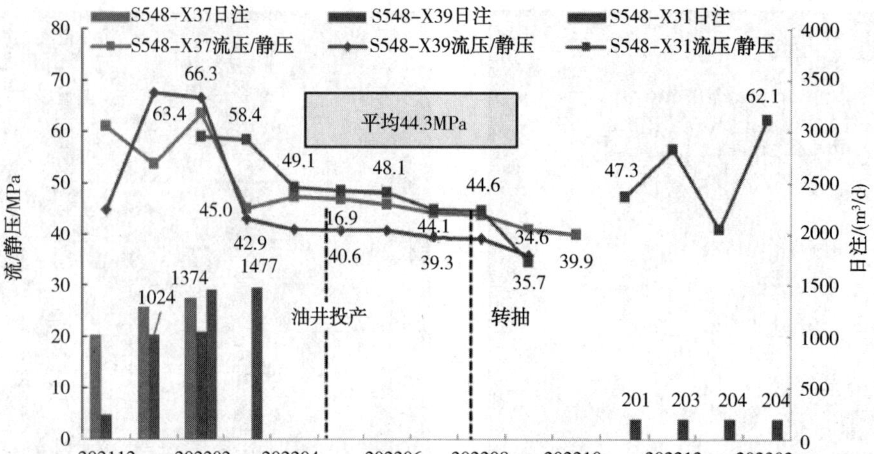

图 4　商 558 井区压驱井日注及井底流/静压变化曲线

技术对策二：水井分段压驱均衡高压。该块纵向层多，层间物性差异大。3-4 砂组渗透率 1～2mD，5-6 砂组小于 1mD，（图 5）。为达到均衡压驱效果，对 3+4、5+6 砂组进行 2 段分层压驱注水设计（表 1），确保物性差层注足水。

技术对策三：油井分段改造建立立体注采井网。针对储层纵向分布特点和物性差异，采用差异化压裂工艺，实现油井分段改造（段数 3-5）。联合压驱复杂缝带，形成立体注采井网（图 6），充分发挥高压下水井缝带-油井缝网驱替作用，大幅提产。

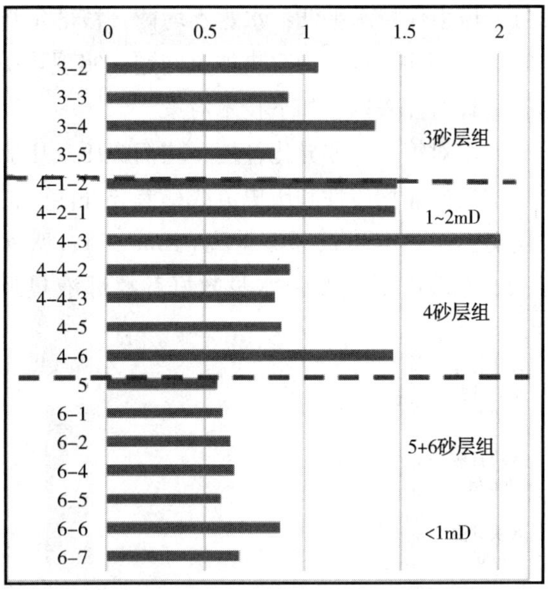

图 5　商 558 井区储层纵向渗透率分布

表 1　商 558 井区分层压驱注水量设计表

井号	层段	层段	注水厚度/层	分层注水量万方	合计万方
S548-X31	1	43、44、45、51、52	18.6/9	3.0	5.6
	2	31、34、35、41、42	18.1/8	2.6	
S548-X37	1	51、52、64	39.4/18	1.5	4.0
	2	31、33、34、35、36、41、42、43、44	22/7	2.5	
S548-X39	1	44、51	7.6/2	1.1	2.6
	2	41、42、43	10.2/2	1.5	
小计				12.2	12.2

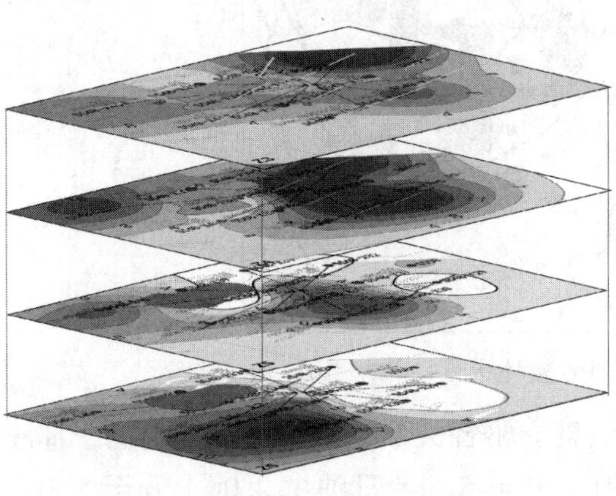

图 6　商 558 井区立体注采井网示意图

2022 年 5 月压裂投产新油井 10 口，产能较试采井提高 2 倍以上，扫塞转抽后峰值日油 13t，目前 8t，且一直保持稳产态势（图 7）。

2.2　已动老区“差异压驱”技术模式

一般低渗透老区经过二十多年的开发，油藏压力保持水平低，储层非均质性强，人工裂缝进一步加剧非均质，面临减少或抑制方向性水淹，进一步扩大波及、提高采收率的难题。

针对如上难题，提出了“差异压驱”的技术模式。通过差异化压驱设计有效适配储层非均质性、人工裂缝以及剩余油分布，实现均衡驱替，扩大压驱注水波及体积，进一步提高一般低渗透油藏采收率。

典型应用区块浊积岩油藏牛 35 块。该块储层非均质性强，核部渗透率 > 30mD，翼部 < 5mD，渗透率级差>10；34 口油水井均采用大型压裂，压裂半缝长 150～220m；地层压力系数仅

0.51，压力保持水平低；水驱不均衡，核部水淹水窜，翼部注不进。为解决如上问题，实现均衡驱替，针对性采取了如下技术对策。

技术对策一：差异化补能，均衡提压。压驱要适配储层非均质性和历史流线，差异补能，油藏均衡提压。本块核部液量高（$10m^3/d$），吸水好（$22.7m^3/d$），常规注水见效好；翼部液量低（$4.3m^3/d$），注不进，无注采流线。因此，核部采用微压驱、少注水，防水窜，平均注水1.3万方；翼部大排量压驱、多注水，建驱替，平均注水4.7万方，（图8）。实施下来，核部：地层压力14.1MPa↗25.4MPa；翼部：地层压力10.4MPa↗24.6MPa，实现了油藏全域均衡提压。

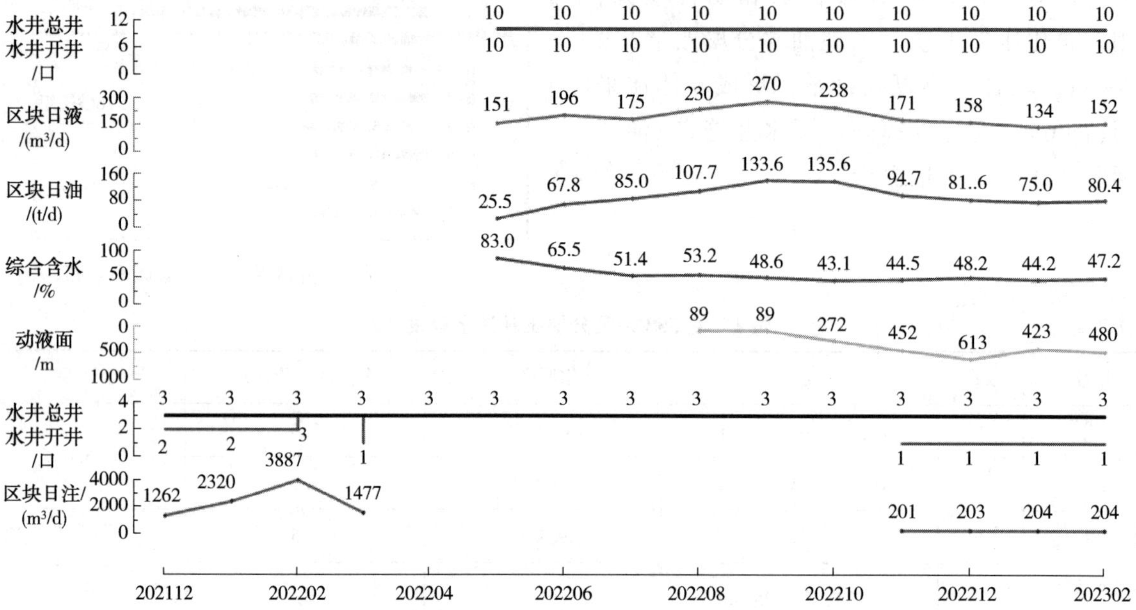

图7　商558井区综合开发曲线

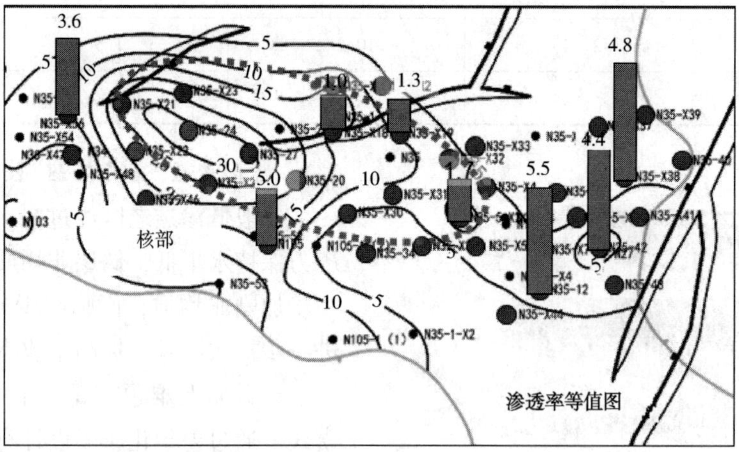

图8　牛35块沙三中压驱注水量柱状图

技术对策二：差异化引效，有效建驱。针对翼部物性差区域，通过重复压裂、径向钻孔等引效措施建驱替，促进井组全面见效。如牛35~40这口井，位于储层的最边部，渗透率仅有2.3mD。压驱实施后油井供液不足，见效差。对此，开展重复压裂引效，压裂半缝长120m（图9），建立驱替关系，实施后工图饱满，日液由2.1t上升至5.5t，日油由2.0t上升至5.1t，取得了比较好的效果。

技术对策三：差异化开井，均衡见效。通过监测油井动液面等参数，明确能量恢复状况；制定差异化开井顺序，能量恢复弱，先开井；能量恢复强，后开井(图10)。如次流线井牛35-斜6井(图11)，能量恢复弱，优先开井调控引效，液量由3.8t，上升至12.8t，日油由3.0t上升至11.8t，累增油3400t，取得了比较好的效果。

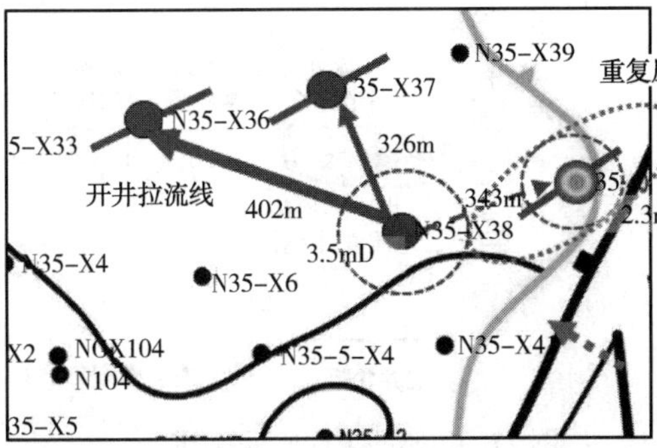

图9 牛35-40重复压裂引效示意图

牛35块通过实施差异压驱，快速恢复了地层能量，压力系数从0.5恢复至0.8，压驱井组日油能力从48t/d提升至84t/d(图12)，压驱见效率94.1%，已累增油1.96万吨，预计提高采收率5.1%。

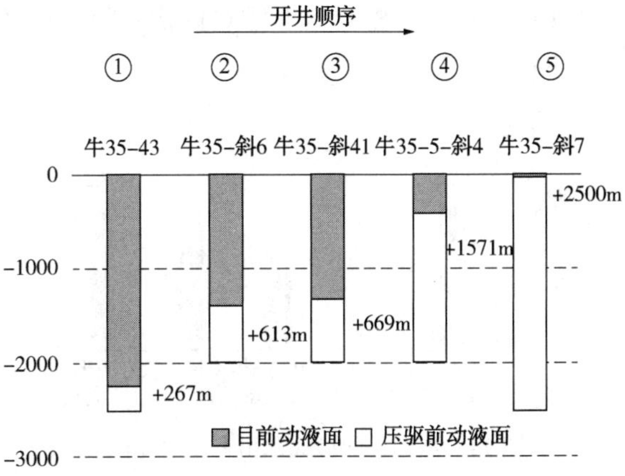

图10 牛35-42井组差异化开井顺序设计

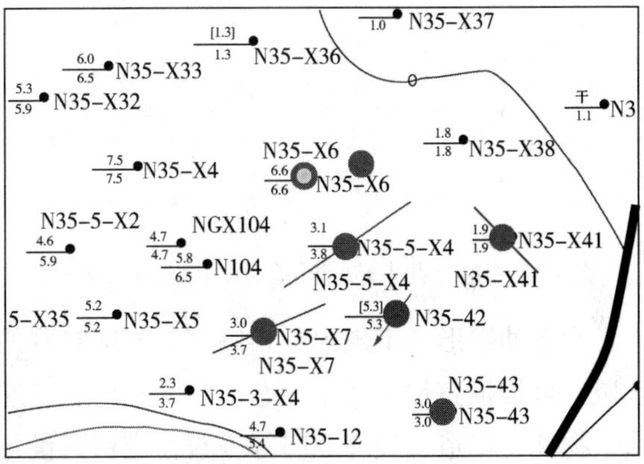

图11 牛35-X6井井位图

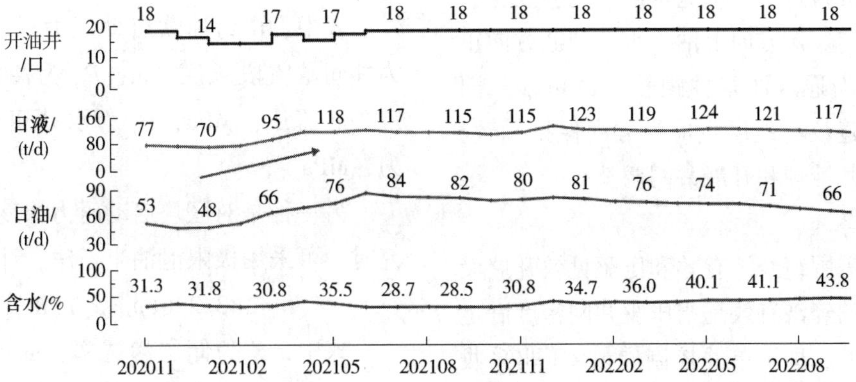

图12 牛35块压驱井组综合开发曲线(月度)

3 压驱开发优化设计技术研究

根据目前压驱实践认识及机理研究成果，压驱开发优化设计主要包括压驱井网形式、注采井距、注水量(压力保持水平)、注入排量等。

3.1 井网形式

设计正方形反五点、正方形反七点和菱形反九点等5种的不同形式的规则面积井网(图13)，利用数值模拟方法进行井网形式的优化研究。模拟结果表明，前期菱形反九点井网采油速度高，后期五点法井网采出程度高(图14)。

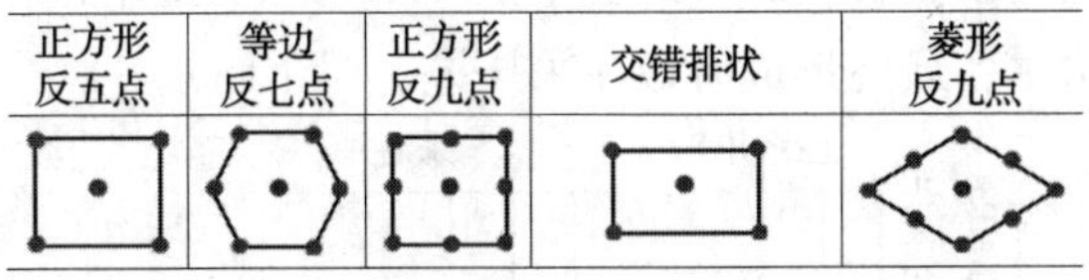

图13 不同形式的规则面积井网示意图

压驱井网形式的确定主要考虑方案部署范围内油层展布面积、压驱井距大小和断裂系统发育情况。根据数值模拟结果，对具有一定含油面积区块，推荐压驱初期采用菱形反九点井网，提高采油速度，后期调整为矩形错对排状井网，提高采收率(图15)。

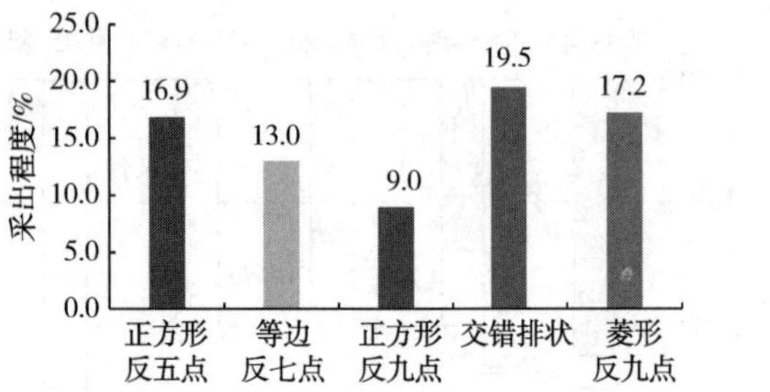

图14　不同井网形式采出程度对比图

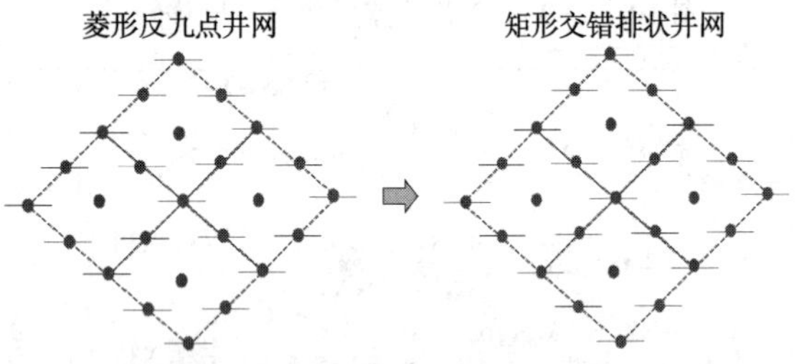

图15　菱形反九点转矩形错对排状井网示意图

对于油层形态不规则，难以部署规则井网的区域，可根据其油层展布形态，结合厚度、连通性、物性、构造、裂缝方向等因素，进行矢量化井网设计。

矿场统计资料显示，水淹水窜井主要发生在地层主应力方向。该方向上油、水井裂缝方向正对，存在裂缝沟通或注采井距较小的可能。因此，井网方向建议与地层主应力方向保持一致，以便后期水窜井治理和开展井网调整。

3.2　注采井距

注采井距需围绕经济有效和压驱见效开展设计。注采井距的经济有效是指压驱井网密度满足经济效益的要求，即：单井控制储量×压驱采收率>评价油价下的经济极限累积产油量。注采井距的压驱见效是指在压驱开发过程中油水井间形成连续驱替，驱替过程中注入水高压能量未损耗殆尽，最终形成有效注采压差，(图16)。

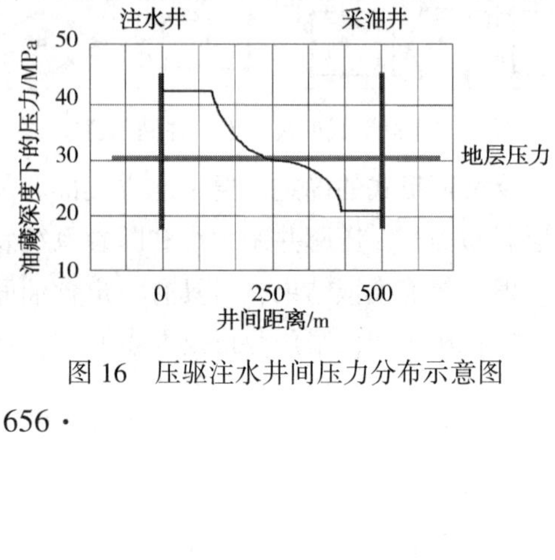

图16　压驱注水井间压力分布示意图

如图17所示井网形式，压驱见效注采井距按不同注采方向主要分为2种。平行井网方向，见效注采井距=水井半缝长+油井半缝长+井间基质段长度；垂直井网方向，见效注采井距=水井半带宽+井间基质段长度。

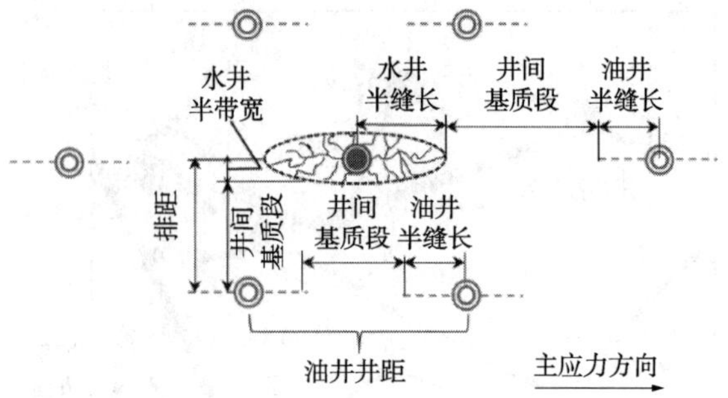

图17　压驱井距构成示意图

油井裂缝段和水井微缝带由于裂缝的存在而具备高导流能力，该段内可近似认为压力传导无损耗。井间基质段为无裂缝导流的纯基质段，是井间压力损耗的主要区域。井间基质段长度 L 可通过油藏工程方法进行计算，方法有2种，一种是对区块启动压力梯度 G 认识比较清楚时，计算公式为：

$$L=(p_z-p_w)/G \tag{1}$$

式中，G 为油藏启动压力梯度，MPa/m；L 为井间基质段长度，m；P_w 为油井生产时的稳定井底流压，MPa；P_z 为水井压驱稳定井底压力，MPa。

另一种是对区块启动压力梯度缺乏资料和研究时，可采用极限泄油半径法，计算公式为：

$$L=2\times 3.226(p_e-p_w)(K/\mu)^{0.5992} \tag{2}$$

式中，K 为储层渗透率，mD；p_e 为供给边缘压力，MPa；p_w 为油井生产时的稳定井底流压，MPa；μ 为地层流体黏度，mPa·s。

压驱见效井距与经济有效井距不匹配时，需根据井网控制储量相等的原则，结合采油工艺设计，调整油井裂缝段长度和水井微缝带大小，改变无压力损耗带长度进行适配。

3.3　注采参数

压驱注水过程中，注入水高压能量以弹性压缩方式存储于水井微缝带和储层孔隙体积中。油藏升压的大小与压驱注入水量的多少直接相关。总注水量的设计可通过物质平衡方程进行计算，见式 3。从公式可以看出，总水量设计的关键在于目标压力 P_i 的确定。

$$V=V_pC_t(P_i-P_r) \tag{3}$$

式中，C_t 为综合压缩系数，MPa^{-1}；p_i 为目标压力，MPa；p_r 为当前压力，MPa；V 为注水量(储层地下体积变化)，m^3；V_p 为储层孔隙体积，m^3。

数值模拟表明，随地层压力升高，累产油增大，压力水平大于 1.4 后增幅变小，建议地层压力水平提升至 1.4 以上(图 18)。矿场实践也证明，超前压驱油藏保持较高的地层压力油井再压裂投产，能够获得较高的初期产能，自喷期长，且基本保持稳产的状态。如新建产能区块高 94 块、商 558 块和滨 435 一期，压力系数分别升至 1.4、1.4 和 1.8，提高 0.4 到 0.6 个点。

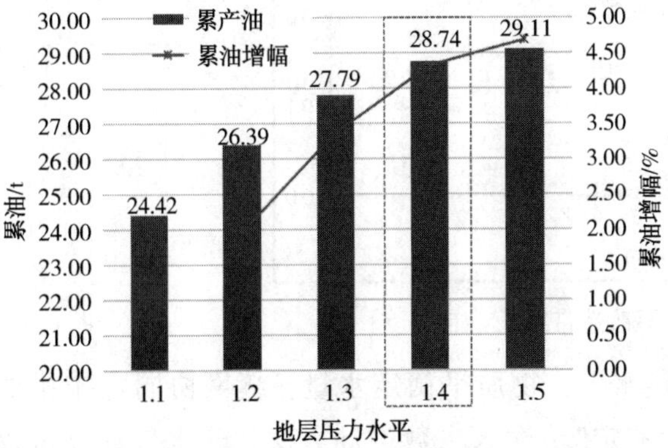

图 18　累产油与地层压力保持水平关系图

因此，对未投入开发的新区，目标压力水平的设计应以油井初期高产、稳产，延长自喷期为目标，压力系数在原先的基础上提高 0.4~0.6。

对老区来说，基于矿场实施效果的分析，目标压力水平的设计应以保持较大的生产压差、建立有效驱替为目标，同时由于固有主流线的存在及水井普通存在压裂的情况，尤其是仿水平井开发的油藏，建议压力系数恢复至 0.8~1.0，避免主流线发生水淹水窜。

随地层压力的变化原油压缩系数和岩石孔隙体积压缩系数也随之发生变化(图 19、图 20)，最终导致岩石综合压缩系数的变化(图 21)，岩石综合压缩系数的取值应取地层压力变化范围内的平均值。

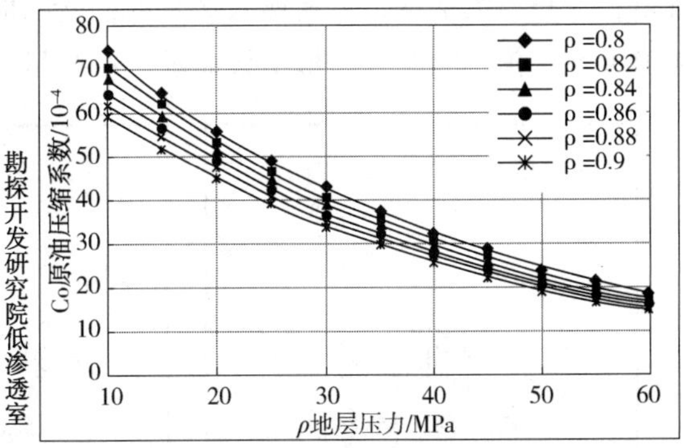

图 19　原油压缩系数与地层压力关系曲线

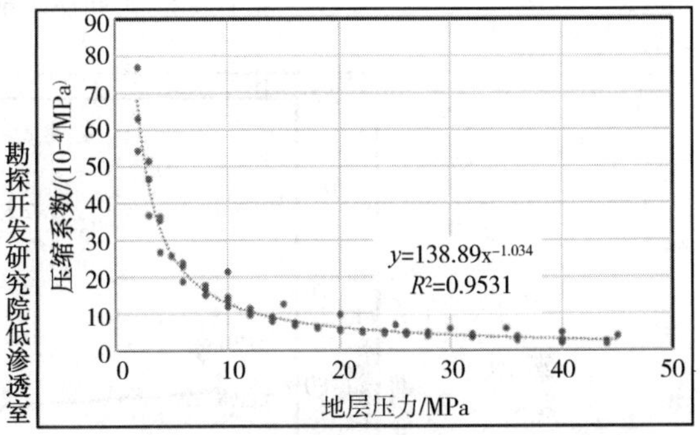

图 20　岩石孔隙压缩系数与有效上覆压力关系曲线

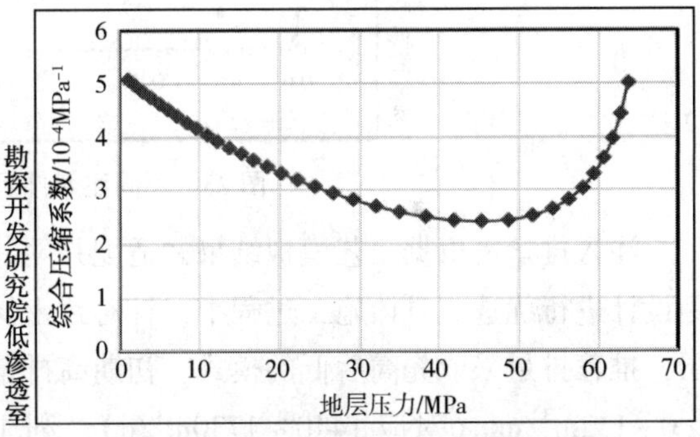

图 21　综合压缩系数与地层压力关系曲线

此外，研究表明油干层在较大的压力下存在吸水的现象，压驱注水量还应考虑油干层吸水的影响。

3.4　注入排量

不同压驱日注水排量条件下，注入水在地层中的滤失量不同，水井附近形成形态和大小差异的微裂缝改造带。水井裂缝形态和大小，需由采油工艺研究人员基于方案地质条件进行压驱模拟后获得。以渗透率 30mD 的储层为例，在总注水量 1 万方的条件下，不同注入排量下形成的缝网改造大小(图 22)。从模拟结果看，随注入速度的增加，压驱缝网长度和带宽逐渐增大，微缝带改造面积增大。1.5m^3/min 排量相比 0.7m^3/min

排量，缝长增大 2 倍，带宽增大 2.8 倍，缝网面积增大 5.7 倍；同时，模拟结果显示，在排量超过 1m/min 后，随着排量增加缝长增大幅度变缓，改造带宽长比增加，(图 23)。

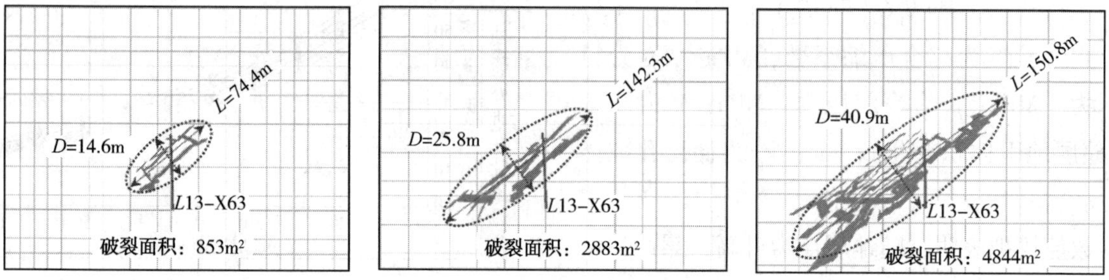

(a)排量0.7m³/min　(b)排量1.0m³/min　(c)排量1.5m³/min

图 22　不同注入排量下的压驱缝网改造面积

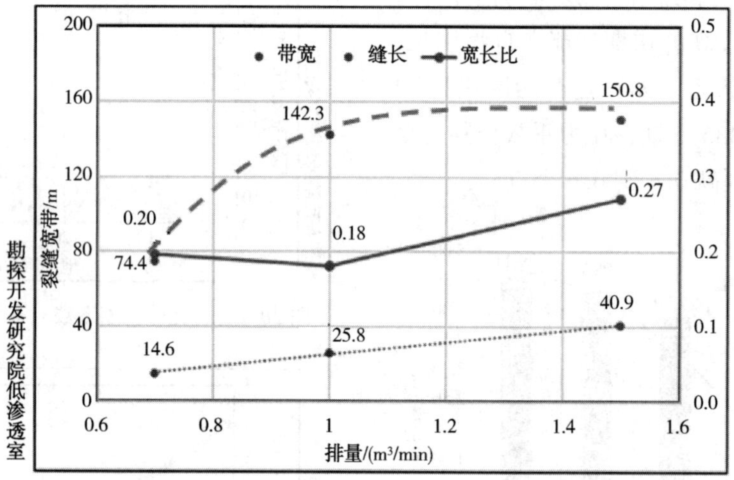

图 23　不同注入排量下的压驱改造带缝长、带宽

注入排量需根据工艺模拟结果并适配井网井距设计进行优选。具体施工过程中，针对致密储层，推荐排量采取先高后低的模式，初期高排量 1.0~1.2m³/min（对应 1440~1730m³/d），利于主应力方向裂缝扩展，促进快速见效，后期根据注入动态及受效情况及时调整。

4　结论

（1）压驱技术已成为低渗透油藏开发的主导技术，形成了可推广复制的 2 种压驱开发技术模式：未动新区超前压驱技术模式和已动老区差异压驱技术模式。

（2）井网井距方面，新区压驱一般采用菱形反九点法井网，后期转矩形错对排状井网，井网方向要平行主应力方向。井距在考虑经济因素的基础上，要重点考虑压驱见效，注重井网和缝网适配。

（3）注入参数方面，建立了数模和矿场实例定水平，物质平衡定水量，缝网协同定排量的“三定”法注入参数设计方法。注水量计算过程中需考虑压缩系数和干层吸水的影响。

参　考　文　献

[1] 杨勇，王建，卜亚辉，等．胜利油田压驱开发技术实践与认识[J]．油气地质与采收率，2023，30(3)：87-93.

[2] 桑丛雨，王鹏．低渗透油藏压驱效果影响因素研究[J]．北京石油化工学院学报，2023，31(01)：27-32.

[3] 姜涛，李积祥，侯洪涛，等．压驱注水技术在桩西特低渗透油藏的应用[J]．内蒙古石油化工，2022，9：81-84.

[4] 黄越，金智荣，乔春国，等．江苏油田小断块低渗油藏压驱注水技术实践[J]．石油化工应用，2022，41(6)：48-51.

[5] 刘义坤，王凤娇，汪玉梅，等．中低渗透储集层压驱提高采收率机理[J]．石油勘探与开发，2022，49(4)：752-759.

[6] 李阳. 低渗透油藏 CO_2 驱提高采收率技术进展及展望[J]. 油气地质与采收率，2020，27(1)：1-10.
[7] 郭粉转，唐海，吕栋梁，等. 低渗透油藏合理地层压力保持水平研究[J]. 特种油气藏，2011，18(1)：90-92.
[8] 张世明. 基于边界层理论的低渗透油藏非线性渗流新模型[J]. 油气地质与采收率，2019，26(6)：100-106.
[9] 章倩倩，张锴，李鹏程，等. 特低渗油藏不同注水时机开发效果的影响[J]. 辽宁化工，2019，48(12)：4-7.
[10] 张芨强. 超前注水流入动态模型在低渗透油藏开发中的应用[J]. 特种油气藏，2020，27(4)：92-97.
[11] 胡书勇，雒继忠，周志平，等. 超低渗透油藏超前注水开发效果分析及对策[J]. 特种油气藏，2012，19(2)：3-8.
[12] 马庆利. 东营凹陷多薄层低渗透滩坝砂储层分层压裂工艺优化[J]. 油气地质与采收率，2017，24(2)：121-126.
[13] 刘亚茹，刘保磊，雷征东，等. 统计分析方法在长庆油田超低渗透油藏分类中的应用[J]. 特种油气藏，2020，27(4)：98-104.
[14] 陶帅，郝永卯，周杰，等. 透镜体低渗透岩性油藏合理井网井距研究[J]. 岩性油气藏，2018，30(5)：8-13.
[15] 郑自刚，余光明，雷欣慧，等. 低渗透储层注水开发贾敏效应实验研究[J]. 特种油气藏，2020，27(3)：142-147.
[16] 潘林华，张士诚，张劲，等. 基于流-固耦合的压裂裂缝形态影响因素分析[J]. 西安石油大学学报：自然科学版，2012，27(3)：5-8.

基于压驱蓄能的立体压裂技术应用研究

郑彬涛　钟安海　李　源　高恒超　崔世杰

(1. 中国石化胜利油田分公司石油工程技术研究院)

摘　要　针对低渗透油藏注不进、采不出的瓶颈问题，突破传统注水理念，采用临界和超地层破裂压力注水开展探索和实践，研究明确了压驱“动态裂缝带”扩展机制，攻关形成“控缝扩带”压驱工艺和压驱蓄能技术。在压驱蓄能基础上，针对多层系、大跨度致密油藏，研究形成以“纵向全覆盖精细分层均衡动用+平面大规模组合缝网压裂”为核心的直斜井立体缝网压裂技术，实现自支撑裂缝-分支裂缝-主裂缝的高效组合，建立了基于压驱蓄能的立体压裂技术体系。该技术在济阳坳陷商558、滨435等区块单元实现规模化推广应用，三年累计动用储量1160万吨，新建产能120万吨，与常规压裂相比产能提高1.6倍，实现该类油藏经济有效开发。

关键词　压驱蓄能；精细分层；体积缝网；立体压裂

在我国，大多数储层属于低渗透储层，渗透率在0.1至$50\times10^{-3}\mu m^2$之间。我国陆相沉积盆地中，低渗透储层是一种重要的储层类型，低渗透储层分布在各含油气盆地中，其比重占目前已探明数量和储量的34.3%以上，并且这一比重还会随着勘探程度的提高不断上升。对于低渗注水油田来说，良好的注水效果是油田稳产的基础。然而低渗油藏与高渗油藏相比，低渗油藏渗透率低，吸收差，容易出现注水效果不理想的现象，使得地层能量得不到有效的补充。低渗油藏高压注水开发是一种非常经济实用有效的提高采收率的一种方法。该技术在中国、美国、加拿大、俄罗斯等国的石油开采中得到了较为广范的使用。超破裂压力注水、注采压力系统的有效性是低渗透油藏持久有效开发的关键，开展控缝扩带”压驱工艺、压驱压力波传导规律、压驱蓄能工艺研究是建立低渗透油藏的有效压力传导体系和提高开发效果的主要手段，为低渗透油藏压驱高效开发提供理论指导。

立体压裂技术是指纵向上多层系精细化分层改造、横向上大规模组合缝网压裂构建体积缝网动用多层油藏的一种技术，其技术关键是纵向多层精细化甜点识别和分层改造，横向上通过大排量低黏度扩容压裂+缝内暂堵+多尺度组合缝网支撑方式构建多级组合缝网分段压裂技术。

胜利低渗透油藏具有埋藏深、岩性复杂、物性差、注水难度大等特点，通过开展压驱破岩机理、破碎带展布规律、提高采收率机理等方面的研究，提出低压致密油藏开发过程中压驱蓄能技术。该技术借鉴吞吐采油的原理，利用大量注入的滑溜水优先充满高孔隙度、高渗透带、大孔喉或裂缝等有利部位，压后焖井，在毛细管力的作用下，使注入水与中、小孔喉或基质中的油气产生置换，导致产层中的油水重新分布，然后开井采油，注入水起到补充能量作用。在此基础上，应用直斜井立体缝网压裂技术，实现自支撑裂缝-分支裂缝-主裂缝的高效组合，建立了基于压驱蓄能的立体压裂技术体系。

1　国内外技术研究现状

1.1　压驱技术现状

国外 Nigeria 海上油田对高压高速注水生成裂缝动态扩展规律进行了研究，注水强度达到压驱水平，长期高压高速注水在地层生成动态裂缝，通过试井数据 得到验证；压裂投产已存在裂缝情况下水驱开发，与水驱开发后产生新缝驱油模 式存在很大的区别，在壳牌中东某油藏得到了验证，中东阿曼的三个油藏，大量 产出水无法处理，选择回注到注水井中(注水强度大，单井达到压驱水平)，具 有一定参考价值。强注水提高驱油效率在阿曼三个区块得到印证，采收率取决与 动态缝，强注水会产生裂缝，注水过程中试井方法可以预测裂缝，井下微地震技 术应用与裂缝的监测均验证了该现象。Shargi 油田一个30天的注水实验验证了2长期注水动态裂缝形成的规律，注水压力增大使井底应力升高，

注入冷水热弹性 作用使井底应力降低，注入速度低，滤失快，达到一定速度后，裂缝扩展。流体 的注入采出改变地应力场导致压裂生成裂缝方位会发生改变，这一现象在西伯利 亚 Malo-Balyskoe 油田得到验证，流体采出、高压流体注入，都会改变井底应力 场，应力场会影响注水生成裂缝或者压裂裂缝的扩展方向，发生裂缝转向，在压 驱中更为常见。

国内油田针对低渗透、特低渗透油藏开展了一系列技术攻关及实践。大庆某致密油藏具有砂坝及席状砂微相，分布稳定；中偏强亲水润湿性，平均孔隙度 12.5%，平均渗透率 0.57md 的油藏特点。利用压裂设备，高压、快速注入水，形成渗吸置换效果。大液量注水吞吐总量为 7100 方：第一阶段：注入量 3000 方，注入速度 5760 方/天（4.0 方/分）。目的是造裂缝或微裂缝，增加渗吸作用，缩 短关井时间。第二阶段：注入量 4100 方，注入速度 100 方/天，焖井 10 天；压 力恢复：油压稳定在 11.2±0.05MPa，地层压力从 9.6MPa 提高到 16.2MPa，恢复 到原来的 71.4%。增产效果：日油从 0.8t 提高到最大 7.8t，累计增油 1987t。

中原油田深层（3600m）低渗透及特低渗透油藏在井口注水压力小于 31.4MPa 时，注不进水或完不成地质配注水量，造成采油速度低、自然递减幅度大。为此，进行了特高压注水技术研究，将井口注水压力提高到接近于地层破裂压力。同时开展了特高压注水方式及选井原则、套管保护技术、地面工程配套技术研究，制定了特高压安全注水操作规程、设计规范等，形成了系列特高压安全 注水工艺。

江汉油田开展了高压注水在低渗透油藏中的应用与效果研究，提出了由于 3 低渗透油藏注水启动压力普遍较高，必须提高注水压力到超过启动压力，才能促 使流体在油层中流动。当注水压力接近或略高于地层的破裂压力时，在水井井周 附近形成微裂缝，在高压下的注入水可沿微裂缝进入地层并通过岩层中的连通孔 隙驱替油气向油井方向流动，从而达到驱油的目的。吐哈油田开展了特低渗透油田高含水期提压增注技术研究，提出了超破裂 压力注水技术。其主要原理就是在高压注水开发时，一些油藏渗透性差，厚度小，延展弱，连通差，以及非均质性强的油藏射孔井段岩石产生一系列微裂缝，这些 裂缝在延伸过程中，与渗透性较差的岩石相互作用，形成了有效渗透性能较好的 注水层，注水开发效果显著增加。

1.2 立体布缝压裂技术现状

在人工裂缝施工参数和裂缝形态优化的研究领域，众多学者进行了深入的探讨和实验分析。例如，针对页岩油气水平井压裂技术，研究人员发现裂缝间距的优化对于提高单井产量和经济效益至关重要。通过地层产能系数法和模糊数学等手段，研究了水平井裂缝间距与压后生产动态的关系。其中，随着数值模拟技术的大量运用，当下已有大量针对性研究对水力压裂的施工参数和人工裂缝的形态优化进入了深入分析。

深层页岩气储层的压裂改造中，注液速率和注液量是控制压裂效果的关键因素。Wang Haitao 等人在 2015 年的研究中指出，通过优化注液速率和注液量，可以有效降低施工压力，提高裂缝的渗透性和导流能力。他们提出，在主压裂前进行酸预处理，以降低破裂压力，并通过大排量和小砂液比对弯曲裂缝进行逐级打磨，降低施工初期的压力损失。

加砂量直接影响裂缝的导流能力和长期稳定性。Jiang Tingxue 和 Bian Xiaobing 在 2015 年的研究中优化了支撑剂的选择和加砂策略。他们推荐使用低密度、高强度的覆膜陶粒作为支撑剂，并采用段塞式加砂，以提高砂液比，从而确保主裂缝的导流能力。簇间距的优化对于避免缝间干扰和实现均匀的储层改造至关重要。Wang Haitao 等人在 2015 年通过气藏数值模拟发现，过小的簇间距会导致缝间渗流干扰，影响压后产量。他们推荐簇间距为 25~30m，以平衡裂缝的覆盖范围和避免过度重叠。

裂缝形态的研究集中在理解多裂缝之间的应力干扰，即“应力阴影”效应。在 2018 年的研究中，致密砂岩水平井多段压裂裂缝扩展规律被详细分析。研究发现，先形成的裂缝会对后续裂缝的扩展路径和缝宽产生显著影响，可能导致裂缝偏转或合并，影响储层的均匀改造。通过优化上述参数，可以实现更有效的缝网改造，从而提高油气产量。Wang Haitao 等人在 2015 年通过调整压裂工艺，形成了一种组合压裂工艺模式，显著提高了深层页岩压裂的有效性。

人工裂缝施工参数和裂缝形态优化的研究正朝着更高效、更智能的方向发展。通过结合数值模拟、物理实验和智能优化算法，研究人员已经能够更好地理解和控制裂缝的扩展，从而提高油气田开发的效率。但当前的优化技术和方法仍然是基于较为简单的地质模型，并未有考虑储层各向异性和井身结构还有射孔方位角度等因素对施工参数和储层立体布缝参数的影响。

2 致密油藏压驱蓄能技术

压驱注水蓄能技术，即采用大排量、高压泵注的方式，在接近地层破裂压力的情况下大量注水，可实现驱洗剩余油的同时补充地层能量，达到提高油层采收率的目的。压驱注水过程中，大量清水注入储层会导致岩石的力学性质发生变化，也会改变储层的渗流性质，导致岩石渗透率和孔隙结构的变化。

2.1 压驱破岩形态研究

为了研究压驱和压裂成缝的差异，开展不同加载路径下岩石破岩形态及裂缝扩展规律研究，了解压驱宏观裂缝扩展规律及应变场特征。同时基于相似准则建立矿场与实验室尺度注入速度-岩石应力应变关系，引入数字成像技术，研究明确了压驱注水破岩介于裂缝萌生期和裂缝扩展期之间。

（1）不同加载路径下岩石破岩形态

根据 Hubbert and Willis（H-W）水力压裂基本准则，如果岩石中没有初始孔隙压力，并假设为弹性介质，则岩石的击穿压力由下式给出：

$$p_b = 3\sigma_{h\min} - \sigma_{h\max} + \sigma_t \quad (1)$$

其中，p_b 为击穿压力；$\sigma_{h\min}$ 为最小水平应力；$\sigma_{h\max}$ 为最大水平应力（均垂直于钻孔）；σ_t 为岩石的抗拉强度。

对岩石进行巴西劈裂试验有助于从实验角度上对压驱注水破岩过程中裂缝成因机理开展有效分析。开展不同加载方式巴西劈裂循环加卸载实验，得到砂岩试样荷载—位移曲线及破坏时的裂缝形态。通过对比不同荷载方式下的试样破坏形态可知：单轴荷载作用下，砂岩呈现出单一主裂缝破坏形式；随循环次数的增加，贯穿型主裂缝数量有所增加，出现两条甚至是多条贯穿型裂缝破坏形态，且破碎程度增加；随加载速率的降低，破坏形态又呈现出单裂缝破坏形态。

根据巴西劈裂实验应变场演化过程，压驱整体变形可以分为四个阶段：（a）弹性变形期（峰值荷载50%之前）整体变形较小，局部应变集中区数值较小；（b）塑性变形期（峰值荷载60%~90%之间）试样整体出现局部应力集中，可以看到较为明显的局部应变集中区；（c）裂纹萌生期（峰值荷载90%之后）存在局部应力化带，局部变形逐渐增加，可以看到裂纹出现的演化趋势；（d）裂纹扩展期（达到峰值荷载之后）出现贯通型裂纹。

对于常规水力压裂破岩，没有观察到明显的裂缝萌生期，快速提升排量直接破裂进入裂缝扩展期，压驱和压裂破岩阶段的对比如图1所示。通过数字成像技术细化微观岩石损伤过程，精准定位压驱注水破岩阶段，即压驱注水破岩介于裂缝萌生期和裂缝扩展期之间。

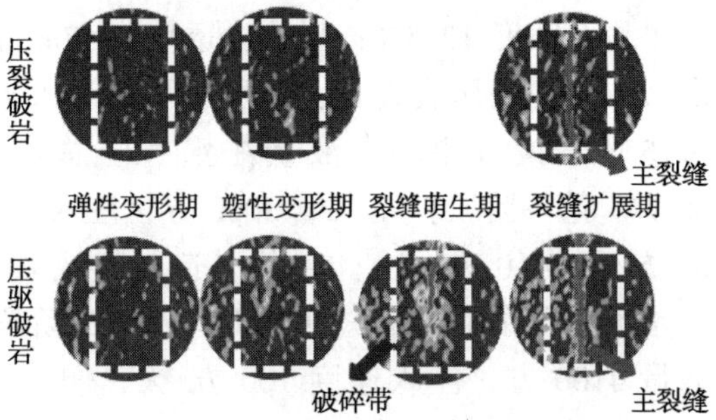

图1 压驱和压裂破岩阶段对比图

（2）不同敏感性参数砂岩断裂面裂缝粗糙度特征

基于数字图像相关技术提取裂缝剖面数据点，对岩石断裂面裂缝粗糙度相关参数进行定义，计算得到宏观裂缝形态特征及裂缝粗糙度。首先对裂缝粗糙度部分参数进行定义，取样长度中高度 h(x) 绝对值的平均偏差 Ra：

$$Ra = \frac{1}{L}\int_0^L |h(x)|\,dx \quad (2)$$

取样长度中轮廓曲线峰高 Zp 的最大值及轮廓曲线波谷 Zv 的最大值：

$$Zp = Z_{\max} - Ra \quad (3)$$

轮廓微观不平度的平均间距 Sm：

$$Sm = \frac{1}{n}\sum_{i=1}^{n} Sm_i \quad (4)$$

通过数字图像相关技术得到不同含水量岩石破裂时刻裂缝剖面形态，干燥试样（0%含水量）从圆盘中心起裂，根据定义计算裂缝表面粗糙度参数，如图2所示。

通过真三轴物模实验后激光裂缝形貌扫描验证，压驱破岩裂缝壁面粗糙度更大，表明压驱注水更易产生大量微裂缝。压驱注入流体滤失量大，波及范围大；压裂注入流体滤失量小，波及范围小。

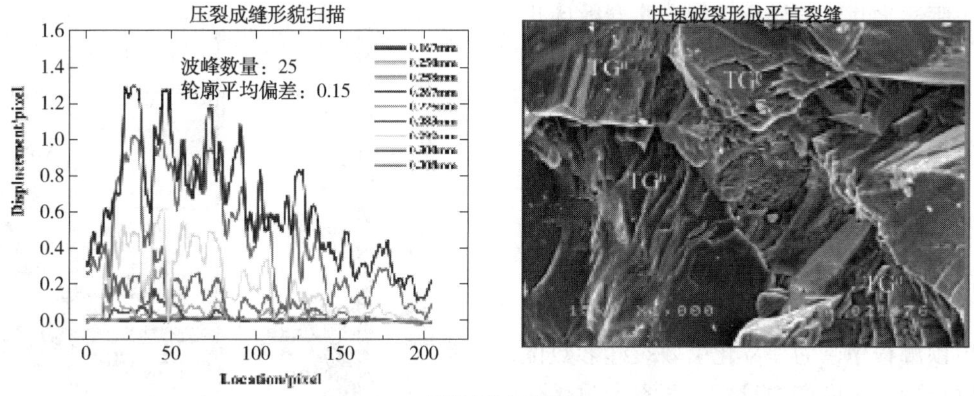

(a) 压裂成缝扫描形态

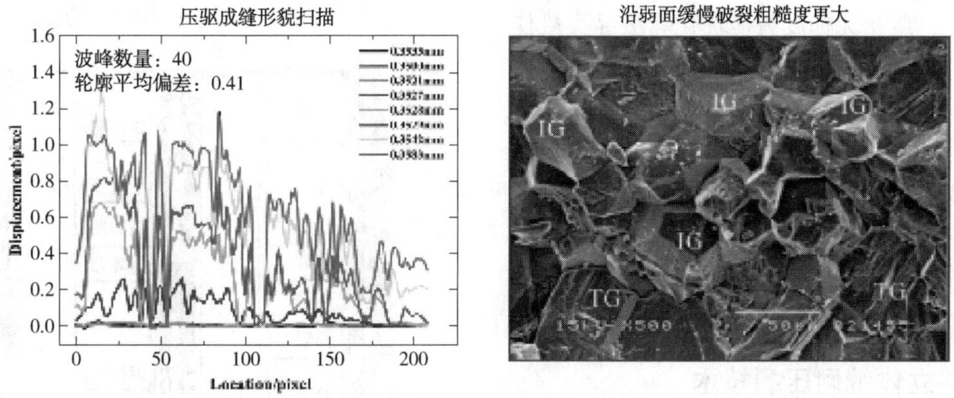

(b) 压驱成缝扫描形态

图 2　压驱和压裂裂缝形貌对比

(3)压驱注水压力-时间曲线特征

通过真三轴应力状态下大尺度岩样的注水破岩实验，考虑岩石破裂和流体渗流的双重作用，明确了压驱注水破岩导致的岩石破裂的形态与尺寸特征，从而验证了压驱注水过程宏观裂缝形态的差别。微观宏观实验相结合，厘清压驱“动态裂缝带”和压裂“瞬时成缝” 差异，在明确压驱“动态裂缝带”扩展机制基础上，形成“控缝扩带”压驱工艺。

为了进一步明确压驱、压裂裂缝扩展差异，对不同工艺的压力-时间曲线特征进行研究发现：压驱注水裂缝带呈现“起裂-停止-再次起裂”规律，考虑岩石破裂和流体渗流的双重作用，提出压驱“动态裂缝带”理念，通过压力监测曲线和声发射监测信号得到有效验证。

如图 3 所示：低速率低黏度注水破岩，裂缝曲折度较大，裂缝表面粗糙度较大；压力曲线表现出明显的波动，符合压驱“动态裂缝” 扩展规律。对应的声发射信号频率：压裂高，持续时间短；压驱注水低，持续时间长岩石发生持续轻微破裂，同样符合压驱“动态裂缝” 扩展规律。

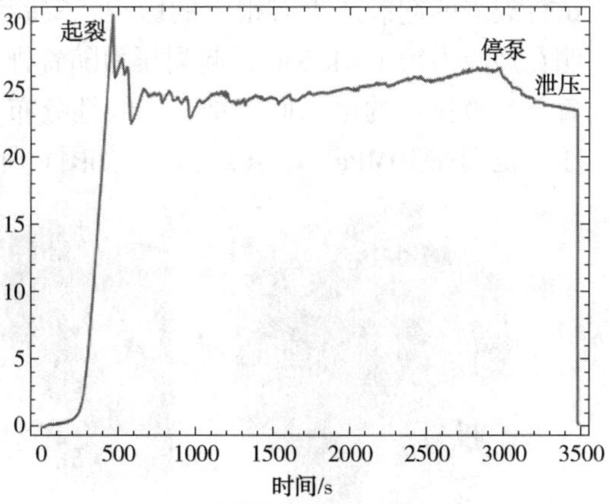

(a) 压裂实验模拟压力曲线

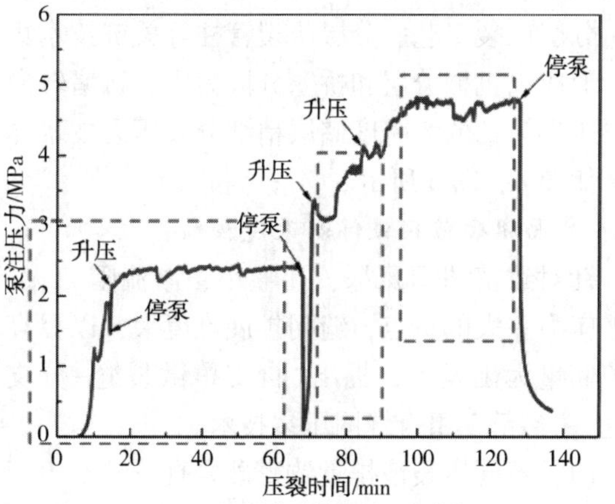

(b) 压驱注水实验模拟压力曲线

图 3　压驱和压裂压力曲线对比

（4）压驱注水井组差异化引效工艺参数优化设计

建立7因子5水平数值模拟实验方案，基于RSM-LBD算法开展敏感性分析，确定不同井网形式、储层物性、注水裂缝带、生产井动态综合影响下压驱注水影响主控因素分析方法。综合考虑压驱注水裂缝带形态，改进B-L方程建立井网形式下注水波及模拟方法，并编制注水前缘和压力波传导预测程序，为差异化引效裂缝参数优化设计提供指导。选取产油量建立压裂参数优化模型，以不同时间注采制度和注入井裂缝参数作为控制变量，应用无梯度智能优化算法寻找最佳控制变量，实现压驱注水井组油井压裂引效参数优化设计。

针对不同油藏的物性特点、压驱受效影响因素等，形成了阶梯升排量注入、等排量与变排量复合注入、阶梯降排量注入等注入方式和注入参数优化设计方法，建立了压驱注水井组差异化引效工艺参数优化设计。

3 直斜井立体缝网压裂技术

针对纵向上跨度大、层多层薄、非均质性强的致密油藏，研究形成以多层系精细化分层改造、横向上大规模组合缝网压裂构建体积缝网动用多层油藏的一种技术，其技术关键是纵向多层精细化甜点识别和分层改造，横向上通过大排量低粘度扩容+缝内暂堵+多尺度组合缝网支撑方式构建多级缝网分段压裂技术。

3.1 直斜井精细分层压裂技术

针对多层系、跨度大、非均质性强等问题，立足均衡动用，完善机械分层压裂技术，攻关可溶桥塞分层等技术，树立了大跨度油藏精细分段压裂改造、均衡动用理念。通过精细分层压裂政策、分层压裂工艺、分层压裂管柱等关键技术集成，形成以机械分层和桥塞分段为主、暂堵转向分层压裂为辅的大跨度储层精细分段压裂技术体系，如图4、图5所示。

3.2 平面组合缝网促体积改造技术

针对致密油埋藏深、孔喉小、渗流阻力大、水平应力差大的特点，缝网扩展难度大，以提高缝控储量为出发点，提出“自支撑微裂缝-分支裂缝-主裂缝”组合缝网压裂技术。

（1）不同压裂液排量致密砂岩真三轴水力压裂实验

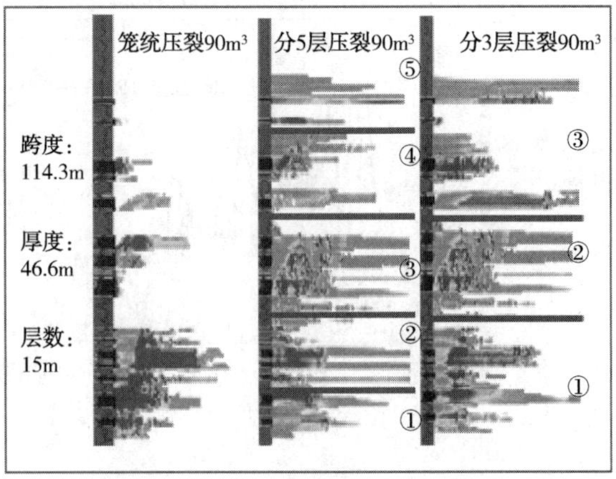

图4　不同分层数压裂优化

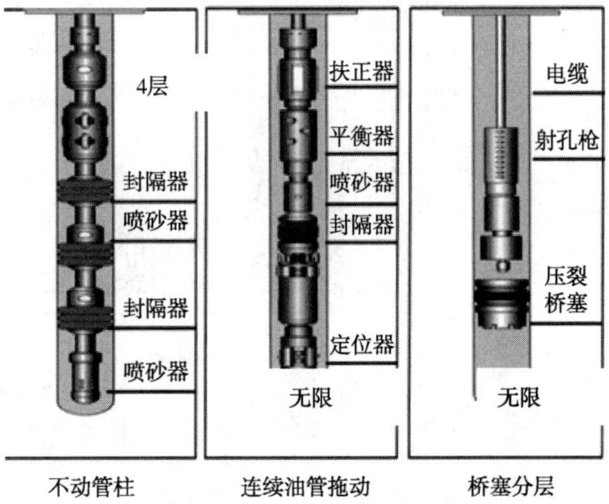

图5　不同分层管柱示意图

利用CT扫描和真三轴水力压裂实验系统，开展了岩心在不同压裂液排量、同一水平地应力比下的水力裂缝扩展实验（水平地应力为1∶1.5），分析了水力压裂作用下，砂岩在破裂、延伸过程中裂缝的起裂、扩展及形态变化，揭示了压裂液排量、水平地应力对砂岩裂缝扩展形态、破裂压力等的影响机理。

在一定的地应力下，压裂时压裂液的排量对试件裂缝的起裂压力有很大的影响。实验结果表明在地应力为1∶1.5时，起裂压力随着排量的随着压裂液排量的增加而增加，呈线性分布，起裂压力范围在10MPa~17MPa之间，如图6所示。

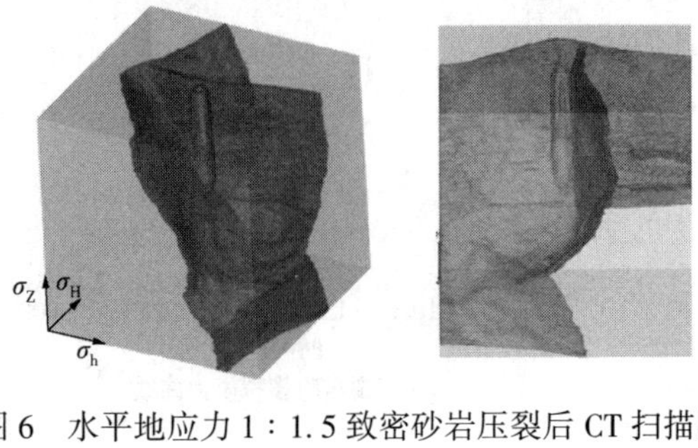

图6　水平地应力1∶1.5致密砂岩压裂后CT扫描图

从不同排量下试件的压裂曲线可知：在压裂时注入的压力随时间不断增大，在达到试件的起裂压力后，试件发生破裂。注水压力在达到试件的起裂压力后，依然在起裂压力值上下波动，在此期间，高注水压力除了用于继续裂缝扩展外，还易产生复杂的次生裂缝，从而形成复杂的压裂裂缝。

（2）岩心脆性影响因素分析

为了分析模量、泊松比、残余强度对岩心脆性的影响，进行相应的数值模拟分析，分别得出不同弹性模量、泊松比、残余应力水平条件下的数值模拟实验结果，绘制不同的全过程应力应变曲线图，并分别计算脆性指数 B，研究岩心岩石力学参数对储层脆性的影响。

弹性模量渐增时，岩心内部的微破裂面从简单的单缝破裂到复杂的多缝破裂。在破坏面周围产生更多的微裂纹。特别是当弹性模量等于 59550MPa 时，岩体的破坏面十分复杂，在主破坏面周围又产生了很多分支裂纹。通过应力应变数据，得到不同弹性模量的全应力应变曲线（图7）随着弹性模量的逐渐增大，峰值前的特征是岩心在破坏失稳前（峰值强度之前）发生的应变逐渐变小，可以得到弹性模量渐增时，岩体的脆性指数 B 逐渐增强。

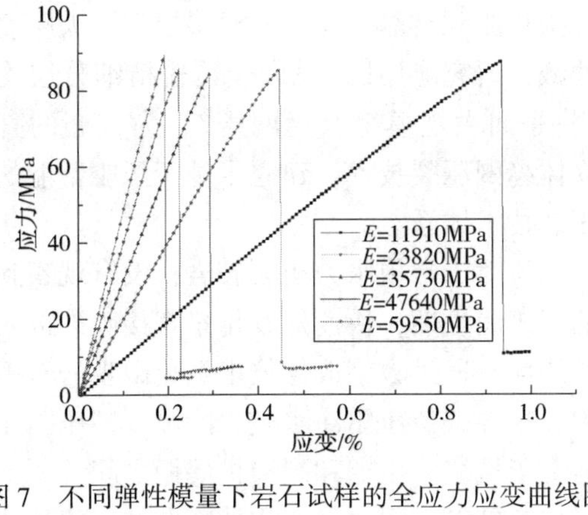

图7　不同弹性模量下岩石试样的全应力应变曲线图

随着泊松比的逐渐增大，岩心的破裂面从复杂的双缝破裂到简单的单缝破裂，同时在主破裂面周围产生的微裂纹越来越少。通过岩石破坏的应力应变数据（图8），可以看到随着泊松比的逐渐增加，峰值前的应力应变曲线变化很小；峰值后的残余应力逐渐增加。通过脆性指数 B 可以看到，随着泊松比的逐渐增大，岩体的脆性指数 B 逐渐减小，岩心的脆性逐渐减弱。

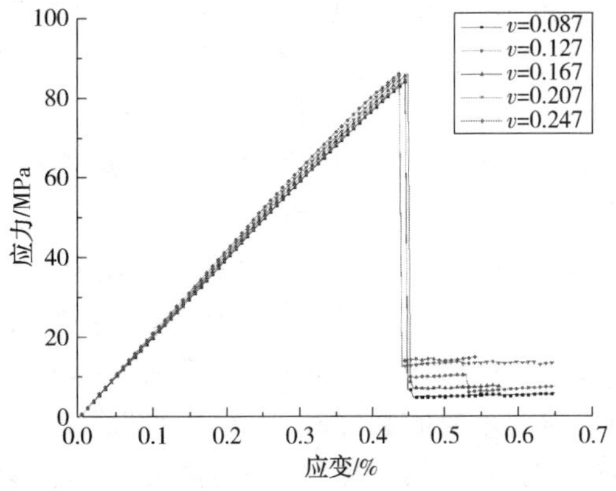

图8　不同泊松比下岩石试样的全应力应变曲线图

残余应力水平是岩石试样的残余应力与峰值应力的比值，当岩石的峰值应力不变时，残余应力水平越大，残余应力越大，岩石破坏释放的能量越小。随着残余应力水平的逐渐增大，岩心的破裂面同样从复杂的双缝破裂到简单的单缝破裂，在主破裂面周围产生越来越少的微裂纹。岩心的全应力应变曲线图显示：随着残余应力水平的逐渐增大，峰值前的应力增长速率几乎相同，但是峰值强度逐渐增加；峰值后的残余应力逐渐增加，应力跌落水平越来越小。通过脆性指数 B，可以看到，随着残余应力水平的逐渐增大，岩心的脆性指数 B 逐渐减小。这残余强度的幅值是影响缝宽的重要因素之一，如图9所示。

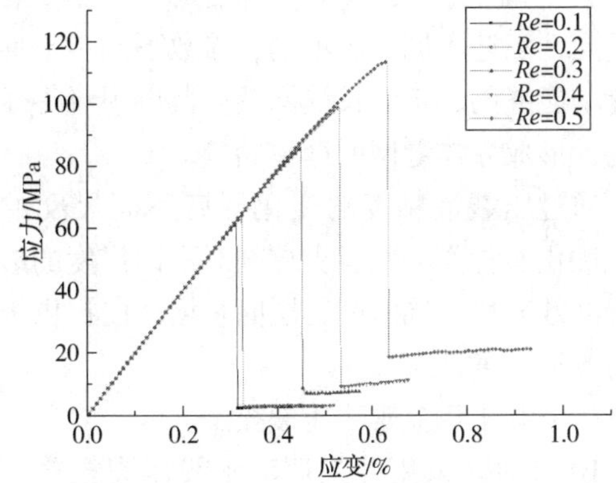

图9　不同残余应力水平下岩石试样的全应力应变曲线图

（3）不同应力差下的组合缝网压裂工艺

根据室内实验结果提出了低粘流体对致密储层的增缝工艺，物模揭示了 CO_2 处理后 CO_2 能够促进砂砾岩塑-脆性转换，脆性指数增大；配套了 CO_2+滑溜水蓄能工艺，通过孔压提升，增加微裂缝。

对于不同应力差下的储层研究形成了不同的组合缝网压裂工艺：针对应力差<7MPa 或脆性>0.8：研究 CO_2、黏度、排量对裂缝扩展影响规律，形成了“高排量 CO_2 压裂技术+变粘压裂液交替泵注”组合缝网压裂技术；针对应力差7MPa~10MPa储层：创新前置滑溜水蓄能增脆压裂技术。形成了“蓄能增脆+缝内多级暂堵+变粘压裂液交替泵注”组合缝网压裂技术。

在此基础上强化分支缝网的多粒径全支撑工艺，优化“分支缝压裂”和“高导流通道压裂”的组合方式。“主缝+分支缝+天然裂缝”的多尺度缝网技术，通过不同粘度压裂液造不同尺度缝，配套不同粒径支撑剂充填，增大裂缝与油藏的接触体积，同时配套层间暂堵转向提供纵向均衡改造力度。

4 典型区块应用研究

针对致密基山砂岩体非均质性强、常规压裂改造体积受限、压后递减快等问题，提出“压驱超前补能，压裂缝网引效”开发理念，在商河油田商558井区应用以“超前压驱增能、纵向精细分层、横向匹配井网差异化压裂、多尺度缝网全支撑”为核心的基山砂岩体立体组合缝网压裂技术。

（1）压驱工艺与油水注采井组结合优化

坚持“油水并重、注水为先”理念，通过分层压驱管柱实现精细压驱注水，采用阶梯升排量，实现高效注水；闷井扩压，做到“能量未补充不压裂、压力未扩散不压裂”，三口水井实施分层精细压驱压驱补能，累计压驱注水12.3万方，具体数据如表1所示。

表1 商558块压驱井实施情况

井号	注水层位	注水厚度/层	设计压驱注水量	注入速度方/天	累注万方
商548-x31	S3Z3.4.5	38.0/12	3.0/3.0	1500	5.7
商548-x37	S3Z3.4.5.6	61.4/18	2.5/1.5	1500	4.0
商548-x39	S3Z4.5	43.4/5	1.5/1.0	1500	2.6
小计			12.5		12.3

（2）差异化组合缝网改造工艺与井层结合优化

为实现井组精细化体积改造，在纵向精细分层压裂基础上，从“一井一策”到“一层一案”；井不同，工艺不同；层不同，参数不同；平面上设计增能缝网、定缝长缝网及多薄层限流等压裂工艺，形成立体缝网的缝控储量。

通过压裂液粘度的变化开启不同尺度的裂缝；优化多种类、粒径支撑剂对不同尺度的裂缝进行高效充填；同时配套层间暂堵转向提供纵向均衡改造力度。

（3）井工厂流水线压裂投产

10口油井采用井工厂流水线压裂投产，累计优化实施39段精细压裂改造，完成设计加砂量2188方，方案符合率达到100%。初期自喷单井日油13t，超方案指标(8t)65%，目前生产28个月后平均日油6.1t/d，累油6万吨，年递减率远低、产油能力远超同区块老井，平衡油价降至37.1美元/桶；压驱+压裂建产技术已在滨435、罗68等20余个块规模化推广。该技术在济阳坳陷商558、滨435等区块单元实现规模化推广应用，与常规压裂相比产能提高1.6倍，三年累计动用储量1160万吨，新建产能120万吨，实现该类油藏经济有效开发。

5 结论与认识

针对低渗透油藏注不进、采不出的瓶颈问题，强化压驱蓄能为先，针对多层系、大跨度致密油藏，研究应用以“纵向全覆盖精细分层均衡动用+平面大规模组合缝网压裂”为核心的直斜井立体缝网压裂技术，建立了基于压驱蓄能的立体压裂技术体系。

（1）对于常规水力压裂破岩，没有观察到明显的裂缝萌生期，快速提升排量直接破裂进入裂缝扩展期。通过数字成像技术细化微观岩石损伤过程，精准定位压驱注水破岩阶段，即压驱注水破岩介于裂缝萌生期和裂缝扩展期之间。

（2）针对不同油藏的物性特点、压驱受效影响因素等，形成了阶梯升排量注入、等排量与变排量复合注入、阶梯降排量注入等注入方式和注入参数优化设计方法，建立了压驱注水井组差异化引效工艺参数优化设计。

（3）针对多层系、大跨度致密油藏，应用直斜井立体缝网压裂技术，实现自支撑裂缝-分支裂缝-主裂缝的高效组合，建立了基于压驱蓄能的立体压裂技术体系。在济阳坳陷商558、滨

435 等区块单元实现规模化推广应用，与常规压裂相比产能提高 1.6 倍，三年累计动用储量 1160 万吨，新建产能 120 万吨。

参 考 文 献

[1] Schwartzkopff A K, Melkoumian N S, Xu C. Fracture mechanics approximation to predict the breakdown pressure using the theory of critical distances[J]. International Journal of Rock Mechanics and Mining Sciences, 2017, 95: 48-61.

[2] Nejati M, Aminzadeh A, Amann F, et al. Mode I fracture growth in anisotropic rocks: Theory and experiment[J]. International Journal of Solids and Structures, 2020, 195: 74-90.

[3] Zhuang L, Kim K Y, Diaz M, et al. Evaluation of water saturation effect on mechanical properties and hydraulic fracturing behavior of granite[J]. International Journal of Rock Mechanics and Mining Sciences, 2020, 130: 104321.

[4] 张志强，郑军卫. 低渗透油气资源勘探开发技术进展[J]. 地球科学进展，2009，24(08)：854-864.

[5] 王光付，廖荣凤，李江龙等. 中国石化低渗透油藏开发状况及前景[J]. 油气地质与采收率，2007(03)：84-89+117.

[6] 连志龙，张劲，吴恒安等. 水力压裂扩展的流固耦合数值模拟研究[J]. 岩土力学，2008(11)：3021-3026.

[7] 吴奇，胥云，王腾飞等. 增产改造理念的重大变革一体积改造技术概论[J]. 天然气工业，2011，31(4)：7-12

[8] 苏玉亮，袁彬，李硕轩等. 盒 8 致密气储层水平井体积压裂增产影响因素[J]. 科技导报，2013，31(19)：20-25.

[9] 魏海峰，凡哲元，袁向春. 致密油藏开发技术研究进展[J]. 油气地质与采收率，2013，20(02)：62-66+115.

[10] 赵艳波，王林庆，马东. 压裂“X”形裂缝提高单井措施效果的新方法[J]. 油气地质与采收率，2010，17(5)：105-109.

川西须二气藏体积压裂工艺研究与应用

王峻峰　缪尉杰　刘　林　李永明

（中国石化西南油气分公司石油工程技术研究院）

摘　要　川西新场-新盛须二气藏具有埋藏深、低孔致密、非均质性强、构造应力高的特点，前期完井改造工艺上适应性不强，存在储层难压开、排量低、加砂规模小的问题，压后产量不理想。依托地质工程一体化方法，以"双甜点优选+大排量沟通+大规模支撑"为抓手，研究新场-新盛须二气藏的体积压裂工艺。采用数值模拟和物理模拟手段，研究结果表明，双甜点选层和超高压套管压裂能建立 $10m^3/min$ 以上施工排量，增加施工成功率；通过增加裂缝布缝数量可提高储层纵向控制率，提高施工排量增大裂缝沟通数量；采用强铺置支撑理念，优化二级粒径组合支撑剂和变黏压裂液使用实现多级裂缝强支撑。研究成果在新场-新盛须二气藏已成功应用15井次，平均单井压后无阻流量57.52万方/天，EUR2.65亿方，实践结果表明该工艺能有效释放川西须二气藏储层产能，为元坝、通南巴等深层须家河组致密砂岩高效开发提供了新思路。

关键词　新场-新盛；须家河组；体积压裂；地质工程一体化；数值模拟

2010年以来，四川盆地天然气进入快速发展时期，陆续发现数个超千亿方的大型、特大型气田，新增探明储量3.2万亿方，2020年盆地已实现565亿方年产量，有力保障国家能源安全。四川盆地内发育多套陆相、海相储层，其中陆相致密砂岩须家河组气藏在中国石化探区内保有地质资源量4.05万亿方，主要分布在新场、元坝、通南巴等地区。须家河组气藏勘探开发自1988年的川合100井的发现开始，受限于地质认识和工程工艺手段的不足，气田开发经历了"三上三下"，主要存在单井产量差异大、气水关系复杂、储层改造效果差的难点，造成了高储量、难开发、低效益的局面，相关技术研究也停滞不前。邻区中坝、合川、安岳等须家河组气藏也面临相同难点，气藏开发在2010年后也基本处于停滞状态。

前期须家河组气藏开发主要集中在新场须二段、元坝须三段的断褶裂缝发育区，采用裸眼/射孔替喷、燃爆酸化、加重酸化、加砂压裂等完井改造工艺投产。实践和研究表明受埋藏深、储层致密、高破裂压力、高延伸压力、高闭合压力等特征影响，酸化改造井其酸蚀缝长较短，裂缝带改造体积小，导流能力衰减较快，单井产量快速递减，而加砂压裂井存在施工压力高，施工排量较低，加砂困难的问题，施工成功率不到80%，甚至存在压不开的情况，无法达到释放产能的地质需求，急需攻关压裂工艺。

近年来，致密油气勘探开发得益于体积改造技术的发展取得了长足进步，苏里格气田、川中金秋气田、川西中江气田等相继获得高产工业油气流，套管桥塞分段体积压裂、多段多簇密切割、大规模高强度支撑等非常规改造理念开始推广应用。与此同时，川西须家河组气藏在气藏甜点识别、裂缝预测上提出了"断缝体"概念，并指出储层改造对于沟通断褶裂缝的必要性。本文以新场-新盛须二气藏为例，基于地质工程一体化研究，从双甜点识别、裂缝交互延伸机理、裂缝多级支撑出发，提出新场-新盛须二气藏精细分层体积压裂技术。目前该工艺已实施15井次，平均单井无阻流量57.52万方/天，EUR2.65亿方，增产效果显著，为元坝、通南巴、大邑等深层须家河组致密砂岩高效开发提供了新思路。

1　体积压裂面临挑战

1.1　地质特征研究

新场—新盛地区须二段发育一套以辫状河三角洲为主的中—粗粒沉积体系，纵向上共分9个小层，厚度大平面分布广泛，甜点储层横向相变快，主力开发层系为1、24号小层。须二段气藏埋藏深度4400~5200m，基质孔隙度3.4%~3.8%，渗透率 $0.1 \sim 0.15 \times 10^{-3} \mu m^2$，非均质性强，属于典型低孔致密储层。同时受龙门山推覆作用形成南北向构造带，该构造带区域断褶带裂缝局部发育，以平缝、低角度缝为主，部分层段发育高角度缝；非断褶带裂缝欠发育。前期研究表明南北向断裂控产特征显著，且越靠近断褶带，构造缝越容易发育，裂缝密度和裂缝倾角与气井产能呈现正相关关系。

表1 深层须家河组储层基本特征

区块	新场-新盛	通南巴	元坝	大邑
深度/m	4500~5200	4900~5300	4600~5000	4800~5200
压力系数/无因次	1.71	1.80	1.82	1.15
天然裂缝	局部发育	欠发育	欠发育	不发育
孔隙度/%	4.6	4.7	3.4	2.9
渗透率/$10^{-3}\mu m^2$	0.15	0.19	0.11	0.06

受多期次构造作用影响，川西须二段地层岩石弹性模量平均34.9GPa，泊松比平均0.22，构造应力较强，水平地应力差异较大，最小水平主应力梯度1.89~2.34MPa/100m，水平应力差异系数达到0.37，无法形成复杂裂缝，因此储层改造需要构建更多、更长的支撑缝来增加沟通断褶裂缝带的机率。

表2 深层须家河组地质力学特征

区块	新场-新盛	通南巴	元坝	大邑
弹性模量/GPa	34.9	45.6	33.2	37.1
泊松比	0.22	0.24	0.21	0.28
脆性指数/%	67.3	58.8	69.0	73.1
垂向应力/MPa	110	114	117	116
最大水平主应力/MPa	147	135	131	128
最小水平主应力/MPa	100	109	102	92
水平地应力差异系数	0.37	0.24	0.28	0.38
水平应力差/MPa	37	26	29	35

1.2 改造难点

（1）新场-新盛须二气藏破裂压力高，施工排量低，实施难度大，对压裂设备和管柱要求高，前期施工成功率仅80%。

表3 新场-新盛须二储层施工特征

井号	X-1B	X-2B	X-3B	X-5B	X-6B
施工压力/MPa	98.5~106.7	100.6~112.3	91.2~97.5	94.5~98.6	82.4~92.8
注入方式	4 1/2″油管	4 1/2″油管	3 1/2″油管	3 1/2″油管	4 1/2″+3 1/2 ″油管
液体体系	胍胶				
压裂井口/MPa	140	140	105	105	105
施工排量/(m^3/min)	6.0~7.1	5.5~6.0	2.0~2.3	0.9~1.2	5.0~6.0
破压梯度/(MPa/100m)	2.2	2.35	2.61	2.54	2.53
停压梯度/(MPa/100m)	2.1	2.31	2.59	2.42	2.45
测试产量/(10^4m^3/d)	2.14	4.73	1.66	6.55	7.11

(2)深层天然裂缝预测属于世界级难题，其分布复杂、形态多样，裂缝难以有效识别，地质工程一体化实施难度大。

（3）低角度水平缝充填后开启程度低，人工裂缝扩展易受阻，断褶带裂缝激活沟通难度大。

（4）小规模改造人工裂缝有效性较差，泄气半径不足，产能损失大，稳产困难。

2 体积压裂关键技术

以充分沟通断褶裂缝、增大改造范围为目标，新场-新盛须二气藏体积压裂思路主要是，以地质工程一体化为抓手优选双甜点提高储层可压性提高施工成功率，以裂缝扩展模拟明确人工裂缝与天然裂缝的交互机理提高裂缝沟通率，以“套管桥塞分段+大规模+组合粒径支撑剂+变黏液”为核心实现多级裂缝长期稳产。

2.1 地质工程双甜点识别

采用电成像测井识别井壁裂缝，配套偶极声波远探测技术可识别井周 30m 内裂缝发育情况，结合孔隙度、含气性作为地质甜点选择的主要依据。以储层更易破裂作为工程甜点评价依据，考虑高脆性指数+高垂向水平应力比+低最小水平主应力为参考指标。通过建立前期地质-工程数据库进行回归分析，得到了地质工程影响因素权重的综合可压性指数回归方程：

$$f=0.12\sigma_v/\sigma_h+0.12V_p/V_s+0.11\theta+0.10\beta+0.10B_I+0.10S_H+0.093\Delta\sigma_h+0.086\varphi+0.08AC/GR \quad (1)$$

式中，θ 为裂缝倾角；β 为裂缝线密度；V_p/V_s 为纵横波比；σ_v/σ_h 为最小水平应力与垂向应力比；B_I 为脆性指数；S_H 为泥质含量；$\Delta\sigma_h$ 为水平应力差；φ 为孔隙度；AC/GR 为声波伽马比。

现场应用表明，破裂压力<130MPa，垂向水平应力比>1.05，AC/GR>0.5，可压性指数>1.5，声波远探测显示裂缝发育的改造段压裂施工排量高，压后产能好。如图 1 所示为 XS204H 导眼井第六改造段的双甜点识别选择(蓝色为该射孔段)，最小主应力 95.83MPa，钻井中未见漏失，成像裂缝发育一般，以低角度缝为主，偶极声波在上部有显示，全烃 18.03，选层段破裂压力 107.14MPa，可压性指数 1.99 为全段最高，后该段施工排量实现 $13m^3/min$，压后产剖表明该层段贡献度为 42.7%(共 6 段)。

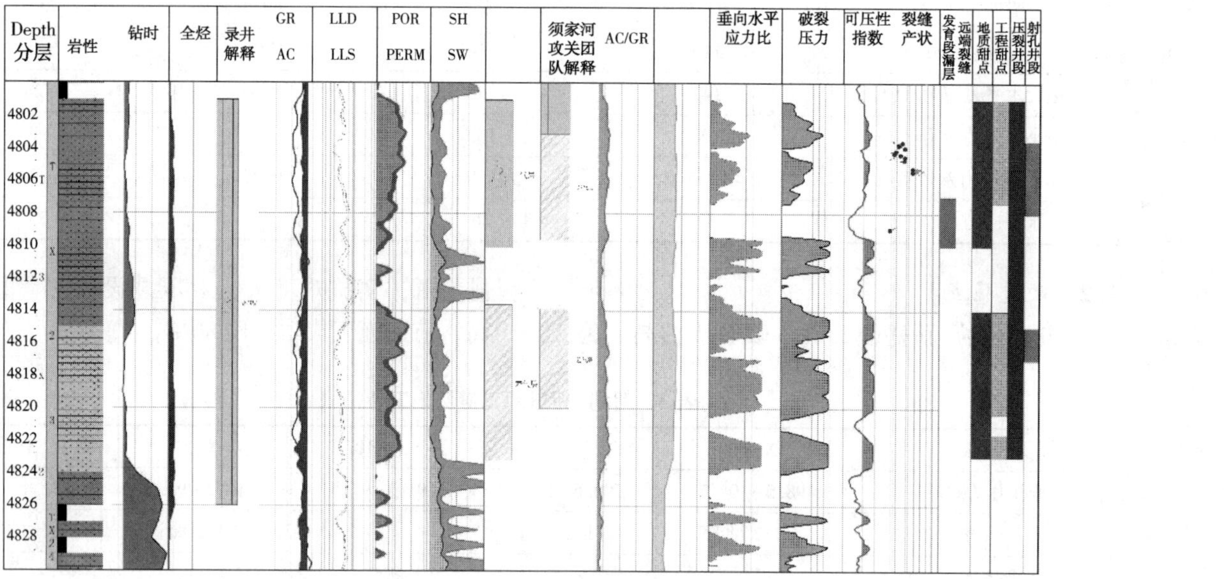

图 1 X-2H 井须二段第 5 压裂段双甜点选择

2.2 裂缝交互机理认识

综合考虑储层物性、岩石力学特征和天然裂缝发育特征，以沟通天然裂缝为目标，采用相场法模拟裂缝扩展行为。数值模拟结果如图 2 所示，施工排量对水力裂缝扩展形态控制具有显著作用，施工排量由 $6m^3/min$ 增大至 $12m^3/min$ 增强了水力裂缝在水平最大主应力方向的扩展，长度方向有效增加；同时分支缝数量由 6 条增大至 8 条，水力裂缝带控制范围增加，高排量能够沟通更多的天然裂缝。

另一方面，前期采用油管+封隔器分层改造控制程度不足，高水平应力差下裂缝复杂程度低，因此需通过增加裂缝数量来缩短渗流距离实现多层高效动用。如图 3、图 4 所示，数值模拟显示多簇裂缝在小簇间距下，应力干扰作用较强，中间裂缝早期发生串联，因此簇间距不宜少于 15m。随着簇间距增加，各簇裂缝沿天然裂缝方向发生偏转，沟通天然裂缝几率增加，裂缝复杂程度明显增加。若簇间距大于25m，高水平主应力差占主导作用，各簇裂缝沿最大主应力方向扩展，裂缝沟通能力下降，为增加储层控制程度推荐进行多段少簇保证高净压力有效延伸。

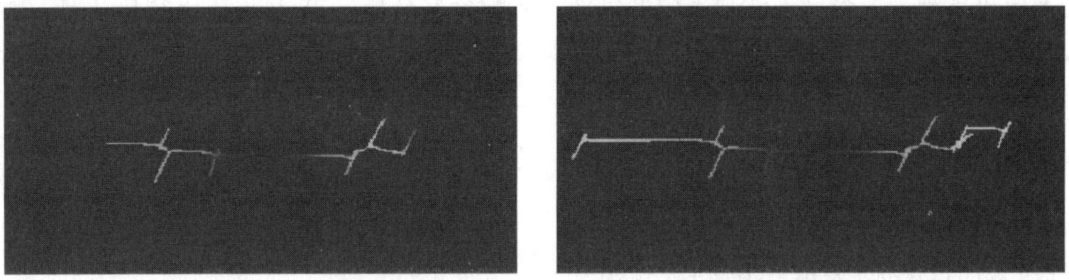

(a) $6m^3/min$　　(b) $12m^3/min$

图2　不同施工排量下水力裂缝扩展形态

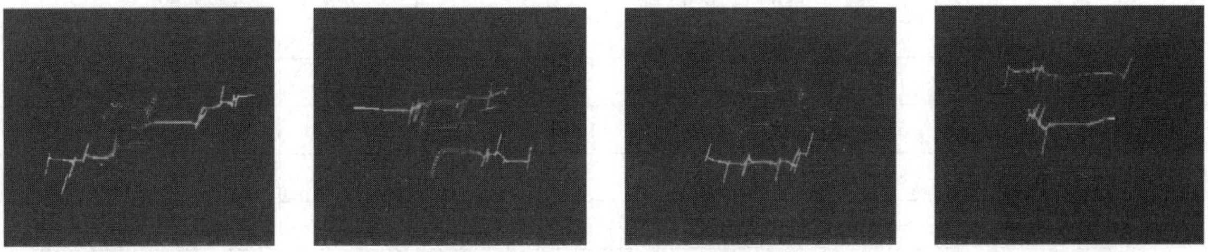

裂缝间距10m　裂缝间距15m　裂缝间距20m　裂缝间距25m

图3　不同裂缝间距下水力裂缝扩展形态

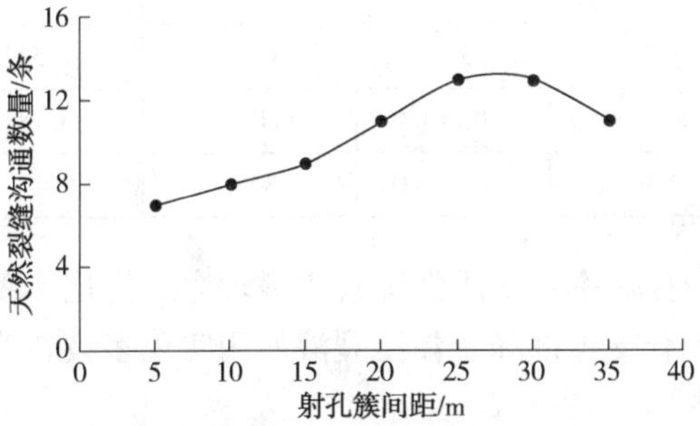

图4　不同裂缝间距下沟通天然裂缝数量对比

2.3　多级裂缝支撑

中江气田体积压裂实践表明，人工裂缝的高强度支撑是降低流动阻力的关键，通过提高排量、小粒径支撑剂、用液量可以有效提高加砂量。采用140MPa井口及高强度1/2 5"套管注入工艺可实现有效排量12~15m^3/min，较前期油管注入的施工排量提高1.14倍，配套超深穿透射孔弹和后效射孔工艺，破裂压力降低幅度在3.7~10.2MPa，施工难度较前期大幅降低。通过裂缝宽度模拟发现(如图5所示)，裂缝宽度随杨氏模量的增加而缩小，在35GPa条件下裂缝平均宽度3.25~3.64mm，为40/70目陶粒支撑剂粒径的15~17倍，高强度加砂难度大。采用40/70：70/140=4：6的陶粒组合支撑剂、增加携砂液用量可有效实现天然裂缝和人工裂缝的强铺置支撑。

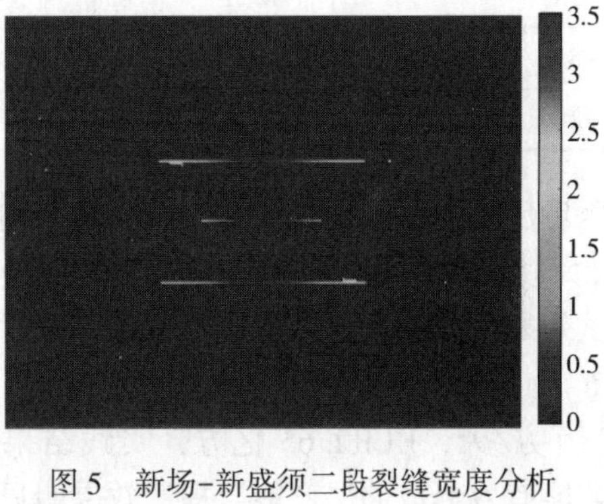

图5　新场-新盛须二段裂缝宽度分析

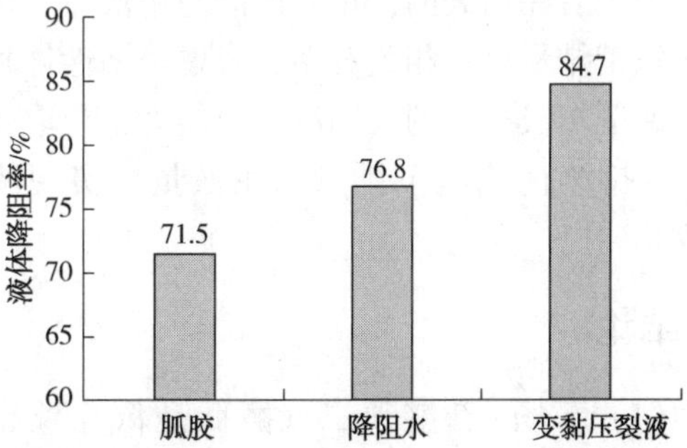

图6　不同液体降阻率

物模实验表明采用一体化变黏压裂液能有力提高缝内净压力促进裂缝延伸沟通天然裂缝能力同时实现多级支撑剂的铺置，如图6所示，变黏压裂液有效降阻率最高可达90%，平均降阻率在 84.7%，较前期胍胶压裂液提高 18.5%，摩阻平均降低 5.9MPa。施工过程实现黏度动态调整，匹配地层进砂难度，容易进砂则采用低黏液加大滤失沟通裂缝，相对困难则采用高黏-交联液辅助携砂有效造缝支撑。

3 现场应用

通过新场-新盛须二气藏体积压裂工艺的研究，形成以“双甜点优选+大排量沟通+大规模支撑”为核心的体积压裂技术在川西须家河组气藏持续应用。基于地质工程双甜点的综合选层选段配合超高压完井工艺，压裂施工成功率 100%，施工排量可稳定在 12~14m^3/min，未出现难压开局面；裂缝布缝从单井 4.8 簇增加到 12.8 簇，纵向控制率提高到 90.6%；单井规模较前期大幅提升，单井平均用液 6838.21 方，平均加砂 296.93 方，部分单井施工参数对比如表 4 所示。

表 4　压裂参数及效果对比

井号	改造工艺	段数/簇数	液量/(m^3)	砂量/(m^3)	施工压力/MPa	施工排量/(m^3/min)	无阻流量/(10^4m^3/d)	EUR
X-2B	常规工艺	1/1	459.5	2	91.2~97.5	2.0~2.3	2.1	0.08
X-3B		3/3	1213.1	82.5	100.6~112.3	5.5~6.0	18.6	0.19
X-5B		8/8	367.7	38	82.4~92.8	5.0~6.0	22.5	0.15
X-1A	体积压裂	6/19	7531.4	235.5	83~92.1	4.5~11.6	68.3	3.5
X-2A		3/6	4425.9	173.5	59.6~97.1	12~14	5.1	0.53
X-3A		6/18	6059.8	156.9	82.1~116.2	5~16	28.8	1.5
X-4A		4/10	5764	352	83~105	10~14	113	4.1
X-5A		4/12	8585	350.9	83.9~112	5.5~14	43.3	2.51
X-6A		5/14	7693.4	392.5	70~100.5	2.0~14.0	110	3.78
X-2H		6/11	7808	417.2	83~112.9	4.0~13.0	34.2	/

压后反演裂缝平均长度 182.86m，平均高度 19m，大规模改造沟通裂缝范围广，有效性高。从测试效果来来看，体积压裂产量为邻井常规压裂的 6~10 倍，15 井次压后平均单井无阻流量 57.52 万方/天，EUR2.65 亿方，实践结果表明该工艺能有效释放储层产能，提产效果明显。

生产后评估表明，单井产能与用液量、加砂量和施工排量呈正相关关系，考虑经济性体积压裂，保证多级裂缝的长期高导流能力，获取较高 EUR，持续优化施工排量与用液量，实现降本增效。

4 结论

（1）新场-新盛须二气藏低是低孔致密储层，局部发育低角度裂缝，受制于完井改造工艺上不足，千亿方探明储量难以动用，需采用高动用的体积改造工艺改善压裂效果。

（2）研究与实践表明：双甜点选层和超高压套管压裂能建立 10m^3/min 以上施工排量，增加施工成功率；通过增加裂缝布缝数量可提高储层纵向控制率；采用强铺置支撑理念，优化二级粒径组合支撑剂和变黏压裂液使用实现多级裂缝强支撑。

（3）体积压裂效果与用液量、加砂量和施工排量呈正相关关系，经济性体积压裂要求保证多级裂缝的长期高导流能力，下步需优化施工排量和用液量，实现降本增效。

（4）“双甜点识别+大排量+大强度”为核心的体积压裂技术为新场-新盛须二气藏高效益开发提供新手段，也为元坝、通南巴地区须家河组气藏勘探开发提供了思路。

参　考　文　献

[1] 张道伟．四川盆地未来十年天然气工业发展展望[J]．天然气工业，2021，41(08)：34-45.

[2] 郭旭升，胡东风，黄仁春等．四川盆地深层—超深层天然气勘探进展与展望[J]．天然气工业，2020，40(05)：1-14.

[3] 王浩，周文，张冲．元坝气藏须家河组三段储层特征与主控因素[J]．西南石油大学学报(自然科学

版)，2016，38(04)：19-26.

[4] 张鹏伟，张洪安，王学军等．四川盆地普光和通南巴地区须家河组气藏气源探讨[J]．断块油气田，2022，29(02)：145-151.

[5] 郑和荣，刘忠群，徐士林等．四川盆地中国石化探区须家河组致密砂岩气勘探开发进展与攻关方向[J]．石油与天然气地质，2021，42(04)：765-783.

[6] 刘莉萍，林小兵，李丽平．四川盆地孝泉—丰谷构造带须家河组气藏气水分布控制因素及勘探潜力[J]．天然气工业，2013，33(06)：16-22.

[7] 唐大海，王小娟，陈双玲等．四川盆地中台山地区须家河组致密砂岩气藏富集高产主控因素[J]．天然气地球科学，2018，29(11)：1575-1584.

[8] 陈涛涛，贾爱林，何东博等．川中地区须家河组致密砂岩气藏气水分布形成机理[J]．石油与天然气地质，2014，35(02)：218-223.

[9] 龙胜祥，刘娅昭，许华明等．四川盆地中国石化探区天然气勘探开发领域与技术攻关方向[J]．天然气地球科学，2020，31(09)：1195-1203.

[10] 张烈辉，胡勇，李小刚等．四川盆地天然气开发历程与关键技术进展[J]．天然气工业，2021，41(12)：60-72.

[11] 刘华杰，易祖坤，陈冬林．川西深层须家河组气藏改造难点分析及技术对策[J]．油气井测试，2012，21(01)：53-56+77-78.

[12] 韩福勇，倪攀，孟海龙．宽带暂堵转向多缝压裂技术在苏里格气田的应用[J]．钻井液与完井液，2020，37(02)：257-263.

[13] 郑有成，韩旭，曾冀等．川中地区秋林区块沙溪庙组致密砂岩气藏储层高强度体积压裂之路[J]．天然气工业，2021，41(02)：92-99.

[14] 林永茂，缪尉杰，刘林等．中江气田致密砂岩体积压裂应用[J]．西南石油大学学报(自然科学版)，2022，44(03)：148-156.

[15] 王兴文，林永茂，缪尉杰．川南深层页岩气体积压裂工艺技术[J]．油气藏评价与开发，2021，11(1)：102-108.

[16] 刘振峰，刘忠群，郭元岭等．“断缝体”概念、地质模式及其在裂缝预测中的应用——以四川盆地川西坳陷新场地区须家河组二段致密砂岩气藏为例[J]．石油与天然气地质，2021，42(04)：973-980.

[17] 刘君龙，胡宗全，刘忠群等．四川盆地川西坳陷新场须家河组二段气藏甜点模式及形成机理[J]．石油与天然气地质，2021，42(04)：852-862.

复杂窄河道差异化高效压裂关键技术研究与应用

赵祚培

（中国石化西南油气分公司工程技术管理部）

摘　要　川西中浅层致密砂岩气藏河道砂体窄而薄、储层低渗致密品质差、非均质性强，常规水平井体积压裂面临裂缝扩展不均、铺置有效性差、出砂严重、返排困难及压裂工艺成本高等问题。为此，以“提产、降本、防砂、低伤害”为主要目标，提出“精细布缝、有效铺砂、高效返排”的改造思路，结合裂缝监测及TPC射孔簇级产出剖面测试及精细识别新技术优化压裂工艺及参数，探索形成了“三维精细布缝设计、纤维携砂高效铺置、多相耦合网格支撑、前置液氮增能快排”的差异化高效压裂关键技术。研究结果表明，单井地质-工程参数设计针对性变强、裂缝三维控制程度增加，单井压裂规模降低16%、单井产能提升25%，压裂成本降低8%、出砂量大幅减少、排液速度更快，整体降本增效效果显著，为类似气藏的低成本高效开发提供技术借鉴。

关键词　复杂窄河道；致密砂岩；精细布缝；高效铺置；前置增能；降本增效

据自然资源部最新资源评价，四川盆地致密气地质资源量达3.98万亿m³，其中川西中浅层致密砂岩气藏在中国石化探区内探明天然气地质储量近5000亿m³，动用储量不足2000亿m³，开发潜力巨大。川西中浅层开发近30年，探明气田10个，致密气藏20个，主要分布在新场、中江、洛带、什邡等气田，是目前盆地进行规模化增储上产的重要阵地。

川西中浅层致密砂岩气藏与国内其他已规模效益开发的致密砂岩气藏相比，存在河道砂体窄、岩性变化大、储层低渗致密、可压性差异大、气水关系复杂的特点，水平井分段压裂技术作为致密气藏主要的增产改造手段，近十年来经过“四次迭代升级”：①2012年，先导试验水平井配套“封隔器+投球滑套分段”压裂方式，储层改造体积及裂缝导流能力大幅提升，增产效果显著；②2014年，为提高单条裂缝的有效流动能力，以纤维加砂为手段，将常规连续加砂变为脉冲式间断加砂，形成了脉冲压裂技术，裂缝导流能力提高了3倍以上，有效缝长提高了2倍，压后单井产量从4.83万方/天提高到7.37万方/天；③2019年，为进一步提高裂缝复杂性，结合全通径无级滑套形成了水平井精细分段单簇一体化建井压裂技术，实现水平井单段单簇精细布缝，大幅度提升了致密气水平井分段改造针对性及改造效果；④2021年，借鉴非常规天然气“缝网压裂”改造理念，以进一步提高裂缝复杂性和有效改造体积为目标，探索形成了以“密切割、大排量、变黏压裂液、强加砂”为核心的体积压裂技术，压后平均单井无阻流量达到28.5万方/天，较前期常规压裂井提升1.8倍，增产效果较前期显著提高。

2022年来，随着气藏储层品质逐年变差，体积压裂改造效果有所降低，压裂后存在产量递减快、储层伤害大以及气井出砂等问题。为了进一步提高单井产能及工艺经济性，在致密气藏前四轮储层改造经验的基础上，以“提产、降本、防砂、低伤害”为主要目标，重点考虑如何进一步实现“多裂缝有效扩展、支撑剂高效铺置、致密层降低伤害”，提出“精细布缝、高效铺置、增能快排”改造理念，引入三维精细设计、多级支撑剂高效铺置、前置增能压裂等技术，结合低成本工艺探索，形成新一代川西致密气低成本高效压裂技术。该技术的成功升级，使得单井压裂成本降低的情况下，压后平均无阻流量进一步提升，为类似致密砂岩气藏高效开发提供了技术借鉴。

1　气藏地质工程特征

川西中浅层致密砂岩以中江气田沙溪庙组气藏为典型，位处四川盆地川西坳陷，构造呈“三隆两凹一斜坡”格局，发育合兴场-高庙子-丰谷、知新场、中江-回龙等局部构造，气藏具有“河道砂体窄而薄、低渗致密品质差、非均质性强”的地质特征：

（1）气藏顺河道呈“条带状”展布，单河道宽度窄（300~1000m，90%河道宽度小于600m）、延伸长（10~35km）、砂体厚度薄（5~30m），河道走向与最小主应力方向存在一定夹角；

（2）储层非均质性强，岩性变化较大，含气性差异大，纵向多期叠置，横向分布不连续（泥质低渗透带阻隔）；

（3）储层埋深差异大（1300~3200m），地压系数差异大（1.0~1.9）、两相地应力差异大、天然裂缝发育程度差异大；

（4）储层致密（平均孔隙度8.66%、平均渗透率0.21mD），脆性指数相对较低（平均杨氏模量13.3GPa，泊松比0.21，脆性指数40.6）。

整体属于典型的低孔、低渗-超低渗窄河道砂岩气藏，与国内外其他致密砂岩气藏相比，河道更窄、储层变化更快、渗透率更低，低成本效益开发难度更大。

2 体积压裂面临的挑战

（1）目前开发隐蔽河道砂气藏，储层为Ⅱ、Ⅲ类，品质变差，非均质性强，裂缝三维均衡扩展受限，储层控制程度低，提产难度大。相比新场沙溪庙组气藏以及前期亮点河道，目前识别开发的隐蔽河道，普遍砂体展布窄（主体300~500m）、厚度薄（平均砂厚18m）、横向展布变化大，存在致密阻隔带，多裂缝有效扩展受限，需针对性优化分段分簇、差异化压裂参数优化设计，实现裂缝精细布置，增大控制范围从而提升改造效果。

（2）常规体积压裂水平井压后支撑剂铺置有效性差，出砂严重，综合原因造成单井产能递减速度较快，稳产难度大。中江沙溪庙组气藏先导试验体积压裂井初期产量高，但压降速率快，初始递减率大，稳产期平均仅12.3个月，较前期常规压裂井（平均22.1个月）更短（表1）。一是目前采用的“石英砂+陶粒”组合粒径支撑剂比例未能完全实现裂缝远端支撑，有效支撑缝长不足导致产能受损；二是压后生产流速过高，导致支撑剂回流出砂，支撑剂铺置剖面受损影响裂缝长期导流能力。2021年实施的第一批体积压裂井，压后出砂普遍在8~50方，最高单井出砂量达到200方。出砂后造成井筒及地面流程堵塞，频繁刺坏输气流程，严重影响气井安全平稳生产。

表1 体积压裂与常规压裂改造水平井开发指标对比表

分类	初期日产气/万方	稳产期/月	稳产期累产气/亿方	初始递减率/%	目前递减率/%	初期压降速率/（MPa/月）	弹性产率/（万方/MPa）
常规压裂井	4.13	22.1	0.37	39.2	16.1	1.02	245
体积压裂井	10.33	12.3	0.38	42.8	35.4	2.47	227

（3）大规模改造，常压及Ⅲ类储层压后返排困难，水锁伤害严重，改造效果难以保证。中江气田部分河道地压系数1.0~1.2，属常压气藏，前期压裂实践表明，该类气藏压后排液困难，水敏水锁伤害严重，大量液体滞留会严重影响增产效果，需要进行压后“快排”。同时，统计结果表明，常压及高含水饱和度储层需达到一定的返排率后，为油气渗流“让”出通道，产能才能逐渐得到释放。

（4）前期部分体积压裂井存在过度改造现象，单井压裂工艺成本高，效益开发难度大。体积压裂较前期精细分段压裂单井费用增加约1500万元，其中，压裂费用占比66.7%。从生产效果来看，体积压裂初期应用井，生产时间短，分析样本少，部分河道体积压裂应用井较精细分段工艺，初期增产明显，但随着生产时间增长，累积产量优势不明显，需根据地质目标匹配经济产能下的最优裂缝参数，实现产能效益最大化。同时，压裂费用中作业材料占比44.8%、作业费占比41.2%，后续的降本方向需从降低压裂规模和材料优化两方面探索展开。

3 体积压裂提产降本关键技术

体积压裂先导主要以借鉴非常规体积压裂技术为主，采用“密切割、大排量、强加砂”思路，相比前期精细分段压裂工艺，平均单井由12簇/1000m提升至66簇/1000m，施工排量由3~5m^3/min提升至16~18m^3/min，支撑剂由1级粒径提升为2级粒径支撑，加砂强度由0.3m^3/m提升至2.7m^3/m。

基于地质工程一体化、技术经济一体化，结合前期工艺应用经验，现以“提产、降本、防砂、低伤害”为主要目标，在“密切割、大排量、强加砂”体积压裂基础上，提出“精细布缝、高效铺置、增能快排”思路，迭代升级出中浅层致密砂岩差异化高效压裂技术。

针对河道非均质性强、设计针对性不强的问题，基于纵向、横向、轴向地质模型的三维精细布缝优化设计方法；针对出砂严重、铺置有效性差的问题，采用多级裂缝支撑、全程拌注入纤维+结构稳定剂的支撑剂高效铺置和防砂技术；针对地层敏感性强、压后返排困难的问题，采用液氮增能压裂、优化压裂规模、建立压返液回用指南和加快排液的增能快排技术，综合提高工艺经济性。

3.1 全方位精细布缝提高储层控制程度

3.1.1 三维立体压裂优化设计思路

为实现薄层窄河道非均质储层优质砂体针对性改造，基于储层厚度、河道宽度及非均质性建立水平井纵、横、轴三向压裂地质模型，提出针对渗流单元进行三维地质模型全覆盖的高密度裂缝优化配置技术(图1)。纵向上，针对砂体厚度及叠置情况，缝高控制或穿层压裂；横向上，依据河道宽度、邻井井距等确定缝长，控制河道宽度；轴向上，依据河道砂体连续性、砂泥岩互层情况及储层物性，划分独立渗流单元，建立不同物性模型进行布缝优化。

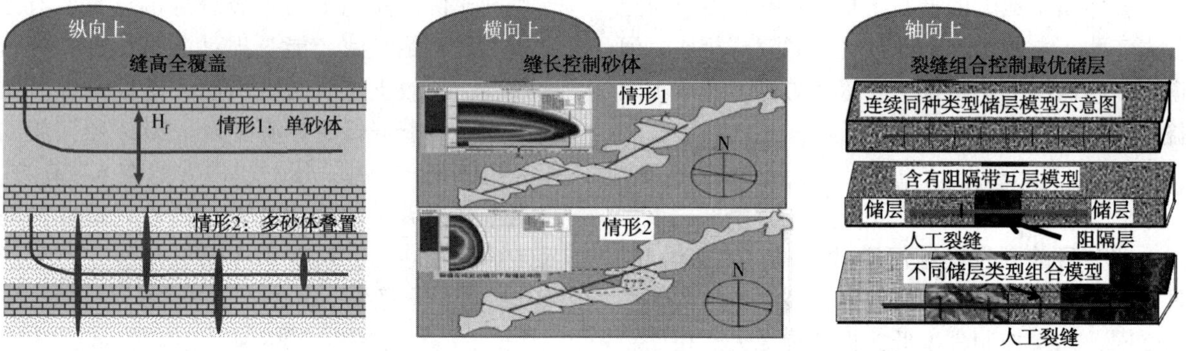

图1 三维立体压裂优化设计思路图

3.1.2 非连续砂体渗流单元精细划分方法

根据川西中浅层岩心启动压力梯度实验，通过实验数据回归拟合出储层渗透率与初始启动压力梯度的关系式：

$$\lambda = 0.114 \times K^{-0.46} \quad (1)$$

式中，λ 为启动压力梯度，MPa/m；K 为储层渗透率，mD。

目前开发的Ⅱ-Ⅲ类储量区河道，大多具有非连续展布、不同类型储层交互的地质特征。致密层的存在对于渗流存在阻隔作用，因此利用含阻隔带的交互层模型划分渗流单元，通过改变阻隔带的宽度和渗透参数，通过压力是否穿过阻隔带，以此确定是否要能在阻隔带两侧划分为两个独立渗流单元。通过模拟阻隔带物性(渗透率、阻隔带宽度)下压力波传播边界，从而划分渗流单元(图2)，为裂缝设置及参数优化提供基础。

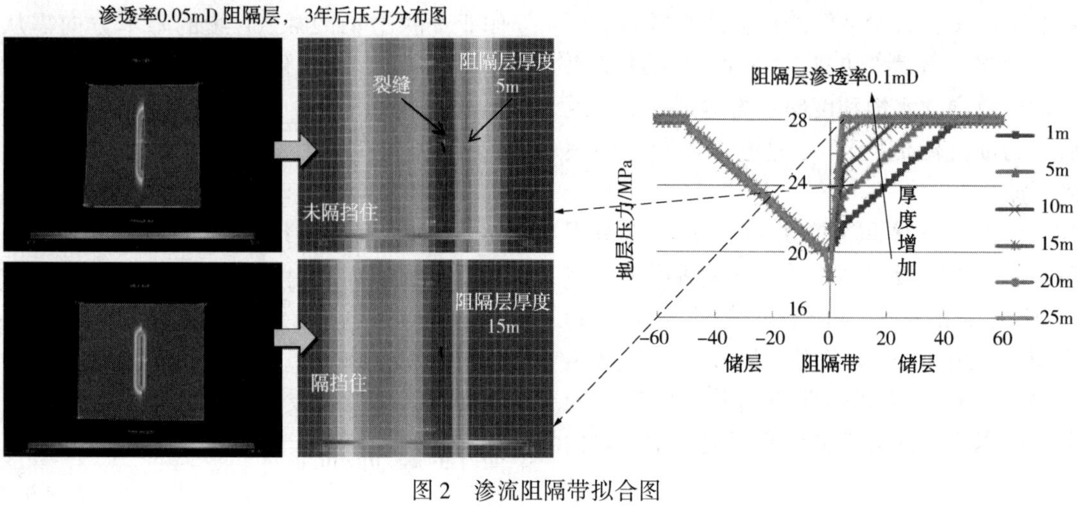

图2 渗流阻隔带拟合图

综合 0.1mD、0.05mD、0.03mD、0.015mD 阻隔层渗流单元的划分界限厚度，根据渗流单元划分界限与阻隔层渗流率的关系，拟合关系如下(图 3)：

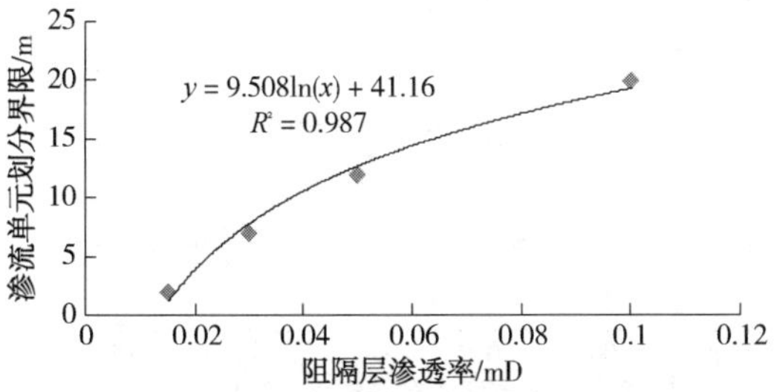

图 3　阻隔层带划分标准拟合曲线

3.1.3　多簇裂缝均匀扩展优化簇间距

研究表明低渗-超低渗致密气藏增加裂缝密度和改造体积是实现致密储层有效动用的必然需求，水力裂缝密度越大，单井采出程度越高。中江沙溪庙储层两相应力差异系数大，难以形成广义上的复杂缝网，本文以提高裂缝复杂性，增加裂缝与基质的接触面积，降低致密砂岩气藏基质渗流距离为目标，在精细刻画致密储层河道砂体的基础上，通过“优选地质工程双甜点井段、优化缝控体积及裂缝复杂程度双指标簇间距”针对性定点布缝，在提高裂缝布置有效性的基础上实现非连续砂体的有效控制。

建立水平井多簇压裂地质模型，开展裂缝扩展模拟，模拟结果表明，随着簇间距增加，缝间干扰作用减弱，簇间距大于 12m 后，裂缝扩展更均衡(图 4)。

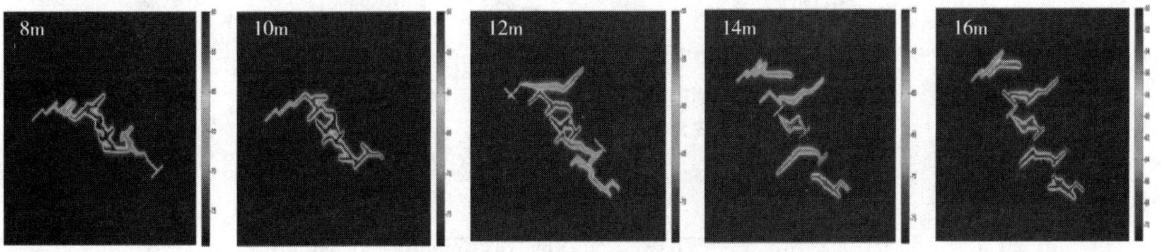

图 4　簇间距对裂缝均匀性的影响

对现场已施工体积压裂井的工艺参数进行统计分析，发现段长、簇间距、簇数与改造效果具有一定的相关性，其中，针对Ⅱ类储层，千米无阻流量>20 万方/天的井，段长 90~100m，簇间距 15~20m，单段簇数 6-8 簇；针对Ⅲ类储层，千米无阻流量>20 万方/天的井，段长 80~90m，簇间距 10~15m，单段簇数 5-7 簇。

3.1.4　三维精细布缝优化设计方法图版

通过对现有中江气田河道分类统计，对模拟样本参数进行线性回归，发现河道地质参数与合理裂缝参数相关性明显，其中裂缝间距与有效渗透率成正比，合理裂缝半长由有效渗透率及河道宽度共同决定，最优裂缝导流能力受储量丰度及有效渗透率影响最大。通过建立最优裂缝-河道地质参数间的关系式，可对不同类型河道的裂缝参数进行快速优化，形成了针对非均质河道的三维精细布缝优化设计图版(图 5)。

纵向上：针对砂体厚度、叠置情况、水平段轨迹穿行特征，根据缝高控制程度确定压裂排量和定向射孔方向。横向上：依据河道宽度/有效渗透率、邻井井距，确定压裂裂缝半长，同时根据裂缝监测确定规模。轴向上：依据砂体展布、渗流单元划分界限原理，采用“岩性+全烃”分大段、“物性+力学”分小段，根据储层物性确定单段段长、根据力学甜点确定簇间距、根据储量丰度和物性确定导流能力。

3.2　支撑剂高效铺置保证裂缝长效导流

3.2.1　体积压裂井压后出砂及支撑剂铺置机理

区别于常规压裂活塞式携砂，体积压裂支撑剂输送为爬坡式携砂，在高强度加砂条件下，纵向上沉降快，横向上输送距离有限，同时缝口存在不稳定铺置区，综合造成压后出砂和铺置的有效范围有限。

出砂原因分析：一是体积压裂加砂规模大，主缝宽度大，支撑剂多层铺置，加持能力弱；二是在大排量、大液量、大砂量条件下，射孔孔眼冲蚀大，井下电视监测孔眼冲蚀可以达到 2cm 以上；三是，体积压裂采用低黏液体携砂，支撑剂输送机理类似清水压裂，缝口存在旋流区，该区域为非稳定区(图 6)，容易造成压后出砂。

支撑剂铺置低效原因分析：常规压裂采用冻胶体系，支撑剂输送过程中与液体相同运移，所以输送距离远，同理由于液体黏度大，支撑剂沉降速度慢，缝高铺置有效性好。体积压裂用的低黏液体，粘度只有冻胶体积的几十分之一，支撑剂沉降快。同时由于压裂井形成的裂缝复杂度高，支撑剂很难以进入支缝，造成支撑剂在缝长和缝高方向铺置距离有限。

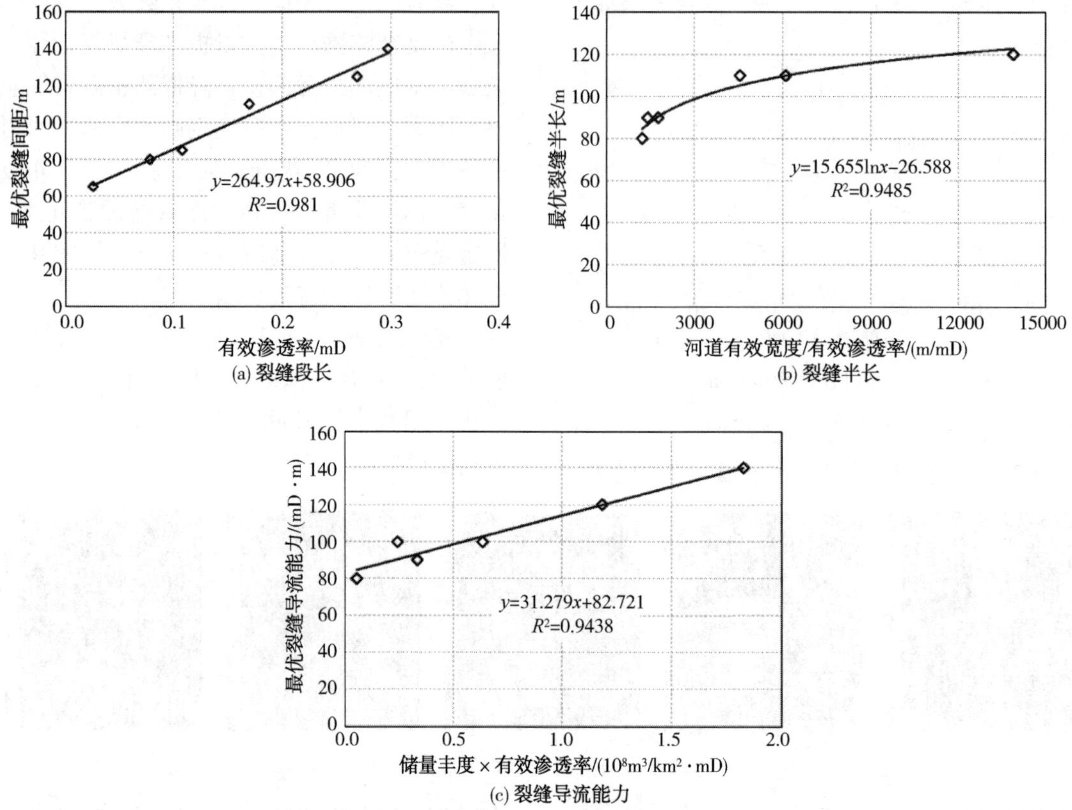

图 5 精细布缝优化设计图版

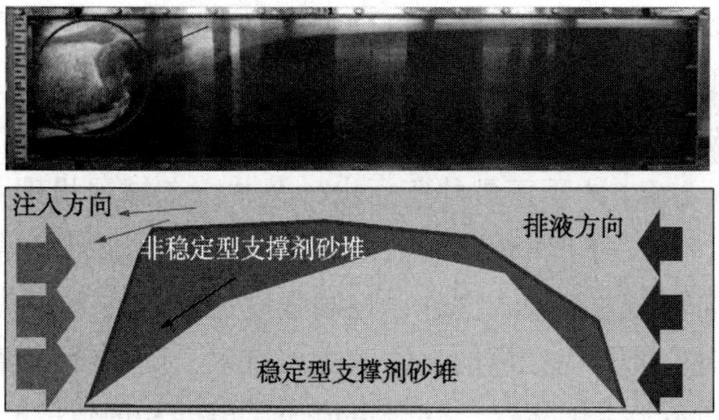

图 6 体积压裂低黏液体输送缝口存在非稳定支撑区域

3.2.2 支撑剂高效铺置及防砂方法

通过在泵注过程中，加入“纤维(降低沉降)+结构稳定剂(解决纤维分散性)”，利用纤维对支撑剂沉降的阻挡作用，增加铺置缝高和缝长，提高有效改造体积。具体措施包括4个关键步骤：

“进”：优化粒径组合配比，增加小粒径有效支撑毫米级裂缝，让支撑剂进入不同开度裂缝并有效支撑。

“远”：通过提高支撑剂悬浮能力，实现不同级别和尺度裂缝远端支撑，最终扩大支撑展布范围，增加泄气面积。

“高”：降低沉降，改善铺置剖面，提高铺置高度，建立纵向高导流通道。

“防”：优化缝口铺置形态，提高临界出砂流速，优化返排制度，降低支撑剂回流，保持有效长期导流能力。

3.2.3 支撑剂多级组合粒径比例优化

基于多尺度裂缝缝宽分布及裂缝中支撑剂运移模拟，以实现各级裂缝有效支撑为目标，将2级粒径增加为3级变粒径支撑，增加尾追30/50目大粒径，匹配裂缝宽度需求，同时减少出砂。

优化粒径大小：基于复杂裂缝缝宽模拟统计，主缝(30/50目、40/70目)、支缝(40/70目、70/140目)、二级支缝(70/140目)。

基于粒径组合：基于复杂裂缝支撑剂流动模拟，70/140目：40/70目：30/50目=6：3：1-5：3：2。

优化缝口形态：缝口增设10%～20%的30/50目支撑剂，加大纤维浓度至4%～5‰，低临界流速提高48倍(图7)。

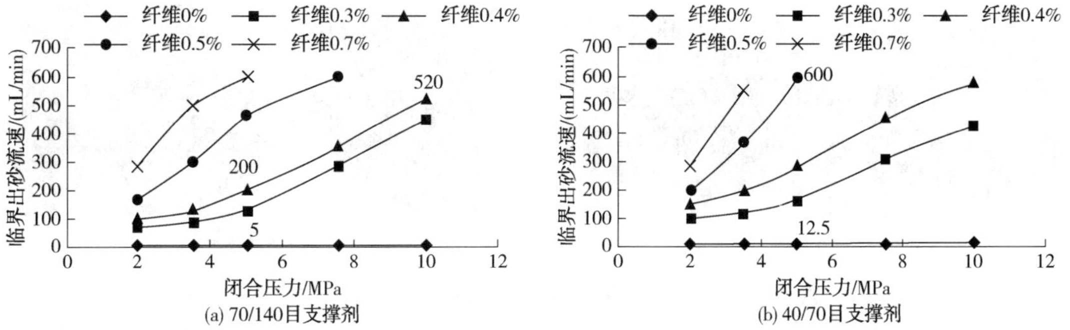

图 7　不同粒径和纤维浓度下支撑剂临界出砂流速

3.2.4　高效铺置工艺参数优化

在纤维防砂基础上，通过提升纤维浓度和全程拌注时机，进一步升级形成了“拌注新型纤维+结构耦合剂”的高效铺置技术。通过室内对比评价，6mm 纤维铺置效果优于 4mm 纤维。支撑剂铺置高度随着纤维浓度增加而大幅度增加，超过 3‰后增幅减缓，优化纤维浓度为 2‰～3‰（图 8）。在 3‰纤维浓度条件下，当稳定剂量增加至 3‰后，铺置高度增加趋势减缓，优化稳定剂加量为 3‰（图 9）。

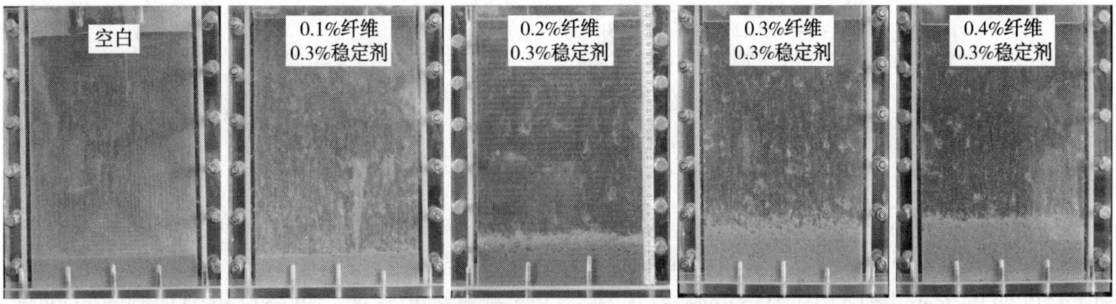

图 8　相同稳定剂浓度下加入不同浓度纤维后支撑剂的铺置高度（70/140 目石英砂）

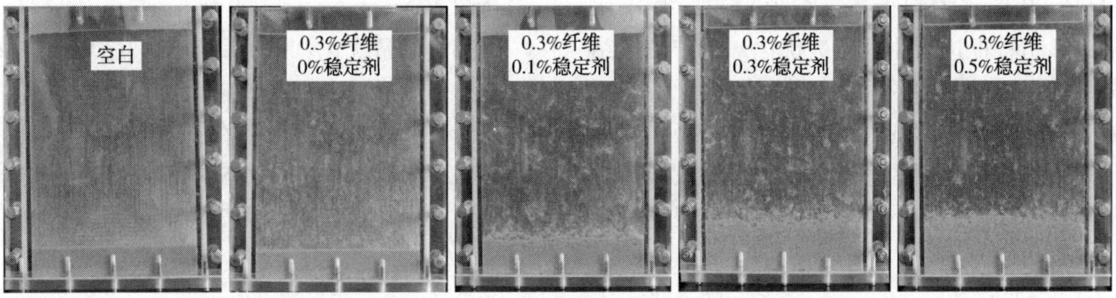

图 9　相同纤维浓度下加入稳定剂后支撑剂的铺置高度（70/140 目石英砂）

平板输送试验表明，较初期未加纤维体积压裂井，平板试验表明动态铺置高度提升 65%；根据实验测试的沉降速度，植入数值模型，模拟表明单簇裂缝支撑缝长增加 24.6%，有效改造体积增加 38%。

3.3　低伤害增能助排加快储层产能释放

3.3.1　前置液氮增产机理

前置液氮具有造缝复杂度更高、增能保压能力好、占位吸附微小孔隙的优势，具有破岩、增能、降伤害的作用，前期在中浅层蓬莱镇等低压气藏应用，平均单井返排率提升 10%，后引入中江沙溪庙体积压裂井。

破岩形态对比：注水压裂两侧裂缝非对称，裂缝方向与井筒基本一致。前置氮气压裂曲折微裂缝，贯穿深度小，宽度小，长裂缝与微裂缝非连续性贯通（图 10）。

保压能力对比：注水驱替后返排压力的传递相对较快，240 分钟近返排口岩心压力点压力为起始点压力的 34%。注氮气驱替后返排：岩心末端压力损耗，压力传递缓慢，1050min 近返排口岩心压力点压力为起始点压力的 46.5%（图 11）。

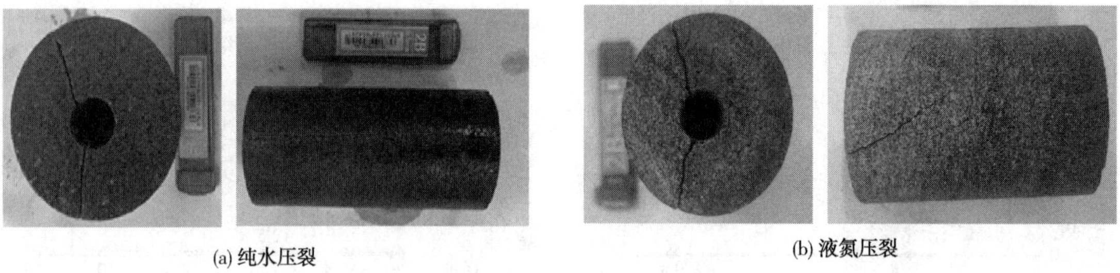

图 10　前置液氮注入破岩形态对比

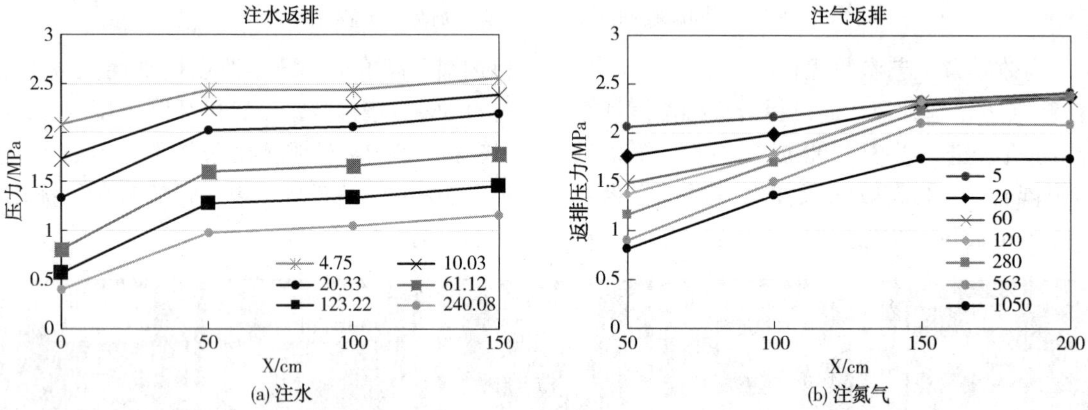

图 11　长岩心注入驱替不同时间下压力分布

3.3.2　前置液氮增能压裂工艺优化

在地质力学模型和压裂相关数据的基础上，使用斯伦贝谢的 Petrel 软件中 Mangrove 数值模拟模块，采用边界元法建立非常规缝网模型（UFM），开展水力裂缝扩展数值模拟，基于水力裂缝形态特征进行注气参数优化。生产模拟结果表明在一定的范围内，液氮用量越大，稳产时间越长，且能更快达到最终可采储量。

液氮排量优化：低排量下高滤失导致液氮导致裂缝缝长受限，且不利于裂缝均匀扩展排量高有助于起裂，且易在近井地带形成复杂缝网，排量高使缝长延伸受限，可用于解决压窜问题。过低排量缝长较低，过高排量会加剧缝间竞争，不利于均匀扩展，综合优化排量为 300～600sm³/min（图 12）。

液氮用量优化：液氮用量对裂缝均匀扩展影响较小，用量越大，缝长越大，但受限于液量砂量规模，有效支撑缝长存在拐点。随着液氮用量增加，缝长越长，进入 35～40 方后，缝长增加不明显，优化液氮用量为 30～40m³/段（图 13）。

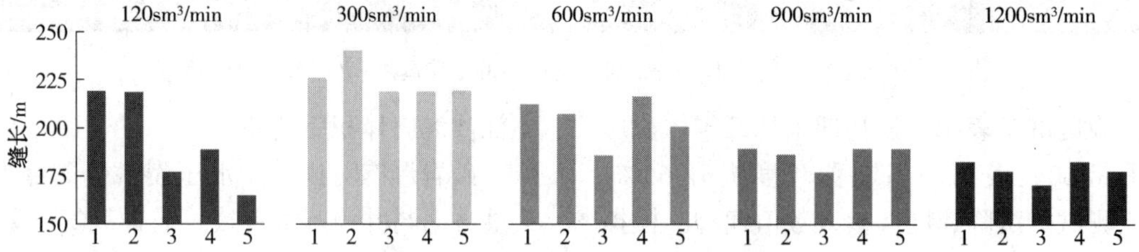

图 12　液氮排量对裂缝长度的影响模拟

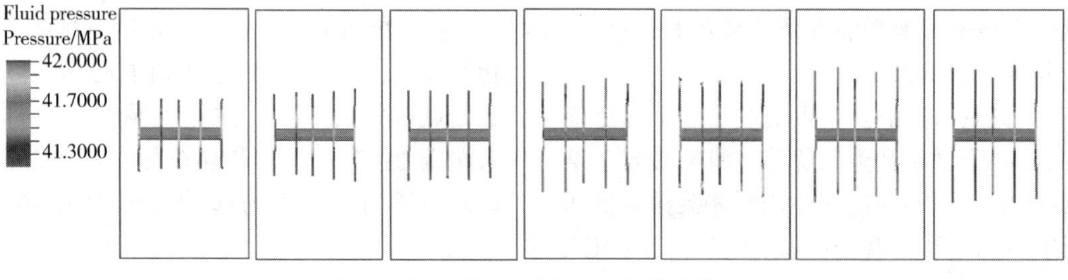

图 13　液氮用量对裂缝长度的影响模拟

3.3.3 建立压返液回用指南和排液制度

针对压返液环保压力大与储层伤害的矛盾，建立了压返液重复利用工作指南，配套车载净化处理设备，形成了压裂液重复利用技术，同时控制压返液使用比例、建立分类型排液制度，压后及时扫塞排液，降低储层伤害。

通过前期实施井的统计分析报名，压返液使用比例越高，对降阻剂的性能有影响。主要由于矿化度对起粘性能的影响，为达到相同的粘度，压返液配置需要更高的降阻剂浓度，带来入井高分子更多，对储层伤害更大。从统计结果来看，控制压返液混合比例不超过 20%（图 14）。同时通过建立压返液重复利用水质标准，通过车载净化处理设备，以达到压裂液配置要求，从而降低储层伤害。

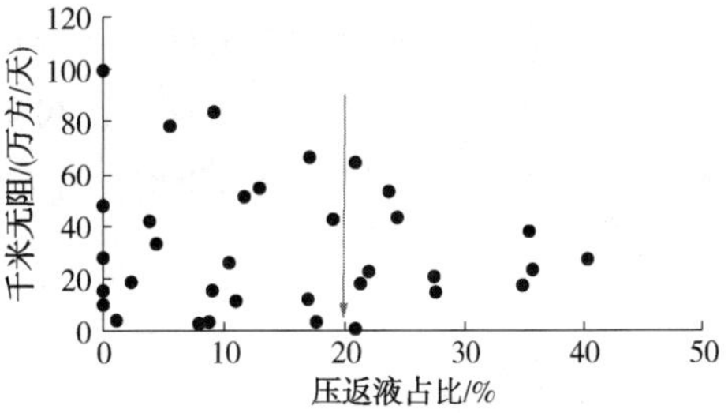

图 14　无阻流量与压返液比例统计关系

实施井统计表明，常压和高含水饱和度储层达到一定返排率才能释放产能，需强化返排管理、细化返排制度。合理优化排液制度，在降低排液阶段出砂风险的同时加大排液速度，目前初步摸索出了适合中江沙溪庙的排液制度（表 2）。

表 2　不同类型储层返排制度推荐表

工况	高压储层	常压/高含水储层
扫塞前	立即开井，3~5mm 控排（排液速度控制在 $10m^3/h$ 以内）	立即开井，4~5mm 控排（排液速度控制在 $10m^3/h$ 以内）
扫塞中	压力<25MPa 尽快扫塞，扫塞油嘴 6~10mm	压力<20MPa 尽快扫塞，扫塞油嘴 6~10mm
扫塞后	5mm 开始逐级放大油嘴，控制排液速度在 $10\sim20m^3/h$ 范围	5mm 开始逐级放大油嘴，控制排液速度在 $10\sim20m^3/h$ 范围

3.4 低成本工艺探索提升单井经济效益

3.4.1 生产动态分析

选取具有稳定生产数据的 33 口体积压裂井进行累产分析发现：①产能供给与储层本身地质条件相关性强，在长期生产中，大规模高强度加砂累产优势不明显，可能存在过度改造。②未采取防砂工艺的体积压裂井，加砂强度大，初期产能释放快，但长期稳产效果较差，1 年累产未体现明显优势，防砂措施是必要的。③加砂强度越高，单井长期累产能力越强，为探索加砂强度的经济下限，由 $2.5m^3/m$ 以上下调，其中 $2.3\sim2.5m^3/m$ 未体现长期累产优势，与 $2.0\sim2.3m^3/m$ 产能供给能力相当，考虑经济性，设计可取下限值。

3.4.2 压裂成本分析

针对中浅层，基于中江沙溪庙组气藏 40 口水平井，对常规工艺、体积压裂工艺的钻采预算成本进行统计分析，体积压裂较常规压裂单井增加费用约 1500 万，其中压裂费用占比 66.7%，而压裂费用主要以作业费和作业材料费为主。材料中支撑剂费用占比 76%，石英砂替代陶粒、优化压裂规模是降本主要方向；液体材料占比 13.1%，其中供水、降阻剂费用较高。

3.4.3 石英砂替代陶粒

室内试验表明石英砂较陶粒更容易运移，有利于提高深部裂缝铺置效果。ZJ201H 井组试验全程石英砂，效果与含气性相关性强，总体初期生产较为稳定，与区域同层位井（JS312-3HF）石英砂+陶粒的组合支撑相比，短期生产效果略优，结合导流能力测试，中浅层致密砂岩推荐垂深<2700m，试验全石英砂；垂深>2700m，试验石英砂占比 80%，尾追 20%陶粒提高缝口支撑，预计单井节约费用 56 万元。

3.4.4 液体配比优化

中浅层现场实施表明，随压返液比例增加，降阻剂用量增加，压返液占比 35%，降阻剂用量增加 70%，但采用压返液配液，供水及压返液处理费用可节约，总体上，压返液占比 35% 的情况下单井节约 8.2 万元。

3.4.5 加砂方式优化

先导试验大排量下脉冲加砂方式，在保证支撑缝长前提下提高有效缝长及导流能力，可降低加砂规模20%~30%，预计单井降低费用48万元。

4 现场实施情况

4.1 降本增效效果

通过中江沙溪庙组气藏体积压裂工艺攻关试验及不断迭代升级，形成“多段多簇+大排量+变粘滑溜水+组合粒径+高效铺置+增能助排”差异化高效体积压裂技术。加砂强度由2021年的2.66m³/m降低至2023年的1.95m³/m，用液强度由2021年的17.92m³/m降低至2023年的13.34m³/m。单井节约砂量790m³，节约液量5100m³，考虑增加的纤维和结构稳定剂，平均单井测算压裂成本仍降低105万元(图15)。

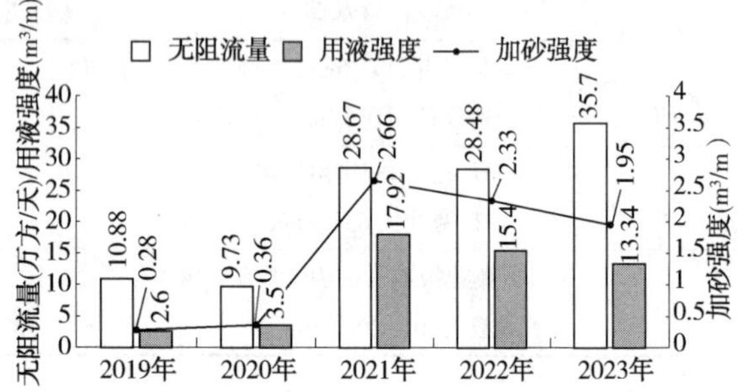

图15　2021—2023年体积压裂井压裂参数及无阻流量对比

技术推广应用30井次，其中2023年应用26井次，单井平均无阻流量35.7万方/天，较2021—2022年体积压裂改造井提高25%(图15)，增产效果显著提高。JS351HF井、ZJ205-1H井、ZJ201-1H井无阻流量均超100万方/天，至此中江沙溪庙气藏无阻流量百万井已达到4口井。

4.2 铺置防砂效果

中浅层致密砂岩气藏低成本高效压裂技术探索形成了设计源头防砂、排液测试排砂、采气生产控砂的一体化防砂措施。实施井平均出砂量由早期体积压裂技术1.0时的38.9m³下降到目前18.7m³，相比中途试验的纤维防砂工艺(出砂量33.5m³)仍明显效果更优(图16)，目前出砂主要集中在排液扫塞阶段，生产过程中出砂较前期大幅改善。

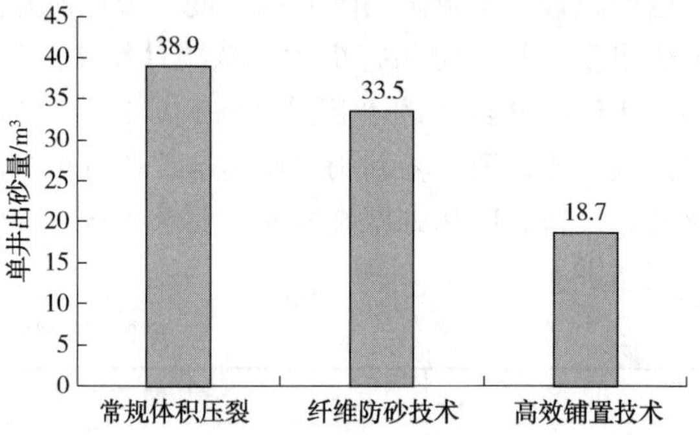

图16　各类工艺防砂效果对比

4.3 压后排液效果

以中江JS_{31-2}层的江沙343HF河道为例，该河道压力系数1.14，为常压河道。该河道于2022年初实施江沙343HF井，水平段长626m，采用体积压裂先导工艺，分8段42簇改造，施工排量18m³/min，加砂强度2.66m³/m，用液强度16.3m³/m，压后初期排液困难，达到测试产气量1万方/天历时20天，对应返排率11.8%。

2023年同河道实施江沙343-2HF井，水平段长1442m，采用升级后的差异化高效压裂工艺，分13段101簇改造，施工排量18m³/min，加砂强度1.8m³/m，用液强度13.2m³/m，压后在扫塞之前产气量就达到1万方/天以上，仅用时7天，对应返排率4.9%(图17)。

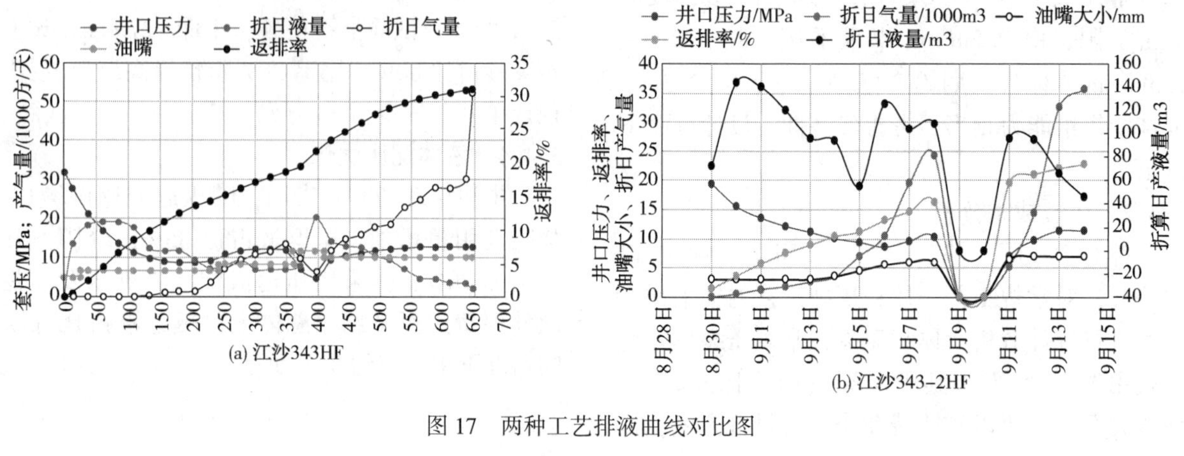

图17　两种工艺排液曲线对比图

5 结论及认识

（1）川西中浅层致密砂岩气藏具有河砂窄、渗透率低、非均质性强的特点，应用常规体积压裂技术取得重要突破，但仍面临针对性设计难、出砂严重、铺置有效性差、排液困难、压裂工艺成本高等问题。

（2）针对河道非均质、设计针对性不强的问题，形成了基于纵向、横向、轴向地质模型的三维精细布缝优化设计方法，提升非均质河道控制程度。

（3）针对出砂严重、铺置有效性差的问题，形成了多级裂缝支撑、全程拌注入纤维+结构稳定剂的支撑剂高效铺置和防砂技术，铺置高度提升 65%，出砂量降低 52%。

（4）针对地层敏感性强、压后返排困难的问题，形成了液氮增能压裂、优化压裂规模、建立压返液回用指南和加快排液的增能快排技术，见气时间明显缩短。

（5）针对压裂工艺成本高、效益开发难的问题，主要从“降规模、材料优化”两方面入手，探索形成石英砂替代陶粒、压裂液配比优化以及大排量脉冲加砂降规模的系列降本措施，单井效益明显提高。

（6）迭代升级形成的差异化高效体积压裂技术，累计应用 30 口井，平均无阻流量 35.7 万方/天，较前期提升 7.1 万方/天，同时实现了出砂量大幅减少、压裂成本降低。

参 考 文 献

[1] 贾爱林，位云生，郭智等．中国致密砂岩气开发现状与前景展望．天然气工业，2022，42（1）：83-92.

[2] 贾爱林，何东博，位云生等．未来十五年中国天然气发展趋势预测．天然气地球科学，2021，32(1)：17-27.

[3] 孙龙德，邹才能，贾爱林等．中国致密油气发展特征与方向[J]．石油勘探与开发，2019，46(6)：12. DOI：10.11698/PED.2019.06.01.

[4] 龙胜祥，刘娅昭，许华明，等．四川盆地中国石化探区天然气勘探开发领域与技术攻方向[J]．天然气地球科学，2020，31(9)：1195-1203.

[5] 滕小兰，王智君．中江气田沙溪庙组气藏高效开发关键技术研究与应用[J]．天然气勘探与开发，2014，37（4）：4. DOI：CNKI：SUN：TRKT.0.2014-04-013.

[6] 戚斌，杨衍东，任山等．脉冲柱塞加砂压裂新工艺及其在川西地区的先导试验[J]．天然气工业，2015，35（1）：7. DOI：10.3787/j.issn.1000-0976.2015.01.008.

[7] 王智君，邱玲．基于全通径无级滑套的体积压裂技术优化——以中江气田沙溪庙组气藏为例[J]．天然气技术与经济，2021，15(5)：6. DOI：10.3969/j.issn.2095-1132.2021.05.004.

[8] 郭建春，路千里，刘壮等．“多尺度高密度”压裂技术理念与关键技术——以川西地区致密砂岩气为例[J]．天然气工业，2023，43(2)：67-76.

[9] 郭彤楼．川西侏罗系致密砂岩气藏稳产关键技术与展望[J]．西南石油大学学报：自然科学版，2022，44(3)：11.

[10] 蔡李梅，付菊，阎丽妮．川西坳陷中江气田侏罗系沙溪庙组致密砂岩储层特征及主控因素分析[J]．华南地质与矿产，2017，33（4）：11. DOI：10.3969/j.issn.1007-3701.2017.04.007.

[11] 段永明，曾焱，刘成川，等．窄河道致密砂岩气藏高效开发技术——以川西地区中江气田中侏罗统沙溪庙组气藏为例[J]．天然气工业，2020，40（5）：8. DOI：CNKI：SUN：TRQG.0.2020-05-009.

[12] 刘成川，王勇飞，毕有益．中江气田窄河道致密砂岩气藏高效开发技术[J]．油气藏评价与开发，2022，12(2)：345-355.

[13] 陈迟，郭建春，路千里，等．致密气藏多尺度支撑机理研究与应用[J]．西南石油大学学报，2022（003）：044. DOI：10.11885/j.issn.1674-5086.2022.02.23.01.

牛庄低渗透油藏压驱开发技术探索与实践

吴 伟 孙永权 刘 冉 张 鑫 王 达 张虎贲 孙可欣

（胜利油田东胜公司）

摘 要 低渗透油藏普遍具有“注不进、采不出”的开发难点，地层能量无法有效补充，采收率低。为研究低渗透油藏压驱注水技术的可行性，从增大孔喉半径、增加渗滤距离、改善波及形态、非对称耦合增效等方面分析机理，在牛21-斜4注采井组开展先导试验，取得良好效果后在牛庄油田进行了积极实践。结果表明，压驱注水技术能够解决低渗透油藏注不进的实际生产问题，井组地层压力显著恢复，吸水能力得到改善，开发效果改善明显。

关键词 低渗透油藏；压驱开发

牛庄油田位于东营凹陷中央断裂带以南的牛庄—六户洼陷，牛庄油田沙三段属于三角洲前缘滑塌浊积扇沉积。为中孔低渗储层，油水关系复杂，为常温高压构造-岩性油藏。具有埋藏深（3224m）、丰度低（储量丰度 $62.7\times10^4 t/km^2$）、孔喉小（孔喉半径 0.41μm）、物性差（渗透率 $9.6\times10^{-3} \mu m^2$）等特点。

油藏储层物性差，长期注不进采不出，开井率仅 62.2%，欠注率达 44.4%，井网二次不完善。常规注水方式下，油井投产转抽后年递减 58.7%。油井平均单井日液 $3.1m^3/d$，平均动液面 1847m。

胜利牛庄油田针对低渗透油藏水驱“注不进、采不出”的难题，近年来提出了压驱注水开发的新思路。压驱注水技术是采用高压大排量注水方式使注水井周围地层出现微裂缝，注入水通过微裂缝流入地层深部，并通过非对称耦合注水形成不稳定压力场，建立微裂缝与低渗透带间压差，引发原油与注入水之间发生渗吸置换作用，促使油水重新分布，从而有效采出剩余油的开采技术。

2020 年 5 月牛庄油田率先在牛 6 块 21-斜 4 井组开展“大压差快速压驱注水”探索，完成了 6 万方压驱注入。试验大幅提高了注水压力，注入速度，试验建立了有效驱替：井组日产油由 0.8t/d 增加到峰值的 22t/d，长停井全部恢复生产，迈出了低渗透油藏压驱开发的第一步。近 3 年来，不断扩大推广，取得明显成效。

1 压驱注水可行性分析

室内开展微观渗流机理实验研究。实验条件如下：75℃ 模拟油藏温度，采出水，粘度 0.8mPa·s 的脱水原油和天然岩心，利用恒温驱替装置，进行“压-注-驱-采”物模驱替实验，模拟驱替压力 20MPa 的条件下的高压注水驱油过程，驱替介质为采出水，如图 1 所示。

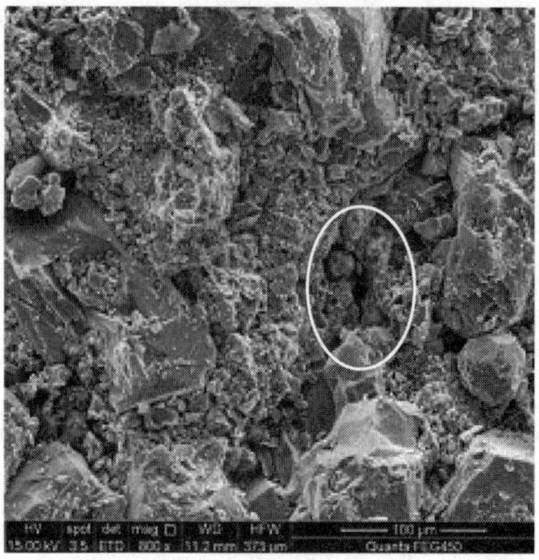

(a) 压驱前

(b) 压驱后

图 1 压驱前后微观孔隙对比

实验结果显示，大压差注入条件下，水在基质中形成微裂缝，并继续通过裂缝向基质中渗滤，岩石颗粒胶结处的胶结物质随之被运移至其他部位，连通的孔隙和喉道数增加，孔隙和吼道尺寸变大。驱替前，平均孔隙半径为4.86μm，最大孔隙半径为21.35μm，以水为介质驱替后，平均孔隙半径为7.62μm，最大孔隙半径为37.58μm。可以得出，大压差条件下注水为解决低渗透油藏“注不进、采不出”生产问题提供了可能。

为了更好的验证压驱技术的适用介质，在驱替实验的基础上，选用胍胶、聚合物、水、活性剂等四种介质进行对比，试压流程为在10MPa注采压差下进行驱替，记录渗滤时间，并通过渗滤距离计算渗率速度，如表1所示。

表1 渗滤速度研究实验结果对比表

方案	孔隙度/%	渗透率/mD	压差/MPa	渗透距离/cm	渗滤时间/s	渗滤速度/(m/d)
压驱(瓜胶)	17.06	14.85	10	0.12	42.7	2.43
压驱(聚合物)	20.52	15.43	10	0.18	41.3	3.77
压驱(水)	18.43	14.74	10	2.24	28.7	67.43
压驱(活性剂)	22.55	15.26	10	2.07	32.5	55.03

实验结果显示，在相同的条件下，不同类型注入介质在地层中表现出不同的渗滤特征，选择胍胶和聚合物作为注入液，实验在短时间内达到压力平衡，基本不发生渗滤，胶体堵塞在岩心端面。选择水作为注入液，其渗滤速度及渗滤距离比活性剂压裂液略大。可见，压驱过程中以水为介质是可行的，且水介质具有相对较好的适用性。

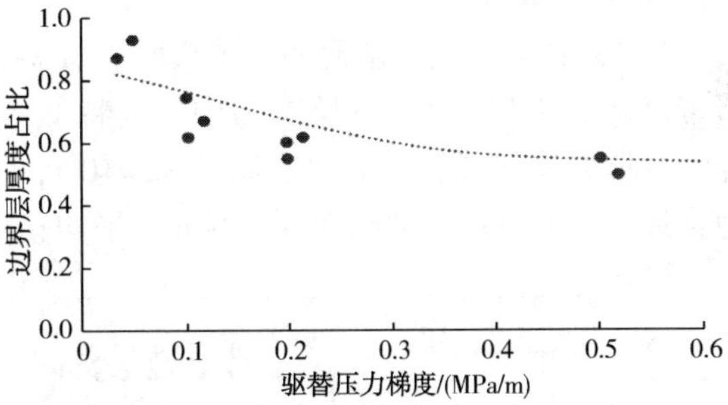

图2 不同驱替压力梯度边界层厚度变化曲线

2 提高采收率机理分析

2.1 缝网增渗增注，实现快速补能

与压裂相比，清水压驱滤失量大、排量低，起裂–破裂之间存在一个持续时间较长的裂缝萌生期，该区间有大量微裂缝产生。与压裂产生毫米级两翼缝不同，压驱存在改造区和基质区，改造区裂缝带展布面积大(1/3)，微裂缝形态复杂、开度20μm~200μm，总体呈现“广分布、低开度”特征。

2.2 高压减敏建驱，实现稳产高产

压头前移：数值模拟研究表明，压驱缝网形成高压水体，范围大、压降小、驱替压头前移，大幅提高井间压力(压力梯度提高5~10倍)，实现有效建驱。物理模拟表明：压驱大幅提高驱替压力，减弱“边界层增阻”影响，基质区有效渗透率可以提高10%~20%，如图2所示。

高地层压力条件下，可形成注采井间连续的压力传导，有利于稳定建驱，实现油井高产稳产；压力系数越高，产能越大，自喷期越长。

2.3 “压+驱”，能场协同扩波及，提高采收率

数值模拟表明：压驱缝网范围大、阻力小，形成高压水体蓄能，变常规注采“径向流”模式为“近线性流”模式，均衡注采流线，波及范围提高了30%以上，如图3所示。

物理模拟表明：压驱提高了基质区驱替压力梯度，孔喉动用半径下限提高，增加了新的渗流通道，微观波及系数增大13%，驱油效率增大了11%。

物模试验表明：驱油效率增加。提高水驱驱替压差，相对减弱毛管力的作用，使部分因毛管力束缚的残余油参与流动。驱替压差增加，注入水能够进入更多、更为细小的孔喉。增大水的波及面积，实现扩容，提高水驱效率。压驱改造区压降大幅降低，驱替压头前移，大于0.3MPa/m的高驱替压力区域面积从26%扩大到56%。基质区压力梯度提高3~5倍，驱油效率增大10%。

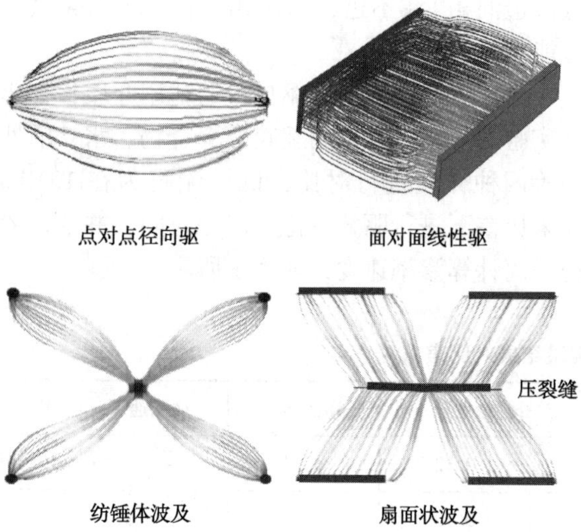

图3　大压差注采技术使注采波及形态变化

3　试验与推广扩大

3.1　井组试验情况

牛18-D砂体位于东营凹陷中央断裂背斜构造带以南的牛庄-六户洼陷，为中孔、特低渗、异常高压岩性油藏，石油地质储量32×10^4t，主力含油层系沙三段，油藏埋深3200m，平均孔隙度19.4%，孔喉半径平均为0.39μm，平均渗透率1-$9\times10^{-3}\mu m^2$，地面原油黏度为23.1mPa·s，地层压力44.1MPa，压力系数1.38，地层破裂压力为65MPa。

自2014年投产以来，牛21块油水井投产时均已压裂，开发初期自喷生产，平均产能较高，单井日油5.9t，由于孔喉细小，水井转注半年后高压注不进，油井能量无法有效补充，生产一年后产能迅速递减，地层亏空达4.1万方，截止2019年7月，该区块仅开井1口，日油0.9t，含水18.2%，同层系储层采取过表面活性剂增注、径向钻孔、增压泵等方法均无效。

2020年5月率先在牛庄油田牛6块21-斜4井组开展“大压差快速压

驱注水”探索，完成了6万方压驱注入。试验大幅提高了注水压力(32MPa→47MPa)，大幅提高了注入速度(0→1580方/天)，大幅提高了补能速度：仅用55天时间就完成了常规注水10年的注入量，恢复到原始地层压力(0.8→1.3)，如图4所示。

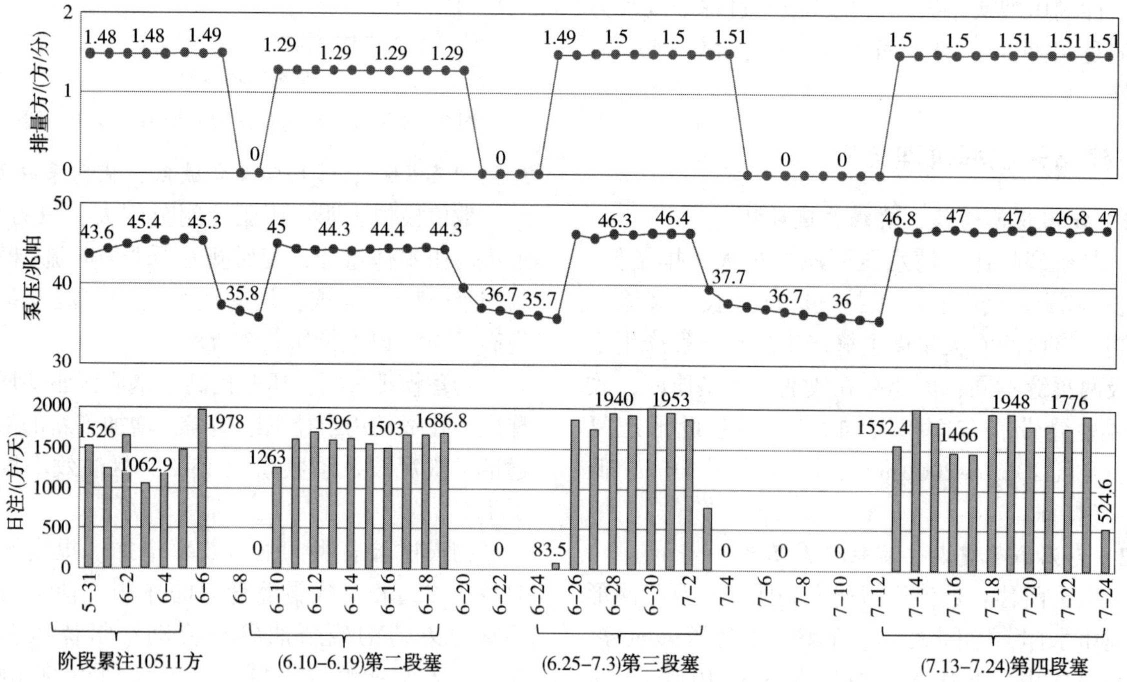

图4　牛21-斜4注入曲线

试验建立了有效驱替井组日产油由0.8t/d增加到峰值的22t/d，长停井全部恢复生产，迈出了低渗透油藏压驱开发的第一步。目前该井组仍持续有效，日增油13t/d，累增油1.58×10^4t，投入产出比4.65。

3.2　推广效果

试验井组取得成功后在牛6块推广实施、整体压驱，针对开井率低(26%)、能量保持水平低(49%)、单井日液低(0.6t/d)、采油速度低(0.2%)、采出程度低(4.7%)的现状，完成压驱 5 井次，均见到了好效果。整体转压驱后，单元日产油由 15t/d 上升至峰值的 85t/d，日增油突破 70t，累增油 2.3×10^4t，采油速度由 0.2%提升至 1.1%，实现了近废弃油藏无效变高效的开发突破。

4 结论

压驱开发技术通过试验、推广、扩大，通过整体压驱、老区新化、差异化压驱，分小层编制压驱提高采收率开发方案等，在牛庄油田低渗透浊积岩油藏，打造“五层楼”整体压驱立体开发示范区，目前压驱开发技术已成为牛庄低渗透油藏主导开发技术。

参 考 文 献

[1] 田振茂，曹伟，马岁赞．低渗透油田超前注水开发规律和后期调整对策研究[J]．石油工程，2020，46(7)：35-36.

[2] 高龙．低渗油藏高压注水参数优化研究[D]．武汉：长江大学石油与天然气工程系，2016：13-21.

[3] 郭迎春，曲全功，曹小朋，等．注采优化提高低渗平面非均质井网水驱效率实验研究[J]．石油钻采工艺，2019.

[4] 叶欢．小井距调整在低渗透油藏中的研究及应用[J]．非常规油气，2020，7(1)：71-77，64.

川中低品位砂岩气藏压裂技术研究及应用

钟 森

（中国石化西南油气分公司）

摘 要 川中东峰场须家河气藏孔隙度、渗透率特低，高含水饱和度，压力为常压，常规压裂后增产及稳产效果差，储量难以动用。结合DF109H井地质基础，攻关前置气体增能工艺，研制水性降阻剂工作液体系，降低储层伤害；根据测录井甜点，差异化设计压裂参数，高密度布缝，实施超大排量、复合暂堵等提升人造裂缝体积，降低渗流阻力；发挥体积压裂、高速通道压裂两者优势，创新支撑剂高效铺置技术，加砂阶段伴注纤维+分散剂，采用脉冲段塞注入模式，提升裂缝长期有效性。该压裂技术体系应用测试产量是区块前期平均产量的3.4倍，对致密气藏有较好适应性，具有推广应用前景。

关键词 砂岩气藏；水性降阻剂；高密度裂缝；支撑剂高效铺置

东峰场气田位于四川盆地铁山威远构造带资阳斜坡，勘探评价须家河五段砂岩气藏，埋藏深度为1450~1950m，地压系数在1.1~1.2，渗透率<0.15mD、孔隙度3~6.5%，属于低品位常压、特低孔渗凝析砂岩气藏。2020年在构造高部位取得突破，2022年后逐步向低部位、高含水区域开展评价，物性进一步变差，单井产量普遍小于$2\times10^4m^3/d$。新近部署的DF109H井，埋藏深度1934m，水平段长1457m，钻遇两期叠置河道(图1)，压力系数1.2，平均孔隙度4.3%，平均渗透率0.09mD，含水饱和度51%，孔隙度≥4.0%的储层段仅占水平段57%。提产及稳产难度极大，一是物性极差、含气性低，流体流动阻力大，产能释放困难；二是B靶点附近优质砂岩在井轨迹下部5~10m，裂缝需定向控制；三是常压气藏，易形成“水阻”，返排困难、见气慢；四是区域邻井稳产能力差，累产小于$1000\times10^4m^3$。

本文针对地质难点，以“低伤害、降低渗流阻力、维持长期稳产”为目标，采用水性高效工作液、前置气体增能、快速扫塞排液降低伤害，实施高密度造缝、复合暂堵、纤维支撑、脉冲注入，形成了“低伤害工作液+大排量+高密度布缝+支撑剂高效铺置”为核心的体积压裂技术，提升了裂缝在水平段的覆盖率，测试产量创区块新高。

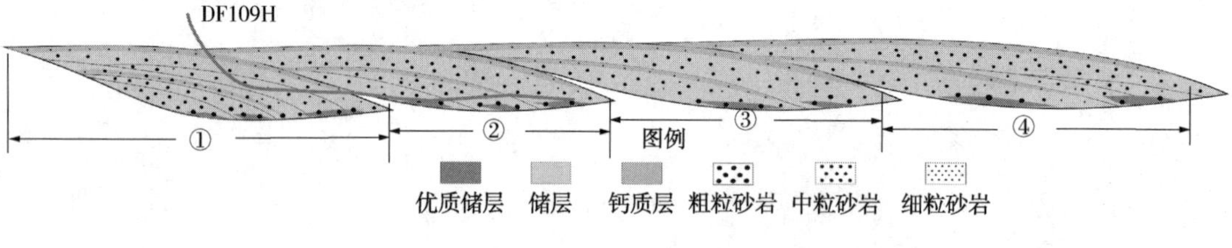

图1 DF109H井须五段河道砂体侧向叠置示意图

1 低伤害工作液

1.1 气体增能及快速排液

针对常压气藏压裂液“水阻”现象，采用前置液氮泡沫注入，发挥造缝、储能、占位低渗孔吼作用。DF109H井每段前置液氮$20m^3$，注入排量$1m^3/min$，加砂阶段伴注液氮$10m^3$，全井使用液氮量$382m^3$。实施“快开井、快排液”策略，压后10h机组撤场开井，5d内扫完金属可溶桥塞。放喷阶段井口压力保持在10~15MPa，排液速度最高达$200m^3/d$，开井后3.5d见气，邻井见气时间普遍在1周左右。

1.2 低伤害工作液

体积压裂目前普遍采用改性聚丙烯酰胺作为

降阻剂，浓缩成油性悬浮液，施工时根据排量按比例泵入，作业快捷、实时可调。常规油性降阻剂浓缩液中含有40~50%的油性成分，由于乳化作用在地层中富集或部分吸附，引起致密地层孔吼伤害。东峰场为凝析气藏，油性乳化伤害尤其严重。

自主研发水性降阻剂体系，改性聚丙烯酰胺聚合物，引入反向原子转移自由基实现可控聚合，并引入刚性耐盐单体、疏水单体，提升了体系的耐盐性能和增黏性能，提高携砂性能，形成的聚合物主要为中低分子量，粒径由常规阻剂的100nm降低至20nm(图2)。采用醇基作为基础溶剂，浓缩液无乳化和絮状悬浮现象(图3)，有效成分达50%，满足性能的同时兼顾低伤害，是储层友好型降阻剂。配套有机过硫物聚合物破坏剂，破胶后聚合物分子量降低为10000以下，残渣低。

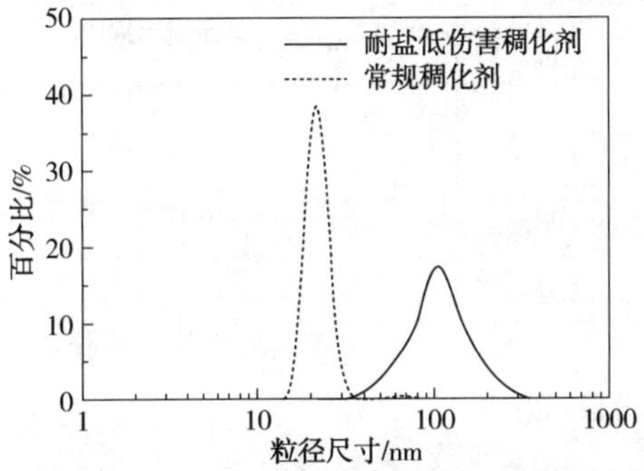

图2　配制的水溶液分子尺寸分布对比

图3　水性降阻剂体系基液

采用1%水性降阻剂+0.1%助排剂+0.1%防膨剂和相同配方的油性降阻剂压裂液测试黏度，90℃、剪切速率170S^{-1}，剪切80min后黏度分别为88、65mPa·s(图4、图5)，表明水性压裂液体系耐剪切性能优良。

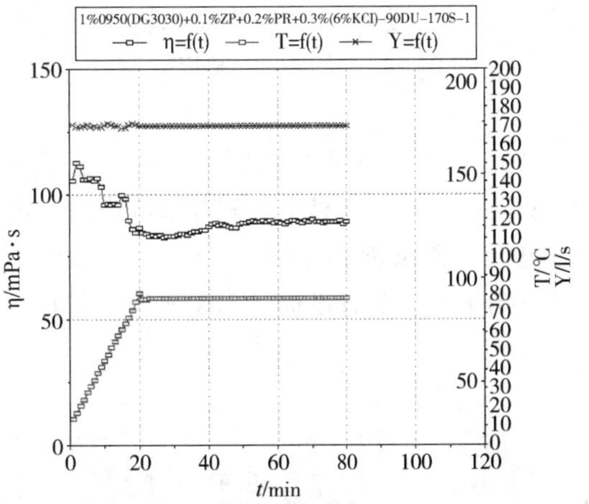

图4　水性压裂液流变性能

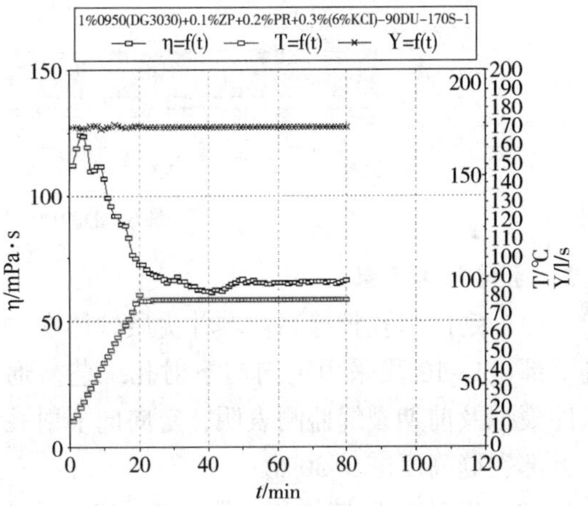

图5　油性压裂液流变性能

采0.1%水性降阻剂配方测定的岩心伤害率为10.53%(表1)，普遍小于常规压裂液(>20%)。DF109H井注入排量18m^3/min，实测降阻率为78%~85%，平均达82%，与常规压裂液体系相当。

表1　压裂液体系岩心伤害实验结果

压裂液体系	岩心直径/cm	岩心长度/cm	伤害前渗透率(K1)/mD	伤害后渗透率(K2)/mD	渗透率损害/%
0.1%水性降阻剂+0.1%助排剂+0.1%防膨剂	2.55	4.98	0.228	0.204	10.53%

2 高密度裂缝压裂技术

2.1 差异化分段分簇

本井采用139.7mm套管完井，最大程度满足大排量改造需求，低温(60℃)金属桥塞分段。钻遇显示极差，仅少量段全烃较高，解释271m气层仅占水平段的18%。分段思路为“差中选优、高密度裂缝扩大改造体积、降低渗流距离”。

(1) 主动放弃极差储层：A靶点至2650m为①期河道，录井无显示，测井解释声波、电阻相对更低，含水饱和度平均55%。为防止压后出水影响生产，节省投资，①期河道不射孔、不改造(图6)。

(2) 提升裂缝数量：2670~2940m是全井最优段，采用“长段多簇”思路打碎地层，段长83~115m，簇数8~12簇，平均10缝/100m；2940~3500m井筒周围储层相对较差，采用“短段多簇”思路扩展裂缝的长度，沟通更大区域，段长55±，簇数5~6簇，平均11缝/100m。全井分13段76簇。

(3) 限流射孔技术：为保证每簇有效开启，严格控制每簇孔数，每孔进液量>0.5m³/min。“长段多簇”的段设计每簇4~5孔，“短段多簇”的段设计每簇7~10孔，每段40~45孔。

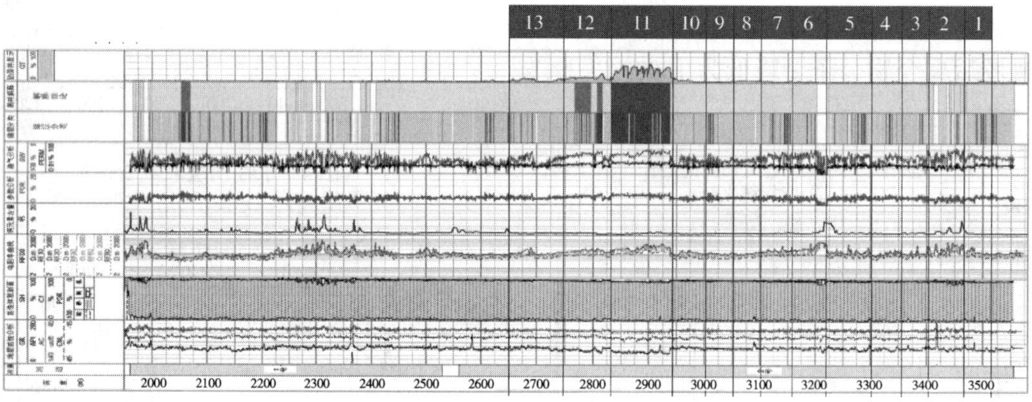

图6 DF109井测录井显示及分段示意图

2.2 主体施工参数

(1) 定向射孔控缝高：本井优质砂体在井轨迹下部，1~10段采用定向向下射孔工艺。通过软件模拟及前期裂缝监测表明，定向向下射孔可使上部裂缝高度减少30%。

(2) 提升排量扩体积：限压70MPa下尽量提高排量，现场主体保持20m³/min高排量。

(3) 控液量、保砂量：13段用液14386m³、砂量1637m³，用液强度16.7m³/m，加砂强度1.92m³/m，最高砂比30%，相同加砂下较邻井减少25%液量。

2.3 复合暂堵

本井2670~2940m每段达到8~12簇，为实现长段均匀改造，采用自适应复合暂堵技术。地层温度约64℃，单段孔数40~45孔，优选60℃溶解率≥90%暂堵球、暂堵剂(表2)。单段设计缝口暂堵球25~30颗(球/孔比为60~70%)，直径15~22mm(孔眼10mm左右)，缝内颗粒暂堵剂200Kg，暂堵时机为总液体的50~60%。施工中井口涨压1~3MPa，压力波动大，暂堵有效。

表2 自适应复合暂堵材料参数

暂堵材料	尺寸	适用温度/℃	承压能力/MPa	溶解条件	溶解性/%
暂堵颗粒	粒径4~200目	50~60	≥10	8h/60℃	≥95
暂堵球	粒径5~25mm	50~60	≥20	24h/60℃	≥90

3 支撑剂高效铺置技术

3.1 纤维支撑

扩大支撑裂缝的体积及支撑剂均匀铺置是储层改造的目标，采用以“纤维固结+新型分散剂”为关键材料的支撑剂高效铺置技术，使人造渗流通道更畅通、保持时间更长久。室内进行平板铺砂评价，采用15%砂比+0.3%分散剂+0.15%降阻剂浓度压裂液，混合纤维浓度分别为0、0.1%、0.2%、0.3%、0.4%、0.6%(纤维量/支撑剂量)时测量静置后支撑剂铺置高度(图7)。纤维与支撑剂形成“团簇”，增加了支撑剂之间的孔隙体积，纤维浓度大于0.3%后支撑剂体积增加率减缓(图8)，现场推荐使用浓度为0.3%。

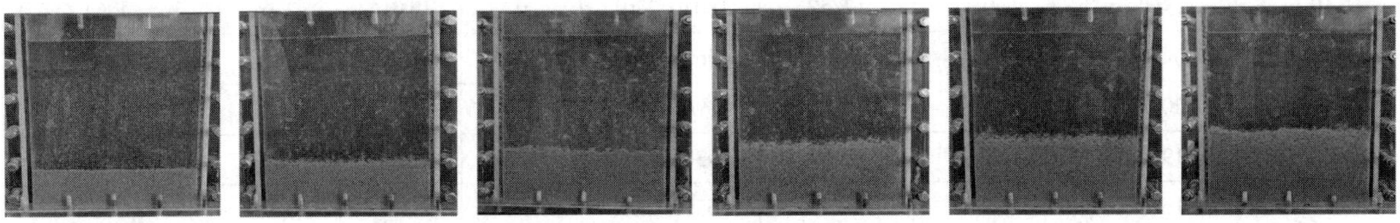

图7　不同纤维浓度下支撑剂铺置体积(从左到右纤维分别是0%、0.1%、0.2%、0.3%、0.4%、0.6%)

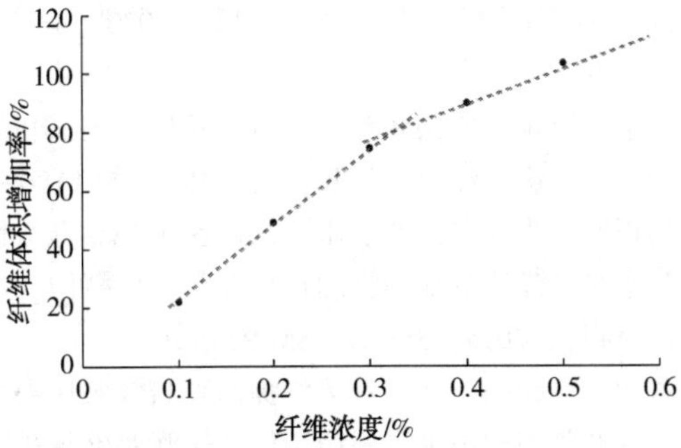

图8　不同纤维浓度下支撑剂铺置体积增加率

3.2　脉冲注入

四川盆地致密砂岩气藏前期推广应用“高速通道”压裂技术，在提升产量、降低成本方面成效显著。本井把大排量体积压裂和“高速通道”压裂技术结合，采用“交替注入+段塞携砂+纤维固砂”方式，段塞注入后在缝内形成无数“支柱”支撑裂缝，更大程度的增加改造体积及裂缝导流能力。携砂液阶段支撑剂+纤维+分散剂以脉冲段塞形式注入，一段支撑剂一段纯液体交替进行，支撑剂浓度逐级升高，典型的泵注流程如表3所示。施工末期，需要尾追大粒径连续支撑剂段塞，使缝口位置有稳定而均匀的支撑剂充填层。

表3　脉冲注入泵注程序设计例子

序号	液体类型	排量/m³/min	关键参数	作用
1	前置液氮	1.0	纯液氮注入	前置液氮增能造缝
2	高粘前置液	20	3~5%低砂比间断注入	前置液造缝
3	低粘加砂液	20	10%砂比70/140目、纤维+分散剂	小粒径远端支撑
4	中粘顶替液	20	0.5倍井筒纯液顶替	顶替段塞作用
5	低粘加砂液	20	12%砂比70/140目、纤维+分散剂	提高砂比注入
6	…	…	13~30%砂比70/140目、纤维+分散剂	多级脉冲段塞注入
7	暂堵	8	不停泵投球转向	降低排量暂堵
8	低粘加砂液	20	12~30%%砂比70/140目、纤维+分散剂	提高砂比注入
9	中粘顶替液	20	0.5倍井筒纯液顶替	顶替段塞作用
10	低粘加砂液	20	20%砂比30/50目、纤维+分散剂	缝口大粒径封堵
11	顶替	20	井筒容积1.5倍	冲洗井筒

4　现场应用情况

区块前期在高部位完成压裂10口井，采用套管泵送体积压裂技术，长段少簇，平均孔隙度6.0%，平均渗透率0.13mD，含水饱和度45%，物性较DF109H井优，在平均油压7MPa下测试产量为$4.64\times10^4m^3/d$。DF109H井在2023年10月完成压裂，排液见气速度明显加快，压后15d返排率25%，采用φ12mm油嘴求产，在井口压力13.4MPa下，测试获产$25.3\times10^4m^3/d$，创区块产量新高。后续又在低部位部署3口井，通过地质工程结合，采用相同的压裂工艺，精细设计及施工，在钻遇储层较差的情况下连续获得高产(表4)。近期4口井在物性变差的基础上，平均测试产量$15.95\times10^4m^3/d$，是区块前期平均$4.64\times10^4m^3/d$的3.4倍，且测试压力提升79.5%。

表 4　不同工艺投产井压裂效果统计

井号	改造段/m	孔隙度/%	分段/分簇	液量/砂量/m^3	纤维量/t	排量/m^3/min	求产压力/MPa	测试产量/$10^4m^3/d$
前期 10 口井	1460	6.0	12/53	18070/2701	0	14-16	7.0	4.64
DF109H	830	4.3	13/76	13629/1637	5.7	20	13.4	25.3
DF108H	2028	6.2	18/128	18964/2550	7.5	18	13.2	6.2
DF103-1H	1960	6.1	17/86	19388/2520	9.2	18	14.8	24.7
DF511H	1613	4.6	14/70	16597/2354	9.8	20	8.9	7.6

5　结论及认识

（1）东峰场须五气藏常压-特低孔渗特征，压裂技术以降低伤害为关键，采用前置液氮增能+全程伴注工艺，研发水性低分子稠化剂，压后排液速度快、见气早、压力稳定。

（2）围绕增大改造体积、降低渗流阻力目标，采用差异化设计方法，高密度裂缝压裂技术，脉冲柱塞加砂+纤维支撑模式，提升了支撑剂铺置效果，建立了高密度高导流的渗流通道。

（3）研究形成的体积压裂技术体系在东峰场气田提产效果显著，对特低孔渗、常压边际气藏有较好适应性，具有推广应用前景。

参　考　文　献

[1] 乔林，袁剑，袁玥等．资阳-东峰场须五气藏早期试采特征分析[J].《西部探矿工程》，2023，35(5)：83-87.

[2] 张宁生．低渗气藏开发的关键性技术与发展趋势[J].《天然气工业》，2006，26(12)：38-41.

[3] 罗小军，潘春，郭建伟等．苏里格气田液氮助排工艺技术[J].《石油天然气学报》，2012，34(09X)：291-293.

[4] 蔡承政，李根生，黄中伟等．液氮冻结条件下岩石孔隙结构损伤试验研究[J].《岩土力学》，2014，35(4)：965-971.

[5] 蔡承政，任科达，杨玉贵等．液氮压裂作用下页岩破裂特征试验研究[J].《岩石力学与工程学报》，2020，39(11)：2183-2203.

[6] 李嘉，李德旗，孙亚东等．可变黏多功能压裂液体系及应用[J].《钻采工艺》，2020，43(4)：105-107.

[7] 刁素，尹琅，栗铁峰等．凝析气藏压裂测试新技术[J].《大庆石油地质与开发》，2016，35(1)86-88.

[8] 杨正明，张仲宏，刘学伟等．低渗/致密油藏分段压裂水平井渗流特征的物理模拟及数值模拟[J].《石油学报》，2014，35(1)：85-92.

[9] 蒋恕，李园平，杜凤双等．提高页岩气藏压裂井射孔簇产气率的技术进展[J].《油气藏评价与开发》，2023，13(1)：9-22.

[10] 温庆志，高金剑，刘华等．纤维压裂液携砂性能实验评价[J].《科技导报》，2015，33(7)：39-42.

[11] 郭建春，高阳，赵志红等．脉冲纤维压裂液携砂机理[J].《石油钻采工艺》，2016，38(1)：88-92.

[12] 杨英涛．纤维防砂压裂技术在大牛地气田水平井的应用[J].《钻采工艺》2014，37(4)：113-114.

[13] 戚斌，杨衍东，任山等．脉冲柱塞加砂压裂新工艺及其在川西地区的先导试验[J].《天然气工业》，2015，35(1)：67-73.

[14] 浮历沛，张贵才，葛际江等．高通道压裂非均匀铺砂技术研究进展[J].《特种油气藏》，2016，23(5)：1-7.

[15] 罗志锋，陈一鑫，赵立强等．周长林高速通道压裂通道率影响因素实验研究[J].《油气藏评价与开发》，2017，7(2)：58-64.

[16] 唐堂，郭建春，翁定为等．基于 PIV/PTV 的平板裂缝支撑剂输送试验研究[J].《石油钻探技术》，2023，51(5)：121-129.

基于压裂设计优化的数据驱动砂岩储层主控因素分析方法研究

李风光[1]　冯　强[1]　陈世春[1]　徐昊垠[1]　曾凡辉[2]　卢　伟[1]　胡大淦[2]

（1. 中国石油集团渤海钻探工程有限公司工程技术研究院；2. 西南石油大学）

摘　要　针对目前压裂设计过程中施工参数多依靠经验值、缺乏理论支撑、压裂海量历史数据闲置的问题，提出了基于数据驱动的压裂施工参数智能优化方法。以苏里格气田数十口井为研究对象，采用神经网络、支持向量机和随机森林方法进行产能预测模型构建，结合神经网络和粒子群优化算法，以产量最高为目标推荐液量、砂量和排量等主控施工参数。研究结果表明，含气饱和度、储层厚度、净液量和加砂量为研究区块的产量主控因素，基于主控因素构建了神经网络产能预测模型，精度可达98.95%。本文方法可实现匹配砂岩储层的最优压裂施工参数，助力砂岩储层效益开发。

关键词　数据驱动；压裂施工参数；神经网络；粒子群优化

水平井多级分段压裂技术使得致密砂岩储层可以被经济有效的开发。经过长时间的压裂探索和施工，各油气田区块产生了大量的地质、工程和生产数据，目前大多处于零散闲置状态，造成一定的资源浪费。另一方面，随着逐年开发，储层条件逐渐变差，对于成熟区块开发，压裂工艺参数大多参考以往经验，缺乏理论研究，导致压裂工艺参数与储层条件的不匹配性逐渐增强，压裂效果将越来越差。基于大数据分析方法目前在各个行业发挥的作用越来越明显，如何将该方法与压裂工艺参数优化结合，助力油气田效益开发是当前亟需解决的技术难题。相较于传统的数值模拟方法，数据驱动方法通过对此类数据的分析和挖掘建立储层评价和压裂参数优化模型，可以真实反映区块储层物性和压裂改造程度特征，具有更强的针对性和说服力。压裂人工智能已经广泛应用于选井选层、施工参数设计、压裂施工诊断与调控等方面。

宋宣毅等基于34口生产井的地质、开发和工程方面的10项影响因素，建立了支持向量机产能预测模型，研究表明该方法在小样本预测中具有较好的适用性。宋丽阳等采用神经网络建立产量预测模型，结合遗传算法以产量最高为目标优选段长、簇间距、裂缝半长等方案组合。Lu等建立了深度神经网络产量预测模型，结合粒子群优化算法实现了段长、砂量、液量等压裂参数的快速设计。Dong等以净现值为目标，对比了遗传算法、差分进化算法、模拟退火算法和粒子群优化算法在裂缝参数优化中的应用效果，研究发现粒子群优化算法不仅收敛速度快，而且净现值最高。现有研究仅对部分施工参数开展了单方面优化，未考虑储层地质特征和工程品质进行施工参数匹配性设计。

本文以苏里格气田数十口井为研究对象，采用神经网络、支持向量机和随机森林方法进行产能预测模型构建，结合神经网络和粒子群优化算法，以产量最高为目标进行了砂岩储层主控因素分析方法的研究，可为油气田效益开发提供一定的技术支撑。

1　砂岩储层压后产能主控因素分析

1.1　储层主控因素分析方法

压裂改造后能否获得高产受到储层地质特征和施工参数的综合影响。地质特征反映了储层基础物性，基于区块现状，选取储层厚度、孔隙度和含气饱和度等关键参数表征地质甜点。而获得高产不仅要求储层具有较好的可改造性，还要求施工参数与地质特征相匹配，形成长度、条数、导流能力满足生产需求的裂缝。因此，选取净液量、用液强度、加砂量、加砂强度、平均砂比以及排量表征工程参数。

目前的产量劈分方法基于储层厚度、孔隙

度、和含气饱和度之积，称为总参数团，本文采用总参数团方法进行产量劈分，获取劈分后无阻流量，采用劈分后无阻流量作为评价指标，以苏里格数十口井为研究对象，构建样本数据库如表1所示。

表1　部分样本数据库

井序号	储层厚度/m	孔隙度/%	含气饱和度/%	净液量/m^3	用液强度	加砂量/m^3	加砂强度	平均砂比/%	排量(m^3/(min·m))	无阻流量
1	12.70	5.48	31.05	377.80	29.75	40.00	3.15	19.00	5.00	4.59
2	15.70	10.42	51.61	457.10	29.11	50.00	3.18	19.60	5.00	5.99
3	5.60	9.02	58.48	263.90	47.13	25.00	4.46	22.90	4.00	5.04
4	32.10	11.19	57.75	632.80	19.71	90.00	2.80	23.00	8.00	10.54
5	11.00	9.51	42.95	374.70	34.06	45.00	4.09	21.30	5.10	7.62
6	10.30	7.59	51.78	437.10	42.44	58.00	5.63	22.20	6.14	6.12
7	15.00	0.44	64.99	286.20	19.08	38.00	2.53	21.40	2.80	8.51
8	7.60	11.37	64.11	214.10	28.17	25.00	3.29	20.50	3.50	9.47
9	5.70	8.22	28.82	319.10	55.98	22.00	3.86	13.50	4.20	7.22
10	12.50	10.84	49.22	310.30	24.82	30.00	2.40	15.40	3.00	8.78
11	10.00	9.73	60.04	316.00	31.60	38.00	3.80	19.90	4.50	8.34
…	…	…	…	…	…	…	…	…	…	…
32	48.00	10.02	41.98	905.80	18.87	104.00	2.17	19.50	8.10	14.77

1.2　相关性分析

为明确各因素之间的关系，开展斯皮尔曼相关性分析，两组随机变量 $X=(x_1, x_2, \cdots, x_n)$ 和 $Y=(y_1, y_2, \cdots, y_n)$ 之间的斯皮尔曼等级相关系数为：

$$\rho = \frac{\sum_{i=1}^{m}(a_i - \bar{a})(b_i - \bar{b})}{\sqrt{\sum_{i=1}^{m}(a_i - \bar{a})^2}\sqrt{\sum_{i=1}^{m}(b_i - \bar{b})^2}} \tag{1}$$

式中，ρ 为等级相关系数，$0<\rho\leqslant 1$ 时呈正相关，$-1\leqslant\rho<0$ 时呈负相关，$\rho=0$ 时无相关性；m 为样本数量；a_i 和 b_i 分别为 x_i 和 y_i 的排名。

相关性分析结果如图1所示，地质特征中储层厚度、含气饱和度对产量影响靠前，为主控因素。施工参数中的加砂量、净液量为产量的主控因素。

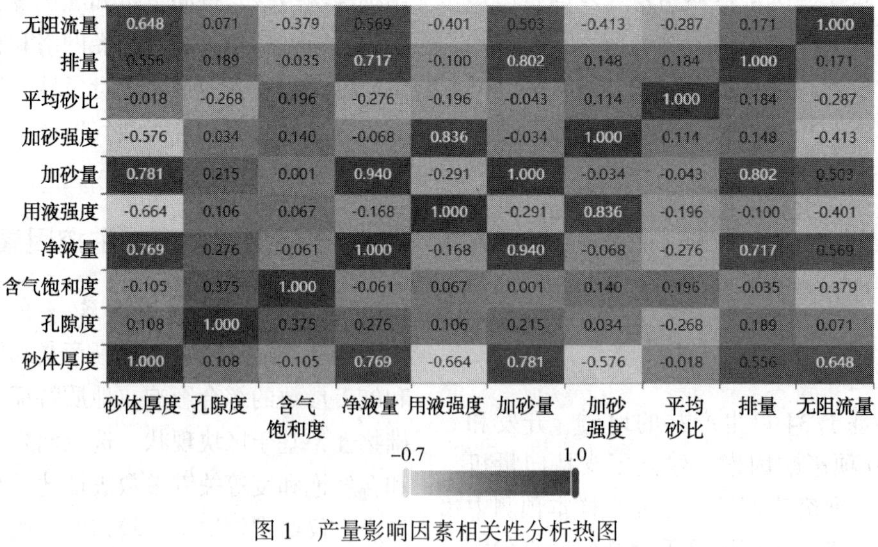

图1　产量影响因素相关性分析热图

2　储层产量预测

2.1　基于随机森林算法的产量预测

RF 是机器学习中最流行的算法之一。Ho(1995)提出的思想在 Breiman(2001)中得到了改进，至今仍被认为是构造 *RF* 的参考算法，凭借其优秀的抗噪能力，较高的精确度，不易陷入过拟合等优势，通常用于基因表达，预测比特币价格，工业过程中的故障分类，数据挖掘，文本分类，图像处理，入侵检测等领域。

给定分类器的集合 $h_{1(x)}$，$h_{2(x)}$，…，$h_{K(x)}$，并且利用从随机向量 Y，X 的分布中随机抽取的训练集，将函数定义为：

$$mg(X,\ Y)=av_k I(h_k(X)=Y)-\max_{j\neq Y} av_k I(h_k(X)=j) \tag{2}$$

其中 I(·)为指示函数。差额衡量的是在 X，Y 上，正确类别的平均投票数超过任何其他类别的平均投票数的程度。边际越大，分类的可信度越高。泛化误差由下式给出：

$$PE^*=P_{X、Y}(mg(X、Y)<0) \tag{3}$$

其中下标 X、Y 指示概率是在 X、Y 空间上。在随机森林中，$hk(X)= h(X、k)$ 的范围内。对于大量的树，根据强大数定律和树结构可以得出：

随着树数的增加，几乎肯定所有序列 1，… $PE*$ 收敛于：

$$P_{X、Y}(P_{\Theta}(h(X,\ \Theta)=Y)-\max_{j\neq Y} P_{\Theta}(h(X,\ \Theta)=j)<0) \tag{4}$$

此结果解释了为什么随机森林不会随着更多的树被添加而过拟合，而是产生一个泛化误差的极限值。

2.2 基于神经网络的产量预测

神经网络方法(ANN)是一种由大量的神经元之间相互联接构成的运算模型，其从信息处理的角度对人脑神经元网络进行抽象，并按不同的连接方式组成不同的网络架构。

神经网络技术作为现代人工智能领域的一个重要组成部分，具有非线性映射能力强和并行信息处理能力强的特点。在实际中得到了广泛的应用，主要用来实现模式识别、数据分类、函数拟合等功能，神经网络基本原理如图 2 所示。

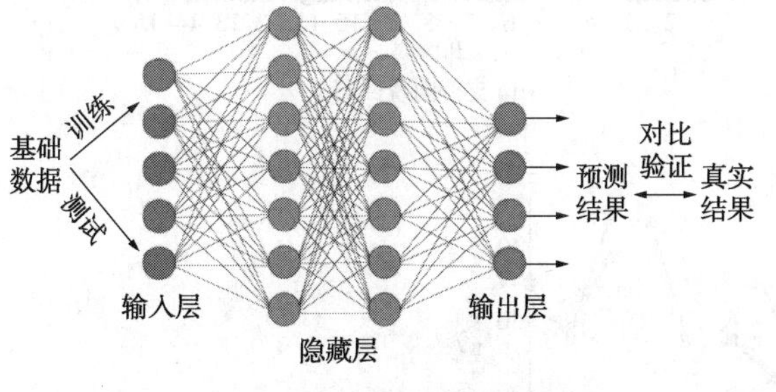

图 2　神经网络基本原理

它具有的优点：分类准确度高，并行分布处理能力强，分布存储及学习能力强，对噪声神经有较强的鲁棒性和容错能力，能充分逼近复杂的非线性关系，具备联想记忆的功能等。同时也存在缺点：需要大量的参数，不能观察学习过程，输出结果难以解释，会影响到结果的可信度和可接受程度；学习时间过长，甚至可能达不到学习的目的。

本文设计的神经网络由输入层、隐含层、输出层三层构成，每层的节点个数各不相同，而且会随着进行不同区域的建模时发生改变。

2.3 基于支持向量机的产量预测

支持向量回归(SVR)通过将非线性核函数将问题变为高维特征空间与低维输入空间的相互转换，解决了数据挖掘中的维数灾难，支持向量回归基本原理如图 3 所示。其目的是寻找一个回归平面，让集合内所有的数据到该平面的距离最近。

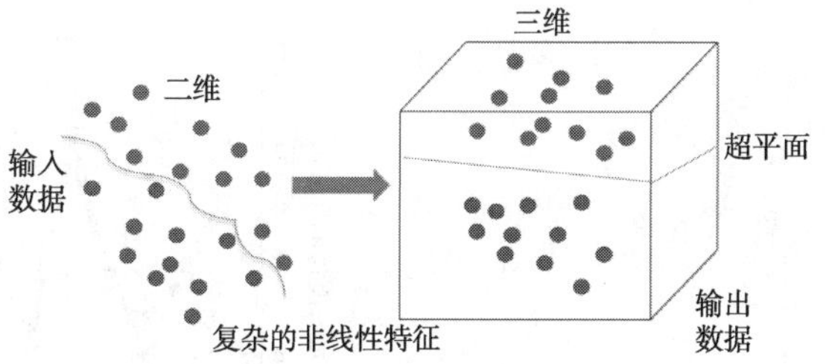

图 3　支持向量回归基本原理

当数据完全落在模型平面上时，该平面的损失值为 0。对于小样本条件下的机器学习问题，SVR 可以解决高维问题，并且可以避免神经网络结构选择和局部极值问题。

3　压裂施工参数优化

3.1 产量预测模型

考虑储层厚度、孔隙度、渗透率等 10 项产量影响因素，选取 2 口井为测试集、其余为训练集，分别对石盒子组和山西组建立三种机器学习方法的产量预测模型。设置神经网络模型隐藏层数量为 100，隐藏层大小为 50，最大迭代次数为 1000；支持向量回归模型核函数为径向基函数和函数，正则化参数为 1.5，惩罚因子为 0.1；设置随机森林模型的树数量为 100，树深度为 50，节点随机数为 1。石盒子组三种产量预测模型训练集和测试集预测精度如图 4 所示，其中，神经网络模型训练集平均预测符合率为 91.97%，测试集平均预测符合率为 94.33%；支持向量回归模型训练集平均预测符合率为 72.35%，测试集平均预测符合率为 92.41%；随机森林模型训练集平均预测符合率为 88.76%，测试集平均预测符合率为94.01%。山西组的三种产量预测模型训练集和测试集预测精度如图5所示，神经网络模型训练集平均预测符合率为98.31%，测试集平均预测符合率为98.95%；支持向量回归模型训练集平均预测符合率为71.36%，测试集平均预测符合率为98.85%；随机森林模型训练集平均预测符合率为88.74%，测试集平均预测符合率为91.25%。由此可以看出神经网络模型预测精度最高，表明该模型更适合开展压裂参数优化。

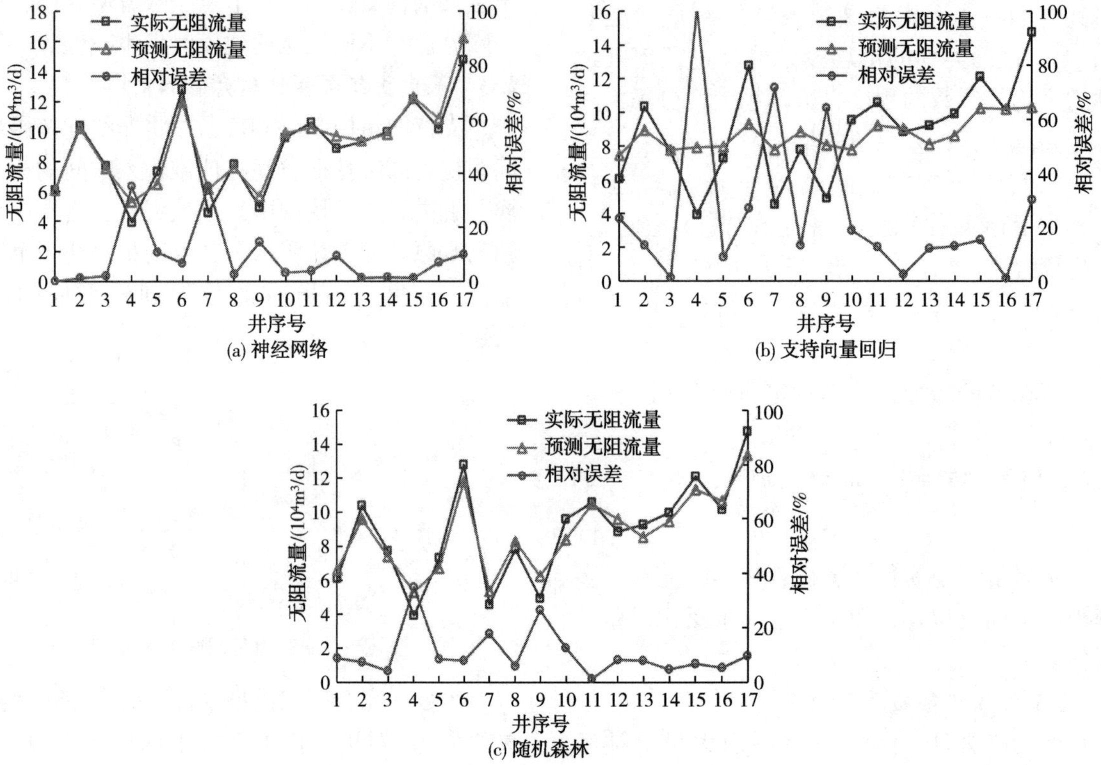

图4 石盒子组产量预测模型精度

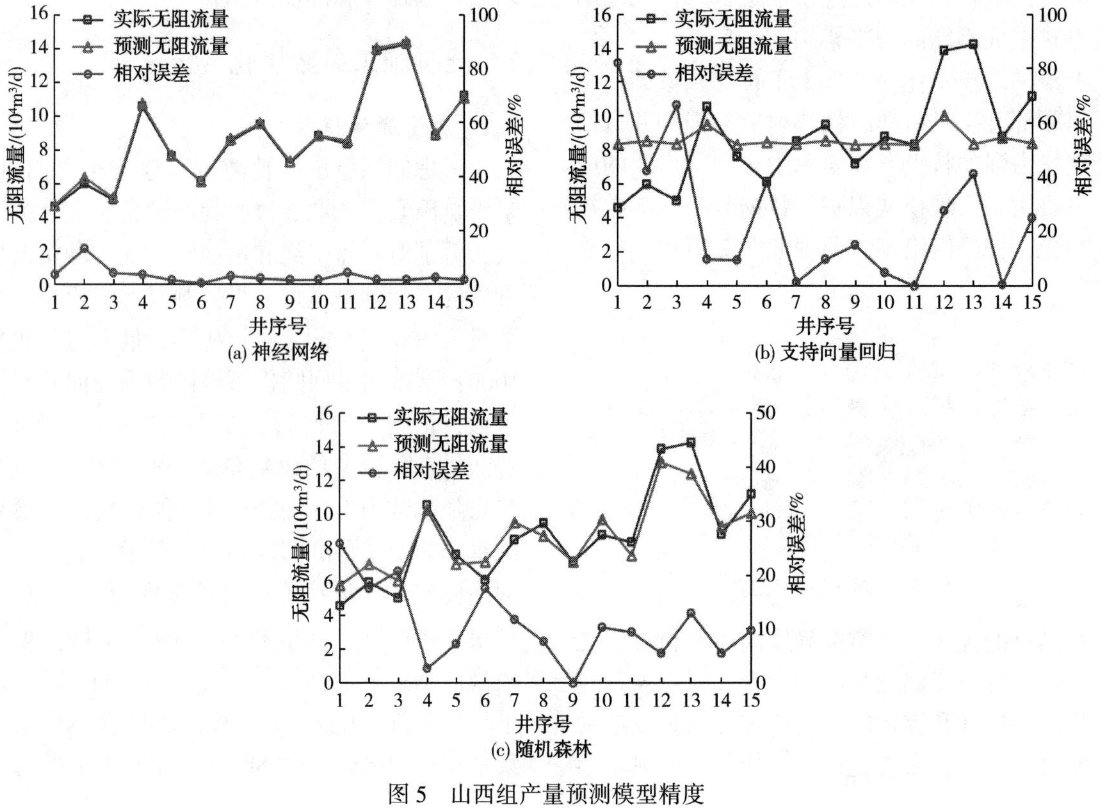

图5 山西组产量预测模型精度

3.2 粒子群优化算法

粒子群优化算法是一种基于种群的随机搜索方法，具有良好的全局搜索能力，仅需要少量的输入参数便可在指定的参数区间内找到全局最优解。对于包含 N_s个粒子的 M_s维搜索空间，每一个粒子包含三个向量信息，分别为粒子运动速度 $v_i=(v_{i1}, v_{i2}, \cdots, v_{iM_s})$，粒子位置 $X_i=(X_{i1}, X_{i2}, \cdots, X_iM_s)$ 和其最佳位置 $O_i=(O_{i1}, O_{i2}, \cdots, O_iM_s)$，粒子群全局最优位置为 $O_L=(O_{L1}, O_{L2}, \cdots, O_{LMs})$。粒子速度和位置更新的规则为：

$$v_{im_s}(t+1)=\tau v_{im_s}+\lambda_1\vartheta_1[O_{im_s}(t)-X_{im_s}(t)]+\lambda_2\vartheta_2[O_{Lm_s}(t)-X_{im_s}(t)] \quad (4)$$

$$X_{im_s}(t+1)=X_{im_s}(t)+v_{im_s}(t) \quad (5)$$

式中，v_{im_s}为当前速度，$i=1, 2, \cdots, N_s$，$m_s=1, 2, \cdots, M_s$，$v_{iM_s}\in[v_{\min,M_s}, v_{\max,M_s}]$；$\tau$为惯性因子；$\lambda_1$、$\lambda_2$为学习因子；$\vartheta_1$、$\vartheta_2$为[0, 1]中的随机数；$O_{im_s}$为当前最佳位置；$O_{Lm_s}$全局最佳位置。

3.3 施工参数优化分析

以地质参数为基础，分别采用山西组和石盒子组产量预测模型对各层开展施工参数优化，各组施工方案与对应的预测无阻流量如图 6 所示，山西组无阻流量对排量和净液量较敏感，石盒子组无阻流量仅对净液量敏感。根据各小层厚度设置施工参数搜索范围，对 X 井 71 号小层推荐净液量 132.6m^3，加砂量 11.2m^3，施工排量 2.5m^3/min；54 号小层推荐净液量 115.1m^3，加砂量 7.3m^3，施工排量 2.5m^3/min；X 井在推荐方案下预测无阻流量 12.8 万方/天。

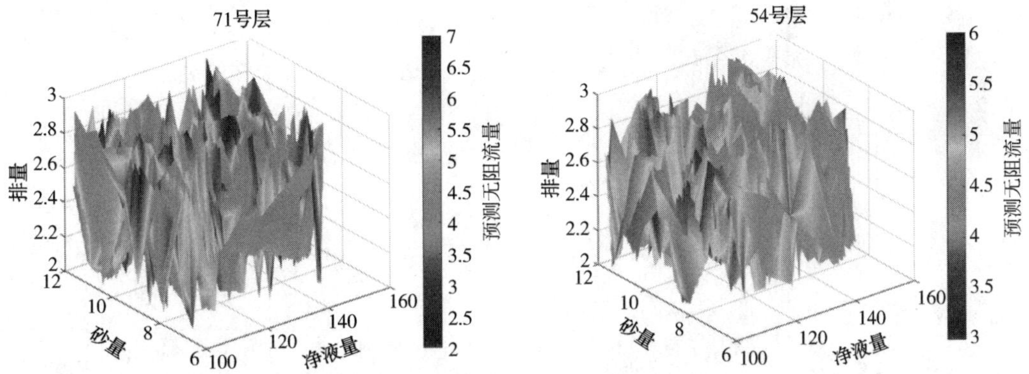

图6　施工参数优化方案及预测无阻流量

本文以苏里格气田数十口井的地质、工程等生产数据为基础，构建了产能预测模型，结合神经网络和粒子群优化算法，以产量最高为目标进行了砂岩储层主控因素分析方法的研究，该方法解决了大量压裂历史数据为施工参数优化提供了可行性，可为油气田效益开发提供重要的技术支撑。

4　结论

（1）以苏里格气田某区块单井作为研究对象，分析了包含地质特征和施工参数的 10 项因素与无阻流量之间的斯皮尔曼相关性。

（2）基于数据驱动的产量预测方法中，各机器学习方法有各自的适用性，针对本区块井神经网络产能预测模型精度更高。

（3）基于神经网络产量预测模型和粒子群优化算法，以预测产量为优化目标，形成了数据驱动的压裂施工参数优化方法，可实现匹配储层地质特征和工程品质的施工参数差异化设计，为单井提质增效提供坚实的技术支撑。

参 考 文 献

[1] LU C H, JIANG H Q, QU S Y, et al. Hydraulic fracturing design for shale oils based on sweet spot mapping: A case study of the Jimusar formation in China[J]. Journal of Petroleum Science and Engineering, 2022, 214: 110568.

[2] YANG R Y, QIN X Z, LIU W, et al. A Physics-Constrained Data-Driven Workflow for Predicting Coalbed Methane Well Production Using Artificial Neural Network[J]. SPE Journal, 2022, 27(3): 1531-1552.

[3] 张世昆，陈作．人工智能在压裂技术中的应用现状及前景展望[J]．石油钻探技术，2023，51(1)：69-77.

[4] 盛茂，李根生，田守嶒等．人工智能在油气压裂增产中的研究现状与展望[J]．钻采工艺，2022，45

(4)：1-8.
[5] 宋宣毅，刘月田，马晶等. 基于灰狼算法优化的支持向量机产能预测[J]. 岩性油气藏，2020，32(2)：134-140.
[6] 宋丽阳，王纪伟，刘长印. 基于BP-GA算法的水平井智能压裂设计方法[J]. 断块油气田，2022，29(3)：417-421，426.
[7] LU C H，JIANG H Q，YANG J L，et al. Shale oil production prediction and fracturing optimization based on machine learning[J]. Journal of Petroleum Science and Engineering，2022，217：110900.
[8] DONG Z Z，WU L，WANG L J，et al. Optimization of Fracturing Parameters with Machine-Learning and Evolutionary Algorithm Methods [J]. Energies，2022，15：6063.
[9] 孙龙德，赵文智，刘合等. 页岩油"甜点"概念及其应用讨论[J]. 石油学报，2023，44(1)：1-13.
[10] ZHAO G，DING W L，TIAN J，et al. Spearman rank correlations analysis of the elemental，mineral concentrations，and mechanical parameters of the Lower Cambrian Niutitang shale：A case study in the Fenggang block，Northeast Guizhou Province，South China[J]. Journal of Petroleum Science and Engineering，2022，208：109550.
[11] Breiman，L. Random forests[J]. In Machine learning，2001，5-32.
[12] FARUK O A. Simultaneous Optimization of Well Count and Placement：Algorithm，Validation，and Field Testing[J]. SPE Journal，2023，28(1)：147-172.

加拿大富含凝析油页岩气藏井距优化技术研究

汪 萍[1] 叶秀峰[2] 孔祥文[1] 杨 姮[2] 贾跃鹏[1] 吴羽珩[2]

（1. 中国石油勘探开发研究院；2. 中国石油国际勘探开发有限公司）

摘 要 井距是影响页岩气藏分段压裂水平井高效开发的关键因素之一，井距过大，井间部分区域可能无法得到有效的压裂改造，形成死气区，降低储量动用程度；井距过小，井间干扰严重，单井产量降低，部署井数增加，开发成本升高，进而影响气田整体开发经济效益。因此，确定合理的井距对于页岩气藏效益开发，尤其是对于进入规模开发阶段的工厂化钻完井作业模式来说，至关重要。然而，由于页岩气藏通过人工压裂改造形成的裂缝缝网复杂，裂缝形态和长度等参数难以有效识别，再加上需要考虑气藏开发的经济效益等因素，导致合理井距的确定充满挑战，例如，加拿大阿尔伯塔省Duvernay组页岩为主要目的层的D气田，已经钻了180多口井，合理的井距仍无法确定。

本文基于D气田180口实际生产数据分析，优选出可识别边界反馈信号的特征曲线，明确不同井距下的井间干扰情况；创新形成一套利用微地震、示踪剂和邻井动态干扰等多信息定量表征井间干扰强度的方法和流程，量化不同井距的井间干扰强度；以适度保留井间干扰为原则，结合数值模拟，明确合理开发井距。应用成果提出将D气田的井距从200m适度扩大到300m，现场实施后，单井产量提高40%，方案部署少钻200口井左右。

优选特征曲线识别井间干扰。通过分析180口分段压裂水平井的单井生产规律和特征，优选出产量和时间的双对数曲线作为特征曲线，该曲线能明显识别边界反馈信号，据此，对比分析不同井距下的产量和时间的双对数曲线，发现200m以下的井距到达边界的时间要远早于400m井距，进而明确200m以下的井距出现严重井间干扰。

利用微地震、示踪剂和邻井动态干扰等信息量化不同井距的井间干扰强度，确定合理井距。对于微地震信息，分析发现各压裂段的微地震事件沿垂直水平井方向均呈正态分布，对各压裂段的微地震事件的累计概率分布曲线进行典型化处理，得到典型微地震事件的累计概率分布曲线，利用该曲线按一定井距排列来模拟井间干扰，通过计算中间井2条以上曲线叠合区域的面积占单个曲线面积的比例来表征相应井距下的干扰强度；对于示踪剂信息，分析发现距注入井越远，返排的示踪剂量越小，将返排的示踪剂量占注入示踪剂量的比例定义为示踪剂返排浓度，将注入井的返排浓度进行归一化处理，利用距离注入井不同井距下井的返排浓度来表征相应井距下的井间干扰强度。对于同一井组中相邻井的动态干扰信息，分析发现井距越小，邻井关井引起的产量变化幅度越大，而且井距越小，同一井组中边井与非边井的产量差异越大，分别计算不同井距下邻井关井引起的平均产量变化和边井与非边井的产量差异占边井的产量比来表征相应井距下的井间干扰强度。综合上述信息，可定量确定不同井距下的井间干扰强度分布范围，考虑适度保留井间干扰，再结合数值模拟结果，确定合理开发井距。

应用本文研究成果，明确D气田200m以下的井距出现严重井距干扰，200m井距的井间干扰强度为11%~30%，300m井距的干扰强度为5%~14%，400m井距的干扰强度为3%~9%，在此基础上，考虑适度保留井间干扰，结合数值模拟结果，确定300m井距为D气田的合理井距，提出将D气田的井距从原来的200m适度扩大到300m，现场实施后，在储层物性和压裂参数基本相当的情况下，300m井距的平均首年累产油气当量较200m井距提高40%，且凝析油气比下降速度明显减缓。

关键词 页岩气藏；分段压裂水平井；井距优化；井间干扰

1 多信息定量表征井间干扰强度

1.1 微地震监测法定量表征干扰强度

微地震监测技术可以识别人工压裂改造缝特点，客观评价压裂的效果，为压裂工艺优化提供参考依据。

D气田的102/04-21井为观察井，对102/14-16井的压裂过程进行监测，经过去噪、射孔位置校正等处理，得到较为可信的微地震事件发震位置数据体以及波及体积图(图1)。由102/

14-16井微地震解释图可知，保守估计裂缝半长为50m，乐观估计裂缝半长为120m。受各压裂段实际压裂效果及去噪等处理影响，各压裂段微地震事件差异较大。依据微地震解释结果确定的裂缝半长范围较大，不同学者以解释得到的裂缝半长确定的合理井距也因此有较大差异。

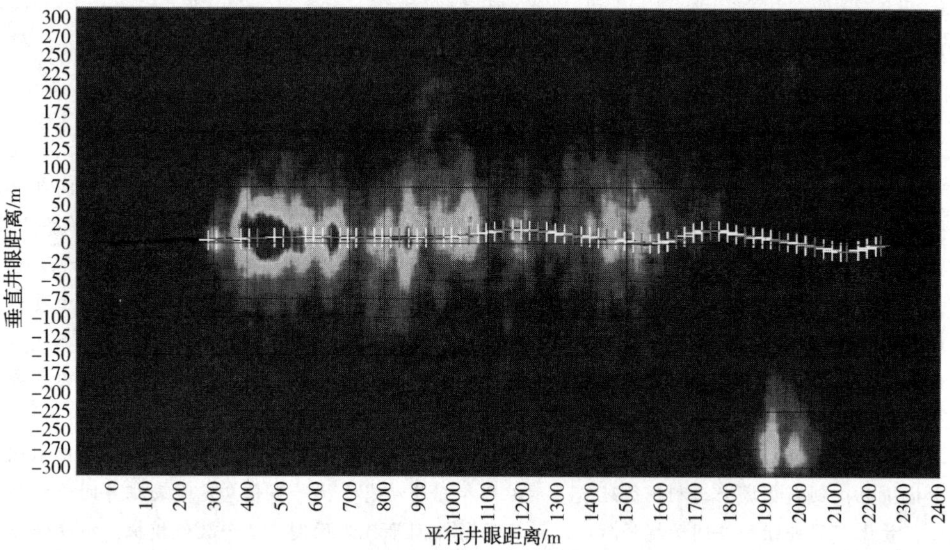

图1　102/04-16井微地震解释图

本次研究以微地震事件解释结果为依托，通过研究各压裂段微地震事件垂直于水平井方向上的分布概率，定量表征随着垂直于水平井方向距离增加压裂对储集层的改造程度。微地震事件分布概率较大的区域即为压裂受效核心区。

102/14-16井得到20个压裂段的有效微地震事件(图2)。大部分压裂段微地震事件主要分布于水平井水平段附近，说明压裂受效区域主要在近井地带。压裂段3、4和5微地震事件主要分布于远离水平井筒的位置，这与一般的储集层压裂认识相矛盾，本次研究不予采纳。微地震事件主要集中于水平井附近，远离水平井的方向，微地震事件快速减少，微地震事件在垂直于水平井方向上呈现正态分布。

以压裂段19为例分析微地震事件垂直于水平井方向上的概率分布计算过程。压裂段19的微地震事件分布如图3所示。微地震事件主要集中于水平井筒周围，远离水平井的方向，微地震事件快速减小。为统计微地震事件概率分布，沿垂直于水平井方向以20m划分统计区间，水平井共具有33个统计区间，其中，-10，10为横跨水平井的统计区间，水平井每一侧共具有16个统计区间。压裂段19微地震事件概率分布如图4所示。在-10到10m范围内，微地震事件分布概率为30%。沿着垂直于水平井方向上距离增加，微地震事件分布概率迅速减小。当垂直于水平井方向上距离大于100m时，基本上没有微地震事件分布，如图5所示。

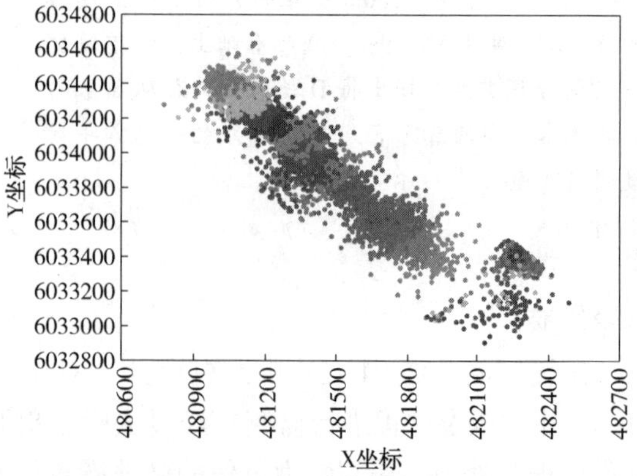

图2　04-16-63-22W5井各压裂段微地震事件图

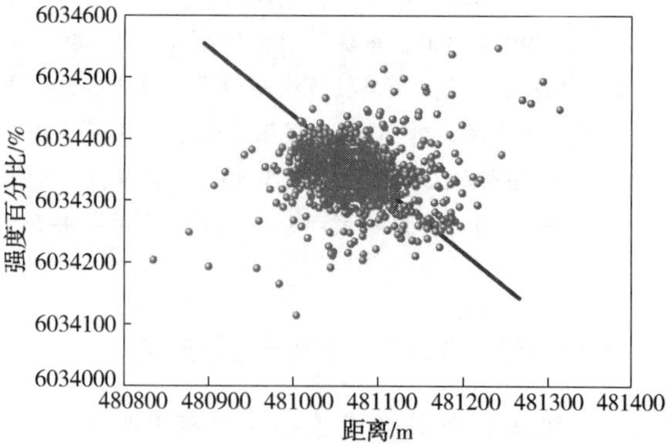

图3　04-16-63-22W5井第19压裂段微地震事件图

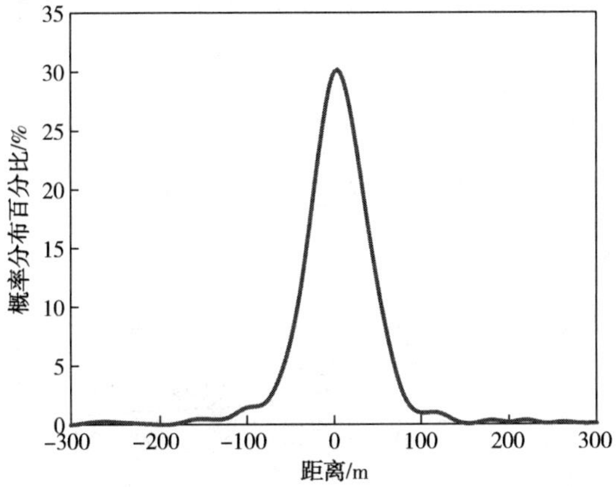

图 4　压裂段 19 微地震事件概率分布图

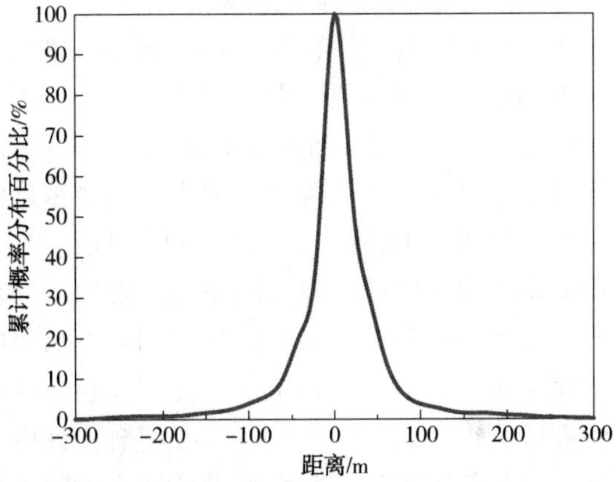

图 5　压裂段 19 微地震事件累计概率分布图

由微地震事件概率分布图可知，微地震事件主要分布于水平井周围，沿垂直于水平井方向递减。基于微地震事件概率分布规律和水力压裂效果，可以默认水平井处为压裂一定受效区，沿垂直于水平井方向，压裂受效概率逐渐降低。为计算压裂受效概率分布情况，由距离垂直于水平井最大的统计区间开始，将该统计区间的微地震事件个数累加至上一级统计区间，将累加后的上一级区间微地震事件数继续向上一级进行累加。最后水平井两侧的区间叠加到-10，10 统计区间，则该区间统计得到的微地震事件数为该压裂段累计微地震事件数。把 33 个统计区间由上一级不断累加得到的微地震事件数除以该压裂段累计微地震事件数，则可以得到每一个统计区间压裂受效概率值(图 6)，其中-10，10 统计区间的压裂受效概率为 100%。垂直于水平井方向 100m 处的压裂受效概率约为 4%，压裂受效概率较低。

本文共 17 个压裂段具有合格的微地震事件数据体，分别对其它压裂段微地震事件数据体进行上述操作，得到各压裂段累计概率分布曲线，对各各压裂段累计概率分布曲线进行平均，获得典型微地震事件累计分布曲线，如图 6 中的红色曲线。

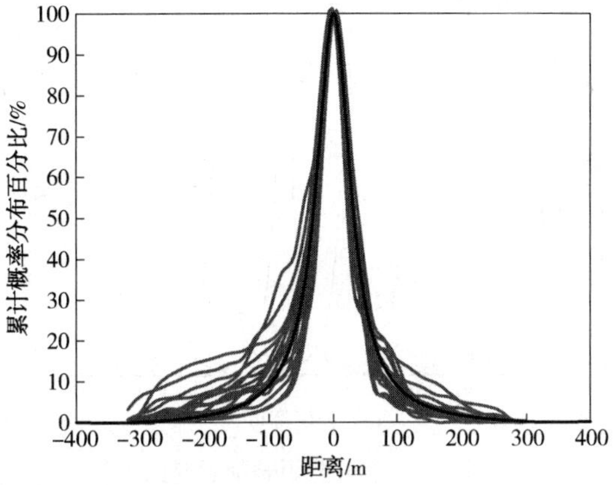

图 6　102/14-16 井的典型微地震事件累计分布曲线

按照一定的井距，对典型微地震事件累计分布曲线进行叠加，每条曲线代表一口井，计算中间井的曲线重合区域面积(如图 8 所示黄色区域面积)占单个典型微地震事件累计分布曲线面积的比例作为相应井距下的干扰强度(图 7～图 12)。

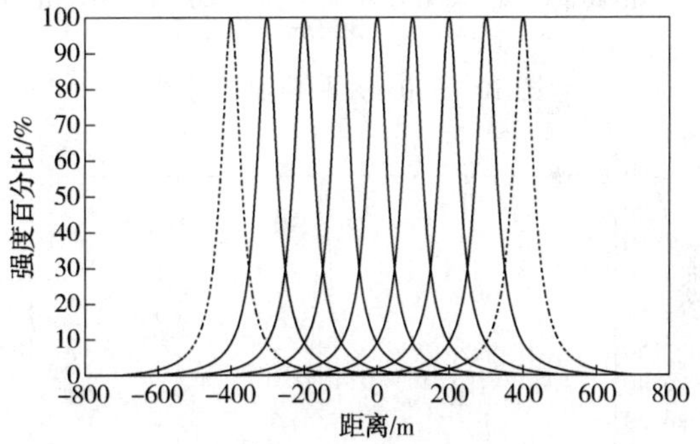

图 7　100m 井距叠加示意图

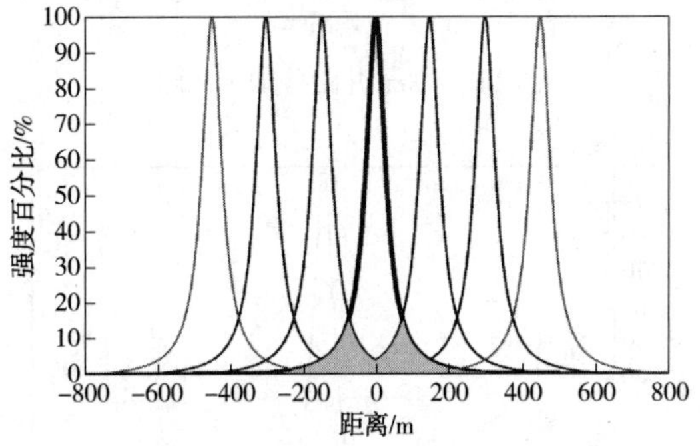

图 8　150m 井距叠加示意图

对于 100m 井距，井间干扰较为强烈，干扰强度为 52%。随着井间距离的增大，干扰强度不断降低，井距达到 500m 时，干扰强度仅为

2.6%。依据井距与对应干扰强度，采用 Origin 软件中的 Logistic 函数进行拟合，即可以得到基于微地震监测法的不同井距条件下的水平井之间的干扰强度曲线(图 13)。

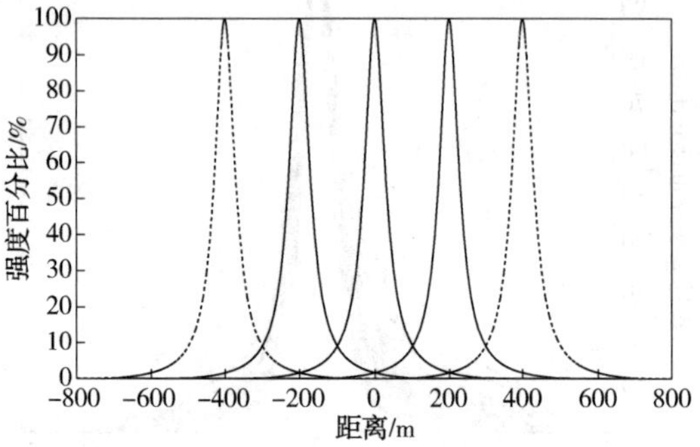

图 9　200m 井距叠加示意图

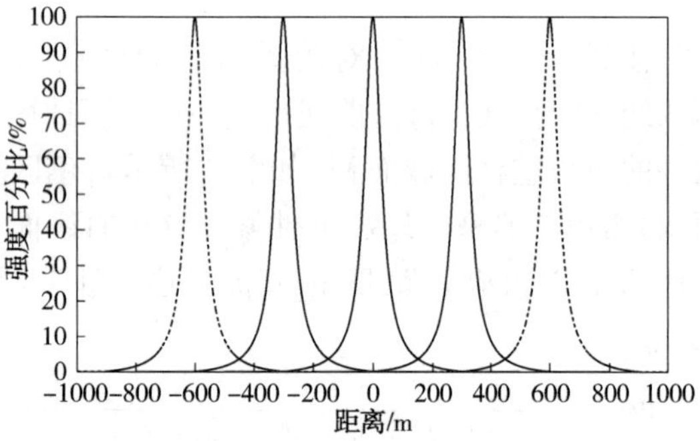

图 10　300m 井距叠加示意图

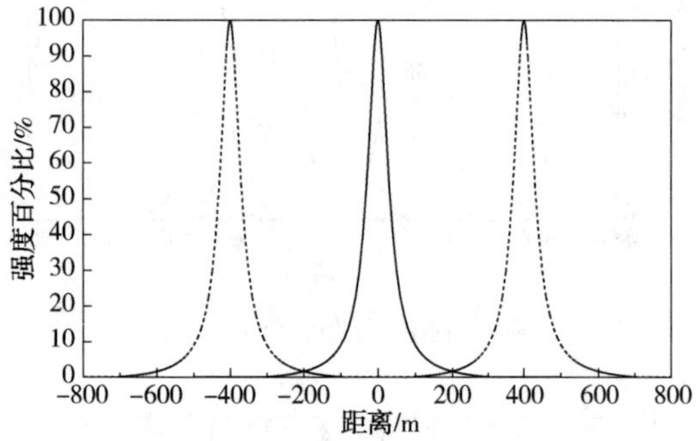

图 11　400m 井距叠加示意图

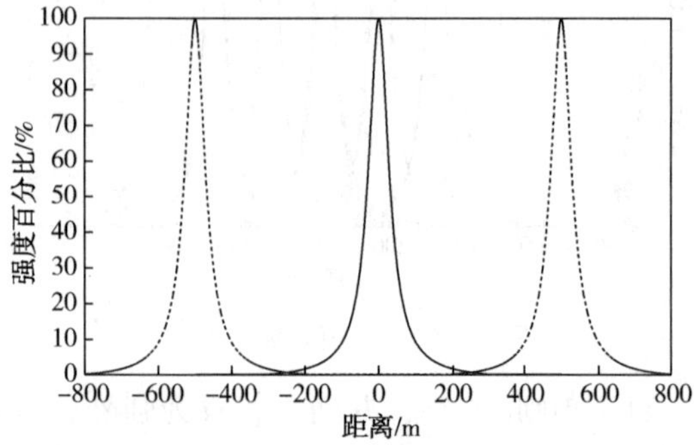

图 12　500m 井距叠加示意图

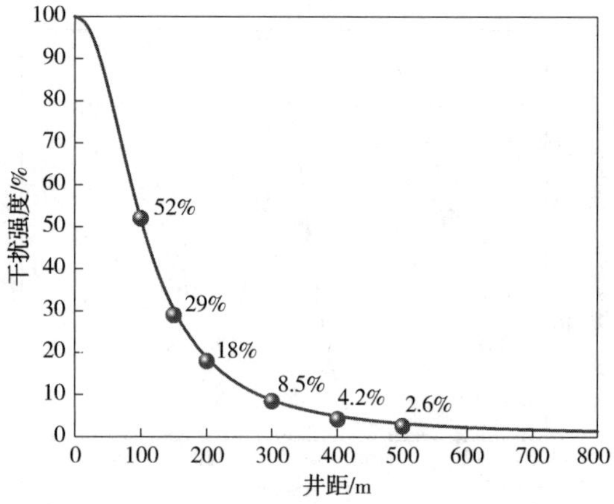

图 13　分段压裂水平井井间干扰图

1.2　示踪剂法定量表征干扰强度

D 气田 05-18 井组共有 8 口分段压裂水平井，平均压裂段数为 35 段，采用 Hybird 压裂液进行压裂。D 气田以 05-18 井组的 102/05-24 井开展示踪剂实验。支撑剂中混入一定量浓度的示踪剂，随着压裂液被注入到各压裂段。102/05-24 井从指端部开始进行压裂，从第四压裂段开始在支撑剂中混入一定量的示踪剂，然后每隔一个压裂段注入含有示踪剂的支撑剂，且各压裂段注裂段含有 14 种互不相同的示踪剂，且由于工艺、材料等的限制，每个压裂段注入的示踪剂量并不相同，从 209ppm 到 4884ppm 不等。

示踪剂被注入到 102/05-24 井相应压裂段后，当进行压裂液返排时，会沿着压裂裂缝、天然裂缝等渗流通道被返排出来。由于水平井之间存在着不同程度的井间干扰或压裂裂缝等渗流通道的交叉，示踪剂会从相邻水平井中返排出来(图 14)。从相邻水平井返排出的示踪剂量多少可以表征注入井与相邻井之间的干扰强度。邻井与注入井之间的干扰强度越大，邻井返排出的示踪剂量越多。理论上，从注入井返排出的示踪剂量最多。

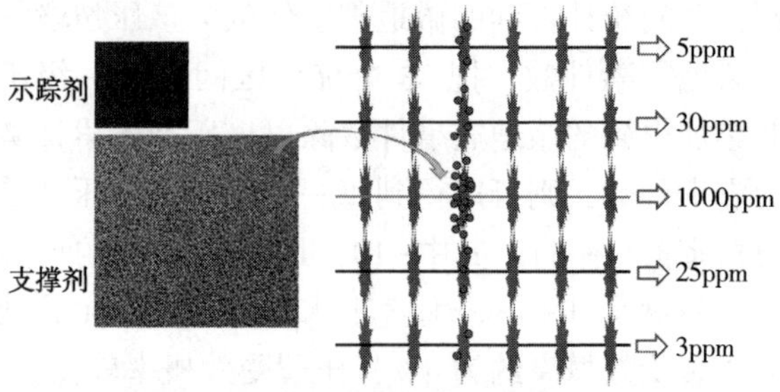

图 14　示踪剂法确定合理井距原理图

连续收集、分析 05-18 井组中的 8 口水平井返排液成分及化学物质浓度，可以分别得到 8 口水平井的 14 种示踪剂量。把每口井 14 中示踪剂量标示在相应的压裂段上，即可得到(图 15)。带星号的井即为注入井 102/05-24，把返排出的示踪剂量标示在该井的相应压裂段上，相邻井各压裂段示踪剂量表征的是与 102/05-24 对应压裂段注入的示踪剂从该水平井返排出的量。

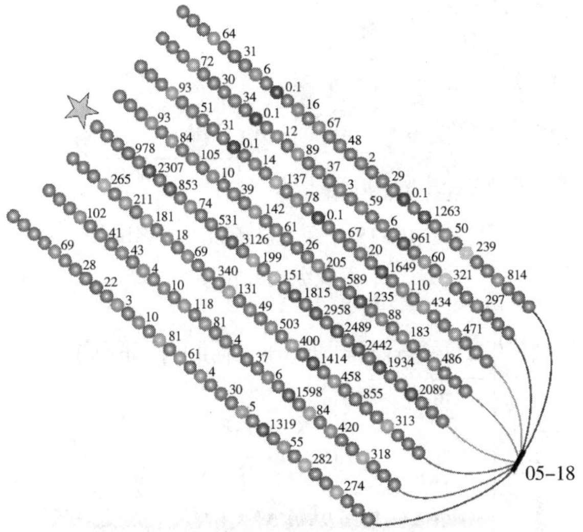

图 15　05-18 井组示踪剂实验图

为了简化，8 口井分别命名为 1 到 8，其中 4 为注入井。分析表明，14 种示踪剂均在注入井的返排浓度最高，其次是临近的水平井，总体上，距离注入井越远，示踪剂返排量越小(图 16)。将各井 14 种示踪剂的返排量分别除以该种踪剂在注入井的注入量，即可表示不同水平井返排的示踪剂浓度比(图 17)。把距离注入井相同距离的两口井的返排示踪剂浓度比进行平均，即可得到距注入井不同距离的不同示踪剂的返排示踪剂浓度比(图 18)。横坐标表示距离示踪剂注入井的距离，距离注入井的距离越远，示踪剂浓度越小。图 18 中红线表示随距注入井距离增加的返排示踪剂浓度比平均曲线。

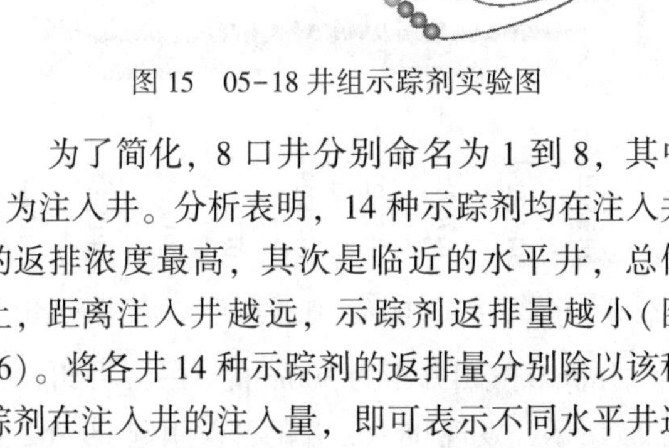

图 16　生产井不同压裂段示踪剂量

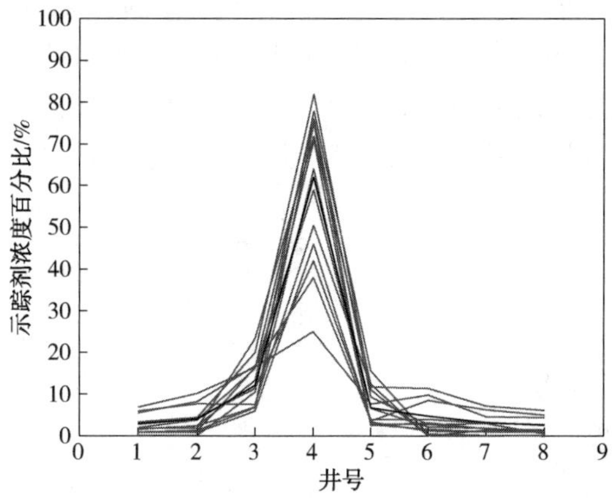

图 17　不同压裂段示踪剂浓度百分比

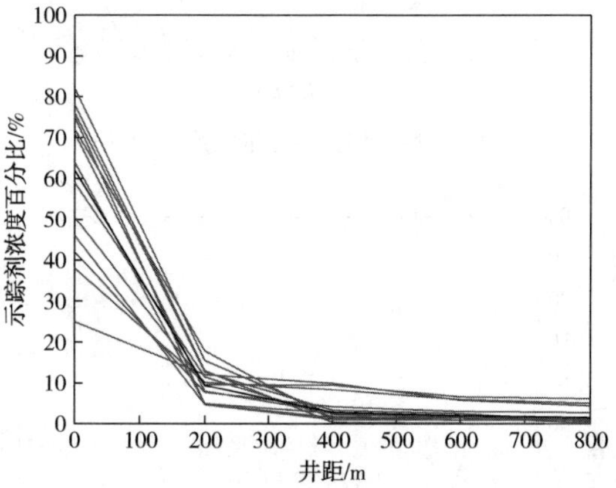

图 18　不同井距示踪剂浓度百分比

由上文分析，从相邻水平井返排出的示踪剂量多少可以表征注入井与相邻井之间的干扰强度。为了进一步分析不同井距的井间干扰强度分析，需把注入井的返排示踪剂浓度进行归一化处理，即当两口井位于同一位置时干扰强度为 100%(图 19)。图 19 中红色点为进行归一化后的距注入井不同距离上的示踪剂浓度比，即表示不同井距的干扰强度。依据图 18 中红色点采用 Origin 软件中的 Logistic 函数进行拟合，即可得到基于示踪剂法的不同井距条件下的水平井之间的干扰强度图(图 20)。当井距分别为 100、200、300、400、500m 时，干扰强度分别为 71%、25%、11%、6%和 4%。

1.3　压力干扰法定量表征干扰强度

干扰测试是一口激动井和一口或若干口观察井组成测试组，通过改变激动井的工作制度，使储集层中压力发生变化，采用高精度和高灵敏度压力计观察井中的压力或者产量变化，根据记录的压力变化资料确定井间连通情况及连通强弱、评估气井压裂效果、分析气井的井间干扰，为确定井距提供依据。本文研究区分别针对 150、200、300 和 400m 井距共开展了 4 个井组的压力干扰测试实验，重点记录由于激动井工作制度变化引起的观察井压力及产量的变化情况。

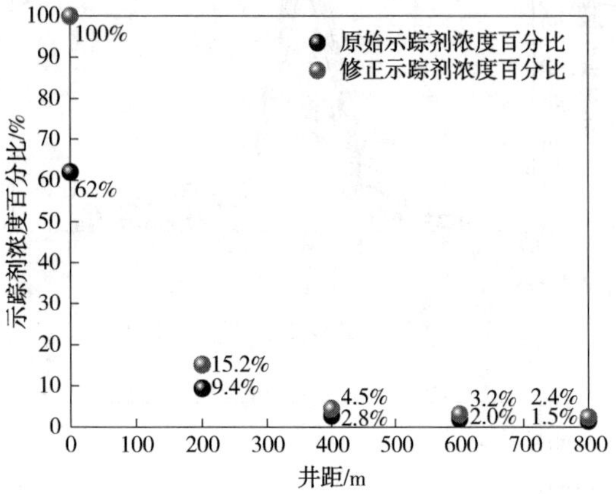

图 19　原始及修正示踪剂浓度百分比图

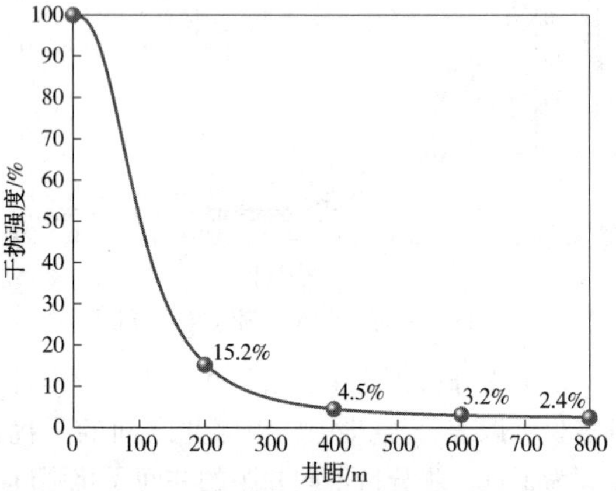

图 20　示踪剂法确定水平井井距与干扰强度图

分析 D 气田井距为 150m 的 15-22 井组，如图 21 所示，发现 05-14 井和 07-14 井的开井和关井均引起 06-14 井产量的波动，将各阶段 06-14 井由于相邻井开关而引起的产量变化幅度进行平均，得到该平均值为 17.3%。

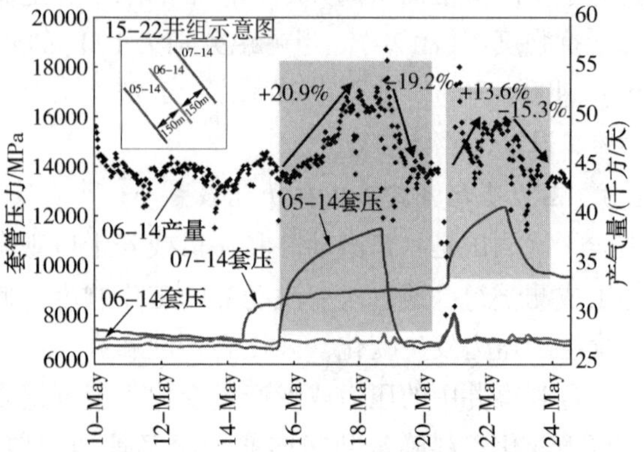

图 21　15-22 井组 150m 井距生产井压力干扰反馈图

分析 D 气田井距为 200m 的 16-18 井组，如图 22 所示，发现 6 井和 8 井的开关井引起了 5 井和 7 井的产量波动，产量波动幅度的平均值为 8.1%，如图 23 所示。

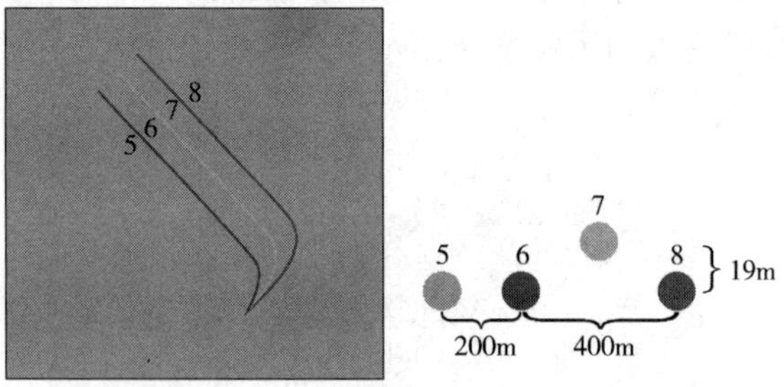

图 22　16-18 井组 4 口压力干扰测试井平面及纵向井位图

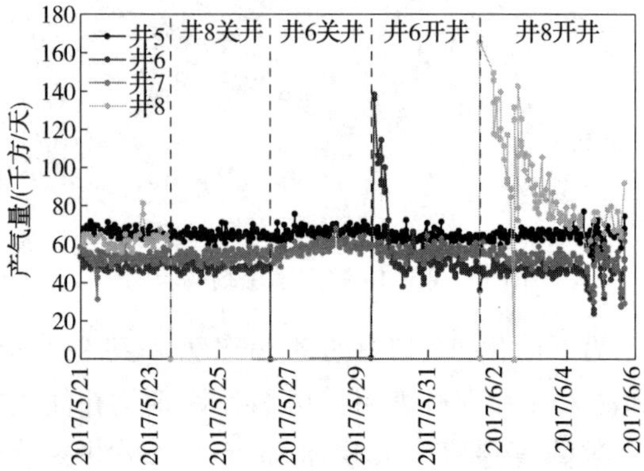

图 23　16-18 井组 200m 井距生产井压力干扰反馈图

分析 D 气田井距为 300m 的 08-14 井组，如图 24 所示，发现 08-02 井的开关引起 09-02 井的产量波动幅度的平均值为 6.1%，如图 24 所示。

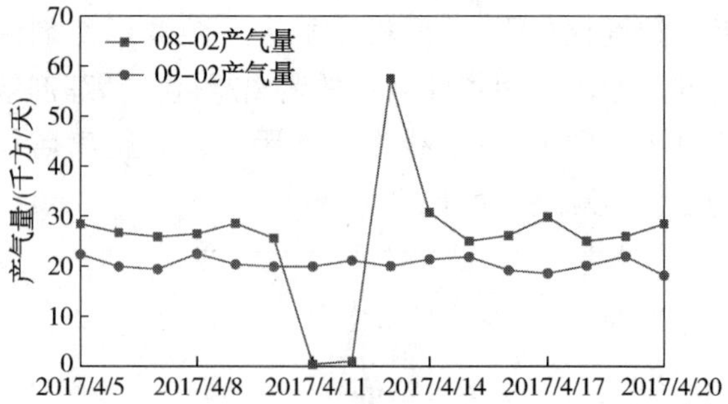

图 24　08-14 井组 300m 井距生产井压力干扰反馈图

分析 D 气田井距为 400m 的 11-26 井组，如图 25 所示，发现 14-34 井的开关引起了 12-34 井和 15-34 井的产量波动，产量变化幅度的平均值为 3.2%，如图 26 所示。

基于上述分析，得到对应 150、200、300 和

400m 井距下邻井开关井引起的产气量变化幅度分别为 17.3%、8.1%、6.1%和 3.2%，随着井距的增加，变化幅度减小，因此，产气量变化幅度可以等效为不同井距下的井间干扰强度。根据以上 5 个数据点，采用 Origin 软件中的 Logistic 函数进行拟合，即可以得到基于压力干扰的不同井距条件下的井间干扰强度(图 27)。

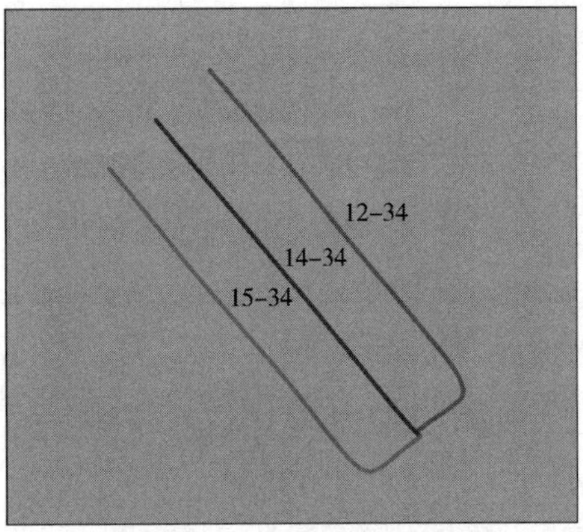

图 25　11-26 井组平面井位图

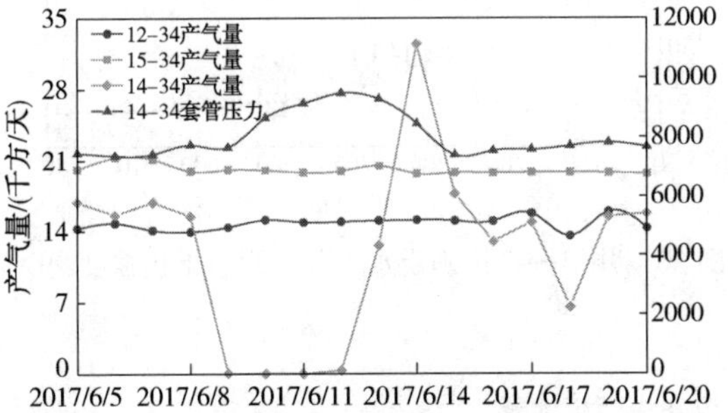

图 26　11-26 井组 400m 井距生产井压力干扰反馈图

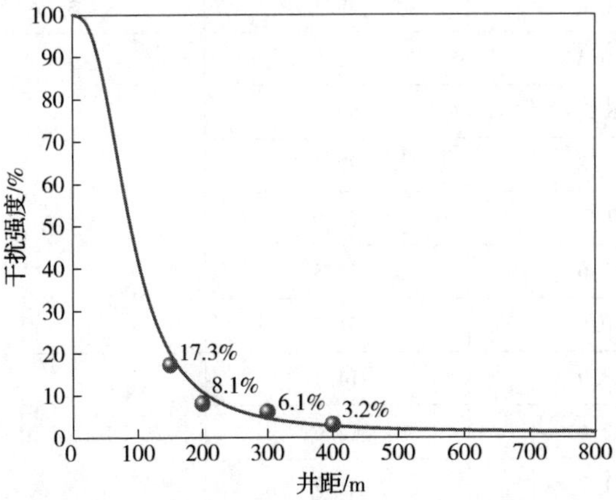

图 27　压力干扰法确定水平井井距与干扰强度图

1.4　井组分析法定量表征干扰强度

D 气田于 2012 年投产，目前共有分段压裂水平井 187 口，水平井均以平台井组的形式钻完井。在一个井组内，位于边部的水平井在没有外部井组干扰的情况下动用储量范围更大，一般生产效果更好。本文定义井组中位于边部的分段压裂水平井为边井，井组中除边井以外的分段压裂水平井为非边井(图 28)

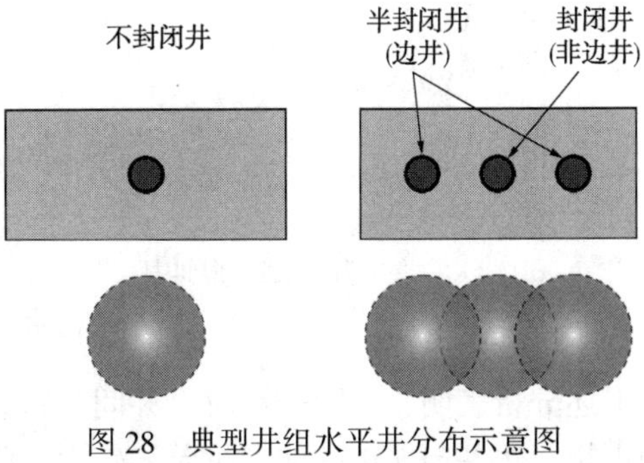

图 28　典型井组水平井分布示意图

当井距较小时，由于边井只在一侧受到压力干扰，储量动用范围大，同等条件下，生产效果显著好于非边井；当井距足够大时，井组中的生产井生产几乎不受其它生产井影响，此时边井生产效果与非边井生产效果几乎一致。因此，可以通过分析井组中边井和非边井生产效果判断井间干扰强度。同等条件下，边井与非边井产量差越大，说明井间干扰越强烈，因此，接下来通过分析井组中边井和非边井的产量差异来表征井间干扰强度

为了通过边井和非边井生产效果分析井间干扰情况，要筛选压裂参数基本相同的井组进行分析，本文从 187 口分段压裂水平井中共筛选 12 个井组的 89 口井进行分析，其中 150m 井距的井组 1 个，200m 井距的井组 6 个，300m 井距的井组 3 个，400m 井距的井组 1 个，500m 井距的井组 1 个。

以 150m 井距的 08-14 井组为例，如图 29 所示，08-14 井组的 2 口边井产气和产凝析油曲线均明显大于非边井产量曲线。单井 EUR 预测结果表明，2 口边井平均最终可采储量为 10.36×10^4 t，6 口非边井平均最终可采储量为 5.26×10^4 t，非边井产量比边井产量低 49.5%。

用同样的方法分别分析了 200m、300m、400m 和 500m 井距同井组的非边井与边井的产量差异，分别为 32.9%、12.7%、11.4%和 7.5%。

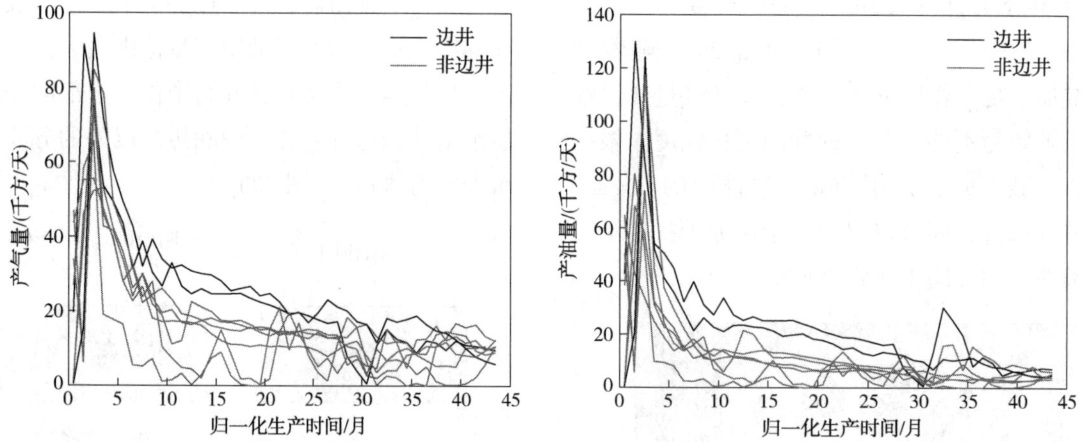

图 29　08-14 井组生产井产气量和产凝析油量图

上述分析表明，井距较小时，井间存在着强烈的干扰，边井与非边井的产量差异较大，随着井距增大，井间干扰强度降低，边井与非边井的产量差异降低。当井距从 150m 增加到 200m 时，井间干扰强度的降低幅度为 33%；当井距从 200m 增加到 300m 时，井间干扰强度的降低幅度为 61%；井距从 300m 增加到 400m 和井距从 400m 增加到 500m，井间干扰强度降低幅度分别为 20%和 26%。这表明，当井距大于 300m 时，井间干扰强度降低的幅度有限。根据以上 5 个数据点，采用 Origin 软件中的 Logistic 函数进行拟合，即可以得到基于井组分析法的不同井距条件下的水平井之间的干扰强度(图 30，表 1)。

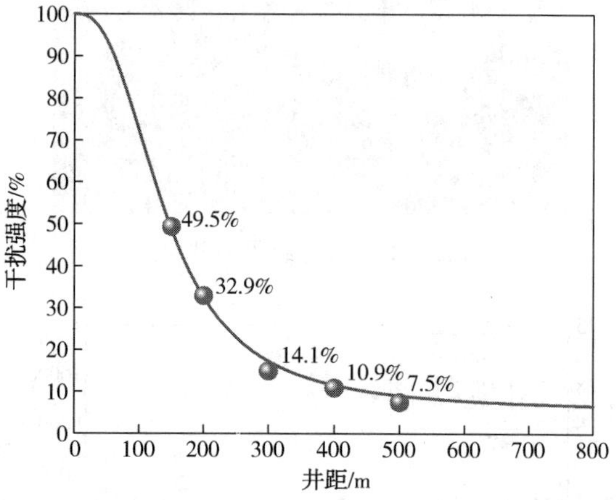

图 30　井组分析法确定水平井井距与干扰强度图

表 1　不同井距井组边井和非边井生产统计表

井距	井组	非边井平均产量/(10^4t)	边井平均产量/(10^4t)	干扰强度/%	平均干扰强度/%
150	08-14	5.2	10.4	49.5	49.5
200	02-27	7.0	10.4	33.0	32.9
	05-18	4.3	8.5	50.0	
	14-20	10.0	13.8	27.4	
	16-17	7.3	9.8	25.0	
	16-18	8.4	11.6	27.3	
	08-14	7.0	10.6	34.5	
300	09-07	11.9	13.9	14.4	14.1
	16-08	11.0	12.6	12.6	
	16-29	10.3	11.7	11.9	
400	02-02	11.1	12.4	10.8	10.9
500	04-04	6.0	6.6	7.5	7.5

1.5　综合多种方法确定合理井距

本文通过大量生产数据分析井距对分段压裂水平井产量影响的基础之上，采用微地震监测法、示踪剂法、压力干扰法和井组分析法定量表征井间干扰强度。这四种方法各有优缺点，可以综合起来确定合理开发井距。

由于研究区目前仅在2013年对两口分段压裂水平井进行微地震监测和解释。目前，研究区的压裂水平、压裂参数已经发生较大的变化，通过2013年生产井获得的干扰强度曲线不一定能代表目前分段压裂水平井的井间干扰强度。

目前未见采用示踪剂确定井距的研究。本文创新地开展在不同压裂段放置不同类型示踪剂，返排阶段记录井组中各井的示踪剂返排量。由于单井压裂规模差异大，通过示踪剂获得的单井干扰强度曲线仅能代表相相同压裂规模的水平井井间干扰情况。

通过干扰测试确定两水平井间存在井间干扰，也只能定性表明井距有进一步优化的可能，而不能确定合理井距，干扰测试法一般需要和其它方法一起综合确定合理井距。基于干扰测试获得的干扰强度均小于其它方法确定的干扰强度。分析表明，这是由于研究区为了减少开展干扰测试实验对生产的影响，一般关井测试在2天左右，因此激动井关井造成的邻井产量变化可能还没有达到最高水平，造成该井距下激动井关井造成的邻井产量增加幅度较低。这也就造成了基于不同井距情况下邻井产量变化幅度得到的井间干扰强度较低。

井组分析法是基于实际生产数据分析，同一井组中的生产井储层物性及压裂规模基本相似，具有较强的可对比性。但同一井距不同井组之间由于储层物性和压裂规模等原因，计算得到的干扰强度具有一定的差别。

由微地震监测法、示踪剂法、压力干扰法和井组分析法确定的分段压裂水平井井距与干扰强度曲线各有优缺点，但可以结合四条方法得到的井距与干扰强度曲线综合分析确定合理井距(图31)。当井距为100m/h，干扰强度范围为42%到77%；当井距为200m/h，干扰强度范围为11%到30%；当井距为300m/h，干扰强度范围为5%到14%；当井距为400m/h，干扰强度范围为3%到9%；当井距为500m/h，干扰强度范围为2%到7%。当井距为300m/h，干扰强度变化幅度基本稳定在较小范围内，因此，300m井距是目前技术条件下较为合理的井距。

分析发现D气田300m井距的平均单井产量曲线与400m井距的产量曲线非常接近，且

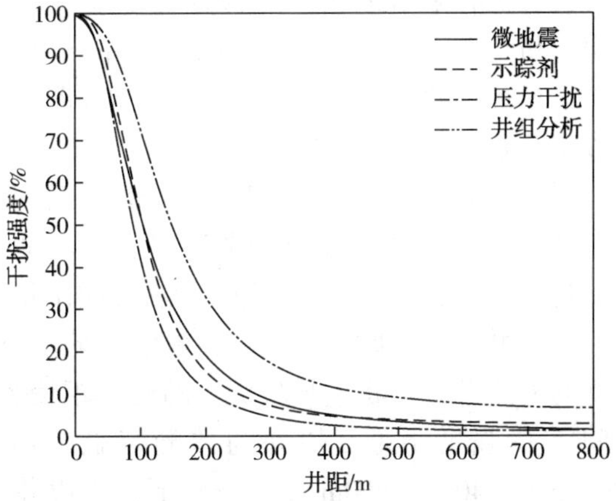

图31　多种方法综合确定井距与干扰强度图

300m井距的平均单井首年累产油气当量比200m提高40%，如图32所示；而且，300m井距凝析油气比下降速度与200m井距相比明显减缓，如图33所示，从而大幅提高凝析油产量。D气田采用300m井距开发比采用200m井距开发要节省200口井左右。

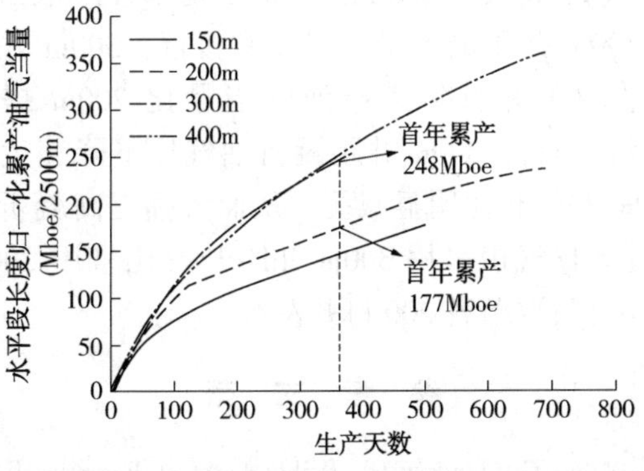

图32　水平段长主归一化累产油气当量

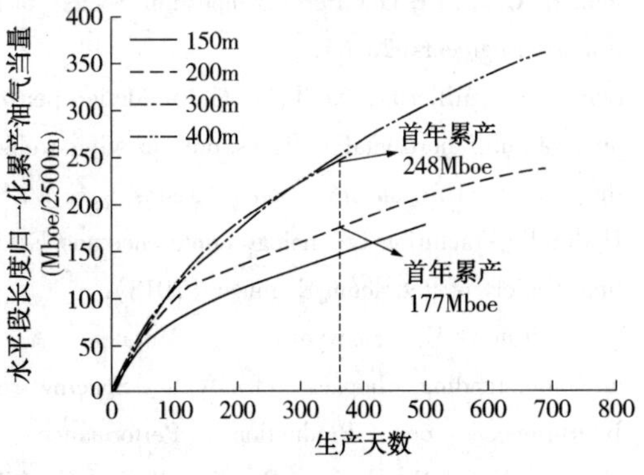

图33　凝析油气比

2　结论

针对页岩气分段压裂水平井井间干扰及合理井距优化问题，本文优选了特征曲线来识别井间

干扰，并综合采用微地震、示踪剂、压力干扰和井组分析等方法分析不同井距下的井间干扰强度，定量表征井间干扰强度，确定合理井距，取得以下几点认识：

（1）页岩气分段压裂水平井的产量和时间的双对数曲线可作为特征曲线来识别边界反馈信号，进而可对比确定小井距是否存在井间干扰。

（2）井距较小时，井间存在着强烈的干扰，边井与非边井的产量差异较大，随着井距增大，井间干扰强度降低，边井与差异降低。150、200、300、400和500m井距条件下，非边井比边井的产量分别低49.3%、32.9%、12.7%、10.1%和7.5%。

（3）基于多种方法定量表征井间干扰强度，当井距为300m/h，干扰强度范围为5%到14%，干扰强度变化幅度基本稳定在较小范围内，300m井距是目前经济技术条件下较为合理的井距。

（4）D气田300m井距的平均单井产量曲线与400m井距的产量曲线非常接近，300m井距的平均单井首年累产油气当量比200m提高40%；而且，300m井距凝析油气比下降速度与200m井距相比明显减缓，从而大幅提高凝析油产量。D气田采用300m井距开发比采用200m井距开发要节省200口井左右。

参考文献

[1] Miller G, Lindsay G, Baihly J, et al. Parent well refracturing: economic safety nets in an uneconomic market[C]//SPE Low Perm Symposium. Society of Petroleum Engineers(2016).

[2] Lindsay G, Miller G, Xu T, et al. Production performance of infill horizontal wells vs. pre-existing wells in the major US unconventional basins [C]//SPE Hydraulic Fracturing Technology Conference and Exhibition. Society of Petroleum Engineers(2018).

[3] Ajisafe F, Solovyeva I, Morales A, et al. Understanding Impact of Well Spacing and Interference on Production Performance in Unconventional Reservoirs, Permian Basin [C]//Unconventional Resources Technology Conference, Austin, Texas, 24 - 26 July 2017. Society of Exploration Geophysicists, American Association of Petroleum Geologists, Society of Petroleum Engineers, 2570-2585(2017).

[4] Roussel N P, Sharma M M. Optimizing fracture spacing and sequencing in horizontal-well fracturing[J]. SPE Production & Operations, 26(02): 173-184(2011).

[5] Yaich E, Diaz De Souza O C, Foster R A, et al. A methodology to quantify the impact of well interference and optimize well spacing in the marcellus shale[C]//SPE/CSUR Unconventional Resources Conference-Canada. Society of Petroleum Engineers(2014).

[6] Khanal A, Khoshghadam M, Lee W J. Effect of well spacing on productivity of liquid rich shale(LRS) reservoirs with multiphase flow: a simulation study [C]//SPE Liquids - Rich Basins Conference - North America. Society of Petroleum Engineers(2015).

[7] Xiong H, Wu W, Gao S. Optimizing Well Completion Design and Well Spacing with Integration of Advanced Multi-Stage Fracture Modeling & Reservoir Simulation-A Permian Basin Case Study[C]//SPE Hydraulic Fracturing Technology Conference and Exhibition. Society of Petroleum Engineers(2018).

[8] Cao R, Li R, Girardi A, et al. Well interference and optimum well spacing for Wolfcamp development at Permian Basin[C]//Unconventional Resources Technology Conference, Austin, Texas, 24-26 July 2017. Society of Exploration Geophysicists, American Association of Petroleum Geologists, Society of Petroleum Engineers, 2756-2766(2017).

[9] Awada * A, Santo M, Lougheed D, et al. Is that interference? A workflow for identifying and analyzing communication through hydraulic fractures in a multi-well pad [C]//Unconventional Resources Technology Conference, San Antonio, Texas, 20 - 22 July 2015. Society of Exploration Geophysicists, American Association of Petroleum Geologists, Society of Petroleum Engineers, 1-19(2015).

[10] Edwards K L, Weissert S, Jackson J B, et al. Marcellus shale hydraulic fracturing and optimal well spacing to maximize recovery and control costs[C]//SPE Hydraulic Fracturing Technology Conference. Society of Petroleum Engineers(2011).

[11] Eburi S, Padmakar A S, Wilson K, et al. Well Spacing Optimization of Liquid Rich Shale Plays Using Reservoir Simulation[C]//SPE Annual Technical Conference and Exhibition. Society of Petroleum Engineers (2014).

[12] Lalehrokh F, Bouma J. Well spacing optimization in eagle ford[C]//SPE/CSUR Unconventional Resources Conference - Canada. Society of Petroleum Engineers (2014).

[13] Shahkarami A, Wang G. Horizontal Well Spacing and

Hydraulic Fracturing Design Optimization: A Case Study on Utica-Point Pleasant Shale Play[J]. Journal of Sustainable Energy Engineering, 5(2): 148-162 (2017).

[14] Zhu J, Forrest J, Xiong H, et al. Cluster spacing and well spacing optimization using multi-well simulation for the lower Spraberry shale in Midland basin[C]// SPE Liquids-Rich Basins Conference-North America. Society of Petroleum Engineers(2017).

[15] Rafiee M, Grover T. Well Spacing Optimization in Eagle Ford Shale: An Operator's Experience[C]// Unconventional Resources Technology Conference, Austin, Texas, 24 - 26 July 2017. Society of Exploration Geophysicists, American Association of Petroleum Geologists, Society of Petroleum Engineers, 3102-3124(2017).

[16] Xiong H, Wu W, Gao S. Optimizing Well Completion Design and Well Spacing with Integration of Advanced Multi-Stage Fracture Modeling & Reservoir Simulation-A Permian Basin Case Study[C]//SPE Hydraulic Fracturing Technology Conference and Exhibition. Society of Petroleum Engineers(2018).

鄂尔多斯盆地煤岩气储层改造技术研究与实践

刘汉斌[1,2] 问晓勇[1,2] 李 鸣[1,2] 刘 怡[1,2] 刘 倩[1,2] 王琪琪[1,2]

(1. 中国石油天然气股份有限公司长庆油田分公司油气工艺研究院；
2. 低渗透油气田勘探开发国家工程实验室)

摘 要 鄂尔多斯盆地深层煤层气勘探潜力巨大，是天然气稳产、上产最重要的接替领域，但针对深层煤层气的勘探开发国内外仍处于起步阶段，储层地质特征认识不清、压裂增产机理掌握不明成为制约深层煤层气高效开发的瓶颈。本文基于近两年针对深层煤层气的室内基础实验与矿场实践认识，明确了深层煤岩“双孔隙结构、割理发育、强塑性、高比表面面积”等特点，梳理总结了液体强滤失、裂缝难延伸、储层易伤害的增产改造难点，创新提出了“大排量沟通割理+逆序压裂提高缝长+适度规模加砂+多粒径全域支撑+低伤害压裂液+CO_2破岩促解吸”为核心的主体压裂技术。矿场实施平均测试产量超过10万方/天，为深层煤层气压裂技术固化定型指明了提升方向，提供了现实指导。

关键词 鄂尔多斯盆地；深层煤层气；全域支撑；低伤害压裂液

我国煤层气资源丰富，据自然资源部2022年最新统计，埋深2000m以浅的地质资源量约为30.05万亿立方米，2000m以深的地质资源量为40.71万亿立方米，深层煤层气资源潜力巨大。全国煤层气地质资源量大于万亿立方米的盆地有8个，分别为鄂尔多斯、沁水、准噶尔、滇东黔西、塔里木、海拉尔、二连和吐哈盆地，其中鄂尔多斯盆地煤层气资源量最多，是煤层气资源勘探开发的主力战场。

美国是最早开发煤层气的国家，之后加拿大、澳大利亚改进了美国的理论技术体系，实现了煤层气的商业开发，但其开发的储层埋深均小于1500m，而我国对煤层气的探索前期也主要针对1500m以浅的煤层，1500m以深的煤层气近两年才开始探索，勘探开发处于起步阶段，储层地质特征认识不清、压裂增产机理掌握不明成为制约深层煤层气高效开发的瓶颈。为此，本文基于近两年针对深层煤层气的室内基础实验与矿场实践认识，通过梳理储层地质特征，提炼了增产改造难点，推荐了主体压裂技术，为深层煤层气压裂技术固化定型指明了提升方向。

1 储层地质特征

1.1 层系特征

鄂尔多斯盆地晚古生代海陆过渡环境形成广泛分布的煤系地层，自上而下发育10套煤层，其中本溪组8#煤为主力煤层(图1)，8#煤发育于滨海沼泽环境，平均埋深主要在1500～3500m，煤层厚度大(6～16m)平均7.8m，分布稳定，剖面上连续性好(图2)，Ro在1.2%～2.4%，属焦煤-贫煤煤阶，生气能力强。

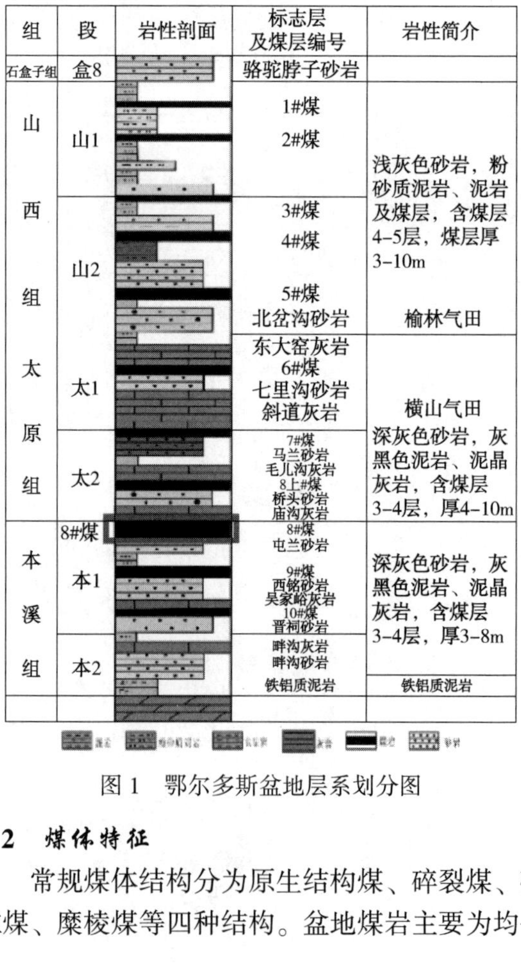

图1 鄂尔多斯盆地层系划分图

1.2 煤体特征

常规煤体结构分为原生结构煤、碎裂煤、碎粒煤、糜棱煤等四种结构。盆地煤岩主要为均一块状的原生结构煤，可钻性强。盆地中东部煤岩以光亮煤、半亮煤为主(图 3)，属中低灰分煤，含气量高，局部见煤岩夹泥质条带，显微组分中镜质组含量高，煤岩割理发育，为最有利的钻探目标层段。盆地西部煤岩以半亮煤、半暗煤为主(图 4)，镜煤和亮煤的含量 25%～50%，主要由暗煤夹亮煤条带或镜煤线理以及丝质薄层或透镜体组成，光泽较暗，一般为黑色，带有轻微的褐色，沥青光泽。

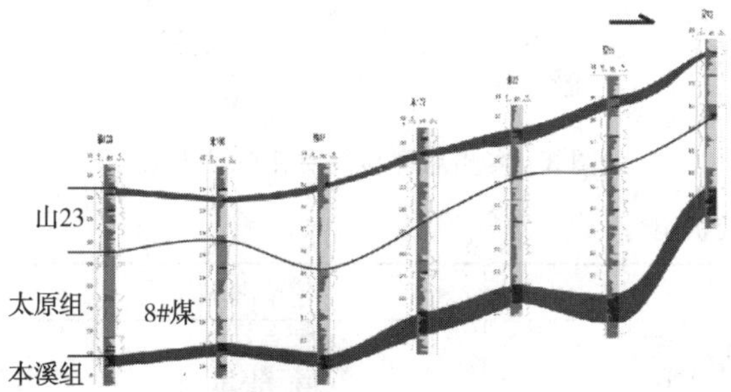

图 2　8#煤层平面连井剖面图

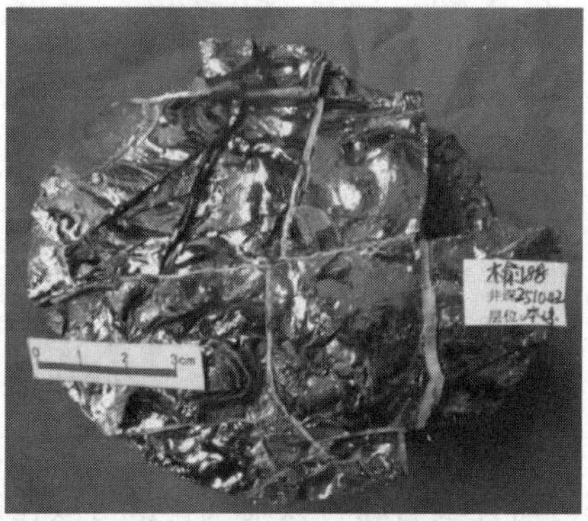

图 3　光亮煤岩心观察

图 4　半暗煤岩心观察

1.3　岩石学特征

通过全岩矿物测试分析，煤岩成分以非晶体的煤分为主，含有部分黏土矿物，方解石、白云石等(图 5)，可能发生水敏，同时通过酸液溶蚀方解石可略微改善渗流通道。盆地中东部煤岩为中低灰分、变质程度较高的烟煤，灰分含量(平均 13.9%)高于大宁-吉县地区，固定碳含量低于大宁-吉县地区。显微组分以镜质组为主，占比 46.8%～97.2%，平均 79.8%，镜质组致密、均匀、块体大、性脆，有利于割理和裂缝发育。孔隙类型以胞腔孔(图 6)、气泡孔(图 7)、割理缝为主，大部分被泥质充填。

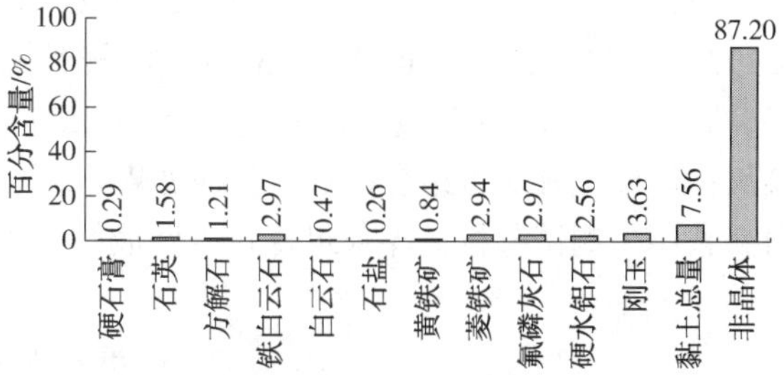

图 5　全岩矿物 X 衍射测试结果

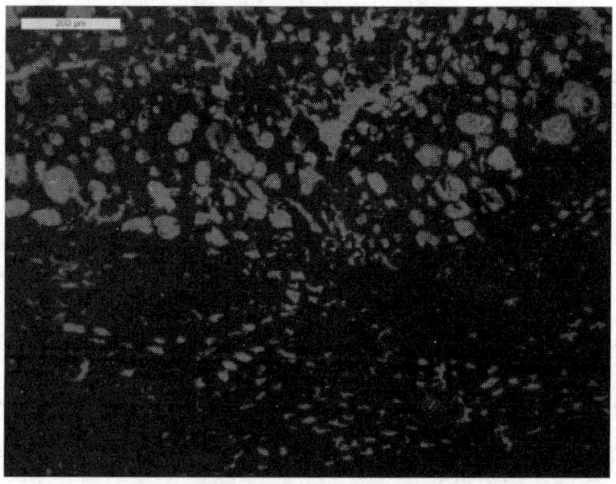

图 6　植物细胞孔

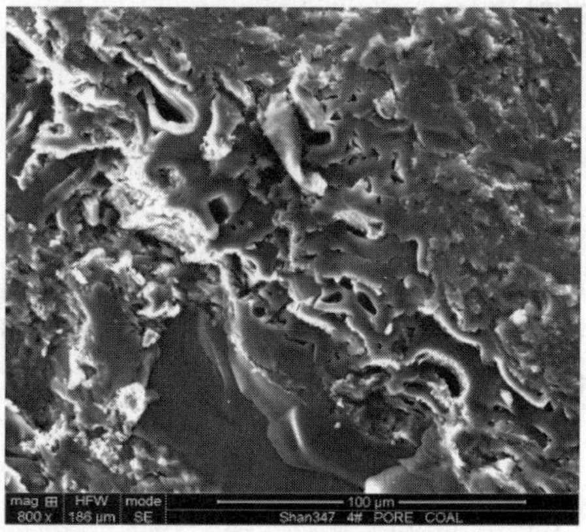

图 7　气泡孔

1.4　物性特征

岩心统计发现煤岩割理发育，一般 3～33 条/5cm，平均 7～8 条/5cm。未充填-全充填不等，充填物以方解石为主，见泥质和硅质。采用饱和流体法测量孔隙度以及覆压自动测试仪测试渗透率，通过岩心柱塞样 50 块物性测试获得受割理发育状态影响，岩心物性实测数据变化范围较大。岩心测试结果显示发育割理的岩心孔隙度在3%~8%，渗透率大于1mD；割理不发育岩心（可以视作基质）孔隙通常小于3%，渗透率小于0.1mD，煤岩物性主要受割理微裂缝影响（图8）。

1.5 储集特征

通过现场取芯含气量解析，8#煤岩总含气量12.97~33.77m^3/t，平均21.86m^3/t，含气性较好。同时8#煤岩与上覆太原组地层形成煤泥、煤灰和煤砂三种储盖组合（表1），根据煤岩顶板的突破压力测试分析，煤灰组合封盖性最好，煤泥组合封盖性较好，煤砂组合封盖性较差，煤灰、煤泥组合在大规模压裂改造下裂缝不易失控穿层。

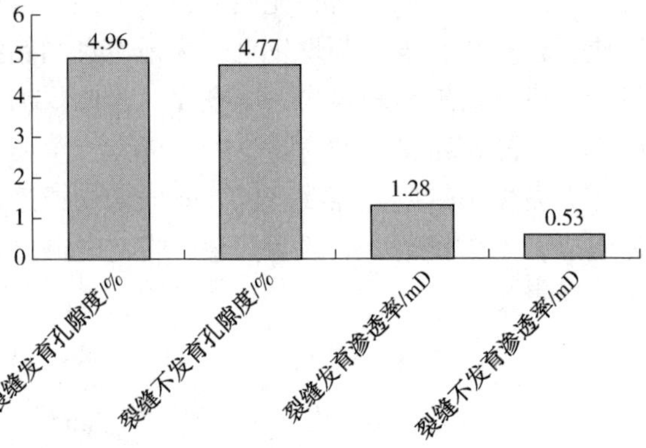

图8 实测割理与基质孔渗对比图

表1 8#煤层顶底板组合

类型	煤灰组合	煤泥组合	煤砂组合
岩性组合示意图	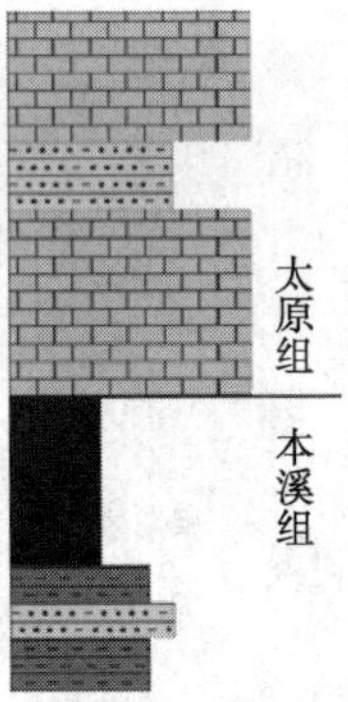	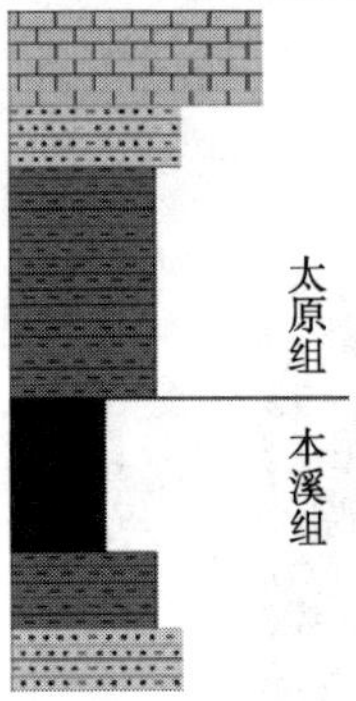	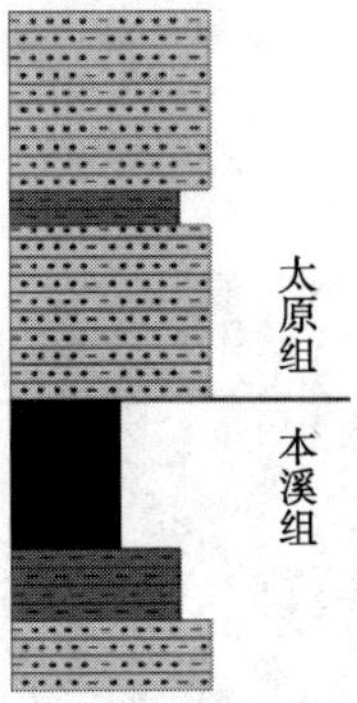
突破压力/MPa	15.02~26.03(20.53)	3.05~7.01(5.03)	0.31~2.61(1.51)
封盖能力	好	较好	差

2 压裂增产改造难点

2.1 双孔隙结构气体最大化释放

深层煤岩是典型的双孔隙结构，核磁共振T2谱也显示出双峰特征，基质孔隙和割理裂隙并存，且均为气体储集体。通过CO_2-低温液氮吸附-高压压汞联合孔隙表征测试实验，获得煤岩孔隙体积中微孔占比平均56.5%，宏孔占比平均28.4%（图9），微孔占比高，孔隙比表面积、孔体积主要由微孔（<2nm）提供。

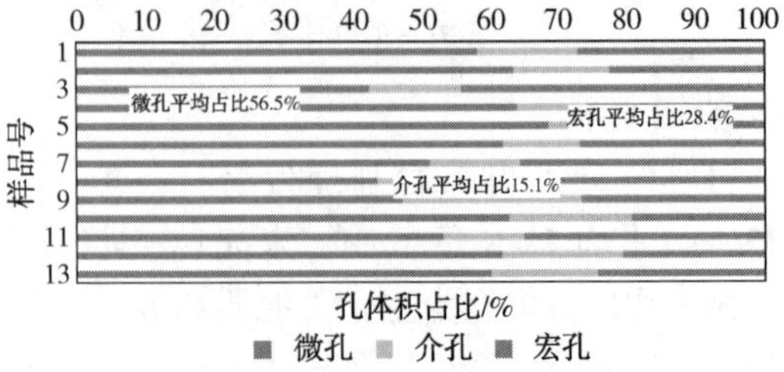

图9 孔体积条形图

同时研究表明煤岩吸附气含量与微孔比表面积及孔体积具有较好的正相关性，煤岩储层微孔越发育，吸附气含量越高，且由于基质渗透率小于0.1mD，微孔中赋存的气体难以释放，而游离气主要赋存在宏孔与割理裂隙中，吸附气与游离气共存的特征（图10）表明煤岩储层的增产机理为"打碎基质释放孔隙中的吸附气，沟通割理释放裂隙中的游离气"，压裂改造的工艺目标为尽可能构建缝网系统。

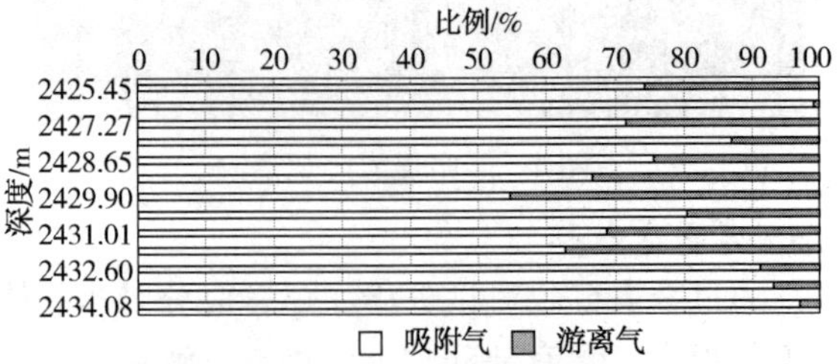

图10 煤岩游离气与吸附气比例统计图

2.2 强塑性储层裂缝远端扩展

岩石力学测试表明 8#煤岩岩心三轴抗压强度在 75.52MPa～85.41MPa，平均三轴抗压强度为 68.87MPa，弹性模量在 3.43GPa～4.37GPa，平均为 4.3GPa；泊松比在 0.34～0.43，平均为 0.34，而致密砂岩岩心三轴抗压强度在 100MPa 左右，弹性模量在 15GPa 左右，泊松比在 0.25 左右，相比于致密砂岩，煤岩抗压强度更低，更容易起裂，主要是煤岩岩心内部微裂缝分布的原因导致。

从煤岩应力-应变曲线(图 11)显示，煤岩岩心在实验初始阶段，随着应力的增加，岩心应力-应变关系曲线近似为直线，说明煤岩存在明显的吸收能量的现象，随着载荷的继续增加，岩心发生明显的破裂，说明煤岩自身存在割理微裂缝，随着载荷的增加，煤体内部损伤继续演化，在应力应变曲线上容易形成“台阶”，显示煤岩显著的强塑性特征。进一步从观察岩心试件看到，煤岩破坏后形成复杂多缝形态(图 12)，割理一方面对强塑性储层形成复杂裂缝有积极作用，但另一方面从割理储层的研究得到割理的存在会明显影响裂缝向储层远端扩展(图 13)，增大远端沟通程度，提升整体改造体积是构建裂缝系统的关键。

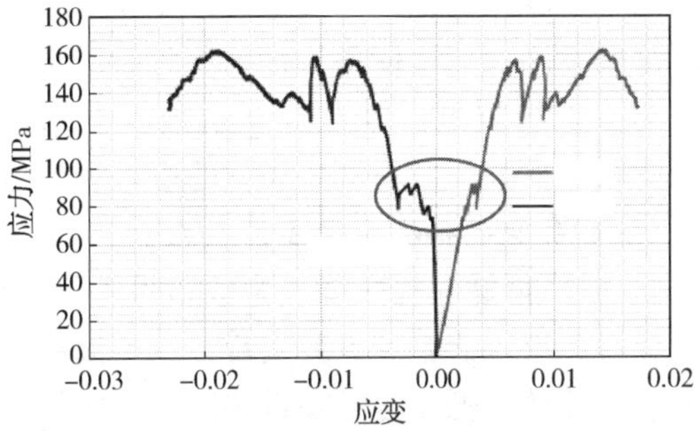

图 11　煤岩应力-应变曲线

图 12　煤岩岩心破裂现象

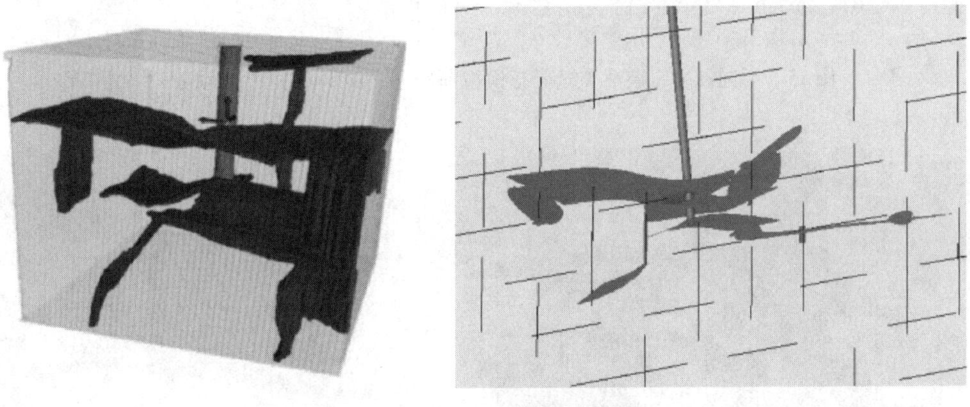

图 13　煤岩裂缝扩展实验与模拟

2.3 高比表面积储层最小化伤害

根据等温-吸附实验(图 14)获得深层煤岩比表面积大，平均比表面积为 180m²/g，是致密砂岩和碳酸盐岩 100 倍，聚合物分子极其容易在煤岩表面吸附，滞留于孔隙，堵塞渗流通道，降低渗透率，大幅度降低气井产能。室内实验表明深层煤岩储层伤害类型主要是压裂液吸附伤害，因此，低吸附伤害压裂液的研发成为深层煤岩压裂液的攻关的重要方向。此外，深层煤岩储层测试压裂表明裂缝延伸压力梯度高（0.02～0.029MPa/m）、近井摩阻大(>20MPa,)、液体滤失大(>60%)，要求压裂液具有“低伤害、低滤失、低摩阻”等功能，液体研发难度较大。

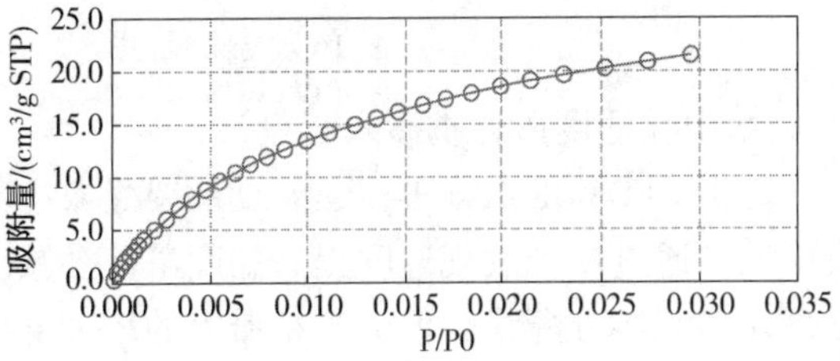

图 14　煤岩等温吸附实验

3 主体压裂技术

针对深层煤岩特殊的压裂改造难点，本文提出深层煤岩以产量最大化为宗旨，压裂工艺以形成高密度缝网全域支撑为目标，通过研发水性低伤害滑溜水压裂液、引入 CO_2 压裂技术以及最优经济压裂参数，实现深层煤岩的有效提产。

3.1 高密度缝网全域支撑压裂工艺

3.1.1 以降低滤失提高缝长为核心的压裂工艺

针对深层煤岩割理极其发育，压裂液滤失系数大，造缝效率低，容易在近井区域形成复杂缝网，半缝长短远井复杂程度低的难题。通过数值模拟研究，从压裂工艺提出了前置高黏造长主缝、小粒径支撑剂段塞降滤封堵近井分支缝、中粘携砂悬浮入缝改善铺砂剖面的工艺优化措施，在矿场实践中展现了良好的工艺适应性。

① 逆序压裂+小粒径段塞远端改造设计

深层煤岩水力裂缝数模显示，在压裂液黏度较低的情况下，裂缝更容易转向，在近井区域容易形成缝网，随着黏度增加缝长增大，但黏度的持续增加，并未能摆脱割理缝的控制，缝长增加有限，裂缝远端改造较为困难(图 15)。因此提出设计逆序压裂工艺，前置液阶段采用中黏液体(50~60mPa·s)，同时在前置阶段加入小粒径(100-200 目)段塞，封堵次生裂缝，降低滤失，模拟结果显示该方式可以实现增加缝长远端改造的目标(图 16)。

图 15 不同黏度压裂液裂缝形态模拟图(左，5mPa·s；右，80mPa·s)

图 16 裂缝形态图(左，纯液造缝；右，加入小粒径造缝)

② 中黏适度砂比携砂入缝设计

基于 CFD-DEM 方法，建立复杂裂缝微小数值模型，通过模拟发现适度提高黏度虽然会减小支缝内的流体分配量，但由于粘滞力的增大支撑剂进入支缝的可能性随之增加，同时，增大排量、降低砂比均有利于支撑剂进入支缝(图 17)。携砂阶段在裂缝向前延伸的同时保证支撑剂能有效充填分支裂缝，因此，设计中粘+大排量的携砂模式实现既造缝又填充的效果。

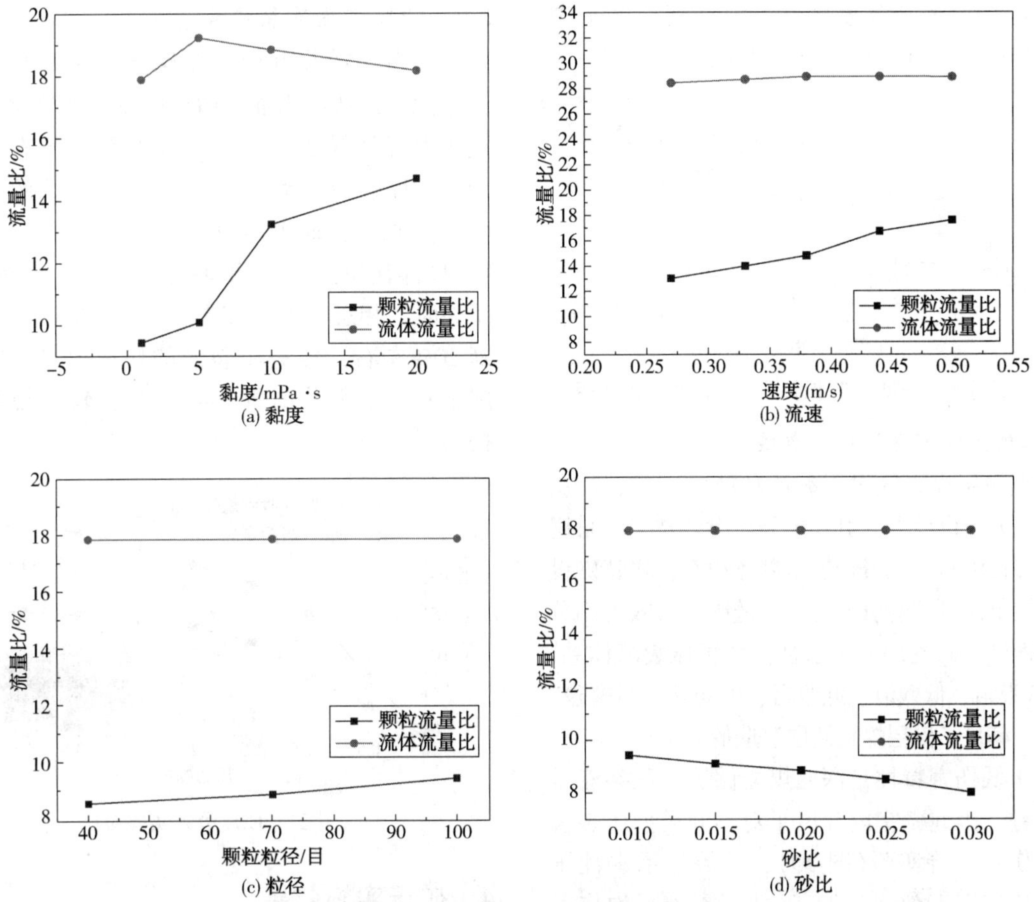

(a) 黏度 (b) 流速 (c) 粒径 (d) 砂比

图 17 支撑剂进入分支裂缝影响规律

注：颗粒流量比=入次缝颗粒流量/主缝颗粒流量 流体流量比：次缝内流量/主峰内流量

3.1.2 以全域支撑为目标的铺置模式

模拟研究发现煤岩压裂裂缝为缝宽 5.0~2.5~1.0mm 的多尺度、窄缝宽复杂裂缝系统，缝宽分布比例为主缝：一级支缝：二级支缝=5：4.5：0.5(图 18)。

结合支撑剂入缝的数值模拟研究，按照三级缝网宽度的 1/5~1/3 优选支撑剂粒径，优选出 70/140 目+40/70 目+30/50 目的支撑剂组合。

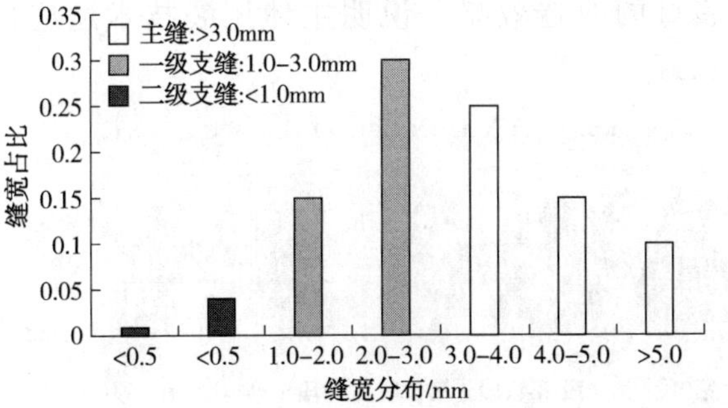

图 18 深层煤岩缝宽分布比例图

同时采用多级裂缝支撑剂运移物模实验开展支撑剂粒径比例优化，结果表明不同粒径进入不同尺度裂缝占比差异明显，结合缝宽分布比例数值模拟结果和多级裂缝支撑剂占比物模实验结果确定出最优支撑剂组合比例(表 2)。

表 2 各级裂缝支撑剂占比结果表

粒径	占比/%	主缝占比/%	一级支缝占比/%	二级支缝占比/%
70/140 (0.11~0.21mm)	55	5	15	80
40/70 (0.21~0.42mm)	40	65	30	5
30/50 (0.3~0.6mm)	5	80	20	0

3.1.3 以经济开发为关键的压裂参数

为实现深层煤层气效益开发，以效益开发所需的 EUR 逆向设计最优改造强度，基于有限体积法和嵌入式离散裂缝模型建立产能数值模型，耦合多尺度多机制渗流特征和导流能力损伤，建立了深层煤层产能预测模型。通过产量预测数值模拟模型明确了深层煤层气压裂改造规模存在着经济最优区间。如图 19 所示，数值模拟显示加砂强度与 EUR 的关系存在拐点，加砂强度大于 5t/m 后 EUR 增速放缓，说明对于深层煤层气，存在着优化的改造强度区间，根据模拟结果来看，加砂强度在4~7t/m经济性最好。

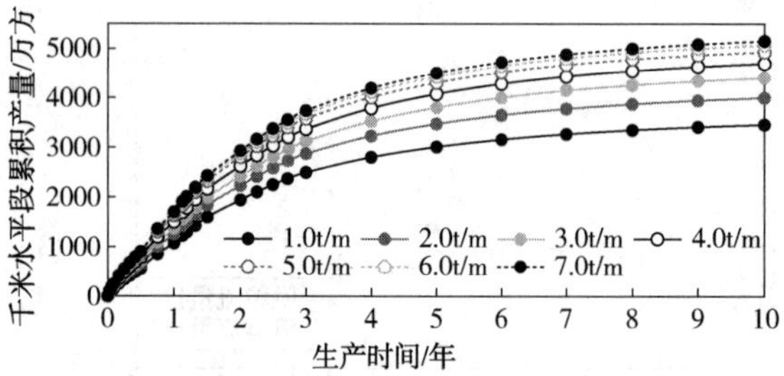

图19 不同加砂强度下千米水平段累积产量预测图

3.2 水性低伤害滑溜水压裂液

根据深层煤岩气对压裂液功能的需求，本文在降阻剂分子设计上，引入小分子设计技术、采用原子转移自由基可控聚合技术制备粉剂，将特殊设计的功能单体可控的引入到分子链中，有效抑制分子卷曲程度，研发形成了水性低伤害压裂液体系，实现“低吸附、低残渣、低摩阻、可变黏、高携砂”的性能，满足了深层煤岩储层改造的需求。

由于低伤害特性是深层煤岩储层对压裂液需求的关键，因此，室内开展了对不同类型压裂液体系的伤害评价实验(图20)，结果显示水性压裂液平均伤害率为9.3%，油性压裂液平均伤害率为50.6%，胍胶压裂液平均伤害率为57.2%，同时，通过开展驱替实验发现水性低伤害压裂液的吸附伤害率仅7.4%，远低于胍胶以及油性压裂液，表明了水性压裂液的低吸附伤害特征。

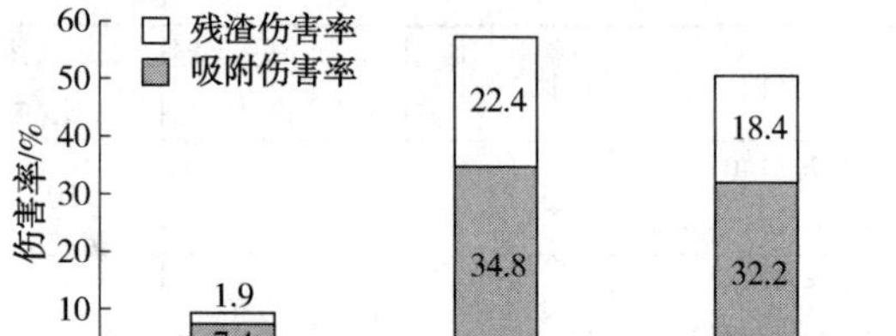

图20 水性压裂液储层伤害对比

3.3 CO_2前置压裂技术

室内研究表明CO_2作用深层煤岩有较好的适用性，在造缝方面，CO_2压裂较滑溜水压裂破裂压力可降低22%，且形成的裂缝形态更加复杂；在促解吸方面，加入CO_2后甲烷的吸附量会降低41%，而解吸气量会提高20%，此作用对煤岩储层的提产效果明显；在增能方面，CO_2压裂时，相态会发生多次转变，可将压力系数提高20%左右，促进压裂液的快速返排。矿场开展了9口水平井前置CO_2压裂，较常规井产量提高了20%。

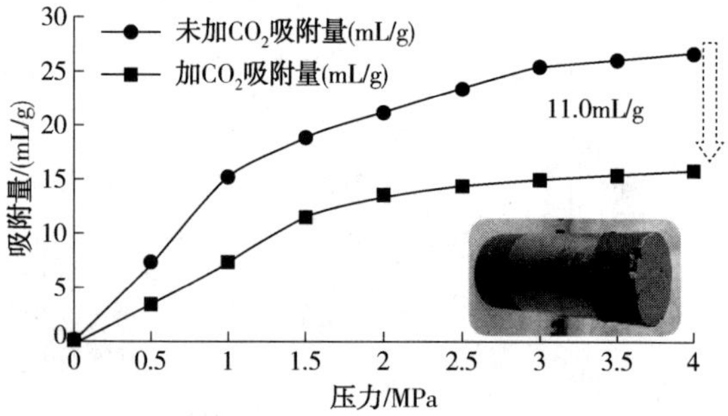

图21 CO_2吸附实验对比

4 矿场实施效果

2023年至今在鄂尔多斯盆地中东部区块总计实施煤岩气井50余口，采用“大排量沟通割理+逆序压裂提高缝长+适度规模加砂+多粒径全域支撑+低伤害压裂液+CO_2破岩促解吸”的主体思路，平均测试产量12万方/天，较2022年测试产量提高了50%。从M172H井广域电磁法监测显示平均半缝长达到135~140m，相较于常规压裂技术提高20%~30%，裂缝整体全域覆盖水平井筒(图22)，取得了良好的改造效果，说明主体压裂技术适应性较好。

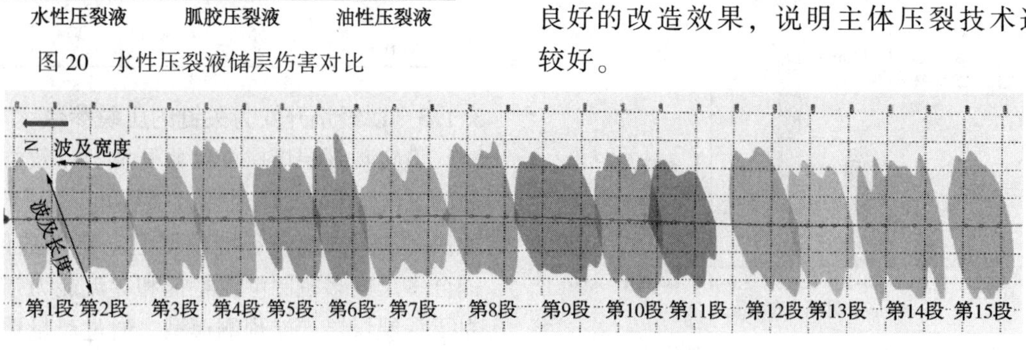

图22 M172H井广域电磁法监测成果图

5 结论与建议

(1)针对深层煤岩特殊的压裂改造难点，提出高密度缝网全域支撑压裂工艺，通过逆序压裂+小粒径暂堵提高有效半缝长，采用多粒径匹配多级裂缝提高铺置程度，基于经济开发优化压裂参数，实现深层煤岩气的效益开发。后续需加强针对不同区域压裂参数的精细优化。

（2）聚焦深层煤岩吸附伤害严重的特征，通过分子结构设计并结合水化抑制与控制技术，研制出一套适合于深层煤岩的低伤害水性压裂液体系，满足现场低吸附、低残渣、低摩阻、强携砂等性能要求。后续针对深层煤岩返排液多、地层水矿化度高的现实情况，下步需开展返排液重复利用、高耐盐压裂液体系的研发。

（3）利用 CO_2 介质在深层煤岩破岩、造复杂缝、促解吸、增能等提产优势，开展 CO_2 前置压裂技术后，较常规井产量提高了 20%，表现出良好的适应性。下步提产需攻关 CO_2 泡沫、CO_2 伴注等充分利用 CO_2 介质的压裂技术。

参 考 文 献

[1] 蒋曙鸿，师素珍，赵康，等．深部煤及煤层气勘探前景及发展方向[J]．科技导报，2023，41(07)：106-113.

[2] 徐凤银．深部煤层气助力产业发展进入新阶段[J]．石油知识，2023(04)：4-6.

[3] 周德华，陈刚，陈贞龙等．中国深层煤层气勘探开发进展、关键评价参数与前景展望[J]．天然气工业，2022，第 42 卷(6)：43-51.

[4] 郭旭升，胡宗全，李双建等．深层—超深层天然气勘探研究进展与展望[J]．石油科学通报，2023，8(04)：461-474.

[5] 庚勐，陈浩，陈艳鹏等．第 4 轮全国煤层气资源评价方法及结果[J]．煤炭科学技术，2018，46(06)：64-68.

[6] 康永尚，皇甫玉慧，张兵等．含煤盆地深层“超饱和”煤层气形成条件[J]．石油学报，2019，第 40 卷(12)：1426-1438.

[7] 杨秀春，宋柏荣，陈国辉等．大宁-吉县区块深层煤岩多尺度孔缝结构特征[J]．特种油气藏，2022，29(05)：94-100.

[8] 罗平亚．关于大幅度提高我国煤层气井单井产量的探讨 [J]．天然气工业，2013，33(06)：1-6.

[9] 田丰华，李小刚，朱文涛等．大宁—吉县区块 8 号煤裂缝三维特征评价及压裂段优选[J]．能源与环保，2023，45(09)：88-95.

[10] 王广慧．寺河井田 15 号煤层压裂裂缝微地震实时监测及分析[J]．山西煤炭，2021，41(3)：120-128.

[11] 贾波．寺河井田 3 号煤层人工压裂裂缝形态特征研究[J]．煤，2020，29(1)：5-8.

[12] 范毅刚．准南某区块煤层气排采阶段储层伤害类型与防控措施[D]．河南理工大学，2022.

[13] 韩金轩，杨兆中，李小刚等．柿庄北深煤层压裂伤害机理及低伤害压裂液评价[J]．科学技术与工程，2014，(21)：219-223.

[14] 问晓勇，伊向艺，卢渊等．不同压裂液对煤岩渗透率伤害实验评价初探 [J]．石油化工应用，2011，30(03)：12-15.

海上油气田储层改造和增产稳产技术现状和矿场实践

杨朝蓬[1,2] 刘成彬[1,3] 叶秀峰[1] 胡华君[1] 郝强升[1,3] 杨 姮[1]

（1. 中国石油国际勘探开发有限公司；2. 中国石油勘探开发研究院；3. 中国石油巴西公司）

摘 要 全球海洋油气资源丰富，随着海洋油气开发技术的发展，油气资源开发的主战场正逐步从陆地转向海洋。在海上稀井网条件下，进一步提高储层渗流能力和单井产量有更高的要求。受海上油气生产平台面积有限、设备作业日费高、作业安全风险大等因素影响，诸多陆地成熟的储层改造和增产稳产技术在海上油田无法得到应用。本文系统梳理了近年来国内外海上油气田压裂、酸化、解堵、堵水调剖、防砂技术的发展现状和矿场实践，总结不同储层改造和增产稳产技术的适应性，并进一步对未来技术需求和发展趋势进行了展望，为提高海上油气田增产提产和效益开发提供参考和借鉴。

关键词 海上油田；压裂；酸化；解堵；防砂

全球海洋油气资源丰富，随着海洋油气开发技术的发展，油气资源开发的主战场正逐步从陆地转向海洋。近年来，加大油气勘探开发力度、保障国家能源安全的能源战略，对海上油气资源勘探开发提出高要求。海上经济开发对单井累产和初产要求高；在井控范围内，海陆对比，尽管技术采收率水平相当，但由于海上不具备陆上整体加密井网条件，在海上稀井网条件下，进一步提高储层渗流能力和单井产量有更高的要求。多年开发历程表明，由于海上油气田受海洋特殊作业环境、技术和经济性等限制，诸多陆地成熟的储层改造和增产稳产技术在海上油田无法得到应用。因此海上油气田储层改造和增产稳产技术在借鉴陆上油气田经验的同时，亟需构建适应于海上特点的地质工程一体化技术理念和研究方法。本文对近年来国内外海上油气田压裂、酸化、解堵、堵水调剖、防砂技术的发展现状和矿场实践进行了系统的梳理和总结，以期为提高海上油气田增产提产和效益开发提供参考和借鉴。

1 海上油气田压裂技术

1.1 智能压裂技术

智能压裂技术是将人工智能、大数据和云计算等信息技术综合应用于压裂设计、施工及返排生产的全生命周期，从而最大限度地提高压裂设计的科学性与针对性、压裂施工的精准性与高效性、压后返排与生产过程中储层-裂缝-井筒-井口-集输站等多节点系统的整体协调性和动态可优化性。国外在智能识别、压裂参数优化、现场施工智能化控制等方面的研究走在前列，并在北美地区多个区块的压裂服务中成功应用。哈里伯顿2018年推出了压裂控制自动化软件——Prodigi智能压裂服务系统，该系统可以在压裂过程中自主、智能地调整泵送排量，以适应井下复杂环境，进而促进压裂簇均衡起裂、扩展。同时，该系统通过实时分析压裂曲线变化、建立砂堵预警模型，对施工过程中可能发生的砂堵进行提前预警，提高了施工的安全性，最大限度地降低了人为因素的影响。其他智能压力控制系统，例如StimCommander、SmartFleet等，近几年也纷纷问世。

1.2 海上多段压裂技术

水平井分段压裂技术作为低渗油气藏开发的最有效手段之一，可增大油藏的泄流面积，改变流体在油藏中的渗流机理和方式，已在陆地低渗油气藏以及页岩气、致密气等非常规油气开发中取得了规模应用。而受作业环境限制，海上水平井分段压裂技术仍处于摸索尝试阶段。国外，自2003年海上第一口水平井分段压裂施工至今，巴西、刚果、北海、西非、黑海等地已进行了多井次的水平井分段压裂施工。国内，中海油也自2016年开始进行了五口海上水平井分段压裂改造施工。目前仅渤海、东海进行了少量井次的水平井分段压裂技术。

国内外海上水平井分段压裂在分段压裂工艺优选、压裂载体选择、压裂配套技术上日益成熟，形成以下技术特点。

① 水力喷射分段压裂、砂塞\桥塞分段压裂、裸眼封隔器投球滑套分段压裂三种水平井分段压裂技术适应海上压裂需求，获得规模应用。

② 形成了“压裂船+生产平台”、“支持平台（TENDER）+生产平台”、“支持平台（TENDER）+压裂船+生产平台”三种压裂作业模式。

③ 海水基压裂液体系、连续混配、压裂液返排处理设备、压裂船等配套技术发展迅速，加快了海上水平井分段压裂施工的开展。

2003年巴西Camorim油田进行了两口井的水力喷射压裂施工。该油田水深100米，属于砂岩油藏，油层厚度10～50m，渗透率50～300mD，井型为水平井和定向井，不规则井网布局，采用水力喷射压裂施工技术后，显著提高了单井产量和总体采收率，使油田能够在原油产量下降的情况下保持较高水平的产量。

2016年中海油完成了170℃海水基压裂液体系研发并在现场获得应用。目前中海油已经实现了高温海水基压裂液体系研发、撬装连续混配以及压裂液返排处理设备的研发，并已在现场应用，在渤海与东海施工中可实现1天完成2段压裂施工作业，极大提高了压裂作业时效。

1.3 海上油田爆燃压裂技术

爆燃压裂技术也称高能气体压裂技术，是利用火药在储层部位燃烧产生高温高压气体压出多条径向裂缝的增产改造技术。爆燃压裂技术是一项成本低、适用性广和特别适用于近水储层改造的气体压裂技术，我国已经研究应用30余年，实施井达上万井次。

燃烧产生的气体主要包括CO_2、N2和HCl等，可以在1s内达到几十甚至上百兆帕的压力，一般为地层破裂压力的1.1～2.0倍，从而在储层中产生3～8条不受地应力控制的径向微裂缝，裂缝缝长最长可达15m，且裂缝不闭合；同时，高温燃气还具有降黏和有机解堵等作用。

爆燃压裂技术在海上油田具有更显著的增产效果。基于海上油田爆燃压裂要求，攻关形成了推进剂火药、精准模拟技术、地面打靶试验、安全管柱组件及安全校核和井口泄压方法等关键技术，形成了海上油田爆燃压裂安全控制技术和高效增产技术。

该技术在海上油田8口井进行了现场试验，试验井峰值压力为22.4～71.3MPa，管柱均无安全问题，平均单井增油量43.1m^3/d。

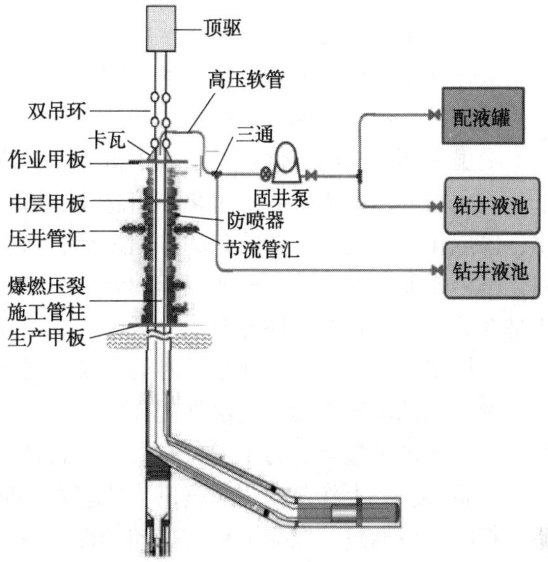

图1　海上油田爆燃压裂施工管柱示意

1.4 液氮压裂技术

液氮压裂是一种相对较新的非常规储层改造技术，具有无水、无储层损伤、环境友好等优点。①低温液氮与岩石接触时，会形成较大的热应力，可以降低起裂压力，诱导主裂缝转向，并在主裂缝周围形成大量热应力微裂缝，可形成水力裂缝-热应力裂缝-天然裂缝交互的复杂裂缝网络；②液氮受热易膨胀，在地层温压条件下，超临界氮将膨胀至原始液氮体积的8倍，从而增大缝内流体净压力，促进裂缝延伸；③液氮黏度低，压裂过程中易激活天然裂缝；④液氮压裂不会造成水敏、水锁等储层伤害；⑤注入液氮可以增大地层压力，提高泄油效率。

液氮压裂技术在BZ25-1油田的应用表明：①液氮低温冷冻能在裂缝壁面上产生拉应力，从而降低水平应力差，形成复杂裂缝。②在相同液氮注入体积下，提高注入排量是扩大液氮低温影响区域的有效手段，也是扩大复杂裂缝造缝范围的有效手段。③采用液氮作为携砂液，达到常规水力压裂携砂铺置效果所需的排量为9～14m^3/min。④由于海上平台和压裂船空间受限，液氮携砂压裂工艺的前期成本较高。当前采用液氮复合压裂工艺更适用于渤海低渗储层。

2 海上油气田酸化技术现状及趋势

2.1 酸洗、基质酸化和酸压技术

酸化技术是海洋油气开发增产、增注的重要手段，按作业工艺分为酸洗、基质酸化、酸压等。目前酸化技术已发展出稠化酸酸化技术、乳化酸酸化技术、复合解堵酸化技术、缩膨降压增注技术、注水微量滴加增注技术。

哈里伯顿公司的酸化技术代表了世界领先水平。酸化系列技术正向着实时化，信息化，可视化，集成化，自动化，智能化的方向发展，海上酸化是由作业船完成的，而作业船的综合压裂酸化是今后的一个重要发展方向。

在挪威海油田，由于面临低渗储层及储层污染问题，大范围地使用了化学处理技术，如除垢剂及酸化增产措施等。为了避免对海上平台造成污染和腐蚀，海上作业使用一艘供应船。在供应船上将酸化液通过一段与平台连接的柔性管泵入井内。Heidrun 已经进行了超过 20 次的海上化学处理作业，其中有 2 次是应用 Norman Draupne 供应船进行施工的。还进行了超过 55 次的除垢剂和 8 次酸化增产作业，进行了 5 次不同的水基除垢剂作业。

Bijupirá 油田位于巴西近海的 Campos 盆地，Macae 以东约 145km，水深大约 700~850m。该油田 1988 年发现，2002 年壳牌和巴西石油合作开发，采用气举方式生产，由浮式生产储存卸货装置(FPSO)负责生产作业。斯伦贝谢采用酸化增产措施，作业过程在钻井船上进行。在水平井段采用连续油管之前进行除垢，返回液直接排入 FPSO。酸液使用连续油管泵入，同时采用了高压旋转喷射枪。

2.2 不动管柱酸化技术

不动管柱酸化采用平台支撑酸化作业无需动用钻井船、残酸使用电潜泵返排并直接进入生产流程处理。间隔注酸效果评价试验和电缆腐蚀试验证明不动管柱酸化工艺能够达到海上油气田酸化作业和不影响后续生产的要求现场应用表明不动管柱酸化工艺完全能满足类似海上油气田的酸化作业需要从而大大地简化了施工程序缩短了作业周期降低了作业成本在渤海油气田得到广泛应用。

不动管柱酸化技术在渤海歧口 17—2 油气田的应用。现场实施结果表明，分流效果明显，酸化增产效果显著。以 P22 井为例说明，该井酸化前产液 40.0m^3/d，酸化后产 138.3m^3/d,。由于采用了不动管柱酸化工艺，作业时间由以往的 7~9d 缩短到 1~2d，大大降低了作业时间和成本。

2.3 爆压酸化技术

爆压酸化技术(acidizing assisted high energy gas fracturing，简称 AAHEGF)是新型酸化辅助高能气体压裂集成增产措施，全新的“物理+化学”措施方式由于深部储层改造的实现，极大地提高了措施增产倍比，从而成功地把高能气体压裂发展性地移植到海上油井的增产措施上来。

2015 年 4 月 28 日，LFY13-1-6 井开始 AAHEGF 措施作业，2015 年 5 月 3 日投产。在投产后的前 35 d 中，平均日产油量 173.72m^3，含水率稳定在 42.68%(图 2)，该井措施后从该油田的低产低效井变身为油田第一高产井。截止到 2015 年 8 月 31 日，该井措施后已累计生产原油 1.9037×10^4 m^3，日增产原油 96.6m^3，增产效果十分显著。

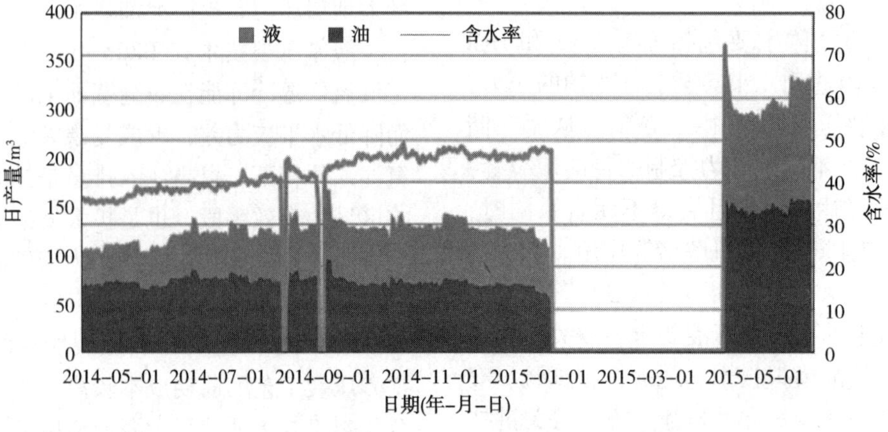

图 2 LFY13-1-6 井 AAHEGF 措施前后生产动态对比

3 海上油气田化学解堵技术现状及趋势

3.1 催化转化剂解堵

催化转化剂解堵技术一般采取输送固定配方的化学解堵剂至堵塞段，通过溶解、聚合等化学反应，破坏或消除原堵塞物质，达到疏通井筒筛管、解除地层堵塞的目的。相比于物理解堵，化学解堵技术起步稍晚，但发展迅速，可以将不同解堵剂组合，形成种类繁多的解堵配方，应用在有机垢、无机垢造成的堵塞中。

3.2 NHD-G2 复合酸解堵剂

常规的酸化解堵体系处理功能非常有限，不能解决复合伤害的问题，且对疏松砂岩骨架破坏大。为此，中海油能源发展有限公司研发了NHD-G2 复合解堵体系，该体系具有较强的溶蚀能力和渗透性，针对海上油气田常见的储层堵塞物质(如无机矿物沉积物、有机物和固体颗粒等)进行高效清除，恢复油层的渗透性和产能。该解堵剂具有广泛的适用性，不仅适用于高温高盐的海上油气田环境，还能在不同的储层类型和堵塞物质条件下发挥稳定的解堵效果。2013 年 8 月，该解堵剂于西江 24-3 油田 A4ST1 井成功应用，该井日产油量从 200bbl(1bbl=159L，下同)增加到 396bbl，效果非常明显。

3.3 生物酶-化学复配解堵技术

渤海 J 油田开发过程中，因原油中微晶蜡含量较高，其对温度、压力较为敏感，从而在采出过程中易析出沉积，导致生产井出现井筒及近井地带堵塞现象。生物酶可以特异性地降解有机物堵塞物，如蜡、沥青质等，而化学剂则可以溶解无机物堵塞，如垢类。这种协同作用能够更全面、高效地解除各种类型的堵塞。5%WZ7(生物酶)/1% LV(化学解堵剂)复配体系在油藏温度(57 ℃)和 90 ℃下对沉积垢样溶蚀率分别达到 42. 79%和 92. 03%；对垢样的剥离效率达到 80%以上；对原油降黏率可达 83%~92%之间，且形成的油水乳液稳定性较高，表现出良好的乳化性能；油藏温度下渗透恢复率为 43. 96%，90 ℃条件下渗透恢复率达到 74. 97%，该体系对渤海油田因沉积造成的原油堵塞具有较强的解堵能力，具有较为广阔的应用空间。

3.4 物理+化学放热反应解堵

物理解堵方法的原理是采用的升温方式是电阻加热，化学解堵方法的原理是亚硝酸盐与氯化铵在酸性环境中可以产生大量热和气体。物理电加热解堵工艺和化学解堵工艺设备运转稳定，操作简单安全，可解决稠油结蜡井开发生产的困局，具有良好的经济效益及推广价值。

电加热工艺和化学解堵工艺在渤海 J 油田结蜡井已推广应用，其作业后单井产能显著提高，产液量和产油量大幅提升，取得了较好的应用效果。截至目前，电加热工艺应用 12 井次，作业后日累计增油 89. 7m^3，化学解堵工艺应用 35 井次，累计日增油 414. 7m^3，取得了良好的经济效益。

3.5 NH-JDJ-1 化学解堵剂解堵

NH-JDJ 解堵剂是一种针对油基钻井液堵塞问题的专用解堵剂，主要成分(质量分数)：20%清洗渗透剂+12%溶剂型有机物+6%防乳破乳剂+2. 5%黏土稳定剂+15%有机酸+1. 5%缓蚀剂+3%铁离子稳定剂。解堵剂使用海水进行配制。WZAA-X1 井涠洲组实施 NH-JDJ 解堵剂解堵作业后，实现日增油 208m^3(表 1)。

表 1 WZAA-X1 井解堵前后主要参数对比情况

对比项目	产液量/($m^3 \cdot d^{-1}$)	产油量/($m^3 \cdot d^{-1}$)	含水率/%	产液指数/[$m^3 \cdot (d \cdot MPa)^{-1}$]	泵吸入口压力/MPa
解堵前	107. 5	71. 5	33. 5	10	2. 2
解堵后	293	279. 5	4. 8	128	7. 9
变化情况	增加 185. 5	增加 208	下降 28. 7	提高至解堵前的 12. 8 倍	上升 5. 7

4 海上油气田物理解堵技术现状及趋势

4.1 超声波解堵

超声波解堵增油技术就是将井下换能器用专用电缆送至油层部位，换能器将电功率振荡信号转换成机械振动能—超声波，经流体介质耦合进入地层，在机械振动、空化、热解、声波等功能作用下，使堵塞物疏松脱落，达到解除污染、堵塞，从而提高或修复近井地带储层渗流能力，增加油气产量。

惠州 26-N 油田 17SaSb 井采用超声波解堵作业，目的是改善 K08 和 L30 层射孔段近井地带渗流能力，恢复产能。作业后从压力、含水、产量看超声波解堵K08和L30层，起到了一定解堵效果，在一定程度上恢复了近井筒地带的导流能力。

4.2 高压注水解堵

海上油气田在生产过程中，水中的盐分可能会在井筒和储层附近结晶沉淀，形成盐类堵塞。高压注水可以利用水流的冲击力和溶解作用，有效地溶解这些盐类堵塞物，恢复油气通道的畅通。与化学解堵技术相比，高压注水解堵技术不仅能有效处理盐类、有机堵塞物，还能应对由于固体颗粒堆积、黏土膨胀等多种原因造成的堵塞。高压注水解堵技术首次成功应用于渤海油田A01ST1井，自2017年10月至今，共实施油井12井次，累计增油量$1.08\times10^4m^3$。

5 海上油气田井筒防腐防垢防蜡技术

5.1 Hardide-T CVD(化学气相沉积)碳化钨涂层

Hardide-TCVD碳化钨涂层坚固、韧性且耐冲击，适用于极端磨蚀与侵蚀的环境，作为低温CVD(化学气相沉积)碳化钨系列涂层，可延长工作在磨蚀性、腐蚀性与化学腐蚀性环境中关键金属部件的寿命。该涂层具有独特的耐磨、耐腐蚀与耐化学性能，同时还具有坚固、延展性与抗冲击性。应用于北海、墨西哥湾、西非与西澳大利亚等不同地区，应用领域包括井下工具、阀门、流量控制、泵、密封与轴承表面、重型土方设备、液压装置、粉末压实工具以及模具。

5.2 用于井筒应用的防垢沉积分级涂层

该涂层包括金属、陶瓷或金属-陶瓷复合物的第一次层，其特征在于具有超过35HRC的硬度。该涂层包括在第一层上的第二顶层，该第二顶层是聚合物。可以调节第一层的表面以具有粗糙化或图案化的拓扑结构，用于接收和粘附至少一个顶层。所述第一层可以为所述涂层提供硬度，并且所述至少一个顶层可以为所述涂层提供低摩擦和防垢性能。道达尔在海上油田井筒防垢的作业中，是防垢沉积分级涂层技术的一个显著应用。特别是在恶劣的海洋环境中，该系统结合了防腐涂层和阴极保护技术，显著延长了井下设备的使用寿命，并最大限度地降低了维护成本。

5.3 海上高含蜡油田隔热油管防蜡优化设计

海上高含蜡油田生产过程中井筒结蜡严重，影响正常生产的问题，可采用隔热油管保温生产来提高井筒温度，从而达到油井防蜡目的。应用于渤海K油田A1井，当隔热油管下入深度为700m时，井口产液温度达到了57.8℃，高于原油析蜡温度，可以有效达到防止井筒结蜡的目的。

6 海上油气田堵水调剖技术

6.1 机械控水技术

机械控水技术主要是通过下入控水管柱或者控水工具来调节生产井段的流入剖面。因可靠性高、工具寿命长、控水效果见效快，相对化学堵水等其他措施，机械控水技术占据海上控水完井主导地位。中心管、变密度筛管、ICD和AICD控水技术在海上油田水平井均有应用，井数达到百余口，其中ICD控水技术应用最多。

6.2 化学堵水技术

根据化学堵剂对水层与油层起到的阻塞作用，可将化学堵水划分为非选择性堵水和选择性堵水。目前，化学堵水技术在海上应用数量较少，在水平井中的应用更少，整体上堵水成功率偏低，曾经出现过的问题包括：封堵效果差，有效期短、用量较大，配液程序较复杂，对平台作业能力与管柱密封性要求严格，储层污染风险大。因此，也需要针对性地研发新技术以适应海上油田需要。

6.3 层内生气调驱技术

层内自生气技术是指向储层中注入自生气体药剂溶液，使其在油藏条件下发生化学反应、释放出自生气体。生成的自生气优先占据多孔介质中的油孔道，形成氮气、油、水三相乳状液；生成的气体能够增加地层能量，在一定的压差下，气体对油层当中的堵塞物具有一定的冲刷作用，可有效疏通二次污染造成的地层堵塞。因此，自生气体系还具有调剖、热解堵、地层增能和降压增注的作用。

中海油K油田B17井自2019年11月开始层内自生气调剖，典型见效井含水最高下降13个百分点(从98.2%下降到85%)，最大日增油$23.6m^3$，截至2020年4月，井组累计增油$4300m^3$，目前还在持续增油。

6.4 海上稠油泡沫堵水技术

泡沫封堵水窜技术是一项利用泡沫流体特性及施工工艺相结合的新型封堵水窜层位技术。该项技术在施工中可实现无生产管柱注入作业，大大节约海上平台施工成本。2014 年 1 月 13 日对渤海某油田 X-1 井进行氮气泡沫堵水作业。措施井在实施氮气泡沫堵水前，日产液量 $90m^3$，含水率为 100%，基本无油产出。实施堵水措施后，平均日产液量 $50m^3$，含水率为 20%~49%，平均日增油量 37m。截止到 2014 年 8 月，措施有效期超过 7 个月，累增油达到 7000m，降水增油效果非常明显(图 3)。

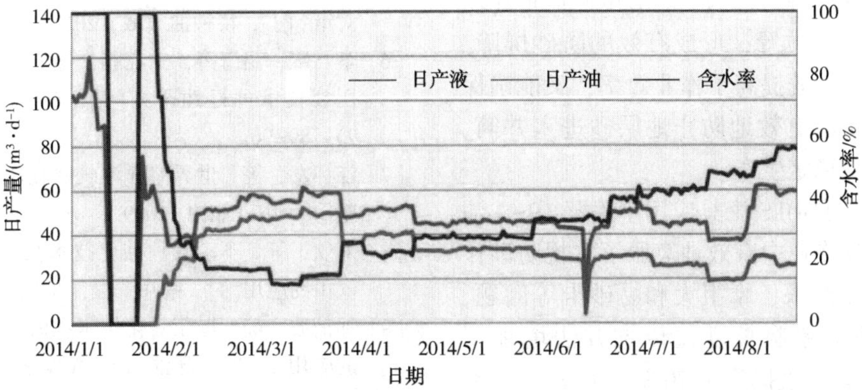

图 3　渤海某油田 X-1 井生产曲线图

6.5　连续封隔体技术

连续封隔体技术是新型控水技术，主要是指在筛管和井壁间环空充填低密度特殊颗粒，并下入带节流阀的控水管柱(例如 ICD 控水管柱)，实现对封隔的各段进行流量控制。由于充填层径向厚度远小于轴向厚度，因此，轴向阻力远大于径向阻力，从而大幅降低了环空轴向窜流量。通过设置节流阀参数，使得高产段的流动阻力大，低产段的流动阻力小，从而实现全井筒产出剖面的调整。

埃及的 Belayim 油田，将连续封隔器技术应用于水平井的堵水作业。它包括沿井的水平段放置封隔器，确保层间隔离并防止水侵，从而优化采收率。中海油在陆丰 13-1 油田也同步应用该技术，主要用于水平井的控水管理。通过与封隔器集成的精确层位管理和流量控制装置，可最大限度地堵水，同时在提高油气流动方面具有显著的效果。

7　海上油气田防砂技术

7.1　增强型单趟多层(ESTMZ)FracPac 完井统

哈里伯顿公司和雪佛龙公司联合研发出增强型单趟多层(ESTMZ)FracPac 完井系统，该系统可将泵注排量提升至 45 桶/分钟，将压差值从 6000psi 增至 10000psi，这使雪佛龙的完井作业周期平均缩短了 18 天。该系统的自适应调节机制和多层过滤结构使得其本身的使用寿命较长。与一些传统的防砂系统相比，它能够更好地应对复杂多变的井下环境和流量变化。2012 年，该系统布署在雪佛龙公司墨西哥湾 3 口超深水井上。

7.2　GeoFORM 防砂管理系统

在海洋油气开采过程中，高昂的修井作业成本和技术难题限制了补救性防砂措施的选择。但如果在起始完井阶段就考虑到必要的防砂措施，那将对多级套管井、裸眼井有益无害。贝克休斯新推出了适用于砂岩层的 GeoFORM 防砂管理系统。该系统将一种形状记忆材料粘附于中心管上，在井底温度环境下，材料内部化学成分被激活便会沿着井眼形状开始扩展延伸，并对周围地层形成有效的支撑，从而能有效稳定近井眼地带，减少颗粒运移。

贝克休斯公司将 GeoFORM 防砂管理系用在意大利近海的油井中提取额外的储量。通过使用 GeoFORM 系统，不仅提高了生产效率，而且运营时间缩短了 40%，并将整体钻井成本降低了 35%，油气井可在生产无砂、稳定的天然气。

7.3　斯伦贝谢公司 ResFlow ICDs 技术

斯伦贝谢技术团队采用其专有的建模工具对储层出砂趋势和出砂对完井的影响进行了相应的研究，研究内容还包括气侵、水侵，防砂管性能、向井流动控制装置(ICDs)和油井整个生命周期内的累计产量等问题。根据裸眼井地层粒度分布特征，Sand Advisor 筛管和砾石充填规划软件可就防砂筛管与充填的砾石尺寸等问题给出相应建议。ICD Advisor 规划软件可计算砂临界生产压差，进而帮助作业者获得最大回收率。

7.4 HAILOONG TOOLS(“海龙”工具)

HAILOONG TOOLS 工具配备高效的防砂筛管。多层压裂和充填防砂这两个过程在该工具的设计中是紧密结合、协同工作的。在完成压裂作业后，利用工具的特殊结构，能够迅速地将充填材料放置在合适的位置，形成有效的防砂屏障。这种一体化的设计既提高了作业效率，又能确保在压裂后能够及时有效地防止地层砂进入井筒，保证油井的长期稳定生产。

HAILOONG TOOLS 工具应用于蓬莱 19-3 油田的一口井，在作业中有效地克服了常规防砂作业中常见的排量受限、摩阻大和易砂卡等问题，使得防砂作业的单次长度比传统方法增加了 160%，同时压裂规模提升了 70%。

8 认识与建议

随着海上勘探开发逐渐走向深海、深地，深层、超深层油气藏将成为未来新领域，亟待

进一步攻关复杂结构井、移动式大型压裂、酸化、解堵、调剖装备等新型工具工艺技术和产品，并注重研发向实时化、信息化、可视化、集成化、自动化、智能化方向发展，将海上油气田增产稳产与“双碳”目标相结合，促进协同发展，实现海上油气田经济高效可持续发展，为能源供应和经济发展做出积极贡献。

参 考 文 献

[1] 蒋廷学，周珺，廖璐璐．国内外智能压裂技术现状及发展趋势[J]. 石油钻探技术，2022，50(3)：1-9.

[2] 张世昆，陈作．人工智能在压裂技术中的应用现状及前景展望[J]. 石油钻探技术，2023，51(1)：69-77.

[3] 杜福云等．海上水平井分段压裂技术现状与展望[J]. 海洋石油，2021，41(1)：22-26.

[4] 孙林等．海上油田爆燃压裂技术研究与现场试验．[J]. 石油钻探技术．2019.

[5] 曾祥林，等．海上低渗透油田开发特征及开发技术对策．[J]. 特种油气藏，2011. 18(2)：66-69.

[6] 李君宝，温海涛，王晓鹏，等．渤海低渗储层液氮压裂技术可行性研究[J]. 石油机械，2024，52(9)：89-96.

[7] 江怀友，等．世界海洋油气酸化压裂技术现状与展望[J]. 中外能源．2009.

[8] 刘欣，等．不动管柱酸化技术在渤海歧口 17—2 油气田的应用[J]. 钻井工程，2004.

[9] 邹信波，等．爆压酸化技术在海上油田挖潜增产中的应用．[J]. 石油天然气学报，2018，40(6)：71-78.

[10] 史浩贤，等．复合解堵技术在天然气水合物开发中的应用可行性分析[J]. 油田化学．2021.

[11] 催宇等．渤海 J 油田高含蜡井解堵技术研究及应[J]. 精细与专用化学品．2023.

[12] 梁玉凯等．油基泥浆伤害解堵工艺在 WZAA-X1 井的应用．[J]. 石油化工高等学校学报，2015，28(5)：65-68.

[13] 代文等．超声波解堵技术在南海 HZ26-N 油田应用实践．[J]. 石油工业技术监，2018，34(5)：1-5.

[14] 高建崇，等．渤海油田防砂完井多层管柱油井超声波解堵实验研究．[J]. 非常规油，20196(6)：100-104.

[15] 史浩贤，等．复合解堵技术在天然气水合物开发中的应用可行性分析[J]. 钻探工程．2022.

[16] 左清泉等．海上 K 油田层内生气调驱技术研究与应用．[J]. 应用科技，2021，48(5)：99-103.

[17] 潘豪．海上油田水平井稳油控水技术现状与发展趋势．[J]. 石油矿场机，2020，49(3)：86-93.

[18] 赵亮等．低渗透油藏精细水驱提效再认识[J]. 2023.

中东孔隙型难动用碳酸盐岩加砂压裂关键技术及实践

——以伊拉克哈法亚油田 Sadi 储层为例

朱大伟[1] 叶秀峰[2] 魏建武[2] 闫 军[2] 张 禹[2] 胡华君[2] 吴羽珩[2]

（1. 中国石油勘探开发研究院；2. 中国石油国际勘探开发有限公司）

摘 要 中东地区碳酸盐岩发育广泛，受构造和成岩作用影响，储层非均质性强。以伊拉克哈法亚油田的Sadi层、艾哈代布油田下部KH层系等为例，孔隙结构表现出“中高孔、低渗”特征，地质储量大，但产量贡献小，有效动用程度低。巨大低渗储量通过常规手段无法实现有效动用，需要实施水力加砂压裂深度改造工艺。但中东地区难动用碳酸盐岩储层表现出“中孔、低渗”孔隙结构特征及“低模量、长屈服”特殊岩石力学特征，围绕裂缝扩展、支撑导流及产能预测三方面开展攻关研究，确定了水平井分段加砂压裂改造主体工艺及配套技术，形成了以“逆向设计、正向实施”为指导思想和工作流程的地质工程一体化压裂改造方案在伊拉克哈法亚Sadi层成功实施，开创了伊拉克增产改造技术先河，实现了单井产能的历史突破。本文以伊拉克哈法亚Sadi层水平井分段压裂先导试验为例，介绍“裂缝扩展、支撑导流及产能预测”三方面攻关成果，工区的压裂设计总体思路及原则、建模数模一体化压裂优化设计流程及方法、先导试验方案的实施和应用效果等工作。本文研究不仅对Sadi油藏低渗储量的整体有效动用、油田稳产及产能接替意义重大，也为中东其它类似油藏的储层改造提供了重要借鉴。

关键词 碳酸盐岩；加砂压裂；裂缝扩展；支撑导流；产能预测

1 研究背景及需求

全球海相碳酸盐岩层系，探明和控制的石油、天然气和凝析油可采储量分别为 1291.4×10^8 t、119.8×10^{12} m^3 和 122.9×10^8 t，折合成油当量为 2376.5×10^8 t。全球范围内共发现古生界海相碳酸盐岩大油气田 89 个，其中大油田 41 个，大气田 48 个。这些大油气田的石油、天然气和凝析油可采储量分别为 74.8×10^8t、$45.0\times10^{12}m^3$ 和 59.3×10^8t，折合成油当量为 495.9×10^8 t，石油、天然气和凝析油的可采储量分别占全球已发现海相碳酸盐岩油气总储量的 5.8 %、37.6 %和 48.3 %，油当量占到了海相碳酸盐岩已发现总储量的 20.9 %。古生界海相碳酸盐岩大油气田主要富集于中东、前苏联、北美和亚太 4 个油气区，其他地区尚未发现古生界海相碳酸盐岩大油气田。古生界海相碳酸盐岩油气最富集的盆地是中东的阿拉伯盆地和前苏联的滨里海盆地，其油气可采储量分别占古生界海相碳酸盐岩大油气田油气总储量的 59.5%和 17.3%，而其他盆地均不足 10%。

世界碳酸盐岩储层的油气产量约占油气总产量的 60%。中东地区石油产量约占全世界产量的 2/3，其中 80%的含油层产于碳酸盐岩。中东阿拉伯板块发育扎格罗斯和阿拉伯两大盆地，油气田主要分布在海相碳酸盐岩，两伊(伊拉克-伊朗)以 Mishrif 碳酸盐岩油藏和 Zubair 三角洲砂岩油藏为主，两阿(阿联酋-阿曼)以 Khasib 组、Shuaiba 组及侏罗系 Arab 组碳酸盐岩油藏为主。中东孔隙型碳酸盐岩物性较好，以“解除地层伤害、恢复自然产能”为目标的常规解堵酸化已成为油井投产、增注主体工艺，在油田产能建设中发挥重要作用。

受构造和成岩作用影响，中东碳酸盐岩储层非均质性强。以伊拉克哈法亚油田的 Sadi 层、艾哈代布油田下部 KH 层系等为例，孔隙结构表现出“中高孔、低渗”特征，地质储量大，但产量贡献小，有效动用程度低。哈法亚 Sadi 层地质储量占油田总储量的 25%，产量贡献不足 1%；Mishrif 低渗层储量占比超过 60%，但整体产能贡献不足 10%。艾哈代步下部 Mi 4 层地质储量占下部层系的 35%，但平均采出程度仅

4.58%。北阿 Sarvark 4~6 层地质储量占比 43%，产量贡献不足 20%，巨大低渗储量通过常规手段无法实现有效动用。随着中东油气项目的规模上产、稳产，面临的开发形势日益严峻，以压裂改造为工程手段的低渗储量的有效动用需求迫切、意义重大。碳酸盐岩储层非均质性强，国内外类似储层加砂压裂施工砂堵率高，工程风险较大。同时，受储层岩性、物性等影响，中东地区的压裂改造面临诸多难点，无现成借鉴经验，工程风险大，需要开展攻关研究。

2 储层特征及改造难点

本研究以哈法亚油田为研究对象。该油田位于伊拉克东南部米桑省，距巴格达约 400km，米桑省首府阿玛拉市约 35km 处。油田总体为北西-南东走向的长轴背斜，长约 35km、宽约 8~9km，背斜构造形态完整，主体部位两翼地层倾角 2~3°。构造及地理位置如图 1 所示。

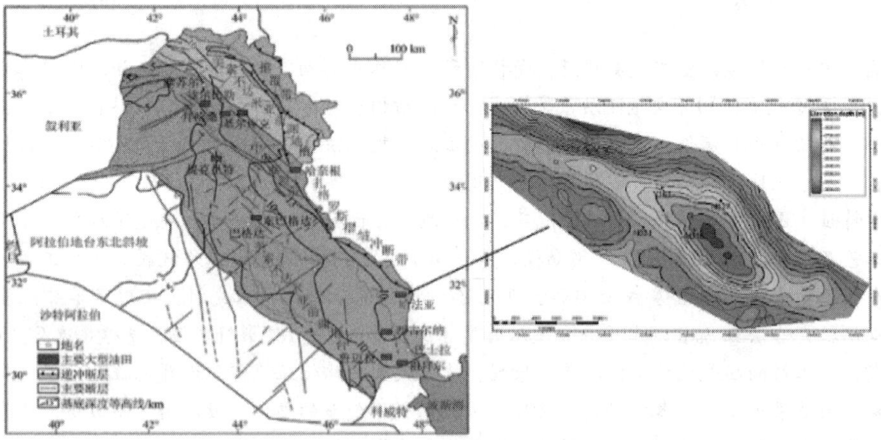

图 1 哈法亚油田所处构造及地理位置(修改自参考文献[2])

根据已钻井资料，哈法亚油田自下而上揭示了白垩系、第三系、第四系等地层。压裂改造目标储层 Sadi 位于上白垩系 AP9 巨层序中下部。Sadi 储层横向展布稳定，具有较好的物质基础。纵向分为 SadiA、B1、B2 和 B3 四个小层。SadiA 平均厚度 50.6 米，但含泥灰岩且不含油。SadiB 是主要的含油层系，分为 Sadi B1、Sadi B2 和 Sadi B3，总厚度约 77.5m。Sadi B1、Sadi B2 为似块状、Sadi B3 为层状油藏。该油藏地下原油粘度约 0.8cP，属低粘度未饱和油藏。原油 GOR 1000 scf/bbl 左右，含硫 3.7w%、含蜡 1.6 w%，地层水 PH 值为 6.3，比重 1.1679，总矿化度 220104 ppm。油藏温度梯度 2.5℃/100m，压力系数 1.23~1.26，属(稍)异常高压。Sadi 层岩石相渗束缚水饱和度 35.6%、残余油饱和度 30.9%，岩石润湿性属于弱-中等亲水。

2.1 储层特征

分析中东孔隙型碳酸盐岩储层与压裂改造相关储层物性及岩石力学特征。

2.1.1 储层物性特征

与砂岩相比，碳酸盐岩孔隙在结构、类型和成因及分布上更为复杂。Sadi B1 和 Sadi B2 层底部为生物粉屑灰岩，中部为有孔虫/抱球虫灰岩，上部为泥晶灰岩。其沉积环境为外缓坡，孔隙以体腔孔、晶间孔为主。Sadi B3 是由内碎屑泥粒灰岩和鲕粒泥粒灰岩组成，为内缓坡滩相沉积，以铸模孔和溶蚀孔为主。Sadi B1 的平均孔隙度 18%，空气渗透率 0.082mD。Sadi B2 孔隙度 21%，空气渗透率 0.16mD。Sadi B3-Tanuma 的孔隙度 14.2%，空气渗透率 3.55mD。总体上，Sadi B1/B2 为中高孔、超低渗灰岩油藏，Sadi B3 为中孔、特低渗灰岩油藏。

2.1.2 岩石力学特征

岩石三轴实验的目的在于了解岩石在复杂应力状态下的变形特性和岩石的强度特性，它能完整的描述岩石在任何应力状态下的破坏特性。根据要求通过测定规则形状的岩石试件在围压、孔隙压、轴向力作用下纵向和横向的变形量，从而求得岩石的杨氏模量、泊松比以及岩石的抗压强度。

为较真实地模拟地层条件，采用等侧压三轴压缩试验，并且同时加载孔隙压力。根据三轴压缩试验结果确定不同围压条件下的岩石弹性模量、泊松比及抗压强度等岩石力学参数。Sadi 层岩石三轴压缩试验结果见图3。

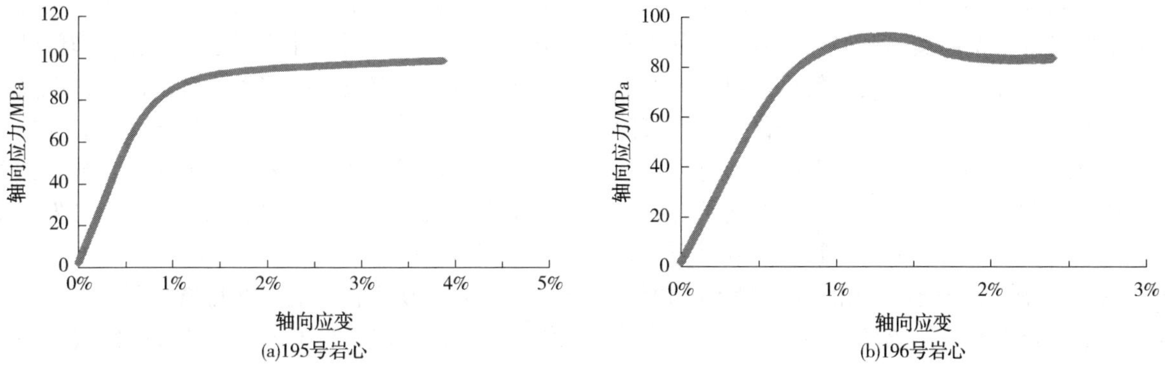

图2 Sadi三轴压缩实验应力-应变曲线

表1 哈法亚Sadi层岩心岩石力学实验测试结果

层位	编号	孔隙度/%	弹性模量/GPa	泊松比
Sadi A	195	0.09	11.47	0.27
	196	0.10	12.44	0.28
Sadi B1	266	0.14	12.83	0.28
	283	0.14	18.04	0.27
Sadi B2	329	0.16	13.88	0.28
	392	0.07	15.98	0.30
Sadi B3	400	0.12	7.91	0.22
	408	0.15	5.35	0.14

此外，伊拉克艾哈代布的岩心岩石力学实验具有类似的结果。从岩石力学实验结果看，整体表现出“低弹性模量”的特征，平均弹性模量在15GPa左右，明显低于典型碳酸盐岩(弹性模量40~60GPa)，这主要与其孔隙结构有关。在中高孔碳酸盐岩三轴压缩时，在弹性变形阶段首先会发生体积压缩过程，大量孔隙被压缩，岩石发生硬化，之后随着微裂缝的聚集贯通发生应变软化。如此低的弹性模量给加砂压裂带来的问题之一就是压后的支撑剂嵌入，需要从定量角度表征其嵌入机理及导流能力的计算模型，指导工艺优化、实施及评估。此外，典型的脆性变形，破坏前变形较小，屈服段短。变形超过峰值强度后应力很快降低，形成宏观贯通裂缝而破坏，残余强度较低。但从Sadi岩心实验看，整体表现出“塑性变形”，到达屈服极限后，保持应力不变，应变变化较大，峰值强度后应变软化较慢，屈服段较长，部分岩心当轴向应变达到3%以上都一直处于应变硬化阶段。同时，也有部分岩心只测试了弹性变形阶段的应力-应变情况，岩心进入屈服段内，实验测试提前结束。从应力-应变的趋势看，如果持续加压，这些岩心应变也会继续增加，屈服段会变得更长。这在压裂过程中表现为岩石破坏前塑性应变较大，外界输入的能量大量用于塑性变形，用于裂缝延伸的净能量被大大消耗，水力压裂过程中“裂缝扩展受阻、缝长相对较短。因此，需要考虑这种“塑性”特征在裂缝扩展过程中的影响，建立相应裂缝扩展模型，指导优化设计、工艺实施及压后评估。

2.2 改造难点

系统总结梳理中东低模量孔隙型难动用碳酸盐岩增产改造技术，主要存在以下技术难点：

(1)针对中东孔隙型碳酸盐岩，开展了伊拉克哈法亚油田Sadi层、伊拉克艾哈代布Mi4和Ma1层等岩心岩石力学测试实验。从测试结果看，中东孔隙型碳酸盐岩储层岩石力学性质特殊，表现出“低模量偏软地层”特征，与典型碳酸盐岩储层岩石力学性质存在差异。Sadi层压裂先导试验实际施工也表明这类储层加砂压裂裂缝起裂、延伸机理复杂，施工压力的响应也较一般储层更加复杂，给后续施工方案设计带来很大困难与挑战。岩石力学及人工裂缝延伸规律方面，目前有众多研究报道，但大部分研究都是基于线弹性断裂力学理论，忽略尖端塑性变形，部分考虑尖端塑性的模型对塑性区应力分布的假设存在不合理性，不能同时考虑中东“长屈服”岩石力学性质碳酸盐岩加砂压裂缝尖的硬化及软化现象，无法较好表征裂缝延伸规律，需对目标区块加砂压裂时岩石力学性质及裂缝扩展规律的研究未见报道。需要开展数值模拟研究，形成相应裂缝起裂及延伸模型，优化工艺参数。

(2)针对中东低模量碳酸盐岩加砂压裂，由于其弹性模型低，支撑剂嵌入是影响压后产能效果的重要因素。目前支撑剂嵌入及导流能力方面目前主要是基于室内实验开展相关研究，分析不同参数下嵌入深度及导流能力的变化规律。但受到岩石类型、支撑剂种类、地层条件等多因素限制，实验结论不具有普识性，推广范围有限。数值模拟方法中解析方法假设支撑剂系统所有颗粒粒径均相同，与矿场实际差异较大。数值方法将岩板也离散成与支撑剂具有相同尺度量级的颗粒，存在一定不合理性，不能显式表征嵌入过程。基于计算流体力学的方法计算导流能力，流动机理复杂、计算耗时、多参数存在条件下不确定性进一步增加，不利于工程优化设计及参数敏感性分析。针对中东地区的低模量孔隙型碳酸盐岩加砂压裂的支撑剂嵌入研究未见报道。需要针对中东低模量碳酸盐岩开展支撑剂嵌入及导流能力的研究工作，为优化设计及实施评估提供定量化工具。

（3）产能预测关系到合理单井配产、开发方案制定，间接影响项目投资决策，是海外项目工程方案最重要的参数之一。压裂改造产能预测一直是行业难题和研究热点。目前主流的双重介质、等效连续介质、离散裂缝等压裂改造产能预测模型均存在假设条件过于理想、数值求解计算量大、收敛性差、预测精度低等缺点。嵌入式离散裂缝模型 EDFM 方法通过引入“非邻域连接（NNC）”概念，对基础网格与嵌入离散裂缝之间的传质过程进行了表征，避免了非结构化网格剖分过程，大幅降低了计算复杂度，在压裂改造产能预测方面具有较大的技术优势。但在油藏实际数值模拟模型中，基质网格尺度较大，EDFM 方法很难描述近井地带的复杂渗流过程，导致预测结果误差大。目标储层缺少系统研究，开发方案指标存在不确定性。

中东难动用孔隙型碳酸盐岩呈现“中孔、低渗”孔隙结构特征及“低模量、长屈服”岩石力学性质，压裂改造时在裂缝扩展机理、加砂压裂支撑剂的嵌入、压后产能预测等方面存在技术瓶颈，亟需攻关。本项目开展了相关研究，建立相应裂缝扩展、加砂压裂支撑剂嵌入剂导流能力数值模拟模型，并建立全油藏尺度条件下的压裂产能预测方法。同时，建立压裂改造主体工艺及配套技术，为低渗储量的压裂改造有效动用提供重要技术支撑，也为其他类似储层提供理论及实践指导。

3　主要研究成果

本攻关项目围绕“裂缝扩展规律、支撑剂嵌入机理及产能预测“三大关键理论问题开展系统研究，技术路线如图 4 所示。通过攻关研究取得三项技术成果。

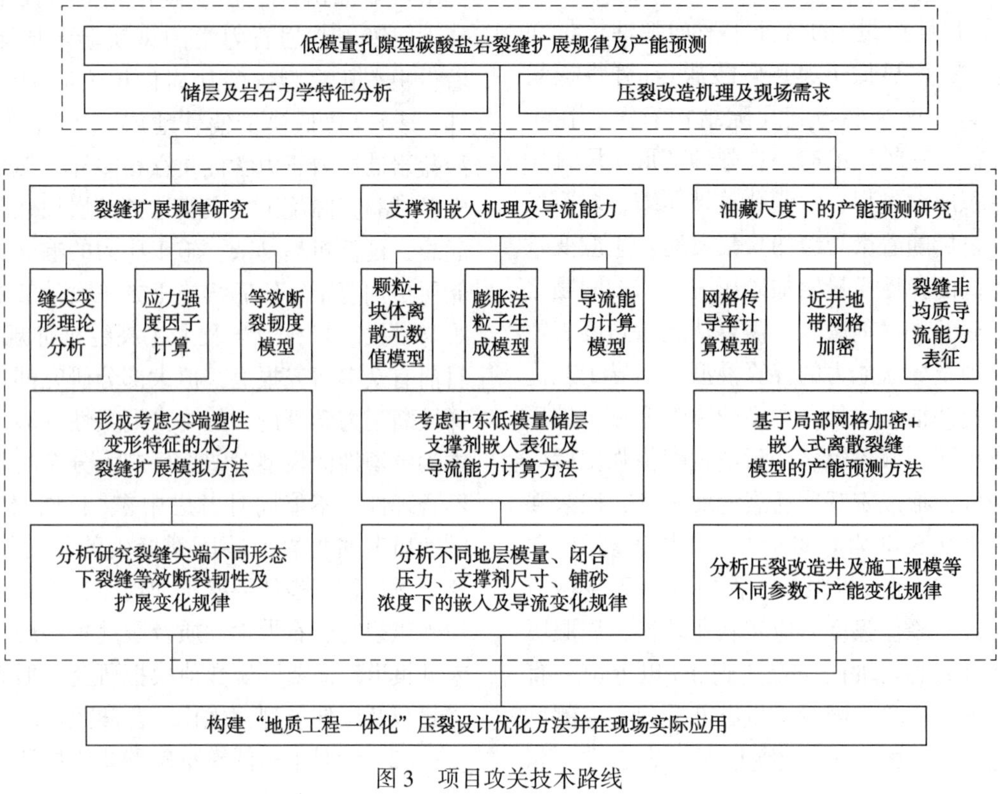

图 3　项目攻关技术路线

3.1 孔隙型碳酸盐岩裂缝扩展规律研究

分析了中东难动用碳酸盐岩储层微观孔隙结构及物性特征，基于岩石力学实验，引入“弹性能及外力功”的概念从能量的角度建立了“低模量、长屈服”孔隙型碳酸盐岩脆性指数评价方法，对目标储层加砂压裂脆性指数进行了定量评价。基于“缝尖变形”理论建立了应力强度因子计算方法，给出了表观断裂韧性的计算模型并以此为基础建立了适合于目标区块的裂缝扩展判别准则，研究分析了最大拉应力、Mohr-Colunmb、及 Mises 屈服准则下的塑性区特征。研究了裂缝尖端应力分布特征并利用“位移不连续法”模拟分析了裂缝扩展规律及裂缝尺寸参数。

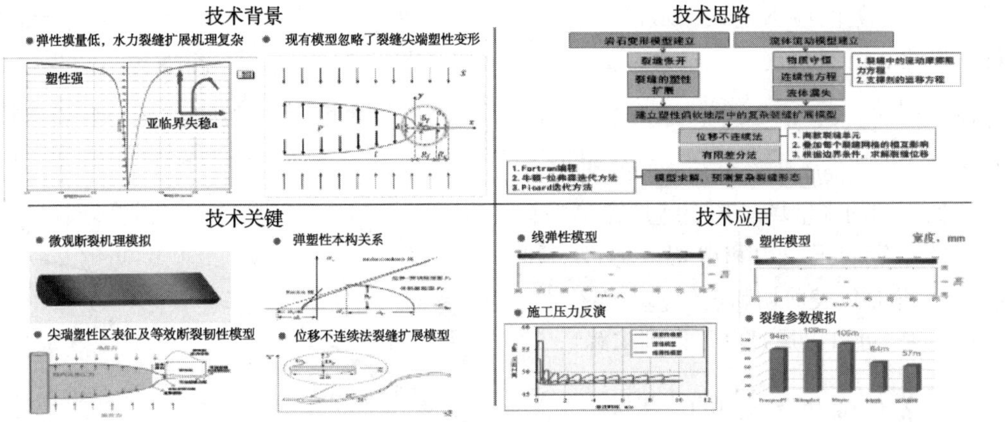

图 4　裂缝扩展研究技术进展

3.1.1　裂缝尖端塑性变形理论

目前主流的裂缝扩展理论是基于“应力强度因子”建立起来的线弹性断裂力学。根据该理论，在裂缝尖端位置处应力为无限大，即存在应力的尖端奇异点，这是不可能的，与实际不相符。实际上在裂缝尖端一定范围内，应力会达到岩石的屈服极限，形成塑性区。为避免尖端的奇异性，本研究引入屈服强度进行修正。从实际裂缝尖端开始到等效裂缝尖端的塑性区，这段区域成为内聚区。在内聚区内，应力的分布如图 5 所示。在靠近实际裂缝尖端的塑性区内，在就地应力的作用下，随着流体的注入，缝内压力持续增加，裂缝面同时受到缝内流体及地层的双重应力作用，缝尖处于拉应力的张开状态。同时，在就地应力下裂缝扩展过程中实际裂缝尖端的扩展速度大于流体前缘的移动速度，即存在流体滞后效应。进一步分析尖端受力情况，如图 6 所示。

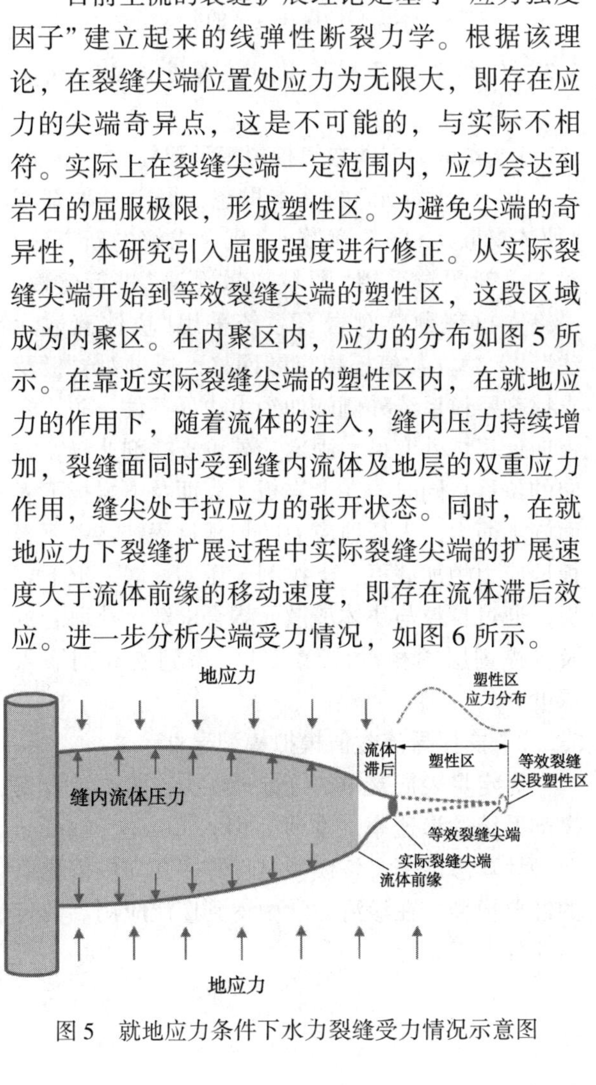

图 5　就地应力条件下水力裂缝受力情况示意图

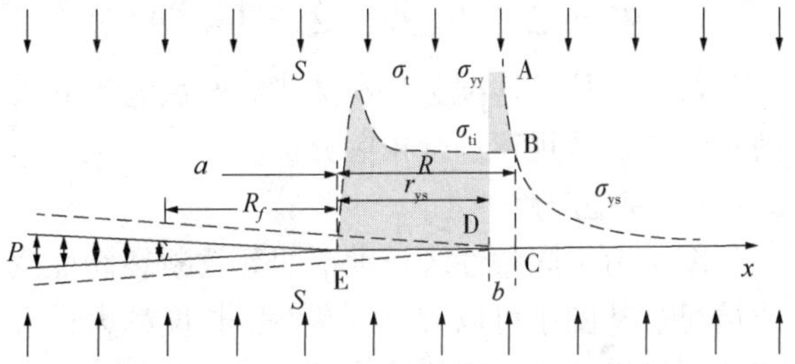

图 6　水力裂缝尖端受力情况示意图

根据断裂力学理论，该裂纹构型下的应力强度因子在尖端处的叠加关系式：

$$(P-S)\sqrt{\pi L}-2\sqrt{\frac{L}{\pi}}\left(\int_{-r_{ys}-R_f}^{b}\frac{P}{\sqrt{L^2-(x+a+r_{ys})^2}}\mathrm{d}x+\int_{-r_{ys}-R_f}^{b}\frac{\sigma_{yy}}{\sqrt{L^2-(x+a+r_{ys})^2}}\mathrm{d}x\right)=0 \tag{1}$$

利用换元法、数值积分方法，推导出该构型下应力强度因子表达式：

$$K_{Ie}=\sqrt{\pi R\overline{\sigma}_t\sigma_{ti}} \tag{2}$$

同时，等效断裂韧性可表示为：

$$K_{Ia}\approx\sqrt{\frac{8}{\pi}}S\sqrt{R_f+R}+\sqrt{\frac{8}{\pi}}\overline{\sigma}_{ta}\sqrt{R} \tag{3}$$

通过对目标区块的岩石力学参数拟合分析得出相关参数，建立适用于目标区块的裂缝扩展判别准则。

3.1.2 水力裂缝扩展模型

利用“位移不连续法”建立裂缝扩展数学模型。该方法是一种特殊的边界元法，用于处理裂纹几何形状的问题。边界 S±被分为 N 个平面元素。基于无限弹性固体中恒定位移不连续元素的解析解，可以根据叠加原理，通过所有元素的位移不连续性的线性组合计算任意点处的应力。在弹性区域内的点 ξ 处的应力是该区域的边界 S±处的位移不连续 Δu_i 的积分：

$$\sigma_{jk}(\xi)=\int_S E_{ijk}(\xi,\ \eta)\Delta u_i(\eta)\mathrm{d}S(\eta) \quad (4)$$

其中数量 $E_{ijk}(\xi,\ \eta)$ 是表示点 ξ 处的集中力对点 η 位移的影响的张量场。基于施加在第 i 个边界元素上的给定的正应力和剪切应力（σ_n^i 和 σ_s^i），D_s^j 和 D_n^j 分布代表剪切和正位移不连续性，并且在任何元素 j 处可以通过以下得到求解：

$$\begin{aligned}\sigma_n^i &= \sum_{j=1}^{N} G^{ij}C_{ns}^{ij}D_s^j + \sum_{j=1}^{N} G^{ij}C_{nn}^{ij}D_n^j \\ \sigma_s^i &= \sum_{j=1}^{N} G^{ij}C_{ss}^{ij}D_s^j + \sum_{j=1}^{N} G^{ij}C_{sn}^{ij}D_n^j \end{aligned} \quad (5)$$

根据位移不连续法及本文建立的裂缝扩展准则对裂缝扩展规律进行相应分析。

3.1.3 模型应用

图 7 为不同塑性区长度下的等效断裂韧性变化情况。从图中可以看出，塑性区长度越大，等效断裂韧性越大，裂缝越难扩展。

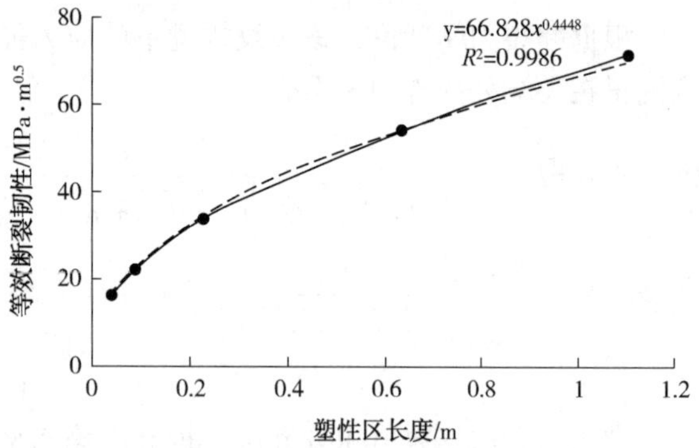

图 7 不同塑性区长度下的等效断裂韧性

进一步计算不同塑性区长度下裂缝尺寸的影响。根据目标储层基本参数开展数值模拟，分析裂缝长度及缝宽的变化。如图 8 及 9 所示。

可以看出，随着塑性区长度的变大，等效断裂韧性变大，裂缝长度下降，缝宽增加，即更容易形成“短、宽缝”。利用建立模型可以对施工压力裂缝形态进行定量模拟反演，指导压前设计、施工诊断及压后评估等。

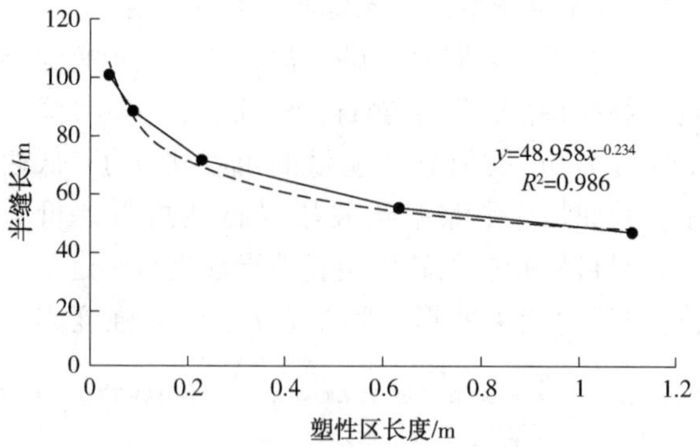

图 8 不同塑性区长度下的裂缝半长

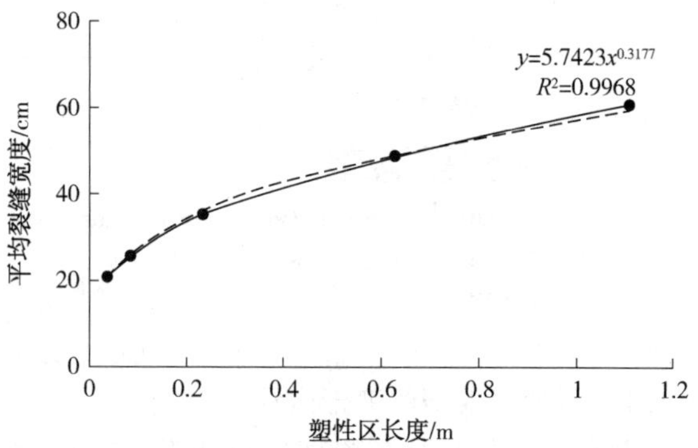

图 9 不同塑性区长度下的裂缝宽度

3.2 低模量储层人工裂缝支撑导流数值模拟技术

3.2.1 支撑剂嵌入数值模拟模型建立

基于“离散元”的基本思想，提出一种基于“块体离散元+颗粒离散元”耦合求解的新方法，对支撑剂颗粒采用“颗粒离散元法”进行建模，最终支撑剂颗粒对岩石系统采用“块体离散元法”法，建立数值模拟离散网格。通过对岩板及支撑剂颗粒系统外侧施加约束边界条件，防止岩板向计算域外变形，固定最外侧支撑剂非缝宽方向的位移。同时，在上岩板上表面及下岩板下表面施加面力，表征地应力的加载过程。在上下岩板地应力的加载下，支撑剂会压实、嵌入上下岩板。通过颗粒与块体离散元耦合求解，获取岩板及支撑剂层的相对位移大小，得到支撑剂嵌入深度。

3.2.2 支撑导流数值模拟模型建立

为定量表征支撑裂缝导流能力，需要计算支撑剂系统的渗透率。本研究引入 Kozeny-Carman 模型计算渗透率。该模型是计算多孔介质渗透率的经典模型，在渗流力学中得到广泛应用。其表达式如下：

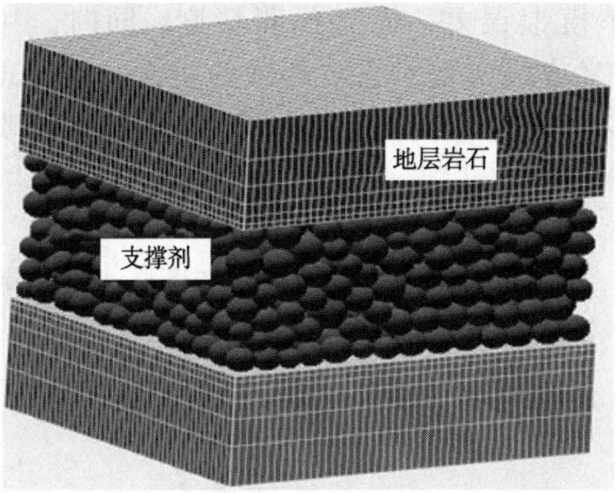

图 10　支撑剂与岩板系统模型示意图

$$K_f = \frac{\varphi^3}{C(1-\varphi)^2 S^2} \tag{6}$$

式中，φ 是颗粒系统的孔隙度，无因次；C 为 Kozeny - Carman 常数，对多孔介质一般取 0.5；S 为固体相的比表面积，m^2/m^3。

支撑剂系统的孔隙度需要综合考虑研究域的体积变化及支撑剂的嵌入体积，加载地应力后的孔隙度按下式计算：

$$\varphi = \frac{A_c \cdot w_{f1} - \sum_{i=1}^{N} P^i_{Volume} + \sum_{i=1}^{N} P^i_{Volume-embedment}}{A_c \cdot w_{f1}} \tag{7}$$

式中，A_c 为支撑剂的铺置面积，m^2；P^i_{Volume} 为支撑剂颗粒 i 的体积(可根据其颗粒半径按照球体体积公式计算得到)，m^3；$P^i_{Volume-embedment}$ 为支撑剂颗粒 i 的嵌入体积，m^3。

本研究提出一种基于颗粒统计算法，精确计算研究域内各粒子的表面积及体积变化，其比表面积可表示为：

$$S = \frac{\sum_{i=1}^{n} P^i_{SurfaceArea} - \sum_{i=1}^{n} P^i_{SurfaceArea\_embedment}}{\sum_{i=1}^{n} P^i_{Volume} - \sum_{i=1}^{n} P^i_{Volume\_\_embedment}} \tag{8}$$

式中，$P^i_{SurfaceArea}$ 为支撑剂颗粒 i 的表面积(可根据其颗粒半径按照球体表面积公式计算得到)，m^2；$P^i_{SurfaceArea\_embedment}$ 为支撑剂 i 嵌入岩板的表面积，m^2。

联合(7)-(8)带入(6) 即可计算支撑剂系统的渗透率，结合嵌入深度，得出导流能力。

3.2.3　模型应用

(1) 嵌入深度模拟

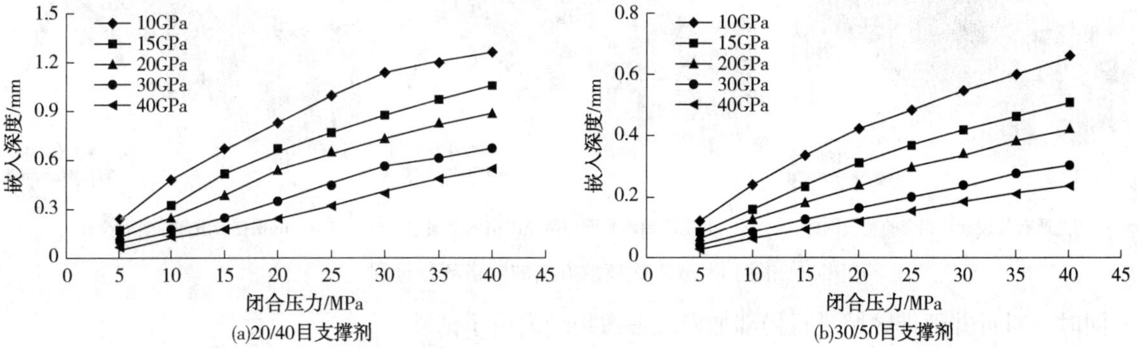

图 11　不同目数支撑剂嵌入深度模拟结果

(2) 支撑导流模拟

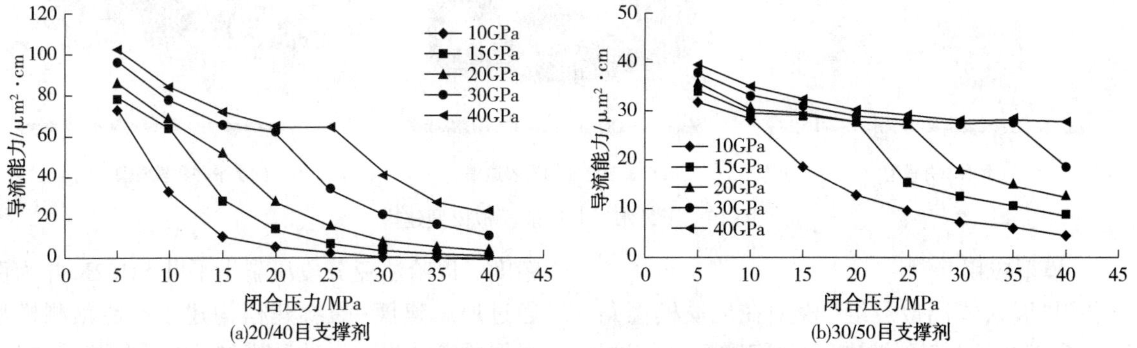

图 12　不同目数支撑剂 $4kg/m^2$ 铺砂浓度下导流能力变化情况

(3) 哈法亚 Sadi 油藏支撑剂优化

根据哈法亚 Sadi 层岩石力学参数建立数值模型，分析不同粒径下支撑导流的变化情况。

结合导流能力敏感性分析，Sadi 储层优化导流能力在 30μm²·cm 左右。考虑到近井地带导流能力的需求，综合推荐 Sadi 层加砂压裂应用组合型支撑剂，以 30/50 目支撑剂为主，支撑剂铺置浓度平均优化值为 6kg/m²。

3.3 加砂压裂产能预测技术

提出一种近井地带局部加密(LGR)+嵌入式离散裂缝模型(EDFM)耦合求解方法，在近井地带利用 LGR 局部网格加密技术，缩小网格尺寸，减小模拟误差，提高预测精度。同时，利用 EDFM 方法实现对人工裂缝的建模过程。通过“LGR+EDFM”方法实现油藏尺度下的压裂改造产能预测。

3.3.1 模型建立

本研究构建了角点网格系统下嵌入式离散方法的网格剖分过程，如图 14 所示：

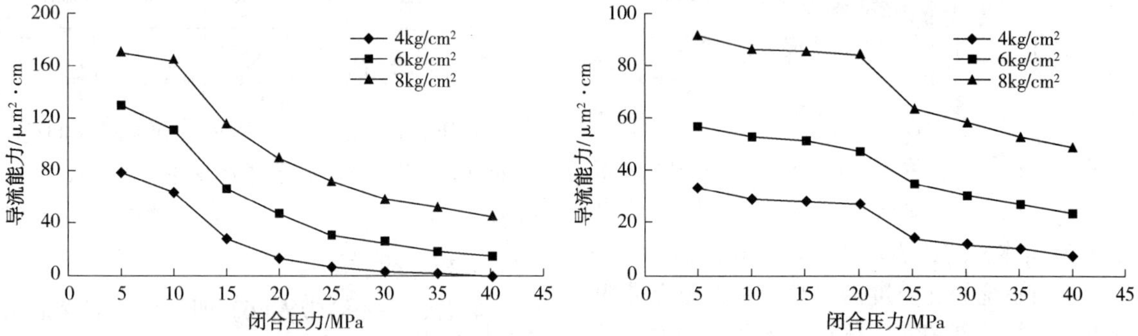

(a)20/40目支撑剂　　(b)30/50目支撑剂

图 13　不同目数支撑剂支撑剂不同铺砂浓度下导流能力变化

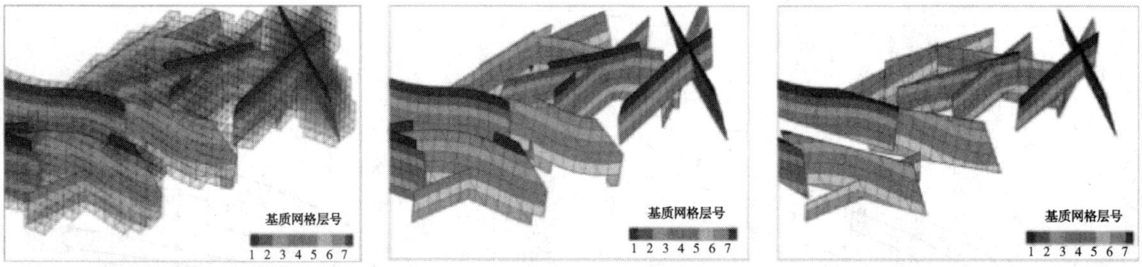

(a)筛选所有与裂缝片相交的基质网格　　(b)生成裂缝平面与基质网格的交面　　(c)根据裂缝轮廓剪裁交面

图 14　嵌入式离散方法的网格剖分过程

同时，对近井地带区域进行局部加密，考虑裂缝内由于铺砂

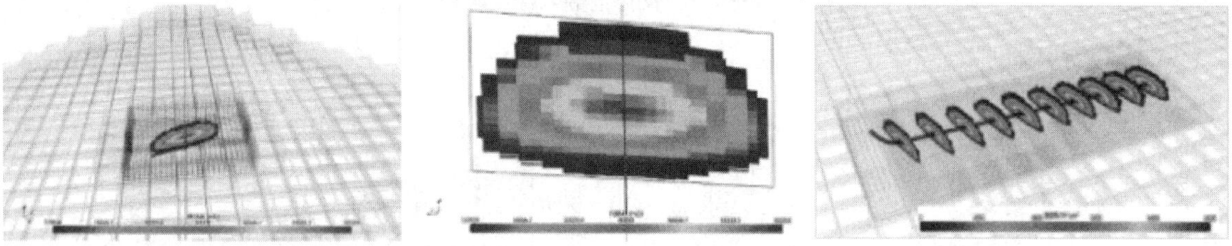

(a)截取单井模型　　(b)设置裂缝非均质渗透率　　(c)水平井数模模型

图 15　压裂水平井产能模拟模型建模

3.3.2 模型应用

利用“嵌入式离散裂缝”模型在地质模型角点网格系统下对人工裂缝进行显示建模，可以根据实际情况设置裂缝间距、走向、尺寸等，同时对近井地带进行加密处理，提高近井地带的模拟精度。以哈法亚分段压裂水平井 SH02X 井为例，通过地质建模-裂缝建模构建了产能预测模型。根据研究结果，对地质模型的基质网格采用加密 16 倍处理，如图 16 所示。

图 16　SH02X 井“局部网格加密+嵌入式离散裂缝”产能预测

根据建立的模型，分别设置不同工况参数，模拟不同参数下的压后产能。模拟条件是改造井初期按照 1500 桶/天定产，当产量达不到设定产量时，按照 3045psi 井底压力生产。图 16-17 是 SH02X 井 8~18 段不同压裂段数下的日产及累产预测结果。

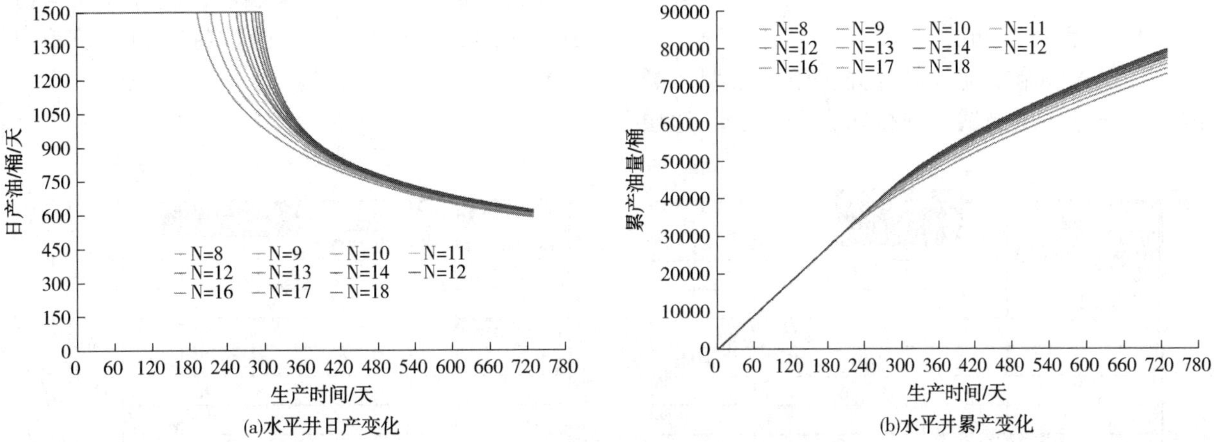

图 17　SH02X 井不同改造段数下的产能预测结果

3.4　主体改造工艺及配套技术

3.4.1　裸眼分段完井工艺

根据储层特征及井身结构特点，结合现场条件，在甜点区推荐采用“裸眼封隔器+投球滑套”分段压裂工艺。裸眼封隔器滑套压裂工艺采用滑套间加封隔器封隔裸眼的方法，可以控制压裂层段，保障分级作业，避免层间串层干扰。管柱下到位后，根据操作程序，投球，打压，关闭井筒隔绝装置(循环阀)，坐挂悬挂器，坐封液压式封隔器，丢手送入工具，下压坐封顶部封隔器，起出送入工具，下入回接管柱，管柱到位后打压打开投球式滑套，进行第一段压裂，再依次投球，打开投球滑套，进行后续分段压裂。图 18 为完井压裂管柱示意图。

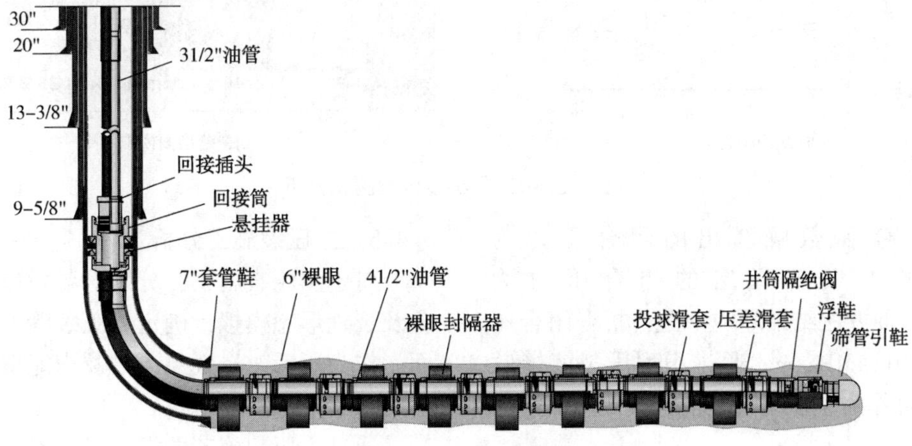

图 18　Sadi 水平井完井压裂管柱示意图

裸眼分段压裂采用的工具串通常有液压坐封管外封隔装置、尾管悬挂封隔装置、压力打开式滑套装置、投球打开式滑套装置、井筒隔绝装置、V 型下入引鞋装置、接头总成装置、不同尺寸滑套密封球及配套球座等组成。完井压裂主要工序如下：(1)井筒准备：刮管器刮套管，通井规通套管，钻头通水平段，单铣柱通水平段，双铣柱通水平段；(2)下完井管柱-回接-改造：钻杆送入分段完井工具，替浆、座封、丢手、起钻杆，下入生产管柱回接，进行第一段施工，投球转层进行第二段施工，投球转层进行第三段…最后一段施工；(3)施工完成、合层排液、求产。

3.4.2 小型压裂测试

在主压裂施工前，设计并实施了小型压裂测试。通过小压测试，进行闭合分析求取地层闭合压力、较准数模模型，净压力拟合综合评估裂缝剖面，液体效率优化主压裂阶段前置液比例。

以 SH01X 井为例，图 19 为该井小型压裂测试分析情况。从图 20(a)中 G 函数形态看，G dp/dG 曲线呈现“下凹”特征，一方面说明 Sadi 储层天然裂缝不发育，除基质外没有额外滤失；另外，曲线形态表现出“高度衰退”(Height recession)现象，这主要是裂缝沟通到下部 Sadi B3 储层，其闭合压力相对 Sadi B2 高 2-3MPa，小压结束后随着液体的滤失高应力层优先逐渐闭合，缝高上出现“衰退”现象。通过闭合后的净压力拟合也表明，裂缝纵向沟通到了 Sadi B3 储层，与 G 函数特征的认识较为一致。

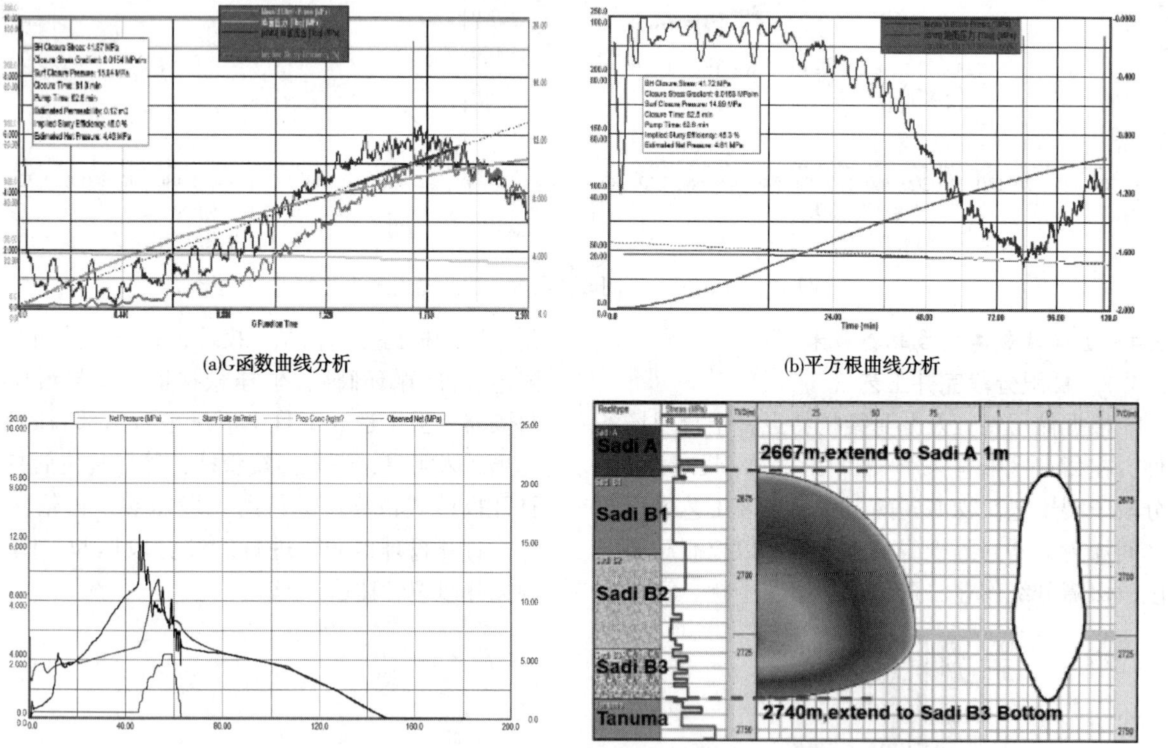

(a)G函数曲线分析　(b)平方根曲线分析

(c)净压力拟合分析　(d)裂缝剖面模拟结果

图 19　SH01X 井小型压裂测试分析

此外，G 函数解释出的闭合压力为 41.9MPa，平方根解释出的闭合压力为 41.7MPa，两种方法结果基本一致，折合闭合压力梯度为 0.0155MPa/m。通过小型压裂液体效率的分析也可作为主压裂阶段前置液比例优选的依据之一。

3.4.3 主压裂施工分析

对于主压裂施工，分别对各段进行净压力拟合及裂缝形态模拟，确定各级裂缝参数及裂缝剖面，作为压后改造效果评估及产能拟合、生产预测的重要依据。

通过主压裂施工数据，对压裂改造井各段进

行净压力拟合及裂缝形态模拟。图 21 为 SH01X 井主压裂施工第 6 段净压力拟合及裂缝形态模拟。结果表明该段改造实现了“横向充分沟通、纵向合理控制缝高”的设计目标。通过系统的裂缝压后评估拟合认为目前阶段在甜点区实施水平井轨迹布置在 Sadi B2、人工裂缝纵向沟通整个 Sadi B 尤其是下部优质储层 Sadi B3 的“打 B2、沟 B3”总体技术思路可行。此外，对各段也进行了主压裂停泵后的压力监测，依据压力监测数据可对地层压力及油藏有效渗透率进一步评估，综合评价措施改造效果。

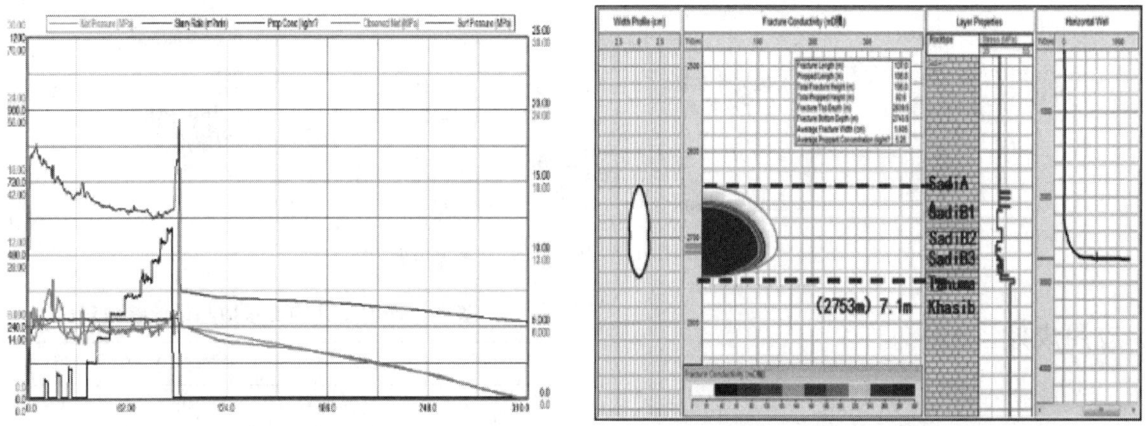

(a)净压力拟合　　(b)裂缝形态模拟

图 20　SH01X 井主压裂第 6 段净压力拟合及裂缝形态模拟

3.5　“地质工程一体化”压裂工作流

依托于项目研究成果，在目标工区伊拉克哈法亚 Sadi 储层构建了建模-数模一体化方案优化设计流程，实现了地质建模-裂缝扩展-产能预测的耦合衔接，为方案优化设计、实施及后评估提供了定量化指导。

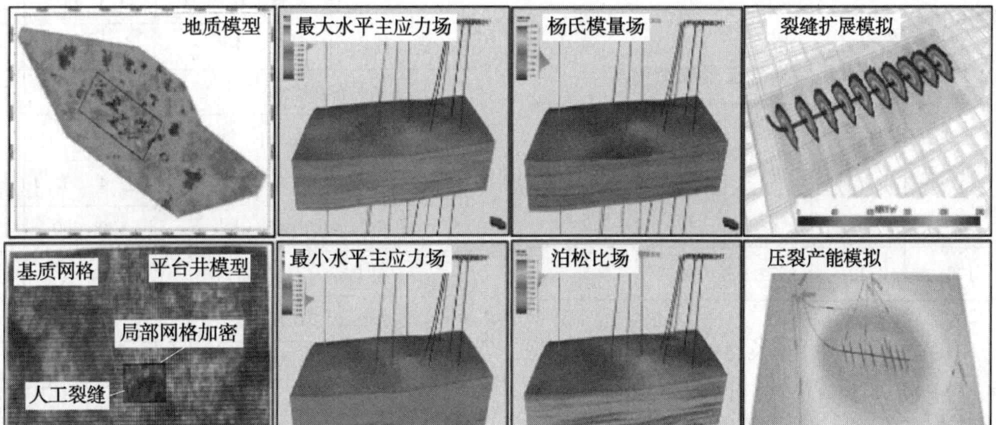

图 21　建模-数模一体化方案优化设计流程

同时以“压裂改造”为核心，通过地震、测井、岩心及生产动态等动静态资料深入开展地质油藏研究，以此为基础进行甜点划分、井位优选。充分考虑后续改造需求的基础上优化井眼轨迹、控制井眼质量。同时结合高精度的三维地质、油藏及裂缝建模，产能及经济评价数模工作，实现从地质认识到工程方案优化的有效继承及耦合衔接。通过上述“逆向设计”思路得出产能及经济约束条件下的工艺及工程参数。再通过钻井、完井到压裂、生产等正向实施流程对上述工艺及工程参数进行合理匹配，完成全周期的一体化工作流程。图 22 为“地质工程一体化”工作流程思路图。

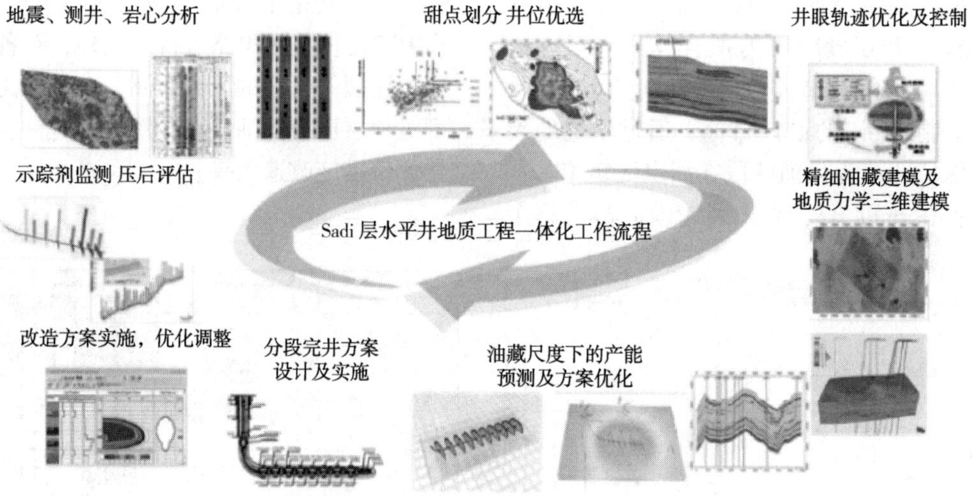

图 22 “地质工程一体化”工作流程思路图

4 应用成效

攻关形成的低模量碳酸盐岩储层加砂压裂技术在 Sadi 储层得到较好应用、获得重大突破。伊拉克首次直井 V5X 加砂压裂压后实现 500 桶/天连续稳产超过 3 年；在直井压裂取得成功基础上，为进一步提高单井产量，探索 Sadi 层有效开发主体工艺，分别于 2019 年 12 月及 2020 年 11 月开展了 SH01X 及 SH02X 水平井分段加砂压裂先导试验。

表 2 Sadi 油藏水平井加砂压裂改造情况

井号	水平段长/m	压裂级数	总液量/m^3	总砂量/m^3	施工排量/(m^3/min)
SH01X	811	8	4026	452	5.5~6
SH02X	1006	12	5972.9	740.3	5.5~6

其中 SH01X 井水平段长 811m，分 8 段压裂。入井总液量 4026m^3，总砂量 452m^3，施工排量 5.5~6m^3/min。SH02X 井水平段长 1006m，分 12 段压裂。入井总液量 5972.9m^3，总砂量 740.3m^3，施工排量 5.5~6m^3/min。以 SH01X 为例，通过实际施工参数与设计参数的对比，实际施工与设计相符，工程上取得成功。

从国内外碳酸盐岩加砂压裂施工案例看，储层对砂浓度变化敏感，改造难度及风险大。结合前期实践认识及理论分析，泵注程序设计遵循“低起点、小台阶、多步骤、控制最高砂液比”技术对策，降低储层对砂浓度的敏感性，保障施工成功。

表 3 SH01X 井施工参数与设计参数对比

参数名称		施工参数	设计参数
压裂液	总净液量/m^3	3871.2	3759.7
	小压测试	86.9	62.3
	前置液量/m^3	1508.9	1507
	携砂液量/m^3	1960.9	1929.6
	顶替液量/m^3	161	158.3
	送球液量	153.5	102.5
	前置液比例/%	41.3~48.2	43.2~47.8
支撑剂	总量	452	450
平均砂比/%		21.2~23.2	22.5~23.5
最高砂比/%		41.4	41.4
平均砂浓度/(kg/m^3)		307.4~336.4	326.3~340.8
最高砂浓度/(kg/m^3)		520~600	600
泵注排量/(m^3/min)		5.5	5.5
施工压力/MPa		<59.1	≤56.9
环空压力/MPa		12~16	≤21

结合本区块前期直井改造工程经验及模拟情况，先导试验井单段加砂规模约 60m^3，前置液设置三个段塞对近井地带打磨，降低施工压力。主加砂阶砂浓度按照 120kg/m^2 增加，最高砂浓度控制在 600kg kg/m^2。图 24 为 SH01X 井压裂施工曲线。

SH01X 井压后 40/64”油嘴下测试产量达 3214 桶/天(970psi 井口油压)。投产后根据生产动态情况匹配相应油嘴生产，平均单井产量约 1200 桶/天，井口油压保持在 550psi 以上。SH02X 井油嘴 32/64”，日产油 2057 桶/天，井口油压 1100psi。目前油嘴 28/64"，平均产量约 1750 桶/天，井口油压 1035psi 以上。图 6. 15 及图 6. 16 为 SH01X 及 SH02X 井压后生产动态曲线。图为 Sadi 层 两口井生产动态情况。

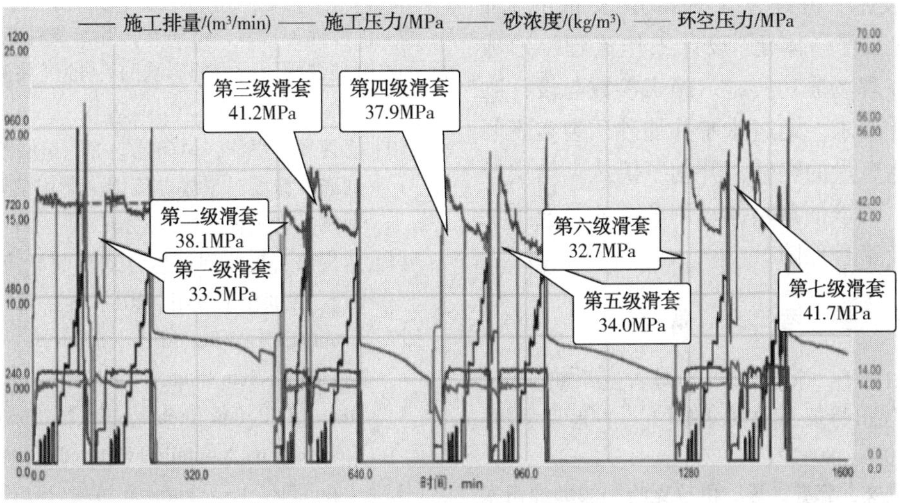

图 23 SH01X 井施工曲线

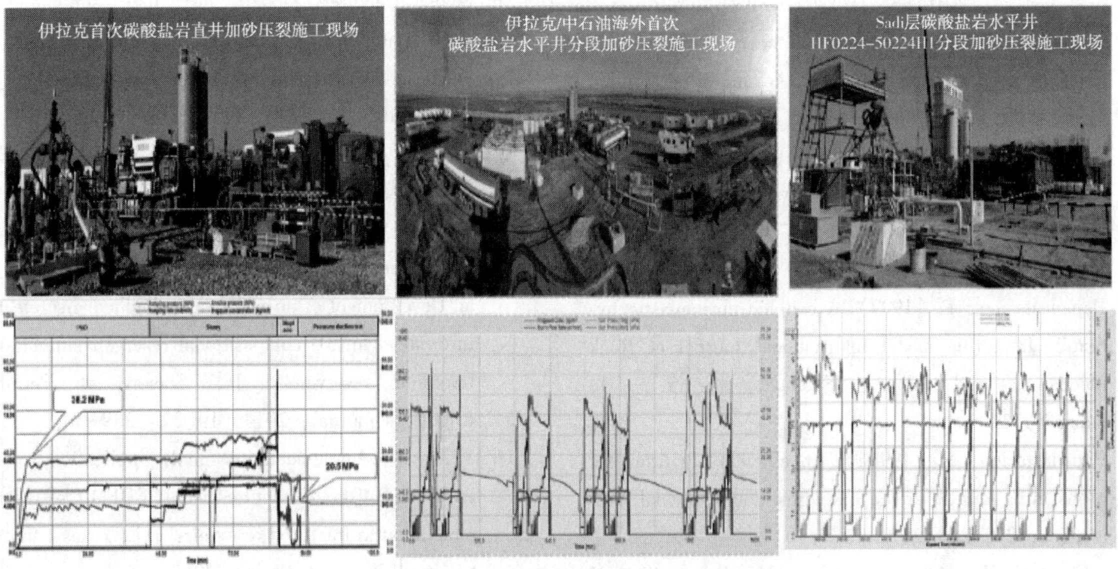

图 24 哈法亚 Sadi 层加砂压裂井施工情况

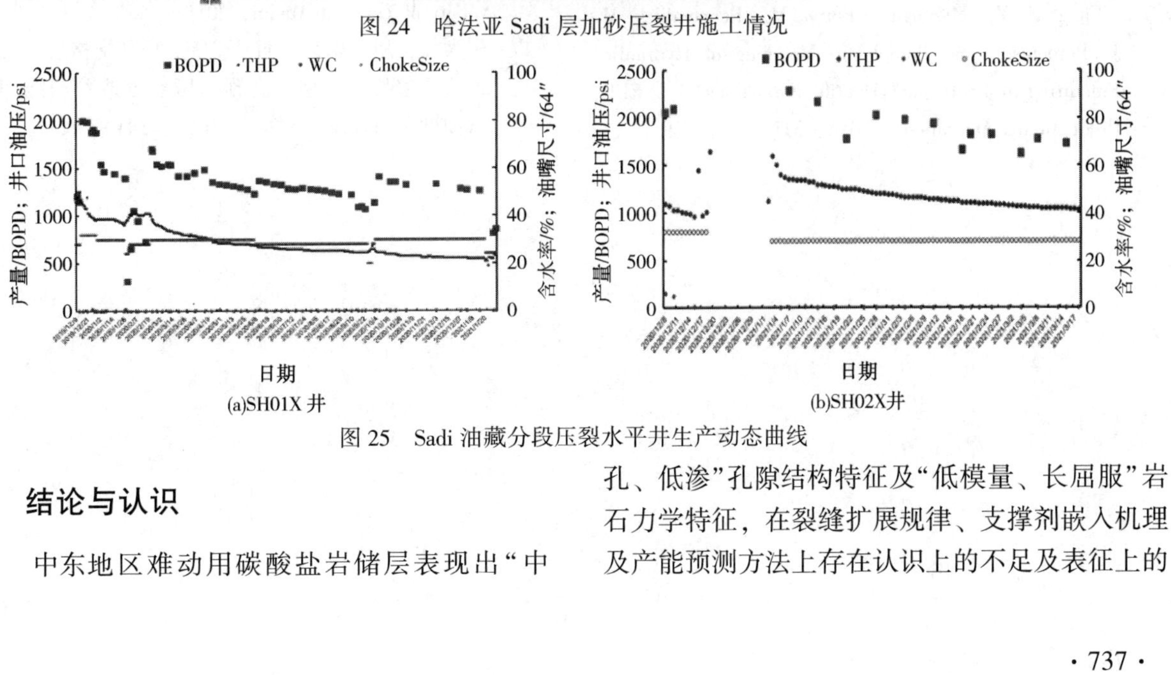

图 25 Sadi 油藏分段压裂水平井生产动态曲线

5 结论与认识

中东地区难动用碳酸盐岩储层表现出“中孔、低渗”孔隙结构特征及“低模量、长屈服”岩石力学特征，在裂缝扩展规律、支撑剂嵌入机理及产能预测方法上存在认识上的不足及表征上的缺陷，本论文以伊拉克哈法亚 Sadi 层为例，围绕上述三个关键问题开展系统研究，形成增产改造设计关键技术，并建立了 Sadi 层水平分段加砂压裂“地质工程一体化”设计工作流程，形成改造方案并在现场成功实施。施工参数与设计吻合，达到设计要求。通过水平井加砂压裂实现了 Sadi 油藏单井产量的突破，开创了伊拉克储层改造技术先河，为该油藏整体动用和高效开发提供了技术支撑及工程保障。

参 考 文 献

[1] 王大鹏，白国平，徐艳，等．全球古生界海相碳酸盐岩大油气田特征及油气分布[J]．古地理学报，2016，18(01)：80-92.

[2] 王昱翔，周文，郭睿，等．伊拉克哈勒法耶油田塞迪组碳酸盐岩储层特征及高孔低渗成因分析[J]．石油实验地质，2016，38(02)：224-230.

[3] Barenblatt G I. The mathematical theory of equilibrium fractures in brittle fracture[J]. Advances in Applied Mechanics; 1962, 7: 55-129.

[4] Papanastasiou, P., M. Thiercelin(1993), “Influence of inelastic rock behaviour in hydraulic fracturing”, Int. J. Min. Sci. & Geom. Abstr., Vol 30, No 7, pp 1241-1248.

[5] Papanastasiou, P. (1997). A coupled elastoplastic hydraulic fracturing model. International Journal of Rock Mechanics and Mining Science, 34: 3 - 4, paper No. 240.

[6] Papanastasiou, P. (1999a). An efficient algorithm for propagating fluid - driven fractures. Computational Mechanics, 24, 258-267.

[7] Wang H Y, Marongiu - Porcu M, Economides M J. Poroelastic and Poroplastic Modeling of Hydraulic Fracturing in Brittle and Ductile Formations[J]. SPE Production & Operations, 2016, 31(1): 47-59.

[8] 温庆志，张士诚，王雷，等．支撑剂嵌入对裂缝长期导流能力的影响研究[J]．天然气工业，2005(05)：65-68+9-10.

[9] 孙海成，胥云，蒋建方，等．支撑剂嵌入对水力压裂裂缝导流能力的影响[J]．油气井测试，2009，18(03)：8-10+75.

[10] 胡智凡，卢渊，伊向艺，等．单层铺砂条件下支撑剂嵌入深度对裂缝导流能力影响实验研究[J]．科学技术与工程，2014，14(05)：232-234+246.

[11] 熊俊杰．支撑剂铺砂方式对其导流能力影响研究[J]．石油化工应用，2017(09)：38-40+48.

[12] Cominelli A., Panfili P., Scotti A., et al. Using embedded discrete fracture models(edfins) to simulate realistic fluid flow problems[C]. Conference: Second Workshop on Naturally Fractured Reservoirs, 2013.

[13] Moinfar A., Varavei A., Sepehrnoori K., et al. Development of a coupled dual continuum and discrete fracture model for the simulation of unconventional reservoirs[C]. SPE-163647-MS presented at SPE Reservoir Simulation Symposium, the Woodlands, Texas, USA, 18-20 February, 2013.

[14] 黄朝琴，高博，王月英，等．基于模拟有限差分法的离散裂缝模型两相流动模拟[J]．中国石油大学学报(自然科学版)，2014(38)：105.

[15] Moinfar A., Varavei A., Sepehrnoori K., et al. Development of an efficient embedded discrete fracture model for 3D compositional reservoir simulation in fractured reservoirs [J]. Society of Petroleum Engineers Journal, 2014, 19(2): 289-303.

[16] Xu Y.. Implementation and application of the embedded discrete fracture model(EDFM) of reservoir simulation in fractured reservoirs[D]. Texas: the University of Texas at Austin, 2015.

[17] 朱大伟，胡永乐，崔明月，等．局部网格加密与嵌入式离散裂缝模型耦合预测压裂改造井产能[J]．石油勘探与开发，2020，47(2)：341-348.

中东特低渗灰岩储层特征及成因
——以伊拉克 H 油田白垩系 Sadi 油藏为例

宁超众[1] 朱光亚[1] 夏朝辉[1] 叶秀峰[2] 刘照伟[3] 陈家恒[1] 杨 菁[1]

[1. 中国石油勘探开发研究院；2. 中国石油国际勘探开发公司
3. 中油国际(伊拉克)哈法亚项目公司]

摘 要 中东特低渗灰岩油藏储量巨大但有效动用难，严重制约了中国石油海外上产，明确其储层特征、分布和成因机制，预测有利区分布，对此类油藏高效开发意义重大。本文以伊拉克 H 油田 Sadi 特低渗灰岩油藏为例，基于岩心、薄片、压汞、测井和地震等资料综合应用，描述了特低渗灰岩储层岩石学特征和孔喉结构特征，表征了沉积环境和沉积相，以及成岩环境和孔隙演化，揭示了特低渗孔隙型灰岩储层成因机理，预测了有利区分布。研究认为 Sadi 油藏发育成因和特征各不相同的两类特低渗碳酸盐岩储层：下部层系 S1 为低能内缓坡沉积，发育低能滩、低能滩缘、泻湖和沼泽四种沉积微相，岩性以生物碎屑灰岩为主，孔隙类型主要为在原生粒间孔基础上叠加选择性溶蚀形成的铸模孔、粒间溶孔和粒内溶孔，总体灰泥含量高，导致储层总体表现为中低孔、特低渗特征，组构选择性溶蚀作用是对储层发育最重要的成岩作用；Sadi 油藏上部层系 S2 和 S3 分别为中缓坡和外缓坡沉积，岩性以有孔虫粒泥和泥粒灰岩为主，有孔虫原始体腔孔发育，但相互不连通，此外发育大量基质晶间和粒间微孔，导致储层总体表现为中高孔、特低渗特征，方解石胶结作用为主要成岩作用。对于 S1 层，低能滩相叠加强溶蚀作用区为其有利储层区；对于 S2 和 S3 层，古构造高部位有孔虫发育的弱胶结区为其有利储层区。

关键词 特低渗；机理；灰岩；缓坡；有孔虫；低能；溶蚀；胶结

按照国家能源局最新发布的油气储层评价方法的石油天然气行业标准(SY/T 6285—2011)，特低渗碳酸盐岩油藏平均渗透率小于 1mD，该类油藏常规直井开发难以获得经济产量，需要寻找局部有利储层区即甜点，采取特殊工程方法如水平井或分支井以及储层改造(酸化或压裂等)进行开发。

近年来我国原油对外依存度持续走高，2020 年已攀升至 73%。其中中石油在中东地区作业产量贡献达海外总作业产量59%，超1亿吨，其中绝大多数产量来自于碳酸盐岩油藏，而这部分来自碳酸盐岩的产量又主要来自于中高渗碳酸盐岩油藏。随着中方各项目逐渐实现合同规定高峰产量，稳产成为当务之急，但高渗优质碳酸盐岩油藏可采储量逐年减少，因此特低渗难动用碳酸盐岩油藏产能接替势在必行。据不完全统计，中石油中方项目特低渗碳酸盐岩油藏地质储量达 29 亿吨，占所有碳酸盐岩总量 15%，但由于该类油藏储层非均质性强、成因机理认识不清、有利区预测困难，导致单井产量低，目前采出程度不到 1%。因此，深化该类油藏储层机理和分布规律研究，是高效开发此类特低渗碳酸盐岩油藏的基础，也是实现中东项目长期稳产的关键之一。

在中东，由于大部分油气资源量存在于中高渗碳酸盐岩油藏中，目前驻扎中东的国际石油巨头(美孚、道达尔、BP 等)主要致力于中高渗碳酸盐岩油藏的有效开发，对特低渗碳酸盐岩研究还较少；国内对特低渗碳酸盐岩研究较多，但主要集中于白云岩和灰质白云岩等油气藏，与中东孔隙型灰岩储层差异极大。因此，中东特低渗碳酸盐岩研究少，没有相关经验可借鉴。

本研究从岩心、薄片观察分析入手，结合测井解释，分别研究了 S1 和 S2-S3 两类特低渗油藏的岩石学特征和孔喉结构特征，明确了其沉积模式，基于沉积和成岩分析与描述，进一步明确了储层发育差异机理，有效指导有利区分布预测，对油藏有效开发动用具有重要意义。

1 研究区概况

伊拉克 H 油田位于中东伊拉克东南部米桑省内，油田整体位于一宽缓长轴背斜构造，背斜长轴为北西-南东走向，背斜构造形态比较完整，白垩系-第三系均无明显断层(图1)。自寒武纪以来，H油田长期处于古冈瓦纳大陆的北缘，主要发育地台型沉积。

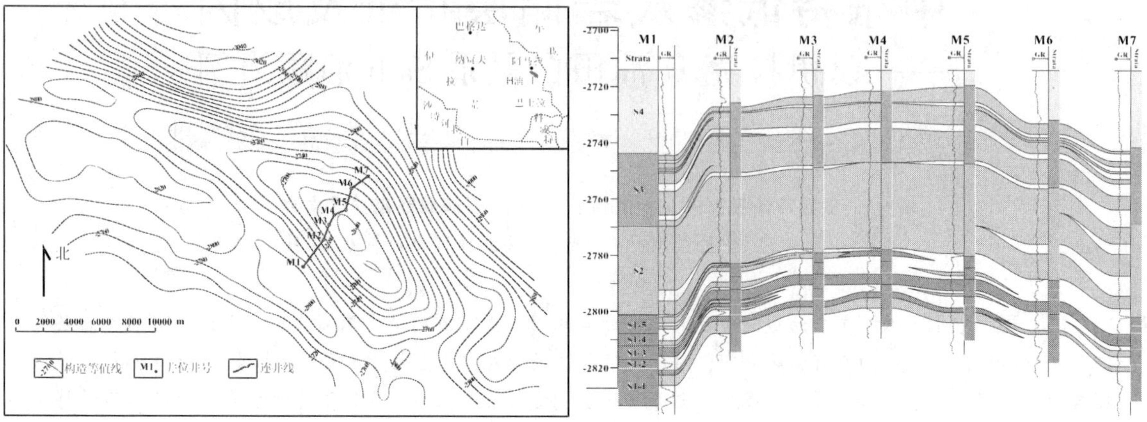

图1 伊拉克H油田Sadi油藏面剖面(北东-南西向)特征

主力油藏为中白垩统Mishrif组，为一多层系巨厚生屑灰岩油藏，次主力油藏Sadi属于上白垩统，为特低渗碳酸盐岩油藏，其地质储量巨大，占油田总地质储量25%。Sadi组总厚度约120m，由下到上可划分为S1段、S2段、S3段和S4段。其中S4为非储层段，其余为储层段；S1段可细分为S1-1，S1-2，S1-3和S1-4四个小层。Sadi油藏整体为一岩性-构造油藏。S2-S3为块状油藏，S1为层状油藏，合同区内未见边底水(图1)。油藏整体具有中孔、低渗-致密物性特征：S2-S3为中高孔(孔隙度平均为17%)特低渗(渗透率平均小于0.1mD)；S1为中低孔(孔隙度平均为14%)特低渗(渗透率平均为0.88mD)。在生产上，Sadi油藏从2012年到2019年陆续投产7井，初期产能从30吨/天到140吨/天不等，产能差异大，产量递减快，多口井现已不出液，采出程度低于0.1%(截至2020年9月)。

2 岩石学特征

2.1 岩性

S1段储层以泥粒灰岩和粒泥灰岩为主。颗粒以生物碎屑为主，也见内碎屑、似球粒和鲕粒等，生物碎屑主要为棘皮类、藻类、苔藓虫、底栖有孔虫、软体动物等指示浅海环境的古生物碎屑。同时，储层中基质(主要为灰泥)含量整体较高，极少见颗粒灰岩(表1)。

S2和S3段整体以有孔虫灰岩为主。颗粒主要为有孔虫壳体。有孔虫按类型可划分为底栖有孔虫(串珠虫为主)和浮游有孔虫(球截虫和抱球虫为主)，壳体保存完好或发生破碎(表1)。S2段储层以粒泥灰岩和泥粒灰岩为主，底栖有孔虫多于浮游有孔虫，该段下部含大量搬运来的浅水生物碎屑，见风暴层理。S3段为泥晶-粒泥灰岩，相比S2段有孔虫密度减少，且有孔虫以浮游有孔虫为主，几乎不含浅水生物碎屑。S2和S3段储层均含有大量泥晶基质，基质中含有大量超微化石(颗石藻为主)。

2.2 孔喉结构

S1段孔隙类型主要为粒间溶孔、原生粒间孔和粒内溶孔为主。高压压汞曲线反映孔喉结构既有单模态又有多模态。对于单模态孔喉结构，主要以原生孔或微弱扩溶的原生孔为主，平均孔喉半径范围0.1~0.7μm；对于多模态孔喉结构，显示出明显溶蚀大孔，平均孔喉半径大于1μm(表1)。

S2和S3段孔隙类型以未胶结的有孔虫体腔孔为主，有孔虫体腔孔之间为灰泥基质，相互不连通；此外还有较大比例的基质内微孔隙，包括晶间微孔和颗石藻内或颗石藻间微孔隙。高压压汞曲线反映孔喉结构主要以单模态为主，指示了基质内微孔喉，平均孔喉半径小于0.1 μm(表1)。

表 1　伊拉克 H 油田 Sadi 沉积环境/沉积相综合识别表

相	亚相	微相	测井响应特征准	测井识别标准	岩心照片	岩心描述	镜下薄片	镜下描述	孔喉分布曲线	层位
碳酸盐岩低能缓坡	内缓坡	低能滩	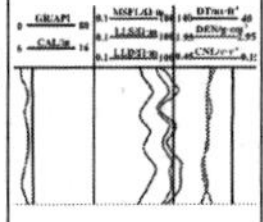	低伽马，低密度，高电阻率，高中子 GR<20 API； DEN<2.46g/cm^3； RT>20Ω·m； CNL>0.17	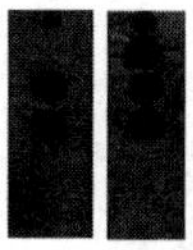	生物碎屑灰岩，饱含油、富含油为主，色深，具较强颗粒感，大型生物碎屑颗粒多，见小型溶孔	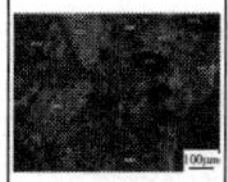	·颗粒：生屑颗粒、内碎屑、似球粒、鲕粒 ·古生物：棘皮、藻类、苔藓虫、底栖有孔虫、软体动物 ·孔隙类型：粒内溶孔、铸模孔、粒间溶孔	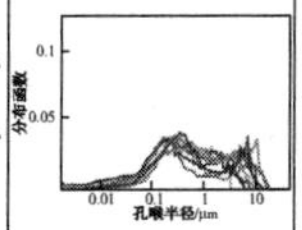	S1
		低能滩缘	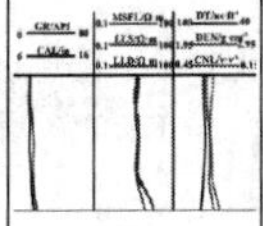	较高伽马和密度，较低电阻率和中子 GR：15~28API； DEN：2.41~2.62g/cm^3； RT：4~20Ω·m； CNL：0.12~0.18	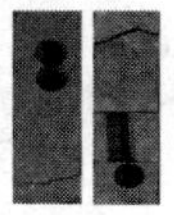	生物碎屑灰岩，富含油、油浸为主，色较深，具颗粒感，见大型生物碎屑颗粒，生物扰动，小型溶孔	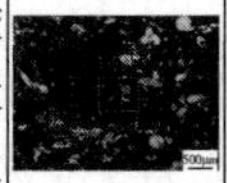	·颗粒：生屑颗粒、似球粒、鲕粒、白云石 ·古生物：棘皮、藻类、苔藓虫、底栖有孔虫、软体 ·孔隙类型：粒内溶孔、铸模孔、粒间溶孔、微孔	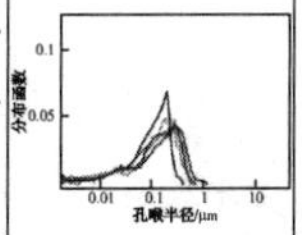	S1
		泻湖	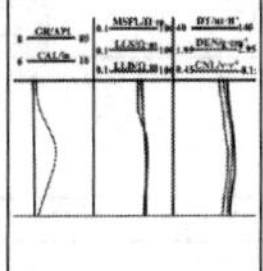	高伽马和密度，低电阻率和中子 GR：17-37 API； DEN：2.58~2.65g/cm^3； RT：3~10Ω·m； CNL：0.07~0.13	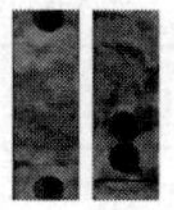	泥晶灰岩，不含油，灰白色，致密，见生物扰动		·颗粒：生屑颗粒、似球粒、鲕粒(放射鲕)、白云石 ·古生物：底栖有孔虫、软体、棘皮、藻类、苔藓虫 ·孔隙类型：少量微孔、粒内溶孔、粒间溶孔	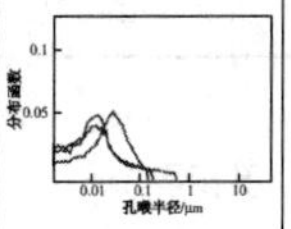	S1
		沼泽	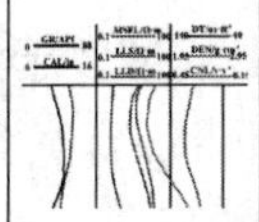	极高伽马，中等密度，低电阻率，高中子，扩径 GR：13~70API； DEN：2.4~2.55g/cm^3； RT：1~8Ω·m； CNL：>inch	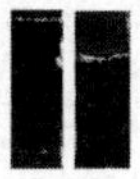	炭质页岩，不含油，黑色，见水平纹层，易硫碎		·颗粒：生屑颗粒、似球粒、钙球 ·古生物：小型有孔虫、底栖有孔虫、软体 ·孔隙类型：少量微孔、体腔孔	—	S1
	中缓坡		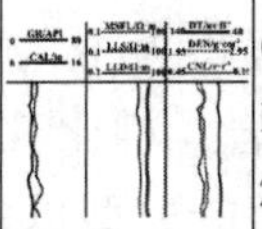	伽马中等，曲线呈箱型 GR：20 ~ 40API； DEN：2.3 ~ 2.5g/cm^3； RT：6~300HMM； CNL：0.12~0.25		有孔虫灰岩，含油性从富含油到油迹，水平纹层为主，见生物扰动，风暴层理		·颗粒：生屑颗粒 ·古生物：浮游有孔虫（抱球虫、球截虫），底栖有孔虫（串珠虫），超微生物（颗石藻等） ·孔隙类型：大型体腔孔，基质内晶间微孔、粒间微孔	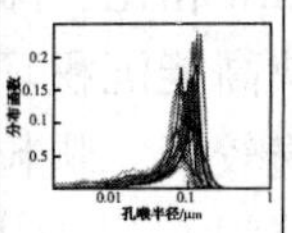	S2
	外缓坡		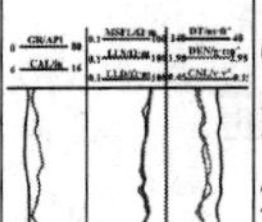	伽马中等，曲线呈箱型 GR：20 ~ 40API； DEN：2.35 ~ 2.6g/cm^3； RT：4~20Ω·m； CNL：0.12~0.22		有孔虫灰岩，含油性从富含油到油迹，水平纹层为主，见生物扰动	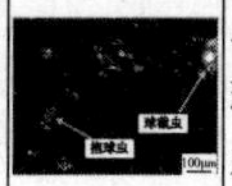	·颗粒：生屑颗粒 ·古生物：浮游有孔虫（抱球虫、球截虫），底栖有孔虫（串珠虫），超微生物（颗石藻等） ·孔隙类型：大型体腔孔，基质内晶间微孔、粒间微孔	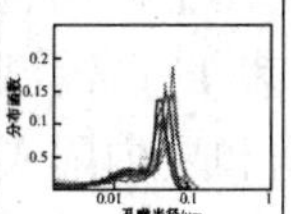	S3

3 沉积模式和沉积相

综合岩心、镜下、压汞、测井等资料，详细分析了水动力、岩性、古生物、孔喉特征和沉积序列，综合建立了 Sadi 特低渗碳酸盐岩低能缓坡沉积模式，包括低能内缓坡、中缓坡和外缓坡三类沉积环境(表 1，图 2)。

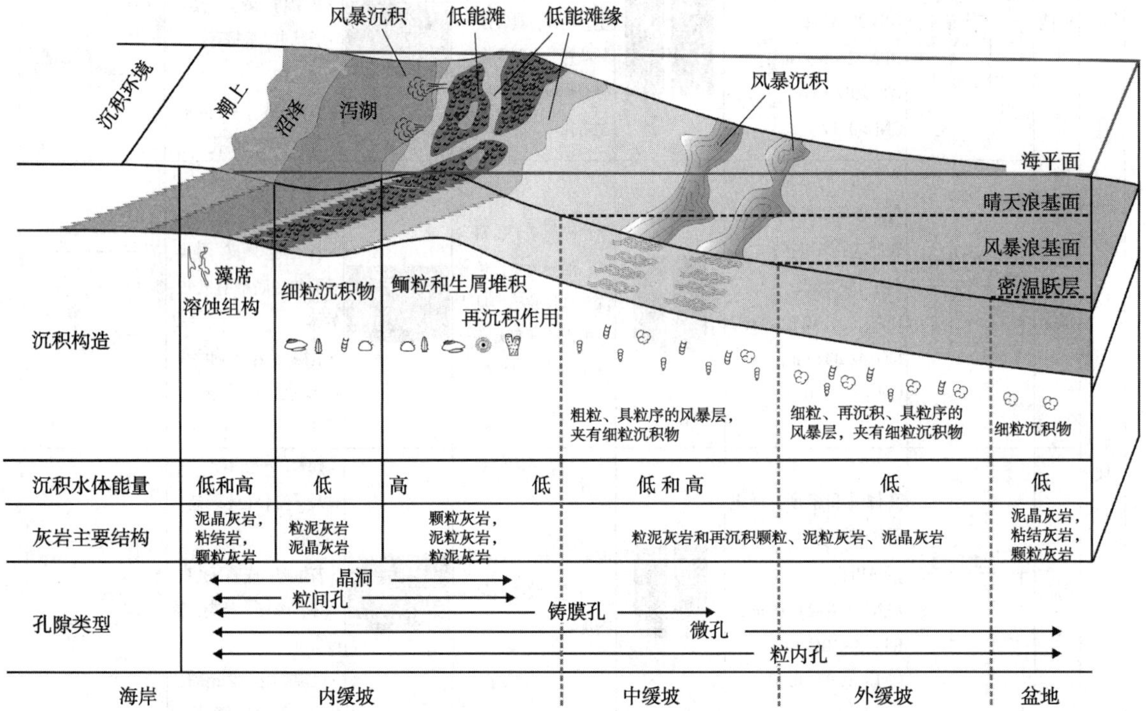

图 2 伊拉克 H 油田 Sadi 油藏低能碳酸盐岩缓坡沉积模式图

(1) 低能内缓坡：

S1 整体为内缓坡沉积，古生物以棘皮类、藻类、苔藓虫、底栖有孔虫、软体动物为主，反映沉积水体较浅，属于整个缓坡体系中的相对高能区，可进一步识别出滩、滩缘、泻湖和沼泽等沉积微相(表 1)。但所有岩心和薄片资料表明，与同为缓坡沉积的 H 油田主力油藏 Mishrif 相比，滩微相和滩缘微相缺乏厚壳蛤等反映高能沉积环境的古生物碎屑，且灰泥含量普遍较高，颗粒灰岩少见，而分别以泥粒灰岩和粒泥灰岩为主，反映内缓坡能量整体较低，因此该内缓坡可被称为低能内缓坡，滩和滩缘为低能滩和低能滩缘。泻湖为潮下低能带，以沉积泥晶灰岩为主，缺乏大型原生孔隙；沼泽分布在泻湖周缘，以微生物和藻席沉积为主，常因黏土矿物含量高而导致钻井时发生扩径现象(表 1)。泻湖和沼泽相发育，常作为本区的层间和层内隔夹层。

(2) 中缓坡：

S2 段以中缓坡沉积为主，岩性主要为有孔虫粒泥-泥粒灰岩。颗粒以完整和破碎的底栖和浮游有孔虫为主，浮游有孔虫的出现表明水体较深且能量较低。底栖有孔虫数量多于浮游有孔虫数量，中缓坡上部(S2 段下部)含大量搬运来的浅水生物碎屑(如藻类、棘皮类、苔藓虫等)，沉积构造以水平层理为主，见风暴层理、生物潜穴、海绿石胶结现象，均指示紧邻内缓坡水体较深能量较弱的中缓坡沉积环境。

(3) 外缓坡：

S3 段主要为外缓坡沉积为主，岩性主要为浮游有孔虫泥晶-粒泥灰岩。相比 S2 段，S3 段有孔虫密度减少，且有孔虫类型以浮游有孔虫(球截虫、抱球虫等)为主，基质中有大量超微生物颗石藻化石，缺乏浅水生物碎屑，层理以水平层理为主，缺乏风暴层理，表明该环境相比中缓坡，能量更弱，水体更深，位于风暴浪基面之下，指示了外缓坡环境。

4 成岩环境及成岩特征

根据对孔隙发育的影响，可将成岩作用划分为建设性成岩作用和破坏性成岩作用。Sadi 发育多种类型成岩作用(图 3)。

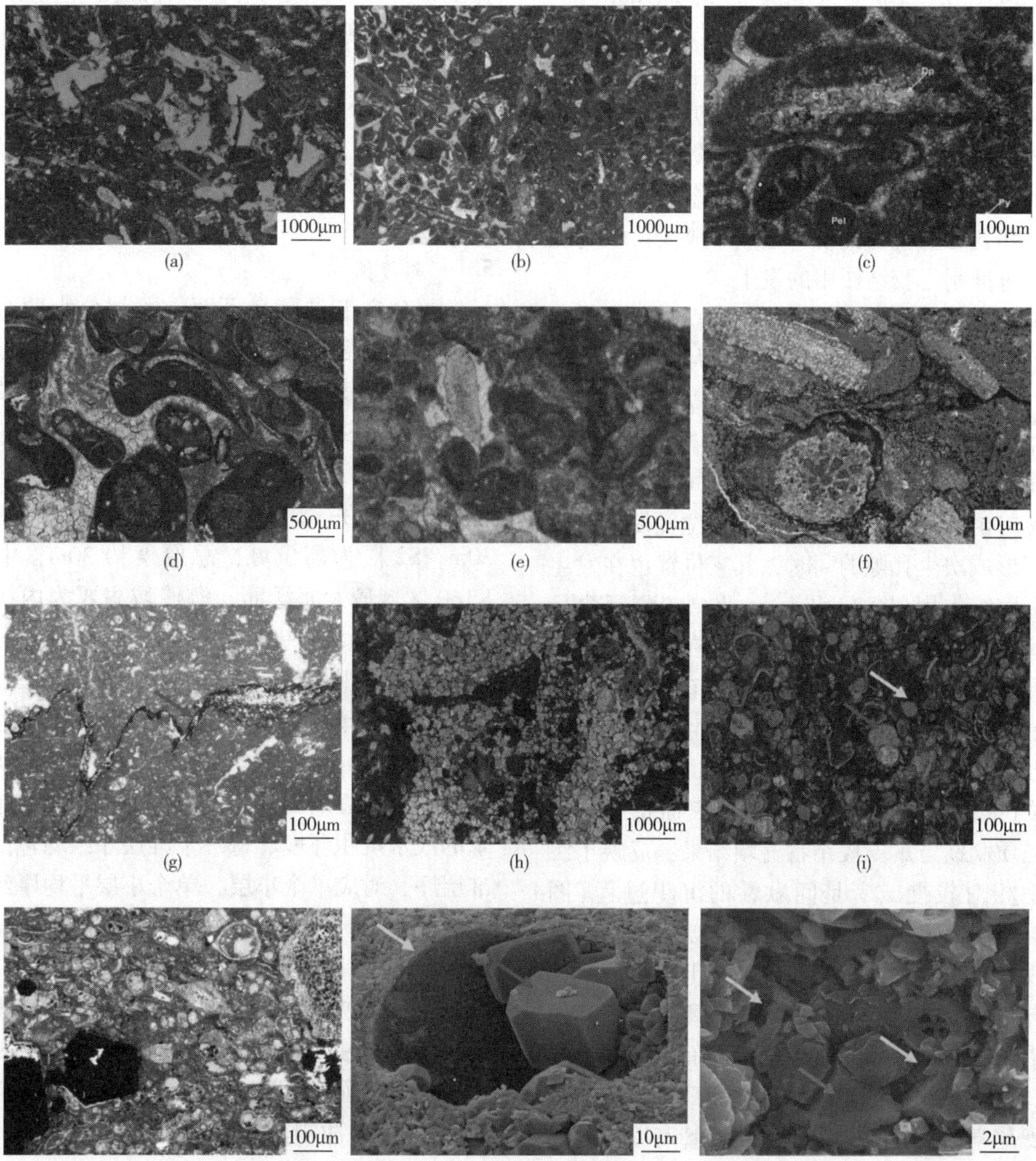

图 3　伊拉克 H 油田 Sadi 油藏成岩作用类型

a. 组构选择性溶蚀。生物壳体被溶蚀，基质未被溶蚀，较直边界的孔隙形态反映原始颗粒形状，低能滩相，S1-4；b. 生物扰动。扰动区域形成似球粒，似球粒粒间孔发育，未被扰动部分灰泥含量高，孔隙不发育，低能滩缘相，S1-5。c. 泥晶化。形成“较脏”的微晶套，实际上是钻孔生物(微生物、海绵等)在颗粒表面钻孔，并被隐晶质高镁方解石胶结物充填形成，低能滩缘相，S1-4。d. 粒状方解石胶结。粒状方解石完全充填孔隙，低能滩缘相，S1-2。e. 方解石次生加大。方解石胶结物沿棘皮类碎片边缘增生，并保持与颗粒的光性连续，低能滩相，S1-3。f. 压实作用。棘皮碎屑压碎似球粒，泻湖相，S1-5。g. 压溶作用。压溶缝合线较连续，泻湖相，S1-2。h. 白云石化。白云石交代泥晶基质，其中白云石被染成浅蓝色，泻湖相，S1-2. i. 胶结作用。方解石(红色箭头)、海绿石(黄色箭头)和白云石(蓝色箭头)胶结有孔虫体腔孔，S3。j. 黄铁矿胶结。莓状黄铁矿胶结物充填孔隙，中缓坡，S2。k. 有孔虫体腔内孔隙(黄色箭头)。有孔虫壳体完整并带有均匀气孔，体腔孔部分被方解石胶结(红色箭头)，方解石自形生长。中缓坡，S2。l. 基质内晶间微孔和颗石藻粒间微孔(黄色箭头)。基质内存在大量颗石藻(红色箭头)和微泥晶(蓝色箭头)。中缓坡，S2。

(1) S1 段：

S1 段建设性成岩作用主要为准同生期近地表大气淡水溶蚀作用，主要发生在沉积物沉积后不久短暂暴露地表的准同生期。由于白垩纪时期气候湿润，大气降水丰沛，降水与大气中的 CO_2 接触时，便会产生溶蚀性流体，可以溶解碳酸盐岩沉积物并携走溶解物质形成大量溶蚀孔隙。该类溶蚀为组构选择性溶蚀，即孔隙发育与沉积组构相关，以溶蚀不稳定颗粒碎屑为主，形成铸模孔、粒间溶孔和粒内溶孔，增大孔隙和喉道，使储层物性变好(图 3a)。此外，建设性成岩作用还有生物扰动作用，该现象已在中东多个油田被证实，在岩心上生物扰动的区域形成大量粒间孔隙，同时抑制了胶结作用的发生。

破坏性成岩作用使储层孔隙度和渗透率降低，主要类型有胶结(次生同轴增大，嵌晶胶结等)、泥晶化、压实、压溶和白云岩化等作用。胶结作用可以发生在多个时期，如同生期的海底胶结作用，也可发生在与溶蚀作用同时的准同生期，此时由于物质平衡作用，一个位置发生碳酸钙溶解形成次生孔隙的同时，其它位置也在发生碳酸钙胶结作用(图 3d 和 e)，使总碳酸钙含量不变，此时碳酸钙胶结更容易发生在地势较低的下倾方向，在储层物性较差的相带(滩缘或潟湖等)最发育。泥晶化作用形成于同生期，在生物碎屑颗粒表面形成“较脏”的边界，实际上是钻孔生物(微生物、海绵等)在颗粒表面钻孔，并被隐晶质高镁方解石胶结物充填结果，反映了沉积速率相对较慢或者是间歇性的沉积过程(图 3c)。压实作用可由棘皮碎屑挤入似球粒使之变形体现，是沉积物刚沉积后不久，上覆负荷快速增加导致松软的沉积物被压实变形所致。压溶作用是沿着缝合面或溶解裂隙面等界面发生的溶解作用，表明沉积物成岩固结后在埋藏过程中经过了强烈化学压实作用。压溶作用尽管可以提高局部渗透率，但往往生成更多的钙质溶解物，在它处发生胶结后进一步降低了储层质量(图 3g)。本区白云石化为白云石细晶交代泥晶基质，主要发生在滩缘、潟湖等物性较差的相带。这些相带物性差，基质中高镁方解石含量和黏土矿物(蒙脱石)含量高，高镁方解石脱镁以及黏土矿物在埋藏期发生矿物转化时脱镁均可释放 Mg^{2+}，这些 Mg^{2+} 不能顺利排出而在局部富集，浓度增大后交代基质中文石形成白云石(图 3h)。

(2) S3 和 S2 段

成岩作用以各类胶结作用为主，为破坏性成岩作用。胶结物主要是方解石，此外还有黄铁矿、海绿石等，海绿石的存在表明胶结作用主要发生于浅海环境(图 3i，j)。有孔虫壳体完整，颗粒、基质和胶结物均未见明显溶蚀作用。孔隙类型主要为未胶结的有孔虫体腔孔、基质内晶间微孔和颗石藻粒间微孔(图 3k，l)；胶结对储层质量影响大，弱-中等胶结储层含油性好于强胶结储层。

5 层序及其控制下的储层成因机理及分布规律

5.1 层序地层

整个 Sadi 油藏自下而上可划分为两个三级层序，均包括海侵体系域和高位体系域，缺失低位体系域。其中 S1-S2 段为第一个三级层序(三级层序 I)，S3-S4 段为第二个三级层序(三级层序 II)(图 4)。

三级层序 I 内，S1 段为海侵域，总厚度约 30m，S2 段为高位域，总厚度约 30m，中间为 K160 区域最大海泛面。海侵域主要为内缓坡沉积，由 S1-1、S1-2-S1-3、S1-4-S1-5 三个退积式准层序组构成。这三个准层序组以 S1-1 之下较厚的沼泽相炭质泥岩起始，以 S1-4-S1-5 低能滩/滩缘生屑灰岩结束，厚度依次减薄，反映水体深度逐渐加深，但总体处于水深不超过几米的浅水沉积环境。每一个准层序组均包括两个准层序，对应单个小层，单个小层平均厚约 5m，反映了海进时期海平面周期性快速变化。每个准层序(小层)均以低能滩间/滩开始，以潟湖/沼泽结束，反映了单个准层序内缓坡体系随水体迅速加深后缓慢向海的进积(图 2)，因此对于每个小层而言，隔夹层主要发育在该小层的顶部。S1-5 顶为一冲刷面，冲刷面处见泥砾，其下为 S1-5 内缓坡浅水生物碎屑灰岩沉积，其上突变为 S2 较深水有孔虫灰岩沉积，指示了中间的一次最大海泛，该海泛以伽马曲线值突然升高和密度曲线值突然降低为特征(图 4)。S2 段为高位体系域，主要为有孔虫灰岩沉积，水体较深。S2 段下部见大量的浅水生物碎屑，向上其含量减少消失，而有孔虫尤其是浮游有孔虫含量逐渐升高，表明水体继续加深。

三级层序 II 海侵域为 S3 段，厚度约 30m，与 S2 段之间的层序边界为水下整合边界，可由有孔虫类型和含量、孔隙度突变等特征识别：此处有孔虫类型由浮游有孔虫和底栖有孔虫突变为以浮游有孔虫为主，且有孔虫总含量和岩石孔隙度均突然降低(图 4)，这些现象表明水体突然进一步加深，指示了新一期海侵体系域。S4 段为高位体系域，厚度大，约 50m，主体为泥晶灰岩沉积，其底部黏土矿物含量高，表明沉积环境由开阔浅海环境变为局限闭塞海盆。此时水体安静，海盆逐渐被泥晶灰岩充填，其顶部为一区域暴露边界，表明海盆充填结束。

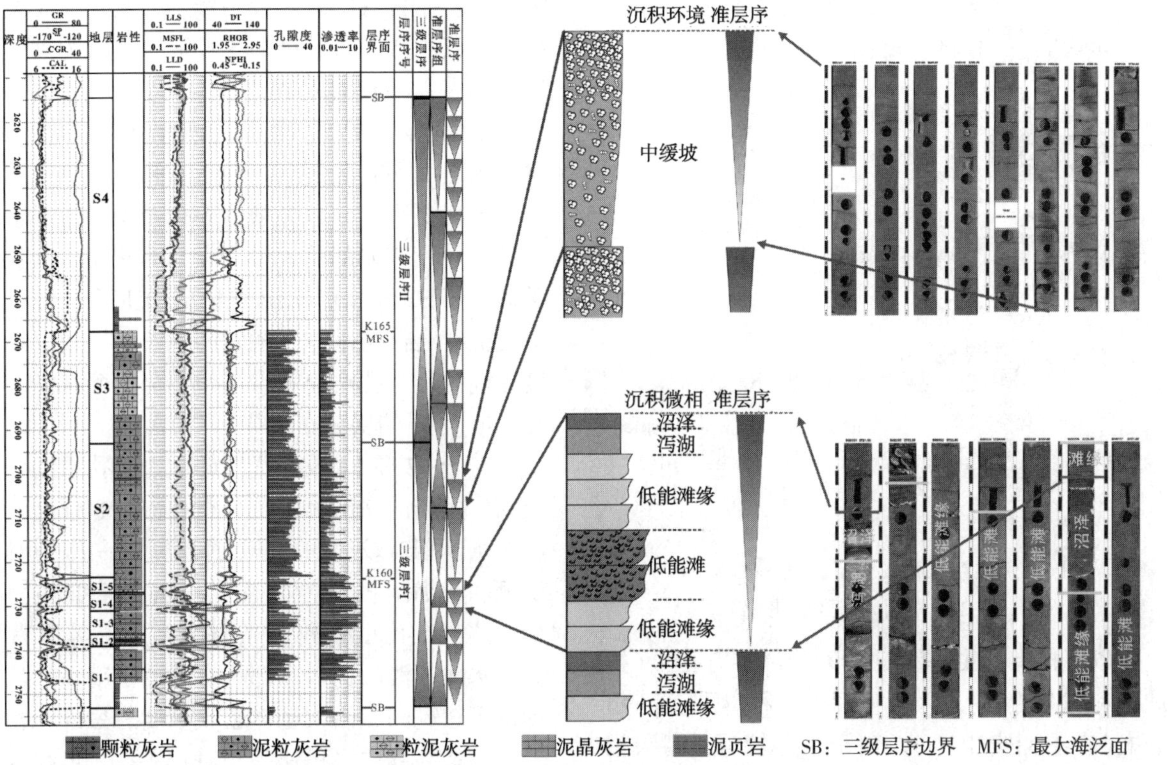

图 4　伊拉克 H 油田 Sadi 组沉积序列

5.2　储层成因机理及分布规律

① S1 段：

i. 储层特低渗机理

S1 段为海侵体系域中的低能内缓坡沉积，发育低能滩、低能滩缘、泻湖和沼泽等微相。泻湖沉积物为泥晶灰岩，沼泽主要为炭质泥岩沉积，两者均为低能沉积，主要作为小层层间和层内隔夹层。滩和滩缘属于浅水相对高能沉积，是主要储层，但该类型内缓坡水体能量低，颗粒含量低，而灰泥含量高，原始粒间孔隙和粒内孔隙少，孔隙之间连通性差。由于滩相和滩缘相地势相对较高经常出露水体，且原始物性相对较好，在准同生期易于接受大气淡水淋滤，使孔隙度和渗透率进一步发育；而泻湖和沼泽微相由于原始物性差，缺乏粒间孔且地势较低，大气淡水难以渗入并改造。

ii. 优质储层分布规律

滩相和滩缘相不仅具有较好的原始沉积物性，还叠加了准同生期大气水淋滤改造，成为最优质储层。纵向上，每个准层序均对应单个小层，都是沉积水体突然加深并向上变浅的旋回，整个沉积序列向海方向进积，使滩相/滩缘相等优质储层基本处于整个序列的中下部，而泻湖沼泽处于整个序列中上部(图 4，图 5)。平面上，对于每个小层，滩相主要分布在古隆起高部位的向海一侧，而泻湖/沼泽发育在向陆方向(图 6)。

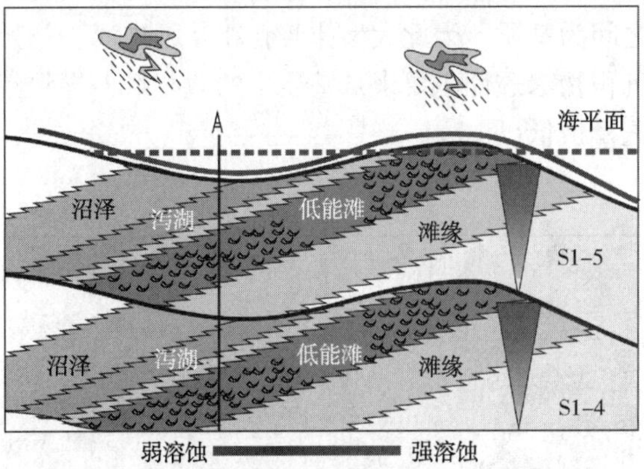

图 5　伊拉克 H 油田 Sadi 油藏 Sadi B3-S1-1 孔隙演化机理示意图

② S2 和 S3 段

i. 储层特低渗机理

S2 段属于高位体系域中的中缓坡沉积，古

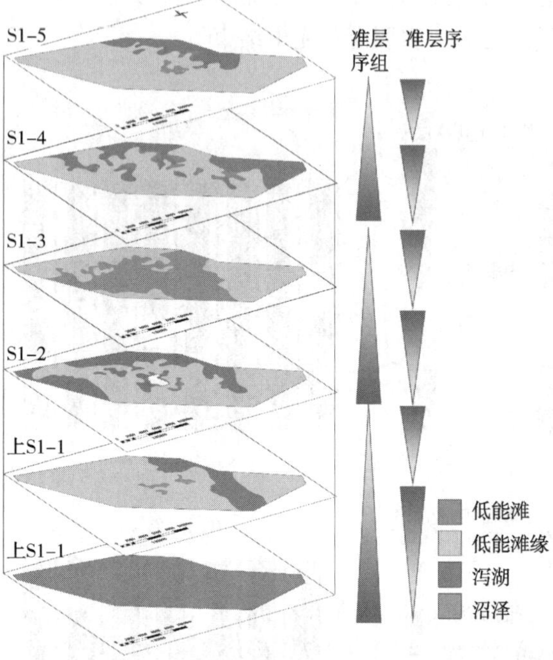

图 6　伊拉克 H 油田 Sadi 油藏 Sadi B3-S1-1 沉积相分布及演化

生物以底栖有孔虫(串珠虫等)和浮游有孔虫(抱球虫和球截虫等)以及大量超微生物(颗石藻等)为主(表 1，图 3k、i)。由于水体较深，晴天浪基面难以触及，整体水动力弱，沉积大量灰泥基质，底栖有孔虫和浮游有孔虫死亡后沉积到灰泥基质之中，大量完整壳体被保存，未被灰泥充填的有孔虫残余大量的原生体腔孔隙；超微生物壳体沉积后也保存于泥晶基质中，成为基质的一部分，壳体之间以及微晶之间形成大量微孔隙，使初始沉积物具有极高的孔隙度。由于有孔虫壳体之间为基质，因此大型体腔孔相互不连通，初始沉积物渗透性主要来自基质中的微孔喉，导致渗透率极低(图 7)。

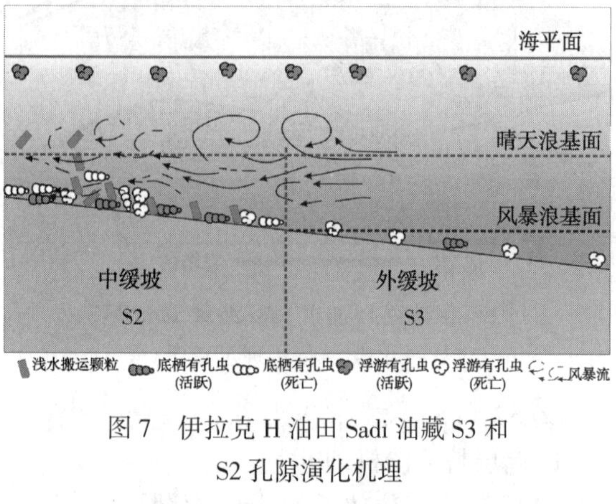

图 7　伊拉克 H 油田 Sadi 油藏 S3 和 S2 孔隙演化机理

由于水体较深，中缓坡沉积物沉积后难以遭受大气淡水淋滤。安静的水体环境以及较慢的沉积速率，导致表层沉积物长期与水体接触，流体在壳体内部空间缓慢流动并不断补充，形成开放环境，发生普遍的海底胶结作用，使孔隙度大量减少。其中方解石胶结最为普遍，其次为黄铁矿胶结和海绿石胶结。

S3 段发育在 S2 段后的海侵域中，水体更深，缺乏底栖有孔虫，以浮游有孔虫为主，且有孔虫密度更小，导致大型体腔孔较少；由于水体更深，导致灰泥基质含量更高，因此原生孔隙度总体小于 S2 段。由于沉积物更加匮乏，沉积速率更低，壳体与水体接触时间更长，导致胶结程度更高，最终孔隙度和渗透率明显低于 S2 段。

ii. 优质储层分布规律

对于 S2 和 S3 段，优质储层为有孔虫发育且胶结作用弱的储层，主要分布在古隆起顶部，也就是水体相对较浅的部位(图 8)。这是因为对于底栖和浮游有孔虫，其密度均随深度增加而减少，这与有孔虫食料、光照、上升流等因素有关。水体较浅的构造高部位有孔虫密度高，从而提供了较高的原始大型体腔孔隙度。另外，相对较浅构造高部位沉积速率相对较快，一定程度上抑制了海底胶结作用的进行，使大量原生体腔孔得以保留。

根据以上对储层成因机理及有利区分布规律认识，进一步井震结合表征了 Sadi 有利储层区分布，并在有利区部署两口先导试验井测试产能。两口先导试验井(S1H1 和 S2H1)均部署在上下层系各小层甜点发育区，采用水平井分段加砂压裂方式求产，水平段均设计在 S2 层下部以求压裂 S1 到 S3 各小层。其中，S1H1 水平段长 800m，分 8 段进行加砂压裂，于 2019 年 12 月 9 日正式投产，初期产能 290 吨/天，目前仍 150 吨/天，累产油 8 万吨(截至 2021 年 10 月)。S2H1 水平段长 1000m，分 12 段进行加砂压裂，于 2020 年 12 月 7 日正式投产，初期产能 300 吨/天，目前 220 吨/天，累产油 6 万吨(截至 2021 年 10 月)。两口井初产均较先前井提高 5 倍以上，且均早已完成投资回收，成为中东第一口和第二口成功实施并获高产的水平分段压裂水平井，树立了中东有效开发特低渗碳酸盐岩油藏典范，为中东特低渗碳酸盐岩油藏的开发打开了新局面。

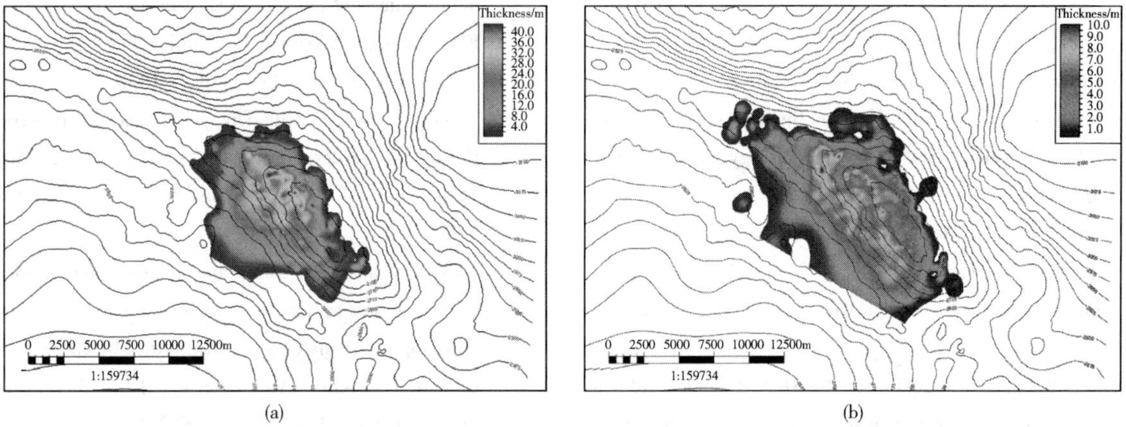

图 8　伊拉克 H 油田 S3(a)和 S2(b)高孔区(φ 大于 18%)厚度分布及演化

6　结论

(1) 伊拉克 H 油田 Sadi 油藏整体为低能碳酸盐岩缓坡沉积，下部层系 S1 段为低能内缓坡沉积，发育低能滩、低能滩缘、泻湖和沼泽四种沉积微相，储层岩性以低能滩/滩缘的生物碎屑粒泥-泥粒灰岩为主。Sadi 油藏上部层系 S2 和 S3 段分别为中缓坡和外缓坡沉积，岩性以有孔虫粒泥和泥粒灰岩为主。

(2) S1 段孔隙类型主要为在原生粒间孔基础上叠加选择性溶蚀形成的铸模孔、粒间溶孔和粒内溶孔，总体灰泥含量高，导致储层总体表现为中低孔、特低渗特征，组构选择性溶蚀作用是对储层发育最重要的成岩作用。S3 和 S2 段孔隙类型以未胶结体腔孔和基质微孔为主，大型体腔孔相互不连通，渗透率主要反映基质渗透率，导致储层总体表现为中高孔、特低渗特征，方解石胶结作用为主要成岩作用。

(3) 对于 S1 段，低能滩相叠加强溶蚀作用区为其有利储层区；对于 S2 和 S3 段，古构造高部位有孔虫发育的弱胶结区为其有利储层发育区。

参考文献

[1] 国家能源局．油气储层评价方法．国家能源局，2011.

[2] 洪海涛，杨雨，刘鑫，et al. 四川盆地海相碳酸盐岩储层特征及控制因素[J]. 石油学报，2012，33(S2)：64-73.

[3] 赵雪凤，朱光有，张水昌，et al. 川东北普光地区与塔中地区深部礁滩体优质储层的对比研究[J]. 沉积学报，2009，27(03)：390-403.

[4] 邹才能，徐春春，汪泽成，et al. 四川盆地台缘带礁滩大气区地质特征与形成条件[J]. 石油勘探与开发，2011，38(06)：641-651.

[5] 赵文智，沈安江，乔占峰，et al. 白云岩成因类型、识别特征及储集空间成因[J]. 石油勘探与开发，2018，(06)：1-13.

[6] 赵文智，沈安江，胡素云，et al. 中国碳酸盐岩储集层大型化发育的地质条件与分布特征[J]. 石油勘探与开发，2012，39(01)：1-12.

[7] 余义常，孙龙德，宋新民，et al. 厚壳蛤滩沉积成岩特征及对储集层的控制作用——以伊拉克 H 油田白垩系 Mishrif 组为例[J]. 石油勘探与开发，2018，45(06)：1007-1019.

[8] 刘航宇，田中元，郭睿，et al. 碳酸盐岩不同孔隙类型储层特征及孔隙成因：以伊拉克西古尔纳油田中白垩统 Mishrif 组为例[J]. 地质科技情报，2018，37(06)：154-162.

[9] Simms M. J.：Karst and paleokarst，Reference Module in Earth Systems and Environmental Sciences，2014.

[10] 宁超众，胡素云，李勇，et al. 深层与露头碳酸盐岩岩溶洞穴对比及类比——以塔里木盆地哈拉哈塘油田奥陶系良里塔格组古岩溶洞穴与美国德克萨斯州 Longhorn 近现代岩溶洞穴为例[J]. 天然气地球科学，2020，31(12)：1700-1716.

[11] Bathurst Rgc：Early diagenesis of carbonate sediments，Sediment diagenesis：Springer，1983：349-377.

[12] Harris William H，Matthews Rk. Subaerial diagenesis of carbonate sediments：efficiency of the solution-re-precipitation process [J]. Science，1968，160(3823)：77-79.

[13] 李峰峰，王振彪，郭睿，et al. 伊拉克 M 油田 Mishrif 组生物扰动作用[J]. 中国石油大学学报(自然科学版)，2021，45(02)：21-30.

[14] 叶禹，李峰峰，宋新民，et al. 生物扰动与成岩作用耦合对泥质碳酸盐岩改造机理——以中东美索

不达米亚盆地白垩系为例[J]. 石油勘探与开发, 2021, (06): 1-15.

[15] Gingras M. K., Baniak G., Gordon J., et al. Porosity and Permeability in Bioturbated Sediments [J]. Developments in sedimentology, 2012, 64: 835-868.

[16] Moore C. H., Wade W. J. Carbonate Reservoirs: Porosity and Diagenesis in a Sequence Stratigraphic Framework [M]. 67. Academic Press, Elsevier, 2013.

[17] Scholle P. A., Ulmer-Scholle D. S. A color guide to the petrography of carbonate rocks: grains, textures, porosity, diagenesis [M]. Tulsa, Oklahoma, U. S. A.: The American Association of Petroleum Geologists, 2003: 459.

[18] Reid R Pamela, Macintyre Ian G. Microboring versus recrystallization: further insight into the micritization process[J]. Journal of Sedimentary Research, 2000, 70(1): 24-28.

[19] Tucker Maurice E, Wright V Paul. Carbonate sedimentology[M]. John Wiley & Sons, 2009.

[20] Aqrawi Adnan Am, Goff Jeremy C, Horbury Andrew D, et al. The petroleum geology of Iraq[M]. Scientific press, 2010.

[21] Maliva Robert G, Dickson Jad. Microfacies and diagenetic controls of porosity in Cretaceous/Tertiary chalks, Eldfisk field, Norwegian North Sea [J]. AAPG bulletin, 1992, 76(11): 1825-1838.

[22] Scholle Peter A. Chalk Diagenesis and Its Relation to Petroleum Exploration: Oil from Chalks, a Modern Miracle? 1 [J]. AAPG Bulletin, 1977, 61 (7): 982-1009.

[23] Davies Graham R. Submarine cements and fabrics in Carboniferous to Lower Permian, reefal shelf margin and slope carbonates, northwestern Ellesmere Island, Canadian Arctic Archipelago [J]. Bull. Geol. Surv. Canada, 1990, 399: 1-77.

[24] Wilber R Jude, Neumann A Conrad: Effects of submarine cementation on microfabrics and physical properties of carbonate slope deposits, Northern Bahamas, Carbonate Microfabrics: Springer, 1993: 79-94.

[25] H. Scott George. Zooplankters in an oligotrophic ocean: contrasts in the niches of; and; (Foraminifera: Globigerinida) in the South Pacific [J]. Écoscience, 2020, 27(4).

[26] Lessa Douglas, Morard Raphaël, Jonkers Lukas, et al. Distribution of planktonic foraminifera in the subtropical South Atlantic: depth hierarchy of controlling factors [J]. Biogeosciences, 2020, 17 (16): 4313-4342.

中东低渗致密碳酸盐岩储层微观渗流及产能特征
——以伊拉克S油藏为例

陈家恒[1] 朱光亚[1] 夏朝辉[1] 叶秀峰[2] 宁超众[1] 刘照伟[3] 张海宽[2] 杨 菁[1]

[1. 中国石油勘探开发研究院；2. 中国石油国际勘探开发有限公司；
3. 中国石油(伊拉克)哈法亚公司]

摘 要 中东低渗-致密碳酸盐岩储量大，是未来中石油项目上产稳产的关键储层。对于此类油藏的开发处于初期开发阶段，国内外尚未有成熟技术经验可以借鉴。本文以海外首个高效建产百万吨低渗-致密碳酸盐岩S油藏为例，通过结合沉积成岩、压汞、孔喉分布、镜下薄片、相渗曲线等资料，系统分析了此类油藏沉积成岩、孔隙结构、微观渗流特征，建立低渗-致密碳酸盐岩沉积成岩模式，明确了缓慢上升型、快速上升型和低渗型三类渗流特征与形成机理；同时基于递减分析和Blasingame曲线分析方法，厘清了动态校正的四类产能特征与低渗-致密油藏产能的主控因素，提出了此类油藏未来开发技术对策，为此类油藏的高效开发奠定了基础。

关键词 中东；低渗-致密；碳酸盐岩；渗流机理；产能特征

碳酸盐岩在全球油气资源体系中占据着举足轻重的地位，蕴藏着世界上超过60%的石油储量，广泛分布于北美、中东、中亚等地区，主要集中在侏罗系、白垩系和新近系，以中东波斯湾盆地为主要代表，油藏类型主要可分为巨厚、薄层、低渗-致密、深层四类。目前，国际油公司(沙特阿美、美孚、道达尔、BP等)开发主体仍以巨厚、薄层碳酸盐岩为主，如沙特阿拉伯东部的巨型油田加瓦尔侏罗系阿拉伯组D段石灰岩、伊拉克南部的哈法亚、西古尔纳及鲁迈拉油田Mishrif油藏、伊拉克中南部的艾哈代布Kh2油藏、阿曼北部Daleel油田B块油藏与南部M油田USH油藏等；中东低渗-致密碳酸盐岩储量大，据不完全统计仅中国石油此类项目储量即超25亿吨，是未来上产稳产的关键储层；深层碳酸盐岩油藏仍处于初步探索阶段，是未来接替常规油气能源、支撑油气革命的重要力量。

本文以伊拉克H油田典型低渗-致密碳酸盐岩油藏S为例，通过结合岩心观察、压汞数据、镜下薄片分析、相渗实验等方法，系统分析了中东典型低渗-致密碳酸盐岩储层孔隙结构及微观渗流特征；通过地质-开发-工程一体化分析，明确了此类油藏的产能特征与主控因素，提出了下一步开发技术对策，为此类油藏的效益开发奠定了基础。

1 储层概况与特征

伊拉克H油田位于中东伊拉克东南部米桑省(图1)，油田整体为北西-东南走向宽缓长轴背斜，背斜构造较为完整，无明显断层，主要发育地台型沉积。H油田共发育10个油藏，非均质性强，几乎囊括中东所有储层类型(图2)。目标油藏S埋深2620~2860m，属于上白垩统，储层厚120m，油藏初始压力约为5000psi，粘度约为0.7 cp，储量大，占H油田总地质储量的25%；以深水浮游有孔虫沉积为主，区别于国内以地质时代老、埋藏深、多期构造运动改造为特征的裂缝-孔隙型、缝洞型碳酸盐岩油藏，国内外均未有相关开发技术和经验。S油藏属中高孔(12~26%)，低渗-致密碳酸盐岩油藏(0.04~10mD)，由上到下可划分为S1、S2、S3、S4、S5(图3)，储层物性由高部位向外呈现逐步变差趋势，尤其为边翼部地区，上下非均质性差异大，其中S1为非储层段，上部S2-S3为复合韵律致密块状油藏，平均孔隙度为18%，渗透率为0.04mD，储量占比75%；下部S4-S5为正韵律特低渗薄互层状油藏，平均孔隙度为15%，渗透率为0.88mD。层间发育隔夹层，主要由泥页岩(泥晶灰岩)构成，S4-1与S4-2、S4-4与S5间隔夹层较厚且稳定，合同区内未见油水界面。

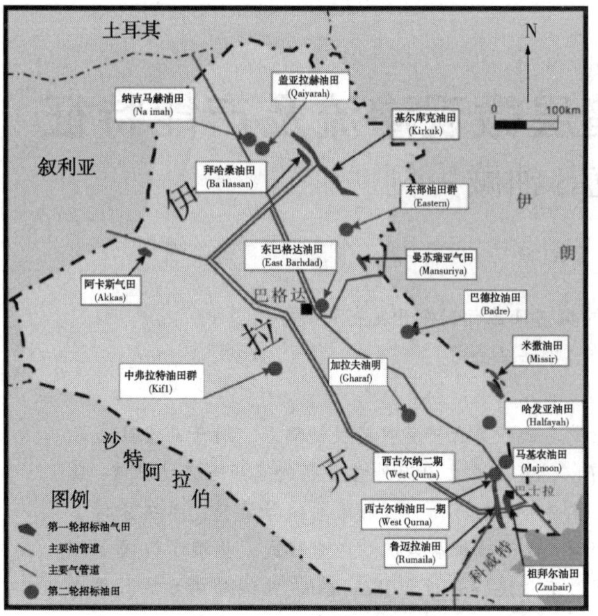

图 1　伊拉克 H 油田位置

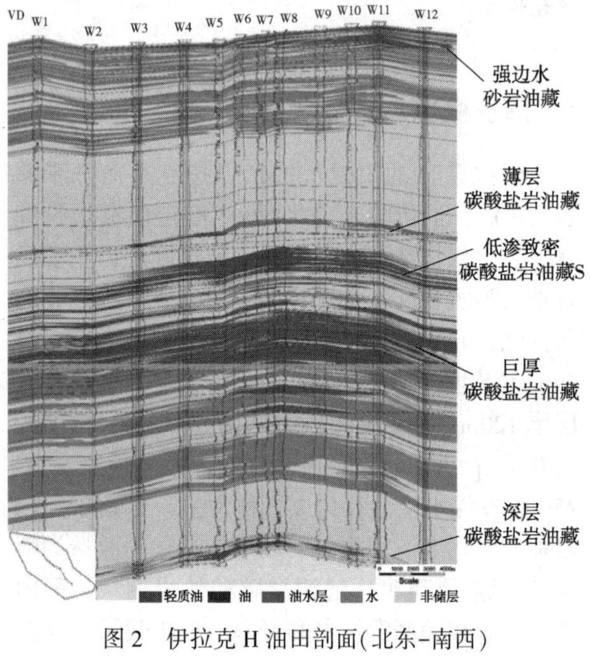

图 2　伊拉克 H 油田剖面(北东-南西)

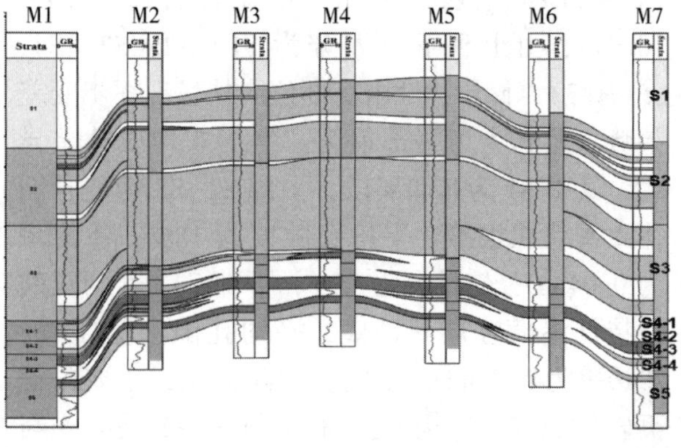

图 3　S 油藏剖面(东-西)

1.1　沉积成岩特征

伊拉克 H 油田 S 油藏沉积模式为低能缓坡，包括低能内缓坡、中缓坡与外缓坡三类沉积环境。S2 为外缓坡沉积，水体相对于中缓坡更深，位于风暴浪基面以下，相较于 S3、S4、S5 沉积环境，能量最弱，岩性主要以为浮游有孔虫泥晶-粒泥灰岩；S3 为中缓坡沉积，水体较深，属于低能缓坡体系较低能环境，古生物以底栖和浮游有孔虫为主，S2 与 S3 成岩作用以各类胶结作用为主(图 4 a&b)，有孔虫之间为灰泥基质，体腔孔不连通，造成储层致密，总体受成岩控制，成岩作用使物性变差，有孔虫发育的弱胶结区为有利储层区。S4-S5 为内缓坡沉积，水体较浅，属于低能缓坡体系高能环境，发育低能滩、滩缘、泻湖和沼泽；成岩作用主要以准同生期近地表大气淡水溶蚀等建设性成岩作用与胶结、压实、泥晶化、压溶和白云岩化等破坏性成岩作用为主，溶蚀作用使得储层物性变好(图 4 c&d)，形成铸模孔、粒间溶孔和粒内溶孔，渗透率远高于 S2、S3。

1.2　孔隙结构特征

通过沉积成岩、压汞、孔喉分布、薄片等资料，划分岩石物理相与地质成因相，综合形成五类岩石类型。如图 5，S2-S3 储层可划分为Ⅰ、Ⅱ两种岩石类型，Ⅰ类储层主要喉道平均大小为 0.1um，平均初始进汞压力小于 1000psi，Ⅱ类储层主要喉道平均大小为 0.065um，平均进汞压力大于 1000psi，胶结等破坏性成岩作用使得孔喉分布相对更加集中，Ⅰ、Ⅱ类均呈现单模态特征，Ⅱ类储层相对Ⅰ类来说，胶结作用更强，孔喉更为狭小。S4-S5 储层可划分为Ⅲ、Ⅳ、Ⅴ三种岩石类型，受溶蚀作用影响，Ⅲ、Ⅳ、Ⅴ类储层均存在一定程度的相对大孔道，非均质性较强，其中Ⅲ类储层沉积环境为滩/滩翼，水体能量强，受强溶蚀作用影响，喉道分布范围较宽(0.1~20um)，孔隙度一般大于 15%，渗透率一般较高，非均质性最强，模态类型多样，平均初始进汞压力为 0~100psi；Ⅳ类储层沉积环境为滩翼，水体能量与溶蚀作用较于Ⅲ类储层较弱，呈现宽单模态特征，主要喉道平均大小为 0.2um，平均初始进汞压力为 100~1000psi；Ⅴ类储层沉积环境为泻湖/沼泽，水体能量弱，储层物性较差，但因局部受溶蚀作用形成部分相对大孔道，呈现单、宽双模态特征，主要喉道平均大小小于 0.1um，平均初始进汞压力大于 1000psi。

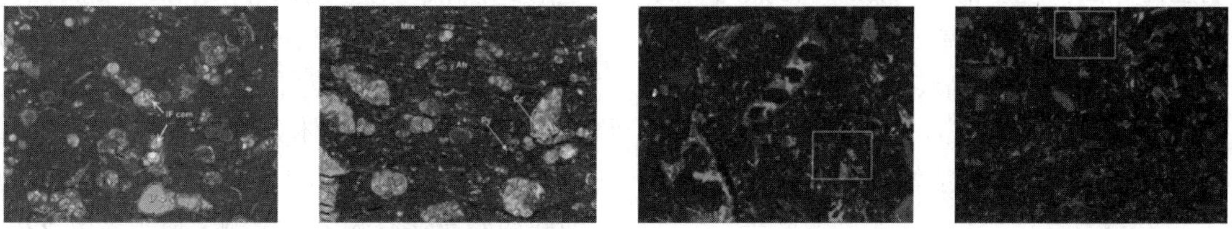

(a)弱/中等胶结　(b)强胶结作用　(c)强溶蚀作用　(d)中弱溶蚀作用

图4　S油藏成岩作用

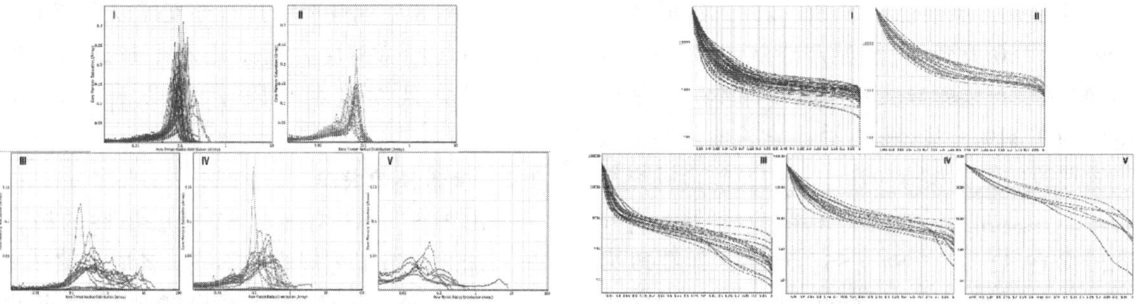

(a)油藏分岩石类型孔喉分布　(b)压汞曲线

图5　S油藏分岩石类型孔喉分布(左)与压汞曲线(右)

1.3　微观渗流特征

基于沉积成岩、压汞、孔喉分布、薄片及岩石类型分类，通过建立数据前处理、分油藏类型、综合岩石分类、逐一机理筛选与解释、分类与归一化、同簇气驱分类反印证等标准化流程，创新了碳酸盐岩油藏渗流特征及机理评价与交互印证方法。该方法应用于低渗-致密碳酸盐岩S油藏水驱相渗特征的归类、归一化与分析，结果(图6左)表明处于中、外缓坡沉积环境的S2-S3储层，由于深水低能，孔隙结构相对单一，主要呈现两类渗流特征(缓慢上升型与低渗型)：Ⅰ类物性相对Ⅱ类较好，均质性强，两相流动区域较宽，驱油效率高，平均驱油效率为74，水相上升较缓慢，但由于储层属致密，孔喉较小，油藏实际条件下，地层水等几乎无法顺利注入；Ⅱ类物性差，两相流动区域窄，驱油效率低，平均驱油效率为33%，流体难以在此岩石类型中流动。S4-S5属低能内缓坡沉积环境，水浅且相对高能，孔隙结构类型多样，主要呈现三类渗流特征(快速突破型、缓慢上升型与低渗型)：Ⅲ类物性较好，且存在大孔，非均质性强，易发生快速水侵，两相流动区域较窄，平均驱油效率为58%；Ⅳ类物性相对较好，存在相对大孔，相对Ⅴ类模式均质，两相流动区域较宽，驱油效率较高，平均驱油效率为65%；Ⅴ类物性较差，但因溶蚀作用，物性、驱油效率明显好于Ⅱ类模式，两相流动区域与Ⅱ类相比宽，平均驱油效率为48%。气油相渗曲线(图6右)呈现出与油水相渗曲线相类似的规律，仅是驱替介质从水变为气，驱替介质的流动能力明显增强，因此也是气驱补能在致密油藏效果好的原因。

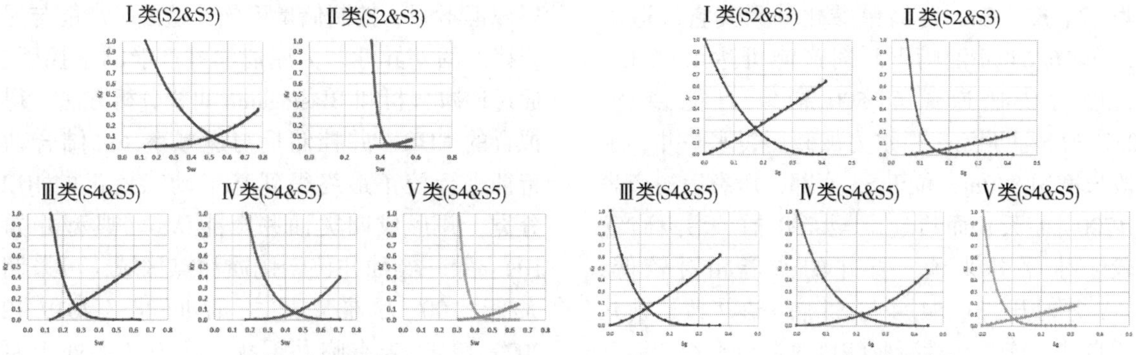

(a)油藏油水相渗曲线　(b)气油相渗曲线

图6　S油藏油水相渗曲线(左)与气油相渗曲线(右)

润湿性方面，基于相渗曲线的等渗点与岩石矿物组成特征来看，S油藏岩性较纯，方解石含量平均达94%以上，含高岭石及伊蒙混层岩心占比少且含量低(<5%)，且等渗点普遍位于0.5以下，因此认为弱油湿可能性较大。

2 产能特征与主控因素

S油藏自2012年开发以来，从构造高部位开始向外布井，当前已部署36口井，建成产能3万桶/天(150万吨)，初始产能从180桶/天~2500桶/天，产能差异大，递减规律不一，采出程度仅为0.44%，共经历3个探索阶段：井型探索、储层改造工艺探索阶段、扩边及能量补充探索阶段。井型方面，尝试了直井与水平井，直井射孔段多在S2、S3、S4、S5，水平井射孔段多在S3、S4，油井在优质甜点区域与差储层区域均有部署；储层改造工艺方面，尝试了酸化、酸压和水力压裂；当前处于扩边及能量补充探索阶段。实践表明：仅考虑单一因素，无法效益开发此类油藏，如考虑优质甜点而未考虑适配改造工艺、优化储层改造工艺而未考虑储层品质、考虑改造工艺和储层品质而未考虑开发因素(如压力、水平段位置等)，只有地质-油藏-工程整体取得突破才能有效开发此类低渗-致密碳酸盐岩油藏。通过结合储层厚度与孔渗饱、动态资料、工程改造参数等地质、开发、工程等因素，开展递减分析与Blasingame曲线分析，得出了四类产能特征，为下一步扩边布井、能量补充与同类型油藏的开发提供了经验指导。

2.1 不同井型产能特征

W01H为S油藏第一口水平井，射孔层段为S2、S3，除简单酸化外无其它改造工艺，在21/64寸油嘴下初始产能仅约200桶/天，且不能连续生产；W01H为S油藏第二口水平井，射孔层段为S2、S3、S4，除简单酸化外无其它改造工艺，在16/64寸油嘴下瞬时产能可达1300桶/天，而后快速递减至500桶/天且能稳产；W03H为S油藏第一口水力加砂压裂水平井，水平段长度约800m，位于S3底部，压裂后初产高达1700桶/天，而后递减至700桶/天并稳产。相较于水平井来说，直井的产能相对较低，W01V井射开S3、S4-4与S5层，在未改造前几乎无自然产能，线性凝胶酸压改造后平均产能仅约200桶/天，且无法连续生产，可能的原因在于酸压规模与未注入支撑剂导致的裂缝闭合；W02V井射开S2、S3、S4层，初产仅约100桶/天，水力压裂后产能可达700桶/天，而后递减稳至500桶/天，具体典型井情况如图7。从以上典型井情况可知：①储层未改造时，S4层对油井初始产能有较大的影响，但不足以支撑油井长期高产；②水平井产能优于直井，尤其在压裂后增产效果明显；③水力加砂压裂>酸化压裂>酸化。图8系列井产能指数亦支撑以上结论，因此S油藏自W03H井后采用水平井加砂压裂开发方式，且设置水平段于S3以利于沟通S4层段。

2.2 油藏压力特征

由于S2、S3与S4、S5储层物性的极大差异，加之改造工艺规模的不同，各层油藏压力特征各有不同。基于已有模块式地层动态测试(MDT)数据分年度进行分析(图9，S4-3和S5层有测点，S2与S3有测点但因储层致密而未达到稳定值，结果不可用)，结果表明对于S4-3层，压力下降明显，呈片状扩大连续下降趋势，部分区域压力已降至4000psi左右；而S5层除W02V区域因水力压裂沟通S5层外，其余外部区域未见明显压力下降，这一现象间接说明对于大部分水平段位于S3层的水力压裂井来说，由于压裂规模与S4与S5间隔夹层的存在，S5层可能未被有效动用，S2储层未有相关压力或裂缝拓展资料，动用情况未知。对于S2、S3层，数模结果显示压力下降仅存在于油井近井地带，压力下降迅速，呈现典型致密储层椭圆型压力特征。

2.3 井控储量与递减特征

水力加砂压裂大大增加了井与致密储层的接触面积，提供了良好的渗流通道，从而提高了油井产能，但不同井所处位置不同、物性不同、压裂规模不同、控制储量不同，造成了产能与递减规律的的差异性。为厘清油井产能的主控因素，通过递减分析和Blasingame曲线分析方法，得出拟合的EUR、井控储量与递减率，并结合动态特征进行校正最终得到基于动态校正的REUR分类，并形成四类油井产能认识(典型井如图10)：第一类油井位于优质甜点区域，可采储量大于200万桶，开井时间早(2019.12—2022.12)，未有临井干扰，压力基本处于原始地层压力，初产高于2000桶/天，递减相对较缓，年递减率在10%~20%间，且生产1年半以后，测试产能仍高于1000桶/天；第二类油井位于较优质甜点区域，可采储量为100万到200万桶之间，开井时间相对较晚(2022.11—2023.09)，初产为1500~2000桶/天，压力整体较为充足，但部分区域压力已到4000psi，递减相对较快，年递减率在20%~30%间，生产1年以后，测试产能近1000桶/天；第三类油井位于相对较差甜点区域，可采储量为50万到100万桶之间，开井时间晚(2023.03—2024.06)，初产为1000~1500桶/天，递减快，年递减率在30%~40%间，生产半年以后，测试产能即降到1000桶/天以下；最后一类油井差甜点区域，可采储量小于50万桶，开井时间与三类储层类似，初产为1000~1500桶/天，递减及快，年递减率大于40%，生产半年以后，测试产能即降到1000桶/天以下。

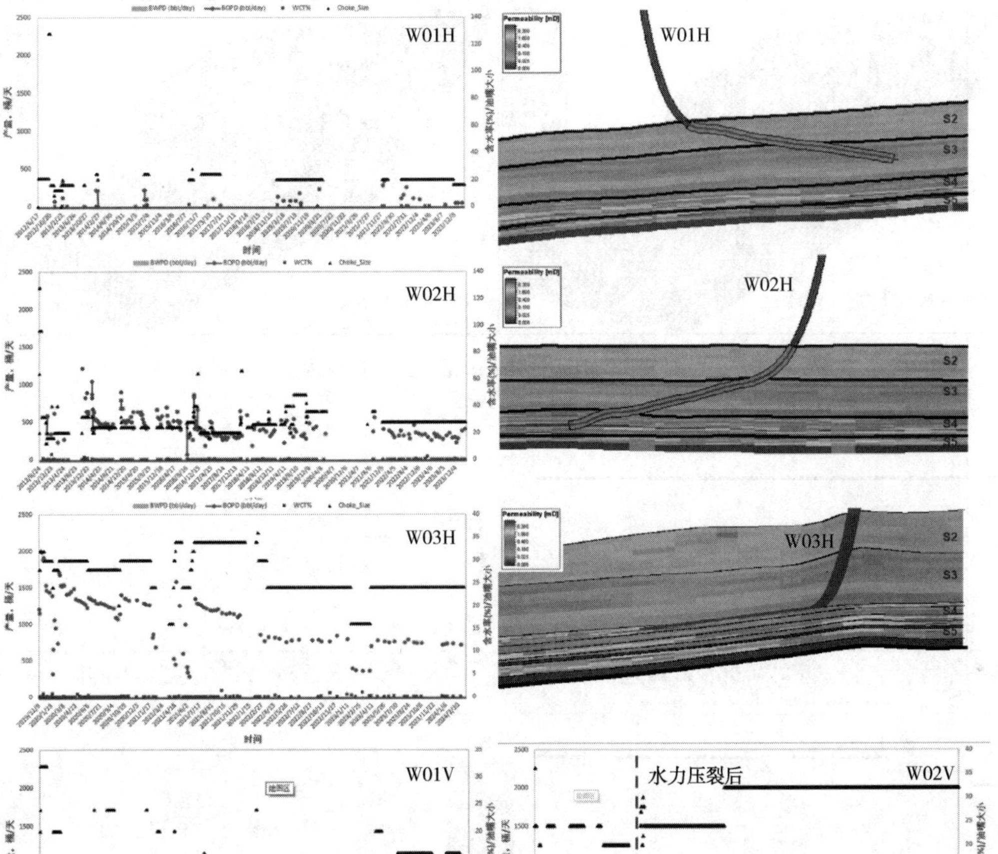

图7　S油藏典型井产能与轨迹

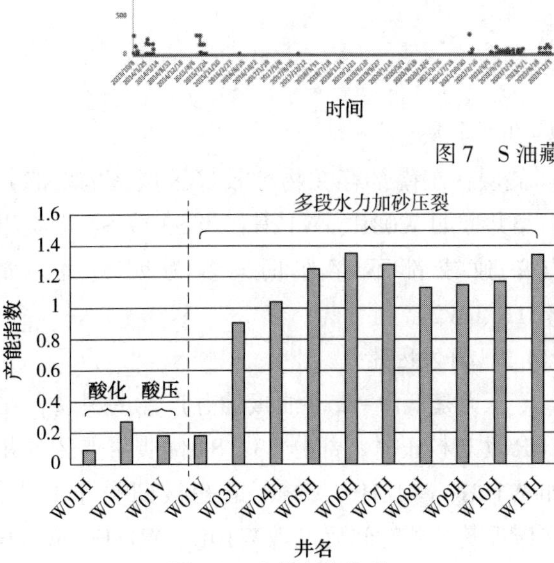

图8　S油藏产能指数

2.4　油藏产能的主控因素

产能的主控因素包括地质、开发、工程三个方面，其中地质因素主要为储层物性(用甜点因子表示)，开发因素主要为压力、水平井长度与水平段位置，工程因素主要为压裂规模。由MDT压力分析可知S油藏主要动用层系为S3与S4层，因此主控因素的研究是基于S3与S4层的各类参数。

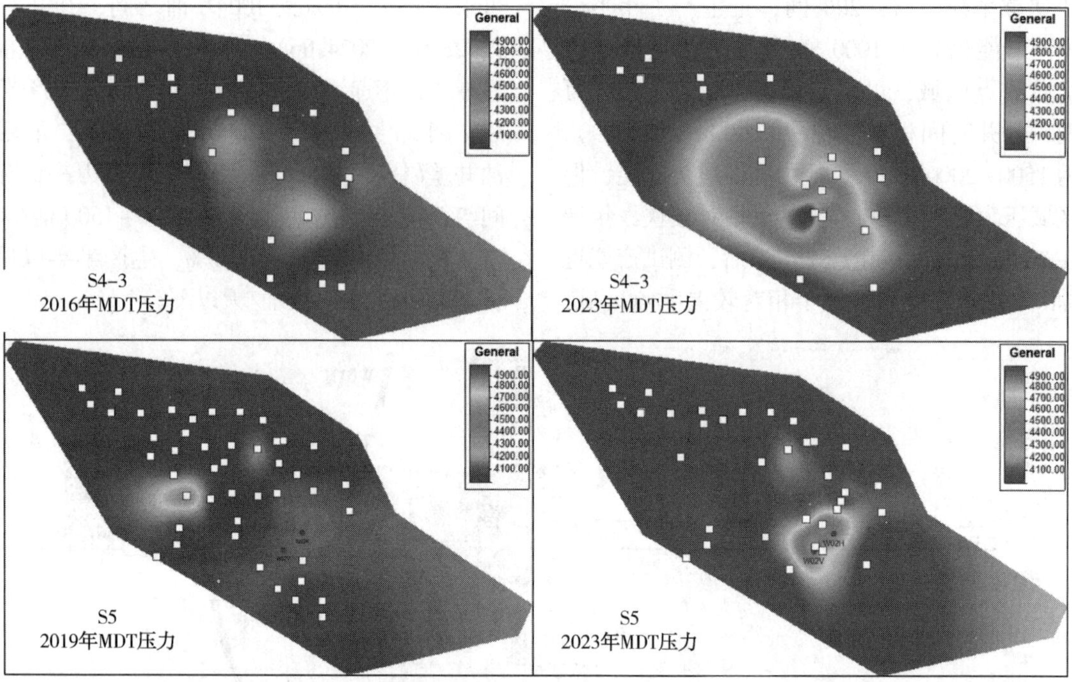

图 9　S4-3 与 S5 年度 MDT 压力测试演化图(白点为实测压力点)

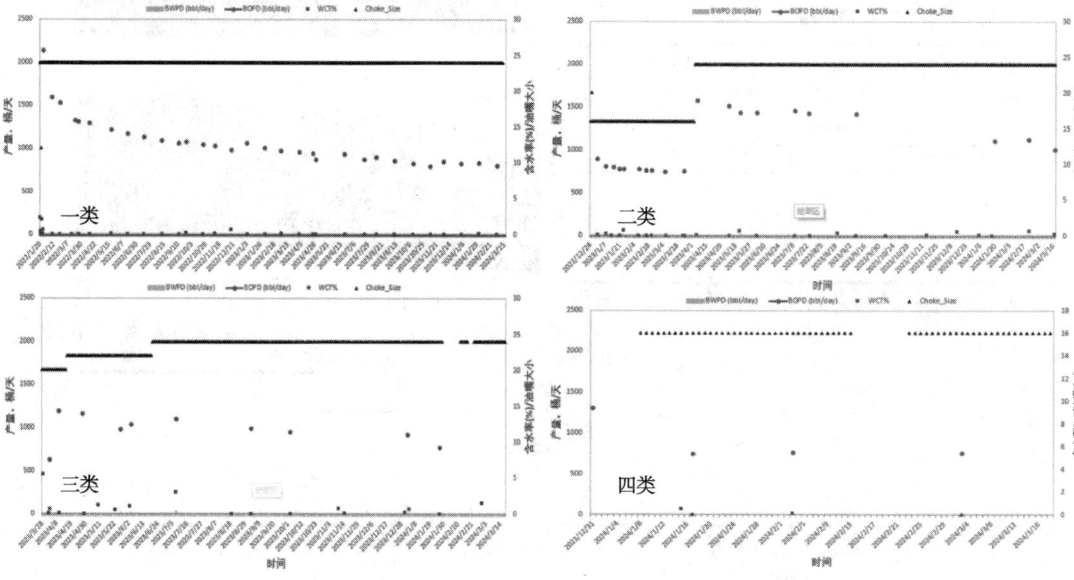

图 10　S 油藏四类典型生产曲线

2.4.1　地质因素

甜点是低渗-致密油藏油井产能的基础，其中地质甜点可用甜点因子表述，包括渗透率、储层厚度、孔隙度、饱和度，表达为 k * h * So * Φ。图 11 结合了 S3、S4 地质甜点与 REUR 分类，不难发现：一类井多分布在 S3、S4 优质甜点红色区域或 S4 优质甜点因子红色区域，尤其是构造高部位；当井位置由构造高部位向边翼部分布时，观测到物性逐渐变差，二、三类井增多，如 W07H、W09H、W17H、W19H 等，由于 S4 储层在东南部存在物性较好区域，呈现部分一类井，如 W08H、W12H；当 S3 或 S4 优质甜点单独或都不存在时，多为四类井，如 W31H、W29。

2.4.2　开发因素

压力是低渗-致密油藏油井产能的灵魂，在 EUR 动态校正时，部分 S3、S4 优质甜点区域井如 W10H、W18H、W24H 最初被归类于二类，在梳理其开井时间后发现 W10H、W18H、W24H 投产时间分别为 2023.06、2023.06、2023.11，远晚于 W03H(2019.12)、W04H(2020.12)、W05H(2022.01)、W06H(2022.06)且 W10H、W18H、W24H 距此批最早投产井距离较近，通过核实压力得出 W10H、W18H、W24H 投产时压力已不足 4200psi，大大影响了其产能。其次，水平井长度与水平井位置叠加工程因素对产能皆有不同程度的影响。

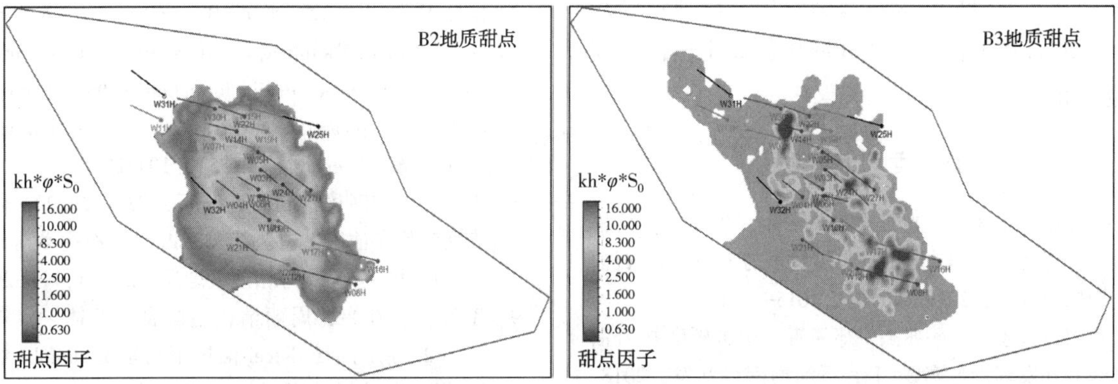

图 11　S3、S4 地质甜点与 REUR 分类(红色为一类、绿色为二类、蓝色为三类、黑色为四类)

2.4.3　工程因素

储层改造规模是低渗-致密油藏油井产能的保障，W11 井仅存在 S4 甜点，但其初产超 2000 桶/天，原因在于加大水平长度至 1500m、加大压裂规模(压裂液为 220 立方米/段，高于平均 150 立方米/段，携砂液为 280 立方米/段，高于平均 240 立方米/段)；而 W32H 井位于 S3、S4 甜点内，但其产能初产仅为 700 桶/天，原因在于其水平井段在 S2 底部，同时处于全区不多的差工程甜点区域。

3　低渗致密碳酸盐岩开发技术对策

鉴于 S 油藏储层特性、压力、产能及开发形式，提出以下开发技术对策：①基于当前井位、井网井距部署情况，考虑压力下降对于新井产能的影响与未来补能计划，S3 与 S4 层甜点区域不建议再进行加密，可查缺补漏；其次，非 S3 与 S4 层甜点区新井产能较低，需考虑边翼部非甜点区谨慎打井，应采取边探索、边开发的技术路线；②基于油藏当前压力特征，应进一步采取措施明确 S2、S5 储层动用状况，如采取微地震等明确裂缝延展。若 S2、S5 储层未被有效动用，考虑到压裂规模与有效性、S4-4 与 S5 间稳定隔层、层间物性差异，应优先考虑分层系开发，先利用过路井或新钻水平井开发较好的储层 S5，而后考虑新水平压裂井，提高整体动用。③能量补充是未来此类油藏有效开发及稳产关键，需提前考虑能量补充，开展相关先导性实验。考虑到孔喉的狭小性与气体的强流动特征，可采取注气、注气混相驱或注气吞吐等方式，同时控制井距并研究合理的开发技术政策防止气窜。

4　结论

(1) S 油藏属上白垩统，为低能缓坡沉积模式，古生物以底栖和浮游有孔虫为主，成岩作用以胶结与溶蚀为主。其中，S2、S3 储层以各类破坏性成岩作用胶结为主，有孔虫之间为灰泥基质，体腔孔不连通，使得储层致密；而 S4、S5 储层为内缓坡沉积，水体较浅，加之溶蚀作用，物性远好于 S2、S3；区别于国内以地质时代老、埋藏深、多期构造运动改造为特征的裂缝-孔隙型、缝洞型碳酸盐岩油藏。

(2) S 油藏孔隙结构可划分为单模态(Ⅰ、Ⅰ、Ⅳ)与多模态两类(Ⅲ、Ⅴ)，渗流特征可划分为缓慢上升型(Ⅰ、Ⅳ)、快速上升型(Ⅲ)和低渗型(Ⅰ、Ⅴ)三类，其中 S2-S3 储层可划分为Ⅰ、Ⅱ两种岩石类型，S4-S5 储层可划分为Ⅲ、Ⅳ、Ⅴ三种岩石类型。

(3) 基于递减、Blasingame 曲线与动态校正方法，S 油藏产能特征可分为四类。在 REUR 的分类基础上进行分析，水平井长度、水平井位置、储层岩石物理属性对于产能皆有不同程度的影响，总体上对于 S 类低渗-致密油藏，地质-油藏-开发一体化是开发此类低渗-致密碳酸盐岩油藏的关键，其中甜点是基础，压力是灵魂，储层改造规模是保障。

（4）整体有效动用与能量补充是低渗-致密油藏有效开发及稳产关键，应充分考虑不同层系物性差异，充分评价储层改造效果，控制合理井距，采取合理的注气、注气混相驱或注气吞吐等能量补充方式。

参 考 文 献

[1] 孙龙德，邹才能，贾爱林，位云生，朱如凯，吴松涛，郭智．中国致密油气发展特征与方向[J]．石油勘探与开发，2019，46(6)：1015-1026.

[2] 李阳，康志江，薛兆杰，郑松青．中国碳酸盐岩油气藏开发理论与实践[J]．石油勘探与开发，2018，45(4)：669-678.

[3] Rosales I，Pomar L，S. F. Al-Awwad. Microfacies，diagenesis and oil emplacement of the Upper Jurassic Arab-D carbonate reservoir in an oil field in central Saudi Arabia（Khurais Complex），Marine and Petroleum Geology，2018，Volume 96：557-576.

[4] 宋新民，李勇．中东碳酸盐岩油藏注水开发思路与对策[J]．石油勘探与开发，2018，45(4)：679-689.

[5] Li F，Li L，Chen J. Characteristics of High Flow Zones and a Balanced Development Strategy of a Thick Bioclastic Limestone Reservoir in the Mishrif Formation in X Oilfield，Iraq. Energies. 2023；16(3)：1451.

[6] 余义常，孙龙德，宋新民，郭睿，高兴军，& 林敏捷等．(2018)．厚壳蛤滩沉积成岩特征及对储集层的控制作用——以伊拉克 h 油田白垩系 mishrif 组为例．石油勘探与开发，45(6)，13.

[7] Liu，H.，Shi，K.，Liu，B.，Song，X.，& Wang，H..（2021）. Microfacies and reservoir quality of the middle cretaceous rumaila formation in the ad oilfield，central mesopotamian basin，southern iraq. Journal of Asian Earth Sciences，213(5)，104726.

[8] 王根久，宋新民，刘波，& 石开波．(2022)．伊拉克艾哈代布油田上白垩统 khasib 组生物扰动对储层非均质性的影响．海相油气地质，27(1)，11-20.

[9] 王锋，姜在兴，周丽清，赵国良，王林，& 郑宁等．(2007)．阿曼 daleel 油田下白垩统 shuaiba 组上段碳酸盐岩沉积相模式．沉积学报，25(2)，9.

[10] Chen，J.，Wang，L.，Wang，C.，Yao，B.，Tian，Y.，& Wu，Y. S..(2021). Automatic fracture optimization for shale gas reservoirs based on gradient descent method and reservoir simulation. Advances in Geo-Energy Research，5(2)，191-201.

[11] 方文超，姜汉桥，& 孙彬峰．(2014)．低渗致密气藏基质酸化产能评价及特征分析．大庆石油地质与开发，33(1)，5.

[12] 熊健，马强，肖峰，& 马倩．(2013)．基于渗流特征的低渗气藏压裂井产能递减规律研究．科学技术与工程(6)，6.

海上复杂低渗油藏 CO_2 驱混相特征与保障技术

李保振[1,2]　唐恩高[1,2]　蔡元涛[3]　周文胜[1,2]　张　健[1,2]

[1. 海洋油气高效开发全国重点实验室；2. 中海油研究总院有限责任公司；3. 中国石油大学(北京)]

摘　要　针对海上复杂油藏条件下 CO_2 驱混相机理、主控因素与调控技术进行探索。首先针对海上油藏厚油层、致密储层、强非均质、大井距下 CO_2 驱混相特征、主控因素与关键挑战进行分析；然后，对不同开发阶段增加混相程度的措施与方法进行设计与测试，初步形成海上油藏 CO_2 驱混相保障技术；最后，对目标油藏实施 CO_2 驱实施增加混相的调控措施进行测试。通过在目标油藏实施 CO_2 驱混相调控，可以提高采收率约 7%，显著提高海上 CO_2 驱开发效果，具有较好的应用前景和现实意义。

关键词　海上；低渗油藏；CO_2 驱；混相驱；调控技术

近年我国海上低渗储量比例逐步增加，已超20%，开发效果亟待提升。同时，我国海上天然气资源丰富，近年富含 CO_2 油气储量显著增加；因此，发展海上 CO_2 驱技术对于我国海上油田提高采收率、天然气资源高效利用及温室气体减排等工作具有重要现实意义。混相驱可提高油田采收率 10~15%以上，潜力巨大，是影响气驱提高采收率幅度和开发效益的关键。CO_2 原油混相机制受到油藏温压条件、原油物性、注入条件多方面因素影响；同时海上 CO_2 气源纯度差异大，油田储层非均质性强、注采井距大且井型复杂，注采速度高等特点，使得海上 CO_2 驱面临着混相驱实现难度高、不同区域混相程度差异大、驱替前缘的流度控制难等挑战，制约了海上 CO_2 气驱油技术的应用与推广。研究基于多组分油藏数值模拟模型系统，揭示海上多层非均质油藏大井距开发条件下 CO_2 与原油的混相特征、存在问题及调整方法；攻关 CO_2 混相驱均衡驱替技术已提升整体开发效果；为海上油藏 CO_2 提高采收率与碳封存工作提供理论支撑。

1　海上复杂条件下 CO_2 混相驱特征与问题

海上油田 CO_2 开发受到诸多限制，包括：(1)限于海上分离条件，CO_2 气源常含有多元杂质；(2)多数海上油田埋藏深、规模大、储层厚、层系多；(3)海上井网不规则、井型复杂，气体流度控制难，亟需明确在以上复杂油藏条件以及非纯 CO_2 气源、高注入速度下 CO_2 多相竞争渗流机理、多层合注条件下混相特征与规律等关键问题。研究针对上述因素开展了油藏数值模拟研究。

1.1　海上油藏 CO_2 油藏数值模拟模型

本节利用油藏数值模拟器组分模块开展海上油藏 CO_2 驱混相机理与调控方法设计模拟。模拟中采用的油藏模型来源于海上 B 油藏的典型井组 2D 多层非均质低渗油藏地质模型(图 1)。具体模型参数为 X、Y、Z 方向网格数为 11、5、20 个；步长为 40、40、4m,，平均孔隙度分布 10%，平均渗透率 $5\times10^{-3}\mu m^2$(图 1)。

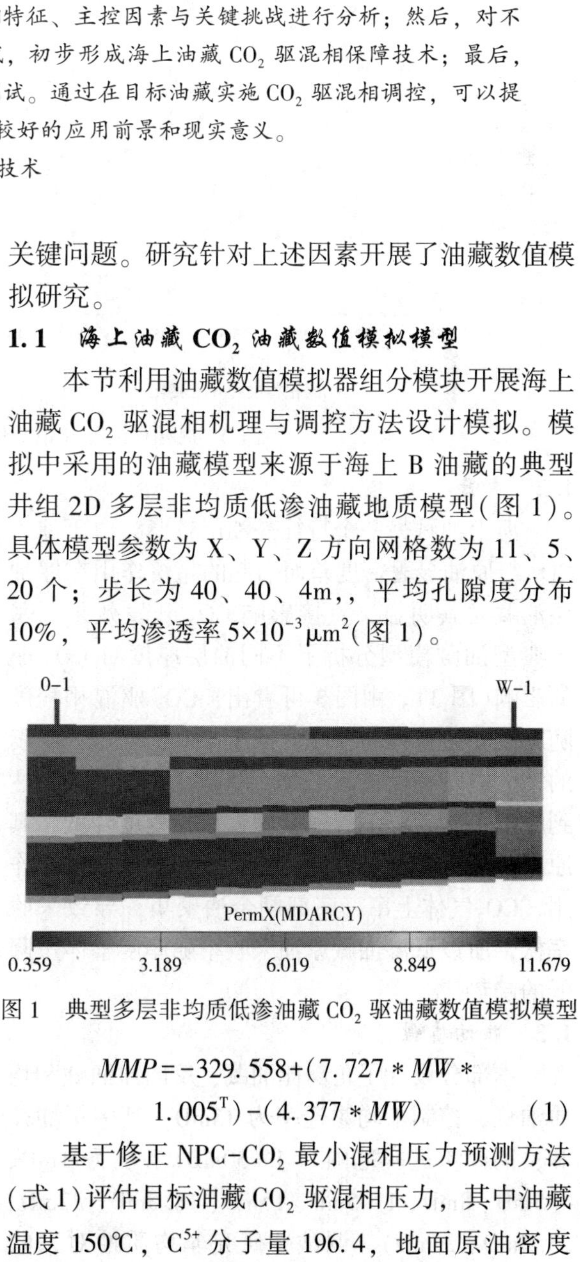

图 1　典型多层非均质低渗油藏 CO_2 驱油藏数值模拟模型

$$MMP = -329.558 + (7.727 * MW * 1.005^{T}) - (4.377 * MW) \qquad (1)$$

基于修正 NPC-CO_2 最小混相压力预测方法(式 1)评估目标油藏 CO_2 驱混相压力，其中油藏温度 150℃，C^{5+} 分子量 196.4，地面原油密度 0.814g/cm^3，根据式 1 计算得到目标油藏 CO_2 驱混相压力约为 40.5MPa，而目标油藏压力为 36.9MPa，初始情况下，难以实现混相。

1.1　井距

受到海上平台空间限制与钻井成本的限制，

海上油田多采用少井高产模式开发，开发井距较大。由于注气过程中注采井之间显著的压力差异，大井距下注采井之间不同位置处 CO_2 与原油混相程度差异较大。为了明确海上大井距下 CO_2混相驱替特征与规律，绘制了混相程度随井距变化关系曲线(图 2. a)。由图 2. a 表明，随着井距增大混相程度先增加后降低，井距在 212m 时达到混相的网格范围达到 28. 3%，与 400m 井距达到混相的网格范围相差 8. 3 个百分点。当井距过大时，CO_2 与原油混相效果变差，混相范围降低，故当井距大于一定值后，采收率随着井距增大呈降低趋势。海上油藏井距过小时，由于生产井气窜较快，导致原油采收率降低；而井距大于一定范围后，注采井间 CO_2 与原油混相效果降低，近注气井端混相明显好于远井端。因此出现随井距增加，采收率呈先增加后降低的趋势。

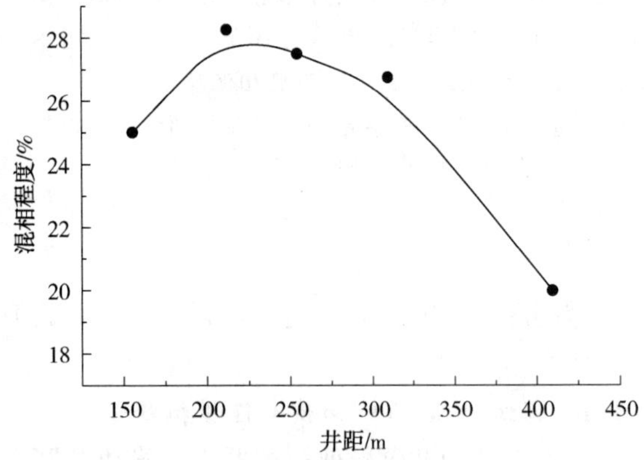

(a)混相程度随井距变化

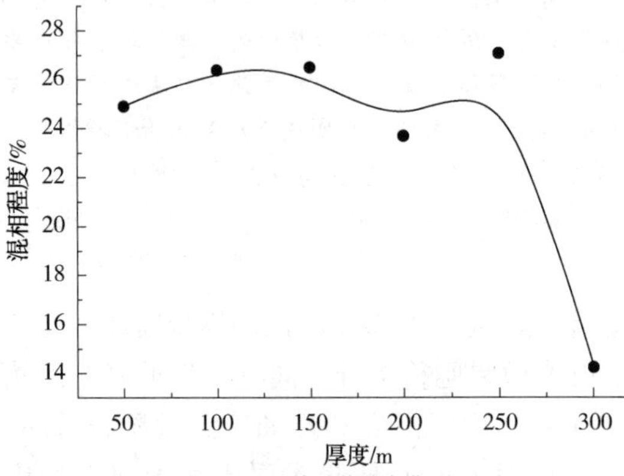

(b)其随井距变化图

图 2　混相程度随井距变化图(a)及其随井距变化图(b)

1.2　厚度

海上油藏另一个特征是油层较厚，由于注入 CO_2 与原油显著密度差而引起的超覆作用在厚油层油藏尤其明显，直接影响 CO_2 开发效果。基于典型油藏模型分析了不同油层厚度对 CO_2 驱的影响(图 3)。由图 3 可看出，CO_2 驱混相程度随厚度变化特征为，厚度低于 250m 时随着厚度的增大混相程度波动平缓，厚度在 100~150m 达到峰值。之后，随着厚度增大混相程度降低。其原因为：厚度大于某一值后，由于重力超覆作用，CO_2气体上窜，底部剩余油聚集，导致采收率低，所以低渗油藏原油采收率随厚度整体呈降低的趋势。

1.3　非均质性

本部分设计了正韵律油藏、反韵律油藏和均质油藏，控制平均渗透率为 15mD，其中正韵律和反韵律渗透率范围为 1 ~ 50mD(各层为 1mD、4. 5mD、8mD、11. 5mD、15mD、18. 5mD、22mD、25. 5mD、29mD)，调试并研究非均质性对采收率和混相程度影响规律。由图 4 可见，采收率受储层韵律性影响排序为：均质油藏>正韵律油藏>反韵律油藏，由于正韵律油藏自顶部向底部渗透率逐渐增大，会使得更多的 CO_2 气体更容易向底部运移，而在重力超覆的作用下又会向上驱替原油，波及范围更大；而反韵律油藏自顶部向底部渗透率逐渐减小，使得 CO_2 气体在重力超覆的作用下快速向顶部突破，驱油效率大大降低，故导致采收率明显低于正韵律油藏。气前和见气，正韵律油藏的混相程度最高，其次为均质油藏，混相程度最差的则是反韵律油藏。

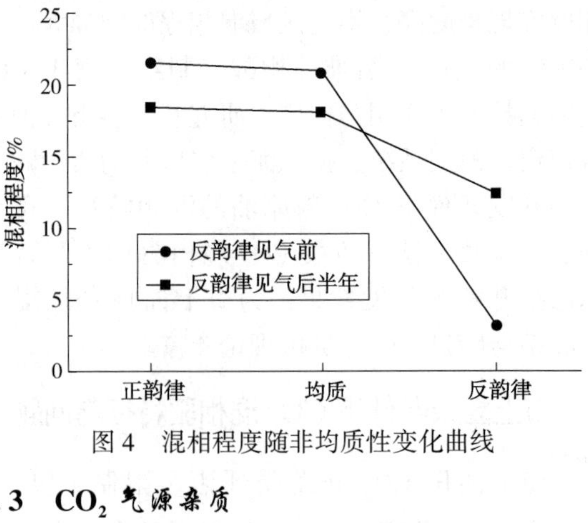

图 4　混相程度随非均质性变化曲线

1.3　CO_2 气源杂质

基于上述建立的模型，分析加入注入 CO_2 中含有不同杂质情况下驱替的效果和混相程度(图 5)。可以看出甲烷、乙烷、丙烷及氮气对储层的影响规律，CO_2-C_3H_8混合气与地层原油的相互作用程度最强，其后依次为 C_2H_6、纯 CO_2、CO_2-CH_4混合气、CO_2-N_2混合气。CO_2-CH_4混

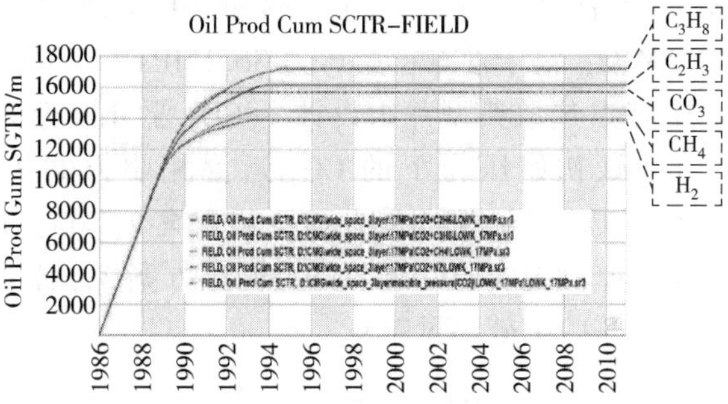

图5　累产油受注入 CO_2 中杂质影响曲线

合气及 CO_2-N_2混合气与原油之间存在明显的界面，波及区域孔隙内仍存在大片剩余油，会较大程度削弱孔喉中的原油采出程度。而 CO_2 中掺入 C_3H_8和 C_2H_6的混合气对各级孔喉原油的采出程度均高于纯 CO_2。相比于连续注 CO_2，提高累产油贡献由高到低：$C_3H_8>C_2H_6$，CH_4和 N_2抑制了 CO_2 与原油混相。

2　海上油藏 CO_2 驱均衡混相调控技术

上节的研究表明海上的大井距、厚油层和 CO_2 气源中的杂质都会对 CO_2 驱混相效果及采收率程度有明显的影响。本部分对改善 CO_2 驱混相程度和提高采收率效果的措施与方法(包括气窜井开关调控、注采耦合、添加烃类降混剂等)进行设计研究，以提高油藏混相能力，最终达到提高采收率目标。

2.1　注采耦合

注采耦合开发分为注入阶段、焖井阶段和采出阶段。注入阶段注入井开启，生产井关闭，通过只注不采快速提升地层压力。焖井阶段所有井关停，CO_2 与原油发生传质扩散，流向非主流线区域，可动用连续气驱难动用的低渗区和边角区(图6. a)。生产阶段注入井关闭，生产井开启，由于压力下降，原油膨胀，从非主流线区域向主流线区域流动，提高了波及体积。从气体突破时间的角度出发，连续耦合及注气后耦合的生产方式均可有效解决生产井见气时间快的问题，使更多的 CO_2气体充分与原油多级接触，充分混合，最终提高原油采收率(图6. b)。

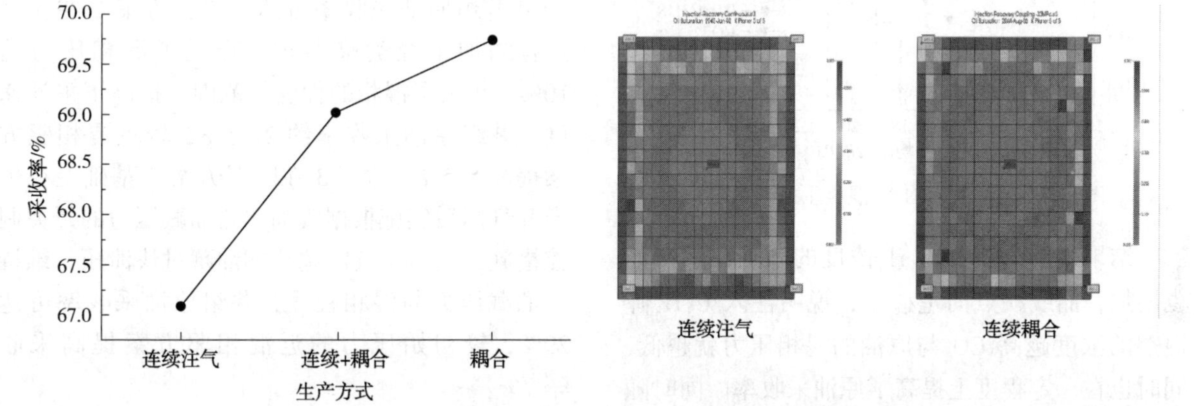

图6　不同生产方式采收率曲线图(a)与混相程度对比图(b)

2.2　气窜井开关调控

为了控制 CO_2 驱替效率、减少采出气体的无效循环，提出了一种在 CO_2 驱气窜后根据生产气油比和油藏平均压力或生产井流压来控制生产井的开关井的注采方法，具体操作方法为：初始阶段连续注 CO_2，待生产井气油比达到一定值后关井，随后油藏憋压则压力上升，在上升到某值时重新开井生产，然后不断提高气油比的界限。如此反复操作直至气油比上限，即达到经济极限值停止生产。这种方式优点在于：减少连续注气情况下气体快速气窜，延长气体的突破时间，扩大波及效率。研究模拟了气油比分别达到1000、1200、1400、1600、1800、2000m^3/m^3时生产井关井，待油藏压力憋压至混相压力时开井生产，结果显示与连续注采相比采收率和混相程度均有了一定的提高(图7)。

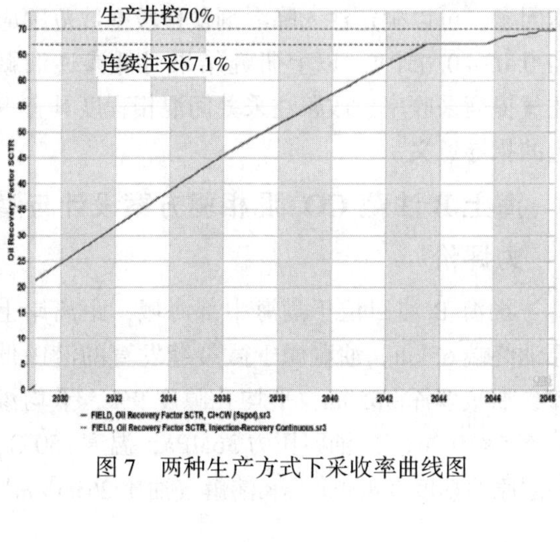

图7　两种生产方式下采收率曲线图

根据图7开关井控生产方式与连续注采方式相比，CO_2驱油效率更高，抑制气窜效果明显，该方法主要通过延长气体突破时间来提高采出程度，累产油累计提高近3个百分点。针对低渗油藏特点，所设计出的生产井开关井控制生产方式能够保证在注入能力的前提下，提高CO_2的波及效率和原油采收率。

2.3 烃类降混剂

基于上述油藏模型(图1)，分析测试了加入烃类降混剂(如C_3H_8)提高采出程度和改善混相的方法，研究降混剂浓度对混相压力的影响规律。加入不同浓度的C_3H_8后统计累产油随压力的变化曲线，结果如图8所示。

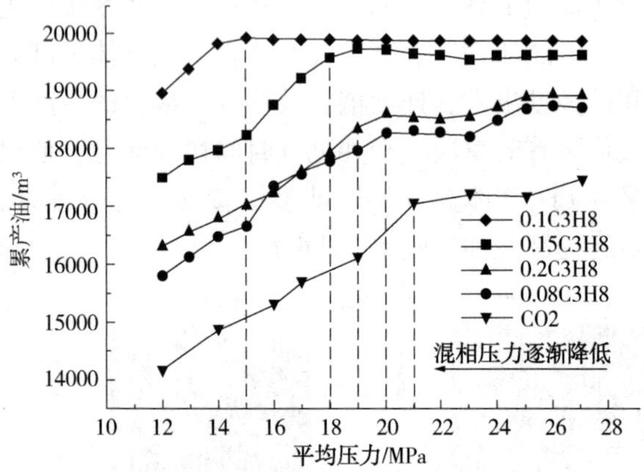

图8　不同浓度C_3H_8对混相压力影响图

结果表明，随着C_3H_8浓度的增加，累产油也增加，曲线拐点向左移动，说明注入C_3H_8降混剂的浓度越高CO_2与原油的混相压力就越低，同时也在一定程度上提高了原油采收率。同时随着注入气体PV数的增加，累产油不断增加，吨剂增油不断减少，到0.05PV后累产油增速减缓。由于在油田生产过程中不得不考虑到经济成本因素，可以确定注入降混剂最佳段塞数范围应为0.03~0.05PV。以上研究结果对低渗透油藏注气提高采收率、改善注采井间混相程度具有一定的指导意义。

3　海上B油藏CO_2混相驱方案设计与潜力评价

渤海B油田位于渤海中部海域，距离岸上原油终端65km。油藏属于微裂缝发育的潜山低渗，油藏埋深3650m，平均孔隙度9%，平均渗透率$5\times10^{-3}\mu m^2$。油藏压力36MPa，温度150℃，地层原油粘度0.4mPa·s，溶解气油比265m³/m³。初步评估该油藏的CO_2驱混相压力约为40.5MPa，高于油藏初始压力36.1MPa。针对该油藏特点选取典型井组设计了CO_2驱开发方案(1)油藏初始压力下的CO_2近混相驱方案1；(2)添加烃类降混体系的CO_2驱方案2；(3)在方案2基础上实施气窜井开关调控方案3，各方案提高采收率效果见图9。

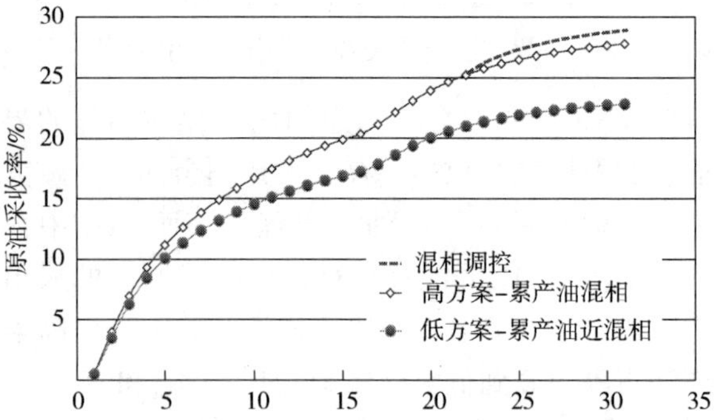

图9　不同注气方案采收率对比图

可以看出，方案1初始油藏压力下实施CO_2驱可以在注气井周围实现近混相驱，注气开发30年井组原油采收率可达22%，方案2在注气过程添加了烃类降混剂，降低了混相压力约10%，扩大了混相的程度与范围，提高了采油速度，井组原油采收率约27.5%，较近混相驱方案提高5.5%；方案3在降混方案2基础上在生产井气窜后实施根据气油比与油藏压力的开关调控措施，延缓了气窜趋势和油藏过快泄压，维持了油藏压力与混相程度，井组原油采收率可达29%，较初始压力的近混相驱方案提高采收率7%。

4　结论

1）基于海上目标油藏特点，建立典型CO_2驱油藏模型，分析了注采井距、油层厚度、储层非均质及CO_2气源杂质等因素影响下CO_2与原油混相特征、存在问题及挑战；

2）针对海上油藏CO_2驱混相的问题设计了注采耦合、气窜井开关调控、添加烃类降混剂等措施对于改善混相程度和提高采收率的效果。结合目标油藏典型井组提出了改善混相的方法，较初始压力下CO_2驱方案提高采收率7%，为海上复杂油藏CO_2驱油藏方案调整完善提供了依据。

参考文献

[1] 李保振，康晓东，张健，等．海上CO_2驱研究进展

及潜力评价[J]. 科技导报，2018，36(06)：83-89.

[2] 杨勇. 中国碳捕集，驱油与封存技术进展及发展方向[J]. 石油学报，2024，45(1)：325-338.

[3] 陈浩，刘希良，贾宁洪，等. CO_2 近混相驱的关键科学问题与展望[J]. 石油科学通报，2020，5(03)：392-401.

[4] 雷霄，邓传忠，米洪刚，等. 涠洲 12-1 油田注伴生气近混相驱替机理实验及模拟研究[J]石油钻采工艺 2007(06).

[5] 张贤松，陈浩，李保振，等. 低渗油藏非纯 CO_2 最佳近混相驱控制条件探讨[J]. 中国海上油气，2017，29(06)：75-78.

[6] 王宇同. CO_2-原油最小混相压力影响因素研究[D]. 东北石油大学 2023(02).

[7] 王霄雨. 延长油田低渗低压油藏 CO_2 驱参数优化研究[D]. 中国石油大学(北京)2021(03).

[8] 李保振，李相方，Kamy Sepehrnoori，等. 低渗油藏 CO_2 驱中注采方式优化设计[J]. 西南石油大学学报(自然科学版)，2010(002)：032.

[9] 张贤松，陈浩，杨光，等. 一种气驱近混相驱压力区间的界定方法[P]. 北京：cn107013192a，2017-08-04.

[10] 崔传智，苏鑫坤，姚同玉，等. 低渗透油藏 CO_2 混相驱注采耦合波及特征及气窜阶段定量划分方法[J]. 特种油气藏，2022(004)：029.

Pickering乳液调剖体系构筑与影响因素研究

杨劲舟　徐国瑞　李　翔　王　硕　刘丰钢　于　萌

（中海油田服务股份有限公司油田生产事业部）

摘　要　针对海上高含水低渗油藏调剖需求，采用Pickering乳液法合成亲油性高于亲水性的Janus纳米颗粒，可与地层原油形成稳定的高粘度W/O型乳液。在高温（90℃）高盐（35000ppm）条件下，对不同类型亲油型表面活性剂乳化能力及乳液稳定性进行评价，并对乳化性能影响因素及规律进行研究，实验结果表明，表活剂类型对pickering乳液调剖体系乳化能力影响较大，当表活剂浓度达到5wt%时，乳状液粒径最小且团聚更紧密，在较低油水比条件下形成的高粘度W/O型乳状液稳定性更强。Pickering乳液调剖体系在较低渗透率条件下具有较好的调剖效果，当岩心渗透率为50mD时，采收率可在一次水驱基础上提高16.71%。

关键词　Pickering乳液；调剖体系；体系构筑；影响因素

随着海上低渗超低渗油藏逐步进入高含水期，稳油控水措施需求日益增加。由于凝胶类及颗粒类调剖剂在低渗超低渗油藏注入困难，驱油剂因具有更好的注入性，在低渗超低渗油藏得到广泛应用。常规驱油体系主要通过达到超低界面张力实现润湿反转，提高驱替效率。但近年来大量室内实验及矿场试验表明，注入具有一定乳化作用的表活剂可更大幅度提高低渗油藏采收率。原因是通过乳化作用形成的W/O乳状液是一种比水更有效的驱替介质，可以更稳定的驱替原油；同时，乳状液滴可在孔喉处聚集产生贾敏效应，导致后续流体进入更小的喉道，实现储层深部微观液流转向的目的。

近年来，通过改进表面活性剂，获得了可与不同性质储层原油作用形成W/O乳状液的乳化驱油体系，但在高温、高矿化度油藏条件下，乳化驱油体系与原油形成的W/O乳状液黏度较低，且易破裂，无法对多孔介质建立有效封堵，提高采收率效果不佳。Son等人利用纳米颗粒特殊的表面功能，将表面均质改性的气相二氧化硅纳米颗粒作为乳状液油水界面的稳定剂，使高温高盐下W/O乳状液稳定性大幅提升，但均质改性的纳米颗粒表面活性不高，形成W/O乳状液需要大量能量。

为实现纳米颗粒表面亲水、亲油能力的精准调控，采用Pickering乳液法制备了Janus纳米颗粒，构筑起Pickering乳液型调剖体系，并对其结构与性能表征，对其耐温耐盐及分散稳定性进行评价，最后通过岩心实验，验证了Pickering乳液体系在低渗岩心中良好的调剖效果。

1　实验部分

1.1　实验药品

SiO_2纳米颗粒，粒径15nm，Aladdin试剂有限公司；硅烷偶联剂，98%，Aladdin试剂有限公司；溴化铵，99%，安耐吉；酰亚胺，99%，Aladdin试剂有限公司；无水乙醇，分析纯，Aladdin试剂有限公司；三氯甲烷，分析纯，Aladdin试剂有限公司；渤海油田目标区块原油（90℃下黏度为33mPa·s）；渤海油田模拟地层水，其矿物组成见表1。

表1　渤海油田模拟地层水离子组成

离子类型	$Na^{+}+K^{+}$	Mg^{2+}	Ca^{2+}	${SO_4}^{2-}$	Cl^{-}	${HCO_3}^{-}$	总计
含量/（mg/L）	10686	1211	439	1619	19457	226	35000

1.2　实验仪器

布氏黏度计，DVPL型，美国；场发射透射电子显微镜，Tecnai G2，荷兰；热重分析仪，TGA-2950，美国TA公司；高温高压界面流变仪，Teclis，法国。

1.3 实验方法

1.3.1 Janus 纳米颗粒结构与性能测试

（1）对 Janus 纳米颗粒进行红外光谱测试，使用溴化钾压片法，波数范围 4000～500cm^{-1}；

（2）对合成的 Janus 纳米颗粒进行透射电镜测试，通过 F20 场发射透射电镜观察 Janus 纳米颗粒微观形貌；

（3）利用 TX-500C 界面张力仪测量界面张力，测试温度为 30℃，测试转速为 6000r/min，采用旋转液滴法进行测量，此时将油滴视为椭圆形；

（4）采用粉末压片机对 Janus 纳米颗粒进行压片，采用 Teclis 高温高压界面流变仪测量 Janus 纳米颗粒的表面接触角。

1.3.2 Janus 纳米颗粒耐温耐盐稳定性研究

（1）采用矿化度 35000ppm 的模拟地层水配制质量分数为 0.005wt%、0.01wt%、0.02wt%、0.03wt%、0.05wt%、0.1wt%的 Janus 纳米流体，在 90℃温度下静置 12 小时，目测观察纳米颗粒的分散稳定性；

（2）采用矿化度 35000ppm 的模拟地层水配制质量分数为 0.1wt%的 Janus 纳米流体，加入质量分数为 0.05wt%、0.04wt%、0.03wt%、0.02wt%、0.01wt%、0.005wt%的两性表面活性剂 BH-1，在 90℃温度下静置 12 小时，目测观察纳米颗粒的分散稳定性。

1.3.3 Pickering 乳液制备与测试

（1）采用矿化度 35000ppm 的模拟地层水配制质量分数为 0.04wt%、0.08wt%、0.12wt%、0.16wt%、0.20wt%的 Janus 纳米流体；

（2）按油水比 3∶7 加入海上油田目标区块原油，放入 90℃水浴锅中，用顶置式电子搅拌器在 100rpm 转速下搅拌 3 分钟，制成油水比为 3∶7 的 W/O 型 Pickering 乳液；

（3）将 Pickering 乳液放入烘箱 24 小时后观察乳状液稳定性，测试乳状液黏度；

（4）取部分乳液放在载玻片上，盖上盖玻片，采用光学显微镜在放大 200 倍的条件下对 Pickering 乳液液滴数量、液滴粒径、液滴团聚程度进行观察。

1.3.4 Pickering 乳液调剖性能评价

（1）称量方岩心干重，抽真空，饱和模拟地层水后称量湿重，计算孔隙体积。以 0.5ml/min 的速度向岩心中注入模拟地层水，待入口端压力稳定后，计算水测渗透率。

（2）以 0.5ml/min 速度向岩心中注入原油，驱至束缚水状态后停泵，记录累计出水量，老化 12 小时待用，使岩心中油水均匀分布。

（3）以 0.5ml/min 速度进行水驱，记录相同时间间隔时出口端的产液量、产油量及对应压差，水驱至采出液含水率为 95%时停泵，并计算水驱采收率和水测渗透率。

（4）配制 0.15wt%质量分数的 Janus 纳米颗粒溶液，持续搅拌分散，以 0.5ml/min 速度注入 0.5PV 后停泵，静置 12 小时。

（5）以 0.5ml/min 速度继续水驱，记录相同时间间隔的产液量、产油量及对应的压差，水驱至含水 95%时停止，并计算最终采收率值。

2 实验结果分析

2.1 Janus 纳米颗粒结构与性能表征

由图 1 可知，在 1630cm^{-1} 和 1590.9cm^{-1} 的伸缩振动峰证明酰胺基(-CONH-)的存在，证实了 GX-4 链段已与氨基发生酰胺化反应。3400cm^{-1}附近的羟基吸收峰表明 Janus 纳米颗粒上硅羟基的存在。在 2849cm^{-1} 和 2914.7cm^{-1} 处的吸收峰归因于亚甲基 C-H 的反对称伸缩和对称伸缩。Janus 纳米颗粒的亚甲基和 Si-O 键的存在，证明了 GX-4 链段成功地接枝到 Janus 纳米颗粒上。

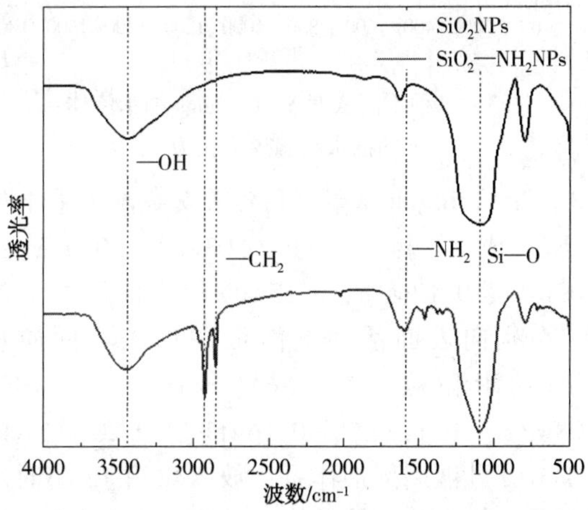

图 1　Janus 纳米颗粒红外光谱图

通过 F20 场发射透射电镜观察 Janus 纳米颗粒微观形貌，实验结果如图 2 所示。Janus 纳米颗粒具有近似球形的形状，平均直径约为 15nm。

选取浓度分别为 0.005wt%、0.01wt%、

0.02wt%的 Janus 纳米颗粒，对其降低界面张力能力进行表征，三组纳米流体的动态界面张力测量结果如图 3 所示。通过这三组不同浓度的 Janus 纳米流体来反映不同浓度 Janus 纳米颗粒的降低油水界面张力能力。

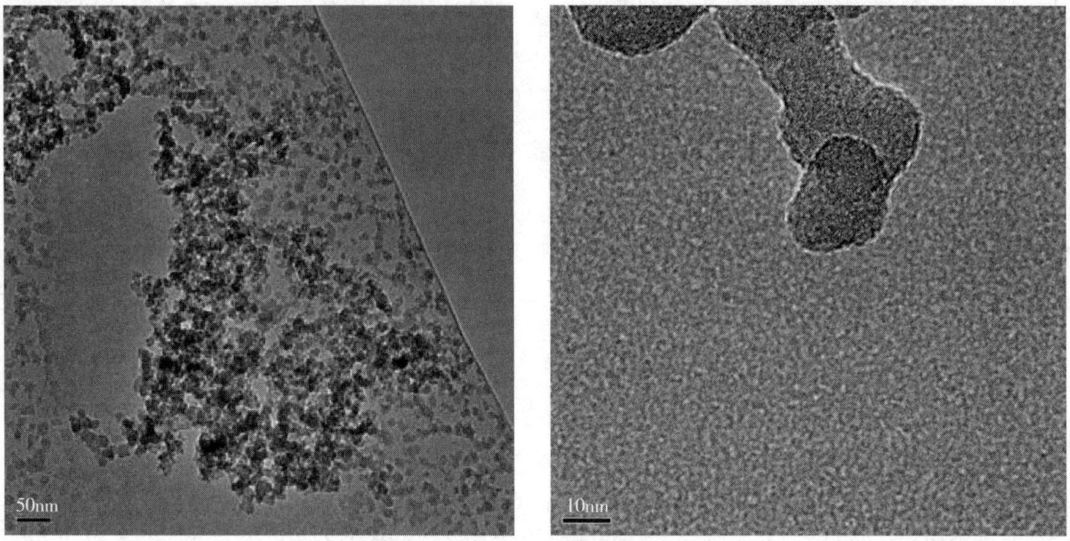

图 2　透射电镜图片

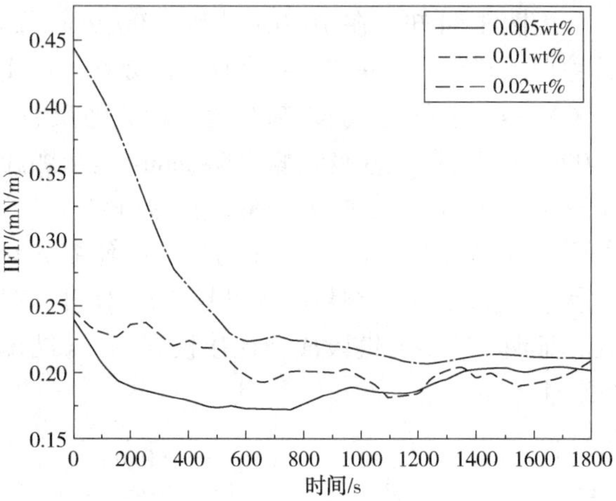

图 3　三种不同浓度 Y-18 Janus 纳米流体下的油水动态界面张力

2.3　Pickering 乳液调剖剂体系制备与性能评价

制成总浓度为 0.03wt%、0.06wt%、0.09wt%、0.12wt%、0.15wt%的表面活性剂溶液，分别向表面活性剂溶液中加入不同质量 Janus 纳米颗粒，构筑浓度分别为 0.04wt%、0.08wt%、0.12wt%、0.16wt%、0.20wt% 的 Pickering 乳液调剖剂体系，放入烘箱 12 小时后观察分散稳定性，并对其所制备乳状液的稳定性进行测试。

分散稳定性实验结果如图 4 所示，在 90℃、35000ppm 矿化度条件下，不同浓度的 Pickering 乳液调剖剂体系均具有较好的分散稳定性。12 小时后，均没有出现明显的团聚和沉淀，分散性能良好。

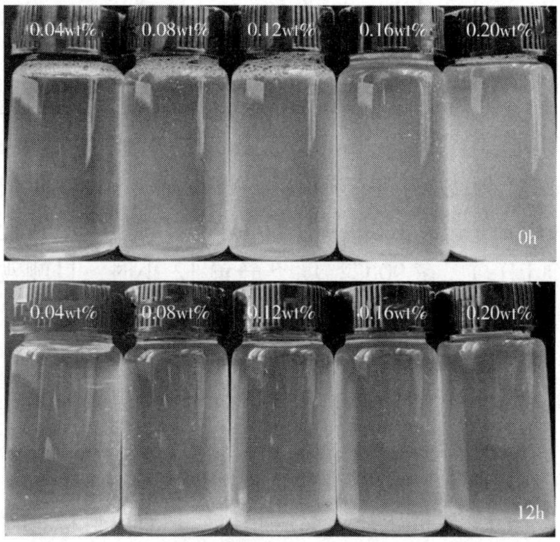

图 4　不同浓度 Pickering 乳液调剖剂体系在 90℃、35000ppm 矿化度条件下的分散稳定性研究

2.4　亲油型表面活性剂乳液稳定性优选

为了确定引入 Pickering 乳液调剖剂体系中的表面活性剂类型，将不同种类的亲油型表面活性剂加入目标区块原油中，在高温(90℃)高盐(35000ppm)条件下采用顶置式电子搅拌器以 800 rmp 搅拌 3 分钟制备 W/O 型乳液，采用瓶试法观察其乳液形貌，并采用布氏粘度计对其黏度进行测量，从而进一步反应其乳状液稳定性变化情况。

乳状液形态随时间的变化如图 5 所示。在

90℃、35000ppm 条件下，在初始时刻，不同种类亲油型表面活性剂均可以形成稳定分散的乳状液。随着时间的增加，开始出现破乳现象，在 24 小时后，表活剂 2、表活剂 1 和表活剂 5 均展现出对乳液较好的稳定性。

图 5　同种类亲油型表面活性剂对乳状液稳定性测试
（表活剂 5；②表活剂 4；③表活剂 2；④表活剂 3；⑤表活剂 1）

为进一步表征不同种类亲油型表面活性剂制备的 W/O 型乳液的稳定性，采用布氏粘度计对 W/O 型乳液的黏度进行测试。黏度变化越小说明乳液越稳定。乳液在初始时刻的黏度也可以反映乳液类型，W/O 型乳液的黏度较高。实验结果如图 6，从图中可以看出不同种类表面活性剂制备的乳状液，具有不同的黏度。这可能是由于不同表面活性剂乳化能力不同，形成的乳状液初始粒径不同。随着时间的增加，在高温高盐条件下，乳状液黏度也有所下降，这主要是由于乳状液破乳导致的。这与瓶试法观察到的乳状液破乳是一致的。

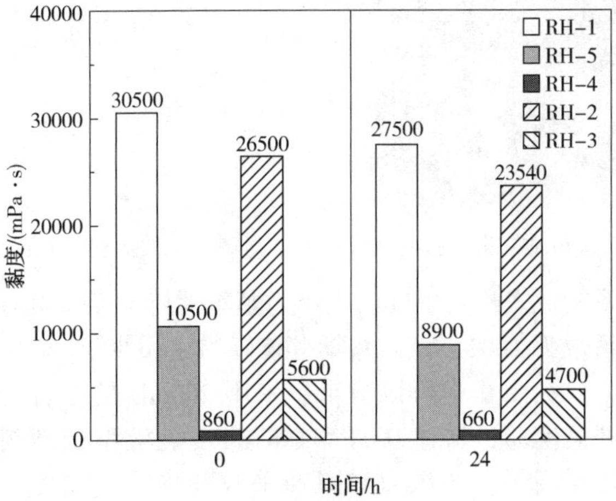

图 6　不同种类亲油型表面活性剂制备乳液黏度随时间变化

2.5　表活剂浓度优选及影响因素研究

为了研究表活剂浓度变化对降低油水界面张力性能的影响，向目标区块原油中加入表活剂制成浓度分别为 0wt%、1wt%、2wt%、3wt%、4wt%、5wt% 的原油，在高温（90℃）高盐（35000ppm）条件下测量其与模拟地层水间的界面张力，观察随着表活剂 1 浓度的变化，油水界面张力的变化。

在高温（90℃）高盐（35000ppm）条件下将地层水加入不同浓度的活性原油中，其中，采用顶置式电子搅拌器以 150rpm 的搅拌速率对其进行搅拌 3 分钟，制成油水比为 3∶7 的 W/O 型乳液。采用光学显微镜在放大 200 倍的条件下对其液滴数量、液滴粒径、液滴团聚程度进行观察，以评价含有不同浓度表活剂 1 的活性原油制备乳液的区别。

随着表活剂浓度的升高，油水界面张力呈现出明显下降的趋势。油水界面张力的降低主要是由于，随着表面活性剂浓度的升高，更多的表面活性剂吸附在油水界面上，从而使油水界面张力下降。

为表征含有不同浓度表活剂的活性原油与模拟地层水之间制备的乳液在液滴粒径、液滴数量和液滴团聚程度上的区别，采用光学显微镜对 W/O 型乳液的液滴形貌进行表征。实验结果如图 7，从图中可以看出随着表活剂浓度的升高，所制备乳液的液滴数量明显增多、液滴粒径变小，液滴团聚程度增加。这表明由于表活剂浓度的升高，整个体系的乳化能力得到明显增强。当表活剂浓度达到5wt%时，观察到的液滴粒径最小且团聚更紧密，表明在制备 W/O 型乳液上，表活剂浓度为5wt%时具有最佳的效果。

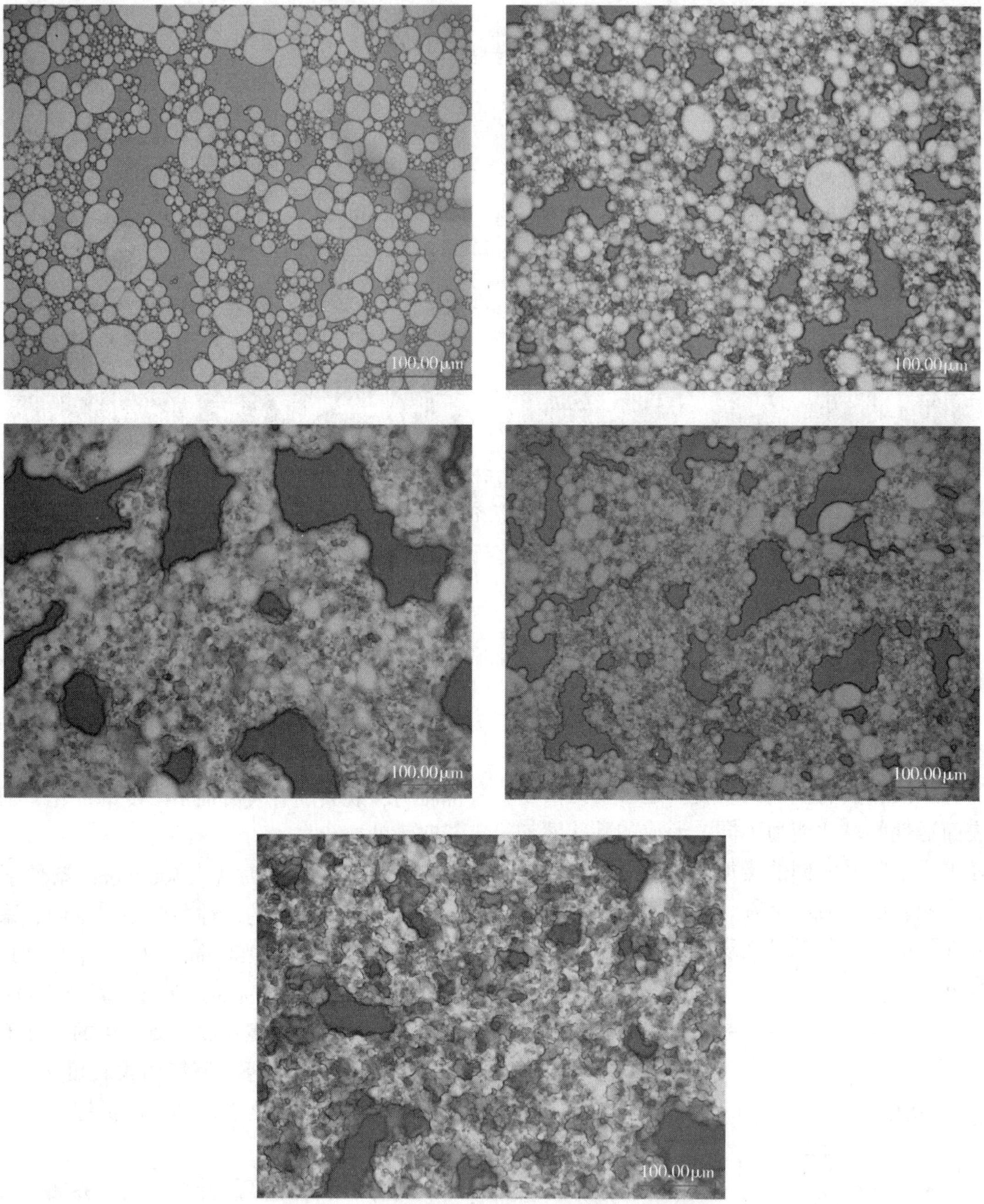

图7 浓度为1wt%、2wt%、3wt%、4wt%、5wt%的活性原油与模拟地层水制备乳状液在光学显微镜下的形貌(200×)

2.4 pickering乳液调剖性能评价

Pickering乳液调剖剂驱替实验结果如图8、图9所示。从图8中可以看出，采用50mD的方岩心开展实验，转注0.5PV Pickering乳液型调剖剂体系后，驱替压力和原油采收率均有大幅度提高，采收率增幅为16.71%，注入压力由1.053MPa涨至1.824MPa，乳状液表现出良好的封堵性能，驱油效果良好。在Pickering乳液体系的注入过程中，注入压力基本保持不变，阻力系数为1.02，该体系具有较好的注入性能。

从图9中可以看出，采用200mD的方岩心开展实验，转注0.5PV Pickering乳液型调剖剂体系后，驱替压力和原油采收率均有大幅度提高，采收率增幅为15.2%，注入压力由0.1MPa涨至0.38MPa，乳状液表现出良好的封堵性能，驱油效果良好。在Pickering乳液体系的注入过程中，注入压力基本保持不变，阻力系数为0.93，该体系具有较好的注入性能。

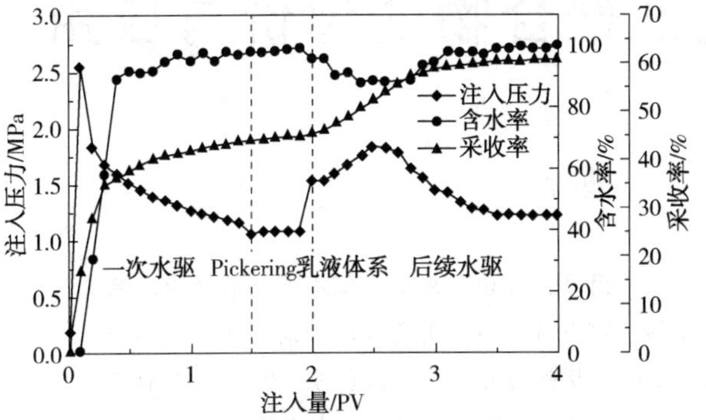

图 8　50mD 单岩心物模实验结果

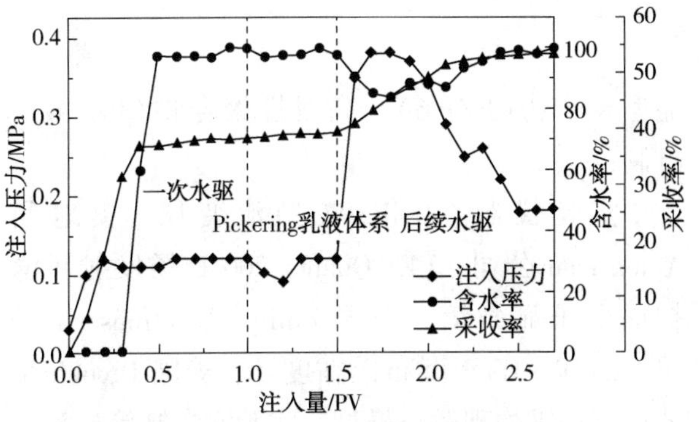

图 9　200mD 单岩心物模实验

3　结论

1. 通过 Pickering 乳液法成功制备 Janus 纳米颗粒，合成具有不同亲水亲油性能的 Janus 纳米颗粒。

2. 该体系在 90℃、35000ppm 条件下具有较好的乳化性能和乳液稳定性，并表现出较好的乳化增黏效果和较好的乳液稳定性。

3. 当表活剂浓度达到 5wt%时，观察到的液滴粒径最小且团聚更紧密，表明在制备 W/O 型乳液上，表活剂浓度为 5wt%时具有最佳的效果。

4. Pickering 乳液调剖剂体系在较低渗透率条件下具有较好的调剖效果。当岩心渗透率为 50mD 时，该体系具有最好的调剖效果和提高采收率效果，后续水驱阶段注入压力可由 1.053MPa 涨至 1.824MPa，采收率可在一次水驱基础上提高 16.71%。

参 考 文 献

[1] 刘丰钢，李晓骁，李翔，et al. 水基四元超分子微球功能评价及深部调剖适应性[J]. 精细石油化工，2024.

[2] 张继红，王瑞虹．体膨颗粒封堵性能的影响因素研究[J]. 化学工程师，2020，034(002)：69-72，58.

[3] 黄波，陈维余，史斌，et al. 海上油田 W/O/W 型活化稠油堵剂研究与应用[J]. 中国海上油气，2014，26(4)：59-62.

[4] Pei H H，Zhang G C，Ge J J，et al. Investigation of synergy between nanoparticle and surfactant in stabilizing oil-in-water emulsions for improved heavy oil recovery [J]. Colloids and Surfaces a-Physicochemical and Engineering Aspects，2015，484：478-484.

[5] Nunez C，Dabirian R，Gavrielatos I，et al. Emulsion stability with nanoparticles and utilization of demulsifiers for break - up [J]. Powder Technology，2019，357：248-261.

[6] 李世军，杨振宇，宋考平，et al. 三元复合驱中乳化作用对提高采收率的影响[J]. 石油学报，2003，5.

[7] Li Z，Xu D，Yuan Y，et al. Advances of spontaneous emulsification and its important applications in enhanced oil recovery process [J]. Advances in colloid and interface science，2020，277：102119.

[8] Ghannam M T. Water-in-crude oil emulsion stability investigation [J]. Petroleum Science and Technology，2005，23(5-6)：649-667.

[9] 周亚洲，殷代印，曹睿．高含水后期乳状液的驱油效果与作用机理分析[J]. 油田化学，2016，33(2)：285-290.

[10] 张元霞，鲍艳，马建中．两亲性 Janus 粒子的合成及其在 Pickering 乳液中的应用[J]. 化学进展，2021，33(2)：254-262.

海上低渗油田聚驱用高线性聚合物的评价与应用

常　振[1]　刘丰钢[1]　徐国瑞[1]　魏　鹏[1]　张玉久[1]

(1. 中海油田服务股份有限公司)

摘　要　针对海上低渗油田聚驱过程中出现的聚合物注入困难，有效利用低、低渗剪切后产出液破乳困难等问题，室内评选出解决该问题的聚驱用高线性聚合物，室内对不同类型聚合物的流变性能、耐温性能、耐盐性能、微观形貌、驱油特性进行测试，结果显示高线性聚合物耐温粘度保留率92%，耐盐粘度保留率93%，微观形貌呈现高度线性，采收率比其他聚合物提升4.5%。高线性聚合物在渤海油田B区块完成现场应用，效果显著，具备良好的市场推广前景。

关键词　海上油田；高线性聚合物；聚驱；采收率

目前，聚合物驱仍是三次采油提高采收率的重要手段，聚合物性能直接影响驱油作业的效果。在海上油田低渗油田聚驱的应用过程中，对于常规聚合物及疏水缔合型聚合物进行了相关研究，常规聚合物在耐盐抗温等方面性能较差，疏水缔合聚合物通过形成空间网络结构，提升了聚合物耐盐性能，但是由于在分子中增加了疏水基团，使得其溶解速度缓慢，同时由于疏水缔合作用，造成了聚驱注入困难，驱后破乳困难，影响作用效果。针对海上低渗油田作业空间狭小，淡水资源匮乏等问题，需要一种注入性好，抗流动剪切能力强的聚合物驱油体系来满足聚合物驱的需求。高线性度聚合物其分子的支化程度低、线性度高，其分子在剪切流动中有更统一的分子取向，导致其溶液的剪切稀化作用和增粘能力明显强于相同分子量的普通聚合物。也使得高线性度聚合物溶液更容易渗透到油田低渗层，具有更大的波及体积，更高的驱油效率。

本文章通过与常规聚合物在溶解性能、抗剪切性能、渗透率适应性能及驱油性能等方面的对比，筛选出一种改性高线性度聚合物PZ-8，并根据性能评价结果总结出体系在低渗油田聚驱过程中的作用机理及应用参数。

1　实验部分

1.1　实验材料与仪器

实验试剂：疏水缔合型聚合物(PZ-3)、功能型聚合物(PZ-6)、高线性聚合物(PZ-8)，自制；

实验仪器：MCR302型流变仪，奥地利Anton paar公司；FEI Quanta 200 F场发射环境扫描电子显微镜，美国Philips Electronscan公司；LVDV-II+P型布氏粘度计，美国Brookfield公司；一维物理驱替模型，实验室自制等。

1.2　实验方法与评价

1.2.1　聚合物耐温性能测定

配制3000mg/L和5000mg/L的PZ-3、PZ-7、PZ-8聚合物溶液，采用LVDV-II+P型布氏粘度计测定60℃条件下聚合物表观粘度随时间的变化情况，测试转子选择型号0号。

1.2.2　聚合物耐盐性能测定

利用不同矿化度的盐水配制5000mg/L的PZ3、PZ7、PZ8聚合物溶液，密封放置于烘箱内，采用LVDV-II+P型布氏粘度计测定60℃条件下聚合物表观粘度随矿化度的变化情况，测试转子选择型号0号。

1.2.3　聚合物流变性能测定

配制5000mg/L的PZ-3、PZ-7、PZ-8聚合物溶液，采用安东帕CR3200型流变仪测定60℃条件下不同振幅扫描的聚合物粘弹性的变化情况。并利用电子显微镜测定聚合物形貌。

1.2.4　聚合物驱油性能测定

配制1250mg/L的PZ-3、PZ-7、PZ-8聚合物溶液，采用一维驱替模型测定60℃条件下聚合物注入性、采收率变化情况。

2 实验结果与讨论

2.1 聚合物耐温性能测定

对3000mg/L和5000mg/L的PZ-3、PZ-7、PZ-8聚合物溶液进行60℃条件下耐温性能测定，测定结果可以看出，3000mg/L的PZ-8耐温粘度保留率为92%，5000mg/L的PZ-8耐温粘度保留率为87%，高于同浓度PZ-7、PZ-3。具体结果见图1、图2和图3。

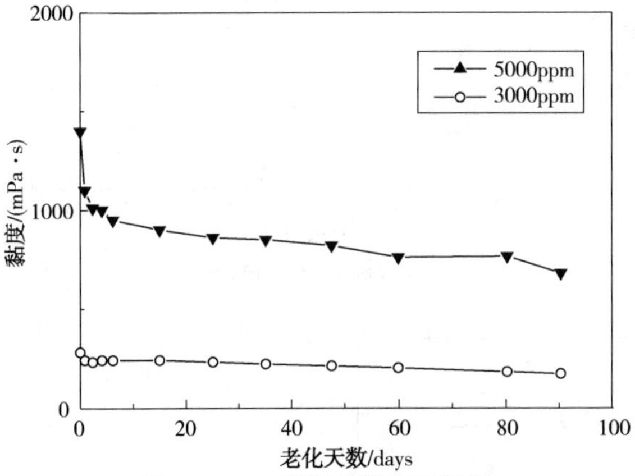

图1 PZ-3耐温性能测定结果

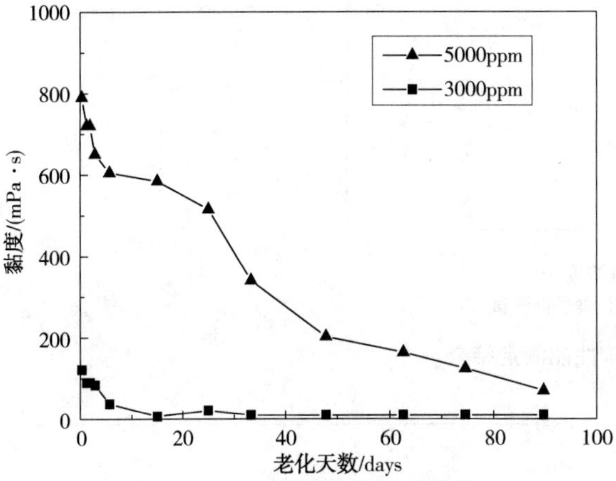

图2 PZ-7耐温性能测定结果

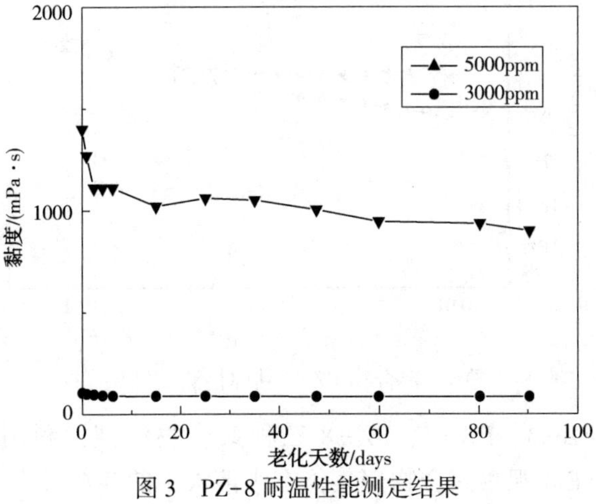

图3 PZ-8耐温性能测定结果

2.2 聚合物耐盐性能测定

对5000mg/L的PZ-3、PZ-7、PZ-8聚合物溶液进行不同矿化度条件下粘度保留率测定，从测定结果可以看出：PZ3为疏水缔合聚合物，矿化度较低时，聚合物高分子链条中疏水基团间的缔合作用增加，能够阻止分子链的收缩，导致表观粘度增加，随着矿化度的进一步提升，极性分子进一步压缩聚合物链，促使分子链收缩，其流体力学体积减小，粘度大幅度下降，矿化度为30000mg/L时，粘度保留率为85%。PZ7随着矿化度的升高，粘度逐渐降低，主要原因为，随着矿化度的提升，对PZ4分子量较小，聚合物分子支链较多，在极性分子的压缩条件下，会发生卷曲，分子支链缠绕增加，空间结构被破坏，表现为表观粘度的迅速下降，矿化度为30000mg/L时，粘度保留率为23%。PZ8随着矿化度的升高，粘度逐渐降低，但是降低的幅度较小，主要原因为，矿化度的提升时由于聚合物的高分子量，且聚合物支链较少，电解质对聚合物的压缩空间有限，聚合物粘度下降幅度逐渐平缓，矿化度为30000mg/L时，粘度保留率为93%，粘度保留率最高。具体结果见图4。

2.3 聚合物耐剪切性能测试

对聚合物PZ-3的粘弹性测定结果如图5所示，随着低振幅区域，损耗模量G''大于储能模量G'，此时表现出粘性，随着振幅的提升，疏水基团的疏水作用被削弱，聚合物溶液由疏水作用逐步转变为聚合物缠绕作用，空间网状结构的稳定性逐步增强，在流变性上表现为储能模量逐渐大于耗能模量，流变性为弹性。具体结果如图5所示。

对聚合物PZ-7进行粘弹性测定，测定结果如6所示，随着振幅的提升，PZ-7的储能模量和损耗也逐渐增强，但是整体模量的数值小于PZ-3，推测聚合物PZ-7在高振幅的作用下，聚合物的功能性支链被剪切破坏，聚合物溶液水相连续性被破坏，呈现出一定的弹性。具体结果如图6所示。

对聚合物PZ-8进行粘弹性测定结果如7-8所示，随着振幅的提升，PZ-3的储能模量和损耗也逐渐增强，但是PZ-8的损耗模量一直大于储能模量，推测聚合物 PZ-8 在高振幅的作用下，只是聚合物分子弯曲程度降低，聚合物本身的高线性未被破坏，且溶液的水相连续性得以保持，从流变性结果可以显示，聚合物一直呈现粘性。具体结果如图 7 所示。

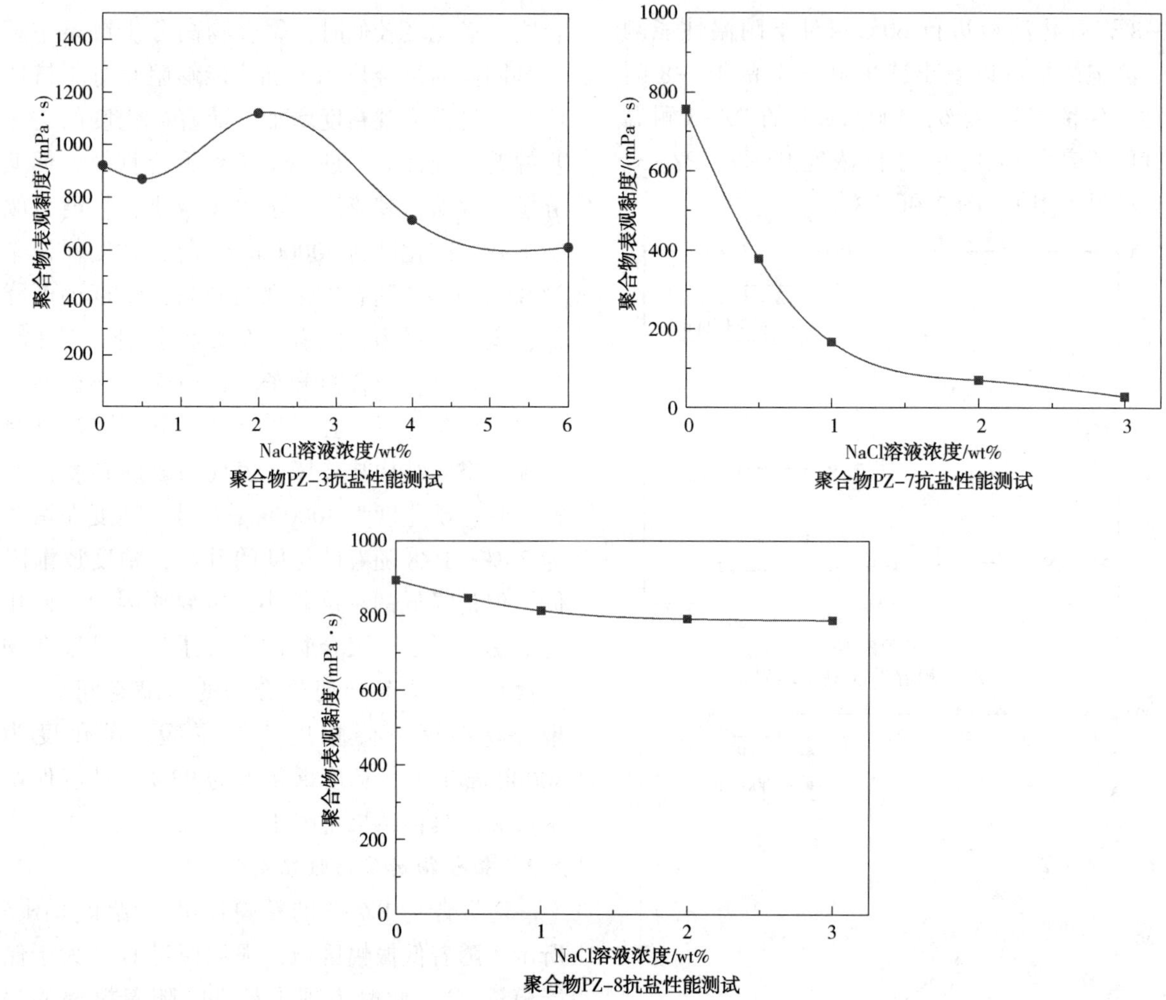

图 4　不同聚合物耐盐性能测定结果

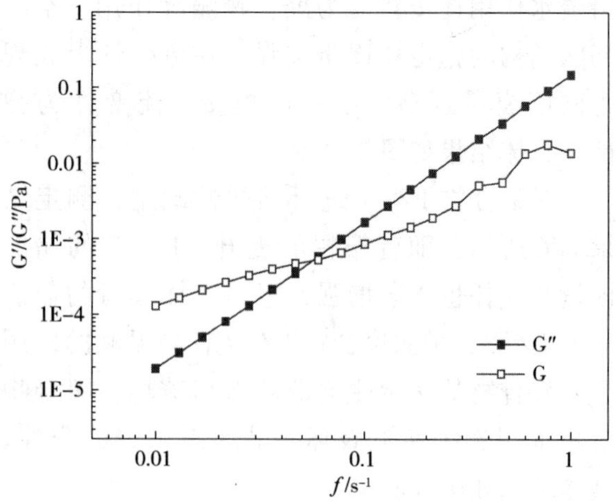

图 5　聚合物 PZ-3 粘弹性测试结果

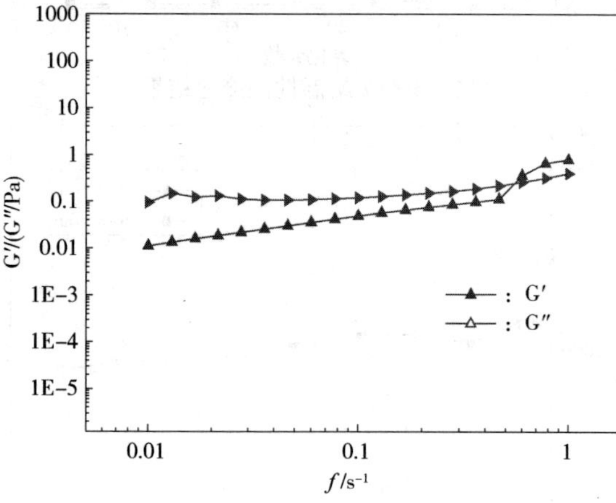

图 6　聚合物 PZ-7 粘弹性测试结果

2.4　聚合物微观形貌测试

用纯净水配制聚合物浓度为 1500mg/L 的 PZ-3、PZ-7、PZ-8 三种聚合物溶液，利用 SEM 观察聚合物聚集体在水溶液中的存在形

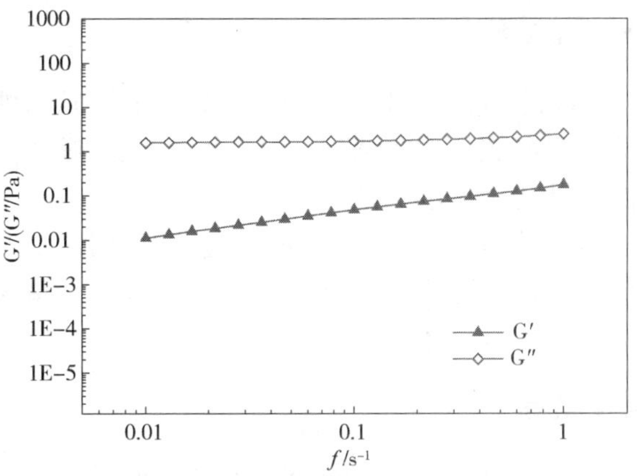

图 7　聚合物 PZ-8 粘弹性测试结果

态。从测定结果可以看出：PZ-3 为接枝型的疏水缔合聚合物，微观表现分子内存在疏水缔合作用，形成空间交互网络结构，导致水溶液中存在疏水微区，使水溶液的表观粘度增加。P-7 为功能性支链聚合物，该聚合物因分子内的卷曲缠绕，具备空间交互网状结构，增加水溶液的粘度。PZ-8 为高线性聚合物，聚合物微观结构呈现出高度线性特点，在剪切或者高矿化度条件下，聚合物分子发生轻微卷曲，保持聚合物水相的连续性，聚合物粘度降低幅度小。具体结果如图 8 所示。

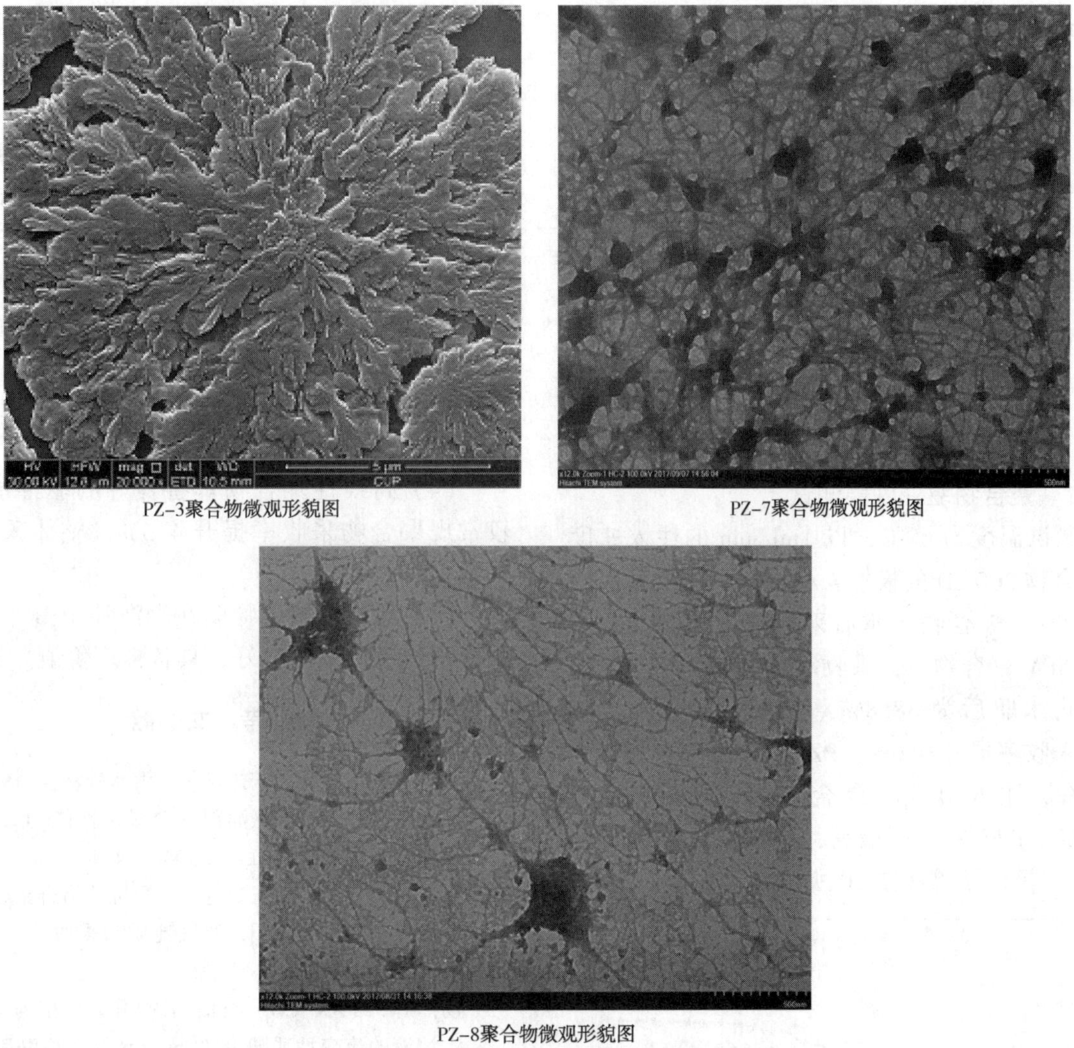

PZ-3聚合物微观形貌图

PZ-7聚合物微观形貌图

PZ-8聚合物微观形貌图

图 8　不同聚合物微观形貌图

2.4　聚合物驱油性能测定

聚驱作用过程中，聚合物溶液的注入性和运移的位置对化学驱效果有重要影响，因此在室内要对聚合物注入性能、驱油能力进行研究。

2.4.1　聚合物注入性能测试

测试温度 60℃，在水测渗透率 200mD 岩心中注入 1PV 水后再注入 1PV 的 1250ppm 的聚合物溶液，评价体系的注入性能，测定结果可以看出，当岩心渗透率在 200mD 时，PZ-3

的注入压力一直增长，没有达到平台区，注入性较差，推测聚合物堵塞在注入前端；PZ-7阻力系数为5.41，可以注入，但注入压力较高；PZ-8在200mD时阻力系数为1.78，注入性表现良好。具体结果如图9、表1所示。

表1　不同聚合物注入阻力系数测定结果

聚合物类型	阻力系数
PZ3	9.12
PZ7	5.41
PZ8	1.78

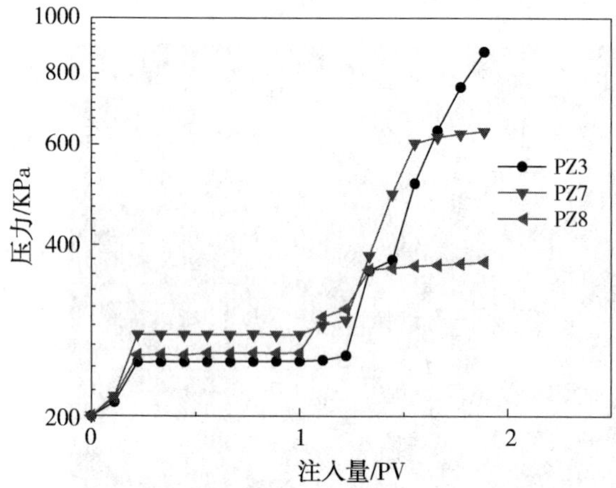

图9　不同类型聚合物注入性测定结果图

2.4.2　聚合物驱油性能测试

测试温度为60℃，以1ml/min的注入速度将聚合物200mD的模拟岩心，测定结果可以看出，PZ-3聚合物水驱后采收率为39.8%，注入0.6PV聚合物后，采收率提升7.8%；PZ-7聚合物水驱后为38.8%，注入0.6PV聚合物后，采收率提升9.6%；PZ-8聚合物水驱后为39.2%，注入0.6pv聚合物后采收率提升14.1%。PZ8采收率最高，比常规聚合物提升4.5%。具体结果如图10所示。

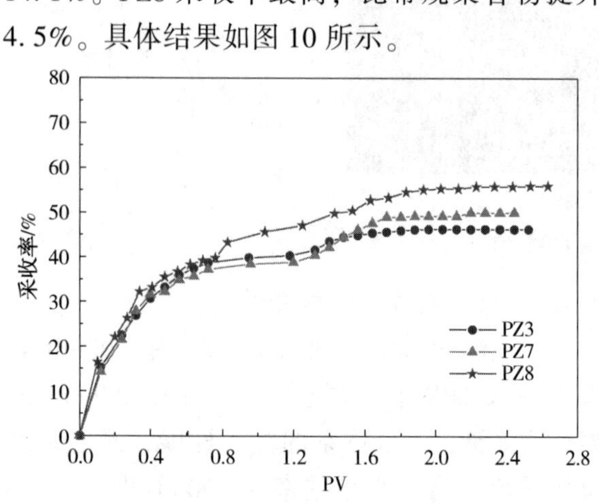

图10　不同类型聚合物驱油性能测试

3　现场应用

渤海油田B平台属于浅水三角洲沉积油藏，在水驱开发后期，砂体含水上升幅度较快，最高含水达92%，2020年1月份，B平台以高线性聚合物驱为开发方式，累计注入22个月，降水增油幅度明显，砂体整体含水最大降幅为13%，累计增油5万余方。

4　总结

（1）高线性聚合物与疏水缔合聚合物、功能性聚合物进行流变性测定，测定结果显示高线性聚合物具备最优的抗剪切粘度保留率，并且在流变性测试过程总，损耗模量G'大于储能模量G''，一直保持粘性特征；

（2）高线性聚合物与疏水缔合聚合物、功能性聚合物进行耐温及抗盐测定，测定结果显示高线性聚合物有最优的老化稳定性，抗盐能力与疏水缔合聚合物基本持平；

（3）高线性聚合物与疏水缔合聚合物、功能性聚合物进行注入性测定，测定结果显示高线性聚合物注入性良好，阻力系数较其他聚合物降低25%以上；

（4）高线性聚合物具备良好的驱油能力，较常规聚合物采收率提升4.5%，整体采收率提升14.1%；

（5）高线性聚合物驱在渤海油田B平台完成应用，应用效果良好，具备推广价值。

参考文献

[1] 刘观军，陈士佳，宋志学等．海水速溶型AM/AA/AMPS三元共聚物驱油剂的合成及性能[J]．精细石油化工进展，2021，22(04)：4-8.

[2] 曹绪龙，刘坤，韩玉贵等．耐温抗盐缔合聚合物的合成及性能评价[J]．油气地质与采收率，2014，21(02)：10-14.

[3] 汤泽辉．P(AA-CO-AM)和HPAM两类聚丙烯酰胺水溶液的流变性质研究 & 超亲水聚丙烯酰胺涂层的研制[D]．中国科学院大学，2016(01).

[4] 闫春燕．新型耐温抗盐聚合物合成与性能研究[D]．中国石油大学(北京)，2011(01).

[5] 薛新生，张健，舒政等．剪切方式对疏水缔合聚合物溶液性能的影响[J]．油气地质与采收率．2013，20(01)：59-62.

海上油田凝胶调剖剂长距离动态成胶规律研究与应用

王　硕[1,2]　徐国瑞[1,2]　李　翔[1,2]　杨劲舟[1,2]　苏　程[1,2]　王晓龙[1,2]

（1. 中海油田服务股份有限公司油田生产事业部；2. 天津市海洋石油难动用储量开采企业重点实验室）

摘　要　凝胶类调堵剂是渤海油田提高采收率技术使用的主力体系，但目前对凝胶成胶的筛选评价研究主要集中在室内静态实验上，凝胶调堵剂在地层深部“是否动态成胶”才是决定调剖调驱效果的关键问题。本文通过研究凝胶机械剪切成胶和长岩心运移封堵距离，探究了酚醛类凝胶动态成胶规律。通过提高注入速度和调整配方浓度，凝胶有效封堵距离从640cm提高至1200cm，并指导了渤海某油田施工，措施效果优异，累计增油超过9000方。

关键词　调剖；凝胶；动态成胶

1　引言

随着油田的发展，以聚合物凝胶为主要手段的注水井调剖技术以及油田区块综合治理技术应运而生。凝胶类调驱剂主要分为酚醛类凝胶和铬凝胶，由于铬冻胶存在反应速度难以控制、重金属污染等问题，目前酚醛类凝胶为海上油田常见调剖剂。

凝胶调堵剂在地层深部“是否动态成胶”是决定调剖调驱效果的关键问题，对矿场实践具有重要的指导意义。朱怀江等采用恒温旋转振荡水浴模拟不同流速对凝胶动态成胶的影响；张群志考察了不同剪切方式对凝胶调剖剂成胶的影响；刘巍等人用流变仪研究了聚合物/铬离子体系在稳定剪切下的交联反应；吕鹏、宋新旺等研究了在机械剪切条件下铬冻胶体系和酚醛树脂冻胶体系的动态成胶现象，探索了临界成胶剪切速率；张思琪等人研究了铬凝胶体系在经过50目和100目筛网条件下动态成胶浓度界限。以上研究初步探究了剪切作用对凝胶调剖剂动态成胶影响，但与地层中实际的剪切仍有较大差距。

曹功泽等用超30m超长填砂管研究了改性淀粉-丙烯酰胺接枝共聚调堵剂的动态成胶规律；刘向斌等人用研制的10.2米长岩心对有机铬凝胶的运移封堵规律进行了研究，并提出了油田深部调剖用铬冻胶动态成胶强度量化选择方法。贺杰等人用多测压点填砂管模型研究了多孔介质中酚醛类弱凝胶运移封堵性能，认为动态成胶对弱凝胶封堵能力影响较小，注入后无需侯凝，能通过自身运移对模型未注胶部位形成良好封堵。

长填砂管实验更接近地层的真实情况，但以上研究所用凝胶体系与海上油田常用体系差异较大，没有系统地研究海上油田用酚醛类凝胶在长岩心中的动态成胶性能。本文创新实验方法，采用长岩心实验装置和循环驱替装置相互配合的方式，探究了酚醛类凝胶动态成胶封堵性能和成胶机理。

2　实验装置和实验方法

2.1　实验装置

本实验主要实验装置为长岩心驱替装置。该装置由注入模块、长填砂管模块、压力实时监测模块等组成，长填砂管模块如图1a所示，该模型总长1460cm，测压点分别为注入口、距入口80cm、220cm、360cm、500cm、640cm、780cm、500cm、920cm、1060cm和1200cm，共计10个测压点，能够评价凝胶调剖剂长距离动态成胶性能，探究凝胶调堵剂有效封堵距离。

第二套驱替装置为循环驱替装置，如图1b所示，将1号中间容器放入凝胶溶液，正注到填砂管中，注完之后，再由2号容器将凝胶溶液再次反向注入到填砂管中，重复以上操作，可以实现循环注入，每次注入可以取样进行测试，测试不同运移距离凝胶溶液化学结构变化，探究凝胶调剖剂动态成胶机理。

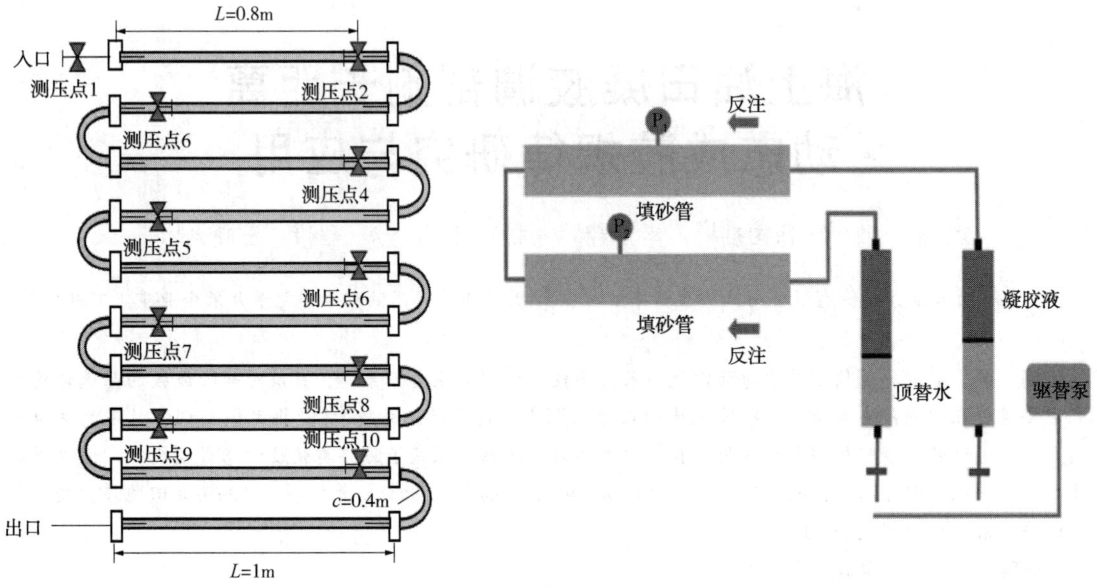

图 1　驱替装置

(a)长岩心驱替装置；(b)循环驱替装置

2.2　实验材料和实验用水

实验药剂：聚合物 YS-1，中海油田服务股份有限公司；酚醛类交联剂 YF-1，中海油田服务股份有限公司；交联助剂 YF-1，海油田服务股份有限公司；NaCl、$MgCl_2$、$CaCl_2$、Na_2SO_4、$NaHCO_3$、Na_2CO_3 国药集团化学试剂有限公司。

表 1　模拟水离子组成

离子组成	阴离子/(mg/L)				阳离子/(mg/L)			矿化度/(mg/L)
	CO_3^{2-}	HCO^{3-}	Cl^-	SO_4^{2-}	Ca^{2+}	Mg^{2+}	$K^{+}+Na^{+}$	
注入水	18	784.11	919.93	57.62	24.06	4.86	897	2705.57

2.3　实验方法

(1) 凝胶调剖剂静态成胶实验：配制酚醛类凝胶调剖剂溶液，配比为 2000ppm 聚合物+2500ppm 交联剂+2000ppm 交联助剂，在 400r/min 速度下搅拌至溶液均质后，放入温度为 65℃的烘箱中，每隔一段时间拿出观察凝胶溶液成胶状态。

(2) 机械剪切下凝胶成胶实验：将凝胶溶液放置到蜀牛瓶当中，并置于 65℃油浴当中，调整搅拌器参数进行搅拌，每间隔一段时间取下测定粘度确定成胶情况。

(3) 凝胶调剖剂长距离动态成胶实验：使用石英砂预填 4000~5000mD 的长填砂管，将填砂管放入岩心饱和装置中，抽真空 12h，饱和水 12h 后取出，使用电子秤称量填砂管重量；在 65℃下水测渗透率压力稳定后，以 0.08mL/min 的注入速度连续注入凝胶体系，直至明显起压；起压后转水驱至注入压力稳定。

(4) 凝胶调剖剂动态成胶元素分析：选择未经过运移的凝胶、第一轮循环产出液代表运移 1m 的样品、第五轮循环产出液代表运移 5m 的样品、第十轮循环产出液代表运移 10m 的样品，四个样品作为典型样品进行元素分析。

(5) 凝胶调剖剂动态成胶微观形貌测试：制作动态成胶后的岩心切片，使用液氮速冻后进行真空冷冻干燥 12 小时后，取出制样，拍摄高低不同倍数的扫描电镜图片。

3　实验结果和讨论

3.1　机械剪切对凝胶调剖剂动态成胶性能影响

由图 2a 可知，在凝胶溶液成胶前，粘度随时间没有明显变化，达到成胶时间后，粘度迅速增大，后又缓慢下降，凝胶初始成胶时间需要 36 小时，最终成胶时间分别在 84 小时左右。

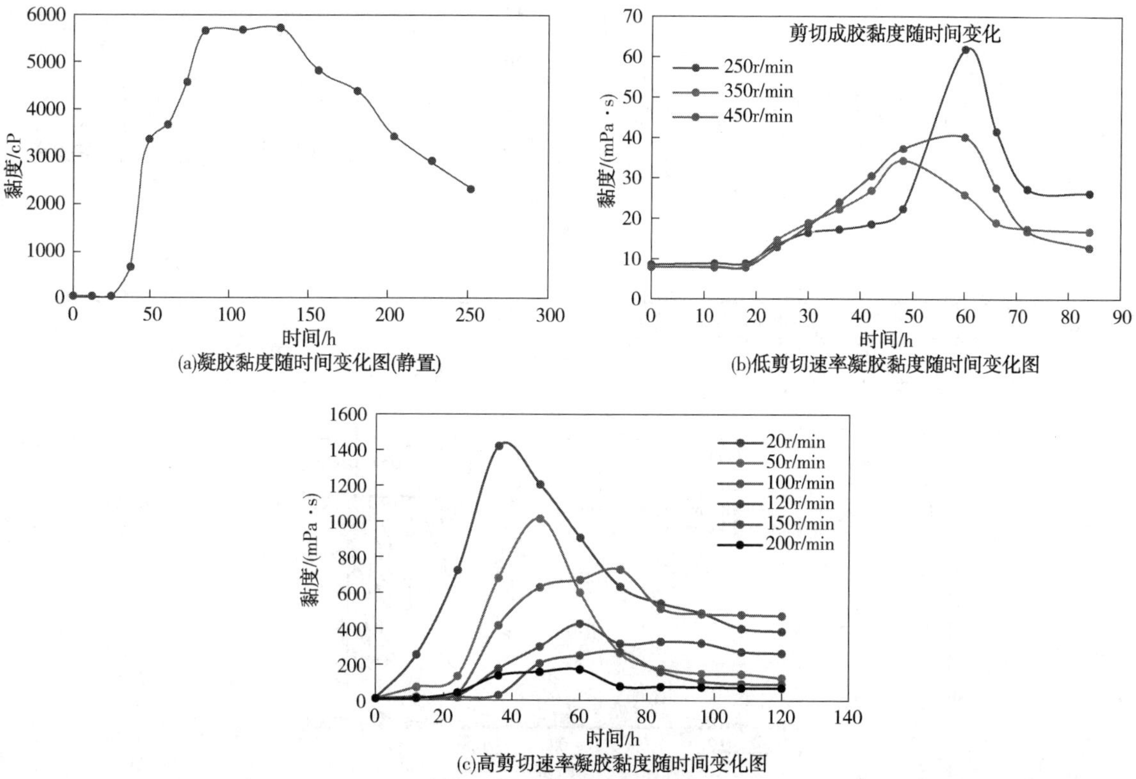

(a)凝胶黏度随时间变化图(静置)

(b)低剪切速率凝胶黏度随时间变化图

(c)高剪切速率凝胶黏度随时间变化图

图 2　凝胶成胶粘度测试图

如图 2b 所示，转速为 250r/min（37.91s^{-1}）时，凝胶剪切 60h 后粘度值能达到最高，但也仅为 61.9mPa·s，粘度值较低，该凝胶在高剪切速率下成胶效果差，因此需要进行低剪切速率下的成胶实验。由图 2c 可知，低剪切速率下，随着剪切速率的增加，凝胶成胶强度逐渐下降，凝胶初始成胶时间先缩短至 12h，又逐渐延长至 48h。成胶时间的变化与其成胶过程有关，甲醛与酚类生成苄基中间体，中间体运移到合适位置成胶，剪切促进了该过程的进行；但剪切力撕扯网状或体型聚合物结构，导致交联点的破坏和聚合物断链，两方面共同作用导致了成胶时间先缩短后延长。

3.2　凝胶调剖剂不同流速下动态成胶规律分析

如图 3、图 4 所示，随着注入速度的不断增加，凝胶溶液的起压时间逐渐缩短，但运移距离逐渐变远。填砂管总长 1460cm，当注入速度为 0.08mL/min 时，凝胶调堵剂在 0.28PV（注胶距离为 409cm）时起压，继续注入凝胶调堵剂，压力迅速上升，注入 0.38PV（注胶距离为 555cm）时开始水驱。前 360cm 的封堵率均在 95%以上，但 360~500cm 填砂管封堵率下降至 67%。后续水驱过程中，500cm ~ 640cm 封堵率达到了 49.76%，640cm 之后没有封堵效果。

当注入速度提高至 0.127mL/min 时，凝胶调堵剂在 0.5PV（注胶距离为 730cm）时起压，起压后继续注入凝胶调堵剂，注入凝胶调堵剂 0.9PV（注胶距离为 1314cm）时开始水驱。从图 4b 看出，对前 640cm 填砂管封堵率均在 90%以上，对 640cm~780cm 的封堵率也达到 87%，但 780cm 之后基本没有封堵效果。

当注入速度提高到 0.25mL/min，凝胶调堵剂在 0.5PV（注胶距离为 730cm）时起压，起压后继续注入凝胶调堵剂，注入凝胶溶液 0.88PV（注胶距离为 1285cm）时开始水驱。该流速下，凝胶调堵剂对前 1060cm 填砂管封堵率均在 90%以上，对前 1200cm 的封堵率也达到了 70%以上。根据现场应用经验，当封堵率大于 70%时为有效封堵，提高凝胶调堵剂注入速度，有效封堵距离从 360cm 提高至 1200cm。

3.3　凝胶调剖剂不同助剂浓度下动态成胶规律分析

如图 5 所示，当降低交联助剂浓度，延长成胶时间时，当聚合物凝胶注入 0.4PV 开始起压，此时的注胶距离为 584cm，随着注入量不断增加，各测压点压力梯度增大，注入量达到 0.66PV（注胶距离 964cm）后停止注聚；在后续水驱阶段，按照原有的注入速度（0.08mL/min）注入一段时间后，各测压点的压力逐渐趋于稳定在 2~3MPa。如图 6 所示，降低助剂浓度后，凝胶调堵剂对前 780cm 的封堵率达到 95%以上，对 780cm ~ 920cm 的封堵率仍有 78%，对 920cm~1200cm 的填砂管仍有一定封堵性。

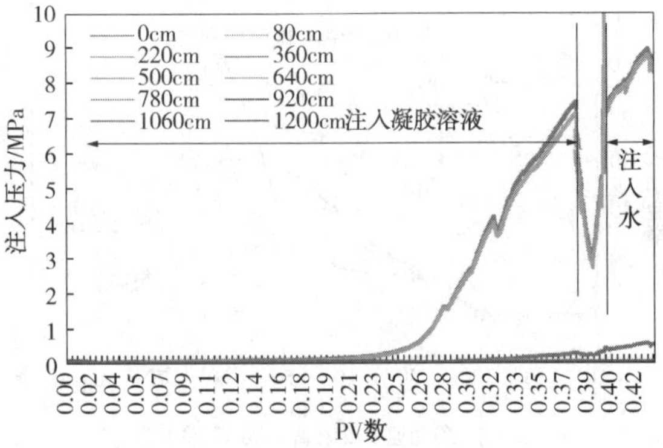

(a)流速0.08mL/min

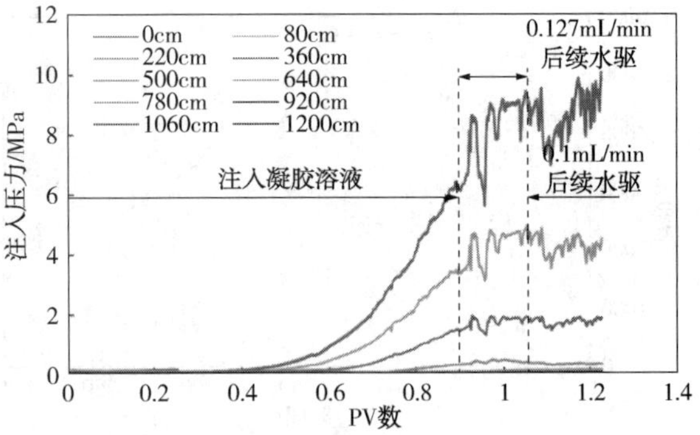

(b)流速0.127mL/min

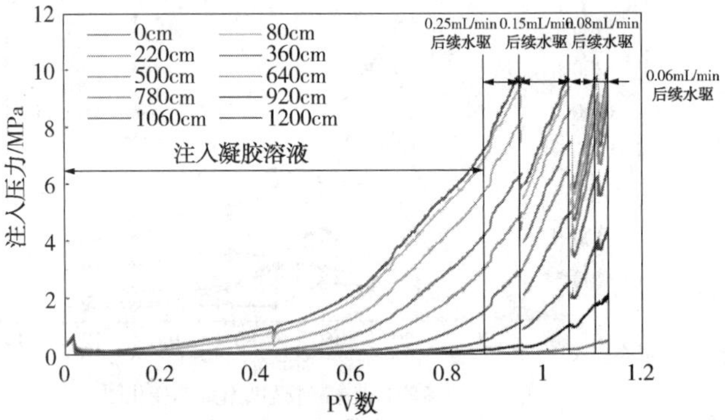

(c)流速0.25mL/min

图 3　注入压力与 PV 数关系曲线

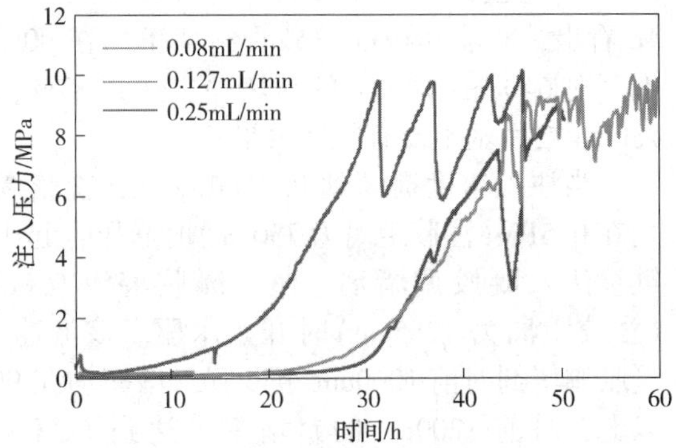

(a)注入压力随时间变化图

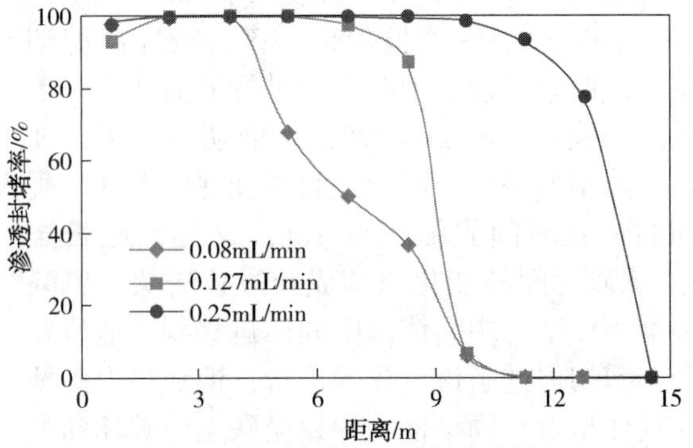

(b)渗透率封堵率随距离变化图

图 4　不同注入速度下注入压力和封堵率变化图

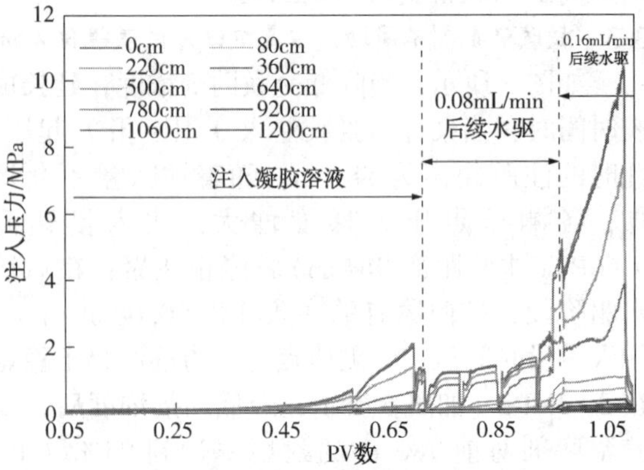

图 5　注入压力与 PV 数关系曲线

（注入速度 0.08mL/min，交联助剂浓度 1000ppm）

降低交联助剂浓度，凝胶调堵剂的初始成胶时间从 32h 延长至 53h，有效封堵距离从 360cm 延长至 920cm。当降低助剂浓度，凝胶溶液开始成胶后，后续注入的溶液仍能运移并产生有效封堵，在注胶距离为 964cm 的情况下，有效封堵距离达到了 920cm，提高了药剂的有效利用率。

3.4　凝胶调剖剂动态成胶机理分析

如表 2 所示，凝胶调剖剂运移 1 米后，样品中的有机物含量显著降低，这说明调剖剂在运移过程中发生了明显的吸附。当运移距离增加 5 米后，有机物含量继续降低，进一步增加运移距离至 10 米，有机物含量降低的幅度减缓，这说明经过多次运移后，砂粒表面的吸附达到饱和。聚合物和交联剂在填砂管前端存在明显的吸附滞留现象，因此前端的聚合物和交联剂浓度高于配制溶液浓度，缩短了多孔介质中凝胶调剖剂初始成胶时间。

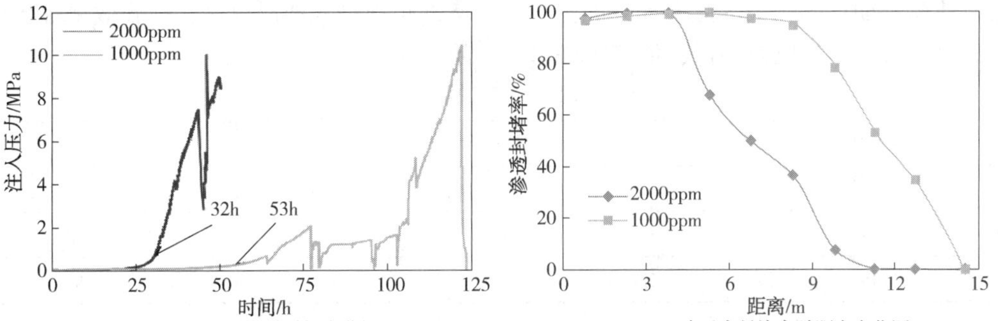

(a)注入压力随时间变化图　(b)渗透率封堵率随距离变化图

图6　不同交联助剂浓度注入压力和封堵率变化图

如图7所示，凝胶调剖剂在多孔介质孔隙中成胶充填形成有效封堵。在高流速条件下，经过多孔介质剪切的凝胶调剖剂网络结构更稀疏，但驱替实验封堵率计算表明，在凝胶溶液未开始起压之前注入的凝胶溶液对填砂管均产生了有效封堵，适当的强度降低并不影响对段塞的有效封堵。

表2　元素分析

样品名称	N(%)	C(%)	H(%)	N：C	H：C
1	2.29	12.20	2.680	0.187705	0.219672
2	1.78	9.70	2.097	0.183505	0.216186
3	0.83	5.04	1.744	0.164683	0.346032
4	0.69	4.16	1.635	0.165865	0.393029

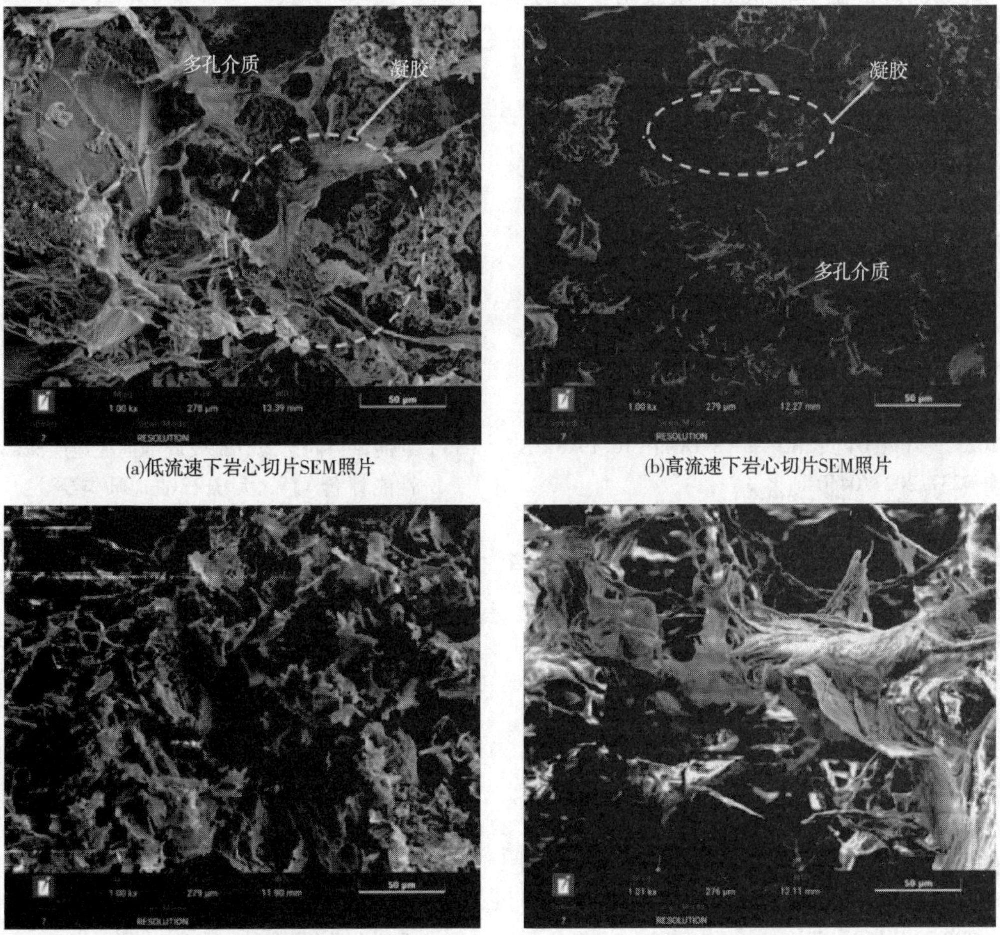

(a)低流速下岩心切片SEM照片　(b)高流速下岩心切片SEM照片

(c)低流速下取样凝胶溶液SEM照片　(d)高流速下取样凝胶溶液SEM照片

图7　凝胶在多孔介质成胶SEM图片

4 现场应用

渤海某油田长期水驱开采，注入水突进，导致对应采油井高含水，水驱效率低；但该区块水井多为边外注入，需要药剂进入油层才能形成有效封堵；通过调整配方和注入速度，实现凝胶调堵剂顺利进入油层封堵，措施效果优异，累增油超过 9000 方。

表 3 施工情况

措施前生产状况			目前生产动态			净累增油
日产液	日产油	含水	日产液	日产油	含水	
m^3/d	m^3/d	%	m^3/d	m^3/d	%	m^3
755	106	86%	608	143	76.5%	9648

5 结论

（1）在临界剪切速率以下时，与静态成胶相比，酚醛类凝胶调堵剂成胶强度明显降低，随着剪切速率的增大，成胶时间变长，成胶强度降低。凝胶的临界成胶剪切速率为 37.9s^{-1}。

（2）提高凝胶调堵剂注入速度从 0.08mL/min 至 0.25mL/min，凝胶调堵剂运移性变好，仅最前端被稀释，其余药剂均产生有效封堵，有效封堵距离从 640cm 提高至 1200cm；降低交联助剂浓度从 2000ppm 至 1000ppm，凝胶调堵剂的初始成胶时间从 32h 延长至 53h，运移性变好但仍然会有部分药剂被稀释，封堵距离从从 640cm 提高至 1060cm。

（3）与静态成胶相比，随着注入速度的提高，酚醛类凝胶调剖剂在多孔介质中初始成胶时间缩短，这与凝胶在多孔介质中的吸附滞留有关。

参 考 文 献

[1] 吴清辉；陈维余；黄利平；陈士佳；刘凤霞．渤海油田调剖技术现状及发展方向[J]．精细与专用化学品，2023，31（04）：15 - 18. DOI：10.19482/j.cn11-3237.2023.04.04.

[2] 赵延茹；梁伟；赵晓红；芦玉花；戴宇婷．油田堵水调剖技术研究进展与发展趋势[J]．内蒙古石油化工，2011，37(21)：117-121.

[3] 赵娟；康晓东；张健．国内油田调剖技术研究进展[J]．金属材料与冶金工程，2012，40（S1）：65-71.

[4] 牛亮；何宗礼．油田化学堵水调剖剂应用研究综述[J]．山东化工，2022，51（03）：56 - 57 + 60. DOI：10.19319/j.cnki.issn.1008-021x.2022.03.019.

[5] 曾鸣；吕国胜；黄子俊；宫汝祥；冯青；杨慰兴．海上油田调驱存在问题及对策[J]．云南化工，2021，48(02)：158-159.

[6] 朱怀江，刘玉章，樊中海，孔柏岭，丁睿．动态过程对聚合物酚醛交联体系成胶机理的影响[J]．石油勘探与开发，2002(06)：84-86+102.

[7] 张群志；赵文强；陈素萍；焦秋菊．不同剪切方式对聚合物溶液及凝胶性能的影响[J]．油田化学，2008（03）：256 - 260. DOI：10.19346/j.cnki.1000-4092.2008.03.016.

[8] 刘巍；陈凯；崔亚；赵福麟；杨瑞智．稳定剪切条件下聚合物冻胶的交联动力学研究[J]．中国石油大学学报(自然科学版)，2007(06)：102-106.

[9] 巩同宇；刘军；江汇；张子麟；李福军；唐钢．交联聚合物调驱技术研究及矿场应用[J]．精细石油化工进展，2011，12(11)：1-4+42.

[10] 吕鹏；王业飞；于海洋；何宏；史胜龙．振荡剪切下酚醛树脂冻胶成胶规律研究[J]．石油化工高等学校学报，2011，24(06)：31-35+38.

[11] 张思琪．新型铬交联剂动态成胶临界浓度研究[J]．化学工程师，2019，33（01）：75 - 77 + 69. DOI：10.16247/j.cnki.23-1171/tq.20190175.

[12] 曹功泽；侯吉瑞；岳湘安；庄绪超；铁磊磊．改性淀粉-丙烯酰胺接枝共聚调堵剂的动态成胶性能[J]．油气地质与采收率，2008（05）：72 - 74 + 115-116.

[13] 刘向斌；尚宏志．凝胶调剖剂在地层深部动态成胶性能评价[J]．大庆石油地质与开发，2020，39（01）：86 - 90. DOI：10.19597/j.issn.1000 - 3754.201906024.

[14] 刘向斌；刘珂君；盖德林；周泉；李国；汪旭颖；陈玲玲．一种油田深部调剖用铬冻胶动态成胶强度量化选择方法[P]．北京市：cn112201316a，2021-01-08.

[15] 贺杰；岳湘安；丁名臣；王业飞；李立峰；陈怡秀．多孔介质中弱凝胶运移封堵特征[J]．油田化学，2015，32（02）：190 - 194. DOI：10.19346/j.cnki.1000-4092.2015.02.007.

[16] 于海洋．聚合物冻胶动态成胶行为研究[D]．中国石油大学(华东)，2012.

弱碱性海水基压裂液交联动力学及其交联机理研究

赵　健　申金伟　许田鹏　郭布民　鲍文辉　周　福　潘江浩

(中海油田服务股份有限公司油田生产事业部)

摘　要　为满足海水基压裂液对延迟交联和耐高温的应用需求，通过优化构建了系列温度海水基压裂液体系，实现了低pH值下交联时间可控，体系最高耐温达175℃。通过稳态剪切流变实验对压裂液交联过程测试，并采用流变动力学方程对数据进行拟合，分析了交联配比、剪切速率、pH值控制剂浓度、温度对交联过程的影响。提高交联剂浓度和交联温度可以加速交联过程，提高交联体系强度；交联过程的剪切速率存在最优区间。通过对交联剂尺寸、交联冻胶微观结构和交联过程元素含量测量，进一步分析了交联机理。有机硼和有机锆的不同粒子尺寸，控制了释放速度实现交联时间可控，进一步通过交联过程锆元素测量，验证了缓释交联性能。扫描电镜微观观察证明了有机硼单交联点和有机锆双交联点的交联机理。

关键词　弱碱性；海水基压裂液；有机硼锆复合交联剂；交联动力学；交联机理

随着海上压裂的逐步扩大实施，海水配制压裂液具有解决淡水运输问题、降低作业成本、提高作业时效等多个优点，因此成为海上压裂用工作液的研究热点。目前围绕海水基压裂液研究主要集中在海水配液问题和耐温性能提升等问题，如稠化剂改性提升耐温耐盐能、开发螯合剂抑制高价离子影响、是改进研发新型交联剂等。

压裂液在施工过程中始终处于动态流变状态，压裂液的流变性能与携砂、输送、降阻及最终的压裂增产效果密切相关，而对于海水基压裂液的交联动力学过程和交联机理未有涉及。因此本文通过调控耐盐稠化剂、pH值调节剂、有机硼锆复合交联剂构建了弱碱性海水基压裂液体系，通过稳态流变学测试研究不同变量对交联过程的影响，进一步通过微观手段分析弱碱性海水基压裂液的交联机理，以期对未来体系研发和深入研究形成一定的指导作用。

1　实验部分

1.1　试剂及仪器

耐盐稠化剂、有机硼锆复合交联剂、杀菌剂、破乳助排剂、pH值调节剂，工业品，中海油田服务股份有限公司。

吴茵搅拌器，WARING公司；FEI Quanta 200型环境扫描电镜，荷兰FEI公司；动静态激光光散射仪，德国BRUKER光谱仪器公司；HAAKE MARS Ⅲ流变仪，德国赛默飞世尔科技公司。

1.2　压裂液配制

基液配制：量取500ml海水倒入吴茵混调器中，开启搅拌，称取定量的耐盐稠化剂加入吴茵混调器中，然后采用移液管按配方浓度加入杀菌剂、破乳助排剂，搅拌15min后倒入烧杯中待用。

交联冻胶配制：取100ml基液，按配方加入pH值调节剂和有机硼锆复合交联剂，搅拌充分形成冻胶。

1.3　交联动力学研究

取基液加入定量pH值调节剂和有机硼锆复合交联剂，快速搅拌10s后放入MARS Ⅲ流变仪同轴圆筒系统中，测量体系粘度随时间变化，明确不同pH、交联剂用量、剪切速率和温度对交联过程的影响。对流变曲线采用4-参数稳态剪切交联流变动力学方程进行拟合：

$$\eta(t)-\eta_{max}=\frac{(\eta(c)-\eta_{max})}{1+(kt)^{p}}$$

其中，$\eta(t)$为t时刻对应的黏度；$\eta(c)$为体系的初始黏度；η_{max}为交联反应达到平衡时的黏度；k为交联反应的结构速率常数；p为交联反应的依时性参数。

1.4　交联机理评价

动静态同步激光光散射表征：将有机硼锆交联剂注入样品池中，调整仪器参数，测量并进行数据分析。

元素含量测量：实验采用 FEI Quanta 200 型环境扫描电镜，辅有 EDAX Genesis 2000 X-射线能谱仪。取基液加入定量 pH 值调节剂和有机硼锆复合交联剂，30s 内搅拌均匀，将样品放置于样品室内，抽真空 1min 至 2.6kPa 开始测试，每隔 30s 测试记录冻胶微观结构和 EDXA 谱线。

微观结构观测：用真空冷冻干燥机将压裂液冻胶于-40℃下干燥 48h，然后进行喷金处理，最后通过扫描电镜拍照观察。

2 结果与讨论

2.1 弱碱性海水基压裂液构筑

耐盐稠化剂为瓜胶引入速溶和耐盐基团制备而得，pH 值调节剂为有机碱+螯合剂形成，通过新型配体优化形成有机硼和有机锆交联剂并复配得到有机硼锆交联剂。

通过耐盐稠化剂、pH 值调节剂、有机硼锆复合交联剂等核心添加剂的浓度优化，构建了系列耐温的海水基压裂液。

表 1 系列温度海水基压裂液

耐盐稠化剂/%	pH 值调节剂/%	有机硼锆复合交联剂/%	交联 pH	交联时间/s	耐温能力/℃
0.25~0.3	0.5~0.8	0.25~0.3	8~9	20~40	60
0.35~0.4	0.5~0.8	0.3~0.4		60~90	90
0.45~0.5	0.5~0.8	0.6~0.8		120~180	120
0.55~0.6	0.5~0.8	0.7~0.9		120~180	150
0.6~0.65	0.6~1.0	0.8~1.0		120~180	175

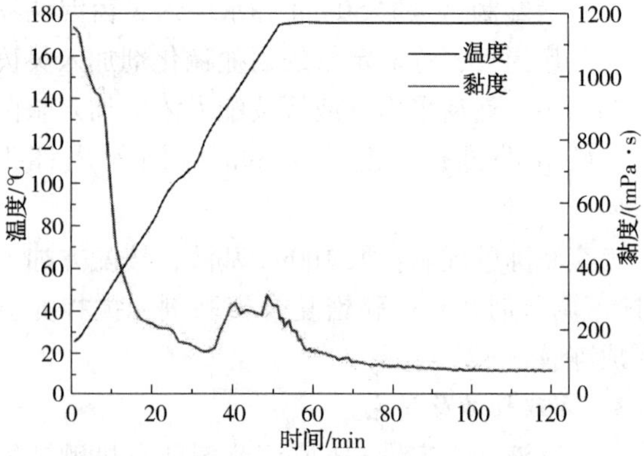

图 1 175℃流变曲线

不同温度系列海水基压裂液的 pH 值在 8~9 之间，具有显著的低交联 pH 特性，有助于降低海水中钙镁离子产生沉淀的几率。构建的系列海水基压裂液可实现低 pH 值下交联可控、低温交联强度高、二次交联提升耐温能力等特点。

2.2 交联动力学研究

流变动力学是研究流变学性能和动力学机理之间相互关系的一门重要学科。油田压裂施工中，压裂液从地面被泵送到地层，期间从基液逐渐交联形成冻胶，经历了复杂的流变学过程。体系的流变性质随时间发生明显变化，凝胶的强度和交联反应的速率对体系的携砂性能和摩阻大小都有至关重要的影响。本文采用稳态流变考察了交联配比、剪切速率、pH 值调节剂浓度、温度对海水基压裂液交联过程的影响，并建立了不同的交联动力学方程描述其交联过程，以研究海水基压裂液的交联过程。基础配方为：0.5%耐盐稠化剂+0.2%杀菌剂+0.7%破乳助排剂+0.6%pH 值调节剂+0.8%有机硼锆复合交联剂。

(1) 交联配比影响

固定基液，通过添加不同浓度交联剂，测量其交联过程粘度变化。

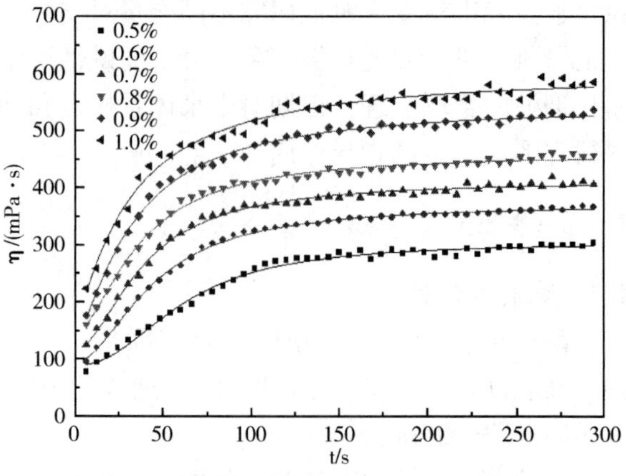

图 2 不同交联剂浓度下 4-参数稳态剪切交联流变动力学拟合曲线

表 2　不同交联剂浓度下 4-参数稳态剪切交联流变动力学模型参数

交联剂用量/%	模型参数				R
	k/s^{-1}	η_c/mPa·s	η_{max}/mPa·s	p	
0.5	0.0165	89.7	304.9	2.232	0.989
0.6	0.0225	94.6	372.4	1.827	0.987
0.7	0.0259	116.5	412.8	1.790	0.983
0.8	0.0274	136.4	460.2	1.677	0.982
0.9	0.0302	145.4	545.5	1.385	0.984
1.0	0.0317	163.6	605.2	1.210	0.983

如图 2 和表 2 所示，对于不同交联比体系采用广义牛顿流体的 4-参数稳态剪切交联流变动力学方程都能较好的拟合表征。随着交联剂用量增加，交联体系的初始黏度 η_c 和交联反应达到平衡时的黏度 η_{max} 均逐步增大；特征时间 k 反应体系内部结构强度，可见交联剂浓度增大，k 值越大体系结构强度更强。

(3) 剪切速率影响

固定配方通过变换交联过程剪切速率，测量其交联过程粘度变化。

如图 3 和表 3 所示，对于不同剪切速率下的稳态剪切测试，增大剪切速率可以快速分散交联剂、增加交联点的碰撞，促进交联进程，k 值增大；但同时高的剪切速率会对交联网络有剪切破坏作用，表现为终值粘度降低。可见交联冻胶体系属于假塑性非牛顿流体，剪切速率增加粘度降低。

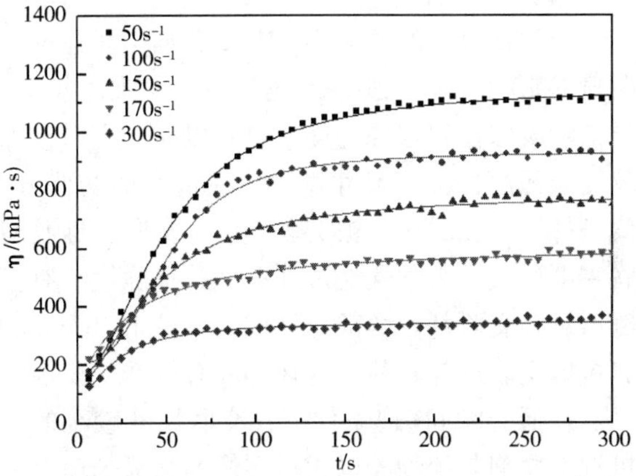

图 3　不同剪切速率下 4-参数稳态剪切交联流变动力学拟合曲线

表 3　不同剪切速率下 4-参数稳态剪切交联流变动力学模型参数

剪切速率/s^{-1}	模型参数				R
	k/s^{-1}	η_c/mPa·s	η_{max}/mPa·s	p	
50	0.0187	256.7	1157.1	1.927	0.997
100	0.0199	232.8	928.6	2.752	0.992
150	0.0239	198.1	793.1	1.639	0.990
170	0.0317	163.6	605.2	1.210	0.983
300	0.0445	95.5	346.8	1.687	0.943

(3) 温度影响

考虑现场不同作业季节，变换不同交联温度测量其交联过程粘度变化，模拟不同季节施工温度下，冻胶交联情况。

如图 4 和表 4 所示，对于不同交联温度下的稳态剪切测试，随着交联温度升高，k 值增大、η_{max}增大，是由于温度升高使分子运动加快，稠化剂上的交联基团与交联剂交联点碰撞几率增加，导致结构变化速率常数 k 增大；温度升高使交联点与交联基团络合更紧密，因此 η_{max}增大。

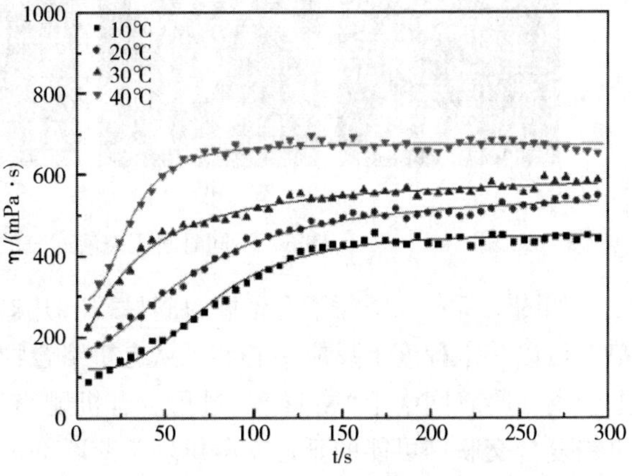

图 4　不同交联温度下 4-参数稳态剪切交联流变动力学拟合曲线

表 4　不同交联温度下 4-参数稳态剪切交联流变动力学模型参数

交联温度/℃	模型参数				R
	k/s^{-1}	η_c/mPa·s	η_{max}/mPa·s	p	
10	0.0102	121.2	455.5	3.088	0.987
20	0.0150	143.3	554.8	1.890	0.990
30	0.0317	163.6	605.2	1.210	0.983
40	0.0340	288.7	676.3	2.828	0.984

2.2　交联机理研究

(1) 交联剂尺寸

交联剂尺寸的的大小，对交联剂交联速率有明显的影响，尺寸过大，交联剂分子难以扩散，与植物胶邻位双羟基等交联点难以充分交联，冻胶性能无法保证。尺寸过小，在适宜的交联 pH 值条件下，交联剂与被交联点急剧交联，冻胶交联密度过大，力学性能过强，冻胶呈脆性。有机硼锆复合交联剂由两部分组成：直径 1~10nm 的有机硼交联剂与直径 10~100nm 有机锆交联剂。

在低交联 pH 值条件下，交联尺寸较小的有机硼交联剂与植物胶以相对缓慢的交联剂速度进行交联，确保交联体系具有延迟交联性。交联冻胶在进入地层后受到高温作用，在低交联 pH 值、常温条件下未与植物胶反应的有机锆交联剂在高温环境中与植物胶反应，确保了交联体系具有耐高温性能。

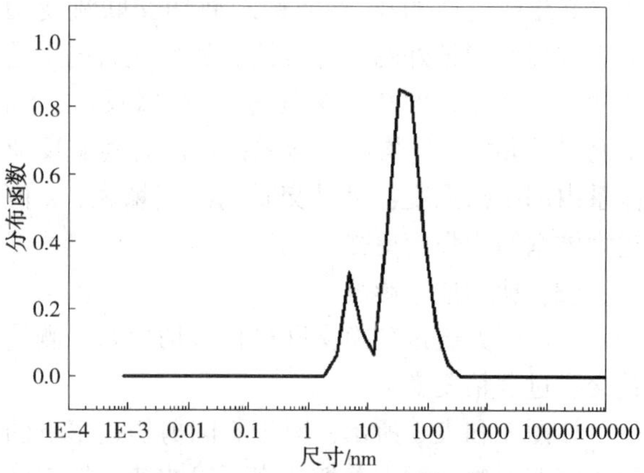

图 5　有机硼锆交联剂粒子尺寸分布图

(2) 交联过程元素变化

如图 6 所示，环境扫描电镜能够记录不同时间视野范围线扫区域内锆元素原子含量的变化。

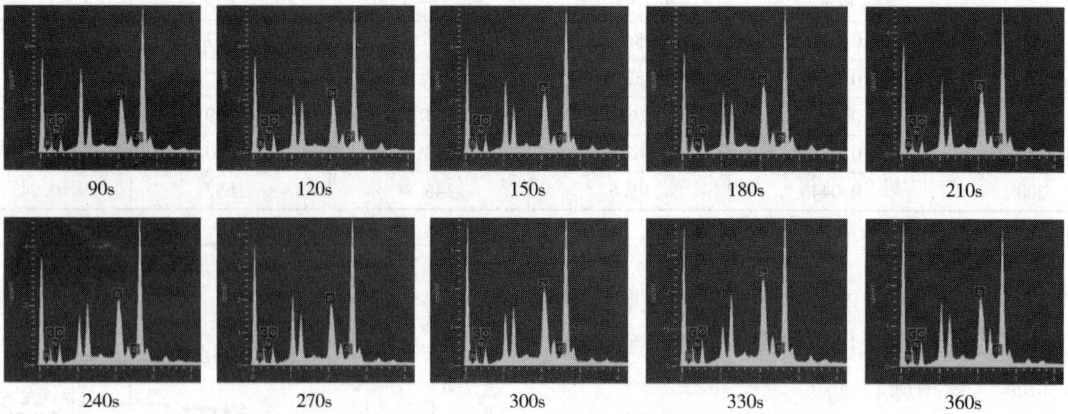

图 6　不同时间压裂液冻胶的环境扫描电镜元素原子含量线扫图

如图 7 所示，锆原子含量随时间呈现上升趋势。可以一定程度上反应中心离子从有机络合物上脱离在凝胶网络上“富集”的过程。有机硼/有机锆复合交联剂可能的延迟交联机理是交联剂加入到压裂液基液中后，基液中的氢氧根离子“活化”有机锆，将具有交联位点的锆原子从有机络合物中释放出来。

(3) 交联冻胶微观结构

由图 8 可知，当交联剂中有机硼的含量较高时(有机硼：有机锆=1：1、1：2)，交联网络密度较低，网孔较大；当交联剂中有机锆含量较高时(有机硼：有机锆=1：7、1：8)，交联网络密度较高，网孔较小。对比纯有机硼交联剂和纯有机锆交联剂制得的凝胶的电镜照片可以更明显看出交联网络的差异，纯有机硼交联剂制得的凝胶孔径大，网络疏松；而纯有机锆交联剂制得的凝胶孔径小，网络更紧密。两种凝胶的区别主要是源于交联剂中心离子的差异，有机硼中的硼原子只有一个空轨道，只能提供一个交联位点，交联密度低，而有机锆中的锆原子有更多的空轨道，配位数更高，因而交联密度更高，交联网络更加紧密。

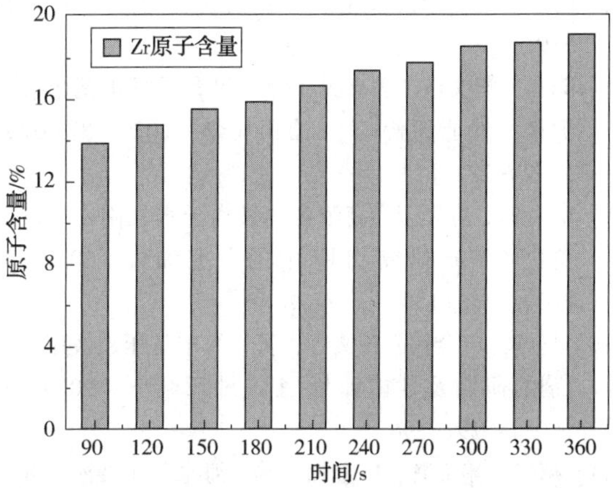

图7　不同时间锆原子含量变化图

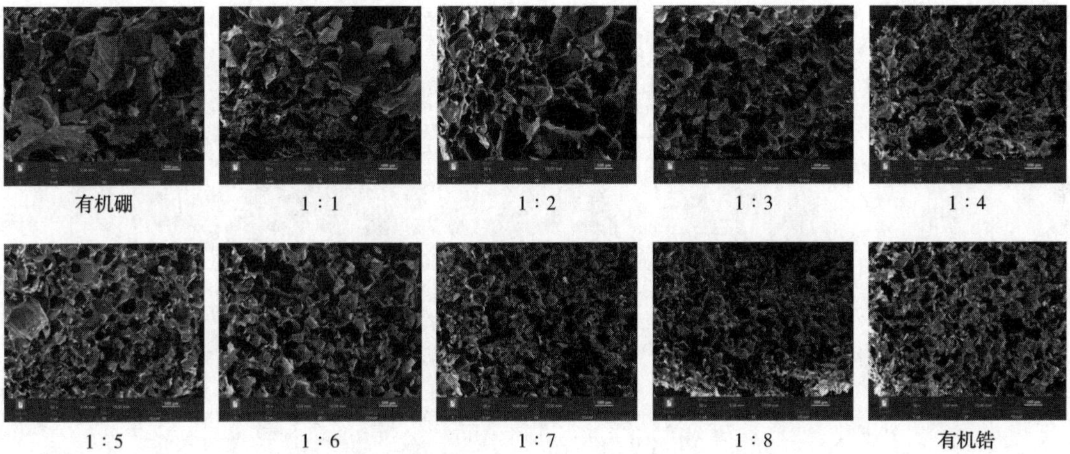

图8　不同有机硼有机锆配比压裂液冻胶的SEM图

3　结论

(1) 通过耐盐稠化剂、pH值调节剂、有机硼锆复合交联剂等核心添加剂的浓度优化，构建了系列耐温的低pH值可控交联海水基压裂液。

(2) 4参数流变动力学方程可描述海水基压裂液交联过程，提高交联剂浓度和交联温度可以加速交联过程，提高交联体系强度；交联过程的剪切速率存在最优区间。

(3) 交联剂尺寸的的大小，对交联剂交联速率有明显的影响，小尺寸有机硼优先参与交联过程，保证常温性能；大尺寸的有机锆缓慢释放参与交联，保证耐高温性能。交联冻胶网络结构上锆原子含量随时间呈现上升趋势，反应中心离子从有机络合物上“脱离”在冻胶网络上“富集”的过程，一定程度上证明延迟交联机理。扫描电镜微观观察证明了有机硼单交联点和有机锆双交联点的交联机理，有机硼与有机锆的复合强化了交联结构，进一步提升压裂液耐温性能。

参考文献

[1] 刘刚芝，王杏尊，鲍文辉，等．一种海水基压裂液体系的研究[J]．钻井液与完井液，2013，30(03)：73-75+97.

[2] 申金伟，赵健，许田鹏，等．海水基弱碱性植物胶压裂液配方研究[J]．石油化工应用，2023，42(10)：39-44.

[3] 刘通义，于毅，赵众从，等．一种低伤害海水基压裂液体系[J]．钻井液与完井液，2015，32(06)：68-71+108.

[4] 张大年，赵崇镇，范凌霄，等．海水基植物胶压裂液体系快速制备及性能评价[J]．中国海上油气，2016，28(06)：95-98.

[5] 鲍文辉，王杏尊，郭布民，等．高温海水基压裂液研究及应用[J]．断块油气田，2017，24(03)：434-436.

[6] 张永涛，郭布民，金颢，等．用于海水基压裂液环氧丙基表面活性剂改性胍胶的制备与性能评价[J]．油田化学，2023，40(02)：235-241+256.

[7] 陈磊，鲍文辉，郭布民，等．海水中改性速溶瓜胶

的性能与应用[J]. 精细石油化工，2021，38(05)：5-9.

[8] 陈磊，鲍文辉，郭布民，等. 耐高温海水基压裂液稠化剂性能评价[J]. 油田化学，2020，37(01)：17-21+28.

[9] 申金伟. 应用于含高浓度钙镁离子水配制压裂液的螯合调节剂研究[J]. 中国海上油气，2021，33(03)：153-159.

[10] 赵健，申金伟，鲍文辉，等. 海水基压裂液用螯合剂的研制及性能评价[J]. 油田化学，2020，37(03)：391-396.

[11] 郝琦，鲍文辉，申金伟，等. 海水基压裂液中螯合剂的研究[J]. 应用化工，2019，48(11)：2662-2665.

[12] 杨文轩，管保山，梁利，等. 高矿化度水基压裂液稳定剂的研制及应用[J]. 油田化学，2018，35(04)：622-626.

[13] 贾文峰，陈作，姚奕明，等. 纳米二氧化硅交联剂的合成及其交联形成羟丙基胍胶压裂液的性能研究[J]. 精细石油化工，2015，32(5)：15-18.

[14] 杨洋，陈奇，李治鹏，等. 用于压裂液改性的耐高温锆硼交联剂的制备及评价[J]. 应用化学，2021，38(4)：431-438.

[15] 严芳芳，方波，卢拥军，等. 有机锆交联羟丙基瓜胶流变动力学[J]. 高校化学工程学报，2015，29(04)：802-808.

[16] 王松. 有机硼锆交联聚多糖凝胶的制备及流变性能研究[D]. 武汉理工大学，2014.

疏松砂岩水平分支井钻完井若干关键问题与新型解决方案

吴高盛[1]　刘　帅[2]　徐凤祥[1]　李秋杰[1]　张　伦[1]　杨树坤[1]　王宇鸣[1]

[1. 中海油田服务股份有限公司油田生产事业部；2. 中海石油(中国)有限公司深圳分公司]

摘　要　海上主力油田逐步进入开发中后期，采用水平分支井扩大泄油面积、提高单井产量是实现少井、高产和降本增效目标的有效手段。海上油田以疏松砂岩储层为主，疏松砂岩水平分支井的安全高效开发面临诸多挑战，主分支结合处为裸眼，分支产能贡献缺乏认识，主分支窗口隔离效果欠佳，水平分支井无法分采等关键问题尤为突出，亟待解决。为此，针对疏松砂岩水平分支井智能分采所面临的关键问题，在分析传统解决方案局限性的基础上，提出了裸眼空心斜向器、微量元素固体示踪剂、裸眼分段充填及分支井液控智能分采四项具有显著优势的新工具和新技术，为疏松砂岩水平分支井的精细、长效开发提供了有效的技术方案支撑，也为疏松砂岩水平分支井钻完井技术发展提供了新的方向。

关键词　水平分支井；疏松砂岩；液控智能；空心斜向器；裸眼分段充填；固体示踪剂

海上主力油田逐步进入开发中后期，剩余油呈零散分布，单井井控储量低，累产油逐年下降，亟需提高单井产能。此外，开发方式也在发生改变，开发早期以定向井或加密为主，开发中后期以水平井挖潜井间剩余油为主。采用水平分支井扩大泄油面积、提高单井产量是实现少井、高产和降本增效目标的技术途径。海上油田砂岩储层占比达89%，其中又以疏松砂岩储层为主。随着海上水平多分支的作业量逐年增加，水平分支井钻完井技术取得了长足进步，但常规井下工具与钻完井技术仍然无法满足疏松砂岩水平分支井开发的需求。与地层稳定的硬地层水平分支井相比，疏松砂岩水平分支井对钻完井技术要求更高，易坍塌、易出砂、大油藏边底水以及地层的不均质性对水平分支井钻井技术、防砂完井技术、智能分采技术和井下工具性能提出了更高的要求。疏松砂岩水平分支井高效开发，存在大量理论问题、技术问题与工程问题亟待解决，其中有四个关键问题较为突出：1)主分支结合处为裸眼；2)分支产液贡献缺乏认识；3)主分支窗口隔离效果欠佳；4)水平分支井无法分采。为此，笔者分别分析了当前解决上述关键问题存在的技术局限性，并提出对应的新型解决方案，以期为疏松砂岩水平分支井的高效开发提供参考和借鉴。

1　主分支结合处为裸眼

1.1　常规悬空侧钻方案+简易丢筛管钻完井方案

海上疏松砂岩水平分支井一般采取悬空侧钻的方式侧钻分支井眼，分支下入筛管简易防砂，主井眼下入筛管砾石充填防砂。一般采用前进式的钻进方式，首先钻1#分支，并在1#分支内下入筛管支撑井壁，然后在筛管前端合适距离悬空侧钻，采取悬空滑槽、定点循环及控时钻进等方式钻出与1#分支分离的新井眼，完成2#分支的钻进，重复上述步骤在2#分支下入简易筛管，并完成其它分支和主支的钻进，最后在主支下入筛管并进行砾石充填防砂。采取该钻完井方式的主井眼和分支结合处始终存在约30~40米的裸眼段，后续生产过程中，随着地层压力下降，该裸眼段极易发生井壁坍塌堵塞油流通道的情况。

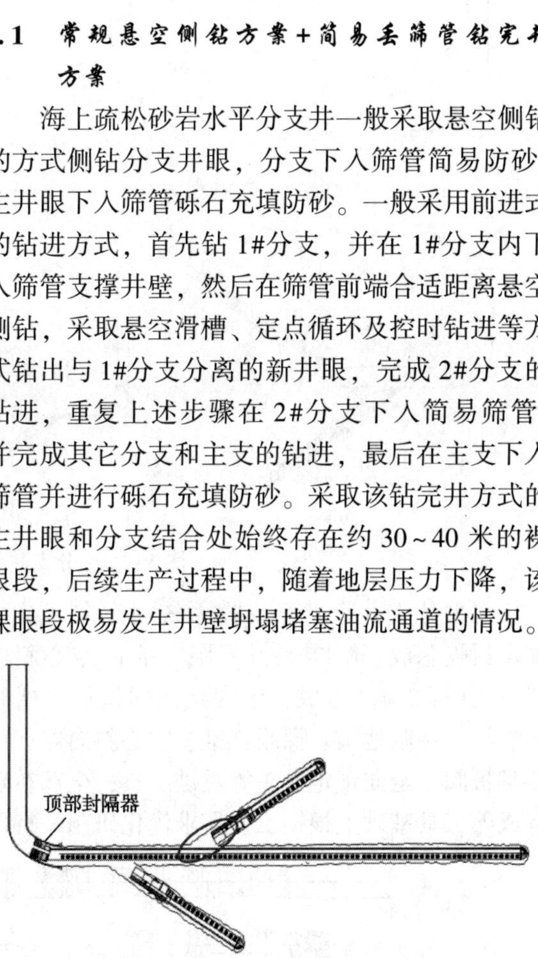

图1　水平分支井简易防砂完井示意图

1.2 新型解决方案

(1) 技术方案

为了确保水平分支井的防砂效果，延长油井寿命，针对性研发出水平分支井全井壁支撑防砂完井技术，成功解决了水平分支井主、分支结合处无支撑的技术难题。采用空心斜向器裸眼侧钻代替常规悬空侧钻，空心斜向器作业后不回收，主井眼筛管沿空心斜向器下入，通过紧贴空心斜向器实现窗口的机械支撑。

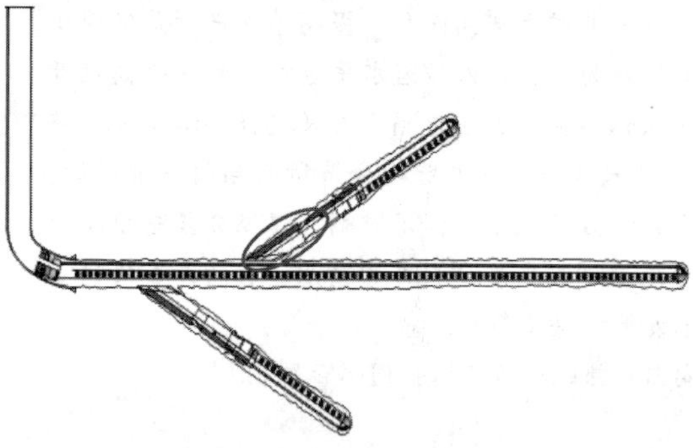

图 2　水平分支井全井壁支撑完井示意图

以两分支一主支为例，水平分支井全井壁支撑工艺步骤包括：①钻井至着陆点，下入中层套管进行固井作业；②下定向井工具钻水平段主井眼至第一个分支侧钻点；③调整定向井方位，侧钻 1#分支，循环、倒划眼起钻至套管鞋位置，下钻至井底，分支井眼内替入新的钻井液以保护储层；④在 1#分支井眼下入筛管和定向回接筒，测定向回接筒方位，分支井眼替盐水；⑤下入空心斜向器和裸眼侧钻工具侧钻领眼；⑥下入定向井工具继续往前钻主井眼至第二个分支侧钻点；⑦调整定向井方位，侧钻 2#分支，循环、倒划眼起钻至套管鞋位置，下钻至井底，分支井眼内替入新的钻井液以保护储层；⑧重复步骤 4、5 在 2#分支下入筛管并侧钻领眼；⑨下入定向井工具完成主井眼钻进，循环、倒划眼起钻至套管鞋，主井眼替入心钻井液以保护储层；⑩刮管洗井，主井眼内下入防砂管柱，顶替盐水，完成主井眼砾石充填作业。

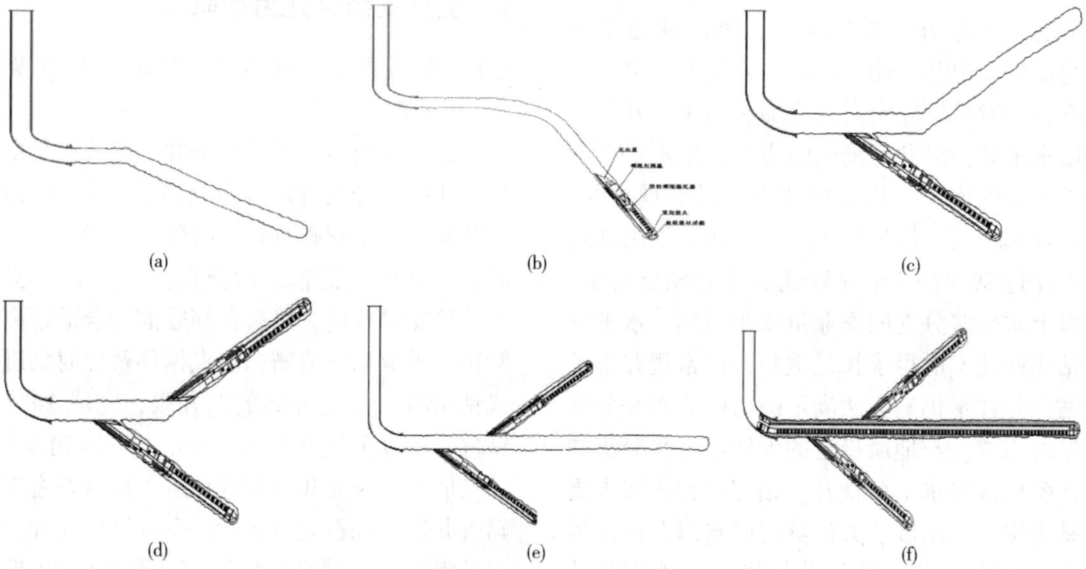

图 3　水平分支井全井壁支撑钻完井工艺流程

水平分支井全井壁支撑系统由定向回接 & 锚定封隔总成(第 1 趟)及裸眼铣锥 & 空心斜向器总成(第 2 趟)组成，包含定向回接筒、裸眼封隔器、裸眼地锚、裸眼铣锥、空心斜向器、可溶翻板阀、定向锁定插头等关键工具，全部在现有成熟工具基础上根据工艺需求优化研制。特殊设计的裸眼地锚、侧钻铣锥满足疏松砂岩、泥岩、中硬岩屑地层的侧钻需求，设计可溶暂堵机构，防止作业期间钻完井液污染已完成分支，采用自动定方位设计，无需井下旋转调整斜向器工具面，同时设计大排量循环功能，确保工具顺利下入到位。

图 4　水平分支井空心斜向器侧钻系统关键工具

（2）现场应用

截至目前，水平分支井全井壁支撑工具在海上油田成功应用 1 口井。渤海油田 X01M 鱼骨型水平分支井的开发目的层位为明华镇，油藏深度 1300m，为疏松砂岩储层，根部与趾部储层发育厚度差异不大，储层平均厚度约 12m。设计一个主井眼和一个分支，分支设计水平段 160m，主井眼设计水平段 400m，水平段采取前进式钻进方式，先钻 1#分支，并在分支下入防砂管柱组合：浮鞋+盲管短接+密封短接+筛管+裸眼地锚+扩张式封隔器+定位回接筒+服务工具+MWD+钻杆至井口，利用 MWD 测得定位回接筒方位，丢手并起出服务工具。根据测的定向回接筒方位在地面调整斜向器角度后，下入裸眼侧钻工具和空心斜向器组合：定向锁定插头+空心斜向器+裸眼侧钻系统+钻杆至井口，以 2-4T 钻压、40～60RPM 转速侧钻主井眼领眼 15m，分支井眼钻完井作业结束。

X01M 井投产后的实际产液超配产约 50%，增油效果显著。该井随防砂管柱下入了示踪剂短接，投产后连续取样，通过检测取出的样品内示踪剂浓度，解释分析分支产液贡献约占总产量的 30%。

2 分支产能贡献缺乏认识

2.1 常规产业贡献监测手段

近年来，产业剖面的监测手段日益丰富，包括传统生产测井、光纤监测、智能示踪剂监测等。海上油田通常采取生产测井的方式测量产液剖面，具有经济高效的优势。但是由于生产测井的工具需要使用电缆下入，无法应用于水平井或水平分支井。近年来，连续油管光纤测井技术在陆地一些压裂区块得到推广应用，海上油田也陆续尝试采用连续油管光纤测水平井生产剖面，但是受限于平台空间狭窄、吊车能力限制以及成本高昂等因素，连续油管光纤测水平井生产剖面的技术并未在海上油田推广。固体示踪剂技术因具有适用范围广、操作简单、精确定量及不占用生产时间等优势，越来越受到海上油田作业者的重视，其中包括英国 Tracerco 公司和挪威 Resman 公司的化学示踪剂、俄罗斯 Geosplit 公司的量子示踪剂，但是上述进口示踪剂产品的价格昂贵，目前仅在重点井使用。

2.2 新型国产微量元素固体示踪剂监测技术

（1）微量元素固体示踪剂原理

微量元素固体示踪剂利用地层中不存在或含量极少的物质作为示踪剂物质，将示踪剂物质与高分子物质混合、固化成型，形成系列缓释型长效固体示踪剂，高分子骨架本身具有较强的耐温耐盐性并且不溶于地层流体，其作用是作为微量元素示踪剂物质的载体；示踪物质以分子形式均匀分散在高分子聚合物骨架表面及内部，当与流体接触后示踪物质释放并溶出。示踪物质自身具有单一敏感性，油溶性固体示踪剂与油相流体接触释放示踪物质，水溶性固体示踪剂与水相流体接触释放示踪物质。

固体示踪剂在制备过程中可以改变形状，安装在生产管柱外侧。在水平分支井的应用中一般将固体示踪剂制备成条状结构，并安装于短接的内侧，如图 5 所示，主要由本体、上接头、外筒、示踪剂条、端环、内筒、下接头组成，分支的液体从示踪剂短接的内部流过，与示踪剂接触后，踪剂缓慢释放在产出液中，通过空心斜向器进入主井筒，随其它分支产出液一同被举升至地面，地面取样检测可解释本层含油和含水率。示踪剂集成舱环形腔体空间封闭，示踪剂镶嵌式安装，周向过流接触，均匀释放，可最大程度发挥示踪剂效果。

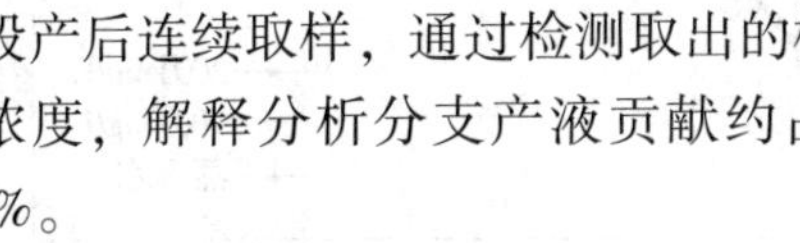

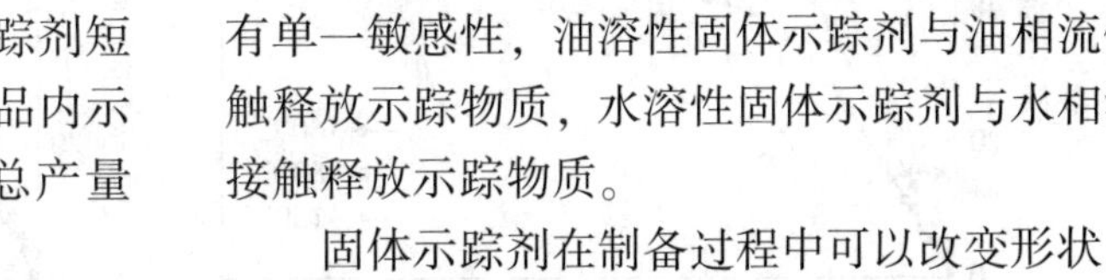

图 5　微量元素示踪剂实物及示踪剂短接结构

（2）微量元素固体示踪剂评价及解释方法

对于油井产液剖面及见水监测而言，准确的采样时间、合适的采样间隔和足够数量的示踪剂样本是必不可少的 3 个条件。在稳定生产状态下通过示踪剂浓度检测来解释油井生产状态，通过示踪剂的浓度水平及其变化趋势来解释油井产业贡献。因为智能示踪剂系统的示踪剂释放速度与油水流速无关，但流速增加时产液量增多、浓度反而会降低，流速降低时产液量减少，浓度会增加。在稳态条件下，地表示踪剂通量等于井下示踪剂系统的释放速度。但当油井某一段生产层段见水突破之后，地层水流入到环形空间中，该层段的水示踪剂开始释放。同时，水的持续增多会引起水示踪剂通量增加。

智能固体示踪剂的释放规律是决定其工作寿命和产液剖面解释方法的主要依据，此应用前需要通过室内实验对其释放规律进行量化研究，以此来设计示踪物质的用量、解释方法及安装位置等。此外，固体示踪剂能否适应井下环境是保障其测试准确度的重要前提，现场应用前需要对其在不同温度、矿化度条件下的释放能力进行评价和对比，确定其在不同环境下的适应能力。试验结果显示，温度对固体示踪剂的缓释性能影响明显，随着环境温度的升高，固体示踪剂表面的示踪剂有效成分释放速率越快，随着时间的延长，示踪剂释放率逐渐趋于平缓。在 80℃ 环境下，10 万 mg/L、20 万 mg/L 矿化度水溶液以及蒸馏水对应固体示踪剂有效示踪剂成分释放率分别达到 55.7%、57.2%、61.4%，说明不同矿化度对固体示踪剂的缓释性能影响较小。80℃ 环境下，不同冲刷速度对应固体示踪剂的示踪剂释放率有较大区别，冲刷速度越快，示踪剂释放率速率越快，说明固体示踪剂表面的示踪剂有效成分受冲刷速率，也就是流过固体示踪剂的液量有关，因此固体示踪剂的缓释性能受冲刷速度的影响较大。在实际应用中，温度、矿化度为统一环境定量，不对本次项目应用产生干扰，仅考虑冲刷速度，即过流液量为影响因素。因此通过示踪剂产出浓度即可判断不同分支产水产油占比情况。

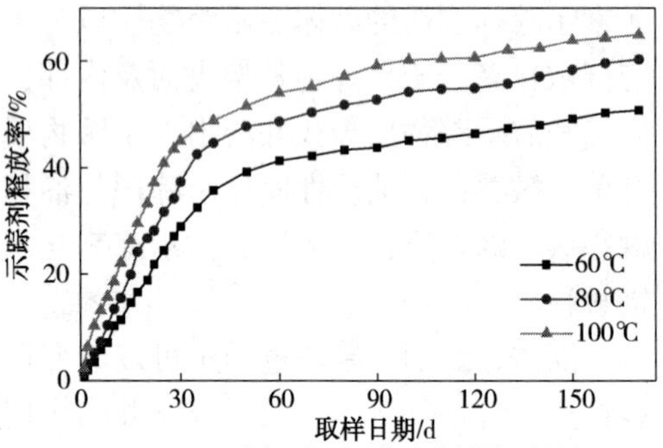

(a)不同温度下固体示踪剂缓释结果

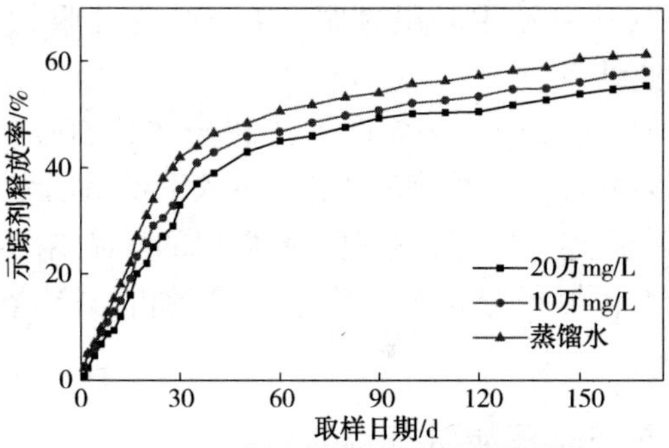

(b)不同矿化度固体示踪剂缓释结果

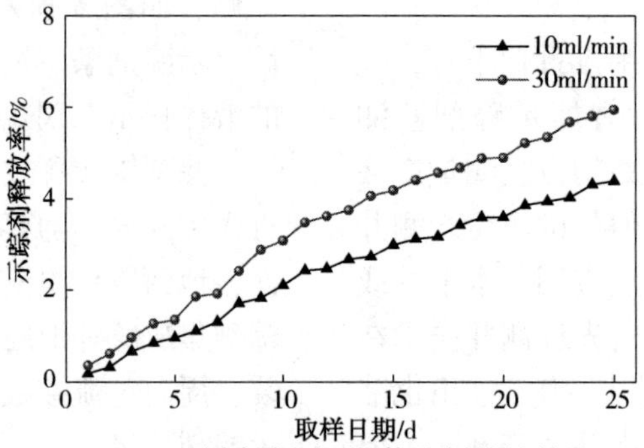

(c)不同冲刷速度下固体示踪剂缓释结果

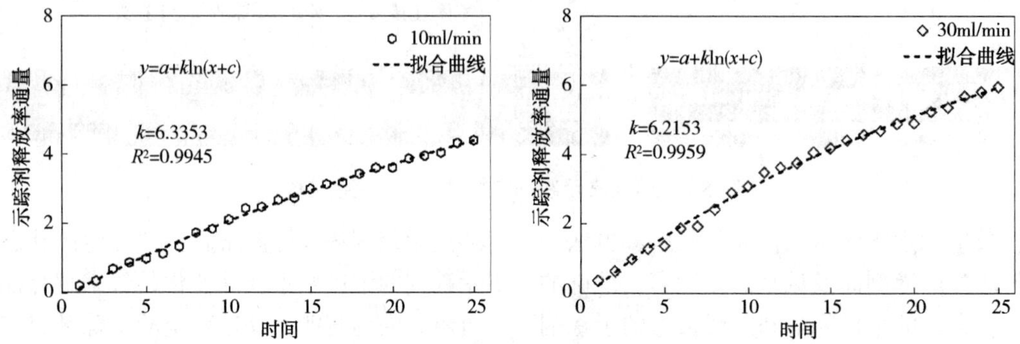

(d)缓释拟合曲线图

图 6　微量元素固体示踪剂释放规律研究

3 主分支窗口隔离效果欠佳

3.1 常规裸眼分段技术

为了实现水平分支井的分采，一般采用裸眼封隔器隔离主、分支，可采用成熟可靠的水平裸眼分段技术。对于非均质性强的裸眼水平井，为了达到控水和精细控制的目的，需要对裸眼段进行分层，对于无需充填防砂的井，常采用遇油遇水封隔器或者管外封隔器分层。但是对于需要砾石充填的井而言，若采用遇油遇水封隔器先充填后膨胀的方式，充填作业结束后，封隔器胶筒位置有大量充填砂存在，封隔器完全膨胀后，在胶筒和井筒之间会存在一个高渗流通道，流体只需要一个较小的附加压差就可以通过封隔段，所以此种情况无法实现有效封隔。

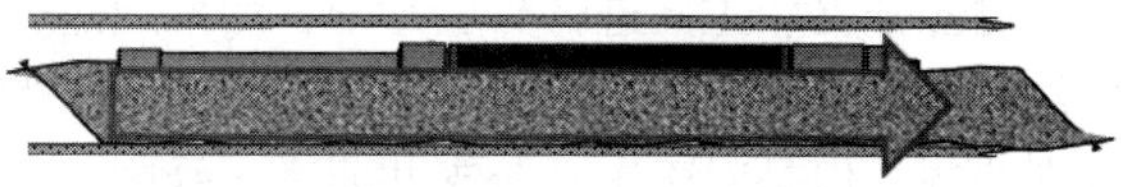

图 7　传统先充填后坐封裸眼分段技术

3.2 新型水平井裸眼分段充填技术

（1）技术原理

为此，提出了既能实现有效分段又能满足充填的技术思路。具体的核心技术原理是采用液压膨胀的扩张式封隔器，在充填之前进行坐封膨胀，确保充填时封隔器与裸眼井壁封隔严密，充填的时候携砂液通过封隔器内部的旁通通道绕流到下部筛管和裸眼环空形成密实充填

段，充填结束后旁通封隔器的进液阀关闭。整个井筒裸眼段形成了封隔段和充填段，有利于后期进行分段控水和分段措施改造。

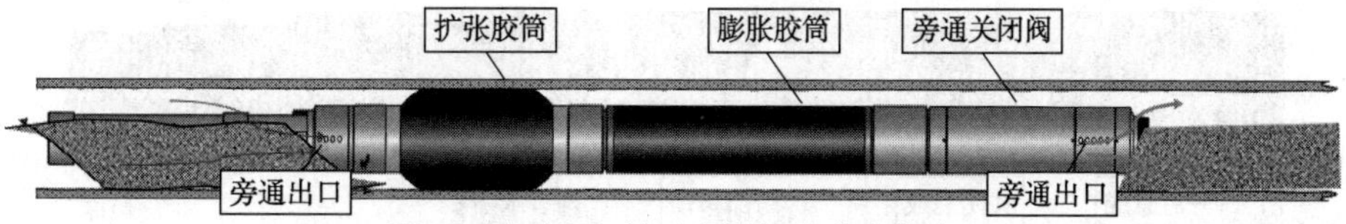

图 8　新型先坐封后充填裸眼分段技术

裸眼水平井分段充填工艺管柱由井筒工具和服务工具组成，井筒工具由悬挂封隔器+充填滑套+定位接箍+快速接头+防砂筛管+旁通隔离封隔器+防砂筛管+……+防液锁密封筒+浮鞋组成，如图 9 所示。服务工具由坐封工具+分流滑套+充填工具+开关工具+定位工具+旁通封隔器坐封工具+旁通阀关闭工具+可开关单流阀+插入密封组成，如图 10 所示。整趟管柱利用旁通隔离封隔器进行水平井分段，先坐封后充填，最后关闭旁通通道，实现防砂层段管内和管外的有效封隔。相较于常规膨胀封隔器分层采用先充填后坐封的方式导致膨胀封隔器位置会有大量的充填砂存在，采用旁通隔离封隔器会使充填砂跨过封隔器，因此膨胀胶筒位置无充填砂的存在，可实现有效的封隔。裸眼水平井分段充填工具在成熟的裸眼水平井砾石充填系统基础上优化，可靠性高、风险低。此外，旁通封隔器胶筒采用复合胶同结构，扩张式胶同在充填作业之前膨胀，保证胶筒外侧无充填砂，遇油遇水胶筒在后期膨胀，保证封隔的长期有效性。

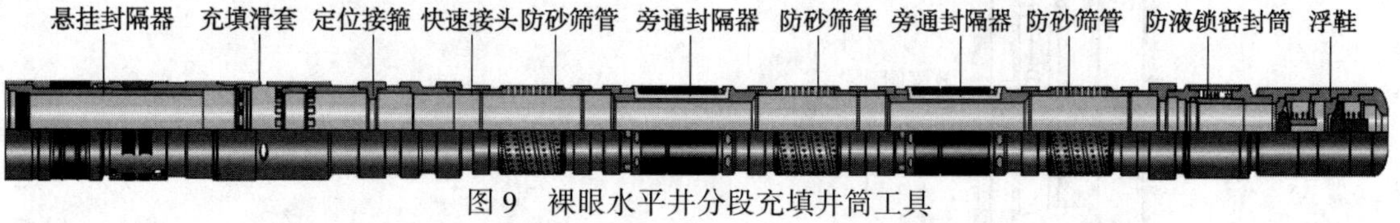

图 9　裸眼水平井分段充填井筒工具

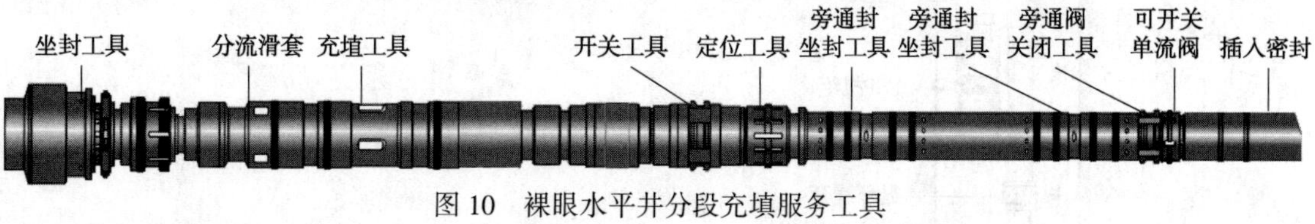

图 10　裸眼水平井分段充填服务工具

（2）应用效果

水平井裸眼充填技术能够解决疏松砂岩水平井裸眼分段和充填的问题，在 2022 年首次完成了先导试验，效果良好。随后在渤海大范围推广，截至目前成功应用 25 井次，工具系统成熟、可靠，为后续应用于水平分支井打下基础。

4 水平分支井无法分采

4.1 常规分支井分采完井方案

海上油田分支井通常利用机械滑套配合隔离

密封对各分支、主支进行分层开采，后期通过钢丝作业或连续油管开关滑套实现对各分支生产的分别控制。但是对于水平分支井而言，受限于井斜无法使用钢丝作业开关滑套，而连续油管的操作费用过高，故目前国内外水平分支井大多采用合采的方式完井。但是合采方案在后期往往会面临分支底水锥进的问题，因分支出水抑制其它分支和主支出液，甚至导致油井报废。

4.2 分支井液控智能分采技术

（1）技术方案

分支井液控智能分采技术是一种无干预智能完井技术，通过地面设备控制井下液控流量阀，达到调节油井生产剖面的目的，是实现海上大斜度、水平分支井高效开发的有效技术手段。液控智能分采技术借助液控配产器与各级密封配合实现对各个分支的分别控制。

液控配产器是分支井液控智能分采的关键工具，设计有多个开度档位，可由多根地面液控管交替打压控制开度变化，从而调整该分支产液量。该技术打破了传统工具井斜限制，可应用于大斜度井、水平井中。同时结合示踪剂技术应用，可根据各分支产液量、含水率的监测结果，实时调整配产器开度，限制高含水分支产液，调整水平分支井的产业剖面。

配产器整体结构如图 11 所示，主要由开启总成、关闭总成、防漂移锁、调节水嘴组成，工具可通过给开启液压腔或关闭液压腔打压，实现多档位调节，通过导轨旋转套的多级轨道槽配合流量调节套的多级油嘴，可对液控配产器实现精细调节。

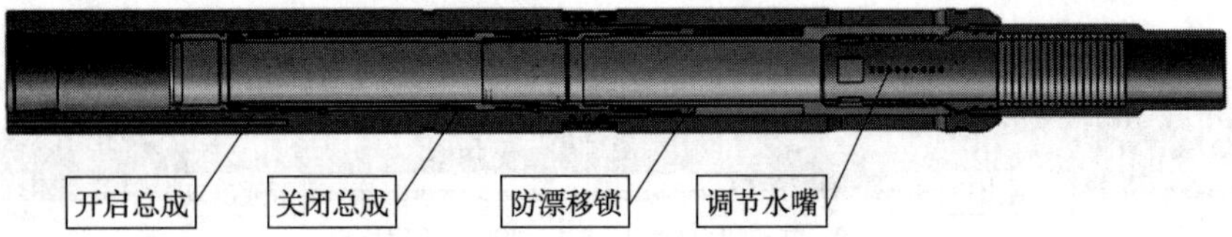

图 11　液控配产器整体结构简图

（2）液控智能滑套在水平井的应用

目前国产液控滑套技术比较成熟，应用超过 200 井次，但是液控滑套在水平井中仅应用 1 口井。渤海油田 A 井是一口水平井，该井完井斜深 2359m，完钻垂深 1501.8m。该井完井方式为裸眼+筛管+6-5/8"桥式复合筛管防砂，防砂后最小内径为 5.791in，防砂管柱顶深为 1766.3m，防砂段总长为 591.4m，采用普通合采管柱生产。该井投产后，随着提频含水逐步上升，怀疑存在底水锥进、水平段动用不均匀的情况，经油藏分析认为，水平井段指端为主要出水点位。为有效控制该井底水锥进、实现水平段的均衡开采，对该井实施液控智能分舱控水技术。下入液控配产器配合固体示踪剂，达到精细分段控水采油的目的。

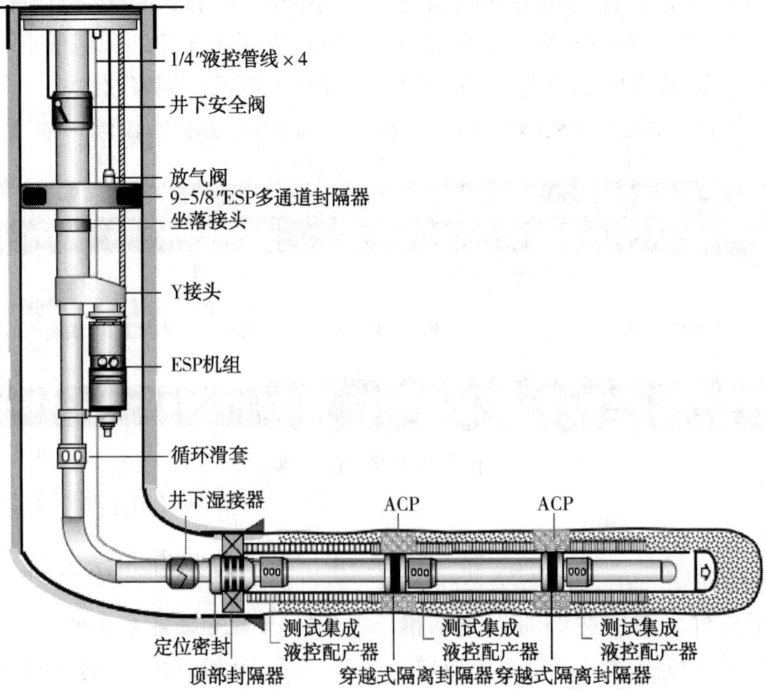

图 12　液控配产器在渤海某水平井的应用

5 疏松砂岩水平分支井智能分采技术方案

为了提高疏松砂岩水平分支井的防砂有效性和长效性，实现水平分支井高效开发的目的，提出如下采用“裸眼空心斜向器+微量元素固体示踪剂+裸眼分段充填+液控智能分采”相结合的水平分支井智能分采工艺。

利用裸眼空心斜向器侧钻分支替代传统悬空侧钻，不仅能够大大提高侧钻效率，同时利用空心斜向器对井壁的支撑作用达到稳定窗口井壁、延长寿命的目的。分支下入示踪剂短接监测分支产液贡献，主支指端部分利用中心管连接的示踪剂短接监测产液贡献。采用水平井裸眼分段充填技术实现对各个分支的分别控制，先坐封封隔器再实施砾石充填，同时解决砾石充填和裸眼分段的问题。中心管下入液控配产器与各级密封配合实现各分支生产分别控制，液控配产器设计有多个开度档位，可由多根地面液控管交替打压控制开度变化，从而调整该分支产液量，均衡产量剖面，延缓地层出水。

以两个分支一个主支为例，先钻 1#分支，并在 1#分支里下入筛管及 1#空心斜向器，然后沿 1#空心斜向器继续钻 2#分支并下入筛管和 2#空心斜向器，沿 2#空心斜向器完成主支钻井，在主支内下入裸眼分段充填工具总成，利用 2 个旁通封隔器和 1 个顶部封隔器将产层分隔为 3 部分。管内设计三段式液控智能分采管柱，管柱组成由下至上依次为：圆堵+油管+液控滑套+示踪剂短接+穿越式隔离密封+油管+液控滑套+穿越式隔离密封+油管+液控滑套+穿越式定位密封+安全分离工具+油管+打孔管+Y 分电泵结构(ESP/旁通管+Y 接头)+油管+坐落接头+ESP 多通道封隔器+油管+井下安全阀+油管+油管挂。管柱设计见图 13。

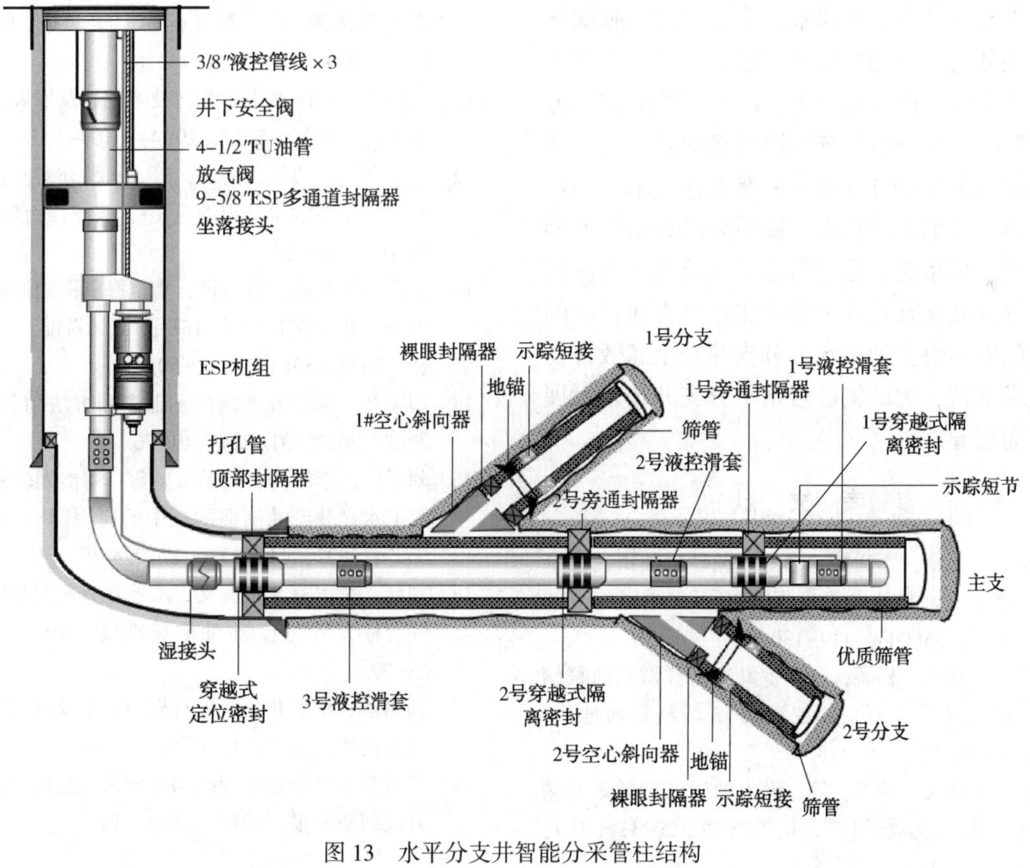

图 13 水平分支井智能分采管柱结构

中心管下入 3 层液控配产器，采用四条液控管线控制。其中一条液控管线串联三个液控配产器，控制配产器的开启，另外三条液控管线分别单独连接液控配产器，控制配产器的关闭。考虑降低生产井后期检泵作业的难度，下入井下湿接器。该工具可以实现多条液控管线的井下湿接。在初期完井过程中，井下湿接器随油管下入，上下端各连接控制配产器的 4 条液控管线。当需要检泵作业时，上提管柱，油管与4条液控管线在井下湿接器处断开，起出上部管柱。下入新管柱时，新下入的上部油管及4条液控管线在井下湿接器位置与原有液控管线实现对接。该工具可以避免检泵作业时生产段工具的起出，大大降低了施工难度。

该工艺技术具有以下特点：

1）采用裸眼空心斜向器替代传统悬空侧钻，侧钻效率大幅提升，窗口机械支撑良好，适用于疏松砂岩储层；

2）集成微量元素示踪剂监测功能，配套开发示踪测试和解释技术，实现各分支产油、产水率的监测；

3）采用地面液控管线控制配产器，打破了传统工具井斜限制，适用于水平井。

6 结束语

海上疏松砂岩水平分支井高效开发面临诸多挑战，主分支结合处为裸眼，分支产能贡献缺乏认识，主分支窗口隔离效果欠佳，水平分支井无法分采等4各关键问题较为突出，传统的技术方案难以解决。在分析传统解决方案的基础上，针对性地提出了水平分支井全井壁支撑技术、微量元素固体示踪剂监测技术、裸眼分段充填技术和液控智能分采系统，通过新型工艺及工具解决传统水平分支井在长效性和精细化控制方面存在的局限，能够为海上油田水平分支井安全高效开发提供技术支持，为疏松砂岩水平分支井技术发展提供方向指导。

参考文献

[1] 杨庆红，张章，李廷礼．渤海陆相砂岩油田高含水期整体加密调整技术现状及展望[J]．中国海上油气，2024，36(04)：119-130.

[2] 涂乙，戴建文，杨娇，等．番禺油田群稠油油藏储集层构型特征及剩余油挖潜[J]．新疆石油地质，2024，45(02)：189-198.

[3] 张俊，张博文，黄琴，等．海上油田低产低效井侧钻治理模式及效果[J]．化工管理，2023，(31)：124-127.

[4] 刘鹏飞，王昆剑，李进等．鱼骨型水平分支井在渤海油田的应用研究[J]．中国海上油气，2021，33(3)：147-152.

[5] 雷磊，李乾，张海山，等．水平分支井技术在东海的实践分析[J]．海洋石油，2021，41(02)：93-98.

[6] 赵义强，万钧，罗启源，等．超短半径多分支井技术在南海Z油田典型应用[J]．石化技术，2024，31(03)：190-192.

[7] 杨进，李磊，宋宇等．中国海洋油气钻井技术发展现状及展望[J]．石油学报，2023，44(12)：2308-2318.

[8] 马英文，王昆剑．四级分支井钻完井技术在曹妃甸11-1油田的应用[J]．中国海上油气，2020，32(03)：124-129.

[9] 刘鹏，徐刚，陈毅，等．渤海低渗透储层水平井分段压裂实践与认识[J]．天然气与石油，2018，36(4)：58-63

[10] 李进，许杰，龚宁，等．渤海油田疏松砂岩储层动态出砂预测[J]．西南石油大学学报(自然科学版)，2019，41(1)：119-128.

[11] 范白涛．渤海油田钻完井技术现状及发展趋势[J]．中国海上油气，2017，29(4)：109-117.

[12] 孙龙飞，袁伟伟，高斌，等．水平分支井钻完井技术优化及在渤海油田的应用[J]．海洋石油，2024，44(02)：84-88.

[13] 王赞，张永涛，贺占国，等．海上稠油油藏充填防砂分支井钻完井设计与应用[J]．石油工业技术监督，2023，39(11)：47-50.

[14] 闫正和．水平井产出剖面监测新方法[J]．油气井测试，2022，31(02)：49-56.

[15] 刘子民，李海涛，杨靖文，等．智能固体示踪剂在海上水平井产液剖面测试中的应用[J]．石油钻采工艺，2022，44(02)：217-224.

[16] 刘猛，董本京，张友义．水平井分段完井技术及完井管柱方案[J]．石油矿场机械，2011，40(01)：28-32.

[17] 马明新．水平井分段砾石充填技术及现场应用[J]．石油机械，2014，42(07)：55-59.

[18] 王丽莉．多分支复杂结构井分采工艺技术研究[J]．科技创新导报，2013，(18)：14.

一种耐高温全金属可溶桥塞设计开发及测试

张　伦　司玉冬　杨文超　徐海珍　徐凤祥

（中海油田服务股份有限公司）

摘　要　随着海上油气开发重点向深层储层迈进，目前现有可溶桥塞无法适用于部分中深层超高温工作环境，严重制约压裂工艺应用，亟需开展耐高温可溶桥塞研究。本文创新性地设计了一种耐高温全金属可溶桥塞，通过对多种可溶镁合金材料化学成分、机械性能以及溶解性能分析，优选出适合可溶桥塞各个关键零部件的可溶合金。制备样机后依次开展坐封动作测试、常温验封、高温稳压及高温溶解等试验，确保可溶桥塞安全可靠性。结果表明：设计的耐高温可溶桥塞在模拟工况 2%的 KCl 溶液、204℃试验温度和承压 70MPa 的条件下可有效密封 12 小时以上；耐高温可溶桥塞在装满模拟工况 2%的 KCl 溶液的密闭容器中 14 天内溶解率可达 98%以上。该研究可为水平井分段压裂的顺利进行提供技术支撑，推动渤海湾中深层油井优质高效开发。

关键词　压裂；可溶桥塞；耐高温；镁合金；溶解试验

随着对高产油气田的不断开发，油气开发的重点由传统高产油气藏转向低渗透、深层、海域及非常规领域迈进，井筒结构越来越复杂，井下工具面临越来越多的新挑战。采用常规开采方式开采，效率极低，一般都采用水平钻井技术和分段压裂技术来提高油气采收率和经济产能。以可溶桥塞为核心工具的分段压裂技术将会是增大海上储层压裂规模、提高海上储层增产效果的主体技术手段。相比较速钻桥塞、大通径桥塞，可溶桥塞在压裂完成后依靠井筒温度及一定的矿化度液体环境即可实现桥塞本体完全溶解，实现大排量、大规模、无限极压裂，具有适用性广、综合成本低、投产时间短、降低作业风险以及可实现二次改造的优势。在国内非常规油气资源开发过程中应用越来越广泛，占比超 85%，已成为水平井分段压裂施工过程中的关键工具和核心利器。

近年来国内外业界学者及相关研究人员就可溶桥塞展开了大量的研究，国外最早由斯伦贝谢公司于 2015 年推出可溶解桥塞射孔联作系统 Infinity，其可溶桥塞耐温可达 175℃，承压可达 10000psi。国内众多科研院所、高校及企业也相继开展了可溶桥塞的攻关和研制，如中国石油勘探开发研究院自主研发的可溶桥塞于 2016 年在页岩气储层压裂作业中成功应用。Fripple 对斯伦贝谢和哈里伯顿两家的产品进行对比测试，发现随着温度由 100℃降低至 40℃，镶齿卡瓦比整体式卡瓦具有更好的承压性能。安杰和李明等人自主研发的由轻质高强度可溶合金材料制成的高强度可溶桥塞，耐压可达 70MPa，在威远 H204-11 平台 3 号井页岩气水平段分段体积压裂中成功应用。

中国近海深层/超深层石油地质储量探明 5.8 亿吨，三级 8.6 亿吨，如渤中 19-6 等油田，深层勘探开发潜力大，其中 63%分布在中深层，13%分布在深层，中深层低渗储量非常可观。然而中深层温度高达 204℃，目前现有可溶桥塞耐温等级不能达到部分低渗储层温度条件，制约压裂工艺应用，亟需开展耐高温可溶桥塞研究。常规可溶桥塞的密封胶筒为橡胶材料，橡胶温度适应性弱，承压强度低，存在不可降解或降解产物不易返排易堵塞井筒等问题，故采用金属密封环来代替橡胶密封的可溶全金属桥塞已成为目前重要的研究方向。

笔者针对 204℃超高温环境，创新性提出全金属桥塞设计方案，通过开展可溶镁基合金力学性能试验及高温溶解性能试验，完成桥塞关键部件材料优选，试制耐超高温全金属桥塞实物样机并开展室内试验测试，验证全金属桥塞实际应用效果。研究结果可为水平井分段压裂的顺利进行提供技术支撑，针对渤海湾中深层油井裂作业的安全高效提供保障。

1 耐高温全金属可溶桥塞结构设计

通过调研，市场上可溶胶筒无法承受 204℃高温，综合考虑采用全金属可溶桥塞研发方案；且采用具有优异机械性能的合金陶瓷颗粒卡瓦结构方案。桥塞主体由锥体、密封环、卡瓦、底座组成，锥体、卡瓦、底座由高强度的可溶解镁合金材料制成，密封环由高延展的可溶解镁合金材料制成。桥塞除卡瓦镶嵌的合金陶瓷颗粒外，其余全部可溶解，溶解率大于 98%；该耐高温全金属可溶桥塞可通过适配器与贝克 20#坐封工具连接配合，坐封活塞借助适配器推筒推动锥体，挤压密封环和卡瓦，使密封环实现有效密封的同时，卡瓦正好有效锚定在套管内壁。继续施加坐封力达到丢手螺纹预设剪切值后，丢手螺纹被剪切，完成丢手，耐高温全金属可溶桥塞与适配器和坐封工具分离。当进行压裂作业时，从井口投入预定尺寸可溶密封球，并泵送至可溶密封球座，完成层间分隔。

研制的耐高温全金属可溶桥塞结构如图 1 所示，可溶桥塞主要技术参数如表 1 所示。

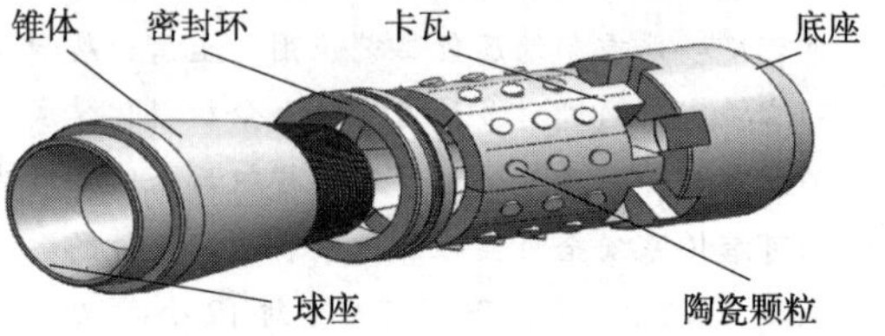

图 1 耐高温全金属桥塞结构

表 1 可溶桥塞技术参数

规格	套管磅级	内径/mm	外径/mm	温度/℃	长度/mm	坐封力/t	坐封行程/mm	压差/MPa
5-1/2″	23#	50	108	204	213	16-19	65	70

2 耐高温可溶材料优选

可溶材料作为可溶桥塞的核心技术，对其坐封、承压、溶解等综合性能起到决定性作用。因此，可溶桥塞的结构设计及可溶材料选配，需要结合不同材料的性能指标，深度开展个性化设计，确保其适用性、稳定性及溶解时间可控性。

根据 204℃，2%浓度的 KCl 溶液的环境中，承压 70MPa，稳压 12h，并在 14 天内溶解不小于98%的使用工况和设计要求，初步确定 6 种可溶材料为备选材料，如表 2 所示；6 种可溶材料包括 3 种高强度备选材料和 3 种高延展性备选材料，对 6 种材料进行化学成分分析、常温力学性能测试、高温力学性能测试和高温溶解性能测试，结合几方面优势最终优选出最适合核心部件的可溶材料。

牌号	机械性能			布氏硬度/HB	溶解速率	
	抗拉强度/MPa	屈服强度/MPa	延伸率/%		溶解条件	速率/（mg/（cm²·h））
006	≥370	≥260	≥3.0	≥90	93℃/3%KCl	50-80
006A	≥300	≥210	≥5.0	≥70	93℃/3%KCl	50-80
008	≥400	≥300	≥3.0	≥100	93℃/3%KCl	30-60
008C	≥310	≥220	≥10.0	≥80	93℃/3%KCl	30-60
011	≥420	≥300	≥3.0	≥105	93℃/3%KCl	15-35
016	≥270	≥180	≥14.0	≥60	93℃/3%KCl	30-60
018	≥230	≥180	≥12.0	≥55	50℃/0.84KCl	35-55
019	≥220	≥170	≥14.0	≥55	50℃/0.84KCl	35-60
010	≥170	≥100	≥30.0	≥50	93℃/3%KCl	15-35
022	≥300	≥200	≥5.0	≥65	43℃/0.05%KCl	35-55
023	≥280	≥200	≥7.5	≥65	43℃/0.05%KCl	25-35
024	≥250	≥200	≥7.0	≥60	43℃/0.05%KCl	50-80
015	≥270	≥210	≥5.0	≥60	43℃/0.05%KCl	70-100
					20℃/0.01%KCl	30-50
025	≥275	≥200	≥10.0	≥75	50℃/0.84%KCl	80-110
808	≥370	≥260	≥3.0	≥100	50℃/0.84%KCl	50-80
MM8	≥270	≥220	≥10.0	≥65	93℃/3%KCl	90-160
026	≥450	≥350	≥3.0	≥110	93℃/3%KCl	10-30
035	≥100	≥60	≥45.0	≥40	93℃/3%KCl	40-80
					50℃/0.84%KCl	20-40
055	≥210	≥160	≥12.0	≥55	93℃/3%KCl	100-150
MM2	≥130	≥80	≥32.0	≥70	93℃/3%KCl	2-10
MM6	≥270	≥220	≥9.0	≥70	50℃/0.84%KCl	70-110
MM7	≥280	≥220	≥5.0	≥70	50℃/0.84%KCl	80-130
088	≥190	≥130	≥32%	≥60	93℃3%KCL	30-60
096	≥360	≥260	≥8%	≥85	50℃0.84%KCL	100-130

图 2 可溶材料性能参数

表 2 优选可溶材料特性

代号	牌号	材料特性	备注	目标
COSL001	008	抗拉强度高、屈服强度高、低延展性、溶解速率快	高强度备选材料	优选出锥体、卡瓦、底座、可溶球材料
COSL002	011	抗拉强度高、屈服强度高、低延展性、溶解速率较快		
COSL003	026	抗拉强度最高、屈服强度最高、低延展性、溶解速率较慢		
COSL004	010	抗拉强度低、屈服强度低、高延展性、溶解速率较快	高延展性备选材料	优选出金属密封组件材料
COSL005	035	抗拉强度最低、屈服强度最低、高延展性、溶解速率快		
COSL006	MM2	抗拉强度低、屈服强度低、高延展性、溶解速率较慢		

2.1 化学成分分析

通过台钻对实验材料钻屑取样，每个试样取样0.1g，通过硝酸溶解后，配置标准检测溶液，通过ICAP6000光谱仪器分析检测，测定材料化学成分。可溶材料化学成分如图3所示，可以看出高强度的3种材料主要含锌(Zn)、铜(Cu)及稀土材料，稀土含量越高，材料屈服强度和抗拉强度越高。高强度的3种材料镁(Mg)含量约占80%，高延展性的3种材料，镁(Mg)和锂(Li)含量总和约占90%以上，含量越高，材料延展性能强。

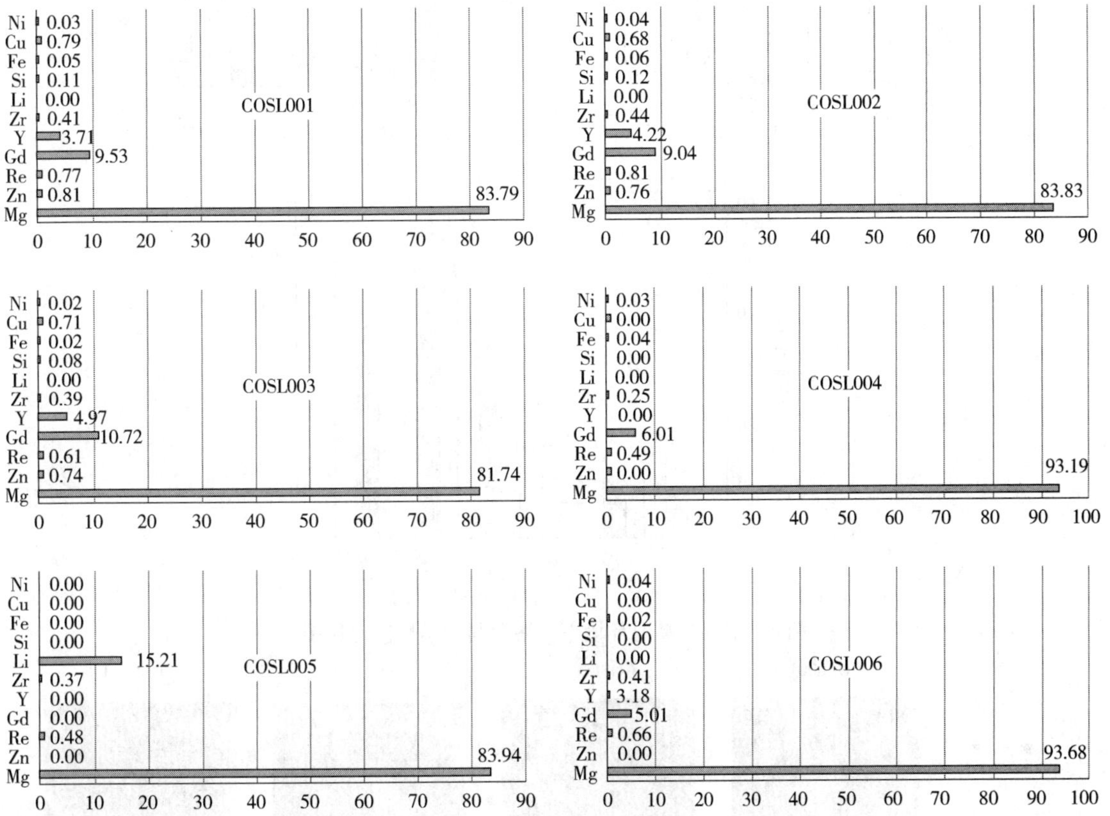

图3 可溶材料化学成分

2.2 机械性能分析

通过将6种可溶材料加工成直径为10mm，标距50mm的哑铃状圆形试样，测量材料在室温以及204℃条件下的抗拉强度、屈服强度、延伸率进行材料机械性能指标的优选，其机械性能对比图如图4所示，结果显示在室温和204℃高温环境下，高强度的三种镁基合金抗拉强度、屈服强度明显高于高延展性的三种材料，高延展性的三种镁基合金伸长率明显高于高强度的三种材料，且随着温度升高，材料屈服强度和抗拉强度减弱，延展性增强；在高温条件下，三种高强度材料抗拉强度和屈服强度COSL003>COSL002>COSL001。在高温条件下，COSL005机械性能不能满足204℃使用要求，将COSL005从备选材料中淘汰。COSL004、COSL006两种高延展材料延展率在46.7~57.8%之间，满足设计需求。

2.3 溶解性能分析

将除COSL005以外的五种可溶材料加工成直径50mm高度30mm的样块，将样块放入特制的溶解试验工装，试验介质为2%的KCl溶液，保持试验温度204℃。每间隔2h取出称重并测量外部轮廓尺寸，并更换新的溶解介质。可溶材料溶解情况如表3所示，实验结果表明，在模拟工况2%的KCl溶液和204℃试验温度条件下，三种高强度材料中稳定溶解速率COSL001>COSL002>COSL003。两种高延展性材料中COSL006溶解速率过于缓慢，不符合设计要求，将COSL006式样从备选材料中淘汰。

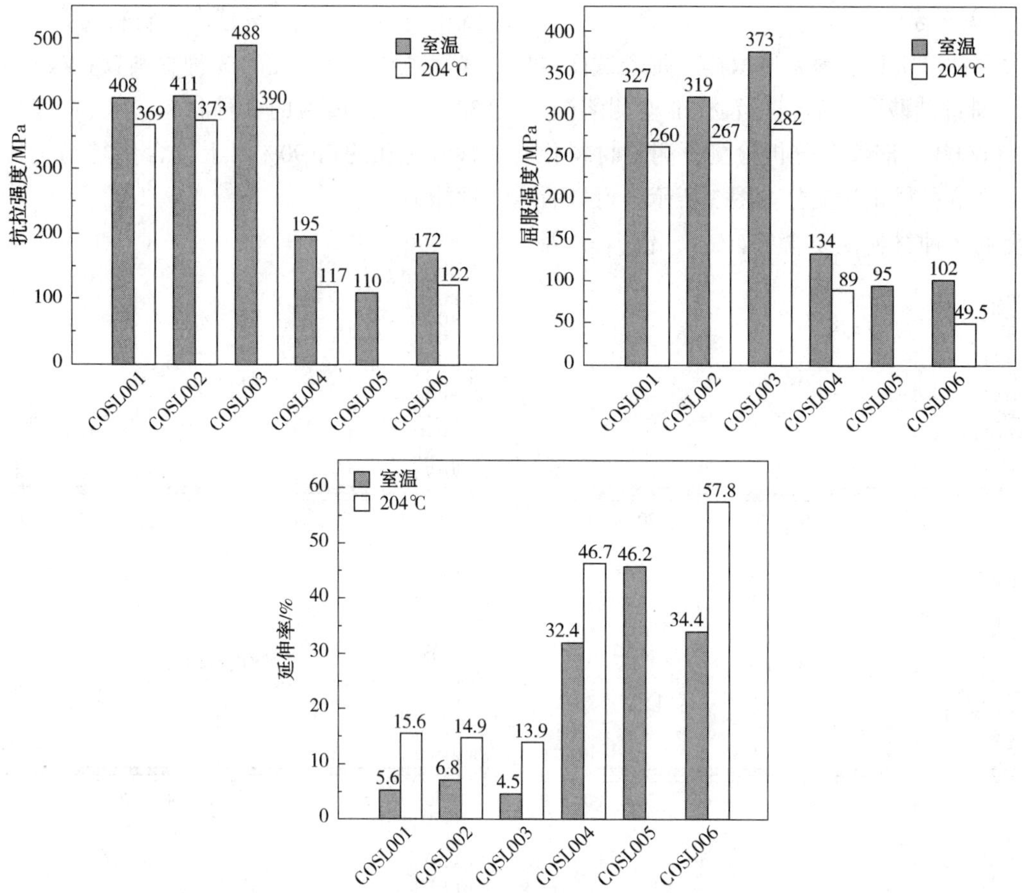

图4　室温与高温环境下可溶材料力学性能对比图

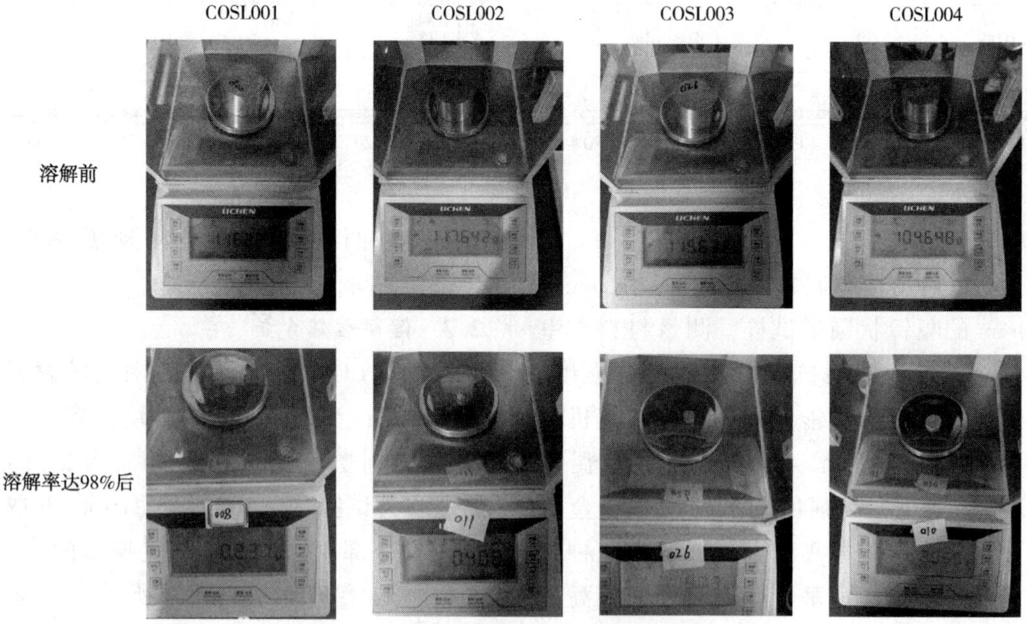

图5　可溶镁合金材料高温溶解试验

表3　可溶镁合金材料高温溶解率

牌号	COSL001	COSL002	COSL003	COSL004	COSL006
溶解率/%	99.8%	99.65%	98.44%	98.04%	/
溶解时间/h	56	94	104	104	/
稳定溶解速率/($mg/cm^2 \cdot h$)	53.35	33.51	23.89	23.31	/

2.4 材料优选结果

桥塞卡瓦坐封张开后与套管贴合，要求较高的抗拉强度、屈服强度，且张开后与介质接触面积较小，要求溶解速率较快；3种高强度材料在204℃下屈服强度和抗拉强度较为接近，均满足设计屈服强度要求；结合溶解速率测试结果，选择溶解速率最快的COSL001材料。

桥塞密封环需要完全张开与套管贴合起到密封的作用，要求具有较高的延展性，且张开后与介质接触面积较小，溶解条件差，要求溶解速率较快；2种高延展材料在204℃下延展性较为接近，均满足设计延展性要求；结合溶解速率测试结果，选择溶解速率较快的COSL004材料。

可溶球、锥体、底座与介质接触时间较长、接触面积大，要求溶解速率较慢；且为保证桥塞承压性能，要求较高的抗拉强度、屈服强度。3种高强度材料在204℃下屈服强度和抗拉强度较为接近，均满足设计屈服强度要求；结合溶解速率测试结果，选择溶解速率相对较慢的COSL003材料。

表4 材料优选结果

模型	零部件名称	零部件性能要求	选材结果
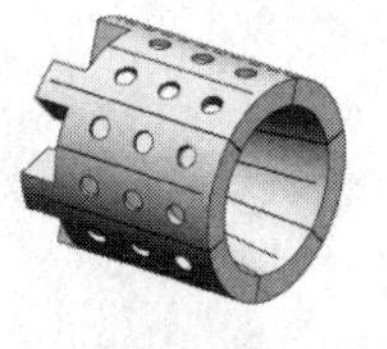	桥塞卡瓦（承压件）	较高的抗拉强度、屈服强度、溶解速率较快	COSL001
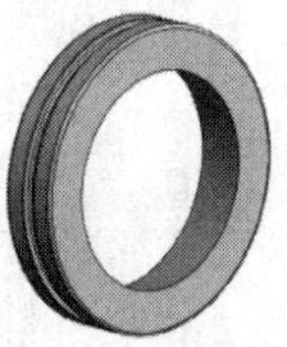	密封环（密封件）	较高的延展性、溶解速率较快	COSL004
	可溶球、锥体、底座(承压件)	较高的抗拉强度、屈服强度、溶解速率较慢	COSL003

3 耐高温全金属可溶桥塞整机性能测试

可溶桥塞的综合性能直接影响着水平井分段压裂施工作业稳定性和施工效果。在完成可溶桥塞样机加工和尺寸确认后，依据SY/T 7462—2019《石油天然气钻采设备 可溶桥塞》标准，选用内径118.62mm、磅级23#、钢级P110的套管，依次开展坐封动作测试、常温验封、高温稳压及高温溶解等测试，确保可溶桥塞安全可靠性，具体测试内容及接收标准如表4所示。

表5 可溶桥塞样机性能测试内容

测试项	测试内容	接收标准
坐封动作测试	在室温条件下，投入可溶球，阶梯打压，剪切丢手螺纹，完成坐封和丢手。	5-1/2”桥塞丢手螺纹剪切值16~19t，可溶桥塞动作正常，坐封工具正常丢手。
常温验封测试	一次验封：在25℃条件下，阶梯打压至70MPa，稳压15min。	稳压70MPa*15min，压降≤0.7MPa。
	二次验封：在25℃条件下，阶梯打压至70MPa，稳压15min。	稳压70MPa*15min，压降≤0.7MPa。
高温稳压测试	在204℃条件下，稳压12h，观察压力情况。	12小时稳压，稳压过程中，不得出现压力陡降漏压。
溶解测试	在模拟工况2%的KCl溶液和204℃试验温度条件下，进行溶解测试	14天内桥塞溶解率≥98%，残留物<2%。

3.1 坐封动作测试

将可溶桥塞与适配器和坐封工具依次连接，将连接体水平放置于试验套管中并启动坐封工具完成桥塞坐封丢手，由图6可以看出，可溶桥塞卡瓦锚定均匀，可溶桥塞坐封状态良好。可溶桥塞坐封丢手力为17.4t，坐封行程约为64mm，均与设计的理论值相近。

图6　坐封动作测试

3.2 常温验封测试

将坐封后的桥塞投掷可溶密封球，灌入2%浓度KCl溶液，静水压密封性能良好。连接试压堵头和液压管线，桥塞按阶梯升压至70MPa。升压梯度为5MPa，1min；15MPa，1min；35MPa，1min；50MPa，1min；70MPa，15min。经测试，两次常温验封阶梯升压至70MPa后，稳压15min，压降≤0.7MPa，常温验封符合设计要求。

图7　常温验封测试

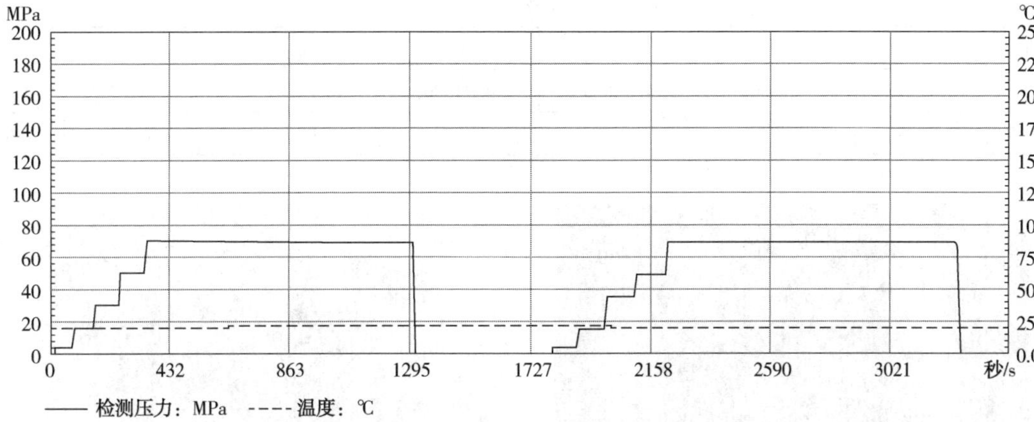

图 8　可溶桥塞室温承压测试曲线

3.3　高温稳压测试

为验证全金属可溶桥塞在超高温环境下承压能力的可靠性，开展可溶桥塞整机高温稳压测试试验。首先将油浸池设备升温至 204℃，随后将桥塞实验套管放入恒温油浸池中进行 70MPa 压差下，高温承压 12h 实验，升温过程中工装内部 KCl 溶液温度升高，工装内部压力持续升高，通过两次放压后，随工装内部温度与油浴温度趋于平衡，压力变化趋于稳定。12h 稳压过程中随桥塞溶解会出现缓慢降压，稳压过程中可以进行自动补压，保证压差不低于 70MPa。由图 10 的高温承压测试曲线可以看出可溶桥塞在 5-1/2″标准套管内 204℃条件下，经 12 小时 70MPa 压差连续稳压测试，稳压效果良好，未出现压力陡降现象，稳压效果符合设计要求。

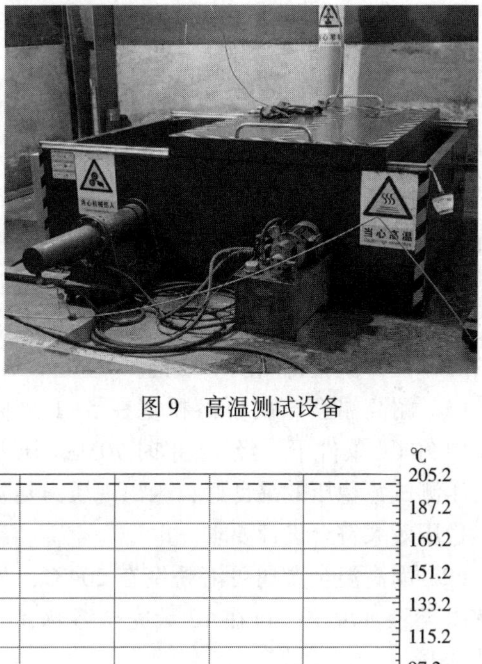

图 9　高温测试设备

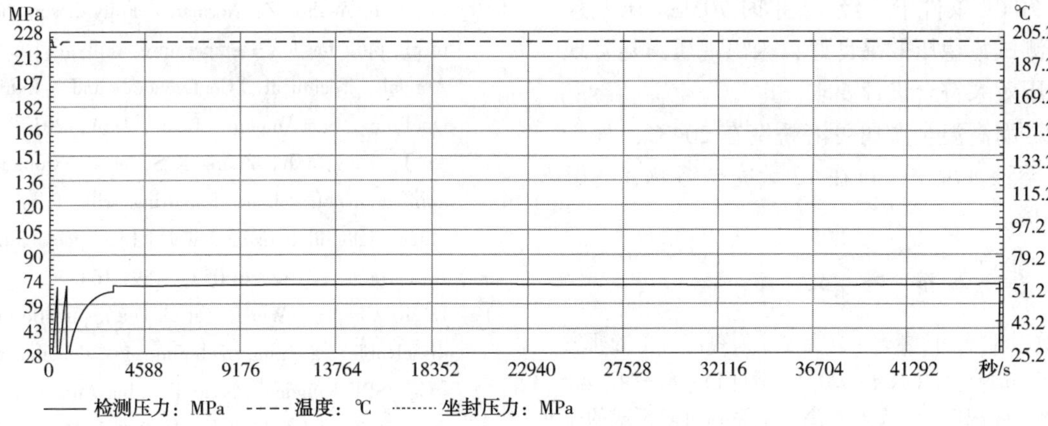

图 10　可溶桥塞高温承压测试曲线

3.4　高温溶解测试

取出桥塞内部临时堵塞，保持桥塞上下端连通，在实验套管中注满浓度为 2%的 KCl 溶液，安装堵头，连接泄压管线，试验过程中压力保持 30MPa 左右。将可溶桥塞连同套管一起放入 204℃的油浸池中进行溶解实验，每隔 48h 观察一次，对桥塞未溶解部分进行称重，并更换 2%的 KCl 溶液，称重前需将溶解后的残渣烘干后进行称重。由表 5 可以看出，耐高温全金属可溶桥塞在 204℃，处于 2% KCl 溶液环境下，可在 12 天完全溶解，溶解率达 98%。

表 6　可溶桥塞高温溶解率

溶解时间/h	0	2	4	6	8	10	12
重量/kg	2.73	1.95741	1.28698	0.94806	0.61601	0.44197	0.04351
溶解率/%	0	28.3	43.8	58.6	73.1	80.7	98.1

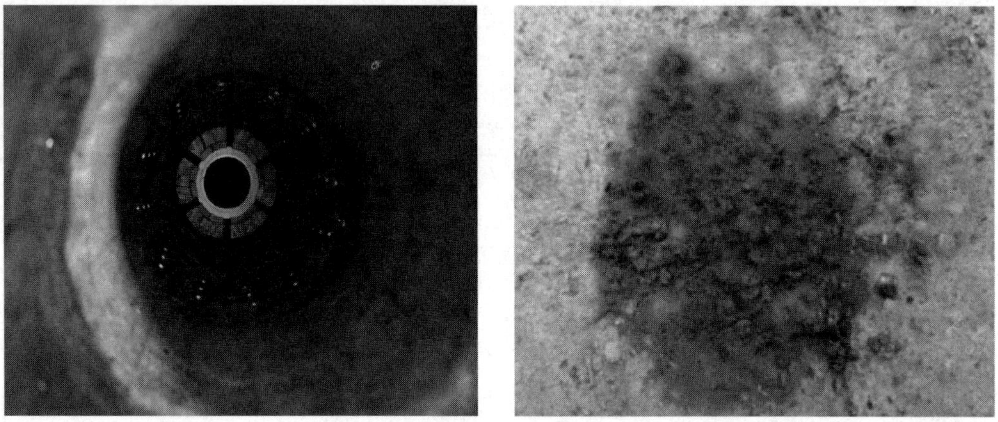

图 11　可溶桥塞高温溶解前后对比

4　结论

针对海上中深层低渗油气田的压裂作业，设计了一种耐高温全金属可溶桥塞，通过一系列材料优选试验选出可溶桥塞各个关键零部件最终选材，并制备样机依次开展坐封动作测试、常温验封、高温稳压及高温溶解等试验，以验证可溶桥塞的可靠性，试验得出以下结论：

（1）耐高温全金属可溶桥塞在 5-1/2″标准套管内 204℃条件下，经 12 小时 70MPa 压差连续稳压测试，稳压效果良好，未出现压力陡降现象，稳压效果符合设计要求。

（2）耐高温全金属可溶桥塞在 204℃，处于 2%KCl 溶液环境下，可在 12 天完全溶解，溶解率达 98%。

参　考　文　献

[1] 杨敏，刘涛，何宴等．高温全金属可溶桥塞的研发与应用[J]．石化技术，2024，31(01)：82-84.

[2] 张勇，张国田，刘宇等．高性能系列可溶桥塞的研制与应用[J]．石油机械，2024，52(01)：124-129.

[3] 崔璐，常文权，王澎等．全金属可溶桥塞卡瓦结构锚定性能优化[J/OL]．润滑与密封，1-10.

[4] 赵旭阳，林忠超，孙江等．全金属可溶桥塞密封环密封性能研究[J]．采油工程，2023，(03)：19-23+102.

[5] 谭勇，冯德华，杨志超等．镶齿型可溶桥塞卡瓦结构优化[J]．现代机械，2022，(06)：58-63.

[6] 卢刚．页岩气水平井分段压裂作业中全可溶桥塞的应用[J]．油气井测试，2022，31(05)：38-42.

[7] 陆建康．可溶桥塞结构分析及其材料性能指标评价[D]．西安石油大学，2022.

[8] 刘奔．桥塞技术的发展历程及现状分析[J]．石油矿场机械，2021，50(04)：81-87.

[9] 赵旭亮，刘永莉，贡军民．分段压裂用可溶桥塞研究及试验[J]．辽宁石油化工大学学报，2021，41(03)：57-61.

[10] Fripp M，Walton Z，Norman T. Fully dissolvable fracturing plug for low-temperature wellbores[C]. SPE Annual Technical Conference and Exhibition. OnePetro，San Antonio，Texas，USA，2017.

[11] An J，Tang M R，Zhang K S，et al. Evaluation and application of volume fracturing with full-soluble plugin tight oil horizontal well[J]. Special oil& Gas Reservoirs，2019，26(05)：159~163.

[12] Li M，Chen L，Wei R，et al. The application of fully dissolvable frac plug technique in Weiyuan gasfield[C]. SPE Kingdom of Saudi Arabia Annual Technical Symposium and Exhibition. OnePetro，Dallas，Texas，USA，2018.

[13] 程宇雄，武广瑗，吴世运等．耐超高温全金属桥塞研制与室内试验测试[J]．石油机械，2023，51(05)：94-100+116.

[14] 刘统亮，施建国，冯定等．水平井可溶桥塞分段压裂技术与发展趋势[J]．石油机械，2020，48(10)：103~110.

渤海低渗透油藏反向压驱数值模拟表征及应用

龚小龙　凌浩川　王记俊　耿红柳　李　雯

[中海石油(中国)有限公司天津分公司]

摘　要　反向压驱是在加砂压裂之前先大排量、超破裂压力注入低黏驱油剂，从而起到高强度补能、渗析置换的一种提高原油采收率技术。该技术适用于独立断块、注采受效差的低渗透油藏，目前在渤海油田应用尚属于起步阶段。为了精细表征压驱过程中高排量注入条件下驱油剂和裂缝动态扩展之间的流固耦合行为，本文基于商业数值模拟软件 INTERSECT，结合 Python 语言进行二次开发，构建了低渗油藏反向压驱诱导动态裂缝等效表征数值模拟模型，通过机理分析验证了该模型的可靠性。利用该模型开展了渤海 BZ 油田 P1 井压驱方案设计，取得了较好的应用效果。

关键词　低渗透油藏；反向压驱；物性时变；数值模拟

压驱技术是一种储层改造技术，其原理是利用压裂液压开地层，并通过高压将驱油剂沿裂缝快速输送至目标区域，以提高原油采收率。根据驱油剂注入后的返排方向，压驱技术可分为正向和反向两种模式。反向压驱类似于“单井吞吐”，指从采油井注入驱油剂，利用高压注入设备将驱油剂压入地层，形成裂缝并输送到目的层，并在完成驱油剂注入后焖井一段时间，而后又从采油井返排生产，最后达到提高采收率的目的。

目前，模拟压驱过程中现有的商业数值模拟软件对于裂缝的表征方式多为预先设定裂缝长度和位置，无法真实反映压驱过程中裂缝的动态扩展过程。有部分学者针对低渗透油藏注水开发已经提出了裂缝动态扩展模型，但也大多基于常规压裂注水开发，难以准确刻画高排量注入条件下驱油剂和裂缝动态扩展之间的流固耦合行为。为解决上述问题，本文基于商业数值模拟软件 INTERSECT，结合 Python 语言进行二次开发，构建低渗油藏反向压驱诱导动态裂缝等效表征数值模拟模型。

1　动态裂缝数值模拟方法

反向压驱过程中，高压注入的驱油剂会诱导产生动态裂缝，并随着注入压力的变化和驱油剂的驱替作用而不断演化，如图 1 所示，该过程主要分为起裂、扩展、闭合三个阶段。

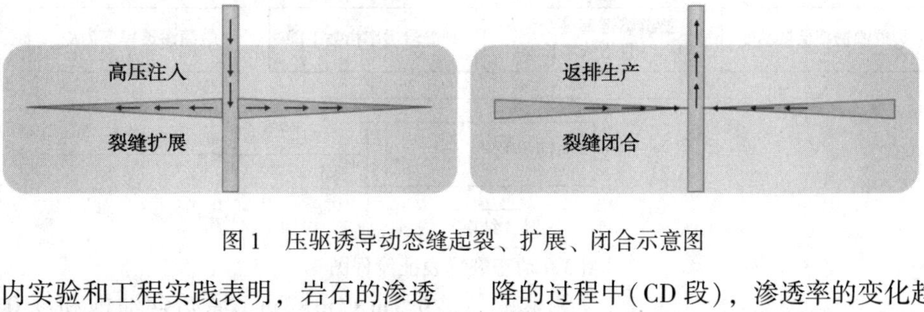

图 1　压驱诱导动态缝起裂、扩展、闭合示意图

大量室内实验和工程实践表明，岩石的渗透率不仅受地层压力的影响，还受到岩石应力状态和裂缝开启与闭合过程的综合作用。图 2 为动态裂缝渗透率随地层压力变化关系图，从图中可以看到当地层压力逐渐增加至裂缝的起裂压力时(ABC 段)，渗透率会发生突跃，表明裂缝开始形成并显著提高流体的通过能力。在地层压力下降的过程中(CD 段)，渗透率的变化趋势则相反。随着地层压力下降，岩石有效应力增加，裂缝会趋于闭合，渗透率会逐步下降，直至接近于一个较低的稳定值 K_{min}，但 K_{min} 往往会高于岩石初始时刻渗透率而低于起裂时的渗透率 K_c。该过程中的渗透率下降速度起初较快，随着压力的进一步降低，下降速度逐渐减缓，最终趋于稳定状态。

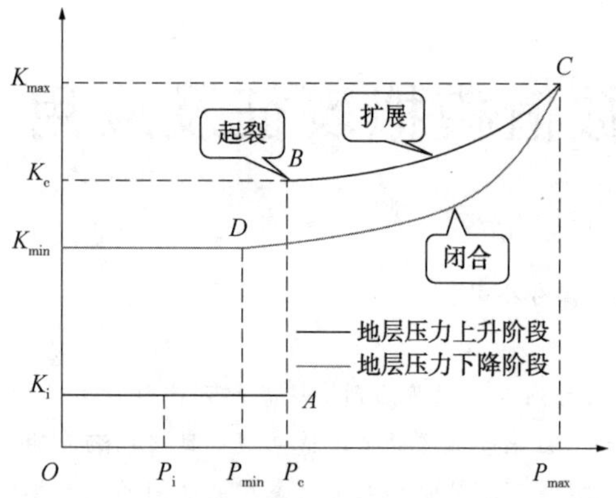

图 2　动态裂缝渗透率随地层压力变化曲线

利用 INTERSECT 数值模拟器和 Python 编程语言对压驱过程中动态裂缝进行表征。为有效表征裂缝起裂、扩展和闭合这一动态过程，在完成常规数模的初始化工作后，还需根据储层最大主应力方向确定裂缝走向，并以压驱井为中心加密裂缝方向的网格，为后续裂缝扩展模拟提供基础。在模型进行初始化计算后，存储初始压力场和渗透率等参数，并设定时间步长，开始时间循环。在每个时间步长内，根据分区索引识别出裂缝尖端发生扩展的区域，获取该区域内每个网格的压力和渗透率数据，利用 Python 提取 INTERSECT 模拟结果，由每个网格压力判断裂缝扩展情况，并进行相应的渗透率调整，具体模拟流程如图 3 所示。

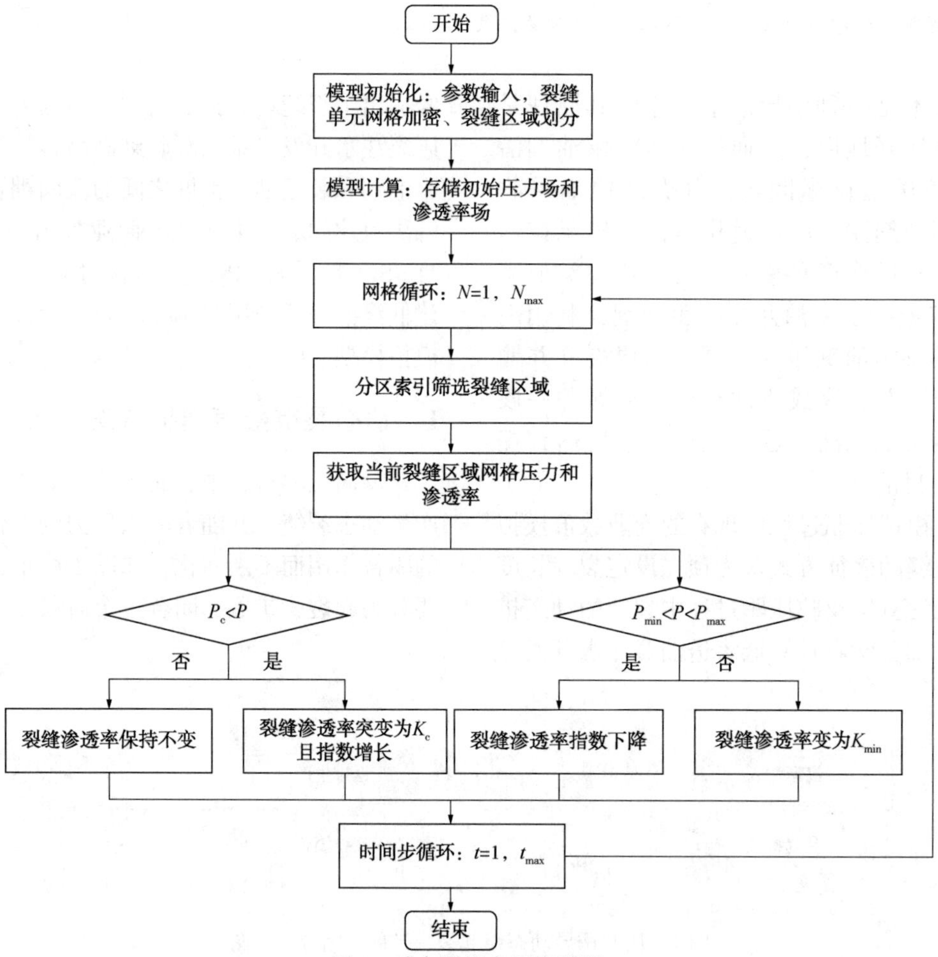

图 3　动态裂缝表征流程图

2　模型验证

为了验证上述动态裂缝表征的合理性，我们建立了一个独立断块模型进行模拟研究。设置储层孔隙度 18%，初始渗透率 10mD，原始地层压力 29.50MPa，裂缝方向规定为西东方向，裂缝区外网格尺寸 50m×50m×1m，裂缝中心网格尺寸 1m×1m×1m，原始含油饱和度 0.6，无自由气，无边底水。在生产策略上，先让生产井定井底流压衰竭开采一年，一年后开始注入含表面活性剂的压驱液，注入排量 2000 方/天，连续注入 7 天，累积注压驱液 14000 方，后焖井 10 天再开井生产。模型共模拟 6 年，在注入阶段时间步长设置为 0.04 天，以观察动态裂缝扩展规律和油藏参数变化情况，开井生产阶段时间步长则设置为 30 天以加快模型运算速度。

2.1 动态裂缝扩展变化规律

图 4 和图 5 为分别压驱注入和返排生产阶段裂缝动态变化和地层压力变化数模场图。注入初期，邻近注入井的网格压力快速升高，一旦超过动态裂缝的起裂压力阈值，动态裂缝便会产生。随后，裂缝内部的平均压力持续缓慢攀升，当裂缝尖端压力超过其延伸压力时，裂缝会向前扩展一段距离，积聚在裂缝内部的能量迅速释放，导致压力骤降。接着，随着压驱液的持续累积，裂缝内部压力再次缓慢上升，直至裂缝尖端压力再次超过其延伸压力，促使动态裂缝再次向前扩展，如此循环往复。这种动态裂缝间歇性延伸的模式，使得裂缝内部平均压力呈现出显著的周期性波动。总体而言，随着动态裂缝长度的增加，裂缝内部的平均压力呈现下降趋势，在停止注入和返排生产后，裂缝内部压力迅速下降，当裂缝尖端压力下降至闭合压力以下时，动态裂缝尖端开始闭合，且一旦开始闭合，其整体闭合速度非常快，裂缝渗透率也急剧下降并最终趋于定值。

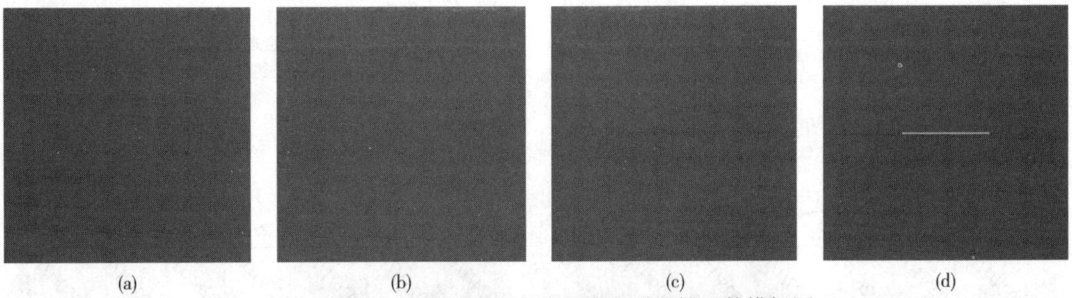

图 4　压驱注入和返排生产阶段动态裂缝扩展数模场图

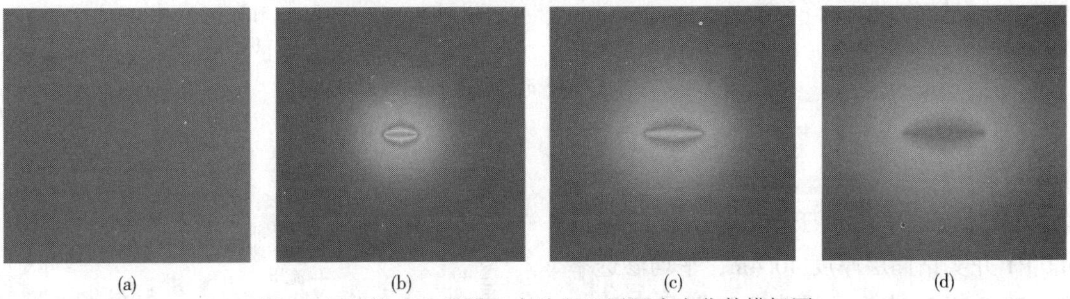

图 5　压驱注入和返排生产阶段地层压力变化数模场图

2.2 压驱液沿裂缝滤失规律

压驱注入过程中，压驱液在地层中的分布呈现出随时间演化的动态特征，并展现出明显的沿裂缝优先滤失规律。如图 6 所示，随着注入时间的推移，压驱液并非均匀扩展，而是沿着裂缝方向优先滤失，形成以裂缝为中心的椭圆形饱和度分布。注入初期，压驱液主要集中在近井区域，裂缝周围地层饱和度较高，并向外逐渐过渡，表明压驱液逐步渗入裂缝附近储层，随着注入进行，压驱液迫使裂缝不断扩展，渗透范围逐渐增大，高饱和度区域也随之延展，形成狭长的波及区。而远离裂缝的区域，由于渗透率较低，压驱液滤失缓慢，仍以低饱和度为主，这种非均匀分布表明，动态裂缝的存在显著影响了压驱液的滤失规律，导致压驱液的不均衡推进。

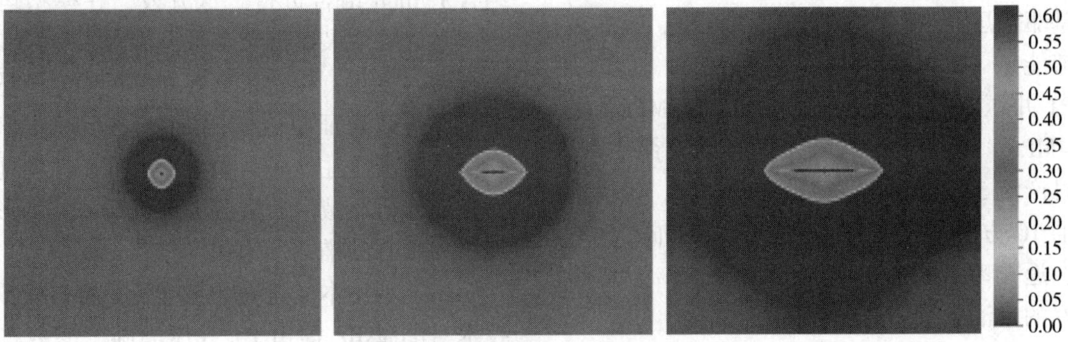

图 6　压驱液沿裂缝滤失数模场图

2.3 油井返排生产规律

图7为建立的反向压驱模型与衰竭开采模型生产曲线对比图。反向压驱注入后焖井10天，油井进入返排生产阶段。在返排初期，含水率从最高98%开始下降，产油量逐渐升至峰值22m³/d，显著高于衰竭开采同期产量。这主要是由于注入的压驱液在地层中形成了高压区，以及压驱过程中形成的动态裂缝有效沟通了近井地带与储层深部，促进了原油的快速回流。同时，由于表面活性剂的渗析置换，降低了波及区的残余油饱和度，使返排初期有较高的产量。随着生产的进行，日产油量逐渐下降并与衰竭开采相近，而含水率也持续降低并最终趋于稳定。最终压驱模型累产油2.09万方，较衰竭开采模型增油0.34万方，增油效果较为显著。

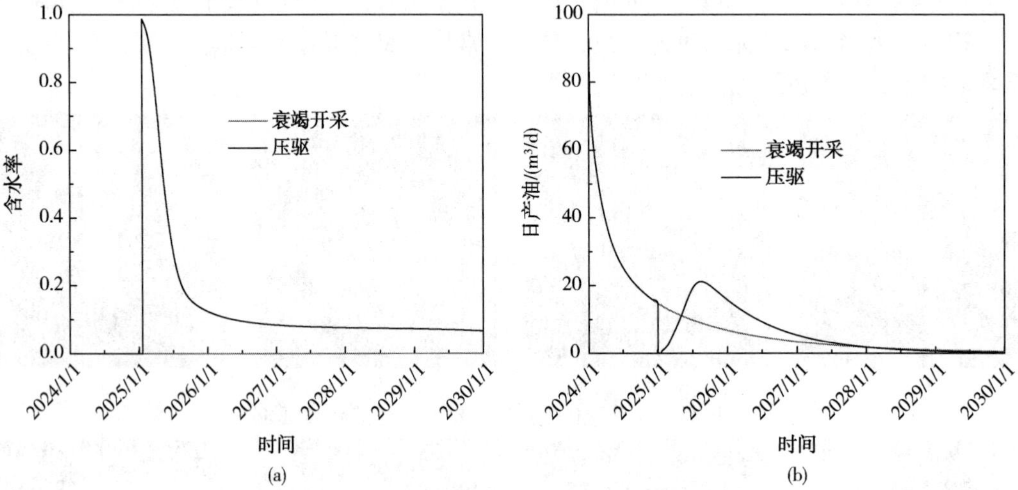

图7 衰竭开发与反向压驱生产曲线对比

3 矿场应用

渤海BZ油田P1井位于沙三段，油藏埋深3400m。P1井实钻储层厚度40.4m，平均渗透率3.5mD；2012年1月1日投产，初期日产油由80方/天持续下降至15方/天，2021年11月17日停井，累产油7.34万方，累产液7.82万方。

由于P1井井下管柱复杂，处理较为困难且费用较高，不具备分层压驱及加砂条件。设计采用大液量补能、不加砂压裂、大排量造微缝工艺。利用本文建立的精细压驱数值模拟表征技术对施工参数进行优化，最终压驱液用量1.6万方，注入排量3-5方/分钟，段塞式多轮次注入海水基驱油压裂液，增加裂缝复杂程度，提高裂缝导流能。

P1井压驱后地层压力恢复至31.9MPa，上升2.4MPa，该井于2024年6月4日启泵生产，目前日产液53方/天，日产油25方/天，较措施前增油10方/天，已累计返排1658方油，5059方水，返排率31.6%，含水下降至53%，取得了较好的增油效果。

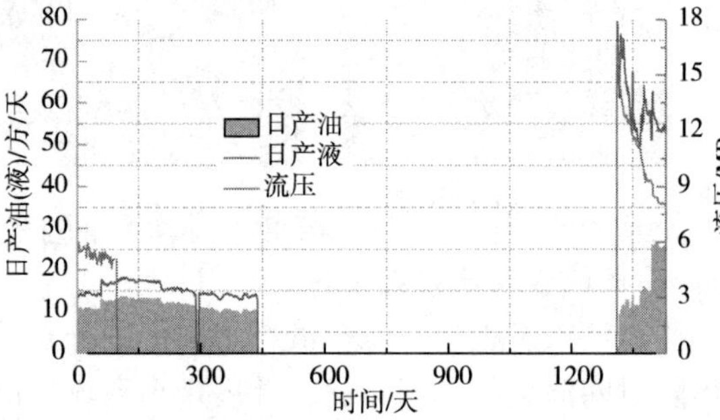

图8 渤中BZ油田P1井压驱后生产曲线

4 结论

(1) 基于商业数值模拟软件INTERSECT，结合Python语言进行二次开发，在模型运算过程中实时提取裂缝网格参数，并对裂缝区渗透率进行实时修正，构建了低渗油藏反向压驱诱导动态裂缝等效表征数值模拟模型。模拟结果表明，在持续的高压注入下，动态裂缝间歇性向地层深处扩展，压驱液沿着裂缝方向优先滤失，形成以裂缝为中心的椭圆形饱和度分布。

(2) 利用本文建立的精细压驱数值模拟表征技术对渤海BZ油田P1井压驱施工参数进行了优化，最终压驱液用量1.6万方，返排后日产液

53方/天，日产油25方/天，较措施前增油10方/天，目前已累积产油1658方，措施取得了较好增油效果。

参 考 文 献

[1] 王凤娇，孟详昊，刘义坤，等. 致密储层压驱焖井阶段渗吸机理分子模拟研究[J]. 力学学报，2024：1-11.

[2] 支继强，孙硕，王旭，等. 中低渗透储集层压驱提高采收率机理[J]. 石油勘探与开发，2022，49(4)：1.

[3] 桑丛雨，王鹏. 低渗透油藏压驱效果影响因素研究[J]. 北京石油化工学院学报，2023，31(1).

[4] 崔传智，王俊康，吴忠维，等. 致密油藏压驱动态裂缝模型建立及应用[J]. 特种油气藏，2023，30(4)：87.

[5] 崔传智，李怀亮，吴忠维，等. 考虑压驱注水诱发裂缝影响的注水井压力分析[J]. 油气藏评价与开发，2023，13(5)：686-94.

[6] 范天一，宋新民，吴淑红，等. 低渗透油藏水驱动态裂缝数学模型及数值模拟[J]. 石油勘探与开发，2015，42(4)：496-501.

[7] 彭缓缓，王文环，吕文峰，等. 考虑动态裂缝的特低渗透油藏渗流模型[J]. 断块油气田，2016，23(5)：4.

爆燃压裂技术在渤海 QK 油田的应用

凌浩川　龚小龙　耿红柳　聂玲玲　李　雯

［中海石油(中国)有限公司天津分公司］

摘　要　爆燃压裂是利用特制火药在储层部位燃烧产生的高温高压气体压出多条径向裂缝以取得增产、增注的方法。由于它具有施工简单、适用性广、成本低的特点因而在国内陆地油田取得了较为广泛的应用。本文从爆燃压裂的增产机理和适用性出发，结合渤海 QK 油田的地质油藏特点开展爆燃压裂的可行性分析，建立储层压裂评分系数方法并优选了一口先导试验井 A1 进行试验，日增油 12 吨，取得了较好的增产效果。爆燃压裂技术在渤海 QK 油田的成功应用，为后续类似油田的增产措施提供了新的思路和方向。

关键词　低渗透油藏；爆燃压裂；先导试验；适用性

爆燃压裂技术也称为高能气体压裂，它是是利用特制火药在储层部位燃烧产生的高温高压气体压出多条径向裂缝，使油气水井增产增注的技术。爆燃压裂技术在国内陆地油田应用广泛，目前已在长庆油田、延长油田、吉林油田实施了 1000 余井次，应用有效率达到 80%。虽然爆燃压裂技术在陆地油田应用广泛，但是由于海上油田受限于海上平台空间有限、作业安全要求更高，加之海上多采用定向井开发井斜比较大原因，该技术在海上油田并未推广应用。本文从爆燃压裂的增产机理和适用性出发，结合渤海 QK 油田的地质油藏特点开展爆燃压裂的可行性分析，并优选了一口先导试验井进行试验，取得了较好的增产效果，实现了爆燃压裂技术在渤海 QK 油田的成功应用，为后续渤海类似油田的增产措施提供了新的思路和方向。

1　爆燃压裂适用性分析

爆燃压裂与爆炸压裂和水力压裂相比存在着明显的优势。首先，它不会像爆炸压裂那样，产生瞬时的峰值高压力，易造成地层损害，它作用时间更长，在大于地层破裂压力下还会稳定持续几毫秒到几百毫秒。

其次，它也不同于水力压裂，不受地应力控制，也不需要大量压裂液、支撑剂，以及压裂设备，施工也极为简单，大大降低作业成本。对于边底水活跃、厚度薄的一些低渗储层，它“横向造缝”的特点，使它基本不会沟通边底水、也不会担心缝高过长。

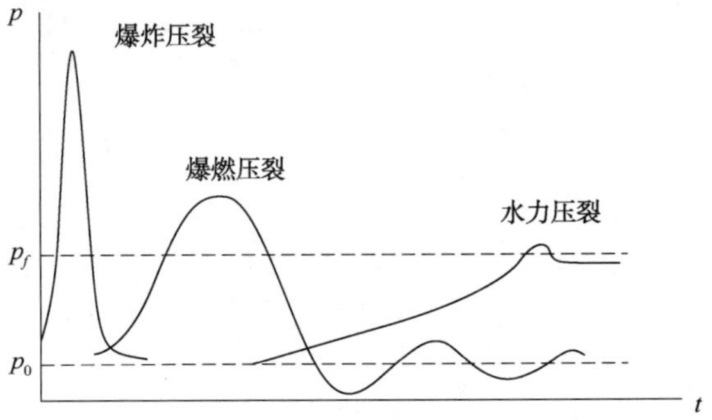

图 1　爆燃压裂和爆炸压裂以及水力压裂 p-t 示意图

与水力压裂相比，爆燃压裂存在以下几方面的技术特点：

1. 爆燃压裂不受地应力的影响，作用范围 2~10m，产生的辐射状裂缝局限在油井堵塞污染带和附近原始地层局部区域内，不会发生与其它水层和油层的串层事故，适用于边底水活跃或者注水开发油藏。

2. 爆燃压裂不需要大量压裂液，不会造成压裂过程中对地层的污染伤害，堵塞加剧，对于水敏或酸敏地层具有很好适用性。

3. 爆燃压裂形成的辐射状裂缝，不改变油井的渗流状态，如果压裂效果不佳，不影响其它水力压裂等其它增产措施的的进一步改造。

然而爆燃压裂也有其局限性。由于加载速率较高，从而决定了其适用的岩层是脆性地层，对于塑性地层不适用，对泥岩地层，反而可能产生压实效应。

表 1　爆燃压裂技术应用油藏条件

参数	适用范围
孔隙度	3%~25%
渗透率	小于 500mD
泥质含量	小于 25%
地层压力	不低于原始地层压力 60%
距水层距离	不低于 3m

2　渤海 QK 油田地质油藏特征

QK 油田位于渤海西部海域，主要含油层系为古近系沙河街组，油藏埋深 3100~3500m。沙河街组以扇三角洲前缘亚相沉积为主，平均孔隙度 20%，平均渗透率 102mD，为中孔中低渗储层，其中沙二段Ⅳ、Ⅴ油组及沙三段渗透率为 9.4~36.8mD，属于低渗油藏。沙河街组地层原油粘度 0.25~2.92mPa·s，流体为轻质油，油藏类型以构造层状边水油藏为主。

油田 1997 年投产，初期采用天然能量开发，油田压力持续下降，产量递减较快。2005 年后实施注水开发，压力逐步得到恢复，2013 年实施综合调整方案后，油田进入分层系开发阶段，截至目前油田综合含水 94.2%，采出程度 29.2%，处于特高含水、高采出程度阶段。通过孔隙度、渗透率、泥质含量、地层压力以及距离水层距离分析，QK 油田具备实施爆燃压裂的油藏条件。

表 2　QK 油田爆燃压裂技术适用性分析

参数	适用范围	QK 油田沙河街组
孔隙度	3%~25%	10%~21%
渗透率	小于 500mD	9.4~102
泥质含量	小于 25%	3.8~18.9%
地层压力	不低于原始地层压力 60%	原始压力 100%
距水层距离	不低于 3m	大于 5m

3　爆燃压裂先导试验

A1 井位于 QK 油田主体区，生产层位沙河街组沙二段，平均孔隙度 18.9%，平均渗透率 46mD。该井于 2013 年 7 月投产，初期年均日产油 16 吨，含水 83%，该井由于投产初期含水上升快，生产效果不好。2020 年 3 月上返补孔单采沙一段，基本不含水。2023 年 10 月检泵重新开采沙二段，日产油仅 2 吨/天，含水 97%。

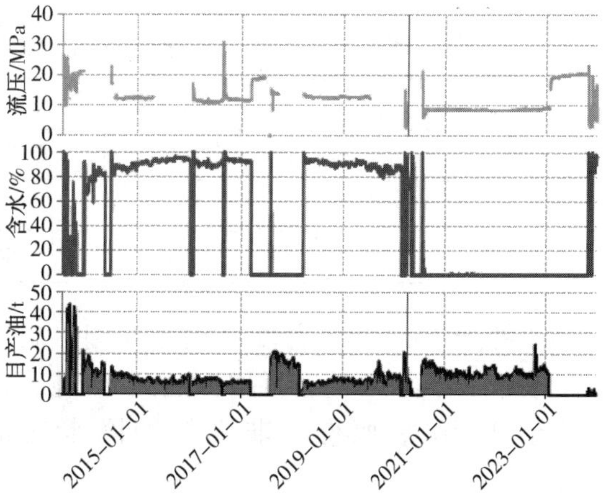

图 2　QK 油田 A1 井爆燃压裂前生产曲线

对于多层合采的油井，压裂选层是一项综合性工作，选层的目标是控水增油，优选剩余可采储量大，含水低的油井和储层。在传统剩余可采方法的基础上，利用生产动态资料，油藏数值模拟资料进行综合分析和判断，建立了储层压裂评分公式，定量指导压裂井选层。

$$S=\phi \frac{h}{H}(1-f_w)P_D$$

其中：S 为压裂储层评分系数；ϕ 为孔隙度；h 为油井压裂储层厚度；H 为油井所有油层厚度；f_w 为压裂储层含水率；P_D 为压裂储层压力保持水平。

表 3　QK 油田 A1 井爆燃压裂层位优选

A1 井参数	沙二Ⅲ油组	沙二Ⅳ油组	沙二Ⅴ油组
孔隙度 φ	0.154	0.184	0.161
储层厚度 h/m	7.1	5.8	12.7
含水率 f_w	0.97	0.86	0.71
压力保持水平 P_D	0.98	0.92	1.03
压裂储层评分系数 S	0.001	0.005	0.024

综合分析认为：A1 井在检泵过程中存在一定的储层污染且沙二段Ⅴ油组增产潜力较大，建议开展爆燃压裂措施。

设计采用电缆传输爆燃压裂，设计两趟爆燃，爆燃火药量设计 18.4kg，同时结合该井区块储层物性特征和伤害原因分析并借鉴该油田酸化经验，设计爆燃后注入复合解堵体系，注入排量 0.1~1.0m^3/min，累积注入量 40m^3。解堵体系应能够有效解除粘土矿物伤害以及固相伤害物。预计爆燃压裂后日产油 10 吨，日增油 8 吨，累增油 0.48 万吨。

表 4　QK 油田 A1 井爆燃压裂指标预测

井号	治理前情况			方案设计		
	日产油	含水	累产油	日产油	含水	累增油
	吨	%	万吨	吨	%	万吨
A1	2	96.0	2.86	10	87.5	0.48

A1 井于 2024 年 5 月实施爆燃压裂，后返排后初期日产油 14 吨，日增油达到 12 吨，含水降至 75.0%，取得了非常好的降水增油效果。

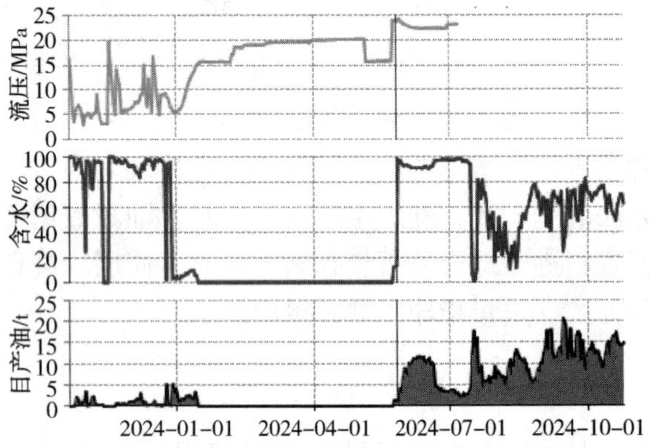

图 3　渤海 QK 油田 A1 井爆燃压裂生产曲线

4　小结

（1）爆燃压裂不受地应力的影响，不需要大量压裂液，具有施工简单、适用性广、成本低的特点，特别适用于边底水活跃或者注水开发的低渗油藏。

（2）QK 油田 A1 井是渤海第一口实施爆燃压裂的井，其成功实施具有重要意义，后续将继续扩大爆燃压裂在渤海其它油田的应用。

参考文献

[1] 张廷汉，秦发动．高能气体压裂的初步研究[J]．西安石油大学学报（自然科学版），1986，（02）：1-12.

[2] 黄毓林，戴祖福．爆燃压裂工艺及应用[J]．石油钻采工艺，1994，（01）：81-87.

[3] 魏斌，张宏忠，黎荣剑，等．长庆油田侏罗系油层增产措施及其效果评价[J]．油气井测试，2001，(Z1)：27-31.

[4] 赵梅芳．富县油田槐农区长 6 增产增注工艺技术[J]．石化技术，2015，22(10)：224-225.

[5] 王新成．华北油田爆燃压裂解堵技术可实现控水稳油[J]．石油钻采工艺，2014，36(02)：23.

[6] 廖保江，陈刚，惠婉婷．吴起油田白河区侏罗系油藏增产措施[J]．非常规油气，2018，5(02)：61-64.

[7] 孙林，宋爱莉，易飞，等．爆压酸化技术在中国海上低渗油田适应性分析[J]．钻采工艺，2016，39(01)：60-62.

[8] 孙林，郭士生，熊培祺，等．东海深层致密气藏爆燃压裂技术优化[J]．油气地质与采收率，2019，26(04)：119-124.

[9] 李凡，曹卫东，孙玉华，等．爆燃压裂技术在海上油田定向井多层合采中的应用[J]．断块油气田，2022，29(02)：285-288.

[10] 郝兰香，张强，包小红，等．爆燃压裂及其适用的地质条件研究[J]．西北地质，2001，(02)：88-94.

渤海南部复杂混积岩低渗油藏高效开发技术研究与应用

常会江　张立安　于占轩　崔龙涛　宫平志

[中海石油(中国)有限公司天津分公司渤海石油研究院]

摘　要　KL16 油田是渤海海域首个规模性开发的复杂混积岩低渗油藏，探井揭示储层单层厚度 1~5m，且不同类型储层岩性、物性、产能差异大。为提高开发井优质储层钻遇率、提高单井产能和开发效果，综合利用地震、钻井、岩心、测井、测试和分析化验资料，研究了油田范围内不同混积岩类型的岩石学特征、沉积特征、储层分类评价及展布，认为混积滩坝相优势储层主要分布于1、2井区域，呈连片状发育。运用随钻元素俘获能谱测井和图数据理论的聚类分析，实现复杂混积岩岩性的精细识别，符合率超过95%。在混积岩储层特征研究基础上开展矢量井网井位优化和选择性优化射孔研究，有效指导了18口开发井实施，开发井钻遇优势储层厚度较设计提高15%~30%，单井平均产能达到100t/d，超方案设计20%。混积岩储层分类评价及开发关键技术对其他类似油田勘探开发具有借鉴意义。

关键词　混积岩；波形聚类；储层分类评价；井位优化；选择性射孔；酸压储层改造

陆源碎屑与碳酸盐混合沉积是一种特殊的沉积类型，其混合沉积现象早在20世纪50年代就引起国外学者的关注。Mount(1984)首次提出混积沉积物的概念，其表述为陆源碎屑物与碳酸盐岩旋回性互层或侧向彼此相互交叉的一类沉积物。近年来，我国一些陆相盆地也陆续发现陆源碎屑-碳酸盐混合沉积，并在这些混积岩储层勘探中取得了显著成效，但对混积岩储层分类评价及开发关键技术等方面研究涉及较少。渤海海域是我国陆相断陷盆地混积岩种类最丰富、分布较广泛的地区之一。自20世纪90年代以来，渤海油田对混合沉积进行了持续攻关，并以混合沉积为主要勘探对象在多个构造带取得了重大突破，发现了多优质油气田，展现了渤海油田在混合沉积领域巨大的勘探开发前景，但由于受多种因素制约，混积岩油藏均未投入规模性开发。

KL16 油田是渤海首个规模性开发的混积岩油藏，2021年完成开发方案实施。针对古近系沙河街组三段下亚段混积岩低渗储层平面和纵向上岩性类型多样、分布特征复杂、测试产能差异大、成因模式及优质储层分布不清等难题，为提高开发井优质储层钻遇率、获得更高产能并建立有效注采井网，综合应用地震、钻井、岩心、测井和分析化验等资料，开展混积岩储层沉积特征、储层分类评价及优质储层分布等研究，有力指导了18口开发井的实施及射孔方案编制，单井产能超过方案设计20%，为油田高效开发奠定基础，为其他类似油田勘探开发提供借鉴意义。

1　沉积相带约束的主成分耦合储层预测

KL16 油田主力开发层位是古近系沙河街组，总体为薄互层混积岩低渗储层，平面上连通性复杂，纵向上岩性多样，测试产能差异大、比采差异大，优质储层主控因素认识不清。针对该问题，开展了沉积相带约束的主成分耦合储层预测技术，通过古地貌、地震相分类刻画识别沉积相带，以不同沉积相带波形分类结果作为约束条件，对储层厚度地震敏感属性做主成分分析，结合沉积认识划分了优质储层展布范围。

1.1　地震沉积学指导下储层成因识别及相带刻画

通过剥蚀量恢复，去断层和去褶皱及去压实校正，精细恢复了研究区沙三下段沉积期古地貌。根据古地貌差异和地震相特征，识别出斜坡、台地和沟谷3种地貌类型(图1)

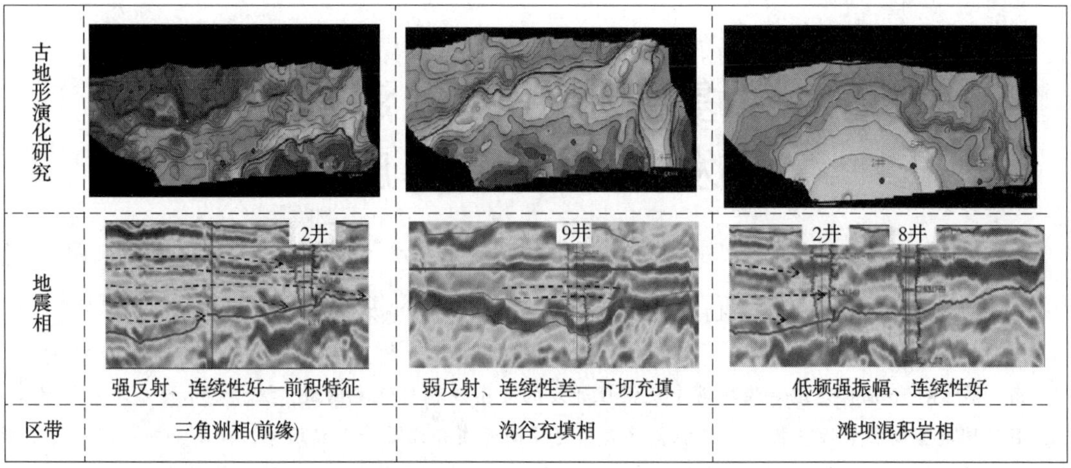

图 1　KL16 油田沙三下段古地貌成因分析图

古地貌对沉积的控制作用表现在不同的古地貌单元在沉积物由源到汇的搬运沉积过程中所起的作用是不同的：隆起区或古凸起一般为长期剥蚀地貌，提供物源；古沟谷或河道、古斜坡在沉积早期主要作为输送物源的通道，晚期接受沉积充填；古断坡、水下低凸起对物源起到分散作用，凹陷或洼陷区为沉积物卸载区，洼陷边缘及浅洼区主要为各类扇体、三角洲和滨浅湖，深洼区多为半湖相沉积。利用岩心、薄片、地震和测井等资料对 KL 油田开发区块沙三下段沉积体系进行研究，认为研究区主要有三角洲，混积岩和沟谷充填三种沉积类型(图 2)。

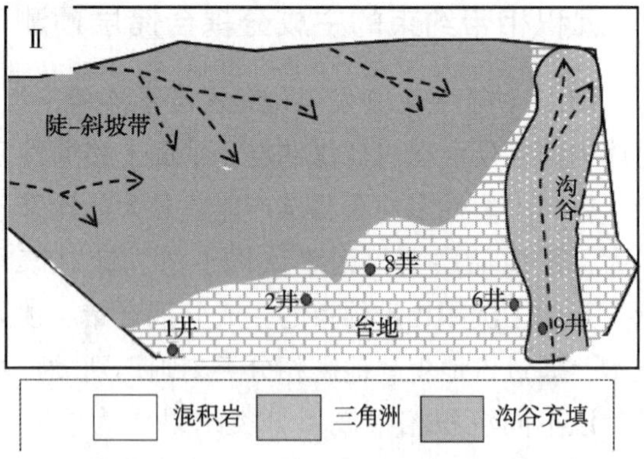

图 2　KL16 油田沙三下段古地貌与沉积类型叠合图

1.2　基于波形约束的主成分分析

已钻探井揭示开发区域内 1、2 井以云/灰质细砂岩为主，8 井以碳酸盐岩夹薄层细砂岩为主，均为薄互层储层结构。为提高开发井优质储层钻遇率，采用基于波形聚类的地震属性主成分分析技术来预测混积岩储层平面发育优势区。云/灰质砂岩储层与泥晶灰岩储层阻抗存在差异，进而引起地震波形的差异。波形聚类将不同类别的波形进行分类，能宏观把控储层发育的有利相带。通过对地震道波形进行神经网络聚类分析，选用 4 种聚类个数，得出 4 种不同的地震相。综合利用古地貌、波形分类以及探井实钻情况精细厘定沉积相带，然后制作基于岩相的探井合成地震记录，在合成地震记录集上提取地震属性，与不同类型储层厚度进行交会分析，优选相关性高的地震属性作为不同类型储层厚度敏感地震属性。将波形聚类分析结果和敏感地震属性一起作为主成分分析的输入，第一主分量作为输出。第一主分量保留原始输入的最大共性特征，与储层厚度相关性高，实现基于相控的储层预测(图 3)，以此为基础刻画的储层发育区。

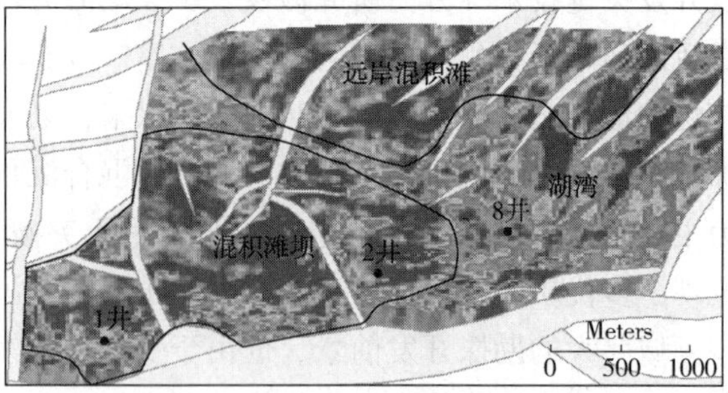

图 3　基于波形聚类的主成分分析地震属性平面图

通过探井及开发井实钻证实，第一主分量能刻画储层发育区，井震吻合度较高。以云/灰质砂岩为主的混积滩坝相Ⅰ类储层主要发育在 1、2 井区域，呈连片状分布；以砂质灰岩、细粒碎屑岩为主的远岸混积滩相Ⅱ类储层主要发育在 1、2 井北侧区域；化学成因的湖湾泥晶灰岩储层主要发育在 8 井区域。基于混积岩发育特征及储层综合评价成果，将开发井优化实施在Ⅰ类和Ⅱ类储层较发育区，钻遇Ⅰ类和Ⅱ类储层厚度较探井提高15%~30%。

2 岩心矩阵数据驱动的岩性-物性二元化渗透率定量评价

渤海油田沙河街组在渤海不同海域均发育一定量混积岩地层，这类储层岩性复杂，以泥岩、砂岩、碳酸盐岩混合沉积而成，储层非均质性较强，储层厚度变化较大，物性差异明显，孔隙结构复杂，测井"四性"关系不明显，开发阶段受工程因素影响，电缆测井无法应用，使得随钻测井岩性识别面临较大难题。同时受岩性影响，孔隙结构差异明显，传统单一的孔渗关系建立的渗透率计算模型相关性大幅降低，导致开发阶段渗透率计算精度较差，难以满足油田开发需求，为此开展了复杂岩性油气藏渗透率精细评价技术研究。

2.1 随钻能谱测井的混积岩聚类分析

复杂岩性油藏储层沉积环境复杂，主要发育混积岩和碎屑岩。碎屑岩以泥岩、泥质粉砂岩、粉砂岩、细砂岩、含砾细砂岩为主，混积岩则以白云岩、灰岩、云质砂岩、灰质砂岩为主。受工程因素影响，开发阶段采用随钻中子俘获伽马能谱测量仪，获取地层中骨架矿物的主要元素(硅Si、钙Ca、铁Fe、硫S、钛Ti、钆Gd)在地层中的元素干重。

渤海复杂岩性储层岩性以云岩($CaMg(CO_3)_2$)、灰岩($CaCO_3$)、砂岩(SiO_2)、黏土矿物为主，根据矿物元素组分差异特征，定义了反应四种矿物的单位质量元素摩尔数M($M_{Mg}=DW_{Mg}/24$、$M_{Ca}=DW_{Ca}/40-DW_{Mg}/24$、$M_{Si}=DW_{Si}/28$、$M_{AL}=DW_{Si}/27$)，以镁、钙、硅、铝代表四种矿物。

利用探井的岩心、壁心和薄片岩性识别结果标定，去白云岩钙M_{Ca}与M_{Mg}可以有效区分云岩与灰岩，M_{Si}可以区分砂岩与碳酸盐，M_{AL}可以反映储层泥质含量，单位质量元素摩尔数是混积岩岩性划分的重要参数(图4)。

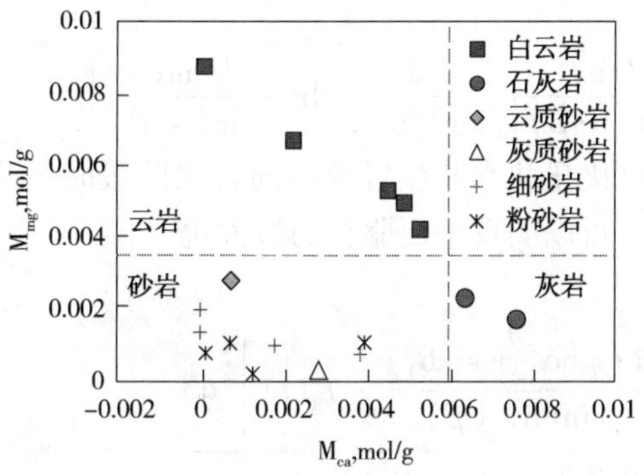

(a)M_{ca}-M_{mg}(区分云岩、灰岩)

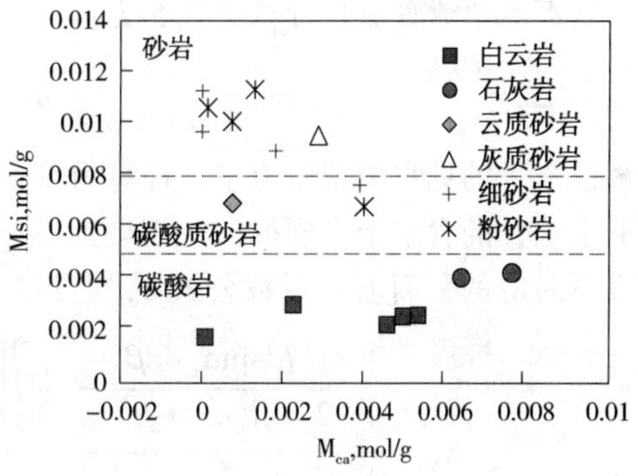

(b)M_{ca}-M_{si}(区分砂岩-碳酸盐)

图4 单位质量元素摩尔数交会图

2.2 图数据理论的混积岩岩性自动识别方法

图数据理论是一种基于数据核心和容量划分的聚类分析方法，设x为集合S的一个元素，它的第n个邻近值的相对秩为。邻近指数NI是由集合s从0至1间的归一化值来确定，$NI(x)$值越高数据点越趋近集群的核心。在同一类测井相中NI值越大，则该测井相对应的测井曲线特征越接近；不同测井相，则$NI(x)$值的变化较大：

$$NI(x)=\frac{S(x)-S_{min}}{S_{max}-S_{min}} \tag{1}$$

$$S(x)=\sum_{n=1}^{N}\delta_n(x) \tag{2}$$

$$\delta_n(x)=\begin{cases}e(-m/a),\ x\text{为}y\text{的邻近值}\\ b,\ x\text{不邻近值}\end{cases} \tag{3}$$

以$NI(x)$作为数据核，通过产生等容积的数据集将数据分类，其核心代表指数KRI为$NI(x)$、n及$D(x,y)$的组合函数。KRI指数的拐点为图数据聚类的结果，选出对应KRI极大值用以构成最终聚类结果(图5)，KRI计算公式如下：

$$KRI(x)=n*NI(x)*D(x,y) \tag{4}$$

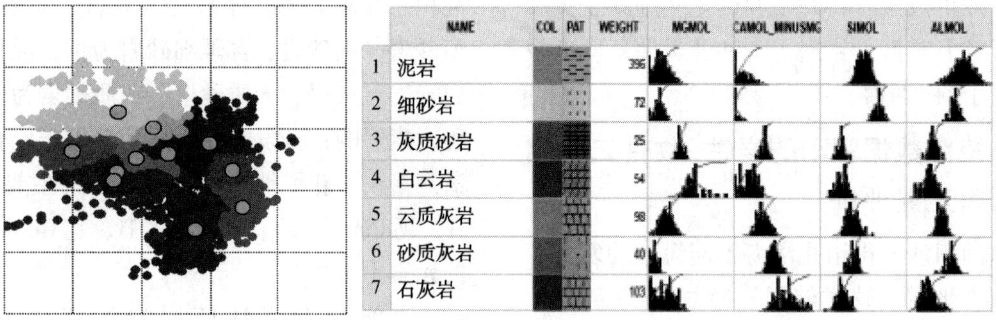

图 5　数据理论聚类图

3　复杂岩性约束的超薄互层油藏井网双维优化

3.1　平面岩性差异的矢量井网优化

根据储层分类研究结果，结合渤海合理井网密度图版，以波及最大化为核心，不同岩性发育区采用不同井网进行开发，形成了基于平面岩性差异的油藏矢量布井模式，指导了油田井网部署。

假设注水井与采油井之间由很多条不同长度的流管组成，某角度下的注采流动单元中的流管如下图所示(图 6)，任取单元内一微管流元，注水井角增量 $\Delta\alpha$，采油井角增量 $\Delta\beta$，注水井角变量为 α，采油井角变量为 β，三角形单元注水井角为 α_1，采油井角为 β_1。

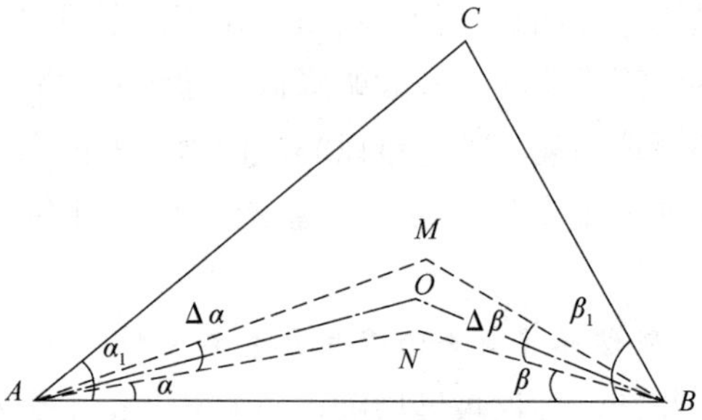

图 6　注采流动单元流管示意图

任意角度下的单流管流量计算公式 5 为：

$$\Delta q=\frac{CKh}{\mu}(p_{\mathrm{inj}}-p_{\mathrm{wf}})/\left[\frac{1}{2\tan(\Delta\alpha/2)}\ln\frac{L\sin\beta}{\sin(\alpha+\beta)}+\frac{1}{2\tan(\Delta\beta/2)}\ln\frac{L\sin\alpha}{r_{\mathrm{w}}\sin(\alpha+\beta)}\right] \tag{5}$$

根据每根流管的见水情况及流量，计算得到不同时刻下采油井的含水上升规律，从而得到不同含水阶段下对应的平面波及系数公式 6，通过优化注水井位置及不同含水阶段时的注采压差，可以实现平面驱替的最大化。

$$E_{\mathrm{A}}=\frac{S_{\mathrm{A}}}{S}\frac{\dfrac{1}{2}\dfrac{L^2\sin\alpha_1\sin\beta_1}{\sin(\alpha_1+\beta)}-\dfrac{1}{2}\displaystyle\int_0^{\beta_1}\left[\frac{L(\sin\alpha_1+\sin\beta_1)}{\sin(\alpha_1+\beta)}-L_{\mathrm{f}}(t)\right]^2\mathrm{d}\beta}{L^2(\sin\alpha_1\sin\beta_1)/[2\sin(\alpha_1+\beta_1)]} \tag{6}$$

式中，C 为系数，取 0.0864；K 为储层渗透率，$10^{-3}\mu\mathrm{m}^2$；Δq 为截面处流量，m^3/d；μ 为地层流体粘度，mPa · s；p_{inj} 为注水井井底流压，MPa；p_{wf} 为采油井井底流压，MPa；L 为流线长度(流管中线)，m；$L_{\mathrm{f}}(t)$ 为流管中油水前缘位置，m；r_{w} 为井径，m；α、β、$\Delta\alpha$、$\Delta\beta$、α_1、β_1 为角度，rad。

3.2　岩性渗流特征和层间干扰双驱动优化射孔

由于探井 DST 测试较少且无细分储层类型测试资料，多数开发井井斜大于 70°，无法进行精细的生产测井，为开发井射孔及产能确定带来较大困难。在储层分类评价的基础上，遵循“层间干扰最小、单井产能最大”的原则，根据储层分类评价结果对定向生产井合理划分 2～3 个防砂段生产。并通过数值模拟方法研究渗透率级差对产能的影响(图 7)，研究表明单一防砂段内渗透率级差小于 6 可以减少多层合采干扰的影响，从而形成混积岩储层选择性优化射孔原则：(1)物性较好的Ⅰ、Ⅱ类储层均射孔，并设置单一防砂段生产；(2)在以Ⅰ、Ⅱ类储层为主的单一防砂段内，对渗透率级差小于 6 的Ⅲ类储层进行射孔生产；(3)单层厚度大于 1m 的Ⅲ类储层集中段，设置单一防砂段射孔生产。

开发井生产证实，Ⅰ类和Ⅱ类储层厚度与采油指数具有较好的正相关性，即储层厚度越大，采油指数越大，单井产能越高(图 8)，开发井投产初期平均日产可达 100t/d，超过方案设计 20%。

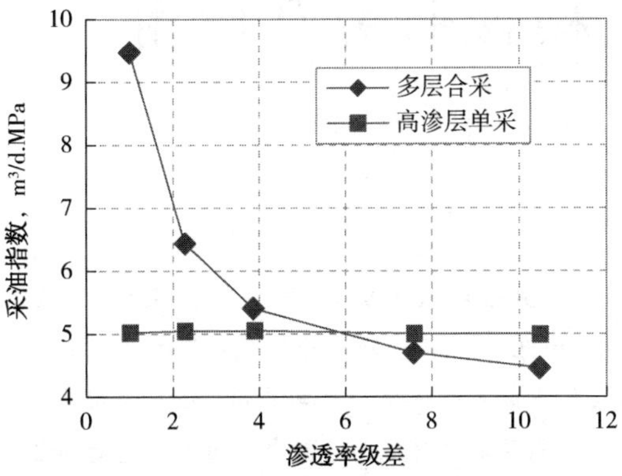

图 7　采油指数与渗透率级差关系图

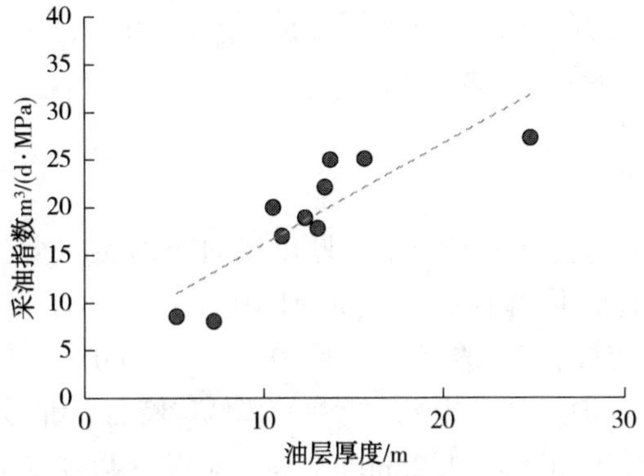

图 8　采油指数与油层厚度关系图

针对部分碳酸盐含量高且储层物性较差的Ⅲ类储层，选取 8 井区域 A18 井开展储层酸化增产措施，酸化后初期产能达到 80t/d，较酸化前增产 2.5 倍，大大提升了Ⅲ类储层的开发价值。

4　矿场应用与结论

（1）采用基于波形聚类的地震属性主成分分析技术预测混积岩优势储层平面发育区，实钻井证实储层分类评价及展布预测结果可靠，有效指导 18 口开发井井位优化及实施。

（2）针对混积岩储层复杂多样的岩性类型，利用开发井随钻元素俘获能谱测井和图数据理论的聚类分析技术，实现岩性精细识别，符合率超过 95%。依据沉积类型、岩性、电性、物性、产能等分类标准将混积岩储层分为Ⅰ类、Ⅱ类和Ⅲ类，其中Ⅰ类、Ⅱ类为优势储层。

（3）在混积岩储层特征研究的基础上，开矢量井网井位优化和基于渗透率级差的选择性优化射孔等开发关键技术研究，开发井钻遇优势储层厚度较探井提高 15%～30%，单井平均产能达到 100t/d，超方案设计 20%，取得较好的开发效果。

参　考　文　献

[1] Mount J F. Mixed siliciclastic and carbonate sediments: a proposed first-order textural and compositional classification[J]. Sedimentology, 1985, 32(3): 435-442.

[2] 邓远，陈世悦，蒲秀刚，等. 渤海湾盆地沧东凹陷孔店组二段细粒沉积岩形成机理与环境演化[J]. 石油与天然气地质，2020，41(4)：811-823.

[3] 宋金民，张亚雄，尹柯惟，等. 四川盆地中部地区下寒武统龙王庙组混积特征及其地质意义[J]. 石油与天然气地质，2021，42(3)：627-638.

[4] 高梦天，杜学斌，叶茂松，等. 渤海湾盆地石臼坨凸起东缘混积岩储层特征及物性主控因素[J]. 油气地质与采收率，2017，24(3)：50-56.

[5] 沙庆安. 混合沉积和混积岩的讨论[J]. 古地理学报，2001，3(3)：63-66.

[6] 董桂玉，陈洪德，何幼斌，等. 陆源碎屑与碳酸盐混合沉积研究中的几点思考[J]. 地球科学进展. 2007，22(9)：931-939.

[7] 霍沈君，杨香华，王维，等. 黄河口凹陷 H-1 构造沙河街组混积岩储层控制因素[J]. 现代地质，2015，29(6)：1348-1359.

[8] 徐长贵，杜学斌，杜晓峰，等. 陆相断陷盆地混合沉积与优质储层—以渤海海域为例[M]. 北京：科学出版社，2020：100-135.

[9] 潘文静，王清斌，杜晓峰，等. 渤海沙一段生物碎屑混积岩古生物特征及储层意义[J]. 地球科学，2020，45(10)：3827-3840.

[10] 刘志刚，周心怀，李建平，等. 渤海海域石臼坨凸起东段 36-3 构造古近系沙二段储集层特征及控制因素[J]. 石油与天然气地质，2011，32(54)：832-838.

[11] 吕丁友，侯东梅，杨庆红，等. 渤南低凸起西段构造成因机制与油气成藏规律研究[J]. 中国海上油气，2011，23(4)：229-233.

渤海低渗储层压驱产能模拟研究及应用

李 乾 张丽平 敬季昀 张云鹏 符扬洋 陈 旭 牟 媚 王子权

[中海石油(中国)有限公司天津分公司]

摘 要 渤海低渗储层多为砂岩薄互层，且横向变化快，部分区块生产井递减速度大、注采受效不佳，适宜进行压驱工艺改造。但渤海当前压驱改造经验较少，因此以渤海B油田为例，采用数值模拟方式，进行不同条件下的产能影响因素分析，研究发现，相同条件下储层渗透率、储层厚度、压驱液用量越大，压驱效果越明显；储层非均质性越强，层间矛盾越严重，压驱效果相对减弱；其中压驱液用量对压驱影响相对较大。接下来基于研究成果对目标井进行压驱工艺参数优化，发现压驱排量与焖井时间存在一个相对最优值；压驱液量则需结合作业成本进行合理选择，最终优化压驱排量5m^3/min、注液量16000m^3、焖井时间15d。该研究成果已成功进行现场实践，压驱后地层压力系数从0.71提升至0.93，计量日产液由17.8m^3提升至64.2m^3，计量日产油由17.1m^3提升至32.7m^3，增产效果显著。

关键词 渤海低渗储层；压驱工艺；数值模拟；影响因素

随着渤海油田油气勘探开发程度的不断深入，低渗油藏的高效开发已经成为当前渤海油田上产的主要方向之一。渤海低渗油藏要实现高效开发，压裂改造与能量补充的相互配合至关重要。如整体压裂区块实施后及时得到注水能量及时补充，便能够有效延缓递减，但渤海低渗储层井距大，部分区块注采井网不完善，能量补充困难，压后初期产能高但递减快。陆地油田和南海油田反向压驱技术的成功应用为渤海海上低渗油田低压低产井的有效开发提供了新的技术思路，利用低粘度驱油剂作为压裂液，在高于破裂压力下快速将大量化学剂推进地层，高压差下裂缝边扩展、边滤失，实现提高压裂效果目的。目前渤海压驱技术尚且处于探索阶段，亟需针对渤海低渗储层开展压驱技术的相关研究与应用，利用数值模拟等手段对储层进行压驱模拟，以针对性调整储层压驱工艺方案，为渤海油田低渗储层高效开发提供理论依据及实践经验。

1 渤海B油田储层概况

1.1 储层基本特征

渤海B油田油气分布受构造和岩性双重因素控制，目标储层沙三段为砂岩、砂砾岩夹薄层泥岩的扇三角洲沉积。受沉积作用影响，储层只在油田西部发育。沙三段储层特点为层多层薄，多呈透镜状分布，地层厚度横向变化快。沙三段储层测井解释孔隙度范围10.2～18.2%，平均14.05%，渗透率范围0.3～200mD，平均24.1mD，具有中孔-低渗、特低渗特征。地层原油黏度0.66～1.25mPa·s，体积系数1.284～1.387，地面脱气原油析蜡点温度32～35℃。该油藏属异常高温高压油藏，沙三段主要埋深为3350～3800m，温度为130～135℃，原始压力系数为1.51～1.59，原始地层压力为49.0～57.0MPa。

1.2 开发难点及研究思路

渤海B油田沙三段处于开发试验阶段，采油速度0.06%，采出程度1.42%。当前面临主要生产问题有二：(1)部分生产井所在区块平面上受沉积相影响，扇三角洲前缘远端厚度薄、物性差、非均质性强，储层物性越差，新井投产自然产能越低；(2)生产井递减速度大，且注采受效差，近井地带能量较低。

压驱工艺采用高于储层破裂压力方式，短时间内向地层大量注入压驱液体，达到快速补充地层能量并渗吸置换部分原油效果，适合在该油田进行应用。因此基于该油田存在的生产问题，针对储层基本特性，采用数值建模方式，研究压驱工艺在该油田的适用性及影响规律，针对性优化关键压驱工艺参数，达到提高在该油田增产效果的目的。

2 压驱产能影响因素分析

2.1 建立数值模拟模型

基础压驱方案：衰竭式生产至日产油量 $10m^3/d$ + 压驱（压驱剂：表活剂，注入量 $10000m^3$，闷井时间：15d）+后续生产至日产油量 $10m^3/d$。模型为单井均质模型。在此方案基础上进行压驱影响因素及产能预测。模型参数采取和适应性研究模型一致，静态参数见表 1。

表 1　模型静态参数和流体基本参数

序号	静态参数		取值
1	地质参数	X、Y、Z 方向网格数	61×61×9
		网格尺寸/m	6.95×6.95×2
		井网形式	单井模型
		裂缝半长/m	90
2	岩石参数	孔隙度/%	13.8
		渗透率/($\times10^{-3}\mu m^2$)	10
3	原油物性	地层原油黏度 /(mPa·s)	1.25
		原油体积系数	1.284
		饱和压力/MPa	18.4
		原始溶解气油比/(m^3/m^3)	98

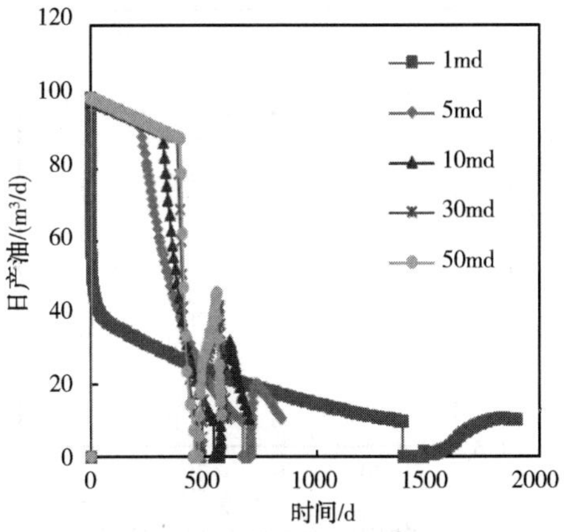

图 1　储层渗透率与日产油和时间关系

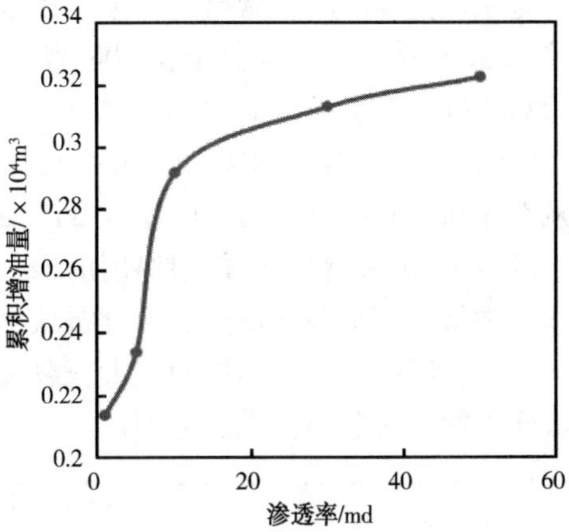

图 2　储层渗透率与累增油关系

2.2 储层渗透率的影响

在地层压力 46MPa、裂缝半长 90m 和裂缝导流能力 200mD·m 条件下，设计储层平均渗透率 1mD、51mD、101mD、301mD 和 50mD，考虑储层平均渗透率对压驱开采效果的影响。从图 1 和图 2 可以看出，压驱后生产井日产油量呈现先上升后下降的趋势。随储层平均渗透率增加，累产油量和累增油量增加，压驱开采效果提高。随储层平均渗透率增加，压驱后初期生产井采油速度增加，但稳产时间缩短。这表明随储层平均渗透率增加，裂缝周边基质对裂缝供液能力增强，渗流速度提高，因而生产井日产油量升速和降速都较快。而当储层渗透率较低时，渗吸采油作用增强，虽然初期日产油量较低，但稳产时间延长。压裂改善储层物性和采用表面活性剂强化渗吸开采效果可综合改善海上低渗储层开发效果。

2.3 储层非均质性的影响

在地层压力 46MPa、裂缝导流能力 200mD·m 和裂缝半长 90m 固定条件下，设计储层级差为 1、5、10、20 和 40，考虑储层非均质性对压驱开采效果的影响。从图 3 和图 4 可以看出，压驱后日产油量呈现先上升后下降的趋势，随增储层非均质性增大，生产井累产油量增幅呈现逐渐下降趋势。分析认为，储层非均质性越强，层间矛盾越严重，当压驱液进入地层后，优先进入高渗层，未能有效波及低渗层或剩余油富集区，导致压驱效果减弱，累积产油量降低。建议在非均质严重的油藏，应先采取暂堵措施。

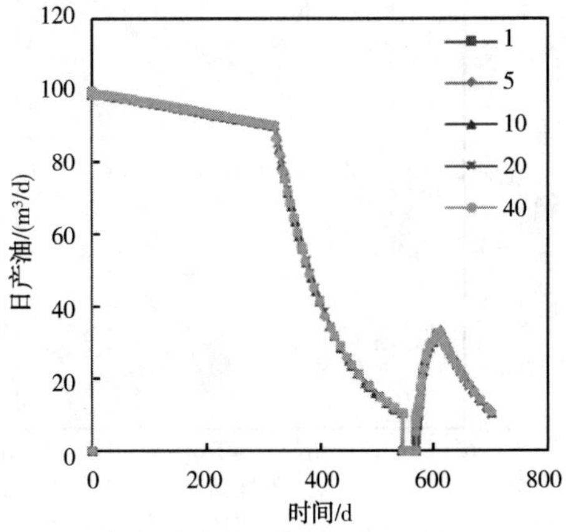

图 3　储层非均质性与日产油和时间关系

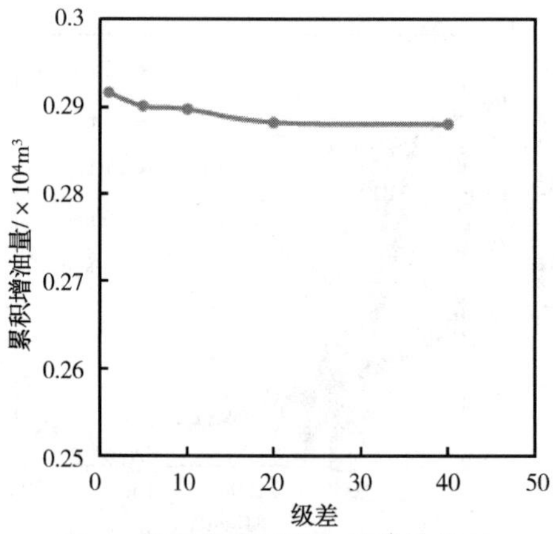

图4　储层非均质性与累增油关系

2.4　储层厚度的影响

在地层压力46MPa、储层平均渗透率10mD、导流能力200mD·m和裂缝半长90m固定条件下，设计储层厚度为9m、18m、27m、36m和45m，考虑压驱后储层厚度对压驱开采效果的影响。从图5和图6可以看出，压驱后日产油量呈现先上升后下降的趋势。随储层厚度的增大，油井累积产油量增幅呈现增加趋势。分析认为，随厚度的增加，压驱剂波及的体积变大，裂缝与基质渗吸作用的范围变大，增油量增加。

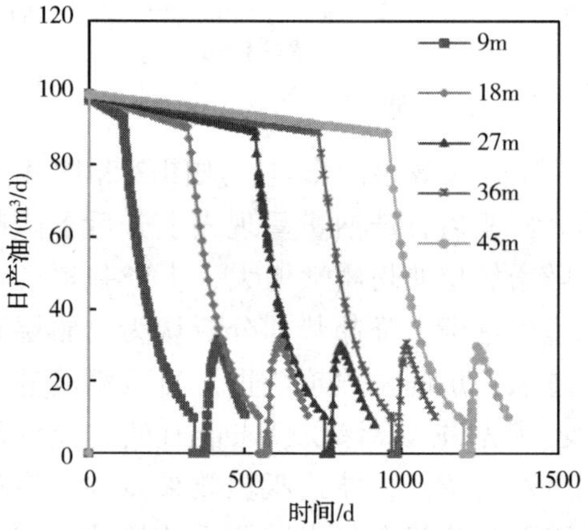

图5　储层厚度与日产油和时间关系

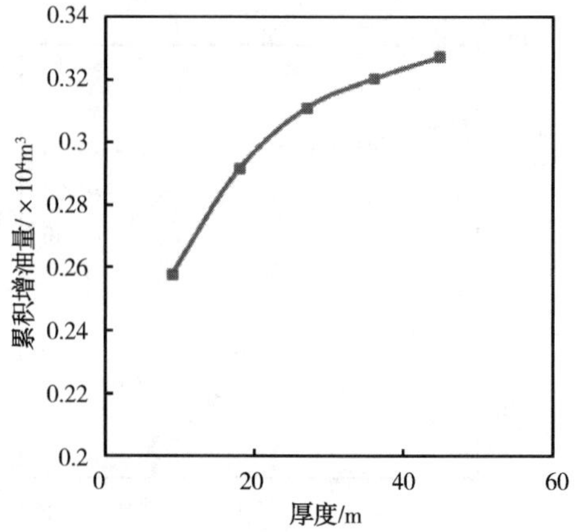

图6　储层厚度与累增油关系

2.5　压驱液用量的影响

在地层压力46MPa、储层平均渗透率10mD和裂缝导流能力200mD·m固定条件下，设计压驱剂用量为6000m^3、10000m^3、12000m^3、14000m^3和18000m^3，考虑压驱液用量对压驱开采效果的影响。从图7和图8可以看出，压驱后日产油量呈现先上升后下降的趋势，随压驱液注入量增加，累产油量和累增油量呈上升趋势。分析认为，随压驱液注入量增加，进入储层裂缝中的压驱液与基质的接触面积越大，压驱剂与基质间渗吸效果增强，渗吸出油增多，采出程度逐渐增加，但注入量大至一定程度后，会有部分渗吸过程发生在远离井底的区域，这部分渗吸出油渗流到井底附近受到的阻力较大，导致采出程度增幅减缓。

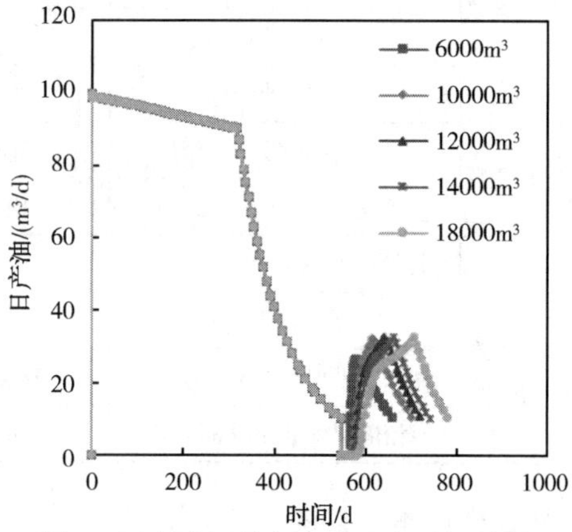

图7　压驱液用量与日产油和时间关系

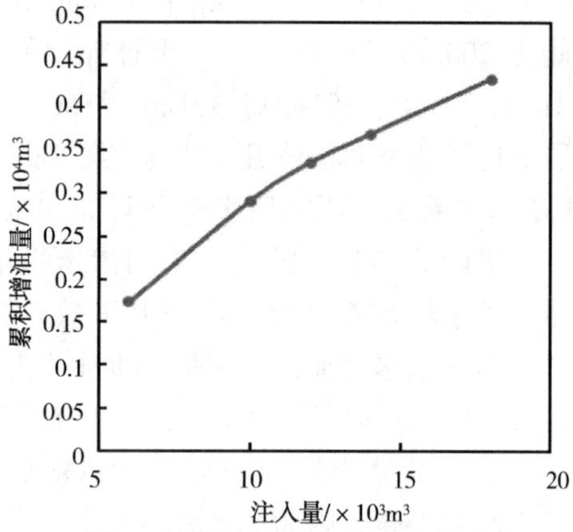

图8　压驱液用量与累增油关系

3　压驱工艺关键参数优化

3.1　建立实际地质模型

通过上文单井均质模型的影响因素分析，明确了不同参数下储层中压驱效果的变化，接下来根据实际测井资料及生产资料建立B油田实际区块地质模型，改变排量、焖井时间和注入量等关键工艺参数，对目标井压驱工艺关键参数进行针对性优化，提高压驱改造效果。

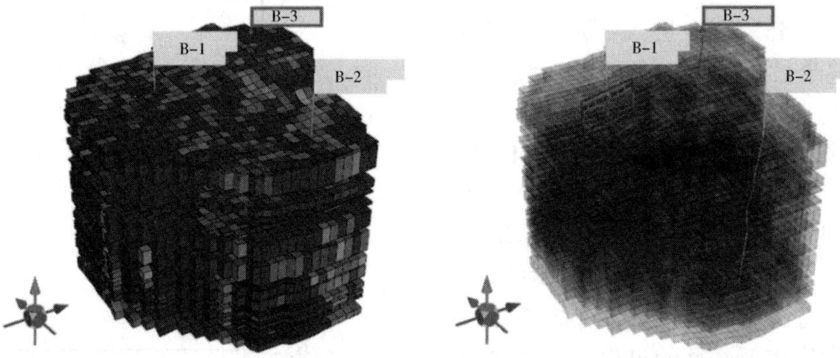

图 9　实际地质模型

3.2　压驱排量优化

在地层压力 45MPa、裂缝导流能力 200mD·m 和裂缝半长 90m 固定条件下，设计排量为 3.5m³/min、4m³/min、4.5m³/min、5m³/min、5.5m³/min 和 6m³/min，考虑压驱排量对目标井压驱效果的影响。从图 10 和图 11 可以看出，压驱后日产油量呈现先增后降趋势，随排量的增大，油井累增油量增幅呈现先增后降趋势。分析认为，当排量超过最优值，压驱液出现窜流现象，增油量呈现下降趋势，最终优化目标井压驱排量为 5m³/min。

3.3　压驱液用量优化

在地层压力 45MPa 和裂缝导流能力 200mD·m 固定条件下，设计注入量为 6000m³、10000m³、12000m³、14000m³ 和 18000m³，考虑注入量对目标井压驱效果的影响。从图 12 和图 13 可以看出，压驱后日产油量呈现先增后降趋势，随注入量的增加，油井累积产油量增幅呈现上升趋势。分析认为，随注入量的增加，压驱剂的波及范围增加，累产油与增油量也随之增加，需结合作业成本进行合理选择，最终优化目标井压驱液用量为 16000m³。

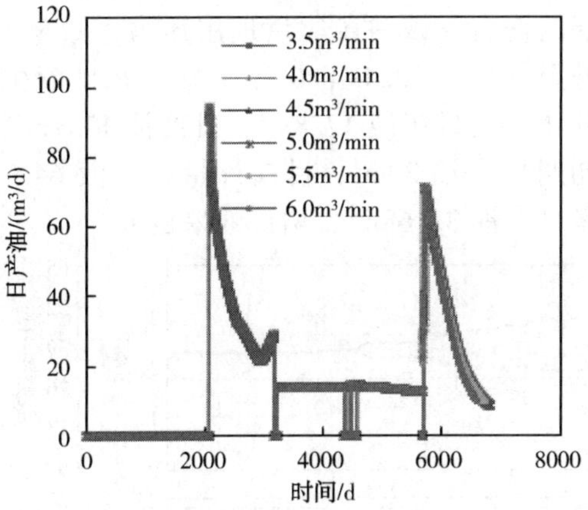

图 10　排量与日产油和时间关系

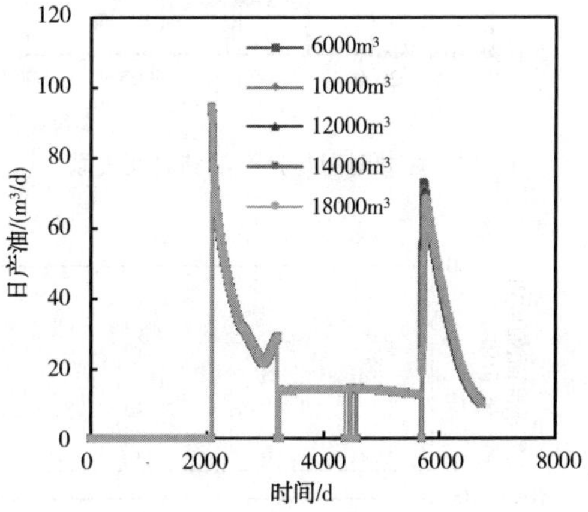

图 12　注入量与日产油和时间关系

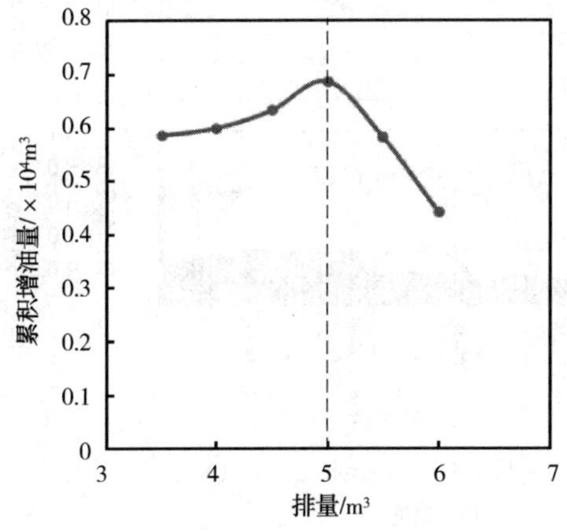

图 11　排量与累增油关系

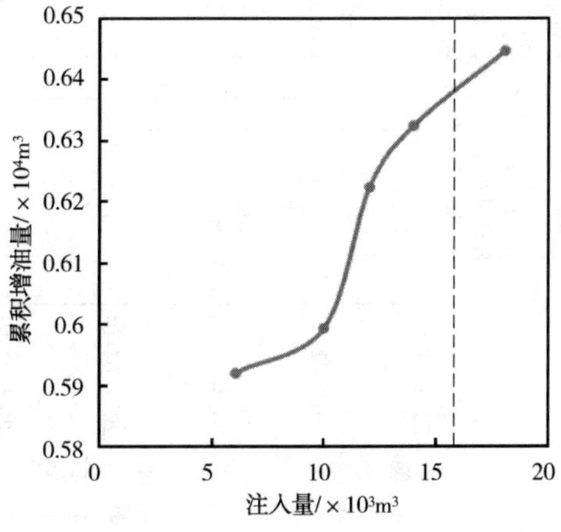

图 13　注入量与累增油关系

3.4 焖井时间优化

在地层压力45MPa、裂缝导流能力200mD·m和裂缝半长90m固定条件下，设计焖井时间为1d、3d、5d、10d、15d和30d，考虑焖井时间对目标井压驱效果的影响。从图14和图15可以看出，压驱后日产油量呈现先增后降趋势，随焖井时间的增加，油井累积产油量增幅呈现上升趋势。分析认为，压驱后焖井时间越长，裂缝内渗吸剂分，累积增油量越大。焖井过程是地层油水饱和度重新平衡的过程，当注水端压力基本稳定，没有明显下降时，认为油水渗吸平衡过程结束，即焖井结束。但焖井时间过长，会导致地层压力过度扩散，最终压驱效果变差，最终优化目标井焖井时间为15d。

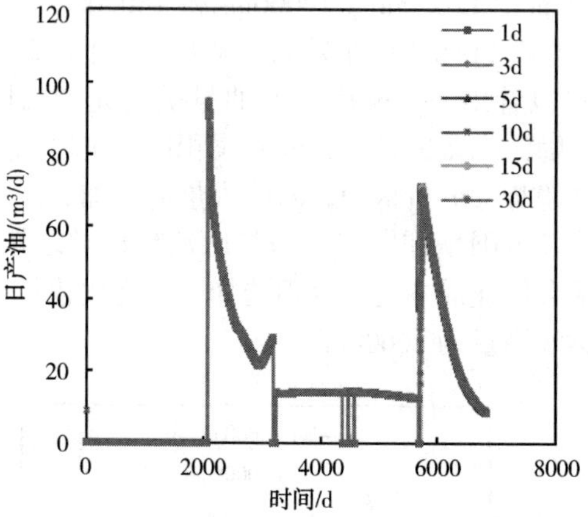

图14　焖井时间与日产油和时间关系

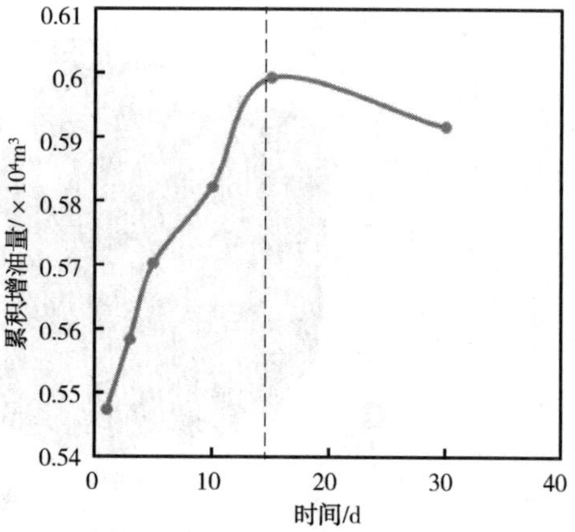

图15　焖井时间与累增油关系

4　现场应用效果

A井压驱目标层位为沙三段，整体物性差、非均质性强，储层有效垂厚40.4m。平均孔隙度12.0%；平均渗透率3.5mD，属于低孔、低渗-特低渗储层。针对该井储层物性差，地层能量不足问题，采用上文压驱工艺参数优化结果，段塞式多轮次、大液量注入压驱液，补充地层能量，沟通微裂缝、渗析驱替剩余油，达到增产效果；针对该井储层高温、特低渗特征，优化采用耐高温海水基驱油体系并加入高性能阻垢剂，降低对储层的伤害。该井压驱后地层压力系数从0.71提升至0.93。2024年6月4日开井排液生产，该井作业前日产液17.8m³，日产油17.1m³，设计初期日产油20m³，目前计量日产液64.2m³，计量日产油32.68m³，增产效果显著。

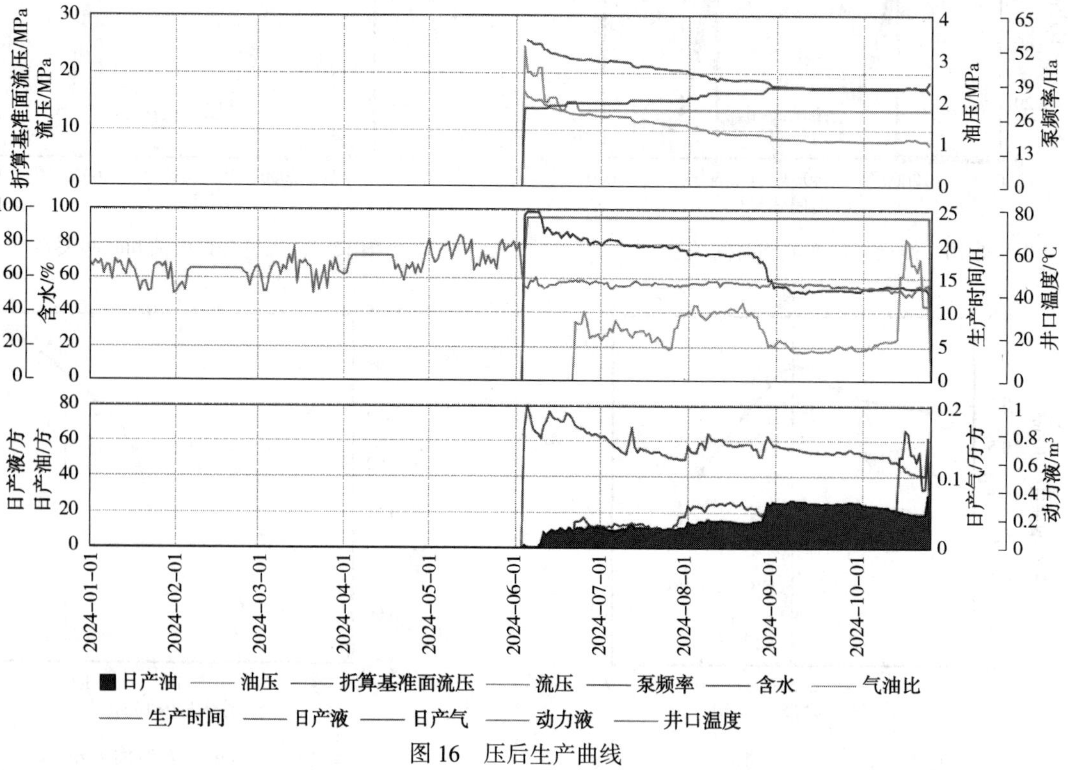

图16　压后生产曲线

5 结论及认识

（1）渤海低渗油田存在新井投产产能低、生产井递减速度大、近井能量低等问题，其中储层物性较差，注采关系不佳的区块适宜进行压驱改造。

（2）对渤海低渗储层的压驱影响因素进行了分析，明确了储层渗透率、储层厚度、压驱液用量越大，压驱效果越明显；储层非均质性越强，层间矛盾越严重，压驱效果相对减弱；其中压驱液用量对压驱影响相对较大。

（3）对渤海低渗储层压驱工艺参数进行了针对性优化，压驱排量与焖井时间存在一个相对最优值；压驱液量则需结合作业成本进行合理选择。

（4）该研究成果已在渤海 B 油田成功应用，从压后效果看，本次作业取得了显著的增产效果，为渤海油田低渗低产井的高效开发提供了思路。

参 考 文 献

[1] 崔传智，王俊康，吴忠维，等．致密油藏压驱动态裂缝模型建立及应用［J］. 特种油气藏，2023，30(04)：87-95.

[2] 张翼飞，杨勇，孙志刚，等．低渗透油藏压驱物理模拟与裂缝定量表征［J］. 油气地质与采收率，2022，29（04）：143－149. DOI：10.13673/j.cnki.cn37-1359/te.202105048.

[3] 樊超，李三山，李璐，等．低渗透油藏压驱注水开发技术研究［J］. 石油化工应用，2022，41(01)：37-40.

[4] 肖立晓，侯吉瑞，闻宇晨，等．耐高温微乳液体系在特低渗—致密储集层中的渗吸机理［J］. 石油勘探与开发，2022，49(06)：1206-1216.

[5] 李侠清，张星，卢占国，等．低渗透油藏渗吸采油主控因素［J］. 油气地质与采收率，2021，28(05)：137-142.

[6] 张璐．低渗透砂砾岩稠油油藏注水吞吐机理及参数优化研究［D］. 中国石油大学（华东），2021. DOI：10.27644/d.cnki.gsydu.2021.000145

[7] 张健，赵娟，杨光，等．低渗油藏自发渗吸驱油效率测定新方法［J］. 油田化学，2020，37(04)：726-729.

[8] 王香增，党海龙，高涛．延长油田特低渗油藏适度温和注水方法与应用［J］. 石油勘探与开发，2018，45(06)：1026-1034.

[9] 陈阳，韩大伟，卢祥国，等．缝网压裂裂缝形态对低渗油藏渗吸采油效果影响实验［J］. 大庆石油地质与开发，2017，36(04)：123-127.

[10] 谢坤，韩大伟，卢祥国，等．高温低渗油藏表面活性剂裂缝动态渗吸研究［J］. 油气藏评价与开发，2017，7(03)：39-43.

[11] Ma S，Mason G，Morrow N R. Effect of contact angle on drainage and imbibition in regular polygonal tubes［J］. Colloids & Surfaces A Physicochemical & Engineering Aspects，1996，117(3)：273-291.

[12] Morrow N R，Mason G. Recovery ofoil by spontaneous imbibition［J］. Current Opinion in Colloid & Interface Science，2001，6(4)：321-337.

[13] Spinler E A，Zornes D R，Tobola D P，et al. Enhancement of Oil Recovery Using a Low Concentration of Surfactant to Improve Spontaneous and Forced Imbibition in Chalk［C］. SPE/DOE Improved Oil Recovery Symposium. Society of Petroleum Engineers，2000.

[14] 段宝江，王一超，钱继贺，等．海上低渗薄互层反向压驱压裂工艺技术研究及应用［J/OL］. 复杂油气藏，1-5［2024-10-27］.

[15] 许建红，马丽丽．低渗透裂缝性油藏自发渗吸渗流作用［J］. 油气地质与采收率，2015，22(03)：111-114.

[16] 曲志浩，孔令荣．低渗透油层微观水驱油特征［J］. 西北大学学报（自然科学版），2002，32(04)：329-334.

[17] 王小香，吴金桥，吴付洋，等．表面活性剂对低渗透油藏渗吸的影响［J］. 石油化工，2019，48(11)：1157-1161.

[18] Zhou X，Morrow N R，Ma S. Interrelationship of Wettability，Initial Water Saturation，Aging Time，and Oil Recovery by Spontaneous Imbibition and Waterflooding［J］. SPE J.，2000，5(02)：199-207.

[19] Hirasaki G，Zhang D L. Surface Chemistry of Oil Recovery from Fractured，Oil － Wet，Carbonate Formation［J］. SPE J.，2004，9(02)：151-162.

[20] Schechter D S，Denqen Z，F. M. Capillary Imbibition and Gravity Segregation in Low IFT Systems［C］//SPE Annual Technical Conference and Exhibition. 1991. DOI：10.2523/22594－MS. Morrow N R，Valat M，Yidliz H. Effect of Brine Composition on Recovery of an Alaskan Crude Oil by Waterflooding［J］. Advances in Skin & Wound Care the Journal for Prevention & Healing［2023-11-06］. DOI：10.2118/96-94.

渤海定向井笼统加砂压裂工艺技术研究
——以渤中25-1油田沙河街油组为例

胡翔宇　刘　鹏　杜建波　谢宗财　温海涛

[中海石油(中国)有限公司天津分公司]

摘　要　渤中25-1油田的沙二段储层具有埋藏深、超高温、异常高压、渗透率低、自然产能递减快等特点。为进一步提高储量动用程度、完善注采井网，在A18井区优选两口井，通过压裂手段间接缩小注采井距，改善驱油效果。通过分析海上压裂施工的限制因素并给出相应对策，针对储层特性对压裂参数进行优化，并对于压后效果进行了分析并给出了结论。压后初期增产1.7~1.8倍，日产油分别为61m³/d和73m³/d，渤中25-1油田沙二段加砂压裂工艺的成功实施，为后续的开采方式优选积累了经验。

关键词　渤中25-1油田；低渗储层；加砂压裂；压后分析

渤中25-1油田位于渤海湾盆地下第三系背斜构造，主要含油层系为明化镇组下段和沙河街组二段、三段。沙二段埋深在3200~3400m，沙二段探明原油地质储量1329.64×10⁴t，纵向上主要分布在1~3小层，占比93%；主力含油层段储层渗透率低，井间连通性差，单井自然产能低。根据陆地油田经验，该类储层的改造方法主要有酸化解堵、加砂压裂、加酸压裂。为进一步提高储量动用程度、完善注采井网，逐步落实油水界面，在A18井区优选两口井，以凯旋一号自升式钻井平台为作业载体，通过定向井笼统加砂压裂工艺技术间接缩小注采井距，改善驱油效果。

1　基本情况

渤中25-1油田位于渤南低凸起西倾末端，渤中凹陷与黄河口凹陷分界处。调整井A36、A37井属于该油田A18井区。为充分认识A36、A37井的具体情况，简单介绍了储层的工程地质特征。从海上实际条件出发，针对海上大型压裂施工作业难点，采取了相应的技术对策。

1.1　地质特征

A36、A37井均采取三开井身结构，9-5/8"套管悬挂7"尾管固井完井；目的层位沙二段，埋深3200~3400，具有中孔、中-低渗特点，平面上整体由南西向北东物性变差。A18井区储层平均孔隙度15.5%，平均渗透率19.3mD，为常规低渗储层。

储层主要为岩屑长石砂岩花岗岩、片麻岩为主，岩性脆，可压性好。胶结物成分主要为方解石，粘土矿物以伊利石和伊/蒙混层为主，绿泥石含量少。沙二段为异常高压系统，油藏温度为127℃~131.1℃之间，地温梯度3.76℃/100m。

1.2　大型压裂工艺在海上的实施方案

不同于陆地压裂，海上压裂作业受到平台大小、承载能力、作业安全及运输条件等限制颇多，使海上压裂难以支持大量陆地压裂设备及装置，因此压裂整体规模小且无法保证作业的连贯性。为在保证压裂成功实施的同时做到最大程度改造目的层，实施方案如下：(1)以凯旋一号自升式钻井平台为载体，合理布局，兼顾放压流程的前提下提高压裂规模，达到空间利用最佳化。(2)在井口压力设备限制条件下，尽量提高排量，提高前置液比例，使用支撑剂段塞工艺。(3)选用连续混配技术，可以随时的调整化学品与施工液体的比例以及液体的用量，在空间有限的情况下大幅度提升了压裂施工的效率。

2　笼统加砂压裂工艺设计

A36/A37井采用笼统压裂方式，实现对上部和下部油层射孔段全部改造，针对储层特点对压裂施工所需物料和压裂施工参数进行了优化。

2.1　压裂管柱工艺

A36/A37井采用K344封隔器压裂管柱进行

笼统压裂。K344封隔器下到预定位置后，从油管内加液压液体经中心管轴向槽进入胶筒内腔。使胶筒胀大，从而封隔油套环形空间，需解封时，卸掉压力，油套压差消失，胶筒靠自身弹力收回实现解封。

2.2 入井材料优选

优选Halliburton Sirocco压裂液体系，属于硼酸盐压裂液体系，适用温度52℃~150℃，水合时间短，可以满足连续混配。粘度高，残渣低(1~3%)，可精确控制交联和破胶时间，可根据地层温度调节pH值。其中，A36井采油井采用淡水基压裂液，A37井注水井采用海水基压裂液，作为海水基压裂液在渤中25-1油田应用的先期尝试。

支撑剂选择的主体思路是前置液阶段采用粉陶多级段塞，降滤失和支撑微裂缝；在前置液阶段优选70/140目石英砂使用支撑剂段塞工艺打磨裂缝入口处，用以减小近井摩阻。沙二段储层的地层层闭合应力约65MPa左右，在如此高的地层闭合压力下，粒径对于导流能力影响会变得相对较小，考虑到砂堵风险以及使支撑剂铺置均匀，A36井优选使用耐压级别69MPa、粒径20/40目控水支撑剂；A37井优选使用耐压级别69MPa、粒径20/40目普通陶粒。

2.3 压裂施工参数优选

以油藏产能最大为目标的裂缝参数设计分别对2口井的裂缝半长和导流能力进行优化，选取增油量的拐点作为裂缝推荐方案的参数，推荐裂缝半长100m(A36井)、60m(A37井)，导流能力40D·cm。

A37井对1、2小层笼统压裂可以起到充分改造2个小层的目的，同时采取降排量与施工规模等控缝高手段形成短宽缝为目的，避免缝高过度延展至下部高压层和水层。主压裂前置液阶段加粉陶段塞，以及二次加砂压裂工艺，形成人工遮挡层，抑制压裂裂缝向下发育；2小层靠目的层上部射孔；控制施工排量，同时控制压裂规模。

主压裂进行小压测试，获得到地层破裂压力，裂缝漏失形态，依照结果来完善主压裂泵主程序。

表1 设计压裂施工参数

井号	前置液比例/%	施工排量/($m^3 \cdot min^{-1}$)	砂量/m^3	平均砂比/%
A36	42.1	3	35.4	23.2
A37	20.3	3	23.6	21.4

表2 模拟裂缝的数据

井号	裂缝支撑半缝长/m	裂缝缝高/m	平均铺沙浓度/(kg/m^2)	导流能力/(mD·m)
A36	97.6	30	7.3	562.5
A37	58.2	32	8.9	528

3 现场试验及效果分析

3.1 测试压裂分析

通过FracproPT压裂软件对小压测试结果进行分析得出A36井井底破裂压力58MPa，A37井井底破裂压力54MPa，双对数曲线没有观察到裂缝闭合前线性流，说明小压并没有形成简单的双翼垂直裂缝；施工净压力较大(6~10MPa)，说明裂缝缝宽相对较大，与岩石力学计算得出的储层岩石杨氏模量较低相符。对小型压裂压力进行拟合，同时结合主压裂实际施工泵注程序，对裂缝重新模拟，完善主压裂泵主程序。

3.2 主压裂施工

A36井主压裂施工最大排量3.2m^3/min，最高砂比45%(35%~45%砂比持续时间较短)，地面钻杆最高压力41.4MPa，累计20-40目控水陶粒35.4m^3，入井液量302m^3。压裂期间地面压力在一定范围内上下波动，分析认为不同携砂液阶段管线摩阻、多裂缝产生及静液柱压力造成。A37井主压裂施工，最大排量3.2m^3/min，最高砂比40%(40%砂比持续时间较短)，地面钻杆最高压力35.3MPa，累计20-40目普通陶粒20m^3，入井液量221.1m^3。

压裂期间地面压力波动平缓，裂缝延伸发育正常，停止加砂后钻杆内液柱压力降低，使井口压力上升。

表 3　主压裂施工数据表

井号	前置液比例/%	施工排量/($m^3 \cdot min^{-1}$)	砂量/m^3	平均砂比/%	施工压力/MPa
A36	39.5	3~3.2	35.1	23.1	35~41.4.0
A37	15.8	2.9~3.2	20	20.1	32~35.3

表 4　实际压裂模拟裂缝数值

井号	裂缝支撑半缝长/m	裂缝缝高/m	平均铺沙浓度/(kg/m^2)	平均导流能力/(m · dm)
A36	95.2	42.9	8.3	588
A37	63.1	32	9.1	487

3.3　压后效果

A36 井于 2022 年 6 月 7 日压裂投产，压力计深度静压 22.0MPa，井底流压 5.2MPa，日产油 61m^3/d，含水 4.7%。A37 井于 2022 年 6 月 18 日压裂投产，井底流压 5.5MPa，日产油 73m^3/d，含水 6.4%，增产 1.7~1.8 倍，目前生产状况：A36 井 35m^3/d，A37 井 57m^3/d，含水率稳定在 1%以内。

3.4　压后裂缝检测分析

目标储层纵向跨度小且底部靠近水层，需要控制缝高，避免压开水层。为监测压裂裂缝延伸情况，开展了阵列声波测井，通过监测压裂前、后的声波波幅变化、各向异性系数变化、径向速度变化来反映地层中的裂缝情况。

如图 2 所示，A36 井近井壁处综合时差、横波幅度、各向异性、径向速度剖面分析得出 3715~3728.5m 井段变化最为明显，为压裂主要作用段；3728.5~3746m 井段见一定程度变化，为压裂波及区。远井处根据远探测分析，与压前相比，压裂后在 3710~3716m、3740~3751m，距离井壁约 5~8m 范围内存在井旁反射信号，可能为压裂缝网中的某一反射界面。

如图 3 所示，A37 井主要压裂作用段为 3543~3567m，横波幅度与各向异性变化相对较为明显，套管波较弱井段径向速度变化也较为明显；主要压裂波及段为 3540~3543、3567~3570m(绿框)，压前、压后横波幅度逐渐重合，各向异性、径向速度差异均变小。远探测压后未见明显反射信息变化。

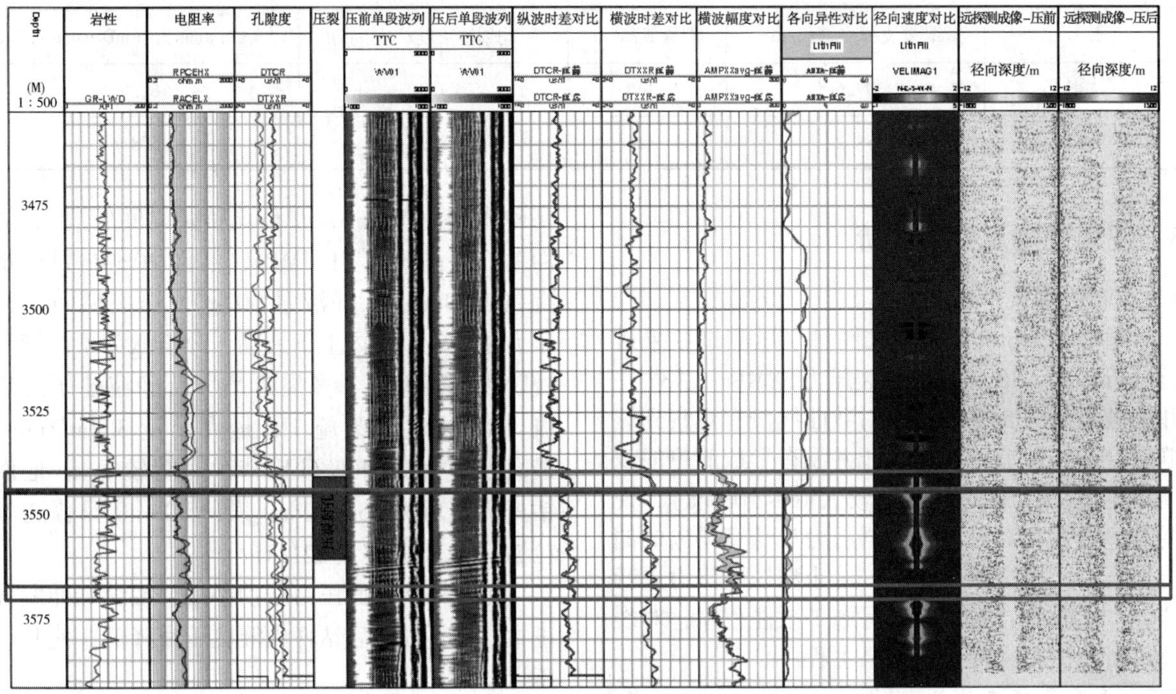

图 1　A36 井阵列声波测试综合成果图

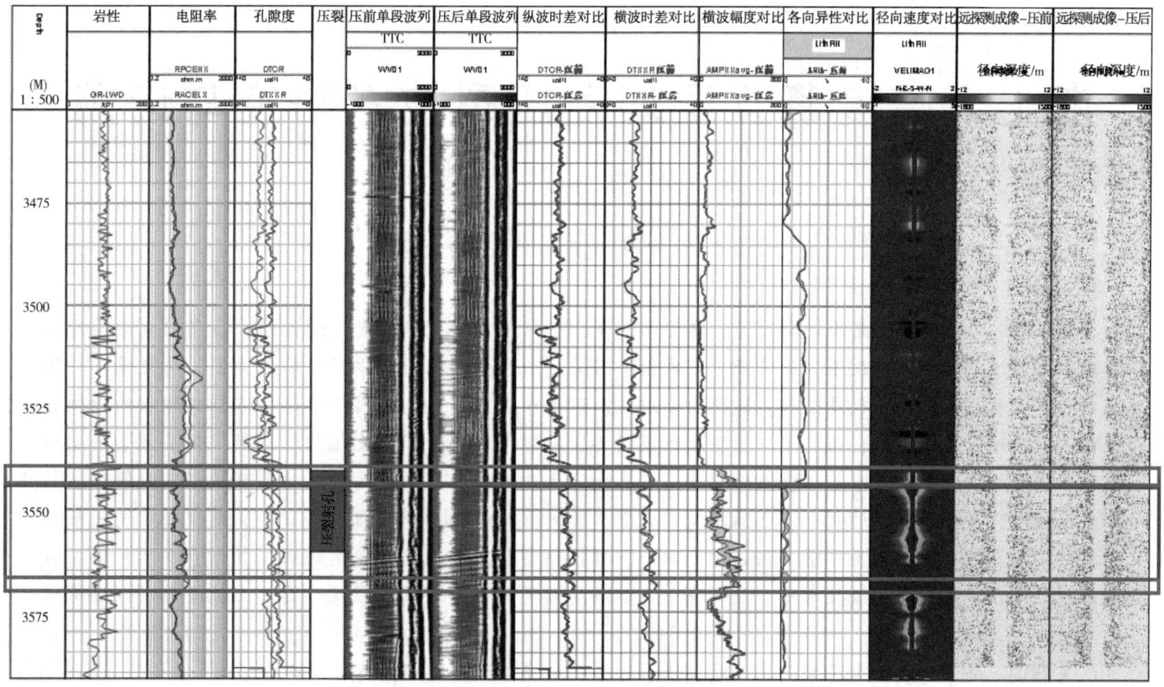

图2　A37井阵列声波测试综合成果图

4　结论

(1) 针对储层特点，综合考虑海上作业限制，充分发挥海上钻井平台施工能力，在渤中25-1沙三段储层开展定向井笼统加砂压裂工艺技术应用，压裂施工作业达到设计要求，工艺实施圆满成功，为后续的增产措施选择提供了宝贵的经验。

(2) 小压曲线分析可知，斜井多个射孔段，压降分析曲线没有观察到裂缝闭合前线性流，说明没有形成简单的双翼垂直裂缝。小压压降分析曲线得到净压力均较大，表明沙二段储层岩石弹性模量较小，岩石较软呈现塑性特征，形成裂缝缝宽相对较大。

(3) 经现场应用，海水基和淡水基压裂液都可以满足压裂施工和产量的要求，为后续在该区块压裂用液选择提供依据。

参　考　文　献

[1] 刘鹏；许杰；徐刚；陈毅；韩耀图．渤中25-1油田低渗透储层水平井分段压裂先导试验[J]．油气井测试，2018，27（03）：52 - 57. DOI：10.19680/j.cnki.1004-4388.2018.03.009.

[2] 廖新武；刘奇；李超；祖克威；周军良；黄凯．渤中25-1低渗透油田地应力分布特征及对开发的影响[J]．地质力学学报，2015，21(01)：30-37. 曹科学．片麻岩地质特征及储层改造工艺方案优化[D]．中国石油大学(北京)，2016.

[3] 凌浩川；吴铮；孙强；王记俊；赵卓．渤中BZ油田沙二段注水时机研究及应用[J]．复杂油气藏，2023，16（03）：325 - 328. DOI：10.16181/j.cnki.fzyqc.2023.03.013..

[4] 赵战江；张超．海上平台压裂作业承载能力校核[J]．中国海洋平台，2017，32(05)：41-48+54. 李威，李友川，兰蕾，傅宁，王柯．渤海湾盆地渤中19-6气田凝析油特征及油气关系[J]．地质学报，2021，95（03）：913 - 923. DOI：10.19762/j.cnki.dizhixuebao.2020248.

[5] 郭士生，赵战江，聂锴，等．海上平台射孔、压裂、测试与水力泵快速返排求产联作测试工艺技术研究与应用[J]．油气井测试，2015，24(1)：3. DOI：CNKI：SUN：YQJC.0.2015-01-014.

[6] 韩磊．连续混配工艺技术在长庆A井中的应用[J]．当代化工研究，2019(02)：162-163.

[7] 唐勇，王国勇，李志龙，陈守雨，杜林麟，李伟．苏53区块裸眼水平井段内多裂缝体积压裂实践与认识韩磊．连续混配工艺技术在长庆A井中的应用[J]．当代化工研究，2019(02)：162-163.

[8] 张明，刘峰，张博，等．利用阵列声波测井技术精细评价压裂缝高度的方法及应用[J]．当代化工，2022.

海上大跨度薄互层均衡压裂技术研究与应用

刘长松　杜建波　温海涛　董平华　张　超

[中海石油(中国)有限公司天津分公司]

摘　要　海上低渗储层垂向跨度大、薄互层发育，若采用常规笼统压裂改造储层，多簇裂缝竞争起裂导致部分薄油层无法充分改造，压裂产量衰减快；若采用机械分层，由于隔层封隔能力弱，易使储层压窜引起砂卡管柱，且海上压裂高投入，低产出矛盾突出。基于以上难题，采用基于地质工程双甜点的精细分簇技术对改造段进行射孔，通过缝口暂堵改善段内各簇孔眼的进液分布，优化暂堵参数实现多簇裂缝均衡起裂，优选低伤害高温海水基压裂液降低储层伤害和海上用液成本，通过高频压力监测技术实时解释多簇压裂进液点，最终形成了适用于海上低渗薄互层的“精细分簇+暂堵均扩+高频监测”多簇暂堵控流压裂技术。该技术在海上首次应用取得了显著增产效果，日产油量超百方，较常规笼统压裂井增产5倍。实施效果表明，多簇暂堵控流压裂技术可有效提高薄互储层的簇间动用率和改造程度，为海上低渗储层经济有效开发提供有力的技术支撑。

关键词　海上低渗；大跨度；薄互层；多簇暂堵；地质工程双甜点；精细分簇

1　前言

海上低渗储量丰富，其中原油探明储量4.16亿吨，天然气探明储量5435亿方，但实际动用比例只有28%，仍有3亿吨低渗储量未动用。低渗储量的有效开发是海上增储上产和持续稳产的关键。

海上低渗储层普遍存在物性差、跨度大、薄互层发育等特征。以渤海HB低渗区块为例，主力油层为沙二段，为辫状河三角洲沉积，砂体厚度大。该储层砂泥纵向叠置发育，表现出强非均质性，平均渗透率为10mD，为典型的低渗薄互储层。以往的开发实践表明，HB区块压裂完井开采效果明显优于常规完井，压裂是实现低渗薄互层储量高效开发的重要手段。

相比于陆地压裂，海上压裂受作业条件限制，施工规模小、排量低。常规的笼统压裂在低排量、低规模下无法充分动用各个含油小层，导致压裂后产量低，稳产期短。同时，受海上井况、储层高温等影响，K344/Y344机械分层压裂工具在海上出现多次砂卡管柱复杂工况，限制了机械分层压裂工艺在海上大跨度薄互储层中的应用。

大跨度段内多簇压裂是实现海上薄互储层高效开发的关键技术之一。但受到储层非均质性以及裂缝扩展应力阴影的影响，多簇压裂过程中应力小，易破裂的射孔簇会优先破裂。射孔孔眼无法均衡进液，导致各簇水力裂缝非均匀扩展，难破裂的层位压裂裂缝延伸距离短，难以被充分改造。因此，如何使储层段内各簇裂缝均衡扩展，充分动用多个改造层，是海上薄互储层高效开发的关键问题。

近年来，通过理论研究，一些学者提出非均匀限流射孔技术和投球暂堵技术是实现多簇均衡改造的有效途径。但实践发现，非均匀限流射孔技术需要对储层有深入认识，必须在压裂前精确判断易开裂层位，从而设置各簇射孔孔眼密度。海上低渗薄互层砂体不连续，非均质性强，难以准确判断不同薄层的破裂难度，因此限流射孔方案在海上实施中存在一定难度。

与非均匀限流射孔技术相比，投球暂堵工艺具有施工简单便捷、安全、成本低等优势，目前在多簇压裂中被广泛应用。在多簇压裂中，易破裂的层位首先破裂，压裂液会优先流向这些射孔簇。当易开裂层位注砂完成后，投入可溶暂堵材料。这些暂堵材料会随着压裂液流向易开裂射孔簇，对近井筒裂缝及射孔孔眼进行封堵，从而使压裂液流入应力高、难破裂的射孔簇，诱导新裂缝起裂延伸，实现各簇裂缝均衡扩展。现场微地震检测结果显示多簇压裂暂堵后会产生更多的储层破裂信号，表明其工艺的有效性和可靠性。目前该技术尚未在海上油田有所应用。笔者通过结合地质工程一体化理念对射孔簇、暂堵参数等进行优化研究，并优选低伤害高温海水基压裂液降低储层伤害和海上用液成本，通过高频压力监测技术实时解释多簇压裂进液点，建立了一套适用于海上低渗薄互层的“精细分簇+暂堵均扩+高频监测”多簇暂堵控流压裂技术，并在海上进行了成功应用。

2 “精细分簇+暂堵匀扩+高频监测”多簇暂堵压裂技术

2.1 工艺技术理念

“精细分簇+暂堵均扩+高频监测”多簇暂堵压裂技术是对缝控压裂技术的丰富与完善，即以经典达西理论为基础，以“长段多簇、暂堵匀扩、精准改造”为关键技术措施，其关键措施包括：

① 针对大跨度砂泥岩互层储层，采用“长段多簇”，提高簇间动用率，增大人工裂缝与基质的接触面积，缩短流体从基质向裂缝的流动距离进而减小渗流阻力；

② “暂堵匀扩”通过压裂过程中的暂堵控流，确保各簇的有效开启与延展，实现人工裂缝的均衡扩展；

③ “精准改造”是在投入暂堵剂前，通过高频压力监测技术实时解释多簇压裂进液点，精准确定已压裂的射孔簇，针对性地设计暂堵参数，保障暂堵后未改造的层位被充分改造。通过对射孔簇数、簇间距、暂堵参数等核心参数的优化，实现对储层的充分改造，通过优选低伤害高温海水基压裂液降低储层伤害和海上用液成本，最终达到降低海上施工成本、提升人工缝控储量、单井产量与油藏采收率的综合目标。

2.2 关键参数设计研究

2.2.1 基于地质工程双甜点的“长段多簇”参数优化

长段多簇压裂是陆地压裂发展的技术方向，可以在减少机械分层的同时增加射孔簇数，减小射孔簇间距。在压裂过程中形成短间距多裂缝，一方面增加了裂缝与储层基质的接触面积，另一方面短间距多簇裂缝延伸过程中形成的诱导应力会减小水平应力差，促使复杂裂缝形成，进一步增大基质泄油面积。

Mayerhofer 等研究成果表明，随射孔簇数增多和簇间距缩小，单井采收率提高。借鉴以往压裂井的油藏数值模拟结果，评估簇间距对采收率影响。从图 2 可以看出，随簇间距由 20m 减小至 5m，开采前 3 年油藏采收率由 18%提升至 28%，短簇间距可以提升油藏初期及最终采收率，另外可以看出簇间距从 10m 缩减至 5m，对采收率影响不大，因此综合考虑开发效果和经济成本，最优簇间距为 10m 左右。针对海上低渗油藏，10m 簇间距可以达到高效开采目的。

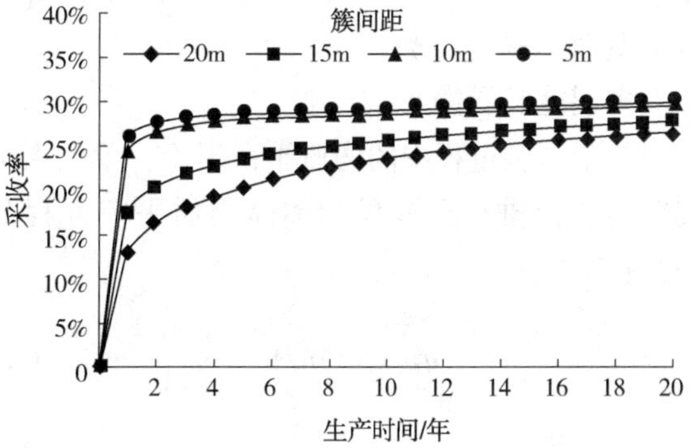

图 1 簇间距对采收率影响

常规射孔参数选择常以“孔、渗、饱”等地质油藏参数为依据，而基于压裂破裂的工程甜点考虑较少。根据微地震裂缝监测解释出的水力裂缝起裂位置，提取测录井参数进行关联度分析，选取关联度最高的钻时和全烃的异常倍数建立压裂易破裂甜点识别方法(Ktr)。经过微地震监测和薄片分析结果验证，Ktr 可以同时表征地层工程甜点和地质甜点发育程度。Ktr 异常幅度越大，表明岩石脆性较强，微裂隙发育，油气含量高，容易高产。Ktr 表征方程如下：

$$K_{tr}=\exp\left[a*\log\left(\frac{ROP1}{ROP}-1\right)+b*\lg\left(\frac{Tg}{Tg1}-10\right)\right] \quad (1)$$

式中，K_{tr}为易破裂甜点识别参数；a，b 为钻时和全烃分配权重；ROP，$ROP1$ 为分别为砂岩段钻时和邻近非储层段钻时基线值；Tg，$Tg1$ 为分别为砂岩段全烃最大值和邻近非储层段的全烃基线值。

结合地质甜点和工程甜点形成基于地质工程双甜点的精细分簇技术，优化射孔段设置，为压裂改造提供进液改造通道。

2.2.2 “暂堵匀扩”关键参数设计方法研究

多簇射孔压裂过程中由于存在物性、应力等差异，易出现部分裂缝延伸严重受阻甚至无法起裂扩展情况，导致裂缝非均匀扩展。基于此，采用暂堵压裂工艺，通过在压裂过程中途向井下泵入暂堵球封堵优势起裂簇，提高劣势射孔簇的液体流入量，实现各簇均衡扩展。多簇缝口暂堵裂缝扩展模拟方法包括多簇裂缝扩展模型、暂堵球封堵模型。首先通过分析不同簇之间物性和地应力的差异预设优势起裂簇，再通过暂堵球封堵模型和多裂缝扩展模型，优化暂堵球数量、暂堵次数、暂堵时机等暂堵参数以及压裂施工参数。

多裂缝扩展模型：

基于压裂过程中的物质平衡理论，单条人工裂缝内的物质平衡方程和整体物质平衡方程分别为：

$$\frac{\partial\ q(s,\ t)}{\partial\ s}=q_{\mathrm{L}}(s,\ t)h_{\mathrm{f}}+\frac{\partial\ w_{\mathrm{f}}(s,\ t)}{\partial\ t}h_{\mathrm{f}} \tag{2}$$

$$\int_0^t q_{\mathrm{T}}\mathrm{d}t=\sum_1^N\int_0^{L_{\mathrm{f,\ i(t)}}}h_{\mathrm{f}}w_{\mathrm{f}}\mathrm{d}s+\sum_1^N\int^{L_{\mathrm{f,\ i(t)}}0}\int_0^t q(s,\ t)\mathrm{d}t\mathrm{d}s \tag{3}$$

式中，q 为裂缝内流体排量，m^3/s；q_L为液体滤失速度，m/s；q_T表示总排量，m^3/s；t 为时间，s；s 为裂缝长度方向坐标，m；h_f为缝高，m；w_f为缝宽，m；$L_{f,t}$为裂缝 i 的缝长，m。

其中，压裂过程中注入总液体量等于每条裂缝内液体之和：

$$q_{\mathrm{T}}=\sum_{i=1}^N q_{\mathrm{i}} \tag{4}$$

式中，q_i 为裂缝 i 内的液体排量，m^3/s；N 为裂缝条数。

人工裂缝内的压降方程为：

$$\frac{\partial\ p}{\partial\ s}=-\frac{64\mu}{\pi h_{\mathrm{f}}{w_{\mathrm{f}}}^3}q \tag{5}$$

式中，p 为裂缝内压力，Pa；μ 为液体粘度，mPa·s。

根据岩石断裂力学理论，人工裂缝高度扩展方程为：

$$h_{\mathrm{f}}=\frac{2}{\pi}\left(\frac{K_{\mathrm{IC}}}{p_{\mathrm{f}}-\sigma_{\mathrm{c}}}\right)^2 \tag{6}$$

式中，K_{IC}为岩石断裂韧性，$Pa\cdot m^{0.5}$；σ_c 为裂缝闭合应力，Pa；p_f 为缝内压力，Pa。

因此，裂缝内流体排量决定了裂缝缝长、缝宽、缝高方向的扩展。暂堵压裂通过封堵易进液孔眼，切断易开裂储层的进液通道，使易开裂储层的裂缝不过度延伸，增大难开裂储层的进液排量，使难开裂储层的裂缝能进一步延伸。

暂堵球封堵模型：

根据 Brown 等研究成果，暂堵球运行到炮眼附近时，受到惯性力和拖拽力双重作用，当拖拽力大于惯性力时，暂堵球座封在炮眼上。

惯性力计算公式：

$$F_{\mathrm{I}}=\frac{\pi\rho_{\mathrm{b}}d_{\mathrm{b}}^3v_{\mathrm{b}}^2}{12\ d_{\mathrm{pipe}}} \tag{7}$$

拖拽力计算公式：

$$F_{\mathrm{D}}=\frac{\pi}{32}K_{\mathrm{D}}\rho_1 d_{\mathrm{b}}^2v_{\mathrm{perf}}^2 \tag{8}$$

其中，射孔炮眼处的流速为：

$$v_{\mathrm{perf}}=\frac{q}{60A_{\mathrm{perf}}}=\frac{q}{60\alpha n_{\mathrm{perf}_{\mathrm{CD}}}\frac{\pi d_{\mathrm{perf}}^2}{4}} \tag{9}$$

$$C_{\mathrm{D}}=[1-e^{-86.614}\mathrm{d}_{\mathrm{perf}}/(1000\mu_{\mathrm{a}})^{0.1}]^{0.4} \tag{10}$$

定义封堵因子为：

$$R_{\mathrm{b}}=\frac{F_{\mathrm{D}}}{F_{\mathrm{I}}}=\frac{3}{8}\frac{K_{\mathrm{D}}\rho_1 d_{\mathrm{pipe}}v_{\mathrm{perf}}^2}{\rho_{\mathrm{b}}d_{\mathrm{b}}v_{\mathrm{b}}^2} \tag{11}$$

式中：d_{pipe}为套管内径，m；d_{perf}为射孔炮眼内径，m；d_b 为暂堵球直径，m；C_D 为流量系数，无因次；α 为有效进液射孔炮眼比例；n_{perf} 为射孔孔眼数。

暂堵球座封因子越大，表明暂堵球流经炮眼时拖拽力越大，越容易封堵进液炮眼，通过调研发现，当 $R_b>3.25$ 时，暂堵球才能够达到对射孔炮眼较高的封堵率。在暂堵压裂中，可以根据拟暂堵的射孔簇参数，通过该公式可以计算得到暂堵球数量和粒径。

2.3 暂堵球性能优化

射孔孔眼进砂后会磨蚀变大，经过现场统计优化，当暂堵球的直径不大于射孔孔眼的 1.25 倍时有好的封堵效果。选取水溶性暂堵球以避免压后堵塞射孔孔眼，同时暂堵球应满足压裂施工期间承压要求和压后快速、彻底降解要求。目标储层温度 130℃，射孔孔眼直径 11.7mm，通过室内评价试验，优化暂堵球性能参数见表 1。

表 1　暂堵剂性能指标要求

序号	项目	单位	技术指标	检测结果
1	规格	mm	15~19	15/19
2	密度	g/cm^3	<1.5	1.287
3	溶解介质	-	压裂液、地层水	压裂液、地层水
4	溶解时间(130℃)	天	<4	1
5	水不溶物	%	<1	0.5
6	承压能力(130℃)	MPa	≥40	60
7	稳压时间(130℃、40MPa)	h	≥2	6

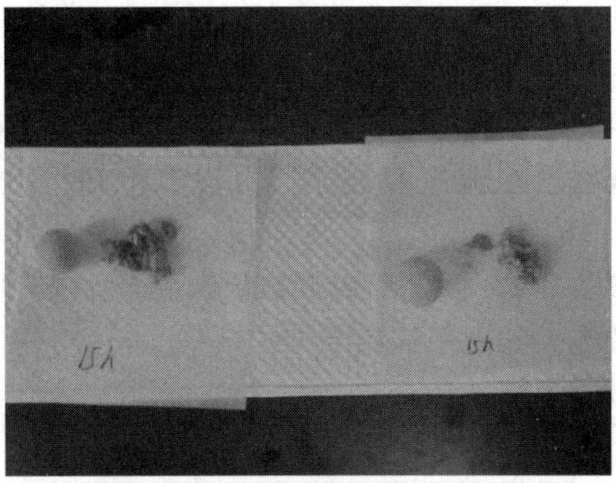

图 2　暂堵球溶解状态(15h)

2.4　低伤害高温海水基压裂液体系

采用高温海水基压裂液能够满足海上就地供水需求，大幅提高施工效率，同时减低施工成本。但该体系依然存在弊端：一方面，高温压裂液为满足耐温耐剪切需求往往粉比较高；另一方面，海水中的钙、镁离子在储层条件下容易形成沉淀。两方面因素都会导致施工液体对储层的二次伤害。

为了减少储层伤害，需要对压裂液体系进行优化。首先，随着压裂液的持续注入，井筒以及储层的温度是持续降低的，这样就为降低粉比提供了条件，因此可以通过模拟施工过程中井筒和储层的温度场变化，动态优化调整施工不同阶段的粉比，达到降低压后残渣的目的；其次，通过加入螯合调节剂螯合海水基压裂液中的钙、镁离子，减少进入地层流体中的钙镁离子沉淀；最后，通过加入破乳助排剂、黏土稳定剂等添加剂，减小黏土膨胀和乳化现象，同时降低表界面张力促进压裂液返排。

通过室内试验优化各添加剂配比以达到高温耐剪切、低伤害等特性，满足携砂和储层保护要求。优化后的高温海水基压裂液性能指标如表 2。

表 2　低伤害高温海水基压裂液体系指标

序号	项目		行标要求	检测结果
1	基液粘度/mPa·s	120℃≤t≤180℃	≤120	35($511s^{-1}$)
2	交联时间/s		60~300	180(挑挂)
3	增粘速率/%		≥65	94.1
4	耐温耐剪切能力/mPa·s		≥50	51.4
5	破胶性能	破胶时间/min	≤720	120
		破胶液粘度/(mm^2/s)	≤5	2.78
		表面张力/(mN/m)	≤32	26.147
		破胶液与煤油的界面张力/(mN/m)	≤3	0.036
6		残渣含量/(mg/L)	≤600	375
7		粘土防膨率/%	≥60	92.6
8		与原油破乳率/%	≥95	100
9		与地层水配伍性	无沉淀、无絮凝	无絮凝或沉淀
10	岩心基质渗透率伤害率/%		≤30	12.5%
参考行业标准《SYT 7627—2021 水基压裂液技术要求》				

2.5 高频压力监测技术

微地震监测技术、分布式光纤监测技术、声呐远探测技术等技术为目前常用的压后评估技术。暂堵压裂后，可根据不同技术可解释裂缝形态、进行压后效果评估，但不同技术均参在费用高、数据采集和处理耗时长等难题。且由于海上空间有限，部分技术海上应用壁垒仍未突破。

高频压力监测技术利用高频压力信号采集系统监测停泵后的水击压力波动，然后对信号做去噪处理，通过倒谱算法实现快速拾取压裂过程中的进液点位置，从而确定射孔簇的改造情况。高频压力监测技术实现了压裂全过程远程压力监测，为压裂施工数据实时优化调整提供依据。相比其他工艺技术，高频压力监测技术具备实时解释、方便快捷等明显优势。目前该技术已经在国内外多个油气田推广应用，国内四川盆地页岩气井累计应用 30 井次，鄂尔多斯盆地致密油、致密气区块累计应用超过 250 井次。

应用该技术能够在投入暂堵剂前，通过高频压力监测技术实时解释多簇压裂进液点，精准确定已压裂的射孔簇，针对性地设计暂堵参数，保障暂堵后未改造的层位被充分改造，实现“精准改造”。

3 现场试验与效果分析

3.1 试验井差异性特征分析

优选渤海 HB 区块同平台同储层两口邻井，开展不同工艺试验效果分析；对比常规多簇压裂技术、多簇暂堵控流压裂技术差异性。其中，HB-5 井采用常规多簇压裂技术；HB-6 井采用多簇暂堵控流压裂技术。由表 3 可知，HB-5 井、HB-6 井孔隙度、渗透率、含油饱和度等物性参数基本一致；裂缝簇数、砂量、暂堵工艺等压裂施工参数存在差异。

表 3 试验井地质及工程参数表

井号	地质参数				工程参数				
	孔隙度/%	渗透率/mD	含油饱和度/%	油层厚度/m	簇数	暂堵情况	加砂量/m^3	加砂强度/(m^3/m)	用液强度/(m^3/m)
HB-5	13.8	10.3	69.7	11.7	4	未使用	35.1	3	32.7
HB-6	13.6	8.2	72.6	20.7	5	使用	50.0	2.4	27.6

3.2 试验井地质、工程参数优化

3.2.1 精细分簇射孔优选

针对砂泥岩互层储层，为充分改造储层，提供高效油气渗流通道，结合基于 KTR 及储层物性参数的地质工程甜点识别技术，精细设置多簇射孔段，增强甜点改造效果。HB-5 井优选 4 簇射孔段为：3393.1～3393.7m，3394.8～3396.8m，3401.3～3404.3m，3407.5～3409.0m；HB-6 井井优选 5 簇射孔段为：3987.0～3988.5m；4001.0～4002.5m；4007.5～4009.5m；4019.05～4021.0m；4025.0～4028.0m。

3.2.2 “暂堵匀扩”施工参数优化

多簇裂缝暂堵时，以储层物性、地应力为综合评价指标，优选暂堵射孔簇。结合不同射孔簇物性及地应力差异，优选确定第 4、5 簇为优势射孔簇（4019.05～4021.0m；4025.0～4028.0m）。根据暂堵球封堵模型并结合现场应用情况优选暂堵参数；通过室内封堵实验并结合射孔参数，优化了投球数量和投球参数；宜采用组合粒径 15mm、19mm 的暂堵球，并按照组合比例 1∶1 投入 160 颗的封堵效果最好，暂堵施工排量为 2～3m^3/min。

结合暂堵球封堵模型、多裂缝扩展模型特征，按照 25+25m^3 两段加入支撑剂、中间投球暂堵工艺能够满足压裂改造需求，进一步增大加砂量有压窜下部 3 小层（高含水层）风险；同时考虑到储层起裂的不确定性，25+25m^3 加砂可以满足限流后均匀改造储层的目的同时减小压窜 3 小层风险。

3.3 多簇裂缝暂堵控流效果评价分析

3.3.1 暂堵响应特征分析

（1）泵注压力曲线分析

HB-5 井和 HB-6 井均按照设计完成施工；其中，HB-6 井按照设计投入 15mm、19mm 直径的可溶球各 80 个，送球排量 2.2～2.7m^3/min，注入液量一个井筒容积后，井口压力从 33.2MPa 提升高至 37.14MPa。从泵注压力曲线上分析，暂堵前后相同排量下压力升高 5.8MPa（图 5）；

暂堵施工过程中，压力响应明显表明暂堵剂可有效实现暂堵、限流开启新缝。

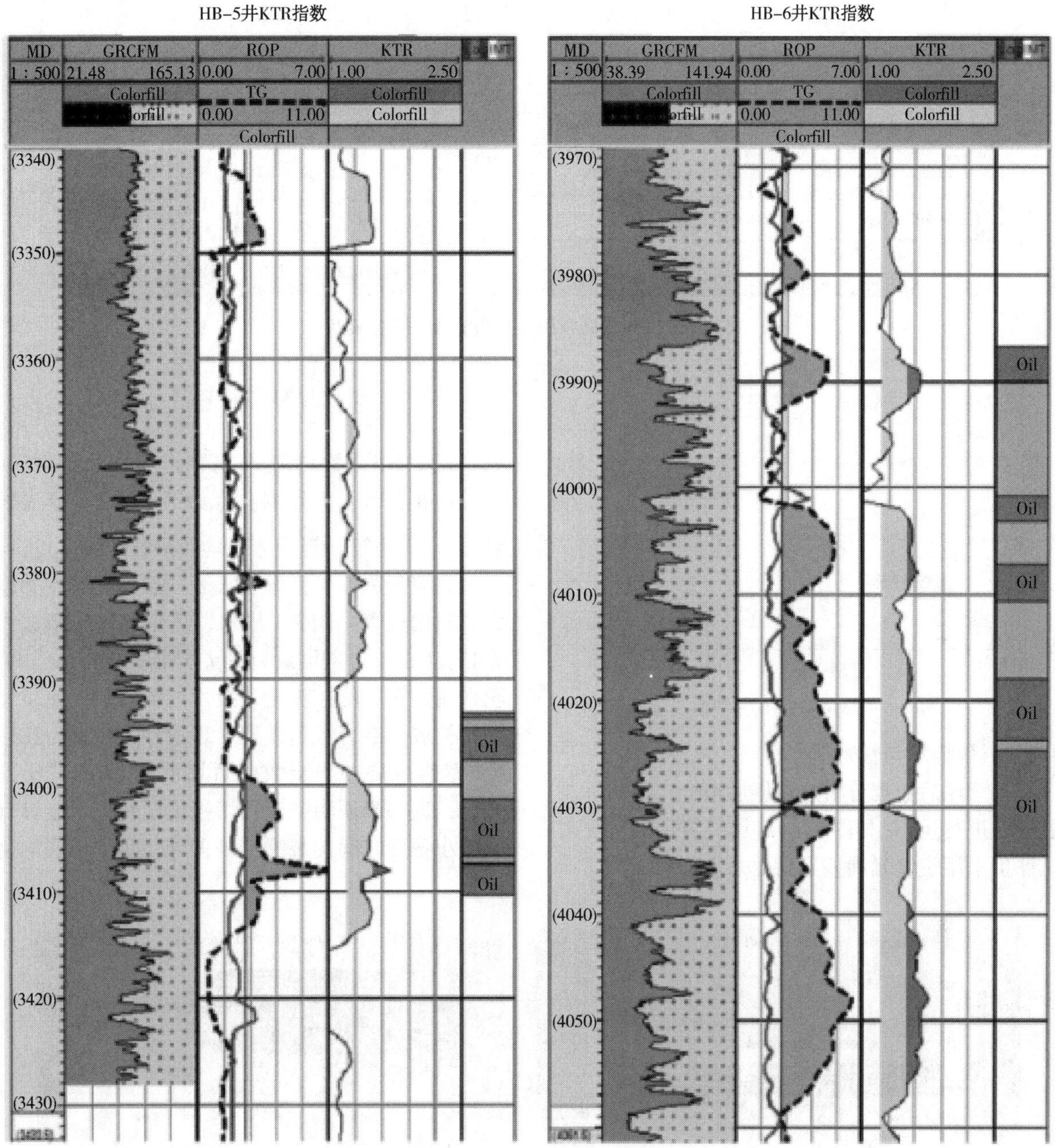

图 3　HB-5 井和 HB-6 井 KTR 指数

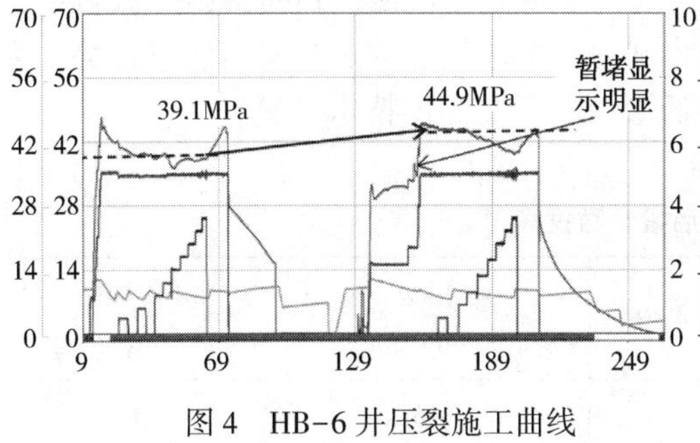

图 4　HB-6 井压裂施工曲线

(2) 高频压力监测特征分析

通过高频压裂检测技术解释暂堵前开启 2、3、5 簇，因此，实时对暂堵球数量、粒径组合等参数进行了调整确保剩余 1、4 簇能够均衡开启。由高频压力监测解释结果分析可知(图 6)，HB-6 井暂堵压裂过程中，第二段加砂在一段加砂基础上开启了新裂缝，与暂堵压力响应相吻合(图 5)。此外，结合压裂后“G 函数”曲线分析(图 7)，进一步证明压裂产生多裂缝特征。多种压裂后评估技术交叉印证了多簇暂堵控流技术在大跨度薄互储层中实现了储层段纵向改造程度的目的。

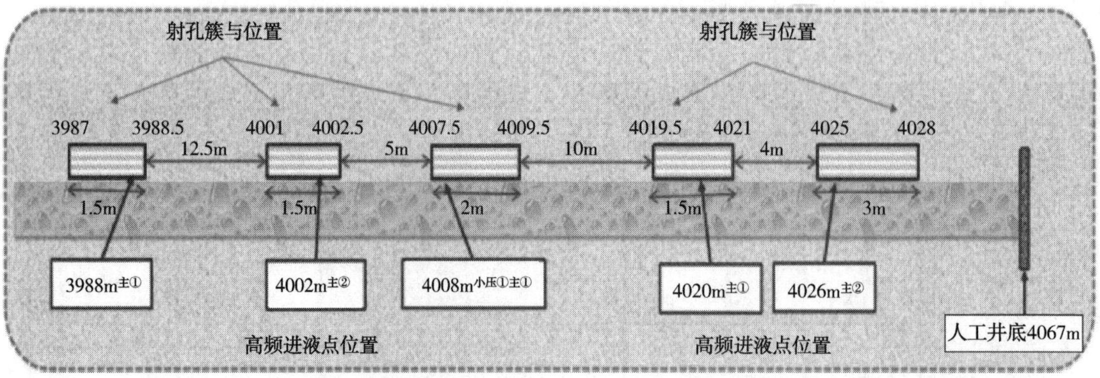

图 5　HB-6 井高频压力监测解释多簇进液点

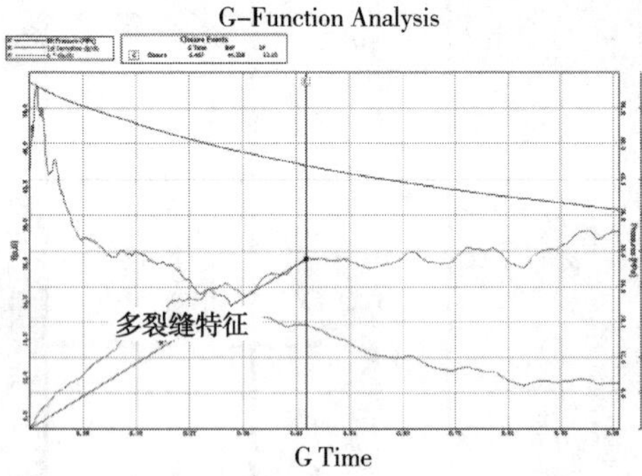

图 6　HB-6 井压降数据 G 函数曲线分析

$$\delta = \frac{1}{n}\sum_{i=1}^{n}\left(\frac{|Li - \bar{L}|}{\bar{L}}\right) \tag{12}$$

式中，δ 为裂缝延展差异指数，无量纲；n 为总射孔簇数，无量纲；L_i 为第 i 簇裂缝延展长度，m；$\bar{L}$ 为第 n 簇裂缝平均扩展长度，m。

裂缝延展差异指数越大表征裂缝延展差异越大。根据计算，HB-5 井的裂缝延展差异指数为 0.45，HB-6 井的裂缝延展差异指数为 0.11。表明采用多簇暂堵控流压裂技术能够明显促使裂缝均衡扩展。结合数值模拟、理论计算可知，HB-6 井裂缝延展差异指数由暂堵前的 0.36 减小到 0.11，进一步证明多簇暂堵控流压裂技术能够有效减小各簇之间的裂缝扩展差异，实现储层均衡改造。

3.3.2　裂缝均匀性特征分析

基于压后数据分析开展压后拟合，对实际裂缝形态进行重构（如图 8），各簇裂缝延展情况对比评价采用裂缝延展差异指数来表征。

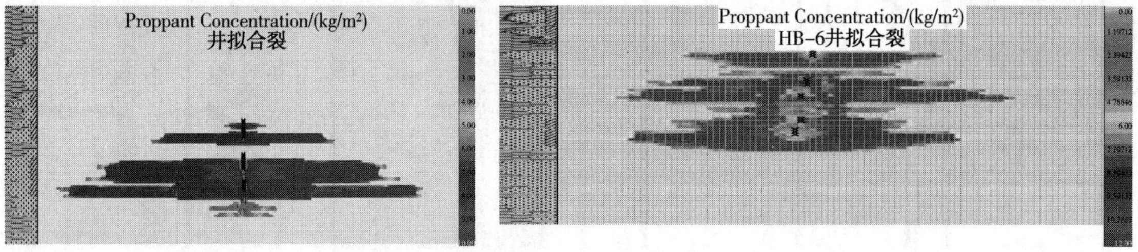

图 7　HB-5 井和 HB-6 井拟合裂缝形态

3.3.3　HB-6 井、HB-5 井产能特征分析

由表 4 可知，HB-6 井可以发现应用多簇暂堵控流压裂技术后，日产油量和比采油指数分别达到 HB-5 井的 5.4 倍和 5.6 倍。同时，HB-6 井压后日产量超过 100m^3，表明多簇控流暂堵压裂技术在海上低渗储层改造中具有明显优势，为海上低渗储层开发提供技术借鉴。

表 4　HB-5 井和 HB-6 井压后投产数据表

井名	厚度/m	测井渗透率/mD	日产液/(m^3/d)	日产油/(m^3/d)	含水/%	生产压差/MPa	比采液指数/(m^3/d/MPa/m)
HB-5	11.7	10.3	20	19	4	10.6	0.15
HB-6	21.1	16.9	106	102	4.5	5.8	0.84

4 结论

（1）基于海上压裂技术壁垒，创新提出的适用于海上低渗薄互层的“精细分簇+暂堵均扩+高频监测”多簇暂堵控流压裂技术，压后产能高、上产潜力较强，为海上低渗储层压裂提供技术借鉴。

（2）结合“孔、渗、饱”地质甜点和“破裂甜点识别参数”（Ktr）工程甜点形成基于地质工程双甜点的精细分簇技术，优化射孔段设置，为多簇压裂改造提供进液改造通道，充分改造储层。

（3）“暂堵均扩”工艺可充分改造大跨度砂泥岩薄互储层，降低海上井因机械分层引起的砂卡管柱风险。HB-6 井从施工压力响应，压力监测、压后拟合等方面表现出暂堵响应特征。

（4）高频压力监测技术实现了压裂全过程远程压力监测，为压裂施工数据实时优化调整提供依据。HB-6 井压裂后通过多技术交叉、多维度校核，实现压裂裂缝的精细化评价。

（5）鉴于海上压裂长期发展需求，建议进一步开展大规模条件下，低渗薄互层复杂缝网压裂技术研究。通过多缝内、缝口多种暂堵模式，实现从“暂堵匀扩”到“暂堵匀扩+复杂裂缝”的技术转变，进一步实现海上大跨度薄互砂泥岩储层精细化压裂高效开发。

参考文献

[1] 吴奇，胥云，王腾飞，等．增产改造理念的重大变革——体积改造技术概论［J］．天然气工业，2011，31(4)：7-12.

[2] PEIRCE A，BUNGER A. Interference fracturing：Non-uniform distributions of perforation clusters that promote simultaneous growth of multiple hydraulic fractures［J］. SPE Journal，2015，20(2)：384-395.

[3] WU Kan，OLSON J，MATTHEW T，et al. Numerical analysis for promoting uniform development of simultaneous multiple fracture propagation in horizontal wells［C］//SPE Annual Technical Conference and Exhibition，28-30 September 2015，Houston，Texas，USA. DOI：10. 2118/174869-MS.

[4] 赵金洲，陈曦宇，李勇明，等．水平井分段多簇压裂模拟分析及射孔优化［J］．石油勘探与开发，2017，44(1)：117-124.

[5] LECAMPION B，DESROCHES J. Simultaneous initiation and growth of multiple radial hydraulic fractures from a horizontal wellbore［J］. Journal of the Mechanics and Physics of Solids，2015，82（2）：235-258.

[6] 周彤，张士诚，陈铭，等．水平井多簇压裂裂缝的竞争扩展与控制［J］．中国科学：技术科学，2019，49(4)：469-478.

[7] 胡东风，任岚，李真祥，等．深层超深层页岩气水平井缝口暂堵压裂的裂缝调控模拟［J］．天然气工业，2022，42(2)：50-58.

[8] 周彤，陈铭，张士诚，等．非均匀应力场影响下的裂缝扩展模拟及投球暂堵优化［J］．天然气工业，2020，49(4)：82-91.

[9] HOU Bing，FU Weineng，HAN Huifang，et al. The effect of temporary plugging agents and pump rate on fracture propagation in deep shale based on true tri-axial experiments［C］//54th U. S. Rock Mechanics/Geomechanics Symposium，Golden：ARMA - 2020 - 1168，2020.

[10] 王贺，张茂林，宋惠馨，等．页岩气井重复压裂裂缝参数及暂堵转向技术研究［J/OL］．中国科技论文，2020：1 - 5［2021 - 12 - 21］．http：//kns. cnki. net/kcms/detail/10. 1033. N. 20201030. 1351. 002. html.

[11] 吴宏杰，肖博，张旭东．页岩气井暂堵重复压裂工艺技术研究及应用［J］．石油化工应用，2020，39(9)：53-56.

[12] LU Cong，LUO Yang，LI Junfeng，et al. Numerical analysis of complex fracture propagation under temporary plugging conditions in a naturally fractured reservoir［J］. SPE Production & Operations，2020，35(4)：775-796.

[13] MACK M G，ZHANG F. Microseismic geomechanics for refracturing［C］//50th U. S. Rock Mechanics/Geomechanics Symposium，26-29 June 2016，Houston，Texas，USA. DOI：ARMA-2016-546.

[14] 胡俊杰，周小金，周拿云，等．井筒听诊器技术在川南页岩气田的应用研究［J］．钻采工艺，2022，45(6)：65-69.

[15] 张好林，李根生，王伟，等．水平井井筒清洁临界流速简化模型［J］．钻采工艺，2014，37（4）：5-8.

[16] 李彦超，张庆，沈建国，等．页岩气藏长段多簇暂堵体积改造技术［J］．天然气工业，2022，42(2)：143-150.

基于多尺度渗流描述的砂砾岩渗流定量表征及精细开发策略研究

吴君达[1]　常　涛[1]　周军良[1]　汪全林[1]　张龙龙[1]

[1. 中海石油(中国)有限公司天津分公司渤海石油研究院]

摘　要　针对A油田东三段砂砾岩岩性复杂，非均质性强，油水渗流规律描述不清的问题，本次研究引入数字岩心模拟技术，结合介观尺度的孔喉流动系数，系统分析了单模态高渗中粗砂岩、双模态中渗含砾砂岩及复模态低渗砂砾岩三类储层的微观、介观和宏观渗流特征。基于对不同岩性储层孔喉结构及渗流差异的明确认知，建立了多岩性渗流表征方法，定量化表征了各类储层在不同尺度下的油水运移规律及开发中的主要矛盾，并以此提出了"因井制宜，因层施策"的差异化精细注水开发策略。在A油田东三段的实际应用中，该策略显著提升了储层整体开发效果，保证了东三段储层在全年无新井投产的情况下，实现持续稳产的零递减开发局面。

关键词　砂砾岩；多尺度渗流描述；数字岩心；精细注采策略

1　引言

A油田东三段储层是渤海首个规模性巨厚扇三角洲砂砾岩油藏，其具有储层厚、岩性杂、非均质性强、探明储量大的特点。相较常规砂岩油藏，砂砾岩储层的岩性多样，微观孔隙结构呈现多种模态特征，孔喉分布不均匀，特殊的孔隙结构导致流体流动规律更加复杂，需要进行系统研究。

国内外学者对砂砾岩储层的孔喉结构进行了深入研究，利用铸体薄片、扫描电镜、高压压汞和核磁共振等多种手段，揭示了砂砾岩储层中孔喉微观结构特点。此外，已有的研究还对砂砾岩的产能规律和生产特点进行了探讨，分析了不同储层类型在实际生产中的表现及其影响因素。然而，现有研究主要集中在微观孔隙结构和宏观产能特征的单一领域，对两者之间的有机结合缺乏深入的系统性研究。同时，目前针对砂砾岩储层的精细注采策略尚未形成完善的理论体系，

本文从多尺度渗流描述角度出发，利用数字岩心模拟技术，引入N-S方程细化研究尺度，将宏观参数细化为微观参数，模拟砂砾岩不同孔喉下水驱特点。并在此基础之上，建立了微观-介观-宏观多尺度渗流差异表征方法，以差异化的相渗曲线、启动压力描述表征砂砾岩强毛管力控制下不同岩性的微观渗流特征，明确了不同岩性储层内的水驱主要矛盾，为砂砾岩合理开发策略的制定奠定了基础。

2　油田概况

A油田东三段为陡坡带扇三角洲沉积体，发育巨厚砂砾岩储层，其具有"厚、杂、强、大"等四项特征。依据岩心、岩屑资料，发现研究区岩石类型较多，包含砂砾岩、砾质砂岩、含砾砂岩、小砾岩、中粗砂岩、粉砂岩等多种岩性。岩性的复杂性也导致了油水运移规律的差异性，早期产剖测试结果显示各层产出严重不均，下部低渗储层少产出甚至不产出，上部高渗层占总产量的80%以上。

3　砂砾岩储层岩性分类

选取33块岩心样品进行孔隙结构分析，压汞实验压力控制在0~20 MPa。根据不同岩心样品的毛细管压力曲线及孔喉半径分布特征，将东三段砂砾岩储层分为3种类型(图1，表1)：

Ⅰ类储层：中粗砂岩、小砾岩，高孔高渗，渗透率在100mD以上，平均孔喉半径3.81~12.38um之间，排驱压力0.02~0.03MPa之间；

Ⅱ类储层：含砾砂岩，中孔中渗，渗透率在10~100mD之间，平均孔喉半径0.93~4.73um之间，排驱压力0.08~0.31MPa之间；

Ⅲ类储层：砂砾岩，低孔低渗，渗透率低于10mD，平均孔喉半径0.32~0.71um之间，排驱压力0.14~0.45MPa之间；

表 1　不同类型孔隙结构参数

类型		渗透率	孔隙度	平均孔喉半径	中值孔喉半径	排驱压力
		$10^{-3}\mu m^2$	%	μm	μm	MPa
I	范围	125.20~1102.40	16.28~25.12	3.81~12.38	1.25~8.24	0.02~0.03
	平均值	563.30	20.91	6.36	4.49	0.03
II	范围	15.40~99.30	12.32~21.55	0.93~4.73	0.27~2.80	0.08~0.31
	平均值	52.40	17.07	1.97	1.04	0.09
Ⅲ	范围	1.50~9.30	8.57~19.10	0.32~0.71	0.12~0.39	0.14~0.45
	平均值	5.10	12.38	0.49	0.26	0.32

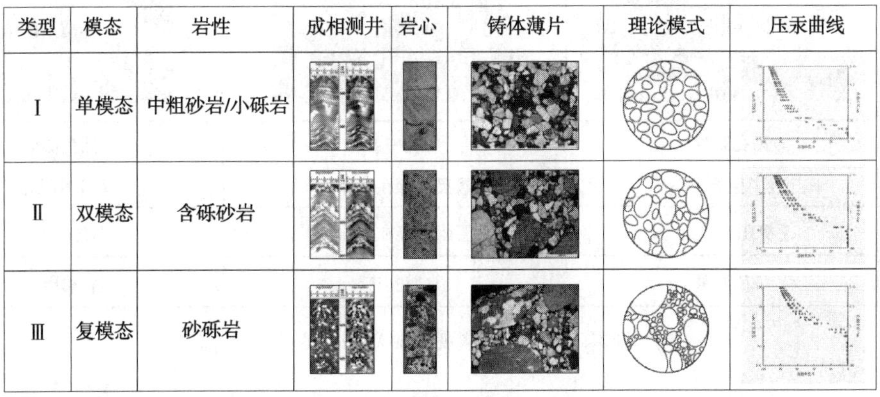

图 1　不同模态岩性示意图

4　数字岩心微观模拟

数字岩心微观模拟技术是近年来的新兴技术，相较于传统的物理实验方法，该方法可以更高效、低成本地细致研究不同孔隙结构下的油水渗流规律。通过构建微观尺度下的数字岩心模型，模拟油水在复杂孔喉中的流动，本文揭示不同岩性和孔隙结构对水驱过程的影响。

4.1　数字岩心微观模拟方法

在砂砾岩储层中，孔喉结构对流体运移起着至关重要的作用。为了细致探讨砂砾岩孔喉尺度下的微观渗流规律，我们引入了 Navier-Stokes 方程进行模拟。这一方法细化了传统宏观渗流参数，将渗透率、相对渗透率等宏观参数(式 1)转化为微观驱替压力、毛管力及粘性力等微观参数(式 2)，从而更精确地描述砂砾岩孔喉中的流体运移特性。

$$-\nabla\left(\frac{V}{B}\right)+q_v=\frac{\partial}{\partial t}\left(\frac{\varphi S}{B}\right) \tag{1}$$

$$\rho\left(\frac{\partial v}{\partial t}+v\cdot\nabla v\right)=\nabla P+\mu\nabla^2 v+F_{st} \tag{2}$$

通过基于铸体薄片资料构建的数字岩心模型(图 2)，得以实现对不同岩性、不同孔喉尺寸下微观水驱油过程的可视化。相比于物理模拟，数字岩心微观模拟不仅能在实验条件受限的情况下提供细致的分析结果，还能加速研究周期并降低成本。

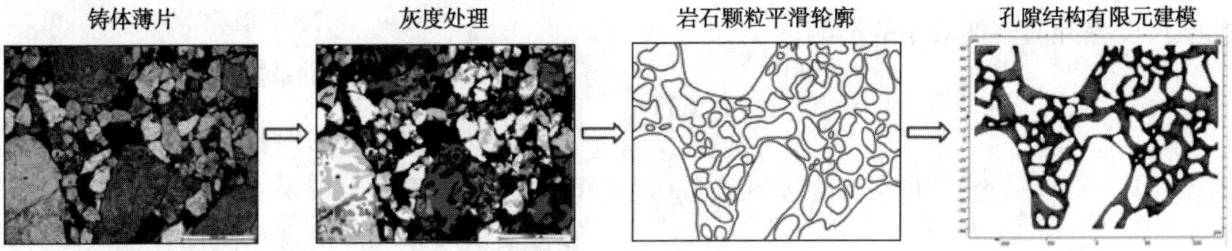

图 2　不同模态岩性示意图

4.2 砂砾岩数字岩心模拟

在模拟过程中，不同类型岩心的孔喉结构对油水运移规律表现出了显著的差异。与稠油油藏不同，A油田东三段储层为轻质原油，渗流过程受毛管力的影响较大。模拟结果显示，对于轻质原油(0.64mPa·s)的东三段储层而言，水驱过程中油水渗流速度差异小，受速度控制的粘性力差异较小，对渗流起绝对控制的因素是孔喉差异导致的强毛管阻力的差异。毛管阻力的不同直接导致不同岩性储层的水驱特点的差异(图3)。Ⅰ类储层由于孔喉结构较为均匀，毛管阻力较为接近，整体驱油效率较高；而Ⅲ类储层由于孔喉尺寸小、连通性差，毛管阻力大，存在启动压力，驱油效率显著降低。

	Ⅰ类	Ⅱ类	Ⅲ类
水驱模拟	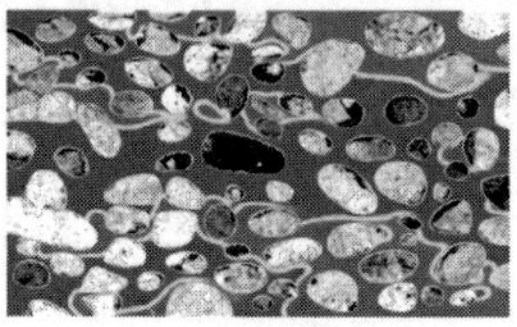	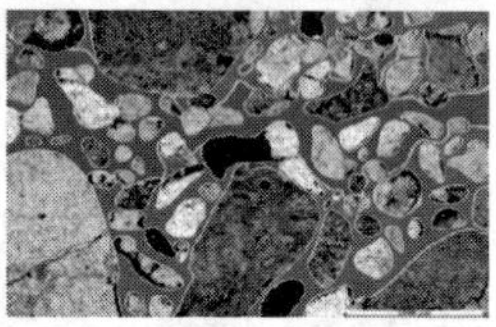	
孔喉特点	高孔高渗 孔喉半径差异小	中孔中渗 孔喉尺寸存在差异	低孔低渗 复杂小孔喉
毛管力	毛管阻力接近	毛管阻力存在差异	毛管阻力大
驱替特点	均衡驱替	水驱指进	启动压力

图3　不同岩性微观水驱数字岩心模拟

5　多尺度渗流描述表征

多尺度渗流描述表征是复杂砂砾岩储层开发中的关键环节之一，尤其是在A油田东三段这种储层非均质性强、孔隙结构复杂的储层中。通过构建从微观到宏观的渗流模型，能够全面细致地描述不同尺度下的渗流特征，进而为砂砾岩储层的精细开发提供理论支持。

5.1 介观尺度孔喉流动系数

为了将微观尺度的渗流特征与宏观数值模拟相耦合，我们引入了介观尺度的孔喉流动系数。孔喉流动系数是反映储层内部孔喉结构对流体运移影响的重要参数，能够将不同岩性、不同物性下的流体运移特性进行量化表征。该系数不仅能够反映不同孔喉结构下的渗透率变化，还能定量描述孔喉尺度差异对驱油效率的影响。

$$N_c=\frac{v\mu}{\sigma} \tag{3}$$

$$v_w=\frac{KKr}{\mu}\frac{\nabla p}{L} \tag{4}$$

$$\nabla p=2\sigma\cos\theta\left(\frac{1}{r}-\frac{1}{R}\right) \tag{5}$$

$$\alpha=K\frac{R^2}{(m-1)} \tag{6}$$

孔喉流动系数越大，孔喉结构差异越小，驱油效率更高，驱替越均匀。对于Ⅰ类中粗砂岩、小砾岩，孔喉流动系数 $\alpha>5$；对于Ⅱ类含砾砂岩，孔喉流动系数 $2.5<\alpha<5$；对于Ⅲ类砂砾岩，孔喉流动系数 $\alpha<2.5$。以此为基础对岩心的驱油效率等进行拟合，其差异化流动特点明显，结果匹配较好(图4)。

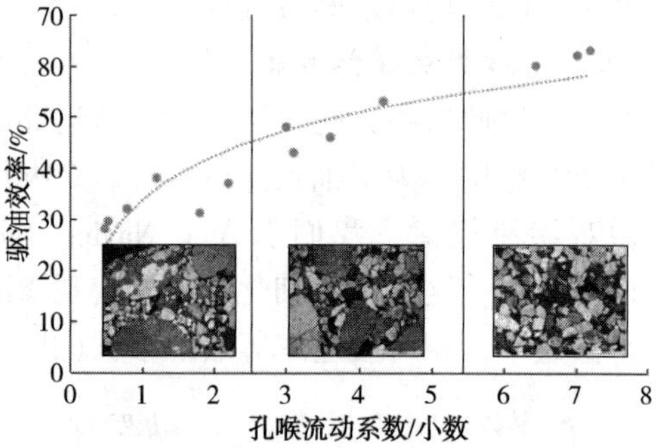

图4　孔喉流动系数-驱油效率关系图

孔喉流动系数的引入，为建立从微观到宏观的渗流模型提供了桥梁。通过这一系数，我们能够将复杂的微观渗流现象简化为可以在宏观开发模型中应用的参数，从而实现渗流特征在不同尺度下的统一表征。

5.2 宏观尺度渗流表征

在宏观尺度上，渗流表征主要通过差异化的相渗曲线和启动压力梯度来描述。根据不同储层的岩性和孔喉结构差异，不同类型的砂砾岩储层在水驱过程中的相渗特征和启动压力梯度存在明显的不同。Ⅰ类储层相对均匀，驱油效率高，启动压力梯度较低；而Ⅲ类储层由于孔喉尺寸较小，启动压力较高，驱油效率较低。

为了实现对砂砾岩储层复杂渗流特征的准确描述，本文基于 Intersect 建立了基于孔喉流动系数的差异化渗流表征方法。该方法能够细化常规的相渗曲线和启动压力梯度，将复杂的岩性结构划分为多个网格单元，并在每个单元内应用差异化的渗流模型。这一表征方法能够更好地刻画复杂储层中的流体运移规律，从而为精细注采策略的制定提供了科学依据。

$$K_{\rm rl}^{0}=K_{\rm rl}^{\rm 0low}-\frac{3(K_{\rm rl}^{\rm 0low}-K_{\rm rl}^{\rm 0ligh})}{(\lg\alpha_{\max}-\lg\alpha_{\min})^{2}}(\lg\alpha_{\rm rl}-\lg\alpha_{\min})^{2} \quad (7)$$

$$p=0.1352\cdot\alpha^{-0.8009} \quad (8)$$

5.3 多尺度渗流描述

通过微观、介观和宏观尺度的耦合，本文形成了完整的多尺度渗流描述理论体系(图 5)。该体系能够精确描述砂砾岩储层的渗流特征，并为数值模拟提供准确的输入参数，从而提高模拟的可靠性和预测精度。多尺度渗流描述方法的应用，为砂砾岩储层的开发策略优化提供了科学指导，特别是在复杂储层的注水开发中，基于多尺度渗流表征的精细注采策略能够有效提高采收率、降低开发风险。

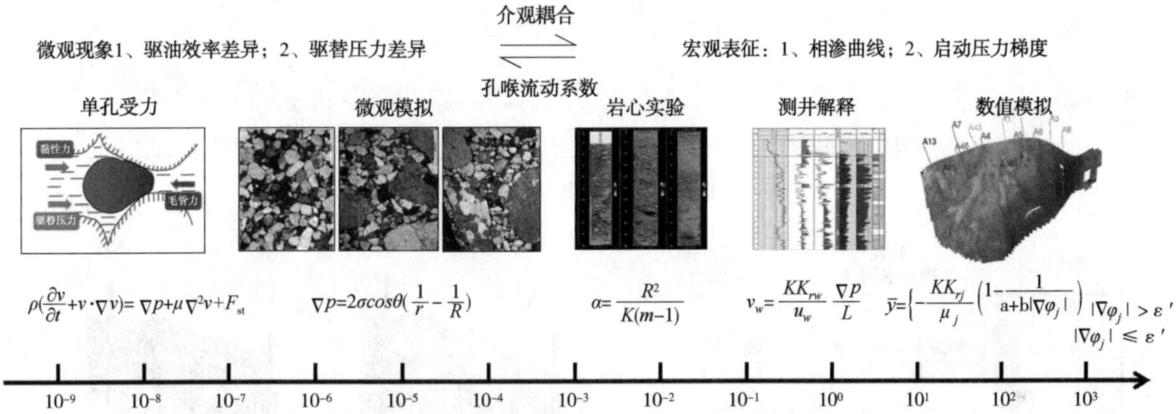

图 5 砂砾岩多尺度渗流描述及耦合

6 砂砾岩精细分层注采开发实践

A 油田东三段复杂砂砾岩储层的精细分层注采开发实践是确保高效开发和稳定生产的关键。本文基于多尺度渗流描述与差异化数值模拟方法，深入分析了不同岩性层段的渗流特征，并提出了适应复杂岩性条件的注采策略。

6.1 全区历史拟合

在全区历史生产拟合过程中，基于岩性差异化渗流特征的数值模拟方法更好地表征了 A 油田东三段含水率的变化趋势(图 6)。常规数值模拟难以准确反映储层内部复杂的岩性差异，而通过引入介观尺度的孔喉流动系数，数值模拟能够较好地预测各岩性层段的含水率上升规律，并揭示油水运移的差异。这一拟合结果为优化后续开发策略提供了更为可靠的参考依据。

6.2 单井产液剖面拟合

单井产液剖面拟合是验证差异化渗流表征效果的重要环节。在模拟单井的产液剖面时，差异化渗流表征能够更精准地刻画不同层段的注水驱替过程(图 7)。该方法有效模拟了注入水在不同岩性层段的驱替前缘，揭示了各层段之间的流体运移不均现象，尤其是高渗层的窜流效应和低渗层的动用难题。相比传统数值模拟，差异化渗流表征能够更准确地反映纵向上的渗流矛盾，为调整开发参数、优化注采策略奠定了基础。

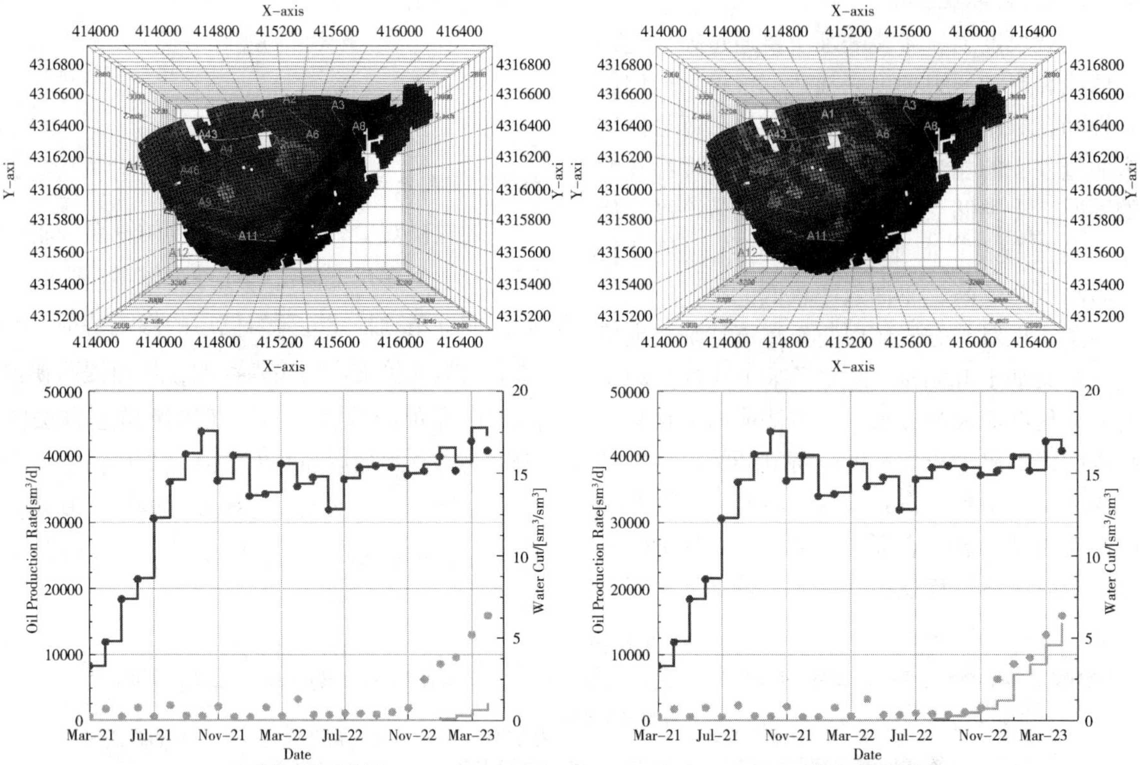

(a)常规数碴模拟结果　　(b)砂砾碧数值模拟

图 6　全区历史拟合结果

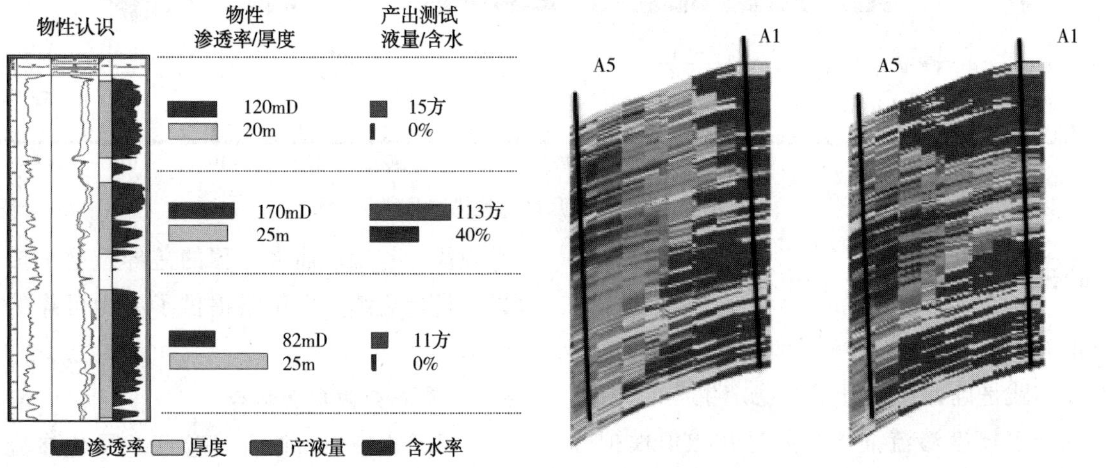

(a)单井产液测试认识　　(b)常规数值模拟结果　　(c)砂砾岩数值模拟

图 7　单井产液剖面拟合结果

6.3　精细分层开发策略

基于 A 油田东三段不同岩性的差异化特点，单一的渗透率标准难以全面反映储层的复杂性。因此，本文提出了以岩性组合为基础的精细化分层注采策略(图 8)。

对于Ⅰ类岩性为主的大段储层，其主要矛盾体现在高渗层的水窜现象上。因此，应针对这些高渗层段，优化注采压差，控制水窜现象，确保注水前缘均匀推进。对于Ⅱ类和Ⅲ类岩性混合分布的层段，因层间流体运移存在较大差异，应根据孔喉流动系数和岩性结构的具体特征，实施精细化注水调整，减少层间干扰效应。Ⅲ类岩性为主的少产出或非产出层段，由于孔喉结构复杂、驱替压力较高，应通过增压、层改措施提升其动用程度。

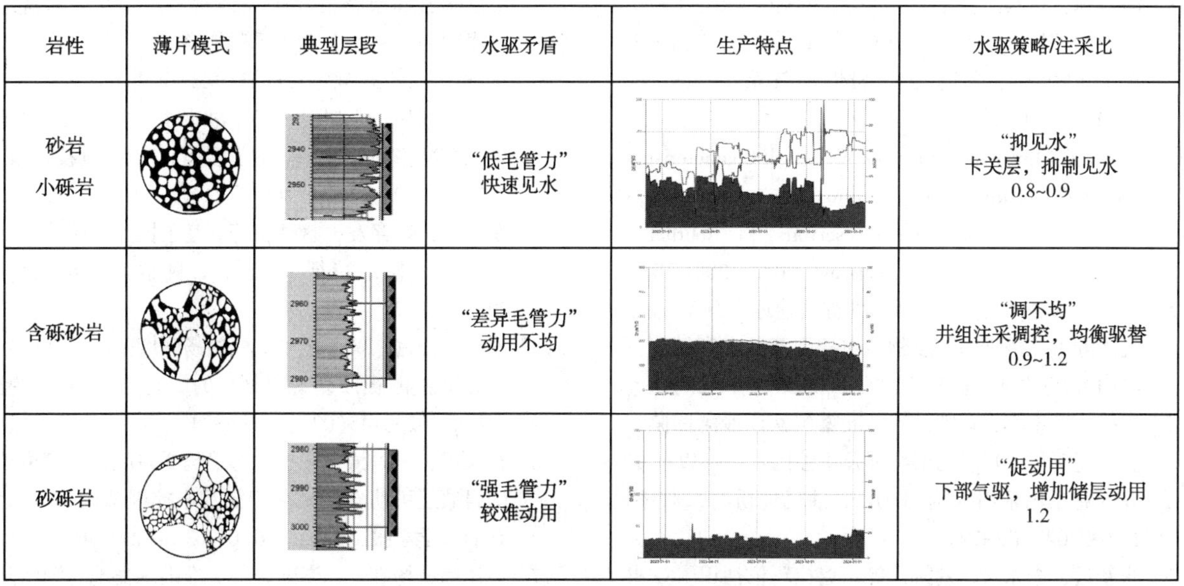

图 8　砂砾岩多不同岩性层段开发策略

6.4　应用实例

基于砂砾岩注采调控策略为依据，指导各岩性层段精细注水开发(图 9)，保证了 A 油田东三段储层在全年无新井投产的情况下，持续稳产 1250 方/天。

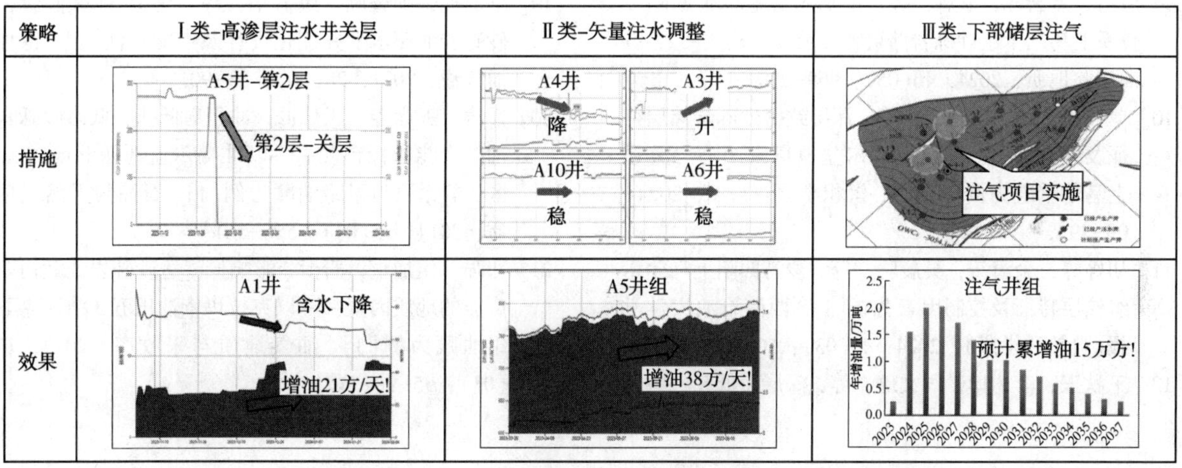

图 9　不同层段精细注采调控实例

7　总结

本文通过多尺度渗流描述理论，结合数字岩心模拟和数值模拟方法，对 A 油田东三段复杂砂砾岩储层的渗流特征进行了系统研究。研究表明，砂砾岩储层内部孔喉结构复杂，岩性差异显著，导致各储层的渗流特征存在显著差异。为此，本文通过引入 Navier–Stokes 方程，结合介观孔喉流动系数，构建了完整的微观–介观–宏观的多尺度渗流表征模型，对不同类型岩性储层进行了精细化表征。在此基础上，本文对不同类型的层段制定了不同精细注水开发策略，实现了“因井制宜，因层施策”的注采调控模式，为 A 油田复杂砂砾岩储层后续的高效开发提供了参考和依据。

参　考　文　献

[1] 杜猛，向勇，贾宁洪，等．玛湖凹陷百口泉组致密砂砾岩储层孔隙结构特征[J]．岩性油气藏，2021，33(05)：120–131.

[2] 印森林，陈恭洋，陈玉琨，等．砂砾岩储层孔隙结构复杂模态差异机制[J]．西南石油大学学报(自然科学版)，2019，41(01)：1–17.

[3] 印森林，陈恭洋，陈玉琨，等．砂砾岩储层孔隙结构模态控制下的剩余油分布——以克拉玛依油田七东1区克下组为例[J]．岩性油气藏，2018，30(05)：91-102.

[4] Xinyu Z，Linyu L，Hongmei W，et al. Characteristics and origins of the modal pore throat structure in weakly cemented sandy conglomerate reservoirs[J]. Journal of Petroleum Science and Engineering，2022，208(PB).

[5] 王玉，郇金来，冯丹，等．北部湾盆地乌石W油田流沙港组三段低渗储层物性主控因素及有利储层预测[J]．海洋地质前沿，2024，40(09)：14-27.

[6] 王捷，王千军，郑胜，等．准噶尔盆地沙湾凹陷三叠系超深层碎屑岩储层特征及主控因素——以征10井区克拉玛依组为例[J/OL]．油气地质与采收率：1-10[2024-09-29]．.

[7] 张新远，李永军，刘凯，等．克拉玛依油田K82井区上乌尔禾组油气成藏特征研究[J]．西北地质，2024，57(02)：14-23.

[8] 杜正瞳，何勇明，周涌沂，等．准噶尔盆地玛湖凹陷致密砂砾岩储层自发渗吸规律研究[J]．油气地质与采收率：1-12[2024-09-29].

[9] 唐勇，袁云峰，李辉，等．准噶尔盆地阜康凹陷二叠系上乌尔禾组砂砾岩储层特征及发育模式[J]．石油实验地质，2024，46(05)：965-978.

[10] 单祥，窦洋，刘超威，等．深层致密砂砾岩储层特征及控制因素——以准噶尔盆地阜康凹陷二叠系上乌尔禾组为例[J/OL]．沉积学报：1-18[2024-09-29].

[11] 胡婷婷，余海涛，吴晨骁，等．沙湾凹陷上乌尔禾组储层特征及控制因素分析[J]．西南石油大学学报(自然科学版)，2024，46(03)：50-65.

[12] 王秋玉，李树博，闫文琦，等．深层特低孔—特低渗砂砾岩储层特征及主控因素——以准噶尔盆地阜康凹陷二叠系上乌尔禾组为例[J]．东北石油大学学报，2023，47(02)：31-43+6-7.

[13] 宋晨，杨兵，张超谟，等．渤中19-6孔店组砂砾岩孔隙结构和渗透率估算模型[J]．地质科技通报，2023，42(01)：274-285.

[14] 秦国省，邹存友，赵亮，等．基于恒速压汞技术的砂砾岩复模态特征表征[J]．科学技术与工程，2018，18(20)：71-78.

[15] 刘洋，张宫，覃莹瑶，等．磁场强度及磁场梯度对岩心核磁共振T2谱测量结果的影响[J]．石油实验地质，2023，45(02)：378-384.

[16] 崔雁虎，朱国涛，朱杰，等．玛2井区百口泉组砂砾岩储层可动流体赋存特征及主控因素[J]．东北石油大学学报，2022，46(06)：14-25+146.

[17] 吴建邦，杨胜来，李强，等．准噶尔盆地玛湖凹陷致密砂砾岩储层可动孔隙界限[J]．大庆石油地质与开发，2022，41(06)：167-174.

[18] 金国文，王堂宇，刘忠华，等．基于核磁共振测井的砂砾岩储层分类与产能预测方法[J]．石油学报，2022，43(05)：648-657.

[19] 李浩楠，师耀利，姚振华，等．玛18井区低渗透砂砾岩油藏水平井优化设计及产能预测[J]．特种油气藏，2021，28(06)：83-90.

[20] 任涛，王彦春，王仁冲．冲积扇低孔、低渗砂砾岩油藏产能指标预测——以准噶尔盆地西北缘Y地区三叠系百口泉组油藏为例[J]．石油与天然气地质，2014，35(04)：556-561.

[21] 邓强，侯加根，唐衔．影响低渗透砂砾岩油藏初期产能的地质因素——以克拉玛依油田五3中区克下组油藏为例[J]．油气地质与采收率，2010，17(03)：95-98+117.

渤海油田中低渗储层油水井酸化助渗技术研究与应用

王子权　白健华　张丽平　符扬洋　潘定成　刘　玥　张云鹏　敬季昀　牟　媚　李　乾

[中海石油(中国)有限公司天津分公司]

摘　要　渤海油田中低渗储层油气资源丰富，但因其孔喉小、物性差、薄互层发育、非均质性强等特征，在生产过程中易受到各类复杂因素的污染，造成“水井注不进，油井采不出”的难题。针对上述问题在油井创新提出新型渗析分散体系，水井提出新型纳米增注体系，并通过室内实验性能评价方法对体系润湿性、解水锁性能、洗油性能、除垢性能、渗透率改善性能进行研究。结果表明：渗析分散体系可使油水界面张力达到超低数量级(10^{-3}mN/m)，有助于有机垢分散，洗脱率达到92.3%，同时可将岩石表面改善为强亲水，提升渗析驱油能力，有效解除中低渗油井水锁和有机质伤害；纳米增注体系通过吸附在岩石表面发生脱水缩合反应形成疏水保护膜，改善后岩石表面水相接触角大于140°，阻垢率大于70%，岩心经过纳米溶液驱替后，平均渗透率提高32.6%，注入压力下降35.9%，有效提高水相渗透率和有效期。目前该技术在渤海油田累计应用22井次，其中渗析分散体系在LD-1井应用后措施增油达117方，阶段累增油超1.5万方；纳米增注体系应用19井次，措施后平均注入压力下降35%，吸水指数提高3倍，累增注超29.6万方，酸化助渗技术为中低渗储层油水井高效增产增注提供了技术保障。

关键词　海上中低渗储层；渗析分散体系；纳米增注体系；性能评价；现场应用

随着开发开采的不断深入，渤海油田勘探开发逐步转入中深层，发现了一大批中低渗砂岩油藏并逐步成为渤海增储上产重要力量，但由于其孔喉小、物性差、薄互层发育、非均质性强等特征，在生产过程中易受到各类复杂因素的污染，水井端启动压力高，注水压力上升快，油井端出现有机质伤害、水锁伤害，造成“水井注不进，油井采不出”的情况，导致产量递减快，能量补充困难，采收率难以提升。为了解决实际生产中存在的问题，采用酸化解堵措施无法从根本上解决油水井堵塞的问题，油井解堵后含水率上升，产液能力未明显提升，注水井解堵后注入压力上升快，有效期短等问题，中低渗储层油水井亟需增产增注工艺解除储层堵塞。

酸化助渗技术由于其超低界面张力、润湿反转能力、洗油效率高、乳化稳定性好等特征，逐渐成为中低渗储层油水井增产增注的一项新技术。在油井端通过将表活剂与助活剂配成具有超低界面张力的微乳液注入注水井中，在地层运移过程中与原油、地层水、岩石不断发生相互作用，降低油水界面张力，乳化分散原油，降低毛管阻力，促使残余油随驱替液向生产井移动，以提高原油的采收率。在水井端通过纳米颗粒改变岩石的润湿性，扩大储层有效孔隙度，大幅度降低注入流体在孔隙中的流动阻力。

本文通过室内实验多种手段分别分析渗析分散体系和纳米增注体系对岩石润湿性、乳化稳定性、有机垢分散、无机垢溶解、洗油效率、降压增注率等方面的影响，从体系浓度、流速、注入PV数三个方面开展工艺参数优化，结合现场实际情况进行工艺方案设计，推进前往现场应用并进行分析总结。

1　实验方法

1.1　实验原料与试剂

渗析分散体系、纳米增注体系、超纯水、人造岩心、方解石、$CaCO_3$、沥青稠油、石英砂、液蜡、柴油、原油、煤油、苏丹Ⅲ。

1.2　实验仪器与设备

实验仪器与设备见表1所示。

表 1　实验仪器及设备

名称	型号	生产厂家
恒流泵	HLB-1040	东台市燕山仪表总厂
优普超纯水制造系统	UPH-T10T	四川优普超纯科技有限公司
电子天平	JM-B 20002	诸暨市超泽衡器设备有限公司
超声搅拌仪	SYU-30-900	郑州生元仪器有限公司
光学接触角测量仪	DSA100HP	克吕氏科学仪器有限公司
电子显微镜	SEM3100	国仪量子(合肥)技术有限公司

1.3　实验方法

1.3.1　润湿性分析

实验步骤：(1)将体系溶液处理过后的岩石薄片等无气泡冒出时放到载物台上，使用针管吸入纯净水，滴定到岩石表面，选择合适的方法测量润湿角。(2)将吸附后的岩样切片用水冲刷30min，在55℃高温下烘干后，用电镜扫描处理前后的岩心片。

1.3.2　解堵效果分析

(1) 有机垢解堵效果分析

实验步骤：①取10ml不同浓度渗析分散体系(溶液浓度为50%、33%、25%、20%、17%)和定量的沥青质油砂混合，与对照组比较，观察溶液对沥青质油砂的洗脱效果，通过油砂处理前后的质量差值，计算溶液对沥青质的洗脱率；②取10ml不同浓度渗析分散体系(溶液浓度为50%、33%、25%、20%、17%)和10ml柴油、液蜡、原油相互混合，在涡旋仪上以统一的震动频率涡旋2分钟，静置，每隔1个小时计算相应的乳化指数(乳化指数=乳状液高度/总液柱高度)。

(2) 无机垢解堵效果分析

溶蚀率测定：将矿物用清水反复冲洗，沉降，倒去上层浊液再冲洗。纳米溶液对岩屑溶蚀率测定参照中国石油天然气行业标准SY/T 5886—2018《酸化工作液性能评价方法》进行。

扫描电子显微镜(SEM)测试：利用扫描电子显微镜观察改性前后样品的形貌和颗粒粒径大小，样品在测试前表面需要经过喷金处理。

1.3.3　洗油效果分析

实验步骤：①选用不同渗透率的人造岩心，测定出其孔隙度、长度、直径等基本参数；②饱和原油，先以低流速(0.1mL/min)油驱替岩心直至岩心末端不再出水，继续0.2mL/min驱替10倍空隙体积以上并且老化24h。记录最终驻留在岩心中的原油量；③第一次水驱，用地层水以恒定速度(0.2mL/min)驱替岩心直至压力稳定，记录驱替过程的压力变化及驱出原油量；④水驱压力稳定后，改注渗析分散体系溶液，浓度为0.5%，驱至压力稳定，记录压力变化情况及驱出原油量；⑤第二次水驱，表面活性剂驱后的岩心继续以0.2mL/min的速度水驱至压力稳定，记录驱替过程中的压力变化及驱出原油量；⑥通过驱出原油量可以计算出残余油饱和度(残余油在岩石孔隙中所占体积的百分数)：饱和油之后驻留在岩心中的原油量减去驱出的原油量，与岩心的孔隙体积之比，即为残余油饱和度。

1.3.4　降压增注效果分析

实验步骤：①选用不同渗透率的人造岩心，测定出其孔隙度、长度、直径等基本参数；②使用恒流泵改变流速注入纳米增注溶液；③每隔1分钟记录一次电子天平的数值与进口压力；④通过电子天平每两个数之间的差值来计算流量，根据达西定律公式计算渗透率。

1.3.5　乳化稳定性分析

实验步骤：①按不同质量比将原油和渗析分散体系放置在25 ℃的恒温水浴中保温30min；②使将原油注入制备好的溶液中，利用高速搅拌机以1000r/min的转速进行充分搅拌3min；③抽取一部分立即移到100mL的比色管中；④放置在25℃下稳定24h后测量比色管中液体总高度及分出水分高度，以测试在不同条件下制备乳状液的稳定性。

2 结果与讨论

2.1 渗析分散体系实验结果分析

2.1.1 渗析分散体系的界面张力

如表2所示，随药剂浓度从0.7%逐渐降低至0.05%，界面张力数值增大，可保持在<10^{-3} mN/m，其中浓度小于0.3%后，界面张力数值>5×10^{-3}mN/m。体系总体能保持较好的性能，为保证现场效果，后续体系研发过程中建议最低浓度不少于0.3%。

表2 不同浓度渗析分散体系油水界面张力值变化趋势

渗析分散体系	药剂浓度/%							
	0.7	0.5	0.3	0.2	0.1	0.05	0.03	0.01
界面张力/(mN/m)	0.00296	0.00317	0.00429	0.00568	0.00778	0.00939	0.01682	0.02367

2.1.6 渗析分散体系的长期耐老化性评价

药剂体系注入储层后，需长期发挥作用，通过实验考查其长期稳定性，确保现场应用效果。用模拟地层水配制0.3%浓度的药剂体系溶液，放入高温滚子炉中，在120 ℃条件下老化30天，每隔5天测试老化后的体系与原油间的界面张力变化情况，实验结果见图1。

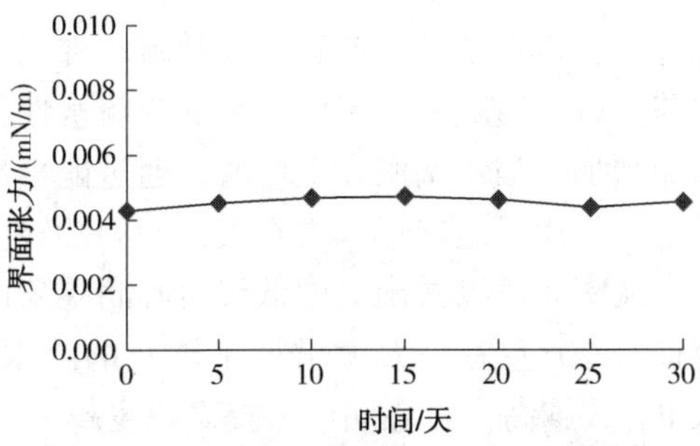

图1 药剂体系油水界面张力随时间变化结果

2.1.2 渗析分散体系对岩石润湿性的影响

使用二甲基硅烷处理石英片，测定处理后的石英片与油之间的接触角。如图2所示，岩心表面在1天内润湿性发生反转，从30°增长至118°，4天后趋于稳定，达到152°，由强亲油变成强亲水，说明该体系具有良好的浸润性和改变润湿能力。

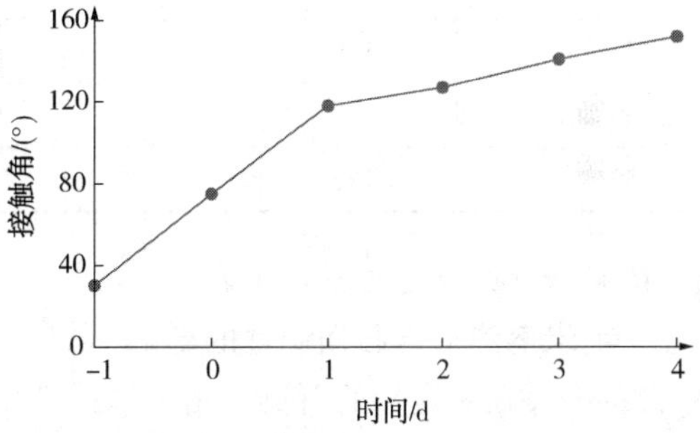

图2 药剂体系油水界面张力随时间变化结果

2.1.3 渗析分散体系对有机垢的影响

如表3、4所示，对于沥青质、石蜡沉积，渗析分散体系能有效将沥青质、石蜡从石英砂表面洗脱下来，与对照相比较，加入渗析分散体系的石英砂表面沥青质、石蜡被洗脱，露出白色石英砂，根据清洗前后钢片表面油污的质量差评价其净洗率达90%以上，有利于对井筒和近井地带有机垢污染的解除。

表3 不同温度下沥青溶解率

温度/℃	沥青质量/g	溶解后沥青质量/g	溶解速率/($mg\cdot ml^{-1}\cdot h^{-1}$)	溶解率/%
60	3.3567	0.2587	103.27	92.29
70	3.1574	0.0132	104.81	99.58

表4 不同温度下石蜡溶解率

温度/℃	沥青质量/g	溶解后沥青质量/g	溶解率/%
60	1.7892	0	100
70	1.8026	0	100

2.1.4　渗析分散体系的洗油性能评价

如图3所示，经过注入8.0PV的渗析分散体系后，注入压力已基本稳定，第二次水驱稳定后的压力相对于第一次水驱稳定后压力降低了28%，降压效果明显。第一次水驱后残余油饱和度为42%，经过渗析分散体系驱替后，第二次水驱残余油饱和度降低至24%，驱油效果比较明显。

2.1.5　渗析分散体系的乳化稳定性评价

如表5所示，随着含水率增加，分散相液滴接触的机率增大，更倾向于形成较大的液滴，液滴与油相之间形成的结构容易被破坏。与常规表活剂相比，该药剂破乳脱水快，界面清，返排液不会影响后续流程。

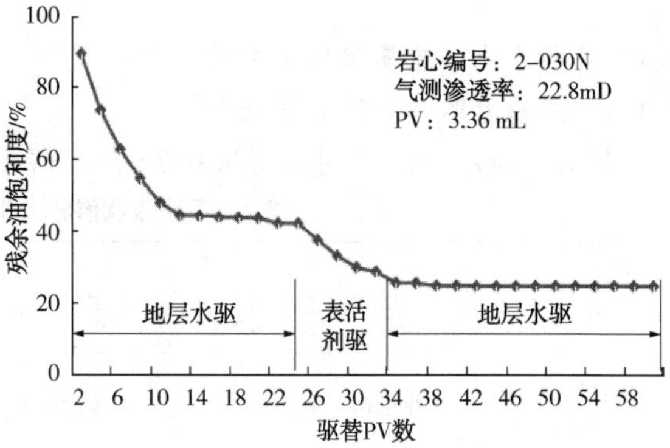

图3　体系驱油效果实验结果

表5　不同时间下的脱水率

油水体积比	不同时间下的脱水率					
	10	20	30	40	50	60
70/30	2	5	7	9	10	10
60/40	5	9	17	22	29	30
50/50	36	59	76	80	83	85

2.2　纳米增注体系实验结果分析

2.2.1　纳米溶液对岩石润湿性的影响

岩石中存在一定量的石英、粘土等强亲水的矿物，因此润湿性为强亲水，这种岩石表面表面能小，当水滴滴在上面时，易被矿物以及粘土吸附，迅速润湿，很难形成接触角；使用纳米溶液处理后岩心的润湿角有了明显的变化，经纳米溶液处理后，岩石中粘土矿物表面被疏水性纳米颗粒覆盖，因为覆盖的纳米颗粒表面为疏水性，其表面能增加，当水滴滴在上面时，通过能量最小化及重力作用下呈球形，岩石表面润湿性转变为疏水。从图4可以看出，中低渗岩心润湿角比初始都提升20°左右，大大增加了岩心的疏水性。注入PV数越高，岩心润湿角提高幅度越大。

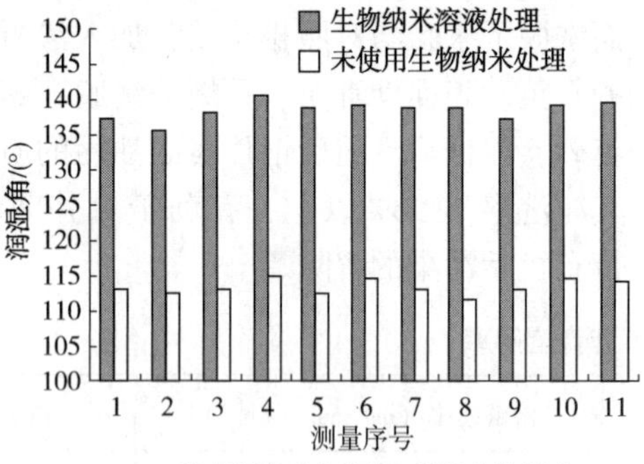

(a)纳米溶液对中渗岩心润湿角的影响

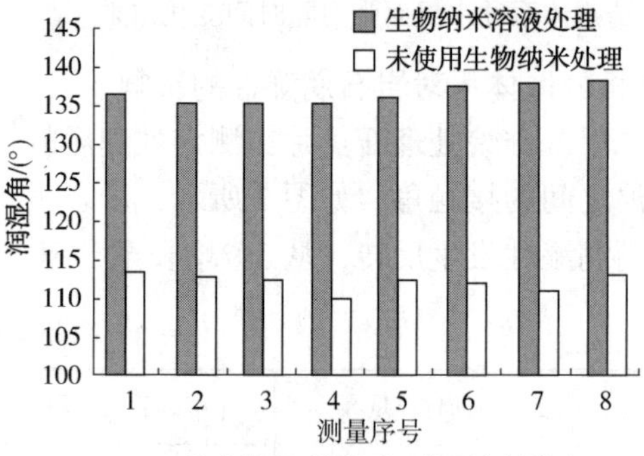

(b)纳米溶液对低渗岩心润湿角的影响

图4　润湿角测定结果图

2.2.2　纳米溶液对无机垢的影响

纳米溶液对矿物的具有良好的溶蚀作用，在溶蚀过程中，纳米溶液中浑浊度不高，二次储层伤害物质少，有利于油气层保护。原因是溶液中有很好的稳定金属离子的作用，可以实现抑垢、防垢、减少砂岩酸化的二次伤害。分子中也有多个配位原子，可形成稳定的螯合物。从图5可以看出，浓度50%与33%纳米溶液体系的溶蚀率达到了43%左右，表现出高的溶蚀效果，溶蚀率大幅度提高。随着浓度的降低，溶蚀率下降，主要原因可能是因为体系中活性成分浓度的降低，在浓度降低过程中，该体系仍能保持18%左右的溶蚀率。具有良好的溶蚀效果。

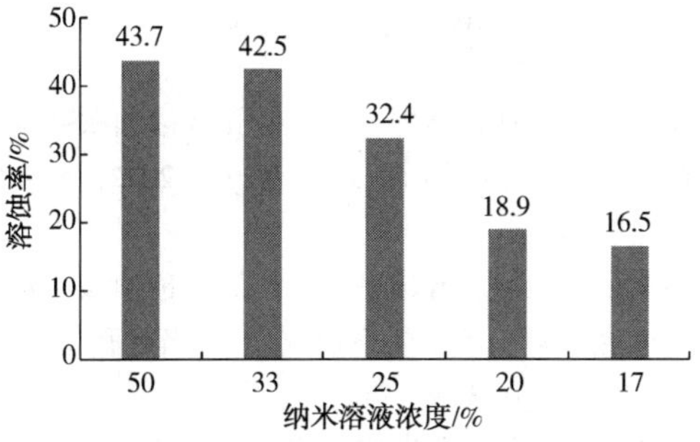

图 5　溶蚀率测定结果图

2.3　纳米溶液的降压增注性能评价

2.3.1　驱替流速对储层渗透率的影响

经不同流速纳米溶液处理后的岩心渗透率变化趋势如图 6 所示。与不同流速的水处理相对比可发现，水处理的岩心渗透率基本不变，而注入纳米溶液的岩心渗透率有明显增加，且流速越高渗透率提高的越多，对于中渗和低渗岩心，纳米溶液均能有效改善渗透率。

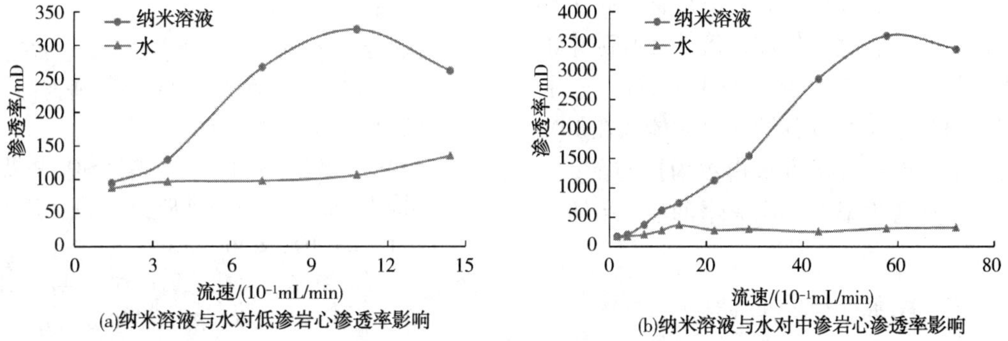

图 6　不同流速纳米溶液与水对岩心渗透率及改善倍速图

2.3.2　注入 PV 数对储层渗透率的影响

从图 7 中可以看出，岩心渗透率随着注入 PV 数的增加先是升高，之后到达一个临界值后渗透率降低。其原因是，随着注入 PV 数的增加，注入的纳米溶液也越多，疏水膜快速形成，渗透率也快速升高；但注入 PV 数增加到最佳 PV 数 0.3 之后，注入的纳米溶液进入微孔道沉积，堵塞孔隙，使得渗透率下降。现场通过测地层吸水指数，动态调整注入纳米溶液 PV 数。

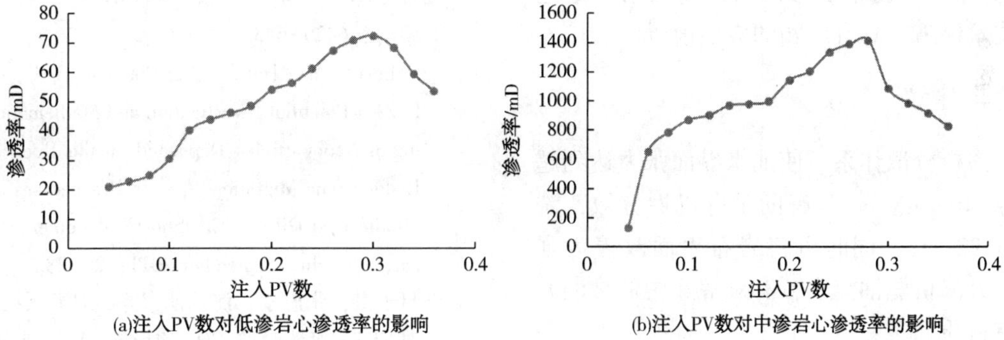

图 7　注入 PV 数对岩心渗透率的影响

3　现场应用

渤海油田某中低渗区块储层孔喉小、物性差，非均质性强，平均渗透率极差大于 80，薄互层发育，纵向上厚度小于 1m 的小层占比超过 50%，注水纵向、平面驱替不均衡，采出难以实现纵向小层均匀动用，同时储层矿物敏感性强，在生产过程中易受到各类复杂因素的污染，水井端启动压力高，注水压力上升快，油井端出现有机质伤害、水锁伤害，造成“水井注不进，油井采不出”的情况，导致产量递减快，能量补充困难，采收率难以提升。

以 LD 井组为例，LD-1 井为采油井，LD-2 井为注水井，油井初期生产效果较好，随着生产进行，由于无注水井补能，井口油压和井底流压逐步降低，水井投注后油井产液稳定在 20 方，但随着注入时间延长，储层孔隙喉道水润湿强度增强，储层粘土矿物水化膨胀严重，注水量难以满足配注，油井难以维持有效生产。为解除油水井污染，注采两端同步开展常规解堵措施，解堵后油井出现增液不增油的情况，且含水明显上升，水井初期注入量上升明显，但有效期仅有2个月，由于中低渗储层孔喉较小，解堵过程中酸液进入地层可能造成水锁伤害和有机堵塞，储层主要表现为水湿性，岩石对水相的吸附力大，常规解堵难以有效解除近井伤害。

针对此问题，在中低渗储层创新提出酸化助渗技术，油井端采用渗析分散体系，降低油水界面张力，乳化分散原油，降低毛管阻力，水井端采用纳米增注体系，改变岩石的润湿性，扩大储层有效孔隙度，大幅度降低注入流体在孔隙中的流动阻力。渗析分散体系在LD-1井首次应用，措施后最高日增油117方，纳米增注体系在LD-2井首次应用，措施后视吸水指数为措施前的7倍，吸水剖面改善明显，井组累增油超1万方。

图9　LD井组措施前后生产情况

目前，酸化助渗技术在渤海油田累计应用22井次，其中渗析分散技术累计应用3井次，阶段累增油超1.5万方；纳米增注体系应用19井次，累增注超29.6万方，措施后注入压力平均下降35%，吸水指数平均提高3倍。酸化助渗技术有效解决了中低渗储层“水井注不进，油井采不出”的难题，为中低渗油水井高效增产增注提供了技术保障，具有广阔的应用前景。

4　结论与建议

（1）渗析分散体系可使油水界面张力达到超低数量级（10^{-3}mN/m），有助于有机垢分散，洗脱率达到92.3%，同时可将岩石表面改善为强亲水，提升渗析驱油能力，有效解除中低渗油井水锁和有机质伤害；

（2）纳米增注体系通过吸附在岩石表面发生脱水缩合反应形成疏水保护膜，改善后岩石表面水相接触角大于140°，阻垢率大于70%，岩心经过纳米溶液驱替后，平均渗透率提高32.6%，注入压力下降35.9%，有效提高水相渗透率和有效期。

（3）酸化助渗技术在渤海油田累计应用22井次，矿场试验取得了良好的措施效果，阶段累增油超1.5万方，累增注超29.6万方，为中低渗储层油水井高效增产增注提供了技术保障，应用前景十分广阔。

参　考　文　献

[1] 李璐，孔瑞江，李婵，等．低孔低渗油藏纳米乳液降压增注研究[J]．当代化工，2022，51(11)：2541-2544.

[2] 吕文斌，王博，曹耀平，等．低渗透油藏注水井纳米微乳液降压增注体系研究[J]．当代化工，2022，51(02)：370-373.

[3] 董小刚，黄哲，聂安琪，等．纳米乳液降压增注技术研究与试验[J]．精细石油化工，2022，39(01)：53-57.

[4] 王正权，解统平，张怀杰，等．适合特低渗透油藏注水井降压增注的纳米乳液体系研究[J]．能源化工，2021，42(05)：45-48.

[5] 李啸南，冯青，高平，等．纳米SiO2在提高采收率与降压增注中的应用进展[J]．科学技术与工程，2021，21(20)：8291-8300.

[6] 王世禄．纳米二氧化硅的改性及其增注性能评价[D]．中国石油大学(华东)，2016.

[7] 洪祥珍．活性纳米材料增注技术的研究与应用[J]．断块油气田，2004(03)：49-51+92.

[8] 李浩．海水基增注用纳米材料的研制及界面吸附规律研究[D]．中国石油大学(华东)，2018.

[9] 王娜．特低渗透油藏表面活性剂增注机理研究[D]．中国石油大学(华东)，2018.

[10] 胡海霞，张俊，鲁大丽．功能纳米流体分散液的制备与降压排油[J]．科学技术与工程，2020，20(16)：6429-6432.

[11] Ahmadi M, Habibi A, Pourafshari P, Ayatollahi P. Zeta Potential Investigation and Mathematical Modeling of Nanoparticles Deposited on the Rock Surface to Reduce Fine Migration[A]. In Proceedings of the SPE Middle East Oil and Gas Show and Conference, Manama, Bahrain, September 2011: 25-28.

[12] 赵子淇，张忠孝，江砚池，等．纳米颗粒及分散剂对TETA溶液吸收CO_2的影响[J]．洁净煤技术，2021，27(02)：231-236.

[13] Al-Sulaimani H, Al-Wahaibi Y, Al-Bahry S, et al. Residual-oil recovery through injection of biosurfactant, chemical surfactant, and mixtures of both under reservoir temperatures: induced-wettability and interfacial-tension effects[J]. SPE Reservoir Evaluation & Engineering, 2012, 15(2): 210-217.

[14] Alomair O. A, Matar K. M, Alsaeed Y. H. Nanofluids application for heavy oil recovery[A]. In Proceedings of the SPE Asia Pacific Oil & Gas Conference and Exhibition, Adelaide, Australia, October 2014: 14-16.

[15] 彭琴．改性纳米 SiO_ 2/AA/AM 共聚物驱油剂在中低渗透油藏的可行性研究[D]．2014.

[16] 李营，赵田红，陈颖．纳米技术在提高采收率方面的应用[J]．广东化工，2018，45(14)：135.

[17] 孙乾．改性SiO_2纳米颗粒稳泡机理及渗流特征研究[D]．中国石油大学(华东)，2015.

[18] 赖南君，叶仲斌，陈洪，等．改善低渗透油藏水驱效果化学体系性能初探[C]//中国石油学会石油工程专业委员会 2008 年低渗透油田开发技术研讨会．2008.

[19] 李原，狄勤丰，华帅，等．纳米流体对储层润湿性反转提高石油采收率研究进展[J]．化工进展，2019，38(08)：3612-3620.

硫沉积等效数值模拟方法及应用研究

祝浪涛　毕有益　张明迪　王本成　杨丽娟

（中国石化西南油气分公司勘探开发研究院）

摘　要　准确模拟高含硫气藏流体复杂相变、气水液硫多相渗流等特征，对于控硫治硫保障气藏平稳开发具有重要意义。本文系统阐述了液硫沉积等效数值模拟方法及其在元坝气田中的应用：首先基于高含硫气体相图，精准获取能够反应气体组成、等容衰竭实验、等温膨胀实验结果及液硫析出的PVT参数；其次开展气-水-液硫三相渗流实验，揭示高含硫气藏多相渗流规律，建立气水液硫三相渗流数学模型；最后采用组分模型开展液硫沉积数值模拟研究。模拟结果表明硫析出压力为24.7MPa，主要聚集在近井地带及流动通道，硫沉积主要在2026年之后，累产气降低幅度为3.45~7.28%；实现硫沉积位置、时间等参数定量预测，提高了开发动态预测准确性，为科学开发高含硫气藏提供了更可靠的决策依据。

关键词　生物礁气藏；液态硫；元坝气田；气水液硫相渗；硫溶解度

我国高含硫气藏储量规模大，是天然气增产的重要领域，其高效开发对国家能源安全具有重要的意义。与常规气藏不同，高含硫气藏稳产中后期存在着硫沉积现象，硫沉积能够堵塞微观孔喉，显著降低储层渗流能力，严重制约气井产能释放，硫沉积是高含硫气藏开发的重点和难点。目前，国内外对高含硫气藏的流体相态特征、含硫气井井筒硫沉积机理及预测方法开展了大量的研究：(1)众多学者基于大量相态实验数据，一是采用状态方程分别计算高含硫气体气、液、固相的逸度和逸度系数，融合多相相平衡理论分析高含硫气体多相相平衡问题，二是以溶液理论为基础，计算液相和固相活度系数解决多相相平衡问题；(2)许多学者综合井筒硫溶解、析出及扩散原理，构建了能够预测高含硫气体在井筒发生硫沉积的动态预测模型，实现了井筒硫沉积析出、堵塞位置精准预测。受限于高含硫气体相态变化及硫沉积储层伤害的复杂性，目前缺乏针对高含硫气藏储层硫沉积分布及硫沉积对气藏开发作用规律的数值模拟分析研究。因此，深入开展高含硫气体相态特征、储层硫沉积运移规律及硫沉积储层伤害特征，构建合理的高含硫气藏数值模拟模型，准确预测硫沉积对开发动态的作用规律，指导高含硫气藏合理开发无疑具有重大意义。

本文深入分析元坝气田典型高含硫气体相态特征，明确了元坝气田元素硫含量、硫析出及相态变化特征；开展气-水-液硫三相渗流及液硫吸附实验，落实了储层元素硫运移规律及液硫、地层水对储层的伤害规律；最后，采用数值模拟软件凝析气藏模块，拟合高含硫气藏硫析出压力、硫析出量及流体物性变化特征，结合气-水-液硫三相渗流规律，构建了高含硫气藏硫沉积等效组分数值模型，分析了硫沉积对气藏开发动态的作用规律。本文建立的高含硫气藏硫沉积等效数值模拟方法，实现了硫析出压力、析出量及气-液硫-水多相渗流特征的精准模拟，明确了气藏硫沉积主要聚集在近井地带，硫沉积对各流动单元开发影响程度主要受开采速度、硫含量控制，累产气降低幅度为3.45~7.28%。

1　元素硫沉积及储层伤害机理

1.1　元素硫析出特征

(1) 元素硫溶解及析出机理

高含硫气藏地层一般呈现为高温、高压环境，元素硫的溶解度相对较大，以物理方式溶解在天然气中；同时存在着下图中所示的化学沉积反应，而化学沉积为非主要沉积作用机理；大量实验研究表明，含硫气藏中元素硫沉积主要受硫溶解度的影响，随着储层压力降低，天然气中元素硫溶解度逐渐减小，气藏中就越容易发生元素硫沉积，析出硫主要以S_8(8个硫分子构成的单质)形式存在。

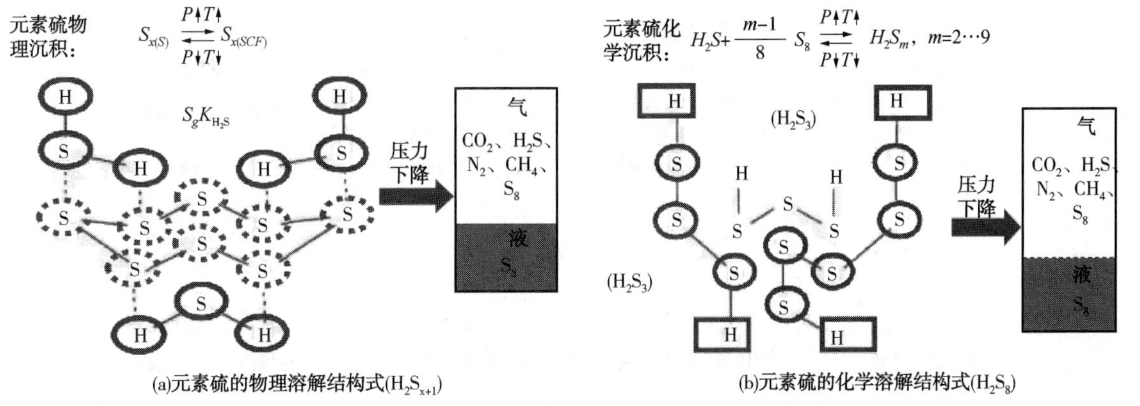

图 1

（2）元坝气田硫析出特征

利用高温、高压元素硫熔解点和析出点测量装置，开展元坝气田 A-1H 井地层、井口条件下气样的单质硫析出曲线、凝固曲线的测定，计算流体泡点线和露点线，绘制了流体相图，见图 2 所示。元坝 A-1H 井地层天然气中元素硫初始含量为 $1.1g/m^3$，相图中存在单相气区、气-液两相区、气-固两相区、三相共存区。气藏初始状态为未饱和含硫气体，随着元坝气田开采的进行，地层压力降低至 24.7MPa 以下时，地层中（地层温度 150℃）元素硫呈现液态形式析出。

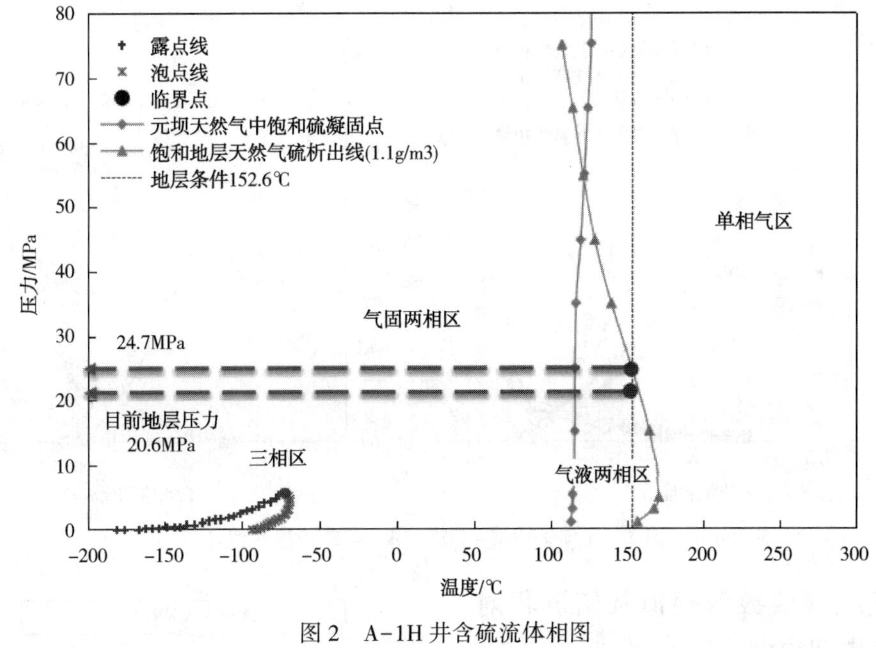

图 2　A-1H 井含硫流体相图

1.2　高含硫气体渗流规律

1.2.1　含硫气体流动模式

综合液硫赋存、微观渗流实验及相关文献调研结论，明确了高含硫气藏元素硫在孔隙介质中存在四种渗流特征：(1)初始状态：储层压力高于硫析出压力，元素硫以单分子或化合状态溶解于高含硫气体中，呈气相(单相)渗流；(2)完全携硫：储层压力低于硫析出压力 4~5MPa，液硫析出量少无法形成连续液相，析出的元素硫呈现雾状流；(3)部分携硫：储层压力低于硫析出压力 5~8MPa，硫析出量逐渐增大，部分液硫聚集在孔喉壁面上形成束缚液硫，流态呈现从雾状流向环状流转变的过渡状态；(4)非携硫：储层压力接近于废弃压力，溶解于气体中的硫基本析出，束缚硫显著增大，整体呈现出环状流，严重堵塞储层。元坝气田目前大部分礁带处于初始状态，部分礁带(A 礁群)处于完全携硫阶段初期。

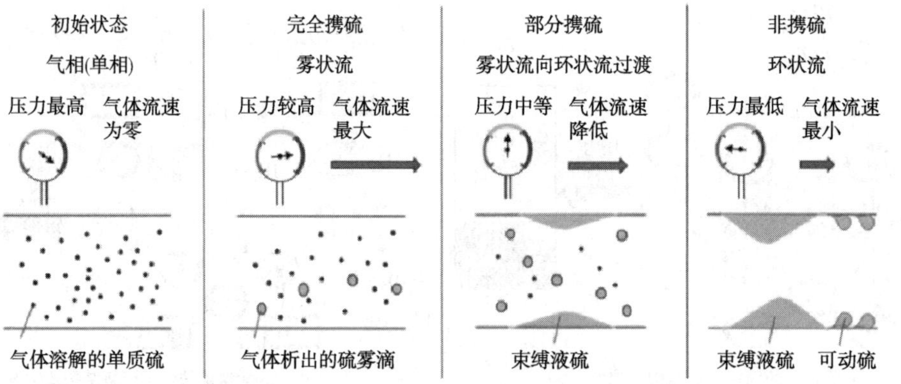

图 3　孔隙介质中四种液硫流动模式示意图

1.2.2　岩心两相驱替实验及结果分析

采用元坝岩心进行气-液硫、水-液硫两相驱替实验，测得在不同驱替压差下的气-液硫、水-液硫相渗曲线形态。气体流速增加，携硫能力增强，液硫相对渗透率增大，与此同时相渗端点朝着两相同流区范围扩大方向移动，该效应与凝析气藏的气-凝析液两相流动规律类似。水-液硫相渗表现为向上凹的形态，水驱速度增加造成相渗曲线两相区拓宽，等渗点右移，其中岩心在 0.2ml/min 驱替速度下残余硫饱和度为 36.09%，两相渗流区为 27.36%～63.91%；在 0.4ml/min 驱替速度下残余硫饱和度为 34.84%，两相渗流区为 25.89%～65.16%。

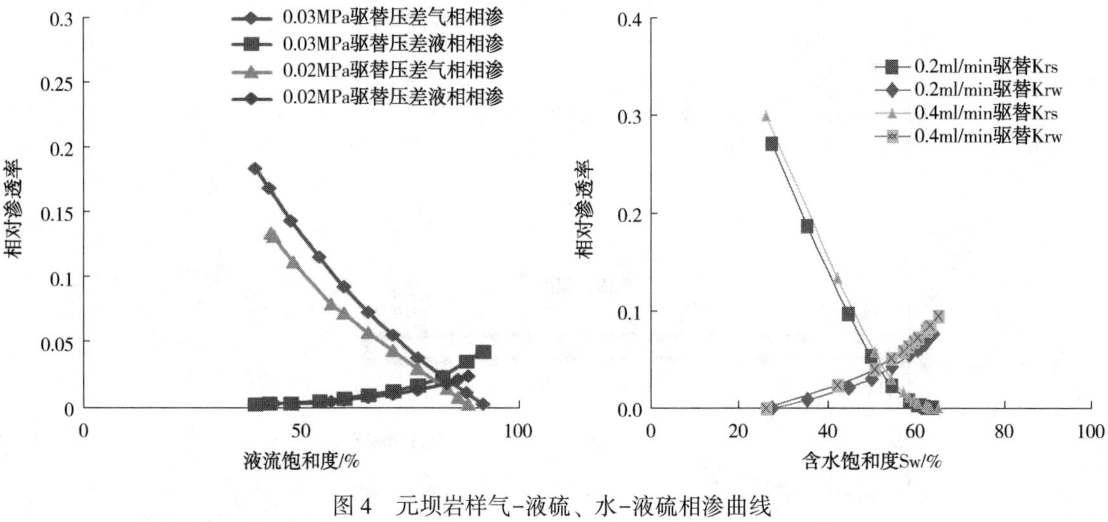

图 4　元坝岩样气-液硫、水-液硫相渗曲线

2　高含硫气藏等效数值模拟及硫沉积对气藏生产影响预测

基于凝析气藏凝析油析出原理，拟合元坝气田硫析出压力、硫析出量、流体物性参数，调整流体组分参数至析出压力等于 24.7MPa（硫析出压力），建立考虑硫相变及硫沉积储层伤害时空变化特征的组分数值模型，实现储层硫析出、沉积、渗流特征模拟及硫沉积饱和度分布预测。该技术的关键点是组分临界参数调整、硫析出压力等效、硫析出量等效及流体物性参数拟合。

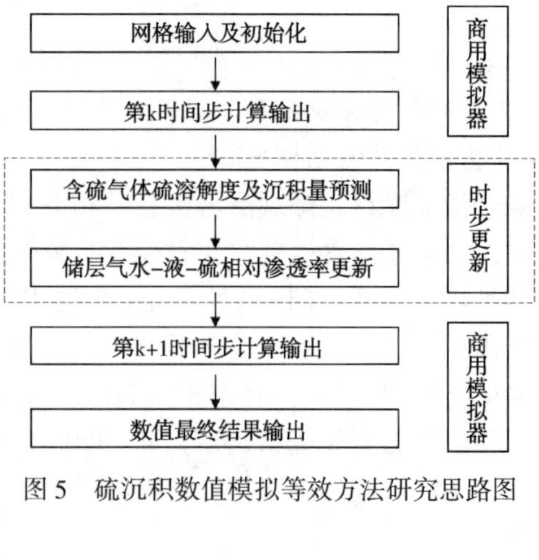

图 5　硫沉积数值模拟等效方法研究思路图

2.1 高含硫气藏等效数值模拟

按照物理化学性质相近、适度合并原则，将元坝高含硫气体组分划分为挥发性组分 N_2+CH_4、弱酸性组分 CO_2、强酸性组分 H_2S、单质硫组分 S_8 四个组分，其中 S_8 为表征元素硫的特征组分，通过调整 S_8 的临界参数及其与其它三个组分之间的二元交互系数，拟合元坝高含硫气藏硫析出压力、硫析出规律及流体物性参数。

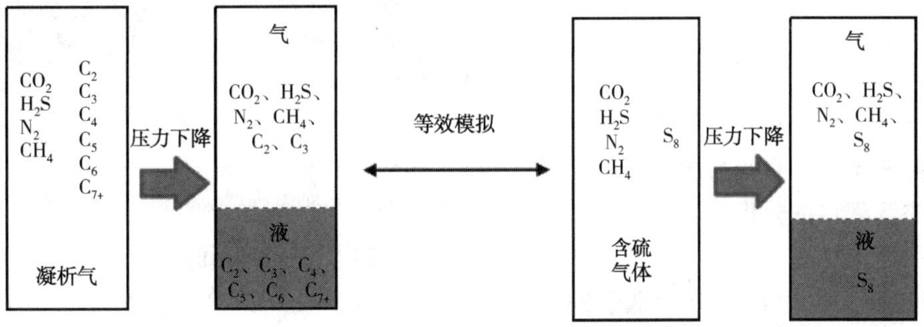

图 6　含硫气体相态等效模拟方法示意图

2.1.1　硫析出压力拟合

剖析元坝高含硫气体相态特征可知，地层压力降至 24.7MPa 以下时，地层中（地层温度 150℃）单质硫呈现液态形式析出。基于 PVTi 拟合原则，调整 S_8 的临界参数及其与 N_2+CH_4、CO_2、H_2S 三个组分之间的交互系数，使得流体露点压力等于 24.7MPa（硫析出压力），进而获得流体各组分二元交互系数等临界参数，实现储层硫析出、沉积等效模拟。

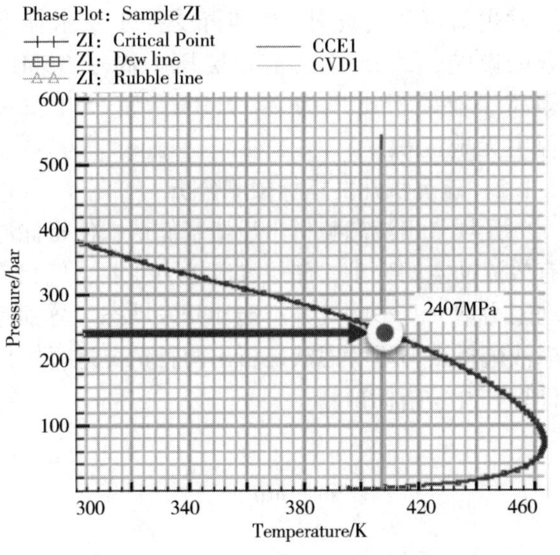

图 7　硫析出压力拟合结果（多组分 PT 相图）

表 1　各组分之间二元交互系数

组分	N_2+CH_4	CO_2	H_2S	S_8
N_2+CH_4	0	0.009656	0.004271	0.016031
CO_2	0.009656	0	0.005921	0.010063
H_2S	0.004271	0.005921	0	0.002846
S_8	0.016031	0.010063	0.002846	0

2.1.2　流体物性参数拟合

元坝气田原始条件下硫溶解度为 1.1g/m³，硫的摩尔质量为 32.1g/mol，原始条件下天然气中的硫为 0.00076mol/m³。对天然气组成做归一化处理，天然气 CH_4 摩尔分数为 92.3%，H_2S 摩尔分数为 2.9%，CO_2 摩尔分数为 4.4%，N_2 摩尔分数为 0.34%，S_8 摩尔分数为 0.06%。以 S_8 作为表征元素硫的特殊组分，基于 PR3 状态方程调整临界参数及该组分与其它组分间的二元交互系数，拟合元素硫析出压力、等温膨胀和等容衰竭实验，使得新组成的流体组分能够实现硫析出压力及硫析出特征精准描述。图 8~10 为高含硫气体 PVT 参数拟合结果，总体上拟合精度达到了 96%。

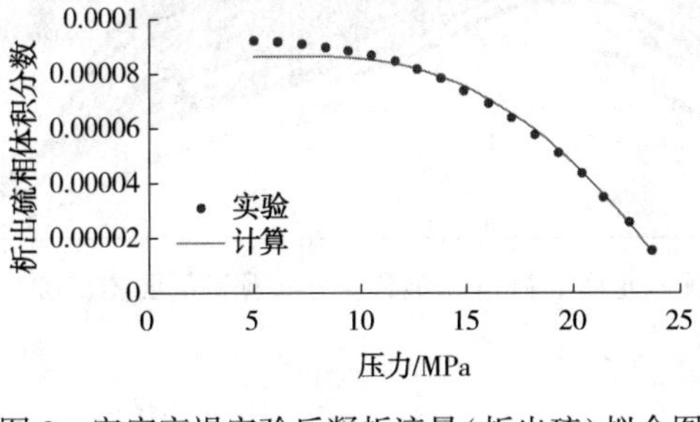

图 8　定容衰竭实验反凝析液量（析出硫）拟合图

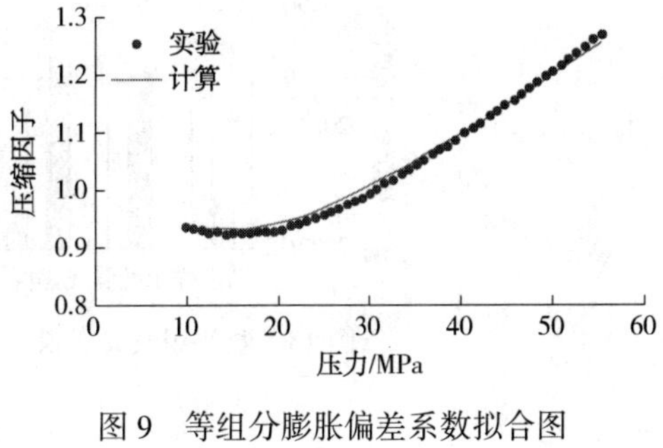

图 9　等组分膨胀偏差系数拟合图

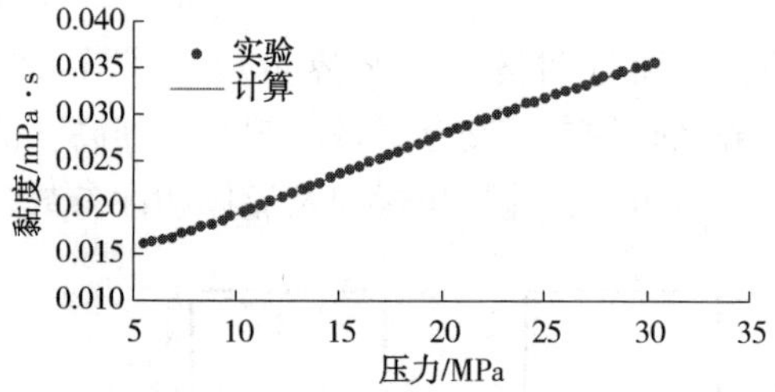

图 10　天然气粘度拟合图

2.2　硫沉积对气藏生产影响预测

2.2.1　气藏硫沉积特征分析

1）硫沉积分布特征

数值模拟结果表明，当井底压力低于 24.7MPa 后近井地带出现硫沉积堵塞，初期硫沉积堵塞对气井生产影响较小；随着气井持续开发，地层压力进一步降低，储层硫沉积范围逐渐从近井区域扩散至远井地带，硫沉积堵塞程度加深；以 A 井区为例，2024 年气井井底压力低于 25MPa，近井地带液硫饱和度为 0，近井地带尚未出现液硫堵塞；随着元坝 A 礁群开发逐渐加深，气藏压力持续下降，硫饱和度逐渐增大，且主要聚集在近井地带，即使地层压力大幅下降，较远地层中硫饱和度也较低，如图 11；同时在气井泄流区域内，受非均质性影响，硫沉积呈现非均匀分布特征，在主要流动通道(物性较好)上沉积较多。

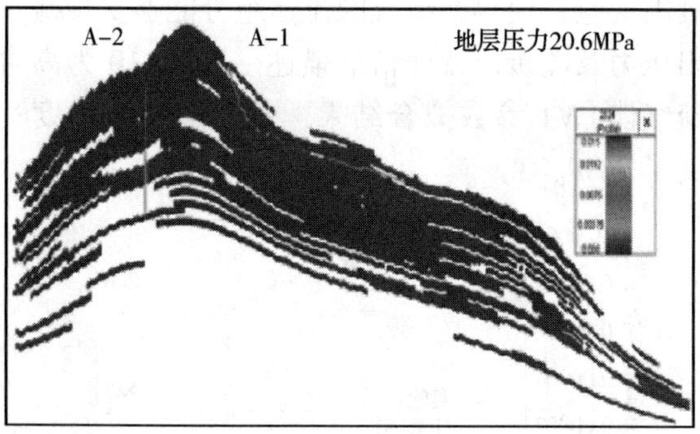

图 11　元坝 A 礁群硫饱和度分布预测剖面图(2024 年)

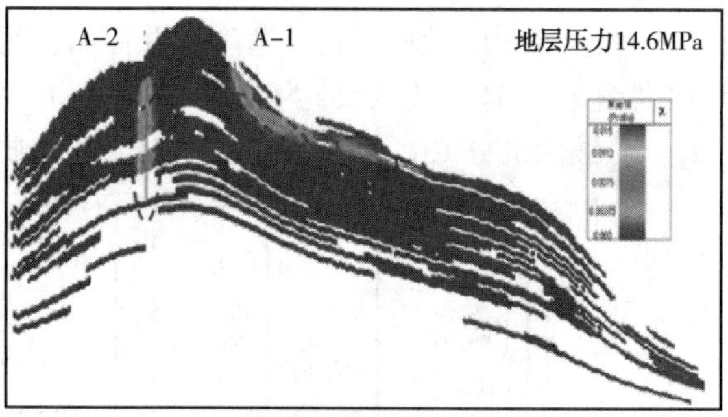

图 12　元坝 A 礁群硫饱和度分布预测剖面图(2035 年)

2）各礁带硫沉积时间分析

各主力开发单元原始地层压力 65MPa，基于动态监测及数值模拟评估气藏目前平均地层压力为 30MPa，近三年平均年压降 3.72MPa，总体压降平稳；进一步结合目前储层压力，采用硫沉积等效数值模拟技术开展硫沉积预测；数值模拟结果表明，$1000\times10^4m^3/d$ 以上配产条件下各礁带储层硫沉积出现时间不一，其中元坝 A 礁群采速最高最早出现储层硫沉积，2023 年 9 月已开始发生储层硫沉积；随后，B、C、D、E、F、G、H 礁群依次出现储层硫沉积，H 礁群受低渗控产及产水影响硫沉积出现时间最晚，预计 2027 年 2 月储层开始发生硫沉积。此外，I 礁群受控水及水体参数的影响，2045 年之前地层压力高于 35MPa 即高于液硫析出压力 24.7MPa，整个开发过程中无硫沉积。

2.1.2　硫沉积开发指标预测分析

元坝气田液态硫析出后堵塞储层，使得储层有效流动空间变小，储层渗流能力变差，气相流动阻力增大，影响气井产能和开发动态。分别考虑液硫析出与不考虑液硫析出两种情况进行模拟计算和开发指标预测。

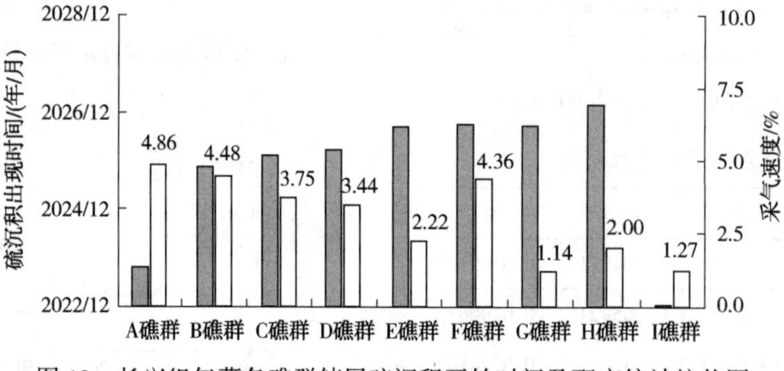

图 13　长兴组气藏各礁群储层硫沉积开始时间及配产统计柱状图

1) 各礁带硫沉积开发特征分析

进入递减期后部分礁带井底压力低于25MPa，元素硫逐渐析出，随着液硫析出量增大，硫堵塞逐渐加深；日产量递减率增大，预测期末累产减小，整个气藏2045年累产气减少31.55×10^8m^3，减小幅度为4.8%。其中，I礁群受控产及水体影响，2045年储层压力最低为35MPa，远高于液硫析出压力25MPa，开发过程中无液硫析出；D、A礁群无产水影响，初始硫含量分别为0.75g/m^3、1.1g/m^3，开发过程中仅受递减期硫沉积影响，硫含量越大硫沉积储层伤害程度越大，A礁群累计产气量下降幅度为5.57%，明显高于④号礁带上部；F、G礁群受产水及硫沉积的双重影响，累产气降低幅度高于7%，明显高于其它礁带。

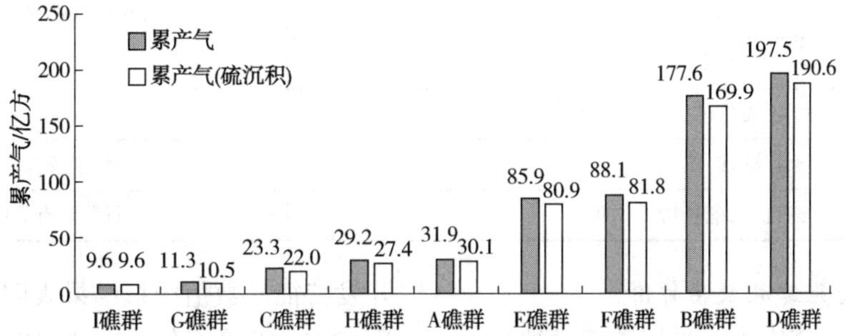

图14　元坝长兴组气藏主力开发礁群硫沉积累产气预测统计柱状图

3　控硫治硫对策

3.1　开发技术对策

通过硫沉积等效数值模拟可知，气藏各礁带可适度控产生产，减缓储层压降趋势延缓储层液硫析出时间，抑制底水锥进，减弱水-液硫对气藏储层共同伤害的程度，实现各礁带高效开发。对于无水区，主要保证各流动单元均衡开采实现储层压降一致，压力低的区域降产，延缓储层液硫析出时间。如A礁群控产后液硫析出时间延缓6.1个月，2045年累产气降幅由1.8×10^8m^{3}降至1.05×10^8m^3。对于有水区，主要通过实施有效地控水措施，抑制底水锥进、减弱水-液硫对气藏储层共同伤害的程度。如G+E礁群控水控硫生产后，G+E礁群液硫析出时间延缓7.1个月，2045年累产气降幅由5.86×10^8m^{3}降至3.2×10^8m^3。

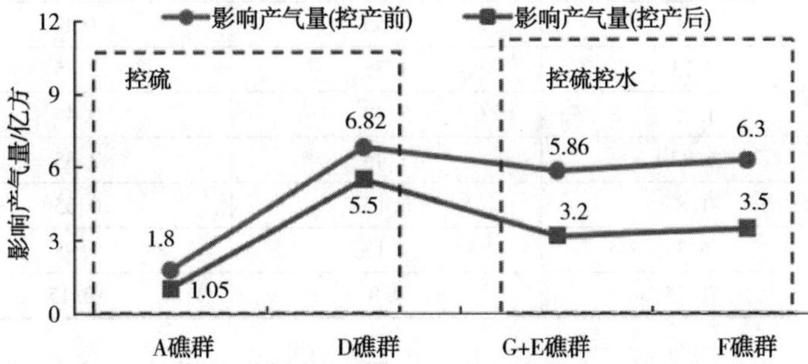

图15　控产前后硫沉积相对无硫沉积累产气变化曲线图

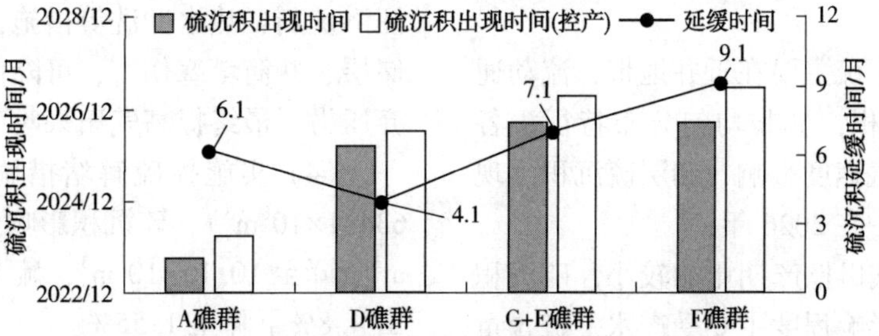

图16　控产后硫沉积出现时间统计柱状图

3.2　硫解堵对策

液硫沉积后与储层、井筒相互作用导致储层渗透率降低、井筒节流，为保障气井正常生产，亟需开展硫沉积解堵技术攻关研究。经过攻关并现场结合，初步明确了三种硫解堵方式：1）通过加注溶硫剂、热水冲洗等措施，可以有效减少硫沉积对近井储层、井筒堵塞伤害，提高单井稳产期，降低单井废弃压力，最终提高气田采收率。2)通过注入溶硫剂，冲刷井筒壁硫磺、溶解井筒与近井储层的元素硫，解除井筒硫沉积堵塞，提高近井储层渗透率；3)实施连续油管热水冲洗，提高井筒温度，冲洗井筒硫沉积堵塞位置，解除井筒硫沉积堵塞，保障气井稳定生产。

表 2　各种硫溶剂的溶硫能力与优缺点

分类	溶剂	硫的溶解量/%	优缺点
物理溶剂	烷烃	0.28	蒸汽压高、闪点低、易燃、剧毒等缺点，应用受限
	硫醚	1.5	
	芳烃	1.7	
	二硫化碳 CS_2	30	
化学溶剂	无机碱	—	—
	有机碱(胺)	25	溶解度较大，腐蚀性强
	有机二硫化物	60	目前较有效的溶硫剂

3.3　硫沉积治理措施实施效果评价

基于上述控硫治硫措施，采用数值模拟技术对比分析措施前后开发特征。主要通过控制采速、控水，增大近井地带渗流能力模拟解堵后的开发特征。数值模拟结果表明实施控硫解堵措施后(2045 年累产气 $634.1\times10^8 m^3$)，硫沉积影响产气量下降幅度为 67.83%，硫沉积累产气影响幅度由 4.8%下降至 1.55%。

表 3　长兴组气藏各礁群措施前后硫沉积影响结果统计表

礁群	措施前		措施后	
	影响产气量($\times10^8 m^3$)	降低幅度/%	影响产气量($\times10^8 m^3$)	降低幅度/%
I 礁群	0	0	0	0
G 礁群	0.83	7.28	0.25	2.3
E 礁群	5.03	5.85	1.45	1.7
A 礁群	1.8	5.55	0.6	1.9
B 礁群	7.73	4.35	2.45	1.4
C 礁群	1.25	5.48	0.45	1.95
D 礁群	6.82	3.45	2.35	1.2
H 礁群	1.8	6.15	0.65	2.25
F 礁群	6.3	7.13	1.95	2.2
气藏合计(平均)	31.55	4.8	10.15	1.55

4　结论

(1) 储层中元素硫主要在近井地带、流动通道(物性较好)上沉积，呈非均匀分布特征，各主力开发单元受采气速度影响，储层硫沉积出现时间不一，主要集中在 2026 年；

(2) 硫沉积对气田稳产期影响较小，硫沉积对各流动单元开发影响程度主要受产水、硫含量控制，硫沉积作用下 2045 年各礁带累产气降低幅度为 3.45~7.28%，累产气减少 $31.55\times10^8 m^3$；

(3) 合理控制采速可延长无硫沉积生产时间，降低储层伤害程度，减少硫的析出；采取加注溶硫剂、热水冲洗等措施，减少硫沉积对近井储层、井筒堵塞伤害，可降低高含硫气藏储层废弃压力，最终提高气田采收率；

(4) 实施控硫解堵措施后(2045 年累产气 $634.1\times10^8 m^3$)，硫沉积影响产气量由 $31.55\times10^8 m^3$ 下降至 $10.15\times10^8 m^3$，硫沉积累产气影响幅度由 4.8%下降至 1.55%。

参 考 文 献

[1] 杜志敏．高含硫气藏流体相态实验和硫沉积数值模拟[J]．天然气工业，2008，8(4)：4. DOI：CNKI：

SUN：TRQG. 0. 2008-04-030.
[2] 李继强，戚志林，胡世莱，等．析出硫为液态的高含硫气藏数值模拟方法[J]．天然气工业，2015，35(11)：5. DOI：10. 3787/j. issn. 1000 - 0976. 2015. 11. 006.
[3] 李士伦，杜建芬，郭平，等．对高含硫气田开发的几点建议[J]．天然气工业，2007，27(2)：4. DOI：10. 3321/j. issn：1000-0976. 2007. 02. 043.
[4] 杨学锋．高含硫气藏特殊流体相态及硫沉积对气藏储层伤害研究[D]．西南石油大学，2006.
[5] 李丽．高含硫气藏井筒硫沉积相态及动态预测模型研究[D]．西南石油大学，2012.
[6] 李周．高含硫气藏地层硫沉积规律研究[J]．西南石油大学，2016.
[7] 葛静涛．高温高压高含硫气井井筒流动规律研究[D]．西南石油大学，2011.
[8] 陈依伟．高含硫气井井筒硫沉积预测研究[D]．西南石油大学，2010.
[9] Mahmoud M.，Mahmoud M. Effect of Elemental-Sulfur Deposition on the Rock Petrophysical Properties in Sour-Gas Reservoirs [J]. SPE Journal，2014，19(4)：703-715.
[10] Xiao Guo，Qing Wang. A New Prediction Model of Elemental Sulfur Solubility in Sour Gas Mixtures [J]. Journal of Natural Gas Science & Engineering，2016，31：98-107.

低渗强非均质碳酸盐岩整装气藏开发调整模式研究
——以五百梯石炭系气藏为例

刘　川[1]　梅青燕[1]　姜　艺[1]　赵　翔[1]　张哲伦[1]　陈　灿[1]

(1. 西南油气田勘探开发研究院)

摘　要　低渗非均质碳酸盐岩气藏在我国资源量占比高且具有较大的开发潜力，然而这类气藏开发初期面临储层非均质性认识不足、储量动用不均衡从而导致气藏采收率低的问题。本文以四川盆地大天池气田五百梯区块石炭系气藏为例，总结了非均质碳酸盐岩气藏的特征和目前开发中面临的技术难题，深入研究了低渗透强非均质碳酸盐岩整装气藏的开发调整模式。五百梯石炭系气藏自1989年发现以来，面临低渗透性和强非均质性的双重挑战，开发早期储层识别难度大、配产比例失衡、储量动用不均衡，导致采出程度低、采速慢。通过实施多轮精细气藏描述，在深化地质认识、明确高低渗分布和剩余储量分布的基础上，提出了"增动用、求均衡"的开发调整对策，并不断开展配套技术攻关与推广确保了"高渗区水平井井网加密、低渗区工艺井提高储量动用"提采措施的落地。五百梯石炭系开发实践表明，不断深化地质认识、确保气藏均衡开采、增加储量动用程度是提高低渗强非均质碳酸盐岩气藏采收率的关键。

关键词　低渗透气藏；非均质性；碳酸盐岩；开发调整；水平井；提高采收率

天然气作为清洁、高效的能源，在推动中国能源结构转型和环境保护中发挥着关键作用。随着中国经济的快速发展和人民生活水平的提升，对能源的需求持续增长。天然气开发对于保障国家能源安全、优化能源消费结构、促进区域经济发展以及减少环境污染等方面均具有重要意义。

海相碳酸盐岩气藏在世界已探明油气储量中约占60%，是目前油气勘探开发的重要领域。我国碳酸盐岩气藏分布广泛，主要集中于四川盆地、塔里木盆地和鄂尔多斯盆地。四川盆地发育碳酸盐岩储层，现有剩余可采储量中，有超过1/3属于低渗、特低渗储量，勘探开发潜力巨大，这类低渗碳酸盐岩气藏通常具有非均质性强的特点，开发工艺复杂、储量动用难度高、稳产条件差、单井产能低、开采综合效益差。为了提高这类气藏的开采效率，四川盆地已经形成了包括精细气藏描述技术、优化水控制技术以及钻井完井和增产工程技术等一系列高效开发技术，有效推动了这些难动用储量的高效开发。本文以四川盆地大天池气田五百梯区块石炭系气藏为例，从五百梯石炭系气藏多年开发历程及实践着手，提出了针对低渗强非均质碳酸盐岩气藏合理的开发调整模式。

1　低渗强非均质碳酸盐岩气藏基本特征

1.1　储层低渗非均质性强

低渗强非均质性碳酸盐气藏孔隙度通常较小，气藏平均孔隙度为5%～15%；渗透率在0.1mD到1mD之间。五百梯石炭系气藏各井的平均有效孔隙度变化较大，在3.3～8.75%之间，平均孔隙度为5.62%。气藏储层渗透率主要分布在1md以下，反映出五百梯-五里灯区块石炭系气藏储层基质渗透率较低的特征。

碳酸盐岩储层由于成岩改造强烈、裂缝系统复杂，储层非均质性强。五百梯石炭系储层物性在构造内变化较大，储集空间和渗流能力的横向变化剧烈，致使储层的非均质性极强，高、低渗带与致密带相间分布，导致相邻气井间的产能差异大。地层厚度横向变化大，在42～6m之间，由构造顶部及东南翼一带向构造西南段减薄。各井平均基质渗透率变化较大，在0.028～8.25md之间，平均3.79md。渗透率最大的是天东63井5.6md，最小的天东51等井渗透率0.1md，明显表现出较强的非均质性，储层KH值分布如图1所示。

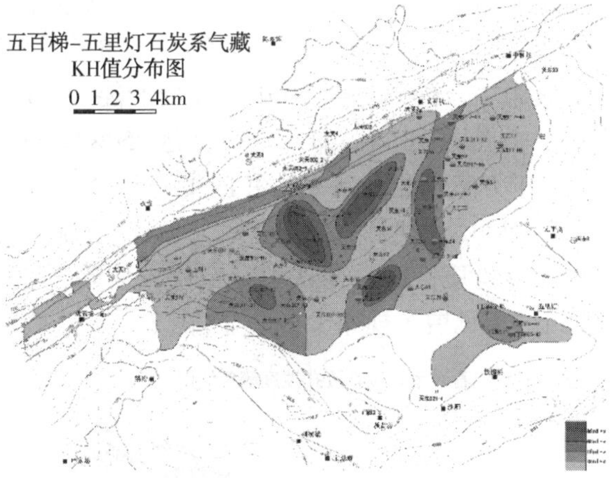

图 1　五百梯石炭系气藏 KH 值分布图

五百梯区块石炭系气藏裂缝总体发育，但各井间裂缝发育程度的差异却很大，气藏单井裂缝条数最多高达 796 条，最少的却只有 15 条；单井平均裂缝密度最高的是 40.18 条/米，最低的却只有 0.64 条/米。从这点也表明了五百梯-五里灯区块石炭系气藏具有较明显的非均质特性。

1.2　气井开发效果差异大

强非均质性气藏由于储层物性、裂缝发育程度在空间展布中的显著变化，导致不同区域单井产能及动态储量差异较大。五百梯石炭系气藏根据储层参数场将气藏划分为高、低渗区域。高渗区储量动静比为 58.29%，低渗区不足 15%，高渗区单井平均产能远高于低渗区，产能表现出明显的差异。

除此之外，开发井井型也是影响气井产能差异的重要因素。2008 年五百梯石炭系气藏低渗区完成了 2 口工艺井，其中南部低渗区 1 口(天东 97X)，北部低渗区 1 口(天东 017-X2)。天东 97X 井储层有效厚度为 1.3m，孔隙度为 3.23%，储层物性远低于南部低渗区其它几口直井(表 1)，该井实钻井段长度为 6.7m，测试获气 $2.45\times10^4m^3/d$。天东 97X 于 2007 年 2 月 26 日投产，投产初期油压为 28.28MPa，日产气 $2.8\times10^4m^3/d$，截至 2008 年 6 月，该井日产气能稳定在 $1.5\times10^4m^3/d$ 左右，并具有一定的稳产能力，开采效果好于其它几口直井。

表 1　天东 97x 和南部低渗区直井储层物性、稳定产量对比表

井号	有效垂厚/m	孔隙度/%	含气饱和度/%	测试产量/($10^4m^3/d$)	无阻流量/($10^4m^3/d$)	稳定产量/($10^4m^3/d$)
五科 1	12.90	7.49	83.06	7.44	12.80	1.50
天东 22	12.74	5.38	77.54	2.51	4.02	/
天东 7	17.66	5.83	78.82	2.40	3.20	0.50
天东 73	11.41	4.60	74.56	2.67	4.10	0.50
天东 97X	1.30	3.23	71.06	2.45	3.52	1.50

天东 017-X2 井储层有效孔隙仅为 4.44%，储层以Ⅲ类储层为主，有少量Ⅱ类储层，无Ⅰ类储层发育，储层垂厚仅为 8.14m，储层物性低于相邻直径井，如表所示，该井实钻石炭系储层段长度 161m，其中有效储层 105.05m，该井井于 2008 年 2 月 29 日投产，投产后生产稳定，日产气量稳定在 $29\times10^4m^3/d$ 左右，远高于相邻直井(表 2)。

表 2　天东 017-X2 井与临井储层物性对比表

井号	Ⅱ类储层		Ⅲ类储层		Ⅱ、Ⅲ类储层合计		稳产期量/($10^4m^3/d$)
	孔隙度/%	厚度/m	孔隙度/%	厚度/m	孔隙度/%	厚度/m	
天东 15	8.35	3.27	4.38	16.76	5.03	20.03	3.00
天东 99	6.89	5.46	4.31	9.00	5.17	14.46	5.50
天东 017-X2	6.92	1.16	4.02	6.98	4.43	8.14	29.50

2　低渗非均质碳酸盐岩气藏开发难题

2.1　早期储层精细刻画难度大

储层非均质性的研究方法主要有典型露头剖面研究、生产井、试井、声波测井确定法和储层地质建模法。在开发初期，受限于探井数量、技术局限和成本规划，可能缺乏诸如钻井取样、测井资料和地震资料等地质勘探数据，导致难以深

入认识储层的非均质性、界定储层与非储层或不同储层类型边界、预测气藏储量和采收率。地质模型基于有限的数据构建，模型的不确定性极高，直接影响储层的精细刻画。

五百梯石炭系气藏于 1989 年被发现，1992 年试采并提交探明储量。试采井单井控制储量范围为 53 ~ 4.3 亿方，无阻流量范围为 161.56 ~ 22.05 万方/天，渗透率介于 4.79 ~ 0.25mD 之间，表明气藏有较大的开发潜力。基于试采认识预测气藏储层参数分布(图 2)，并向国家储委提交了探明储量 539.88×$10^8$$m^3$。

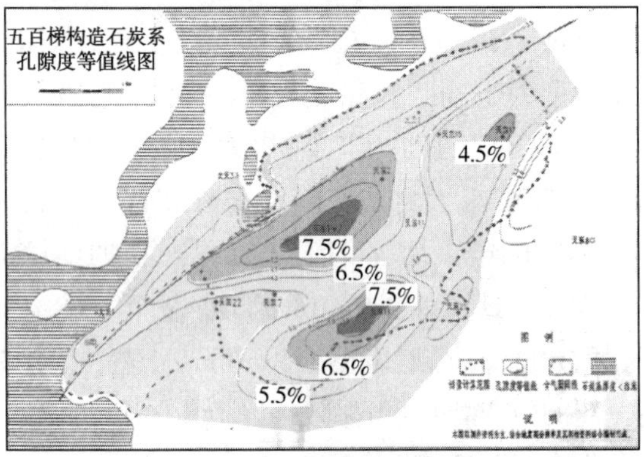

图 2　五百梯石炭系气藏孔隙度等值线图(1996)

基于试采认识五百梯石炭系气藏于 1995 年采用稀井高产，利用高渗区井动用低渗区储量的开发思路编制了年产 13×10^8 m^3，采气速度 2.9%，稳产 11.5 年的开发方案。该方案提供了 25 口开发井井位，分两批实施。使石炭系气藏生产井总数达到 27 口，预测日产天然气 394×$10^4$$m^3$/d。1997 年部署了第一批 9 口开发井，1 口井落入低渗；1999 年后部署第二批 5 口生产井，其中 2 口失利。至 2001 年新增产能 89×10^4 m^3/d，总井数 18 口，日产气最高达 250×$10^4$$m^3$/d 远低于方案预测。新完钻井证实气藏含气面积有明显减小、探明储量核减为 361.77 亿方。气藏储层非均质性试采期认识存在较大偏差，“两高三低”相见展布规律十分明显(图 3)。

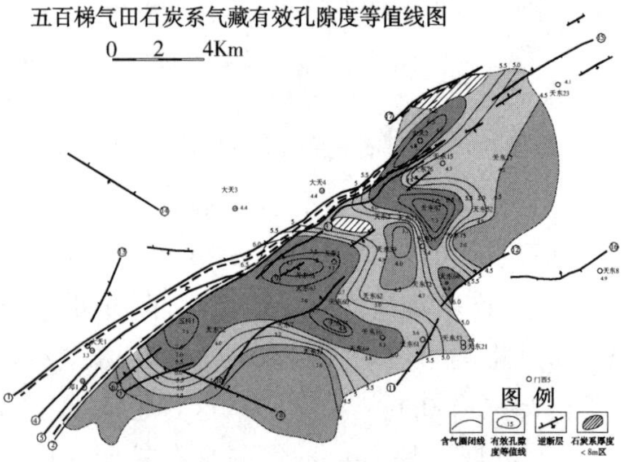

图 3　五百梯石炭系气藏孔隙度等值线图(2001)

此后，气藏基于逐渐丰富的动静态资料不断调整开发对策并进行产能预测，2001 年编制五百梯石炭系整体开发方案，仍采用稀井网少井高产，高渗动用低渗的开发思路，生产规模调整至 292 万方/天。整体开发方案执行期间，气藏开发不均衡矛盾突出，未能实现整体开发方案设计规模。2006 年调整日产规模为 250 ~ 270 万方/天，气藏各阶段开发方案主要指标如表 3 所示。

表 3　五百梯气藏各阶段开发方案主要开发指标

主要指标	开发方案	整体开发方案	开发调整方案	
			主产区	低渗区
年产量/亿方	13	9.6	7.6	
日产量/万方	394	292	230	20-40
生产井数/口	27	22	26	4
采气速度/%	2.90	2.59	2.88	
稳产年限/年	11.53	8.75	5.5	
稳产期末采出程度/%	35.23	31.92	46.62	

五百梯石炭系开发历程表明低渗碳酸盐岩气藏由于储层识别难度较大，随着开发进程的深入，对储层非均质性的认识逐渐增加，原本制定的开发方案往往需要根据新的地质认识和实际开发效果进行调整。五百梯石炭系气藏从稀井高产的开发思路，到后期对生产规模和井网的细化调整，以及对气藏产能规划的不断调整体现了开发方案的灵活性和适应性。

2.2　储量动用不均衡，气藏采收率低

强非均质性气藏储层物性在空间上的分布变

化大势必导致区域开发效果的不一致性，但井网部署和气井配产不合理将加剧气藏储量动用不均衡现象，低渗区储量无法得到开发不仅会直接降低气藏整体采收率还可能影响高渗区气井配产，气井超配生产会缩短气井生命周期从而导致气藏采收率低下。

五百梯石炭系气藏开发早期高、低渗区配产比例不均衡，分区井网和采速差异较大，2006年气藏无阻流量650.87×10^4m^3/d，2006年4月气藏平均日产264.50×10^4m^3，达气藏无阻流量的40.01%，根据生产压差法，五百梯石炭系气藏的合理配应为210×10^4m^3/d，可见气藏总体超配生产，其中主体高渗区配产偏高，平均日产231.10×10^4m^3，达到无阻流量的40.33%，生产井共12口，7口超无阻流量40%以上，天东60、天东62、天东67单井配产超无阻流量60%，采气速度超7.5%；北低渗区气井配产严重偏高，无阻流量合计37.44×10^4m^3/d，井口产能19.30×10^4m^3/d，整体配产达到无阻流量的51.55%；南低渗区气井配产合理，生产井合计无阻流量24.58×10^4m^3/d，井口产能5.80×10^4m^3/d，整体配产为无阻流量的24%。

五百梯石炭系气藏生产不均衡导致各井井间地层压力差异较大，气藏在天东65~67井已形成较大的压降漏斗，如图4所示。气藏配产过高导致多井井口压力已接近输压，2006年4月气藏开井22口，16口井井口压力低于12Mpa，占总井数的73%。即使井口油压不断降低，主力气井产量仍然下降较快。2006、2007、2008年主力气井递减率分别为19%、18%、12%，递减普遍较快。气藏不均衡开发矛盾突出表明高渗区的井不能有效动用低渗储量。

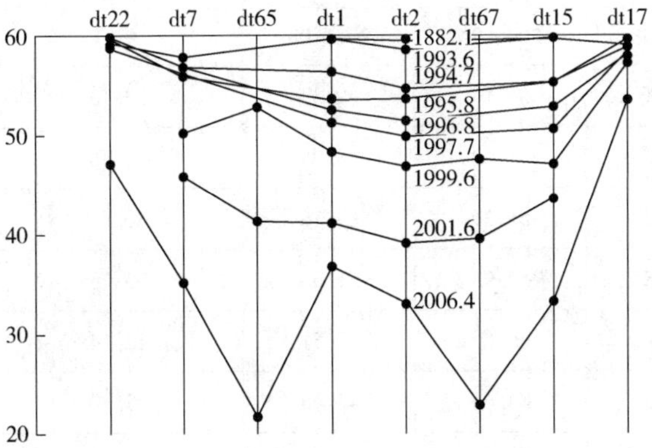

图4 五百梯石炭系气藏压力剖面图(2006.04)

截至2006年4月五百梯石炭系气藏高渗区剩余地质储量279.13×10^8m^3，采出程度仅22.76%，南低渗区采气速度仅2%，北低渗区采出程度仅5.84%。从气藏剩余储量来看，气藏开采潜力较大、然而由于五百梯石炭系开发不均衡导致高渗区气井产能潜力不足、低渗区采气速度过小，继续沿用少井高产的开发对策将无法充分发挥气藏的开采潜力。

3 五百梯石炭系气藏开发调整模式

五百梯石炭系气藏开发实践表明，低渗强非均质碳酸盐岩气藏的主要开发矛盾是气藏储层非均质性和低渗区储量难动用导致的气藏整体开采不均衡，难以进一步提高气藏采收率。在不改变开发单元和动用储量基础的前提下，气藏采取了根据储层特性及时调整井网布局和井型组合，尽可能保障储量的均衡动用和提高气藏采收率的开发调整模式。

3.1 多轮精细气藏描述深化地质认识指导气藏调整方向

五百梯石炭系自1989年被发现，实施了三轮精细气藏描述，通过动静结合的方式不断深化地质认识、落实高低渗分布、精细刻画剩余储量分布、掌握开发规律、指导开发对策调整。五百梯石炭系精描以大量的地层、构造、岩石类型和储层物性、地震资料等信息为基础，通过构造精细描述、裂缝精细描述和储层特征及分布描述等地质精细描述方法，结合气藏动态特征精细描述，不断完善油藏地质模型、精细刻画了储层高低渗分布，揭示了五百梯石炭系气藏非均质性极强的储层分布特征以及“两高三低，间隔分布的”储层分布格局。

通过剩余储量精细刻画，气藏明确了剩余储量分布和储量动用程度，为气藏挖潜提供了目标，起到了指导性作用。2006年五百梯石炭系气藏高渗区采出程度不足27%，低渗区采出程度仅5%，气藏开采潜力较大。通过精细储量刻画，明确剩余储量的分布位置和开发潜力，五百梯石炭系气藏制定了高渗区补充产能、低渗区开提高储量动用率发分区开发思路，截至2021年，气藏整体采收率达到55.9%，高渗区采出程度为66.16%，北低渗区采出程度达到31.80%，气藏整体实现了相对均衡开采。

3.2 及时调控气藏开发对策

实际生产情况表明，“稀井高产、高渗动用低渗”的开发对策不适合五百梯石炭系气藏这种非均质性极强的低渗碳酸盐岩气藏，随后气藏紧紧围绕“增动用、求均衡”的提高采收率理念，确定了主产区井网加密保证均衡开采，低渗区开展攻关试验，分步实施水平(大斜度)井提高储量动用和采收率的分区开发对策。

五百梯低渗区完成的大斜度井天东 97X 井和水平井天东 017-X2 在储层参数远低于邻区直井的情况下，获得了远高于直井的测试产量和生产能力证明用大斜度井和水平井开采石炭系低渗储量是可行的。

水平井动用低渗储量先导实验突破后，气藏开始在全气藏范围内实施水平井井网加密均衡提采率工作，共部署水平井 16 口。其中高渗区 7 口，北低渗区 6 口，南低渗区 3 口，水平井井位下图所示。

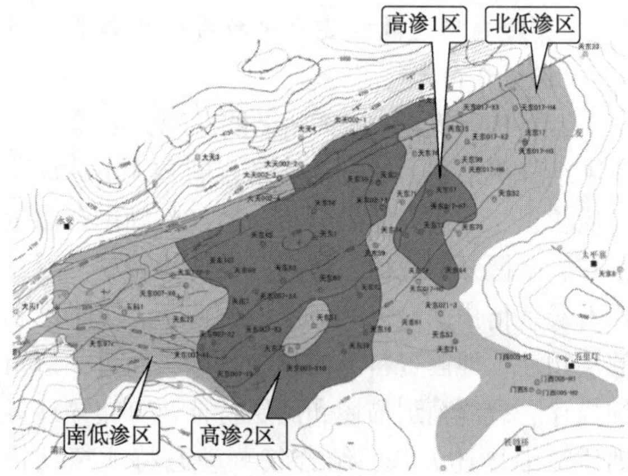

图 5　五百梯石炭系气藏井位图

高渗区新增水平井 7 口，平均单井控制面积 2.98km²/口，井网分布较均匀，新增产能 116.77 万方/天，占区块总产能 80.52%。高渗区井网加密后，原有气井配产降低，气井油压递减率明显下降，如图 6 所示，天东 65 井初期油压递减率为 0.73MPa/月，2008 年后油压递减率降低至 0.14 MPa/月，有效延长了单井的生命周期。截至 2024 年 3 月高渗区水平井产能共 $116.77\times10^4m^3/d$，占区块总产能 80.52%。

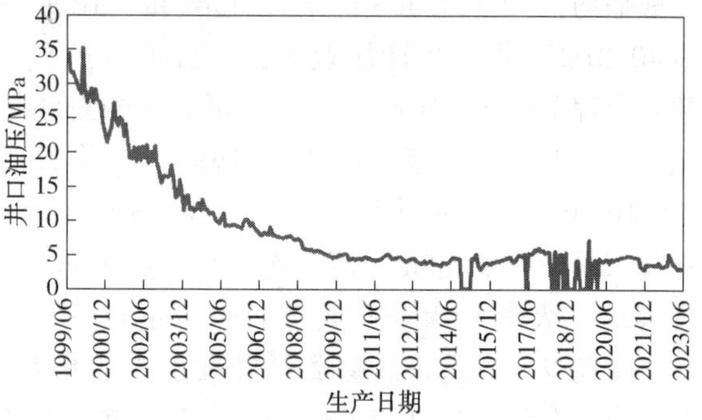

图 6　天东 65 井油压变化曲线

低渗区新部署水平井 9 口，其中北低渗区在原有 7 口直井的基础上部署水平井 6 口，气井呈环形状态分布在两个高渗区之间，井网分布均匀，平均井距 1.3km；南低渗区由于断层发育，地质条件复杂，仅部署水平井 3 口。低渗区新增产能 56.73 万方/天，采速由 0.52%(2007)提升至 1.10%(2020)，储量动用率提高了 27.80%。低渗区新部署水平井 9 口，新增产能 56.73 万方/天，采速由 0.52%(2007)提升至 1.10%(2020)，储量动用率提高了 27.80%。

表 4　五百梯石炭系气藏储量动用率变化表

计算单元	地质储量/(10^8m^3)	动态储量/(10^8m^3)		储量动用率/%		
		2006.04	2021.08	2006.04	2021.08	差值
主中高渗区	248.44	139.61	221.93	56.19	89.33	33.13
次中高渗区	39.01	27.94	34.36	71.62	88.08	16.46
高渗区合计	287.45	167.55	256.29	58.29	89.16	30.87
北低渗区	58.01	10.40	29.98	17.93	51.68	33.75
南低渗区	35.77	3.35	9.84	9.37	27.51	18.14
低渗区合计	93.78	13.75	39.82	14.66	42.46	27.80
气藏合计	381.23	181.30	296.11	47.56	77.67	30.12

3.3 水平井技术攻关助力提采措施高质量落地

五百梯石炭系储层埋藏深、井壁岩石坚硬、地层倾角大、低渗区储层薄，常规水平井钻井方式储层钻遇率低。通过地质、工程一体化优化钻井工程设计，不断发展完善地质导向和井眼轨迹控制，水平井平均储层钻遇率由 44.5% 提高到 75%(表 5)。通过不断发展水平段分段改造、分段酸化技术(图 7)，气井测试产量和稳定产量较同区块直井提升 4-6 倍，增产效果显著。水平井开发配套技术持续攻关在五百梯石炭系气藏开发的各个阶段有力地保证了提高采收率技术对策的制定与落地。(图 8)

表 5　五百梯石炭系气藏水平井储层钻遇率统计表

井号	层系	水平段长/m	储层段长/m	钻遇率/%	导向方式	平均储层钻遇率/%
天东 017-X2	石炭系	485	167.3	34.49	MWD	45.78
天东 017-X3	石炭系	506	232.1	15.87	LWD	43.36
天东 017-H4	石炭系	622	562	90.35	斯伦贝谢地质导向	75.01
天东 007-X2	石炭系	900	869	96.56	斯伦贝谢地质导向	

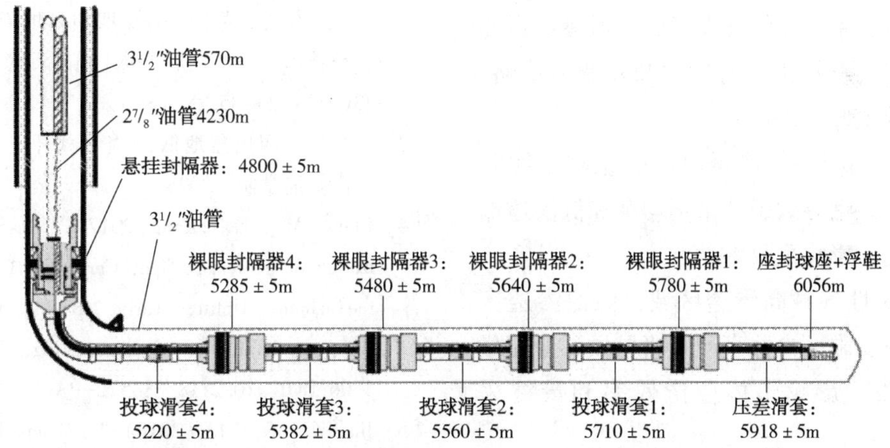

图 7　川东石炭系水平井裸眼封隔器分段酸化完井示意图

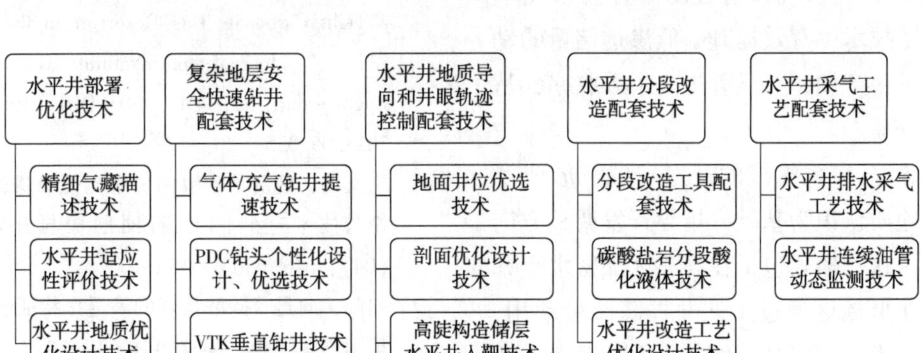

图 8　水平井动用低渗难采储量配套技术

截至 2024 年 3 月底，气藏补充开发水平井共 16 口，建成产能 173.5 万方/天，实际日产规模最高达 $320\times10^4m^3/d$，较之前最高产量增加了 18.5%。水平井新增动用可采储量 54 亿方，保障气藏持续稳产至2015年，较开发调整方案延长6年(图9)，低渗储量动用率提高了41.5%，气藏采收率从60%提高到74.6%，增加了14.6%。

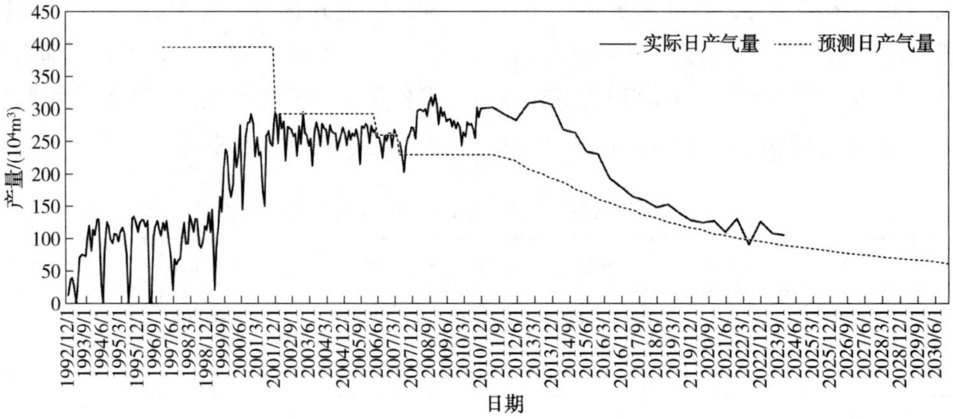

图9　五百梯石炭系气藏预测产量与实际产量对比图

5　结论

五百梯石炭系气藏的开发经验为低渗透强非均质碳酸盐岩气藏提供了有效的开发调整策略。以下是文章的主要结论：

1. 初期，储层高低渗透界限的识别难题和产量预测的复杂性导致了开采不均衡和低渗透储量的难以动用，影响采收率。

2. 强均质性气藏高渗透区域，而低渗透区域的储量开发受限，少井高产策略导致部分储量未被有效开发，影响整体生产效率和最终采收率。

3. 五百梯石炭系气藏通过水平井规模化应用和井网加密技术，有效提升了低渗透储量的动用率，延长了稳产期，并显著提高了采收率，从60%增至74.6%。

4. 五百梯石炭系气藏的开发实践，形成了一套以深化地质认识为基础，指导开发调整方向的有效模式。这一模式包括在高渗区加密水平井井网，以及在低渗区通过工艺井提高储量动用，确保气藏的均衡开采和增加储量动用程度。此外，通过大力发展水平井相关配套技术，有效支撑了开发对策的落地。这种开发调整模式，对同类型低渗非均质碳酸盐岩气藏的勘探与开发，提供了重要的参考价值

参 考 文 献

[1] 李阳，康志江，薛兆杰，等．中国碳酸盐岩油气藏开发理论与实践[J]．石油勘探与开发，2018，45(04)：669-678.

[2] 雍锐，胡勇，彭先，等．四川盆地天然气藏提高采收率技术进展与发展方向[J]．天然气工业，2023，43(01)：23-35.

[3] 李鹭光．四川盆地低渗透气藏开发技术研究[D]．西南石油学院，2005.

[4] Chen, M., & Y. Tang(2017). "Reservoir Characterization of a Deep, Tight Carbonate Gas Reservoir in theTazhong Uplift, Tarim Basin, China." SPE Reservoir Evaluation & Engineering, 20(3), 1495-1506. DOI: 10.2118/188572-PA

[5] Jin, Z., & Y. Liu(2018). "A Comprehensive Study of Geological Characteristics and Development Strategies for a Tight Carbonate Gas Reservoir in the Ordos Basin, China." Journal of Natural Gas Science and Engineering, 55, 490-503. DOI: 10.1016/j.jngse.2018.05.035

[6] 胡文瑞，魏漪，鲍敬伟．中国低渗透油气藏开发理论与技术进展[J]．石油勘探与开发，2018，45(04)：646-656.

[7] 向阳，向丹．碳酸盐岩的渗透率特征研究[J]．成都理工学院学报，2002(01)：17-20.

[8] 王璐，杨胜来，刘义成，等．缝洞型碳酸盐岩储层气水两相微观渗流机理可视化实验研究[J]．石油科学通报，2017，2(03)：364-376.

[9] 蔡珺君，彭先，李骞，等．强非均质性碳酸盐岩气藏储集层再划分及不同生产阶段技术对策——以四川盆地磨溪—高石梯地区震旦系为例[J]．天然气地球科学，2021，32(06)：851-860.

[10] 韩磊，刘俊州，王震宇，等．美国MSSP致密碳酸

盐岩储层预测方法研究及应用[J]. 地球物理学进展，2018，33(05)：1903-1910.

[11] 胡忠贵，孙跃东，秦鹏. 碳酸盐岩储层非均质性研究现状及发展趋势[C]//中国地质学会沉积地质专业委员会，中国矿物岩石地球化学学会沉积学专业委员会. 2015年全国沉积学大会沉积学与非常规资源论文摘要集. 2015：2.

[12] 谢姗，伍勇，张建国，等. 低渗碳酸盐岩气藏提高采收率技术对策[J]. 科学技术与工程，2020，20(06)：2231-2236.

[13] 冯曦，彭先，李隆新，等. 碳酸盐岩气藏储层非均质性对水侵差异化的影响[J]. 天然气工业，2018，38(06)：67-75.

[14] Zhang，J.，& Y. Zhao(2016). "A Study of the Development Strategy for Tight Carbonate Gas Reservoirs in the Western Sichuan Depression." Journal of Petroleum Exploration and Production Technology，6(3)，427 - 436. DOI：10.1007/s13202 - 015 - 0183-6.

低渗透率微裂缝封堵性模拟评价方法研究

田月昕[1]　刘向君[2]　罗平亚[2]　刘殷韬[1]　董海峰[1]　黄进军[2]

（1. 西南油气分公司工程技术研究院；2. 西南石油大学）

摘　要　水基钻井液封堵技术研究难以突破的原因在于缺乏统一的评价方法，本文通过在人工泥饼上制造裂缝并控制其渗透率，提出了一种模拟低渗透环境的纳米级微裂缝封堵评价方法。本文通过加入重晶石粉、1250目和2200目碳酸钙、聚丙烯酰胺、聚丙烯酸钠、聚羧酸梳状大分子MF-508、双重抑制剂XZ-SSJ、成膜剂XZ-CMJ和泥饼固化剂LGE-1等材料，制备出了低渗透泥饼。在搅拌条件下，泥饼的渗透率达到了5.9×10^{-4}mD。当浸泡时间在48～96h内，泥饼渗透率变化不大，维持在$9.49\sim9.82\times10^{-4}$mD之间。当浸泡时间达到144h后，泥饼渗透率增加至10^{-3}mD，并随着浸泡时间延长至240h，渗透率上升至1.3×10^{-3}mD。同时，单裂缝的等效开度变化幅度较小，维持在$3.93\sim4.93\times10^{-5}$m之间。通过模拟微裂缝和低渗透环境，本研究有效完成了封堵性能的评价。该评价方法的建立，不仅对纳米级和微米级封堵剂的优选、开发以及封堵效果评价具有重要的指导意义，同时也适用于其他裂缝型地层的封堵性能评价。

关键词　泥页岩；微裂缝；低渗透率；封堵性；评价方法

在油气井钻井与开发过程中，泥页岩井段的井壁失稳问题尤为严重，其主要原因是泥页岩中微裂缝的发育以及粘土遇水后的水化膨胀，导致裂缝沿不同方向扩展，最终形成宏观裂缝，甚至导致井壁坍塌。解决这一问题的关键是通过封堵微裂缝防止钻井液滤液侵入，稳定井壁并保护储层。针对这一问题，国内外学者已开展大量研究，开发了如聚合醇类封堵剂和微纳米级封堵剂，但目前尚无统一的封堵剂评价方法，尤其在裂缝封堵方面存在空白。

当前的页岩裂缝封堵模拟方法包括裂缝钢板封堵实验、人工裂缝模拟实验及劈裂岩心结合钢块的封堵实验等。例如，Fan和Zhang设计了一种针对深部裂缝型储层的封堵实验方法，使用缝板模拟裂缝，砾石床模拟孔隙。Zhang则通过人工压制裂缝岩心，模拟0.06mm至0.87mm的裂缝开度。Xiang利用高温高压设备结合金属缝板，模拟微裂缝并评价了封堵剂FDJ-EF的性能。Oscar Contreras则在高温高压条件下使用陶瓷作为封堵介质，测试纳米材料的滤失性能，并取得76%的滤失量减少效果。石炳中和胡旭辉开发了一种可视化微裂缝封堵评价仪，能够模拟10～100μm的微裂缝，便于宏观和微观封堵性能的研究。

尽管这些方法为裂缝封堵性能的评价提供了基础，但存在操作复杂、重复性差、实验成本较高等问题。为此，本文在前期研究的基础上进行了改进，提出了一种简便、高效且重复性良好的泥页岩微裂缝封堵模拟评价方法，采用泥饼进行实验，具有良好的实用性和推广价值。

1 模拟泥页岩低渗透性泥饼制备

为了模拟泥页岩微裂缝的真实情况，首先需建立其物理环境，从封堵角度模拟低渗透环境，制作渗透率为$10^{-3}\sim10^{-5}$mD的低渗泥饼。在滤失实验中，泥饼由钻井液中的固相颗粒堆积而成，随时间增加，泥饼厚度增加，失水量减少。根据达西定律，渗透率受泥饼强度影响，因此通过控制泥饼质量来调节其渗透率。

（1）实验材料

钠膨润土、API重晶石粉、1250目碳酸钙、2200目碳酸钙、聚丙烯酰胺PAM、聚丙烯酸钠PAAS、双疏抑制剂XZ-SSJ、水和二氧化硅、聚羧酸类梳状大分子MF-508、成膜剂XZ-CMJ、活化剂QX-Ⅲ，泥饼固化剂LGE-1。

（2）实验仪器

电子天平、42型高温高压失水仪、JC101型电热鼓风干燥箱

1.1　低渗泥饼制备

（1）首先制备养护基浆，取适量自来水于容器中，加入适量膨润土和碳酸钙，进行充分搅拌

后静置24h来养护。

（2）取适量经过养护后的8%基浆300ml于容器中，同时加入75%的钻井液用重晶石粉。50%毫微重晶石粉，20%的1250目和5%的2200目碳酸钙，1%聚丙烯酰胺和5%聚丙烯酸钠，5%水和二氧化硅、6%聚羧酸类梳状大分子MF-508、5%活化剂QX-Ⅲ、3%双疏抑制剂XZ-SSJ，3%成膜剂XZ-CMJ和6%泥饼固化剂LGE-1，然后在高速搅拌器，转速为13000 r/min条件下搅拌25min。然后在用普通低速扇叶搅拌器，转速为600 r/min条件下搅拌2h，使其能够分散均匀。

（3）将制备好的泥浆倒入高温高压滤失仪器中，在压力为3.5Mpa状态下滤失30min，然后打开仪器将上层清液倒出，随后将剩下的部分放入电热鼓风干燥箱中风干。

1.2 泥饼渗透率测定

（1）向以上泥饼成型但还未凝固的高温高压滤失仪中用玻璃棒引流加入蒸馏水至滤失仪上部刻度线。在室温下和压力3.5Mpa条件下，分别测定泥饼在仪器中注水条件下10min，20min，30min的滤失量，记为V_1，V_2，V_3。

（2）测30min后的泥饼厚度，记为h。然后根据公式计算泥饼渗透率K。

泥饼渗透率K计算公式：

由达西渗滤公式(1)、钻井中固相和液相体积关系(2)(3)可得公式(4)。

$$\frac{\mathrm{d}V_f}{\mathrm{d}t}=\frac{KA\Delta p}{\mu h_{mc}} \quad (1)$$

$$V_m=V_f+V_c=V_f+Ah_{mc} \quad (2)$$

$$\frac{V_c}{V_f}=R \quad (3)$$

$$V_f^2=\frac{2kPt}{\mu}\cdot\frac{V_f}{V_c} \quad (4)$$

由(4)可得：

$$k=\frac{V_f\mu h}{2A\Delta Pt}=\frac{\overline{Q}\mu h}{2A\Delta P} \quad (5)$$

式中，h_{mc}为泥饼厚度，cm；V_m为钻井液总体积，cm^3；V_f为滤液体积，cm^3；V_c为泥饼体积，cm^3；R为比例常数，无单位；μ为滤液流体黏度，mPa·s；t为渗滤时间，s；ΔP为渗滤压力，$kg\cdot cm^{-2}$；$\overline{Q}$为每秒平均流量，$cm^3\cdot s^{-1}$；A为渗滤压力面积，cm^2；k为泥饼渗透率μm^2。

将(5)式换为实验室常用单位，代入：$h_{mc}=\frac{V_c}{A}$，同时将k(μm^2)换为10^3k(mD)，h(cm)换为0.1h(mm)，得到：

$$k=\frac{V_f\mu 0.1h}{A\Delta pt}\times 10^3 \quad (6)$$

其中，V_f为滤失量，cm^3；k为泥饼渗透率，mD；μ为滤液粘度，mPa·s；h为泥饼厚度，mm。

其中高温高压的失水条件为：$A=25.3cm^2$；$\Delta p=35kg\cdot cm^{-2}$；$t=1800s$；$\mu$(25℃)＝0.89mPa·s；$\mu$(90℃)＝0.31mPa·s

通过以上公式做了大量实验，其泥饼渗透率范围能够在5.85×10^{-4}mD～1.17×10^{-3}mD，而且泥饼的厚度可控制在3.1～3.6mm。

1.3 人造低渗泥饼与天然页岩岩心对比

用以上方法制备的人造低渗泥饼与来自长宁地区志留系龙马溪组的天然页岩岩心进行比较。经试验测得实验室所制备的泥饼渗透率最小可达5.85×10^{-4}mD，而龙马溪组页岩岩心经测得其渗透率为3.862×10^{-4}mD。通过SEM环境电镜扫描制备泥饼和天然岩心表面，由图片可知实验室制备的泥饼表面的最大裂缝宽度为13.12μm，而天然岩心表面裂缝的最大宽度为10.50μm。比较可知二者的最大裂缝宽度相差不多，但是由图可知实验室制备的泥饼孔缝数量要多于天然岩心孔缝数量，故这是制备泥饼比天然岩心渗透率大的原因之一。

图1 人造泥饼表面

由于实验室制备泥饼渗透率接近天然岩心，且裂缝宽度在同一数量级，故可认为实验室制备泥饼可用于替代天然岩心来进行微裂缝的模拟与封堵性评价实验。

图 2 天然页岩岩心表面

1.4 人造低渗泥饼 XRD 分析

图 3 的物相分析结果表明，活化剂 QX－Ⅲ活化泥饼后，泥饼中生成了 C-S-H 凝胶(2θ=23°、27°、29°、31°、32°、35° 等)，且 $Ca(OH)_2$(2θ=29°、43°、47°、54° 等)和 $CaCO_3$(2θ=26°、30°、36°、43° 等)的峰值明显增大。这主要是因为在 QX－Ⅲ 活化泥饼的过程中，OH^-离子进入泥饼，打破了粘土中的 Si-O-Si、Al-O-Al、Si-O-Al 键，使粘土颗粒解体，形成许多溶解孔道；此时，滤液和 QX-Ⅲ 中的 Ca^{2+}、OH^-、CO_3^{2-}、SiO_3^{2-}等离子通过孔道进入泥饼内部，参与粘土解聚体的重聚，形成胶状物质，如 C-S-H 凝胶等；部分 Ca^{2+} 与 OH^-、CO_3^{2-} 结合，生成 $Ca(OH)_2$ 和 $CaCO_3$。(其中 a：空白泥饼；b：加入材料后泥饼)。

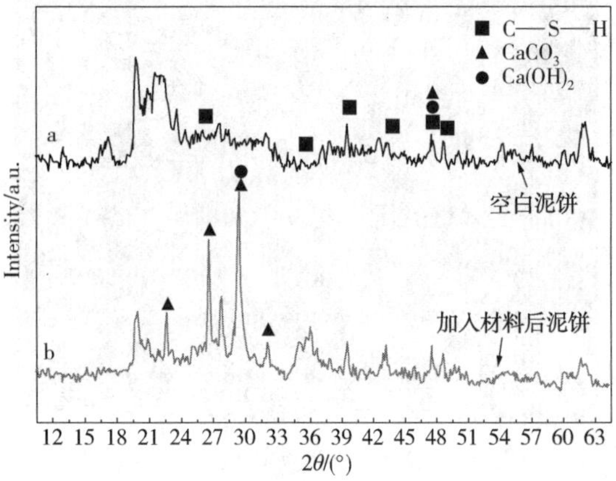

图 3 泥饼 XRD 图

2 泥页岩微裂缝实验室模拟研究

目前尚无统一的岩心模拟方法，特别是针对泥页岩的微裂缝。本文采用在低渗泥饼上用金属银针插针造缝，尝试控制裂缝宽度以接近真实渗透环境。先记录泥饼渗透率 K_1，然后用银针穿透未凝固的泥饼，完成造缝后更换滤纸，重新测定渗透率 K_2。

2.1 裂缝的制备

(1) 实验用品

经过烘干且静置后的低渗泥饼，金属银针(直径 0.25mm)

(2) 制备步骤

① 将前面所做泥饼从高温高压滤失仪中取出，然后放入电热鼓风干燥箱中进行烘干操作；②经过一段时间后，从电热鼓风干燥箱中取出放置的泥饼，然后在室温下静置，待泥饼成型干燥后，用金属银针以设计好的插入角度来对泥饼进行穿刺操作；③将穿刺后的泥饼在室温下静置 1.5~3h，然后取出金属银针，这样具备裂缝的泥饼就制作完成了。

2.2 裂缝开度的精确确定

在利用金属银针进行穿刺造缝时，所造人工裂缝宽度会受多种因素影响，使其在泥饼成型的过程中发生改变，因此，现对人工裂缝宽度进行深一步的研究与确定。

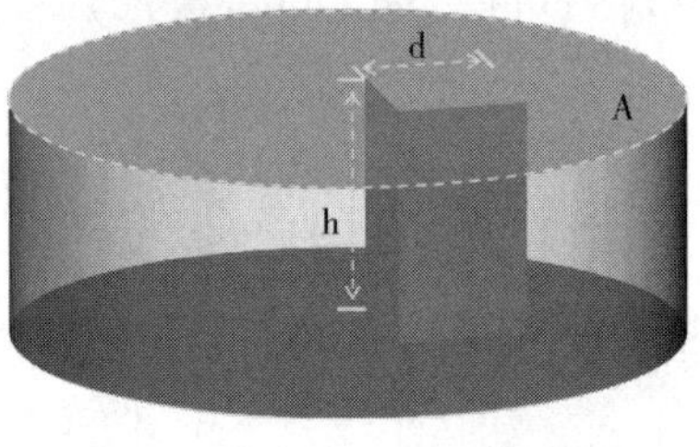

图 4 裂缝微观放大示意图

如图 4 所示，记制备的泥饼面积为 A，人工裂缝的开度为 d，泥饼厚度(即人造裂缝深度)为 h，现假设裂缝长度与宽度不随裂缝改变，液体流经裂缝时为稳定渗流，且在泥饼人工造缝后泥饼渗透率的增加值全部来自裂缝提供，即泥饼渗流为孔-缝二重介质渗流，总流量为 Q_t，孔隙流量为 Q_m，裂缝流量为 Q_f，那么有：

$$Q_f = Q_t - Q_m \tag{7}$$

根据布辛列克方程(假设裂缝截面为边长为 d 的正方形)，流过单位长度裂缝的液体流量为：

$$q=\frac{d^4\ \mathrm{d}p}{12\mu \mathrm{d}x} \tag{8}$$

流过 n 条缝长为 c 的液体流量为：

$$Q_f=nq=\frac{nd^4\ \mathrm{d}p}{12\mu \mathrm{d}x} \tag{9}$$

$$Q_f=\frac{AK_f\mathrm{d}p}{\mu\ \mathrm{d}x} \tag{10}$$

则裂缝渗透率为：

$$K_f=\frac{nd^4}{12A} \tag{11}$$

又根据达西公式可得泥饼裂缝渗透率为：

$$K_f=\frac{\mu Q_f h}{A\Delta p} \tag{12}$$

则有：

$$\frac{nd^4}{12A}=\frac{\mu Q_f h}{A\Delta p} \tag{13}$$

得到裂缝开度公式为：

$$nd=\sqrt[4]{\frac{12Q_f\mu h}{\Delta p}}=\sqrt[4]{\frac{12V_f\mu h}{\Delta pt}} \tag{14}$$

式中，Q_t 为泥饼总渗流流量，m^3/s；Q_m 为孔隙渗流流量 m^3/s；Q_f 为裂缝渗流流量，m^3/s；q 为单位长度裂缝渗流流量，$m^3\cdot s^{-1}$；μ 为滤液流体黏度，Pa·s；A 为泥饼渗滤面积，m^2；d 为裂缝开度，m；h 为裂缝深度，m；n 为裂缝条数；Δp 为渗滤压力，Pa；K_f 为泥饼裂缝渗透率 μm^2；V_f 为通过裂缝渗透的液体体积，m^3；t 为渗滤时间，s

现将(14)式换为实验室常用单位，将 μ(Pa·s)换为 10^3μ(mPa·s)；Δp(Pa)换为 10^{-5}(MPa)；同时代入高温高压失水实验条件：A=25.3cm²；Δp=3.5MPa；t=1800s；μ(25℃)=0.89mPa·s；μ(90℃)=0.31mPa·s 得到：

$$nd=\sqrt[4]{\frac{12Q_f\mu h}{\Delta p}}=\sqrt[4]{\frac{12V_f\mu h}{\Delta pt}}=0.03715\sqrt[4]{V_f\mu h} \tag{15}$$

即：
$$d=\frac{0.03715\sqrt[4]{V_f\mu h}}{n} \tag{16}$$

式中，d 为裂缝缝长，m；V_f 为通过裂缝渗透的液体体积，m^3；μ 为滤液流体黏度，mPa·s；h 为裂缝深度，m；n 为裂缝条数；

2.3 微裂缝模拟穿透性研究

在实验过程中，使用金属银针对实验室制备的泥饼进行穿刺造缝时，泥饼的成型状态会直接影响裂缝模拟的成功与否。如果泥饼尚未完全干燥，表面湿润，其强度和韧性不足，穿刺后泥饼易于闭合。为避免此问题，泥饼需在电热鼓风干燥箱中加热风干，温度控制在 50℃ 以内，以避免长时间高温对泥饼结构和性能的影响。实验中使用直径为 0.25mm 的金属银针，制造 9 条直线型垂直裂缝。实验结果见图 5 和图 6。

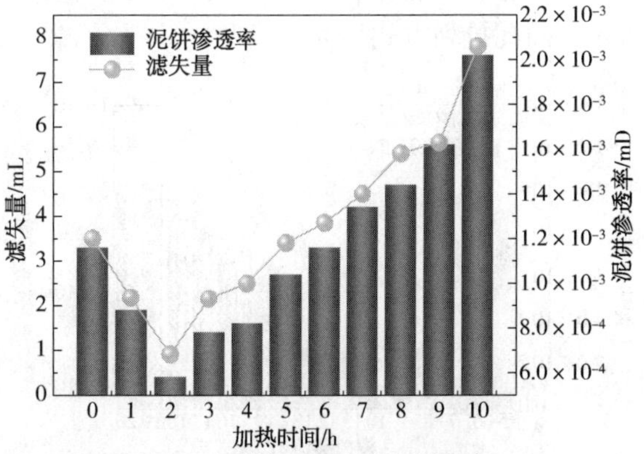

图 5 干燥时间对裂缝的影响

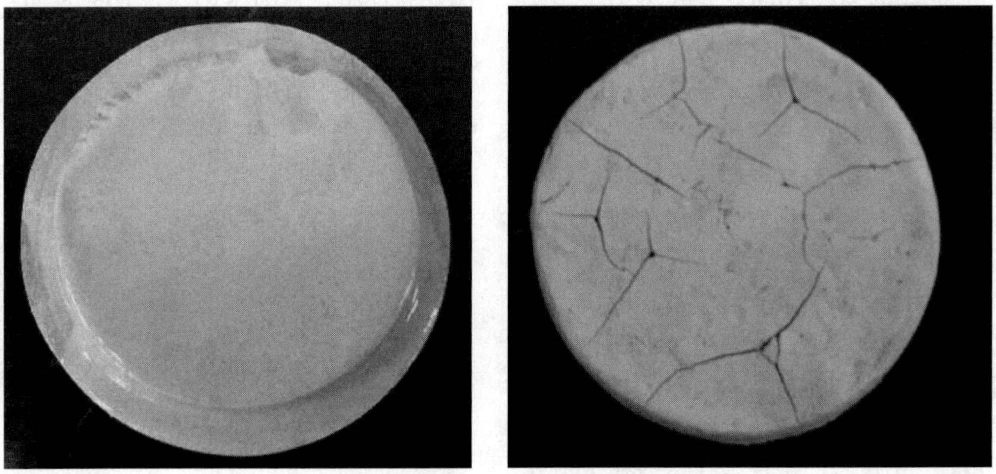

图 6 不同加热时间下的泥饼状态(左 0.5 小时，右 10 小时)

通过图6可知，泥饼在进行加热和风干操作时，泥饼成型受加热时间影响较大，如果加热时间较短时，泥饼未能干燥成型，若加热时间过长，则泥饼会凝固龟裂。由以上数据可知，在50℃条件下，加热时间控制在1~2h为宜。

2.4 微裂缝对泥饼渗透率影响研究

通过上述实验，初步模拟了具备微裂缝性质的泥页岩泥饼，制备方法简单，能够有效控制泥饼渗透率在9×10^{-4}mD至1×10^{-3}mD之间，厚度在4~6mm。同时，通过调节加热时间可优化泥饼成型，便于后续金属银针穿刺造缝操作。为进一步研究裂缝对泥饼渗透率的影响，我们将从裂缝数量、金属银针插入角度及插针排列方式三个方面进行研究。

2.4.1 裂缝数量对泥饼渗透率的影响

选用直径0.25mm的金属银针来进行人工造缝操作，排列方式为直线型，以滤纸中心为起始造缝点，然后沿直线作用两边各每隔5mm且插孔方向为90°垂直来进行造缝操作，造缝的数量分别为5~20，随后再测其泥饼清水渗透率。结果如图7所示。（注：基础泥饼的平均厚度为4.5mm，造缝针直径为0.25mm，均为90°垂直插入，插孔排列方式均为直线型）。

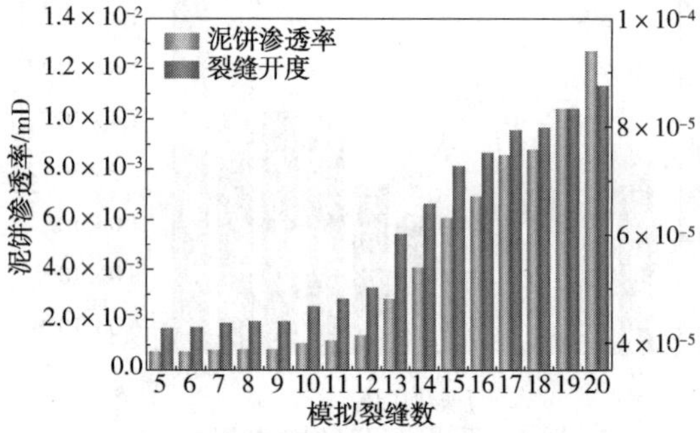

图7 插孔造缝数量对泥饼渗透率的影响

由图7可见插孔造缝的数量与泥饼渗透率成正相关，即裂缝数量越多，失水量越大。表明裂缝发育程度对泥页岩的渗透率影响较大，在钻进泥页岩层系时，细微的裂缝也会造成钻井液侵入地层。根据实验结果，采用银针造缝的数量从5个增加到20个时，等效裂缝宽度范围从8.76×10^{-5}m变化到4.28×10^{-5}m，而当造缝插孔数为9个时，造缝后的失水量可以达到4.0mL，则每条裂缝的宽度大约为4.39×10^{-5}m。此时随造缝数量的增加，等效裂缝宽度变化幅度不大，都集中在45μm左右，因此我们选择最佳造缝数量为9个。当然银针的直径不同必然也会对泥饼渗透率产生影响，因此我们进一步继续对不同直径的银针造缝对泥饼的影响进行研究。

2.4.2 裂缝宽度对泥饼渗透率的影响

在实际泥页岩钻进的过程中，很细小的微裂缝都会使得钻井液侵入周边地层。这说明裂缝的宽度会对泥页岩渗透率造成极大的影响，故我们在此研究不同直径的裂缝与泥饼渗透率的影响。我们通过选用不同直径的金属银针来达到不同直径裂缝的目的，接下来我们以垂直方向进行插孔，数量为9个，随后测其各自条件下的泥饼清水渗透率。结果如图8所示。（注：基础泥饼的平均厚度为3.5mm，造缝数量为9个，均为90°垂直插入插孔排列方式均为直线型）。

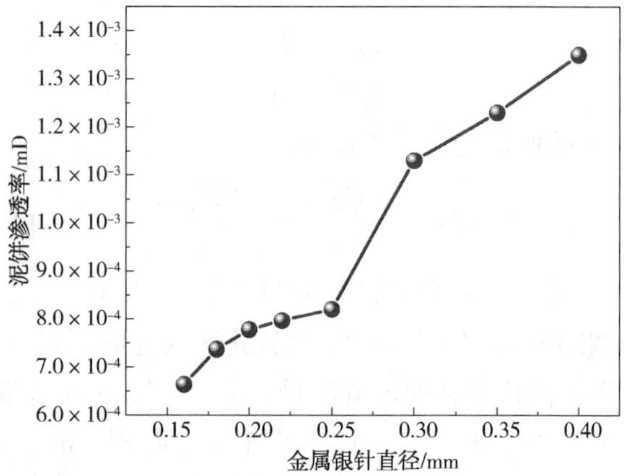

图8 不同金属银针直径造缝后泥饼失水情况

由图8数据观察可知，泥饼的失水量随着金属银针直径的增加而增大，即泥饼的渗透率会随裂缝直径的增大而增加，这与相关文献所得结论相符。

2.4.3 裂缝倾角对泥饼渗透率的影响

当清水在泥饼裂缝中渗透通过时，由于裂缝的倾角大小不同，导致清水流过的路程长度不同，并且清水在裂缝中所受的摩擦阻力也不相同。我们通过控制金属针插入的角度来改变倾角，我们采用直线型造缝，造缝数量均为9的90°、75°、60°、45°、30°和15°的裂缝，研究其对泥饼渗透率的影响。

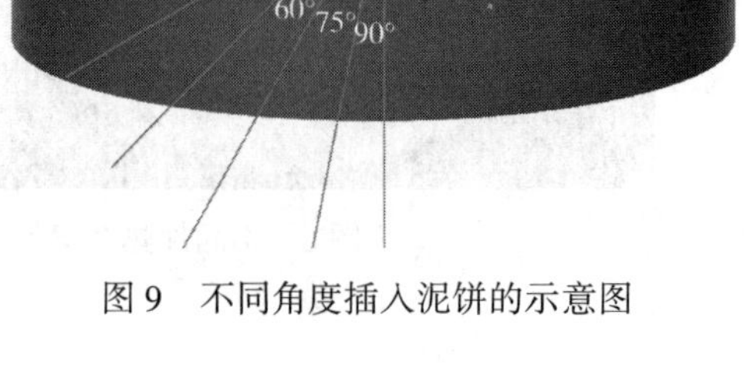

图9 不同角度插入泥饼的示意图

通过上述方式有效的控制每次人工造缝的倾角，同时为了实验的有效性，我们将泥饼厚度控制在 4mm 左右，实验结果如表 1 所示。

表 1　不同裂缝倾角造缝后泥饼失水情况

银针插入角度	插孔前平均失水量/mL	插孔后平均失水量/mL	单裂缝等效宽度/μm	造缝后泥饼渗透率/mD
15°	3.1	3.3	4.10×10^{-5}	7.74×10^{-4}
30°	3.2	3.4	4.16×10^{-5}	1.63×10^{-3}
45°	3.4	3.6	4.22×10^{-5}	1.78×10^{-3}
60°	3.5	3.7	4.28×10^{-5}	2.09×10^{-3}
75°	3.5	3.8	4.31×10^{-5}	2.53×10^{-3}
90°	3.4	4	4.33×10^{-5}	2.54×10^{-3}

注：所用银针直径均选用 0.25mm，造缝数量为 9 个。

通过表 1 数据我们可以看出，在裂缝为 90°时，泥饼的失水量最多，15°的失水量最少。这是因为裂缝倾角越小，水流经裂缝时的通道越长，水与裂缝间的摩擦阻力持续的时间也就越长，同时由于黏土的吸附作用，使得水与流经通道内黏土接触比表面积增大，使得黏土表面的表面自由能越大，使其产生强的吸附能力，结果导致裂缝通道变窄阻止水进一步通过，故会造成水分残留在裂缝中影响失水量。

2.4.4　裂缝排列方式对泥饼渗透率的影响

在上述所做实验中，我们均是以裂缝为直线型来进行研究的，现在我们考察裂缝的不同排列方式是否会影响泥饼渗透率。故在此设计了四种排列方式来进行研究：直线型、矩阵型、圆周型和交叉型。其各自的排列标准如下：

① 直线型：以滤纸中心为初始造缝点，然后沿着同一直线方向上左右每隔 5mm 进行造缝操作；

② 矩阵型：以滤纸中心为初始造缝点，随后沿着滤纸边缘部位以矩阵对角线方向每隔 5mm 来进行造缝操作；

③ 圆周型：以滤纸中心为圆心，沿着半径为 15mm 的圆周上选取距离进行造缝操作；

④ 交叉型：以滤纸中心为初始造缝点，随后沿着滤纸边缘部位以十字交叉的方向每隔 5mm 来进行造缝操作。

（注：每个裂缝插针方向均为垂直方向）

随后测出各自泥饼的清水渗透率，结果如表 2 所示。

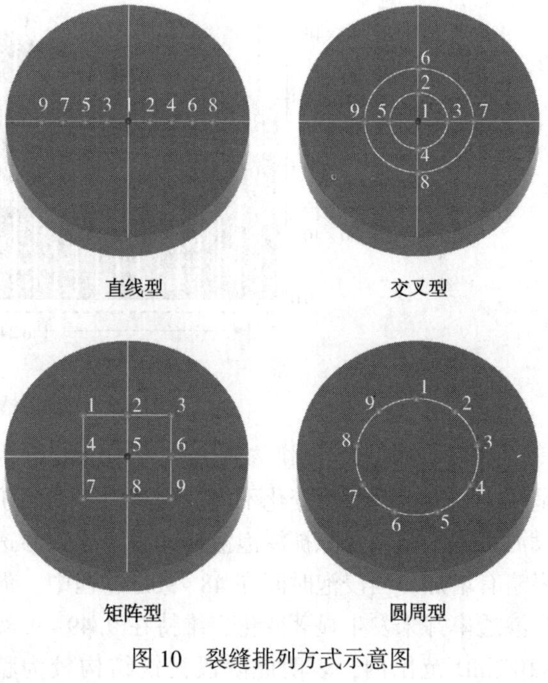

图 10　裂缝排列方式示意图

表 2　不同排列方式下泥饼失水情况

插孔排列方式	插孔前平均失水量/mL	插孔后平均失水量/mL	单裂缝等效宽度/μm	造缝后泥饼渗透率/mD
交叉型	3.4	4.1	4.36×10^{-5}	7.78×10^{-4}
圆周型	3.5	3.9	4.33×10^{-5}	7.62×10^{-4}
矩阵型	3.6	3.8	4.34×10^{-5}	7.64×10^{-4}
直线型	3.4	3.9	4.30×10^{-5}	7.40×10^{-4}

注：泥饼遭逢插孔数量均为 9 个，所用银针直径为 0.25mm，且基础泥饼的平均厚度为 3.5mm，均为 90°垂直插入。

由表 2 可知，在四种排列方式下，泥饼的失水量相差不大，其可能原因为：在裂缝长度适当情况下，裂缝流体在同一平面同一流向上互相之间的干扰并不大，故不存在类似井间渗流干扰现象。

2.5 浸泡时间对泥饼渗透率影响研究

为了研究本文所制备泥饼的渗透率与浸泡时间之间的关系，将水加入高压釜体内，观察泥饼在水中浸泡 0.5h、1 至 24h、48h、72h、96h、144h、192h 和 240h 的渗透率变化，实验操作示意图见图 11，实验结果见图 12。

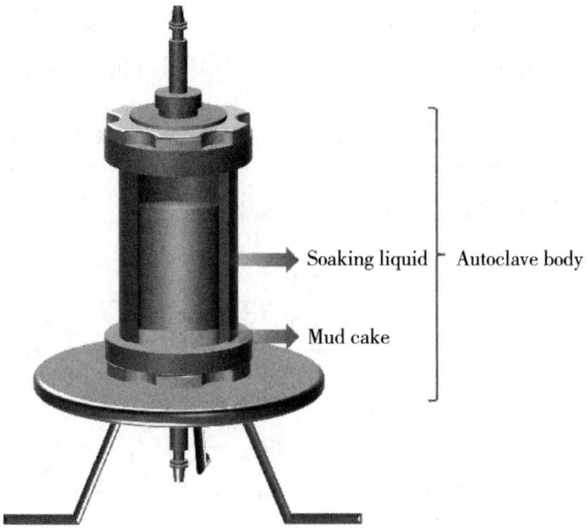

图 11　泥饼浸泡示意图

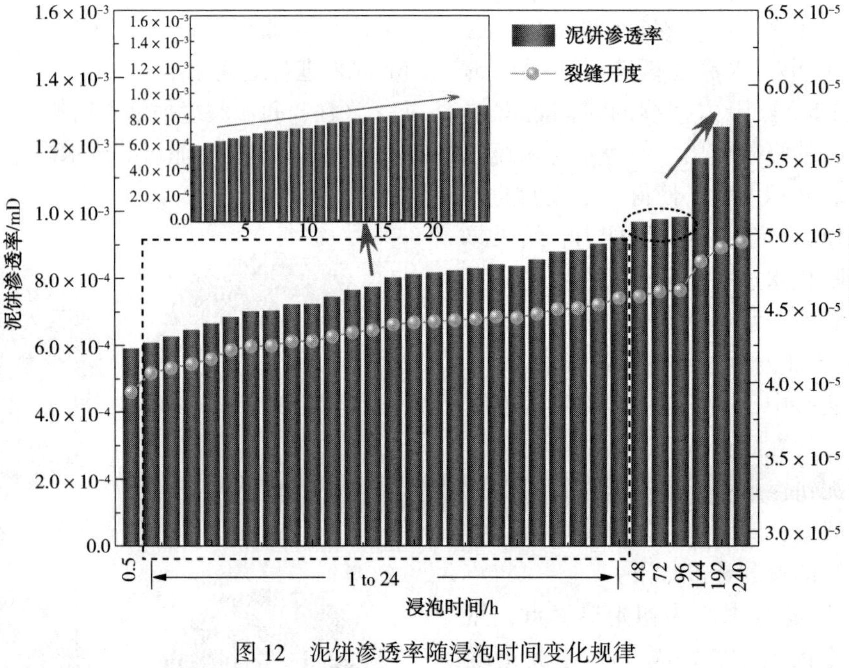

图 12　泥饼渗透率随浸泡时间变化规律

由图 12 可知，泥饼渗透率在浸泡 24h 以内呈现小幅度上升然后变化不大，这是由于初始阶段泥饼中的微观孔隙被浸泡液体润湿，导致渗透率略有增加。当浸泡时间在 48~96h 过程中，泥饼渗透率并未发生显著变化，维持在 9.49~9.82 $\times10^{-4}$mD 范围内，表明此阶段泥饼结构较为稳定，微观结构变化不明显。然而，当浸泡时间达到 144h 时，泥饼渗透率的数量级达到了 10^{-3} mD，随着浸泡时间的延长，泥饼渗透率上升较为明显。这是由于长时间浸泡使泥饼中的黏土矿物发生溶解或分散，孔隙度增加，从而提高了渗透率。当浸泡时间为 240h 时，泥饼渗透率达到 1.3×10^{-3}mD，进一步证明了泥饼结构的持续变化。值得注意的是，从图中我们可以看出单裂缝等效开度 d 变化幅度并不大，维持在 3.93~4.93 $\times10^{-5}$m，这表明渗透率的增加主要是由于泥饼内部结构的改变，而非裂缝开度的变化。

2.6 泥饼硬度增强机理研究

为最大限度消除泥饼在浸泡过程中粘土的膨胀，应尽可能减少泥饼中粘土颗粒与液相的接触机会，同时增加泥饼的强度，从这两个角度出发：

（1）成膜剂 XZ-CMJ 中的仿生基团能够自发进行氧化交联，因此 XZ-CMJ 不仅可以吸附在黏土表面抑制其水化，还能在岩石表面自发聚合形成一层聚合物膜，有效封堵泥页岩的微孔隙和微裂缝，减少次生裂缝的形成并降低钻井液的压力传递效应。双疏抑制剂 XZ-SSJ 具有纳-微米多级粗糙的物理结构(见图 13b)，通过全氟辛基三乙氧基硅烷的表面改性，进一步降低其表面自由能，从而实现固体表面的超双疏性能。双疏抑制剂 XZ-SSJ 可在固体表面形成粗糙的物理结构，显著减少岩心表面孔洞数量，增加表面粗糙度，使滤饼更加致密，进而减少滤失量并阻止钻井液侵入泥饼。此外，通过双疏抑制剂的固体表面润湿性实验表明，该抑制剂可将固体表面的润湿性从亲水亲油状态转变为超双疏状态。

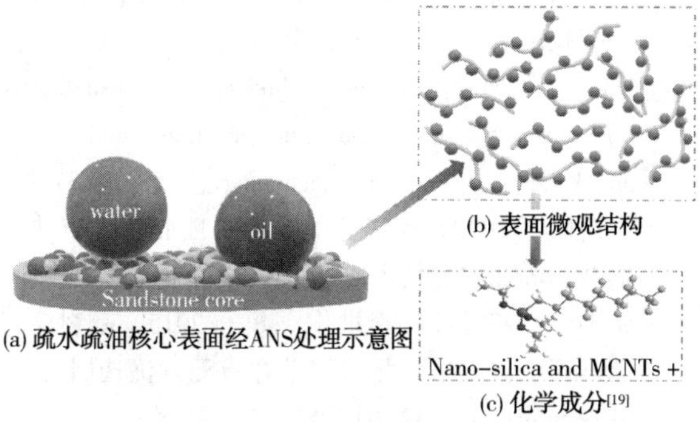

图 13　双疏抑制剂 XZ-SSJ 微观作用示意图

在二者的协同作用下，泥饼可实现超强疏水效果，其疏水作用机理如图 15 所示。

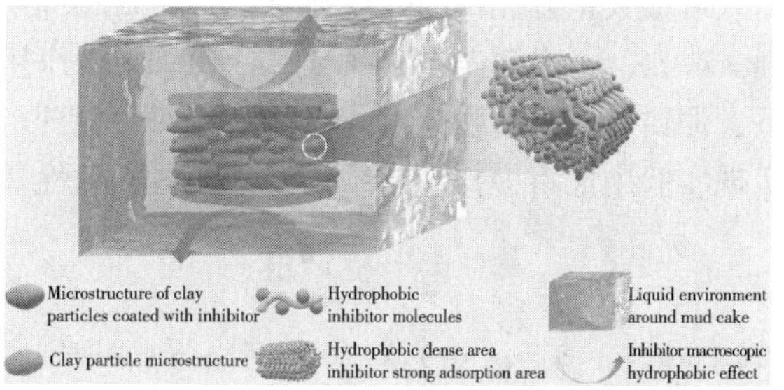

图 14　疏水机理示意图

(2) 水和二氧化硅中的半刚性纤维能够封堵泥饼中的孔道，帮助形成致密泥饼，防止其破坏和滤液流失。聚羧酸类梳状大分子 MF-508 通过与泥浆中的钙离子螯合作用，生成稳定的螯合物，使泥饼颗粒相互结合，提升泥饼内部结构的胶结强度。LGE-1 主要是高分子长链物质，QX-Ⅲ则为碱性无机盐。高分子长链为粘土颗粒提供支撑，而无机盐填充颗粒间的空隙，促进水泥滤液中的分子进入。QX-Ⅲ能够激活泥饼中的活性硅酸根，促进 $Ca(OH)_2$ 和硅酸盐凝胶的生成，这些凝胶提高了泥饼的致密性与相容性。$Ca(OH)_2$ 覆盖在粘土颗粒表面，阻止其水化，提升泥饼硬度和强度。LGE-1 吸附在粘土颗粒层间，生成 C-S-H 凝胶和 $Ca(OH)_2$ 硬化体，进一步改善泥饼的致密性、增强抗水侵能力，并提高泥饼的结构完整性和长效性。

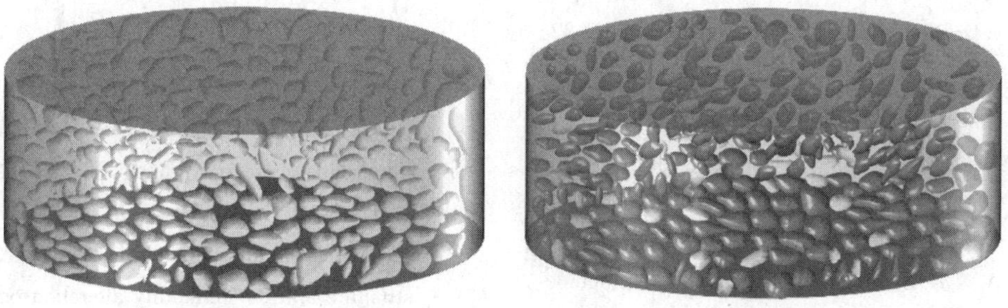

(a) 使用泥饼固化剂前
(白色部分为泥饼中疏松结构空隙)

(b) 使用泥饼固化剂后
(蓝色部分为泥饼固化剂填充固化反应后状态)

图 15　泥饼固化剂固化机理

从图 15(a)中可以看出，在未使用泥饼固化剂时，泥饼泥饼表面及内部结构疏松，强度、硬度低。从图 15(b)中可以看出，使用泥饼固化剂之后泥饼内部发生固化反应形成致密固化层，可有效填充泥饼内部疏松结构，从而解决强度硬度低等问题。

3　结论

(1) 可通过实验室制备低渗透泥饼的方法，来模拟低渗地层的真实渗透环境。其有效渗透率可控制在 5.9×10^{-4}mD ~ 1.1×10^{-3}mD，泥饼的厚度可控制在 3.1mm ~ 3.6mm。

(2) 在制备的低渗泥饼的基础上，通过金属银针来进行人工造缝，控制裂缝的宽度，可达到模拟真实裂缝的目的。本文章推荐造缝数量 9 个，加热时间为 2h，裂缝倾角为 90°且裂缝的排列方式为矩阵型来作为裂缝模拟评价标准。

(3) 泥饼固化剂 LGE-1 和活化剂 QX-Ⅲ的

加入可极大提升泥饼的强度与质量，在双疏抑制剂 XZ-SSJ 和成膜剂 XZ-CMJ 二者的协同作用下，泥饼可实现超强疏水效果，基于两大机理可实现实验中泥饼模拟裂缝结构完整性与长效性。

参 考 文 献

[1] Liu, Y., T. Song & Y. Xu. (2016) A new evaluation method for micro-fracture plugging in high-temperature deep wells and its application: A case study of theXushen Gas Field, Songliao Basin. *Natural Gas Industry B*, 3, 158-164.

[2] Gholami, R., H. Elochukwu, N. Fakhari & M. Sarmadivaleh. (2018) A review on borehole instability in active shale formations: Interactions, mechanisms, and inhibitors. Earth-Science Reviews, 177, 2-13.

[3] Wang, B., J. Sun, F. Shen, W. Li & W. Zhang (2020) Mechanism of wellbore instability in continental shale gas horizontal sections and its water-based drilling fluid countermeasures. Natural Gas Industry B, 7, 680-688.

[4] Liu J, Guo B, Qiu Z. (2019) Experimental investigation on wellbore strengthening mechanism and tight fracture plugging drilling fluid based on granular matter mechanics [C]//International Petroleum Technology Conference. IPTC: D031S070R005.

[5] Qiu, Z., W. Wang, B. Dong, H. WANG & D. Bao. (2015) Study and Application of Micro-nano Plugging Technology. Drilling Fluid & Completion Fluid, 32, 6-10.

[6] Ramandi, H. L., R. T. Armstrong & P. Mostaghimi. (2016) Micro-CT image calibration to improve fracture aperture measurement. Case studies in nondestructive testing and evaluation, 6, 4-13.

[7] Ahmadi, A. & H. Zenner. (2005) Simulation of microcrack growth for different load sequences and comparison with experimental results. International journal of fatigue, 27, 853-861.

[8] F, G. and H. Z. (2008). "Experimental evaluation of leakage prevention and plugging in deep fractured reservoirs." Prospecting Engineering: Geotechnical Drilling Engineering 35(7): 80-83.

[9] Z, Q. and X. W, et al. (2009). "Fractured core evaluation method and reservoir protection technology." Drilling and Completion Fluids 26(3): 16-19.

[10] X, C. and X. P, et al. (2012). "Plugging properties and mechanism of new plugging agent FDJ-EF." Fault block oil and gas fields 19(2): 249-252.

[11] Contreras, O. and G. Hareland, et al. (2014). Application of in-house prepared nanoparticles as filtration control additive to reduce formation damage. SPE International Symposium and Exhibition on Formation Damage Control, OnePetro.

[12] 石秉忠，胡旭辉，高书阳，等.(2014). 硬脆性泥页岩微裂缝封堵可视化模拟试验与评价[J]. 石油钻探技术，(3): 32-37.

[13] Hou, J. (2017). A new method for the evaluation of micro - nano crack plugging in hard and brittle shale. Petroleum Drilling Technology, 45, 32-37.

[14] 张健伟.(2020) 水基钻井液泥饼性能调控方法及固井弱界面增强技术研究[D]. 东北石油大学.

[15] 张洪伟，左凤江，李洪俊，等.(2015) 微裂缝封堵剂评价新方法及强封堵钻井液配方优选[J]. 钻井液与完井液，32(6): 43-45.

[16] 糜利栋，姜汉桥，李俊键，等.(2014) 页岩储层渗透率数学表征[J]. 石油学报，(5): 928-934.

[17] 苏玉亮，王霞，李涛，等.(2006) 天然裂缝对油藏开采特征的影响[J]. 钻采工艺，29(6): 41-41.

[18] Jiang, G. C., T. Dong, X. Zhang, Y. Li, L. Zhao & P. LIU. (2018). Study and Application of a New High-Performance Water Base Drilling Fluid XZ. Drilling Fluid and Completion Fluid, 35, 49-55.

[19] Ni, X., G. Jiang, F. Liu & Z. Deng. (2018). Synthesis of an amphiphilic nanofluid with a novel structure and its wettability alteration on low-permeability sandstone reservoirs. Energy & Fuels, 32, 4747-4753.

[20] 李欣.(2017) 水基钻井液泥饼的增强方法及机理研究[D]. 东北石油大学.

压后返排动态分析方法在川南深层页岩气井的应用

叶翠莲[1]　苏　镖[1]　乔智国[1]

（中石化西南油气分公司石油工程技术研究院）

摘　要　通过对页岩气水平井分段压裂后返排特征分析，基于返排初期符合流动物质平衡的假设，建立了页岩气水平井分段压裂后评估分析方法，实现利用压后返排初期数据进行有效裂缝体积、裂缝综合压缩系数、有效裂缝复杂程度、压裂液产能效率等压后评估关键参数迭代计算方法。以两口页岩气分段压裂水平井为例，开展了压裂后评估分析计算，计算结果表明压裂过程液体造缝效率达到83~88%，对长期稳产有贡献的裂缝体积有效率在23~40%；提高加砂强度、采用低中粘压裂液、强化缝口暂堵、返排初期控制排液速度等措施，更有利于提高有效裂缝体积和压裂液产能效率，从而提高气井稳产能力。结果表明，建立的压裂后评估分析方法实现了改造施工和气井稳产能力的统一评价，具有指导压裂工艺迭代优化的实用性。

关键词　页岩气；体积压裂；压裂液返排；动态分析；裂缝体积；压后评估

中国历经10余年的页岩气压裂理论创新与工程实践，已形成中浅层（<3500m）海相页岩气压裂理论与技术体系，支撑了海相页岩气规模效益开发。中国深层-超深层页岩气技术可采资源量占页岩气总可采资源量的56.63%，实现深层-超深层页岩气高效开发是页岩气产业发展和保障油气安全的主战场。随着埋藏深度的增加，构造复杂程度、地层温度和压力增加，地层闭合压力、地应力差、杨氏模量和抗压强度等力学参数也都不同程度的增大。导致深层页岩压裂形成的裂缝网络复杂程度和支撑效率低、改造体积小，在一定程度上使得深层页岩气井虽然通常初始产量较高，但递减速度快。为实现深层页岩气效益开发，借鉴四川盆地3500m以浅页岩气规模效益开发的成功经验，往往采用更大的改造排量、更高的加砂强度和用液强度，以增加深层页岩储层裂缝的复杂程度、维持高闭合压力下的支撑裂缝导流能力，但压裂液造缝效率及对气井产能影响的评价技术尚未成熟。

近十年来，学者们开始尝试利用体积压裂井早期返排数据进行有效缝网体积等裂缝特征信息分析，基于不稳定渗流理论，通过分析期间产液和压力数据，可以反演初始有效裂缝体积、裂缝压缩系数、返排过程裂缝体积损失等参数，以分析评价压裂效果，甚至评价返排制度对压裂效果的影响。学者们在利用早期返排数据分析裂缝有效体积时，大多将页岩复杂裂缝视为均质系统，对压裂液效率的评价主要关注压裂过程，然而返排期间裂缝会发生闭合，不连通的裂缝孔隙体积对气井生产无益，因此需要分析投产后（气体大量产出阶段）对气井生产有贡献的压裂液效率。本文基于裂缝闭合过程遵循流动物质平衡方法，同时将裂缝闭合过程视为拟稳态流动，提出基于压后返排初期裂缝有效体积迭代计算方法，并以川南深层页岩气两口井数据进行实例对比分析，为页岩气井体积压裂效果评价提供参考。

1　川南深层页岩气水平井压裂后返排特征分析

川南深层页岩气井页岩气水平井体积改造后，一般开井排液10~15天，气产量大于0.5万方/天，典型返排过程一般可以分为4个阶段，如图1所示。

（1）Ⅰ阶段是单相压裂液返排阶段，开井排液初期，时长约1天，该阶段仅产出液体，无气体产出，套压下降较快，表现为明显的裂缝闭合压实特征。

（2）Ⅱ阶段属于低产气阶段，该阶段主要产出压裂液，仅有微量天然气产出（气产量0.1万方/天），持续时间约10天，该阶段初期井口压力下降速度逐渐降低，受产出微量天然气影响，井口压力出现明显波动，表明裂缝内存在游离态天然气，随着液体不断排出，液体支撑的裂缝逐渐闭合。

（3）Ⅲ阶段是气相突破阶段，该阶段初期的 1~2 天，在油嘴不变、井口压力波动加大，气液产量增大，表明此时进入主缝外部的压裂液在气相突破作用推动下，开始向井筒流动，液体返排速度增大；此后 2~3 天内，井口压力、气液产量均出现明显增加，气产量一般大于 2 万方/天，此时表明水平井段储层内气相逐渐突破液相封锁，气体携液能力增强，返排效率提升。

（4）Ⅳ阶段是加速排液阶段，该阶段随着产气井段越来越多，气产量一般大于 5 万方/天，并逐渐增加，产液量逐渐下降，由于气体携液能力加强，井筒压降降低，井口压力上升。

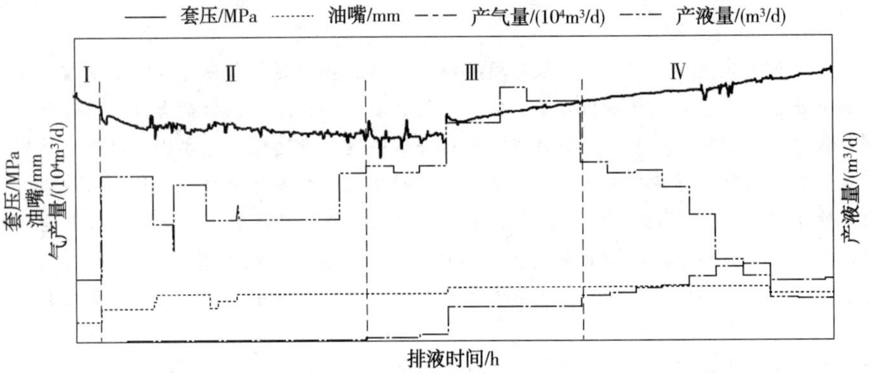

图 1　压后返排典型阶段特征示意图

2　页岩气井压后评估模型与求解方法

2.1　返排初期流动物质平衡方程

返排压裂液和生产页岩气的主要驱动力是由压裂液膨胀、裂缝闭合压实、裂缝中自由气膨胀以及基质页岩气窜流供给组成。这四种驱动力在不同的返排期所起的作用有所不同，根据物质平衡理论，在压后返排初期，仅考虑裂缝闭合压实因素的影响，即当裂缝闭合是压裂液返排的主要驱动机制时，可认为井口累计返排液体积近似等于返排过程中闭合的初始有效裂缝体积。

建立考虑复杂裂缝闭合作用下的页岩气压裂水平井返排初期裂缝体积变化数学模型，基本假设如下：①返排初始时刻有效裂缝内充满压裂液，忽略压裂关井期间置换的少量天然气；②返排初期支撑剂尚未被压实，砂支撑主缝体积可认为等于地面砂堆视体积，忽略支撑剂回流；③主、次缝具有相同的裂缝压力，返排初始时的裂缝压力等于当时的井底流压，忽略水平井段沿程压降和井筒储集效应；④返排初期井口产液主要由有效裂缝闭合控制，忽略基质流体供给；⑤考虑复杂裂缝闭合作用，主、次缝分别具有对应支撑模式下的恒定裂缝压缩系数；⑥压裂液微可压缩，具有恒定的黏度和体积系数；⑦裂缝闭合返排过程满足拟稳态流动。

基于上述假设认识，经过复杂整理，建立计算初始有效裂缝体积的物质平衡方程如下：

$$\frac{q_w}{p_{wfi}-p_{wf}}=J_w-\frac{J_w}{V_{ef}}\left[\frac{W_p}{C_{tf}(p_{wfi}-p_{wf})}\right] \tag{1}$$

$$C_{tf}=\frac{V_s}{V_{ef}}C_{hf}+\frac{V_{ef}-V_s}{V_{ef}}C_{sf}+C_w \tag{2}$$

式中，q_w 为压裂液产量，m^3/d；p_{wfi} 为返排初始时的井底流压，MPa；p_{wf} 为返排某时刻的井底流压，MPa；J_w 为返排初期排液指数，(m^3/d). MPa；V_{ef} 为初始有效裂缝体积，m^3；W_p 为返排某时刻的累计返排压裂液量，m^3；C_{tf} 为裂缝综合压缩系数，MPa^{-1}；V_s 为入地砂量视体积，m^3；C_{hf} 为主缝压缩系数，MPa^{-1}；C_{sf} 为次缝压缩系数，MPa^{-1}；C_w 为压裂液压缩系数 MPa^{-1}。

在致密低渗页岩储层进行水力压裂时，高压迫使压裂液绝大部分进行造缝并充填其中，同时少部分液体在压差作用下向地层滤失；由于绝大部分的压裂液将进行水力压裂造缝并充填在裂缝中，从而获得很大的裂缝体积。评价压裂效果，就是要准确计算初始裂缝体积以及裂缝闭合后的有效裂缝体积。由于水力压裂裂缝只能沟通部分天然裂缝，未被沟通的天然裂缝，尽管在微地震资料中明显可见，但对水平井产能没有贡献，因此不能算为有效裂缝孔隙体积。压裂液返排过程中，部分裂缝闭合会导致裂缝孔隙体积减小，因此有效裂缝孔隙体积就是初始有效裂缝体积减去返排过程中损失的裂缝体积，基于页岩气井返排特征，可近似认为返排过程损失的裂缝体积近似等于气体大量产出前的井口返排液量。

$$V'_{ef}=V_{ef}-W_{pc} \quad (3)$$

式中，V'_{ef}为有效裂缝体积，m^3；W_{pc}为气体大量产出前的井口返排液量，m^3。

2.2 流动物质平衡方程求解方法

2.2.1 初始有效裂缝体积和裂缝综合压缩系数的求

（1）收集压后返排数据，得到 V_s、p_{wfi}，以及不同时间下的 p_{wf}、q_w、W_p；根据室内实验或经验关系，确定压裂液和裂缝压缩系数 C_{sf}、C_{hf}、C_w。

（2）将初始值带入式(2)计算 C_{tf1}，将 C_{tf1}和初始参数值带入式(1)，计算压力归一化产量 $\frac{q_w}{p_{wfi}-p_{wf}}$和归一化累计产液量$\frac{W_p}{C_{tf}(p_{wfi}-p_{wf})}$。

（3）绘制纵坐标为 $\frac{q_w}{p_{wfi}-p_{wf}}$，横坐标为 $\frac{W_p}{C_{tf}(p_{wfi}-p_{wf})}$的动态分析曲线，线性拟合裂缝闭合控制阶段数据，得到拟合直线与横坐标轴的交点值，该值即为初始有效裂缝体积 V_{ef1} 的计算值。

（4）将 V_{ef1}带入式(2)，计算得到 C_{tf2}，对比 C_{tf2}与 C_{tf1}，不满足公差范围要求，则重新将 C_{tf2}带入式(1)，重复步骤(2)、(3)、(4)，直到满足公差要求，得到 C_{tf}和 V_{ef}。

2.2.2 有效裂缝复杂程度计算

有效裂缝复杂程度（fracture complexity index，FCI）是指有效次缝体积 V_{sf}占初始有效裂缝总体积 V_{ef}的百分比，用于表征返排过程对产液有贡献的有效裂缝复杂程度。FCI 值越高，代表液体形成的有效裂缝体积越大。

$$FCI=\frac{V_{ef}-V_s}{V_{ef}}\times 100\% \quad (4)$$

式中，FCI 为液体形成的有效裂缝复杂程度，%。

2.2.3 压裂液产能效率计算

压裂液产生的有效裂缝体积是评价水力压裂“造缝”规模的重要参数，通常采用压裂液效率(fluid efficiency，FE)进行评价，即初始有效裂缝体积 V_{ef}占入地总液量 V_i的百分比，但初始有效裂缝体积仅代表对初期产液有贡献的裂缝体积，随着返排进行，初始有效裂缝体积会不断缩小，当储层油气大量产出时，对应的有效裂缝体积才是对油气井生产有贡献的，因此采用有效裂缝体积 V'_{ef}与入地总液量 V_i的百分比表征压裂液效率更为准确。

$$FE=\frac{V'_{ef}}{V_i}\times 100\%=\frac{V_{ef}-W_{pc}}{V_i}\times 100\% \quad (5)$$

式中：FE 为见产后的压裂液产能效率,%；V'_{ef}为油气大量产出时对应的有效裂缝体积，m^3；V_i为入地总压裂液量，m^3。

3 应用分析

3.1 基础参数

以川南深层页岩气水平井 JS103、JY3 为例，利用上述计算模型和计算方法分析返排初期数据，进行压后评估。其中 JS103 井为了验证改造效果，对水平段分两批次进行改造施工。具体参数如下：

表 1 JY3 和 JS103 井基础参数对比表

数据项	JY3	JS103	数据来源
水平段长/m	2200	2005	实测
全烃/%	1. 1~38. 2/12. 7	0. 35~15. 63/12. 60	实测
C1/%	1. 0~38. 0/11. 25	0. 13~12. 69/2. 14	实测
TOC	0. 2~0. 83/0. 4	0. 16~0. 9/0. 63	实测
含气量	2. 17~4. 21/3. 06	0. 54~4. 8/3. 25	实测
孔隙度	2. 57~4. 28/3. 43	1. 89~5/3. 31	实测
地压系数	1. 58	1. 47	实测
脆性矿物含量	57. 52~77. 41/67. 73	66. 3~86. 8/73. 6	实测
泊松比	0. 18~0. 25/0. 21	0. 17~0. 23/0. 20	实测
杨氏模量/GPa	31. 15~46. 21/38. 34	34. 24~46. 45/39. 7GPa	实测

续表

数据项	JY3	JS103		数据来源
水平段 σ_H/MPa	85.53~95.59/88.97	77.67~100.42/85.63		实测
水平段 σ_h/MPa	72.73~76.36/73.46	72.98~74.00/73.94		实测
水平应力差/MPa	12.17~19.24/15.53	7.78~19.06/11.54		实测
裂缝发育情况	欠发育	较发育		实测
改造段长/m	2259	1766(不含套变丢段 274m)		实测
段/簇数(段/簇)	32/178	18/81	8/29	实测
主体段长/m	44~89/70.6	51~118/69.7	47~90/64	实测
单段簇数	3-7，主体 5 簇	3-6/4	3-4/4	实测
总有效压裂液量/m^3	58328	31094	17516	实测
总砂量/m^3	4599	1641，综合砂液比 5.3%	721，综合砂液比 4.1%	实测
排量/(m^3/min)	15~18	15~18	17~20	实测
用液强度/(m^3/m)	25.8	10~42/26.5	23~54/34	实测
加砂强度/(m^3/m)	2.04	0.4~1.8/1.4	0.9~2.2/1.41	实测
液体组合/m^3	低/中/高/胶液=20：53：9：18	低/中/高/交=4/30/42/24	低/中/高/交=16/32/19/33	实测
支撑剂类型	70~140 砂/40/70 砂/40/70 陶=24/43/33	70~140 砂/40-70 陶/30/50 陶=24/74/2	70~140 砂/40-70 陶=35/65	实测
暂堵段数/规模	29 段(缝内 2、缝口 22、缝内+缝口 5)	11 段(缝口 1+缝内 10)	2 段	实测
其他	高效铺置 4 段		1~4 段液氮 143.2 方	实测
微地震事件点/个	3313	2908	497	实测
强能量(>0)占比/%	16	39	16.5	实测
改造体积 SRV/10^4m^3	8460	3881	4379	实测
改造体积 DNS-SRV/10^4m^3	4132	1822	2108	实测
C_{hf}/MPa^{-1}	0.011	0.011		文献 7
C_{sf}/MPa^{-1}	0.032	0.032		文献 7
C_w/MPa^{-1}	0.0005	0.0005		文献 7

3.2 改造效果评价

根据表 1 所示两口井基础数据，收集相关返排数据，采用上述计算分析方法，绘制两口井的返排数据见图 2、图 3、图 4 所示。

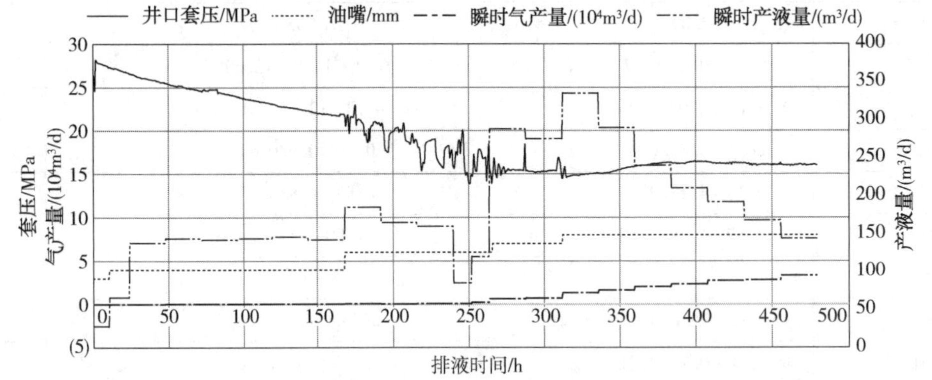

图 2 JS103 井第 1 次压后返排初期数据图

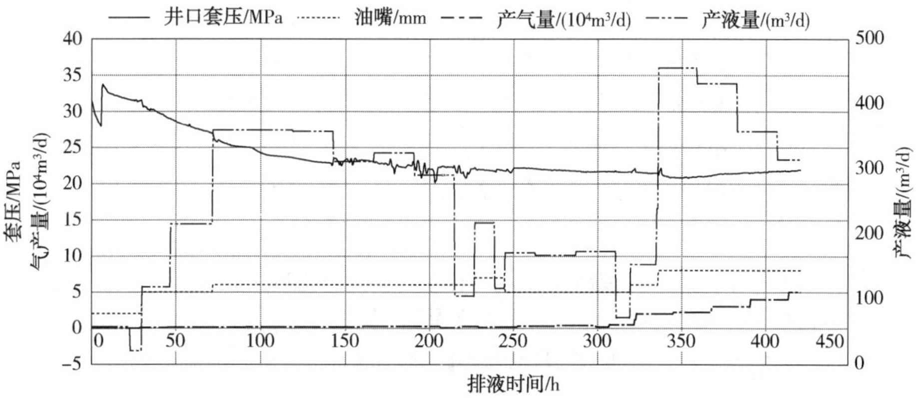

图 3　JS103 井第 2 次压后返排初期数据图

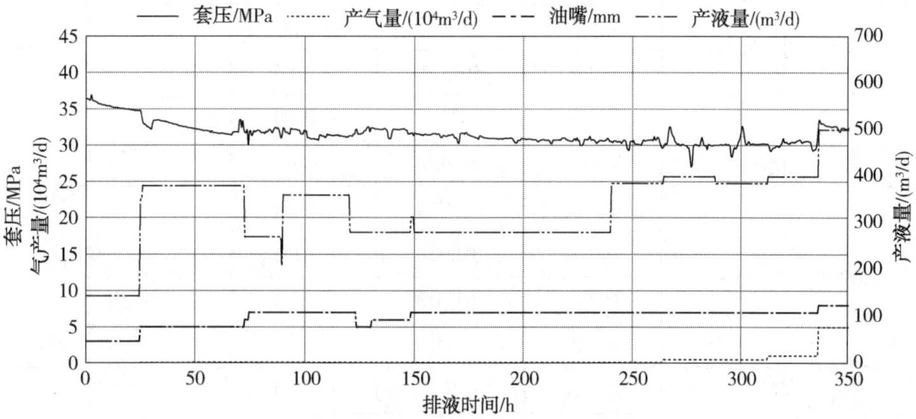

图 4　JY3 井返排初期数据图

在 JS103 井第一次压后排液，在第一阶段(约 0~265h)开井排液即见微量气产出(0.02 万方/天)，随着排液时间增加，气产量未见明显增加，表明该阶段产出气主要为水力裂缝或天然裂缝内的游离气，主裂缝外围及远端基质内天然气未运移至裂缝内，该阶段产出液体主要受裂缝闭合影响。第二次压裂后，在第一阶段排液就见微量气(0.01 万方/天)，返排约 258h 后气产量增加至 0.3 万方/天，直至排液 312h 后气产量增加至 0.5 万方/天。

在 JY3 井第一阶段(约 0~264h)开井初期只有液体产出，返排约 26h 后才有微量天然气产出(0.01 万方/天)，持续返排至 264h，微量天然气持续产出但未增大，表明该阶段同样属于裂缝闭合阶段，主裂缝外围及远端基质天然气未运移至裂缝内。

根据建立的是早期返排数据解释方法，将已知初始参数数据带入方程(1)(2)，对两口井初始返排阶段数据进行动态分析，绘制动态分析曲线如图 5、图 6、图 7 所示。根据拟合方程，得到两口井初始有效裂缝体积，进行迭代计算，最终得到 JS103 井两次压裂和 JY3 井压裂初始有效裂缝体积 V_{ef} 为 8379.9m^3、11032.4m^3 和 36570.97m^3。按照建立的计算方法，分别计算两口井的 FCI 和 FE 值，结果见表 2 所示。

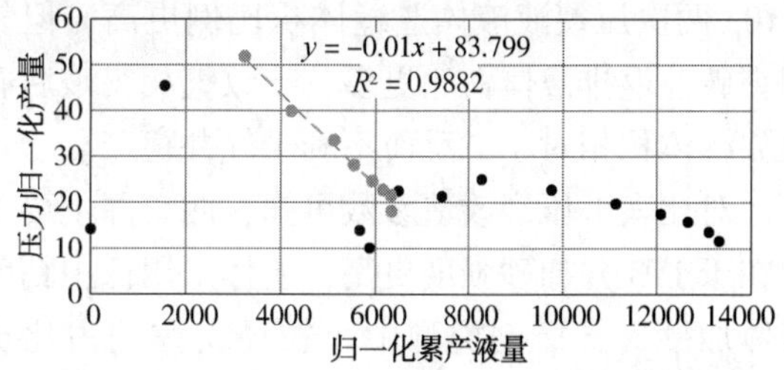

图 5　JS103 井第一次压后返排动态分析曲线

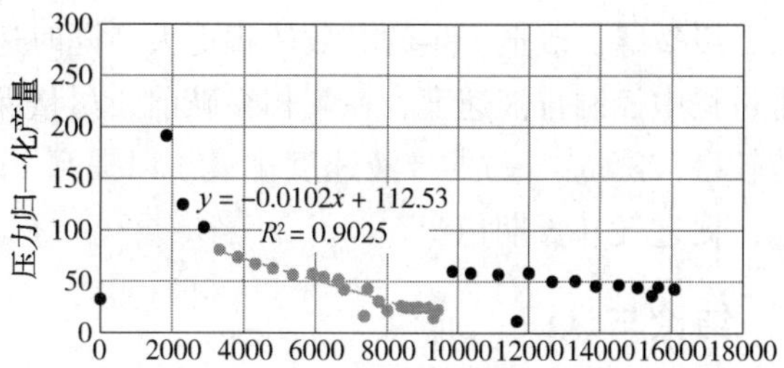

图 6　JS103 井第二次压后返排动态分析曲线

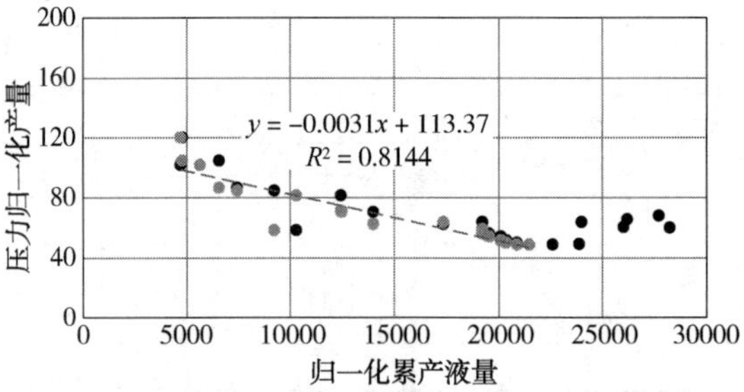

图 7　JY3 井返排动态分析曲线

表 2　JS103 和 JY3 井返排早期数据动态分析结果

井号	V_i/m³	V_s/m³	迭代次数	V_{ef}/m³	C_{tf}/MPa⁻¹	FCI/%	FE/%
JS103(第 1 次)	17516	721	第 1 次	8379. 9	0. 0307	88. 13	27. 5
			第 2 次	5943. 2	0. 0300		
			第 3 次	6072. 4	0. 0300		
			第 4 次	8379. 9	\ \		
JS103(第 2 次)	31094	1641	第 1 次	11032. 4	0. 0294	84. 09	23. 42
			第 2 次	10223. 0	0. 0291		
			第 3 次	10314. 3	0. 0292		
			第 4 次	10314. 3	\ \		
JY3	58328	4599	第 1 次	36570. 97	0. 0299	83. 47	39. 82
			第 2 次	27176. 74	0. 0289		
			第 3 次	27823. 81	0. 0290		
			第 4 次	27823. 81	\ \		

从计算结果可知，JS103 两次压裂返排分析得到的 FCI 值大于 JY3，FE 值小于 JY3，表明 JS103 两次压裂液液体造缝体积比例更高，但气相突破前返排液体占比更多，导致气相突破后有效裂缝体积相对小，反而不利于气井稳产。

对比表 1 压裂改造参数可知，两口井主要差异在于 JY3 井加砂强度更高，主体采用低中粘度液体加砂，支撑剂类型中小粒径支撑剂占比更多，暂堵压裂施工段数更多，并以缝口暂堵为主，上述多因素差异，导致 JY3 支撑剂更容易进入二级裂缝，改造产生的有效体积更大；同时返排过程中控制排液速度，在气相突破前，尽量保持较小(280m³/d±)的排液速度排液，以提高 FE 值，促进气井长期稳产。

4　结论与认识

(1) 以压裂后返排初期流动物质平衡方程为基础，建立了页岩气水平井分段压裂后评估分析模型，设计了有效裂缝体积和裂缝综合压缩系数迭代求解方法，该模型和方法能够利用压后返排初期阶段压力、排液量等数据，开展液体形成的有效裂缝复杂程度、压裂液产能效率评估计算，形成了页岩气改造与气井稳产能力评估的量化评价方法。

(2) 通过对两口实际施工井开展压后返排动态分析，验证了模型和量化后评估方法的可行性；对比两口井改造施工参数和后评估分析结果表明，提高加砂强度、采用低中粘压裂液、强化缝口暂堵、返排初期控制排液速度等措施，更有利于提高有效裂缝体积和压裂液产能效率，从而提高气井稳产能力。

参 考 文 献

[1] 郭建春，赵志红，路千里，等．深层页岩缝网压裂关键力学理论研究进展[J]．天然气工业，2021，41(01)：102-117.
[2] 赵金洲，雍锐，胡东风，等．中国深层—超深层页

岩气压裂：问题、挑战与发展方向[J]. 石油学报，2024，45(01)：295-311.
[3] 唐登济，曾波，宋毅，等. 基于返排数据的页岩气有效缝网体积反演方法[C]//中国石油学会天然气专业委员会. 第33届全国天然气学术年会(2023)论文集(03非常规气藏). 中国石油西南油气田公司页岩气研究院；西南石油大学；，2023：11. DOI：10.26914/c.cnkihy.2023.071459.
[4] 虞绍永. 基于早期返排历史数据的水平井分段压裂效果评价方法[J]. 石油钻探技术，2021，49(06)：1-7.
[5] FU Y，DEHGHANPOUR H，MOTEALLEH S，et al. Evaluating fracture volume loss during flowback and its relationship to choke size：fastback vs. slowback[J]. SPE Production & Operations，2018，34(3)：615-624.
[6] FU Y，DEHGHANPOUR H，EZULIKE D O，et al. Estimating effective fracture pore volume from flowback data and evaluating its relationship to design parameters of multistage-fracture completion[J]. SPE Production & Operations，2017，32(4)：423-439.
[7] 廖凯，陈绩，谢勃勃，等. 基于返排动态分析的页岩油井压后评估方法[J]. 科学技术与工程，2023，23(24)：10273-10280.
[8] Alkouh A，Mcketta S，Wattenbarger RA. Estimation of effective fracture volume using water-flowback an dproduction data for shale-gas wells[J]. Journal of Canadian Petroleum Technology，2014，53(5)：290-303.
[9] Ghanbari E，Dehghanpour H. The fate of fracturing water：a field and simulation study[J]. Fuel，2016，163：282-294.

威荣深层页岩气排采工艺决策技术研究

刘 通[1] 雷 炜[1] 张国东[1] 卢 波[1] 倪 杰[1]

(1. 中国石化西南油气分公司石油工程技术研究院)

摘 要 排采工艺的正确决策对威荣深层页岩气效益开采至关重要。首先通过评价优选，建立了适用于威荣页岩气不同生产阶段的组合压降计算模型；其次通过对测压数据的持液率反演以及流型分析，建立了基于井底持率预测的积液程度分级方法；再次通过引入流压系数、积液程度，结合排采工艺适应性，建立了威荣页岩气全生命周期排采工艺决策方法；最后开发了排采工艺决策软件。结果表明：①威荣页岩气组合压降计算模型误差在±5%以内，满足井底流压计算精度要求；②基于井底持率预测的积液程度分级方法，划分了5种积液程度，实现了气井分类管理；③威荣页岩气全生命周期排采工艺决策方法，考虑了地层能量、积液程度、排采工艺适应性的综合影响，支撑了排采决策与策略调整；④排采决策系统实现了自动预测井下工况，自动提示异常，自动推荐措施，提高了决策效率。新技术为同类页岩气田的排采提效提供借鉴，也为智慧气田新质生产力发展提供技术支持。

关键词 深层页岩气；威荣；积液；排水采气；决策；智能

威荣气田是我国首个规模开发的深层页岩气田，平均埋深3850m，主体采用泵送桥塞分段体积压裂工艺。在气田开发过程中，由于入地液量大，产水几乎伴随了气井的全生命周期，并且呈现初期高产水，产量压力递减快，后期低压低产期长的特点。因此气井全生命周期生产参数范围宽、变化速度快，排采决策难度大，效益开采面临挑战。

气井全生命周期的排采决策是一项系统工程，包括了井下工况诊断、积液程度预测、排采工艺优选、软件系统配套等。在气田前期开发过程中，借鉴了川西新场气田、苏里格气田、东胜气田等的决策管理经验，以及涪陵页岩气、长宁页岩气、威远页岩气等的决策管理经验。但是威荣深层页岩气面临了一些新的困难，例如埋藏更深(＞3800m)，平均水气比也更高(＞5 方/万方)，井下流动规律更为复杂，常规排采工艺接近技术边界；地层出砂导致柱塞、机采等工艺适应性较差；压窜频发导致低压老井复产困难；效益边际气田排采成本控制难度大等等。这些困难决定了威荣气田排采决策要更精细、更结合气田实际，不能简单套用传统经验，

为此立足于威荣页岩气实际情况，建立了适用于威荣页岩气不同生产阶段的组合压降计算模型，以及积液程度分级方法，并且基于威荣地层能量、积液程度、排采工艺适应性，建立了适合威荣页岩气全生命周期排采工艺决策方法；最后开发了排采工艺决策软件，支撑威荣页岩气田排采工艺正确决策与长期稳产。

1 井筒积液诊断方法

1.1 井底流压模型优选

井底流压的正确预测是气井积液诊断首要任务，为此收集了威荣页岩气2021~2024年的油管测压数据48组，对工程常用的6种多相流模型的计算精度进行评价，模型包括HB、BB、Gray、Ansari、Hasan、Aziz。结果发现6种模型预测精度均无法满足要求，究其原因是前3类模型只适用于连续携液井，对于积液井的流压预测偏小；而后3类机理模型主要适用于低气液比油井条件，对于气井的井底流压又偏大。

为了解决威荣深层页岩气井井底流压预测难题，对多相流模型进行了优选，建立了适用于威荣页岩气不同生产阶段的Gray+HB+Hasan组合压降计算模型。利用实测和计算流压正交图可以直观反映模型误差大小，如图1所示。从图可知，新模型将井底流压预测误差控制在了±5%以内，明显优于其他模型。

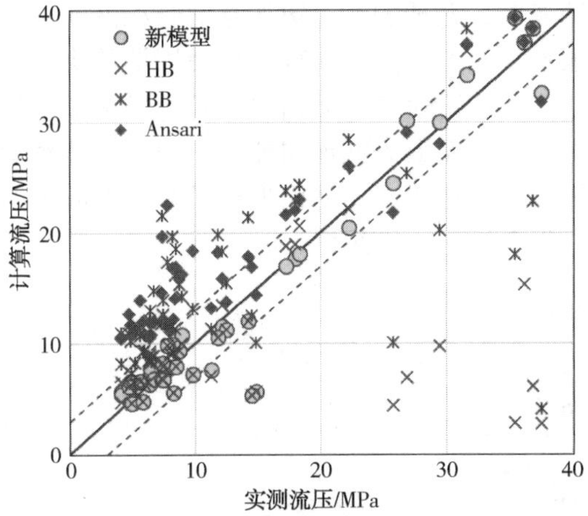

图 1　实测流压与预测流压正交图

1.2　积液程度分级方法

传统的携液临界气量模型只能判断积液时机，无法划分积液程度，不利于积液井的分类管理。为此提出了积液程度分级诊断方法。首先将威荣页岩气 48 组油管测压数据转化为持液率剖面参数，一方面消除摩阻对分析的影响，另一方面更直观的反映了积液的分布，如图 2 所示。从图中可知，积液是从井底开始堆积，并且从左至右逐步严重，反映了气井全生命周期的积液过程。

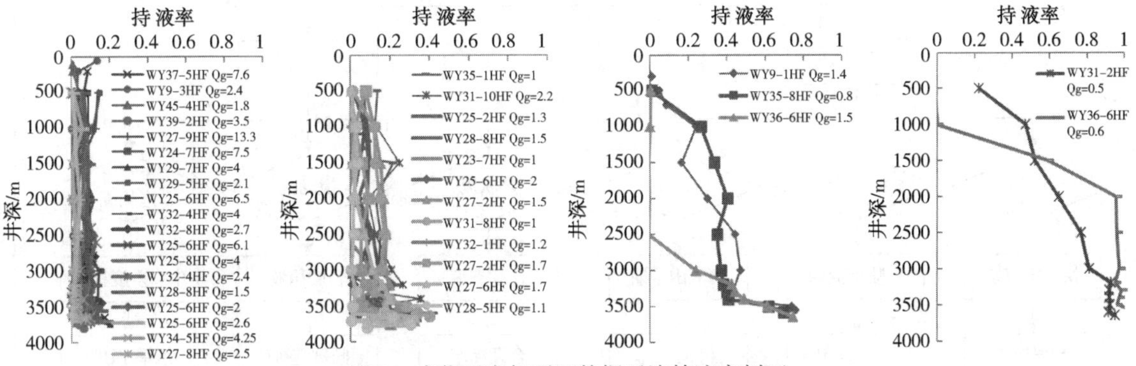

图 2　威荣页岩气测压数据反演持液率剖面

为了对不同的积液程度进行定量表征，将井底持液率范围与两相流流型相对应，将积液程度分为 5 类，第一类连续携液井，井底持液率 0~0.22，全环状流；第二类轻度积液，井底持液率 0.22~0.52，搅动流；第三类中度积液，井底持液率 0.52~0.75，段塞流；第四类重度积液，井底持液率 0.75~0.95，泡状流；第五类水淹停产，井底持液率 0.95~1，静水柱。在此基础上，通过多元非线性回归方法，建立了威荣页岩气井底持液率预测方法，将新模型与其他模型的预测结果进行对比，新模型精度更高，如图 3 所示。

利用新模型对威荣页岩气所有气井的井底持率进行预测，如图 4 所示。由图可知，轻度积液井、中度积液井、重度积液井的占比分别为 65%、8.5%、7.8%，新模型与传统携液模型相比，能够直观反映出气井积液程度的分布比例，更精准、更丰富。

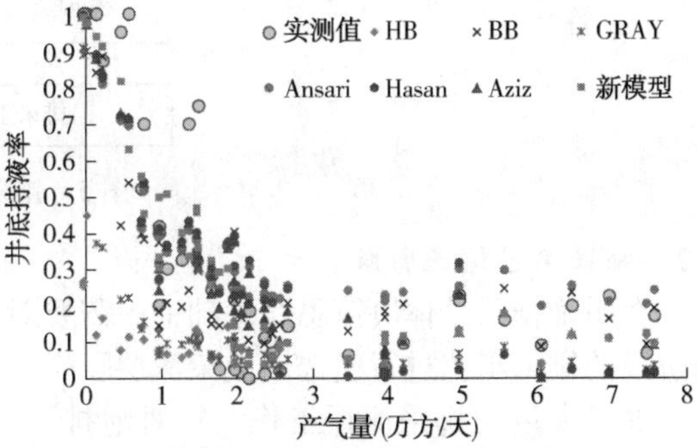

图 3　新模型与其他模型预测井底持液率对比

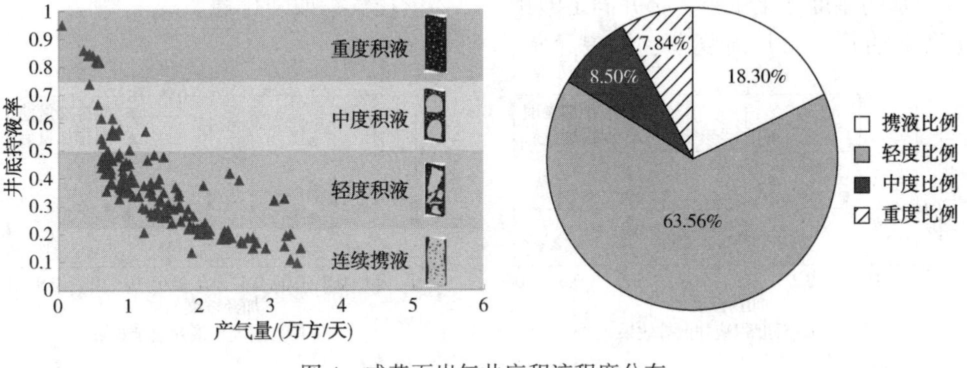

图 4　威荣页岩气井底积液程度分布

2 排采工艺决策方法

2.1 全生命周期决策思路

深层页岩气井全生命周期可分为4个生产阶段：第一是套管自喷期，合理配产，控制递减；第二是套管积液期，需及时下入油管；第三是油管携液期，合理配产；第四是油管积液期，需要排水采气稳产。为了实现全生命周期的决策，需要对这几个阶段的过渡边界进行定量表征，为此引入了流压系数表征地层能量，引入持液率参数定量表征积液程度，从而形成了如图5所示的全生命周期排采决策思路。

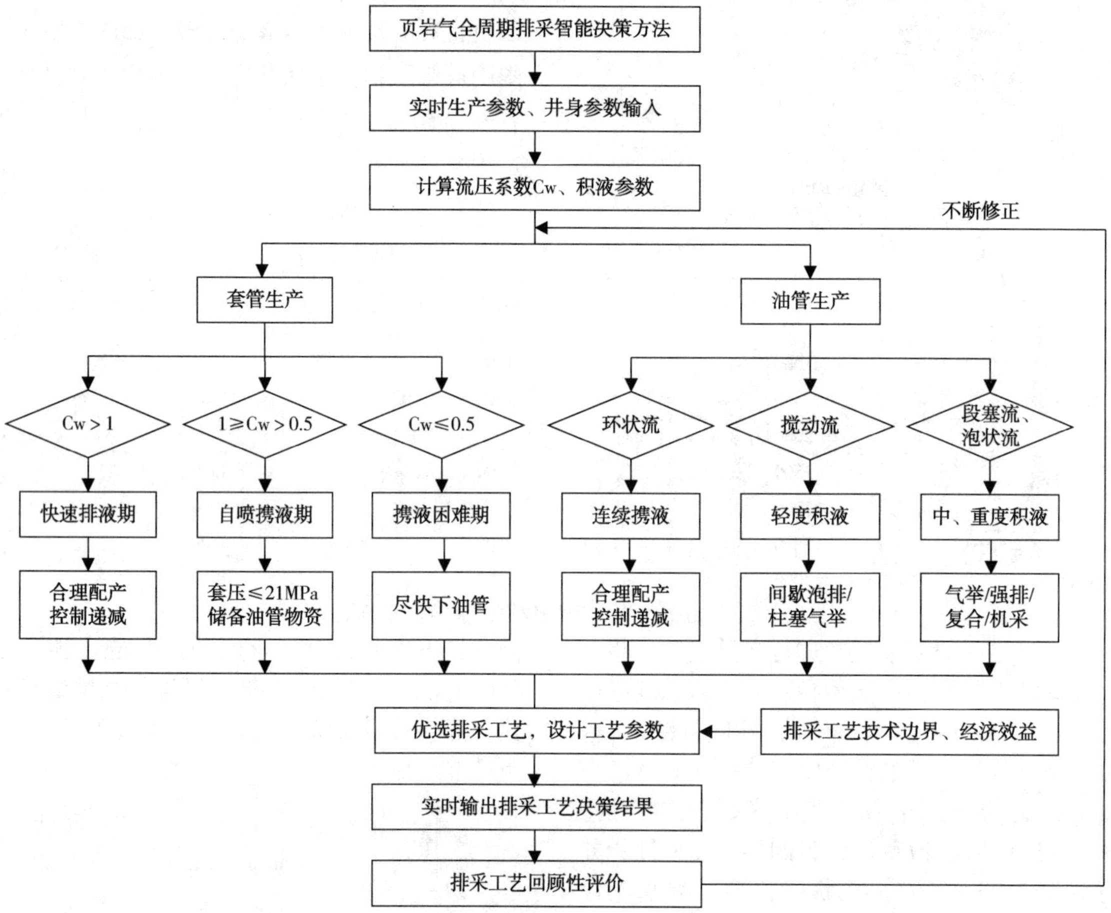

图5 排采工艺总体决策思路

2.2 排采工艺优选图版

在明确排采总体决策思路基础上，需要对不同阶段的排采工艺进行优选。威荣深层页岩气前期开展了大量的排采测评工作。针对泡排工艺，精选了12口中/重度积液井、6口轻度积液井开展加药浓度、加药制度优化试验，选井满足泡排作业条件(已下油管，无井筒复杂、压差异常、无柱塞)，药剂浓度达胶束浓度，每日加注1次或连续加注，试验前后的油套压差如图6所示。由图可知，泡排主要适用于轻度积液井，在中/重度积液井中效果差，究其原因可能是后者井底持液率过高，不满足起泡条件所致，因此后者主要依托气举或强排稳产。

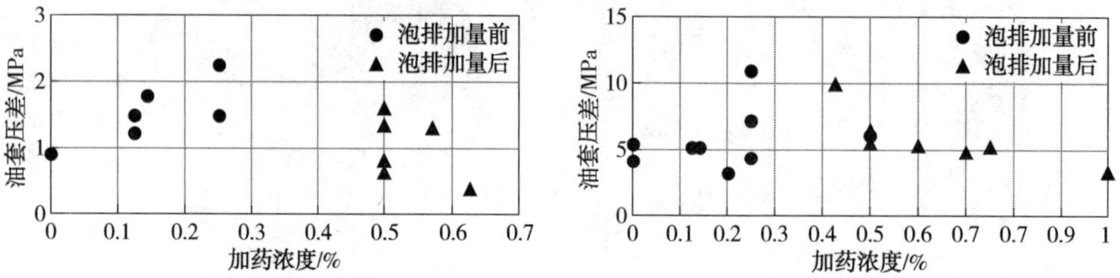

(a) 轻度积液井泡排效果　(b) 中、重度积液井泡排效果

图6 泡排工艺优化试验效果

气举工艺是目前威荣页岩气压窜水淹井复产的主要手段，几乎所有平台都部署了气举压缩机，回顾性评价显示，气举工艺能够有效解决中/重度积液井的排液难题。但是近期伴随地层能量的下降，气举将水压回水平段、“空举”现象开始增加。

针对部分积液柱>2500m 的水淹井，还探索了机采工艺。从设备稳定性、密封安全性、流程合理性看，机抽工艺的可靠性得到了验证。但是从排液效果看，供液能力不足(<10 方/天)、泵沉没度过低的井不适合机采。例如威页 39-7HF 井地层供液能力仅为 7~8 方/天，泵沉没度不足 100m，泵效降至 14%，效果差。

根据以上排采工艺的适应性评价，结合同类型气田的排采经验，形成了如下工艺优选图版(图 7)。从图中可知，目前威荣气田已进行生产中后期，以气举、泡排工艺为主；并且伴随着压力和水量的递减，对间开工艺需求会逐步加大。

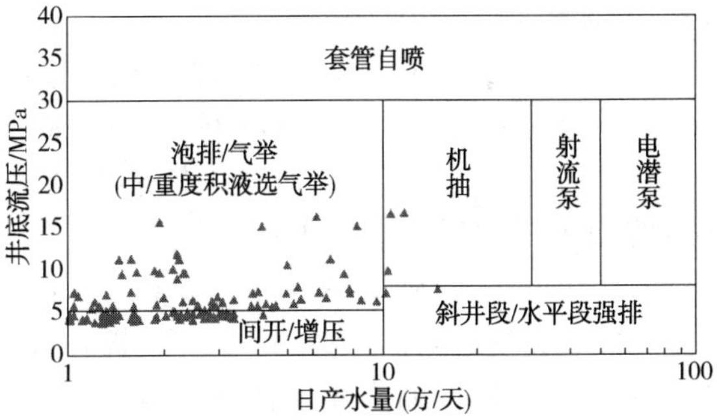

图 7　威荣深层页岩气排采工艺优选图版

3　排采工艺决策系统

3.1　系统开发

将前文的积液诊断模型、排采工艺决策模型植入软件中，开发了排采决策系统。新系统部署在了院监控服务器上(图 8)，与分公司气藏动态数据库相连接，每日自动计算、自动提示异常、自动提出措施建议，提高了管理决策效率。其中的模型算法通过了 100 多口井 2 年多的黑盒测试，其物性、多相流、工艺、决策代码的稳定性得到了验证。

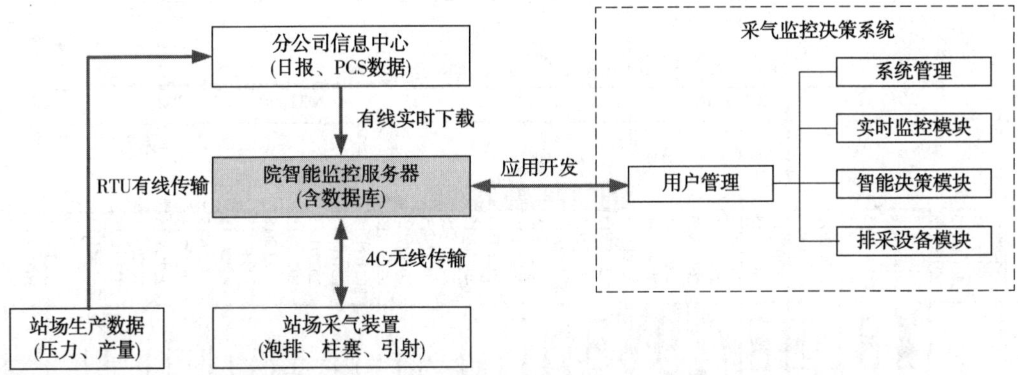

图 8　排采决策系统的物理构架

新系统在时间尺度上可实现威荣页岩气全周期采气决策、井下工况诊断、井筒异常诊断功能。在空间尺度上可实现单井单站分析、气田统计分析。其底层物性模型、诊断模型具有通用性和可扩展性，未来可拓展至其他页岩气田、致密气田，甚至海相气田。新系统还集成了泡排、柱塞等排采装置，为未来远程决策与现场联动的智能排采提供平台基础，系统部分界面如图 9 所示。

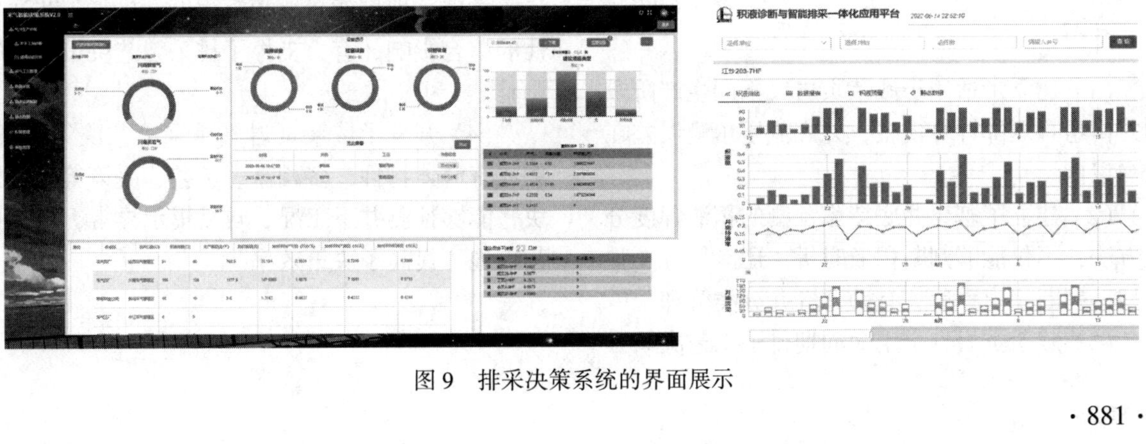

图 9　排采决策系统的界面展示

3.2 应用效果

新系统已推广应用于威荣深层页岩气田。2023年年底自动提示下油管17口井，自动提示泡排91口井、连续气举14口井、机采4口井；2024年以来自动提示泡排100口井，自动提示连续气举25口井，机采井2口，诊断结果有助于及时决策和策略调整。例如：(1)诊断下油管井中有6口未能按期实施，需优化现场调度；(2)2024年以来提示的泡排井占比增加，说明轻度积液井比例增大；(3)诊断井筒积液量、井底流压逐年降低，说明排采矛盾由初期的大液量强排液转变为低液位深掏空；(4)诊断大压差井、压差持平井较多，需加大对堵塞、穿孔等问题的排查力度。

以威页23-6HF井为例(图10)，当2020年4月流压系数降至0.5时，系统自动提示下油管，但由于调度原因未及时下油管，结果导致2020年6月水淹停产，与生产经验相符；后来于2020年11月下油管，2021年初诊断为油管轻度积液，与测压结果相符，后一直泡排稳产至今。系统同步输出该井井底流压、井底持率、井底流型、拟液柱高度、积液分级、异常告警等综合信息。

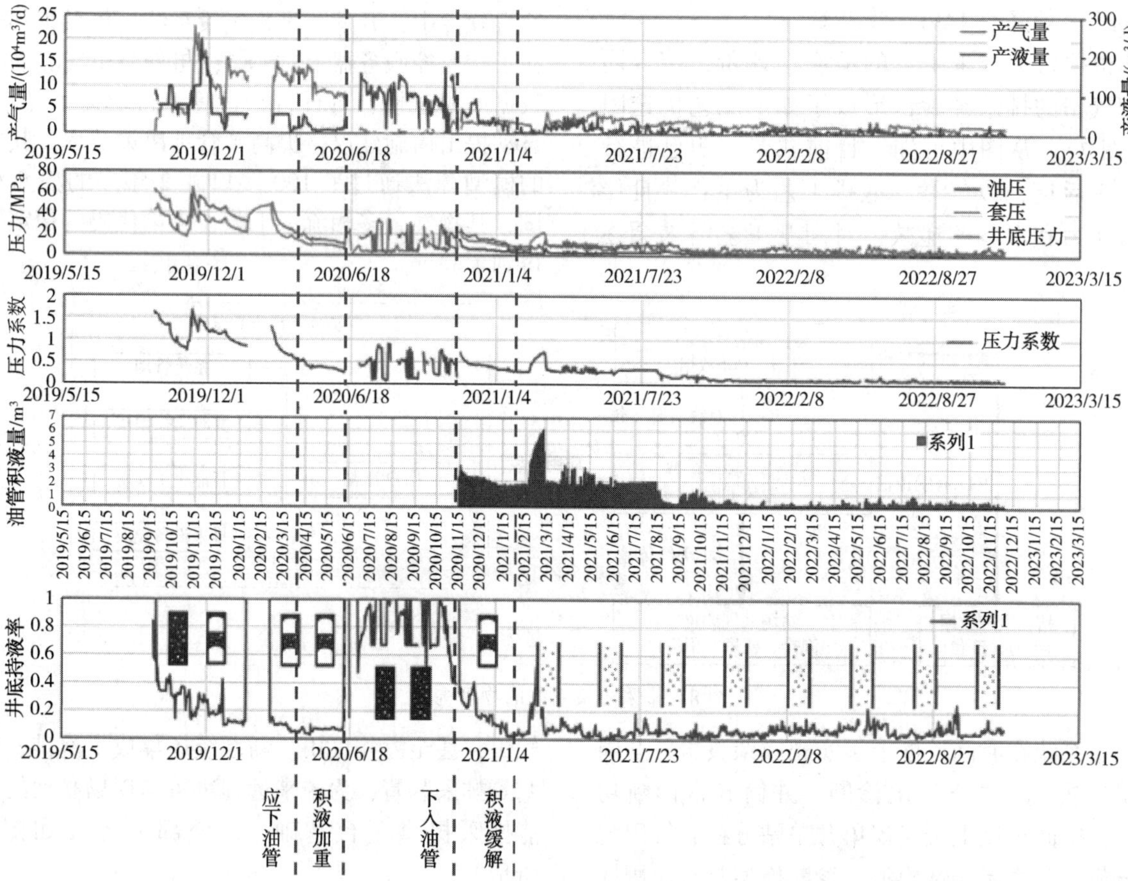

图10 威页23-6HF井诊断分析曲线

4 结论

(1) 建立了适用于威荣页岩气不同生产阶段的井筒组合压降计算模型，井底流压预测误差在±5%以内。

(2) 建立了基于井底持率预测的积液程度分级方法，不仅能够判断积液时机，还能划分5种流型，判断积液程度，有助于气井分类管理。

(3) 威荣页岩气全生命周期排采工艺决策方法，考虑了地层能量、积液程度、排采工艺适应性的综合影响，有力支撑了排采工艺决策与策略调整。

(4) 开发了威荣页岩气排采工艺决策系统，集成有流体物性、多相流、工艺、决策等算法模块，能够预测井下工况，自动提示异常，自动推荐措施，提高了决策效率。

参考文献

[1] 郭彤楼，熊亮，雷炜，等．四川盆地南部威荣、永川地区深层页岩气勘探开发进展、挑战与思考[J]．2022，42(8)：45-59.

[2] 杜洋，郭新江，刘通，等．川西致密砂岩气田采气工艺实践与效果[J]．西南石油大学学报(自然科学版)，2022，44(3)：188-196.

[3] 朱迅，张亚斌，冯朋鑫，等．苏里格气田数字化排水采气系统研究与应用[J]．钻采工艺，2014，37(1)：47-49.

[4] 蒋成银，贾小江，付文涛，等．苏里格气田气井智能控压生产技术研究[J]．石油化工应用，2023，42(4)：67-69.

[5] 杨全蔚，刘辉，王磊，等．致密气藏井下智能排水采气装置研制及应用[J]．石油矿场机械，2023，52(4)：47-52.

[6] 黄祥峰，刘锋．东胜气田排水采气工艺技术难点及对策[J]．2017，35(3)：80-84.

[7] 王辉，周朝，周忠亚，等．页岩气井排水采气工艺综合优选方法[J]．钻采工艺，2022，45(2)：154-158.

[8] 刘华敏，李牧，刘乔平，等．涪陵页岩气田柱塞气举工艺研究与应用[J]．石油钻探技术，2020，48(3)：102-107.

[9] 李泊春，向建华，肖帆，等．长宁页岩气井柱塞气举工艺规模化应用及效果分析[J]．钻采工艺，2023，46(2)：65-70.

[10] 张晓锋．四川威远区块页岩气水平井排水采气工艺技术优选[J]．中国石油和化工标准与质量，2019，39(10)：205-206.

[11] 李士伦．天然气工程[M]．第二版．北京：石油工业出版社，2008：225-226.

[12] LEA J F，NICKENS H V，WELLS M R. Gas well deliquification [M]. Second Edition. Gulf Professional Publishing，2008：232-235.